分析化学手册

第三版

2

化学分析

王　敏　主　编

曾秀琼　　副主编

化学工业出版社

·北京·

《分析化学手册》第三版在第二版的基础上作了较大幅度的增补和删减，保持原手册 10 个分册的基础上，将其中 3 个分册进行拆分，扩充为 6 册，最终形成 13 册。

　　《化学分析》是其中一个分册，根据化学分析的特点分为分离与富集、定性分析、定量分析三篇。在分离与富集部分，在传统分离方法的基础上突出了近几年发展较为快速的新型样品预处理技术。在定性分析与定量分析篇，除了传统的无机样品分析和有机样品分析，还增加了生物样品分析，包括氨基酸、蛋白质及糖类的分析。

　　本手册适合化学、材料、食品、环境、矿产、地质等相关领域的研究人员和技术人员学习与查阅。

图书在版编目（CIP）数据

　　分析化学手册. 2. 化学分析/王敏主编. —3 版. —北京：
化学工业出版社，2016.10（2022.1重印）
　　ISBN 978-7-122-27567-7

　　Ⅰ.①分…　Ⅱ.①王…　Ⅲ.①分析化学-手册②化学
分析-手册　Ⅳ.①O65-62

　　中国版本图书馆 CIP 数据核字（2016）第 152905 号

责任编辑：李晓红　傅聪智　任惠敏　　　　　　文字编辑：孙凤英
责任校对：王素芹　　　　　　　　　　　　　　装帧设计：王晓宇

出版发行：化学工业出版社（北京市东城区青年湖南街 13 号　邮政编码 100011）
印　　装：北京虎彩文化传播有限公司
787mm×1092mm　1/16　印张 59¾　字数 1502 千字　2022 年 1 月北京第 3 版第 4 次印刷

购书咨询：010-64518888　　　　　　　　　　售后服务：010-64518899
网　　址：http://www.cip.com.cn
凡购买本书，如有缺损质量问题，本社销售中心负责调换。

定　　价：298.00 元

序

　　分析化学是人们获得物质组成、结构及相关信息的科学，即测量与表征的科学。其主要任务是鉴定物质的化学组成及含量测定、确定物质的结构形态及其与物质性质之间的关系。分析化学是一门社会和科技发展迫切需要的、多学科交叉结合的综合性科学。现代分析化学必须回答当代科学技术和社会需求对现存的方法和技术的挑战，因此实际上已发展成为"分析科学"。

　　《分析化学手册》是一套全面反映现代分析技术，供化学工作者使用的专业工具书。《分析化学手册》第一版于 1979 年出版，有 6 个分册；第二版扩充为 10 个分册，于 1996年至 2000 年陆续出版。手册出版后，受到广大读者的欢迎，成为国内很多分析化验室和化学实验室的必备图书，对我国科技进步和社会发展都产生了重要作用。

　　进入 21 世纪，随着科技进步和社会发展对分析化学提出的种种要求，各种新的分析手段、仪器设备、信息技术的出现，极大地丰富了分析化学学科的内涵、促进了学科的发展。为更好总结这些进展，为广大读者服务，化学工业出版社自 2010 年起开始启动《分析化学手册》（第三版）的修订工作，成立了由分析化学界 30 余位专家组成的编委会，这些专家包括了 10 位中国科学院院士、中国工程院院士和发展中国家科学院院士，多位长江学者特聘教授和国家杰出青年基金获得者，以及各领域经验丰富的专家。在编委会的领导下，作者、编辑、编委通力合作，历时六年完成了这套 1800 余万字的大型工具书。

　　本次修订保持了第二版 10 分册的基本架构，将其中的 3 个分册进行拆分，扩充为 6册，最终形成 10 分册 13 册的格局：

1	基础知识与安全知识	7A	氢-1 核磁共振波谱分析
2	化学分析	7B	碳-13 核磁共振波谱分析
3A	原子光谱分析	8	热分析与量热学
3B	分子光谱分析	9A	有机质谱分析
4	电分析化学	9B	无机质谱分析
5	气相色谱分析	10	化学计量学
6	液相色谱分析		

其中，原《光谱分析》拆分为《原子光谱分析》和《分子光谱分析》；《核磁共振波谱分析》拆分为《氢-1 核磁共振波谱分析》和《碳-13 核磁共振波谱分析》；《质谱分析》新增加了无机质谱分析的内容，拆分为《有机质谱分析》和《无机质谱分析》，并对仪器结构及方法原理进行了全面的更新。另外，《热分析》增加了量热学方面的内容，分册名变更为《热分析与量热学》。

本版修订秉承的宗旨：一、保持手册一贯的权威性和典型性，体现预见性和前瞻性，突出新颖性和实用性；二、继承手册的数据查阅功能，同时注重对分析方法和技术的介绍；三、着重收录了基础性理论和发展较成熟的方法与技术，删除已废弃的或过时的内容，更新有关数据，增补各领域近十年来的新方法、新成果，特别是计算机的应用、多种分析技术联用、分析技术在生命科学中的应用等方面的内容；四、在编排方式上，突出手册的可查阅性，各分册均编排主题词索引，与目录相互补充，对于数据表格、图谱比较多的分册，增加表索引和谱图索引，部分分册增设了符号与缩略语对照。

手册第三版获得了国家出版基金项目的支持，编写与修订工作得到了我国分析化学界同仁的大力支持，全套书的修订出版凝聚了他们大量的心血和期望，在此谨向他们，以及在编写过程中曾给予我们热情支持与帮助的有关院校、科研院所及厂矿企业的专家和同行，致以诚挚的谢意。同时我们也真诚期待广大读者的热情关注和批评指正。

《分析化学手册》(第三版) 编委会

2016 年 4 月

前　言

本分册第二版出版至今已过去了十多年，在此期间，分析化学学科及测试技术得到了进一步的发展。本分册以化学分析方法为主，虽然相对于仪器分析等方法，化学分析法发展空间有限，有许多方法已非常成熟，但在分析化学是当前发展得最快的化学学科的大背景下，有许多技术和方法还是在不断地进步，应用范围也在不断地扩大。

本分册内容主要为分离与富集（第一章～第六章）、定性分析（第七章～第九章）和定量分析（第十章～第十四章），共三篇。在分离与富集部分，在传统分离方法的基础上突出了近几年发展较为快速的新型样品预处理技术。在无机定性分析部分，重新强调了系统分析。在重量分析法中，除了沉淀重量法外，增加了其他重量法如挥发法的内容，更新了重量分析在国家标准中的应用。21世纪是生命科学的世纪，分析化学在生命科学中正在发挥着越来越重要的作用。顺应这一趋势，在定性分析和定量分析部分分别增加了生物样品分析的内容。在结构上，将原来分章叙述的酸碱滴定、络合滴定、氧化还原滴定和沉淀滴定整合在滴定分析法中（第十一章）。由于示波滴定法在这十几年来几乎没有进展，也鲜有在实际生产生活中的应用，在本分册中予以删除。在气体分析单独成章的基础上，又增加了水分析，突出环境污染和保护的相关内容。在各部分都增加了概述的内容，并对上一版中的错误进行了修正。

本分册由浙江大学化学系分析化学课程组组织编写。参加第一版编写工作的有：戚文彬、吕荣山、傅克廷、何圣凤、汤福隆、张孙玮、施清照和王国顺。参加第二版编写工作的有：郭伟强、戚文彬、张嘉捷、王国顺、傅克廷、施清照、陈秀华、宋俊峰和赵瑞。参加本次编写工作的有：郭伟强（第五、六章）、郭伟强和郭沁（第一、二、四章）、郭伟强和俞宪和（第三章）、张嘉捷（第八章）、王敏（第七、十、十一章）、曾秀琼（第九、十三、十四章）、王敏和曾秀琼（第十二章）。全书由王敏统编。化学系的研究生和本科生钟海刚、张莹莹、王波、王雷、蔡宇杰等也参与了资料收集与整理工作，在此表示感谢。

在这次修订中我们认真听取各方面的意见，争取新的版本既保持手册原有的特色和风格，又能反映分析化学学科的最新进展，以适应不同读者的需求。但由于编者知识面和水平有限，书中可能存在疏漏及不妥之处，热忱期待广大读者予以批评指正。

编　者
2016 年 4 月于杭州

目　　录

第一篇　分离与富集

第二篇 定性分析

第三篇　定量分析

第一篇
分离与富集

干扰组分的分离、微量和痕量组分的富集及其与主成分的分离是分析化学工作中的重要环节之一。绝大多数物质（不论其是无机物还是有机物）都是以混合状态存在的，分离通常是分析的第一步，分离也是化学实验的重要中间步骤，合成、制备、检测等化学过程都离不开分离。

一、分离与富集的依据

Rony 曾言[1]：分离（separation）是一种假设的状态，在这种状态下，物质被分开（isolation）了，即含有 M 种化学组分的混合物被分成 M 个常量范围。从理论上讲，任何分离过程的目的是希望能把 M 个化学组分分成 M 个纯的形式，并把它们放在 M 个独立的容器中，但这在很多情况下是很难实现的。分离与混合是互为相反的过程，混合是自然界的熵增大过程，能自发进行。因此，分离富集需要消耗能量，还需要有合适的工具和方法。

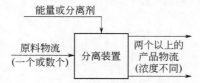

分离往往需要利用目标物质与共存杂质所特有的某些物理或化学性质的差异才能实现。可以利用的物理性质通常有：力学性质（密度、摩擦系数、表面张力、质量等）；热力学性质（熔点、沸点、临界点、溶解度等）；电磁性质（电导率、介电常数、分子偶极矩、电荷、磁化率等）；传输性质（扩散系数、分子飞行速度、离子淌度、渗透系数）等。可利用的化学性质主要有：热力学性质（反应平衡常数、解离常数、电离电位等）；反应速度性质（反应速率常数）；生物学性质（生物学亲和力、生物学吸附平衡、生物学反应速率常数等）。

分离与富集有相似但也不同："分离"是将待检测组分从混合物中提出，或将干扰组分从体系中移走，目的是提高后续检测的专一性；而"富集"则是将待检测组分从大量基体物质里集中到一较小体积的溶液中，目的是提高后续检测的灵敏度。在实际操作中，分离与富集又往往是同时进行的：分离掉杂质的同时也浓缩了样品，直接分离待测组分更是富集的过程。

分离主要有单一分离和组分离两种形式。单一分离是将某一组分以纯物质形式分离出来，如工业高纯度产品的制备或对映体的分离。而组分离则是将性质相似的组分一起从复杂基体中分离出来，如石油产品的分离。要将特定组分从复杂样品中提取出来往往需要多种分离手段的综合运用。如动物组织中瘦肉精的分析就需要采取"酸提取→乙醚脱脂→乙酸乙酯萃取→真空旋转蒸发除溶剂→固相萃取净化→离心分离"等多种方法的反复处理方能进行色谱分析。

二、分离富集的方法

分离富集的方法可以按被分离组分的性质、分离的过程、分离的装置和传质的不同而分成平衡分离、差速分离和反应分离，这些分离方法的本质都是在复杂样品体系中输入能量（包括合适试剂的化学能），利用合适的手段和工具来实现分离。

（1）平衡分离　利用互不相溶的两个相界面上的平衡关系对气体或液体的均相混合物进行分离。

---

[1] Peter R. Rony. The Extent of Separation: A Universal Separation Index. Separation Science, 1968, 3(3): 239-248.

（2）差速分离　利用外加特殊梯度场（重力梯度、压力梯度、温度梯度、浓度梯度、电位梯度），从而利用由气-固、液-固、气-液所构成的均相（或非均相）混合物在相关介质中的传递速率的差异进行分离。当两相密度差较小时，需借用离心装置，采用超离效果更好。

（3）反应分离　在产物和反应物共存时可利用化学反应将物质进行分离，如利用均匀沉淀法进行的相关沉淀分离。此类反应可以是可逆反应（离子交换所实现的硬水软化等）、不可逆反应（催化反应、有毒有害气体的溶剂吸收富集等）或分解反应（生物降解、废水厌氧菌处理等）。

分离富集的方法还可根据不同需求来分类：

（1）按被分离物质的量可分为常量分离（工业分离为主）和微量分离（实验室分离为主）；

（2）按操作的方便程度可分为普通分离（如沉淀、萃取、交换、蒸馏、升华等）和特殊分离（如色谱分离、电泳分离、电渗析分离等）；

（3）掩蔽和解蔽虽不是严格意义上的分离操作，但其作用与分离类似，可视为广义的分离方法。

在实际的分离方法选择过程中，首先要考虑分析的任务和测定方法的特点，也要考虑所加入的分离试剂对后续测定的影响（不能引入有害杂质）。在不影响分离富集效果的前提下尽量选用简单快捷步骤少的方法。如果所选方法不能直接除去干扰，需要考虑多种分离方法的组合使用。

三、分离效果的评价

分离方法的选用最终是以实现有效分离为目的的，分离方法的好坏理论上可以用回收率、分离系数、富集倍数、准确性、重现性等指标进行评价，同时也要兼顾到操作成本、是否符合绿色化学原则等经济和社会效应指标。

（1）回收率（R）　分离后得到的目标组分 A 的总量和原始样品中组分 A 的总量之比。该指标反映的是被分离物在分离过程中的损失情况，是分离方法准确度的表征。

$$R = \frac{分离后测得A的量}{A的原始量} \times 100\%$$

不同样品对回收率有不同的要求，含量>1%的通常要求 R>99.9%；含量在 0.01%～1%之间的要求 R>99%；微量组分（含量<0.01 %）要求 R>95%～92%（甚至更低）；实际分析过程中，75%～110%是可以接受的。

（2）富集倍数（R_i）　被分离组分 A 的回收率与基体 B 的回收率的比值。由于分离的本意就是从基体 B 中将被分离组分 A 有效地提取出来，因而对 B 的回收率通常很小而对 A 的回收率都较大，所以 R_i 通常都很大，可达 10^4～10^5，但实际工作中 R_i 为 10^2～10^3 也不错了。

$$R_i = \frac{A的回收率}{B的回收率}$$

（3）分离系数（$S_{B/A}$）　共存于体系中的共存组分 B 的回收率与目标组分 A 的回收率的比值。$S_{B/A}$ 越小越好。

$$S_{B/A} = \frac{B的回收率}{A的回收率} = \frac{R_B}{R_A}$$

第一章 萃取分离法

第一节 概述

溶剂萃取分离法是将一种溶剂（如有机溶剂）加入待分离溶液（通常为水相）中，利用待分离组分在两相中的分配不同而进入有机相，其他组分仍留在原溶液中，从而达到分离的目的。若使物质由有机相回至水相，则称为反萃取。现在一些新型的萃取法已跳出了溶液萃取的基本模式，开启了一代全新的萃取分离方式。

一、分配系数

在一定的温度下，物质 A 在互不相溶的两种溶剂中达到分配平衡时在两相中的活度之比值为常数，即为分配定律。

$$A_\text{水} \longrightarrow A_\text{有}$$

$$K_\text{D} = \frac{a_{A_\text{有}}}{a_{A_\text{水}}}$$

式中 $a_{A_\text{水}}$——物质 A 在水相中的平衡活度；

$a_{A_\text{有}}$——物质 A 在有机相中的平衡活度；

K_D——分配系数，与溶质、溶剂的特性及温度有关。

严格而言，只有当溶质 A 在水溶液中的浓度很小、在两相中的存在形式相同且没有离解和缔合等副反应存在时，K_D 在一定温度下才是常数，且与溶质在整个体系中的总浓度无关。在分析工作中，溶质常以浓度表示，则 K_D 与溶质在两相中的浓度[A 水]、[A 有]的关系为

$$K_\text{D} = \frac{a_\text{有}}{a_\text{水}} = \frac{\gamma_\text{有}[A]_\text{有}}{\gamma_\text{水}[A]_\text{水}}$$

若体系中同时存在组分 A、B 等且都能在两相中发生分配作用，则分配系数 $K_\text{D(A)}$、$K_\text{D(B)}$ 等值并不因其他组分的存在而改变。

二、分配比

在实际分析工作中，溶质在溶液中往往因参与其他化学过程（如配位平衡、酸碱平衡等）而以不同的形态（离子或分子）同时存在，分配定律就不再适用，以分配比（D 或 K）来表示溶质在两相中的分配更具实际意义。

$$D = \frac{\text{有机相中溶质A的各化学形态的总浓度}}{\text{水相中溶质A的各化学形态的总浓度}} = \frac{\Sigma[A]_\text{有}}{\Sigma[A]_\text{水}} = \frac{c_{(A)\text{有}}}{c_{(A)\text{水}}}$$

式中 [A]$_\text{有}$，[A]$_\text{水}$——溶质 A 在有机相和水相中的不同化学形态的平衡浓度。

三、分离系数

当同一体系中有溶质 A 和 B，其分配比分别为 D_A 和 D_B，两数的比值称为分离系数（β），

又称分离因数（β）。

$$\beta = \frac{D_A}{D_B} = \frac{c_{(A)有}/c_{(A)水}}{c_{(B)有}/c_{(B)水}} = \frac{c_{(A)有}/c_{(B)有}}{c_{(A)水}/c_{(B)水}}$$

当$\beta=1$，即$D_A=D_B$时，A 和 B 不能分离。

当$\beta>1$，即$D_A>D_B$时，A 和 B 可分离，且β值越大，分离效果越好；

当$\beta<1$，即$D_A<D_B$时，A 和 B 可分离，且β值越小，分离效果越好。

在形成金属螯合物的体系中，两种金属 M、N 的分配比主要决定于金属螯合物的稳定常数（K_{MR_n} 和 K_{NR_n}）及所形成螯合物在有机相中的溶解度（s_{MR_n} 和 s_{NR_n}），在选定的螯位剂和溶剂的萃取体系中，两种金属离子的分离系数为

$$\beta = \frac{D_1}{D_2} = \frac{K_{MR_n}s_{MR_n}}{K_{NR_n}s_{NR_n}}$$

故两种金属离子萃取分离的情况不仅取决于它们所形成的螯合物稳定性的差异，同时也受它们所形成的螯合物在有机相中相对溶解度差异的影响。

四、萃取率

在用有机溶剂萃取水溶液中的物质 A 时，如水溶液的体积为$V_水$，有机溶剂的体积为$V_有$时，萃取率（E）为

$$E = \frac{\text{A在有机溶剂中的含量}}{\text{A的总量}} \times 100\%$$

$$= \frac{c_{(A)有}V_有}{c_{(A)有}V_有 + c_{(A)水}V_水} \times 100\%$$

$$= \frac{D}{D + V_水/V_有} \times 100\%$$

若用等体积溶剂萃取，即$V_水=V_有$，则

$$E = \frac{D}{D+1} \times 100\%$$

可见，萃取率由分配比 D 和体积比 $V_水/V_有$所决定，D 越大、$V_水/V_有$越小，则萃取率越高。如果固定分配比 D 而改变体积比 $V_水/V_有$，虽也可提高萃取率，但收效不显著，且因有机溶剂的体积增大使溶质在有机相中的浓度降低而不利于进一步分离和测定。因而宜采用小体积多次萃取法来提高萃取率，此时，萃取率为

$$E = \left[1 - \left(\frac{1}{1+DV_有/V_水}\right)^n\right] \times 100\% = \left[1 - \left(\frac{V_水}{DV_有/V_水}\right)^n\right] \times 100\%$$

五、萃取常数

对螯合物萃取体系

$$M^{n+}_水 + nHL_有 \longrightarrow ML_{n有} + nH^+_水$$

反应的平衡常数，即萃取平衡常数（K_{ex}）为

$$K_{ex} = \frac{[ML_n]_有[H^+]^n_水}{[M^{n+}]_水[HL]^n_有} = \frac{K_{D(ML_n)}\beta_n}{[K_{D(HL)}K^H_{HL}]^n}$$

式中　$K_{D(ML_n)}$，$K_{D(HL)}$——螯合物 ML_n、螯位剂 HL 的分配系数；

　　　　　β_n——螯合物累积形成常数；

　　　　　K_{HL}^{H}——螯合剂的质子化常数（即 $1/k_a$）。

六、pH$_{1/2}$

如果水相和有机相的体积相等且平衡时有 50%的目标物被萃入有机相,此时所对应的 pH 称为该体系的 pH$_{1/2}$。对于金属螯合物萃取体系，该值为金属离子萃取曲线的特征值。欲一次性将两个共存的二价金属离子完全分离，则 pH$_{1/2}$ 的差值至少需两个 pH 单位，而三价金属离子其 pH$_{1/2}$ 差值可以小一些。

第二节　常用的萃取方法和装置

萃取分离有实验室模式和工业大规模萃取模式，虽然两者工作原理相同，但操作方式和所用装置的差异极大，本手册主要介绍实验室分离模式。

在分析实验室中所采用的最简单和最常用的溶剂萃取分离方式是单级萃取（或称分批萃取），对于分配比较大的体系能获得良好效果。但对于 D 值较小的体系，单级萃取往往不能达到理想的分离效果，可以采取多级萃取以提高萃取效率。多级萃取时，根据两相接触的方式不同可分为错流萃取（或称连续萃取）和逆流萃取，前者将试样中的某种组分全部分离出来，而后者常用于比较复杂或难以分离的混合物中组分的分离。

一、单级萃取的常用装置

一般单级分离可直接使用梨形分液漏斗。操作方法为：把被萃取溶液（偶尔为悬浮液）连同萃取溶剂放入分液漏斗中（总体积不超过总容量的 1/2）。然后以图 1-1 所示方法振摇，并适时放气（以解除振摇时溶剂挥发形成的超压，尤其是使用易气化溶剂时）。振摇几分钟后按图 1-2 静置分层。下层经过分液漏斗旋塞放出，上层经上口倒出。

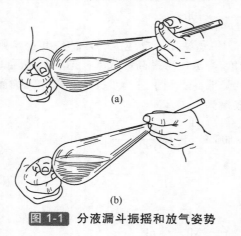

(a)

(b)

图 1-1　分液漏斗振摇和放气姿势

图 1-2　静置分层

很多体系（如用二氯甲烷萃取碱性水溶液中的有机化合物）常会形成乳浊液。此时不能振摇分液漏斗，只能"回旋"分液漏斗。也可加入少量消泡剂（如戊醇）来降低表面张力，或用食盐将水层饱和或将整个溶液过滤。而最有实用意义的则是让乳浊液放置较长时间后再处理。

图 1-3 所示为一种加压泄液和抽吸搅拌型分液漏斗，适用于萃取溶液体积较小的情况。图 1-3 中细管 1 与抽吸装置连接，利用由细管 2 抽入的空气细泡进行搅动。待萃取作用达到平衡且两种液体分层后，关好细管 1，打开细管 2，缓缓减压，先使下层液体从出口 3 泻出，随后泻出较上的一层液体。采用此种装置进行萃取时，两相界面非常清晰，很易辨明。

图 1-3 加压泄液和抽吸搅拌型分液漏斗

图 1-4 为一种微量萃取器。操作时利用真空抽气将玻璃管 2 内所盛的被萃取溶液和溶剂抽入锥形萃取室 1 内，只要真空抽气速度调节适当，从 2 混入的空气流可起到良好的搅拌作用。旋转三通旋塞 4 并关闭旋塞 3，可使真空系统与 1 和 2 断开，使两相在 1 中分层。打开 3，并使 4 换向，则 1、2 与橡胶球连通，借橡胶球鼓入空气将 1 内下层水液压回 2 内；关闭 3 并打开旋塞 5 将溶剂层压入窄细分液漏斗 6（其下端通过毛细玻璃管直达萃取室底部）中；关闭 5 即可将一定量的溶剂层保留起来。在 2 内加入另一份溶剂，重复进行第二次萃取操作。操作完毕后，由 6 中取出萃取液。此装置也可用于较大量的萃取液。

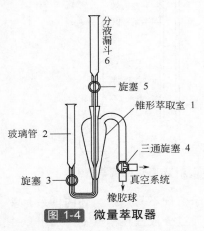

图 1-4 微量萃取器

二、连续萃取的常用装置

连续萃取过程中，萃取率的高低除取决于两液相的黏度和能影响平衡的相关因素（如分配比、两相体积比等）外，在很大程度上还取决于两相接触面的面积和两相作用的时间。因而，在相应的萃取装置中可以附加搅拌设备，或在加入溶剂的地方增设细孔玻璃板等，使溶剂先分散成细小微滴再进入萃取室，与被萃取溶液能充分接触。

1. 有机溶剂比水重时常用的仪器装置

（1）赫柏林（Heberling）改良式连续萃取器，如图 1-5 所示。溶剂从烧瓶中蒸发上行，被冷凝管冷凝后滴入萃取室，在下行过程中与被萃取液充分接触，将被萃取物质萃取入有机相中沉入底部。只要控制好底部的旋塞，当增多的萃取剂液面超过中间横接管时会因连通器原理慢慢流回烧瓶中。以此循环，烧瓶中的被萃取物浓度渐增，直至萃取完成。在理论上该萃取装置可以将被萃取物质完全萃入有机相中。

（2）玻筒式连续萃取器，如图 1-6 所示。其基本结构与赫柏林式连续萃取器相似，只是在其萃取室内放置了一个玻璃筒，溶剂蒸气被冷凝后滴入萃取筒中，下行过程中实现萃取。萃取剂液面高于侧臂玻璃管即溢入烧瓶中。烧瓶中的溶剂不断蒸发冷凝，萃取后溢回，反复循环直至萃取结束。

（3）储器式连续萃取器，如图 1-7 所示。分液漏斗中的萃取溶剂下行滴入水溶液层中，搅拌中进行有效萃取，并沉入下层，实现萃取后经旋塞流入锥形瓶中。

2. 有机溶剂比水轻时常用的仪器装置

（1）赫柏林式连续萃取器能适用于此模式，将图 1-5 中足够长的细径玻璃漏斗（最长可达 60 cm）插入，并关闭中间侧管，溶剂蒸气经冷凝后滴入细径漏斗中，能产生相应的压力使溶剂从底端的细孔玻璃板中分散流出，上行过程中实现萃取，从上端侧管溢回烧瓶中。

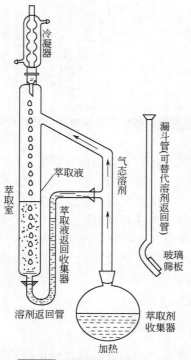

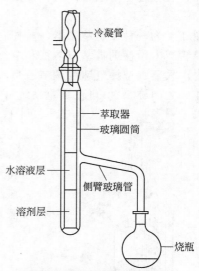

图 1-5　赫柏林改良式连续萃取器

图 1-6　玻筒式连续萃取器

（2）施玛尔（Schmall）式连续萃取装置见图 1-8，适用于溶剂不易蒸馏循环的体系。萃取室中放好被萃取液和磁搅拌子，然后小心地从分液漏斗中通过分液柱往萃取室内加水，并使水位高于导出管的出口。搅拌开始后，从分液漏斗中将萃取溶剂缓缓放入萃取室，使两相充分作用。萃取液经导管收集于另一容器中。

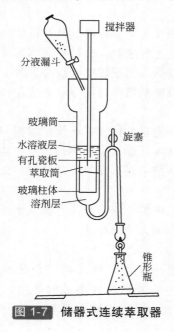

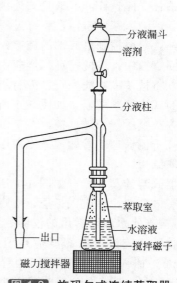

图 1-7　储器式连续萃取器

图 1-8　施玛尔式连续萃取器

三、逆流萃取法及克雷格萃取装置

以上的连续萃取法中持续用新鲜有机溶剂与萃余液接触，有效地提高了 A 和 B 两组分分离过程中的回收率，但不能提高其纯度。逆流萃取是将每次萃取后的带有被萃取物的有机相与新鲜的水相接触而进行再次萃取，这样虽然影响了被萃取物的回收率，但却明显提高了纯度。该法适用于性质极为相似的无机元素分离，在包括生物活性物质在内的有机物分离中也有很多应用，已经成功用于胰岛素、核糖核酸、血清蛋白等的分离。

1. 克雷格萃取装置

克雷格萃取装置是由几十到几百个如图 1-9 所示的玻璃萃取管组成的系列装置。从第一支萃取管［图 1-9（a）］的 B 处注入适量含被萃取组分的溶剂 S_1（通常为水）及溶剂 S_2（其密度小于水），振摇 20 次使两相平衡。分层后将萃取管顺时针旋转 90°［图 1-9（b）］，溶剂 S_2 经 C 管流入 D 管后恢复至原位置，将溶剂 S_2 经 E 管进入第二支萃取管的 A 室（内已有不含样品的纯溶剂 S_1），而第一管内留下萃余液。第一管的 A 室内继续加入适量新鲜溶剂 S_2，使两管同时振摇进行萃取。依此反复进行直至由分离效率或萃取管数量而确定的操作次数。

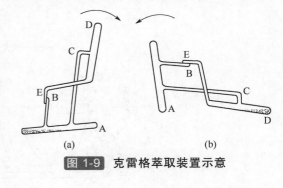

图 1-9　克雷格萃取装置示意

逆流萃取分离对分配比较小的物质间的分离有很好的效果，但普通逆流萃取操作不便，已逐渐被高速逆流萃取所替代。

2. 高速逆流萃取

高速逆流萃取（high speed counter current extraction，HSCCE）是 20 世纪 80 年代发展起来的一种连续高效的液-液分配萃取分离技术。如图 1-10 所示，其原理为：在一缠绕的螺旋空管内，注入互不相溶的两相溶剂中的一相作为固定相，然后作行星运动；同时由恒流泵不断注入载着样品的另一相（流动相），由于行星运动产生的离心力场使得固定相保留在螺旋管内，流动相则不断穿透固定相；这样两相溶剂在螺旋管中实现高效的接触、混合、分配和传质。样品中各个组分依据它在两相中的分配系数的差异，被依次萃取分离出。在流动相中分配比例大的先被洗脱，在固定相中分配比例大的后被洗脱，从而实现分离。

高速逆流萃取方法的优势：①与普通逆流萃取相比，采取了高速旋转的螺旋柱作为分离场所，因此在多维离心力的作用下，溶质与溶剂的混合更彻底，分离的效果也比普通逆流萃取依靠萃取动力学和萃取管转动所产生的吸力进行逆流萃取好得多；②不存在样品的不可逆吸附，样品可定量回收；③极大地控制了样品的失活和变性等问题，样品不会遭到破坏；④分离量较大，分离效率高，分离产品能达到相当高的纯度，且适用范围广、操作灵活、快速、制备量大、费用低、环保高效。

如果在高速逆流萃取体系后面加接一个合适的检测器（如紫外-可见检测器）就组成了高速逆流色谱系统，可在分离后直接进行检测。

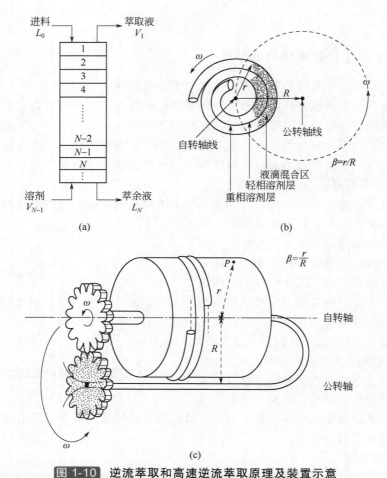

图 1-10 逆流萃取和高速逆流萃取原理及装置示意

（a）下相（重相）作流动相时管柱里溶剂的状态；（b）混合区为靠近中心轴的近1/4的区域，
两相剧烈地混合；（c）两相在沉积区分成两层，重相占据螺旋管
每一段的外部，轻相占据每一段的内部

高速逆流萃取效率的影响因素包括以下几种。

（1）高速逆流萃取的溶剂系统   溶剂系统根据"相似相溶"原则选取，通常有如下要求：

① 样品在溶剂系统中有足够高的溶解度，且不造成样品的分解、变性等问题；

② 样品中各组分在溶剂系统中的分配系数值在 0.5～2.0 范围内比较合适；

③ 为了保证固定相能实现足够高的保留，溶剂系统的两相分层时间尽可能小于 30 s；

④ 溶剂系统上下两相体积大致相等（节省溶剂），且尽量采用挥发性溶剂，以方便后续处理，易于物质的纯化。

高速逆流萃取常用的溶剂系统见图 1-11。如果需要疏水性更强的体系，可以用乙醇代替甲醇；需要亲水性较强的体系，则可加入乙酸铵等盐类物质，或者三氟乙酸或乙酸等有机酸。

（2）螺旋管的转速   旋转速度对两相的混合程度具有决定性的影响作用，同时它所产生的离心力场对固定相的保留也具有决定性的影响作用。对于高表面张力的溶剂系统，可以选用较高的转速，以使两相之间有剧烈的混合而促进分配和减少质点传递的阻力。但对于低表面张力的溶剂系统，则宜选用较低的转速，避免过度的混合作用引起样品区带沿螺旋管长度的展宽和乳化作用使固定相流失。螺旋管转速与两相分布的关系见图 1-12。

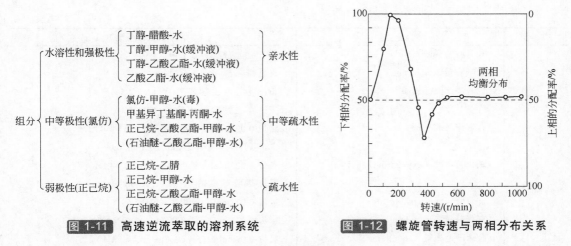

图 1-11　高速逆流萃取的溶剂系统　　图 1-12　螺旋管转速与两相分布关系

（3）固定相的保留率　固定相的量是影响溶质峰分离度的重要因素，高固定相保留率能大大提高峰的分离度。固定相的保留值与溶剂系统的物理特性如表面张力、黏度和两相之间的密度差有密切关系。其中黏度对固定相的保留值起主要的影响作用，低黏度的溶剂系统可望得到高的固定相保留率，而高黏度的溶剂系统的固定相保留率较低。因而通常应尽量加大两相密度差和减小黏度。

高速逆流萃取技术的应用十分广泛，见表 1-1 和表 1-2。

表 1-1　高速逆流萃取的应用范围

类　别	原料及提取物
生物碱	黄柏中的小檗碱和巴马亭，高乌头中的刺乌头碱、小乌头碱、去乙酰刺乌头碱，长春花中的长春花碱、长春朵灵、泻花碱，川芎中的川芎嗪等
黄酮类	葛根中的葛根素，木蝴蝶中的黄芩素，黄芩中的黄芩苷，黄芪中的毛蕊异黄酮，银杏黄酮，大豆异黄酮等
多酚类	绿茶中的儿茶素，虎杖中的白藜芦醇、白藜芦醇苷，红茶中的茶黄素，红景天苷，金银花中的绿原酸等
醌类	大黄中的大黄素、大黄酸、大黄酚、大黄素甲醚，虎杖中的花色素 A、花色素 B 等
香豆素类	羌活中的羌活醇、异前胡醚，补骨脂中的补骨脂素、异补骨脂素，白芷中的欧前胡素、异欧前胡素、氧化前胡素等
木脂素类	厚朴中的厚朴酚，牛蒡子中的牛蒡子苷，五味子中的γ-五味子素、去氧五味子素
萜类	白芍中的芍药苷，穿心莲中的穿心莲内酯、新穿心莲内酯，番茄红素，叶黄素等
皂苷类	三七中的三七皂苷

表 1-2　高速逆流萃取的部分应用[1]

类　型	化　合　物	溶剂体系（体积比）
生物碱	马枯素（venecurine）	正丁醇-丙酮-水（8:1:10）
	人参辛苷（panarin）	正丁醇-丙酮-水（8:1:10）
	10-羟基-N-甲基柯楠醇	正丁醇-0.1mol/L 氯化钠（1:1）
	苄基异喹啉	四氯化碳-甲醇-水（20:20:2）
	粉防己碱（tetrandrine）	正己烷-乙酸乙酯-甲醇-水（3:7:5:5）
	去甲粉防己碱（demethyl tetrandrine）	正己烷-乙酸乙酯-甲醇-水（3:7:5:5）
	轮环藤酚碱（cyclanoline）	正己烷-乙酸乙酯-甲醇-水（3:7:5:5）
	山莨菪碱（anisodamine）	氯仿-0.07mol/L 磷酸盐（pH=6.4）（1:1）

续表

类　型	化 合 物	溶剂体系（体积比）
生物碱	长春胺（vincamine）	正己烷-乙醇-水（6:5:5）
	长春新碱（vindesine）	正己烷-乙醇-水（6:5:5）
	巴马亭（palmatine）	正己烷-乙酸乙酯-乙醇-水（6:3:2:5）； 正己烷-乙酸乙酯-甲醇-水（1:1:1:1）
	苦参碱（matrine）	氯仿-0.023 mol/L 磷酸盐（pH=6.4）（1:1）； 氯仿-磷酸-磷酸钠缓冲液（pH=6.20）
	氧化苦参碱（oxymatrine）	氯仿-0.023 mol/L 磷酸盐（pH=6.4）（1:1）； 氯仿-磷酸-磷酸钠缓冲液（pH=6.20）
	莨菪碱（hyoscyamine）	氯仿-0.023mol/L 磷酸盐（pH=6.5）（1:1）
	东莨菪碱（scopolamine）	氯仿-0.023mol/L 磷酸盐（pH=6.5）（1:1）
	金缘千里光碱（squalidine）	氯仿-0.07mol/L 柠檬酸（pH=6.4）（1:1）
	阔叶千里光碱（platyphylline）	氯仿-0.07mol/L 柠檬酸（pH=6.4）（1:1）
	新阔叶千里光碱（neoplatyphylline）	氯仿-0.07mol/L 柠檬酸（pH=6.4）（1:1）
	文殊兰碱（crinine）	甲基叔丁基醚-水-三乙胺-盐酸（梯度）
	坡威灵（powelline）	甲基叔丁基醚-水-三乙胺-盐酸（梯度）
	文殊兰米定（crinamidine）	甲基叔丁基醚-水-三乙胺-盐酸（梯度）
	龙胆宁碱（gentianine）	氯仿-甲醇-NaH$_2$PO$_3$（3:2:5 或 4:3:1）
	次龙胆碱（gentianadine）	氯仿-甲醇-NaH$_2$PO$_3$（3:2:5 或 4:3:1）
	龙胆黄碱（gentiofavine）	氯仿-甲醇-NaH$_2$PO$_3$（3:2:5 或 4:3:1）
	ancistrobertsonine A	氯仿-甲醇-0.1mol/L 盐酸（5:5:3）
	hamatine	氯仿-甲醇-0.1mol/L 盐酸（5:5:3）
	ancistrocladine	氯仿-甲醇-0.1mol/L 盐酸（5:5:3）
	Ancistrobrenine B	氯仿-甲醇-0.1mol/L 盐酸（5:5:3）
	ancistrobertsonine B	氯仿-甲醇-0.1mol/L 盐酸（5:5:3）
	ancistrobertsonine C	氯仿-甲醇-0.1mol/L 盐酸（5:5:3）
	ancistrobertsonine D	氯仿-甲醇-0.1mol/L 盐酸（5:5:3）
	1,2-didehydroancistrobertsonine D	氯仿-甲醇-0.1mol/L 盐酸（5:5:3）
	士的宁（strychnine）	氯仿-0.7mol/L 磷酸钠缓冲液（pH=5.08）（1:1）
	马钱子碱（brucine）	氯仿-0.7mol/L 磷酸钠缓冲液（pH=5.08）（1:1）
	咖啡碱（caffeine）	氯仿-甲醇-NaH$_2$PO$_3$（4:3:2）
	茶碱（theophylline）	氯仿-甲醇-NaH$_2$PO$_3$（4:3:2）
	小檗碱（berberine）	氯仿-甲醇-0.1mol/L HCl（2:1:1）； 氯仿-甲醇-0.2mol/L HCl（4:1.5:2）
	巴马亭（palmatine）	氯仿-甲醇-0.2mol/L HCl（4:1.5:2）
	表小檗碱（epiberberine）	氯仿-甲醇-0.2mol/L HCl（4:1.5:2）
	黄连碱（coptisine）	氯仿-甲醇-0.2mol/L HCl（4:1.5:2）
	药根碱（jateorhizine）	氯仿-甲醇-0.2mol/L HCl（4:1.5:2）
	非洲防己碱（columbamine）	氯仿-甲醇-0.2mol/L HCl（4:1.5:2）
	刺乌头碱（lappaconitine）	氯仿-甲醇-0.2mol/L HCl（4:1.5:2）
	冉乌头碱（ranaconitine）	氯仿-甲醇-0.2mol/L HCl（4:1.5:2）
	去乙酰刺乌头碱（*N*-deacetyllapaconitine）	氯仿-甲醇-0.2mol/L HCl（4:1.5:2）
	去乙酰冉乌头碱（*N*-deacetylranaconitine）	氯仿-甲醇-0.2mol/L HCl（4:1.5:2）
黄酮类	3′-羟基芫花素（3′-hydroxyl genkwanin）	氯仿-甲醇-水（4:3:2）
	洋芹素（apigenin）	氯仿-甲醇-水（4:3:2）

续表

类　型	化　合　物	溶剂体系（体积比）
黄酮类	木樨草素（luteolin）	氯仿-甲醇-水（4:3:2）
	橙皮素（hesperetin）	氯仿-甲醇-水（33:40:27）
	异鼠李素（isorhamnetin）	氯仿-甲醇-水（4:3:2）； 氯仿-甲醇-正丁醇-水（5:0.5:3:1）
	槲皮素（quercetin）	氯仿-甲醇-水（4:3:2）； 氯仿-甲醇-正丁醇-水（5:0.5:3:1）
	山柰酚（kaempferol）	氯仿-甲醇-水（4:3:2）； 氯仿-甲醇-正丁醇-水（5:0.5:3:1）
	槲皮苷（quercitrin）	氯仿-甲醇-水（7:13:8）
	杨梅苷（myricitrin）	氯仿-甲醇-水（7:13:8）
	异杨梅苷（isomyricitrin）	氯仿-甲醇-水（7:13:8）
	淫羊藿苷（icariin）	正己烷-正丁醇-甲醇-水（1:4:2:6）
	白杨素（chrysin）	氯仿-甲醇-水（8:10:5）
	黄芩素（baicalein）	氯仿-甲醇-水（8:10:5）
	黄芩苷（baicalein-7-O-glucoside）	氯仿-甲醇-水（8:10:5）
	黄芩素-7-O-二葡萄糖苷（baicalein-7-O-diglucoside）	氯仿-甲醇-水（8:10:5）
	3′-羟基葛根素（3′-hydroxyl-puerarin）	乙酸乙酯-正丁醇-水（2:1:3）
	葛根素（puerarin）	乙酸乙酯-正丁醇-水（2:1:3）
	3′-甲氧基葛根素（3′-methoxy-puerarin）	乙酸乙酯-正丁醇-水（2:1:3）
	葛根素-6′-木糖苷（puerarin-6′-xyloside）	乙酸乙酯-正丁醇-水（2:1:3）
	葛根素-2′-木糖苷（puerarin-2′-xyloside）	乙酸乙酯-正丁醇-水（2:1:3）
	大豆苷（daidzin）	乙酸乙酯-正丁醇-水（2:1:3）
	毛蕊异黄酮（calycosin）	正己烷-氯仿-甲醇-水（1:3:3:2）
	毛蕊异黄酮苷（calycosin-7-O-glucoside）	乙酸乙酯-乙醇-正丁醇-水（30:10:6:50）； 乙酸乙酯-乙醇-水（5:1:5）
	芒柄花素苷（formononetin-7-O-glucoside）	乙酸乙酯-乙醇-正丁醇-水（30:10:6:50）； 乙酸乙酯-乙醇-水（5:1:5）
	紫檀烷苷（pterocarpan glucoside）	乙酸乙酯-乙醇-冰乙酸-水（4:1:0.25:5）
	异黄烷苷（isoflavan glucoside）	乙酸乙酯-乙醇-冰乙酸-水（4:1:0.25:5）
	黄豆黄素（glycitein）	氯仿-甲醇-水（4:3:2）
	大豆素（daidzein）	氯仿-甲醇-水（4:3:2）
	乙酰染料木苷（acetylgenistin）	氯仿-甲醇-水（4:3:2）
	乙酰大豆苷（acetyldaidzin）	氯仿-甲醇-水（4:3:2）；氯仿-甲醇-正丁醇-水（4:3:0.5:2）
	染料木苷（genistin）	正己烷-乙酸乙酯-正丁醇-甲醇-乙酸-水（1:2:1:1:5:1）；甲基叔丁基醚-四氢呋喃-正丁醇-0.5%三氟乙酸（2:2:0.15:4）
	大豆苷（daidzin）	正己烷-乙酸乙酯-正丁醇-甲醇-乙酸-水（1:2:1:1:5:1）；氯仿-甲醇-正丁醇-水（4:3:0.5:2）
	黄豆苷（glycitin）	甲基叔丁基醚-四氢呋喃-正丁醇-0.5%三氟乙酸（2:2:0.15:4）
	丙二酰大豆苷（6′-O-malonyldaidzin）	正己烷-乙酸乙酯-正丁醇-甲醇-乙酸-水（1:2:1:1:5:1）
	丙二酰染料木苷（6′-O-malonylgenistin）	正己烷-乙酸乙酯-正丁醇-甲醇-乙酸-水（1:2:1:1:5:1）
多酚类	没食子酸（gallic aicd）	乙酸乙酯-正丁醇-水（5:1.8:6）；乙酸乙酯-乙醇-水（5:0.5:6）；正己烷-乙酸乙酯-水（1:9:10）
	类叶升麻苷（acteoside）	乙酸乙酯-正丁醇-乙醇-水（4:0.6:0.6:5）
	2′-乙酰基类叶升麻苷（2′-acetylacteoside）	乙酸乙酯-正丁醇-乙醇-水（4:0.6:0.6:5）

续表

类　型	化 合 物	溶剂体系（体积比）
多酚类	四羟基二苯乙烯苷（2,3,5,4'-tetrahydroxy-stilbene-2-O-D-glucoside）	乙酸乙酯-乙醇-水（10:1:10）、（50:1:50）
	白藜芦醇（resveratrol）	氯仿-甲醇-水（4:3:2）
	白藜芦醇苷（piceid）	乙酸乙酯-乙醇-水（10:1:10）、（70:1:70）
	红景天苷（salidroside）	正丁醇-乙酸乙酯-水（2:3:5）、（1:4:5）；氯仿-甲醇-异丙醇-水（5:6:1:4）
	绿原酸（chlorogenic acid）	正丁醇-冰乙酸-水（4:1:5）
	儿茶素（EGCG、GCG 和 ECG）	乙酸乙酯-乙醇-水（25:1:25）到（10:1:10）；正己烷-乙酸乙酯-水（1:4:5）
	儿茶素（EGC）	正己烷-乙酸乙酯-水（1:9:10）
	茶黄素（theaflavin），茶黄素双没食子酯（theaflavin-3,3'-digallates）	正己烷-乙酸乙酯-甲醇-水（1:4:1:4）到（1:5:1:5）
	茶黄素单没食子酯（theaflavin-3-monogallate, theaflavin-3'-monogallate）	正己烷-乙酸乙酯-甲醇-水（1:3:1:6）
	原花青素 B_1，原花青素 B_2，原花青素 C_1（procyanidin B_1,B_2,C_1）	正丁醇-甲基叔丁基醚-乙腈-0.1%三氟乙酸（2:4:3:8）
	花青苷（anthoayanin）	甲基叔丁基醚-正丁醇-乙腈-水（2:2:1:5）
醌类	大黄素甲醚（physcion）	氯仿-甲醇-水（6:3:2）；正己烷-乙酸乙酯-甲醇-水（9:1:5:5）
	芦荟大黄素（aloe-emodin）	氯仿-甲醇-水（6:3:2）；氯仿-甲醇-水（9:10.5:8）
	大黄酸（chrysophanic acid）	氯仿-甲醇-水（6:3:2）；正己烷-乙酸乙酯-甲醇-水（9:1:5:5）；正己烷-乙酸乙酯-甲醇-水（3:7:5:5）
	大黄酚（chrysophanol）	氯仿-甲醇-水（6:3:2）；正己烷-乙酸乙酯-甲醇-水（9:1:5:5）
	大黄素（emodin）	氯仿-甲醇-水（6:3:2）；正己烷-乙酸乙酯-甲醇-水（9:1:5:5）
	芦荟大黄酸（aloechrysophanic acid）	正己烷-乙酸乙酯-甲醇-水（9:1:5:5）
	芦荟素（barbaloin）	氯仿-甲醇-水（9:10.5:8）、（4:3:2）
	蒽苷 A（anthraglycoside A）	氯仿-甲醇-水（4:3:2）
	蒽苷 B（anthraglycoside B）	氯仿-甲醇-水（4:3:2）
	丹参酮（tanshinone）	正己烷-乙醇-水（10:5.5:4.5）、（10:7:3）
	二氢丹参酮（dihydrotanshinone Ⅰ）	正己烷-乙醇-水（10:5.5:4.5）、（10:7:3）
	隐丹参酮（cryptotanshinone）	正己烷-乙醇-水（10:5.5:4.5）、（10:7:3）
	丹参酮ⅡA（tanshinone ⅡA）	正己烷-乙醇-水（10:5.5:4.5）、（10:7:3）
	亚甲基丹参酮（methylenetanshinone）	正己烷-乙醇-水（10:5.5:4.5）、（10:7:3）
	丹参新醌 B（danshenxinkun B）	正己烷-乙醇-水（10:5.5:4.5）、（10:7:3）
	紫丹参甲素（przewaquinone A）	四氯化碳-甲醇-水-正己烷（3:3:2:1）
	紫草素（shikonin）	正己烷-乙酸乙酯-乙醇-水（16:14:14:5）
萜类	紫杉醇（pacilitaxol）	正己烷-乙酸乙酯-乙醇-水（1:1:1:1）、（3:3:2:3）、（4:4:3:4）、（6:3:2:5）；正己烷-乙酸乙酯-甲醇-水（1:1:1:1）；石油醚-乙酸乙酯-甲醇-水（50:70:80:65）
	三尖杉宁碱（cephalomannine）	正己烷-乙酸乙酯-乙醇-水（1:1:1:1）、（3:3:2:3）、（4:4:3:4）、（6:3:2:5）；正己烷-乙酸乙酯-甲醇-水（1:1:1:1）
	10-deacetylbaccatin Ⅲ	正己烷-乙酸乙酯-乙醇-水（2:5:2:5）；正己烷-氯仿-甲醇-水（5:25:34:20）
	青蒿素（artemisinin）	异辛烷-乙酸乙酯-甲醇-水（7:3:6:4）
	表去氧青蒿素（epideoxyarteannuin）	异辛烷-甲醇-水（10:7:3）
	cochloxanthin	四氯化碳-甲醇-水（5:4:1）

续表

类 型	化 合 物	溶剂体系（体积比）
萜类	dihydrocochloxanthin	四氯化碳-甲醇-水（5:4:1）
	2,3,5-trimethoxyl-*O*-gentiobiosyloxyxanthone	氯仿-甲醇-水（9:12:8）
	2,3,5-trimethoxyl-*O*-primeverosyloxyxanthone	氯仿-甲醇-水（9:12:8）
	2,3,4,5-tetramethoxyl-*O*-primeverosyloxy-xanthone	氯仿-甲醇-水（9:12:8）
	葫芦素 B（cucurbitacin B）	正己烷-乙酸乙酯-甲醇-水（12:24:16:9）
	葫芦素 E（cucurbitacin E）	正己烷-乙酸乙酯-甲醇-水（12:24:16:9）
	京尼平苷（geniposide）	乙酸乙酯-正丁醇-水（2:3:5）
	顺式藏红花素（*cis*-crocin）	乙酸乙酯-正丁醇-水（2:3:5）
	反式藏红花素（*trans*-crocin）	乙酸乙酯-正丁醇-水（2:3:5）
	积雪草苷（asiaticoside）	氯仿-甲醇-异丁醇-水（7:6:3:1）
	白果内酯（bilobalide）	氯仿-甲醇-水（4:3:2）
	穿心莲内酯（andrographolide）	正己烷-乙酸乙酯-甲醇-水（1:4:2.5:2.5）
	新穿心莲内酯（neoandrographolide）	正己烷-乙酸乙酯-甲醇-水（1:4:2.5:2.5）
	角鲨烯（squalene）	正己烷-甲醇（2:1）
	番茄红素（lycopene）	正己烷-二氯甲烷-乙腈（10:3.5:6.5）
	叶黄素（lutein）	正己烷-乙醇-水（4:3:1）；正庚烷-氯仿-乙腈（10:3:7）
木脂素	肉桂酸（cinnamic acid）	正己烷-乙酸乙酯-甲醇-水（3:7:5:5）
	阿魏酸（ferulic acid）	正己烷-乙酸乙酯-甲醇-水（3:7:5:5）
	咖啡酸（caffeic acid）	正己烷-乙酸乙酯-甲醇-水（3:7:5:5）
	schisanhend	正己烷-甲醇-水（6:5:5）
	acetylschisanhend	正己烷-甲醇-水（6:5:5）
	neelignans	正己烷-乙腈-乙酸乙酯-水（8:7:5:1）
	丹参酚酸乙（salvianolic acid B）	正己烷-乙酸乙酯-乙醇-水（3:7:1:9）
	司可异落叶松树脂醇二糖苷（secoisolariciresinol diglucoside）	甲基叔丁基醚-正丁醇-乙腈-水（1:3:1:5）
	刺五加苷 E（eleutheroside E）	氯仿-甲醇-异丙醇-水（5:6:1:4）
香豆素	7-羟基-6-甲氧基香豆素（7-hydroxy-6-methoxycoumarin）	氯仿-甲醇-水（2:1:1）、（13:7:8）
	秦皮定（isofraxdin）	氯仿-甲醇-水（2:1:1）
	taxaxeryl acetate	氯仿-甲醇-水（2:1:1）
	甲醚伞形酮	氯仿-甲醇-水（13:7:8）
	7-甲氧基香豆素（7-methoxycoumarin）	氯仿-甲醇-水（13:7:8）
	7-羟基香豆素（7-hydroxycoumarin）	氯仿-甲醇-水（13:7:8）
	羌活醇（notopterol）	石油醚-乙酸乙酯-甲醇-水（5:5:4.8:5）、（5:5:5:4）
	异欧前胡素（isoimperatorin）	石油醚-乙酸乙酯-甲醇-水（5:5:4.8:5）、（5:5:5:4）
	香豆素（coumarin）	乙酸乙酯-10 mmol/L 磷酸钾缓冲液（pH=6.0）（1:1）
	秦皮甲素（esculin）	乙酸乙酯-10 mmol/L 磷酸钾缓冲液（pH=6.0）（1:1）
	欧芹酚甲醚（osthol）	正己烷-乙酸乙酯-甲醇-水（1:1:1:1）、（5:5:6:4）
	花椒毒酚（xanthotoxol）	正己烷-乙酸乙酯-甲醇-水（1:1:1:1）、（5:5:6:4）
皂苷	人参皂苷 R$_{b1}$（ginsenoside R$_{b1}$）	氯仿-甲醇-正丁醇-水（5:6:1:4）；乙酸乙酯-正丁醇-水（1:1:2）；正己烷-正丁醇-水（3:4:7）
	三七皂苷 R$_1$（notoginsenoside R$_1$）	氯仿-甲醇-正丁醇-水（5:6:1:4）；乙酸乙酯-正丁醇-水（1:1:2）；正己烷-正丁醇-水（3:4:7）

类 型	化合物	溶剂体系（体积比）
皂苷	人参皂苷 R_d（ginsenoside R_d）	氯仿-甲醇-正丁醇-水（5:6:1:4）；乙酸乙酯-正丁醇-水（1:1:2）
	人参皂苷 R_e（ginsenoside R_e）	氯仿-甲醇-正丁醇-水（5:6:1:4）；乙酸乙酯-正丁醇-水（1:1:2）；正己烷-正丁醇-水（3:4:7）
	人参皂苷 R_{g1}（ginsenoside R_{g1}）	氯仿-甲醇-正丁醇-水（5:6:1:4）；乙酸乙酯-正丁醇-水（1:1:2）；正己烷-正丁醇-水（3:4:7）
其他	β-谷甾醇（β-sitosterol）	庚烷-乙腈-乙酸乙酯（5:5:1）
	莱油甾醇（campesterol）	庚烷-乙腈-乙酸乙酯（5:5:1）
	falcarind	正己烷-乙腈-叔丁基甲基醚（10:10:1）
	falcarindiel	正己烷-乙腈-叔丁基甲基醚（10:10:1）
	洋地黄毒苷（ditoxin）	正己烷-乙酸乙酯-乙醇-水（6:3:2:5）
	鞣云实精（corilagin）	正丁醇-冰乙酸-水（4:1:5）
	鞣花酸（ellagic acid）	正丁醇-冰乙酸-水（4:1:5）
	脂肪酸（fatty acid）	正庚烷-乙腈-冰乙酸-甲醇（4:5:1:1）

第三节　萃取体系及其基本性质

常见的萃取体系有四类：螯合物萃取体系、利用高分子胺的萃取体系、形成离子缔合物的萃取体系和酸性磷类萃取体系。

一、螯合物萃取体系

螯合物萃取体系所涉及的螯合剂（应有较多的疏水基团）通常溶于有机相，难溶于水相，有些也微溶于水相，但在水相中的溶解度依赖于水相的组成，特别是 pH 的影响（如双硫腙可溶于碱性水溶液）。当螯合剂在水相与待萃取的金属离子形成不带电荷的中性螯合物后，金属离子由亲水性转变为疏水性，进而被有机溶剂萃取。螯合物萃取体系广泛应用于金属阳离子的萃取，主要适用于微量和痕量物质的分离（如直接采用萃取光度法测量），不适用于常量物质的分离。常用的螯合剂及相应的应用体系如下所述。

1. β-二酮类（表 1-3～表 1-7）

表 1-3　β-二酮类萃取剂的解离常数（K_{H_2A}、K_{HA}）、分配系数 [$K_{D(HA)}$] 和溶解度（s）

有机试剂	pK_{H_2A}	pK_{HA}	$\lg K_{D(HA)}$（溶剂）	s/(mol/L)	T/℃	$I^{①}$/(mol/kg)
乙酰丙酮	—	8.94			25	—
	—	8.93			25	—
	—	8.95	0.77（苯）		20	—
	—	8.82	0.77（甲基异丁基酮）		25	—
	—	—	1.37（氯仿）		—	—
	—	8.95	—		30	—
	—	9.02	—		20	热力学常数
	—	—	1.37～1.00（氯仿）	—		0～1.9 mol/L HClO_4
	—	—	0.52～0.15（CCl_4）	—		0～1.9 mol/L HClO_4
	—	—	0.52（CCl_4）	1.72(0.1mol/L NaClO_4)	20	0.1
	—	—	0.76（苯）		20	0.1

有机试剂	pK_{H_2A}	pK_{HA}	lg$K_{D(HA)}$（溶剂）	s/(mol/L)	T/℃	I[①]/(mol/kg)
乙酰丙酮	—	—	1.40（氯仿）		20	0.1
	—	8.76	0.54（苯）		25	1.0
	—	—	1.21（氯仿）		25	1.0
	—	—	−0.05（正己烷）		25	0.1
	—	—	0.50（CCl₄）		25	0.1
	—	—	0.62（甲苯）		25	0.1
	—	—	0.74（苯）		25	0.1
	—	—	1.37（氯仿）		25	0.1
苯甲酰丙酮	—	8.70		2.36×10⁻³（水）	25	—
	—	8.74	2.82（CCl₄）	1.9（CCl₄）	20	0.1
	—	—	3.14（苯）	2.5（苯）	25	0.1
	—	—	3.60（氯仿）	3.9（氯仿）	25	0.1
				2.0×10⁻³ (0.1 mol/L NaClO₄)	25	0.1
	—	8.24	2.79（苯）		25	1.0
			3.37（氯仿）		25	1.0
	—	8.96	3.14（苯）		25	0.1
			3.44（氯仿）		25	0.1
二苯甲酰甲烷	—	9.35	4.51（CCl₄）	1.3（CCl₄）	20	0.1
	—	—	5.35（苯）	1.8（苯）	20	0.1
	—	—	5.40（氯仿）	2.4（氯仿）	20	0.1
	—	—	—	6×10⁻⁶(0.1 mol/L NaClO₄)	20	0.1
		8.95				
		9.2	5.2（氯仿）		30	—
二叔戊酰基甲烷		11.77	—		25	0.1
三氟乙酰丙酮	—	6.3	—		25	
			0.18（苯）		—	2mol/L HClO₄
			−0.50（正己烷）		25	0.1
			0.14（CCl₄）		25	0.1
			0.11（苯）		25	0.1
			0.29（氯仿）		25	0.1
呋喃甲酰三氟丙酮			0.87（苯）		—	2mol/L HClO₄
吡咯甲酰三氟丙酮			0.47（苯）		—	2mol/L HClO₄
苯甲酰三氟丙酮		6.3			25	—
硒茂甲酰三氟丙酮		6.32	1.92（苯）		25	0.1
噻吩甲酰三氟丙酮（HTTA）		6.23	—		25	
			1.60（苯）		25	0.1 mol/L HTTA
			1.63~1.71（苯）		—	0.1~1.7 mol/L HTTA
			1.76(苯)		—	1.7 mol/L HTTA
		6.38	—			0.6~6.1
			1.69~2.65（苯）		—	
		6.53	2.12（苯）		25	1.0
			1.52（二甲苯）		—	—
			0.68（正己烷）		25	0.1

有机试剂	pK_{H_2A}	pK_{HA}	lg$K_{D(HA)}$（溶剂）	s/(mol/L)	T/℃	$I^{①}$/(mol/kg)
噻吩甲酰三氟丙酮（HTTA）			1.30（CCl₄）		25	0.1
			1.62（苯）		25	0.1
			1.73（氯仿）		25	0.1
			1.60（甲苯）		25	0.1
			1.54～1.58（CCl₄）		25	0.1
			1.84（氯仿）		25	0.1
			2.22（甲基异丁基酮）		25	0.1
硒茂甲酰丙酮		8.55	2.92（氯仿）		25	0.1
			3.00（苯）		25	0.1
噻吩甲酰丙酮			1.30（正己烷）		25	0.1
			2.06（CCl₄）		25	0.1
			2.40（苯）		25	0.1
苯甲酰硒茂甲酰甲烷		7.86	3.66（苯）		25	1.0
			3.90（氯仿）		25	1.0
呋喃甲酰硒茂甲酰甲烷		2.51	2.68（苯）		25	1.0
			3.10（氯仿）		25	1.0
噻吩甲酰硒茂甲酰甲烷		2.53	2.75（苯）		25	1.0
			3.17（氯仿）		25	0.1
二硒茂甲酰甲烷		2.50	3.15（苯）		25	0.1
			3.17（氯仿）		25	0.1
酚酮及其衍生物 草酚酮	0.03	6.71	1.70（氯仿）		25	0.1
		7.00			20	—
$β$-异丙基草酚酮		7.04	3.37（氯仿）		25	0.1
$γ$-异丙基草酚酮		7.10	3.24（氯仿）		25	0.1
$α$-异丙基草酚酮		7.64			25	0.1

① I 为离子强度，mol/kg，以后诸表中均同。

表 1-4 用乙酰丙酮（AA）^{①}萃取金属离子[2~5]

被萃取离子	有 机 相	水相 pH	E/%	pH$_{1/2}$	lgK_{ex}	备 注
Al³⁺	纯 AA	5～9	90	3.30	−6.48	
	0.1mol/L AA+苯	4～6	95	1.75		
Be²⁺	纯 AA	1.5～3	>95	0.67	−3.3	
	0.1mol/L AA+苯	3.5～8.0	完全	2.45	−2.79	
Bi³⁺	0.1mol/L AA+苯	6～9（$I^{②}$=0.1mol/kg）	约 10			
Ce³⁺	0.1mol/L AA+苯（或异戊醇）	8～9	80			
	0.1mol/LAA+异丁醇（或环己烷）	8.1～8.4	60			
Ce⁴⁺	0.61mol/L AA+苯	5～6(0.65mol/L NaBrO₃)	95			
	20%AA+苯	4～9	99			
Co²⁺	纯 AA	0.3～2	99～99.5			
	0.1mol/L AA+苯	7～11	<30			
Cr³⁺	过量 AA	约 6（沸腾）	99			
	AA+CHCl₃（1+1）	0.2～2	99～99.5			
Cu²⁺	纯 AA	3～6	85	1.10	−4.2	

被萃取离子	有 机 相	水相 pH	$E/\%$	$pH_{1/2}$	lgK_{ex}	备 注
	0.1mol/L AA+CCl$_4$	>4	约80	3.2	-3.27	
Dy^{3+}	纯 AA	6.5	52	5.8		
Er^{3+}	纯 AA	6.0	约70			
Eu^{3+}	0.1mol/L AA+CHCl$_3$-TBP	8				无TBP时 $E<10\%$
Fe^{2+}	AA+CHCl$_3$(1+1)	0～2.5	0			
Fe^{3+}	AA+CHCl$_3$(1+1)	0.3～1.5	10～99.9			
	0.1mol/L AA+苯	2.5～7	完全	1.60	-1.39	
	纯 AA	1	99.9	0.07		
Ga^{3+}	纯 AA	6.0	97	1.20		
	0.1mol/L AA+苯	3.5～8	完全	2.90	-5.51	
Gd^{3+}	纯 AA	6	40			
Hf^{4+}	纯 AA	3	80	1.75		
	0.05mol/L AA+苯	7	80	4.7		
Hg^{2+}	0.1mol/L AA+苯	4～10	<25	4.7		
Ho	纯 AA	6.5	62	5.1		
In^{3+}	纯 AA	3～6	完全	1.7		
	0.1mol/L AA+CCl$_4$	5.5	完全	4.15		
	0.1mol/L AA+苯	5～9	完全	3.4	-7.20	
La^{3+}	0.1mol/L AA+苯	6～10	<20			
Mg^{2+}	0.1mol/L AA+苯	9～12	<60	9.4		
Mn^{2+}	纯 AA	5.5～6.5	10～20			
	0.1mol/L AA+苯	9～10	<30			
	0.1mol/L AA+CCl$_4$	9	10			
	5%AA+CHCl$_3$	8.0～9.5	完全			有 H$_2$O$_2$ 存在
	AA+CHCl$_3$(1+1)	5.5～6.5	10～20			
Mo^{6+}	0.1mol/L AA+苯	1.5～5	<35			
		0.01～3mol/L H$_2$SO$_4$	96～98			
Nb^{5+}	20%AA+CHCl$_3$	2～5	90			
	20%AA+苯	4.2～4.3	61.5			
	20%AA+二甲苯		55.8			
	20%AA+CCl$_4$		37.6			
	20%AA+CH$_2$Cl$_2$		79.9			
	20%AA+乙酸乙酯		44.3			
	20%AA+乙酸异戊酯		49.0			
	20%AA+TBP		53.5			
	20%AA+异丙醚		1			
	20%AA+煤油		10			
	20%AA+MIBK		4.2			
Nd^{3+}	纯 AA	6	28			
Ni^{2+}	0.1mol/L AA+苯	6～10	<20			
Pa	0.1mol/L AA+苯	饱和乙酸钠溶液	40			
Pb^{2+}	0.1mol/L AA+苯	7～10	<80	6.2	-10.15	
	纯 AA	6.5～8	75	5.64		
Pd^{2+}	0.1mol/L AA+苯	0～8	完全			
Pu^{4+}	1mol/L AA+苯	4～7	完全	2.5		

被萃取离子	有 机 相	水相 pH	E/%	pH₁/₂	lgKₑₓ	备 注
Ru³⁺	1mol/L AA+CHCl₃	4～7	完全	1.8		
	AA+CHCl₃	4～6	90			
Sc³⁺	0.1mol/L AA+CHCl₃	4.5	完全		−6.35	
	0.1mol/L AA+苯	3.5～9	完全	2.95	−5.83	
Sm³⁺	纯 AA	6	33			
Sn²⁺	0.1mol/L AA+苯	6	75	约 5		
Tb²⁺	纯 AA	6	约 50			
Tc	纯 AA	4.0	约 55			
Th⁴⁺	0.1mol/L AA+苯	5～9	完全	4.10	−12.16	
	0.1mol/L AA+CHCl₃		完全			
Ti⁴⁺	纯 AA	0～2	10～75			
	0.1mol/L AA+苯	3～5	约 35			
Tl³⁺	0.1mol/L AA+苯	2～10	完全	1.3		
U⁴⁺	0.5mol/L AA+苯（或 CHCl₃）	3	完全	2.0 或 2.4		
U⁶⁺	纯 AA	3～7	>95	1.66		
V³⁺	AA+CHCl₃（1+1）	2.3～3.0	完全	0		
V⁴⁺	AA+CHCl₃（1+1）	2～4	80	1.4		
V⁵⁺	AA+CH₃Cl₃（1+1）	2.2	68	1.2		
	AA+正丁醇		94			
Y³⁺	纯 AA	6.7	50			
		5.5～10	>50	5.15		
Yb³⁺	纯 AA	6	86	4.5		
Zn²⁺	纯 AA	5.5～8	50	5.3		
	0.1mol/L AA+CCl₄	7～9	15～20		−10.69	
Zr⁴⁺	纯 AA	2	约 70	1.5		
	20% AA+CHCl₃	3～8	98			
	20% AA+苯	5.7	86			
	20% AA+CCl₄	5.7	88.5			
	20% AA+CH₂Cl₂	5.7	96.5			
	20% AA+异丙醚	5.7	51.5			
	20% AA+MIBK	5.7	65.4			
	20% AA+乙酸乙酯	5.7	71.6			
	20% AA+乙酸异戊酯	5.7	64.8			
	20% AA+TBP	5.7	64.3			

① 乙酰丙酮（AA）： $CH_3-\underset{O}{C}-CH_2-\underset{O}{C}-CH_3$ ；TBP：三苯基膦；MIBK：甲基异丁基甲酮。

表 1-5 用苯甲酰丙酮（BZA）①萃取金属离子[2～5]

被萃取离子	有 机 相	水相 pH	E/%	pH₁/₂	lgKₑₓ	备 注
Ag⁺	0.1mol/L BZA+苯	10	约 70	8.9	−7.8	
Al³⁺	0.1mol/L BZA+苯	4～10	90	3.6	−7.6	
Be²⁺	0.1mol/L BZA+苯	4～10	完全	2.94	−3.88	
Bi³⁺	0.1mol/L BZA+苯	10～11	80	9.2		
Ca²⁺	0.1mol/L BZA+苯	>11.5	95	10.1	−18.28	

续表

被萃取离子	有 机 相	水相 pH	$E/\%$	$pH_{1/2}$	$\lg K_{ex}$	备 注
Ca²⁺	0.1mol/L BZA+己烷+0.6mol/L TBP	9.3	完全	8.4	−15.04	
Cd²⁺	0.1mol/L BZA+苯（或 CHCl₃）	9.5～11	基本完全	8.48（或8.93）	−14.92（或−15.83）	
	0.1mol/L BZA+苯					
	0.1mol/L BZA+CCl₄	>9	98	8.48	−14.90	
	0.1mol/L BZA+CCl₄	10	80	9.2	−15.80	
Co²⁺	0.1mol/L BZA+CCl₄	约 9	约 90	7.5	12.85	
	0.1mol/L BZA+苯	7.5～11	完全	6.6	−11.11	
Cu²⁺	0.1mol/L BZA+苯	4～9	完全	3.0	−4.17	
Er³⁺	0.1mol/L BZA+CHCl₃			5.9		
Eu³⁺	0.1mol/L BZA+苯	>8.5	完全	7.3	−18.9	
Ca³⁺	0.1mol/L BZA+苯	4～8	完全	3.1	−6.3	
Hf⁴⁺	0.1mol/L BZA+苯	微酸性	不完全	1.4		
Hg²⁺	0.1mol/L BZA+苯	5～10	80	3.7		
In³⁺	0.1mol/L BZA+苯	5～7	完全	4.14	−9.30	
	0.1mol/L BZA+CHCl₃	5～7	完全	4.6	−10.65	
	0.1mol/L BZA+CCl₄	5～7	完全	4.13	−9.24	
La³⁺	0.1mol/L BZA+CCl₄	9	完全	7.95	−20.34	
	0.1mol/L BZA+CHCl₃	9	完全	8.41	−21.81	
	0.1mol/L BZA+苯	9	完全	7.96	−20.46	
Mg²⁺	0.1mol/L BZA+苯	>10.5	完全	9.4	−16.65	
Mn²⁺	0.1mol/L BZA+苯	9～12	90	8.3	−14.63	
	0.1mol/L BZA+CCl₄	9	完全			
Mo⁶⁺	0.1mol/L BZA+苯	1～4	<20			
Pb²⁺	0.1mol/L BZA+苯	7～10	完全	5.7	−9.61	
Pd²⁺	0.1mol/L BZA+苯	1.5～10	完全	0.4	1.2	
Pu⁴⁺	BZA+苯	4	90			
Sc³⁺	0.1mol/L BZA+苯	4.5～7	完全	3.10	−5.99	
Sr²⁺	0.1mol/L BZA+苯	11～12	50	约 11.5	−20.0	
	0.2mol/L BZA+0.6mol/L TBP	10	95	9.3	−17.35	
Th⁴⁺	0.1mol/L BZA+苯	4～8	完全	2.90	−7.68	
Ti⁴⁺	0.1mol/L BZA+苯	3	完全	2.4		
Tl³⁺	0.1mol/L BZA+苯	5～10	75	4.0		
U⁶⁺	0.1mol/L BZA+苯	5～7	完全	3.82	−4.68	
	0.1mol/L BZA+CHCl₃	5～7	完全	3.72	−4.44	
	0.1mol/L BZA+CCl₄	5～7	完全	4.03	−5.06	
V³⁺	0.1mol/L BZA+CCl₄	>8	完全	6.89	−17.04	
	0.1mol/L BZA+CHCl₃	>8	完全	7.31	−18.3	
	0.1mol/L BZA+苯	>8	完全	6.86	−16.96	
Zn²⁺	0.1mol/L BZA+苯	7～9	完全	6.5	−10.79	
	0.1mol/L BZA+己烷		约 98	6.7	−11.46	
	0.1mol/L BZA+CCl₄		完全	6.7	−11.36	
	0.1mol/L BZA+CHCl₃	7～12	完全	6.9	−11.78	
Zr⁴⁺	0.1mol/L BZA+苯	5～6.5	>90	3.4		

① 苯甲酰丙酮（BZA）： ；TBP：三苯基膦。

表 1-6 用噻吩甲酰三氟丙酮（TTA）①萃取金属离子[2~5]

被萃取离子	有 机 相	水相 pH	$E/\%$	$pH_{1/2}$	$\lg K_{ex}$	备 注
Ac^{2+}	0.1mol/L TTA+CCl₄	5	94			
	0.1mol/L TTA+0.2mol/L TBP-CCl₄	I=1mol/kg			−5.04	
	0.1mol/L TTA+0.3mol/L TBP-CCl₄	I=4mol/kg			−5.55	
	0.1mol/L TTA+0.1mol/L TBP-CCl₄	I=5mol/kg			−5.93	
	0.2mol/L TTA+0.2mol/L TBP-CCl₄	3.5	完全			
	0.25mol/L TTA+苯	5.5	完全	4.6		
Ag^+	0.1mol/L TTA+苯	6.5	>90		−4.78	
	0.1mol/L TTA+10⁻³mol/L 喹啉-CHCl₃	6.5	>99		−4.68	
Al^{3+}	0.1mol/L TTA+MIBK	5.5～6	完全	3.5～4.5	−5.25	$pH_{1/2}$ 取决于乙酸盐的浓度
	0.01mol/L TTA+苯	5.5	约 93			
	0.02mol/L TTA+己烷	5.5				
Am^{3+}	0.01mol/L TTA+CHCl₃	I=0.1mol/kg			−9.20	
	0.1mol/L TTA+CCl₄	I=1mol/kg			−8.88	
	0.1mol/L TTA+10% MIBK-CCl₄	I=1mol/kg			−6.72	
	0.1mol/L TTA+10% MIBK-CCl₄	I=5mol/kg			−6.95	
	0.2mol/L TTA+苯		95			
	0.5mol/L TTA+二甲苯		完全		−7.8	
Au	0.5mol/L TTA+10% MIBK-CCl₄	4.0（含 10 mol/L 的 LiCl）	>90			
Ba^{2+}	0.2mol/L TTA+苯			8.0		
Be^{2+}	0.01mol/L TTA+苯	约 7	95		−4.1	
	0.1～1.0mol/L TTA+二甲苯	<4	完全			
	0.03mol/L TTA+MIBK	I=1mol/kg			−2.45	
	0.2mol/L TTA+MIBK	I=4mol/kg			−1.80	
Bi^{3+}	0.25mol/L TTA+苯	>2.5	完全	1.7	−14.4	
Bk^{2+}	0.2mol/L TTA+甲苯	约 3.4	80		−7.5	
Bk^{4+}	0.5mol/L TTA+苯	0.25～0.5 mol/L H₂SO₄+0.3 ～ 3.5 mol/L HNO₃	完全		−7.6	
	0.5mol/L TTA+二甲苯	0.25～0.5 mol/L H₂SO₄ + 0.3 ～ 3.5 mol/L HNO₃	完全			
Ca^{2+}	0.1mol/L TTA+0.1mol/L TBP+CCl₄	>6（I=1mol/kg）	完全		−7.2	
	0.1mol/L TTA+CCl₄	7～9	<25		−13.5	
	0.1mol/L TTA+MIBK	6.5	完全		−9.20	
	0.05mol/L TTA+MIBK	8	完全			
Cd^{2+}	0.2mol/L TTA+苯			>8		
Ce^{3+}	0.2mol/L TTA+苯			39		
Ce^{4+}	0.5mol/L TTA+二甲苯	0.5mol/L H₂SO₄ +0.3mol/L NaBrO₃	90	5.5	−8.96	
Cf^{3+}	0.2mol/L TTA+甲苯	3.4	70			
	0.2mol/L TTA+苯			3.1		
Cm^{3+}	0.2mol/L TTA+甲苯	3.4	20			
Co^{2+}	0.1mol/L TTA+0.1mol/L TBP+CCl₄	4.5	完全	3.4	−6.73	
	0.001mol/L TTA+苯、环己烷、CCl₄	5	完全			存在吡啶碱时
	0.1mol/L TTA+CCl₄	6.5～7	90	5.5	−8.96	
	0.1mol/L TTA+异丁醇（或甲乙酮）	7.6～8.8	完全			
	3+1 或 2+1 丙酮与苯混合物	5.1～6.8	完全			

被萃取离子	有 机 相	水相 pH	$E/\%$	$pH_{1/2}$	$\lg K_{ex}$	备 注
Cs^+	0.5mol/L TTA+硝基甲烷	8.7				
Cr^{3+}	0.15mol/L TTA+苯	5.75	完全	约 4	-10.95	
Cu^{2+}	0.15mol/L TTA+苯	3～6	完全			
	0.1mol/L TTA+CHCl₃	>2.5	完全	1.7	-1.25	
	0.1mol/L TTA+CCl₄	>2.5	完全	1.7	-1.08	
	0.1mol/L TTA+MIBK	>2.5	完全	1.5	-0.94	
	0.1mol/L TTA+环己烷+吡啶	5.5	完全			
Dy^{3+}	0.01mol/L TTA+苯	3.4	95			
	0.5mol/L TTA+苯	3	85	2.7		
Es^{3+}	0.2mol/L TTA+甲苯	3.4	60			
	0.2mol/L TTA+苯			3.1		
Eu^{3+}	0.5mol/L TTA+苯	3.5	完全	2.9		
	0.2mol/L TTA+甲苯	3.4	45			
	0.1mol/L TTA+CHCl₃	I=0.1mol/kg		3.8	-8.68	
	0.1mol/L TTA+CCl₄	I=0.1mol/kg			-8.16	
	0.1mol/L TTA+1mol/L TBP+CCl₄	I=0.1mol/kg			-2.87	
Fe^{2+}	2×10^{-4}mol/L TTA+苯	4.4	>94			10^{-2}mol/L 吡啶存在时
Fe^{3+}	0.2mol/L TTA+苯	约 2	完全	1.0		pH>2 时 E 会下降
	15% TTA+二甲苯	2mol/L HNO₃-9mol/L NH₄NO₃	完全			
	0.5mol/L TTA+二甲苯	10mol/L HNO₃	90			
	0.1mol/L TTA+CCl₄	pH>0.6, I=4mol/kg	完全	-0.35	3.99	
	0.5mol/L TTA+MIBK	1.8mol/L H₂SO₄+2mol/L NH₄Cl	98			
Fm^{3+}	0.2mol/L TTA+甲苯	3.4	70		-7.7	
Gd^{3+}	0.5mol/L TTA+苯	3	75	2.9	-7.58	
Hf^{4+}	0.08mol/L TTA+苯	2mol/L HClO₄	完全			
	0.1mol/L TTA+苯	4mol/L HClO₄	完全			
	0.2mol/L TTA+苯	0.35～3.5mol/L HNO₃	完全			
Ho^{3+}	0.2mol/L TTA+苯			3.15	-7.25	
In^{3+}	0.005mol/L TTA+苯	>4		2.8		
	0.01mol/L TTA+CHCl₃	I=1mol/kg		3.2	-3.83	
	0.02mol/L TTA+CHCl₃	I=4mol/kg			-3.63	
	0.5mol/L TTA+苯	2.5～3.5	完全	1.9	-4.34	
La^{3+}	0.5mol/L TTA+苯			3.7	-10.51	
	0.1mol/L TTA+MIBK	约 5	完全	1.7		0.5mol/L 乙酸盐
	0.2mol/L TTA+0.2mol/L TBP+CCl₄	2.5, I=1mol/kg	完全	3.3		1.0mol/L 乙酸盐
Lu^{3+}	0.1mol/L TTA+CCl₄	I=1mol/kg			-7.43	
Mn^{2+}	0.02mol/L TTA+苯	5.4	>90			0.02mol/L 吡啶存在时
	0.15mol/L TTA+苯-丙酮	6.7～8.0	完全	4.3		
	0.15mol/L TTA+二甲苯	0.5mol/L H₂SO₄+0.3mol/L NaBrO₃	完全			

被萃取离子	有 机 相	水相 pH	E/%	$pH_{1/2}$	$\lg K_{ex}$	备 注
Mo^{6+}	0.15mol/L TTA+丁醇	0.6mol/L HCl	完全			
Na^+	0.5mol/L TTA+硝基苯	约 9.0	45		−11.6	
Nb^{5+}	0.5mol/L TTA+二甲苯	10mol/L HNO_3	94			
Nd^{2+}	0.5mol/L TTA+苯	>3		3.12	−8.57	
Ni^{2+}	0.15mol/L TTA+苯-丙酮	5.5～8.0	完全	3.8		
Np^{5+}	0.5mol/L TTA+二甲苯	1mol/L HCl	>99		−5.6	
	0.1mol/L TTA+苯	2, I=2mol/kg	>95			
	0.01mol/L TTA+异丁醇	7～9	90			
Ni^{2+}	0.02mol/L TTA+苯	4.7	>90		−6.6	0.017mol/L 吡啶存在时
	0.001mol/L TTA+苯，$CHCl_3$	5.5	完全			存在吡啶时
	0.001mol/L TTA+环己烷，CCl_4	4.5	完全			
	0.05mol/L TTA+0.03mol/L TOPO+CCl_4	>3.5	完全	2.6	−2.60	存在吡啶时
Os^{2+}	0.015mol/L TTA+苯	4.5～5	完全	2.5		
Pa^{4+}	0.3mol/L TTA+苯	6mol/L HCl	90			存在 Cr^{3+} 时
Pa^{5+}	0.5mol/L TTA+苯	2～9mol/L HCl	90			
Pb^{2+}	0.25mol/L TTA+苯	约 5	完全	3.2	−5.2	
Pd^{2+}	0.15mol/L TTA+丁醇	4.2～8.0	完全			
	0.15mol/L TTA+甲基丙基酮	4.0～4.4	完全	2.8		
Po	0.25mol/L TTA+苯	2	完全	0.9	−0.36	
Pr^{3+}	0.5mol/L TTA+苯	3.92	完全		−8.48	
Pt^{4+}	0.15mol/L TTA+丁醇-乙酰苯（2:1）	3.4～7.6mol/L HCl	完全		−6.85	
Pu^{3+}	0.2mol/L TTA+苯			2.2	−4.34	
Pu^{4+}	0.2mol/L TTA+CCl_4	1mol/L HNO_3	可以萃取			
	0.1mol/L TTA+苯	0.5mol/L HNO_3	两次萃取完全			
	0.5mol/L TTA+二甲苯		完全			
Ra^{2+}	0.1mol/L TTA+0.1mol/L TBP+CCl_4	8	完全	6.7	−10.92	
	0.1mol/L TTA+CCl_4	7.5～9	约 5			
Re^{7+}	0.15mol/L TTA+异戊醇	3～3.5mol/L H_2SO_4	完全			
稀土离子（Ⅲ）	0.1mol/L TTA+MIBK	5.5	完全			
Rh^{3+}	0.015mol/L TTA+丙酮-二甲苯（1:1）	6	完全			
Ru^{3+}	0.015mol/L TTA+苯	4.0	完全			
	0.05mol/L TTA+MIBK	8	1.5			
Sc^{3+}	5% TTA+苯	1.5	两次萃取完全		−0.3	
	0.5mol/L TTA+苯	>1.6	>95	0.5	−0.77	
Sm^{3+}	0.5mol/L TTA+苯		2.9	−7.68	−7.7	
Sn^{4+}	0.5mol/L TTA+MIBK	1～1.5 mol/L 或 1.8mol/L H_2SO_4 + 2mol/L NH_4Cl	>98			
Sr^{2+}	0.1mol/L TTA+0.1mol/L TBP+CCl_4	约 6.5	完全		−9.20	无 TBP 时 <5%

续表

被萃取离子	有　机　相	水相 pH	$E/\%$	$pH_{1/2}$	$\lg K_{ex}$	备　注
S_r^{2+}	0.2mol/L TTA+苯	9～12	80	8.0	-14	
Tb^{3+}	0.2mol/L TTA+苯			3.2	-7.51	
Th^{4+}	0.25mol/L TTA+苯	>1	完全	0.5	1.00	
	0.1mol/L TTA+CHCl$_3$	>1	完全	0.0	0.00	
	0.45mol/L TTA+苯	0.2mol/L HNO$_3$	完全			
Ti^{4+}	0.15mol/L TTA+异戊醇+苯	10～11	完全			
Tl^{3+}	0.25mol/L TTA+苯	约 4	完全	2.6	2.60	
	0.025mol/L TTA+苯（或 MIBK）	7～10	50～80			
Tm^{3+}	0.5mol/L TTA+苯			3.05	-6.96	
U^{4+}	0.5mol/L TTA+苯	HClO$_4$-NaClO$_4$, I=2mol/kg			5.3	
U^{6+}	0.15mol/L TTA+苯	3.5～7	完全		-2.0	
V^{4+}	0.25mol/L TTA+苯	约 4	70		-5.3	
V^{5+}	0.2mol/L TTA+乙酸乙酯（或乙酸异戊酯）	2.0～3.0	完全		-1.97	
	0.3mol/L TTA+丁醇	2.5～4.1	完全			
W	0.15mol/L TTA+丁醇	6mol/L HCl	完全			
Yb^{3+}	0.2mol/L TTA+苯	3.4		3.0	-6.72	
Zn^{2+}	0.1mol/L TTA+CHCl$_3$	>6	90		-8.13	
	0.1mol/L TTA+CCl$_4$	>6	90		-8.04	
	0.1mol/L TTA+苯	>6, I=1mol/kg	完全	4.8		
	0.1mol/L TTA+己烷	>6, I=1mol/kg	50			
	0.1mol/L TTA+MIBK	I=0.1mol/kg			-5.69	
Zr^{4+}	0.5mol/L TTA+二甲苯	2mol/L HNO$_3$ 或 HCl	完全		8.00	
	0.5mol/L TTA+苯	2mol/L HNO$_3$	>95			
	0.05mol/L TTA+苯	4mol/L HClO$_4$	完全			
	0.028mol/L TTA+苯	2mol/L HClO$_4$	98			
	9%TTA+二甲苯	12mol/L HCl	>95			

① 噻吩甲酰三氟丙酮（TTA）的结构式：

；TBK：三苯基膦；MIBK：甲基异丁基甲酮。

表 1-7 用 β-异丙基莨酚酮(IPT)①萃取金属离子[2~5]

被萃取离子	有　机　相	水相 pH	$E/\%$	$pH_{1/2}$	$\lg K_{ex}$	备　注
Ac^{3+}	0.1mol/L IPT+CHCl$_3$			5.1		
Ag^+	0.1mol/L IPT+CHCl$_3$	>8.5	约 50	9.7	-8.7	
Al^{3+}	0.1mol/L IPT+CHCl$_3$	1	完全			
Am^{3+}	0.1mol/L IPT+CHCl$_3$			3.41		
Ba^{2+}	0.1mol/L IPT+CHCl$_3$	>10	>50	9.5		
Ca^{2+}	0.1mol/L IPT+CHCl$_3$	>9	>90	8.19		pH=9.5 时萃取率最高
Cd^{2+}	0.1mol/L IPT+CHCl$_3$	>6	完全	5.05		
Co^{2+}	0.1mol/L IPT+CHCl$_3$	8～10	>99			被氧化为Co^{3+}
Eu^{3+}	0.1mol/L IPT+CHCl$_3$+1mol/L TBP	I=1mol/kg		-4.30		
Ho^{3+}	0.1mol/L IPT+CHCl$_3$+1mol/L TBP			3.08		
La^{3+}	0.1mol/L IPT+CHCl$_3$+1mol/L TBP			4.44		

续表

被萃取离子	有 机 相	水相 pH	E/%	pH$_{1/2}$	lgK_{ex}	备 注
Lu^{3+}	0.1mol/L IPT+CHCl$_3$+1mol/L TBP			2.76		
Ni^{2+}	0.1mol/L IPT+CHCl$_3$+1mol/L TBP			4.9		以 NiA$_2$ 和 Na NiA$_3$ 形式萃取
Pr^{3+}	0.1mol/L IPT+CHCl$_3$+1mol/L TBP			3.83		
Sc^{3+}	0.1mol/L IPT+CHCl$_3$+1mol/L TBP			0.65	1.06	
Sm^{3+}	0.1mol/L IPT+CHCl$_3$+1mol/L TBP			3.52		
Sr^{2+}	0.1mol/L IPT+CHCl$_3$+1mol/L TBP	10	80	8.5		
Tb^{3+}	0.1mol/L IPT+CHCl$_3$+1mol/L TBP			3.28		
Tm^{3+}	0.1mol/L IPT+CHCl$_3$+1mol/L TBP			3.04		
Y^{3+}	0.1mol/L IPT+CHCl$_3$+1mol/L TBP			3.46		
Yb^{3+}	0.1mol/L IPT+CHCl$_3$+1mol/L TBP			2.98		
Zn^{2+}	0.1mol/L IPT	约 5	完全	4.1	−7.01	
	0.1mol/L IPT+MIBK	>4	完全	3.2	−4.53	
	0.1mol/L IPT+CCl$_4$	约 5	90	4.1	−7.0	

① β-异丙基草酚酮（IPT）的结构式：；TBP：三苯基膦。

2. 8-羟基喹啉类（表 1-8～表 1-11）

表 1-8 8-羟基喹啉类萃取剂的解离常数（K_{H_2A}、K_{HA}）、分配系数 [$K_{D(HA)}$] 和溶解度（s）

有机试剂	pK_{H_2A}	pK_{HA}	lg$K_{D(HA)}$（溶剂）	s/(mol/L)	T/℃	I/（mol/kg）
8-羟基喹啉	5.09	9.82	2.81（氯仿）	3.56×10^{-3}（水）	18	—
				2.55（氯仿）	18	—
	5.33	9.60	2.6（苯）	1.19（苯）	18	0.1
	5.27	9.68		3.78×10^{-3}（水）	20	—
	5.00	9.66	2.66（氯仿）	2.63（氯仿）	25	0.1
			2.18（甲基异丁基酮）	3.56×10^{-3}（水）	25	0.1
	5.19	9.69	2.09（苯）		25	0.1
			2.15（甲基异丁基酮）		25	0.5
			2.55（氯仿）		25	0.5
			2.3（氯仿）		—	—
	5.10	9.86	2.65（氯仿）		25	丁基溶纤剂存在
2-甲基-8-羟基喹啉	5.55	10.3	2.64（CCl$_4$）		25	
	5.77	10.04	3.4（氯仿）	0.506（氯仿）	25	0.1
4-甲基-8-羟基喹啉			2.73（CCl$_4$）		25	
			3.27（氯仿）		25	0.1
5-甲基-8-羟基喹啉	5.29	9.93	3.28（氯仿）	0.190（氯仿）	25	0.1
5-乙酰基-8-羟基喹啉	4.00	7.75	2.8（氯仿）	5.87×10^{-2}（氯仿）	25	0.1
5,7-二氯-8-羟基喹啉	2.9	7.4	3.86（氯仿）	1.19×10^{-2}（己醇）	25	0.1
			3.14（己醇）	3.02×10^{-2}（氯仿）	25	0.1
5,7-二溴-8-羟基喹啉	2.6	7.3	4.15（氯仿）		25	0.1
			3.36（己醇）		25	0.1
	3.30	7.2	4.35（氯仿）	1.09×10^{-2}（氯仿）	—	3mol/L NaClO$_4$

有机试剂	pK_{H_2A}	pK_{HA}	$\lg K_{D(HA)}$（溶剂）	s/(mol/L)	T/℃	I/（mol/kg）
5,7-二碘-8-羟基喹啉	2.7	8.0	4.15（氯仿）	$5.85×10^{-2}$（氯仿）	25	0.1
S-氯-7-碘-8-羟基喹啉	2.7	7.9	3.88（氯仿）		25	0.1
5-亚硝基-8-羟基喹啉	2.56	7.59			15	0.1
1-羟基吖啶	5.31	9.84			—	—
8-巯基喹啉	2.98	8.48			—	0
	2.05	8.29			20	
	2.11	8.4～8.6			20	
	2.0	8.4	2.50(氯仿)，2.20(苯)	$3.4×10^{-4}$（水）	25	0.1
8-硒基喹啉	0.08	8.75			25	0.1

表 1-9 用 8-羟基喹啉（HR）[1]萃取金属离子[2~5]

被萃取离子	萃取剂浓度 c/(mol/L)	溶剂	水相 pH	E/%	$pH_{1/2}$	$\lg K_{ex}$	备 注
Ag^+	0.1	$CHCl_3$	8～9.5	90	6.51		以 $AgRHR$ 形式被萃取
Al^{3+}	0.01～0.1	$CHCl_3$	4.5～11	完全	3.77	-5.22	以 0.01mol/L HR
	1%	$CHCl_3$		完全			
Ba^{2+}	0.5～1	$CHCl_3$	11	部分			以 $BaR_2(HR)_2$ 萃取
Be^{2+}	0.1	$CHCl_3$	6～10	87	5.81	-9.62	加低链醇或丁胺可提高 E
Bi^{3+}	0.1	$CHCl_3$	3～11	完全	2.13	-1.2	
Ca^{2+}	0.5	$CHCl_3$	10.7	完全			
	2%	$CHCl_3$	10～11	>90			2%丁胺存在时
	3%	$CHCl_3$	12.6	完全			存在丁氧基乙醇时
Cd^{2+}	0.001～0.01	$CHCl_3$	11～11.6	完全			存在 0.2mol/L 丁胺
	0.1	$CHCl_3$	5.5～9.5	完全	4.65	-5.29	
	5%	$CHCl_3$	7.6～8.6	完全			
Co^{2+}	0.1	$CHCl_3$	4.5～10.5	完全	3.21		以 $CoR_2(HR)_2$ 被萃取
	1%	$CHCl_3$	8	完全			
	0.06%	$CHCl_3$	7.3～8.2	完全			
Cu^{2+}	0.01	$CHCl_3$	2.5～12	完全	1.77	1.77	
	1%	$CHCl_3$	2.8～14	完全			在高 pH 值和存在酒石酸盐时
Fe^{3+}	0.01～0.1	$CHCl_3$	2～10	完全			
	0.01	$CHCl_3$	2	完全	1.50	4.11	
	0.1%	$CHCl_3$	2.5～12.5	完全			存在酒石酸盐时
	1%	$CHCl_3$	2.5～9.0	完全			
	2%	$CHCl_3$	10.0	完全			存在 EDTA 和 NaCN 时
Ga^{3+}	0.01	$CHCl_3$	>2.5	完全	1.57	3.72	
	0.1	$CHCl_3$	2	完全			
	0.06%	$CHCl_3$	3.0～11.7	完全			
Ge^{4+}		$CHCl_3$	4.0				以 $GeOR_2$ 形式萃取
Hf^{4+}	0.1	$CHCl_3$	2	完全	1.3		
	1%	$CHCl_3$	4.5～11.3	完全			
Hg^+	0.001	$CHCl_3$	8～10	55			
Hg^{2+}	0.001	$CHCl_3$	7.5～11.5	90			
	0.1	$CHCl_3$	3	可以萃取			

续表

被萃取离子	萃取剂浓度 c/(mol/L)	溶　剂	水相 pH	E/%	$pH_{1/2}$	$\lg K_{ex}$	备　注
In^{3+}	0.06%	$CHCl_3$	4.0～12	完全			
	0.01	$CHCl_3$	3.0～11.5	完全	2.13	0.89	
	0.1	$CHCl_3$	3	完全	2.2		
La^{3+}	0.1	$CHCl_3$	7～10	完全	6.5	16.37	
Mg^{2+}	0.1	$CHCl_3$	9	完全	8.57	−15.13	
	0.267	$CHCl_3$	10.05～10.28	可以萃取			存在异戊醇时
	0.1%	$CHCl_3$	10.5～13.6	完全			存在 2%丁胺时
Mn^{2+}	0.1	$CHCl_3$	6.5～11	完全	5.66	−9.32	
Mo^{6+}	0.06%	$CHCl_3$	2.0～5.6	完全			
Nb^{5+}	4%	$CHCl_3$	6～9	完全			pH=5 和 10 时有最大值，pH=7 时有最小值
Ni^{2+}	0.01	$CHCl_3$	3.5～10	完全	3.16	−2.18	
	0.1%	$CHCl_3$	4.5～9.5	完全			
Pd^{2+}	0.01	$CHCl_3$	0～10	完全	<0	15	
Po			3～4	可以萃取			
Pu		苯、丁醇和其他溶剂	4.0～6.0	完全			含过量 HR，60℃加热 1h
Rh^{3+}	10%	$CHCl_3$	6.0～10	完全			
Ru^{3+}	10%	$CHCl_3$	6～10	完全			有丁基溶纤剂时
	5%～10%	$CHCl_3$	6.4	>92			
Ru^{4+}		苯、丁醇和其他溶剂	4.0～6.0	完全			含过量 HR 的水相，60℃加热 1h
Sc^{3+}	0.1	$CHCl_3$	4.5～10	完全	3.67		以 $ScA_3(HR)$ 形式被萃取
	1%	$CHCl_3$	8～9	完全			
Sm^{3+}	0.5	$CHCl_3$	6～8.5	完全	5.0	−13.31	
Sn^{4+}	1%	$CHCl_3$	2.5～5.5	完全			
Sr^{2+}	0.5	$CHCl_3$	>11.5	完全			以 $SrR_2(HR)_2$ 形式被萃取
Th^{4+}	0.1	$CHCl_3$	2.5～9.5	完全	2.91	−7.18	
Ti^{4+}	0.1	$CHCl_3$	2.5～9.0	完全	1.45	0.90	
	0.6%	$CHCl_3$	1.5～2.5	可以萃取			
	0.06%	$CHCl_3$	4.0～9.0	完全萃取			
Tl^+	0.05	$CHCl_3$	12	60%	11.5		
	0.05	异丁醇	12	85			
Tl^{3+}	0.01	$CHCl_3$	3.5～11.5	完全	2.05	5	
	15～50 倍	$CHCl_3$	6.5～7.0	86～89			
	0.06	$CHCl_3$	>4	完全			具有光敏性
U^{6+}	0.01	$CHCl_3$	4.5～9	完全	3.81		以 UO_2R_2 形式被萃取
	0.1	MIBK	0.04mol/L NaOH +0.92mol/L Na_2CO_3	>90			存在季铵离子时
V^{5+}	0.1	$CHCl_3$	2～6	完全	0.88	1.67	
W^{6+}	0.01～0.14	$CHCl_3$	2.5～3.5	>99			存在 EDTA 时
	0.06	$CHCl_3$	3～4	完全			
Y^{3+}	0.20	$CHCl_3$	7～10	基本完全	约 5		
	0.5	$CHCl_3$	5.5～7	完全			

续表

被萃取离子	萃取剂浓度 $c/(mol/L)$	溶剂	水相 pH	$E/\%$	$pH_{1/2}$	lgK_{ex}	备注
Zn^{2+}	0.1	$CHCl_3$	4～5	完全	3.3		以 $ZnR_2(HR)_2$ 形式被萃取
	5%	$CHCl_3$	8.8～9.5	完全			
Zr^{4+}	0.001	$CHCl_3$	10～11	完全			存在 8×10^{-3}mol/L 丁胺时
	0.5%	$CHCl_3$	8.9	可以萃取			
	0.1	$CHCl_3$	1.5～4.0	完全	1.01	2.71	以 $ZrOR_2$ 形式被萃取
	1%	$CHCl_3$	4.8～5.3	完全			

① 8-羟基喹啉（HR）的结构式：。

表 1-10 用 8-羟基喹啉（**HR**）衍生物萃取金属离子[2~5]

被萃取离子	取代基	溶剂	水相 pH 值	备注	被萃取离子	取代基	溶剂	水相 pH 值	备注
Be^{2+}	$2\text{-}CH_3$	$CHCl_3$	7.5～8.5	定量萃取	In^{2+}	$5,7\text{-}Br_2$	$CHCl_3$	弱酸性	
Bi^{3+}	$2\text{-}CH_3$	$CHCl_3$	10			$5,7\text{-}I_2$	$CHCl_3$	4	
Ce^{4+}	$2\text{-}CH_3$	$CHCl_3$	$\geqslant10$		Mo(Ⅵ)	$2\text{-}CH_3$	$CHCl_3$	3.5～4.5	
Co^{2+}	$2\text{-}CH_3$	$CHCl_3$	10		Ni^{2+}	$2\text{-}CH_3$	$CHCl_3$	8.5～10.7	
Cr^{3+}	$2\text{-}CH_3$	$CHCl_3$	5.3～9.5		Pb^{2+}	$2\text{-}CH_3$	$CHCl_3$	8.2～11.8	
Cu^{2+}	$2\text{-}CH_3$	$CHCl_3$	4.2～12.5		Th^{4+}	$5\text{-}CH_3$	$CHCl_3$		
	$4\text{-}CH_3$	$CHCl_3$				5-乙酰基	$CHCl_3$	0.1mol/L $HClO_4$	
Fe^{3+}	$2\text{-}CH_3$	$CHCl_3$	4.5～12.2	定量萃取	Ti^{4+}	$2\text{-}CH_3$	$CHCl_3$	5.0～9.3	
Ga^{3+}	$2\text{-}CH_3$	$CHCl_3$	5.5～9		Tl^{3+}	$2\text{-}CH_3$	$CHCl_3$	>4	过量 HR 存在
	$5,7\text{-}Cl_2$	$CHCl_3$	弱酸性		VO_2^+	$2\text{-}CH_3$	$CHCl_3$	4～4.8	
	$5,7\text{-}Br_2$	$CHCl_3$			Y^{3+}	$5,7\text{-}Cl_2$	$CHCl_3$	弱碱	
	$5,7\text{-}I_2$	$CHCl_3$	4			$5,7\text{-}Br_2$	$CHCl_3$	7.2～7.6	定量萃取
In^{2+}	$2\text{-}CH_3$	$CHCl_3$	4.6～13						

表 1-11 用 8-巯基喹啉①及其衍生物萃取金属离子[2~5]

被萃取离子	取代基	溶剂	水相 pH 值	备注
Bi^{3+}	H	$CHCl_3$	3.5～11	
	5-F	$CHCl_3$	0.1mol/L $HClO_4$	
	5-Br	$CHCl_3$		
	5-I	$CHCl_3$		
Co^{2+}	H	$CHCl_3$	3.5～11	pH>9，0.1mol/L 8-巯基喹啉时，E>90%
Cu	H	$CHCl_3$	0～14	
Fe^{3+}	H	$CHCl_3$	3～11	
Ga^{3+}	H	甲苯	6.5～10	硫脲掩蔽
	H	$CHCl_3$		
Hg^{2+}	5-F	$CHCl_3$	0.1mol/L $HClO_4$	
	5-Br	$CHCl_3$		
	5-I	$CHCl_3$		
In^{3+}	H	甲苯	4～13	RCN 掩蔽
	5-Cl	$CHCl_3$	1～14	

被萃取离子	取代基	溶 剂	水相 pH 值	备 注
Ir^{3+}	H	$CHCl_3$	7.6~9	加热
	5-Cl	$CHCl_3$	0.5~2mol/L HCl	
Mn^{2+}	H	$CHCl_3$	6~12	0.1mol/L 8-巯基喹啉，E 约 100%
MoO_2^{2+}	H	$CHCl_3$	2~5	完全萃取
Ni^{2+}	H	$CHCl_3$	>6	
Pb^{2+}	H	$CHCl_3$	2.5~11	定量萃取
Pd^{2+}	H	$CHCl_3$	6mol/L HCl	
	5-Cl	$CHCl_3$	3~8 mol/L HCl	
Pt^{2+}	H	$CHCl_3$	3.5~5.0	加热，E 约 93%
	5-Cl	$CHCl_3$	4mol/L HCl, pH=12	
Pt^{4+}	H	$CHCl_3$		被过量 8-巯基喹啉还原至 Pt^{2+}萃取
ReO_4^-	H	$CHCl_3$	5.0~11.7mol/L HCl	
Rh^{3+}	H	$CHCl_3$	5~6	定量萃取，加热及过量 HR 存在时条件放宽
	5-Cl	$CHCl_3$	0.3~2.5mol/L HCl	
Ru^{7+}	H	$CHCl_3$	5~5.7	定量萃取
Sb^{3+}	H	$CHCl_3$	2.5~11	
Tc^{7+}	H	$CHCl_3$	2mol/L HCl	0.1mol/L 8-巯基喹啉定量萃取
Tl^+	H	$CHCl_3$	10~12	其余溶剂时，E 在 80%~90%之间
	5-Cl	$CHCl_3$	9.2~14	
VO_2^+	H	$CHCl_3$	4	还原至 V^{4+}被萃取
Zn^{2+}	H	$CHCl_3$	1~11	定量萃取

① 8-巯基喹啉的结构式：

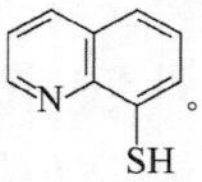

3. 铜铁试剂类（表 1-12~表 1-14）

铜铁试剂（cupferron，HCup），别名铜铁灵等。分子式 $C_6H_9N_3O_2$，相对分子质量 155.16。HCup 是 O,O-配位体，能与 Cu^{2+}、Fe^{2+}、Au^{3+}等许多金属离子形成不溶于水的五元环螯合物，很容易被三氯甲烷、四氯化碳等有机溶剂萃取。

表 1-12 用铜铁试剂①萃取金属离子[2~5]

被萃取离子	萃取剂浓度 $c/(mol/L)$	溶 剂	水相 pH	$E/\%$	$pH_{1/2}$	$\lg K_{ex}$	备 注
Al^{3+}	0.05	$CHCl_3$	3.5~9.5	完全	2.51	-3.50	
	2%	$CHCl_3$	>0.4	少量			
Au^{3+}		$CHCl_3$	3.5~9.5 （H_2SO_4）	定量			
Be^{2+}	0.05	$CHCl_3$	3.8~8.7	完全	2.07	-1.54	
Bi^{3+}	0.05	$CHCl_3$	2~12	完全	0.6	5.08	
	1%	$CHCl_3$	1.0	完全			存在 20μg Fe 时
Ce^{3+}	0.09×10^{-3}mol/L 丁酸丁酯或乙酸戊酯		>0.07mol/L H_2SO_4	完全	1.0		
	1%	$CHCl_3$	4~5	完全			
Ce^{4+}	0.1%	乙酸丁酯	0.1~0.15mol/L H_2SO_4	可以萃取			
Co^{2+}	0.05	$CHCl_3$	4.5	完全	3.18	3.56	

续表

被萃取离子	萃取剂浓度 c/(mol/L)	溶　剂	水相 pH	E/%	$pH_{1/2}$	lgK_{ex}	备　注
Cr^{3+}		$CHCl_3$	3	可以萃取			
Cu^{2+}	0.05	$CHCl_3$	>2	完全	0.03	2.66	
	0.7%	$CHCl_3$	2	完全			
Fe^{3+}	0.05～1.0	$CHCl_3$	1～4mol/L HCl	完全	<0		有机试剂过量时其他溶剂也可完全萃取
Ga^{3+}	0.005	$CHCl_3$	>1.5	完全	0.7	4.92	
		苯	2mol/L H_2SO_4 或 1mol/L HCl	完全			
Hf^{4+}	0.005	$CHCl_3$	稀酸	完全		>8	
Hg^{2+}	0.05	$CHCl_3$	1～5	约97	0.85	0.91	
In^{3+}	0.005	$CHCl_3$	3～8	完全	1.50	2.42	
		苯	2.8	完全	2.8	2.42	
La^{3+}	0.05	$CHCl_3$	4～10	90	3.4	−6.22	
Mg^{2+}	0.7%	$CHCl_3$	8	95			
Mn	0.7%	$CHCl_3$	6～9	>95			
Mo^{6+}	0.005	$CHCl_3$	0～2	完全	<0		
Nb^{5+}	0.005	$CHCl_3$	0～9	可以萃取			
	3%	$CHCl_3$	0～5	>90			
		$CHCl_3$	5mol/L HCl	完全			
Ni^{2+}	0.7%	$CHCl_3$	4	完全			在 pH=9～12 时,E 约50%
Pa^{5+}		乙酸戊酯	3mol/L HNO_3	98			可用 1mol/L 柠檬酸盐反萃取
Pb^{2+}	0.05	$CHCl_3$	3～9	完全	2.06	−1.53	
	0.7%	$CHCl_3$	3.8	完全			
Pd^{2+}	0.05	$CHCl_3$	0～12	定量			
Pm^{3+}	1%	$CHCl_3$	4～5	完全			
Pu^{4+}		$CHCl_3$	0.3～2	可以萃取		7.0	
Sb^{2+}	0.005	$CHCl_3$	0～11	完全			
	5%	$CHCl_3$	H_2SO_4 或 6mol/L HCl	可以萃取			
Sc^{3+}	0.005	$CHCl_3$	3～12	约95	1.2	3.34	
Sn^{4+}		$CHCl_3$ 或乙酸乙酯	稀酸	可以萃取			
Ta^{5+}		异戊酸	0～3	可以萃取			存在酒石酸时
Th^{4+}	0.005	$CHCl_3$	2.5～8.5	完全	0.2	4.4	
	1%	$CHCl_3$	1	可以萃取			
Ti^{4+}	0.005	$CHCl_3$	0～3	完全			
		异戊醇		可以萃取			
	1%	MIBK	5～7	完全			存在 EDTA 时,用 CCl_4、苯、二甲苯效果也很好
Tl^{3+}	0.005	$CHCl_3$	2.5～7	50			
U^{4+}		$CHCl_3$-乙酸乙酯（3:1）	3.75mol/L H_2SO_4	可以萃取			
V^{4+}	>0.09	乙酸乙酯	0.5mol/L HCl	完全			
Y^{3+}	0.005	$CHCl_3$	5～9	>75	3.9	−4.74	
	1%	$CHCl_3$	4～5	完全			

续表

被萃取离子	萃取剂浓度 $c/(mol/L)$	溶 剂	水相 pH	$E/\%$	$pH_{1/2}$	lgK_{ex}	备 注
Zn^{2+}	0.7%	$CHCl_3$	4.7	完全			
	0.05	$CHCl_3$	8.5～10.5	75	7.4		
Zr^{4+}	1%	$CHCl_3$	0.8～1.2	可以萃取			5mol/L HCl 时萃取完全
	0.005	$CHCl_3$	0～3	完全			

① 铜铁试剂（HCup）的结构式：$\left[C_6H_5\begin{matrix}N=O\\N-O^-\end{matrix}\right]NH_4^+$。

表 1-13 用 *N*-苯甲酰-*N*-苯胲（**BPHA**）①萃取金属离子

被萃取离子	萃取条件，pH 值	溶 剂	$E/\%$
Al^{3+}	3～8	$CHCl_3$	—
	8～9.5 [$(NH_4)_2CO_3$]	苯	—
Be^{2+}	约 5	$CHCl_3$	—
	9（硼砂缓冲液）	正丁醇	三次萃取后可使 Be^{2+}与硅酸盐中的碱性组分（Al^{3+}，Mn^{2+}，Fe^{3+}，Ca^{2+}，Mg^{2+}等）分离
Bi^{3+}	5～12	$CHCl_3$	—
Cd^{2+}	10～12（$pH_{1/2}$ 约 9.5）	0.01mol/L BPHA+$CHCl_3$	部分萃取
Ce^{3+}	约 6	$CHCl_3$	—
Ce^{4+}	3mol/L 酸性液	$CHCl_3$	—
Co^{2+}	约 10	0.01mol/L BPHA+ $CHCl_3$	—
Cr^{3+}	约 4	$CHCl_3$	—
Cu^{2+}	3～11（$pH_{1/2}$ 约 2.5）	0.01mol/L BPHA+$CHCl_3$	—
Fe^{3+}	4～7（$pH_{1/2}$ 约 2）	0.01mol/L BPHA+$CHCl_3$	>80
	0.5mol/L HCl	$CHCl_3$	
Ga^{3+}	7～7.5mol/L H_2SO_4	0.1mol/L BPHA+$CHCl_3$	
Hf^{4+}	3mol/L HCl	$CHCl_3$	>90
In^{3+}	5～12	$CHCl_3$	
La^{3+}	约 6.6	0.10mol/L BPHA+$CHCl_3$	约 99
MoO_4^{2-}	1～6	$CHCl_3$	—
Nb^{5+}	1.5～3mol/L H_2SO_4	0.2%BPHA+$CHCl_3$	>98
	4～6（有酒石酸盐存在）	1% BPHA+$CHCl_3$	（与 Ta 分离）
Nd^{3+}	>6	$CHCl_3$	—
Ni^{2+}	约 5	$CHCl_3$	>98
Np^{5+}	10～12（有 0.05%丁胺溶液存在）	—	—
Pa^{5+}	2～9mol/L H_2SO_4	0.1mol/L BPHA+苯（或 $CHCl_3$）	>99
Pb^{2+}	9～11（$pH_{1/2}$ 约 6）	0.01mol/L BPHA+$CHCl_3$	>97
Pd^{3+}	约 3	$CHCl_3$	—
Pr^{3+}	>6	$CHCl_3$	—
Pu^{4+}	1～6mol/L HNO_3	0.4mol/L BPHA+ $CHCl_3$	>97
	0～4.3（HCl-柠檬酸、有 $NaNO_3$ 存在）	BPHA+$CHCl_3$	Pu^{4+}的最大分配可达 $4×10^3$
	$HClO_4$-柠檬酸	BPHA+$CHCl_3$	
Sb^{3+}	pH 约 1 时络合，3mol/L 酸液萃取	$CHCl_3$	—
	0.15～17mol/L H_2SO_4	0.05mol/L BPHA+$CHCl_3$	（与 In 分离）

续表

被萃取离子	萃取条件，pH 值	溶　剂	E/%
Sb^{5+}	3mol/L 酸性液	$CHCl_3$	—
Sc^{3+}	4～6	0.5%BPHA+异戊醇（或 $CHCl_3$）	—
Sn^{2+}	3mol/L 酸性液	$CHCl_3$	—
Sn^{4+}	10mol/L H_2SO_4	0.05mol/L BPHA+$CHCl_3$	约 80
Ta^{5+}	5～14mol/L H_2SO_4	1% BPHA+$CHCl_3$	部分萃取
Th^{4+}	3～9	0.10mol/L BPHA+$CHCl_3$	定量萃取
	3.5～7	3%BPHA+异戊酸	完全萃取
Ti^{4+}	0.5mol/L 无机酸液	$CHCl_3$	—
	<9.6mol/L HCl	0.1% BPHA+$CHCl_3$	—
Tl^+	9～12（$pH_{1/2}$ 约 8.3）	0.1mol/L BPHA+$CHCl_3$	约 90
Tl^{3+}	约 4	$CHCl_3$	—
UO_2^{2+}	>3.5	0.1mol/L BPHA+$CHCl_3$	>90
VO_3^-	2.8～4.3 mol/L HCl	0.1% BPHA+$CHCl_3$	—
WO_4^{2-}	3	$CHCl_3$	—
	4mol/L HCl 或 2mol/L H_2SO_4	$CHCl_3$	萃取 3～150μg W
Y^{3+}	约 6	$CHCl_3$	—
Zn^{2+}	9.0	$CHCl_3$	—
Zr^{4+}	0～2	0.2%BPHA+$CHCl_3$	>9.8

① N-苯甲酰-N-苯胲（BPHA）的结构式： 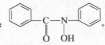 。

表 1-14 N-苯甲酰-N-苯胲萃取成对元素的分离因子[5]

被分离元素	有 机 相	水 相	分离因子
从 Sb 中分离 Sn	1%BPHA+$CHCl_3$	0.8mol/L HCl	$1×10^2$
从 Bi 中分离 Sn	1%BPHA+$CHCl_3$	4.0mol/L $HClO_4$	$9×10^2$
从 Bi 中分离 Sb	1%BPHA+$CHCl_3$	9.0mol/L $HClO_4$	$7×10^2$
从 Bi 中分离 Sn 和 Sb	1%BPHA+$CHCl_3$	9.0mol/L $HClO_4$	$7×10^2$
从 In 中分离 Ga	1%BPHA+$CHCl_3$	pH=3.1	$7×10^4$
从 Pb 中分离 In	1%BPHA+$CHCl_3$	pH=5.3	$7×10^4$
从 Pb 中分离 Ga	1%BPHA+$CHCl_3$	pH=3.1	$7×10^4$
从 Ge 中分离 Ga	1%BPHA+$CHCl_3$	pH=3.1	$7×10^3$
从 Sn 中分离 In	1%BPHA+$CHCl_3$	pH=5.3	$7×10^3$
从 Ga 中分离 Sn	1%BPHA+$CHCl_3$	0.8mol/L HCl 或 4.0mol/L $HClO_4$	$7×10^3$
从 In 中分离 Sn	1%BPHA+$CHCl_3$	0.8mol/L HCl 或 4.0mol/L $HClO_4$	$7×10^3$
从 Pb 中分离 Sn	1%BPHA+$CHCl_3$	0.8mol/L HCl 或 4.0mol/L $HClO_4$	$7×10^4$
从 Tl 中分离 Pb	7%BPHA+$CHCl_3$	pH=9.0	$6×10^2$
从 Ta 中分离 Nb	0.2%BPHA+$CHCl_3$	1mol/L HCl+0.05mol/L HF	$6×10^2$
从 Pa 中分离 Nb	0.2%BPHA+$CHCl_3$	1mol/L HCl+0.05mol/L HF	$6×10^3$
从 Zr 中分离 Nb	0.2%BPHA+$CHCl_3$	1mol/L HCl+0.05mol/L HF	$6×10^4$
从 Sb 中分离 Pa	1%BPHA+$CHCl_3$	浓 HCl+0.025mol/L HF	$2×10^2$
从 Sn 中分离 Pa	1%BPHA+$CHCl_3$	浓 HCl+0.025mol/L HF	$7×10^2$
从 U 中分离 Pa	1%BPHA+$CHCl_3$	浓 HCl+0.025mol/L HF	$>4×10^3$
从 Th 中分离 Pa	1%BPHA+$CHCl_3$	浓 HCl+0.025mol/L HF	$3×10^4$
从 U 中分离 Pu	0.4mol/L BPHA+$CHCl_3$	0.05mol/L 柠檬酸盐+0.1mol/L $NaNO_2$+1mol/L 氯化物，pH=1.2	$2.3×10^5$
从 Np 中分离 Pu	0.4mol/L BPHA+$CHCl_3$	0.05mol/L 柠檬酸盐+0.1mol/L $NaNO_2$+1mol/L 氯化物，pH=1.2	10^6
从 Am 中分离 Pu	0.4mol/L BPHA+$CHCl_3$	0.05mol/L 柠檬酸盐+0.1mol/L $NaNO_2$+1mol/L 氯化物，pH=1.2	$4.4×10^7$

4. 吡啶偶氮类化合物（表 1-15～表 1-17）

表 1-15 吡啶偶氮类萃取剂的解离常数（K_{H_2A}、K_{HA}）、分配系数 [$K_{D(HA)}$] 和溶解度（s）

有机试剂	pK_{H_2A}	pK_{HA}	lg$K_{D(HA)}$（溶剂）	s/(mol/L)	T/℃	I/(mol/kg)
1-(2-吡啶偶氮)-2-萘酚	2.9	11.2	4.0（CCl$_4$）		30	—
			5.4（氯仿）		30	—
	2.9	11.5	5.1（氯仿）		—	—
4-(2-吡啶偶氮)-1-萘酚	3.1	9.5	4.3（氯仿）		—	—
2-(2-吡啶偶氮)-4-甲酚	2.6	9.15			—	—
1-(2-噻唑偶氮)-2-萘酚	1.90	12.2	3.64（苯）		—	—

表 1-16 用 1-(2-吡啶偶氮)-2-萘酚（PAN）[①] 萃取金属离子

被萃取离子	萃取条件，pH 值	溶剂	备注
Cd^{2+}	7～10	0.005% PAN+CHCl$_3$	
Co^{2+}	4～7	0.005% PAN+CHCl$_3$	
Co^{3+}	3～6	CHCl$_3$	
Cu^{2+}	4～10	CHCl$_3$	
	6～9.5（pH$_{1/2}$=3.2）	0.035mol/L PAN+CCl$_4$	
Dr^{3+}, Eu^{3+}, Ey^{3+}	8～9	CHCl$_3$	
Fe^{3+}	4～7	0.005%～0.010% PAN+CHCl$_3$ 或苯	
Ga^{3+}	6～7.5	0.005%～0.010% PAN+CHCl$_3$	
Gd^{3+}	约 9	CHCl$_3$	
Hg^{2+}	6～7.5	CHCl$_3$	
In^{3+}	5.3～6.7	CHCl$_3$	
Ir^{4+}	5.1±0.5 沸水浴，水-醇液	CHCl$_3$	
Mn^{2+}	8.9～9.5（pH$_{1/2}$ 约 7.7）	0.005mol/L PAN+ CHCl$_3$	E=98%
	9～10	乙醚	
Pb^{2+}	7.76	1×10^{-3}mol/L PAN+CHCl$_3$（或戊醇）	
Pd^{2+}	3～7	CHCl$_3$	
Rh^{3+}	约 5.1（乙酸盐缓冲液）	CHCl$_3$	
UO$_2^{2+}$	5～10	CHCl$_3$ 或邻二氯苯	
VO$_3^-$	3.5～4.5	CHCl$_3$	
Y^{3+}	约 9	乙醚	
Yb^{3+}	约 9	乙醚	
Zn^{2+}	6～12.2（pH$_{1/2}$ 约 4.5）	0.01mol/L PAN+ CCl$_4$	E>99.9%

① 1-(2-吡啶偶氮)-2-萘酚（PAN）的结构式：

表 1-17 用 1-(2-吡啶偶氮)-2-间苯二酚（PAR）[①] 萃取金属离子

被萃取离子	萃取条件，pH 值	溶 剂	备 注
Co^{2+} [6]	(CH$_2$)$_6$N$_4$, pH= 8.2～8.6	0.1g/L PAR+PEG-(NH$_4$)$_2$SO$_4$	98%
Re [7]	磷酸盐体系, pH=6.5	PEG-(NH$_4$)$_2$SO$_4$ 双水相萃取	>95%
V^{5+}	磷酸盐, pH =3.5～5.6	PAR-H$_2$O$_2$-结晶紫, 苯-甲基异丁酮	95%

① 1-(2-吡啶偶氮)-2-间苯二酚（PAR）的结构式：

5. 以硫配位的萃取剂（表1-18~表1-21）

表 1-18 硫配位类萃取剂的解离常数（K_{H_2A}、K_{HA}）、分配系数［$K_{D(HA)}$］和溶解度（s）

有机试剂	pK_{H_2A}	pK_{HA}	$\lg K_{D(HA)}$(溶剂)	s/(mol/L)	T/℃	I/(mol/kg)
二苯硫卡巴腙（双硫腙）			8.7~8.8(CCl₄)①	—	—	—
			9.5(氯仿)①			
		4.82	4.04(CCl₄)①	2×10⁻⁷（水）		
		4.46		2.5×10⁻⁷（水）	25	0.1
		4.55	8.80(CCl₄)①		25	0.14
			9.09(苯)①			
			7.44(环己烷)①			
			10.58(氯仿)①			
			8.92(CCl₄)①	2.5×10⁻³（CCl₄）		乙酸盐缓冲液
			9.02(CCl₄)①			0.1mol/L KCN
			10.62(氯仿)①	6.8×10⁻²（氯仿）		乙酸盐缓冲液
			10.64(氯仿)①			0.1mol/L KCN
			11.0(异戊醇)①	9.5×10⁻²（异戊醇）		
				3.1×10⁻³（CCl₄）	20	
				1.65×10⁻²（苯）	20	
				9.2×10⁻²（氯仿）	20	
	4.3		5.9(氯仿)		25	0.1
4,4′-二甲基双硫腙			10.6(CCl₄)①	6.3×10⁻⁴（CCl₄）		
4,4′-二氯双硫腙			8.04(CCl₄)①	1.3×10⁻³（CCl₄）		
4,4′-二溴双硫腙			8.27(CCl₄)①	1.5×10⁻³（CCl₄）		
4,4′-二碘双硫腙			8.9(CCl₄)①	1.5×10⁻³（CCl₄）		
二(α-萘基)硫卡巴腙			11.0(CCl₄)①			
			8.6(氯仿)		25	0.25
二(β-萘基)硫卡巴腙			12.7(CCl₄)			
二乙基氨荒酸		3.35			0	
			2.38(CCl₄)①		20	
			3.37(氯仿)①		20	
3,4-二巯基甲苯		5.4			—	—

① 指（$pK_{HA}+\lg K_{D(HA)}$）或（$pK_{H_2A}+\lg K_{D(HA)}$）值。

表 1-19 用双硫腙①萃取金属离子[2~5]

被萃取离子	萃取剂浓度 c/(mol/L)	溶 剂	水相 pH 值	E/%	$pH_{1/2}$	$\lg K_{ex}$	备 注
Ag⁺	(2.5~5.0)×10⁻⁵	CCl₄	4mol/L H₂SO₄, pH=7	完全			
	1.0×10⁻⁵	CHCl₃（或CCl₄）	1mol/L HClO₄	完全		5.9（或6.5）	
		乙酸乙酯	3				
As³⁺		CCl₄	4~11				
Au³⁺		CCl₄	4~11				或在 0.5mol/L H₂SO₄ 中

续表

被萃取离子	萃取剂浓度 c/(mol/L)	溶 剂	水相 pH 值	E/%	$pH_{1/2}$	lgK_{ex}	备 注
Bi^{3+}	$(2.5\sim5.0)\times10^{-5}$	CCl_4	$3\sim10$	完全		10.76	NH_4Ac 介质中为 9.75；0.1mol/L KCN 中为 9.54；0.2mol/L ClO_4^- 中为 9.98
	2.5×10^{-5}	$CHCl_3$	$5\sim11$	完全		8.7	在苯中为 9.75；在甲苯中为 9.60；乙酸戊酯中为 9.23
	0.01%	$CHCl_3$	$9.4\sim10.2$	完全			$10\sim100\mu g$ Bi，存在氰化物和酒石酸盐时
Cd^{2+}	2×10^{-3}	$CHCl_3$	$I=0.1mol/kg$		2.5		
	2.5×10^{-5}	CCl_4	$6.5\sim14$	完全		2.14	
	2.5×10^{-4}	CCl_4				1.6	
		乙酸乙酯	3				
Co^{2+}	2.5×10^{-5}	CCl_4	$5.5\sim8.5$	完全		1.6	
CrO_4^{2-} 或 $Cr_2O_7^{2-}$		CCl_4	$0\sim6$				
Cu^{2+}	5.0×10^{-5}	CCl_4	$1\sim4$	完全		10.55	
		CCl_4	>7	完全			以双取代形式被萃取
Fe^{2+}		CCl_4	约9	可以萃取			
Fe^{3+}		CCl_4	$4\sim9.8$				
		$CHCl_3$	$0\sim10$				
Ga^{3+}	10^{-3}	$CHCl_3$	$4.5\sim6.0$	90			
Hg^{2+}	$(2.5\sim5.0)\times10^{-5}$	CCl_4	6mol/L H_2SO_4，pH=4	完全			一取代螯合物，在 pH=4~14 间以双取代物被萃取
	1×10^{-4}	CCl_4	1mol/L HCl	完全			
		CCl_4	>0	完全		26.8	
In^{3+}	10^{-3}	$CHCl_3$	$2.5\sim6.0$	完全			
	过量	CCl_4	$5\sim6.3$	完全		4.84	
		乙酸乙酯	3				
Mn^{2+}	$(0.7\sim1.4)\times10^{-4}$	CCl_4	9.7	完全			存在 3%~20% 吡啶
		乙酸乙酯	6.5				
MoO_4^{2-}		乙酸乙酯	3				
Nb^{5+}		CCl_4	$4\sim5.5$	完全			
Ni^{2+}	2.5×10^{-5}	CCl_4	$6\sim9$	完全		-0.63	
		$CHCl_3$	$0\sim10$				
Os^{4+}		CCl_4	$7\sim9$	不完全			
Pb^{2+}	$(2.5\sim5.0)\times10^{-5}$	CCl_4	$8\sim10$	定量萃取		0.44	
		$CHCl_3$	$8.5\sim11.5$	定量萃取		-0.9	
Pd^{2+}	5×10^{-6}	CCl_4	强酸	完全			
Po^{4+}	4×10^{-5}	$CHCl_3$	$1\sim5$	95			
	2.5×10^{-4}	CCl_4	1mol/L HNO_3	>95			
Pt^{2+}	0.01%	苯	$0.5\sim5.25mol/L$ H_2SO_4	完全			各干扰离子可用 HCl 反萃取除去
Se^{4+}	$(4\sim6)\times10^{-5}$	CCl_4	6mol/L HCl	完全			Te^{4+}、Ag^+、Bi^{3+} 不被萃取；Hg^{2+}、Ca^{2+} 可用双硫腙预萃取除去；Se^{4+} 留在水相
Sn^{2+}		CCl_4	$5\sim9$	完全			
Te^{4+}	1.8×10^{-3}	CCl_4	1mol/L HCl	>95			

续表

被萃取离子	萃取剂浓度 c/(mol/L)	溶 剂	水相 pH 值	E/%	$pH_{1/2}$	$\lg K_{ex}$	备 注
Tl^+	0.03%	$CHCl_3$	10.0	可以萃取			存在氰化物和酒石酸盐
	过量	$CHCl_3$	11~14.5	80			
Zn^{2+}	2.5×10^{-5}	CCl_4	6~9.5	完全	2.0		
	0.01%	$CHCl_3$	5.5	完全			比在 CCl_4 中更稳定

① 双硫腙的结构式：

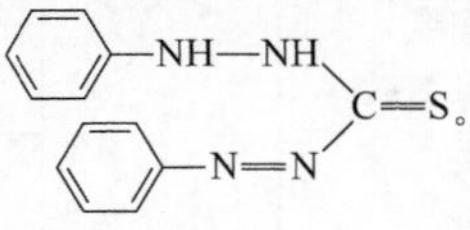

表 1-20 用二乙氨基二硫代甲酸盐（DDTC）①萃取金属离子[2~5]

被萃取离子	萃取剂浓度 c/(mol/L)	溶 剂	水相 pH 值	萃取情况	$\lg K_{ex}$	备 注
Ag^+	0.01~0.03	CCl_4	4~11	完全	11.90	0.006mol/L EDTA 存在
		乙酸乙酯	3	完全		
As^{3+}, As^{5+}	0.01~0.03	CCl_4	5~6	完全		0.006mol/L EDTA 存在，pH>8 后不萃取
		$CHCl_3$	1	完全		
Au^{3+}		CCl_4	4~11	不完全		
Bi^{3+}	0.01~0.03	CCl_4	4~11	完全	16.79	存在 0.006mol/L EDTA 和 0.03mol/L CN^-
		$CHCl_3$+丙酮（5+2）	0~10	可以萃取		
Cd^{2+}	0.01~0.03	CCl_4 或 $CHCl_3$	5~11	完全	5.41	0.006mol/L EDTA 存在
		乙酸乙酯	3			
Co^{2+}		$CHCl_3$+丙酮（5+2）	0~10	可以萃取		
	0.01~0.03	CCl_4	6.0	完全	2.33	
Cr^{6+}		$CHCl_3$	0~6	可以萃取		
Cu^{2+}	0.01~0.03	CCl_4	4~11	完全	13.70	
		$CHCl_3$	稀 H_2SO_4	完全		
		$CHCl_3$+丙酮（5+2）	0~10	可以萃取		
Fe^{2+}		CCl_4	4~11		1.20	
Fe^{3+}		$CHCl_3$	1	完全		
		CCl_4	4~9.8			
Ga^{3+}		乙酸乙酯	1.5~5	完全		
		CCl_4	5.5	不完全		
Hg^{2+}	0.01~0.03	CCl_4	4~11	完全	31.94	
		乙酸乙酯	3			
In^{3+}	0.01~0.03	CCl_4	4~11	完全	10.34	
		乙酸乙酯	3~10			
Mn^{2+}	0.01~0.03	CCl_4	6~9	完全	−4.42	
		乙酸乙酯	6.5			
Mo^{6+}		乙酸乙酯	3			
Nb^{5+}		CCl_4	4~5.5			
Ni^{2+}	0.01~0.03	CCl_4	5~11	完全	11.58	
		$CHCl_3$ 或 $CHCl_3$+丙酮（5+2）	0~8	完全		
Os^{4+}		CCl_4	7~9	不完全		

续表

被萃取离子	萃取剂浓度 c/（mol/L）	溶 剂	水相 pH 值	萃取情况	lgK_{ex}	备 注
Pb^{2+}	0.01～0.03	CCl_4	4～11	完全	7.77	
		$CHCl_3$	1	完全		
		乙酸乙酯	约 0.2			
Pd^{2+}	0.01～0.03	CCl_4	4～11	完全		有 0.01～0.03mol/L EDTA 存在时不干扰
Pt^{4+}		CCl_4	4～11	不完全		
Pu^{6+}		乙酸戊酯或戊醇	3	可以萃取		
Re^{7+}		乙酸乙酯	浓 HCl			
Sb^{3+}	0.01～0.03	CCl_4	4～9.5	完全		
		$CHCl_3$+丙酮（5+2）	0～7	完全		
Se^{4+}	0.01～0.03	CCl_4	4～6.2	完全		
Sn^{4+}	0.01～0.03	CCl_4	4～6.2	完全		
		$CHCl_3$ 或 $CHCl_3$+丙酮 （5+2）	1～8	完全		
Te^{4+}	0.01～0.03	CCl_4	4～8.8	完全		
		$CHCl_3$、苯	0.01～5.0mol/L 强酸			
Tl^+	0.01～0.03	CCl_4	5～13	完全		
Tl^{3+}	0.01～0.03	$CHCl_3$ 或 CCl_4	4～11	完全	−0.53	
UO_2^{2+}		苯	1～5			
		CCl_4	4～8			
		$CHCl_3$、乙酸戊酯、乙醚	6.5～8.5			
		甲基异丁酮	2.0～3.5	可以萃取		
		丁醇	1.5～3.0	可以萃取		
V^{5+}	0.01～0.03	CCl_4	3～6	完全		pH>7 后不萃取
	0.01～0.03	乙酸乙酯或 $CHCl_3$	约 3	完全		
W^{6+}		乙酸乙酯	1～3	可以萃取		
Zn^{2+}		$CHCl_3$	1～7	完全		
		$CHCl_3$+丙酮	1～10	完全		
		CCl_4	4～11	完全	2.96	

① 二乙氨基二硫化甲酸盐的结构式 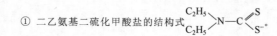。

表 1-21 用二乙氨基二乙基二硫代氨基甲酸（DDDC）①萃取金属离子

被萃取离子	水相 pH 值	有 机 相	备 注
Ag^+	5mol/L H_2SO_4 或 3mol/L HCl 或 pH<12	CCl_4	
As^{3+}	5mol/L HCl 或 5mol/L H_2SO_4	CCl_4	
	<12	CCl_4	
	0.05～5mol/L H_2SO_4	$CHCl_3$	
Au^{3+}	1～12	CCl_4	部分萃取
Bi^{3+}	5mol/L H_2SO_4 或 3mol/L HCl		与 Pb^{2+}、Zn^{2+} 分离
Cd^{2+}	>1	CCl_4	
Co^{2+}	2.5～12	CCl_4	
CrO_4^{2-} 或 $Cr_2O_7^{2-}$	约 5	CCl_4	部分萃取

续表

被萃取离子	水相 pH 值	有 机 相	备 注
Cu^{2+}	7.5mol/L HCl，或 5mol/L H_2SO_4	CCl_4	与 Bi^{3+}、Pb^{2+} 等分离，测定合金、矿物和有机化合物的铜
Fe^{2+} 和 Fe^{3+}	2～10	CCl_4	
Ga^{3+}	4～6	CCl_4	
Hg^{2+}	<12～5mol/L H_2SO_4 或 6mol/L HCl	CCl_4	
In^{3+}	1～10	CCl_4	
Mn^{2+}	6～9	CCl_4	
	7.0～8.5（柠檬酸缓冲液）	$CHCl_3$	
MoO_4^{2-}	<4.5	戊醇+CCl_4	
	<5mol/L H_2SO_4 或 <2mol/L HCl	(1:4)	
Ni^{2+}	2～12	CCl_4	
Os^{4+}	4.6～9	CCl_4	$E^②$=30%～50%
Pb^{2+}	<12	CCl_4	
	<1mol/L HCl 或 2mol/L H_2SO_4		
Pd^{2+}	10mol/L 无机酸	CCl_4	
Pt^{2+}	<12	CCl_4	
SeO_3^{2-}	5.5	CCl_4	
Sn^{2+}	0.05～5mol/L H_2SO_4 或 1～4mol/L HCl	CCl_4 或 $CHCl_3$	从合金中分离 Sn
Sn^{4+}	2.5mol/L H_2SO_4		部分萃取
	4～5（HCl）	CCl_4	
Te^{4+}	<8.5	CCl_4	
Tl^+	3.5 ～12.0	CCl_4	
Tl^{3+}	<12mol/L 或 <5mol/L H_2SO_4 或 HCl	CCl_4	
UO_2^{2+}	6～8	$CHCl_3$（不宜用 CCl_4）	
VO_3^-	4.0～5.5	CCl_4	
WO_4^{2-}	0.1mol/L HCl	0.4%试剂+$CHCl_3$	E=70%
Zn^{2+}	2.5～12.0	CCl_4	用于测食品中锌

① DDDC 分子的结构式：$\left[\begin{matrix} C_2H_5 \\ C_2H_5 \end{matrix} N-C \begin{matrix} S \\ S^- \end{matrix} \right]^+ \overset{+}{N}H_2 \begin{matrix} C_2H_5 \\ C_2H_5 \end{matrix}$

② E 为萃取率（以下各表均同）。

6. 有机含磷化合物（表1-22～表1-28）

表 1-22　有机含磷萃取剂的解离常数（K_{H_2A}、K_{HA}）、分配系数 [$K_{D(HA)}$] 和溶解度（s）

有机试剂	pK_{H_2A}	pK_{HA}	$\lg K_{D(HA)}$(溶剂)	s/(mol/L)	T/℃	I/(mol/kg)
烷基二硫代磷酸						
二乙基二硫代磷酸		−1.10	0.45（CCl_4）		—	1.0
二异丙基二硫代磷酸		0.0	1.9（CCl_4）		—	1.0
二正丁基二硫代磷酸		0.22	2.52（CCl_4）		—	1.0
二异丁基二硫代磷酸		0.10	2.63（CCl_4）		—	1.0
			2.54（甲基异丁基酮）		—	1.0

有机试剂	pK_{H_2A}	pK_{HA}	$lgK_{D(HA)}$(溶剂)	s/(mol/L)	T/℃	I/(mol/kg)
烷基磷酸						
二乙基磷酸		0.73	0.35~0.41（己醇）	1.11（水）	25	0.1~1.0
			−0.67~−0.56		25	0.1~1.0
			−1.75（异戊醇）	(2.19)[①]	25	0.1~1.0
			−2.05（氯仿）	(4.46)[①]	25	0.1~1.0
			−2.14（硝基苯）	(3.61)[①]	25	0.1~1.0
二正丁基磷酸		1.00			25	0.1mol/L NaClO₄
			1.97（磷酸三丁酯）	(−0.12)[①]	—	0.1mol/L HNO₃
			1.36（甲基异丁基酮）	(1.19)[①]	—	0.1mol/L HNO₃
			0.52（异丙醚）	(2.29)[①]	—	0.1mol/L HNO₃
			0.24（氯仿）	(4.61)[①]	—	0.1mol/L HNO₃
			0.34（氯仿）	(4.21)[①]	—	0.1mol/L HClO₄
			0.28（氯仿）	(4.36)[①]	—	0.1mol/L HClO₄
			−0.14（硝基苯）	(3.55)[①]	—	1mol/L HNO₃
			−0.14（丁醚）	(3.14)[①]	—	0.1mol/L HClO₄
			−0.42（苯）	(4.88)[①]	—	1mol/L HNO₃
			−0.70（甲苯）	(5.09)[①]	—	1mol/L HNO₃
			−0.91（CCl₄）	(5.33)[①]	—	1mol/L HNO₃
			−1.44（CCl₄）	(6.49)[①]	—	0.1mol/L HNO₃
			−1.96（煤油）	(5.78)[①]	—	1mol/L HNO₃
			−2.34（正己烷）	(6.87)[①]	—	0.1mol/L HNO₃
正丁基磷酸	1.89	6.84			—	—
磷酸二(2-乙基)己基酯		1.40	3.42（正辛烷）	(4.47)[①]	—	0.1

① 二聚常数 $=\dfrac{[H_2A_2]_{有}}{[HA]_{有}^2}$。

表 **1-23** 用磷酸二丁酯（DBP）萃取金属离子[5]

被萃取离子	萃取剂浓度 c/(mol/L)	溶 剂	水 相	E/%	备 注
Ac³⁺	0.1	CHCl₃	0.01mol/L HClO₄	90	
Am³⁺	0.1	己烷和各种溶剂	0.1mol/L HNO₃	96（己烷）	
	0.1	CHCl₃	0.01mol/L HClO₄	完全	
Be²⁺	0.5	甲苯	0.25mol/L HNO₃	完全	
Eu³⁺	0.1	己烷和各种溶剂	0.1mol/L HNO₃	完全（己烷）	用 CCl₄ 时为98%
锕系	0.3~0.5	乙醚	0.1mol/L HClO₄	完全	
镧系	0.3~0.5	CCl₄ 或 CHCl₃	0.1mol/L HNO₃	完全	
Nb⁵⁺	0.6	乙醚	1mol/L HNO₃	>95	
Pa⁵⁺	0.1	各种有机溶剂	2mol/L HNO₃	完全	
Sc³⁺	0.01	乙酸异丁酯	0.1~10mol/L HNO₃	>95	
Th⁴⁺	0.1	CHCl₃	1mol/L HNO₃	完全	
UO₂²⁺	0.1~0.5	CHCl₃ 或 MIBK	0.1mol/L HClO₄	完全	
	0.1	己烷或 CCl₄	0.1mol/L H₂SO₄	完全	
Y³⁺	0.1	CHCl₃	0.1mol/L HNO₃	完全	
	0.6	乙醚	1mol/L H₂SO₄	>95	
Zr⁴⁺	0.6	乙醚	1mol/L HNO₃	>95	

表 1-24　用磷酸三丁酯（TBP）[①]萃取金属离子

被萃取离子	水　相	有机相	备　注
Ag$^+$	HCl, NaCl	TBP（100%）	
	0.1mol/L HCl	TBP	
Al^{3+}	HCl	TBP（100%）	
Am^{3+}	5mol/L NaSCN	5%TBP+己烷	
Be^{2+}	LiCl, 0.1mol/L HCl	TBP（100%）	
Bi^{3+}	0.1~0.6mol/L HClO$_4$		
	硫脲	TBP	
	稀 HNO$_3$, KI	TBP(100%)	与 Hg^{2+}、Cd^{2+}、In^{3+}、Zn^{2+}分离
Ca^{2+}	1%NaOH	偶氮-偶氮氧 BN	与 Ba^{2+}、碱金属分离
		TBP/CCl$_4$	
Cd^{2+}	稀 HNO$_3$, KI	TBP（100%）	与 Hg^{2+}、Bi^{3+}、In^{3+}、Zn^{2+}分离
Ce^{3+}	HNO$_3$-H$_2$SO$_4$	TBP（100%）	
	6mol/L HNO$_3$, NH$_4$NO$_3$	TBP（100%）	从土壤、淤泥等分离
	0.01~0.001mol/L HClO$_4$	TBP（100%）	
	pH=2.9(HNO$_3$), H$_2$O$_2$	0.5mol/L TBP+苯+HTTA（0.2mol/L）	与 Zr^{4+}，Nb^{5+}，Ru 分离
Co^{2+}	HCl（10mol/L LiCl）	TBP（100%）	
	10.5mol/L HCl	TBP（40%）松节油	与 Ni^{2+}分离
	8mol/L HCl		与 Ni^{2+}分离
	HCl-CH$_3$COONa 缓冲液	TBP-HTTA/环己烷	
	pH=4~8, 60%KSCN		
CrO$_4^{2-}$	0.02~0.08mol/L H$_2$SO$_4$, H$_2$O$_2$	TBP（25%）+苯	以过铬酸形式被萃取
	1mol/L HCl,1mol/L NH$_4$Cl	30%TBP+二甲苯	
Cu^{2+}	8mol/L HCl	TBP（100%）	与 Fe^{2+}、Co^{2+}、Ni 分离
	1mol/L HCl，痕量 Fe^{2+}	50%TBP+苯	
	10mol/L LiCl	TBP（100%）	
	pH=2~8	TBP（100%）	
Fe^{3+}	pH=1.5~2	TBP（50%）+CCl$_4$	
	KSCN（m_{SCN}:m_{Fe}=2.5)		
	2~6mol/L HCl	TBP（100%）	3mol/L HCl 中分离系数：Fe/Ni=3.4×10^5；Fe/Co=2.8×10^5
Ga^{3+}	6mol/L HCl	20%TBP+煤油	E 约 85%
	6mol/L HCl	3%TBP+非极性溶剂	E>90%
		25%TBP+苯	与 In^{3+}、Tl^{3+}分离
Hf^{4+}	HNO$_3$, HF（m_{Hf}:m_F=1:1)	50%TBP+二甲苯	
Hg^{2+}	稀 HNO$_3$, KI（过量）		与 Bi^{3+}、Cd^{2+}、In^{3+}、Zn^{2+}分离
In^{3+}	稀 HNO$_3$, 碱金属碘化物	TBP（100%）	与 Ga^{3+}、Tl^{3+}分离
La^{3+}	HNO$_3$, LiNO$_3$, EDTA	TBP（100%）	与其他稀土元素分离
Mn^{2+}	1mol/L HCl, 2.5mol/L AlCl$_3$	40%TBP+二甲苯	
MoO$_4^{2-}$	6mol/L HCl	TBP(100%)	
	6mol/L HCl, 4mol/L LiCl	20%TBP+CHCl$_3$	
Nb^{5+}	8~10mol/L HCl	1%TBP+二甲苯	从核分裂产物分出
	7.5~8.5mol/L HCl	TBP(100%)	与 Ta^{5+}分离
Nb^{5+}	>2mol/L HF, 4~5mol/L H$_2$SO$_4$	TBP	
	0.5~2mol/L HF（H$_2$SO$_4$）	TBP(100%)	与 Ta^{5+}分离

续表

被萃取离子	水 相	有机相	备 注
	1mol/L HF	80%TBP+煤油	与 Ta^{5+} 分离
	10～12mol/L HNO$_3$	50%TBP+煤油	E=80%～90%
Np^{4+}	0.5～1.3mol/L HNO$_3$	30%TBP+CCl$_4$	
Pa^{5+}	6mol/L HCl	15%TBP+煤油	E=85%
Pd^{2+}	4mol/L HCl	TBP(100%)	E=62%
	I$^-$	15%TBP+己烷	与 Rh^{4+}、Ir^{4+} 分离
	0.5mol/L HNO$_3$	TBP(100%)	44.4%
	SCN$^-$（Pd:SCN=10:1），pH=1	TBP(100%)	
	pH=2～8（或 0.5～2mol/L HCl）	TBP(90%～100%)	
Pt^{4+}	HCl	TBP(100%)	与 Pd、Rh 分离
	pH=1,KSCN（$m_{SCN^-}:m_{Pt}$=10:1）	TBP(100%)	与 Rh、Ir 分离
Pu^{4+}	pH=3.0（HNO$_3$）	30%TBP+煤油	与 UO$_2^{2+}$ 分离
及 Pu^{6+}	7mol/L HCl	TBP（100%）	与 UO$_2^{2+}$和核分裂产物分离
ReO$_4^-$	5mol/L H$_2$SO$_4$	2.5mol/L TBP	
Sc^{3+}	8～12mol/L HCl	TBP（100%）	
	HCl，CaCl$_2$（5mol/L）	TBP（100%）	E=92%
	13～16mol/L HNO$_3$	TBP（100%）	
	1mol/L NH$_4$SCN	15%TBP+CHCl$_3$	E=97.5%（与 Th^{4+}分离）
Ta^{5+}	0.5～2mol/L HF, H$_2$SO$_4$	TBP（100%）	
	1mol/L HF	80%TBP+煤油	与 Nb^{5+}分离
Th^{4+}	5mol/L HCl	TBP(100%)	Th^{4+}、Pa^{5+}和 UO$_2^{2+}$相互分离
	1.5mol/L HNO$_3$	20%TBP+CCl$_4$	从独居石分出
Ti^{4+}	5mol/L HCl, 4mol/L MgCl$_2$	60%TBP+二甲苯	
	11mol/L H$_2$SO$_4$	30%TBP+CCl$_4$	E>85%，与 Zr^{4+}分离
Tl^{3+}	HCl	TBP（100%）	
	H$_2$SO$_4$, NaCl	50%TBP+正辛烷或正癸烷	与 Zn^{2+}、Pb^{2+}分离
UO$_2^{2+}$	4～6mol/L HNO$_3$（Al、Ca、Na 的硝酸盐为盐析剂）	50%TBP+己烷	与 ^{233}Pa 及核分裂产物分离
	4mol/L HNO$_3$［Th(NO$_3$)$_4$ 或 NaNO$_3$ 为盐析剂］	30%TBP+CHCl$_3$	与 Mo、Pd、Ru 分离
	6mol/L HNO$_3$（Cu、Co、Zn、Fe、Al、Na 的硝酸盐）	19%TBP+煤油	
	HNO$_3$	10%TBP+CCl$_4$	测合金中的 UO$_2^{2+}$
	0.5mol/L HNO$_3$	20%TBP+煤油	与 Pu 分离
	饱和 Al(NO$_3$)$_3$ 溶液	10%TBP+己烷	
	pH=0.5～1.4	9%TBP+CHCl$_3$	
	1mol/L HNO$_3$（2mol/L 氨基磺酸亚铁）	30%TBP+苯	测定 Pu 中的铀
	0.5mol/L HCl	TBP(100%)	E>95%，以核分裂元素合金中分出
	pH=2.5～3.0	20%TBP+CCl$_4$	与 Zr、Th、Fe、Be、Al 分离
	pH=3.0, 6mol/L NaNO$_3$	25%TBP+异辛烷	
	pH=3.5～3.9, SCN$^-$	32.5%TBP+CHCl$_3$	
	抗坏血酸，NH$_4$SCN，NH$_4$NO$_3$	TBP（100%）	
	pH=1.5, SCN$^-$（0.25mol/L）	10%TBP+CCl$_4$	

续表

被萃取离子	水　相	有机相	备注
WO$_4^{2-}$	LiCl（或 LiClO$_4$）	30%TBP+苯	与 Fe^{3+}分离
	HF-Al(NO$_3$)$_3$	TBP(100%)+苯	从 Zr 合金分出
	>8mol/L HCl	TBP(100%)	
Y^{3+}	12mol/L HNO$_3$	TBP(100%)	E=97%，与 ^{90}Sr 分离
	HNO$_3$-HF	TBP(100%)	与 ^{90}Sr 分离
Zr^{4+}	8~10mol/L HCl	1%TBP+甲苯	与 Nb 分离
	0.2mol/L HCl	50%TBP+甲乙酮或 CHCl$_3$ 或煤油	
	HNO$_3$	TBP（100%）	与 Hf、Nb 分离
	11mol/L H$_2$SO$_4$	30%TBP+CCl$_4$	E=3%，与 Ti^{4+}分离

① 市售 TBP 中含有多种杂质，影响萃取，需除去。纯化方法如下：

a. 用 0.4%NaOH 溶液每次洗涤有机相，除去丁酯、磷酸一丁酯（MBP）、磷酸二丁酯（DBP），然后反复用水洗涤有机相，最后真空干燥；

b. 用等体积 6mol/L HCl 在 60℃时与有机相振摇 12h，然后用水及 5%Na$_2$CO$_3$ 反复洗涤有机相，最后在 30℃时真空干燥；

c. 在 1L 蒸馏瓶中放入 100ml 粗 TBP 及 500ml 0.4% NaOH 水溶液，通入水蒸气蒸馏，直至蒸出 200ml 蒸馏液为止，取出的 TBP 水洗数次，经真空干燥即得。

注：HTTA：噻唑甲酰三氟丙酮；TBP：三苯基膦。

表 1-25 用三正辛基氧膦（TOPO）萃取金属离子[2,5]

被萃取离子	水　相	有机相	萃取情况
Am^{3+}	0.2mol/L HNO$_3$	0.3mol/L TOPO+环己烷	E=94%
	1mol/L NH$_4$SCN, pH=2.8	0.1mol/L TOPO+二甲苯	E=98%
As^{3+}	0.1mol/L HCl	TOPO+环己烷	E=93%
Au^{3+}	酸性的氯化物溶液	TOPO	完全
Bi^{3+}	0.2mol/L HNO$_3$ 或 0.5mol/L HCl+0.5mol/L HNO$_3$	0.5mol/L TOPO+环己烷	E>95%
Ce^{4+}	1~8mol/L HNO$_3$	0.1mol/L TOPO	
	1mol/L HNO$_3$, 7mol/L NaNO$_3$		E=97%
	3~5mol/L H$_2$SO$_4$		E=80%
Cm^{3+}	HNO$_3$	5%TOPO+二甲苯	
CrO$_4^{2-}$	1mol/L HCl	0.1mol/L TOPO+环己烷	E=99%
Cu^{2+}	7mol/L HCl		部分萃取
Eu^{3+}	1mol/L NH$_4$SCN, pH=2.8	0.01mol/L TOPO+二甲苯	94%
Fe^{3+}	7mol/L HCl	0.1mol/L TOPO+环己烷	
	1mol/L HCl+5~7mol/L NaCl	0.1mol/L TOPO+环己烷	
	1~3mol/L H$_2$SO$_4$+7mol/L HCl 或 3mol/L H$_2$SO$_4$+3mol/L NaCl	0.1mol/L TOPO+环己烷	
Ga^{3+}	7mol/L HCl 或 7 mol/L H$_2$SO$_4$ 或 7 mol/L HClO$_4$	TOPO	完全
Hf^{4+}	1~7mol/L HCl，或 H$_2$SO$_4$ 或 HNO$_3$ 或 HClO$_4$	0.01~0.05mol/L TOPO+环己烷	完全
La 系（Ⅲ）	稀酸	TOPO-煤油	部分萃取
MoO$_4^{2-}$	pH 约 1（HCl, HNO$_3$, H$_2$SO$_4$, HClO$_4$）		
	4~5mol/L HCl		
	1~5 mol/L H$_2$SO$_4$ 或 5 mol/L HCl 或 1 mol/L HNO$_3$, 5 mol/L NaCl	0.1mol/L TOPO+环己烷	

被萃取离子	水　相	有　机　相	萃取情况
Nb^{5+}	4 mol/L HCl, 0.3 mol/L 酒石酸（或 0.2 mol/L 乳酸）	0.1mol/L TOPO+环己烷	$E>99\%$
Np^{4+}	1 mol/L 和 8 mol/L HNO$_3$（有 NaNO$_3$ 存在）	0.01mol/L TOPO+Amsco	
	9 mol/L HCl 或 9 mol/L H$_2$SO$_4$+2mol/L HCl	5%TOPO+二甲苯	99%（可与 Th、Ce 分离）
Np^{5+}	2～8 mol/L HNO$_3$	0.3mol/L TOPO+Amsco	E 约 50%
Pu^{4+},Pu^{6+}	9～10mol/L HCl	0.1mol/L TOPO+环己烷	完全
	6～7 mol/L HNO$_3$	0.1mol/L TOPO+环己烷	$E>95\%$
	0.1mol/L Na$_2$CO$_3$	0.1mol/L TOPO+环己烷	仅萃取 Pu^{4+}
Sb^{3+}	2～4 mol/L HCl 或 0.5mol/L HCl, AlCl$_3$	0.1mol/L TOPO+环己烷	$E>99\%$
Sb^{5+}	8～10 mol/L HCl 或 0.5mol/L HCl-H$_2$SO$_4$ 或 0.5mol/L HCl-AlCl$_3$	0.1mol/L TOPO+环己烷	$E>99\%$
Sn^{2+}, Sn^{4+}	1～6mol/L HCl	0.1mol/L TOPO+环己烷	$E=98\%$
	1mol/L HCl, 5mol/L LiCl	0.1mol/L TOPO+环己烷	
Ta^{5+}	6mol/L HCl+0.2mol/L 乳酸	0.2mol/L TOPO+环己烷	$E=60\%$
TcO_4^-	1mol/L H$_3$PO$_4$	0.1mol/L TOPO+环己烷	$E=99\%$
	1mol/L HNO$_3$	0.5mol/L TOPO+癸烷	$E=98\%$
Th^{4+}	5～7mol/L HCl 或 0.5～1mol/L HNO$_3$+7～7.5mol/L	0.1mol/L TOPO+环己烷	$E=99\%$
	NaNO$_3$ 或 0.5～2mol/L HNO$_3$	0.1mol/L TOPO+环己烷	
	0.1mol/L H$_2$SO$_4$-0.06mol/L H$_3$PO$_4$	0.1mol/L TOPO+环己烷	完全（可与稀土分离，0.3mol/L H$_2$SO$_4$ 反萃，545nm 比色测定 Th）
	6mol/L HCl 或 4.5mol/L HCl+5%甲醇	5%TOPO+二甲苯	$E>95\%$（可与 Ce 分离）
	>5mol/L HBr	0.1mol/L TOPO+环己烷	完全
Ti^{4+}	>7mol/L H$_2$SO$_4$	0.1mol/L TOPO+环己烷	$E=95\%$
	7mol/L HCl（或 6mol/L H$_2$SO$_4$），SCN$^-$	0.01mol/L TOPO+环己烷	$E=95\%$
UO_2^{2+}	2～10mol/L HCl	0.1mol/L TOPO+环己烷	$E>95\%$
	1～4mol/L HNO$_3$	3%TOPO+苯	完全（与 Th、Zr、镧系元素分离）
	6mol/L HBr	0.1mol/L TOPO+CHCl$_3$	完全（与 Th 分离因子达 1000）
	5mol/L HCl	5%TOPO+二甲苯	完全
	2mol/L HCl-50%CH$_3$OH		完全（可与 Np、Th、Ce 分离）
	1mol/L HNO$_3$-3%NaF	0.05mol/L TOPO+环己烷	完全（可与大量 Th、Zr、稀土、Fe 分离）
Zn^{2+}	1mol/L 或 3mol/L HCl+3～6mol/L H$_2$SO$_4$	0.1 mol/L TOPO+环己烷	$E=99\%$
	HCl	TOPO+苯	完全
Zr^{4+}	>5mol/L HCl	0.2 mol/L TOPO+环己烷	完全
	1mol/L HCl+4～5mol/L NaCl	0.2 mol/L TOPO+环己烷	
	0.5～10mol/L HNO$_3$	0.2 mol/L TOPO+环己烷	
	1mol/L HNO$_3$+3～4mol/L NaNO$_3$	0.2 mol/L TOPO+环己烷	
	0.2～7mol/L H$_2$SO$_4$	0.2 mol/L TOPO+环己烷	

表 1-26 用磷酸二(2-乙基)己基酯（D_2EHPA）[①]萃取金属离子

被萃取离子	萃取条件	溶 剂	$E/\%$
Ac^{3+}	0.1mol/L HCl	1.5mol/L D_2EHPA+甲苯	99
	pH=2	1.5mol/L D_2EHPA+庚烷	完全萃取
Ag^+	0.1mol/L HCl	1.5mol/L D_2EHPA+甲苯	50
Al^{3+}	pH=0.5～4	浓 D_2EHPA+煤油	可以萃取
Am^{3+}	pH>2	0.15mol/L D_2EHPA+甲苯	>90
	0.05～0.10mol/L HCl	1.5mol/L D_2EHPA+甲苯	完全萃取
As^{3+}	0.21～1mol/L HCl	0.01～1.5mol/L D_2EHPA	<1
Au^{3+}	0.01mol/L HCl	1.5mol/L D_2EHPA	约 1
Ba^{2+}	0.01mol/L HCl	1.5mol/L D_2EHPA+甲苯	约 1
Be^{2+}	0.25mol/L HNO_3	0.5 mol/L D_2EHPA+甲苯	约 95
	pH=2.2	<0.01mol/L D_2EHPA+煤油	可以萃取
Bi^{2+}	0.01mol/L HCl	1.5mol/L D_2EHPA+甲苯	—
Bk^{3+}	0.13mol/L HCl	0.5mol/L D_2EHPA+甲苯	75
Bk^{4+}	1mol/L $KBrO_3$+10mol/L HNO_3	0.15mol/L D_2EHPA+庚烷	（与三价锕系和锕系元素分离）
	10mol/L HNO_3	0.15mol/L D_2EHPA+庚烷	—
Ca^{2+}	pH=4～5	0.64mol/L D_2EHPA+甲苯或二甲苯	—
Cd^{2+}	0.03mol/L HCl	1.5mol/L D_2EHPA+甲苯	约 10
Ce^{3+}	pH>1		>95
Ce^{4+}	10mol/L HNO_3+0.5～1mol/L $KBrO_3$	0.75mol/L D_2EHPA+庚烷	（可与三价的锕系和锕系元素分离）
Cf^{3+}	<0.2mol/L HCl	1.5mol/L D_2EHPA+甲苯	>90
Cm^{3+}	pH>1	1.5mol/L D_2EHPA+甲苯	>90
Co^{2+}	0.01mol/L HCl	1.5mol/L D_2EHPA+甲苯	约 1
Cr^{3+}	稀酸溶液	—	<0.01
Cs^+	0.01mol/L HCl	—	0.1
Cu^{2+}	0.01mol/L HCl	1.5mol/L D_2EHPA+甲苯	50
Dy^{3+}	<0.5mol/L HCl	—	>95
Er^{3+}	2mol/L HCl 或 $HClO_4$	甲苯	—
Fe^{3+}	0.3mol/L $HClO_4$	0.1mol/L D_2EHPA+辛烷	完全萃取
	0.1mol/L HCl	1.5mol/L D_2EHPA+甲苯	>99.9
Ga^{3+}	0.1mol/L HCl	1.5mol/L D_2EHPA+甲苯	>99
Ge^{4+}	0.5mol/L HCl	1.5mol/L D_2EHPA+甲苯	1
Hf^{4+}	0.1～1.0mol/L HCl 或 $HClO_4$	1.5mol/L D_2EHPA+甲苯	完全萃取
	0.1～1mol/L HCl	1.5mol/L D_2EHPA+甲苯	完全萃取
Hg^{2+}	0.1mol/L HCl	1.5mol/L D_2EHPA+甲苯	约 50
Ho^{3+}	pH>0.3	1.5mol/L D_2EHPA+甲苯	>95
In^{3+}	0. 1mol/L HCl	1.5mol/L D_2EHPA+甲苯	
	8mol/L HBr	1mol/L D_2EHPA+庚烷	
Ir^{3+}	0.01mol/L HCl	1.5mol/L D_2EHPA+甲苯	约 2
K^+	0.1mol/L HCl	1.5mol/L D_2EHPA+甲苯	约 1
La^{3+}	0.01mol/L HCl	1.5mol/L D_2EHPA+甲苯	完全萃取
镧系	pH=4	0.64mol/L D_2EHPA+甲苯	完全萃取
Lu^{3+}	<2mol/L HCl	1.5mol/L D_2EHPA+甲苯	>95
Mg^{2+}	0.01mol/L HCl	1.5 mol/L D_2EHPA+甲苯	约 8
Mn^{2+}	pH 约 4	0.64 mol/L D_2EHPA+甲苯	

续表

被萃取离子	萃取条件	溶 剂	E/%
MoO_4^{2-}	0.1～1.0mol/L HCl	1.5 mol/L D₂EHPA+甲苯	约 90
Nb^{5+}	0.5mol/L HCl	1.5 mol/L D₂EHPA+甲苯	约 50
Nd^{3+}	0.1mol/L HCl	1.5 mol/L D₂EHPA+甲苯	>95
Ni^{2+}	0.1mol/L HCl	1.5 mol/L D₂EHPA+甲苯	<1
Np^{4+}	5mol/L HCl	0.21 mol/L D₂EHPA+甲苯	>99.99
Np^{5+}	0.5mol/L HCl	0.15 mol/L D₂EHPA+甲苯	约 98（Np^{6+}）
Np^{6+}	0.01mol/L HClO₄		约 15～20（Np^{5+}）
Os^{4+}	0.01～1.0mol/L HClO₄	0.01～1.0mol/L D₂EHPA+甲苯	90
Pa^{5+}	0.05mol/L HClO₄	0.003mol/L D₂EHPA+甲苯	>96
	10mol/L HNO₃	0.005mol/L D₂EHPA+煤油	
Pb^{2+}	0.01mol/L HCl	1.5mol/L D₂EHPA+甲苯	约 90
Pd^{2+}	0.01mol/L HCl	1.5mol/L D₂EHPA+甲苯	1
Pm^{3+}	pH>1 或 0.01～0.15mol/L HNO₃	1.5mol/L D₂EHPA+甲苯	95
Pr^{3+}	pH>1	1.5mol/L D₂EHPA+甲苯	95
Pu^{4+}	1mol/L HClO₄	D₂EHPA+癸烷	>99
Rb^+	0.01mol/L HCl	1.5mol/L D₂EHPA+甲苯	约 1
Sb^{3+}	0. 1mol/L HCl	1.5mol/L D₂EHPA+甲苯	约 98
Sc^{3+}	0.01～1.0mol/L HClO₄	1.5mol/L D₂EHPA+甲苯	完全萃取
	HCl·HNO₃ 或 H₂SO₄	D₂EHPA+煤油	
Sm^{3+}	pH>0.7	1.5mol/L D₂EHPA+甲苯	>95
Sn^{2+}	0.1～1mol/L HCl	1.5mol/L D₂EHPA+甲苯	50
Sr^{2+}	pH 约 5	0.64mol/L D₂EHPA+甲苯	>99
Ta^{5+}	0.5 mol/L HCl	0.01～0.1mol/L D₂EHPA+甲苯	60～80
Tb^{3+}	<0.3 mol/L HCl	1.5mol/L D₂EHPA+甲苯	>95
Th^{4+}	0.1 mol/L HNO₃	0.038mol/L D₂EHPA+甲苯	>99.9
	0.1 mol/L HClO₄	0.038mol/L D₂EHPA+甲苯	>99.9
Ti^{2+}	0.1mol/L HCl	1.5 mol/L D₂EHPA+甲苯	约 90
	1～5mol/L HNO₃ 或 1～10mol/L HCl 或 0.5～10mol/L H₂SO₄	D₂EHPA+H₂MEHP②+苯	完全萃取
Tl^+, Tl^{3+}	0.01mol/L HClO₄	D₂EHPA+庚烷	<1
	H₂SO₄，HNO₃，HClO₄ 或 H₃PO₄ 等无机酸液中	D₂EHPA+庚烷	定量萃取 Tl^{3+}
Tu^{3+}	2mol/L HCl	1.5 mol/L D₂EHPA+甲苯	>95
UO_2^{2+}	1mol/L H₂SO₄	>0.1mol/L D₂EHPA+煤油（癸烷或甲苯）	>99
VO_3^-	0.01mol/L HCl	1.5 mol/L D₂EHPA+甲苯	50
WO_4^{2-}	0.1～1mol/L HCl	1.5 mol/L D₂EHPA+甲苯	15
Y^{3+}	0.1mol/L HCl	1.5 mol/L D₂EHPA+甲苯	定量萃取
Yb^{3+}	2mol/L HCl	1.5 mol/L D₂EHPA+甲苯	>95
Zn^{2+}	pH=3～5	0.64 mol/L D₂EHPA+甲苯	完全萃取
Zr^{4+}	0.1～1mol/L HCl 或 HNO₃	1.5 mol/L D₂EHPA+甲苯	完全萃取

① 磷酸二(2-乙基)己基酯（D₂EHPA）:

HDEHP 或 P204。

② H₂MEHP：磷酸单(2-乙基己基)酯。

表 1-27 **50% D₂EHPA（1.5 mol/L）-甲苯对金属离子的萃取效果**[①]

萃取效果	0.01mol/L HCl 中	0.1mol/L HCl 中	1mol/L HCl 中
$D>10^2$	Ac, Am, Bi, Fe, Ga, Hf, In, Nb, Np（Ⅵ）, Pa, Mo, Sc, Th, Ti, Tm, U, Y, Zn, Zr, Pm	Am, Fe, Hf, In, Mo, Nb, Np, Pa, Sc, Th, Ti, Tm, U, Zr	Hf, Mo, Np, Pa, Sc, Th, Tm, U, Zr
$10^2>D>1$	Ag[②], Ca, Hg, La, Mn, Os, Pb, Sb, Sn, V	Ac, Bi, Ga, Os, Pm, Sb, Sn, Zn	Fe, In, Nb, Os, Sb, Sn, Ti, Y
$1>D>10^{-2}$	Al, Au, Ba, Cd, Cr, Cu, Ir, Mg, Na, Ni, Np, Ra, Sr, Ta, Te, Tl, W	Ag[②], Au, Ca, Cr, Cu, Ge, Mg, Ir, La, Mn, Ni, Np, Pb, Ta, Te, Tl, V, W	Ag[②], As, Am, Au, Bi, Ga, Ge, Hg, Np, Pm, Ta, Te, Tl（Ⅲ）, V, W, Zn

① 在此酸度范围内，基本上不被萃取（$D<10^{-2}$）的金属离子是 K, Rb, Cs, Tc, Re, Ru, Pd, Pt, Se, Fr, Rh, Po。
② Ag 从硝酸介质中萃取。

表 1-28 **用有机含磷化合物萃取锕系元素**

被萃取离子	水　相	溶　剂	从下列物质分离
UO_2^{2+}	4.7mol/L HNO₃	50% TBP（在乙醚中）	磷酸盐岩石，矿物和矿石（不含 Th 和 Zr）Bi 金属及各种共存金属离子
	4～6mol/L HNO₃	50% TBP（在正十四烷中）	植物，土壤和水（与 Pu 共存）
	4～5mol/L HNO₃	10% TBP（在苯中）	尿
	含硝酸铁的 4mol/L HNO₃	30% TBP（在苯中）	磷酸盐
	2mol/L HNO₃	50% TBP（在煤油中）	含大量钍的矿物
	6～8mol/L HNO₃	TBP(在 CCl₄ 中)	含于金属铀和铀化合物中的 Cu、Mn、Co 及其他金属
	2mol/L HNO₃	20% TBP（在煤油中）	稀土，Zn, Cd, Fe, Bi, Pb, Cu, Co
	4mol/L HNO₃+3mol/L HF+硝酸铈粉	40% TBP（在煤油中）	β 和 γ 活性衰变产物
	5mol/L HNO₃	100% TBP	共存金属离子
	4.4mol/L HNO₃	30% TBP（在 CCl₄ 中）	
	稀 HNO₃	TBP（在环己烷中）	共存金属离子
	约 5mol/L HNO₃	30%TBP（在 CHCl₃ 中）	Mg
	硝酸铝盐析溶液，调节 pH=3～5（用间甲酚紫为指示剂）	(1+10) TBP（在异辛烷中）	矿物
	硝酸铝盐析溶液，调节 pH=3～5（用间甲酚紫为指示剂）	10%TBP（在己烷中）	水，尿，空气中灰尘，矿石
	硝酸铝盐析溶液，调节 pH=3～5（用间甲酚紫为指示剂）	TBP（在异辛烷中）	废水，牛奶，草类
	硝酸铝盐析溶液，调节 pH=3～5（用间甲酚紫为指示剂）	1:10 TBP（在己酮中）	共存金属离子
	pH=0.3 的硝酸铝盐析溶液	9% TBP（在 CHCl₃ 中）	合金，矿石，有机提取物
	pH=0～0.5 的硝酸铝盐析溶液+EDTA	9% TBP（在 CHCl₃ 中）	有机和无机物料，例如空气试样
	pH≈1 硝酸铝盐析溶液	5% TBP（在异辛烷中）	Hf,Zr 等
	含 KF 和 NaNO₂ 的硝酸铝盐析溶液	100% TBP	沉积矿物和独居石
	硝酸铝盐析溶液	TBP（在 CCl₄ 中）	含铀铁矿
	硝酸铝盐析溶液	62% TBP（在 CCl₄ 中）	硝酸双氧铀溶液
	pH=2.5～3 的 NH₄NO₃ 盐析溶液	20% TBP(在 CCl₄ 中)	矿物及组成复杂的溶液
	pH=2.5～3 的 NH₄NO₃ 盐析溶液	20% TBP(在甲苯中)	土壤，淤泥，植物及动物组织
	0.02～1mol/L HNO₃（含 30% NH₄NO₃）	50% TBP（在己烷或二乙醚中）	Al, Fe, Ca, Ba, Sr, Ni, Zn, Co, Cu, Mn, Pb, Sn, V, Mo, W
	0.1mol/L HNO₃, 6mol/L NH₄NO₃	(24:76) 的 TBP 和苯的混合液	共存金属离子
	pH=2.5 的硝酸钙盐析溶液+EDTA	5% TBP(在煤油中)	矿物和岩石

续表

被萃取离子	水 相	溶 剂	从下列物质分离
UO_2^{2+}	pH=2~3 的硝酸钙盐析溶液+EDTA	20% TBP(在 CCl_4 中)	共存金属离子
	硝酸钙盐析溶液+EDTA	TBP（在 CCl_4 中）	共存金属离子
	1mol/L HNO_3,2.5 mol/L $NaNO_3$	50% TBP（在庚烷中）	锆矿
	$NaNO_3$ 盐析溶液	50% TBP（在煤油中）	矿石
	6mol/L $NaNO_3$,调节 pH 至 3	25% TBP（在异辛烷中）	共存金属离子
	7mol/L HCl	50% TBP（在正己烷中）	Th, Fe, Al, Ca, Ba, Sr, Zn, Ni, Co, Cu, Mn, Pb, W, Sb
	4.5~5.0mol/L HCl	30% TBP（在苯中）	金属铀试样中的痕量 Th
	10%NH_4SCN 溶液（pH=3.5~3.9）+EDTA	32.5% TBP（在 CCl_4 中）	共存金属离子
	含抗坏血酸和过量 NH_4SCN 的 pH 约 1.5 的溶液	10% TBP（在 CCl_4 中）	提取溶液及独居石
	7mol/L HNO_3 或 pH=2.5~3.0 的 6mol/L $NaNO_3$	0.1mol/L TOPO（在环己烷中）	大量 Bi 及许多其他元素
	含 $NaNO_3$ 盐析剂的稀 HNO_3	0.1mol/L TOPO（在环己烷中）	共存金属离子
	2mol/L HNO_3+小量氨基磺酸、硫酸亚铁铵和 NaF	0.5mol/L TOPO（在环己烷中）	Pu^{3+}
	海水（0.03mol/L NH_4Ac,10^{-3}mol/L EDTA，调节 pH 至 6.5）	2% D_2EHPA（在 CCl_4 中）	海水
Th^{4+}	稀 HNO_3（约 1.5mol/L）	1.5mol/L D_2EHPA（在庚烷中）	骨灰
	0.1mol/L HNO_3（含不大于 0.5mol/L 硫酸盐,不大于 0.06mol/L 磷酸盐，2mol/L $NaNO_3$）	0.1mol/L TOPO（在环己烷中）	独居石砂
Ac^{3+}	pH=1.6 溶液	1.5mol/L D_2EHPA（在庚烷中）	铀厂排污
Am^{3+} Cm^{3+} }	pH=4.5 溶液	20% D_2EHPA（在甲苯中）	尿
Bk^{4+}	10mol/L HNO_3−0.1mol/L $KBrO_3$	0.15mol/L D_2EHPA（在庚烷中）	铀裂变产物

注：TBP：三苯基膦；TOPO：三正辛基氧膦；D_2EHPA：磷酸二(2-乙基)己基酯。

7. 吡唑酮（表 1-29 和表 1-30）

表 1-29 用 1-苯基-3-甲基-4-取代基-5-吡唑酮[①]萃取金属离子

取代基 R	可萃取离子	备 注
乙酰基	Ac^{3+}, Am^{3+}, Be^{2+}, Cf^{3+}, Cm^{3+}, Eu^{3+}, Hf^{4+}, La^{3+}, Mn^{2+}, Pb^{2+}, Th^{4+}, UO_2^{2+}, Zn^{2+}	在 2.0mol/L $HClO_4$ 中的 $CHCl_3$ 或苯萃取 Hf^{4+}
氯乙酰基	Be^{2+}, La^{3+}, Pb^{2+}, Th^{4+}, UO_2^{2+}	
三氯乙酰基	Am^{3+}	以 $CHCl_3$ 作溶剂
三氟乙酰基	Am^{3+}, Be^{2+}, UO_2^{2+}	以 $CHCl_3$ 作溶剂萃取 Am^{3+}
丁酰基	Be^{2+}, Hf^{4+}, La^{3+}, Mn^{2+}, Pb^{2+}, Th^{4+}, UO_2^{2+}, Zn^{2+}	在 2.0mol/L $HClO_4$ 中以 $CHCl_3$ 或苯萃取 Hf
己酰基	Be^{2+}, Hf^{4+}, La^{3+}, Mn^{2+}, Pb^{2+}, Th^{4+}, UO_2^{2+}, Zn^{2+}	在 2.0mol/L $HClO_4$ 中以 $CHCl_3$ 或苯萃取 Hf
辛酰基	Hf^{4+}, Zn^{2+}	在 2.0mol/L $HClO_4$ 中以 $CHCl_3$ 或苯萃取 Hf
乙氧羰基	Be^{2+}, Hf^{4+},La^{3+}, Pb^{2+}, UO_2^{2+}, Zn^{2+}	在 2.0mol/L $HClO_4$ 中以 $CHCl_3$ 或苯萃取 Hf
对溴苯甲酰基	Be^{2+}, La^{3+}, Pb^{2+}, Th^{4+}, UO_2^{2+}	
噻吩甲酰基	Ce^{3+}, Se^{3+}等	

① 1-苯基-3-甲基-4-取代基-5-吡唑酮的结构式：。

表 1-30 用 1-苯基-3-甲基-4-苯甲酰基-5-吡唑酮（PMBP）[①]萃取金属离子[2,5]

金属	萃取50%时的pH	组 成	lg$K$	最大量萃取时的pH	PMBP-苯溶液浓度 c/(mol/L)	协萃剂浓度 c/(mol/L)	备 注
Ac^{3+}		AcA_3	−7.54	5.5	0.05[⑥]		与 Ra、Th、Pb、Bi 分离
	3.92		−8.79	>4.5，I=0.1mol/kg	0.1		与 Th、U、Cm、Am 分离，E>95%
				2	0.1[②]	1mol/L TBP	
Am^{3+}		$AmA_3 \cdot 2TBP$		0.1mol/L HNO_3	0.05[⑤]	0.5mol/L TBP	萃取 Am^{5+}，与 Np、Pu、Cm、Bk 分离
	2.59		−4.43	>3，I=0.1mol/kg	0.1[③]		E>95%
Ba^{2+}				约 7	0.1[②]	1mol/L TBP	
Bi^{3+}				0.5	0.1[②]	1mol/L TBP	
Bk^{4+}				0.1mol/L HNO_3	0.05[⑤]	0.05mol/L TOPO	
Ca^{2+}	9.70				0.01		
	5.15			6.5～9	0.01[④]		
				>6.8	0.02[⑦]		
Cd^{2+}				6.2～9.5	0.03[③]		微量萃取
Ce^{3+}	4.19	CeA_3	−6.56	>5	0.01		
		$CeA_2 \cdot HA$		约 4	0.05		
				>1.5	0.1[②]	1mol/L TBP	
	3.05			3.7	0.1[②]		
	2.04			>2.7	0.1[⑥]		
	3.53		−6.71	>4，I=0.1mol/kg	0.05[③]		E>90%
Cf^{3+}	2.16		−3.25	>2.8，I=0.1mol/kg	0.1[③]		完全
Cf^{3+}				0.1mol/L HNO_3	0.05	0.05mol/L TOPO	
Cm^{3+}				0.1mol/L HNO_3	0.05	0.05mol/L TOPO	完全
			−0.5	pH=1～2（HNO_3），I=0.5mol/kg	0.05[④]		
	2.50		−4.24	>3.0，I=0.1mol/kg	0.1[③]		萃取完全
Co^{2+}	2.25	CoA_2	−1.87	3～5	0.05[④]		
	4.95	CoA_2		6	0.05		
				4～9.5	0.03[③]		微量萃取
Cr^{3+}				约 2	0.03[③]		微量萃取
				3～6	0.0001[③]		70～100℃定量萃取，<50℃萃取率<4%
Cu^{2+}				2～9.5	0.03[③]		微量萃取
	1.35	CuA_2	1.36	>2.5	0.01[④]		
Er^{3+}	3.51	ErA_3		>4.2	0.01		
	1.38			>2.1	0.1[⑥]		
	2.45			3.2	0.1[③]		
Dy^{3+}	3.47	DyA_3	−4.42	>4.2	0.01		
	1.42			>2	0.1[⑥]		
Eu^{3+}				约 2	0.05[④]		
				0.1mol/L HNO_3	0.05[⑤]	0.25mol/LTBP 或 0.0025mol/L（TOPO）	萃取完全
	1.62			>2.3	0.1[⑤]		

续表

金属	萃取50%时的 pH	组 成	lg$K$	最大量萃取时的 pH	PMBP-苯溶液浓度 c/(mol/L)	协萃剂浓度 c/(mol/L)	备 注
Eu^{3+}	3.07		−5.33	>3.5, I=0.1mol/kg	0.05[3]		E>90%
Fe^{3+}				2～8	0.03[3]		
				7mol/L HNO_3	0.1		在低浓度 HCl 中生成 FeA_3，在高浓度 HCl 中生成 H_2A+$FeCl_4^-$
				1～9mol/L H_2SO_4	0.1		可与 Pu 分离
Ga^{3+}				3.5～5.0	0.03[2]		可与 In、Tl 分离
Gd^{3+}	3.54	GdA_3	−4.77	>4.3	0.01		
	1.58			>2.3	0.1[1]		
	2.70			3.4	0.1[3]		
Hf^{4+}	约 3.27	HfA_4	11.01	HCl	1		也可在 2mol/L $HClO_4$、2mol/L HNO_3、1mol/L H_2SO_4 中萃取
Ho^{3+}	3.53	HoA_4		>4.2	0.01		
	1.38			>2.1	0.1[6]		
La^{3+}	4.40	LaA_3	−7.19	>5.1	0.01		
	2.28			>3	0.1[6]		
	2.45		−7.4	2～4	0.1[3]		
Lu^{3+}	1.28			>2	0.1[6]		
Mg^{2+}				5.7～6.9	0.5%[4]		
Mn^{2+}	3.50			5.5～6.5	0.01[2]		微量萃取
	6.57			约 8	0.01		
MoO_4^{2-}				1.5～4	0.03[2]		微量萃取
Nb^{5+}				2mol/L HNO_3	0.05[2]	HCl	加入 H_2O_2 则不被萃取
				3～8mol/L HNO_3 或 HCl	0.1		
				0.4～0.5mol/L KSCN 或 6～7mol/L HCl	0.01		小量 W、Mo、V、Ta、Zr 不干扰
Nd^{3+}	3.89	NdA_3	−5.67	>4.6	0.01		
	3.88	NdA_3	−5.63	约 7	0.01[3]		
	1.84			>2.5	0.1[6]		
Ni^{2+}				2.5	0.01[3]		微量萃取
	1.65		−1.31	5.9	0.01[2]		
Np^{4+}				1～6mol/L HCl、HNO_3 或 H_2SO_4	0.05		可与 U、Am 分离
				0.5mol/L HNO_3+1mol/L H_3PO_4	0.1	0.25mol/L TBP	从 Zr、Nb、Ru、Ce、Cm、Cs 中分离 Np
Pa^{5+}				0.1～5mol/L HNO_3 或 HCl	0.1		
				4～9.5	0.03[3]		微量萃取
Pb^{2+}				约 3	0.1[2]	1mol/L TBP	可与 Ra、Th、Bi 分离
Pr^{3+}	3.94	PrA_3	−5.81	>4.6	0.01		
	1.95			2.7	0.1[6]		
Pu^{4+}				1～7mol/L HNO_3，0.5～5mol/L H_2SO_4	0.1		水相中含 0.5mol/L 乳酸

续表

第
一
篇

金属	萃取50%时的pH	组成	lg$K$	最大量萃取时的pH	PMBP-苯溶液浓度 c/(mol/L)	协萃剂浓度 c/(mol/L)	备注
Pu^{4+}				3mol/L HNO_3	0.05[③]		0.012 mol/L DTDAAm 不萃取
Ra^{2+}				约5	0.1[②]	1mol/L TBP	
					0.03[⑨]	0.1mol/L TOPO	废水中 Ra 富集
R.E.				5.5	0.01		磺基水杨酸络合 Al、Ti，萃余水相 pH 不宜低于 5.3
				5.5	0.5%		15%NH₄SCN+6%磺基水杨酸；从大量共存元素直接萃取稀土元素
				4.2	0.02（苯+异戊醇）		从大量 PO_4^{3-} 萃取稀土元素
Sc^{3+}	0.76			2～6	0.01		Th、U 有干扰
Sm^{3+}	3.67	SmA_3	−5.00	>4.4	0.01		
	1.66			>2.4	0.1[⑥]		
Sr^{2+}	4.38			>5.1	0.1[②]	1mol/L TBP	可从裂变产物中分离测定 Sr
	5.78			7～9	0.01[④]		E=96%
Tb^{3+}	3.59	TbA_3		>4.3	0.01		
	1.48			>2.2	0.1[⑥]		
Th^{4+}	0.19	ThA_4	7.22	0.1mol/L HCl	0.01		可与 U、Zr、稀土分离
	−1.46			2mol/L HNO_3	0.2		
				0.4mol/L HCl	0.05[③]		
				0.1～4mol/L HNO_3	0.1[②]	1mol/L TBP	可与大量稀土、U、Zr 分离
			7.20	0.1mol/L HNO_3	0.05		萃取完全
			5.8	0.25～1mol/L HCl	0.1		可与稀土分离完全
	0.02		3.63	<1，I=1.0mol/kg	0.1[③]		可与 U、Cf、Cm、Am、Ac 分离
Ti^{4+}	1.21	$TiOA_2$	1.58	2.2	0.01		有机相可直接测定可与 Fe、Al、Cu 分离
				1.5～5.0	0.01[③]		水相含酒石酸
Tm^{3+}	1.32			>2.0	0.1[⑥]		
UO_2^{2+}	1.92	UO_2A_2	0.15	>2.9	0.01		
				0.1mol/L HNO_3	0.1		
				3.1	0.01		EDTA-Zn 络合从矿石浸出液中萃取 U
U^{6+}				3（酒石酸，双氧水存在）	0.05		可与 Ti、Zr、Ta、Mo、Nb、W、Fe 分离
	0.74		0.63	≥2，I=1.0mol/kg	0.1[③]		可与 Th、Cf、Cm、Am、Ac 分离

金属	萃取 50%时 的 pH	组 成	lg$K$	最大量萃取时的 pH	PMBP-苯溶液 浓度 c/(mol/L)	协萃剂浓度 c/(mol/L)	备 注
U^{6+}				2.5	0.01		可与 Zr、Th、 稀土分离
V^{4+}				2.2～3.8	0.01		
				2～4	0.03⑧		微量萃取
Y^{3+}	3.50	YA_3	−4.40	>4.2	0.01		
	1.50			>2.2	0.1⑥		
				>1.2	0.1②	1mol/L TBP	
Yb^{3+}	3.30	YbA_3	−3.89	>4.0	0.01		
	1.30			>2.0	0.1⑥		
Zn^{2+}	3.43	ZnA_2	−1.63	>4.5	0.01④		
	4.00	ZnA_2	−5.80	5～7	0.05		
Zr^{4+}				0.1～8mol/L HNO$_3$	0.05②		
				0.1～7mol/L HCl			
				5～7mol/L HCl	0.01		
				2mol/L HNO$_3$	0.005		

① 1-苯基-3-甲基-4-苯甲酰基-5-吡唑酮（PMBP）：$C_6H_5-C=N \quad N-C_6H_5 \rightleftharpoons C_6H_5-C=N \quad N-C_6H_5$.

② 在二甲苯中萃取。

③ 氯仿萃取。

④ 异戊醇萃取。

⑤ 环己烷萃取。

⑥ 乙酯丁酯萃取。

⑦ 甲基异丁基酮萃取。

⑧ 正辛醇。

⑨ 正己烷。

8. 肟类（表 1-31～表 1-33）

表 1-31 肟类萃取剂的解离常数（K_{H_2A}、K_{HA}）、分配系数（$K_{D(HA)}$）和溶解度（s）

有机试剂	pK_{H_2A}	pK_{HA}	lg$K_{D(HA)}$（溶剂）	s/(mol/L)	T/℃	I/(mol/kg)
二甲基乙二肟（丁 二酮肟）	10.6			5.4×10^{-3}（水）	25	0.5
				4.5×10^{-4}（氯仿）	—	—
				5.5×10^{-3}（水）	18	—
				6×10^{-5}（CCl$_4$）	—	—
				3.6×10^{-4}（氯仿）	—	—
			1.08（丁醇）	5.6×10^{-2}（丁醇）	—	—
			0.95（异戊醇）	4.5×10^{-2}（异戊醇）	—	—
	10.54	12.0	−0.92（氯仿）		25	0.1
α-糠偶酰二肟	9.8	11.25	−0.46（氯仿）	4.75×10^{-3}（氯仿）	25	0.1
1,2-环己二酮二肟	10.7	12.16	−0.96（氯仿）	1.9×10^{-2}（氯仿）	25	0.1
1,2-环庚二酮二肟	10.65	12.2	−0.7（氯仿）	8.35×10^{-3}	25	0.1
α-苯偶酰二肟			2.0（氯仿）	—	—	
			10.5（氯仿）①	—	—	
	10.12	11.8		10^{-3}（水）	25	0.1
水杨醛肟		7.4	2.1（氯仿）		30	0.1

① 指[pK_{HA}+lg$K_{D(HA)}$]或[pK_{H_2A}+lg$K_{D(HA)}$]值。

表 1-32 用肟类化合物萃取金属离子[2]

萃取剂	萃取离子	萃取剂浓度 $c/(mol/L)$	溶剂	水相 pH	萃取效率	备 注
二甲基乙二肟	Ni^{2+}	—	$CHCl_3$	7～12	可以萃取	可萃取 Ca^{2+}、Ni^{2+}、Pb^{2+}等离子
	Pd^{2+}	—	$CHCl_3$	0.2～0.3 mol/L HCl 或 1 mol/L H_2SO_4	完全萃取	其中可与吡啶、二丁胺、苯胺等协同萃取 Cu
甲基乙基乙二肟	Ni^{2+}	—	$CHCl_3$	0.1mol/L $HClO_4$ 或 0.1mol/L $NaClO_4$	可以萃取	可萃取 Cu^{2+}、Co^{2+}、Ni^{2+}等离子
二甲基丁二肟	Ni^{2+}	0.001 mol/L～1%（质量分数）	$CHCl_3$	4～12	完全萃取	
α-苯二肟	Re^{7+}	—	异戊醇	5～9mol/L H_2SO_4	可以萃取	在 $SnCl_2$ 存在时
α-苯偶姻肟	Cu^{2+}	—	$CHCl_3$	11.3～12.3	可以萃取	
	Mo^{6+}	0.15%	$CHCl_3$	1～2	完全萃取	
	V^{5+}	0.1%	$CHCl_3$	2.2	完全萃取	
	W^{6+}	0.15%	$CHCl_3$	1～2	完全萃取	
α-糠偶酰二肟	Ni^{2+}	—	$CHCl_3$	8.5～9.4	可以萃取	Co^{2+}、Cu^{2+}可用（1+40）稀氨溶液反萃
	Pb^{2+}	—	$CHCl_3$	1	完全萃取	
	Pd^{2+}	—	苯	2.4～2.9	完全萃取	
	Re^{7+}	—	$CHCl_3$ 或异戊醇	0.5～1.0mol/L HCl	完全萃取	存在 $SnCl_2$ 时
α-苯偶酰二肟	Ni^{2+}	—	$CHCl_3$	4～9	可以萃取	pH=9～14 完全萃取
	Pd^{2+}	—	$CHCl_3$	2	可以萃取	
1,2-环己二酮二肟	Pd^{2+}	—	$CHCl_3$	0.5～6.0	可以萃取	可萃取 Fe^{3+}、Ni^{2+}、Pd^{2+}等离子
1,2-环庚二酮二肟	Ni^{2+}	—	$CHCl_3$	3.8～11.7	可以萃取	
水杨醛肟	Cu^{2+}	0.01 mol/L	MIBK	3～9.5	完全萃取	
	Co^{2+}	0.01 mol/L	MIBK	7.5～8	97%	
	Mg^{2+}	0.01 mol/L	MIBK	>11	90%	
	Mn^{2+}	0.01 mol/L	MIBK	10.5	>70%	
	Ni^{2+}	0.01 mol/L	MIBK	6.5～9	完全萃取	
	Pb^{2+}	0.01 mol/L	MIBK	7.5～9	完全萃取	
	Pd^{2+}	0.01 mol/L	MIBK	3～6	可以萃取	
N,N'-次乙基-二(4-甲氧基-1,2-苯醌-1-肟)-2-亚胺	Co^{2+}, Fe^{2+}, Ni^{2+}, Pd^{2+}		$CHCl_3$、苯	1～7	完全萃取	
4-甲基环己酮二肟	Ni^{2+}		甲苯	5.0～5.5	可以萃取	
	Pd^{2+}		$CHCl_3$	0.7～5.0	可以萃取	
N,3-二苯基丙烯氟肟酸	Te^{3+}		$CHCl_3$	1	可以萃取	
	UO_2^{2+}		乙酸乙酯	5.5～8.5	可以萃取	
	V^{5+}		CH_3Cl	2.7～7.5 mol/L HCl	完全萃取	

表 1-33 用二甲基乙二肟（DMG）[①]萃取金属离子

金属离子	水相条件	有机相	萃取效率
Co^{2+}	碱性溶液	$CHCl_3$	部分
Cu^{2+}	碱性溶液	$CHCl_3$	定量
Ni^{2+}	pH=7～12	$CHCl_3$	定量
	pH=6.5±0.5	$CHCl_3$	定量
	微氨性	$CHCl_3$	定量
	pH=7.3～9.6	CCl_4	定量
	pH=10.0(氨性)	正丁醇	定量
	碱性	苯+丁醇(5+1)	定量
Pd^{2+}	pH=0～7	$CHCl_3$	定量
	HCl(0.2～0.3mol/L)	$CHCl_3$	定量
	H_2SO_4(0.5mol/L)	$CHCl_3$	定量
	pH=2 至 HCl(2mol/L)，H_2SO_4(2mol/L)，HNO_3(0.8mol/L)	$CHCl_3$，CCl_4，苯，二氯乙烷，异戊醇	
Pt^{2+}	酸性溶液	$CHCl_3$	

① 二甲基乙二肟（DMG）的结构式：$HO-N=\overset{CH_3}{\underset{CH_3}{C-C}}=N-OH$。

二、高分子胺类

高分子胺是一类以氮原子为萃取功能基的萃取剂的总称，包括伯胺 RNH_2、仲胺 R_2NH、叔胺 R_3N 和季铵盐 $R_4N^+X^-$ 四种，相对分子质量在 250～600 之间。高分子胺对金属离子的萃取可归属于阴离子交换或离子缔合机理。其中，伯胺、仲胺、叔胺属于中等强度的碱性萃取剂，在酸性介质中结合氢离子（H^+）后，再与如 $FeCl_4^-$、$CoCl_4^{2-}$、$ZrO(SO_4)_2^{2-}$ 和 $UO_2(SO_4)_2^{2-}$ 等金属配阴离子缔合。季铵盐为强碱性萃取剂，本身含有铵阳离子 R_4N^+，在酸性溶液、中性或碱性溶液中都能萃取，如由碳酸盐溶液中萃取 $UO_2(CO_3)_3^{4-}$ 配阴离子。表 1-34～表 1-39 列出了高分子胺类萃取剂的一些基本性质。

表 1-34 部分烷基胺的物理性质

烷 基 胺	相对分子质量	沸点/℃	冰点/℃	密度 ρ(20 ℃)/(g/ml)	烷 基 胺	相对分子质量	沸点/℃	冰点/℃	密度 ρ(20 ℃)/(g/ml)
正己胺	101.2	132.7	—	0.762	二正癸胺	297.5	359	34	0.813
正庚胺	115.2	156.9	—	0.775	二正十二胺	353.6	403	51	0.819
正辛胺	129.2	179.6	—	0.783	甲基正辛胺	143.3	186	—	0.776
正壬胺	143.3	202.2	—	0.788	三正辛胺	353.6	357	—	0.812
正癸胺	157.3	220.5	—	0.794	三正癸胺	437.8	406	—	0.819
正十二胺	185.3	259.2	28.3	0.801	三正十二胺	521.9	448	15.7	0.825
二正己胺	185.3	239.8	—	0.789	三正四癸胺	606.1	484	33	0.829
二正庚胺	213.4	272.0	—	0.797	二甲基正辛胺	157.3	194	—	0.766
二正辛胺	241.4	302	—	0.804	二甲基正癸胺	185.3	235	—	0.778
二正壬胺	269.5	334	25	0.809	二甲基正十二胺	213.4	271	—	0.788

表 1-35 正脂肪族胺在部分有机溶剂中的溶解度（20℃）   单位：g/L

胺	苯	环己烷	CCl₄	CHCl₃	己烷	胺	苯	环己烷	CCl₄	CHCl₃	己烷
$C_{10}H_{21}NH_2$	∞	∞	∞	∞	∞	$(C_8H_{17})_2NH$	6240	5060	5659	6478	2572
$C_{12}H_{25}NH_2$	2434	1790	2359	4691	1292	$(C_{12}H_{25})_2NH$	128	96.5	239	557	369
$C_{14}H_{29}NH_2$	730	529	892	1638	335	$(C_{14}H_{29})_2NH$	37.8	24.1	100	234	—
$C_{16}H_{33}NH_2$	270	207	338	834	121	$(C_{18}H_{37})_2NH$	1.76	<0.8	19.1	41.7	—
$C_{18}H_{37}NH_2$	130	103	123	475	35.6	$(C_{18}H_{37})_3N$[①]	36.9	145	207	201	35.6

① 低级叔胺与这些溶剂完全混溶（20℃）。

表 1-36 正烷基胺的盐酸盐在不同溶剂中的溶解度（25℃）

烷基胺的盐酸盐	溶 剂	溶解度 $s/(g/L)$	烷基胺的盐酸盐	溶 剂	溶解度 $s/(g/L)$
辛胺盐	苯	4.83	二辛胺盐	正庚烷	<0.014
癸胺盐	苯	1.14	二癸胺盐	苯	0.79
十二胺盐	苯	0.176		四氯化碳	12.1
	氯仿[①]	60.3		正庚烷	<0.014
	正丁醇[①]	64.6	二正十二胺盐	苯	0.70
二己胺盐	苯	3.00		四氯化碳	0.16
	四氯化碳	13.7		正庚烷	<0.014
	正庚烷	<0.007	甲基十二胺盐	苯[②]	1.4
二庚胺盐	苯	3.43	三庚胺盐	正庚烷	2.05
	四氯化碳	29	三辛胺盐	正庚烷	1.57
	正庚烷	<0.014	三癸胺盐	正庚烷	1.64
二辛胺盐	苯	6.77	三正十二胺盐	正庚烷	1.09
	四氯化碳	39	二甲基十二胺盐	苯[③]	2.60

① 28℃。 ② 28.4℃。 ③ 27℃。

表 1-37 各种胺及其盐的平衡常数 K_{11}[①]

胺	稀释剂	水相中的硝酸浓度 $c/(mol/L)$	有机相中的胺浓度 $c/(mol/L)$	$K_{11}/(10^{-5}L^2/mol^2)$
硝酸盐				
三正辛胺	四氯化碳	0.13~0.20	0.225	10
	硝基苯（40℃）	0.01~2.0	0.02~0.1	500
	氯仿（40℃）	0.01~2.0	0.02~0.1	62
	苯（40℃）	0.01~2.0	0.02~0.1	1.1
	苯（30℃）	0.01~2.0	0.02~0.1	2.7
	苯（25℃）	0.01~2.0	0.02~0.1	3.8
	二甲苯（25℃）	0.004~0.04	0.05	1.4
三异辛胺	二甲苯（25℃）	0.11~0.43	0.425	1.4
	甲苯	0.002~0.05	0.05~0.2	41
三正壬胺	二甲苯（25℃）	0.01~0.20	0.21	1.5
三正十二胺	间二甲苯（25℃）		0.002~0.1	0.17
	邻二甲苯（25℃）		0.002~0.3	0.35
	二甲苯（30℃）		0.05~0.3	12
	氯代苯（30℃）		0.05~0.3	27
	正辛烷（25℃）		0.002~0.3	0.002
	正十二烷（30℃）		0.05~0.3	2.5
N-月桂(三烷基甲基)胺	苯	>0.05		5.4
	四氯化碳	>0.05		3.8

续表

胺	稀 释 剂	水相中的硝酸浓度 $c/(mol/L)$	有机相中的胺浓度 $c/(mol/L)$	$K_{11}/(10^{-5}L^2/mol^2)$
盐酸盐				
二正己胺	四氯化碳	—	0.001～0.02	7.9
二正庚胺	四氯化碳	—	0.001～0.02	8.7
二正辛胺	四氯化碳	—	0.001～0.02	15.8
二正癸胺	四氯化碳	—	0.001～0.02	17.2
二正十二胺	四氯化碳	—	0.001～0.02	9.1
	四氯化碳	0.13～0.2	0.225	0.35
	四氯化碳	—	0.02～0.08	0.10
	苯	—	0.002～0.02	0.13
	苯	0.08～0.21	0.227	0.55
	甲苯	约 0.05	0.1	0.07
	环己烷	约 0.05	0.1	0.0011
	硝基苯	—	—	56
	硝基苯	约 0.05	0.1	400
	2-硝基丙烷	约 0.05	0.1	280
三异辛胺	甲苯	0.008～0.04	0.2	0.81
三正十二胺	苯（23℃）	—	0.015	0.45
	苯（25℃）	—	0.0085	0.13
	苯（37℃）	—	0.0085	0.089
	苯（64℃）	—	0.0085	0.066
	邻二甲苯（25℃）	—	0.016～0.31	0.056
	甲苯	0.004～0.21	0.01～0.4	0.16
三烷基甲胺	苯	—	0.015	74
N-十二烷基(三烷基甲基)胺	苯	—	0.015	5.7
溴酸盐和氢碘酸盐				
三正辛胺氢溴酸盐	四氯化碳	0.10～0.17	0.225	7.3
	苯	0.08～0.2	0.227	5.4
	甲苯	约 0.05	0.1	1.2
	环己烷	约 0.05	0.1	0.013
	硝基苯	约 0.05	0.1	5000
	2-硝基丙烷	约 0.05	0.1	800
三正十二胺氢溴酸盐	苯（23℃）	—	0.015	1.1
	苯（25℃）	—	0.0085	0.6
	苯（37℃）	—	0.0085	0.31
	苯（64℃）	—	0.0085	0.067
	二甲苯	—		0.16
三烷基甲基胺氢溴酸盐	苯	—	0.015	200
N-十二烷基（三烷基甲基）胺氢溴酸盐	苯	—	0.015	16
三正辛胺氢碘酸盐	甲苯	约 0.05	0.1	90
	环己苯	约 0.05	0.1	0.9
	硝基苯	约 0.05	0.1	220000
	2-硝基丙烷	约 0.05	0.1	80000
三正十二胺氢碘酸盐	苯（23℃）	—	0.015	13
	苯（25℃）	—	0.0085	28
	苯（37℃）	—	0.0085	13

续表

胺	稀释剂	水相中的硝酸浓度 $c/(mol/L)$	有机相中的胺浓度 $c/(mol/L)$	$K_{11}/(10^{-5}L^2/mol^2)$	
三烷基甲胺氢碘酸盐	苯	—	0.015	470	
N-十二烷基（三烷基甲基）胺氢碘酸盐	苯	—	0.015	84	
硫酸盐[②]					
二癸胺	苯	—	—	40.000	—
	四氯化碳	—	—	3000	—
甲基二辛胺	四氯化碳	—	—	0.3	—
	苯	—	0.005～0.49	20	—
	苯	0.2～0.8	0.12	—	0.26
甲基二癸胺	苯	—	—	40.000	—
	四氯化碳	—	—	3000	—
三正己胺	苯	—	—	0.5	—
三正辛胺	苯	0.001～0.1	0.05～0.25	19	—
	苯	—	0.005～0.49	30	—
	苯	—	<0.02	19	—
	四氯化碳	—	—	0.5	—
	苯	0.001～0.1	0.05～0.25	—	1500
	苯	0.05～0.1	0.05～0.1	—	30
	苯	—	0.09	—	15
三正癸胺	四氯化碳	—	—	—	1
	苯	—	—	—	0.02
	煤油	—	—	—	0.02

① $K_{11} = \dfrac{[R\cdot HB]_{有}}{[R]_{有}[H^+]_{水}[B]_{水}}$（R 为伯、仲或叔胺，B 为相应的酸根）。

② 硫酸为二元酸，相应的 K 值也有两级，数据为 K_{21}/K_{11}，其中 $K_{21}=\dfrac{[R_2H_2SO_4]}{[R]_{有}^2[H^+]_{水}^2[SO_4^{2-}]}$，单位为 10^{-7} L^4/mol^4。

表 1-38 用高分子胺萃取的元素和离子

被萃取离子	水 相	有 机 相	备 注
Ag$^+$	1mol/L LiCl+HCl	甲基二辛胺（10%）+三氯乙烯	
	S$_2$O$_3^{2-}$	(C$_4$H$_9$)$_3$NH·NO$_3$+三氯甲烷	
	HCl	Amberlite LA-1+二甲苯	
Am^{3+}	12mol/L LiCl+0.1mol/L HCl	三异辛胺（20%）+二甲苯	
	0.1mol/L HCl+11.7mol/L LiCl	三辛胺（20%）+二甲苯	
	10.5mol/L LiCl+0.002mol/L HCl	三辛胺（20%）+二甲苯	$E=98\%$，可与 Pm 分离
	10.85mol/L LiCl+0.01mol/L NO$_3^-$	3%Alamine 336+二甲苯	$E=90\%$，可与 Fe、Co、Mn 等分离
As^{3+}	8～11mol/L HCl	Amberlite LA-1(10%)+二甲苯	
	5mol/L NH$_4$SO$_4$	Aliquat 336-S+二甲苯	
Be^{2+}	0.5～2mol/L HCl	0.1mol/L 辛胺+CHCl$_3$	
	0.1mol/L H$_2$C$_2$O$_4$(pH=3～4)	三异辛胺（0.1mol/L）+CHCl$_3$	
Bi^{3+}	HNO$_3$（0.5mol/L）-KI(0.3mol/L)	N-235（5%）+二甲苯	
	0.5～2mol/L HCl	辛胺（0.1mol/L）+CHCl$_3$	
	0.5mol/L HBr，HNO$_3$	Amberlite LA-1 或三辛胺+二甲苯	与 In^{3+}、Pb^{2+}、Sn^{4+}、Zn^{2+} 分离

被萃取离子	水　相	有　机　相	备　注
Ca^{2+}	pH=12.2～12.9	8-羟基喹啉+季铵盐+异丁基甲酮	
Cd^{2+}	5～6mol/L HCl	三苄胺（0.1mol/L）+苯	
	2～6mol/L HCl	Amberlite LA-1+二甲苯	
	HBr(2.16)	Amberlite LA-1+二甲苯	
	0.1mol/L KI，pH=3	Amberlite LA-1+二甲苯	从 Zn 合金分离
	0.1～0.5mol/L HBr	N-十二烷基(三烷基甲基)胺+二甲苯	与许多金属离子分离
	1mol/L HCl	三辛胺	2mol/L H_2SO_4 反萃取后，双硫腙法比色
	0.4mol/L HBr	三苄胺（2%）+二氯乙烷	与 Fe、Co、Ni、Cu、Zn、Cr、Mn、Al、Mg 分离
	0.5～6mol/L HCl	Amberlite LA-1+二甲苯	用 2mol/L HNO_3 反萃取（从钍化合物分出）
Ce^{4+}	1mol/L SO_4^{2-}，pH=1	三烷基甲脘+烃	
Cm^{3+}	0.1mol/L HCl-11.7mol/L LiCl	20%三辛胺+二甲苯	$E>97\%$，可与稀土元素分离
Co^{2+}	6～10mol/L HCl	甲基三辛胺（8%）+三氯乙烯	
	>6mol/L HCl	三异辛胺（0.1mol/L）+煤油	
	8mol/L HCl	二(十二烯基)正丁胺+二甲苯	Ni^{2+}不被萃取，水相中的 Ni^{2+}用 PAN 显色
	NH_4SCN	Amberlite LA-1+CCl_4 或三辛胺	
	KSCN+无机酸	三辛胺（20%）+CCl_4	
	0.15 mol/L 柠檬酸盐，pH=6.2	三丁胺（0.5mol/L）戊醇	$E>90\%$
	先与亚硝基-R 盐反应	N-235（5%）+二甲苯	有机相显色（540nm，在稀土氧化物及矿石中）
	8mol/L HCl	N-235+磺化煤油（加 10%TBP）	与 Cu^{2+}、Fe^{3+}一起萃取，与 Ni^{2+}分离
	NH_4SCN（0.317 mol/L）+HNO_3（0.5mol/L）	N-235（5%）+二甲苯	有机相显色（625nm，在稀土氧化物中）
	9mol/L HCl	Amberlite LA-2+二甲苯	
	pH=8	硫氰酸三辛甲基胺+苯	有机相显色（625nm）
	8mol/L HCl	N-235+碘化煤油	在钴渣中
CrO_4^{2-}	弱碱性	甲基二辛胺（5%）+$CHCl_3$	
	在 6mol/L HCl 中的 $H_2Cr_2O_7$ 溶液	三苄胺（5%）+$CHCl_3$ 或三异辛胺（5%）+二甲苯	
	1～6mol/L HCl	Amberlite LA-1+二甲苯	与 Cr^{3+}、VO_3^-、Ti^{4+}分离
	0.1mol/L H_2SO_4	三苄胺（0.1mol/L）+氯乙烯	
	H_2O_2，0.05mol/L HCl（或 H_2SO_4）	0.01 mol/L 三辛胺+苯，或 Aliquat 336-S+$CHCl_3$	萃取过铬酸
Cu^{2+}	>6mol/L HCl	甲基二辛胺（8%）+三氯乙烯	$E=80\%$
	6.5mol/L HCl	三辛胺（0.1mol/L）+二甲苯	
Eu^{3+}	11.9mol/L LiCl，0.1mol/L HCl	三异辛胺（20%）+二氯甲烷	$E=91\%$
Fe^{3+}	6～8mol/L HCl	甲基二正辛胺（10%）+三氯乙烯，或三异辛胺（10%）+二甲苯	$E=90\%$
	0.3mol/L HCl	0.6mol/L 氯化苄基甲基十八烷基铵+异戊醇-二甲苯（1:1）	与 Cu^{2+}、Ni^{2+}、Co^{2+}分离
	5mol/L HCl	三苄胺（0.2 mol/L）+$CHCl_3$	
	7～8mol/L HBr	Amberlite LA-1 或 Amberlite LA-2+二甲苯	
	2mol/L HCl	三辛胺+CCl_4	与 Co^{2+}分离
	NH_4SCN（0.3mol/L）+HNO_3（0.5mol/L）	N-235（5%）+二甲苯	有机相显色（490nm，在稀土氧化物中）

续表

被萃取离子	水　相	有机相	备　注
	2～8mol/L HCl	0.5mol/L 三辛胺+苯	完全萃取
	2～7mol/L HCl	5%N-235+二甲苯	$E>90\%$（可与 Ni、Co、Pb 分离
	1～10mol/L HCl	30%Alamine 336+二乙基苯	完全萃取，可与 Am、Co、Cr、Cu、Eu、Mn、Ni、Ti、Zr 分离
Ga^{3+}	7mol/L HCl	癸胺+$CHCl_3$	
	KI（0.5mol/L）-H_2SO_4（0.1mol/L）	Amberlite LA-1(10%)+二甲苯	与 In 分离
	3～10mol/L HCl	Adogen 364(10%)	与 In 分离
Ge^{4+}	8～11mol/L HCl	Amberlite LA-1(10%)+二甲苯	
	7mol/L HCl	Amberlite LA-2+二甲苯	
Hf^{4+}	11～12mol/L HCl	甲基二正辛胺（5%）+二甲苯；三异辛胺（5%）+二甲苯	
	8mol/L HCl	三辛胺（0.2mol/L）+环己烷	
	0.1～1mol/L H_2SO_4	甲基二辛胺（5%）+二甲苯；三辛胺或三异辛胺（0.1mol/L）+煤油（97%）和癸醇（3%）混合液	$E>90\%$
Hg^{2+}	1～8mol/L HCl	Amberlite LA-1(10%)+二甲苯；甲基二正辛胺+$CHCl_3$	先使成硫酸、硒酸或草酸络阴离子而被萃取
	1.0ml 克拉克-鲁布斯缓冲溶液+一定量金属离子标准溶液[100μg/ml 的 Hg^{2+}标准工作溶液]	浓度为 0.6mol/L 的溴化四丁基铵溶液+一定量的$(NH_4)_2SO_4$固体	
In^{3+}	6～7mol/L HCl	Amberlite LA-1(10%)+二甲苯	
Ir^{4+}	0.1mol/L HCl	三异辛胺+稀释剂	
	0.5mol/L KI-0.1 mol/L H_2SO_4	Amberlite LA-1（10%）+二甲苯	与 Ga 分离
La 系（Ⅱ）	0.001mol/L HCl-12 mol/L LiCl	20%三异辛胺+二甲苯（或 CH_2Cl_2）	部分萃取，$E=52\%$（Ce），$E=34\%$（Pm），$E=36\%$（Eu）
Mn^{2+}	8mol/L HCl	三辛胺（0.1mol/L）+二甲苯	
MoO_4^{2-}	1mol/L SO_4^{2-}，pH=1～2	甲基二癸胺（0.1mol/L）芳族烃	
	pH=2～3，硫酸盐	三辛胺+煤油	与 WO_4^{2-}分离
Nb^{5+}	≥8mol/L HCl	甲基二正辛胺（5%）+二甲苯；三异辛胺（5%）+二甲苯	与 Ta 分离
	11mol/L HCl	三苄胺（8%）+$CHCl_3$ 或二氯甲烷	
	约 2mol/L H_3PO_4	甲基二辛胺（5%）+三氯乙烯	
	4～4.8mol/L H_2SO_4	三苄胺（8%）+二氯甲烷	
	pH=4.5 或 1.5～3mol/L HCl（含过量邻苯二酚紫）	三苄胺+$CHCl_3$	矿石中
	1.5mol/L H_2SO_4	甲基二辛胺（5%）+三氯乙烯	
	pH=1～4（酒石酸或草酸存在）	三辛胺+煤油	$E=98\%$，与 Fe^{3+}、Mn^{2+}、VO_3^-、Ti^{4+}等分离
	HF-HNO_3	三异辛胺	与 Ta 分离
	9mol/L HCl	三辛胺（5%）+二甲苯	$E=99.2\%$
Np^{4+}	4～6mol/L HNO_3	三辛胺（10%）+二甲苯	
	约 8mol/L HCl	三辛胺（10%）+二甲苯	
	1～10mol/L HNO_3（过量氨基磺酸亚铁存在）	三辛胺（10%）+二甲苯	完全萃取，可与 Am、Cm、Pu、U、Th 分离
	2mol/L HNO_3（或稀硝酸+硝酸盐）	三异辛胺（0.3mol/L）+二甲苯	
	浓 HCl-30%H_2O_2	三异辛胺（5%）+二甲苯	完全萃取，与 Th、Am 分离
	H_2SO_4	三烷基甲胺+二甲苯	

被萃取离子	水 相	有 机 相	备 注
Np(Ⅵ)	5～7mol/L HNO$_3$	三辛胺（10%）+二甲苯	
	约 6.3mol/L HCl	三辛胺（10%）+二甲苯	
	2.8mol/L HNO$_3$（含 NaBrO$_3$）	三异辛胺（0.3mol/L）+二甲苯	E=83%
P	HCl	Aliquat 336-S+二甲苯	与周期表中ⅣA 和ⅤA 族元素分离
Pa^{5+}	>6mol/L HCl	甲基二正辛胺（5%）+二甲苯或 CHCl$_3$	
	1.8mol/L H$_3$PO$_4$	甲基二正辛胺（5%）+三氯乙烯	
	0.5mol/L H$_2$SO$_4$	甲基二正辛胺（5%）+三氯乙烯	
	4～6mol/L HCl	三异辛胺（5%）+二甲苯	E>95%，可与 Np 分离
Pb^{2+}	1.8mol/L HCl	Aliquat 336-S+苯	与 Ra 分离
	1.5mol/L HCl	Amberlite LA-1+二甲苯	
	1.5mol/L HBr	N-235（50%）+二甲苯	用 HClO$_4$ 反萃取后，在 pH=5～6 用双硫腙比色（金属镍中）
	0.5mol/L HBr	N-235（5%）+二甲苯	用 NH$_4$SCN-HNO$_3$ 反萃 Pb^{2+}，双硫腙比色（金属铜中）
	KI(0.3mol/L)-HNO$_3$（0.5mol/L）	N-235（5%）+二甲苯	Na$_2$S$_2$O$_3$、NH$_4$SCN 反萃后，双硫腙比色（金属钴中）
	2mol/L HCl	Alamine 336（15%）+二甲苯	E>95%
Pd^{2+}	11.5mol/L HCl SnCl$_2$	三辛胺+苯	
	0.1mol/L HCl	三异辛胺+稀释剂	
Po^{4+}	6mol/L HCl	三苄胺（5%）+CHCl$_3$，甲基二正辛胺（5%）+二甲苯	
Pr^{3+}	13.1mol/L LiCl+0.1mol/L HCl	30%Alamine 336+二甲苯	完全萃取，可与 Ce 分离
Pt^{4+}	2mol/L HCl	0.05 mol/L 三辛胺盐酸盐+甲苯	与 Rh^{3+}分离
	0.1～0.5mol/L HCl	三辛胺（0.05 mol/L）+甲苯	
	0.1mol/L HCl	三异丁胺+稀释剂	与 Cu^{2+}、Fe^{3+}、Ni^{2+}、Rh^{3+}分离
	1mol/L HCl(或 1mol/L HBr)	三正十二胺+二甲苯	
	1mol/L HNO$_3$ 偶氮胂Ⅱ	TBA+丁醇	与 Ag$^+$、Cu^{2+}、Al^{3+}、Ca^{2+}、Pb^{2+}分离
	0.1mol/L HCl(SnCl$_2$)	三辛胺（0.2mol/L）+苯	完全萃取
Pt^{4+}，Pd^{2+}，Ru^{3+}	NaNO$_2$，pH=7	三辛胺（0.12mol/L）+甲苯	与 Rh^{3+}、Ir^{3+}分离
Pu^{4+}	4～6mol/L HNO$_3$	三辛胺（10%）+二甲苯	
	≥6mol/L HCl	三辛胺（10%）+二甲苯	
	2～10mol/L HNO$_3$	三正十二胺（10%）+二甲苯	
	3mol/L HNO$_3$	N(C$_4$H$_9$)$_4$NO$_3$（0.01mol/L）+苯或甲苯（50%）	
	1mol/L HNO$_3$	10%Alamine 336-S+二丁基溶纤剂	
	7～10mol/L HNO$_3$	三辛胺（1%）+二甲苯	完全萃取
	4mol/L HNO$_3$	三异辛胺（5%）+二甲苯	完全萃取，可从 Am、Np、U 中分离测定 Pu
	6mol/L HNO$_3$	三辛胺（20%）+二甲苯	与 Ta^{5+}、Ti^{4+}、WO$_4^{2-}$、Zr^{4+}分离
	H$_2$SO$_4$	Primene JM-T+二甲苯	
Pu^{6+}	6～8mol/L HNO$_3$	三辛胺（10%）+二甲苯	
	6～8mol/L HCl	三辛胺（10%）+二甲苯；三异辛胺（5%）+二甲苯；三苄胺（5%）+CHCl$_3$	

续表

被萃取离子	水 相	有 机 相	备 注
Pu^{6+}	4.8mol/L HCl，0.01mol/L $K_2Cr_2O_7$	三异辛胺（5%）+二甲苯	完全萃取
	1mol/L HAc	三辛胺（20%）+二甲苯（3%丁基溶纤剂）	$E=97\%\sim98\%$，可由 Am、Fe、Nb、Ru、Th、U、Zr、稀土中快速分离测定 Pu
	1~12 mol/L HNO_3	三辛胺（10%）+二甲苯	完全萃取
Re^{4+}	pH=12	Aliquat 336-S+$CHCl_3$	
ReO_4^-	pH=8~14	Aliquat 336-S+MIBK	
Rh^{3+}	7~11.6mol/L 热 HCl+$SnCl_2$	三辛胺（0.2mol/L）+苯	完全萃取，与其他铂族元素分离
Ru^{4+}	0.2mol/L HCl	三辛胺（5%）+二甲苯	$E=82\%$
Ru^{6+}	3.4mol/L HCl	三辛胺（4%）+二甲苯	$E=95\%$
Sb^{3+}	1~4mol/L HCl	Amberlite LA-1(10%)+二甲苯	
Sb^{5+}	>6mol/L HCl	Amberlite LA-1（10%）+二甲苯	
	7~10mol/L HCl	三苄胺+$CHCl_3$	酒石酸钾的氟溶液反萃取 Sb 后测定（纯铬中 $2\times10^{-4}\%$Sb）
SeO_3^{2-}	9mol/L HCl	Amberlite LA-1(10%)+二甲苯	
Sn^{2+}	7~8mol/L HCl	Amberlite LA-2+二甲苯	与 Pb^{2+} 分离
Sn^{4+}	5~6mol/L HCl	Amberlite LA-1(10%)+二甲苯	
	0.5mol/L HCl-0.5mol/L HAc	三辛胺（5%）+苯	完全萃取，从 Cd、Cu、Mg、Pb、Zn 等元素中分离测定 Sn
Ta^{5+}	>4.8mol/L H_2SO_4	三苄胺（8%）+二氯乙烷	
	4mol/L HNO_3-1mol/L HF	三辛胺（20%）+二甲苯	与 Ti^{4+}、VO_3^- 等分离
	HF-HCl 介质	Amberlite LA-2+苯	1mol/L NH_4F-4mol/L NH_4Cl 反萃取（高合金钢中）
	HNO_3-HF	三异辛胺+CCl_4	与 Nb 分离
TcO_4^-	6mol/L $Al(NO_3)_3$	三正十二烷基胺（0.3mol/L）+芳烃	
	1mol/L HCl	三异辛胺+二氯甲烷	完全萃取，可与 Mo 分离
	任何 pH	Aliquat 336-S+$CHCl_3$	
	0.5mol/L HAc	N-235(10%)+溶剂油	完全萃取，可与 Ce、Cs、Nb、Ru、Sb、Sr、Te、Y、Zr 分离
TeO_4^{2-}	4~6mol/L HCl	Amberlite LA-1 或 Amberlite LA-2+二甲苯	
Th^{4+}	0.5mol/L SO_4^{2-}, pH=1	辛胺（0.1mol/L）+芳烃	
	12mol/L LiCl+0.1mol/L HCl	三异辛胺（20%）+二甲苯	
	约 6mol/L HNO_3	三辛胺或三异辛胺（0.4mol/L）+苯或甲苯	
	2.5mol/L $Al(NO_3)_3$-1.5mol/L 氨水	三异辛胺（5%~10%）+二甲苯	
	pH=0.05，12%SO_4^{2-}，3%PO_4^{3-}	Primen JM-T(0.1 mol/L)+（97%煤油+3%三癸醇）	
	酸不足量的 $Al(NO_3)_3$ 溶液	三异辛胺（5%）+二甲苯	
	5mol/L H_2SO_4	三异辛胺（5%）+二甲苯	
	6mol/L HNO_3+6 mol/L HCl	三异辛胺（5%）+二甲苯	
	5mol/L H_3PO_4（含 HNO_3）	三异辛胺（5%）+二甲苯	
	0.05mol/L H_2SO_4	N-环己基正十二胺（或 N-苄基正十二胺+苯）	与稀土元素分离
	0.1mol/L H_2SO_4	N-环己基正十二胺，N-苄基正十二胺或 Amberlite LA-1+苯	与稀土元素分离

续表

被萃取离子	水 相	有 机 相	备 注
Ti^{4+}	1mol/L SO_4^{2-}，pH=1.4～3	1-(3-乙基戊基)乙基辛胺+煤油	与 Al^{3+}、Te^{3+}、Ce^{3+}、Cu^{2+}、Th^{4+}、VO_3^-、Zr^{4+}、PO_4^{3-} 分离
	0.3mol/L 柠檬酸，pH=4	三丁胺（0.2～0.5mol/L）	
UO_2^{2+}	5mol/L HCl	5%三辛胺+二甲苯	
	约 6.5mol/L HCl	三辛胺或三异辛胺（10%）+二甲苯	
	7mol/L HCl	5%三异辛胺+二甲苯	
	8mol/L HCl 或 10mol/L NH_4NO_3	三辛胺+苯	
	0.1～1mol/L H_3PO_4	三辛胺（0.1mol/L）+煤油	
	0.5～2mol/L HAc	三异辛胺或三十二烷胺（10%）+二甲苯或甲基异丁酮；甲基二辛胺（5%）+二甲苯	
	6～7mol/L HNO_3	三辛胺（10%）+二甲苯	$E<1\%$
	酸不足的 $Al(NO_3)_3$ 液	三辛胺（20%）+二甲苯	
	8mol/L $Al(NO_3)_3$	$N(C_3H_7)_4NO_3$（0.1%）+甲基异丁酮	
	0.05mol/L HNO_3	三辛胺+CCl_4	完全萃取，可与碱金属、碱土金属、Al、Cd、Co、Mg、Ni、Zr 分离
	10mol/L NH_4NO_3	三辛胺+苯	
	5mol/L HCl	三异辛胺（5%）+二甲苯	与碱金属、碱土金属、镧系元素、Th、Zr 等分离
	7mol/L HCl	三异辛胺+二甲苯-正辛醇	与 Dy、Er、Gd、La、Sm 分离
	8mol/L HCl	三苄胺（8%）+$CHCl_3$	
	8mol/L HCl	三辛胺	与 Dy、Eu、Gd、Sm、Y 分离
	3mol/L HCl	Amberlite LA-1+煤油	与 Pa 分离
	0.1～1mol/L H_2SO_4（Na_2SO_4 存在）	苄基十二胺+$CHCl_3$（或苯）	
	0.05～0.2mol/L H_2SO_4	3%TNOA-二甲苯	$E=99\%$，与 Th 分离
	0.5～1mol/L HAc	20%TIOA-二甲苯	>98%
		13%丁基溶纤剂	可从 Th、RE、镧系、Zr、Hf、Nb、Ta、Fe 中分离
VO_3^-	SO_4^{2-}，pH=2	甲基二癸胺（0.1 mol/L）+芳烃	
	6～7mol/L HCl	Amberlite LA-1(10%)+二甲苯	
Zn^{2+}	>2mol/L HCl	甲基二正辛胺（8%）+三氯乙烯或二甲苯；三苄胺（5%）+$CHCl_3$；三异辛胺（5%）+甲基异丁酮	从碱金属，碱土金属，镧系、Zr、Hf、Nb、Ta、Mn、Co、Ni、Ca 等分离
	6mol/L HCl，抗坏血酸	甲基二正辛胺+二甲苯	从镍合金分离
	1.5mol/L HBr	N-235+二甲苯	用 $HClO_4$ 反萃取后，双硫腙比色（pH=8～9，金属镍中）
	1～1.5mol/L HCl	N-235（5%）+二甲苯	用 KI（0.3mol/L）-HNO_3（0.5mol/L）反萃后双硫腙法比色（金属铜中）
	1～1.5mol/L HCl	N-235（5%）+二甲苯	二甲酚橙的 KNO_3 溶液反萃后，络合滴定（稀土氧化物中）
	1.2mol/L HCl	5%三异辛胺+二甲苯	与大量 Ni 分离
	2mol/L HCl	N-235+甲基异丁酮	从氧化镍中分出
	2mol/L HCl	甲基二正辛胺+三氯乙烯	

续表

被萃取离子	水 相	有 机 相	备 注
Zn^{2+}	HBr	N-235+二甲苯	KI-HNO₃ 反萃后，双硫腙法比色
	2～8mol/L HCl	0.5mol/L TNOA-苯	完全
	1～8mol/L HCl	0.1mol/L Alamine336-苯	$E>95\%$，可从工业废水中测定 Zn
	0.1～4mol/L NH₄SCN		完全，可与 Cd、Ti 分离
Zr^{4+}	0.1～1.0mol/L H₂SO₄	甲基二正辛胺（5%）+二甲苯三辛胺或三异辛胺（0.1 mol/L）+煤油（97%）和三癸醇（3%）混合液	$E=99\%$，可与 Hf 分离
	>8mol/L HCl	三辛胺（0.2 mol/L）+环己酮（或二甲苯）；三异辛胺（5%）+二甲苯	$E>95\%$，从 Th 中分离测定 Zr
	11～12mol/L HCl	甲基二正辛胺（5%）+二甲苯	
	11mol/L HCl	三辛胺+苯	

注：本表符号：Adogen 364——三烷基胺（60%辛基，33%癸基）；Alamine 336——三烷基胺，N[CH₂(CH₂)₆～₁₀CH₃]₃；Aliquat 336-S——氯化甲基三烷基铵；Amberlite LA-1——N-十二烯(三烷基甲基)胺；Amberlite LA-2——N-月桂(三烷基甲基)胺；N-235——三烷基胺（主要为三辛胺）；Primene JM-T——三烷基甲胺（12～23 个碳原子）；TBA——三苄胺；TOA——三辛胺。

表 1-39 可被胺类萃取并可在有机相显色的元素

元素	萃取剂	显色试剂	萃取条件	灵敏度/（mol/L）
Fe^{3+}	N-235+二甲苯	NH₄SCN	0.2mol/L HNO₃	1.79×10^{-6}
Co^{2+}	N-235+二甲苯	NH₄SCN	0.2mol/L HNO₃	1.70×10^{-4}
Co^{2+}	N-235+二甲苯	亚硝基-R 盐	pH=5	8.5×10^{-6}
Co^{2+}	硫氰酸三辛基甲胺+苯		pH=8	
Cu^{2+}	N-235+二甲苯	NH₄SCN	0.2mol/L HNO₃	7.87×10^{-5}
Zn^{2+}	TIOA+MIBK	锌试剂	2mol/L HCl	
Cd^{2+}	TBA+二氯乙烷	双硫腙	0.4mol/L HBr	8.90×10^{-5}
Bi^{3+}	N-235 二甲苯	KI	0.2mol/L HNO₃	4.79×10^{-5}
Cr^{3+}	三丁胺+CHCl₃		1mol/L HCl	1.92×10^{-6}
Ga^{3+}	Aliquat 336+CHCl₃	二甲酚橙	pH=0～3	
In^{3+}	Primene JM+CCl₄	二甲酚橙	0.1mol/L H₂SO₄	$\varepsilon=3.3\times10^4 \text{ L/(cm·mol)}$
Ti^{4+}	TIOA+二甲苯	抗坏血酸		5×10^{-4}
Zr^{4+}	TOA	二甲酚橙	11mol/L HCl	
Zr^{4+}	TOA+甲苯	茜素红-S	pH=4.1	0.05×10^{-5}
Nb^{5+}	TBA+CHCl₃	邻苯二酚紫	pH=4.5	0.005%
MoO_4^{2-}	TOA+CHCl₃	巯基乙酸		
VO_3^-	TBA+CHCl₃	邻苯二酚	pH=4.2～4.8	
Au^{3+}	TOA+CHCl₃		H₂SO₄	
Au^{3+}	TOA+CHCl₃	二苯卡巴肼	H₂SO₄	
Pt^{4+}	TOA+C₆H₆	SnCl₂	HCl	
Rh^{4+}	TOA+C₆H₆	SnCl₂	7～11.6mol/L HCl	
Pd^{2+}	TOA+C₆H₆	SnCl₂	约 1.5mol/L HCl	4.6×10^{-5}

三、形成离子缔合物的萃取体系

离子缔合物为阳离子和阴离子通过静电引力结合形成的电中性化合物，在萃取体系中的离子缔合物通常指由金属配位离子与异电性离子以静电引力结合而成的不带电化合物，此缔合物具有疏水性而能被有机溶剂萃取。离子缔合物萃取法适用于可以形成疏水性离子缔合物的常量或微量金属离子；离子体积越大、电荷越少，就越容易形成疏水性的离子缔合物。离子缔合物萃取法的特点是容量大，有利于基体元素的分离，但选择性差。

离子缔合物通常有以下几种类型：

① 形成盐的缔合物。能发生这类萃取的萃取剂是含氧的有机溶剂，如醚类、醇类、酮类和酯类等，常用的有乙醚、环己醇、甲基异丁基酮（MIBK）、乙酸乙酯等。

② 形成铵盐的缔合物。如亚甲基蓝在酸性条件下与 BF_4^- 缔合成铵盐缔合物。发生这类萃取要用含氮的有机萃取剂，如大分子胺和碱性染料等。

③ 形成其他缔合物。如　盐（R_4As^+）、　盐（R_4P^+）与 ReO_4^- 形成缔合物$[(C_6H_5)_4As^+ReO_4^-]$而被氯仿萃取。

1. 氟化物的萃取（表 1-40）

表 1-40 氟化物的萃取

被萃取离子	水　相	有机相	$E/\%$	被萃取离子	水　相	有机相	$E/\%$
Ag^+	20mol/L HF	乙醚	0.05	Sb^{5+}	20mol/L HF	乙醚	0.1
Al^{3+}	20mol/L HF	乙醚	0.2	Se^{4+}	4.6mol/L HF①	乙醚	3.1
As^{3+}	20mol/L HF	乙醚	37.7		20mol/L HF	乙醚	12.9
	4.6mol/L HF①	乙醚	62	Sn^{2+}	4.6mol/L HF①	乙醚	100
As^{5+}	20mol/L HF	乙醚	13.6		20mol/L HF	乙醚	4.9
Be^{2+}	20mol/L HF	乙醚	4.0	Sn^{4+}	1.2～4.6mol/L HF①	乙醚	100
Cd^{2+}	20mol/L HF	乙醚	1.4		20mol/L HF	乙醚	5.2
Co^{2+}	20mol/L HF	乙醚	1.7	Ta^{5+}	10mol/L HF+6mol/L H_2SO_4+2.2mol/L NH_4F②	甲基异丁酮	99.6
Cr^{3+}	20mol/L HF	乙醚	<0.1		0.4mol/L HF+3.7mol/L HCl②	二异丙酮	81
Cu^{2+}	20mol/L HF	乙醚	1.3		0.4mol/L HF+3.9mol/L $HNO_3$②	二异丙酮	79
Fe^{2+}	20mol/L HF	乙醚	<0.1		0.4mol/L HF+4.5mol/L $H_2SO_4$②	二异丙酮	95
Fe^{3+}	20mol/L HF	乙醚	<0.1		0.4mol/L HF+4.6mol/L $HClO_4$②	二异丙酮	90
Ga^{3+}	20mol/L HF	乙醚	<0.05		20mol/L HF	乙醚	79.3
Ge^{4+}	20mol/L HF	乙醚	6.7	Te^{4+}	20mol/L HF	乙醚	23
Hg^{2+}	20mol/L HF	乙醚	2.7	Ti^{4+}	20mol/L HF	乙醚	<0.05
In^{3+}	20mol/L HF	乙醚	<0.05	Tl^+	20mol/L HF	乙醚	<0.05
Mn^{2+}	20mol/L HF	乙醚	1.3	UO_2^{2+}	20mol/L HF	乙醚	1.1
MoO_4^{2-}	10mol/L HF+6mol/L H_2SO_4+ 2.2mol/L NH_4F②	MIBK	9.7	V(Ⅲ)	20mol/L HF	乙醚	12
	3.5mol/L HF①		9.1	VO_3^-	20mol/L HF	乙醚	8.5
	20mol/L HF	乙醚	9.3	WO_4^{2-}	10mol/L HF+6mol/L H_2SO_4+2.2mol/L NH_4F②	甲基异丁酮	约 26
Nb^{5+}	6mol/L HF+6mol/L $H_2SO_4$②	二异丁基甲醇	98		20mol/L HF	乙醚	0.5
	10mol/L HF+6mol/L H_2SO_4+ 2.2mol/L NH_4F②	MIBK	96	Zn^{2+}	20mol/L HF	乙醚	0.9
	20mol/L HF	乙醚	65.8	Zr^{4+}	20mol/L HF	乙醚	2.9
Ni^{2+}	20mol/L HF	乙醚	0.7				
ReO_4^-	20mol/L HF	乙醚	61.8				
Sb^{3+}	20mol/L HF	乙醚	6.3				

① 有机相预先用不含被萃取元素仅含相同量的 HF 溶液饱和过。

② 水相与有机相的体积比是 1:4。

2. 氯化物的萃取（表1-41和表1-42）

表 1-41 氯化物的萃取

被萃取离子	水 相	有 机 相	$E/\%$	被萃取离子	水 相	有 机 相	$E/\%$
As^{3+}	11.4mol/L HCl	二异戊醚	79.1	Hg^{2+}	0.125mol/L HCl	乙酸乙酯	80
	11mol/L HCl	苯	94		0.1mol/L HCl	3mol/L 三氯乙酸的乙酸丁酯溶液	82~89
As^{5+}	6mol/L HCl	乙醚	68	In^{3+}	6mol/L HCl	乙醚	0.2
	6mol/L HCl	乙醚	2~4		8mol/L HCl	乙醚	23
	6mol/L HCl	乙酸乙酯	87.5		8mol/L HCl	二异丙醚	8
	6.5~8.5mol/L HCl	二异丙醚	99.5		8mol/L HCl	丁醚	1
Au^{3+}	10%HCl	乙酸乙酯	100	MoO_4^{2-}	6mol/L HCl	乙醚	80~90
	6mol/L HCl	乙醚	95		7.75mol/L HCl	二异丙醚	21
	饱和 KCl; pH=2~6	丁醇	痕量		5mol/L HCl	乙酸戊酯	99
Co^{2+}	4.5mol/L HCl	2-辛醇	9.1	Nb^{5+}	11mol/L HCl[②]	二异丙酮	90
	0.85mol/L $CaCl_2$	2-辛醇	9.1	Ni^{2+}	4.5mol/L HCl	2-辛醇	0.14
CrO_4^{2-} 或 $Cr_2O_7^{2-}$	3mol/L HCl[①]	甲基异丁酮	100		0.85mol/L $CaCl_2$	2-辛醇	0.99
	1~3mol/L HCl	甲基丙酮	>95	Pa^{5+}	6mol/L HCl+8mol/L $MgCl_2$	β,β'-二氯二乙醚	90
Fe^{3+}	8~11mol/L HCl	甲基丁酮+苯(2+1)	99		6mol/L HCl[②]	二异丙基甲醇	99.9
	6mol/L HCl	乙醚	99	Pt^{2+}	3mol/L HCl	乙醚	>95
	7.75~8.0mol/L HCl	二异丙醚	99.9	Sb^{3+}	6mol/L HCl	乙醚	6
	9mol/L HCl	β,β'-二氯乙醚	99		6.5~8.5mol/L HCl	二异丙醚	1.6
	8mol/L HCl	甲基戊酮	100		11.9mol/L HCl	二异戊醚	0
Ga^{3+}	4mol/L HCl	乙醚	71	Sb^{5+}	11.1mol/L HCl	二异戊醚	99
	8mol/L HCl	乙醚	97		6mol/L HCl	乙醚	81
	8mol/L HCl	二异丙醚	82		6.5~8.5mol/L HCl	二异丙醚	99.5
	8mol/L HCl	二丁醚	65	Sn^{2+}	6mol/L HCl	乙醚	15~30
	9.0mol/L HCl	二异戊醚	77.7	Sn^{4+}	6mol/L HCl	乙醚	17
	12.1mol/L HCl	二异戊醚	100	Te^{4+}	6mol/L HCl	乙醚	34
	3mol/L HCl	磷酸三丁酯	99.9	Tl^{3+}	6mol/L HCl	乙醚	90~95
Ge^{4+}	6mol/L HCl	乙醚	40~60	V^{5+}	7.75mol/L HCl	二异丙醚	22
	10.5mol/L HCl	四氯化碳	99.5				
	11mol/L HCl	苯	99.6				

① 水相与有机相的体积比为 1:2.5。
② 有机相预先用不含被萃元素的水相饱和过。

表 1-42 盐酸浓度对萃取铁（Ⅲ）的影响

HCl浓度 $c/(mol/L)$ ＼ 溶剂 $E/\%$	乙醚	二异丙醚	甲基异丁酮	乙酸戊酯	甲基异丁酮+乙酸乙酯（2+1）	磷酸三丁酯
1	—	—	0.00	0.00	0.20	79.10
2	1.0	0.0	25.00	0.08	—	99.30
3	17.8	0.4	77.00	1	—	99.94

续表

HCl浓度 c/(mol/L) \ 溶剂 E/%	乙醚	二异丙醚	甲基异丁酮	乙酸戊酯	甲基异丁酮+乙酸乙酯（2+1）	磷酸三丁酯
4	81.5	12.4	98.40	13.80	94.40	99.99
5	<96.0	80.9	99.80	62.90	99.00	100
5.5	—	—	99.30	—	99.60	—
6	99.3	98.1	99.95	—	99.87	100
7	97.8	99.5	99.98	98.90	99.98	100
8	87.0	99.8	约 99.00	99.83	99.98	100
9	约 45.0	94.0	—	99.93	99.99	100
10	—	—	—	99.97	99.91	100
11	—	—	—	99.98	—	100

3. 溴化物的萃取（表1-43、表1-44）

表 1-43 用乙醚从水相萃取金属溴化物[1]

被萃取离子	HBr 的浓度 c/(mol/L)					
	1	2	3	4	5	6
As^{2+}	3.0	—	6.7	22.8	63.1	72.9
Au^{3+}	99.5	—	99.9	—	—	—
Cd^{2+}	0.4	—	—	—	—	0.9
Co^{2+}	0.01	—	—	—	—	0.08
Cu^{2+}	0.5	—	1.5	—	4.2	6.2
Fe^{3+}	0.1	1.4	55.0	97.1	97.1	96.6
Ga^{3+}	—	0.9	1.5	54.8	96.7	95
Hg^{2+}[2]	3.4	—	2.3	—	—	1.5
In^{3+}	15	85.2	98.6	99.9	99.4	93.5
MoO_4^{2-}	—	0.16	—	28	25.0	54.1
MoO_4^{2-}[3]	8.8	32.6	—	—	—	—
Ni	>0.03	—	—	—	—	>0.03
Sb^{3+}	—	37.9	22.3	14.9	9.0	6.1
Sb^{5+}	—	—	—	—	95.4	79.6
Se^{4+}	0.3	—	—	3.5	18.3	31
Sn^{2+}	32	64	79	84	78	36
Sn^{4+}	11.5	45.2	73.6	85.4	77.4	45.1
Tl^{3+}	>99.9	>99.9	—	>99.9	—	99.0
Te^{4+}	0.7	—	—	—	—	2.2
V^{4+}	约 0.001	—	—	—	—	约 0.001
WO_4^{2-}[4]	68.0	50.0	—	—	—	—
Zn^{2+}	1.3	5.0	—	4.9	—	3.6

① 本表除特别注明者外，被萃取元素的原始浓度均为 0.1mol/L，两相的体积相等，萃取温度为室温。

② HBr 浓度为 0.1mol/L 时，E=58.3%。

③ 水相中 MoO_4^{2-} 的原始浓度为 $2.1×10^{-4}$mol/L。

④ 水相中 WO_4^{2-} 的原始浓度为 $1.2×10^{-4}$mol/L。

表 1-44 用甲基丙基酮从水中萃取微量元素（溴化物）[1]

被萃取离子	E/%	被萃取离子	E/%	被萃取离子	E/%	被萃取离子	E/%
Ag^+	3.3	Cr^{3+}	5.0	In^{3+}	100	Sn^{4+}	75
Ca^{2+}	<1	Cu^{2+}	5.8	Ni^{2+}	3.0	Tl^{3+}	100
Cd^{2+}	36.6	Fe^{3+}	39.2	Pb^{2+}	14.8	Zn^{2+}	18.4

① HBr 浓度：4.5mol/L。

4. 碘化物的萃取

表 1-45 碘化物的萃取[8]

被萃取离子	水 相	有机相	E/%	被萃取离子	水 相	有机相	E/%
As^{3+}	6.9mol/L HI	乙醚①	62	MoO_4^{2-}	6.9mol/L HI	乙醚①	6.5
Au^{4+}	6.9mol/L HI	乙醚①	100	Pb^{2+}	在 5%HCl 中的过量 KI	甲基异丙基酮	97
Bi^{3+}	6.9mol/L HI	乙醚①	34.2	Pd^{2+}	在 20%H_2SO_4 中 4 倍过量的 KI	甲基异丁基酮	100
	1.5mol/L KI, 0.75mol/L H_2SO_4	乙醚	<10	②	HCl+碘化铵[以 PdI_4^{2-} ($C_3H_7OH)_2$]	丙醇-硫酸铵	99.2③
Cd^{2+}	1.5mol/L KI, 0.75mol/L H_2SO_4	乙醚	100	Sb^{3+}	6.9mol/L HI	二乙醚①	100
	6.9mol/L HI	乙醚①	100	Sb^{5+}	1.5mol/L 或 0.75mol/L H_2SO_4	二乙醚①	<50
Cu^{2+}	1.5mol/L KI, 0.75mol/L H_2SO_4	乙醚	<10	Sn^{2+}	6.9mol/L HI	二乙醚①	100
				Sn^{4+}	1.5mol/L KI 或 0.75mol/L H_2SO_4	二乙醚①	100
Hg^{2+}	6.9mol/L HI	乙醚①	100	Te^{4+}	6.9mol/L HI	二乙醚①	5.5
	1.5mol/L KI, 0.75mol/L H_2SO_4	乙醚	33	$Tl^{+④}$	0.51mol/L HI	二乙醚①	99.9
				Tl^{3+}	0.51mol/L HI	二乙醚①	100
In^{3+}	1.5mol/L KI, 0.75mol/L H_2SO_4	乙醚	100	Zn^{2+}	6.9mol/L HI	二乙醚①	10.6
					1.5mol/L KI 或 0.75mol/L H_2SO_4	二乙醚①	33
	6.9mol/L HI	乙醚①	7.8				

① 水相与有机相体积比为 1:4，其他均为 1:1。
② 双水相萃取体系可应用于从大量基体金属如 Fe^{2+}、Ca^{2+}、Mg^{2+}、Mn^{2+}、Al^{3+}、Pb^{2+} 和 Zn^{2+} 中分离 Pd^{2+}。
③ 引自文献：高云涛，王伟. 贵金属，2006，27(3)：45-49.
④ 少量 Tl^+。

5. 硫氰酸盐的萃取（表 1-46、表 1-47）

表 1-46 用乙醚从水相萃取硫氰酸盐（水相含被萃取元素初始浓度为 0.1mol/L，HCl 0.5mol/L）

E/%　　$c(NH_4SCN)$ /(mol/L)　　被萃取离子	0.5	1.0	2.0	3.0	5.0	6.0	7.0
Al^{3+}	—	—	—	1.1	9.0	19.5	—
As^{3+}	—	0.4①	—	—	—	—	0.4①
As^{5+}	—	0.1	—	—	0.03	—	—
Be^{2+}	—	3.8	24.3	49.7	84.1	—	92.2
Bi^{3+}	—	0.3	—	—	—	—	0.1

续表

$E/\%$　$c(NH_4SCN)$ /(mol/L)　被萃取离子	0.5	1.0	2.0	3.0	5.0	6.0	7.0
Cd^{2+}	—	$0.1^{②}$	—	—	—	—	$0.2^{③}$
Co^{2+}	—	3.6	37.7	58.2	74.9	—	75.2
Cr^{3+}	—	$0.06^{②}$	—	—	—	—	$3.4^{②}$
Cu^{2+}	—	—	2.9	—	0.4	—	—
Fe^{3+}	—	88.9	—	83.7	75.5	—	53.3
Ga^{3+}	18.3	65.4	—	90.5	—	—	99.3
Ge^{4+}	—	<0.3	—	—	—	—	<0.5
In^{3+}	26.0	51.5	75.1	75.3	68.3	—	47.6
Mo^{5+}	—	99.3	97.2	—	—	—	97.3
Pd^{2+}	—	1.7	—	—	—	—	<0.1
Sb^{3+}	—	水解	—	水解	水解	—	2.2
Sc^{3+}	—	12.7	55.4	79.8	—	—	89.0
Sn^{4+}	—	99.3	—	99.9	>99.9	—	>99.9
Ti^{3+}	14.7	58.8	80.5	84.0	79.8	—	76.3
Ti^{4+}	—	—	—	—	—	—	13.0
UO_2^{2+}	—	45.1	41.4	29.4	13.8	—	6.7
V^{4+}	10.7	15.0	13.1	8.7	—	—	2.2
Zn^{2+}	—	96.0	—	97.4	94.8	—	92.8

① HCl 浓度为 0.8mol/L。
② 水相和有机相体积比为 1:10。
③ 水相和有机相体积比为 1:6。

表 1-47 用不同溶剂萃取硫氰酸盐

被萃取离子	水　相	有机相	$E/\%$	被萃取离子	水　相	有机相	$E/\%$
Al^{3+}	3mol/L NH_4SCN; pH=3	戊醇	41.2	Nb^{5+}	2mol/L SCN^-, 1mol/L H_2SO_4	甲基异丁酮	95
Be^{2+}	3mol/L NH_4SCN; pH=3	戊醇	81	Pb^{2+}	$[SCN^-]:[Pd^{2+}]=10:1$; pH=1	磷酸三丁酯	99.3
Co^{2+}	0.16mol/L NaSCN, 0.5mol/L $HClO_4$, 1mol/L $NaClO_4$	环己酮	99.3	Pt^{2+}	$[SCN^-]:[Pt^{2+}]=10:1$; pH=1	磷酸三丁酯	98.4
	0.16mol/L NaSCN, 0.5mol/L $HClO_4$, 1mol/L $HClO_4$	甲基异丙酮	97.9	Rh^{3+}	$[SCN^-]:[Rh^{3+}]=10:1$;pH=1	磷酸三丁酯	16
Fe^{3+}	NaSCN, pH=2.1	磷酸三丁酯	97	Ta^{5+}	4mol/L SCN^-, 0.5mol/L H_2SO_4	异戊醇	99.5
	0.1mol/L KSCN	异戊醇	85		2mol/L SCN^-, 1mol/L H_2SO_4	乙酸乙酯	99
Ir^{4+}	$[SCN^-]:[Ir^{4+}]=10:1$; pH=1	磷酸三丁酯	8.2	Ti^{4+}	5mol/L SCN^-, 2mol/L H_2SO_4, 3mol/L HCl	乙酸乙酯	89.5
Nb^{5+}	1mol/L NH_4SCN, 1mol/L H_2SO_4	乙酸乙酯	97.8		5mol/L SCN^-, 2mol/L H_2SO_4, 3mol/L HCl	甲基异丁酮	41.7
	2mol/L SCN^-, 1mol/L H_2SO_4	异戊醇	99				

6. 硝酸盐的萃取（表 1-48）

表 1-48 硝酸盐的萃取

被萃取离子	水　相	有机相	$E/\%$
Am^{6+}	HNO_3, NH_4NO_3	乙醚	100
AsO_4^{3-}(Na_2HAsO_4)	8mol/L HNO_3	乙醚	14.4

续表

被萃取离子	水 相	有 机 相	E/%
Bi^{3+}	8mol/L HNO$_3$	乙醚	6.8
B^{3+}	0.2mol/L HNO$_3$, Cu(NO$_3$)$_2$-H$_2$O(120:100，质量比)	二丁基二甘醇-乙醚	61～64
Ca^{2+}	无水硝酸盐	无水乙醇-无水乙醚（1:1）	0.37g/ml[Ca(NO$_3$)$_2$]
	无水硝酸盐	丙酮	0.212g/ml
	无水硝酸盐	乙二醇的单丁醚	0.243g/ml
Ce^{4+}	1mol/L HNO$_3$	磷酸三丁酯	98～99
	8～10mol/L HNO$_3$, 3mol/L NaNO$_3$	磷酸三丁酯	98～99
	8mol/L HNO$_3$	乙醚	96.8
	9mol/L HNO$_3$	甲基异丁酮	78
Cr^{6+}(K$_2$Cr$_2$O$_7$分解)	8mol/L HNO$_3$	乙醚	>15
Au^{3+}	8mol/L HNO$_3$	乙醚	97
Fe^{3+}	pH 为 Cu(NO$_3$)$_2$-H$_2$O (120:100，质量比)	二丁基二甘醇-乙醚	60
Hg^{2+}	8mol/L HNO$_3$	乙醚	4.7
Np^{6+}	8～9mol/L HNO$_3$	二丁基二甘醇-乙醚	89
	6～9mol/L HNO$_3$	乙醚	82
	6～9mol/L HNO$_3$	甲基异丁酮	78
PO$_4^{3-}$[(NH$_4$)$_3$PO$_4$]	8mol/L HNO$_3$	乙醚	20.4
Pu^{6+}	HNO$_3$, 饱和 NH$_4$NO$_3$	乙醚	
Pa^{5+}	6mol/L HNO$_3$	二异丙酮	60
	6mol/L HNO$_3$	二异丙基甲醇	89.5
稀土（Ⅲ）	约 20%LiNO$_3$ 溶液	乙醚	约 0.1[1]
	约 20%LiNO$_3$ 溶液	戊酮	约 0.1[1]
	低酸度下的浓稀土硝酸盐	磷酸三丁酯	约 0.1[1]
Sc^{3+}	1mol/L HNO$_3$, 饱和 LiNO$_3$(35℃)	乙醚	83
Ti^{3+}	8mol/L HNO$_3$	乙醚	7.7
Th^{4+}	8mol/L HNO$_3$	乙醚	34.6
	1mol/L HNO$_3$, 饱和 LiNO$_3$	乙醚	56.5
	1mol/L HNO$_3$, 饱和 NaNO$_3$	乙醚	0.67
	1mol/L HNO$_3$, 饱和 KNO$_3$	乙醚	0.15
	1mol/L HNO$_3$, 饱和 NH$_4$NO$_3$	乙醚	0.36
	1mol/L HNO$_3$, 饱和 Mg(NO$_3$)$_2$	乙醚	43.80
	1mol/L HNO$_3$, 饱和 Ca(NO$_3$)$_2$	乙醚	56.90
	1mol/L HNO$_3$, 饱和 Zn(NO$_3$)$_2$	乙醚	80.90
	1mol/L HNO$_3$, 饱和 Al(NO$_3$)$_3$	乙醚	54.10
	1mol/L HNO$_3$, 饱和 Fe(NO$_3$)$_3$	乙醚	73.60
	3mol/L HNO$_3$, 3mol/L Ca(NO$_3$)$_2$, 0.3mol/L Th^{4+}	20%磷酸正丁酯+80%正丁醚	91.00
	3mol/L HNO$_3$, 3mol/L Ca(NO$_3$)$_2$, 0.6mol/L Th^{4+}	20%磷酸正丁酯+80%正丁醚	74.00
	0.3mol/L HNO$_3$, 6mol/L NH$_4$NO$_3$	二丁氧基四乙二醇+乙醚（2+1）	90.00
UO$_2^{2+}$	8mol/L HNO$_3$	乙醚	65.00
	各种盐析剂的饱和溶液	乙醚	33～99.60
	1mol/L HNO$_3$, 3/4 饱和 NH$_4$NO$_3$	戊醚	99.70
Zr^{4+}	8mol/L HNO$_3$	乙醚	约 8.00

① 各个稀土元素的分步萃取。

7. 四苯胂酸盐（表1-49、表1-50）

表 1-49　以四苯胂酸盐形式萃取阴离子①

被萃取离子	萃取后的水相pH	$E/\%$	被萃取离子	萃取后的水相pH	$E/\%$	被萃取离子	萃取后的水相pH	$E/\%$	被萃取离子	萃取后的水相pH	$E/\%$
F^-	1.5	<1	BrO_3^-	2.0	47.8	NO_2^-	10.8	15.9	$CrO_4^{2-}\rightarrow$	7.9	6.4
	11.6	<1		12.0	45.5		12.0	18.0	$Cr_2O_7^{2-}$	10.8	2.4
Cl^-	1.4	17.8	IO_3^-	2.0	<0.4	SO_4^{2-}	1.5	<0.1	MoO_4^{2-}	10.3	<0.5
	7.8	15.5		12.0	<0.4		9.0	<0.1	WO_4^{2-}	10.5	<0.5
	12.1	15.4	ClO_4^-	1.5	>99.5		12.0	<0.1	VO_3^-	9.0	<0.5
Br^-	1.4	82.0		4.0	>99.5	SO_3^{2-}	8.1	4.7	$H_2BO_3^-$	1.5	<0.5
	4.5	83.2		12.0	>99.5		12.0	1.5		11.9	<0.5
	12.3	82.6	MnO_4^-	1.4	>99.7	$S_2O_3^{2-}$	7.3	1.6	AsO_3^{3-}	1.7	0.6
I^-	1.4	>99.7		3.0	>99.7		11.8	1.7		11.4	4.5
	5.1	>99.7		12.0	>99.7	PO_4^{3-}	2.0	约1	AsO_4^{3-}	1.8	<1
	12.2	>99.7	ReO_4^-	2.0	>99.5		11.5	约1		10.4	<1
SCN^-	0.7	97.2		12.0	>99.5	$P_2O_7^{4-}$	3.3	0.4	ScO_3^-	2.5	<1
	4.4	97.2	IO_4^-	12.0	2		11.6	0.3		8.5	8.0
	11.7	97.0	NO_3^-	1.4	95.3	$CrO_4^{2-}\rightarrow$	1.2	98.6	TeO_3^-	1.6	<1
ClO_3^-	2.0	>99.3		3.5	98.4	$Cr_2O_7^{2-}$	5.9	92.5		11.7	8.0
	12.0	>99.3		12.1	97.7		6.9	37.4			

① 有机相为$(C_6H_5)_4AsOH$(0.0133mol/L)(在 $CHCl_3$ 中)，水相中阴离子的浓度为 0.066mol/L。

表 1-50　0.05mol/L 氯化四苯胂对各种金属离子（盐酸介质）的萃取①

萃取效果	金属离子				
	2mol/L HCl中	4mol/L HCl中	6mol/L HCl中	8mol/L HCl中	12mol/L HCl中
$10^2<D$	Au, Hg, Tc, Tl^{3+}, Re	Au, Ga, Tc, Tl^{3+}, Re	Au, Ga, Tc, Tc^{3+}	Au, Ga, Tl^{3+}	Au, Ca, I, Pa, Tl^{3+}
$10<D<10^2$	Ag, Ca, I, Os, Sb	Ag, Fe, Hg, I, Os, Sb	Fe, Hg, I, Os, Pa, Re, Sb	As, Fe, I, Pa, Os, Re, Sb, Te	As, Fe, Nb, Os, Se, Te
$1<D<10$	Cd, Fe, W	Cd, In, Sn, W	Ag, As, Cd, In, Mo, Sn, U, V, W	In, Hg, Nb, Mo, Se, Sn, V, W	In, Hg^{2+}, Mo, Np, Re, Sb, Sn
$10^{-1}<D=1$	Bi, Br, In, Rn, Sn, Tl^+, Zn^{2+}	As, Br, Mo, Pa, Ru, U, V, Zn	Br, Ca, Nb, Np, Ru, Se, Zn	Ag, Cu, Np, U, Zr	$Hf(Tl^+)$, W, Zr
$10^{-2}<D<10^{-1}$	As, Cl, Cu, Hf, Np, Se, Ta, U, V, Zr	Bi, Cu, Hf, Np, Se, Ta, Tl^+(Nb)	Bi, Hf, Ta, Tl(I), Zr	Cd, Co, Br, Hf, Ta, Tl, Zn, Ru	Br, Cd, Co, Cn, Ru, U, Zn

① 除 Al, Ge, Ir, Pb, Pd, Po, Pt, Rh, Te 外，本表未给出的其他金属离子是不能被萃取的，即 $D<10^{-2}$。

8. 其他（表1-51～表1-53）

表 1-51　用大有机阳离子萃取阴离子（氯仿中）

分配系数 ＼ 被萃取离子 ＼ 有机阳离子 pH①	四苯胂离子（Ph_4As^+）		四苯鏻离子（Ph_4P^+）		三苯锍离子（Ph_3S^+）		三苯锡离子（Ph_3Sn^+）	
	1.5	12	1.5	12	1.5	12	1.5	4
F^-	<0.01	<0.01	<0.005	<0.005	<0.01	<0.01	—	—
Cl^-	0.22	0.18	0.18	0.20	0.24	0.25	26	3.5
Br^-	4.6	4.7	3.3	3.0	0.64	0.53	41	2.7
I^-	>300	>300	54	54	17.1	14.4	420	10.5

续表

分配系数 被萃取离子 \ 有机阳离子 pH①	四苯[砷]离子（Ph$_4$As$^+$）		四苯[磷]离子（Ph$_4$P$^+$）		三苯锍离子（Ph$_3$S$^+$）		三苯锡离子（Ph$_3$Sn$^+$）	
	1.5	12	1.5	12	1.5	12	1.5	4
SCN$^-$	34.7	32.3	>380	>380	约1.05	约0.9	1100	2.7
ClO$_3^-$	>150	>150	>100	>100	—	—	—	—
BrO$_3^-$	0.9	0.8	0.48	0.46	0.40	0.39	—	—
IO$_3^-$	<0.004	<0.004	<0.005	<0.005	0.003	0.003	—	—
ClO$_4^-$	>200	>200	>200	>200	>100	>100	—	—
MnO$_4^-$	>300	>300	>300	>300	>200	>200	—	—
ReO$_4^-$	>200	>200	>600	>600	>100	>100	0.01	—
IO$_4^-$	—	0.02	—	0.02	—	—	—	—
NO$_3^-$	20.3	42.5	4.8	5.6	0.65	0.51	<0.002	—
NO$_2^-$	—	0.22	—	0.11	—	0.13	34	6
SO$_4^{2-}$	<0.001	<0.001	<0.001	<0.001	>0.002	<0.002	<0.001	—
SO$_3^{2-}$	—	0.015	—	—	—	—	—	—
S$_2$O$_3^{2-}$	—	0.017	—	<0.003	—	—	—	—
PO$_4^{3-}$	约0.01	约0.01	0.031	0.025	0.11	0.08	11.1	0.12
P$_2$O$_7^{4-}$	—	0.003	—	—	—	—	3.1	0.01
CrO$_4^{2-}$	71	0.025	24.7	0.005	31.2	0.024	—	—
MoO$_4^{2-}$	—	<0.005	<0.002	<0.002	—	<0.001	—	—
WO$_4^{2-}$	—	<0.005	—	<0.003	—	<0.001	—	—
VO$_4^{3-}$	—	<0.005	—	<0.001	<0.002	<0.002	0.66	—
AsO$_3^{3-}$	0.006	0.047	<0.002	<0.002	<0.003	<0.003	1.75	2.5
AsO$_4^{5-}$	<0.01	<0.01	0.014	0.013	0.007	0.007	3.7	0.02
SeO$_3^{2-}$	<0.01	0.09	<0.002	<0.002	<0.003	0.3	18.7	2.9
TeO$_3^{2-}$	<0.01	0.09	<0.002	<0.002	—	0.015	0.013	—

① 为在平衡时水相的适宜 pH 值，是近似值。

表 1-52 用大阴离子萃取金属离子[2]

被萃取离子	大阴离子萃取剂	溶剂	萃取条件和萃取效果	备注
	六硝基二苯胺（DPA）：			
Ca^{2+}	5×10^{-2}mol/L LiDPA	硝基苯	在有 4×10^{-3}mol/L LiNO$_3$ 及 pH=8～11 时，lg$D$=2	
Cs$^+$	10^{-2}mol/L DPA$^-$	硝基苯	0.05mol/L LiNO$_3$，lg$D$=3.1	
Ba^{2+}	0.03mol/L LiDPA	硝基苯	存在 LiNO$_3$ 及 I=0.05mol/L 时，lg$D$=2	
K$^+$	0.1mol/L 或 0.65mol/L 有机溶剂	硝基苯	在 Na$^+$且 pH 约 7 时萃取完全，环己酮、乙酸丁酯、邻硝基甲苯也可用，但总以硝基苯为最好	
Rb$^+$	10^{-2}mol/L DPA$^-$	硝基苯	0.1mol/L NaNO$_3$，lg$D$=1.6	
Sr^{2+}	10^{-2}mol/L LiDPA	硝基苯	存在 LiNO$_3$ 及 I=0.03mol/kg 时，lg$D$=1	
	2,4-二硝基-N-苦基-1-萘胺（HR）：			
Cs$^+$	5×10^{-3}mol/L LiOH+10^{-5} mol/L HR	硝基苯	lg$D$=1.3	
Tl$^+$	5×10^{-3}mol/L LiOH+10^{-5} mol/L HR	硝基苯	lg$D$=0.7	
	四苯基硼酸盐（TPB）：			
Ca^{2+}	0.03mol/L TPB$^-$	硝基苯	I=0.01mol/kg, lg$D$=0.7	

续表

被萃取离子	大阴离子萃取剂	溶 剂	萃取条件和萃取效果	备 注
Cs^+	$>3\times10^{-3}$mol/L TPB^-	硝基苯	完全萃取	
Ba^{2+}	3×10^{-2}mol/L TPB^-	硝基苯	存在 $NaNO_3$ 及 I=0.01mol/kg 时，lgD=1.4	
K^+	0.1mol/L TPB^-	硝基苯	完全萃取	
Rb^+	$>3\times10^{-3}$mol/L TPB^-	硝基苯	完全萃取	
Sr^{2+}	3×10^{-2}mol/L TPB^-	硝基苯	I=0.01mol/kg, lgD=1	
	高氯酸盐（ClO_4^-）：			
Cs^+	0.1mol/L ClO_4^-	硝基甲烷	D=1.8	
K^+	0.1mol/L ClO_4^-	硝基甲烷	D=0.15	
Rb^+	0.1mol/L ClO_4^-	硝基甲烷	D=0.57	
Cs^+	其他： 磷钼酸、多碘酸、碘铋酸	硝基苯	lgK=3.0	
	3.6mol/L I_2-1mol/L NH_4I	硝基苯	E=100%, $E(Na^+)$=50%; $E(K^+)$=95%; $E(Rb^+)$=96%	
Li-Cs	I_3^-	各种溶剂	以硝基甲烷为溶剂时，$E(Li^+)$=52%; $E(Na^+)$=60%; $E(K^+)$=92%; $E(Rb^+)$=95%; $E(Cs^+)$=99%	
Na^+	I_3^-	硝基苯	完全萃取	2.2mol/L I_2（有机相总浓度）和 1.15mol/L NaI（水相）
K^+	MnO_4^-	0.8mol/L TOPO-CCl_4 纯 TBP	$[MnO_4^-]$=0.45mol/L, D=0.04 $[MnO_4^-]$=0.36mol/L, D=0.44	

表 1-53 配阳离子和配阴离子的缔合萃取

被萃取离子	被萃取形式	溶 剂	异电荷大离子
Ag^+	pH=7, $[Ag(Phen)_2]^+$	硝基苯	BPR^{2-}萃取
Au^{3+}	pH=2～6, $[AuCl_4]^-$	硝基苯	$[Fe(Phen)_3]^{2+}$
B^{3+}	pH=2～10, BF_4^-	正丁腈	$[Fe(Phen)_3]^{2+}$
Cd^{2+}	pH=6.5, CdI_4^{2-}	1,2-二氯乙烷	$[Fe(dipy)_3]^{2+}$
ClO^-	pH=5～10	正丁腈	$[Fe(Phen)_3]^{2+}$
	pH=3.5～8.5	硝基苯	$[Fe(dipy)_3]^{2+}$
		氯仿，氯苯，MIBK	$[Cu(Cuproine)_2]^+$或$[Cu(Neocup)_2]^+$
CrO_4^-		硝基苯	$[Fe(Phen)_3]^{2+}$
Co^{2+}	$[Co(Phen)_2]^{2+}$	乙酸乙酯	RBE
Cu^{2+}	$[Cu(Phen)_2]^{2+}$	乙酸乙酯	RBE
Hg^{2+}	pH=6.5, HgI_4^{2-}	1,2-二氯乙烷	$[Fe(dipy)_3]^{2+}$
I^-	pH=4.5	硝基苯	$[Fe(Phen)_3]^{2+}$(90%)
K^+	pH=4～5	氯仿	用四苯硼化钾沉淀，剩余的 Ph_4B^-在 pH=4～5 用 Cu^+(Cuproine)萃取
Mn^{2+}	$[Mn(Phen)_2]^{2+}$	乙酸乙酯	RBE
Mo	Mo 的草酸根络合物	硝基苯	$Fe(Phen)_3^{2+}$
NO_3^-		甲基异丁基酮	与 Cu^+-Neocup 萃取
Ni^{2+}	$[Ni(Phen)_3]^{2+}$	氯仿	与 RBE 萃取
P^{5+}	pH=2.2～10.06, PF_6^-	正丁腈	与$[Fe(Phen)_3]^{2+}$萃取
Pb^{2+}	$[Pb(Phen)_2]^{2+}$	硝基苯	与 RBE 萃取
Pd^{2+}	pH=8, $[Pb(Phen)_2]^{2+}$	氯仿	与 RBE 萃取
Pt^{4+}	pH=3～4,$(PtCl_6)^{2-}$	硝基苯	与$[Fe(Phen)_3]^{2+}$苯取
Re	ReO_4^-	硝基苯	$Fe(dipy)_3^{2+}$

续表

被萃取离子	被萃取形式	溶　剂	异电荷大离子
SCN^-		硝基苯	$Fe(Phen)_3$
Sn^{4+}	$Sn(Oxine)_3^{2-}$	硝基苯	$Fe(Phen)_3$
Tl^{3+}	pH=4.5～5, $TlBr_4^-$	1, 2-二氯乙烷	与$[Fe(Phen)_3]^{2+}$萃取
Zn^{2+}	$[Zn(Phen)_2]^{2+}$	乙酸乙酯	与 RBE 萃取
邻苯二甲酸根	$Cu(Cuproine)_2^+$	氯仿，氯苯，MIBK	
四苯硼酸根	$Cu(Cuproine)_2^+$	氯仿，氯苯，MIBK	

符号说明：Cuproine——亚铜试剂；dipy——α,α-联吡啶；BPR——溴邻苯三酚红；Phen——1,10-二氮菲（邻菲啰啉）；Neocup——新亚铜试剂；RBE——四氯四碘荧光素；Oxine——8-羟基喹啉。

四、协同萃取体系

在萃取中，当以两种或两种以上萃取剂共同萃取某些金属离子时，若其分配比（$D_{协同}$）显著大于每一种萃取剂单独使用时的分配比之和（$D_{加和}$），则该现象称为协同萃取效应。相反，若 $D_{协同}<D_{加和}$，则称为反协同效应。

目前已经发现的协同萃取体系很多，见表 1-54。

表 1-54　协同萃取体系的分类①

类　别	名　称	符　号	实　例
二元协同萃取体系	螯合与中性络合协同萃取体系	A+B	$UO_2^{2+}\|HNO_3\text{-}H_2O\|\left.\begin{matrix}HTTA\\TBP\end{matrix}\right\}$环己烷
	螯合与离子缔合协同萃取体系	A+C	$Fe^{3+}\|HNO_3\text{-}NaSCN\|\left.\begin{matrix}HPMBP\\C_6H_5AsCl\end{matrix}\right\}CHCl_3$
	中性络合与离子缔合协同萃取体系	B+C	$UO_2^{2+}\|HNO_3\text{-}NaNO_3\|\left.\begin{matrix}MIBK\\TBAN^{②}\end{matrix}\right\}CHCl_3$
二元同类协同萃取体系	螯合物萃取协同萃取体系	A_1+A_2	$Ca^{2+}\|H_2O$（适当 pH）$\left.\begin{matrix}\|HOX\\醌茜素\end{matrix}\right\}CHCl_3$
	中性络合协同萃取体系	B_1+B_2	$UO_2^{2+}\|HNO_3\|\left.\begin{matrix}TBP\\(C_6H_5)_2SO\end{matrix}\right\}C_6H_5$
	离子缔合协同萃取体系	C_1+C_2	$Pa^{5+}\|HCl\text{-}H_2O\|\begin{matrix}RCOOR'\\ROH\end{matrix}$
三元协同萃取体系	螯合中性与离子三元协同萃取体系 螯合、离子三元协同萃取体系 中性、离子三元协同萃取体系	A+B+C A_1+A_2+C $A+C_1+C_2$ B_1+B_2+C $B+C_1+C_2$	$UO_2^{2+}\|H_2SO_4\text{-}H_2O\|\left.\begin{matrix}HDEHP\\TBP\\R_3N\end{matrix}\right\}$煤油

① 摘自徐光宪等.萃取化学原理. 上海：上海科学技术出版社,1984: 142。

② TBAN：硝酸四丁基铵，分子式$(C_4H_9)_4NNO_3$。

协同萃取效应的机理有三种：

（1）单种螯合剂与金属离子形成配位值不饱和的化合物，剩余部分由水配值。然后加入中性协萃剂（S），取代自由配位的水分子，使多分子体系丧失亲水性而提高萃取能力。如：

$$Y(\text{III})(TTA)_3\cdot 2H_2O_{(有)}+2TBP_{(有)}=\!=Y(TTA)_3\cdot 2TBP_{(有)}+2H_2O$$

（2）螯合剂(A)萃取时形成的螯合物中含自身螯合剂分子（HA），加入中性萃取剂 S 后取代了 HA，生成 $MA_n\cdot xS$，因较 $MA_n\cdot xHA$ 更稳定而使分配比提高。如：

$$UO_2^{2+}(Oxine)_2\cdot HOxine+TOPO_{(有)}=\!=UO_2(Oxine)_2\cdot TOPO_{(有)}+HOxine$$

（3）螯合剂（A）萃取时生成的螯合物已配位饱和，但加入的协萃剂（S）配位能力较强，

可以部分取代 A^-，并与水相中大量存在的阴离子 L^- 配位以中和电荷，形成混合配合物 $MA_{n-x}L_x \cdot yS$ 而被萃取，如 $(PMBP)_3 \cdot NO_3 \cdot TBPO$ 体系。

表 1-6、表 1-7、表 1-24、表 1-30 等诸多例子可说明协同萃取在分析化学中的应用。影响协同萃取的主要因素有以下几种。

① 协萃剂（S）。不同分子结构的协萃剂对协同萃取影响非常显著。对中性磷酸酯而言，协同效应提高程度与磷酸酯碱性强度增加一致。碱性越大，配位活性越强。其次序为：膦氧化物>次膦酸酯>膦酸酯>磷酸酯。

② 水相酸度。由于各类试剂均可能受酸效应影响，协同萃取效率通常随水相酸度增加而急剧下降。

③ 稀释剂（溶剂）。在水中溶解度越小，极性越低，协同萃取的效果越好（见表 1-55）。

表 1-55 Am-TTA-TBP 体系中各种溶剂性质与协同萃取效率比较

溶 剂	环己烷	正己烷	CCl_4	苯	$CHCl_3$
分配比	5×10^4	2×10^3	5×10^2	2×10	10^{-1}
$\lg K_{ex}$	9.23	7.83	7.23	5.8	3.5
水溶度 ρ /(g/L)	0.04	0.07	0.15	0.60	1.5
介电常数 ε/(F/m)	2.023	1.890	2.238	2.284	4.806

五、冠状化合物萃取体系

大环多元醚化合物主要包括单环多元醚（冠醚）和含桥头氮原子的大环多醚穴状化合物（穴醚）两大类。这些化合物由其基本单元 $[Y—CH_2CH_2—]$ 重复组合而成，其中 Y 是杂原子 O、N、S 及 P（属于电子给予体）。大环多元醚在水中溶解度很小，含芳香的环冠醚几乎不溶于水，在非极性溶剂中溶解度也不大，含烷基和酯环基的冠醚大多能溶于有机溶剂，但穴醚类化合物易溶于水和大多数有机溶剂。

利用冠状化合物萃取时，金属离子与醚环上负电性杂原子借离子-偶极静电作用而形成稳定配合物。其稳定性与冠状化合物结构有关：①冠醚孔穴半径大小与金属离子半径越匹配，形成的配合物越稳定；②金属离子的半径和电荷不仅影响对冠醚的静电作用，而且也影响离子的水化作用；③亲脂性的较软的配阴离子能与冠醚-金属离子的亲脂性大体积的阳离子作用而进入有机相，有机酸离子比无机酸离子的萃取能力要强，有机酸的憎水性越大，萃取能力也越强；④冠醚配合物在极性溶剂中的溶解性比在非极性溶剂中好。这可以用"选择性分子间作用力"原理[8]解释：当醚环空穴大小与金属离子直径大小相匹配时将在两组分间形成稳定的结合体，产生额外的分子间选择性作用力，体系将更趋稳定，萃取率更高，因而在碱金属、碱土金属、稀土元素等的分离富集中有较多的应用。环糊精在结构上与冠醚有相似性，能够利用来进行相关分子的识别，特别是一些有特点的有机分子。此处仅作简单介绍，冠状化合物萃取体系见表 1-56～表 1-62。

表 1-56 常见冠状化合物类萃取剂[5]

中文名	英文名	结构式	熔点 T/℃	可萃取元素
12-冠-4	12-crown-4		液体	
苯并-12-冠-4	benzo-12-crown-4		44～45	
15-冠-5	15-crown-5		无色液体	Na

中文名	英文名	结构式	熔点 θ/℃	可萃取元素
苯并-15-冠-5	benzo-15-crown-5		79～79.5	Na
18-冠-6	18-crown-6		39～40	Ba，Ga，Sb，Sn，K，Na，Rb，Cs
苯并-18-冠-6	benzo-18-crown-6		43～44	
二苯并-18-冠-6	dibenzo-18-crown-6		164	K，Li，Na，Rb，Cs，Pu，U，Np，Tl
二苯并-24-冠-8	dibenzo-24-crown-8		113～114	
二苯并-30-冠-10	dibenzo-30-crown-10		106～107.5	
二环己基-18-冠-6	dicyclohexyl-18-crown-6		61～62.5	Au，Ca，Ga，Hf，Na，K，Nb，Pb，Sb，Sn，Ta，Tl，Th，U
二环己基-24-冠-8	dicyclohexyl-24-crown-8		<26	
[2,1,1]穴醚	cryptate[2,1,1]		121～122	
[2,2,1]穴醚	cryptate[2,2,1]		无色液体	Cd，Na，K
[2,2,2]穴醚	cryptate[2,2,2]		68～69	Sr，Pb，Na，K，Tl
[3,2,2]穴醚	cryptate[3,2,2]		无色液体	

表 1-57 冠状化合物的环空穴直径[5]

冠状化合物	空穴直径 ϕ/nm	冠状化合物	空穴直径 ϕ/nm
14-冠-4	0.12～0.15	二环己基-18-冠-6	0.40
15-冠-5	0.17～0.22	二环己基-24-冠-8	>0.40
18-冠-6	0.26～0.32	[2,1,1]穴醚	0.16
21-冠-7	0.34～0.43	[2,2,1]穴醚	0.230
24-冠-8	>0.4	[2,2,2]穴醚	0.280
二丁基环己基-14-冠-4	0.18	[3,2,2]穴醚	0.36
二苯并-18-冠-6	0.40		

表 1-58 金属离子直径[①]

金属离子	直径 ϕ/nm	金属离子	直径 ϕ/nm	金属离子	直径 ϕ/nm
Li^+	0.120	Sr^{2+}	0.226	Am^{3+}	0.198
Na^+	0.190	Ba^{2+}	0.276	Th^{4+}	0.216
K^+	0.266	Pb^{2+}	0.240	U^{4+}	0.186
Rb^+	0.296	Bi^{2+}	0.192	Pu^{4+}	0.180
Cs^+	0.334	Zn^{2+}	0.148	Np^{4+}	0.184
Ag^+	0.252	Co^{2+}	0.148	U^{6+}	0.166
Hg^+	0.130	Ni^{2+}	0.138		
Ca^{2+}	0.198	La^{3+}系	0.186~0.230		

① 更多离子的详细数据参见本手册第一分册表 1-40 和表 1-41。

表 1-59 DB18C6 萃取金属离子的平衡常数

金属离子	K^+	Na^+	Rb^+	Cs^+	Ca^{2+}	Sr^{2+}
$\lg K_{ex}$(苯)	4.65	2.20	3.75	3.07	—	—
$\lg K_{ex}$(CHCl₃)	—	2.61	4.23	3.95	6.29	7.06

表 1-60 各种冠醚萃取硝酸、硝酸铀酰和不同价态钚、镎的 K_{ex}[①]

冠醚名称	HNO₃	U(Ⅵ)	Pu(Ⅳ)	Pu(Ⅵ)	Np(Ⅳ)	Np(Ⅴ)	Np(Ⅵ)
15-冠-5	0.0335	0.056	3.54	0.034	1.44	0.016	0.40
二苯并-18-冠-6	0.026	0.062	0.71	0.012	0.32	0.0069	0.034
二环己基-18-冠-6	0.500	0.72	2200	4.36	170	0.068	3.33
18-冠-6	0.0363	0.036	1.85	0.08	3.15	0.0047	0.13
二苯并-24-冠-8	0.025	0.067	0.88	0.068	0.32	0.0107	0.094
二环己基-24-冠-8	0.616	0.516	2230	6.18	186	0.047	3.5

① Pu(Ⅱ)实际上不被萃取。

表 1-61 稀释剂对各种穴醚萃取 Na^+ 的影响[5]

稀释剂	介电常数	E/%			
		[2, 2, 2B]穴醚[①]	[2, 2, 2]穴醚	[2, 2, 1]穴醚	[2, 1, 1]穴醚
硝基苯	34.8	99.8	99.8	99.5	89.4
硝基甲烷	35.8	82.5	70.3	88.6	0.7
邻二氯苯	9.93	55.9	40.3	64.8	14.3
三氯甲烷	4.9	4.3	4.8	44.2	1.3
环己酮	18.2	1.0	2.4	2.2	1.4
苯	2.28	0	0	0	—

① [2, 2, 2B]穴醚的结构式为 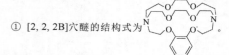 。

表 1-62 环糊精（CD）的结构参数及性质

性质参数	α-CD	β-CD	γ-CD	β-CD 结构图
葡萄糖数	6	7	8	
分子量	973	1135	1297	
空间直径/Å	6	8	10	
空穴深度/Å	7~8	7~8	7~8	
结晶形状（无水）	针状	棱柱状	棱柱状	
比旋光度$[\alpha]_D^{25}$（水）	+150.5°	+162.5°	+177.4°	
溶解度（25℃）/（g/100g 水）	14.5	1.85	23.2	
与碘的颜色反应	青	黄	紫褐	

注：1Å=0.1nm，下同。

六、离子液体萃取体系

1914 年问世、1976 年获得新动力、1992 年开始大规模发展的离子液体是一种全新的溶剂。它全部由离子组成，在室温或室温附近温度下呈液态。在离子液体中，阴阳离子之间的作用力为库仑力，其大小与阴阳离子的电荷数量及半径有关，离子半径越大，它们之间的作用力越小，该离子化合物的熔点就越低。某些离子化合物的阴阳离子体积很大，结构松散，导致它们之间的作用力较低，以至于熔点接近室温。离子液体一般是由含氮、磷的有机阳离子和无机阴离子组成的在室温时呈液态的液体。通过改变阴阳离子组成，可以合成不同性质的离子液体，因此离子液体又是一种新型的"可设计"的绿色溶剂。分析化学中常用的室温离子液体的阳离子主要是有机基团（如咪唑鎓盐、N-烷基吡啶鎓、四烷基铵和四烷基鏻鎓离子）；阴离子则有机物或无机物均有，如卤化物、硝酸盐、乙酸盐、六氟磷酸盐（$[PF_6]$）、四氟硼酸盐（$[BF_4]$）、三氟甲基磺酸盐和二(三氟甲烷磺酰)亚胺等。与传统的挥发性有机溶剂相比，室温离子液体具有独特的物理化学性质：

① 超低蒸气压，不挥发，不易燃，无色，无臭，毒性小，不易爆炸；

② 较大的稳定温度范围、较好的化学稳定性；

③ 较宽的电化学稳定电位窗；

④ 可溶解无机、有机、有机金属、合成或天然高分子材料等物质，还可以溶解某些气体，如 H_2、CO 和 O_2 等；

⑤ 表现出 Flanklin 酸性和超酸性，其酸碱性实际上由阴离子的本质决定，且酸性可调；

⑥ 绝大多数离子液体常压下的密度比水大，在 $1\sim1.6g/cm^3$ 范围内；

⑦ 黏度比一般有机溶剂或水的黏度高 1～2 个数量级，但仍具有良好的流动性；

⑧ 表面张力比一般有机溶剂高、比水低，使用时可以加速相分离的过程。

表 1-63 离子液体萃取部分苯胺类化合物的分配系数（D）与温度（T）的相关数据[9]

项 目	$[Bmim][PF_6]$[①]			$[Hmim][PF_6]$[②]			$[Omim][PF_6]$[③]		
	$\Delta H/(kJ/mol)$	C	相关系数	$\Delta H/(kJ/mol)$	C	相关系数	$\Delta H/(kJ/mol)$	C	相关系数
苯胺	3.17	4.85	0.9719	4.66	5.36	0.9891	4.42	5.24	0.9940
邻甲苯胺	3.14	5.32	0.9853	2.31	5.75	0.9936	2.48	5.68	0.9921
间甲苯胺	3.95	5.64	0.9842	4.89	5.64	0.9822	4.64	5.18	0.9848
对甲苯胺	3.27	5.44	0.9842	3.18	5.14	0.9804	1.73	5.23	0.9956
邻氯苯胺	6.63	7.52	0.9817	7.35	7.64	0.9913	6.32	6.69	0.9909
间氯苯胺	4.99	7.78	0.9869	5.20	7.43	0.9899	2.75	6.56	0.9725
对氯苯胺	5.53	8.38	0.9856	4.72	8.67	0.9975	2.31	8.32	0.9953

① 1-丁基-3-甲基咪唑六氟磷酸盐；②1-己基-3-甲基咪唑六氟磷酸盐；③1-辛基-3-甲基咪唑六氟磷酸盐。

注：$\lg D=-\Delta H/(RT)+C$，式中，ΔH 为萃取过程的焓变。

近年来离子液体在萃取金属离子、有机物、生物分子，萃取脱硫等方面得到迅速应用，展现了良好的萃取性能。由于离子液体不但对无机和有机材料具有一定的选择溶解能力，而且还不溶于部分有机溶剂，这使其可以产生极性可调的体系。作为一种新型的环境友好的"绿色"有机溶剂，离子液体替代传统的挥发性有机溶剂用于痕量离子分离的各种研究发展很快，已成功地用于金属螯合物的萃取，是一种有前途的萃取体系[10]。

表 1-64 离子液体在萃取分离中的部分应用[10]

体 系	分离物质	过程及结果	文献
金属离子			
[C₄mim][PF₆]	Ni	提取后 PAN 反萃, FI-AAS 测定	1
[C₄mim][H₂SO₄]	Au, Ag, Cu	硫脲氧化剂提取, 萃取率 87%	2
[C₈mim][PF₆]	Mo(Ⅵ)	平均回收率 95%～105%	3
[C₄mim][NTf₂]	Sr	γ 射线辐射后效率会略低	4
[Bmim][PF₆]等	Cu, Ni 或 Co, Cd	萃取率均大于 90%	5, 6
有机物分离			
[C₄mim][PF₆]	8 种致癌芳香胺	回收率 83.2%～91.2%, 富集倍数 10～270	7
[C₄mim][PF₆]	苯酚, 双酚 A 等	回收率 87.9%～109.9%	8
[Bmim][PF₆]	菲, 蒽, 芘	回收率 92%～103%	9
[C₄mim][PF₆]	6 种乙酯化合物	富集倍数 3～141, 检出限 0.25～40μg/L, 线性范围约 2 个数量级, *RSD* 3%～8%	10
[Bmim][PF₆]	苯-环己烷	纯度大于 98%	11
[Bmim][BF₄]	苯, 甲苯, 二甲苯	检出限分别为 0.030μg/L, 0.147μg/L, 0.180μg/L	12
[Bmim][PF₆]	乙醇-环己烷	乙醇回收率>99.9%	13
[Bmim][PF₆]	苯酚	线性范围 0.2～80μg/L	14
[Bmim][PF₆]等	苯胺	回收率>90%	15
N-甲基咪唑-N-乙基咪唑	苯	萃取选择性范围分别为 10.7～413.6 和 1.5～5.4	16
[Hmim]CF₃COO 等	乙酸甲酯	纯度可达 99.84%, 回收率 98.65%	17
生物大分子			
[Btmsim][PF₆]	细胞色素	萃取率 85%	18
[Bmim][Cl]	石蒜碱, 力可拉敏等	萃取率分别为 2.73mg/g, 0.86mg/g, 0.18mg/g	19
[C₄mim][PF₆]	3 种雌激素	富集倍数 96.8～112	20
脱硫			
[Bmim][BF₄]	噻吩	去除率达 95%以上	21
[Bmim][BeS]	多种取代噻吩	脱硫率在 60%～90%	22
[Hnmp][H₂PO₄]	二苯并噻吩	脱硫率达 99.8%	23
药物分离			
[C₄mim][PF₆]	甲拌磷, 对硫磷, 辛硫磷	富集倍数 665, 630, 553	24
[C₄mim][PF₆]等	当归川穹中的咖啡酸等	回收率 93%	25
[Btmsim][PF₆]	四环素类抗生素	萃取率最高达 94.1%	26

本表文献:

1 Dadfarnia S, Shabani A M H, Bidabadi M S, Jafari B A. J Hazardous Mat, 2010, 173(1-3): 534.

2 Whitehead J A, Zhang J, Pereira N, Mccluskey A, Lawrance G A. Hydrometallurgy, 2007, 88(1-4): 109.

3 陆娜萍, 李在均, 李继霞, 等. 冶金分析, 2008, 28 (7): 28.

4 Yuan L Y, Peng J, Xu L Z, et al. J Phys Chem B, 2009, 113(26): 8948.

5 李长平, 辛宝平, 徐文国. 大连海事大学学报, 2008, 34 (3): 17.

6 李长平, 辛宝平, 徐文国, 等. 过程工程学报, 2007, 7 (4): 674.

7 丁健桦, 何海霞, 林海禄, 等. 分析化学, 2008, 36 (12): 1662.

8 范云场, 胡正良, 陈梅兰, 等. 分析化学, 2008, 36 (9): 1157.

9 应丽艳, 江海亮, 沈昊宇, 等. 分析试验室, 2008, 27 (增刊): 323.

10 赵发琼, 李晶, 曾百肇. 分析化学, 2009, 37 (6): 939.

11 王孝科, 田粄. 石油化工, 2008, 37 (9): 905.

12 周建科, 宋歌, 于贝贝, 王孟歌. 福建分析测试, 2009, 18 (1): 12.

13 王孝科, 田粄. 过程工程学报, 2009, 9 (2): 269.

14 范大和, 丁燕, 王斌, 王伟. 盐城工学院学报: 自然科学版, 2009, 22 (1): 32.

15 孙楠, 计建炳, 姬登祥, 宋旭东. 化工时刊, 2008, 22

（11）: 1.

16 王瑞杰. 离子液体用于苯和环己烷萃取分离的液液平衡研究. 北京: 北京化工大学, 2008.

17 田粏, 王孝科. 石油化工, 2009, 38（6）: 603.

18 程德红, 陈旭伟, 舒杨, 王建华. 分析化学, 2008, 36（9）: 1187.

19 杜甫佑, 肖小华, 李攻科. 分析化学, 2007, 35(11): 1570.

20 刘美华, 邱彬, 陈国南, 陈曦. 分析测试技术与仪器, 2009, 15（3）: 151.

21 项小燕. 离子液体[Bmim]BF₄萃取汽油脱硫的研究初

探. 厦门: 华侨大学, 2008.

22 朴香兰, 杜晓, 朱慎林. 化工进展, 2007, 26（12）: 1754.

23 赵地顺, 孙智敏, 李发堂, 单海丹. 燃料化学学报, 2009, 37（2）: 194.

24 谢洪宇, 何丽君, 伍艳, 等. 分析化学, 2007, 35（2）: 187.

25 张玮. 疏水性离子液体萃取分离中草药中阿魏酸和咖啡酸的研究. 南昌: 南昌大学, 2007.

26 马春宏, 闫永胜, 李东影, 等. 东北师大学报: 自然科学版, 2009, 41（1）: 80.

第四节　萃取溶剂

一、萃取溶剂的分类

在液体分子间的相互作用力中，范德华引力存在于任何分子之间，其大小与分子的截面积大小成正比；偶极力（包括诱导偶极力）随分子的极化率和偶极矩的增加而增加；而氢键则依赖于两个分子分别所含的 A—H 键和给电子原子 B 的电负性及半径的大小。因此，液体化合物或溶剂可按照其是否含有 A—H 或 B 而分为以下四种类型。

（1）N 型溶剂　即惰性溶剂，如烷类、苯、四氯化碳、二硫化碳、煤油等不能生成氢键的溶剂。

（2）A 型溶剂　即接受电子的溶剂，例如氯仿、二氯甲烷、五氯乙烷等含有 A—H 基团，能与 B 型溶剂生成氢键。

（3）B 型溶剂　即给电子溶剂，如醚、醛、酮、酯、叔胺等含有 B 原子，能与 A 型溶剂生成氢键。

（4）AB 型溶剂　即给受电子型溶剂，同时具有 HA 和 B，可以缔合成多聚分子，因氢键的结合形式不同，又可细分为以下三类。

① AB(1)型。交链氢键缔合溶剂，例如水、多元醇、叔胺、取代醇羟基羧酸、多元羧酸、多元酚等。

② AB(2)型。直链氢键缔合溶剂，例如醇、胺、羧酸等。

③ AB(3)型。生成内氢键分子，例如邻硝基苯酚这类溶剂中的受电子基团 A—H 因已形成内氢键而不再起作用，所以，AB(3)型溶剂的性质和 B 型溶剂相似。

二、各类萃取溶剂的互溶性规律

如果两种液体混合后生成氢键的数目或强度大于混合前氢键的数目或强度,则有利于该两种液体的互相混溶,否则将不利于互相混溶。不同溶剂组合中可以分以下几种情况。

AB 型和 N 型溶剂，几乎完全不互溶，例如水与 N 型溶剂苯、四氯化碳、煤油等，不能互溶。

A 型与 B 型溶剂在混合前无氢键，混合后生成氢键，故特别有利于混溶，例如氯仿与丙酮，五氯乙烷与环己酮等。

AB 型与 A 型，AB 型和 B 型，AB 型和 AB 型等在混合前后均有氢键，互溶的程度视混合前后氢键的强弱和多少而定。

A 型与 A 型，B 型与 B 型，N 型与 N 型，N 型与 A 型，N 型与 B 型等在混合前后都无氢键，互溶的程度决定于混合前后范德华引力的大小，即与分子的偶极矩及极化率有关，一般可利用相似规律作为判断互溶程度的参考。

生成内氢键的 AB(3)型溶剂，其行为与一般 AB 型溶剂不同，而与 N 型和 B 型溶剂比较相似。

综上，各类溶剂的互溶规律，可大致概括如图 1-13 所示，互溶次序见表 1-65。

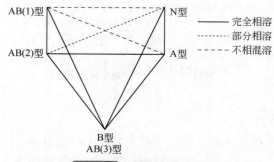

AB(1)型 ———— N型 ———— 完全相溶
                        -------- 部分相溶
AB(2)型 ———— A型 ———— 不相混溶

B型
AB(3)型

图 1-13 溶剂互溶关系

表 1-65 溶剂互溶次序[①]

序号	类 别	溶 剂	分子式	序号	类 别	溶 剂	分子式
1	AB(1)	盐水溶液		19	B	吡啶	C_6H_5N
2	AB(1)	无机酸水溶液		20	B	硝基苯	$C_6H_5NO_2$
3	AB(1)	水	H_2O	21	B	甲乙酮	$CH_2COC_2H_5$
4	AB(1)	乙二醇	CH_2OH-CH_2OH	22	B	戊酮	$C_5H_{11}COC_5H_{11}$
5	AB(2)	甲酰胺	$HCONH_2$	23	B	乙醚	$C_2H_5OC_2H_5$
6	AB(2)	乙酸及其同系物	$C_nH_{2n+1}COOH$	24	A	二氯甲烷	CH_2Cl_2
7	AB(2)	甲醇	CH_3OH	25	A	四氯乙烷	$CHCl_2CHCl_2$
8	AB(2)	乙二醇甲醚	$CH_2OHCH_2OCH_3$	26	A	氯仿	$CHCl_3$
9	AB(2)	乙醇	C_2H_5OH	27	A	三氯乙烷	$CH_2ClCHCl_2$
10	AB(2)	丙醇	C_3H_7OH	28	A	二氯乙烷	CH_2ClCH_2Cl
11	AB(2)	丁醇	C_4H_9OH	29	N	苯	C_6H_6
12	AB(2)	戊醇	$C_5H_{11}OH$	30	N	甲苯	$C_6H_5CH_3$
13	AB(2)	苯酚	C_6H_5OH	31	N	四氯化碳	CCl_4
14	B	苯胺	$C_6H_5NH_2$	32	N	二硫化碳	CS_2
15	B	磷酸三丁酯	$(C_4H_9)_3PO_4$	33	N	环己烷	C_6H_{12}
16	B	丙酮	CH_3COCH_3	34	N	己烷	C_6H_{14}
17	B	1,4-二氧六环	$\begin{array}{c}CH_2-CH_2\\OO\\CH_2-CH_2\end{array}$	35	N	庚烷	C_7H_{16}
				36	N	硅油	—
				37	N	石蜡油	—
18	B	四氢呋喃	$\begin{array}{c}CH_2-CH_2\\O\\CH_2-CH_2\end{array}$				

① 表中所处地位越近者越能混溶，相距越远者越不能混溶，其次序与"溶剂互溶图"所示次序：AB(1)→AB(2)→B→A→N 型一致。

某些有机溶剂与水的互溶溶解度见表 1-66，中性有机磷酸酯与水的溶解度见表 1-67。

表 1-66 某些有机溶剂与水的互溶溶解度（25℃）

化合物	水 相		有 机 相		化合物	水 相		有 机 相	
	$w_{有机溶剂}$/%	$x_{溶剂}$/%	$w_{水}$/%	$x_{水}$/%		$w_{有机溶剂}$/%	$x_{溶剂}$/%	$w_{水}$/%	$x_{水}$/%
烃及其卤代物和硝基苯					甲基正丁酮	3.5	0.65	3.7	17.5
正己烷	0.001	0.0002	—	—	甲基异丁酮	1.7	0.31	1.9	9.8
正庚烷	0.0003	0.00005	—	—	甲基正戊酮	0.43	0.07	1.50	8.8
正辛烷	0.0001	0.00002	—	—	乙基正丁酮	0.43	0.07	0.78	4.8
环戊烷	0.016	0.004	—	—	环己酮	5.0	0.94	8.7	34.1
环己烷	0.006	0.0013	—	—	甲基环己酮	3.0	0.5		
甲基环己烷	0.0014	0.0003	—	—	**酯**				
苯	0.178	0.042	0.072	0.31	甲酸乙酯	8.2	2.12		
甲苯	0.050	0.01	0.042	0.22	乙酸乙酯	7.48	1.63	3.20	13.9
邻二甲苯	0.018	0.003			正丁酸乙酯	0.68	0.11	0.75	4.6
乙苯	0.006	0.001			乙酸正丙酯	2.6	0.44	1.9	9.9
氯仿	0.705	0.107	0.072	0.48	乙酸异丙酯	2.9	0.54	1.9	9.9
四氯化碳	0.077	0.009	0.009	0.076	乙酸正丁酯	1.0	0.17	1.37	8.2
氯苯	0.18	0.029	0.11	0.69	乙酸异丁酯	0.67	0.10	1.65	9.8
硝基苯	0.19	0.028	0.25	1.71	乙酸仲丁酯	0.74	0.12	2.1	12.2
醚					丙酸正丁酯	0.15	0.02	0.58	4.0
二乙醚	6.04	1.54	1.26	4.97	甲酸异戊酯	0.3	0.05	—	—
甲基正丙醚	3.05	0.76	—	—	乙酸异戊酯	0.2	0.03	1.0	6.8
二正丙醚	0.49	0.09	0.45	2.34	丙酸异戊酯	0.3	0.4	—	—
二异丙醚	1.2	0.21	0.63	3.48	**醇**				
甲基异丙醚	6.5	1.66	0.19	1.3	正丁醇	7.31	1.88	20.4	48.8
二正丁醚	0.03	0.005	—	—	异丁醇	8.0	2.07	16.5	45.0
二正己醚	0.01	0.001	0.12	1.2	仲丁醇	20.3	5.85	38.0	71.5
β,β'-二氯乙醚	1.12	0.16	0.28	2.1	正戊醇	2.19	0.45	7.5	28.3
1，5-二甲氧基戊烷	7.2	1.05	—	—	异戊醇	2.5	0.52	9.0	32.7
1，5-二乙氧基戊烷	1.7	0.27	—	—	正己醇	0.56	0.10	7.2	42.1
二乙基溶纤剂	1.0	0.16	3.4	10.1	仲庚醇	0.35	0.06	5.1	25.9
二丁基溶纤剂	0.2	0.02	0.6	5.5	正辛醇	0.03	0.05	—	—
二丁基卡必醇（二丁基乙二醇乙醚）	0.3	0.03	1.4	15.0	仲辛醇	0.05	0.008	0.1	0.7
酮					异辛醇	0.1	0.016	2.55	15.9
二乙酮	4.81	1.07	1.62	7.1	异壬醇	0.1	0.014	2.9	19.4
二异丁酮	0.06	0.008	0.45	3.3	正癸醇	0.02	0.002	3.0	21.4
甲乙酮	22.6	6.8	9.9	28.9	环己醇	6.0	1.15	11.8	42.6
甲基正丙酮	6.0	1.32	3.6	15.2	2-甲基环己醇	1.1	0.19	3.0	16.3

表 1-67 常见有机磷酸酯的理化性质

名 称	CAS 号	缩写	$\lg K_{ow}$	水溶解度/(mg/L)	蒸气压/Pa	熔点/℃	沸点/℃	密度/(g/ml)
磷酸三甲酯	512-56-1	TMP	−0.65	5×10^5	113	−46	197	1.21
磷酸三乙酯	78-40-0	TEP	0.80	5×10^5	52.4	−56.4	210～220	1.068
磷酸三丙酯	513-08-6	TPrP	1.87	6450	0.577	—	120～122	1.01
磷酸三正丁酯	126-73-8	TnBP	4.0	280	0.151	−80	289	0.9729
磷酸三异丁酯	126-71-6	TiBP	3.6	16.2	1.60	—	约 205	0.965

续表

名　称	CAS 号	缩写	lgK_{ow}	水溶解度 /(mg/L)	蒸气压 /Pa	熔点/℃	沸点/℃	密度 (g/ml)
磷酸三苯酯	115-86-6	TPhP	4.59	1.9	10	50.5	244	1.21
磷酸三甲苯酯	1330-78-5	TTP	5.11	0.36	8.00×10^{-5}	−33	420	1.16
磷酸甲基二苯基酯	7526-26-3	MDPP	2.93	2000	0.0709	32.5~37.5	—	1.21
磷酸三异辛酯	78-42-2	TEHP	9.49	0.6	6.00×10^{-6}	−70	195.7	0.924
磷酸三(丁氧基乙基)酯	78-51-3	TBEP	3.75	1100	3.33×10^{-6}	−70	215~228	1.012
磷酸三(2-氯乙基)酯	115-96-8	TCEP	1.44	7000	8.17	−64	194	1.47
磷酸三(2-氯丙基)酯	13674-84-5	TCPP	2.59	1200	2.69×10^{-3}	—	—	1.28
磷酸三(1,3-二氯异丙基)酯	13674-87-8	TDCPP	3.65	7	9.81×10^{-6}	−64	315	1.512
磷酸三(2,3-二氯丙基)酯	78-43-3	TDCPP	—	—	—	−6	230℃分解	1.487

三、萃取溶剂的选用

在实际萃取工作中选用溶剂时一般需考虑到以下几个方面。

（1）溶解度　应尽可能选用与水几乎完全不相溶，而且对被萃取物质具有比水更大的溶解度的有机溶剂。

（2）密度　常用溶剂的密度在 0.63g/ml（正戊烷）和 1.59g/ml（CCl₄）之间，相差过多则两相不易搅拌均匀；相差太小则易形成乳浊液不利分层。

（3）蒸气压和沸点　不宜选用室温下蒸气压高的溶剂，以免因挥发造成物料损失和体积变化引起误差，也可避免溶剂挥发引起的火灾或中毒。

（4）黏度和表面张力　黏度过高或过低时都会使液体转移发生困难；为使两相能迅速分离，应选用表面张力较大的有机溶剂。

（5）介电常数　溶剂介电常数较大时，两种相反电荷的质点在溶剂中缔合的趋向减小。故萃取离子对时，应选用介电常数大的溶剂；作为有机磷酰基萃取剂的稀释剂时需选用介电常数小的溶剂。

（6）光学性质　若采用萃取光度法检测则需选用在所检测波长附近范围内尽量无吸收峰的溶剂。

（7）选择性　溶剂的选择性要高，便于除去干扰组分。为提高效率，也可采用混合溶剂进行萃取。

（8）后处理　选用时需同时考虑各溶质与溶剂易于分离而溶剂又易于回收精制；还需考虑从溶剂层取出溶质进行分析测定，或在溶剂层中直接测定时的便利程度。

四、萃取用有机溶剂的物理常数

常用萃取溶剂的物理性质见表 1-68。

表 1-68 常用萃取溶剂的物理性质 [11]

溶剂名称	分子式	密度 $\rho/(g/mg)$	沸点 $T_{B.p.}/℃$	折射率 n_D	介电常数 $\varepsilon/(F/m)$	偶极矩 $\mu_e/10^{-29}C·m$	黏度 $\eta/Pa·s$	表面张力 $\delta/(N/m)$	互溶性/(mol/L) 溶剂在水中	互溶性/(mol/L) 水在溶剂中
烷烃										
己烷	$CH_3(CH_2)_4CH_3$	0.65937 (20℃)	69	1.37486 (20℃)	1.9	0.08	0.2923 (20℃)	18.94 (15℃)	$1.6×10^{-3}$ (20℃)	$6.2×10^{-3}$ (20℃)
环己烷	C_6H_{12}	0.7831 (15℃)	80.7	1.42623 (20℃)	2.0	0.00	0.898 (25℃)	25.64 (15℃)	$9.2×10^{-3}$ (20℃)	$3.1×10^{-3}$ (25℃)
庚烷	$CH_3(CH_2)_5CH_3$	0.6879 (15℃)	98.4	1.38765 (20℃)	1.924	0.00	0.3903 (25℃)	20.85 (15℃)	$5×10^{-4}$ (15.5℃)	
辛烷	$CH_3(CH_2)_6CH_3$	0.69849 (25℃)	125.7	1.39742 (20℃)	1.948	—	0.5138 (25℃)	21.75 (20℃)	$1.25×10^{-3}$ (20℃)	
芳烃										
苯	C_6H_6	0.87368 (25℃)	80.1	1.50110 (20℃)	2.3	0.00	0.6028 (25℃)	28.78 (20℃)	$2.3×10^{-2}$ (25℃)	$3.5×10^{-2}$ (25℃)
甲苯	$C_6H_5CH_3$	0.86231 (25℃)	110.8	1.49693 (20℃)	2.4	0.39	0.5516 (25℃)	28.53 (20℃)	$5.1×10^{-3}$	$1.86×10^{-2}$ (25℃)
邻二甲苯	$C_6H_4(CH_3)_2$	0.8745 (20℃)	144	1.50543 (20℃)	2.6	0.62 (气态)	0.756 (25℃)	30.03 (20℃)	$9.7×10^{-3}$	—
间二甲苯	$C_6H_4(CH_3)_2$	0.85990 (25℃)	138.8	1.49721 (20℃)	2.4	0.37	0.581 (25℃)	26.63 (20℃)	$1.85×10^{-3}$	$2.2×10^{-2}$ (20℃)
对二甲苯	$C_6H_4(CH_3)_2$	0.8611 (20℃)	138.5	1.49581 (20℃)	2.3	0.00	0.605 (25℃)	28.31 (20℃)	$1.79×10^{-3}$	
取代烃										
氯仿	$CHCl_3$	1.4892 (20℃)	61.3	1.44858 (15℃)	4.806	1.15	0.514 (30℃)	27.16 (20℃)	$6.9×10^{-2}$ (20℃)	$5.4×10^{-2}$ (17.4℃)
四氯化碳	CCl_4	1.595 (20℃)	76.8	1.46030 (20℃)	2.238	0.00	1.45759 (25℃)	26.75 (20℃)	$5×10^{-3}$ (25℃)	$6.1×10^{-3}$ (30℃)
1,1-二氯乙烷	CH_3CHCl_2	1.18350 (15℃)	57.31	1.41715 (20℃)	10.0	1.95	0.505 (25℃)	24.75 (20℃)	$5.1×10^{-3}$ (25℃)	
1,2-二氯乙烷	$CH_2Cl—CH_2Cl$	1.26000 (15℃)	83.5	1.41460 (20℃)	10.36	2.06	0.730 (30℃)	32.23 (20℃)	$8.2×10^{-2}$	
均四氯乙烷	$CHCl_2—CHCl_2$	1.60255 (20℃)	146.2	1.49423 (20℃)	8.20	1.85	1.456 (30℃)	36.04 (20℃)	—	
三氯乙烯	$CHCl=CCl_2$	1.4556 (25℃)	87.2	1.4777 (20℃)	3.4	0.9	0.532 (25℃)	28.8 (25℃)	$7.7×10^{-3}$ (20℃)	
氯苯	C_6H_5Cl	1.10630 (20℃)	131.68	1.52481 (20℃)	5.621	1.56	0.715 (30℃)	33.28 (20℃)	$4.3×10^{-3}$ (30℃)	
硝基甲烷	CH_3NO_2	1.14476 (15℃)	101.25	1.38189 (20℃)	35.87	3.17	0.595 (30℃)	36.98 (20℃)	1.8 (20℃)	
硝基乙烷	$C_2H_5NO_2$	1.0528 (20℃)	114.0	1.3920 (20℃)	28.06	3.19	0.661 (25℃)	31.31 (25℃)	0.63 (20℃)	
硝基苯	$C_6H_5NO_2$	1.20824 (15℃)	210.8	1.5525 (20℃)	34.82	3.99	1.634 (30℃)	43.35 (20℃)	$1.67×10^{-2}$ (30℃)	
醇类										
乙醇	C_2H_5OH	0.78934 (20℃)	78.3	1.36139 (20℃)	24.3	1.68 (蒸气)	1.076 (25℃)	22.32 (20℃)	完全互溶	完全互溶
丙醇	C_3H_7OH	0.80749 (15℃)	97.15	1.38556 (20℃)	20.1	1.657	2.004 (25℃)	23.70 (20℃)	—	
异丙醇	$i\text{-}C_3H_7OH$	0.78512 (20℃)	82.4	1.3747 (25℃)	18.3	1.68 (蒸气)	1.765 (30℃)	21.79 (15℃)	1.24 (25℃)	

续表

溶剂名称	分子式	密度 ρ/(g/mg)	沸点 $T_{B.p.}$/℃	折射率 n_D	介电常数 ε/(F/m)	偶极矩 μ_e/10^{-29}C·m	黏度 η/Pa·s	表面张力 δ/(N/m)	互溶性/(mol/L) 溶剂在水中	水在溶剂中
丁醇	C_4H_9OH	0.81337 (15℃)	117.7	1.39922 (20℃)	17.1	1.68	2.271 (30℃)	24.57 (20℃)	—	11.4 (25℃)
异丁醇	$(CH_3)_2CHCH_2OH$	0.8169 (20℃)	107.9	1.3939 (25℃)	17.7	1.79	3.91 (25℃)	22.98 (20℃)	1.28	
戊醇	$C_5H_{11}OH$	0.8144 (20℃)	138.1	1.40999 (20℃)	13.9	1.8	3.347 (25℃)	25.60 (20℃)	0.25 (25℃)	4.14 (25℃)
异戊醇	$(CH_3)_2CHCH_2-CH_2OH$	0.81289 (15℃)	130.5	1.40658 (20℃)	14.7	1.82	2.96 (30℃)	24.77 (15℃)	0.303 (25℃)	
己醇	$C_6H_{13}OH$	0.82239 (15℃)	157.5	1.41816 (20℃)	13.3		4.592 (25℃)	24.48 (20℃)	6.9×10^{-2} (20℃)	
环己醇	$C_6H_{11}OH$	0.9684 (25℃)	161.1	1.4629	15.0	1.9	41.07 (30℃)	33.91 (25.5℃)	0.38 (20℃)	49.4 (20℃)
甲基异丁基甲醇	$CH_3CH(OH)CH_2-CH(CH_3)_2$	0.80247 (25℃)	131.8	1.4089 (25℃)				0.16 (25℃)	3.53 (25℃)	
辛醇	$C_3H_{17}OH$	0.82555 (20℃)	155.28	1.42913 (20℃)	10.34	1.68	6.125 (30℃)	26.06 (20℃)	4.1×10^{-3} (25℃)	
2-辛醇	$CH_3(CH_2)_5CHCH_3$ OH	0.8193 (20℃)	178.5	1.4260 (20℃)	8.2		—	—	不溶	
2-乙基己醇	$C_4H_9CH(C_2H_5)-CH_2OH$	0.8340	183.5	1.4300	—	—		30 (22℃)	7.7×10^{-3} (20℃)	
苄醇	$C_6H_5CH_2OH$	1.04127 (25℃)	205.5	1.5371 (25℃)	13.1	1.66	4.650 (30℃)	38.94 (30℃)	—	
糠醇	CH=CHCH=CCH$_2$ O OH	1.1238 (30℃)	170	1.4801 (30℃)		1.92			溶	
苯酚	C_6H_5OH	1.05760 (41℃)	181.8	1.54178 (41℃)	9.78	1.73	4.076 (45℃)	37.77 (50℃)	0.83 (25℃)	
间甲酚	m-$CH_3C_6H_4OH$	1.0380	202.7	1.5438 (20℃)	11.8	1.543	9.807 (30℃)	36.54 (20℃)	0.23 (20℃)	
醚类										
乙醚	$(C_2H_5)_2O$	0.71925 (15℃)	34.5	1.35272 (20℃)	4.335	1.15	0.242 (20℃)	17.06 (20℃)	0.98 (20℃)	10.4
丙醚	$(C_3H_7)_2O$	0.75178 (15℃)	90.1	1.3803 (20℃)	3.39	1.18	0.376 (30℃)	20.53 (20℃)	2.45×10^{-2}	
异丙醚	$[(CH_3)_2CH]_2O$	0.72813 (20℃)	68.27	1.36888 (20℃)	3.88	1.22	0.379 (25℃)	17.34 (24.5℃)	4.6×10^{-2}	0.34 (20℃)
丁醚	$(C_4H_9)_2O$	0.76889 (20℃)	141.97	1.39925 (20℃)	3.06	1.22	0.602 (30℃)	23.40 (15℃)	实际不溶	
β,β-二氯乙醚	$(ClCH_2CH_2)_2O$	1.2192 (20℃)	178.75	1.45750 (20℃)	21.2	2.58	2.14 (25℃)	37.6 (20℃)	7.1×10^{-2}	5.6×10^{-2}
二噁烷	$OCH_2CH_2OCH_2CH_2$	1.0338 (20℃)	101.32	1.4224 (20℃)	2.21	0.45	1.439 (15℃)	34.45 (15℃)	完全互溶	
醚醇衍生物										
乙二醇单甲醚（甲基溶纤剂）	$CH_3OC_2H_4OH$	0.96848 (15℃)	124.4	1.4017 (20℃)	16.0	2.04	1.6 (25℃)	31.82 (14.9℃)	完全互溶	完全互溶
甲基溶纤剂乙酯	$CH_3OC_2H_4OOCCH_3$	1.0067 (20℃)	143~145	1.4025 (20℃)	—	—			完全互溶	完全互溶
乙二醇单乙醚（乙基溶纤剂）	$C_2H_5OC_2H_4OH$	0.9297 (20℃)	134.8	1.4075 (20℃)		2.08	1.861 (25℃)	32 (25℃)	完全互溶	完全互溶
乙基溶纤剂乙酯	$C_2H_5OC_2H_4OOCCH_3$	0.976 (15℃)	145~166	1.4030 (25℃)	—	—	1.205 (25℃)	31.8 (25℃)	—	

溶剂名称	分子式	密度 ρ/(g/mg)	沸点 $T_{B.p.}$/℃	折射率 n_D	介电常数 ε/(F/m)	偶极矩 μ_e/10^{-29}C·m	黏度 η/Pa·s	表面张力 δ/(N/m)	互溶性/(mol/L) 溶剂在水中	互溶性/(mol/L) 水在溶剂中
乙二醇单丁醚（丁基溶纤剂）	C$_4$H$_9$OC$_2$H$_4$OH	0.9027 (20℃)	170.6	1.4190 (25℃)	—	—	3.318 (25℃)	31.5 (25℃)	与等体积水互溶	
丁基溶纤剂乙酯	C$_4$H$_9$OC$_2$H$_4$OOCH$_3$	0.943 (20℃)	188~192	—	—	—	—	—	—	
酮类										
丙酮	CH$_3$COCH$_3$	0.79079 (20℃)	56.24	1.35880 (20℃)	20.70	2.72	0.2954 (30℃)	23.32 (20℃)	完全互溶	完全互溶
甲乙酮	CH$_3$COC$_2$H$_6$	0.80473 (20℃)	79.50	1.37850 (20℃)	18.51	2.747	0.423 (15℃)	23.97 (24.8℃)	3.65 (22℃)	6.9
甲基异丁基酮	CH$_3$COCH$_2$-CH(CH$_3$)$_2$	0.8006 (20℃)	115.8	1.3958 (20℃)	18.3	2.8	1.803 (30℃)	35.12 (15℃)	0.16	1.12 (20℃)
2-庚酮	CH$_3$CO(CH$_2$)$_4$CH$_3$	0.822 (15℃)	150	1.4110	11.9		0.766 (25℃)		微溶	
环己酮	CO(CH$_2$)$_4$CH$_2$	0.95099 (15℃)	155.65	1.45097 (20℃)	18.3	2.8	2.453 (15℃)	35.12 (15℃)		4.44 (20℃)
乙酰丙酮	CH$_3$COCH$_2$COCH$_3$	0.9753 (20℃)	140.5	1.45178 (18.5℃)	25.7	—	—	—	溶于被 HCl 酸化过的水中	
苯乙酮	C$_6$H$_5$COCH$_3$	1.02810 (20℃)	202.1	1.5322	17.9	2.77	1.642 (25℃)	38.21 (30℃)		
酯类										
乙酸乙酯	CH$_3$COOC$_2$H$_5$	0.90063 (20℃)	77.114	1.37239 (20℃)	6.02	1.81	0.4263 (25℃)	23.75 (20℃)	0.92 (25℃)	2
乙酸丁酯	CH$_3$COOC$_4$H$_9$	0.8813 (20℃)	126.114	1.39406 (20℃)	5.01	1.841	0.688 (25℃)	25.2 (25℃)	8.6×10^{-3} (116.16)	0.76 (20℃)
乙酸戊酯	CH$_3$COOC$_5$H$_{11}$	0.8753 (20℃)	149.2	1.40228 (20℃)	4.75	1.91	0.862 (25℃)	25.8 (20℃)	1.3×10^{-2} (20℃)	
苯甲酸甲酯	C$_6$H$_5$COOCH$_3$	1.09334 (15℃)	199.50	1.51701 (20℃)	6.59	1.86	2.298 (15℃)	38.14 (20℃)	不溶	
磷酸三丁酯	(C$_4$H$_9$O)$_3$PO	0.9727 (27℃)	177~178	1.4226 (20℃)	8.0	3.07	3.32 (25℃)	—	2.2×10^{-2}	
胺类										
二丁胺	(C$_4$H$_9$)$_2$NH	0.7001 (20℃)	159~161	1.41766 (20℃)	—	—	0.89 (25℃)	22.63 (40.9℃)	溶于水	
二苄胺	(C$_6$H$_5$CH$_2$)$_2$NH	1.026 (20℃)	300	1.57432 (22℃)	3.6	—	—	—	不溶	
三丁胺	(C$_4$H$_9$)$_3$N	0.7771 (20℃)	212~213	1.4278 (25℃)		0.78		24.64 (20℃)		
三辛胺	(C$_8$H$_{17}$)$_3$N	0.8110 (20℃)	365~367	1.4449 (20℃)		0.80		28.35 (20℃)		
吡啶	C$_6$H$_5$N	0.9878 (15℃)	115.58	1.5100 (20℃)	12.3	2.20	0.829 (30℃)	35.70 (30℃)	完全互溶	完全互溶
其他										
乙腈	CH$_3$CN	0.7857 (20℃)	81.60	1.3441 (20℃)	37.5	3.37	0.325 (30℃)	27.8 (30℃)	完全互溶	完全互溶
N,N-二甲基甲酰胺	HCON(CH$_3$)$_2$	0.9445 (25℃)	153.0	1.4269 (25℃)	37.6	—	—	—	完全互溶	互溶
N,N-二丁基乙酰胺	CH$_3$CON(C$_4$H$_9$)$_2$	0.878 (20℃)	243~250	1.447 (25℃)			4.30 (25℃)			
二甲基亚砜	(CH$_3$)$_2$SO	1.1014 (20℃)	183	1.4783 (21℃)	46.7				完全互溶	完全互溶
糠醛	CH=CH-CH=CCHO (带O环)	1.1614 (20℃)	161.8	1.52624 (20℃)	41.9	3.61	1.49 (25℃)	43.85	0.86 (20℃)	

第五节 元素和离子的溶剂萃取分离法

一些元素与离子的溶剂萃取实例见表 1-69～表 1-71，按元素符号的字母顺序排列。

表 1-69 元素与离子的溶剂萃取分离实例

符号说明：

Alamine 336-S 一般指 N[CH₂(CH₂)₆~₁₀CH₃]₃

Aliquat 336-S(或 336) 氯化三辛基甲基铵

Amberlite LA-1 *N*-十二烯(三烷基甲基)胺

Amberlite LA-2 *N*-月桂(三烷基甲基)胺

Amberlite XE-204 二(十二烯基)正丁胺

APDC 吡咯烷氨基二硫代甲酸钠（铵）

BAMBP 4-仲丁基-2-(α-甲基苄基)苯酚

Bathocup 向红 1,10-二氮菲（2,9-二甲基-4,7-二苯基-1,10-二氮菲）

BPHA *N*-苯甲酰-*N*-苯胲

BuOH 丁醇

BuAc 乙酸丁酯

C₅H₁₁Ac 乙酸戊酯

DDDC 二乙氨基二硫代甲酸二乙铵

DDTC 二乙基氨基二硫代甲酸（或其钠盐）

dipy α,α′-联吡啶

DOPA 二辛基磷酸（磷酸二辛酯）

Et₂O 乙醚

EtOH 乙醇

EtAc 乙酸乙酯

GBHA 乙二醛双(2-羟基缩苯胺)

HMA-HMDTC 六亚甲基氨基二硫代甲酸六亚甲基铵

IBA 异丁胺

MIBK 甲基异丁基酮（异丁基甲基酮）

N-235 三烷基胺（主要为三辛胺）

Neocup 新亚铜试剂(2,9-二甲基-1,10-二氮菲)

Oxine 8-羟基喹啉

P-204 二(2-乙基己基)磷酸 [或磷酸二(2-乙基己基)酯]

PAN 1-(2-吡啶偶氮)-2-萘酚

PAR 4-(2-吡啶偶氮)间苯二酚

Phen 1,10-二氮菲（邻菲啰啉）

PMBP 1-苯基-3-甲基-4-苯甲酰基吡唑酮

TBP 磷酸三丁酯

TFA 三氟乙酰丙酮

TIOA 三异辛胺

TLA 三月桂胺

TOA （或 TNOA)三辛胺（或三正辛胺）

TTA 噻吩甲酰三氟丙酮

TOPO 三辛基氧膦

XO 二甲酚橙

Zeph 氯化十四烷基二甲基苄基铵

被测离子	被分离基体	溶剂体系	
		水相	有机相
Ac³⁺	Ra	pH=5.5	0.25mol/L TTA+苯
锕系		0.1mol/L HCl，12mol/L LiCl	TIOA+二甲苯
		1～10mol/L，HNO₃	TBP+CCl₄，芳烃
Ag⁺	土壤和岩石	0.5mol/L H₂SO₄	双硫腙铜+己烷
	纯硒和纯碲	EDTA,柠檬酸，氨水，pH=8～9	1,5-二-β-萘硫卡巴腙+CHCl₃
	土壤和岩石	稀 HNO₃	三异辛基硫代磷酸盐+苯
		氰化物	氢氧化三辛基苄基铵+癸醇
		NaCN, 0.1mol/L NaOH, 结晶紫	苯
	合金钢	4mol/L H₂SO₄	双硫腙+苯
	Pb	pH=4～5	双硫腙+CCl₄ 或 CHCl₃
	铅及铅的氧化物	抗坏血酸，＜4mol/L HClO₄	双硫腙+CCl₄
	Th	HNO₃-HF	双硫腙+CCl₄
	高纯铟①	在 pH=1.0～1.5	双硫腙+苯
	Pb、Cu、Au 精矿	4mol/L H₂SO₄	双硫腙+苯
	矿石	0.1mol/L EDTA, NaAc 至 pH=2～3	0.001% 双硫腙
	Pb, Fe, Cu, Tl, Al, Zn, Mg, Co, Ca, Ni	邻氨基苯甲酸-*N*, *N*′-二乙酸（掩蔽），二丁胺，水杨酸	MIBK
		HCl	Amberlite LA-1+二甲苯

续表

被测离子	被分离基体	溶剂体系	
		水相	有机相
Ag^+	Cu, 其他金属	EDTA, pH=2; pH=11. 0, ClO_4^-	双硫腙+CCl_4
	淡水	pH=2.0~2.5	APDC MIBK
	岩石	1~3mol/L HCl, 三苯硫脲	$CHCl_3$
	硫化矿	0.75~1mol/L H_2SO_4(NaBr)	二安替匹林甲烷+MIBK
	铜、镍、铝及其合金	pH=8.5, DDTCNa	苯
Al^{3+}	铁, 钢	pH=4~7	乙酰丙酮
	Be, Ca, Sr, Mg, Mn, 稀土, Th, W	4-磺基苯甲酸, pH=5~6.6 或 8.5~11.5	1%Oxine+$CHCl_3$
	Ca, Cu, Fe, Sr, Y, Zr	pH=5.5	0.02mol/L TTA+苯
	Fe,Ni,Ti,V 等	Oxine, pH=5.0~9.0	苯或 $CHCl_3$
	Fe	喹啉	苯
	Ga, In	pH=4	乙酰丙酮
	一价阳离子及某些二价阳离子	高氟丁酸	Et_2O
		苯甲酸钠+NH_4Ac, pH=7	EtAc、BuOH 或 $C_5H_{11}OH$
		丁酸，NaCl, pH=9.3~9.5	$CHCl_3$
		铜铁试剂+HCl, pH=4.5	$CHCl_3$
		桑色素，酸性介质	$C_5H_{11}OH$
	Zn, Mn, Ni, Mg, Cr^{3+}	pH=5~7	0.10mol/L TFA+$CHCl_3$; Oxine+$CHCl_3$
		pH=3~5	环烷酸+煤油+Et_2O
	Se	pH=9.55	Oxine+苯
		氨性, Oxine	$CHCl_3$
		Oxine+乙酸溶液, pH=5.0~5.5	$CHCl_3$
	金属镁（Fe）	Oxine+乙酸缓冲液, pH =5.6~6.0	$CHCl_3$
		Phen, NH_2OH	
		pH=2.5~4.5(乙酸盐 0.1mol/L), 铜铁试剂/MIBK	
Am^{3+}	金属	$(NH_4)_2S_2O_3$,Ag^+, 90℃ 加热 10min, 冷却，NH_4OAc-HOAc	TTA+二甲苯
	Pu-Al 合金	6.5mol/L NO_3^-, 0.1mol/L H^+	TBP+烃
	镅系元素	1mol/L 乳酸, 0.1mol/L 二乙三胺，五乙酸五钠，pH=3	0.5mol/L P-204+二异丙基苯
	稀土元素	5mol/L NH_4SCN	Aliquat 336-S+二甲苯
		pH>3.5	0.2mol/L TTA+苯
		HNO_3, 饱和 NH_4NO_3	Et_2O
As^{3+}, As^{5+}	As 化合物	6mol/L HCl 或 2.5mol/L H_2SO_4, KI, $SnCl_2$, Zn	DDTC Ag+吡啶
	Se	10mol/L HCl, DDTCNa	$CHCl_3$
	铸铁、非合金钢	pH=4.4, EDTA, 柠檬酸盐, APDC	$CHCl_3$
	黄铁矿	H_2SO_4, KI, Na_2SO_3	黄原酸钾+CCl_4
	Cu, Zn, Cr 削下薄片	1mol/L HCl, 5%钼酸钠	BuOH-Et_2O
	金属铋	KCl, KI	CCl_4
	Ge	KI, HCl	DDDC+$CHCl_3$
	药物	酸	DDTC-Ag+$CHCl_3$
	铸铁	KI 或 HI, 0.5mol/L $TiCl_2$	苯

被测离子	被分离基体	溶剂体系	
		水相	有机相
As^{3+}, As^{5+}	Cu	HCl, H_2O_2, H_3PO_4	$CHCl_3$
	Ge	KI, HCl	CCl_4 或苯
	Fe, Cu, Pb	KI, H_2SO_4 或 HCl	苯，CCl_4 或 MIBK
	Sb, Bi	8～10mol/L HCl	苯
		6mol/L HCl-1.5mol/L $AlCl_3$	苯
		7mol/L HBr 或 3～3.7 mol/L HI	苯
		KBr, 7～8.5 mol/L H_2SO_4	CCl_4
	P, Si	抗坏血酸 DDTC-Na	$CHCl_3$[②]
		HCl	DDTC-Ag
	Sb^{2+}, Se^{4+}, Te^{4+}	9～10 mol/L HCl	苯或甲苯
	In	钼酸铵，肼	异戊醇[③]
	水	HCl(1+19)+$(NH_4)_2MoO_4$	MLBK
	水	2mol/L HCl, KI	$CHCl_3$
	钢，铁等	0.9～1.7mol/L HNO_3, 钼酸铵	MIBK
	尿	pH=0～4,$(NH_4)_2MoO_4$	MIBK
	Cu	$(NH_4)_2MoO_4$, 1.8mol/L HNO_3	BuOH-$CHCl_3$
	Ge, P, Si	DDTC-Na, pH=4～5.8	CCl_4, pH>8 不能萃取
	As^{3+}，当分离 As^{5+}时	$(NH_4)_2MoO_4$+H_2SO_4	异丁醇
		10.5～11 mol/L HCl	$CHCl_3$
		HCl 或 HI	CCl_4, $CHCl_3$，二氯乙醚，苯或异丙醚
		Na_2MoO_4+HCl	BuOH
		$(NH_4)_2MoO_4$+$N_2H_4 \cdot H_2SO_4$	异戊醇
		KI+$Na_2S_2O_5$+H_2SO_4	DDTC+$CHCl_3$
Au^{3+}	Cu	1mol/L HCl	罗丹明 B/$CHCl_3$
		Cl^-,6mol/L H_2SO_4, 丁基罗丹明 B	苯
	Pb, Cu 精矿	0.5～0.6 mol/L HCl, 结晶紫	甲苯
	精矿	0.02mol/L HCl, 亚甲基蓝	$CHCl_3$
	Cu, Cu 产品	6.0～6.5 mol/L HCl(或 HBr)	$C_2H_4Cl_2$
	电解液残渣	6mol/L HCl, HNO_3	Et_2O
		6mol/L HCl, 0.3%NH_4Cl, 罗丹明 B	苯
	土壤	0.5mol/L HCl, 0.05%亮绿	EtOH+甲苯（5+95）
	硫化物矿	1mol/L HCl, 0.1%$FeCl_2$, 0.1%亮绿	BuAc
		0.5mol/L HCl, 1mol/L HNO_3, $(C_6H_5)_4AsCl$	$CHCl_3$
		1.75mol/L HBr	0.01mol/L TOPO+$CHCl_3$
		DDTC-Na,pH=8.5～9.5	TBP
		0.25mol/L H_2SO_4, 抗坏血酸	亚化学计量 Zn(DDTC)$_2$+$CHCl_3$
	高纯铅	10mol/L HCl	亚化学计量 Cu(DDTC)$_2$+$CHCl_3$
		LiCl, pH=4.0	TTA+二甲苯
	地质物料	3mol/L HBr	先用 Et_2O 后用异戊醇
	氰化物废液	HCl, $KMnO_4$, 3mol/L HCl	MIBK
		氰化物	氢氧化三辛基甲铵+癸醇
		0.1～0.5 mol/L H_2SO_4	双硫腙+$CHCl_3$
	低品位矿石	稀 HCl(约 0.1mol/L)	双硫腙+$CHCl_3$
	铂族金属，Fe	Ph_4AsCl, F^-	$CHCl_3$
		Cl^-	结晶紫或甲基紫+苯或甲苯

续表

被测离子	被分离基体	溶剂体系	
		水相	有机相
	矿物	Br_2, HCl	BuAc
	Pt, Pd	Cl^-	异戊醇
		6mol/L HCl	聚氧乙烯乙二醇+CH_2Cl_2
		4% HCl	Et_2O 或 EtAc
		Br^-, pH=1～4	聚氧乙烯乙二醇+CH_2Cl_2
		8mol/L HNO_3-2mol/L $LiNO_3$	TBP+CCl_4
		8mol/L HNO_3	Et_2O
		对二甲氨苄基罗单宁，1mol/L HNO_3	苯+$CHCl_3$(1+3)
		甲基紫，pH=1	三氯乙烯
	镍阳极泥，粗铜，金矿	1.5mol/L HCl-1.5mol/L HNO_3(3:1)	苯或甲苯，$C_5H_{11}Ac$ 或 t-$C_5H_{11}Ac$
	Bi, In, Mo, Fe, Zn	6.9mol/L HI	Et_2O
	淡水，岩石，矿物	HCl	MIBK
	矿物，岩石	pH=4～10(HCl)	TOA, 2,6-二甲基庚-4-酮，1mol/L HCl
$B(H_2BO_3)$	锆及锆合金	pH=5.8(H_2SO_4)-5%HF, 0.1%乙基紫	苯
	有机硼酸酯，硅硼酸盐玻璃	酸	2-乙基-1,3-己二醇+$CHCl_3$
		0.25mol/L H_2SO_4, 5%HF, 放置 30min, 加亚甲基蓝	二氯乙烷
	NaOH, Si, GeO_2	H_2SO_4，NH_4F，孔雀绿	苯
	钢	HF,甲基紫	三氯乙烯
	（纳克量）	姜黄，H_2SO_4-HAc	环己酮+苯酚
	岩石，土壤，植物	pH=5～6,结晶紫，甲硅酸	苯
	含 Nb、Ta 的钢	亚甲基蓝（0.001mol/L）	二氯乙烷
	铝合金	己二安替匹林甲烷，0.5mol/L H_2SO_4, HF	$CHCl_3$+石油醚
	BeO, Ti, Zr	HF, 亮绿	苯
	铀，铁，钢	HF, H_2SO_4	亚甲基蓝+CH_2Cl_2
		NaF, H_2SO_4	结晶紫+苯
		HF, H_2SO_4, 氢氧化四丁基铵	MIBK
		HCl	异戊醇
F^-		$AlCl_3$+HCl	Et_2O
Si		H_2SO_4, pH=2～3	CH_3OH+异丙醚
Si		NH_4HF_2+HF, H_2O_2	0.1mol/L $(C_6H_5)_4AsCl$+$CHCl_3$
Si		亚甲基蓝+HF	二氯乙烷
Si		$(C_6H_5)_4AsCl$, NH_4F 或 HF	$CHCl_3$
Ba^{2+}		甲基紫+HF, pH=3.4	苯
		pH=4～5, 0.1～0.2mol/L 焦儿茶酚	1%溴四苯基　-CH_2Cl_2
		pH>10, Oxine	氯化丁铵
		碱性	TTA-TBP/CCl_4 (或 MIBK)
Be^{2+}	岩石	EDTA，稀 HCl，乙酰丙酮	CCl_4
	Fe, Co, Zn	EDTA, pH=1～1.5	TFA+$CHCl_3$ 或苯
	杂质	EDTA, 4mol/L H_2SO_4	2-乙基己酸+煤油
	矿物	15% EDTA 二钠，乙酰丙酮，pH=6～8	CCl_4

被测离子	被分离基体	溶剂体系	
		水相	有机相
Be^{2+}	Al, Cu	pH=5～7, 乙酰丙酮	MIBK
	陨石	氨性溶液, EDTA, $Na_2S_2O_3$	乙酰丙酮+$CHCl_3$
	铁和钢	pH=7.0～7.5, EDTA, NaCl	乙酰丙酮+$CHCl_3$ 或 CCl_4
		HCl 或 HF	P-204+煤油
	Cu, 黄铜	氨水, KCN	双硫腙+$CHCl_3$
	Te	pH4	双硫腙+$CHCl_3$
		0.14mol/L NaI	双硫腙+i-$C_5H_{11}Ac$
	不锈钢, 铝	pH=7～10, 氰化物	双硫腙+$CHCl_3$
	铁合金	柠檬酸盐	
	Pb, Cu, Cd, Co, Cr, Mn, Ca, Mg, Al, Ni 等	pH=1.8～2.4, 二丁基胂酸	$CHCl_3$
	Cu, Fe	0.5～2mol/L HCl	0.1mol/L $C_8H_{17}NH_2$+$CHCl_3$
	铁和铜	10%KI	异戊醇
	Pb, Cd, Zn, Mg	KI, 己内酰胺	$CHCl_3$
	Al	2-甲基-8-羟基喹啉	$CHCl_3$
	Al, Cu, Fe	丁酸, EDTA, KCl	$CHCl_3$
	Al, Sr, Y	pH=6～7	0.02mol/L TTA+苯
	Al, Zn	pH=2	乙酰丙酮
	二价阳离子, 青铜中的元素	乙酰丙酮, EDTA	CCl_4
	许多元素	7mol/L NH_4SCN, 0.5mol/L HCl	Et_2O 或 0.2mol/L TBP-己烷
	混合的核裂变产物	乙酰丙酮, EDTA	$CHCl_3$
	岩石	pH=7.0～7.5	丙酰丙酮, $CHCl_3$
	Ag, Al, Ba, Bi, Ca, Cd, Co, Cr, Cu, Fe, Ga, In, Mg, Na, Ni, Pb, Sb, Sn, Te, Ti, Tl, V, Zn	乙酸钠, 4mol/L HCl	$CHCl_3$
Bi^{3+}	As^{3+}, Co, Cr, Hg, Ni, Sb, Sn^{4+}, Zn	pH=3, 0.05mol/L 铜铁试剂安替比林	$CHCl_3$ $CHCl_3$
	Co, Ni	pH=4.0～5.2	1%Oxine+$CHCl_3$
	Nb, V	DDTC-Na, 酒石酸盐, CN^-, pH=11～12	$CHCl_3$
	Nd, Pr	1mol/L HNO_3	DDDC+$CHCl_3$
	Pb	pH=11	双硫腙+$CHCl_3$
	Pb	pH>2	0.25mol/L TTA+苯
	Pn, Sn	HNO_3, pH=1	硫脲+$CHCl_3$
	U	OAc^-, pH=5.5～6.0	DDDC+$CHCl_3$
	Pb	先在 0.5mol/L HNO_3, 萃去大部分 Bi^{3+}, 再调至 pH 约 1, 萃取	20% P204+庚烷④
	生铁, 钢	DDTC-Na	CCl_4
	钢, 铁	2.3mol/L HCl, KI, 抗坏血酸	MIBK
	铸铁, Sb	稀 H_2SO_4, 柠檬酸钠, 硫脲, KI	$C_5H_{11}OAc$
	Zn, Sn^{4+}, In, Pb	0.05mol/L HBr, HNO_3	Amberlite LA-1 或 TOA +二甲苯
	镍合金	$HCl+HNO_3+KI$+抗坏血酸	MIBK
	As, Cu, Fe, Ni, Pb, Zn	HI [Bi+I(1+38)]	环己酮
	金属 Te	pH=10, KCN, 0.0025mol/L Mg-EDTA	双硫腙+CCl_4
	As	0.1～0.2mol/L HNO_3	0.05mol/L 硫代酰基苯胺+$CHCl_3$
	Fe, Cu, As, Ni, Zn, Pb	碘化物溶液	环己酮
	Cu、钢、轻合金	HCl, H_3PO_4, 三丁胺	CH_2Cl_2

被测离子	被分离基体	溶剂体系	
		水相	有机相
Bi^{3+}	冶金产品	DDTC-Na	BuOH 或 C$_5$H$_{11}$OH
		钢铁试剂，HCl 或 H$_2$SO$_4$	甲苯或甲乙酮
		DDTC-Na，pH=1～10	CHCl$_3$
Bi^{3+}，In^{3+}	As, Co, Cr, Cu, Ga, Mn, Ni, Sb, Se, Te, Tl, Zn	0.5mol/L HNO$_3$	P-204+CCl$_4$
Br$^-$	Cl, I	(1)H$_2$SO$_4$，KMnO$_4$，萃取	CCl$_4$
		（2）在有机相中加各为 3.6～10mol/L 的 Hg(NO$_3$)$_2$-KI, Hg(SCN)$_2$, 二苯卡巴腙	
	Cl	KBrO$_3$, H$_2$SO$_4$, 二异丁烯	石油醚
	Cl, U	KMnO$_4$, HNO$_3$	CCl$_4$
Ca^{2+}	硅	pH 约 7	0.3%PMBP+异戊醇+苯（1+1）⑤
	钢铁	0.18～2 mol/L NaOH	偶氮氧化偶氮 BN+TBP+环己烷
	碱金属卤化物	NH$_4$OH	Oxine+BuOH
	纯铁	pH=12.5, GBHA	BuOH
	钡化合物	0.5mol/L NaOH	偶氮氧化偶氮 BN+TBP+CCl$_4$
	^{90}Sr	乙酸盐 pH=2.7	P-204+AmSCO 有机烯释剂+2-乙基己醇
		Oxine, pH=12.5	MIBK
	Mg	KOH	GBHA+C$_5$H$_{11}$OH 或 *i*-BuOH
	Ba, Sr	无水硝酸盐残渣	无水乙醇和无水乙醚（1:1）丙酮或乙二醇的单丁醚
	一价离子	过氟辛酸	Et$_2$O
		丁基溶纤剂，pH=13	3%Oxine+CHCl$_3$
		pH=8.2	0.5mol/L TTA+苯
	铝及铝盐	pH=11	Oxine+MIBK
	淡水	pH=2.8	APDC+MIBK
	铁矿石	0.2～0.5mol/L NaOH, GBHA, Zeph	CHCl$_3$+二氯乙烷（1+3）
Cd^{2+}	Zn, Co, Cr, Al, Mn, Fe, Mg	0～5mol/L HNO$_3$，二苯基二硫代磷酸	CHCl$_3$
		稀 HAc	0.1mol/L TFA, 0.4mol/L IBA+CHCl$_3$
	Al	碱性介质，KCN	双硫腙+CHCl$_3$
	铸铁	pH=10.4～10.6，氰化物，NH$_2$OH, 酒石酸盐，甲醛	双硫腙+CHCl$_3$
	Zn	0.1mol/L KI, H$_2$SO$_4$，结晶紫	异丙醚
		HBr (pH=2.16)	Amberlite LA-1+二甲苯
	Zn	0.1mol/L KI, pH=3	Amberlite LA-1+二甲苯
	铝及铝铀合金	pH=8.5～9.0, DDTC-Na	CHCl$_3$
	锆及其合金	pH=8～10	双硫腙+CHCl$_3$
	锌合金	3mol/L H$_2$SO$_4$, KI	MIBK
	淡水	pH=3.0～3.5	APDC+MIBK
		pH=4.5	APDC+MIBK
		0.5mol/L HBr	TOA+MIBK
	海水	pH=7, DDTC-Na	MIBK
		pH=9.5, DDTC-Na	MIBK
		pH=9, DDTC-Na	MIBK

被测离子	被分离基体	溶剂体系	
		水相	有机相
Cd^{2+}	废水	pH=2.8～3.0	APDC+$CHCl_3$
		pH=10	2-巯基苯并噻唑，乙酸丁酯
	硅酸盐矿物	pH=4	APDC+MIBK
	水，土壤，粮食，蔬菜	0.1mol/L HNO_3, 1mol/LKI	MIBK
	水	Phen, $HClO_4$, NH_4Ac, NH_2OH, HCl	硝基苯
	Al, Be, Fe, Ga, Mo, Zn	1.5mol/L KI, 0.75mol/L H_2SO_4	Et_2O
	Bi, In, Mo, Zn	6.9mol/L HI	Et_2O
	In, Th	KSCN, 酒石酸+乙酸盐, pH=5	吡啶+$CHCl_3$(1+20)
	Nb, V	DDTC-Na, pH=11～12	$CHCl_3$
	Ni	2-巯基苯并噻唑，氨性溶液	$CHCl_3$
	Pb, Zn	柠檬酸钠, 1mol/L NaOH	双硫腙+CCl_4
	U	柠檬酸铵, HCl,NaOH	双硫腙+CCl_4
		DDTC-Na, pH=3	EtOAc
		酒石酸盐-CN^-+$NH_2OH \cdot HCl$	双硫腙+CCl_4
Ce^{3+}	铸铁	(1+1)HNO_3	Et_2O
	金属镍	8mol/L HNO_3, $NaBrO_3$	TBP
	钢	0.3mol/L H_2SO_4, 亚甲基蓝, 2mol/L KOH	苯
		H_2SO_4, 6%铜铁试剂	$CHCl_3$
	生物物料, 海水, Fe, Ti	0.5mol/L H_2SO_4, 0.3mol/L $NaBrO_3$	0.5mol/L TTA+二甲苯
	^{144}Pr	1mol/L $NaBrO_3$, pH=5～6	双(2-乙基已基)磷酸氢盐+正庚烷
		乙酸盐缓冲液	20%乙酰丙酮+苯或 CCl_4^6
	核裂变产物	pH=2.7～3.0	TBP 和 TTA+苯
		2-甲基-8-羟基喹啉（丙酮溶液），苹果酸, pH=10	CCl_4
		0.22mol/L 水杨酸钠	Et_2O, EtAc
		HOAc NH_4NO_3	
	Y	0.1mol/L HNO_3	0.1mol/L $(C_4H_9)_2HPO_4$+苯
	核裂变产物	HNO_3, 6mol/L NH_4NO_3,	TBP
	^{144}Pr	$LiNO_3$, HNO_3	TOA+苯
	Al, Th, Zr 及不锈钢	硝酸四丙基铵	硝基乙烷+正己烷（9+1）
	含铁物料	KCN, pH=9.9～10.5	3%Oxine+$CHCl_3$
	核裂变产物	9mol/L HNO_3	MIBK
	核裂变产物	0.5mol/L H_2SO_4	0.5mol/L TTA+二甲苯
Cl^-		KBr, 二苯卡巴腙, $AgNO_3$, HCHO	双硫腙+$CHCl_3$
$Cl^{7+}(ClO_4^-)$	Cl^-, ClO_3^-, $Cr_2O_7^{2-}$	pH=4.5～7.0, 亮绿	苯
	CrO_4^{2-}, NO_3^-, NO_2^-		
	F^-	结晶紫	苯或氯代苯
	ClO_3^-, NO_3^-, CN^-, PO_4^{3-}	1mol/L NaCl 或 0.9mol/L Na_2SO_4	$(C_6H_{13})_4NCo(NH_3)_2(NO_2)$+80% 二甲苯+20% MIBK
		$Fe(Phen)_3^{2+}$, pH=6	硝基苯

续表

被测离子	被分离基体	溶剂体系	
		水相	有机相
$Cl^{7+}(ClO_4^-)$	ClO_4^-与ClO_3^-分离	水溶液	亮绿+苯，甲苯或二甲苯
		酸溶液，亚甲基蓝	CH_2ClCH_2Cl
Cm^{3+}	Pu-Au 合金	6.5mol/L NO_3^-, 0.1mol/L H^+	TBP+烃
	镧系元素	1mol/L 乳酸，0.1mol/L 二乙三胺五乙酸五钠，pH=3	0.5mol/L P-204+二异丙基苯
		pH=3.5	0.2mol/L TTA+苯
Co^{2+}	镍和镍铁	pH=3.0~3.7, DDTC-Na	CCl_4
	反应器冷却剂水	pH=5.0~5.5, DDTC-Na	苯
		柠檬酸铵，氨水，甲基黄原酸钾	$CHCl_3$
	Ni	$NaNO_2$, 硼砂, 2-糠偶酰单肟	$CHCl_3$
		0.1mol/L NaAc, 吡啶,	乙酰丙酮+苯
		稀 HAc	0.1mol/L TFA
			0.4mol/L IBA+$CHCl_3$
	高纯铁	pH=3~4, 柠檬酸盐	$CHCl_3$
		H_2O_2, 2-亚硝基-1-萘酚	
	铁，钢	HAc-NaAc, NH_4F, 2-亚硫基-1-萘酚	$C_5H_{11}Ac$
	金属钼、钛硬材料	$Na_4P_2O_7$, 硫脲, PAN, H_2O_2, pH=4.5~5.6	$CHCl_3$
		9mol/L HCl	Amberlite LA-2+二甲苯
	辐射靶，锰	9mol/L HCl	TOA+苯
	锰矿	NH_4SCN, $S_2O_3^{2-}$ 及 PO_4^{3-}	$Et_2O+C_6H_{11}OH$（3+1）
		pH=6~7	
	$ZnSO_4$ 溶液	pH=5.2	1-亚硝基-2-萘酚+CCl_4
	银合金，Sr	pH=3~4, 柠檬酸钠	1-亚硝基-2-萘酚+$CHCl_3$
	Ta, Pa	pH=4, H_2O_2, 柠檬酸盐	2-亚硝基-1-萘酚+$CHCl_3$
	金属镍	5mol/L NH_4SCN, 0.05mol/L 二安替比林甲烷	$CHCl_3$
		在 0.5mol/L HCl 中	
	钢，合金，许多元素	pH=6.6~6.8	巯基乙酸对酰替甲苯胺+$CHCl_3$, 异戊醇
		pH=8.0	邻氨基亚苯基乙二胺+苯
		无机酸，KSCN	20%TOA/CCl_4
	Fe^{2+}	3mol/L 甲酸盐，pH=7~8.5	吡啶
	Fe, Zn	pH=14	DDTC+CCl_4
		pH=4~10	DDTC+CCl_4
	U	碱性，柠檬酸铵	DDTC+CCl_4
		pH=7.3~8.2	MIBK, $CHCl_3$, EtOAc 或 $C_5H_{11}OAc$
		pH=6, HAc-NH_4Ac	0.15mol/L TTA+丙酮
	Ni	HCl	TBP
	Ni	8mol/L HCl	Amberlite XE-204+二甲苯或 TOA
		pH=8.0	MIBK
	生物材料，合金	NH_4SCN, NH_4F	异戊醇或$(C_2H_5)_2O$ 或 MIBK
	Ni	NH_4SCN	Amberlite LA-1+CCl_4 或 TOA
	Bi, Fe, Mo, U, V, W	$(C_4H_9)_3N+HSCN$, $NaF+H_2SO_4$	$C_5H_{11}OH$
	Cr, Fe^{3+}, Ti, V	pH=8	双硫腙+CCl_4

被测离子	被分离基体	溶剂体系	
		水相	有机相
Co^{2+}	Cu, Fe, Ni	3-甲氨基-5-亚硝基萘酚，pH=6～8	苯
	Cu, Fe, U	$0.05mol/L(C_6H_5)_4AsCl$	$CHCl_3$
		$KSCN$, NH_4F	
	Ni	pH=1	乙酰丙酮+$CHCl_3$(1+1)
	Ni	10mol/L HCl	8%甲基二辛胺+三氯乙烯
	Ni	4.5mol/L HCl 或 0.85mol/L $CaCl_2$	2-辛醇
	Ni	8mol/L HCl	N-235/磺化煤油（+10%TBP）[⑦]
	土壤提取液	pH=7; pH=2～8; DDTC-Na	双硫腙+乙酸戊酯，MIBK
	Ni	1-亚硝基-2-萘酚，pH=3～4	$CHCl_3$
	Ni	NH_4SCN	$C_5H_{11}OH$+Et_2O
	Th	PAN, pH=3～6	$CHCl_3$
	钢铁，镍，磁黄铁矿	1mol/L α-糠偶酰单肟，NaF，pH=5～6	$CHCl_3$
		二安替比林甲烷的衍生物+NH_4SCN	$CHCl_3$
		2-亚硝基-1-萘酚，柠檬酸盐	i-$C_5H_{11}Ac$
		1-亚硝基-2-萘酚，柠檬酸碱金属盐	$CHCl_3$
		磷酸盐缓冲液，pH=4～7	0.025%肟亚胺双甲酮+异戊醇
		硼酸盐缓冲液，pH=6.3～7.6	5,8-喹啉二酮二肟+异戊醇
	淡水	pH=7.0, DDTC-Na	MIBK
		pH=2.8	APDC+MIBK
	海水	pH=2.8	APDC+MIBK
		pH=6	HMA-HMDTC(六亚甲基氨基二硫代甲酸六亚甲基铵)+乙酸乙酯
	盐水	pH=4～5	APPC+MIBK
	铝及铝-铂合金	pH=8.5～9.0, DDTC-Na	$CHCl_3$
	高纯铌，铝，钼及钨	pH=3.25, NaSCN	二安替比林基甲烷，$CHCl_3$
	铝及铝合金等	pH=6	Oxine+MIBK
		pH=6(H_2SO_4)	N-235+二甲苯
Cr^{3+}	Cu, Fe, Ni, U	1mol/L HCl	己酮
	V	H_2O_2, H_2SO_4, pH=1.7	EtAc
	V	<3mol/L HCl	MIBK
	淡水	pH=7.0, DDTC-Na	MIBK
	海水	pH=6～7	乙酰丙酮+MIBK
		pH=2.0, APDC	MIBK
	铝及铝合金等	1mol/L H_2SO_4, KBr	MIBK
	铝盐	2mol/L HCl	MIBK
CrO_4^{2-} ($Cr_2O_7^{2-}$)	天然水	二苯氨基脲，0.005～0.20mol/L H_2SO_4，0.025mol/L β-萘磺酸盐	异戊醇
	镍	二苯氨基脲	环己酮
		H_2SO_4	TBP+苯
		1～3mol/L HCl	MIBK
		酸性介质	甲基紫+苯
	Cr^{3+}, V^{5+}, Ti^{4+}	1～6mol/L HCl	Amberlite LA-1+二甲苯
		0.05mol/L HCl 或 H_2SO_4，H_2O_2	1%氯化甲基三仲辛胺，$CHCl_3$ 或 0.01mol/L TNOA+苯

续表

被测离子	被分离基体	溶剂体系	
		水相	有机相
$Cr_2O_7^{2-}$	Rh, K, Na	pH＞12	MAMBP+煤油
		pH=4, 1.5mol/L Na^+	DOPA+BAMBP+煤油（1+5）
		0.07mol/L HI	$C_6H_5NO_2$
		0.01mol/L $Ca(OH)_2$	二苦胺钙+硝基苯
		中性溶液，$Cr(NCS)_4$, $(C_6H_5NH_2)_2$	硝基苯
	某地碱性上层清液	碱性酒石酸盐溶液	4-仲丁基-2-(α-甲基苯)-苯酚+己烷
		0.2mol/L I_2,NaI	硝基苯
	Rb	0.06mol/L NaOH	0.05%TTA 或 5,7-二溴-8-羟基喹啉＋硝基苯
	核裂变产物	酸性介质，BiI_4^-	硝基苯
	核裂变产物	酸性介质	$NaB(C_6H_5)_4$+硝基苯
	陈化的反应器燃料	中性介质，EDTA	$NaB(C_6H_5)_4$+$C_5H_{11}Ac$
	核裂变产物	pH=12.2, EDTA, 二苦胺的 Na、Li、Ca 或镁盐	硝基苯
	核裂变产物	pH=12.3, 酒石酸盐	4-氯-2-苄基苯酚 + 二异丙基苯
		I_3^-	CH_3NO_2+苯
		0.4mol/L KPF_6	硝基甲烷
		0.001mol/L $NaB(C_6H_5)_4$, pH=6.6	硝基苯
Cu^{2+}	LiCl	pH=10, DDTC-Na	CCl_4
	Pb, Cd, Zn, Sb, As, Bi, Tl, Mn, Te, Ni, Co, Fe	酒石酸铵，DDTC-Na	CCl_4
	铝合金，钢	0.3～0.7mol/L HCl DDTC-Na	异戊醇
	铵矾	EDTA 二钠，DDTC-Na	异戊醇
	高纯锌（Ni, CO, Fe 及一些 Bi, Tl）	pH=4, 柠檬酸铵	Zn $(DDTC)_2$+CCl_4
	铸铁，钢	稀 HCl, KH_2PO_4	双硫腙+CCl_4
	矿石	0.01mol/L HCl	双硫腙+CCl_4
	Al, Zn	pH=5	双硫腙+$CHCl_3$
	Nb, Ta	HF, pH=4.5	Oxine+EtAc
		稀 HAc	0.1mol/L TFA, 0.4mol/L IBA+$CHCl_3$
	Nb, Ta	抗坏血酸，0.1mol/L HCl	6-甲基吡啶羧酸硫代酰胺+$C_5H_{11}OH$
	纯 Ga	酒石酸盐，pH=1.6～2.0	PAN+戊醇
		pH=6.6, 3, 5-二甲基吡唑, KSCN	$CHCl_3$
	Ca, Aa	NH_2OH, 柠檬酸钠, pH=4～6, Neocup	$CHCl_3$
	Al	NH_2OH, pH=3.3～3.5, Neocup	$C_5H_{11}OH$
	纯铁	柠檬酸铵，pH=6, Bathocup	$CHCl_3$
		NH_2OH, HCl	2,3,8,9-二苯并-4,7-二甲基-5,6-二氢-1,10-二氮菲 + 异戊醇
	56 个阳离子	EDTA, pH=4～6, Neocup	$CHCl_3$
	高纯 Al, Si, Fe, Zn, Sn, Sb	碱性介质，DDTC-Na	$CHCl_3$
	铁酸盐，氧化物，炉渣，钢，丙烯腈-水系统	pH=2～4, DDTC-Na	$CHCl_3$
	钢，黑色合金	柠檬酸，EDTA	CCl_4
		pH=8.2, DDTC-Na	双硫腙+石油溶剂
	Hg	1mol/L H_2SO_4, 40%KBr	二乙基二硫代磷酸镍+CCl_4
	Cd, Se, Sn, 镀锌的 HCl, HNO_3 电解液	HCl-HNO_3	二乙基氨基二硫代甲酸铅+$CHCl_3$

被测离子	被分离基体	溶剂体系	
		水相	有机相
Cu^{2+}	Pt^{4+}, Bk^{3+}, Lr^{4+}, Os^{5+}, Pu^{4+},Pd^{2+}	50%NH_2OH-HCl, 50%NaAc, pH=4～5	8,8′-二喹啉二硫化物+$CHCl_3$
	Al, Zn, Mn, Ni, Mg, Cr^{3+}	pH=4～8	0.10mol/L TEA+$CHCl_3$
		磷酸缓冲液, pH=12	10%丁醛肟+BuOH
		微酸性溶液, 苯基-2-吡啶酮肟	$CHCl_3$
		4mol/L HCl	甲基二巯基硫代吡喃酮+C_5H_{11}Ac
	Al 合金，钢，Mg，植物灰	约 0.1mol/L 酸	1-苯基四唑-5-硫醇+$CHCl_3$
	铜溶液	NH_4SCN, 2mol/L NH_4F, pH=4.6, N-乙酰基新烟碱	$CHCl_3$
		3mol/L 甲酸盐, pH=7～8.5	吡啶
	氟化铵	pH=8, DDTC-Na	$CHCl_3$
	Zn, Cd, Fe, Mn	pH=4.5～5.0, EDTA, DDTC-Na	CCl_4 或 $CHCl_3$
	Th, EDTA, 木浆	pH=9	DDTC+$C_3H_3Cl_3$
	电解镍	稀酸	DDTC-Pb+$CHCl_3$
	（痕量）	pH=4.8±0.2, 乙酸盐	亚化学计量双硫脲+CCl_4
	土壤，地质沉积物	柠檬酸铵，$NH_2OH \cdot HCl$	双硫腙+苯
	Al, In, 水，土壤，生物材料	0.5mol/L H_2SO_4	二乙基二硫代磷酸镍+CCl_4
	纺织材料	Oxine, pH=5～7	$CHCl_3$
		pH=3.5, 聚氧化乙烯, 乙二醇, 糖精钠, NH_2OH	CH_2Cl_2
	钢铁	二苯基氨基二硫代甲酸锌 （0.1～0.3mol/L $HClO_4$, HNO_3, 0.1～0.4mol/L HCl, 0.05～0.25mol/L H_2SO_4）	MIBK
	矿石	pH=2.8～3.5	Oxine+$CHCl_3$
		pH=4.93, dipy	$CHCl_3$
	铜、镍盐	pH=1	双硫腙+CCl_4
	钢, Ni、Co 合金	pH=5.5～7.0, 柠檬酸盐，抗坏血酸	2,2′-联喹啉+戊醇
	电镀溶液	pH=5～6, NH_2OH	2,2′-联喹啉+异戊醇
	电镀溶液	pH=4～11, 4, 4′-二苯-6, 6′-二甲基-2, 2′-二喹啉	异戊醇
	植物灰，食物	pH=5, 柠檬酸盐, NH_2OH, Neocup(乙醇溶液)	己醇或 $CHCl_3$
	Th, 高纯金	pH=4～6, 柠檬酸铵	$CHCl_3$
	金属铀及其化合物，U-Er 合金	NH_2OH, Neocup(乙醇溶液)	
	Nb, Ta, W, Mo	pH=5.5, H_3BO_3, 抗坏血酸	Bathoup+$C_5H_{11}OH$
	Cr, Ni, Co, Fe	pH=1～6	1-苯基氨基硫脲+异戊醇；1,4-二苯氨基硫脲+异戊醇；1-苯基-4-甲苯氨基硫脲+异戊醇
	Si, Sb	抗坏血酸	三苯亚磷酸盐+CCl_4
	Fe, Pb, Cr, Co, Ni	pH=3～4	二乙基乙酸
	U	$(NH_4)_2CO_3$, 吡啶, NH_2OH, KCl, KBr	$CHCl_3$
	铝合金	0.2～1.2mol/L SCN^-, pH=1～7	TBP+苯
	淡水	pH=4.5	APDC+MIBK
	淡水	pH=7.0, DDTC-Na	MIBK
	海水	pH=2.8	APDC+MIBK
	海水	pH=9, DDTC-Na	MIBK
	盐水	pH=3.0 或 4～5	APDC+MIBK

被测离子	被分离基体	溶剂体系	
		水相	有机相
Cu²⁺	废水	pH=2.8～3.0	APDC+CHCl₃
	植物，土壤等	≤6mol/L HCl	APDC+MIBK 或 EtOAc
	纯铝，纯铁，生铁，普通钢等	pH=4.7～6.2(磷酸盐缓冲液)，1,10-二氮菲，二氮四溴荧光素钾盐	CHCl₃
	Al, Co, Te, Mn, Ni	Ca-EDTA, pH=6.5	1% Oxine+CHCl₃
	Bi, Cd, Co, Ni, Pb, Tl, Zn	Ca-EDTA, pH=9	双硫腙+CCl₄
	Cd	乙酸盐+KCl, pH=6	0.04mol/L Oxine+CHCl₃
	Fe	KH₂PO₄	二苯卡巴腙+苯
		NH₄SCN+吡啶	CHCl₃
	Ni, Zn	pH=2	乙酰丙酮
	贵金属	吡啶, HAc, CN⁻, P₂O₇⁴⁻	CCl₄
		DDTC 盐，EDTA	CCl₄
		DDTC-Na, EDTA+柠檬酸	CHCl₃
		DDTC-Cd, 乙酸盐缓冲液, pH=3.5	CCl₄
		H₂SO₄, DDTC-Na	CCl₄
		柠檬酸+NH₂OH, pH=2	双硫腙+CCl₄
		8-巯基喹啉	C₆H₅Cl, CHCl₃ 或 C₅H₁₁OAc
		乙酸盐+NH₂OH	2,2′-联喹啉+正己醇
		pH=5～8	2-甲基-8-羟基喹啉+苯
Er³⁺		pH≥8.3	0.02mol/L 5,7-二氯-8-羟基喹啉+CHCl₃
Eu³⁺	Zn, Ca	pH<3.8	混合脂肪酸（C₇～C₉）+煤油
	La₂O₃	六亚甲基四胺, TTA, Phen	苯
		pH=5～5.5	
	Er	0.7～1.3mol/L HNO₃	1.5mol/L 二丁基磷酸+CCl₄
	稀土氧化物	氯化物溶液（pH= 4～5），六亚甲基四胺	TTA+苯
	稀土氧化物	酸性溶液，三苯基硅烷酸	CHCl₃
		6.5mol/L H₂SO₄, ¹⁸²Ta	二异丁酮
		Ce(Ⅱ)-茜素络合腙螯合物	三苄胺+戊醇+仲丁醇混合液
	SO₄²⁻	[(C₆H₅)₄Sb]₂SO₄, 稀 H₂SO₄	CCl₄ 或 CHCl₃
Fe³⁺	Al	KSCN, (NH₄)₂SO₄	TBP
	Al, Co, Cr, Cu, Mn, Ni, S, Ti, V⁴⁺, Zn	7.75～8.0mol/L HCl	异丙醚
	Al, Co, Mg, Ni, Zn	pH=1.0	乙酰丙酮+CHCl₃(1+1)
	Al, Co, Mn, Ni	HBr+NH₄Br	MIBK
	Al, Mg	1-亚硝基-2-萘酚+丙酮	CHCl₃
	Al, Mg, Pb, Zn, Al, Mn, Mo, Ni, Sn	安替比林, KSCN, HCl, pH=2.5～12.5	EtAc 1%Oxine+CHCl₃
	Al, Ti	8-羟基-2-甲基喹啉, pH=5.3	CHCl₃
	Cu	Bathophen, NH₄SCN, KCN, NH₂OH	CHCl₃
	Cu, Ni, Zn	5.5～7mol/L HCl	4-甲基-2-戊酮
	U	dipy, 乙酸盐, NH₂OH, 烷基磺酸钠, pH=3～6	CHCl₃
	一价离子	过氟辛酸	Et₂O
	一价及某些二价离子	过氟辛酸	Et₂O
		苯甲酸钠, pH=7	EtAc,BuOH 或 戊醇
		6mol/L HCl	Et₂O

被测离子	被分离基体	溶剂体系	
		水相	有机相
Fe^{3+}		＞7mol/L HCl	β,β'-二氯乙醚
		8mol/L HCl	甲戊醇
		7-碘-8-羟基喹啉-5-磺酸钠	异戊醇
		KSCN+HCl	异丁醇
	高纯氧化钇	pH=1~5(Fe^{2+}:Phen:SCN=1:3:2), HAc-NaAc(pH=3.0)	MIBK
		稀 H_2SO_4	2-巯基吡啶+$CHCl_3$
	VO_3^-, UO_2^{2+}	pH=1, N-肉桂酰-N-苯胲	异戊醇
	Fe^{2+}	dipy, 稀酸	乙酰丙酮+$CHCl_3$
		酸性溶液, 三羟基黄酮（在二甲基亚砜中）	苯
	Mn, Ni, Co, Zn, Al, Mo, W, V, Ti, Th	pH=4, 桑色素	异戊醇
	^{54}Mn	8mol/L HCl, 2.7mol/L HNO_3,	$C_5H_{11}OH$ 或异丙醚
		＞8mol/L HCl	$(C_6H_5)_3AsO$+ $CHCl_3$
		浓 NaCl, 0.1mol/L, HCl$[(CH_3)_2N]_3PO$	CH_2Cl_2
	Cu, Bi	稀酸, KSCN, Zeph	$CHCl_3$
	高纯锡	dipy	苯+甲酚(1+1)
	纯试剂	含有 Phen 和 $NaClO_4$ 的缓冲的溶液(pH=4.0~5.5), 照射 1h	$CHCl_3$
	$PbMoO_4$, Pu	Phen, NH_2OH, 酒石酸盐, $NaClO_4$	$C_2H_4Cl_2$ 或 $C_6H_5NO_2$
	赤铁矿中的 Fe^{3+}	氩气氛中, Phen, $NaClO_4$, pH=4~5, 柠檬酸	$CHCl_3$
	海水, Al 合金	NH_2OH, Bathophen 或 2,4,6-三吡啶均三嗪	碳酸-1,3-亚丙基酯
	Te	NH_3-NH_4Cl, EDTA, KCN, pH=10, Oxine(HAc 中)	$CHCl_3$
		pH=0.5~1.5	肉桂羟肟酸+$C_5H_{11}OH$
	水	10%NH_2OH, 0.12%Phen, pH=2.4, 1%磺基丁二酸二辛酯	$CHCl_3$
		pH=4.6, 2, 3, 5, 6-四-(2-吡啶)吡嗪, ClO_4^-	硝基苯
	Co	2mol/L HCl	TOA+CCl_4
	Cu, Ni, Co	0.3mol/L HCl	异戊醇＋十二甲苯(1+1), 0.6mol/L 氯化苄基二甲基十八烷基铵
		7~8mol/L HBr	Amberlite LA-1 或 LA-2+二甲苯
	金属镍, 高纯镍盐	20% NH_4SCN	TBP
		pH=5, 柠檬酸, 三丁胺	$C_5H_{11}OH$
		pH=4.9, 乙酸缓冲液；0.1~6mol/L HCl	钢铁试剂+$CHCl_3$ 或 TBP
		pH=4.3~10.0	1-亚硝基-2-萘酚+(EtAc+BuAc)
		2mol/L HNO_3-9mol/L NH_4NO_3	TTA+二甲苯
		水溶液	焦磷酸异丙酯+苯或磷酸二异丙酯+苯
		pH=1.6~2.0, 8-氨基喹啉	苄醇+$CHCl_3$
		pH=6.5, NaAc	2-(2-羟基-5-甲氧基苯偶氮)-4-甲基噻唑+异戊醇
	Fe^{2+}, Co, Cu, Ni, Cd	pH=4.5, 邻氨基苯甲酸, H_2O_2	戊醇及其他含氧溶剂
		pH=4~8, PAN 的甲醇溶液	苯
		pH=2.5~2.7	C_7~C_9脂肪酸+$CHCl_3$
	淡水	pH=7.0, DDTC-Na	MIBK

续表

被测离子	被分离基体	溶剂体系	
		水相	有机相
Fe^{3+}	淡水	pH=3～6	8-羟基喹啉+MIBK
	海水	pH=2.8	APDC+MIBK
	海水	pH=6	HMA-HMDTC+EtAc
	盐水	pH=4～5	APDC+MIBK
	铝及铝铀合金	pH=11.5～12.0	2-甲基-8-羟基喹啉+$CHCl_3$
	铀及镍	8mol/L HCl	$C_5H_{11}Ac$
	Y_2O_3, Y_2O_3S	pH=3～4	APDC, MIBX
	铝及铝合金等	6mol/L HCl	MIBK
	铝及铝盐	pH=4.5	Oxine+MIBK
	微量 Al	5.5～6.0mol/L HCl	Et_2O
Fe^{2+}	In	pH=3, NH_2OH, $NaClO_4$, Phen	硝基苯
	Mo	pH=3～4, NH_2OH, NH_4ClO_4, 酒石酸盐, Bathophen 的乙醇溶液	$CHCl_3$
	V, Cr, Ti, Nb, Ta, U, 金属 W, 合金化合物	pH=4～6, 柠檬酸盐, $Na_2S_2O_4$, Bathophen 的乙醇溶液	$CHCl_3$ 或 $C_5H_{11}OH$
	Fe^{3+}	CO_2 气氛, pH=2.5 磷酸盐缓冲液, Bathophen	乙酸异戊酯
	高纯铬	pH=4, NH_2OH, Bathophen 乙醇溶液	异戊醇
	高纯金	pH=4～5, NH_2OH, Bathophen 乙醇溶液	异丙醇-异戊醇(1:1)
	许多元素	6～7mol/L HCl	MIBK Et_2O 或异戊醇
	巴比氏金属, Al 合金, 电镀槽, 地下水	草酸, pH=2	MIBK
	Cr, Ti	6mol/L HCl	$CHCl_3$ 或 $C_5H_{11}Ac$
	Al, Si, Ti, Hf	5mol/L HCl	Amberlite LA-1+二甲苯
	Th, Nb, Ta, Ni		三苄胺+$CHCl_3$
	U, Ru, Pd, Rh, Zr 的合金	NH_4SCN	MIBK
	Pb, Cr, Co, Ni, Zn	pH 约 4.5	二乙基乙酸
Ga^{3+}	金属 Al, 晶体管级 Si	用铜铁试剂预萃取后及 DDTC-Na, pH=5.5	亚化学计量 Oxine+$CHCl_3$
	Tl(Ⅰ), Ag, Pb, Hg, Be, Ca, Cd, La, Ce, Cr, Mo, Co, Ni, In, As	间二羟苯基醛甲酰脲, 饱和 $NaClO_4$, HCl, PAN	异戊醇 Et_2O
	钨矿	HCl, 罗丹明 B	Et_2O+苯
	As, Co, Cr, Cu, Mn, Ni, Sb, Se, Te, Tl, Zn	HCl+HNO_3	P-20+CCl_4
	铌合金	5mol/L HBr	Et_2O
	In	强酸	铜铁试剂+$CHCl_3$
	In, V, Th, Ti	pH=4～5, 用稀 HNO_3 反洗	二丁基磷酸+BuOH 或 CCl_4
		pH=3～5	环烷酸+煤油+Et_2O
	铝土矿, 高纯 In	6mol/L HCl, $TiCl_3$	Et_2O
	Fe, Zn	7mol/L HCl	2%庚胺或辛胺+苯或煤油
	矿石	HNO_3, H_3PO_4, 6mol/L HCl	$CHCl_3$
	Zn	HCl, 罗丹明 B	苯+BuAc
	In	6mol/L HCl, $TiCl_3$	苯+异丁基甲基酮

被测离子	被分离基体	溶剂体系 水相	有机相
Ga³⁺		罗丹明 B 或 C	
	金属铝，铝土矿，阳极合金	3.25 mol/L HCl，0.09%结晶紫，0.85% NaNO₂	苯+CH₃OH(1+1)
		6mol/L HCl，2%铜蓝（Cupricblue）	苯
	矿石	pH=3.2	Oxine+CHCl₃
	Al, Zn, Pb, Sb, Cd, Bi, As, Fe, Cu, In, Ge	6mol/L HCl，TiCl₃，二安替比林甲烷	CHCl₃
		pH=3.6~5.0，PAN 甲醇溶液	CHCl₃
	矿物	6mol/L HCl，TiCl₃，罗丹明 B，丁基罗丹明 B，胜利蓝 B	苯+ Et₂O，甲苯
		6mol/L HCl，NH₄SCN，甲基紫	苯或 CHCl₃
	Al, In	pH=1.2	乙酰丙酮
	Al, In	pH=3.0	1%Oxine+CHCl₃
	Al, In, Sb, Tl, W 及其他	罗丹明 B，6mol/L HCl	苯
	Fe	6.5mol/L HCl，TiCl₃	异丙醚
	Al, Fe 基试样	6mol/L HCl	MIBK
	硅酸岩	8-羟基-2-甲基喹啉，NH₂OH，乙酸盐，pH=3.9	CHCl₃
		苯甲酸钠，pH=7	EtAc，BuOH 或 C₅H₁₁OH
Ge⁴⁺	Sb, Bi, Sn, Tl, Hg, Au, Fe, Cr, Mo, Y 等	6~6.5 mol/L HCl，TiCl₃，罗丹明 6G	苯
	矿物，合金，灰尘非铁金属，冶炼的中间产物，矿石	9 mol/L HCl	CCl₄
	合成纤维	7.5mol/L HCl	MIBK
		Cl⁻ 或 I⁻，罗丹明 6G	苯
		pH=2.45，邻苯二酚，dipy	CHCl₃
		8~11 mol/L HCl	Amberlite LA-1+二甲苯
		>5mol/L HI	苯
		7mol/L HCl	N-十二(烷)基三烷基铵+二甲苯
	铜（特纯）	9mol/L HCl	CCl₄
	Ag, Hg, Sb 等	HCl	苯，CCl₄ 等
		铜铁试剂，微酸性	MIBK
		(NH₄)₂MoO₄，H₂SO₄	异戊醇
Hf⁴⁺		氟化物，酒石酸盐，pH=8~9	CHCl₃
		Oxine（丙酮中）	
	Ta, W, 镧系元素	无机酸	连二磷酸四丁酯，焦磷酸四丁酯
	Zr	稀 H₂SO₄	磷酸二异戊基甲基酯（SCN⁻存在下），二己基磷酸，二苯基碘酸或 3-氨基辛烷+二甲苯
	Zr	NH₄SCN，(NH₄)₂SO₄, HCl	环己酮
	Zr	SCN⁻	Et₂O 或 MIBK
		2mol/L HClO₄	0.1mol/L TTA+苯
		1mol/L HCl	0.1mol/L TOPO+环己烷
Hg²⁺	Se	pH=4，EDTA，KSCN	1,5-二-β-萘硫代卡贝松+CHCl₃

被测离子	被分离基体	溶剂体系	
		水相	有机相
Hg^{2+}	Ag, Al, Ca, Cd, Cu	6mol/L HCl	异戊醇
	许多金属	pH=3, EDTA, 4,4′-双(二甲胺)-二苯甲硫酮	异戊醇
		0.2~0.3mol/L H$_2$SO$_4$, KCl, 双(4-甲基-苄基氨基苯基)安替比林甲醇	苯
		0.2~0.3 mol/L H$_2$SO$_4$, KBr, 4-二甲基氨基苯基安替比林甲醇	苯
	有机化合物	酒石酸, Cu(Ac)$_2$, 用氨水调至 pH=9~10, DDTC-Na	CHCl$_3$
	Au, Ag, 铜合金材料	pH=4.5~5.0, 溴化物	DDTC-Cu+CHCl$_3$
	硒, 高纯 Bi, 矿石	pH=0	0.0003%双硫腙+CCl$_4$
	Zn, Pb, Bi	pH=0.5	二-β-萘硫卡巴腙+CHCl$_3$
	Cu, Fe^{3+}	吡啶, 草酰胺双苯腙的酒精溶液	CHCl$_3$
	Fe^{3+}, Al, Co, Ni	pH=5, (C$_6$H$_5$)$_3$SeCl	CH$_2$Cl$_2$
	Mn^{2+}, Cu	3~6mol/L 甲酸钠, pH=7~7.5	吡啶
	Se, Cu	pH=5	双硫腙+CHCl$_3$ 或 CCl$_4$
	电解盐水	pH=2	双硫腙+CCl$_4$
	煤	EDTA, Na$_2$SO$_3$	双硫腙+CHCl$_3$
	Cu, Bi, Zn, Cd	pH=3.5~4.5, EDTA	二-1-萘硫代卡巴腙+ CCl$_4$
	Pb, Ni, Co	磷酸盐, pH=6.5~8	二苯卡巴腙+苯
		pH=6~7.5, PAN 甲醇溶液	CHCl$_3$
	Ag, Cu	NaCl+EDTA, pH=1.5	双硫腙+CCl$_4$
	Al, Be, Fe, Mo, W	1.5mol/L HI	Et$_2$O
	除 Ag, Bi, Cu, Pd, Tl^{3+} 以外的元素	DDTC-Na, EDTA, pH=11	CCl$_4$
	Cd, Cu, Fe, Mn, Ni, Pb, Zn	浓 HI（$n_{Hg}:n_I$=1:2）	环己酮
	Cd, Cu, Pb, Zn	浓 HI[$n_{Hg}:n_I$=1:（2.37~3.0）]	环己酮
	Bi, Cd, Cu, Fe	浓 HI[$n_{Hg}:n_I$=1:（2.3~3.0）]	环己酮
	Mn, Ni, Pb, Zn	饱和 HgI$_2$, H$_2$SO$_4$, 亚甲基蓝	CHCl$_3$
I$^-$	10^{-2}%Cl, 2×10^{-4}% Br	0.05mol/L HNO$_3$, Hg(NO$_3$)$_2^-$, KCl（各为 2.5×10^{-4} mol/L）	二苯卡巴腙+苯
	饮水	—	CCl$_4$
	Cl, Br	H$_3$PO$_4$, NaNO$_2$	亮绿+甲苯
	Pb, Te	稀 HNO$_3$, H$_2$O$_2$	邻二甲苯
		pH=0.3~0.6, H$_2$SO$_4$	TBP-MIBK（1:1）
	灰尘	H$_2$SO$_4$, K$_2$Cr$_2$O$_7$	CCl$_4$
		pH=0.1~4.0, NaNO$_3$	CHCl$_3$ 及其他溶剂
		H$_2$SO$_4$	CCl$_4$
	Te	H$_2$O$_2$, 0.2mol/L HCl	TBP
	矿石	pH=4, NaNO$_3$	苯
	岩石	3~4.5mol/L H$_2$SO$_4$, AsO$_4^{3-}$（氧化剂）	苯
(C$_6$H$_5$)$_2$I$^+$		pH 约 10, 二苦胺	CHCl$_3$
In^{3+}	矿石、岩石	2.9~5.8mol/L H$_2$SO$_4$-HBr（20%）	甲基异丙基甲酮

被测离子	被分离基体	溶剂体系	
		水相	有机相
	Cu, Co, Zn, Fe	Zn，KCN，pH=5.2	PAN+CHCl$_3$
		pH=3,4-(2-吡啶偶氮)-1-苯酚	CHCl$_3$
	Ca, Mg, Al, Cd, Mn, Zn	5-(2-吡啶偶氮)-2-乙氨基对甲酚，pH=3.16	异戊醇
		5-(2-吡啶偶氮)-4-乙氧基-2-(甲氨基)甲苯，pH=5.87	异戊醇
	Ga	KI-H$_2$SO$_4$	Amberlite LA-1+二甲苯
	Sn	20%Na$_2$C$_4$H$_4$O$_6$	CHCl$_3$
		pH=9，DDTC-Na，KCN	
		1mol/L 氨水	2% Oxine+BuAc
	Sb, Bi	用 H$_2$SO$_4$ 使成微酸性，然后分别用草酸或 KI 反洗去 Sb 或 Bi	单或双辛基磷酸+CHCl$_3$
	In 化合物	1.5mol/L KI-0.75mol/L H$_2$SO$_4$	BuAc
	Cu, Pb, Bi, Zn	5mol/L HBr	Et$_2$O
	铅锌产品	4.5mol/L HBr 或 1mol/L HI	Et$_2$O
	Fe, Ni	0.5~2.0 mol/L HI	Et$_2$O
	矿石及铅、锌铜工业的中间产品	9mol/L H$_2$SO$_4$，2mol/L HBr，0.1%罗丹明 6F，TiCl$_3$	苯
	Sb, Sn	5~6mol/L H$_2$SO$_4$，BPHA	CHCl$_3$
	矿石	pH=3.2	Oxine + CHCl$_3$
		pH=4~12	Oxine + CHCl$_3$
	Ge, V, As, Mo, W, Re, V	pH=4~12.5, KCN	8-巯基喹啉+甲苯
	Sn	5mol/L H$_2$SO$_4$	异戊基磷酸或异戊基焦磷酸+苯或甲苯
	Zn, Cd, Cu, Pb, Co, Ni, Fe, Ac, Ga	pH<2	P-204+煤油
	辐射过的试样	pH 约 7	乙酰丙酮
		10mol/L HCl	TBP
	Zn	4mol/L HBr	异丙醚
		5mol/L HBr-亮绿，丙酮	苯
In^{3+}	锡石	2mol/L HBr, 罗丹明 B	苯
	硅酸盐	1mol/L HI	Et$_2$O
	硫化矿	2.5~3mol/L H$_2$SO$_4$, KBr	MIBK
	Al	pH=3.0	1%Oxine+CHCl$_3$
	Al, Be, Bi, Fe, Ga, Mo, W	1.5mol/L KI, 0.75mol/L H$_2$SO$_4$	Et$_2$O
	Al,Ga		乙酰丙酮-CHCl$_3$(1:1)
	Al, Ga, Tl, Zn 及其他许多元素	0.5~6mol/L HBr	Et$_2$O 或异丙醚
	Be	8-羟基-2-甲基喹啉，pH=5.5	CHCl$_3$
	Cd	Oxine	CHCl$_3$
	Cu	CN$^-$+NH$_3$	双硫腙+CHCl$_3$
	Cu,Fe	DDTC-Na, NaCN, pH=9.0	CCl$_4$
	Fe	HBr, TiCl$_3$	Et$_2$O
	Ga	5mol/LHBr	BuAc
	Ga	0.25mol/L KI, 0.05mol/L H$_2$SO$_4$	环己酮
	Th	0.5mol/LNaI, 1mol/L HClO$_4$	己酮
	核分裂产物	草酸，H$_2$O$_2$，1mol/L H$_2$SO$_4$，2.5mol/L (NH$_4$)$_2$SO$_4$	0.6mol/L 二丁基磷酸+正丁醚
	许多元素	2~3mol/L NH$_4$SCN, 0.5mol/L HCl	Et$_2$O

续表

被测离子	被分离基体	溶剂体系	
		水相	有机相
In^{3+}		苯甲酸钠，pH=7	EtAc, BuOH 或 $C_5H_{11}OH$
		邻苯二甲酸盐，pH=3.5～4.5	0.1% 5,7-二溴-8-羟基喹啉+$CHCl_3$
		pH=7.0～8.5	2-甲基-8-羟基喹啉+苯
		罗丹明 B, 2.5mol/L HBr	苯
	高纯铝	罗丹明 B, 5mol/L HBr	i-$C_5H_{11}Ac$
	Zn, Cu, Pb, Ga	罗丹明 6G, 0.25mol/L KBr	BuAc
	Sn, Al 等	5～6mol/L H_2SO_4	
Ir^{3+}, Ir^{4+}		pH=4.8, EDTA, 1%Oxine(HAc 溶液)，100℃加热 8h	$CHCl_3$
		pH=6.0～6.8, 1%1-亚硝基-2-萘酚的 HAc 溶液，100℃热 24h	$CHCl_3$
	Rh, Fe, Co, Ni	0.1mol/L HCl	TIOA+稀释剂
		pH=5.1, 酒精水溶液	PAN+$CHCl_3$
	Rh	3～7mol/L HCl, H_2O_2	TBP
K^+		二苦胺中性溶液	硝基苯
		I_3^-	硝基苯+苯
La^{3+}	Ce^{4+}, Y	硼酸盐，水杨酸钠，茜素 S, Oxine	BuOH
	Zr, Fe, Hf, Cd	DCTA, pH=1.8～2.2, 氯膦偶氮酰替苯胺	BuOH
镧系元素	Ca^{2+}	NH_4NO_3, 磺基水杨酸，用氨水调至 pH=9～10, 丁酸	$CHCl_3$
		2.8mol/L Al$(NO_3)_3$; $(C_4H_9)_4N^+NO_3^-$	硝基乙烷
	其他稀土	pH>6, NH_4NO_3	0.05mol/L 水杨酸+丁醇
		苯基羧酸（水杨酸，肉桂酸或 3,5-二硝基苯甲酸）	$CHCl_3$ 或 MIBK
		pH=7	0.1mol/L BPHA+$CHCl_3$
		pH=8	5,7-二氯-8-羟基喹啉+$CHCl_3$
		乙酸盐缓冲液，pH=5	0.1mol/L TTA+己酮
	La 与 Nd 分离	90%饱和稀土硝酸盐	正己醇
	La 与 Nd 分离	SCN$^-$	正丁醇
	稀土分级	20%LiNO$_3$	Et_2O 或正戊酮
		8～10mol/L HNO_3, $NaNO_3$	TBP
	矿物，岩石	pH=4.8～5.5	1%PMBP+苯
	轻重稀土分离	0.94mol/L HNO_3	0.3～0.4mol/L DBPA+CCl_4
	矿石	pH=5.5	0.01mol/L PMBP+苯
	Fe, Al, Ti 等	pH=5.1(HAc-NaAc 缓冲液)	0.01mol/L PMBP+苯
	U	HCl	TTA+二甲苯（60℃）
	核分裂产物	HCl	P-204+甲苯
		酸溶液	PAN+Et_2O
		pH=0.1, HNO_3, NH_4NO_3	TBP
		8mol/L HNO_3, 3mol/L $LiNO_3$	TBP+CCl_4
	磷灰石	pH=4.2	0.01mol/L PMBP(苯+异戊醇)（4+1）
	伴生元素	pH=5.5(HAc-NaAc)	0.5%PMBP+苯^⑨
	大量镁，少量钙	pH=6(5.5～8.2), 0.05mol/L 水杨酸	10%TBP+CCl_4

被测离子	被分离基体	溶剂体系	
		水相	有机相
镧系元素	ThO_2	0.1mol/L HNO_3	0.2mol/L PMBP+$CHCl_3$
	Ni, Co, Mn, Cu, Zn, Cr, Al, Ti, Mo, P, Si	pH=5～5.7，15%NH_4SCN，6%磺基水杨酸	0.5%PMBP+苯
Li^+	Be	1mol/L KOH 和 KF	0.1mol/L 二叔戊酰甲烷+Et_2O
	K, Na	Cl^-（在小量水中）	丙酮，EtOH-Et_2O，正丁醇，C_5H_{11}OH 或 2-乙基-1-己醇
		1mol/L KOH	0.1mol/L 二叔戊酰甲烷+Et_2O
		I_3^-	CH_3NO_2+苯
Mg^{2+}	Pd, Al, Cu, Pd, Cd, Zn	氨水，KCN，$(NH_4)_2C_2O_4$，等体积的丁基溶纤剂，pH=1.5，哌啶	Oxine+$CHCl_3$ 铬黑 T+C_5H_{11}OH
	Al 合金	pH=12.5～12.9，CN，酒石酸盐，甲醛肟	7-[-α-(邻甲氧甲酰苯氨基)苄基]-8-羧基喹啉+$CHCl_3$
	硅酸盐	pH=11，丁胺	Oxine+$CHCl_3$
	铝及铝盐	pH=11	Oxine+MIBK
	Ba, Ca, Sr	正丁胺，pH=10.5～13.6	0.1% Oxine+$CHCl_3$
	Ca	丁基溶纤剂，pH=10.0～10.2	3% Oxine+$CHCl_3$
Mn^{2+}	Al, Ni	$K_4Fe(CN)_6$，pH=12.5	1% Oxine+$CHCl_3$
	Ce, U	DDTC-Na，柠檬酸盐，pH=7.5～8.0 或 8.2～8.6	$CHCl_3$
		4mol/L NaOH	吡啶
		碱性，$(C_6H_5)_4$AsCl	$CHCl_3$
	生铁，钢	10mol/L H_2SO_4(有 V 时，> 1mol/L; 有 Cr 时，>2.5mol/L)，1%$(C_6H_5)_4$PCl	$CHCl_3$ 或 $C_2H_4Cl_2$
	Mg（合金）	pH=3～4，DDTC-Na	CCl_4
	U, Al	pH=11.4～12.4	2-甲基-8-羟基喹啉+$CHCl_3$
	U, Al	pH=6.7～8	TTA+丙酮-苯
		pH=9～10, PAN 甲醇溶液	Et_2O 或 $CHCl_3$
	淡水	pH=7, DDTC-Na	MIBK
	海水	pH=6	HMA-HMDTC,EtOAc
	人体组织	pH=7.5～8.5，乙基黄原酸钾	MIBK
	铝矿石	pH=12	2-甲基-8-羟基喹啉+$CHCl_3$
		0.1mol/L H_2SO_4，二癸胺	苯®
		亚化学计量 Ph_3AsCl	$CHCl_3$
		HNO_3, $NaBiO_3$	$(C_6H_5)_4$, AsCl+$PhNO_2$, $CHCl_3$
MoO_4^{2-}	$CaCO_3$	pH=6.3, KIO_3, $(C_6H_5)_4$AsCl	$CHCl_3$
	Ag, Al, As, Cr, Cu, Fe, Hg, Pb, Pu, Ti, Tl, U, Zn, Zr	6mol/L HCl, 0.4mol/L HF	己酮
	Al, Ag, Ba, Bi, Ca, Co, Cr, Cu, Fe^{3+}, Mg, Mn^{2+}, Pb, Sb^{3+}	6mol/L HCl	Et_2O
	Re	KSCN, $Hg_2(NO_3)_2$	Et_2O
	Ti, W 及铜的其他组分	KSCN, EDTA, NaF, HCl	C_5H_{11}OH+CCl_4
	U	KSCN, $NaNO_2$, $SnCl_2$	Et_2O+石油醚（2+1）
	U	甲苯-3,4-二硫醇	CCl_4
	W	H_3PO_4, HCl	Et_2O
	W	巯基乙酸，KSCN, H_2SO_4	BuAc
	W	KSCN, NaF, $SnCl_2$	BuAc
	W	甲苯-3,4-二硫醇，H_3PO_4，柠檬酸	石油醚
	W 及其他含铁物料	强酸	甲苯-3,4-二硫醇+C_5H_{11}Ac

被测离子	被分离基体	溶剂体系	
		水相	有机相
MoO_4^{2-}	Zr	KSCN，碱性溶液	BuAc
	Ag, Al, Ba, Bi, Ca, Cd, Co, Cr, Cu,Fe,In,Mg,Mn, Ni, Pb, Sb, Sn, Ti, V, Zn	王水	α-安息香酮肟+$CHCl_3$
	铁合金	EDTA, pH=1.5	1% Oxine+$CHCl_3$
	含铁物料	3mol/L H_2SO_4	乙酰丙酮+$CHCl_3$(1+1)
	W	2.4mol/L HCl，柠檬酸	甲苯二硫醇+BuAc
	金属 Nb	HF, HCl, 甲苯-3,4-二硫醇	CCl_4
	不锈钢	稀 HCl，巯基乙酸	i-$C_5H_{11}OH$
	铜矿	稀 HCl	2-安息香酮肟+$CHCl_3$
	Fe^{3+}	pH=2.2，邻苯二酚-3,5-二磺酸、二苯脲氯化物	异戊醇+$CHCl_3$(1+1)
		0.4～0.625mol/L H_2SO_4，$SnCl_2$，NaSCN，$(C_6H_5)_4AsCl$	CH_2ClCH_2Cl
	Ta, Ti, Nb, Zr, Hf, V, W	2mol/L H_2SO_4, 2%柠檬酸	DDTC+$CHCl_3$
	钢	用 HCl 调至 0.3mol/L	2-巯基丙酸对酰替乙氧基苯胺+异戊醇+苯
	Cu	氟化物，pH=5.0～5.5	甲苯-3,4-二硫醇+ $CHCl_3$
	土壤	对于酸性土：草酸盐缓冲液，pH=3.3；对于碳酸盐土：氨水；1%～2% H_2SO_4	安息香酮肟+$CHCl_3$
	Re	NH_4Cl, Na_3PO_4	$C_5H_{11}Ac$
	钢和铁	H_2SO_4, 50% KSCN, 30% $SnCl_2$	异戊醇+CCl_4
	土壤和植物	HCl, NaF, $NaNO_3$, KSCN	异戊醇
		KSCN, $SnCl_2$, 氯化三辛铵	$CHCl_3$
	钢 W	2.5mol/L H_2SO_4, 0.10mol/L KSCN, 0.20mol/L $SnCl_2$, 柠檬酸	$C_5H_{11}Ac$
		pH=2.2, EDTA 二钠, 氯化二苯脲	异戊醇+$CHCl_3$
	骨与牙齿	2mol/L HCl	铜铁试剂+$CHCl_3$
	U, Be, Th, Zr, Ti	硫酸盐溶液	Oxine+$CHCl_3$
	W, As, Cr, U, Cd, Ni, Co, Fe, Ag	1mol/L HCl, 8-巯基喹啉	$CHCl_3$
	W, Fe, Ni, Cr, V, Al, Co	甲基-3,4-二硫酚，NH_2OH	CCl_4
	矿物	$Na_2S_2O_3$, 酒石酸盐, 甲苯-3,4-二硫酚锌	i-$C_5H_{11}Ac$
	W	HCl, 柠檬酸	乙酰丙酮+$CHCl_3$
	核裂变产物	1mol/L HCl	α-安息香酮肟+$CHCl_3$
	W	pH=2～3, 硫酸盐	TOA+煤油
		（1+1）HCl	0.5%硝酸试剂+$CHCl_3$
		氯化 6,7-二羟基-2,4-二苯基苯并吡啶	$CHCl_3$
	岩石	6mol/L HCl	TBP
	Fe	酸性介质, KSCN, $SnCl_2$	MIBK
	盐	KSCN, $SnCl_2$	Et_2O
	土壤和地质试样	HCl, NH_4SCN	MIBK
		HCl, $SnCl_2$, 氯化 3,4-二苄基三苯磷	$CHCl_3$
		8mol/L HNO_3-2mol/L $LiNO_3$	TBP+CCl_4
	淡水	pH=2.0～2.4	Oxine+MIBK
	生物材料	pH=1.5～2.5	APDC+甲基正戊酮
	硅酸盐矿物	pH=1.0	Oxine+甲基正戊酮

被测离子	被分离基体	溶剂体系	
		水相	有机相
	铀和镍	8mol/L HCl	$C_5H_{11}Ac$
	硅酸岩	α-安息香酮肟, ≤1.8mol/L HCl	$CHCl_3$
		6mol/L HCl	Et_2O
		DDTC-Na HCl	$CHCl_3$
		1mol/L HCl	0.1mol/L TOPO+环己烷
		乙基黄原酸钾, pH=1.11~1.56	$CHCl_3$, C_6H_5Cl 或甲苯
Mo^{3+}	Re^{4+}	HCl	$C_5H_{11}Ac$
Mo^{5+}	W, V, Re 及其他金属	H_2SO_4, NaSCN, 结晶紫	苯
$N(NH_3)$	钢	在克达蒸馏液中加苯酚, NaOCl 及 NaCl 饱和液	BuOH
$N(NO_3^-)$		pH=6.0, 磷酸盐, 结晶紫	氯苯
Na^+	Cs, K, Rb	ClO_4^- 残渣	EtOH
	K	$PtCl_6^{2-}$ 残渣	EtOH
		I_3^-	硝基苯-苯
Nb^{5+}	Zr-Nb 合金	pH=10~10.5	Oxine+$CHCl_3$
	Mo, W	柠檬酸铵	Oxine+$CHCl_3$
	Zr	6~7.5mol/L H_2SO_4	BPHA+$CHCl_3$
	大部分金属	7mol/L HCl, 10%BuOH	TTA+二甲苯
	纯铁, Ti, Ta	2mol/L H_2SO_4, 荧光镓试剂	BuOH
	合金钢	酒石酸盐, 抗坏血酸, EDTA 二钠, 氯磺苯酚 C, 1.5mol/L HCl, 二苯胍氯化物	BuOH
	Mo	连苯三酚, 溴化四丁铵	EtAc
	铀合金	KSCN, HCl, $SnCl_2$	Et_2O
	钢	抗坏血酸, KSCN, HCl	TBP+$CHCl_3$
	钢	KSCN, $(C_6H_5)_4AsCl$	$CHCl_3$-丙酮(9:2)
	纯铁	巯基乙酸, NH_4SCN	TOPO+C_5H_{12}
	Al, Ba, Bi, Ca, Cd, Co, Cr, Cu, Fe, Mg, Mn, Ni, Pb, Sb, Ti,	浓 H_2SO_4	TBP+苯
	岩石	酒石酸, KSCN, $SnCl_2$, HCl	MIBK
	W 或 WO_3, 各种金属	NaOH, 丁二酮肟钠	Et_2O 或 $CHCl_3$
	1.5 倍 Ta, 100 倍 Ti	pH=5 或 9~10mol/L HCl	四亚甲基氨基二硫代甲酸盐+$CHCl_3$
		7~8mol/L HCl, NH_4SCN	BPHA+$CHCl_3$
	Ta	pH=5.0~6.5, 酒石酸溶液	N-苯甲酰-N-(邻甲苯)胲
		9mol/L HCl, 1mol/L $SnCl_2$, 3mol/L KSCN	CCl_4-Et_2O(2:1)
	Al, Ca, Cd, Co, Cr, Cu, In, Mn, Ra, Sc, Hf, V, Zn	11mol/L HCl	$C_5H_{11}Ac$
	Ta	HCl, 5%H_3BO_3, $SnCl_2$, 20%NH_4SCN	EtAc
	Fe, Mn, V, Sn, Al, Si, Ti	pH=1~4, 酒石酸或草酸	TOA+煤油
		pH=4~5	DDTC+CCl_4 或 EtOH
		8.5~10mol/L HCl	APDC+$CHCl_3$
	Al, Ca, Co, Cr, In, Mg, Mn, Ni, U, Zn	H_2SO_4, 草酸和酒石酸混合物	铜铁试剂+$CHCl_3$
	Ta	柠檬酸	Oxine+$CHCl_3$

被测离子	被分离基体	溶剂体系	
		水相	有机相
Nb^{5+}	Ta, Ti, Zr	2mol/L H$_2$SO$_4$	荧光镓试剂+BuOH
		pH=2～5	乙酰丙酮+CHCl$_3$
		柠檬酸盐，四烷基铵盐连苯三酚 (Ethoquad 18/25)	EtAc
		HF, 3mol/L H$_2$SO$_4$	TBP
	Ta	HF, HNO$_3$	TIOA
	矿石	10mol/L HF-3mol/L H$_2$SO$_4$	MIBK$^{®}$
	Al, Fe, Ca, Mn, Sn, Ti, U, Zr	10mol/L HF, 2.2mol/L NH$_4$F, 6mol/L H$_2$SO$_4$	MIBK
	Pa	6mol/L HF, 6mol/L H$_2$SO$_4$	二异丁基甲醇
	Ta	浓 HCl	甲基二辛胺+二甲苯；三苄胺+(CHCl$_3$ 或 CH$_2$Cl$_2$)
	核分裂产物	HF, H$_2$SO$_4$	TBP
	核分裂产物	草酸, 1mol/L H$_2$SO$_4$, 2.5mol/L (NH$_4$)$_2$ SO$_4$	0.6mol/L 二丁基磷酸+正丁醚
Nd^{3+}		pH≥8.3	5,7-二氯-8-羟基喹啉+CHCl$_3$
Ni^{2+}	陨石	pH=8～8.5, DDTC-NH$_4$	CHCl$_3$
		酒石酸铵，氨水，甲基黄原酸钾	CHCl$_3$
		pH=7～8, 吡啶	乙酰丙酮/CHCl$_3$；二乙基二硫代磷酸+CHCl$_3$
	银金合, Cr, 合金钢, Ti	柠檬酸钠, NH$_2$OH·HCl	CHCl$_3$
		丁二酮肟的乙醇溶液, pH=8	
	Cu	4-甲基镍肟	甲苯
	Co	pH=7～8, 2,4-戊二酮二肟	CHCl$_3$
	Co	pH=5.5～8.8	Oxine+CHCl$_3$
	Zn, U	碱性介质, NH$_2$OH·HCl	丁二酮肟+CHCl$_3$, 苯胺或吡啶
	Cu 合金	pH=6.5, 丁二酮肟乙醇溶液	CHCl$_3$
	Cu, Cr	pH=8.5～9.8, 乙醇，丁二酮肟钠盐	CHCl$_3$
	工业废水	丁二酮肟, pH=8～9	CHCl$_3$
	In, Co, Cu	pH=8～11	α-苯偶酰二肟+CHCl$_3$
		pH=5.4～12.7, NaOAc 或氨水	1, 2-环庚二酮二肟+ CHCl$_3$
	Co	pH=5～6, KIO$_3$, Na$_4$P$_2$O$_7$	PAN+CHCl$_3$
	Al, Fe, Ti	DDTC-Na, pH=2.2	CHCl$_3$ 或异戊醇
	Co	吡啶+KSCN, pH=4.6	CHCl$_3$
	Co 及其他元素	丁二酮肟, KCN, 碱性溶液	CHCl$_3$ 或 CCl$_4$
	Cr, Cu, Fe, Th, U	4-甲基-环己-1,2-二酮二肟, 酒石酸盐, 巯基乙酸, pH=5～5.5	甲苯
	Cu	镍肟, NH$_3$	苯
	Mn	pH=4.5～9.5	Oxine+CHCl$_3$
	Nb, Ta	邻苯二酚	正丁醇
	除 Co 外的元素	α-二苯乙二酮二肟，NH$_3$	CHCl$_3$
Np^{5+}	核分裂产物	硝酸铈铵	MIBK
	Al、Pb，核分裂产物	1mol/L HCl,NH$_2$OH·HCl	TTA+二甲苯
	核分裂产物 Pu, Am, Cm, U, Th	2～4mol/L HNO$_3$, 用 HCl 反萃取	TIOA+二甲苯
	U, Pu, Fe 其他元素	2mol/L HNO$_3$, 4mol/L NH$_4$NO$_3$	TBP+癸烷
	核分裂产物	0.2mol/L HNO$_3$-Ca(NO$_3$)$_2$	Et$_2$O

被测离子	被分离基体	溶剂体系	
		水相	有机相
Np^{6+}	Am, Bk, Cf, Cm, Pu, U 核分裂产物	1mol/L HCl	TTA+二甲苯
		6~9 mol/L HNO_3	Et_2O, MIBK 或二丁基二甘醇, 乙醚
Os^{4+}	Pt, Rh	饱和 NH_4NO_3+HNO_3	Et_2O
	Ru	麻黄素, NaOH	CCl_4
		$(C_6H_5)_4AsCl$, 浓 HCl	$CHCl_3$
		OsO_4 的酸性溶液	CCl_4
		均二苯硫脲	Et_2O
		2mol/L HCl, 2-巯基苯并咪唑	BuOH-苯
	Ru, Ir, Pt	邻苯二酚	$CHCl_3$
PO_4^{3-}	Ru	1~5mol/L HCl	二安替比林丙基甲烷+$CH_2CH_2Cl_2$
	钢	稀 HNO_3, 钼酸铵	异戊醇, Et_2O, BuOAc, $C_5H_{11}Ac$
	As, W, 钢	pH<1, 钼酸铵并加热（两者决定于 P 的含量）, 冷却	BuAc
		0.05mol/L 钼酸盐, 0.01mol/L Oxine, 1mol/L HCl, 加热至 70℃1h, 加 12mol/L HCl	乙酸丙酯
		钼酸铵, HCOONa-HCOOH H_2SO_4, SnC_2O_4, NaF	二辛胺+$CHCl_3^-$-异戊醇（1+1）
		$(NH_4)_2MoO_4$, HCl	Et_2O 或 BuAc
	Al, Si, U	$HCl-HNO_3$, $(NH_4)_2MoO_4$	异丁醇, MIBK, BuAc, BuOH-$CHCl_3$
		N_2H_4, $(NH_4)_2MoO_4$	苯乙酮或 3-甲基-1-丁醇
		Na_2MoO_4, HCl	BuOH-$CHCl_3$
	独居石矿	H_2SO_4	EtOH（用格利特抽提器）
		HCl, $CaCl_2$	异戊醇或异丁醇
	岩石, 矿物等	1mol/L HCl, 钒钼酸铵	异戊醇
	As, Cr, Cu, Mn, Si, V	Na_2MoO_4 或$(NH_4)_2MoO_4$	1-BuOH+$CHCl_3$
	Si	$(NH_4)_2MoO_4$	乙酰乙酸乙酯
	Si（大量）	$(NH_4)_2MoO_4$, 1.2~1.5mol/L HNO_3	正丁醇-$CHCl_3$(1:3)
	高纯硅	$(NH_4)_2MoO_4$, HNO_3(0.7mol/L)	EtAc
		$(NH_4)_2MoO_4$, 1mol/L HCl	1-辛醇
		Na_2MoO_4, $HClO_4$	异丁醇
		（碱性）藏红+$(NH_4)_2MoO_4$	苯乙酮
	钢铁等	0.6~1.8mol/L HNO_3, 钼酸铵	BuAc(或异丁醇, MIBK, Et_2O, EtAc)
	普通钢和低合金钢	0.8~2.2mol/L HNO_3, 钼酸铵, 酒石酸钾钠（掩蔽 As）	BuAc
Pa^{5+}	Ti, Zr, Th, U 等	2.5mol/L H_2SO_4, 苯胂酸	异戊醇
	Th, U	1mol/L HCl	Neocup+$CHCl_3$
	Nb, Ta, Zr, Al, Ni, Mn^{2+}, Fe^{3+}, 稀土, Th	HCl, F^-	BPHA+$CHCl_3$
	Nb	2mol/L HF-6mol/L H_2SO_4	二异丁基甲醇
	Nb, Ti, Zr, Hf	H_2SO_4, HF, 乙酸, H_2O_2	BPHA+苯
	Fe, U, Th, Hf	3.5~4mol/L H_2SO_4, 偶氯肟III	异戊醇
		3.8mol/L HCl	MIBK

续表

被测离子	被分离基体	溶剂体系	
		水相	有机相
POa^{5+}	Al, Ba, Cr, Mg, Mn, Th, Ti, V	0.6mol/L HF, 8mol/L HCl, 饱和 $AlCl_3$	异丙酮
	Mn, Ti, U, Zr	铜铁试剂，0.1～4mol/L H^+	苯，$CHCl_3$ 或 $C_5H_{11}Ac$
	Nb, Th	6mol/L HCl	二异丁基甲醇
	Ti, Zn 及许多其他元素	6mol/L HCl, 饱和 $MgCl_2$	β, β'-二氯乙醚
	^{233}Pa 与 ^{95}Nb 分离	草酸，6mol/L HCl	二异丁基甲醇
	Pa^{4+} 与 Pa^{5+} 分离	6mol/L HCl	己酮或 TBP+苯
	除 Nb 和 Zr 外的元素	4mol/L HNO_3	0.4mol/L TTA+苯
Pb^{2+}	花岗石	1mol/L HNO_3, 15%DDTC-Na	$CHCl_3$
	铀矿	pH=1.5	0.001mol/L 二硫腙+CCl_4
	碱土金属离子	pH=7	二苯亚肟酸+$CHCl_3$
	环保试样	5%HCl, NaI	异丙基甲基酮
	Te	6mol/L 或 7mol/L HCl, 0.5mol/L HNO_3	MIBK
		pH=1.4, 酒石酸盐，氰化物，DDTC-Na	CCl_4
	锡基巴吡特合金	1.5mol/L HCl	Amberlite LA-1+二甲苯
		KI, H_2SO_4 或 HCl	MIBK
	金属镍	0.5～1.5mol/L HNO_3, 0.1mol/L KI	MIBK
	Bi, Tl	1.5mol/L HCl	DDDC+$CHCl_3$
	淡水	pH=3.0～3.5	APDC+MIBK
		pH=4.5	APDC+MIBK
		pH=2.5	APDC+MIBK
	淡水，海水	pH=2.8	APDC+MIBK
	海水	pH=9.5, DDTC	MIBK
		pH=6	HMA-HMDTC+EtAc
	盐水	pH=4～5	APDC+MIBK
	废水	pH=2.8～3.0	APDC, $CHCl_3$
	尿	pH=1.5～4.5	APDC, 甲基正戊酮
	尿	—	二硫腙+$CHCl_3$
	血	pH=9.0～9.5	二硫腙+$CHCl_3$
		pH=2.2～2.8	APDC, MIBK
	酒，啤酒	—	APDC+MIBK
	铝及铝铀合金	pH=8.5～9.0, DDTC-Na	$CHCl_3$
	金	pH=8～9, DDTC-Na	MIBK
	Y_2O_3, Y_2O_3S	pH=3～4	APDC, MIBK
	合金铜及铜合金等	5%HCl, KI	MIBK
	铝及铝合金等	3mol/L H_3PO_4, KI	MIBK
	氧化铁	pH=10	二硫腙+MIBK
	水，土壤，粮食，蔬菜	0.1mol/L HNO_3, 1mol/L KI	MIBK
	电解镍	pH=0.5～3.0	HMA-HMDTC+$C_5H_{11}Ac$
	镍电解液	0.3～1.5mol/L HBr	5%N-235+二甲苯
	1 价离子	过氟辛酸	Et_2O
		DDTC-Na, 柠檬酸盐或酒石酸盐	$C_5H_{11}OH$+甲苯 或 $CHCl_3$
		KI, 5% HCl	甲基异丙酮
		pH=8.4～12.3	Oxine+$CHCl_3$
		pH＞4	0.25mol/L TTA+苯
Pd^{2+}	Co, Cu, Fe, Ir^{4+} Ni, Pt^{4+}	水杨醛，NH_2OH，弱酸性	苯

被测离子	被分离基体	溶剂体系	
		水相	有机相
Pd^{2+}	Ir, Pt, Rh 大部分过渡元素	1%异丙基乙炔/甲醇，弱酸性	CHCl$_3$ 或 C$_5$H$_{11}$Ac
	金属银	酒石酸钠，DDTC-Na	MIBK
	Pt	硫脲，8-羟基喹啉	CHCl$_3$
		1mol/L HCl，巯基乙酸	BuOH+EtAc(1+1)
	铂族，Fe, Co, Ni	4～6mol/L HCl，β-巯基氢化肉桂酸异戊酯	苯
	铂族，大部分其他金属（除 Cu 外）	2mol/L H$_2$SO$_4$，β-巯基-β-苯丙酰苯	CHCl$_3$
	铂族，许多其他金属	pH=1，HCl-EDTA	乙二肟（C$_2$H$_4$O$_2$N$_2$）+CHCl$_3$
		稀 HAc	0.1mol/L TFA, 0.4mol/L IBA+CHCl$_3$
	高纯银	1mol/L HNO$_3$	二辛基硫化物+甲苯
	Pt, Tl, Cd, Sb, Bi, Pb, Ni, Zr, Fe, U, Ce	pH=4	TTA+戊烷-2-酮
	Ag, Al, Au, Be, Bi, Ca, Cd, Co, Cr, Cu, Fe, Ga, In, Mg, Mn, Ni, Pb, Pt, Ti	0.2mol/L HCl	丁二酮肟+CHCl$_3$
		Hg(NO$_3$)$_2$, pH=4～6，异亚硝基乙酰丙酮	CCl$_4$
		0.1mol/L HAc, 掩蔽剂	异亚硝基苯乙酮+苯
	催化剂	2-皮考林醛喹啉腙，pH=8	CHCl$_3$
	铂族大部分其他金属	稀 H$_2$SO$_4$, pH=1.5～2.0	吡啶-2-醛-2-喹啉腙+CHCl$_3$
	Co, Ni, Cu, Fe, Ag, Pt, Ir, Rh	稀 H$_2$SO$_4$, KCl, PAR	异丁醇
	Pt, Os, Ir, Ru, 其他金属	pH=2.5～2.7, N-甲基-新烟碱-2-偶氮-α-萘酚	CHCl$_3$
	Rh, Ir, 其他金属	KI	TBP
	Rh, Ir, 其他金属	浓 HCl, 1,4-噻𫫇烷	CH$_2$Cl$_2$
	许多金属	酸性介质	二苄基氨荒酸+CHCl$_3$
		HCl	双硫腙+CCl$_4$
	Rh, Ir	pH=1.5, 1% Oxine/HAc, 100℃加热 15min	CHCl$_3$
	Rh, Ir	2mol/L H$_2$SO$_4$, 5,7-二溴-8-羟基喹啉（在丙酮中），100℃加热 15min	CHCl$_3$
	铁，钢	HCl, 8-巯基喹啉	CHCl$_3$
	Rh^{3+}, Ir^{4+}, Os^{4+}, Ru^{4+}, Pt^{4+}	6mol/L HCl, 8-巯基喹啉	甲苯
		6mol/L HCl	TTA+BuOH+苯乙酮
		2-吡啶醛肟	CHCl$_3$
	合金，金属	pH=3.2±0.2（用 0.5mol/L 氨水调节）	1.5%水杨醛肟+MIBK
	Pt, 其他过渡金属	pH=1～4(HCl)	戊基乙炔或异丙基乙炔+CH$_2$Cl$_2$
	Rh, Fe, Cu, Ni	0.1mol/L HCl	TIOA+稀释剂，吩硒嗪+苄醇
		H$_2$SO$_4$, NaHSO$_3$, KI	三苯胂+环己烷
	Cu, Rh, Pt, Fe	KSCN, HCl, (C$_6$H$_5$)$_4$AsCl	CHCl$_3$
	Rh	1mol/L H$_2$SO$_4$	丁二酮肟+CHCl$_3$
	Pt, Rh, Ir, Ru, Ni, Co, Cu, Fe	pH=3.6, 苯甲酰甲基乙二醛二肟乙醇溶液	CHCl$_3$
	Pt	8mol/L HCl	二苄基红胺酸+CCl$_4$

续表

被测离子	被分离基体	溶剂体系	
		水相	有机相
Pd^{2+}		3mol/L HCl	二-8-喹啉二硫化物
	Pt	稀 HCl	8-氨基喹啉
		弱酸溶液	PAN+CHCl₃
	Pt 族金属	1~2mol/L HCl	2-巯基丙酸+CHCl₃
	Rh, Ir	6mol/L HCl，NaI	TBP+己烷
		pH=8.0~8.4，NH₄SCN 或 NaI	吡啶+CHCl₃
	贵金属及其合金	pH=6.0~6.5，硫酸盐，吡啶	MIBK
		pH=4，DDTC-Na	MIBK
Pm	Er	0.7~13mol/L HNO₃	1.5mol/L 磷酸二丁酯+CCl₄
Po	Bi	7mol/L HCl	TBP+二甲苯
	Bi, Pb	6mol/L HCl	20%TBP+丁醚
	Pa	7mol/L HCl	异丙酮
		H₂O₂，8mol/L HNO₃	Et₂O，异丙醚，己酮或戊醇
		pH=0.2~5	双硫腙+CHCl₃
		pH=1.5~2.0	0.25mol/L TTA+苯
Pr^{1+}		pH=3~12, 8-巯基喹啉钠	CHCl₃
		5mol/L HCl 和 2mol/L AlCl₃	异亚丙基丙酮
	Ir, Rh	KI	TBP
	Ag, Mn, Cu, Ni, Pb, Cr, La, Bi, Th, U⁶⁺	1mol/L HNO₃	TTA+苯
	Ag, Cu, Ni, Al, La	1mol/L HNO₃ 偶氮胂III	(C₆H₅CH₂)₃N+BuOH
	Rh²⁺, Ir⁴⁺, Os⁴⁺, Ru⁴⁺	pH=4~5, 8-巯基喹啉钠	甲苯
		pH=6	TTA+丁醇+甲乙醇
	Rh, Fe, Cu, Ni	0.1mol/L HCl	三异丁胺+稀释剂
	Rh	2mol/L HCl	0.05mol/L (C₈H₁₇)₃N·HCl+甲苯
	Pd, Rh, Ir, Au, Ag	酸溶液，硫氰酸盐，三苯异丙基 盐	EtOAc
	Ir	氨基硫脲	C₅H₁₁OAc
	岩石	pH=0~0.5	双硫腙+MIBK
	矿石	3mol/L HCl，KI	MIBK
	黄金属及其合金	HCl，SnCl₂	EtOAc
	Ir	SnCl₂，3mol/L HCl	EtOAc 或 C₅H₁₁OAc
		SnCl₂，Br⁻	Et₂O
Pu^{4+}	Al	Al(NO₃)₃，5mol/L HNO₃	TBP
	Nb, Ru, Th, Zr 稀土，碱金属和碱土金属	4.8mol/L HCl	5%TIOA+二甲苯
	核分裂产物	HNO₃ 或 HNO₃+Ca(NO₃)₂	MIBK
		pH=4.5	乙酰丙酮+CHCl₃
		pH=2.5~4.5	肉桂酸+C₅H₁₁OAc
		DDTC-Na, pH=3	C₅H₁₁OAc
		HNO₃，饱和 NH₄NO₃	Et₂O
		pH=4~8	Oxine+C₅H₁₁OAc
		0.5mol/L HNO₃	TTA+苯
		1mol/L/HNO₃，NaNO₂，NH₂OH	0.5mol/L TTA+二甲苯

被测离子	被分离基体	溶剂体系 水相	溶剂体系 有机相
	Al, Ba, Be, Ca, Cd, Co, Cr, K, La, Mn, Na, Ni, Pb, Zr, Zn	pH=0～1（HCl）	铜铁试剂+$CHCl_3$ 和 Et_2O
	Ta, Ti, W, Zr	6mol/L HNO_3	20%TOA+二甲苯
	照射过的燃料		三正十二胺 + 十二烷
	U 核裂变产物	1mol/L HNO_3	10%Alamme336 + 二丁基溶纤剂
	Am, Cm	HCl	MIBK
	U, Am, Np, 核分裂产物	1～6mol/L HNO_3，用 HCl 或 H_2SO_4 反萃取	BPHA+ $CHCl_3$
		0.3～8mol/L HNO_3	MIBK 及其他酮
Rb^+		碱性酒石酸盐溶液	4-仲丁基-2-(甲基苄基)苯酚+己烷
		pH=6.6	$(C_4H_5)_4$BNa + 硝基乙烷
		I_3^-	硝基甲烷+苯
		$NaB(C_6H_5)_4$	硝基苯
Re^{7+} (ReO_4^-)	Mo, W, V, Se, As	碱性介质	喹啉或吡啶
	Mo, W	pH=9, $(C_6H_5)_3SeCl$	$CHCl_3$
	Mo 矿	pH=8～9, 亚甲基蓝	$CHCl_3$
	Mo	酒石酸盐，pH=7，乙基紫	苯
	含有高浓度 Mo 的废水	pH=12	Aliquat 336-S+$CHCl_3$
	Zn, In, Sb, Sn, Tl, Cd, Cu, Co, Mo, As	H_2SO_4	己醇
	溶液	$Fe(dipy)_2^{2+}$, pH=6.3	硝基苯
	Cu, As, Fe	（1+1）HCl，O, O'-二乙基二硫代磷酸	苯
	钼矿及其他矿物	pH=9, Oxine(HAc)溶液	$CHCl_3$
	矿物	pH=8.5, $(C_6H_5)_4AsCl$	$CHCl_3$
		H_3PO_4 或 H_2SO_4	丁基罗丹明 B+苯
	Mo	pH=3.5～5.0	甲基紫+甲苯
	Mo	(1+1)HCl，硝酸试剂	$CHCl_3$
	Mo	4～6mol/L NaOH	吡啶
	W	碱性介质	季铵盐
	Mo	二苯乙(二酮)二肟，6mol/L H_2SO_4	苄醇
	Mo	4-羟基-3-巯基甲苯，6mol/L HCl	$CHCl_3$+异丁醇
	Mo, W	$(C_6H_5)_4AsCl$, pH=9	$CHCl_3$
Re^{4+}	Mo, W, V	0.01mol/L α-糠偶酰二肟（丙酮溶液），$SnCl_2$, 3.75mol/L HCl	$CHCl_3$
Rh^{3+}	Ag, Cd, Ce, In, La, Nb, Sb, Sn, Te, U, Zr	NaOH	吡啶
		1-亚硝基-2-萘酚，弱酸性	苯
		TTA+丙酮，pH=4.7	苯
		均二苯硫脲，酸性溶液	Et_2O
		$HClO_4$	TTA+丙酮-二甲苯
	Ir	pH=5.1, PAN, 加热至沸 1h	$CHCl_3$
		1mol/L HCl，巯基乙酸	BuOH-EtAc(1:1)
		$SnBr_2$, HBr, 42% $HClO_4$	异戊醇
	合金金属	8% DDTC Na, pH=8	MIBK
		pH=4.5, 1% Oxine(HAc 溶液) 100℃热 8h	$CHCl_3$

续表

被测离子	被分离基体	溶剂体系	
		水相	有机相
		pH=5.2, 1%2-甲基-8-羟基喹啉（HAc溶液），100℃热 8h	$CHCl_3$
		pH=4.4, 5, 7-二溴-8-羟基喹啉/丙酮，100℃热 8h	$CHCl_3$
		甲酸盐，8-巯基喹啉钠	$CHCl_3$
	Ir, Pt, Pd	HCl, $NaCl$, H_2O_2	二安替比林丙基甲烷+$CH_2CH_2Cl_2$
Ru^{4+}	Ir	$SnBr_2$, $HClO_4$-HBr	异戊醇
	Zn-Mg 合金	H_2SO_4, Na_2SO_4, $NaIO_4$	$CCl_4$①
		HCl, 二硫代邻苯二甲酰亚胺	$CHCl_3$
	核分裂产物	HCl, $NaOCl$, pH=4	CCl_4
	核分裂产物	$NaOCl$ 碱性溶液	吡啶+BuAc
	Os	RuO_4 溶液	CCl_4
		均二苯硫脲，酸性溶液	Et_2O
S^{2-}		$NaClO_4$, 对二甲氨基苯胺和 Fe^{3+}	$CHCl_3$
SO_3^{2-} 或 S^{2-}		pH=7.0, $Hg(NO_3)_2$, KBr, 二苯卡贝松	苯
SCN^-		稀 H_2SO_4, 亚甲基蓝	CH_2Cl_2
Sb^{3+}, Sb^{5+}	铁和钢	H_2SO_4, Ti^{3+}, NaI	苯
	As, Bi, Co, Cr, Cu, Ga, In, Mn, Ni, Se, Te, Tl, Zn	4.5mol/L H_2SO_4	P-204+CCl_4
	铅	浓 HCl	异丙醚
	锑中的杂质，例如 Al, Bi, In, Cd, Ca, Co, As, Cu, Mn, Mg, Ni, Pb, Ag, Te, Cr, Zn	12mol/L HCl	β,β'-二氯乙醚
	焊锡	6mol/L HCl, 孔雀绿	甲苯
	钢	6mol/L HCl, 六偏磷酸钠, 亮绿	甲苯
	钢	6mol/L HCl, 六偏磷酸钠, NH_2OH, 罗丹明 B	异丙醚
	铅的金属，氧化物及电池粉	溴水，0.5mol/L HNO_3, 甲基紫	苯
		pH=2～3，铜铁试剂	$CHCl_3$②
	Cu, Pb, Sn, As, Bi, Cd	硫脲, HCl, 吡啶偶氮单乙氨基对甲酚	$CHCl_3$②
	Fe, 非合金钢	pH=8.6, EDTA-CN-柠檬酸溶液, APDC	$CHCl_3$
	Cu	3mol/L HCl	EtAc
	无锡青铜	10%KI, 1%二安替比林苯基甲烷	$CHCl_3$
	Cu	9mol/L HCl, 0.05mol/L $Ce(SO_4)_3$, 4,4'-双（二甲胺）-3'-硝基二苯基安替比林甲醇	苯
	空气和生物材料，银合金	6mol/L HCl, 罗丹明 B	苯
	In-Zn, Ca-基合金	1%$SnCl_2$, 11mol/L HCl	苯
		1%$NaNO_2$, 0.2%亮绿	
	Mg 合金	DDTC-Na	CCl_4
	TiO_2	7mol/L HCl	异丙醚
		6mol/L HCl, 罗丹明 B, $NaNO_2$	CCl_4+C_6H_5Cl
		6mol/L HCl, $NaNO_2$	亮绿+甲苯
	As	铜铁试剂, H_2SO_4(1+9)	$CHCl_3$
	As^{2+}, Bi, Co, Cr, Hg, Ni, Sn^{4+}, Zn	安替吡啉	$CHCl_3$
	Bi, In, Mo, Te, Zn	6.9mol/L HF	Et_2O

被测离子	被分离基体	溶剂体系	
		水相	有机相
Sc³⁺	Cd, Cu, Fe, Ge, Pb, Sn, Te	草酸，柠檬酸盐，1~2mol/L HCl	EtAc
	Pb	结晶紫，尿素，SnCl₂, NaNO₂, HCl	甲苯
	Pb, Sn	罗丹明 B	异丙醚
	Sb⁵⁺和 Sb³⁺分离	6.5~8.5mol/L HCl	异丙醚
	低合金钢及铁基合金	1.5mol/L HCl, KI, 抗坏血酸	MIBK
		DDTC-Na, pH=4~9.5	CCl₄
		品红，柠檬酸钠，pH=1.0~1.2	C₅H₁₁Ac
		孔雀绿，柠檬酸钠，pH=0.6~1.2	C₅H₁₁Ac
	铀和镍	8mol/L HCl	C₅H₁₁Ac
	铜及其合金	6mol/L HCl	MIBK
	纯硅	1.6mol/L HCl, 乙基紫	甲苯
	Tl, Ag, Pb, Hg, Be, Cd, Ca, La, Ce, Cr, Mn, Co, Ni, In, As	水杨醛乙酰腙，饱和 NaClO₄	异戊醇
	Be, Al, Y, La, Ce	pH=1.5	TTA+苯
	Ca, Mg, Zn, Fe, Y, 稀土元素	pH=2.5, 0.1%钍试剂, 0.5% 2-磺酸基-4-氯苯酚 R, 二苯胍	CHCl₃+BuOH
	稀土及其他元素	pH=1.5	TTA+苯
	Th, U	pH=5.0~5.5, 酒石酸盐	TTA+二甲苯
	Th, 稀土元素	1mol/L NH₄SCN	TBP+CHCl₃
	矿石	pH=1.5~2.0	TBP+CHCl₃(1+9)
	海水	pH=2~4	Oxine+BuOH
	Al, Ca, Mg, Na, 稀土, Y	6mol/L HCl	TBP
	稀土, Y	pH=1.5	0.5mol/L TTA+苯
	矿物	SCN⁻	Et₂O
		苯甲酸钠，pH=7	EtAc, BuOH 或 C₅H₁₁OH
		桑色素，酸性溶液	BuOH, 戊醇或环己醇
		Oxine, pH=9.7~10.5	苯
SeO₃²⁻	矿物	pH=8.0~8.5	Oxine+CHCl₃
		醌茜素，碱性溶液	异戊醇
	Cu, Fe, Te	3, 3′-二氨基联苯胺，EDTA, pH=6~7	甲苯
	岩石	9mol/L HBr+HF	苯酚，苯
	冶金试样	pH=6~7, 3,3′-二氨基联苯胺	二氯乙烷
	Te	pH=0~2, 1,4-二苯硫均二氨基脲	CHCl₃
	高纯硫	H₂SO₄, 抗坏血酸	苯
	淤渣，熔渣饼	7.5mol/L HCl, 二异丙酮	CHCl₃
	HCl	HCOOH, EDTA, 3,3′-二氨基联苯胺，暗处放置 45min, 氨水	甲苯
	高纯铜，黄铜	HNO₃-H₂SO₄, 钼酸铵	C₅H₁₁OH
	高纯金属，钢	2.5mol/L H₂SO₄, 钼酸铵, HF, Fe(NH₄)₂(SO₄)₂, SnCl₂	异戊醇
		3mol/L HCl, 钼酸铵，结晶紫	环己醇+ C₅H₁₁OH(2+3)
	铜精矿	7mol/L HCl	甲乙酮+CHCl₃
	工业 H₂SO₄	邻苯二胺	甲苯
	钢	NH₂OH, HCl, HCOOH, 柠檬酸，用氨水调至 pH=2.5, 3,3′-二氨基联苯, HCl	二甲苯
	Te	1~2mol/L HCl, 1,2-二苯肼	CHCl₃
		HCl	双硫腙+CCl₄
		HCl	苯并咪唑硫醇+BuOH- CHCl₃
	S	HCl	TBP+CCl₄

续表

被测离子	被分离基体	溶剂体系	
		水相	有机相
SeO_3^{2-}	S	＞9mol/L HCl	Amberlite LA-1+二甲苯
	Te	pH=6～8	3,3′-二氨基联苯胺+甲苯
		0.5mol/L HCl	N-(巯基乙酰) 对甲氧基苯胺或 N-(巯基乙酰) 对甲苯胺+BuOH-CHCl$_3$
		0.1mol/L HCl, 邻苯二胺, 1,2-或 2,3-二氨基萘	萘烷
	Cu, Fe, Te	3,3′-二氨基联苯胺, EDTA, pH=6～7	甲苯
Si^{4+}	Ni	$(NH_4)_2MoO_4$, 稀 HNO_3	$C_5H_{11}OH$
Sm^{3+}	稀土氧化物	氧化物水溶液(pH=4～5)，六亚甲基四胺，TTA(乙醇中)	苯
Sn^{4+}	矿石	pH=5.5, 酒石酸盐, DDTC-Na	CHCl$_3$
		0.2mol/L 氯化物, pH=1, 5, 7-二氯-8-羟基喹啉	CCl$_4$
	金属和合金	4.5mol/L H_2SO_4, NaI, H_2SO_4	苯
	银合金	H_2SO_4, DDTC-Na	CHCl$_3$
	Fe, 非合金钢	pH=4.5～4.8, APDC	CHCl$_3$
	钢和铸铁	0.5mol/L HCl, KSCN	MIBK
	合金	3.4mol/L HCl, H_2O_2, 罗丹明 B	EtAc
		1mol/L HCl, 0.1%黄素紫（乙醇溶液）	异戊醇
	Sn, Sb, Pb 合金	pH=1.5	双硫腙+ $C_5H_{11}OH$
		1.2mol/L HCl-4mol/L KI	碘乙烷
	核反应器	pH=0.85, 20%NH$_4$Cl, Oxine	CHCl$_3$
		茜素（在 1mol/L HCl 中）	环己酮+EtAc
	Ag, Bi, Cd, Co, Cr, Ga, K, Mn, Ni, Os, Te, Ti, U, Zr	1.2～4.6mol/L HF	Et$_2$O
	Al, Be, Fe, Ga, Mo, W	1.5mol/L KI, 0.75mol/L H_2SO_4	Et$_2$O
	铝合金	3.5mol/L HCl	MIBK
	Al, Mn, Ni	pH=2.5～6.0	Oxine+CHCl$_3$
	As, Sb, 其他元素	H_2O_2, 1mol/L HNO_3	0.6mol/L 二丁基磷酸+正丁醚
	Bi, In, Mo, Te, Zn	6.9mol/L HI	Et$_2$O
	Cd, Pb, Tl, Zn	pH=6～9	双硫腙+CCl$_4$
	Pb	7～8mol/L HCl	Amerlite LA-2+二甲苯
	In, Sb^{5+}	4mol/L HI 或 KI-H$_2$SO$_4$	Et$_2$O
	Sb	H_2SO_4, NH$_4$SCN	EtAc
	钼丝	4.5mol/L H_2SO_4, 0.5mol/L KI	甲苯或苯
Sr^{2+}	Co	0.1mol/L NaOH 调至 pH=11.3	10%Oxine+CHCl$_3$
		pH=4～5, EDTA	P-204+己烷
	Ca	pH=2.6～5.0	P-204+甲苯
		pH=11.3	1mol/L Oxine+CHCl$_3$
Ta^{5+}	高纯铌	H_2SO_4, $H_2C_2O_4$, NaF, HCl	$(C_6H_5)_4AsCl$+CHCl$_3$
	Mo, Ae, Nb, Re	0.2mol/L HF, 甲基紫	苯
	钢，铌，各种合金	H_2SO_4, HF	孔雀绿+苯
	铌	HF, HCl	Amberlite LA-2+苯
	Pu, Fe, Mn, Sn, V, Al, Si, Ti	HCl, pH=1～4, 酒石酸或草酸	TNOA+煤油
	SiO$_2$, SiHCl$_3$	HF, 0.2%罗丹明 6G	苯
	锆及其合金	0.6mol/L HCl+1.4mol/L HF	MIBK
	Nb	HF, HCl 或 H_2SO_4	MIBK, 二乙酮, $C_5H_{11}OH$
	Nb, Ti, Zr	H_2SO_4, 或 HCl, NaF	$(C_6H_5)_4AsCl$+$C_2H_4Cl_2$ 或 CHCl$_3$
	Fe, 钢, Nb	H_2SO_4, HF	孔雀绿+苯

被测离子	被分离基体	溶剂体系	
		水相	有机相
Ta^{5+}	Bi, Ti, Zn, Zr	$HF+HNO_3$ 或 $HF+H_2SO_4$	环己酮
	Nb 矿石	HF	甲基紫+苯 或 甲苯
	Nb	pH=1.1~1.5, KF	结晶紫+苯
	Ti,Nb,Zn	H_2SO_4, HF 或 $(NH_4)_2C_2O_4$	丁基罗丹明 B 或 罗丹明 6G+苯
	Nb	HNO_3, HF	$TIOA+CCl_4$
		3mol/L H_2SO_4, HF	TBP 或丙酮+异丁醇
		F^-, pH=1	$BPHA+CHCl_3$
		1mol/L HNO_3	0.6mol/L 二丁基磷酸+正丁醚
		甲基紫, HF, pH=2.3	苯
	Al, Fe, Ga, Mn, Sn, Ti, U, Zr	10mol/L HF, 2.2mol/L NH_4F, 6mol/L H_2SO_4	MIBK
	Cr, Ge, Nb, Sb, Ti	HF, HCl	己酮
	Hf, Mn, Nb, Se, Si, Sn, Ti, Zr	0.4mol/L HF, 6mol/L HCl	异丙酮
	Nb, Ti	20%邻苯二酚, 草酸铵, pH=3	正丁醇
	Nb, Zr	HF, H_2SO_4	环己酮
	Nb, Zr	HF, HNO_3, $(NH_4)_2SO_4$	丙酮-异丁醇
	除 Nb 以外所有金属	0.4mol/L HF, 6mol/L H_2SO_4	MIBK
	除 Nb、Se、Te 和卤素单质以外的元素	0.4mol/L HF, 6mol/L H_2SO_4	异丙酮
Tb	Er	0.7~13mol/L HNO_3	1.5mol/L 磷酸二丁酯+CCl_4
TcO_4^-	核分裂产物	0.1~3.5mol/L H_2SO_4, H_2O_2	环己酮
	核分裂产物	pH=5.9, 甲基紫	C_6H_5Cl
	Mo	5%NH_3-0.5mol/L $(C_6H_5)_4AsCl$	CHCl
	核分裂产物	H_2SO_4, NaF, H_2O_2	TBP+煤油
	U	pH=3.0, SCN^-, HF	EtAc
	Ru, Mo	0.5~1mol/L H_2SO_4	氯化三苯基胍+烃
		4mol/L NaOH	丙酮
		$K_4Fe(CN)_6$, HCl	$C_5H_{11}OH$
		任何 pH	Aliquat 336-S+$CHCl_3$
		6~10mol/L HNO_3	Et_2O
	Mo, U	$(C_6H_5)_4AsCl$, pH=10~11	$CHCl_3$
		4mol/L NaOH	吡啶
Te^{4+}	Pb, Ti, In, Co, Ni, Cr, Zn, Mn, Al, Mg 等	稀 HCl, 四甲基秋蓝姆化二硫	$CHCl_3$
		0.3~0.6mol/L 酸, 5mol/L NaBr	60%TBP+CCl_4
	钢、铁	6mol/L HCl	MIBK 或甲乙酮
		0.6mol/L HCl 饱和 KI	MIBK
	Se	抗坏血酸, 丁基罗丹明 B	苯
		20%EDTA 二钠, 中性溶液, DDTC-Na	CCl_4
	Se, Au	氯化物溶液, 1,1-二安替比林丁烷	$C_2H_4Cl_2$
	Se, Pb, Bi, Cu	二安替比林丙基甲烷-溴化物	$C_2H_2Cl_2$
	Cu, Cu 产品	6.0~6.5mol/L HCl(HBr)二安替比林丙基甲烷, 然后用 H_2O 洗有机相, 使 Te 与 Au 分离	$C_2H_4Cl_2$
	TeO_4^{2-}	4mol/L HCl	20%TBP+汽油
		pH=4~8.7	DDTC+CCl_4
	Al, Bi, Cr, Co, Cu, Fe, Ni, Se	4.5~6mol/L HCl	MIBK

续表

被测离子	被分离基体	溶剂体系	
		水相	有机相
Te^{4+}	矿石, Cu, Se, SeO$_2$	4～6mol/L HCl	MIBK
	Se	4～6mol/L HCl	Amberlite LA-1 或 LA-2+二甲苯
	Pt	8mol/L HCl	MIBK+甲苯（2+1）
	钢、铁等	1～2mol/L H$_2$SO$_4$, DDTC-Na	C$_5$H$_{11}$Ac
	Bi, Cd, Cu	HCl, SnCl$_2$	EtAc
	Te^{4+}与 TeO$_4^{2-}$分离	2～10mol/L HCl	20%TBP
Th^{4+}	稀土氧化物	pH 约 1	0.01mol/L PMBP+苯
	金属锂	pH 约 1	0.01mol/L PMBP+苯
		pH=5.2, NaAc-HAc	Oxine+异戊醇/CHCl$_3$(1+19)
		0.1mol/L HCl	DOPA+环己烷
	矿物	6mol/L HNO$_3$, 甲基二安替比林甲烷	CHCl$_3$
	HF, Zr	0.1mol/L HCl, 2～3mol/L 甲酸钠	铜铁试剂和 4'-硝基-2,2'-二羟基-4-甲基-5-异丙基偶氮苯+甲乙酮
	U	pH=1	Neocup+己醇
		pH=3.2～3.4	5, 7-二氯-8-羟基喹啉+CHCl$_3$
		2mol/L HNO$_3$	0.095mol/L Aliguat-336S+二甲苯
	Ce	pH=5	Oxine+苯或 CHCl$_3$
	Se	pH=3.2～3.4	5, 7-二氯-8-羟基喹啉+CHCl$_3$
		pH=5.2	苯并羟肟酸+己醇
	独居石砂	pH=6.7～6.9, PAR	EtAc
	稀土元素和碱土金属	pH=1.1～1.3	TTA+CHCl$_3$
	稀土元素	1～2mol/L HCl	三溴偶氮胂Ⅱ+高级醇
	稀土元素	0.05mol/L H$_2$SO$_4$	N-环己基正十二胺、N-苄基正十二胺, 或 Amberlite LA-1+苯
		0.22mol/L 水杨酸钠, HAc, NH$_4$NO$_3$	Et$_2$O 和 EtAc
	稀土元素	pH 约 3	水杨酸的糠醛溶液
	矿石	pH=0.75, 酒石酸, 抗坏血酸	PMBP+苯
	稀土元素	pH=0.15～2.0	0.01mol/L PMBP+苯
	Al	HNO$_3$+LiNO$_3$	异亚丙基丙酮
	Am, Cm, Np, Ru, Ra, U	HNO$_3$, pH=1.4～1.5	0.5mol/L TTA+二甲苯
	Ce, V, Y	Al(NO$_3$)$_3$	异亚丙基丙酮
	La, UO$_2^{2+}$	pH=2	0.1mol/L BPHA+CHCl$_3$
	稀土元素	NH$_4$SCN	正 C$_5$H$_{11}$OH
	稀土元素 Sc, Y	6mol/L NH$_4$NO$_3$+0.3mol/L HNO$_3$	Et$_2$O+二丁氧基四-1,2-亚乙基乙二醇（1+2）
	Zr, 稀土元素	饱和 Th(NO$_3$)$_4$	甲基正己酮, 正己醇
			MIBK 或丁酸乙酯
	除 Po 以外的元素	pH=1	0.25mol/L TTA+苯
	二价金属	铜铁试剂, pH=0.3～0.8	苯-异戊醇
	矿石	Al(NO$_3$)$_3$+HNO$_3$	异亚丙基丙酮, 或己酮+TBP
		pH＞5.8	乙酰丙酮+苯
		铜铁试剂, 0.25mol/L H$_2$SO$_4$	BuAc
		1mol/L HNO$_3$, 饱和 Al、Ca、Fe、Li、Mg 或 Zn 的硝酸盐	Et$_2$O

续表

被测离子	被分离基体	溶剂体系	
		水相	有机相
Th^{4+}		苯羧酸（水杨酸、肉桂酸或 3,5-二硝基苯甲酸）	CHCl$_3$ 或 MIBK
		栎精，pH=6.5	异戊醇
		pH 约 4	5,7-二氯-8-羟基喹啉+CHCl$_3$
		pH>4.9	Oxine+CHCl$_3$
		pH=2.0	0.5mol/L TTA+CCl$_4$
Ti^{4+}	Al	Oxine, H$_2$O$_2$, pH=2.2	CHCl$_3$
	Al, Cr, Ga, V	铜铁试剂，HCl(1+9)	CHCl$_3$
	Al, Fe	pH=5.3	2-甲基-8-羟基喹啉+CHCl$_3$
	Co, Ni, Zn	pH=1.6	乙酰丙酮+CHCl$_3$
	Cu	水杨醛肟，硫脲，pH=5.3	异丁醇
	Nb	20%邻苯二酚，草酸盐，pH=3	正丁醇
	Nb, Ta	铜铁试剂，酒石酸铵，pH=5	异戊醇
	钢和合金	1mol/L HCl，二安替比林甲烷，SnCl$_2$	CHCl$_3$
	Zr	11mol/L H$_2$SO$_4$	TBP/CHCl$_3$+C$_6$H$_{13}$OH
	钢	5~8mol/L HCl	N-肉桂酰-N-邻甲苯羟胺+CHCl$_3$
		2.5%NH$_4$SCN	
	纯铟，高纯铝	5~11mol/L H$_2$SO$_4$, NH$_4$SCN	0.015mol/L TOPO+环己烷
	Ca, Be, Al, Mn, Cu, Co, Ni, Cr, Fe, VO$_3^-$, MoO$_4^{2-}$, Pb, Ag, W,Nb, Zr,Ta	1~5mol/L HNO$_3$, 1~10mol/L H$_2$SO$_4$ 或 1~10mol/L HCl 与 H$_2$C$_2$O$_4$	DOPA+苯
		H$_2$O$_2$, pH=5, PAN	正丁醇
	Ca, Be, Al, Mn, Cu, Ni, Cr, Fe, VO$_3^-$, MoO$_4^{2-}$, Pb, Ag, W, Nb, Zr, Ta	pH=2~3，二苯胍，XO	BuOH
		邻苯二酚，吡啶羧酸，pH=1~2	C$_2$H$_4$Cl$_2$
	铝合金	3.5~5.5mol/L HCl 或>3.5mol/L H$_2$SO$_4$, NH$_4$SCN	二苯胍+CHCl$_2$
	Zr	pH=2~3, H$_2$O$_2$	Oxine+CHCl$_3$
	铀化合物	8mol/L HCl	BPHA+CHCl$_3$
	钢, Al, Al 合金	HCl, 10%SnCl$_2$	CHCl$_3$
	Fe^{3+}	KSCN, 5%二安替比林甲烷-HCl, 2mol/L HCl, SnCl$_2$	CHCl$_3$
	金属铼	9.75mol/L NaSCN, 8.5mol/L HCl	3-异丁基甲基酮
		KSCN	TOPO+环己烷
		pH=4, 柠檬酸，三丁胺	C$_5$H$_{11}$OH
	Al	0.05mol/L H$_2$SO$_4$, 磷钼酸盐溶液	BuOH+CHCl$_3$
		pH=4~9, H$_2$O$_2$	Oxine+CHCl$_3$
		pH=1~3, NaClO$_4$	TTA+苯
	钢	酸性介质，Na$_2$S$_2$O$_3$	焦磷酸异戊脂+苯
		6mol/L H$_2$SO$_4$ 或 8mol/L HCl	BPHA+CHCl$_3$
		pH=3, 连苯三酚，没食子酸或铬变酸	BuOH
	钢	3,6-二氯铬变酸，氯化二苯胍	BuOH
		pH=3	邻苯二酚, N-乙酰基新烟碱+CHCl$_3$
	钢	H$_2$SO$_4$, Na$_2$MoO$_4$, Na$_2$HPO$_4$	BuOH
	盐水	NH$_4$SCN	TOPO+环己烷或 MIBK
		7~9mol/L HCl	BPHA+CHCl$_3$
	高纯铝	1~4mol/L HCl, 二安替比林甲烷, SnCl$_2$	CHCl$_3$
Tl$^+$, Tl^{3+}	Ag, Au, Cu, Fe, Hg, Pd, Sb, W, Zn	NaCN, pH=9~12	双硫腙+CCl$_4$

续表

被测离子	被分离基体	溶剂体系	
		水相	有机相
Tl⁺, Tl³⁺	Bi, Mo, W	双(二甲基氨基苯)安替比林甲醇	苯+CCl₄(2+3)
	除 Bi 以外的元素	DDTC-Na, NaCN+EDTA, pH=11	CCl₄
	Al, Ga, In	1mol/L HCl	EtAc
		1mol/L HBr	BuAc
	铅金属氧化物	溴水，0.5mol/L HNO₃	苯
		0.1~6.0mol/L HCl, 4,4′-双二甲基氨基二苯-3-(9-氰乙基卡巴肼)甲烷	甲苯或 CHCl₃
	Pb, Zn, 铀矿	H₃PO₄, FeCl₃, H₂O₂, 结晶紫	甲苯
	炉渣	5mol/L HCl, 3mol/L HBr, 0.0005mol/L 二安替比林对二甲氨基苯甲醇	CCl₄+硝基苯(4+1)⑬
	玄武石，花岗石	约 1mol/L HBr	异丙醚
	生物试样	0.5~2mol/L H₂SO₄, 罗丹明 B	苯
	Zn, Cd	5mol/L HBr, TiCl₈, 罗丹明 6G	苯
	NaI	2.5%Na₂SO₃, 罗丹明 S	苯
	矿石，冶金产品	HCl(1+1), 甲基紫	甲苯㉞
		0.05~0.24mol/L HCl, 甲基紫	甲苯
	Zn²⁺, Cu²⁺, Fe³⁺, Co²⁺, Ni²⁺	0.1~0.5mol/L HBr 或 HCl	Amberlite LA-1+二甲苯
		0.25mol/L H₂SO₄	二苄基氨基二硫代甲酸锌+CCl₄
	Bi 矿	NaOH, NaKC₄H₄O₆, KCN	双硫腙+CHCl₃
	Zn, Cd	pH=5, 栎精乙醇溶液	C₅H₁₁OAc, BuAc, EtAc
		HCl, 甲基紫	苯
UO₂²⁺	Zn, Cd	1mol/L HBr	异丙醚
	硫化矿	2.5~3mol/L H₂SO₄, KBr	MIBK
	Bi, Th	EDTA, pH=7	Oxine+己酮
	Bi 和矿石	4.7mol/L HNO₃	TBP+Et₂O
	Co, Cr, Cu, Fe, Mn, Mo, Ni, Pb, Th	Al(NO₃)₃, pH=0~3	MIBK
	Fe, V	1-亚硝基-2-萘酚	异戊醇
	La	pH=3.5	0.1mol/L BPHA+CHCl₃
	Nd, Pr	乙酸盐，pH=5.5~6	DDDC+CHCl₃
	Th	NO₃⁻, pH=1.0	0.1mol/L TOPO+(CCl₄ 或煤油)
	Th 及其他元素	PAN, EDTA	邻二氯苯
	Th, 独居石	7mol/L HCl	TBP-MIBK
	除 Be 以外的元素	Ca(NO₃)₂, EDTA, pH=7	二苯甲酰甲烷+EtAc
	除 V、Mo 以外的元素	SO₄²⁻, pH=0.85	0.1mol/L TOPO+煤油(含 2%辛醇)
	核分裂产物	HNO₃+Ca(NO₃)₂	MIBK
	稀土元素	9mol/L HCl	50%TBP+CCl₄
	卤水	pH=6.0~6.5	Oxine+CHCl₃
	VO₃⁻, Fe³⁺	pH=6~7	N-肉桂酰-N-苯胺+CHCl₃
	Zr	pH=5~7, 氟化物	DOPA+TOPO+煤油
	Th, Zr	5mol/L HCl	TOA+二甲苯
	钼矿	EDTA, pH=6.4~7.4	CHCl₃
	Zr, Al, Fe³⁺, Ti, V, Mn²⁺, Cr³⁺, Cu	5%EDTA, 0.02%偶氮胂	0.1mol/L TOA+CCl₄ 或 CHCl₃
		6mol/L HNO₃-15%NaNO₃	异亚丙基丙酮
	Al, Ca, Cd, Co, K, Li, Mg, Ni, Sr, Zn, NH₄⁺	0.05mol/L HNO₃	TOA+CCl₄
	锆合金	HF, Al(NO₃)₃	TBP
	碳化铀	6mol/L HNO₃	TLA+CHCl₃

被测离子	被分离基体	溶剂体系	
		水相	有机相
UO$_2^{2+}$		pH=5	罗丹明 B+苯或苄醇
	Am, Cm	HCl	MIBK
	K, NH$_4$, Na, Li	HCl	TOA+CCl$_4$
	Sr, Ca, Mg, Al, 锆合金（ZrAl$_3$）		TOPO
	金属铝	4mol/L HCl	TOPO
	Li, Na, NH$_4$, Mg, Al	H$_2$SO$_4$	TOA+CCl$_4$
	水	pH=6, EDTA, DDTC-Na	CHCl$_3$
		pH=2～2.5	二丁基次胂酸+CHCl$_3$
		pH=7～8.5, NH$_4$NO$_3$	Oxine+CHCl$_3$
		pH=5.2～5.8, 二硝基苯胺	Oxine+CHCl$_3$
		HNO$_3$	P-204+煤油
	氟化钙等	pH=10, KCN, PAN 乙醇溶液	邻二氯苯
	低品位矿	SCN$^-$, EDTA, HNO$_3$	TBP
		SCN$^-$	异戊醇+C$_2$H$_5$OH
		0.1～1mol/L H$_2$SO$_4$, Na$_2$SO$_4$	苄基十二胺+CHCl$_3$ 或苯
	生物和矿物试样	H$_2$SO$_4$	TOA+苯
	天然水[⑬]	pH=5.5～6.8	BPHA+苯
	Fe^{3+}, Al, Cu^{2+}, Th^{4+}, VO$_3^-$, Zr^{4+}, Ce^{3+}, PO$_4^{3-}$	5mol/L HCl[⑮]	5%TNOA+二甲苯
	矿石，固体试样[⑯]	3.5mol/L HNO$_3$	TBP+CCl$_4$
	矿石	EDTA-Zn(0.06mol/L)，pH=3.7(甲酸盐缓冲液)	PMBP+苯
	矿石	pH=2～3, NH$_4$NO$_3$, 三乙四胺六乙酸-EDTA 混合掩蔽剂	20%TBP+苯
	催化剂	HNO$_3$, Al(NO$_3$)$_3$	EtAc
VO$_3^-$	WO$_3$	pH=4～5.5, 500μg Sn^{4+}	DDTC+CHCl$_3$
		0.05mol/L H$_2$SO$_4$ 或 H$_3$PO$_4$	Oxine+BuOH+苯
		0.1mol/L H$_3$PO$_4$	5, 7-二碘-8-羟基喹啉+庚醇
	岩石	磺基水杨酸，NaF	BPHA+CHCl$_3$
	母体钛	pH=4～5, NaF	BPHA+苯
	纯铁	除去铁，HCl	BPHA+CHCl$_3$
	盐水	1mol/L NaF, 3mol/L HCl	N-糠酰-N-苯胺+CHCl$_3$
	Fe^{3+}, UO$_2^{2+}$	4mol/L HCl	N-肉桂酰-N-苯胲+CHCl$_3$
	钢	1.2mol/L HCl, α-安息香酮肟	CHCl$_3$
	钢	pH=1, H$_3$PO$_4$, 水杨醛和邻氨基苯甲酸的席夫碱	苯
	Al, Ba, Be, Cd, Ce^{3+}, Co, Cu, Cr, Hg, Fe^{3+}, Mg, Mn, Ni, Pb, Th, UO$_2^{2+}$, V^{4+}	0.1mol/L H$_2$SO$_4$, NaF, 7-碘-8-羟基喹啉-5-磺酸	正丁醇
	V^{4+}, Al, Ba, Cd, Ce, Co, Cr, Mg, Mn, Ni, Th, U, Zn, Cu, Fe	pH=1, 7-碘-8-羟基喹啉-5-磺酸	正丁醇
		pH=5, PAR, 奎宁	CHCl$_3$
	盐水	pH=1, 铜铁试剂	MIBK
	钢，铀化合物	HCl, 1%对甲基氧苯并硫代羟肟酸	CHCl$_3$
	Ni, Mn, Co, Cr, Al, Nb	pH=5, 二苯胍, 连苯三酚或邻苯二酚	异戊醇[⑰]
		pH=1.8～2.4, 8-氨基喹啉+苄醇（1+1）	CHCl$_3$

被测离子	被分离基体	溶剂体系	
		水相	有机相
VO_3^-	U 化合物	4mol/L HCl	BPHA+CHCl₃
		4~8mol/L HCl, 0.5%N-苯甲酰-N-(邻甲苯或对氯苯)胺	CHCl₃
		pH=2.8~4.4	苯并羟肟酸+3-庚烷
	Ti	pH=4.0~5.9, DDTC-Na	CHCl₃
	Fe, Cr, Ti, Zr, As	pH=2.5~4.1	TTA+BuOH
	Co, Ni, Nb, Ce, Mo, U	H₂SO₄ 或 HCl	C₅H₁₁OH, 甲苯
		HCl, NH₄SCN, SnCl₂	甲乙酮
		NaSCN, HCl	吡啶+CHCl₃
	Al, Co, Cr, Fe, Mn, Ni	NaF, pH=3.8~4.5	0.3%Oxine+异丁醇
	Mo,U	水杨羟肟酸, pH=3.0~3.5	EtAc
	Ti	DDTC-Na, pH=4.5~5.0	CHCl₃
	U	DDTC-Na, 酒石酸盐	C₅H₁₁Ac
		pH=0.4~0.5	
	含铁物料	pH=2.0	乙酰丙酮+CHCl₃
	淡水	pH=2.8~3.2	二氯-8-羟基喹啉+BuAc
	硅酸盐材料	5%H₂SO₄	铜铁试剂+EtAc
	矿石	硫磷混酸	0.2% BPHA+苯-正丁醇 （4+1）[15]
WO_4^{2-}	Al, Cr, Mn, Nb	甲苯-3,4-二硫醇	C₅H₁₁Ac
	Ni, Si, Ta, Ti, V	(NH₂OH)₂·H₂SO₄, 稀 HCl	
	Mo	HCl, SnCl₂	甲苯-3, 4-二硫醇+C₅H₁₁Ac
	除 Mo 以外的元素	α-安息香酮肟, 酸性溶液	CHCl₃
	金属铌	HF, HCl, Ti³⁺, 甲苯-3, 4-二硫醇	CCl₄
	硅酸盐，天然水	1mol/L HCl, 甲苯二硫醇钾, 80~90℃ 20min, 冷却	BuAc
	V	稀 HCl, 抗坏血酸, 苯并羟肟酸钾	异丁醇+CHCl₃
	Cu	氨水调至 pH=5.0~5.5	甲苯-3, 4-二硫醇+CHCl₃
		1~8mol/L HCl 或 7~11mol/L H₂SO₄	BPHA+各种溶剂
	钢和抗热合金	8~9mol/L HCl, KSCN, (C₆H₅)₄AsCl	CHCl₃
	Fe, Ni, Cr, V, Al, Co	Ti₂(SO₄)₃, 甲苯-3, 4-二硫醇	CCl₄
	钢	pH=2	Oxine+CHCl₃
Y^{3+}	天然水	pH=2, 安息香酮肟	MIBK
	核分裂产物	0.3mol/L HCl	DOPA+二甲苯
	La, Ce, Se	pH=9~10, 0.005% PAN	Et₂O
		pH=5.5	0.1mol/L TTA+MIBK
		pH=8.5~10, PAN 甲醇溶液	Et₂O
	Sr	12mol/L HNO₃	TBP
	Bi, Ca, Cd, Co, Cr, Cu, Fe, Mg, Mn, Ni, Pd, Sb, Sn, Ta, Zn	13mol/L HNO₃	TBP
	其他钇族稀土元素	pH=5.5~7	0.05mol/L 水杨酸+BuOH
		pH>6, 游离氟 0.095mol/L	0.2mol/L 水杨酸+BuOH
	其他钇族稀土元素	pH 约 6	0.04mol/L 马尿酸+BuOH
	Al, Mg, 稀土元素	15.6mol/L HNO₃	TBP
	镧系元素	1mol/L HNO₃, H₂O₂	0.6mol/L 二丁基磷酸+正丁醚
	稀土元素	pH>6	TTA+苯
	Sr	0.1mol/L HNO₃	二丁基磷酸+CHCl₃

被测离子	被分离基体	溶剂体系	
		水相	有机相
Y^{3+}	Sr	pH=8.5	Oxine+$CHCl_3$
	Al, Ca, Co, Cr, Cu, Fe, Mg, Mn, Ni, Pb	0.1mol/L HNO_3	三异戊基氧膦+CCl_4
Y 与重稀土	Ce, La, Nd, Pr	0.5mol/L HCl	P-204+CCl_4
Zn^{2+}	金属镍	NH_4SCN	EtAc
	金属钴	1.8mol/L HCl	5%TIOA+二甲苯
	铜	柠檬酸	双硫腙+$CHCl_3$
		pH=8.5～9.0	亚化学计量双硫腙+$CHCl_3$
		稀 HAc	0.1mol/L TFA 和 0.4mol/L 苄胺+$CHCl_3$
	湖水	pH=2.8～3.2	5, 7-二氯-8-羟基喹啉+BuAc
	碱金属和碱土金属盐	pH=8～11	PAN+MIBK
	$GeCl_4$	pH=8, 8-(对甲苯磺酰氨基)-喹啉	$CHCl_3$
	Be, Be, Cu, Sn	0.25～0.4mol/L NaOH, 酒石酸盐	偶氮氧化偶氮 NB+CCl_4-TBP
	Fe, Pb, Al, Mg, Ca	3mol/L HCOONa	吡啶
	铝合金, 金属镍及铜	2～3mol/L HCl, 二安替比林甲烷	$CHCl_3$
Zn^{2+}		NH_4SCN-罗丹明 B	Et_2O
	Co, Mg, Ni, Mn, Cd, Al, Fe	pH=5～6, NH_4SCN, 六甲基磷酸三酰胺	CH_2Cl_2
	金属铋	pH>3	20%P-204+正庚烷
	Cr, Mn, Fe, Co, Ag, 土壤	柠檬酸钠, pH=6～7	双硫腙+$CHCl_3$
	碱土金属离子	pH=7	二苯肼酸+$CHCl_3$
	TbO_2, Mg	柠檬酸铵, pH=8.0, 丁二酮肟, 2-(2-噻唑偶氮)苯酚	$CHCl_3$
	Mn-Zn 铁素体	HCl, 抗坏血酸	0.1mol/L 二安替比林甲烷+$C_2H_4Cl_2$
	Ga	pH=5.6, 氯化物	Et_2O
	Ni 合金等	抗坏血酸,（1+1）HCl	二辛基甲基胺+二甲苯
		pH=5.5, KCN	双硫腙+CCl_4
	陨石	pH=4.75, $Na_2S_2O_3$	双硫腙+CCl_4
	有机物	pH=5.5, 硫代硫酸盐, 氰化物	双硫腙+CCl_4
	大量 Ni	1.2mol/L HCl	5%TIOA+二甲苯
	Ni 电解液	1.4～1.6mol/L HBr	5%N-235+二甲苯
	铜合金	0.5～3.0mol/L HCl 或>2mol/L H_2SO_4, NH_4SCN	6%二苯基胍+ $CHCl_3$
	在中子照射样品中	pH≈5, 乙酸缓冲液	双硫腙+乙酸纤维
		pH=7.2～7.5, 二丁基亚胛酸	$CHCl_3$ 或三氯乙烯
		酸性溶液	二烷基二硫代磷酸+CCl_4
	铁矿	pH=6.6	PAN+$CHCl_3$
	Sn, Pb	pH=5.6, 茜素蓝	环己酮和 EtAc
		NH_4SCN, 罗丹明 B	Et_2O
	赤铁矿, 铬, 铬电镀槽	NH_4SCN, NH_4F	异戊醇或 MIBK
	淡水	pH=3.0～3.5	APDC+MIBK
		pH=4.5	APDC+MIBK
		pH=7.0, DDTC	MIBK
		pH=2.8	APDC+MIBK
	海水	pH=2.8	APDC+MIBK
	海水	pH=6	HMA+HMDTC, EtAc
	盐水	pH=4～5	APDC+MIBK

被测离子	被分离基体	溶剂体系	
		水相	有机相
Zn^{2+}	废水	pH=2.8～3.0	APDC+$CHCl_3$
	植物，土壤等	pH=5.0	APDC+MIBK
	生物试料	pH=1.5～2.5	APDC，甲基正戊酮
	Y_2O_3，Y_2O_2S	pH=3～4	APDC，MIBK
	高纯铌，钼，钽，钨	pH=3.25，NaSCN	二安替比林甲烷+$CHCl_3$
	氧化镍	2mol/L HCl	N-235+MIBK
	Bi, Ga, In, Pb, Sb, Sn, Ti, U	NH_4SCN+吡啶	$CHCl_3$
	Cd	KI	环己酮
	Co, Mn, Ni	2mol/L HCl	甲基二辛胺+三氯乙烯
	除 Sn^{2+} 以外元素	$S_2O_3^{2-}$+CN^-，pH=4～5	双硫腙+CCl_4 或 $CHCl_3$
	1 价离子	过氟辛酸	Et_2O
		DDTC-Na，弱碱性	Et_2O 或 $CHCl_3$
		DDTC-Na，pH=11	CCl_4
		SCN^-	异戊醇
Zr^{4+}	Al，Fe，稀土，Th，V	6mol/L HCl	0.5mol/L TTA+二甲苯
	Al，Be，Mg，U，Zn	0.5mol/L H_2SO_4，亚硝基苯羟胲酸	$CHCl_3$
	Ce，V，Y	$Al(NO_3)_3$	异亚丙基丙酮
	Nb，其他核分裂产物	草酸，H_2O_2，1mol/L H_2SO_4 2.5mol/L $(NH_4)_2SO_4$	0.06mol/L 二丁基磷酸+正丁醚
	二价金属	铜铁试剂，pH=0.3～1.0	苯+异戊醇
	许多元素	1mol/L HCl	0.1mol/L TOPO+环己烷
	许多元素	7mol/L HNO_3	TOPO+环己烷
	许多元素	NH_4SCN，7mol/L HCl	TOPO+环己烷
		＞5mol/L $HClO_4$	TBP+CCl_4
		HCl	TBP+苯
		HNO_3	TBP+煤油
		铜铁试剂，H_2SO_4(1+9)	EtAc
		HAc+Ac^-	Oxine+$CHCl_3$
		氟化物，酒石酸盐，pH=8.9，Oxine（在丙酮中）	$CHCl_3$
	Nb	0.025～0.05mol/L H_2SO_4	BPHA+$CHCl_3$
	Nb	0.1mol/L H_2SO_4，H_2O_2	TFA+苯
	$(NH_4)_2U_2O_7$	4.5mol/L HNO_3	TTA+苯
	Nb	0.04mol/L H_3PO_4，0.008mol/L $H_2C_2O_4$	苯胺苄基磷酸单辛酯
	高合金钢	HCl，柠檬酸，抗坏血酸，硫脲，苦姆碱 R，氯化二苯胍	正丁醇
		pH=1.1，二苯胍，XO	正丁醇
		酸性，铜铁试剂	$CHCl_3$
		0.3～1.0mol/L HCl	BPHA+$CHCl_3$
	Th	4mol/L HCl	TTA+二甲苯
	Ti	HNO_3，H_2O_2	TBP
	HF	10.0～10.5mol/L HCl	苯丙酮
	铁和钢	$NaHSO_3$	铜铁试剂
		pH=2.5	5,7-二硝基-8-羟基喹啉+EtAc
		pH=3～8	乙酰丙酮+ $CHCl_3$
	^{97}Nb	$HClO_4$，H_2O_2	TTA+二甲苯
	Be，La，Sc，Tl，Th，Ce	0.3～100mol/L HCl	BPHA

被测离子	被分离基体	溶剂体系	
		水相	有机相
Zr^{4+}	U	2mol/L HCl	TTA+二甲苯
	Al-Mg 合金	HCl-氟硼酸	二丁基磷酸+ $CHCl_3$
		11mol/L HCl	TNOA+苯
		0.2mol/L HCl	TBP+MIBK 或 $CHCl_3$
	矿石	3～3.5mol/L HNO_3	二丁基磷酸+ $CHCl_3$
	Th, 稀土元素等	3mol/L HCl	0.5mol/L TTA+二甲苯
$Zr^{4+}(Hf^{4+})$	矿石	4～7mol/L HCl	PMBP+苯
Zr^{4+}, Hf^{4+}等	含 Zr, Ti 矿物	13% HCl	铜铁试剂+ $CHCl_3$
Zr^{4+},Hf^{4+}	Mg, Mg 合金	1mol/L HCl NH_4SCN, 二安替比林甲烷	$CHCl_3$
	矿石	10mol/L HCl	0.5%BPHA+苯
	矿石	20%HCl	BPHA+ $CHCl_3$

① 萃取分离后, 有机相依次用 H_2SO_4（pH=2.0）、EDTA、氨水和 0.5mol/L NaOH 洗。
② 对 As^{3+} 而言。
③ 对 As^{5+} 而言。
④ 用于测定金属铋中的铅。
⑤ 先以 3%PMBP/$CHCl_3$ 萃取分离 Fe、Cu、Pb、Zn、Ni、Cr、Cd 等。
⑥ 萃取 Ce^{4+}。
⑦ 与 Cu、Fe 一起萃取。
⑧ 测铈组稀土元素。
⑨ 直接测 MnO_4^-。
⑩ Ta 同时被萃取。
⑪ 1-亚硝基-2-萘酚显色。
⑫ 对 Sb^{3+} 而言。
⑬ 对 Tl^{3+} 而言。
⑭ 偶氮氯磷III反萃取比色。
⑮ 0.25mol/L HCl 反萃取。
⑯ PAR 显色。
⑰ V^{4+}也被萃取。

表 1-70 部分萃取分离与测定实例

元素	试样	水相	有机相	被分离的元素	测定法	检出限/(mg/g)
Ag	银	5mol/L HNO_3	60%三异辛基磷酸酯-CCl_4	Cu, Fe	光焰光度法	10^{-3}
As	氯化砷	浓 HCl	苯	Ag, Al, Ba, Bi, Ca, Co, Cr, Cu, Fe, Ga, In, Mg, Mn, Ni, Pb, Sb, Sn, Te, Ti, Tl	光谱法	10^{-6}～10^{-4}
Au	金	3mol/L HBr	乙酸异戊酯	Bi, Cd, Cu, Fe, Ni, Pb, Zn	极谱法	10^{-5}～10^{-4}
Au	金	1～5mol/L HBr	二异丙醚	Ag, Bi, Cu, Fe, Pb	比色法	10^{-3}～10^{-2}
Bi	铋	HI	环己烷	As, Cu, Fe, Ni, Pb, Zn	极谱及比色法	10^{-4}～10^{-3}
Cd	硫化镉	3.4mol/L HI	二乙醚+异戊醇	Mg, Mn, Ni, Ti, Zn, Al, Co, Cr, Fe	光谱法	10^{-4}～10^{-3}
Fe	铁、钢	6mol/L HCl	MIBK	Pb, Bi, Ag, As, Al	光谱法	10^{-3}～10^{-2}
In	砷化铟	浓 HBr	双-β-氯乙基醚	Al, Bi, Cd, Ca, Co, Cu, Mn, Mg, Ni, Pb, Ag, Cr, Zn, Be	光谱法	10^{-6}～10^{-3}
In	铟及其化合物	5mol/L HBr	异丙醚	Cd, Cu, Pb, Zn	极谱法	10^{-5}
In	高纯铟	5mol/L HBr	二乙丙醚	Bi, Ca, Cd, Co, Cu, Hg, Mg, Ni, Pb, Zn	比色法	
Ga	镓, 砷化镓	6mol/L HCl	乙酸丁酯	Al, Bi, Cd, Co, Cu, Cr, In, Mg, Mn, Ni, Pb, Ti	光谱法	10^{-6}～10^{-5}
Hg	汞	2～3mol/L HCl	异戊醇	Ag, Al, Ca, Cd, Cu	光谱法	10^{-6}～10^{-5}
Hg	汞	HI	环己酮	Cd, Cu, Fe, Mn, Ni, Pb, Zn	光谱法	10^{-5}～10^{-4}

续表

元素	试样	水相	有机相	被分离的元素	测定法	检出限/(mg/g)
Mo	钼及其化合物	6mol/L HCl	二乙醚	Ag, Al, Ba, Bi, Ca, Cd, Co, Cr, Cu, Fe, Mg, Mn, Ni, Pb, Sb	光谱法	$10^{-5} \sim 10^{-3}$
Mo	氧化钼	pH=2	50% 乙酰丙酮-CHCl₃	Cr	比色法	10^{-2}
Nb, Ta	钽矿	3mol/L HF + 4mol/L H₂SO₄	MIBK	Fe, Mn, Al, Sn, Ti	光谱法	
Nb	铌	1mol/L HCl	戊酯	Al, Ca, Cd, Co, Cr, Cu, In, Mn, Pb, Sn, Hf V, Zn	光谱法	$10^{-4} \sim 10^{-3}$
U	铀	2mol/L HNO₃	0.1mol/L TOPO-苯	Pu, Th, Ce, Zr, Fe	比色法	
Re	铼	pH=1(HNO₃), H₂SO₄, HCl	0.3mol/L TOA-甲苯	As, Al, Ba, Be	光谱法	$10^{-6} \sim 2 \times 10^{-3}$
Sb	锑	10~11mol/L HCl	双-β-氯乙醚	As	分光光度法	$10^{-5} \sim 10^{-3}$
Tl	铊	1mol/L HBr	双-β-氯乙醚	Ag, Al, Ba, Bi, Co, Cd, Cr, Ca, Cu Fe, Ga, In, Mg, Mn, Ni, Pb, Pt, Te, Zn	光谱法	$10^{-6} \sim 10^{-3}$
U	铀	5~6mol/L HNO₃ + NH₄F	TBP	Ag, Be, Bi, Ca, Cd, Co, Cr, Cu, Fe, In, Mg, Mn, Mo ,Nb, Ni, Pb, Sb, Sn, Ti, V, Zr	光谱法	$10^{-5} \sim 10^{-3}$
Zr	锆	2mol/L HNO₃(抗坏血酸存在下)	0.1mol/L PMBP-二甲苯+氯代苯(1+1)	从热铀溶液中分离⁹⁵Zr	比色法	

表 1-71　微量元素的组萃取分离实例

试剂	有机相	水相	被分离的元素	测定法	检出限/(mg/g)	被分析物质
HOX+DDTC+ H₂Dz	CHCl₃	各种 pH	Ag, Al, As, Co, Cd, Cr, Cu, Fe, Mg, Mn, Ni, Pb, Sb, Sn, Ti, V, Zn	光谱法	$10^{-5} \sim 10^{-4}$	氢氧化钠
Cl⁻, I⁻	苯, TBP	各种浓度 HCl	28 种元素	活化分析		生物体物质
HOX+ PMBP+DDTC	CCl₄+异戊醇	pH=8	Ag, Al, Bi, Ca, Co, Cu, Fe, Ga, Mn, Ni, Pb, Ti, Zn	光谱法	$10^{-5} \sim 10^{-4}$	五氧化二磷
HOX+ H₂Dz	CHCl₃ + CCl₄	pH=8	Al, Cd, Cu, Co, Fe, Mn, Ni, Zn	分光光度法	10^{-3}	银盐
HOX+ H₂Dz	环己烷	2.5mol/L HCl, pH=10	Ag, Al, Au, Bi, Cd, Co, Cu, Fe, Ga, Hf, Hg, In, La, Mn, Mo, Ni, Pb, Pt, Sb, Se, Sn, Th, Ti, Tl, U, V, Y, Zn, Zr	光谱法	$10^{-6} \sim 10^{-5}$	高纯硒
DDTC+TOPO+铜铁试剂	CHCl₃	pH=8~9	18 种元素	光谱法	$10^{-6} \sim 10^{-4}$	碱金属卤化物
DTC	MIBK, 乙酸戊酯	pH=8	Cu, Co, Ni	原子吸收法	$10^{-4} \sim 10^{-3}$	矿石
H₂Dz	CCl₄	pH=2.0	Bi, Cd, Cu, Pb, Zn	极谱法		高纯钒
H₂Dz	CHCl₃	pH=9.2	Cu, Ni, Pb, Zn	X 射线分析	$10^{-7} \sim 10^{-4}$	高纯钨及其氧化物
H₂Dz	CCl₄	pH=8.0~8.5	Ag, Cu, Pb, Zn, Cd, Co, Cr, Mn, Mo, Ni, Sn, V	分光光度法		天然水
铜铁试剂	CHCl₃+丁醇	20% HCl, H₂C₂O₄	Nb, Ta, Zr, Sn	光谱法		碱金属
三氟乙酰丙酮	甲苯	pH=6.3~10	Fe, In	色谱法		海水
	TIBA, 甲苯	pH=2~10	Co, Zn			
Cl⁻	MIBK	4mol/L HCl	Te	原子吸收法		导电体铜
Cl⁻	MIBK	7mol/L HCl	Ga, Fe	分光光度法		高纯铝

试剂	有机相	水相	被分离的元素	测定法	检出限/(mg/g)	被分析物质
I⁻	MIBK	5%HCl, 2%NaI	Pb, Cd, In, Bi, Cu, Sb	分光光度法		高纯铁
I⁻	MIBK	2.3mol/L HCl, 0.2 mol/L KI 抗坏血酸	Bi, Cu, Sb, Te	分光光度法		铁合金
SCN⁻	TBP	pH=1, EDTA, 2.4mol/L NaSCN	碱土金属	配位滴定法		碱土金属元素
HOx+DDTC	CHCl₃+异戊醇	pH=5.5~6.0, NaI	Al, Co, Cu, Fe, Ni, Mn, In, Sn	光谱法		碘化钠
HOx+DDTC	CHCl₃ 或 CCl₄	pH=7.5~8.0	Ag, Al, Au, Bi, Cd, Co, Cu, Fe, Tl, Zn	光谱法	10^{-4}~10^{-3}	钒
HOx	MIBK	pH=11	Ca, Mg	原子吸收	10^{-3}~10^{-2}	铝盐
HOx	CCl₄+戊醇	pH=8.0	Ag, Al, Bi, Co, Cu, Fe, Ga, Ti, Mn, Ni, Pb, Zn	光谱法	10^{-6}~10^{-4}	五氧化二磷
Na-DDTC	CHCl₃	pH=7.5	Bi, Cd, Cu, Fe, Mn, Pb, Zn	分光光度法	10^{-6}~10^{-5}	碱金属
Na-DDTC	CHCl₃	pH=5.5~6.0	Ag, Cu, Fe, Mn, Ni, Pb, Sb, Sn, Zn	光谱法	10^{-6}~10^{-5}	水
Na-DDTC	乙酸乙酯	pH=4.5	Cd, Co, Cu, Fe, Mn, Ni, Pb, Zn	极谱法	$2×10^{-4}$	铍
Na-DDTC	CHCl₃	pH=6.0~6.5	Cu, Mn, Ni	火焰光度	20μg/ml	铝合金
Na-DDTC	CHCl₃	pH=6, HF, 酒石酸	Bi, Cd, Co, In, Ni, Mn, Pb, Sb, V, Zn	光谱法		铌和钽（高纯度）
Na-DDTC	CHCl₃	pH=6.4~6.6	Co, Cu, Fe, Ni, Zn	分光光度法	10^{-4}	铌
Na-DDTC	丁烷+4-甲基-2-戊醇	pH=5.5	Co, Cr, Cu, Fe, Mn, Zr	荧光分析		海水

第六节　固相萃取

在固相萃取（solid phase extraction, SPE）的原始定义中，其固定相在室温时为固态，在较高温度时为液态（类似于气液色谱的固定相），工作时有机相在较高温度熔融时萃取，冷至室温后两相自行定量分离，只需分出水相便完成萃取过程。固液萃取则是指用液态溶剂萃取固态试样的方法，在一定的辅助手段（如超声波）协助下，从固态样品中萃取出微量组分。

固相萃取法的本质是液固萃取法，利用固相萃取小柱填料本身具有的特殊官能团，将样品中的关注组分萃取（吸附、分配等）在小柱上，使之与大量的基体组分先行分离，而后选择合适溶剂将样品中的关注组分直接淋洗出柱，也可用溶剂依次将样本的干扰后续检测的共存组分分批洗脱，最终再将关注组分洗下。经这样处理后，样品中关注组分的纯度大大提高，可以进行各类样品中微量组分的富集、净化，更可以进行旋转蒸发、氮气吹干等浓缩处理来提高关注组分的浓度，然后进行后续的生化、色谱等分析检测。固相萃取法的吸附剂选择原则如图 1-14 所示。

随着分析要求的不断提高，新型固相萃取材料的制备不断发展，通过引入亲水性单体、在树脂表面修饰极性基团或离子交换基团，都能进一步提高固相萃取的应用范围和萃取效率。尤其是分子印迹技术的引入，其简单的制备技术和超强的选择性识别能力，不仅扩大了固相萃取剂的种类，更极大地提高了固相萃取的选择性，目前已广泛应用于几乎所有的样品预处理过程中，尤其是复杂样品的预处理。固相萃取剂的特性及其应用见表 1-72～表 1-82。

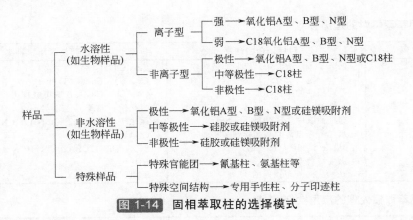

图 1-14 固相萃取柱的选择模式

表 1-72 固相萃取剂的基本特性

固相填料	硅胶、氧化铝硅镁吸附剂	C18 及氰基填料	氨基填料
极性	高	低	高
典型的溶剂负载范围	低至中	中到高	高
典型的样品负载溶剂	己烷、甲苯、二氯甲烷	水、缓冲液	水、缓冲液
典型的洗脱溶剂	乙酸乙酯 丙酮、乙腈	水-乙腈 水-乙醇	缓冲液、盐溶液
样品洗脱顺序	极性低的物质先被洗脱	极性高的物质先被洗脱	最弱的离子物质先被洗脱
洗脱仍保留在柱上物质的溶剂	增强溶剂极性	降低溶剂极性	增加离子强度，或增加 pH（阴离子）或降低 pH（阳离子）

表 1-73 固相萃取填料的适用范围

固定相	适 用 范 围
C18	水溶液中的疏水物、血清、血浆、尿中的药物及其代谢物，血清、血浆和生理液中的肽、氨基酸，环境水样中的微量有机物；酒、饮料中的有机酸；食品、香料、色素等非极性及中等极性的化合物；如抗生素、咖啡因、药物、颜料、芳香油、杀真菌剂、除草剂、农药、邻苯二甲酸酯类、类固醇等
C8	保留低于 C18 的上述样品中组分
硅胶	非水溶液中的低、中等极性化合物；脂溶性维生素；农药，脂及类脂体的分类；天然化合物；植物色素；合成有机物，可代替经典的硅胶柱和薄层色谱的净化方法
SAX	水溶液或非水溶液中的阴离子分离，可代替 DEAE 纤维素，酸性、弱酸性蛋白和酶的提取；酒、水果汁和食品中微量元素的分离，酚类化合物的分离
氧化铝（酸性）	饲料或饲料中维生素；抗生素和饲料中的添加剂，并可做低容量的阴离子交换；可替代薄层色谱净化法
氧化铝（中性）	石油、合成原油的分馏制品；食品添加剂；合成的有机化合物；可替代薄层色谱净化法
氧化铝（碱性）	可乐型饮料中的糖和咖啡因；农药、除草剂的分离等；可替代薄层色谱净化法
SCX	水溶液或非水溶液中的阳离子分离，农药、除草剂、甾类的分析，抗生素、药物，可代替经典的碱性氧化铝柱
NH2	低容量弱阴离子交换，极性化合物分离，药物及其代谢物；糖、苯酚和酚颜料
CN	水溶液或有机溶液的分析物，药物及其在生理中的代谢物；霉菌和发酵产品中的代谢物；农药，疏水性的肽
Phenyl	芳香类化合物
Diol	有机酸，蛋白质的水体系排斥色谱
Florisil	极性化合物吸附萃取，如乙醇、醛、氨、药物、颜料、农药、除草剂、PCBs、酮、含氮类化合物、有机酸、类固醇；含有大量脂类和类脂体的样品
大孔吸附树脂	血浆、尿中药物及其代谢物；中草药、中成药中的成分；环保、农药、除草剂；食品中的添加剂、色素等
分子印迹填料	食品、药品、环境样本等复杂基体样品中的氨基酸、蛋白质、农残等

表 1-74 固相萃取填料的选择参考[12]

萃取机理	目标化合物性质	可选择填料种类
非极性作用	低分子量（$M<250$）或弱非极性物	C2、C8、C18
	高分子量（$M>250$）或强非极性物	C2、C4、C6、C8、Ph
	不同极性的中性物质	C4、C6、C8、CH 或串联使用
极性作用	极性物	氧化铝、硅藻土、Si、NH$_2$、CN、二醇
	非极性或中等极性物	氧化铝、硅藻土、Si、NH$_2$、CN、二醇
阳离子交换作用	永久带正电荷的（如季铵）	CBA、Si、C2
	pK_a 在 5～10 范围内的	SCX、PRS、CBA、C2、HCX
阴离子交换作用	永久带负电荷的	NH$_2$
	pK_a 在 2～6 范围内的	SAX、NH$_2$、HAX

表 1-75 固相萃取预处理的应用实例

测试组分	萃取柱	分析方法[①]	测试组分	萃取柱	分析方法[①]
化妆品			类固醇（10 余种）	C18	GPC, GC-MS
亚硝氨、亚硝基二乙醇胺	C18	HPLC		C18，硅胶	HPLC
抑菌剂	C18	RP/HPLC	催产素	C18	RIA
亚硝基二乙醇胺	C18	示差脉冲极谱	**食品、蔬菜**		
			组胺	C18	RP/HPLC
能源、环保			类胡萝卜素	硅胶	TLC
蒽、蒽酚、多环芳烃	C18	RP/HPLC	赤微素	C18	RP/HPLC
酚类	硅胶	HPLC	果糖、葡萄糖等	C18	HPLC
多环芳烃	C18	GC-EC	T-2 毒素	C18	RLA
二氯联苯胺	C18	HPLC	T-2 毒素	硅胶	GC-MS
草酸	C18	HPLC	微量有机酸	C18	RP/HPLC
多溴代联苯	C18, Florisil	GC-EC	红甜菜素	C18	TLC, HPLC
硫苯	C18	HPLC	咖啡因	硅胶	HPLC
氯酚	硅胶	LSC	柠碱	C18	HPLC
Mg、Fe、Zn、Co 等金属有机化合物	硅胶	HPLC	木糖	C18	PC
苯并吡喃酮	硅胶	RP/HPLC	色素	C18	TLC
有机铜、锌配合物	C18	LSC, AAS	维生素 A、D	C18	HPLC
生命科学			维生素 C	C18	HPLC
核苷酸	硅胶	AEC	维生素 D$_2$	硅胶，C18	HPLC
胆汁酸	C18	HPLC	维生素 D$_3$	硅胶	HPLC
胆汁酸（9 种）	C18	HPLC	**药物**		
神经节苷脂	C18	TLC	青霉素	C18	HPLC
卵巢肽松弛激素	C18	GFC	维生素 pp	C18	RP/HPLC
肽	C18	RP/HPLC	苯丙氨酸氮芥	C18	RP/HPLC
D, L-甲状腺素	硅胶	CGC, GC-MS	氯喹	C18	HPLC
前列腺素	C18，硅胶	HPLC	头孢菌素	C18	RP/HPLC
雌激素	C18	GC，GC-MS	丝裂霉素	C18	TLC, UV
垂体肽	C18	RP/HPLC	前列腺素	C18，硅胶	RIA
道诺红菌素	C18	RP/HPLC	类固醇激素	硅胶，氧化铝	
松弛肽	C18	AAA, HPLC	叶酸、3-葡糖苷酸	C18	HPLC
新蝶呤	C18	HPLC	链霉素	C18	HPLC
毒扁豆碱	C18	HPLC	地塞米松	C18	
脱落酸	C18	RP/HPLC	牡荆葡基黄酮	C18	RP/HPLC
降（血）钙素	C18	HPLC, TLC			

① 该栏中各分析方法的缩写符号的含意为：AEC——亲和交换色谱法；AAA——氨基酸分析法；AAS——原子吸收光谱法；CGC——毛细管气相色谱法；GC——气相色谱法；GC-MS——气相色谱-质谱联用；GC-EC——气相色谱-电子捕获检测器；GFC——凝胶过滤色谱法；GPC——凝胶渗透色谱法；HPLC——高效液相色谱法；LSC——液体闪烁计数法；PC——纸色谱法；RIA——放射免疫测定法；RP/HPLC——反相高效液相色谱；TLC——薄层色谱法；UV——紫外光谱法。

表 1-76 固相萃取在农产品分析中的作用[9]

食 物	污染物	提 取	净 化	检测方法
水果，蔬菜，茶叶，烟草	有机磷，有机氯，氨基甲酸酯，拟除虫菊酯	乙腈、丙酮、甲醇	C18, PS, PEP, HLB	GC-AED, GC-FPD, GC-ECD, GC-MS
			Florosil	GC, GC-MS
			PS, Si-NH₂, 石墨化碳，多孔石墨，MAS	GC, GC-MS, LC-MS
			MSPD/Quchers	C18, PSA, 石墨化碳
	除草剂：三嗪，取代酚，脲类，苯胺类，苯氧酸类	丙酮-水，乙醇-水，乙醚	C18, HXN, PEP, HLB, PCX, MCX, SCX, PAX, SAX, 氟罗里硅土，氧化铝，MAS	GC, GC-MSHPLC, LC-MS
	杀真菌剂	乙酸乙酯，丙酮，甲醇，正己烷，乙腈	氟罗里硅土，硅胶，氧化铝，C18, PS, PEP, HLB, PCX(MCX), SCX, SAX	GC, GC-MS, HPLC, HPLC-MS
谷物，油料作物类	有机磷，有机氯，氨基甲酸酯，菊酯	乙腈，丙酮，甲醇，正己烷	C18, PS, PEP, HLB	GC-AED, GC-FPD, GC-ECD, GC-MS
			氟罗里硅土，氧化铝	GC, GC-MS
			PSA, Si-NH₂, 石墨化碳，多孔石墨，MAS	GC, GC-MS, LC-MS
		MSPD	C18，PS	
	除草剂，三嗪，取代酚，脲类，苯胺类，苯氧酸类	丙酮-水，乙腈-水，乙醇-水，乙醚，正己烷	C18, HXN, PEP, HLB, PCX, MCX, SCX, PAX, SAX, 氟罗里硅土，硅胶，氧化铝，MAS	GC, GC-MS, HPLC, LC-MS
	真菌类毒素	甲醇-正己烷，甲醇-氯仿	PEP, HLB, PAX, 免疫亲和柱	LC-MS
肉类，水产品类，蛋类，乳品类	有机磷，有机氯，氨基甲酸酯，菊酯	乙腈，丙酮，甲醇，乙酸乙酯，环己烷	C18, PS, PEP,HLB	GC, GC-MS LC-MS
			Florosil, 氧化铝，硅胶	GC, GC-MS
		MSPD/MAS	C18, PS	GC, GC-MS, LC-MS
	氨基糖苷类	三氟乙酸，甲醇	PCX, MCX, WCX, MAS	HPLC, LC-MS
	大环内酯类，阿维菌素，	乙腈，甲醇，氯仿，二氯甲烷	PCX, PEP, HLB, C18, Florsil	HPLC, LC-MS
	氯霉素类	乙腈，乙酸乙酯	C18, PEP, 氟罗里硅土，氧化铝，MAS	HPLC, LC-MS
	β-内酰胺类	乙腈，甲醇，酸性缓冲液	PEP, HLB, C18, SAX, PAX, WAX, 氧化铝	HPLC, LC-MS
	硝基呋喃类	乙腈，甲醇，乙酸乙酯，二氯甲烷	C18, PEP, HLB, 硅胶，氨基键合硅胶，氧化铝，MAS	HPLC, LG-MS
	喹诺酮类	乙腈，乙酸乙酯，甲醇，三氯乙酸	WCX, PEP, HLB, C18, PRS, 氧化铝	HPLC, LC-MS
	磺胺类	乙醇，乙腈，丙酮，二氯甲烷	C18, C8, HXN, 硅胶，碱性氧化铝	HPLC, LC-MS
	四环素类	EDTA-McIlvaine 缓冲液，柠檬酸盐缓冲液，酸化乙酯，酸化甲醇	C18, SCN, WCX	HPLC, LC-MS
	类固醇激素，玉米赤霉醇，雌酚类	丙酮，乙醚，乙腈，四氢呋喃	氧化铝，硅胶，氨基硅胶，C18, C8, HXN	HPLC, LC-MS
	β-兴奋剂类	盐酸，Tris 缓冲液，乙酸乙酯	PCX, SCX/Ca, MCX, PAX, MAS	GC-MS, HPLC, LC-MS
	三聚氰胺	乙腈，三氯乙酸	PCX,M AS	LC-MS
蜂蜜类	有机磷，有机氯，氨基甲酸酯，菊酯	二氯甲烷，乙酸乙酯	C18, 氟罗里硅土，氧化铝	GC,GC-MS LC-MS
	氨基糖苷类	磷酸	PCX, SCX, MCX, WCX, C18	HPLC, LC-MS
	大环内酯类，阿维菌素	甲醇-二氯甲烷	PCX, PEP, HLB, C18	HPLC, LC-MS
	氯霉素类	乙酸乙酯	C18, PEP, HLB	HPLC, LC-MS
	β-内酰胺类	磷酸盐缓冲液	PEP, HLB, C18, SAX, PAX, WAX	HPLC, LC-MS

续表

食　物	污染物	提　取	净　化	检测方法
	硝基呋喃类	盐酸水溶液提取，硝基苯甲酯衍生化	C18, PEP, HLB	HPLC, LC-MS
	喹诺酮类	磷酸缓冲液	WCX, PEP, HLB, C18	HPLC, LC-MS
	磺胺类	磷酸水溶液	C18, C8，HXN, HLB, SCX, PCX	HPLC, LC-MS
	四环素类	EDTA-Mcllvaine 缓冲液，柠檬酸盐缓冲液	C18, PEP, HLB, PCX, WCX	HPLC, LC-MS
饮料类	β-兴奋剂类	盐酸，Tris 缓冲液，乙酸乙酯	PCX, MCX, PEP, HLB	GC-MS, HPLC, LC-MC

表 1-77 **固相萃取在药物分析中的应用**[12]

样品形态	干扰物	目标物	净化方法	特点，适用性
血清、血浆	蛋白质、多肽、磷脂	强极性化合物	蛋白沉淀	简单而高通量，但净化效果较差，磷脂和脂肪不易去除
			MAS 方法（多重机制除杂法固相萃取）	适用于各类中性或离子型目标物；净化效果优于蛋白沉淀；方法简便，快速，可实现高通量自动化
			离子交换法固相萃取 (SCX, SAX, PCX, PAX)	较好净化效果，可实现高通量；只适用于易离子化的目标物
		中等极性/弱极性化合物	蛋白沉淀	方法简单，可实现高通量；净化效果较差，磷脂、脂肪不易去除
			液-液萃取	单一液-液萃取不易去除磷脂、脂肪等基质；双向液-液净化效果较好，可以有效除去磷脂、脂肪等，但步骤复杂，不易实现高通量；容易出现乳化问题
			固相媒介液-液萃取	方法简便，避免出现乳化问题；易实现高通量自动化；除磷脂和脂肪效果有限
			反相固相萃取	较好净化效果；可实现高通量自动化；步骤较多，方法开发较复杂
			混合固定相（离子交换/反相）萃取	可达到最佳的净化效果；可实现高通量自动萃取；步骤较多，方法开发和掌握较难
			MAS	可得到较好的净化效果；方法简单，时间短，易开发，易操作；易实现高通量自动化
尿样	代谢物、盐类	强极性化合物	离子交换法固相萃取 (SCX, SAX, PCX, PAX)	较好净化效果，可实现高通量，只适用于易离子化的目标物
			MAS 方法（多重机制除杂法固相萃取）	适用于各类中性或离子型目标物；与上述离子交换法互补；方法简便，快速，可实现高通量自动化
		中等极性/弱极性化合物	液-液萃取	双向液-液净化效果较好，可以同时除去强极性和弱极性干扰物，但步骤复杂，不易实现高通量；容易出现乳化问题
			固相媒介液-液萃取，反相固相萃取	方法简便，避免出现乳化问题；易实现高通量自动化 较好净化效果；可实现高通量自动化；步骤较多，方法开发较复杂
			混合固定相（离子交换/反相）萃取	可达到最佳的净化效果；可实现高通量自动萃取；步骤较多，方法开发和掌握较难
			MAS	净化效果较好；方法简单；时间短，易操作，易实现高通量自动化
肌体组织	蛋白质、多肽、磷脂	强极性化合物	溶液提取/蛋白沉淀净化	方法简单，可实现高通量；净化效果较差；磷脂、脂肪不易去除
			溶液提取/MAS 方法（多重机制除杂法固相萃取）净化	适用于各类中性或离子型目标物；净化效果优于蛋白沉淀；方法简便，快速，可实现高通量自动化

续表

样品形态	干扰物	目标物	净化方法	特点，适用性
肌体组织	蛋白质、多肽、磷脂	强极性化合物	溶液提取/离子交换法固相萃取（SCX，SAX，PCX，PAX）净化	净化效果较好，可实现高通量，只适用于易离子化的目标物
		中等极性/弱极性化合物	溶液提取/蛋白沉淀净化	方法简单，可实现高通量；净化效果较差，磷脂、脂肪不易去除
			溶液提取/液-液萃取净化	单一液-液萃取不易去除磷脂、脂肪等基质；双向液-液净化效果较好，可以有效除去磷脂、脂肪等，但步骤复杂，不易实现高通量；容易出现乳化问题
			溶液提取/固相媒介液-液萃取净化	方法简便，避免出现乳化问题；易实现高通量自动化；除磷脂和脂肪效果有限
			溶液提取/反相固相萃取净化	较好净化效果；可实现高通量自动化；步骤较多，方法开发较复杂
			溶液提取/混合固定相（离子交换/反相）萃取净化	可达到最佳的净化效果；可实现高通量自动萃取；步骤较多，方法开发和掌握较难
			溶液提取/MAS法净化	可得到较好的净化效果，方法简单，时间短；易开发，易操作；易实现高通量自动化
			基质固相分散萃取	可省去提取步骤，净化效果与固相萃取接近；不易实现高通量自动化操作；不易得到较好的重现性
天然产物	色素，有机酸，有机碱，油脂，蛋白质等	强极性化合物	溶液提取/离子交换法，固相萃取（SCX，SAX，PCX，PAX）净化	较好净化效果，可实现高通量；只适用于易离子化的目标物
			溶液提取/MAS方法（多重机制除杂法固相萃取）净化	适用于各类中性或离子型目标物，与上述离子交换法互补；方法简便，快速，可实现高通量自动化

表 1-78 部分药物在 C18 萃取柱上的吸附率、洗脱率、水中溶解度和离解常数

药物		吸附率/%	洗脱率/%	溶解度 $s/(g/L)$	pK_a 或 pK_b
分类	药名				
弱酸性和中性	磺胺甲基异噁唑	0	99	0.5	5.6
	巴比妥	3	98	7.3	7.4
	磺胺二甲嘧啶	17	100	1.5	7.4
	茶碱	79	100	8.3	8.8
	苯巴比妥	95	97	1.2	7.3
	咖啡因	100	101	22	14
	苯妥英	100	95	几乎不溶	—
很弱的碱性	硝基安定	100	99	几乎不溶	—
	安眠酮	100	100	0.03	11.46
	三唑安定	100	100	—	—
弱碱性及含弱碱性基团	川芎嗪	100	57	—	—
	奎尼丁	100	0	0.5	5.4
	心得安	100	0	—	—
	氟哌啶醇	100	0	0.014	5.7
	四环素	100	0	1.7	—

表 **1-79** 分子印迹-固相萃取环境样品中的应用[13]

模 板	MIP 合成	样 品	MISPE 方法	分析系统
4-硝基苯酚	半共价键	河水	在线	MISPE-HPLC-UV
特丁津	非共价键	河水	离线	MISPE-DAD
氰根离子	非共价键	河水	离线	HPLC-UV
苯并[a]芘	非共价键	自来水与湖水	离线	HPLC-荧光检测器
对叔丁基酚	非共价键	河水	离线	HPLC-ED
双酚 A	非共价键	河水	离线	MISPE-HPLC-荧光检测器
对氯苯酚	非共价键	河水	离线	MISPE-HPLC-UV
莠灭净	非共价键	土壤	离线	HPLC-UV
2,4,5-三氯苯氧乙酸	非共价键	河水	离线	CE-DAD
甲磺隆	非共价键	自来水、表面水	离线	HPLC-UV
布洛芬	非共价键	河水	离线	HPLC-UV
单嘧磺隆	非共价键	土壤	离线	HPLC-UV
抗蚜威	非共价键	河水	离线	MISPE-伏安检测器

表 **1-80** 其他分子印迹固相萃取方法在相关样品处理中的应用

样 品	萃取组分	文 献	样 品	萃取组分	文 献
水样	三嗪类除草剂	1~3	食品	果汁中的抗氧化剂	19
	谷氨酸	4		牛奶中的三聚氰胺	20
	磺酰脲类除草剂	5		茶叶中的茶多酚	21，22
	己烯雌酚	6		双酚 A	23
	6 种喹诺酮	7		色素	24，25
血浆	罗哌卡因和布比卡因	8，9	药物	虎杖中的白藜芦醇	26，27
	头孢硫脒	10		槲皮素	28~30
	阿司匹林	11		麻黄碱	31，32
	扑热息痛	12		延胡索中的 L-四氢巴马丁	33
	心得安	13		七叶亭	34
动物源样品	鸡肝中的盐酸金霉素	14		植物中的黄连素	35
酒	黄酮类物质	15，16		金银花中的绿原酸	36
	栎精	17		青蒿中的青蒿素	37
食品	蘑菇中的咖啡因	18			

本表文献：

1　Caro E, Marce R M, Borrull F, et al. Trends Anal Chem, 2006, 25(2): 143.

2　Koeber R, Fleischer C, Lanza F, et al. Anal Chem, 2001, 73(11): 2437.

3　Ferrer T, Lanza F, Tolokan A, et al. Anal Chem, 2000, 72(16): 3934.

4　Yang H H, Zhang S Q, Tan F, et al. J Am Chem Soc, 2005, 127(5): 1378.

5　Zhu Q Z, Degelmann P, Niessner R, Knopp D. Environment Sci Tech, 2002, 36(24): 5411.

6　Bravo J C, Garcinuño R M, Fernández P, Durand J S. Anal Bioanal Chem, 2007, 388(5/6): 1039.

7　Erika Rodríguez, Fernando Navarro-Villoslada, Elena Benito-Peña, María Doloers Marazuela, María Cruz Moreno-Bondi. Anal Chem, 2011, 83(6): 2046.

8　Lars I Andersson. Analyst, 2000, 125(9): 1515.

9　Tang Y W, Huang Z F, Yang T, et al. Anal Lett, 2005, 38(2): 219.

10　Ramström O, Skudar K, Haines J, et al. J Agric Food Chem, 2001, 49(5): 2105.

11　胡小刚, 汤又文. 华南师范大学学报: 自然科学版, 2006(4): 88.

12　胡树国, 王善韦, 何锡文. 化学学报, 2004, 62(9): 864.

13　Fairhurst R E, Chassaing C, Venn R F, Mayes A G. Biosens Bioeletr, 2004, 20(6): 1098.

14　杨春艳, 熊艳, 何超, 章竹君. 应用化学, 2007, 24(3): 273.

15　Weiss R, Molinelli A, Jakusch M, Mizaikoff B. Bioseparation, 2001, 10(6): 379.

16　Theodoridis G, Lasáková M, Škeříková V, et al. J Sep Sci, 2006, 29(15): 2310.

17　Molinelli A, Weiss R, Mizaikoff B. J Agric Food Chem, 2002, 50(7): 1804.

18 Li N, Ng T, Wong J H, et al. Food Chem, 2013, 139(1-4): 1161.

19 Brüggemann O, Visnjevski A, Burch R, Patel P. Anal Chim Acta, 2004, 504(1): 81.

20 Yang H H, Zhou W H, Guo X C, et al. Talanta, 2009, 80(2): 821.

21 雷启福, 钟世安, 向海艳, 等. 分析化学, 2005, 33(6): 857.

22 Blahová E, Lehotay J, Skačáni I J Liq Chromatogr Related Tech, 2004, 27(17): 2715.

23 Ji Y, Yin J, Xu Z G, et al. Anal Bioanal Chem, 2009, 395(4): 1125.

24 Baggiani C, Anfossi L, Baravalle P, et al. J Sep Sci, 2009, 32(19): 3292.

25 赫春香, 杨晶. 辽宁师范大学学报: 自然科学版, 2012, 35(1): 78.

26 向海艳, 周春山, 钟世安, 雷启福. 应用化学, 2005, 22(7): 739.

27 Zhang Z H, Liu L, Li H, Yao S Z. Appl Surf Sci, 2009, 255(23): 9327.

28 颜流水, 井晶, 黄智敏, 等. 分析实验室, 2006, 25(5): 97.

29 Xie J C, Zhu L L, Luo H P, et al. J Chromatogr A, 2001, 934(1-2): 1.

30 Pakade V, Cukrowska E, Lindahl S, et al. J Sep Sci, 2013, 36(3): 548.

31 Beach J V, Shea K J. J Am Chem Soc, 1994, 116(1): 379.

32 Dong X C, Wang W, Ma S J, et al. J Chromatogr A, 2005, 1070 (1/2): 125.

33 朱全红, 冯建涌, 罗佳波. 中草药, 2008, 39(2): 294.

34 Hu S G, Li L, He X W. J Chromatogr A, 2005, 1062(1): 31.

35 Chen C Y, Wang C H, Chen A H Y. Talanta, 2011, 84(4): 1038.

36 张华斌, 张朝晖, 聂燕, 等. 分析化学, 2009, 37(7): 955.

37 Gong X Y, Cao X J. J Bio technol, 2011, 153(1-2): 8.

表 1-81　石墨烯在固相萃取中的应用

小柱材料	样品	待测物	检出限	检测方法	文献
石墨烯	氯酚	水样	100～400ng/L	HPLC-UV	1
石墨烯	氯代苯氧酸除草剂	水样	300～500ng/L	CE	2
石墨烯	铅离子	水样、蔬菜	610ng/L	FAAS	3
石墨烯	谷胱氨酸	人类血浆	0.01nmol	AFS	4
石墨烯	亲脂性海洋毒素	贝类	<1.5μg/kg	UPLC-MS/MS	5
石墨烯	孔雀绿及其代谢物	鱼组织	0.635μg/kg	UPLC-MS/MS	6
氧化石墨烯-SiO$_2$/ 石墨烯-SiO$_2$	氯酚羟基化多溴联苯醚、蛋白质、多肽	水样、生物样品	—	Maldi-TOF-MS	7
磺化石墨烯①	多环芳烃	水样	0.8～3.9ng/L	GC-MS	8

① 采用微固相萃取方法。

本表文献:

1 傅强, 包信和. 科学通报, 2009, 54(18):2657.

2 Tabani H, Fakhari A R, Shahsavani A, et al. J Chromatogr A, 2013, 1300: 227.

3 Wang Y, Gao S, Zang X H, et al. Anal Chim Acta 2012, 716: 112.

4 Huang K J, Jing Q S. Wei C Y, Wu Y Y. Spectrochim Acta Part A, 2011, 79(5): 1860.

5 Shen Q, Gong L, Baibado J T, et al. Talanta, 2013, 116: 770.

6 Chen L Y, Lu Y B, Li S Y, et al. Food Chem, 2013, 141(2): 1383.

7 Liu Q, Jianbo Shi J B, Sun J T, et al. Angew Chem Int Ed, 2011, 50(26): 5913.

8 Zhang H, Low W P, Lee H K. J Chromatogr A, 2012, 1233: 16.

表 1-82　固相萃取中常见的问题及解决方法

问题	原因	解决方法
分析物回收率低被吸附在萃取柱上（如分析物与基液一起通过 SPE 柱）	1. SPE 柱没有很好地被预处理 2. SPE 柱的极性不合适 3. 分析物对样品溶液的亲和力远远大于对 SPE 柱的亲和力 4. 当大体积水样品通过 SPE 柱时, 反相柱担体失去柱子预处理时留下的甲醇	1. 反相柱: 用甲醇、异丙醇或乙醇处理柱子, 然后用稀释样品的溶剂处理柱子。注意不能让 SPE 柱变干 2. 选择对分析物有明显选择性的 SPE 柱 3. 改变极性或样品溶液的 pH, 使分析物在样品溶液中的亲和力降低 4. 在样品溶液中加入 1%～2%的甲醇或异丙醇或乙腈
分析物回收率低分析物没有被洗脱出 SPE 柱	1. SPE 柱的极性不合适 2. 洗脱溶剂不够强, 无法将分析物从 SPE 柱上洗脱 3. 洗脱溶剂体积太小 4. 分析物被不可逆地吸附在 SPE 担体上, 担体-分析物作用力太强	1. 选择其他低极性或选择性弱的 SPE 柱 2. 改变洗脱溶剂的 pH 以增加其对分析物的亲和力 3. 增加溶剂体积 4. 反相: 选择疏水性弱的担体, 如用 C8、C2 或 CN 代替 C18。阳离子交换: 用羧酸基代替苯磺酸基。阴离子交换: 用伯、仲胺代替叔胺

问 题	原 因	解决方法
萃取重现性差	1. 在添加样品之前 SPE 柱已枯 2. SPE 柱超容量 3. 样品过柱流速太快 4. 洗脱液流速太快 5. 分析物在样品中的溶解度太大,分析物在样品过柱时与样品同时通过柱子而没有被保留 6. SPE 柱用极性溶剂处理而洗脱溶剂是不兼容的非极性溶剂 7. 洗涤杂质用的溶剂太强,部分分析物与杂质同时被从 SPE 柱洗涤。分析物在这一步损失的多少取决于洗涤溶剂的流速、SPE 的特性以及洗涤溶剂的体积 8. 洗脱剂的体积太小	1. 重新进行 SPE 柱预处理 2. 减少样品量或选择大容量柱 3. 降低流速。特别是离子交换时流速应低于 5ml/min 4. 在使用外力之前让洗脱液渗透过柱。两次 500μl 洗脱可能比一次 1000μl 更有效 5. 通过改变样品极性或 pH 而改变分析物的溶解度 6. 在使用非极性溶剂之前对 SPE 柱进行干燥 7. 降低洗涤溶剂的强度 8. 增加洗脱溶剂的体积
在用反相 SPE 柱萃取时,洗脱馏分中有水	分析物洗脱之前 SPE 柱没有很好地干燥	用氮气或空气干燥 SPE 柱;用 20~100μl 含 60%~90%甲醇的水将 SPE 柱上的残留水分除去
最后馏分中含有干扰物	1. 干扰物与分析物被同时洗脱 2. 干扰物来自 SPE 柱	1. 在洗脱分析物之前选用中等极性的溶剂将干扰物洗涤出 SPE 柱。可将两种或更多种兼容的溶剂混合,以达到不同的极性 选用对分析物亲和力更大而对干扰物亲和力低的 SPE 柱 用两根不同极性的 SPE 柱以除去干扰物如反相柱然后离子交换柱或硅胶柱 2. 在柱子预处理之前用洗脱溶剂洗涤 SPE 柱
SPE 柱流速降低或阻塞	1. 样品存在过多的颗粒 2. 样品溶液黏度太大	1. 对样品进行过滤或离心 2. 用溶剂对样品进行稀释
反相柱从固态样品中用萃取非极性分析物	分析物不在液体溶液中	用甲醇、异丙醇或乙腈对样品进行均浆处理。然后过滤或离心,再用水对清液进行稀释为含水量为 70%~90%的水溶液
用正相柱从固态样品中萃取分析物	分析物不在液体溶液中	用非极性溶剂(如:正己烷、石油醚、氯仿等)均浆
用正相柱从脂肪样品中萃取分析物	脂肪可与分析物一起被洗脱出来或降低 SPE 柱的吸附容量	用正己烷溶解脂肪。冰冻除去凝结的脂肪
用反相柱从含蛋白质的溶液中(血、血清、血浆)萃取分析物	分析物与蛋白质键合使分析物通过 SPE 柱而没有被保留	1. 通过改变样品的 pH 值或用水对样品稀释破坏蛋白键合 2. 加酸除蛋白质(如:HClO$_4$、TFA、TCA) 3. 加有机溶剂除蛋白质(如:乙腈、丙酮或甲醇)。离心、然后用水或缓冲溶液将上清液稀释至有机溶剂含量少于 10%
从含有表面活性剂的溶液中萃取分析物	表面活性剂与 SPE 柱表面起作用	1. 如果分析物是非离子状态,可用离子交换柱除去表面活性剂离子 2. 用二醇基柱除去非离子化的表面活性剂
用常规柱(60Å①)萃取蛋白质的回收率低	1. 蛋白质体积太大不能进入萃取柱的微孔 2. 蛋白质不可逆地被吸附在反相 SPE 柱上,蛋白质在 SPE 柱担体微孔内变性	1. 用 BAKERBOND 大孔径反相柱或离子交换柱 2. 用 BAKERBOND 大孔径反相柱或离子交换柱

① 1Å=10^{-10}m。

第七节 固相微萃取

固相微萃取(solid phase micro extraction,SPME)不是微型化的固相萃取,而是利用平衡萃取和选择性吸附原理直接将目标物从样品体系中非完全性地转移至微丝的涂层上,然后直接将微丝置于分析仪器（通常是气相色谱仪，通过特殊设计的接口也可与液相色谱直接联用）中解析，无需溶剂，环保可靠。

固相微萃取分为直接萃取（涂层直接浸入样品体系中）、顶空萃取（涂层置于密闭的样品体系中但不接触样品）和膜保护萃取（涂层处于中空纤维膜的保护中浸入样品体系中）等方法。

假设涂层体积为 V_f，K_{fs} 为涂层/样品间的分配系数（$K_{fs} = c_f^\infty / c_s^\infty$，$c_s^\infty$ 和 c_f^∞ 分别为平衡时样品基质和纤维涂层上的目标物浓度），V_s 为样品体积，c_s 为样品中分析物的初始浓度，在仅考虑样品基质和涂层两相，则萃取平衡时可表示为：

$$c_0 V_s = c_s^\infty V_s + c_f^\infty V_f \qquad (1-1)$$

结合分配系数，则可得：

$$c_f^\infty = c_0 \frac{K_{fs} V_s}{K_{fs} V_f + V_s} \qquad (1-2)$$

由此，涂层上目标物的量为：

$$n = c_f^\infty V_f = c_0 \frac{K_{fs} V_s V_f}{K_{fs} V_f + V_s} \qquad (1-3)$$

这是 SPME 的定量基础，即被萃取量与目标物在样品中的初始浓度成正比。通常情况下，只要样品体积足够大，即 $V_s \gg K_{fs} V_f$，定量公式即可简化为：

$$n = K_{fs} V_f c_0 \qquad (1-4)$$

式（1-4）不仅是简化形式，更重要的是即便样品体积未知的情况下仍可应用。推而广之，在顶空萃取的时候，若不考虑顶空气体的湿度，则被萃取量可表示为：

$$n = \frac{K_{fs} V_f V_s c_0}{K_{fs} V_f + K_{hs} V_h + V_s} \qquad (1-5)$$

式中，下标"h"意为"顶空"。

用合适接口将 SPME 与气相色谱仪及液相色谱仪连接后可实现自动进样（图1-15和图1-16）。

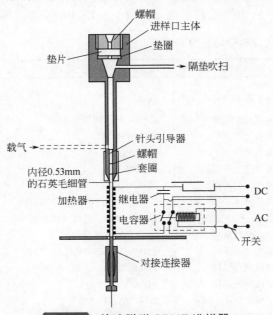

图 1-15 快速脱附 SPME 进样器

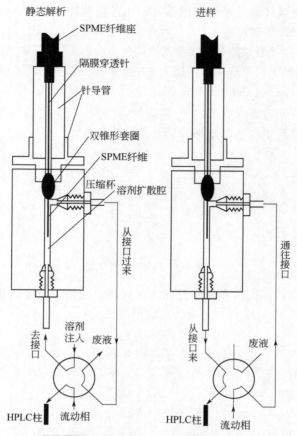

图 1-16 SPME-HPLC 联用接口示意

SPME 在环境分析中的应用见表 1-83，在食品分析中的应用见表 1-84。

表 1-83 固相微萃取在环境分析中的应用[14]

分析物	萃取方法	纤维涂层/管	检测方法
气体样品			
有机污染物	静态室内空气采样	PDMS	GC-MS
甲苯	静态室内，室外空气采样	CAR，纤维回缩装置	GC-MS, FID
BTEX, 己烷	静态室内空气采样	PDMS/DVB	GC-PID, FID, DELCD
BTEX	静态空气采样	CAR/PDMS	GC-MS
BTEX	静态室外空气采样	CAR/PDMS	GC-FID
VOC	静态室内空气采样	PDMS/CAR	GC-MS
VOC	静态室内空气采样	PDMS,CAR/PDMS PDMS/DVB	GC-FID
VOC	静态室内，室外空气采样	CAR/PDMS，纤维伸缩装置	GC-MS
VOC	静态室内空气采样	$\gamma\text{-}Al_2O_3$ 涂层纤维	GC-FID
VOC，甲醛	静态室内空气采样	PDMS, PDMS/DVB	GC-PID, FID, DELCD
甲醛	静态室内空气采样	PDMS/DVB，纤维上衍生化	GC-FID
杀虫剂	动态室内空气采样	PDMS	GC-MS
有气味物质	静态空气采样（垃圾堆）	DVB/CAR/PDMS	GC-MS
恶臭含硫化合物	静态空气采样	CAR/PDMS	GC-PFPD
有机磷物质	动态室内空气采样	PDMS	GC-NPD

续表

分析物	萃取方法	纤维涂层/管	检测方法
VSC	静态空气采样	PDMS/CAR，纤维回缩装置	GC-PFPD
十二烷烃	静态室内空气采样	PDMS，纤维回缩装置	GC-PID, FID, DELCD
异氰酸盐	静态空气采样	PDMS/DVB，纤维回缩装置，纤维上衍生化	HPLC-MS
戊醛	静态空气采样	PDMS/DVB，纤维回缩装置，纤维上衍生化	GC-FID
氯苯	SPE 联用 HS-SPME	CW, PDMS, PDMS/DVB	GC-ECD,GC- MS
PCB	SPE 联用 HS-SPME	PDMS, PDMS/DVB	GC-ECD, GC- MS
沙林	动态空气采样	PDMS/DVB	GC-MS
$C_6 \sim C_{15}$ 正烷烃	静态空气采样	PDMS/DVB	GC-FID
烃类，甲醛	静态空气采样	PDMS, PDMS/DVB，纤维回缩装置	GC-FID
BTEX	空气流速控制	CAR/PDMS, 65μmPDMS/DVB	GC-FID
VOC	空气流速控制	PDMS/DVB	GC-MS-FID
有机磷农药	空气流速控制	PDMS	GC-NPD
VOC	空气流速控制	PDMS/DVB	GC-FID
BTEX	空气流速控制	CAR/PDMS, PDMS/DVB	GC-MS, FID
环境水样			
BTEX	HS	CAR/PDMS	GC-FID
BTEX	HS	PPY-金纤维	GC-FID
BTEX，苯	HS	PDMS/DVB/CAR	GC-FID
BTEX，醚	HS	PDMS/DVB	GC-MS
BTEX，萘，氯代烃	HS	PDMS, PA	MCC/UV-IMS
PAH	DI，超声处理	PDMS	GC-MS
PAH	管内 SPME	PDMS-毛细管	HPLC
PAH	DI	PDMS	HPLC-FLD
PAH	管内 SPME	PDMS-毛细管	GC-MS
PAH	管内 SPME	PPY-毛细管	HPLC-UV
PAH	静态水样	PDMS，纤维回缩装置	GC-MS
PAH	HS	PPY-DS	GC-MS-FID
PCB	HS，微波辅助	PDMS	GC-ECD
PCB，杀虫剂	静态水样	PDMS	GC-MS
杀虫剂	管内 SPME	PPY-毛细管	HPLC-ESI-MS
杀虫剂	管内 SPME	Omcgawax250	HPLC-UV
杀虫剂	管内 SPME	Super-QPLOT	LC-UV
杀虫剂	HS	PA	GC-MS
杀虫剂	DI	PDMS/DVB	GC-MS/MS
杀虫剂	DI	PDMS/DVB	GC-MS
杀虫剂	DI	CW/DVB, CAR/PDMS, DVB/ CAR/ PDMS	GC-ECD, GC- MS
杀虫剂	DI	PDMS, PA	GC-MS, GC-ICP-MS
杀虫剂	DI	PA	GC-MS
杀虫剂	HS，微波辅助	DVB/CAR/PDMS	GC-ECD
杀虫剂	DI	PDMS/DVB	HPLC
杀虫剂	HS	聚甲基苯基乙烯基硅氧烷溶胶凝胶	GC-ECD
除草剂	DI	PDMS/DVB, CW/TPR	HPLC
除草剂	DI	PA	GC-MS
除草剂	DI	PDMS/DVB	MEKC
除草剂	管内 SPME	DB WAX	LC-MS
苯酚类	HS	聚苯胺涂层纤维	GC-FID
苯酚类	HS	C[4]/OH-TSO 涂层纤维	GC-FID
苯酚类	HS	PDMS/DVB, DVB，衍生化	GC-FID

分析物	萃取方法	纤维涂层/管	检测方法
有机锡	HS	CAR/PDMS，衍生化	GC-PFPD
有机锡	HS	PDMS，衍生化	GC-FID
有机锡	HS	PDMS，衍生化	GC-MS
有机金属化合物	HS	PDMS，DVB/CAR/PDMS，衍生化	GC-MS
有机金属化合物	HS	PDMS，衍生化	GC-MS
甲基汞，汞（Ⅱ）	DI	PDMS	GC-MS
氯代烃	HS	活性碳纤维	GC-MS
氯代烃	HS	活性碳纤维	GC-MS
炸药	DI	CW/DVB	GC-ECD
炸药	DI	CAR	HPLC-UV
VOC, MTBE 等	HS	PDMS, CAR/PDMS, DVB/PDMS	GC-MS
MTBE	HS	CAR/PDMS	GC-MS
三嗪	DI	CW/树脂模板，PDMS/DVB	HPLC
三嗪	DI	PDMS/DVB	GC-MS
甲胺	DI	CW/TPR，衍生化	HPLC
碘酚	DI	CAR/PDMS	CE-ICP-MS
铬	DI，HS	PDMS，衍生化	GC-ECD, MS, GC-ICP-MS
硫醇，硫化物	DI	PDMS/DVB，衍生化	GC-MS
芳香胺	DI	PDMS/DVB，衍生化	GC-MS
气味化合物，三氯代苯甲醚	HS	PDMS	GC-MS
DCP, MITC	DI	PA	GC-ECD-NPD
氯酚	HS	PA	GC-FID
醛类	HS	PDMS/DVB，衍生化	GC-MS
PBDE, PBB	HS	PDMS, PA	GC-MS/MS
有机污染物	静态水体采样	PDMS	GC-MS
BTEX	水流速控制	CAR/PDMS, PDMS/DVB	GC-MS, FID
环境固体样品			
PBP	静态采样（沉积物）	PDMS	GC-ECD
三硝基甲苯及其降解产物	静态采样（沉积物）	PA	HPLC
有机污染物	静态采样（土壤）	PDMS	GC-MS
BTEX	顶空，涂层冷却	PDMS	GC-MS
BTEX	HS（沙）	CAR/PDMS	GC-MS
BTEX	Multiple HS（土壤）	CAR/PDMS	GC-FID
有机锡	顶空（沉积物）	PDMS，衍生化	GC-MS
PAH	浸入式 SPME（沉积物）	PDMS	GC-MS
PAH	DI，微波辅助（沉积物）	PDMS, PA	GC-MS
DCP, MITC	顶空（土壤）	PA	GC-ECD-NPD
2-氯乙硫醚	顶空（土壤）	丙烯酸酯/硅氧烷共聚物涂层，溶胶凝胶法	GC
PCDD/F	HS（土壤）加热，超声	PDMS，冷却装置	GC-MS/MS
丁基锡	HS（土壤），超声处理	PDMS	GC-MIPAED
炸药	DI（土壤），超声	CW/DVB	GC-ECD
甲基膦酸酯	HS（土壤）	PDMS, PDMS/DVB	IMS
采菌剂	HS（土壤）	PA	GC-MS
采菌剂	水萃取后 DI-SPME(土)	PA，超声	GC-MS
除草剂	HFM-SPME（污水污泥）	PDMS/DVB	GC-MS
氯代苯	DI（土壤）	PDMS	GC-ECD
氯酚	HS（土壤），微波辅助	PA	GC-ECD

表 1-84 SPME 在食品分析中的应用[14]

分析体系	目标分析物	萃取技术	萃取过程	分析和检测方法	LOD
奶酪	芳香物	① HS-SPME	样品：10g 预平衡：45℃ (1h) 萃取：45℃(1h), DVB/CAR/ PDMS (2cm 长) 解吸：260℃(10min)	① GC-MS/EI- FID, DB-Wax 柱子 (60m× 0.32mm×1μm)	未注明
		② 吹扫捕集法	样品：5g 预平衡：35℃ (5 min) 萃取：DHS, 35℃(15min), N₂(40ml/min), Tenax 管 (36℃) 解吸：230℃(4 min)后进入低温聚集装置(-125℃)，在 230℃ (1.5min)进入 GC 进样口	② GC-O（气相色谱气味测定法），柱子如上	
	芳香物（含硫化合物、吡嗪、呋喃酮、萜烯）	HS-SPME	样品：7g 萃取：22℃(16h), CAR/PDMS 解吸：250℃（时间不详）	① GC-MS(EI, CI), BP21 柱子，聚乙烯醇对苯酸处理(30m×0.32mm× 0.25μm) ② GC-O-FID，柱子如上	未注明
	芳香物	HS-SPME	样品：2g+0.2g 植物油 萃取：CAR/PDMS, 50℃(30min) 解吸：300℃(10min)	GC-PFPD, DB-FFAP 柱子(30m× 0.32mm×1μm)	未注明
	霉酚酸（真菌毒素）	DI-SPME	样品：0.5g+5ml 重碳酸氢钾缓冲液(0.2mol/L, pH=9.7) 超声：30min 过滤，用 5mol/L HCl 酸化至 pH=3 萃取：CW/TPR- 100，室温（30min） 解吸：浸泡在乙腈-乙酸铵缓冲溶液中(50mmol/L, pH=7)（80:20，体积比）60s，暴露于流动相中 20s	HPLC-UV/DAD, 5μm Supelcosil LC-NH₂ 柱子(250mm×2.1mm) 流动相：乙腈-甲醇-乙酸铵缓冲液（50mmol/L, pH=7)(78:2:20，体积比)，检测波长 254nm	(50～100)×10⁻⁹
	芳香物	① HS-SPME	样品：5g 萃取：80℃(30～35min), DVB/CAR/ PDMSSF (2cm 长) 解吸：280℃	GC-MS/EI, SE-54 柱子(25m× 0.2mm)	未注明
		② 吹扫捕集法	样品：100～150mg 萃取：无水氯化钙干燥管和 Carbotrap300 管，50℃(30min)，He (2ml/min) 解吸：280℃		
	表面成熟奶酪的芳香物	① 真空蒸馏	样品：100g 萃取：真空下蒸馏(10⁻²mbar)①，室温 (2h)，蒸馏萃取（重复 3 次，10ml 二氯甲烷，20min），干燥，过滤和蒸馏浓缩(40℃)成 200μl 进样量：1μl	① GC-FID,Supelcowax10 柱子(30m×0.32mm×1μm) ② GC-qMS/EI, FFAP 柱子(30m×0.32mm×1μm) ③ GC-O-FID(平行, 1:1) Supelcowax10 柱子(30m× 0.32mm×1μm)	未标明
		② HS-SPME	样品：0.4g 外皮或 0.4g 糊状 预平衡：25℃ (1h) 萃取：CAR/PDMS, 25℃(30min) 解吸：260℃（5min）		
山羊奶酪	芳香物	HS-SPME	样品：3g 预平衡：60℃(10min) 萃取：DVB/CAR/PDMS, 60℃（50min） 解吸：250℃(5min)	① GC-FID,RTX-1301 柱子（30m×0.25mm× 0.25μm) ② GC-qMS/EI,柱子如上	未注明
奶酪和凝固牛奶	挥发性脂肪酸	HS-SPME	样品：10g 预平衡：45℃(5min) 萃取：DVB/CAR/ PDMS, 45℃(1h) 解吸：不详	GC-itMS/EI, FFAP CP-Wax58 柱子(50m× 0.25mm× 0.39μm)	未注明

分析体系	目标分析物	萃取技术	萃取过程	分析和检测方法	LOD
牛奶	三甲胺（TMA）	① 吹扫捕集法	样品：10g，碱化至 pH=9 萃取和解吸：DHS，其他条件不详	GC-qMS/EI-FID(平行，1:1)，SPB-l sulphur 柱(30m×0.32mm×4μm)	0.5~1mg/kg
		② HS-SPME	样品：10g，碱化至 pH=9 萃取和解吸：PDMS/DVB(SF)，其他条件不详	GC-O-NPD, DB-WAXetr 柱子（60m×0.32mm×1μm）	
	四环素类抗生素	DI-SPME	样品：3.5ml，用 KCl 饱和 萃取：CW/TPR,CW/DVB,65℃(15min 和 45min) 解吸：乙腈-水（15:85，体积比，5min，40℃）	HPLC-MS/MS,Puro-sphere 柱（4.0×50mm），固定相：3μm,RP-18e.流动相：乙腈、水（均含 0.2%甲酸）	2~40ng/ml
	邻苯二甲酸酯	HS-SPME	样品：5g，+2.5g NaCl，90℃(2min) 萃取：PDMS 100μm，90℃(60min) 解吸：280℃(10min)	GC-MS/EI, DB-5 柱子(30m×0.25mm×0.25μm)	DEHP 0.31~3.3ng/g
	三嗪除草剂	DI-SPME（中空纤维膜保护）	样品：5ml NaCl (300g/L),pH=10 萃取：PDMS/DVB, 80℃(40min) 解吸：280℃(5min)	GC-qMS/EI,DB-5 柱子(30m×0.32mm×0.25μm)	0.003~0.013g/L
	超热处理的变味牛奶中的芳香物	HS-SPME	样品：7ml 预平衡：40℃(15min) 萃取：DVB/CAR/PDMS(2cm)，40℃(15min) 解吸：240℃(2min)	GC-FID, BPX-5 柱子(50m×0.22mm×0.25μm)	0.8~29μg/L
黄油	芳香物	① 吹扫捕集法	样品：20g 预平衡：45℃(5min) 萃取：DHS, N₂(30ml/min), Tenax 管(30min), N₂（5min）中除去湿气 解吸：250℃(10min)，低温聚集（-120℃）	GC-qMS/EI, HP-Innowax 柱子（60m×0.32mm×0.5μm）	未注明
		② HS-SPME	样品：10g 预平衡：45℃(5min) 萃取：DVB/CAR/PDMS(2cm), 45℃(30min) 270℃(3min)		
	芳香物	① 固相萃取	样品：黄油水溶液 萃取：SDB-1, PS-DVB 共聚物弹筒，用 1ml 水冲洗，干燥（室温，15min） 解吸：1ml 乙酸甲酯 进样量：1μl	GC-MS/EI, BP-21 聚乙二醇 TPA-treated 柱子(30m×0.25mm×0.25μm), GC×GC-TOF MS, 1D: BP-21 柱 (30m×0.25mm×0.25μm), 2D: BPX-35 柱 (1m×0.1mm×0.1μm)GC×GC-FID, 200Hz, 柱子如上	3~12pg（SPME-GC×GC-FID） 25~50fg（SPME-GC-MS）
		② HS-SPME	样品：8g+30%(质量分数)NaCl 溶液 预平衡：170℃(5min) 萃取：40℃, CAR/PDMS（20min）和 CW/DVB(60min) 解吸：250℃(1min)		
碘化盐，奶粉和蔬菜	碘	① HS-SPME	样品：0.5~2ml+ 200μl 磷酸盐缓冲液+250μl N,N-二甲基苯胺（衍生化试剂），400μl 2-亚碘酸苯甲酸盐+2μl IS+4ml 水 预平衡：26℃(1min) 萃取：PDMS100μm, 26℃(15min) 解吸：250℃(5min)	GC-MS/EI, HP-5 柱(30m×0.25mm×0.25μm)	25ng/L
		② 微滴液相微萃取	样品：如上 萃取：1μl, 26℃(15min) 进样量：插入进样口(250℃)		10 ng/L

续表

分析体系	目标分析物	萃取技术	萃取过程	分析和检测方法	LOD
香肠	挥发性亚硝胺	HS-SPME	样品：2.5g 预平衡：45℃(10min) 萃取：PDMS/DVB，45℃(25min) 解吸：200℃(8min)	GC-TEA，HP-INNO Wax 柱(30m×0.53mm×1μm)	3μg/kg
干的发酵香肠	芳香物	HS-SPME	样品：3g 预平衡：30℃(1h) 萃取：DVB/CAR/PDMS，30℃(90min)或CAR/PDMS，30℃(3h) 解吸：220℃(6min)	GC-qMS/EI，DB-624柱(30m×0.25mm×1.4μm)	未注明
肉类	挥发性亚硝胺	原位顶空	样品：68%鸡肉，30%水，3% NaCl，均质，胶囊（70℃，15min） 预平衡：25℃(15min) 萃取：CAR/PDMS，25℃(60min) 解吸：270℃	GC-qMS/EI，HP-5 柱子(50m×0.32mm×1.05μm)	0.011～0.357μg/L
肉制品（香肠、熟火腿）	芳香物	HS-SPME	样品：5g 预平衡：室温（1h） 萃取：CAR/PDMS，室温（90min） 解吸：220℃(5min)	GC-qMS/EI，Rtx Wax 柱子（30m×0.25mm×0.25μm）	未注明
金枪鱼	甲基汞	HS-SPME	样品：0.4g+15ml 饱和 NaCl 溶液+100μl HCl，3ml 萃取(pH=5.3)-1ml 四乙基硼酸钠 萃取：DVB/CAR/PDMS，室温（15min） 解吸：260℃(1min)	GC-qMS/EI，HP-5MS 柱子（30m×0.25mm×0.25μm）	28ng/g
鱼类（海水和淡水、虾及墨鱼）	甲醛	HS-SPME	衍生化：纤维暴露于 2ml PFB-HA 溶液中(20mg/L)60℃(10min) 样品：6g 熟样品+6ml 水 萃取：CAR/PDMS.80℃(30min) 解吸：310℃(3min)	GC-qMS/EI，HP-5MS 柱子（30m×0.25mm×0.25μm）	17μg/kg
锅巴和碾碎的大米	2-乙酰基-1-吡咯啉	① HS-SPME	样品：0.75g+100μl 水 预平衡：80℃(25min) 萃取：DVB/CAR/PDMS，80℃(15min) 解吸：270℃(5min)	GC-MS，DB-5 柱子(30m×0.25mm×0.25μm)	未注明
		② 溶剂萃取	样品：0.3g 样品置于样品瓶中，加入氯甲烷 萃取：85℃（2.5h） 进样量：2μl	GC-FID 其他条件不详	未注明
茉莉属水稻	2-乙酰基-1-吡咯啉	溶剂萃取	样品：5g 样品+50ml 2,4,6-三甲基吡啶（IS）溶液，过滤，加 NaOH 萃取：50ml 二氯甲烷（2 次），浓缩（RVO，28℃） 进样量：1μl（250℃）	GC-FID，HP-5MS 柱子（30m×0.25mm×0.25μm）	未注明
	芳香物	HS-SPME	样品：8g 粉末，加入 IS 预平衡：室温（15min），然后80℃（30min） 萃取：PDMS100μm，80℃（30min） 解吸：250℃（1min）	GC-qMS/EI，HP-1MS 柱子（30m×0.25mm×0.25μm）	
马铃薯	病菌中的挥发性物质	HS-SPME	① 样品：广口瓶中的块茎 预平衡：室温（30min） 萃取：CAR/PDMS 室温下（30min） 解吸：270℃（1min）	① GC-qMS/EI，CPSil-5CB 柱子（50m×0.32mm×1.2μm） ② GC-itMS，CPSil-5CB 柱子（42m×0.32mm×1.2μm）	未注明
			② 样品：广口瓶中的块茎 预平衡：室温（30min） 萃取：CAR/PDMS 室温下（5min） 解吸：纤维暴露于加热的传感器阵列（2min）	电子鼻：8-金属氧化物传感器阵列系统	未注明

续表

分析体系	目标分析物	萃取技术	萃取过程	分析和检测方法	LOD
马铃薯片	酸败实验中的芳香物	① 动态顶空	样品：60g 预平衡：50℃或70℃，30min 萃取：DHS(10min)，空气流(15ml/min)	① 12-金属 GS 电子鼻	未注明
		② HS-SPME	样品：4g 预平衡：50℃，时间不详 萃取：CAR/PDMS，50℃（20min） 解吸：300℃（3min），250℃（5min）	② GC-qMS/EI 电子鼻，5m 失活熔融石英柱（250℃） ③ GC-qMS/EI，Equity-5poly 柱子(30m×0.25mm×0.25μm)	未注明
解冻和熟制的法国豆	挥发性和半挥发性化合物	① HS-SPME	样品：10g 预平衡：40℃（30min） 萃取：DVB/CAR/PDMS，40℃（1h） 解吸：250℃（2min）	GC-FID-qMS/EI，两个 HP-1 柱子(50m×0.2mm×0.33μm)	未注明
		② 同时蒸馏萃取法	样品：300g+1L 水+70ml 二氯甲烷于 Lickens-Nickerson 装置 萃取：煮沸（2h），萃取后用 MgSO₄ 干燥，浓缩至 250μl，进样		
芒果	不饱和脂肪酸酯和其他挥发性物质	HS-SPME	样品：整个芒果 预平衡：室温（30min） 萃取：DVB/CAR/PDMS(2cm)，室温（60min） 解吸：250℃（0.5min）	GC-qMS/EI, SPB-1 柱子(30m×0.25mm× 1μm)	未注明
草莓	芳香物	HS-SPME	① 样品：4 片水果 预平衡：室温（2h） 萃取：PDMS 100μm，室温（45min） 解吸：250℃（5min）	GC×GC-FID 1D 柱子：EtTBS-CD(20m×0.25mm×0.25μm)+CycloSil B(26m×0.25mm×0.25μm)+一小段 BPX -5(0.14m×0.25mm×0.25μm) 2D 柱子：BPX-50(1m×0.1mm×0.1μm)	未注明
			② 样品：4 片水果，用于分析的 5ml+15μl 十三烷/乙醇混合物 萃取：PDMS 100μm，室温（15min） 解吸：250℃（5min）		
	因创伤而含有葡萄酸霉病的草莓中的芳香物	HS-SPME	样品：因振荡而损伤的水果 萃取：动态顶空空气采样(气流60ml/min)，PDMS 100μm，采样周期15min(0～195min) 解吸：240℃	GC-FID, DB-5 柱子(60m×0.32mm×1μm)	未注明
鳄梨	芳香物	HS-SPME	样品：20g 果浆，微波炉加热(2450MHz，833W，30s)，5g 用于分析 预平衡：室温下（24h） 萃取：CAR/PDMS（30min） 解吸：180℃	GC-qMS/EI, HP-FFAP 柱子（30m×0.25mm×0.25μm）	未注明
热带水果（西番莲果、腰果、罗望子、金虎尾、番石榴）	芳香物	① HS-SPME ② 内冷 HS-SPME	样品：0.55g 预平衡：60℃（10min） 萃取：60℃（25min） ① DVB/CAR/PDMS 萃取头，25min ② 内部冷却 PDMS 萃取头，涂层厚度：340μm，萃取头温度：0℃ 解吸：250℃（3min）	① GC-FID, CP-Sil8 柱子(30m×0.25mm×0.25μm) ② GC-qMS/EI,VF-5MS 柱子(30m×0.25mm×0.25μm)低温冷阱	未注明
未发酵的橄榄	芳香物	HS-SPME	样品：5ml 橄榄盐水 萃取：PDMS/DVB，室温（60min） 解吸：250℃（5min）	GC-qMS/EI, HP-5MS 柱子（30m×0.25mm×0.25μm）	未注明
橄榄油	有机磷杀虫剂	HS-SPME	样品：5g 预平衡：75℃（10min） 萃取：PDMS 100μm，75℃（60min） 解吸：250℃（7min）	GC-FID, DB-1 柱子（30m×0.32mm，涂层厚度不详）	0.006～0.010mg/kg

续表

分析体系	目标分析物	萃取技术	萃取过程	分析和检测方法	LOD
橄榄油	芳香物	HS-SPME	样品：热氧化橄榄油 预平衡：23℃（2h） 萃取：PDMS/DVB, PDMS100μm, 23℃（30min） 解吸：250℃（2min）	GC-ToF, MS/EI，低温冷却阱，HP-5柱子（5m×0.1mm×0.34μm）	未注明
婴儿食物（胡萝卜、豆、小西葫芦、香蕉、苹果、梨、马铃薯、猕猴桃、绿豌豆）	呋喃	HS-SPME	样品：4g，煮沸样品，均质化 萃取：CAR/PDMS, 30℃（10min） 解吸：230℃（3min）	GC-qMS/EI, HP-INNO Wax柱子（60m×0.25mm×0.5μm）	25.7ng/kg（胡萝卜）
母乳	有机氯化合物（PCB, HCH, HCB, DDT和衍生物：氯酚）	HS-SPME	样品：0.5ml样品+0.5ml高氯酸（1mol/L）+0.15g Na₂SO₄ 萃取：PA, 100℃（40min） 解吸：280℃（10min）	GC-ECD, SE-54柱子（50m×0.32mm×0.35μm）	0.06～3.41μg/L
蜂蜜	芳香物	① 静态顶空（SHS）	样品：7g样品+1ml水+1.05g NaCl 预平衡：100℃（15min） 萃取：2.5ml顶空气体 进样：进样口温度120℃	智能鼻-qMS/EI, 3扫描循环（10～150μm）	未注明
		② HS-SPME	样品：7g样品+1ml水+1.05g NaCl 预平衡：90℃（2min） 萃取：DVB/CAR/PDMS, 90℃（30min） 解吸：190℃		
单花蜜	芳香物	HS-SPME	样品：6ml蜜糖水溶液（3g/ml） 预平衡：60℃（30min） 萃取：DVB/CAR/PDMS, 60℃（60min） 解吸：220℃	GC-qMS/EI, HP-5MS柱子（30m×0.25mm×0.25μm）	未注明
真菌	芳香物	① HS-SPME	样品：SPME样品瓶中培养的真菌 萃取：PDMS 100μm, 25℃（30min） 解吸：250℃	GC-qMS/EI, HP-5柱子（30m×0.25mm×0.25μm）PTV进样器	未注明
		② HS-SBSE	萃取：PDMS搅拌棒, 24μl萃取相25℃（30min） 解吸：搅拌棒置于玻璃管中, 20～250℃（60℃/min, 250℃保持7min）		
	甲基叔丁醚（MTBE）	HS-SPME	样品：4ml样品+10%NaCl 萃取：CAR/PDMS, 18～19℃（30min） 解吸：260℃（10min）	GC-MS, DB-624柱子（60m×0.32mm×1.8μm）	10ng/L
饮用水	从聚乙烯溶入水中的有机污染物	① 滤液萃取	样品：80ml 萃取：1×4ml和2×2ml二氯甲烷, 浓缩至0.5ml 进样量：2μl	① GC-FID（用于标样）Optima 17柱子（15m×0.53mm×1μm） ② GC-qMS（用于实际样品），柱子同上	0.5～10μg/L
		② DI-SPME	样品：10ml 萃取：PDMS/DVB, 60℃（30min） 解吸：270℃（3min）		
	邻苯二甲酸酯（DEHP）	DI-SPME	样品：500ml 萃取：PDMS/DVB, 2～4℃ 解吸：乙腈（5min静态脱吸），2min动态洗脱到柱子里	HPLC-UV, Luna Phenomenex C18柱子（4.6mm×30mm×5μm），流动相，乙腈，检测波长224nm	0.6μg/L
淡水和饮用水	贝类毒素	DI-SPME	纤维前处理：将纤维浸泡在0.1mol/L NaOH溶液中 样品：5ml 萃取：CW/TPR, 室温, pH=8.1（40min） 解吸：用20mmol/L1-庚烷磺酸钠和30%乙腈溶液（50mmol/L硫酸酸化）解吸	HPLC-FLD. Beckman C18反相柱（4.6mm×150mm×5μm），30℃，流动相，庚烷磺酸钠溶液（pH=7.1）和乙腈	0.11 ng/ml

分析体系	目标分析物	萃取技术	萃取过程	分析和检测方法	LOD
水，橙汁和苹果汁	农药残留	DI-SPME	SPME 样品：6ml+1.8g NaCl，pH=6 萃取：PDMS/DVB,室温（150min） 解吸：200μl 甲醇，搅拌 16min 加入 200μl 0.4mol/L 乙酸，注入 CE	CE-UV.214nm CE 毛细管，检测长度50cm；总长度：57μm，50μm	2.5～6μg/L（水），3.1～47μg/L（果汁）
苹果汁	细菌引起的异味化合物	HS-SPME	样品：将其稀释至 10%，2.5g Na$_2$SO$_4$ 预平衡：60℃（放线菌 5min，其他菌 10min） 萃取：DVB/CAR/PDMS，60℃（10min 或 30min） 解吸：270℃（10min）	GC-qMS/EI, HP-5 柱子（30m×0.25mm×1μm）	0.08～7.7μg/L
草莓汁和红酒	芳香物	HS-SPME DI-SPME	样品：50ml 用 NaCl 饱和 萃取：PDMS 100μm，30℃（30min），顶空或直接浸入 解吸：250℃（2min）	GC-qMS/EI, CPSil-5CB 柱子（25m×0.25mm×0.4μm）	未注明
水果汁和饮料（梨、杏、桃）	芳香物	HS-SPME	样品：5ml 萃取：PDMS 100 μm, 40℃(30min) 解吸：250℃（5min）	① GC-FID,Supelcowax 10 柱子(30 m×0.25mm×0.25μm) ② GC-qMS/EI，柱子如上	0.2～1.8μg/L
中国茶	有机氯农药残留	① MAE-HS-SPME	① 微波辅助萃取(MAE)；0.5g 样品+15ml 水，萃取 10min ② SPME：15ml 样品+5g NaCl 萃取：sol-gel 聚苯基甲基硅氧烷(PPMS) 纤维，90℃（40min） 脱附：280℃（4 min）	GC-μECD, HP-5 柱子(30m×0.25mm×0.25μm) GC-qMS, HP-5 柱子(30m×0.25mm×0.25μm)	0.015～0.081ng/L
		② USE-HS-SPME	样品：0.5g+15ml 水 萃取：超声萃取（USE）1h, SPME 萃取如上		未注明
茶（绿茶、红茶、草药），葡萄汁，红酒	茶多酚和咖啡因	管内 SPME	样品：1ml 萃取：40μl 样品从样品瓶中转移到 PPY 柱中(60cm×0.25mm)，再打回样品瓶中（重复 15 次）	HPLC-ESI-MS, Supelcosi LC18 柱(15cm, 4.6mm, 颗粒大小 5μm)，梯度洗脱 0.3ml/min(乙腈-乙酸, 水-乙酸)	0.01ng/ml（咖啡因）<0.5ng/ml（茶多酚）
可可粉	吡嗪	HS-SPME	焙烧:5g 可可，或 5g 可可+50mg D-葡萄糖或 20.8mg 甘氨酸，或两种一起焙烧（150℃，30min） 样品：1g 可可粉+10ml 饱和 NaCl 溶液 萃取：CAR100μm, 60℃(45 min) 解吸：240℃(4min)	GC-FID, PE-WAX 柱子(30m×0.53mm×0.5μm)	未注明
	芳香物	HS-SPME	样品：2g 焙烧样品 预处理：60℃(10min) 萃取：DVB/CAR/ PDMS, 60℃(40 min) 解吸：260℃(5min)	① GC-FID Omegawax 250 柱子（30m×0.25mm×0.25μm） ② GC-qMS，柱子同上	未注明
咖啡	芳香物	HS-SPME	样品：1 个咖啡豆切成两半 预处理：60℃(10min) 萃取：DVB/CAR/PDMS, 60℃(40min) 解吸：250℃(2min)	① GC×GC$_{-tof}$MS/EI 系统 A：1D 柱子：SolGel-WAX(30m×0.25mm×0.25μm), 2D 柱子：BPX-5(1m×0.1mm×0.1μm) 系统 B：1D 柱子：BPX-5(30m×0.25mm×0.25μm),2D 柱子,BP20(0.8m×0.1mm×0.1μm) ② GC×GC-q MS /EI 1D 柱子：Supelcowax10 (30m×0.25mm×0.25μm); 2D 柱子：SPB-5(1m×0.1mm×0.1μm)	未注明

分析体系	目标分析物	萃取技术	萃取过程	分析和检测方法	LOD
啤酒	芳香物	HS-SPME	样品：5g+2g NaCl 预处理：20℃(30min)，超声 萃取：CAR/PDMS, 20℃(30min) 解吸：290℃,10min	GC-qMS/EI，SPB-5 柱子（60m×0.32mm×0.1μm）	未注明
葡萄酒	芳香物	HS-SPME	样品：10ml 稀释样品（1:10 或 100）+2g NaCl 萃取：CW/DVB, 35℃（10min） 解吸：30s+9.5min 纤维烘烤	GC-qMS/EI，ZB-Wax 柱子（60m×0.25mm×0.25μm）	未注明
	2,4,6-三氯苯甲醚、2,4,6-三溴苯甲醚	HS-SPME	样品：3ml 红酒用 NaCl 饱和 萃取：PDMS100μm, 21℃（30min） 解吸：250℃（5min）	① GC-LRMS/NCl（甲烷），Equity-5 柱（30m×0.25mm×0.25μm） ② GC-HRMS/EI，柱子同上	0.2～0.3ng/L（GC-LRMS）
	2-甲氧基-3-（2-甲丙基）吡嗪（IBMP）	HS-SPME	样品：10ml(稀释乙醇 12%)+d₃-IBMP 萃取：PDMS/DVB, 33℃（83min） 解吸：50～250℃ 以 10K/s 速率升温（3min），250℃	① GC×GC-NPD,1D 柱：BPX-5(30m×0.25mm×0.25μm); 2D 柱：BP20(1m×0.1mm×0.1μm) ② GC×GC-tof-MS/EI，柱子同上	0.5ng/L(NPD) 1.95ng/L(MS)
酒精饮料	挥发性羰基化合物（C₁～C₈）	液液萃取	样品：稀释至乙醇 20%，PFBHA 衍生化 反应和预平衡：45℃（2h） 萃取：1ml 庚烷+8ml 0.05mol/L H₂SO₄，振荡 30s 进样量：1μl	GC-ECD, Rtx-5 柱子（30m×0.32mm×3μm）	0.23～3.3μg/L
		DI-SPME	样品：10ml, pH 调节至 2, 加入 1ml PFBHA 反应和预平衡：45℃（2h） 萃取：PDMS 100μm, 室温（15min） 解吸：250℃（10min）		0.005～0.33μg/L
核果酒	氨基甲酸乙酯	HS-SPME	样品：0.5ml, 过滤+2g NaCl+4ml 缓冲溶液（pH=7） 预平衡：70℃（10min） 萃取：CW/DVB, 70℃（30min） 解吸：250℃（2min）	GC-MS/MS/EI(triple-q), Stabilwax 柱子（60m×0.25mm×0.25μm）	0.03mg/L
加糖橘酒	芳香物	HS-SPME	样品：5ml 预平衡：37℃（10min） 萃取：DVB/CAR/PDMS, 37℃（5min） 解吸：250℃（2min）	① GC-FID Supelco Wax10 柱子(30m×0.32mm×0.3μm) ② GC-itMS/EI, EC-Wax 柱子（30m×0.25mm×0.25μm）	未注明
胡椒	精油的芳香物	HS-SPME	样品：20g 种子水蒸气蒸馏，精油干燥后置于 SPME 样品瓶中 萃取：DVB/CAR/DPMS(2cm), 室温（4h） 解吸：250℃（5min）	① GC-FID,柱子：RSL200(30m×0.32mm×0.25μm)，HP-5MS(30m×0.32mm×0.25μm)，Stabilwax(30m×0.32mm×0.50μm) ② GC-O-FID, RSL200 柱子(30m×0.32mm×0.25μm) ③ GC-qMS/EI, RSL200 和 Stabilwax 柱子	未注明
食醋	2-糠醛、5-甲基糠醛	HS-SPME	样品：8g+NaCl 获得 400g/L 溶液，加入 IS 萃取：DVB/CAR/PDMS, 50℃（40min） 解吸：280℃（10min）	GC-qMS/EI, DB-WAX 柱子（60m×0.25mm×0.25μm）	15μg/L

分析体系	目标分析物	萃取技术	萃取过程	分析和检测方法	LOD
食醋	芳香物	① 搅拌棒吸附萃取法	样品：25ml+5.85g NaCl+50µl 4-甲基-2-戊醇溶液 萃取：PDMS 搅拌棒，25℃，1250r/min（120min） 解吸：330℃（10min）	GC-qME/EI, DB-WAX 柱子（60m×0.25mm×0.25µm）	0.03 ～ 8.60µg/L
		② HS- SPME	条件不详		
棉花、香烟、纸和草的烟	挥发性化合物的成分来区分烟源	HS-SPME	样品：9cm² 材料置于管中，点火 萃取：棉花、香烟、纸和草分别为 4s、5s、8s 和 10s 解吸：30s，温度不详	GC-PFAIMS 与 GC-qMS/EI SP2300 柱子（23m）	未注明
印度烟	挥发性有毒物质	HS-SPME	样品：0.1g+300µl 3mol/L KCl 溶液 预平衡：室温（1h），然后 95℃（5min） 萃取：CW/DVB，95℃（2min） 解吸：230℃（4min）	GC-qMS/EI DB-5MS 柱子（30m×0.1mm×0.1µm）	0.02 ～ 0.26µg/ L
洗发水	香味化合物	HS-SPME	① 平衡萃取 样品：50µl 洗发水，用水稀释至 0.01%，加入 3g 盐 预平衡：45min，温度不详 萃取：45℃（45min），PA 解吸：270℃（1～2min）	① GC-FID, SPB-1 柱子(30m×0.25mm×0.25µm) ② GC-FID, SPB-1 柱子(15m×0.25mm×0.25µm)	(0.02 ～ 0.2)×10⁻⁹
			② 完全萃取 样品：50µl 洗发水，用水稀释至 1% 预平衡：60℃（45min） 萃取：PA，45℃（45min） 解吸：270℃（1～2min）	GC-qMS/EI, SPB-1 柱子(30m×0.32mm× 1µm)	未注明
薰衣草花	芳香物	HS-SPME	样品：1g(干的叶、花或芽) 萃取：PDMS100µm，40℃（60min） 解吸：250℃（60s）	GC-itMS/EI, SPB-5 柱子（60m×0.25mm×0.25µm）和 Supelcowax-10 柱子(60m×0.25mm×0.25µm)	未注明
紫丁香花	芳香物	HS-SPME	样品：鲜花（白的和紫的），用量不详 预平衡：有，但未详细说明 萃取：PDMS/DVB，25℃（30min） 解吸：250℃（5min）	GC-itMS 包括 EI 和 CI 模式(CI 试剂，液体 CH₃CN)，CP-Si18CB 柱子（30m×0.25mm×0.25µm）	未注明
芦荟花和石吊兰花	芳香物	HS-SPME	样品：5 朵花（包括幼紫花和成熟白花） 萃取：PDMS100µm，25℃（45min） 解吸：250℃（5min）	GC-qMS/EI, HP-5 柱子（60m×0.25mm×0.25µm）	未注明
洋槐花	芳香物	HS-SPME	样品：3g 鲜花 萃取：PDMS100µm，室温（45min 或 2h） 解吸：250℃（4min）	GC-itMS/EI, VF-5MS 柱子（30m×0.25mm×0.25µm）	未注明
花旗松、迷迭香和薰衣草树	单萜烯	动态 HS-SPME(便携式动态空气采样器)	样品：植物枝密封于塑料瓶中 萃取：便携泵（空气流速 70cm/s），PDMS/DVB，0～10℃(1min) 解吸：250℃（5min）	GC-qMS/EI, β-环糊精柱子，CYCLODEX-B(30m×0.256mm×0.25µm)	未注明
西红柿植物	水杨酸甲酯、水杨酸	HS-SPME	样品：4 株西红柿植物于 5L 玻璃瓶中 萃取：PSMS100µm，25℃（15min） 解吸：270℃（2min）	GC-qMS/EI, HP-5MS 柱子（30m×0.25mm×0.25µm）	2ng/L (MeSA 乙醇标样)
	C₆ 醛类	HS-SPME	纤维上衍生化：PFBHA(17mg/ml)，顶空吸附，25℃（5min） 样品：1 株西红柿植物于 5L 玻璃瓶中 萃取：PDMS/DVB，25℃（6min） 解吸：270℃（2min）	GC-qMS/EI, HP-5MS 柱子（30m×0.25mm×0.25µm）	0.1～0.5ng/L (标准气)

续表

分析体系	目标分析物	萃取技术	萃取过程	分析和检测方法	LOD
迷迭香、葡萄酒和兰花等	芳香物	HS-SPME	样品：单株花头或0.4g干迷迭香叶或30ml葡萄酒 萃取：CAR/PDMSSF，室温（1h） 解吸：250℃（5min）	GC-qMS/EI，HP-5MS柱子（30m×0.25mm×0.25μm）	未注明
赤眼蜂	性信息素（$C_{17}H_{32}$和$C_{17}H_{32}O$）	HS-SPME纤维衍生化	样品：50～110只蜂置于样品瓶中（含蜂蜜） 萃取：PDMS 100μm，25℃(20～50h) 萃取后衍生化：5μlBSTFA加1%TMCS置于瓶中，顶空 解吸：250℃（5～15min）	①准确质量测量：GC-molHRMS/EI，PB-5柱子(30m×0.25mm×0.25μm) ②保留系数确定：2×GC-FID，DB-1柱子(60m×0.25mm×0.25μm)，Stabilwax柱子(60m×0.25mm×0.25μm)	1ng
淡水	类毒素A	超声-DI-SPME	原位衍生：己基氯甲氨酯加入碱化样品（pH=9） 样品：2ml水，200μg碳酸氢钠 萃取：超声萃取（10min），瓶中样品室温下过夜；SPME，PDMS 100μm(20min) 解吸：250℃（20min）	GC-qMS/EI，HP-5MS柱子（30m×0.25mm×0.10μm）	2ng/ml

① 1bar=10^5Pa。

分子印迹固相微萃取涂层及其应用见表1-85。

表 1-85 分子印迹固相微萃取涂层及其应用[15]

模板分子	装置形式	目标物	实际样品	解析方式	检出限/(μg/ml)	文献
心得安	管内SPME	β-阻断剂	血清	少量溶剂洗脱	320	1
克伦特罗	萃取纤维	溴布特罗	尿液	少量溶剂洗脱	10	2
扑草净	萃取纤维	三嗪类除草剂	大豆、玉米、生菜和土壤	SPME-HPLC	0.012～0.090	3
四环素	萃取纤维	四环素类抗生素	鸡饲料、鸡肉和牛奶	SPME-HPLC	1.02～2.31	4
心得安	萃取纤维	心得安和心得乐	人类尿液和血清	SPME-HPLC	3.8、6.9	5
17β-雌二醇	萃取纤维	雌激素类	鱼肉	SPME-HPLC	0.98～2.39	6
双酚A	萃取纤维	双酚A	自来水、人类尿液和牛奶	少量溶剂洗脱	2.4～38.9	7
莠灭净	萃取纤维	三嗪类除草剂	自来水、大米、玉米和洋葱	SPME-GC	9～85	8
二乙酰吗啡	整体材料	二乙酰吗啡	市售海洛因	SPME-GC	300	9
阿特拉津	整体材料	三嗪类除草剂	水、大米、洋葱	SPME-GC	20～68	10
莠灭净	整体材料	三嗪类除草剂	自来水、大米、玉米和洋葱	SPME-GC	14～95	11
雷托巴胺	SBSE	β₂-兴奋剂	猪肉、猪肝和饲料	少量溶剂洗脱	0.10～0.21	12
特丁津	SBSE	三嗪类除草剂	大米、苹果、生菜和土壤	少量溶剂洗脱	0.04～0.12	13
联苯	萃取纤维	联苯和其同系物	市售黏合剂	SPME-GC	10～350	14
BDE-209	萃取纤维	多溴联苯醚同系物	城市废水	SPME-GC	(0.2～3.6)×10^{-3}	15
叶酸	萃取纤维	叶酸	人类血液和血清、药物	少量溶剂洗脱	(3.4～3.8)×10^{-3}	16
抗坏血酸	萃取纤维	抗坏血酸	人类血液和血清、药物	少量溶剂洗脱	0.0403	17
烟嘧磺隆	SBSE	烟嘧磺隆	自来水和土壤	少量溶剂洗脱	—	18
培氟沙星	整体材料	氟喹诺酮类药物	牛奶	少量溶剂洗脱	0.4～1.6	19

β_2-兴奋剂

本表文献：

1 Mullett W M, Martin P, Pawliszyn J. Anal Chem, 2001, 73(11): 2383.

2 Koster E H M, Crescenzi C, Den Hoedt W, et al. Anal Chem, 2001, 73(13): 3140.

3 Hu X G, Hu Y L, Li G K. J Chromatogr A, 2007, 1147: 1.

4 Hu X G, Pan J L, Hu Y L. J Chromatogr A, 2008, 1188: 97.

5 Hu X G, Pan J L, Hu Y L, et al. J Chromatogr A, 2009, 1216(2): 190.

6 Hu Y L, Wang Y Y, Chen X G, et al. Talanta, 2010, 80(5):2099.

7 Tan F, Zhan H X, Li X X, et al. J Chromalogr, A 2009, 1216: 5647.

8 Djozan D, Ebrahimi B, Mahkam M, et al. Anal Chim Acta, 2010. 647: 40.

9 Djozan D, Tahmineh B. J Chromatogr A, 2007,1166: 16.

10 Djozan D, Ebrahimi B. Anal Chim Acta, 2008, 616(2): 152.

11 Djozan D, Mahkam M, Ebrahimi B. J Chromatogr A, 2009(1216): 2211.

12 Xu Z G, Hu Y F, Hu YL, et al. J Chromatogr A, 2010, 1217: 3612.

13 Hu Y L, Li J W, Hu Y F, et al. Talanta, 2010, 82: 464.

14 王淼，刘萍，贾金平，等．环境科学与技术，2006, 29(6): 43.

15 Li M K Y. Lei N Y, Gong C B, et al. Anal Chim Acta, 2009, 633: 197.

16 Prasad B B, Tiwari M P, Madhuri R, et al. Anal Chim Acta, 2010, 662: 14.

17 Prasad B B, Tiwari K, Singh M, et al. J Chromatogr A, 2008, 1198-1199: 59.

18 Yang L Q, Zhao X M, Zhou J. Anal Chim Acta, 2010, 670: 72.

19 Zheng M M, Gong R, Zhao X , et al. J Chromatogr A, 2010, 1217: 2075.

顶空-固相微萃取在中药分析中的应用见表 1-86。

表 1-86 顶空-固相微萃取在中药分析中的应用

测 定 成 分	萃取头①	联用仪器	文献
从伸筋草中分离组分 98 个，鉴定伸筋草挥发油成分 81 个	PDMS/DVB	HS-GC-MS	1
定性定量分析广藿香药材中的挥发性成分，以百秋里醇为指标，对 10 种不同产地广藿香中百秋里醇的含量进行测定	PDMS/DVB	HS-GC-MS	2
分离鉴定了藿香正气丸中的 73 个化学成分	PDMS	HS-GC-MS	3
从感冒清热颗粒提取成分中鉴别来自紫苏叶的紫苏酮成分	PDMS	HS-GC-MS	4
从南沙参萃取物中检测出 39 个组分，主要为低沸点的萜类、醛酮类和小极性的烃类	PDMS	HS-GC-MS	5
测定鱼腥草注射液主要成分甲基正壬酮	PDMS	HS-GC	6
测定非那雄胺中二氯甲烷和三氯甲烷的残留量	PDMS	HS-GC	7
测定大蒜素注射液中大蒜素的含量，回收率可达到 99.56%	PDMS	HS-GC	8
顶空萃取头孢匹胺钠中甲醇、乙醇、丙酮、乙腈和 N, N-二甲基乙酰胺的残留量	甲基苯基乙烯基硅氧烷/羟基硅油	HS-GC	9
测定 Bea-gle 犬血浆中维拉帕米的浓度	电纺纳米	HPLC	10
在线测定人血浆中尼可地尔	PEEK 管	HPLC	11

① PDMS——聚二甲基硅氧烷，DVB——二乙烯基苯。

本表文献：

1 杨再波，钟才宁，孙成斌，毛海立．中国医院药学杂志，2008，28(13): 1067.

2 连宗衍，杨丰庆，李绍平．分析化学，2009，37(2): 283.

3 张晓珊，高文华，徐严平．汕头大学学报：自然科学版，2008，23(2): 50.

4 李焕丹，张晓珊，李康．国际医药卫生导报，2008，14(3): 79.

5 高茜，向能军，沈宏林．精细化工中间体，2008，38(6): 66.

6 李颖，郑申西，李宗．中国现代中药，2008，10(4): 26.

7 刘波平，周妍，罗香，等．分析测试室，2007，26(6): 33.

8 黎维勇，吴波，宋波．中国药科大学学报，2005，36(1): 90.

9 李弘韬，杨敏，万江陵，瞿前锋．药物分析杂志，2005，25(1): 37.

10 王燕，陈利琴，康学军，等．中国药理学通报，2007，23(6): 832.

11 梁炳焕，张敏，文毅，等．分析测试学报，2008，27(1): 18.

第八节　其他萃取方法

一、超临界流体萃取

超临界流体（supercritical fluid, SF）是一种处于临界温度和临界压力以上、介于气体和液体之间的流体，它具有与液体相近的密度和较强的溶解能力，又具有与气体相似的黏度和高渗透性，扩散系数约比液体大 100 倍。因而，利用超临界流体进行萃取是将传统的蒸馏和有机溶剂萃取结合一体，利用超临界流体优良的溶解力，有选择性地依次把极性大小、沸点高低和分子量大小不同的成分与基质有效分离、提取和纯化。可作为超临界流体的物质有二氧化碳、一氧化亚氮、六氟化硫、乙烷、庚烷、氨等，其中多选用 CO_2。CO_2 具有明显的优势：临界温度接近室温（T_c=31.1℃，p_c=7.38MPa），且无色、无毒、无味、不易燃、化学惰性、价廉、易制成高纯度气体。在超临界状态下，CO_2 具有选择性溶解能力：①对低分子、低极性、亲脂性、低沸点的成分（如挥发油、烃、酯、内酯、醚、环氧化合物等）表现出优异的溶解性，如天然植物与果实的香气成分；②含极性基团（如 OH、COOH 等）越多的化合物越难萃取，多元醇、多元酸及多羟基的芳香物质均难溶于超临界二氧化碳；③分子量越高的化合物越难萃取，分子量超过 500 的高分子化合物则几乎不溶。因而可以用超临界流体提取动、植物体内的多种有效成分（尤其是香精、香料、油脂、维生素等高沸点热敏性物质），再通过减压将其释放出来。纯物质的临界参数见表 1-87。

表 1-87　纯物质的临界参数

物　　质	沸点/℃	临界温度 T_c/℃	临界压力 p_c/MPa	临界密度 ρ_c/(g/cm³)	物　　质	沸点/℃	临界温度 T_c/℃	临界压力 p_c/MPa	临界密度 ρ_c/(g/cm³)
氩	−185.7	−122.4	4.86	0.530	正戊烷	36.5	196.6	3.37	0.232
甲烷	−164.0	−83.0	4.64	0.160	甲醇	64.7	240.5	8.10	0.272
氮	−152.6	−63.8	5.50	0.920	正己烷	69.0	234.2	2.97	0.243
氙	−108.10	16.7	5.89	1.15	乙醇	78.2	243.4	6.30	0.276
乙烯	−103.7	10.0	5.12	0.21	苯	80.1	288.1	4.89	0.302
乙烷	−88.0	32.4	4.88	0.203	环己烷	80.6	280.3	4.07	
三氟甲烷	−84	26.2	4.85	0.620	异丙醇	82.5	235.2	4.76	0.23
氟里昂-13	−81.46	28.9	3.92	0.580	正丙醇	97.1	263.4	5.17	0.275
二氧化碳	−78.5	31.0	7.38	0.468	水	100.0	374.1	22.06	0.326
丙烯	−47.7	92.0	4.67	0.288	甲苯	110.6	320.0	4.13	0.292
丙烷	−44.5	97.2	4.24	0.220	吡啶	115.2	347.0	5.63	0.310
氨	−33.4	132.2	11.39	0.236	乙二胺	116	319.9	6.27	0.290
二氧化硫	−10	157.6	7.88	0.525	丁醇	117.5	275.0	4.30	0.270
正丁烷	−0.5	152.0	3.80	0.228	对二甲苯	138.5	343.0	3.52	

在超临界液体萃取研究中，将特意加入的有助于改变溶质溶解度的第三组分称为夹带剂（或称为亚临界组分），通常是一些具有很好溶解性能的溶剂（如甲醇、乙醇、丙酮、乙酸乙酯等）。夹带剂可以改变溶剂与溶质间的相互作用情况，改善溶质的溶解能力。夹带剂还可以改变溶剂的临界点，增大对溶质的溶解能力，在操作压力不变的情况下适当升温即可改变溶质的溶解能力，进而从循环气体中分离出来，降低能耗。在超临界 CO_2 微乳液萃取方法中，夹带剂可以作为"助表面活性剂"促进微乳液的生成，从而改善萃取环境。对酸、醇、酚、酯等被萃取物，可以选用含—OH、C＝O 基团的夹带剂；对极性较大的被萃取物，可选用极性较大的夹带剂。

　　夹带剂在给予超临界 CO_2 萃取技术更广阔应用的同时有两个负面影响：增加了从萃取物中分离回收夹带剂的难度，并且使一些萃取物中有夹带剂的残留。这既失去了超临界 CO_2 萃取没有溶剂残留的优点，也增加了工业设计、研制和运行工艺方面的困难。因而需要根据所萃取的体系开发（或选用）新型无害且易分离的新型夹带剂。

　　超临界流体萃取（SFE）具体的操作工艺流程原理及特点见表 1-88。SFE 在药物主要成分提取中的部分应用见表 1-89。

表 1-88　SFE 工艺流程的工作原理及特点

流程	工作原理	优　点	缺　点
等温变压工艺	萃取和分离在同一温度下进行，萃取完毕后通过节流降压进入分离器，由于压力降低，CO_2 流体对被萃取物的溶解能力逐步减小，萃取物析出，得以分离	因温度不变，操作简单，可实现对高沸点、热敏性、易氧化物质接近常温的萃取	压力高，投资大，能耗高
等压变温工艺	萃取和分离在同一压力下进行，萃取完毕后通过热交换升温，CO_2 流体在特定压力下其溶解能力随温度升高而减小，溶质析出	压缩能耗相对较小	对热敏性物质有影响
恒温恒压工艺	流程在恒温恒压下进行，分离萃取物需特殊的吸附剂（如离子交换树脂、活性炭等）进行交换吸附。一般用于除去有害物质	该工艺始终处于恒定的超临界状态，故十分节能	需要特殊的吸附剂

表 1-89　SFE 在药物主要成分提取中的部分应用

原　料	萃取条件	萃　取　物	收率/%	文献
紫苏子	42℃，30MPa	紫苏子脂肪油	27.50	1
月见草	35℃，30MPa	月见草油	88.2	2
药用大蒜	40℃，15MPa	大蒜油	44.57	3
宽叶缬草	30℃，20MPa	缬草精油	1.50	4
肉豆蔻	35℃，25MPa	精油+树脂	40.04	5
人参叶	55℃，25MPa	人参皂苷	0.40	6
鸢尾香根	55℃，26MPa	鸢尾精油	12.71	7
银杏叶	40℃，20MPa	银杏叶有效成分	3.34	8
银杏叶	55℃，22MPa	银杏黄酮	1.50	9
广藿香	50℃，28MPa	广藿香脂溶物	2.85	10
丁香	45℃，12MPa	丁香精油	21.04	11
薄荷原油	44℃，8MPa	薄荷醇	78.33	12
木香	35℃，15MPa	挥发油	2.52	13
茴香	50℃，27MPa	精油	1.28	14
香附	55℃，15MPa	香附油	2.6	15
蛇床子	45℃，26MPa	挥发油	10.00	16
当归	65℃，50MPa	挥发油	2.13	17
川芎	65℃，30MPa	浸膏	5.6	17
草果	42℃，25MPa	挥发油	1.05	18
厚朴	35℃，22MPa	厚朴酚	5.18	19
黄花蒿	60℃，20MPa	青蒿素	95	20
山苍子	45℃，25MPa	山苍子油	30.19	21
姜	45℃，25MPa	姜油树脂	5.0	22
生姜	40℃，11.5MPa	姜油	4.37	23
杏仁	45℃，25MPa	杏仁油	33.00	24
穿心莲	40℃，25MPa	穿心莲内脂	19.79	25
何首乌	50℃，31.5MPa	磷脂	0.2	26
丹参	40℃，20MPa	脂溶性成分	1.2	27

续表

原　料	萃取条件	萃取物	收率/%	文献
草珊瑚	40℃, 20MPa	浸膏	2.32	28
黄山药	55℃, 29MPa	薯蓣皂素	5.78	29
白芍	65℃, 30MPa	芍药苷	2.5	30
秋水仙根	40℃, 35MPa	秋水仙碱	0.15	31
柴胡	65℃, 30MPa	柴胡皂苷	3.06	32
甘草	40℃, 35MPa	甘草素	6.00	33
川芎	60℃, 25.3MPa	川芎嗪	1.08	34
五味子	0℃, 25.3MPa	五味子甲素	0.4	35
补骨脂	60℃, 38.5MPa	补骨脂素, 异补骨脂素	0.8048, 0.6849	36

本表文献:

1　辉国钧, 葛发欢, 王海波, 等. 中国医药工业杂志, 1996, 27(2): 51.
2　孙爱东, 尹卓容, 蔡同一, 等. 中国油脂, 1998, 23(5): 40.
3　葛保胜, 王秀道, 石滨. 中成药, 2002, 24(8): 571.
4　巫美华, 何香银, 陈训, 张镜澄等编. 第二届全国超临界流体技术学术及应用研讨会论文集. 广州, 1998.
5　刘博, 陈开勋, 陈渭萍, 等. 香料香精化妆品, 2003(4): 17.
6　张建中, 吴旭, 崔巍. 全国超临界流体技术学术及应用研讨会论文集. 石家庄, 1996.
7　李昶红, 李薇, 李旭红, 等. 天然产物研究与开发, 2005, 17(6): 773.
8　邓启焕, 高勇, 中草药, 1999, 30(6): 419.
9　张侃, 陈娜, 杨英, 等. 全国超临界流体技术学术及应用研讨会论文集. 石家庄, 1996.
10　雷正杰, 张忠义, 王鹏, 等//陈开勋等编. 第三届全国超临界流体技术及应用研讨会论文集. 西安, 2000.
11　于泓鹏, 吴克刚, 吴彤锐, 等. 食品与发酵工业, 2009, 35(1): 145.
12　马americ乐//张镜澄等编. 第二届全国超临界流体技术学术及应用研讨会论文集. 广州, 1998.
13　陈虹, 邓修. 中草药, 1997, 28(6): 337.
14　高彦祥, SIMANDI B. 全国超临界流体技术学术及应用研讨会论文集. 石家庄, 1996.
15　曾健青, 李迎春, 刘莉玫. 化学工程, 2001, 29(4): 11.
16　王海波, 葛发欢, 李菁, 等. 中药材, 1996, 19(2): 84.
17　李淑芬, 宋慧婷, 田松江//陈开勋等编. 第三届全国超临界流体技术及应用研讨会论文集. 西安, 2000.
18　吴燕飞, 葛发欢, 史庆龙, 等. 中药材, 1997, 20(5): 240.
19　张忠义, 黄昌金, 雷正杰, 等. 广东药学, 1999, 9(3): 20.
20　何春茂, 梁志云, 中草药, 1999, 30(7): 497.
21　张德权, 吕飞杰, 台建祥, 食品与发酵工业, 2000, 26(2): 54.
22　张德权, 吕飞杰, 台建祥, 食品工业科技, 2001, 26(1): 21.
23　刘文. CO₂-SFE 技术及水蒸气蒸馏法提取生姜挥发油的研究. 中草药, 2000, 31(增刊): 46.
24　林秀仙, 梁宝钻, 谭晓华, 等. 中药材, 1998, 21(8): 403.
25　姚煜东, 金波, 向智敏, 陈仁厚. 中草药, 2000, 31(增刊): 77.
26　袁海龙, 李仙逸, 张纯, 等. 药学学报, 1999, 34(9): 702.
27　苏子仁, 陈建南, 葛发欢, 等. 中成药, 1998, 20(8): 1.
28　李先春, 王敦清. 天然产物研究与开发, 1998, 10(4): 64.
29　史庆龙, 葛发欢, 林秀仙, 等//张镜澄等编. 第二届全国超临界流体技术学术及应用研讨会论文集. 广州, 1998.
30　杨战鏖, 杨天亮, 杨铁耀//陈开勋等编. 第三届全国超临界流体技术及应用研讨会论文集. 西安, 2000.
31　方瑞斌, 张世鸿. 色谱, 1999, 17(3): 249.
32　葛发欢, 李莹, 谢健鸣, 等. 中国中药杂志, 2000, 25(3): 149.
33　李国钟, 李楠, 保宇, 张美华. 化学工程, 1994, 22(5): 26.
34　刘本, Dean J R, Price R. 中国医药工业杂志, 1999, 30(5): 196.
35　刘本, Dean J R. 中国医药工业杂志, 2000, 31(3): 101.
36　陈斌, 刘荔荔, 瞿振兴, 等. 色谱, 2000, 18(1): 61.

二、双水相萃取法

常规液液萃取是用有机溶剂从水相中提取目标物, 要求两相尽可能不互溶且密度差要尽可能大, 以保证萃取分离尽可能完全。双水相萃取 (aqueous two-phase extraction, ATPE) 给这一方法引入了新的理念: 由于水溶性聚合物之间或聚合物与无机盐之间存在一定的不相溶性, 当聚合物或无机盐的浓度达到一定的浓度时, 就会形成互不相溶的两个水相, 两相中水的比例在 85%～95%之间。被萃取物质在这两个水相中进行分配, 实现萃取分离。双水相萃取体系无毒、安全、绿色, 活性生物物质或细胞不易失活; 两水相的密度差小, 两相易分散, 相界面张力小, 可在常温常压下进行萃取,且易于连续操作,处理量大,这些特性受到普遍关注,应用日趋广泛。

两种聚合物溶液混合时,是互溶成一相还是分散成两相,决定于混合时的熵值改变量与分子间作用力(包括通常的色散力、偶极力、诱导力、氢键力和分子间选择性作用力[5])两个因素,相对而言后者的影响更大。两种聚合物分子各基团能互相适应的,则相互间能融合,此时能互溶成一相。如果两种聚合物分子之间不能适应(即存在斥力)则不相溶,两聚合物就将分别富集于不同的两相中。聚合物与无机盐形成双水相的机理不是十分清晰,但一般认为是高价无机盐的盐析作用的结果。

双水相萃取体系的影响因素:

① 聚合物的分子量。影响极大,分子量越大,形成双水相所需的浓度越低。

② 体系温度。影响较大,温度越高所需浓度越大。

③ 小分子化合物。对双水相有一定影响,但一般只在较高浓度下才起作用。

④ 体系黏度、两相密度差、界面张力、相间电位差、相分离时间等也会对双水相体系有影响。

几种常见双水相体系见表 1-90。双水相萃取的应用见表 1-91 和表 1-92。

表 1-90 几种常见双水相体系

类 型	上 相	下 相	类 型	上 相	下 相
非离子型高聚物/非离子型高聚物/水	聚丙二醇	甲氧基聚乙二醇	聚电解质/非离子型高聚物/水	葡萄糖硫酸钠	聚丙二醇
		聚乙二醇			甲氧基聚乙二醇-NaCl
		聚乙烯醇			聚乙二醇-NaCl
		聚乙烯吡咯烷酮			聚乙烯吡咯烷酮-NaCl
		羟丙基葡萄糖			甲基纤维素-NaCl
		葡萄糖			乙基羟乙基纤维素-NaCl
	甲基纤维素	羟丙基葡萄糖			羟丙基葡萄糖-NaCl
		葡萄糖			葡萄糖-NaCl
	聚乙二醇	聚乙烯醇		羧甲基葡萄糖钠	甲氧基聚乙二醇-NaCl
		聚乙烯吡咯烷酮			聚乙二醇-NaCl
		葡萄糖			聚乙烯醇-NaCl
	聚乙烯醇	甲基纤维素			聚乙烯吡咯烷酮-NaCl
		羟丙基葡萄糖			甲基纤维素-NaCl
		葡萄糖			乙基羟乙基纤维素-NaCl
	聚乙烯吡咯烷酮	甲基纤维素			羟丙基葡萄糖-NaCl
		葡萄糖		羧甲基纤维素钠	聚丙二醇-NaCl
	乙基羟乙基纤维素	葡萄糖			甲氧基聚乙二醇-NaCl
	羟丙基葡萄糖	葡萄糖			聚乙二醇-NaCl
聚电解质/聚电解质/水	葡萄糖硫酸钠	羧甲基葡萄糖钠			聚乙烯醇-NaCl
		羧甲基纤维素钠			聚乙烯吡咯烷酮-NaCl
	羧甲基葡萄糖钠	DEAE 葡萄糖盐酸-NaCl			甲基纤维素-NaCl
高聚物/无机盐/水	聚乙二醇	磷酸钾			乙基羟乙基纤维素-NaCl
		硫酸铵			羟丙基葡萄糖-NaCl
	聚丙二醇	磷酸钾		DEAE 葡萄糖盐酸	聚丙二醇-NaCl
	聚乙烯吡咯烷酮	磷酸钾			聚乙二醇-NaCl
	甲氧基聚乙二醇	磷酸钾			甲基纤维素-NaCl
					聚乙烯醇-NaCl

表 1-91　双水相萃取的应用：从微生物细胞萃取酶

酶	来源	相组成	生物物质浓度/%	分配系数	产率/%	纯化倍数
异亮氨酰基-tRNA 合成酶	大肠杆菌	PEG/盐	20	3.6	93	2.3
富马酸酶		PEG/盐	25	3.2	93	3.4
天冬氨酸酶		PEG/盐	25	5.7	96	6.6
青霉素酰化酶		PEG/盐	20	2.5	90	8.2
β-半乳糖苷酶		PEG/盐	12	62	87	9.3
α-葡萄糖苷酶	啤酒酵母	PEG/盐	30	2.5	95	3.2
葡萄糖-6-磷酸脱氢酶		PEG/盐	30	4.1	91	1.8
醇脱氢酶		PEG/盐	30	8.2	96	2.5
己糖激酶		PEG/盐	30	—	92	1.6
富马酸酶		PEG/盐	25	—	83	4.6
葡萄糖异构酶	链霉菌	PEG/盐	20	3.0	86	2.5
普鲁兰酶	肺炎克雷伯氏菌	PEG/Dex	25	3.0	91	2.0
磷酸化酶		PEG/Dex	16	1.4	85	1.0
亮氨酸脱氢酶	球形芽孢杆菌	PEG/粗 Dex	20	9.5	98	2.4
D-乳酸脱氢酶	乳杆菌	PEG/盐	20	4.8	95	1.5
L-2-羟基异癸脱氢酶	乳杆菌	PEG/盐	20	10	94	16
D-2-羟基异癸酸脱氢酶	干酪乳杆菌	PEG/盐	20	11	95	4.9
NAD-激酶	纤维二植乳杆菌	PEG/盐	20	—	100	3.0
亮氨酸脱氢酶	蜡状芽孢杆菌	PEG/盐	20	15	98	1.3
富马酸脱氢酶	产氨短杆菌	PEG/盐	20	3.3	83	7.5
葡萄糖-6-磷酸脱氢酶	明串珠菌	PEG/盐	35	6.2	94	1.3
甲酸脱氢酶	假丝酵母	PEG/盐	33	4.9	90	2.0
异丙醇脱氢酶		PEG/盐	20	19	98	2.6
酰基芳香酰氨酶	荧光假单胞菌	PEG/盐	15	30	95	3.0

表 1-92　双水相萃取的应用：多步双水相萃取酶

酶	来源	萃取步骤	总纯化倍数	总收率/%	说明
L-2-羟基异癸脱氢酶	乳杆菌	2	24	80	
D-2-羟基异癸酸脱氢酶	干酪乳杆菌	2	7	85	
D-2-羟基异癸酸脱氢酶	酒明串珠菌	2	3.7	77	
富马酸酶	产氨短杆菌	2	22	75	除多糖
天冬氨酸酶	大肠杆菌	3	18	82	除干扰的富马酸酶
α-1, 4-葡聚糖磷酸化酶	肺炎克雷伯氏菌	2	2.5	81	除糖基转移酶
亮氨酸脱氢酶	球形芽孢杆菌	2	3.1	87	除多糖和核酸
甲酸脱氢酶	纤维二糖乳杆菌	3	4.2	78	
亮氨酸脱氢酶	蜡状芽孢杆菌	2	2.4	89	
D-乳酸脱氢酶	明串珠菌	2	1.9	91	
青霉素酰化酶	大肠杆菌	2	10	78	
普鲁兰酶	肺炎克雷伯氏菌	4	6.3	70	除 α-淀粉酶和蛋白酶
葡萄糖脱氢酶	芽孢杆菌	3	33	83	除核酸和多糖
葡萄糖-6-磷酸脱氢酶	明串珠菌	2	5	80	
富马酸酶	啤酒酵母	2	13	77	
天冬氨酸-β-脱羧酶	德阿伦哈假丝酵母	3	6	78	除多糖和核酸
β-干扰素	成人纤维细胞	1	350		

三、浊点萃取法

浊点萃取技术（cloud point extraction, CPE）是近年来出现的一种新兴的环保型液-液萃取技术，它以表面活性剂的浊点现象为基础，通过改变体系 pH、温度、离子强度等实验参数而引发相分离，溶液中的疏水性物质与表面活性剂的疏水基团结合，被萃取进入表面活性剂相，而亲水性物质仍留在水相中，经两相分离，就可将样品中亲水性和疏水性物质分离出来。浊点萃取法安全、经济、表面活性剂易于处理，环境友好。目前该法已成功地应用于生物大分子的分离与纯化及环境样品重金属和有机污染物测定的前处理过程中[16,17]。

1. 方法原理

浊点萃取法是在表面活性剂的增溶作用和浊点现象的基础上建立起来的新型的样品前处理方法。所谓浊点（cloud point，CP）现象，是指在一定的温度范围内，表面活性剂在水中溶解度较大，形成澄清的溶液，而当温度升高（或降低）一定程度时，其在水中溶解度降低，出现浑浊现象。此时的温度称为表面活性剂的浊点。浑浊溶液经静置或离心后会形成透明的两相：表面活性剂相（约占总体积的 5%）和水相（胶束浓度等于 CMC）。该现象可逆，当温度低于浊点时，相界面消失，再次成为均相溶液。图 1-17 显示了由温度变化引发的这种相分离现象。

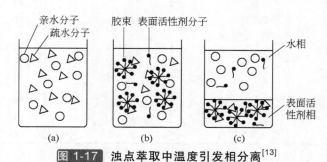

图 1-17 浊点萃取中温度引发相分离[13]

（a）含疏水性物质的初始溶液；（b）胶束相的形成；（c）温度引发相分离，物质被萃取入表面活性剂相]

对于具有疏水性的有机物，易与表面活性剂的疏水基团结合，被萃取进入表面活性剂相，而亲水性物质则留在水相。这种以中性表面活性剂胶束水溶液的增溶作用和浊点现象为基础，改变实验参数引发相分离，将疏水性物质与亲水性物质分离的萃取技术就是浊点萃取。

2. 影响浊点萃取的各种因素

（1）表面活性剂类型及性质　浊点萃取用表面活性剂应具有以下特点：①合适的浊点温度。注意浊点温度对热敏感样品稳定性的影响。表面活性剂的浊点与其亲水和疏水链长有关，当疏水部分相同时，亲水链增加，浊点温度升高，反之浊点温度下降。②恰当的疏水性。对于蛋白质等生物样品，表面活性剂疏水性太强会造成其失活。③合适的浓度范围。提高表面活性剂浓度可增大萃取效率，但将减小富集倍率和分配系数；降低表面活性剂浓度能提高富集倍率，但过低则难以形成表面活性剂相，或因体积太小而导致两相难以分离，进而降低实验结果准确性和重现性；应选取合适的平衡点。

常用于浊点萃取的主要是非离子型表面活性剂。近些年也有两性离子表面活性剂和一些强酸环境下的阴离子表面活性剂（如 SDSA、SDS 的应用）。表 1-93 列出了一些常见的非离子型表面活性剂的浊点温度。

表 1-93 部分非离子表面活性剂的浊点温度[18]

表面活性剂	临界胶束浓度/(mmol/L)	浊点温度/℃	表面活性剂	临界胶束浓度/(mmol/L)	浊点温度/℃
Brij30($C_{12}E_4$)	0.02~0.06	2	OP-10		65
Brij35	0.06	>100	$C_{16}E_{10}$		69
Brij56	0.0006	64~69	Pluronic L-61		25
PONPE5.0		小于室温	$C_{18}E_{10}$		72
PONPE7.5	0.085	5~20	Genapol X-80		75
PONPE10	0.07~0.085	62~65	$C_{12}E_{10}$		77
Triton X-114	0.17~0.30	22	Tween-80		93
Triton X-100	0.20~0.35	22~25	$C9APSO_4$	4.5	65

（2）溶液 pH 和离子强度　在 CPE 过程中，pH 对非离子型表面活性剂的萃取效率影响不大，但对离子型表面活性剂体系（如 SDS、SDSA 等阴离子表面活性剂）不仅会影响萃取效率而且直接影响到表面活性剂相的形成。对于具有酸碱性的被萃取物，通过调节溶液 pH 使其处于电中性状态，这时被萃取物具有较好的疏水性，易与胶束结合，有利于获得较好的萃取效率。萃取蛋白质等生物大分子则控制 pH 在等电点附近，蛋白质显现较强的疏水性而易被萃取。通常离子强度的改变对浊点萃取有机物无明显影响，加入一些盐可降低浊点。

（3）平衡温度和时间　平衡温度和时间对浊点萃取有着极其重要的影响。适当提高平衡温度可使待测物的分配系数降低，表面活性剂的相体积减小，从而得到较高的浓缩因子。一般来说，选择比表面活性剂的浊点温度高出 15~20℃ 为最佳平衡温度。平衡时间的增加会增大表面活性剂相的稳定性，但平衡时间过长对萃取效率无明显改善。在实际工作中，在获得较好萃取效率的基础上选择较短的平衡时间，以便提高样品前处理效率。

（4）添加剂的影响　电解质、有机物等添加剂对萃取效率影响不大，但将影响表面活性剂的浊点。对非离子型表面活性剂，加入盐析型的电解质（氯化物、硫酸盐、碳酸盐、叠氮化合物等）和一些能与水完全互溶的有机脂肪醇、脂肪酸、苯酚、多元醇（葡萄糖、蔗糖、丙三醇）、聚乙二醇、环糊精等水溶性聚合物，可使胶束中氢键断裂脱水，导致表面活性剂分子沉淀而浊点降低。而一些硝酸盐、碘化物、硫氰酸盐等盐溶型的电解质，溶于胶束的非极性有机物，尿素、硫脲衍生物等蛋白质变性剂，阴离子型表面活性剂以及其他溶助剂（甲苯磺酸钠），则能使非离子表面活性剂的浊点升高。研究表明，直链醇、支链醇及直链、支链、取代有机酸的链的长度、空间结构、空间位阻和聚合物类添加剂的浓度和分子量均会影响非离子表面活性剂浊点的升幅或降幅。添加剂对于两亲型表面活性剂的作用与对非离子型表面活性剂的作用情况恰好相反。

浊点萃取法的应用情况见表 1-94~表 1-96。

表 1-94 浊点萃取法的应用一

待分离组分	表面活性剂	萃取效果
Pd（Ⅱ）	Triton 100	C_F=10，测定极限为 2.0×10^{-9}mol/L
Er（Ⅲ）	PONPE 7.5	C_F=20，测定极限为 150×10^{-9}mol/L
Gd（Ⅲ）	PONPE 7.5	C_F=3.3~20，测定极限为 5.8×10^{-9}mol/L，E=99.88%
Cd（Ⅲ）	Triton 114	C_F=60，测定极限为 4.0mol/L
Ni（Ⅱ）、Zn（Ⅱ）	Triton 114	测定极限为 6.0×10^{-6}g/L Ni^{2+}，8.0×10^{-6}g/L Zn^{2+}
U（Ⅵ）	Triton 114	C_F=100，测定极限为 8.0×10^{-6}g/L，E=98%
Ru（Ⅲ）	Triton 100	C_F=5~10

待分离组分	表面活性剂	萃取效果
Au^{3+}	PONPE 10	$E > 90\%$
Ga^{3+}	PONPE 7.5	$E = 90\%$
Ag^+, Au^{3+}	Triton 114	$C_F = 9 \sim 130$
苯酚	PONPE 10, 70℃	$E = 70\% \sim 90\%$
吡啶	PONPE 10, 70℃	$E = 40\%$
蒽	Triton 114, 40℃	$C_F = 40$
苯并芘	Triton 114, 40℃	$C_F = 30$
多氯联苯	Triton 100, 71℃	$E = 94\% \sim 100\%$
多氯联苯	$C_{12}E_4$, 100℃	$E = 82\% \sim 97\%$, $C_F = 35$
多氯联苯	$C_{18}E_{10}$, 100℃	$E = 86\% \sim 96\%$, $C_F = 8.5$
多环芳烃	Triton 100, 60℃	$E = 100\%$
多环芳烃	Triton 114, 40℃	$E = 30\% \sim 100\%$
多环芳烃	Triton 114, 40℃	$E = 94\% \sim 100\%$, $C_F = 15 \sim 70$
莠去津	Triton 100, 72.5℃	$C_F = 42.1$
除菌剂	Triton 114, 40℃	$E = 75\%$, $C_F = 75$
有机磷化合物	Triton 114, 40℃	$E = 85\% \sim 100\%$, $C_F = 40$
氯代酚	C_8E_3, 55℃	$E = 87.1\% \sim 99.9\%$, $C_F = 25 \sim 50$
氯代酚	$C_{12}E_{4.2}/C_{12}E8$, 45℃	$E = 88.0\% \sim 99.9\%$, $C_F = 20 \sim 50$
氯代苯胺	C_8E_8, 36℃	$E = 70\%$
羟基芳烃	Triton 114, 40℃	$E = 86\% \sim 100\%$
芳胺	Triton 114, 40℃	$E = 24\% \sim 100\%$, $C_F = 14 \sim 135$

表 1-95 浊点萃取法的应用情况（HPLC-UV）

分析物	样品	表面活性剂	萃取倍数	检出限	文献
抗氧化剂	食用油	Triton X-114	14	$1.9 \sim 11 \mu g/L$	1
香豆素	秦皮	Genapol X-080	12.5	—	2
雌激素	自来水	Triton X-114	$73 \sim 152$	$0.23 \sim 5.0 \mu g/L$	3
杀菌剂	环境水	Triton X-114	75	$4.0 \mu g/L$	4
钛酸酯	环境水	Triton X-114	$35 \sim 111$	$1.0 \sim 3.8 \mu g/L$	5
三氯磷酸酯	卷心菜	Triton X-100	—	$2.0 \mu g/kg$	6
41 苏丹	红辣椒	Triton X-100	—	$2.0 \sim 4.0 \mu g/kg$	7
厚朴酚	芙扑冲剂	Triton X-114	32	$0.28 \mu g/L$	8
和厚朴酚	芙扑冲剂	Triton X-114	26	$0.43 \mu g/L$	8
有机磷农药	环境水样	$C_{12}E_{10}$	$95 \sim 97$	对硫磷 $1 \mu g/L$	9
三聚氰胺	牛奶	Triton X-100 破乳后 PEG600 萃取		$0.19 mg/kg$	10
诺氟沙星，环丙沙星，洛美沙星	污水	PONPE 7.5-SDS		$0.2 \sim 0.5 \mu g/L$	11
硝基苯酚	污水	Triton X-114	—	$1.104 \mu g/L$	12
4 种抗凝血鼠药	人尿	Triton X-114	—	$0.001 \sim 0.016 mg/L$	13
孔雀石绿，结晶紫	虾肉	PEG 6000	—	$2.0 \mu g/kg$ 和 $1.0 \mu g/kg$	14
儿茶素等多酚类	中成药	Triton X-100	—	$0.087 \sim 0.43 \mu g/L$	15
铜	中草药	Triton X-114	—	$0.1 \mu g/L$	16

本表文献：

1 Chen M, Xia Q H, Liu M S, Yang Y L. J Food Sci, 2011, 76(1): C98.

2 Shi Z H, Zhu X M, Zhang H Y. J Pharm Biomed Anal, 2007, 44(4): 867.

3 Wang L, Cai Y Q, He B, et al. Talanta, 2006, 70(1): 47.

4 Carabias Martínez R, Rodríguez Gonzalo E, García Jiménez M, et al. J Chromatogr A, 1996, 754(1-2): 85.

5 Wang L, Jiang G B, Cai Y Q, et al. J Environ Sci, 2007, 19(7): 874.

6 Zhu H Z, Liu W, Mao J W, Yang M M. Anal Chim Acta,

2008, 614(1): 58.

7　Liu W, Zhao W J, Chen J B, Yang M M. Anal Chim Acta, 2007, 605(1): 41.

8　刘超美, 仲淑贤, 杨利宁, 等. 浙江师范大学学报: 自然科学版, 2014, 37(3): 307.

9　丁昱文, 秦炜, 戴猷元. 清华大学学报: 自然科学版, 2009, 49(3): 407.

10　陆艳霞, 杨立刚, 赵道远, 杨明敏. 分析测试学报, 2009, 28(10): 1221.

11　王朱良. 科技创新导报, 2013, (34): 247.

12　杨彩玲, 付亚南, 饶红红, 等. 甘肃高师学报, 2011, 16(5): 17.

13　孟庆玉, 黎源倩, 邹晓莉, 郑波. 分析化学, 2008, 36(6): 760.

14　陈建伟, 姚志云, 毛健伟, 等. 南京农业大学学报, 2010, 33(1): 94.

15　杨远高, 周光明, 陈君, 张丽贤. 分析试验室, 2013, 32(3): 10.

16　蒋开勇, 杨方文, 王洪波, 张波. 四川化工, 2013, 16(3): 40.

表 1-96　浊点萃取法的其他应用（HPLC-UV）

分析物	表面活性剂	检测波长/nm	文献
西诺西康	Triton X-114	360	1
阿比朵尔	Triton X-114	316	2
杀鼠灵, 溴敌隆	Triton X-114	306	3
甘草酸, 甘草苷	Triton X-100	254, 276	4
葡萄糖苷	Triton X-114	320	5
双酚 A	Tween 20	200	6
食用油中的多环芳烃	PEG/PPG-1818	254	7
沉积物中的多环芳烃	SDS-Triton X-114	254	8
中药材中的 3 种黄酮	Triton X-114	358	9
蘑菇罐头中的苯甲酸	Tween 20	245	10

本表文献:

1　Zhang H X, Choi H K. Anal Bioanal Chem, 2008, 392(5): 947.

2　Liu X, Chen X H, Zhang Y Y, et al. J Chromatogr B, 2007, 856(1-2): 273.

3　Fang Q, Yeung H W, Leung H W, et al. J Chromatogr A, 2000, 904(1): 47.

4　Sun C, Xie Y C, Tian Q L, et al. Colloid Surf A: Physicochem Eng Aspects, 2007, 305(1-3): 42.

5　Wang C Y, Wang Q, Yuan Z F, et al. Drug Development and Indust Pharmacy, 2010, 36(3): 307.

6　丁一, 赵军, 惠寒冰, 等. 食品安全质量检测学报, 2014, 5(9): 2746.

7　夏红. 食品科技, 2008 (6): 209.

8　张权, 陈文生, 洪亮, 褚洪潮. 化工环保, 2014, 34(2): 191.

9　范荣华, 赵云丽, 苏畅, 等. 沈阳药科大学学报, 2012, 29(1): 39.

10　牛晓梅. 职业与健康, 2011, 27(24): 2870.

四、顶空液液萃取

刘文涵、滕渊洁等[19, 20]所提出的顶空液液萃取（head space liquid-phase liquid-phase extraction, HS-LP-LPE）法是在水蒸气蒸馏（SD）、固相微萃取（SPME）、液相微萃取（LPME）和顶空液相微萃取（HS-LPME）等已有方法基础上整合出的一种新型分离富集技术。首次采用蒸汽压低、不易挥发的高沸点试剂（如聚乙二醇, PEG）作为高温萃取剂代替传统的低沸点有机溶剂，以高温顶空液相萃取再转移的方法，对挥发性成分进行萃取分离富集。再结合气相色谱-质谱联用的方法，可建立顶空液液萃取/气相色谱-质谱（HS-LP-LPE/GC-MS）联用测定的新方法。他们用该方法对中药白术等进行了挥发性成分的测定，取得了成功，方法具有操作简单、快速、成本低、有机溶剂和样品用量少等特点，亦可用于其他挥发性成分的分离、提取及测定。

与其他方法明显不同的是：①选用高沸点溶剂后极大地提高了萃取温度并延长了萃取时

间；②摒弃了 HS-LPME 中单滴悬挂的方式，加大了萃取剂的用量，有效地避免了液滴不稳定易脱落挥发等现象；③扩大了样品与高温萃取剂之间的顶空交换面积，提高了萃取效率；④避免了普通 SPME 萃取头易碎，使用寿命短，成本较高，多次使用还存在交叉污染及干扰等问题；⑤比 SD 法减少了样品用量和提取时间，可实现水溶性和脂溶性挥发物同时被分离提取富集，避免了水溶性物质形成芳香水而在挥发油中含量偏低进而造成检出量的降低，也改善了沸点高于水的物质的提取率偏低等现象。不过，在进行 GC-MS 测定时，如欲在常规仪器进样口直接进样，则需用传统低沸点有机溶剂进行再萃取（或称反萃取），将反萃取液进样分析。HS-LP-LPE 法与 SD、HS-LPME 等方法的性能对比见表 1-97。

表 1-97 HS-LP-LPE 与 SD、HS-LPME 方法的对比

性能指标	HS-LP-LPE	SD	HS-LPME
萃取剂种类	高沸点试剂	蒸馏水	有机溶剂
萃取剂用量	几毫升	几百毫升	几至几十毫升
样品用量	几克	几十克甚至上百克	极少量
萃取温度	可以高温（>100℃）	100℃	一般不大于 50℃
萃取时间	1h 左右	6h	室温下一般不能超过 30min
反萃取种类及用量	有机溶剂/几毫升	无	无
挥发性成分	对某些极性较大的醛、醇类萃取效果不佳（可通过改进萃取剂及反萃取剂来改善）	只能提取油溶性挥发性成分，水溶性成分因溶解于水中而形成所谓的芳香水，在油相中含量偏低	适合提取低温易挥发成分
优点	能同时提取油溶性和水溶性挥发成分，可以在高温条件下进行萃取，样品用量和有机溶剂用量少，萃取时间短，获得更多的有效成分	经典方法，无需使用有机溶剂	极少量的有机溶剂和样品用量
缺点	萃取剂过于局限，采用 PEG 对某些醛、醇效果不佳	提取时间长，挥发油中只能提取得到油溶性成分	悬挂的液滴易脱落和极易挥发，只能在较低温度下短时间萃取

图 1-18 为顶空液液萃取（HS-LP-LPE）分离富集装置与操作步骤的示意图，将盛有特定萃取剂的顶空收集瓶置于顶空萃取瓶内，再将需萃取测定的样品，如已粉碎的中药，置于顶空收集瓶四周。样品与萃取剂瓶的顶空表观面积越大，扩散面就越大，则扩散速度越快，适当加大萃取剂用量和增加萃取剂液的表面气液接触面积，有利于尽快达到萃取平衡和提高萃取效率。为了避免挥发性物质的损失，顶空萃取瓶采用磨口塞进行适当的密闭，留有微气路以便加热时气体膨胀泄压。整个顶空萃取瓶装置置于可设定温度的恒温箱中，在一定的温度下进行恒温萃取处理。

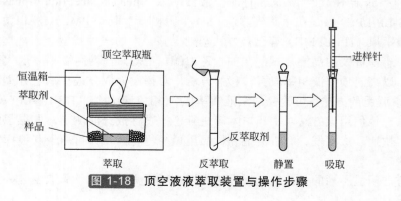

图 1-18 顶空液液萃取装置与操作步骤

顶空液液萃取富集分离的特点：样品中的挥发性物质通过顶空被高沸点萃取试剂分离富集，分离萃取富集过程可以在较高温度和较长时间下进行。萃取剂为高沸点、低蒸汽压的溶剂，可以是极性、弱极性、非极性或混合试剂。样品可以是固体、粉末、液态或粒子等多种形态。分离萃取富集所得萃取物可用于气相色谱-质谱（GC-MS）、气相色谱（GC）等仪器的分析测定，亦可用于其他需进行萃取分离的提取制备过程。当用于 GC-MS 测定时，为了消除高温萃取剂对 GC-MS 的影响，用传统的有机溶剂对高温萃取剂中的富集物进行反萃取后，再进行 GC-MS 进样测定；亦可采取对气相色谱仪的进样装置进行适当改造或直接采用 GC 测定。反萃取溶剂一般可选用比萃取剂沸点更低的普通溶剂。但该方法与 HS-LPME 相比，存在有机溶剂用量略有增加、另需反萃取等问题，这有待进一步改进和完善。

五、基质固相分散萃取和分散固相萃取

普通固相萃取法要求样品有很好的流动性，不适合黏度大或有很多颗粒状物质的样品（除非经过稀释、过滤等处理）。1989 年 Barker 等[21]提出基质固相分散萃取（matrix solid phase dispersion, MSPD）方法：将样品与固相吸附剂（C8、硅胶等）一起研磨，将样品以微小碎片分散在固相吸附剂表面，然后将此混合物装入空的 SPE 柱中，以合适的溶剂将目标化合物洗脱下来。

MSPD 萃取技术的主要优点：适用于黏稠状或固体、半固体样品，由于一起研磨，样品已高度分散在吸附剂表面，使萃取溶剂与目标化合物的接触面积增大，有利于萃取。同样，溶剂也完全渗入样品的基质中，提高了萃取效率。因而，所用萃取溶剂可比常规液液萃取减少约 95%，速度也可提高 90%。

与经典固相萃取不同，MSPD 中的吸附和洗脱主要取决于分散的样品，基质分散的越好其回收率越高[22]。同时，吸附剂的粒度（以 40~100μm 为宜）、孔径（6nm 左右为宜）对萃取效果也有明显的影响，而吸附剂种类的选择则要与样品性质相匹配。

MSPD 萃取技术在食品分析中的应用见表 1-98，石墨烯在分散固相萃取中的应用见表 1-99。

表 1-98 基质固相分散萃取技术在食品分析中的应用

样 品	目标化合物	备 注	文献
蔬菜	48 种农药残留	石墨化炭黑做吸附剂	1
食品	西维因和抗蚜威	HPLC 测定	2
鱼饲料	六溴环十二烷	同位素辅助，HPLC-MS/MS 测定	3
枸杞	5 种除虫菊酯类农药	20min 内分离，LOD 在 1.96~6.3μg/kg	4
苹果汁	棒曲霉素	与氰基柱的 SPE 比较	5
兔肉	4 种四环素类药残	C18 为吸附剂	6
蔬菜	多种农药残留物	弗罗里硅土为分散剂	7
人参	五氯硝基苯及其代谢物	方法检出限小于 2μg/kg	8
甘蔗	痕量甲拌磷、特丁硫磷农残	佛罗里硅土为吸附剂，石墨化炭黑为净化剂	9
牛奶	氯霉素	分子印迹聚合物为吸附剂，LOD 为 0.15ng/ml	10
鸡组织	地克珠利和妥曲珠利残留	多种方法比较，效果比较明显	11
大蒜	4 种 2,4-二氯苯氧乙酸类除草剂	C18 为吸附剂，检测限为 0.071~0.11μg/kg	12
食用植物油	痕量苯并[a]芘	C18 和 Florisil 硅土为吸附剂，氮吹浓缩，HPLC 测定	13
蔬菜	阿维菌素	碱性氧化铝提取，石墨化炭黑净化，乙腈洗脱	14
果蔬	9 种三嗪类除草剂	LOD 为 0.002mg/kg；加标回收率在 75.2%~95.6%	15
蔬菜	61 种农药残留	佛罗里硅土为吸附剂，乙酸乙酯淋洗	16
蔬菜	二甲戊乐灵农药残留	方法检出限在 5.5~10ng/kg	17

续表

样 品	目标化合物	备 注	文献
茶叶	4 种苯脲类除草剂	与 C18、中性氧化铝一起装柱，二氯甲烷为淋洗剂	18
人参，黄芪	55 种除草剂	石墨化炭黑处理，检测限为 0.4～20μg/kg	19
蔬菜	11 种醚类除草剂	乙腈提取，石墨化炭黑和中性氧化铝柱双柱处理	20
果蔬	4 种抗凝血杀鼠剂	QuEChERS 法处理，LOD 为 1.0μg/kg	21
茶叶	氯噻啉	QuEChERS 法净化，定量限为 0.01mg/kg	22

本表文献：

1 邵华，刘肃，杨锚，等. 农业质量标准，2008(3)：43.
2 白亚之，张晓，李崇瑛. 化学工程与装备，2008(4)：120.
3 胡小钟，徐盈，胡德聪. 分析科学学报，2008，24(2)：125.
4 杨红兵，鲁立良，王自军. 时珍国医国药，2008，19(4)：846.
5 乌日娜，牛乐，胡虹. 食品工业科技，2008，29(5)：277.
6 宋欢，林勤保，连寅寅，等. 食品科学，2008，29(1)：250.
7 吕旭健，王亮，周颖. 浙江农业科学，2009(6)：1197.
8 李晶，董丰收，刘新刚，等. 农业环境科学学报，2009，28(1)：216.
9 彭金云，韦良兴，农克良，林润国. 广东农业科学，2009(11)：169.
10 王荣艳，王培龙，佘永新，等. 分析试验室，2009，28(8)：26.
11 殷培军，郝双红，洪海燕，等. 青岛农业大学学报：自然科学版，2009，26(3)：218.
12 洪海燕，张相飞，魏艳，等. 农药，2009，48(10)：744.
13 曹鹏，孙福生. 安徽农业科学，2009，37(30)：14556.
14 张倩，杜海云，冯磊，吴澎. 中国农学通报，2009，25(20)：110.
15 俞志刚，丁为民，何敬，等. 分析试验室，2009，28(9)：38.
16 张立金，王晓. 山东科学，2010，23(1)：11.
17 孙福生，董杰. 分析试验室，2010，29(2)：69.
18 肖亮，王园朝，成美容. 茶叶科学，2010，30(1)：52.
19 张玉婷，李娜，邵辉，等. 分析试验室，2011，30(8)：27.
20 沈伟健，徐锦忠，赵增运，等. 分析化学，2008，36(5)：663.
21 宋薇，杨柏崇，赵永彪，宋桂雪. 食品科学技术学报，2014，32(3)：65.
22 刘松南，赵新颖，董晓倩，等. 色谱，2015，33(11)：1205.

表 1-99　石墨烯在分散固相萃取中的应用

小柱材料	样品	待测物	检出限/（ng/L）	文献
石墨烯	生物样品	单链 DNA	100	1
石墨烯	生物样品	小分子物质	—	2
胺化石墨烯	油类样品	28 种典型农药	0.1～8.3μg/kg	3
石墨烯胶体	水样	邻苯二甲酸酯	0.003～0.06	4
聚苯胺-氧化石墨烯	水样	Hg	2000～4000	5
磺化石墨烯	水样	1-萘酚	—	6
Fe_3O_4-SiO_2 石墨烯	水样	磺胺类抗生素	90～160	7
Fe_3O_4-氧化石墨烯	水样	2,4,4′-三氯联苯	27～59	8
石墨烯-Fe^0	水样	多环芳烃，多氯联苯	—	9
半胶团磁性石墨烯	水样	全氟烷基，多氟烷基	0.15～0.5	10
多孔磁性氧化石墨烯	水样	Cu^{2+}	—	11
Ni-石墨烯	水样	芳香族化合物	—	12
Fe_3O_4-CdTe 氧化石墨烯		抗癌药物	—	13
石墨烯-磁性多孔 Fe_3O_4	水样	邻苯二甲酸酯	10～40	14
石墨烯-磁性多孔 Fe_3O_4	水样	小分子物质	—	15
磁性多孔石墨烯	—	氢	—	16
Fe_3O_4-SiO_2 石墨烯	生物样品	蛋白质、多肽	3.8～68	17
Fe_3O_4-氧化石墨烯	生物样品	牛血清蛋白	—	18
Fe_3O_4-氧化石墨烯	环境样品	多环芳烃	90～190	19

本表文献：

1　Tang L A L, Wang J Z, Loh K P. J Am Chem Soc, 2010, 132(32): 10976.

2　Dong X L, Cheng J S, Li J H, Wang Y S. Anal Chem, 2010, 82(14): 6208.

3　Guan W B, Li Z N, Zhang H Y, et al. J Chromatogr A, 2013, 1286: 1.

4　Wu X L, Hong H J, Liu X T, et al. Sci Total Environ, 2013, 444: 224.

5　Li R J, Liu L F, Yang F L. Chem Eng J, 2013, 229: 460.

6　Zhao G X, Li J X, Wang X K. Chem Eng J, 2011, 173(1): 185.

7　Luo Y B, Shi Z G, Gao Q, Feng Y Q. J Chromatogr A, 2011, 1218(10): 1353.

8　Zeng S L, Gan N, Rebecca W M, et al. Chem Eng J, 2013, 218: 108.

9　Anna A Karamani, Alexios P Douvalis, Constantine D Stalikas. J Chromatogr A, 2013, 1271(1): 1.

10　Liu Q, Shi J B, Wang T, et al. J Chromatogr A, 2012,
1257: 1.

11　Hu X J, Liu Y G, Wang H, et al. Sep Purif Technol, 2013, 108: 189.

12　Li S W, Niu Z Y, Zhong X, et al. J Hazard Mater, 2012, 229-230: 42.

13　Chang L M, Chen S N, Jin P F, Li X. J Colloid Interf Sci, 2012, 388(1): 9.

14　Wu Q H, Liu M, Ma X X, et al. Microchim Acta, 2012, 177(1-2): 23.

15　Shi C Y, Meng J R, Deng C H. Chem Commun, 2012, 48(18): 2418.

16　Zhou D, Zhang T L, Han B H. Microporous Mesoporous Mater, 2013, 165: 234.

17　Liu Q, Shi J B, Cheng M T, et al. Chem Commun, 2012, 48(13): 1874.

18　Wei H, Yang W S, Xi Q, Chen X. Mater Lett, 2012, 82: 224.

19　Han Q, Wang Z H, Xia J F, et al. Talanta, 2012,101: 388.

六、同时蒸馏萃取

同时蒸馏萃取（simultaneous distillation extraction, SDE）是一种提取、分离和富集试样中挥发性、半挥发性成分的较为新颖的方法，是将水蒸气蒸馏与溶剂萃取合二为一，能减少实验步骤，缩短析时间，节省萃取溶剂，而且设备简单。SDE 常作为 GC、GC-MS 的前处理手段，广泛地应用于食品、烟草及香精香料中挥发性、半挥发性组分分析。

SDE 是 1964 年由美国的 Likens 和 Nickerson[23]发明，其工作原理是：含有样品组分的水蒸气和萃取溶剂蒸气于一定的装置中充分混合，在冷凝过程中两相充分接触实现组分的相转移，且在反复循环中实现高效的萃取。其基本的实验装置如图 1-19（a）所示：当用密度比水重且与水不互溶的有机溶剂（如二氯甲烷）作萃取溶剂时，右边的烧瓶 1 中盛有试样（固体粉末或液体）与水的混合液（总体积 50～700ml），左边的烧瓶 2 内盛有萃取溶剂（总体积 10～100ml）。同时加热烧瓶 1 和 2 至合适温度（分别控制恒温），使瓶内液体沸腾产生各自的蒸气。夹带着组分的水蒸气和萃取溶剂的蒸气分别沿导管 3 和 4 上升并在冷凝器 5 的上部充分混合，而后在冷凝管表面被冷凝，同时形成相互充分接触的液膜。于是，在沿冷凝管下流的过程中，冷凝的水相中的组分连续不断地被冷凝的有机溶剂所萃取，最后流入冷凝管下方的 U 形相分离器 6 中后分层。密度小的水溶液在上层积聚并逐渐充满 U 形管的右臂，而密度大的含有组分的有机溶剂在下层积聚并逐渐充满 U 形管的左臂。当在右臂积聚的水溶液液面达到并高出回流支管 7 后，水溶液就自动回流入烧瓶 1；同样，当在左臂积聚的有机溶剂液面达到并高出回流支管 8 后，含组分的有机溶剂自动回流入烧瓶 2。如此循环蒸馏、萃取，试样中的挥发性、半挥发性组分逐步经水相转移入有机溶剂中。如果采用密度比水轻有机溶剂（如乙醚），则可将试样与水的混合物置于左侧的烧瓶 2、有机萃取溶剂置于系统右侧的烧瓶 1 即可。可见，SDE 将水汽蒸馏与溶剂萃取合二为一，通过连续、循环的蒸馏、萃取过程，达到了提取、分离和浓缩易挥发组分的目的。

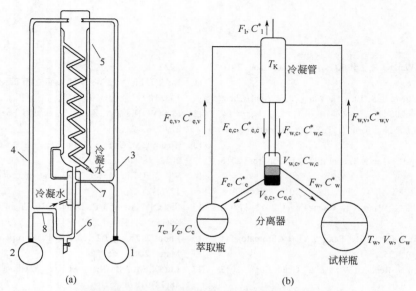

图 1-19 同时蒸馏萃取的基本装置和过程示意

（a）基本装置示意：1，2—试样或萃取瓶；3，4—蒸气导管；5—冷凝管；

6—U形相分离器；7，8—回流支管

（b）萃取过程示意：F—蒸气或冷凝液的流速；V—体积；C—分析物在非流体介质中的质量浓度；

C^*—分析物在流体介质中的质量浓度；T—温度；各下角标位；

w—水；e—萃取溶剂；v—蒸气相；c—冷凝相；l—流失

1983 年荷兰的 Rijks 等[24]将 SDE 的过程简化为图 1-19（b）所示，首次提出了 SDE 萃取效率的理论模型。根据该模型，各组分的萃取率 E 可表示为：

$$E = \frac{A\left(1 - e^{-\frac{t}{A}}\right) - B\left(1 - e^{-\frac{t}{B}}\right)}{A - B} \times 100$$

$$A = \frac{V_{w,c}}{F_w} \times \frac{1}{K}, \quad B = \frac{V_{e,c}}{F_e} \tag{1-6}$$

式中　t——萃取时间；

$V_{w,c}, V_{e,c}$——相分离器中冷凝的水和萃取溶剂的体积；

F_w, F_e——相分离器中冷凝的水和萃取溶剂回流至各自瓶中的流速，该流速取决于水和萃取溶剂的蒸馏速度以及冷凝的速度。

A 项中的 K 在一定实验条件下为一常数，与某组分的活度系数（100℃时水中的溶解度分析计算得到）及在萃取温度（即水蒸气的温度 100℃）下该组分在水中的气液两相间分配系数有关。在一定条件下，萃取过程中的水和溶剂的体积以及蒸馏、冷凝时的流速是常数，因此上式表明，拟萃取组分的萃取效率与萃取时间相关，萃取时间越长，萃取效率越高。

由于 Rijks 等导出该理论模型时是基于如下假设：

（1）萃取过程只发生在冷凝管中冷凝后的液膜间，在相分离器中发生的萃取忽略不计；

（2）组分在有机溶剂中的分配系数为无穷大（$K \to \infty$）；

（3）在萃取溶剂瓶中不发生组分的再次蒸馏；

（4）冷凝管中没有组分损失（即 $F_1=0$，$C_l^*=0$）。

而实际上，上述几条都不能真正实现，因而，Pollien 等[25]对 SDE 的过程进行合理的修正，提出了描述萃取率 E 的数学新模型：

$$E = \frac{k_w V_e K}{k_w V_e K + k_e V_w} \times \left[1 - e^{-\frac{(k_w V_e K + k_e V_w) F_e F_w}{V_w V_e (F_w + K F_e)} t} \right] \tag{1-7}$$

式中　t——萃取时间；

V_w，V_e——试样瓶中水溶液的体积与萃取剂瓶中萃取剂的体积；

F_w，F_e——水蒸气流速与萃取溶剂蒸气流速；

k_w，k_e——组分在水与萃取溶剂的气液两相中的分配系数，该系数与组分的挥发性有关；

　K——组分在萃取溶剂与水中的分配系数。

式（1-7）表明 SDE 的萃取效率除了跟萃取时间有关外，还与组分在水中以及萃取溶剂中的挥发性、分配系数以及蒸馏速度有关。

同时蒸馏萃取的应用见表 1-100。

表 1-100　同时蒸馏萃取的应用

应用领域	类别	对象	主要萃取组分	文献
食品分析	肉制品	水煮鸭、盐水鸭	醇类，醛类，酮类，酯类，烃类，呋喃类，吲哚，含硫化合物等	1，2
		烤鸭	吡嗪，嘧啶，噻唑，苯乙醇	1
		中国对虾/秀丽白虾/日本昭虾	醇类，醛类，酮类，含氮杂环化合物，含硫化合物，碳氢化合物，酚类和酯类	3
		蒸煮鸡	羰基，芳香族，呋喃	4
		干烤火腿	醛酮类，脂肪烃类，醇类，酸类，呋喃类，含硫化合物，芳烃，含氮化合物，酯类，酚类，萜烯类，醚	5
		腊肠	酚类，酸类，酯类，芳烃，醛酮，含硫化合物，醇类，萜烯类，含氮化合物	6
	奶制品	羊和牛初乳、干酪	低分子量直链和支链脂肪酸（$C_4 \sim C_{16}$）	7，8
		奶酪	烷烃（芳香烷烃：甲苯，1,3-二甲苯；烷烃：$C_{14} \sim C_{16}$，烯烃 C_{16}），醇类（$C_4 \sim C_9$），醛酮类（酮：$C_5 \sim C_{12}$；醛 $C_5 \sim C_{14}$ 及芳香醛：苯乙醛），酯类（中长链酯：$C_4 \sim C_{18}$ 酸酯，$C_8 \sim C_{16}$ 内酯），脂肪酸（$C_4 \sim C_{14}$），酚类，氯仿	9
		生面酪	脂肪酸（$C_4 \sim C_{14}$），乙酯类（$C_6 \sim C_{16}$，偶数碳酯），醛，醇，甲基酮（$C_5 \sim C_{11}$，奇数碳），正烷烃，芳香烃	10
	酒和饮料	白酒	酯类（异戊酸乙酯，乙酸己酯等），γ-癸内酯，α-松油醇，芳樟醇，苯甲醛，β-紫罗（兰）酮	11
		黄心桃汁	内酯类，醛类，酮类，酸类，酚类	12
		干红山楂果酒	醇类，醛酮类，酯类，烷烃，脂肪酸，内酯，杂环类，酚类	13
		枇杷酒	醇类，酯类，脂肪酸，醛类，内酯	14
	水果	天津红枣	饱和不饱和醛类，酮类，醇类，酸类，酯类，烃及萜烯类，呋喃及内酯类	15
		滇刺枣	醛类，酸类，酯类，吡嗪类，酮类，烷烃类，烯烃类	16
		南果梨，果心	烃类（烯烃为主），酯类，醇类，酮类，醛类	17
		杏果实	醇类，醛类，酮类，内酯类，酯类和酸类	18
		芒果	萜烯类，酯类，内酯类（4-羟基酸内酯和 5-羟基酸内酯），羰基化合物，酸类，醇类，含硫和氮化合物	19

续表

应用领域	类别	对象	主要萃取组分	文献
植物精油提取及分析	药用植物精油	滇韭	含硫化合物（硫醚为主），醛类，酸类，醇类，酯类，酮类，烷烃类	20
		中药半夏	烃类，酯类，醇类，酮类，杂环类	21
		黄柏果	单萜和倍半萜，酯类，醇类	22
		罗勒	β-芳樟醇，对烯丙基苯甲醚，丁子香酚，桉树脑等主要为萜烯类	23
		车前草	酮类，烷烃类，醇类，酚类，醚类，烯烃类	24
		日本黑松	醇类，醛类，烯烃类	25
		三七花	萜烯类及其含氧衍生物（叶桉油烯醇等）	26
		松针	α-罗勒烯，桧烯，β-石竹烯，β-杜松烯，α-异松油烯，2-己醛，β-蒎烯	27
		蜘蛛香	烯烃类，醇类，酯类，酸类，醚类	28
		芫荽籽	醇类（主要为3,7-二甲基-1,6-辛二烯-3-醇和3,7-二甲基-2,6-辛二烯-1-醇），萜类，醛酮类，烯烃类	29
		紫背天葵茎叶	萜烯类及其含氧衍生物，还有醇、醛、链烯等化合物	30
		亚麻籽	2-丁酮，甲基肼，乙烯基苯，正十四烷，异丙基乙醇，烯丙基异硫氰酸酯，正己醛	31
		大蒜精油	含硫化合物	32
	香精香料	紫丁香花与叶	紫丁香醛，丁香酚，青叶醇，苯甲醇	33
		扁竹根	肉豆蔻酸（70.93%），辛酸（10.25%），癸酸（6.18%），月桂酸（4.08%），棕榈酸（3.07%）	34
		茶叶	芳樟醇，香叶醇，苯甲醇，2-苯乙醇	35
		芥末膏	含硫化合物（8种），含氮化合物（3种），含氧化合物（11种）	36
		文旦果皮精油	柠檬烯（50.17%），月桂烯（27.06%），氧化芳樟醇（1.49%），圆柚酮（诺卡酮）(2.67%)，顺-β-罗勒烯(1.00%)，α-蒎烯（0.80%），瓦伦烯（0.46%），橙花醛（0.42%）	37
烟草及烟用香精分析		烟草	挥发性、半挥发性中性成分（醛、酮、醇、内酯、烷烃等），酸性成分（大于6个碳的酸、游离及结合态脂肪酸（$C_5 \sim C_{18}$）	38，39，40
		艾叶及其烟气粒相物	1,8-桉树脑，艾酮，艾醇，樟脑，龙脑，异龙脑，β-石竹烯，斯巴醇，γ-古芸烯	41
		烟用香精	醇类，酯类，酸类，醛类	42，43

本表文献：

1　Wu C M, Liou S E. J Agric Food Chem, 1992, 40(5): 838.
2　刘源，周光宏，徐幸莲. 食品与发酵工业，2005，31(3): 109.
3　孟绍凤，顾小红，王利平，等. 河南工业大学学报：自然科学版，2006，27(3): 39.
4　何香，许时英. 无锡轻工大学学报，2001，20(5): 497.
5　Garcia-Esteban M, Ansorena D, Astiasaran I, et al. J Sci Food Agric, 2004, 84(11): 1364.
6　Ansorena D, Astiasarán I, Bello J. J Agric Food Chem, 2000, 48(6): 2395.
7　Attaie R, Reine A H, Richter R L. J Dairy Sci, 1993, 76(1): 62.
8　Careri M, Mangia A, Mori G, Musci M. Anal Chim Acta, 1999, 386(1-2): 169.
9　Larráyoz P, Addis M, Gauch R, Bosset J O. Int Dairy J,2001, 11(11-12): 911.
10　Escriche I, Serra J A, Guardiola V, Mulet A. J Food Comp Anal, 1999,12(1): 63.
11　Blanch G P, Reglero G, Herraiz M. Food Chem, 1996,

56(4): 439.
12　Derail C, Hofmann T, Schieberle P. J Agric Food Chem, 1999, 47(11): 4742.
13　张峻松，张文叶，毛多斌. 酿酒，2003，30(5): 44.
14　范志刚，曾一文，苏鹏飞. 酿酒科技，2006(4): 79.
15　王林祥，刘杨岷，袁身淑，汤坚. 无锡轻工大学学报，1995，14(1): 49.
16　邓国宾，李雪梅，林瑜，等. 精细化工，2004，21(4): 318.
17　辛广，刘长江，侯冬岩. 沈阳农业大学学报，2004，35(1): 33.
18　陈美霞，陈学森，周杰，等. 中国农业科学，2005，38(6): 1244.
19　Pino J A, Mesa J, Muñoz Y, et al. J Agric Food Chem, 2005, 53(6): 2213.
20　陈小兰，史冬燕，陈善娜. 精细化工，2005，22(5): 373.
21　王锐，倪京满，马蓉. 中国药学杂志，1995，30(8): 457.
22　侯冬岩，回瑞华，李铁纯. 质谱学报，2001，22(3): 61.
23　李建文，陈贵林，何洪巨. 现代仪器，2003 (2): 19.

24 回瑞华, 侯冬岩, 李铁纯, 等. 分析试验室, 2004, 23(8): 85.

25 Kim Y S, Shin D H. J Agric Food Chem, 2004, 52(4): 781.

26 吕晴, 秦军, 章平, 陈树琳. 药物分析杂志, 2005,25(3):284.

27 Kim Y S, Shin D H. Food Microbiol, 2005, 22(1): 37.

28 杨再波, 彭黔荣, 杨敏, 王东山. 中国药学杂志, 2006, 41(1): 74.

29 高玉国, 李铁纯, 侯冬岩. 粮食与食品工业, 2003(4): 59.

30 吕晴, 秦军, 陈桐. 贵州工业大学学报: 自然科学版, 2004, 33(2): 23.

31 李高阳, 丁霄霖. 食品研究与开发, 2006, 27(3): 104.

32 刘冬文, 王国义, 孙亚青, 倪元颖. 食品工业科技, 2005, 26(2):105.

33 回瑞华, 李铁纯, 侯冬岩. 质谱学报, 2002, 23(4): 210.

34 秦军, 陈桐, 吕晴, 田瑶珠. 贵州工业大学学报: 自然

科学版, 2003, 32(2): 31, 45.

35 张正竹, 陈玎玎. 中国茶叶加工, 2003(1): 31.

36 刘百战. 分析化学, 2000, 28(12): 1489.

37 谢建春, 孙宝国, 郑雪贞, 等. 中国食品学报, 2006, 6(1): 75.

38 李炎强, 冼可法. 烟草科技/烟草化学, 2000(2): 18.

39 李炎强, 冼可法. 烟草科技/烟草化学, 1998(6): 22.

40 李炎强, 段彩霞, 吕健, 等. 香料香精化妆品, 2006(2): 1.

41 李炎强, 胡军, 张晓兵, 等. 烟草科技/烟草化学, 2005(10):15, 21.

42 吕健, 阮晓明, 盛志艺, 等. 烟草科技/烟草化学, 2003(2): 25.

43 李炎强, 冼可法, 赵明月, 夏巧玲. 中国烟草学报, 2000, 6(1): 1.

七、加速溶剂萃取

加速溶剂萃取（accelerated solvent extraction, ASE）是一种新型萃取技术，它利用升高温度和压力来增加物质的溶解度和溶质的扩散速率，从而提高萃取效率。ASE 包括加压萃取（PLE）、高压溶剂萃取（PSE）、加压热溶剂萃取（PHSE）、高温高压溶剂萃取（HPHTSE）、加压热水萃取（PHWE）等具体实施方法，是处理食品、环境固体等样品中有机污染物提取的重要方法，被广泛应用于检验检疫、质量监测、环境保护等领域，取得了很多有意义的检测结果。

ASE 方法中，提高温度能提高溶剂的溶解能力，并降低溶剂的黏度，溶剂基质的表面强度，有助于减小溶剂和基质之间的相互作用，提高目标化合物的扩散能力，降低其传质阻力，从而加快萃取速度。而升高压力则可提高溶剂的沸点，使之始终保持液态，也就促进了溶剂渗入基质的微孔中，与基质更充分接触，从而提高萃取效率。

ASE 流程如图 1-20 所示：样品加入到萃取池中，保持一定压力和温度进行静态萃取。一定时间后，向萃取池中注入清洁溶剂，然后用高压氮气将萃取好的样品从萃取池吹入收集瓶中即可。正常情况下，固体样品在 50～200℃、0.3～2.0MPa 下 5～10min 即可完成萃取。

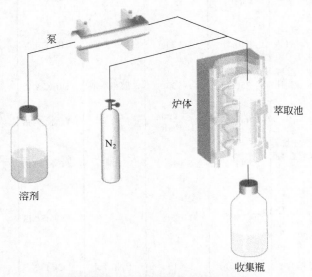

泵

N₂

炉体

萃取池

溶剂

收集瓶

图 1-20 加速溶剂萃取的工作流程

加速溶剂萃取技术在食品中兽药残留分析中的应用见表 1-101，在食品中农药残留分析中的应用见表 1-102。

表 1-101 加速溶剂萃取技术在食品中兽药残留分析中的应用[25]

兽 药	基质	溶剂	温度/℃（压力/MPa）	静态时间/min（周期/个）	净 化	最终方法	回收率；检出限/定量限	文献
12 种磺胺类	牛肉、鱼肉	水	80(—)	动态 5min，1ml/min	基质固相分散	LC-MS	LOQ: 3～14μg/kg	1
12 种磺胺类	猪肉	水	160(1.035)	8(1)	固相萃取	CE-MS/MS	76%～98%；LOQ: 46.5μg/kg	2
31 种抗生素	肉类	甲醇 - 水（体积比 25:75）	70(1.035)	10(1)		LC-MS/MS	75%～99%；LOQ: 10～50μg/kg	3
9 种磺胺类 8 种喹诺酮类 5 种大环内酯类	鱼肉	甲醇	70(10.34)	5(2)	固相萃取	HPLC-ESI MS/MS	66%～120%；LOD: 0.02～0.6μg/ kg	4
5 种磺胺类	牛肉	乙腈	120(10)	10(1)		HPLC-UV	89.0%～107.8%；LOD: 0.011mg/kg	5
5 种磺胺类	牛肉	乙腈	120(10)	10(1)	基质固相分散	HPLC-UV	89%～109%；LOD: 0.011～0.030 mg/kg	6
9 种磺胺类	奶粉	5%（质量分数）氨水 - 甲醇	80(10.3)	15		HPLC-UV	87.6%～91.4%；LOD: 4.7～7.8μg/L	7
13 种磺胺类	生肉、婴儿食品	水	160(10)	5(1)		LC-MS/MS	70%～101% LOD: <2.6μg/kg；	8
氟喹诺酮类	鸡蛋	磷酸盐缓冲液 - 乙腈（体积比 1:1）	70(1.035)	5(3)		LC-FLD	67%～90%	9
4 种氟喹诺酮类	白鱼	8%（质量分数）氨水 - 乙腈	80(10)	5	去脂	HPLC/UV-FLD	82.7%～95.6 %；LOD: 1.3～3.0μg/kg	10
7 种四环素	肌肉、肝	三氯乙酸 - 乙腈(体积比 1:2)	60(6.5)	4（2）		HPLC-UV	75.0%～104.9%；LOQ: <15μg/kg	11
阿伏霉素	肾	水 - 乙醇（体积比 70:30）	75(5)	5（3）	固相萃取	HILIC-UV	108%	12
氨基糖苷类抗生素	牛奶	水	70(—)	动态 4min，1ml/min		LC-MS/MS	70%～92%；LOQ: 2～13ng/ml	13
地塞米松及其异构体，倍他米松	牛肝	正己烷 - 乙酸乙酯（体积比（1:1）	50(10)	5（1）		LC-MS/MS	75.1%～7.3 %；LOQ: 1.0mg/kg	14
8 种糖皮激素	猪牛羊肉	正己烷 - 乙酸乙酯（体积比（50:50）	50(1.035)	5(2)		LC-MS/MS	70.1%～103%；LOQ: 0.5～2μg/kg	15
合成代谢类固醇	肾脂	乙腈	50(1.035)	5（1）	固相萃取	LC-MS/MS	17%～58%；CCα <2ng/g；CCβ 0.3～0.9ng/g	16

续表

兽药	基质	溶剂	温度/℃（压力/MPa）	静态时间/min（周期/个）	净化	最终方法	回收率；检出限/定量限	文献
大环内酯	瘦肉、鱼肉	甲醇	80(1.035)	15（2）		LC-MS/MS	77%～90%	17
巴比妥,异戊巴比妥,镇静安眠剂	猪肉	乙腈	100(10.3)	5（2）	固相萃取	GC-MS	84.0%～103%;LOQ: 1μg/kg	18
孔雀石绿,结晶紫及其代谢物	虾、鲑鱼	McIlvaine缓冲液-乙腈-正己烷（体积比2:10:2）	60(1.035)	5（1）	固相萃取	LC-MS/MS	82.1%～102.9%;CCα0.005～0.012mg/kg,CCβ 0.08～0.13mg/kg	19

本表文献

1 Bogialli S, Curini R, Corcia A D, et al. Anal Chem, 2003, 75(8): 1798.

2 Font G, Juan-García A, Picó Y. J Chromatogr A, 2007, 1159(1-2): 233.

3 Carretero V, Blasco C, Picó Y. J Chromatogr A, 2008, 1209(1-2): 162.

4 厉文辉, 史亚利, 高立红, 等. 分析测试学报, 2010, 29(10): 987.

5 游辉, 于辉, 武彦文, 等. 化学通报, 2010(9): 854.

6 游辉, 于辉, 武彦文, 陈舜琮. 分析测试学报, 2010, 29(10): 1087.

7 王菊梅. 中国卫生检验杂志, 2011, 21(5):1103.

8 Gentili A, Perret D, Marchese S, et al. J Agric Food Chem, 2004, 52(15): 4614.

9 Herranz S, Moreno-Bondi M C, Marazuela M D. J Chromatogr A, 2007, 1140(1): 63.

10 于辉, 赵萍. 中国食品卫生杂志, 2011, 23(4): 322.

11 Yu H, Tao Y F, Chen D M, Wang Y L, Yuan Z H. Food Chem, 2011, 124(3):1131.

12 Curren M S S, King J W. J Chromatogr A, 2002, 954(1): 41.

13 Bogialli S, Curini R, Corcia A D, et al. J Chromatogr A, 2005, 1067(1-2): 93.

14 Draiscia R, Marchiafavaa C, Palleschia L, Cammarataa P, Cavalli S. J Chromatogr B, 2001, 753(2): 217.

15 Chen D M, Tao Y F, Liu Z Y, et al. J Chromatogr B, 2011, 879(2): 174.

16 Hooijerink H, Van Bennekom E O, Nielen M W F. Anal Chim Acta, 2003, 483(1-2): 51.

17 Berrada H, Borrull F, Font G, Marcé R M. J Chromatogr A, 2008, 1208(1-2): 83.

18 Zhao H X, Wang L P, Qiu Y M, et al. J Chromatogr B, 2006, 840(2): 139.

19 Tao Y F, Chen D M, Chao X Q, et al. Food Control, 2011, 22(8): 1246.

表 1-102 加速溶剂萃取技术在食品中农药残留分析中的应用[26]

分析物	基质	溶剂	温度/℃（压力/MPa）	静态时间/min（周期/个）	净化	最终方法	回收率；检出限/定量限	文献
109 杀虫剂（含异构体）	猪肉,牛肉,鸡肉,鱼肉	乙腈	80(1.035)	5(2)	凝胶渗透色谱	GC-MS	62.6%～107.8%;LOD: 0.3g/kg	1
59 有机氯农药	猪肉,猪心,猪肝,牛肉	二氯甲烷-丙酮（体积比1:1）	100(1.035)	(2)	凝胶渗透色谱	GC-MS	脂肪 40.9%～111%猪心 43.7%～110%猪肾 37.6%～90.0%猪肝 24.3%～106%	2
36 种有机磷农药	猪肉,牛肉,鸡肉,鱼肉	乙腈	80(0.012)	5(2)	凝胶渗透色谱	GC	58.2%～106.3%LOQ: 0.004～0.047mg/kg	3
六六六和滴滴涕	鱼肉	正己烷-丙酮（体积比1:1）	100(10)	18		GC	86.2%～101.3%	4

分析物	基质	溶剂	温度/℃（压力/MPa）	静态时间/min（周期/个）	净化	最终方法	回收率；检出限/定量限	文献
六六六	海洋生物	二氯甲烷-丙酮（体积比1:1）	80（31）	7(3)	逆基质分散固相萃取	GC-MS	87.3%～97.8%；LOQ: 0.61μg/kg	5
敌敌畏	咸鱼	丙酮-二氯甲烷（体积比1:1）	100（1.035）	5	GPC	GC	74.4%～96.8%；LOD: 5.0×10^{-4}mg/ kg	6
有机氯农药,多氯联苯	鱼肉	正己烷-二氯甲烷（体积比1:1）	60～90(10)	5(3)	凝胶渗透色谱	HRGC-ECD		7
有机氯农药	鱼肉	正己烷-丙酮（体积比3:1）	55～100（1.035）	5(2)	水洗（pH=3）	NAA	99%	8
8种有机氯，多氯联苯，多氯萘酚	斑海豹组织	正己烷-亚甲基氯（体积比1:1）	100（20）	(3)	硅胶柱	GC-MS	45%～86%；LOQ: 0.7～1.9pg/g	9
有机磷农药	咸鱼	乙腈	80（10）	5(1)	凝胶色谱-固相萃取	GC-MS	64.5%～98.6%；LOD: 0.6～9.0μg/kg	10
47种有机氯和有机磷	鸡肉,猪肉,羊肉	乙酸乙酯	120（1.242）	5(2)	凝胶渗透色谱	GC-MS/MS62%～93%;LOQ: 0.19～7.1ng/g		11
50种拟除虫菊酯类电负性农药	猪肉,牛肉,鸡肉,鱼肉	乙腈	80（13.8）	5(2)	凝胶渗透色谱	GC-微池电子捕获检测	(63.8±2.4)%～(103.5±9.2)%；LOD: 0.04～2.6g/kg	12
12种氨基甲酸酯类农药	动物源食品	乙腈	80（1.38）	5(2)	凝胶渗透色谱	柱后衍生-荧光检测	62.1%～104%；LOD: 0.24～1.02μg/kg	13
氨基甲酸酯类杀虫剂	牛奶	水	90	动态 1ml/min(—)		LC-MS	76%～104%；LOQ: 3～8μg/kg	14
沙蚕毒素仿生杀虫剂、杀虫双,杀虫脒	动物组织	环己烷-丙酮-二氯甲烷（体积比1:1）	115（15）	5(2)		GC	LOD：杀虫双48μg/L;杀虫脒8μg/L	15
阿特拉津及其代谢物	食品动物组织	正己烷-甲醇（体积比1:9）	60（120）	2(3)	固相萃取	GC-ECD GC-MS	GC-ECD：72.4%～101.3%；LOQ: 10μg/kg GC-MS：77.4%～107.1%；LOQ: 5μg/kg	16
毒死蜱,马拉硫磷,有机氯杀虫剂	幼儿与成人食品	乙腈	80（1.38）	5(3)	固相萃取	GC-MS	LOQ: 0.3μg/kg	17
7种烟碱类杀虫剂	牛肉与肝	水	80(10)	5(2)	固相萃取	LC-ESI-MS-MS	83.2%～101.9%；LOQ: 2.5～5.0μg/kg	18

本表文献：

1 Wu G, Bao X X, Zhao S H. Food Chem, 2011, 126(2): 646.

2 Koichi Saito, Andreas Sjödin, Courtney D Sandau, Mark D Davis, Hiroyuki Nakazawa, Yasuhiko Matsuki, Donald G Patterson Jr. Chemosphere, 2004, 57(5): 373.

3 吴刚，鲍晓霞，王华雄，等. 色谱，2008, 26(5): 577.

4 池缔萍，葛虹，金兴良，等. 广西预防医学，2005, 11(3): 166.

5 宋兴良，王江涛. 理化检验-化学分册，2010, 46(9): 985, 992.

6 王耀，胡浩光，谢翠美，等. 食品科学，2010, 31(14): 268.

7 Petr S, Jana P, Jana H, Vladimír K. Anal Chim Acta, 2004, 520(2):193.

8 Zhuang W S, Bruce M, Douglas R, John C. Chemosphere, 2004, 54(4): 467.

9 Wang D L, Shannon A, Anne H M, Qing X L. Rapid Commun Mass Spectrom, 2005, 19(13): 1815.

10 王耀，刘少彬，谢翠美，等. 分析化学，2011, 39(1): 67.

11 Garrido Frenich A, Martínez Vidal J L, Cruz Sicilia A D, González Rodríguez M J, P Plaza Bolaños. Anal Chim Acta, 2006, 558(1-2): 42.

12 吴刚，赵珊红，俞春燕，等. 中国食品学报，2009, 9(2): 162.

13 吴刚，王华雄，俞春燕，等. 中国食品卫生杂志，2008,20(5): 409.

14 Bogialli S, Curini R, Corcia A D, et al. J Chromatogr A, 2004, 1054(1-2): 351.

15 应剑波，徐洁蕾. 理化检验-化学分册，2010, 46(5): 539.

16 Yu H, Tao Y F, Le T, et al. J Chromatogr B, 2010, 878(21): 1746.

17 Chuang J C, Hart K, Chang J S, et al. Anal Chim Acta, 2001, 444(1): 87.

18 Xiao Z M, Li X W, Wang X L, et al. J Chromatogr B, 2011, 879(1): 117.

八、超声辅助萃取

超声萃取（ultrasonic extraction）技术是近年来发展较快的一种分离技术。与常规的萃取技术相比，超声波萃取技术具有快速、价廉、安全、高效、节能等特点。超声波对萃取体系有强化作用源于"空化效应"：存在于液体中的微小气泡，在超声场的作用下被激活，表现为泡核的形成、振荡、生长、收缩乃至崩溃等一系列动力学过程及其引发的物理和化学效应。气泡在几微秒之内突然崩溃，可形成高达 5000K 以上的局部热点，压力可达数十帕乃至上百兆帕，随着高压的释放，在液体中形成强大的冲击波（均相）或高速射流（非均相），其速率可以达到 100m/s。伴随超声空化产生的微射流、冲击波等机械效应加剧了体系的湍动程度，加快相间的传质速率。

另外，超声波的热作用和机械作用增大了介质分子的运动速率，增大介质的穿透力，也能强化超声波的萃取效率。超声波在媒质的传播过程中其能量不断被媒质质点吸收变成热能，导致媒质质点温度升高，加速有效成分的溶解。超声波的机械作用主要是超声波在介质中传播时，在其传播的波阵面上将引起介质质点的交替压缩和伸长，使介质质点运动，从而获得巨大的加速度和动能。巨大的加速度能促进溶剂进入提取物细胞，加强传质过程，使有效成分迅速逸出[27]。

超声萃取作为样品中有效成分提取的前处理方法已经有了大量的应用，比如在中药提取过程中，有些中药药材具有热不稳定性，而超声波提取温度低，不破坏中药材中某些具有热不稳定的药效成分。另外，超声波萃取对溶剂和目标萃取物的性质（如极性）关系不大，可供选择的萃取溶剂种类多，目标萃取物范围广泛。同时，空化效应产生的冲击流对动植物细胞组织产生一种物理剪切力，使之变形、破裂、并释放出内含物，从而促进细胞内有效成分的溶出。《中华人民共和国药典》2005 版统计收录的药材 538 种，规定可以使用超声提取的药材为 185 种，占收录总数的 34.4%。2010 版时又有了大幅的增加。部分组分的超声提取效果见表 1-103。

表 1-103 部分组分的超声提取效果

样　品	时　间	提取率	溶　剂	备　注
人参皂苷	1h	8.3%	水	微波提取 0.5h，7.3%；常规水煎法 5h，4.2%
延胡索中的生物碱	1h	1.82mg/g	水-乙醚	回流提取 6h，1.53mg/g
灯盏花中黄酮	30min	88%	碱水	酒精溶剂提取法相同时间提取率 64.5%
大黄中蒽醌类	10min	24.2%	乙醇	乙醇回流法为 23.6%
枇杷中多糖	30min	93.4%	水	超声提取 1h，94.8%；索氏抽提 3h，81.9%
山楂叶中黄酮	45min	91.4%	水	
黄芩根茎中提取黄芩苷	40min	22.53%	水	是大生产提取效率的 2 倍
青蒿素	30min	90%	石油醚	回收率提高 25%

同时，超声提取装置也有了大规模的发展，出现了各式各样的提取装置（见图 1-21）。

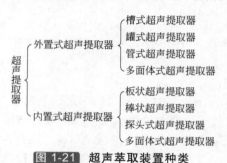

图 1-21 超声萃取装置种类

九、微波辅助萃取

微波辅助萃取又称微波萃取，它利用微波能来提高萃取速率，是微波和传统溶剂萃取法相结合后形成的一种新的萃取方法。不同于常规由外部热源通过热辐射由表及里的传导加热方式，微波能是一种由离子迁移和偶极子转动引起分子运动的非离子化辐射能，其能量是通过空间或介质以电磁波的形式传递，其加热过程与物质内部分子极化度密切相关。

当微波作用于样品分子上时，促进了分子的转动运动，分子若此时具有一定的极性，便在微波电磁场作用下产生瞬时极化，并可以高达 2.45 亿次/s 的速率做极性变换运动，从而产生键的振动、撕裂和粒子之间的相互摩擦、碰撞，促进分子活性部分（极性部分）更好地接触和反应，同时迅速生成大量的热能，促使样品组织破裂，使其中的被萃取组分溢出并扩散到溶剂中。

根据参加极化的微观粒子种类，介电分子极化大约可分成四种类型：①电子极化，即原子核周围电子的重新排布；②原子极化，即分子内原子的重新排布；③转向极化（取向极化），即分子永久偶极的重新取向；④界面极化，即自由电荷的重新排布。在这四种极化中，与微波电磁场的弛豫时间（$10^{-9} \sim 10^{-12}$s）相比，前两种极化要快得多（其弛豫时间在 $10^{-15} \sim 10^{-16}$s 和 $10^{-12} \sim 10^{-13}$s 之间），所以不会产生介电加热。后两种极化的弛豫时间刚好与微波的频率吻合，故可以产生介电加热，即可通过微观粒子的这种极化过程，将微波能转变为热能。不同物质的介电常数不同，其吸收微波能的程序不同，由此产生的热能及传递给周围环境的热能也不同。在微波场中，吸收微波能力的差异使得基体物质的某些区域或萃取体系中的某些组分被选择性加热，从而使得被萃取物质从基体或体系中分离，进入到介电常数较小、微波吸收能力相对较差的萃取剂中[28]。

对于包括动植物的生物样品，微波辐射使高频电磁波穿透萃取介质而直接到达物料内部维管束和腺胞系统，并因吸收微波能而使细胞内部温度迅速上升，当细胞内部压力超过细胞壁膨胀承受能力时，细胞破裂，细胞内有效成分自由流出，故而能在较低温度条件下被萃取介质捕获并溶解。同时，微波通过水介质将其能量传递给被萃取组分，加速器热运动，缩短了萃取组分的分子由物料内部扩散到萃取溶剂界面的时间，从而使萃取速率成倍提高，能在尽可能低的萃取温度下最大限度地保证萃取的质量。

与传统萃取的工艺相比，微波萃取法有以下优点：①可选择性地将能量作用于物质的有效成分上，提高产品的纯度；②操作过程能耗低；③加热、控制能量的输出迅速；④减少废弃物的排放量；⑤减少操作步骤，缩短生产时间；⑥设备体积小，造价低廉，有日益广泛的应用。

需要提出的是，超声萃取和微波萃取的本质还是常规的液液萃取，只是借助了超声或微波的能量提高了萃取效率且降低了操作人员的劳动强度而已。

十、超声-微波协同萃取

超声-微波协同萃取（ultrasound microwave assisted extraction, UMAE）是将波导管引导出来的微波能和超声波的振动能直接或定向聚焦于物料或样品。与传统的萃取方法、一般的微波辅助萃取及超声萃取相比，UMAE 具有操作简单、节约时间和降低能耗等优点。自 1999 年 Lagha 等[29]首次将超声-微波结合用于生物样品和化学样品的前处理后，UMAE 开始引起人们的关注，主要用于植物中难挥发或不挥发成分的研究，近年来开始有了营养物质与挥发性组分的应用研究。表 1-104 列出了一些应用实例。图 1-22 为超声-微波协同萃取实验装置示意图。

表 1-104 超声-微波协同萃取的应用实例

样 品	目 标	效 果	文献
椪柑果皮	提取精油	得率 2.11%，缩短时间提高收率	1
大黄叶柄	提取蒽醌类物质	较热回流等常规方法提高 19%～24%的提取率，时间 2min（为常规法的 1/3）	2
土壤	多环芳烃	提取率 87%，时间短、容量大、效率高	3
密花豆	类黄酮	收率高，时间短	4
牛蒡	酚醛类	提取到 10 种以上化合物（包括苯甲酸和对香豆酸），萃取时间 30s	5
西红柿	番茄红素	提取率 97.4%，时间 10min（仅为常规微波萃取法的 1/3）	6
烟草	有机氯农残	较常规法提高 10%以上	7
核桃壳	棕色素	提取时间 8min，料液比 1:5，乙醇提取效果明显改善	8
决明子	大黄酚	60W 微波功率提取时间 40min，料液（乙醇）比 1:15，提取率 2.4%	9
五味子	多糖	微波功率 600W 提取时间 80min，料液（水）比 1:40，提取率 11.6%	10
柳叶	α-葡萄糖苷酶抑制剂	微波功率 150W 提取时间 270s，料液（70%乙醇）比 1:18，提取率 77.85%	11
龙眼壳	总黄酮	浸泡 1h 后提取 60s，料液（65%乙醇）比 1:25，提取率 1.741%	12

续表

样　品	目　标	效　果	文献
枇杷叶	黄酮	微波功率 160W 提取时间 240s，料液（45%乙醇）比 1:50，提取率 115mg/g	13
玉米	黄色素	微波功率 480W 提取时间 115s，超声 30min，料（500 目）/液（无水乙醇）比 1:12，提取率 0.64mg/g，纯度 86.64%，其中叶黄素含量 67.9%	14
五味子	挥发油	超声功率 600W 微波功率 400W，时间均为 60min，提取组分均超过 50 种，收率较常规方法有提升，南北五味子分别为 1.4%和 1.8%	15

本表文献：

1　胡居吾，李雄辉，熊伟，等. 食品工业，2012(1): 42
2　Lu C X, Wang H X, Lv W P, et al. Chromatographia, 2011, 74(1): 139.
3　刘春娟，邹世春. 理化检验，2008, 44(5): 421.
4　Cheng X L, Wan J Y, Li P, et al. J Chromatogr A, 2011, 1218(34): 5774.
5　Lou Z X, Wang H X, Zhu S, et al. J Chromatogr A, 2010, 1217(16): 2441.
6　Zhang L F, Liu Z L. Ultrasonics Sonochemistry, 2008, 15(5): 731.
7　Zhou T, Xiao X H, Li G. Anal Chem, 2012, 84(1): 420.
8　侯勇. 山东化工，2015, 44: 111.
9　王蓉，邹时英，付大友，等. 贵州农业科学，2015, 43(7): 164.
10　宋海燕，程振玉，马朝红，等. 吉林化工学院学报，2015, 32(6): 12.
11　苏尧尧，童群义. 食品工业科技，2014, 35(2): 235.
12　韩淑琴，李志锐，朱学良. 食品研究与开发，2014, 35(7): 30.
13　玉澜，张春艳. 湖北农业科学，2014(18): 4402.
14　李晓玲，陈相艳，王文亮，等. 中国食品学报，2014, 14(8): 99.
15　李昕，聂晶，高正德，等. 食品科学，2014, 35(8): 269.

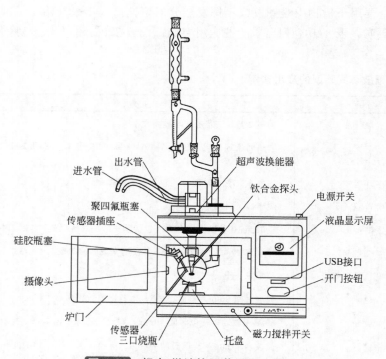

图 1-22　超声-微波协同萃取实验装置

参 考 文 献

[1] 曹学丽. 高速逆流色谱分离技术及应用，北京：化学工业出版社，2005.

[2] [日]关根达也，长谷川佑子著. 溶剂萃取化学. 蔡滕，廖史书等译. 北京：原子能出版社，1981.

[3] 王应玮，梁树权. 化学分析中的分离方法，上海：上海科技出版社，1981.

[4] 米勒 J M 著. 化学分析中的分离方法. 叶明吕，俞誉福，唐静娟译. 上海：上海科技出版社，1981.

[5] 秦启宗，毛家骏，金忠告羽. 化学分离法，北京：原子能出版社，1984.

[6] 侯明，王初丹. 分析试验室，2008，27(6): 17.

[7] 牟婉君，李兴亮，刘国平. 理化检验，2011，(7): 823.

[8] 金松寿，郑小明. Selective Intermolecular Force and Adaptability of Group Structure. 杭州：杭州大学出版社，1993.

[9] 孙楠，姬登祥，宋旭东，等. 环境工程学报，2009，3(8): 1399.

[10] 马春宏，朱红，王良，等. 冶金分析，2010，30(10): 29.

[11] 徐远辉. 金属螯合物的溶剂萃取，北京：中国工业出版社，1971.

[12] 陈小华，汪群杰. 固相萃取技术与应用. 北京：科学出版社，2010.

[13] 熊振湖，于万禄. 天津城市建设学院学报，2009，15(3): 184.

[14] 欧阳钢锋. 固相微萃取原理与应用. 北京：化学工业出版社，2012.

[15] 李文超，王永花，孙成，等. 环境化学，2011，30(9): 1663.

[16] 谢夏丰，陈建荣，郭伟强. 浙江大学学报，2007，34(1): 62.

[17] 莫小刚，刘尚营. 化学通报，2001(8): 483.

[18] 马岳，阎哲，黄骏雄. 化学进展，2001，13（1）: 25.

[19] 刘文涵，何晶晶，滕渊洁. 分析化学，2013，41(8): 1226.

[20] 刘文涵，何晶晶，滕渊洁. 一种顶空液液萃取富集分离测定方法. 发明专利，201210403884.6.

[21] Barker S A, Long A R, Short C R. J Chromatogr A, 1989, 475(2): 353.

[22] Gerry J Reimer, Agripina Suarez. J Chromatogr A, 1991, 555(1-2): 315.

[23] Likens S T, Nickerson G B. Proc Am Soc Brew Chem, 1964: 5.

[24] Rijks J, Curvers J, Noy Th, Cramers C. J Chromatogr A, 1983, 279: 395.

[25] Pollien P, Chaintreau A. Anal Chem, 1997, 69(16): 3285.

[26] 郝均，李挥，孙汉文. 河北大学学报，2012，32(4): 434.

[27] 张斌，许莉勇. 浙江工业大学学报，2008，36(5): 558.

[28] 陈亚妮，张军民. 应用化工，2010，39(2): 270，279.

[29] Lagha A, Chemat S, Bartels P V, Chemat F. Analysis, 1999, 27(5): 452.

第二章　沉淀分离法

以沉淀反应为基础的分离方法称为沉淀分离法。沉淀分离法利用被测组分和干扰组分与某种试剂(沉淀剂)反应产物的溶解度不同而得以分离，包括常规沉淀分离法、均相沉淀分离法、共沉淀分离法等。常规沉淀法和均相沉淀法主要用于常量组分的分离，而共沉淀法主要用于微量组分的分离和富集。沉淀分离法的分类见图2-1。

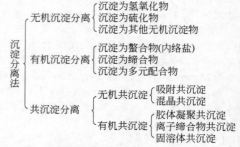

图 2-1　沉淀分离法的分类

在沉淀分离法中，通常选择合适的沉淀剂使干扰组分或被测组分沉淀析出，或者控制介质在特定的 pH 下用某些沉淀剂进行分步沉淀。沉淀反应的选定必须考虑欲测组分与干扰组分的相对含量以及沉淀剂本身对后续测定的影响等因素。沉淀剂可以分为无机沉淀剂和有机沉淀剂两大类。用无机沉淀剂进行沉淀分离的方法较为经典，但选择性和分离效果等指标一般不如有机沉淀剂。为提高沉淀分离的选择性，可以使用合适的掩蔽剂。

在本章中，沉淀分离法按沉淀剂分类列表，无机共沉淀分离法按共沉淀元素分类列表，有机共沉淀剂则按反应机理分类列表。

第一节　沉淀分离基础

一、沉淀的生成

分离体系中沉淀的形成过程可以用图 2-2 描述：溶解曲线上部为不饱和区，欲从 A 的不饱和状态将待分离组分以固相析出，有 $A \rightarrow B$(通过降温实现)和 $A \rightarrow C$(通过加大浓度实现)两种模式。但实际上，即使到达甚至稍稍超过溶解度曲线，也不一定立即产生沉淀，只有进一步到达图 2-2 中虚线的临界过饱和部位才真正有沉淀出现。临界过饱和溶液与溶解度曲线之间为亚稳态区，其宽窄不仅与沉淀的化学结构和其他性质有关，也与沉淀的条件（如溶剂的性质、温度、杂质种类及浓度等）有关。

实际上，在首先到达临界过饱和浓度的地方，溶液中少量（4~5 个）离子、原子、分子相遇而聚集进而形成晶核（成核作用）。在过饱和溶液中，成核过程若是通过构晶粒子在静电力等作用下自发结合的称均相成核（homogeneous nucleation）；若成核过程是由溶液中存在的细小杂质粒子（如尘埃）诱导的（即溶液在这些微粒表面聚集成核）称为异相成核（heterogeneous nucleation）。晶粒成核的速度（尤其是均相成核）随溶液相对过饱和度的增加呈指数增长，过饱和度越大，晶核形成速度越快，晶核数量越多。

晶核形成后，更多离子或分子聚集到晶核表面的过程称为晶核成长，晶核成长速度与溶液的过饱和度以及晶核的比表面积有关，但与成核过程相比，它受过饱和度的影响较小（见图 2-3）。过饱和程度可用相对过饱和度（relative supersaturation, R_s）来衡量：

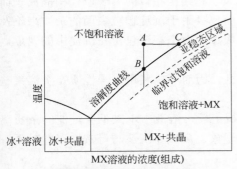

图 2-2　过饱和与溶解曲线

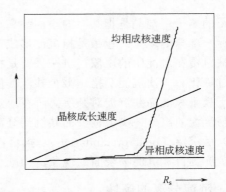

图 2-3　相对过饱和度对成核作用和晶粒成长的影响

$$R_s = \frac{Q-S}{S}$$

式中　Q——溶液中溶质的实际瞬时浓度；

　　　S——溶质的平衡浓度。

　　沉淀的形成过程如图 2-4 所述；沉淀的形态和颗粒度很大程度上取决于成核和晶核成长过程的相对速度，如果成核作用占主导地位，则会因存在大量细小颗粒而形成无定形沉淀（amorphous precipitation），若晶核成长作用占主导地位，则构晶粒子能在晶核表面定向排列成长而形成较大的晶形沉淀（crystalline precipitation）。控制较小的 R_s 将有利于晶形沉淀的生成。提高温度（增加沉淀物的溶解度 s）、稀释溶液（减小瞬时浓度 Q）、搅拌下缓慢加入沉淀剂等措施可减小 R_s 值。

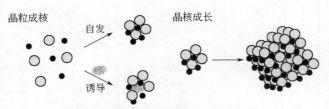

图 2-4　沉淀的形成过程[1]

　　在沉淀生成的最后阶段，体系中仍存在着沉淀的溶解和再结晶的双向过程，且已存在的晶体颗粒度并不相等，因为小颗粒晶体的溶解度大于大颗粒的，所以溶液对大颗粒为饱和时小颗粒则未饱和，于是小颗粒逐渐溶解，构晶离子向大颗粒表面转移而使大颗粒继续长大，直至饱和。该过程称为陈化（aging）。加热搅拌可以增大扩散速度，缩短陈化时间。对于硫酸钡沉淀，室温放置陈化约需 10h，而加热搅拌陈化 1h 即可。

　　小体积沉淀法是指在尽量小的体积中，以尽量大的浓度并在大量电解质存在的基础上进行沉淀。该方法适用于无定形沉淀，可以尽量减小沉淀的含水量，获得尽可能致密的沉淀，便于后续的过滤和洗涤。

　　沉淀本身的纯度直接影响分离效果，影响沉淀纯度的主要因素有共沉淀和后沉淀。

　　（1）共沉淀（coprecipitation）　指本应溶解的物质（其离子积尚未超过溶度积或处于过饱和亚稳态等可溶条件）在沉淀形成过程中与目标沉淀物一起沉积下来的现象。引起共沉淀的原因有表面吸附、混晶、包藏和机械吸留四种情况。表面吸附是指沉淀表面净电荷的静电作用吸附溶液中带相反电荷离子的现象，沉淀表面优先吸附构晶离子，扩散层中则优先吸附溶解度小的离子；混晶是指共存的与构晶离子电荷、大小和结构相似的离子取代构晶离子而成为沉淀一部分的现象；包藏是指沉淀形成速度过快而使吸附于沉淀颗粒表面的杂质来不及离开而被包覆在沉淀中的现象；机械吸留是指沉淀形成过快而把溶液包覆在沉淀中的现象。可以通过陈化、二次沉淀等措施减少共沉淀的影响。

由于吸附和混晶共沉淀对杂质离子有一定的选择性，因而可以利用这一性质，沉淀某些本来不易沉淀的组分，实现良好的共沉淀分离。

（2）后沉淀（post precipitation） 指目标沉淀物析出后，溶液中本来不会沉淀的杂质离子慢慢沉淀到目标沉淀物表面的现象。为减少后沉淀现象，需减少沉淀与母液共存的时间。

二、沉淀分离的条件

生成晶形沉淀的条件：①稀溶液，以减小相对过饱和度；②缓慢加入沉淀剂，以尽量避免局部过浓现象；③在热溶液中进行沉淀，以降低相对过饱和度，并减少杂质吸附；④陈化。

生成无定形沉淀的条件：①浓溶液并快速加入沉淀剂降低水化程度；②热溶液并加适量电解质，以促进沉淀凝聚防止形成胶体；③不断搅拌；④不陈化。

其他操作条件对纯度的影响见表 2-1。

表 2-1 沉淀生成条件及操作对沉淀纯度的影响

沉淀生成条件及操作	杂质形式[①]			
	表面吸附	包藏	混晶	后沉淀
用稀溶液	○	+	+	○
缓慢沉淀	+	+	+	—
陈化	○/+	+	+	—
搅拌	+	+	+	○
洗涤	○	++	○	○
再沉淀	○/+	++	++	+
调节 pH	○	○	○	+
高温	—	+	+	—
沉淀完迅速过滤	○	○	○	++
均相沉淀	+	++	++	—

① ++：杂质可忽略不计；+：纯度增加，仍有杂质残留；○：无显著变化；—：纯度降低。

第二节 沉淀分离法

一、利用无机沉淀剂分离

经常采用的无机沉淀方法有氢氧化物沉淀法、硫化物沉淀法、氯化物沉淀法、磷酸盐沉淀法、硫酸盐沉淀法和氟化物沉淀法等。其中硫酸盐主要用于碱土金属（Ca^{2+}、Sr^{2+}、Ba^{2+}、Ra^{2+}、Pb^{2+}等）与其他金属离子的分离；氟化物沉淀法主要用于 Ca^{2+}、Sr^{2+}、Mg^{2+}、Th^{4+}、稀土元素与其他金属离子的分离；磷酸盐沉淀法可沉淀的离子较多，尤其适于在强酸介质中沉淀 Zr^{4+} 和 Hf^{4+}。

氢氧化物沉淀法适用范围最广。表 2-2～表 2-4 列出了有关氢氧化物沉淀的 pH 范围。在实际工作中还需考虑被沉淀离子的浓度、共存的其他离子（特别是阴离子）、溶液温度以及影响沉淀的其他因素（见表 2-5）。

常用的控制 pH 值的方法有氨水法、氢氧化钠法、氧化锌法等（见表 2-6），也常用均相沉淀法形成氢氧化物沉淀，见本章第三节。

表2-2 金属氢氧化物沉淀的 pH 范围

氢氧化物	开始沉淀		沉淀完全（残留离子浓度<10^{-5}mol/L）	沉淀开始溶解	沉淀溶解完全	氢氧化物	开始沉淀		沉淀完全（残留离子浓度<10^{-5}mol/L）	沉淀开始溶解	沉淀溶解完全
	离子初始浓度						离子初始浓度				
	1 mol/L	0.01 mol/L					1 mol/L	0.01 mol/L			
Ag_2O	6.2	8.2	11.2	12.7	—	$Mg(OH)_2$	9.4	10.4	12.4	—	—
$Al(OH)_3$	3.3	4.0	5.2	7.8	10.8	$Mn(OH)_2$	7.8	8.8	10.4	14	—
$Be(OH)_2$	5.2	6.2	8.8	—	—	$Ni(OH)_2$	6.7	7.7	9.5	—	—
$Cd(OH)_2$	7.2	8.2	9.7	—	—	$Pb(OH)_2$	—	7.2	8.7	10	13
$Ce(OH)_4$	—	0.8	1.2	—	—	稀土氢氧化物	—	6.8~8.5	约9.5	—	—
$Co(OH)_2$	6.6	7.6	9.2	14.1	—	$Sn(OH)_2$	0.9	2.1	4.7	10	13.5
$Cr(OH)_3$	4.0	4.9	6.8	12	15	$Sn(OH)_4$	0	0.5	1	13	15
$Fe(OH)_2$	6.5	7.5	9.7	13.5	—	$Th(OH)_4$	—	0.5	—	—	—
$Fe(OH)_3$	1.5	2.3	4.1	14	—	$TiO(OH)_2$	0	0.5	2.0	—	—
HgO	1.3	2.4	5.0	11.5	—	$Tl(OH)_3$	—	约0.6	约1.6	—	—
H_2MoO_4	—	—	—	约8	约9	$Zn(OH)_2$	5.4	6.4	8.0	10.5	12~13
H_2WO_4	—	3.6	5.1	—	—	$ZrO(OH)_2$	1.3	2.25	3.75	—	—
H_2UO_4	—	约0	约0	—	约8						

表2-3 从酸性溶液和碱性溶液中析出氢氧化物的 pH 顺序

项目	开始沉淀的 pH 值	沉淀离子[①]
从酸性溶液提高 pH 析出沉淀[②]	约0	Sb^{3+}、Sb^{5+}、Sn^{4+}、MoO_4^{2-}、WO_4^{2-}、Ce^{4+}、Ti^{4+}
	约1	Nb^{5+}、Ta^{5+}（0.6）、Ce^{4+}（1.2）、Tl^{3+}
	约2	Os^{4+}、Zr^{4+}、Hf^{4+}、Sn^{2+}、Fe^{3+}（2.3）、Hg^{2+}、Bi^{3+}（在氯化钠存在下）
	约3	Hg_2^{2+}、Ca^{3+}、In^{3+}、Th^{4+}（3.5）
	约4	Al^{3+}、U^{4+}、Ir^{6+}、Ti^{3+}
	约5	Cr^{3+}、Mn^{4+}、Bi^{3+}、UO_2^{2+}
	约6	Cu^{2+}（5.5）、Be^{2+}、Sc^{3+}（5.9）、Zn^{2+}、Ru^{3+}、Rh^{3+}、Pd^{2+}（成氯配合物，此时 Pt^{2+} 成 $PtCl_4^{2-}$ 不沉淀）
	约7	Y^{3+}（6.8）、Sm^{3+}、Fe^{2+}、Ni^{2+}、Co^{2+}、Ce^{3+}（7.4）、Pb^{2+}（7.8）
	约8	Ag^+（8.0）、Cd^{2+}、La^{3+}
	约9	Mn^{2+}（8.7）
	约10	Mg^{2+}
	>12	Ca^{2+}（12）、Sr^{2+}（14）、Ba^{2+}（14，当 Ba^{2+} 浓度大时）
	>12	NbO_3^-、TaO_3^-（12~16）、Pb^{2+}（13.0）
从碱性溶液析出沉淀	约12	Zn^{2+}、Be^{2+}（12.0）
	约11	Al^{3+}、Sb^{2+}（12.0）
	约10	Ga^{3+}（9.7）
	约9	MoO_4^{2-}、WO_2^{2-}（9）

① 被沉淀离子的初始浓度为 0.01~1mol/L。

② 大部分离子必须从酸性介质中开始调节 pH，以免相关离子水解，少量离子可以从碱性开始调节。

表2-4 镧系元素氢氧化物沉淀的 pH 值

被沉淀的离子	开始沉淀的 pH 值	被沉淀的离子	开始沉淀的 pH 值	被沉淀的离子	开始沉淀的 pH 值
Lu^{3+}	6.1	Gd^{3+}	6.8	Pr^{3+}	7.4
Yb^{3+}	6.3	Eu^{3+}	6.8	Ce^{3+}	7.6
Tu^{3+}	6.4	Sm^{3+}	6.8	La^{3+}	7.8
Er^{3+}	6.8	Nd^{3+}	7.3		

表 2-5 用于生成氢氧化物沉淀的试剂

试　剂	沉淀条件	可达到的 pH 值
NH₃+NH₄Cl①	将溶液（盐酸酸性）加热，加氨水至甲基橙或甲基红变色	7～9②
CH₃COOH+CH₃COONa	在弱酸性试液中加 CH₃COONa，加热至 70℃	4～6②
NaHCO₃	在弱酸性试液中加 NaHCO₃，至溴酚蓝变色，煮沸	4
吡啶③	在中性试液中加 NH₄Cl，加热至沸，加吡啶至甲基红变色，再加过量吡啶，加热	5～6.5
六亚甲基四胺	将试液（pH= 2～4）加热至 30℃，加 NH₄Cl，加过量六亚甲基四胺	5～5.8
苯肼	将试液加热，加苯肼	约 5
苯甲酸铵	将试液中和至甲基橙变黄，加 CH₃COOH、苯甲酸铵，加热并煮沸	约 6
BaCO₃	在试液中加新配制的 BaCO₃ 悬浮液，在冷却下或加热下搅拌	7.3
CdCO₃	同 BaCO₃ 沉淀法	6.5
CaCO₃	同 BaCO₃ 沉淀法	7.5
PbCO₃	同 BaCO₃ 沉淀法	6.2
ZnO	试液与 ZnO 的悬浮液一起搅拌	5.5
MgO	试液与 MgO 的悬浮液一起搅拌	10.5
HgO	试液与 HgO 的悬浮液一起搅拌	7.4
Na₂S₂O₃④	在弱酸性试液中加 Na₂S₂O₃，加热	约 6
KBrO₃+HBr	试液中加"KBrO₃+HBr"，煮沸除去溴	2.7
KBrO₃+HCl	同"KBrO₃+HBr"沉淀法，但以 HCl 代替 HBr	1.3

① 能生成氨合配离子的金属离子，不能用此混合试剂使之析出氢氧化物沉淀（参见表 2-6）。

② pH 值随试剂的浓度而变。

③ 某些金属离子能与吡啶形成配合物，故不能在此 pH 条件下使之析出氢氧化物沉淀，如 Cu^{2+}、Zn^{2+}、Cd^{2+}、Co^{2+}、Ni^{2+} 等。

④ 用 Na₂S₂O₃ 时，原始液的酸度须极微弱，若酸度过大，将分解而析出 S；Na₂S₂O₃ 与 Ag^+、AsO_3^-、AsO_4^{3-}、Bi^{3+}、Cu^{2+}（Cu₂S）、Hg^{2+}、Pb^{2+}、Sb^{3+}（SbOS₂）、Sn^{2+} 等反应产生硫化物（Ag^+ 和 Pb^{2+} 先生成硫代硫酸盐沉淀，然后转化成硫化物沉淀），在有过量 Na₂S₂O₃ 存在时，某些金属离子能与之成配离子，故不能析出沉淀，或析出的沉淀重新溶解，例如 Ag^+、Cu^{2+}、Fe^{3+} 等；Na₂S₂O₃ 还能还原某些离子，如 CrO_4^{2-}、Cu^{2+}、Fe^{3+} 等。

表 2-6 控制溶液 pH 选择性沉淀金属离子

试　剂	可定量沉淀的离子	沉淀不完全的离子	留在溶液中的离子
氨水（在铵盐存在下）①	Al^{3+}、Be^{2+}、Bi^{3+}、Ce^{4+}、Cr^{3+}、Fe^{3+}、Ga^{3+}、Hf^{4+}、Hg^{2+}、In^{3+}、Mn^{4+}、Nb^{5+}、Sb^{3+}、Sn^{4+}、Ta^{5+}、Th^{4+}、Ti^{4+}、Tl^{3+}、UO_2^{2+}、V^{4+}、Zr^{4+}、稀土元素离子	Mn^{2+}（加 Br₂ 或 H₂O₂ 使氧化后可析出沉淀），Pb^{2+}（有 Fe^{3+}、Al^{3+} 时可共沉淀析出）、Fe^{2+}（氧化后可沉淀析出）	$[Ag(NH_3)_2]^+$、$[Cd(NH_3)_4]^{2+}$、$[Co(NH_3)_6]^{2+}$（土黄色）、$[Cu(NH_3)_4]^{2+}$（深蓝色）、$[Ni(NH_3)_4]^{2+}$（蓝色）、$[Zn(NH_3)_4]^{2+}$
氢氧化钠（过量）②	Ag^+、Au^+、Bi^{3+}、Cd^{2+}、Co^{2+}、Cu^{2+}、Fe^{3+}、Hf^{4+}、Hg^{2+}、Mg^{2+}、Ni^{2+}、Th^{4+}、Ti^{4+}、UO_2^{2+}、Zr^{4+}、稀土元素离子	Ca^{2+}、Sr^{2+} 和 Ba^{2+} 的碳酸盐沉淀，Nb^{5+} 和 Ta^{5+} 部分溶解	Al^{3+}、Cr^{3+}、Zn^{2+}、Pb^{2+}、Sn^{2+}、Sn^{4+}、Be^{2+}、Ge^{4+}、Ga^{3+}（以上两性元素的含氧酸根离子）、SiO_3^{2-}、WO_4^{2-}、NoO_4^{2-} 等
ZnO 悬浊液	Fe^{3+}、Cr^{3+}、Ce^{4+}、Ti^{4+}、Zr^{4+}、Hf^{4+}、Sn^{4+}、Bi^{3+}、V^{4+}、U^{4+}、Nb^{5+}、Ta^{5+}、W^{6+} 等	Be^{2+}、Cu^{2+}、Ag^+、Hg^{2+}、Pb^{2+}、Sb^{3+}、Sn^{2+}、Mo^{4+}、V^{5+}、U^{6+}、Au^{3+}、稀土元素离子	Ni^{2+}、Co^{2+}、Mn^{2+}、Mg^{2+} 等

① 通常加入 NH₄Cl，其作用为：a.可使溶液的 pH 值控制在 8～10，避免 $Mg(OH)_2$ 沉淀的部分溶解；b.减少氢氧化物沉淀对其他金属离子的吸附，利用小体积沉淀法更有利于减少吸附；c.有利于胶体的凝聚。

② 必须加过量 NaOH，也可采用小体积沉淀法。

二、利用有机沉淀剂分离

有机沉淀剂具有明显的优点：①品种多且选择性好，可供选择的余地大，并可用控制附加基团的方式利用空间位阻效应提高选择性；②沉淀的溶解度通常很小且极性不很大，吸附的杂质量少且易洗脱；③沉淀的摩尔质量大，沉淀量多而便于后处理；④沉淀的组成恒定。但沉淀剂本身在水中溶解度较小，往往易被夹杂在沉淀中，某些沉淀易黏附于器皿壁上或漂浮于沉淀表面，给操作带来不便，选用沉淀体系时应加以注意。部分有机沉淀剂的性质和功能见表2-7～表2-16。

表 2-7　常见有机沉淀剂

试剂名称	结构式或分子式	溶液的酸碱性	被沉淀离子	备　注
丁二酮肟	$CH_3-C=NOH$ $CH_3-C=NOH$	pH>5 或氨性溶液，约 0.5mol/L HCl	Ni^{2+} Pb^{2+}	Pt^{2+} 和 Bi^{3+}（pH=8.5）也生成沉淀；与 Cu^{2+}、Co^{2+}、Zn^{2+} 等所成螯合物可溶于水
二乙基二硫代氨基甲酸钠	C_2H_5 $\quad$N$-$C$=$S C_2H_5 SNa	各种 pH	多种离子	详见表 2-14
二苦胺	O_2N NO₂ NO₂ NO₂ NO₂ NO₂ NH NO₂		K^+	多种金属离子也沉淀；主要用于与 Na^+ 分离
水杨醛肟	CH=NOH OH	pH=5.1～5.3（乙酸盐）	Bi^{3+}	与 Sb^{3+} 分离
		pH=2.5～3	Cu^{2+}、Pd^{2+}	Ag^+、Pb^{2+}、Co^{2+}、Zn^{2+}、Fe^{2+} 不沉淀，如小心进行，可与 Ni^{2+} 分离，Fe^{3+} 被共沉淀
		酸性	Pd^{2+}、Pb^{2+}	与 Pt^{2+}、Ag^+、Zn^{2+}、Cd^{2+} 分离
单宁（鞣酸）	$C_{14}H_{10}O_9$	形成相应的含水氧化物的 pH	Nb^{5+} 和 Ta^{5+} 可相互分离，并与 Zn^{2+}、Th^{4+}、Al^{3+} 分离；Ti^{4+} 与 Zn^{2+} 分离；UO_2^{2+} 与 Nb^{5+}、Ta^{5+}、Ti^{4+} 分离；Al^{3+} 与 Be^{2+} 分离；Ga^{3+} 与 Zn^{2+}、Ni^{2+}、Be^{2+}、Th^{4+} 等分离 Zr^{4+} 与 UO_2^{2+}、VO_3^-、Th^{4+} 分离	利用单宁的带负电胶体与 Nb、Ta 等带正电的含水氧化物的凝聚作用
四苯硼化钠	$B(C_6H_5)_4^- Na^+$	<0.1mol/L（无机酸）或乙酸酸性	K^+	也可沉淀 NH_4^+、Rb^+、Cs^+、Cu^+、Hg^+、Ag^+ 和 Tl^+
2-安息香酮肟	CH-C 苯 苯 OH NOH	氨性溶液 2mol/L H_2SO_4	Cu^{2+} NoO_4^{2-}、WO_4^{2-}	
连苯三酚	OH OH OH	无机酸	Sb^{3+}、Bi^{3+}	（没食子酸）可用于将 Bi^{3+} 与 Pb^{2+}、Cu^{2+}、Fe^{3+} 等分离，Sb^{3+}、Sn^{2+}、Sn^{4+}、Hg^{2+}、Ag^+ 有干扰
辛可宁	$C_{19}H_{22}N_2O$	无机酸	定量沉淀钨酸	
1-亚硝基-2-萘酚	NO OH	微酸性（无机酸）	Co^{2+}、Fe^{3+}、Cr^{3+}、WO_4^{2-}、UO_2^{2+}、VO_3^-、Sn^{4+}、Ti^{4+}、Ag^+、Bi^{3+}、Cu^{2+}、Pd^{2+} 等	用于分离 Co^{2+}，见表 2-15
杏仁酸（苦杏仁酸，苯乙醇酸）	CH-COOH 苯 OH	强酸性（HCl）	Zr^{4+}、Hf^{4+}、Sc^{4+}、Pb^{2+}、Pu^{4+}	与大多数金属离子（如 Fe^{3+}、Ti^{4+}、Al^{3+}、V^{5+}、Sn^{4+}、Bi^{3+}、Sb^{3+}、Ba^{2+}、Ca^{2+}、Cr^{3+}、Cu^{2+}、Ce^{4+} 等）分离，也可沉淀 Pu^{4+}、Sc^{4+} 和稀土元素离子，也可用对溴杏仁酸

试剂名称	结构式或分子式	溶液的酸碱性	被沉淀离子	备　注
草酸	COOH COOH	弱酸性	Ca^{2+}、Mg^{2+}、Th^{4+}、稀土离子	其他多种金属离子也沉淀
N-苯甲酰-N-苯胺（钽试剂）	（结构式）	各种 pH	多种离子	详见表2-13
苯并三唑	（结构式）	pH=7 ～ 8.5（酒石酸盐-乙酸盐）	Cu^{2+}、Cd^{2+}、Co^{2+}、Fe^{2+}、Ni^{2+}、Ag^+、Zn^{2+}部分或完全沉淀	
苯胂酸	（结构式）	氨性，EDTA	Ag^+	与Al^{3+}、Bi^{3+}、Be^{2+}、Cu^{2+}、Fe^{3+}、Mn^{2+}、Ni^{2+}、Zn^{2+}及稀土元素离子分离
		HAc-Ac⁻ 1mol/L HCl	Os^{4+}、Pd^{2+} Zr^{4+}	与Ti^{4+}分离 与Al^{3+}、Cr^{3+}、稀土元素离子分离
		1mol/L HCl+水 乙酸盐缓冲液 pH=5.1 ～ 5.3，加 CN⁻	Ti^{4+}、Zr^{4+}、Hf^{4+} Bi^{3+}	与Co^{2+}、Cd^{2+}、Cu^{2+}、Ag^+、Ni^{2+}、Hg^{2+}分离
邻氨基苯甲酸	COOH NH₂（结构式）	弱酸	Cd^{2+}、Co^{2+}、Cu^{2+}、Fe^{2+}、Fe^{3+}、Pb^{2+}、Mn^{2+}、Hg^{2+}、Ni^{2+}、Ag^+、Zn^{2+}	详见表2-16
8-羟基喹啉	（结构式，OH）	各种 pH	多种离子	详见表2-8
硫氰酸盐与有机碱			Zn^{2+}、Cd^{2+}、Cu^{2+}及其他二价金属	与吡啶、喹啉、异喹啉、联苯胺、乙二胺及其他有机碱和硫氰酸钾（或钠）生成 $MIn(SCN)_2$ 沉淀，如仅用硫氰酸钾（或钠），则只沉淀 Cu^+
硫脲	H_2N—CS—NH_2	酸性	Pb^{2+}、Cd^{2+}、Tl^+等	
巯乙酰替萘胺	—NHCO—CH₂SH（结构式）	0.1mol/L 酸	Sb^{3+}、As^{3+}、Sn^{4+}、Bi^{3+}、Cu^{2+}、Hg^{2+}、Ag^+、Au^{3+}及铂金属离子	作用似 H_2S，易氧化
		酒石酸盐，用 Na_2CO_3 碱化	Au^{3+}、Cu^{2+}、Hg^{2+}、Cd^{2+}、Tl^+	
		氰化碱-酒石酸盐	Au^{3+}、Tl^+、Sn^{4+}、Pb^{2+}、Sb^{3+}、Bi^{3+}	
		NaOH-氰化物-酒石酸盐	Tl^+	
α-巯基乙酰替苯胺氨基甲酸酯	N—C—CH₂S—C—NH₂（结构式）	柠檬酸铵	Co^{2+}、Sb^{3+}、Cu^{2+}	可用于分离 Co^{2+}，但 Ni^{2+} 和 Fe^{3+} 部分被沉淀
巯基苯并噻唑	—SH（结构式）	弱酸或氨性	许多金属离子	先在酸性介质沉淀 Cu^{2+}，再在氨性介质沉淀 Cd^{2+}
8-巯基喹啉	（结构式，SH）	各种 pH	多种离子	见表2-11
联苯胺	H_2N——NH_2（结构式）		SO_4^{2-}	沉淀为 $C_{12}H_{12}N_2\cdot H_2SO_4$，4-氯-4'-氨基联苯与 SO_4^{2-} 形成的沉淀溶解度较联苯胺的小

试剂名称	结构式或分子式	溶液的酸碱性	被沉淀离子	备 注
[5,6]苯并喹啉	（结构式）	弱酸性	MoO_4^{2-}	用以分离 MoO_4^{2-} 和 WO_4^{2-}
		强酸性	WO_4^{2-}	试剂的 RH^+，可与 Bi^{3+}、Cd^{2+}、Cu^{2+}、Fe^{3+}、Hg^{2+}、UO_2^{2+} 和 Zn^{2+} 的卤素和硫氰酸配离子形成沉淀，Cd^{2+} 以配碘离子沉淀
硝酸试剂	（结构式）		NO_3^-、ClO_4^-、ReO_4^-、WO_4^{2-}	沉淀成 $C_{20}H_{16}N_4 \cdot HNO_3$ 形式；Br^-、I^-、SCN^- 等有干扰
喹哪啶酸	（结构式）COOH	弱酸性	Cu^{2+}、Cd^{2+}、Zn^{2+} 及 Co^{2+}、Fe^{2+}、Fe^{3+}、Pb^{2+}、Hg^{2+}、MoO_4^-、Ni^{2+}、Pd^{2+}、Ag^+、W^{6+}、Al^{3+}、Th^{4+} 等	调节 pH 可在 Cd^{2+}、Ni^{2+}、Co^{2+} 和 Pb^{2+} 等离子存在下沉淀 Cu^{2+}，在硫脲存在下，可在 Cu^+、Hg^{2+}、Ag^+ 等离子存在时沉淀 Zn^{2+}
喹啉-3-羧酸	（结构式）COOH		Cu^{2+} 及其他二价金属离子	
氯化四苯钾	$(C_6H_5)_4AsCl$	HCl	ClO_4^-、ReO_4^-、MoO_4^-、WO_4^{2-}、$HgCl_4^{2-}$、$SnCl_6^{2-}$、$CdCl_4^{2-}$、$ZnCl_4^{2-}$、$AuCl_4^-$ 等	为阴离子沉淀剂，沉淀形式为四苯钾盐，例如 $[(C_6H_5)_4As]_2HgCl_4$
铋试剂 II	（结构式）SH	0.1mol/L HCl 弱酸性和中性	Bi^{3+}、As^{3+}、As^{5+}、Sb^{3+}、Sb^{5+} 多种重金属离子	
铜铁试剂	（结构式）	0.6~2mol/L HCl 或 0.9~1mol/L H_2SO_4	Nb^{5+}、Ta^{5+}、Zr^{4+}、Ti^{4+}、Sn^{4+}、Ce^{4+}、WO_4^{2-}、VO_3^-、Fe^{3+}、Ga^{3+}、U^{4+}	与 Al^{3+}、Co^{2+}、Ni^{2+}、Mn^{2+}、UO_2^{2+}、Cr^{3+} 分离见表 2-12
靛红-β-肟		乙酸盐缓冲液或酒石酸盐溶液	U^{4+}	与 Mg^{2+}、Mn^{2+}、Zn^{2+}、Cd^{2+}、Ni^{2+}、Co^{2+} 分离

表 2-8 部分 8-羟基喹啉配合物沉淀的 pH 值[①]

金属离子	pH 值		金属离子	pH 值	
	不能析出沉淀	定量沉淀		不能析出沉淀	定量沉淀
$Al^{3+②③}$	<2.3, >12.0	4.2~9.8	$Mn^{2+③}$	<4.3	5.9~10
Ba^{2+}	—	氨介质	MoO_4^{2-}	—	3.6~7.3
Be^{2+}	<6.3	8.0~8.4	Ni^{2+}	<2.8	4.3~14.6
$Bi^{3+②}$	<3.5,>12.9	4.5~10.5	$Pb^{2+③}$	<4.8	8.4~12.3
Ca^{2+}	<6.1	9.2~13（氨介质）	$Pd^{2+③}$	—	3.5~8.5
Cd^{2+}	<4.0	5.4~14.6	Sb^{3+}	—	>1.5
Co^{2+}	<2.8	4.4~11.6	Sn^{2+}	—	氨介质
Cr^{3+}	—	氨介质	Sr^{2+}	—	氨介质
$Cu^{2+③}$	<2.2	5.3~14.6	$Th^{4+②③}$	3.1	4.4~8.8
$Fe^{3+③}$	<2.4	2.8~11.2	$Ti^{4+②}$	<3.5, >12.0	4.8~8.5
$Ga^{3+③}$	—	3.1~11.5	$UO_2^{2+②③}$	<3.1, >12.1	4.1~8.8 或 5.7~9.8
$Gd^{2+③}$	<4.0	5.4~14.6	$VO_3^{-②}$	<1.1, >7.3	2.7~6.1
In^{3+}	—	4.5	$WO_4^{2-③}$	—	5.0~5.7
La^{3+}	—	6	Zn^{2+}	<2.8	4.6~13.4
$Mg^{2+③}$	<6.7	9.4~12.7	Zr^{4+}	—	约 5

① 被沉淀离子的浓度为 0.01~1mol/L。

② 在碱性介质中不能析出沉淀的最低 pH 值：Al^{3+}，12.0；Bi^{3+}，12.9；Ti^{4+}，12.0；UO_2^{2+}，12.1；VO_3^-，7.3。

③ 沉淀有一定组成并且稳定。

表 2-9 部分 8-羟基喹啉配合物沉淀分离的特点[2]

沉淀离子	方 法 提 要
Al^{3+}	pH=5，乙酸盐缓冲液，可与 Be^{2+}、Mg^{2+} 和 BO_3^{3-} 分离；氨介质，H_2O_2 存在下，可与 MoO_4^{2-}、VO_3^- 和 Ti^{4+} 分离；盐酸酸化的试液，热至 $70\sim80℃$，调 pH=7，加乙酸盐缓冲液，加 5% 8-羟基喹啉乙酸溶液，加热至 $70\sim80℃$，沉淀用玻璃过滤器过滤，水洗，110℃ 干燥，称量形式 $Al(C_9H_6ON)_3$；若沉淀用滤纸过滤，于 1200℃ 灼烧（盖上一层草酸），称量形式 Al_2O_3
Be^{2+}	pH=7，乙酸盐缓冲液。可与 Al^{3+}、Fe^{3+} 等分离，Ti^{4+}、SiO_2 有干扰
Ga^{3+}	氨性试液，可与 VO_3^-、MoO_4^{2-}、WO_4^{2-} 分离；pH=3.1，加 8-羟基喹啉，沉淀用玻璃过滤器过滤，热水洗涤，沉淀 120℃ 干燥，称量形式 $Ga(C_9H_6ON)_3$
Ge^{4+}	含约 0.03g GeO_2 试液，加钼酸铵，0.3mol/LH_2SO_4 和 8-羟基喹啉，放置 12h，沉淀用玻璃过滤器过滤，稀 HCl(含有钼酸铵和 8-羟基喹啉)洗涤，沉淀于 110℃ 干燥，称量形式 $(C_9H_7ON)_4\cdot H_4GeMo_{12}O_{40}$
In^{3+}	pH=$3\sim4$，热至 $70\sim80℃$，加 8-羟基喹啉，沉淀用玻璃过滤器过滤，水洗涤，沉淀于 $110\sim115℃$ 干燥，称量形式 $In(C_9H_6ON)_3$。Al^{3+}、Cu^{2+}、Fe^{3+}、Ga^{3+}、Zn^{2+} 等有干扰
Mg^{2+}	加 2%8-羟基喹啉的 2mol/L 乙酸溶液，热至 100℃，加乙酸铵和稀氨水（过量），沉淀用玻璃过滤器过滤，热水洗涤，沉淀于 250℃ 干燥，称量形式 $Mg(C_9H_6ON)_2$。Ca^{2+} 预先用草酸分离；Al^{3+}、Fe^{3+}、Cu^{2+}、Zn^{2+} 和 Mn^{2+} 预先在 pH=6 时用 8-羟基喹啉分离
MoO_4^{2-}	乙酸盐缓冲液，EDTA 存在下，大多数金属离子不干扰，WO_4^{2-}、VO_3^-、Ti^{4+}、UO_2^{2+} 干扰；pH=$2\sim3$，在 $(NH_4)_2C_2O_4$ 和 H_2SO_4 存在下，可与 Nb^{5+}、Zr^{4+}、UO_2^{2+}、Cr^{3+}、Cu^{2+}、Ni^{2+}、Ti^{4+}、Fe^{3+}、WO_4^{2-} 和 ReO_4^{2-} 分离
Th^{4+}	在 EDTA 存在下，可与大多数金属离子分离
Ti^{4+}	在酒石酸存在下，加乙酸和乙酸钠及 2% 8-羟基喹啉乙酸溶液，热至 100℃，沉淀用玻璃过滤器过滤，热水洗涤，沉淀于 110℃ 干燥，称量形式 $TiO(C_9H_6ON)_2$
UO_2^{2+}	pH=$5\sim9$，加乙酸盐缓冲液，EDTA，热至 100℃，加入 3%8-羟基喹啉的 4mol/L 乙酸溶液，沉淀用玻璃过滤器过滤，热水洗涤，沉淀于 $105\sim110℃$ 干燥，称量形式 $UO_2(C_9H_6ON)_2\cdot(C_9H_7ON)$ pH=5.3，加乙酸盐缓冲液，EDTA 存在下，可与 Th^{4+}、稀土元素、Al^{3+}、Fe^{3+}、Zr^{4+}、Bi^{3+}、PO_4^{3-} 及二价金属离子等分离，但不能与 Be^{2+}、Ti^{4+} 分离
Zn^{2+}	酒石酸存在下，加 8-羟基喹啉，沉淀用玻璃过滤器过滤，于 $130\sim140℃$ 干燥，称量形式 $Zn(C_9H_6ON)_2\cdot\frac{3}{2}H_2O$。$Al^{3+}$、$Bi^{3+}$、$Cd^{2+}$、$Cu^{2+}$、$Ni^{2+}$ 不干扰

表 2-10 部分 2-甲基-8-羟基喹啉配合物沉淀的 pH 值

金属离子	pH 值		金属离子	pH 值	
	开始沉淀	开始定量沉淀		开始沉淀	开始定量沉淀
Fe^{3+}	3.1	5.7	Ni^{2+}	4.5	6.5
Mg^{2+}	7.6	8.9	Zn^{2+}	3.4	5.3
Mn^{2+}	5.0	6.6	Cu^{2+}	2.9	4.5
Co^{2+}	3.8	5.2			

表 2-11 部分 8-巯基喹啉配合物的性质

金属离子	介 质	沉淀的组成	颜色	金属离子	介 质	沉淀的组成	颜色
Ag^+	酸性 氨性	$R—Ag\cdot RH\cdot 3H_2O$① $R—Ag$	红色 黄色	As^{5+}	酸性	R_5As	黄色
				Sb^{3+}	酒石酸酸性	$R_3Sb\cdot H_2O$	黄色
Cu^{2+}	酸性、中性或碱性	$R_2Cu\cdot\frac{1}{2}H_2O$	棕色	Sb^{5+}	酸性	$(RHH)_3SbCl_6$	黄色
Au^{3+}	酸性	$(RNHH)_3AuCl_3\cdot H_2O$	黄色	Bi^{3+}	酒石酸酸性	R_3Bi	黄色
Zn^{2+}	酸性、中性或碱性	R_2Zn	黄色	V^{4+}，V^{5+}	酸性	R_2VO	绿色
	SCN^- 共存	$(RHH)_2\cdot Zn(SCN)_4$②	红色	MoO_4^{2-}	酸性	$R_2MoO_4\cdot H_2O$	黑绿色
Cd^{2+}	弱酸性或氨性	—	橙色	WO_4^{2-}	酸性、碱性	—	黑灰色
Hg^{2+}	中性、酸性	R_2Hg		Fe^{2+}，Fe^{3+}	中性	$R_2Fe\cdot H_2O$	红色

金属离子	介 质	沉淀的组成	颜色	金属离子	介 质	沉淀的组成	颜色
Hg_2^{2+}	酸性	$R \cdot Hg \cdot RH \cdot 2H_2O$	红棕色	Co^{2+}	酸性	$R_2Co \cdot 2RH \cdot 2H_2O$	棕色
Tl^+, Tl^{3+}	乙酸酸性	$R—Tl$		Ni^{2+}	中性、氨性	$R_3Ni \cdot H_2O$	灰色
Pb^{2+}	酸性	$R_2—Pb$	橙色	Mn^{2+}	酒石酸酸性	R_2Mn	蓝色
As^{3+}	酸性	$(RHH)_3A_3Cl_6 \cdot 3H_2O$	黄色				

① $RH=C_9H_6NSH$，$R=C_9H_6NS^-$。

② $RHH=C_9H_6NHSH^+$。

表 2-12 铜铁试剂对金属离子的沉淀作用

离子	沉淀时的 pH	溶解度①	离子	沉淀时的 pH	溶解度①
Ag^+	中性	100	Ni^{2+}	中性	52
Al^{3+}	中性至弱酸性，2~5、5.5~5.7	0.9	Pb^{2+}	中性至乙酸酸性	25
As^{3+}, As^{5+}	—	>150	Sb^{3+}	1.2mol/L HCl、H_2SO_4(1+9)	
Be^{2+}	5.5~5.7		Sb^{5+}	—	>150
Bi^{3+}	酸性（HCl，H_2SO_4）、H_2SO_4(1+9)、HCl（1+9）	8.4	Sn^{2+}	1.5mol/L 酸至弱酸性，5.5~5.7	4.7
Cd^{2+}	中性	40	Sn^{6+}	稀无机酸、1.5mol/L 酸、弱酸性，5.5~5.7	2.4
Ce^{3+}	H_2SO_4(1+9)，弱酸性，5.5~5.7		Ta^{5+}	HCl(1+4)、H_2SO_4(1+9)，5.5~5.7	
Ce^{4+}	H_2SO_4(1+9)，弱酸性，5.5~5.7		Ti^{3+}, Ti^{4+}		
Co^{2+}	中性至乙酸酸性	77	Ti^{3+}	H_2SO_4(1+9)，酸性	
Cr^{3+}	中性至乙酸酸性	>150	Ti^{4+}	5.5~5.7	
Cu^{2+}	H_2SO_4(1+9)	0.7	V^{4+}	5.5~5.7	
Fe^{2+}	弱酸性		VO_3^-	HCl(1+99)、H_2SO_4(1+99)、HCl[(1+99)~(1+9)]、H_2SO_4(1+99)，5.5~5.7	
Fe^{3+}	HCl(1+4)、H_2SO_4(1+4)、H_2SO_4(1+9)，5.5~5.7	0.02			
Hf^{4+}	1.2mol/L HCl、H_2SO_4(1+9)，5.5~5.7		WO_4^{2-}	H_2SO_4[(1+19)~(1+4)]	
Mn^{2+}	中性		Zn^{2+}	中性	32
MoO_4^{2-}	酸性、HCl(1+9)、H_2SO_4(1+9)	>150	Zr^{4+}	H_2SO_4[(1+19)~(2+3)]，5.5~5.7	
Nb^{5+}	H_2SO_4(1+9)、HCl(1+4)，4.5~5.5、5.5~5.7		稀土元素离子	弱酸性	

① 为水中的溶解度（18℃），单位为 mg/L。

表 2-13 N-苯甲酰-N-苯胲沉淀金属离子的最佳 pH 值

离子	最佳 pH 值	离子	最佳 pH 值	离子	最佳 pH 值
Al^{3+}	3.6~6.4	In^{3+}	4.5~5.3	Ta^{5+}	0.0~1.0
Be^{2+}	5.5~6.5	Fe^{3+}	3.0~8.5	Th^{4+}	4.5~5.5
Bi^{3+}	6.0~6.8	La^{3+}	6.4~7.2	Ti^{4+}	0.1~0.4mol/L HCl
Ce^{3+}, Ce^{4+}	6.5~7.5	MoO_4^{2-}	0.1~2.5mol/L HCl	Sn^{2+}, Sn^{4+}	0.1~0.5mol/L HCl
Co^{2+}	5.5~6.5	Ni^{2+}	5.5~6.5	WO_4^{2-}	0.5~1.0mol/L HCl
Cu^{2+}	3.6~6.4	Nb^{5+}	3.5~6.5	UO_2^{2+}	5.2~5.6
Ga^{3+}	2.5~3.0	Sb^{3+}, Sb^{5+}	0.1~1.5mol/L HCl	Zr^{4+}	0.15~2.5mol/L HCl

表 2-14 一些元素的二乙基二硫代氨基甲酸盐的沉淀条件[①]

离子	介 质								生成盐的颜色	备 注
	pH 值				HCl					
	8~9	5~6	3	1.5	5%	10%	1+1	浓		
Ag^+	+	+	+	+	+−	+−	−	−	白色	
Hg^{2+}	+	+	+	+	+	+	+−	−	白色	
Pb^{2+}	+	+	+	+	+−	+−	−	−	白色	
Bi^{3+}	+	+	+	+	+	+−	−	−	绿色	
Cu^{2+}	+	+	+	+	+	+	+−	−	棕色	
Cd^{2+}	+	+	+	+	+−	+−	−	−	白色	
As^{3+}	−	−	−	−	+	+	−	−	白色	
Sb^{3+}	−	−	−	−	+	+−	−	−	白色	
Sn^{2+}	+	+	+	+	+	+−	−	−	白色	
MoO_4^{2-}	−	−	+	+	+−	+−	+−	−	玫瑰色	在 5%或 10%及稀盐酸（1+1）中出现不浑浊的浅色
SeO_3^{2-}	−	−	+	+	+	+	+	−	白色	
TeO_3^{2-}	−	−	+	+	+	+	+	−	黄色	
Fe^{3+}	+	+	+	+	+	+−	−	−	棕色	在盐酸（1+1）中出现不浑浊的浅色
Mn^{2+}	+	+	+−	−	−	−	−	−	玫瑰色	pH=3 时的稳定性比 pH=5 时差
Ni^{2+}	+	+	+	+	+	+	+	−	黄绿色	在浓盐酸中静止时出现浑浊
Co^{2+}	+	+	+	+	+	+	+	+−	黄绿色	
Zn^{2+}	+	+	+	+	−	−	−	−	白色	
Tl^{3+}	+	+	+	+−	−	−	−	−	白色	在 pH=1.5 静止时就出现少量浑浊，pH=5~6 时稳定性最高
In^{3+}	+	+	+	+	+−	+−	−	−	白色	
Ga^{3+}	−	+	+	+	−	−	−	−	白色	
VO_3^-	−	−	+	+	+	+	+−	−	黄色	在 5%和 10%盐酸时的浑浊程度比 pH=1.5 时少
WO_4^{2-}	−	−	+	−	−	−	−	−	白色	
ReO_4^-	−	−	−	−	−	−	−	+	浅黄色	

① 表中"＋"表示正反应（变浑浊）；"－"表示负反应；"＋－"表示正反应，但浑浊较轻，几分钟后消失。

表 2-15 1-亚硝基-2-苯酚螯合物沉淀的 pH 范围

金属离子	pH 范围	金属离子	pH 范围	金属离子	pH 范围
Co^{2+}	<8.74	Fe^{3+}	0.95~2.00	Pd^{2+}	<11.82
Cu^{2+}	3.96~13.2	VO_3^-	2.05~3.21	UO_2^{2+}	4.05~9.38

表 2-16 邻氨基苯甲酸沉淀金属离子的 pH 范围

金属离子[①]	pH（开始沉淀）	pH（沉淀完全）	金属离子[①]	pH（开始沉淀）	pH（沉淀完全）
Cd^{2+}	4.25	5.23	Mn^{2+}	4.10	5.15
Co^{2+}	3.36	4.41	Ni^{2+}	3.64	4.51
Cu^{2+}	1.40	2.79	Zn^{2+}	3.67	4.72

① 被沉淀离子的浓度通常为 $10^{-3}mol/L$ 左右。

三、均相沉淀法

均相沉淀法（homogeneous precipitation）也称均匀沉淀法。由华东师范大学唐宁康教授和美国化学家 H.H.Willerd 于 1953 年针对常规沉淀法无法避免局部过浓的弱点而共同提出。该法通过缓慢的化学反应逐步、均匀地在溶液中产生出构晶离子，使沉淀在整个溶液中均匀缓慢地形成。由于从根本上降低了滴加沉淀剂而产生的局部过浓问题，因而能得到较大的沉淀颗粒。

能用于均相沉淀法产生沉淀剂的方法有：

① 水解反应改变体系 pH（如尿素水解产生 NH_3 提高 pH 使 CaC_2O_4 沉淀）；

② 利用某些配合物的分解（如 EDTA-Ba 水解产生 Ba^{2+} 而沉淀 SO_4^{2-}）；

③ 利用氧化还原反应产生不同价态的构晶离子（如氧化 $AsO_3^{2-} \rightarrow AsO_4^{2-}$ 以测定 ZrO_2^+）；

④ 合成螯合沉淀剂（如测定 Ni）；

⑤ 酶化学反应（如 35℃时加脲酶代尿素水解）；

⑥ 加入与水不互溶且挥发性较大的有机溶剂，缓慢加热溶液，使有机溶剂挥发而析出沉淀。浊点析相法也可归入其中。

某些均相沉淀类型见表 2-17，元素及离子的均相沉淀法见表 2-18。

表 2-17 某些均相沉淀类型

沉淀类型	试剂	被沉淀离子	沉淀类型	试剂	被沉淀离子
氢氧化物和碱式盐	尿素	Al^{3+}, Ca^{2+}, Fe^{3+}, Ga^{3+}, Sn^{2+}, Th^{4+}, Zn^{2+}, Zr^{4+}, 稀土元素离子	硫化物	三硫代碳酸（H_2CS_3）	Cu^{2+}, MoO_4^{2-}, Zn^{2+}
	乙酰胺	Ti^{4+}		硫代甲酰胺	As^{3+}, As^{5+}, Cu^{2+}, Ir^{3+}, Pd^{2+}, Pt^{2+}, Pt^{4+}, Rh^{3+}
	EDTA	Fe^{3+}	碳酸盐	三氯乙酸	La^{3+}, Pr^{3+}
	六亚甲基四胺	Bi^{3+}, Cd^{2+}, Cu^{2+}, Pb^{2+}, Th^{4+}	氯化物	氯化物，乙酸-β-羟乙酯	Ag^+
	氧化锌悬浮液	Fe^{3+}	砷酸盐	亚砷酸盐	Zr^{4+}
	安息香酸铵	Fe^{3+}		砷酸盐	As^{3+}, As^{5+}, Hf^{4+}, Zr^{6+}
草酸盐	草酸甲酯	Ac^{3+}, Ca^{2+}, Ce^{4+}, 稀土元素离子	碘酸盐和高碘酸盐	碘	Th^{4+}, Zr^{4+}
	草酸乙酯	Ca^{2+}, Mg^{2+}, Th^{4+}, Zn^{2+} 稀土元素离子		高碘酸，乙酰胺	Fe^{3+}
	尿素，草酸盐	Ca^{2+}		高碘酸，乙酸-β-羟乙酯	Th^{4+}, Zr^{4+}
	EDTA	Ce^{3+}, Th^{4+}, Y^{3+}		高碘酸，二乙酸乙二醇酯（二乙酸亚乙基酯）	Fe^{3+}, Th^{4+}
磷酸盐	三甲基磷酸	Zr^{4+}, Hf^{4+}		酒石酸，过氧化氢，高碘酸钾	Th^{4+}
	三乙基磷酸	Hf^{5+}, Zr^{4+}		溴酸，碘酸钾	Ce^{4+}
	四乙基焦磷酸	Zr^{4+}	溴酸盐	溴酸，溴化物	Bi^{3+}
	偏磷酸	Zr	铬酸盐	尿素，重铬酸盐	Ba^{2+}
	尿素，磷酸盐	Be^{2+}, Mg^{2+}		尿素，铬酸盐	Ba^{2+}
硫酸盐	硫酸二甲酯	Ba^{2+}, Ca^{2+}, Pb^{2+}, Sr^{2+}		硝酸盐，溴酸盐	Pb^{2+}
	尿素，硫酸盐	Al^{3+}, Ga^{3+}, Sn^{4+}, Th^{4+}	甲酸盐	尿素，甲酸盐	Fe^{3+}, Th^{4+}
	氨基磺酸	Ba^{2+}		EDTA	Fe^{3+}
	硫酸甲酯钾	Ba^{2+}	苦杏仁酸盐	苦杏仁酸	Zr^{4+}, 稀土元素离子
	EDTA，过硫酸铵	Ba^{2+}	四氯邻苯二甲酸	四氯邻苯二甲酸	Th^{4+}
硫化物	硫代乙酰胺	As^{3+}, As^{5+}, Bi^{3+}, Cd^{2+}, Cu^{2+}, Fe^{2+}, Fe^{3+}, Hg^{2+}, Mn^{2+}, MoO_4^{2-}, Pb^{2+}, Sn^{2+}, Sn^{4+}, WO_4^{2-}, 其他重金属离子	螯合物	丁二酮肟	Ni^{2+}
	硫脲	Cd^{2+}, Cu^{2+}, Hg^{2+}, Pb^{2+}		苯并三唑	Ag^+, Cu^{2+}
	硫代碳酸铵	Cd^{2+}, Cu^{2+}, Bi^{3+}, Pb^{2+}		1-亚硝基-2-萘酚	Co^{2+}
	巯基乙酸	Cd^{2+}, Cu^{2+}, Bi^{3+}, Pb^{2+}			

表 2-18 元素和离子的均相沉淀法

被沉淀元素	沉淀方式和类型[①]	条　件	分离和干扰[②]
Ac	水解；草酸盐	$(CH_3)_2C_2O_4$，pH = 1～2	Al, Fe
Ag	合成；苯并三唑盐	HNO_3+邻苯二胺	Cd
	水解，阳离子释放；氯化物	Cl^-+NH_3+乙酸-β-羟乙酯	Tl
	阳离子释放；氯化物	EDTA+氨水（pH > 10）+ NH_4Cl，温热	Pb
Al	提高 pH；碱式丁二酸盐	尿素+丁二酸	Ba, Ca, Cd, Co, Cu, Fe, Mg, Mn, Ni, Zn, PO_4^{3-}
	提高 pH；碱式硫酸盐	尿素 + $(NH_4)_2SO_4$	Ca, Cd, Co, Cu, Mg, Mn, Ni, Zn
	溶剂挥发；8-羟基喹啉盐	8-羟基喹啉+丙酮；pH = 5.5(乙酸盐缓冲液)	Ca, Mg, Cd
Am	阴离子释出；氟化物	H_3BO_3 + HNO_3 + H_2SiF_6	Pm 与 Am 分级沉淀
	水解；草酸盐	$(CH_3)_2C_2O_4$	La 与 Am 分级沉淀
As	水解；硫化物	CH_3CSNH_2	Ba 与 Ra 分级沉淀
Ba	水解；碳酸盐提高 pH；铬酸盐	CCl_3COOH，90℃ 尿素（或 KSCN）+$K_2Cr_2O_7$	Ca, Sr；与 Ra 分级沉淀
	阳离子释放；铬酸盐	EDTA + K_2CrO_4，调节 pH = 10，加 $MgCl_2$	Ca, Fe, Pb, Sr
	水解；硫酸盐	$(CH_3)_2SO_4$	Al, Ca, Fe, K, Mg, Na, Sr
	水解；硫酸盐	氨基磺酸	Ca, Fe, Ra, Sr, PO_4^{3-}
	阳离子释放；硫酸盐	EDTA+ $(NH_4)_2S_2O_8$	Ca, Fe, K, Na, Sr
	水解和阳离子释放；硫酸盐	氨基磺酸+EDTA，pH=2.0～3.0	Ca, Sr
Be	水解；磷酸盐	EDTA + $(NH_4)_2HPO_4$+ CCl_3COOH，煮沸 15min	
Bi	提高 pH；碱式甲酸盐	尿素+甲酸	Pb
	水解；硫化物	CH_3CSNH_2	
	水解；8-羟基喹啉盐	8-羟基喹啉乙酸酯	Pb, Ca, Mg
Ca	阳离子释放；氟化物	F^-+EDTA+2-氯乙醇	
	水解；草酸盐	$(CH_3)_2C_2O_4$	Mg
	提高 pH；草酸盐	尿素+$H_2C_2O_4$(用甲酸盐缓冲液)	Al, Cr, Fe, Mg, Mn, Ti, PO_4^{3-}
	提高 pH；草酸盐	尿素+$H_2C_2O_4$(不用甲酸盐缓冲液)	Mg
	阳离子释放；草酸盐	EDTA +$(NH_4)_2C_2O_4$+H_2O_2，煮沸	Pb
	水解；硫酸盐	$(CH_3)_2SO_4$	Al, Fe, K, Mg, Na
Cd	水解；硫化物	CH_3CSNH_2	—
Ce	氧化；碘酸铈（Ⅳ）	Ce^{3+} + $(NH_4)_2S_2O_8$（或 $KBrO_3$ 或 $NaBrO_3$，或 NH_4IO_3）	Zn
稀土元素	阳离子释放；草酸盐	$C_2O_4^{2-}$+EDTA 稀土元素的草酸盐沉淀溶于热 EDTA 溶液，然后渐渐冷至室温	稀土元素分级沉淀
Co	合成；l-亚硝基-2 萘酚螯合物	NO_2^- + 2-萘酚	Fe, W
Cr	氧化；铬酸盐	Pb^{2+}+$KBrO_3$	
	阳离子释放；铬酸盐	$AgNO_3$+浓氨水，加热	铬矾中组分（Cr^{3+}须先氧化成 CrO_4^{2-}）
Cu	合成；苯并三唑盐	$NaNO_2$+邻苯二胺	Cd
	水解；硫化物	CH_3CSNH_2	Ni, Zn
	水解；喹哪啶盐	8-乙酰氧基喹哪啶，pH=6	Al
	水解；N-苯甲酰-N-苯胲螯合物	N-苯甲酰-N-苯胲乙酸盐，pH= 4.5（乙酸盐缓冲液），65℃	Co, Cd

被沉淀元素	沉淀方式和类型①	条　件	分离和干扰②
	溶剂蒸发；8-羟基喹啉螯合物	8-羟基喹啉，丙酮-氯仿 pH=5.5（乙酸盐缓冲液）	Ca, Mg, Pb
	阳离子还原；硫氰酸盐	NH_4SCN，0.2mol/L HCl，$NH_2OH \cdot HCl$	Al, Fe, Mn, Ni, Pb, Sn, Zn
	合成；水杨醛肟螯合物	水杨醛+$NH_2OH \cdot HCl$，pH=2.9，低温	Ni, Fe
F	阳离子释放（2-氯乙醇水解）；氟化钙	EDTA+Ca^{2+}+2-氯乙醇	
Fe	提高 pH；碱式甲酸盐	尿素+甲酸	Ba, Ca, Cd, Co, Cu, Mg, Mn, Ni, Zn
	阳离子释放；含水氧化物	EDTA+H_2O	
	阴离子还原；碘酸盐	高碘酸+乙酸-β-羟乙酯	
	提高 pH；高碘酸盐	高碘酸+乙酰胺	Al, Y, Zn
	水解；$(C_5H_4NOS)_3Fe$	S-2-吡啶基硫脲溴化物-1-氧化物+柠檬酸；pH=2～6，80℃	Al, Ca, Th, Ti——Co, Cr, Cu, Mn, Ni, Zn
Ga	提高 pH；碱式硫酸盐	尿素+H_2SO_4	Al, Y, Zn
Hg	水解；硫化物	CH_3CSNH_2	
In	水解；喹哪啶盐	8-乙酰氧基喹哪啶，pH=4～5，80℃	Al, Ca, Mg, Pb——Al, Ga
La	水解；草酸盐	$(CH_3)_2C_2O_4$，pH=1～2	Al, Fe
Mg	水解；草酸盐	$(C_2H_5)_2C_2O_4$	Li, Na, Cl^-, ClO_4^-, SO_4^{2-}
	水解；磷酸盐	$POCl_3$	
	水解；8-羟基喹啉盐	8-羟基喹啉乙酸酯，pH=10（氨性缓冲液），50℃	Na, K, Ba——8 倍 Ca
	溶剂蒸发；8-羟基喹啉盐	8-羟基喹啉，丙酮，pH=9.6（乙醇胺缓冲液）	K, Na, 4 倍 Ba
Mn	水解；硫化物	CH_3CSNH_2	Ca, Mg
Mo	水解；硫化物	CH_3CSNH_2	Al, Ce, Nd, Ti, W
Ni	试剂合成；2,3-丁二酮肟盐	2,3-丁二酮+NH_2OH	Co, Cu, Fe
	水解；硫化物	CH_3CSNH_2	
	提高 pH；1,2-环己烷二酮盐	1,2-环己烷二酮，乙酰胺	许多金属
	溶剂蒸发；8-羟基喹啉盐	8-羟基喹啉，丙酮，pH=5.2（乙酸盐缓冲液）	Mg, Ca
Pa	（与MnO_2共沉淀）；氧化还原	Mn^{2+} + MnO_4^-	Hf, Th, Zr
Pb	氧化；铬酸盐	Cr^{3+} + $KBrO_3$	钢中组分
	提高 pH；磷酸盐	尿素+磷酸铵	
	水解；硫酸盐	$(CH_3)_2SO_4$	Al, Cu, Fe, Mn, Ni, Zn
	水解；硫酸盐	氨基磺酸	NBS 合金和铅棒中的其他组分
	阴离子氧化；硫酸盐	氨基磺酸，HNO_3	Al, Cu, Fe, Mr, Ni, Zn
	水解；硫化物	CH_3CSNH_2	
Pd	合成；糠醛二肟盐	糠醛+NH_2OH	
	合成；茚满-1-酮-2-肟盐	茚满-1-酮-2-肟，氨水，pH=2.0，65℃，25h，EDTA	Co, Fe 许多金属——Pt, Au
Pm	氟化物	参见"Am"	
Ra	碳酸盐	参见"Ba"	
	提高 pH；铬酸盐	尿素或 KSCN+$Cr_2O_7^{2-}$	与 Ba 分级沉淀
	硫酸盐	参见"Ba"	
稀土元素	草酸盐，碳酸盐，硫酸盐等	参见"Ce"	其他稀土元素分级沉淀

被沉淀元素	沉淀方式和类型[①]	条件	分离和干扰[②]
Sb	水解；硫化物	CH_3CSNH_2	
Sn	提高 pH；碱式硫酸盐	尿素+H_2SO_4	Fe, Mn, Ni
	水解；硫化物	CH_3CSNH_2	
Sr	水解；硫酸盐	$(CH_3)_2SO_4$	Al, Ca, Fe, K, Mg, Na
Th	提高 pH；碱式甲酸盐	尿素+甲酸	Y，稀土元素
	8-羟基喹啉盐	8-乙酰氧喹啉	Ce
	水解；还原，碘酸盐	高碘酸+乙酸-β-羟乙酯	Fe, Mn, Sn, Ti, PO_4^{3-}，稀土元素
	水解；草酸盐	$(CH_3)_2C_2O_4$	PO_4^{3-}，稀土元素
	水解；草酸盐（与 Ca 共沉淀）	Ca^{2+}+二草酰乙酮	Ti, Zr，稀土元素
	阳离子释放；水化氧化物	EDTA+H_2O_2，氨性（pH=10～11）	除 Ce 以外的稀土元素
	提高 pH；过氧化物	尿素+H_2O_2	
	水解；亚硒酸盐	亚硒酸+乙酸胺	稀土元素
	四氯萘酸盐	四氯萘酸	稀土元素，Y
	水解，8-羟基喹啉盐	8-羟基喹啉乙酸酯（过量20%），pH=5.0	
Ti	甲酸盐的缓冲作用；碱式硫酸盐	H_2SO_4+甲酸盐	
	阳离子释放	H_2O_2，pH=2.5	Mn, W
U	水解；草酸盐	$(CH_3)_2C_2O_4$	
	溶剂挥发；8-羟基喹啉盐	8-羟基喹啉，丙酮，EDTA，pH=5.8	Mg, Pb, Th
	试剂合成；1-亚硝基-2-萘酚盐	2-萘酚，$NaNO_2$，HAc，5℃	Al, Ca, Ce, Mg, Pb
W	配合物分解；钨酸	分解$(WO_2Cl_4)^{2-}$或$[WO_3(C_2O_4)]^{2-}$	
Zn	水解；草酸盐	$(C_2H_5)_2C_2O_4$	Ca, Cd, Cu, Fe, Mg, Pb, SO_4^{2-}
	水解；硫化物	CH_3CSNH_2	Al, Co, Cr, Fe, Mn, Ni-Mg
	水解；喹哪啶盐	8-乙酰氧基喹哪啶，丙酮，酒石酸，pH=6.5	
	水解；8-羟基喹啉盐	8-羟基喹啉乙酸酯，pH=4.5，反应2h	Ca, Pb, Mg-Cu, Mn
Zr	氧化；砷酸盐	亚砷酸盐+HNO_3	
	提高 pH；碱式甲酸盐	尿素+甲酸钠	
	提高 pH；碱式丁二酸盐	尿素+丁二酸	Th
	水解，还原，碘酸盐	$NaIO_4$+乙酸-β-羟乙酯	
	提高 pH；过氧化物	尿素+H_2O_2	
	阳离子释放；磷酸盐	EDTA+H_2O_2+Na_2HPO_4	Ti
	水解；磷酸盐	$(C_2H_5)_3PO_4$	Hf 以分级沉淀法除去干扰
	水解；磷酸盐	$(CH_3)_3PO_4$	Al, As, B, Bi, Ca, Cd, Ce, Co, Cr, Cu, Fe, Hg, K, Mg, Mn, Na, Ni, Sb, Sn, Th, U, V, Zn，酒石酸
	磷酸盐	偏磷酸	Al, As, B, Bi, Cd, Ce, Co, Cr, Cu, Fe, Hg, K, Mg, Mn, Na, Ni, Sb, Sn, Th, Ti, V, Y, Zn, ClO_4^-，酒石酸
	合成；1-亚硝基-2-萘酚盐	2-萘酚，$NaNO_2$，HAc，pH=2～3.5℃	Al, Ca, Ce, La
	合成；1-羟基扁桃酸盐	1-羟基-扁桃酸-2-丙酯，5～6mol/L，HCl，85℃	Al, Fe, Th, Ti

①"沉淀方式"系指此均相沉淀体系所利用的原理，沉淀"类型"为所生成沉淀的类型，此栏须与"条件"栏结合起来看。
[例 1] Ac；水解，草酸盐$(CH_3)_2C_2O_4$，pH=1～2。
在 pH＝1～2，借草酸二甲酯的水解而使 Ac^{3+} 与前者水解释出的 $C_2O_4^{2-}$ 形成草酸铜沉淀。
[例2]Ca；阳离子释放，草酸盐；EDTA + $(NH_4)_2C_2O_4$ + H_2O_2，煮沸。
Ca^{2+} 与 EDTA 络合后不能与$(NH_4)_2C_2O_4$反应，加 H_2O_2 并煮沸，使 Ca-EDTA 逐渐破坏而释出 Ca^{2+}，与$(NH_4)_2C_2O_4$反应生成草酸钙沉淀。
[例 3] Ni；溶剂蒸发；8-羟基喹啉盐；8-羟基喹啉，丙酮，pH=5.2（乙酸盐缓冲液）。
在 pH=5.2（乙酸盐缓冲液），借丙酮的蒸发，慢慢析出 8-羟基喹啉镍沉淀。
② "分离和干扰"栏中，在"——"前为分离元素，"——"后为干扰元素。
例如，在 pH=4.5，借 8-羟基喹啉乙酸酯水解 2h 析出 8-羟基喹啉锌沉淀，可使 Zn^{2+} 与 Ca^{2+}、Pb^{2+}、Mg^{2+}分离，Cu^{2+}和 Mn^{2+}有干扰。

四、元素和离子的沉淀分离法

表 2-19 为元素的沉淀分离法举例，被分离离子以周期表的族为顺序排列，分离方式（第三栏）中，"↓"表示被分离的离子在生成的沉淀中，"液"表示被分离离子存在溶液中。

表 2-19　元素和离子的沉淀分离法

被分离离子	与之分离的离子	分离方式	试　　剂
第 I 族			
Li^+	Na^+, K^+, Rb^+, Cs^+（不能与 Mg^{2+} 分离）	液	HCl（浓），乙醇+乙醚
	Na^+, K^+, Rb^+, Cs^+	↓	$(CH_2)_6N_4$, $K_3[Fe(CN)_6]$
Na^+	Li^+	↓	HCl 在"乙醇+丁醇"中的饱和溶液
K^+, Rb^+, Cs^+	Na^+, Li^+	↓	H_2PtCl_6（蒸浓），乙醇（Pt 从沉淀和 HCOOH 滤液分离）
Rb^+, Cs^+	K^+	↓	磷钼酸溶液
Rb^+, K^+	Cs^+	↓	$(NH_4)_2SO_4$ 的乙醇溶液
Cs^+	Rb^+	↓	H_3SbCl_6 或硅钨酸
	K^+, Rb^+, Li^+, Na^+, Mg^{2+}, Ca^{2+}, Al^{3+}	↓	$3KI \cdot 2BiI_3$，冰乙酸
Cu^{2+}	Bi^{3+}, Cd^{2+} 等	液	KOH, KCN, H_2S
	Ge^{4+}, Sn^{4+}	↓	HF 或 $H_2C_2O_4$, H_2S
	Fe^{3+}, MoO_4^{2-}（不能与 Cd^{2+}、Sb^{3+}、Sb^{5+}、Sn^{2+} 分离）	↓	金属 Al 或 Zn，H_2SO_4（稀）
	Gd^{2+}, Pb^{2+}, Hg_2^{2+}, Hg^{2+}, Mn^{2+}, Zn^{2+}, Ni^{2+}, Mg^{2+}	↓	1-亚硝基-2-萘酚，HCl
	Co^{2+}, Ni^{2+}, Mn^{2+}, Zn^{2+}	↓	酒石酸，H_2SO_4, SO_3^{2-}, SCN^-
	AsO_4^{3-}, Sn^{2+}, Bi^{3+}, Sb^{3+}, MoO_4^{2-}, VO_3^-, WO_4^{2-}	↓	NaOH
Ag^+	大多数离子（不能与 Hg^{2+}、Pb^{2+}、Cu^{2+}、Tl^+、Pd^{2+} 分离）	↓	HCl
第 II 族			
Be^{2+}	大多数离子（不能与 Ti^{4+}、UO_2^{2+} 分离）	↓	EDTA，氨水
	大多数离子（不能与 Ti^{4+}、UO_2^{2+} 分离）	↓	EDTA，$(NH_4)_2HPO_4$ 或 $(NH_4)_2HAsO_4$，乙酸盐缓冲液（pH=5）
	Al^{3+}, Fe^{3+} 等（Ti^{4+}、SiO_2 干扰）	液	8-羟基喹啉（HAc 溶液），乙酸盐缓冲液（pH=7）
	Fe^{3+}, Zr^{4+}, Ti^{4+}（不能与 Al^{3+}、Ga^{3+} 分离）	液	NaOH
	Al^{3+}	浸提 Al^{3+}	Na_2CO_3（熔融），H_2O（浸提）
	Al^{3+}（小量）	液	NH_4Ac, NH_4Cl, 单宁
	Al^{3+}, Fe^{3+}, Ca^{2+}, Mg^{2+}	液	NaF
Mg^{2+}	Ca^{2+}	液	$(NH_4)_2C_2O_4$
	Li^+, Na^+, K^+, Rb^+, Cs^+	↓	HgO，或 $(NH_4)_2CO_3$ 或 CaO，乙醇
	Na^+, K^+, Rb^+, Cs^+（不能与 Li^+ 分离）	液	HCl，乙醇+乙醚或 $C_5H_{11}OH$
Ca^{2+}, Sr^{2+}, Ba^{2+}	Li^+, Na^+, K^+, Rb^+, Cs^+, Mg^{2+}	↓	$(NH_4)_2CO_3$ 或 $(NH_4)_2C_2O_4$
Ca^{2+}, Sr^{2+}, Ba^{2+}	Mg^{2+}（不能与 Pb^{2+} 分离）	↓	H_2SO_4，乙醇
Ca^{2+}	Mg^{2+}	↓	$(NH_4)_2MoO_4$
	Sr^{2+}, Ba^{2+}	液	$(NH_4)_2CO_3$, EDTA
	大部分离子(不能与 Sn^{4+} 分离)	↓	乙酸缓冲液（pH=4），EDTA，$(NH_4)_2C_2O_4$
Sr^{2+}, Ba^{2+}	Ca^{2+}, Mg^{2+}, Be^{2+}, 硝酸盐（不能与 Pb^{2+} 分离）	↓	HNO_3（<8%）
	Ca^{2+} 等	↓	乙酸盐缓冲液（pH=4.5），EDTA，$(NH_4)_2SO_4$
	Ca^{2+} 等	↓	硫酸二甲酯+甘油

被分离离子	与之分离的离子	分离方式	试　剂
Sr^{2+}, Ba^{2+}	Ca^{2+}等	液	$(NH_4)_2CO_3+(NH_4)_2C_2O_4$, HAc（加于沉淀上）
Ba^{2+}	Sr^{2+}, Ca^{2+}	↓	乙酸盐缓冲液（pH=4.5），CrO_4^{2-}
	Sr^{2+}, Ca^{2+}	↓	硫脲（pH=5.7），CrO_4^{2-}
	Sr^{2+}, Ca^{2+}	↓	NH_4Cl +氨水（pH=8），EDTA，SO_4^{2-}
	Sr^{2+}, Ca^{2+}, Mg^{2+}	↓	乙酸盐缓冲液（pH=5），EDTA，CrO_4^{2-}
	Sr^{2+}, Ca^{2+}	↓	HCl（约 11mol/L），丁醇或乙醚
	Sr^{2+}, Ca^{2+}	↓	$(NH_4)_2C_2O_4$ + $(NH_4)_2SO_4$（沉淀煅烧），HCl
Zn^{2+}	Fe^{3+}, Mn^{2+}, Cr^{3+}, Al^{3+}, Ni^{2+}, Ti^{4+}, Zr^{4+}	↓	$Na_2SO_4+NaHSO_4$（pH=1.65），H_2S
	Fe^{3+}, Mn^{2+}, Cr^{3+}, Al^{3+}, Ni^{2+}, Ti^{4+}, Zr^{4+}	↓	$ClCH_2COOH+HAc$（pH=2.8），H_2S
	Fe^{3+}, Ti^{4+}, Zr^{4+}, Sn^{2+}, Sn^{4+}	液	铜铁试剂，H_2SO_4
	Ga^{3+}	↓	$K_2[Hg(SCN)_4]$
Cd^{2+}	Zn^{2+}	↓	H_2SO_4（1.5mol /L），　H_2S
Hg^{2+}	Cd^{2+}, Zn^{2+}, Bi^{3+}, Cu^{2+}	↓	HCl，H_2S，沉淀上加 33%HNO_3
	Bi^{3+}	↓	HCl，$SnCl_2$
	Cd^{2+}, Cu^{2+}, Zn^{2+}（与 Bi^{3+}、Sb^{3+}、Se^{4+}、Te^{4+} 分离不良）	↓	HCl，H_3PO_3
第Ⅲ族			
Al^{3+}	Fe^{3+}, Ti^{4+}, Zr^{4+}, 稀土元素, Mn^{2+}（Mg^{2+}、Ni^{2+}干扰，不能与 PO_4^{3-}等阴离子分离）	液	NaOH 或 KNO_3, $NaNO_3$（熔融）
	3 价或 4 价阳离子	液	铜铁试剂，HCl 或 H_2SO_4
	Co^{2+}, Zn^{2+}, Ni^{2+}, Cr^{3+}, Fe^{2+}	↓	苯甲酸铵（pH=4）；Fe^{3+}先用巯基乙酸还原
	Fe^{3+}, Cr^{3+}, Ni^{2+}, V^{5+}, Mo^{6+}	↓	NaF（冰晶石法），pH=4.5
	Be^{2+}, Mg^{2+}, BO_3^{3-}	↓	8-羟基喹啉，乙酸盐缓冲液（pH=5）
	PO_4^{3-}, AsO_4^{3-}, BO_3^{3-}, CrO_4^{2-}, WO_4^{2-}	↓	8-羟基喹啉，氨水
	MoO_4^{2-}, VO_3^-, Ti^{4+}	↓	8-羟基喹啉+氨水+H_2O_2
	Fe^{3+}, Ti^{4+}, 稀土元素, Be^{2+}, Zn^{2+}, Cu^{2+}, Hg^{2+}, Hg_2^{2+}, Ga^{3+}, Bi^{3+}, PO_3^{3-}（Na^+、K^+、Rb^+、Cs^+有干扰）	（从浓溶液）	HCl（浓），乙醚，HCl（气体）
	Fe^{2+}	↓	盐酸苯肼
	二价阳离子	↓	$KI+KIO_3$, 或 NH_4NO_3 或丁二酸+硫脲（pH=7.5）
Ga^{3+}	二价阳离子	↓	氨水，吡啶或单宁
	In^{3+}, Fe^{3+}, Ti^{4+}（不能与 Al^{3+}、Be^{2+}分离）	液	NaOH
	Al^{3+}, Cr^{3+}, Mn^{2+}, Cd^{2+}, Pb^{2+}, Bi^{3+}, Tl^+, Hg^{2+}（不能与 Zn^{2+}、Zr^{4+}、In^{3+}分离）	↓	$K_4[Fe(CN)_6]$, HCl
	Al^{3+}, In^{3+}, Zn^{2+}等（不能与 Sn^{4+}、Ti^{4+}、Zr^{4+}、VO_3^-、Fe^{3+}分离）	↓	铜铁试剂
	Ti^{4+}, Zr^{4+}, Th^{4+}等	↓	铜铁试剂，$H_2C_2O_4$
	VO_3^-, MoO_4^{2-}, WO_4^{2-}	↓	8-羟基喹啉+氨水
In^{3+}	二价阳离子	↓	$BaCO_3$ 或吡啶
	Ga^{3+}, Al^{3+}, Zr^{4+}	↓	H_2SO_4, Zn
Tl^+	大多数离子	↓	巯酰胺，酒石酸盐，KCN
	大多数离子（不能与 Cu^{2+}、Ag^+分离）	↓	HCl（Tl^{3+}预先用 SO_2 还原）
	Ag^+	液	$HCl+HNO_3$
	Ga^{3+}, In^{3+}, Mn^{2+}, Pb^{2+}, Fe^{3+}, Al^{3+}, Cr^{3+}等	液	氨水+磺基水杨酸铵，Na_2HPO_4

续表

被分离离子	与之分离的离子	分离方式	试　　剂
Tl^+	Ga^{3+}, In^{3+}, Fe^{3+}, Al^{3+}, Cr^{3+}	↓	K_2CrO_4, 氨水, 磺基水杨酸
	Zn^{2+}, Cd^{2+}, Ni^{2+}, Co^{2+}, SeO_4^{2-}	↓	K_2CrO_4, 氨水
Tl^{3+}	Ga^{3+}	液	SO_2, 氨水
Sc^{3+}	大多数离子（不能与部分稀土元素及 Th^{4+} 分离）	↓	$Na_2[SiF_6]$
	稀土元素, Fe^{3+}, Mn^{2+}, UO_2^{2+}, Zn^{2+}等	↓	$Na_2S_2O_3$
	稀土元素	↓	吡啶（pH=5.4）
	Th^{4+}, 稀土元素, Zr^{4+}, Ti^{4+}, Be^{2+}及三价阳离子（不能与 Y^{3+}分离）	↓	酒石酸, 氨水, Na_2CO_3
稀土元素	大多数离子（不能与 Th^{4+}, Sc^{3+}分离）	↓	$H_2C_2O_4$（饱和）, HCl（0.3mol/L）
	大多数离子（不能与 Th^{4+}, Sc^{3+}分离）	↓	草酸甲酯+HCl
	Nb^{5+}, Ta^{5+}, Ti^{4+}, UO_2^{2+}, Zr^{4+}等（不能与 Th^{4+}、Sc^{3+}分离）	↓	HF
稀土元素，铈族（三价阳离子）	Sc^{3+}	↓	Na_2SO_4（饱和）
Ce^{3+}	La^{3+}, MoO_4^{2-}, Y^{3+}, Ho^{3+}, Er^{3+}, Dy^{3+}等（不能与 Th^{4+}、Zr^{4+}分离）	↓	$KBrO_3$, KIO_3, HNO_3
	其他稀土元素离子	↓	$(NH_4)_2S_2O_8$, ZnO
第IV族			
Ge^{4+}	大多数离子	↓	单宁, 0.25~0.5mol/L H_2SO_4, $(NH_4)_2SO_4$
Sn^{2+}, Sn^{4+}	As^{3+}, As^{5+}, Sb^{3+}, Sb^{5+}	↓	$H_2C_2O_4$（或HF）+ H_2S
	大多数离子	↓（Sn^{4+}）	缓冲液（pH=1.5）
	大多数离子（不能与 WO_4^{2-}分离）	↓	HNO_3（蒸发至小体积）
Pb^{2+}	Cd^{2+}, Cu^{2+}, Bi^{3+}等	↓	H_2SO_4（蒸干）
	Cd^{2+}, Cu^{2+}, Bi^{3+}等	↓	K_2CrO_4
	Cd^{2+}, Cu^{2+}, Bi^{3+}等	↓	NaOH（pH=7~10）, $KBrO_3$
	Mn^{2+}, Zn^{2+}, Ni^{2+}, Co^{2+}, Cu^{2+}, Bi^{3+}, Ee^{3+}, Cr^{3+}, Al^{3+}, Ba^{2+}	↓	硫脲
Ti^{4+}	大多数离子（不能与 Be^{2+}、Sn^{2+}、PO_4^{3-}、U^{4+}分离）	↓	铜铁试剂, EDTA（pH=4.3~7）
	大多数离子（不能与 Be^{2+}、Sn^{2+}、PO_4^{3-}、U^{4+}分离）	↓	铜铁试剂, 酒石酸, HCl
	大多数离子（不能与 Sb^{3+}、Sb^{5+}、Bi^{3+}分离）	↓	$HCOOH+HCOONH_4$（pH=2）
	大多数离子（与 Mn^{2+}、Cr^{3+}分离不良）	↓	EDTA, NH_4Cl, 氨水, Be^{2+} 和 U^{4+} 用 $(NH_4)_2CO_3$掩蔽
	Fe^{3+}, Co^{2+}, Ni^{2+}, Zn^{2+}（与 Mn^{2+}分离不良）	液	酒石酸, 氨水, H_2S
	VO_3^-, MoO_4^{2-}, PO_4^{3-}, Al^{3+}, Be^{2+}	↓	NaOH
	Ni^{2+}, Co^{2+}, Mn^{2+}, 稀土元素, Fe^{2+}	↓	$(CH_2)_6N_4$, NH_4Cl
	Al^{3+}, Zr^{3+}, Hf^{4+}, Th^{4+}, Cr^{3+}, Fe^{3+}, UO_2^{2+}, VO_3^-, Mn^{2+}, Be^{2+}	↓	单宁, $H_2C_2O_4$, NH_4Cl
	Zr^{2+}, Th^{4+}	液	水杨酸钠
Zr^{4+}, Hf^{4+}	大多数离子（与 Nb^{5+}、Ta^{5+}、Th^{4+}、Fe^{3+}分离不良；不能与 Sn^{4+}、Ce^{4+}分离）	↓	Na_2HPO_4 或 Na_2HAsO_4, 1.75~3.5mol/L H_2SO_4, 1~2mol/L HCl, Ti^{4+}、Nb^{5+} 和 Ta^{5+} 用 H_2O_2掩蔽
	大多数离子（与 Nb^{5+}、Ta^{5+}、Th^{4+}、Fe^{3+}分离不良；不能与 Sn^{4+}、Ce^{4+}分离）	↓	$C_6H_5AsO(OH)_2$, H_2SO_4; Ti^{4+} 和 Nb^{5+} 用 H_2O_2掩蔽

被分离离子	与之分离的离子	分离方式	试　剂
	Ti^{4+}, Nb^{5+}, Ta^{5+}	↓	NH_4Cl, HCl（0.25mol/L），单宁
	大多数离子（不能与四价阳离子分离）	↓	铜铁试剂+H_2SO_4，或 HCl(10%)
	大多数离子（不能与四价阳离子分离）	↓	HCl（<0.6mol/L），H_2SeO_3
	Th^{4+}、Fe^{3+}、稀土元素（Ce 族、三价阳离子）	↓	邻苯二甲酸，HC1（0.3mol/L）
	Th^{4+}、Fe^{3+}、Cr^{3+}、Ce^{3+}、Ti^{4+}、Sb^{5+}、Bi^{3+}、稀土元素等	↓	苦杏仁酸
	Al^{3+}、Fe^{3+}，稀土元素离子	液	$(NH_3)_2CO_3$
	WO_4^{2-}、PO_4^{3-}	↓	Na_2CO_3 或 Na_2O_2（熔融）
Th^{4+}	Fe^{3+}、Zr^{4+} 等（不能与稀土元素、Sc^{3+}、Y^{3+}分离）	↓	HF
	Fe^{3+}、Zr^{4+} 等（不能与稀土元素、Sc^{3+}、Y^{3+}分离）	↓	$H_2C_2O_4$, HCl(0.3mol/L)
	稀土元素离子（不能与 Zr^{4+}、Ti^{4+}分离）	↓	NH_4NO_3, H_2O_2
	稀土元素离子，PO_4^{3-}、Sc^{3+}(不能与四价阳离子分离)	↓	0.5～1mol/L HNO_3, KIO_3
	稀土元素离子，Al^{3+}等	↓	$Na_2S_2O_3$, $(CH_2)_6N_4$, 吡啶
	Sc^{3+}	↓	NH_4F
	稀土元素离子（不能与 Zr^{4+}分离）	↓	$H_2SO_4(1+9)$, $C_6H_5AsO(OH)_2$
	稀土元素离子	↓	$Na_4P_2O_7$+HCl(0.3mol/L)
	Fe^{3+}、Al^{3+}，稀土元素离子（不能与 Zr^{4+}分离）	液	$(NH_4)_2CO_3$
第 V 族 PO_4^{3-}	大多数离子	↓	8-羟基喹啉，EDTA
	大多数离子（不能与 AsO_4^{3-}、WO_4^{2-}、VO_3^-分离，F^-有干扰）	↓	$(NH_4)_2MoO_4$（过量），HNO_3
	MoO_4^{2-}，大多数阳离子	↓	$MgCl_2$, 氨水, NH_4Cl, 柠檬酸或 EDTA
	MoO_4^{2-}、WO_4^{2-}、VO_3^-等	↓	$MgCl_2$+酒石酸
	所有阳离子	液	阳离子交换剂
	所有阳离子	↓	阴离子交换剂
	所有阳离子	↓	Zr^{4+}，HCl 或 H_2SO_4（10%）
	除两性元素以外的所有阳离子	液	NaOH
	一价和二价离子	↓	$FeCl_3$，乙酸盐缓冲液（pH=4～5）
As^{3+}, AsO_4^{3-}	Sb^{3+}、Sb^{5+}、Sn^{2+}、Sn^{4+}等（不能与 Ge^{4+}、MoO_4^{2-}、Hg^{2+}、Hg_2^{2+}、Cu^{2+}分离）	↓	HCl (l0mol/L), H_2S
	Fe^{3+}、Cu^{2+}、Pb^{2+}、Cr^{3+}、MoO_4^{2-}、VO_3^-、Ni^{2+}、Co^{2+}、Sn^{2+}、Sb^{3+}	↓	H_3PO_2
As^{3+}	Sn^{4+}、Ge^{4+}	↓	HCl, HF, H_2S
	Ge^{4+}	↓	$H_2SO_4(0.025mol /L)$, $(NH_4)_2SO_4(1\%)$, H_2S
AsO_4^{3-}	Sb^{3+}、Sb^{5+}、Sn^{2+}、Sn^{4+}等（不能与 PO_4^{3-}分离）	↓	酒石酸或柠檬酸，Mg^{2+}+氨水+NH_4Cl
Sb^{3+}	大多数离子（不能与 Cu^{2+}、Ag^+、Hg_2^{2+}、Hg^{2+}、Pb^{2+}、Bi^{3+}、As^{3+}、As^{5+}、Sb^{3+}、Sb^{5+}分离）	↓	NaOH，$Na_2S_2O_4$
	大多数离子（不能与 Bi^{3+}、As^{3+}、As^{5+}分离）	↓(100℃)①	铜片，HCl(1+4)
Bi^{3+}	Pb^{2+}、Cu^{2+}、Zn^{2+}、Cd^{2+}	↓	HCl 或 HBr，H_2O
	Cd^{2+}	↓	$H_2SO_4(1+3)$，H_2S

被分离离子	与之分离的离子	分离方式	试　剂
	Cu^{2+}, Hg^{2+}	↓	$(NH_4)_2CO_3$+氨水
	Pb^{2+}, Cd^{2+}, Cu^{2+}, Zn^{2+}, Al^{3+}, Cr^{3+}, Fe^{3+}, Ni^{2+}, Co^{2+}, Ba^{2+}, Ca^{2+}, K^+, Na^+	↓	棓酸，HNO_3（3%）
	Na^+, K^+, Mg^{2+}, Ca^{2+}, Sr^{2+}, Zn^{2+}, Cd^{2+}, Cu^{2+}, Pb^{2+}, Hg^{2+}, Co^{2+}, Ni^{2+}	↓	吡啶（pH=4.2）
	大多数离子（不能与四价阳离子分离）	↓	铜铁试剂，HCl（1mol/L）
$V^{5+}(VO_3^-)$	UO_2^{2+}	↓	HAc（先将溶液蒸至小体积）
	UO_2^{2+}（不能与 CrO_4^{2-}、MoO_4^{2-}、PO_4^{3-}、WO_4^{2-}、AsO_4^{3-}分离）	↓	$Hg(NO_3)_2$ 或 $Pb(NO_3)_2$
	Fe^{3+}, Ti^{4+}, Zr^{4+}（不能与 PO_4^{3-}、AsO_4^{3-}、MoO_4^{2-}、CrO_4^{2-}、UO_2^{2+}、Al^{3+}、SiO_3^{2-}分离）	液	Na_2O_2 或 Na_2CO_3+KNO_3（熔融），H_2O（浸提）
	UO_2^{2+}	液	Na_2HPO_4，氨水
Nb^{5+},Ta^{5+}	Zr^{4+}, Hf^{4+}, Be^{2+}, Al^{3+}, Fe^{3+}, Th^{4+}, UO_2^{2+}	↓	$K_2S_2O_7$ 熔融，溶于酒石酸或 $H_2C_2O_4$（pH≥4.5），单宁或连苯三酚，NH_4Cl
	Zr^{4+}	↓	K_2CO_3（熔融），H_2O（浸提）
Nb^{5+}	Ta^{5+}, Sb^{3+}, Sn^{4+}（与 Ti^{4+}分离不良）	↓	酒石酸（pH=6.5），8-羟基喹啉
第VI族			
S^{2-}	$S_2O_3^{2-}$	↓	$CdCO_3$
SeO_3^{2-}, TeO_3^{2-}	大多数离子（不能与 Au^{3+}分离）	↓	SO_2，2~2.5mol/L HCl
	大多数离子（不能与 Au^{3+}分离）	↓	$SnCl_2$，2~2.5mol/L HCl
	大多数离子（不能与 Au^{3+}分离）	↓	N_2H_4，0.6~1.2mol/L HCl
	大多数离子（不能与 Au^{3+}分离）	↓	次磷酸盐，HCl（6mol/L）
TeO_3^{2-}	SeO_3^{2-}	↓	Ns_2SO_3
SeO_3^{2-}	TeO_3^{2-}	↓	NH_2OH，HCl（5mol/L）
	TeO_3^{2-}	↓	N_2H_4，HCl（5.5mol/L）
Cr^{3+}	Fe^{3+}, Ti^{4+}, Zr^{4+}, Ni^{2+}, Co^{2+}, Cu^{2+}等（不能与 Al^{3+}、AsO_4^{3-}、WO_4^{2-}、VO_3^-、MoO_4^{2-}分离）	液	NaOH 或 Na_2CO_3+KNO_3（熔融），H_2O（浸提）
MoO_4^{2-}	大多数离子（不能与 WO_4^{2-}、VO_3^-、Ti^{4+}、UO_2^{2+}分离）	↓	EDTA 二钠，乙酸盐缓冲液，8-羟基喹啉
	Nb^{5+}, Zr^{4+}, UO_2^{2+}, Cr^{3+}, Cu^{2+}, Ni^{2+}, Ti^{4+}, Fe^{3+}, WO_4^{2-}, ReO_4^-	↓	$(NH_4)_2C_2O_4$，H_2SO_4，pH=2~3，8-羟基喹啉
	大多数离子（不能与 WO_4^{2-}、Nb^{5+}、Ta^{5+}、Pa^{5+}分离）	↓	α-安息香酮肟，H_2SO_4(20%)（CrO_4^{2-}、VO_3^-须先还原）
	VO_3^-, WO_4^{2-}	↓	酒石酸，氨水，H_2S, H_2SO_4, H_2S
	Cu^{2+}等（不能与 VO_3^-、MoO_4^{2-}、Cr^{3+}、As^{5+}分离）	↓	$Pb(Ac)_2$，NH_4Ac，HAc
	Sb^{3+}和 Sb^{5+}（大量）等	液	Pb，HCl
	小量的 WO_3^-, VO_3^-, PO_4^{3-}, AsO_4^{3-}, Sb^{3+}, Sb^{5+}, Fe^{3+}（Pb^{2+}有干扰）	液	Fe^{3+}，氨水
WO_4^{2-}	PO_4^{3-}等（不能与 Si^{4+}、Nb^{5+}、Ta^{5+}分离）	↓	HNO_3，辛可宁或单宁
	大多数离子	↓	α-安息香酮肟
	大多数离子（不能与 MoO_4^{2-}、CrO_4^{2-}、VO_3^-、PO_4^{3-}分离）	液	Na_2CO_3（熔融），H_2O（浸提），$MgSO_4$+氨水+NH_4Cl
	Nb^{5+}, Ta^{5+}	液	单宁
UO_2^{2+}	大多数离子（不能与 MoO_4^{2-}、Ti^{4+}、VO_3^-分离）	↓	HAc（pH=3.6），EDTA，8-羟基喹啉
	Fe^{3+}, Al^{3+}, Ti^{4+}等（不能与 Zr^{4+}、Th^{4+}分离）	液	$(NH_4)_2CO_3$ 或 $(NH_4)_2S$+$(NH_4)_2CO_3$ 或 $(NH_4)_2S$+酒石酸盐
	Ca^{2+}等	↓	$(CH_2)_6N_4$，H_2S

被分离离子	与之分离的离子	分离方式	试　剂
	Th^{4+}、稀土元素、Al^{3+}、Fe^{3+}、Zr^{4+}、V^{4+}、Bi^{3+}、PO_4^{3-}二价阳离子等（不能与 Be^{2+}、Ti^{4+}分离）	↓	HAc，EDTA，$NH_4Ac(pH=5.3)$，8-羟基喹啉
	VO_3^-、Fe^{3+}、Ti^{4+}、Zr^{4+}、U^{4+}	液	H_2SO_4；铜铁试剂
U^{4+}	大多数离子（不能与 Th^{4+}、稀土元素分离）	↓	HF
	大多数离子（不能与 Th^{4+}、Zr^{4+}分离）	↓	$H_4P_2O_7$，HNO_3
	Al^{3+}、Cr^{3+}、Mn^{2+}、PO_4^{3-}、UO_2^{2+}	↓	H_2SO_4，铜铁试剂
第Ⅶ族			
F^-	Cl^-、Br^-、I^-等（不能与 PO_4^{3-}、CrO_4^{2-}、SO_4^{2-}分离）	↓	Ca^{2+}
Cl^-、Br^-	大多数离子（不能与 CN^-、SCN^-分离；Sb^{3+}、Sn^{2+}、Pt^{4+}、Cr^{3+}、Hg^{2+}有干扰）	↓	$AgNO_3$，HNO_3
Br^-、I^-	Cl^-	液	$Ag_4[Fe(CN)_6]$
I^-	Cl^-、Br^-	↓	Pd^{2+}
Mn^{2+}	大多数离子	↓	HNO_3，$KClO_3$
	Fe^{3+}、Al^{3+}	液	氨水，NH_4Cl
	Zn^{2+}	液	HAc，或 HCOOH，H_2S
	VO_3^-、MoO_4^{2-}	↓	NaOH，Na_2O_2
	Cr^{3+}	↓	NaOH，$K_2S_2O_8$
第Ⅷ族			
Fe^{3+}	Al^{3+}、Be^{2+}、Ti^{4+}、Zr^{4+}、Nb^{5+}、Ta^{5+}、VO_3^-、PO_4^{3-}等	↓	酒石酸铵，$(NH_4)_2S$
	VO_3^-、WO_4^{2-}、MoO_4^{2-}、AsO_4^{3-}、Al^{3+}、PO_4^{3-}	↓	NaOH
	Zn^{2+}、Mn^{2+}、Ni^{2+}、Co^{2+}	↓	$BaCO_3$，或 NaAc 或硫脲
Co^{2+}	Ni^{2+}、Zn^{2+}、Mn^{2+}	↓	KNO_2，HAc（pH 约 3）
	Fe^{3+}、Ti^{4+}、Zr^{4+}、Hf^{4+}	液	Na_2HPO_4（pH=3.5）
	大多数离子	↓	1-亚硝基-2-萘酚
Ni^{2+}	大多数离子（不能与 Pd^{2+}、Fe^{2+}、Pt^{4+}、Au^{3+}分离）	↓	丁二酮肟
	三价和四价阳离子	液	氨水
Pt 金属	In^{3+}、Cu^{2+}、Zn^{2+}、Ni^{2+}、Co^{2+}、Cr^{3+}、Fe^{3+}等（不能与 Pd^{2+}分离）	液	$NaNO_2$，NaOH 或 Na_2CO_3(pH=10)
	Au^{3+}	液	$NaNO_2$(pH=8)，或 SO_2，或 $N_2H_4·HCl$，或 $H_2C_2O_4$ 或苯二酚+HCl（1.2mol/L）
	Pd^{2+}、Rh^{3+}、Ir^{4+}	↓	$KBrO_3$（pH=8）
	Pd^{2+}	↓	丁二酮肟
	Rh^{4+}	↓	$TiCl_3$
	Pt^{4+}、Ir^{4+}	↓	NH_4Cl
Pt^{4+}、Pd^{2+}	常用金属离子	↓	$H_2C_2O_4$，H_2SO_4
Pt^{4+}、Ir^{4+}	Rh^{3+}、Pd^{2+}（与 Os^{4+}、Ru^{4+}、Ru^{3+}、Ir^{3+}分离较差）	↓	NH_4Cl
Ir^{4+}	Pt^{4+}、Pd^{2+}、Rh^{3+}（不能与贵金属离子分离）	液	HCl，NaH_2PO_2，Hg^{2+}
	Pt^{4+}、Pd^{2+}、Rh^{3+}（不能与贵金属离子分离）	液	$TiCl_3$

① 为大量样品中微量组分（1～2mg）的分离法。

第三节　共沉淀分离法

在常量分离和分析中共沉淀现象是引起沉淀不纯的主要原因之一，应尽量减少，但在微量分离与分析中，共沉淀现象却可作为痕量组分富集的有效方法之一。当被测元素浓度低于

1mg/L 时将无法采用常规沉淀方法进行分离，共沉淀分离将会收到很好的效果。此时，主体沉淀称为载体，也称为搜集剂、捕集剂、共沉淀剂等。根据共沉淀剂的不同，共沉淀分离可分为无机共沉淀分离和有机共沉淀分离两大类。

一、无机共沉淀

无机共沉淀主要有表面吸附、包藏、形成混晶和形成新化合物等形式，但用于共沉淀分离时的选择性普遍不高，且往往因共沉淀剂难以挥发，易引入大量载体而产生干扰。部分无机共沉淀剂的性质见表 2-20～表 2-23。

表 2-20　常用的无机共沉淀剂[3]

方式	载体	沉淀条件	共沉淀离子	备　注
吸附共沉淀	$MnO(OH)_2$	稀 HNO_3+$MnSO_4$ 或 $Mn(NO_3)_2$+ $KMnO_4$	Fe^{3+}, Al^{3+}, Cr^{3+}, Au^{3+}, Tl^{3+}, Sb^{4+}, Sb^{5+}, Bi^{3+}, Th^{4+}, Sn^{4+}, Mo^{6+}	测定纯铜与纯铝中微量锑
	$Fe(OH)_3$	NH_3-NH_4Cl	Mg^{2+}, Mn^{2+}, Co^{2+}, Ni^{2+}, Zn^{2+}, Cd^{2+}, Al^{3+}, Tl^{3+}, Cr^{3+}, Bi^{3+}, Th^{4+}, Ti^{4+}, Zr^{4+}, Ge^{4+}, Sn^{6+}, Se^{4+}, Se^{6+}, Te^{4+}, Te^{6+}, As^{5+}, V^{5+}, Mo^{6+}, W^{6+}, U^{6+}, 贵金属	纯金属中锡、铝、铋的测定可富集 $0.1\mu g/L$ V，测定矿石中微量钒与钨
	$Al(OH)_3$	NH_3-NH_4Cl	Be^{2+}, Co^{2+}, Ni^{2+}, Zn^{2+}, Cr^{3+}, Fe^{3+}, La^{3+}, Eu^{3+}, Ga^{3+}, Bi^{3+}, Ti^{4+}, Zr^{4+}, Hf^{4+}, Ge^{4+}, Sn^{4+}, V^{5+}, Nb^{5+}, Mo^{6+}, W^{6+}, U^{6+}, 贵金属	测定纯金属中微量铁与钛，可富集 $1\mu g/L$ Ti
吸附共沉淀	PbS	$(NH_4)_2S$	Au^+, Au^{3+}等	可富集海水中金，$1\mu g/t$
	HgS	微酸性通 H_2S	Pb^{2+}	测定自来水中微量 Pb
	As	HCl(1+1)，次磷酸钠	Se^{6+}, Te^{6+}	矿石，纯金属分析
混晶共沉淀	$Th(CO_3)_2$ 或 CaC_2O_4	酸性溶液	稀土离子	测定矿石中微量稀土
	$BaSO_4$	微酸性溶液	Ra^{2+}, Sr^{2+}, Pb^{2+}, Be^{2+}	测 Ra 时可用 $BaSO_4$-$PbSO_4$ 双载体
	$NaK_2Co (NO_2)_6$	酸性溶液	Rb^+, Cs^+	
	CaC_2O_4	微酸性溶液	稀土离子	
	LaF_3 或 CaF_2	酸性溶液	Th^{4+}	

表 2-21　富集不同元素的无机共沉淀剂

离子及其性质	共沉淀剂
碱金属和碱土金属	同晶晶体或能形成化合物的晶体
形成难溶氢氧化物、碱式盐的离子	氢氧化物磷酸盐、磷酸盐、金属氟化物
形成难溶氢氧化物，同时在弱碱性介质中形成硫化物的离子	氢氧化物，弱碱性介质的硫化物、磷酸盐、金属氟化物
形成难溶氢氧化物，在酸性介质中形成难溶硫化物的离子	氢氧氧化物，酸性介质的硫化物、磷酸盐、金属氟化物
形成高价酸性氧化物的变价离子	金属氧化物，低价金属硫化物、磷酸盐、金属氟化物
易水解的离子（Bi, Sb, Sn 等）	$MoO_2\cdot xH_2O$ 金属氢氧化物，硫化物
易还原成单体的离子	Hg、Te、Se 等的硫化物

表 2-22　部分无机共沉淀分离实例（按载体排列）

载体沉淀	条件（pH 值）	共沉淀组分	样　品	测定方法
$Fe(OH)_3$	2.8～3.0	As	铁、铜、铅	光度法
	7～12	Be	天然水	光度法
	8～9	Bi	铜及铜合金	

载体沉淀	条件（pH 值）	共沉淀组分	样　　品	测定方法
$Fe(OH)_3$	6～8	Ga	海水样	XRF
	5～6	In	与 Cd、Co、Ni、Mn 分离	
	9	Pb, Zn, Cd, Cu	水样	
	7	Th, U, Pd	锰结核	
$Al(OH)_3$	6.2	Be	水样	光度法
		U	海水样	
$Be(OH)_2$	10	P	与 Co、Cr、Ni 分离	光度法
$Bi(OH)_3$	6～10	Hg	水样	
$La(OH)_3$	>8.5	Fe, Pb, Sb, Bi	银及其合金	ICP-AES
		Ti, V, Zr	铝	ICP-AES
		Pb	高纯铜	AAS
		Pb	锂盐	AAS
$Mg(OH)_2$	12～13	Fe, Mn	水样	光度法
$Zr(OH)_4$	8.1～8.2	Pb, Cd	海水样	极谱法
$Hf(OH)_4$	9.5	Bi, Pb, Cd	高纯银，河水，海水	AAS
As	$HCl+H_3PO_2$	Se, Te	煤	AAS
Hg		Pt	氯酸钠	光度法
Te	$HCl+SnCl_2$	Ag	高纯铜	ICP-MS

表 2-23 元素和离子的共沉淀分离法（按被分离离子排列）

被共沉淀离子	共沉淀剂	共沉淀条件	备　　注
Ag^+	Te	2mol/L HCl, $SnCl_2$	与 Fe^{3+}、Ni^{2+}、Co^{2+}、As^{3+}、Pb^{2+}等分离，用于测定植物灰、硅酸盐等试样中的 Ag
	Hg	氨溶液	与 Cu^{2+}、Fe^{3+}分离
	$Fe(OH)_3$	莫尔盐，pH=8～8.5	测黄铜中 Ag
Al^{3+}	$Fe(OH)_3$ 或 $Zr(OH)_4$	pH=7～7.5	与 Mg^{2+}、碱土族元素分离
As^{3+}, As^{5+}	$MnO_2 \cdot H_2O$	$MnSO_4+KMnO_4$ 加热	
Au^{3+}	Te	HCl, $SnCl_2$（或 SO_2）	从 Fe^{3+}、Cu^{2+}、Pb^{2+}等分离痕量 Au^{3+}；铂族元素、Ag^+、Hg^{2+}一起共沉淀
Au^{3+}, Pt^{4+}, Pd^{2+}	As（As_2O_3+次亚磷酸钠）	6mol/L HCl, $CuSO_4$（催化）	富集和分离矿石中微量 Au、Pt、Pd
Ba^{2+}	$PbSO_4$	介质中有乙酸铵存在共沉淀效果更好	成共晶
Be^{2+}	$AlPO_4$ 或 $FePO_4$，$Ca_3(PO_4)_2$	pH=4.4（酚红酸性）或 pH=8，EDTA	适于与 Ca^{2+}、Mg^{2+}分离；分析生物材料中的 Be
	$Ti_3(PO_4)_2$ 或 $Mn_3(PO_4)_2$	EDTA 存在下	
	$Fe(OH)_3$	pH=6～7 或 pH=11 和 EDTA	
Bi^{3+}	$Al(OH)_3$ 或 $Fe(OH)_3$	最适 pH=8.2	Bi^{3+}的含量在$(2～0.5) \times 10^{-5}$
	CuS	0.1～0.3mol/L HCl	
	HgS	pH=2～3	Cd^{2+}和 Pb^{2+}一起沉淀
	NiS	pH=10（氨性）	
Cd^{2+}	HgS	pH=3～4	测铜和镍中少量 Cd
		pH=2～4 酒石酸（掩蔽）	测钨镍合金中的 Cd
	CuS	pH=3，柠檬酸钠	测湿法灰化后的有机物中的 Cd
Co^{2+}	ZnS	pH=2.5	
	$Al(OH)_3$	pH=7.4～9.0	
Cr^{3+}	$Al(OH)_3$	$NH_2OH \cdot HCl$, 氨水	Cr^{3+}与 Fe^{3+}，Mn^{2+}分离

被共沉淀离子	共沉淀剂	共沉淀条件	备 注
Fe^{3+}	CdS	适于含柠檬酸盐，酒石酸盐，焦磷酸盐的介质	
Ga^{3+}	$Al(OH)_3$ 或 $Fe(OH)_3$	氨溶液	从海水中富集 Ga^{3+}
	HgS，CuS 或 CdS	酸溶液	共沉淀不完全
	$Ca_3(PO_4)_2$	pH=6～9，0.05mol/L NH_4NO_3 或 pH=5～7.5，5mol/L NH_4NO_3	与 Zn^{2+} 一起沉淀
		pH=7.5，5mol/L NH_4NO_3	Zn^{2+} 不沉淀
Ge^{4+}	$Fe(OH)_3$ 或 $Al(OH)_3$	氨溶液（Fe^{3+}：Ge^{4+}=25：1）	
Hg^{2+}	CuS 或 CdS 或 As_2S_5	用 H_2S 析出 HgS	CdS：2.5μg/L Hg（回收 98%）CuS：0.02μg/L Hg
In^{3+}	CuS，CdS 或 HgS	0.6mol/L HCl	
	CoS	pH=7～8，酒石酸	测金属 Ga 中 In
	$Fe(OH)_3$	氨溶液	
	ZnO 悬浮体	弱碱性	回收锌合金中 1～10μg In
MoO_4^{2-}	$MnO_2 \cdot H_2O$ 或 MnO_2	NaOCl 存在，pH<4	与 Cu^{2+} 分离
	$Fe(OH)_3$	pH=3.5～4	Mo 和 Re 分离
	Sb_2S_5	酒石酸介质	从 W 中分离 Mo
Ni^{2+}	FeS	Fe^{2+} +$(NH_4)_2S$	富集海水中痕量 Ni
Nb^{5+} 和 Ta^{5+}	Ti^{4+}	6mol/L HCl，次磷酸钠	许多元素中分离 Nb、Zr、Th
	亚硒酸	酒石酸存在	从 Zr 分离 Nb
	硅酸	pH=8，草酸和 EDTA 存在	测定矿石中微量 Nb、Ta
	Ti^{4+}	n_{Nb}：n_{Ta}>1：3	
	Sn^{2+} 或 Sn^{4+}	n_{Nb}：n_{Ta}=1：30	沉淀 Nb
	MnO_2	H_2SO_4 介质，$MnSO_4$，过氧二硫酸铵	从含 Ti、W、Mo、Cr 矿中分离
Pb^{2+}	$BaCrO_4$	pH=7，NH_4ClO_4	富集 Ni^{2+}，Mg^{2+}，Zn^{2+}，Ag^+ 等及纯金属中痕量 Pb
Po	Te	HCl 介质，次亚磷酸钠（或 $SnCl_2$，硫酸肼）	
铂族金属	Te	TeO_3^{2-}，3mol/L HCl，$SnCl_2$	Pd^{2+} 与几乎所有常见金属分离（Ag，Au 一起沉淀）
	Se	1mol/L H_2SO_4（煮沸）Se，Na_2SO_3（含 15mg Se 的亚硒酸盐）	共沉淀 Pd^{2+}(100%)，Pt^{4+}(95%)，Ir^{4+}(10%)，Ru^{3+} 和 Ru^{4+}(7%)，Rh^{3+}(1%)；选择性比 Te 好
	CuS	1～3mol/L HCl，H_2S 或硫代乙酰胺	
	PbS	0.1mol/L HCl（80℃），H_2S（含 100mg Pb^{2+}）	共沉淀 Pd^{2+}(99%)，Pt^{4+}(91%)，Ru^{3+}(20%)，Ir^{4+}(11%)，Rh^{3+}(5%)
		加压下	Ru^{3+}(99%)，Ir^{4+}(99%)，Rh^{3+}(61%)
	$Fe(OH)_3$	pH=4.8～10.5	Ru^{3+}，Ru^{4+} 共沉淀，Ru^{6+}，Ru^{7+}，Ru^{8+} 完全不沉淀；但如用浓氨水，2mol/L 氨水或乙酸钠使产生 $Fe(OH)_3$，则对 Ru^{3+} 和 Ru^{4+} 沉淀亦不完全，对 Pt^{4+}，Ir^{4+} 和 Pd^{2+} 亦类似
	$Fe(OH)_3$	pH=7～8($NaHCO_3$)，$KBrO_3$	共沉淀 Rh^{3+}(94%)，Pd^{2+}(96%)，Ir^{4+}(27%)，Pt^{4+}(2%)
	$Ni(OH)_2$	pH=7～8($NaHCO_3$)，$KBrO_3$	共沉淀 Rh^{3+}(96%)，Pd^{2+}(96%)，Ir^{4+}(44%)，Pt^{4+}(2%)
	硫脲+四氧化锇	H_2SO_4-H_3PO_4	富集 Pt^{4+}，Pd^{2+}，Rh^{3+}，Ir^{4+}

被共沉淀离子	共沉淀剂	共沉淀条件	备　注
Ra^{2+}	$BaSO_4$	（1）0.05mol/L H_2SO_4 热溶液（缓冲至 pH=3）滴加 0.1mol/L $BaCl_2$（微过量）	
	$Ba(NO_3)_2$	（2）用氨基磺酸均相沉淀 $Ba(NO_3)_2$ 在 80%HNO_3 中	
$Re^{7+}(ReO_4^-)$	$[(C_6H_5)_4As]ClO_4$	酸性、中性或碱性溶液	与 MoO_4^{2-} 分离
	As_2S_3	4～7mol/L HCl，用 H_2S 沉淀	
	胶态 S	酸性液，$S_2O_3^{2-}$	
Sc^{3+}	酒石酸钇铵	热的氨性介质	
Sc^{4+}	$La(NO_3)_3+MgCl_2$	强碱性	
Se^{4+}	Au 或 As 等	HCl 溶液，次亚磷酸钠	
	$Fe(OH)_3$	pH=6.0～6.7 或 pH=4～6	
Sn^{4+}	$Be(OH)_2$	$BeSO_4$+氨水	与大量钼分离，用苯芴酮法测钼丝中 Sn
	$Fe(OH)_3+Al(OH)_3$	氨水，$m_{Fe^{3+}}:m_{Al^{3+}}=5:10$	从金属 Ni、Cu、Zn 中分离
Tc^{7+}	CuS	0.3mol/L HCl	
TeO_3^{2-}，TeO_4^{2-}	Se	HCl 溶液，次磷酸钠（或 SO_2 水溶液或抗坏血酸，盐酸肼在约 100℃）	
	$Fe(OH)_3$	pH=9.4～9.7	与 Se^{4+} 分离
		pH=6.0～9.7	与 Se^{4+} 分离
Ti^{4+}	$Fe(OH)_3$	NaOH 溶液	与 VO_3^-、MoO_4^{2-}、CrO_4^{2-}、PO_4^{3-} 分离
	$Zr_3(PO_4)_4$	2～3mol/L HCl	
	$Zr_3(AsO_4)_4$	1mol/L HCl 或 5%H_2SO_4 溶液	与 Fe、Ni、Mo、V、Cr 分离
Tl^{3+}	$Fe(OH)_3$	氨性溶液	
	$MnO_2 \cdot 2H_2O$	$m_{Th}:m_{Mn}=1:10$（3.4μg/ml Tl）或 $m_{Th}:m_{Mn}=1:100$（0.34μg/ml Tl）	测铅中的 Tl 和 Sb（Au 干扰）
	$2Pb(NO_3)_2 \cdot 11CS(NH_2)_2$	1mol/L HNO_3，Pb^{2+} 和硫脲（两者均大过量）	
	对二甲氨基偶氮苯+甲基橙（$TlCl_3$）	0.2mol/L HCl	Sb^{5+}、Au^{3+}、MoO_4^{2-}、WO_4^{2-} 及 Fe^{3+}（部分）一起沉淀；Tl^+ 不沉淀
Tl^+	AgI	pH=2～3（HNO_3）或 pH=4.7～6.8（乙酸缓冲液）或柠檬酸盐（pH=9～10）	
VO_3^-	$Fe(OH)_3$	pH=6～7（pH<7.5）	Cr^{3+}、MoO_4^{2-}、Ti^{4+}、Sn^{4+} 一起沉淀
	MnO_2 或 SiO	pH=7～15% HCl	
	铜铁试剂铁	pH=7～15% HCl	富集海水中 V 和测定铬中 V
WO_4^{2-}	$Fe(OH)_3$	pH=5～8	与 ReO_4^- 分离，从海水中富集 W，测含 Mo 产品中的 W，用 $Al(OH)_3$ 亦类似
Ce^{3+}	草酸镧	热草酸溶液+NH_3	
	草酸铀（IV）	热草酸溶液+NH_3	
Ce^{3+} 及其他镧系元素	LaF_3	HF 介质	从 Pu^{6+} 及高合金钢，导热合金中分离
	氟化钍	HF 介质	
各种稀土元素	CaF_2	HF 介质	从 Ta^{5+}、Hf^{4+}、Pu^{5+} 分离；测定高合金钢中的铈等
	CeF_3	HF 介质	从铀分离
	YF_3	HF 介质	测定锆及其合金中的稀土元素
	草酸钍	热 $H_2C_2O_4$ 溶液+氨水	从 Be^{2+} 和 Mg^{2+} 中分离

续表

被共沉淀离子	共沉淀剂	共沉淀条件	备　注
Sc,Y 和镧系元素	CaC_2O_4	热 $H_2C_2O_4$ 溶液+氨水	测定矿物中的稀土元素及测定铁基合金中的 Ce，检定矿物和海水中的 Sc 及海水沉积中的 Ce
Pm^{3+}	草酸钕	热 $H_2C_2O_4$ 溶液+氨水	测定环保试样中的 ^{147}Pm
Y 以外的稀土元素	$K_2CrO_4+BaCl_2$	pH=6.0～6.2(HAc-Ac⁻缓冲液)	Y 与其他稀土元素分离
UO_2^{2+}	$AlPO_4$	pH=5～6	从天然水、海水中分离（稀土元素部分沉淀）
	$Fe(OH)_3$	pH=6～7	从海水、天然水、废水、碳酸岩、硅酸盐、玻璃、有机物等中分离
	$Al(OH)_3$	pH=6～7	从天然水和废水中分离
	$Ca(OH)_2$	pH=6～7	从溶液中分离 U
Th^{4+}	LaF_3	HF，NH_4F	U 金属、U 合金和 U 化合物，Pu 合金和 Th 矿分析
	$Fe(OH)_3$	pH=5.5～6	从海水、合金、溶液中分离
	$BaSO_4$	强酸性溶液	测生物试样和岩石中 Th
	CaC_2O_4	pH=0.6～2.0 或 0.2mol/L HCl	测矿岩和天然磷酸盐中 Th
	$Ce(IO_3)_4$	硝酸高铈铵，碘酸钾，0.5～1.0mol/L HNO_3	与 Se^{4+} 分离
Pu^{3+}, Pu^{4+}; Np^{3+}, Np^{4+}	LaF_3	HF，$NH_2OH·HCl$	核反应燃料、废液、土壤、雨水等的分析
	$Ca_3(PO_4)_2$	氨性介质	从尿中分离 Pu
Pa^{5+}	MnO_2	HNO_3	从照射过的 Th 分离大量 ^{233}Pa
	铌-单宁酸	pH=5，EDTA	

二、有机共沉淀

经典的有机共沉淀主要有以下几种方法：

① 形成螯合物再进行共沉淀。微量被分离组分先与螯合剂螯合，再以螯合物形式进入载体实现共沉淀。

② 形成离子缔合物再进行共沉淀。微量被分离组分先生成络阴离子，再与大阳离子缔合生成微溶的缔合物而析出。

③ 利用大分子胶体的凝聚作用进行共沉淀。利用单宁、动物胶等自带正电荷的有机吸附阴离子胶体而使被分离组分共沉淀。

④ 利用惰性共沉淀剂。此类共沉淀不与共沉淀物发生作用，只是在它沉淀时能引起被分离组分随之析出。

有机共沉淀分离法的选择性较高，分离效果好，且其载体是有机物可以借灼烧除去，从而实现微量组分与载体的分离。具体的有机共沉淀分离体系类型见表 2-24～表 2-30。

表 2-24　常用有机共沉淀类型

共沉淀类型编号	被共沉淀化合物	共沉淀剂（载体）	备　注
I	被沉淀金属阳离子+有机阴离子 （1）M(AN)；（2）MY(AN)	（1）NH_4(AN) （2）(CAT)(AN) （3）惰性共沉淀剂	参见表 2-25
II	被沉淀金属螯合物　MR(CAT)	（1）过量螯合剂 （2）惰性共沉淀剂	参见表 2-26 和表 2-27

共沉淀类型编号	被共沉淀化合物	共沉淀剂（载体）	备　注
III	被沉淀金属螯合物+有机阳离子	（1）(CAT)R （2）(CAT)(AN) （3）惰性共剂沉淀	参见表 2-28
IV	被沉淀金属配阴离子+有机阳离子 (MX_n)(CAT)	（1）(CAT)X （2）(CAT)(AN) （3）惰性共剂沉淀	参见表 2-29
V	被沉淀金属离子的胶态化合物	（单宁）(CAT)	参见表 2-30

注：本表符号的含义：

M——被沉淀金属；　　　　　　　　　　　R——有机试剂（配合剂）；

X——SCN^-、I^-、Br^-、Cl^-、NO_3^-等；　CAT——有机阳离子（如甲基紫、结晶紫、亚甲基蓝等）；

Y——吡啶，1,10-二氮菲等中性配合剂；　　AN——有机阴离子。

表 2-25 成配阳离子的共沉淀（Ⅰ型）

共沉淀剂	被共沉淀的元素[1]（或配阳离子）
二苦胺铵	K, Rb, Cs
二苦胺四甲基铵	Cs
四苯硼酸铵	K
甲基橙、乙二胺	Tl^+（1,10-二氮菲）
酚酞	Fe^{2+}（1,10-二氮菲）与 β-萘磺酸阴离子
萘	Fe^{2+}（4,7-二苯基-1,10-二氮菲）与 ClO_4^-

① 除特殊注明价态者外，其余均为一般价态。

表 2-26 螯合物与过量螯合剂的共沉淀（Ⅱ型）

过量的螯合剂	被共沉淀的元素
茜素	Pu
邻氨基苯甲酸	Zn
1-巯基苯并咪唑	Ag, Au, Hg, Sn, Ta
1-亚硝基-2-萘酚	Zn, Ce, Zr, U, Fe, Co, Ru, Pu
8-羟基喹啉	Ce, Pr, Pu
N-巯基乙酰-2-萘胺	Ag, Au, Hg, Zn, Tl, In, Hf, Sn, Ta, W Cr, Mn, Co, Os, Ru, Ir
铜铁试剂	Ti, V, Zr
对二甲氨基苄基罗单宁	Ag, Au
硫脲	Pt, Pd, Rh

表 2-27 螯合物与惰性共沉淀剂的共沉淀（Ⅱ型）

试　　剂	共沉淀剂	被共沉淀元素[1]
双硫腙	2,4-二硝基苯胺	Cu, Au, Ag, Zn, In, Sn(II), Pb, Co, Ni
双硫腙	酚酞	Ag, Cd, Co, Ni
二乙基氨荒酸钠	二苯胍	Cu
8-羟基喹啉	2,4-二硝基苯胺	UO_2^{2+}
8-羟基喹啉	酚酞	Ag, Cd, Co, Ni, UO_2^{2+}
8-羟基喹啉	β-萘酚	Ag, Cd, Co, Ni, UO_2^{2+}

续表

试　　剂	共沉淀剂	被共沉淀元素[①]
8-羟基喹啉	对硝基甲苯	Ag, Cd, Ni
巯乙酸-2-萘胺	酚酞	Ag, Cd
2-糠偶酰二肟	2,4-二硝基苯胺	Ni
2-糠偶酰二肟	萘	Ni
偶氮胂Ⅲ（与有机阴离子）	二苯胺	UO_2^{2+}
N-苯甲酰苯胲	酚酞	Sn

① 除用罗马字注明者外，均为一般价态。

表 2-28 配位剂阴离子和有机阳离子[①]所成沉淀对螯合物的共沉淀（Ⅲ型）

配位剂	被共沉淀的元素[②]	配位剂	被共沉淀的元素[②]
偶氮胂Ⅰ	Sc, 稀土元素, Am, Pu Cm, Pa, U(Ⅵ)	芘偶氮 铬黑T	稀土元素, W^{6+}, Pu Cr^{3+}, Am
偶氮胂Ⅱ	Pa, Cm	2,7-二氯铬变酸	Ti^{4+}
偶氮胂Ⅲ	Th, Cm, Pa	亚硝基-R 盐	Co
4-二甲胺偶氮苯-4'-胂酸	Zr, Hf	苯磺偶氮	Eu, Ce^{3+}, Sr, Pu

① 有机阳离子指甲基紫、结晶紫等。
② 除用罗马字注明者外，均为一般价态。

表 2-29 成配阴离子的共沉淀（Ⅳ型）

沉淀形式	共沉淀剂	被共沉淀的元素（离子）
被沉淀元素成硫氰酸盐配阴离子	甲基紫硫氰酸盐 丁基罗丹明硫氰酸盐 二苯胍硫氰酸盐 孔雀绿硫氰酸盐	Cu^{2+}, Zn^{2+}, MoO_4^{2-}, UO_2^{2+}, Co^{2+} VO_3^-, MoO_4^{2-}, WO_4^- Nb^{5+}, Bi^{3+}, ReO_4^-, Fe^{3+}, Co^{2+} Co^{2+}
被沉淀元素成碘配阴离子	甲基紫碘化物 二苯胍碘化物	Cu^{2+}, Cd^{2+}, Hg^{2+}, In^{3+}, Pb^{2+}, Sb^{3+}, Sb^{5+}, Bi^{3+} Tl^{3+}
被沉淀元素成溴配阴离子	二氨基偶氮苯溴化物	Tl^{3+}
被沉淀元素成氯配阴离子	对二甲氨基偶氮苯和甲基橙的盐 对氮蒽蓝氯化物	Tl^{3+}, Au^{3+}, Sb^{5+} Ga^{3+}, Pa^{5+}, Au^{3+}, Tl^{3+}
被沉淀元素成其他配合物	丁基罗丹明硝酸盐 1,8-二氨基萘草酸盐	$[Pu(NO_3)_6]^{2-}$ $[Am(C_2O_4)_2]^{2-}$

表 2-30 成胶态化合物的共沉淀（Ⅴ型）

共沉淀剂	被共沉淀元素[①]
甲基紫单宁盐	Be, Ge, Ti, Sn, Zr, Hf, Nb, Ta, Th, MoO_4^{2-}, WO_4^{2-}, UO_2^{2+}
亚甲蓝单宁盐	Nb, W^{6+}
丁基罗丹明单宁盐	Ge
对氮蒽蓝单宁盐	Ge, Pa
单宁+明胶	Ca, Ba, Ru, Pb, UO_2^{2+}

① 除用罗马字注明的外，均为一般价态。

参 考 文 献

[1] 陈恒武, 分析化学简明教程, 北京：高等教育出版社, 2013.
[2] 张孙玮, 汤福隆, 张泰. 现代化学试剂手册：第二分册. 化学分析试剂. 北京：化学工业出版社, 1987.
[3] 《化学分离富集方法及应用》编委会. 化学分离富集方法及应用. 长沙：中南工业大学出版社, 2001.

第三章　离子交换分离法

去除溶液中杂质离子或将待分离组分离子富集的方法之一是离子交换法。离子交换法是利用离子交换材料将其中的某些离子（或以电荷性质、或以离子大小、或辅之以离子的空间构型）有选择地保留在交换材料上，从而与基体分离。

本章内容涉及色谱分离或非色谱分离的离子交换材料（见图 3-1）及其处理方法。

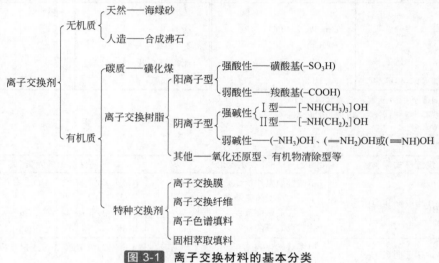

图 3-1　离子交换材料的基本分类

第一节　离子交换材料的基本概念

一、离子交换树脂的命名

实际使用的离子交换材料以离子交换树脂为主，近十年来特种交换剂和离子交换膜使用日益频繁。

1. 全称

离子交换树脂的结构分为两部分：高分子的离子交换剂骨架和带有可交换离子的基团（称为活性基团），是不溶于水的高分子化合物。其名称由分类名称、骨架名称和基本名称三部分按顺序依次排序组成。

（1）分类名称：按有机合成离子交换树脂本体的微孔形态分类，分为凝胶型、大孔型等。

（2）骨架名称：按有机合成离子交换树脂骨架材料命名，分为苯乙烯系、丙烯酸系、酚醛系、环氧系等。

（3）基本名称：基本名称为"离子交换树脂"。酸性反应的称为"阳离子交换树脂"，碱性反应的称为"阴离子交换树脂"。根据树脂的活性基团性质在基本名称前冠以"强酸性"、"弱酸性"、"强碱性"、"弱碱性"、"螯合"等。

2. 型号

（1）离子交换树脂产品型号表示为三位阿拉伯数字+连接符+凝胶型树脂交联度值。大孔型树脂则在型号前加"D"（汉语拼音"大"的首字母）。

（2）各位数字所代表的见图 3-2，具体意义见表 3-1。

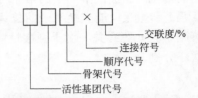

图 3-2 离子交换树脂的型号表示

表 3-1 离子交换树脂型号的实际意义

位数	代号	0	1	2	3	4	5	6
第 1 位	活性基团	强酸性	弱酸性	强碱性	弱碱性	螯合性	两性	氧化还原性
第 2 位	骨架	苯乙烯系	丙烯酸系	酚醛系	环氧系	乙烯吡啶系	脲醛系	氯乙烯系

注：【例】001×7：凝胶型苯乙烯系强酸阳离子交换树脂，交联度 7%；D311：大孔型丙烯酸系弱碱阴离子交换树脂。

二、离子交换树脂的性能指标

1. 物理性能指标

（1）外观

① 颜色——通常为透明或半透明，颜色视其组成不同而各异，苯乙烯系均呈黄色，其他也有黑色及赤褐色的。

② 形状——离子交换树脂一般呈球形（以"圆球率"❶表示球状颗粒数占颗粒总数的百分率），常规用交换树脂圆球率应大于 90%。

（2）粒度 树脂颗粒大则交换速度慢，颗粒小则压力增大，颗粒更不均匀。用于水处理的树脂颗粒粒径一般为 0.3～1.2mm，应尽量均匀。

（3）密度 离子交换树脂的密度有以下几种表示法。

① 干真密度——在干燥状态下树脂本身的密度：

$$干真密度 = \frac{干树脂质量}{干树脂的真体积} g/ml$$

此值一般为 1.6 左右。实用意义不大，常用于树脂性能研究。

② 湿真密度——在水中经过充分膨胀后树脂颗粒的密度：

$$湿真密度 = \frac{湿树脂质量}{湿树脂的真体积} g/ml$$

③ 湿视密度——树脂在水中充分膨胀后的堆积密度：

$$湿视密度 = \frac{湿树脂质量}{湿树脂的堆体积} g/ml$$

湿视密度可直接用于计算交换器中装载树脂时所需湿树脂的质量，一般在 0.60～0.85 之间。阴离子树脂较轻，偏于下限；阳离子树脂较重，偏于上限。

（4）含水率 树脂的含水率是指它在潮湿空气中所能保持的水量，可以反映交联度和网眼中的孔隙率。树脂的含水率越大，表示它的孔隙率越大，交联度越小。

（5）溶胀性 干树脂浸入水中后体积增大的现象称为溶胀。影响溶胀率的因素主要与使

---

❶ 树脂圆球率的测定方法：先将树脂在 60℃烘干、称重，然后慢慢倒在倾斜 10°的玻璃上端，让树脂分散地向下自由滚动，将滚动下来的树脂再称重，后者与前者比值的百分数即为圆球率。

用的溶剂（在极性溶剂中的溶胀性强于非极性溶剂）、树脂之交换基团的种类（易电离的溶胀性强）和数量、能交换离子的总量（总量大的溶胀性强）、可交换的水合离子半径（半径大的溶胀率大）等有关。对于强酸性阳离子交换树脂和强碱性阴离子交换树脂，其溶胀率大小的次序分别为：

$$H^+ > Na^+ > NH_4^+ > K^+ > Ag^+$$

$$OH^- > HCO_3^- \approx CO_3^{2-} > SO_4^{2-} > Cl^-$$

一般的，强酸性阳离子交换树脂由 Na 型转变成 H 型，强碱性阴离子交换树脂由 Cl 型转变成 OH 型，其体积均增加约 5%。多次胀缩容易促使树脂颗粒碎裂（表 3-2）。

表 3-2（a）　NH_4^+ 式聚苯乙烯磺酸交换树脂的溶胀性能

ω_{DVB}[①]/%	静态交换容量/（mol/kg）	每摩尔交换基团湿树脂体积/（L/mol）	ω_{DVB}[①]/%	静态交换容量/（mol/kg）	每摩尔交换基团湿树脂体积/（L/mol）
0.5	2.75	1.05	10	2.95	0.43
0.5	4.75	1.27	10	4.75	0.32
0.5	5.3	1.40	10	5.15	0.29

① ω_{DVB} 为二乙烯苯的质量分数，代表树脂的交联度。

表 3-2（b）　强酸性离子交换树脂在水中的溶胀性[1]

ω_{DVB}/%	溶胀性[①]/（kg/mol）				
	HR	LiR	NaR	KR	CaR
2	0.943	0.625	0.513	0.500	0.345
4	0.417	0.357	0.303	0.294	0.233
8	0.219	0.196	0.172	0.167	0.144
12	0.145	0.130	0.115	0.112	0.100
16	0.128	0.119	0.099	0.095	0.086
24	0.096	0.080	0.071	0.069	0.059
水合离子半径/nm	0.9	0.6	0.42	0.30	0.25

① 表中数据为已交换了不同的一价阳离子的各种树脂的溶胀性，表中"水合离子"为相应的一价阳离子。溶胀性指每摩尔交换基团的吸水量（kg）。

（6）耐磨性　交换树脂颗粒在运行中，由于相互磨轧和胀缩作用，会发生碎裂现象而造成损耗。一般的，合适的机械强度应能保证树脂的年耗损量不超过 3%～7%。

（7）溶解性　离子交换树脂本不溶于水，但会含有少量较易溶解的低聚物。在使用的最初阶段，这些物质会逐渐溶解。在使用中，离子交换树脂有时也会因交联度小、电离能力大等形成化学降解产生胶质而渐渐溶于水（强碱性阴树脂尤甚）。在蒸馏水中比在盐溶液中易胶溶，Na 型比 Ca 型易胶溶，实际运行中要密切注意操作条件。

（8）耐热性　各种树脂都可能因受热而分解，故有最高使用温度：一般阳离子交换树脂可耐受 100℃或更高温度；阴离子交换树脂中，强碱性的约可耐 60℃，弱碱性的可耐 80℃以上，而盐型要比酸型或碱型稳定。

（9）抗冻性　根据对各种树脂在−20℃的抗冻性试验，大孔型树脂的抗冻性优于凝胶型树脂。无论阴、阳离子交换树脂，机械强度好的（磨后圆球率高），抗冻性也好。相比之下阴离子交换树脂韧性更强些。

（10）耐辐射性能　一般而言，无机离子交换剂的耐辐射性能较好，而离子交换树脂均易降解，其中又以阴离子交换树脂为严重。

（11）导电性 干燥的离子交换树脂不导电，纯水也不导电，但用纯水润湿的离子交换树脂可以导电，属于离子型导电。这种导电性在离子交换膜及树脂的催化作用上很重要。

2. 化学性能指标

离子交换树脂本身具有酸碱性，对离子的交换有选择性，也必须具有可逆性，更重要的是对离子的交换能力。其衡量指标主要有以下几个。

（1）交换容量 单位质量干树脂所能交换的 1 价离子的物质的量[❶]，一般在 $2\sim9\text{mol/kg}$，有全交换容量、工作交换容量和平衡交换容量几种表示方式。

① 全交换容量（Q）——树脂中所含活性基团全部交换的离子总量，间接表示了离子交换树脂中所有活性基团的总量。对于同种离子交换树脂而言为常数。该值主要用于理论研究。

② 工作交换容量（Q_G）——给定交换柱在实际工作中流出液出现要交换的离子时所能交换的离子总量（即始漏量）。该值与操作条件直接相关，且与树脂的再生情况有关（充分再生的可得最大的工作交换容量）。工作交换容量常用体积表示法，即 mmol/ml 或 mol/L。

③ 平衡交换容量（Q_P）——离子交换树脂完全再生后，它和一定组成的水溶液作用达到平衡状态时的交换容量。该值表示在某种给定溶液中离子交换树脂的最大交换容量，它不是常数，只与平衡的溶液组成有关。

交换容量的测定方法如下。

① 强酸性阳离子交换树脂。先用 $1\sim2\text{mol/L}$ HCl 处理树脂使成氢型，取一定量处理过的树脂装入交换柱，用蒸馏水以 $25\sim30\text{ml/min}$ 的流量清洗树脂层至中性。用 1mol/L NaCl 溶液以 $3\sim5\text{ml/min}$ 流速通过树脂，流出液用标准 NaOH 溶液滴定，以甲基红（或酚酞）为指示剂。然后折算成 1kg 干树脂（或每升湿树脂）所消耗 NaOH 的物质的量，即为此树脂的交换（容）量。

② 弱酸性阳离子交换树脂。取一定量氢型交换树脂装入交换柱中，然后以一定体积（过量）的标准碱溶液通过树脂，再用蒸馏水洗净，合并流出液，用标准酸溶液滴定上述合并的流出液（以甲基红为指示剂）。由净耗的标准碱的物质的量（mmol）计算出该树脂的交换（容）量。

③ 强碱性阴离子交换树脂。将氢氧型阴离子交换树脂，用蒸馏水洗至馏出液为中性后，取一定量装入交换柱中，以约 5%氯化钠溶液洗至流出液为中性，然后用标准酸溶液滴定流出液，以甲基红为指示剂。由消耗的标准酸的物质的量（mmol）及所取树脂量计算该树脂的交换（容）量。

④ 弱碱性阴离子交换树脂。取一定量氢氧型阴离子交换树脂装入交换柱中，以一定体积（过量）的标准酸溶液通过树脂，用水洗净，合并流出液，然后用标准碱溶液滴定上述合并的流出液，以甲基红为指示剂。从净耗的标准酸的物质的量（mmol）计算出该树脂的交换（容）量（表 3-3 和表 3-4）。

表 3-3 离子交换树脂的交换容量与交联度和含水量的关系

ω_{DVB}[①]/%	水分含量/%	交换容量		ω_{DVB}/%	水分含量/%	交换容量	
		mol/kg	mol/L			mol/kg	mol/L
4.0	62.6	4.81	1.27	12.5	40.8	5.12	2.47
8.5	48.6	4.79	1.87	15.0	35.4	4.81	2.65
10.0	43.1	5.07	2.30				

① ω_{DVB} 为二乙烯苯的质量分数，代表树脂的交联度。

---

❶ 也可用体积表示法，即单位体积湿树脂的吸着能力，单位 mol/m^3。

表 3-4 部分不同类型离子交换树脂的交换容量

树脂类型和 标称交联度	最小湿容量 /（mmol/ml）	密度（标 称）/(g/ml)	评　　价
阴离子交换树脂-凝胶型-强碱性-季铵官能基			
Dowex 1-X2	0.6	0.65	具有 S-DVB 基质，用于分离短肽、核苷酸和大的金属配合物，分子量范围<2700
Dowex 1-X4	1.0	0.70	具有 S-DVB 基质，用于分离有机酸、核苷酸和其他阴离子，分子量范围<1400
Dowex 1-X8	1.2	0.75	具有 S-DVB 基质，用于分离无机和有机阴离子，分子量范围<1000，一般 100~200 目为分离标准
Dowex 2-X8	1.2	0.75	具有 S-DVB 基质脂，用于碳水化合物的去离子以及糖、糖醇和配糖物的分离
Amberlite IRA-400	1.4	1.11	8%交联度，用于有机物体系
Amberlite IRA-402	1.3	1.07	交联度比 IRA-400 低，对有机大分子具有较好扩散速率
Amberlite IRA-412	1.4	1.12	二甲基乙醇胺官能基，碱性较 IRA-400 弱
Amberlite IRA-458			具有丙烯酸结构单元（非 S-DVB），较强亲水性，能抵御有机物的腐败
阴离子交换树脂-凝胶型-中等碱性			
Bio-Rex-5	2.8	0.7	含有多烷基取代胺，用于分离有机酸
阴离子交换树脂-凝胶型-强碱性-多氨基官能基			
Dowex 4-X4	1.6	0.7	含有叔氨基和丙烯酸基质，用于碳水化合物的去离子，pH<7 时使用
Amberlite IRA-68	1.6	1.06	具有极高容量的丙烯酸-DVB，用于分离有机大分子
阳离子交换树脂-凝胶型-强碱性-磺酸基官能基			
Dowex 50-X2	0.6	0.7	具有 S-DVB 基质，用于多肽、核苷酸和阳离子的分离，分子量范围<2700
Dowex 50-X2	1.1	0.80	具有 S-DVB 基质，用于分离氨基酸、核苷酸和阳离子，分子量范围<1400
Dowex 50-X2	1.7	0.80	具有 S-DVB 基质，用于分离氨基酸、金属阳离子和阳离子，分子量范围<1000，分析常用 100~200 目
Dowex 50-X2	2.1	0.85	具有 S-DVB 基质，用于分离金属
Dowex 50-X2	2.4	0.85	具有 S-DVB 基质和高交联度
Amberlite IR-120	1.9	1.26	8%苯乙烯-DVB 型，具有高的物理稳定性
Amberlite IR-122	2.1	1.32	10%苯乙烯-DVB 型，具有高的物理稳定性和交换容量
弱酸性阳离子交换树脂-凝胶型-较强官能基			
Duolite-433	4.5	1.19	丙烯酸-DVB 型，非常高的处理容量，用于除去金属离子及碱性溶液的中和
Bio-rex 70	2.4	0.70	具有羧基与大孔丙烯酸基质，用于蛋白、多肽、酸和胺的分离机分级，尤其适用于高分子量溶液，不使蛋白变性
选择性离子交换树脂			
Duolite GT-73	1.3	1.3	脱除 Ag、Cd、Cu 和 Pb
Amberlite IRA-743A	0.6	1.05	用于硼的特定离子交换树脂
Amberlite IRC-718	1.0	1.14	脱除过渡金属离子
Chelex 100	0.4	0.65	含有 S-DVB 基质，用于浓的金属浓度
阴离子交换树脂-大孔型-强碱性-季铵官能基			
Amberlite IRA-910	1.1	1.09	二甲基乙醇胺 S-DVB，脱除硅胶略逊于 Amberlite IRA，但再生性较好
Amberlite IRA-938	0.5	1.20	孔径分布 2500~2300nm，适宜于脱除大分子量有机物
Amberlite IRA-958	0.8		甲基丙烯酸-DVB，抗有机物腐化
AG MP-1	1.0	0.7	含 S-DVB 基质，用于分离放射性阴离子及其他应用

续表

树脂类型和标称交联度	最小湿容量/（mmol/ml）	密度（标称）/(g/ml)	评 价
阳离子交换树脂-大孔型-磺酸基官能基			
Amberlite 200	1.7	1.26	含 20% DVB 质量的 S-DVB 树脂，物理稳定性和抗氧化性比凝胶型树脂强 3 倍
AG MP-50	1.5	0.80	含有 S-DVB 基质，用于分离放射性阳离子及其他应用
弱阳离子交换树脂-大孔型-弱酸或酚基官能基			
Amberlite DP-1	2.5	1.17	甲基丙烯酸-DVB，较高的处理容量，使用时 pH＞5
Amberlite	3.5	1.25	甲基丙烯酸-DVB，选择性吸附有机气体、抗生素、生物碱、多肽和氨基酸，使用时 pH＞5
Duolite C-464	3.0	1.13	聚丙烯酸树脂，较高的额处理容量，显著抵抗渗透影响
Duolite A-7	2.2	1.12	酚型树脂，高空隙度和亲水性，pH 范围 0-6
Duolite A-368	1.17	1.04	苯乙烯-DVB，pH 范围 0～9
Amberlite IRA-35	1.1		丙烯酸-DVB，pH 范围 0～9
Amberlite IRA-93	1.3	1.04	苯乙烯-DVB，pH 范围 0～9，抗氧化和有机物腐败性能优异
液态胺			
Amberlite LA-1			含有两个高度支链的脂肪族链仲胺，分子量 351～393，水中溶解度为 15～20mg/ml，按含胺 5%～40%烃类溶剂的溶液使用
Amberlite LA-2			仲胺，分子量 353～395，可溶于水
微晶交换剂			
AMP-1	4.0		微晶磷钼酸铵，具有阳离子交换能力。交换容量为 1.2mmol/g，能从较小的碱金属离子中选择性吸附较大的碱金属离子，尤其是 Cs 离子
离子阻滞树脂			
AG 11 A8			含有阴离子（COO⁻）和(CH₃)₃N⁺，对选择性阻滞离子型物质

（2）交联度　离子交换树脂的母体是由单体加交联剂［如二乙烯苯（DVB）］聚合成立体的网状结构，交联剂在原料总量中所占的质量分数称为树脂的交联度，通常以 ω_{DVB} 表示。正常树脂的交联度在其型号上标出（见图 3-2）。例如，Dowex 50×4 表示含 4%二乙烯苯、含 96%苯乙烯和其他单体乙烯基物质。

交联度的大小不仅影响离子交换剂的溶解度（树脂在水中的溶解度可忽略不计），而且也影响它们的机械稳定性、交换容量、吸水性、泡胀度、选择性以及抗化学性和抗氧化性等。交联度越大，吸水时膨胀越小，树脂越不易破损；交联度大，选择性高，并改善抗化学性和抗氧化性。但交联度过大将使网状结构太紧密，网间空隙太小，从而阻碍外界离子扩散入树脂相内，降低离子交换平衡速度；同时，因空间位阻也将影响体积较大的离子进入树脂相进行交换。因而一般树脂的交联度为 2%～24%，常见的是 8%左右。

分离分子量较大的有机化合物时，宜选用较小交联度（1%～4%）的树脂，因离子或分子在这种树脂中扩散速度快，离子的吸附和洗脱较容易。常规无机离子交换可选用较大交联度的树脂（表 3-5）。

注意：交联度的大小，对阳离子交换剂和阴离子交换剂的含义是不同的。

表 3-5 CMDP、XDC 和 MCDE 交联的聚合物孔径结构参数

交联度 /%	CMDP		XDC		MCDE		大孔聚合物	
	$A/$ (m^2/g)	$V_0/$ (cm^3/g)	$A/$ (m^2/g)	$V_0/$ (cm^3/g)	$A/$ (m^2/g)	$V_0/$ (cm^3/g)	名称	$A/$ (m^2/g)
17.7	0	—	0	—	0	—	Porapack-Q	600
23	0	—	0	—	240	0.20	Porapack-R	547
45	670	0.25	530	0.38	642	0.24	Porapack-T	306
66	800	0.59	823	0.58	1000	0.35	Chromosorb-102	300
100	1009	0.63	956	0.62	990	0.62	Chromosorb-106	700

注：CMDP——4,4′-双氯甲基连苯；XDC——二氯化对苯二甲基；MCDE——一氯二甲醚；A——比表面积；V_0——孔容。

（3）选择性、选择系数（分离因数）　离子交换反应的可逆性使离子交换平衡服从质量作用定律。当氢型阳离子交换树脂（HR）与金属离子 A^+ 溶液共存时，树脂上的 H^+ 与溶液中的 A^+ 进行交换，最后达到平衡。

$$HR+A^+ \Longrightarrow AR+H^+$$

平衡时，树脂中和溶液中两种离子浓度的关系是：

$$k_H^A = \frac{\left[A^+\right]_{树脂}\left[H^+\right]_{溶液}}{\left[H^+\right]_{树脂}\left[A^+\right]_{溶液}} \quad 或 \frac{\left[\overline{A}\right]\left[H^+\right]}{\left[H^+\right]\left[A^+\right]}$$

若这种氢型阳离子交换树脂和溶液中另一离子 B^+ 进行交换，平衡时：

$$k_H^B = \frac{\left[B^+\right]_{树脂}\left[H^+\right]_{溶液}}{\left[H^+\right]_{树脂}\left[B^+\right]_{溶液}} \quad 或 \frac{\left[\overline{B}\right]\left[H^+\right]}{\left[H^+\right]\left[B^+\right]}$$

对于任何类型的树脂（BR），与 A^+ 发生交换作用时，其通式为

$$k_B^A = \frac{\left[\overline{A}\right]\left[B^+\right]}{\left[\overline{B}\right]\left[A^+\right]}$$

k_B^A 称为交换系数，其值随着实验条件的变化而变化，在考虑 A 和 B 的活度时才是常数。

$$K_B^A = k_B^A \times \frac{\overline{\gamma_A}}{\overline{\gamma_B}} \times \frac{\gamma_B}{\gamma_A} \quad (\gamma 为活度系数)$$

但 K 值不易测定，在实际工作中，常用分配系数 K_D 来表示：

$$K_D(或\ D) = \frac{树脂中离子浓度(mmol/g)}{溶液中离子浓度(mol/L)}$$

其单位一般为 ml/mg 或 ml/g。

同一溶液中 A、B 两种离子对同一交换剂的分配系数之比，称为选择系数（分离因数 K_s），为 A、B 两种离子在两相中的摩尔分数之比。

$$K_s = \frac{[A]_{树脂}/[B]_{树脂}}{[A]_{溶液}/[B]_{溶液}}$$

由于在树脂中的离子活度是不能测定的，故 K_s 为非动态的平衡常数，仅为按实际工作中所需要而定的系数。

选择适当的离子交换树脂和洗脱剂使两离子的分离因数足够大，且其中一个离子的分配系数极小或很小而不被吸附或很少被吸附，便可用很少量洗脱剂将它洗脱而另一离子仍留在

交换柱上。在高速离子交换色谱中对两离子分离因数的要求，则从不更换洗脱剂和进行连续检测考虑，故希望 K_s 不要过大。

影响离子交换树脂选择性的因素很多，包括：①可交换离子（大小和电荷）；②交换剂的性质，即交换剂颗粒大小、交联度、交换容量和官能团类型等；③溶液中可交换和不可交换的离子的总浓度和浓度比，溶液中其他物质的类型和含量；④反应时间等。

各种阳离子和阴离子的相对选择性见表 3-6 和表 3-7。

表 3-6 各种阳离子的相对选择性（以 H^+ 为基准）[1]

反离子	相对选择性	反离子	相对选择性	反离子	相对选择性
H^+	1.0	Tl^+	10.7	Ni^{2+}	3.0
Li^+	0.85			Ca^{2+}	3.9
Na^+	1.5	Mn^{2+}	2.35	Sr^{2+}	4.95
NH_4^+	1.95	Mg^{2+}	2.5	Ba^{2+}	8.7
K^+	2.5	Fe^{2+}	2.55	Hg^{2+}	7.2
Rb^+	2.6	Zn^{2+}	2.7	Pb^{2+}	7.5
Cs^+	2.7	Co^{2+}	2.8		
Cu^+	5.3	Cu^{2+}	2.9	Ce^{3+}	22
Ag^+	7.6	Cd^{2+}	2.95	La^{3+}	22

[1] 相关数据在 AG 50W-X8 树脂上测得。

表 3-7 各种阴离子的相对选择性（以 OH^- 为基准）

反离子	Dowex 1-X8 树脂	Dowex 2-X8 树脂	反离子	Dowex 1-X8 树脂	Dowex 2-X8 树脂
OH^-	1.0	1.0	BrO_3^-	27	3
苯磺酸根	500	75	NO_2^-	24	3
水杨酸根	450	65	Cl^-	22	2.3
柠檬酸根	220	23	ClO_4^-	20	
I^-	175	17	SCN^-	8.0	
酚氧根	110	27	HCO_3^-	6.0	1.2
HSO_4^-	85	15	IO_3^-	5.5	0.5
ClO_3^-	74	12	$H_2PO_4^-$	5.0	0.5
NO_3^-	65	8	甲酸根	4.6	0.5
Br^-	50	6	乙酸根	3.2	0.5
CN^-	28	3	丙酸根	2.6	0.3
HSO_3^-	27	3	F^-	1.6	0.3

（4）始漏点和始漏量 交换过程中，随试液的不断加入，交界层（树脂层中部分被分离离子所交换而部分未被交换的层次）逐渐下移，当流出液中开始出现被交换离子时称为始漏点，此时交换于柱上的离子的物质的量称为始漏量，始漏量总小于交换容量。

（5）离子对树脂的亲和性 各种离子在离子交换树脂上的选择系数和分配系数均反映了离子对树脂亲和力的大小，与所交换离子的本身性质、树脂性质、溶液组成等许多因素有关。虽无完善理论可进行预测，但主要规律如下所述。

① 树脂的交联度越大，选择系数越大；

② 稀溶液时，树脂对离子的选择性与价态成正比，如氢型阳离子交换树脂对不同价态离子的选择系数次序为：$Th^{4+} > Ce^{3+} > Ca^{2+} > Na^+$；

③ 在稀溶液中，同价态离子的选择系数随水合离子半径减小而增大。通常按以下次序递减。

一价离子：$Tl^+>Ag^+>Cs^+>Rb^+>K^+>NH_4^+>Na^+>Li^+$；

二价离子：$Ra^{2+}>Ba^{2+}>Pb^{2+}>Sr^{2+}>Ca^{2+}>$（$Ni^{2+}$，$Cd^{2+}$，$Cu^{2+}$，$Co^{2+}$，$Zn^{2+}$，$Fe^{2+}$，$Mn^{2+}$）$>$ $Mg^{2+}>Be^{2+}>UO_2^{2+}$；

三价离子：$La^{3+}>Ce^{3+}>Pr^{3+}>Eu^{3+}>Y^{3+}>Sc^{3+}>Al^{3+}$。

稀土元素亲和力的次序则与上述情况相反，随原子序数增加而降低。

阴离子在强碱性阴离子交换树脂上的亲和力递减次序：柠檬酸$>SO_4^{2-}>C_2O_4^{2-}>I^->NO_3^->CrO_4^{2-}>SCN^->Cl^->HCOO^->OH^->F^->CH_3COO^-$；

阴离子在弱碱性阴离子交换树脂上的亲和力递减次序：$OH^->$柠檬酸$>SO_4^{2-}>C_2O_4^{2-}>$酒石酸$>NO_3^->AsO_4^{3-}>PO_4^->NO_2^->MoO_4^{2-}>Ac^-=I^-=Br^->Cl^->F^-$。

三、分配系数、分离因数及其他

本部分包括阳离子和阴离子在不同交换剂和不同介质中的分配系数和某些分离因数，还提出了一些体系的洗脱顺序及交换树脂的再生剂，如不同交联度树脂的离子交换选择性（表3-8）；阳离子的分配系数（表3-9～表3-19）；配阴离子的分配系数（表3-20～表3-27）；无机离子交换剂的交换性能（表3-28～表3-32）；某些体系中离子的分离因数（表3-33～表3-36）；用柠檬酸钠洗脱某些氨基酸的洗脱顺序（表3-37、表3-38）；淋洗剂浓度速查表（表3-39）；各类离子交换树脂转化成所需形式的再生剂（表3-40）；离子交换树脂的交换速度（表3-41）。

1. 分配系数

（1）交联度和交换选择性

表 3-8 某些离子在不同交联度树脂①上的分配系数②

离子 \ K_D/(ml/g) \ 交联度 ω_{DVB}	2%	4%	8%	16%	离子 \ K_D/(ml/g) \ 交联度 ω_{DVB}	2%	4%	8%	16%
Ag^+	—	4.73	8.51	22.9	Pb^{2+}		6.56	9.91	18.0
Ba^{2+}		7.47	11.5	20.8	Rb^+		2.46	3.16	4.62
Ca^{2+}		4.15	5.16	7.27	Sr^{2+}		4.70	6.51	10.1
Cd^{2+}		3.37	3.88	4.95	Tl^+		6.71	12.4	28.5
Co^{2+}		3.23	3.74	3.81	UO_2^{2+}		2.36	2.45	3.34
Cs^+		2.67	3.25	4.66	Zn^{2+}		3.13	3.47	3.78
Cu^{2+}		3.29	3.85	4.46	Br^-	2.7		3.5	
H^+		1.32	1.27	1.47	Cl^-	(1.00)		(1.00)	
K^+		2.27	2.90	4.50	ClO_4^-	9.0		10.0	
Li^+		(1.00)	(1.00)	(1.00)	F^-	—		0.08	
Mg^{2+}		2.95	3.29	3.51	I^-	9.0		18.0	
Na^+		1.58	1.98	2.37	NO_3^-	—		3.0	
NH_4^+		1.90	2.55	3.34	OH^-	0.80		0.50	
Ni^{2+}		3.45	3.93	4.06	SCN^-	5.0		4.3	

① 所用树脂为以聚苯乙烯为基体的离子交换树脂，阳离子交换树脂为磺酸型，阴离子交换树脂为季铵Ⅱ型。

② 阳离子的参考离子为Li^+，阴离子的参考离子为Cl^-，$K_D>1$时，说明此离子比参考离子较易被吸附。

（2）阳离子的分配系数

① 硝酸和硫酸中的分配系数

第
一
篇

表 3-9 硝酸溶液中阳离子的分配系数[①]

阳离子 \ K_D/(ml/g) \ $c(HNO_3)$/(mol/L)	0.1	0.2	0.5	1.0	2.0	3.0	4.0
Ag(Ⅰ)	156	86	36.0	18.1	7.9	5.4	4.0
Al(Ⅲ)	>10⁴	3900	392	79	16.5	8.0	5.4
As(Ⅲ)	<0.1	<0.1	<0.1	<0.1	<0.1	<0.1	<0.1
Ba(Ⅱ)	5000	1560	271	68	13.0	6.0	3.6
Be(Ⅱ)	553	183	52	14.8	6.6	4.5	3.1
Bi(Ⅲ)	893	305	79	25.0	7.9	3.7	3.0
Cd(Ⅱ)	1500	392	91	32.8	10.8	6.8	3.4
Ca(Ⅱ)	1450	480	113	35.3	9.7	4.3	1.8
Ce(Ⅲ)	>10⁴	>10⁴	1840	246	44.2	15.4	8.2
Co(Ⅱ)	1260	392	91	28.8	10.1	6.1	4.7
Cr(Ⅲ)	5100	1620	418	112	27.8	19.2	10.9
Cs(Ⅰ)	148	81	34.8	16.8	7.6	4.7	3.4
Cu(Ⅱ)	1080	356	84	26.8	8.6	4.8	3.1
Er(Ⅲ)	>10⁴	>10⁴	1100	182	38.2	14.9	8.0
Fe(Ⅲ)	>10⁴	4100	362	74	14.3	6.2	3.1
Ga(Ⅲ)	>10⁴	4200	445	94	20.0	9.0	5.8
Gd(Ⅲ)	>10⁴	>10⁴	1000	167	29.2	10.8	6.9
Hf(Ⅳ)	>10⁴	>10⁴	>10⁴	2400	166	61	20.8
Hg(Ⅰ)	>10⁴	7600	640	94	33.5	19.2	13.6
Hg(Ⅱ)	4700	1090	121	16.9	5.9	3.9	2.8
In(Ⅲ)	>10⁴	>10⁴	680	118	23.0	10.1	5.8
K(Ⅰ)	99	59	26.2	11.4	5.7	3.5	2.6
La(Ⅲ)	>10⁴	>10⁴	1870	267	47.3	17.1	9.1
Li(Ⅰ)	33.1	18.6	8.0	3.9	2.6	1.7	1.1
Mg(Ⅱ)	794	259	71	22.9	9.1	5.8	4.1
Mo(Ⅵ)	沉淀	5.2	2.9	1.6	1.0	0.8	0.6
Na(Ⅰ)	54	29.4	12.7	6.3	3.4	2.0	1.3
Nb(Ⅴ)	11.6	6.3	0.9	0.2	0.1	0.1	0.1
Ni(Ⅱ)	1140	384	91	28.1	10.3	8.6	7.3
Rb(Ⅱ)	>10⁴	1420	183	35.7	8.5	5.5	4.5
Pd(Ⅱ)	97	62	23.5	9.1	3.4	2.7	2.5
Pb(Ⅰ)	118	68	29.1	13.4	6.6	4.1	2.9
Rh(Ⅲ)	78	44.7	19.5	7.8	4.1	2.1	1.0
Sc(Ⅲ)	>10⁴	3300	500	116	23.3	11.6	7.6
Se(Ⅳ)	<0.5	<0.5	<0.5	<0.5	<0.5	<0.5	<0.5
Sm(Ⅲ)	>10⁴	>10⁴	1000	168	29.8	10.9	7.2
Sr(Ⅱ)	3100	775	146	39.2	8.8	6.1	4.7
Te(Ⅳ)	40.3	19.7	8.5	5.0	2.4	0.6	0.2
Th(Ⅳ)	>10⁴	>10⁴	>10⁴	1180	123	43.0	24.8
Ti(Ⅳ)	1410	461	71	14.6	6.5	4.5	3.4
Tl(Ⅰ)	173	91	41.0	22.3	9.9	5.8	3.3
U(Ⅵ)	659	262	69	24.4	10.7	7.4	6.6
V(Ⅳ)	495	157	35.6	14.0	4.7	3.0	2.5
V(Ⅴ)	20.0	10.9	4.9	2.0	1.2	0.8	0.5
Y(Ⅲ)	>10⁴	>10⁴	1020	174	35.8	13.9	10.0
Yb(Ⅲ)	>10⁴	>10⁴	1150	193	41.3	16.0	9.0
Zn(Ⅱ)	1020	352	83	25.2	7.5	4.6	3.6
Zr(Ⅳ)	>10⁴	>10⁴	>10⁴	6500	652	112	30.7

① 相关数据在 AG 50W-X8 树脂上测得。

表 3-10 硫酸溶液中阳离子的分配系数[①]

阳离子 / K_D/(ml/g) $\backslash$ $c(\frac{1}{2}H_2SO_4)$/(mol/L)	0.025	0.05	0.125	0.25	0.5	0.75	1.0
Al(III)	>10⁴	8300	540	126	27.9	10.6	4.7
As(III)	<0.1	<0.1	<0.1	<0.1	<0.1	<0.1	<0.1
Be(II)	840	305	79	27.0	8.2	3.9	2.6
Bi(III)	>10⁴	>10⁴	6800	235	32.3	11.3	6.4
Cd(II)	1420	540	144	45.6	14.8	6.6	4.3
Ce(III)	>10⁴	>10⁴	1800	318	66	23.8	11.8
Co(II)	1170	433	126	42.9	14.2	6.2	5.4
Cr(III)	198	176	126	55	18.7	0.9	0.2
Cs(I)	175	108	52	24.7	9.1	4.8	3.5
Cu(II)	1310	505	128	41.5	13.2	5.7	3.7
Er(III)	>10⁴	>10⁴	1300	242	48.6	16.7	8.5
Fe(II)	1600	560	139	46.0	15.3	9.8	6.6
Fe(III)	>10⁴	2050	255	58	13.5	4.6	1.8
Ga(III)	>10⁴	3500	618	137	26.7	10.0	4.9
Gd(III)	>10⁴	>10⁴	1390	246	46.6	17.9	8.9
Hf(IV)	2690	1240	160	12.1	1.7	1.0	0.7
Hg(II)	7900	1790	321	103	34.7	16.8	12.2
In(III)	>10⁴	3190	376	87	17.2	6.5	3.8
K(I)	138	86	41.1	19.4	7.4	3.7	2.9
La(III)	>10⁴	>10⁴	1860	329	68	24.3	12.1
Li(I)	480	28.2	11.7	5.8	3.0	1.6	1.1
Mn(II)	1590	610	165	59	17.4	8.9	5.5
Mg(II)	1300	484	124	41.5	13.0	5.6	3.4
Mo(VI)	沉淀	5.3	2.0	1.2	0.5	0.3	0.2
Na(I)	81	47.7	20.1	8.9	3.7	2.6	1.7
Nb(V)	14.2	7.4	4.0	1.9	0.7	0.5	0.3
Ni(II)	1390	590	140	46.0	16.5	6.1	2.8
Pd(II)	109	71	32.5	13.9	6.0	3.8	2.7
Rb(I)	148	91	43.8	21.3	8.3	4.4	3.1
Rh(III)	80	49.3	28.5	16.2	4.5	2.2	1.3
Sc(III)	5600	1050	141	34.9	8.5	4.4	3.4
Se(IV)	<0.5	<0.5	<0.5	<0.5	<0.5	<0.5	<0.5
Sm(III)	>10⁴	>10⁴	1460	269	56	20.1	10.0
Te(IV)	沉淀	30.8	9.8	5.2	2.6	0.6	0.3
Th(IV)	>10⁴	3900	263	52	9.0	3.0	1.8
Ti(IV)	395	225	45.8	9.0	2.5	1.0	0.4
Tl(I)	452	236	97	49.7	20.6	11.6	8.7
Tl(III)	6500	1490	205	47.4	12.0	7.2	5.2
U(VI)	596	118	29.2	9.6	3.2	2.3	1.8
V(IV)	1230	490	140	46.6	11.5	2.4	0.4
V(V)	27.1	15.2	6.7	2.8	1.2	0.7	0.4
Y(III)	>10⁴	>10⁴	1380	253	49.9	18.0	9.4
Yb(III)	>10⁴	>10⁴	1330	249	48.1	17.3	8.8
Zn(II)	1570	550	135	43.2	12.2	4.9	4.0
Zr(IV)	546	474	98	4.6	1.4	1.2	1.0

① 相关数据在 AG 50W-X8 树脂上测得。

表 3-11　在阴离子交换树脂（AG 1-X8）上与在硫酸溶液之间的分配系数

K_D/(ml/g) 阳离子	$c(\frac{1}{2}H_2SO_4)$/(mol/L) 0.005	0.015	0.05	0.1	0.25	0.5	1.0	1.5	2.0
As(III)	2.4	1.5	0.9	0.6	<0.5	<0.5	<0.5	<0.5	<0.5
As(V)	1.3	0.8	0.6	<0.5	<0.5	<0.5	<0.5	<0.5	<0.5
Bi(III)	—	—	17.7	4.7	2.1	0.9	0.5	<0.5	<0.5
Cr(III)	5.1	3.4	2.1	0.7	0.5	<0.5	<0.5	<0.5	<0.5
Cr(VI)	25000	18000	12000	7800	4400	2100	800	435	302
Fe(III)	54	39.9	15.6	9.1	3.6	1.4	0.9	0.6	<0.5
Ga(III)	1.2	0.8	0.6	<0.5	<0.5	<0.5	<0.5	<0.5	<0.5
Hf(IV)	水解	>10³	4700	701	57	12.0	3.2	1.9	0.6
In(III)	7.4	5.1	2.4	0.8	<0.5	<0.5	<0.5	<0.5	<0.5
Ir(III)	625	525	388	270	218	160	118	92	3.9
Ir(IV)	1010	690	450	310	220	180	160	160	17.75
Mo(VI)	60000	527	533	671	484	252	52	13.7	4.6
Mo(VI)[①]	—	—	2560	1400	451	197	74	43.3	33.0
Nb(V)[①]	—	—	120	96	3.4	<0.5	<0.5	<0.5	<0.5
Rh(III)	39.0	30.0	12.8	5.4	0.9	<0.5	<0.5	<0.5	<0.5
Sc(III)	64	44.5	21.5	10.9	4.8	2.6	1.5	0.9	1.9
Se(IV)	8.1	5.3	1.1	<0.5	<0.5	<0.5	<0.5	<0.5	<0.5
Ta(V)[①]	—	—	1860	1070	310	138	50	11.4	2.9
Th(IV)	116	82	34.6	21.4	8.3	3.7	2.0	1.1	0.5
Ti(IV)[①]	水解	水解	水解	0.5	<0.5	<0.5	<0.5	<0.5	<0.5
U(VI)	1160	1130	521	248	91	26.6	9.3	4.8	1.2
V(IV)	3.4	1.7	0.9	<0.5	<0.5	<0.5	<0.5	<0.5	<0.5
V(V)	1410	320	6.5	3.3	1.6	0.7	<0.5	<0.5	<0.5
V(V)[①]	370	102	45.4	10.9	4.6	2.5	2.1	1.9	<0.5
W(VI)[①]	…	…	528	457	337	222	127	96	110
Yb(III)	1.2	0.8	0.6	<0.5	<0.5	<0.5	<0.5	<0.5	<0.5
Zr(IV)	水解	>10³	1350	704	211	47.3	11.0	5.2	2.9

① 含 H_2O_2。

注：1. Cd(II)、Mn(II)、Zn(II)、Cu(II)、Co(II)、Ni(II)、Be(II)、Mg(II)、Li(I)、Na(I)、K(I)、Rb(I)、Cs(I) 和 Tl(I)在硫酸浓度为 0.05mol/L、0.5mol/L 和 2.0mol/L 的溶液中的分配系数均小于 0.5。

2. Gd(III)、Y(III)、Ce(III)和 La(III)与 Yb(III)相似。

3. Ca(II)、Sr(II)、Ba(II)、Ra(II)、Sn(IV)、Sb(III)和 Sb(V)生成沉淀。

4. Pd(II)和 Hg(II)在低浓度硫酸溶液中有吸附，可与树脂粒子作用产生沉淀。

5. Au(III)和 Pt(IV)无卤化物存在时不稳定。

② 盐酸-乙醇混合液中的分配系数

表 3-12　盐酸（0.10mol/L）-乙醇混合液中阳离子的分配系数[①]

K_D/(ml/g) 离子	$\varphi_{乙醇}$/% 0	20	40	60	80	90	95
Ga^{3+}	约 10⁴	>10⁴	>10⁴	>10⁴	>10⁴	6730	153
Sn^{4+}	约 10⁴	沉淀	沉淀	沉淀	43.1	3.5	1.1
Fe^{3+}	9000	>10⁴	>10⁴	>10⁴	>10⁴	3340	176
UO_2^{2+}	758	1300	3200	>10⁴	>10⁴	4960	3330
Mn^{2+}	1360	1580	3020	>10⁴	>10⁴	>10⁴	>10⁴

K_D/(ml/g) $\varphi_{乙醇}$/% 离子	0	20	40	60	80	90	95
Co^{2+}	1270	1350	2840	6500	$>10^4$	$>10^4$	$>10^4$
Ni^{2+}	1230	1470	2950	10^4	$>10^4$	$>10^4$	$>10^4$
Fe^{2+}	1220	1410	2830	6400	$>10^4$	9800	1010
Zn^{2+}	1030	1200	2150	2250	876	47.5	5.7
Cu^{2+}	1010	1200	2190	4410	4280	1250	450
Mg^{2+}	860	990	$>10^3$	$>10^3$	$>10^3$	$>10^4$	$>10^4$
In^{3+}	806	210	193	153	83	29.2	6.3
Cd^{2+}	410	367	332	317	123	81	20.8
MoO_4^{2-}	10.9	35.0	43.0	39.8	36.1	38.8	40.9
Rh^{3+}	4.2	3.1	2.2	1.5	0.9	0.6	<0.5
Tl^{3+}	2.1	2.4	2.7	1.9	2.2	2.6	2.4
Hg^{2+}	1.6	1.1	0.8	0.6	<0.5	<0.5	<0.5
Pd^{2+}	1.6	0.8	1.0	0.8	0.9	0.7	0.5
Pt^{4+}	1.4	1.5	1.6	2.1	2.7	3.1	3.4
As^{5+}	1.4	约2	约5	约3	<1	<1	<1
Ir^{4+}	1.4	1.5	1.4	1.3	1.0	1.1	0.9
WO_4^{2-} [②]	1.1	1.3	1.7	1.3	3.1	3.0	—
SeO_3^{2-}	1.1	1.3	1.0	1.5	1.7	1.0	0.8
Au^{3+}	0.8	1.1	0.9	1.2	1.3	0.8	1.0
Ge^{4+}	0.5	0.6	0.4	0.5	1.7	1.8	1.7
MoO_4^{2-} [②]	<0.5	<0.5	<0.5	<0.5	<0.5	<0.5	<0.5

① 测定分配系数时，先使 2.5g 干树脂与 250ml 含 5mmol 的阳离子的溶液建立平衡。

盐酸与乙醇混合液的配制：例如，1mol/L HCl 的 80%乙醇溶液是将 25ml 10mol/L HCl 与 25ml 水混合，加 200ml 无水乙醇（混合时体积改变不计）。

② 有 H_2O_2 存在时。

表 3-13 盐酸（0.20mol/L）-乙醇混合液中阳离子的分配系数[①]

K_D/(ml/g) $\varphi_{乙醇}$/% 离子	0	20	40	60	80	90	95
Fe^{3+}	3400	3600	5100	6000	1410	31.7	15.7
Ga^{2+}	3040	8680	$>10^4$	$>10^4$	3860	446	6.9
Mn^{2+}	510	690	1240	2280	5280	5410	4260
Co^{2+}	460	625	1120	2160	5010	$>10^4$	9330
Ni^{2+}	450	610	1110	2140	4960	8380	6320
Fe^{2+}	430	580	1020	2010	4370	1460	249
Cu^{2+}	380	424	706	1060	1040	308	69
Zn^{2+}	361	368	489	299	48.3	5.2	1.7
Mg^{2+}	350	361	369	1510	1990	6400	5100
UO_2^{2+}	252	284	469	847	1270	1430	1133
In^{3+}	110	53	48.8	38.1	17.9	6.0	2.9
Cd^{2+}	84	118	88	34.8	13.7	2.7	0.6
Sn^{4+}	45	3400	1610	18.1	3.6	0.7	0.5
VO_3^-	7.0	19.7	39.1	84.0	202	沉淀	沉淀
VO_3^- [②]	6.5	6.6	9.0	57	488	529	336
MoO_4^{2-} [②]	<0.5	<0.5	<0.5	<0.5	<0.5	<0.5	<0.5
MoO_4^{2-}	4.5	17.7	25.9	25.7	23.1	12.6	7.4

① 分配系数是使 2.5g 干树脂与 250ml 含 5mmol 阳离子的溶液达平衡后测定的。

② 有 H_2O_2 存在下。

表 3-14 盐酸（0.50mol/L）-乙醇混合液中阳离子的分配系数[①]

K_D/(ml/g) 离子 ＼ $\varphi_{乙醇}$/%	0	20	40	60	80	90
Ga^{3+}	260	633	1470	4650	428	3.5
Fe^{3+}	225	226	304	361	153	6.6
Mn^{2+}	84	90	162	285	608	730
Mg^{2+}	74	78	126	234	601	1140
Cr^{3+}	73	93	118	170	279	421
Co^{2+}	72	93	159	305	671	1830
Ni^{2+}	70	96	165	315	689	880
Fe^{2+}	66	69	131	252	408	136
Cu^{2+}	65	88	119	176	195	35.9
UO_2^{2+}	58	67	111	182	264	220
Zn^{2+}	64	64	48.3	17.8	4.1	1.5
Cs^+	44.2	63	108	229	852	—
V^{4+}	44.1	53	84	157	286	508
Be^{2+}	42.3	47.3	69	114	170	—
Ti^{4+}	39.1	121	265	634	1700	ppt
Rb^+	33.2	42.8	73	165	571	—
K^+	29.1	47.3	89	201	838	—
Na^+	13.5	19.1	34.1	79	254	—
Li^+	8.1	10.8	17.1	28.8	50	—
In^{3+}	7.6	7.8	8.5	7.2	4.2	2.4
Cd^{2+}	6.5	6.0	4.6	1.4	<0.5	<0.5
Sn^{4+}	6.2	5.9	3.6	2.2	1.3	0.6
VO_3^-	5.0	19.5	42.6	86	143	142
VO_3^{-} [②]	2.1	4.7	23.9	59	129	140
MoO_4^{2-}	<0.5	7.6	11.0	12.8	11.0	7.3
MoO_4^{2-} [②]	<0.5	<0.5	<0.5	<0.5	<0.5	<0.5
Bi^{3+}	<0.5	<0.5	<0.5	<0.5	<0.5	<0.5

① 分配系数是使 2.5g 干树脂与 250ml 含 5mmol 阳离子的溶液达平衡后测定的。
② 有 H_2O_2 存在下。

表 3-15 盐酸（1.00mol/L）-乙醇混合液中阳离子的分配系数[①]

K_D/(ml/g) 离子 ＼ $\varphi_{乙醇}$/%	0	20	40	60	80	K_D/(ml/g) 离子 ＼ $\varphi_{乙醇}$/%	0	20	40	60	80
Gd^{3+}	183	259	490	1460	≈10^4	Al^{3+}	61	74	124	251	502
Yb^{3+}	153	178	331	841	4340	Sr^{2+}	60	76	162	543	3490
Ba^{2+}	128	193	615	1920	5140	Ga^{3+}	42.6	102	204	347	5.8
Sc^{3+}	120	345	925	3680	>10^4	Ca^{2+}	41.3	55	106	310	1570
Fe^{3+}	33.5	31.9	39.4	47.3	6.9	Be^{2+}	13.3	13.5	19.0	31.6	50.5
Cr^{3+}	26.7	35.9	53	83	114	Ti^{4+}	11.9	18.2	57	181	496
Ni^{2+}	21.9	19.7	41.8	82	182	V^{4+}	7.2	15.4	22.6	38.8	76
Co^{2+}	21.3	27.6	38.2	78	175	Na^+	6.9	9.7	16.6	36.5	138
Mn^{2+}	20.2	28.2	42.4	78	157	Li^+	3.8	5.1	7.8	13.1	28.8
Mg^{2+}	20.1	19.3	33.0	71	166	In^{3+}	1.8	1.81	1.9	1.3	0.7
Fe^{2+}	19.8	25.8	46.9	81	184	Sn^{4+}	1.6	1.4	0.8	<0.5	<0.5

续表

K_D/(ml/g) 离子	φ乙醇/%					K_D/(ml/g) 离子	φ乙醇/%				
	0	20	40	60	80		0	20	40	60	80
UO_2^{2+}	19.2	22.1	34.2	58	70	Cd^{2+}	1.6	0.5	0.2	<0.2	<0.2
Cs^+	19.1	27.0	44.1	96	358	VO_3^-	1.1	4.7	10.3	23.1	43.0
Cu^{2+}	17.5	17.8	21.9	23.2	24.7	MoO_4^{2-}	0.8	4.2	6.9	7.3	5.8
Zn^{2+}	16.0	9.7	5.3	3.5	2.4	Bi^{3+}	0.6	0.6	<0.5	<0.5	<0.5
Rb^+	15.4	21.4	36.8	81	326	Hg^{2+}	<0.5	<0.5	<0.5	<0.5	<0.5
K^+	13.9	20.0	39.3	94	609	Ge^{4+}	<0.5	<0.5	<0.5	<0.5	<0.5

① 分配系数是使 2.5g 干树脂与 250ml 含 5mmol 阳离子的溶液达平衡后测得的。

表 3-16　盐酸（2.00mol/L）-乙醇混合液中阳离子的分配系数[①]

K_D/(ml/g) 离子	φ乙醇/%						K_D/(ml/g) 离子	φ乙醇/%					
	0	20	40	60	70	80		0	20	40	60	70	80
Zr^{4+}	489	925	2720	6400	>10⁴	>10⁴	Co^{2+}	6.7	8.9	15.4	30.4	44.7	—
Th^{4+}	239	298	672	3170	>10⁴	>10⁴	Mg^{2+}	6.2	7.2	12.1	23.8	36.2	55
La^{3+}	48.1	68	143	474	1200	>10⁴	Mn^{2+}	6.0	7.7	10.6	18.4	26.2	—
Gd^{3+}	36.2	49.8	116	313	610	1280	Be^{2+}	5.2	5.6	7.0	10.8	14.9	—
Ba^{2+}	36.0	74	197	951	3260	—	Fe^{3+}	5.2	5.0	6.2	5.0	3.1	0.6
Y^{3+}	29.7	32.4	72	196	490	1800	V^{4+}	5.0	5.8	7.6	13.3	16.4	17.8
Sc^{3+}	28.8	57	140	470	1140	—	Cu^{2+}	4.2	4.2	4.8	5.1	2.8	0.9
Yb^{3+}	27.4	36.2	59	151	298	—	Fe^{2+}	4.1	4.3	6.9	8.5	6.3	1.8
Sr^{2+}	17.8	22.3	49.3	192	542	—	Na^+	3.8	5.5	8.9	24.5	57	—
Al^{3+}	12.5	12.7	16.9	44.8	69	118	Ti^{4+}	3.7	3.8	9.8	41.9	88	123
Ca^{2+}	12.2	16.3	31.7	90	202	—	VO_3^-	<0.5	2.9	5.2	10.3	13.4	—
Cs^+	10.4	10.4	17.1	32.6	60	—	In^{3+}						
Rb^+	8.1	10.0	16.4	39.6	77	—	Sn^{4+}						
Cr^{3+}	7.9	7.5	12.3	27.2	33.3	—	Bi^{3+}						
Ga^{3+}	7.8	13.5	20.9	6.3	1.5	<0.5	Hg^{2+}	<0.5	<0.5	<0.5		<0.5	<0.5
K^+	7.4	10.0	21.0	54	118	—	Ge^{4+}						
Ni^{2+}	7.2	7.4	11.7	23.1	31.5	47.3	MoO_4^{2-} [②]						
UO_2^{2+}	7.0	7.2	10.4	15.6	16.1	15.4							

① 分配系数是使 2.5g 干树脂与 250ml 含 5mmol 阳离子的溶液达平衡后测得的。

② 有 H_2O_2 存在下。

表 3-17　盐酸（3.00mol/L）-乙醇混合液中阳离子的分配系数[①]

K_D/(ml/g) 离子	φ乙醇/%					K_D/(ml/g) 离子	φ乙醇/%				
	0	20	40	60	70		0	20	40	60	70
Th^{4+}	114	142	363	2360	—	Cr^{3+}	4.8	3.9	4.9	11.4	—
Zr^{4+}	61	152	343	2800	沉淀	Al^{3+}	4.7	4.3	7.3	13.2	—
La^{3+}	18.8	32.6	72	239	948	Mg^{2+}	4.3	3.7	5.9	12.3	—
Ba^{2+}	18.5	42.6	143	1340	—	Co^{2+}	4.2	3.8	6.2	11.8	—
Gd^{3+}	15.3	22.8	51	178	495	Mn^{2+}	3.9	3.5	5.5	8.6	—

续表

K_D/ (ml/g) 离子	$\varphi_{乙醇}$/% 0	20	40	60	70	K_D/ (ml/g) 离子	$\varphi_{乙醇}$/% 0	20	40	60	70
Sc^{3+}	14.9	30.9	76	281	—	Fe^{3+}	3.6	1.8	2.4	2.2	—
Y^{3+}	13.6	17.7	32.6	128	288	V^{4+}	3.5	4.3	5.6	7.4	—
Yb^{3+}	12.2	15.2	25.2	76	—	UO_2^{2+}	3.5	3.5	5.5	6.3	—
Sr^{2+}	10.0	13.1	29.8	162	—	Fe^{2+}	2.9	3.0	4.1	4.3	—
Ca^{2+}	7.3	8.4	17.2	69	—	Na^+	2.7	3.8	6.8	20.5	—
Cs^+	5.9	5.7	9.3	19.9	—	Ti^{4+}	2.4	3.1	5.3	22.1	—
Rb^+	5.3	6.5	10.6	28.7	—	Ni^{2+}	2.0	2.1	4.5	6.7	—
K^+	4.9	7.1	14.3	40.4	—					$(6.8)^{②}$	—

① 分配系数是使 2.5g 干树脂与 250ml 含 5mmol 阳离子的溶液达平衡后测定的。

② 有 H_2O_2 存在下。

表 3-18 在阳离子交换树脂（**AG50W-X8**）上与在盐酸溶液之间的分配系数

K_D/(ml/g) 阳离子	盐酸浓度/(mol/L) 0.1	0.2	0.5	1.0	2.0	3.0	4.0
Ag(Ⅰ)①	156	83	35	18.08	7.9	5.4	4.0
Al(Ⅲ)	8200	1900	318	60.8	12.5	4.7	2.8
As(Ⅲ)	1.4	1.6	2.2	3.81	2.2		
Au(Ⅲ)	0.5	0.1	0.4	0.84	1.0	0.7	0.2
Ba(Ⅱ)	>10^4	2930	590	126.9	36	18.5	11.9
Be(Ⅱ)	255	117	42	13.33	5.2	3.3	2.4
Bi(Ⅲ)	沉淀	沉淀	<1.0	1.0	1.0	—	—
Ca(Ⅱ)	3200	790	151	42.29	12.2	7.3	5.0
Cd(Ⅱ)	510	84	6.5	1.54	1.0	0.6	0.3
Ce(Ⅲ)	>10^5	105	2460	264.8	48	18.8	10.4
Co(Ⅱ)	1650	460	72	21.29	6.7	4.2	3.0
Cr(Ⅲ)	1130	262	73	26.66	7.9	4.8	2.7
Cs(Ⅰ)	182	99	44	19.41	10.4	—	—
Cu(Ⅱ)	1510	420	65	17.50	4.3	2.8	1.8
Fe(Ⅱ)	1820	370	66	19.77	4.1	2.7	1.8
Fe(Ⅲ)	9000	3400	225	35.45	5.2	3.6	2.0
Ga(Ⅲ)	>10^4	3036	260	42.58	7.75	3.2	0.36
Hg(Ⅰ)①	>10^4	7600	640	94.2	33	19.2	13.6
Hg(Ⅱ)	1.6	0.9	0.5	0.28	0.3	0.2	0.2
Hg(Ⅱ)①	4700	1090	121	16.85	5.9	3.9	2.8
K(Ⅰ)	10^6	640	29	13.87	7.4	—	—
La(Ⅲ)	>10^5	105	2480	265.1	48	18.3	10.4
Li(Ⅰ)	33	18.9	8.1	3.83	2.5		
Mg(Ⅱ)	1720	530	88	20.99	6.2	3.5	3.5
Mn(Ⅱ)	2230	610	84	20.17	6.0	3.9	2.5
Mo(Ⅴ)	10.9	4.5	0.3	0.81	0.2	0.4	0.7
Na(Ⅰ)	52	28.3	12	5.59	3.6		
Ni(Ⅱ)	1600	450	70	21.85	7.2	4.7	3.1
Pb(Ⅱ)①	>10^4	1420	183	35.66	9.8	6.8	4.5
Pt(Ⅳ)	—	—	—	1.4			
Rb(Ⅰ)	120	72	33	15.43	8.1	—	—
Sb(Ⅲ)	沉淀	沉淀	沉淀	沉淀	2.8	—	—

续表

K_D/(ml/g) \ 盐酸浓度/(mol/L) 阳离子	0.1	0.2	0.5	1.0	2.0	3.0	4.0
Se(IV)	1.1	0.6	0.8	0.63	1.0	1.0	1.0
Sn(IV)	约 10^4	45	6.2	1.60	1.2		
Sr(II)	4700	1070	217	60.2	17.8	10.0	7.5
Th(IV)	>10^5	>10^5	约 10^5	2049	239	114	67
Ti(IV)	>10^4	297	39	11.86	3.7	2.4	1.7
Tl(I)[①]	173	91	41	22.32	9.9	5.8	3.3
U(VI)	5460	860	102	19.20	7.3	4.9	3.3
V(V)	13.9	7.0	5.0	1.10	0.7	0.2	0.3
Y(III)	>10^5	>10^4	1460	144.6	29.7	13.6	8.6
Zn(II)	1850	510	64	16.03	3.7	2.4	1.6
Zr(IV)	>10^5	>10^5	约 10^5	7250	489	61	14.5

① 含有 H_2O_2 存在下。

③ 高氯酸介质中分配系数

表 3-19　高氯酸介质中阳离子的分配系数[①]

K_D/(ml/g) \ $c(HClO_4)$/(mol/L) 阳离子	1	3	9	K_D/(ml/g) \ $c(HClO_4)$/(mol/L) 阳离子	1	3	9
Na^+	0.67	0.41	0.12	Ga^{3+}	2.25	1.05	1.45
Cs^+	0.75	0.27	约 0.19	Tm^{3+}	2.40	1.20	2.55
Mg^{2+}	1.20	0.60	0.60	Y^{3+}	2.4	1.4	3.0
UO_2^{2+}	1.40	1.05	3.85	Eu^{3+}	2.55	1.45	3.59
Mn^{2+}	1.57	0.88	1.63	Pm^{3+}	2.61	1.57	3.63
Ca^{2+}	1.87	1.45	2.48	Ce^{3+}	2.75	1.65	3.68
Sr^{2+}	2.08	1.83	1.81	Am^{3+}	2.42	1.13	3.63
Hg^{2+}	2.08	1.58	1.30	Sc^{3+}	2.70	1.76	5.2
Ba^{2+}	2.42	2.25	1.57	La^{3+}	3.1	1.8	3.8
Fe^{3+}	1.60	0.30	1.80	Th^{4+}	4.6	3.0	>7.0

① 所列数据在 DOWM-50X4 树脂上测得。

（3）配阴离子的分配系数

① 盐酸溶液中的分配系数

表 3-20　盐酸溶液中金属配阴离子的分配系数

元素	被交换的配阴离子[①]	最大吸着时的盐酸浓度/(mol/L)	最大吸着时的 $\lg K_D$	元素	被交换的配阴离子[①]	最大吸着时的盐酸浓度/(mol/L)	最大吸着时的 $\lg K_D$
Ag	$AgCl_2^-$	<1	3	Pb	$PbCl_3^-$, $PbCl_4^{2-}$	1	1.5
As	$AsCl_4^-$	10	1	Pd	$PdCl_4^{2-}$	<1	3
Au	$AuCl_4^-$	<1	7	Pt	$PtCl_6^{2-}$	<1	3.5
Bi	$BiCl_4^-$	<1	4.5	Pu	$PuCl_6^{2-}$	8	3.1
Cd	$CdCl_4^{2-}$, $CdCl_3^-$	2	3.5[③]			12	3.9
Co	$CoCl_4^{2-}$, $CoCl_3^-$	9	1.7	Rh	$RhCl_6^{3+}$	<1	1.5

续表

元素	被交换的配阴离子①	最大吸着时的盐酸浓度/(mol/L)	最大吸着时的lgK_D	元素	被交换的配阴离子①	最大吸着时的盐酸浓度/(mol/L)	最大吸着时的lgK_D
Cr	$CrCl_6^{3-}$	12	1.0	Ru	$RuCl_5^{2-}$, $RuCl_6(H_2O)^{2-}$	<2	3
Cu	$CuCl_3^{2-}$	<2	2	Sb②	$SbCl_4^-$	2	3
	$CuCl_4^{2-}$	4	2		$SbCl_4^-$	10	5.5
Fe	$FeCl_4^{2-}$	12	1	Se	$SeCl_6^{2-}$, (SeO_3^{2-})	>6	>1④
	$FeCl_6^-$	10	4.5	Sn	$SnCl_4^{2-}$	<1	3
Ga	$GaCl_4^-$	7	5		$SnCl_6^{2-}$	6	4
Ge	$GeCl_6^{2-}$	12	2	Ta	$TaCl_6^-$	12	2.5④
Hf	$HfCl_6^{2-}$	12	6	Tc	TcO_4^-	4	2.5
Hg②	$HgCl_4^{2-}$, $HgCl_3^-$	<1	5	Te	$TeCl_6^{2-}$	12	>0
In	$InCl_4^-$	3	1	Ti	$TiCl_6^{2-}$	12	1.2
Ir	$IrCl_6^{3-}$	<1		Tl	$TlCl_6^{3-}$	<1	1.5
	$IrCl_6^{2-}$	<1	4	U	UCl_6^{2-}	12	2.5
Mn	$MnCl_4^{2-}$, $MnCl_3^-$	11	0.3		(UO_2^{2+} → UCl_6^{2-})	12	3
Mo	$MoCl_5^{3-}$, $MoCl_5^{2-}$	4	2.5	V		12	3
Nb	$NbOCl_4^-$, $NbOCl_5^{2-}$	8	3④	W		9	1.5
Os	$OsCl_6^{3-}$	<1	4	Zn	$ZnCl_4^{2-}$	2	3.2
Pa	$PaCl_7^{2-}$	10	2.3	Zr	$ZrCl_6^{2-}$	12	3

① "被交换的配阴离子"栏所列只是最可能的形式。下列离子曾被试过，得不到lgK_D；被强烈吸着的：CrO_4^{2-}（$Cr_2O_7^{2-}$），Rh^{4+}, Te^{4+}; 微被吸着的；Cr^{3+}, Sc^{3+}, Ti^{3+}, V^{4+}; 不被吸着的：Ni^{2+}, Po^{4+}, Th^{4+}, Y^{3+}。

② Hg^{2+}和Sb^{5+}（及CrO_4^{2-}）侵蚀树脂。

③ 在盐酸浓度<2mol/L 时，Cd 和 Zn 的 lgK_D 值相差很大，例如 0.1mol/L HCl 中，lgK_D=1.0（Zn），lgK_D=2.2（Cd）。

④ 由于水解，Nb^{5+}、Se^{4+}、Ta^{5+}的值是没有规律的。

② 硫酸溶液中的分配系数

表3-21 硫酸溶液中配阴离子的分配系数①

离子 / K_D/(ml/g) \ $c(\frac{1}{2}H_2SO_4)$/(mol/L)	0.05	0.10	0.25	0.5	1.0	2.0	离子 / K_D/(ml/g) \ $c(\frac{1}{2}H_2SO_4)$/(mol/L)	0.05	0.10	0.25	0.5	1.0	2.0
As^{3+}	0.9	0.6	—	—	—	—	In^{3+}	2.4	0.8	—	—	—	—
Bi^{3+}	18	4.7	2.1	0.9	0.5	—	MoO_4^{2-}	530	670	480	230	50	4.6
Cr^{3+}	2.1	0.7	0.5	—	—	—	Th^{4+}	35	21	8.3	3.7	2.0	0.6
$Cr_2O_7^{2-}$(CrO_4^{2-})	12000	7800	4400	2100	800	300	UO_2^{2+}	520	250	90	27	9.3	2.9
Fe^{3+}	16	9	3.6	1.4	0.9	—	VO_3^-	6.5	3.3	1.6	0.7	—	—
Ga^{3+}	0.6	—	—	—	—	—	Zr^{4+}	1350	700	210	47	11	2.9
Hf^{4+}	4700	700	57	12	3.2	1.2							

① 所用树脂为季铵型，Dowex 1-X8。

③ 草酸及其与无机酸混合体系中的分配系数

表 3-22 草酸溶液中配阴离子的分配系数[①]

K_D/(ml/g) $c(H_2C_2O_4)$/(mol/L) 离子	0.001	0.0025	0.01	0.025	0.10	0.25	0.50	0.90
MoO_4^{2-}	$>10^5$	$>10^5$	$>10^5$	$>10^5$	$>10^5$	$>10^5$	$>10^5$	$>10^5$
In^{3+}	$>10^4$	$>10^4$	75000	60000	20000	3900	880	360
Sc^{3+}	$>10^4$	$>10^4$	48000	21500	2400	450	139	50
Lu^{3+}	$>10^4$	$>10^4$	$>10^4$	38000	2200	331	92	46
Cu^{2+}	31000	20000	7700	2850	470	112	29	25
Hg^{2+}	4800	3700	1900	925	236	51	28	18
Ce^{3+}	20000	16000	5000	1200	149	28	12	9
Zn^{2+}	13500	9100	3400	760	52	7.6	4.6	2.0
Co^{2+}	1510	1170	405	118	15	3.9	1.7	1.3
Mn^{2+}	98	72	18.0	4.8	0.4	0.4	0.4	0.4
As^{3+}	1.7	1.6	1.7	1.5	1.3	1.2	1.0	0.9

① 所用树脂为 Dowex 1-X8。

表 3-23 草酸（0.05mol/L）-盐酸混合液中配阴离子的分配系数[④]

K_D/(ml/g) $c(HCl)$/(mol/L) 离子	0.01	0.1	0.2	0.5	1.0	2.0	3.0	4.0
Sn^{4+}	$>10^4$	$>10^4$	$>10^4$	$>10^4$	$>10^4$	$>10^4$	9700	3800
WO_4^{2-} [①]	3450	$>10^4$	9170	7610	6720	699	163	—
MoO_4^{2-} [①]	$>10^4$	$>10^4$	$>10^4$	$>10^4$	2310	920	660	935
Pt^{2+}	1500	1480	1500	1470	1370	1230	837	525
Cd^{2+}[③]	51	48.9	269	472	171	195	289	427
In^{3+}	$>10^4$	2900	828	173	30	44.4	28.8	24.1
UO_2^{2+}	$>10^4$	6800	1630	250	66	24.2	38.1	71
Nb^{3+}[①]	$>10^4$	$>10^4$	5460	405	60	13.8	9.3	6.4
Zn^{2+}[③]	28.7	3.3	2.9	5.3	30.6	35.3	55	88
Fe^{3+}[①]	$>10^4$	2790	1580	105	14.5	6.0	9.5	39.0
Zr^{4+}	$>10^4$	$>10^4$	4040	138	11.4	1.4	1.0	0.4
Hf^{4+}	4030	1560	1700	85	8.1	1.7	0.9	0.5
Ga^{3+}	$>10^4$	$>10^4$	485	43.5	7.9	1.2	6.6	30.7
Al^{3+}	$>10^4$	1840	211	5.4	0.5	<0.5	<0.5	<0.5
VO_3^- [①][②]	5370	570	160	17.7	2.3	0.6	<0.5	<0.5
Cu^{2+}[③]	620	39.7	8.4	1.4	0.7	0.4	1.1	2.2
Ni^{2+}[③]	84	0.8	<0.5	<0.5	<0.5	<0.5	<0.5	<0.5
Be^{2+}	68	8.1	1.5	<0.5	<0.5	<0.5	<0.5	<0.5
Co^{2+}[③]	9.2	<0.5	<0.5	<0.5	<0.5	<0.5	<0.5	<0.5
Mn^{2+}	<0.5	<0.5	<0.5	<0.5	<0.5	<0.5	<0.5	<0.5
Li, Na, K Rb, S, Mg Ca, Sr, Ba	<0.5	<0.5	<0.5	<0.5	<0.5	<0.5	<0.5	<0.5

① 有 0.1%H_2O_2 存在。

② 部分还原成 V^{4+}。

③ 0.1mmol 阳离子。

④ 所用树脂为 Dowex 1-X8。

表 3-24 草酸（0.25mol/L）-盐酸混合液中配阴离子的分配系数[④]

K_D/(ml/g) 离子	$c(HCl)$/(mol/L)							
	0.01	0.1	0.2	0.5	1.0	2.0	3.0	4.0
Sn^{4+}	>10⁴	>10⁴	>10⁴	>10⁴	>10⁴	9100	6800	5300
WO_4^{2-} [①]	5790	3260	1920	582	219	84	46.3	33.0
Ti^{4+}	>10⁴	7800	5200	1450	213	6.2	2.1	<0.5
UO_2^{2+}	>10⁴	6650	2590	492	145	51	51	104
In^{3+}	5320	2340	1230	321	145	76	50	31.9
Cd^{2+} [③]	30.3	12.2	72	170	120	242	237	226
Nb^{5+} [①]	>10⁴	>10⁴	6570	680	108	16.9	8.8	6.0
Zn^{2+} [③]	7.0	2.5	3.3	8.3	46.0	59	58	56
Fe^{3+} [①]	>10⁴	3920	1450	236	35.2	6.6	8.1	27.6
Hf^{4+}	>10⁴	>10⁴	7320	261	22.0	2.8	0.9	0.5
Zr^{4+}	>10⁴	>10⁴	6800	348	18.4	3.1	1.7	0.9
Ga^{3+}	>10⁴	9300	1044	120	18.0	2.2	5.9	36.7
Ti^{4+} [①]	2340	1280	457	80	15.0	2.8	1.1	0.6
VO_3^- [①②]	3370	483	201	41.3	8.3	1.6	0.5	<0.5
Cr^{3+}	76	66	34.6	10.6	2.5	<0.5	<0.5	<0.5
Al^{3+}	4250	1840	571	36.6	1.8	<0.5	<0.5	<0.5
Cu^{2+} [③]	110	62	17.3	2.7	1.3	0.8	1.4	1.7
Be^{2+}	16.3	6.4	1.2	<0.5	<0.5	<0.5	<0.5	<0.5
Ni^{2+} [③]	13.1	1.7	1.1	0.5	<0.5	<0.5	<0.5	<0.5
Co^{2+} [④]	2.5	<0.5	<0.5	<0.5	<0.5	<0.5	<0.5	<0.5
Mn^{2+}	<0.5	<0.5	<0.5	<0.5	<0.5	<0.5	<0.5	<0.5
Li, Na, K Rb, Cs, Mg Ca, Sr, Ba	<0.5	<0.5	<0.5	<0.5	<0.5	<0.5	<0.5	<0.5

① 有 0.1%H_2O_2 存在。

② 部分还原成 V^{4+}。

③ 0.1mmol 阳离子。

④ 所用树脂为 AGI-X8。

表 3-25 草酸（0.05mol/L）-硝酸混合液中配阴离子的分配系数[④]

K_D/(ml/g) 离子	$c(HNO_3)$/(mol/L)							
	0.01	0.1	0.2	0.5	1.0	2.0	3.0	4.0
WO_4^{2-} [①]	>10⁴	>10⁴	>10⁴	2570	535	86	30.1	13.0
MoO_4^{2-} [①]	>10⁴	>10⁴	>10⁴	1570	380	81	27.1	11.9
Sn^{4+}	60	53	34.8	21.6	—	—	—	—
Zr^{4+}	>10⁴	2280	240	11.1	2.7	0.7	<0.5	<0.5
Fe^{3+} [①]	6670	543	85	8.2	2.4	0.8	<0.5	<0.5
UO_2^{2+}	9630	413	92	71.4	5.7	3.7	5.2	6.7
Ga^{3+}	7230	342	74	6.0	1.0	0.6	<0.5	<0.5
Ti^{4+} [①]	4520	258	67	8.1	2.5	<0.5	<0.5	<0.5
VO_3^- [①②]	2520	164	53	6.7	2.0	0.7	<0.5	<0.5
Al^{3+}	8470	106	16.5	<0.5	<0.5	<0.5	<0.5	<0.5

续表

$c(HNO_3)/(mol/L)$ $K_D/(ml/g)$ 离子	0.01	0.1	0.2	0.5	1.0	2.0	3.0	4.0
In^{3+}	1130	22.5	3.6	<0.5	<0.5	<0.5	<0.5	<0.5
Cu^{2+}③	202	6.4	1.8	0.9	<0.5	<0.5	<0.5	<0.5
Be^{2+}	12.1	1.1	<0.5	<0.5	<0.5	<0.5	<0.5	<0.5
Ni^{2+}③	9.5	0.6	<0.5	<0.5	<0.5	<0.5	<0.5	<0.5
Zn^{2+}③	3.2	<0.5	<0.5	<0.5	<0.5	<0.5	<0.5	<0.5
Co^{2+}③	2.7	<0.5	<0.5	<0.5	<0.5	<0.5	<0.5	<0.5
WO_4^{2-}①	>10^4	>10^4	>10^4	2570	535	86	30.1	13.0
MoO_4^{2-}①	>10^4	>10^4	>10^4	1570	380	81	27.1	11.9
Sn^{4+}	60	53	34.8	21.6	—	—	—	—
Zr^{4+}	>10^4	2280	240	11.1	2.7	0.7	<0.5	<0.5
Fe^{3+}①	6670	543	85	8.2	2.4	0.8	<0.5	<0.5
UO_2^{2+}	9630	413	92	11.4	5.7	3.7	5.2	6.7
Ga^{3+}	7230	342	74	6.0	1.0	0.6	<0.5	<0.5
Ti^{4+}①	4520	258	67	8.1	2.5	<0.5	<0.5	<0.5
VO_3^-①②	2520	164	53	6.7	2.0	0.7	<0.5	<0.5
Cd^{2+}③	0.6	<0.5	<0.5	<0.5	<0.5	<0.5	<0.5	<0.5
Mn^{2+}	<0.5	<0.5	<0.5	<0.5	<0.5	<0.5	<0.5	<0.5
Li, Na, K, Rb, Cs, Mg, Ca, Sr, Ba	<0.5	<0.5	<0.5	<0.5	<0.5	<0.5	<0.5	<0.5

① 有 30% H_2O_2 存在(0.5ml)。
② 有部分还原成 V^{4+}。
③ 0.1mmol 阳离子。
④ 所用树脂为 AGI-X8。

表 3-26 草酸（0.25mol/L）-硝酸混合液中配阴离子的分配系数④

$c(HNO_3)/(mol/L)$ $K_D/(ml/g)$ 离子	0.01	0.1	0.2	0.5	1.0	2.0	3.0	4.0
WO_4^{2-}①	>10^4	>10^4	>10^4	4130	889	201	71	29.2
MoO_4^{2-}①	>10^4	>10^4	>10^4	2890	782	196	68	28.3
Ta^{5+}①	—	2510	1750	222	47.3	14.6	9.8	6.9
Nb^{5+}①	>10^4	1680	535	99	12.0	5.2	3.6	2.7
Sn^{4+}	60	55	47.6	25.2	11.1	5.9	3.4	2.8
Zr^{4+}	>10^4	3360	420	22.1	2.9	0.8	<0.5	<0.5
UO_2^{2+}	7500	749	193	25.6	7.5	5.1	6.6	8.3
Fe^{3+}①	6670	729	181	21.4	2.9	1.0	0.6	<0.5
Ga^{3+}	4990	511	149	16.9	3.6	1.3	0.7	<0.5
Ti^{4+}①	1630	256	86	14.7	3.4	1.2	0.6	<0.5
Al^{3+}	2110	201	48.7	2.5	<0.5	<0.5	<0.5	<0.5
VO_3^-①②	702	148	64	13.7	4.0	1.4	0.6	<0.5
In^{3+}	404	46.0	10.1	1.3	0.6	<0.5	<0.5	<0.5
Cu^{2+}③	77	12.1	3.9	1.2	<0.5	<0.5	<0.5	<0.5

续表

$c(H_2C_2O_4)/(mol/L)$ $K_D/$ (ml/g) 离子	0.01	0.1	0.2	0.5	1.0	2.0	3.0	4.0
Be^{2+}	6.9	11.0	<0.5	<0.5	<0.5	<0.5	<0.5	<0.5
Ni^{2+}[3]	3.8	6.8	<0.5	<0.5	<0.5	<0.5	<0.5	<0.5
Zn^{2+}[3]	1.9	<0.5	<0.5	<0.5	<0.5	<0.5	<0.5	<0.5
Co^{2+}[3]	1.8	<0.5	<0.5	<0.5	<0.5	<0.5	<0.5	<0.5
Cd^{2+}[3]	<0.5	<0.5	<0.5	<0.5	<0.5	<0.5	<0.5	<0.5
Mn^{2+}	<0.5	<0.5	<0.5	<0.5	<0.5	<0.5	<0.5	<0.5
Li, Na, K Rb, Cs, Mg Ca, Sr, Ba	<0.5	<0.5	<0.5	<0.5	<0.5	<0.5	<0.5	<0.5

① 有 30% H_2O_2 存在（0.5ml）。

② 有部分还原成 V^{4+}。

③ 0.1mmol 阳离子。

④ 所用树脂为 AGI-X8。

④　硝酸介质中的分配系数

表 3-27　硝酸溶液中某些元素[1]在阴离子交换树脂上的分配系数[2]

元　素	硝酸浓度 /(mol/L)	树　脂	K_D	元　素	硝酸浓度 /(mol/L)	树　脂	K_D
Pu(Ⅳ)	8	Dowex 1×10	$9×10^3$	^{95}Nb	11	De-acidite FF	30
	7.5	Dowex 1×4	$6×10^3$		7	De-acidite FF	2
U(Ⅵ)	7.2	Dowex 1×4	7.8	Ru	7	Dowex 2×8	10
	8	Dowex 1×10	11		8	Dowex 1×10	3
	7	Dowex 2×8	8	^{104}Ru	11	De-acidite FF	8
Np(Ⅳ)	8	Dowex 1×10	$5×10^3$		7	De-acidite FF	12
	7.5	AM 1×10	$1.5×10^3$	^{144}Ce	11	De-acidite FF	3
Th	7	Dowex 2×8	150		7	De-acidite FF	4
	8	Dowex 1×10	600	Au(Ⅲ)	8	Dowex 1×10	700
Pa(Ⅴ)	8	Dowex 1×10	70	Pd(Ⅱ)	8	Dowex 1×10	15
	7	Dowex 2×8	10.0	Tl(Ⅲ)	8	Dowex 1×10	12
Zr	7	Dowex 2×8	0.9	Bi(Ⅲ)	8	Dowex 1×10	10
	8	Dowex 1×10	3	Re(Ⅱ)	8	Dowex 1×10	3
^{95}Zr	11	De-acidite FF	17	Hg(Ⅱ)	8	Dowex 1×10	7
	7	De-acidite FF	2	ΣRE	8	Dowex 1×10	1~5
^{95}Zr-^{95}Nb	7	De-acidite FF	24				

① Mo(Ⅵ)、Rh(Ⅱ)、Hg、Pt(Ⅳ)、Pb(Ⅱ)和 Nd(Ⅱ)吸附很弱，其余元素不吸附。

② 20~25℃时。

（4）无机离子交换剂的交换性能

表 3-28　各种合成无机离子交换剂的离子选择序[1]

交换剂	离子选择序	备　注[3]
PbO	$S^{2-}>CrO_4^{2-}>[Fe(CN)_6]^{4-}>PO_4^{3-}>Cl^->S_2O_3^{2-}>SO_3^{2-}>I^->SO_4^{2-}>[Fe(CN)_6]^{3-}$	
ZnO	$S^{2-}>[Fe(CN)_6]^{4-}>PO_4^{3-}>CrO_4^{2-}>SO_3^{2-}>S_2O_3^{2-}>F^->SO_4^{2-}>[Fe(CN)_6]^{3-}$ $>I^->SCN^->Cl^->NO_3^-$	
Bi_2O_3	$S^{2-}>CrO_4^{2-}>C_2O_4^{2-}>PO_4^{3-}>SO_4^{2-}>I^->[Fe(CN)_6]^{4-}>[Fe(CN)_6]^{3-}$	
H-Fe_2O_3[2]		

交换剂	离子选择序	备　注[③]
125℃	$H^+>Fe^{3+}>Al^{3+}>Pb^{2+}>Ag^+>Cu^{2+}>Zn^{2+}>Cd^{2+}>Mn^{2+}>Ni^{2+}, Co^{2+}>Ba^{2+}$	
170℃	$OH^-, AsO_4^{3-}, S^{2-}, B_4O_7^{2-}>PO_4^{3-}, F^-, CO_3^{2-}>[Fe(CN)_6]^{4-}, CrO_4^{2-}, SO_3^{2-}>SO_4^{2-},$ $IO_3^->S_2O_3^{2-}>[Fe(CN)_6]^{3-}>BrO_3^->SCN^->NO_2^-, NO_3^->Cl^-, ClO_3^-, Br^->I^-, ClO_4^-$	
450℃	$H^+>Fe^{3+}, Fe^{2+}>Th^{4+}>Cr^{4+}, Al^{3+}>Hg^{2+}>Hg^+>Pb^{2+}>Cu^{2+}, UO_2^{2+}>Zn^{2+}>Co^{2+}>Ni^{2+}>$ $Mn^{2+}>Cd^{2+}>Ag^+>Tl^+>Ba^{2+}>Sr^{2+}>Ca^{2+}>Mg^{2+}>Na^+$	
α-赤铁矿 （0.1mol/LNaCl）	$VO_3^->MoO_4^{2-}>Cr_2O_7^{2-}$	
水合 Al_2O_3	$Cs^+>K^+>Na^+>Li^+$	
	$Th^{4+}, Al^{3+}, U^{4+}>Zr^{2+}, Ce^{4+}>Cr^{3+}>Fe^{3+}, Co^{3+}>Ti^{4+}>Hg^{3+}>UO_2^{2+}>Pb^{2+}$ $>Cu^{3+}>Ag^+>Zn^{2+}>Co^{2+}, Fe^{2+}>Ni^{2+}, Tl^+>Mn^{2+}$	
	$Cl^->Br^->I^-$	
	$I^->Br^->Cl^-$	
La_2O_3	$PO_4^{3-}>C_2O_4^{2-}>CrO_4^{2-}>MnO_4^->I^->S^{2-}>[Fe(CN)_6]^{4-}>SO_4^{2-}>Fe(CN)_6]^{3-}>Cl^-$	
水合 SiO_2	$Li^+>Na^+>K^+>Rb^+$	
	$Be^{2+}>Mg^{2+}>Ba^{2+}, Sr^{2+}$	
	$Al^{3+}>Ga^{3+}>In^{3+}$	
	三价阳离子>二价阳离子>一价阳离子	
水合 SiO_2	$Nb^{5+}, Zr^{4+}>U^{4+}, Pu^{4+}>UO_2^{2+}>Gd^{3+}>Ca^{2+}, Ba^{2+}>Na^+$	
NH_4 型或 Ca 型	$Fe^{3+}, Hg^{2+}>Al^{3+}>UO_2^{2+}>Cu^{2+}>Ag^+, Zn^{2+}>Cd^{2+}>Co^{3+}>Ni^{2+}$	
Mg 型	$Cu^{2+}>Ni^{2+}>Zn^{2+}>Mg^{2+}$	
	$Cr^{3+}, Al^{3+}>Cu^{2+}>UO_2^{2+}, Zn^{2+}>Co^{2+}, Fe^{2+}>Ni^{2+}>Mn^{2+}>$碱土金属$>Na^+>Cs^+$	
水合 SnO_2	$PO_4^{3-}>C_2O_4^{2-}>SO_4^{2-}>Cr_2O_7^{2-}>[Fe(CN)_6]^{4-}>[Fe(CN)_6]^{3-}>Cl^->MnO_4^-$ $>Br^->I^-$	
H-TiO_2	$Cs^+>Rb^+>Na^+$	
H-ThO_2	$Cu^{2+}>Ni^{2+}>Co^{2+}$	
由 $ThCl_4$ 与不足 10%的 NaOH 制成	$[Fe(CN)_6]^{4-}>CrO_4^{2-}>Ag^+>Cu^{2+}$	
由 $ThCl_4$ 与等当量的 NaOH 制成	$Cu^{2+}>Ag^+>CrO_4^{2-}>[Fe(CN)_6]^{4-}$	
H-ZrO_2	$Li^+>Na^+>K^+>Cs^+$（在碱性介质中）	
H-MnO_2	$Cu^{2+}>Co^{2+}>Zn^{2+}>Ni^{2+}\gg Mg^{2+}$	
H-Sb_2O_5	碱土金属离子>碱金属离子	
结晶形	$Na^+>Rb^+>Ca^+>K^+\gg Li^+$（在 HNO_3 中）	
	$Na^+>Cs^+>Rb^+>K^+\gg Li^+$（在 NH_4NO_3 中）	
	$Na^+>K^+>Rb^+>Cs^+>Li^+$（从碱金属盐溶液用柱色谱分离）	
	$Na^+>Rb^+>K^+>Cs^+$（在 HCl, HNO_3, $HClO_4$ 中）	
	$Na^+>K^+>Rb^+>Cs^+$（在氨水或乙酸中）	
	$Na^+>K^+>NH_4^+>Rb^+>Li^+>Cs^+$	
	$Na^+>Rb^+=Cs^+$	
	$Ba^{2+}>Sr^{2+}>Ca^{2+}>Mg^{2+}$	
	$Sr^{2+}>Ca^{2+}>Mg^{2+}$（在 HNO_3 中）	
	$Sr^{2+}>Cs^+>Ba^{2+}>Ra^{2+}$	
	$Cd^{2+}>Fe^{3+}>Cu^{2+}>Co^{2+}>Zn^{2+}>Ni^{2+}$（在 HNO_3 中）	
无定形和玻璃态	$Cs^+>Rb^+>K^+>Na^+>Li^+$（在 HNO_3 中）	
	$Rb^+=K^+>Na^+>Cs^+>Li^+$（在 NH_4NO_3 中）	

续表

交换剂	离子选择序	备　注③
磷酸锆	$Cs^+>Rb^+>K^+>Na^+$, $Mg^{2+}>Ca^{2+}>Sr^{2+}>Ba^{2+}$	$n_P{:}n_{Zr}=0.5\sim2.1$
无定形	$Zn^{2+}>Cu^{2+}>Ni^{2+}>Co^{2+}$	交换容量 $0.6\sim2.0$ $(pH=7)$
	$Cs^+>Rb^+>Eu^{2+}>Sr^{2+}$	$n_P{:}n_{Zr}=2.02$，交换容量 $5\sim6(pH=12)$
	$Ce^{4+}>UO_2^{2+}>Cf^{3+}>Eu^{3+}>Cm^{3+}>Am^{3+}>Ce^{3+}$	
	$Cs^+>Ce^{3+}>Sr^{2+}>Na^+$（pH=0～2）	
	$Fe^{3+}>Cr^{3+}>Ce^{3+}>Y^{3+}$	
	$Li^+>Na^+\gg K^+$（在熔融盐中）	
	$UO_2^{2+}>Ce^{3+}>Sr^{2+}$	
半晶形	$Cs^+>H^+>K^+>Li^+$(0.1mol/L MCl+HCl)	
结晶形	$UO_2^{2+}>Ce^{3+}>Na^+>Cs^+(pH=2)$	$Zr(HPO_4)_2 \cdot H_2O$
焦磷酸锆	$Cu^{2+}>Ni^{2+}>Ca^{2+}>Na^+\gg Fe^{3+}>Mg^{2+}$	$n_P{:}n_{Zr}=2.5\sim2.8$
连二磷酸锆	Sn^{2+}, Pb^{2+}, $Fe>Le^{3+}$, Ca^{3+}, Y^{3+}, In^{3+}, $Cs^+>Cu^{2+}$, Co^{2+}, Fe^{2+}, Ca^{2+}, Zn^{2+}, Ni^{2+}, Ba^{2+}, Sr^{2+}, Hg^{2+}（0.5mol/L HCl 中）	$n_P{:}n_{Zr}=1.75$
砷酸锆（无定形）	$Cs^+>K^+>Na^+$（pH=2.3～3.3）(0.1mol/L MCl+MOH)	$n_{As}{:}n_{Zr}=1.53\sim1.96$
	$Na^+>K^+>Cs^+$（pH=3.8～4.65）(0.1mol/L MCl+MOH)	交换容量 $\begin{cases}0.4(\text{Li, Na})(pH=4)\\4.2(\text{Li, Na})(pH=6)\end{cases}$
	$Cs^+>Rb^+>Li^+>Na^+>K^+$(0.1mol/L MOH+MCl)	
锑酸锆（无定形）	Cs^+, $K^+>Na^+>Li^+$	交换容量 $\begin{cases}0.6（\text{K}）（\text{KCl 柱}）\\1.4\sim1.6(\text{K})(pH=12)\end{cases}$ $n_{Zr}{:}n_{Sb}=1\sim2$
	$Na^+>K^+>NH_4^+>Rb^+>Cs^+>Li^+$	交换容量：0.5(Cs)(pH=3)
钼酸锆（无定形）		$n_{Zr}{:}n_{Mo}=0.5\sim2.0$,交换容量 $2.18\sim2.34(K)$,电子交换容量 0.18
钨酸锆（无定形）	$Ca^+>Rb^+>K^+>Na^+>Li^+$	$n_{Zr}{:}n_W=0.44$,电子交换容量 0.26
	$Cs^+>Rb^+>K^+\gg Na^+$; $Ba^{2+}>Ca^{2+}>Sr^{2+}$	交换容量2.8（Li, Na）
草酸锆（凝胶状或结晶形的）	$Na^+>K^+=Rb^+=Cs^+$（凝胶状） $K^+>Rb^+>Cs^+>Na^+$（结晶形的）	
砷酸钛（无定形）		$n_{As}{:}n_{Ti}=0.9\sim1.1$,交换容量 2.6(Na)(pH=5)
	$Ba^{2+}>Pb^{2+}>Cu^{2+}>Cd^{2+}>Sr^{2+}>Ga^{3+}>Zn^{2+}>Mn^{2+}>Ni^{2+}>Co^{2+}$	$Ti(HAsO_4)_2$, $2.5H_2O$,交换容量 1.05（K）
	$Pb^{2+}>Ni^{2+}>Cd^{2+}>Hg^{2+}>Ba^{2+}>Sr^{2+}>Zn^{2+}>Co^{2+}$	$n_{As}{:}n_{Zr}=1.8$,交换容量 0.99
	$Ba^{2+}>Sr^{2+}>Ca^{2+}(H_2O)$	$n_{As}{:}n_{Zr}=1.7$
	$Fe^{3+}>Ni^{2+}>V^{4+}>Zn^{2+}>Co^{2+}$ $Mn^{2+}>Cu^{2+}(H_2O)$	
锑酸钛（无定形）	$Pb^{2+}>Ba^{2+}=Ca^{2+}>Cu^{2+}>Cd^{2+}>Ni^{2+}>Zn^{2+}$ $Mn^{2+}>Sr^{2+}>Hg^{2+}$	$n_{Sb}{:}n_{Ti}=1.0\sim1.2$,交换容量 $0.5\sim0.7$
	$Ba^{2+}>Zn^{2+}>Cd^{2+}>Pb^{2+}>Sr^{2+}>Co^{2+}>UO_2^{2+}>Ca^{2+}>Ni^{2+}>Hg^{2+}$	$n_{Sb}{:}n_{Ti}=1$，交换容量 0.5
	$Ag^+>Hg^{2+}>Pb^{2+}$	$n_{Sb}{:}n_{Ti}=1.0\sim1.10$，交换容量 $0.93\sim1.8(K)$
钼酸钛（无定形）	$\begin{cases}Pb^{2+}>Sr^{2+}>Mg^{2+}\\Ba^{2+}>Ca^{2+}>Cu^{2+}>Cd^{2+}>Zn^{2+}\end{cases}$	$n_{Nb}{:}n_{Ti}=0.5\sim2.0$ 交换容量 $\begin{cases}0.8\sim1.6\\1.08\end{cases}$

交换剂	离子选择序	备　注③
钨酸钛（无定形）	$Pb^{2+}>Mg^{2+}>Ga^{3+}>Sr^{2+}$	$n_{Ti}:n_W=2$，交换容量 $0.42\sim0.76$
亚硒酸钛	$K^+>Na^+>Li^+$ $Ba^{2+}>Sr^{2+}>Ca^{2+}>Mg^{2+}$ { $K^+>Na^+>Li^+$（pH=3） $Li^+>Na^+>K^+$（pH=8） $Li^+=Na^+>K^+$（pH=12）	$n_W:n_{Ti}=1\sim2$，交换容量 $0.2(Li)\sim1.0(Cs)$ $n_{Se}:n_{Ti}=0.2\sim1.39$，交换容量 $0.45\sim0.78$
钒酸钛	$Ba^{2+}>Sr^{2+}>Ca^{2+}>Mg^{2+}$	$n_V:n_{Ti}=4$，$[Ti(V_3O_91.5H_2O)_4 13H_2O]$，交换容量 $0.72(K)$（pH=6~7）
砷酸钍（结晶形）	选择性地吸着 Li^+	$Th(HAsO_4)\cdot H_2O$，交换容量 3.55（Li）（pH=9.5）
钼酸钍	$In^{3+}>Ga^{3+}>Al^{3+}$，$Ba^{2+}>Ni^{2+}>Cd^{2+}$，$Hg^{2+}>Sr^{2+}>La^{3+}$，Cu^{2+}，Mg^{2+}	交换容量 $0.54\sim0.64$（Na, K, Ba）
磷酸铈 无定形	$Cs^+>Ag^+>Na^+$（大量和痕量）	{ $n_P:n_{Ce}=1.03\sim1.95$ $(Ce\text{-}O\text{-}Ce)_2(P_2O_7)_3$ 交换容量 { $0.41\sim0.56$(Na, K)（pH=1.51） $0.63\sim0.89$(Na, K)（pH=2.56）
纤维结晶	$Cs^+>Ag^+>Na^+$（薄层色谱） $K^+>Na^+>Li^+$（1mol/L $HClO_4$，薄层色谱） $Tl^+>Ag^+>Ni^{2+}$（1mol/L $HClO_4$，薄层色谱） $Fe^{2+}>Eu^{3+}$，Co^{2+}（1mol/L $HClO_4$，薄层色谱）	$n_P:n_{Ce}=1.98$，交换容量 5.2
微晶形	$Ag^+>Na^+>Cs^+$（微量） $Cs^+>Ag^+>Na^+$（微量）	$n_P:n_{Ce}=1.91$，1.28，交换容量 0.35(Na) 交换容量 0.11(Cs)(pH=1.53) 0.61(Na) 0.21(Cs)(pH=2.55)
硫酸磷酸铈	$Na^+>Ag^+>Sr^{2+}>Ba^{2+}>Cs^+>Ca^{2+}$	$n_{Ce}:n_P:n_S=2:2:1(Ce_2O)$ $(HPO_4)x(SO_4)_x\cdot4H_2O$ $(0<x<1)$
砷酸铈 结晶形	$K^+>Na^+>Li^+$（低 pH）(0.1mol/L MCl+MOH) $Li^+>Na^+>K^+$（高 pH）(0.1mol/L MCl+MOH)	$Ce(HAsO_4)_2\cdot2H_2O$，交换容量 4.35(Na) 交换容量 4.35(Li)
锑酸铈	$Hg^{2+}>Cd^{2+}$	$n_{Sb}^{5+}:n_{Ce}^{4+}=0.30\sim0.38$，交换容量 1.27(K)
钨酸铈	$Hg^{2+}>Tl^+>Co^{2+}>Tl^{3+}>Ag^+>Cs^+>Cu^{2+}\gg Ni^{2+}$，$Zn^{2+}>Cd^{2+}>Mn^{2+}$	$n_W^{5+}:n_{Ce}^{4+}=2$，交换容量 $0.4\sim0.89$（Na）
磷酸锡（Ⅳ）	$Ba^{2+}>Sr^{2+}>Ca^{2+}>Mg^{2+}$（pH=2.5）	$n_{SnO_2}:n_{Z_2O_2}:n_{H_2O}=1.0:0.58:3.87$，交换容量 0.92(Na)
无定形	$Cs^+>Rb^+>K^+>Na^+$（HNO_3） $Cs^+>Zr^{4+}>Nb^{3+}>Y^{3+}>Ce^{3+}>Sr^{2+}\gg Ru^{6+}$（0.1mol/L HNO_3） $Zr^{4+}>Nb^{5+}>Cs^+\gg Ce^{3+}$，$Y^{3+}$，$Sr^{2+}$，$Ce^{4+}$，$Rb^+$，（0.1mol/L HNO_3） $Fe^{2+}>Fe^{3+}$，UO_2^{2+}，$Rb^+\gg Co^{2+}$，Cu^{2+}，Ni^{2+}（1.0mol/L HNO_3） $Cu^{2+}>Zn^{2+}>Ni^{2+}>Co^{2+}$	$n_P:n_{Sn}=0.344\sim1.26$ 交换容量 $0.6\sim1.25$(Na)(NaCl 溶液) $n_P:n_{Sn}=1.25\sim1.50$ 交换容量 $1.22\sim1.44$
结晶形	$Cs^+>Rb^+>K^+>Na^+>Li^+$（痕量） $K^+>Na^+>Li^+>Cs^+$（pH=4.0, 0.1mol/L） $Li^+>Na^+>K^+>Cs^+$（pH=7.0, 0.1mol/L）	$Sn(HPO_4)_2\cdot H_2O$，交换容量 7.8(Li)

续表

交换剂	离子选择序	备　注[③]
砷酸锡 　无定形	$Cu^{2+}>Zn^{2+}>Co^{2+}>Ni^{2+}>Mn^{2+}$（pH=2.5）	$n_{SnO_2}:n_{As_2O_3}:n_{H_2O}=1:0.25:3.26$，交换容量 0.75(Na)
结晶形	$Cu^{2+}>Co^{2+}>Zn^{2+}>Ni^{2+}$	$n_{Sn}:n_{As}=0.33$ Sn(HAsO$_4$)$_2\cdot$H$_2$O
锑酸锡 　玻璃状	$Cs^+>Rb^+>K^+>Na^+$, Li^+	$n_{Sb}:n_{Sn}=1:4\sim2:1$，交换容量 1.3(K)(pH=7)
	$Cd^{2+}\gg Ba^{2+}$, $Sr^{2+}>Zn^{2+}$, $Hg^{2+}>Co^{2+}>Mn^{2+}>Mg^{2+}>Cu^{2+}>Ca^{2+}$（pH=1）	$n_{Sb}:n_{Sn}=0.99\sim1.4$，交换容量 0.75~0.95(K)
钼酸锡（无定形）	Pb^{2+} 和 11 个两价的离子	$n_{Mo}:n_{Sn}^{4+}=1$，交换容量 1.0 (Na 或 Ba)
钨酸锡	$Co^{2+}>Ba^{2+}>Pb^{2+}>Ni^{2+}>Cu^{2+}$, Mn^{2+}, $Sr^{2+}>Mg^{2+}>Cd^{2+}>Zn^{2+}$（水）	$n_{Sn}:n_W=1.3$，交换容量≈0.58
亚硒酸锡 　无定形	$Cu^{2+}>Zn^{2+}>Co^{2+}>Ni^{2+}$ $La^{3+}>Ce^{3+}>Y^{3+}>Al^{3+}>Ga^{3+}>In^{3+}$ $Ba^{2+}>Sr^{2+}>Ca^{2+}>Mg^{2+}$	交换容量 0.90(Li) 交换容量 0.75(Na) 交换容量 0.60(Ce) $n_{Sb}:n_{Se}=1.44:1$ (SnO$_4$)$\cdot$(OH)$_2$(SeO$_3$)$_3\cdot$6H$_2$O
磷酸铬	$Na^+>K^+\gg Rb^+>Cs^+$（H 型） $Na^+>K^+>Cs^+\gg Rb^+$（NH$_4$ 型）	$n_P:n_{Cr}=0.6\sim1.0$，交换容量 5.9
三聚磷酸铬	$Cs^+>Rb^+>K^+>Na^+>H^+\gg$许多高价金属离子	$n_P:n_{Cr}=2.48$，交换容量 2.5 (K, Ca)(pH=7) Cr$_5$(P$_3$O$_{10}$)$_3\cdot x$H$_2$O 或 H$_2$CrP$_3$O$_{10}\cdot$2H$_2$O
绿色玻璃状	$Ba^{2+}\gg Cs^+>Rb^+>Na^+>Zn^{2+}>Co^{2+}$	$n_P:n_{Cr}=3.0$，交换容量 1.39~1.57（Na）（pH=4）
砷酸铬（无定形）	Rb^+, VO^{2+}, Ga^{3+}, In^{3+}, Nd^{3+}, Fe^{3+}, Th^{4+}, Zr^{4+}, Hf^{5+},$Sc^{3+}\gg$其他 16 种金属离子	$n_{As}:n_{Cr}=1.98$，交换容量 0.65（K）（pH=6~7）
磷酸钽（无定形）	$Cs^+>Rb^+>K^+>Na^+$	TaO$_2$(H$_2$PO$_4$)$_{0.68}\cdot$6H$_2$O
锑酸钽	$Tl^+>Ag^+>Cs^+>Rb^+>K^+>NH_4^+>Na^+>Li^+$ $Ba^{2+}>Pb^{2+}>Sr^{3+}>Ca^{2+}>Ni^{2+}>Cd^{2+}>Cu^{2+}>Co^{2+}>Zn^{2+}>Mg^{2+}>Mn^{2+}$ $La^{3+}>Ce^{3+}>Pr^{3+}>Nd^{3+}>Sm^{3+}>Eu^{3+}>Y^{3+}>Se^{3+}>Al^{3+}$	$n_{Sb}:n_{Ta}=1.3$，交换容量 1.0
锑磷酸（玻璃状）	$Cs^+>Rb^+>K^+>Na^+>Li^+$	$n_P:n_{Sb}=0.5$，交换容量 1.5~2.0（pH=7）
硅胶-载体	$Na^+>Sr^{2+}>Ca^{2+}\gg Rb^+>Eu^{3+}$, $K^+>Li^+$ $Cs^+>Eu^{3+}>Rb^+>K^+>Na^+>Sr^{2+}$	$n_P:n_{Sb}=0.5\sim1.0$
磷酸锶铅	选择性地吸着 F^-	Pb$_7$Sr$_3$(PO$_4$)$_4$(OH)$_2$

① 表列吸着顺序，因作者和选择条件不同，可能不一致，仅供参考。
② 交换剂分子式前加"H"者，是"含水"的意思。
③ 离子交换容量的单位均为 mol/kg；n 为物质的量，单位是 mol。

表 3-29 金属离子在氢氧化铬、砷酸铬、锑酸铬等交换剂上的分配系数[①]

离子	离子半径/nm	K_D/(ml/g)				
		氢氧化铬	砷酸铬	锑酸铬	钼酸铬	钨酸铬
Mg^{2+}	0.065	3	0	9.0×10^2	0	0
Ca^{2+}	0.099	0	3	9.0×10^2	0	0
Sr^{2+}	0.113	13	3	4.6×10^3	6	6
Ba^{2+}	0.135	1.0×10^2	37	11×10^3	48	48
Ni^{2+}	0.069	11	5	5.2×10^3	0	0
Co^{2+}	0.072	19	23	11×10^3	7	5
Cu^{2+}	0.096	9.7×10^2	40	8.3×10^3	2	2
Mn^{2+}	0.080	17	36	3.2×10^2	56	0

离子	离子半径/nm	K_D/(ml/g)				
		氢氧化铬	砷酸铬	锑酸铬	钼酸铬	钨酸铬
Pb^{2+}	0.121	3.0×10^3	1.8×10^2	15×10^2	2.0×10^3	2.3×10^2
VO^{2+}	—	6.2×10^3	4.1×10^2	2.9×10^3	71	50
Zn^{2+}	0.074	27	18	2.5×10^3	1.0×10^2	13
Cd^{2+}	0.097	6.6×10^2	0	6.0×10^3	32	14
Hg^{2+}	0.110	5.6×10^2	45	2.0×10^3	17	20
Al^{3+}	0.050	2.6×10^2	29	2.2×10^3	29	0
Ga^{3+}	0.062	1.8×10^3	4.3×10^2	2.0×10^3	5.2×10^2	2
In^{3+}	0.081	1.1×10^3	5.2×10^2	2.4×10^3	59	9
Y^{3+}	0.093	49	7	6.6×10^3	12	7
La^{3+}	0.115	53	16	6.0×10^3	22	1.1×10^2
Ce^{3+}	0.103	78	33	7.9×10^3	19	0
Pr^{3+}	0.101	60	13	7.5×10^3	1	1
Nd^{3+}	0.100	66	1.1×10^2	8.2×10^2	7	25
Sm^{3+}	0.096	71	2	6.3×10^3	0	2
Fe^{3+}	0.075	7.4×10^2	3.2×10^2	4.1×10^3	0	0
Th^{4+}	—	1.9×10^3	5.7×10^2	4.9×10^3	100	4.0×10^2
ZrO^{2+}	—	6.1×10^3	1.5×10^2	6.1×10^3	5.2×10^2	1.6×10^2
HfO^{2+}	—	3.0×10^3	3.0×10^3	3.0×10^3	3.0×10^3	3.0×10^3
Sc^{3+}	0.081	1.1×10^3	1.4×10^2	7.1×10^2	25	44

① 在(33±1)℃时测定。

表 3-30 稀土元素在 HCl 介质于 Dowex 1-X8 阴离子交换树脂上的分配系数[2]

$c(HCl)/$ (mol/L)	K_D/(ml/g)										
	La	Ce	Pr	Nd	Sm	Eu	Gd	Tb	Dy	Er	Y
1	3.1	2.0	3.1	3.1	2.0	3.1	3.1	2.0	2.0	3.1	2.0
2	4.2	2.0	3.1	2.0	2.0	3.1	3.1	3.1	2.0	4.2	2.0
3	4.2	2.0	3.1	2.0	2.0	4.2	3.1	3.1	3.1	3.1	2.0
4	4.2	2.0	4.2	3.1	2.0	3.1	3.1	2.0	4.2	3.1	2.0
5	4.2	3.1	3.1	4.2	4.2	4.2	3.1	2.0	3.1	2.0	3.1
6	4.2	4.2	2.0	3.1	4.2	4.2	4.2	2.0	2.0	2.0	3.1
7	4.2	4.2	2.0	3.1	4.2	3.1	4.2	3.1	3.1	3.1	4.2
8	4.2	3.1	2.0	3.1	3.1	4.2	4.2	3.1	3.1	3.1	4.2
9	4.2	3.1	3.1	3.1	3.1	4.2	4.2	3.1	4.2	3.1	4.2

表 3-31 铂族元素在强碱性树脂上的分配系数[2]

$c(HCl)/(mol/L)$	K_D/(ml/g)					
	Rh	Ru	Ir(Ⅲ)	Ir(Ⅳ)	Pd(Ⅱ)	Pt(Ⅳ)
0.1	15	180	1050	186040	45000	44000
0.5	12	88	850	59000	15000	27000
1.0	10	40	60	32000	4300	20000
4.0	0	12	2	6000	80	2100
8.0	0	4	0	3200	75	780
12.0	0		0	950	35	400

2. 分离因数

表 3-32 锑酸交换剂上金属离子的分配系数和分离因数[①]

交换剂	溶液	Li	Na	K	Rb	Cs
无定形锑酸	0.1mol/L HNO$_3$	6.4	27.8	123	196	226
			4.3	4.4	1.6	1.2
	0.05mol/L NH$_4$NO$_3$	7.7	24.8	41	41	31
			3.2	1.7	1.0	0.76
	0.1mol/L HNO$_3$	10.4	37.4	167	238	318
			3.6	4.4	1.4	1.3
	0.05mol/L NH$_4$NO$_3$	12.5	37.5	55	44	37.3
			2.5	1.7	0.8	0.85
Amberlite IR-120	0.2mol/L HNO$_3$	19.5	30	64	85.5	100
			1.5	2.1	1.3	1.2
磷酸锆	0.1mol/LHNO$_3$	15.0	41	140	390	910
			3.7	3.4	2.8	2.3
结晶形锑酸	0.1mol/L HNO$_3$	0.9	4.5×10^2	1.4×10^3	8.1×10^3	8.3×10^4
			500	3.1	5.8	10.2

交换剂	溶液	Li	K	Rb	Cs	Na
结晶形锑酸	0.5mol/L NH$_4$NO$_3$	2.5	10.4	37.3	56.2	890
			4	3.6	1.5	15.8

交换剂	溶液	Mg	Ca	Sr	Ni	Zn	Co	Cu	Fe(III)	Cd
结晶形锑酸	0.2mol/L HNO$_3$	16	>10^4		240	3.2×10^2	7.5×10^2	1.15×10^3	1.07×10^4	>10^5
						13	2.3	1.5	9.3	>10

交换剂	溶液	Zn	Cu	Ni	Cd	Co	Fe(III)
Dowex 50W-X8	0.2mol/L HNO$_3$	345	5.04×10^2	5.41×10^2	5.76×10^2	6.05×10^2	1.9×10^4
			1.46	1.09	1.05	1.05	31.4

① 每横列数值为分配系数（K_D），单位 ml/g；两个分配系数间用 ⌒ 标出者为分离因数（K_s）。

表 3-33 不同洗脱剂对碱土金属在 **AG50W-X8** 树脂上的分离因数

洗脱剂	Mg/Be		Ca/Mg		Sr/Ca		Ba/Sr	
	洗脱剂浓度/（mol/L）		洗脱剂浓度/（mol/L）		洗脱剂浓度/（mol/L）		洗脱剂浓度/（mol/L）	
乙酰丙酮盐	0.08	>10	0.18	约320	约2.0	约15	—	—
柠檬酸盐	0.02	约50	0.06	1.3	0.07	4.3	0.15	2.9
α-羟基异丁酸盐	0.30	4.0	0.55	1.9	0.74	3.8	1.40	3.2
乳酸盐	0.33	3.1	0.53	2.0	0.72	3.0	1.17	2.8
苹果酸盐	0.035	约100	0.27	1.3	0.30	2.9	0.49	2.8
丙二酸盐	0.04	约30	0.23	4.3	0.44	2.4	0.64	2.7
甲酸盐	0.48	3.4	0.87	2.4	1.33	1.9	1.82	2.3
乙酸盐	0.67	1.9	0.92	2.2	1.34	2.0	1.92	2.5
酒石酸盐	0.075	28	0.21	0.40	0.21	3.7	0.38	2.7
NH$_4$Cl	1.85	0.6	1.32	2.4	2.32	1.4	3.00	2.0
HCl	1.25	1.4	1.50	2.1	2.55	1.4	3.00	1.9
HClO$_4$	1.32	1.6	1.75	2.1	3.10	1.3	4.20	1.9

续表

洗脱剂	Mg/Be		Ca/Mg		Sr/Ca		Ba/Sr	
	洗脱剂浓度/（mol/L）		洗脱剂浓度/（mol/L）		洗脱剂浓度/（mol/L）		洗脱剂浓度/（mol/L）	
HNO_3	1.33	1.5	1.85	1.1	2.03	1.1	2.10	1.2
0.02mol/L EDTA+B[①]			4.71	1/7.4	4.77	34	6.21	5.5
0.02mol/L EDTA			5.43	1/11	5.43	28	6.68	7.1
0.10mol/L EDTA			4.48	1/12	4.48	27	5.65	6.8
0.02mol/L DCTA			5.33	1/3.6	5.33	148	6.92	38
0.02mol/L DCTA+B			4.65	1/2.8	4.65	34	6.72	9.1
0.02mol/L EGTA			6.36	1/54	6.36	66	7.59	1.2
0.02mol/L EGTA+B			5.40	1/8.2	5.40	15	6.85	4.3

① 从这里起所用氨羧配位剂在相应的"浓度"项内所列数据是"pH"；B 为 0.30mol/L 乙酸铵缓冲溶液。

表 3-34 盐酸（3.0mol/L）-乙醇中相邻碱土金属离子的分离因数[①]

离子对 $\varphi_{乙醇}$/%	0	20	40	60	离子对 $\varphi_{乙醇}$/%	0	20	40	60
Mg^{2+}-Be^{2+}	1.36	1.38	1.69	2.51	Sr^{2+}-Ca^{2+}	1.37	1.56	1.73	2.35
Ca^{2+}-Mg^{2+}	1.92	2.10	3.67	5.61	Ba^{2+}-Sr^{2+}	1.85	3.52	4.88	8.27

① 所用树脂为 AG50W-X8 阳离子交换树脂。

表 3-35 一些氨基羧酸螯合树脂的选择性[①]

离 子	选择系数	离 子	选择系数	离 子	选择系数
Hg^{2+}	1060	Zn^{2+}	1.00	Ba^{2+}	0.016
Cu^{2+}	126	Co^{2+}	0.62	Ca^{2+}	0.013
UO_2^{2+}	5.70	Cd^{2+}	0.39	Sr^{2+}	0.013
Ni^{2+}	4.40	Fe^{2+}	0.130	Mg^{2+}	0.009
Pb^{2+}	3.88	Mn^{2+}	0.024	Na^+	0.007

① 树脂型号为：Chelex A 和 Dowex A-1，选择系数以 Zn^{2+} 为 1 进行比较。

表 3-36 稀土元素的选择系数

离子对	选择系数	离子对	选择系数	离子对	选择系数
La-Ce	1.025	Sm-Eu	1.016	Dy-Ho	1.053
Ce-Pr	1.140	Eu-Gd	1.183	Ho-Er	1.005
Pr-Nd	1.027	Gd-Tb	1.003	Tm-Yb	1.004
Nd-Sm	1.153	Tb-Dy	1.156	Yb-Lu	1.072

3. 洗脱序

表 3-37 用柠檬酸钠洗脱某些氨基酸的洗脱序[①][②]

酸的名称	结 构 式	洗脱液体积/ml
羟脯氨酸		111
门冬氨酸	$HOOCCH_2CH(NH_2)COOH$	115
苏氨酸	$CH_3CHOHCH(NH_2)COOH$	134
丝氨酸	$CH_2OHCH(NH_2)COOH$	143
肌氨酸	CH_3NHCH_2COOH	160
谷氨酸	$HOOC(CH_2)_2CH(NH_2)COOH$	178

续表

酸 的 名 称	结　构　式	洗脱液体积/ml
脯氨酸	(环状结构) —COOH	186
甘氨酸	$CH_2(NH_2)COOH$	219
丙氨酸	$CH_3CH(NH_2)COOH$	230
半胱氨酸	$[SCH_2CH(NH_2)COOH]_2$	239
缬氨酸	$(CH_3)_2CHCH(NH_2)COOH$	271
正缬氨酸	$CH_3(CH_2)_2CH(NH_2)COOH$	337
异亮氨酸	$CH_3CH_2CHCH(NH_2)COOH$ $\quad CH_3$	368
亮氨酸	$(CH_3)_2CHCH_2CH(NH_2)COOH$	400
酪氨酸	$HO-\bigcirc-CH_2CH(NH_2)COOH$	490
苯丙氨酸	$\bigcirc-CH_2CH(NH_2)COOH$	500
β-丙氨酸	$H_2N(CH_2)_2COOH$	517
赖氨酸	$H_2N(CH_2)_4CH(NH_2)COOH$	805
组氨酸	(咪唑环)$-CH_2CH(NH_2)COOH$	848
色氨酸	(吲哚环)$-CH_2CH(NH_2)COOH$	970
精氨酸	$H_2N-C-NH(CH_2)_3CH(NH_2)COOH$ $\quad\quad NH$	1167

① 所用树脂为聚苯乙烯磺酸型树脂，交联度为 8%，颗粒直径≤50μm，柱直径 10mm，长 160cm。

② 洗脱在选定的钠离子浓度、pH 和温度下进行，用梯度洗脱法，起始洗脱液为柠檬酸钠-柠檬酸溶液（pH=3.30，0.20mol/L），然后加入 2.5mol/L 乙酸钠溶液以提高其 pH。

表 3-38　部分洗脱剂洗脱能力[3]

洗脱液	溶剂洗脱能力		洗脱液	溶剂洗脱能力		洗脱液	溶剂洗脱能力	
	Al_2O_3	SiO_2		Al_2O_3	SiO_2		Al_2O_3	SiO_2
正戊烷	0.00	0.00	甲基异丁酮	0.43	>0.25	吡啶	0.71	>0.25
环己烷	0.04	-0.05	丙酮	0.56	>0.25	丁基溶纤剂	0.74	>0.25
四氯化碳	0.18	0.14	1,4-二氧六环	0.56	>0.25	异丙醇	0.82	>0.25
二硫化碳	0.26	0.14	乙酸乙酯	0.58	>0.25	乙醇	0.88	>0.25
苯	0.32	0.25	戊醇	0.61	>0.25	甲醇	0.95	>0.25
二乙醚	0.38	>0.25	二乙胺	0.64	>0.25	乙二醇	1.11	>0.25
氯仿	0.40	>0.25	乙腈	0.65	>0.25			

4. 淋洗剂速查法

分配系数（K_D）在离子交换中有极其重要的意义，它是在某一条件下，金属离子在树脂中交换能力的标志。如前所述，阳离子树脂上，离子价数越高，其亲和力越大（如：$Th^{4+} > Cr^{3+} > Cu^{2+} > Na^+$）；而同价数的不同离子，则原子序数越大，亲和力越大（如：$Ba^{2+} > Ca^{2+} > Mg^{2+} > Be^{2+}$）。因此 K_D 值可量化表示某些条件下金属离子在树脂上亲和力的大小。

S.W. Mayer 1960 年就提出了淋洗液体积与 K_D 及树脂重量的关系：

$$V_{\text{最大}} = K_D M$$

式中 $V_{\text{最大}}$——淋洗剂体积;

M——交换柱内离子交换树脂的重量,g 干树脂。

同时,由于分离因子(α)为两金属离子 K_D 的比值,即 $\alpha = K_{D_2}/K_{D_1}$,α 值越大,分离的可能性越大。只有一个 $K_D > 40$、另一个 $K_D < 40$ 时,才能分离,此时 α 值才有意义。

用离子交换树脂分离中最重要的是找到最佳的淋洗剂,使两种离子 A^{m+} 与 B^{n+} 有效分离。

(1) $K_D 40$ 法的用法及实例 在图 3-3 和图 3-4 上的 $K_D 40$ 处划一条水平线,K_D 值大于 40,称为 "不被淋洗",K_D 值在 10 以下,称为 "易淋洗"。所谓 "不被淋洗",即淋洗 10 个树脂层体积后,该金属离子仍全部吸附在柱上,所谓 "易淋洗",即淋洗 5 个树脂层体积后,该金属离子绝大部分被洗下。K_D 值为 40 的水平线与钇的 $\lg K_D$-$\lg c$ 曲线的交点向下做垂直线。在图 3-3 和图 3-4 上分别交于 1.8mol/L 盐酸和 2.2mol/L 1/2 硫酸,此即所求的淋洗剂浓度。换言之,用 1.8mol/L 盐酸和 2.2mol/L 1/2 硫酸做淋洗剂时,钇的 K_D 值为 40(其他稀土元素大于 40),"不被淋洗"。

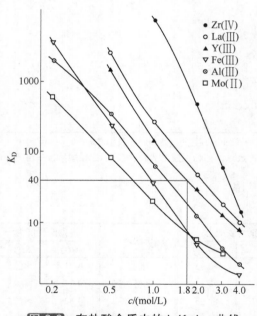

图 3-3 在盐酸介质中的 $\lg K_D$-$\lg c$ 曲线

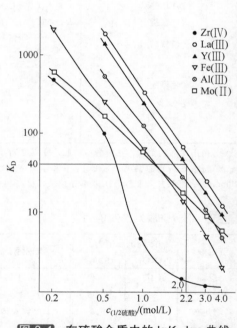

图 3-4 在硫酸介质中的 $\lg K_D$-$\lg c$ 曲线

(2) 淋洗剂速查条件 在阳离子交换时,若同时具备以下三个条件,那么可查速查表(表 3-39)来确定金属离子 A^{n+} 与 B^{m+} 分离的可能性及合适的淋洗剂:①树脂为强酸性树脂(交联度 8%),粒度 100~200 目;②分离金属离子的总量(毫克当量)小于柱树脂总交换容量的 1%;③指层高度与柱内径之比 ≥ 10。

(3) 淋洗剂速查法步骤 若 B^{m+} 在 $K_D 10$ 时的酸度(CB)小于 A^{n+} 在 $K_D 10$ 时的酸度(CA),那么 A^{n+} 容易分离,CA-CB 即为合适的淋洗剂浓度。例如:分离 Sc^{3+}-Y^{3+},由表 3-39 可查得 1.9~2.2mol/L 浓度的 $1/2H_2SO_4$ 为合适的淋洗剂。如果 CB 稍大于 CA,则淋洗剂应为 $\leq$ CA。例如:分离 Sr^{3+}-Y^{3+},由表 3-39 可查得淋洗剂浓度应 $\leq$ 1.9mol/L 的 HNO_3。如果 CB$\gg$CA,则两者很难分离,例如:在 HNO_3 介质中,Sc^{3+}-Y^{3+} 很难分离。

表 3-39　离子交换分离时淋洗剂浓度速查表

金属离子	1mol/L HCl 时的 K_D	CA（K_D40 时的浓度）/（mol/L）			CB（K_D10 时的浓度）/（mol/L）		
		HCl	H_2SO_4	HNO_3	HCl	H_2SO_4	HNO_3
Ag^+	18	—	—	0.44	—	—	1.8
Al^{3+}	61	1.35	1.65	1.35	2.5	3.1	2.7
Au^{3+}	0.8	—	—	—	—	—	—
Ba^{2+}	127	2.0	—	1.25	>4	—	2.5
Be^{2+}	13	0.44	—	0.57	1.2	—	1.5
Bi^{3+}	1.0	—	1.9	0.73	—	3.1	1.8
Ca^{2+}	42	1.1	—	0.90	2.6	—	1.95
Cd^{2+}	1.5	0.26	1.1	0.85	0.43	2.6	2.1
Ce^{3+}	265	2.2	2.4	2.1	4.0	4.4	3.9
Co^{2+}	21	0.74	1.0	0.84	1.6	2.5	2.0
Cr^{3+}	27	0.74	1.2	1.4	1.7	3.0	>4
Cs^+	19	0.50	0.49	0.41	2.2	1.8	1.6
Cu^{2+}	18	0.66	1.0	0.77	1.4	2.3	1.85
Fe^{2+}	20	0.69	1.1	—	1.4	2.8	—
Fe^{3+}	35	0.94	1.2	1.3	1.6	2.2	2.4
Ga^{3+}	43	1.05	1.65	1.50	1.8	3.0	2.8
Hf^{4+}	—	—	0.74	3.2	—	1.1	>4
In^{3+}	1.8	0.29	1.35	1.6	0.45	2.6	3.0
K^+	14	0.36	0.52	0.34	1.5	1.65	1.2
Li^+	3.8	<0.10	0.13	<0.10	0.40	0.57	0.40
La^{3+}	265	2.3	2.5	2.2	4.0	4.4	3.7
Mg^{2+}	21	0.76	1.0	0.73	1.6	2.2	1.8
Mn^{2+}	20	0.74	1.2	0.82	1.5	2.9	2.2
Mo^{5+}	0.8	—	—	—	0.11	—	—
Na^+	5.6	0.13	0.22	0.14	0.62	0.91	0.64
Ni^{2+}	22	0.74	1.1	0.84	1.6	2.5	2.0
Pb^{2+}	36	—	—	0.98	—	—	1.80
Rb^+	15	0.36	0.53	0.34	1.6	1.75	1.4
Sc^{3+}	120	1.75	0.95	1.65	4.0	1.9	3.1
Sr^{2+}	60	1.3	—	0.93	2.8	—	2.0
Sn^{2+}	1.6	0.21	—	—	0.40	—	—
Th^{4+}	2047	5.3	1.1	3.4	>4	1.9	>4
Ti^{4+}	12	0.50	0.48	0.68	1.1	1.0	1.4
Tl^+	22	—	1.1	0.50	—	3.5	2.2
UO_2^{2+}	19	0.73	0.40	0.75	1.5	1.0	2.1
V^{4+}	7	0.52	—	—	0.10	—	—
V^{5+}	1.1	—	—	—	0.14	0.34	0.22
Y^{3+}	145	1.8	2.2	1.9	3.5	3.8	3.6
Zn^{2+}	16	0.64	1.0	0.74	1.3	2.3	1.7
Zr^{4+}	7250	3.2	0.62	3.9	>4	0.83	>4

5. 再生剂

表 3-40　各类离子交换树脂转化成所需离子形式的再生剂

离子交换剂类型	所需离子形式	再生试剂	再生试剂浓度/%	所需量 n/mmol	
				再生试剂	离子交换剂
强酸性阳离子交换剂	H^+型	HCl	4～7	4～5	1
	H^+型	H_2SO_4	2.5～5	2.0～2.5	1
	Na^+型	NaCl	6～11	2～5	1
	Na^+型	NaOH	4～8		1
	H^+型	HCl	4～7	1.5～2	1
	H^+型	H_2SO_4	2.5～5	0.75～1	1
	Na^+型	NaOH	4～8	2～3	1

续表

离子交换剂类型	所需离子形式	再生试剂	再生试剂浓度/%	所需量 n/mmol	
				再生试剂	离子交换剂
弱酸性阳离子交换剂	H^+型	HCl	2～3	1.5～2	1
	H^+型	H_2SO_4	2～3	0.75～1	1
	Na^+型	NaOH	3～4	1.5～2	1
强碱性阴离子交换剂[①] Ⅰ型	OH^-型	NaOH	4～8	≥5	1
	Cl^-型	NaCl	6～11	3～5	1
	Cl^-型	HCl	4～7	3～5	1
	SO_4^{2-}型	Na_2SO_4	3.5～6.5	1.5～2.5	1
	SO_4^{2-}型	H_2SO_4	2.5～5	1.5～2.5	1
强碱性阴离子交换剂Ⅱ型	OH^-型	NaOH	4～8	3～4	1
	盐型	同Ⅰ型			
弱碱性阴离子交换剂	游离碱	NaOH	4～8	1.5～2	1
	游离碱	氨水	1～2	1.5～2	1
	游离碱	Na_2CO_3	5	0.75～1	1
	Cl^-型	HCl	4～7	2～3	1
	SO_4^{2-}型	H_2SO_4	2.5～5	1.5～2	1

① 强碱性阴离子交换剂有两种类型。

Ⅰ型：$—N \begin{matrix} —CH_3 \\ —CH_3 \\ —CH_3 \end{matrix}$ 碱性较强，较难再生。　　Ⅱ型：$—N \begin{matrix} —C_2H_4OH \\ —CH_3 \\ —CH_3 \end{matrix}$ 耐热性较强，较易被氧化。

四、离子交换过程及条件控制

离子交换平衡，是在特定的具体条件下离子交换能达到的极限情况，而在企业的实际使用中需要离子交换设备达到最大效率，所以反应时间有限，不一定能达到离子交换的平衡状态。

离子交换在流体中的离子和离子交换树脂上的可交换基团间进行。而这些基团不规则地分布在每一颗粒中，不仅处于树脂颗粒的表面，更大量地处在树脂颗粒内部。因此离子交换不仅仅是表面位置的交换，更需要离子在树脂颗粒内部的扩散。当离子交换树脂浸入到含有电解质的溶液中，与树脂内部交换基所产生的离子交换反应将按下列五个步骤进行：①离子由溶液中扩散到离子交换树脂表面附近的静止溶液层（常称为膜），然后渗透过此表面膜，达到离子交换树脂粒子的表面；②这些离子进入离子交换树脂颗粒内部，并在内部扩散，达到某一交换基附近；③离子与交换基上平衡离子产生交换反应；④被交换下来的离子由树脂内部扩散到树脂颗粒的表面；⑤这些离子再经由树脂颗粒表面扩散透过表面膜而到外部溶液中去。其中①和⑤为离子在交换树脂颗粒附近的静止溶液层中的扩散，称为膜扩散。②和④为离子在离子交换树脂颗粒内部的扩散，称为颗粒扩散。由于在整个过程中在树脂内部和外部溶液中必须保持电中性，所以①和⑤，②和④以相同速率和相反方向同时进行。③为真正的交换速度，即化学交换，通常很快。因此，实际交换速度主要受膜扩散速度和颗粒扩散速度制约。

溶液浓度增大、搅拌速度加快、温度升高，一般都会使膜扩散速率加大；溶液浓度增大、温度升高、原子价低、水合离子半径小、交联度小、交换容量小，均有利于离子在树脂颗粒中的扩散；离子交换树脂颗粒大小、树脂上平衡离子和有机溶剂也会影响颗粒扩散速度。

表 3-41　离子交换树脂的交换速率[4]

树脂类型	平衡反应	达到90%平衡所需时间
弱碱型	RNH_2+HCl	5～10d
	$RNH_3Cl+NaOH$	1～3min
	$RNH_3Cl+Na_2SO_4$	2～3min

续表

树脂类型	平衡反应	达到90%平衡所需时间
强碱型	ROH+HCl RCl+NaOH RCl+Na$_2$SO$_4$	1～2min 2～3min 2～3min
弱酸型	RCOOH+KOH RCOOH+CaCl$_2$	7d 2min
强酸型	RSO$_3$H+KOH RSO$_3$Na+CaCl$_2$	2min 2min

通常，影响阳离子交换速率的主要因素如下所述。

（1）树脂交换基团　树脂交换基团的不同一般不影响交换速度，但对会形成弱电解质的离子交换树脂会影响，像氢型和盐型的交换速度就会有很大差别（表3-41）。

（2）树脂的交联度　树脂的交联度越大，网孔越小，则其颗粒内扩散越慢，直接影响交换速率，尤其是对粒径较大的离子。交联度从5%增加到15%时，一价阳离子的内扩散速率降低约为原来的1/10，而一价阴离子内扩散速率仅降低为1/2。大孔型树脂，其内扩散的速度要比普通树脂快。

（3）树脂的颗粒　树脂颗粒越小，膜扩散的表面积越大，内扩散的距离越短，交换速度越快。但若树脂颗粒太小，会使柱阻力增大，并易在反洗运行时流失。

（4）溶溶的浓度　溶液浓度越大扩散速度越快。溶液中离子浓度较大时膜扩散速度就较快，交换速度主要受内扩散的制约（相当于水处理工艺中树脂再生时的情况）。若水溶液中电解质的浓度较小时交换速率受膜扩散的支配（相当于用阳离子交换树脂进行水软化时的情况）。此外，溶液中离子浓度变化可能影响树脂的膨胀或收缩，间接影响内扩散速率。

（5）离子性质　离子水合半径越大，电荷数越多，其内扩散越慢。阳离子增加一个电荷，其内扩散速率约减慢为原来的1/10。而阴离子每增加一个电荷对其内扩散速率的影响程度，仅为阳离子的1/2或1/3。

（6）其他条件　交换过程中的搅拌或提高流体流速，只能加快外扩散不影响内扩散。而提高介质温度能同时加快内扩散和膜扩散。

第二节　离子交换与吸附剂

从20世纪30年代以来，离子交换材料已经从单纯利用海绿砂这类天然无机离子交换剂，发展成为品种众多、性能各异的序列交换材料，并随着材料科学的不断发展而新品迭出。

本节介绍各种离子交换剂的主要性能。表3-42～表3-46介绍包括碳纳米管、黏土矿物在内的无机吸附/交换剂；表3-47～表3-63介绍离子交换树脂；表3-64～表3-70介绍纤维素离子交换剂；表3-71～表3-73介绍巯基棉交换材料；表3-74～表3-82介绍葡聚糖离子交换剂；表3-83～表3-92介绍一些离子交换膜；表3-93～表3-95介绍手性交换剂；表3-96、表3-97介绍离子色谱填料。

一、无机离子交换/吸附剂

活性炭作为吸附材料在样品富集上已有广泛应用，如将活性炭改性进而选择性地吸附金属[5]。自1991年发现并合成碳纳米管（carbon nanotubes，CNT）以来，其小尺寸、大比表面积、高机械强度和高化学稳定性等特征使其成为新型的吸附材料，更有对其进行改性以提高吸附选择性等的报道（表 3-42）。其他无机离子交换剂除了继续被直接用作吸附/交换材料外，更多地被进行了化学键合的改性处理，成为具有多种用途的特殊材料。

表 3-42 碳纳米管的吸附容量

碳纳米管材料	Pb^{2+}	Cd^{2+}	Cu^{2+}	Cr(Ⅵ)	Co^{2+}	吸附条件	文献
Acid-refluxed CNTs	17.5					pH=5.0，室温，c_0=10mg/L CNTs 用量：0.5 mg/ml	1
Xylene-Fe-800℃-Hor Propylene-Ni-750℃-Hor Benzene-Fe-1150℃-Vert Methane-Ni-650℃-Vert	14.8 59.8 11.2 82.6					pH=5.0，室温，c_e=10mg/L CNTs 用量：0.2 mg/ml	2
H₂O₂-Oxidized-CNTs HNO₃-Oxidized-CNTs KMnO₄-Oxidized-CNTs		2.6 5.1 11.0				pH=5.5，室温，c_e=4mg/L CNTs 用量：0.5 mg/L	3
Acid-refluxed CNTs	97.08	10.86	28.49			pH=5.0，室温，c_e=10mg/L CNTs 用量：0.5 mg/L	4
Oxided-CNTs(CNTs-2)	2.96		3.49		2.6	pH=9.0，室温，c_e=20mg/L CNTs 用量：5 mg/ml	5
6h-acid-refluxed MW CNTs	85					pH=5.0，25℃，c_e=50mg/L CNTs 用量：2 mg/ml	6
CeO₂/CNTs				30.2		pH=7.0，室温，c_e=35.3mg/L	7
CNTs/Al₂O₃	67.11	8.89	26.59			pH=5.0，室温， CNTs 用量：0.5 mg/ml	8

本表文献：

1 Li Y H, Wang S G, Wei J Q, et al. Chem Phys Lett, 2002, 357: 263.

2 Li Y H, Zhu Y Q, Zhao Y M, et al. Diamond Related Mater, 2006, 15: 90.

3 Li Y H, Wang S G, Luan Z K, et al. Carbon, 2004, 41: 1057.

4 Li Y H, Ding H, Luan Z K, et al. Carbon, 2003, 41: 2787.

5 Stafiei A, Pyrzynska K. Sep Purif Tech, 2007, 58: 49.

6 Wang H J, Zhou A, Peng F, Yu H. Mater Sci Eng A, 2007, 466: 201.

7 Di Z, Ding H, Peng X J, et al. Chemosphere, 2006, 62: 861.

8 Hu H H, Jao J H. J Univ Sci Tech Beijing, 2007, 14(1): 77.

表 3-43 无机矿物类离子交换/吸附物质

矿　物	组成单位或化学式	交换容量 /（mol/kg）	改性/修饰方式	效　果	文献
绿坡缕石①		0.10～0.35	接枝聚丙烯酰胺 接枝聚甲基乙基丙烯酰胺	增加对 H₂ 的吸附量 吸附 Pb 81.02mg/g	1 2
海泡石②	Mg₈(Si₁₂O₃₀)(OH)₄(OH₂)₄·8H₂O	0.20～0.45	接枝[3-2-氨乙基氨丙醇]三甲氧基硅烷 接枝[3-氨基丙基]三乙氧基硅烷	吸附能力顺序：锌＞铜＞钴＞铁＞锰＞镉（吸附量在 0.04～0.22mol/kg） 增加了对重金属离子的影响	3 4
坡缕石	Mg₅Si₈O₂₀(OH)₂(OH₂)₄·2H₂O	0.20～0.36			
海绿石	Na₂Mg₄Si₇AlO₂₀(OH)₂·nH₂O	0.05～0.40			
高岭石③	Al₄Si₄O₁₀(OH)₈	0.036～0.18	直接用磷酸二氢钾或硫酸钠处理后洗净	对金属离子的吸附量与离子的水解常数一致，Pb＞Cu＞Zn＞Cd	5
多水高岭石	Al₄Si₄(OH)₈O₁₀·8H₂O	0.60			

续表

矿　物	组成单位或化学式	交换容量/（mol/kg）	改性/修饰方式	效　果	文献
蒙脱石[④]	$Na_{0.66}Al_4Si_{7.34}Al_{0.66}O_{20}(OH)_2 \cdot nH_2O$	0.70～1.30	直接用硫酸处理后洗净	镍、镉离子去除率＞98%	6
			用铝或铬或共用插入蒙脱土层间形成"柱撑蒙脱土"	层间距增加，改善吸附/交换	7
				选择性除去 Cs 和 Cu	8
			表面活性剂改性	显著提高离子选择性和吸附量	9
			负载壳聚糖	镍的去除率＞99%	10
			包覆氧化锰	明显改善吸附性能	11
皂石	$Na_{0.66}Mg_6Si_{7.34}Al_{0.66}O_{20}(OH)_4 \cdot nH_2O$	0.76			
蛭石[⑤]	$Ca_{0.7}Al_6[(Al,Si)_{78}O_{20}](OH)_4 \cdot 8H_2O$	0.80～2.00	酸化后用柠檬酸处理，洗净	对重金属有良好吸附，可处理污水	12
				pH 值越高吸附能力越强（阳极溶出伏安法测定）	13
伊利石	$KAl_4(Si_7AlO_{20})(OH)_4$	0.1～0.4			
沸石分子筛	$M_{2/n} \cdot Al_2O_3 \cdot xSiO_2 \cdot yH_2O$	0.1～0.6	用巯基乙胺或丙胺处理	随 pH 值增大总吸附能力减弱	14
			用丙胺处理后提高重金属吸附量		15
			用三阳离子表面活性剂处理	对铬离子的吸附能力提高 22 倍	16
			磁性材料修饰	性能稳定，提高 Pb 离子的吸附能力	17
天然磷酸盐[⑥]	天然磷酸盐	0.05～0.75	用碳酸根小量替代活化磷酸盐	对 Pb 的去除率可达82%～99.9%	18
				对 Cu 的去除率可达96.6%	19
				对 Pb 的吸附量可达155mg/g	20
合成磷酸盐	$SrZr_4(PO_4)_6$ 通式 $M_1M_2(PO_4)_n$	以 Ti-P 类最大	不同金属磷酸盐	对 Pb、Fe、Mg 等离子有明显吸附能力且耐酸、耐碱、耐高温	21
				不同类型盐上对 CuCoNi 的吸附强弱顺序不同	22

① 含水镁铝的硅酸盐矿物质，有层链状结构，晶体呈针状、纤维状或纤维状集合体。

② 结构单元由两层硅氧四面体和中间镁氧八面体层组成，四面体的顶层连续。

③ 由硅氧四面体层和铝氧八面体层依氢键连接而成，层间物膨胀性。

④ 即膨润土，单位晶胞由硅氧四面体和铝氧八面体按 2:1 组成，层间存在永久电荷，可供离子交换。

⑤ 结构与蒙脱土相似，具有阳离子交换能力，但受酸碱度影响较大。

⑥ 磷酸铝分子筛系列的特性有特色，其孔道结构的多样化使其在吸附分离上具有很大的通用型和改性前景[23]，分为天然磷酸盐和合成磷酸盐两大类，分别有多种应用。

本表文献：

1　Liu P, Guo J S. J Colloids Surf, 2006, 282-283: 498.

2　MusaS Sibl T, Safaözcan A, et al. Desalination, 2008, 223: 308.

3　MrhmerD, Yasemin T, Mahir A, et al. Desalination, 2008, 230: 248.

4　DemirbasÖ, Mahir A. Mrhmer D, et al. JHazardous Mater, 2007, 149: 650.

5　Adebowale K O, Unuabonah I E, Olu-Owolabi B I. Applied Clay Sci, 2005, 29: 145.

6　彭荣华, 李晓湘. 材料保护, 2006,39(1): 65.

7　Bouchenafa-Asib N, Khouli K, Mohammedi O. Desalination, 2007, 217: 282.

8　Karamanis D, Assimakopoulos P A. Water Research, 2007, 41: 1897.

9　贾锦霞, 李铃, 甄卫军, 等. 矿产综合利用, 2006, 2: 17.

10　祝春水, 黄丽燕, 陈文宾, 马卫兴, 龚文琪. 淮海工学院学报: 自然科学版, 2006, 15(2): 37.

11　Eren Erdal. J Hazardous Mater, 2008, 159: 235.

12　Malandrino M, Abollino O, Giacomino A, Aceto M, Mentasti E. J Colloid Inter Sci, 2006, 299: 537.

13　Vieira dos Santos A C, Masini J C. Applied Sci, 2007, 5: 47.

14　Mier M V, Callejas R L, Gehr R, et al. Water Research, 2001, 35(2): 373.

15　Wingenfelder U, Nowack B, Furrer G, Schulin R. Water Rcseach, 2005, 39: 3287.

16　Leyva Ramos R, Jacobo Azuara A, Diaz F, et al. Colloids Surf A: Physicochemi Eng Aspects, 2008, 330: 35.

17　Wook N, Yub H K, Choong J, Bok C H. Min Eng, 2006, 19: 1452.

18　Rasad M, Saxena S, Amritphale S S. Industrial Eng Chem Res, 2002, 41(1): 105.

19　Kandah K I. Chem Eng Technol, 2002, 25(9): 921.

20　Sarioglu M, Atay U A, Cebeci Y. Desalination, 2005, 181: 303.

21　段凤敏，祝琳华，张涌. 云南化工，2005, 32(6): 12.

22　Parida K M, Sahu B B, Das D P. J Colloid Inter Sci, 2004, 270: 436.

23　徐如人，庞文琴，于吉红，霍启升，陈接胜. 分子筛与多孔材料化学. 北京：科学出版社，2004, 1-33.

表 3-44　铬（Ⅲ）、锡（Ⅳ）和钛（Ⅳ）离子交换剂[①]

性　　质	铬（Ⅲ）离子交换剂	锡（Ⅳ）离子交换剂	钛（Ⅳ）离子交换剂
水中的稳定性	CrMo>CrW>CrOH>CrAs>CrSb	SnSb>SnW>SnAs>SnMo	TiW～TiSb>TiAs>TiMo
HNO₃ 中的稳定性	CrW>CrSb>CrAs～CrMo>CrOH	SnW>SnSb>SnAs>SnMo	TiW>TiSb>TiMo>TiAs
吸着离子的能力	CrSb>CrOH>CrAs>CrMo>CrW	SnSb>SnMo>SnW>SnAs	TiSb>TiW>TiAs>TiMo
基于离子交换容量的热稳定性	CrSb>CrAs>CrW>CrMo>CrOH	SnAs>SnMo>SnW>SnMo	TiAs>TiW>TiMo
中性 pH 中阳离子交换容量	CrAs>CrSb～CrW>CrMo>CrOH	SnAs>SnMo>SnSb>SnW	TiAs>TiMo>TiW>TiSb

①　表中：SnSb=锑酸锡；SnAs=砷酸锡；SnW=钨酸锡；SnMo=钼酸锡；TiSb=锑酸钛；TiAs=砷酸钛；TiW=钨酸钛；TiMo=钼酸钛；CrMo=钼酸铬；CrW=钨酸铬；CrOH=含水氧化铬；CrAs=砷酸铬；CrSb=锑酸铬。

表 3-45　不同氧化锰矿吸附重金属的 Langmuir 公式的参数

氧化锰样品	吸附参数[①]	重金属离子类型				
		Pb	Co	Cu	Cd	Zn
水钠锰矿	A_{max}/(mmol/kg)	1832	1084	1268	1042	1207
	K	25.9	1410.4	210.6	179.5	126.0
	R	0.995	0.968	0.995	0.990	0.923
钡镁锰矿	A_{max}/(mmol/kg)	284.3	117.3	191.4	85.1	67.3
	K	214.6	31.7	28.9	111.0	37.4
	R	0.999	0.989	0.976	0.995	0.990
隐钾锰矿	A_{max}/(mmol/kg)	292.8	75.5	132.5	88.8	87.1
	K	292.3	128.0	58.0	80.3	96.3
	R	0.982	0.974	0.985	0.964	0.957
黑锰矿	A_{max}/(mmol/kg)	105.3	44.4	189.0	3.3	43.1
	K	196.5	7.1	66.3	187.6	268.6
	R	0.949	0.978	0.970	0.975	0.949

①　Langmuir 公式为 $Y=A_{max}KC/(1+KC)$，其中 Y，A_{max}，C 和 K 分别代表单位质量的吸附量、最大吸附量、重金属离子平衡浓度和常数。R 为非线性回归的相关系数。

表 3-46　其他无机离子交换剂

类　别	举　例
金属氢氧化物和含水氧化物	PbO, ZnO, Bi₂O₃, H-Fe₂O₃[①], 水化 Al₂O₃, 水化 SiO₂, H-TiO₂[①], H-TbO₂, H-ZrO₂, 水化 SnO₂, H-MnO₂, H-Sb₂O₅ 等
高价金属盐（酸性盐）	锆（Ⅳ）、钛（Ⅳ）、钍（Ⅳ）、锡（Ⅳ）、铈（Ⅳ）、铬（Ⅱ）、钼（Ⅴ）、铌（Ⅴ）等的磷酸盐、砷酸盐、锑酸盐、钼酸盐、钨酸盐、亚硒酸盐等
杂多酸盐	12-磷钼酸铵（AMP），12-磷钨酸铵（ATP），12-砷钼酸铵（AMA），12-硅钼酸铵（AMS）等

续表

类　别	举　例
不溶性亚铁氰化物	亚铁氰化锡（Ⅱ），亚铁氰化锡（Ⅳ），亚铁氰化锌，亚铁氰化钴钾等
合成铝硅酸盐	分子筛，蒙脱石，高岭土等
其他	合成磷灰石，硫化物，碱土金属硫酸盐等

① 氧化物分子式前加"H"，表示含水氧化物，例如，$H\text{-}TiO_2$ 为含水氧化钛。

二、离子交换树脂

离子交换树脂由相应的单体聚合而成，通常按单体的种类分为苯乙烯系、丙烯酸系和酚醛系等。普通聚合法制成的离子交换树脂由许多不规则的网状高分子构成，类似凝胶，故称凝胶型树脂。苯乙烯系产物的机械强度较差，抗氧化性不高，易受有机物污染。后来陆续出现了其他类型的离子交换树脂。分别介绍如下。

（1）大孔型树脂（MR型树脂）　该类树脂在20世纪50年代末出现。大孔型树脂实际上由许多小块凝胶型树脂构成，孔眼存在于这些小块凝胶之间，平均为20～100nm，比凝胶型（为1～2nm）的孔大很多而得名。大孔树脂的孔隙率约为30%，交联度通常要比凝胶型树脂的大，具有较好的抗氧化性和机械强度。由于其大孔中比表面积大，离子能很容易到达，可以补偿凝胶相中反应缓慢的不足，并且能抗有机物的污染（被截留的有机物易在再生时通过这些孔道除去）。大孔型树脂的缺点是交换容量较低，再生时酸、碱的用量较大和售价较贵等。

表 3-47 大孔吸附树脂的类型及用途

牌　号	极性	外　观	比表面/(m²/g)	平均孔径/Å	用　途
D3520	非极性	乳白色不透明球状颗粒	480～520	85～90	蛋白质提取，脱色、脱盐等
D4006	非极性	乳白色不透明球状颗粒	400～440	65～75	酒类除去高级脂肪酸酯类等
D4020	非极性	乳白色不透明球状颗粒	540～580	100～105	有机物分离提取
H103	非极性	深棕色球状颗粒	1000～1100	85～95	抗生素提取分离，去除酚类、氯化物、农药等
H107	非极性	黑色发亮球状颗粒	1000～1300		医用，安眠药中毒者血液灌流，去除有机物等
X-5	非极性	乳白色不透明球状颗粒	500～600	290～300	抗生素、中草药分离提取，有机废水处理，制备固定相、用于富集微量元素，尿毒症病人血液去除中分子物质等
AB-8	弱极性	乳白色不透明球状颗粒	480～520	130～140	甜菊糖提取，有机物提取分离
NKA-2	极性	红棕色不透明球状颗粒	160～200	145～155	酚类、有机物去除
NKA-9	极性	乳白色至微黄色不透明球状颗粒	250～290	155～165	胆红素去除，生物碱分离，黄酮类提取等
S-8	极性	乳白色不透明球状颗粒	100～120	280～300	有机物提取分离

注：树脂结构为交叉偶联的聚苯乙烯。

表 3-48（a） 大孔吸附树脂性能表（Ⅰ）[6]

吸附剂名称	树脂结构	极性	比表面/(m²/g)	孔径/Å	孔度/%	骨架密度/(g/ml)	交联剂
XAD-1			100	200	37	1.07	
XAD-2	苯乙烯	非	330	90	42	1.07	二乙烯苯
XAD-3			526	44	38		
XAD-4			750	50	51	1.08	
XAD-5			415	68	43		
XAD-6	丙烯酸酯	中	63	198	49		

续表

吸附剂名称	树脂结构	极性	比表面/(m²/g)	孔径/Å	孔度/%	骨架密度/(g/ml)	交联剂
XAD-7	α-甲基丙烯酸	中	450	80	55	1.24	双 α-甲基丙烯酸二乙醇酯
XAD-8	α-甲基丙烯酸	中	140	250	52	1.25	
XAD-9	亚砜	极性	250	80	45	1.26	
XAD-10	丙烯酰胺	极性	69	352			
XAD-11	氧化氮类	强	170	210	41	1.18	
XAD-12	氧化氮类	强	25	1300	45	1.17	

表 3-48（b） 大孔吸附树脂性能表（Ⅱ）[6]

吸附剂名称	生产企业	树脂结构	极性	比表面/(m²/g)	孔径/×10⁻¹⁰ m
Diaion 系列	Organo 公司	苯乙烯			
HP-10				400	300
HP-20			非	600	460
HP-30				500~600	250
HP-40				600~700	250
HP-50				400~500	900
上试 101	上海试剂厂	苯乙烯			
上试 102			非		
上试 401					
上试 402					
HPD100	沧州宝恩化工有限公司	苯乙烯	非	550	35
HPD300			非	650	27
HPD400				550	83
HPD500				520	48
HPD600				610	28
D101	天津农药厂	苯乙烯	非		
D201			弱		
D301			弱		
CDX-104	天津试剂二厂	苯乙烯	非	590	
CDX-401		乙烯、吡啶	强	370	
CDX-501		含氮	极性	80	
CDX-601		强极性基团	强	90	
SIP-1100	上海医药工业研究所			450~550	90
SIP-1200			非	500~600	120
SIP-1300				550~580	60
SIP-1400				600~650	70
南大 3520	南开大学化工厂	苯乙烯			
D1					
D2				382	
D3					133
D4					
D5		乙基苯乙烯			
D6				466	73
D8				712	66
Ds2				642	59

续表

吸附剂名称	生产企业	树脂结构	极性	比表面/(m²/g)	孔径/×10⁻¹⁰m
Ds5	南开大学化工厂	苯乙烯		415	104
Dm2			非	266	24
Dm5		α-甲基苯乙烯		413	32
X-5				500～600	290
D-3520				480～520	85～90
D-4006				400～440	65～75
H-107		苯乙烯		1000～1300	
AB-8				480～520	130～140
NKA-9			极性	250～290	155～165
NKA-2			极性		
S-8		苯乙烯	极性	100～120	280～300
MD	天津制胶厂	α-甲基苯乙烯	非	300	
D			非	400	100
DA		丙烯腈	弱	200～300	
新华大孔100	华北制药厂				
新华大孔122					
新华大孔1241					
新华大孔CAD40					
HZ-802	华东理工大学	相当于XAD-2	非	450～550	100
HZ-803		相当于XAD-4	非	500～600	60
HZ-806		相当于XAD-6	中等		
HZ-807		相当于XAD-7	中等		

（2）第二代大孔型树脂　该类树脂虽仍由小块凝胶型树脂构成，其孔径比第一代的小，孔隙率为1%～20%，交换容量与凝胶型树脂相近，反应速率也较快，有更好的物理性能、抗污染性能和抗渗透冲击性能等。

（3）超凝胶型树脂　该类树脂在合成程序上有效控制了苯乙烯和二乙烯苯之间的反应速率，不使产生单独由苯乙烯本身分子间产生聚合反应。产品机械强度可与大孔树脂相比，价格和凝胶型树脂相近或相同。

（4）均孔型强碱性阴树脂　该类树脂不用二乙烯苯作交联剂，而是在引入氯甲基时，利用傅氏反应的副反应，使树脂骨架上的氯甲基和邻近的苯环间形成亚甲基桥，网孔较均匀，故称均孔型（也可称为等孔型）。均孔型树脂对有机物的吸附是可逆的，可防止有机物中毒。

（一）国外品牌的离子交换树脂

1. 苯乙烯系离子交换树脂

苯乙烯系是使用最广泛的一种离子交换树脂，由苯乙烯和二乙烯苯交联共聚而成。此初级产品不含可交换基团（称为"白球"）。用不同的工艺在白球上引入不同的交换基团形成交换树脂：①直接磺化引入—SO₃H，制得磺酸型阳离子交换树脂；②先将聚苯乙烯氯甲基化，然后胺化可制得阴离子交换树脂。用叔胺胺化可得季铵型强碱性阴离子交换剂，如用仲胺或伯胺处理，则可得弱碱性阴离子交换树脂。

表 3-49 聚苯乙烯系阳离子交换树脂

商品名称	生产厂所在国	官能团	离子类型	交换容量 mol/kg（干）	交换容量 mol/L（湿）	物理特性 水分含量/%	物理特性 粒径/mm	操作条件 最高操作温度 T/℃	操作条件 pH范围	备　注
AllasionCS	法	—SO$_3^-$					0.3～0.6	110	1～14	
Amberlite IRN-77	美	—SO$_3^-$	H	4.7		55	0.3～1.2			核纯
Amberlite XE-100		—SO$_3^-$	Na	4.5	1.5	56～60		120	0～14	约 5%DVB
Amberlite IRN-169	日	—SO$_3^-$	NH$_4$	4.4		55	0.3～1.2	150		核纯
Amberlite IRN-218	日	—SO$_3^-$	Li	4.6		55	0.3～1.2	150		核纯
Amberlite IR-122	日	—SO$_3^-$	Na	4.3～5	2.1	39～43	0.3～1.2	120	0～14	约 10%DVB
Amberlite IR-124	日	—SO$_3^-$	Na	4.3～5	2.2	37～41	0.3～1.2	120	0～14	约 12%DVB
Amberlite 200C		—SO$_3^-$	Na	4.3	1.75	46～51		120	0～14	"大网状"树脂
Diaion SK-1B	日	—SO$_3^-$	Na	—	1.9	43～50	0.3～1.2	120	0～14	约 8%DVB
Diaion SK-110		—SO$_3^-$	Na	—	2.0	35～45	0.3～1.2	120	0～14	约 10%DVB
Diaion SK-116		—SO$_3^-$	Na	—	2.1	27～37	0.3～1.2	120	0～14	约 16%DVB
Dowex 50W-X10		—SO$_3^-$	H	—	1.9	46～52	0.3～0.8	150		约 10%DVB
Dowex 50W-X16		—SO$_3^-$	H	—	2.3	36～42	0.3～0.8	150		约 16%DVB
Duolite C-20	美	—SO$_3^-$	Na	5.1	2.2	45～51	0.3～1.2	150		约 8%DVB
Duolite C-25		—SO$_3^-$	Na	5.1	1.7	55～52	0.3～1.2	120		多孔，约 5%DVB
Duolite ES-63		—PO$_3^-$	H	6.6	3.3	—	0.3～1.2	100	4～14	中等的酸
Imac C-12	荷兰	—SO$_3^-$	Na		2.0	—	0.3～1.2	120	0～14	
Imac C-16P		—SO$_3^-$	Na		2.1	—	0.3～1.2	120	0～14	
Kastel C-300		—SO$_3^-$	Na	4.25	—	45	0.3～1.2	120	0～14	约 8%DVB
Kastel C-300P	意	—SO$_3^-$	Na		1.7	53	0.3～1.2	120	0～14	非常多的孔
Lewatit S-100	德	—SO$_3^-$	—	1.75	2.5	40～45	0.5～1.0	120	0～14	约 8%DVB
Lewatit S-115	德	—SO$_3^-$	—		4.6	2.4	40～45	0.3～2.0	120	0～14	较高抗氧化能力
Permutit Q	美	—SO$_3^-$	Na, H	4.6	1.9	45～55	0.3～1.2	120	0～13	约 10%DVB
Permutit RS	德	—SO$_3^-$	Na	5.2	2.2		0.3～1.2	150	—	核化学纯
Resexp	英	—SO$_3^-$	Na	4.8	2.0		0.3～1.2	120	—	
Wolfatit KPS	德	—SO$_3^-$	Na	4.5	1.8	45～53	0.3～1.2	115	3～14	

表 3-50 聚苯乙烯系阴离子交换树脂

商品名称	生产厂所在国	离子类型	交换容量 mol/kg（干）	交换容量 mol/L（湿）	物理特性 水分含量/%	物理特性 粒径/mm	操作条件 最高操作温度 T/℃	操作条件 pH范围	备　注
强碱性Ⅰ型①									
Amberlite IRA-400	美	Cl	3.7	1.4	42～88	0.3～0.08	60(OH)	0～14	颗粒，约 8%DVB
Amberlite IRA-401S	日	Cl	3.4	0.8	59～65	0.3～0.8	60(OH)	0～14	颗粒，多孔
Amberlite IRA-900		Cl	4.4	1.0	60～64	0.3～1.2	60(OH)	0～14	颗粒、平均孔径 25nm
Amberlite IRA-904		Cl	2.6	0.7	56～62	0.3～1.2	60(OH)	0～14	颗粒、平均孔径 64.5nm
AV-15	俄罗斯	—	3.0	—	—				颗粒
AV-17-8	俄罗斯	—	3.4			0.4～1.2			颗粒，特殊孔隙度
Diaion SA-10A	日	Cl	—	1.2	43～47	0.3～1.2	60(OH)	0～12	颗粒，8%DVB
Diaion SA-100		Cl	—	1.0～1.3	50～60	0.07～0.15	—	0～12	颗粒，分析用
Dowex 1	美	Cl	3.5	1.33	43	0.3～0.8	50	0～14	颗粒，1%～16%DVB

商品名称	生产厂所在国	离子类型	交换容量		物理特性		操作条件		备注
			mol/kg（干）	mol/L（湿）	水分含量/%	粒径/mm	最高操作温度 T/℃	pH范围	
Dowex 21K	美	Cl	4.5	1.25	57	0.3～0.8	50	0～14	颗粒，改善了机械稳定性
Dowex 11	美	Cl	4.0	1.24	57	0.3～0.8	50	0～14	颗粒;铀的回收
Duolite A-101D	美	Cl	4.2	1.4	50～55	0.3～1.2	60(OH)	0～14	颗粒
Imac S5-40	荷兰	Cl	—	1.0	55	0.4～0.85	50(OH)	0～14	颗粒
Imac S5-50		Cl	—	1.2	—	0.4～0.85	50(OH)	0～14	颗粒
Kastel A-500	意	Cl	3.0			0.3～1.0	60(OH)	0～14	颗粒，多孔
Lewatit M-500		Cl	4.0	1.6		0.3～1.2	70	0～14	颗粒
Lewatit MP-500		Cl	4.0	1.2		0.3～1.6	70	0～14	颗粒，多孔
Lewatit MP-600		—	3.7	1.1		0.3～1.5	40	0～14	颗粒，多孔
Permutit ESB	德	Cl	3.2	1.2	—	—	70	—	颗粒
Permutit ESB-26		Cl	3.3	1.3		—	70		颗粒
Permutit S-1	美	Cl	3.6	1.0	50～60	0.3～1.2	100	0～14	颗粒
Permutit NSl		OH	3.5	1.0	50～60	0.3～1.2	60	0～14	颗粒，核化学纯
Resenex HBL	英	—	3.5	1.5			60		颗粒
Resenex HBT		—	3.5				60		颗粒
Wolfatit SBT	德	Cl	3.0	0.9	53～63	0.6～2.0	—	0～14	铀的回收，颗粒
Wolfatit SBW	德	Cl	3.5	0.9	58～68	0.3～1.5	60	0～11	颗粒
Wolfatit RO		OH	—	0.9		0.3～1.5	60	0～14	颗粒，核化学纯
Zerolit FF-IP	英国	Cl	4.0	1.2		0.3～1.2	60		颗粒,7%～9%DVB
Zeroiit K-MP		Cl							颗粒，大孔
强碱性Ⅱ型[②]									
Amberlite IRA-410	美	Cl	3.3	1.40	40～45	0.3～0.8	40(OH)	0～14	接近 8%DVB；颗粒
Amberlite IRA-910	日	Cl		1.10	55～60	0.3～0.8	40(OH)	0～14	颗粒，大网状
Diaion SA 20A	日	Cl		1.3	40～45	0.3～1.2	40(OH)	0～12	颗粒
Diaion SA 21A	日	Cl		0.8	55～65	0.3～1.2	40(OH)	0～12	颗粒，多孔
Dowex 2	美	Cl	3.5	1.33	37	0.3～0.8	30(OH)	0～14	颗粒,2%～16%DVB
Duolite A-102D	美	Cl	4.2	1.4	45～50	0.3～1.2	40(OH)	0～14	颗粒，多孔
Imac S5-52	荷兰	Cl		1.2	—	0.4～0.85	40(OH)	0～14	颗粒
Kastel A-300	意	Cl	3.2	—	45	0.3～1.2	40(OH)	0～14	颗粒
Permutit ES	德	Cl	3.2	1.2			40	—	颗粒
Permutit ES-26		Cl	3.3	1.3			40		颗粒
Wolfatit SBK	德	Cl	3.0	1.0	35～45	0.3～1.5	40(OH)	0～10.5	颗粒,6%～8%DVB
Zerolit N-1P	英	Cl	—	1.10	—	0.3～1.2	40	0～14	颗粒，均匀孔径
Zerolit P-1P		Cl	—	1.14	—	0.3～1.2	40	0～14	颗粒，均匀孔径
中等/弱碱性									
Amberlite IR-45[③]	美	游离碱	5.0	1.9	40～45	0.3～0.84	100(OH)	0～9	颗粒
Amberlite IR-65[③]		游离碱	—	1.60	57～63	0.3～1.2	60	0～9	丙烯酸树脂-颗粒
Amberlite IR-93[③]		游离碱	4.8	1.4	46～54	0.3～1.2	100(OH)	0～9	颗粒，大网状
AN-18-6[④]	俄	Cl	3.5	—	40～60	0.35～1.2	—	—	颗粒
AN-23[④]	俄	Cl	5.0	—	30	0.25～1.0	—	—	颗粒
AN-25[④]	俄	Cl	5.0	—	30	0.25～1.0	—	—	颗粒
AV-20[⑤]	俄	Cl	3.5	—	60	0.25～1.0	130	—	颗粒
AV-23[⑤]	俄	Cl	3.5	—	60	0.25～1.0	130	—	颗粒

续表

商品名称	生产厂所在国	离子类型	交换容量		物理特性		操作条件		备注
			mol/kg（干）	mol/L（湿）	水分含量/%	粒径/mm	最高操作温度 $T/℃$	pH范围	
Dowex 3（以下均为氨基）	美	OH	5.5	2.5	35	0.3～0.84	65	—	颗粒
Duolite A-14	美	OH	8.0	2.5		0.3～1.2			颗粒
Imac A20	荷兰	OH	—	—		0.4～0.85	100	0～8	颗粒，伯、仲、叔氨基
Imac A21		OH				0.4～0.85	100	0～8	颗粒，只有叔氨基
Lewatit MP-60	德	—	6.3	2.2	40～50	0.3～1.5	100	0～14	颗粒、大孔
Permutit W	美	Cl	4.5	1.3	45～55	0.3～2.0	95	—	颗粒
Wolfatit Y13	德	OH	—	1.25		0.3～1.2		0～14	颗粒
Zerolit G	英	Cl	3.5	1.6		0.3～1.2	100	—	只有—$N(C_2H_5)_3$基，颗粒
Zerolit M		Cl	5.5	1.9		0.3～1.2	60		颗粒
Zerolit H		—	3.8	1.28		0.3～1.2	70		颗粒，均匀孔径

① Ⅰ型—$N(CH_3)_3$。

② Ⅱ型—$N(C_2H_4OH)(CH_3)_2$。

③ —$N(R)_2$。

④ 氨基。

⑤ 吡啶基。

2. 丙烯酸系离子交换树脂

丙烯酸系树脂的基体是由丙烯酸甲酯（或甲基丙烯酸甲酯）和二乙烯苯共聚而成。当将上述基体进行水解时，就可获得丙烯酸系羧酸型树脂，属于弱酸性阳离子交换剂。若将丙烯酸系树脂基体用多胺进行胺化，可获得丙烯酸系阴离子交换树脂，属于弱碱性。因其每个活性基团中都有一个仲氨基和一个伯氨基，故交换容量很大。

表 3-51 丙烯酸离子交换树脂的性质

样品型号	功能基	交联度 $\omega/\%$	体积质量 /(g/ml)	交换容量	
				mmol/ml	mmol/g
AS-98	—C(=O)—NH—CH₂—CH₂—NH₂	3.00	0.0415	0.31	7.47
AS-98CM1	—C(=O)—NH—(CH₂)₂—NH—CH₂—COONa	3.00	0.0407	0.33 / 0.16	8.05 / 3.95
AS-98CM2	—C(=O)—NH—(CH₂)₂—NH—CH₂—COOH	3.00	0.2204	1.66 / 0.83	7.53 / 3.76
AS-135	—C(=O)—(NH—CH₂—CH₂)₂—NH₂	15.00	0.2215	1.34	6.05
AS-32	—C(=O)—(NH—CH₂—CH₂)₃—NH₂	15.00	0.3384	2.20	6.50
AS-154	—C(=O)—NH—(CH₂)₃—N(CH₃)₂；—OH	1.00	0.0910	0.52	5.74
CCH-01	—C(=O)—NH—OH	8.00	0.3280	1.80	5.48
CC-31	—COONa	3.00	0.0928	0.85	9.20

表 3-52　丙烯酸、甲基丙烯酸系阳离子交换树脂

商品名称	酸性	生产厂所在国	官能团	离子类型	交换容量		物理特性		操作条件		备注
					mol/kg（干）	mol/L（湿）	水分含量/%	粒径/mm	最高操作温度 T/℃	pH范围	
Amberlite IRC-50	弱	美	—COO—	H	10.0～10.2	3.5	43～53	0.3～1.2	120	5～14	容量（在碱性介质中）；珠状
Amberlite IRC-84	弱	美	—COO—	H	10.0	3.5	43～50	0.3～1.2	150	4～14	
CFB-P	强	德	—OSO$_3$	—	—	—	—	—	100		
Duolite CS-101	弱	美	—COO—	H	10.0	3.5	—	0.3～1.2	100		约10%DVB，颗粒
Ionac C-270		美									
Imac Z5	弱	荷兰	—COO—	H		3.0	—	0.3～1.2	100	4～14	颗粒
Kastel C-100	弱	意	—COO—	H		3.0	45～50	0.3～1.2	110	0～14	颗粒，≈10%DVB
Permutit C	弱	德	—COO—	H	10.0	4.0	—	—	100	6～14	颗粒
Permutit H-70	弱	美	—COO—	H	6.5	2.4	40～50	0.3～1.2	120	5～14	颗粒

3. 苯酚系和缩聚物系离子交换树脂

表 3-53　苯酚系阳离子交换树脂

商品名称	酸性	生产厂所在国	官能团	离子类型	交换容量		物理特性		操作条件		备注
					mol/kg（干）	mol/L（湿）	水分含量/%	粒径/mm	最高操作温度 T/℃	pH范围	
Dowex CCR-1	弱	美	—COO— —OH	H	—	1.4	—	0.3～0.8	100	—	粒状
Duolite C-3	强	美	—SO$_3^-$	H	2.9	1.2	—	0.3～2.0	60	0～9	颗粒；—CH$_2$SO$_3^-$基团
Duolite C-10	强	美	—SO$_3^-$	H	2.9	0.6	—	0.3～2.0	40	0～9	颗粒；—CH$_2$SO$_3^-$基团
Lewatit KSN	强	德	—SO$_3^-$		4.0	1.6	45～50	0.3～1.5	30	0～8	粒状
Lewatit CNS	强和弱	德	—SO$_3^-$ —COO—	H	5.0	2.5	36～43	0.3～1.6	40	0～10	粒状
Lewatit CNO	弱	德	—COO—	—	4.0	2.4	30～35	0.3～1.6	40	0～10	粒状
Permutit H	弱	美	—COO—		5.0	1.9	—	—	65		粒状
Permutit H	弱	德	—COO—		4.0		—	—	40		粒状
Resex W	弱	英	—COO—		2.5～3.0		—	—			粒状

表 3-54　缩聚物交换树脂

商品名称	碱性	生产厂所在国	官能团	基体	离子形式	交换容量		物理特性		操作条件		备注
						mol/kg（干）	mol/L（湿）	水分含量/%	粒径/mm	最高操作温度 T/℃	pH范围	
Dowex WGR	中	美	—	环氧氨	游离氨	—	—	50～54	0.4～0.8	93	0～7	粒状，多孔
Duolite A-2	弱	美	仲氨基	酚	SO$_4$	8.4	2.3	58～64	0.3～1.2	40	0～4	粒状，多孔
Duolite A-6	弱	美	叔氨基	酚	Cl	7.6	2.4	48～54	0.3～1.2	60	0～5	粒状，多孔

商品名称	碱性	生产厂所在国	官能团	基体	离子形式	交换容量 mol/kg（干）	交换容量 mol/L（湿）	物理特性 水分含量/%	物理特性 粒径/mm	操作条件 最高操作温度 $T/℃$	操作条件 pH范围	备注
Duolite A-7	弱	美	仲氨基	酚	SO_4	9.1	2.4	55~62	0.3~1.2	40	0~4	粒状，多孔
Duolite ES-15	弱	美	叔氨基	脂族	盐	6.2	2.4	38~42	0.3~1.2	80	0~5	颗粒
Duolite A3-OB	中	美	叔氨基，季铵离子	环氧聚胺	OH	8.7	2.6	58~62	0.3~1.2	80	0~9	颗粒，稳定性高
Duolite ES-57	中	美	叔氨基，季铵离子	环氧聚胺	盐	9.2	2.2	60~66	0.3~1.2	80	0~9	颗粒，多孔，稳定
Lewatit MIH59		德	氨基	—	—	6.0	2.4	40~50	0.3~1.2	30	0~14	颗粒
Lewatit MN	强	德	—NR_3^+	—	—	2.3	0.9	46~54	0.3~2.0	30	0~14	颗粒
Lewatit MN	弱	德	=NH ≡N	—	—	4.1			0.3~2.0			优质颗粒
Permutit E-3	弱	德	氨基	—	—	6.0	—	—	0.3~1.0	—	—	粒状，只有NR_2基，孔隙多，粒状
Permutit E-7P	弱		氨基	—	—	6.0	—	—	—	40	—	
Permutit A	中	美	NR_3, NR_4	脂族聚胺	$Cl-SO_4$	5.5	1.8	1~5	0.3~1.2	40	0~12	粒状
Permutit AB	中	美	NR_3, NR_4	脂族聚胺	$Cl-SO_4$	5.5	1.8	1~5	0.3~1.2	40	0~12	颗粒
Permutit CCG	中	美	NR_3	酚	$Cl-SO_4$	5.5	1.6	2~9	0.3~1.2	60	0~12	粒状
Permutit	弱	美	NHR_2, NR_3	脂族聚胺	$Cl-SO_4$	5.5	1.8	1~5	0.3~1.2	40	0~12	粒状
Resanex	弱	英	氨基	—	—	9.0	3.0	—	—	80	0~9	粒状
Wolfatit N	弱	德	氨基	—	Cl	4.3	—	—	0.3~1.5	30	—	粒状
Zerolit E	中	英	氨基	酚，甲醛	游离碱	—	1.6	—	0.3~1.2	30	0~12	粒状

（二）国产离子交换树脂

表 3-55（a）　强酸性阳离子交换树脂

牌　号	产品名称	全交换量	国外参照产品	用　途
001×1	强酸性苯乙烯系阳离子交换树脂	(a) ≥4.5 (b) ≥0.4	（美）Amberlite IR-116 （美）Dowex 50×1	抗生素提炼，医药化工等
001×2	强酸性苯乙烯系阳离子交换树脂	(a) ≥4.5 (b) ≥0.6	（美）Dowex 5×2	抗生素提炼，医药化工等
001×3	强酸性苯乙烯系阳离子交换树脂	(a) ≥4.5 (b) ≥1.0	（日）Diaion SK-103	抗生素提炼，医药化工等
001×4	强酸性苯乙烯系阳离子交换树脂	(a) ≥4.5 (b) ≥1.3	（美）Amberlite IR-118	高纯水制备及抗生素提炼等

牌 号	产品名称	全交换量	国外参照产品	用 途
001×7	强酸性苯乙烯系阳离子交换树脂	(a) ≥4.5 (b) ≥1.8	（美）Amberlite IR-120 （美）Dowex 50 （俄）KY2 （日）Diaion SK-IA	硬水软化，纯水制备，湿法冶金，稀有元素分离
002×7	强酸性苯乙烯系阳离子交换树脂	(a) ≥4.4 (b) ≥1.8	—	大粒度，适于高流速水处理
003×7	强酸性苯乙烯系阳离子交换树脂	(a) ≥4.5 (b) ≥1.8	—	均匀粒度，适于氨基酸及稀有元素分离等
004×7	强酸性苯乙烯系阳离子交换树脂	(a) ≥4.3 (b) ≥1.6	—	硬水软化，纯水制备等
001×8	强酸性苯乙烯系阳离子交换树脂	(a) ≥4.5 (b) ≥2.0	（美）Amberlite IR-120 （美）Dowex 50 （俄）KY2-8 （日）Diaion SK-IB	硬水软化，纯水制备，湿法冶金，稀有元素分离
001×7×7	强酸性苯乙烯系阳离子交换树脂	(a) ≥4.5 (b) ≥2.0		水处理
001×14.5	强酸性苯乙烯系阳离子交换树脂	(a) ≥3.8 (b) ≥2.0	（美）Amberlite ER-124	医药工业，抗菌素提炼
D072	大孔强酸性苯乙烯系阳离子交换树脂	(a) ≥4.2 (b) ≥1.4	（美）Amberlyst-15 （日）Diaion HPK-16	有机反应催化，高速混床水处理等
D061	大孔强酸性苯乙烯系阳离子交换树脂	(a) ≥4.2 (b) ≥1.4	—	食品工业，氨基酸提炼，有机反应催化，水处理等
D001-CC	大孔强酸性苯乙烯系阳离子交换树脂	(a) ≥4.1 (b) ≥1.6	—	有机反应催化，生物提炼，氨基酸提炼等
NKC-9	大孔强酸性苯乙烯系阳离子交换树脂	(a) ≥4.7 (b) ≥1.5	（美）Amberlite 15	有机反应催化
D001SS	大孔强酸性苯乙烯系阳离子交换树脂	(a) ≥4.2 (b) ≥2.0	—	制糖工业专用糖汁脱钙，膨胀率小

注：1. 全交换量：（a）mmol/g（干）；（b）mmol/ml（湿）；

2. 树脂结构：Styrene-DVB（聚苯乙烯）；

3. 功能基：—SO_3^-。

表 3-55（b） 强碱性阴离子交换树脂

牌 号	产品名称	功能基	全交换量	国外参照产品	用 途
201×2	强碱性苯乙烯系阴离子交换树脂	—$N^+(CH_3)_3$	(a) ≥3.8 (b) ≥0.45	（美）Dowex 1×2	抗生素提炼等
201×4	强碱性苯乙烯系阴离子交换树脂	—$N^+(CH_3)_3$	(a) ≥3.8 (b) ≥1.10	（美）Amberlite IRA-401 （美）Dowex 1×4 （日）Diaion SA-11A	水处理、制药工业及食品工业等
201×7	强碱性苯乙烯系阴离子交换树脂	—$N^+(CH_3)_3$	(a) ≥3.6 (b) ≥1.4	（美）Amberlite IRA-400 （俄）AB-17 （日）Diaion SA-10A	高纯水制备，放射性元素提炼等
202×7	强碱性苯乙烯系阴离子交换树脂	—$N^+(CH_3)_3$	(a) ≥3.5 (b) ≥1.3	（美）Amberlite IRA-400 （俄）AB-17 （日）Diaion SA-10A	纯水制备，放射性元素提炼
201×8	强碱性苯乙烯系阴离子交换树脂	—$N^+(CH_3)_3$	(a) ≥3.4 (b) ≥1.4	（美）Amberlite IRA-400 （俄）AB-17 （日）Diaion SA-10A	高纯水制备，放射性元素提炼等

牌　号	产品名称	功能基	全交换量	国外参照产品	用　途
D290	大孔强碱性苯乙烯系阴离子交换树脂	—N$^+$(CH$_3$)$_3$	(a) ≥3.3 (b) ≥0.8	（美）Amberlite IRA-900 （法）Diaion A-161	药物提取分离，食品制糖等
D296	大孔强碱性苯乙烯系阴离子交换树脂	—N$^+$(CH$_3$)$_3$	(a) ≥3.6 (b) ≥1.1	（美）Amberlite IRA-900C	水处理、高速混床等
D201	大孔强碱性苯乙烯系阴离子交换树脂	—N$^+$(CH$_3$)$_3$	(a) ≥3.7 (b) ≥1.1	（美）Amberlite IRA-900	水处理、高速混床等
D261	大孔强碱性苯乙烯系阴离子交换树脂	—N$^+$(CH$_3$)$_3$	(a) ≥3.6 (b) ≥1.1	（美）Amberlite IRA-900 （法）Duolite A-161	电影胶片洗印三废治理，有机催化法去杂质等
D280	大孔强碱性苯乙烯系阴离子交换树脂	①	(a) ≥3.0 (b) ≥0.8	—	有机物的精制糖的脱盐脱色等
D284	大孔强碱性Ⅱ型苯乙烯系阴离子交换树脂	②	(a) ≥3.4 (b) ≥1.33	（法）Duolite 120D	纯水制备
D262	大孔强碱性苯乙烯系阴离子交换树脂	—N$^+$(CH$_3$)$_3$	(a) ≥2.0	（荷）Asmit 259n	除去水中低浓度有机物等
D201 GF	大孔强碱性苯乙烯系阴离子交换树脂	—N$^+$(CH$_3$)$_3$	(a) ≥4.0 (b) ≥0.8		用于葡萄糖异构酶的固定化等方面

① 功能基：—N$^+$C$_5$H$_4$CH$_3$；②功能基：—N$^+$(CH$_3$)$_2$C$_2$H$_4$OH。

注：1. 全交换量：（a）mmol/g（干）；（b）mmol/ml（湿）；

　　2. 树脂结构：Styrene-DVB（聚苯乙烯）

表 3-55（c） 弱酸性阳离子交换树脂

牌　号	产品名称	功能基	全交换量	国外参照产品	用　途
110	弱酸性丙烯酸系阳离子交换树脂	—COOH	(a) ≥12(H 型) (b) ≥4(H 型)	（美）Amberlite IRC-84	水处理，电镀含镍废水处理以及制药工业等
D151	大孔弱酸丙烯酸系阳离子交换树脂	—COOH	(a) ≥9.5(H 型) (b) ≥3(H 型)	（美）Amberlite IRC-72	水处理，制药工业，食品制糖工业等
D152	大孔弱酸丙烯酸系阳离子交换树脂	—COOH	(a) ≥9.5(H 型) (b) ≥3(H 型)	（法）Duolite C-464	水处理，三废酸碱中和，制药、食品制糖等
D113	大孔弱酸丙烯酸系阳离子交换树脂	—COOH	(a) ≥10.8(H 型) (b) ≥4.2(H 型)	（德）Lowatit CNP30	水处理及废水处理，回收贵金属；抗生素提纯分离
DLT	大孔苯乙烯系膦酸树脂	—CH$_2$PO(OH)$_2$	(a) ≥7.0 (b) ≥2.4	—	在浓硫酸中除铁离子，对三价铁离子选择性好

注：1. 全交换量：（a）mmol/g（干）；（b）mmol/ml（湿）。

　　2. 树脂结构：Acrylic-DVB（聚丙烯）。

　　3. 树脂结构：DLT：Styrene-DVB（聚苯乙烯）。

表 3-55（d） 弱碱性阴离子交换树脂

牌　号	产品名称	功能基	全交换量	国外参照产品	用　途
D301R	大孔弱碱性苯乙烯系阴离子交换树脂	—N(CH$_3$)$_2$	(a) ≥4.8 (b) ≥1.4	（美）Amberlite IRA-93 （德）Wofatit AD-41	水处理，电镀含铬废水处理，耐污染性能好
D301G	大孔弱碱性苯乙烯系阴离子交换树脂	—N(CH$_3$)$_2$	(a) ≥4.2 (b) ≥1.1	（美）Amberlite IRA-93 （德）AM-26	湿法冶金，从矿浆中提取金
D370	大孔弱碱性苯乙烯系阴离子交换树脂	—N(CH$_3$)$_2$	(a) ≥4.4 (b) ≥1.2	（美）Amberlite IRA-93	水处理，电镀含铬废水处理，耐污染性能好
D371	大孔弱碱性苯乙烯系阴离子交换树脂	—N(CH$_3$)$_2$	(a) ≥4.8 (b) ≥1.4		水处理，电镀含铬废水处理

续表

牌 号	产品名称	功能基	全交换量	国外参照产品	用 途
D392	大孔弱碱性苯乙烯系阴离子交换树脂	—NH₂	(a) ≥4.8 (b) ≥1.4	—	制药工业，抗生素提炼，脱色等
D380	大孔弱碱性苯乙烯系阴离子交换树脂	—NH₂	(a) ≥6.5 (b) ≥链霉素吸附量≥20万单位/毫升	—	链霉素提取等
D382	大孔弱碱性苯乙烯系阴离子交换树脂	—NHCH₃	(a) ≥3.5 (b) ≥1.2	—	弱酸精制，强弱酸分离

注：1. 全交换量：(a) mmol/g（干）；(b) mmol/ml（湿）。

2. 树脂结构：Styrene-DVB（聚苯乙烯）。

表 3-56 常用离子交换树脂的主要性能

产品型号	产品名称	外观	全交换量/(mol/kg)	粒度	水分含量/%	类型	国外产品对照
701（弱碱330）	环氧型弱碱性阴离子交换树脂	琥珀色，不规则颗粒	≥9	10～50目的占90%以上	55～65	氯型	（俄）эдэ-1011 Dolite A-30B
704（弱碱311×4）	苯乙烯型弱碱性阴离子交换树脂	淡黄色球状颗粒	≥5	16～50目的占90%以上	45～55	氯型	（美）Amberlite IR-45
717（弱碱201×7）	苯乙烯型强碱性阴离子交换树脂	淡黄或金黄色球状颗粒	≥3	16～50目的占90%以上	40～50	氯型	（美）Amberlite IRA-400（英）Zerolite FF（日）神胶801号
724（弱酸101×4）	丙烯酸型弱酸性阳离子交换树脂	乳白色球状颗粒	≥9	16～50目的占90%以上	40～50	氢型	（美）Amberlite IRC-50（英）Zerolite 226
732（弱酸1×12）	苯乙烯型强酸性阳离子交换树脂	淡褐色球状颗粒	4～5	16～50目的占90%以上	40～50	钠型	（美）Dowex 50 Amberlite IR-120（英）Zerolite 225（日）神胶1号
强酸42	酚醛型强酸性阳离子交换树脂	黑褐色粒状	0.92mol/L				（英）Zerolite 215

表 3-57 大网状树脂的某些性质

树 脂	离子交换基团	不同总孔隙的平均直径/μm			相对密度		孔隙/(ml/g)	比表面积 A/(m²/g)	比容量/(mol/kg)	水的吸着量
		10%	50%	90%	表观的	骨架内的				
Amberlyst15	—SO₃H	300	180	120	0.982	1.527	0.36	47.2	4.8	0.96
Amberlyst XN-1005	—SO₃H	350	<120	<120	0.795	1.359	0.52	117.9	3.5	0.79
Amberlyst A-27[①]	—CH₂N(CH₃)₃Cl	1140	690	660	0.555	1.114	0.91	42.2	2.6	1.50
Amberlyst A-29	—CH₂N(CH₃)₂—C₂H₄(OH)Cl	475	130	<120	0.836	1.237	0.39	53.0	2.7	0.79

① 原名为 Amberlyst XN-1001。

（三）特种交换树脂

1. 螯合树脂

螯合树脂是一类能与金属离子形成多配位配合物的交联功能高分子材料。螯合树脂通过树脂上的功能原子与金属离子发生配位反应来吸附金属离子，与离子交换树脂相比，螯合树脂与金属离子的结合力更强，选择性也更高，可广泛应用于各种金属离子的回收分离、氨基酸的拆分等。

从结构上分类，螯合树脂可分为侧链型和主链型两类。从原料上来分类，则可分为天然（如纤维素、海藻酸盐、甲壳素、蚕丝、羊毛、蛋白质等）和人工合成两类。

螯合离子交换树脂是将具有高选择性的有机试剂在合成离子交换树脂时连接于树脂网状结构中，使树脂含有能够与某些离子形成螯合物的官能团，既具有一般离子交换树脂的性能，又具有有机试剂所特有的选择性。用于分离时，在树脂上同时进行离子交换反应和螯合反应，即有选择性的交换反应。其优点是它的高选择性（决定于树脂中所含的螯合基的结构）和高稳定性（与金属离子形成了内络盐），其缺点是与金属离子交换吸附过程较慢。

表 3-58 螯合树脂中主要配位原子和配位官能团

配位原子	配位官能团
O	—OH（醇、酚），—O—（醚、冠醚），$>$C=O（醛、酮、醌），—COOH，—COOR，—NO，—NO$_2$，$>$N→O，—SO$_3$H，—PHO(OH)，—PO(OH)$_2$，—AsO(OH)$_2$
N	—NH$_2$，$>$NH，$>$N，$>$C=NH（亚胺），$>$C=N—（席夫碱），$>$C=N—OH（肟），—CONH—OH（羟肟酸），—CONH$_2$，—CONHNH$_2$（酰肼），—N=N—（偶氮），含氮杂环
S	R—C—SH（巯基），R—S—R（硫醚），$\overset{N-N}{\underset{S\ \ S}{\searrow}}$
P	$>$P—（一、二、三烷基或芳香基膦）
As	$>$As—（一、二、三烷基或芳香基胂）
Se	—SeH（硒醇、硒酚），$>$C—Se（硒羰基化合物），—CSeSeH（二硒代羧酸）

表 3-59 亚氨基二乙酸螯合离子树脂分离富集痕量元素

测定项目	分析主体	离子交换柱	方法要求
Cd、Co、Cu、Fe、Mn、Ni、Pb、Zn	海水	Chelex100	取已用硝酸酸化至 0.6mol/L 的水样，中和至 pH=5.0～5.5，流经交换柱，用 pH=5 的 1mol/L NH$_4$Ac 洗除去 Ca、Mg、K、Na，然后以 2.5mol/L HNO$_3$ 洗提 Cd、Co、Cu、Fe、Mn、Pb 和 Zn 等元素。用无火焰原子吸收光谱法测定
Cd、Co、Cu、Fe、Ni、Pb、Zn	海水、天然水、雪水	Chelex100	水样调节至 pH=6，流经交换柱，缓冲液冲洗，2mol/L HNO$_3$ 洗提 Cd、Co、Cu、Fe、Ni、Pb 和 Zn 等
Cd、Co、Cu、Mn、Zn、RE	河水	Chelex100 或 Dowex A-1 1g	取 pH=1 的水样用 NH$_4$OH 中和，流经交换柱，1mol/L Na$_2$CO$_3$ 洗提 RE，2mol/L HNO$_3$ 洗提 Cd、Co、Cu、Mn、Zn
Cd、Cu、Fe、Ni、Pb、Zn	工业废水	Chelex100	每 100ml 水样中加入 2ml 乙酸铵缓冲液（pH=5.5），流经交换柱，8mol/L HNO$_3$ 洗提 Cd、Cu、Fe、Ni、Pb、Zn。原子吸收光谱法测定
Cd、Cu、Pb	沿岸水	Chelex100	pH=6 水样流经交换柱，HNO$_3$ 洗提 Cd、Ce、Pb，原子吸收光谱法测定
Cd、Ce、Cu、La、Mn、Sc、Zn	海水	Chelex100	水样中和至 pH=8，流经交换柱，4mol/L HNO$_3$ 洗提 Cd、Ce、Cu、La、Mn、Sc 和 Zn 等，中子活化分析
Cd、Cu、Mn、Pb、Zn	咸味水、沿岸海水	Chelex100 与玻璃微珠 1:1 混合	水样中和至 pH=6～8，流经交换柱，1mol/L HNO$_3$ 洗提 Cd、Cu、Mn、Pb、Zn。原子吸收光谱法测定
Cd、Cu、Pb、Zn	河水	Chelex100	水样用 HNO$_3$ 调节至 pH=6.5，流经交换柱，2mol/L HNO$_3$ 洗提 Cd、Cu、Mn、Pb、Zn。原子吸收光谱法测定
Cu、Ni、Zn	海水	Chelex100 用 CaCl$_2$ 溶液处理，转变 Ca^{2+} 型	水样调至 pH=8.2，流经交换柱，Cu、Ni、Zn 等吸附，树脂压成片，X 射线荧光法测定

续表

测定项目	分析主体	离子交换柱	方法要求
In	海水	Dowex A-1 AG2-X8	水样用 1mol/L NH_4OH 调节至 pH=9.2，流经交换柱，水洗，3mol/L HCl 洗提 In 和其他被吸附的元素，然后以 AG2-X8 交换柱分离 In。中子活化分析
Mo、V	海水	Chelex100 1.0cm×6.0cm	水样调节至 pH=5，流经交换柱 2mol/L NH_4OH 洗提 Mo、V，与其他元素分离
U	天然水	Dowex A-1	水样调节至 pH=6~8，加入过量的 EDTA，流经交换柱。铀吸附，与其他干扰元素分离，用 4mol/L HCl 洗提 U，偶氮肿 III光度法测定
U	地面水	Chelex100	水样调节至 pH=4，流经交换柱，铀吸附，Ca^{2+}吸附甚少，分离后的 U 用 X 射线荧光光谱法测定
U	海水	Dowex A-1	1L 水样，加 10ml HCl，10ml 乙酸铵，调节至 pH=3，加 5ml 1%CyDTA，4g 树脂，搅拌，滤出树脂，加 20ml 3%$(NH_4)_2CO_3$ 浸泡，偶氮肿 III光度法测定
U	碳酸盐矿区水	Chelex100	水样流经交换柱，铀吸附后，在树脂上直接以 X 射线荧光光谱法测定
U	天然水	Chelex100	水样中加入 1,2-二氨基环乙烷四乙酸溶液，调节 pH=3.9~4.0，流经交换柱，0.8% NH_4Ac(pH=5.5)洗去非目标物，2mol/L HNO_3 洗提 U，光度法测定

2. 萃淋树脂

萃淋树脂由萃取剂吸附到常规的大孔聚合物载体（极性或非极性）上制备而成，用于各种萃取操作，提取各种金属，在萃取、洗脱方面兼有颗粒和液体两种特点，又被称为"固+液萃取技术"。萃淋树脂的优点：分离效果好、分离速度快、操作简单。萃淋树脂大致可分为萃取剂浸渍树脂和 Levextrel 树脂。前者是将大孔聚合物载体（极性或非极性）浸泡在萃取剂中制备而成，有时需加入稀释剂，以改善树脂的亲水性，还可在体系中加入第三种或更多种组分，后者则是在二乙烯苯成珠聚合过程中将萃取剂加入到苯乙烯单体中进行悬浮聚合制得。

萃淋树脂除了在金属离子检测、湿法冶金等方面有广泛应用，还可作为气相色谱固定相、固相萃取填料等。此外，周锦帆[7]、李华昌[8]、王荣耕[9]、胡元钧[10]、王松泰[11]等进行了相关的综述。

表 3-60 某些萃淋树脂的物理性能[12]

树脂代号	萃取剂	萃取剂含量/%	粒度/nm	视密度/(g/cm³)	真密度/(g/cm³)
OC1023	TBP	45	0.3~1.0	0.66	1.03
OC1026	P204	25	0.3~1.0	0.60	0.97
CL-TBP	TBP	60	0.07~0.84	0.59	1.02
CL-P204	P204	50	0.07~0.84	0.53	
CL-P507	P507	55	0.07~0.3	0.45	1.02
CL-263	N263	43	0.07~0.3		

表 3-61 金属离子在 HCl 介质于 CL-TBP 萃淋树脂上的 K_D[2]

c(HCl)/(mol/L)	吸附平衡后金属离子含量 m/mg										K_D/(ml/g)				
	溶液中					树脂上									
	Pb	As	Ni	Co	Fe	Pb	As	Ni	Co	Fe	Pb	As	Ni	Co	Fe
1	1.82	1.89	1.83	1.85	1.93	0.18	0.11	0.17	0.15	0.07	9.9	5.8	9.3	8.1	3.6
2	1.86	1.95	1.83	1.84	1.35	0.14	0.05	0.17	0.16	0.65	7.5	2.6	9.3	8.7	48
3	1.85	1.95	1.79	1.80	0.76	0.15	0.05	0.21	0.20	1.24	8.1	2.6	11.7	11.1	163

$c(\text{HCl})$ /(mol/L)	吸附平衡后金属离子含量 m/mg										K_D/(ml/g)				
	溶液中					树脂上									
	Pb	As	Ni	Co	Fe	Pb	As	Ni	Co	Fe	Pb	As	Ni	Co	Fe
4	1.80	1.95	1.86	1.86	0.24	0.20	0.05	0.14	0.14	1.76	11.1	2.6	7.5	7.5	733
5	1.84	1.89	1.86	1.85	0.03	0.16	0.11	0.14	0.15	1.97	8.7	5.8	7.5	8.1	6.6×10^3
6	1.80	1.92	1.81	1.82	0.02	0.20	0.08	0.19	0.18	1.98	11.1	4.2	10.5	9.9	9.9×10^3
7	1.82	1.91	1.81	1.81	0.02	0.18	0.09	0.19	0.19	1.98	9.9	4.7	10.5	10.5	9.9×10^3
8	1.84	1.92	1.79	1.84	0.02	0.16	0.08	0.21	0.16	1.98	8.7	4.2	11.7	8.7	9.9×10^3
9	1.87	1.92	1.81	1.78	0.03	0.13	0.08	0.19	0.22	1.97	7.0	4.2	10.5	12.4	6.6×10^3

表 3-62 用萃淋树脂分离贵金属

聚合物基体	萃取剂	被分离元素
Amberlite XAD-4	TOA（三辛胺）	Pd（Ⅱ）
Amberlite XAD-2	DEHTPA[二(2-乙基己基)硫代氧化膦]	Pd（Ⅱ）
Amberlite XAD-2	β-二苯基二肟	Pt（Ⅳ）、Pd（Ⅱ）、Ni（Ⅱ）
Amberlite XAD-2	Alamine 336（饱和直链三烷基胺）	Pt（Ⅲ）、Pd（Ⅱ）、Rh（Ⅲ）
苯乙烯、二乙烯苯聚合	N1923	Pd（Ⅱ）
苯乙烯、二乙烯苯聚合	N-503（N,N-二仲辛基乙酰胺）	Pd（Ⅱ）
苯乙烯、二乙烯苯聚合	TOA，TIOA	Pd（Ⅱ）
苯乙烯、二乙烯苯聚合	S-201（二异戊硫醚）	Au（Ⅲ）、Pd（Ⅱ）
苯乙烯、二乙烯苯聚合	POS（石油亚砜）+TBP（磷酸三丁酯）	Au（Ⅲ）、Pd（Ⅱ）
苯乙烯、二乙烯苯聚合	PSO+N-503	Au（Ⅲ）、Pd（Ⅱ）
苯乙烯、二乙烯苯聚合	N-263（氯化甲基三烷基铵）	Au（Ⅲ）、Pt（Ⅳ）、Pd（Ⅱ）
苯乙烯、二乙烯苯聚合	TBP、P204	Pt（Ⅳ）、Pd（Ⅱ）、Rh（Ⅲ）、Ir（Ⅳ）
交联大孔聚苯乙烯树脂	聚环硫丙烷	Au（Ⅲ）、Ag（Ⅰ）、Pt（Ⅳ）、Pd（Ⅱ）
聚四氟乙烯粉	N-235（三烷基胺）氯仿溶液	Rh（Ⅲ）、Pt（Ⅳ）
硅胶	TBP	Au（Ⅲ）、Pt（Ⅳ）、Pd（Ⅱ）、Rh（Ⅲ）、Ir（Ⅳ）
硅胶	TOA	Pt（Ⅳ）、Pd（Ⅱ）、Rh（Ⅲ）、Ir（Ⅳ）
硅球	N263	Pt（Ⅳ）、Pd（Ⅱ）、Rh（Ⅲ）、Ir（Ⅳ）
聚三氟氯乙烯	N263	Pt（Ⅳ）、Pd（Ⅱ）、Rh（Ⅲ）、Ir（Ⅳ）
疏水性树脂	TOA	Au（Ⅲ）、Pt（Ⅳ）、Pd（Ⅱ）

表 3-63 萃淋树脂的应用实例

提取元素	基体	萃淋树脂	测试方法	文献
Ge, Mo	中草药	CL-TBP	苯基荧光酮-CTMAB 光度法	1
Ag	地质矿样	P507	ICP-MS	2
U	环境水样	P507	光度法	3
U, Th	环境水	CL-TBP	光度法	4
Ga, In, Zn	矿石	Cl-P204	光度法	5
Re, Mo	矿石	N235	光度法	6
14 个稀土	高纯氧化铈	Cl-P204	ICP-MS	7
Tm, Yb, Lu	稀土样	Cyanex 272	ICP	8
Au		CL-N235	AAS	9
Cr（Ⅲ），Cr（Ⅵ）	环境水样	CL-TBP	差示光度法	10
重稀土 Tm-Yb，Yb-Lu	稀土矿样	Cyanex 272	EDTA 滴定法	11

续表

提取元素	基 体	萃淋树脂	测试方法	文献
Fe, Pb, As, Ni, Co		CL-TBP	ICP	12
Zr, Hf		P507	光度法	13
Cs	高放射性废液	Calix[4]-bis-crown-6		14
Au	碱性氰化废液	TRPO-D3520	AAS	15
Sm, Eu, Gd, Dy	核燃料	CL-TBP	ICP-MS	16

本表文献：

1 罗友云，周方钦，黄荣辉，等. 分析科学学报，2007，23（2）：216.

2 邢智，漆亮. 岩矿测试，2002，21（2）：93.

3 李德良，杨艳，台希，等. 岩矿测试，2004，42（3）：187.

4 郭红. 中国科技博览，2012（22）：9.

5 刘军深，何争光，蔡伟民. 有色金属工程，2003，55（增）：85.

6 蒋克旭，翟玉春，熊英，等. 有色金属：冶炼部分，2010（2）：35.

7 尹明，李冰，曹心德，等. 分析试验室，1999，18（3）：1.

8 廖春发，梁勇，焦芸芬，等. 稀有金属，2007，31（6）：824.

9 董岁明，张理平，董西芳. 有色金属：选矿部分，2006（4）：8.

10 郭方道，黄兰芳，梁逸曾. 分析化学，2003，31（10）：1250.

11 梁勇，林如丹，袁剑雄. 湿法冶金，2006，25（4）：183.

12 许玉宇，周锦帆，王国新，等. 理化检验-化学分册，2007，43（12）：1008.

13 董雪平，周新木，陈慧勤，等. 分析科学学报，2009（5）：563.

14 郝小娟，谈树苹. 中国原子能科学研究院年报，2010（1）：264.

15 杨项军，王世雄，邹安琴，等. 光谱学与光谱分析，2014（2）：483.

16 龙绍军，廖志海，安身平，等. 核化学与放射化学，2014（6）：352.

三、特种离子交换/吸附材料

（一）离子交换纤维

将交换基团结合于聚乙烯醇等合成纤维上，即可制成离子交换纤维。选择不同的交换基团可制成阳离子交换纤维和阴离子交换纤维。这类离子交换剂的化学性质和物理性能与一般的离子交换树脂基本相似，交换容量较小。由于它的表面积和表面空隙比普通离子交换树脂分别大 500 倍和 100 倍左右，有利于离子自由进出，交换速度较快。此外，离子交换纤维耐酸、耐碱、耐湿性能良好。

早期的离子交换纤维是以纤维素为基体制备，也称离子交换纤维素。现在离子交换纤维多为化纤基体，有聚烯、聚丙烯腈、聚乙烯醇、聚氯乙烯、氯乙烯-丙烯腈共聚物等纤维，也有用天然纤维或其他化纤为基体的离子交换纤维。

表 3-64 常用离子交换纤维素种类和特性

名　称		缩写	离子交换基团	性质	交换容量/(mmol/g)	通行的颗粒大小/μm
阳离子	羧甲基纤维素	CM-纤维素	$-OCH_2COOH$	弱酸性	0.62±1	50～200
	磷酸根纤维素	P-纤维素	$-OPO_3H_2$	中强酸性	0.8～0.9	50～200
	磺乙基纤维素	SE-纤维素	$-OC_2H_4SO_3H$	强酸性	0.2～0.3	50～200
阴离子	二乙基氨基纤维素	DEAE-纤维素	$-OC_2H_4N(C_2H_5)_2$	强碱性	0.4～0.55	50～200
	三乙基氨基纤维素	TEAE-纤维素	$-OC_2H_5N^+Br^-$	中强碱性	0.55～0.75	50～200
	对氨苄基纤维素	PAB-纤维素	$-OCH_2C_6H_4NH_2$	弱碱性	0.15～0.2	50～200
	氨乙基纤维素	AE-纤维素	$-OC_2H_4NH_2$	弱碱性	0.33±0.1	50～200
	Ecteola 纤维素	Ecteola-纤维素	$-OCH_2CH_2N^+(C_2H_5OH)_2$	弱碱性	0.3～0.4	50～200
	弧乙基纤维素	QE-纤维素	$-OC_2H_4NHC=NH_2^+Cl^-$	弱碱性	0.2～0.3	50～200

表 3-65 **Serva-纤维素离子交换剂**

名 称	离子交换基团	性 质	交换容量/(mol/kg)	通行的颗粒大小/μm
CM-纤维素	—OCH$_2$COOH	C，弱酸性	0.62±1	50～200
P-纤维素	—OPO$_3$H$_2$	C，中强酸性	0.8～0.9	50～200
SE-纤维素	—OC$_2$H$_4$SO$_3$H	C，强酸性	0.2～0.3	50～200
DEAE-纤维素	—OC$_2$H$_4$N(C$_2$H$_5$)$_2$	A，强碱性	0.4～0.55	50～200
TEAE-纤维素	—OC$_2$H$_5$N$^+$Br$^-$	A，中强碱性	0.55～0.75	50～200
PAB-纤维素	—OCH$_2$C$_6$H$_4$NH$_2$	A，弱碱性	0.15～0.2	50～200
AE-纤维素	—OC$_2$H$_4$NH$_2$	A，弱碱性	0.33±0.1	50～200
ECTEOLA-纤维素	未知	A，弱碱性	0.3～0.4	50～200
BD-纤维素	—OC$_2$H$_4$N(C$_2$H$_5$)$_2$	A，中强碱性	0.8±0.05	50～200
GE-纤维素	—OC$_2$H$_4$NHC=NH$_2$NH$_2^+$Cl$^-$	A，强碱性	0.2～0.3	50～200
BND-纤维素	—OC$_2$H$_4$N(C$_2$H$_5$)$_2$	A，中强碱性	0.8±0.05	50～200

表 3-66 **改性纤维素吸附剂对重金属离子的吸附量**

吸附剂	活化剂	改性试剂	金属离子	最大吸附量 Q_{max}/(mg/g)	文献
纤维素（CelNN）	三氯氧磷	乙二胺	Cu^{2+}	104.2	1
			Ni^{2+}	30.8	
			Zn^{2+}	69.3	
纤维素（Celen）	亚硫酰氯	乙二胺	Cu^{2+}	90.2	2
			Ni^{2+}	89.0	
			Zn^{2+}	73.1	
			Co^{2+}	118.5	
壳聚糖（CCTS）	环氧氯丙烷	三乙烯四胺	Pb^{2+}	559.4	3
蔗糖渣（MSB5）	1,3-二异丙基碳二亚胺	乙二胺	Cu^{2+}	139	4
			Cd^{2+}	164	
			Pb^{2+}	189	
蔗糖渣（MSB6）	1,3-二异丙基碳二亚胺	三乙烯四胺	Cu^{2+}	133	5
			Cd^{2+}	313	
			Pb^{2+}	313	
丝光纤维素（Cell6）	吡啶	琥珀酸苷	Cu^{2+}	153.9	6
			Cd^{2+}	250.0	
			Pb^{2+}	500.0	
丝光蔗糖渣（MMSCB6）	吡啶	琥珀酸苷	Cu^{2+}	185.2	7
			Cd^{2+}	256.4	
			Pb^{2+}	500.0	

本表文献：

1 Torres J D, Faria E A, Prado A G. J Hazardous Meter, 2006, 129: 239.

2 Da Silva Filho, de Melo E C, Airoldi J C. Carbohydrate Res, 2006, 341: 2842.

3 Tang X H, Zhang X M, Guo C C, Zhou A L. Chem Eng Tech, 2007, 30(7): 955.

4 Karnitz Junior O, Gurgel L V A, Perin de Melo J C, et al. Bioresource Tech, 2007, 98(6): 1291.

5 Gurgel L V A, Karnitz Junior O, Gil R P F, Gil L F. Bioresource Tech. 2008, 99: 3077.

6 Gurgel L V A, Freitas R P, Gil L F. Carbohydrate Polymers, 2008, 74:922.

7 Shukla S R, Pai R S. Sep Purification Tech, 2005, 43: 1.

表 3-67 直接改性制备纤维素吸附剂的方法

改性反应	螯合基团	结构	吸附量/（mg/g）
酯化木浆	丁二酰基	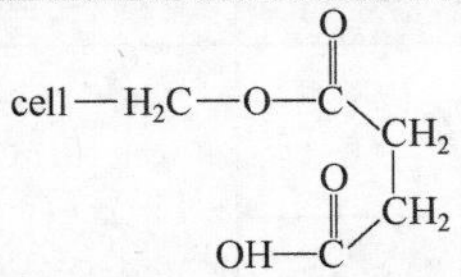 cell—H_2C—O—C(=O)—CH_2—CH_2—C(=O)OH（丁二酸酯结构）	Cd(Ⅱ) 169
酯化木浆	柠檬酸酰基	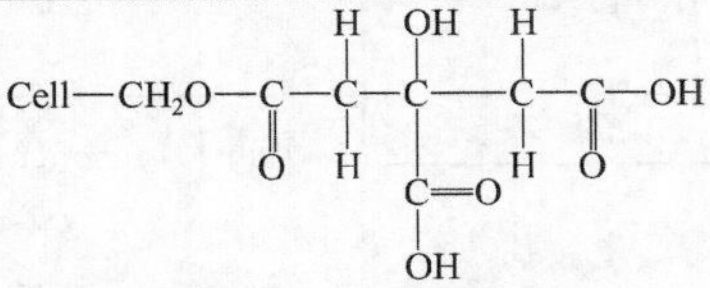 Cell—CH_2O—C(=O)—CH(H)—C(OH)(COOH)—CH(H)—C(=O)OH（柠檬酸酯结构，含 OH）	Cu(Ⅱ) 24 Pb(Ⅱ) 83
醚化纤维素	聚乙烯亚氨基	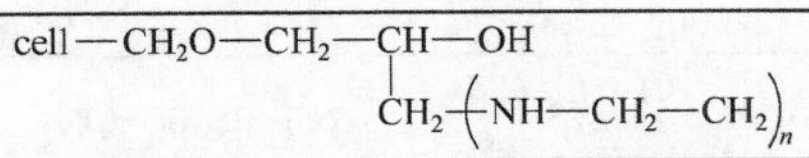 cell—CH_2O—CH_2—CH—OH，CH_2—$(NH$—CH_2—$CH_2)_n$	Hg(Ⅱ) 288
醚化纤维素	胺肟基团	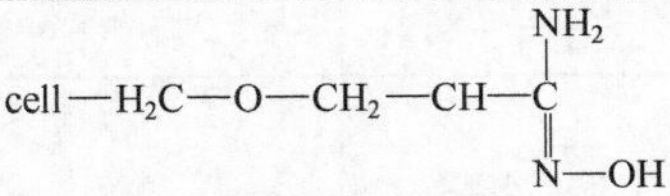 cell—H_2C—O—CH_2—CH—C(NH_2)=N—OH	Cu(Ⅱ) 246 Ni(Ⅱ) 188
卤化纤维素	6-溴-6-去氧纤维素与 2-巯基丁二酸反应，羧基	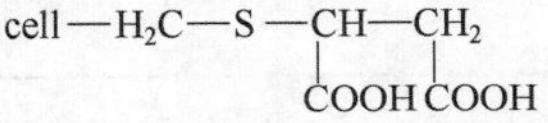 cell—H_2C—S—CH(COOH)—CH_2(COOH)	Cu(Ⅱ) 36 Pb(Ⅱ) 105 Ni(Ⅱ) 0.93
卤化纤维素	氨（胺）基+羧基	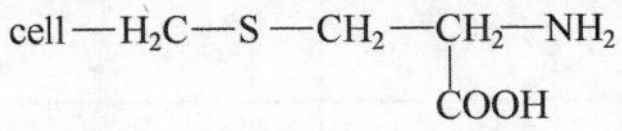 cell—H_2C—S—CH_2—CH(NH_2)—COOH	Cu(Ⅱ) 22 Pb(Ⅱ) 28 Ni(Ⅱ) 8
卤化纤维素	羟基	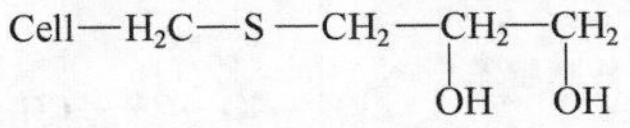 Cell—H_2C—S—CH_2—CH(OH)—CH_2(OH)	Cu(Ⅱ) 2 Pb(Ⅱ) 6 Ni(Ⅱ) 10
氧化纤维素	高碘酸钠，羧基	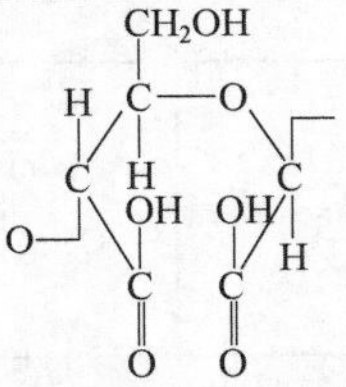 （氧化纤维素环结构，含 CH_2OH，OH，C=O 羧基）	Ni(Ⅱ) 184 Cu(Ⅱ) 236
氧化纤维素	羟肟基团	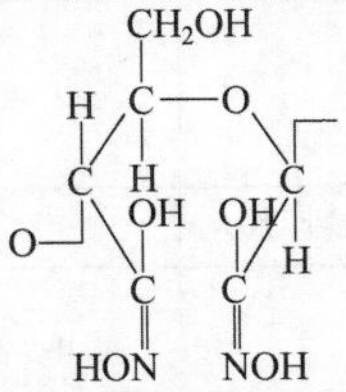 （氧化纤维素环结构，含 CH_2OH，OH，HON、NOH 羟肟基）	Cu(Ⅱ) 246

表 3-68 接枝共聚引发过程的优缺点

引发技术	原 理	优 点	缺 点
光化学引发	紫外光产生自由基	温和的操作条件，成本低	装置价格高，反应时间长
高能引发	辐射产生裂解和形成自由基	不需要催化剂和添加剂，容易改变操作参数	材料降解严重，成本高
化学引发	用化学试剂在表面产生自由基	相对便宜，均聚物产生量少，容易使用	需要催化剂和添加剂，引发剂的纯度和浓度影响引发过程，反应依赖温度

表 3-69 化学改性和接枝纤维素的吸附能力

引发接枝类型	纤维素原料	螯合基团	结构	吸附量/(mg/g)
化学引发	锯屑	羧基	cell—(H₂C—CH)ₘₒₙ C=O—OH	Cu(Ⅱ) 104 Ni(Ⅱ) 97 Cd(Ⅱ) 168
	纤维素粉末	羧基	cell—(H₂C—CH)ₘₒₙ C=O—OH	Pb(Ⅱ) 55.9 Cu(Ⅱ) 17.2 Cd(Ⅱ) 30.3
	锯屑	酰胺基	cell—(H₂C—CH)ₘₒₙ C=O—NH₂	Cr(Ⅵ) 45
	棉花纤维素	酰胺基	cell—(H₂C—CH)ₘₒₙ C=O—NH₂	Hg(Ⅱ) 712
化学引发	香蕉茎	(1)酰胺基 (2)乙二胺 (3)丁二酰基	cell—(H₂C—CH)ₙ CONH—(CH₂)₂—NHCO(CH₂)₂—COOH	Hg(Ⅱ) 138
	向日葵茎	胺肟基团	cell—O—(CH₂—CH)ₘₒₙ C(NH₂)=NOH	Cu(Ⅱ) 39
	纤维素微球	(1)氰基 (2)羧基	cell—O—(CH₂—CH)ₘₒₙ CN —(CH₂—CH)ₘₒₙ COOH	Cr(Ⅲ) 73.5 Cu(Ⅱ) 70.5
	纤维素	咪唑基	cell C=O—O—CH₂—CH(OH)—CH₂—N(咪唑环)	Cu(Ⅱ) 68.5 Ni(Ⅱ) 48.5 Pb(Ⅱ) 75.8
	多孔纤维素	聚乙烯多胺	cell C=O—O—CH₂—CH(OH)—CH₂—(NH—CH—CH₂)ₘₒₙ	Cu(Ⅱ) 60 Co(Ⅱ) 20 Zn(Ⅱ) 27
光化学引发	木浆	胺肟基团	cell—O—(CH₂—CH)ₘₒₙ C(NH₂)=NOH	Cu(Ⅱ) 51
		三乙烯四胺		Cu(Ⅱ) 30
高能辐射引发	纤维素浆	羧基	cell(H₂C—CH)ₘₒₙ C=O—OH (CH₂—CH)ₘₒₙ C=O—OH	Cu(Ⅱ) 49.6
	蔗糖渣纤维素	尿素	cell—NH—C(=O)—NH₂	Cu(Ⅱ) 76 Hg(Ⅱ) 280
	木浆	羧基	cell—(H₂C—CH)ₘₒₙ C=O—OH	Fe(Ⅲ) 7 Cr(Ⅲ) 7 Cd(Ⅱ) 4 Pb(Ⅱ) 6

表 3-70 纤维素吸附剂吸附-解吸-再生研究情况

纤维素吸附剂	吸附离子	洗脱溶液	回收率	文献
蔗糖渣氨基甲酸酯	Cu(II)、Hg(II)	1.2mol/L HCl	在较低或较高 pH 不稳定	1
羧基球形纤维素	Cr(III)	EDTA	86%	2
氨肟化木屑	Cu(II)、Cr(III)、Cd(II)、Ni(II)	浓 HCl	4 次循环后大于 90%	3
丙烯酸胺羧甲基纤维素接枝化合物	Cd(II)、Cu(II)、Ni(II)	1.0mol/L HCl	98%	4
丙烯酸纤维素接枝化合物	Cu(II)、Cd(II)、Ni(II)	8%NH₃（体积）	多次循环后 100%	5
丙烯酰胺-丙烯酸纤维素接枝化合物	Cu(II)	0.1mol/L HCl	7 次循环后 90%	6
纤维素接枝甲基丙烯酸环氧丙酯-咪唑吸附剂	Cu(II)、Ni(II)、Pd(II)	0.1mol/L HNO₃	95% Cu(II)&Ni(II)-(HCl) 62% Pb(II)-HNO₃	7～9
丙烯酰胺香蕉茎接枝共聚物	Pd(II)、Cd(II)	0.2mol/L HCl	3 次循环后：Pb(II) 98% Cd(II) 94%	10

本表文献：

1 Orlando U S, Beast S, Nishijima W, Okada M. Green Chem, 2002, 4: 555.
2. Liu M H, Deng Y, Zhan H, Zhan X S. J Appl Polym Sci, 2002, 84: 478.
3 Saliba R, Gauthier H Y, Gauthier R. Adsorption Sci Tech, 2005, 23(4): 313.
4 Gaey M, Marchetti V, Clement A, et al. J Wood Sci, 2000, 46: 331.
5 Guclu G, Gurdag G, Ozgumus S. J Appl Polym Sci, 2003, 90: 2034.
6 Zhao B, Wang P, Zheng T, et al. J Applied Polymer Sci, 2006, 99: 2951.
7 O' Connell D W, Birkinshaw C, O Dwyer T F. J Appl Polymer Sci, 2005, 99(6): 2888.
8 O Connell D W, Birkinshaw C, O Dwyer T F, J Chem Tech Biotech, 2006, 81: 1820.
9 O Connell D W, Birkinshaw C, O Dwyer T F. Adsorption Sci Tech, 2006, 24(4): 337.
10 Shibi I G, Anirudhan T S. J Chem Tech Biotech, 2006, 81: 433.

（二）巯基棉

巯基棉是将巯基引入纤维素分子而制得。应用较为广泛。其制备方法和使用效果见表 3-71～表 3-73。

表 3-71 巯基棉的制备方法

方法	棉花用量 m/g	试剂及用量	温度 T/℃	时间 t/h	含巯基量 ω/%	特性
1	30	100ml 巯基乙酸 60ml 乙酸酐 40ml 36%乙酸 0.3ml 浓 H₂SO₄	40	48～96	1.0	广泛应用
2	4	20ml 巯基乙酸 14ml 乙酸酐	25	24	10	
3	4	20ml 巯基乙酸 14ml 乙酸酐 2 滴 H₂SO₄	25	24	12.9	比方法 1 省时，Hg 离子的吸附量提高一倍，放置半年，吸附量仍在 90%以上
4	5	20ml 巯基乙酸 14ml 乙酸酐 2 滴 H₂SO₄	35～40	48		棉花预先浸泡 2～4h
5	3	10ml 巯基乙酸 0.15ml (1+1)H₂SO₄	30～40	24	1.7～1.9	无需严格控制温度，反应后无恶臭

表 3-72 巯基棉富集金属离子的条件

元 素	定量吸附酸度	建议吸附酸度	完全不吸附酸度	洗脱条件（0.1g 巯基棉）
Pt(IV)	0.5～12mol/L HCl，在 1g/L 二氯化锡存在下	0.5～2mol/L HCl，在 1g/L 二氯化锡存在下		2ml 盐酸+0.1ml 硝酸+氯化钠煮沸
Pd(II)	5～12mol/L HCl	0.01～1mol/L HCl		2ml 盐酸+0.1ml 硝酸煮沸
Au(III)	8～12mol/L HCl	0.001～1mol/L HCl		2ml 盐酸+0.1ml 硝酸煮沸
Se(IV)	3～12mol/L HCl	0.1～1mol/L HCl		2ml 盐酸+1 滴硝酸煮 3min
Te(IV)	8～12mol/L HCl	0.1～1mol/L HCl		2ml 盐酸+1 滴硝酸煮 3min
As(III)	0.5～8mol/L HCl	0.5～1mol/L HCl	>10mol/L HCl	3ml 热盐酸
Hg(II)	8～3mol/L HCl	0.001～0.5mol/L HCl	>6mol/L HCl	3ml 3mol/L HCl（用氯化钠饱和）
Ag(I)	8～3mol/L HNO₃	0.001～0.1mol/L HNO₃	>6mol/L HNO₃	2ml 10mol/L HNO₃，加热
Sb(III)	8～1mol/L HCl	0.001～0.5mol/L HCl	>4mol/L HCl	3ml 5mol/L HCl
Bi(III)	0.1～0.3mol/L HCl	0.1～0.3mol/L HCl	>1mol/L HCl	3ml 3mol/L HCl
Sn(II)	pH=8～1	pH=2～1.5	>1mol/L HCl	3ml 3mol/L HCl
CH₃Hg⁺	pH=8～2	pH=4～3	>0.5mol/L HCl	3ml 2mol/L HCl
Cu(II)	pH=8～2.5	pH=4～3	>0.3mol/L HCl	2ml 3mol/L HCl
In(III)	pH=8～3.5	pH=5～4	pH<2	2ml 0.4mol/L HCl
Pb	pH=8～3.5	pH=5.5～4.5	pH<2	2ml 0.4mol/L HCl
Cd	pH=8～4.5	pH=6～5	pH<2.5	2ml 0.4mol/L HCl
Zn	pH=8～5	pH=7～5.5	pH<3	2ml 0.2mol/L HCl

表 3-73 部分元素的洗脱及测定方法

元 素	洗脱及测定方法	检出浓度/×10⁻⁴
Zn(II)	2ml 0.2mol/L HCl 洗脱。原子吸收法测定	0.2
Cd(II)	2ml 0.4mol/L HCl 洗脱，加 0.3ml 2mol/L KI（含 50g/L 抗坏血酸），用 2ml MIBK 萃取，原子吸收法测定	0.01
Pb(II)	同 Cd(II)	0.07
Cu(II)	2ml 3mol/L HCl 洗脱，如 0.3ml 2mol/L MIBK 萃取。原子吸收法测定	0.05
In(II)	2ml 0.4mol/L HCl 洗脱，下同 Cu(II)	0.5
Sn(II)	（1）3ml 3mol/L HCl 洗脱，定容，氢化物-原子吸收法测定 （2）2ml 6mol/L HCl 洗脱，用 2ml N235-MIBK 萃取，原子吸收法测定	0.002 2.0
Ei(III)	（1）3ml 3mol/L HCl 洗脱，定容，氢化物-原子吸收法测定 （2）3ml 3mol/L HCl 洗脱，用 0.5ml 2mol/L KI、2ml MIBK 萃取，原子吸收法测定	0.002 0.3
Bb(III)	（1）3ml 5mol/L HCl 洗脱，定容，氢化物-原子吸收法测定 （2）洗脱同上。加 2ml N235-MIBK 萃取，原子吸收法测定	0.002 0.3
CH₃Hg⁺	3ml 2mol/L HCl 洗脱，KMnO₄ 氧化，SnCl₂ 还原，F-732 测汞仪测定	0.003
Hg(II)	3ml 以 NH₄Cl 饱和的 6mol/L HCl 洗脱，SnCl₂ 还原，F-732 测汞仪测定	0.003
Ag(I)	于小三角瓶中加 2ml 10mol/L HNO₃ 加热浓缩，过滤，定容，原子吸收法测定	0.2
As(III)	于比色管中加 2ml HCl，50～55℃水浴加热 5min （1）定容，氢化物-原子吸收法测定 （2）6mol/L HCl 介质中，2ml N235-MIBK 萃取，原子吸收法测定	0.004 1.5
Te(IV)	于比色管中加 2ml HCl，1 滴 HNO₃ 沸水浴加热 3min （1）定容，氢化物-原子吸收法测定 （2）6mol/L HCl 介质中，2ml MIBK 萃取，原子吸收法测定	0.008 0.3
Se(IV)	（1）同 Te(IV)的(1) （2）6mol/L HCl 介质中，2ml N235-MIBK 萃取，原子吸收法测定	0.01 0.5

续表

元素	洗脱及测定方法	检出浓度/×10⁻⁴
Au(Ⅲ)	于比色管中加 2ml HCl、0.1mol HNO₃，沸水浴加热 5min 定容 5ml，2ml MIBK 萃取，原子吸收法测定	0.2
Pd(Ⅱ)	于比色管中加 2ml HCl、0.1ml HNO₃，沸水浴加热 2min，加 1ml 50g/L SnCl₄。定容 5ml，2ml MIBK 萃取，原子吸收法测定	0.2
Pt(Ⅳ)	于比色管中加 2ml HCl、0.1ml HNO₃ 和 0.2g NaCl，沸水浴加热 10min。定容 5ml，2ml N235-MIBK 萃取，原子吸收法测定	2.0

（三）壳聚糖类吸附剂

壳聚糖吸附剂的结构见图 3-5，其性质和基本功能见表 3-74～表 3-82。

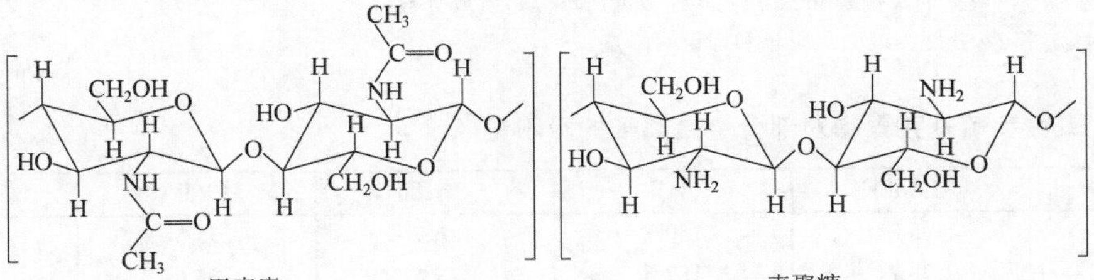

图 3-5　甲壳素和壳聚糖的结构

表 3-74　壳聚糖/改性壳聚糖对单一金属的吸附率[13]　　　　　　　　　　单位：%

吸附剂	Cu	Ni	Co	Mn
壳聚糖	98.3	78.5	21.0	7.0
乙醛酸-壳聚糖	58.0	31.5	17.0	28.0
Gly-壳聚糖	99.7	99.9	100	98.2
Ala-壳聚糖	99.7	100	100	100
Ser-壳聚糖	99.8	100	100	100
Leu-壳聚糖	99.8	100	99.9	100
Pro-壳聚糖	99.6	100	99.9	99.9
Phe-壳聚糖	99.9	100	99.9	100
Asp-壳聚糖	99.6	99.9	99.9	99.7
Aib-壳聚糖	99.2	100	99.9	99.9

表 3-75　吸附剂颗粒的物理参数[14]

吸附剂	粒径 d_p	ρ/(g/L)	含水量/%	表面积/[m²/g（湿重）]
flakes G1	0～125μm	1180	13.0	81.4×10⁻³
flakes G2	125～250μm	1180	13.0	27.1×10⁻³
flakes G3	250～500μm	1180	13.2	13.6×10⁻³
beads 1	0.95mm	1021	93.2	7.11×10⁻³
beads 2	1.6mm	1023	93.8	3.72×10⁻³
beads 3	2.8mm	1021	94.3	2.04×10⁻³

表 3-76 吸附剂的元素分析结果及吸附量参数[1][2][15]

项　目	C	H	N	O	S	Q_{max}/(mmol/g)	Q_0/(mmol/g)
GCC-1:1	50.4	7.3	5.1[4.25]	37.1	—	2.44[259.7]	2.1[223.5]
GCC-2:1	50.2	7.7	5.1[4.25]	37.1	—	—	2.1[223.5]
GCC-3:1	50.6	7.5	5.1[4.25]	36.6	—	—	2.1[223.5]
TGC-1:1:1	47.8	7.1	7.0[5.83]	36.3	1.7[0.53]	2.54[270.3]	3.18[338.4]
TGC-3:2:1	47.4	7.0	7.6[6.33]	35.3	2.7[0.84]	—	3.58[381.0]
TGC-5:3:1	49.0	7.1	7.3[6.08]	34.3	2.3[0.72]	—	3.40[361.8]
RADC-PAM	34.7	7.0	6.3[5.25]	44.4	2.8[0.81]	3.24[344.8]	3.03[322.5]
RADC-MAM	41.4	6.8	5.9[4.92]	42.9	3.0[0.94]	—	2.93[311.8]

① 表中方括号内数据的单位是 mmol/g，其他数据的单位是质量分数。

② 表中 Q_{max} 和 Q_0 分别为最大吸附量和理论吸附量。

表 3-77 壳聚糖和巯基壳聚糖对部分金属离子的吸附量[16]　　　　　　　　　　　　　　单位：mg/g

吸附剂	Cu(II)	Cd(II)	Cr(III)	Ni(II)	Pb(II)
壳聚糖	95.8	180.7	16.7	35.5	220.7
S-壳聚糖	98.7	187.6	19.4	38.6	236.4

表 3-78 壳聚糖衍生物对铜离子和汞离子的最大吸附量[17]　　　　　　　　　　　　　　单位：mg/g

聚合物	pH	Cu(II)	Hg(II)	聚合物	pH	Cu(II)	Hg(II)
壳聚糖	2.5	135	357	B	2.5	208	556
	4.5	238	454		4.5	238	588
A	2.5	189	345	C	2.5	118	164
	4.5	213	435		4.5	130	164

$$\left[\begin{array}{c} CH_2OR^1 \\ O \\ OH \ NH \\ R^2 \end{array}\right]_n$$ 　A　R^1=H; R^2=—CH$_2$CHOHCH$_2$NHCH$_3$

　B　R^1=H; R^2=—CH$_2$CHOHCH$_2$SH

　C　R^1=R^2=—COCH$_2$SH

表 3-79 壳聚糖-杯芳烃（CTS-CA）对金属离子的吸附量[18]　　　　　　　　　　　　单位：mg/g

金属离子	pH	CTS-CA-I	CTS-CA-II	CTS-NH$_2$	金属离子	pH	CTS-CA-I	CTS-CA-II	CTS-NH$_2$
Ni^{2+}	5.0	35.9	35.4	45.9	Pd^{2+}	2.0	65.3	79.1	99.8
Cd^{2+}	5.5	15.2	17.4	35.2	Ag$^+$	5.3	74.6	87.8	105.2
Cu^{2+}	5.6	18.9	18.3	63.4	Hg^{2+}	5.0	19.4	25.9	88.0

表 3-80 壳聚糖和丙烯酰胺接枝壳聚糖对汞铅的吸附性能[19]

pH	壳聚糖珠体			丙烯酰胺接枝壳聚糖珠体		
	K_d(Hg^{2+})/(ml/g)	K_d(Pb^{2+})/(ml/g)	α	K_d(Hg^{2+})/(ml/g)	K_d(Pb^{2+})/(ml/g)	α
3	0	0		2960	0	
4	7860	5850	1.36	300700	76.4	3940
5	10200	8310	1.23	132200	76.4	1780
6	8800	12600	0.70	91500	10100	9.06

表 **3-81**　壳聚糖–冠醚改性产物对金属离子的吸附性能[20]　　　　　　　　　　　　　单位：mg/g

吸附剂	Ag^+	Au^{3+}	Pd^{2+}	Pt^{4+}	Cu^{2+}	Hg^{2+}
	pH=5.3	pH=3.2	pH=2.0		pH=5.6	
壳聚糖-NH_2	102.3	118.4	107.8	123.1	60.4	78.3
冠醚改性物-I	83.4	86.5	79.4	83.9	4.5	5.8
冠醚改性物-III	85.4	88.7	80.1	87.6	4.8	6.9
交联壳聚糖-NH_2	67.8	68.1	48.4	57.3	27.2	53.1
冠醚改性物-II	42.3	44.8	37.2	59.8	2.6	5.2

表 **3-82**　壳聚糖–冠醚改性产物对铅铜汞离子的吸附选择性①[20]

吸附剂	吸附量/(mg/g)			选择吸附系数	
	Pd^{2+}	Cu^{2+}	Hg^{2+}	$K_{Pd^{2+}/Cu^{2+}}$	$K_{Pd^{2+}/Hg^{2+}}$
冠醚改性物-I	70.3	4.2	4.8	16.7	14.6
冠醚改性物-III	72.4	3.7	3.9	19.6	18.6
冠醚改性物-II	52.1	0.0	1.9	∞	27.4

① 金属离子摩尔比为 1:1:1，pH=5.0。

四、离子交换膜技术及其应用

离子交换膜是一种具有选择透过性能的网状立体结构高分子分离膜，也称离子选择透过性膜。按膜的交换性能可分为阳离子交换膜、阴离子交换膜、两性交换膜和双极离子交换膜；按膜的结构与功能可分为普通离子交换膜（一般是均相膜，利用其对一价离子的选择性渗透进行海水浓缩脱盐）、双极离子交换膜（由阳离子交换层和阴离子交换层复合组成，主要用于酸或碱的制备）和镶嵌膜（由排列整齐的阴、阳离子微区组成，主要用于高压渗析进行盐的浓缩、有机物质的分离等）三种。离子交换膜的分类见图 3-6。

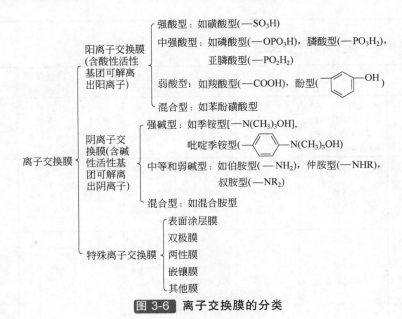

图 **3-6**　离子交换膜的分类

表 3-83 离子交换膜的基本性能指标

膜的性能		指标要求	单 位
物理性能	外观	要求膜平正、光滑（洁）、无针孔	
	爆破强度	湿膜在水压力下每平方厘米所承受的压力	kgf/cm²(1kgf/cm²=98.0665kPa)
	耐折强度	要求膜受外界压力时不断裂	曲折度和折叠次数
	拉伸强度	干膜或湿膜所承受的平行拉力	kgf/cm²
	厚度	干态膜的厚度或在水中充分溶胀后的厚度	cm(或 mm)
	溶胀度	一定尺寸（长×宽）的干膜，在水中充分溶胀后（室温浸泡 24h 以上）膜尺寸增大的百分数。另外，也可以表示厚度增加	%
	最大孔径	膜在湿态时的微孔大小	μm
	水分	干态膜经在水中充分溶胀后增加的重量	%
化学性能	交换容量	每克干膜中的活性基团与离子进行交换的摩尔数	mmoL/g（干膜）
电化学性能	膜电导	衡量湿态膜在电解质溶液中的导电大小	比电导（或称电导率）($\Omega^{-1}\cdot cm^{-1}$）或面电阻（$\Omega\cdot cm^2$）
	选择透过度	衡量湿态膜对阴（或阳）离子选择透过的百分数，通过测定膜电位（毫伏）计算出来	$p\times100$
其他		根据需要，进行耐酸、耐碱、抗氧化或渗水等试验	

表 3-84 均相膜与异相膜的性能比较

性 能	均 相 膜	异 相 膜
各部分性质	相同（都是由树脂组成）	不同（除树脂外还有黏合剂）
孔隙率	小	大（易渗漏）
厚度	小	大
膜电阻	小	大
耐温性	好（可达 50～65℃）	差（低于 40℃）
机械强度	小（改进后大为提高）	大（指有网膜）
制作难易程度	较复杂	简单
制作成本	低	高

表 3-85 部分国外离子交换膜的性能参数[21]

公司	产品	名 称	类型（反离子）	厚度/mm	面电阻/$\Omega\cdot cm^2$	迁移数	爆破强度/(kgf/cm²)	特 性
Ionics（美）	Nepton	CR61CMP-447	阳	0.6～0.7	10		17	脱盐
		CR61HMP-412	阳	0.56～0.58	2	0.89	7.0	
		AR103-QDP	阴	0.5	0.4	0.95	22	
		AR204-UZRA412	阴	0.57	3	0.95	7.0	
Asahi Chemical（日）	Aciplex	K192	强酸性阳	0.13～0.17	1.5～1.9		1.0～2.5	一价阳离子透过，浓缩
		K501		0.16～0.2	2.0～3.5		3.5～6.0	高强度，脱盐
		K541		0.25～0.4	5.0～8.0		6.0～8.0	高强度，低电阻，电渗析
		A192	强碱性阴	<0.15	1.8～2.0		>2	一价阴离子通过，浓缩
		A201		0.22～0.24	3.6～4.2		2.6～3.8	高酸，扩散脱盐
		A221		0.17～0.19	1.4～1.7		2.5～3.5	高酸扩散，扩散渗析
		A501		0.14～0.18	2.0～3.5		4.5～5.5	高强度，脱盐，浓缩

续表

公司	产品	名　称	类型 （反离子）	厚度/mm	面电阻 /$\Omega \cdot cm^2$	迁移数	爆破强度 /(kgf/cm^2)	特　性
Asahi Glass	Selemion	CMT CMV	强酸性阳	0.2～0.25 0.13～0.15	4.0～6.0 2.5～3.5	>0.94 >0.94	6～8 3～5	脱盐 浓缩
		HSV HSF	阳	0.13～0.15	2.27		3～5	H^+选择透过，酸浓缩 H^+选择透过，抗腐蚀，酸浓缩
		AMT AMV ASV	强碱性阴	0.20～0.25 0.13～0.15 0.13～0.15	3.5～5.5 2.0～3.0 3.0～3.5	>0.96 >0.96 >0.97	6～8 3～5 3～5	脱盐 浓缩 一价阴离子通过，浓缩
		AAV AMP	阴	0.11～0.14 0.15～0.20	4.0～6.0 8～10	>0.95	1.5～2.0 2～3	H^+低透过，酸浓缩耐碱
		DSV APS	强碱性阴	0.13～0.17 0.13～0.18	0.9～1.2 0.2～0.5		1.5～2.0 2～3	酸扩散透过 高酸扩散透过
Dupont（美）	Nafion	N-117 N-324 NE-424	全氟磺酸膜	0.183	2.0 4.8			水盐酸电解燃料电池复合膜，氯化钠电解废酸回收
		NE-2010-WX N-981-WX	全氟磺酸/羧酸膜					氯化钠电解 氯化钠电解
Tokuyama（日）	Ncoccpta	CM-1	强酸性阳	0.13～0.16	0.8～2.0		1.5～3.0	低电阻，脱盐，浓缩
		CM-2		0.12～0.16	2.0～3.5		1.5～3.0	低扩散，脱盐，浓缩
		CMX		0.16～0.20	2.0～3.5		3.5～6.0	高强度，脱盐，浓缩
		CMS		0.14～0.17	1.5～3.5		2.0～3.5	一价阳离子选择性，除酸
		CMB		0.22～0.26	3.5～5.0		5.0～8.0	高强度，耐碱，电解
		AM-1	强碱性阴	0.12～0.16	1.3～2.0		2.0～4.0	低电阻，脱盐，浓缩
		AM-3		0.11～0.16	2.8～5.0		2.0～4.0	低扩散，脱盐，浓缩
		AMX		0.14～0.18	2.0～3.5		4.5～5.5	高强度，脱盐，浓缩
		AHA		0.18～0.24	3.5～5.0		6.0～10.0	高强度，耐碱，电解
		ACM		0.10～0.13	3.5～5.5		1.5～3.5	低酸透过性，酸浓缩
		ACS		0.12～0.20	3.0～6.0		2.0～4.0	一价阴离子选择性，脱盐
		ACS-3		0.09～0.12	1.5～2.0		1.3～2.0	一价阴离子选择性，盐生产
		AFN		0.15～0.18	0.2～1.0		2.0～4.0	高酸扩散，扩散渗析，脱盐
		AFX		0.14～0.17	0.5～0.7		2.5～4.5	高酸扩散，扩散渗析
		BP-1	双极性膜	0.20～0.35			4～7	有机/无机酸生产

表 3-86 国产离子交换膜性质

膜名称	牌号	母体	外观	厚度/mm	含水量/%	交换容量（干）/（mol/kg）	面电阻/$\Omega \cdot cm^2$	选透性/%	化学稳定性	爆破强度/（kgf/cm²）	主要用途
聚乙烯醇异相阴、阳膜	（阳膜）		平整、光洁			2.0～2.6	约10	≥90			脱盐、浓缩
		PVA-ST-DVB	黄色或原色	0.7～1.0	47～53				一般	≥3	
	（阴膜）		平整、光洁、绿色			≥2.0	≥1.5	≥85			
聚偏氟乙烯均相阳膜	F101	聚偏氟乙烯苯乙烯二乙烯苯	浅色、半透明状	约2.0	25～35	1.6～1.8	<10	95～97	耐酸，抗氧化	>7	电池隔膜；电解隔膜
聚苯醚均相阳膜	P102	聚苯醚	平滑、光洁、棕色、半透明	0.20～0.50	28～35	1.5～1.8	<10	98	耐碱耐温	7～20	电解隔膜
过氯乙烯型均相阴膜	M869	过氯乙烯多乙烯多胺	平整、棕色	0.18～0.28	36.8～40.5	1.25	<80		耐酸性好	>6	渗析法回收废酸
	M866			0.19～0.28	40.5	1.34	<45			>5	
	M813-4			0.18～0.26	43.1	1.49	<15			>4	
	M813-6			0.18～0.28	53.8	1.80	<3			>3	
聚丙烯型异相阳、阴膜	MPP（阳）	PP-ST-DVB	平整黄色	0.38～0.40	45.7	2.91	10～15	>95	较好	>7	淡化、浓缩，化工分离三废处理
	MPP（阴）		浅蓝色	29.7	29.7	1.75	12～16	>94			
涂浆法聚氯乙烯均相阳离子交换膜	DS-01	PVC-ST-DVB	浅棕色、半透明状	0.18～0.22	22～25	1.68～2.01	≤5	>95	较好	>3	淡化，浓缩、化工分离，电解隔膜电渗析极膜
涂浆法过氯乙烯均相阳膜	DS-02	PVDC-ST-DVB	黑色、平整光洁、可折	0.19～0.25	25～30	1.8～2.2	≤5	>95	较好	>4	淡化、浓缩，化工分离，电解隔膜
甲基丙烯酸二甲胺乙酯均相阴膜	D₁	聚乙烯-甲基丙烯酸二甲胺乙酯	柔钦、平整	0.1～0.15	约15	1.5			耐酸性好		酸的渗析回收
	D₂		挺硬、稍脆	0.1～0.5	约20	2.5					
涂浆法乙丙橡胶	KM	乙丙橡胶	棕黑色	0.45～0.50	33～34	2.5～3.0	5～6	96.2	较好	>6	淡化、化工过程废水处理
均相阳阴膜	AM	苯乙烯、二乙烯苯	红棕色		26	2.5～2.6	13	83.6			

续表

膜名称	牌号	母体	外观	厚度/mm	含水量/%	交换容量（干）/(mol/kg)	面电阻/Ω·cm²	选透性/%	化学稳定性	爆破强度/(kgf/cm²)	主要用途
聚四氟乙烯均相阴阳膜	F₄₆1,3,5,（阳）F₄₆2,4,6,（阴）	F₄₆-ST-DVB	浅色半透明状乳白色	0.15~0.25	20~30	1~2	50~100	约98	极好	6~8	电渗析废水处理，物质提纯回收
环氧型均相阴膜	EPA-1	环氧氯丙烷-多乙烯多胺	浅棕色、半透明状	0.12~0.18	30~40	≥2.0	<10	≥92	较好	>7	淡化、化工过程废液处理
聚偏氟乙烯均相阴膜	F201	聚偏氟乙烯-苯乙烯-二乙烯苯	浅色、半透明状	0.22	28	1.80	<10	约90	很好	>10	电解隔膜用于回收纯铁和酸
聚乙烯半均相膜	（阳）（阴）	PE-ST-DVB	平整，半透明棕色　平整，半透明棕黄色	0.25~0.45	38~40　32~35	2.4　2.5	5~6　8~10	>95	一般	≥5	海水脱盐、浓缩中等酸碱废液处理
全氟羧酸复合膜	—COONa型—COR′型	四氟乙烯-全氟烯醚		0.1~0.2	约18	1.5			很好	3.2　2.5	电解隔膜
全氟磺酸膜	Nafion 125H型	四氟乙烯-全氟烯醚		0.13	约18	0.83			很好	0.83	
聚乙烯异相膜	3361（阳）3362（阴）	聚乙烯-苯乙烯磺酸（季铵）	平整、棕黄色　平整、淡蓝色	0.42　0.42	35　35	2.0　1.8	电阻率1.43Ω·cm　电阻率2Ω·cm	≥90　≥88	良好		海水淡化、溶液脱盐，放射性物质回收

（一）杂化离子交换膜

杂化离子交换膜是将有机材料与无机材料的特点结合起来所形成的新型离子交换膜[22, 23]。其中的无机成分赋予膜以机械、化学和热力学的稳定性，有机成分则赋予膜以柔韧性。杂化膜的荷电基团能增加膜的抗污染特性。

杂化离子交换膜的制备方法：①将金属醇盐在聚合物母体中进行原位溶胶-凝胶反应；②选用或合成有机烷氧基硅烷 $R_nSi(OR)_{4-n}$ 进行溶胶-凝胶反应；③制备端基/侧基含硅烷氧基团—Si(OR)₃ 的聚合物，以此为前驱体进行溶胶-凝胶反应。杂化膜有阳离子交换膜和阴离子交换膜之分。

表 3-87 　杂化阳离子交换膜的制备材料[24]

荷负电聚合物	前躯体
Nafion	Zr(OBu)₄
Nafion	四乙氧基硅烷（TEOS）
Nafion	四乙氧基硅烷（TEOS），乙烯基三乙氧基硅烷（TEVS），二乙氧基二甲基硅烷（DEDMS）或二乙氧基二苯基硅烷（DEDPS）
Nafion	3-氨丙基三乙氧基硅烷
Nafion	TEOS, 1,1,3,3-四甲基-1,3-二乙氧基二硅烷

续表

荷负电聚合物	前驱体
Nafion	TEOS，DEDMS
Nafion	TEOS，DEDMS，TEVS，甲基三乙氧基硅烷，苯基三乙氧基硅烷，二乙氧基甲基乙烯基硅烷或 γ-(甲基丙烯酰氧)丙基三甲氧基硅烷
乙烯和甲基丙烯酸共聚物（Surlyn）	TEOS
锌离子型乙烯和甲基丙烯酸共聚物	TEOS
十氟双酚和 4,4′-(六氟异亚丙基)双酚的磺化共聚物 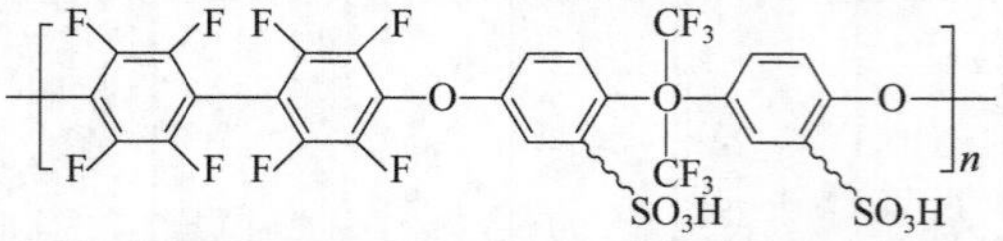	TEOS
聚丙烯酸（PAA），聚苯乙烯磺酸（PSSA）	TEOS

表 3-88 **阳离子杂化膜的热稳定性、交换容量、水含量与磺化度的关系**

磺化度	**0.23**	**0.24**	**0.55**	**0.56**
T_d/℃	265	261	248	233
IEC/(mmol/g)	0.418	0.425	0.976	0.997
W_R/(g H₂O/g)	1.27	1.32	1.57	2.03

表 3-89 **杂化膜的热稳定性和阴离子交换容量**

PMA[①]与All20[②]的交联时间/h	T_g/℃	T_d/℃	1000℃残余物（质量分数）/%	IEC/(mmol/g)	PMA[①]与All20[②]的交联时间/h	T_g/℃	T_d/℃	1000℃残余物（质量分数）/%	IEC/(mmol/g)
7	16.8	215	8.4	0.19	34	20.2	193	12.8	0.56
14.5	23.4	196	9.4	0.52	46	31.5	198	14.0	1.20

① PMA：聚丙烯酸甲酯。
② All20：N-β-氨乙基-γ-氨丙基三甲氧基硅烷。

（二）双极膜

双极膜由阳离子交换层（N 型膜）与阴离子交换层（P 型膜）复合而成。其阳离子交换层的主要材料有苯乙烯–二乙烯苯共聚物、聚醚砜、聚砜、聚醚醚酮等，而阴离子交换膜的材料主要有苯乙烯–二乙烯苯共聚物、聚醚砜、聚砜、甲基丙烯酸酯等。中间的界面层则多为聚乙烯胺、聚砜等。

表 3-90 **商品化双极膜的材料与几何形状**

项 目	组 成
Aqualytics	AQ-BA-06（PS）或者 AQ-BA-04(PSf)
阴离子渗透层	苯乙烯-乙烯苄基氧共聚物，二元胺用于荷电和交联
阳离子渗透层	磺化的聚苯乙烯，Kraton G
界面区域	存在于苯乙烯-乙烯苄基氯共聚物（PS）或聚砜（PSf）内的含叔胺和季铵基团的阳离子细珠
FuMA-Tech	
阴离子渗透层	含二环胺的聚砜
阳离子渗透层	磺化交联的聚醚醚酮
界面区域	聚丙烯酸/聚乙烯基吡啶盐络合物

项　　目	组　　成
Tokuyama	BP-1
阴离子渗透层	胺化聚砜
阳离子渗透层	CM-1 膜
界面区域	砂纸粗糙化，Fe(III)离子
WS1	
阴离子渗透层	Pall/Raipore R1030
阳离子渗透层	Pall/Raipore R1010
界面区域	以氢氧化物形式固定的铬(III)
Asahi Glass	Selemion BP-1
阴离子渗透层	含有季铵的苯乙烯/二乙烯苯共聚物，包含聚丙烯支撑体
阳离子渗透层	含磺酸基团的全氟聚合物
界面区域	无机离子交换层，如氧化锆或铝硅酸盐
Toso	B-17
阴离子渗透层	含季铵和仲胺的全氟聚合物
阳离子渗透层	含磺酸基团的全氟聚合物
界面区域	未报道
俄罗斯	MB-1，MB-3
阴离子渗透层	用聚乙烯黏合的离子交换树脂，含仲胺、叔胺和季铵基团（MB-1）或含季铵基团（MB-3）
阳离子渗透层	用聚乙烯黏合的离子交换树脂，含磺酸基团（MB-1）或含磷酸基团（MB-3）（与阳离子交换树脂 MK-41 类似）
界面区域	未报道
中国	
阴离子渗透层	不同溴化度 PPO，PE 异相膜
阳离子渗透层	不同磺化度 PPO
界面区域	PEG，PVA，明胶+银，超支化分子 PAMAM

表 3-91　部分双极膜的属性

膜	厚度/mm	电压降/V	效率/%	标准尺寸/m	备　　注
FuMA-TechGmbH，德国					
FuMA-TechFT-FBI	0.180	<1.2	>99	0.50×2.00	氨基酸生产 IEX-REC
FuMA-Tech FTBM	0.450	<1.8	>92	0.50×1.00	超纯水制备
Aqualytics FT-AQL-S1	0.250	<1.1	>98	0.50×2.00	无机盐解离
Aqualytics FT-AQL-P6	0.200	<1.1	>98	0.50×2.00	有机酸生产
Solvay S.A.，比利时					
BPM	0.20~0.30	0.9~1.2	—	—	
Tokuyama Co，日本					
Neosepta BP-1	0.20~0.35	1.2~2.2	>98	1.00×1.00	标准 BPM

表 3-92　双极膜过程的应用[25]

应用领域	规　　模	过程特征	经济评价
HF 和 HNO$_3$ 回收	工业性工厂 Aqualytics 体系	三室池，膜面积：$3 \times 10^5 m^2$ BPM 寿命，2 年，回收率：对 HF 90%，对 HNO$_3$ 95% 运行时间：8000h/a	总投资 2950000 美元 运行利润 1620000 美元 总运行成本 750000 美元 年利润 870000 美元

应用领域	规　　模	过程特征	经济评价
从含 Na_2SO_4 的液流中回收 NaOH	半工业性试验厂	膜面积：$0.5m^2$，给液速率：5L/h 料液浓度：Na：22g/L 所用电流：$900A/m^2$ 日产率：82% 产品 NaOH 浓度：1mol/L	能耗：5.0kW·h/kg NaOH
从含 NH_4NO_3 的液流中回收 NH_4 和 HNO_3	半工业性试验厂	膜面积：$120m^2$ 料液中 NH_4NO_3 浓度：250g/L 所用电流：$1000A/m^2$ 脱盐率：97%，运行时间 8000h/a	总成本：1美元/0.34kg $NaNO_3$
在生产铝浇铸模型中的二甲基异丙基胺的循环	半工业性试验厂	膜面积：$0.3m^2$，料液中硫酸铵浓度：1mol/L 所用电流：$800A/m^2$ 日产率：30%～70% 运行时间：8000h/a	能耗：2.5～5.0kW·h/kg 胺
烟气脱硫	工业性工厂 Soxal™ 法	三室池，膜面积：$560m^2$，在$1000A/m^2$时，池电压 2.0V，电流效率 86%，运行时间：7200h/a 两室池，膜面积：$5000m^2$，在$1000A/m^2$时池电压 1.7V，电流效率 92%，运行时间 7200h/a	三室池 能耗，1400kW·h/t NaOH 两室池 能耗 1120kW·h/t NaOH
从葡萄糖酸钠回收葡萄糖酸	中间试验厂规模	两室池，膜面积：$0.19m^2$，在 $415A/m^2$时，单元池电压 2.2V 转化率：98.3% Na 法拉第产率：85.4%	对 10000t/a 的工厂，总费用：2.5 百万美元 膜更换费：0.03 美元/kg 葡萄糖酸钠 回收化学品 NaOH：0.5 百万美元 葡萄糖酸：未知
从甲磺酸钠（MTS）溶液回收甲磺酸（MTA）	工业性工厂（意大利）	三室池，膜面积：$64m^2$ 单元池电压：在 $800A/m^2$ 时为 2.26V，甲磺酸转化率：95%，浓度，MTS 250g/L，MTA 100g/L，NaOH 80g/L	总投资：700000 美元 每吨 MTA 总成本：354 美元 MTA 的市场价格：每吨 5500 美元
从发酵液回收氨基酸	工业性工厂 Aqualytics 体系	三室池，膜面积：$3×180m^2$ BPM 寿命：2 年，有机酸浓度 4～6mol/L，运行时间 8000h/a	无有用资料
从发酵液回收乳酸	工业性工厂	双室池，膜面积：$280m^2$，日产率：60%，转化率 96%	双极膜费用：0.12 美元/kg 乳酸 能耗：1kW·h/kg 乳酸
樟脑磺酸的再生	中间试验工厂规模（法国）	三室池，BPM 面积为 $0.14m^2$，电流密度 $500A/m^2$，法拉第产率 7%，盐转化率 98.5%，最终酸浓度 0.8mol/L	能耗：3000kW·h/t 产品
从抗坏血酸钠（NaASc）生产维生素 C（抗坏血酸 HASC）	实验室规模和半工业性试验厂	二室池，电流密度 $1000A/m^2$，电流效率 75%，酸浓度 1 mol/L	能耗：1.4～2.3kW·h/kg HASC
生产柠檬酸	半工业性试验厂（中国）	二室池，BPM 面积为 $0.004m^2$，电流密度 $1000A/m^2$，电流效率 70%，酸浓度 30g/L	能耗：2～5kW·h/kg 柠檬酸
硅酸的生产	工业性试验厂	两室池，单元池电压 2.5～4V（在 100～$200A/m^2$ 时），电流效率 55%～75%，酸浓度 6%～10%	能耗：0.6kW·h/kg 产品（6%～10%）
水杨酸的生产	实验室试验厂	三室池，德山曹达 BPM，单元池电压 30V（在 750 A/m^2 时），电流效率（在 40℃时）80%～90%，酸浓度 4.5g/L（最大值）	能耗：15～20kW·h/kg 产品
醋酸钠转化为醋酸	中间试验规模	五室池，BPM 面积：$0.008m^2$。（0.5mol/L 乙酸钠）电流效率 99.9%和酸浓度 1mol/L；（1.0mol/L 乙酸钠）电流效率 96.8%和酸浓度 1.5mol/L	能耗：（0.5mol/L 乙酸钠）1.3～2.0kW·h/kg 产品（1mol/L 乙酸钠）1.5～2.5kW·h/kg 产品

五、其他离子交换材料

1. 手性分离剂

手性是自然界存在的一种普遍现象，在药物化学领域尤为突出，已知药物中有 30%～40%是手性的。手性是生物体系的一个基本特征，很多内源性大分子物质，如酶、蛋白、核酸、糖，以及各种载体、受体等都具有手性特征。常见的手性拆分方法有直接结晶法、膜拆分法、酶拆分法、化学拆分法及色谱分离法。目前，常用的手性选择剂包括环糊精、手性冠醚、大环糖肽类抗生素、线性多糖、蛋白质、手性表面活性剂和配体交换复合物等。手性药物对映体通过与体内大分子的立体选择性结合，产生不同的吸收、分布、代谢和排泄过程，可能具有不同的药理毒理作用。故手性分离材料在药物分离分析有广泛的应用[26]。

手性离子交换膜是该类材料中的主要形式，有液膜（本体液膜、乳化液膜和支撑液膜）和固膜（本体固膜、改性固膜和分子印迹固膜）之分[27]。某一手性阳离子交换膜的制备方法[28]为：以聚乙烯醇（PVA）和聚丙烯酸（PAA）为基材；在锥瓶中加 100 g 水、8g PVA 及适量环糊精（β-CD），沸水浴中搅拌 1～2h，充分溶解后，常温下搅拌加入 PAA，继续搅拌 40～60min，然后静置 12h。常温真空除泡 6～12h，再常温常压静置 6～12h。倾倒于光滑洁净的有机玻璃板表面，刮膜，静置 12～18h，成膜后揭下。用缩醛液（水 500ml+浓硫酸 90ml+无水硫酸钠 150g+36%甲醛 300ml）处理膜（80℃，30～40min），然后用去离子水漂洗至无缩醛液残留。用两块玻璃板夹紧所得膜，于 80℃下真空干燥 6～8h，干燥定形后得成品膜。

表 3-93 光学拆分膜的结构与性能[29]

膜结构特点	制膜及赋予手性识别方式	对映体识别机理
萜-乙酸纤维素中空纤维配体膜	膜改性——等离子处理	特异性位点
薄荷醇乙酸纤维素中空纤维配体膜	膜改性——等离子处理	特异性位点
β-环糊精-陶瓷管式配体膜	膜改性——溶胶-凝胶	包结络和
抗体-硅纳米管式配体膜	膜改性——溶胶-凝胶	位置识别
(−)-OMPS/PMMA 平板膜	表面改性	位置识别
BSA-聚丙烯中空纤维亲和膜	膜改性——电子束辐射	位置识别
BSA-聚丙烯中空纤维交联亲和膜	膜改性——电子束辐射	位置识别
3α-聚谷氨酸平板手性高分子膜	酯交换改性，流延成膜	α-螺旋不对称空间
PDPSN 平板手性高分子膜	自由基聚合，流延成膜	光活性不对称空间
PDPSP 平板手性高分子膜	自由基聚合，流延成膜	光活性不对称空间
偶氮苯羧甲基纤维素和淀粉膜	流延成膜	光控不对称空间
多肽 EQKL 分子印迹膜	分子印迹技术	不对称空穴

注：BSA：牛血清蛋白；OMPS：寡甲基-10-蒎烷基硅氧烷；PMMA：聚甲基丙烯酸甲酯；PDPSN：聚(2-二甲基-10-蒎基-甲硅烷基降冰片二烯)；PDPSP：聚[(二甲蒎基-甲硅烷基)丙炔]。

表 3-94 手性聚合物在对映体拆分中的应用[29]

膜基材	对映体	方　法	拆分效果		
			e.e./%	$P/[(g \cdot m)/(m^2 \cdot h)]$	稳定性/h
尼龙-聚谷氨酸	酪氨酸	CP	—	8	500
抗体/硅纳米管膜	苯基氰药	CP	—	2.6	—
β-环糊精-陶瓷膜	氯噻酮	CP	—	1.24	—
BSA 聚丙烯交联膜	色氨酸	膜色谱	—	12	—
BSA-聚丙烯膜	色氨酸	膜色谱	—	6.6	—
(−)-OMPS/PMMA 膜	扁桃酸	CP	85.4	7.31×10^{-7}	1797
(−)-OMPS/PMMA 膜	扁桃酸	PP	32.9	1.54×10^{-6}	200
(−)-PDPSPS/PMMA	扁桃酸	CP	1.72	1.17×10^{-6}	—
(−)-OMPS/PDMS	扁桃酸	CP	0.68	0.73×10^{-6}	—
PDPSN	普洛萘尔	CP	45	2.8×10^{-10}	2000
L-薄荷醇/CA 膜	组氨酸	PP	8	1.5×10^{-8} m/s	—
萜/CA 膜	组氨酸	PP	9.5	4.7×10^{-8} m/s	—

注：CP：浓差驱动渗透；PP：压力驱动渗透；CA：乙酸纤维素；e.e.：对映体过量值。

表 3-95 手性离子交换剂对氨基酸的拆分效果[30]

氨基酸	GMA-L-苯丙氨酸			GMA-L-脯氨酸			GMA-L-羟脯氨酸		
	k'_1	α	R_s	k'_1	α	R_s	k'_1	α	R_s
脯氨酸	16.15	1.42	0.9	12.12	1.71	1.3	12.39	1.98	1.7
丝氨酸	5.54	1.13	0.5	5.13	1.72	1.8	7.89	1.36	1.2
苏氨酸	6.25	1.16	0.6	5.51	1.67	1.6	8.44	1.45	1.4
缬氨酸	11.08	1.08	0.3	11.13	1.30	0.7	15.40	1.05	0.2
组氨酸	15.79	1.00	—	7.09	1.38	0.7	10.64	1.50	1.0
苯丙氨酸	41.94	1.00	—	—	—	—	43.93	1.65	1.2
β-苯丙氨酸	45.49	1.00	—	26.76	1.00	—	48.89	1.63	3.2
亮氨酸	16.72	1.08	0.3	11.40	1.00	—	22.46	1.10	0.3
苯甘氨酸	25.01	1.09	0.3	30.03	1.00	—	36.12	1.00	—
谷氨酸	14.48	1.25	0.5	15.42	1.00	—	38.46	1.00	—
对羟基苯甘氨酸	15.38	1.24	0.6	10.91	1.00	—	23.04	1.00	—
甲硫氨酸	16.24	1.05	0.2	20.14	1.00	—	24.30	1.00	—
丙氨酸	6.97	1.08	0.4	2.80	1.00	—	9.50	1.00	—
乳酸	3.72	1.05	0.2	3.11	1.09	0.4	6.31	1.13	0.5
扁桃酸	13.08	1.00	—	11.96	1.18	0.3	21.16	1.37	0.6

注：1. 条件：流动相：2.0×10^{-4} mol/L Cu(Ac)$_2$；流速：1.0ml/min；柱温：40℃；检测波长：254nm；k'_1 为第 1 个流出的对映体的保留因子；α 为相对保留值；R_s 为分离度。除脯氨酸外，均为 D-型先流出。

2. 在 5μm 硅胶表面接枝甲基丙烯酸缩水甘油酯（GMA），然后与氨基酸反应，制得手性交换剂。

2. 离子色谱填料

1975 年 Small 等发展了离子色谱技术（IC），随后有了长足的进步，已经成为重要的分析手段之一。在离子色谱中应用最广泛的柱填料是由苯乙烯-二乙烯苯共聚物制得的离子交换树脂[31]，主要由不溶性基质和功能基团组成。

阳离子色谱填料的无机基质材料有硅球、氧化铝和氧化钴等，其中最常用的硅球大部分采用多孔二氧化硅为基球，涂渍一层低分子量的磺化氟碳聚合物。其优点是：①骨架十分坚硬（能耐数十兆帕的压力而不发生明显的收缩和膨胀）；②其孔径、表面积等物理化学参数易控制，但只能在 pH=2～8 范围内使用。聚合物型基质材料则由交联聚苯乙烯树脂、交联聚甲基丙烯酸酯类树脂、其他类型的树脂构成（按组成单体来区分）。

阴离子色谱填料按物理形态可分为多孔型、非多孔型和薄壳型这三种。多孔型填料的孔径分小孔（小于 10nm）、中孔（10～30nm）、大孔（大于 30nm）和超大孔（大于 100nm）。非多孔型填料，其整体颗粒是无孔的。根据应用情况，高负载量的多孔型填料占据主导地位，特别是带有大孔和超大孔结构的产品，几乎在液相色谱分支技术中都得到广泛的应用。

表 3-96 典型阴、阳离子分离柱的结构和应用[32]

分离柱	交换容量①	功 能 基	疏水性	应 用 范 围
AS4A-SC	20	烷醇基季铵	中～低	7 种常见阴离子的常规分析（F⁻峰与 H_2O 峰分离不满意）
AS9-HC	190	烷醇基季铵	中～低	通用的高效分离柱，特别对卤氧酸，可使氯酸根和硝酸根分离
AS10	170	烷基季铵	低	高容量阴离子柱，对 Br^- 和 NO_3^- 有大的作用力
AS11-HC	290	烷基季铵	中～低	可分辨有机酸
AS12A	52	烷基季铵	低	高效分离 F^- 和卤氧酸
AS16	170	烷基季铵	非常低	高效分离易极化阴离子如 SCN^-、$S_2O_3^{2-}$ 和 I^-
AS14	65	烷基季铵	中～高	改善 F^- 和 H_2O 的分辨率，同时常规分离阴离子和甲酸、乙酸（AS12A 的改进柱）
AS15	285	烷醇基季铵	中高	梯度淋洗无机和有机阴离子（AS11-HC 改进性）
CS10	80	磺酸	中	二价阳离子分离/生物胺分离
CS11	35	磺酸	中	烷基胺分析
CS12A	2800	羧酸/磷酸	中	一价、二价阳离子
CS14	1300	羧酸	低	分离芳香胺
CS15	2800	羧酸/磷酸/冠醚	中	分离痕量的钠和铵

① μmol/柱（4mm×250mm）。

表 3-97 离子色谱的应用[27]

测定组分	固定相/分离柱	流动相	检测方式
阴离子测定实例			
F^-, Cl^-, NO_3^-, NO_2^-	IonPac AS4A	Na_2CO_3+$NaHCO_3$	电导检测
S^{2-}	Dionex AS3	H_3BO_3+$NaOH$+乙二胺	安培
CN^-	Dionex IonPac AS4A	H_3BO_3+$NaOH$+Na_2CO_3+甲醇+乙二醇	安培
I^-	苯乙烯-二乙烯苯共聚物	$HClO_4$+$NaCl$+Na_3PO_4	紫外，226nm
ClO_4^-	Ionpac AS11	氢氧化物	抑制电导检测
BrO_3^-	Dionex AS9-HC	碳酸盐	抑制电导检测
IO_3^-, Br^-, BrO_3^-, SO_4^{2-}, $S_2O_3^{2-}$, 含氧卤化物	低容量离子交换柱	柠檬酸铵	非抑制电导
As(Ⅲ), DMA, MMA, As(Ⅴ), SeCys, Se(Ⅳ), SeMet	PRP-X100 阴离子交换分析柱	$(NH_4)_2HPO_4$	原子荧光
Sb(Ⅲ), Sb(Ⅴ), 三甲基氧化锑	强阴离子交换柱	邻苯二甲酸氢钾或 4-羟基苯甲酸	ICP-AES, ICP-MS
AsO_3^{3-}, SeO_3^{2-}, AsO_4^-, VO_3^{3-}, SeO_4^{2-}, WO_4^{2-}, MoO_4^{2-}, CrO_4^{2-}	Hamilton PRP-X100 柱	K_3PO_4	UV 205nm

续表

测定组分	固定相/分离柱	流动相	检测方式
阳离子测定实例			
硅酸 Ca^{2+}, Mg^{2+}, Al^{3+}, Cl^-, NO_3^-	离子交换	$NaOH+CH_3OH+H_2O$	电导
碱金属，碱土金属	Zorbax BP-SIL	草酸+15-冠-5	电导
Li^+, Na^+, NH_4^+, K^+, Mg^{2+}, Ca^{2+}	Ion Pac CS12A（250mm× 4mm）阳离子分离柱和 CG12A（50mm×4mm）阳离子保护柱	甲烷磺酸	电导
Fe^{3+}, Cu^{2+}, Ni^{2+}, Zn^{2+}, Co^{2+}, Cd^{2+}, Mn^{2+}, Fe^{2+}	IonPac CS5	吡啶-2,6-二羧酸	530nm（柱后与 PAR 衍生）
镧系元素阳离子	HPIC-CS3	去离子水 +α-羟基丁酸（LiOH 调 pH 至 4.8）	520nm（柱后与 PAR 衍生）
Cr(Ⅲ)和 Cr(Ⅵ)分离	IonPac CS5	$PDCA+Na_2HPO_4+NaI+$ $CH_3CO_2NH_4+LiOH$	520nm（柱后与 DPC 衍生）
Al^{3+}及过渡金属离子和稀土金属	IonPac CS5A, Ion-pac CG5A, IonPac CS5, Ion-pac CG5	HCl, EtOH, NH_4OAc, HNO_3+ Ox, LiOH, DGA, PDCA, LiCl 梯度淋洗	柱后衍生–荧光检测
La^{3+}, Ce^{3+}, Pr^{3+}, Nd^{3+}, Sm^{3+}, Yb^{3+}	Shim-pack IC-CI 阳离子交换柱	乙二胺-柠檬酸	直接电导检测
Mg, Cr, Fe, V, Mn, Co, Ni, Cu, Zn, Sr, Cd, Ba, Tl, Pb	磺酸型阳离子交换柱	HNO_3	MS
有机酸测定实例			
卤代乙酸	IonPac AS10	$NH_4Cl+NaCl$	紫外
	IonPac AS9	$Na_2CO_3+NaHCO_3$	抑制电导
苹果酸、草酸	HPIC-AS3	Na_2CO_3+NaOH	抑制电导检测
甲酸、乙酸、丙酸、丁酸等18种有机酸	Aminex HPX 87-H	硫酸（3.0mmol/L）+10% 乙腈	紫外，210nm
乙酸、丙酸、丁酸、丙二酸	HPIEC-ASI	硫酸（1.0mmol/L）	抑制型电导检测
柠檬酸、酒石酸、苹果酸、乳酸、丁二酸	Aminex HPX 87-H	硫酸（1.0mmol/L）	电位（液膜电极）
植酸（IP2～IP6）	OmniPac PAX-100 离子交换和多维高聚物分离柱	HCl-异丙醇	290nm（Fe^{3+}-$HClO_4$ 为衍生剂）
脂肪族磺酸	IonPac NSI 离子交换和多维高聚物分离柱	氢氧化四丁基铵+乙腈，梯度淋洗	抑制型电导
有机酸和糖类	Aminex HPX 287H 离子排斥色谱柱 IonPac	H_2SO_4	示差折光
二氯乙酸和三氯乙酸	Prototype-10 高容量阴离子交换柱	KOH	串联电喷雾质谱
有机胺、有机碱测定实例			
胆碱和乙酰胆碱	C18	庚烷磺酸+乙腈	UV, 190nm
腐胺、尸胺、组胺、亚精胺和精胺	Ion-Pac CS17	甲磺酸	抑制电导
肾上腺素、多巴胺	PCX-500	HCl+ACM	荧光检测
去甲肾上腺素、肾上腺素、多巴胺	Metrosep cation 1-2	HNO_3	电导
2-氨基联苯（2-ADP）和 4-氨基联苯（4-ADP）	Dinoex OmniPac	NaCl+HCl+ACN	荧光

续表

测定组分	固定相/分离柱	流动相	检测方式
NH₂OH、N-Me-NH₂OH、N,N-DiMeNH₂OH、EyOH	PCX-500 CS-14	H_2SO_4	脉冲安培
氨基酸测定实例			
精氨酸、鸟氨酸、赖氨酸、谷氨酸等20种氨基酸	AminoPac PA10	水、NaOH、乙酸钠	积分安培
核苷酸、脱氧核苷酸、羟基嘌呤、核苷	Alltima C18	氢氧化四丁基铵+KH₂PO₄+甲醇	UV(267nm)
AMP、GMP、UMP	Alltech Allsep 阴离子柱	CH₃OH+H₂O	蒸发光散射
糖测定实例			
甘露醇糖、阿拉伯糖、半乳糖、葡萄糖、木糖、甘露糖、果糖	CarboPac PA1	NaOH+H₂O	脉冲安培
半乳糖、葡萄糖、果糖、蔗糖、蜜二糖、棉子糖和水苏糖	CarboPac PA10 高效阴离子交换柱	NaOH+H₂O	脉冲安培
糖、糖醇	Dionex CarboPac PA1	NaOH+Ba(Ac)₂	脉冲安培
多糖	Dionex CarboPac PA1	NaOH+NaAc 梯度	脉冲安培
单糖、糖醛酸	Dionex CarboPac PA20	NaOH+NaAc 梯度	脉冲安培

第三节 离子交换与吸附材料的制备

1. 强酸性阳离子交换树脂

苯乙烯体系的阳离子交换树脂制备是用苯乙烯和二乙烯基苯（DVB）悬浮于水中，搅拌聚合得到球状共聚物，然后用硫酸-氯磺酸等磺化剂进行磺化而制得。

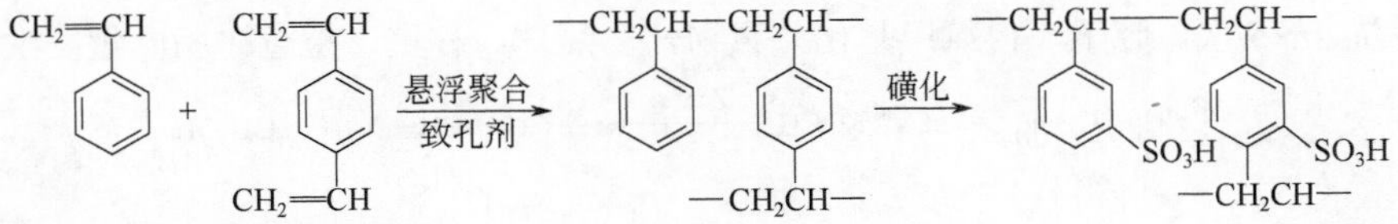

2. 弱酸性阳离子交换树脂

具有—COOH 基的弱酸性阳离子交换树脂几乎都是水解丙烯酸酯或甲基丙烯酸酯与 DVB 的共聚物得到。

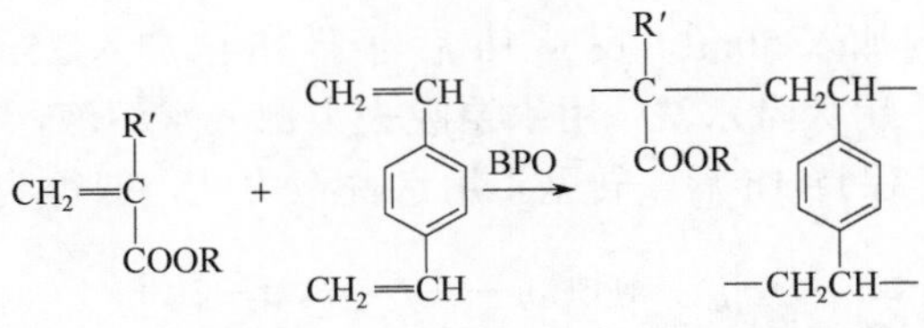

R′=H,CH₃,⋯ ;   R=CH₃, C₂H₅,⋯

3. 强碱性阴离子交换树脂

利用苯乙烯和二乙烯基苯共聚物小球引入强碱性有机胺基团即可制得。

4. 弱碱性阴离子交换树脂

如上述强碱性阴离子交换树脂的合成方法，引入一些弱碱性基团即可制得弱碱型阴离子交换树脂

5. 制备实例（以强碱性阴离子交换树脂为例）

一般包括如下步骤：由单体聚合制备高分子骨架（白球）、官能团反应、在骨架上引入官能团。

（1）苯乙烯-二乙烯基苯（St-DVB）共聚小球的制备　在 500ml 三口瓶中加入 170ml 蒸馏水，0.9g 明胶，数滴 0.1%亚甲基蓝水溶液，调整搅拌片的位置，使搅拌片上沿与液面平。开动搅拌器并缓慢加热，升温至 40℃，在小烧杯中依次加入 30g 的 St，5g 的 DVB，35g 200号溶剂汽油，0.35g BPO，待明胶溶液均匀后，停止搅拌，将单体的混合溶液倒入反应瓶中，开动搅拌器调整油珠大小。待油珠大小合格后，按每 10min 升温 50℃ 的速度升温到 70~80℃。在此温度使珠粒定型。定型后保温 2h。升温到 90℃，保持 1h，用油浴升温到 100℃煮球 3h。抽出母液，用热蒸馏水洗 4~5 次。洗净明胶后进行水蒸气蒸馏，蒸出溶剂汽油一直到馏出物无油珠为止，将树脂倒入尼龙袋内滤掉水分，晾干。筛取直径为 0.3~0.6mm（30~50 目）的小球。小球外观为乳白、不透明状，称为白球。

（2）氯甲基化　在装有搅拌器、回流冷凝管、温度计的 250ml 三口瓶内，加入自制白球 20g、氯甲醚 80ml，在 20~25℃下浸泡 2h。开动搅拌器，于 30℃时加入 6g ZnCl₂，过 0.5h 后再加入 6g ZnCl₂。加完 ZnCl₂后，升温至 38℃，反应 10h，氯含量可达到近 15%左右。停止反应，将母液吸掉，用乙醇洗 4~5 次，晾干，得氯甲基化共聚物——氯球。称重、检查树脂质量发生的变化。

（3）功能基的引入——胺化　在装有搅拌器、回流冷凝管、滴液漏斗、温度计的 250ml四口瓶内，加入氯球 20g、三甲胺盐酸盐 18g，滴加 8g 二氯乙烷，控制温度在 30℃。缓慢滴加 20%NaOH 溶液，用 3h 加入 50ml，反应 1h 后再于 1h 内加入 25ml，使 pH 在 12 以上。加完碱后于 30℃再反应 1h，用大量水洗，用水泵吸去大部分水溶液，在还能搅拌的情况下，用5%盐酸调 pH 值在 2~3，保持 1h 后，转型，用水洗至中性，即得到强碱型阴离子交换树脂。

第四节　离子交换与吸附分离的应用

本节所举离子交换分离法的应用，分无机物和有机物两大部分。表 3-98～表 3-102 为元素和离子的离子交换分离法，表 3-103～表 3-107 为一些有机物的离子交换分离法。

一、元素和离子的离子交换分离法

表 3-98 按元素符号的英文字母次序排列。但"碱金属"排在"Li"后，"碱土金属"排在"Be"后，"镧系元素"排在最后。

查阅法举例如表 3-98 所示。

表 3-98　元素和离子的离子交换分离法查法举例

被分离元素	从下列物质中分离	交换剂	洗脱液	洗脱次序	备　注
（1）Cs	Na, Rb	C（酚型）	0.5mol/L NaOH 6mol/L HCl	Rb Cs	
（2）In	Zn, Pb, Ga	C	HCl-丙酮	In, Zn, Pb, Na	从 HNO₃ 溶液中分离
（3）Fe, Ti, V	相互分离	A	HCl	Fe(1mol/L), Ti(9mol/L), V(12mol/L)	

（1）Cs 与 Na、Rb 分离，用酚型的阳离子交换树脂。用 0.5mol/L NaOH 溶液洗脱时，仅洗脱 Rb，然后再用 6mol/L HCl 洗脱 Cs。

（2）用阳离子交换树脂从 HNO₃ 溶液中将 In 与 Zn、Pb、Ga 分离，用 HCl-丙酮为洗脱液，洗脱顺序为 In、Zn、Pb、Na。

（3）用阴离子交换树脂将 Fe、Ti、V 相互分离，洗脱液都是盐酸，但用 1mol/L HCl 洗 Fe，9mol/L HCl 洗 Ti，12mol/L HCl 洗 V。

为简化计，除需特殊注明的变价外，其余元素的价态均未标出。

表 3-99　元素和离子的离子交换分离法

表中所用符号的意义：

A	阴离子交换树脂	Chel	螯合树脂或特种树脂
AMP	12-磷钼酸铵	L	液体离子交换剂
C	阳离子交换树脂	NTA	氨三乙酸
CDTA	1,2-环己二胺四乙酸	P	离子交换纸（AP 为阴离子交换纸，IP 为无机离子交换纸）
I	无机离子交换剂	T	薄层色谱
Cell	纤维素或以纤维素为基础的交换剂 Sephadex 葡聚糖凝胶		

被分离元素	从下列物质中分离	交换剂	洗脱液	洗脱次序	备　注
Ac³⁺	Th, Bi, Pb	A	HCl+丙酮	Ac 最后	
	其他组分	A	HNO₃+HCl	Ac 最先	在尿中
Ag	Au³⁺	A(ZrO₂)	2mol/L HCl	Au 先	
	Co³⁺	C	3mol/L HNO₃	Ag	先将 Co(Ⅱ)用 H₂O₂ 氧化，然后用 EDTA 洗 Co
	其他组分	A	硫脲		在海水中，从 SCN⁻溶液中分离
	其他组分	I		Ag 被吸着	亚铁氰化物交换剂
	Pb	A	HBr+Br₂	Ag, Pd	
	天然水	C	NH₄SCN		从 HHAc 介质中分离
	Hg, Cu, Ni	C	EDTA	Ag 被吸着	用 HNO₃ 洗

被分离元素	从下列物质中分离	交换剂	洗脱液	洗脱次序	备　注
	Cd	Cell	$Na_2S_2O_3$	Ag, Cd	
	Mg	C	HCl, 丙酮	Ag, Mg	Ag 被还原
	Cu 等	氧化还原	KNO_3	Ag 吸着	用 HCl 洗 Pb
	Pb	C	二乙醇胺	Ag, Pb	在水中
	其他组分	C	SCN+丙酮	Ag	
		A	HNO_3+丙酮	Ag	
	Pd	Chel	HNO_3	Ag	
	其他元素	叶绿素	HNO_3	Ag	
Ag^+, Au^+	Cu, Fe, Zn	A	2mol/L NaCN	Fe, Cu, Zn	
			HCl+甲醇	Ag, Au	
Al	Nb, Ta	A	5mol/L HF+1mol/L HNO_3	Al 通过	
	Fe, Ti	Chel	H_2SO_4	Al 通过	用于提纯 Al
	其他组分	C	HCl	Al 通过	用非水溶剂：在钢中
	Fe, Ti, Ca	A, C	HF, HCl	Al, Ti, Fe	
	Ti	C	H_2O_2, HCl	Al, Ti	在钢中
	Ga, In	Cell	乙酸盐	Al	
	Ga, In, Tl	A	12mol/L HCl	Al, In	
			1mol/L HCl	Ga	
			4 mol/L $HClO_4$	Tl^{3+}	
	Ni	C	0.06mol/L HCl + 0.8 mol/L HF	Al	
	Ti, Zr	A	0.06mol/L HCl + 0.08 mol/L HF		
Al, Ga	In, Tl, As	C	HCl+丙酮	Tl, In, Ga, Al	在半导体中
Al, Fe, Ti	Ca, Mg	C, A	丙二酸盐		Al 被 C 吸着，不被 A 吸着
Al, Ga, Mg	其他元素	A	10mol/L HCl	Al, Ca, Mg	在矿物和炉渣中，其他元素不被洗脱
Am	Cm, Pu	A	HNO_3	Pu 被吸着	在 CH_3OH 中
	Cm	I	NaAc	Am, Cm	用磷酸锆交换剂
	Eu 等	A	HCl	Eu, Am	
	Cm	I	HNO_3	Am^{5+}, Cm^{3+}	
As	Co, Cu, Fe	C	0.3mol/L HCl+SO_2	As	以 H_3AsO_3 形式洗脱
	Cu, Zn	A	HCl+H_2O	As, Cu	在牛奶中
	Bi, Sb	A	HCl+$HClO_4$	As, Bi, Sb	自动化
	其他组分	I	—	As 通过	选择性好
	Sn, Sb	A	NH_4SCN	As, Sb, Sn	在岩石中
	痕量杂质	C		AsO_4^{3-}通过	
As^{3+}, Bi^{3+}, Sb^{3+}	相互分离	A	2 mol/L HCl	As	
			0.3mol/L HCl+ 1mol/L HF	Sb	
			1mol/L NH_4Cl+ 1mol/L NH_4F	Bi	

第一篇

被分离元素	从下列物质中分离	交换剂	洗脱液	洗脱次序	备 注
As^{5+}, Sb^{5+}, Sn^{4+}	相互分离	A	KOH	Sn(0.5mol/L); As(2mol/L); Sb(3.5mol/L)	硫代酸阴离子被吸着
As, V	有机化合物	A	乙酸盐	As, V	
AsO_4^{3-}	P, Si	A	氨水, $NaNO_3$	Si, P, As	在钢中
As, Ga	B, Si	A	HF	As, Ga, Si	
Au	其他元素	L	HNO_3	Au	在冰铜中
	Zn	A	HCl	Au 被吸着	
	其他元素	Cell	HAc	Cu, Au, Pd	
	其他元素	Chel	硫脲	Au	自乙酸乙酯中分离
	水	Chel	丙酮	Au	用聚氨基甲酸乙酯
	其他元素	A	HBr+丙酮	Au, Pd, Pt, Rh	
	其他元素	A	HCl+ HNO_3	Au 被吸着	
	Pt	A	HCl+丙酮	Au, Pt	
	其他元素	A	HCl+TBP	Au	结合溶剂萃取
	其他元素	A	硫脲	Au	自 HCl 溶液中分离
	其他元素	Chel	—	Au 被吸着	
	其他	AP	HCl	Au 被吸着	
	其他	C	HCl	Au 被吸着	用羧酸树脂
	其他	A	$HClO_4$+ HNO_3	Au 被吸着	
	其他元素	C	HCl	置换 Au	
			HBr	Au 被吸着	
		A	HNO_3+丙酮	Au	
	天然水	Chel	—	痕量富集	
	Pt	C	HBr	Au 被吸着	
B	玻璃	Chel	NaOH		以 BF_4^- 形式测定
	硼化钛	C	H_2O	B	
	硼化钼	A	HCl	B	
	阳离子	C	HCl	B	在岩石中
	其他成分	A	HF, NaOH	—	从土壤和水中；选择性交换
	HF	A	HCl	B	以 HBF_4 被洗脱
	阳离子	C	HCl	B	在岩石中，与阳离子分离
	其他元素	Chel	NaOH	B 被吸着	用特种树脂
	HCl, 金属	C+A		H_3BO_3通过	
	Ti	C	稀 HCl+ HNO_3	B	以 H_3BO_3 形式被洗脱
B, Si	Ga, As	A	HF	B、Si 被吸着	
Ba	Sr, Ca	C	HCl	Ba	用混合溶剂
	Cs	I	HCl	Cs 先洗脱	
	Cs	C(磷酸锆)	1 mol/L HCl	Ba	
			1mol/L NH_4Cl	Cs	
	La	A	0.1mol/L 柠檬酸盐, 2.51mol/L HCl	Ba La	

被分离元素	从下列物质中分离	交换剂	洗脱液	洗脱次序	备　注
Ba, Ca, Mg, Sr	相互分离	A	0.5mol/L 柠檬酸铵，pH=7.5	Ba, Sr, Ca	
			柠檬酸	Mg	
Ba, Ca, Ra, Sr	相互分离	C(钼酸锆)	NH₄Cl+HCl(用浓度递增法)	Ca 最先，Ra 最后	
Be	Al	A	1mol/L HF + 0.01mol/L HCl	Al	
			1mol/L HCl	Be	
	Al, Ca, Sr	C(膦酸盐)	1mol/L HNO₃	Be	先用 EDTA 洗其他阳离子
	Al, Fe, Sr	C	1.2mol/L HNO₃	Be 最先	
	Ca, UO_2^{2+}	C	磺基水杨酸, pH=4	Be	
	Mg, Ca, Zn	C	HCl+丙酮	Zn, Be, Mg	
	Mg, Ca, Zn	C	NaF	Be 先	
	Cu, Pe, Zn	C	NH₄SCN	Cu, Fe, Be	
	其他元素	A, C	酸	Be	用有机溶剂
	Al, Fe, U	A	EDTA	Be 先	
	Fe, Al, 等	A	$(NH_4)_2CO_3$	Be 先	
	Al	Chel	乙酸盐	Al 先	用特种树脂
	其他元素	Chel	—	Be 吸着	用特种树脂
	其他元素	C		Be 最先	用乙醇水溶液
	其他元素	A	NaF	Al, Be	
Be, Al, Ti	Mg, Ca	A	—	Be 被吸着	从陨石分离
碱土金属	相互分离	C	丙二酸	Be, Mg, Ce	
Bi	Fe, Cu	C	缓冲液	Bi, Fe 被吸着	2 价离子被洗脱
	Te	A	HCl	Te, Bi	
			硫脲	Bi	
	其他组分	A	HCl	其他组分	在钢中
			H_2SO_4	Bi	
	其他元素	C	HBr	Hg, Bi, Sb	
	In, Fe, Zn	C	HClO₄+二噁烷	Bi	
Bi	U, Th, Mo	Cell	HCl	U, Th, Bi	用有机溶剂
	Cu 等	C	甲酸	Bi, Cu	
	其他组分	A	HCl	Bi 吸着	在岩石中
			H_2SO_4	Bi	
	Pb 等	C	CHl 等	Pt, Bi, Pb	在合金中
	Pb, Fe	C	EDTA	Bi 被吸着	痕量
	W, Pb, Bi, Nb, Ta 等	A	(1+5)HF	Bi	
Bi, Th, U	相互分离	A	HCl	Th(5mol/L) U(0.2mol/L)	Bi 不被洗脱
Bk^{4+}	Pu, Cs, Ce	I(ZrPSi)	HNO₃	Bk^{4+}	
	Ce, Cm, Eu	A	HNO₃	Bk^{4+}, Ce	

被分离元素	从下列物质中分离	交换剂	洗脱液	洗脱次序	备 注
Br	水	Ap	pH=4	Br 被吸着	
Br, I	其他组分	A	$NaNO_3$	Cl^-, Br^-, I^-	
BrO_4^-	ClO_4^-, BrO_3^-	AP		BrO_4^-, ClO_4^-, IO_4^-	
Br, Cl, I	相互分离	A	$NaNO_3$	Cl^-(0.5mol/L) Br 和 I^-(2mol/L)	
Ca	其他组分	C	NH_4Cl	Mo, Zr, Ca	在铜合金中
	PO_4^{3-}等	C	柠檬酸盐	Fe, K, Ca	微克级
	Mg, Al	C	HCl	Mg, Ca	用乙醇水溶液
Ca, Mg	多量 NaCl	Chel	HCl	Mg, Ca	
Ca, Sr	其他组分	C	EDTA, pH=8	Ca, Sr	在牛奶中
Ca, Mg	Sr, Ba	C	乙酸盐（或酒石酸盐）	Mg, Ca, Sr, Ba	
Ba, Ca, Sr	相互分离	I	HCl, CDTA	Ca, Sr, Ba	用 HCl 洗脱时，Sr 最先被洗脱出
	相互分离	A	硝酸盐	Ca 最先	用混合溶剂
	相互分离	C	HCl	Ca 最先	在海水中
	相互分离	T	$HClO_4$	Ca 最先	
Cd	Zn	C	乙醇+HCl	Cd, Zn	用泡沫树脂
	其他元素	A	HNO_3	Cd 最后	微量
	其他元素	A	H_2O	Cd	在海水中
	水，Zn	A	HCl	Zn, Cd	从 HBr 溶液分离
	Zn, Ca, Al	I(Tise)	1mol/L HCl	Zn, Cd	Zn 还可用 HNO_3 洗脱
	Cu, Zn, Ag	A	HCl	Cu, Zn, Cd	
	Pb, Sn	A	HCl	Cd, Pb	在焊锡中
	In	A	0.2mol/L HCl	In, Cd	
	Zn, Cu, Pb	C, A	$NaNO_2$, EtOH	Zn, Cd（在炭中）	
	Zn, Fe, Mg	C, A	KCl, CH_3OH	Cd	可用多种洗脱液
	其他元素	C	NaCl, HCl	Cd	
	U	A	HCl	Cd 被吸着	痕量 Cd 的分离
	Ag	A	HBr	Ag 先	
	其他元素	A	HCl, HBr	Cd	
	Mn, Fe, Cu	C	HCl	Cd	
	Cu, U, Zn	C	0.5mol/L HCl	Cd	
	Zn	C	0.3mol/L HI+ 0.15mol/L H_2SO_4	Cd	
Cd, Hg, Zn	相互分离	A	0.01mol/L HCl	Zn, Cd	在 25%甲醇溶液中分离
			HCl+硫脲	Hg	
Ce	其他组分	A	$HNO_3+N_2H_4$	Zn	从 HNO_3-$KBrO_3$
	U	A	HCl	Ce 先	溶液中分离（在合金中）
Ce, Eu	其他组分	A	HNO_3	Eu, Ce	在岩石中
Ce^{3+}, Zr	Th	C	4mol/L HCl	Zr 最先	
Cl^-	I^-	A	KNO_2	Cl 通过	I^-过量

被分离元素	从下列物质中分离	交换剂	洗脱液	洗脱次序	备　注
Cl^-	含氧阴离子	A	$KHCO_3$	ClO_2^-, Cl^-, ClO_3^-	
			BF_4^-	ClO_4^-	
Co	其他组分	A	HCl	Co	从 KSCN 溶液分离
	U, Zn, Cd	A	HCl	Co	从 KSCN 溶液分离
	其他组分	A	HCl	Ni, Co, Fe	在合金钢中
	Ni, Cr, Cu	A	$HClO_4$	Co 最后	
	Ni	C	乙酸盐	Co, Ni	
	Ni	C	HCl, DMSO	Co, Ni	
	Ni, V	A	KSCN	Co	Sc、Ti、Th 也分离
	其他组分	A	HCl, HF	Co	在陨石中，从丙酮水溶液中分离
	其他组分	A	HCl	Mn, Co, Fe, Cu	在锰矿中
	其他元素	Chel	HCl	Co	在海水中
	其他组分	A	HCl	Al, Co	在铝合金中
	Cu 等	Cell		Co 吸着	在混合溶剂
	Zr	A	HCl	Zr, Fe (9mol/L) Co (4mol/L)	
	MnO_2	A	HCl, 丙醇	Ni, Mn, Fe, Co	
Co, Ni	U, Mn, Y	A	HNO_3, CH_3OH	Co 和 Ni 首先	
Co, Ni, Fe, Zn	相互分离	A	HCl 等	Fe(0.5mol/L) Co(4mol/L) Ni(9mol/L)	
			HNO_3 等	Zn	
Co, Fe	其他组分	A	HCl	Co, Cu, Fe, Zn	在岩石中
Cr	Al, Fe	C	草酸盐	(Al, Fe), Cr	
	Mn, Co, Ni	C	H_2SO_4	Cr 先	
	Ta, Nb, W 等	A	HF, HCl	Cr 最后	
	Mn, Sc, V	A	EDTA, pH=9	Cr 先	
	Al, Fe	C	EDTA	Cr 被吸着	
	其他元素	A	$NaHCO_3$ 或 Na_2SO_3	Cr	
	其他元素	A	SCN^-	Cr 被吸着	
	其他组分	A	$NaClO_4$	Cr	在钢中
Cr, Mo, V	相互分离及与 Fe 分离	A	0.6mol/L NaOH	V	Fe 与甘露醇配位
			8mol/L HCl	Cr	
			1mol/L HCl	Mo	
CrO_4^{2-}	Al	A	Na_2CO_3 NaOH	CrO_4^{2-} Al	
Cs	K, Rb 等	I	0.5mol/L NH_4NO_3 + 0.2mol/L HNO_3	K	在卤水或矿石中：用磷钨酸铵交换剂

被分离元素	从下列物质中分离	交换剂	洗脱液	洗脱次序	备 注
Cs	K, Rb 等	I	1mol/L NH$_4$NO$_3$	Rb	
			6 mol/L NH$_4$NO$_3$	Cs	
	其他元素	I		Cs 被吸着	用 MoP-硅胶交换剂
	其他元素	I		Cs 被吸着	在海水和土壤中
	Na, Ba, Y	C	HCl, EDTA	Cs	二元分离
	Na, Cb, Sr	I	NH$_4$NO$_3$, HNO$_3$	Cs 通过	用 SnO$_2$ 交换剂
	Na, K	I	非水溶剂	Cs 被吸着	
	Ca, Y	A	草酸盐	Cs, Ca	
	Ba, Ca, Sr	C	0.5mol/L NH$_4$Cl	Cs	^{22}Na 也被洗脱
	Na	I	1mol/L NaOH	Cs 先	用 ZrO$_2$ 交换剂
	Na, Rb	C(酚型)	0.5mol/L NaOH	Rb	
			6mol/L HCl	Cs	
Cs 及其他碱金属	相互分离	I	NH$_4$Cl	Li(0.05mol/L) Na(0.1mol/L) K(0.3mol/L) Rb(0.75mol/L) Cs(4.5mol/L)	用钨酸锆交换剂
	碱土金属		1mol/L NH$_4$Cl	碱金属	用磷酸锆交换剂
			1mol/L HCl	碱土金属	
Cu	AsO$_4^{3-}$, CrO$_4^{2-}$	C(羧酸型)	2mol/L HCl	Cu	先用氨水洗 CrO$_4^{2-}$
	Cu, Co, Fe	A	HCl	Cu(1.2mol/L), 其他离子 (4mol/L)	测定食品中的 Cu 及某些 Fe 的沾污
	Co 等	A	乙酸盐	Cu 被吸着	电镀液中的 Cu
	Co	A	LiCl	Cu	
	其他元素	A	丙二酸盐	Cu 被吸着	
	其他元素	C	酒石酸盐	Cu, Zn, Ni, Pb	
	Ga, U, Co	C	HBr	Ga, Cu, Co	加丙酮
	Ca, Mn, Cd, Zn	C	HCl+DMSO	Cu	
	其他元素	Chel	HCl 等	Cu	痕量富集
	其他组分	Chel	HNO$_3$, H$_2$SO$_4$	Cu	在海水中
	其他组分	A	HNO$_3$	Cu	在海水中，在 HCl 溶液中分离
	其他元素	C	HCl+50%丙酮	Cu 最后	U 与 Cu 一起洗脱
	黄铜	AP	HCl	Cu	
	其他元素	C	NH$_2$OH·HCl	Cu 先	
	Bi, Te	A	HNO$_3$	Cu 先	
	Zn	C	草酸盐，HCl	Cu, Zn	
	Fe, Cd, Co	Cell	HCl	Cu	
	Ni, Fe	I	HCl, HNO$_3$	Cu	用钽交换剂
	其他元素	C(弱酸)	—	Cu 被吸着	
	其他元素	Chel	乙酸盐	Cu 被吸着	

被分离元素	从下列物质中分离	交换剂	洗脱液	洗脱次序	备 注
Cu	Ni	A		Cu 被吸着	加乙二胺
	Ni	I		Cu 被吸着	
	Zn	C	吡啶，三乙醇胺	因洗脱液不同而异	用吡啶时，Zn 先洗脱
	Zn, Ni	C	乙醇胺	Cu 最先	
			乙酸盐	Cu 最先	
	Zn 等	I	硫酸盐	Cu 最后	
Cu, Mn	Ca 盐	C(羧酸型)		Cu 被吸着	
Cu, Fe	Al 合金中其他组分	C	HBr	Cu, Fe	
F	H_3PO_4	A	NaOH	F	
	其他元素	A	NaOH	F	
	其他元素	I	HCl	F 被吸着	用 Sb_2O_5 交换剂
	饮水	A	KCl	F, PO_4^{3-}, SO_4^{2-}	
	其他组分	A	NH_4Cl		刻蚀溶液中，也测定硫酸盐
	其他组分	A	KCl	PO_4^{3-}, PO_3F^{2-}	在牙粉中，以磷氟酸盐形式被分离
	PO_4^{3-}	A	0.5mol/L NaOH	F	
F, Cl, Br, I	相互分离	A	KOH	F, Cl, Br, I	
Fe	许多元素	A	HCl	Fe 被吸着	用混合溶剂
	许多元素	I		Fe 被吸着	用钼酸盐交换剂
	其他组分	Chel		Fe 被吸着	在水中
	其他组分	C	氨水		在水中（以亚铁氰化物存在）
	Ni	C	H_3PO_4+HCl	Fe, Ni	
	各种元素	A, C	$HClO_4$, H_2SO_4		分离液中加醇
	浓缩的 NaCl 溶液	Chel		Fe 被吸着	
	Al	A	硫酸盐	Al, Fe	以硫酸盐络合物形式分离
	其他组分	A	HCl	Fe 最后	高压色谱
	Co, Ni, Zn	A	HCl, $NiCl_2$	Fe 被吸着	Ni 和 Co 的提纯
Fe, Co	$ZnSO_4$ 溶液	A	HCl	Fe, Co, Zn	在电镀溶液中
Fe, Ni	Cu, Ca, Al	A	HCl, H_2SO_4	Ni, Fe	在 7-碘-8-羟基喹啉-5-磺酸配合物形式吸着
Fe^{2+}	Fe^{3+}	A	柠檬酸盐	Fe^{2+}; Fe^{3+}	
Fe, Ti, V	相互分离	A	HCl	V^{4+}(12mol/L)	
				Ti (9mol/L)	
				Fe (1mol/L)	
Ga	In, Fe, Pb	A	Na_2CO_3	Ga, In, Fe, Pb	
	In, Tl	A	HBr	Ca, In, Tl	
	In, Tl	特种	HCl	In, Ga, Tl	用特种树脂
	其他组分	A, C	H_2SO_4	Ga	从丙酮水溶液中分离
	Al, In, Fe	A	Na_2CO_3	Al, Ga, In	Cd、Pb 也被分离
	其他组分	A	HCl	Ga 被吸着	在生物材料中

续表

被分离元素	从下列物质中分离	交换剂	洗脱液	洗脱次序	备 注
Ga	其他组分	A, C	HCl	Fe, Ga	在陨石中
	其他元素	C	HCl-二噁烷	Ga	二噁烷的浓度为主要因素
	Al	A, C	KSCN, HCl	Ga, Al	
	Al, In, Fe	I	H_2O, HNO_3	Al, In, Fe, Ga	
	Fe, Al, In, Zn	A	碳酸盐	Al, In, Ga, Fe	
	Fe	A	HCl, H_2SO_4	Fe^{2+}, Ga	
	In, Al	A	KI, $(NH_4)_2SO_4$	Ga, In, Al	
	In, Tl	C	HNO_3, CH_3OH	Tl, In, Ga	
Ga, Al	V, Fe	A	HCl, NaOH	用 NaOH 洗 Ga	
Ga, In	Cu, Fe, Pb, Sb	C	HCl	In(0.4mol/L) 其他金属(1.3mol/L)	Ga 不被洗脱
Ge	其他组分	C+A	稀酸（pH=2）	Ge	用混合树脂，在煤中
	其他元素	A	稀 HCl	Ge	$GeCl_4$ 以蒸气形式被吸着
	As	C	pH=6	Ge	
	各种元素	A	HCl+乙二醇	Ge	结合 TBP 萃取
	Fe, Al	A(弱碱) C	HCl	Ge 通过	在煤中
	Fe, Al	A	HCl	蒸馏出 $GeCl_4$	
	许多元素	A	NaOH	Ge	
Hf	Zr	C	0.15mol/L H_2SO_4 +0.18mol/ $LHClO_4$	Zr(先)	从 H_2SO_4-$HClO_4$ 介质中分离
			4mol/L HNO_3, 2~6mol/L HCl 或 2%$H_2C_2O_4$	Hf	
	Sc	A	H_2SO_4	Sc, Hf	用 0.2mol/L 酸洗 Hf
Hf, Ta	其他组分	A	HF+HCl	Hf 和 Ta 最后	在硅酸盐中
Hg	有机汞离子	C, I	$HClO_4$	Hg	
	Zn 等	A, C	HNO_3, NH_4Ac	Zn, Hg	用混合溶剂
	其他元素	Chel		Hg 被吸着	甲基汞也被分离
	其他元素	I		Hg 被吸着	
	其他元素	AP	HCl	Hg 被吸着	
	其他元素	Cell	NH_4SCN	Hg 被吸着	
	甲基汞等	I	磷酸盐	甲基汞先洗脱，Hg 用双硫脲洗脱	
I^-	含碘蛋白质	A		无机 I^- 被吸着	
	硒基体	C	H_2SO_4	I^-	催化法
	其他组分	A		I^- 被吸着	在水中
In	Sn	L	HCl+ $HClO_4$	In, Sn	用 N_2H_4 洗 Sn
	Sb	L	HCl	In, Sb	用硫脲洗 Sb
	其他元素	A	酒石酸盐	In	
	Zn, Pb, Ga	C	HCl+丙酮	In, Zn, Pb, Ga	从 HNO_3 介质分离

被分离元素	从下列物质中分离	交换剂	洗脱液	洗脱次序	备 注
In	其他元素	A	$H_2SO_4+CH_3OH$ 或丙酮	In	
	其他元素	A	HCl	Tl, In, Th	从丙二酸介质分离
	其他元素	C	HCl	In, Cr, Ga	从 NH_3 水介质中分离
	U, Mo 等	A	$H_2SO_4+H_2O_2$ 或 HCl	In, U, Mo	
	Tl, Al	C	HCl+丙酮	Tl, In	逐次增加 HCl 浓度
	海水	Chel, A		In 被吸着	结合溶剂萃取
	Sb, Ag, Cd	C	Hf, HCl	Sb, As, In, Ag	
	Cd, Al	A	EDTA	Cd, In	
	其他元素	C	HCl	Sn, In, Fe	锗中的痕量 In
	Sn	Chel	HCl	In, Sn	
	Zn	C	$HClO_4$	In	
	Ag	A	4mol/L KCN / 1mol/L HCl	Ag / In	
	Cd, Sn	A	1mol/L HCl	In	
Ir	Pt, Pd	A	HCl	Ir, Pd, Pt	Pd、Pt 可用硫脲洗脱
	Pd	C	NH_3+NH_4Cl	Ir	
	Pt	A	9 mol/L HCl / 7 mol/L $HClO_4$	Ir / Pt	
	Rh	C	硫脲	Ir	
	常用金属	A		Ir 被吸着	(用 H_2SO_4-$HClO_4$破坏树脂后测定)
Ir, Pt, Au	其他元素	A	HCl,硫脲	Ir, Au, Pt	在陨石中
K, Na	其他元素	C	HNO_3	Li, Na, K	在岩石中
K, NH_4^+	Pu	A	HCl	Pu 被吸着	
K, Li, Na	Ca	A(Ⅰ型)	60%EtOH		用 EDTA 型树脂
K, Na	其他组分	C	0.12mol/L HCl	K 和 Na	在硅酸岩中
Li	Na, Be	C	HNO_3	Li 先	从 80% CH_3OH 中分离
	其他元素	C		Li 被吸着	在盐水中，用特种树脂
	Ca	C	CH_3OH+HCl	Li 先	在碱性岩中
	Na	I		Li 被吸着	
	Na, K	C	EtOH+HCl	Li 先	
碱金属	相互分离, Ca, Sr, Ba	I(Zrp)	NH_4Cl	Li 最先	自动化
	相互分离	C	HCl	Li 最先	
	二价和三价元素	I(Crp)		Li, Cs 被吸着	
	相互分离	I	HCl	Na, K, Rb, Cs	
	相互分离	C	HCl+EtOH	Na, K, Rb, Cs	碱土金属亦被分离
	相互分离	Chel	H_2O	因条件而异	用王冠醚树脂
	碱土金属	C	HNO_3	Li 最先	
	相互分离	C	HCl	Li 最先	用酚醛树脂
	相互分离	C	HCl 的乙醇溶液		

被分离元素	从下列物质中分离	交换剂	洗脱液	洗脱次序	备　注
碱金属		C, L	NH_4Cl		用钨酸锆，钼酸锆
	相互分离	I(Sb_2O_5)	$HNO_3+NH_4NO_3$	Li 最先	
	相互分离及与 Ca、Sr、Ba 分离	I	NH_4Cl	Li 最先	自动化
Lu, Yb, Tb	Sc 等	A	HNO_3+CH_3OH	Sc, Lu, Yb, Tb	
Mg	Ca	C	HCl+二噁烷	Mg, Ca	
	其他组分	C	HCl	Na, Mg	在生物试样中，$Mg(OH)_2$ 沉淀
Mg, Ca	Sr, Ba	C	乙酸盐	Mg, Ca, Sr, Ba	也可用酒石酸盐为洗脱剂
	相互分离	C	非水溶剂+DMSO	Ca, Mg	
	Pb, Ca, Al, Fe	C	乙酸盐，EDTA	Pb, Cu, Al 先	
	Fe, Al, Ti	Chel	三乙醇胺	Mg, Ca 被吸着	
Mn	Fe, Cu, Zn	C	Cl+SCN	Zn, Ca, Mn, Fe	
	Ta, Nb	C	HCl	Mn	
	Ni, Cd 等	A	HAc+HCl	Ni, Mn, Cd	用逐渐降低 HAc 浓度法洗脱
	Fe	A	HCl	Mn, Fe	预先经放射性照射
	Sr, Mg	C	柠檬酸盐	Mn, Mg, Sr	pH=3～7
	其他元素	C	HCl+丙酮	Mn 最后	痕量 Mn
	Cu, Cr, Mo	A, C	$HNO_3·HCl$	Mn 最后(在 C 交换剂上)	Mn 被氧化还原
	Zn	A	草酸盐	Zn, Mn	
	Mg 及其他许多元素	C	HCl	Mn 最先	从90%丙酮溶液中分离
Mn, Re, Tc	相互分离	A	0.1mol/L HCl	Mn	
			0.1mol/L HCl+SCN	Re	
			0.4mol/L HNO_3	Tc	
Mo	其他组分	A	NaOH+NaCl	Mo	在海水中
	其他元素	Chel	$(NH_4)_2CO_3$	Mo 最先	在海水中选择性好
	W, Nb, Fe	A	HF, 然后 HNO_3	Fe, W, Mo	在合金中
	其他元素	A, C	各种洗脱液		
	湖水的其他组分	Chel		Mo 被吸着	在湖水中，结合溶剂萃取
	核分裂产物	A	HCl, HF	用 1mol/L HCl 洗脱	与 Np、Zr、Nb 分离
	Fe 等	C, A		Fe, Mo	用阴离子树脂时，用 $H_2SO_4-H_2O_2$ 洗
	其他元素	A	NaF	Mo 被吸着	
	其他元素	C, A	HF	Mo 被吸着	W 和 Sn 也分离
	Cr	A		Cr 被吸着	
	V	A	HCl	V, Mo	
	Re	A	1mol/L 草酸钾	Mo	
		(ClO₄ 型)	1mol/L $HClO_4$	Re	
Mo, W	其他元素	Chel	pH=9	Mo, W 通过	
	其他组分	A	硫酸盐	其他元素(先)	在岩石中
			NaOH+NaCl	Mo, W	

被分离元素	从下列物质中分离	交换剂	洗脱液	洗脱次序	备　　注
Mo, W	其他组分	A, Cell	NH$_4$SCN	Mo 被吸着	Mo、W 在 Cell 上分离
	其他组分	Chel	NH$_3$	V, Mo, W	从 pH=5 的溶液中分离
Mo, Tc	其他	C, A	多种洗脱液	Mo, Tc 吸着	
Mo, Nb, Ta, Ti, W	相互分离及与 Fe 分离	A	HF+HCl 混合物	Ti, W, Mo, Nb, Ta	
Mo, Nb, Ta	相互分离	A	1.5mol/L HCl + 0.5mol/L 草酸 + H$_2$O$_2$+柠檬酸		
N(NO$_3^-$)	H$_2$SO$_4$	Sephadex	H$_2$O	H$_2$SO$_4$, HNO$_3$	在硝化混合液中
	H$_2$O, 有机氮	A(弱碱型)	0.2mol/L NaCl	NO$_3^-$	富集痕量 NO$_3^-$
N(NO$_2^-$)	NO$_3^-$	A	HClO$_4$	NO$_2^-$, NO$_3^-$	
N(NH$_2$)	尿素等	I, C	CsCl	NH$_3$	
N 阴离子	相互分离	A	Na$_2$SO$_4$, NaOH	NO$_3^-$ 最后	
N(NO$_2^-$)	NO$_3^-$	A	NaOH	NO$_2^-$, NO$_3^-$	
N(NO$_2^-$)	海水中其他组分	A	HAc	以偶氮染料形式被吸着	在海水中
Na	Mg	C	HCl	Na, Mg	
	其他组分	C, A	—	Na, K	在海水中
	其他元素	I	—	Na 最后	用锑酸盐交换剂
	Zn 等	I(Sb$_2$O$_5$)	HCl	Na 被吸着	
	酸, Zn, Se	I(Sb$_2$O$_5$)	—	Na 被吸着	在生物试样中
	其他组分	I(Sb$_2$O$_5$)	—	Na 被吸着	
	其他组分	C	—	Na 被吸着	在水中
	K	I	HCl	Na 先	
	Li, K, Cs			Na 被吸着	pH=4
	K, 其他元素	I(Sb$_2$O$_5$)	HCl 等	Na 被吸着	
	其他元素	C(磺酸型)		Na 被吸着	
	碱金属	AMP+石棉	NH$_4$NO$_3$	Na 先	
Nb	其他组分	A	2mol/L NH$_4$Cl + 1mol/L HF	Nb	在合金钢中
	Ta, Bi, Ti, Pb 等	A	2mol/L HCl + 1mol/L NH$_4$Cl + 0.14mol/L HF	Nb	
	Ti	I	NH$_4$F	Ti, Nb	Fe 被吸着
	Ti, V, W	A	NaF+HCl	Ti, V, W, Nb	Mo 也分离
	Zr, Pa	A	HNO$_3$, HAc	Nb, Zr, Pa	
	其他组分	A	HF	Zr, W, Nb, Ta	在合金中
	Ti, Ta	A	HCl	Ta, Ti, Nb	从乙醇的水溶液中分离
	Ta	A	草酸	Nb	
		A	3mol/L HCl + 0.1mol/L HF	Nb 先	用于分析痕量 Nb
		A	9mol/L HCl + 0.05mol/L HF	Nb 先	钢等分析用
Nb, Zr	其他元素	I(TiP)	HNO$_3$	Zr, Nb 被吸着	

被分离元素	从下列物质中分离	交换剂	洗脱液	洗脱次序	备　　注
Nb, Ta	Zr 等	A	HCl+HF	Nb, Ta	有机溶剂
	其他元素	A	草酸盐	—	在矿石中
	Fe, Ti, V	A	NH$_4$Cl+HF	Nb(pH=0) Ta(pH=5)	其他元素用 HCl+HF 洗脱
Ni	U 等	C	HCl	U, Ni	从非水溶剂中分离
	Cu	I(SiO$_2$)	CH$_2$CH$_2$+CH$_3$CN	Ni, Cu	
	其他元素	C	HCl，丙酮	Ni, Th, Al 被吸着	
			丁二酮肟	Ni	
	其他元素	A	HCl	Ni 最先	（提纯 Ni）
	Be	C, A	HF, HCl	Ni, Be	在纯 BeO 中
	Fe, Zn	A	HCl	Ni	
	Zn, Mn	C	HCl	Ni	从混合溶剂中分离
	大量 Co	C	HCl	Ni 被吸着	从 90%丙酮溶液中分离
Ni, Pd	Zn, Cd, Co	Chel	NH$_3$, HCl	Ni, Pd, Cu 被吸着	用特殊树脂
Ni, Co	Mn, Zn	A	HCl	Ni	从 50%甲醇溶液中分离
Np	Pu, U	C	HBr	Np, U, Pu	
	Pu, U	A	HNO$_3$, HCl	Pu, U, Np	Np 的提纯
	U, Th	A	N(CH$_3$)$_4$OH	Np 通过	加柠檬酸盐
	U, Th, Pu	I	HNO$_3$	U, Th, Np^{4+}	
	U, La	A	HCl	Nb 最先	用两个交换柱
Np, Pu	其他组分	A	HCl	Np	在沥青铀矿中
	其他元素	A	HNO$_3$	Pu, Np	
	核分裂物	A	HCl	Pu, Np, U	
P	聚磷酸盐，含氧阴离子分离	A	KCl	P	分离自动化
磷酸盐	相互分离	A	KCl		环状多聚磷酸盐
	其他	I（水化 SnO$_2$）	—	H$_3$PO$_4$ 强烈被吸着	
	硅酸盐	A			在水中
	相互分离	F	吡啶+乙酸乙酯		正磷酸盐
	多聚磷酸盐	A	KCl		
	多聚磷酸盐	T	LiCl		
多聚磷酸盐	其他多聚磷酸盐	A	KCl, pH=5		多聚磷酸盐
Pa	Nb 其他	A	HF	Si, Pu, Nb	
	Ac, Nb, Pu	A	HCl+HF	Pa	
	Th	A	HF, H$_2$SO$_4$	Th, Pa	
	其他元素	Chel	H$_2$SO$_4$+H$_2$C$_2$O$_4$	Pa	
Pa, Tb	相互分离	A	10mol/L HCl	Th	
U			9mol/L HCl+ 1mol/L HF	Pa	
			0.1mol/L HCl	U	

被分离元素	从下列物质中分离	交换剂	洗脱液	洗脱次序	备 注
Pb	其他组分	A	12mol/L HCl	Pb	在钢中
	其他组分	A	10mol/L HCl	Po	自动化
	其他组分	A	H_2O	Pb	生物试样中，从盐酸介质中分离
	Fe	A	HCl, HBr	Fe, Pb	在陨石中
	Zn, Cu	A	HCl, HNO_3	Cu, Pb, Zn	
	Zn, Mn, Cr	I	HNO_3, NH_4NO_3	Zn, Mo, Pb, Cr	
	Bi	A	HCl	Pb, Bi	
	其他元素	A	NaCl	Pb 被吸着	在矿石中
	其他元素	I		Pb 被吸着	
	Cu, Zn, U, Th	A	HCl	Pb 被吸着	在岩石中
	Bi, Fe	A	8mol/L HCl	Pb	
			0.5mol/L HCl	Fe	
			1mol/L H_2SO_4（或 HNO_3）	Bi	
	Cd, Cu, Zn	C	1mol/L HNO_3	Pb	
			氨+酒石酸铵	其他元素	
Pb, Sn	Cu, Sb	A	7 mol/L HCl	Pb	
			1.5 mol/L HCl	Cu	
			HF+HCl	Sb	
			6mol/L NaOH（或 HF+HCl）	Sn	
	Cr, Mo, Bi 等	A	HCl	Fe, Zn, Pb	在合金钢中，Cr、Mo、Bi 分离
Pd	Pt, Ir	C	HCl	Pd	
Pd, Ir, Ag	Pt	A	HCl	Ir, Ag, Pd	
Pd, Rh, Pt	其他	C	HCl, HNO_3	Pt 被吸着	Au 亦分离
Pt	Ni, Fe, Cu	A	硫脲	Pt 通过	
Pt, Pd	许多元素	Cell	硫脲		
铂金属	常用金属	C	HCl	Pt 先	
	Mn 粒	A	硫脲+ HCl	Pd, Au, Ir	
	许多元素	A	HCl	Pt, Au, Pd	从混合溶剂中分离
Pu	U, Nd, Am	A	HCl	Pu 先	
	Np	I	HNO_3	Pu	
	Am, Th, U	A	HCl+HBr	Pu	
	其他组分	AP	$N_2H_4 \cdot HCl+HCl$		在尿中，从 HNO_3 溶液中分离
	其他元素	A	HNO_3		
	其他组分	A	HCl, HNO_3, HF	Pu 吸着	从 HNO_3 溶液中分离（在土壤中）
	Th	A	12mol/L HCl	Th 通过	
	Zr, Nb	I	HNO_3, 抗坏血酸	Pu 通过	还原成 Pu^{3+}
	其他组分	C	HNO_3	Pu 被吸着	在土壤中
	氧化态不同	C	HCl		Am、Eu、Pr 也分离
Pu, Np	其他元素	A	HNO_3	Pu, Np	

续表

被分离元素	从下列物质中分离	交换剂	洗脱液	洗脱次序	备注
Ra	Ca, Pb	A, C	HCl	Ra	在海水中
Ra, Sr	Pb 等	C	乳酸盐	Ca, Sr, Ra	
			乙酸盐	Pb	
Rb	Sr	I	HCl	Sr 先	痕量 Rb
	Cs	C（磷酸锆）	0.1mol/L NH_4NO_3 饱和 NH_4NO_3+0.1 mol/L HNO_3	Rb Cs	
	Sr	C（磷酸锆）	NH_4NO_3	Sr(0.1mol/L) Rb(1.0mol/L)	
	Cs	I（磷钨酸铵）	1mol/L NH_4NO_3	Rb	
			0.5mol/L NH_4NO_3 +0.2mol/L HNO_3	K 先	
Rb, Cs	K, Ag, Tl	I	HNO_3	K, Rb, Cs	用磷钼酸盐交换剂
Rb, Sr	其他元素	C, I	HCl	Rb, Sr	在岩石中
Re	Mo, W	I(SnO_2)	HNO_3+丙酮	Re 最先	Mo、W 被吸着
	Mo	A	酸	Mo, Re	
	水溶液	A	HNO_3, NH_3	ReO_4 被强烈吸着	在海水中
Re, Os	其他组分	A	HNO_3	Os, Re	在陨石中
Re(ReO_4^{2-})	Mo, Te, W	A	2mol/L H_3PO_4	ReO_4^{2-}	
			2mol/L NaOH	Mo, W, Te	
Rh	Ir	A	HCl, HNO_3	Rb, Ir	
	Pd, Pt, Au	Chel	HCl	Rh 最先	
	Pd	Chel	H_2SO_4+HCl	Pd 被吸着	
Ru	核分裂产物	I	—	Ru 被吸着	用 $S_2O_4^{2-}$ 还原
S(H_2S)	其他组分	A	NaOH	S^{2-}	在空气和水中的微量 H_2S
SO_4^{2-}, $S_2O_3^{2-}$	SO_2	I(Al_2O_3)	NH_3	SO_4^{2-} 被吸着	
		C			
S, Se, Te (成 XO_3^-)	相互分离	A	0.5mol/L NaOH+3mol/L NH_3	TeO_3^{2-}, SeO_3^{2-}	
			2mol/L NaOH	SO_3^{2-}	
Sb	Bi, Fe	C	HCl	Sb, Bi, Fe	从 $HClO_4$ 溶液分离
	Fe, Zn, Cd	A	$HClO_4$	Sb 最后	
			$H_2C_2O_4$	Zn, Cd	
	Be, Cu 等	A	HCl+TBP	Sb, Bi, Cu	用以分离的溶液中加甲基乙二醇
	U, Sn	I(ZrP)	HCl	U, Sb	
	In, Zn	A	HCl	Sb 被吸着	
	其他元素	A	丙二酸盐	其他元素	
			H_2SO_4	Sb	
Sc	Y	A	12mol/L HCl	Y	
	La, Y	Chel	HNO_3	Sc 最后	用特种树脂
	镧系元素	A	H_3PO_4	La, Lu, Sc	Hg 被吸着
	其他元素	A, C	草酸盐，或柠檬酸盐或丙酮	Sc	
	Y, La	C	H_2SO_4	Sc	

被分离元素	从下列物质中分离	交换剂	洗脱液	洗脱次序	备　注
Sc	Y, La, Th	C	H_3PO_4	Sc, Y	
	Ti	A	HCl, HF	Sc, Ti	
	其他组分	A	$(NH_4)_2SO_4$, H_2SO_4	Sc	在岩石中
	其他元素	A	HCl	Sc	与共沉淀法结合
	镧系元素	C	草酸盐	Sc 先	
		C	HCl+TOPO	Sc 先	从四氢呋喃溶液中分离
	Pu	CP		Sc 被吸着	
	Fe^{2+}, Mn^{2+}稀土元素 Th, Zr, U 等	A	0.1mol/L H_2SO_4+0.025mol/L H_2SO_4	Fe^{2+}, Mn^{2+}稀土元素, Sc	在矿石中：Th、Zr、U 不洗脱
Sc, La	Al, Fe, Ti	C	HCl	Sc 和 La 被吸着	从混合溶剂制成的试液中分离
Se	其他元素	C	HCl	Se 通过	
	水, NO_2^-	C-18	乙醇	NO_2^-, Se	
	其他组分	C	乙酸盐	Se	在海水中
	Te, Bi	A	H_2SO_4	Se, Te, Bi	
	Te	$I(SnO_2)$	HNO_3	Se, Te	
	Te	A	HCl	Se(3mol/L), Te（0.2mol/L）	先将 Se 和 Te 用 SO_2 沉淀
	Hg	A	HNO_3	Se, Hg	
	Te, Au	AT	HCl	Se, Te, Au	
	不同氧化态分离	AP	HCl	Se^{4+}, Se^{6+}	
	SeCN 与 SCN 分离	AP	$LiNO_3$	SCN^-, $SeCN^-$	
Se^{4+}	Se^{6+}	Cell	甲酸盐	Se^{4+}先	
Se, Te	Bi	C	HNO_3	Se, Te, Bi	
Si	P, Zr, Ti	C, A	HCl	Si 通过	在硅酸盐中
	P, Ti	A, C	$NaHCO_3$		硅酸盐的成批分析用
	P	Cell	HNO_3, EtOH	SiO_3^{2-}, PO_4^{3-}	
	P, As	A	NH_3, $NaNO_3$	SiO_3^{2-}, PO_4^{3-}, AsO_4^{3-}	在钢中
	其他组分	A			用于锅炉水中痕量 Si 的浓集
	Ti	A	硫酸盐	Si, Ti	
	锅炉水	A	H_2BO_3 水溶液		Si 以 SiF_6^{2-} 形式被吸着
	Fe, Al	A	2mol/L HF	SiF_6^{2-}被吸着	原始液酸度为 2mol/L HF
Sn	Fe, Zn, Cu	C	HCl	Sn 通过	
	其他元素		HCl	Pb, Bi, Hg, Sn	用丙烯酸酯树脂
	其他元素	A	H_2SO_4	Sn	在岩石中；从盐酸溶液分离
	Mn, In	C	HF	Sn 被吸着	
	Bu_3SnCl 与 Bu_2SnCl_2 分离	C	HCl+EtOH	Bu_3SnCl, Bu_2SnCl_2	
	Cu, Fe, Ni	A	HCl	Ni, Fe, Cu, Sn	在青铜中
	不同氧化态的分离	IP	乙酸盐	Sn^{4+}较快	
	As, Sb	A	NH_4SCN	As, Sb, Sn	在岩石中

续表

被分离元素	从下列物质中分离	交换剂	洗脱液	洗脱次序	备注
Sr	Mg, Ca, Ba, Y	I（钒酸钛）	HNO_3	Sr 被吸着	
		A, C	柠檬酸	Ca, Sr	Y 被 A 吸着
	其他元素	I		Sr 被吸着	在水中
	Ca, Ba, Y	C	乳酸盐	Y, Ca, Sr	
	核分裂产物	A	—	Sr 通过	
	其他元素	C	HCl	Sr	
	Y	C	羟基异丁酸铵，pH=6	Sr 被吸着	
	Y	AMP	1mol/L NH_4NO_3	Sr^{2+}（先）	
Ta	Zr, Mo	A	HCl+HF	Ta 被吸着	可结合溶剂萃取
	Nb	Chel	HF	Nb, Ta	
	Pa	C	H_2SO_4，非水溶剂	Ta, Pa	
	其他	I(Sb_2O_5)	HNO_3	Ta 被吸着	
	Nb	Chel	H_2SO_4	Ta, Nb	
	其他组分	A	HF+HCl	Ta 被吸着	在岩石中
	其他组分	A	HF+HCl	Ti, Fe	在矿石中
			NH_4Cl+HCl+HF	Nb	
			NH_4Cl+NH_4F	Ta	
	其他组分	A	2mol/L NH_4Cl+1mol/L NH_4F	Ta	在含钨、铅、铋的铌钽矿中
	其他组分	A	{2mol/L NH_4Cl+1mol/L HF	Nb（先）	在合金钢中
			2mol/L NH_4Cl	Ta	
Tc	Re 等	C	HCl+NaCl	Re, Tc	
	Mo	C	HAc	Tc, Mo	
	Mo	I(SnO_2)	HNO_3	Tc, Mo	
Tc, Re	Mo	A	HNO_3	Re, Te	
Te^{6+}	Te^{6+}, Se	Cell	HCl+HAc	Te^{4+}被吸着	
（TeO_3^{2-}）	Te^{6+}, I^-, IO_3^-	碳	H_2O, HCl	Te^{4+}	
	I^-	A	HCl	TeO_3^{2-}(4mol/L), I^-(10mol/L)	
Th	其他组分	A	HCl	Th	在水中；从 HNO_3 溶液中分离
	La, Zr	C	HCl	La, Zr	
	U, Zr	A	HNO_3	U, Zr, Th	用稀 HNO_3 洗 Th
	U, La, Y	C	HNO_3+DMSO	Th 先	
	U	A	12mol/L HCl	Th 先	
	其他元素	A-Cell	HNO_3+ CH_3OH	Th 被吸着	
	U	I（钨酸铈）	pH=2～3	U, Th	
	U, La, Fe	A	H_2SO_4, HCl	Th, U	
	其他元素	A	{HNO_3	其他元素先	
			HCl	Th	
	其他元素	C	硝基苯甲酸	Th 通过	
	Ti, Sc	A	KSCN	Th, Sc	从丙酮水溶液中分离
	U	C, A	HCl, NH_4NO_3	U, Th	硝酸铈被吸着

被分离元素	从下列物质中分离	交换剂	洗脱液	洗脱次序	备注
Th		A	HNO_3	其他元素	在矿物中
			HCl	Th	
		C	H_2SO_4	U, Th	
Th, U	PO_4^{3-}	C	1mol/L HCl	U	复杂混合物分析
			3mol/L H_2SO_4	Th	
		Chel	乙酸盐	Th	
			3mol/L HCl	U	
		A	0.5mol/L HNO_3 + 甲醇	U	
			1mol/L HNO_3	Th	
Ti	Cr, Fe, Mo, Nb, Ta, W	A	8mol/L HCl	Ti	复杂合金的分析
			HF+HCl	W, Mo, Nb, Ta	
	Nb, Ta, Bi	A	20%HF+30%HCl	Ti	如有Pb、WO_4^{2-}、Fe、Mn 等也一起洗脱
	Al, Mg, Cr	A	H_2SO_4	Ti 最后	加 H_2O_2 使易吸着
	Fe, U, V	C	酒石酸	Ti 最先	
	Al, Fe	C	H_2SO_4柠檬酸盐	Ti, Al, Fe	$[Fe(CN)_6]^{3-}$不被吸着
	Fe	A	NaOH	Fe, Ti	形成磷钼酸钛
	杂质	A	12mol/L HCl	Ti 通过	
	Fe 等	A	EDTA 或 HF	Fe, Ti	
	V^{4+}	C	0.1mol/L HCl+1mol/L HF	Ti	
			1.5mol/L HCl	V^{4+}	
		A	0.1mol/L HCl + 1mol/L HF	V^{4+}	
			6mol/L HCl + 1mol/L HF	Ti	
Ti, Zr	Fe, Al 等	A		Ti, Zr 被吸着	
Tl	其他元素	Cell	HCl+CH_3OH	Tl, Al, In, Ga	
	其他元素	I(Sb_2O_5)	HNO_3	Tl	
	Zn, Co, Cd	C	HBr	Ti 被强烈吸着	
	其他元素	A	HNO_3+H_2O_2	Tl	在岩石中，从 HCl+Br_2 溶液分离
	其他元素	C, A	HNO_3, H_2SO_4	Tl	须升高温度
	其他元素	Chel	H_2O	Tl 通过	Cd, In 等吸着
	其他元素	A	SO_2 水溶液	Tl	在岩石中，以 Tl^{3+} 形式被吸着
	Pb 等	C	$Ca(NO_3)_2$	Pb, Tl	
	其他元素	IP	丁醇+HCl	Tl 被吸着	
U	其他元素	A	HCl	U, Zn, Cd	在海水中，从 KSCN 溶液分离
	其他元素	A	HCl	U	在水中，用非水溶剂
	其他元素	Chel			在水中，成批分析用
	其他元素	C	HBr+丙酮	U 被吸着	
	其他元素	A	碳酸盐	Zn, Al, Tl, U	水分析用

续表

被分离元素	从下列物质中分离	交换剂	洗脱液	洗脱次序	备　注
U	Pu, Am	A	HNO$_3$	Am, U, Pu	
	其他组分	A	1mol/L HCl	U	在尿中，从有机溶剂混合物中分离
	其他组分	A	H$_2$SO$_4$	U	在水中
	其他元素	A	HCl	U	在土壤岩石中，用非水溶剂
	其他元素	A	HCl	U	用非水溶剂
	其他元素	A	HCl	U	从碳酸盐溶液分离
	其他元素	Chel	HNO$_3$	U	从 3mol/L NaCl 溶液分离
	Al 等	A	HCl	U 被吸着	
	其他元素	Cell	丁醇，HAc	U 被吸着	
	Fe, Cu	A, C	多种	Cu, U(C)	U^{4+} 和 U^{6+} 分离
	Fe, Cu 等	C	HCl, DMSO	Cu, U, Fe	
	硫酸盐	A		U 被吸着	
	各种元素	C, I	HClO$_4$	U	U 在 C 上强烈吸着，在 I 上吸着较弱
	核分裂产物	C	NH$_4$SCN	U, Zn, Cs	亦可和 La 分离
	镧系元素	C	HF 盐或草酸	U, La	
	Fe	C	0.8mol/L HCl	U	
	Te	A	0.05mol/L H$_3$PO$_4$	Te	核分裂产物的分析
			HF+HCl	U	
	Th 等	A	HCl	U	U 从 1mol/L HCl（在 80%甲醇溶液）中被吸着；Th 从 HNO$_3$ 在甲醇中的溶液被吸着
	V, Mo	A	0.1mol/L HCl+0.06mol/L HF	U	先用 4mol/L HCl 洗 V，最后用 0.5mol/L NaOH+0.5mol/L NaCl 洗 Mo
U^{6+}	U^{4+}	C	H$_2$SO$_4$	U^{6+}先	
U, Pd, Au	其他元素	L	HClO$_4$	U 被吸着	
U, Th	其他元素	A, C	HCl	Th, U	在矿物中，U 吸着于 C 上
	其他元素	A	HCl	Th(6mol/L) U(0.6mol/L)	在钙钛锆矿中
V	二价离子	A	HNO$_3$	V 最后	
	Te, Bi, Hg 等	A	丙二酸盐	V 最先	
	Mo 等	A	HCl+CH$_3$OH	V, Mo	Fe 被吸着
	其他元素	C	H$_2$SO$_4$	Cr, V, Mn	在钢中
	其他组分	A	HCl	V	在海水中，从含 SCN$^-$的溶液中分离
	Ti, Nb	C	HNO$_3$	Nb, V	用甲酸洗 V
	Fe, Mo, U	A	CH$_3$OH+HCl	V, Mo, U	
	Al, Ti, Fe	I(锑酸钽)	HNO$_3$	V 最先	
	Mo, W	L, A	H$_2$SO$_4$	V, W, Mo	
	Zr, Ti, Nb	A	HF	V, Zr, Ti	
	Fe	C	HClO$_4$	V	
	Al, Ti	A	HF	V, Al, Ti	
V, As	有机化合物	A	乙酸盐	As, V	

被分离元素	从下列物质中分离	交换剂	洗脱液	洗脱次序	备 注
V, U	其他元素	A	HCl	U, V	在岩石中
W	Mo	A	H_3PO_4+HCl	W, Mo	
	Ti	C	NH_3+NH_4Cl+H_2O_2, pH=5	W	
	Nb, Tn, Bi	A	20%HF+30%HCl	W	如有 Ti、Pb、Fe 等也被洗脱
Y	Ce, La	C	$(NH_4)_2SO_4$	Ce, Y	
	Sr, Cs, Fe	C	柠檬酸盐	Y, Fe, Cs	
	镧系元素	C	络合剂	Y 最后	高纯 Y
	Sr	Cell	EDTA	Y	
Zn	Fe 等	A	HBr	Zn 最后	
	其他元素	C	H_2SO_4	Zn	在海水中，Cd，Cu 也分离
	Pb, Cu 等	C	CH_3CN+HCl	Zn, Pb, Cu	
	各种物质	A	HCl	Zn	
	Cd	C	甘氨酸	Zn, Cd	用 HCl 洗 Cd
	Cd	A	HBr	Zn, Cd	用 HNO_3 洗 Cd
	Cu, Pb	C	HAc, NaCl	Zn, Cu, Pb	用乙酸洗 Zn
	Hg, Pb, Cd	A	KI	Zn	从 HAc 溶液中分离
	其他元素	C	NH_4Cl	Zn	在水中
	其他组分	A	HCl		在肥料中，从 0.5mol/L 溶液中分离
	Al, Cu, Fe	C	HCl, C_2H_5OH	Zn	
	Cd, Fe, Pb	A		Fe, Sn, Cd	
	Cd	A	HBr	Zn	用混合溶剂
	Al, Cu, Mg	A	0.2mol/L HNO_3 2mol/L HCl	Zn 其他元素	
	Bi, Cd, Pb	A	EDTA, pH=3	Zn 被吸着	
	Cd	A	0.02mol/L HCl	Zn	
Zn, Cd	各种物质	I(SiO_2)	HCl		
Zn, Cd, Hg	Bi, Tl, Zr	Cell	HCl, CH_3OH	Zn, Cd, Hg	
Zr	核分裂产物	A	HCl	Zr	从 HF 介质分离
	Pd, U	A	HCl	Zr, Pb, U	在锆石（Zircon）中
	Th, La	C	HBr	La, Ar, Th	
	La, Th	I	H_2O	Zr	
	Ti, Mo, Sc	L	H_2SO_4	Fe, Zn, Mo	在硅胶上
	Hf	C	甲酸, HNO_3	Zr, Hf	用 HNO_3 洗 Hf
	Hf	I	甲酸	Hf, Zr	镧系元素亦被分离
	Hf	A	H_2SO_4	Hf, Zr	
	Th	C	HCOOH	Zr, Th	与 Ga 分离
	Th	A	HCl		从乙醇+水溶液中分离
	Hf	A	0.35mol/L H_2SO_4	Hf 先	
	Hf	C	0.15mol/L H_2SO_4 +0.18mol/L $HClO_4$	Zr	

被分离元素	从下列物质中分离	交换剂	洗脱液	洗脱次序	备　　注
Zr, Ti	Fe, Al 等	A		Ti, Zr 吸着	螯合作用
Zr, Th	其他元素	A	HCl	Th, Zr, U	
La	TiO₂	C	HCl	Ti 先	
镧系元素	其他元素	C	HCl	La 最后	在水中
	U 盐	A	CH₃OH+HCl	U 被吸着	
	相互分离	C	EDTA		用置换法
	相互分离	I			用亚硒酸锡交换剂
	其他元素	C	HCl	镧系元素	陨石中
	相互分离	A	CH₃OH+HNO₃		
	其他元素	C	HCl	Ca, La	在氟石中
	U 核分裂产物	C	络合剂	U, La	也可用阳离子交换树脂
	其他元素	A	非水溶剂	La, Ce 被吸着	在钢中
	相互分离	I	LiNO₃+HNO₃		用磷酸锆交换剂
	Y₂O₃	A	FDTA	Y, Dy, Eu	
	Th	A			在独居石中
La，稀土元素	痕量杂质	A	HNO₃		从甲醇溶液中分离
	相互分离	C	柠檬酸盐，pH=3~3.5，100℃	La, 稀土元素	
		A	6mol/L LiNO₃	La, 稀土元素	
稀土元素	铈族与钇族分离	A	CH₃OH, HNO₃	钇族	
			0.2mol/L HNO₃	铈族	
	互相分离	Dowex 50	4.75%柠檬酸	Lu 先	

表 3-100　各种水体中无机离子的分离富集[2]

测定项目	分析主体	离子交换柱	方 法 要 求
As, Cd, Co, Hg, Mo, Zn	新鲜水	Dowexl-X8	相继以 8mol/L HCl 洗提 As；4mol/L HCl 洗提 Co；0.9mol/L HCl 洗提 Mo；0.01mol/L HCl-10%甲醇洗提 Zn；水洗提 Cd；8mol/L HNO₃-4mol/L NH₄NO₃ 洗提 Hg
Ba, Sr	海水	Dowex50-X12 1.3×35cm	中子活化分析水样调至 pH=3，流经交换柱，相继以 0.02mol/L CyDTA（pH=5.0）洗提 Ca；0.02mol/L CyDTA（pH=6.5）洗提 Sr；0.01mol/L MEDTA（pH=10）洗提 Ba。原子吸收光谱法测定
Cd	天然水	Dowexl-X8	1L 水样，制成 1.2mol/L HCl 或 1.0mol/L HBr 溶液，过滤，流经交换柱，大部分元素流过，1.5mol/L HBr 洗提 Zn 等元素，2mol/L HNO₃ 洗提 Cd。双硫腙光度法测定
Cd, Co Zn	天然水	AGl-X2	水样中加入 2-(3-磺基苯甲酰)-吡啶-2-吡啶测，加氨水至 pH>10，流经交换柱，pH=10 水洗，2mol/L HNO₃ 或 1mol/L H₂SO₄ 洗提 Co、Zn
Cd, Co, U	天然水	AGl-X2	水样中加入硫氰酸盐，流经交换柱。相继以 6mol/L HCl 洗提 Co；1mol/L HCl 洗提 U；2mol/L HNO₃ 洗提 Cd。用荧光法测定铀；或中子活化法测定铀
Cd, Co, Pb, Zn	天然水	AGl-X2	1L 水样加入 8-羟基喹啉-5-磺酸和 pH=8 缓冲液，流经交换柱，2mol/L HNO₃ 洗提 Cd、Pb、Zn；12mol/L HCl 洗提 Co
Cd, Co, Cu, Mn, Pb, U, Zn	天然水	Dowexl-X8	1L 水样，用 HCl 酸化，过滤，加二乙基氨荒酸盐，用丙酮萃取，萃取液蒸干，加入四氢呋喃-甲基乙二醇-6mol/L HCl（5:4:1），流经交换柱，6mol/L HCl 洗提 Co、Cu、Mn、Pb；1mol/L HCl 洗提 U；2mol/L HNO₃ 洗提 Cd、Zn

测定项目	分析主体	离子交换柱	方法要求
Cd, Co, Pb	天然水	AGl-X8	500ml 水样，加 8.7ml HBr，过滤，加入 2g 抗坏血酸，流经交换柱，0.15mol/L HBr 洗其他元素；1mol/L HNO₃ 洗提 Cd、Cu、Pb
Co		Amberlite CG-400	在酸性水样中，加入硫氰酸盐，流经交换柱，2mol/L HClO₄ 洗提 Co 及其他一些元素，然后以同样的交换柱分离（以 6mol/L HCl）钴，流出液中钴以光度法测定
Co		Dowex-X8	在 2L 水样中加入 10ml 1mol/L HCl，过滤，加入 5g 抗坏血酸和 10g 硫氰酸钾，放置 5～6h，流经交换柱，用 50%四氢呋喃-40%甲基乙醇-10% 6mol/L HCl 洗提除去 Fe，然后用 6mol/L HCl 洗提 Co，亚硝基 R 盐光度法测定
Cr(VI)		AG l-X4	将 1L 水样酸化至 pH=5，以上流法流经交换柱，Cr(VI)被吸附，用小体积含还原剂的酸溶液[1mol/L HCl-0.5mol/L (NH₄)₂SO₄·FeSO₄]洗提 Cr。原子吸收光谱法测定
Cr(VI), Cr(III)		717、732	水样过滤后，取 500ml，调至 pH=4.7，自下而上地逆向通过 717 和 732 串联的两支交换柱，将两柱折开，用含 1%亚硫酸的 2mol/L HCl 溶液由 717 柱上洗提 Cr；4mol/L H₂SO₄ 由 732 柱上洗提 Cr(III)
Cu	天然水	Dowex-X8	水样加入 HCl 至 0.1mol/L，过滤，加抗坏血酸，流经交换柱，Cu(I)被吸附，大部分元素流过，1mol/L HCl 洗提 Cu。原子吸收光谱法测定
Cu, Mn, Pb	河水	Dowex l-X8	3L 水样加入 8-羟基喹啉-5-磺酸，调节至 pH=8～8.5，流经交换柱，2mol/L HNO₃ 洗提 Cu(II)、Mn(II)、Pb(II)、和 Pb(II)。原子吸收光谱法测定
Cu, Mn, Zn	河水	AV-17，EDTA 型	水样加 0.8mol/L 乙酸盐至 pH=4，流经交换柱，Cu、Mn、Zn 吸附，Ca、Mg 流过
Cu, Pb, Zn		DiaionSA-100, Zincon 型	1～2L 水样流经交换柱，Cu(II)、Pb(II)、Zn(II)吸附，中子活化分析
Cu, Ni, Zn	海水		水样流经交换柱，然后，将树脂压成小块。X 射线荧光法测定
F	饮用水	Dowex 1-X4	水样流经交换柱，氟被吸附，然后，用 0.1mol/L KCl 洗提 F。电位滴定法测定
F	矿质水	Dowex 50W-X8	水样流经交换柱，大部分金属离子吸附，流出液中的 F 用离子选择电极法测定
Hg	天然水	Dowex 1-X8	500ml 水样，加入 0.2g 树脂，无机汞被吸附，过滤出树脂，放入含锡（II）溶液的瓶中。冷原子吸收光谱法测定汞
Mo	天然水 （淡水）	Dowex 1-X8	水样用 HCl 酸化，过滤，加硫氰酸钾和抗坏血酸，流经交换柱，Mo 被吸附，2mol/L HClO₄-1mol/L HCl 洗提 Mo。原子吸收光谱法测定
Mo, V		Diaion SA-100	水样流经交换柱，2mol/L NaOH 洗提 V(V)，1mol/L NaOH-1mol/L NaCl (1:1) 洗提 Mo
Mo, V	泉水、矿质水	Dowex 1-X8	水样中加入柠檬酸和抗坏血酸，调至 pH=3，流经交换柱，Mo、V 吸附，6mol/L HCl 洗提 V，2mol/L HClO₄-1mol/L HCl 洗提 Mo。原子吸收光谱法测定
Mo, V	海水	Dowex 1-X8	1～3L 水样加入 10～30g 硫氰酸钾和 5～15g 抗血酸，流经交换柱，Mo、V 吸附，6mol/L HCl-甲醇[1:9(体积比)]洗提 Mo、V。原子吸收光谱法测定
Pb	天然水	Dowex 1-X8	水样中加入 HBr 制成 0.15mol/L 溶液，流经交换柱，铅被吸附，大部分元素流过，6mol/L HCl 洗提 Pb。二硫腙光度法或原子吸收光谱法测定
RE	矿水	Dowex 50-X12	20～100L 水样酸化至 pH=1.5 流经交换柱，1.6mol/L HCl 洗提除去 Ca、Mg、Na、K 和 Fe(III)等，6mol/L HCl 洗提 Y、Sc、RE。再在 Dowex50W-X8 交换柱上，用 0.08～0.29mol/L 2-羟基异丁酸在 pH=4.43 或 pH=5.00 梯度洗提分离稀土，或用 pH=4.19 柠檬酸铵洗提分离稀土。二甲酚橙-溴化十六烷基吡啶光度法测定
S(SO₄²⁻)	地下水	Amberlite1R -48Cl⁻型	水样用 HCl 调至微酸性，流经交换柱，SO₄²⁻ 被吸附，与 Fe、Al、Si 及大部分 P 分离，然后，用 NH₄OH 洗提 SO₄²⁻。加 BaCl，重量法测定
S(SO₄²⁻), Cl(Cl⁻)		阳离子交换树脂 H⁺型	水样流经交换柱，在流出液中得到相应的硫酸和盐酸，用标准氢氧化钠溶液滴定总酸度，另取 100ml 水样，加入氢氧化钡溶液，过滤，滤液流经交换柱，在流出液中得到相应的盐酸，用标准氢氧化钠溶液滴定，差减法计算 SO₄²⁻ 和 Cl⁻ 的含量

测定项目	分析主体	离子交换柱	方 法 要 求
$S(SO_4^{2-})$, $Cl(Cl^-)$	地下水	阳离子交换树脂 H^+型	水样过滤，取 2 份，一份流经 H^+型的阳离子交换柱，另一份流经一支两级的交换柱，其上段填充 Ag^+型阳离子交换树脂下段为 H^+。第一柱流出液中的 H^+浓度实际上相当于 SO_4^{2-}和 Cl^-浓度（因为 NO_3^-及 PO_4^{3-}存在极少）。在第二柱的上端 Cl^-和 Ag^+生成沉淀，在流出液中 H^+浓度就相当于 SO_4^{2-}的浓度。滴定法或电导法测定 H^+的浓度
Se	海水	Dowex 50W-X8	5L 水样用氢氧化铁共沉淀，过滤，酸溶，流经交换柱，硒流过，铁和大部分元素被吸附，用二氢基萘荧光法测定
Th	天然水	Dowex 1-X8	1L 水样以硝酸酸化，过滤，蒸发，制成 8mol/L HNO_3 溶液，流经交换柱，6mol/L HCl 洗提 Th。偶氮胂Ⅲ光度法测定
Th, U	天然水	Dowex 1-X8 4g 2g	1L 水样加 10g 柠檬酸酸化，过滤，加入 3g 柠檬酸钠和 2g 抗坏血酸，溶液酸度为 pH=3，放置 12h，流经含 4g 的交换柱，Th 和 U 被吸附，8mol/L HCl 洗提 Th 和 U，制成 8mol/L HNO_3 溶液，流经含 2g 树脂的交换柱，用 MIBK-丙酮-1mol/L HCl[1:8:1(体积比)]洗提 Fe，6mol/L HCl 洗提 Th，1mol/L HCl 洗提 U，偶氮胂Ⅲ光度法测定 Th 和 U，或用荧光法测定 U
Th, U	天然水	Amberlite 1RA-400 Dowex 50	水样加抗坏血酸，流经阴离子交换柱，HCl 洗提 Th 和 U，流经阳离子交换柱，1mol/L HCl 洗提 U，6mol/L H_2SO_4 洗提 Th，可与 Ti、Zr、W、Mo 等分离
Ti	天然水	Dowex 1-X8	水样加入抗坏血酸，制成含 1%溶液（pH=4～4.5），流经交换柱，Ti、V、W、U、Th、Zr 等被吸附，其他流过，用含氟化钠的 0.1mol/L 硫酸溶液流过交换柱，使 Ti、V、W、Mo、U、Th 和 Zr。转变成氟化物，然后用含过氧化氢的 0.1mol/L H_2SO_4 洗提 Tl
Ti	海水	Amberlite CG-400 SCN^-型	水样过滤，取 800ml，加入 91ml 1mol/L HCl，20ml 30%过氧化氢溶液，回流 2h，冷却，加入已经纯化了的 83g NH_4SCN，流经交换柱，1.0mol/L NH_4SCN-1.0mol/L HCl 洗提出大部分其他元素，2.0mol/L HCl-1.5%H_2O_2 洗提 Ti。分光光度法测定
Tl	天然水	AG 1-X8	4L 水样（已过滤）加入 10mol/L HCl（40ml）及饱和溴水 4ml，流经交换柱，用稀溴水及含溴的 2mol/L HNO_3 洗，最后，以 5%～6%二氧化硫水溶液洗提 Tl，用阳极溶出伏安法测定或原子吸收光谱法测定
Tl	海水	De-Acidite FF	水样制成 0.1mol/L HCl 溶液，流经交换柱，$TlCl_4^-$被吸，其他多数元素流过，亚硫酸溶液洗提 Tl
U	天然水，海水	Dowex 14g	1L 水样加 10ml 1mol/L HCl，过滤，加 5g 抗坏血酸[还原 Fe(Ⅲ)]和 10g 硫氰酸钾，流经交换柱，用 50%四氢呋喃-40%甲基二乙醇-10%6mol/L HCl 和 6mol/L HCl 洗提除去大部分元素，最后，用 1mol/L HCl 洗提 U
U	江水，海水	Amberlite 1RA-400	江水流经 AC-型树脂柱，海水流经 Cl^-型树脂柱，乙酸铀酰和氯化铀酰在 pH=3～9 和 pH=4.25～5.25 范围内被吸附，用 pH=5 缓冲液和水洗，0.8mol/L HCl 洗提 U。极谱法测定
U	地下水、河水、可饮水	Dowex50 或 Lewatit S100	水样用硝酸调节至 pH<2，煮，冷流经交换柱，1mol/L $(NH_4)_2CO_3$ 洗提 U，可与 PU 分离
U		Amberlite IRC-50	水样流经交换柱，3mol/L HNO_3 洗提，原子吸收光谱法测定
V	海水	Dowex 1-X8	20L 水样酸化至 0.1mol/L HCl，滤，加 15.2g 硫氰酸铵（为 0.1mol/L），流经交换柱，用 0.1mol/L NH_4SCN-0.1mol/L HCl 洗提除去大部分其他元素，HCl 溶液洗提 V。PAR 光度法测定
V	天然水	Diaion SK-1, Diaion SA-100	将 100ml 水样制 0.05 mol/L HCl-0.1%H_2O_2(体积比)溶液，流经串联了的阳离子交换柱和阴离子交换柱，用 0.05mol/L HCl-0.1%H_2O_2 溶液洗，Fe、Ti、Cu 吸附于阳离子交换柱上，V、Mo、W 吸附于阴离子交换柱上，然后分开两柱，用 1mol/L HCl-0.1%H_2O_2 由阴离子交换柱上洗提 V、Mo 和 W 留在柱上。催化比色法测定 V
Zn	天然水	Dowex 1-X8 4g	1L 水样加 10ml 1mol/L HCl 酸化，过滤，加入 10g 硫氰酸钾，流过交换柱，50%四氢呋喃-40%甲基乙二醇-10%6mol/L HCl、1mol/L 洗提除去其他大部分元素，0.15mol/L HBr 洗提 Zn。原子吸收光谱法测定

表 3-101 离子交换树脂光度法测定水中痕量元素[2]

测定项目	分析主体	离子交换柱	方 法 要 求
Bi		Dowex 1-X2	取 200～1000ml 水样，加 5～25ml H_2SO_4，0.5～2.5gKI，1～5ml 0.1mol/L $Na_2S_2O_3$ 和 0.5g 树脂，树脂浆移入 1mm 比色池中，在 492mm 和 700mm 测量吸光度
Co		Dowex 1-X2 NH_4SCN	取 1L 水样，加入 NH_4SCN 和 0.50g 树脂，树脂浆移入 1cm 比色池中，在 630mm 测量吸光度
Cr（Ⅵ）	天然水	Dowex 50W-X4 二苯氨基脲	取 1L 水样，加硫酸至浓度为 0.05mol/L，加 15ml0.25%二苯氨基脲 丙酮溶液，0.5g 树脂，树脂浆移入 1mm 比色池中，在 550nm 和 700nm 测量吸光度
总 Cr	天然水	Dowex 50W-X4	取 1L 水样，加入硫酸至约 0.05mol/L，加 5ml0.005mol/L 硫酸铈溶液，将溶液在 100℃保持 5min，冷却约 20℃，加入显色剂树脂，手续同上
Cu		Dowex 1-X2 锌试剂 (Zincon)	取 200ml 水样加苯二甲酸氢钾-氢氧化钠缓冲溶液(pH=5.2)和 0.5g 已用锌试剂处理过的树脂（即负载了锌试剂的树脂），搅拌，树脂浆移入 1cm 比色池中，在 630nm 测量吸光度
Fe	天然水	Dowex 50W-X2, 邻菲啰啉	取 200ml 水样，加入 5ml 10%盐酸羟胺、10ml 25%柠檬酸氢二铵、5ml 邻菲啰啉和 0.5g 树脂，搅拌，树脂浆移入 1cm 比色池，在 514nm 和 630nm 或 700nm 测量吸光度
Fe（Ⅱ）			操作同上，仅不加盐酸羟胺
Ni	天然水	Dowex50W-X2 PAN	取 200ml 水样加 1ml 0.1mol/L 焦磷酸钠和 0.5g 已用 PAN 处理过的 树脂（即负载了 PAN 的树脂），调节至 pH=6.0，搅拌，树脂移入 25ml 掩蔽剂溶液（0.1mol/L 硫甘醇酸和 0.001mol/L EDTA，pH=7.8）中，搅拌，树脂浆移入 1cm 比色池中，在 566nm 和 700nm 测量吸光度
P		Dowex 1-X8 钼酸铵-抗坏血酸	取 25ml 水样（中性或 0.2mol/L HCl），加入钼酸铵溶液处理过的树脂（即负载了钼酸盐的树脂），搅拌，溶液弃去，加入 10ml 还原剂（抗坏血酸 0.25mol/L）树脂浆移入 1cm 比色池中，在 705nm 测量吸光度，以树脂作参比
Si		Dowex 1-X8 钼酸铵-抗坏血酸	取 25ml 水样（pH=3～9），加入 0.5g 已用钼酸铵处理过的树脂，搅拌溶液弃去，加入 10ml 还原剂（抗坏血酸：1%，酒石酸锑钾：0.01%，硫酸 0.1mol/L），搅拌，树脂浆移入 1cm 比色池中，在 700nm 测量吸光度，试剂空白作参比
Zn	海水	Dowex 1-X2 锌试剂（Zincon）	取 1L 水样加 HCl 至 2mol/L，加入 0.5g Cl^- 型树脂，搅拌、收集树脂加入 0.5ml 0.5mol/L NaOH 和 5ml 硼酸缓冲液，2ml 0.05%锌试剂，搅拌，树脂浆移入 1cm 比色池中，在 650nm 和 880nm 测量吸光度

表 3-102 用 Chelex100（50～100 目）和 20ml 洗提剂由海水中吸附和洗提痕量元素[2]

痕量元素	吸附，pH	阻留率/ %	洗提剂	总回收率/ %
铝	7.6	0	—	0
砷（AsO_4^{3-}）	7.6	0	—	0
钡		25	2mol/L HNO_3	25
铋	5.0	100	2mol/L HNO_3	100
镉	9.5	100	2mol/L HNO_3	100
铯	7.6	0	—	0
铈（Ⅲ）	9.5	100	2mol/L HNO_3	100
铬	5.0	15	2mol/L HNO_3	100
钴	7.6	100	2mol/L HCl	100
铜	7.6	100	2mol/L HNO_3	100
铟	9.0	100	2mol/L HNO_3	100
铅	7.6	100	2mol/L HNO_3	100
锰	9.0	100	2mol/L HNO_3	100

续表

痕量元素	吸附，pH	阻留率/%	洗提剂	总回收率/%
汞	7.6	85	2mol/L HNO$_3$	40
钼（MoO$_4^{2-}$）	5.0	100	4mol/L NH$_4$OH	100
镍	7.6	100	2mol/L HNO$_3$	100
磷（PO$_4^{3-}$）	7.6	0	—	0
铼（ReO$_4^-$）	7.6	90	4mol/L NH$_4$OH	90
钪	7.6	100	2mol/L HNO$_3$	100
硒（SeO$_3^{2-}$）	7.6	0	—	0
银	7.6	100	2mol/L HNO$_3$	90
铊（Tl$^+$）	7.6	50	2mol/L HNO$_3$	50
钍	7.6	100	2mol/L H$_2$SO$_4$	100
锡（Sn^{4+}）	7.6	85	2mol/L HNO$_3$	60
钨（WO$_4^{3-}$）	6.0	100	4mol/L NH$_4$OH	100
铀（UO$_2^{2+}$）	7.6	0	—	0
钒（VO$_3^-$）	6.0	100	4mol/L NH$_4$OH	100
钇	9.0	100	2mol/L HNO$_3$	100
锌	7.6	100	2mol/L HNO$_3$	100

表 3-103 稀土元素的离子交换分离应用

交 换 柱	洗 提 剂	洗提元素
717；1.5×12cm	8% 10mol/L HNO$_3$-92%异丙醇	Fe, Al, Ti 等
	25% 3.4mol/L HNO$_3$-75%CH$_3$OH	Sm, Lu, Y
	45% 1.5mol/L HNO$_3$-55%CH$_3$OH	La, Nd
	0.2mol/L HNO$_3$	Th
Dowex1-X$_1$ 1×14cm	5% 7mol/L HNO$_3$-95%CH$_3$OH	Na, Mg, Ca, Al, K, Sc, Mn, Fe, P
	45% 7mol/L HNO$_3$-55%CH$_3$OH 水	Sm-Lu, Y, La-Nd
717；1.5×12cm	10% 7.5mol/L HNO$_3$-90%CH$_3$OH	Sm-Lu, Y
	0.2mol/L HNO$_3$	La-Np
Zerolit FF$_1$ 1.7×12cm	35% 3.4mol/L HNO$_3$-65%CH$_3$OH	Sm-Lu, Y
	0.2mol/L HNO$_3$	La-Nd
AG 1-×8； 4×5cm	10% 5.25mol/L HNO$_3$-90%CH$_3$OH	Dy-Yb, Ce-Gd
	10% 10mol/L HNO$_3$-90%CH$_3$OH	50% La, La 50%
	1mol/L HNO$_3$	
717；1.5×22cm	10% 2.5mol/L HNO$_3$-90%CH$_3$OH	Gd-Lu, Y
	1.2mol/L HNO$_3$-65%CH$_3$OH	Sm-Eu
	0.5mol/L HNO$_3$	La-Nd
	10% 5mol/L HNO$_3$-90%CH$_3$OH 或	U, Gd-Lu, Y
	5% 5mol/L HNO$_3$-95%CH$_3$OH 0.5mol/L 或 0.25mol/L HNO$_3$	Th, La-Eu

二、有机物的离子交换分离法

有机物的离子交换分离法见表 3-104～表 3～112。所用符号的含义如下所述，其余符号见表 3-99 说明。

符号	含义	符号	含义	符号	含义	符号	含义
B	键合的	DEAE-Cell	纤维素离子交换剂	N	非离子（吸着剂）	TOPO	三辛基氧膦
C-18	键合的烃，碳原子不局限于 18 个	DMF	二甲基甲酰胺	PNA	戊糖核酸		
		DNA	脱氧核糖核酸	RNA	核糖核酸		

表 3-104 烃、醇、酚、羰基化合物及碳水化合物的离子交换分离法

类　型	试　样	交　换　剂	洗　脱　液	备　注
脂肪烃	烃	C	NaOH+CH$_3$OH	在水中
	石油馏出物	A, C		
	蜡	A	酸吸着，醇通过，烃分离于 SiO$_2$ 上	
	链烯烃	Rh 络合物	GC，分离异构体	
芳香烃	芳烃	特种树脂	环己烷	用均苯四酸酐电荷转移
	芳烃	特种树脂		配合物
	芳烃，链烯烃	Ag 络合物	GC，分离异构体	
	芘	C-18	CH$_3$OH 的水溶液	与代谢物一起分离
烃类	烃类分组	SiO$_2$	己烷	
硝基烃	硝基芳烃	SiO$_2$, N, B	环己烷	在炸药中
	硝基芳烃	C	丙酮+水	异构体分离
醇	醇	特种树脂	CHCl$_3$	用乙烯基树脂
	醇	C, A	C$_2$H$_5$OH+H$_2$O	环醇
	多羟基醇	Cell	C$_2$H$_5$Ac+ C$_3$H$_7$OH	也适于低级醇
	长链醇	SiO$_2$	己烷+丙酮	在表面活性剂中
酚	酚等	A	硝酸盐	在废水中
	酚等	非离子交换剂	NaOH, CH$_3$OH	在饮水中
	酚等	A	CuCl$_2$+CH$_3$OH	
	苯酚，类固醇	SiO$_2$	CH$_2$Cl$_2$+甲酰胺	动态涂渍
	苯酚，酸，醛	AB	乙酸盐	
	氯代（苯）酚	A	乙酸盐	
	氯代（苯）酚	A	缓冲液	
		A	CH$_3$OH+HAc	工业上用
	溴代（苯）酚	A		
	氨基苯酚	C	NaAc+ C$_2$H$_5$OH	也适用于核苷
	硝基苯酚	C	H$_2$O	
	苯酚，丹磺酰	SiO$_2$	CHCl$_3$+己烷	在尿中
羰基化合物	一般羰基化合物	A	酸性亚硫酸盐	
		A	羟胺	
	醛、酮	A	NaCl	用酸性亚硫酸盐型树脂
碳水化合物（糖类）	一般	C	C$_2$H$_5$OH+H$_2$O	
	一般	C	水	

续表

类　型	试　样	交换剂	洗　脱　液	备　注
碳水化合物（糖类）	一般	A		吡喃葡糖苷
	碳水化合物和花青苷（花色苷）	I		硅胶加乙酸铅
	单糖、二糖和三糖	C	$H_2O+C_2H_5OH$	Li 型树脂
		C		包括多元素
		A	硼酸盐	
	低聚糖	A, C	乙醇+乙酸盐	包括醇类
	糖	A	硼酸盐	自动化
	糖	C	H_2O	包括 23 种糖
	单糖和二糖	A	乙醇水溶液	异构物的分离
	多糖	A, N	$H_2O+NaCl$	
	多糖	磷灰石	磷酸盐	与核酸分离
	黏多糖	A, Cell	NaCl	
	葡萄糖，糖醇解的中间产物	A	NH_4Cl	
	乳糖	C	乙醇+H_2O	在奶中
	糖的磷酸酯	Cell	硼酸盐	
	半纤维素	C, A		

表 3-105　有机酸的离子交换分离法

类　型	化　合　物	交换剂	洗　脱　液	备　注
脂族酸	脂肪酸	A	甲酸	
	脂肪酸	C	甲氧基乙醇	
	脂肪酸	C	水	离子排斥色谱
	脂肪酸	SiO_2	己烷+$CHCl_3$	甾醇和脂肪也在此条件分离
	脂肪酸	C18	CH_3OH,　CH_3CN 水溶液	
	脂肪酸	A	NaCl	
	脂肪酸	C-Na	H_2O+乙醇	$C_1\sim C_6$ 脂肪酸
	脂肪酸	A	$NaOH+C_3H_7OH$	在去垢剂中
	各种脂族酸	C, A	甲酸盐	糖汁
	脂肪羟基酸	A	$NaHSO_4+NaNO_3$	
		A, C	甲酸盐	水果，植物
	甲酸	A	甲酸	
	乙酸			
	羟基乙酸，苹果酸	A	甲酸盐	
	氯乙酸盐	A	NaCl	
	二元羧酸	C	丙酮+水	一元羟酸亦同
		Chel	氨水	配位体交换色谱
	二元羧酸，三元羧酸	A	SO_4^{2-}, PO_4^{3-}	复杂混合物
	二元和多元羧酸	A	$(NH_4)_2CO_3$	
		C-18	己烷+C_4H_9OH	碳水化合物在此条件下亦分离
	羟基二元羧酸	A	NaCl, $Mg(Ac)_2$	糖衍生物

续表

类　型	化　合　物	交　换　剂	洗　脱　液	备　　注
脂族酸	EDTA 及其同系物			
	EDTA 同系物	C	H_2SO_4, NaOH	在制剂中
	氨三乙酸	A	HCl, HCOOH	水，污水
	氨三乙酸	A	硼酸盐	水，污水
	顺、反丁烯二酸	A	$NaNO_3$	用薄壳树脂
	丙烯酸和甲基丙烯酸	A	NaF+硼酸盐	
	甲基丙二酸	A	HCl	尿
	聚不饱和脂肪酸	I		用 $AgNO_3$+硅胶
	果酸	Cell	氨水	在酒中
	柠檬酸			
	柠檬酸	A	甲酸盐	在污水中
	柠檬酸、抗坏血酸	C		药物中
	糖醛酸			
	糖醛酸	A	HAc, HCl	
		C, A	H_2SO_4	在土壤中
	葡糖酸	A	甲酸盐	用梯度洗脱法
	氨基膦酸	C, T	柠檬酸，HCl	
	脂族磺酸	C, A	NaCl+C_3H_7OH	
芳香酸	芳香羧酸			
	羧酸	Cell	缓冲液	
		C	水	离子排斥色谱
		Cell	己烷+CH_2Cl_2	离子对色谱
		A	硼酸盐，NO_3^-	
		A	$NiCl_2$, $FeCl_2$	包括酚基酸
	羧酸，酚	A		
	羧酸，酚	A		用大孔树脂
	不饱和芳香酸	T	NH_3	用 Ag_2O+硅胶
	肉桂酸，咖啡酸	特种树脂	C_2H_5OH	
	酚基芳香酸	N, SiO_2	多种洗脱液	在此条件下酚亦分离
		C	柠檬酸	多巴的代谢物
		A	NaCl, CH_3OH	香草酸衍生物
	苯甲酸，香草酸	A	硼酸盐+$NaNO_3$	在食品的添加物中
	苯甲酸，邻氨基苯甲酸	A	C_2H_5OH	
	羟基苯甲酸	C	水	
		A	H_2O+CH_3OH	
		L	C_2H_5OH	
		C	NaCl	
	水杨酸及其衍生物	A	$FeCl_3$+ C_2H_5OH	
	氨基水杨酸	C	DMF	氨基苯酚不被洗脱

类型	化合物	交换剂	洗脱液	备 注
芳香酸	氯代苯甲酸	A		与苯酚分离
	氯羟基苯甲酸	C		以 H 型树脂最好
	氨基苯甲酸	AB	甲酸盐	
	硝基苯甲酸	CB	$NaNO_3$+柠檬酸盐	氨基苯甲酸在此条件不亦分离
	苯乙醇酸（扁桃酸）	C	柠檬酸	在此条件下酯亦分离
	苯多元羧酸	A	硼酸盐+$NaNO_3$	
	萘二羧酸	A	KBr	
	磺酸	C	$CaCl_2$	盐析
	各种磺酸	A	CO_2+ CH_3OH	石油馏出物
	磺酸和二磺酸	A	H_2O, NaCl, CH_3OH	
	萘二磺酸	C		用 $CaCl_2$ 盐析
	苯酚磺酸	A	多种	用弱碱性树脂

表 3-106 胺的离子交换分离法

类 型	化 合 物	交 换 剂	洗 脱 液	备 注
脂族胺	烷基胺	Cell+T	多种洗脱液	
	脂族胺和芳香胺	Cell, L		二元胺也分离
	一元胺	C	柠檬酸盐，HCl	为生物制剂的胺
	一元胺和二元胺	C+T	HCl	一元胺和二元胺的分离
		C	柠檬酸盐	包括组胺
		C	硼酸盐	包括 15 个组分
	1,4-丁二胺	C	HCl	
		C	$(NH_4)_2CO_3$	与氨基酸分离
	二元胺和多元胺	C	柠檬酸盐	包括组胺
		C	乙酸吡啶	用羧酸树脂
		C	柠檬酸盐，HCl	
		C	氨水	配位体交换色谱
		SiO_2		
		C18	硼酸盐，CH_3CN	
	乙醇胺	CP		用羧酸树脂
	乙醇胺，氮丙啶	L	NH_3	
	胺的阳离子	C		包括芳香胺、脂肪胺在甲醇-水中
	季铵阳离子	I		包括吡啶阳离子
	己糖胺	C	磷酸盐	
	葡糖胺	C	HCl	
	葡糖胺醚	C	柠檬酸盐	与薄层色谱配合
	氨基糖	C，A	硼酸盐	用氨基酸分析器
芳香胺	芳香胺	A		为氯代或硝化芳胺
	取代苯胺	N	乙醇的水溶液	包括聚氨基甲酸乙酯
	氯代苯胺	N	C_3H_7OH+庚烷	聚氨基甲酸乙酯

续表

类　型	化　合　物	交　换　剂	洗　脱　液	备　注
芳香胺	硝基苯酚	Cell	HAc	
		C	非水溶液	
	二元胺	SiO_2	己烷+乙醇	
含氮杂环化合物	杂环胺	SiO_2, C Ag+ SiO_2	己烷+CH_3CN	在空气试样中
	氮杂环化合物	L	CH_3CN	在 $AgNO_3$ 上
	吡啶	C	NH_4Cl, $NaNO_3$	
		C	乙酸盐	
	吡啶，甲苯胺	C-Ni, Cd	$NiCl_2$+乙醇	
	吡啶，苄胺	C-Na, H	缓冲液	
	吡啶衍生物	C	NH_4Cl	
	咪唑	C		用特种树脂
	苯并三唑	A	HCl	在防冻剂中
	吲哚	C, A	乙醇的水溶液	
	蜜胺（三聚氰酰胺）	C	HCl	
	蜜胺衍生物	A, C	HCl	

表 3-107　氨基酸、核酸及有关化合物和离子交换分离法

类　型	试　样	交　换　剂	洗　脱　液	备　注
氨基酸	一般	C	Li 缓冲液	
	一般	C		荧光测定
	一般	C, P		在水中的氨基酸
	一般	C+T	柠檬酸盐	氨基糖同时分离
	一般	C	柠檬酸锂	用精制的树脂
	一般	C-Zn	乙酸盐+Zn	配位体交换色谱
	一般	Cell	吡啶	以丹磺酰衍生物分离
	一般	Chel	氨水	配位体交换色谱；分离光学异构体
	分组	C	氨水	配位体交换色谱
	酸性和中性氨基酸	C	C_2H_5OH	制成衍生物后分离
	碱性氨基酸	C	多种洗脱液	
	碘代氨基酸	C	C_2H_5OH+NH_3	
	磺基丙氨酸，高磺基丙氨酸	A	HCl	
	苯基丙氨酸	C	磷酸盐+CH_3OH	与苯乙基胺一起分离
	苯基丙氨酸	特种树脂		在聚乙烯吡咯烷酮上
	苯基丙氨酸，酪氨酸	C	柠檬酸盐	
	二羟基苯丙氨酸	C, A	硼酸盐	在尿中的代谢物中
	色氨酸	C	氨水	在谷物中
		C	柠檬酸盐	在食物中；与其他氨基酸分离
	半胱氨酸，谷胱甘肽	A	氯乙酸	
	谷氨酸，天冬氨酸	A, C		与胺分离

续表

类 型	试 样	交 换 剂	洗 脱 液	备 注
氨基酸	脯氨酸	特种树脂	氨水	分离光学异构体
	羟基脯氨酸	C	柠檬酸盐	
	蛋氨酸衍生物	C	H_2SO_4	
	组氨酸，组氨	C	磷酸盐	在酒中
	组氨酸，糖氨酸	C, A		在血液中
肽	一般肽	C	多种洗脱液	用氨基酸分析仪
	一般肽	Cell		自动分析
	一般肽	Cell-Cu	水，氨水	分离氨基酸
	一般肽	C	乙酸盐	不同大小的肽的分离；氨基酸不洗脱
	多肽	C, A		用大孔树脂
蛋白质	蛋白质（一般）	Chel-Na	KOH+Cu	骨胶原+Cu 不被吸着
		C	柠檬酸盐	在蛇的毒液中
	蛋白质，酶	Cell	柠檬酸盐	
核酸及其衍生物	一般	A	磷酸盐	
	一般	C	甲酸盐	
	一般	C	碳酸盐	用离子排斥色谱法
	一般	C	HCl	次黄苷酸
	一般	L	pH=8.6	
	一般	Cell		
	一般	A, C	缓冲液	用离子排斥色谱法
	核酸及其衍生物	特种树脂	NaCl	
	DNA	磷灰石	$NaClO_4$	用温度递升法
		C-Al	甘氨酸+NaOH	DNA 的分级
	PNA	SiO_2	己烷或庚烷	
		C18	甲烷水溶液	在水中和在烟草的烟雾中
	PNA 的分级	SiO_2		也可用 Al_2O_3 为交换剂
	RNA	AT	甲酸，LiCl	水解产物
		C	甲酸盐	水解后，快速分离
	核苷	A	乙酸盐；或水，甲酸	
		N	硼酸盐	分组
		C	甲酸盐缓冲液	用薄壳树脂；分离很好
		A	柠檬酸盐	
	核苷酸	特种树脂		聚乙烯吡咯烷酮

表 3-108 离子交换树脂从蛋白质水解液中提取分离氨基酸的方法

原 料	树脂类型	分离得到的氨基酸
猪血粉	#001×7 阳离子交换树脂	Asp, Glue, Leu, His, Lys, Arg
	#110，#001×7，D371	Arg, Lys, His, Phe, Tyr 等
	含 COOH&SO₃H 的阳离子交换树脂	His, Lys, Arg 等
猪血母液	#732 阳离子交换树脂	Try, Phe 及混合氨基酸
低档明胶	#001×7/#201×7	Glue, Asp, Pro, Ala, Gly, Arg

原　料	树脂类型	分离得到的氨基酸
蚕衣	#001×7/#201×7	Ser 等
猪毛	#732 阳离子交换树脂	Lys 等
鸡毛	#732 树脂/#711 树脂	Pro, Ala, Arg 等
鱼皮鱼鳞	阳离子交换树脂	Pro 等

表 3-109　两性离子交换柱对蛋白质的回收率[33]

蛋　白　质	回收率/%			平均值/%	RSD/%
卵清蛋白	96.19	95.69	96.43	96.1	2.9
β-乳球蛋白	95.30	95.00	95.63	95.3	2.3
细胞色素	97.06	96.19	96.87	96.7	3.6
胰岛素	93.23	92.77	93.12	93.0	2.1
溶菌酶	97.92	97.13	97.35	97.5	3.2

　　各种专用的、特殊的离子交换剂和吸附剂在医学、生物化学等方面的应用取得了许多重要的成果[34]：强酸性阳离子交换树脂用于尿毒症、急性肝衰竭者、急性药物中毒患者等进行血液灌流治疗时可明显清除尿素氮和血氨；阴离子交换树脂对非结合胆红素及巴比妥类药物具有良好的吸附功能。在药学方面，离子交换树脂已用于胃肠道中控制药物释放（口服药物树脂缓控释系统）和作为载体用于靶向释放系统。此外，将药物与弱酸性阳离子交换树脂（如丙烯酸聚合物等共聚物）制成药树脂在保证较高载药量的同时可掩盖苦味。药树脂还可以提高复方制剂的稳定性。在药物提纯和有效成分提取中，离子交换树脂同样有用武之地。

　　按图 3-7 所示工艺，以方法 1，可从麻黄草的稀盐酸浸液中分离麻黄碱和伪麻黄碱；以方法 2 可从洋金花的 0.1%盐酸浸液中分离莨菪碱和东莨菪碱；以方法 3 可从护心胆根的 0.5%盐酸浸液中分离紫堇块茎碱、毕扣扣灵碱和南天竹碱等，均能取得良好的分离效果。

表 3-110　提取纯化抗生素所需的离子交换树脂[36]

抗　生　素	树脂类型	抗　生　素	树脂类型
碳霉素	弱酸树脂	争光霉素	弱酸树脂
金霉素	弱酸树脂	链霉素	弱酸树脂
卡那霉素	弱酸树脂	庆大霉素	弱酸树脂
丁胺卡那霉素	弱酸树脂	先锋霉素 C	弱碱树脂
新霉素	弱酸树脂	新生霉素	强碱树脂
黏杆霉素	弱酸树脂	土霉素	强碱树脂
杆菌肽	弱酸树脂	肉瘤霉素	强碱树脂（Cl$^-$）
万古杆	弱酸树脂	春国霉素	强酸树脂
瑞斯托菌素	弱酸树脂	结核霉素	强酸树脂
巴龙霉素	弱酸树脂	夹竹桃霉素	强酸树脂（Na$^+$）
先锋霉素	弱酸树脂	红霉素	强酸树脂（Na$^+$）
满霉素	弱酸树脂	卷曲霉素	强酸树脂
肉柱霉素	弱酸树脂	抗生素 8510	强酸树脂（NH$_4^+$）

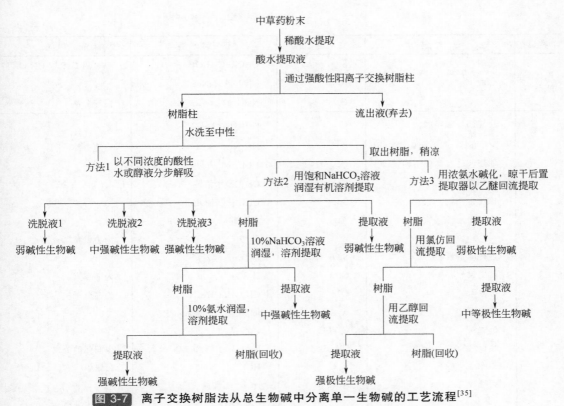

图 3-7　离子交换树脂法从总生物碱中分离单一生物碱的工艺流程[35]

表 3-111　生物胺及药物的离子交换分离法

类型	试样	交换剂	洗脱液	备注
生物胺及胺药物	生物胺和药物	C	氨水	用配位体交换色谱法
		SiO_2	$CH_2Cl_2+H_2O$	制备衍生物
	邻苯二酚胺	C（丙烯的）	柠檬酸盐+丙醇	18 种组分
		C	硼酸盐	用羧酸树脂
		C	柠檬酸盐，盐酸	包括多巴
		CB	$H_2SO_4+Na_2SO_4$	
		Cell	乙酸盐+丙醇	用浓度梯度法
	多巴，多巴胺，肾上腺素	C	$HCl+CH_3OH$	在尿中
	苯异丙胺	L	氨水	
		A	硼酸盐+$NaNO_3$	
	苯异丙胺等	C, CP	$CHCl_3$ 等	
	苯异丙胺，巴比妥酸盐等	CP	$CHCl_3$	接着进行气相或液相色谱
	苯异丙胺，麻黄素	C, A	H_2O+CH_3OH	巴比妥酸也分离
	色胺	C	pH=4	与氨基酸分离
	组胺	C	pH=4	与氨基酸分离
	组胺，精脒	C	HNO_3, HCl	
	肾上腺素衍生物	C	HCl，氨水	在尿中
	钴氨素	C	乙酸盐	
	原麻黄素	C	HCl	在甘香酒剂中

续表

类型	试 样	交换剂	洗脱液	备 注
巴比妥 酸盐等	一般	SiO_2	$CHCl_3+C_3H_7OH$	也可用 C18 和 CH_3OH
	一般	A	硼酸盐+$NaNO_3$	
		C	NaCl	高速分离
其他 药物	止痛药，咖啡因	C	C_2H_5OH	
	阿司匹林，非那西汀，咖啡因	C	NH_4NO_3	高速分离
	非那西汀及其代谢物	C	HCl	
	四环素	C18	CH_3CN 水溶液	
	核黄素	SiO_2	$CHCl_3+CH_3OH$	
	抗坏血酸	AB	磷酸盐	
		A	磷酸	为去氢抗坏血酸
	各种维生素 D	SiO_2	庚烷+乙酸乙酯	
	抗生素	C	H_2SO_4	为链霉素
	抗生素	C18	CH_3OH, CH_3CN	为高分子抗生素
	抗生素	A, AB	硼酸盐，乙酸盐	
	抗生素	C-TLC	乙酸钠	
	氯霉素	CB	Na_2SO_4 水溶液	中间体的分离
	嘌呤	A, C	HCl	在尿中
	黄嘌呤	A, C	HCl, 乙酸盐	
		C	C_2H_5OH, 甲酸盐	咖啡也分离
	卟啉	A	HCl	在尿中
	吗啡生物碱	A, C	硼酸盐	
	镇痛止咳药，咖啡因等	Zipax SAX	0.005mol/L $NaNO_3$, pH=9.2	

表 3-112 离子交换树脂在食品分析中的应用

分析项目	树 脂	分析项目	树 脂
酒、糖中苹果酸的分析	阳离子交换树脂	茴香豆香味物质分析	Porapak
酒中 SO_2 的分析	阳离子交换树脂	葡萄汁中酒石酸的分析	Amines A25
酒的顶空分析	Porapak	葡萄汁中柠檬酸的分析	Amines A25
梨酱中酚的分析	Amberlite XAD-4	黄曲霉毒素的分析	Zeroax SIL
香味物质分析	Porapak	油炸用油成分的分析	Merckegel S150
茶叶气味物质分析	Xe-340	食品添用剂的分析	Zipax SAX

参 考 文 献

[1] 秦启宗，毛家骏，金忠翱，陆志仁. 化学分离法. 北京：原子能出版社，1984.

[2] 数据由国家质检总局周锦帆教授提供.

[3] 黄福堂，蒋宗乐，张宏志，俞明康，王文广. 油田水的分析与应用. 北京：化学工业出版社，1998.

[4] 万林生. 钨冶金. 北京：冶金工业出版社，2011.

[5] Ucer A, Uyanik A, Aygun S F. Sep Purif Techn, 2006, 47: 113.

[6] 张东方，信颖. 中药现代分离技术. 沈阳：辽宁大学出版社，2006：43.

[7] 周锦帆，彭凌，胡清，等. 理化检验-化学手册，2011，47（2）：201.

[8] 李华昌，周春山，符斌. 有色金属，2001，53（1）：70.

[9] 王荣耕，赵建戌，李学平. 河北化工，2005（2）：16.

[10] 胡元钧. 科技情报开发与经济，2007，17（19）：188.

[11] 王松泰，谈定生，刘书祯. 中国有色冶金，2008（1）：27.

[12] 黄礼煌. 稀土提取技术. 北京：冶金工业出版社，2006：344.

[13] Ishii H, Minegishi M, Lavitpichayawong B, Mitani T. Int J Biol Macromol, 1995, 17(1): 21.

[14] Guibal E, Milot C, Tobin M. Ind Eng Chem Res, 1998, 37(4): 1454.

[15] Guibal N E, Von Offenberg Sweeney, Vincent T, Tobin J M. React Funct Polym, 2002, 50(2): 149.

[16] Yang Y M, Shao J, Yao C. Chinese J Oceanol Limnol, 2001, 19(4): 375.

[17] Cardenas G, Orlando P, Edelio T. Int J Biol Macromol, 2001, 28(1): 167.

[18] Li H B, Chen Y Y, Liu S L.J Appl Polym Sci, 2003, 89(4): 1139.

[19] Li N, Bai R, Liu C. Langmuir, 2005, 21(25): 11780.

[20] Tang X H, Tan S Y, Wang Y T. J Appl Polym Sci, 2002, 83(9): 1886.

[21] [日] 田中良修著. 离子交换膜基本原理及应用. 葛道才，任庆春译. 北京：化学工业出版社，2010.

[22] 吴翠明，徐铜文，杨伟华. 无机材料学报，2002，17：641.

[23] 吴翠明. 荷电杂化膜/材料制备与表征. 合肥：中国科技大学，2005.

[24] Wu C M, Xu T M, Liu J S. Charged hybrid membranes by the sol-gel approach: present states and future perspectives.// Newman A, M., Fucus on solid state chemistry. New York: Nova Science Publishers Inc, 2006.

[25] Xu T W. J Membr Sci, 2005, 263: 1.

[26] 申睿. 国外医学药学分册，2005，32（6）：427.

[27] 郑熙，胡小玲. 化工进展，2008，27（11）：1703.

[28] 付春江，王军，余立新，朱慎林. 高校化学工程学报，2007，21（2）：206.

[29] 肖定书，胡继文，王国芝. 化学通报，2004，67（6）：W43.

[30] 宋瑞娟，宋立美，韩敏，黄新炜. 化学试剂，2011，33（3）：219.

[31] 陈永欣. 弱酸型阳离子色谱填料的研制及性能评价. 第10届全国离子色谱学术报告会论文集.

[32] 曾雪灵. 乳胶附聚型阴离子色谱填料的制备与评价. 杭州：浙江大学，2011.

[33] 龚波林，任丽，阎超，胡文志. 高等学校化学学报，2007，28（5）：831.

[34] 李文秀，马英丽. 中国新技术新产品，2010（13）：19.

[35] 张东. 离子交换树脂在天然产物提取分离中的应用. 汉中：陕西理工学院，2013.

[36] 何炳林，黄文强. 离子交换与吸附树脂. 上海：上海科技教育出版社，1995.

第四章　基于相变的分离方法

实际样品的待分离组分和干扰物往往共存于一相,若其中一种的物理或化学状态发生了改变,就有可能使两者分离。以分离为目的所实施的物理状态的改变包括液态到固态或固态到气态等,而化学状态的改变要涉及一个或多个化学反应。

蒸馏(distillation)、气化(gasification)和升华(sublimation)分离法都是利用化合物挥发性的差异进行分离的方法。其中气化和蒸馏所涉及的样品均是液体。两者的区别在于:气化是将欲分离的元素变成气体从溶液中释放出来,而蒸馏是将液态物质加热到沸点变为蒸气,再在另一个器皿中将蒸气冷凝为液体。结晶(crystallization)和重结晶(recrystallization)是利用不同溶质的溶解度差异进行分离,而区域熔融(zone melting)则是根据液固平衡原理在熔融-固化过程中去除杂质。

第一节　挥发法测定元素

最经典的利用物质挥发性进行分离检测的方法是样品中含水率的测定。挥发法分离检测的过程如图 4-1 所示。

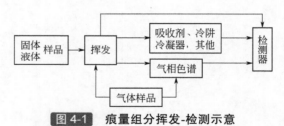

图 4-1　痕量组分挥发-检测示意

在通常条件下,具有挥发性的单质和从相关基质中转化成可挥发化合物的情况见表4-1～表4-5。

表 4-1 可挥发性元素在周期表中的位置[①]

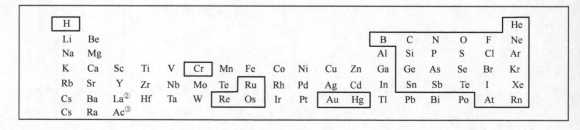

① 黑框内的元素无论其单质或其某些化合物均易从水溶液中挥发。

② 包括 57 号～71 号元素。

③ 包括 89 号～103 号元素。

表 4-2 适于气态分离的元素与化合物

挥发物	元素或离子[①]
单质	惰性气体, H, O, 卤素, Bi, N, P, Po, Sb, Te, (Na, Hg, Po, Se, Zn)
氧化物	C(Ⅳ), N(Ⅱ), S(Ⅳ), Mn^{2+}, Ir(Ⅴ), Os(Ⅷ), Po, Re(Ⅶ), Ru(Ⅳ), Se(Ⅳ), Tc(Ⅶ)
氢化物	N(Ⅲ), P(Ⅲ), As(Ⅲ), Sb(Ⅲ), O, S, Se, Te, 卤素, Bi, Ge, Pb, Sn
氟化物	As, B, Bi, Hf, Hg, Ir, Mo, Nb, Os, P, Re, Rh, Ru, S, Sb, Si, Sn, Ta, Tc, Te, Ti, V, W, Zr, [Ge(Ⅳ)]
氯化物	As, Au, Bi, Cd, Ce, Ga, Ge, Hf, Hg, In, Mn, Nb, Os, Pb, Po, Re, Ru, S, Sb, Se, Tc, Te, Ti, Tl, V, W, Zn, (Al, Fe, Mo, P, Si, Ta, Zr)
溴化物	As(Ⅲ), Cd^{2+}, Ge(Ⅳ), Hg, Os, Re, Sb^{3+}, Se(Ⅳ), Sn^{4+}, Te(Ⅳ), (Bi)
碘化物	Bi^{3+}
挥发性含氧酸或非含氧酸	B(Ⅲ), C(Ⅳ), N(Ⅲ、Ⅴ), P, S(Ⅳ), Se(Ⅳ), Te(Ⅳ), 卤素
$AlCl_3$ 配合物	Ba, Ca, Co, Cu, Fe, Mo, Ni, Pa, Pd, Sr, 镧系元素, 锕系元素
挥发性有机酯等有机物	B(如 CH_3BO_2), (Po, Al^{3+})
氯化铬酰 CrO_2Cl_2	Cr(Ⅵ)

① 在括弧内所注的符号系指无论单质还是某些化合物中较难挥发的元素。

表 4-3 从溶液中挥发分离痕量元素

基 体	痕量组分	挥 发		测定方法
		挥发形式	试样处理	
黑色及有色金属和合金	N	NH_3	碱溶液	光度、滴定
岩矿	As，Sb，Sn	氢化物	酸性溶液 + KBH_4	AAS
沉积物	As	氢化物	酸性溶液 + KBH_4	AAS
镍、镍合金	Sb	氢化物	酸性溶液 + KBH_4	AAS
食品	As，Sn	氢化物	酸性溶液 + KBH_4	GC
天然水	Hg	Hg	溶液 + 还原剂	AAS
粮食	Hg	Hg	($SnCl_2$ +$NaBH_4$)	AAS
铋	Cl	HCl	H_2SO_4+HNO_3	光度
水溶液	As，Bi，Ge，Sb，Se，Sn，P	氢化物	酸性溶液 + KBH_4 +光度化学反应	ICP
海底沉积物	Se	$SeBr_4$	次磷酸+ NH_4Br + KIO_3	光度
食品	S	SO_2	水蒸气	GC
镓	S	H_2S	HCl-HI-H_3PO_4	极谱
锆、锆合金、铂、钨	B	$B(OCH_3)_3$	甲醇	光度
铝、铌、锆、锆合金	B	BF_3	HF	AES
生物材料	甲基汞	MeHgI	ICH_2COOH	ICP-AES GC-MIP
砷化镓	Si	SiF_4	HF	光度
弱放废水等	[106]Ru	RuO_4	浓酸+铋酸钠	—

表 4-4 固体样品中痕量元素挥发法应用

基 体	痕量元素	温度/℃	回收率/%	含 量	气 流
ZnO	Cd	300/750	100	2～3000ng	H_2/N_2
各种化合物	Zn	1000/1200	100	μg～mg 级	H_2
Al，Ga，In	Zn	1000/1150	91.0	20～1000ng	H_2
铝土矿	Zn	1150	100	30μg	H_2
铝土矿	Be	1000	100	5～100ng	O_2

基 体	痕量元素	温度/℃	回收率/%	含 量	气 流
固体样品	Tl	1000	100	2～1000ng	H_2
Cu	Se	1000	96.7	2μg	—
Cu	Se	1150	100	1ng	O_2
Al	Cd，Zn	600/700	100	20pg	H_2/Ar
气溶胶	Cd	600/700	100	0.15～0.25μg	H_2/Ar
矿石	Bi，Cd，Tl	1000/1200	95～100	10～100pg	H_2/N_2
植物	Pb	1000	100	ng～μg 级	H_2
金属 Si，SiO_2	B	190	100	ng～μg 级	HF/H_2O

表 4-5 挥发分离的主要成分

基 体	挥发形式	样品处理	富集的痕量元素
硅，二氧化硅	SiF_4	$HF-HNO_3$	Al, Ag, Bi, Ca, Cd, Cu, Fe, Mg, In, Ni, Pb, Ti, Tl, Zn
三氯氢硅	$SiHCl_3$	加三苯基氯甲烷	Ag, Al, Bi, Ca, Cr, Cu, Fe, Ga, In, Mg, Mn, Ni, Pb, Sb, SN, Ti, Zn, B
锗，二氧化锗	$GeCl_4$	$HCl-HNO_3$	Ag, Al, Bi, Ca, Cd, Cu, Fe, Mg, Mn, Ni, Pb, Sn, Ti, Zn
四氯化锗	$GeCl_4$	$HCl-HNO_3$	Ag, Al, Bi, Ca, Cd, Cu, Fe, Mg, Mn, Ni, Pb, Sn, Ti, Zn
硒，二氧化硒	$SeBr_4$	$HBr-Br_2$	Ag, Al, Bi, Ca, Cu, Fe, Ga, In, Mg, Mn, Ni, Pb
硒，二氧化硒	SeO_2	$HNO_3-H_2SO_4$ HNO_3	Ag, Al, Bi, Ca, Cd, Co, Cu, Ga, In, Ni, Pb, Te, Tl
砷	$AsBr_3$	$HBr-Br_2$	Al, Ag, Bi, Cr, Cu, Fe, Mg, Mn, Ni, Pb, Sn, Co
三氯化砷	$AsCl_3$	N_2 气载带	Ag, Al, Bi, Ca, Cr, Cu, Fe, Mg, Mn, Ni, Pb, Zn
铬	CrO_2Cl_2	$HCl-HClO_4$	Al, Cu, Fe, Mg, Mn, Ni, Ti
硼	$B(OCH_3)_3$	甲醇	Al, As, Cu, Fe, Mg, Mn, Ni, Pb, Si, P
铝	溴代乙基铝	C_2H_5Br	Ag, Co, Cr, Cu, Fe, Mn, Ni, Pb
锡	$SnBr_4$	Br_2	Cu, Fe, Ga, In, Mg, Mn, Ni, Pb, Tl, Zn
硫	SO_2	燃烧，用 In_2O_3 作捕集剂	Ag, Al, Bi, Co, Cu, Fe, Ca, Mg, Mn, Pb
钛	$TiCl_4$	在氯气流中	Al, Bi, Ca, Cd, Cr, Mg, Mn, Ni, Pb
冰雪	H_2O	低温蒸发	Cd, Co, Cr, Cu, Fe, Sb, Se, Zn
水	H_2O	低温蒸发冷冻干燥	Cu, Fe, Co, Ni, Pb, Zn, Al, Mg, Mn 等24种元素
水、试剂	H_2O 试剂	低温蒸发，甘露醇+HNO_3	Cu, Fe, Co, Ni, Pb, Zn, Al, Mg, Mn, B 等36种元素

第二节 蒸馏分离法

一、术语与概念

1. 蒸馏、分馏和精馏

蒸馏是利用液体混合物中各组分挥发性不同而将它们分离的方法和过程。简单的蒸馏一般只能做到部分分离，有时需进行多次重复蒸馏。将多次蒸馏在一个装置中进行时叫做分馏。结合回流方法以得到高纯度分离的方法称为精馏。

实验室常用的蒸馏装置见图 4-2。所选蒸馏烧瓶的容积应与蒸馏物体积匹配（通常为 2～3 倍）。液体的沸点高于 140℃时用空气冷凝管，低于 140℃时用直型水冷式冷凝管，冷却水流速以能保持让蒸气充分冷凝为宜。调节加热幅度,控制蒸馏速度在每秒蒸出 1～2 滴为宜。用蒸馏法分离有机混合物时,各组分的沸点必须相差足够大(一般在 30℃ 以上)才可得到较好的分离效果。根据不同的要求可有多种蒸馏方法。

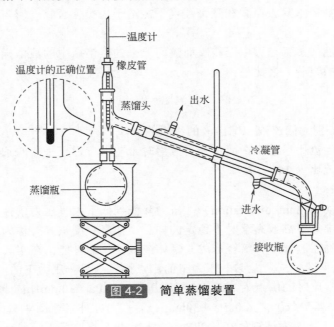

图 4-2 简单蒸馏装置

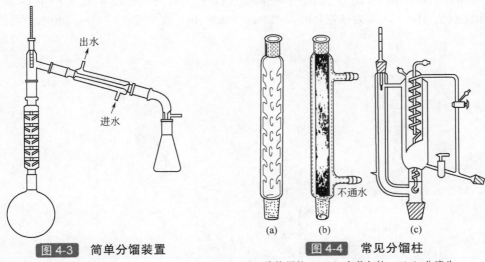

图 4-3 简单分馏装置

图 4-4 常见分馏柱

(a)维格罗柱;(b)亨普尔柱;(c)分流头

精密的分馏设备能将沸点相差 1～2℃ 的混合物分开,在实验室和化学工业中广泛应用。简单分馏装置见图 4-3,所用分馏柱见图 4-4。

操作时应注意下列几点:①应控制分馏速度使其缓慢进行;②选择合适的回流比,即要有足够量的液体从分馏柱流回烧瓶;③必须尽量减少分馏柱的热量散失和波动。

2. 恒沸混合物蒸馏

许多二元混合物(体系)属于非理想体系,在它们的温度-组成曲线中会出现最高或最低点,这些最高或最低点的物质即为恒沸混合物。当存在最低点时,蒸馏不能成功进行,最后所得为恒沸混合物。

3. 夹带剂

为了形成沸点最低的恒沸混合物使之容易进行组分分离而人为加入蒸馏体系中的物质称为夹带剂。对夹带剂的要求：①其沸点比样品低约30℃；②室温下溶于水，而几乎不溶于烃类化合物，使其易用水除去；③在蒸馏温度下能溶于烃类化合物；④与样品不发生反应。

4. 回流比

回流比为回流液（蒸馏过程中因冷凝而流回原来的蒸馏瓶中的液体样品）与馏出液（被冷凝并转入收集瓶的组分）之比值：

$$回流比=\frac{n_r}{n_d} \tag{4-1}$$

式中，n_r、n_d分别为回流液和馏出液的物质的量。

工业生产要求回流比尽量小，而在分析应用时希望保持近于平衡的条件以获得较好的分离效果，一般取回流比为10～50。

5. 蒸馏的方法

（1）减压蒸馏（vacuum distillation） 压力降低到低于大气压力条件下进行的蒸馏分离方法，可用于一些沸点很高或高温时不稳定的样品。在真空度很高时称为真空蒸馏。

由于有机化合物在液体中有缔合形成二聚体或多聚体的可能，在实际减压蒸馏中，可参考哈斯-牛顿关系（见图4-5），从某一压力下的沸点推算到另一压力下的沸点。

已知某液体在常压时的沸点为200℃，拟减压至4.0kPa（30mmHg）蒸馏，可连接图4-5（b）之200℃点和图4-5（c）之4.0kPa（30mmHg）点，并外延至图4-5（a）（见图4-5中虚线），相交点为100℃，即为该液体在4.0kPa（30mmHg）真空度下，将在100℃左右蒸出。

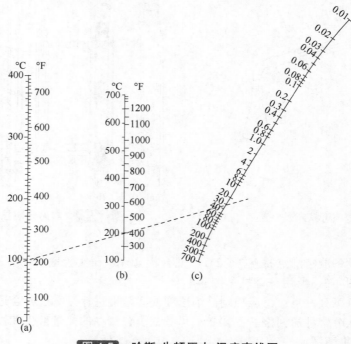

图 4-5 哈斯-牛顿压力-温度直线图

（a）在压力p/mmHg时观察到的沸点/℃；（b）常压（760mmHg）沸点/℃；（c）压力p/mmHg（1mmHg=133Pa）

常用的减压蒸馏装置见图 4-6，该装置上的测压装置最好不选用水银压力计，以避免蒸馏系统被水银污染。

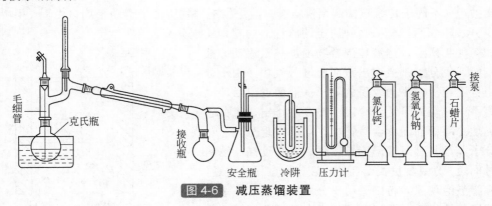

图 4-6 减压蒸馏装置

（2）水蒸气蒸馏（water vapor distillation） 利用水作为第二相，使得能随水汽挥发但冷凝时又与水互不相溶的样品能在比其正常沸点低的温度下进行蒸馏的方法，可用于蒸馏需要用真空蒸馏的样品，其装置见图 4-7。

伴随水蒸气馏出的有机化合物和水的质量（w_O 和 w_W）比等于两者的分压与各自的摩尔质量（M_O 和 $M_W = 18$）的乘积之比，即：

$$\frac{w_O}{w_W} = \frac{M_O P_O}{18 P_W}$$ （4-2）

由于水的摩尔质量小（18g/mol）而蒸气压较大（95.5℃时为 71.994kPa，540mmHg），因而有可能分离摩尔质量较大和蒸气压较低的物质。

（3）亚沸蒸馏（sub boiling distillation） 一种平衡的蒸馏方法，用红外线加热液体表面以防止剧烈沸腾，避免了因气溶胶而将难挥发杂质带入馏分中，从而使得到的组分纯度很高，杂质含量可在 10^{-9} 水平，可用于痕量和超痕量分离。其装置见图 4-8。

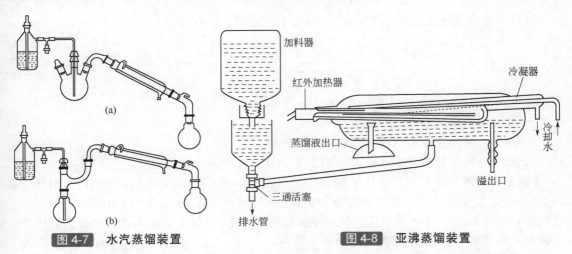

图 4-7 水汽蒸馏装置

图 4-8 亚沸蒸馏装置

（4）共沸蒸馏（azeotropic distillation） 一种分离共沸混合物的方法。加入一种难挥发的组分，与共沸混合物的一个组分形成沸点更低的新共沸混合物蒸出而与另一组分分离。

（5）萃取蒸馏（extractive distillation） 一种分离共沸混合物的方法。加入一种难挥发的组分，与共沸混合物中的一个组分选择性结合，而让另一组分蒸出。

（6）分子蒸馏（molecular distillation） 一种高真空（10^{-1}～100Pa）条件下特殊的液—液分离技术，不同于传统蒸馏利用沸点差，而是靠不同物质分子运动平均自由程（用 λ 表示，指一个分子相邻两次碰撞之间所走的路程）的差别实现分离。

如图 4-9 所示，当液体混合物沿加热板流动并被加热，轻、重分子都会逸出液面而进入气相，由于分子自由程不相等，不同物质的分子从液面逸出后移动的距离不同：轻分子达到冷凝板被冷凝排出，重分子不能到达冷凝板而随混合液排出，从而实现分离。

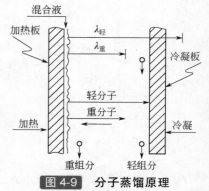

图 4-9 分子蒸馏原理

分子蒸馏具有蒸馏温度低，体系真空度高，物料受热时间短，分离程度高等特点；且分离过程不可逆，没有沸腾鼓泡现象。特别适用于分离高沸点、热敏性和易被氧化的物质。分子蒸馏技术在精细化工行业中可用于烃类化合物、原油及类似物的分离；表面活性剂的提纯及化工中间体的制备；羊毛脂及其衍生物的脱臭、脱色；塑料增塑剂、稳定剂的精制以及硅油、石蜡油、高级润滑油的精制等。在天然产物的分离上，许多芳香油的精制提纯，都可用分子蒸馏而获得高品质精油，如：①芳香油的提纯；②高聚物中间体的纯化；③羊毛脂的提取等。在食品工业中可用于：①单甘酯的生产；②鱼油的精制；③油脂脱酸；④高碳醇的精制等。

二、塔板理论

应用分馏法分离混合物时，要选用分离效率适当的分馏柱，评价分馏柱的分离效率一般用"理论塔板"表示。一个理论板值相当于一次理想的蒸馏所达到的效率，N 个理论塔板数就相当于通过分馏后达到相当于进行 N 次理想蒸馏的效果。"理论塔板数"通常可用以下两种方法测定。

（1）利用蒸气压数据（见表 4-6） 根据下面公式计算而得：

$$N = \frac{\lg\left[\left(\dfrac{x}{1-x}\right)_{\text{蒸馏液}} \times \left(\dfrac{1-x}{x}\right)_{\text{被分馏的混合液}}\right]}{\lg\left(\dfrac{p_A^{\ominus}}{p_B^{\ominus}}\right)} \tag{4-3}$$

式中 N——理论塔板数；

      x——混合液中沸点较低组分的摩尔分数；

$p_A^{\ominus}$，$p_B^{\ominus}$——混合液中组分 A 和组分 B 的蒸气压，A 为沸点较低组分。

【例】欲蒸馏分离 2-甲基戊烷（A）和 3-甲基戊烷（B），从表 4-9 可看出它们的编号分别为 32 和 35，其混合液不组成恒沸混合物。查表 4-6 可得 $\lg(p_A^{\ominus}/p_B^{\ominus})=0.04143$。

若欲蒸馏的混合液含 2-甲基戊烷的摩尔分数为 0.2，蒸馏后欲在蒸馏液中得到它的摩尔分数为 0.9，则在全回流中所需的近似塔板数为：

$$N = \frac{\lg\left(\dfrac{0.9}{0.1} \times \dfrac{0.8}{0.2}\right)}{0.04134} = 38 \tag{4-4}$$

（2）理论塔板数还可用下法测定 应用一个二元混合液（如四氯化碳-苯、二氯乙烷-苯、正庚烷-甲基环己烷），放入蒸馏瓶中，按分馏模式进行操作，柱平衡后同时从柱顶及瓶里取出样品，测定其折射率（n_D），应用曲线（见图 4-10）查出柱顶及瓶中样品相应的理论塔板数，二者之差即为该条件下（全回流或某一回流比）的理论塔板数。

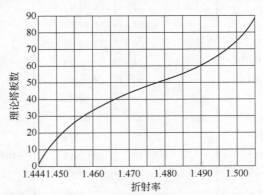

图 4-10 二氯乙烷-苯的理论塔板数与折射率曲线

表 4-6 二元混合物的蒸气压比[①]

组分		$\lg\left(\dfrac{p_A^\ominus}{p_B^\ominus}\right)$	组分		$\lg\left(\dfrac{p_A^\ominus}{p_B^\ominus}\right)$	组分		$\lg\left(\dfrac{p_A^\ominus}{p_B^\ominus}\right)$
A	B		A	B		A	B	
4	9	0.08276	56	62	0.02408		85	0.04741
	11	0.06897	57	62	0.02161	83	84	0.05395
7	10	0.03454		67	0.06053		85	0.02655
11	14	0.04955	58	65	0.04863		93	0.06212
16	22	0.09392		67	0.05427	84	85	0.00071
20	21	0.00674		68	0.06745		93	0.03635
24	26	0.03361	59	60	0.00310		95	0.03740
	28	0.05729		61	0.00493		96	0.04200
27	33	0.05328	60	61	0.00186		100	0.04691
	34	0.06173		69	0.06851	85	93	0.03564
29	34	0.05219	61	69	0.13134		95	0.03667
31	34	0.02428	62	67	0.03954		96	0.04127
32	34	0.02018	69	77	0.04478		100	0.04621
	35	0.04134		78	0.04729	86	102	0.04167
34	35	0.02215		79	0.05098		106	0.06044
35	40	0.05870	70	74	0.02624	88	106	0.05188
40	44	0.01722	73	74	0.00144		108	0.05741
	48	0.06816		82	0.04267		110	0.06176
41	45	0.01040	74	82	0.04182	92	102	0.02860
46	48	0.00258	77	78	0.00370	93	95	0.00104
49	58	0.04736		79	0.00724		96	0.00566
	60	0.05518		81	0.03055		100	0.01109
50	57	0.03870		83	0.05192		103	0.01488
	58	0.04173	78	79	0.00344		105	0.03225
	62	0.06030		81	0.02642	94	99	0.01244
53	64	0.07080		83	0.04706		104	0.03192
	66	0.07766	79	81	0.02312		106	0.03910
55	59	0.01698		83	0.04388		110	0.04885
	60	0.02008	81	83	0.02077		116	0.06032
	61	0.02169		84	0.04670	95	96	0.00461

续表

组分 A	组分 B	$\lg\left(\dfrac{p_A^{\ominus}}{p_B^{\ominus}}\right)$	组分 A	组分 B	$\lg\left(\dfrac{p_A^{\ominus}}{p_B^{\ominus}}\right)$	组分 A	组分 B	$\lg\left(\dfrac{p_A^{\ominus}}{p_B^{\ominus}}\right)$
	100	0.01015	128	132	0.02562		153	0.03958
	103	0.01391		134	0.04355		156	0.04384
	105	0.03132	132	134	0.01802		157	0.04603
96	100	0.00556		137	0.03331		160	0.05268
	103	0.00931		139	0.04392	141	144	0.03107
96	105	0.02672		140	0.04433	142	149	0.01714
98	108	0.03980	134	137	0.01540		163	0.04980
99	114	0.03541		139	0.02579		165	0.05628
	116	0.04805		140	0.02988	144	158	0.03231
	117	0.05604		145	0.05056	145	146	0.00094
100	103	0.00363		146	0.05116		147	0.00076
	105	0.02079		147	0.04790		151	0.00733
102	109	0.03575		151	0.05702		152	0.01077
103	105	0.01728		152	0.06111		153	0.01554
110	114	0.00696	134	153	0.06587		156	0.02030
	119	0.05682	137	139	0.01013		157	0.02255
	120	0.05680		140	0.01062		160	0.02916
114	119	0.04986		145	0.03466	146	151	0.00636
	120	0.05256		146	0.03536		152	0.00977
116	117	0.00788		147	0.03538		153	0.01449
	119	0.04387		151	0.04133		156	0.01924
	120	0.04579		152	0.04517	146	157	0.02148
117	119	0.03587		153	0.04989		160	0.02800
	120	0.03792		156	0.05389	147	151	0.00658
119	129	0.05311		157	0.05605		152	0.01002
120	129	0.05146	139	140	0.00052		153	0.01478
121	123	0.00452		145	0.02478		156	0.01956
	125	0.38892		146	0.02554		157	0.02181
	127	0.05591		147	0.02551		160	0.02840
	128	0.04051		151	0.03168	149	165	0.03916
123	125	0.02875		152	0.03544		166	0.05485
	127	0.03177		153	0.04020	150	163	0.03123
	128	0.03647		156	0.04446		165	0.03776
125	127	0.00401		157	0.04666		167	0.05585
	128	0.00897		160	0.05333		169	0.06768
	132	0.03490	140	145	0.02419	151	152	0.00329
	134	0.05302		146	0.02496		153	0.00798
127	128	0.00498		147	0.02492		156	0.01280
	132	0.03087		151	0.03109		157	0.01503
	134	0.04896		152	0.03482		160	0.02150

续表

组分 A	组分 B	$\lg\left(\dfrac{p_A^\ominus}{p_B^\ominus}\right)$	组分 A	组分 B	$\lg\left(\dfrac{p_A^\ominus}{p_B^\ominus}\right)$	组分 A	组分 B	$\lg\left(\dfrac{p_A^\ominus}{p_B^\ominus}\right)$
151	170	0.06021		168	0.02928		197	0.04902
152	153	0.00474		169	0.03051	192	199	0.05824
	156	0.00971	167	169	0.01802	194	197	0.02520
	157	0.01197		175	0.04004		199	0.03401
	160	0.01851	168	179	0.05201	197	199	0.00876
152	170	0.05772	169	175	0.02683	199	206	0.03535
153	156	0.00506		179	0.05294		211	0.06145
	157	0.00733	170	172	0.01045	203	209	0.02259
	160	0.01385		174	0.01196	204	208	0.02468
	170	0.05317		176	0.02652	205	207	0.00880
154	165	0.02554	172	174	0.00151	205	211	0.02879
	166	0.04122		176	0.01591		214	0.04946
156	157	0.00223	174	176	0.01439		215	0.05922
	160	0.00840	175	182	0.07002	206	214	0.04725
	170	0.04718	176	181	0.04776		215	0.05681
	172	0.05782	181	188	0.02360	207	214	0.03845
	174	0.05939	182	187	0.00871		215	0.05041
157	160	0.00637		191	0.02692	208	215	0.03738
	170	0.04488		192	0.04600	211	213	0.01723
	172	0.05549	189	191	0.01272		215	0.02839
	174	0.05706		192	0.02152		219	0.05206
160	170	0.03871		194	0.05243	214	215	0.00998
	172	0.04936	191	192	0.00508		217	0.01846
	174	0.05093		194	0.02777		219	0.03429
163	165	0.00650		195	0.03656	215	217	0.00870
	167	0.02455		197	0.05392		219	0.02451
	169	0.03632	192	194	0.02287	217	219	0.01582
165	167	0.01803		195	0.03148			

① 表中组分 A 和 B 的名称见表 4-9。

比较不同规格的分馏柱效率时，以"理论塔板高度"表示更直接。理论塔板高度与理论塔板数间的关系可表示如下：

$$\text{理论塔板高度} = \frac{\text{分馏柱有效高度}}{\text{全回流的理论版数}} \tag{4-5}$$

全回流的理论塔板数是指没有蒸出液馏时分馏柱的理论塔板数（即最大理论塔板数）；分馏柱有效高度对于填充物式的分馏柱来说，等于填充物的填充高度（cm）。

应用分馏法分离混合物时，由于混合物的沸点差异与所需柱的效率有密切关系，即须选用具有适当理论塔板数的分馏柱。例如两种沸点不同的烃类，要使它们彼此分离，所需分馏柱的理论塔板数如表 4-7 所示。

表 4-7 沸点差与所需理论塔板数

沸点差（0.1013MPa）/℃	所需的理论塔板数	沸点差（0.1013MPa）/℃	所需的理论塔板数
1.5	100	5.0	30
3.0	55	7.0	20

由表 4-7 可知要分离沸点相差 3℃的烃类，需使用具有 55 个"操作理论塔板数"的分馏柱（操作理论塔板数是指在实际条件下的理论塔板数，小于全回流理论塔板数）。

三、无机物的蒸馏分离

无机物的蒸馏分离见表 4-8，表中元素按周期表主副族元素排序排列。

表 4-8 无机物的蒸馏分离法

元素	挥发形式	方法	备注
Na	单质	1.3×10^{-4} kPa，$350 \sim 400$℃，真空蒸馏	为测定钠或钠-钾合金中的含碳量时除去基体元素的方法
B	CH_3BO_2	加少量甲醇和浓盐酸，在甲醇蒸气中蒸馏 $75 \sim 80$℃	
	BF_3	加氟化物溶液	
Al	$Al_2Et_3Br_3$	试料与溴乙烷反应，真空蒸馏	（与 Na，K 分离）
	$AlCl_3$	HCl 气流中加热（约 180℃）	
Ga	$GaCl_3$	加盐酸在 220℃蒸馏	与 Zn^{2+}、In^{3+}分离
Si	SiF_4	将试液或固体试样在 HF-H_2SO_4 或 HF-$HClO_4$ 中或 HF-HNO_3-$HClO_4$ 中蒸发至干（或 >200℃真空蒸馏）HF，$H_2SO_4(NH_4)_2SO_4$，200℃蒸馏	测铌、钴等难熔金属中痕量 Si
	H_2SiF_6	在 HF-$HClO_4$ 介质中水蒸气蒸馏	
Ge	$GeCl_4$	在 $6 \sim 7$mol/L 盐酸溶液中，在密闭体系中蒸馏（As^{3+}须先用氯气氧化成 As^{5+}，最好将试样预先与硫酸共热以除去 F^-）	
	GeF_4	用 HF-HNO_3 溶解，蒸发至干（挥发去大部分）	
Sn	$SnCl_4$	与 HCl 气体反应蒸馏	
	$SnBr_4$	（1）用 HBr+$HClO_4$ 或 HBr+HCl（1+3）蒸馏 （2）将氢溴酸和溴水蒸干	除去 Sn 基体用
N	NH_3 及 N_2 等	（1）消化成铵盐，再加浓碱蒸馏 （2）加 HCl+HNO_3 蒸馏 （3）NO_2^- 用 $CO(NH_2)_2$ 或 NH_4Cl 或 NaN_3 处理	
As	$AsCl_3$	加盐酸（<108℃）蒸馏出 $AsCl_3$（与 PO_4^{3-} 分离，$GeCl_3$ 亦蒸出）	
	$AsBr_3$	加 H_2SO_4 和 HBr，加热至冒白烟	
	AsH_3	用 Zn+ H_2SO_4（稀）处理（Sb^{3+}相似）	
Sb	$SbCl_3$	（1）硫酸溶液中加 HCl 和 NaCl 蒸馏（105℃） （2）与 H_2SO_4+S，并通氯气在 200℃蒸出	与 Cu^{2+}，Pb^{2+}分离
	$SbBr_3$	用 HCl+HNO_3 加热分解，加 H_2SO_4(1+1)，蒸至冒白烟，再加氢溴酸蒸干	
	SbH_3	用 Zn+ H_2SO_4（稀）处理	
Bi	$BiBr_3$	金属铋和 HNO_3(1+1)在砂浴上加热溶解，蒸干，冷却，加 HBr 再蒸干，沙浴温度上升至（280 ± 50）℃，$BiBr_3$ 挥发（也可用 HBr+Br_2 处理）	
	BiI_3	借 HNO_3 溶液使 BiI_3 挥发分离	
S	H_2S	用盐酸或盐酸-氢碘酸-次亚磷酸等处理，以 H_2S 蒸馏	

元素	挥发形式	方　　法	备　　注
Se	Se	金属硒在蒸发皿中，约 1.07kPa 于 400～500℃下加热约 2h；再在 800～900℃强热 1h 完全挥发（常压下也可能挥发）	
	$SeCl_4$	硒酸盐和亚硒酸盐在 HCl 气流（加 Cl_2）中加热蒸馏（硒化物在 Cl_2 气流中加热生成 $SeCl_2$）	
	$SeBr_4$	加 HBr（加 Br_2）加热蒸馏（300℃浓 H_2SO_4 溶液中，HCl 气流通过）或 HBr(200℃)蒸馏，可将 SeO_3^{2-} 与 TeO_3^{2-} 分离（$SeCl_4$ 或 $SeBr_4$ 蒸出）	
	SeO_2	用 HNO_3(1+1)分解试样，加 H_2SO_4(1+1)与 Na_2SO_4 蒸干，冷后加 H_2SO_4(1+1)再蒸干	
Te	$TeCl_2$, $TeCl_4$	碲化物在 Cl_2 气流中加热生成 $TeCl_2$ 挥发。碲酸盐与亚碲酸盐在 HCl 气流（加 Cl_2）中加热，生成 $TeCl_4$	
	$TeBr_4$	用 HBr（加 Br_2）加热	
F	H_2SiF_6 或 SiF_4	SiO_2 存在下，于浓 H_2SO_4 或 $HClO_4$ 溶液中水蒸气蒸馏（>125℃）	
	BF_3	20%$HClO_4$ 溶液（用 H_3BO_3 饱和）蒸馏	
Cl	Cl_2	在平菲尔特管中用浓硫酸分解	
Br	Br_2	（1）与 H_2TeO_4（或 $KMnO_4$）+ HAc 或 $KH(IO_3)_2$+ HNO_3 蒸馏 （2）用 0.8mol/L 铬酸-7mol/L 硫酸混合液处理	与 Cl^- 分离
I	I_2	（1）试样用 $K_2Cr_2O_7$ 与稀 H_2SO_4，于 80℃下处理，加草酸，通空气加热蒸馏 （2）加 NO_2^- 或 Fe^{3+} 或 Fe^{2+} + CrO_4^{2-} 蒸馏	与 Cl^-、Br^- 分离
Zr	$ZrCl_4$	在氯气流中加热	
Ta^{5+}	$TaCl_5$	在 HCl 气流中 430～440℃加热	
Cr	CrO_2Cl_2	试液用 $HClO_4$ 加热处理氧化为 Cr^{6+}，再以浓 HCl 处理挥发	
Mo	$MoCl_3$	HCl 气流中，于 250～300℃加热蒸馏	可与 W 分离
Mn	H_2MnO_4	在含 IO_4^- 的 10mol/L 硫酸中蒸馏	
Re	Re_2O_7	（1）从发烟 $HClO_4$ 挥发（≥200℃） （2）热硫酸溶液（约 200℃）加浓硝酸蒸发，或硫酸溶液 260～270℃水蒸气蒸馏 （3）$HClO_4$+HCl 或 H_2SO_4+HBr，200～220℃蒸发	
Fe	$FeCl_3$	加盐酸蒸至小体积，通 HCl 气，400～700℃	与 SiO_3^{2-} 分离
Ru	RuO_4	（1）在强氧化剂（如 BrO_3^-，ClO_4^- 或 MnO_4^-）存在下，从煮沸的 HNO_3 或 HNO_3-H_2SO_4 或 H_2SO_4 中蒸馏 （2）在用氯气饱和的热碱液中通入空气或氯气，蒸馏 （3）加 HCl-$HClO_4$ 或 HBr-$HClO_4$ 或 $HClO_4$-H_2SO_4 蒸馏	
Os	OsO_4	（1）从煮沸的 HNO_3 或 HNO_3-H_2SO_4 或 H_2SO_4+$KMnO_4$ 中蒸馏 （2）<40%（体积分数）HNO_3 中蒸馏	与 Ru 分离
Ir	IrO	加浓 H_2SO_4-$HClO_4$，通氯气，约 200℃下蒸馏	
Au	$AuCl_3$	王水中快速煮沸（挥发去大部分），再用硫酸处理此溶液，蒸发至冒浓厚的白烟	
Zn	单质	在石英管中，于 1100℃氢气流中，将试样加热	
Cd	$CdBr_2$	试样溶解后蒸干，加盐酸和溴水再蒸干，然后加氢溴酸再蒸干	与 Tl 分离
Hg	单质	（1）试样溶于硝酸，以 2.25mol/L 硫酸溶液稀释后，冷至 20℃，加硫酸羟胺和氯化钠混合液及硫酸亚锡（0.25mol/L 硫酸中）溶液，通空气 3min （2）分解管中装试样与生石灰混合物及碳酸镁，加热 800℃ 使碳酸镁分解出的二氧化碳，通过试样，生成的汞用 0.2mol/L 高锰酸钾溶液和 10%硫酸混合液吸收	
	$HgCl_2$	（1）将 Cl_2 或 HCl 气流通入硫酸介质中（>300℃） （2）加浓盐酸蒸干	
Po	Po	在氢气流中真空蒸馏	
	Po-二苯氨基脲	使成 Po-二苯氨基脲，加热煮沸蒸出	

四、有机化合物的蒸馏分离

表 4-9～表 4-15 为部分有机化合物二元混合的一些数据。

表 4-9 有机二元混合物的蒸馏特性

组分编号	组分名称	$T_{B.P.}$/℃	能与之成恒沸混合物的组分编号	组分编号	组分名称	$T_{B.P.}$/℃	能与之成恒沸混合物的组分编号
1	甲酸甲酯	32.0	2, 4, 5, 7, 8	33	三氯甲烷	61.3	36
2	2-甲基丁二烯	32.6	3, 4, 7	34	乙丙醚	61.7	36
3	氧化丙烯	34.5	7	35	3-甲基戊烷	63.3	36, 39
4	乙醚	34.6	5, 7, 10	36	甲醇	64.7	37, 39, 41, 42, 44, 45
5	乙硫醇	35.5	7, 8, 10	37	1-己烯	63.5	—
6	二甲基硫化物	36.0	7, 8, 10	38	亚硝基异丁酯	67.1	41, 42, 44, 45, 46, 47
7	戊烷	36.1	8, 9, 11, 12, 10	39	1-丙硫醇	67.4	40, 44, 47
8	2-氯丙烷	36.5	10	40	二异丙醚	67.5	45, 47
9	溴乙烷	38.4	10, 12	41	2-氯丁烷	68.0	44
10	2-甲基-2-丁烯	38.5	11, 12, 13	42	甲酸异丙酯	68.3	44, 45, 46, 47, 48
11	甲丙醚	39.1	12	43	异丁胺	68.6	44, 47
12	二氯甲烷	40.7	13, 14	44	己烷	68.7	45, 46, 47, 48
13	甲醛	42.2	14, 15, 17	45	异丁基氯	68.9	46, 47
14	碘甲烷	42.2	16, 17	46	1-溴丙烷	71.0	47
15	3-氯丙烯	44.6	17, 20	47	甲基环戊烷	71.8	49
16	1-氯丙烷	46.4	17, 19, 20	48	碘乙烷	72.4	49, 50
17	二硫化碳	46.5	20, 22	49	四氯化碳	76.5	52, 53, 54, 56, 57, 62
18	丙胺	48.5	20	50	乙酸乙酯	77.1	51, 52, 53, 56, 60, 63
19	丙醛	48.7	—	51	1-氯丁烷	77.8	52, 53, 56, 57, 60, 62, 63
20	环戊烷	49.3	22, 24				
21	2,2-二甲基丁烷	49.7	—	52	亚硝酸丁酯	78.2	56, 57, 58, 60, 62, 63
22	2-氯-2-甲基丙烷	51.0	24	53	乙醇	78.4	55～60, 62, 63, 65
23	丙烯醛	52.5	—	54	丙烯腈	78.5	58, 64
24	甲酸乙酯	54.3	29	55	2,2-二甲基丙烷	79.2	58
25	二乙胺	55.5	26, 27, 28, 29, 30	56	2-丁酮	79.6	57, 58, 64, 65, 66
26	丙酮	56.5	27, 28, 29, 30, 31, 33	57	丙酸甲酯	79.8	58, 60, 63, 64, 66
27	1,1-二氯乙烷	57.4	28, 29, 30	58	苯	80.1	59, 62, 63, 66
28	乙酸甲酯	57.8	29, 30, 31, 33	59	2,4-二甲基戊烷	80.5	—
29	2,3-二甲基丁烷	58.0	30, 31, 33	60	环己烷	80.7	62, 63, 65, 66
30	己二烯	59.6	33, 34	61	2,2,3-三甲基丁烷	80.9	—
31	2-溴丙烷	60.0	33, 36	62	甲酸丙酯	81.3	63～66, 68
32	2-甲基戊烷	60.3	36	63	乙腈	81.6	64, 70

续表

组分编号	组分名称	$T_{B.P.}$/℃	能与之成恒沸混合物的组分编号	组分编号	组分名称	$T_{B.P.}$/℃	能与之成恒沸混合物的组分编号
64	2-丙醇	82.5	65, 70	96	顺-2-庚烯	98.5	—
65	1,2-二氯乙烷	83.47	66, 67, 70	97	1-氯乙基乙醚	98.5	98, 105
66	叔丁醇	82.9	68, 70	98	二溴甲烷	98.6	105
67	噻吩	84.4	71	99	丙酸乙酯	99.1	101, 102, 105, 107, 109, 111, 113
68	氟代苯	84.7	—	100	2,2,4-三甲基戊烷	99.2	
69	3,3-二甲基戊烷	86.1	—	101	1-氯-3-甲基丁烷	99.4	102, 104～107, 109, 110, 116, 118
70	三氯乙烯	87.1	71, 76	102	仲丁醇	99.5	105～108, 110, 114, 116
71	二乙氧基甲烷	87.9	72, 74, 75, 76	103	顺-1,2-二甲基环戊烷	99.5	—
72	二乙基硫化物（二乙硫醚）	88.0	77, 82	104	甲酸	100.6	105～108, 111, 113, 115～117
73	3-甲基-2-丁酮	88.9	75	105	甲基环己烷	100.9	106～118
74	乙酸异丙酯	89.0	76, 77	106	1,4-二氧六环	101.1	107～109, 111, 114, 115
75	三乙胺	89.4	77, 78, 79, 81	107	硝基甲烷	101.2	108～117, 119, 120
76	2-碘丙烷	89.5	77, 82	108	1-溴丁烷	101.6	109, 110, 114, 116, 117, 119, 120
77	二丙醚	89.5	82	109	叔戊醇	101.7	110, 111, 114～119
78	2,3-二甲基戊烷	89.8	—	110	乙酸丙酯	101.8	111, 112, 115～117
79	2-甲基己烷	90.0	—	111	3-碘丙烯	101.8	112, 114, 116～119
80	1-溴-2-甲基丙烷	91.5	82	112	缩乙醛	102.0	114～116, 122
81	3-甲基己烷	91.9	—	113	丁烯醛	102.2	114～117
82	异丁酸甲酯	92.6	86	114	丁酸甲酯	102.3	115～117
83	3-乙基戊烷	93.5	—	115	1-碘丙烷	102.5	116, 117
84	反-3-庚烯	95.7	—	116	3-戊醇	102.7	—
85	顺-3-庚烯	95.8	—	117	2-戊酮	103.3	—
86	丙烯醇	96.8	92, 94, 95, 98, 99, 101, 105, 107, 108, 110	118	异丁腈	103.9	—
87	1,2-二氯丙烷	96.8	99, 106	119	甲酸丁酯	106.0	120, 124, 130
88	异戊腈	97.2	95, 98, 101, 105, 107, 111	120	3,3-二甲基-2-丁酮	106.2	124, 126, 130
89	丙腈	97.1	92, 95, 99, 105, 109	121	2,2,3,3-四甲基戊烷	106.3	—
90	1-丁硫醇	97.5	92, 95, 98, 100, 103, 105, 107	122	1-溴-2-氯乙烷	106.7	124
91	三氯乙醛	97.7	94, 95, 99, 101, 105, 107, 108, 110	123	2,2-二甲基己烷	106.8	
92	1-丙醇	97.8	94, 95, 98～101, 105～108, 110, 111, 113～115	124	异丁醇	108.0	125, 129～131
93	E-2-庚烯	98.0	—	125	2,5-二甲基己烷	109.1	130, 131, 133
94	甲酸异丁酯	98.2	95, 101, 102, 107, 108, 109, 111	126	二丙胺	109.2	127, 130
95	庚烷	98.4	97～99, 102, 104, 106～112, 114～117	127	2,4-二甲基己烷	109.4	—

组分编号	组分名称	$T_{B.P.}$/℃	能与之成恒沸混合物的组分编号	组分编号	组分名称	$T_{B.P.}$/℃	能与之成恒沸混合物的组分编号
128	2,2,3-三甲基戊烷	109.8	—	156	反-1,4-二甲基环己烷	119.3	—
129	异丙酸乙酯	110.1	130, 136	157	1,1-二甲基环己烷	119.5	—
130	甲苯	110.6	133, 134, 136	158	2-戊醇	119.7	160, 161, 164~166, 171, 173
131	三氯硝基甲烷	111.9	133, 141	159	2-碘丁烷	120.0	—
132	1,3-二甲基己烷	112.0	—	160	顺-1,3-二甲基环己烷	120.1	162, 164~166, 168, 171, 175
133	3-甲基-2-丁醇	112.9	148	161	1-溴-3-甲基丁烷	120.4	162, 164, 165, 167~169, 171, 173
134	2,3,4-三甲基戊烷	113.5	—	162	1-碘-2-甲基丙烷	120.4	163~165, 169, 171, 173, 175
135	1,1,2-三氯乙烷	113.9	138, 150	163	异丁酸异丙酯	120.5	—
136	硝基乙烷	114.0	144, 149, 150	164	四氯乙烯	120.8	165~169, 171, 173, 175~177
137	2,3,3-三甲基丙烷	114.8	—	165	丁酸乙酯	121.0	166, 173, 176
138	吡啶	115.4	141, 142, 144, 149, 150, 154, 159~161	166	异丁醚	122.3	172, 174~178
139	2,3,-二甲基己烷	115.6	—	167	丙酸丙酯	122.4	168, 171, 173, 176
140	2-甲基-3-乙基戊烷	115.6	—	168	3-己酮	123.3	169, 173, 175
141	3-戊醇	115.6	148, 154	169	甲酸异戊酯	123.3	171, 173, 176, 178
142	异戊酸甲酯	116.7	144, 148, 154, 158, 159	170	反-1,2-二甲基环己烷	123.4	—
143	丁腈	117.5	144, 161, 162	171	硝基异丁酯	123.5	173
144	丁醇	117.5	148, 149, 154, 155, 160~166	172	顺-1,4-二甲基环己烷	124.3	—
145	2-甲基庚烷	117.6		173	2-甲氧基乙醇	124.4	175, 176, 179
146	3,4-二甲基己烷	117.7		174	反-1,3-二甲基环己烷	124.4	—
147	4-甲基庚烷	117.7	—	175	乙酸丁酯	125.0	176, 178~180
148	3-氯-1,2-环氧丙烷	117.9	149, 150, 158, 160~162, 164, 165	176	辛烷	125.6	182, 183, 185
149	乙酸异丁酯	118.0	154, 155, 158~162, 164	177	碳酸二乙酯	125.8	179, 180, 182, 184, 185
150	乙酸	118.1	159~162, 164, 166	178	1-氯-2-丙醇	127.0	184, 185, 187, 189
151	3-甲基-3-乙基戊烷	118.3		179	2-己酮	127.5	180
152	3-乙基己烷	118.5		180	2-氯乙醇	128.8	182~185, 187, 189, 191
153	3-甲基庚烷	118.9		181	顺-1,2-二甲基环己烷	129.7	—
154	4-甲基-2-戊醇	119.0	—	182	异亚丙基丙酮	130.0	183~185
155	1-氯-2-丙酮	119.0	156~158, 160, 163~165, 170	183	氯乙酸甲酯	130.0	184~187, 189

续表

组分编号	组分名称	$T_{B.P.}$/℃	能与之成恒沸混合物的组分编号	组分编号	组分名称	$T_{B.P.}$/℃	能与之成恒沸混合物的组分编号
184	1-碘丁烷	130.4	185~187, 190, 192	202	环戊醇	140.9	206
185	异戊醇	130.6	186, 187, 189, 191, 192	203	丙酸	141.1	204, 206, 209~213
186	环戊酮	130.7	193	204	1,2-二溴丙烷	141.6	205
187	1,2-二溴甲烷	131.5	190, 193, 194	205	乙酸异戊酯	142.1	206, 208, 210, 212, 213
188	乙基环己烷	131.8	—	206	丁醚	142.1	207, 210~213
189	氯代苯	131.7	190, 193	207	丁酸丙酯	142.7	208, 210~212
190	2-氯-1-丙醇	133.7	192	208	4-庚酮	143.7	210, 211, 213, 218
191	异丁酸丙酯	133.9	196	209	3-皮考啉	144.0	—
192	异戊酸乙酯	134.3	193	210	氯乙酸乙酯	144.2	211~213, 218
193	2-乙氧基乙醇	135.5	194, 195, 197, 199	211	邻二甲苯	144.4	212
194	乙苯	136.2	195, 196, 198, 203	212	2-甲氧基乙酸乙酯	144.6	214, 216, 218, 219
195	丙酸异丁酯	136.8	197, 199, 201, 202	213	1,1,2,2-四氯乙烷	145.9	214, 215, 217, 219
196	戊醇	137.8	197, 201, 206	214	正甲酸三乙酯	146.0	—
197	对二甲苯	138.3	202, 203	215	丙酸丁酯	146.8	—
198	二烯丙基硫醚 [(CH₂＝CHCH₂)₂S]	138.6	199, 200, 202, 203, 207, 208	216	硝酸异戊酯	147.5	217
				217	异丁酸丁酯	147.5	218, 219
199	间二甲苯	139.1	200~202, 204, 205, 207~210	218	1-碘-3-甲基丁烷	148.2	219
200	二异丁胺	139.5	208	219	乙酸戊酯	148.8	—
201	戊腈	140.8	206				

表 4-10 有机化合物二元恒沸混合物①

A②	B	$T_{B.P.}^{③}$/℃	ω_A/%	A②	B	$T_{B.P.}^{③}$/℃	ω_A/%	A②	B	$T_{B.P.}^{③}$/℃	ω_A/%
1	2	22	50		9	33	50	16	17	42	44
	4	28	56		11	35	75		19	46	—
	5	27	30		12	36	51		20	44	64
	7	22	53	8	10	34	61	17	20	44	67
	8	28	60	9	10	35	80		22	43	62
2	3	32	40		12	38	80	18	20	47	52
	4	33	52	10	11	36	72	20	22	47	50
	7	34	90		12	36	48		24	42	55
3	7	27	57		13	35	68	22	24	48	65
4	5	31	60	11	12	45	43	24	29	45	52
	7	33	70	12	13	45	41	25	26	51	62
	10	34	88		14	40	79		27	52	55
5	7	32	50	13	14	39	43		28	53	—
	8	36	45		15	41	80		29	55	62
	10	33	60		17	37	54		30	55	—
6	7	33	45	14	16	42	85	26	27	58	30
	8	36	—		17	41	60		28	55	50
	10	34	45	15	17	41	50		29	46	42
7	8	32	48		20	41	63		30	47	45

A②	B	$T_{B.P.}$③/°C	ω_A/%	A②	B	$T_{B.P.}$③/°C	ω_A/%	A②	B	$T_{B.P.}$③/°C	ω_A/%
26	31	54	42	45	47	68	63	57	66	78	63
	33	65	80	46	47	69	58	58	59	75	48
27	28	56	—	47	49	72	68		62	78	53
	29	56	58	48	49	最小	—		63	73	66
	30	56	77		50	70	78		66	74	63
28	29	51	50	49	52	75	70	60	62	75	52
	30	51	60		53	65	80		63	62	67
	31	56	68		54	66	79		65	74	50
	33	65	23		56	74	71		66	71	63
29	30	57	58		57	76	75	62	63	76	67
	31	58	50		62	75	60		64	76	64
	33	55	53	50	51	76	35		65	84	10
30	33	55	68		52	76	71		66	78	60
	34	60	95		53	72	69		68	79	78
31	33	62	65		56	77	82	63	64	74	52
	36	46	86		60	73	54		70	75	29
32	36	50	74		63	75	77	64	65	75	57
33	36	53	87	51	52	77	48		70	75	30
34	36	55	76		53	66	80	65	66	76	78
35	36	50	74		56	77	82		67	83	—
	39	61	66		57	79	48		70	82	43
36	37	49	27		60	78	64	66	68	76	30
	39	58	35		62	76	62		70	76	67
	41	53	20		63	67	67	67	71	83	—
	42	57	33	52	56	77	70	70	71	89	54
	44	49	27		57	78	88		75	86	88
	45	53	23		58	78	75	71	72	86	65
38	41	66	62		60	76	63		74	88	58
	42	65	60		62	77	65		75	86	—
	44	65	54		63	77	—		76	86	63
	45	66	67	53	55	—	26	72	77	89	25
	46	67	95		56	76	46		82	91	56
	47	66	68		57	72	33	73	75	88	—
39	40	66	65		58	68	32	74	76	87	40
	44	64	53		59	—	29		77	86	50
	47	66	64		60	65	30	75	77	89	—
40	45	69	—		62	72	41	76	77	89	65
	47	68	80		63	72	56		82	88	80
41	44	66	57		65	70	37	77	82	90	25
				54	58	73	47		82	90	61
42	44	57	48		64	72	56	82	86	90	72
	45	65	48	55	58	76	46	86	92	97	74
	46	66	55	56	57	79	60		94	93	52
	47	61	55		58	78	44		95	84	37
	48	66	62		64	78	68		98	86	20
43	44	66	52		65	最大	—		99	93	54
	47	68	59		66	79	69		101	88	29
44	45	66	45	57	58	79	52		105	85	42
	46	67	50		60	75	52		107	89	57
	47	68	75		63	76	70		108	89	30
	48	68	24		64	76	62		110	95	52
45	46	69	95								

续表

A②	B	$T_{B.P.}$③/℃	ω_A/%	A②	B	$T_{B.P.}$③/℃	ω_A/%	A②	B	$T_{B.P.}$③/℃	ω_A/%
87	99	最大	—	94	108	95	65	104	108	81	65
	106	最大	—		109	97	81		111	85	35
88	95	95	52		111	96	62		113	95	—
	98	96	—	95	97	96	52		115	82	36
	101	97	20		98	95	42		116	105	33
	105	95	79		99	93	53		117	105	32
	109	94	—		102	89	62	105	106	94	55
	111	96	—		104	78	44		107	81	61
89	92	90	50		106	92	56		108	99	45
	95	80	—		107	80	63		109	92	60
	99	94	40		108	97	50		110	95	—
	105	85	45		109	92	74		111	99	30
	109	95	55		110	94	—		112	100	60
90	92	92	59		111	97	52		113	100	—
	95	95	49		112	98	72		114	97	55
	98	95	72		114	95	65		115	99	60
	100	95	50		115	97	60		116	95	60
	103	96	48		116	93	65		117	95	60
	105	97	58		117	93	66		118	85	60
	107	93	—	97	98	96	28	106	107	101	44
91	94	100	60		105	97	65		108	98	47
	95	93	53	98	105	96	75		109	101	80
	99	101	—	99	101	98	55		111	98	44
	101	97	85		102	96	53		114	101	—
	105	94	57		105	94	53		115	99	40
	107	93	65		107	96	65	107	108	90	50
	108	96	—		109	98	62		109	93	49
	110	103	50		111	98	65		110	98	45
	114	103	45		113	98	75		111	89	—
	115	97	—	101	102	91	71		112	95	65
	116	103	23		104	80	67		113	99	—
92	94	93	40		105	98	64		114	98	50
	95	87	36		106	97	44		115	89	42
	98	90	26		107	88	52		116	99	55
	99	93	51		109	96	73		117	99	56
	100	85	41		110	98	60		119	99	60
	101	89	31		116	98	75		120	101	—
	105	86	35		118	91	65	108	109	98	74
	106	95	55	102	105	90	41		110	100	52
	107	89	53		106	98	40		114	99	65
	110	94	40		107	99	54		116	100	63
	111	90	29		108	93	30		117	100	63
	113	97	—		110	96	52		119	100	75
	114	94	47	103	114	98	59		120	101	86
	115	90	30		116	98	58	109	110	99	42
94	95	90	50	104	105	80	46		111	97	25
	101	94	50		106	113	43		114	102	—
	102	95	60		107	97	45		115	97	30
	107	95	68								

A②	B	$T_{\text{B.P.}}$③/℃	ω_A/%	A②	B	$T_{\text{B.P.}}$③/℃	ω_A/%	A②	B	$T_{\text{B.P.}}$③/℃	ω_A/%
109	116	101	40	133	148	109	52	150	161	109	62
	117	101	42	135	138	最大	—		162	109	37
	118	99	58		150	106	70		164	107	39
	119	101	65	136	144	108	55	154	160	112	53
110	111	99	44		149	112	60	155	156	114	—
	112	101	68		150	112	70		157	114	—
	115	99	54	138	141	117	45		158	116	68
	116	101	60		142	115	52		160	114	—
	117	101	65		144	119	29		163	117	50
111	112	100	67		149	114	—		164	118	—
	114	101	65		150	140	47		165	117	53
	116	100	35		154	115	60		170	114	—
	117	101	66	141	148	111	46	158	160	113	38
	118	93	68		154	115	35		161	115	26
	119	100	75	142	144	113	60		164	113	34
112	114	102	45		148	115	55		165	119	47
	115	101	40		154	116	45		166	115	41
	116	102	25		158	116	80		171	115	52
	122	108	35		159	116	72		173	120	96
113	114	101	—	143	144	113	50	160	162	119	40
	115	100	—		161	110	50		164	118	—
	116	101	—		162	108	46		165	117	50
	117	101	—	144	148	112	43		166	120	72
114	115	101	44		149	114	50		168	116	63
	116	101	45		154	114	30		171	114	59
	117	102	50		155	112	43		175	118	63
115	116	101	65		160	108	43	161	162	119	—
	117	101	65		161	111	31		164	119	52
119	120	106	38		162	110	30		165	120	65
	124	103	60		163	115	54		167	120	75
	130	106	70		164	109	29		168	120	45
120	124	105	42		165	116	64		169	120	76
	126	104	—		166	113	48		171	118	68
	130	106	85	148	149	115	50		173	111	20
122	124	100	—		150	115	64	162	163	119	53
124	125	99	42		158	113	60		164	119	60
	129	105	52		160	114	65		165	119	64
	130	101	45		161	111	63		169	117	70
	131	102	32		162	111	47		171	117	60
125	130	107	65		164	110	52		173	110	75
	131	107	45		165	116	75		175	120	—
	133	104	32	149	154	116	—	163	164	119	55
126	127	108	54		155	117	70	164	165	119	57
	130	108	53		158	116	68		166	119	65
129	130	110			159	116	70		167	120	—
	136	108	73		160	114	62		168	118	55
130	133	106	62		161	117	72		169	118	65
	134	109	60		162	116	50		171	117	70
	136	106	75		164	115	53		173	110	75
131	133	106	80	150	159	111	30		175	120	79
	141	107	82		160	109	45		176	120	92

续表

A[②]	B	$T_{B.P.}^{③}$/℃	ω_A/%	A[②]	B	$T_{B.P.}^{③}$/℃	ω_A/%	A[②]	B	$T_{B.P.}^{③}$/℃	ω_A/%
164	177	119	74	183	184	125	42	199	207	139	—
165	173	118	68		185	125	60		208	139	90
	176	118	60		186	130	—		209	最小	—
166	171	121	—		187	128	44		210	137	68
	173	115	52		189	126	60	200	208	137	68
	174	120	28	184	185	123	72	201	206	130	42
	176	122	10		186	129	60	202	206	137	39
	177	121	35		187	129	85		210	138	50
	178	118	65		190	123	70		212	139	25
167	168	122	60		192	130	—	203	204	134	33
	171	122	59	185	186	130	42		206	136	45
	173	118	62		187	124	31		210	140	61
	176	118	60		189	124	34		211	135	43
168	169	123	50		191	130	53		212	147	36
	173	119	57		192	130	58		213	140	60
	175	123	—	186	193	130	73	205	206	141	55
169	171	122	46	187	190	128	77		208	142	75
	173	119	60		193	128	77		210	142	60
	176	116	55		194	131	90		212	141	80
	178	123	70	189	190	126	64		213	150	32
171	173	115	56		193	127	68	206	207	142	55
173	175	119	48	191	196	133	81		210	140	55
	176	110	48	192	193	130	58		211	142	78
	179	121	56	193	194	128	48		212	138	70
175	176	119	52		195	131	35		213	148	70
	178	125	75		197	129	50	207	208	143	53
	179	125	68		199	129	51		210	142	53
	180	126	69	194	195	136	30		211	143	55
176	182	121	65		196	130	60		212	143	68
	183	123	60		198	136	89	208	210	143	53
	185	120	65		203	131	72		211	142	42
177	179	126	65	195	197	137	85		213	143	—
	180	126	72		199	134	—		218	143	65
	182	126	6		201	136	73	210	211	140	58
	184	124	70		202	136	72		212	145	38
	185	125	73	196	197	131	42		213	147	27
178	184	120	45		201	136	58		218	140	49
	185	127	81		206	134	50	211	212	141	50
	187	125	62	197	202	132	62	212	214	143	51
	189	122	55		203	132	—		216	144	87
179	180	129	25	198	199	138	52		218	141	65
180	182	130	33		200	135	68		219	144	92
	183	128	85		202	135	67	213	214	151	61
	184	119	38		203	135	60		215	152	55
	185	128	75		207	139	70		217	151	65
	187	122	66		208	138	25		219	153	40
	189	120	42	199	200	137	49	216	217	147	40
	191	128	94		201	136	—	217	218	146	42
182	183	129	58		202	139	60		219	148	90
	184	128	44		204	138	80	218	219	146	60
	185	129	76		205	136	50				

① 此表按恒沸点由低到高，组分编号由小到大的次序排列。使用法举例：表第二行，A 为 1，B 为 4，w_A 为 56，$\theta_{B.P.}$ 为 28℃，即表示甲酸甲酯占 56%，乙醚占 44%的恒沸混合物，在 0.1013MPa 压力下的沸点为 28℃。

② "A" 和 "B" 栏所列为恒沸混合物的组分，其名称见表 4-9。

③ $\theta_{B.P.}$ 为 0.1013MPa 压力下的恒沸点（℃）；w_A 为恒沸混合物中 A 组分的质量分数；"最大说明恒沸点最大"；"最小"说明恒沸点最小。

表 4-11 二元共沸混合物

A	B	共沸数据			
		$T_{B.P.}$/℃	ω_A/%	p/MPa	类型[①]
氨	氯乙烯	38.6	88	1.52	最大
苯胺	正辛烷	103.80	0.3	0.0533	最小
苯胺	壬烷	148.94	13.2	0.1013	最小
苯胺	正十三烷	182.93	86.2	0.1013	最小
苯胺	正十三烷	174.20	85.4	0.0800	最小
苯胺	正十三烷	167.42	84.2	0.0667	最小
苯胺	正十三烷	159.43	85.4	0.0533	最小
苯胺	苯酚	185.67	58.1	0.1013	最大
苯胺	苯酚	177.21	57.1	0.0800	最大
苯胺	苯酚	170.73	57.0	0.0667	最大
苯胺	苯酚	163.14	56.6	0.0533	最大
乙酸	甲苯	104.6	45.1	0.1013	最大
丙酮	戊烷	31.86	25.8		
丙烯醛	水	18.35	98.72	0.0267	最小
苯	环己烷			0.101~1.824	
丁醇	环己烷		7.4	0.1013	
丁醇	甲苯	105.5	32.2	0.1013	最小
氯仿	乙丙醚	64.5	47	0.0924	
氯仿	甲乙硫醚	66.6	4	0.1013	最大
氯乙酰氯	四氯化钛	105	87	0.1013	最小
三氯乙烯	二丙醚			0.1013	非共沸
三氯乙烯	二乙硫醚			0.1013	非共沸
乙二醇	间二甲苯	135.1		0.1013	最小
乙二醇	对二甲苯	134.1		0.1013	最小
2-甲基丁二烯	甲醇	30.0	84.6	0.1013	最小
异丙醇	硼酸异丙酯		94.6	0.1013	最小
异丁醇	间二甲苯	107.2	93	0.1013	
异丁醇	对二甲苯	107.1	92	0.1013	
异丁醇	邻二甲苯			0.1013	非共沸
异丁醇	1,4-二氧六环				非共沸
异丁醇	甲苯	101.2	44.0	0.1013	最小
对甲基吡啶	2-甲基喹啉				非共沸
氯化镁	氯化钾		33.3[②]	0.1013	最大
甲酸甲酯	己烷	29.6	84.9	0.1013	最小
甲酸甲酯	2-甲基丁二烯	25.75	51.5	0.1013	最小
甲酸甲酯	三甲基乙烯	24.6	57.6	0.1013	最小
甲醇	2-甲基丁二烯	30.7	8	0.1013	最小
甲醇	2-甲基-1-丁烯	27.6	6.5	0.1013	最小
甲醇	2-甲基-2-丁烯	33	10	0.1013	最小
甲醇	3-甲基-1-丁烯	1.6	4.0	0.1013	最小
甲醇	1-戊烯	26.8	8.5	0.1013	最小
甲醇	二氯甲烷	37.2	15.4	0.100	最小
甲基丙烯酸	水	99.3	23.1	0.1013	最小
甲基环己烷	硝酸甲酯	81.7	60.5	0.1013	最小
甲基环己烷	丙酸甲酯	79.3	11.5	0.1013	最大

A	B	共沸数据			
		$T_{\text{B.p.}}$/℃	ω_A/%	p/MPa	类型
甲基肼	水	102~106	32~36	0.1013	最大
丙酸甲酯	硝基甲烷	—	—	—	非共沸
硝酸	水	—	66.2	0.1013	最小
丙酸	水	99.2	4.35	0.1013	最小
苯酚	正十三烷	180.56	83.1	0.1013	最小
苯酚	正十三烷	172.24	82.3	0.0800	最小
苯酚	正十三烷	165.87	82.1	0.0667	最小
苯酚	正十三烷	162.20	81.8	0.0533	最小
1,1,2,2-四氯乙烷	邻二甲苯	147	70.2	0.1013	最大

① "最大"指恒沸点最大,"最小"指恒沸点最小。

② 假定为混合二聚体或 $RMgCl_2$。

表 4-12 用不同试剂蒸馏时各元素（20~100mg）近似挥发的质量分数[1]

元素 \ 试剂 (w/%)	HCl-HClO₃	HBr-HClO₃	HCl-H₃PO₄-HClO₃	HBr-H₃PO₄-HClO₃	HCl-H₂SO₄	HBr-H₃PO₄
As	30	100	30	100	100	100
As(V)	5	100	5	100	5	100
Au	1	0.5	0.5	0.5	0.5	0.5
B	20	20	10	10	50	10
Cr(III)	99.7	40	99.8	40	0	0
Ge①	50	70	10	90	90	95
Hg(I)	75	75	75	75	75	90
Hg(II)	75	75	75	75	75	90
Mn	0.1	0.02	0.02	0.02	0.02	0.02
Mo	3	12	0	0	5	4
Os②	100	100	100	100	0②	0②
P	1	1	1	1	1	1
Re	100	100	80	100	90	100
Ru	99.5	100	100	100	0	0
Sb(III)	2	99.8	2	99.8	33	99.8
Sb(V)	2	99.8	0	99.8	2	98
Bi	0.1	1	0	1	0	1
Se(IV)	4	2~5	2~5	2~5	30	100
Se(VI)	4	5	5	5	20	100
Sn(II)	99.8	100	0	99.8	1	100
Sn(IV)	100	100	0	100	30	100
Te(I)	0.5	0.5	0.1	0.5	0.1	10
Te(IV)	0.1	0.5	0.1	1	0.1	10
Tl③	1	1	1	1	1	1
V	0.5	2	0	0	0	0

① 在 HCl 和 HBr 发烟以前,H_2SO_4 和 $HClO_4$ 溶液加热到 200℃。

② 在 200~220℃ 之间,Os 不会从 H_2SO_4 溶液中挥发出来,但在 270~300℃ 间则完全挥发。

③ 如是 Tl^+,则 Tl 蒸馏不出来。

表 4-13 Se、Os 和 Ru 在不同磷酸体系中蒸馏的回收率[1]

磷酸体系[①]	T/℃	蒸馏后回收率ω/%		
		Se	Os	Ru
NH₄Br(5.6)+KIO₃(2.25)	220	83~85	0	0
	240	93~95	0	0
	250	98~99	0	0
	260	89~99	0	0
	270	94~96	0	0
Ce(SO₄)₂(225)	210	0	60~70	0
	250	0	85~90	0
	280	0	98~99	0
	285	0	99	0
K₂Cr₂O₇(113)	180	0	0	95
	210	0	0	99
	230	0	0	100
	240	0	0	100

① 括号内的数据是 H_3PO_4 体系中各个物质的浓度，单位为 g/L。

表 4-14 亚沸蒸馏法提纯后水和无机酸中的杂质含量[4]

单位：ng/g

杂质元素	水	盐酸	硝酸	高氯酸	硫酸	氢氟酸
Pb	0.008	0.07	0.02	0.2	0.6	0.05
Tl	0.01	0.01	—	0.1	0.1	0.1
Ba	0.01	0.04	0.01	0.1	0.3	0.1
Te	0.004	0.01	0.01	0.05	0.1	0.05
Sn	0.02	0.05	0.01	0.3	0.2	0.05
In	—	0.01	0.01	—	—	—
Cd	0.005	0.02	0.01	0.05	0.3	0.03
Ag	0.002	0.03	0.1	0.1	0.3	0.05
Sr	0.002	0.01	0.01	0.02	0.3	0.1
Se	—	—	0.09	—	—	—
Zn	0.04	0.2	0.04	0.1	0.5	0.2
Cu	0.01	0.1	0.04	0.1	0.2	0.2
Ni	0.02	0.2	0.05	0.5	0.2	0.3
Fe	0.05	3	0.3	2	7	0.6
Cr	0.02	0.3	0.05	9	0.2	5
Ca	0.08	0.06	0.2	0.2	2	5
K	0.09	0.5	0.2	0.6	4	1
Mg	0.09	0.6	0.1	0.2	2	2
Na	0.06	1	1	2	9	2
总和	0.5	6.2	2.3	16	27	17

表 4-15 部分物质的蒸气压值[①]

名称	分子式	温度范围/℃	A	B	C
氯仿	CHCl₃	−30~+150	6.90328	1163.03	227.4
乙醇	C₂H₅OH	−30~+150	8.04494	1554.3	222.65
丙酮	CH₃COCH₃	−30~+150	7.02447	1161.0	224
乙酸	CH₃COOH	0~36	7.80307	1651.2	225
乙酸	CH₃COOH	36~170	7.18807	1416.7	211

续表

名称	分子式	温度范围/℃	A	B	C
乙酸乙酯	$CH_3COOC_2H_5$	$-20\sim+150$	7.09808	1238.71	217.0
苯	C_6H_6	$-20\sim+150$	6.90565	1211.033	220.790
甲苯	C_7H_8	$-20\sim+150$	6.95464	1344.800	219.482
乙苯	C_8H_{10}	$-20\sim+150$	6.95719	1424.255	213.206
水	H_2O	$0\sim60$	8.10765	1750.286	235.0
水	H_2O	$60\sim150$	7.96681	1668.21	228.0
汞	Hg	$100\sim200$	7.46905	2771.898	244.831
汞	Hg	$200\sim300$	7.7324	3003.68	262.482

① 蒸气压由 $\lg p = A - \dfrac{B}{C+t} - 0.875$ 计算得到。式中，p 为蒸气压，kPa；t 为温度，℃。

第三节 氢化物分离法

氢化物分离法是利用还原剂将样品中的砷、铋、锗、铅、锑、硒、锡、碲、镉处理成相应的氢化物，而后利用氢化物的挥发性进行后续检测。还原过程可以直接用金属锌还原，但反应较慢；也可采用 KI 或 $SnCl_2$ 预还原，使 $As(Ⅴ) \rightarrow As(Ⅲ)$，$Sb(Ⅴ) \rightarrow Sb(Ⅲ)$，$Se(Ⅵ) \rightarrow Se(Ⅳ)$；还可直接用 $NaBH_4$ 还原，还原速度快，几十秒至几分钟内反应完毕。结合后续测定技术（如 AAS、ICP 等），检测下限可达 $10^{-6} \sim 10^{-9} \text{g/g}$。氢化物的性质见表 4-16，氢化物的生成条件见表 4-17，氢化物分离法的应用见表 4-18。

表 4-16 部分氢化物的性质

元素	氢化物	熔点/℃	沸点/℃	$\triangle H_f^\ominus(25℃)/(\text{kJ/mol})$
As	AsH_3	-116.9	-62.5	66.5
Bi	BiH_3		-22	278
Ge	GeH_4	-165.9	-88.5	90.4
Pb	PbH_4		-13	250
Sb	SbH_3	-88	-18.4	145
Se	H_2Se	-65.7	-41.3	85.8
Sn	SnH_4	-150	-51.8	163
Te	H_2Te	-51	-2.3	154
Cd	CdH_2			

表 4-17 氢化物的生成条件[2]

元素	还原剂	生成条件	生成方式
As	$NaBH_4$	1mol/L HCl 液态氩气阱	分批
	$NaBH_4$	$1\sim3$mol/LHCl	连续或分批
Pb	$NaBH_4$	0.5mol/L HCl-0.8 mol/L H_2O_2	连续
Se	$NaBH_4$	$0.5\sim5$mol/L HCl	连续
Sn	$NaBH_4$	$0.08\sim0.3$mol/L HCl	连续
	$NaBH_4$	1%酒石酸	连续
As、Se	$NaBH_4$	$4\sim5$mol/L HCl	连续
	$KI-SnCl_2/HCl-Al$	在浆状条件下	连续

元素	还原剂	生成条件	生成方式
Ge、Sn	NaBH$_4$	0.1mol/L HCl	连续
As、Bi、Sb	NaBH$_4$	6mol/L HCl	连续
As、Ge、Sb	NaBH$_4$	7%HCl，液氮阱[1]	连续
As、Sb、Se	NaBH$_4$	6mol/L HCl	连续
As、Bi、Sb、Se、Te	NaBH$_4$	5mol/L HCl	连续
As、Bi、Ge、Sb、Se、Sn	NaBH$_4$	15%HCl-10%H$_2$SO$_4$，液氮阱	分批
As、Bi、Ge、Sb、Se、Te	NaBH$_4$	10% HCl-20%H$_2$SO$_4$	连续
As、Bi、Ge、Pb、Sb、Se、Sn、Te	NaBH$_4$	2.4mol/L HCl	连续

[1] 气相色谱法分离后，ICP-AES 检测

表 4-18 氢化物分离法的应用[2]

元　素	基　体	辅助条件	分离后检测方法[1]
As	不锈钢、铸铁	液氮阱	AAS
	水、污水、土壤	锌粉压片还原	AAS
	血液、牛奶、脂肪、尿样	用 HNO$_3$/H$_2$SO$_4$ 加 H$_2$O$_2$ 消解	AAS
	烟草	用 HNO$_3$/HClO$_4$ 消化、液氮阱	AAS
	岩石、矿样	用 HClO$_4$/HNO$_3$/HF+KMnO$_4$ 溶液消化、蒸发后残渣溶入稀盐酸中	AAS
	丙烯酸纤维	用苯萃取法除去氧化锑	AAS
	岩石、土壤	氢化物用 1mol/L AgNO$_3$ 吸收	AAS
	生物样品	用 EDTA 除去干扰物	AAS
	鱼、生物和环境样品	灰化后再分离	AAS
	鱼组织	先后以 H$_2$O$_2$、H$_2$SO$_4$/KMnO$_4$、K$_2$S$_2$O$_8$ 处理，再以硫酸羟胺/NaCl 清洗	AAS
	海水、地下水	Fe(OH)$_3$ 共沉淀浮选分离后	AAS
	尿样、粪便	以 Mg(NO$_3$)$_2$-MgO 干燥，灰化	AAS
	茶、果树叶子	以邻二氮菲消除 Ni、Co 干扰	AAS
	农业样品	HNO$_3$/HClO$_4$ 消化	AES
	污泥、钢铁	HCl-HNO$_3$ 消化、Zn 片还原	AES
	土壤	HNO$_3$/HClO$_4$ 消化	非色散 AFS
Bi	铜	以 La(OH)$_3$ 共沉淀除去 Cu 干扰	AAS
	污泥	HNO$_3$-H$_2$O$_2$、HNO$_3$-HClO$_4$-HF 干燥灰化	AAS
	血液、尿样	HNO$_3$-HClO$_4$ 氧化、灰化，以 HCl 溶解后注入 NaBH$_4$ 溶液	AAS
	奶粉、血液	HNO$_3$ 加压消化	AAS
	Ni 基合金	以 EDTA 除去 Ni 干扰	AAS
	岩石	HF/HClO$_4$ 消化、邻二氮菲消除 Cr、Ni 干扰	AAS
	河水、海水	Fe(OH)$_3$ 共沉淀、浮选分离	AAS
	铝基合金、含硫矿石	溶解于 HCl/HNO$_3$ 酒石酸铵	非色散 AFS
Ge	岩石	EDTA 除去干扰	AAS
	天然水	液氮阱富集	AAS
Pb	岩石、钢铁、水样	用 K$_2$Cr$_2$O$_7$，H$_2$O 或 K$_2$S$_2$O$_8$ 再以 NaBH$_4$ 还原	AAS

元素	基体	辅助条件	分离后检测方法[①]
Pb	饮用水	MnO_2 共沉淀剂除去 Ca 和 Ni 的干扰	AAS
	空气、水、植物	以酒石酸,KCN 消除干扰	AAS
Sb	血液、尿样	以苯萃取	AAS
	岩石	以 KI 预还原	AAS
	地质材料	H_2SO_4-HNO_3-$HClO_4$ 消化	AAS
	大气样品	纤维素滤皿富集 SCN^- 除 Cu	AAS
	井水、河水	$Fe(OH)_3$ 共沉淀、浮选分离	AAS
	生物样品	以 EDTA 螯合 Sb(Ⅲ)	AAS
	全血	KI-NH_2OH 还原	AAS
	硅半导体	HF 消化	非色散 AFS
	钢铁	HNO_3 消化,蒸发干燥,HCl 溶解	非色散 AFS
Se	奶粉	HNO_3-$HClO_4$ 消化	AAS
	鱼制品	HNO_3-H_2SO_4+0.1%V_2O_5+几滴 H_2O_2 消化	AAS
	玻璃	HCl- HNO_3-HF 在聚乙烯容器中消化、冷却、加 H_3BO_3 再加热	AAS
	金属、岩石、土壤、生物组织	在 O_2 或 Ar-O_2 中分解,生成的 SeO_2 以液氮冷却	AAS
	人类血、血清	HNO_3-$HClO_4$(210℃)最佳	AAS
	生物样品	离子交换树脂分离 Cu、Ni、Co	AAS
	血清	HNO_3-$HClO_4$-H_2SO_4 消化,添加 EDTA	AAS
	动物饲料	$HClO_4$-HNO_3 消化,HCl 溶解	色散 AFS 体系
	食品	HNO_3-$HClO_4$-H_2SO_4 消化	非色散 AFS
	H_3PO_4	$NaBH_4$ 还原	非色散 AFS
	土壤消化物	$La(OH)_3$ 共沉淀分离	非色散 AF
	土壤萃取物	HCl-H_2O_2 消化,并将 Se(Ⅵ)预还原至 Se(Ⅳ)(KBr)	AES
Sn	天然水	以 KI 除去干扰物	AAS
	食品、岩石、矿样等	由 $Na_2C_2O_4$ 除去干扰,或借助水合 MnO_2 共沉淀	AAS
	岩石	以邻二氮菲和草酸除去干扰	AAS
	海水	$Fe(OH)_3$ 共沉淀浮选分离	AAS
	低合金钢	HCl-HNO_3 溶解,加 $HClO_4$,蒸发至冒烟	非色散 AFS 体系
	黄铜	HNO_3 消化,另加巯基乙酸	ICP-AES
	铝材	HCl 消化,另加巯基乙酸	ICP-AES
Te	硅石	HF-HNO_3-$HClO_4$ 分解蒸发,再用 HCl 溶解残渣	ICP-AES
	金属铜	Chelex-100 分离铜	非色散 AFS 体系
As、Sb	地质样品	HNO_3-H_2SO_4、HF-HNO_3-H_2SO_4 消化	AAS
As、Se	水、土壤萃取液	KI 预还原	AAS
	鱼、牛组织	HNO_3-$HClO_4$-H_2SO_4 消化	AAS
	地质样品	HNO_3-$HClO_4$ 消化	AAS

元 素	基 体	辅助条件	分离后检测方法[①]
	动物饲料	HNO_3-H_2SO_4-$HClO_4$ 消化	AAS
	尿样	测无机砷和全硒	AAS
Bi、Se	岩石	HCl-HNO_3-HF 消化	AAS
As、Sb、Sn	食品	H_2O-H_2O_2 消化，HNO_3 处理	AAS
As、Bi、Sb、Se、Te	稻、麦谷样品	HNO_3-$HClO_4$-H_2SO_4 消化	ICP-AES
	水样	KBr 预还原，$La(OH)_3$ 共沉淀富集	ICP-AES
As、Bi、Pb、Sb、Se、Sn、Te	钢铁	HNO_3-$HClO_4$ 溶解，加热至冒烟、冷却、再溶解	AAS
As、Bi、Ge、Sb、Se、Sn	米粉、面粉等	HNO_3-$HClO_4$-H_2SO_4-NH_4VO_3 消化	

① AAS——原子吸收光谱；AES——原子发射光谱；AFS——原子荧光光谱。

第四节　升华分离法

固体在受热后不经液态而气化为蒸气，进而直接冷凝成固体的过程称为升华。升华是一种应用固-气平衡进行分离的方法。在升华点（固体物质的蒸气压与外压相等时的温度），不但在固体表面，而且在其内部也发生了升华，作用剧烈，易将杂质带入升华产物中。在实际操作中，为使升华只发生在固体表面，通常要求：①在低于升华点的温度下进行分离；②试样干燥；③不可升温过快，以免产生过热现象而使某些组分分解。为降低升华温度，可采用减压升华或真空升华（金属镁、三氯化钛、苯甲酸、糖精等均可用此法提纯）。

具有升华性质的物质不是很多，常见的见表 4-19。由于升华温度低于蒸馏温度，在纯化过程中物质不易被破坏；与结晶相比，升华产物的纯度往往比较高，且能方便地应用于少量物质。因此，在容易升华的物质中含有不挥发性杂质时，可以采用升华方法进行分离或精制。升华的缺点是操作时间长，损失也较大。

表 4-19 常见的升华物质[3]

化合物	熔点/℃	熔点下的蒸气压/kPa	化合物	熔点/℃	熔点下的蒸气压/kPa
CO_2（固）	-57	526.9	苯（固）	5	4.8
六氯乙烷	186	104	萘	80	0.9
樟脑	179	49.3	苯甲酸	122	0.8
碘	114	12	邻苯二甲酸酐	131	1.2
蒽	218	5.5			

根据物质的三相平衡图（图 4-11），ST 是固相与气相平衡时的固相蒸气压曲线，TW 是液相与气相平衡时的液相蒸气压曲线。TV 是固相与液相的平衡曲线，表示压力对熔点的影响。T 为三相点，在此点，固、液、气三相可同时共存。从图 4-11 可知，固体的蒸气压和液体的蒸气压均随温度的升高而增大，且压力对熔点的影响极小。一个物质的熔点是在大气压下固、液两相平衡的温度，和三相点的温度有些差别，但差别通常小于 1℃，可粗略认为三相点的温度即为该物质的熔点。不同物质的相图形状类似，只是对应的温度和蒸气压数据不相同，三相点的位置也有区别。

根据相图：从压力考虑，在三相点以上的压力下加热时，物质自固态经液态再变为气态；反之，物质可从固态直接变为气态，冷却时又可直接变为固态。从温度上看，在低于三相点温度时，物质只存在着固、气两相变化。因而，一般升华操作的温度都控制在熔点以下，使固体的蒸气压不超过三相点的蒸气压，此时，固体就可以升华。

同时，在熔点以前，物质的蒸气压越高，越易升华。如六氯乙烷（三相点温度 186℃，压力 104kPa），在 185℃时蒸气压已达 0.1MPa(100kPa)，因而在低于 186℃的温度下很容易升华。樟脑（三相点温度 179℃，压力 49.3kPa）在 160℃时的蒸气压为 29.1kPa，也不太小，只要缓慢加热，使温度低于 179℃，也可以进行升华操作。通常，在低于熔点温度时的蒸气压应至少不小于 2.7kPa 的物质才可能直接升华。

简单升华装置由罩有漏斗的蒸发皿或圆底烧瓶（作为接收器）组成（见图 4-12）。应在接收容器与蒸发皿间垫一些脱脂棉，还需在漏斗中衬一张穿有许多小孔的圆形滤纸，使固体蒸气能通过，并防止升华物质回落到蒸发皿中。

常压下不易升华或升华较慢的物质，可采用减压升华。减压升华时将固体物质放在吸滤管中，然后将装有"冷凝指"的塞子塞紧管口，利用水泵或油泵减压，接通冷凝水，将吸滤管浸在水浴或油浴中加热，使之升华。

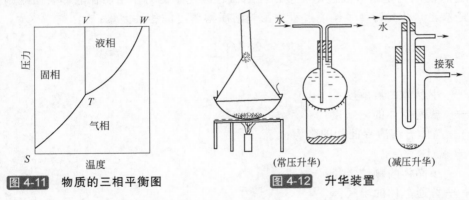

图 4-11　物质的三相平衡图　　　图 4-12　升华装置

表 4-20 为利用升华法分离的一些实例；表 4-21 为某些常用化合物的升华温度与气压的关系。

表 4-20 可利用升华法分离（提纯）的物质

有机物	常压下	苯，蒽，苯甲酸，水杨酸，樟脑，β-萘酚，六氯乙烷，糖精，乙酰苯胺（退热冰），D(L)-丙氨酸及许多 α-氨基酸，脲，咖啡碱，碘仿，六亚甲基四胺（乌洛托品），奎宁，香豆素，二乙基丙二酰脲（巴比妥），胆甾醇，乙酰水杨酸（阿司匹林），阿托品，邻苯二酸酐，月桂酸，肉豆蔻酸（十四烷酸），软脂酸（十六烷酸），硬脂酸，某些醌
	减压下	1-羟基蒽醌（130℃，1.2×10^{-3}kPa 与 2-羟基蒽醌分离，180℃升华） 苯甲酸（50℃，0.13kPa） 糖精（150℃，0.13kPa）
无机盐	常压下	I_2，S，As，As_2O_3，$HgCl_2$，$MgCl_2$，$CaCl_2$，$CdCl_2$，$ZnCl_2$，AgCl，$MnCl_2$，LiCl，$AlCl_3$，铵盐（加 HCl）
	真空升华	$TaCl_5$(150℃)，$NbOCl_3$(230℃)，$NbBr_5$(220℃)，$TaBr_5$(300℃)，TaI_5(540℃) 铍盐（加 HCOOH，200℃，与 Al^{3+}、Fe^{3+}等分离）

表4-21 气压对升华温度的影响（示例）

化合物	熔点/℃	升华温度/℃		化合物	熔点/℃	升华温度/℃	
		常压①	减压②			常压①	减压②
蒽	215	77～79	28～31	萘	79	36～38	25
脲	131	59～61	49～52	苯甲酸	120	43～45	25
碘仿	119	43～45	30～34	β-萘酚	122	43～45	33～35

① 常压：压力为 0.1013MPa。
② 减压：压力为 $(0.67～1.33) \times 10^{-5}$ MPa。

第五节　结晶与重结晶

结晶（crystallization）是一个溶质从溶剂中析出形成新相的过程，同时可实现溶质与杂质的分离。结晶过程不等同于沉淀过程。结晶包括溶液结晶、熔融结晶、升华结晶等，从熔融体中析出晶体的过程可用于制备单晶，从气体析出晶体的过程可用于真空镀膜，而化工生产中主要是溶液结晶。

结晶过程的动力是溶液的过饱和度，溶质微粒因化学键力作用而在晶体表面规则排列。Kelvin（开尔文）公式解释了结晶过程中影响溶质溶解度的相关因素：

$$\ln \frac{c_2}{c_1} = \frac{2\sigma M}{RT\rho}\left(\frac{1}{r_2} - \frac{1}{r_1}\right) \tag{4-6}$$

式中　c_2——小晶体的溶解度；

　　　c_1——普通晶体的溶解度；

　　　σ——晶体与溶液界面间的张力；

　　　ρ——晶体密度；

　　　r_2——小晶体的颗粒半径；

　　　r_1——普通晶体的半径；

　　　R——气体常数；

　　　T——热力学温度；

　　　M——晶体分子量。

公式说明，小颗粒晶体的溶解度大于普通晶体的溶解度，在结晶过程中，初生的小颗粒将溶解，而后在大晶体表面继续结晶，从而维持晶体的生长，直到溶液饱和而最终平衡。与饱和溶液对应的晶体半径称为"临界晶体半径，r_c"：

$$r_c = \frac{2\sigma M}{RT\rho \ln s} \tag{4-7}$$

式中　s——过饱和度，$s = c_2/c_1$；

　　　其他参数同式（4-6）。

在适当的情况下，纯净的过饱和溶液也可以维持稳定而无晶体析出，但当溶液中出现半径大于的晶体时，晶体就会自动生长，直至溶质浓度与晶体尺寸再次达到平衡。

物质的溶解度曲线见图4-13，工业结晶设备见图4-14。

第一篇

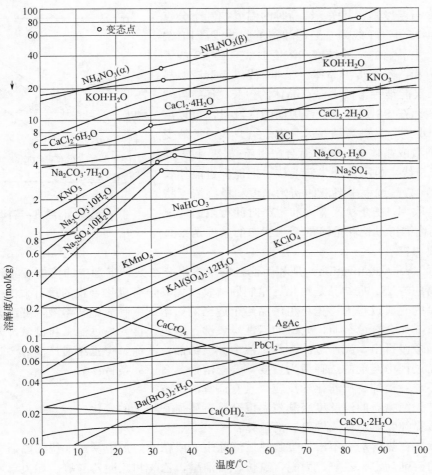

图 4-13　物质的溶解度曲线

结晶设备
├─ 冷却式结晶器
│　├─ 结晶敞槽
│　├─ 搅拌式结晶槽
│　├─ 摇篮式结晶器
│　├─ 长槽搅拌连续结晶器
│　└─ 锥形分级冷却结晶器
├─ 直接接触冷却结晶器
│　├─ 回转结晶器
│　├─ 淋洒式结晶器
│　├─ 湿壁结晶器
│　├─ Cerny直接冷却结晶器
│　└─ 直接接触冷冻结晶器
├─ 蒸发结晶
├─ 真空蒸发结晶器
│　├─ 分批式真空结晶器
│　├─ 多级真空结晶器
│　└─ 连续式自然循环真空结晶器
└─ 其他类型结晶器
　　├─ 熔融结晶器
　　├─ 沉淀结晶器
　　├─ 溶液结晶器
　　├─ 高压结晶器
　　└─ 喷雾结晶器

图 4-14　工业结晶设备

溶解度与温度紧密相关，结晶时的温度控制十分重
要。在图 4-15 中 SS 线为普通饱和溶解度曲线，TT 线
为能自发产生晶核的临界过饱和浓度曲线。在 SS 线下
方溶液未饱和，不会析出晶体，在 TT 线以上溶液明显
过饱和，不仅能维持溶液中已有晶体的生长，且能自发
产生新晶核。在 SS 线和 TT 线中间的区域里，可以用
T′T′线进一步划分为刺激结晶区（靠近 TT 线，溶液受
强剪切力刺激或晶体生长诱导而会产生新晶核）和养晶
区（靠近 SS 线，虽不能产生新晶核，但能促进晶体长
大）。因而，结晶过程中溶液的初始浓度和最终浓度将
决定晶体的收率，在介稳区宽度和生产时间有限的情况
下，如何优化维持过饱和溶液的介稳状态的条件是结晶
设计的重要内容。

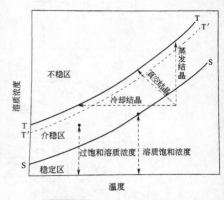

图 4-15　温度-溶解度关系图

　　重结晶（recrystallization）是利用混合物中各组分在某种溶剂中的溶解度不同，而使它
们互相分离的方法。重结晶是纯化、精制固体物质尤其是有机化合物的最有效的手段之一。

　　重结晶的一般过程为：先将粗产品溶于适当的热溶剂中制成饱和溶液，并趁热过滤除去
不溶性杂质。如含有色杂质，则可加活性炭煮沸、脱色，再趁热过滤。将滤液冷却或蒸发溶
剂，使结晶慢慢析出。减压过滤，从母液中分离结晶，洗涤，得重结晶产品。

　　重结晶过程中溶剂的选择极为重要，要求溶剂具备下列条件：

　　（1）不与被提纯物质起化学反应，且有适宜的沸点；

　　（2）被提纯物质的溶解度必须随温度升降有明显正相关的变化；

　　（3）被提纯物质能生成较整齐的晶体；

　　（4）杂质在热溶剂中不溶（可趁热过滤除去）或在冷溶剂中易溶（待结晶后分离除去）。

　　常用的溶剂为水、乙醇、丙酮、氯仿、石油醚、乙酸和乙酸乙酯等。如果单种溶剂不能
达到要求时，可选用混合溶剂，混合溶剂一般由两种能以任何比例互溶的溶剂组成，其中一
种较易溶解结晶，另一种较难溶解。一般常用的混合溶剂有乙醇与水、乙醇与丙酮、乙醇与
氯仿、乙醚与石油醚等。

　　对于杂质含量较高（>5%）的样品，直接用重结晶的方法进行纯化往往达不到预期的效
果，必须采用其他方法（如萃取、水蒸气蒸馏或减压蒸馏等）进行初步提纯后，再进行重结
晶。同时，选择适当的混合溶剂往往会取得更为理想的效果。

第六节　区域熔融

　　区域熔融（zone melting）是根据液固平衡的原理，利用熔融-固化过程去除杂质的方法：
将样品做成细杆状，长度 L（0.6～3m），封闭在一根管子内，水平（或垂直）悬浮。很窄的
环状加热器环套在周围，并保持环内温度略高于该固体熔点。窄环缓慢地沿管状物移动（1～
3m/h），相当于一个很窄的熔融区（宽度为 l）沿杆状物前进，区域前端熔成液体而后端凝结
成固体（图 4-15）。易溶于液相的杂质将跟随该熔融区逐渐前移，而难溶于液相的杂质留在
后端。反复该操作将使杂质逐渐浓析于末端，最终可切去，从而将杂质从一个元素或化合物
中除掉，纯度可达到 99.999%。区域熔融主要用于精制金属、半导体、化合物及感光药品等。
单质的区域熔融分离法条件见表 4-22。

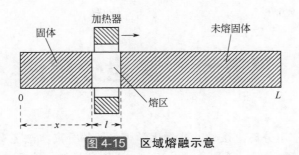

图 4-15　区域熔融示意

表 4-22　单质的区域熔融分离法条件

单质	盛料器或方法	加热方式	气氛	$RR_{4.2}$
Ag	石墨舟	感应	氩气	830
Al	高纯石墨舟或以高纯刚玉粉衬里的刚玉坩埚	电阻 或感应	真空、惰性气体 或过滤空气	>20000
Au	氮化硼坩埚		干燥氧气	6000
B	漂浮区熔	感应		
Be	漂浮区熔	感应	氩气	3300
Bi	硼硅酸耐热玻璃或熔石英容器		真空	670
Cd	涂炭熔石英舟		氢气	3800
Co	漂浮区熔	电子束		300
Cu	石墨坩埚	感应	氮气	1700
Fe	漂浮区熔	感应		400
Gd	钽舟	感应	氩气	
Ge	熔石英舟	感应		
Li	钼舟	电阻	氮气	25
Mg			SO₂	
Mo	漂浮区熔	电子束	惰性气体	14000
Nb	漂浮区熔	电子束		500
	水冷铜容器	电弧		
Ni	漂浮区熔	电子束	真空	3300
Pd	漂浮区熔	感应	氩气	2700
Pt 及铂族金属	漂浮区熔	电子束		2400
Pu	氧化钇舟	感应		
Re	漂浮区熔	电子束		55000
Si	漂浮区熔			
Sn	熔石英、硼硅酸玻璃或石英舟		空气	100000
Ta	漂浮区熔	电子束		720
Te	水平舟			
Ti	漂浮区熔	感应	真空	
U	漂浮区熔	电子束		
V	水冷铜舟	电弧		24
	漂浮区熔	感应	真空	
W	漂浮区熔	电子束 或感应		80000
Zn	涂炭熔石英舟			40000
Zr	漂浮区熔	感应	真空	250

参 考 文 献

[1] 秦启宗，毛家骏，金忠翾，陆志仁. 化学分离法. 北京：
原子能出版社，1984：319.

[2] Nakahara, T. Prog. Anal Atom Spectr, 1986, 6: 163.

[3] 郭伟强. 大学化学基础实验. 第 2 版. 北京：科学出版
社，2011.

[4] 《化学分离富集方法及应用》编委会. 化学分离富集方法
及应用. 长沙：中南工业大学出版社，2001.

[5] 尹芳华，钟璟. 现代分离技术. 北京：化学工业出版社，
2012.

第五章　其他分离法

除前几章涉及的常用分离方法外，分析化学可采用的分离方法还有气相色谱法、液相色谱法、纸色谱法、薄层色谱法、萃取色谱分离法、吸附色谱法、热色谱分离法、电泳分离法、电化学分离法、膜分离法、泡沫浮选分离法、同位素分离法等。有关色谱分离的方法和电化学分离法等将在本手册相关分册中穿插介绍。

第一节　膜分离法

一、膜及膜分离的基本概念

膜是分隔两种流体的有一定厚度的阻挡层，阻止了流体间的力学流动，但流体可以以一定的速率借助于膜的吸附、渗透、扩散等作用进行物质传递。膜必须具有两个基本特性：一是必须具有两个界面（分别与两侧的流体物质相接触），二是应具有选择透过性（即能以不同速率传递不同的分子）。

用于分离的膜可以是固体、液体乃至气体。从形状上可以分为平板膜、管式膜和中空纤维膜；按孔径大小可分为多孔膜和致密膜；按结构则可分为对称膜、非对称膜和复合膜等（见图 5-1）。

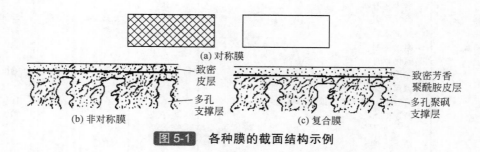

图 5-1　各种膜的截面结构示例

对称膜两侧截面的结构和形态相同，孔径及分布也基本相同，膜厚一般在 200μm 以内。对称膜可以是疏松的微孔膜或是较为致密的均相膜（因渗透通量小已基本没有分离上的实际应用）。非对称膜之致密层厚度一般为 0.1～0.5μm，支撑层厚度在 50～150μm 之间。复合膜是一种具有超薄表皮层的非对称膜。

膜分离是用选择性透过膜为分离介质，以膜两侧的压力差、浓度差、电位差等为推动力，使原料侧的组分有选择性地透过膜，从而实现分离的过程。膜分离的主要形式与基本特征见表 5-1 和表 5-2，相应所用的膜见图 5-2。

表 5-1 主要膜分离方法的基本特征

过程	分离目的	透过组分	截留组分	透过组分在料液中的含量	推动力	传递机理	膜类型	进料和透过物的物态	简图
微滤（MF）	溶液脱粒子气体脱粒子	溶液、气体	0.02～10μm 粒子	大量溶剂及少量小分子溶质和大分子溶质	压力差 0～100kPa	筛分	多孔膜	液体或气体	进料→滤液(水)
超滤（UF）	溶液脱大分子、大分子溶液脱小分子、大分子分级	小分子溶液	1～200nm 大分子溶质	大量溶剂，少量小分子溶质	压力差 100～1000kPa	筛分	非对称膜	液体	进料→浓缩液、滤液
反渗透（RO）	溶剂脱溶质、含小分子溶质溶液浓缩	溶剂，可被电渗析截留组分	0.1～1nm 小分子溶质	大量溶剂	压力差 1000～10000kPa	优先吸附毛细管流动，溶解-扩散	非对称膜或复合膜	液体	进料→溶质(盐)、溶剂(水)
渗析（D）	大分子溶质溶液脱小分子、小分子溶质溶液脱大分子	小分子溶质或较小的溶质	＞0.02μm 截留血液渗析中＞0.005μm 截留	较少组分或溶剂	浓度差	筛分微孔膜内的受阻扩散	非对称膜或离子交换膜	液体	进料、扩散液→净化液、接受液
电渗析（ED）	溶液脱小离子、小离子溶质的浓缩、小离子的分级	小离子组分	同名离子、大离子和水	少量离子组分，少量水	电化学势电渗透	反离子经离子交换膜的迁移	离子交换膜	液体	浓电解质、产品(溶剂)、+极、-极、阴离子交换膜、进料、阳离子交换膜
气体分离	气体混合物分离、富集或特殊组分脱除	气体、较小组分或膜中易溶组分	较大组分（除非膜中溶解度高）	两者都有	压力差 1000～10000kPa 浓度差（分压差）	溶解-扩散	均质膜、复合膜、非对称膜	气体	进气→渗余气、渗透气
渗透蒸发（PVAP）	挥发性液体混合物分离	膜内易溶组分或易挥发组分	不易溶解组分或较大、较难挥发物	少量组分	分压差、浓度差	溶解-扩散	均质膜、复合膜、非对称膜	料液为液体透过物，为汽态	进料→溶质或溶剂、溶剂或溶质
乳化液膜（促进传递）ELM（ET）	液体混合物或气体混合物分离、富集、特殊组分脱除	在液膜相中有高度溶解度的组分或能反应组分	在液膜中难溶解组分	少量组分，在有机混合物分离中也可是大量的组分	浓度差 pH差	促进传递和溶解扩散传递	液膜	通常为液体，也可以是气体	内相、膜相、外相

表 5-2　其他几种膜分离过程的基本特征

过程	分离目的	透过组分	截留组分	透过组分剩余量	推动力	传质机理	原样和透过物的形态
膜溶剂萃取	料液脱溶质，溶质萃取富集	非离子或离子态的优先萃取组分	不被萃取的小分子溶质和大分子溶质	少量，膜形成稳定相界面	浓度梯度	组分在萃取剂中的溶解度差	液体原液和萃取剂，不互溶
膜气体吸收	气体原料脱溶质，溶质吸附富集	优先吸附的气态组分	不吸附的气态组分	通常少量，吸收剂通过膜进行吸收	浓度梯度	组分在吸收剂中的溶解度差	气体原料与液相吸收液不互溶
膜解吸	料液脱溶质，溶质在解吸其中富集	料液中解吸的挥发组分	不解吸的液态组分	通常少量，膜为料液选择透过的相界面	浓度梯度	组分的挥发度差	液体原液和解吸气不互溶
真空膜蒸馏	料液脱溶质，蒸发/冷凝	有高蒸气压的挥发性组分	小分子溶质与不蒸发的溶剂	两者都有，膜为料液选择透过的相界面	压力差	平衡蒸气压与透过侧压力之差	液体料液，低压下的透过蒸气
膜蒸馏	料液脱除挥发性液体组分	高蒸气压的挥发性组分	非挥发性小分子溶质和溶剂	两者都有	温差形成的分压或蒸气压差	通过气膜扩散	液/液（互溶）
含液膜中空纤维	气体或料液混合物分离、富集或特殊组分脱除，与膜相中载体发生反应的组分	在液膜中高溶解度组分或能与膜相中载体发生反应的组分	在液膜中难溶解组分	含量少的组分，在有机混合物及气体分离中也可为含量高的组分	浓度梯度，pH 差	溶解-扩散促进传递	液/液、气/气、气/液、液/气
静电拟液膜	气体或料液混合物分离、富集或特殊组分脱除	在液膜中高溶解度组分	在液膜中难溶解组分	一般为少量组分	浓度梯度	溶解扩散促进传递	液/液（互溶）
渗透蒸馏	溶液脱水促进小分子溶质浓缩	挥发性组分，一般为水蒸气	非挥发性小分子	大量组分	与渗透压梯度反向的水的压力差	通过气膜扩散	液体料液、液体透过物
气体膜	溶液中组分脱除到另一溶液	挥发性组分	非挥发性小分子	少量组分	分压差	溶解度和解析度	液体料液、液体透过物

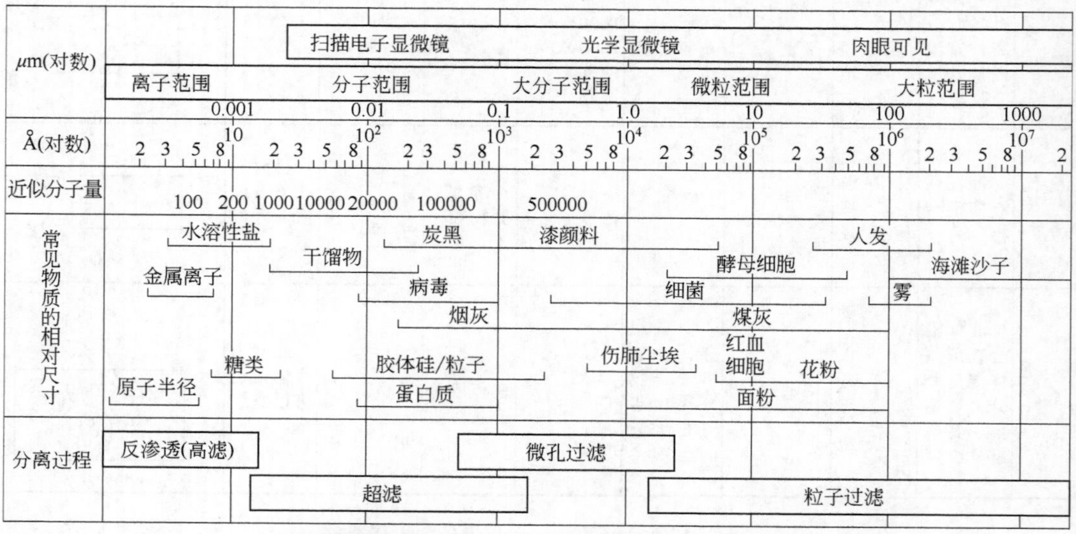

图 5-2　分离膜孔径、分离对象及应用情况

二、膜材料

不同的分离模式对膜有不同的要求：反渗透、纳滤、超滤、微滤用膜最好为亲水性材料，以获得高水通量和抗污染能力。气体分离与渗透蒸发要求膜材料对透过组分优先吸附溶解和优先扩散。而电渗析则要求膜耐酸和耐碱，且热稳定性好。

无机膜的特点明显：耐高温，耐较高的压力，机械强度大，孔径及分布容易控制，化学性质稳定，允许使用较为苛刻的清洗操作，使用寿命长。但设备费用较高，通常也比较脆，有缺陷时修正费用较昂贵。

有机高分子材料中，纤维素膜应用最早且最广，主要用于反渗透、纳滤、超滤、微滤；聚酰亚胺具有耐高温和化学稳定性好的特点，广泛用于超滤膜、反渗透膜、气体分离膜的制作；芳香聚酰胺主要用于反渗透膜。聚砜类材料则因其性能稳定且机械强度好而作为很多复合膜的支撑材料，是超滤、微滤膜的主要材料。

表 5-3 和表 5-4 分别描述了部分无机膜材料和高分子膜材料。

表 5-3 部分无机多孔膜材料

制造商	商品名	膜材料	支撑材料	膜孔径	膜元件形状	管或流道内径/mm
Alcoa/SCT	Membralox®	ZrO_2	Al_2O_3	20～100nm	多流道	4 或 6
		ZrO_2	Al_2O_3	0.2～5μm	管	
Norton	Ceraflo®	Al_2O_3	Al_2O_3	0.2～1.0μm	多流道	3
				6μm（对称）	管	
NGK		Al_2O_3	Al_2O_3	0.2～5μm	管	7 和 22
Du Pont	PRD-86	Al_2O_3	无	0.06～1μm	管	0.5～2.0
		富铝红柱				
Alcan/Anotec	Anopore®	Al_2O_3	Al_2O_3	20nm	板	
		Al_2O_3	Al_2O_3	0.1～0.2μm		
Gaston County Filtration	Ucarsep® systems	ZrO_2	C	4 nm	管	6
RbonePoulene/SFEC	Carbosep®	ZrO_2	C	0～4 nm	管	6
		ZrO_2	C	0.08～0.14μm		
CARRE		$Zr(OH)_4$	不锈钢	0.2～0.5μm	管	约 2
TDK	Dynaceram®	ZrO_2	Al_2O_3	0～10 nm	管	≤5
Asahi Glass		玻璃	无	8nm～10μm	管/板	3 和 10
Schott Glass		玻璃	无	10nm～0.1μm	管	5～15
Fuji Filters		玻璃	无	4～90 nm	管	
		玻璃	无	0.25～1.2μm		
Ceram-Filtre	FITAMM	SiC	无	0.1～8μm	多流道	25
Fairey	Strate-Pore®	陶瓷	陶瓷	1～10μm	多流道	
	Microfiltrex®	不锈钢	不锈钢	0.25～1.2μm	管/板	10
Mott		不锈钢,Ni,Ag,Pt等	Au、无	≥0.5μm	管	3.2～19
Pall		不锈钢,Ni 等	无	≥0.5μm	管	60 和 64
Gemonica	Hytrex®	Ag	无	0.2～5μm	管/板	
	Ceratrex®	陶瓷	陶瓷	0.1μm		
Ceramem		陶瓷氧化物	菫青石	0.05～0.5μm	蜂窝状膜块	1.8

表 5-4 高分子膜材料的种类

材料类别	具体种类
纤维素类	再生纤维素、硝酸纤维素、二乙酸纤维素、三乙酸纤维素、乙基纤维素等
聚酰胺类	芳香族聚酰胺、脂肪族聚酰胺、聚砜酰胺、交联芳香聚酰胺
聚酰亚胺类	脂肪族二酸聚酰亚胺、全芳香酰亚胺、含氟聚酰亚胺
聚砜类	聚砜、聚醚砜、磺化聚砜、双酚 A 型聚砜、聚芳醚酚、聚醚酮
聚酯类	涤纶、聚对苯二甲酸丁二醇酯、聚碳酸酯
聚烯烃类	聚乙烯、聚丙烯、聚 4-甲基-1-戊烯、聚丙烯腈、聚乙烯醇、聚氯乙烯
含硅聚合物	聚二甲基硅氧烷、聚三甲基硅烷丙炔、聚乙烯基三甲基硅烷
含氟聚合物	聚全氟磺酸、聚四氟乙烯、聚偏氟乙酸

  膜、固定膜的支撑材料、间隔物或管式外壳等组装成的整个单元称为膜组件。工业规模的反渗透膜组件主要有板框式、管式、螺旋卷式和中空纤维式（见图 5-3），其性能比较见表 5-5，国内外部分组件的性能见表 5-6。

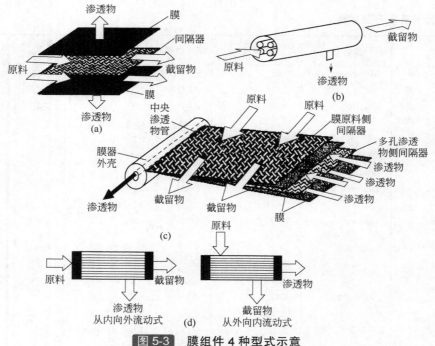

图 5-3 膜组件 4 种型式示意

（a）板框式；（b）管式；（c）螺旋卷式；（d）中空纤维式

表 5-5 4 种膜组件的性能比较

组件类型 比较项目	管 式	板框式	卷 式	中空纤维式
组件结构	简单	非常复杂	复杂	复杂
装填密度/（m²/m³）	33～330	160～500	650～1600	10000～30000
流层高度/cm	＞1.0	＜0.25	＜0.15	＜0.3
流道长度/m	3.0	0.2～1.0	0.5～2.0	0.3～2.0
流动形态	湍流	层流	湍流	层流
抗污染性	很好	好	中等	很差
膜清洗难易	内压易，外压难	易	难	内压较易，外压难

续表

比较项目 ＼ 组件类型	管式	板框式	卷式	中空纤维式
膜更换方式	膜或组件	膜	组件	组件
膜更换难易	内压费时，外压易	易	—	—
膜更换成本	中	低	较高	较高
对水质要求	低	较低	较高	高
预处理成本	低	低	高	高
能耗/通量	高	中	低	中
工程放大	易	难	中	中
适用领域	生物、制药、食品、环保	生物、制药、食品、环保	水处理	超纯水处理
应用目的	澄清、提纯、浓缩	澄清、提纯、浓缩	提纯	提纯
是否适用于高压操作	可以、困难	可以、困难	可以	可以

表 5-6 国内外部分超滤膜和组件的性能

单 位	类 型	膜材料	截留分子量/10^3
国家海洋局杭州水处理中心	卷式、平板	CA, CTA, PAN, PS, PSA, PES, PVDF	5～10
天津纺织工学院	中空	PS	6～50
中科院大连化物所	中空、平板	PS, PSA	10～100
中科院生态环境研究中心	中空、平板、管式	PS, PSA	10～100
上海纺织科学研究院	中空	PS	6～25
无锡市超滤设备厂	平板、管式	CA, PAN, PVC, PS, PSA	3～150
常州能源设备总厂	中空	PS	6～50
辽源市膜分离设备厂	卷式、中空、平板、管式	PS, CA, PAN, PSA	3～10
湖州水处理设备厂	中空、平板、卷式	PS, CA	6～100
武汉仪表厂	中空	PS	6～1000
山东招远膜分离设备厂	中空	PS	6～100
沙市水处理设备厂	管式	CA, PS, PSA	10～100
余姚膜分离设备厂	平板		
中科院上海原子核研究所	平板、卷式、圆盒式	PEK, SPS, PS, PAN	4～70
Alcoa/Membralox	管式	γ-氧化铝-α-氧化铝	
Amicon	盘式、中空、卷式	PS, PVDF, PAV	1～100
Asahi	中空	PAN	6～7
Daicel	平板、管式	PAN, PES	5～40
DDS	平板	CA, PS, TFC	6～30
Desalination SystemsINC/DSI	卷式	PS, TFC	35～500
Fluid Systems	卷式	PES	6～10
Koch Membrane Systems	卷式、管式	PES, PVDF	1～600
Nitto/Hydranautics	卷式、管式、中空	PS, PO, PI	8～100
Osmonics/SeDa	卷式	CA, PS, PF	1～100
Rhone Poulenc/Iris	平板	PAN, PVDF, SPS	10～25
Romicon	中空	PS	1～100

　　理想的气体分离膜材料应具有很高的透气性和良好的透气选择性，并具有很好的机械强度。表 5-7 为各种高分子材料对不同气体的渗透系数。

表 5-7 各种聚合物的渗透系数

聚合物	T/℃	$Q^{①}$(He)	$Q(H_2)$	$Q(CO_2)$	$Q(O_2)$	$Q(N_2)$
聚二甲基硅氧烷	25	230		3240	805	300
聚 4-甲基-1-戊烯	25	100		93	32	
天然橡胶	25	23.7	90.8	99.6	17.7	6.12
乙基纤维素	25	53.4		113	15	4.43
聚 2,6-二甲基苯氧	25			75	15	3.0
聚四氟乙烯	25			12.7	4.9	
聚乙烯（ρ=0.922g/cm³）	25	4.93		12.6	2.89	0.97
聚苯乙烯	20	16.7		10.0	2.01	0.32
聚碳酸酯	25	19		8.0	1.4	0.30
丁基橡胶	25	8.42		5.2	1.3	0.33
乙酸纤维素	22	13.6			0.43	0.14
聚丙烯	27			1.8	0.77	0.18
聚乙烯（ρ=0.964g/cm³）	25	1.14		3.62	0.41	0.143
聚氯乙烯（30%DOP）	25	14	13	3.7	0.60	0.20
尼龙-5	30	0.53		0.16	0.038	
聚对苯二甲酸乙二醇酯	25	1.1	0.6	0.15	0.03	0.006
聚偏二氯乙烯	25		0.08	0.029	0.065	0.001
聚丙烯腈	25	0.55		0.0018	0.0003	
聚乙烯醇	20	0.0033		0.0005	0.00052	0.00045

① Q 的单位：10^{-10}cm³(STP)·cm/(cm²·s·cmHg)，1cmHg =1333Pa。

渗透汽化法可以用于有机溶剂的脱水。各种透水膜的渗透汽化特性见表 5-8，各类选择性透过有机物渗透汽化膜的分离性能见表 5-9。渗析膜的相关性能参数见表 5-10，一些离子交换膜的性能见表 5-11。

表 5-8 部分透水膜的渗透汽化特性

膜材料	料液中乙醇的质量分数/%	温度/℃	分离因子(α)	渗透速率 J/[kg/(m²·h)]	膜材料	料液中乙醇的质量分数/%	温度/℃	分离因子(α)	渗透速度 J/[kg/(m²·h)]
交链 PVA 复合膜	95	80	9500	0.01	聚丙烯酸碱性盐	90	60	2241	0.5～0.7
离子交换膜含磺酸基团(0.1meq/g), OH 或—COOM 基团(0.15meq/g)	90	40	1000	0.04	电子束引发接枝的 PFEP-g-AAc(K^+)PAN-g-AAc(K^+)	80 80	70 70	796 996	1.8 1.7
乙烯-丙烯酸乙酯共聚合—SO_3M 和 COOM 基团	90	40	100	0.4	由交联剂、乙基吡啶和 2%～30% 丙烯腈所组成的季铵化聚阳离子	85	50	260	1.05
亲水复合膜由具有不同-SO_3M 基团的两层膜构成	90	40	120	0.15	阴离子多糖与乙基单体共聚 Na·CMC-GMA-AN	85	50	1040	1.10
阴离子多糖 CMC/PAA=80/20 共混	89.8	25	8795	0.6	与金属离子配位的壳聚糖	85	30	Fe^{3+}230 Mn^{2+}195	0.15 0.18
壳聚糖-马来酸丙烯腈 Mn^{2+}	85	50	1340	0.044	壳聚糖与乙烯基单体 Fe^{3+} 的共聚	85	50	1770	0.036
PVA-CS/PAN 共混复合膜	94.7	50	8916	0.137					

表 5-9 选择性透过有机物渗透汽化膜的分离性能

膜材料	有机溶剂含量(质量分数)/%	温度/℃	渗透压力/kPa	选择性(α)	有机物通量/[kg/($m^2 \cdot$ h)]
硅橡胶	乙酸（1.5～9）	50	<0.2	—	0.18～0.28
	乙酸乙酯（0.5～4）	30	0.2～0.4	高	—
	丁醇（0～8）	30	—	45～65	<0.035
	IPA（27～100）	25	0.33	0.5～12	
CA/PAN	甲醇(3.19)-MTBE(96.81)	22.5		416.6	0.238
FT-30	乙醇（18.7）	43	8.0	4.7	3300
GFT 乙醇膜	乙醇（87～100）	60	—	15～10000	0～1.6
	乙醇（8）或乙醇（20）	30	0.07	10.8	0.025
GFT 乙醇膜-silicalite [60%（质量分数）]	乙醇（7.5）	22.5	0.1	25	0.072
PAA	乙酸（48）	15	—	2～8	0.4～0.55
PE	IPA(25～70)-苯(30～75)	42～60	—	—	0.1～0.2
PP	丙酮（45）	30	6.5	3	0.1～0.2
	丙酮(50)-丁醇（50）	30	1～31	—	0～0.025
PTFE/PVP	丁醇(10)-环己烷（90）	25	<0.1	23.5	0.3
	氯仿(65)-环己烷（35）	25	—	3.9	2.65
PTMSP	乙醇(10)	20	1.3	30.4	1910
PVA 复合膜	IPE(8)-正己烷（92）	60	—	>900	<0.01
	IPE(8)-甲苯（92）	60	—	>900	<0.02
（PVA-PAA）共混-PAN	MeOH(70)-DMC（30）	70		21.4	0.120
PVA 交联-PAN	MeOH(67.9)-MTBE（32.1）	70		472	1.000
Ylon-6-PAA 共混	MeOH(9.0)-戊烷（91）	20	<0.5	64000	0.075

表 5-10 中空纤维渗析器的性能参数

商品名	材料	单位膜面积的超滤速率/ [ml/(h·m^2·mmHg)]	扩散渗透系数[1] /(10^{-3} cm/min)
Cuprophan C1 (EnKa)	纤维素	4.0	5.3
Cuprophan C4 (EnKa)	纤维素	3.0	4.0
Highflux Rc-HP400 (Enka)	纤维素	30	12
Gambro HF	纤维素	3.8[2]	4.8
Hospal	聚丙烯腈-甲代磺酸酯	27	9.5
Baxter/Toyoba	醋酸纤维素	4.6	5.7
Fresenius F-6	聚砜	4.6	5.9
Fresenius F-60	聚砜	33	17
Toray/Hoechat	聚甲基丙烯酸甲酯	16[2]	10

[1] 以维生素 B_{12} 为考察物。

[2] 对全血测定，其余对盐水测定。

表 5-11 国内外部分离子交换膜的性能

生产厂家	商品牌号	类型	结构特性	衬底	交换容量 /(mol/g)	膜厚 /mm	含水率/%	面电阻[1] /Ω·cm^2	选择透过度/%
Asahi Chemical Industry Company Ltd.	K101	C	苯乙烯 /DVB	有	1.4	0.24	24	2.1	91
	A111	A			1.2	0.21	31	2～3	45
Asahi Glass Company Ltd.	CMV	C	苯乙烯	PVC	2.4	0.15	25	2.9	95
	AMV	A	丁二烯	PVC	1.9	0.14	19	2～4.5	92

续表

生产厂家	商品牌号	类型	结构特性	衬底	交换容量/(mol/g)	膜厚/mm	含水率/%	面电阻[①]/Ω·cm²	选择透过度/%
	ASV	A	单价		2.1	0.15	24	2.1	91
	DMV	C	渗析			0.15			
	Flemion	C	全氟						
Ionac Chemical	MC3470	C		Tergal	1.5	0.6	35	6～10	68
Company	MA3475	A		Tergal	1.4	0.6	31	5～13	70
Sybron	MC3142	C			1.1	0.8		5～10	
Corporation	MA3148	A		Tergal	0.8	0.8	18	12～70	85
Ionics Inc.	61AZL386	C		聚丙烯腈纤维	2.3	0.5	46	0～6	
	61AZL389	C			2.6	1.2	48		
	61AZL386	C			2.7	0.6	40	0～9	
	103QZL386	A			2.1	0.63	36	0～6	
	103PZL386	A			1.6	1.4	43	0～21	
	204PZL386	A			1.9	0.57	46	0～8	
	204SXZL386	A			2.2	0.5	46	0～7	
	204U386	A			2.8	0.57	36	0～4	
Du Pont	N117	C	全氟	无	0.9	0.2	16	1.5	
Company	N901	C	全氟	PTFE	1.1	0.4	5	3.8	96
Pall RAI, Inc.	R-5010-L	C	LDPE	PE	1.5	0.24	40	2～4	85
	R-5010-H	C	LDPE	PE	0.9	0.24	20	8～12	95
	R-5030-L	A	LDPE	PE	1.0	0.24	30	4～7	83
	R-5030-H	A	LDPE	PE	0.8	0.2	20	11～16	87
	R-1010	C	全氟	无	1.2	0.1	20	0.2～0.4	86
	R-1030	A	全氟	无	1.0	0.1	10	0.7～1.5	81
Rhone-Pou-lenc	CRP	C		Tergal	2.6	0.6	40	6.3	65
Chemie GmbH	ARP	A		Tergal	1.8	0.5	34	6.9	79
上海化工厂	3361	C	聚乙烯异相磺酸型		2.0	0.42±0.04	35	7×10⁻³[①]	90
	3362	A	聚乙烯异相季铵型		1.8	0.42±0.04	35	5×10⁻³[①]	88
	3363	C	接枝交联		2.22		44.9	9.5	93.1
	3364	A	改性膜		1.99		36.9	9.5	91.3
	3365	C	电极室专用膜		2.70～2.98		35	14	98
临安有机化工厂		C	聚乙烯异相磺酸型		2.0	0.40～0.50	30～35	15	90
		A	聚乙烯异相季铵型		1.8	0.40～0.50	30～35	15	88

① 国内组件测的是电导率，S/cm。

三、膜分离操作

1. 反渗透

反渗透（reverse osmosis，RO）是借助半透膜对溶液中低分子量溶质的截留作用，以高于溶液渗透压的压差为推动力，使溶剂渗透过半透膜，从而实现分离（提纯）。所用的膜介于多孔膜（微滤、超滤）和致密膜（渗透蒸发、气体分离）之间，有相对较高的膜阻力，需要更高的压力。

反渗透分离法目前最大的应用在实验室是纯水的制备，在工业上是海水淡化，多采用多级反渗透模式。同时，在食品工业中也有应用，反渗透浓缩食品（果汁等）的最大特点是能保持食品的风味和营养成分不受影响。

与反渗透相关的性能参数见表 5-12～表 5-15。

表 5-12 25℃时组分的渗透压数据

组　分	浓度/(mg/L)	浓度/(mol/L)	渗透压	
			MPa	psi
NaCl	35000	0.60	2.8	398
海水	32000	—	2.4	340
NaCl	2000	0.0342	0.16	22.8
苦咸水	2～5000	—	0.105～0.28	15～40
$NaHCO_3$	1000	0.0119	0.09	12.8
Na_2SO_4	1000	0.00705	0.042	6.0
$MgSO_4$	1000	0.00831	0.025	3.6
$MgCl_2$	1000	0.0105	0.068	9.7
$CaCl_2$	1000	0.009	0.058	8.3
蔗糖	1000	0.00292	0.007	1.05
葡萄糖	1000	0.0055	0.014	2.0

表 5-13 一些卷式组件的海水淡化操作条件

用　途	膜	料液最高温度/℃	pH 适用范围	允许的含氯浓度/×10^{-6}	压力/MPa	NaCl 截留率/%	生产能力[①]/(m³/d)
海水脱盐	CA	45	4～7	0.2～2	5.6	96	87
	TFC	45	2～11	<0.1	5.6	99.4	15.1
苦咸水脱盐	CA	40	3～7	0.2～2	2.8	95	30.3
	TFC	45	2～11	<0.1	2.8	98	28.4
低压反渗透	CA	40	3～7	0.2～2	1.4	75	30.3
	TFC	40	3～10	<1.0	1.0	96	28.4

① 生产能力是指直径 8in(203mm)、长 40in(1016mm)组件的生产能力。

表 5-14 一些反渗透膜允许的操作条件

RO 膜种类	允许的 Cl 浓度/×10^{-6}	允许的 pH 范围
醋酸纤维素类	0.3～1.0	4～6
聚酰胺类（如 Du Pont B-9）	<0.05	4～11
聚酰胺或聚脲薄层复合膜	0	3～11
芳香聚酰胺薄层复合膜	0.05	3～11
磺化聚砜薄层复合膜	1.0	3～11

表 5-15 膜受污染后的处理方法

污染物类型	处理方法
悬浮物或粒子	粗粒子用粗滤或水力旋风器,细粒子用离心过滤或多层介质过滤,卷式组件进水用 20~50μm 过滤器,中空纤维壳侧进水用 5μm 过滤器
胶体	絮凝后过滤,常用絮凝剂为 $Al_2(SO_4)_3$、$FeCl_3$ 及高分子絮凝剂
成垢的盐	加入酸进行酸化;用石灰或石灰苏打进行水软化,也可使用各种抗垢剂,如六聚磷酸钠
金属氧化物	料液中的金属氧化物多来自管路和装置金属材料的腐蚀,选用合适的材料可避免这类污染。一旦形成金属氧化物污染可加入适量酸清洗
微生物污染	氧化:加入氯气或次氯酸盐,使氯浓度达 0.5×10^{-6};此外还可用臭氧,紫外线照射,加入 $NaHSO_3$ 及 $CuSO_4$ 等
有机污染物	絮凝、过滤、碳吸附、微滤、超滤等

2. 微滤、超滤和纳滤

微滤(microfiltration, MF)、超滤(ultrafiltration, UF)和纳滤(nanofiltration, NF)都是以膜两侧的压力差为动力的膜分离技术,其中 MF 和 UF 是基于膜的筛孔分离过程,被截留溶质的分子量在 $500 \sim 10^6$ 的膜分离过程称为超滤,只能截留更大分子的膜分离过程称为微滤。

纳滤由于膜材料的不同,不仅膜孔径更细(介于超滤膜和反渗透膜之间),且其表面分离层由聚电解质构成,除截留筛分作用外(能截留分子量在 $200 \sim 1000$ 的组分),对离子有静电相互作用力,也能截留部分无机盐分子(在 1nm 左右的溶解组分),通常是 1 价离子滤过,多价阴离子滞留。大致按以下规律递增。

对阴离子:$NO_3^- < Cl^- < OH^- < SO_4^{2-} < CO_3^{2-}$

对阳离子:$H^+ < Na^+ < K^+ < Ca^{2+} < Mg^{2+} < Cu^{2+}$

超滤操作模型的特点及适用范围见表 5-16。

表 5-16 超滤操作模型的特点及适用范围

操作模型		图　示	特　点	适用范围
重过滤	间歇	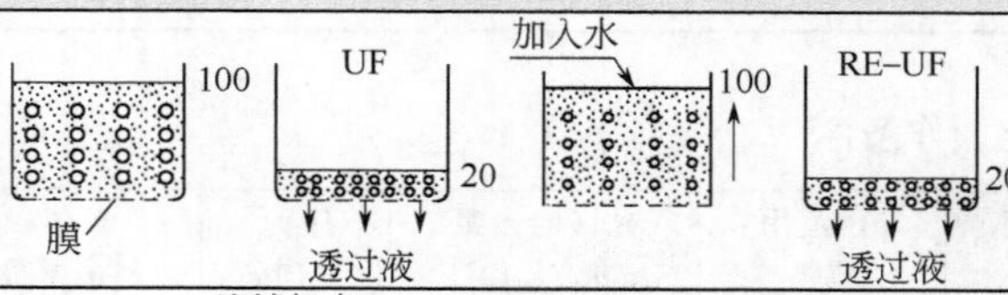	设备简单、小型,能耗低。可克服高浓度料液渗透流率低的缺点,能更好去除渗透组分。但浓差极化和膜污染严重,尤其是在间歇操作时,要求膜对大分子物的截留率高	通常用于蛋白质、酶之类大分子的提纯
	连续			
间隙错流	截留液全循环	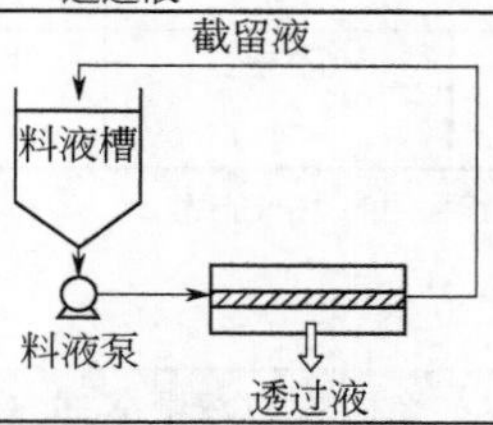	操作简单,浓缩速度快,所需膜面积小。但全循环时泵的能耗高,采用部分循环可适当降低能耗	通常被实验室和小型中试厂采用
	截留液部分循环			

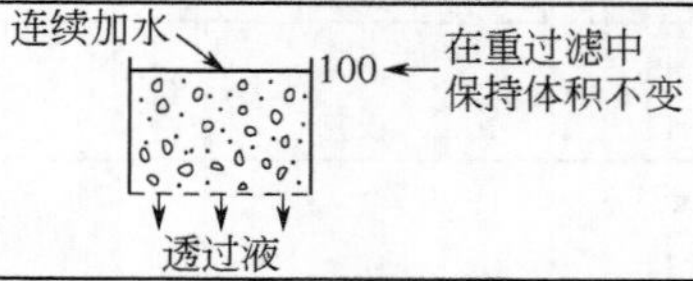

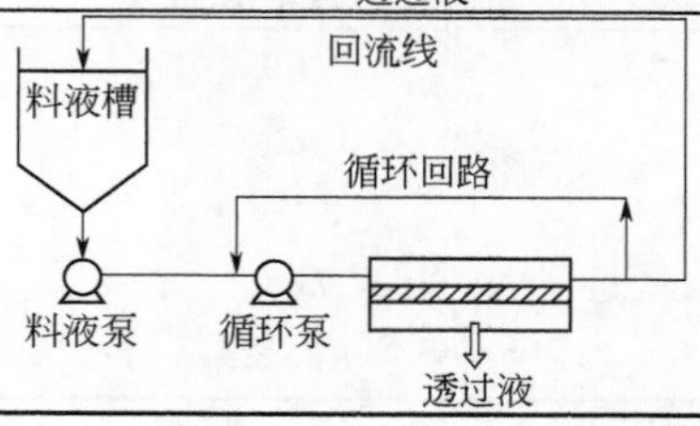

续表

操作模型		图　示	特　点	适用范围
连续错流	单级 无循环	料液 → 料液槽 → 料液泵 → 浓缩液 / 透过液	渗透液流量低，浓缩比低，所需膜面积大。组分在系统中停留时间短	反渗透中普遍采用，超滤中应用不多，仅在中空纤维生物反应器、水处理、热精脱除中有应用
	单级 截留液部分循环	料液 → 料液槽 → 料液泵 / 循环回路 → 透过液 / 浓缩液或截留液	单级操作始终在高浓度下进行，渗透流率低。增加级数可以提高效率，因为除最后一集在高浓度下操作而渗透流率最低外，其他各级操作浓度都较低，渗透流率相应较大。多级操作所需总膜面积小于单级操作，接近于间隙操作，而停留时间、滞留时间、所需储槽均少于相应的间隙操作	大规模生产中被普遍使用，特别是在食品工业中
	多级	料液 → 料液槽 → 料液泵 / 循环泵 / 循环泵 → 渗透液 / 浓缩液		

3. 渗析

渗析（dialysis）过程中料液和渗析液分别从膜的两侧通过，在浓度梯度推动下，两液体中的小分子溶质通过膜扩散相互交换，而大分子溶质被膜截留，可用于血清蛋白和疫苗中脱盐和其他小分子溶质。半透膜的渗析作用有三种类型：①依靠薄膜中"孔道"的尺寸分离大小不同的分子或粒子；②依靠薄膜的离子结构分离性质不同的离子；③依靠薄膜有选择的溶解性分离某些物质（如醋酸纤维膜有溶解某些液体和气体的性能，而使这些物质透过薄膜）。

渗析作用的传质速度比较慢，膜的选择性也不够理想，因而有逐步被超滤取代的趋势。渗析的主要用途是肾病患者的血液透析。血液透析不同于血液过滤（两者的比较示意见图 5-4），前者将血液中的小分子废物穿过渗析膜后流出体外，渗析液（见表 5-17）中的有效成分同时进入人体内。但它无法排除中等分子量（M 为 $500\sim5000$）的尿毒素。血液过滤则可以将尿毒素随同水分一起透过超滤膜而除去，失去的水分可以通过补充液回输体内。两法同时使用效果应更好。

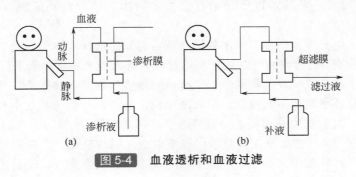

(a)　　　　　　　　　　(b)

图 5-4 血液透析和血液过滤

渗析液和血液过滤用补液的组成   单位：mmol/L

项目	Na	K	Ca	Mg	Cl	乳酸盐	乙酸盐	葡萄糖	渗透压
渗析液	132	2.0	2.6	1.5	105	—	33.0	200	286
补液	140	2.0	3.5	1.5	107	—	4.0	—	294
血清	144	4.2	5	1.7	103	—	—	85	286
血浆	140	4.0	5.0	1.5	100			100	280

4. 电渗析

电渗析（electrodialysis）是指在直流电场作用下电解质溶液中的离子选择性地通过离子交换膜而得到分离的过程。所用的膜仅允许一种电荷的离子通过而截留异电荷离子。在电渗析器内，阴离子交换膜和阳离子交换膜成对交替平行排列（见图5-5）。在电场作用下，阴阳离子分别趋向于浓缩室，最中间的区域中离子浓度不断降低。若将浓缩室和淡化室的流体分别引出，便可得到电渗析分离的两种产品。电渗析过程中，离子交换膜透过性、离子浓差扩散、水的透过、极化电离等因素都会影响分离效率。

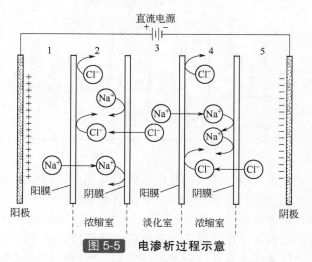

图5-5 电渗析过程示意

电渗析所用离子交换膜的相关信息见本分册第三章的相关内容。

四、液膜分离

电渗析、反渗析、超滤等方法所用膜均为高分子固体膜，其缺点是流速低，选择性差。液体膜作为一种快速、高效和节能的新型分离技术，自20世纪60年代中期提出以来，其应用渐趋增多，尤其是近十年来在模拟生物膜的结构与功能的基础上，该分离技术发展更快。

液膜分离中，组分主要依靠在互不相溶的两液相间的选择性渗透、化学反应、萃取和吸附等原理而进行分离，欲分离组分从膜外相透过液膜进入膜内相富集起来，其机理与液-液萃取相似而把萃取中的萃取和反萃取结合在一起，且因液膜很薄而传质快，效率高。

液膜其实是悬浮于液体中的很薄一层乳液微粒，是用来分割与其互不相溶的两种液体的一个中间介质相，可以看成是溶质通过液膜这个"传递桥梁"（或称为"载体"）在两个液相间传递：根据图5-6，溶质从左侧料液区被萃取进入膜相左侧，在液膜相中扩散到右侧，而后被反萃取进入接收相中，实现了同级萃取和反萃取的耦合完成。而普通溶剂萃取和反萃取是需要分开实现的。因而，液膜分离法又被称为是一类具有非平衡特征的传质过程。

液膜有三种基本构型：厚体液膜、乳状液膜和支撑液膜。其中厚体液膜有恒定的界面面积和流动条件，操作方便，但一般仅限于实验室研究使用。

1. 乳状液膜

乳状液膜实际是一种"水-油-水"或"油-水-油"型的双重乳状液的高分散体系，是将两种互不相溶的液相经高速搅拌（或超声处理）成乳状液，再分散到第三种液相（连续相）中而形成（图 5-7），它包括膜相、内包相和连续相，内包相与连续相可以互溶，但均不与膜相互溶。如果液膜为水膜（水包油）适用于从有机相溶液中提取分离溶质。如果液膜为油膜，则适用于从水溶液中提取分离溶质。

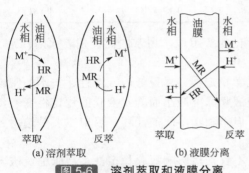

图 5-6 溶剂萃取和液膜分离

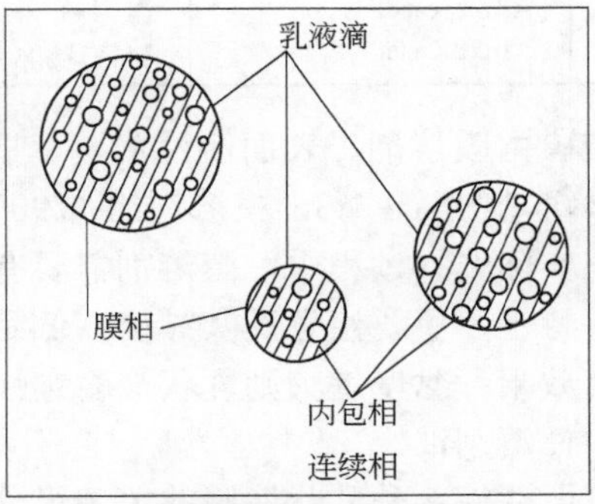

(a) 溶剂萃取　　(b) 液膜分离

图 5-7 乳状液膜

实际操作中，高速搅拌后的乳状液中的内相微滴直径一般在 1～5μm，而乳滴直径通常控制在 0.2～0.5mm。传质结束后，乳状微滴迅速聚集而形成乳状液层而与连续相分离。分离出的乳液以静电法破乳，内包相进一步回收浓缩溶质，而膜相可反复使用。

与固体膜相比，液体膜有明显的优势：传质速率高出几个数量级，选择性可提高十倍左右。当然，液膜从制备到使用整个过程较为复杂，稳定性不高。

2. 支撑液膜

所谓支撑液膜是将液膜材料牢固吸附于多孔性支撑体的微孔中（浸渍式），或直接将液膜材料置于双层支撑材料之间（隔膜式）（见图 5-8）。因而支撑材料的性质直接影响到膜分离的效果（见表 5-18）。

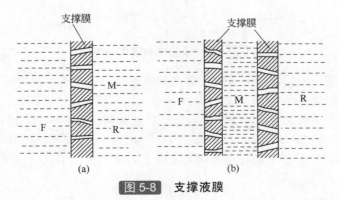

图 5-8 支撑液膜

(a) 浸渍式支撑液膜； (b) 隔膜式液膜或者封闭式液膜

F—料液相；M—膜相；R—接受相

表 5-18 液膜支撑材料参数

类别	商品名	材料	内径/μm	厚度/μm	孔径/μm	孔隙率/%
薄膜	Fluoropor FP-200	聚四氟乙烯		100	2.00	83
	Fluoropor FP-045			80	0.45	75
	Fluoropor FP-010			60	0.10	55
	Duragard-2500	聚丙烯		25	0.04×0.4	45
	Celgard-2500					
	Celgard-2400			25~50	0.02×1.0	40~80
	Nuclepore	聚碳酸酯		10	0.4	12.5
中空纤维	GoreTexT-001	聚四氟乙烯	1.0	0.4	2.0	50
	KPF-400	聚丙烯	0.4	0.033	0.135	45
	Asaki Kasei	聚丙烯	0.8	0.3	—	70
	Asaki Kasei	聚丙烯腈	0.8	0.3	—	81

液膜由膜溶剂、表面活性剂、萃取剂、膜内相等组成,通常的比例是表面活性剂 1%~5%,萃取剂 1%~5%,膜溶剂约占 90%。

在实际选择过程中,膜溶剂需要有高的化学稳定性、尽量低的水溶性、与水的密度差尽量大等特征,更要注意到其黏度:低黏度时随液膜厚度减小而乳状液膜的稳定性变差,将影响分离效果;黏度增大则乳状液稳定性增强,但不利于溶质的迁移。目前主要是选用各种煤油和中性溶剂油。

表面活性剂是乳状液膜的关键组分之一,不仅直接影响液膜稳定性、溶胀性及破乳方式等,也将显著影响溶质的扩散迁移。油包水乳液膜中活性剂的 HLB 值(表面活性剂的亲憎平衡值,hydrophile lipophilic balance)以 3.5~6 为宜,而水包油的则在 8~18 更合适。HLB 值具体可参见 378 页表 6-3。同时,活性剂的浓度应合适,液膜的稳定性随其浓度的增加而提高,一定浓度后将趋于恒定。扩散速度则需考虑到被分离溶质的性质。

液膜中的萃取剂相当于流动载体,在膜的外侧与被分离组分结合,传递到膜相并扩散到膜内侧,然后解析,让溶质进入膜内相。根据分离对象及液膜材料的不同,"载体"的功能有不同,见图 5-9。因而希望萃取剂具有选择性高、萃取容量大、化学稳定性强、萃取和反萃速度快、与溶质结合能适中等特点。

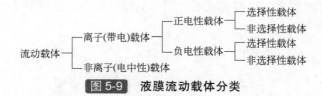

图 5-9 液膜流动载体分类

膜内相是最终实现溶质转移的关键,需要具有明显的反萃能力。溶质不同、萃取剂不同时膜内相也需匹配并优化之。

液膜分离可用于提纯元素,用载体输送分离的各种离子见表 5-19。通过"离子泵"效应,可以浓缩 Na、K、Cs、Cu、Zn、Pb、Co、Fe、Hg、Ni、U 等阳离子,以及 Cl^-、SO_4^{2-}、NO_3^-、PO_4^{3-} 等阴离子。在环境保护方面还可除去并回收工业废水中的 Hg、Cr、Cd、Ni、Pb 等有害离子及部分阴离子。

表 5-19 用载体输送分离的各种离子[1]

溶 质	料 液	载 体	膜溶剂	接受液	移动方向
Li⁺, Na⁺, K⁺, Cs⁺	NaOH	念珠菌素	辛酸	HCl	相互
		胆烷酸	辛醇	HCl	相互
		$C_6H_5COCH_2COCH_3$	CCl_4, $CHCl_3$	HCl	相互
Cu^{2+}	NH_3	$C_6H_5COCH_2COCH_3$	二甲苯	HCl	相互
	pH=8.5	$C_6H_5COCH_2COC_6H_5$	$CHCl_3$	HCl	相互
Zn^{2+}, Pb^{2+}	柠檬酸	双硫腙	CCl_4	HCl	相互
Hg^{2+}	HCl	三辛胺	二甲苯	NaOH	一方
SO_4^{2-}, Cl^-	HCl, H_2SO_4	三辛胺	二甲苯	NaOH	一方
$Cr_2O_7^{2-}$	$H_2Cr_2O_7$	三辛胺	二甲苯	NaOH	一方
		4%十二烷基胺	75%聚丁二烯		
			1%己基氯丁二烯		
			2%Span80		
HOAc, HCl, HNO₃	酸, 水介质	TBP	CCl_4	H_2O	
Co^{2+}, Cu^{2+}	$KNO_3+Co(NO_3)_2$ 或 $Cu(NO_3)_2$	磷酸二(2-乙基)己基酯	环己烷, 聚丁二烯	HNO₃	
K⁺	LiCl+KCl	二苯并-18-冠-6	CCl_4 +$CHCl_3$	H_2O	
Ni^{2+}	弱酸性含 Ni^{2+}液	肟	聚丁烯	HNO₃	
己烯	庚烷+己烯	乙酸亚铜氨水液	水皂角苷	正辛烷	

五、分子印迹膜

分子印迹膜是包含分子印迹聚合物的特种膜,根据制备方法可分为印迹填充膜、分子印迹整体膜和分子印迹复合膜三类。印迹填充膜是将预先制备好的分子印迹聚合物填充到所用膜中;分子印迹整体膜是以分子印迹聚合物自身为支撑体直接成膜;分子印迹复合膜则是将已有的商业膜为基膜,通过界面缩聚、涂渍、动态成膜及表面聚合等作用而形成具有分子印迹功能的皮层。表 5-20 和表 5-21 为分子印迹膜性能及其在手性物质分离中的应用情况。

表 5-20 分子印迹膜的制备及其分离性能[2]

基膜	功能单体	模板分子	分离因子 α
无支撑体 MIP 膜	EDMA/MMA 9-EA		3.4
PSt/DVB/VB		UO_2^{2+}	>100
复合膜	TRIM/MAA	CBZ-L-Try	3.4
	EDMA/MAA-Tho		2.6
	Caf		3.0
PAN-AA	EDMA/MMA	Tho	50
尼龙	—	L-Glutamin	3.4
PSf	—	DBF	3.5
磺化 PSf/CA 共混	—	罗丹明	—
PAN-DTCS(光接枝共聚物)		BTho	—
PP(光接枝共聚物)	MAA/MBAA	敌草净	特殊基团
PVDF(预涂)		去草净	15
PVDF(或预涂)	AMPS/MBAA	敌草净	
	AMPS/MBAA		
	AMPS/MBAA		

表 5-21 手性分子印迹膜拆分外消旋体

溶　质	模　板	选择性系数	膜基体	参考文献
氨基酸	D-丝氨酸		聚砜超滤膜	1
	L-苯丙氨酸			2
	L-苯丙氨酸		尼龙	3
	L-苯丙氨酸	3.50	有机凝胶	4
氨基酸衍生物	对羟基苯甘氨酸	1.21	阳离子交换膜	5
	叔丁氧羰基色氨酸		丙烯腈-苯乙烯	6
	N-苄酯基谷氨酸	1.2	羧化聚砜	7
	N-苄酯基谷氨酸	2.3	乙酸纤维素	8
	N-苄酯基谷氨酸			9
	叔丁氧羰基色氨酸		树脂	10
	叔丁氧羰基色氨酸		树脂	11
	叔丁氧羰基色氨酸		树脂	12
	叔丁氧羰基色氨酸		树脂	13
	L-苄氧基羰基酪氨酸	3.4	聚丙烯酸	14
药物	S-萘普生	1.6	聚丙烯	15

本表文献：

1 Son S H, Jegal J. JAppl Polym Sci, 2007, 104(4): 1866.
2 Piletsky S A, Piletskaya E V, Panasyuk T L, et al. Macromolecules, 1998, 31(7): 2137.
3 Takeda K, Abe M, Kobayashi T. J Appl Polym Sci, 2005, 97(2): 620.
4 熊芸，王宏，靳磊，等. 化学学报，2009, 67(5): 442.
5 付春江，王军，余立新，朱慎林. 高校化学工程学报，2007, 21(2): 206.
6 Yoshikawa M, Izumi J I, Kitao T, et al. J Membrane Sci, 1995, 108(1-2): 171.
7 Yoshikawa M, Izumi J I, OoiT, et al.Polym Bull, 1998, 40(4-5): 517.
8 Yoshikawa M, Ooi T, Izumi J I. J Appl Polym Sci, 1999, 72(4): 493.
9 Yoshikawa M, Nakai K, Matsumoto H, et al. Macromol Rapid Commun, 2007, 28(21): 2100.
10 Yoshikawa M, Fujisawa T, Izumi J I, et al. Anal Chim Acta, 1998, 365(1-3): 59.
11 Yoshikawa M, Izumi J I. Kitao T. React Funct Polym, 1999, 42(1): 93.
12 Yoshikawa M, Ooi T, Izumi J I. Eur Polym J, 2001, 37(2): 335.
13 YoshikawaM, Yonetani K. Desalination, 2002, 149(1-3): 287.
14 Dzgoev A, Haupt K. Chirality, 1999, 11(5-6): 465.
15 Donato L, Figoli A, Drioli E. J Pharm Biomed, 2005, 37(5): 1003.

六、酶膜反应器

酶膜反应器是将酶高效专一的催化特性与膜分离技术有效集成后且将反应-分离相结合的化工过程，利用膜的介质特性和传递特性，并根据不同体系采用不同方法来实现反应与分离的同步强化和优化，换言之，是综合了固定化酶反应器和膜分离器的特点，将反应、分离、纯化、回收等过程集于一身。酶膜反应器的雏形出现在 1958 年，Strem 培养牛痘疫苗细胞用的透析装置，1968 年 Blatt 首次提出了酶反应器的概念，建立并逐步完善了酶反应器的理论基础，现在，酶反应器已在有机物合成与分离、药物制备与纯化、氨基酸生产、环境污染治理等诸多过程中起了相当重要的作用。

在酶膜反应器里，膜的主要作用是充当支撑面来固定酶，同步起到提供反应面积、分相、分离等作用。根据作用机理，酶膜反应器有三种类型：直接接触式（酶与底物直接接触）、扩散式（底物须经正向扩散而接触到酶）和多相式（酶与底物在膜界面相接触）。不管哪种类型，理论上都要求反应器对产物的截留率为 0 而对酶的截留率为 100%。张玉奎等所做的综述[3]

较好地反映了固定化酶反应器在蛋白质组研究中的具体应用情况。表 5-22 是酶膜反应器的部分应用情况。

表 5-22　酶膜反应器的部分应用

酶反应器类别	用　途	文献
多酚氧化酶-聚砜毛细管膜	除去污水中苯酚、甲酚等	1
膜固定化漆酶	分解污水中苯基尿素杀虫剂	2
脂肪酶-多相酶膜反应器	消旋体拆分	3
氨基酰化酶-中空纤维膜	L-苯丙氨酸的手性合成	4
脂肪酶-硅橡胶膜	动态拆分 S-萘普生	5
脂肪酸脱氢酶-超滤膜	辅酶因子 NAD 再生	6
脂肪酶-中空纤维膜反应器	合成多种氨基酸、系列氨基酸合成二肽	7
丙氨酸脱氢酶-超滤膜管	辅酶 I 的循环再生	8
戊二醛-酶共聚物-中空纤维膜	青霉素钾盐的反应特性和寿命	9
猪肝细胞-聚砜膜和聚苯乙烯	形态学考察和生物学功能测定	10
脂肪酶-聚酰胺膜	萘普生消旋混合物的拆分	11
蛋白酶-聚砜膜	制备紧张素转化酶 ACE	12

本表文献：

1　Edwards W, Bownes R, Leukes W D, et al. Enzyme Microbio Tech, 1999, 24(3-4): 209.

2　Jolivalt C, Brenon S, Caminade E, et al. J Membrane Sci, 2000, 180(1): 103.

3　Sakaki K, Giorno L, Drioli E. J Membrane Sci, 2001, 184(1): 27.

4　姜忠义, 邱立勤, 陈洪钫. 化工学报, 1999, 50(4): 530.

5　辛嘉英, 李树本, 徐毅, 等. 分子催化, 2001, 15(1): 42.

6　Hummel W. Trends Biotechnol, 1999, 17(12) : 487.

7　姜忠义, 贾琦鹏, 刘家祺, 陈洪钫. 应用化学, 2001, 18(1): 56.

8　Flörsheimer A, Kula M R, Schütz H J, Wandrey C. Biotechnol Bioeng, 1989, 33(11): 1400.

9　杨海波, 曲天明, 虞星炬, 苏志国. 膜科学与技术, 1999, 19(6): 30.

10　陈志, 王英杰, 张世昌, 等. 第三军医大学学报, 2006, 28(10): 1010.

11　Prazeres D M F, Carbal J M S. Enzyme Microb Technol, 1994, 16(9): 738.

12　张赛赛, 李恒星, 沙莎, 冯凤琴. 中国食品学报, 2009, 9(6): 41.

第二节　浮选分离法

具有相应表面能（表面活性）的物质（离子、分子、胶体、固体颗粒或悬浮微粒等）可以被吸附或黏附于从溶液中升腾起的泡沫（或气泡）表面，从而与母液实现分离的方法称为浮选分离法（floatation separation）。即便物质本身没有表面活性，也可以添加表面活性剂后用浮选法进行分离。操作中只要收集到达液面的泡沫即可实现分离与富集的目的。浮选分离法具有设备简单（分离装置见图 5-10），操作方便，分离效果好等优点。

虽然浮选分离法有很多的具体方法（见图 5-11），但根据作用机理，基本上可分为离子浮选、沉淀浮选和溶剂浮选三大类，各方法的浓缩系数通常可达 10^4。在具体的操作中，通常是通过微孔玻璃砂芯（或塑料筛板）引入空气或氮气，形成气泡流，含有待测组分的疏水性物质被吸附在气泡的气-液界面上并随气泡的上升浮到溶液表面，形成稳定的浮渣（沉淀+泡沫）或泡沫层而从母液中分离出来。只要将这部分取出，再进行恰当的后处理，便可将待分离物质提取并富集。

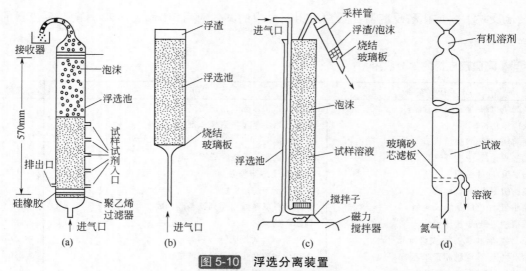

图 5-10 浮选分离装置

（a）适用离子浮选；（b）适用沉淀浮选；（c）适用沉淀浮选；（d）适用溶剂浮选

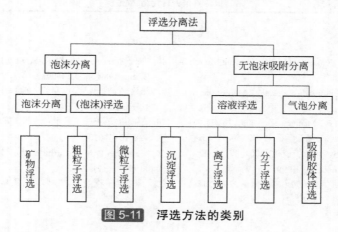

图 5-11 浮选方法的类别

一、离子浮选法

在含有待分离金属离子的溶液中加入合适的配位剂，并调节合适酸度使之形成稳定的配离子，再向溶液中加入带相反电荷的表面活性剂而生成微溶的离子缔合物，再通过氮气或空气而进行的浮选，微量被分离物就浓集于液面上泡沫层中。应用实例见表 5-23 和表 5-24。

表 5-23 有机试剂中的离子浮选分离应用

分离元素	有机试剂	表面活性剂（sf）	备　注
Cu	丁基黄原酸钾	溴化十六烷基三甲基铵	在 pH=9 溶液中，加正丁基黄原酸钾、sf，浮选 Cu，AAS 测定
甲基汞	丁基黄原酸钾	溴化十六烷基三甲基铵	在 pH=9 溶液中，加正丁基黄原酸钾、sf，浮选 Hg
U	偶氮胂Ⅲ	氯化十四烷基二甲基苄铵	在 pH=3.5 的海水中，加入偶氮胂Ⅲ、sf，浮选 U^{6+}，回收率约 100%，偶氮胂Ⅲ光度法或中子活化法测定
Th	偶氮胂Ⅲ	氯化十四烷基二甲基苄铵	在 0.3mol/L HCl 溶液中，加入偶氮胂Ⅲ、sf，浮选 Th，富集倍数可达 200，以偶氮胂Ⅲ光度法测定

续表

分离元素	有机试剂	表面活性剂（sf）	备　注
Zr	偶氮胂Ⅲ	氯化十四烷基二甲基苄铵	在酸性介质中，加偶氮胂Ⅲ、sf，浮选 Zr，分离系数在 10^3 以上，富集倍数为 100，回收率为 99%，偶氮胂Ⅲ光度法测定，用于分离和测定镍合金中的锆
Cr	二苯卡巴肼	十二烷基磺酸钠	在海水中加入 H_2SO_4 至 0.1mol/L，加入二苯卡巴肼、sf，浮选 Cr，泡沫加 0.5ml 正丁醇消泡，稀释，光度法测定铬
Cr	二苯卡巴肼		用二苯卡巴肼饱和的泡沫处理水样，定性或半定量测定水中微量铬
Cr	二苯卡巴肼	十二烷基磺酸钠	在 HCl 溶液中，加二苯卡巴肼、sf，浮选 Cr^{6+}，加入少量丙酮消泡，光度测定 Cr
Cr	二苯卡巴肼	十二烷基磺酸钠	在 pH=1～2 溶液中，加二苯卡巴肼、sf，浮选 Cr，除去水相，加丁醇，光度法测定，用于水分析
Cr	二苯卡巴肼	十二烷基磺酸钠	在 $8×10^3$mol/L H_2SO_4 溶液中，加二苯卡巴肼、sf，振荡浮选，分去下层清夜，加乙醇消泡，于 540nm 处，测量吸光值，可用于水分析
S	N,N-二甲基对苯二胺	十二烷基磺酸钠	在 pH=1(0.18mol/L)H_2SO_4 溶液中，加 N,N-二甲基对苯二胺、sf，浮选 S^{2-}，光度法测定，用于水分析
Fe	邻二氮菲	十二烷基磺酸钠	在 HCl 溶液中，加盐酸羟胺、邻二氮菲、sf，浮选 Fe，泡沫加丙酮，在 510nm 处光度测定，可用于水分析
NO_2^-	对氨基苯磺酸-盐酸萘乙二胺	十二烷基磺酸钠	在 pH=1.43（或 0.24mol/L HCl）溶液中，对氨基苯磺酸钠、盐酸萘乙二胺与 NO_2^- 形成偶氮染料，加 sf，浮选，加丙酮消泡，光度法测定，可用于水分析

表 5-24 在无机酸或配位剂溶液中离子浮选分离的应用

分离元素	表面活性剂（sf）	介质	备　注
Au	氯化十六烷基三甲基铵	HCl，Cl^-	在 0.01～3.0mol/L HCl-0.01mol/L Cl^- 溶液中，加 sf，浮选 Au，与 Hg、Cd、Zn 分离
Au, Hg	氯化十六烷基三甲基铵	Cl^-	在 0.5 mol/L Cl^- 溶液中，加 sf，浮选 Au、Hg，与 Cd、Zn 分离
Au, Pt, Pd	氯化十六烷基吡啶、氯化十四烷基苄基二甲基铵或氯化十六烷基三甲基铵	HCl	在 0.02～3 mol/L HCl 溶液中，加入 sf，浮选 Au、Pt、Pd，浮选率为 94%～98%，Rh、Ir、Ru 极少浮选
Au, Pt, Pd	溴化十六烷基三丙基铵	NaCl	在大于或等于 0.3 mol/L NaCl 溶液中，加 sf，浮选 Au、Pt、Pd，与 Ir、Rh 分离
Au, Pt, Ir	溴化十六烷基三丙基铵	HCl	在大于 2 mol/L HCl 溶液中，加 sf，浮选 Au、Pt、Ir，与 Pd 分离
Au, Ag, Cu	氯化苄基烷基季铵	CN^-、草酸盐或硫代硫酸盐	在 pH=3～13，含 Cl^- 及 CN^-、草酸盐或硫代硫酸盐的溶液中，加 sf，浮选 Au、Ag、Cu，与基体元素分离
Au, Ag, Pd, Bi	氯化十六烷基吡啶	SCN^-	在 $8.5×10^{-4}$mol/L 硫氰酸盐和 0.5mol/L 硝酸铵溶液中，加 sf，浮选 Au、Ag、Pd、Bi，与其他元素分离
Au, pt, Pd, Hg	氯化十六烷基吡啶	HBr	在 0.1mol/L HBr 溶液中，加 sf，浮选 Au、Pt、Pd、Hg 与 Cu、Zn、Ni、Co、Mn、Fe、Al、Ca、In、Cr、Sn 分离
Bi	氯化十六烷基三甲基铵或氯化十六烷基吡啶	HCl	在 0.35～2.0mol/L（或 0.35～3.4mol/L）HCl 溶液中，加 sf，浮选 Bi，回收率为 100%
Cd, Pb, Bi, Sn, Sb	氯化十六烷基吡啶、氯化十四烷基二甲基苄基铵或溴化十六烷基三甲基铵	HBr	在 0.01～3.7mol/L HBr 溶液中，加 sf，浮选 Cd、Pb、Bi、Sn、Sb，与 Ni、Co、Cu、Mn、Al、Ga、Cr 分离
Hg, Pt, Pd	氯化十六烷基吡啶、氯化十四烷基二甲基苄基铵或溴化十六烷基三甲基铵	HBr	在 HBr 溶液中，加 sf，浮选 Hg、Pt、Pd，回收率为 94%～99.5%

续表

分离元素	表面活性剂（sf）	介质	备　注
Hg	氯化十六烷基三甲基铵或氯化十六烷基吡啶	NaCl	在 0.1～4.0mol/L NaCl 溶液中，加 sf，浮选 Hg，回收率分别为98%和95%
Ir	溴化十六烷基吡啶	HCl	在 1.0mol/L HCl 溶液中，加 sf，浮选 Ir、Ru 不被浮选
Ir, Rh	氯化十四烷基二甲基苄基铵	HCl	在 0.4mol/L HCl 溶液中，加 sf 浮选 Ir、Rh，石墨炉 AAS 测定，可用于铂中 Ir、Rh 的测定
Pt	溴化十六烷基三丙基铵	NH₄OH	在 0.1mol/L NH₄OH 时溶液中，加 sf，浮选 Pt（以 $[PtCl_6]^{2-}$ 存在）、与 Pd 以 $[Pd(NH_3)_4]^{2+}$ 存在）分离
Pt	溴化十六烷基三丁基铵	HCl	在 0.1mol/L HCl 中，加盐酸羟胺，使铱保持 $IrCl_6^{2-}$ 形态，加 sf，浮选 Pt，与 Ir 分离
Ir	溴化十六烷基三丙基铵或溴化十六烷基三丁基铵	HCl	在 pH=2，往溶液中加入 Ce⁴⁺ 盐溶液，使铱呈 $IrCl_6^{2-}$ 形态存在，加 sf，浮选 Ir，可与 Rh 分离
Ru	油酸钠	H₂SO₄	在含 H₂SO₄ 溶液中，加 sf，浮选 Ru，可用于回收钢笔尖磨削废料中的钌
Sb	氯化十六烷基吡啶	HCl	在 1～5mol/L HCl 溶液中，加 sf，浮选 Sb，回收率为97%

二、沉淀和共沉淀浮选

用少量无机沉淀剂（或有机沉淀剂或用控制 pH 的方法）将欲分离离子形成沉淀或共沉淀，然后加入与沉淀表面反电荷的表面活性剂，使其吸附于通入的气泡上面而被浮选。与经典的沉淀法相比，无需等待沉淀的沉降和陈化，更快捷更方便。不同载体的沉淀浮选法应用见表 5-25 和表 5-26。

表 5-25 无机载体沉淀浮选分离应用

分离元素	沉淀剂	表面活性剂（sf）	备　注
Ag	CdS	硬脂酰胺	在 pH=2 的溶液中，以硫化镉沉淀，加 sf，沉淀浮选 Ag⁺，可用于海水中分离富集银，富集倍数为 500
As	Fe(OH)₃	十二烷基磺酸钠，油酸钠	在 pH=8～9 溶液中，Fe(OH)₃ 沉淀吸附 As，加 sf，沉淀浮选 As，溶于 HCl，AAS 测定，可用于海水、天然水中分离富集 As
As, Mo, U, V, Se, W	Fe(OH)₃	十二烷基磺酸钠	在 pH=5.7±0.2 溶液中，Fe(OH)₃ 沉淀，加 sf，沉淀浮选 As（V）、Mo（VI）、U（VI）、V（V）、Se（IV）、W（VI），中子活化法测定
Bi, Sb, Sn	Zr(OH)₄	油酸钠	在 pH=9.1 溶液中，Zr(OH)₄ 沉淀，加 sf，沉淀浮选 Bi、Sb、Sn，AAS 测定
Cd, Pb	Fe(OH)₃	十二烷基磺酸钠	在 pH=9.5 溶液中，Fe(OH)₃ 沉淀，加 sf，沉淀浮选 Cd、Pb，溶于 HCl，AAS 法测定
Cd, Co, Cr, Mn, Ni, Pb	In(OH)₃	十二烷基磺酸钠，油酸钠	In(OH)₃ 与水样中 Cd, Co, Cr（III），Mn（II），Ni、Pb 共沉淀，加 sf，沉淀浮选，ICP-AES 测定。可用于水样分析，富集倍数为 240
Cd, Co, Cu, Cr, Fe, Mn, Ni, Pb, Zn	Al(OH)₃	油酸钠	在 pH=9.5 溶液中，痕量元素与 Al(OH)₃ 共沉淀，加 sf，沉淀浮选，溶于 HNO₃，AAS 测定。可用于水中测定 Cd、Co、Cu、Cr、Fe、Mn、Ni、Pb、Zn
Co, Cu, Mn, Ni	Fe(OH)₃	氯化十二烷基铵，曲通 X-100	pH>9 溶液中，Fe(OH)₃ 沉淀，加 sf，沉淀浮选，溶于 HCl-HNO₃ 中，AAS 测定。可用于锰铁结核中 Co、Cu、Mn、Ni 的测定
Cr	Fe(OH)₃ 或 Al(OH)₃	十二烷基磺酸钠	Cr³⁺ 或 CrO₄²⁻ 被还原成 Cr²⁺，被 Fe(OH)₃ 或 Al(OH)₃ 沉淀吸附，加 sf，沉淀浮选，可用于除去电镀废液中的铬
Cu, Zn	Fe(OH)₃	十二烷基磺酸钠	以 Fe(OH)₃ 共沉淀 Cu、Zn，加 sf，沉淀浮选。可用于分离富集海水中 Cu、Zn，回收率为 94%～95%

分离元素	沉淀剂	表面活性剂（sf）	备注
F	Al(OH)$_3$	十二烷基磺酸钠	在pH=7.3~7.8溶液中，Al(OH)$_3$沉淀，加sf，沉淀浮选F，水中F由15.7×10^{-6}降至0，Cl$^-$基本上不干扰
Mo	Fe(OH)$_3$	十二烷基磺酸钠	在pH=4溶液中，Fe(OH)$_3$沉淀吸附Mo，加sf，沉淀浮选，回收率为95%。可用于海水中Mo的分离富集
P	Al(OH)$_3$	十二烷基磺酸钠	在pH=8.5溶液中，P被Al(OH)$_3$吸附，加sf，沉淀浮选P
Sb	Fe(OH)$_3$	十二烷基磺酸钠，油酸钠	在pH=4溶液中，Sb（III，V）被Fe(OH)$_3$吸附，加sf，沉淀浮选Sb，AAS法测定
Sc	Fe(OH)$_3$	油酸钠	在pH=7溶液中，Fe(OH)$_3$沉淀，加sf，沉淀浮选Sc，HCl溶解，分离除去Fe，偶氮胂III光度法测定。可用于水分析
Sn	Fe(OH)$_3$		先使Sn(IV)与Fe(OH)$_3$共沉淀，加热的石蜡乙醇溶液，沉淀浮选，可用于纯锌中分离10^{-9}量级的锡
Te	Fe(OH)$_3$	十二烷基磺酸钠，油酸钠	在pH=8.9溶液中，Te(IV)与Fe(OH)$_3$共沉淀，加sf，沉淀浮选，溶于HCl，AAS测定Te
U	Th(OH)$_4$	十二烷基磺酸钠	在pH=5.7溶液中，Th(OH)$_4$沉淀，加sf，沉淀浮选U。可用于海水中铀的测定
V	Fe(OH)$_3$	十二烷基磺酸钠	在pH=5溶液中，Fe(OH)$_3$沉淀，加sf，沉淀浮选V，AAS测定。可用于水分析

表 5-26　有机载体沉淀浮选分离应用

分离元素	沉淀剂	表面活性剂（sf）	备注
Mo	二乙基二硫代氨基甲酸钠	油酸钠	在含有二乙基二硫代氨基甲酸钠和sf溶液中，浮选Mo，AAS测定
Cd, Cu, Mn, Ni, Pb, Cr, Ti, Sn, V	二乙基二硫代氨基甲酸钠	十二烷基磺酸钠	在pH=6~8溶液中，加入DDTC和sf，浮选重金属元素，排除清液，HNO$_3$溶，ICP-AES测定
Cu, Ni	二乙基二硫代氨基甲酸钠或水杨醛肟	氯化十六烷基三甲基铵、曲通X-100	在pH=3~7溶液中，加DDTC（或水杨醛肟），sf，浮选Cu、Ni，可用于分离锰结核中的Cu、Ni
As, Cd, Co, Cu, Hg, Mo, Sn, Sb, Te, Ti, U, V, W	1-吡咯烷二硫代羧酸胺，Fe(OH)$_3$	油酸钠，十二烷基磺酸钠	在有Fe(III)和1-吡咯烷二硫代羧酸胺存在的溶液中，调pH为5.8±1，加入sf，浮选，中子活化测定
Ag, Au	双硫腙		在0.1mol/L硝酸溶液中，加双硫腙沉淀，以甲基溶纤剂捕集，浮选，可用于从高纯铅、锌中分离<0.1×10^{-6}的Ag(I)，Cu(II)
Ag	对二甲氨基亚苄基罗单宁	十二烷基磺酸钠	在0.1~1mol/L HNO$_3$中，以对二甲氨基亚苄基罗单宁沉淀，加sf，浮选Ag，可用于从高纯铜溶液中分离10^{-9}级Ag
Ag	2-巯基苯并噻唑		在0.1mol/L HNO$_3$中，以2-巯基苯并噻唑沉淀Ag，浮选，灰化后测定，可用于水分析
Co	1-亚硝基-2-萘酚		在弱酸性溶液中，加入1-亚硝基-2-萘酚的乙醇溶液沉淀Co，浮选，可用于从高纯锌中分离富集10^{-9}量级的钴
Cu	松香	油酸钠	在pH=8.0溶液中，加松香乙醇溶液，sf，浮选Cu(II)
Cd, Cu, Mn, Pb, Zn	松香	油酸钠	在pH=9.0±0.2溶液中，加松香乙醇溶液，sf，浮选分离Cd、Cu、Mn、Pb、Zn
Pd	丁二肟		在pH=1~2溶液中，加丁二肟沉淀Pd(II)，浮选Pd(II)，可与Fe、Ni、Pt、Co、Au分离

三、吸附胶体浮选

将被分离离子用胶体粒子吸附，再加入与胶粒反电荷的表面活性进行浮选，因 pH 影响胶体吸附剂的带电性质，此类浮选中 pH 的影响很大。示例见表 5-27。

表 5-27 吸附胶体浮选法示例

被浮选离子	胶体吸附剂	被浮选离子	胶体吸附剂
Ag^+	PbS	PO_4^{3-}	$Fe(OH)_3$
As(III、V)	$Fe(OH)_3$	Sb^{3+}	$Fe(OH)_3$
Bi^{3+}	$Fe(OH)_3$	$Se^{4+}(IV)$	$Fe(OH)_3$
Cd^{2+}	CaS	Sn(II、IV)	$Fe(OH)_3$
Ca^{2+}	$Fe(OH)_3$	U(VI)	$Th(OH)_4$
F^-	$Al(OH)_3$	Zn^{2+}	$Fe(OH)_3$
Hg^{2+}	CaS		$Al(OH)_3$
	CdS		

四、溶剂浮选法

在一定条件下，金属离子与某些有机络合剂形成疏水又疏溶剂的沉淀，可以悬浮于某些有机溶剂液面而形成第三相或附着于分液漏斗壁，弃去水相、分出第三相而被分离富集，分离后往往用分光光度法检测，见表 5-28～表 5-30。

表 5-28 溶剂浮选分光光度法示例[4]

被测元素	被测元素型体	染料	浮选剂（溶剂）	$\varepsilon'/[\times10^5 L/(cm \cdot mol)]$
As	Mo-As-O	结晶紫	环己烷（丙酮）	3.1
Bi	Bi-Br⁻	罗丹明 6G	异丙醚（乙醇）	1.5
Cd	Cd-Z⁻	结晶紫	异丙醚（丙酮）	1.3
			异己酮（丙酮或乙醇）	20
Ge	Mo-Ge-O	亮绿	乙酸丁酯（丙酮）	1.9
	（茜素配位剂）	罗丹明 6G	三氯甲烷（乙醇）	29
Mo	Mo-SCN⁻	结晶紫	甲苯（乙醇）	2.3
Os	Os-SCN⁻	亚甲基蓝	甲苯（丙酮）	2.2
P	Mo-P-O	结晶紫	乙酸丁酯（甲基乙基酮）	2.7
Pd	Pd-Br⁻	罗丹明 6G	苯（二甲酰胺）	3.0
Pt	Pt(SnCl₂)	结晶紫	苯（乙醇）	2.1
Rh	Rh(SnCl₂)	孔雀绿	异丙醚（丙酮）	3.4
Si	Mo-Si-O	罗丹明 B	异丙醚（乙醇）	5.0
	Si-(Chromopyrazole)	结晶紫	异丙醚（丙酮）	4.3
			甲苯-丙酮（丙酮）	1.6
Te	Te-Br⁻	罗丹明 6G	苯（乙醇）	1.7
W	W-SCN⁻	结晶紫	甲苯（乙醇）	2.1
Zr	Zr（ε-苦姆碱）	乙基罗丹明 B	苯（丙酮）	3.2

表 5-29 溶于有机溶剂的溶剂浮选分离应用

分离元素	有机试剂	有机溶剂	要　点
As	钼酸铵-结晶紫	环己酮-甲苯	在 1mol/L HNO₃ 溶液中，溶剂浮选 Mo(VI)-As(V)-结晶紫离子缔合物，浮选物溶于上层环己酮-甲苯中，于 582nm 处测量吸光度
Au	亚甲基蓝	苯	在 1.8mol/L HCl 溶液中，溶剂浮选 Au(III)-SCN-亚甲基蓝离子缔合物，浮选物溶于上层苯，在 660nm 处测量吸光度

分离元素	有机试剂	有机溶剂	要　点
Co	孔雀绿	甲苯	在 pH=5 溶液中，溶剂浮选 Co(III)-SCN⁻-孔雀绿离子缔合物，浮选物溶于上层甲苯中，于 640nm 处测量吸光度，富集倍数为 40
Cu	孔雀绿	甲苯	在 pH=7 溶液中，溶剂浮选 Co(III)-SCN⁻-孔雀绿离子缔合物，浮选物溶于上层甲苯中，于 650nm 处测量吸光度
Cu	丁基黄原酸钾	十六烷基三甲基铵，正丁醇	在 pH=9 溶液中，加丁基黄原酸钾、十六烷基三甲基胺，浮选水相中 Cu(II)，富集于上层正丁醇中，在 360nm 处测量吸光度
Cu	3-(2-吡啶)-5,6-二苯基-1,2,4-三吖嗪	十二烷基磺酸钠，异戊醇，乙酸乙酯	在 pH=9.0～9.2 溶液中，浮选 Cu(II)-PDT-SDS 离子对，浮选物溶于上层异戊醇-乙酸乙酯中，测量吸光度。可用于水中铜的测定
Cu	二乙基二硫代氨基甲酸钠	异戊醇	在 pH=6.0～6.4 的含 EDTA、酒石酸溶液中，浮选 Cu(II)-DDTC，浮选物溶入上层异戊醇中，于 430nm 处测量吸光度
Cu	2,9-二甲基-1,10-二氮菲	十二烷基磺酸酸钠，甲基异丁基酮，二氯乙烷	在 pH=4.6～8.0 溶液中，浮选 Cu(II)-2,9-二甲基-1,10-二氮菲-SDS 离子对，浮选物溶入上层甲基异丁基酮-二氯乙烷中，测量吸光度。可用于血清中铜的测定
Fe	3-(2-吡啶)-5，6-二苯基-1,2,4-三吖嗪	十二烷基磺酸钠，甲基异丁基酮，二氯乙烷	在 pH=2.9～3.3，浮选 Fe(II)-PDT-SDS 离子对，溶入上层甲基异丁基酮-二氯乙烷中，测量吸光度。可用于血清中铁的测定
Fe	3-(2-吡啶)-5,6-二苯基-1,2,4-三吖嗪	十二烷基磺酸钠，异戊醇	在 pH=3.0～3.2，盐酸羟胺将 Fe(III)还原成 Fe(II)，浮选 Fe(II)-PDT-SDS，溶于上层异戊醇。分离后，加乙醇于 555nm 处光度测定 10^{-9} 克级的 Fe
Zn	孔雀绿	甲苯	在 pH=5 溶液中，浮选 Zn(II)-SCN⁻-孔雀绿离子缔合物，浮选物溶入上层甲苯中，于 636nm 处测量吸光度。可用于自来水中 Zn 的测定

表 5-30　形成第三相的溶剂浮选分离应用

分离元素	有机试剂	有机溶剂	要　点
As	钼酸盐、丁基罗丹明	乙醚	在 0.1～0.2mol/L H_2SO_4 溶液中，钼砷酸盐与丁基罗丹明形成离子缔合物，能被乙醚浮选，形成第三相，然后将沉淀溶于丙酮，光度法或荧光光度法测定砷
Au	亚甲基蓝	环己酮	在 0.5mol/L HCl 溶液中，以环己酮溶剂浮选 Au(III)-I⁻-亚甲基蓝离子缔合物，甲醇溶解，于 655nm 处测量吸光度。可用于钢中金的测定
Cd	结晶紫	异丙醚或苯	在 H_2SO_4 介质中，以异丙醚或苯溶剂浮选 Cd(II)-I⁻-结晶紫离子缔合物，浮选物溶于丙酮或乙醇，光度法测定。可用于污水中微量 Cd 的测定
Ge	茜素氟蓝、罗丹明 6G	CCl_4-$CHCl_3$	在 pH=5～6，以 CCl_4-$CHCl_3$ 溶剂浮选 Ge(IV)-茜素氟蓝-罗丹明 6G 离子缔合物，沉淀溶于乙醇或丙酮，于 520nm 处光度法测定。可用于工艺物料中 Ge 的测定
Ir	罗丹明 6G	异丙醚	在 2.4～2.7 mol/L HCl 溶液中，以异丙醚溶剂浮选 Ir-Sn(II)-罗丹明 6G 离子缔合物，浮选物溶于丙酮，在 530nm 处测量吸光度
Os	亚甲基蓝	苯	在 pH=1.8～0.25 mol/L H_2SO_4 中，以苯用振荡法溶剂浮选 Os(IV)-SCN⁻-亚甲基蓝离子缔合物，浮选物溶于丙酮，光度法测定。可用于阳极泥、矿石、粗精矿中 Os 的测定
P	结晶紫、钼酸铵	苯	在 0.5 mol/L HCl 溶液中，以苯溶剂浮选 P-Mo-结晶紫离子缔合物，浮选物溶于丙酮，在 590nm 处光度法测定
Pd	罗丹明 6G	苯	在 pH=1.5～3.5，以苯振荡溶剂浮选 Pd(II)-Br⁻-罗丹明 6G 离子缔合物，浮选物溶于 N,N-二甲基甲酰胺，在 530nm 处测量吸光度。可用于高纯铂中钯的测定

续表

分离元素	有机试剂	有机溶剂	要　点
Pt	罗丹明 B	异丙醚	在 0.9 mol/L HCl 溶液中，以异丙醚用振荡法溶剂浮选 Pt(Ⅱ)-Sn(Ⅱ)-罗丹明 B 离子缔合物，浮选物以丙酮溶解，在 555nm 处测量吸光度，可用于纯镍中铂的测定
Rh	罗丹明 6G	异丙醚	在 2.0 mol/L HCl 中，以异丙醚溶剂浮选 Rh-Sn(Ⅱ)-罗丹明 6G 离子缔合物，浮选物溶于丙酮中，在 530nm 处测量吸光度
Ru	亚甲基蓝	苯	在 0.025~0.1mol/L H_2SO_4 中，以苯用振荡法溶剂浮选 Ru(Ⅱ)-SCN^--亚甲基蓝离子缔合物，浮选物溶于丙酮，光度法测定。可用于阳极泥、矿石、粗精矿中铷的测定
Si	钼酸铵、罗丹明 B	异丙醚	在 0.51mol/L HNO_3 中，以异丙醚溶剂浮选硅钼酸盐、罗丹明 B 离子缔合物，浮选物溶于乙醇，在 555nm 处测量吸光度
Sn	茜素紫	甲苯	在 pH=1~2 溶液中，以甲苯溶剂浮选 Sn(Ⅳ)-茜素紫-A(A 为 Cl^- 或 NO_3^-)离子缔合物，浮选物以乙醇溶解，在 490nm 处测量吸光度
Te	罗丹明 6G	甲苯	在 4.8 mol/L H_2SO_4 中用甲苯溶剂浮选 Te(Ⅳ)-Br^--罗丹明 6G 离子缔合物，浮选物以乙醇溶解，光度法测定。可用于废水和湿法冶金产品中碲的测定
Zr	Eriochome Aurol B	石油醚	在 pH=5.2，以石油醚溶剂浮选锆与 Eriochome Aurol B，浮选物溶于 0.1mol/L NaOH，在 600nm 处测量吸光度。可用于钢中锆的测定

第三节　流动注射分离分析

　　流动注射分析（flow injection analysis，FIA）由丹麦技术大学的 J.Ruzicka 和 E.H.Hansen 于 1975 年提出，即在热力学非平衡条件下，在液流中重现地处理试样或试剂区带的定量流动分析技术。这种技术是把一定体积的试样溶液注入一个流动着的，非空气间隔的试剂溶液（或水）载流中，被注入的试样溶液流入反应盘管，形成一个区域，并与载流中的试剂混合、反应，再进入到流通检测器进行测定分析及记录（图 5-12）。根据反应体系的不同而设计出不同类型的反应管（图 5-13）。由于试样溶液在严格控制的条件下在试剂载流中分散，因而，只要试样溶液注射方法和在管道中存留

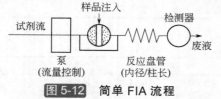

图 5-12　简单 FIA 流程

时间、温度和分散过程等条件相同，不要求反应达到平衡状态就可以按照比较法，由标准溶液所绘制的工作曲线测定试样溶液中被测物质的浓度。

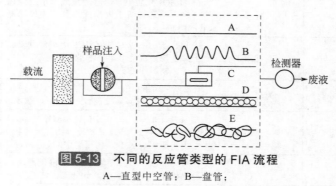

图 5-13　不同的反应管类型的 FIA 流程

A—直型中空管；B—盘管；
C—混合室；D—单珠串反应器；
E—编织反应器

该技术将各类分光光度法和离子选择性分析等分析流程管道化，并由间歇式流程过渡到连续自动分析，避免了在操作中人为的差错。同时，因为该技术涉及的反应不需要达到平衡就能进行测定，因而分析频率很高，可达 60～120 个样品/h，且方法的相对标准偏差可控制在 1%以内。加上该方法所用试样、试剂少（每次仅需数十微升至数百微升），不但降低了费用，对诸如血液、体液等稀少试样的分析显示出独特的优点。FIA 既可用于多种分析化学反应，又可以采用多种检测手段，还可以完成复杂的萃取分离、富集过程，因此扩大了其应用范围，可广泛地应用于临床化学、药物化学、农业化学、食品分析、冶金分析和环境分析等领域中，图 5-14 为血清中尿素含量测定示例。

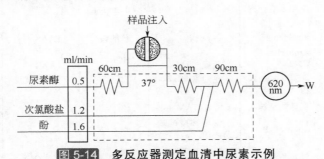

图 5-14　多反应器测定血清中尿素示例

样品中的尿素由尿素酶转化得到氨，在线被氧化成氯胺，然后与酚偶联，
用分光光度法测定产生的靛酚蓝。测定周期为样品注入后20s内完成

该领域的研究重点在所用的反应器（盘管及其内部的填料）上，可以用多通道、停流等多种手段进行有效的在线分离富集的多种操作，并可与原子光谱、分子光谱、气相色谱、液相色谱等多种检测手段进行联用，使许多金属离子的特征浓度提高数十倍，更可灵活结合经典的分离富集技术如：液-液分离、液-固分离、沉淀-溶解分离、共沉淀-溶解分离、气-液分离等方法，推动自动化分析和新型仪器的发展，成为新型的微量、高速和自动化的分析技术。表 5-31～表 5-33 为不同柱反应器材料下样品中微量组分的分离富集应用情况。

表 5-31　聚合物微柱在线分离富集的分析应用[5]

检测组分	微柱材料	处理方式	流动相	检测方法	检测限/(μg/L)	文献
水样中的 Cu、Cd	Amberlite XAD-4	2-氨基苯硫酚功能化	HCl/HNO₃	ICP-OES	0.54, 0.14	1
	壳聚糖	8-HQ 功能化	HNO₃	FAAS	0.4, 0.1	2
	壳聚糖	HQS 修饰	HNO₃	FAAS	0.2, 0.3	3
水样中的 As(V，III)	氯型阴离子交换树脂	—	中性或碱性溶液	HG-AAS	0.03～0.3	4
水样中的 Cr(III，VI)	双螯合树脂	亚氨二乙酸酯功能化	HNO₃	ICP-AES	0.08, 0.15	5
天然水中的 In、Tl、Ti、Y、Cd、Co 等	Muromac A-1	亚氨二乙酸酯功能化	HCl/HNO₃	ICP-AES	0.001～0.02	6
天然水中的 Cd	大孔阴离子树脂	钛试剂在线配位	HNO₃	FAAS	1～3	7
水样中的 Pt	聚氨酯泡沫	负载硫氰酸盐	HNO₃	ICP-OES	0.28	8
水样中的 Pb	聚氨酯泡沫	DDPA 配位	乙醇	FAAS	0.8	9
	纤维素	磷酸基团	HNO₃	FAAS	1.8	10
水样中的 Cu，Zn，Co	纤维素	8-HQ 功能化	HCl/HNO₃	FAAS	0.79～2.59	11
		邻苯二酚固定			1.78～4.66	12

续表

检测组分	微柱材料	处理方式	流动相	检测方法	检测限/(μg/L)	文献
环境水样中的 Mn(VI, VII)	交联壳聚糖	—	盐酸羟胺	FAAS	1.98	13
环境水样中的 Cr(III, VI)	壳聚糖	—	NaOH	GFAAS	46.8	14
环境水样中的无机汞	离子印迹聚合物	DAAB-VP 共聚	HCl-硫脲	CV-AAS	0.05	15
海水中的 Ni	分子印迹微珠	MAH	HNO_3, EDTA	FAAS	0.3	16
海水中的 Cu	离子印迹聚合物微珠	EGDMA-MAH	EDTA	ETAAS	0.4	17
海水中的 Mn	D-412 螯合树脂	—	0.2mol/L 乙酸铵	AAS	0.404	18
水和酒样中的 Pb	Pb-Spec	—	草酸铵	FAAS	1～3	19
食品中的 Cu	Amberlite XAD-2	负载 TAM	HCl	FAAS	0.23	20
	离子印迹聚合物	在线富集	H_2SO_4+ 乙醇	化学发光法	0.0012	21
食品中的 Pb	聚氨酯泡沫	固定 TAM	HCl	FAAS	2.2	22
豆类、干果中的 Cd	Chelite P	氨甲基磷酸基功能化	HCl	FAAS	11	23
茶叶中的 Cd	聚氨酯泡沫	5-Br-PADAP 在线沉淀	HNO_3	ICP-OES	0.004	24
虾和鱼中的 Pb	聚氨酯泡沫	BTAC 负载	HCl	FAAS	1.0	25
海鱼中的甲基汞（I）	香烟滤嘴	DDTA 在线配位	乙醇	FTAAS	6.8	26
土壤中的 Pd	香烟滤嘴	APDC 在线配位	乙醇	FTAAS	0.018	27
药品中的 Pt	纤维素	TQS，二氨基二乙胺	HCl-硫脲	AAS	0.21	28
中成药中的 Cd	D-411 螯合树脂	在线	2mol/L HNO_3	FAAS	0.0285	29
环境与生物样品中的 Cu、Pb、Cr	聚氨酯泡沫	APDC 配位	BMK	FAAS	0.2～2.0	30
环境与生物样品中的 Pb	亚氨二乙酸酯	—	HCl	HG-AFS	0.004	31
尿样中的 Bi	Amberlite XAD-7	8-HQ 在线配位	HNO_3	HG-ICP-AES	0.02	32
尿样中的 Pu-242	TRU 树脂	—		IC-MS	$0.19×10^{-6}$	33
尿样中的 Bi、Cd、Pb	Muromac A-1	亚氨二乙酸酯功能化	HNO_3	FTAAS	0.003～0.012	34
尿样中的 Ni、Bi	SP Sephadex C-25	可更新树脂	HNO_3	ICP-MS	0.0015,0.004	35
茶叶、头发、水样中的 Cr(VI)	壳聚糖	—	HNO_3	AAS	0.00069	36
乳制品中的三聚氰胺	阳离子交换树脂	固相萃取模式	氨化乙醇	UV	100	37

本表文献：

1 Lemos V A, Baliza P X. Talanta, 2005, 67(3): 564.

2 Martins A O, da Silva E L, Carasek E, et al. Anal Chim Acta, 2004, 521(2): 157.

3 Martins A O, da Silva E L, Ed uardo Carasek E, et al. Talanta, 2004, 63(2): 397.

4 Narcise C I S, Coo L D, del Mundo F R. Talanta, 2005, 68(2):298.

5 Sumida T, Ikenoue T, Hamada K, et al. Talanta, 2005, 68(2): 388.

6 Vassileva E, Furuta N. Spectrochimica Acta, Part B: Atomic Spectroscopy, 2003, 58(8): 1541.

7 Bakircioglu Y, Segade S R, Yourd E R, Tyson J F. Anal Chim Acta, 2003, 485 (1): 9.

8 Cerutti S, Salonia J A, Ferreira S L C, et al. Talanta, 2004, 63(4):1077.

9　Silva J B B da, Quináia S P, Rollemberg M C E, Fresenius J. Anal Chem, 2001, 369(7-8): 657.

10　Pyrzyńska K,Cheregi M. Water Res, 2000, 34(17): 4215.

11　Gurnani V, Singh A K, Venkataramani B. Anal Chim Acta, 2003, 485(2): 221.

12　Gurnani V, Singh A K, Venkataramani B. Talanta, 2003, 61(6): 889.

13　Xue A F, Qian S H, Huang G Q, et al. Analyst, 2001, 126(2): 239.

14　Xue A F, Qian S H,Huang G Q, et al. J Anal Atom Spectrom, 2000, 15(11): 1513.

15　Liu Y W, Chang X J, Yang D, et al. Anal Chim Acta, 2005, 538(1): 85.

16　Ersöz A, Say R, Denizli A. Anal Chim Acta, 2004, 502(1): 91.

17　Say R, Birlik E, Ersöz A, et al. Anal Chim Acta, 2003, 480(2): 251.

18　朱秀娟, 赵永强, 刘志高, 陈建钢. 广东化工, 2014, 41(18): 227.

19　Bakircioglu Y, Segade S R, Yourd E R, Tyson J F. Anal Chim Acta, 2003, 485(1): 9.

20　Ferreira S L C, Bezerra M A, dos Santos W N L, Neto B B. Talanta, 2003, 61(3): 295.

21　李慧芝, 裴梅山, 张瑾, 魏琴. 光谱学与光谱分析, 2011, 31(6):1472.

22　Ferreira S L C, dos Santos W N L, Bezerra M A, et al. Anal Bioanal Chem, 2003, 375(3): 443.

23　YebraM C, Cancela S. Anal Bioanal Chem, 2005, 382(4): 1093.

24　Marchisio P F, Sales A, Cerutti S, et al. Instrum Sci Technol, 2005, 33(4): 449.

25　LemosV A, Ferreira S L C. Anal Chim Acta, 2001, 441(2): 281.

26　Yan X P, Li Y, Jiang Y. Anal Chem, 2003, 75(10): 2251.

27　Fang J, Jiang Y, Yan X P. Environ Sci Technol, 2005, 39(1): 288.

28　Luo M B, Bi S P, Wang C Y, Huang J Z. Anal Sci, 2004, 20(1): 95.

29　邵泽生, 王新省, 宋洋, 李倩. 离子交换与吸附, 2010, 26(2): 174.

30　AnthemidisA N, Zachariadis G A, Stratis J A. Talanta, 2002, 58(5): 831.

31　Wan Z, ZhangX, Wang J H. Analyst, 2006, 131(1): 141.

32　Moyano S, Wuilloud R G, Olsina R A, Gásquez J A, Martinez L D. Talanta, 2001, 54(2): 211.

33　Epov V N, Benkhedda K, Cornett R J, Evans R D. J Anal Atom Spectrom, 2005, 20(5): 424.

34　Sung Y H, Huang S D, Anal Chim Acta, 2003, 495(1-2): 165.

35　Wang J H , Hansen E H. J Anal Atom Spectrom, 2001, 16(12): 1349.

36　吴俊玲, 王新省, 姜萍, 王彦芬. 离子交换与吸附, 2007, 23(4): 343.

37　侯彦秋, 李永生. 分析试验室, 2013, 32(8): 98.

表 5-32 非聚合材料微柱在线分离富集的分析应用

检测组分	微柱材料	处理方式	流动相	检测方法	检测限/(μg/L)	文献
鱼肉中的 Cd 形态	C_{60}	NaDDC 配位	HNO₃/I BMK	FAAS	0.1	1
蜂蜜中的 Pb	活性炭	8-HQ 配位	HNO₃	ICP - OES	0.04	2
路尘中的 Pd	膨胀石墨	DDTC 配位	HCl（甲醇）	FAAS	1.0	3
体液中的 Cr(VI)	活性炭	—	HNO₃	ICP - OES	0.029	4
环境样品中的 Cd、Mn、Ni	多壁碳纳米管	—	HNO₃	ICP - AES	—	5
水和沉积物中的 Hg、Sn	C_{60}	NaDDC 配位	乙醇	GC - MS	0.0008~0.0015	6
水和沉积物中的有机铅和汞	C_{70} 碳纳米管	—	乙酸乙酯	GC - MS	0.0005~0.002	7
水和生物样品中的 Cd、Pb	C_{60}- C_{70}	APDC 配位	乙醇	FAAS	0.1~2.4	8
饮用水中的 Cr(III)、Cr(VI)	活性炭	—	HNO₃	ETAAS	0.003	9
自来水中的 Ni	活性炭	—	HCl	VG-ICP-OES	0.06	10
天然水样中的 V(IV), V(V)	微晶萘	TTA 负载	丙酮	ICP - OES	0.068	11
天然水中的 Hg(II), CH₃Hg(I)	微晶萘	双硫腙固定	HCl	CV - AAS	0.014	12
雨水中的有机铅	C_{60}-NaDDC	—	乙酸乙酯	GC - MS	0.004~0.015	13
水样中的稀土元素	多壁碳纳米管	—	HNO₃	ICP - AES	0.003-0.057	14
水样中的 Cu	多壁碳纳米管	—	HNO₃	FAAS	0.42	15
环境水样中的 Fe(II)、Fe(III)	微晶萘	BPHA 负载	HCl	ICP - OES	0.053	16
废水中的 Pb	活性炭	负载焦性没食子酸	HNO₃	FAAS	1.0	17

续表

检测组分	微柱材料	处理方式	流动相	检测方法	检测限/(µg/L)	文献
海水和废水中的苯系物	C_{60}	—	乙酸乙酯	GC-MS	0.04	18
氯化钴电解料液中的 Pb	脱脂棉	在线共沉淀	硝酸铁	AAS	5	19
水产品中的磺胺类药残	活性碳纤维	在线预富集	甲醇-水	HPLC	0.48～1.15	20

本表文献：

1 Muñoz J , BaenaJ R, Gallego M and Valcárcel M. J Anal Atom Spectrom, 2002, 17(7): 716.

2 Soledad C, Fernández O R, Gásquez J A, et al. J of Trace Microprobe Techn, 2003, 21(3): 421.

3 Praveen R S, Daniel S, Prasada R T, Sampath S, Sreenivasa R K. Talanta, 2006, 70(2): 437.

4 Gil R A, Cerutti S, Gásquez J A,Olsina R A, Martinez L D. Spectrochim Acta B, 2005, 60(4): 531.

5 Liang P, Liu Y, Guo L, et al. J Anal Atom Spectrom, 2004, 19(11): 1489.

6 Muñoz J, Gallego M, Valcárcel M. Anal Chim Acta, 2005, 548(1-2): 66.

7 Muñoz J, Gallego M, Valcárcel M. Anal Chim, 2005, 77(16): 5389.

8 Pereira M G, Pereira-Filho E R, Berndt H, Arruda M A Z. Spectrochim Acta B, 2004, 59(4): 515.

9 GilR A, Cerutti S, Gásquez J A, et al. Talanta, 2006, 68(4): 1065.

10 Cerutti S, Moyano S, Marrero J, et al. J Anal Atom Spectrom, 2005, 20(6): 559.

11 Fan Z F, Hu B, Jiang Z C. Spectrochim Acta, Part B, 2005, 60(1): 65.

12 Haji shabani A M, Dadfarnia S, Nasirizadeh N. Anal Bioanal Chem, 2004, 378(5): 1388.

13 Baena J R, Gallego M, Valcárcel M. Anal Chem, 2002, 74(7): 1519.

14 Liang P, Liu Y, Guo L. Spectrochim Acta B, 2005, 60(1): 125.

15 Liang P, Ding Q, Song F. J Sep Sci, 2005, 28(17): 2339.

16 Xiong C M, Jiang Z C, Hu B. Anal ChimActa, 2006, 559(1): 113.

17 Ensafi A A, Khayamiani T, Karbasi M H. Anal Sci, 2003, 19(6): 953.

18 Serrano A, Gallego M. J Sep Sci, 2006, 29(1): 33.

19 张立岩, 王国强, 杨润仁. 冶金分析, 2013, 33(5): 46.

20 刘贵花, 韩德满, 梁华定, 等. 分析化学, 2012, 40(3): 432.

表 5-33　无机吸附剂微柱在线分离富集的分析应用[5]

检测组分	微柱材料	处理方式	流动相	检测方法	检测限/(µg/L)	文献
天然水中的稀土元素	C18	PAN	HNO_3	ICP-OES	0.011	1
天然水中的 V、Cr、Mn、Co	纳米氧化铝	—	HNO_3	ICP-MS	—	2
天然水中的 Cu	合成沸石	—	IBMK	FAAS	0.1～0.4	3
水样中的 Bi、Cd、Co	C18	NaDDC	甲醇	ICP-AES	0.0001～0.0147	4
水样中的 Pd	氧化铝	—	KCN	ICP-MS	0.001	5
水样中的 Cu	氧化铝	双硫腙	氢溴酸	FAAS	1.4	6
水样中的 Pb	硅胶	甲硫基水杨酸脂功能化	EDTA	ICP-AES	15.3	7
水样中的 Cr(Ⅲ)、Cr(Ⅵ)	控孔玻璃	酵母细胞固定	HCl/HNO_3	ICP-OES	0.45～1.5	8
水样中的 Fe(Ⅲ)	沸石	席夫碱修饰	EDTA	FAAS	—	9
水样中的 Mn、Zn、Ni、Cu	控孔玻璃	8-HQ 偶氮固定	HNO_3	GFAAS	—	10
自来水和河水中的 V	控孔玻璃	酵母细胞固定	HCl	ICP-OES		11
环境水样中的 Cu	13X 分子筛	—	HNO_3	AAS	0.28	12
环境水样中的 Cr(Ⅲ)、Cr(Ⅵ)	控孔玻璃	壳聚糖修饰	NaOH	FAAS	0.05	13
湖水和生物样品中的 Cu、Mn、Cr、Ni	纳米 SiO_2	—	HCl	ICP-AES	0.34～1.78	14
水样和标准物质中的 Cu	硅胶	3 (1-唑基-I)-丙基功能化	HNO_3	FAAS	0.4	15
水和维生素中的 Co	氧化铝	2-亚硝基-1-萘酚固定	乙醇	FAAS	0.02	16
水和尿样中的 Ag、Te、U、Au	C18	DDPA	甲醇	ICP-MS	0.00005-0.0022	17
环境样品中的 Pd	C18	DEBT	甲醇	ICP-MS	0.24	18

续表

检测组分	微柱材料	处理方式	流动相	检测方法	检测限/(μg/L)	文献
标准物质中的 Ni	沸石	5-Br-PADAP	HNO_3	FAAS	20	19
生物样品中的 Hg	Sol - gel	双 (2,4,4- 三 甲 基 戊 基)膦酸	HCl	CV - AAS	13.2	20
环境和生物样品中的 Cd	离子印迹硅胶		HCl	FAAS	0.07	21
环境样品中的稀土元素	纳米 SiO_2		HCl	ICP - AES	0.098～0.36	22
马路尘土中的 Pd	C18	N,N'- 二 甲 基 -N- 苯 甲酰基硫脲	乙醇	ETAAS	0.023	23
冶金样品中的 Pt (Ⅳ)	硅胶	硫脲修饰	硫脲	FAAS	60	24
血浆红细胞中的 Zn	硅胶	Nb_2O_5 修饰	HCl	FAAS	0.77	25

本表文献：

1　Bahramifar N, Yamini Y. Anal Chim Acta, 2005, 540(2): 325.

2　Yin J, Jiang Z C, Chang G, Hu B. Anal Chim Acta, 2005, 540(2): 333.

3　de Peña Y P, López W, Burguera J L, et al. Anal Chim Acta, 2000, 403(1-2): 249.

4　Karami H, Mousavi M F, Yamini Y, Shamsipur M. Anal Chim Acta, 2004, 509(1): 89.

5　Moldovan M, Gómez M M, Palacios M A. Anal Chim Acta, 2003, 478(2): 209.

6　Dadfarnia S, Salmanzadeh A M, Shabani A M H. J Anal Atom Spectrom, 2002, 17(10): 1434.

7　Zougagh M, Torres A G, Alonso E V, Cano Pavón J M. Talanta, 2004, 62(3): 503.

8　Menegário A A, Patricia S, Griselda P. Anal Chim Acta, 2005, 546(2): 244.

9　Tayebeh S, Iran S, Hossein M M. J Anal Atom Spectrom, 2005, 20(5): 476.

10　Sawula G M. Talanta, 2004, 64(1): 80.

11　Moyano S, Polla G, Smichowski P, et al. J Anal Atom Spectrom, 2006, 21(4): 422.

12　于红梅, 孙巍, 宋华.冶金分析, 2010, 30(9): 23.

13　Liu X D, Tokura S, Haruki M, et al. Carbohydr Polym, 2002, 49(2): 103.

14　Liang P, Qin Y C, Hu B, et al. Anal Chim Acta, 2001, 440(2): 207.

15　da Silva E L, Martins A O, Valentini A, et al. Talanta, 2004, 64(1): 181.

16　Haji Shabani A M, Dadfarnia S, Dehghan K. Talanta, 2003, 59(4): 719.

17　Dressler V L, Pozebon D, J Curtius A J. Anal Chim Acta, 2001, 438(1-2): 235.

18　Rudolph E, Limbeck A, Stephan Hann S. J Anal Atom Spectrom, 2006, 21(11): 1287.

19　Afzali D, Mohammad Ali Taher M A, Mostafavi A, Mahani M K. J AOAC Int, 2005, 88(3): 842.

20　Mercader Trejo F, Rodríguez de San Miguelb E, de Gyves J. J Anal At Spectrom, 2005, 20(11): 1212.

21　Fang G Z, Tan J, Yan X P. Anal Chem, 2005, 77(6):1734.

22　Liang P, Hu B, Jiang Z C, et al. J Anal Atom Spectrom, 2001, 16(8): 863.

23　Limbeck A, Rendla J, Puxbauma H. J Anal Atom Spectrom, 2003, 18(2): 161.

24　PLiu P, Pu Q S, Hua Z D, Su Z X. Analyst, 2000, 125(6): 1205.

25　Dutra R L, Maltez H F, Carasek E. Talanta, 2006, 69(2): 488.

第四节　仿生分子识别分离技术

分子识别是受体对于底物（或者说主体对于客体）的选择性结合，它是基于某些分子对（如抗原-抗体、酶-底物等）之间的特殊相互作用情况而提出的概念，其本质是除常规四种分子间相互作用力（色散力、偶极力、诱导力和氢键力）之外的、来源于分子间在空间结构上的匹配性而产生的"选择性分子间作用力"[5]。

从 1940 年 Pauling 提出"将一个分子'烙印'到一种基质上"的设想后，分子印迹技术已经成为当前的一个重要的具有特殊选择性作用的分子识别分离方法。环糊精、大环冠醚等具有特别结构的分子对特种分离也起到了很重要的积极作用。分子识别分离的研究日趋活跃，相关的印迹分子聚合物在色谱分离、抗体或受体仿生分离、人造酶体系、化学传感器、手性分离、药物有效成分分离等方面具有广泛的应用前景。分子印迹技术目前已开始应用于固相萃取和色谱分离中，其中固相萃取方面的应用情况见本分册第一章的相关介绍。

利用分子识别可在保持生物物质活性前提下，高效地分离氨基酸、糖、多肽、药物核蛋白等生物物质，但这方面的技术尚未完全成熟，也未实现工业化，有待进一步探索研究。分子识别正逐步发展成为一个新的科学领域，其主客体理论将不断完善，尤其是"分子间选择性作用力"模型的推广应用，它在分离科学中也将获得更广泛的应用。

第五节　场流分离

含多种物质的混合物之所以能被分离，其实是由于作用于混合物中待分离组分的某一特定性质的力有差异，使得各组分受力后在给定分离场中产生了不同的移动速度进而实现分离的。换言之，作用力及作用性质的不同组合与产生速度差的作用场是实现分离的两个重要因素。如果不同物质的移动速度差达不到一定程度无法实现分离，但若移动速度过慢将要增加所需分离场的长度（或面积），也将失去使用价值。同时，分离是耗能的，所需的能量移动作用力与组分移动距离的乘积，只有设法降低组分移动的距离（即减小作用场，与膜的概念相近）并尽量减小作用力，才能整体上提效降耗。

所谓分离就是充分利用各种不同的分离场，再施加恰当的作用力，来进行尽可能有效的分离。利用重力场可进行沉淀（沉降、浮选等）、离心（旋风分离、超速离心等）、过滤（微滤、超滤等）等操作；利用电能可进行质谱、电泳、电渗析等分离操作；而利用热能可进行各种蒸馏、升华、渗透汽化及热扩散等分离操作。

场流分离（field-flow fraction，FFF）是 1966 年由 Giddings 提出的。其操作是在于图 5-15 所示的矩形微流道中实现，流道的长宽高分别是 L、b 和 W，且宽高比大于 100:1。载流液的竖剖面近似为二维层流。分离场垂直于流动方向施加（见图 5-16）。样品组分除了随载流的纵向流动外，在分离场的作用下，还存在垂直于流道的漂移运动。

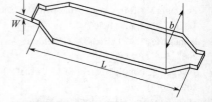

图 5-15　典型的场流分离流道结构

由于 FFF 流道高度极小，因此样品仅需要扩散很短的距离就可以到达场力与扩散力平衡的位置。故在 FFF 中，实现分离应用的场强比类似方法的场强小。虽然 FFF 的分离机理完全不同于色谱法，但其工作过程与之相似。被分离（分析）的样品脉动地注入分离流道中流动的载流液中，由于保持力的不同，样品的组分在不同的时间内出现在流道的出口[6]。

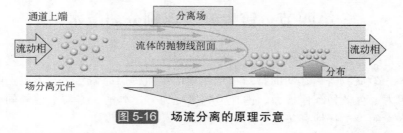

图 5-16　场流分离的原理示意

作为一类分离技术，FFF 可分离、提纯和收集流体中颗粒度从 1nm～100μm 的大分子、胶质和微粒物料，适用范围远超常见的几乎所有分离方法（见图 5-17）。场流分离法还可完成对组分多种物理特性参数的测定，如质量、密度、液力直径、电荷、普通扩散系数、热扩散系数、水动升力甚至是胶质表面组成。

　　经典的场流分离法没有固定相，被分离组分在分离过程中不存在剪切力，使得分离条件比较温和。但如果在内部填充一些合适的固定相的话，将明显改变场流分离法的分离能力与适用领域，并可用来进行特殊物质的提纯制备。同时，在分离器出口处可在线连接蒸发光散射检测器、普通紫外可见检测器、示差折光检测器或质谱检测器，便可有效地进行定性和定量检测。

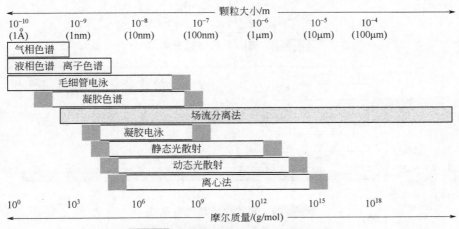

图 5-17　场流分离法的使用范围比较

　　由于 FFF 是一类分离技术，除了所施加场的种类有变化外，大多数 FFF 亚型的流道设计极其相似。根据施加分离场的不同，FFF 可分为流场、重力场（图 5-18）、热场（图 5-19）、离心力场（图 5-20）、非对称场（图 5-21）、电场等多种模式，尤其适用于热门的蛋白质组学[7~9]、细胞学[10~15]、多糖等多领域的研究中。

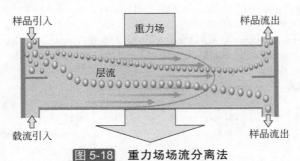

图 5-18　重力场场流分离法

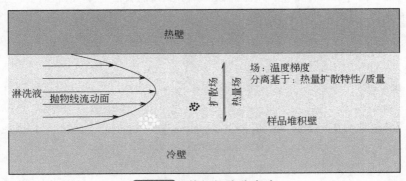

图 5-19　热场场流分离法

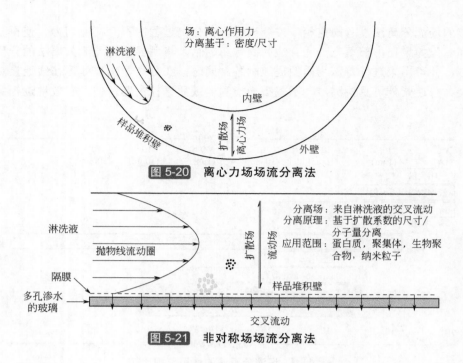

图 5-20 离心力场场流分离法

图 5-21 非对称场场流分离法

参 考 文 献

[1] 王应玮，梁树权. 分析化学中的分离方法. 北京：科学出版社，1988: 87.

[2] Cormack P A G, Elorza A Z. J Chomatogr B, 2004, 804: 173.

[3] 马俊锋，段继诚，梁振，等. 分析化学，2006, 34(11): 1649.

[4] 米勒 J M 著. 化学分离中的分离方法. 叶明吕，俞誉福，唐静娟译. 上海：上海科技出版社，1981: 96-111.

[5] Jin S S, Zheng X M. selective inter-molecular force and adaptability of groupstructure. Hangzhou: Hangzhou University Press,1993.

[6] 张学军，左春桎，文伟力. 精细化工，2005, 22(10): 773.

[7] Guo S, Zhu CQ, Han NY,et. al. Chromatogr B, 2016,1031: 1.7

[8] 郭爽，朱尘琪，韩南银等. 色谱，2016, 34(2)：146.

[9] 朱尘琪，郭爽，韩南银，等. 中国药学杂志，2016, 51(16)：1364.

[10] Urbánková E, Vacek A, Nováková N, et al. J Chromatogr A, 1992,83(1): 27.

[11] Cardot P, Elgea C, Guernet M, et al. J Chromatogr B, 1994, 654(2): 193.

[12] Parsons R, Yue V, Tong X, et al. C. J chromatogr B 1996, 686(2): 177.

[13] Roda B, Reschiglian P, Alviano F, et al. J Chromatogr A, 2009, 1216: 9081.

[14] Roda B, Reschiglian P, Zattoni A, et al. Cytometry Part B (Clinical Cytometry), 2009,76B: 285.

[15] Roda B, Reschiglian P, Zattoni A, et al. Anal Bioanal Chem, 2008, 392:137.

[16] Roda B, Zattoni A, Reschiglian P, et al. Anal Chim Acta, 2009, 635(2), 132.

[17] van Bruijnsvoort M, Wahulund K. G, Nilsson G, J Chromatogr A, 2001, 925, 171.

[18] Nilsson L, Leeman M, Wahlund K. G, Biomacromolecules, 2006, 7(9): 2671.

主要参考书

1. 刘茉娥等，膜分离技术（第二版）. 北京：化学工业出版社，2010.

2. 尹芳华，钟璟，现代分离技术. 北京：化学工业出版社，2012.

3. 罗川南. 分离科学基础. 北京：科学出版社，2012.

4. 戴猷元，王运东，王玉军，张瑾. 膜萃取技术基础. 北京：化学工业出版社，2008.

5. 大矢晴彦著. 分离的科学与技术. 张瑾译. 北京：中国轻工业出版社，1999.

6. 袁黎明. 手性识别材料. 北京：科学出版社，2010.

第六章　分离富集中表面活性剂的应用

表面活性剂是一类能显著降低水的表面张力的物质，其共同特点是分子中既有极性的亲水基（hydrophilic group）又有非极性的疏水基（hydrophobic group）。表面活性剂在分析化学中用于分离富集主要是通过增效作用来实现，即对分析分离方法有增溶、增敏、增稳及改善条件等作用。随着分析化学的发展，新的表面活性剂不断开发，其应用范围也不断扩大。如今在分析化学的各个领域，包括分子光谱分析、原子光谱分析、电分析化学、色谱分析以及分离富集等，几乎都用到表面活性剂。

第一节　概述

从分子结构看，几乎所有表面活性剂都有亲水基和疏水基两部分，所以具有亲水和亲油的双重性质，从而使其溶液具有表面活性的特性。但也有一些特殊的表面活性剂，其分子结构上不具有明显的亲水亲油两部分，因此其表面活性不显著。

一、表面活性剂的分类

表面活性剂的分类方法很多，其中最常用的分类方法是按离子类型分类，可分为阳离子型、阴离子型、两性型、非离子型和特殊型等。表 6-1 列举了一些常见的表面活性剂种类和实例。除此之外，两种或多种互不相溶的聚合物也能形成具有表面活性作用的乳液体系如第一章中提及的"双水相"体系等。

表 6-1 表面活性剂的分类[1]

分类		一般结构	类　别	实例及名称
离子型表面活性剂	阳离子型	RNH₂	伯胺	十二烷基胺盐酸盐
		RNHCH₃	仲胺	十二烷基甲基胺盐酸盐
		RN(CH₃)₂	叔胺	十二烷基二甲基胺盐酸盐
		RN⁺(CH₃)₃·Cl⁻	季铵盐①	1. $\left[CH_3-(CH_2)_{16}-\overset{\overset{CH_3}{\mid}}{\underset{\underset{CH_3}{\mid}}{N}}-CH_3\right]Br$ 溴（或氯）化十六烷基三甲基铵（CTMAB®） 2. $\left[CH_3-(CH_2)_{13}-\overset{\overset{CH_3}{\mid}}{\underset{\underset{CH_3}{\mid}}{N^+}}-CH_2-\bigcirc\right]Cl^-$ 氯化十四烷基二甲基苄基铵（Zeph®）
		$R-N\bigcirc·Cl^-$	烷基吡啶盐	$\left[CH_3(CH_2)_{13}-N\bigcirc\right]Br^-$　溴化十四烷基吡啶　盐（CPB®）

续表

分类		一般结构	类 别	实例及名称
离子型表面活性剂	阴离子型[3]	RCOONa	羧酸盐	硬脂酸钠（肥皂）
		ROSO₂Na	烷基硫酸盐	$C_{12}H_{25}OSO_2Na$ 十二烷基硫酸钠（SDS[®]）
		RSO₃Na	烷基磺酸盐[2]	$C_{12}H_{25}$——————$SO_3^-Na^+$ 十二烷基苯磺酸钠（SDBS[®]）
		ROPO₃Na	磷酸酯盐	三辛基磷酸酯
	两性离子型	RNHCH₂CH₂COOH	氨基酸型	$C_{12}H_{25}$——N(CH₃)₂——CH₂COOH 十二烷基二甲基氨基乙酸（DDMAA[®]）
		RN⁺(CH₃)₂CH₂COO⁻	甜菜碱型	十四烷基二甲基甜菜碱
		R¹——N⁺N——R²	咪唑啉型[4]	烷基咪唑啉季铵盐
非离子型表面活性剂		RO(CH₂CH₂O)ₙH	聚氧乙烯型[5]	1. C_8H_{15}————$O(CH_2CH_2O)_{8\sim10}H$ 乳化剂 OP[®] 2. $(CH_3)_3$——C——CH₂——C(CH₃)₂————$O(CH_2CH_2O)_9H$ Triton X-100[®] 3. $C_{18}H_{37}O(CH_2CH_2O)_{20}H$ Peregal O（平平加[®]）
		RCOOCH₂C(CH₂OH)₃	多元醇型	1. 月桂醇环氧乙烷加成物 2. 双甘油聚丙二醇醚
		RCOO(C₂H₅O)ₙH	脂肪酸酯型[6]	司班[®]、吐温[®]等
		RN⁺(CH₂CH₂OH)₂→O	氧化胺[7]	十四烷基二甲基氧化胺
特殊型表面活性剂		聚乙二醇、聚乙烯醇、聚丙烯酸、羧甲基纤维素、聚乙烯吡咯烷酮等		1. ————O——CH₂CH₂——O——CH₂CH₂——N⁺(CH₃)₂Cl⁻ 苄索氯胺[®] 2. 聚乙烯醇(PVA)[®] 3. 羧甲基纤维素(CMC)[®]

① 也有二烷基二甲基铵盐型、烷基二甲基苄基铵盐型等不同类别。

② 该类活性剂有烷基苯磺酸盐、烷基芳基磺酸盐、烷基萘磺酸盐等，并有萘磺酸甲醛缩合物、酚甲醛缩合物磺酸盐、烷基酚聚氧乙烯醚丁二酸酯磺酸盐等多种新型活性剂类别在多领域有多种应用。

③ 木质素磺酸盐为线形高分子物，也属于阴离子型表面活性剂，有脱糖木质素磺酸钠、脱糖缩合木质素磺酸钠、改性木质素磺酸钠、脱糖脱色木质素磺酸钠等存在。此外，还有脂肪醇聚氧乙烯醚硫酸盐（如月桂醇聚氧乙烯醚硫酸钠）、烷基（常为壬基或辛基）酚聚氧乙烯醚硫酸盐、芳烷基酚聚氧乙烯醚硫酸盐、烷基酚聚氧乙烯醚磷酸酯、脂肪醇聚氧乙烯醚磷酸酯等。

④ 也有将咪唑啉型活性剂归入阳离子型的季铵盐类中的。

⑤ 聚氧乙烯醚类表面活性剂包括烷基酚聚氧乙烯醚、苄基酚聚氧乙烯醚、（单或多）苯乙基酚聚氧乙烯醚、脂肪醇聚氧乙烯醚、苯乙基酚聚氧乙烯醚聚氧丙烯醚、脂肪胺聚氧乙烯醚等多种类别。

⑥ 该类型为脂肪酸的环氧乙烷加成物，如油酸聚氧乙烯酯、硬脂酸聚氧乙烯酯、松香酸聚氧乙烯酯、蓖麻油环氧乙烷加成物、失水山梨醇脂肪酸酯（司班系列）、失水山梨醇脂肪酸酯环氧乙烷加成物（吐温系列）等。其中，端羟基是否封闭不是十分重要。

⑦ 氧化胺既与阴离子型表面活性剂相容，又与阳离子型、非离子型表面活性剂相容，在中性、碱性溶液中显示非离子特性，在酸性溶液中显示弱阳离子特性。

⑧ 苄索氯胺也可归入季铵盐类中，属较为特殊的一种表面活性材料。

⑨ 分析化学中常用的表面活性剂。

二、表面活性剂的相关概念

（一）表面活性剂的亲憎平衡值

表面活性剂的性质由分子结构中多种因素决定，须综合考虑各种因素才能较全面地理解其分子结构与性质的关系。表面活性剂的亲憎平衡是表面活性剂的重要性质之一，1949 年 G. W. Griffin[2]提出采用亲憎平衡值（hydrophile lipophilic balance, HLB）来表征表面活性剂的这一特性，例如聚氧乙烯型非离子表面活性剂的 HLB 值可用下式计算：

$$HLB_{(非离子型)} = \frac{亲水基部分的相对分子质量}{表面活性剂的相对分子质量} \times \frac{100}{5}$$

非离子型表面活性剂的 HLB 值还可通过经验公式计算得到，如：

$$HLB_{(非离子型)} = 7 + 11.7 \times \frac{M_W}{M_O}$$

式中　M_W，M_O——活性剂中的亲水基团和亲油基团的摩尔质量。

多元醇类非离子表面活性剂的 HLB 值可按下式计算：

$$HLB = 20 \times \left(1 - \frac{S}{A}\right) = 20 \times \left(1 - \frac{多元醇酯的皂化值}{原料脂肪酸的酸值}\right)$$

式中　S/A——疏水基在分子中的质量分数；

　　　$(1-S/A)$——亲水基在分子中的质量分数。

非离子型表面活性剂的 HLB 值具有加和性，因而混合表面活性剂的 HLB 值可用下式计算：

$$HLB_{(AB)} = \frac{HLB_A W_A + HLB_B W_B}{W_A + W_B}$$

式中　W_A，W_B——活性剂 A 和 B 的量。

Griffin 将表面活性剂的 HLB 值规定在 0～40 之间，而非离子型的则在 0～20 之间（其中疏水性最大的石蜡的 HLB 值为 0，聚氧乙烯的 HLB 值为 20）。不同 HLB 值的表面活性剂有不同的性质和用途，可参考表 6-2。

表 6-2　HLB 范围及其应用

HLB 值	用　　途	HLB 值	性　　质
1.5～3.0	消泡作用	1～3	分散困难
3～6	W/O 型乳化作用	3～6	微弱分散
7～9	湿润作用	6～8	略分散，剧烈振摇后成乳剂
7～16	O/W 型乳化作用	8～10	分散较易，成稳定乳白色分散体
13～15	去污作用	10～13	分散容易，半透明或透明分散体
15～18	增溶作用	>13	全透明液

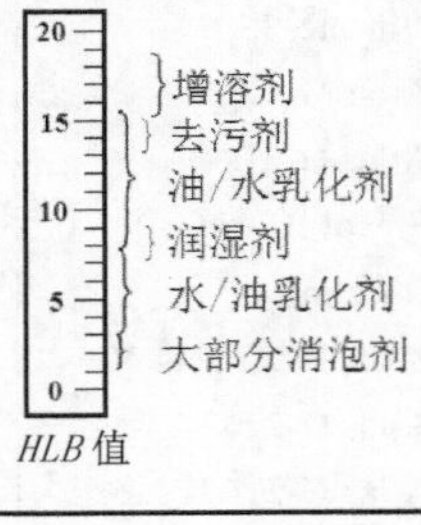

离子型表面活性剂的 HLB 值不能用上式计算，需用实验方法来测定。测定 HLB 值的方法很多，以浊度法最为简便，该法是将表面活性剂加到一定量的水中，仔细观察其溶解过程的情况，根据分散溶解程度的不同，可按表 6-3 中的性质进行对照估计。

部分表面活性剂的 HLB 值见表 6-3 和表 6-4。

表 6-3 部分表面活性剂的 *HLB* 值

商品名[①]	英文名称	中文名称	类型[②]	*HLB* 值
—	paraffin	石蜡	非	0.0
—	oleic acid	油酸	阴	1.0
Span 85/Arlacel 85	sorbitan tribleate	失水山梨醇三油酸酯	非	1.8
Atlas G-1706	polyoxyethylene sorbitol beeswax derivative	聚氧乙烯山梨醇蜂蜡衍生物	非	2.0
Span 65/Arlacel 65	soibitan tristearate	失水山梨醇三硬脂酸酯	非	2.1
Atlas G-1050	polyoxyethylene sorbitol hexasteearate	聚氧乙烯山梨醇六硬脂酸酯	非	2.6
Emcol EO-50/ES-50	ethylene glycol fatty acid ester	乙二醇脂肪酸酯	非	2.7
Atlas G-1704	polyoxyethylene sorbitol beeswax derivative	聚氧乙烯山梨醇蜂蜡衍生物	非	3.0
Emcol PO-50/PS-50	propylene glycol fatty acid ester	丙二醇脂肪酸酯	非	3.4
Atlas G-922/G-2158	propylene glycol fatty acid ester	丙二醇单硬脂酸酯	非	3.4
Emcol EL-50	ethylene glycol fatty acid ester	乙二醇脂肪酸酯	非	3.6
Emcol PP-50	propylene glycol fatty acid ester	丙二醇脂肪酸酯	非	3.7
Arlacel C/Arlacel 83	sorbitan sesquioleate	失水山梨醇倍半油酸酯	非	3.7
Atlas G-2859	polyoxyethyle esorbitol 4,5-oleate	聚氧乙烯山梨醇 4,5-油酸酯	非	3.7
Atmul 67/Atmul 84/Aldo33	glycerol monostearate	单硬脂酸甘油酯	非	3.8
Tegin 515	glycerol monostearate	单硬脂酸甘油酯	非	3.8
Ohlan	polyoxyethylene sorbitol beeswax	羟基化羊毛脂	非	4.0
Arias G-1727	polyoxyethylene sorbitol beeswax derivative	聚氧乙烯山梨醇蜂蜡衍生物	非	4.0
Emcol PM-50	propylene glycol fatty acid ester	丙二醇脂肪酸酯	非	4.1
Span 80/Arlacel 80	sorbitan monooleate	失水山梨醇单油酸酯	非	4.3
Atlas G-917/3851	propylene glycol monolaurate	丙二醇单月桂酸酯	非	4.5
Emcol PL-50	propylene glycol fatty acid ester	丙二醇脂肪酸酯	非	4.5
Span 60/Arlacel 60	sorbitan monostearate	失水山梨醇单硬脂酸酯	非	4.7
Atlas G-2139	diethylene glycol monooleat	二乙二醇单油酸酯	非	4.7
Emcol DO-50/DS-50	diethyleneglycol fattyacidester	二乙二醇脂肪酸酯	非	4.7
Atlas G-2146	diethylene glycol monostearate	二乙二醇单硬脂酸酯	非	4.7
Ameroxol OE-2	P.O.E.(2) oleylalcohol	聚氧乙烯（2EO）油醇醚	非	5.0
Atlas G-1702	polyoxyethylene sorbitol beeswax derivative	聚氧乙烯山梨醇蜂蜡衍生物	非	5.0
Emcol DP-50	diethylene glycol fatty acid ester	二乙二醇脂肪酸酯	非	5.1
Aldo 28	glycerol monostearate	单硬脂酸甘油酯	非	5.5
Emcol DM-50	diethylene glycolfattyacidester	二乙二醇脂肪酸酯	非	5.6
Glucate-SS	methyl glucoside seequisterate	甲基葡萄糖苷倍半硬脂酸酪	非	6.0
Atlas G-1725	polyoxyethylene sorbitol beeswax derivative	聚氧乙烯山梨醇蜂蜡衍生物	非	6.0
Atlas G-2124	diethylene glycol monolaurate	二乙二醇单月桂酸酯	非	6.1
Emcol DL-50	diethylene glycol fatty acid ester	二乙二醇脂肪酸酯	非	6.1
Glaurin	diethylene glycol monolaurate	二乙二醇单月桂酸酯	非	6.5
Span 40/Arlacel 40	sorbitan monopalmitate	失水山梨醇单棕榈酸酯	非	6.7
Atlas G-2242	polyoxyethylene dioleate	聚氧乙烯二油酸酯	非	7.5
Atlas G-2147	tetraethylene glycol monostearate	四乙二醇单硬脂酸酯	非	7.7
Atlas G-2140	tetraethylene glycol mbnooleat	四乙二醇单油酸酯	非	7.7
Atlas G-2800	volvoxvlropylene mannitoldioleate	聚氧丙烯甘露醇二油酸酯	非	8.0
Atlas G-1493	polyoxyet hylene sorbitol lanolin oleate derivative	聚氧乙烯山梨醇羊毛脂油酸衍生物	非	8.0
Atlas G-1425	polyoxyethylene sorbitol lanolin derivative	聚氧乙烯山梨醇羊毛脂衍生物	非	8.0
Atlas G-3608	polyoxypropylene stearate	聚氧丙烯硬脂酸酯	非	8.0
Solulan 5	P.O.E(5) lanolin alcohol	聚氧乙烯（5EO）羊毛醇醚	非	8.0

续表

商品名[①]	英文名称	中文名称	类型[②]	HLB 值
Span 20/Arlacel 20	sorbitan monolaurate	失水山梨醇月桂酸酯	非	8.6
Emulphor VN-430	polyoxyethylene fatty acid	聚氧乙烯脂肪酸	非	8.6
Atlas G-2111	polyoxyethylene oxypropylene oleate	聚氧乙烯氧丙烯油酸酯	非	9.0
Atlas G-1734	polyoxythylene sorbitol beeswax derivative	聚氧乙烯山梨醇蜂蜡衍生物	非	9.0
Atlas G-2125	tetraethylene glycol monolaurate	四乙二醇单月桂酸酯	非	9.4
Brij 30	polyoxyethylene lauryl ether	聚氧乙烯月桂醚	非	9.5
Tween 61	polyoxethylene sorbitan monostearate	聚氧乙烯（4EO）失水山梨醇单硬脂酸酯	非	9.6
Atlas G-2154	hoxaethylene glycol monostearate	六乙二醇单硬脂酸酯	非	9.6
Splulan PB-5	P.O.P(5) laolin alcohol	聚氧丙烯（5PO）羊毛醇醚	非	10.0
Tween 81	Polyoxyethylene sorbitan monooleate	聚氧乙烯（5EO）失水山梨醇单油酸酯	非	10.0
Atlas G-1218	polyoxyethylene esters of mixed fatty and resin acids	混合脂肪酸和树脂酸的聚氧乙烯酯类	非	10.2
Atlas G-3806	polyoxyethylene cetyl ether	聚氧乙烯十六烷基醚	非	10.3
Tween 65	P.O.E.(20) sorbitan tristearate	聚氧乙烯（20EO）失水山梨醇三硬脂酸酯	非	10.5
Atlas G-3705	polyoxyethylene laurylether	聚氧乙烯月桂醚	非	10.8
Tween 85	P.O.E.(20) sorbitan trioleate	聚氧乙烯（20EO）失水山梨醇三油酸酯	非	11.0
Atlas G-2116	polyoxyethylene oxypropylene oleate	聚氧乙烯氧丙烯油酸酯	非	11.0
Atlas G-1790	polyoxyethylene lanolin derivative	聚氧乙烯羊毛脂衍生物	非	11.0
Atlas G-2142	polyoxyethylene monooleate	聚氧乙烯单油酸酯	非	11.1
Myrj 45	polyoxyethylene monostearate	聚氧乙烯单硬脂酸酯	非	11.1
Atlas G-2141	polyoxyethylene enemonooleate	聚氧乙烯单油酸酯	非	11.4
P.E.G.400	monooleate Polyoxyethylene monooleate	聚氧乙烯单油酸酯	非	11.4
Atlas G-2076	polyoxyethylene monopalmitate	聚氧乙烯单棕榈酸酯	非	11.6
S-541	polyoxyethylene monostearate	聚氧乙烯单硬脂酸酯	非	11.6
Atlas G-3300	alkyl aryl sulfonate	烷基芳基磺酸盐	阴	11.7
—	triethanolamine oleate	三乙醇胺油酸酯	阴	12.0
Ameroxl OE-10	P.O.E.(10) oleyl alcohol	聚氧乙烯（10EO）油醇醚	非	12.0
Atlas G-2127	polyoxyethylene monolaurate	聚氧乙烯单月桂酸酯	非	12.8
Igepal CA-630	polyoxyethylene alkylphonol	聚氧乙烯烷基酚	非	12.8
Atlas G-1431	polyoxyethylene sorbitol landing derivative	聚氧乙烯山梨醇羊毛脂衍生物	非	13.0
Atlas G-1690	polyoxyethylene alkyl aryle ether	聚氧乙烯烷基芳基醚	非	13.0
S-307/P.E.G 400	polyoxyethylene monolaurate	聚氧乙烯单月桂酸酯	非	13.1
Atlas G-2133	polyoxyethylene lauryl ether	聚氧乙烯月桂醚	非	13.1
Atlas G-1794	polyoxyethylene castor oil	聚氧乙烯蓖麻油	非	13.3
Emulphor EL-719	polyoxyethylene vegetable oil	聚氧乙烯植物油	非	13.3
Tween 21	polyoxyethylene sorbitan monolaurate	聚氧乙烯（4EO）失水山梨醇单月桂酸酯	非	13.3
Renex 20	polyoxyethylene esters of mixed fatty and resin acid	混合脂肪酸和树脂酸的聚氧乙烯酯类	非	13.5
Atlas G-1441	polyoxyethylene sorbitol lanolin derivative	聚氧乙烯山梨醇羊毛脂衍生物	非	14.0
Solulan C-24	P.O.E.(24) cholesterol	聚氧乙烯（24EO）胆固醇醚	非	14.0
Solulan PB-20	P.O.P.(20) lanolin alcohol	聚氧丙烯（20PO）羊毛醇醚	非	14.0
Atlas G-7596j	polyoxyethylene sotbitan monolaurat	聚氧乙烯失水山梨醇单月桂酸酯	非	14.9
Tween 60	P.O.E.(20) sorbitan monostearate	聚氧乙烯（20EO）失水山梨醇单硬脂酸酯	非	14.9

续表

商品名[1]	英文名称	中文名称	类型[2]	HLB 值
Ameroxol OE-20	P.O.E.(20) oleyl alcohol	聚氧乙烯（20EO）油醇醚	非	15.0
Glucamate SSE-20	P.O.E.(20) Glucamate SS	聚氧乙烯（20EO）甲基葡萄糖苷倍半油酸酯	非	15.0
Solulan 16	P.O.E.(16) lanolin alcohol	聚氧乙烯（16EO）羊毛醇醚	非	15.0
Solulan 25	P.O.E.(25) lanolin alcohol	聚氧乙烯（25EO）羊毛醇醚	非	15.0
Solulan 97	acetylated P.O.E.(20) lanolin derivative	聚氧乙烯（9EO）乙酰化羊毛脂衍生物	非	15.0
Tween 80	P.O.E.(20) sorbitan monostearate	聚氧乙烯（20EO）失水山梨醇单油酸酯	非	15.0
Myrj 49	polyoxyethylene monostearat	聚氧乙烯单硬脂酸酯	非	15.0
Altlas G-2144	polyoxyethylene monooleate	聚氧乙烯单油酸酯	非	15.1
Atlas G-3915	polyoxyethylene oleyl ether	聚氧乙烯油基醚	非	15.3
Atlas G-3720	polyoxyethylene stearyl alcohol	聚氧乙烯十八醇	非	15.3
Atlas G-3920	polyoxyethylene oleyl alcohol	聚氧乙烯油醇	非	15.4
Emulphor ON-870	polyoxyethylene fatty alcohol	聚氧乙烯脂肪醇	非	15.4
Atlas G-2079	polyoxyethylene glycol monopalmitate	聚乙二醇单棕榈酸酯	非	15.5
Tween 40	P.O.E.(20) sorbitan monopalmitate	聚氧乙烯（20EO）失水山梨醇单棕榈酸酯	非	15.6
Atlas G-3820	polyoxyethylene cetyl alcohol	聚氧乙烯十六烷基醇	非	15.7
Atlas G-2162	polyoxyethylene oxypropylene stearate	聚氧乙烯氧丙烯硬脂酸酯	非	15.7
Atlas G-1741	polyoxyethylene sorbitan lanolin derivative	聚氧乙烯山梨醇羊毛脂衍生物	非	16.0
Myrj 51	polyoxyethylene monostearate	聚氧乙烯单硬脂酸酯	非	16.0
Atlas G-7596P	polyoxyethylene sorbitan monolaurate	聚氧乙烯失水山梨醇单月桂酸酯	非	16.3
Atlas G-2129	polyoxyethylene monolaurate	聚氧乙烯单月桂酸酯	非	16.3
Atlas G-3930	polyoxyethylene oleyl ether	聚氧乙烯油基醚	非	16.6
Tween 20	P.O.E.(20) sorbitan monolaurate	聚氧乙烯（20EO）失水山梨醇单月桂酸酯	非	16.7
Brij 35	polyoxyethylene lauryl ether	聚氧乙烯月桂醚	非	16.9
Myrj 52	polyoxyethylene monolaurate	聚氧乙烯单硬脂酸酯	非	16.9
Myrj 53	polyoxyethylene monolaurate	聚氧乙烯单硬脂酸酯	非	17.9
—	sodium oleate	油酸钠	阴	18.0
Atlas G-2159	polyoxyethylene monolaurate	聚氧乙烯单硬脂酸酯	非	18.8
—	potassium oleate	油酸钾	阴	20.0
Atlas G-263	N-cetyl N-ethyl morpholinium ethosulfate	N-十六烷基-N-乙基吗啉基乙基硫酸钠	阳	25～30
Texapon K-12	pure sodium lauryl sulfate	纯月桂基硫酸钠	阴	40

① 同一表面活性剂有不同的商品名时，用斜杠"/"分列。

② "非"表示非离子型；"阴"表示阴离子型；"阳"表示阳离子型。

表 6-4 部分系列表面活性剂的 HLB 值

名称	HLB 值	名称	HLB 值	名称	HLB 值	名称	HLB 值
Tween 61	9.6	Np-4	8.9	Span 85	1.8	Aeo-3	8
Tween 81	10.0	Np-6	10.9	Span 65	2.1	Aeo-4	9.4
Tween 65	10.5	Np-7	12.0	Span 80	4.3	Aeo-6	11.4
Tween 85	11.0	Np-8	12.6	Span 60	4.7	Aeo-9	13.3
Tween 21	13.3	Np-9	12.9	Span 40	6.7		
Tween 60	14.9	Np-10	13.2	Span 20	78.6		
Tween 80	15.0	Np-15	15.0	平平加 15	14		
Tween 40	15.6	Np-30	17.1	平平加 20	16		
Tween 20	16.7	Np-40	17.8	平平加 25	16.7		

（二）表面活性剂的临界胶束浓度

表面活性剂的表面活性源于其分子的两亲结构：亲水基团使分子有进入水中的趋势，而疏水基团则相反。两者的综合结果使活性剂分子在水相表面富集，使水相表面被非极性的碳氢链所覆盖，从而导致水的表面张力下降。表面活性剂在界面富集吸附一般为单分子层，当表面吸附达到饱和后，表面活性剂分子可在溶液内部自聚，组成最简单的胶团。

在一定的浓度范围内胶束在溶液中呈球形结构[图 6-1（a）]，具有相对恒定的分子聚集数。此时，水分子可深入到与亲水基相连的亚甲基排列成的"栅栏层"内。若是离子型表面活性剂，其反离子吸附在胶束表面。随着溶液中表面活性剂浓度的增加，胶束由球状转变为棒状结构[图 6-1（b）]，该类结构具有一定的柔顺性。当浓度继续增加，则从棒状结构转化为六角束状结构[图 6-1（c）]、板状结构或层状结构[图 6-1（d）和（e）]。表面活性剂的碳氢链在这个转变过程中从紊乱分布变为规整排列，内部形态也从液态向液晶态转变。其中，从六角束状结构开始，已表现出明显的光学各向异性性质。同时，在层状结构中，分子的排列接近双分子层结构。此外，在很高浓度的情况下，如有少量非极性溶剂存在，还有可能形成反向胶束——亲水基朝内，碳氢链朝向非极性溶剂。

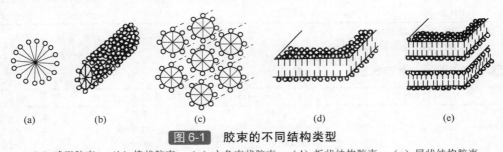

图 6-1　胶束的不同结构类型

（a）球形胶束；（b）棒状胶束；（c）六角束状胶束；（d）板状结构胶束；（e）层状结构胶束

诚然，真实的胶束外在结构绝非想象的那样规整，而是介于有序和无序之间，存在着多重分形结构（multifractal structure）[3]，且有两个相变点，分别对应于单分子⇔分形胶束⇔经典胶束结构之间的转变。

当溶液浓度达到一定程度后，溶液表面张力不再随浓度增大而降低（达到最小值），而是形成大量胶团。开始形成胶团时的表面活性剂的浓度称为临界胶束浓度（critical micelle concentration，*cmc*）。临界胶束浓度并非是单一的浓度值，而是溶液中表面活性剂分子（或离子）从分散状态变为分子及其聚合体间平衡状态的浓度范围。每一胶束中所含表面活性剂的单分子数称为聚集数（*N*）。

表面活性剂溶液形成胶束以后，具有能使在某种浓度以上难溶的物质，在该溶液中的溶解度显著增加的特性，此种作用称为增溶作用。增溶作用是表面活性剂在分析化学应用中的重要特性之一。胶束的存在，是增溶作用的必要条件，对于一种给定的表面活性剂，影响其形成胶束的因素，也同时影响着它的增溶能力。

表面活性剂的分子结构、溶液中共存的其他物质以及体系温度是影响 *cmc* 的主要因素。其中 *cmc* 的对数值与其分子的碳数 *N* 间存在线性关系：

$$\lg cmc = a - bN = \lg A + \frac{W_0 + N\Phi_m}{2.303kT}$$

式中　A——常数；

　　　k——玻尔兹曼常数；

　　W_0——分子的静电自由能，与碳氢链长无关；

　　Φ_m——形成胶束时碳氢链间相互作用的每个 CH_2 基的分子间作用力。

经计算，通常情况下，对离子型表面活性剂，$a=1.25\sim1.92$，$b=0.265\sim0.296$；对非离子型表面活性剂，$a=1.81\sim3.3$，$b=0.488\sim0.554$。

同时，能使分子溶解度增大的因素也将明显影响 cmc 值：碳氢链中每增加一个双键，cmc 值大约增加 $3\sim4$ 倍；取代基能增加表面活性剂形成胶束时的空间阻力，从而增加 cmc 值，且越靠近碳氢链中间 cmc 的增加值越大（硫酸基在十四烷基硫酸钠分子的 C-1 上时 cmc 值为 2.4mmol/L，而在 C-7 上时则增至 9.4mmol/L）。见表 6-5 和表 6-6。

表 6-5　非离子型表面活性剂的碳氢链长对其 cmc 的影响[1]

化合物[①]	cmc[②]/(mol/L)	温度/℃	化合物[①]	cmc[②]/(mol/L)	温度/℃
$R_4O(CH_2CH_2O)_6H$	0.796	20	$R_{12}O(CH_2CH_2O_6H$	0.000087	25
$R_6O(CH_2CH_2O)_5H$	0.074	20	$R_{14}O(CH_2CH_2O_6H$	0.000082	20
$R_6O(CH_2CH_2O)_4H$	0.090	20	$R_{16}O(CH_2CH_2O_6H$	0.000001	25
$R_8O(CH_2CH_2O)_5H$	0.0098	25	蔗糖十二酸酯	0.000185	20
$R_{10}O(CH_2CH_2O)_6H$	0.00092	23.5	蔗糖十四酸酯	0.0000258	20

① R_n 表示链长为 n 的碳氢链。

② cmc 均由表面张力法测定。

表 6-6　不饱和度和极性取代基对 cmc 的影响[1]

化合物	cmc/(mol/L)	测定法	温度/℃
硬脂酸钾	0.00045	折射法	55
硬脂酸钾	0.0005	电导法	60
油酸钾	0.0012	折射法	50
油酸钾	0.0015	电导法	25
反-9-十八烯酸钾	0.0015	折射法	50
反-2-羟基-9-十八烯酸钾	0.0055	折射法	55
顺-2-羟基-9-十八烯酸钾	0.0036	折射法	55
9,10-二羟基硬脂酸	0.0075	电导法	60
9,10-二羟基硬脂酸	0.008	折射法	55
$R_{16}SO_4$[①]	0.0004	表面张力法	25
$R_{16}(CH_2CH_2O)SO_4Na$[①]	$0.00021\sim0.00022$	表面张力法，染料法	25
$R_{16}(CH_2CH_2O)_3SO_4Na$[①]	$0.00007\sim0.0000123$	表面张力法，电导法	25
$R_{18}(CH_2CH_2O)_2SO_4Na$[①]	$0.00008\sim0.00007$	表面张力法，染料法	25
$R_{18}(CH_2CH_2O)_3SO_4Na$[①]	0.00005	表面张力法，染料法	25

① R_{16} 代表碳链长为 16 个碳，R_{18} 代表碳链长为 18 个碳。

过去表面活性剂的大量研究工作都与各种体系中的 cmc 测定有关，cmc 的测定方法很多，比如表面张力法、光反射法、蒸气压法等，现在已积累了大量表面活性剂 cmc 的数据，表 6-7～表 6-10 列出了一些常见的表面活性剂的 cmc 和聚集数 N。

表 6-7　一些表面活性剂水溶液的 cmc[4]

序号	化合物	温度/℃	cmc/(mol/L)
1	$C_{11}H_{23}COONa$	25	2.6×10^{-2}
2	$C_{12}H_{25}COOK$	25	1.25×10^{-2}

序号	化合物	温度/℃	cmc/(mol/L)
3	$C_{15}H_{31}COOK$	50	2.2×10^{-3}
4	$C_{17}H_{35}COOK$	55	4.5×10^{-4}
5	$C_{17}H_{33}COOK$（油酸钾）	50	1.2×10^{-3}
6	松香酸钾	25	1.2×10^{-2}
7	$C_8H_{17}SO_4Na$	40	1.4×10^{-1}
8	$C_{10}H_{21}SO_4Na$	40	3.3×10^{-2}
9	$C_{12}H_{25}SO_4Na$	40	8.7×10^{-3}
10	$C_{14}H_{29}SO_4Na$	40	2.4×10^{-3}
11	$C_{15}H_{31}SO_4Na$	40	1.2×10^{-3}
12	$C_{16}H_{33}SO_4Na$	40	5.8×10^{-4}
13	$C_8H_{17}SO_3Na$	40	1.6×10^{-1}
14	$C_{10}H_{21}SO_3Na$	40	4.1×10^{-2}
15	$C_{12}H_{25}SO_3Na$	40	9.7×10^{-3}
16	$C_{14}H_{29}SO_3Na$	40	2.5×10^{-3}
17	$C_{16}H_{33}SO_3Na$	50	7×10^{-4}
18	$p\text{-}n\text{-}C_6H_{13}\,C_8H_4SO_3Na$	75	3.7×10^{-2}
19	$p\text{-}n\text{-}C_7H_{15}\,C_6H_4SO_3Na$	75	2.1×10^{-2}
20	$p\text{-}n\text{-}C_8H_{27}\,C_6H_4SO_3Na$	35	1.5×10^{-2}
21	$p\text{-}n\text{-}C_{10}H_{21}\,C_6H_4SO_3Na$	50	3.1×10^{-2}
22	$p\text{-}n\text{-}C_{12}H_{25}\,C_6H_4SO_3Na$	60	1.2×10^{-3}
23	$p\text{-}n\text{-}C_{14}H_{29}\,C_6H_4SO_3Na$	75	6.6×10^{-4}
24	$C_{12}H_{25}NH_2 \cdot HCl$	30	1.4×10^{-2}
25	$C_{16}H_{33}NH_2 \cdot HCl$	55	8.5×10^{-4}
26	$C_{18}H_{37}NH_2 \cdot HCl$	60	5.5×10^{-4}
27	$C_8H_{17}N(CH_3)_3Br$	25	2.6×10^{-1}
28	$C_{10}H_{21}N(CH_3)_3Br$	25	6.8×10^{-2}
29	$C_{12}H_{25}N(CH_3)_3Br$	25	1.6×10^{-2}
30	$C_{14}H_{29}N(CH_3)_3Br$	30	2.1×10^{-3}
31	$C_{16}H_{33}N(CH_3)_3Br$	25	9.2×10^{-4}
32	$C_{12}H_{25}(NC_5H_5)Cl$	25	1.5×10^{-2}
33	$C_{14}H_{29}(NC_5H_5)Br$	30	2.6×10^{-3}
34	$C_{16}H_{33}(NC_5H_5)Cl$	25	9.0×10^{-4}
35	$C_{18}H_{37}(NC_5H_5)Cl$	25	2.4×10^{-4}
36	$C_8H_{17}N^+(CH_3)_2CH_2COO^-$	27	2.5×10^{-1}
37	$C_8H_{17}CH(COO^-)N^+(CH_3)_3$	27	9.7×10^{-2}
38	$C_8H_{17}CH(COO^-)N^+(CH_3)_3$	60	8.6×10^{-2}
39	$C_{10}H_{21}CH(COO^-)N^+(CH_3)_3$	27	1.3×10^{-2}
40	$C_{12}H_{25}CH(COO^-)N^+(CH_3)_3$	27	1.3×10^{-3}
41	$C_6H_{13}(OC_2H_4)_6OH$	20	7.4×10^{-2}
42	$C_6H_{13}(OC_2H_4)_6OH$	40	5.2×10^{-2}
43	$C_8H_{17}(OC_2H_4)_6OH$	25	9.9×10^{-3}
44	$C_{10}H_{21}(OC_2H_4)_6OH$	25	9×10^{-4}
45	$C_{12}H_{25}(OC_2H_4)_6OH$	25	8.7×10^{-5}
46	$C_{14}H_{29}(OC_2H_4)_6OH$	—	1.0×10^{-5}
47	$C_{16}H_{33}(OC_2H_4)_6OH$	25	1×10^{-6}
48	$C_{12}H_{25}(OC_2H_4)_6OH^{①}$	25	4×10^{-5}

续表

序号	化合物	温度/℃	cmc/(mol/L)
49	$C_{12}H_{25}(OC_2H_4)_7OH$ [1]	25	4×10^{-5}
50	$C_{12}H_{25}(OC_2H_4)_9OH$	23	1×10^{-4}
51	$C_{12}H_{25}(OC_2H_4)_{12}OH$	23	1.4×10^{-4}
52	$C_{12}H_{25}(OC_2H_4)_{14}OH$	25	5.5×10^{-5}
53	$C_{12}H_{25}(OC_2H_4)_{23}OH$	25	6.0×10^{-5}
54	$C_{12}H_{25}(OC_2H_4)_{31}OH$	25	8.0×10^{-5}
55	$C_{16}H_{33}(OC_2H_4)_7OH$	25	1.7×10^{-6}
56	$C_{16}H_{33}(OC_2H_4)_9OH$	25	2.1×10^{-6}
57	$C_{16}H_{33}(OC_2H_4)_{12}OH$	25	2.3×10^{-6}
58	$C_{16}H_{33}(OC_2H_4)_{15}OH$	25	3.1×10^{-6}
59	$C_{16}H_{33}(OC_2H_4)_{21}OH$	25	3.9×10^{-6}
60	$p\text{-}i\text{-}C_8H_{17}C_6H_4O(C_2H_4O)_2H$	25	1.3×10^{-4}
61	$p\text{-}i\text{-}C_8H_{17}C_6H_4O(C_2H_4O)_3H$	25	9.7×10^{-5}
62	$p\text{-}i\text{-}C_8H_{17}C_6H_4O(C_2H_4O)_4H$	25	1.3×10^{-4}
63	$p\text{-}i\text{-}C_8H_{17}C_6H_4O(C_2H_4O)_5H$	25	1.5×10^{-4}
64	$p\text{-}i\text{-}C_8H_{17}C_6H_4O(C_2H_4O)_6H$	25	2.1×10^{-4}
65	$p\text{-}i\text{-}C_8H_{17}C_6H_4O(C_2H_4O)_7H$	25	2.5×10^{-4}
66	$p\text{-}i\text{-}C_8H_{17}C_6H_4O(C_2H_4O)_8H$	25	2.8×10^{-4}
67	$p\text{-}i\text{-}C_8H_{17}C_6H_4O(C_2H_4O)_9H$	25	3.0×10^{-4}
68	$p\text{-}i\text{-}C_8H_{17}C_6H_4O(C_2H_4O)_{10}H$	25	3.3×10^{-4}
69	$C_8H_{17}OCH(CHOH)_5$（辛基 β-D-葡萄糖苷）	25	2.5×10^{-2}
70	$C_{10}H_{21}OCH(CHOH)_5$	25	2.2×10^{-3}
71	$C_{12}H_{25}OCH(CHOH)_5$	25	1.9×10^{-4}
72	$C_6H_{13}[OCH_2CH(CH_3)]_2(OC_2H_4)_{9.9}OH$	20	4.7×10^{-2}
73	$C_6H_{13}[OCH_2CH(CH_3)]_3(OC_2H_4)_{9.7}OH$	20	3.2×10^{-2}
74	$C_6H_{13}[OCH_2CH(CH_3)]_4(OC_2H_4)_{9.9}OH$	20	1.9×10^{-2}
75	$C_7H_{15}[OCH_2CH(CH_3)]_3(OC_2H_4)_{9.7}OH$	20	1.1×10^{-2}
76	$n\text{-}C_{12}H_{25}N(CH_3)_2O$	27	2.1×10^{-3}
77	$C_9H_{19}C_6H_4O(C_2H_4O)_{9.5}H$ [2]	25	$(7.8\sim9.2)\times10^{-5}$
78	$C_9H_{19}C_6H_4O(C_2H_4O)_{10.5}H$ [2]	25	$(7.5\sim9)\times10^{-5}$
79	$C_9H_{19}C_6H_4O(C_2H_4O)_{15}H$ [2]	25	$(1.1\sim1.3)\times10^{-4}$
80	$C_9H_{19}C_6H_4O(C_2H_4O)_{20}H$ [2]	25	$(1.35\sim1.75)\times10^{-4}$
81	$C_9H_{19}C_6H_4O(C_2H_4O)_{30}H$ [2]	25	$(2.5\sim3.0)\times10^{-4}$
82	$C_9H_{19}C_6H_4O(C_2H_4O)_{100}H$ [2]	25	1.0×10^{-5}
83	$C_9H_{19}COO(C_2H_4O)_{7.0}CH_3$ [1]	27	8.0×10^{-4}
84	$C_9H_{19}COO(C_2H_4O)_{10.3}CH_3$ [1]	27	10.5×10^{-4}
85	$C_9H_{19}COO(C_2H_4O)_{11.9}CH_3$ [1]	27	14.0×10^{-4}
86	$C_9H_{19}COO(C_2H_4O)_{16.0}CH_3$ [2]	27	16.0×10^{-4}
87	$(CH_3)_3SiO[Si(CH_3)_2O]Si(CH_3)_2CH_2(C_2H_4O)_{8.2}CH_3$	25	5.6×10^{-5}
88	$(CH_3)_3SiO[Si(CH_3)_2O]Si(CH_3)_2CH_2(C_2H_4O)_{12.8}CH_3$	25	2.0×10^{-5}
89	$(CH_3)_3SiO[Si(CH_3)_2O]Si(CH_3)_2CH_2(C_2H_4O)_{17.3}CH_3$	25	1.5×10^{-5}
90	$(CH_3)_3SiO[Si(CH_3)_2O]Si(CH_3)_2CH_2(C_2H_4O)_{17.3}CH_3$	25	5.0×10^{-5}

① 氧乙烯数为平均值，产品经分子蒸馏提纯。

② 商品未经分子蒸馏提纯。

表 6-8 一些表面活性剂在非水溶液中的 cmc[4]

化 合 物	溶 剂	温度/℃	cmc/(mol/L)	方 法[①]
$n\text{-}C_4H_9N^+H_3C_2H_5COO^-$	苯	30	$(4.5\sim5.5)\times10^{-2}$	NMR
	四氯化碳	30	$(2.3\sim2.6)\times10^{-2}$	NMR
$n\text{-}C_6H_{13}N^+H_3C_2H_5COO^-$	苯	30	$(2.2\sim3.2)\times10^{-2}$	NMR
	四氯化碳	30	$(2.1\sim2.4)\times10^{-2}$	NMR
$n\text{-}C_8H_{17}N^+H_3C_2H_5COO^-$	苯	30	$(1.5\sim1.7)\times10^{-2}$	NMR
	四氯化碳	30	$(2.6\sim3.1)\times10^{-2}$	NMR
$n\text{-}C_{10}H_{21}N^+H_3C_2H_5COO^-$	苯	30	$(8\sim10)\times10^{-3}$	NMR
	四氯化碳	30	$(2.2\sim2.7)\times10^{-2}$	NMR
$n\text{-}C_{12}H_{25}N^+H_3C_2H_5COO^-$	苯	30	$(3\sim7)\times10^{-3}$	NMR
	四氯化碳	30	$(2.1\sim2.5)\times10^{-2}$	NMR
	苯	10	2×10^{-3}	ws
	苯	26	2×10^{-3}	ws
	苯	40	5×10^{-3}	ws
$n\text{-}C_{15}H_{37}N^+H_3C_2H_5COO^-$	苯	26	8×10^{-3}	ws
	苯	40	1×10^{-2}	ws
$n\text{-}C_{12}H_{25}N^+H_3C_3H_7COO^-$	苯	10	3×10^{-3}	ws
	苯	26	1.8×10^{-2}	ws
	苯	40	2.0×10^{-2}	ws
	四氯化碳	26	1.0×10^{-2}	ws
	环己烷	26	3×10^{-3}	ws
	环己烷	30	5.1×10^{-3}	vp
	环己烷	40	7.8×10^{-3}	vp
	环己烷	50	1.16×10^{-2}	vp
$n\text{-}C_{12}H_{25}N^+H_3C_7H_{15}COO^-$	苯	10	2.0×10^{-2}	ws
	苯	26	2.5×10^{-2}	ws
	苯	40	2.5×10^{-2}	ws
		26	4.5×10^{-2}	ws
	环己烷	26	2.0×10^{-2}	ws
	环己烷	30	3.8×10^{-3}	vp
	环己烷	40	5.5×10^{-3}	vp
	环己烷	50	8.4×10^{-3}	vp
$n\text{-}C_{18}H_{37}N^+H_3C_7H_{15}COO^-$	环己烷	30	5.7×10^{-3}	vp
	环己烷	40	6.7×10^{-3}	vp
	环己烷	50	8.8×10^{-3}	vp
$n\text{-}C_{12}H_{25}(NC_5H_5)I$	苯	20	7×10^{-5}	DAds
二壬基萘磺酸钠	苯	25	$10^{-6}\sim10^{-7}$	Fd
二壬基萘磺酸钡	苯	25	$10^{-6}\sim10^{-7}$	Fd
$C_4H_9(C_2H_5)CHCH_2OCOCH_2$	苯	20	2.0×10^{-3}	DAds
$C_4H_9(C_2H_5)CHCH_2OCOCH$	四氯化碳	20	6.0×10^{-4}	DAds
$\qquad\qquad\qquad SO_3Na$	苯	—	3×10^{-3}	ls
	环己烷	—	1.6×10^{-3}	ls
	环己烷	25	$(0.95\sim1.1)\times10^{-3}$	UV
$n\text{-}C_{12}H_{25}(OC_2H_4)_2OH$	苯	—	7.6×10^{-3}	ls
$n\text{-}C_{13}H_{27}(OC_2H_4)_6OH$	苯	—	2.6×10^{-3}	ls
琥珀酸二己酯磺酸钠	环己烷	25	$(1.1\sim1.9)\times10^{-2}$	UV

续表

化 合 物	溶 剂	温度/℃	cmc/(mol/L)	方 法[1]
琥珀酸二壬酯磺酸钠	环己烷	25	$(6.5×8.4)×10^{-3}$	UV
琥珀酸二月桂脂磺酸钠	环己烷	25	$4.0×10^{-4}$	UV
琥珀酸二(十三烷基)酯磺酸钠	环己烷	25	$(0.9\sim1.2)×10^{-3}$	UV
$n\text{-}C_4H_9N^+H_3C_2H_5COO^-$	氯苯	30~36	$(1.1\sim1.3)×10^{-1}$	NMR
$n\text{-}C_6H_{13}N^+H_3C_2H_5COO^-$	氯苯	30~36	$(8\sim10)×10^{-2}$	NMR
$n\text{-}C_8H_{17}N^+H_3C_2H_5COO^-$	氯苯	30~36	$(5\sim5.5)×10^{-2}$	NMR
癸酸-α-甘油单酯	氯苯	28~30	0.2g/L	ls
月桂酸-α-甘油单酯	氯苯	28~30	1.0 g/L	ls
棕榈酸-α-甘油单酯	氯苯	28~30	0.6 g/L	ls
硬脂酸-α-甘油单酯	氯苯	28~30	1.6 g/L	ls
C_9H_{19}—⬡—$O(C_2H_4O)_9H$ (lgepal CO 630)	甲酰胺	27.5	$1.57×10^{-2}$[2]	ST
	甲酸	27.5	$4.5×10^{-1}$[2]	ST
	乙二胺	27.5	$3.39×10^{-1}$[2]	ST
	乙醇胺	27.5	$1.53×10^{-2}$[2]	ST
	乙二醇	27.5	$1.25×10^{-2}$[2]	ST
	甘油	27.5	$8.7×10^{-5}$[2]	ST
	1,3—丙二醇	27.5	$6.3×10^{-2}$[2]	ST
	1,4—丁二醇	27.5	$1.6×10^{-1}$[2]	ST

① NMR——核磁共振法；ws——水加溶法；vp——蒸汽压法；DAds——染料吸附法；ls——光散射法；UV——紫外吸收光谱法；ST——表面张力法；Fd——荧光法。
② 以摩尔分数表示，单位为1。

表 6-9 一些表面活性剂在水溶液中的聚集数[4]

表面活性剂	介 质	温度/℃	胶团聚集数	方法[1]
$C_8H_{17}SO_3Na$	H_2O	23	25	ls
$C_{10}H_{21}SO_3Na$	H_2O	30	40	ls
$C_{12}H_{25}SO_3Na$	H_2O	40	54	ls
$C_{14}H_{29}SO_3Na$	H_2O	60	80	ls
$C_8H_{17}SO_4Na$	H_2O	室温	20	ls
$C_{10}H_{21}SO_4Na$	H_2O	室温	50	ls
$C_{10}H_{21}SO_4Na$	H_2O	23	50	ls
$C_{12}H_{25}SO_4Na$	H_2O	—	62	ls
$C_{12}H_{25}SO_4Na$	H_2O	23	71	ls
$C_{12}H_{25}SO_4Na$	H_2O	25	80	EM
$C_{12}H_{25}SO_4Na$	H_2O	25	89	D
$(C_8H_{17}SO_3)_2Mg$	H_2O	23	51	ls
$(C_{10}H_{21}SO_2)_2Mg$	H_2O	60	103	ls
$(C_{12}H_{25}SO_3)_2Mg$	H_2O	60	107	ls
$C_{12}H_{25}SO_4Na$	NaCl(0.01mol/L)	25	89	EM
$C_{12}H_{25}SO_4Na$	NaCl(0.03mol/L)	25	100	EM
$C_{12}H_{25}SO_4Na$	NaCl(0.05mol/L)	25	105	EM
$C_{12}H_{25}SO_4Na$	NaCl(0.1mol/L)	25	112	EM
$C_{10}H_{21}N(CH_3)_3Br$	H_2O	—	36.4	ls
$C_{12}H_{25}N(CH_3)_3Br$	H_2O	—	50	ls
$C_{14}H_{29}N(CH_3)_3Br$	H_2O	—	75	ls
$C_{12}H_{25}NH_2 \cdot HCl$	H_2O	—	55.5	ls
$C_{12}H_{25}NH_2 \cdot HCl$	NaCl(0.0157mol/L)	—	92	ls
$C_{12}H_{25}NH_2 \cdot HCl$	NaCl(0.0460mol/L)	—	142	ls

表面活性剂	介 质	温度/℃	胶团聚集数	方法[①]
$C_{16}H_{33}(NC_5H_5)Cl$	NaCl(0.0175mol/L)	约31	95	ls
$C_{16}H_{33}(NC_5H_5)Cl$	NaCl(0.0584mol/L)	约31	117	ls
$C_{16}H_{33}(NC_5H_5)Cl$	NaCl(0.0438mol/L)	约31	135±1	ls
$C_{11}H_{23}COONa$	KBr(0.013mol/L)	—	56	ls
$C_{11}H_{23}COOK$	H_2O	室温	50	ls
$C_{11}H_{23}COOK$	KBr(0.8mol/L)			
$C_{11}H_{23}COOK$	K_2CO_3(0.1mol/L)	—	110	DV
$C_{11}H_{23}COOK$	KBr(1.6mol/L)	—	360	DV
$C_{11}H_{23}COOK$	K_2CO_3(0.1mol/L)			
$C_{12}H_{25}O(C_2H_4O)_6H$	H_2O	15	140	ls
$C_{12}H_{25}O(C_2H_4O)_6H$	H_2O	25	400	ls
$C_{12}H_{25}O(C_2H_4O)_6H$	H_2O	35	1400	ls
$C_{12}H_{25}O(C_2H_4O)_6H$	H_2O	45	4000	ls
$C_{12}H_{25}O(C_2H_4O)_8H$[②]	H_2O	25	123	ls
$C_{12}H_{25}O(C_2H_4O)_{12}H$[②]	H_2O	25	81	ls
$C_{12}H_{25}O(C_2H_4O)_{18}H$[②]	H_2O	25	51	ls
$C_{12}H_{25}O(C_2H_4O)_{23}H$[②]	H_2O	25	40	ls
$C_8H_{17}O(C_2H_4O)_6H$	H_2O	18	30	ls
$C_8H_{17}O(C_2H_4O)_6H$	H_2O	30	41	ls
$C_8H_{17}O(C_2H_4O)_6H$	H_2O	40	51	ls
$C_8H_{17}O(C_2H_4O)_6H$	H_2O	60	210	ls
$C_{10}H_{21}O(C_2H_4O)_6H$	H_2O	35	260	ls
$C_{14}H_{29}O(C_2H_4O)_5H$	H_2O	35	7500	ls
$C_{16}H_{33}O(C_2H_4O)_5H$	H_2O	34	16600	ls
$C_{16}H_{33}O(C_2H_4O)_6H$	H_2O	25	2430	ls
$C_{16}H_{33}O(C_2H_4O)_7H$	H_2O	25	594	ls
$C_{16}H_{33}O(C_2H_4O)_9H$	H_2O	25	219	ls
$C_{16}H_{33}O(C_2H_4O)_{12}H$	H_2O	25	152	ls
$C_{16}H_{33}O(C_2H_4O)_{21}H$	H_2O	25	70	ls
C_9H_{19}—⟨⟩—$O(C_2H_4O)_{10}H$[③]	H_2O	25	276	ls
C_9H_{19}—⟨⟩—$O(C_2H_4O)_{15}H$[③]	H_2O	25	80	ls
C_9H_{19}—⟨⟩—$O(C_2H_4O)_{20}H$[③]	H_2O	25	62	ls
C_9H_{19}—⟨⟩—$O(C_2H_4O)_{30}H$[③]	H_2O	25	44	ls
C_9H_{19}—⟨⟩—$O(C_2H_4O)_{50}H$[③]	H_2O	25	20	ls
$C_{10}H_{21}O(C_2H_4O)_8CH_3$	H_2O	30	83	ls
$C_{10}H_{21}O(C_2H_4O)_8CH_3$	H_2O+2.3%正癸烷	30	90	ls
$C_{10}H_{21}O(C_2H_4O)_8CH_3$	H_2O+4.9%正癸烷	30	105	ls
$C_{10}H_{21}O(C_2H_4O)_8CH_3$	H_2O+3.4%正癸醇	30	89	ls
$C_{10}H_{21}O(C_2H_4O)_8CH_3$	H_2O+8.5%正癸醇	30	109	ls
$C_{10}H_{21}O(C_2H_4O)_8CH_3$	H_2O+16.6%正癸醇	30	351	ls
$C_{10}H_{21}O(C_2H_4O)_{11}CH_3$	H_2O	30	65	ls
$C_{10}H_{21}O(C_2H_4O)_{12}CH_3$	H_2O	29	53	ls
$C_8H_{17}N^+(CH_3)_2CH_2COO^-$	H_2O	21	24	ls
$C_8H_{17}CH(COO^-)N^+(CH_3)_3$	H_2O	21	31	ls
$C_{12}H_{25}SO_4Na$	NaCl(0.1mol/L)	17	106	ls
$C_{12}H_{25}SO_4Na$	NaCl(0.1mol/L)	18	105	ls

续表

表面活性剂	介 质	温度/℃	胶团聚集数	方法[①]
$C_{12}H_{25}SO_4Na$	NaCl(0.1mol/L)	20	101	ls
$C_{12}H_{25}SO_4Na$	NaCl(0.1mol/L)	30	88	ls
$C_{12}H_{25}SO_4Na$	NaCl(0.1mol/L)	50.2	78	ls
$C_{12}H_{25}SO_4Na$	NaCl(0.1mol/L)	69.8	68	ls

① ls：光散射；EM：电泳；D：扩散；DV：扩散—黏度；NMR：核磁共振。

② 商品。

③ 提纯商品。

表6-10 一些表面活性剂在有机溶剂中的聚集数[4]

化 合 物	溶 剂	温度/℃	浓度/%	聚集数	方法[①]
$(C_7H_{15}COO)_2Zn$	甲苯	111	无限稀	6.3	eb
$(C_7H_{15}COO)_2AlOH$	苯	30	0.08~0.3	200~370	vp
$(C_{11}H_{23}COO)_2Zn$	甲苯	111	0.6~1.9	5~6	eb
$(C_{11}H_{23}COO)_2AlOH$	苯	30	0.02~0.4	200~920	vp
		20	0.01~1	6~573	vp
		50	0.01~1	10~681	vp
$C_9H_{19}COOLi$	异辛烷	32	0.2~0.6	37~96	vp
		室温	<1	149	ls
	苯	32	0.15~0.6	52~63	vp
$(C_{11}H_{23}COO)_3Fe$	甲苯	111	0.3~3	2	eb
琥珀酸二丁酯磺酸钠	苯	40	0.4~4	9~25	vp
苯琥珀酸二己酯磺酸钠	苯	40	0.4~3	10~19	vp
琥珀酸二辛酯磺酸钠	苯	40	0.4~4	9~18	vp
琥珀酸二癸酯磺酸钠	苯	40	0.4~3	9~18	vp
琥珀酸二十二烷基酯磺酸钠	苯	40	0.4~3	4~17	vp
琥珀酸二(2-乙基己基)酯磺酸钠	苯	40	0.4~4	9~14	vp
	异辛烷	40	0.4~4	<21	vp
	异辛烷	25	1~7	20~28	ls
	苯	28	1~3	23	ls
	环己烷	28	1~3	45~65	ls
	四氯化碳	40	0.4~4	20	vp
	环己烷	37	无限稀	90	ws
二壬基萘磺酸锂	苯	35	0.5~6	7	vp
二壬基萘磺酸钠	苯	35	0.5~10	7	vp
二壬基萘磺酸铯	苯	35	0.5~5	6	vp
二壬基萘磺酸钡	苯		1~5	5	vp
$n\text{-}C_8H_{17}NH_3^+C_2H_5COO^-$	苯	30		5±1	NMR
$n\text{-}C_8H_{17}NH_3^+C_3H_7COO^-$	苯	30		3±1	NMR
$n\text{-}C_8H_{17}NH_3^+C_5H_{11}COO^-$	苯	30		3±1	NMR
$n\text{-}C_8H_{17}NH_3^+C_8H_{17}COO^-$	苯	30		3±1	NMR
$n\text{-}C_8H_{17}NH_3^+C_{11}H_{23}COO^-$	苯	30		7±1	NMR
$n\text{-}C_8H_{17}NH_3^+C_{13}H_{27}COO^-$	苯	30		3±1	NMR
$C_{12}H_{25}NH_3^+C_2H_5COO^-$	苯	5	5	5.6	cr
十二胺油酸盐	苯	5	5	3	cr
$C_{18}H_{37}NH_3^+C_7H_{15}COO^-$	环己烷	30	0.3~5	3.1	vp
		40	0.3~5	3.0	vp
		50	0.3~5	2.6	vp

化 合 物	溶 剂	温度/℃	浓度/%	聚集数	方法[①]
$[(C_8H_{17})_2N^+H_2]_2SO_4^-$	苯	5	0.3~6.7	1.0~2.8	cr
$[(C_{10}H_{21})_2N^+H_2]_2SO_4^-$	苯		0.2~1.1	38	ls
$[(C_8H_{17})_3N^+H]_2SO_4^-$	苯		1~6	1	ls
$[(C_8H_{17})_3N^+H]HSO_4^-$	苯		2~8	2	ls
$(C_{12}H_{25})_2NH \cdot HBr$	甲苯	50	0.1~1	2.6~2.9	vp
	氯苯	50	0.1~1	1.7~2.7	vp
$(C_{12}H_{25})_3N \cdot HBr$	氯苯	50	0.3~5	1.0~1.2	vp
	甲苯	50	0.2~5	1.1~1.7	vp
$(C_{12}H_{25})_4N^+ \cdot Br^-$	甲苯	50	0.3~3	2.1~12.6	vp
	氯苯	50	0.3~3	1.1~2.3	vp
$C_{12}H_{25}(C_3H_7)N^+(CH_3)_2Br^-$	苯	40	0.3~3	2~9	vp
$C_{12}H_{25}(C_3H_7)N^+(CH_3)_2I^-$	苯	40	0.3~3	3~8	vp
$C_{12}H_{25}(C_3H_7)N^+(CH_3)_2Cl^-$	苯	40	0.3~3	4~12	vp
$(C_{12}H_{25})_2N^+(CH_3)_2Cl^-$	苯	50	4	6.5	ws
$(C_{12}H_{25})_2N^+(CH_3)_2Br^-$	苯	50	4	6	ws
$(C_{12}H_{25})_2N^+(CH_3)_2I^-$	苯	50	4	5.5	ws
$n\text{-}C_{12}H_{25}O(EO)H$	苯	室温	<1.2	1	ls
$n\text{-}C_{12}H_{25}O(EO)_2H$	苯	室温	<1.2	34	ls
$n\text{-}C_{12}H_{25}O(EO)_6H$	苯	48	0.06~0.3	1.22	vp
$n\text{-}C_{13}H_{27}O(EO)_6H$	苯	室温	<1.2	99	ls
$n\text{-}C_{14}H_{29}O(EO)_6H$	苯	48	0.08~0.3	1.1	vp
	乙醇	48	0.2~0.5	0.8	vp
$C_5H_{11}COOCH_2CH(OH)CH_2OH$	苯			42	ls
$C_{11}H_{23}COOCH_2CH(OH)CH_2OH$	苯			73	ls
$C_{13}H_{27}COOCH_2CH(OH)CH_2OH$	苯			86	ls
$C_{15}H_{31}COOCH_2CH(OH)CH_2OH$	苯			15	ls
$C_{17}H_{35}COOCH_2CH(OH)CH_2OH$	苯			11	ls
$n\text{-}C_{12}H_{25}O(C_2H_4O)_2H$	苯			34	ls
$n\text{-}C_{13}H_{27}O(C_2H_4O)_6H$	苯			99	ls
$C_9H_{19}\text{—}\overset{}{\bigcirc}\text{—}O(EO)_6H$	苯	37		2	ws
$C_9H_{19}\text{—}\overset{}{\bigcirc}\text{—}O(EO)_7H$	苯			2	ws
$C_{12}H_{25}O(EO)_9H$	苯	50	6	1	cr
	环己烷	20	6	4	cr
α-甘油单酯					
癸酸酯	苯	室温	0.2~1	42	ls
		30	0.15~1.5	1~1.2	vp
月桂酸酯	苯	室温	0.2~1	73	ls
棕榈酸酯	苯	室温	0.2~1	15	ls
硬脂酸酯	苯	室温	0.2~1	11	ls
		37	0.2~4	1~1.5	vp
油酸酯	苯	20	0.01~0.06	19	ls
亚油酸酯	苯	20	0.01~0.07	15	ls
蓖酸酯	苯	20	0.01~0.09	50	ls

① eb——沸点升高法；vp——蒸气压法；ls——光散射法；cr——凝固点降低法；ws——水加溶法；NMR——核磁共振法。

（三）胶束形成热力学

胶束是一种疏水基烃基链在内、亲水基向外的有序排列结构，在单分子状态向胶束状态转变过程中，由于原本结合于烃基链表面之水的"冰状结构"（因液态水是由氢键连接而成的四面体型冰状分子与非结合的自由水组成）被破坏，释放出较多的自由水分子，使得胶束形成过程中体系处于熵增加状态。换言之，胶束的形成不是单纯由水分子与烃基链间的相互排斥作用、烃链间的范德华力作用推动的，更交织着疏水烃基链周围水的"冰状结构"被破坏。因而，胶束形成是个热力学的自发过程，属于热力学稳定体系。不同温度下十二烷基硫酸钠（SDS）溶液的热力学参数见表 6-11。

表 6-11 不同温度下十二烷基硫酸钠（SDS）溶液的热力学参数[5]

T/K	$cmc/(mol/L)$	$\Delta_{mic}G^{\ominus}/(kJ/mol)$	$\Delta_{mic}H/(kJ/mol)$	$\Delta_{mic}S^{\ominus}/(kJ/mol)$	$T\Delta_{mic}S^{\ominus}/[kJ/(mol \cdot K)]$
289.15	0.007882	−18.10	−0.4799	60.95	17.62
293.15	0.007868	−18.36	−0.4444	61.12	17.92
298.15	0.007854	−18.68	0.6114	64.71	19.29
303.15	0.007910	−18.97	1.925	68.92	20.89
308.15	0.007982	−19.24	2.050	69.10	21.29
318.15	0.008104	−19.81	2.081	68.79	21.89
328.15	0.008239	−20.36	2.297	69.04	21.66

第二节　用于分离富集的表面活性剂

表面活性剂的非水溶液体系因有机溶剂的多样性，可以呈现出各种各样的性质。对于胶束而言，有机溶剂中胶束的聚集数较小（常在 10 以下），没有一个明显的临界胶束浓度，形成胶束的浓度区域很宽。

表面活性剂的有机溶液与实际应用有着密切的关系。在分析化学中，有机溶剂中的表面活性剂在萃取分离中有着广泛的应用，其在金属离子分离中起着尤其重要的作用。

一、常用的表面活性剂有机溶剂体系（见表 6-12）

表 6-12 分析化学中常用的表面活性剂有机溶液体系[1]

表面活性剂及结构	溶剂	浓度范围	N（聚集数）
阳离子型表面活性剂			
通式：$R^1R^2R^3R^4N^+X^-$			
① 丁酸四（十四烷基）铵（TDAB）	苯		
$R^1=R^2=R^3=R^4=C_{14}H_{29}$, X=$CH_3(CH_2)_2COO^-$	加入水的量		
	0	—	4.3
	0.1g/ml		23.2
	0.26g/ml		34.5
② 高氯酸四丁铵（t-BAP）	苯	$10^{-3}\sim10^{-2}$mol/L	3～6
$R^1=R^2=R^3=R^4=C_4H_9$, X=ClO_4^-			
③ 三（十二烷基）铵盐（TLAB 或 TLAN）	苯		2～6
$R^1=R^2=R^3=C_{12}H_{25}$, R^4=H, X=NO_3^-或HSO_4^-			
④ 三辛铵（TOAB 或 TOAS）	苯	ω=0.4%～8.0%	1～3.8
$R^1=R^2=R^3=C_8H_{17}$, R^4=H, X=HSO_4^-或SO_4^{2-}			

表面活性剂及结构	溶剂	浓度范围	N（聚集数）
⑤ 氯化二(十二烷基)二甲铵（DDAC）	苯	1.1×10^{-3} mol/kg	6.5
$R^1 = R^2 = C_{12}H_{25}, R^3 = R^4 = CH_3, X = Cl^-$			（50℃）
⑥ 氯化十六烷基三甲铵（CTAC）	氯仿	—	3.7～7.0
$R^1 = C_{16}H_{33}, R^2 = R^3 = R^4 = CH_3, X = Cl^-$			
⑦ 丙酸十二烷基铵（DAP）	苯	2.0×10^{-3} mol/L	4～5
$R^1 = C_{12}H_{25}, R^2 = R^3 = R^4 = H, X = CH_3CH_2COO^-$	二氯甲烷	0.02～0.04 mol/L	6.0
⑧ 三丙酸丁铵盐（BAP）	苯	0.05 mol/L	4.0
$R^1 = C_4H_9, R^2 = R^3 = R^4 = CH_3CH_2COO^-$	二氯甲烷	0.11 mol/L	5.0
	四氯化碳	0.025 mol/L	3.0
⑨ 氯化十二烷基铵（DAC）	苯	$(3.0 \sim 5.0) \times 10^{-3}$ mol/L	3～5
$R^1 = C_{12}H_{25}, R^2 = R^3 = R^4 = H, X = Cl^-$			
⑩ 溴化十二烷基丁基二甲基铵	氯苯	7.65×10^{-3} mol/L	—
$R^1 = C_{12}H_{25}, R^2 = C_4H_9, R^3 = R^4 = CH_3, X = Br^-$			
阴离子型表面活性剂			
通式（1）：			
$RCH_2CO(CH_2)CH(SO_3^-)COOR\ M^+$			
① 双(2-乙基己基)磺基琥珀酸钠（AOT）	苯	2.0×10^{-3} mol/L	13～23
$R = CH_3CH(C_2H_5)CH_2CH_2CH_2CH_2,\ M = Na$	四氯化碳	6.0×10^{-4} mol/L	17
	环己烷	$\omega = 1\% \sim 3\%$	45～65
	癸烷	$\omega = 6.5\%$	25～31
② 二癸烷磺基琥珀酸钠	苯	$\omega = 0.4\% \sim 2.8\%$	9～16
$R = C_{10}H_{21}, M = Na$			
通式（2）：			
③ 1,5-二(十二烷基)萘磺酸钠（NaDDNNS）	苯	$\omega = 0.5\% \sim 2.8\%$	9.7
$R = C[CH_3][CH(CH_3)_2][CH_2CH(CH_3)_5]$	癸烷	$\omega = 0.5\% \sim 2.8\%$	15.2
$M = Na$			
④1,5-二壬基萘-4-磺酸（DNNSA）	苯	2.0×10^{-5} mol/L	3～12
	己烷	2.0×10^{-5} mol/L	7.0
	甲苯	2.0×10^{-5} mol/L	6.0
⑤二月桂酸镁（MgDL）	苯	$\omega = 3.5\% \sim 7.5\%$	16.6
⑥癸酸锂（LiD）	苯	$\omega = 0.1\% \sim 0.6\%$	52～63
非离子型表面活性剂			
①Span 80	苯	—	2.6
②Triton X-100	四氯化碳	0.32 mol/L	1～4
③CO-530	环己烷	0.04 mol/L	—
④Tween 20	苯	—	3～15
	氯仿	—	1～7
⑤Brij-96	辛烷	—	—
两性表面活性剂			
通式（1）：$RN^+H_3^-O_2CR'$			

续表

表面活性剂及结构	溶剂	浓度范围	N（聚集数）
癸酸十二烷（基）铵（DAD） R=C$_{12}$H$_{25}$，R′=C$_9$H$_{19}$ 通式（2）：	苯	3.5×10^{-2}mol/L	—
卵磷脂	苯	$\omega=0.001\%\sim0.01\%$	80
	苯	$\omega=0.7\%\sim1.0\%$	73
	氯仿		68

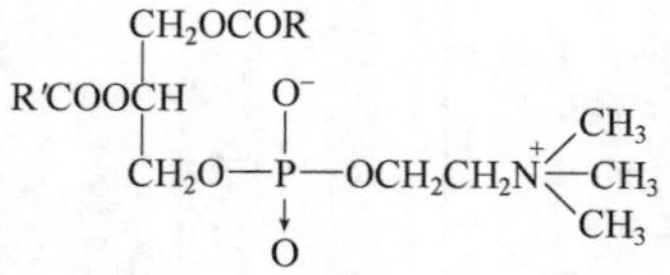

通式（2）结构式：

$$
\begin{array}{l}
CH_2OCOR\\
R'COOCH \qquad O^-\\
\quad CH_2O-\!\!\!\overset{\displaystyle O^-}{\underset{\displaystyle O}{P}}\!\!\!-OCH_2CH_2\overset{+}{N}\!\!\!\begin{array}{l}CH_3\\ CH_3\\ CH_3\end{array}
\end{array}
$$

二、有机溶剂萃取中表面活性剂的应用

液液萃取中应用的表面活性剂体系可分为非极性溶剂-表面活性剂体系（即逆胶束体系）和水溶性表面活性剂胶束体系。前一类可应用于水溶液或固体物质中离子、配合物和酶等的萃取，在很多情况下，表面活性剂本身即是萃取剂（见表 6-12）。根据反应条件和被分析物的类型，所用表面活性剂可作为离子缔合物的反离子、相转移试剂或形成逆胶束，有时也形成微乳浊液。该体系常用的表面活性剂有二正丁基硫酸盐、烷基季铵盐、金属烷基芳基磺酸盐、烷基硫酸盐、二烷基二硫代硫酸盐、二(2-乙基己基)萘磺酸、二壬基萘磺酸和二(2-乙基己基)硫代琥珀酸酯Ⅰ等。

典型的逆胶束，一般是将表面活性剂质量分数约为 10%的有机溶剂与百分之几的水混合，在数分钟内即可形成逆胶束溶液，表面活性剂的亲水端基和水分子组成的内核区，被与烃类溶剂接触的表面活性剂疏水部分所包围。

逆胶束介质在宏观上为均一透明的热力学稳定体系，在微观上则可视为高度分散的单个逆胶束聚集体构成的非均一溶液，可为众多的反应体系（包括酶反应体系）提供纳米尺度调控的介质环境。在该环境中，水相主要是以纳米尺寸的水滴形式分散于烃类溶剂中而形成连续相，并依靠聚集在油水界面（该界面相当大，可达 100m^2/ml）处的表面活性剂起到稳定作用。

应该指出，与水溶液的正胶束不同，因为有的体系存在着连续自我聚合作用，使得逆胶束的 cmc 值不是一个定值。此外，水/表面活性剂的摩尔比也影响逆胶束的 cmc 和聚集数。随着所用表面活性剂的类型和浓度、非极性本体溶剂的性质、水的含量以及其他共存物质（或杂质）的性质和浓度的不同，逆胶束的 cmc 值、形状和大小会有极大的变化。

逆胶束介质的分析特性主要分为 4 个方面：
① 增溶能力和结合能力；
② 对化学平衡位置的影响；
③ 对反应速率和反应路线的影响；
④ 对非极性溶剂的本体溶液和微环境性质的影响。

其中第一点是逆胶束最重要的分析特性，主要应用于液液萃取，可提高分析方法的选择性和灵敏度。

逆胶束体系已经成功应用于多个分离分析领域：以逆流萃取法分别萃取各个稀土金属离子、有效地增溶生命物质（如酶，细菌细胞和抗体等）、分离、回收和纯化生物工程产物（如蛋白质和氨基酸等）。表 6-13 列出了金属离子分离中所用的不同类型的萃取剂，表 6-14 和表 6-15 列出了其应用实例。

表 6-13 应用于金属离子分离的萃取剂[6]

类 型	名 称	结 构
阴离子交换类型	Primene	$(CH_3)_3C[CH_2C(CH_3)_2]_4NH_2$
	Aliquat 336	$R_3N(CH_3)^+Cl^-$　　　　$R = C_8H_{17} \sim C_{12}C_{25}$
	Adogen 381	R_3N　　　　　　　　　R = 异辛基
	Alarnine 336	R_3N　　　　　　　　　$R = C_8H_{17} \sim C_{12}H_{25}$
	三正辛胺	R_3N　　　　　　　　　R = 正辛基
	Adogen 283	R_2NH　　　　　　　　$R = C_{13}H_{27}$
酸式苯取剂	二(2-乙基己基)磷酸	$[C_4H_9CH(C_2H_5)CH_2O]_2PO_2H$
	Versatie 10	R_3CCO_2H　　　$R=C_8H_{17}$
	SYNEX 1051	$R=C_9H_{19}$
	脂肪酸	RCO_2H　　　　　　　$R= C_{14} \sim C_8$
溶剂化萃取剂	三正丁基磷酸盐	R_3PO　　　　　　　　$R=C_4H_9O$
	三辛基膦氧化物	R_3PO　　　　　　　　$R = C_8H_{17}$
	己硫醚	RSR　　　　　　　　　$R=C_6H_{13}$
络合型萃取剂	Kelex 100	$R=C_{12}H_{25}$
	LIX 63	$C_4H_9CH(C_2H_5)CH(OH)C(NOH)CH(C_2H_5)C_4H_9$
	LIX 34	R = 对十二烷基苯
	LIX 54	R^2—〇—$COCH_2COR^1$　$R^1 = CH_3$；$R^2 = $对(或间)十二烷基
	LIX 65N	$R^1=$〇—；$R^2 = H$；$R^3 = C_9H_{19}$

表 6-14 溶剂萃取中表面活性剂的应用实例[1]

表中符号说明：

ETDA	溴化乙基三(十二烷基)铵	NDMAP	6-亚硝基-3-二甲基氨基苯酚
Calmagite	1-（1-羟基-4-甲基-2-苯偶氮-2-萘酚-4-磺酸）	Oxine-S	8-羟基喹啉-5-磺酸
		TDBAC	氯化十四烷基二甲基苄基铵
HDTMA	s-十六烷基三甲基铵	DCTA	1,2-二氨基环己烷四乙酸
GBHA	乙二醛缩双(2-羟基苯胺)	TOMA	三辛基甲基铵
Ph_4M	四苯基 （ ）	EBT	铬黑 T
TTA	噻吩甲酰三氟丙酮	TGA	巯基乙酸
DAMBAC	氯化二烷基甲基苄基铵	BTPP	正氯化丁基三苯基
PV	邻苯二酚紫	TOA	三正辛胺
TDEA	溴化三(十二烷基)甲基铵	Py	吡啶
BPR	溴邻苯三酚红	XO	二甲酚橙
DPG	二苯胍	DONS	2,3-二羟基萘磺酸
CPAⅢ	偶氮氯膦Ⅲ	DOBM	氯化十二烷基辛基甲基苄基铵
TPAC	氯化四苯钾	Collidine	可力丁（4-乙基-2-甲氮苯）

被测离子（M）	配位体（L）	表面活性剂（S）	溶 剂	pH 值	被萃取配合物的组成 $n_M \cdot n_L \cdot n_S$
Al^{3+}	PV	CPB	$n\text{-}C_4H_9OH$	7.4～10	1:2:5
	PV	EDTA	乙酸正丁酯	6.0	1:2:3
	Calmagite	Aliguat 336	$CHCl_3$	8.6	1:3
Be^{2+}	CAS	HDTMA	$n\text{-}C_4H_9OH$	6.6～7.0	1:2:4
Bi^{3+}	I	Zeph	CH_2ClCH_2Cl	5	1:4:1
Ca^{2+}	GBHA	Zeph	CH_2ClCH_2Cl	12.7～13.0	
	GBHA	CPB	$n\text{-}C_4H_9OH$		
Co^{2+}	SCN^-	Zeph	$CHCl_3$	2～7	1:4:2 $[Co(SCN)_4(H_2O)_2]S_2$
	NDMAP	Zeph	CH_2ClCH_2Cl	5.8	1:3:3
	亚硝基 R 盐	Zeph	$CHCl_3$	6.0～8.0	1:3:6
	亚硝基 R 盐	N-235	二甲苯	6	—
		Aliguat 336	$CHCl_3$	5.5～6	1:3:3
	PAR（有 EDTA 存在）	Zeph	$CHCl_3$	7.5～10	—
	PAR	Zeph	$CHCl_3$	5.8～10.0	1:2
	PAR	N-263	二甲苯	6.4～10.0	—
	PAR	CPB	$CHCl_3$	6～8	—
Co^{3+}	PAR	Zeph	$CHCl_3$	5.5～10	1:2:1
	PAR	Ph_4M^+ (M=P, As)	$CHCl_3$	4～10	1:2:1
Cr^{2+}	锌试剂	Zeph+Py	$CHCl_3$	8.3～9	1:1:2 (Py)
	1-亚硝基 2-羟基 3-萘酸	Zeph	CH_2ClCH_2Cl	3.5～5.7	—
	Oxine-S	Zeph	$CHCl_3$	6.8～9.3	1:3:3
Cr^{3+}	PAR	Zeph	$CHCl_3$	5～5.5	$Cr(HC)_2$ $(L)^-,Z^+$
		TDBAC	$CHCl_3$	4.8～5.2	1:3:1
	DCTA	TOMA	$CHCl_3$	3.5～3.8	—
	DCTA	Aliquat 336	$CHCl_3$	4.5	—
Cu^{2+}	SCN	Zeph	$CHCl_3$	<1.2	1:4:2
	Oxine-S	Zeph	$CHCl_3$	3.5～6.0	1:2:2
	锌试剂	Zeph	$CHCl_3$	7.5～9.6	1:1:2
		Zeph	$CHCl_3$	8.0～8.5	—
	PV	TDEA	苯	7.5～8.5	1:2:2
	PAR	Ph_4M^+ （M=P, As）	$CHCl_3$	6～8	Cu(HL) $(L)^-, (PhM^+)$
Fe^{2+}	PAR	Zeph	$CHCl_3$	5～8	Fe(HL)

续表

被测离子（M）	配位体（L）	表面活性剂（S）	溶　剂	pH 值	被萃取配合物的组成 $n_M \cdot n_L \cdot n_S$
	（有 EDTA 存在）	Zeph	$CHCl_3$	10	$(L)^- Z^+$ —
	PAR	Zeph	$CHCl_3$	9.0～10.5	—
Fe^{3+}	SCN^-	Zeph	$CHCl_3$	0.1～3.0mol/L（HCl）	
	Oxine-S	Zeph	$CHCl_3$	4.5～8.5	1:3:3
	TTA	TOMA	苯	0～1.0	
	试钛灵	DAMBAC	苯	6.1～11.5	1:3:6
	PAR	Zeph	$CHCl_3$	4～9.5	1:2:1
Ga^{3+}	PV	CPB	$n\text{-}C_4H_9OH$	5.4～6.5	1:2:2
	XO	Aliguat 336	—	—	—
	PAR	Zeph	$CHCl_3$	4.2～7.4	1:2
In^{3+}	PV	CPC	$n\text{-}C_4H_9OH$	6.2～8.0	1:2:2
Mg^{2+}	EBT	Zeph	CH_2ClCH_2Cl	11.2～12.2	—
	EBT	TOA	$CHCl_3$	10.5～12.5	1:2:3
Mo^{6+}	茜素红-S	Zeph	CH_2ClCH_2Cl	4.5～5.5	1:3:3
	茜素红-S	Zeph	CH_2ClCH_2Cl	5.1～5.7	1:3:3
	PV	AMB	$CHCl_3$	0.25～0.6mol/L（HCl）	1:2:2
	SCN^-	Zeph	$CHCl_3$	0.5mol/L（HCl）	1:2
	邻苯二酚	BTPP	$CHCl_3$	>3.4	—
	TGA	Aliquat 336	$CHCl_3$	HAc	—
	钛铁试剂	Zeph	$CHCl_3$	6.5～8.0	1:3
Nb^{5+}	BPR	DOMA	乙酸戊酯	1～2.5mol/L（H_2SO_4）	—
	邻苯二酚	BTPP	$CHCl_3$		—
	PAR（草酸盐存在下）	Ph_4M^+（M=P，As）	$CHCl_3$	5.5	$NbO(C_2O_4)(L)^-$ (Ph_4M_2)
Ni^{2+}	Oxine-S	Zeph	$CHCl_3$	7.5～8.3	1:3:3
	PAR（EDTA 共存）	Zeph	$CHCl_3$	9.3	1:2:2
Pd^{2+}	SCN^-	Zeph	$CHCl_3$	8～9.5	1:2:2
				0.01～0.2mol/L（HCl）	1:6:4
	PAR	Zeph	$CHCl_3$	9.40（6～7.5,9～10.5）	$Pd(L)(OH^-)Z$
	偶氮钯	CTMAB	$n\text{-}C_4H_9OH$	6.5	
	偶氮胂Ⅲ	CTMAB	$n\text{-}C_4H_9OH$	6.5	
Se^{3+}	XO	ETDA	二甲苯	6.0～6.7	1:1:2
	CPAⅢ	DPG, TPAC 或 DOA	$n\text{-}C_4H_9OH$	2	
Sn^{4+}	SCN^-	Zeph	$CHCl_3$	1～1.5mol/L（HCl）	1:4:2
	PV	TDEA	二甲苯	3.6	1:2:2
Ti^{3+}	I^-	Zeph	CH_2ClCH_2Cl	4～6	1:4:1
Ti^{4+}	DONS	DOBM	苯	5.4	—
	邻苯二酚	BTPP	$CHCl_3$	1.8	—
Tl^{3+}	I^-	Zeph	CH_2ClCH_2Cl	6	1:1
U^{6+}	偶氮胂Ⅲ	DOBM	$CHCl_3$	0.8～1.2	1:1
V^{4+}	邻苯二酚	BTPP	$CHCl_3$	2.4～2.7	—
V^{5+}	邻苯二酚	TBA	$CHCl_3$	3.5～5.5	—
		Collidine	$CHCl_3$	4.2～4.8	
	PAR（EDTA）存在	Zeph	$CHCl_3$	6.8	1:1
	PAR	Zeph	$CHCl_3$	6.5～7.0	

续表

被测离子（M）	配位体（L）	表面活性剂（S）	溶　剂	pH 值	被萃取配合物的组成 $n_M : n_L : n_S$
	PAR	Ph$_4$M$^+$(M=P, As)	CHCl$_3$ +丙酮 (5+1)	4～6	VO$_2$(L)$^-$(Ph$_4$M$^+$)
W^{5+}	SCN$^-$	Zeph	CHCl$_3$	3～5(HCl)	1:6:1
W^{6+}	邻苯二酚	BTPP	CHCl$_3$	2～1.75mol/L (H$_2$SO$_4$)	—
Y^{3+}	XO	ETDA	二甲苯	5.5～6.5	1:1:2
稀土	BPR	CPB	正或异丁醇	8	—
Zr^{4+}	茜素红-S	TOA （一氯乙酸盐）	甲苯	4.1	1:1

表 6-15 有机溶剂中表面活性剂萃取体系的应用实例[6]

金属离子	水相条件	表面活性剂	有机溶剂	添加剂或共用萃取剂	备　注
Nd, Tb, Tm		二(2-乙基己基)磷酸	环己烷	—	$K_a^①$=2.53
				甘氨酸	$K_a^①$=2.85
				3-巯基丙酸	$K_a^①$=2.35
Cm, Cf	大量电解质存在	二(2-乙基己基)磷酸	—		$K_a^①$=1.2～6.0
Ta, Nb	草酸或盐酸水溶液	二(2-乙基己基)磷酸	戊烷		萃取率为85%
Co, Ni		二(2-乙基己基)磷酸	正十二烷，二甲苯或正十二醇	—	—
Zn	ZnSO$_4$ 水溶液	二(2-乙基己基)磷酸	煤油		
镧系，锕系		二(2-乙基己基)磷酸	芳香族溶剂	二壬基萘磺酸	—
Al, Ca, In		癸酸	苯或辛醇	NaClO$_4$	—
Cu	高氯酸钠水溶液	癸酸	苯或辛醇		—
Th	含其他金属离子的乙酸溶液	Versatic-10	丁醇		—
Cu, Cd, Co, Ni	废水	棕榈酸,硬脂酸或亚油酸	煤油		—
Zn, Co	水溶液	新十二烷基硫化乙酸	煤油		—
Fe	硝酸水溶液	三正丁基磷酸盐	煤油		
Mo	盐酸水溶液	1,5-双(二辛基氧膦基)戊烷	氯仿	—	萃取率为93%
Pd	硝酸中	庚硫醚	苯或氯仿		
镧系	高氯酸水溶液	二(十二烷基)萘磺酸	甲苯		
				4-叔丁基环己基-15-冠醚-5	萃取率提高
Cu	与其他离子共存	5-(二辛基氨甲基)-喹啉-8-醇	氯仿	—	—

金属离子	水相条件	表面活性剂	有机溶剂	添加剂或共用萃取剂	备 注
Ni	—	Kelex 100	氯苯	三辛烷膦化氧	—
Ga, Al	氢氧化钠水溶液	Kelex 100	煤油	—	—
Sn	盐酸水溶液	三辛烷膦化氧	苯或 CCl₄	—	—
Tn	—	Aliquat 336	二甲苯	抗坏血酸	—
Ge	柠檬酸水溶液	Aliquat 336	二甲苯	—	萃取率为 99%
Re, W	硝酸水溶液	Adogen 381	二甲苯	—	回收率为 90%
Pd	盐酸水溶液	盐酸三辛胺	1-戊烯	—	—
Al, Ga, In	草酸水溶液	三辛胺	四氯化碳	—	—
Nb, Ta	—	三辛胺	氯仿	PAR②	—
Zn, Cd	—	氯化十四烷基二甲基苄基铵	苯	BMPP③	—
Rh	盐酸水溶液	氯化四辛铵	甲苯	—	萃取率为 98%
Tl	乙酸水溶液	碘化三壬基十八烷基铵	甲苯	—	—
Cu	氯化物水溶液	氯化三正十二烷基铵	甲苯	—	—
Fe	硫酸盐水溶液	Primene 81R	苯，氯仿或煤油	—	萃取率为 84%
Pt	铜、镍离子水溶液	烷基大环二氧四胺	—	—	—
碱土金属	水溶液	聚氧乙烯乙二醇-4-壬基苯基醚	1,2-二氯乙烷	—	—
镧系元素	水溶液	Triton X-100 或 405	二氯乙烷	苦味酸根	—
Au	盐酸	PONPE-7.5	二氯乙烷		
镧系元素	水溶液	Triton X-100 磷酸单酯	1,2-二氯乙烷		K_a=1.7
食品染料	缓冲水溶液	三正辛胺	氯仿、戊醇或二氯甲烷		
人造染料	药物分离中	三正辛胺	氯仿		
甾族硫酸盐	血浆中	氯化苯基三丁基铵	苯		回收率为 75%~100%
木质素磺酸盐	硫化物废液	三辛胺、二辛胺或十二烷基胺	丁醇、戊醇、环己醇		

① K_a 为相邻被萃取物间的平均分离系数。
② PAR：4-(2-吡啶偶氮)间苯二酚。
③ BMPP：4-苯甲酰-3-甲基-1-苯基吡唑啉-5-酮。

第三节 水溶液中分离富集的表面活性剂

一、形成凝聚体的析相法

形成凝聚体的析相法是在被分离富集物质存在下，某些离子表面活性剂溶液分成两个液相的分离法。

形成凝聚体作用发生于某种物质的离子在带电荷的表面活性剂（如季铵盐阳离子）水溶液中。开始时，这种物质的离子与胶束聚合成亚微观的晶簇，接着聚合成显微滴，再进一步凝聚，这些显微滴能以富含表面活性剂的连续相析出。此时，出现两个明显的相，当再加入适当的电解质时，富含表面活性剂的相能沉淀或絮凝析出。除了阳离子和阴离子表面活性剂外，蛋白质、合成高聚物和微乳液也有形成凝聚体的行为。应注意的是：溶液中表面活性剂的浓度必须高于其 cmc，因溶液中存在胶束，故需加入一定量的电解质以诱导凝聚作用，这种电解质浓度称为临界电解质浓度（c_{ec}）。例如：在 30℃，在 0.15mol/L NH$_4$SCN 存在下，十六烷基三甲基溴化铵（CTMAB）能形成凝聚体系。

二、胶束增强的超滤法（MEUF）

超滤法本身是膜分离的一种，是基于一种半透性薄膜，使溶液中的某些组分通过，而阻止或截留其他组分的分离方法，详见本手册第五章。将离子型表面活性剂加到待分离对象的水溶液中，所加入的表面活性剂胶束使溶液中的疏水性有机物（或能与胶束结合的金属离子/金属螯合物）增溶入胶束相。超滤膜的孔径极小，足以阻止其中的胶束通过，因此增溶于胶束的有机物或金属螯合物被富集，而透过液中则仅含未被增溶的溶质和表面活性剂单分子，从而实现良好的分离（见图6-2）。

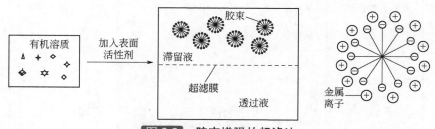

图 6-2　胶束增强的超滤法

MEUF 法已成功地应用于从废水中除去金属离子尤其是高价金属离子（如在较低的表面活性剂浓度下，SDS 胶团强化超滤法能高效截留水中低浓度的 Cd^{2+}[7]）。能在水体中除去正醇、苯、氯苯等其他有机物（如不同类别的表面活性剂都能起到去除废水中的氯苯[8]，其去除率随料液中表面活性剂浓度的增大而增大，单一的表面活性剂对氯苯的去除效果为：非离子型的 TW80>阳离子型的 CTMAB>阴离子型的 SDS，去除效果与表面活性剂的 cmc 值、HLB 值呈负相关；混合表面活性剂 TW80-SDS 去除氯苯的效果大于单用 SDS，且随 TW80 量的增大而提高）。也有文献报道了以无机陶瓷超滤膜及低浓度阴离子表面活性剂 SDS 处理含亚甲基蓝废水的方法[9]。因而，MEUF 法可望成为提纯含有机物和重金属离子的优良手段，在工业上得到应用。

利用 MEUF 还可以测定生物表面活性剂。如从发酵液中提取生物表面活性剂：利用生物活性剂胶束能在甲醇中分散的特点，在利用增强胶束超滤后得到的截留物中加入甲醇，生物活性剂胶束分散而通过滤膜。因而，只要将原培养液、超滤滤液以及在截留物中加入甲醇后的超滤滤液分别进行 HPLC 分析，在原培养液色谱图中出现的峰，如果在滤液的色谱中消失，而在加入甲醇的滤液的色谱图中又出现，则可证明这个峰是生物表面活性剂的峰。而那些只在培养液色谱图中出现的峰就不是生物表面活性剂的峰。这种方法可以排除生物大分子（如蛋白质等）的干扰，因为生物大分子在甲醇的作用下不会裂解。

MEUF 的效率，直接与被分离物在胶束介质中的分配系数相关联，而其分配系数则取决于表面活性剂和介质的 pH 等条件。

拓展表面活性剂胶束增强法的应用领域形成了胶体增效的超滤法（CEUF）。CEUF 中不仅可利用表面活性剂，也可用聚电解质。聚电解质虽然不具有表面活性或表面活性很低，但除了聚皂（聚合物骨架连接了长烃链的聚电解质，称为聚皂）的特性外，还有类似于表面活性剂的作用。聚电解质或离子型表面活性剂能与带相反电荷的待分离离子形成相应的聚集体。因而只要选好超滤膜便可截留这些聚合体，从而有效分离或/和富集特定的离子，如对 Ca^{2+}、Cu^{2+}、Zn^{2+}、Cd^{2+} 等阳离子及 CrO_4^{2-} 等阴离子除去率可高达 99.80%。

三、吸附胶束絮凝法

吸附胶束絮凝法（adsorptive microcellular flocculation, AMF）通过在胶束表面吸附高电荷密度的阳离子，进而产生两种效应，一是可以减少胶束间的静电排斥作用，引起胶束相互絮凝，以便将溶液中胶束态的表面活性剂都包聚在一个无定形的聚集体中，二是可以在絮凝体上吸附阴离子有机物（如苯酚、苯甲酸、各种农药残留物等）。这样使最终形成的絮凝体易于过滤，无需超滤或反渗透即可除去。

该方法由 Talens 等[10]提出，根据他们的研究[11,12]，该体系适用的表面活性剂只有十二烷基硫酸钠和 α-烯烃磺酸钠两种，能分离的阳离子也只有 Al^{3+} 和 Fe^{3+} 两种。吕建晓等[13]将该方法拓展到 SDS-CaCl$_2$ 和 SDS-MgCl$_2$ 体系中，并对相关机理进行了较为详细的探讨。

表面活性剂在分离富集上的其他应用还有液膜分离（详见本分册第五章）、浊点液液萃取（详见本分册第一章）和泡沫浮选分离（详见本分册第五章）。

参 考 文 献

[1] 戚文彬.表面活性剂与分析化学. 北京：中国计量出版社，1986.

[2] Griffin G W. J Soc Cosmetic Chem, 1949, 1: 311.

[3] 李后强，赵华明. 物理化学学报，1994, 10(3): 241.

[4] 赵国玺.表面活性剂物理化学. 北京：北京大学出版社，1984.

[5] 吕建晓，王栋，周集体，郑攀峰. 大连理工大学学报，2006, 49(5)：661.

[6] Wille L Hinze, Daniel W Armstrong. Ordered Media in Chemical Separations. Washington D C: American Chemical Society, 1987.

[7] 方瑶瑶，曾光明，黄瑾辉，等. 中国给水排水，2009, 25(15): 18.

[8] 赵保卫，徐瑾，李玮，等. 中国环境工程，2010, 4(5): 1062.

[9] 庞治娟，周迟骏，苗光健. 化工环保，2009, 29(4): 296.

[10] Talens F I, Paton P, Gaya S. Langmuir, 1998,14: 5046.

[11] Talens F I, Anthony S, Bryce M.Water Res, 2004, 38: 1477.

[12] Talens F I, Hall S T, Hankins N P. Colloids and Surfaces A: Physicochemical and Engineering Aspects, 2002, 204: 85.

[13] 吕建晓，王栋，周集体.日用化学工业，2005, 3(2): 19.

第二篇
定性分析

    定性分析是分析化学的一个重要分支，其任务是识别和决定纯物质或试样中的组分，即确定试样中的原子、无机或有机官能团、分子的种类等[1]。根据鉴定的原理，可分为化学分析法和仪器分析法；根据分析对象，可分为无机定性分析和有机定性分析；根据鉴定的步骤，可分为系统分析和分别分析。

第七章　无机定性分析

无机定性分析的任务是鉴定物质中所含的组分,即元素或离子。以化学方法为基础的定性分析依据的是物质之间的化学反应。如果反应在溶液中进行,称之为湿法;如果反应在固体之间进行,则称之为干法,如焰色反应、熔珠反应、粉末研磨法、原子发射光谱法等。虽然现代仪器分析法的发展和普及使无机定性分析变得简单、方便而准确,但无机定性分析的化学分析法,作为仪器方法的补充,还是被广泛应用。

无机定性分析的一般步骤包括以下五个方面。

(1)试样的外观观察和准备　试样的外观观察主要是对试样的组成和颜色特征进行分析;分析试样的要求是组成均匀、易于溶解或熔融,因此分析前须对样品进行必要的准备。

(2)初步实验　常见的有灼烧试验、焰色试验、溶解度试验等。

(3)阳离子分析　阳离子的分析可以采用系统分析法或分别分析法进行,无论采用哪种方式,最好都要先做各组是否存在的试验,即按加组试剂的条件,依次以 HCl、H_2S、$(NH_4)_2S$ 等检验,这样有利于节省时间和精力。

(4)阴离子分析　阴离子分析一般应放在阳离子分析之后进行,可以充分利用阳离子分析中已得出的结论,对各种阴离子存在的可能性做出一定的判断。例如,在选择制备阳离子分析试液的溶剂时,可以顺便观察到试样加酸时有无气体放出,其气体性质如何等,对阴离子分析有重要参考价值。

(5)分析结果的判断　对观察、试验、分析得到的信息进行综合,以对试样的组成加以确定。

第一节　常用试剂与离子的反应

表 7-1、表 7-2 按 2005 年国际纯粹化学和应用化学联合委员会(IUPAC)建议的元素周期分族方法列出[2],即分为 1, 2, …, 18 共 18 个族。

表 7-1 和表 7-2 中符号说明:

符号	说明	符号	说明
+	产生沉淀,沉淀下不注明颜色的都是白色	++(-)	产生不溶于稀强酸的沉淀,沉淀能溶于过量试剂
(+)	较难产生沉淀	(++)-	较难产生不溶于稀强酸的沉淀,沉淀能溶于过量试剂
++	产生沉淀,沉淀不溶于稀强酸(0.3mol/L HCl)	→	变成……
(++)	较难产生沉淀,沉淀不溶于稀强酸	(→)	能发生反应,但较难
+(+)	产生沉淀,沉淀不溶于弱酸(如乙酸)	↑	不加热即产生挥发性化合物
+-	产生沉淀,沉淀溶于过量试剂	(↑)	在加热时产生挥发性化合物
+(-)	产生沉淀,沉淀难溶于过量试剂	a	仅当与高氧化态阴离子共存时才产生沉淀
×	无可见现象	c	仅当与高氧化态阳离子共存时才产生沉淀
- -	形成可溶性配合物	H^+	酸性介质
(- -)	形成不稳定的配合物	OH^-	碱性介质

表 7-1 各族离子与常用酸碱的反应（包括水）

	试剂	水溶液颜色	加水	HCl (0.1mol/L)	H₂SO₄ (1+3)	HF	H₂S	NaOH (0.1mol/L)	氨水 (0.1mol/L)	NH₃+NH₄Cl (pH≈9)
1	Li^+	…	×	×	×	(+)	×	×	×	×
	Na^+	…	×	×	×	×	×	×	×	×
	K^+	…	×	×	×	×	×	×	×	×
	Rb^+	…	×	×	×	×	×	×	×	×
	Cs^+	…	×	×	×	×	×	×	×	×
2	Be^{2+}	…	×	×	×	--	×	+(-)	+	+(-)新沉淀,热时溶解
	Mg^{2+}	…	×	×	×	(+)	×	+	+	×a
	Ca^{2+}	…	×	×	(++)	+(+)	×	+a	×a	×a
	Sr^{2+}	…	×	×	++	(+)	×	×a	×a	×a
	Ba^{2+}	…	×	×	++	(+)	×	×a	×a	×a
	Ra^{2+}	…	×	×	++	(+)	×	×a	×a	×a
3	Sc^{3+}	…	×	×	×	++ (--)	×	+ -	+	+
	Y^{3+}	…	×	×	×	++	×	+	+	+
	La^{3+}（镧系）	①	×	×	(++)	++	×	+	+	(+)
	Ce^{4+}	黄色	+pH≈1	×	(++)	++	×	+黄色	+黄色	+黄色
	Th^{4+}	…	×	×	(+)(Th⁴⁺浓时)	++	×	+	+	+
	UO_2^{2+}	黄色	×	×	×	--	×	+黄色	+黄色	+黄色
4	Ti^{4+}	…	(+)pH<2	×	×	×	×	+(+)	+	+(+)
	Zr^{4+}	…	(+ -)pH≈2	×	×	(+) --	×	+(+)	+	+(+)
	Hf^{4+}	…	(+)pH≈2	×	×	--	×	+(+)		+(+)
5	$V^{5+②}$	H⁺→黄色	×	→黄色③	→黄色③	×	→黄色 (+) 棕色	×c	×c	×c
	$Nb^{5+④}$(OH⁻)	…	(+)pH≈13	++	++	+-	×	×c	×c	×c
	$Ta^{5+④}$(OH⁻)	…	(+)pH≈13	++	++	+-	×	×c	×c	×c
6	Cr^{3+}	绿色	×	×	×	×	×	+ -灰绿色	+(-)灰绿色	+(-)灰绿色
	CrO_4^{2-}	黄色	×	×	×	×	(++) (→S)	×	×	×
	MoO_4^{2-}	…	×	+ -	+ -	+ (-)	(++) 棕色	×c	×c	×c
	WO_4^{2-}(OH⁻)	…	×	++沸 白色→黄色	++沸 白色→黄色	+	(+) 淡棕色	×c	×	×c
7	Mn^{2+}	…	×	×	×	(+)	×	+ 白色→绿色→棕色	+ (-) 白色→绿色→棕色	+ 白色→绿色→棕色
	ReO_4^-	…	×	×	×(↑)	×	++ 黑色	×	→蓝色	→蓝色

第二篇

续表

	试剂	水溶液颜色	加水	HCl (0.1mol/L)	H₂SO₄ (1+3)	HF	H₂S	NaOH (0.1mol/L)	氨水 (0.1mol/L)	NH₃+NH₄Cl (pH≈9)
8	Fe^{3+}	黄棕色	(+)pH≈2	×	×	- -	(+)(→S)	+棕色	+棕色	+棕色
	Fe^{2+}	...	×	×	×	×	×	+白色→绿色→棕色	+(-)白色→绿色→棕色（白色时可溶于过量试剂）	+白色→绿色→棕色
	Ru^{+}	棕色	×	×	×	×	(++)棕色 - -蓝色	+黑色	+(-)黑色	+(-)黑色
	Os^{4+}	红色	+pH≈2	×	×	- -	++黑色	(+)红棕色	+棕色	+棕色
9	Co^{2+}	玫瑰色	×	×	×	(+)	(+)黑色	+玫瑰色	+-蓝色	(+)c玫瑰色
	Rh^{+}	红色	×	×	×	×	++黑色	+-黄暗绿色	(++)黄色	(++)黄色
	Ir^{2+},Ir^{4+}	棕（绿）色	×	×	×	×	→绿色++棕色	+蓝绿色（+）棕色	(+)	(+)
10	Ni^{2+}	绿色	×	×	×	×	(+)黑色	+绿色	+-暗绿色	(+)-绿色→蓝色
	Pd^{2+}	棕色	×	×	×	×	+(+)黑色	+(-)棕色	+-玫瑰红	+-红色→无色
	Pt^{4+}	黄色	×	×	×	×	(++)棕色	+-黑棕色（溶于浓碱）	- -	(+)黄色
11	Cu^{2+}	蓝色	×	×	×	(+)蓝色	++黑色	+(-)蓝色	+-蓝绿色	+-蓝色
	Ag^{+}	...	×	++	(+)	×	++黑色	+棕色	+-白色→棕色	
	Au^{3+}	黄色	×	×	×	×	++棕黑色	(+)-红色-棕色	+黄色	+黄色
12	Zn^{2+}	...	×	×	- -	×	+(+)	+-	+-	+-
	Cd^{2+}	...	×	×	×	(+)	++黄色	+	+-	+-
	Hg_2^{2+}	...	×	++	++	×	++黑色	+黑色	+黑色	+黑色
	Hg^{2+}	...	×	×	×	×	++黑色	+黄色	+(-)	+
13	BO_3^{3-} $(B_4O_7^{2-})$	...	×	++	+	- -	×	×c	×c	×c
	Al^{3+}	...	×	×	×	(+)- -	×	+-	+	+
	Ca^{3+}	...	×	×	×	×	×c	+-	+-	+-
	In^{3+}	...	×	×	×	×	+(+)黄色	+(-)黄白色	+	+
	Tl^{+}	...	×	++	×	×	+, Tl^{3+}→Tl^{+}→黑色（酸性不强时）		× Tl^{3+}→红棕色↓	×
14	CO_3^{2-}	...	×	×↑	×↑	×↑	×	×	×	×
	Ac^{-}	...	×	×	×（浓度大时有醋味）	×	×			
	$C_2O_4^{2-}$	...	×	×	×	×	×	×c	×	×c
	SiO_3^{2-}	...	(+)	++	++	×↑	×	×c		×c
	Ge^{4+}	...	(+)pH<0	×↑GeCl₄ 86℃（沸点）	×	- -	++白色	+-	(+)	(+)
	Sn^{2+}	...	(+)pH≈2	×	×	×	++棕色	+-	+	+
	Sn^{4+}	...	+pH≈0	×(↑)SnCl₄ 114℃	×	- -	++黄色	+-（如为SnO_3^{2-}，则不变）	+	+
	Pb^{2+}	...	×	++	++	+(+)	++黑色	+-	+	+($PbCl_2$)

续表

试剂		水溶液颜色	加水	HCl(0.1mol/L)	H₂SO₄(1+3)	HF	H₂S	NaOH(0.1mol/L)	氨水(0.1mol/L)	NH₃+NH₄Cl(pH≈9)
15	NH_4^+	…	×	×	×	×	×	(↑)	×	×
	NO_3^-	…	×	×	×	×	(++)(NO_3^-浓时→S)	×	×	×
	PO_4^{3-}	…	×	×	×	×	×	×c	×	×c
	AsO_3^{3-}	…	×	×	×	×	++黄色		×	
	AsO_4^{3-}	…	×	×	×	×	++黄色（强酸性时）	×c	×	×c
	Sb^{3+}	…	+pH≈0	×	×	×	++红橙色	+-	+	+
	Sb^{5+}(H⁺)	…	+pH≈0	×	×	×	++红橙色	+(-)	+	+
	Bi^{3+}	…	+pH≈1	(+)(Bi^{3+}浓度大时)	×	×	++棕色	+(-)	+	+
16	SO_4^{2-}	…	×	×	×	×	×	×	×	×
	SO_3^{2-}	…	×	×↑	×↑	×↑	(++)(→S)	×	×	×
	SeO_3^{2-}	…	×	×	×	×	++橙黄色(Se+S)	×c	×c	×c
	TeO_3^{2-}	…	(+)	(+)	(+)	(+)	++棕色	×c	×c	×c
17	F^-	…	×	×	×	×	×	×	×	×
	Cl^-	…	×	×	×	×	×	×	×	×
	Br^-	…	×	×	×	×	×	×	×	×
	I^-	…	×	×	×	×	×	×	×	×

① 在水溶液中，下列离子的颜色为：Ce^{4+}（黄橙色），Pr^{3+}（绿色），Nd^{3+}（从玫瑰色至红紫色），Sm^{2+}（红棕色），Sm^{3+}（黄色），Eu^{3+}（玫瑰色），Dy^{3+}（黄绿色），Ho^{3+}（黄色），Er^{3+}（玫瑰色），Tu^{3+}（绿色），Yb^{2+}（绿色），La^{3+}、Ce^{3+}、Eu^{2+}、Ga^{3+}、Pb^{3+}、Yb^{3+}、Lu^{3+}等均为无色。

② 五价钒在溶液中可以多种形式存在：在酸性介质中为VO_2^+、VO^{3+}、$H_3V_2O_7$，在碱性介质中为VO_3^-、$V_3O_9^{3-}$、$V_6O_{17}^{4-}$、$H_2VO_4^-$，此外，还有其他形式。

③ 在pH=2，热时析出V_2O_5沉淀。

④ 通常形成杂多酸阴离子中，在溶液中Nb和Ta往往形成氟和草酸盐的配阴离子，被碱或酸分解而形成沉淀。

表7-2　某些无机试剂（除酸、碱外）与离子的反应

试剂		(NH₄)₂CO₃(1mol/L)	KCN	AgNO₃(0.1mol/L)	Na₂HPO₄①(0.03mol/L)	(NH₄)₂S	BaCl₂(0.05mol/L)	I₂②	KI+HAc(0.1mol/L)	KMnO₄+H₂SO₄(0.02mol/L)(1mol/L)	K₄[Fe(CN)₆](0.02mol/L)	Zn+H⁺
1	Li^+	(+)	×	×	(+)	×	×	×	×	×	×	×
	Na^+	×	×	×	×	×	×	×	×	×	×	×
	K^+	×	×	×	×	×	×	×	×	×	×	×
	Rb^+	×	×	×	×	×	×	×	×	×	×	×
	Cs^+	×	×	×	×	×	×	×	×	×	×	×
2	Be^{2+}	+-	×	×	+(-)	×	×	×	×	×	×	×
	Mg^{2+}	×	×	×	+	×a S	×	×	×	×	(+)	×
	Ca^{2+}	+	×	×	+	×a	×	×	×	×	+	×
	Sr^{2+}	+	×	×	+	×a	×	×	×	×	(+)	×
	Ba^{2+}	+	×	×	+	×a	×	×	×	×	(+)	×
	Ra^{2+}	+	×	×	+	×a	×	×	×	×	+	×

续表

组	试剂	$(NH_4)_2CO_3$ (1 mol/L)	KCN	$AgNO_3$ (0.1mol/L)	$Na_2HPO_4$① (0.03mol/L)	$(NH_4)_2S$	$BaCl_2$ (0.05 mol/L)	$I_2$②	KI+HAc(0.1 mol/L)	$KMnO_4$+H_2SO_4 (0.02mol/L)(1mol/L)	$K_4[Fe(CN)_6]$ (0.02mol/L)	Zn+H^+
3	Sc^{3+}	+-	+	×	+(+)	+	×	×	×	×	(+)	×
	Y^{3+}	+-	(+)	×	+(+)	+	×	×	×	×	+(+)	×
	La^{3+}镧系	+	(+)	×	+(+)	+	×	×	×	×	++	×
	Ce^{4+}	+棕色	(+)	×	+(+)黄色	+黄色	×	×	×	×	++[→Ce^{3+}]	→无色
	Th^{4+}	+-	+	×	++	+	×	×	×	×	++	×
	UO_2^{2+}	+-	(+)	+[OH^-]	+	+棕色	+[OH^-]	×	×	×	++红棕色	→绿色
4	Ti^{4+}	+（+)	+	×	+(+)	+(+)	×	×	×	×	++棕色	→紫红色（绿色）
	Zr^{4+}	+-	+	×	++	+(+)	×	×	×	×	++绿黄色	×
	Hf^{4+}	+-	+	×	++	+(+)	×	×	×	×	++	×
5	V^{5+}③	×c	×	+(黄色)	--	(+)c→红色	+（黄色)		→I_2		++绿色	→蓝色
	Nb^{5+}④[OH^-]	×c	×	++	×c	++					+(黄色)	→棕色
	Ta^{5+}④[OH^-]	×c	×	++	×c	++						→黄色
6	Cr^{3+}	+绿色	+绿色	×	+绿色	+绿色	×	×		(→)黄色	×	×
	CrO_4^{2-}	×	×	+砖红色	×	(+)绿色	+(+)黄色	×	→I_2		×	绿色
	MoO_4^{2-}	×c	×	+	++黄色	×c	+	×	(→)I_2		++棕红色	++→蓝色
	WO_4^{2-}[OH^-]	×c	×	+	+-	×c	++	→无色			++棕色	→蓝色
7	Mn^{2+}	+	+-	×	+	+玫瑰色	×	×		+棕色	++	×
	ReO_4^-	×	×⑤	×	×	(++)黑色	(+)	×	→$I_2$⑥	⑤	++红棕色⑤	++
8	Fe^{3+}	+棕色	+-	×	+(+)黄色	+黑色	×	×	→I_2		++蓝色	→无色
	Fe^{2+}	+→棕色	+-	×	×	+黑色	×	×		→无色	++白色→蓝色	
	Ru^{3+},Ru^{4+}	+	×	+红色	×	+(-)--棕蓝色	+	→无色	+黑色	→绿色→黑色	×	++黑色
	Os^{4+}	+棕色	--	×	×	++黑色	×					++黑色
9	Co^{2+}	+-玫瑰色	+-红色	×	+(+)	+(+)黑色	×	×			++绿色	(+)
	Rh^{3+}	×	×	×	×	++黑色	×	×	→红色		→黄色-棕色	++黑色
	Ir^{3+},Ir^{4+}	(+)	×	(+)	×	+-棕色	(+)	×	棕色→红色	绿色→棕色	×	++黑色
10	Ni^{2+}	+-绿色	+-	×	+绿色	+(+)黑色	×	×			++棕黄色	(+)
	Pd^{2+}	+(-)棕色	+-	+⑥	×	+(+)黑色	×	→无色	(+)黑色		+	++黑色
	Pt^{4+}	×	--无色	(+)	×	+(-)棕色	(+)	×	→红色		(+)	++棕色
11	Cu^{2+}	+-绿色	+-	×	+蓝色	+(-)黑色	×	×	++棕色(→I_2)		++红棕色	++红色
	Ag^+	+-黄色	+-	×	+黄色	++黑色	+	×	++黄色		++	++黑色
	Au^{3+}	+	--	+⑦	+	+-棕黑色	(+)	+-	+-绿色		(+)绿色	++黑色,红色
12	Zn^{2+}	+-	+-	×	-	+(+)	×	×	×	×	++	×
	Cd^{2+}	+	+-	×	×	++黄色	×	×	×		+	+
	Hg_2^{2+}	+（灰色)	+黑色	×	×	++黑色	×	×	+(-)绿色黑色	→无色	+	++黑色
	Hg^{2+}	+（淡黄色)	--	×	+黄色	++黑色	×	×	+-红色	×	+	++黑色

续表

试剂	$(NH_4)_2CO_3$ (1 mol/L)	KCN	$AgNO_3$ (0.1mol/L)	$Na_2HPO_4$① (0.03mol/L)	$(NH_4)_2S$	$BaCl_2$ (0.05 mol/L)	$I_2$②	KI+HAc(0.1 mol/L)	$KMnO_4+H_2SO_4$ (0.02mol/L)(1mol/L)	$K_4[Fe(CN)_6]$ (0.02mol/L)	Zn+H⁺
BO_3^{3-} ($B_4O_7^{2-}$)	×c	×	(+)	×	×c	+	→无色	×	×	×	×
Al^{3+}	+	+		+(+)	+	×	×	×	×	(+)	×
Ga^{3+}	+-			+(+)	(+)	×	×	×	×	++	+
In^{3+}	+(-)黄色	+		+(+)	+(+)黄色	×	×	×	×	++	+(+)
Tl^+	×	×	×	×	+(+)黑色	×	(→)无色	+黄色	→无色	(+)	+(+)
CO_3^{2-}	×	×	+	×	×	+	×	×↑	×↑	×	×
Ac^-	×	×	×	×	×	×	×	×	×	×	×
$C_2O_4^{2-}$	×c	×	+	×	×c	+(+)	×	×	→无色	×	×
SiO_3^{2-}	×c	×	(+)黄色	×	×c	+(+)	×	×	×	×	+
Ge^{4+}	(+)	+	×⑥	+	+-	(+)(OH^-)	×	×	×	+	+
Sn^{2+}	+	+	++黑色	+	+棕色⑧	×	→无色	×	→无色	++	+黑色
Sn^{4+}	+-	+	×⑥	++	+-	×	×	×	×	++	+黑色
Pb^{2+}	+	+-	×	+(+)	++	(+)($PbCl_2$)	×	++(-)黄色	×	+(+)	++棕色
NH_4^+	×	(↑)	×	×	×	×	×	×	×	×	×
NO_3^-	×	×	×	×	++(→S)	×	×	×	×	×	×⑦
PO_4^{3-}	×c	×	+黄色	×	×c	+	×	×	×	×	×
AsO_3^{3-}	×	×	+黄色	×	+-	×	→无色	×	→无色	×	↑(++)黑色
AsO_4^{3-}	×c	×	+栗壳色	×	×	×	×	+(I_2)	×	×	↑(++)黑色
Sb^{3+}	+	+	+		(++)-橙色	×	×	×	→无色	×	++(↑)黑色
Sb^{5+} (H⁺)	+	+	×⑥		(++)-橙色	×	×	→I_2	×	+黄色	++(↑)黑色
Bi^{3+}	+	+		++	++棕色	×	×	+黑色--黄色	×	++	++黑
SO_4^{2-}	×	×	(+)	×	×	++	→无色	×	×	×	×
SO_3^{2-}	×	×	×	×	(++)(→S)	+	→无色	×	→无色	×	×(↑)
SeO_3^{2-}	×c	×	+	×	+	×	×	+红色	→无色	×	++橙色
TeO_3^{2-}	×c	×	+	×	+	×	×	×红棕色	→无色	×	++黑色
F^-	×	×	×	×	×	+(+)	×	×	×	×	×
Cl^-	×	×	++	×	×	×	×	×	×	×	×
Br^-	×	×	++淡黄色	×	×	×	×	×	→棕色	×	×
I^-	×	×	++黄色	×	×	×	×	×	→棕色	×	×

① 在含有柠檬酸盐或酒石酸盐的碱性溶液中，Na_2HPO_4能沉淀下列阳离子：Au^{3+}、Be^{2+}、Mg^{2+}、Ca^{2+}、Sr^{2+}、Ba^{2+}、Hg^{2+}、镧系元素（Ⅲ）、In^{3+}、Zr^{4+}、Hf^{4+}、Th^{4+}、Pb^{2+}、UO_2^{2+}、Mn^{2+}。
② 含 KI 的碘溶液中不仅是氧化剂，而且表现为 I^- 的沉淀剂作用。
③ 五价钒在溶液中可以多种形式存在：在酸性介质中为 VO_2^+、VO^{3+}、$H_3V_2O_7^-$，在碱性介质中为 VO_3^-、$V_3O_9^{3-}$、$V_6O_{17}^{4-}$、$H_2VO_4^-$，此外，还有其他形式。
④ 通常形成杂多酸阴离子中，在溶液中 Nb 和 Ta 往往形成氟和草酸盐的配阴离子，被碱或酸分解而形成沉淀。
⑤ 可能析出铼酸钾沉淀。
⑥ 与卤素配阴离子作用而沉淀。
⑦ 在碱性介质中，NO_3^-被还原成 NH_3，在酸性介质中，则成 N_2、NO 或 NO_2。
⑧ 沉淀不溶于过量试剂，但溶于$(NH_4)_2S_x$。

第二篇

第二节　初步试验

　　初步试验往往可给离子鉴定提供重要的线索，常见的有灼烧试验、焰色试验、熔珠试验、溶解度试验和氧化还原性物质试验。

一、灼烧试验

　　灼烧试验可在硬质玻璃试管中进行，试管长 5～6cm，直径 0.5cm。试管中放 0.1～0.2g 试样，然后在火焰中缓缓加热，观察现象。由于灼烧时往往发生燃烧甚至爆炸，所以应小心进行，试管必须干燥。

　　首先应注意：如果试样在加热时碳化变黑，同时有棕黑色气体发生，并有焦糖气味，或有黑色焦油状物凝聚在管壁上，说明试样中含有有机物，往往妨碍某些阳离子（例如 Fe^{3+}、Al^{3+}、Cr^{3+}、Zn^{2+}、Co^{2+}、Ni^{2+} 等）的检出，故在分析这些离子前须预先除去有机物。其次，应注意管壁是否有升华物凝结，还应观察是否有气体逸出。试验现象及观察见表 7-3。

表 7-3 灼烧试验

| 状态 | 产生的物质 | | | | 可能的物质 |
	颜色	嗅味	其他特性	可能的产物	
气体	无色	无味	使火柴余烬复燃	O_2	过氧化物，卤酸盐，硝酸盐，高锰酸盐，过氯酸盐
	无色	无味	使澄清石灰水变浊	CO_2	（酸式）碳酸盐，草酸盐等，有机化合物
	无色	无味	燃烧时为蓝色火焰	CO	草酸盐、甲酸盐等，有机化合物
	无色	无味	遇冷光洁面有水珠	H_2O	含结晶水的化合物，有机化合物，金属氢氧化物和含水氧化物，潮湿的物质
			pH 试纸检验：酸性		易分解的强酸盐
	无色	腐蛋臭	使 $Pb(Ac)_2$ 试纸变黑	H_2S	含水硫化物，硫氢化物，某些亚硫酸盐和硫代硫酸盐
	无色	臭味	遇沾浓盐酸的玻棒发烟雾	NH_3	铵盐，硫氰酸盐和许多含氮有机化合物
	无色	燃硫臭味	使 $Ba(OH)_2$ 水溶液变浊	SO_2	亚硫酸盐，硫代硫酸盐，某些硫酸盐及多硫化物（氧化剂存在下）
	无色	无味	腐蚀玻璃（试管壁）	HF	氟化物（SiO_2 共存时）
	无色	燃时有蒜味	有毒	As_4	砷酸盐，亚砷酸盐（碳或有机物共存时）
	无色		剧毒	HCN，$(CN)_2$	重金属氰化物，（亚）铁氰化物
	黄绿色	窒息性臭味	使淀粉-KI 试纸变蓝	Cl_2	铂、金、铜、铁等的氯化物，一般氯化物（氧化剂共存时）
	红棕色	刺激性臭味	使浸有淀粉液的滤纸条变黄	Br_2	溴化物（氧化剂共存时）
	红棕色	刺激性臭味		NO_2	（亚）硝酸盐

续表

状态	产生的物质				可能的物质
	颜色	嗅味	其他特性	可能的产物	
固体	紫色	刺激性臭味	使湿润的淀粉试纸变蓝	I_2	碘化物（氧化剂和酸性物质共存时）
	白色			升华物	挥发性酸的铵盐，Hg_2^{2+} 和 Hg^{2+} 的氯化物和溴化物（热时带黄色），As_2SO_3（八面体结晶），Sb_2O_3（针状结晶），草酸（小心地加热至150℃）、苯甲酸等某些挥发性有机物
	黄色			升华物	S（热时红棕色），As_2S_3（热时黑色），As_2S_5，HgI_2（凝结在玻璃上变红），$FeCl_3$（一部分分解，一部分挥发成红棕色斑点），游离 S 或从多硫化物和重金属硫代硫酸盐产生的 S
	灰黑色			升华物	从汞化物产生的汞细粉，在还原物质存在下的 HgS（研碎则变红），三价或五价砷化合物产生的 As（有臭味），I_2（蒸气紫色）

二、焰色反应

进行试验时，用洁净的铂丝或镍镉丝蘸着试样在氧化焰中加热。为使某些被试物转变成挥发性较大的氯化物，可以先将铂丝或镍镉丝蘸以浓盐酸，试验现象及判断见表 7-4。

表 7-4　焰色试验

火焰颜色	可能存在的盐类	备注
黄色	钠盐	只有火焰的强烈黄色持续几秒不退，才能认为有 Na^+ 存在，此黄色火焰透过蓝色玻璃片观察时则看不到黄色
砖红色	钙盐	在用盐酸湿润时颜色相当强烈
猩红色	锶盐、锂盐	锶盐在煅烧后有碱性反应，锂盐煅烧后无碱性反应
紫红色	氰化物	
紫色	钾盐（淡紫色）、铷盐、铯盐（蓝紫色），镓盐，Hg_2Cl_2	如有 Na^+ 共存，则须通过蓝色玻璃片观察
黄绿色（苹果绿）	钡盐	
绿色	硼酸、硫酸以及易挥发的铜盐（蓝至绿色）	
淡蓝色	硒盐及铅、锡、锑、砷的挥发性化合物	

三、熔珠试验

熔珠试验分为硼砂珠试验和磷酸盐珠试验，分别将硼砂（四硼酸钠）或磷酸氢钠铵等固体附着在带玻璃棒的铂丝环上，先在火焰上加热形成熔珠，然后在熔珠上蘸待测金属盐粉末或溶液再加热，根据熔珠在氧化焰或还原焰，以及在加热或冷却时的颜色，可以初步判断试样中含有的金属元素（见表 7-5），应用于野外的矿物鉴定等。例如，对含有 Cu 的溶液，硼砂珠反应在氧化焰中加热呈绿色，冷却后呈淡蓝色；而在还原焰中加热时无色，冷却后呈红色[1]。

表 7-5 熔珠试验[3]

熔珠颜色	硼砂珠				磷酸盐珠			
	氧化焰中		还原焰中		氧化焰中		还原焰中	
	热珠	冷珠	热珠	冷珠	热珠	冷珠	热珠	冷珠
黄色至棕色	Fe、Cr、Ce、V、U	Ni（棕）	Ti、W、Mo		Fe、Ce、V、U、Ag	Fe、Ni（棕）	Fe（棕）、Ti①	
绿色	Cu	Cr、V	Fe、Cr、U、V	Fe	Cu、Mo	Cr		Cr、U、V、Mo
蓝色	Co	Co、Cu	Co	Co	Co	Co、Cu	Co、W①	Co、W①
紫色	Mn、Ni	Mn		Ti	Mn	Mn		Ti①
红色	Ce			Cu②	Co			Cu②

① 有 Fe 存在时，生成血红色的熔珠。

② 有 Sn 存在时，呈橡皮红色。

四、溶解度试验

通过试验溶剂对试样的作用，不仅对试样的组成可有进一步的认识，还可知道应该用什么溶剂来制备试样溶液以进行下一步鉴定。溶解度试验一般按表 7-6 中所列的顺序进行，表中同时列出了各种溶剂的作用。

表 7-6 溶解度试验

溶剂	操作步骤	溶解的物质
水	取少量试样粉末（火柴头大小）放在离心管中，加 15～20 滴水，不断搅拌；如果不溶于冷水，在水浴上加热 2～3min，看是否溶解；如果观察不到显著的溶解，则可取出一些清液放在表面皿上蒸干，若有固体残渣，说明有部分溶解	（1）大部分的（亚）硝酸盐（除 AgNO₂ 以外） （2）大部分的氯化物、溴化物、碘化物（除 AgX、Hg₂X₂、PbX₂、HgI₂ 外，X=Cl、Br、I） （3）大部分的硫酸盐［除 BaSO₄、SrSO₄、PbSO₄ 以及 Hg₂SO₄、CaSO₄、Ag₂SO₄（后三者稍溶）］ （4）大部分的钠盐、钾盐、铵盐（除少数不常见的盐以外） （5）碱金属氢氧化物和氧化物、Ba(OH)₂
盐酸	如试样不溶于水，取少量试样粉末，在离心管中用 2 mol/L HCl 溶液处理，注意有无气体（CO₂、SO₂、H₂O、NO₂）逸出；如不溶解，可在水浴上加热片刻；如再不溶解，就把液体吸去，加浓盐酸再试	（1）氢氧化物［除碱金属的氢氧化物、Ba(OH)₂ 及 Ca(OH)₂、Sr(OH)₂，前两者溶于水，后两者稍溶） （2）弱酸盐（除碱金属和铵盐溶于水以外，所有的碳酸盐、磷酸盐、砷酸盐以及 ZnS、MnS、FeS、Fe₂S₃ 等硫化物） （3）活泼的金属（如 Zn、Fe） （4）氧化性的含氧酸盐（如 PbCrO₄） （5）浓盐酸可溶解大多数金属、合金、金属氧化物（如 MnO₂）、氧化物矿石、一些硅酸盐和硫化物（CdS），以及六氯合锡酸盐（形成 SnCl₆²⁻）
硝酸	如上法用稀硝酸（相对密度 1.2）加热，观察是否溶解；如不溶解或部分溶解，则改用浓硝酸（相对密度 1.42）	（1）金属（Ag、Bi、Pb、Cu、Mn）及其某些合金 （2）不溶性磷酸盐、碳酸盐和硫化物（除 HgS 外）
王水	如试样不溶于盐酸和硝酸，或仅部分溶解，则将试样或不溶解的部分改用王水进行溶解，必要时加热	（1）贵金属及其合金 （2）某些硫化物（HgS） （3）锑和锡的氧化物，氧化物矿石等

五、氧化还原性物质试验

用适当的方法初步探索氧化性和还原性物质的存在，不仅为这些物质的进一步确证提供线索，而且可从某些氧化性（或还原性）物质的存在，反证另一些可与之反应的还原性（或氧化性）物质不可能存在。

例如，在酸性溶液中，下列相对应的离子不可能共存：MnO_4^- 与 I^-、Br^-、AsO_3^{3-}、SO_3^{2-}、$S_2O_3^{2-}$、S^{2-} 等；$Cr_2O_7^{2-}$ 与 SO_3^{2-}、$S_2O_3^{2-}$、Br^-、I^-、NO_2^-；NO_2^- 与 S^{2-}、I^-。在碱性溶液中，下列相对应的离子不可能共存：CrO_4^{2-} 与 S^{2-}；MnO_4^- 与 S^{2-}、SO_3^{2-}、AsO_3^{3-} 等。

一些氧化性物质试验列于表 7-7，一些还原性物质试验列于表 7-8。

表 7-7　氧化性物质试验

试验名	试验操作	可能存在的物质举例	备注
KI 试验	取 1～2 滴试液以 1mol/L H_2SO_4 酸化加数滴苯（或四氯化碳）和 1～2 滴 1mol/L KI 溶液，摇动后，苯层（或四氯化碳）呈紫色； 或将试液酸化后，加 1～2 滴 1mol/L KI 再加少量淀粉溶液，呈蓝色	MnO_4^-，CrO_4^{2-}，$(Cr_2O_7^{2-})$，NO_2^-，ClO_3^-，ClO^-，BrO_3^-，IO_3^-，IO_4^-，$[Fe(CN)_6]^{3-}$，AsO_4^{3-}，H_2O_2 及其他过氧化物（加少许钼酸铵为催化剂）	
$MnCl_2$ 试验	置 4 滴试液于小试管中，加 10 滴 $MnCl_2$（在浓 HCl 的饱和溶液中），溶液呈棕色或黑色	CrO_4^{2-}，$[Fe(CN)_6]^{3-}$，ClO_3^-	
Fe^{2+}-SCN^- 试验	在点滴板上将 1 滴试液与 1 滴无色试剂处理，溶液变成红色	许多氧化剂（包括某些不溶性氧化剂）	试剂：溶解 9g $FeSO_4 \cdot 7H_2O$ 于 50ml HCl(1+1)，然后加少许锌粒，待颜色褪去后，加 5g 硫氰酸钠，待红色褪去再加 12g 硫氰酸钠，将上层清液与未反应的锌粒分离，可用一天。如用前发现溶液变红，须再加少许锌粒以使褪色

表 7-8　还原性物质试验

试验名	试验操作	可能存在的物质	备注
亚甲基蓝试验	1 滴试液与 1 滴 0.1%亚甲基蓝的 1mol/L 盐酸酸溶液混合，稍等片刻，亚甲基蓝的颜色消失	Sn^{2+}，VO_2^{2-}，Fe^{2+}，U^{4+}等强还原剂	
$KMnO_4$ 试验	（1）酸性液　取一小试管，放 5 滴试液，用 6mol/L H_2SO_4 酸化，加水稀释至 0.5ml 左右，再加 2 滴 3mol/L H_2SO_4，然后加 0.002mol/L $KMnO_4$ 溶液 1～2 滴，紫红色褪去 （2）碱性液　如上操作，但以 6mol/L NaOH 溶液代替 3mol/L H_2SO_4，使溶液碱化，紫红色褪去，产生棕黑色沉淀	SO_3^{2-}，$S_2O_3^{2-}$，S^{2-}，AsO_3^{3-}，NO_2^-，I^-，Br^-，$C_2O_4^{2-}$（加热），$C_4H_4O_6^{2-}$（加热），CN^-，SCN^-，$[Fe(CN)_6]^{4-}$，Cl^-（高浓度，加热），Fe^{2+}，Sn^{2+}，Ti^{3+} SO_3^{2-}，$S_2O_3^{2-}$，S^{2-}，AsO_3^{2-}，I^-，$[Fe(CN)_6]^{4-}$	
$K_3[Fe(CN)_6]$-$FeCl_3$ 试验	于一离心管中，放 5 滴水，5 滴 3mol/L HCl，1 滴 0.5mol/L $FeCl_3$ 和 1 滴新配的 0.3mol/L $K_3[Fe(CN)_6]$，此时不显蓝绿色，再加 4 滴试液，摇匀，放置 3min 产生蓝色沉淀或蓝绿色溶液	SO_3^{2-}，S^{2-}，$[Fe(CN)_6]^{4-}$，I^-，NH_2OH，$SnCl_2$，NaN_3，H_2O_2，$HgCl_2$，ZnS，CdS，S，$Na_2S_2O_3$	
碘-淀粉试验	取 1 滴试液，加 1 滴碘液，微量固体 $NaHCO_3$ 和 1 滴淀粉溶液，混合后，如不显蓝色，再逐滴加碘液，再加 1 滴淀粉液至明显的蓝色止，观察蓝色褪去显著与否	如褪色显著，可能有 SO_3^{2-}，$S_2O_3^{2-}$，S^{2-}，AsO_3^{3-}，$[Fe(CN)_6]^{4-}$，CN^-，SCN^-	碘液：1.3g I_2 和 4g KI 溶于 100ml 水中
MnO_2 试验	在 MnO_2 试纸上加 1 滴用稀乙酸酸化后的试液，在热空气中干燥后，在滴试液处出现浅色区或白色斑点	可溶性还原性物质	MnO_2 试纸的制备：将滤纸条浸于弱碱性的高锰酸钾溶液中，洗净，干燥后备用，试纸的颜色从深棕色到仅仅可见的黄色，其颜色的不同取决于所用高锰酸钾溶液的浓度和高锰酸钾对滤纸作用时间的长短

试验名	试验操作	可能存在的物质	备　注
AgNO$_3$-氨水试验	在一小试管中，加入 1 滴强碱性试液和 1 滴 5%硝酸银溶液，产生氧化银沉淀，在水浴中温热 1～2min 后，逐滴加入浓氨水，剩余的氧化银溶解，而由于还原而生成的灰色或黑色银粉则不溶（硫化物与硫代硫酸盐亦有此反应）	NH$_2$OH, N$_2$H$_4$, Na$_3$AsO$_3$, K$_3$[Fe(CN)$_6$], PbO$_2^{2-}$, SbCl$_3$, Tl$^+$, NaH$_2$PO$_2$, Na$_2$SnO$_2$, Cr(OH)$_3$(除生成金属银外，同时产生 CrO$_4^{2-}$)	

第三节　元素和离子的化学鉴定法

从实际样品制备而来的用于定性分析的试液，往往是一个多种阳离子、阴离子共存的体系。而多数鉴定反应不具有专一性，因此需要采取一定的措施以提高方法的选择性，在一定条件下起特征反应的作用。为达到这一目的，在消除干扰离子时，根据实验处理方式的不同，可分为系统分析和分别分析。

一、系统分析

将可能共存的（常见的 28 个）阳离子按一定顺序分离开来，依次进行鉴定，这种方式称为系统分析法。在按顺序进行分离时，先以几种试剂依次将性质相似的离子逐组分离，然后再将各组离子进行分离和鉴定。表 7-9 和表 7-10 分别列出硫化氢系统和两酸两碱系统分组简表。

表 7-9　硫化氢系统分组简表

分离依据	硫化物不溶于水				硫化物溶于水	
	在稀酸中形成硫化物沉淀		在稀酸中不生成硫化物沉淀		碳酸盐不溶于水	碳酸盐溶于水
	氯化物不溶于水	氯化物溶于水				
包含的离子	Ag$^+$、Hg$_2^{2+}$、Pb^{2+}	Pb^{2+}、Hg^{2+}、Bi^{3+}、Cu^{2+}、As^{III}、As^V、Cd^{2+}、Sb^{III}、Sb^V、Sn^{II}、Sn^{IV}	Fe^{3+}、Fe^{2+}、Al^{3+}、Mn^{2+}、Cr^{3+}、Zn^{2+}、Co^{2+}、Ni^{2+}		Ca^{2+}、Sr^{2+}、Ba^{2+}	Mg^{2+}、K$^+$、Na$^+$、NH$_4^+$
组试剂	HCl	（0.3mol/L HCl）H$_2$S	（NH$_3$+NH$_4$Cl）（NH$_4$)$_2$S		（NH$_3$+NH$_4$Cl）（NH$_4$)$_2$CO$_3$	—
组名称	第一组盐酸组	第二组硫化氢组	第三组硫化铵组		第四组碳酸铵组	第五组易溶组

表 7-10　两酸两碱系统分组简表

分离依据	氯化物难溶于水	氯化物易溶于水			
		硫酸盐难溶于水	硫酸盐易溶于水		
			氢氧化物难溶于水及氨水	在氨性条件下不产生沉淀	
				氢氧化物难溶于过量氢氧化钠溶液	在强碱性条件下不产生沉淀
分离后的形态	AgCl、Hg$_2$Cl$_2$、PbCl$_2$	PbSO$_4$、BaSO$_4$、SrSO$_4$、CaSO$_4$	Fe(OH)$_3$、Al(OH)$_3$、MnO(OH)$_2$、Cr(OH)$_3$、Bi(OH)$_3$、Sb(OH)$_5$、HgNH$_2$Cl、Sn(O三H)$_4$	Cu(OH)$_2$、Co(OH)$_3$、Ni(OH)$_2$、Mg(OH)$_2$、Cd(OH)$_2$	Zn(OH)$_4^{2-}$、K$^+$、Na$^+$、NH$_4^+$
组试剂	HCl	（乙醇）H$_2$SO$_4$	NH$_4$Cl+NH$_3$+（H$_2$O$_2$）	NaOH	—
组名称	第一组盐酸组	第二组硫酸组	第三组氨组	第四组碱组	第五组可溶组

二、分别分析

对共存离子不采用系统分离，而是分别取出试液，设法排除干扰离子，利用加入某种化学试剂与溶液中某种离子发生特征反应来鉴定这种离子是否存在的方法，称为分别分析法。

金属离子和阴离子的化学鉴定方法，分别列于表 7-11 和表 7-12 中，均按元素的英文字母次序排列。表 7-11 中，稀土元素排在最后，NH_4^+ 和硒也列于其中。

表 7-11 的第三栏"反应器"中"板"、"纸"、"管"、"离"、"坩"分别代表"点滴板"、"滤纸"、"试管"、"离心管"和"坩埚"，此栏仅供参考，工作时可视实际情况而定。"检出限"一栏中若为比例，则代表最低浓度[4]，数字后未注明单位的，其单位均为μg。"干扰"栏中括弧内所注明的是除去干扰的方法。

表 7-11 金属离子的化学鉴定法[4,5]

被检离子	试剂	反应器	主要步骤	现象	灵敏度/μg	干扰
Ag+	对二甲氨基亚苄基罗丹宁[1]	纸	1 滴试剂（0.03%丙酮溶液），干燥+1 滴微酸性试液	红色斑	0.06	Hg_2^{2+}、Hg^{2+}、Au^{3+}、Pd^{2+}、Pt^{4+}、SCN^-、$[Fe(CN)_6]^{3-}$、I^-、Br^-、Cl^-、硫脲（先用 CN^- 将金属离子配位，然后用稀 HNO_3 酸化）
	1,10- 二氮菲+溴邻苯三酚红	板或管	1 滴 0.1mol/L EDTA+1 滴 0.001mol/L 1,10-二氮菲+1 滴 20% NH_4Ac +1 滴 0.1mol/L 溴邻苯三酚红	蓝色	0.05 $1:1×10^6$	Fe^{2+}（1,10-二氮菲）、UO_2^{2+} 和 Th^{4+}（F^-）、Nb^{5+}（H_2O_2）、其他金属离子（EDTA）
	K_2CrO_4	板	1 滴 2mol/L HAc+1 滴 1%试剂（在 1mol/L HAc 中）+1 滴试液	砖红沉淀	20mg/L	大量二价重金属离子 $[(NH_4)_2CO_3]$
	Cl^-	管或板（黑色）	1 滴试液（HNO_3 酸化）+1 滴 1%试剂	白色沉淀（溶于氨水、$Na_2S_2O_3$ 或 KCN）		Hg_2^{2+}、Tl^+ 及大量 Pb^{2+}
	$Mn(NO_3)_2$+OH^-	纸	1 滴 0.1mol/L HCl+1 滴试液+1 滴 0.1mol/L HCl[2]+1 滴 0.05mol/L $Mn(NO_3)_2$+1 滴 0.1mol/L NaOH	黑斑	2 $1:2.5×10^4$	Hg_2^{2+}、Hg^{2+}贵金属盐、Sn^{2+}（将 Ag^+ 预先成 AgCl 后分出）
Al3+	铝试剂（金黄色素三羧酸铵）[1]	纸	1 滴试液+1 滴试剂（0.1%），30s 后，用水淋洗（本法最适用于 pH=6.3）	红色斑	0.5	Be^{2+}、Cu^{2+}、Ga^{3+}、Fe^{2+}、Fe^{3+}、Ni^{2+}、Th^{4+}、Zr^{4+}、MoO_4^{2-}、UO_2^{2+}、UO_4^{2-}、F^-
	茜素磺酸钠	纸	茜素磺酸钠试纸上放 1 滴试液，在氨气上熏至斑点转变成紫色 茜素磺酸钠试纸：将定量滤纸浸过茜素磺酸钠的乙醇饱和溶液后，干燥	红色斑（大量 Al^{3+}，立刻变红；小量 Al^{3+}，烘干后变红）	0.15 $1:3.33×10^5$	
		板	1 滴 1mol/L NaOH 的试液（AlO_2^-）+1 滴试剂（1%），加 1mol/L HAc 使紫色褪去后，再过量 1 滴（用 1mol/L NaOH 做空白试验）	红色沉淀或红色液	0.65	
	桑色素（3,5,7,2′,4′-五羟基黄酮）[1]	纸	用试剂的饱和溶液（甲醇中）浸透滤纸条，干燥后，加 1 滴试液（中性或微酸性），再干燥，然后加 1 滴 2mol/L HCl	绿色荧光（紫外光下）	0.01	Zr^{4+}、Th^{4+}、Sb^{5+} 及 F^- 检验时不加 HCl

被检离子	试 剂	反应器	主 要 步 骤	现 象	灵敏度/μg	干 扰
Al³⁺	桑色素（3,5,7,2′,4′-五羟基黄酮）①	板（黑）	1 滴试液，用 2mol/L HAc 酸化后，加 1 滴试剂饱和溶液（甲醇中）	绿色荧光（紫外光下）	0.2 1:2.5×10⁵	Be^{2+}、In^{5+}、Ga^{3+}、Th^{4+}、Se^{3+}
	埃铬菁 R	板	1 滴酸性试液+1 滴 HAc-NaAc 缓冲液（pH=5）+1 滴 1%试剂（pH=4～6）+1 滴 NaHSO₃	紫色（稳定 1min）	0.03	Fe^{3+}（抗坏血酸），Ti^{4+}、Th^{4+}、Zr^{4+}（三者沉淀分离），Cu^{2+}（巯基乙酸）
	铬蓝（2,2′-二羟基-4-磺酸基萘-偶氮-萘）	管	1 滴试液+1 滴 0.01%试剂+1 滴 HAc-NaAc 缓冲液（56g 乙酸钠+24ml 乙酸，稀释至 100ml）+3 滴乙醇，温热	橙色荧光（紫外光下）	0.03mg/L	Ga^{3+}、Fe^{3+}、MoO_4^{2-}、Ti^{4+}、VO_3^-、V^{4+}、Fe^{2+}（前五种离子在 1.5mol/L HCl 中用铜铁试剂和乙酸乙酯萃取分离；后两种离子须预先分别氧化成 VO_3^- 和 Fe^{3+}）；Cu^{2+} 和 $Co^{2+}(CN^-)$；Ti^{4+} 和 Ce^{4+}（用 Na₂SO₃ 还原，并煮沸以除去剩余 SO₂）；Ni^{2+}、Cr^{3+}、Au^{3+}、Pt^{4+}、Tl^{3+}、$C_2O_4^{2-}$、F^-
Au³⁺	对二甲氨基亚苄基罗单宁①	纸	取一滤纸片浸以试剂的饱和乙醇溶液，干燥后，在其中滴 1 滴中性或微酸性试液	紫色斑	0.1 1:5×10⁵	$Ag^+(Cl^-)$ $Hg^{2+}(Cl^-)$、Pd^{2+}（加丁二酮肟和酸，过滤，用滤液试 Au^{3+}）
	1-萘胺①	管，板	管：1 滴试液（pH=2～6），加固体 KCl 至饱和，用 1ml 正丁醇萃取	2～3min 内出现紫色	2.5	I^-、CN^-、NO_2^-、硫脲
			板：2 滴萃取液+1 滴 1%试剂的正丁醇溶液			
	SnCl₂+KSCN	纸	1 滴试液+1 滴 SnCl₂（浓 HCl 中）+1 滴 2mol/L KSCN	紫色斑	3mg/L	Hg^{2+}、Hg_2^{2+}、Ag^+、MoO_4^{2-}、WO_4^{2-}
Ba²⁺	玫瑰红酸钠①	纸	1 滴试液（中性或极弱酸性）+1 滴 0.2%试剂，然后用氨气熏（可用 5%试剂）	红棕色斑（如用 HCl 气熏，变为红色斑，而由 Sr^{2+} 造成的色斑消失）	0.25 1:2×10⁵	$Sr^{2+}(HCl 气熏)$、Au^{3+}、Pb^{2+}、Fe^{3+}、Fe^{2+}、S^{2-}、EDTA
	偶氮砷Ⅲ	板	1 滴试液+1 滴试剂稀溶液	蓝绿色	0.1 1:5×10⁵	Sr^{2+}[(1+1)HCl 2 滴]
	H₂SO₄+KMnO₄	离	1 滴试液+3 滴冷饱和 KMnO₄+2～3 滴 2.5mol/L H₂SO₄，立即加饱和 SO₂ 水溶液（或 10%NH₂OH·HCl）使褪色，离心	紫色沉淀（白色背景）	2.5	Pb^{2+}
	K₂CrO₄	板	1 滴试液+1 滴 2mol/LHAc+1 滴 1%K₂CrO₄	紫色沉淀		Pb^{2+}
Be²⁺	桑色素①	纸	1 滴试液（弱酸性）+1 滴 EDTA（在 1+5 氨水中的饱和溶液）+1 滴试剂（乙醇溶液）+1 滴 EDTA	黄绿色荧光（紫外光下）	0.5	Zr^{4+}
	醌茜素	板或纸	1 滴试液（中性或微酸性）+3 滴冷饱和 EDTA[在（1+10）氨水中]+1 滴 0.02%试剂的丙酮溶液，混合，用微量吸管过滤于滤纸，沉淀用 2 滴 EDTA 洗，再用水洗，最后丙酮洗	绿-黄色荧光（紫外光下）	0.07	Zr^{4+}

第二篇

被检离子	试 剂	反应器	主 要 步 骤	现 象	灵敏度/µg	干 扰
Be²⁺	醌茜素	板	1 滴试液+1 滴新配的试剂碱性溶液（Be²⁺量极小时用乙醇溶液）+1 滴稀氨水或稀 NaOH，同时做空白试验 试剂：0.05g 试剂溶于100ml 0.1mol/L NaOH 中（新配，或试剂的饱和乙醇溶液）	蓝色液或沉淀	0.14 1:3.53×10⁵	Cu^{2+} 和 Ni^{2+}（KCN）；Fe^{3+}（酒石酸盐；如同时有 Al^{3+}存在，须用 1mol/L NaOH 处理）；Mg^{2+}、Nd^{3+}、Pr^{3+}、Ce^{3+}、La^{3+}、Zr^{4+}、Th^{4+} 及大量 NH_4^+
	对硝基苯偶氮-5-甲基-1,3-二酚	纸	1 滴试剂于纸上，用毛细滴管滴试液于黄色区，再加 1 滴试剂 试剂：0.025%在 1mol/L NaOH 中的溶液	橙红色斑	0.2(0.04ml 中) 1:2×10⁵	Co^{2+}、Cu^{2+}、Cd^{2+}、Ni^{2+}、Zn^{2+}（以上五种离子均用 KCN 掩蔽），Mg^{2+}
	铍试剂 II [2-(8-羟基萘-3,6-二磺酸钠偶氮)-1,8-二羟基萘-3,6-二磺酸钠]	板	1 滴试液+1 滴饱和 EDTA+1 滴 1%NaOH+1 滴 0.02%试剂	蓝色	0.2	
	酸性铬蓝 K {4,5-二羟基-3-[(2-羟基-5-苯磺酸钠)偶氮]-2,7-萘二磺酸钠}	纸	1 滴试液+1 滴 2%NH₄Cl（含 2% NH₃）+1 滴 0.1mol/L EDTA+1 滴 0.25%试剂，干燥	蓝色斑	0.05	
Bi³⁺	柠檬酸-马钱子碱①	板	1 滴试液+ 1 滴 10%NaBO₃+ 1 滴饱和 NaHSO₃+1 滴试剂 +1 滴 20%KI 试剂：100g 柠檬酸和12g 马钱子碱加热溶于100ml 水中	砖红色沉淀（1～2min 后）	0.5	Ag^+、Au^{3+}、Cd^{2+}、Cu^{2+}、Hg_2^{2+}、Hg^{2+}、Sn^{2+}、Tl^+、TeO_3^{2-}、TeO_4^{2-}
	硫脲①	板	1 滴试液+1 滴 10%试剂+1 滴 1mol/L HNO₃	黄色	2.5	Hg^{2+}、Sb^{3+}、SeO_3^{2-}、SeO_4^{2-}、VO_3^-、EDTA、苯胺、吡啶
	SnCl₂+NaOH+PbCl₂	板	1 滴试液（HCl）+1 滴饱和 PbCl₂+2 滴 NaHSnO₂，同时做空白试验 NaHSnO₂ 的配制：临用时将等体积的 25%NaOH 和 SnCl₂ 溶液 15g 溶于100ml HCl(1+20)中，混合	黑至棕色沉淀	0.01 1:5×10⁶	Ag^+、Au^{3+}、Cu^{2+}（KCN）、Hg^{2+}（灼烧）、Pt^{4+}、Te^{4+}
	Pb(NO₃)₂+NH₄SCN	板	1 滴试液+1 滴 60%NH₄SCN+1 滴 0.1mol/L Pb(NO₃)₂	棕或橙色沉淀	0.05 1:5×10⁵	Cu^{2+}、Co^{2+}、Hg^{2+}、Ni^{2+}、Br^-、Cl^-、I^-、S^{2-}、$S_2O_3^{2-}$、SO_4^{2-}、$[Fe(CN)_6]^{3-}$
	辛可宁-KI	纸	取一张以辛可宁-KI 试剂浸过并干燥的滤纸条，以毛细吸管将试液以管端抵于滤纸上展开 辛可宁-KI 试剂：将 1g 辛可宁在温热下溶于含有少许 HNO₃ 的水中，冷却后，加 2g KI	橙红斑	0.14 1:3.5×10⁵ 12（Pb²⁺或 Cu²⁺存在时） 15（Hg²⁺存在时）	有 Pb^{2+}时，外环为黄色，有 Cu^{2+}时再外环为棕色，有 Hg^{2+}时中间有白色环，仔细观察，可区别，无干扰
Ca²⁺	乙二醛双（2-羟基缩苯胺）①（GBHA）	管	1 滴试液（中性或弱酸性）+4 滴试剂（乙醇饱和溶液）+1 滴 NaCN-NaOH (10g NaCN 和 10g NaOH 溶于 100ml 水中)，用 3～4 滴 CHCl₃ 萃取	CHCl₃ 层红色	0.25	Ba^{2+}和 Sr^{2+}（Na₂CO₃），Rh^{3+}、$P_6O_{18}^{6-}$、Sn^{2+}

被检离子	试剂	反应器	主要步骤	现象	灵敏度/μg	干扰
Ca^{2+}	(NH$_4$)$_2$C$_2$O$_4$	离	2 滴试液，用 6mol/L 氨水碱化后，加 4~5 滴 0.25mol/L (NH$_4$)$_2$C$_2$O$_4$	白色沉淀（溶于无机酸，不溶于 HAc）		Ba^{2+}、Sr^{2+}等（加 HAc 后，BaC$_2$O$_4$ 全溶，SrC$_2$O$_4$ 部分溶）Co^{2+}、Pt^{4+}以及可能 Fe^{3+}、Fe^{2+}等
	玫瑰红酸钠+NaOH	坩	1 滴试液，蒸干，加 0.5g (NH$_4$)$_2$SO$_4$(固体)，热至无白烟，冷却后，加 1 滴 0.2% 试剂和 1 滴 0.5mol/L NaOH	白色沉淀转为紫色	5(Ca^{2+})	Sr^{2+}
Cd^{2+}	α,α′-联吡啶+FeSO$_4$·7H$_2$O+KI[①]	纸	1 滴试液（弱酸性、中性或弱碱性）+1 滴试剂 试剂：0.25g α,α′-联吡啶和 0.146gFeSO$_4$·7H$_2$O 溶于 50ml 水，加 10g KI，剧摇 30min，过滤后使用	红斑或环	0.05 1:1×10^6	Ag$^+$、Hg$_2^{2+}$、Pb^{2+}、Tl$^+$（均用稀 HCl 使之沉淀，然后使滤液呈弱碱性）；Au^{3+}、Ce^{4+}、Cu^{2+}和 Sb^{3+}（加试剂前加 10% Na$_2$S$_2$O$_3$）；Hg^{2+}、Bi^{3+}
	乙二醛双(2-羟基缩苯胺)[①]	板	1 滴试液+2 滴掩蔽剂+2 滴 50%KI，将此混合液与约 20 颗阴离子交换树脂（50~100 目，Cl$^-$型）搅拌，用水洗 3 次，再加 2 滴 1%试剂的乙醇溶液和 1 滴吡啶 掩蔽剂：将等体积的 20%Na$_2$S$_2$O$_3$ 和 20%酒石酸钠溶液混合，并以 NaF 饱和	树脂粒上现蓝色	0.05 1:1×10^5	此法对 Cd^{2+}为特效；但在不同反应条件下，下列离子与试剂生成有色产物：Ca^{2+}、Sr^{2+}、Ba^{2+}、Co^{2+}、Ni^{2+}、Cu^{2+}、UO$_2^{2+}$
	二对硝基二苯卡巴肼(二对硝基二苯氨基脲)	板	1 滴试液+1 滴 10%NaOH+1 滴 10%KCN 混匀后，加 1 滴 0.1%试剂的乙醇溶液和 2 滴 40%HCHO，搅拌	蓝绿色沉淀或液	0.8 1:6.2×10^4	Co^{2+}、Pt^{4+}及可能 Fe^{3+}和 Te^{4+}
	镉试剂(对硝基苯重氮氨基偶氮苯)	纸	1 滴试剂+1 滴试液（先用 HAc 酸化）+1 滴 2mol/L KOH 试剂：溶解 0.02g 试剂于 100ml 95%乙醇中，加 2mol/L KOH 1ml	红色环（其外圈为紫蓝色环）	0.025	Co^{2+}、Cu^{2+}、Cr^{3+}、Fe^{3+}、Ni^{2+}、Mg^{2+}（均可用酒石酸盐掩蔽）、Ag$^+$(I$^-$)、Hg^{2+}(S^{2-})、NH$_4^+$
Ce^{3+}	H$_2$O$_2$+NH$_3$	坩埚	1 滴试液+1 滴 3% H$_2$O$_2$+1 滴稀氨水，温和加热	黄色液或黄色沉淀	0.4	Fe^{3+}(酒石酸)
	AgNO$_3$+NH$_3$	皿	1 滴试液（中性）+1 滴试剂，温热 试剂：0.4mol/L AgNO$_3$ 与足量的稀氨水混合至初生的沉淀刚复溶	黑色或棕色沉淀	1 1:5×10^4	Mn^{2+}、Fe^{2+}、Co^{2+}
	磷钼酸	板	1 滴试液+1 滴饱和磷钼酸+1 滴 40%NaOH	蓝色液或蓝色沉淀	0.52 1:6.1×10^4	
	亚铁-邻二氮菲	管	1 滴试液+1 滴 25% AgNO$_3$+数颗(NH$_4$)$_2$S$_2$O$_8$ 晶体，煮沸，冷却后，加 1 滴试剂 试剂：0.7g FeSO$_4$·7H$_2$O 和 1.5g 邻二氮菲溶于 100ml 水中，此试剂溶液的浓度为 0.025mol/L，临用时须稀释至 1×10^{-4}mol/L	红色变无色	15mg/L	MnO$_4^-$、VO$_3^-$等强氧化剂

被检离子	试 剂	反应器	主要步骤	现 象	灵敏度/μg	干 扰
Ce^{3+}	N-苯氨基苯甲酸	管	如上法，将 Ce^{3+} 氧化成 Ce^{4+} 并除去过量的 $(NH_4)_2S_2O_8$，然后加 1 滴试剂（每升溶液含 10mg 试剂）	紫红色	5mg/L	MnO_4^-、VO_3^-、CrO_4^{2-}、Au^{3+}、浓 HNO_3 等强氧化剂及铂族元素离子
Co^{2+}	亚硝基 R 盐	板	1 颗无色阴离子交换树脂+1 滴 0.05%亚硝基 R 盐+1 滴 0.3mol/L HAc+1 滴试液，5min 后，再加一滴 2mol/L HNO_3，在水浴上加热 3min，冷却	树脂变红	0.003 1:1.4×10^7	Ni^{2+} 和 Cu^{2+}（HNO_3）
	1-亚硝基-2-萘酚	纸	1 滴试液（中性或微酸性）+1 滴试剂（1g 试剂溶于 50ml 乙酸中，用水稀释至 1L）	棕色斑	0.05 1:1×10^6	Cu^{2+}（$KI+Na_2SO_3$）、Fe^{3+}（PO_4^{3-}）、Pd^{2+}、UO_2^{2+}（PO_4^{3-}）
	红氨酸（二硫代草酰胺）[①]	纸	将 1 滴试液滴于滤纸上，在氨气中熏，然后加 1 滴 1%试剂水溶液（或饱和乙醇溶液）	棕色斑或环	0.03 1:1.66×10^6	Ni^{2+}、Cu^{2+}、Au^{3+}、Ag^+、Bi^{3+}、Pb^{2+}、Pd^{2+}、EDTA
	NH_4SCN[①]	板	1 滴试液+1 滴 0.5mol/L $Na_2S_2O_3$ + 1 滴 1mol/L NH_4SCN+5~10 滴丙酮	蓝色	0.5	VO^{2+}、$[Fe(CN)_6]^{3-}$、$C_2O_4^{2-}$、CN^-、EDTA
	$(NH_4)_2[Hg-(SCN)_4]$	板	1 滴试液+2 滴试剂，用玻棒磨擦反应器壁，试剂：30g 氯化汞和 33g NH_4SCN 溶于 100ml 水中	白色沉淀（Zn^{2+}），深蓝色沉淀（Co^{2+}），紫红色至黑色沉淀（$Zn^{2+}+Cu^{2+}$），天蓝色沉淀（$Zn^{2+}+Co^{2+}$）	60mg/L（Zn^{2+}），300mg/L（Co^{2+}）	
Cr^{3+}	二苯氨基脲[①]	板	1 滴试液+1 滴 $K_2S_2O_8$ 饱和溶液 + 1 滴 2% $AgNO_3$，放置 2~3min 后，+1 滴 1%试剂的乙醇溶液（如被检的是 CrO_4^{2-} 或 $Cr_2O_7^{2-}$ 可略去氧化步骤）	紫至红色	0.8 1:6.25×10^4	Au^{3+}、Hg^{2+}（Cl^-）、Mn^{2+}（NaN_3），MnO_4^-（$H_2C_2O_4$）、VO_3^-
Cr^{6+} （CrO_4^{2-} 或 $Cr_2O_7^{2-}$）	变色酸（1,8-二羟基萘-3,6-二磺酸）[①]	板	1 滴试液+1 滴试剂（饱和）+1 滴浓 H_3PO_4（用于检测 Cr^{3+} 时，预先在碱性溶液中用 Na_2O_2 氧化，以 KNO_2 并加热来破坏剩余的 Na_2O_2，酸化后再检验）	棕红色	2.5	Sb^{3+}、Sn^{2+}、Sn^{4+} 含量占优势时，灵敏度降低
	$BaCl_2$	板	1 滴试液+1 滴 0.5mol/L $BaCl_2$	黄色沉淀（溶于 HNO_3，不溶于 HAc）		SO_4^{2-}
	邻联二茴香胺	板	1 滴试液+1 滴 10%试剂（乙酸溶液）	深蓝色	0.5	Au^{3+}、Cu^{2+}、$[Fe(CN)_6]^{3-}$、NO_2^-
Cs^+	$KBiI_4$	纸	1 滴试液+1 滴试剂，同时做空白试验 试剂：1g Bi_2O_3 在煮沸下溶于 5g KI 的饱和水溶液中，小量分次加入 25ml 乙酸	橙色或黄色斑	0.7 1:1400	Tl^+ 及与 I^- 能生成沉淀的离子

被检离子	试 剂	反应器	主 要 步 骤	现 象	灵敏度/μg	干 扰
Cs^+	KBiI$_4$	板	用 1 颗阳离子交换树脂（H$^+$型，50 目）和数颗阴离子交换树脂（OH$^-$型）处理 1 滴试液，然后加 1 滴试剂	树脂表面有红色晶体	1 1:5×10^4	
Cu^{2+}	红氨酸①	纸	1 滴 20%丙二酸+1 滴试液+1 滴试剂（甲醇饱和液）	黑至暗绿色斑	0.025	Au^{3+}和 Ag$^+$（二者加 5%NaCl 消除）、EDTA
	2,2′- 联喹啉①	板	1 滴试液（pH＞3）+3～4 粒盐酸羟胺晶体+1 滴试剂（乙醇饱和液）（如有有色离子存在，可用异戊醇萃取）	粉红至紫色	0.05 1:10^6	IO$_3^-$、EDTA、Ag$^+$、Hg$_2^{2+}$、Pb^{2+}、Tl$^+$、Fe^{3+}（H$_2$C$_2$O$_4$）
	安息香酮肟	纸	1 滴试液（弱酸性）+1 滴 5%试剂的乙醇溶液，在氨气中熏	红色斑	0.1 1:5×10^5	能被氨水沉淀的离子（酒石酸钾钠）
	水杨醛肟	管	1 滴试液（预先中和后，再用乙酸弱酸化）+1 滴试剂 试剂：1g 水杨醛肟溶于 5ml 乙醇中，将此溶液逐滴加到 95ml 30℃的水中，摇荡使油状悬浮物几乎消失后，过滤	带黄绿色的白色沉淀或浑浊	0.5 1:10^5	Pd^{2+}、Au^{3+}
	(NH$_4$)$_2$[Hg(SCH)$_4$]	板	1 滴试液+1 滴 0.1% ZnCl$_2$+2 滴试剂 试剂：参见 "Co^{2+}"	淡紫至深紫色沉淀	6mg/L	Fe^{3+}（NaF）、Fe^{2+}（氧化后、用 NaF 掩蔽）、大量 V^{4+}（事先氧化）
Fe^{2+}	α,α'- 联吡啶①	板或纸	1 滴试液（微酸性）+1 滴试剂（2%乙醇溶液）（检 Fe^{3+}时须先用 Sn^{2+}、NH$_2$OH·HCl 或巯基乙酸还原成 Fe^{2+}）	红或粉红色（环）	0.25	
	丁二酮肟	板	1 滴试液+1 粒酒石酸晶体+1 滴 1%试剂的乙醇溶液+少许氨水	红色	0.4 1:1.25×10^5	Fe^{3+}（柠檬酸或酒石酸）、Ni^{2+}（KCN）、Co^{2+}及大量 Cu^{2+}
Fe^{3+}	K$_4$Fe(CN)$_6$①	纸或板	1 滴试液（弱酸性）+1 滴 1%K$_4$Fe(CN)$_6$	蓝色斑（或液或沉淀）	0.5	Cu^{2+}、UO$_2^{2+}$等与试剂生成有色亚铁氰化物的阳离子以及 F$^-$、C$_2$O$_4^{2-}$、P$_2$O$_7^{2-}$、PO$_4^{3-}$
	KSCN	板	1 滴试液（弱酸性）+1 滴 1% KSCN	红色	0.25 1:2×10^5	Hg^{2+}、AsO$_4^{3-}$、PO$_4^{3-}$、C$_2$O$_4^{2-}$、C$_4$H$_4$O$_6^{2-}$、NO$_2^-$、F$^-$
	8- 羟基 -7- 碘 - 喹啉 -5- 磺酸（Ferron，试铁灵）	板	1 滴试液（pH=3.5）+1 滴 0.1%试剂	绿色	0.5 1:10^5	大量有色离子或强氧化剂
		板	数颗(Cl$^-$型)树脂+1 滴氯乙酸缓冲液（pH=2.8）+1 滴 0.05%试剂，5min 后+1 滴试液	树脂表面呈暗绿色（10～20min 后）	0.004 1:1.25×10^7	Cu^{2+}、Co^{2+}、CrO$_4^{2-}$、VO$_3^-$
	钛铁试剂（1,2-二羟基苯 -3,5- 二磺酸钠）	板	1 滴试液+1 滴 0.0113%试剂 +1 滴缓冲液（pH=9.8） 缓冲液：1g NaHCO$_3$ 和 0.5g Na$_2$CO$_3$ 溶于 100ml 水中	红至粉红色	0.05 1:10^6	Cu^{2+}、Ti^{4+}、MoO$_4^{2-}$
Fe^{2+} 和 Fe^{3+}	巯基乙酸①	板	1 滴试液+1 滴浓氨水+1 滴试剂（1+4）	紫红色	0.01	Co^{2+}（EDTA）、Rh^{3+}、CN$^-$、SeO$_3^{2-}$

第二篇

被检离子	试剂	反应器	主要步骤	现象	灵敏度/μg	干扰
Ga³⁺	罗丹明B[①]	管	1滴试液（约6mol/L HCl）+3滴试剂（0.2%的6mol/L 盐酸溶液）+3~5滴苯，摇荡	苯层红色或粉红色，紫外光下有橙红色荧光	0.5 1:10⁵	Au^{3+}、Sb^{3+}、Sb^{5+}、Tl^{3+}（前四者均用铜丝除干扰），Hg^{2+}、Fe^{3+}、BrO_3^-、IO_3^-、CrO_4^{2-}、SCN^-、TeO_3^{2-}、MnO_4^-阻止发生荧光
	滂铬蓝黑R (Pontachrome Blue Black R)[①] 参见"Al³⁺"的"铬蓝"法	管	5滴缓冲液+1滴0.05%试剂+1滴试液温热后，用5滴戊醇剧烈摇荡 缓冲液：30ml 饱和乙酸钠溶液和4ml冰乙酸混合而成	橙色荧光（紫外光下）	0.5	Al^{3+}、Au^{3+}、Bi^{3+}、Cu^{2+}、Fe^{2+}、Fe^{3+}、Co^{2+}、VO^{2+}、VO_3^-、草酸盐、EDTA
	水杨酸+邻氨基苯酚+NaBF₄	管	1滴试液（HCl）+1滴HAc-NaAc缓冲液（pH=5.5）+1滴试剂（0.05%乙醇溶液）+1滴NaBF₄	黄色荧光（紫外光下）	0.8 1:6×10⁴	
Ge⁴⁺ (GeO₃²⁻)	苯芴酮[①]（苯基荧光酮）	纸	1滴试剂蒸干后+1滴3~6mol/L HCl+1滴试液+1~2滴2mol/L HNO₃ 试剂：含0.05%试剂的95%乙醇溶液，用1滴6mol/L HCl酸化	粉红色斑	0.2	Bi^{3+}、Ce^{4+}、BrO_3^-、CrO_4^{2-}、F^-、MoO_4^{2-}
	甘露醇	板	1滴试液（微酸性）+1滴酚酞+0.01mol/L NaOH至红色+少许固体甘露醇	红色部分或完全褪色	2.5 1:2×10⁴	
Hf⁴⁺	偶氮胂Ⅰ（新钍试剂）	板	1滴试液（HClO₄或浓HCl）+1滴0.1%试剂。同时做空白试验	红紫色	3	Zr^{4+}、F^-、SO_4^{2-}、PO_4^{3-}、柠檬酸盐、酒石酸盐等
Hg₂²⁺，Hg²⁺	对称二苯氨基脲（或其氧化产物二苯缩氨脲）[①]	板	1滴试液（pH=1~2的HNO₃溶液）+1滴试剂（1%乙醇溶液）	紫-蓝色沉淀	0.5	卤素离子、CN^-、硫脲、EDTA；CrO_4^{2-}生成红色至橙色，VO_3^-产生红色，Au^{3+}稍带绿色
	双硫腙[①]	管、板	管：1滴试液+10滴3mol/L CCl₃COOH+3滴10%H₂C₂O₄+1ml 乙酸正丁酯萃取 板：3~4滴萃取液+2~3滴试剂（0.002% CHCl₃溶液）	黄色液	2.5	I^-、CN^-、$[Fe(CN)_6]^{3-}$、SCN^-、$S_2O_3^{2-}$、丁二酸盐、硫脲
	乙二醛双（2-巯基缩苯胺）（GBMA）	纸	1滴试剂（0.1%CHCl₃溶液）+1滴试液，在80℃烘干2min	暗红色至淡粉红色环	0.5	
	铜片	板	在一片磨光的铜片上滴1滴强酸性试液，1~2s后，在流水中摩擦	铜片上有光亮白色痕或黑色沉淀	100mg/L	Ag^+、Au^{3+}、铂族离子；As^{3+}、Sb^{3+}、Bi^{3+}缓慢析出黑色沉淀
Hg²⁺	CuI	板或纸	1滴 KI-Na₂SO₃(0.5g KI和20g Na₂SO₃·7H₂O于100ml水中)+1滴 CuSO₄ (5g CuSO₄·5H₂O于100ml 1mol/L HCl中)+1小滴试液(1mol/L HCl或HNO₃)	红至橙色	0.003 (0.03ml中)	Ag^+和Hg_2^{2+}(HCl)；Au^{3+}和Pt^{4+}(NaHSO₃)；Pd^{2+}(丁二酮肟)；MoO_2^{2-}和WO_2^{2-}(NaF)；Fe^{3+}、Nb^{5+}和Ce^{4+}(H₃PO₄和NaF)
	SnCl₂+苯胺	纸	1滴试液+1滴5%SnCl₂(10mol/L HCl中，新配)+1滴纯苯胺	黑色至棕色斑	1 1:5×10⁴	大量Ag^+、Au^{3+}、MoO_4^{2-}

被检离子	试 剂	反应器	主要步骤	现 象	灵敏度/μg	干 扰
Hg^{2+}	对二甲氨基亚苄基罗单宁	板	无 Cl^- 和大量游离酸存在时： 1 滴试液（HNO_3 或 H_2SO_4 性，酸度不大于 0.1mol/L）+1 滴试剂（饱和乙醇溶液）	紫色沉淀或红色液	0.33 $1:1.5\times10^5$	Ag^+（HCl）
			有 Cl^- 和游离酸存在时： 1 滴试液（酸性）+1 滴试剂+数滴乙酸钠饱和溶液，同时以稀 HCl 或稀 HNO_3 做空白试验	粉红色	0.33 $1:1.5\times10^5$	
			有 Cu^{2+} 存在时： 1 滴酸性试液（pH<1）+ 5 滴 10% Na_3PO_4+1 滴试剂（Hg^{2+} 量极微时，须做空白试验）	紫到粉红色	1 $1:1.5\times10^4$ （450 倍 Cu^{2+} 存在时）	
In^{3+}	茜素	纸	滤纸片浸以试剂（饱和乙醇溶液），干燥后，加 1 滴中性或弱酸性（HAc）试液，将滤纸在氨气上熏后，浸于饱和 H_3BO_3 溶液中	红色或紫色斑	0.05(0.025 ml 中)	Co^{2+}、Mn^{2+}、Ni^{2+} 和 Zn^{2+}（均用 KCN 掩蔽）；Cr^{3+}（NaOH）；Fe^{3+}（$Na_2S_2O_3$+Na_2SO_3+KCN）；Al^{3+}、Be^{2+}、Th^{4+}、Zr^{4+} 及大部分能被 H_2S 沉淀的离子
Ir^{4+} ($IrCl_6^{2-}$)	对亚硝基二甲基苯胺	离，管	1 滴试液与数毫克铜粉和 2 滴 5%HCl 混合，煮沸，离心液与 1 滴浓 HNO_3 混合，蒸发；接着每次加 1 滴浓 HCl 蒸发 2 次，然后加 1 滴水和 1 滴试剂（乙醇水溶液）	红色	0.1 $1:5\times10^5$	Pd^{2+}、Rh^{3+}
	无色孔雀绿	管	2～3ml 试液+2～3 滴试剂（在 1%2mol/L HAc 中）+2 滴 $CHCl_3$，摇	绿色	$1:10^6$	Au^{3+}、Fe^{3+}、Pd^{4+}、Ru^{4+}
K^+	$Na_3[Co(NO_2)_6]$	板（黑）	1 滴试液（中性或用乙酸酸化）+1 滴 0.05%$AgNO_3$+1～2mg $Na_3[Co(NO_2)_6]$	黄色沉淀或浑浊	1 （不加 $AgNO_3$ 时 4μg）	NH_4^+、Tl^+（蒸干和灼烧试样）、卤化物（$AgNO_3$ 沉淀分离）、Rb^+、Cs^+
	二苦胺钠[①]	纸	二苦胺钠滤纸上加 1 滴试液，干燥后，加 1 滴 0.1mol/L HNO_3 试纸：将滤纸条浸入试剂（在 2ml 1.0mol/L Na_2CO_3 中溶解 0.2g 试剂）溶液，干燥（如滤纸条用试剂浸湿后立即吸干，然后在温热空气中干燥，可提高灵敏度）	红色斑或环	5	NH_4^+、Tl^+(消除法同上)、Rb^+、Cs^+
Li^+	KIO_4+$FeCl_3$+KOH[①]	管	1 滴试液（中性或碱性）+1 滴饱和 NaCl+2 滴试剂，在 45～50℃加热 15～20s，同时做空白试验 试剂：将 2g KIO_4 溶于 10ml 2mol/L KOH(新配)，用水稀释至 50ml，并与 3ml 10% $FeCl_3$ 混合，用 2mol/L KOH 稀释至 100ml	黄白色浑浊	0.1 $1:5\times10^5$	NH_4^+（KOH 加热），2 价金属离子（8-羟基喹啉+KOH，用其滤液），Ag^+、Ce^{3+}、Ce^{4+}、Cr^{3+}、Fe^{3+}、Tl^+、Sb^{3+}、VO^{2+}、Ru^{3+}、Rh^{3+}、S^{2-}、UO_4^{2-} 等

被检离子	试剂	反应器	主要步骤	现象	灵敏度/μg	干扰
Li$^+$	钍试剂 [2(-2-羟基-3,6-二磺酸-1-萘基偶氮)苯胂]	管	0.1～1ml 试液用碳酸镁悬浮液处理,滤液中加1滴 20%KOH,1滴丙酮,和 1 滴 0.2%试剂。同时做空白试验	黄橙色	2 1:5×10^5	
Mg^{2+}	达旦黄①	板	1 滴试液+1 滴 5 mol/L KCN+1滴 4mol/L NaOH,充分搅拌后,+1 滴 0.1%试剂。同时做空白试验	亮红色沉淀		Mn^{2+},大于 10μg 的 Cu^{2+}
	镁试剂 I (对硝基苯偶氮间苯二酚)	板	1 滴试液(中性或弱酸性)+1 滴试剂(0.1%的 1+1 乙醇溶液)+2 滴 0.1mol/L KOH 或 1 滴试液+1～2 滴碱性试剂(0.001g 溶于100ml 2mol/L KOH 中)	蓝色液或蓝色沉淀	0.5	Al^{3+}、Cr^{3+}、Fe^{3+}和 Sn^{4+}(均可用固体 NaNO$_2$ 沉淀);Cd^{2+}、Co^{2+}和 Ni^{2+}(CN$^-$);Mn^{2+}(S^{2-});NH$_4^+$盐(加热)
	二甲苯胺蓝 I 或二甲苯胺蓝 II	板	先将阳离子交换树脂(50～100 目)用 20 倍体积的 0.01%试剂的乙醇溶液处理 板:1滴试液+1 滴 0.5mol/L NaOH+1 滴饱和葡萄糖溶液 +1 滴三乙醇胺(50%)使 pH=10～12,再加数颗处理过的树脂	树脂上呈红紫色	0.007 1:1.5×10^5	Fe^{3+}和 Au^{3+}(三乙醇胺)
	KOH+I$_2$	板	1 滴试液(中性或酸性)+1 细滴 1mol/L KOH+1 细滴 0.5mol/L I$_2$(在 20%KI 中)搅匀 (Mg^{2+}量小时须做空白试验)	棕色	0.3 1:1.65×10^5	大量还原剂和 NH$_4^+$、Al^{3+};能形成有色氢氧化物或高价氧化物的离子;PO$_4^{3-}$、C$_2$O$_4^{2-}$
Mn^{2+}	KIO$_4$+4,4'-四甲二氨基二苯甲烷①	板	1 滴试液+1 滴 KIO$_4$(饱和)+1 滴 4,4'-四甲二氨基二苯甲烷的乙酸饱和溶液	蓝色	0.05	Au^{3+}、Ce^{3+}、Ce^{4+}、Fe^{2+}、Fe^{3+}、Hg^{2+}、Cr^{3+}、Ir^{3+}、VO^{2+}、VO$_3^-$、Rh^{3+}、Ru^{3+}、硫脲
	(NH$_4$)$_2$S$_2$O$_8$+AgNO$_3$	坩或管	1 滴试液+1 滴浓 H$_2$SO$_4$+1 滴 0.1%AgNO$_3$+数毫克(NH$_4$)$_2$S$_2$O$_8$,温热	红紫色	0.1 1:5×10^5	Cr^{3+}、卤化物
	NaBiO$_3$	板	2 滴试液+1 滴浓 HNO$_3$ 或 3mol/L H$_2$SO$_4$+少许 NaBiO$_3$ 粉末,搅和	上层清液红紫色	30mg/L	还原剂
	NaOBr+Cu^{2+}	管	2ml 1%CuSO$_4$+1 滴试液+8～10ml 0.1mol/L NaOBr(新配),煮沸	上层清液红紫色	2.5 1:2.5×10^4	Co^{2+}和 Ni^{2+}(先加超过 Co^{2+}或 Ni^{2+}量的 Cu^{2+}),CrO$_4^{2-}$和 Cr^{3+}
MoO$_4^{2-}$	氨性硝酸银	纸	1 滴试剂+1 滴试液(必要时加热;Mn^{2+}量小时,须做空白试验) 试剂:在饱和 AgNO$_3$ 溶液中逐滴加入氨水至沉淀恰好溶解,再加等体积的氨水	黑斑	0.05 1:10^6	Al^{3+}、Co^{2+}、Cr^{3+}、Bi^{3+}、Fe^{3+}、Hg^{2+}、Pb^{2+}、Zn^{2+}、Ni^{2+}无干扰
	甲醛肟	板	1 滴试液+1 滴试剂+1 滴氨水(1+1)+1 滴 0.02mol/L EDTA+1 滴 10%盐酸羟胺 试剂:8g 盐酸羟胺溶于水,加 4ml 37%甲醛	橙红色	0.02 1:2.5×10^6	

续表

被检离子	试剂	反应器	主要步骤	现象	灵敏度/μg	干扰
MoO_4^{2-}	亚甲基蓝+肼[①]	管	1 滴试液（弱酸性）+2 滴 0.001% 亚甲基蓝+20～30mg 硫酸肼，将试管放在沸水中 5～10min，同时做空白试验	蓝色褪去	0.1	Sn^{2+}、S^{2-}、$S_2O_3^{2-}$、SeO_3^{2-}、SeO_4^{2-}、WO_4^{2-}（NaF）、NO_3^-（浓甲酸，灼烧）
	$KSCN+SnCl_2$[①]	纸	1 滴浓 HCl+1 滴试液+1 滴 10%试剂+1 滴 $SnCl_2$（20%在浓 HCl 中）	红色环	0.25	Au^{3+}、SeO_3^{2-}、SeO_4^{2-}、$C_2O_4^{2-}$、柠檬酸盐、酒石酸盐、EDTA、NO_2^-、$P_2O_7^{4-}$、PO_4^{3-}、F^-、Fe^{3+}生成的红色斑点加 $SnCl_2$ 后消失
	乙基黄原酸钾	板	1 滴试液（近中性或弱酸性）+1 粒乙基黄原酸钾（固体）+2 滴 2mol/L HCl	红至紫色	0.04 $1:2.5×10^5$	AsO_3^{3-}、SeO_3^{2-}以及 F^-、$C_2O_4^{2-}$、$C_4H_4O_6^{2-}$ 等能与钼成稳定配合物的阴离子
	苯肼	板或纸	1 滴试液+1 滴试剂（苯肼+乙酸，1+2），同时做空白试验	红色液或环	板上 0.32 $1:1.5×10^5$；纸上 0.13 $1:3.18×10^5$	
	苯基荧光酮（苯芴酮，9-苯-2,3,7-三羟基-6-芴酮）	纸	1 滴试剂（0.1%的乙醇溶液）干后，在橙色斑上加 1 滴试液（2mol/L HCl）+1 滴 20% KF+2～3 滴 0.25mol/L H_2SO_4，同时做空白试验	胭脂红色斑	1.7 $1:3×10^4$	
Na^+	乙酸铀酰锌	板（黑）	1 滴试液（近中性）+8 滴试剂，搅拌试剂；A 液，10g 乙酸铀酰加热下溶于 6g 30%HAc 中，稀释至 50ml；B 液，30g 乙酸锌溶于 3g 30%HAc 中，稀释至 50ml；将等体积的 A 液和 B 液混合，加痕量 NaCl，24h 后过滤使用	黄色沉淀	12.5	大量 K^+、Li^+ 也生沉淀
	5-苯甲酰胺蒽醌-2-磺酸	管	1 滴试剂（3%的 50%乙醇溶液）+1 滴试液摇荡 1min，放置 10min	橙黄色结晶形沉淀	0.5 $1:10^5$	NH_4^+及碱金属离子
Nb^{5+} (NbO_3^-)	4-(2-吡啶偶氮)间苯二酚（PAR）	管或板	1 滴试液（>0.1Mg 酒石酸介质，pH=5.8～6.4）+1 滴 0.75%EDTA+1 滴 0.03%试剂+2 滴缓冲液（pH=5.8，NaAc-HAc），在水浴上温热并放置 2min，同时做空白试验（加试剂顺序很重要）	橙至红色（空白为黄色）	0.1 $1:5×10^5$	20 倍过量的下列离子无干扰：Al^{3+}、As^{3+}、As^{5+}(AsO_4^{3-})、Ba^{2+}、Be^{2+}、Bi^{3+}、Ca^{2+}、Ce^{3+}、Cr^{3+}、Fe^{2+}、Fe^{3+}、Hg^{2+}、La^{3+}、Mg^{2+}、Pb^{2+}、Sn^{4+}、Sr^{2+}、Ta^{5+}、Th^{4+}、Ti^{4+}、WO_4^{2-}、Zn^{2+}、Zr^{4+}、MoO_4^{2-}
	连苯三酚-4-磺酸	管	1 滴试液+1 滴 5%试剂	橙至红色	0.12 $1:4×10^5$	Ta^{5+}（柠檬酸，pH=6）
	$KSCN+Zn$	管	KSCN 晶体少许+1ml 试液+Zn 粉+5 滴浓 HCl，同时做空白试验	黄色	$1:2×10^4$	Ta^{5+}、Ti^{4+}、WO_4^{2-} 不干扰
NH_4^+	石蕊试纸[①]	管	1 滴试液（或数粒固体试样）+1 滴 2mol/L NaOH，将一小条湿润的红色石蕊试纸悬挂在试管内（小心勿使接触被污染的表面）。塞紧试管，温热 40～50℃数分钟	试纸变蓝（检定痕量氨时，须与一小条红色石蕊试纸对照）	0.3	CN^-(Hg^{2+})

续表

被检离子	试剂	反应器	主要步骤	现象	灵敏度/μg	干扰
NH$_4^+$	氯化对硝基苯重氮盐（Riegler 溶液）[①]	板	1 滴试液+1 滴试剂+数粒 CaO 试剂：溶解 1g 对硝基苯胺于 20ml 水和 2ml 稀 HCl 中，必要时温热。在剧烈搅拌下，用 160ml 水稀释，将溶液冷却后，加 20ml 5%NaNO$_2$，放置时形成的沉淀须过滤除去	CaO 表面现红色	0.6	Hg$_2^{2+}$、Hg^{2+}、Mn^{2+} 及大量 Cu^{2+}
	奈斯勒试剂（K$_2$HgI$_4$+NaOH）	板，纸	1 滴试液+2～3 滴试剂，同时做空白试验（试液先在点滴板上用浓碱液处理，然后取悬浮在纸上检测） 试剂：溶解 115g HgI$_2$ 和 80g KI 于水中，稀释至 500ml，加 500ml 6mol/L NaOH，静置，取其清液使用	红棕色或红棕色沉淀或斑	0.3（0.002ml 中）	与碱产生有色氢氧化物沉淀的离子，如 Fe^{3+}、Cr^{3+}、Co^{2+}、Ni^{2+} 等（采用"石蕊试纸"所用方法，以奈斯勒试剂代石蕊，则可避免干扰）
	苯酚+次氯酸钠	管	1 滴试液与试剂Ⅰ和试剂Ⅱ各 1 滴，在水浴中温热（50℃） 试剂Ⅰ：10% 苯酚和 0.05g 亚硝基铁氰化钠（在 5%NaOH 中）的溶液 试剂Ⅱ：次氯酸钠用 5 份水稀释	蓝色	0.001 1:5×10^4	
Ni^{2+}	丁二酮肟[①]（二甲基乙二醛肟）	纸	1 滴试液+1 滴试剂（1% 的乙醇溶液），然后用氨气熏	粉红至红色斑	0.25	Cu^{2+}、Fe^{2+} 及 Fe^{3+} 存在时的 Co^{2+}，EDTA 如用下列操作则 Co^{2+}、Cu^{2+} 和 MnO$_4^-$ 不干扰：用试剂浸透滤纸后使其干燥，加 1 滴试液，将滤纸放入稀氨水中并徐徐摇动，Co^{2+}和 Cu^{2+}的丁二酮肟配合物溶解，而 Ni^{2+}的红色斑点仍留在滤纸上
		管，板	管：用氨水使试液恰为碱性，过滤 板：1 滴滤液+1 滴试剂（饱和乙醇溶液）	桃红液或红色沉淀	0.2	Co^{2+}（H$_2$O$_2$+Na$_2$CO$_3$ 或 CN$^-$+HCHO），Cu^{2+}（HSO$_3^-$+SCN$^-$，或 H$_2$O$_2$+Na$_2$CO$_3$），Fe^{2+}（H$_2$O$_2$+F$^-$），Fe^{3+}（F$^-$），Mn^{2+}（H$_2$O$_2$+Na$_2$CO$_3$），此外，Pd^{2+}可能干扰
	（丁二酮肟）+氧化剂 [Br$_2$ 或 (NH$_4$)$_2$S$_2$O$_8$+AgNO$_3$]	板	1 滴试液+1～2 滴饱和溴水，1～2min 后用氨水碱化（使溴的颜色褪去）+1 滴试剂	红或橙色	0.12 1:4×10^5	
	红胺酸[①]	纸	1 滴试液，用氨气熏后，再加 1 滴试剂（1% 乙醇溶液）	蓝至蓝紫色斑	0.01	Au^{3+}、Cd^{2+}、Co^{2+}、Cu^{2+}、Zn^{2+}（氨气熏到足够时间后，[Ni(NH$_3$)]$_4^{2+}$ 扩散至斑点，可在此 5 种离子斑点周围形成 Ni^{2+} 的色环）；Hg^{2+}、CN$^-$、EDTA
		板	1 颗阳离子交换树脂+1 滴试液+1 滴 1mol/L 氨水，5min 后，+1 滴试剂（0.1% 乙醇溶液）	树脂表面显紫色（2～3min 后，用透镜观察）	0.0021 1:1.9×10^7	Cr^{3+}（氧化成 CrO$_4^{2-}$），Fe^{3+} 和 Co^{2+}[与 12mol/L HCl 通过阴离子交换树脂（Cl$^-$型，100～200 目）树脂，将洗脱液浓缩，然后再溶解后检 Ni^{2+}]

第二篇

被检离子	试剂	反应器	主要步骤	现象	灵敏度/μg	干扰
Os^{8+} (OsO$_4$)	KClO$_3$+KI	板	1 滴试剂+1 滴 H$_2$SO$_4$（1+1000）+1 滴 1%淀粉+1 滴中性试液，同时做空白试验 试剂：1g KClO$_3$ 和 1g KI 溶于 100ml 水中	蓝色	0.005 (OsO$_4$) 1:10^7	Ru^{3+}，有色离子和氧化剂。如将 OsO$_4$ 从酸性试液中挥发，并用 1 滴水吸收后，鉴定 Os，此反应是特效的，灵敏度为 0.01μg
	K$_4$[Fe(CN)$_6$]	纸	1 滴试液+1 滴试剂（饱和）或在玻管中将 OsO$_4$ 挥发，由毛细管导出其蒸气于浸过试剂的滤纸上	绿色斑	直接法 0.01 (0.001ml 中)，挥发法 0.008(0.001ml 中)	
Pb^{2+}	双硫腙①	管	1 滴试液+2 滴 5mol/L KCN+1 滴浓氨水+4～5 滴试剂（CCl$_4$ 饱和溶液）萃取，同时做空白试验	CCl$_4$ 层红色	0.05	Fe^{3+}、Sn^{2+}、Sn^{4+}、Tl$^+$、PO$_4^{3-}$ 及大量 Bi^{3+}
	玫瑰红酸钠	纸	1 滴试液+1 滴 0.2%试剂（新配）+1 滴缓冲液（1.9g 酒石酸氢钾和 1.5g 酒石酸溶于 100ml 水中，pH=2.8）	未加缓冲液前蓝色斑或环，加缓冲液后变猩红色	0.1 1:5×10^5	Ag$^+$、Ba^{2+}、Cd^{2+}、Sn^{2+}、Tl$^+$
	K$_2$CrO$_4$	板	1 滴试液（用 HAc 酸化）+1 滴 1mol/L K$_2$CrO$_4$	黄色沉淀（不溶于 HAc，溶于 HNO$_3$ 或 NaOH）		Ag$^+$（氨水）、Ba^{2+}、Hg^{2+}（CN$^-$）
Pd^{2+}	丁二酮肟镍试纸①	纸	在丁二酮肟镍试纸上放 1 滴试液（中性或微酸性），干燥后，将试纸浸入稀 HCl 浴中，在冷水中浸洗 丁二酮肟镍试纸：将滤纸浸于冷的饱和丁二酮肟乙醇溶液中，取出，待干后，浸于弱碱性的 5% Ni(NO$_3$)$_2$ 溶液里，丁二酮肟镍即沉积于滤纸细孔中，用水洗后，在乙醇中浸一下，再干燥	加试液处残留粉红至红色斑	0.25	Hg$_2^{2+}$、CN$^-$、S$_2$O$_3^{2-}$、[Fe(CN)$_6$]$^{3-}$、硫脲、吡啶、Pd^{2+}
	对亚硝基二苯胺①	纸	1 滴试剂[0.05%在乙醇-水中（1+1）]干燥后+1 滴试液（弱酸性）	红紫色斑	2.5	Hg$_2^{2+}$、Hg^{2+}、CN$^-$、SCN$^-$、NO$_2^-$、I$^-$、S$_2$O$_3^{2-}$ 及 >10～20μg 的 Au^{3+}、Ag$^+$和 Pt^{4+}；硫脲、吡啶
	HgI$_2$	板	1 滴试液（弱酸性）+1 滴 HgI$_2$（饱和的 1,4-二氧六环溶液）	黑色沉淀或灰色悬浮液	0.08 1:6.3×10^5	Ag$^+$(HCl)、Au^{3+}(H$_2$C$_2$O$_4$)
Pt^{4+}	对亚硝基二苯胺①	管	1 滴稀乙酸+2 滴试液+4 滴试剂（0.05%的 60%乙醇溶液）在沸水浴中加热 5min	粉红色溶液	2.5	Au^{3+}、Ce^{4+}、Pd^{2+}、Rh^{3+}、Ru^{3+}、[Fe(CN)$_6$]$^{3-}$、BrO$_3^-$、SCN$^-$、TeO$_3^{2-}$
	SnCl$_2$	纸	1 滴 TlNO$_3$(饱和)+1 滴试液+1 滴 TlNO$_3$(饱和)，然后用氨水洗滤纸，再加 1 滴 SnCl$_2$（浓 HCl 溶液）	黄色至橙红色斑	0.025 (0.002ml 中) 1:2.5×10^5	可在其他贵金属离子存在下检 Pt^{4+}
	KI	板	1 滴试液（弱酸性）+1 滴 5%KI	棕红色	0.5 1:10^5	能氧化 I$^-$的物质以及 Au^{3+}和 Pd^{2+}（后两者可用氨水将溶液碱化后，加草酸消除）
	1,4-二苯基-3-氨基硫脲	管	1 滴试液+数毫克固体试剂，用 CHCl$_3$ 萃取	CHCl$_3$ 层绿色	0.5 1:10^5	

被检离子	试剂	反应器	主要步骤	现象	灵敏度/μg	干扰
Pu^{4+}	偶氮胂氨基-ε-酸 {2-[1,8-二羟基-7-(1-羟基-3,8-二磺酸-2-萘偶氮)-3,6-二磺酸-2-萘偶氮]苯胂酸}	管	1 滴试液（0.1mol/L HNO_3）+1 滴 0.03%试剂，用数滴正丁醇（含 3%三苄胺）萃取	有机层蓝绿色	0.05 1×10^6	
Rb^+	$AuBr_3+AgBr$	片	1 滴试液在载玻片上蒸发，在残渣上加 1 滴 $AuBr_3$(4.5% 的 40%HBr 溶液)+1 滴 $AgBr$(0.8%的 40%HBr 溶液)，放数分钟	红色棱状针	0.5	Cs^+、Pt^{4+}、Rh^{3+}、Ru^{3+}、Sb^{3+}、Sb^{5+}、Sn^{2+}、Sn^{4+}
	二苦胺锂	纸	将一滤纸片浸于二苦胺的 0.5mol/L Li_2CO_3 溶液中，干燥，滴一滴试液	胭脂红斑	2 1：2.5×10^4	Cs^+、K^+、NH_4^+
	$Na_2AgBi(NO_2)_6$	管	1 滴试液+1 滴试剂（新配）试剂：A 液为 20.5g $Bi(NO_3)_3 \cdot 5H_2O$ 和 2.0g $AgNO_3$ 溶于 100ml 6mol/L HAc 中，B 液为 9mol/L $NaNO_2$，临用前将 2 份 A 液和 3 份 B 液混合	黄色沉淀	微克级	Cs^+
Re^{7+} (ReO_4^-)	硫氰酸铵（钾，钠）①	板	1滴试液+1 滴 $SnCl_2$(50% 的 10mol/L HCl 溶液)+1 滴试剂（饱和）	黄棕色	0.5	Au^{3+}、Co^{2+}、Hg_2^{2+}、SeO_3^{2-}、Hg^{2+}、$[Fe(CN)_6]^{3-}$、$[Fe(CN)_6]^{4-}$、TeO_3^{2-}、TeO_4^-、WO_4^{2-}
	丁二酮肟+氯化亚锡①	板	1 滴试液+1 滴丁二酮肟（饱和的 96%乙醇溶液）+数粒 $SnCl_2$ 结晶+1 滴浓 HCl	棕或棕红色	2	Au^{3+}、Pt^{4+}、MoO_4^{2-}、SeO_3^{2-}、SeO_4^{2-}
	三(2,2′-二联吡啶)合铁(Ⅱ)硫酸盐	离	1 滴试剂（0.6%）和 4 滴硝基甲烷加于 5～6 滴试液（pH=3～9）中，搅拌 90s，离心。同时做空白试验	下层红色	0.07 (Re)	卤素离子（Ag_2SO_4），阳离子（1mol/L EDTA），MoO_2^{2-}、VO_3^- 和 WO_4^{2-} [三者加 0.5mol/L $(NH_4)_2C_2O_4$]，$AuCl_4^-$、ClO_3^-、ClO_4^-
Rh^{3+}	对亚硝基二苯胺①	管	3～5 滴微酸性试液+4 滴试剂[0.05%在乙醇-水中(1+1)]，沸水浴中加热 5min	橙红色	0.5	Ce^{4+}、Fe^{3+}、Os^{3+}、Pt^{4+}、Zr^{4+}、NO_2^-、SCN^-、吡啶、甲酸盐
	氯化亚锡	管	1 滴试液+1 滴试剂 试剂：2ml 饱和 NH_4Cl 与 1ml 饱和 KI 和 1ml 20% $SnCl_2$ 混合	樱桃红色	微克级	Au^{3+}、Pd^{2+}和 Pt^{4+}可用下法消除：在一小试管中放 1 滴试液，加 1 滴乙醇，1 粒丁二酮肟结晶，1 滴硫酸亚铁铵饱和溶液，少许 NH_4Cl 晶体，离心，取其上层清液检 Rh^{3+}
	次氯酸钠①	板	1 滴试液+2 滴 5%试剂	蓝色	0.6	Ce^{3+}、Co^{2+}、Cu^{2+}、Cr^{3+}、Fe^{2+}、Fe^{3+}、Mn^{2+}、Ni^{2+}、Pb^{2+}、Tl^+、CrO_4^{2-}、$[Fe(CN)_6]^{3-}$、I^-、IO_3^-、VO_3^-、H_2O_2、甲酸盐；Au^{3+}、Ce^{4+}、Pd^{2+}、Os^{3+}等黄色离子使检定时不呈蓝色而呈绿色
Ru^{3+}	硫脲①	管	1 滴 10mol/L HCl+1 滴试液+数粒试剂晶体，徐徐加热 30s	蓝色	2.5	Bi^{3+}、Fe^{3+}、$[Fe(CN)_6]^{4-}$、Os^{3+}、Pd^{2+}、MoO_2^{2-}、NO_2^-、SeO_3^{2-}、SeO_4^{2-}、TeO_3^{2-}、VO_3^-、Rh^{3+}（如用二苯硫脲为试剂，则所成蓝色产物能用氯仿萃取，而与大多数有色离子分离）

被检离子	试剂	反应器	主要步骤	现象	灵敏度/μg	干扰
Sb^{3+}, Sb^{5+}	罗丹明 B[①]	管、板	管，5 滴 $H_2SO_4(1+3)$+1 滴试液 +1 滴 10%KI +1ml 苯，萃取 板：数滴苯液 +1 滴 0.2% 试剂	苯层紫色（Sb^{3+}）	0.25	NO_2^-(尿素)、能与 KI 作用的氧化剂（$Na_2S_2O_3$）
		板	1 滴 0.01%试剂 +1 滴试液（强酸性，HCl）	紫色（Sb^{5+}）	0.5	Au^{3+}、$BiOCl$、Hg^{2+}、MoO_4^{2-}、Tl^+、WO_4^{2-}
Sb^{3+}	罗丹明 B	板	1 滴试液 +数粒 KNO_2+ 1~2 滴浓 HCl，待剧烈反应停止后，加 1 滴 0.2%试剂，同时做空白试验	紫色液或紫色沉淀		NO_2^-（尿素），氧化剂（Na_2SO_3）
	磷钼酸	纸	取狭长的滤纸一条，分别于两处各放 5%磷钼酸试剂 1 滴，略微烘干，在一处加 1 滴 3mol/L HCl 以作空白试验；另一处加 1 滴试液，将滤纸在水蒸气上显色	深蓝或深蓝色（数分钟后）	0.2 1:2.5×10⁵	Sn^{2+}
	苯基荧光酮	纸	1 滴试剂（乙醇溶液）于滤纸条，在空气中干燥 +1 滴试液（1mol/L HCl）+2~3 滴 $HCl-H_2O_2$（6%H_2O_2 于 1mol/L HCl 中） 如为 Sb^{5+}，须先用金属镁还原后进行检验。 试剂：0.017g 苯基荧光酮溶于 5ml 2mol/L HCl 和 5ml 95%乙醇的混合液中（新配）	红色斑	0.2 1:2.5×10⁵	Ge^{4+}、Sn^{4+}、MoO_4^{2-}（HCl+ H_2O_2）
	茜素紫（焦性没食子茜素）	板	1 滴试液（酸性）+1 滴试剂（2%丙酮溶液）	紫色	0.005	
Sc^{3+}	胭脂红酸	管	5ml 试液 +2~3 滴胭脂红酸的乙醇溶液 + 数滴 2mol/L NaOH（至紫红色），温热，加 10 滴乙酸	暗蓝色沉淀	1:5×10⁴	Ag^+、Au^{3+}、Cu^{2+}、Hg_2^{2+}、Hg^{2+}、Sn^{2+}、Sn^{4+}、VO_3^-（均可用 H_2S 除去）；Ti^{4+}、Zr^{4+}、F^-、UO_2^{2+}
	甲基百里酚蓝	板或管	1 滴试液 + 1 滴缓冲液（pH=1.5）+1 滴 0.02%试剂	蓝色	1 1:5×10⁴	Al^{3+}（磺基水杨酸）、Hf^{4+}、Th^{4+} 和 Zr^{4+}（三者用酒石酸和柠檬酸混合液掩蔽），Fe^{3+}（抗坏血酸），F^-、PO_4^{3-}
Se^{4+} (SeO_3^{2-})	3,3′-二氨基联苯胺盐酸盐[①]	板	1 滴试液 +1 滴 5%NaF+1 滴 2.5%试剂 +1 滴稀 HCl	黄色液或黄色沉淀	2.5	Au^{3+}、Ce^{4+}、Pt^{4+}、Ru^{3+}氧化性阴离子
	$NaHSO_3$	管	1ml 试液 +数颗 $NaHSO_3$ 晶体 +1ml 浓 H_2SO_4，沸 1min，冷却	红色液或红色沉淀	6	As^{3+}、Ge^{4+}、Sn^{2+}、Sn^{4+}、Te 不干扰
	亚甲基蓝 +S^{2-}	板	1 滴试液（碱性）+1 滴 0.2mol/L Na_2S+1 滴 0.01%亚甲基蓝，同时做空白试验	蓝色褪去	0.08 (0.08ml 中) 1:10⁶	
	1,1-二苯肼	板	4 滴 1%试剂（乙酸溶液，新配）+1 滴 2mol/L HCl+1 滴试液。同时做空白试验	立即现红色，不久转变成亮红紫色	0.05 1:10⁶	氧化性含氧酸和过氧化物（浓 HCl，加热），Cu^{2+}、Fe^{3+}、MoO_4^{2-}、WO_4^{2-}（四者均可在 HCl 性溶液中加 $H_2C_2O_4$ 掩蔽）
SeO_4^{2-}	1,1-二苯肼	坩	1 滴试液和 1 滴浓 HCl 加热，冷却后，加 1 滴试剂	立即现红色，不久转变成亮红紫色	1	

被检离子	试剂	反应器	主要步骤	现象	灵敏度/µg	干扰
Sn^{2+}, Sn^{4+}	Zn+HCl	坩	5 滴试液 +5ml 浓 HCl+1 片锌片，在本生灯的还原焰中灼烧	蓝色焰	$1:5\times10^3$	Nb^{5+}、Au^{3+}
	二硫酚（甲苯 -3,4- 二硫醇）	管	1 滴试液（HCl）+1~2 滴试剂（0.2g 溶于 100ml 1% NaOH 中），温热 如检 Sn^{4+}，须在加试剂前加少许巯基乙酸	红色液或红色沉淀	0.05 $1:10^6$	MoO_4^{2-} 及大量的其他金属盐
Sn^{2+}	乙二醛缩双 (2-羟基苯胺)（GBHA：新钙试剂）	管	1 滴试液+1 滴 2mol/L HCl+数滴试剂混合液（1ml 0.01% GBHA 的乙醇溶液，3 滴 2mol/L NaOH，1ml CHCl₃）	水相和有机相交界面有蓝色环	$1:10^4$	
	磷钼酸铵	纸	取浸过 5%磷钼酸的滤纸条，在氨气上熏片刻，使成黄色磷钼酸铵，干燥，滴 1 滴试液（酸性） 如检 Sn^{4+}，可取 1~2 滴试液加数滴浓 HCl，用镁粉或锌片处理（直至金属溶解），取其清液进行检验	深蓝色	0.03 $1:6.7\times10^5$	Sb^{3+} 及其他还原性物质
Sn^{4+}	I₂-KI-淀粉溶液	离，板	离：3 滴试液与少量铁粉，煮沸 1min，离心 板：1 滴离心液（1~6mol/L HCl）+1 滴试剂 试剂 A(1mmol/L)：1ml 0.1 mol/L I₂（每升含 12.7g I₂ 和 40g KI），加淀粉至蓝色显色完全后，再过量数毫升，然后用水稀释至 100ml 试剂 B：1 体积试剂 A+3 体积水	蓝色立即褪去	50mg/L（试剂 A），10mg/L（试剂 B）	WO_4^{2-} 及某些还原剂
Sr^{2+}	玫瑰红酸钠	纸	将 1 滴试液放于浸过饱和 K_2CrO_4 液并干燥过的滤纸片上，1min 后，加 1 滴 0.2%试剂	红棕色斑	4	
Ta^{5+}	邻苯二酚紫	板	1 滴试液 +1 滴浓 HCl+1 滴饱和 EDTA（游离酸）+1 滴 0.1%试剂	蓝紫色	毫克级	
	邻苯三酚-4-磺酸+草酸	板	1 滴试液（含 $H_2C_2O_4$）+1 滴 5%邻苯三酚-4-磺酸钾	黄色	2.5 $1:2\times10^4$	Fe^{3+}（抗坏血酸）
TaF_7^{2-}	亚甲基蓝	管	1ml 试液+1ml 试剂饱和液，同时做空白试验	蓝色沉淀	$1:10^4$	Nb^{5+}、Ti^{4+} 及低浓度的 Al^{3+}、MoO_4^{2-}、Sb^{3+}、Sb^{5+}、Sn^{2+}、Sn^{4+}、VO_3^-、WO_4^{2-} 无干扰
Tc^{4+}, Tc^{6+}	乙基黄原酸钾		10ml 试液用约 50ml 饱和试剂溶液和 50ml 2mol/L HCl 处理，加 40ml CHCl₃ 或 CCl₄ 后离心	有机层红紫色	0.02	MoO_4^{2-}
	KSCN		在 100ml 试液中，加 50ml 6mol/L HCl 和 40ml 20% KSCN，在沸水浴中加热 5min	紫红色（可萃取于乙酸丁酯）	0.06	Fe^{3+}（抗坏血酸）

被检离子	试剂	反应器	主要步骤	现象	灵敏度/μg	干扰
Tc^{4+}, Tc^{6+}	硫脲		在 100ml 试液中加 50ml 2mol/L HNO_3 和 50ml10%硫脲	橙红色	0.04	
Tc^{4+}	丁二酮肟+氯化亚锡		100ml 试液+100ml 丁二酮肟的饱和乙醇溶液+50ml 20% $SnCl_2$(10mol/L HCl 中)	很快呈现紫绿色,后变为亮绿色	0.04	
Th^{4+}	碘酸钾①	板(黑)	1 滴试液 +1 滴浓 HNO_3+1 滴试剂(饱和)	白色沉淀	5	Ag^+、Hg_2^{2+}、Hg^{2+}、Ce^{4+}、Bi^{3+}、Fe^{3+}、Fe^{2+}、Zr^{4+}、F^-、S^{2-}、WO_4^{2-}
	偶氮胂 [3-(2-砷酸基苯偶氮)-4,5-二羟基 -2,7-萘二磺酸]①	板	1 滴试液(pH=1~3)+1 滴 EDTA(0.05mol/L)+ 1 滴缓冲液(等体积 1mol/L 三乙醇胺和0.5mol/L HNO_3 的混合物)+1 滴试剂($3×10^{-4}$mol/L)	紫色	0.25	BrO_3^-给出暂时的紫色,$S_2O_3^-$阻止反应
	茜素红 S+H_2O_2	纸	1 滴试液+1 滴试剂(含 10%NH_4NO_3 和 15%H_2O_2 的 0.14%茜素红 S 溶液)	紫红色斑	0.05 $1:10^6$	
	钍试剂 [2-(2-羟基-3,6-二磺酸-1-萘偶氮)苯砷]	管,纸	管:1 滴试液 +1 滴 10%Na_2CO_3+1 滴 CdS 的悬浮液,离心	紫色斑	5 $1:10^4$	
			纸:将上层清液移至纸上,加 1 滴 0.1%试剂			
Ti^{3+}, Ti^{4+}	变色酸①	纸	1 滴试液+1 滴 5%试剂	红棕色斑	2.5	Fe^{3+}、$C_2O_4^{2-}$、CrO_4^{2-}、F^-、PO_4^{3-}、SeO_3^{2-}、H_2O_2、苯胺、吡啶
Ti^{4+}	H_2O_2	板	1 滴试液(HCl 或 H_2SO_4)+1 滴 3%H_2O_2	黄色	2 $1:2.5×10^4$	$Fe^{3+}(H_3PO_4)$、$F^-(Be^{2+})$、CrO_4^{2-}、MoO_4^{2-}、VO_3^- 以及大量 Ac^-、NO_3^-、Cl^-、Br^- 和有色离子
	钛铁试剂(邻苯二酚-3,5-二磺酸钠)	板	数颗浅色的强碱性阴离子交换树脂+1 滴试液 +1 滴 0.05mol/L EDTA+ 1 滴 0.5%试剂,用 2mol/L 氨水和 1mol/L NaAc 调节至 pH=5	树脂中呈黄色	0.04	
Tl^+	KI	板(黑)	1 滴试液(弱酸性)+1 滴 10%KI,当出现沉淀时,加 1~2 滴 2%$Na_2S_2O_3$	黄色沉淀不溶于 $Na_2S_2O_3$	0.6 $1:8×10^4$	Ag^+ 和 $Pb^{2+}(S_2O_3^{2-})$,Hg^{2+}(大量 KI)
	磷钼酸+氢溴酸	纸	1 滴磷钼酸(饱和)滴试液(放在斑点中心)+1 滴 50%HBr	暗蓝或亮蓝色斑	0.13(0.025ml) $1:2×10^5$	Cu^+、Fe^{2+}、Hg_2^{2+}、Sb^{3+}、Sn^{2+} 等还原性物质
	溴水-淀粉-碘化镉	板	1 滴试液(酸性)+1 滴溴水(如黄色褪去,须补加至黄色不变为止)+少许固体磺基水杨酸(除去剩余的溴)+1 滴淀粉碘化镉	深蓝或浅蓝色	0.2 $1:2.5×10^5$	Ce^{4+}、Cu^{2+}、Fe^{3+}和 Sb^{5+}(四者均可用 Na_2CO_3 除去);CrO_4^{2-}和 $Mn^{4+}(SO_2、Na_2CO_3)$,$MoO_4^{2-}(H_2SO_4$溶液中加安息香酮肟),NO_2^- $[CO(NH_2)_2]$;MnO_4^- $\{[Fe(CN_6)]^{3-}\}$
			试剂:5% CdI_2 在 1% $CdSO_4$ 中的溶液			
Tl^{3+}	罗丹明 B	管	1 滴试液+1 滴浓 HCl+ 1~2 滴 0.05%罗丹明 B 的浓 HCl 溶液,用 6~8 滴苯萃取。如用以检 Tl^+,须如上法用溴水氧化成 Tl^{3+},用 10%磺基水杨酸以除去剩余的溴	苯层红紫色至粉红色(紫外光下显黄色荧光)	0.03 $1:1.66×10^6$	Au^{3+}、Hg^{2+}、Sb^{3+}、Sb^{5+}(先用铜丝处理)

被检离子	试剂	反应器	主要步骤	现象	灵敏度/μg	干扰
UO₂²⁺	K₄[Fe(CN)₆]	纸	1 滴微酸性试液+1 滴 3% K₄[Fe(CN)₆]	棕色斑	0.92 1:5×10⁴	Cu^{2+}和Fe^{3+}（KI, Na₂S₂O₃）
	8-羟基喹啉	纸	1 滴试液（微酸性）+1 滴试剂（5%乙醇溶液）曝于氨气	棕色斑	3	Ce^{4+}、Fe^{3+}、Sb^{5+}、F^-、PO_4^{3-}、脂肪族羟基酸
		板或纸	试液先用过量碳酸铵[2g (NH₄)₂CO₃ 溶于 10ml 氨水，用 10ml 水稀释]处理，滤去沉淀，取清液 1 滴放于点滴板或滤纸条上，加 1 滴 5%试剂的乙醇溶液	红棕色沉淀或斑	10 1:5×10³	
	罗丹明 B	管	1 滴中性试液与 5 滴试剂混合 试剂:0.5%苯甲酸的苯溶液与过量的罗丹明 B 混合，滤去沉淀后使用	苯层红色或粉红色	0.05 1:10⁶	Bi^{3+}和Fe^{3+}（试液与过量 Na₂CO₃ 温热，去沉淀，滤液与 HNO₃ 蒸干）
VO₃⁻	8-羟基喹啉①	管	2 滴试液+3 滴试剂（乙酸的饱和溶液）调节 pH=4～6，用 6～7 滴异戊醇萃取	醇层红色	2.5	Au^{3+}、Cu^{2+}、Fe^{2+}、Fe^{3+}、Ru^{3+}、Sn^{2+}、MnO_4^-、H_2O_2
	8-羟基-7-碘喹啉-5-磺酸	管	1 滴试液+1 滴 0.2mol/L H₂SO₄+1 滴 0.9%试剂，然后用 4 滴丁醇萃取	醇层亮红色	0.5	Fe^{3+}（NaF），氧化剂和还原剂
	H₂O₂	板或坩	1 滴试液+1 滴 20% H₂SO₄，数分钟后，加 1 滴 1%H₂O₂（必要时多加 1 滴）	红至粉红色	2.5 1:2×10⁴	Fe^{3+}（H₃PO₄ 或 F^-）、Ti^{4+}（F^-）、Ce^{4+}、CrO_2^-、MoO_2^-、Br^-、I^-及大量有色金属离子
	FeCl₃+α,α'-联吡啶	坩	1 滴试液与 1 滴浓盐酸加热至沸，蒸至 1/2 体积时，将溶液冷却，加 1 滴 1%FeCl₃，然后再加 Na₂HPO₄ 饱和溶液和 1 滴 2% α,α'-联吡啶的 0.1mol/L HCl 溶液	红色	0.1 1:5×10⁵	Fe^{3+}（Na₂HPO₄）
	安息香酮肟	管	2 滴试剂（乙醇饱和溶液）+1 滴试液+1 滴 1.5mol/L H₂SO₄	黄色沉淀或液	1 1:5×10⁴	MoO_4^{2-}、WO_4^{2-}及有色离子
	水杨醛缩邻氨基苯甲酸	纸	1 滴试液（酸性）于浸过试剂的苯和乙醇溶液的滤纸条上	紫色斑	0.2 (V₂O₅)	
	磺基水杨酸	板	1 滴试液+1 滴 2%试剂+1 滴 80% H₃PO₄	蓝色	0.05	Fe^{3+}、MoO_4^{2-}、U^{4+}
WO₄²⁻	氯化亚锡① SnCl₂	纸	1 滴浓 HCl+1 滴试液+1 滴 10%KSCN+1 滴 SnCl₂（20%浓 HCl 溶液，新配）	浅蓝绿色斑点	5	Au^{3+}、Ru^{3+}、F^-、$C_2O_4^{2-}$、$P_6O_{18}^{6-}$、$P_2O_7^{4-}$、SeO_3^{2-}、SeO_4^{2-}、TeO_3^{2-}、TeO_4^{2-}
	Ti²⁺-孔雀绿	板	1 滴试液（中性或 0.1mol/L HCl）+1 细滴 1% TiCl₃+1 细滴 0.005% 孔雀绿，同时做空白试验	溶液变无色或淡紫色	0.1 1:5×10⁵	MoO_4^{2-}、NO_3^-、F^-
Zn²⁺	双硫腙①	管	1 滴试液（pH=4.0～5.5）+2 滴 10%Na₂S₂O₃+1 滴 2mol/L NH₄CN+5 滴试剂（0.002% CCl₄ 溶液），摇动，同时做空白试验	CCl₄ 层红色	0.06	Au^{3+}、Cd^{2+}、Pb^{2+}、Sn^{2+}，大多数重金属离子（CN^-）

被检离子	试 剂	反应器	主 要 步 骤	现 象	灵敏度/μg	干 扰
Zn^{2+}	$(NH_4)_2[Hg(SCN)_4]$+$CuSO_4$	板	1 滴试液（H_2SO_4性）+1 细滴 0.02%$CuSO_4$+ 1～2 滴$(NH_4)_2[Hg(SCN)_4]$（80g $HgCl_2$ 和 90g NH_4SCN 溶于 1L 水中）搅拌 参见 Co^{2+} 和 Cu^{2+} 的 $(NH_4)_2[Hg(SCN)_4]$法	深紫色沉淀		Co^{2+}、Fe^{3+} [KF 或$(NH_4)_2HPO_4$]
	$K_3[Fe(CN)_6]$+3,3'-二甲基联萘胺	板	1 滴试剂+1 滴试液（弱酸性） 试剂: 溶液 A: 5%$K_3[Fe(CN)_6]$ 溶液 B:3,3'-二甲基联萘胺盐酸盐的饱和溶液 临用时将 1 份溶液 A 和 2 份溶液 B 混合	紫红色	0.1 1:5×10^5	Co^{2+}、Cu^{2+}、Fe^{2+}、CrO_4^{2-}、Mn^{2+}、MnO_4^-、Ni^{2+}、IO_3^-、$S_2O_3^{2-}$、VO_3^-
	$K_4[Fe(CN)_6]$+硫脲+罗丹明 B	板	1 滴试液+1 滴 0.1mol/L 硫脲+1 滴 0.05%罗丹明 B+1 滴 0.005mol/L $K_4[Fe(CN)_6]$	紫色	2	
Zr^{4+}	茜素红S[①]	板	1 滴试液（弱酸性）+1 滴 1%试剂+1 滴浓 HCl	红色	1.0	F^-
	桑色素[①]	板，纸	板:2 滴试液+1 滴试剂（0.001%乙醇溶液）+2 滴浓 HCl 纸:从点滴板取 1 滴混合液，置于紫外灯下	明亮的荧光	0.5	Ce^{4+}、Fe^{3+}、Ru^{3+}、BrO_3^-、ClO_3^-、CrO_2^{2-}、F^-、$[Fe(CN)_6]^{4-}$、$[Fe(CN)_6]^{3-}$、IO_3^-、MnO_4^-、NO_2^-、PO_4^{3-}、$P_6O_{18}^{6-}$、$P_2O_7^{4-}$、VO_3^-、H_2O_2
	对二甲基氨基偶氮苯胂酸	纸	滴 1 滴酸性试液于浸过试剂并已干燥的滤纸上，将滤纸浸于 2mol/L HCl(56～60℃) 试剂:0.1g 试剂溶于含 5ml 浓 HCl 的 100ml 乙醇中	棕色斑或环	0.1 1:5×10^5 （在 1mol/L HCl 中）	Au^{3+}、Sb^{3+}、Sb^{5+}和 Th^{4+}（四者均以 HCl 消除）；Ti^{4+}、MoO_4^- 和 WO_4^{2-}（三者均以 H_2O_2 消除）；Sn^{4+}（浓 HCl）；F^-、PO_4^{3-}、有机酸
	偶氮胂Ⅰ（新钍试剂），邻胂基苯偶氮变色酸	板	1 滴试液（$HClO_4$ 或浓 HCl）+1 滴 0.1%试剂	蓝紫色液或沉淀	3 1:1.67×10^4	Hf^{4+}
	邻苯二酚紫	板	数颗阴离子交换树脂（SO_4^{2-}型）+1 滴 0.5mol/L $H_2SO_4$0.5mol/L K_2SO_4(3+1)+ 1 滴 0.5%试剂+1 滴试液（0.1mol/L H^+）	树脂的黄色加深或呈蓝色	0.01	Al^{3+}、Bi^{3+}、Cu^{2+}、Fe^{3+}、Hg^{2+}
稀土	偶氮胂Ⅰ	板	1 滴近中性试液+1 滴 0.05%偶氮胂Ⅰ（钠盐）	紫红色	0.2 1:3×10^6	Al^{3+}(磺基水杨酸)、Th^{4+}、Ti^{4+}、Zr^{4+}
	乙二醛双(2-羟基缩苯胺)	管	1 滴试液（中性或酸性）+4 滴 1%试剂的乙醇溶液+1 滴 10%NaOH+3～4 滴 $CHCl_3$，摇荡（加数滴水可加速分层）	$CHCl_3$层红紫色	1.5～2.5 1:3×10^4～1:2×10^4	Ca^{2+}、Ba^{2+}、Sr^{2+}、Sc^{4+}、Y^{3+}
	草酸	管	0.5ml 试液（尽可能低的酸度）+0.5ml 1mol/L HCl+0.5ml 10%草酸（饱和），温热（60℃）	白色沉淀	500mg/L	Bi^{3+}、Sb^{3+}、Th^{4+}、Zr^{4+}
Dy^{3+}	钨酸钠	纸	用微量吸管移取试液 0.005ml 于滤纸片上，在热空气中快速干燥后，喷以 15%试剂溶液	红白色荧光 （紫外光下）	0.002 1:5×10^5	Eu^{3+}、Sm^{3+}

续表

被检离子	试 剂	反应器	主要步骤	现 象	灵敏度/μg	干 扰
Eu³⁺	镁+磷钼酸	管，纸	小量试样用数片金属镁和 1ml 1mol/L H₂SO₄ 处理，5min 后，移清液 1 滴于滤纸上，在其痕迹上加 5%磷钼酸	深蓝色斑	5 1:10⁴	Sm³⁺
	钨酸钠	纸	参见"Dy³⁺"	红色荧光（示有 Eu³⁺或 Sm³⁺，加热至 80℃后，Eu³⁺ 的荧光仍为红色，Sm³⁺ 的荧光变橙色）	0.001 1:10⁶	
Gd³⁺	8-羟基喹啉	纸	1 滴试液于滤纸，再喷以 5%试剂	棕色荧光（紫外光下）	微克级	非稀土元素
Lu³⁺	桑色素	纸	1 滴试液，喷以试剂（在 50%乙醇中的饱和溶液）	亮绿色荧光（紫外光下）	微克级	La³⁺、Gd³⁺、Y³⁺
Nd³⁺	丁二酮肟镍试剂③	坩	将 1 滴试液（硝酸盐）或小量被测物的草酸盐在微型坩埚中加热，冷却后，加 1 滴试剂	红色	微克级	La³⁺
Pr³⁺	邻二甲基二氨基联苯（+乙酸）	坩	将试样（以草酸盐或硝酸盐形式）在微型坩埚内灼烧至红热，冷却后，在残渣上喷以试剂的乙酸饱和溶液	蓝色	微克级	Fe₂O₃、MnO₂、Ce⁴⁺（灼烧的残渣用乙酸处理，取其滤液检 Pr³⁺）
Sm³⁺	钨酸钠		参见"Eu³⁺"		0.01 1:10⁵	
Tb³⁺	草酸铵	纸	用微量吸管吸 0.005m，试液放于滤纸片上，在热空气中快干后，喷以试剂的饱和溶液	黄绿色荧光（紫外光下）	0.025 1:4×10⁴	非稀土元素、Eu³⁺、Sm³⁺
Y³⁺	邻苯二酚+有机碱	管	1 滴试液+1 滴邻苯二酚饱和溶液+1 滴乙二胺或吡啶	白色浑浊或沉淀	1 1:5×10⁴	Gd³⁺，高浓度的其他稀土；用乙二胺时 Ca²⁺和 Sr²⁺有干扰
	邻苯二酚紫+硼酸	板	1 滴试液+1 滴 NH₄Ac 缓冲液（pH=8.7）+1 滴 0.1%邻苯二酚紫+1 滴 3%H₃BO₃+1 滴 3%H₂O₂	蓝色	5 1:10⁴	

① 国际纯粹化学及应用化学联合会分析反应及试剂委员会第五次报告的方法（1963 年）。
② 第一次加 HCl 是将滤纸酸化，防止加上试液后析出沉淀，第二次加 HCl 是保证反应在酸性条件下进行。
③ 溶解 2.3g 水合 NiSO₄ 于 300ml 水中，另将 2.8g 丁二酮肟溶于 300ml 乙醇中，将两液混合，放置 30min 过滤后使用。

表 7-12 阴离子的化学鉴定法[6]

被检离子	试 剂	反应器	主要步骤	现 象	检出限/μg	干 扰
AsO₃³⁻ (As³⁺)、AsO₄³⁻	硝酸银①	管，纸	1 滴试液+数粒金属锌+3 滴 H₂SO₄(1+3)，以滴有 20%AgNO₃ 的试纸覆在试管口	棕黑色斑	2.5	硫化物，磷化物和 Sb³⁺（棉花球浸以 Cu₂Cl₂ 溶液塞在试管口可消除此三者干扰），S₂O₃²⁻、SCN⁻（由此两者释出的硫化物的干扰，亦可用上法消除），Hg²⁺
AsO₄³⁻	钼酸铵①	板	1 滴试液（中性或微酸性）+1 滴试剂(2%在 1mol/L H₂SO₄ 中)+1 滴 SnCl₂(2% 在 4mol/L HCl 中)	蓝色	0.5	Au³⁺、[Fe(CN)₆]³⁻、[Fe(CN)₆]⁴⁻、BrO₃⁻、IO₃⁻、P₆O₁₈⁶⁻、P₂O₇⁴⁻、PO₃⁻、MnO₄⁻、SeO₃²⁻、SeO₄²⁻、NO₂⁻、H₂O₂、WO₄²⁻、Be²⁺和 CrO₄²⁻

续表

被检离子	试 剂	反应器	主要步骤	现 象	检出限/μg	干 扰
BO_3^{3-} (BO_2^-)	姜黄[①]	纸	1 滴试液（用 HCl 酸化）滴在姜黄试纸上，在 100℃烘干，加 1 滴 1%NaOH 试纸：将滤纸条浸入姜黄溶液，取出，烘干 姜黄溶液的配制：20g 姜黄与 50ml 乙醇混合，加热，过滤，用 50ml 水稀释	红棕色，加 NaOH 时转变为蓝色	2.5	Zr^{4+}、MoO_4^{2-}、Fe^{3+}和 Ti^{4+} 生成红斑点，但加 NaOH 时不变蓝；氧化剂
	羟基蒽醌	坩	将1滴微碱性试液蒸干，加2~3 滴试剂，温热 试剂：0.2%茜素红、0.5%红紫素、0.01%醌茜素，三者均为浓 H_2SO_4 溶液	黄红至红（茜素红 S） 橙至酒红（红紫素） 紫至蓝（醌茜素）	1（B）（茜素红 S） 0.6（B）（红紫素） 0.06（B）（醌茜素）	Sb^{3+}(氯水)；Be^{2+}和 I^-(两者都用 Ag_2SO_4 消除)；Fe^{3+}、Cu^{2+}、Ni^{2+}、Cr^{3+} 等有色离子及氧化剂
	对硝基苯偶氮变色酸 (Chromotropezb)	坩	将 1 滴弱碱性试液蒸干，在温热时与 2~3 滴试剂搅拌，冷却试剂：0.005%试剂在浓硫酸中的溶液	蓝紫色，转变成绿蓝色	0.08(B) (0.04ml 中) $1:5×10^5$	F^-和氧化剂
$Br_2(Cl_2,I_2)$	荧光黄 荧光黄-溴化钾	纸	1 滴中性试液于荧光黄纸上； 如上述反应无红色斑出现，另取 1 滴试液于荧光黄-KBr 纸上； 荧光黄纸：将滤纸浸过荧光黄的饱和水溶液中，取出，干燥；将滤纸浸过含有 0.1g 荧光黄和 0.5~0.8g KBr 的极弱碱性溶液，取出，干燥	红色斑（示有 Br_2 和 I_2） 红色斑（示有 Cl_2）	1(Cl_2) 2(Br_2) 6(I_2)	氧化剂
Br^-	荧光黄	纸	1 滴试液放于滤纸上，干燥，加 1 滴 HAc-H_2O_2 溶液（2 份 6%H_2O_2+1 份乙酸），待斑痕干后，如尚可看到单质碘的颜色，需照上法重复用 HAc-H_2O_2 溶液处理，干燥后，滴加 1%荧光黄的乙醇溶液，温热	红色斑或环	0.3 $1:1.6×10^5$	
	荧光黄	纸	在一试管中放 1 滴试液，加少许 PbO_2 和 5 滴 2mol/L HAc，管口覆一浸过试剂饱和液的滤纸片，加热	红色斑	2	I^-及其他还原性阴离子
	无色品红	纸	在一试管中放 3 滴试液（或数毫克固体试样），加少许 $K_2Cr_2O_7$ 细粉和 3 滴浓 H_2SO_4，管口覆一浸过 0.1%试剂的滤纸，在水浴中加热 试剂：0.1%的品红水溶液，加 $NaHSO_3$ 至红色褪去	紫色斑	3.2	Cl^-、I^-无干扰

第
二
篇

被检离子	试 剂	反应器	主要步骤	现 象	检出限/μg	干 扰
BrO^- (ClO^-,IO^-)	Tl_2SO_4	纸	滤纸片浸过 2%Tl_2SO_4 溶液，干燥后，加 1 滴试液	棕色斑或环	0.5（碱金属次卤酸盐） 1:1×10^5	H_2O_2，碱金属过氧化物
BrO^- (Br_2)	荧光黄	纸	放 1ml 试液于试管中，管口覆一浸过 0.1%试剂（弱碱性，1+1 乙醇中）的滤纸片，加热	桃红色斑	1	CN^-、S^{2-}（HAc）、SCN^-、$S_2O_3^{2-}$
BrO_3^-	对氨基苯磺酸	管	1 滴试液+2 滴 6mol/L HNO_3+1 滴对氨基苯磺酸饱和溶液	数分钟内显紫色，慢慢变成棕色	0.5 (BrO_3^-)	
	磷钼酸	管	1 滴试液+1 滴饱和磷钼酸溶液+约 10mg 磺基水杨酸固体，在沸水浴上加热 5min	蓝或绿色	0.8(BrO_3^-) 1:6×10^4	
$Cl(Cl_2)$	二苯胺	纸	1 滴试液（或 Cl^-+MnO_4^-+浓 H_2SO_4 加热产生的 Cl_2）+1 滴试剂 试剂：10ml 试剂的饱和乙酸乙酯溶液中加 0.5g 三氯乙酸	蓝色（量少时为绿紫色）	0.1	Br_2 和 I_2 产生黄色（$Na_2S_2O_3$）
	荧光黄-溴化钾	纸	参见"Br"			
Cl^-	$AgNO_3$+8-羟基喹啉	管	1 滴试液+1 滴 2% 8-羟基喹啉溶液（在 1+4 HAc 中）+1 滴 H_2O_2 溶液（2 份 6%H_2O_2+1 份稀 HAc）+1 细滴 HNO_3，然后温热约 4min，再加 1 滴 1%$AgNO_3$	无色沉淀或浑浊	2 1:2.5×10^4	
	$K_2Cr_2O_7$+二苯氨基脲	板	将试液蒸干，残渣与少许 $K_2Cr_2O_7$（固）和 1 滴浓 H_2SO_4 混合加热，将蒸气收集于 1 滴水中，将此液放于板上，加 1%试剂的乙醇液+1 滴 0.5mol/L H_2SO_4	红至紫色	1:1×10^4	Br^-、BrO^-、BrO_3^-、F^-、NO_2^-、NO_3^-有干扰，BrO^-和 BrO_3^-可用苯酚除去
	$AgNO_3$+HNO_3	板（黑）或离	1 滴试液（HNO_3酸化）+2%$AgNO_3$	白色沉淀		Br^-、I^-、S^{2-}、$[Fe(CN)_6]^{4-}$、$[Fe(CN)_6]^{3-}$、Sn^{2+}
ClO^-	$Tl_2(SO_4)$		参见"BrO^-"		0.5(ClO^-)	
ClO_2^-	$NiSO_4$	管	1 滴 0.6% $NiSO_4$ 溶液+1 滴 0.1mol/L NaOH+1 滴试液，将试管加塞，在水浴中（40～50℃）加热数分钟	绿色物中出现黑色斑点或现蓝色	1(ClO_2^-) 1:5×10^4	
ClO_3^-	$MnSO_4$+H_3PO_4+二苯氨基脲	坩	1 滴试液与 1 滴试剂（饱和 $MnSO_4$ 与 85%H_3PO_4 等体积混合）温热片刻，冷却	深紫色，如颜色很淡，可加 1 滴 1%二苯氨基脲的乙醇溶液	0.05(ClO_3^-) 1:10^6	IO_4^- 及 BrO_3^-、ClO^-、$[Fe(CN)_6]^{3-}$、$[Fe(CN)_6]^{4-}$、IO_3^-、NO_2^-、$S_2O_8^{2-}$（与 H_2SO_4+$AgNO_3$ 蒸发）

被检离子	试 剂	反应器	主要步骤	现 象	检出限/µg	干 扰
ClO_3^-	二苯胺	管,纸	1 滴试液和 1 滴浓 H_2SO_4 在沸水浴中加热,在试管口覆一浸过新配的试剂溶液的滤纸片 试剂:加约 0.5g 固体三氯乙酸于 10ml 二苯胺的饱和乙酸乙酯溶液中	绿色斑(数分钟内)	$3(ClO_3^-)$	
ClO_4^-	亮绿	离	1 滴试液与 1 滴亮绿稀溶液混合,用 4 滴苯萃取	苯层蓝绿色	$1(ClO_4^-)$ $1:5×10^4$	ReO_4^-,长链烷基硫酸酯,磺酸酯和长链烷基芳基磺酸酯,强氧化剂如 CrO_4^{2-}、NO_3^-、NO_2^-
	亚甲基蓝 $+ Zn^{2+}$	板或管	1 滴试液+0.5ml 试剂(0.2%亚甲基蓝于 50% $ZnSO_4$ 的水溶液中)	紫色	$1:10^4$	$S_2O_3^{2-}$,强氧化剂
CN^-	CuS	纸	将滤纸片浸于 0.1%氨性 $CuSO_4$ 溶液,干燥,临用前在 H_2S 气氛中放片刻,使滤纸显均匀的棕色,加 1 滴试液	白色痕迹或环(棕色褪去)	1.25 $1:4×10^4$	
	钯-丁二酮肟 + 镍-铵盐	板	1 滴碱性试液+1 滴碱性钯-丁二酮肟液+1 滴镍-铵盐溶液 钯-丁二酮肟:酸性的 $PdCl_2$ 溶液用丁二酮肟沉淀后,充分洗涤,将此极纯的 Pd-丁二酮肟与 3mol/L KOH 混合,滤去不溶物,镍-铵盐液:0.25mol/L 氯化镍溶液用 NH_4Cl 饱和	红色沉淀或粉红色液	$0.25(CN^-)$ $1:2×10^5$	
CO_3^{2-}	Na_2CO_3+酚酞	管	1~2 滴试液(或少许固体试样)+3 滴 1mol/L H_2SO_4,收集气体于试剂溶液中(1ml 0.05mol/L Na_2CO_3+2ml 0.5% 酚酞与 10ml 水的混合液),同时做空白试验	红色消失	4(在 2 滴试液中)	Ac^-,CN^-(Ag^+),F^-($ZrCl_4$),NO_2^-(苯胺-HCl),S^{2-}、SO_3^{2-}、$S_2O_3^{2-}$(可加 H_2O_2 消除干扰)
	亚铁氰化铀酰	板	1 滴试液+1 滴试剂溶液 试剂:极稀的乙酸铀酰溶液用数滴亚铁氰化钾溶液处理,得棕色溶液	暗棕色褪去	0.4	PO_4^{3-}
CrO_4^{2-}和 $Cr_2O_7^{2-}$	见表 7-11					
F^-	锆-茜素①	板	1 滴试液+1 滴 0.1% HCl+1 滴试剂 试剂:等体积 0.17%茜素 S 和 0.87% $Zr(NO_3)_2$ 液混合,并用水稀释 5 倍	粉红色褪至黄色	0.1	Ce^{4+}、VO_3^-、Al^{3+}、Ce^{3+}、Be^{2+}、Th^{4+}、S^{2-}、大量 SO_4^{2-} 和硅酸盐
	浓 H_2SO_4	管	将少许 $K_2Cr_2O_7$ 粉末溶于 1~1.5ml 浓 H_2SO_4 中(在细口试管中),将此热的混合液充分洗涤试管壁以洗净所有油脂,待洗净后,放数颗固体试样或 1 滴试液,温热	当转动试管时,H_2SO_4 沿未湿润的部分流动不均匀	0.5 $1:1×10^5$	

第二篇

被检离子	试剂	反应器	主要步骤	现象	检出限/μg	干扰
F⁻	Ce³⁺-茜素络合腙，或 La³⁺-茜素络合腙	管	1 滴试液与 1 滴 0.001mol/L 茜素络合腙溶液（用 NaAc-HAc 缓冲至 pH=4.3）混合，然后在搅拌下加 1 滴 0.001mol/L Ce(NO₃)₃[如用 0.001mol/L La(NO₃)₃ 代替 Ce(NO₃)₃，溶液须缓冲至 pH=5.4]	淡紫色至蓝色	0.2 1:1.8×10⁶	
[Fe(CN)₆]³⁻	还原酚酞	纸或板	1 滴中性或弱酸性试液+1 滴试剂 试剂：2g 酚酞，10g 氢氧化钠，5g 锌粉和 20ml 水回流 2h，冷却后过滤，滤纸应为无色，用水稀释至 50ml，溶液须储于暗处，必要时加数颗金属锌以使褪色	红色或粉红色	0.5 (K₃[Fe(CN)₆]) 1:10⁵	氧化剂
[Fe(CN)₆]⁴⁻	乙酸铀酰	板或纸	1 滴试液和 1 滴 1mol/L 乙酸铀酰溶液，放在点滴板上，或将 1 滴试液放于浸过乙酸铀酰溶液的滤纸上	棕色沉淀或棕色环	点滴板上：1(K₄[Fe(CN)₆]) 1:5×10⁴ 纸上：0.5 (K₄[Fe(CN)₆]) 1:1×10⁵	
	FeCl₃	板	1 滴试液（HCl 酸化）+1 滴 1% FeCl₃	蓝色沉淀	1.3 (K₄[Fe(CN)₆])	I⁻、SCN⁻（两者用 5%Na₂S₂O₃ 消除）、S²⁻ 和 CrO₄²⁻ 等还原剂和氧化剂
		纸	滤纸片浸以 1% FeCl₃+1 滴试液（HCl 酸化）	蓝色斑	0.07 (K₄[Fe(CN)₆])	[Fe(CN)₆]³⁻ 及上述在点滴板上反应的干扰离子
I⁻	氯胺 T 和 N,N-四甲基邻联甲苯胺[①]	板	1 滴试液（中性）+1 滴 N,N-四甲基邻联甲苯胺+1 滴 0.04%氯胺 T 试剂：将数毫升 1mol/L 乙酸与过量纯 N,N-四甲基邻联甲苯胺在水浴上温热，并不时搅拌，趁热将悬浮液过滤	蓝色溶液	0.0005	Au³⁺、Br⁻、Hg²⁺、CN⁻、SCN⁻
	AgNO₃+HNO₃	离	1 滴试液（HNO₃ 酸化）+1 滴 2%AgNO₃	黄色沉淀		Br⁻、S²⁻、[Fe(CN)₆]⁴⁻、[Fe(CN)₆]³⁻、Sn²⁺
	KNO₂-淀粉	纸	取浸有淀粉溶液的滤纸条上，顺次加 2mol/L HAc，试液和 0.1mol/L KNO₂ 各 1 滴	蓝色斑或环	0.025 1:2×10⁶	CN⁻（酸化，加热）、大量蛋白质、间苯二酚
		板	1 滴试液（酸性）+1 滴淀粉液+1 滴 1% KNO₂	蓝色	2.5	CN⁻（酸化，加热）
	Ce⁴⁺-Na₃AsO₃	板	1 滴试液+1 滴 0.03mol/L Na₃AsO₃（中性或弱酸性）+1 滴 0.02mol/L 硫酸铈铵（在 1mol/L H₂SO₄ 中）溶液	黄色逐渐退去（褪色速率随 I⁻量而异，小量时约需 30min）	0.5(KI) 1:1×10⁶	有色的金属离子、Hg²⁺、Ag⁺、Mn²⁺、Ba²⁺、Sr²⁺、Os⁴⁺、CN⁻
IO⁻	Tl₂SO₄		参见"BrO⁻"			
IO⁻(I₂)	淀粉	板	1 滴试液+1 滴淀粉液	蓝色	0.3	Br₂、CN⁻（NaHCO₃ 加热）、Cl₂
IO₃⁻	KSCN+淀粉	纸	1 滴 5%KSCN 溶液于淀粉纸上+1 滴酸性试液	蓝色斑	4(NaIO₃) 1:1.2×10⁴	

被检离子	试剂	反应器	主要步骤	现象	检出限/μg	干扰
IO_3^-	对氨基苯酚		1 滴试液+1 滴 5%盐酸对氨基苯酚溶液	在数分钟内显紫色	0.5	IO_4^-
	邻苯三酚	纸	在试纸上滴 1 滴试液 试纸：将滤纸条先浸于草酸中，干燥后，再浸于邻苯三酚的丙酮溶液中	粉红至红色	0.25 ($NaIO_3$) $1:2\times10^5$	I_2、CrO_4^{2-}、$S_2O_6^{2-}$、NO_3^-、BrO_3^-
IO_4^-	$MnSO_4+$ H_3PO_4	坩	1 滴试液+1 滴试剂（由饱和 $MnSO_4$ 溶液和浓 H_3PO_4 以 1:1 体积比配成的混合液）温热片刻，冷却	深紫色（微量时，可加 1 滴 1%二苯氨基脲的乙醇溶液以助显色）	5 $1:1\times10^4$	$S_2O_3^{2-}$（$H_2SO_4+AgNO_3$ 蒸发）、ClO_3^-
	$CuSO_4+$ $MnCl_2+NaOBr$	管	1 滴试液+1 滴 $CuSO_4$-$MnCl_2$溶液+1 滴 $NaOBr$，在沸水浴中加热，同时做空白试验 Cu^{2+}-Mn^{2+}溶液：100ml 0.04% $MnSO_4$ 溶液中加 1 滴 4% $CuSO_4$ 溶液 $NaOBr$ 溶液：溴溶于 2mol/L $NaOH$ 溶液中（临用时新配）	溶液为无色或微黄色（而空白在数分钟内为高锰酸盐的紫红色）	0.5 (HIO_4) $1:1\times10^5$	TeO_4^{2-}
MnO_4^{2-}	见表 7-11					
NO_3^-	变色酸[①]	板	1 滴试液+1 滴试剂（0.05%在浓硫酸中），必要时再加 1 滴浓硫酸	黄色溶液	0.2	BrO_3^-、ClO_3^-、IO_3^-、Ti^{4+}、I^-、Fe^{3+}及大量 Br^-、I^-降低灵敏度
	二苯氨基脲[①]	板	1 滴试液+1～2mg 叠氮化钠（NaN_3）+2 滴 6mol/L H_2SO_4+2～3mg Na_2SO_3+2 滴 6mol/L H_2SO_4，充分搅拌后，再加 5 滴试剂 试剂：溶解 250mg NH_4Cl 于 90ml 水中，加入 250mg 试剂（溶于 100ml 浓硫酸中），冷却后，用浓 H_2SO_4 稀释至 250ml	蓝色溶液	0.06	Sb^{3+}、CrO_4^{2-}、ClO_3^-、ClO_4^-、$[Fe(CN)_6]^{3-}$、H_2O_2、SeO_3^{2-}、SeO_4^{2-}、TeO_3^{2-}、TeO_4^{2-}、I^-、IO_3^-、H_2O_2
	$FeSO_4+$ H_2SO_4（棕色环试验）	板	1 滴试液+1 粒 $FeSO_4$·$7H_2O$ 晶体+1 滴浓 H_2SO_4（沿容器边放入）	沿 $FeSO_4$ 晶体出现棕色环	2.5 (HNO_3) $1:2\times10^4$	I^-和 Br^-（$AgNO_3$）、NO_2^-、CN^-、$[Fe(CN)_6]^{4-}$、SCN^-、CrO_4^{2-}、SO_3^{2-}、$S_2O_3^{2-}$、IO_3^-、WO_4^{2-}、MnO_4^-
	二苯胺（或二苯基联苯胺）	板	约 0.5ml 强酸性（H_2SO_4）二苯胺或二苯基联苯胺溶液+1 滴试液 试剂：将数颗二苯胺或二苯基联苯胺试剂用浓 H_2SO_4 覆盖后，加少许水，待完全溶解后再加些 H_2SO_4，10ml 新配的试剂溶液至少含 1mg 二苯胺或二苯基联苯胺	蓝色环	二苯胺： 0.5(HNO_3) $1:1\times10^5$ 二苯基联苯胺： 0.07(HNO_3) $1:7\times10^5$	NO_2^-、MoO_4^{2-}、过氧化物、金属的高价氧化物、Sb^{5+}、Fe^{3+}、碱金属卤化物、ClO^-、IO_4^-、MnO_4^-、$S_2O_3^{2-}$、过氧化物和$[Fe(CN)_6]^{3-}$（1 滴弱碱性试液蒸发至干，将残渣灼烧至 400～500℃，分解后，再检 NO_3^-，但 NO_2^-仍干扰）

被检离子	试 剂	反应器	主要步骤	现 象	检出限/µg	干 扰
NO_3^-	Zn+ 对氨基苯磺酸+α-萘胺	板	1 滴中性或乙酸酸化溶液+1 滴 1%对氨基苯磺酸的 30%乙酸溶液+1 滴 α-萘胺的乙酸溶液+数毫克锌粉 对氨基苯磺酸：1g 试剂在温热下溶于 100ml 30%乙酸中 α-萘胺：将 0.03g 试剂于 70ml 水中，煮沸，将无色清液与蓝-紫色残渣分出，与 30ml 冰乙酸混合 无 NO_2^- 和 NO_3^- 锌粉：将锌粉与稀乙酸混合后在水浴上加热 1h，冷却后，倾出液体，将锌粉再与稀乙酸共同搅拌，过滤，用水洗，干燥	红色	0.05(HNO_3) $1:1×10^5$	NO_2^-(NaN_3)
NO_2^-	对氨基苯磺酸 +N-(1-萘基)乙二胺[①]	板	1 滴试液+1 滴试剂 试剂：溶解 0.02g N-(1-萘基)乙二胺盐酸盐和 5g 对氨基苯磺酸于含 140mg 乙酸的 1L 水中	粉红	0.00005	Au^{3+}、Ce^{4+}
	对氨基苯磺酸+α-萘胺	板	1 滴中性或乙酸性溶液+1 滴氨基苯磺酸的乙酸溶液+1 滴 α-萘胺的乙酸溶液 试剂：参见"NO_3^-"	红色	0.01 (HNO_2) $1:5×10^6$	
	1,8-萘二胺	坩	1 滴试液+1 滴试剂 试剂：0.1%试剂于 10%乙酸中	橙红色沉淀或液（必要时温热）	0.1 (HNO_2) $1:5×10^5$	SeO_2^-
	I^-+淀粉	纸	于含淀粉的滤纸（预先用稀碘液试之，应不现蓝色）上顺次放 2mol/L HAc，试液和 0.1mol/L KI 各 1 滴	蓝色斑或环	0.005 (HNO_2) $1:10^7$	能使 I^-氧化成 I_2 的氧化剂
	$FeSO_4$+HAc	板	参见 NO_3^- 的棕色环试验，但以 HAc 代 H_2SO_4		2(HNO_2)	
Ac^-	$La(NO_3)_3$+I_2	板	1 滴试液+1 滴 5% La(NO_3)$_3$+1 滴 0.005mol/L I_2(KI 中)+1 滴 1mol/L NH_3 水	蓝色	15	丙酸盐，以及能与 La^{3+} 产生沉淀的阴离子，如 PO_4^{3-}、$C_2O_4^{2-}$、F^-、BO_2^-、SO_4^{2-}、S^{2-}等，和被氨水沉淀的阳离子；上述阳离子可加 0.25mol/L $Ba(NO_3)_2$ 使沉淀除去
PO_4^{3-}	钼酸邻联二茴香胺[①]	板	1 滴试液+1 滴试剂+1 滴 85%水合肼 试剂：溶解 2.5g Na_2MoO_4·$2H_2O$ 于 20ml (1+3)盐酸中，加 0.125g 邻联二茴香胺（溶于 2ml 乙酸中），混合物放置至少 12h，然后过滤或倾注以分出可能生成的沉淀	加入试剂时生成棕色沉淀，加水合肼后变为蓝色溶液	1	SiO_3^{2-}、(F^-)、GeO_3^{2-}、S^{2-}

被检离子	试 剂	反应器	主要步骤	现 象	检出限/μg	干 扰
PO_4^{3-}	Na_2MoO_4+喹啉	纸	在试纸上放 1 滴酸化过的试液 试纸：10g Na_2MoO_4 溶于 25ml 水和 10ml 浓 HNO_3 的混合液中，另取 1.4ml 喹啉溶于 6ml 浓 HNO_3，7ml 浓 HCl 和 15ml 水的混合液中，将上面两种溶液在搅拌下混合，再加 60ml 水，过滤，滤液至少可稳定 4 周，将滤纸用此液润湿，在 60～70℃ 干燥	亮黄色斑	1(P) 1:5×10⁴	
	$(NH_4)_2MoO_4$+甲基紫	纸	滴 1 滴试液于滤纸上，干后，喷以 1%甲基紫溶液，30s 后，再喷钼酸铵溶液（12g $(NH_4)_2MoO_4$ 于 150ml 水中，用 35ml 10mol/L HCl 酸化）	蓝色斑	0.1 (PO_4^{3-}) 1:5×10⁵	
焦磷酸盐或多磷酸盐	$Fe(ClO_4)_3$+NH_4SCN	纸	滴 1 滴试液于滤纸上，喷以新配的 0.02% $Fe(ClO_4)_3$ 和 1.32mol/L NH_4SCN 的溶液的混合液	粉红背景中有白色斑	含 30μg P 的焦磷酸盐或多磷酸盐或它们的酯和酰胺	
ReO_4^-	见表 7-11					
S^{2-}	叠氮化钠-碘[①]	皿	1 滴试液+1 滴试剂(3g NaN_3 溶于 100ml 0.05 mol/L I_2 中)，同时做空白试验	立即有小气泡产生	2.5	SCN^-、$S_2O_3^{2-}$、Se^{2-}、Te^{2-}、硫脲
	对氨基二甲苯胺[①]	板	1 滴试液 +1 滴（1+3）HCl + 1 滴 0.03mol/L $FeCl_3$+1 滴试剂，搅动	亚甲基蓝的蓝色	0.5	NO_2^-、$S_2O_3^{2-}$、I^-、$[Fe(CN)_6]^{4-}$、$[Fe(CN)_6]^{3-}$、SCN^-
	$Na_2[Fe(CN)_5NO]$	板	1 滴碱性溶液+1 滴 1%试剂（H_2S 无反应）	紫红色	1(Na_2S) 1:5×10⁴	选择性好
SCN^-	$FeCl_3$[①]	纸	1 滴浓 HCl+1 滴试液+1 滴 2%$FeCl_3$	红色斑，溶于过量 HCl	0.5	$C_2O_4^{2-}$、F^-、IO_3^-、柠檬酸盐、PO_4^{3-}、酒石酸盐（以上均可加过量试剂除去）、$[Fe(CN)_6]^{3-}$、$[Fe(CN)_6]^{4-}$（$CdSO_4$）、I^-、NO_3^-
	Co^{2+}+丙酮	坩	1 滴酸性试液与 1 小滴（约 0.02ml）1%$CoSO_4$ 溶液混合，蒸干，加丙酮数滴	蓝绿至绿色（如无 SCN⁻ 存在，则加丙酮后紫红色残渣的颜色褪去）	6	NO_2^- 及大量 I^-、Br^-、Cl^-、$S_2O_3^{2-}$、Ac^-
SeO_3^{2-} 和 SeO_4^{2-}	见表 7-11					
SO_3^{2-}，SO_2	$Na_2[Fe(CN)_5NO]$+$ZnSO_4$+$K_4[Fe(CN)_6]$	管	1 滴 0.25mol/L $K_4Fe(CN)_6$+1 滴冷的饱和 $ZnSO_4$［或 $Zn(NO_3)_2$］溶液和 1 滴 1% $Na_2[Fe(CN)_5NO]$溶液，然后加 1 滴中性试液	白色沉淀转变为红色	3.2(Na_2SO_3) 1:1.6×10⁴	S^{2-}在碱性溶液中显紫色
	孔雀绿[①]	板	1 滴中性试液+1 滴 0.002%试剂	绿色褪去	0.5	Ba^{2+}、Hg_2^{2+}、Pd^{2+}、Pt^{4+}、Pb^{2+}、Zn^{2+}、Cd^{2+}使灵敏度降低，Ag^+、Au^{3+}、Hg^{2+}、Cr^{3+}（CN^-）

被检离子	试　剂	反应器	主要步骤	现　象	检出限/μg	干　扰
SO_4^{2-}	Ba(NO₃)₂+玫瑰红酸钠+AgNO₃	纸	1 滴试液（HAc 酸化）+1 滴 0.1%Ba(NO₃)₂+1%玫瑰红酸钠+0.5%AgNO₃	紫色	0.5(Na₂SO₄) 1:10⁵	
	BaCl₂+KMnO₄	管	1 滴试液 +1 滴 1% KMnO₄+1 滴 1%BaCl₂,加 H₂O₂ 或草酸, 使溶液褪色	深紫色沉淀	3	CN⁻、CNO⁻、ClO⁻ (HAc)、[Fe(CN)₆]⁴⁻、[Fe(CN)₆]³⁻、SCN⁻
	BaCO₃	坩	1 滴中性试液和 1 滴 BaCO₃ 悬浮液混合、蒸发至干, 加 1 滴 1%酚酞（在 1+1 乙醇中）, 同时做空白试验	粉红或红色	5(Na₂SO₄) 1:1×10⁴	
	偶氮磺Ⅲ	纸	取 1 滴酸性试液（约 1mol/L HCl）于试纸上 试纸：将滤纸浸润极稀的试剂水溶液, 干后, 喷以 0.01%BaCl₂ 溶液, 将此蓝绿色滤纸用蒸馏水洗过后, 干燥	蓝绿色	0.1 1:5×10⁵	
	Ba(NO₃)₂+HCl	管	取 3 滴试液, 用 3mol/L HCl 酸化, 再多加一滴, 加 0.5mol/L 试剂 2 滴	白色沉淀		
$S_2O_3^{2-}$	(NH₄)₂MoO₄	板	1 滴试液 + 数毫克 (NH₄)₂MoO₄（在 5% H₂SO₄ 中）溶液	蓝色	0.1(Na₂S₂O₃)	S²⁻ (Cd²⁺)
	AgNO₃	离	1 滴试液（中性）+1 滴 2%AgNO₃	黄 → 棕 → 黑色沉淀		S²⁻
	NaN₃-I₂		参见 "S²⁻"			
$S_2O_8^{2-}$	Ni(OH)₂	板	1 滴试液+1 滴 1mol/L NaOH+1 滴 1% NiSO₄	黑或灰色沉淀	2.5(K₂S₂O₈) 1:2×10⁴	H₂O₂(NaOH+AgNO₃)
SiO_3^{2-}	(NH₄)₂MoO₄+SnCl₂	板	将固体试样与 NaF（固）及 2~3 滴浓 H₂SO₄, 放在铂坩埚中共热, 收集 SiF₄ 于新配的 2mol/L NaOH 中, 加 2 滴 10%(NH₄)₂MoO₄, 用 4mol/L HAc 酸化, 加 3 滴 5% SnCl₂ (2.5mol/L HCl 中), 然后用过量的 NaOH 溶液（新配）溶解 Sn(OH)₂	蓝色	1:10⁴	无 H₃BO₃ 时为特效（可将试样与甲醇加热以除去 H₃BO₃）
TeO_3^{2-}	SnCl₂+NaOH	离,板	离：在试液中加过量 Na₂CO₃, 过滤或离心 板：1 滴清液加 1 滴 5%SnCl₂（5g SnCl₂+5ml 浓 HCl, 稀释至 100ml）+1 滴 25%NaOH	黑色沉淀或灰色液	0.6 1:4.1×10⁴	Ag⁺、As³⁺、Bi³⁺、Cu²⁺、Hg₂²⁺、Hg²⁺、Sb³⁺、Sn⁴⁺、MoO₄²⁻ (Na₂CO₃)
TeO_4^{2-}	CuSO₄+K₂S₂O₈	管	1 滴 CuSO₄(1+50000)+1 滴 NaOH+1 滴试液（碱性）+少许固体 K₂S₂O₈ 或 Na₂S₂O₈, 煮沸	黄色	0.5(H₂TeO₄) 1:10⁵	

续表

被检离子	试 剂	反应器	主要步骤	现 象	检出限/μg	干 扰
TeO_4^{2-}	$CuSO_4+Mn^{2+}$ $+NaBrO$	管	1 滴试液+1 滴 Cu^{2+}-Mn^{2+}液+1 滴 NaBrO，在沸水浴中加热数分钟，同时做空白试验 Cu^{2+}-Mn^{2+} 液：在 100ml 0.4% $MnCl_2$ 溶液中，加 1 滴 4%$CuSO_4$ 溶液 NaBrO 溶液：Br_2 在 NaOH 溶液中（2mol/L，新配）	无色或微黄色（空白为紫红色）	0.2 $1:2.5\times10^5$	
TeO_3^{2-}, TeO_4^{2-}	$FeSO_4+H_3PO_4$	坩	1 滴试液+1 滴 10% $FeSO_4$+1滴浓H_3PO_4，温热，如试液含 SeO_3^{2-}，将加 $FeSO_4$ 后产生的沉淀滤去，取 1 滴滤液与 1 滴浓 H_3PO_4 混合，加热	黑色沉淀	0.5 $1:10^5$	

① 国际纯粹化学及应用化学联合会分析反应及试剂委员会第五次报告的方法（1963 年）。

参 考 文 献

[1] 邓勃. 分析化学辞典. 北京：化学工业出版社，2003.

[2] Connelly N G ，Damhus T，Hartshorn R M，Hutton A T. Nomenclature of Inorganic Chemistry. Royal Society of Chemistry，2005.

[3] 周春山，符斌. 分析化学简明手册. 北京：化学工业出版社，2010.

[4] Ferrus R, Egea M R. Anal Chim Acta，1994，287：119.

[5] International Union of Pure and Applied Chemistry, Analytical Chemistry Division, Commission on Analytical Reactions. Reagents and reactions for qualitative inorganic analysis: 5th report. London: Butterworths, 1964.

[6] 林叔昌，郭金雪，耿秀，等. 定性分析化学. 北京：北京师范大学出版社，1984.

第八章 有机定性分析

本章重点为有机化合物的化学鉴定方法，若要确定一个新的化合物，除了一般的鉴定步骤外，还必须进行元素和官能团的定量分析，以及相应的红外光谱、紫外光谱、核磁共振、质谱等仪器分析，有时还需要采用降解或合成等步骤加以验证。

鉴定有机化合物的一般系统步骤见表 8-1。应根据具体试样灵活运用，最后必须查阅有关文献记录，与所测数据进行对照，推测未知样品可能是哪几种化合物。

表 8-1 鉴定有机化合物的系统步骤

步 骤	简 要 内 容
1. 初步试验	试样物理状态的审查，颜色与气味的审查，灼烧试验和物理常数（熔点或沸点、折射率、密度等）的测定，元素定性分析
2. 官能团检验	
3. 衍生物制备并检测	制备试样的一种或几种合适的衍生物并测定其物理常数（熔点等），再将所测数据与由文献中查到的各种可能的化合物的相应衍生物的这些数值作比较

第一节 初步试验

一、初步审查

1. 观察物态

2. 颜色

大多数有机化合物在日光下是无色的，有颜色的原因一种是有机化合物分子中有生色基团存在。常见的含生色基团的化合物有：仅含碳与氢的有多烯烃；含碳、氢、氧的有醌，酞；含氮的有取代苯胺，取代甲苯胺，取代多环胺，取代肼，硝基，亚硝基或氨基酚，偶氮或重氮化合物，苦味酸化合物，脒，脎等；若干含卤的硝基烃也有颜色。

另一种原因是固体物料的颜色在溶解后可以清楚地观察出来。固体物料溶解后如为黄色，且持久不褪，可能为硝基、亚硝基、偶氮化合物，醌类，醌亚胺类，邻二酮类，芳族多羟酮类，某些硫酮化合物类，染料等；如为红色、蓝色、黄色或绿色，则可能含有某些染料或某些有机金属化合物。

此外，有机化合物有颜色，也可能是：

① 含有杂质。因此在蒸馏有色溶液时应注意颜色的改变。

② 见光或接触空气而变颜色。因此须注意样品来源、保存时间和保藏时是否见光或漏气。

部分有机化合物的颜色见表 8-2。

表 8-2 有机化合物的颜色

颜 色	可能的化合物
黄色	硝基化合物（分子无其他取代基时，有时仅显很淡的黄色） 亚硝基化合物 固体：通常为很淡的黄色或无色，但也有一些为黄色、棕色或绿色的液体物料或其溶液（有的为无色）

颜色	可能的化合物
黄色	偶氮化合物（也有红色、橙色、棕色或紫色的） 氧化偶氮物（也有橙黄色的） 醌（有淡黄色、棕色或红色的） 新蒸馏出来的苯胺（通常为棕色） 醌亚胺类 邻二酮类 芳族多羟酮类 某些含硫羰基（$\diagup\!\!\!\diagdown$C=S）的化合物
红色	某些偶氮化合物（也有黄色、橙色、棕色或紫色的） 某些醌（例如邻位的醌） 在空气中露置较久的苯酚
棕色	某些偶氮化合物（多为黄色，也有红色或紫色的） 苯胺（新蒸馏出来的为淡黄色）
绿色或蓝色	液体的 C-亚硝基化合物或其溶液 某些固体的亚硝基化合物，例如 N,N-二甲基对亚硝基苯胺为深绿色
紫色	某些偶氮化合物

3. 气味

气味试验：在小坩埚内用极小量试样，加热到 100～150℃ 试验最适当。检验溶液时，最有效和方便的方法是置 1～2 滴试液于滤纸上，任其蒸发。表 8-3 列举了一些有特征气味的化合物类型。

表 8-3 有机化合物气味的分类

特征气味	典型化合物示例	特征气味	典型化合物示例
醚香	乙酸乙酯，乙酸戊酯，乙醇，丙酮	麝香	三硝基异丁基甲苯，麝香精，麝香酮
芳香		蒜臭	二硫醚
苦杏仁香	硝基苯，苯甲醛，苯甲腈	二甲肼臭	四甲二肼，三甲胺
樟脑香	樟脑，百里香酚，黄樟素，丁（子）香酚，香芹酚	焦臭	异丁醇，苯胺，枯胺，苯，甲酚，愈疮木酚
柠檬香	柠檬醛，乙酸沉香酯	腐臭	戊酸，己酸，甲基庚基甲酮，甲基壬基甲酮
香脂		麻醉味	吡啶，蒲勒酮（胡薄荷酮）
花香	邻氨基苯甲酸甲酯，萜品醇，香茅醇	粪臭	粪臭素（3-甲基吲哚），吲哚
百合香	胡椒醛，肉桂醇		
香草香	香草醛，对甲氧基苯甲醛		

二、灼烧和热解试验

1. 灼烧试验

取 1～2mg 物质放在一瓷坩埚盖上，或放在一只小蒸发皿内，用小火焰加热，应防止硝基、亚硝基、偶氮化合物或叠氮化合物的存在而发生爆炸或爆裂情况。有时将火焰直接对着试样上部，使它在气化前即被灼烧。如果物质炭化，就应增大火焰，最后将试样强烈灼烧。如果有残渣余留，应将它灼烧到几乎为白色。

灼烧试验的某些特征见表 8-4。

表 8-4 某些有机化合物灼烧时的特征

火焰及其他特征	可能的化合物
有烟的火焰	芳香族化合物或不饱和烃及卤代物
几乎无烟火焰	低级脂肪族化合物

火焰及其他特征	可能的化合物
带蓝色的火焰	含氧化合物
一般情况下不燃烧，当将加热火焰直接与试样接触进行灼烧时，瞬间使火焰发烟	多元卤代物
灼烧时发出特别焦味	糖类和朊类

2. 挥发物试验

将约 1～2mg 的试样放在小试管（10mm×100mm）中，试管口盖以适当润湿的试纸一小片，微热试管底部，直至明显的烧焦开始，看试纸上的变化来鉴定分解产物（见表 8-5）

表 8-5 挥发物的试验

试 验	分解产物	可能的化合物举例	备 注
1. 刚果红试纸变蓝，同时产生 HCl	挥发的酸类	尿酸，p,p'-二氨苯基砜 有机碱的盐酸盐	
2. 酚酞试纸变红，并使奈氏试剂变红棕色	挥发的碱类氨	硫脲，糖精，联苯胺，酰胺，苯脒（铵盐）	
3. 乙酸铜-乙酸联苯胺试纸变蓝[①]	氰化物气体	很多有机含氮化合物（如硫脲，尿酸，罗丹明 B，巴比妥酸，丁二腈，碳酸肼，8-羟基喹啉，6-硝基喹啉，黄蝶呤）	
4. 氰化钾-8-羟基喹啉试纸变红[②]	氰	多种脲及脲的开链和环状衍生物，尿酸及嘌呤衍生物，蝶呤，丁二腈，糖偶酰二腈	8-羟基喹啉试纸：将滤纸条浸于 10%8-羟基喹啉的醚溶液，取出，在空气中干燥
5. 磷钼酸试纸变蓝	还原性蒸气	甲醛、苯酚、苯胺、硫脲、抗坏血酸、糖精、罗丹明 B、葡萄糖、联苯胺、胱氨酸、碳酸肼	磷钼酸试纸：将滤纸条浸于 5%磷钼酸水溶液即成
6. 乙酸铅试纸变黑	硫化氢	硫脲，亚硝基 R 盐，糖精，胱氨酸，对氨基苯磺酸，磺基水杨酸，（碱性）亚甲蓝	对不挥发的含硫有机化合物，可加 20%甲酸钠溶液 1 滴一起蒸发
7. 吗啉-亚硝酰铁氰化钠试纸变蓝	乙醛	（a）含 —OC$_2$H$_5$，$\backslash$NC$_2$H$_5$，—OCH$_2$CH$_2$O—，$\backslash$NCH$_2$CH$_2$N$\slash$，$\backslash$NCH$_2$CH$_2$O—基团的化合物 （b）乙酸及甲酸的碱金属盐或碱土金属盐的混合物	吗啉-亚硝酰铁氰化钠试纸：同体积的 20%吗啉水溶液与 5%亚硝酰铁氰化钠水溶液新配成的混合物滴在滤纸上而成
8. 对二甲氨基苯甲醛试纸显黄色斑点	苯胺	很多苯胺衍生物如乙酰苯胺，N-苯基苯甲酰胺，对称二苯肼，苯肼	对二甲氨基苯甲醛试纸：1 滴对二甲氨基苯甲醛的饱和苯溶液滴在滤纸上而成
9. 格里斯氏（Griess）试纸变红	亚硝酸	（a）兼含 N 和 O 基团的有机化合物（如硝基化合物，亚硝基化合物，肟类，氧肟酸类，硝胺类，氧化偶氮化合物，胺的氧化物） （b）亚硝酸类和碳水化合物类，柠檬酸，酒石酸等混合物	格里斯氏（Griess）试纸：将 1%对氨基苯磺酸在 30%乙酸中的溶液及 0.1% α-萘胺在 30%乙酸中的溶液，在使用前等体积混合成格里斯氏试剂，滴在滤片上使润湿
10. 2,6-二氯苯醌-4-氯亚胺试纸变黄棕色，移在浓氨气上转变为蓝色	酚类	环核或支链含有氧原子的芳香族化合物（如苯甲酸、萘甲酸、扁桃酸、邻硝基苯甲酸、萘肟酸、间硝基苯肟酸、N-乙酰苯胺、N-苯酰苯胺、苯醌、蒽醌二乙酸、乙酰苯等）	2,6-二氯苯醌-4-氯亚胺试纸：将滤纸条浸于试剂的饱和苯溶液

　　① 乙酸铜-乙酸联苯胺溶液的配制：a. 2.86g 乙酸铜溶于 1L 水中；b. 室温下乙酸联苯胺饱和溶液 675ml，加水 525ml。a、b 两液分别储于密闭的暗色瓶中，临用时按需要等体积混合，即为所需制剂溶液。本试验可按下法进行：在一小试管中，放试液 1 滴或固体试样少许，加稀酸类 1～2 滴（必要时加一些锌粒或较多的稀硫酸），试管口覆以一小片被试剂湿润过的滤纸，视产生的氰化氢量的多少，试纸上出现深浅不等的蓝色。此试验也可检出氰，因(CN)$_2$+H$_2$O==HCN+HCHO。热解产生氰的物质有干扰；有被酸或热解作用分解而产生硫化氢的物质有干扰，因 H$_2$S 与试剂反应生成硫化铜而干扰。

　　② 试验方法：取干试样一小粒，放于一小试管中，试管口覆以被 25%氰化钾溶液 1 滴润湿过的 8-羟基喹啉试纸，微热试管，在黄色试纸上将出现深或浅的红色圆斑。

3. 灼烧后余留残渣检验

灼烧后余留残渣的观察见表 8-6，灼烧残渣在水和乙酸中的溶解情况见表 8-7。

表 8-6 灼烧后余留残渣的观察

现　象	可能的结论
无残渣	有机化合物及其有机汞、有机砷或有机锑化合物和铵盐
燃烧完后很快留下白色残渣	主要是碱金属或碱土金属的碳酸盐或氧化物
如碳与煤膏状产物迅速消失	表示含富氧、氢的物料
如碳持久难化	含有金属元素的有机化合物
（1）原样不含氮、硫或卤素	羧酸的金属盐，醇或酚的金属衍生物
（2）原样含氮	酰胺，酰亚胺，氨基酸，硝基酸，硝基酚的金属盐
（3）原样含硫	磺酸，亚磺酸，硫酸氢烷基酯的金属盐或硫醇，硫酚的金属衍生物
（4）原样含卤素	含卤酸的盐或含卤代酚的衍生物

表 8-7 灼烧残渣在水和乙酸中的溶解情况

羧酸、酚类、硝基化合物及肟类和下列金属（铵）的盐	灼烧残渣		
	组成	溶解情况[①]	
		水	稀乙酸
碱金属（包括铊）	碳酸盐	+	+
碱土金属	碳酸盐与（氧化物）	－	+
其他+2 价金属	碳酸盐与氧化物	（+）	+
铝与其他+3 价和+4 价金属	氧化物	－	+
贵金属	金属	－	－
汞与铵	（无残渣）	－	－
磺酸与硫醇的下列金属盐：			
碱金属（包括铊）	硫酸盐	+	+
碱土金属	硫酸盐	-或±	-或±
其他+2 价金属	硫酸盐	+	+
+3 价和+4 价金属	碱性硫酸盐	－	±
汞与铵	（无残渣）		

① 符号：“+”表示溶解；“－”表示不溶解；“（+）”表示溶解不显著；“±”表示有时可溶，有时因燃烧条件不同而不溶。

三、高锰酸钾、溴-四氯化碳、三氯化铁及碘仿试验

表 8-8～表 8-11 列出了有机化合物与高锰酸钾、溴-四氯化碳、三氯化铁及碘仿反应试剂所发生的一些特殊反应。根据试验结果，推测未知样品可能是哪一类化合物，为进一步试验提供有价值的信息。

表 8-8 高锰酸钾试验与溴-四氯化碳试验结果比较

化合物类型	高锰酸钾试验	溴-四氯化碳试验		化合物类型	高锰酸钾试验	溴-四氯化碳试验	
		加成反应	取代反应			加成反应	取代反应
烯烃与炔烃	+	+		许多醛类[③]	+		+
$Ar_2C—CAr_2$ 及许多 $ArCH—CHAr$[①]	+	－		伯醇与仲醇[④]	+		－
酚　类	+		+	硫　醇	+		+
胺　类	+		+	硫　醚	+		+
酮　类[②]	－		+	硫　酚	+		+

① 带有电负性取代基于双键两端碳原子上的烯烃，在试验条件下，反应缓慢，有时极缓慢（例如二苯乙烯、肉桂酸）。
② 特别是甲基酮。
③ 甲醛、甲酸酯、苯甲醛与溴无显著反应。
④ 仲醇比伯醇反应更快。高级醇反应缓慢，可视为无反应。

表8-9 不同溶剂中三氯化铁与某些有机化合物的反应[①]

化合物	乙醚	二氯二异丙醚	苯	甲醇	水	化合物	乙醚	二氯二异丙醚	苯	甲醇	水
对氨基苄胺肟	–	–	–	+	–	没食子酸	+	+	+	+	+
2-氨基-5-硝基苯酚	–	–	–	+	–	邻甲基苯基甲酮	–	–	–	–	–
邻氨基苯酚	–	+	–	+	+	2-羟基-3-甲氧基-苯甲醛	–	–	–	–	+
对氨基苯乙酰氨基肟-HCl	–	–	–	+	–	1-羟基-2-萘（甲）酸	+	+	–	+	+
对氨基水杨酸	+	–	–	+	+	3-羟基-2-萘（甲）酸	+	+	–	+	±
苄胺肟	–	–	–	+	–	8-羟基喹啉	+	+	+	+	+
水杨酸正丁酯	–	–	–	+	–	邻硝基苯酚	–	–	–	–	–
邻苯二酚	+	+	+	+	–	5-苯基水杨酸	–	–	–	–	–
乙酰琥珀酸二乙酯	–	–	–	+	–	没食子酸正丙酯	+	+	+	+	+
2,4-二羟基苯甲酸	–	–	–	+	+	连苯三酚	+	+	–	+	+
2,5-二羟基-1,4-苯醌	+	–	–	+	+	水杨醛	–	–	–	+	–
4,4-二羟基-3,3′-二氨基苯砜	–	–	–	+	+	水杨酸	–	–	–	+	+
乙酰乙酸乙酯						磺基水杨酸	+	–	–	+	+

① 符号："+"表示发生螯合反应；"±"表示不发生螯合反应；"–"表示可发生螯合反应，但比较困难。

表8-10 有机化合物与三氯化铁溶液的显色反应

化合物	结构式	与三氯化铁溶液的显色反应	备 注
苯酚		蓝色	加酸或碱溶液后，褪色
邻苯二酚		深绿色	
对苯二酚		蓝绿色→棕色	静置后，析出暗绿色的对苯醌和对苯二酚结晶
间苯二酚		蓝紫色	
1,2,3-苯三酚		红棕色	加碳酸钠溶液后，变成紫红色。加乙酸钠溶液后，变紫色
1,2,4-苯三酚		蓝绿色	
1,3,5-苯三酚		蓝紫色	

续表

化合物	结构式	与三氯化铁溶液的显色反应	备 注
1,2,3,4-苯四酚		深蓝色	
1,2,3,5-苯四酚		红色	
1,2,4,5-苯四酚		无色	
1,2,3,4,5-苯五酚		棕红色	加碳酸钠溶液后溶液呈绿色
苯六酚		紫色	
α-萘酚		无色	有粉红色的沉淀
β-萘酚		无色	加甲醇后溶液呈绿色
4,4′-二羟联苯		无色	
2,2′4,4′-四羟联苯		蓝色	
邻甲基苯酚		蓝色→绿色→棕色	
对甲基苯酚		蓝色	
间甲基苯酚		蓝紫色	
对乙基苯酚		蓝灰色	

续表

化合物	结构式	与三氯化铁溶液的显色反应	备　注
2,3-二甲基苯酚	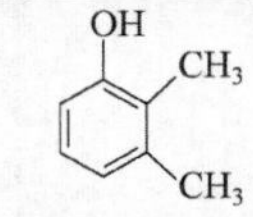	蓝色	
2,4-二甲基苯酚	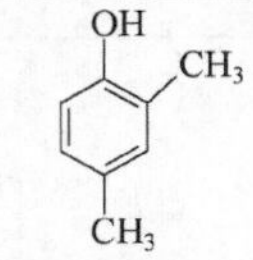	紫色	
2,5-二甲基苯酚	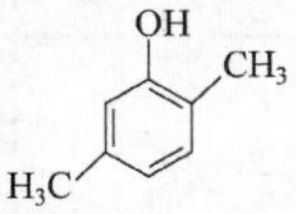	无色	
3,4-二甲基苯酚	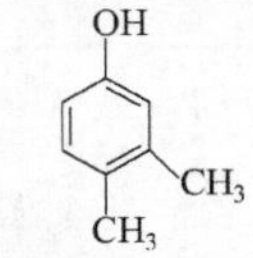	蓝色	
3,5-二甲基苯酚	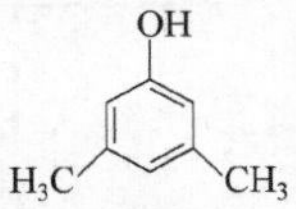	无色	
2,4,6-三甲基苯酚	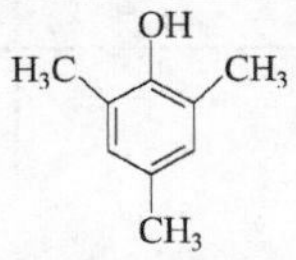	无色	
对烯丙基苯酚	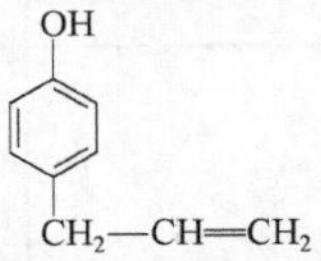	蓝白色的浑浊	
5-甲基-2-异丙基苯酚	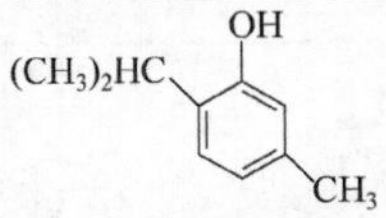	无色	加乙醇后溶液呈绿色
2-甲基-5-异丙基苯酚	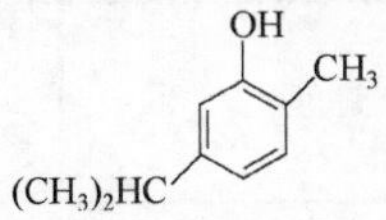	无色	加乙醇后溶液呈绿色
3,5-二羟基甲苯	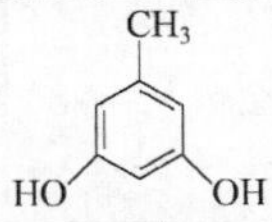	紫黑色	
邻甲氧基苯酚	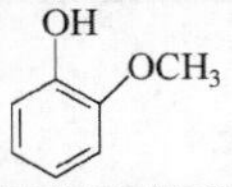	红棕色	
2-甲氧基-4-甲基苯酚	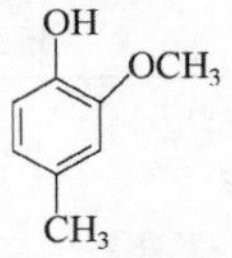	绿色	

第二篇

化合物	结构式	与三氯化铁溶液的显色反应	备 注
丁香酚	OH, OCH₃, CH₂—CH=CH₂	—	加乙醇后溶液呈蓝色
异丁香酚	OH, OCH₃, CH=CH—CH₃	—	加乙醇后溶液呈绿色
2-甲氧基-5-烯丙基苯酚	OH, OCH₃, H₂C=CH—H₂C	绿色	
2,3-二甲氧基苯酚	OH, OCH₃, OCH₃	红色	
香荚蓝酚	COCH₃, OCH₃, OH	蓝紫色	
牡丹酚	COCH₃, OH, OCH₃	紫色	
姜油酚	CH₂CH₂COCH₃, OCH₃, OH	绿色	
邻羟基苯甲醇	CH₂OH, OH	无色	加乙醇后溶液呈紫红色
邻羟基苯甲醛	CHO, OH	紫色	
香草醛	CHO, OCH₃, OH	蓝色	
3,4-二羟基苯甲醛	CHO, OH, OH	绿色	
水杨酸	COOH, OH	紫色	

续表

化合物	结构式	与三氯化铁溶液的显色反应	备 注
对羟基苯甲酸	COOH—〇—OH	无色	有黄色的沉淀
间羟基苯甲酸	COOH—〇—OH	无色	
4-甲基-2-羟基苯甲酸	COOH—〇—OH—CH₃	紫蓝色	
3,4-二羟基苯甲酸	COOH—〇—OH—OH	蓝紫色	
3,4-二羟基苯丙烯酸	CH=CHCOOH—〇—OH—OH	绿色	加碳酸钠溶液后，变成紫色
3,4,5-三羟基苯甲酸	COOH—〇—HO—OH—OH	蓝黑色	
3-丁酮醛	CH_3COCH_2CHO	深红色	
2,4-戊二酮	$CH_3COCH_2COCH_3$	红色	
1,3-苯丁二酮	$C_6H_5COCH_2COCH_3$	—	有红色的沉淀
3-丁酮酸	CH_3COCH_2COOH	紫色→红色	
苯甲酰乙酸	$C_6H_5COCH_2COOH$	紫红色	
顺-羟基丁烯二酸	HC—COOH / HO—C—COOH	红色	
反-羟基丁烯二酸	HOOC—CH / HO—C—COOH	红色	
乙酰丙二酸二乙酯	$CH_3COCH(COOC_2H_5)_2$	红色	
苯甲酰乙酸乙酯	$C_6H_5COCH_2COOC_2H_5$	橙红色	加乙醇后溶液呈紫红色
2-丁酮-1,4-二酸二乙酯	H_5C_2O—$\overset{O}{C}$—CH_2—$\overset{O}{C}$—OC_2H_5	深红色	
水杨酸甲酯	COOCH₃—〇—OH	紫色	
水杨酸乙酯	COOC₂H₅—〇—OH	紫色	

续表

化合物	结构式	与三氯化铁溶液的显色反应	备　注
羟香豆素	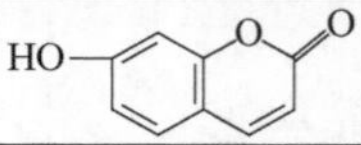	无色	
瑞香素	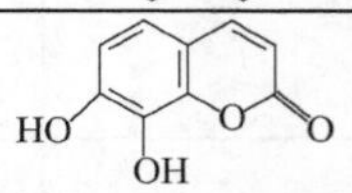	绿色	加碳酸钠溶液后，变成紫色
七叶树素	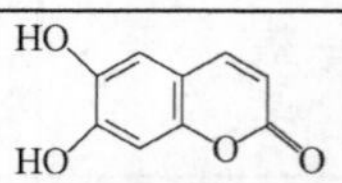	绿色	
橡黄素	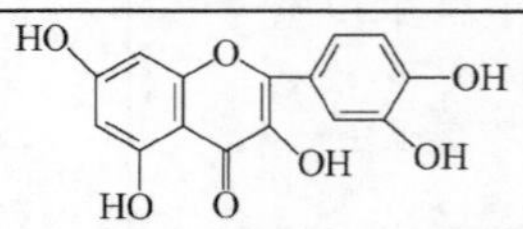	深绿色	
洋芹子素	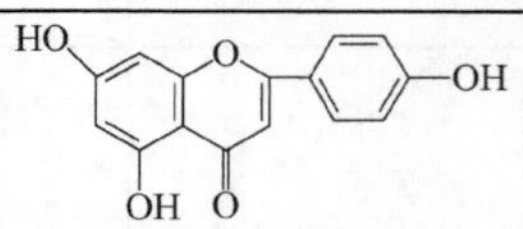	棕黑色	
单宁		蓝黑色	
橡黄苷		绿色	
杨梅素		蓝色	
儿茶素		深绿色	加碳酸钠溶液后，变成紫色

表 8-11 有碘仿反应的化合物

种　类	化 合 物
醇	乙醇[①]、异丙醇、仲丁醇、2-戊醇、甲基正戊基甲醇、2-辛醇、甲基异丙基甲醇、2,3-丁二醇、甲基苄基甲醇
脂族酮	丙酮、甲乙酮、甲丙酮、甲基异丁酮、甲基正戊酮、2-庚酮、2-辛酮、甲基异己酮、4-甲基-2-庚酮、甲基环己基酮、甲基-γ-苯氧丙基酮、甲基苄基酮、甲基二苯甲基酮、甲基-2-苯基乙基酮
混合酮	甲基苯基甲酮、甲基对甲（基）苯基酮、甲基对氯苯基酮、甲基对溴苯基酮、甲基对甲氧苯基酮、甲基-2,4-二甲氧苯基酮、甲基-2-甲基-4-甲氧苯基酮、甲基-5-甲基-2-甲氧苯基酮、甲基对丙基苯基酮、甲基-2,5-二甲基苯基酮、甲基-2,3,4-三羟基苯基酮、甲基-2,4-二羟基苯基酮[②]、甲基-3-甲氧基-4-羟基苯基酮、甲基邻硝基苯基酮、甲基间硝基苯基酮[②]、甲基对硝基苯基酮、甲基-2,3,4-三氨基苯基酮、2-乙酰基-1-萘氧乙酸、2-乙酰基-1-（4-溴）萘氧乙酸、2,4,6-三甲基苯乙酮
不饱和酮	乙基苄基酮、3-甲基-4-苯基-3-丁烯-2-酮、4-(1-呋喃基)-3-丁烯-2-酮
二酮及其他	乙酰丙酮、2,5-己二酮、苯甲酰基丙酮、对溴苯甲酰基丙酮、2,6-二甲基-4-乙酰苯乙酮丙酮肟、丁二酮单肟

① 乙醇是唯一能发生碘仿反应的伯醇；乙醛是唯一能发生碘仿反应的醛。
② 反应缓慢。

第二节　元素定性分析

在一般情况下，经过初步灼烧试验，知道试样是有机化合物后，就不再需要鉴定其中是否含有碳和氢，因为这两种元素在有机化合物中总是存在的。此外，化合物中所含的氧元素，没有很好的鉴定方法，通常是通过溶解度试验和官能团鉴定反应而知道其存在与否。鉴定其他元素的方法，在大多数情况下，是将试样设法分解，使这些元素转变成相应的无机离子后，再分别加以鉴定。

鉴定有机物中元素的分解试样的常用方法见表 8-12。

表 8-12 鉴定有机物中元素的试样分解法

方　法	要　点	可鉴定元素
钠熔法	C,H,O,N,S,X[①]——→NaCN,Na₂S,NaCNS,NaX 等 试样 1～10mg 在 15mm×150mm 干燥试管中与约 50mg 金属钠熔融	N, S, 卤素
氧瓶燃烧法	试样在经氧瓶燃烧分解后，用 2%NaOH（含 30%H₂O₂ 数滴)吸收	N, S, 卤素，P, As, Sb, Hg, Si, B
镁-碳酸钠熔融法	50mg 试样与 100mg 由等量镁粉与无水碳酸钠混合物相混合，放在 15mm×150mm 硬质试管中，上层盖约 100mg 镁粉，熔融	N, S, 卤素（鉴定 N 比用钠熔法可靠）
锌-碳酸钠熔融法	取一支长约 50～60mm，口径 6mm 的硬质玻管，在底端封闭后吹成球形，将试样与锌粉和无水碳酸钠的等量混合物混合熔融	N, S, 卤素（鉴定 N 比用钠熔法好）
锌-碳酸锂熔融法	取一支长约 50～60mm，口径 6mm 的硬质玻管，在底端封闭后吹成球形，将试样与锌粉和无水碳酸锂的等量混合物混合熔融	（对检验微量试样比上法更适合）
分散钠粒法	将试样放入一支底端封闭的毛细管或离心管中，加 5～10 倍分散钠粒（在甲苯或在其他高沸点，只含 C,H 或 O 的有机溶剂中）加热	适于鉴定挥发性试样中的 N, S, 卤素
高锰酸银热解产物氧化法	在长 13cm、内径 4mm 从上约 9cm 处拉成 0.3mm 的毛细管的玻管中，放约 1mg 试样和 50mg 高锰酸银，微热数秒钟	适于鉴定 C, H, N, S, Cl, Br, I, P 和 Hg

① X 代表 F, Cl, Br, I 等卤族元素。

一、有机化合物中元素的鉴定法

有机化合物中元素的化学鉴定法见表 8-13。

表 8-13 有机化合物中元素的化学鉴定法

被检元素	方　法	简要步骤	现　象	备　注
C	碳镜法	试样置于直径 0.5～1mm 的硬质熔点管中，封闭，先加热装试样的上部玻管，再加热装试样部分	管壁有碳镜，冷却后将管切开，将碳镜加热，能燃烧	
	碘酸钾加热法	试样与 KIO₃ 细粉混合，在此混合物上覆一层 KIO₃，加热至 300～400℃5min，冷却，用（1+2）H₂SO₄，溶残渣，加淀粉液或用 CHCl₃ 萃取（先加淀粉，后酸化）	淀粉液变蓝色；或 CHCl₃ 层变棕色至紫色	须用等量 KIO₃ 做空白试验；易被氧化的无机物（如铵盐，碱金属亚硫酸盐和亚砷酸盐及大量碱金属氰化物）有干扰
H	乙酸铅试纸法	在微量试管中将少量固体试样或 1 滴试液的蒸干残渣与少许硫黄粉混合，试管口覆一张湿润过的乙酸铅试纸，将试管放在甘油浴 200～250℃中	黑色或棕色斑点（约 2min 内）	
C,H	氧化铜法	取约 0.1g 试样，与 1～2g 新干燥的 CuO 粉末混合，置放在干燥试管中，用带有弯曲导管的软木塞塞住试管，加热	由导管导出的气体使澄清的石灰水变浑浊（示有 C）；试管上部内壁有水珠（示有 H）	
O	硫氰化铁法	取一小片滤纸投入硫氰化铁的甲醇溶液中，取出，在空气中干燥，滴数滴试液（固体试样须先溶于苯或甲苯或卤代烃中再行试验，但须将所用溶剂作一空白试验）	呈酒红色（用试样 20～50mg 时）	试剂：取 FeCl₃ 和 KSCN 各 1g，分别溶于 10ml 甲醇中，然后将两液合并，数小时后滤去 KCl 沉淀备用。试纸必须每次新制；含氮和含硫的化合物有相似作用，酸类和氧化性物质亦有干扰

被检元素	方 法	简 要 步 骤	现 象	备 注
N	普鲁士蓝法	取约 0.2～0.6ml 氧瓶燃烧后的吸收液于一小试管中,调节至 pH=13,加 10～15g 粉状硫酸亚铁及 1 滴 30%氟化钾溶液,加热至沸,加 1 小滴 1%三氯化铁溶液,加 3mol/L 硫酸至铁的氧化物全溶,放置 2～3min	蓝色溶液或沉淀	如有硫存在,须多加硫酸亚铁,滤去 FeS 后,在滤液中再检 N
	乙酸铜-联苯胺法	取 0.1～0.2ml 氧瓶燃烧后的吸收液,用 1 滴 10%乙酸酸化,然后用毛细吸液管加入 1～4 滴乙酸铜-联苯胺试剂	两液交界处有蓝色环	如有硫存在,则加 1 滴乙酸铅液分离出 PbS 后,取上层液(或滤液)再检 N;I 有干扰 试剂:A 液,150mg 联苯胺溶于 100ml 水和 1ml 乙酸中;B 液,取 286mg 乙酸铜溶于 100ml 水中;将 A 液和 B 液分别储在棕色瓶中,临用时混合
S	硫化铅法	取约 0.5ml 氧瓶燃烧后的吸收液于一小试管中,加 1 滴 0.5mol/L 乙酸铅溶液,1～2 滴稀乙酸化	棕色至黑色沉淀	
	亚硝酰铁氰化钠法	在 0.2ml 氧瓶燃烧后的吸收液(碱化)中,加 1 滴 0.1%亚硝酰铁氰化钠溶液(临时新配)	深红色至紫色	
S,N	氯化铁法	取 0.2ml 钠熔法或氧瓶燃烧法所得试液,用稀盐酸酸化,加 1 滴 1%三氯化铁溶液	红色	在钠熔时,若用钠量较少,氮与碳常以 SCN⁻ 存在,故须做本试验
Cl,Br,I	硝酸银法	取 0.5ml 试液(氧瓶燃烧后吸收液),用稀硝酸酸化,在通风橱中煮沸 1～2min,以除去可能存在的 HCN 和 H₂S,再加 1 滴 3%硝酸银溶液	白色浑浊或沉淀(Cl);淡黄色浑浊或沉淀(Br);黄色浑浊或沉淀(I)	
	贝尔斯坦(Beilstein)法	取一根约 120mm 的铜丝,末端弯成一个小的圆环,将圆环放入无色火焰中灼烧至无绿色火焰后,趁热用圆环沾上少许粉状 CuO,继续加热,直到 CuO 黏附在铜丝环上为止。冷却,再用圆环沾少许试样,然后在无色火焰中灼烧	蓝绿色火焰	含有氰基、硫氰基的化合物也有类似的蓝绿色火焰
F	锆-茜素法①	取 0.2～0.5ml 钠熔后滤液,用 2～3 滴浓盐酸酸化,加 2～3 滴锆-茜素溶液	红紫色转变成黄色	锆-茜素试剂:取 10ml 1%茜素乙醇溶液和 10ml 2%硝酸锆在 5%(体积分数)盐酸溶液中混匀,然后稀释至 30ml(也可用 ZrOCl₂·8H₂O 代替硝酸锆)
		将一滤纸条浸于锆-茜素试剂中,取出,干燥,用 1 滴 50%(体积分数)乙酸润湿,再将中性试液加在润湿处	黄色斑	锆-茜素试纸:取氧化锆与稀盐酸共热,过滤,滤液中须含有 0.5mg/ml Zr,取数毫升滤液,与少许过量的 1%茜素乙醇溶液混合,混合液中过量的茜素可用乙醚萃取除去,将溶液在水浴中温热 10min,将滤纸浸入热溶液中,取出,阴干

① 如用氧瓶燃烧法所得吸收液进行本试验,事先须除去 SO_4^{2-}、PO_4^{3-}、AsO_4^{3-}。

二、根据元素鉴定结果进行初步试验

根据元素鉴定的结果,可以按试样中存在元素的不同,进行某些简单但极有指导意义的初步试验,推断试样可能为何种或含有哪些有机化合物,以便进一步用适当且相对比较简捷的方法确认。初步试验一般包括:

① 在水中的溶解情况；

② 与酸或碱的反应；

③ 用某些金属（如锡、锌粉）处理后的现象；

④ 某些特殊试剂的处理（例如，对含卤素的化合物用硝酸银的乙醇溶液处理）。

有关初步试验结果见表 8-14～表 8-20。

表 8-14 含碳和氢试样的初步试验

试验方法	现象	可能的化合物
1. 用冷水和热水处理，并用石蕊指示剂试验试液或混合物的酸碱性	（1）溶于冷水 ① 强酸性 ② 微酸性 ③ 中性 （2）难溶于冷水，较易溶于热水 ① 强酸性 ② 微酸性 ③ 中性 （3）不溶于水 ① 强酸性 ② 微酸性 ③ 中性	低分子量的简单的脂肪族羧酸，大部分脂肪族羟基酸，大部分多酚羟基酸，少数分子量极低的酯 某些简单的酚，大部分多羟基酚 低分子量的醇，大部分多羟基醇；低分子量的醛和酮；糖，大部分苷 分子量相当大的简单羧酸（包括某些芳香族酸），许多芳香族羟基酸及其酰基衍生物 大部分单羟基酚 少数碳水化合物和苷，简单醚 某些分子量很大的酸，酸酐（与水加热时逐渐分解） 某些高分子量的酚，酮-烯醇酯 简单的醚，醇，醛及分子量很大的酮，几乎所有的酯，少数分子量很大的脂肪酸
2. 用 NaHCO₃ 溶液处理	能反应 ① 产生 CO_2 ② 不产生 CO_2	所有羧酸 酚；酮-烯醇酯等
3. 用冷的或热的 NaOH 溶液处理	（1）不溶或难溶于冷 NaOH 溶液 ① 冷时能溶 ② 在加热时逐渐溶解 ③ 不溶 （2）与 NaOH 溶液加热时显著分解	所有羧酸，所有酚，酮-烯醇酯及类似化合物 少数酯和内酯，酸酐 烃，醚，分子量很大的醇和酮，许多酯（一般仅极慢分解） 大部分酸酐，少数酯和内酯，醛，糖，苷
4. 用浓硫酸处理	（1）冷的 ① 溶解 　a. 不分解 　b. 分解 ② 不溶解 （2）热的 ① 产生气体 　a. 炭化 　b. 炭化 ② 产生刺激性蒸气，不炭化 ③ 无气体发生，但炭化 ④ 溶解而无其他变化	某些芳烃，大部分二烷基和烷芳基醚，大部分醇，大部分酚，些酮，简单的羧酸，大部分芳香族酸，少数酯 几乎所有的不饱和化合物，某些芳烃，大部分脂肪族羟基酸，大部分酯，糖（棕色），苷（红色或其他显著的颜色） 饱和烃，某些芳烃 醛，酮，缩醛，碳水化合物，苷 低分子量的简单醇（产生气态不饱和烃），甲酸和草酸及它们的衍生物（产生 CO） 简单的酚，一些简单的羧酸、酯 大部分多羟基酚，多芳香族羟基酸及一些它们的衍生物 某些羧酸，某些高分子量的芳香族酮
5. 溶解于水或乙醇后，用 1 滴 FeCl₃ 溶液处理	（1）变为红色溶液或沉淀 （2）深黄色 （3）绿色、蓝色或紫色	几乎所有的简单羧酸 脂肪族 α-羟基酸 大部分酚和含酚羟基的化合物（有些仅在乙醇溶液中显色），酮-烯醇酯及其类似化合物
6. 用稀 H_2SO_4 溶液中的 KMnO₄ 溶液处理	褪色	① 几乎所有的不饱和化合物 ② 一些易被氧化的物质，例如，甲酸和丙二酸及它们的酯，许多醛，简单的醌，某些脂肪族羟基酸，许多多羟醇和酚，一些糖

试验方法	现象	可能的化合物
7. 在冷时或加热时用溴水处理	（1）褪色，但不产生很多酸	几乎所有的不饱和化合物
	（2）褪色，同时产生很多酸	许多醛和酮；其他易溴代的化合物，例如酚及其衍生物
8. 用溴的 CCl$_4$（或 CHCl$_3$ 或 CS$_2$）溶液处理	（1）在冷时立即褪色，不逸出 HBr	几乎所有的不饱和化合物
	（2）热时褪色，并逸出 HBr	易溴代的化合物，例如，许多醛和酮，大部分酚和含酚基的化合物，一些不稳定的烃（如萜烯）
	（3）仅在热时能很快褪色，不逸出 HBr	不饱和键与芳香族基或类似的基团共轭的不饱和化合物，或被许多取代基所取代的不饱和化合物（例如肉桂酸四取代的乙烯）
9. 与干的碱石灰灼烧	（1）产生氢或烃 （2）产生酚	简单的脂肪族和芳香族羧酸，芳香族羟基酸
	（3）发生"焦糖"臭	大部分脂肪族羟基酸，糖，苷
10. 与锌粉灼烧	产生烃	许多酚，醌和高分子量的芳香族酮，某些羧酸（可能产生除烃以外的化合物）

表8-15 含碳、氢和氮试样的初步试验

试验方法	现象	可能的化合物
1. 用冷水或热水处理，并用石蕊指示剂试验试液或混合物的酸碱性	（1）溶于冷水 ① 酸性或微酸性	少数芳香族氨基酸，某些低分子量的脂肪族酰胺，少数简单的氨基甲酸乙酯，少数低分子量的肟，某些硝基酚，弱有机碱的硝酸盐
	② 中性	脂肪族氨基酸，少数脂肪族取代酰胺，某些嘌呤，少数芳香族硝基胺，有机酸与含氮碱或氨所成的盐，强有机碱的硝酸盐
	③ 碱性或微碱性	分子量相当低的脂肪族伯胺、仲胺和叔胺，胍及其烷基衍生物，某些芳香族二胺
	（2）难溶于冷水，较多的溶于热水 ① 酸性或微酸性	某些简单的酰胺，某些硝基酚，某些硝基羧酸，N-甲酰苯胺
	② 中性	某些脂肪族和芳香族的取代酰胺，少数嘌呤，某些芳香族硝基胺
	③ 碱性或微碱性	某些芳香族二胺和氨基酚
	（3）不溶 ① 酸性或微酸性	少数嘌呤，烷基硝酸盐和亚硝酸盐
	② 中性	某些高分子量的芳香族胺，很大分子量的简单和取代的酰胺，简单的腈，异氰化物，大部分肟，脒，大部分取代的氨基甲酸乙酯，硝基烃，硝基醚，亚硝基、氧化偶氮、偶氮和亚肼基化合物
	③ 碱性或微碱性	大部分简单的芳香族胺，大部分取代的肼
2. 不溶或难溶于冷水的物质用稀酸和稀碱处理	（1）溶于稀酸	所有伯胺，所有脂肪族的仲胺和叔胺，大部分芳香族的仲胺和叔胺，许多取代肼，某些简单的酰胺和取代酰胺，某些肟，某些嘌呤
	（2）溶于稀碱	许多简单的酰胺和酰亚胺，少数取代的伯胺，氨基羧酸，硝基羧酸，肟，硝基酚，某些嘌呤
3. 用冷的和热的浓碱处理	（1）冷时产生氨或氨味蒸气	有机酸的铵盐，简单的脂肪族胺的盐
	（2）加热时才放出氨或氨味蒸气	简单的酰胺和酰亚胺，脲及单取代脲，氨基甲酸乙酯，腈（反应慢），简单的脂肪族伯胺和仲胺的酰基衍生物，某些芳香族硝基胺，大部分多硝基芳香族化合物，胍及其烷基衍生物
	（3）冷时析出不溶物	不溶碱的盐
	（4）加热时析出不溶物	不溶的伯胺和仲胺的酰基衍生物，许多高分子量的取代的氨基甲酸乙酯

续表

试验方法	现象	可能的化合物
4. 先与金属锡和浓盐酸共同煮沸，然后加过量的碱	（1）产生氨和氨味蒸气	简单的酰胺和酰亚胺，低分子量胺的酰基衍生物，腈，低分子量的含脂肪族基的异氰酸盐，异氰化合物，脂肪族肟，铵盐
	（2）产生液体或固体碱	硝基，亚硝基，氧化偶氮，偶氮和亚肼基化合物，高分子胺的酰基衍生物，腈，异氰酸盐和高分子量的异氰化合物，脒
5. 与碱石灰共同加热	（1）产生氨或氨味蒸气	简单的酰胺和酰亚胺，腈，嘌呤，许多取代的肼，许多低分子量的氨基酸，简单的氨基甲酸乙酯，许多芳香族的硝基胺
	（2）产生液体或固体碱	伯胺或仲胺的酰基衍生物，高分子量的氨基羧酸，高分子量的取代的氨基甲酸乙酯，许多肼的衍生物

表 8-16 含碳、氢和硫试样的初步试验

试验方法	现象	可能的化合物
1. 用冷水和热水处理，并用石蕊指示剂试验试液或混合物的酸、碱性	（1）溶于冷水 ① 酸性 ② 中性或微碱性	大部分磺酸，少数硫代羧酸，某些亚磺酸 低分子量的脂肪族亚砜
	（2）难溶于冷水，较易溶于热水 ① 酸性 ② 中性 （3）不溶 ① 酸性或微酸性 ② 中性	某些磺酸，许多亚磺酸 少数砜 某些羟基砜，烷基硫酸酯和磺酸酯（慢慢分解） 硫醇，硫化物（硫醚），二硫化物，高分子量的亚砜和砜，磺酸的芳香族酯
2. 不溶或难溶于冷水的物质用热稀碱处理	（1）溶解而无明显的分解	所有磺酸，亚磺酸，含有羧基或酚羟基的含硫化合物，硫醇
	（2）溶解并明显分解	烷基硫酸酯和磺酸酯，硫代羧酸及其酯
3. 用水和氯化汞溶液共摇	形成沉淀	硫醇，硫化物（硫醚），某些二硫化物
4. 与碱石灰共同灼烧	（1）产生酚 （2）产生烃	大部分磺酸 亚磺酸和少数磺酸

表 8-17 含碳、氢和卤素试样的初步试验

试验方法	现象	可能的化合物
1. 用冷水和热水处理并用石蕊指示剂试验试液的酸碱性	（1）溶于冷水 ① 酸性或微酸性 ② 中性	 脂肪族卤代的羧酸 卤代的醇和醛；某些卤代酚
	（2）难溶于冷水，较易溶于热水 ① 强酸性 ② 微酸性	 简单的芳香族卤代羧酸 简单的卤代酚
	（3）不溶 ① 微酸性 ② 中性	 某些卤代酯，多卤代酚 卤代烃，卤代酸的酯，卤代酮，卤代芳香族醚
	（4）分解，释放出卤代氢酸 ① 分解快 ② 分解慢	 脂肪族羧酸卤化物，脂肪族 α-卤代醚 芳香族羧酸卤化物
2. 与硝酸银的乙醇溶液回流	（1）很快生成卤化银	脂肪族含碘化合物，羧酸卤化物，脂肪族 α-卤代醚
	（2）慢慢生成卤化银	脂肪族 α-卤代酸，酯，醛和酮，某些不饱和的脂肪族烃和某些芳香族 α-卤代烃（如烯丙基溴和苄基氯）
	（3）生成卤化银极慢，甚至不生成	一般为饱和的脂肪族氯代和溴代化合物，大部分卤素原子连接于芳香核的芳香族的氯代、溴代和碘代的化合物
3. 与氢氧化钾的乙醇溶液回流	（1）析出卤化钾沉淀	脂肪族的氯代和溴代物，卤素原子不连接于芳香核的芳香族的氯代和溴代的化合物
	（2）无卤化钾沉淀析出	含碘化合物（KI溶于乙醇），芳香族卤化物

表 8-18 含碳、氢、氮和硫试样的初步试验

试验方法	现　象	可能的化合物
1. 用冷水和热水处理并用石蕊指示剂检验试液或混合物的酸碱性	（1）溶于冷水	硫脲，某些硝基磺酸，硫氰酸盐
	（2）难溶于冷水，较易溶于热水	许多取代的硫脲，许多硝基磺酸，某些硝基磺酸，某些简单的磺酰胺和取代磺酰胺
	（3）不溶	烷基硫氰酸盐，烷基异硫氰酸盐，许多芳香族氨基磺酸，许多简单的磺酰胺和取代磺酰胺
2. 用冷的和热的氢氧化钠溶液处理	（1）冷的 ① 溶解	简单的和取代的伯磺酰胺，羰磺酰胺，含氨基、硝基或偶氮等的磺酸
	② 不溶解	叔胺的磺酰衍生物，烷基硫氰酸盐和异硫氰酸盐
	（2）热的 ① 产生氨	硫脲和单取代的硫脲，简单的磺酰胺（反应极慢）
	② 产生碱	取代的硫脲，伯胺和叔胺的磺酰衍生物（反应极慢）
3. 与浓盐酸回流	（1）产生烷基硫化物、CO_2 和 NH_4Cl	烷基硫氰酸盐
	（2）产生 H_2S、CO_2 和伯胺	烷基异硫氰酸胺
	（3）产生伯胺（或仲胺）和磺酸	取代的磺酰胺
	（4）产生 H_2S 和胍或取代的胍	硫脲
	（5）产生 HCl（所以看不出变化）	氨基磺酸
4. 与锌粉和稀盐酸共同煮沸	（1）产生氨基化合物	硝基和偶氮磺酸取代的硫脲
	（2）产生氨基化合物，同时放出 H_2S	烷基异硫氰酸盐

表 8-19 含碳、氢、硫和卤素试样的初步试验

试验方法	现　象	可能的化合物
1. 与水一起加热，冷却后，加稀硝酸和硝酸银的水溶液	析出白色至黄色沉淀	磺酰卤
2. 与稀盐酸和锡粒共同煮沸	产生硫醇的不愉快刺激性气体	磺酰卤

表 8-20 灼烧后残留金属残渣[①]的初步试验

现　象	可能的化合物
1. 含碳和氮的试样 产生游离酸	羧酸盐
2. 含碳、氢和氮的试样 产生游离酸 产生可溶性氰化氢 产生游离硝基酚 产生游离酰亚胺	硝基羧酸盐，偶氮羧酸盐 氨基羧酸盐 硝基酚的盐 二羧酸的酰亚胺金属衍生物
3. 含碳、氢和卤素的试样 产生游离酸	卤代羧酸的盐
4. 含碳、氢和硫的试样，与 $BaCl_2$ 溶液和浓盐酸共沸 产生 SO_2 缓缓析出 $BaSO_4$ 无 $BaSO_4$ 析出	醛或酮的酸性亚硫酸化合物 烷基硫酸的盐 磺酸盐或羰磺酰胺
5. 含碳、氢、氮和硫的试样，用浓盐酸酸化 产生游离酸沉淀	许多氨基和偶氮磺酸
6. 含碳、氢、氮、硫和卤素的试样	含卤素的磺酰胺的盐

① 用稀盐酸或浓盐酸处理。

第三节 官能团检验

本节将官能团分为不饱和官能团、含氧官能团、含氮官能团、含硫官能团及多官能团和其他官能团。表 8-21、表 8-22、表 8-25、表 8-27 和表 8-28 分别列出这些官能团的一些化学检验法摘要，同时也列出了某些官能团的规律性的比较检验法或鉴别法（图 8-1、表 8-23、表 8-24、表 8-26、表 8-29）。

表 8-21 不饱和官能团的化学检验法

官 能 团		检出范围 m/mg	方法和试剂	现象
名 称	结 构			
烯烃	$\C=C\$	10	$\xrightarrow{\text{KMnO}_4(稀)}$ —C(OH)—C(OH)—	褪色
		20	$\xrightarrow{\text{溶于CCl}_4\text{的Br}_2}$ $\CBr—CBr\$	褪色
炔烃	—C≡C—	10	$\xrightarrow{\text{KMnO}_4}$ RCOOH	褪色
		20	$\xrightarrow{\text{溶于CCl}_4\text{的Br}_2}$ —CBr=CBr—	褪色
	R—C≡CH	10	$\xrightarrow[\text{(或Cu}^+\text{, Hg}^{2+})]{\text{Ag(NH}_3)_2^+}$ RC≡CAg（或 $\begin{matrix}RC≡CCu\\RC≡CHg\end{matrix}$）	沉淀
末端亚甲基	=CH₂	10	$\xrightarrow{\text{HIO}_4}$ HCHO $\xrightarrow{\text{变色酸}}$ 配合物	红紫色

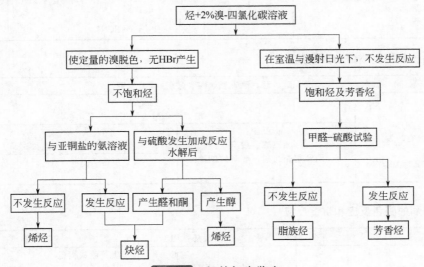

图 8-1 烃的初步鉴定

表 8-22 含氧官能团的化学检验法

官能团		检出范围 m/mg	方法和试剂	现 象
名 称	结 构			
缩醛	$\C(OR)_2$	5	$\xrightarrow{\text{HI}}$ RI $\xrightarrow{\text{Hg(NO}_3)_2}$ HgI₂	橙色
酸酐	(RCO)₂O	5	$\xrightarrow{\text{H}_2\text{NOH}}$ RCONHOH $\xrightarrow{\text{Fe}^{3+}}$ 螯合物	蓝红色
		5	$\xrightarrow{\text{H}_2\text{O}}$ RCOOH $\xrightarrow{\text{Na}_2\text{CO}_3}$ CO₂	气体
酰卤	$\underset{RC—X}{\overset{O}{\parallel}}$	5	$\xrightarrow{\text{H}_2\text{NOH}}$ RCONHOH $\xrightarrow{\text{Fe}^{3+}}$ 螯合物	红紫色

续表

官能团		检出范围 m/mg	方法和试剂	现象
名 称	结 构			
酰卤	$\underset{RC-X}{\overset{O}{\parallel}}$	10	$\xrightarrow{C_6H_5NH_2} RCONHC_6H_5$	沉淀
烷氧基	—OR	5	$\xrightarrow{HI} RI \xrightarrow{Hg(NO_3)_2} HgI_2$	橙色
酯基	—COOR	5	$\xrightarrow{H_2NOH} ROC(NHOH) \xrightarrow{Fe^{3+}} 螯合物$	蓝红色
羰基	C=O	10	$\xrightarrow{2,4-二硝基苯肼} 2,4-二硝基苯肼$	黄色沉淀
	—CHO（醛）	5	$\xrightarrow{Ag(NH_3)_2^+} Ag$	有色沉淀
		5	$\xrightarrow{席夫试剂}$	红紫色溶液
	—COOH	5	$\xrightarrow{Na_2CO_3} CO_2$	气体
环氧基	$\underset{O}{>C-C<}$	5	$\xrightarrow{HIO_4+AgNO_3} AgIO_3$	沉淀（白）
羟基	烷基—OH	50	$\xrightarrow{HCl+ZnCl_2} RCl$	2个液层
		50	$\xrightarrow{KOH} ROK \xrightarrow{CS_2} ROCSSK$	沉淀
		5	$\xrightarrow{(NH_4)_2Ce(NO_2)_6} RCHO$	红色
	芳基—OH	10	$\xrightarrow{溴水} 溴代产物$	褪色
		1	$\xrightarrow{FeCl_3} 配合物$	显色
过氧化物	—O—O—	1	$\xrightarrow{Fe(SCN)_2} Fe(SCN)_3$	红色

表 8-23 烃的含氧衍生物的初步鉴别

醇、醚、醛、酮、酯、酸、酸酐+苯肼试剂				
正反应	负反应 醇、醚、酯、酸、酸酐，用皂化试验			
醛，酮（酸酐有时发生类似反应）用区别醛与酮的试验	正反应 酯、酸、酸酐 用区别酯与酸、酸酐的试验	负反应 醇、醚，用酰卤试验		
			正反应 醇	负反应 醚

表 8-24 醛和酮的颜色反应和沉淀反应[①]

试 法	醛	酮	反应基团	现 象
银离子还原	+	-	—CHO, —COCO—	黑灰色或银镜
铜离子还原	+	-	—CHO	红色
奈氏试验	+	-	—CHO	灰色浑浊或沉淀
与芴反应	+	-	—CHO	特征色的蓝色（甲醛）
与 9-氮杂芴反应	+	-	—CHO	特征色的蓝色（甲醛）
与酚反应	+	-	—CHO	特征色的蓝色（甲醛）
与羟基醛反应	+	+	—CHO,CH₃COCH₂—	黄色、橙色或红色
与芳香胺反应	+	-	—CHO	黄色至橙色（有时生成沉淀）
与间二胺反应	+	-	—CHO	黄色或绿黄色荧光
席夫试剂	+	-	—CHO	红色到蓝色
与肼反应	+	+	—CHO, —CO—	浑浊或黄色至红色、黄色沉淀；甲醇溶液中为红紫色至红棕色
苯磺羟肟酸试验	+	-	—CHO	酒红色
与羟胺反应	+	+	—CHO, —CO—	黄色或红色
与邻硝基苯甲醛反应	-	+	CH₃CO—	蓝色沉淀，溶于 $CHCl_3$
与间硝基苯反应	-	+	RCH₂CO—	红色

续表

试 法	醛	酮	反应基团	现 象
与亚硝基铁氰化钠反应	+	+	—CHO，—CO—	酮：红色或红紫色；醛：红色或蓝色
碘仿试验	-	+	CH₃CO—	黄色固体
与对苯二胺反应	+	-	—CHO	中性液：黑色或黑色沉淀 酸性$\begin{cases}脂肪醛：黑色或黑色沉淀\\ 芳醛：黄色\end{cases}$
与邻二胺反应			—COCO— —CO—CH₂CO—	黄色→橙色 红色

① 符号："+"表示发生反应，"-"表示不发生反应。

表 8-25 含氮官能团的化学检验法

官能团		检出范围	方法和试剂	现 象
名 称	结 构	m/mg		
烷基亚胺	=N—R	5	$\xrightarrow{HI} RI \xrightarrow{Hg(NO_3)_2} HgI_2$	显色
胺：伯胺	RNH₂	1	$\xrightarrow{KOH+CHCl_3} RNC$	气体（气味）
	芳基—NH₂	10	$\xrightarrow{NO_2C_6H_4N_2BF_4} 染料$	有色沉淀
		20	$\xrightarrow{HNO_2} 芳基—N_2Cl \xrightarrow{2-萘酚} 染料$	有色沉淀
仲胺	R₂NH	10	$\xrightarrow{CS_2+氨水} R_2N—CS_2 \xrightarrow{Ni^{2+}} 螯合物$	沉淀
叔胺	R₃N	20	$\xrightarrow{N-溴代琥珀酰亚胺+过氧苯甲酰}$	沉淀
叠氮化物	—CN₃	5	$\xrightarrow{KI} N_2$	气体
氨基甲酰	—CONH₂	5	$\xrightarrow{NaOH} NH_3$	气体
		10	$\xrightarrow{H_2NOH} RCONHOH \xrightarrow{Fe^{3+}} 螯合物$	显色
氰基	—CN	20	$\xrightarrow{H_2NOH+KOH} RCONHOH \xrightarrow{Fe^{3+}} 螯合物$	显色
肼基	—NHNH₂	5	$\xrightarrow{CuSO_4} N_2$	气体
		10	$\xrightarrow{CH_3CHO} CH_3—CH=NHNH—$	沉淀
硝基	—NO₂	20	$\xrightarrow{NaOH} \xrightarrow{FeCl_3+HCl} 硝基铁盐$	显色（红色）
		10	$\xrightarrow{Fe(OH)_2} Fe(OH)_3$	棕色沉淀
亚硝基	—NO	30	$\xrightarrow{H_2SO_4+C_6H_5OH} 靛酚$	显色（蓝色或绿色，逐滴加水时变红色）

表 8-26 检验胺类的反应

反 应	脂肪族胺①			芳香族胺①			备 注
	I	II	III	I	II	III	
重氮化和偶联反应	-	-	-	+	-	-	某些 NH₂ 基在杂环上
与二茚满酮	+	-	-	+	-	-	
与 1,2-萘醌-4-磺酸钠	+	-	-	+	-	-	有些含活泼亚甲基的物质等也反应
与亚硝基铁氰化钠和乙醛	-	+	-	-	-	-	环胺和氨基酸（具 NH 基）也反应
与氯化二氢荧光素	+	+	-	+	+	②	
与芳香族醛	+③	-	-	+	-	-	

反　应	脂肪族胺[①]			芳香族胺[①]			备　注
	I	II	III	I	II	III	
与戊烯二醛	-	-	-	+	-	-	
与茚三酮	+	[④]	-	+	-	-	
与铋酸碘试剂（Dragenderff 试剂）	-	-	+	-	-	+[⑤]	
与重氮盐	-	-	-	+	+	+[⑥]	对芳香胺最灵敏
异腈反应	+	-	-	+	-	-	
与苯并三氯化物和 $ZnCl_2$	-	-	-	-	-	+[⑦]	在较高温度时，仲胺和叔胺也反应
与氯醌	-	-	-	+	+	-	
与邻二乙酰苯	+	-	-	+	-	-	
与 5-硝基吲哚满二酮	-	-	-	-	-	+[⑧]	
与 CS_2+Ni^{2+}	-	+	-	-	+	-	

① 罗马字 I、II、III 分别代表伯胺、仲胺和叔胺；"+"表示发生反应，"−"表示不发生反应。
② 芳香族叔胺反应弱。
③ 肼、脲及其衍生物，吡咯和吲哚及它们的衍生物，许多脂肪族氨基化合物，在一定条件下甚至酚类也为正反应。有时仲胺亦反应，但颜色较浅。
④ 仲胺基反应弱。
⑤ 二烷基苯胺或季铵盐和其他碱。
⑥ 指二烷基苯胺。
⑦ 指二烷基苯胺，二苯胺，咔唑，硫代二苯胺。
⑧ 指二烷基苯胺，二苯胺，咔唑。

表 8-27　含硫官能团的化学检验法

官能团		检出范围 m/mg	方法和试剂	现　象
名　称	结　构			
二硫化物	—S—S—	5	$\xrightarrow{Na_2S}$ (R—S—S)⁻	显色
		30	$\xrightarrow{H_2NOH+Zn}$ R—SH $\xrightarrow{亚硝基铁氰化钠}$ 配合物	蓝色
磺酰胺	—SO₂NH₂	5	$\xrightarrow{NaOH}$ NH₃	气体
		1	$\xrightarrow{N,N-二甲基-1-萘胺+HNO_2}$ 染料	显色（红色或暗玫瑰红色）
巯基	—SH	1	$\xrightarrow{I_2+NaN_3}$ N₂	气体
		10	$\xrightarrow{Pb(OH)_2}$ Pb(SR)₂ $\xrightarrow{S}$ PbS	沉淀（黑色）
硫化物	—S—	10	$\xrightarrow{Pb(OH)_2}$ Pb(SR)₂	沉淀（黄色）
亚磺酸基	—SO₂H	5	$\xrightarrow{NaHCO_3}$ CO₂	气体
		10	$\xrightarrow{FeCl_3}$ 配合物	显色
砜	—SO₂—	10	$\xrightarrow{NaOH}$ Na₂SO₃ $\xrightarrow{HCl+Ni(OH)_2+空气}$ NiO(OH)₂	黑色或灰色
磺酸基	—SO₃H	5	$\xrightarrow{NaHCO_3}$ CO₂	气体

表 8-28　多官能团及其他官能团的化学检验法

官能团		检出范围 m/mg	方法和试剂	物理变化
名　称	结　构			
酸性的基团	HA	10	酸碱指示剂	颜色变化
活泼氢	—OH,=NH,—SH	5	$\xrightarrow{Na}$ H₂	气体
氨基酸	—CH(COOH) | NH₂	1	$\xrightarrow{(水合)茚三酮}$ 未知产物	显色
		5	$\xrightarrow{HNO_2}$ N₂	气体
碱性的基团		10	酸碱指示剂	颜色变化

续表

官　能　团		检出范围	方法和试剂	物理变化
名　称	结　构	m/mg		
苯（环）型的		10	$\xrightarrow{AlCl_3+CHCl_3}$ 阳碳离子	显色
		20	$\xrightarrow{H_2SO_4+HCHO}$ 未知产物	显色
		50	$\xrightarrow{H_2SO_4+SO_3}$ 磺化产物	溶解
碳水化合物	—CHOH—CHO	5	$\xrightarrow{Cu^{2+}}$ Cu_2O, Cu	有色沉淀
		1	$\xrightarrow{蒽酮}$ 未知产物	绿色
		0.1	四唑（鎓）盐 $\xrightarrow{甲脒}$	显色
1,2-乙二醇	C—C OH OH	10	$\xrightarrow{HIO_4}$ IO_3^- $\xrightarrow{AgNO_3}$ $AgIO_3$	沉淀（白）

表 8-29 测定卤素原子与其他原子间键的反应

反　应	含卤素化合物
5%AgNO₃水溶液[①] ——→AgCl, AgBr, AgI（黄色）（HNO₃存在下）	离子化的卤化物（在反应条件下易水解的卤化物，例如分子量小的酰卤或分子量小的 α-卤代醇）
2%AgNO₃乙醇溶液[②]——→在室温下析出沉淀	RCOX, ArSO₂X, Ar₃CX, Ar₂CHX, RCOCH₂X, ArCH₂X, RCH=CHCH₂X, RCHBrCH₂Br, R₃CX, RI, CBr₄, RCHXY(Y=—COOH, —COOR′, —CONH₂, —CN; X=Br, I)
2%AgNO₃乙醇溶液——→在冷时沉淀慢，加热后加快	R₂CHBr, RCH₂Br, RCHBr₂, CHBr₃, CHBr₂CHBr₂, R₂CHCl, RCH₂Cl, RCHCl₂
2%AgNO₃乙醇溶液——→甚至在加热时也不反应	ArX, RCH=CHX, CCl₄, CHCl₃, CCl₃COOH, CHCl₂CHCl₂, ArCOCH₂Cl, RCHClY, ROCH₂CH₂X(Y=—COOH, —COOR′, —CONH₂, —CN;X=Cl, Br)
NaI 丙酮溶液——→冷时，3min 内生成沉淀	RCOX, RCH=CHCH₂X, ArCX₃, ArCHX₂, ArCH₂X, RCOCH₂X, RCHXCOOR′, RCHXCONH₂, RCHXCN, RCH₂Br, ArSO₂Cl[④], CBr₄, RCHBrCHBrR[④], RCHBrCHClR[④]
NaI 丙酮溶液——→50℃, 6min 生成沉淀	RCH₂Cl, R₂CHBr, R₃CBr, CHBr₃[④], CHBr₂CHBr₂[④], RCHClCHClR[④]
NaI 丙酮溶液——→无沉淀生成	ArX, RCHCHX, CH₂—CH₂＼CHX, RCCl₃, CCl₄ CH₂—CH₂／
用 KOH 乙醇溶液水解后[③]，滤液+AgNO₃——→有沉淀生成	支链上有卤素原子的脂肪族和芳香族卤化物
用 KOH 乙醇溶液水解后，滤液+AgNO₃——→无沉淀生成	在核上有非活化的卤素原子的芳香族化合物（如 2,4-二硝基-1-氯苯）

卤素原子与分子中其余部分连接形式的测定法如下。

① 方法 1：将 2～5mg 试样溶解在 2～3ml 水中，用稀硝酸（1+1）酸化，在摇晃下，逐滴加入 5%AgNO₃ 水溶液，白色絮凝状沉淀溶于过量氨水的示有 Cl⁻，微黄色部分溶于过量氨水的沉淀示有 Br⁻，黄色沉淀不溶于过量氨水的示有 I⁻。

② 方法 2：溶解试样于 1～2ml 乙醇中，加 2ml 2% AgNO₃(95%乙醇)溶液，摇片刻，冷时在 5min 内看有无沉淀析出；若无，再加热至沸，此时如有沉淀析出，再试在 5%稀硝酸中的溶解度，若不溶，为卤化银，若溶解则为有机酸的银盐。

③ 方法 3：将试样与 10ml 5%KOH 的乙醇溶液混合，煮沸 10min，冷却，用稀硝酸（1+1）酸化，再冷却，过滤，滤液中加 5% AgNO₃ 水溶液，如方法 1，观察沉淀情况。

④ 同时生成游离碘。

第四节　衍生物的制备

根据已知的主要官能团和物理常数数据，结合相关文献，查出可能的化合物：若是固体化合物，检查在其熔点±5℃之内的可能化合物；若是液体，其沸点应在±10℃范围内。注意熔点和沸点都必须是校正过的，如沸点必须校正到 101.32kPa 条件下的沸点。

当查出的化合物的可能性不止一种时，应制备衍生物。将从未知物所制备的衍生物的熔点和查出的可能化合物的衍生物的熔点加以对照，从而确定所测化合物是哪一种可能的化合物。

衍生物的制备是确定未知物的最后也是极其重要的一步，因此必须选择合适的衍生物制备方法。绝大多数有机化合物都能发生许多不同的化学反应，产生另外的各种化合物，这些化合物理论上都可用作证实试验所需要的衍生物。例如，醛可以氧化为酸，可以还原成醇，也可以生成席夫碱、苯腙或缩氨基。但实际操作和应用过程证明并不是其中的任何一个都可以成为实际应用中比较满意的衍生物。

一个合适的衍生物应具有如下条件：

① 具有固定的熔点，且在 50～250℃ 之间，最好在 100～200℃ 范围内。熔点在 50℃ 以下者，往往不易被结晶和再提纯；熔点高于 250℃ 的固体，在加热时常有分解等其他反应发生。

② 选择的衍生物的熔点应与原未知物（或可能性化合物）的熔点至少差 5℃。

③ 几种可能性化合物的相应衍生物的熔点彼此之间至少相差 5℃。

④ 所选衍生物除了具有固定熔点外，最好还有其他特征，以作辅助性证明。

⑤ 制备过程中没有或很少有副反应，反应条件温和，产率高，易纯化。

有时也应作几种衍生物的制备，或测定已知-未知两者衍生物的混合熔点，才能作最后确认。

表 8-30 中列出了各类有机化合物最适宜的衍生物。

表 8-30 各种不同类型有机化合物的适宜衍生物

化合物	衍生物	范围/mmol	化合物	衍生物	范围/mmol
缩醛，酸酐和酰卤	水解，将所得醛和酮制备衍生物 (1) 酰基苯胺 (2) 对溴酰基苯胺 (3) 对酰基甲苯胺	5 1	酯	水解，并将其醇和羧酸制成衍生物	2～4
醇	(1) 3,5-二硝基苯甲酸酯 (2) 对硝基苯甲酸酯 (3) α-萘氨基甲酸乙酯	1～3	醚	(1) 醇的衍生物 (2) 磺酰胺（对芳香族醚） (3) 磺酰胺的溴代衍生物（对芳香族醚）	2～4
醛和酮	(1) 2,4-二硝基苯腙 (2) 缩氨基脲 (3) 甲酮衍生物（仅适于醛） (4) 肟 (5) 硫代缩氨基脲	1	卤素（非芳香族的）	(1) S-烷基异硫脲苦味酸盐 (2) β-萘醚	1 5
			卤素（芳香族的）	(1) 硝基衍生物 (2) 磺酰胺	0.5 2
			烃（链烷）	无衍生物	
酰胺，亚胺或脲	(1) 水解，将其水解产物制备衍生物 (2) N-夹氧（杂）蒽基酰胺（仅适于某些酰胺） (3) 汞（Ⅱ）盐（仅适于某些酰胺）	3～5	烃（烯烃或炔烃）	(1) 二硝基硫化物 (2) 氧化成羰基→2,4-二硝基苯腙	2～4
			芳烃	(1) 硝基衍生物 (2) 磺酰胺 (3) 乙酰胺基衍生物 (4) 2,4,7-三硝基芴酮加合物	0.5 1～2 2～3
胺（伯胺和仲胺）	(1) 苯磺酰胺 (2) 乙酰胺 (3) 取代的脲和硫脲 (4) 苯基硫脲 (5) 盐	0.5～2	腈	(1) 羧酸 (2) 酰胺 (3) 胺	3～5
			硝基	(1) 胺 (2) 多硝基化合物	2～3
胺（叔）	(1) 季铵盐 (2) 苦味酸盐	1～2	亚硝基	(1) 胺 (2) 羟胺	2～3
氨基酸	(1) 2,4-二硝基苯衍生物 (2) 对甲苯酰磺酰衍生物	2	苯酚	(1) 3,5-二硝基苯甲酸盐 (2) α-萘氨基甲酸乙酸 (3) 溴代衍生物	1～2
碳水化合物	(1) 脎 (2) 脎三唑（即 2H-1,2,3-三唑） (3) 取代的苯胺	1	磺酰胺	水解，并将其胺和磺酸制成衍生物	2～3
			磺酸	(1) S-苄硫脲盐 (2) 芳香胺盐	1～2
羧酸	(1) 酰胺 (2) 酰基苯胺 (3) 对溴酰基苯胺 (4) 对酰基甲苯胺 (5) β-萘酰胺 (6) S-苄基硫脲盐	1	硫化物（硫醚）	砜	2～3
			硫醇	(1) 2,4-二硝基苯硫醚 (2) 3,5-二硝基苯硫酯	1～2

在制备衍生物之前，请先参阅本章所列的物理常数表（表 8-32～表 8-36、表 8-38～表 8-40、表 8-43、表 8-44、表 8-46～表 8-51、表 8-53、表 8-54、表 8-56、表 8-58～表 8-60、表 8-62～表 8-70、表 8-72～表 8-75、表 8-77～表 8-80、表 8-82、表 8-83、表 8-85、表 8-87、表 8-89、表 8-91、表 8-93～表 8-96），从化合物的熔点、沸点或其他已知性质，对样品进行预测性的鉴定。如果根据推测，存在两种或两种以上的可能性，那么应该选择一种合适的衍生物，使它的熔点可以区别于其他各种可能结构的衍生物。

1. 醛、酮和醌

醛、酮及醌衍生物的制备见表 8-31。

表 8-31 醛、酮及醌衍生物的制备

衍生物	制备步骤及注意事项
2,4-二硝基苯腙	（1）在干燥的烧瓶中放入 2,4-二硝基苯肼（0.4g）、甲醇或乙醇（10ml），再慢慢注入浓硫酸（0.5ml）中，加热至形成澄清的溶液 （2）趁热，加入未知物（0.3g），若沉淀未立即产生，可温热溶液 2min，再冷却；也可加入几滴水 （3）滤出沉淀，用乙醇、乙酸乙酯或氯仿重结晶；若重结晶困难，可免去
对硝基苯腙	（1）将未知物（0.4g），对硝基苯肼（0.4g）、乙醇（10ml）和冰乙酸（0.2ml）一起加热回流，趁溶液温热时，加入数滴水至溶液刚出现浑浊 （2）冷却，过滤并用乙醇重结晶
缩氨基脲	（1）在小烧瓶中放入氨基脲盐酸盐（0.5g）和二水合乙酸钠（0.8g），使之溶于水（5ml）中 （2）加入未知物（0.5g），水浴加热 10min，后置于冰浴中冷却。若无沉淀产生，将烧瓶置于水浴再加热 10min 后冰浴冷却（可能需较长的反应时间） （3）滤出沉淀，用冰水洗涤后乙醇重结晶
肟	（1）对于水溶性化合物，可采用类似于上述氨基脲的方法，用羟氨盐酸盐代替氨基脲盐酸盐即可 （2）对于非水溶性化合物，可采用尽量少的甲醇水溶液或乙醇水溶液作溶剂，以保证得到均相溶液。要使肟沉淀析出，需在冰盐浴中冷却，并用水或尽量少的乙醇水溶液重结晶 （3）对于脂肪醛不推荐此法
5,5-二甲基-1,3-环己二酮	该方法只适用于醛 （1）将 5,5-二甲基-1,3-环己二酮（0.5g）溶于乙醇-水溶液（1+1，5～10ml），将醛（0.4g）溶于相同溶剂中，然后将两者混合，加 1 滴六氢吡啶 （2）放置，衍生物结晶析出。若不产生沉淀，微热反应混合物数秒钟，再冷却。重复此操作，直至沉淀产生 （3）过滤后用乙醇水溶液重结晶
5,5-二甲基-1,3-环己二酮-醛衍生物[①]	（1）5,5-二甲基-1,3-环己二酮-醛衍生物（0.2g）溶于 $\varphi=80\%$ 的乙醇水溶液 5～10ml 中，加入 1 滴浓盐酸，回流 5min （2）趁热，滴加水至溶液刚出现浑浊，然后在冰中冷却。过滤，用乙醇水溶液重结晶
氢醌乙酸酯	该方法适合于醌： （1）将乙酐（3ml）和未知醌（0.5g）加入干燥的小烧瓶中，再加入锌粉（0.5g）和无水（熔融过的）乙酸（0.2g），缓慢加热混合物，最后回流 5min （2）加入乙酸（3ml），加热至沸，倒出溶液，加水使乙酐水解，并缓慢加热。为减少加水体积，可滴入稀碱使乙酐除去 （3）当乙酐的气味完全消失后，在冰盐浴中冷却，过滤，用乙醇水溶液重结晶

① 该化合物为烯醇性质的化合物，其结构式为：

表 8-32 芳香醛及其衍生物的熔点和沸点[1]

单位：℃

醛[1]	沸点	熔点	2,4-二硝基苯腙	对硝基苯腙	缩氨基脲	肟	5,5-二甲基-1,3-环己二酮	5,5-二甲基-1,3-环己二酮酐[2]
苯甲醛	179	—	237	192	224	35	195	200
苯乙醛	194	—	121	151	156	99	165	126
水杨醛（邻羟基苯甲醛）	197	—	252	228	231	63	211	208
间甲苯甲醛	199	—	194	157	223	60	172	206
邻甲苯甲醛	200	—	194	222	212	49	167	215
对甲苯甲醛	204	—	233	201	234	80	—	—
间甲氧苯甲醛	230	—	218	171	233	40	—	—
对甲氧苯甲醛（茴香醛）	248	—	254	161	209	65,132	145	243
肉桂醛（C$_6$H$_5$CH=CHCHO）	252	—	255	195	215	139	213	175
1-萘甲醛	—	34	254	234	221	98	—	—
胡椒醛（3,4-亚甲二氧苯甲醛）	—	37	265	200	234	110	178	220
邻甲氧苯甲醛	—	38	253	205	215	92	188	—
2-萘甲醛	—	61	270	230	245	156	—	—
香草醛（4-羟基-3-甲氧苯甲醛）	—	81	269	228	239	117	197	228
邻羟基苯甲醛	—	108	259	222	198	90	—	—
对羟基苯甲醛	—	116	280	266	224	72	189	246
邻硝基苯甲醛	—	44	265	263	256	103	—	—
间硝基苯甲醛	—	58	292	247	246	122	—	—
对硝基苯甲醛	—	106	320	249	221	133	—	—
邻氯苯甲醛	213	—	209	249	146, 229	76	205	225
间氯苯甲醛	214	—	248	216	229	71	—	—
对氯苯甲醛	—	47	265	220	232	107	—	—
邻溴苯甲醛	230	22	分解	240	214	102	—	—
间溴苯甲醛	234	—	分解	220	205	72	—	—
对溴苯甲醛	—	67	分解	208	228	111	—	—

① 若无特别注明，表中衍生物的数据皆为熔点数据。下同。

② 结构式为

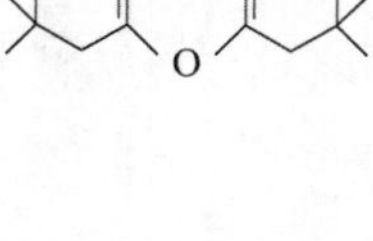

表 8-33 脂肪醛及其衍生物的熔点和沸点[1]

单位：℃

醛	沸点	2,4-二硝基苯腙	对硝基苯腙	缩氨基脲	5,5-二甲基-1,3-环己二酮缩合物	5,5-二甲基-1,3-环己二酮酐
甲醛	−21	166	182	169d[1]	189	171
乙醛	20	168	129	163	141	174
丙醛	49	155	125	89,154	156	143
乙二醛	50	328	311	270	186	224
丙烯醛	52	165	151	171	192	163
异丁醛	64	187	131	126	154	144
2-甲基丙醛	73	206	—	198	—	—
丁醛	75	123	87	106	142	141
三甲基乙醛	75	209	119	190	—	—
3-甲基丁醛	93	123	110	132	155	173
2-丁烯醛	104	190	185	199	183	167
戊醛	104	107	74	—	105	113
2-乙基丁醛	117	130	—	99	102	—
4-甲基戊醛	121	99	—	127	—	133
三聚乙醛	124	（参见"乙醛"）	—	—	—	—
己醛	131	107	80	106	109	—
四氢呋喃甲醛	144	204	—	166	—	—
庚醛	155	108	73	109	103	112
糠醛	161	214，230	152	203	162	164
辛醛	170	106	80	101	90	101
壬醛	185	100	—	24，100	86	—
(+)-香茅醛	207	78	—	84	79	173
癸醛	208	104	—	102	92	—
3-羟基丁醛	—	—	—	110	147	126
水合三氯乙醛	53[2]	131	—	—	56	—

① d 表示分解。
② 熔点。

表 8-34 脂肪酮及其衍生物的熔点和沸点[1]

单位：℃

酮	沸点	熔点	2,4-二硝基苯腙	对硝基苯腙	缩氨基脲	肟
丙酮	56	—	128	149	190	59
丁酮	80	—	115	129	146	—
3-丁烯-2-酮	80	—	—	—	141	—
2,3-丁二酮	88	—	315[1]	230[1]	279[1]	234[1]
3-甲基-2-丁酮	94	—	120	109	114	—
2-戊酮	102	—	144	117	112	58
3-戊酮	102	—	156	144	139	69
3,3-二甲基-2-丁酮（频哪酮）	106	—	125	—	158	78
4-甲基-2-戊酮	117	—	95	79	132	58
2,4-二甲基-3-戊酮	124	—	88	—	60	34
3-己酮	124	—	130	—	112	—
2-己酮	128	—	107	88	125	49
4-甲基-3-戊烯-2-酮	130	—	203	134	164	49
环戊酮	131	—	146	154	210	57
2,4-戊二酮[2]	139	—	209	—	—	149
4-庚酮	144	—	75	—	133	—

续表

酮	沸点	熔点	2,4-二硝基苯腙	对硝基苯腙	缩氨基脲	肟
羟基丙酮	146	—	129		196	—
环己酮	156	—	162	147	167	91
2,4-环己二酮②	158	—	—		—	—
2-甲基环己酮	165	—	137	132	197	43
4-羟基-4-甲基-2-戊酮	166	—	203	209	—	58
2,5-二甲基-4-庚酮	168	—	92		122	—
乙酰乙酸甲酯②	170	—	—	224	152	—
3-甲基环己酮	170	—	155	119	191	—
4-甲基环己酮	171	—	134	128	203	39
环庚酮	180	—	148		162	—
乙酰乙酸乙酯②	180	—	93		133	—
5-壬酮	188	—	—		90	—
2,5-己二酮	194	—	257①		220	137①
2,6-二甲基-2,5-庚二烯-4-酮	199	28	118		221	48
(−)-薄荷酮	207	—	142		189	59
二(2-呋喃基)羟乙酮	—	135	217		—	161
二(2-呋喃基)乙二酮	—	165	215	199	—	100①
(+)-樟脑	—	179	177	217	238	119
卤代酮						
氯丙酮	119	—	125		150	液体
1,1-二氯丙酮	120	—	—		163	—
1,3-二氯丙酮	173	45	133		120	—
溴丙酮	140	—	—		135	37

① 指双缩合衍生物（二肟等）。
② 指能迅速烯醇化的化合物，2,4-二硝基苯腙衍生物可能是吡唑类。

表 8-35 芳香酮及其衍生物的熔点和沸点[1]

单位：℃

酮	沸点	熔点	2,4-二硝基苯腙	对硝基苯腙	缩氨基脲	肟
苯乙酮	202	—	240	185	199	59
邻羟基苯乙酮	215	—	—	—	209	117
邻甲基苯乙酮	216	—	159	—	203	61
1-苯基丙酮	216	—	156	145	198	69
1-苯基-1-丙酮	218	—	191		174	53
间甲基苯乙酮	220	—	207	—	198	55
2-甲基-1-苯基-1-丙酮	222	—	163	—	181	94
对甲基苯乙酮	224	—	258	198	205	88
1-苯基-2-丁酮	226	—	—		136	—
1-苯基-1-丁酮	230	—	190		188	50
间甲氧基苯乙酮	240	—	—		196	—
1-苯基-1-戊酮	242	—	166		166	52
邻甲氧基苯乙酮	245	—	—		183	—
1-萘乙酮	302	34	—		229	139
1,3-二苯基-2-丙酮	331	35	100		146	125
对甲氧基苯乙酮	258	39	220		198	87
1-苯基-1-丁烯-3-酮	262	42	227	166	186	116
二苯甲酮	305	48	238	155	165	144
2-萘乙酮	—	56	262		236	145
1,3-二苯基-1-丙烯-3-酮	—	58	245	—	168	115
对甲氧基二苯甲酮①	—	62	180	199	—	138

续表

酮	沸点	熔点	2,4-二硝基苯腙	对硝基苯腙	缩氨基脲	肟
芴酮	241	83	284	269	—	195
二苯乙二酮	—	95	189	290	244[2]	237
间羟基苯乙酮[3]	—	96	—		195	—
对羟基苯乙酮[3]	—	109	261		199	145
二苯羟乙酮	—	137	245		206	151
2,4-二羟基苯乙酮[3]	—	147			218	199
间硝基苯乙酮	—	81	228		257	132
邻氯苯乙酮	228	228	206	215	160	113
间氯苯乙酮	228	—	—	176	232	88
对氯苯乙酮	236	—	231	239	201	95
ω-溴代苯乙酮	—	51	220		146	90
ω-氯代苯乙酮	245	54	215		156	89
对氯二苯酮[1]	—	78	185			156

① 二苯甲酮中各苯上 $-\overset{\overset{\text{O}}{\|}}{\text{C}}-$ 的对位上带有—OCH$_3$或—Cl。

② 指双缩合衍生物。

③ 这些化合物也显示酚的性质。

表8-36 醌及其衍生物的熔点[1]

单位：℃

醌	颜色	熔点	2,4-二硝基苯腙	对硝基苯腙	缩氨基脲	肟	氢醌乙酸酯
对苯醌	黄色	116	186（一元）[1] 231（二元）	—	166（一元） 178（一元） 243（二元）	240（二元）[2]	123
1,4-萘醌	黄色	118	278（一元）	279（一元）	247（一元）	—	128
1,2-萘醌	红色	147	—	235（一元）	184（一元）	110（一元） 169（一元）	105
9,10-菲醌	橙色	208	313（一元）	245（一元）	220（一元）	158（一元）	202
苊醌	黄色	261	—	247（一元）	193（一元） 271（二元）	230（一元）	—
9,10-蒽醌	黄色	286	—	—	—	224（一元）	260
茜素（1,2-二羟基蒽醌）	橙色	290					182
2,3,5,6-四氯苯醌	黄色	290					251

① （一元）是指一元缩合产物，如单肟等。

② （二元）是指二元衍生物，如双肟等。

2. 酯和内酯

不同类型的酯及内酯的水解过程见表8-37。

表8-37 不同类型的酯及内酯的水解过程

类 型	制备步骤及注意事项
1. 简单脂肪酸酯	① 简单脂肪酸酯2～3g，可与20%的氢氧化钠水溶液（25ml）加热回流0.5～1h而水解 ② 若生成的醇不大于5个碳原子，则反应混合物成均相，可尝试从碱性溶液中蒸馏出游离的醇，若醇是挥发性的，用醚从馏液中萃取；若醇是非挥发性的，则用醚从碱性残液中萃取，碱性残液再用浓盐酸酸化，即可析出游离酸，冷却后酸可结晶析出，否则需用醚萃取 ③ 游离醇和酸的鉴定请参阅本节的"4"和"6"两小节 ④ 此步骤不适于分离溶于水而不溶于醚的酸。此时不需析离游离的酸，利用羧酸盐溶液即可直接制备衍生物（参见酸的 S-苄基硫脲盐衍生物的制备）
2. 芳香酸酯	按上述方法处理，但有的芳香酸酯需与10%的氢氧化钾乙醇溶液加热回流1h，使其水解，因为用乙醇作溶剂，不能从酯中分离出低分子量的醇，故只能依靠酸的特性进行鉴定

续表

类型	制备步骤及注意事项
3. 酚酯	酚酯水解生成酸和酚，酸、酚在碱中能形成盐。只要通入二氧化碳使溶液呈酸性，酚便可被水汽蒸出或苯取出，然后依照本节的"8"鉴定酚
4. 内酯	内酯在碱中能水解成羟基酸的盐，但酸化时即重新变成内酯
5. 难水解的酯	将不能被碱的水溶液和乙醇溶液水解的酯加到氢氧化钾（1g）中，溶于二缩乙二醇（5ml）和水（0.2ml）的混合液中，加热回流10min，冷却，选择1、2或3中最适合的步骤进行操作

表 8-38 芳香酸酯和内酯的熔点和沸点[1]

单位：℃

酯	沸点	酯	沸点	酯	沸点
乙酸苯酯	196	邻苯二甲酸二苯酯	42	丁二酸二苯酯	121
苯甲酸甲酯	198	丁二酸二苯酯	42	对苯二酚二乙酸酯	123
甲酸苄酯	203	水杨酸苯酯②	43	对羟基苯甲酸甲酯②	131
乙酸邻甲苯酯	208	肉桂酸肉桂酯	44	对苯二甲酸二甲酯	141
丙酸苯酯	211	对苯二甲酸二乙酯	44	1,3,5-苯三酚三乙酸酯	165
乙酸间甲苯酯	212	对甲氧基苯甲酸甲酯	45	邻硝基苯甲酸甲酯	275
乙酸对甲苯酯	212	乙酸-1-萘酯	49	邻硝基苯甲酸乙酯	30
苯甲酸乙酯	213	(±)-2-羟基苯乙酸甲酯	58	间硝基苯甲酸甲酯	41
邻甲基苯甲酸甲酯	213	香豆素（内酯）	67	邻硝基肉桂酸乙酯	44
间甲基苯甲酸甲酯	215	间羟苯甲酸甲酯②	70	邻硝基肉桂酸甲酯	72
乙酸苄酯	216	苯乙酸甲酯	216	间硝基肉桂酸乙酯	78
苯甲酸丁酯	248	苯甲酸异丙酯	218	间硝基苯甲酸乙酯	78
苯甲酸异戊酯	262	丙酸苄酯	222	间硝基肉桂酸乙酯	123
水杨酸丁酯②	268	水杨酸甲酯②	224	对硝基肉桂酸乙酯	137
对甲氧基苯甲酸乙酯	269	苯乙酸乙酯	228	对硝基肉桂酸甲酯	161
苯甲酰基乙酸乙酯	269	苯甲酸丙酯	230	邻氯苯甲酸甲酯	234
肉桂酸乙酯	271	水杨酸乙酯②	234	邻氯苯甲酸乙酯	238
间苯二酚二乙酸酯	278	水杨酸异丙酯②	237	邻氯苯甲酸乙酯	243
邻苯二甲酸二甲酯	282	丁酸苄酯	238	间氯苯甲酸乙酯	245
邻苯二甲酸二乙酯	298	水杨酸丙酯②	239	间氯苯甲酸甲酯（沸点231℃）	21
苯乙酸苄酯	317	苯甲酸异丁酯	241	对氯苯甲酸甲酯	43
水杨酸苯酯	320	乙酸 2-萘酯	70	溴代酯	
苯甲酸苄酯	323	间羟苯甲酸乙酯②	72	邻溴苯甲酸甲酯	244
邻苯二甲酸二丁酯	339	肉桂酸苯酯	72	邻溴苯甲酸乙酯	254
肉桂酸甲酯（沸点262℃）	36③	乙二醇二苯甲酸酯	73	间溴苯甲酸乙酯	259
(±)-2-羟基苯乙酸乙酯	37	苯酐（内酯）④	73	对溴苯甲酸乙酯	263
		水杨酸 2-萘酯②	95	间溴苯甲酸甲酯	29
肉桂酸苄酯	39	对羟基苯甲酸乙酯②	116	对溴苯甲酸甲酯	81
		间苯二酚二苯甲酸酯	117		

① 对硝基苯甲酸酯和 3,5-二硝基苯甲酸酯列于表 8-43、表 8-44 和表 8-58。苯甲酸芳酯列于表 8-58。3-硝基邻苯二甲酸列于表 8-43 和表 8-44，含氮或卤素的酯列于表末，但氨基酸酯被当作胺处理（参见表 8-66）。

② 显示酚的性质。

③ 数字下加下划线者为化合物的熔点数据。

④

表 8-39 脂肪酸酯和内酯的熔点和沸点[1]

单位：℃

酯	沸点	酯	沸点	酯	沸点
甲酸甲酯	32	戊酸甲酯	127	草酸二乙酯	186
甲酸乙酯	54	丁酸异丙酯	128	草酸二异丙酯	189
乙酸甲酯	57	甲酸戊酯	132	乙二醇二乙酸酯	190
甲酸异丙酯	68	3-甲基丁酸乙酯	134	丁二酸二甲酯	196
乙酸乙烯酯	72	丙酮酸甲酯	136	丙二酸二乙酯	198
乙酸乙酯	77	丙酸异丁酯	137	γ-丁内酯	204
丙酸甲酯	79	2-丁烯酸乙酯	138	草酸二丙酯	213
甲酸丙酯	81	乙酸异戊酯	142	丁二酸二乙酯	218
甲酸烯丙酯	83	2-甲氧基乙酸乙酯	144	顺丁烯二酸二乙酯	223
丙烯酸甲酯	85	丁酸丙酯	144	草酸二丁酯	243
碳酸二甲酯	90	丙酸丁酯	145	丁二酸二丙酯	246
乙酸异丙酯	91	戊酸乙酯	145	甘油三乙酸酯	258
2-甲基丙酸甲酯	92	原甲酸三乙酯	145	(+)-酒石酸二乙酯	280
乙酸叔丁酯	97	乳酸甲酯	145	柠檬酸三乙酯	294
甲酸异丁酯	98	乙酸戊酯	146	棕榈酸乙酯（C₁₆酸）	<u>24</u>①
丙酸乙酯	98	碳酸二异丙酯	147	硬脂酸乙酯（C₁₈酸）	<u>33</u>
丙烯酸乙酯	101	2-甲基丙酸异丁酯	149	草酸二甲酯	<u>53</u>
原甲酸三甲酯	101	乳酸乙酯	154	(+)-酒石酸二甲酯	<u>61</u>
乙酸丙酯	101	丙酮酸乙酯	155	柠檬酸三甲酯	<u>78</u>
丁酸甲酯	102	丁酸异丁酯	157	氯甲酸甲酯	73
乙酸烯丙酯	103	丙酸异戊酯	160	氯甲酸乙酯	93
甲酸丁酯	107	2-羟基乙酸乙酯	160	氯乙酸甲酯	129
2-甲基丙酸乙酯	110	甲酸环己酯	162	氯乙酸乙酯	142
乙酸仲丁酯	111	丁酸丁酯	165	2-氯丙酸乙酯	146
丙酸异丙酯	111	乳酸异丙酯	168	三氯乙酸甲酯	152
乙酸异丁酯	116	乙酰乙酸甲酯②	170	三氯乙酸乙酯	164
丁酸乙酯	120	乙酸环己酯	175	溴乙酸甲酯	144
丙酸丙酯	122	丁酸异戊酯	178	溴乙酸乙酯	159
甲酸异戊酯	123	丙二酸二甲酯	181	2-溴丙酸乙酯	162
乙酸丁酯	125	乙酰乙酸乙酯②	181	3-溴丙酸乙酯	179
碳酸二乙酯	126	乙二醇单乙酸酯	183		

① 数字下加下划线者为化合物的熔点数据。

② 也可见表 8-60。

3. 碳水化合物

表8-40 碳水化合物及其衍生物的某些物理常数

碳水化合物	α_m①/ (mol m²/kg)	乙酸酯熔点/℃		形成脎的时间 t/min
		α②	β②	
D-(-)-果糖	-1.60	70	109	2
D-(-)-细胞核糖	-0.38	—	—	—
D-(+)-龙胆二糖	+0.17	188	192	—
D-(+)-甘露糖	+0.24	74	115	0.5
D-(+)-纤维糖	+0.61	228	202	—
D-(+)-葡萄糖	+0.91	112	134	5
D-(+)-乳糖	+0.92	152	100	冷却即有脎出现
D-(+)-蔗糖	+1.15	70	—	30
D-(+)-半乳糖	+1.41	95	142	19
L-(+)-阿拉伯糖	+1.83	—	—	9
D-(+)-麦芽糖	+2.25	125	158	冷却即有脎出现

① 比旋光度。② 糖环化后的构型。

碳水化合物衍生物的制备见表8-41。

表8-41 碳水化合物衍生物的制备

产物	制备步骤及注意事项
乙酸酯	（1）酸催化（氯化锌）形成 α-乙酸酯 ① 在 50ml 圆底烧瓶中放置乙酸酐（10ml）和粉状（或粒状）无水氯化锌（0.5g），水浴上加热回流 5min ② 加入碳水化合物（0.3g），再加热 1h，搅拌倒入 100ml 的冰水中，冷却并搅拌至乙酸酯结晶析出 ③ 过滤，用乙醇重结晶 （2）碱催化（乙酸钠），形成 β-乙酸酯 重复上述操作，用无水乙酸钠（1g）代替氯化锌，加热总时间为 2h
苯脎	（1）脎的熔点和物理外观无助于碳水化合物的鉴定，但标准条件下形成脎的时间可能有助于鉴定 （2）蔗糖形成的脎是葡萄糖脎，用吸量管吸取 5ml 水放于清洁的试管中，加入蔗糖（0.25g）、结晶的乙酸钠（0.75g）和分析纯的苯肼盐酸盐（0.5g），将此试管置于沸水中，注意形成脎的时间（见表 8-40）

4. 醇

醇衍生物的制备见表 8-42。

表8-42 醇衍生物的制备

产物	制备步骤及注意事项
3,5-二硝基苯甲酸酯	（1）3,5-二硝基苯甲酰氯的制备 ① 将约 1g 3,5-二硝基苯甲酸和五氯化磷放于试管中混合，加热即有氯化氢激烈逸出（此操作在通风橱中进行）。用玻棒搅拌直至反应平息下去后，继续加热 3～4min ② 将试管置于冷水中冷却，待混合物变成半固体，将它转移到素烧瓦上，并用刮刀翻动糊状物直至磷酰氯完全被吸收 （2）3,5-二硝基苯甲酸酯的制备 ① 将醇和等物质的量的 3,5-二硝基苯甲酰氯一起加热。低级脂肪醇略过量影响不大，对于高级脂肪醇，必须避免醇过量，否则在衍生物结晶时将会遇到困难 ② 在试管中将两反应物混合，并在沸水浴中加热，3～5min 后氯化氢停止逸出（另一方法是将 2ml 吡啶加到反应混合物中加热回流，此法不会有氯化氢逸出。倒入水中，滤出残物，继续进行如下操作）。冷却后用碳酸氢钠水溶液洗涤残物以除去 3,5-二硝基苯甲酸（熔点 207℃），再用乙醇、氯仿或苯重结晶

产物	制备步骤及注意事项
对硝基苯甲酸酯	对硝基苯甲酸酯可采用与 3,5-二硝基苯甲酸酯类似方法制备，但以吡啶改良法为优
1-萘基氨基甲酸酯	（1）异氰酸 1-萘酯试剂必须防水保护，醇也必须干燥。低级脂肪醇或液体二元醇可能含有较多的水分，使用前，可用少量无水硫酸镁处理数分钟 （2）将醇（1g）和异氰酸 1-萘酯放于试管中；在油浴（100℃）中加热 5～10min 后冰浴冷却 （3）用玻棒搅拌混合物至产生结晶，后用石油醚（沸点 60～80℃）或四氯化碳重结晶。若热的重结晶溶液中出现残留物，可能是 N,N'-双(1-萘基)脲，它是由水与试剂反应产生的，应将它过滤弃去
3-硝基邻苯二甲酸单酯	（1）3-硝基邻苯二甲酸酐 将 3-硝基邻苯二甲酸（1g）与乙酸酐（2ml），回流 15min 后，用冰盐浴冷却，滤出 3-硝基邻苯二甲酸酐，并用少量醚洗涤，防湿保存 （2）3-硝基邻苯二甲酸单酯 对于低级脂肪醇，能迅速生成上述产物。将试剂（1g）和醇（0.5g）在水浴上加热 30min，后用水重结晶产物 对于高级醇，可将试剂（1g），醇（0.5g）和甲苯（5ml）一起回流 2～3h 或者至溶液均相，后置于冰盐浴中冷却。滤出产物，用乙醇水溶液重结晶

表 8-43 脂肪醇及其衍生物的熔点和沸点[1]

单位：℃

醇	沸 点	3,5-二硝基苯甲酸酯	对硝基苯甲酸酯	1-萘基氨基甲酸酯	3-硝基邻苯二甲酸单酯
甲醇	65	109	96	124	153
乙醇	78	94	57	79	157
2-丙醇	82	122	110	106	153
叔丁醇	83	142	116	101	—
烯丙醇	97	50	28	109	124
正丙醇	97	75	35	80	145
仲丁醇	99	76	25	98	131
2-甲基-2-丁醇	102	118	85	72	—
异丁醇	108	88	68	104	179
3-甲基-2-丁醇	113	76	—	109	127
2,2-二甲基-1 丙醇	113	—	—	100	—
3-戊醇	116	100	—	95	121
正丁醇	118	64	36	72	147
2-戊醇	119	62	—	76	103
2-甲基-1-丁醇	129	70	—	82	158
异戊醇	132	62	—	68	166
2-乙氧基乙醇	135	76	—	67	121
3-己醇	135	77	—	—	—
正戊醇	138	46	—	68	136
环戊醇	141	115	62	118	—
正己醇	156	61	—	59	124
环己醇（熔点 25℃）	161	113	50	129	160
呋喃甲醇	170	81	76	129	—
正庚醇	176	48	—	62	127

续表

醇	沸 点	3,5-二硝基苯甲酸酯	对硝基苯甲酸酯	1-萘基氨基甲酸酯	3-硝基邻苯二甲酸单酯
1,2-丙二醇	189	—	127	—	—
正辛醇	194	62	—	66	128
乙二醇	198	169	141	176	—
正壬醇	214	52	—	65	125
1,3-丙二醇	215	178	119	164	—
异冰片	216	—	138	—	130
牻牛儿醇	230	63	35	48	117
正癸醇	231	57	30	71	123
2,2′-二羟乙醚	244	149	—	122	—
丙三醇	290d[①]	—	188	192	—
正十二醇	<u>24</u>[②]	60	45	80	124
α-萜品醇	<u>35</u>	79	97	152	—
频哪醇	<u>38</u>	175	（双乙酸酯：65）		
正十四醇	<u>39</u>	67	51	82	123
薄荷醇	<u>42</u>	135	62	120	—
正十六醇	<u>50</u>	66	52	82	120
2-丁炔-1,4-二醇	<u>55</u>	191	—	—	—
正十八醇	<u>59</u>	66	64	89	119
胆固醇[③]	<u>148</u>	—	—	160	—
(+)-莰醇	<u>208</u>	154	153	127	—
1-氯-2-丙醇	127	77	—	—	—
2-氯乙醇	129	95	56	101	98
2-氯-1-丙醇	134	75	—	—	—
1-溴-2-丙醇	148	—	—	—	—
2-溴乙醇	155	—	—	86	175

① d 为在该温度下分解。
② 数字下有下划线者为化合物的熔点数据。
③ 乙酸酯熔点为149℃。

表 8-44 芳香醇及其衍生物的熔点和沸点 [1]

单位：℃

醇	沸 点	3,5-二硝基苯甲酸酯	对硝基苯甲酸酯	1-萘基氨基甲酸酯	3-硝基邻苯二甲酸单酯
1-苯乙醇[①]	203	94	43	106	—
苄醇（PhCH$_2$OH）	205	113	86	134	176
1-苯-1-丙醇[②]	219	—	60	102	—
2-苯乙醇	220	108	63	119	123
3-苯-1-丙醇	237	92	46	—	117
肉桂醇（熔点 33℃）	257	121	78	114	—
对甲氧基苄醇（熔点 25℃）	259	—	94	—	—
二苯基甲醇	<u>69</u>[③]	149	131	136	—
二苯羟乙酮	<u>137</u>	—	123	140	—
三苯甲醇[④]	<u>162</u>	—	—	—	—

① ②与稀酸加热时易迅速失水，分别生成苯乙烯或甲基苯乙烯。
③ 数字下有下划线者为熔点数据。
④ 与乙酰氯和石油醚加热回流 10min 则转变成氯化物（熔点为 108℃），冷却，过滤，防湿保存。

5. 醚和烃

醚和烃衍生物的制备见表 8-45。

表 8-45　醚和烃衍生物的制备

产　物	制备步骤及注意事项
3,5-二硝基苯甲酸酯	（1）该反应只适用于对称脂肪醚，不对称醚可由沸点数据作出明确的鉴定 （2）将醚（1g）、3,5-二硝基苯甲酰氯（0.5g）和无水（粒状）氯化锌（0.1g）一起回流，冷却后，用碳酸氢钠水溶液洗涤残物，再用乙醇、氯仿或苯重结晶，并查阅表 8-46 中所列这些酯的熔点
苦味酸盐	（1）该方法适用于芳醚和烃，单环芳烃的苦味酸盐一般只能在溶液中形成，不适合作衍生物。在制备烃的苦味酸盐之前，请参阅有关衍生物的物理常数表 （2）将烃或醚的未知物（0.5g）溶于尽量少的热乙醇或苯中，将相同质量的苦味酸溶于尽量少的相同热溶剂中。将该两种热溶液混合时，电荷转移配合物立即形成 （3）冷却，滤出产物，用少量乙醇洗涤，若苦味酸盐颜色发生变化（即分解），即停止洗涤，烃的苦味酸盐常常会发生分解，不要去重结晶
芳酰苯甲酸	（1）芳烃与邻苯二甲酸酐进行傅-克酰基化反应生成邻芳酰苯甲酸，对这些衍生物的红外光谱进行研究得知：它们不是以酮酸形式，而是以内醚的形式存在 （2）这些酸的物质的量也可按本节"6"所述的方法测定 （3）将二氯甲烷（10ml）和未知烃（1g）置于 50ml 圆底烧瓶中，再加入邻苯二甲酸酐（1.2g）和新购的粉状三氯化铝（2.5g），在水浴上回流 30min，后倒入冰（10g）和浓盐酸（10ml）的混合物中 （4）再将全部溶液转移到分液漏斗中，加时振摇至所有铝盐溶解。丢弃下层水层，小心加入稀碳酸钠溶液，摇动分液漏斗，至不再有二氧化碳产生 （5）分出碳酸盐水层，内含衍生物的钠盐，慢慢用浓盐酸酸化，滤出游离的邻芳酰苯甲酸，再用乙醇水溶液重结晶
硝基衍生物	（1）该方法适用于芳醚和烃，如果不能确定未知物是何物时，不要一开始就进行硝化反应 （2）硝化反应须在通风橱内进行，试验前不可能预料未知物所需硝化条件，下面 A、B、C 三种方法可供参考。首先试验 A 法，若 A 法不能得到固体硝化产物，可试 B 法，最后试 C 法 　A．将浓硫酸（5ml）慢慢加到浓硝酸（5ml）中，冷至室温，摇动瓶的同时，慢慢加入未知物（0.5g）。若未知物是能迅速溶解的液体，可让混合物在室温下放置 15min，后抽取小部分倒入水中。若有沉淀生成，把全部混合物倒入水（50ml）中；若不生成沉淀，将混合物于 60℃加热 30min，再抽样倒入水中；若仍没有沉淀生成，将混合物在接近沸点的温度下加热 5min，冷却后，慢慢倒入水（50ml）中，滤出固体残物，用乙醇重结晶；若没有发生硝化反应，可用 B 法 　B．将未知物（0.5g）溶于冰乙酸（10ml）中，溶液置于沸水浴中加热到发烟硝酸（5ml，处理时要小心），混合物在沸水浴中加热 15min，取少量样品按 A 法试验。若没有反应发生，可加热至沸，持续 5min，冷却后再试，若仍需进一步反应，再加热至沸，在近沸点的温度下继续加热 15min，冷却后慢慢倒入水中，如 A 法继续操作。若没有发生硝化反应，可用 C 法 　C．慢慢将浓硫酸（5ml）加到发烟硝酸（5ml）中，将溶液置于冰中冷却，在搅拌下再慢慢加入未知物，然后在沸水浴中使温度逐渐升到 100℃，抽样进行与 A 法类似的试验，于 100℃保温至硝化反应发生，或者保温 30min，然后冷却，再慢慢注入水（50ml）中，接着按 A 法操作
溴代衍生物	（1）该方法适用于芳醚 （2）将未知物（0.5g）溶解或悬浮于氯仿（5～10ml）中，慢慢加入溴的氯仿溶液，加入速度与溴褪色速度相同。在 60℃水浴上加热，再加入溴-氯仿溶液，至溴的颜色不再消失 （3）蒸出氯仿，用稀碳酸钠水溶液洗涤产物，用乙醇重结晶
芳酸	（1）该方法适用于具有烃基侧链的芳醚和芳烃 （2）将 50ml 10%的碳酸钠溶液、未知物（1.5g）和高锰酸钾（4g）放于圆底烧瓶中加热回流，多数情况下，样品 1h 后就能氧化完全 （3）冷却混合物，慢慢加入固体亚硫酸氢钠（5g），煮沸 5min，滤出二氧化锰，再将滤液冷却，用浓盐酸酸化即有二氧化碳放出 （4）在冰盐浴中冷却混合物，滤出游离的羧酸，如果在 0℃时没有羧酸沉淀析出，可用醚萃取。再用水或乙醇水溶液重结晶，二烃基芳烃和二烃基芳醚通常生成二元羧酸

烷烃和烯烃类化合物通常不易制得对鉴定有用的衍生物，其最可靠的鉴定方法是气相色谱法和质谱法。核磁共振波谱法也是可靠的鉴定方法，特别是对于它们中的简单化合物鉴定更为重要。

表8-46 芳香醚及其衍生物的熔点和沸点[1]

单位：℃

醚	沸 点	苦味酸盐	硝基衍生物	溴代衍生物
呋喃	32	—	—	—
苯甲醚	154	81	87（2,4-）	61（2,4-）
苯乙醚	170	92	58（4-）	—
甲基苄基醚	171	116		—
邻甲氧基苯	171	119		—
对甲氧基苯	175	89		—
间甲氧基苯	177	114		—
1,2-环氧乙基苯	192	—		—
邻甲氧基苯酚① （熔点 28℃）	205	88	—	116（4,5,6-）
邻二甲氧基苯	206	57		93（4,5-）
间二甲氧基苯	217	58	72（2,4-） 157（4,6-）	140（4,6-）
二苯醚（熔点 28℃）	259	110	144（4,4'-）	55（4,4'-）
1-甲氧基萘	271	129	混合物	55（2,4-）
1-乙氧基萘	280	119	混合物	48（4-）
2-乙氧基萘（沸点 282℃）	37②	101	—	66（1-） 94（1,6-）
对二甲氧基苯	72	—	49（2-）	—
2-甲氧基萘	73	117	128（1-）	混合物
间氯苯甲醚	194	—		—
邻氯苯甲醚	195	—	95	—
对氯苯甲醚	198	—	98	—
邻溴苯甲醚	210	—	106	—
间溴苯甲醚	211	—		—
对溴苯甲醚	215	—	88	—

① 显示酚的性质。

② 数字下有下划线者为熔点数据。

表8-47 芳香烃及其衍生物的熔点和沸点[1]

单位：℃

烃	沸 点	熔 点	苦味酸盐	芳酰苯甲酸	硝基衍生物
苯	80	—	—	128	90（1,3-）
甲苯	111	—	—	138	70（2,4-）
乙苯	135	—	97	128	37（2,4,6-）
对二甲苯	138	—	—	132	139（2,3,5-）
间二甲苯	139	—	—	126	183（2,4,6-）
苯乙炔	140	—	—	—	
邻二甲苯	144	—	—	167	118（4,5-）
苯乙烯	146	—	—		
异丙苯	153	—	—	134	109（2,4,6-）
正丙苯	159	—	103	126	
1,3,5-三甲苯	164	—	97	212	235（2,4,6-）
叔丁苯	169	—	—		62（2,4-）
1,2,4-三甲苯	169	—	97	149	185（3,5,6-）
对甲基异丙苯	177	—	—	124	54（2,6-）
茚	182	—	98		
1,2,3,4-四氢萘	207	—	—	154	95（5,7-）
1-甲萘	241	—	141	168	71（4-）
二苯甲烷	262	25	—	—	172（2,2',4,4'-）

续表

烃	沸点	熔点	苦味酸盐	芳酰苯甲酸	硝基衍生物
2-甲基萘	241	34	115	190	81（1-）
联苯	255	70	—	220	234（4,4'-）
萘	218	80	150	173	61（1-）
苯并萘	—	85	110	—	—
三苯甲烷	358	92	—	—	212（4,4',4''-）
苊烯	—	93	202	—	—
苊	278	95	162	200	101（5-）
菲	340	100	143	—	—
萤蒽	—	110	185	—	—
芴	294	114	84	228	156（2-）
顺-二苯乙烯	136/10①	150/17①	—	—	—
反-二苯乙烯	306	124	95	—	—
芘	—	149	227	—	—
1,1'-联萘	—	160	145	—	—
2,2'-联萘	—	188	184	—	—
蒽	340	216	138	—	—
苗	448	254	273	214	—
苝	—	274	222	—	—

① 10、17表示在该压力（mmHg）下达到该沸点和熔点；10mmHg相当于1333Pa，17mmHg相当于2267Pa。

表 8-48 脂肪醚的沸点[1]

单位：℃

醚	沸点	醚	沸点	醚	沸点
乙醚	35	二正丙醚	90	二正丁醚	141
四氢呋喃	65	乙基正丁基醚	92	2-2'-二甲氧基乙醚	162
二异丙醚	68	1,4-二氧六环	101	2,2'-二乙氧基乙醚	187
甲基正丁基醚	70	二仲丁醚	121	二正戊醚	187
乙二醇二甲醚	83	乙二醇二乙醚	123		
四氢哌喃	88	二异丁醚	123		

表 8-49 烷烃和环烷烃的熔点和沸点[1]

单位：℃

烃	沸点	烃	沸点	烃	沸点
2-甲基丁烷（异丁烷）	28	甲基环己烷	101	反-十氢萘	185
戊烷	36	环庚烷	119	异戊基环己烷	193
环戊烷	49	辛烷	125	顺-十氢萘	194
2,2-二甲基丁烷	49	乙基环己烷	130	十一烷	196
2,3-二甲基丁烷	58	甲基环庚烷	134	戊基环己烷	200
2-甲基戊烷	60	壬烷	151	1,2,3,4-四氢萘	207
己烷	69	丙基环己烷	155	十二烷	216
甲基环戊烷	72	异丙基环己烷	155	十三烷	235
环己烷	81	2,7-二甲基辛烷	160	联环己烷	237
2-甲基己烷	90	反-对蓝烷	161	十四烷	254
3-甲基己烷	92	顺-对蓝烷	169	十五烷	270（熔点10）
庚烷	98	癸烷	174	十六烷	280（熔点18）
2,2,4-三甲基戊烷	99	丁基环己烷	177	十八烷	308（熔点28）

表 8-50 烯烃和环烯烃的熔点和沸点[1]

单位：℃

烃	沸 点	烃	沸 点	烃	沸 点
1-戊烯	30	环戊烯	44	环庚烯	114
2-甲基-1-丁烯	31	1,5-己二烯	59	1-辛烯	121
3-甲基丁二烯 （异戊二烯）	34	1-己烯	64	环辛四烯	141
		反-2-己烯	68	1-壬烯	147
反-2-戊烯	36	顺-2-己烯	69	α-蒎烯	156
顺-2-戊烯	37	2,3-二甲基丁二烯	69	莰烯	160（熔点 51）
2-甲基-2-丁烯	39	1,3-环己二烯	80	双环戊二烯①	170（熔点 32）
环戊二烯①	41	环己烯	83	二戊烯	178
1,3-戊二烯	42	1-庚烯	94	[(±)-苧烯]	

① 环戊二烯在室温下迅速发生狄尔斯-阿德反应，主要生成双环戊二烯；高温下分馏时，反应易逆转使单体环戊二烯再生。

表 8-51 炔烃的沸点[1]

单位：℃

烃	沸 点	烃	沸 点	烃	沸 点
1-戊炔	40	2-己炔	84	1-辛炔	126
2-戊炔	56	1-庚炔	100	苯乙炔	144
1-己炔	71	3-庚炔	106	1-壬炔	151
3-己炔	82	2-庚炔	112	1-癸炔	174

6. 羧酸

羧酸衍生物的制备见表 8-52。

表 8-52 羧酸衍生物的制备

产 物	制备步骤及注意事项
S-苄基硫脲盐	（1）将酸（0.5g）溶于尽量少的稀氢氧化钠溶液中，加入 1 滴酚酞作指示剂，再滴入稀盐酸直至酚酞颜色刚好消失，以消除过量的碱。此时的溶液实质上是羧酸钠的中性溶液 （2）将上述溶液加热至接近沸腾，在搅拌下加入固体的氯化 S-苄基硫脲盐（1g），慢慢冷却，衍生物即结晶析出。过滤后用少量冰水洗涤，放于滤纸上干燥，或置于真空干燥器中干燥 （3）不要将获得的衍生物进行重结晶，也不要放在烘箱中干燥，否则会使其分解
酰基苯胺	（1）羧酸的酰氯可由未知物（0.5~1.0g）与亚硫酰氯（5ml）和数滴吡啶一起回流 30min 而制得。此反应要在通风橱中进行。过量的亚硫酰氯可蒸馏除去（沸点 79℃），然后加入苯（5ml），再蒸出苯以除去残余的亚硫酰氯 （2）将苯胺（1ml）加到由（1）制得的粗酰氯中，通常立即形成酰基苯胺，如果反应不明显，可在水浴上加热 10min。若结晶不析出，可在冰浴中冷却，然后过滤，用乙醇或乙醇水溶液重结晶
酰基对甲苯胺	操作步骤与制备酰基苯胺类似，只需将对甲苯胺代替苯胺
酰胺	操作步骤与制备酰基苯胺类似，但需将密度为 0.88g/ml 的氨水滴加到粗酰氯中，用无水乙醇结晶为佳
对溴苯乙酮酯	按前述操作（见 S-苄基硫脲盐）制得羧酸盐的中性溶液，再加入 α-溴代对溴苯乙酮（0.5g）的乙醇（5ml）溶液，可回流 1h（二元羧酸、三元羧酸可分别回流 2h 或 3h）。冷却至衍生物结晶析出。过滤，用乙醇重结晶 本试剂对皮肤和眼睛有强烈刺激，处理时须小心。加热回流应在通风橱中进行
对硝基苄酯	与制备对溴苯乙酮酯类似，只需用对硝基苄溴代替 α-溴代对溴苯乙酮。处理时也须小心

表 8-53 芳香族羧酸及其衍生物的熔点[1]

单位：℃

酸	熔点	*S*-苄硫脲盐	酰基苯胺	酰基对甲苯胺	酰胺	对溴苯乙酮酯	对硝基苄酯
3-苯基丙酸	48	172	98	135	105	104	36
苯乙酸	76	165	118	136	157	89	65
苯氧乙酸	99	—	101	—	101	148	—
邻甲氧基苯甲酸	101	—	131	—	129	—	113
邻甲基苯甲酸	105	146	125	144	143	57	91
间甲氧基苯甲酸	110	—	—	—	—	—	—
间甲基苯甲酸	111	140	126	118	95	108	87
(±)-苯羟乙酸	118	166	152	172	134	—	123
苯甲酸	121	167	152	158	129	119	89
邻苯甲酰苯甲酸	128	—	195	—	165	—	100
肉桂酸（PhCH=CHCO₂H）	133	183	153	168	147	146	117
乙酰水杨酸	135	144	136	—	138	—	90
二苯羟乙酸	150	125	175	190	155	152	100
水杨酸①	159	148	135	156	139	140	98
1-萘甲酸	162	—	163	—	202	—	—
对甲基苯甲酸	178	190	146	160	159	153	104
对甲氧基苯甲酸	184	185	169	186	162	152	132
2-萘甲酸	185	—	170	191	192	—	—
间羟基苯甲酸①	201	140	157	163	167	176	108
邻苯二甲酸	约208d②	158	251	—	219	153	155
对羟基苯甲酸①	214	145	197	204	162	191	192
2,2′-联苯二甲酸	229	—	230	—	212	—	186
没食子酸①	约240d②	—	207	—	245	—	—
间苯二甲酸	347	216	—	—	280	179	203
对苯二甲酸	300（升华）	204	337	—	—	225	264
含氮酸							
间硝基苯甲酸	141	163	154	162	142	132	142
邻氨基苯甲酸	146	149	131	151	109	—	205
邻硝基苯甲酸	147	159	155	—	175	107	112
4-硝基邻苯二甲酸	165	180	—	—	200	—	—
间氨基苯甲酸	174	—	140	—	111	—	201
2,4-二硝基苯甲酸	183	—	—	—	204	158	142
N-苯甲酰氨基乙酸	187	—	208	—	183	151	136
对氨基苯甲酸	188	—	—	—	114	—	—
间硝基肉桂酸	205	—	—	—	196	178	174
3,5-二硝基苯甲酸	207	—	234	—	183	159	157
3-硝基邻苯二甲酸	219	219d②	234	223	201	—	190
2,4,6-三硝基苯甲酸	228	—	—	—	264	—	—
对硝基苯甲酸	239	182	211	203	201	136	169
邻硝基肉桂酸	240	—	—	—	185	142	132
对硝基肉桂酸	287	—	—	—	247	191	187
含卤酸							
邻氯苯甲酸	141	177	118	131	141	107	106
邻溴苯甲酸	150	171	141	—	155	102	110
间溴苯甲酸	155	168	146	—	155	126	105
间氯苯甲酸	158	155	124	—	134	117	107
邻碘苯甲酸	162	—	141	—	184	110	111
2,4-二氯苯甲酸	164	—	—	—	194	—	—
间碘苯甲酸	187	—	—	—	186	128	121
对氯苯甲酸	243	223	194	—	179	126	130
对溴苯甲酸	252	—	197	—	189	134	141
对碘苯甲酸	270	—	210	—	218	146	141

① 也生成酚的衍生物，见表 8-58。

② d 表示分解。

表 8-54 脂肪族羧酸及其衍生物的熔点和沸点[1]

单位：℃

酸	沸点	熔点	S-苄硫脲盐	酰基苯胺	酰基对甲苯胺	酰胺	对溴代苯乙酮酯	对硝基苄酯
甲酸	101	—	151	50	53	—	140	31
乙酸	118	16	136	114	153	82	86	78
丙烯酸	140	—	—	105	141	85		
丙酸	141	—	152	106	126	79	63	31
2-甲基丙酸	154	—	149	105	109	129	77	
丁酸	163	—	149	96	75	115	63	35
丙酮酸	165d	13	—	104	130	125	—	
顺-2-丁酸	165	15	—	102	—	102	—	
3-甲基丁酸	176	—	159	110	109	136	68	
戊酸	186	—	156	63	74	106	75	
甲氧基乙酸	203	—	—	58	—	96	—	
己酸	205	—	159	—	74	100	72	
乙氧基乙酸	207	—	—	95	—	82	104	
庚酸	223	—	—	71	80	96	72	
环己烷甲酸	233	31	—	144	—	186		
辛酸	239	16	157	57	70	107	67	
壬酸	254	12	—	57	84	99	69	
癸酸	269	31	—	70	78	108	67	
乳酸（2-羟基丙酸）	122/15[①]	18	18	59	107	79	113	
十二酸	—	43	141	78	87	99	76	
十四酸	—	58	139	84	93	103	81	
十六酸	—	63	141	91	98	106	86	43
油酸	223/10[①]	14	—	41	43	76	45	—
硬脂酸	—	70	143	94	102	109	90	—
反-2-丁烯酸	189	72	172	118	132	160	95	67
羟基乙酸（HOCH₂CO₂H）	—	79	146	97	143	120	138	107
戊二酸	—	98	161	224	218	175	137	69
柠檬酸（水合）	—	100	—	199	189	215	148	102
(+)或(-)-苹果酸	—	101	124	197	207	157	179	124
草酸（二水合）	—	101	198	246	268	419d	242	204
顺丁烯二酸	—	135	163	187	142	181	168	89
丙二酸	—	135d[②]	147	225	253	170	—	86
内消旋酒石酸	—	140	—	—	—	190	—	93
己二酸	—	152	163	239	241	220	155	106
(+)或(-)-酒石酸	—	170	—	264	—	196	216	163
丁二酸	—	185	154	230	255	260	211	88
(+)-樟脑酸	—	187	—	226	—	193	—	67
(±)-酒石酸	—	205	—	—	—	226	—	147
反-丁烯二酸	—	286[③]	176, 195	314	—	226	—	151
含氮或卤素的酸								
氰乙酸	—	66	—	198	—	120		
2-氯丙酸	186	—	—	92	124	80		
二氯乙酸	194	10	178	119	153	97	99	
2-溴丙酸	206	25	—	99	125	123	—	
溴乙酸	—	50	—	130	91	91		
三氯乙酸	—	58	148	95	113	141	—	80
氯乙酸	—	63	160	137	162	120	105	
碘乙酸	—	83	—	144	—	95		

① 表示在该压力（mmHg）下达到沸点；10mmHg相当于1333Pa；15mmHg相当于2000Pa。

② d 表示分解。

③ 在封管中。

7. 酸酐

酸酐衍生物的制备见表 8-55。

表 8-55 酸酐衍生物的制备

产 物	制备步骤及注意事项
酰基苯胺、酰基对甲苯胺、酰胺	这类化合物可通过酸酐与苯胺、对甲苯胺或氨直接反应制得，按本节"6"中所述方法进行即可。对于低级脂肪酸酐，由于提纯困难，此法不是制备酰胺的最有效的方法
水解产物	酸酐可被水（或碱）水解成羧酸（或它的盐），再按本节"6"中所述方法进行鉴定。最简便的方法是制备 S-苄基硫脲盐和对溴苯乙酮酯

表 8-56 羧酸酐的熔点和沸点[1]

单位：℃

酸　酐	沸点	熔点	酸　酐	沸点	熔点
乙酸酐	140	—	苯甲酸酐	360	42
丙酸酐	166	—	间甲基苯甲酸酐	—	71
丁酸酐	198	—	苯乙酸酐	—	72
顺丁烯二酸酐	198	56	对甲基苯甲酸酐	—	95
戊二酸酐	—	56	邻苯二甲酸酐	284	132
丁二酸酐	—	120	1,8-萘二甲酸酐	—	274
(+)-樟脑酸酐	—	220	4-硝基邻苯二甲酸酐	—	119
邻甲基苯酸酐	—	39	3-硝基邻苯二甲酸酐	—	164

8. 酚和烯醇

酚和烯醇衍生物的制备见表 8-57。

表 8-57 酚和烯醇衍生物的制备

产　物	制备步骤及注意事项
芳氧乙酸	将酚（1g）与氯乙酸（1.2g）及 2mol/L 的氢氧化钠溶液（10ml）一起回流 30min，冷却，小心加浓盐酸酸化。在冰盐浴中冷却，至衍生物结晶析出。若无结晶形成，可用少量醚萃取。用水洗涤醚层，再用稀碳酸钠溶液（10ml）从醚中萃取芳氧乙酸，小心用浓盐酸酸化（注意：有二氧化碳气体逸出），滤出衍生物后用水重结晶 该方法不适用于由硝基酚制备芳氧乙酸
苯甲酸酯	将 2mol/L 的氢氧化钠溶液（20ml）和未知酚（1g）一起置于 50ml 烧瓶中，加入苯甲酰氯（2ml），塞紧烧瓶，并摇动 10min。欲打开塞子，反应需在通风橱中进行。10min 后苯甲酰氯的气味基本可除去 若衍生物未呈固体析出，可在冰中冷却并不断摇动，然后过滤，用乙醇或乙醇水溶液重结晶。简单酚生成相当低熔点的苯甲酸酯，因此不把它们列入其中
对硝基苯甲酸酯	与本节"4"中醇的操作一样
3,5-二硝基苯甲酸酯	与本节"4"中醇的操作一样
对甲苯磺酸酯	将酚（1g），对甲苯磺酰氯（1.5g）和吡啶（3ml）的混合物回流 15min，冷却，倒入冰和浓盐酸的混合物中，继续在冰中冷却，直至衍生物结晶析出，过滤，用乙醇重结晶
1-萘氨基甲酸酯	与本节"4"中醇的操作一样，但首先将数滴吡啶加到反应混合物中
溴衍生物	与本节"5"中芳醚的操作一样，反应也可在水溶液中进行，并用溴水作试剂。在反应过程中溴衍生物通常易被解离

表 8-58 酚及其衍生物的熔点和沸点[1]

单位：℃

酚	沸点	熔点	芳氧乙酸	苯甲酸酯	对硝基苯甲酸酯	3,5-二硝基苯甲酸酯	对甲苯磺酸酯	1-萘氨基甲酸酯	溴代衍生物
水杨醛	167	—	132	—	128	—	64	—	—
间甲酚	202	12	103	55	90	165	56	128	84（三元）
水杨酸甲酯	223	—	—	92	128	—	—	—	—
水杨酸乙酯	231	—	—	80	108	—	—	—	—
间甲氧基苯酚	244	—	114	—	—	—	—	129	104
邻甲氧基苯酚	205	28	119	58	93	142	85	118	116
2,4-二甲基苯酚	211	28	142	38	105	164	—	135	179（三元）
邻甲基苯酚	191	30	152	液体	94	138	55	142	56（二元）
对甲基苯酚	202	36	136	71	98	189	70	146	49（二元）
苯酚	182	42	99	69	126	146	96	133	95（三元）
水杨酸苯酯	—	43	—	81	111	—	—	—	—
2,6-二甲基苯酚	203	49	140	—	99	159	—	—	79
3-羟基-4-异丙基甲苯	233	51	148	33	70	103	71	160	55
对甲氧基苯酚	243	56	111	87	—	—	—	—	—
邻羟基联苯	275	58	—	76	—	—	65	—	—
3,5-二羟基甲苯水合物	289	58	217	88	214	190	—	160	104（三元）
3,4-二甲基苯酚	228	62	163	58	128	181	—	142	171（三元）
3,5-二甲基苯酚	219	68	86	24	109	195	—	—	166（三元）
2,3-二甲基苯酚	218	75	187	—	105	—	—	—	—
2,5-二甲基苯酚	211	75	118	61	88	137	—	173	178（三元）
4-羟基-3-甲氧基苯甲醛	—	81	189	78	—	—	115	—	160
邻羟基苄醇	—	87	120	51	—	—	—	—	—
1-萘酚	279	94	192	56	143	217	88	152	105（二元）
叔丁基苯酚	237	99	86	82	—	—	—	110	—
邻苯二酚	240	105	—	84	169	152	—	175	192（四元）
3,5-二羟基甲苯（无水）	289	108	217	88	214	190	—	160	104（三元）
间羟基苯醛	240	108	148	38	—	—	—	—	—
间苯二酚	280	110	195	117	182	201	81	206	112（二元）
对羟基苯甲酸乙酯	—	116	—	94	见对羟基苯甲酸				
对羟基苯甲醛	—	116	198	90	—	—	—	—	—
2-萘酚	285	123	154	107	169	210	125	157	84
对羟基苯甲酸甲酯	—	131	—	135	见对羟基苯甲酸				
1,2,3-三羟基苯	309	133	198	90	230	205	—	—	158（二元）
1,2,4-三羟基苯	—	140	—	120	（苦味酸酯：96；三乙酸酯：97）				
水杨酸	—	159	191	132	205	—	—	—	—
对羟基联苯	306	165	—	151	—	—	177	—	—
对苯二酚	286	170	250	199	250	317	159	247	186（二元）
间羟基苯甲酸	—	201	206	70	—	—	—	—	—
对羟基苯甲酸	—	214	278	223	—	—	—	—	—
1,3,5-三羟基苯	—	218	—	174	283	162	—	—	151（三元）
卤代酚									
邻氯苯酚	176	9	145	液体	115	143	74	120	—

续表

酚	沸点	熔点	芳氧乙酸	苯甲酸酯	对硝基苯甲酸酯	3,5-二硝基苯甲酸酯	对甲苯磺酸酯	1-萘氨基甲酸酯	溴代衍生物
邻溴苯酚	195	5	143	—	—	—	78	129	95（三元）
间氯苯酚	214	33	110	71	99	156	—	158	
间溴苯酚	236	33	108	86	—	—	53	108	
间碘苯酚	—	40	115	—	133	183	61	—	
邻碘苯酚	—	43	135	34	—	—	—	—	
对氯苯酚	217	43	156	86	168	186	71	166	
2,4-二氯苯酚	210	45	140	96	—	—	125	—	68
对溴苯酚	235	64	159	102	180	191	94	169	95（三元）
2,4,6-三氯苯酚	246	69	182	75	106	136	—	188	
对碘苯酚	—	94	156	119	—	—	99	—	
2,4,6-三溴苯酚	—	95	200	81	153	174	113	153	120（四元）
硝基酚									
邻硝基苯酚	216	45	158	59	141	155	83	113	117（二元）
间硝基苯酚	—	97	156	95	174	159	113	167	91（二元）
2,4-二硝基苯酚	—	113	—	132	139	—	121	—	118
对硝基苯酚	—	114	187	142	159	186	97	151	142（二元）
苦味酸	—	122	—	—	—	—	—	—	—

表 8-59 芳香族烯醇及其衍生物的熔点和沸点[①][1]

单位：℃

化合物	沸 点	熔 点	缩氨脲	吡唑酮
苯甲酰乙酸乙酯	270	—	125	63
苯甲酰丙酮	262	61	—	63
二苯甲酰甲烷	—	78	—	137

① 对含易被检出的烯醇含量的化合物：指平衡混合物的沸点（或熔点）。

表 8-60 脂肪族烯醇及其衍生物的熔点和沸点[①][1]

单位：℃

化合物	沸 点	熔 点	缩氨脲	吡唑酮
2,4-戊二酮	139	—	—	—
2,4-己二酮	158	—	—	—
乙酰乙酸甲酯	170	—	152	127
乙酰乙酸乙酯	180	—	133	127
1-丙酮二羟酸二乙酯[②]	250d	—	95	85
草酰乙酸乙酯	125（2266Pa）	—	162	—
1,3-环己二酮[③]	—	106	—	—

① 对含易被检出的烯醇含量的化合物：指平衡混合物的沸点（或熔点）。

② $CH_3COOCH_2C(O)CH_2COOCH_3$。

③ 一元苯腙熔点 177℃。

9. 胺

胺衍生物的制备见表 8-61。

表8-61 **胺衍生物的制备**

产物	制备步骤及注意事项
苯甲酰胺	苯甲酰胺和苯甲酸酚酯一样（见本节"8"），也可利用肖藤-鲍门（Schotten-Bauman）苯甲酰化反应制备，若为氨基酸（如邻氨基苯酸），则不能使用过量的苯甲酰氯，因为生成的衍生物是羧酸，须藉以酸化碱性溶液才能游离析出，过量的苯甲酰氯生成苯甲酸将难以从衍生物中分离除去
对甲苯磺酰胺	用制备对甲苯磺酸酚酯（见本节"8"）的方法，或者用肖藤-鲍门反应均可制备。若用肖藤-鲍门法，伯胺的衍生物能形成溶于水的钠盐，须借浓盐酸酸化碱性溶液才能游离析出
苦味酸盐	利用"6"醚中所述方法进行。须指出，叔胺以制备苦味酸盐最为适合
乙酰胺	（1）多数胺的乙酰化方法：在试管中将胺（0.5g）与水（3ml）及乙酐（1ml）一起摇动5min。水浴中加热至耗去过量的酐，然后继续摇动试管，并在冰中冷却；过滤，用水或乙醇-水溶液重结晶。 （2）伯胺和仲胺以及它们的盐和羟基化合物的乙酰化方法：将未知物（0.5g）与乙酸酐（1ml）及无水乙酸钠（0.5g）一起加热煮沸5min。如未知物不溶，可加3ml吡啶，煮沸5min。冷却，倒入稍过量的冷氢氧化钠稀溶液中。在冰中冷却使衍生物结晶析出，然后过滤，用水或乙醇水溶液重结晶
2,4-二硝基苯衍生物	将胺（0.5g）和2,4-二硝基氯代苯（10.5g）溶于尽量少的沸乙醇中，加入无水乙酸钠（0.5g），回流30min，在冰中冷却，加入冷水直至衍生物完全沉淀析出。过滤，用乙醇重结晶。 2,4-二硝基氯代苯刺激皮肤，处理时需小心，若偶尔溅到皮肤上，应立即用少量乙醇清洗，再用肥皂及水清洗干净
碘甲烷季铵盐（叔胺）	在干燥试管中，用碘甲烷（1ml）处理叔胺（0.5g），在不断搅拌下于水浴中加热5min，置于冰浴中冷却，并用玻棒摩擦试管壁（若结晶比较困难，化合物可在低温下放置一段时间）。滤出碘甲烷季铵盐，用无水乙醇、乙酸乙酯或乙醇-醚重结晶
对亚硝基衍生物（叔芳胺）	将叔胺（0.5g）溶于稀盐酸（10ml）中，冷至5℃以下，慢慢加入亚硝酸钠，直至稍过量的亚硝酸钠存在（可用淀粉-碘试纸检验）。加入稀氢氧化钠直至溶液呈明显的碱性，此时析出深绿色的对亚硝基衍生物。用醚萃取，蒸去醚，再用石油醚（沸点60～80℃）或苯重结晶。对亚硝基叔芳胺通常是闪亮的深绿色片状晶体

表8-62 **脂肪族伯胺及其衍生物的熔点和沸点**[1]

单位：℃

胺	沸点	苯甲酰胺	对甲苯磺酰胺	苦味酸盐	2,4-二硝基苯衍生物
甲胺①	-7	80	75	215	178
乙胺①	17	71	63	165	114
异丙胺	35	100	51	150	94
叔丁胺	46	134	—	198	—
正丙胺	49	84	52	135	96
烯丙胺	55	—	64	140	76
仲丁胺	63	76	55	140	—
异丁胺	68	57	78	151	80
正丁胺	77	42	65	151	90
正戊胺	105	—	—	139	81
乙二胺	117	246	160	233	302
正己胺	129	40	—	127	39
环己胺	134	149	87	—	156
乙醇胺	171	—	—	160	89
四亚甲基二胺	28②	177	224	255d③	—
六亚甲基二胺	42②	155	—	220	—

① 可能遇到的是与氨溶液具有相似气味的水溶液。

② 为熔点。

③ d表示分解。

表 8-63 脂肪族仲胺及其衍生物的熔点和沸点[1]

单位：℃

胺	沸点	苯甲酰胺	对甲苯磺酰胺	苦味酸盐	2,4-二硝基苯衍生物
二甲胺	7	41	79	158	87
二乙胺	56	42	60	155	80
二异丙胺	84	—	—	140	—
四氢吡咯	89	—	123	112	—
六氢吡啶	106	48	96	152	93
二正丙胺	110	—	—	75	40
2-甲基六氢吡啶	118	45	55	135	—
3-甲基六氢吡啶	126	—	—	138	67
4-甲基六氢吡啶	128	—	—	—	—
吗啉	130	75	147	148	—
吡咯	131	—	—	69d[1]	—
二正丁胺	159	—	—	59	—
二正戊胺	205	—	—	—	—
二乙醇胺	28[2]	—	99	110	—

① d 表示分解。
② 为熔点。

表 8-64 脂肪族叔胺及其衍生物的熔点和沸点[1]

单位：℃

胺	沸点	碘代甲烷季铵盐	苦味酸盐	胺	沸点	碘代甲烷季铵盐	苦味酸盐
三甲胺	3	230	216	三正丁胺	212	186	106
三乙胺	89	—	173	三乙醇胺	279/150mmHg[1]	—	74
三正丙胺	156	208	117	六亚甲基四胺	280（升华）[2]	190	179

① 150mmHg 相当于 2.10×10⁴Pa。
② 熔点。

表 8-65 芳香族侧链伯胺及其衍生物的熔点和沸点[1]

单位：℃

胺	沸点	乙酰胺	苯甲酰胺	对甲苯磺酰胺	苦味酸盐
苄胺	185	60	105	116	196
（±）-1-苯基乙胺	187	57	120	—	189
2-苯基乙胺	198	114	116	66	174
间甲苄胺	207	240	150	—	198
邻甲苄胺	208	69	88	—	215
对甲苄胺	208	108	137	—	204

表 8-66 芳香族伯胺（包括硝基胺、卤代胺）和二元胺衍生物的熔点和沸点[1]

单位：℃

胺	沸点	熔点	乙酰胺	苯甲酰胺	对甲苯磺酰胺	苦味酸盐	2,4-二硝基苯衍生物
苯胺	183	—	114	163	103	—	156
邻甲苯胺	200	—	112	144	110	213	126
间甲苯胺	203	—	66	125	114	200	161
2,5-二甲苯胺	214	15	142	140	232	—	150

续表

胺	沸点	熔点	乙酰胺	苯甲酰胺	对甲苯磺酰胺	苦味酸盐	2,4-二硝基苯衍生物
对乙基苯胺	214	—	94	151	—	—	—
2,6-二甲苯胺	215	11	177	168	212	180	—
邻乙基苯胺	215		112	147	—	—	—
2,4-二甲苯胺	216	—	130	192	181	209	156
3,5-二甲苯胺	220	10	144	136	—	209	—
邻甲氧基苯胺	225	5	88	60	127	200	151
邻乙氧基苯胺	228	—	79	104	164	—	164
间乙氧基苯胺	248	—	96	103	157	158	—
间甲氧基苯胺	251		80	—	68	169	138
对乙氧基苯胺	254	—	135	173	107	69	118
邻氨基苯甲酸甲酯	255	24	101	100	—	106	
邻氨基苯甲酸乙酯	266d[①]	13	61	98	112	—	
间氨基苯甲酸乙酯	294	—	—	114			
对甲苯胺	200	45	154	158	118	181	137
1-萘胺	—	50	160	161	157	163	190
4-氨基联苯	—	51	171	230	255	—	—
对甲氧基苯胺	—	57	130	154	114	—	141
2-氨基吡啶	—	58	71	165	—	221	
间苯二胺	—	64	191	240	172	184	172
邻硝基苯胺	—	71	94	98	110	73	
4-氨基-2-硝基甲苯	—	78	145	172	163		
对氨基苯甲酸乙酯		92	110	148	—	131	
2,4-二氨基甲苯		99	224	224	192	—	184
邻苯二胺		102	186	301	202	208	
2-氨基-4-硝基甲苯		107	151	186	—		
2-萘胺		113	134	162	133	195	179
间硝基苯胺		114	155	157	139	143	
4,4′-联苯胺	—	126	317	352	243	—	—
4,4′-二氨基-3,3′-二甲基联苯	—	129	314	265	—	185	
对苯二胺	—	141	304	300	266	—	177
对硝基苯胺	—	148	216	199	191	100	
2,4-二硝基苯胺	—	180	121	220	219	—	
2,4,6-三硝基苯胺	—	190	230	196	—	—	
4-硝基-1-萘胺	—	195	190	224	185	—	
邻氯苯胺	209	—	88	99	105	134	150
间氯苯胺	230	—	79	122	138	177	184
间溴苯胺	251	18	88	120	—	180	
间碘苯胺	—	25	119	151	128	—	
邻溴苯胺	229	32	99	116	90	129	161
邻碘苯胺	—	60	110	139	—	112	
2,4-二氯苯胺	245	63	146	117	—	106	116
对碘苯胺	—	63	184	222	—	—	
对溴苯胺	—	66	167	204	101	180	158
对氯苯胺	232	71	179	193	95	178	167
2,4,6-三氯苯胺	263	78	206	174	—	83	
2,4-二溴苯胺	—	79	146	134	—	124	
2,4,6-三溴苯胺	—	120	—	232	—	—	

① d 表示分解。

表 8-67 芳香族仲胺及其衍生物的熔点和沸点[1]

单位：℃

胺	沸点	熔点	乙酰胺	苯甲酰胺	对甲苯磺酰胺	苦味酸盐
吡咯	130	—	—	—	—	69d[①]
N-甲基苄胺	181	—	—	—	95	—
N-甲基苯胺	194	—	103	63	95	145
N-乙基苄胺	199	—	—	—	50	118
N-乙基苯胺	205	—	55	60	88	138
N-甲基间甲苯胺	206	—	66	—	—	—
N-甲基邻甲苯胺	208	—	56	66	120	90
N-甲基对甲苯胺	210	—	83	53	60	131
N-乙基邻甲苯胺	214	—	—	72	75	—
N-乙基对甲苯胺	217	—	—	39	71	—
N-乙基间甲苯胺	221	—	—	72	—	—
二苄胺	300d[①]	—	—	112	—	—
四氢异喹啉	232	—	46	129	—	195
四氢喹啉	250	20	—	76	—	—
吲哚	—	52	—	68	—	187
二苯胺	—	54	103	180	142	182
哒嗪	—	104	—	196	—	280
咔唑	—	246	69	98	137	185

① d 表示分解。

表 8-68 芳香族叔胺及其衍生物的熔点和沸点[1]

单位：℃

胺	沸点	熔点	碘甲烷季铵盐	苦味酸盐	对亚硝基衍生物
吡啶	115	—	118	167	—
2-甲基吡啶	129	—	227	169	—
2,6-二甲基吡啶	142	—	238	163	—
4-甲基吡啶	143	—	152	167	—
3-甲基吡啶	144	—	92	150	—
2,4-二甲基吡啶	157	—	113	183	—
N,N-二甲基邻甲苯胺	185	—	210	122	—
N,N-二甲基苯胺	193	—	228	164	87
N-乙基-N-甲基苯胺	201	—	125	134	66
烟酸甲酯	204	38	—	—	—
N,N-二乙基邻甲苯胺	210	—	224	180	—
N,N-二甲基对甲苯胺	211	—	220	130	—
N,N-二甲基间甲苯胺	212	—	177	131	—
N,N-二乙基苯胺	215	—	102	142	84
烟酸乙酯	223	—	—	—	—
N,N-二乙基对甲苯胺	229	—	184	110	—
N,N-二乙基间甲苯胺	231	—	—	97	—
喹啉	238	—	72[①](133)	203	—
异喹啉	242	24	159	223	—
8-羟基喹啉	266	76	143d[②]	204	—
三苯胺	—	127	—	—	—

① 水合物。

② d 表示分解。

10. 肼和氨基脲

任何酮或醛均可与肼或氨基脲反应，生成相应的衍生物。例如，醛和酮与 2,4-二硝基苯肼生成相应的 2,4-二硝基苯腙（见本节"1"），酮和醛与氨基脲反应得到缩氨基脲（见本节"1"）。绝大多数衍生物的熔点已列于醛和酮的表中（表 8-32～表 8-36）。表 8-69 列出了其余肼、氨基脲及其衍生物的熔沸点。

表 8-69 肼和氨基脲及其衍生物的熔点和沸点[1]

单位：℃

化合物	熔点	盐酸盐	PhCOCH₃
苯肼① （沸点 243℃）	19	240	105
对甲苯肼	66	—	—
氨基脲	96	173d②	199
对硝基苯肼	157d②	—	185
2,4-二硝基苯肼	194	—	240

① 可引起皮肤发炎，操作时小心。

② d 表示分解。

11. 亚胺、席夫碱和醛胺

表 8-70 亚胺、席夫碱和醛-氨的熔点[1]

单位：℃

化合物	熔 点	化合物	熔 点
亚苄基对甲苯胺	35	苯甲醛胺	102
亚苄基苯胺	54	亚苄基间苯二胺	105
亚苄基对甲氧基苯胺	62	亚苄基邻苯二胺	106
亚苄基间硝基苯胺	73	亚苄基对硝基苯胺	115
亚苄基对乙氧基苯胺	78	亚苄基对苯二胺	140
乙醛胺	93		

12. 伯酰胺

伯酰胺衍生物的制备见表 8-71。

表 8-71 伯酰胺衍生物的制备

产物	制备步骤及注意事项
水解产物	（1）鉴定酰胺的最可靠方法是将它们水解成相应的羧酸。再按本节"6"所述方法鉴定羧酸 （2）将酰胺（1g）和 30%的氢氧化钠溶液一起回流，直至不再有氨逸出（通常需 30min），冷却后小心地用盐酸（开始用稀的，然后用浓的）酸化。在冰水中冷却，滤出沉淀的酸或用醚萃取溶解的酸（芳香酸在酸性溶液中通常结晶析出）。按常规方法鉴定酸，再进行莱森钠熔试验
黄料母基酰胺	（1）将黄料母醇（0.5g）溶于冰乙酸（7ml）中，倾出清液以除去不溶物。将酰胺（0.5g）溶于此溶液中，必要时可加入少量乙醇。然后在水浴上加热混合物（不超过 30min） （2）必要时可用冰浴冷却，也可用水稀释，滤出黄料母基酰胺。用丙酮水溶液，1,4-二氧六环水溶液或乙酸水溶液重结晶，置于滤纸上或真空干燥器中干燥

表 8-72 脂肪族伯酰胺及其衍生物的熔点

单位：℃

酰　胺	熔　点	黄料母基酰胺	酰　胺	熔　点	黄料母基酰胺
氨基甲酸乙酯	49	169	丁酰胺	115	187
氨基甲酸甲酯	54	193	2-甲基丙酰胺	129	211
氨基甲酸正丁酯	54	—	尿素	132	274
氨基甲酸异丁酯	55	—	丙二酰胺	170	270
氨基甲酸正丙酯	61	—	戊二酰胺	175	—
丙酰胺	79	214	顺丁烯二酰胺	180	—
乙酰胺	82	245	己二酰胺	220	—
丙烯酰胺	86	—	丁二酰胺	260d[①]	275
庚酰胺	96	154	草酰胺	419d[①]	—
戊酰胺	106	167			

① d 表示分解。

表 8-73 芳香族伯酰胺及其衍生物的熔点

单位：℃

酰　胺	熔　点	黄料母基酰胺	酰　胺	熔　点	黄料母基酰胺
2-苯基丙酰胺	92	158	对甲苯甲酰胺[①]	159	225
间甲苯甲酰胺	95	—	对羟基苯甲酰胺	162	—
3-苯基丙酰胺	105	189	对甲氧基苯甲酰胺	162	—
苯甲酰胺	129	224	间羟基苯甲酰胺[①]	167	—
邻甲氧基苯甲酰胺	129	—	2-萘甲酰胺	192	—
（±）-苯羟乙酰胺	133	—	对硝基苯甲酰胺	201	232
水杨酰胺[①]	139	—	1-萘甲酰胺	202	—
邻甲苯甲酰胺	143	200	对乙氧基苯甲酰胺	202	—
肉桂酰胺	148	—	对碘苯甲酰胺	218	—
苯乙酰胺	157	196	邻苯二甲酰胺	219	—

① 也显示酚的性质，其相应的酸可见表 8-53。

13. *N*-取代酰胺

N-取代酰胺是较难鉴定的化合物，必须将它们水解成酸和胺，然后分别把酸和胺当作未知化合物进行鉴定。多数情况下只须鉴定其中的一个即可。

参考各种取代酰胺的名称目录（见表 8-74 说明），先对欲鉴定的化合物作出初步的结论。若酰胺是由芳胺和脂肪酸形成的，可把重点放在鉴定胺（析离芳香族化合物通常比较容易）；若酰胺是由脂肪胺和芳香酸形成的，则重点放在鉴定酸。

将未知物（2g）和约 67% 的硫酸（将 5ml 浓硫酸慢慢加到 5ml 水中）一起回流 30min～1h 可水解完全。冷却后溶液含有游离的有机酸和胺的硫酸盐。

若酸为芳香酸，在冰水中冷却时，可能有结晶析出，此时可少许稀释此溶液后再滤出。

若有机酸已被析离，加入 30% 的氢氧化钠溶液呈强碱性（小心！），既可尝试用水气蒸馏蒸出胺（直接蒸出一部分水溶液即可），或者用醚萃取，若采用水气蒸馏，可进一步用醚从蒸馏液中萃取胺。各种情况下均须先蒸出醚，再鉴定胺。要进一步提纯胺并不容易，但其纯度对制备衍生物（例如苯甲酰衍生物）已足够（见本节"9"胺）。

注意：碳酸（脲、氨基甲酸酯）、草酸、丁二酸、乙酰乙酸（迅速脱羧）等羧酸的取代酰胺不易析离其游离酸，此时通常只鉴定胺。也应注意，乙酰乙酸的酰胺是烯醇化的（见本节"8"）。

表 8-74 *N*-取代酰胺[①]的熔点和沸点

单位：℃

化合物	熔点	化合物	熔点
N, *N*-二甲基甲酰胺	153[②]	乙酰基乙酰邻甲苯胺	104
N, *N*-二乙基甲酰胺	176[②]	乙酰基乙酰邻氯苯胺	105
乙酰基乙酰苯胺	85	*N*-苯基丁二酰亚胺	156
乙酰基乙酰邻甲氧苯胺	87	*N*-苯基邻苯二甲酰亚胺	205
乙酰基乙酰对甲苯胺	95	*N*, *N*′-二苯脲	238

① 乙酸胺（CH₃CON〈）和苯甲酰胺（PhCON〈）全部列在表 8-62～表 8-68 中。

酰苯胺（RCON—Ph）和酰对甲苯胺（RCON—C₆H₄CH₃）全部列在表 8-22 和表 8-23 中。

其他可能的取代酰胺数目极多（总数为已知的羧酸数乘以已知的伯胺和仲胺数），几种最普通的取代酰胺列于本表中。本表也包括 *N*-取代亚酰胺，因为在大多数情况下，按化学和图谱性质，把它们归纳到与叔酰胺同组。

② 为沸点数据。

14. 羧酸铵盐和氨基酚

将本节"6"中鉴定母体羧酸的方法稍作改良即可鉴定羧酸铵盐，另外，铵盐可直接用于制备 *S*-苄基硫脲盐等。

氨基酚通常是很强的还原剂，但它们仍显示一般酚和胺的性质。乙酰化、苯甲酰化或对甲苯磺酰化均可制备适合的衍生物。但这些反应对酚羟基和氨基均有作用（见本节"8"）。由于氨基酚在滴定时会产生有色物质，没有明显的终点，因此不能进行滴定。

表 8-75 氨基酚及其衍生物的熔点和沸点

单位：℃

氨基酚	熔点	乙酰衍生物	苯甲酰衍生物	对甲苯磺酰衍生物
对二甲氨基苯酚	76	78	158	—
2,4-二氨基苯酚	79d[①]	222	231	—
对甲氨基苯酚	86	43	174	135
3-氨基-2-羟基甲苯	89	79	—	90
邻甲氨基苯酚	96	64	160	—
间氨基苯酚	123	101	153	—
2-氨基-6-羟基甲苯	129	—	—	108
3-氨基-4-羟基甲苯	135	160	191	—
3-氨基-5-羟基甲苯	130	—	—	—
2-氨基-4-羟基甲苯	144	129	—	—
2-氨基-3-羟基甲苯	150	—	189	—
4-氨基-2-羟基甲苯	161	225	—	112
4-氨基-3-羟基甲苯	162	171	162	—
苦氨酸	168	201	229	191
邻氨基苯酚	174	124	184	139
3-氨基-6-羟基甲苯	175	103	194	110
2-氨基-5-羟基甲苯	179	130	92	—
对氨基苯酚	186 d	150	234	253
8-氨基-2-萘酚	207	165	208	—
1-氨基-2-萘酚	分解	206	235	—

① d 表示分解。

15. 氨基酸

具有一个脂肪族氨基的氨基酸常以两性离子形式存在，多数具有旋光活性，但摩尔旋光度常随 pH 而改变。只有在这种变化的广泛信息容易得到时，摩尔旋光度才用于鉴定。

氨基酸衍生物的制备见表 8-76。

表 8-76 氨基酸衍生物的制备

产物	制备步骤及注意事项
苯甲酰化 3,5-二硝基苯甲酰化对甲苯磺酰化	利用本节"8"中所选的方法可进行它们的酰化反应，但不能使用过量的试剂。由于生成的衍生物本身具有酸性，须酸化后才能使酸从碱性溶液中释放出来。注意：过量的苯甲酰氯等会产生苯甲酸，给提纯带来困难
纸色谱	以未知物氨基酸对比已知标准样品进行纸色谱（或薄层色谱）分析是最好的鉴定方法。色谱纸用 Whatman1 号滤纸，移动相由 2-丙醇和稀氨溶液（体积比为 2:1）混合后制得，色层展开约需 1h，干燥后用茚三酮试剂（1%乙醇溶液）喷洒，将色层置于 100℃烘箱中 5min 即可显色完全

表 8-77 氨基酸及其衍生物的分解温度

单位：℃

氨基酸①	分解温度（约值）	苯甲酰衍生物	3,5-二硝基苯甲酰衍生物	对甲苯磺酰衍生物
N-苯基甘氨酸	126	63	—	—
邻氨基苯甲酸	145	182	278	217
间氨基苯甲酸	174	248	270	—
对氨基苯甲酸	186	278	290	223
（+）-谷氨酸	198	138	217	117
（+）-赖氨酸	224	150	169	—
（±）-谷氨酸	227	156	—	213
（+）-丝氨酸	228	—	—	—
甘氨酸	232	187	179	150
（+）-精氨酸	238	230	—	—
（±）-丝氨酸	246	171	183	213
（+）-胱氨酸	260	181	180	205
（+）-天门冬氨酸	272	185	—	140
（±）-苯丙氨酸	274	188	93	135
（±）-色氨酸	275	188	240	176
（±）-天门冬氨酸	280	165	—	—
（+）-色氨酸	289	104	233	176
（±）-α-丙氨酸	295	166	177	139
（+）-α-丙氨酸	297	151	—	139
（±）-酪氨酸	318	197	254	—
（+）-苯丙氨酸	320	146	93	165
（±）-亮氨酸	332	141	—	—
（+）-亮氨酸	337	107	187	124
（+）-酪氨酸	344	166	—	119
（±）-赖氨酸	—	249	—	—

① （+）型和（±）型的物理性质可能不同，而（−）型和（+）型除旋光符号不同外，其他性质相同。

16. 腈

和酰胺一样，鉴定腈的通常方法是将腈水解成酸，用 30%的氢氧化钠水溶液或 67%的硫酸进行水解。碱性水解对脂肪腈最有效，而酸性水解对芳香腈为优。常规析出羧酸的方法，可参阅本节"12"伯酰胺的碱性水解和取代酰胺的酸性水解（本节"13"）中有关内容。

表 8-78 腈的熔点和沸点

单位：℃

腈	沸点	熔点	腈	沸点	熔点
丙烯腈	78	—	间氰基甲苯	212	—
乙腈	82	—	苯乙腈	234	—
丙腈	97	—	对氰基甲苯	218	29
异丁腈	108	—	1-氰基萘	—	36
丁腈	118	—	2-氰基萘	—	66
3-丁烯腈	118	—	邻硝基苯甲腈	—	111
异戊腈	131	—	间硝基苯甲腈	—	118
戊腈	141	—	酞腈	—	141
(±)-苯乙醇腈	170d①	—	间溴苯甲腈	—	38
苄腈	191	—	间氯苯甲腈	—	41
丙二腈	220	31	邻氯苯甲腈	—	43
丁二腈	267	54	邻溴苯甲腈	—	53
氰乙酸甲酯	200	—	邻氯苯甲腈	—	96
邻氰基甲苯	205	—	对溴苯甲腈	—	113
氰乙酸乙酯	207	—			

① d 表示分解。

17. 偶氮化合物

对称的偶氮化合物（如 2,2′-二甲基偶氮苯）可借金属和酸将其还原成相应的胺（如对甲苯胺），不对称的偶氮化合物生成胺的混合物，鉴定它们的最简单方法是制备可能化合物的真实样品，然后与未知物进行物理性质（如红外光谱、薄层色谱等）的对比。

还原：将未知物（2g）与锡（2g）及盐酸（$\varphi_{HCl}=20\%$，50ml）一起回流，冷却后加入 30%的氢氧化钠溶液使呈碱性。蒸出 25ml 以上的胺水溶液，用此水汽蒸馏液直接制备胺的苯甲酰（或对甲苯磺酰）衍生物。再参考"9"胺中所述内容进行操作。

表 8-79 偶氮化合物的熔点

单位：℃

偶氮化合物	熔点	偶氮化合物	熔点
2,2′-二甲基偶氮苯	55	邻羟基偶氮苯	128
3,3′-二甲基偶氮苯	55	1-苯偶氮-2-萘酚	134
偶氮苯	68	2,2′-二甲氧基偶氮苯	147
3,3′-二甲氧基偶氮苯	74	对羟基偶氮苯	152
对二甲氨基偶氮苯	117	4,4′-二甲氧基偶氮苯	165
对氨基偶氮苯	126	4-苯偶氮-1-萘酚	206d①

① d 表示分解。

18. 亚硝基化合物

胺和酚可形成亚硝基化合物。后者常以异构体一元肟的形式存在。对胺而言，相应的平衡偏向于真正的亚硝式一方。亚硝基化合物缺乏统一的鉴定方法，但胺的亚硝基化合物可与偶氮化合物类似，利用还原作用进行鉴定。酚的亚硝基衍生物能在酸性条件下水解成相应的醌，进而分离和检验醌。

表8-80 亚硝基化合物的熔点

单位：℃

亚硝基化合物	熔点	亚硝基化合物	熔点
亚硝基苯	68	1-亚硝基-2-萘酚[②]	109
对亚硝基-N-乙基-N-甲基苯胺	68	对亚硝基-N-甲基苯胺[①]	118
对亚硝基-N-乙基苯胺[①]	78	对亚硝基苯酚[②]	125
对亚硝基-N,N-二乙基苯胺	84	2-亚硝基-1-萘酚[②]	152
对亚硝基-N,N-二甲基苯胺	87	4-亚硝基-1-萘酚[②]	198
对亚硝基-N,N-二甲基间甲苯胺	92		

① 醌亚胺肟的异构体。
② 以醌单肟形式存在。

19. 硝基芳烃和醚

硝基芳烃和醚衍生物的制备见表8-81。

表8-81 硝基芳烃和醚衍生物的制备

产　物	制备步骤及注意事项
伯胺	硝基能被金属及酸还原成相应的伯胺，可采用上述对于偶氮化合物（本节"18"）中所述方法
乙酰化	分离由还原法生成的游离胺比较麻烦，若在乙酐存在下还原，则生成胺的乙酰基化合物，就易被分离。其制备方法与本节"1"中由醌制备氢醌乙酯所述的方法相同

表8-82 硝基芳烃和醚的熔点和沸点

单位：℃

化合物	沸点	熔点	化合物	沸点	熔点
硝基苯	211	—	对硝基苯乙醚	283	60
邻硝基甲苯	222	—	1-硝基萘	304	61
2,6-二甲基硝基苯	226	—	2,4-二硝基甲苯	—	71
间硝基甲苯	229	16	3,5-二甲基硝基苯	273	74
2,5-二甲基硝基苯	237	—	2-硝基萘	—	79
2,3-二甲基硝基苯	240	15	2,4,6-三硝基甲苯	—	82
2,4-二甲基硝基苯	244	—	间二硝基苯	—	90
邻硝基苯甲醚	265	10	2,4-二硝基苯甲醚	—	95
3,4-二甲基硝基苯	254	30	邻二硝基苯	—	118
间硝基苯甲醚	258	39	1,3,5-三硝基苯	—	122
对硝基甲苯	238	54	对二硝基苯	—	173
对硝基苯甲醚	259	54	4,4'-二硝基联苯	—	236

20. 酰亚胺（包括环状脲衍生物）

酰亚胺与酰胺类似（本节"13"），可水解成相应的酸，但需稍长的时间。

巴比妥酸的水解产物与丙二酸和脲混合物的水解产物一样，即生成乙酸、氨和二氧化碳。用碱水解，逸出的氨应能检出，而二氧化碳则生成碳酸盐，酸化时可释放出二氧化碳。双取代巴比妥酸则生成取代的丙二酸。

表 8-83 酰亚胺（包括环状脲）衍生物熔点

单位：℃

酰亚胺	熔点	酰亚胺	熔点
丙二酰亚胺	93	3-硝基邻苯二甲酰亚胺	216
丁二酰亚胺	125	邻苯二甲酰亚胺	233
5-丁基-5-乙基巴比妥酸	125	巴比妥酸	245
5-乙基-5-(1-甲丁基)-巴比妥酸	128	1,8-萘二甲酰亚胺	300
5-烯丙基-5-异丙基巴比妥酸	137	5-烯丙基-5-(1-甲丁基)巴比妥酸	—
5-乙基-5-异丙基巴比妥酸	168	含硫的酰亚胺	
2-氧代丙二酰脲（四水合）	170	5-乙基-5-(1-甲丁基)-2-硫代巴比妥酸	161
5-乙基-5-(1'-环己烯基)巴比妥酸	171	邻磺酰苯甲酰亚胺（糖精）	226
5-乙基-5-苯基巴比妥酸	177	5-烯丙基-5-(1'-环己烯基)-2-硫代巴比妥酸	—
5,5-二乙基巴比妥酸	190		

21. 酰卤

酰卤衍生物的制备见表 8-84。

表 8-84 酰卤衍生物的制备

衍生物	制备步骤及注意事项
水解产物（相应的酸）	所有酰卤均可被水解（碱催化）成相应的酸。乙酰氯的反应激烈，而苯甲酰氯的反应则相当缓慢，它们可作为酰氯水解的代表 　酰氯（1g）与水（5ml）既可在冷的条件下反应（低级脂肪族酰氯），也可煮沸 10min（芳香族酰氯）。冷却后羧酸若能以结晶析出，过滤，当作本节"6"中羧酸的一元物进行鉴定，若不能结晶析出，则可由水溶液直接制备衍生物（见本节"6"），如 S-苄基硫脲盐。氯甲酸酯可转变成酰胺，即氨基甲酸酯而得到最好的鉴定
酰胺	酰氯用密度为 0.88g/ml 的氨溶液处理后可转变成酰胺（见本节"6"）；氯甲酸酯生成氨基甲酸酯。如氯甲酸乙酯生成氨基甲酸乙酯（熔点 49℃），氯甲酸甲酯生成氨基甲酸甲酯（熔点 52℃）等。它们必须用醚从反应混合物水溶液中萃取出来，再蒸出醚即得氨基甲酸酯

表 8-85 酰卤的熔、沸点

单位：℃

酰　卤	沸　点	酰　卤	沸　点
乙酰氯	52	氯乙酰氯	105
草酰氯	64	丁二酰氯	192
氯甲酸甲酯	73	苯甲酰氯	197
丙酰氯	80	邻苯二甲酰氯	281
乙酰溴	81	3,5-二硝基苯甲酰氯[①]	74
氯甲酸乙酯	93	对硝基苯甲酰氯[①]	75
丁酰氯	102		

① 为熔点。

22. 卤代烃和芳侧链卤代物

卤代烃和芳侧链卤化物衍生物的制备见表 8-86。

表 8-86 卤代烃和芳侧链卤化物衍生物的制备

产　物	制备步骤及注意事项
S-烃基硫脲苦味酸盐	（1）将未知物（1g）与硫脲（1g）在乙醇（10ml）中回流 20min，加入苦味酸（1g），再回流片刻 　（2）冷却并滤出苦味酸盐，取数毫克产物在试管中进行重结晶的尝试，以保证苦味酸盐能从乙醇中重结晶析出；如果能得到好的结晶，再将大量衍生物进行重结晶

续表

产 物	制备步骤及注意事项
烃基-2-萘基醚苦味酸盐	（1）将未知物（1g）、2-萘酚（2g）、氢氧化钾（1g）及乙醇（10ml）的混合物回流 15min （2）冷却混合物，再用 2mol/L 的氢氧化钠或氢氧化钾溶液（20ml）进行稀释。若 2-萘基醚结晶析出，则可过滤；否则用醚（5ml）萃取 （3）制备苦味酸（0.5g）沸乙醇的饱和溶液，加入 2-萘基醚（既可溶于尽量少的乙醇中，又可用上述制得的乙醚萃取液）。加热混合溶液至接近沸点 1min，然后冷却 （4）滤出苦味酸盐，用很少量的乙醇洗涤，若苦味酸盐改变颜色，则表示已开始分解，即可停止洗涤

表 8-87 卤代烃和芳侧链卤化物及其衍生物的熔点和沸点

单位：℃

卤化物	沸 点	S-烷基硫脲苦味酸盐	2-萘醚苦味酸盐	卤化物	沸 点	S-烷基硫脲苦味酸盐	2-萘醚苦味酸盐
氯化物				溴代异丙烷	59	196	95
氯乙烷	12	—	102	烯丙基溴	70	—	99
氯代异丙烷	37	—	95	溴代丙烷	71	177	81
二氯甲烷	41	267（二元）	—	溴代丁烷	91	166	85
烯丙基氯	45	154	99	溴代异丁烷	91	167	84
氯代丙烷	47	177	81	二溴甲烷	97	—	—
E-1,2-二氯乙烯	48	—	—	溴代丁烷	101	177	67
氯代叔丁烷	51	—	—	1,1-二溴乙烷	113	—	—
1,1-二氯乙烷	57	—	—	溴代异戊烷	119	173	94
Z-1,2-二氯乙烯	60	—	—	溴代戊烷	129	154	67
氯仿	61	—	—	1,2-二溴乙烷	131	—	—
氯代仲丁烷	68	—	85	溴仿	150	—	—
氯代异丁烷	69	—	84	苄溴	198	188	123
氯代丁烷	77	177	67	碘化物			
四氯化碳	77	—	—	碘甲烷	42	224	117
1,2-二氯乙烷	84	—	—	碘乙烷	73	188	102
三氯乙烯	87	—	—	碘代异丙烷	89	196	95
氯代异戊烷	99	173	94	烯丙基碘	100	154	99
氯代戊烷	106	154	67	碘代丙烷	102	177	81
四氯乙烯	121	—	—	碘代仲丁烷	118	166	85
苄氯	179	188	123	碘代异丁烷	119	167	84
二氯甲基苯	207	—	—	碘仿	119①	—	—
三氯甲基苯	221	—	—	碘代丁烷	129	177	67
溴化物				碘代异戊烷	147	173	94
溴乙烷	38	188	102	碘代戊烷	155	154	

① 为熔点。

23. 芳卤

芳卤衍生物的制备见表 8-88。

表 8-88 芳卤衍生物的制备

产 物	制备步骤及注意事项
硝化产物	可按本节"5"中所述的方法进行，其中第 3 种方法较为通用
格氏反应产物	（1）表 8-87 所列的绝大多数一元卤化物可顺利地转变成格氏试剂，与 CO_2 反应生成固体羧酸 （2）所有仪器和试剂必须完全干燥。将镁屑（其质量适于制备格氏试剂，0.3g）和无水醚（10ml）置于 50ml 圆底烧瓶中，再加入米粒大小的一粒碘。将芳卤（2g）溶于无水四氢呋喃（5ml）中，并将其一半加到烧瓶中 （3）回流反应混合物（近处不能有明火）至溶液开始变混，反应自行发生，再加入其余的芳卤溶液，使反应继续进行，待反应缓和后，可在水浴上进一步加热至几乎所有的镁均反应完 （4）慢慢加入 10g 碎的固体二氧化碳或将气体二氧化碳通入反应混合物中约 15min，最后加入盐酸（5mol/L,15ml）使混合物酸化，再用预热 150℃ 的油浴加热反应瓶，水汽蒸馏将醚蒸出 （5）冷却反应混合物，滤出酸，用水或乙醇重结晶，按本节"6"所述方法进行鉴定

表 8-89 芳卤及其衍生物的熔点和沸点

单位：℃

卤化物	沸点	熔点	硝基衍生物	卤化物	沸点	熔点	硝基衍生物
氯化物				溴化物			
氯代苯	132	—	52(2,4-)	溴代苯	156	—	75（2,4-）
			83(4-)	邻溴甲苯	181	—	82（3,5-）
邻氯甲苯	159	—	64(3,5-)	间溴甲苯	183	—	103（4,6-）
间氯甲苯	162	—	91(4,6-)	对溴甲苯	185	26	47（2-）
对氯甲苯	162	7	38(2-)	苄溴	198	-3.0	
苄氯	179	-43	—	邻二溴苯	224	—	114（4,5-）
邻二氯苯	180	—	110(4,5-)	1-溴萘	281	—	85（4-）
二氯甲基苯	207	-14	—	对二溴苯	—	89	84（2,5-）
1,2,4-三氯苯	213	17	56(5-)	碘化物			
1-氯萘	259	—	180(4,5-)	碘代苯	188	—	174（4-）
对二氯苯	—	53	54(2-)	间碘代苯	204	—	—
2-氯萘	—	61	175(1,8-)	邻碘甲苯	207	—	103（6-）
				对碘甲苯	211	35	—

24. 硫醇、硫醚、二硫化物和硫代羧酸

含硫化合物中在此只列出硫醇的衍生物的制备方法（表 8-90）及熔、沸点（表 8-91）等，其他化合物通常可利用它们的物理性质进行鉴定。

表 8-90 硫醇衍生物的制备

产　物	制备步骤及注意事项
2,4-二硝基苯基硫醚	（1）将含硫醇（0.5g）的乙醇（20ml）溶液与少量氢氧化钠溶液（2mol/L，2ml）及2,4-二硝基氯代苯（1g）一起加热回流15min（2,4-二硝基氯代苯可使皮肤起泡，处理时需小心） （2）置于冰中冷却，滤出沉淀的硫醚，用乙醇重结晶
硫代酸水解产物	（1）将硫代酸（1g）与稀氢氧化钠溶液（10ml）一起加热回流15min，冷却，加入20%的过氧化氢2ml，再回流10min （2）按本节"6"中叙述的方法鉴定溶液中含有的羧酸根负离子。用已中和的水解溶液来制备 S-苄基硫脲盐可能较为简便

表 8-91 硫醇、硫醚、二硫化物和硫代羧酸及其衍生物的熔点和沸点

单位：℃

硫　醇	沸点	熔点	2,4-二硝基苯基硫醚	硫　醇	沸点	熔点	2,4-二硝基苯基硫醚
硫醇				硫醚			
甲硫醇	6	—	128	二甲硫醚	38	—	—
乙硫醇	36	—	115	噻吩	84	—	—
异丙硫醇	58	—	95	二乙硫醚	92	—	—
丙硫醇	67	—	81	二异丙硫醚	119	—	—
异丁硫醇	88	—	76	二丙硫醚	142	—	—
烯丙硫醇	90	—	72	二硫化物			
丁硫醇	97	—	66	二甲基二硫化物	109	—	—
异戊硫醇	117	—	59	二乙基二硫化物	153	—	—
戊硫醇	126	—	80	硫代羧酸			
苯硫酚	169	—	121	硫代乙酸	93	—	—
苄硫醇	194	—	130	硫代苯甲酸		24	—
邻甲硫酚	194	15	101	硫代丙酸	油状液体	—	—
间甲硫酚	195	—	91	硫代对甲苯甲酸		44	—
对甲硫酚	195	44	103				

25. 磺酸

游离磺酸不常遇到，且其纯度较低，故磺酸及其盐的熔点或分解点在鉴定上没有应用价值。磺酸衍生物的制备见表 8-92。

表 8-92　磺酸衍生物的制备

产　物	制备步骤及注意事项
S-苄基硫脲盐	鉴定方法与羧酸（见本节"6"）中所述方法相同。在表 8-83 中，磺酸按 S-苄基硫脲盐的熔点来排列
磺酰氯	将磺酸或它的盐（1g）与五氯化磷（2g）在 150℃ 加热 30min（可用油浴或甘油浴加热）。冷却，用苯（总量为 20ml）分次彻底萃取磺酰氯。蒸去苯，最后在减压下蒸馏，残留物可用苯或苯-石油醚（沸点 60～80℃）重结晶
磺酰胺	酰氯在苯中的浓溶液（绝大部分苯已蒸去）用密度为 0.88g/ml 的氨溶液（10ml）处理，不断搅拌混合物 5min 使磺酰胺结晶析出。若没有结晶析出，可利用与水共蒸馏蒸馏，将苯除去，再在冰浴中冷却残留水溶液。滤出磺酰胺，用乙醇或乙醇水溶液重结晶
磺酰苯胺	上述制得的磺酰氯溶于苯的浓溶液与苯胺（1ml）一起回流 1h，蒸出苯，直至磺酰苯胺开始结晶析出，在冰浴中冷却，过滤，用乙醇或乙醇水溶液重结晶

表 8-93　磺酸衍生物的熔点和沸点

单位：℃

酸	S-苄基异硫脲盐	磺酰氯	磺酰胺	磺酰苯胺
4-羟基-1-萘磺酸	104	—	—	200
间磺酸基苯甲酸[①]	133	20	170	—
2-羟基-1-萘磺酸	136	124	—	161, 105(二水合)
1-萘磺酸	137	68	150	112, 157
苯磺酸	150	15	153	110
对羟基苯磺酸	169	—	177	141
邻甲基苯磺酸	170	10	156	136
1-羟基-2-萘磺酸	170	—	—	—
间甲基苯磺酸	—	12	108	96
对甲基苯磺酸	182	71	137	103
2-萘磺酸	191	79	217	132
蒽醌-1-磺酸	191	217	—	216
邻磺酸基苯甲酸[①]	206	40, 79	—	195
邻苯二磺酸	206	143	254	241
(+)-樟脑-10-磺酸	210	68	132	120
2,7-萘二磺酸	211	159	243	—
蒽醌-2-磺酸	211	197	261	193
对磺酸基苯甲酸[①]	213	57	236	252
间苯二磺酸	214	63	229	144
6-羟基-2-磺酸	217	—	238	161
对苯二磺酸	—	141	288	249
1,4-萘二磺酸	—	160	273	179
1,6-萘二磺酸	235	129	297	—
2,6-萘二磺酸	256	225	305	—
邻硝基苯磺酸	—	69	193	115
间硝基苯磺酸	146	64	168	126
对硝基苯磺酸	—	80	179	136
邻氯苯磺酸	—	28	188	—
间氯苯磺酸	—	液体	148	—
对氯苯磺酸	175	53	144	104
邻溴苯磺酸	—	51	186	—
间溴苯磺酸	—	液体	154	—
对溴苯磺酸	170	75	166	119

① 生成双 S-苄基异硫脲盐、双酰氯、双酰胺和双酰苯胺。

26. 磺酸酯

磺酸酯与羧酸酯类似，可被水解（见本节"2"）。通常不析出游离的磺酸，而是析出醇或酚，也可用已中和的磺酸钠盐溶液直接制备 *S*-苄基硫脲盐。表 8-94 列出了磺酸酯的熔、沸点数据，一些酚的对甲苯磺酸酯也列于其中。

表 8-94 磺酸酯的熔点和沸点

单位：℃

磺酸酯	沸 点①	熔 点	磺酸酯	沸 点	熔 点
甲烷磺酸乙酯	86/1333.3	—	甲烷磺酸甲酯	206	—
苯磺酸甲酯	150/2000	—	乙烷磺酸乙酯	214	—
苯磺酸乙酯	156/2000	—	对甲苯磺酸甲酯	—	28
苯磺酸丙酯	163/2000	—	对甲苯磺酸乙酯	—	33
对甲苯磺酸丙酯	165/1333.3	—	对甲苯磺酸苯酯	—	52
乙烷磺酸甲酯	201	—			

① 本栏下的数据，斜杠之前为沸点，单位℃，斜杠之后为压力，单位为 Pa；如 86/1333.3 指 1333.3Pa 时的沸点为 86℃。

27. 硫酸酯

硫酸二烷酯（特别是硫酸二甲酯）具有毒性，而硫酸单酯和它们的盐相当常见。参照羧酸酯（本节"2"）中所述的方法进行水解，按常法分出醇和酚，再进行鉴定，并验证水解液中 SO_4^{2-}。

表 8-95 硫酸酯的沸点

酯	沸点/℃
硫酸二甲酯	188
硫酸二乙酯	208
硫酸二丙酯	95①

① 在 5mmHg（相当于 666.7Pa）下的沸点。

28. 卤素取代的硝基烃和醚

这些化合物没有统一类型的衍生物，一元硝基卤化物可还原成卤代胺（见本节"5"、"18"）；侧链含有卤素的硝基化合物易被氧化成相应的硝基羧酸。可采用烃中所述方法氧化（本节"5"），但氧化作用进行得更快（30min）。

芳环上具有 2 个或 3 个硝基的卤化物可被碳酸钠水溶液（冷的或热的）水解成硝基酚。随着反应的进行，出现深黄色的硝基酚负离子，借酸化析离酚，再用醚或苯萃取。

29. 硫脲和硫代硫胺

伯硫代酰胺水解生成氨和硫代羧酸，进一步水解生成通常的羧酸，其能用一般方法进行分离（见羧酸酰胺的水解，本节"12"）。

硫代酰苯胺水解生成伯芳胺，请参阅本节"13"。

N-取代硫脲水解也生成胺，请参阅本节"13"。

表 8-96 硫脲和硫代硫胺熔点

化合物	熔点/℃	化合物	熔点/℃
硫代丙酰胺	43	对甲基硫代苯甲酰苯胺	141
硫代丙酰苯胺	68	N-苯基硫脲	154
硫代乙酰苯胺	76	N,N'-二苯基硫脲	154
硫代苯甲酰苯胺	102	对甲基硫代苯甲酰胺	168
硫代乙酰胺	115	硫脲	180
硫代苯甲酰胺	116	硫代氨基脲	182

30. 磺酰胺和 N-取代磺酰胺

只有少数几种能按 N-取代羧酸酰胺（本节"13"）的方法进行水解，但所有的磺酰胺可按下法水解。在大试管中依次加入水（0.5ml）、85%的磷酸（2ml）、浓硫酸（2ml），再加入磺酰胺（2g），均匀摇动，于小火上加热至温度升至 150℃，并小心保温至磺酰胺反应完全，混合物成为均相。彻底冷却后倒入冰（10g）中，按本书"13"中所述方法，进行分离和鉴定。可将磺酸直接转变成 S-苄基硫脲盐（参阅本节"13"）进行鉴定。

31. 氨基磺酸

氨基的存在妨碍酰氯的制备，因而也妨碍磺酰胺等的直接制备。和羧酸一样，氨基磺酸应能进行定量的测定，也可按通常的方法制备 S-苄基硫脲盐。

参 考 文 献

[1] 威廉·凯勃. 有机定性分析. 黄宪，陈振初译. 杭州：浙江科学技术出版社，1985.

第九章　生物样品分析

生物样品具有组成复杂、含量少、易失活等特性，在选择、采集以及制备等各环节均需要进行特别处理。蛋白质、核酸和糖类等是构成生物体的重要有机物，在提取过程和定性分析中也具有特殊性。本章首先介绍植物和动物等生物样品在采样、保存和检测等过程中的特别要求和方法；然后介绍生物样品中蛋白质及其基本组成——氨基酸的组成、结构、分离纯化以及分析方法；最后简单介绍糖类的分析方法。

第一节　生物样品的采集及制备

一、生物样品的选择和采集

（一）生物样品的主要特点

生物样品不同于一般的样品，具有以下主要特点：

① 组成复杂。原始样品中常常包含有数百种乃至几千种化合物。

② 含量少。原始样品中待分析的生物组分含量极少，目标产物分离纯化的步骤繁多、操作流程长。

③ 容易失活。许多生物样品离开生物体内环境时极易失活，提取和制备生物样品的关键是如何保持其生物活性。

④ 受外界因素影响大。生物样品的制备几乎都是在溶液中进行的，溶液的温度、pH、离子强度等各种参数对溶液中各种组成会产生综合影响。

（二）生物材料的选择

提取和制备生物样品，首先要选择适当的生物材料。材料的来源一般是动物、植物和微生物及其代谢产物。选择的生物材料应含量高、来源丰富、制备工艺简单，尽可能保持新鲜，能尽快加工处理。动物组织要先除去结缔组织、脂肪等非活性部分，绞碎后在适当的溶剂中提取。如果目标成分在细胞内，则要先破碎细胞。植物要先去壳、除脂。微生物材料要及时将菌体与发酵液分开。生物材料如暂不提取，应冷藏或冰冻保存。动物材料则需深度冷冻保存。

（三）处理和制备生物样品的原则

生物样品具有一定的特殊性，在处理和制备时通常要遵循以下几条主要原则：

① 建立相关可靠的分析测定方法，这是生物样品制备的关键。

② 通过文献调研和预备性实验，掌握生物样品及产物的物理化学性质。

③ 生物样品的采集、破碎和预处理。

④ 分离纯化方案的选择和探索，这是最困难和关键的步骤。

⑤ 产物的浓缩、干燥和保存。

（四）生物样品的采集

1. 植物样品的采集

（1）准备工作　应事先准备好采样工具，如小铲、枝剪、剪刀、样品袋、标签、记录本和登记表等。

（2）样品的采集量　样品采集量应根据分析项目数量、样品制备处理要求和重复测定次数等情况来确定。一般要求样品经制备后，应有 20～50g 干样品，新鲜样品采集量应不少于 0.5kg（可按 80%～90%含水量来计算所需样品量）。根据采集对象需要，分别采集根、茎、叶、果实甚至全株。

（3）采样方法　需要采集具有代表性的样品。若采集根系部位样品，应尽量保持根系的完整，不要损失根毛。采集后，应将样品及时用水洗净（不能浸泡），用纱布擦干。如要进行新鲜样品分析，则在采样后用清洁、潮湿的纱布包住或装入塑料袋中，以免水分蒸发而萎蔫。对于小型水生植物，如浮萍、藻类等，应采集全株。采集果树样品时，要注意树龄、株型、载果数量和果实着生的部位及方向。从污染严重的水体中捞取得到的样品，须用清水洗净，去除其他水草、小螺等杂物。

（4）样品的保存　将采集好的样品装入样品袋中，贴好标签，注明编号、采集地点、植物种类和分析项目，并填写采样登记表。

样品带回实验室后，如需对新鲜样品进行测定，应立即处理和分析。当天不能分析完的样品，可暂时保存在冰箱内。如需要用干样品进行测定，则将新鲜样品放在干燥通风处晾干。

2. 动物样品的采集

动物样品包括各种体液和组织，常用的有血液（血浆、血清、全血）、尿液、唾液、胃液、乳液、粪便、毛发、指甲、骨骼或脏器等。

（1）尿液的采集　尿液的主要成分是以水和尿素为主的含氮化合物及盐类，收集比较方便。一般晨尿浓度较高，可一次性收集；也可以收集 8h 或 24h 排出的总尿液，测定结果为收集时间内尿液中待分析物的平均含量。

（2）血液的采集　血浆和血清是最常用的生物样品。对于动物实验，可直接从动脉或心脏取血。对于人体实验，通常从静脉采血，有时也可从毛细血管采血。血样采取后，要及时分离出血浆或血清，并立即测定。若不能立即测定，应将样品完全密封后保存，短时间可于 4℃冷藏保存，长时间可置于−20℃冷冻保存。冷藏时，可用注射器抽取 10ml 血样于干净玻璃试管中，密封；如有需要，可加入抗凝剂（如二溴酸盐）。

血浆的制备：将采集的血液和适量的抗凝剂（如肝素或草酸盐等）混合，离心分离，得到的上清液即为血浆。

血清的制备：温度较高时，血凝结速度很快，可以在血凝后 30min 内分离血清。温度较低时，血凝结速度较慢，可将血液置于 37℃，加速血清析出。

（3）毛发和指甲的采集　毛发和指甲样品主要用于汞、砷等元素含量的测定，它们的采集和保存较为方便，在环境分析中应用较广泛。样品采集后，分别用中性洗涤剂和水洗涤、冲洗，最后用乙醚或丙酮洗净，室温下充分晾干后保存备用。

（4）组织和脏器采集　动物的组织和脏器对研究环境污染物在机体内的分布、蓄积、毒性和环境毒理学等方面的研究都具有十分重要的意义。由于动物组织和脏器较柔软、易破裂混合，采集过程要格外小心。可以根据研究的需要，取肝、肾、心、肺或脑等部位的组织作为检验样品。采集到的样品，常利用组织捣碎机捣碎、混匀，制成新鲜浆液备用。

第二篇

二、生物样品的制备和前处理

（一）植物样品的制备

从现场带回的植物样品称为原始样品。根据分析项目的要求和植物特性，采用不同方法进行选取。例如，块根、块茎和瓜果等样品，洗净、切成四块或八块，再按需要量，各取每块的1/8 或 1/16 混合成平均样品。粮食、种子等样品充分混匀，平铺于玻璃板或木板上，用多点取样或四分法多次选取，得到平均样品。最后，对各个平均样品进行处理，制成待检样品。

1. 新鲜样品的制备方法

① 用清水、纯净水将样品洗净，晾干或擦干。

② 将晾干或擦干的新鲜样品切碎、混合均匀，称取 100g 于捣碎机中，加入与样品等量的纯净水，捣碎 1～2min，制成匀浆。含水量大的样品可不加水；含水量少的可加入两倍于样品的水。

③ 含纤维多或质硬的样品，如禾本科植物的根、茎秆、叶子等，可先用不锈钢刀或剪刀切（剪）成小片或小块，混匀后在研钵内研磨。

2. 干样品的制备方法

① 洗净晾干（或烘干）。将新鲜样品用清水洗净，立即自然风干（茎秆样品可以劈开）。也可 40～60℃烘干，以免发霉腐烂，并减少化学和生物变化。

② 样品的粉碎。将风干或烘干的样品剪碎，用电动粉碎机进行粉碎。谷类作物的种子如稻谷等，应先脱壳再粉碎。

③ 过筛。一般要求过 1mm 筛孔（有的分析项目要求过 0.25mm 筛孔），可用 40 目筛过筛。制备好的样品密封储存备用。

植物样品分析结果的表示与动物样品不同，常以干重为基础表示植物样品中待测物质的分析结果，单位为 mg/kg。同时可采用重量法对植物样品进行含水量的测定，其具体操作是，100～105℃烘干至恒重，由其失重量计算含水量。

（二）动物样品的前处理

动物样品的前处理比较复杂，涉及的步骤比较多，包括了细胞的破碎、样液的过滤、浓缩和干燥等过程。

1. 细胞的破碎

不同的生物体或同一生物体不同部位的组织，其细胞破碎的难易不一，使用的破碎方法也不同。如动物脏器的细胞膜较脆弱，容易破碎；植物和微生物具有较坚固的由纤维素和半纤维素组成的细胞壁，要采取专门的细胞破碎方法。

（1）机械法

① 研磨。将剪碎的动物组织置于研钵或匀浆器中，加入少量石英砂进行研磨或匀浆。

② 组织捣碎器。这是一种较剧烈的破碎细胞的方法，通常可先用普通加工机将组织打碎，再用 10000～20000r/min 内刀式组织捣碎机（即高速分散器）将组织细胞打碎。

（2）物理法　通过各种物理因素的作用，使组织和细胞的外层结构破坏，细胞破碎。

① 反复冻融法。将待破碎的细胞冷至-15～-20℃，然后放于室温（或 40℃）迅速融化，如此反复冻融多次。在此过程中，细胞内水分形成冰粒，引起剩余细胞液的盐浓度增高，使细胞溶胀破碎。由于在此过程中易使活性蛋白质失活，故只适用于提取非常稳定的蛋白质。

② 超声波处理法。用超声波的振动力破碎细胞壁和细胞器。多用于微生物材料，处理

时间数分钟到数十分钟不等。破碎细菌和酵母菌时，时间要长一些。

③ 压榨法。这是一种温和的、彻底破碎细胞的方法。在 $1.0 \times 10^8 \sim 2.0 \times 10^8$Pa 的高压下使细胞悬液通过一个小孔，然后突然释放至常压，使得细胞彻底破碎。

④ 冷热交替法。用于从细菌或病毒中提取蛋白质和核酸。90℃左右维持数分钟，立即放入冰浴中使之冷却，如此反复多次，绝大部分细胞可以被破碎。

（3）化学与生物化学方法

① 自溶法。新鲜的生物材料在一定的 pH 和适当的温度下处理，细胞结构在自身所具有的各种水解酶（如蛋白酶和酯酶等）的作用下发生溶解，使细胞内含物释放出来。

② 溶胀法。细胞膜为天然半透膜，在低渗溶液和低浓度的稀盐溶液中，由于存在渗透压差，使得大量外界溶剂分子进入细胞，将细胞膜胀破，释放出细胞内含物。

③ 酶解法。通过细胞本身的酶系或外加酶制剂的催化作用，破坏细胞外层结构，而使细胞破碎。如利用溶菌酶、纤维素酶、蜗牛酶和酯酶等可以专一性地将细胞壁分解。

④ 有机溶剂处理法。利用氯仿、甲苯、丙酮等脂溶性溶剂或十二烷基硫酸钠（SDS）等表面活性剂处理细胞，可将细胞膜溶解，从而使细胞破裂。为了取得更好的处理效果，此法也可以与研磨法联合使用。

（4）常用的细胞和组织破碎机

① 电动组织捣碎机。一般用于动物组织、植物肉质种子、柔嫩的叶和芽等样品材料的破碎。通过高速旋转将组织打碎，达到匀浆目的。因为旋转刀刃的机械切力很大，很少用来处理较大分子样品，以避免其受到破坏。动物、植物细胞 30～45s 内完全破碎，酵母菌和细菌需加入石英砂来加强捣碎效果。

② 超声波细胞破碎机。由超声波发生器和超声换能器两部分构成，可以发出一定频率的超声波，产生振动力，使细胞壁和细胞器发生破碎。可用于各种动植物细胞、病毒细胞、细菌及组织的破碎，也可用于各类高分子物质的破碎，同时可用来乳化、分离、匀化、提取、消泡清洗及加速化学反应等。

③ 加压细胞破碎机。利用高压使细胞悬液通过一个小孔（孔径小于细胞直径），致使细胞受到挤压而破碎，特别适用于厚壁细胞、细菌和较浓样品的破碎，具有快速、方便、无噪声的特点。

2. 过滤及超滤

利用多孔介质阻留固体或大分子（其直径大于多孔介质孔径）而让液体通过，使固体和液体分离的方法。

（1）影响过滤的因素

① 液体的黏滞度。黏滞度越大，液体的滤速越慢。黏滞度随温度升高而降低，可以利用升温来加快过滤速度。

② 滤膜的材料和材质。如滤纸、滤布、玻璃纤维、石棉板和多孔陶瓷滤板等。其毛细管越长，管径越小或数目越少，过滤速度越慢。

③ 压差。压差越大，过滤速度越快。

④ 滤渣。形成的滤渣越厚，过滤速度越慢。

⑤ 溶液的性状。若存在沉淀、胶状物或其他可压缩的物质，会堵塞滤膜孔，从而降低过滤速度。

（2）提高过滤速度的常用方法

① 选择适当的过滤介质。常用的过滤介质有棉、麻、丝织品、涤纶；玻璃纤维、垂熔

玻璃、石棉或烧瓷滤板；滤纸（工业用和分析用，慢速、中速、快速）。

② 加助滤剂。可以加入硅藻土、活性炭、细砂等物质，以加快过滤。

③ 增加过滤推动力。可以选择加压或减压过滤。

④ 提高过滤温度。提高温度，可减少溶液黏度、增大溶质的溶解度，使过滤速度加快。但此法不适于热敏物质。

⑤ 离心过滤法。利用离心力促使滤液通过过滤介质，适于小量组织样品的分离。

（3）超滤　超滤即超过滤，是一种重要的生化实验技术，广泛用于含有不同小分子溶质的各种生物大分子（如蛋白质、酶和核酸等）的脱盐、脱水、浓缩、分离和纯化。其原理是加压膜分离，即在一定的压力下，使小分子溶质和溶剂穿过一定孔径的、特制的薄膜，而大分子溶质不能透过，留在膜的一边，从而使大分子物质得到部分纯化。

超滤的优点是操作简便，成本低廉，不需添加任何化学试剂，实验条件温和。与蒸发、冰冻干燥相比，超滤过程没有相的变化，而且不引起温度和 pH 的变化，因而可以防止生物大分子的变性、失活和自溶。其局限性是不能直接得到干粉制剂。对于蛋白质溶液，一般只能得到 10%～50% 的浓度。

超滤技术的关键是膜。常用的膜是由乙酸纤维或硝酸纤维、或这二者的混合物制成的。近年来发展了非纤维型的各向异性膜，如聚砜膜、聚砜酰胺膜和聚丙烯腈膜等。这种膜在 pH=1～14 都是稳定的，且能在 90℃ 下正常工作。超滤膜通常比较稳定，能连续使用 1～2 年。

3. 透析

透析是仅让小分子选择性地扩散通过渗透膜，把小分子从溶液中分离出去、保留生物大分子的技术，已成为生物化学实验室最简便、最常用的分离纯化技术之一。在生物大分子的制备过程中，可以利用透析来除盐、除少量有机溶剂、除去生物小分子杂质、改变溶剂成分和浓缩样品等。

透析过程只需要使用专用的半透膜即可完成。保留在透析袋内未透析出的样品溶液称为"保留液"，袋（膜）外的溶液称为"渗出液"或"透析液"。透析后的截留分子量（molecular weight cutoff，MWCO）可以达到 1 万左右。

常用的渗透膜有动物膜、羊皮纸、火棉胶、玻璃纸、纤维或纤维素衍生物。

4. 浓缩

提取后的生物样品往往要先进行浓缩，然后再进行干燥和结晶。常用的浓缩方法有以下几种：

① 亲水凝胶法。样品溶液通过亲水性凝胶，溶液中的水分被吸收，从而得到浓溶液。

② 超滤法。利用半透膜截流大分子，适用于浓缩生物大分子。

③ 离子交换法与吸附法。样品稀溶液通过离子交换柱或吸附柱，溶质被吸附后，再用少量液体洗脱，分步收集，可使所需要物质的浓度提高几倍以至几十倍。

④ 其他浓缩方法。冷冻融化、加沉淀剂、溶剂萃取、亲和色谱等。

5. 干燥

干燥可以除掉潮湿的固体、膏状物、浓缩液和液体样品中的水分及溶剂，从而提高样品的稳定性，以供进一步的保存分析。

常见的干燥方法为常压干燥、真空干燥和冷却干燥。

（1）常压干燥　样品在一个大气压条件下的干燥为常压干燥。可以采用烘箱或干燥剂进行，以下是一些常见的干燥剂及其性能。

无水硫酸钠：中性，价廉，吸水量大，但作用慢，效力差。

无水硫酸镁：中性，效力中等，作用快，吸水量大。

无水硫酸钙：作用快，效率高，可二次干燥。与有机物不发生反应，不溶于有机溶剂。缺点是吸水量小。

固体氢氧化钾（或氢氧化钠）：可吸收水、乙酸、氯化氢、酚、醇及胺类等。氢氧化钾比氢氧化钠的吸水能力大 60～80 倍。

五氧化二磷：可吸收水及乙醇，效力高、作用快，但价格较贵。

氧化钙：即生石灰，呈碱性，可吸收水、乙酸、氯化氢等，价格较低。

分子筛：泛指具有均一微孔、选择性地吸附分子直径小于其孔径的物质的吸附剂。如沸石分子筛、碳分子筛等，其中沸石分子筛比较常用。

石蜡：可吸收醇、醚、石油醚、苯、甲苯、氯仿、四氯化碳等。

（2）真空干燥　随着容器中压力的降低，溶剂的沸点也降低，从而蒸发速度加快。真空干燥所需的温度较低，适用于对热不稳定的样品。

（3）冷冻干燥　亦称"冻干"，即先将溶液或混悬液冷冻成固态，然后在低温和高真空度下使冰升华，留下干燥物质。由于部分生化物质在冻干时不稳定，应先进行小量试验。

冷冻干燥在低温、高真空度下进行，样品不起泡，不爆沸。冻干后的样品不粘壁，易取出，成为疏松粉块，极易溶于水。适用于干燥对热敏感、易吸湿、易氧化及溶剂蒸发时易产生泡沫而变性的样品，如蛋白质、酶和核酸等。

第二节　氨基酸和蛋白质的结构及物理性质[1]

氨基酸和蛋白质是生物样品的重要组成成分，它们的组成、结构及物理性质是决定其分析特征和分析方法的重要因素。

一、氨基酸的结构及分类

氨基酸（amino acid，简称 AA）是含有氨基和羧基的一类有机化合物的通称，是生物功能大分子蛋白质的基本组成单位，是构成动物营养所需蛋白质的基本物质。在自然界中共有 300 多种氨基酸，其中 α-氨基酸 21 种。组成蛋白质的氨基酸只有 20 种，均为 α-氨基酸（见表 9-1）。如图 9-1 所示，α-氨基酸至少含有一个碱性氨基和一个酸性羧基，因此氨基酸在水溶液或结晶内基本上以兼性离子（或偶极离子）的形式存在。

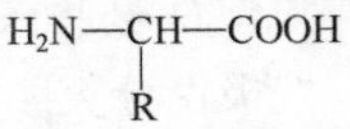

$$H_2N—CH—COOH$$
$$|$$
$$R$$

图 9-1　α-氨基酸的结构通式

表 9-1　组成蛋白质的 20 种氨基酸的名称、缩写和分子量

序号	中文名称	英文名称	符号与缩写	分子量	侧链结构	发现时间
1	丙氨酸	alanine	A 或 Ala	89.08	$CH_3—$	1881 年
2	精氨酸	arginine	R 或 Arg	174.2	$NH—(CH_2)_3—$ $C(NH_2)=NH$	1895 年
3	天冬酰胺	asparagine	N 或 Asn	132.1	$H_2N—CO—CH_2—$	1806 年
4	天冬氨酸	aspartic acid	D 或 Asp	133.1	$HOOC—CH_2—$	1868 年
5	半胱氨酸	cysteine	C 或 Cys	121.1	$HS—CH_2—$	不明
6	谷氨酰胺	glutamine	Q 或 Gln	146.1	$H_2N—CO—(CH_2)_2—$	不明
7	谷氨酸	glutamic acid	E 或 Glu	147.1	$HOOC—(CH_2)_2—$	1866 年
8	甘氨酸	glycine	G 或 Gly	75.05	$H—$	1820 年

续表

序号	中文名称	英文名称	符号与缩写	分子量	侧链结构	发现时间
9	组氨酸	histidine	H 或 His	155.1		1896 年
10	异亮氨酸	isoleucine	I 或 Ile	131.2	$CH_3—CH_2—CH(CH_3)—$	1904 年
11	亮氨酸	leucine	L 或 Leu	131.2	$(CH_3)_2CH—CH_2—$	1820 年
12	赖氨酸	lysine	K 或 Lys	146.2	$H_2N—(CH_2)_4—$	1889 年
13	蛋氨酸（甲硫氨酸）	methionine	M 或 Met	149.2	$CH_3—S—(CH_2)_2—$	不明
14	苯丙氨酸	phenylalanine	F 或 Phe	165.2		1881 年
15	脯氨酸	proline	P 或 Pro	115.2		1901 年
16	丝氨酸	serine	S 或 Ser	105.1	$HO—CH_2—$	1865 年
17	苏氨酸	threonine	T 或 Thr	119.1	$CH_3—CH(OH)—$	1935 年
18	色氨酸	tryptophan	W 或 Trp	204.2		1901 年
19	酪氨酸	tyrosine	Y 或 Tyr	181.2		1849 年
20	缬氨酸	valine	V 或 Val	117.1	$(CH_3)_2CH—$	1901 年

　　不同的氨基酸含有不同的侧链基团（R），使之表现出不同的物理和化学性质。组成蛋白质的 20 种氨基酸按其结构和性质不同可以有以下几种分类方式。

　　（1）按侧链 R 基团分类　侧链 R 基团含脂肪链、羟基、羧基或酰胺基团，据此可把氨基酸分成脂肪族类（如甘氨酸、丙氨酸、缬氨酸等）、羟基类（如丝氨酸、苏氨酸）、酸性氨基酸（如天冬氨酸、谷氨酸）、碱性氨基酸（如赖氨酸、精氨酸、组氨酸）、酰胺类（如天冬酰胺、谷氨酰胺）、含硫类（如半胱氨酸、蛋氨酸）、芳香族类（如苯丙氨酸、酪氨酸、色氨酸）和亚氨基酸（如脯氨酸）等类别。

　　（2）按酸碱性分类　氨基酸分子中所含碱性氨基和酸性羧基的数目不同，所显示的酸碱性不同，可以分为中性氨基酸（如甘氨酸、丙氨酸、亮氨酸等）、酸性氨基酸（如谷氨酸、天冬氨酸）和碱性氨基酸（如赖氨酸、精氨酸、组氨酸）等类别。

　　（3）按极性分类　根据侧链基团 R 的化学结构，可以分为非极性氨基酸（如甘氨酸、丙氨酸、缬氨酸等）、极性中性氨基酸（色氨酸、酪氨酸、丝氨酸等）、酸性氨基酸（如天冬氨酸、谷氨酸）和碱性氨基酸（如赖氨酸、精氨酸、组氨酸）等类别。非极性氨基酸在水中的溶解度较小。

　　（4）按亲疏水性分类　根据分子结构中侧链基团的极性，可以分为亲水性（如苏氨酸等）、疏水性（如丙氨酸等）和无定形（如半胱氨酸和甘氨酸）三种类别。极性氨基酸或亲水氨基酸的 R 基团为极性，对水分子具有一定的亲和性，一般能和水分子形成氢键。非极性氨基酸或疏水氨基酸的 R 基团呈非极性，对水分子的亲和性不高或者极低，但对脂溶性物质的亲和性较高。

　　（5）按化学结构分类　根据氨基酸的主链结构，可以分为脂肪族（如半胱氨酸、天冬酰胺、谷氨酰胺等）、芳香族（如苯丙氨酸、酪氨酸）和杂环族（如组氨酸、色氨酸、脯氨酸）等类别。

二、蛋白质的组成、结构及分类

（一）蛋白质的组成

　　蛋白质是由氨基酸通过肽键形成的，组成非常复杂，分子量很大。蛋白质主要由 C（占干重 50%～55%）、H（占干重 6.0%～7.0%）、O（占干重 20%～23%）、N（占干重 15%～17%）及少量 S（占干重 0.2%～0.3%）元素组成。有的蛋白质还含有微量的 P、Fe、Zn、Mn 等元素。

（二）蛋白质的结构

蛋白质具有三维空间结构，可以执行复杂的生物学功能。蛋白质结构与功能之间的关系非常密切，一般将蛋白质分子的结构分为一级结构与空间结构两类。

蛋白质的一级结构就是蛋白质多肽链中氨基酸残基的排列顺序，这是蛋白质最基本的结构，由基因上遗传密码的排列顺序所决定。蛋白质的一级结构是空间结构的基础，一级结构不同的各种蛋白质，它们的构象和功能不同。如果蛋白质分子活性中心关键部位的氨基酸残基发生更换，会明显改变其生物活性。

蛋白质的空间结构是指蛋白质的二级、三级和四级等高级结构，是由其一级结构决定的。由于组成蛋白质的 20 种氨基酸各具特殊的侧链，侧链基团的理化性质和空间排布各不相同，当它们按照不同的序列关系组合时，就可形成多种多样的空间结构和不同生物活性的蛋白质分子。

（三）蛋白质的分类

1. 按组成成分分类

（1）单纯蛋白质 除 α-氨基酸构成的多肽蛋白成分外，没有任何其他非蛋白成分的称为单纯蛋白质（又称简单蛋白质）。自然界中的许多蛋白质属于此类，如卵清蛋白、乳清蛋白、角蛋白和丝蛋白等。

（2）结合蛋白质 水解产物除 α-氨基酸外，还含有非蛋白质的物质。被结合的其他化合物通常称为结合蛋白质的非蛋白部分（辅基）。

2. 按分子形状分类

根据分子形状的不同，可将蛋白质分为球状蛋白质和纤维状蛋白质两大类。这两类是以长轴与短轴之比为标准，前者小于 5，后者大于 5。

3. 按结构分类

（1）单体蛋白 蛋白质由一条肽链构成，最高结构为三级结构，如多数水解酶以及由二硫键连接的肽链形成的蛋白质。

（2）低聚蛋白 包含 2 个或 2 个以上三级结构的亚基。可以是相同亚基的聚合，也可以是不同亚基的聚合，如血红蛋白。

（3）多聚蛋白 由数十个亚基甚至数百个亚基聚合而成的超级多聚体蛋白，如病毒外壳蛋白。

4. 按溶解度分类

（1）水溶性蛋白质 可溶于水、稀的中性盐或稀碱，包括各种酶、蛋白激素等。这类蛋白质在生物体内起着维护、调节生命活动的功能。

（2）醇溶性蛋白质 不溶于水和稀的盐溶液，可溶于 70%～80%的乙醇，如玉米醇溶蛋白、小麦醇溶蛋白。

（3）不溶性蛋白质 不溶于水、中性盐溶液、稀酸、稀碱和有机溶剂，如角蛋白、纤维蛋白。

三、氨基酸和蛋白质的物理性质

氨基酸和蛋白质的一些物理性质相似，如旋光性、两性性质等。由于蛋白质分子大、结构复杂、含有多种官能团，使得它们有多种特殊性质。

（一）旋光性和光吸收性

构成蛋白质的 20 种氨基酸中除甘氨酸外，其他氨基酸的 α-碳原子均为不对称碳原子，可以产生立体异构和旋光性。从蛋白质酶促水解得到的 α-氨基酸都属于 L-型，但在生物体中（如细菌）也含有 D-型氨基酸。如果构成蛋白质的氨基酸有旋光性，则蛋白质也有旋光性。比旋光度是这两者，特别是氨基酸的重要物理常数之一，是鉴别各种氨基酸的重要依据。

这 20 种氨基酸在可见光区都没有光吸收，但在远紫外区（<220nm）均有光吸收。在近紫外区（220～300nm），只有具有芳香结构的酪氨酸（λ_{max}=275nm，ε_{275}=1.4×10³L/mol·cm）、苯丙氨酸（λ_{max}=257nm，ε_{257}=2.0×10²L/mol·cm）和色氨酸（λ_{max}=280nm，ε_{280}=5.6×10³L/mol·cm）能产生吸收峰。

大部分蛋白质含有带芳香环的苯丙氨酸、酪氨酸和色氨酸，这三种氨基酸在 280nm 附近有最大吸收，可用于蛋白质的定性分析和定量测定。

（二）两性性质

1. 两性及等电点

氨基酸和蛋白质均是两性物质，既是质子受体又是质子供体，能与酸碱作用生成盐。以氨基酸为例，其在水溶液中或在晶体状态时，都以两性离子（又称兼性离子）形式存在，在溶液中具体的存在形式与溶液的 pH 有关。对于任何一种氨基酸（或蛋白质）来说，总存在一定的 pH，使其净电荷为零，这时的 pH 被称为等电点（pI, isoelectric point）。如图 9-2 所示，加酸后羧基接受质子，使氨基酸带正电；加碱后氨基释放质子，与 OH⁻中和，使氨基酸带负电。在不同的 pH 条件下，两性离子的状态也随之发生变化。

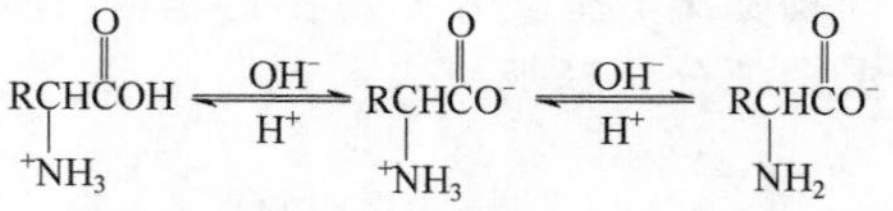

正离子（pH<pI）　两性离子（pH=pI）　负离子（pH>pI）

图 9-2　氨基酸的酸碱两性示意图

pI 是氨基酸和蛋白质的特征常数，是由它们分子上所含有的氨基、羧基等基团的数目以及各种基团的解离程度不同所造成的。一般带一个氨基和一个羧基的等电点在 pH=6 左右，这是由于羧基的解离程度大于氨基，使得等电点偏酸。碱性氨基酸（或蛋白质）的等电点在 pH=10 左右，酸性氨基酸（或蛋白质）的等电点在 pH=3 左右。一些常见蛋白质的等电点见表 9-2，20 种氨基酸的等电点见表 9-3。在等电点时，氨基酸与蛋白质的溶解度均为最小，因此可以通过调节溶液的 pH 至等电点，使其从溶液中分离出来。

表 9-2　一些常见蛋白质的等电点

蛋白质	等电点	蛋白质	等电点
丝纤维蛋白	2.0～2.4	乳球蛋白	4.5～5.5
酪蛋白	4.6	胰岛素	5.3～5.35
白明胶	4.8～4.85	血清球蛋白	5.4～5.5
血清蛋白	4.88	血红蛋白	6.79～6.83
卵清蛋白	4.84～4.90	鱼精蛋白	12～12.4

2. 电泳及解离

在电场中，带电粒子向着与其自身所带电荷相反的电极方向移动的现象称为电泳。氨基酸和蛋白质在结晶形态或在水溶液中，均可发生电泳。在等电点时，氨基酸和蛋白质所带的净电荷为零，在电场中不向两极移动，并且绝大多数处于两性离子状态。

由于所有的氨基酸和蛋白质均含有氨基和羧基，此外有些氨基酸还含有侧链基团，这些官能团在溶液中能发生解离或水解，使得其等电点的大小各不相同。以氨基酸为例，其等电点大小可以根据其羧基、氨基以及侧链基团（R 基）的解离常数来计算（表 9-3）。

侧链基团不发生水解的中性氨基酸：$pI = (pK_1+pK_2)/2$

侧链基团发生水解的酸性氨基酸：$pI = (pK_1+pK_R)/2$

侧链基团发生水解的碱性氨基酸：$pI = (pK_2+pK_R)/2$

式中，pK_1、pK_2 和 pK_R 分别表示羧基、氨基和侧链基团的解离常数。

表 9-3 20 种氨基酸的等电点和解离常数

名称	支链类型	分子量	pI	pK_1	pK_2	pK_R	R 基
甘氨酸	亲水性	75.07	6.06	2.35	9.78		—H
丙氨酸	疏水性	89.09	6.11	2.35	9.87		—CH₃
缬氨酸	疏水性	117.15	6.00	2.39	9.74		—CH(CH₃)₂
亮氨酸	疏水性	131.17	6.01	2.33	9.74		—CH₂—CH(CH₃)₂
异亮氨酸	疏水性	131.17	6.05	2.32	9.76		—CH(CH₃)—CH₂—CH₃
苯丙氨酸	疏水性	165.19	5.49	2.20	9.31		—CH₂—〈苯环〉
色氨酸	疏水性	204.23	5.89	2.46	9.41		吲哚环—CH₂—
酪氨酸	疏水性	181.19	5.64	2.20	9.21	10.46	—CH₂—〈苯环〉—OH
天冬氨酸	酸性	133.10	2.85	1.99	9.90	3.90	—CH₂—COOH
天冬酰胺	亲水性	132.12	5.41	2.14	8.72		—CH₂—CONH₂
谷氨酸	酸性	147.13	3.15	2.10	9.47	4.07	—(CH₂)₂—COOH
赖氨酸	碱性	146.19	9.60	2.16	9.06	10.54	—(CH₂)₄—NH₂
谷氨酰胺	亲水性	146.15	5.65	2.17	9.13		—(CH₂)₂—CONH₂
蛋氨酸(甲硫氨酸)	疏水性	149.21	5.74	2.13	9.28		—(CH₂)₂—S—CH₃
丝氨酸	亲水性	105.09	5.68	2.19	9.21		—CH₂—OH
苏氨酸	亲水性	119.12	5.60	2.09	9.10		—CH(CH₃)—OH
半胱氨酸	亲水性	121.16	5.05	1.92	10.70	8.37	—CH₂—SH
脯氨酸	疏水性	115.13	6.30	1.95	10.64		吡咯烷—COOH
组氨酸	碱性	155.16	7.60	1.80	9.33	6.04	咪唑环—CH₂—
精氨酸	碱性	174.20	10.76	1.82	8.99	12.48	NH—(CH₂)₃— | C(NH₂)=NH

（三）蛋白质的其他物理性质

1. 胶体性质

蛋白质在水溶液中可以形成直径 1～10μm 的颗粒，其表面的—NH₂、—COOH、—OH、—SH

及—$CONH_2$ 等亲水基团可以与水分子形成水化层，使颗粒彼此分离，呈现出胶体的性质，例如不能透过半透膜、具有丁达尔现象、可以发生布朗运动、具有吸附能力等。

2. 凝胶性质

蛋白质颗粒周围的水膜是不均匀的，使它们以一定的部位结合形成长链，后者又彼此结合成为复杂的网状结构的凝胶体。由于蛋白质具有良好的凝胶性质，可以采用渗析和超滤等方法对其进行分离和提纯。

3. 变性

在某些物理或化学因素的作用下，蛋白质严格的空间结构被破坏（肽键不断裂，一级结构不变），变成不规则的松散排列方式，从而引起蛋白质若干理化性质和生物学性质的改变，称为蛋白质的变性。引起蛋白质变性的因素包括：

① 物理因素：高温、高压、紫外线、电离辐射、超声波和机械搅拌等；

② 化学因素：强酸、强碱、有机溶剂、尿素、胍、重金属盐等。如 Pb^{2+}、Cu^{2+}、Ag^+ 等重金属盐可以使蛋白质变性，这也是人体发生重金属中毒的缘由。

蛋白质变性后，性质发生改变。①物理性质：旋光性改变，溶解度下降，结晶能力下降，沉降率升高，黏度升高，吸光度增加等；②化学性质：官能团反应性增加，显色反应增强，易被蛋白酶水解；③生物学性质：原有生物学活性丧失，抗原性改变。

第三节　氨基酸和蛋白质样品的分离纯化[2~5]

从原始生物样品中得到的氨基酸和蛋白质纯度不高，需要进行分离提纯。对于蛋白质的分离提纯，不仅要考虑提高蛋白质的纯度和产量，还要考虑保持其生物活性、防止变性。氨基酸和蛋白质的分离纯化方法主要有沉淀法、色谱分离法、电泳法等。

一、沉淀法

沉淀法具有简单、方便、经济和纯化倍数高的优点。常用的沉淀法有等电点沉淀法、盐析沉淀法和有机溶剂沉淀法。

1. 利用溶解度或等电点的差异进行分离

利用不同氨基酸在冷水、热水和乙醇等溶剂中溶解度的差异，将混合物中的样品彼此分离。如胱氨酸和酪氨酸在水中极难溶解，而其他氨基酸较易溶于水；酪氨酸在热水中溶解度大，而胱氨酸的溶解度随温度变化不大。

氨基酸和蛋白质均属于两性物质，在等电点时，它们的溶解度最小，最易从溶液中析出，因此可以利用等电点沉淀法。值得注意的是，许多蛋白质与金属离子结合后，等电点会发生偏移，故溶液中含有金属离子时，必须调整 pH。等电点沉淀法常与盐析法、有机溶剂沉淀法或其他沉淀方法联合使用，以提高其沉淀能力。

2. 盐析法

盐析是指在溶液中加入无机盐类而使物质溶解度降低而析出的过程。盐析法在蛋白质的分离和提纯中，应用较广，其中用得较多的是分段盐析法。

分段盐析法是一种常用的盐析方法，K_s 和 b 是该方法中最重要的两个参数。K_s 为盐析常数，与溶液的离子强度有关，取决于离子所带的电荷数量和离子的平均半径等；K_s 值越大，盐析效果越好。b 值表示不同种类蛋白质在相同离子强度溶液中的溶解度大小，不但与蛋白质的种类有关，而且还随溶液的温度和 pH 而变化。分段盐析法可以分为两类：第一类为 K_s 分段盐析法，在一定

pH 和温度下，通过改变溶液的离子强度来实现，用于前期蛋白质粗提液的分离；第二类为 b 分段盐析法，在一定离子强度下，通过改变 pH 和温度来实现，用于蛋白质的后期分离纯化和结晶。

盐析法的特点是操作简便，处理量大，既能除去大量杂质（包括脱盐），又能浓缩蛋白质溶液。盐析法分离提纯的效果与蛋白质的浓度、溶液的 pH 以及温度有密切关系。

3. 有机溶剂沉淀法

中性有机溶剂的介电常数比水低，能使大多数氨基酸和蛋白质在水溶液中的溶解度降低，将其从溶液中沉淀出来。此外，有机溶剂可以破坏蛋白质表面的水化层，促使蛋白质分子变得不稳定而析出。有机溶剂沉淀法一般选择能和水混溶的有机溶剂，如乙醇、甲醇、丙酮等。

有机溶剂沉淀法的分辨能力比盐析法高，且沉淀后不需脱盐，后处理较为简单。缺点是需要在低温下进行操作，而且对具有生物活性的大分子容易引起变性失活。

4. 生成盐复合物沉淀法

（1）金属复合盐法　蛋白质在碱性溶液中带负电荷，可以与金属离子形成复合盐沉淀。蛋白质-金属离子复合盐的溶解度对溶液的介电常数非常敏感，调整水溶液的介电常数（如加入有机溶剂）即可沉淀多种蛋白质。

（2）有机酸盐法　含氮有机酸，如苦味酸、苦酮酸、鞣酸等能与蛋白质分子的碱性官能团形成复合物而沉淀析出。但此法常发生不可逆的沉淀反应，故用于制备蛋白质时，需采用较温和的条件，有时还需加入一定的稳定剂。

（3）无机复合盐法　磷钨酸、磷钼酸与蛋白质形成的复合盐具有很低的溶解度，极易沉淀析出。若沉淀为金属复合盐，可加入 H_2S 使金属变成硫化物而除去；若为有机酸盐或磷钨酸盐，则加入无机酸，并用乙醚萃取，把有机酸和磷钨酸等移入乙醚中除去，或用离子交换法除去。由于此类方法常使蛋白质发生不可逆沉淀，应用时必须谨慎。

5. 选择性变性沉淀

利用蛋白质、酶和核酸等生物大分子对某些物理或化学因素的敏感性不同，有选择地使之变性沉淀，以达到分离提纯的目的。此法可通过以下途径进行：①利用表面活性剂（如三氯乙酸）或有机溶剂引起变性；②利用组分对热的不稳定性，加热破坏某些组分，而保存另一些组分；③酸碱变性，通过调节体系的酸碱度，使一些蛋白质变性。

二、色谱法

在氨基酸和蛋白质的细分级分离纯化阶段，一般采用色谱分离法，如凝胶色谱、离子交换色谱、吸附色谱以及亲和色谱等。它们的分离原理归纳于表 9-4。

表 9-4　各种色谱分离法及其分离原理

色谱方法	分离原理
吸附色谱法	利用吸附剂对不同物质的吸附力不同，使各组分分离
分配色谱法	利用各组分在两相中的分配系数不同，使各组分分离
离子交换色谱法	利用离子交换剂上的活性基团对各种离子的亲和力不同，达到分离目的
凝胶色谱法	以各种多孔凝胶为固定相，利用流动相中所含各组分的分子量不同，使各组分分离
亲和色谱法	利用生物分子与配基之间所具有的专一而又可逆的亲和力，使生物分子分离纯化
色谱聚焦	将两性物质的等电点特性与离子交换色谱的特性结合在一起，实现各组分分离

色谱分离法在很多书中都有详细介绍，请参阅本手册相关分册，这里仅简单介绍蛋白质的离子交换色谱法。离子交换色谱法是利用氨基酸和蛋白质的两性及等电点，如调节混合物

的 pH，使得目标氨基酸或蛋白质带正电荷，进行阳离子交换色谱，则可除去大部分的阴离子杂质。再提高 pH，使得目标产物带负电荷，进行阴离子交换色谱，则可除去大部分的阳离子杂质。

三、电泳法

氨基酸和蛋白质均可以发生电泳，但以蛋白质电泳的研究及应用较多。电泳已经成为蛋白质大分子纯化、鉴定和纯度测定的基本方法。由于不同蛋白质分子的组成、净电荷种类和数量、分子量大小及溶液的 pH 不同，致使它们在电场中的迁移方向和迁移率也不同，从而达到分离的目的。

目前电泳技术主要有以下几种形式：①聚丙烯酰胺凝胶电泳（PAGE），蛋白质在电场中的迁移率决定于其所带净电荷、分子大小和形状等因素。②SDS-聚丙烯酰胺凝胶电泳（SDS-PAGE），蛋白质在电场中的迁移率主要取决于其分子量。③等电聚焦电泳，具有很高的分辨率，能很好地分离等电点有 0.02pH 单位差别的不同蛋白质。④双向电泳，技术上属于等电聚焦电泳再加上 SDS-PAGE。在外电场作用下，先进行等电聚焦电泳，蛋白质沿 pH 梯度分离至各自的等电点；再沿垂直的方向进行分子量的分离。

四、其他分离提纯方法

1. 萃取法

常见的萃取法有反应萃取法、溶剂萃取法、反向微胶团萃取法、液膜萃取等，均是利用各种形式，使氨基酸或蛋白质与萃取剂结合，形成性质不同的产物，从而扩大性质接近的氨基酸的差别，达到彼此分离和提纯的目的。

2. 吸附法

吸附法是利用适当的吸附剂，在一定 pH 条件下，将混合液中目标产物吸附，然后用适当的洗脱剂将其从吸附剂上解吸，达到浓缩和提纯的目的。常用的吸附剂有高岭土、氧化铝和酸性白土等无机吸附剂。吸附法不用或少用有机溶剂，操作简便、安全，设备简单，吸附过程 pH 变化小。但是吸附法具有选择性差、产率低、性能不稳定和污染环境等缺点。

3. 膜分离法

膜分离方法和技术以其节能、高效和无相变等特点，在氨基酸和蛋白质混合液的澄清、除菌体、除盐、浓缩和产品精制等方面具有较高的应用价值。膜分离法中膜和溶液的界面处存在以下几种效应：亲水性等原因所引起的选择性透过效应、与分子尺寸有关的筛分效应和膜与氨基酸的电荷效应。在特定的分离要求下，选择适当类型的膜和最佳 pH 条件就成了决定分离效果好坏的关键。

第四节　氨基酸和蛋白质的化学反应与分析[6~8]

氨基酸和蛋白质发生的化学反应主要与其结构有关（表 9-5）。一些氨基酸和蛋白质可以发生特定的显色（颜色）反应，可以用于其定性分析。但是由于蛋白质的肽链大，其与茚三酮反应的灵敏度降低，故不用于蛋白质的定量测定，只用来检验在多肽合成中有无自由氨基肽类的存在。此外，蛋白质能发生特有的双缩醛反应。

表 9-5　氨基酸发生的主要化学反应

反应类型	反应试剂	反应方程式及主要产物	用途
氨基参与的反应	HNO₂	$R-CH-COOH + HNO_2 \longrightarrow R-CH-COOH + N_2 + H_2O$ （NH_2）（OH） 主要产物：羟基酸，N_2	范斯莱克（van Slyke）定氮法测定氨基酸含量
	甲醛	$R-CH-COOH + 2HCHO \longrightarrow R-CH-COOH$ （NH_2）（$HOH_2C-N-CH_2OH$） 主要产物：亚甲基亚氨基衍生物	利用甲醛滴定法测定氨基酸含量
	酰化试剂	$R-CH-COOH + R'X \longrightarrow R-CH-COOH + HX$ （NH_2）（NHR'） R′＝苄氧酰氯、叔丁氧酰氯、对甲苯磺酰氯、丹磺酰氯等 主要产物：酰化氨基酸	肽的人工合成氨基的保护；丹磺酰氯可用于 N-端氨基酸的标记和微量氨基酸的定量测定。
	2,4-二硝基氟苯（DNFB）	$O_2N-\text{〇}-NH-CHCOOH$ （NO_2）（R） 主要产物：2,4-二硝基苯（DNP）-氨基酸	多肽和蛋白质 N-端氨基酸的鉴定（Sanger 反应降解）
	苯异硫氰酸酯（PITC）	 主要产物：苯氨基硫甲酰（PTC）-氨基酸，苯硫乙内酰脲（PTH）-氨基酸	氨基酸顺序分析、N-端分析（Edman 反应或降解）
	氨基酸氧化酶、转氨酶等	酮酸等	细胞内氨基酸的代谢
羧基参与的反应	碱	氨基酸盐	
	醇	$R-CH-COOH + R'OH \xrightarrow{HCl} R-CH-COOR' + H_2O$ （NH_2）（$NH_2\cdot HCl$） 主要产物：氨基酸酯	氨基酸羧基的保护和活化
	tRNA、氨酰-tRNA 合成酶、ATP 等	主要产物：氨酰-tRNA	蛋白质的生物合成
	脱羧酶	主要产物：胺	氨基酸的代谢
氨基和羧基同时参与的反应	茚三酮	反应式详见图 9-3 主要产物：蓝紫色物质（脯氨酸产生黄色物质）	氨基酸的定性和定量分析
	肽酰转移酶等	$H_2N-\overset{R^1}{\underset{H}{C}}-\overset{O}{C}-OH + H-N-\overset{R^2}{\underset{H}{C}}-COOH \underset{+H_2O}{\overset{-H_2O}{\rightleftharpoons}} H_2N-\overset{R^1}{\underset{H}{C}}-\overset{O}{C}-N-\overset{R^2}{\underset{H}{C}}-COOH$ 肽键 主要产物：肽	多肽和蛋白质生物合成的基本反应

一、茚三酮反应

除脯氨酸、羟脯氨酸外，所有的 α-氨基酸都能和茚三酮反应生成蓝紫色物质。该反应分两步进行，首先是氨基酸被氧化成 CO_2、NH_3 和醛，茚三酮被水分子转化成水合茚三酮，再被还原成还原型茚三酮；然后是还原型茚三酮与另一个水合茚三酮分子和氨缩合生成蓝紫色物质（$\lambda_{max}=570nm$）。茚三酮反应（ninhydrin reaction）见图 9-3，此反应可以用来检验 α-氨基酸。脯氨酸、羟脯氨酸与茚三酮反应生成黄色物质（$\lambda_{max}=440nm$）。

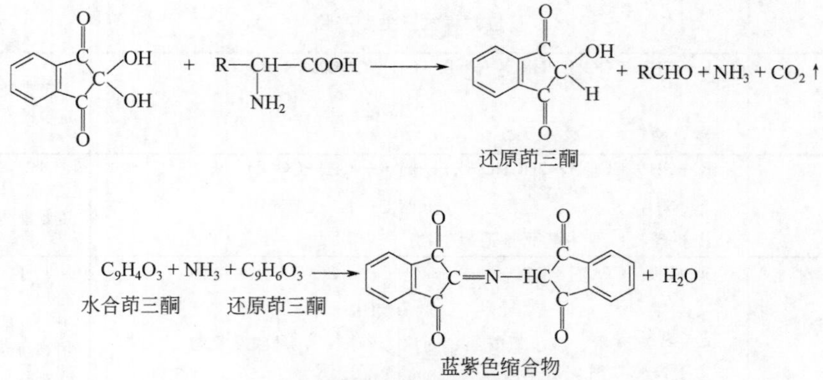

$$C_9H_4O_3 + NH_3 + C_9H_6O_3 \longrightarrow$$

水合茚三酮　　　还原茚三酮

蓝紫色缩合物

图 9-3　茚三酮反应

注意事项：

① 适宜的 pH 值为 5～7，同一浓度的氨基酸或蛋白质在不同 pH 条件下的颜色深浅不同，酸度过大时甚至不显色。

② 该反应十分灵敏，是一种常用的 α-氨基酸定性检测方法。

③ 有些物质对茚三酮也呈类似的阳性反应，如 β-丙氨酸、氨和许多一级胺化合物等。所以定性或定量测定中，应严防干扰物存在。

二、坂口反应

带有胍基的氨基酸和 α-萘酚及碱性次溴酸盐（或次氯酸盐）反应，产生红色产物（图 9-4）。α-氨基酸中只有精氨酸能发生坂口反应（Sakaguchi reaction），反应灵敏度可以达到 1:250000，可用来检验精氨酸。

若次溴酸盐（或次氯酸盐）过量，生成的氨会被继续氧化成氮气，同时红色物质也会被继续氧化，引起颜色消失，因此过量的次溴酸钠对反应不利。可以加入浓尿素，破坏过量的次溴酸钠，增加红色物质的稳定性。此反应也可以用于精氨酸含量的定量测定。

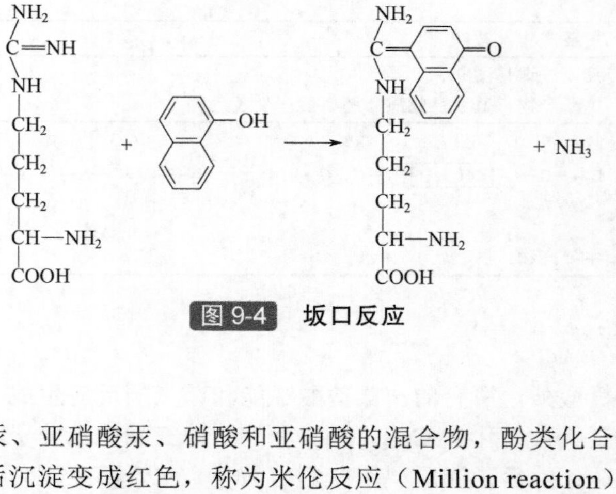

图 9-4　坂口反应

三、米伦反应

米伦试剂为硝酸汞、亚硝酸汞、硝酸和亚硝酸的混合物，酚类化合物加入米伦试剂后即产生白色沉淀，加热后沉淀变成红色，称为米伦反应（Million reaction）（图 9-5）。酪氨酸含有酚基，故酪氨酸及含有酪氨酸的蛋白质都有此反应。

需要注意的是，如待测样品中含有大量无机盐，可与汞盐产生沉淀，导致米伦试剂失效。另外样品中不能含有 H_2O_2、醇或碱，因它们能使试剂中的汞盐变成氧化汞沉淀。碱性试液必须先中和，且不能用盐酸中和。

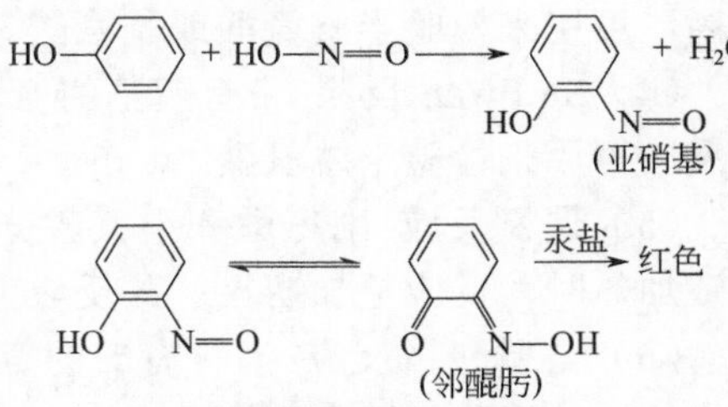

图 9-5 米伦反应

四、Folin–酚反应

Folin 试剂中的主要成分磷钼酸-磷钨酸可以被色氨酸和酪氨酸的酚基还原，产生蓝色（钨蓝+钼蓝），蓝色的深浅与其含量成正比。此反应可用来检验色氨酸和酪氨酸。

五、黄蛋白反应

黄蛋白反应（又称蛋白黄反应）是含有芳香族氨基酸，特别是含有酪氨酸和色氨酸的蛋白质所特有的呈色反应。蛋白质溶液遇硝酸后，先产生白色沉淀，加热则白色沉淀变成黄色，再加碱颜色加深呈橙黄色，这是因为硝酸将蛋白质分子中的苯环硝化，产生了黄色硝基苯衍生物。例如皮肤、指甲和毛发等遇浓硝酸会变成黄色。以酪氨酸为例，黄蛋白反应的方程式见图 9-6。

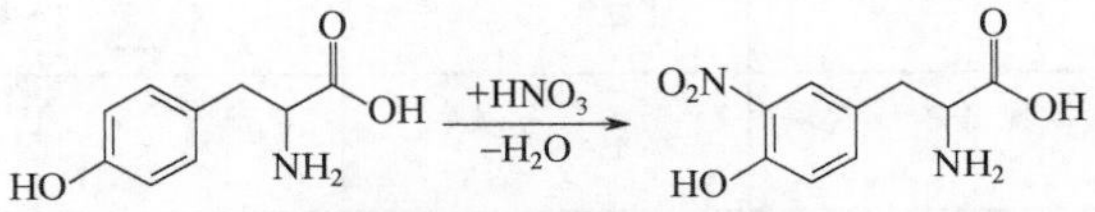

图 9-6 黄蛋白反应

六、双缩脲反应——蛋白质特有的反应

双缩脲（$NH_2CONHCONH_2$）是两分子脲于 180℃左右加热，放出一分子氨后得到的产物。在强碱性溶液中，双缩脲与 $CuSO_4$ 形成紫色配合物（$\lambda_{max}=560nm$）（图 9-7），称为双缩脲反应。凡具有两个酰胺基或两个直接连接的肽键，或能通过一个中间碳原子相连的肽键，这类化合物都有双缩脲反应，因此蛋白质也可以发生双缩脲反应。蛋白质所含肽键越多，双缩脲产物的颜色越深。该反应也用于蛋白质含量的光度法测定。

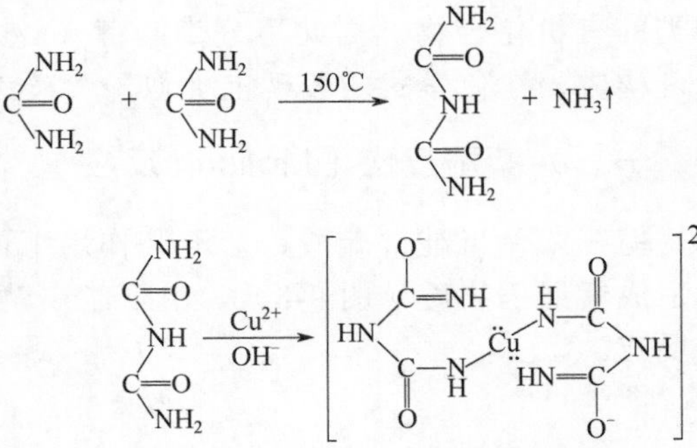

图 9-7 双缩脲反应

七、其他反应

（1）Hopkin-Cole 反应　带有吲哚基的氨基酸与乙醛酸混合后，再慢慢地加入浓硫酸，在乙醛与浓硫酸接触面处产生紫红色环。此反应又称乙醛酸反应，可用来检验色氨酸。

（2）Ehrlich 反应　含有吲哚基的氨基酸（如色氨酸）和对二甲氨基苯甲醛及浓盐酸作用，显示出蓝色。此反应可用来检验色氨酸。

（3）硝普盐反应　硝普盐，即亚硝基铁氰化钠（$Na[Fe(NO)(CN)_5]$），与含有巯基的化合物反应生成紫红色的产物。胱氨酸被氰化钾还原成半胱氨酸后，也呈正反应。该反应灵敏度很高，可用来检验半胱氨酸或胱氨酸。

（4）Sulliwan 反应　带有巯基的氨基酸和 1,2-萘醌-4-磺酸钠及 Na_2SO_3 作用显示出红色。此反应可用来检验半胱氨酸。

（5）偶氮反应　酪氨酸和组氨酸分别与偶氮试剂反应，能形成橙红色和樱桃红色产物。水浴加热时，反应更加明显。此反应可用来检验酪氨酸和组氨酸。

（6）与醋酸铅反应　当含有硫的氨基酸与醋酸铅作用时，能产生黑色的硫化铅沉淀。此反应可检验半胱氨酸和胱氨酸。

为了便于比较，最后将氨基酸和蛋白质的主要颜色反应归纳于表 9-6。

表 9-6　氨基酸和蛋白质的主要颜色反应

反应名称	试　剂	颜　色	有关的官能团	涉及的氨基酸
米伦反应	$HgNO_3$、$Hg(NO_2)_2$、HNO_3、HNO_2 混合物	红色	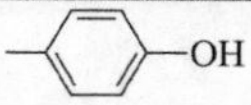 —⟨⟩—OH	Tyr
黄蛋白反应	浓 HNO_3	黄色至橘黄色	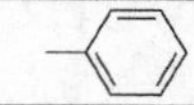 —⟨⟩	Phe,Tyr,Trp
Hopkin-Cole 反应	乙醛酸试剂及浓 H_2SO_4	紫红色	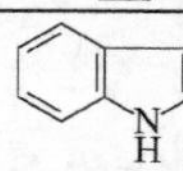 (吲哚环)	Trp
茚三酮反应	茚三酮	蓝紫色	游离—NH_2	α-氨基酸
Folin-酚反应	碱性 $CuSO_4$ 及磷钼酸-磷钨酸	蓝色	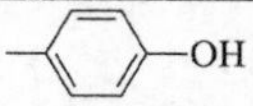 —⟨⟩—OH	Tyr
坂口反应	α-萘酚、次氯酸钠或次溴酸钠	红色	$H_2N-\overset{\|}{C}-NH-$ NH	Arg

第五节　糖的化学反应与分析[9,10]

糖类物质是含有 2 个或 2 个以上多羟基的醛类或酮类化合物，在水解后能变成醛类或酮类的有机化合物。据此可分为醛糖（aldose）和酮糖（ketose）。由于其由碳、氢、氧元素构成，在化学式的表现上类似于"碳"与"水"聚合，故又称之为碳水化合物。

一、α-萘酚反应（Molisch 反应）

糖在浓无机酸（硫酸、盐酸）作用下，脱水生成糠醛及糠醛衍生物，后者能与 α-萘酚生成紫红色物质（图 9-8）。由于能在糖液和浓硫酸的液面间形成紫环，因此又称为紫环反应。

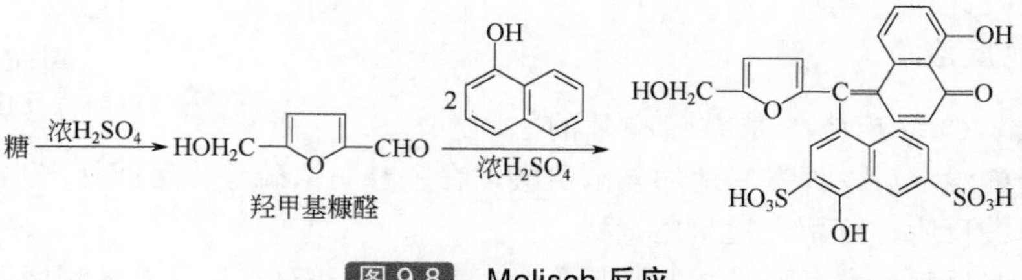

图 9-8　Molisch 反应

糠醛衍生物、葡萄糖醛酸以及丙酮、甲酸和乳酸均呈颜色近似的阳性反应。若阴性反应，证明没有糖类物质的存在；若阳性反应，则说明有糖存在的可能性，需要进一步通过其他糖的定性试验才能确定有糖的存在。

Molish 反应非常灵敏，0.001%葡萄糖和 0.0001%蔗糖即能呈现阳性反应，因此样品中不可混入纸屑等杂物。当糖浓度过高时，由于浓硫酸所发生的焦化作用，将呈现红色及褐色而不呈紫色，需稀释后再做。

二、间苯二酚反应（Seliwanoff 反应）

酸作用下，酮糖脱水生成羟甲基糠醛，后者再与间苯二酚作用生成红色物质。此反应是酮糖的特异反应。醛糖在同样条件下呈色反应缓慢，只有在糖浓度较高或煮沸时间较长时，才呈微弱的阳性反应。在实验条件下蔗糖有可能水解而呈阳性反应。Seliwanoff 反应是鉴定酮糖的特殊反应，可以区别酮糖和醛糖。

果糖与 Seliwanoff 试剂反应非常迅速，呈鲜红色；而葡萄糖所需时间较长，且只能产生黄色至淡黄色。戊糖亦与 Seliwanoff 试剂反应，戊糖经酸脱水生成糠醛，与间苯二酚缩合，生成绿色至蓝色产物。

三、蒽酮比色法

蒽酮可以与游离的己糖或多糖中的己糖基、戊糖基及己糖醛酸起反应，反应后溶液呈蓝绿色（λ_{max}=620nm）。该法是一个快速而简便的鉴定糖方法，多用于测定糖原的含量，也可用于测定葡萄糖的含量。

不同的糖类与蒽酮试剂反应后的颜色深度不同，果糖显色最深，葡萄糖次之，半乳糖和甘露糖较浅，五碳糖更浅，故在测定混合糖的含量时会因为混合物中不同糖的比例不同造成误差。在测定单一糖类的时候可避免此类的误差。

四、费林试验（Fehling 试验）

Fehling（费林）试剂是含有硫酸铜和酒石酸钾钠的氢氧化钠溶液。硫酸铜与碱溶液混合加热，则生成黑色的氧化铜沉淀（图 9-9）。若同时有还原糖存在，则产生黄色或砖红色的氧化亚铜沉淀。由于沉淀的速度不同，因而形成的颗粒大小也不同，颗粒大的为红色，颗粒小的为黄色。

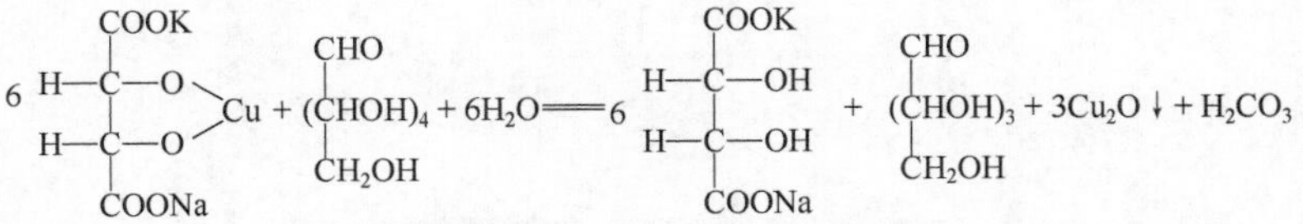

$$6 \begin{array}{c} COOK \\ H-C-O \\ | \rangle Cu \\ H-C-O \\ COONa \end{array} + \begin{array}{c} CHO \\ (CHOH)_4 \\ CH_2OH \end{array} + 6H_2O \Longrightarrow 6 \begin{array}{c} COOK \\ H-C-OH \\ H-C-OH \\ COONa \end{array} + \begin{array}{c} CHO \\ (CHOH)_3 \\ CH_2OH \end{array} + 3Cu_2O\downarrow + H_2CO_3$$

图 9-9　糖与 Fehling 试剂的反应

亦可采用 Benedict 试剂进行以上试验。Benedict 试剂是 Fehling 试剂的改良，利用柠檬酸作为 Cu^{2+} 的配合剂，其碱性较 Fehling 试剂弱，灵敏度高，干扰因素少。

五、巴弗德试验（Barfoed 试验）

酸性溶液中，单糖和还原二糖的还原速度有明显差异。单糖在 Barfoed（巴弗德）试剂的作用下能迅速地将 Cu^{2+} 还原成砖红色的氧化亚铜，而还原二糖则较慢。该反应可用于鉴别单糖和还原二糖。当加热时间过长，非还原性二糖经水解后也能呈现阳性反应。

参 考 文 献

[1] 汪世龙. 蛋白质化学. 上海：同济大学出版社，2012.

[2] 吕宪禹. 蛋白质纯化实验方案与应用. 北京：化学工业出版社，2010.

[3] 汪少芸. 蛋白质纯化与分析技术. 北京：中国轻工业出版社，2014.

[4] 伯吉斯. 蛋白质纯化指南. 陈薇译. 北京：科学出版社，2013.

[5] 邓毛程. 氨基酸发酵生产技术. 北京：中国轻工业出版社，2014.

[6] 丁益，华子春. 生物化学分析技术实验教程. 北京：科学出版社，2015.

[7] 陈宁. 氨基酸工艺学. 北京：中国轻工业出版社，2007.

[8] 章丽，刘松雁. 氨基酸测定方法的研究进展. 河北化工，2009，32(5)：27.

[9] 曹会兰，张秀芹. 酮糖的显色试验研究. 渭南师范学院学报，2015，30(6)：52.

[10] 邵懋昭. 普通糖类之定性分析. 化学世界，1950，5(11)：6.

第三篇
定量分析

定量分析是分析化学的一个重要分支，其任务是测定试样中有关组分的含量。根据测定原理，可分为化学分析法和仪器分析法。化学分析法以化学反应及其计量关系为基础，而仪器分析法则是以物质的物理性质或物理化学性质为基础。目前广泛应用于常量组分定量分析的化学分析法主要包括重量分析法和滴定分析法。

第十章 重量分析法

第一节 概述

重量分析法是通过化学或物理的方法使待测物与试样的其他组分分离后，称量待测物或其转化后的产物，由所称得的物质质量计算待测物含量的一种经典分析方法。重量法可测定某些无机化合物和有机化合物的含量。在药物纯度检测中常应用重量法进行干燥失重、炽灼残渣、灰分及不挥发物的测定等。根据分离方法的不同，重量分析法主要有沉淀法、挥发法、萃取法、电解法等几种形式。

(1) 沉淀重量法　在待测溶液中加入一定量的沉淀剂，使待测组分形成沉淀后析出，经过滤、洗涤、加热烘干或灼烧至质量恒定的称量型，称重后根据待测组分与称量型之间的化学计量关系以及称得的质量计算待测组分的含量。根据待测组分以及分析方法的不同，沉淀型和称量型可以相同或不同。详见本章第二节。

(2) 挥发重量法　利用待测组分具有挥发性或将其转化为具有固定组成的挥发性物质，测量挥发出来的组分的质量(直接挥发法)，或测定试样处理前后质量的变化(间接挥发法)，计算待测组分的百分含量。详见本章第三节。

(3) 萃取重量法　利用待测组分在互不相溶的两种溶剂中溶解度的不同，通过多次萃取操作，使待测组分定量转移至萃取剂中，然后将溶液中萃取剂蒸至恒重，称量干燥物即待测组分质量。

应用示例：炔孕酮片的含量测定[❶]。取本品 20 片，准确称量，研细，准确称量适量(约相当于炔孕酮 50mg)，置分液漏斗中，用石油醚提取 4 次，弃去，并将分液漏斗中石油醚除尽，再用三氯甲烷 60ml 分 4 次提取，置已知质量的锥形瓶中，蒸发除去三氯甲烷至近干燥，残渣于 105℃干燥 2h，冷却，称重，即得含有炔孕酮的质量。

(4) 电解重量法　利用电解使待测金属离子在电极上以金属或金属氧化物的形式析出，然后称重，电极增加的质量就是金属或金属氧化物的质量，可以计算溶液中相应离子的量。详见本手册《电分析化学》分册。

第二节 沉淀重量法

在沉淀重量法中，利用沉淀反应使待测组分以难溶化合物的形式沉淀出来，再使之转化为合适的称量形称重后，计算待测组分的百分含量。沉淀重量分析法不需要基准物，不需要除天平外的其他计量仪器，引入误差的机会少，因而具有较高的准确度，相对误差可以控制在±0.1%之内。但由于分析过程冗长，操作烦琐，在日常分析中已逐步被滴定分析法或仪器分析法所代替。尽管如此，目前重量分析仍然用作常量的 Si、S、P、Ni 以及一些稀土元素的标准分析方法。本节列举重量分析使用的一般沉淀剂，元素和离子重量分析测定方法，重量

---

❶ 国家药典委员会. 中华人民共和国药典. 北京：化学工业出版社，2005：356.

分析沉淀的热稳定性及换算因数。

一、重量分析中使用的一般沉淀剂

表 10-1 列举重量分析中使用的一般沉淀剂，沉淀条件和被沉淀的元素或离子。溶解沉淀剂所用的溶剂标注在沉淀剂化学式后括号中。"被沉淀元素及离子"一栏中分为两类：a. 可以用该试剂沉淀重量法测定的元素；b. 该试剂也能沉淀的其他元素或离子。

表 10-1 重量分析中使用的一般沉淀剂

序号	沉淀剂	沉淀条件	被沉淀元素及离子
1	氨水 NH_3（水）	预先除去酸及 S^{2-} 组，B 和 F	a. Al, Be, Cr, Cu, Fe, In, La, Pb, Sc, Sn, Th, Zr, Ti, 稀土
			b. Au, Co, Ga, Ir, Nb, Ni, Os, P, Si, Ta, V, W, Y, Zn
2	硫化氢 H_2S（水）	$0.2\sim0.5mol/L[H^+]$	a. As, Cu, Ge, Hg, In, Mo, Pt, Rh
			b. Ag, Au, Bi, Cd, In, Os, Pb, Pd, Re, Ru, Sb, Sn, Te, Ti, V, W, Zn
		除去酸及 S^{2-} 组后的氨水溶液	b. Co, Fe, Ga, In, Mn, Ni, Tl, U, V, Zn
3	多硫化铵 $(NH_4)_2S_x$（水）	预先除去酸，S^{2-} 和 $(NH_4)_2S$ 组，B 和 F	b. Co, Mn, Ni, Si, Ti, V, W, Zn
4	磷酸氢二铵 $(NH_4)_2HPO_4$（水）	酸性介质	a. Bi, Co, Zn, Zr
			b. Hf, In, Tl
	磷酸氢二钠 Na_2HPO_4（水）	含有柠檬酸或酒石酸的氨水溶液	a. Be, Mg, Mn, Zr
			b. Au, Ba, Ca, Hg, In, La, Pb, U, Zr, 稀土
5	硝酸银 $AgNO_3$（水）	稀硝酸溶液	a. As(V), Br^-, CN^-, OCN^-, SCN^-, Cl^-, I^-, IO_3^-, Mo^{6+}, N_3^-, S^{2-}, V^{5+}
6	草酸 $H_2C_2O_4$（水）	稀酸溶液	a. Ag, Au, Hg, La, Pb, Sc, Th, Zn, 稀土
			b. Cu, Ni, U^{4+}
7	六亚甲基四胺 $(CH_2)_6N_4$	参见氨水	
8	肼 N_2H_4（水）		a. Cu, Hg, Os, Rh, Se, Te
			b. Ag, Au, Pt, Pd, Ru, Ir
9	酒石酸 $HOOC(CHOH)_2COOH$（水）		Ca, K, Mg, Sc, Sr, Ta
10	邻氨基苯甲酸 $NH_2C_6H_4COOH$（乙醇）		a. Cd, Co, Cu, Hg, Mn, Ni, Pb, Zn
			b. Ag, Fe
11	联苯胺 $(NH_2C_6H_4)_2$（乙醇） （0.1mol/L 盐酸）		a. PO_4^{3-}, SO_4^{2-}, W
			b. Cd, $[Fe(CN)_6]^{4-}$, IO_3^-
12	辛可宁 $C_{19}H_{21}N_2OH$（6mol/L 盐酸）		a. W
			b. Ir, Pt, Mo
13	铜铁试剂 $C_6H_5N(NO)ONH_4$（水）		a. Al, Bi, Cu, Ga, Nb, Sn, Th, Ti, U, V, Zr
			b. La, Mo, Pd, Sb, Ta, Ti, W 稀土
14	丁二肟 $CH_3C(NOH)C(NOH)CH_3$（乙醇）	含有酒石酸的氨水溶液	Ni
		稀酸	a. Pd
			b. Au, Se
15	8-羟基喹啉 C_9H_6NOH（乙醇）	乙酸-乙酸钠缓冲溶液	a. Al, Cd, Co, Cu, Fe, In, Mo, Ni, Ti, U, Zn, Mn

续表

序号	沉淀剂	沉淀条件	被沉淀元素及离子
15	8-羟基喹啉 C₉H₆NOH（乙醇）	乙酸-乙酸钠缓冲溶液	b. Ag, Bi, Cr, Ga, Hg, La, Nb, Pb, Pd, Sb, Ta, Th, V, W, Zr, 稀土
		氨水溶液	a. Al, Cd, Co, Cu, Fe, Mo, Ni, Ti, U, Zn, Mn, Be, Ca, Mg
			b. Bi, Cr, Ga, Hg, La, Nb, Pb, Ba, Sn, Pd, Sb, Ta, Th, V, W, Zr, Sr, 稀土
16	对羟基苯胂酸 C₆H₄(OH)AsO(OH)₂（水）	稀酸溶液	a. Sn, Ti, Zr
			b. Ce, Th
17	2-巯基苯并噻唑 C₆H₄(NCS)SH（乙酸）	除 Cu 采用稀酸外，其他均采用氨水溶液	a. Au, Bi, Cd, Cu, Ir, Pb, Pt, Rh
			b. Ag, Hg, Tl
18	硝酸试剂 C₂₀H₁₆N₄（5.0%乙酸）	稀 H₂SO₄ 溶液	B, ClO₃⁻, ClO₄⁻, NO₃⁻, ReO₄⁻, W
19	1-亚硝基-2-萘酚 C₁₀H₆(NO)OH（极稀碱性溶液）	酸性溶液	a. Co, Fe, Cu
			b. Ag, Au, B, Cr, Mo, Pd, Ti, V, W, Zr
20	苯胂酸 C₆H₅AsO(OH)₂（水）	酸性溶液	a. Bi, Zr, Nb, Sn, Ta, Th, Zr
			b. Ce⁴⁺, Fe, Ti, U⁴⁺, W
21	苦酮酸 C₁₀H₇O₅N₄H（水）	中性溶液	a. Ca, Pb
			b. Mg, Th
22	苯基异硫脲基乙酸 C₆H₅N=C(NH₂)SCH₂·COOH（水或乙醇）		a. Co
			b. Bi, Cd, Cu, Fe, Hg, Ni, Pb, Sb
23	吡啶-硫氰酸盐	稀酸溶液	Ag, Cd, Cu, Mn, Ni
24	喹哪啶酸 C₉H₆NCOOH（水）	稀酸溶液	a. Cd, Cu, Zn, U
			b. Ag, Co, Fe, Hg, Mo, Ni, Pb, Pd, Pt, W
25	水杨醛肟 C₇H₅(OH)NOH（乙醇）	稀酸溶液	a. Bi, Cu, Pb, Pd
			b. Ag, Cd, Co, Fe, Hg, Mg, Mn, Ni, V, Zn
26	单宁（鞣酸） C₁₄H₁₀O₉（水）	含有酒石酸或电解质的氨性溶液	Al, Be, Ge, Nb, Sn, Ta, Th, Ti, U, W, Zr
27	氯化四苯基 (C₆H₅)₄AsCl（水）		Re, Tl
28	巯萘剂（巯基乙酸-β-萘胺） C₁₀H₇NHCOCH₂SH（乙醇）		a. Cu, Hg, Os, Pb, Rh, Ru
			b. Ag, As, Au, Bi, Pd, Sb, Sn, Tl
29	四苯基硼酸钠 (C₆H₅)₄BNa	微酸性（乙酸）溶液	a. K, Tl⁺, Cs
			b. Rb, NH₄⁺, Ag, Hg²⁺
30	α-苯偶姻肟 C₆H₅CHOH(=NOH) C₆H₅（1%~2%乙醇）	强酸性介质	Cr⁶⁺, Mo⁶⁺, Nb, Pd²⁺, Ta⁵⁺, V⁵⁺, W⁶⁺
		酒石酸盐氨水溶液	

二、元素和离子的重量分析方法

表 10-2 列举了元素和离子重量测定的一些主要方法（部分元素和离子的电解法也一并列出）。第一栏为待测物质所处的形式；第二栏为测定用的沉淀剂，括号中注出其浓度及溶剂；第三栏是测定操作简述，包括测定时采用的介质、酸度、应添加的试剂、溶液温度及过滤前沉淀应放置的时间、沉淀过滤的形式、使用的洗涤剂以及沉淀干燥和灼烧的温度；第四栏为该方法的干扰离子及排除方法；第五栏为相应的称量形式，同时也注明了在不同干燥和灼烧

温度条件下可以形成的不同称量形式。有的沉淀的称量形式不完全与其组分相符，其经验换算因数在括号中注出，其他称量形式的换算因数参见表 10-3。

重量测定中待测组分含量按下式计算：

$$w_A = \frac{m_称 F}{m_样} \times 100\%$$

式中　　w_A——待测组分 A 的含量（质量分数），%；

　　　　$m_称$——待测组分 A 的称量形式的质量；

　　　　$m_样$——样品的质量；

　　　　F——换算因数。

换算因数，亦称化学因数，是一常数。它是被测组分与称量形式相对摩尔质量的比值，在计算时必须在被测组分或称量形式的化学式前乘以适当的倍数，以使此式的分子和分母中被测组分的主要元素的原子数相等。举例如下。

① 以 Al_2O_3 为称量形式测定 Al 的换算因数的计算：

$$F = \frac{2M_{Al}}{M_{Al_2O_3}} = 0.5293 \quad （M_x 指某物质 x 的式量）$$

② 以 8-羟基喹啉铝为称量形式测定 Al_2O_3 的换算因数的计算：

$$F = \frac{M_{Al_2O_3}}{2M_{Al(C_9H_6NO)_3}} = 0.1110$$

表 10-2 元素和离子的重量分析方法

测定物质	沉淀剂	测定操作	干扰离子及排除	称量形式
Ag^+	盐酸	取试液，加 1%硝酸，加沉淀剂，加热至 70℃，放置数小时，玻璃滤器过滤，用 0.06%硝酸洗涤，130~150℃干燥，须在暗处操作	Bi、CN^-、Cu^+、Hg_2^{2+}、Pb、$S_2O_3^{2-}$、Tl^+、Sb，低价金属离子经硝酸煮沸后可排除干扰	AgCl
Al^{3+}	氨水	取试液，加氯化铵，加热至 100℃，加甲基红指示剂，用氨水调至黄色，滤纸过滤，2%氯化铵洗涤，1200℃灼烧	SiO_2、不溶性氢氧化物、碱土金属、B、F^-	Al_2O_3
	磷酸氢二铵	取试液（0.05%盐酸），煮沸，加沉淀剂，乙酸缓冲溶液（pH=5~5.4），滤纸加滤纸浆过滤，5%硝酸铵洗涤，800~1000℃灼烧	Ca、Fe、Mn、Ti、Zn、Zr	$AlPO_4$
	8-羟基喹啉（5%乙酸）	取试液（盐酸），加热至 70~80℃，加乙酸缓冲溶液（pH=7），加沉淀剂，70~80℃加热，玻璃滤器过滤，水洗涤，110℃干燥，或者滤纸过滤，1200℃灼烧（覆盖一层草酸）	参见表 2-8，8-羟基喹啉配合物沉淀的pH	$Al(C_9H_6NO)_3$ Al_2O_3
As^{3+}	硫化氢（气）	取试液（30%盐酸），于 10~15℃通入 H_2S，玻璃滤器过滤，24%盐酸、H_2S 饱和溶液、乙醇、CS_2、乙醇溶液依次洗涤，105~110℃干燥	Ge、Hg、Mo、Sb、Sn	As_2S_3
AsO_4^{3-}	镁混合剂①	取试液，冷却，加沉淀剂，玻璃滤器过滤，40℃真空干燥，或者滤纸过滤，800℃灼烧	PO_4^{3-} 及碱性介质中沉淀的离子	$MgNH_4AsO_4 \cdot 6H_2O$

测定物质	沉淀剂	测定操作	干扰离子及排除	称量形式
AsO_4^{3-}	硫化氢（气）	取试液（10mol/L 盐酸），冷至 0℃，通入 H_2S 气体 60min，放置 1~2h 后玻璃滤器过滤，4mol/L 盐酸、水、乙醇依次洗涤，105~110℃ 干燥	Ge、Hg、Mo、Sb、Sn	$Mg_2As_2O_7$ As_2S_5
Au^+	氢醌	取试液（1mol/L 盐酸），加沉淀剂，煮沸，滤纸过滤，用热水洗涤，900℃ 灼烧		Au
Au^{3+}	二氧化硫	取试液（约 1.5%盐酸），通入 SO_2，滤纸加纸浆过滤，0.3%盐酸洗涤，900℃ 灼烧	碱土金属、Pb、Pd、Pt、Se、Te	Au
	苯硫酚（4%乙醇）	取试液（0.1~0.6mol/L 盐酸），加沉淀剂，沸水浴上保温 2h，玻璃滤器过滤，105℃ 干燥		G_6H_5SAu
BO_2^-，$B_4O_7^{2-}$		取试液（中性）蒸发，移入蒸馏器中，加入甲醇，加热至 80~90℃，把 $(CH_3O)_3B$ 蒸至 $(NH_4)_2CO_3$ 吸收液中，加入乙酸镁或乙酸钙，蒸发后于 800~900℃ 灼烧		$B_2O_3$②
Ba^{2+}	硫酸	取试液，煮沸，加入热沉淀剂，放置 12~18h，滤纸过滤，热水洗涤，>780℃ 灼烧	Pb、Ca、Sr、Fe 共存加 EDTA⑧ 掩蔽	$BaSO_4$
	铬酸铵	取试液（乙酸），煮沸，加沉淀剂，玻璃滤器过滤，0.5%乙酸铵洗涤，<60℃ 干燥	许多离子干扰，但允许 Ca 和 Sr 共存	$BaCrO_4$
Be^{2+}	氨水	取试液，加 EDTA（15%），100℃ 加热，加氯化铵，氨水调节至 pH=8.5，滤纸过滤，2%热硝酸铵洗涤，1000℃ 灼烧	Al、Cu、Fe、Zn 等用 EDTA 掩蔽	BeO
	磷酸氢二铵（2mol/L）	取试液，加 EDTA（15%），10%氨水加至浑浊，加乙酸（pH=3~5），煮沸 3min，再沉淀，滤纸过滤，2%热硝酸铵洗涤，750~800℃ 灼烧		$Be_2P_2O_7$
Bi^{3+}	碳酸铵	取试液，煮沸，加沉淀剂，加氨水，滤纸过滤，热水洗涤，1000℃ 灼烧	不溶性氢氧化物、Cl^-、SO_4^{2-}	Bi_2O_3
	盐酸（1+9）	取试液，氨水加至浑浊，加盐酸，热水，煮沸 2h，玻璃滤器过滤，热水、乙醇依次洗涤，100℃ 干燥	Ag^+、AsO_4^{3-}、Hg_2^{2+}、PO_4^{3-}、Pb、SO_4^{2-}、Sb、Sn、Ti、Zr	BiOCl
	磷酸氢二铵（10%，1+9 硝酸配制）	取试液，加氨水至浑浊，加沉淀剂，加热至 80℃，放置 30min，滤纸过滤，2%硝酸铵洗涤，800℃ 灼烧	Pb、Zr、Cd、Cl^-、SO_4^{2-}	$BiPO_4$
Br^-	硝酸银（5%）	取试液，加稀硝酸，加硝酸银，煮沸，在暗处放置，玻璃滤器过滤，稀硝酸洗涤，130~150℃ 干燥	CN^-、OCN^-、SCN^-、Cl^-、I^-、S^{2-}	AgBr
CN^-	硝酸银（5%）	取试液（稀硝酸），加沉淀剂，玻璃滤器过滤，100℃ 干燥		AgCN
OCN^-	硝酸银（5%）	同上操作，110℃ 干燥		AgOCN
SCN	硝酸银（5%）	同上操作，115℃ 干燥		AgSCN
Ca^{2+}	草酸铵（4%）	（1）取试液，加沉淀剂，加热至 70~80℃，氨水中和，加热 30min，放置 2h，玻璃滤器过滤，稀草酸铵洗涤，100℃ 干燥，470~525℃ 灼烧	Mg^{2+}，需再沉淀，Fe、Al、稀土等用氨水分离除去	$CaC_2O_4·H_2O$ $CaCO_3$
		（2）同上操作，沉淀成草酸钙，滤纸过滤，洗涤，1000℃ 灼烧		CaO

续表

测定物质	沉淀剂	测定操作	干扰离子及排除	称量形式
Ca^{2+}	草酸铵（4%）	（3）同上操作，沉淀成草酸钙，800℃灼烧后，加硫酸（1+1），小心蒸发后于500～600℃灼烧		$CaSO_4$
	硫酸（1+1）	取试液（中性或弱酸性），加沉淀剂（10倍过量），加乙醇（4倍体积），放置12h，滤纸过滤，75%乙醇洗涤，500～600℃灼烧		$CaSO_4$
Cd^{2+}	硫化氢（气）	取试液（1+20硫酸），通入H_2S，向沉淀中加入硫酸，蒸发，140～150℃干燥	Cu，可用该试剂在pH=4时分离除去，Co、Ni被酒石酸掩蔽	$CdSO_4$
	α-邻羟苯基苯并噁唑（1%乙醇）	取试液（pH=9 酒石酸缓冲溶液），加热至60℃，加沉淀剂（至pH=11），玻璃滤器过滤，（1+1）乙醇溶液洗涤，130～140℃干燥		$Cd(C_{13}H_8O_2N)_2$
	钼酸铵	取试液，煮沸，加沉淀剂和氨水，玻璃滤器过滤，热水洗涤，120℃干燥	除Mg和碱金属外，均有干扰	$CdMoO_4$
	异喹啉（2.5%，0.25mol/L硫酸溶液，新配）	取试液（6%硫酸），加入二氧化硫饱和溶液，10%KI及沉淀剂，玻璃滤器过滤，沉淀剂、二氧化硫饱和溶液和碘化钾混合液洗涤，70～80℃干燥		$(C_{13}H_9N)_2 \cdot H_2CdI_4$ (0.1147)
	电解	取试液蒸发，加硫酸，再用酚酞指示剂，用碱中和，加入KCN（10%）至沉淀溶解，电解，先$0.6A/dm^2$后$1A/dm^2$，电极用乙醇和乙醚洗涤，100℃干燥		Cd
Ce^{3+}	碘酸钾+溴酸钾	（1）取试液（硝酸25%），加溴酸钾（0.5g），碘酸钾（10%，用36%硝酸配制，10～15倍过量），玻璃滤器过滤，碘酸钾、乙醇、乙醚依次洗涤，45℃干燥10～15min		$2Ce(IO_3)_4 \cdot KIO_3 \cdot 8H_2O$
		（2）按上述方法沉淀，过滤，向沉淀加入草酸，加热，用水稀释，放置1～2h，滤纸过滤，1%草酸洗涤，800℃灼烧		CeO_2
	草酸（饱和溶液）	取试液（0.3mol/L盐酸），加热至60～70℃，加沉淀剂（等体积），滤纸过滤，1%草酸洗涤，700～800℃灼烧	稀土元素、Y、Sc、Th一起沉淀，Ca可用氨水与La沉淀分离，Ti^{4+}、Ta^{5+}、Nb^{5+}用H_2O_2掩蔽	CeO_2
	氨水	取试液（含NH_4Cl），加热至100℃，加沉淀剂，滤纸过滤，硝酸铵及氨水洗涤，700～800℃灼烧	Al、Fe等氢氧化物沉淀及PO_4^{3-}，酒石酸、柠檬酸、EDTA有干扰	CeO_2
Cl^-	硝酸银（5%）	取试液（稀硝酸），加沉淀剂，加热至100℃，玻璃滤器过滤，用0.5%硝酸洗涤，130～150℃干燥，需在暗处操作	CN^-、Br^-、OCN^-、SCN^-、I^-、S^{2-}	AgCl
Co^{2+}	1-亚硝基-2-萘酚（7%，乙酸配制）	取试液（乙酸），加沉淀剂，100℃加热，玻璃滤器过滤，分别用热水、乙酸（33%）、热水洗涤，130℃干燥	Ag、Pd、Sn、Bi、Fe^{3+}、Cr^{3+}可加ZnO沉淀除去	$Co(C_{10}H_6O_2N)_3 \cdot 2H_2O$
	亚硝酸钾	取试液，加乙酸和乙酸钠（8%～10%），加沉淀剂（50%，用乙酸中和），放置24h，滤纸过滤，水、乙酸洗涤，再沉淀，100～110℃干燥		$2K_3[Co(NO_2)_6] \cdot 3H_2O$ (0.1657)
	磷酸氢二铵	（1）取试液（弱酸），加沉淀剂、氨水，滤纸过滤，10%硝酸铵洗涤，1050～1100℃灼烧	Al、Fe、Mn用氨水加溴分离，Ca用草酸分离	$CoNH_4PO_4 \cdot H_2O$ 或 $Co_2P_2O_7$

续表

测定物质	沉淀剂	测定操作	干扰离子及排除	称量形式
	磷酸氢二铵	（2）如上法沉淀，玻璃滤器过滤，氨水及乙醇洗涤，20℃干燥		
Cr^{3+}	氨水	参见 Al^{3+} 的测定，1200℃氢气中灼烧	被氨水沉淀的许多离子	Cr_2O_3
CrO_4^{2-}	氯化钡	参见 Ba^{2+} 的测定，60℃干燥	SO_4^{2-}、F^-、$C_2O_4^{2-}$	$BaCrO_4$
	硝酸亚汞	取试液，加沉淀剂，滤纸过滤，1200℃氢气中灼烧		Cr_2O_3
Cs^+	四对氟代苯硼化钠（0.1%）	取试液（0.1mol/L 盐酸），加热至70℃，加沉淀剂，放置1h，在冰浴中放置1h，玻璃滤器过滤，100℃干燥 1h	Ag^+、Tl^+干扰，但 K^+、NH_4^+不干扰	$Cs[B(C_6H_4F)_4]$（0.2536）
	氯铂酸	（1）取试液，加沉淀剂，蒸发，加乙醇（80%），玻璃滤器过滤，乙醇洗涤，130～200℃干燥	Rb、K、NH_4^+等	$Cs_2[PtCl_6]$
		（2）如上法，沉淀 $Cs_2[PtCl_6]$，将沉淀溶于热水，加乙酸钠，蒸发，加稀盐酸，滤纸加滤纸浆过滤，水洗涤，1000℃灼烧		Pt
Cu^{2+}	硫氰酸铵	取试液（弱酸性），二氧化硫饱和，水稀释，加热至100℃，加沉淀剂，玻璃滤器过滤，硫氰酸钠、二氧化硫溶液、20%乙醇洗涤，105～120℃干燥	Ag、Hg、Pb、Se、Te 有干扰，Bi、Sb、Sn 可用酒石酸掩蔽	$CuSCN$
	水杨醛肟	取试液（酸性），加沉淀剂，玻璃滤器过滤，105～110℃干燥		$Cu(C_7H_6O_2N)_2$
	雷氏试剂（饱和水溶液）④	取试液（硫酸<1.5mol/L，加 $SnCl_2$ 及沉淀剂，玻璃滤器过滤，100～110℃干燥		$Cu[Cr(NH_3)_2 \cdot (SCN)_4]$（0.1636）
	硫酸肼饱和溶液	取试液（含铜>0.2mg，硫酸），加沉淀剂，玻璃滤器过滤，100～110℃干燥		$CuSO_4(N_2H_4) \cdot H_2SO_4$
	铜试剂（乙醇溶液）	取试液（氨水溶液），加入热沉淀剂，玻璃滤器过滤，1%氨水洗涤，105～140℃干燥	Al、Cd、Co、Ni、Pb、Fe、Zn 用酒石酸掩蔽	$Cu(C_{14}H_{12}O_2N)$
	电解	取试液，加硫酸（1+1），硝酸（浓），加 EDTA 用以掩蔽 Fe^{3+}，电解（0.5～2A/dm²）		Cu
F^-	硝酸铅	取试液（中性或碱性），加入溴酚蓝，氯化钠（10%），加水至250ml，中和后加沉淀剂和乙酸钠，加热 30min，放置 10～15h，玻璃滤器过滤，饱和氯氯化铅溶液洗涤，再用水洗涤，130～140℃干燥	Al、Be、Fe、NH_4^+ 及大量碱金属	$PbClF$
	氯化钙（5%）	取试液（pH>3，不含 NH_4^+、SiO_3^{2-}、PO_4^{3-}），加沉淀剂（15ml 相当 1g F^-）、明胶、乙酸，蒸发，加水 15～20ml，滤纸过滤，1%～2%氨水洗涤，800℃灼烧	Si、Al、Fe 等预先分离	CaF_2
Fe^{3+}	氨水	取试液，加热至沸，加沉淀剂，滤纸过滤，1%硝酸铵倾注法洗涤，1000～1100℃灼烧	AsO_4^{3-}、PO_4^{3-}、VO_4^{3-}、Si 及不溶性氢氧化物，酒石酸，柠檬酸	Fe_2O_3
	六亚甲基四胺（10%）	取试液（弱酸），加氯化铵及沉淀剂，100℃加热，滤纸过滤，热水洗涤，1000～1100℃灼烧	AsO_4^{3-}、PO_4^{3-}、VO_4^{3-}、Si 及不溶性氢氧化物，酒石酸，柠檬酸	Fe_2O_3
	水合肼	取试液，加氯化铵和沉淀剂，滤纸过滤，1%氯化铵、1%沉淀剂、热水依次洗涤，1000～1100℃灼烧	AsO_4^{3-}、PO_4^{3-}、VO_4^{3-}、Si 及不溶性氢氧化物，酒石酸，柠檬酸	Fe_2O_3

续表

测定物质	沉淀剂	测定操作	干扰离子及排除	称量形式
Ga^{3+}	铜铁试剂（6%）	取试液（硫酸），冷却至10℃，加沉淀剂，滤纸加纸浆过滤，3.5%盐酸、0.15%沉淀剂及氨水依次洗涤，1000~1100℃灼烧	Ti、Zr、V、Ga	Fe_2O_3
	氨水或吡啶	取试液（硫酸），加热至100℃，加沉淀剂，滤纸加滤纸浆过滤，2%硝酸铵洗涤，1000℃灼烧	同氨水测定 Fe^{3+}	Ga_2O_3
	铜铁试剂（6%）	取试液（14%硫酸），冷却至0℃，加沉淀剂，滤纸加滤纸浆过滤，沉淀剂和硫酸洗涤，1000℃灼烧	Fe、Ti、Zr、V	Ga_2O_3
	8-羟基喹啉（或5,7-二溴-8-羟基喹啉）	取试液（pH=3.1），加沉淀剂，玻璃滤器过滤，热水洗涤，120℃干燥		$Ga(C_9H_6ON)_3$
Ge^{4+}	硫化氢（气）	取试液（硫酸 3mol/L），通硫化氢至饱和，放置48h，用滤纸过滤，稀硫酸、饱和硫化氢溶液依次洗涤，向沉淀里加入氨水、过氧化氢，蒸发，900℃灼烧	As、Sb、Sn	GeO_2
	钼酸铵（Ⅰ）和 8-羟基喹啉（Ⅱ）	取试液（50ml，约 0.03gGeO$_2$，加入沉淀剂Ⅰ、硫酸（0.75mol/L）、沉淀剂Ⅱ，放置12h，玻璃滤器过滤，稀盐酸加沉淀剂洗涤，于110℃干燥		$(C_9H_7ON)_4 \cdot H_4GeMo_{12}O_{40}$ (0.0311)
	硫酸镁	取试液（弱酸性），加硫酸铵（2mol/L），加沉淀剂（过量），加热至100℃，冷却，放置 12h，滤纸过滤，3%氨水洗涤，于1000~1100℃灼烧		Mg_2GeO_3
	单宁（5%）	取试液（300ml，0.035mol/L 草酸），加沉淀剂（1ml 相当于 1mg GeO$_2$），滤纸过滤，5%硝酸铵洗涤，于 900℃灼烧		GeO_2
Hg^{2+}	硫化氢（气）	取试液（酸性），通入硫化氢，滤纸过滤，硫化氢溶液、乙醇、二硫化碳依次洗涤，105~109℃干燥	酸不溶硫化物	HgS
	硫化铵	取试液（碳酸钠中和），加沉淀剂，氢氧化钠（10%，至溶液澄清），滤纸或玻璃滤器过滤。滤液中加入 NH$_4$NO$_3$（过量 25%），煮沸，玻璃滤器过滤，用硫化氢溶液、水、乙醇、二硫化碳、乙醚依次洗涤，105~109℃干燥	As、Sb、Al	HgS
	氯化亚锡	取试液（盐酸），加沉淀剂，放置1h，玻璃滤器过滤，用（1+1）盐酸、水、丙酮依次洗涤，20℃空气中干燥		Hg
	高碘酸钾（4%）	取试液（<0.5g 汞），加硝酸（0.15mol/L）、硫酸（0.075mol/L）加热至 100℃，加沉淀剂，玻璃滤器过滤，热水洗涤，100℃干燥		$Hg_2(IO_3)_2$
	雷氏试剂④（饱和水溶液）	取试液（硝酸），加温至 60~70℃加沉淀剂，过 30min，滤纸过滤，（1+3）硝酸洗涤，1000℃灼烧		Cr_2O_3(1.319)
I^-	硝酸银（5%）	取试液，加氨水，加沉淀剂，硝酸（至 1%）玻璃滤器过滤，1%硝酸洗涤，130~150℃干燥	Cl^-、Br^-、CN^-、OCN^-、SCN^-、S^{2-}	AgI
	氯化钯	取试液（1%盐酸），加沉淀剂，20~30℃下放置 1~2d，玻璃滤器过滤，用水及乙醇洗涤，90~95℃干燥或者用滤纸过滤，1000℃氢气中灼烧		PdI_2
IO_3^-, IO_4^-		以 AgI 形式测定		Pd

测定物质	沉淀剂	测定操作	干扰离子及排除	称量形式
In^{3+}	氨水	取试液（硝酸，无 Cl^-），加热至100℃，加沉淀剂，滤纸加纸浆过滤，用5%硝酸铵洗涤，1200℃灼烧	同氨水测定 Fe^{3+}	In_2O_3
	8-羟基喹啉	取试液（乙酸 pH=3～4），加热至70～80℃，加沉淀剂，玻璃滤器过滤，水洗涤，110～115℃干燥	Al、Cu、Fe、Ga、Zn 等	$In(C_9H_6ON)_3$
Ir^{3+} 或 Ir^{6+}	溴酸钾（10%）	取试液（弱酸），加沉淀剂，加热至100℃加碳酸氢钠（至 pH=6，以溴甲酚紫作指示剂），滤纸过滤，1%硫酸铵洗涤，600℃在氢气中灼烧	Pd、Rh、Ru、Os 干扰，Pt 不干扰	Ir
	巯基苯并噻唑（1%，乙醇）	取试液（乙酸和乙酸铵），加沉淀剂，加热至100℃，滤纸过滤，2%乙酸、2%乙酸氨洗涤，600℃灼烧（在氢气中）		Ir
	氯化铵（10%）	取试液，加热，加沉淀剂、氯酸钾，滤纸过滤，氯化铵洗涤，600℃在氢气中灼烧		Ir
K^+	硫酸铵	取试液，加硫酸铵，蒸发，与固体碳酸铵在400～800℃灼烧		K_2SO_4
	氯铂酸	参见 Cs^+ 的测定		$K_2[PtCl_6]$
	高氯酸	取试液（碱金属氯化物），加高氯酸蒸发，加水2～3ml、丁醇（1ml 水加33ml 丁醇），煮沸，玻璃滤器过滤，丁醇洗涤，350℃干燥		$KClO_4$
	四苯基硼酸钠（3%，0.003% $AlCl_3$）	取试液（0.1mol/L 盐酸），加入沉淀剂，加热15min，玻璃滤器过滤，$K[B(C_6H_5)_4]$ 饱和溶液洗涤，110～130℃干燥	NH_4^+、Rb、Cs、Tl^+、Ag、Hg^{2+}有干扰，加 EDTA 可掩蔽碱性溶液中沉淀的氢氧化物	$K[B(C_6H_5)_4]$
	双苦胺	取试液，加热，加入热沉淀剂，放置过夜，玻璃滤器过滤，沉淀剂饱和溶液洗涤，100～105℃干燥		$KN[C_6H_2(NO_2)_3]_2$
La^{3+} 及稀土	草酸（饱和溶液）	参见 Ce^{3+} 的测定		La_2O_3
	氨水	参见 Ce^{3+} 的测定		La_2O_3
Li^+	硫酸	取试液，加硫酸，蒸发至干，200℃干燥		Li_2SO_4
	盐酸	取试液（碱金属氯化物），蒸发，浓盐酸润湿，用干燥的丙酮萃取，蒸发，灼烧至熔融		LiCl
	磷酸氢二钠	取试液（碱性），加沉淀剂，蒸发，溶于氨水，滤纸加滤纸浆过滤，800℃灼烧		Li_3PO_4
Mg^{2+}	磷酸氢二铵	参见 Co^{2+} 的测定		$Mg_2P_2O_7$ $MgNH_4PO_4 \cdot 6H_2O$
	8-羟基喹啉（2%，2mol/L 乙酸）	取试液，加沉淀剂，加热100℃，加乙酸铵及稀氨水（过量），玻璃滤器过滤，热水洗涤，250℃干燥	Ca 用草酸分离，Al、Fe、Cu、Zn、Mn 在 pH=6 时先用试剂沉淀分离	$Mg(C_9H_6ON)_2$
Mn^{2+}	磷酸氢二铵	取试液（弱酸性），加沉淀剂，加热至90～95℃，氨水，滤纸过滤，用10%硝酸铵洗涤，1000℃灼烧	Mg、Zn、Ca 存在时，用$(NH_4)_2S$ 把 Mn 沉淀分离	$Mn_2P_2O_7$

测定物质	沉淀剂	测定操作	干扰离子及排除	称量形式
Mn^{2+}	磷酸氢二铵	玻璃滤器过滤，氨水、乙醇、乙醚依次洗涤，20℃干燥		$MnNH_4PO_4 \cdot H_2O$
	硫化铵	取试液，加沉淀剂，过滤后向沉淀加入硫酸，蒸发，400～450℃灼烧		$MnSO_4$
MoO_4^{2-}	乙酸铅	取试液（乙酸，约 0.1mg/ml 钼），加乙酸铵，加热至 100℃，加入沉淀剂，滤纸过滤，2%硝酸铵洗涤，600℃灼烧	Al、As、Cr、Fe、Si、Sn、V、W 等易水解元素及 PO_4^{3-}、SO_4^{2-}	$PbMoO_4$
	铜试剂（2%，乙醇）	取试液（5%～10%硫酸），加沉淀剂，冷至 5～10℃，滤纸过滤，0.1%试剂溶液洗涤，500～550℃灼烧	Nb、Ta、Pd、Si、W 有干扰，V、Cr 用 SO_2 还原	MoO_3
NH_4^+	氯铂酸	参见 Cs^+ 的测定		$(NH_4)_2PtCl_6$
NO_3^-	硝酸试剂	取试液（硫酸或乙酸），加热至 100℃，加沉淀剂，放置 30min 后，冷至0℃，玻璃滤器过滤，冷水洗涤，105℃干燥	ClO_3^-、ClO_4^-、ReO_4^-、WO_4^{2-} 及大量 Cl^-有干扰	$C_{20}H_{16}H_4 \cdot HNO_3$
Na^+	硫酸	取试液，加沉淀剂，蒸发，加固体碳酸铵，<875℃灼烧		Na_2SO_4
	乙酸铀酰锌	取试液（每毫升含钠<8mg），加试剂（10ml），玻璃滤器过滤，依次用沉淀剂、乙醇、饱和乙酸铀酰锌钠溶液、乙醚洗涤，118～125℃干燥	Li、PO_4^{3-}、AsO_4^{3-}、$C_2O_4^{2-}$ 及大量存在的各种阳离子	$NaZn(UO_2)_3 \cdot (C_2H_3O_2)_9$
		或者在 360～670℃灼烧		$Na_2U_2O_7 \cdot 2ZnU_2O_7$
Nb^{5+}, Ta^{5+}	单宁（10%）	铌或钽氧化物（0.25g），硫酸氢钾熔融，加热下溶解于草酸饱和溶液、盐酸和水的混合液（3+1+10）中过滤，滤液加氯化铵，酒石酸 EDTA，中和，加饱和氯化铵至 pH=5～6，加沉淀剂，煮沸 2min，放置 30min，滤纸过滤，用氯化铵及 EDTA 洗涤，于 900℃灼烧		Nb_2O_5、Ta_2O_5
				Nb_2O_5、Ta_2O_5
	苯砷酸	取试液（焦硫酸钾熔融后，用酒石酸溶解），加盐酸，加热，加沉淀剂，滤纸加滤纸浆过滤，碳酸铵洗涤，1000℃灼烧		$Ta_2O_5 \cdot Nb_2O_5$
Ni^{2+}	丁二肟（1%乙醇）	取试液，加热至 60～70℃，加沉淀剂，加氨水，玻璃滤器过滤，冷水洗涤，110～120℃干燥	Fe^{2+}氧化，Al、Fe、Cr 等被氨沉淀的离子加酒石酸，Co 大量时用 H_2O_2 氧化，Cu 大量时用 Al 除去	$Ni(C_4H_7O_2N_2)_2$
	水杨醛肟	取试液（中性），加沉淀剂，加热至100℃，玻璃滤器过滤，用冷水洗涤，100～120℃干燥		$Ni(C_7H_6O_2N)_2$
Ni^{2+}	电解	取试液（硫酸），加硫酸铵、氨水，电解（3～3.5A/dm^2），水及乙醇洗涤，100～105℃干燥		Ni
Os^{4+}	碳酸氢钠（5%）	取试液（酸性），加热至100℃，加沉淀剂（至 pH=1.5～6.3），玻璃滤器过滤，用1%氯化铵及乙醇洗涤，800℃氢气中灼烧	Ru、Rh、Pd、Ir 共沉淀	Os
	巯萘剂（0.5%，乙醇）	取试液（酸性），加热至100℃，加沉淀剂（慢慢地在 1h 内加完），玻璃滤器过滤，用 0.6%盐酸洗涤，800℃氢气中灼烧		Os
PO_4^{3-}	镁混合剂	取试液（加入柠檬酸以掩蔽铁），加沉淀剂，氨水，放置数小时，滤纸过滤，1.5%冷氨水洗涤，900～1000℃灼烧	参见 Mg^{2+} 的测定	$Mg_2P_2O_7$

第三篇

测定物质	沉淀剂	测定操作	干扰离子及排除	称量形式
PO_4^{3-}	钼酸铵	取试液（>0.05mg 磷），加硝酸铵（5%～10%），硝酸（5%～10%），40～45℃加热，加沉淀剂（20 倍过量），放置 30min，玻璃滤器过滤，5%硝酸铵洗涤，500～550℃灼烧	As、F、Se、Si、Te、Ti、V、W、Zr、H_2SO_4、HCl	$HPO_3 \cdot 12MoO_3$
		同上操作，105℃干燥		$(NH_4)_3PO_4 \cdot 12MoO_3$ (0.01637)
		同上操作，180℃干燥		$(NH_4)_3PO_4 \cdot 12MoO_3$ (0.01654)
		同上操作，取得沉淀，溶解于氨水（10%氨），盐酸酸化，再按镁氧剂方法测定		$Mg_2P_2O_7$
Pb^{2+}	硫酸（1+1）	取试液，加硫酸，蒸至冒三氧化硫，加水（至酸度为 8%硫酸），放置 3～4h，玻璃滤器过滤，用 6%硫酸（$PbSO_4$饱和溶液）洗涤，120～130℃干燥，或者滤纸过滤，300～600℃灼烧	Ag、Bi、Cu、Sb、Sn、W、Ca 有干扰，若有 Ba、Sr，沉淀用乙酸铵处理，使$PbSO_4$溶解，分离后再沉淀	$PbSO_4$
	钼酸铵	取试液（稀硝酸），100℃加热，加沉淀剂，氨水中和，加乙酸，玻璃滤器过滤，2%硝酸铵洗涤，600℃灼烧	碱土金属、AsO_4^{3-}、CrO_4^{2-}、PO_4^{3-} 及易水解元素	$PbMoO_4$
	重铬酸钾或铬酸钾	取试液（硝酸 3mol/L），100℃加热，加沉淀剂（4 倍过量），玻璃滤器过滤，140℃干燥或者滤纸过滤，500～600℃灼烧		$PbCrO_4$
	硫酸钾	取试液，加入硫酸钾（不小于 5mg/mL），放置 2～3h，玻璃滤器过滤，0.03mol/L 硫酸钾洗涤，130℃干燥		$K_2SO_4 \cdot PbSO_4$
	电解	取试液（10%硝酸）铂作阳极电解（约 $3A/dm^2$），70℃加热，电极用水及乙醇洗涤，180℃干燥		PbO_2
Pd^{2+}	碘化钾	取试液（中性或硝酸），加沉淀剂，煮沸（或不加热放置 24h），玻璃滤器过滤，热水洗涤，<360℃干燥	Ag、Pb、Hg_2^{2+}、Tl^+	PdI_2
	丁二肟（1%,乙醇）	取试液（盐酸），加热，加沉淀剂，放置 1h，玻璃滤器过滤，热水洗涤，<171℃干燥	Au 及大量的铂族元素	$Pd(C_4H_7O_2N_2)_2$
Pt^{4+}	硫化氢（气）	取试液，通入硫化氢，加热至 100℃，滤纸过滤，1%氯化铵洗涤，900℃灼烧		Pt
	苯硫酚（10%乙醇）	取试液，加入沉淀剂，加热至 100℃，滤纸过滤，用水洗涤，900℃灼烧		Pt
	甲酸	取试液，加乙酸钠及沉淀剂，100℃加热 5～6h，滤纸过滤，1%氯化铵洗涤，900℃灼烧	铂族元素、Pd、Cu	Pt
Rb^+	氯化亚锡（饱和溶液）	取试液（分离出钾后的碱金属氯化物溶液），加热，加入煮沸的沉淀剂，放置 4h，玻璃滤器过滤，110℃干燥		$Pb_2[SnCl_6]$
ReO_4^-	硝酸试剂（5%,3%乙酸）	取试液（0.03mol/L 乙酸），加沉淀剂，稀硫酸，加热 80℃，后冷却至室温，放置 2h，玻璃滤器过滤，水及沉淀的饱和溶液洗涤，110℃干燥	NO_3^-、ClO_3^-、ClO_4^-、WO_4^{2-}等	$C_{20}H_{16}N_4 \cdot HReO_4$
	氯化四苯（1%）	取试液（0.5mol/L 氯化钠），加热，加沉淀剂，玻璃滤器过滤，冰水洗涤，110℃干燥		$(C_6H_5)_4AsReO_4$

续表

测定物质	沉淀剂	测定操作	干扰离子及排除	称量形式
Rh^{3+}	硫化氢（气）	取试液（盐酸），通入硫化氢，滤纸过滤，用 2.5%硫酸及 1%盐酸洗涤，800℃氢气中灼烧		Rh
	硫代巴比妥酸	取试液（盐酸），加沉淀剂，滤纸过滤，用 2.5%硫酸及 1%盐酸洗涤，800℃氢气中灼烧		Rh
	三氯化钛（20%）	取试液（硫酸），加沉淀剂，滤纸过滤，2%硫酸洗涤，800℃氢气中灼烧		Rh
Ru^{3+}或 Ru^{5+}	碳酸氢钠（5%）	取试液（酸性），加沉淀剂（中和至溴甲酚紫变色，pH=5～7），煮沸 5min，滤纸过滤，2%硫酸铵溶液洗涤，800℃氢气中灼烧	若不把 Ru 蒸馏分离，Ir、Os、Pd、Rh 有干扰	Ru
	巯萘剂	取试液（0.2～0.5mol/L Ru），加沉淀剂，加热至 100℃，滤纸过滤，用热水洗涤，800℃氢气中灼烧		Ru
	硫化氢（气）	取试液，通入硫化氢，滤纸过滤，800℃氢气中灼烧		Ru
SO_4^{2-}	氯化钡（2%）	参见 Ba^{2+}的测定		$BaSO_4$
Sb^{3+}	硫化氢（气）	（1）取试液（盐酸 9%），加热，通入硫化氢至黑色沉淀析出，加水（1 体积），再通硫化氢，玻璃滤器过滤，水及乙醇洗涤，170～290℃二氧化碳中干燥	酸性溶液中形成硫化物沉淀的离子，Cu、Bi 等可用多硫化铵将其分离后，再沉淀 Sb^{3+}	Sb_2S_3
		（2）同上法，沉淀为 Sb_2S_3，100℃干燥后溶于硫化铵，滤纸过滤，滤液蒸发，小心加入浓硝酸，加热，用水稀释，加氨水，蒸至三氧化硫除去，800～850℃灼烧		Sb_2O_3
	焦棓酸	取试液加酒石酸，沉淀剂，玻璃滤器过滤，水洗，100～105℃干燥	氧化性物质，试剂应勿与空气接触，Bi 预先分离	$SbO(C_6H_5O_3)$
SeO_3^{2-}	盐酸肼（25%）	取试液（盐酸，5mol/L），加沉淀剂，90℃加热放置 4h，玻璃滤器过滤，水、乙醇洗涤，110℃干燥		Se
	二氧化硫和浓盐酸	取试液，加盐酸，于 15～20℃加二氧化硫饱和溶液，玻璃滤器过滤，依次用浓盐酸、水、乙醇、丙酮洗涤，120～130℃干燥	Ag 可用盐酸分离，Au 存在，也沉淀析出，用硝酸处理 Se 溶解；Sb 加酒石酸；Bi 存在沉淀用 KCN 处理，Se 溶解；Te 存在，于 9mol/L 盐酸中通入 SO_2，只有 Se 沉淀	Se
SiO_3^{2-}	盐酸	取试液，用盐酸酸化，蒸至盐析出，移至水浴上蒸至湿盐状，最后蒸干，加入稀盐酸，滤纸过滤，1.5%盐酸洗涤，1000℃灼烧至恒重，称量后，用水润湿二氧化硅，用硫酸（1+1）和氢氟酸处理，蒸至三氧化硫白烟消失，再以氢氟酸处理一次，于 1000℃灼烧至恒重，称重，根据两次质量之差，计算二氧化硅含量		SiO_2
Sn^{4+}	氨水	取试液（盐酸，氯化铵），加沉淀剂（用甲基红指示），滤纸加滤纸浆过滤，2%硝酸铵洗涤，900℃灼烧		SnO_2
	铜铁试剂（6%）	取试液（硫酸或盐酸），加硼酸（以掩蔽 F^-），冷却至 0℃，加沉淀剂，滤纸过滤，1%盐酸洗涤，900℃灼烧		SnO_2

测定物质	沉淀剂	测定操作	干扰离子及排除	称量形式
Sn^{4+}	苯胂酸	取试液（盐酸，1.5%），加沉淀剂，加热，滤纸过滤，4%硝酸铵洗涤，900℃灼烧		SnO_2
	电解	取试液（25～300mg Sn），加草酸，锌阳极，用火棉胶覆盖，铂阴极，电解1～3h		Sn
Sr^{2+}	硫酸	取试液（盐酸），加沉淀剂（10倍过量），加乙醇，玻璃滤器过滤，75%乙醇、稀硫酸、乙醇依次洗涤，100～110℃干燥或者滤纸过滤，800℃灼烧	Pb用乙酸铵分离，Ba、Ca要预先分离	$SrSO_4$
TeO_3^{2-}	二氧化硫饱和溶液和盐酸羟胺（15%）	分离硒后的溶液（参见硒），加盐酸（3mol/L），加热至100℃，加沉淀剂，煮沸，玻璃滤器过滤，水及乙醇洗涤，105℃干燥	参见硒的测定，大量SO_4^{2-}干扰	Te
	氯化四苯或氯化四苯磷	取试液（4～5mol/L盐酸或1.5mol/L硫酸），加沉淀剂，玻璃滤器过滤，水及乙醇洗涤，105℃干燥		$[(C_6H_5)_4As]_2 \cdot TeCl_6$ $[(C_6H_5)_4P]_2 \cdot TeCl_6$
Th^{4+}	草酸（10%）	取试液（盐酸，1.4%），加热至100℃，滴加沉淀剂，放置12h，滤纸过滤，2.5%草酸及1.2%盐酸洗涤，750℃灼烧	稀土元素、碱土金属、PO_4^{3-}	ThO_2
Ti^{4+}	铜铁试剂（6%）	取试液（盐酸或硫酸），冷至10℃，加沉淀剂，滤纸过滤，1%盐酸加试剂洗涤，800～1000℃灼烧	Zr、Hf、Fe^{3+}、V、Sn^{4+}、W	TiO_2
	单宁（10%）和安替比林	取试液（硫酸，6%），加单宁、安替比林，加热至100℃，加硫酸铵，滤纸过滤，安替比林硫酸溶液及硫酸铵溶液洗涤，>650℃灼烧	Al、Co、Cr、Fe、Mn、Ni	TiO_2
	8-羟基喹啉（2%乙醇）	取试液（150ml），加酒石酸（1g），乙酸钠（1g）、冰醋酸（1.5ml）、沉淀剂，加热至100℃，玻璃滤器过滤，热水洗涤，110℃干燥		$TiO(C_9H_6ON)_2$
	对羟基苯胂酸（4%）	取试液，加沉淀剂，加热至100℃，滤纸过滤，0.5%沉淀剂溶液洗涤，800～1000℃灼烧	Ce^{4+}、H_2O_2、Sn、Zr	TiO_2
	氨水或吡啶	取试液，加沉淀剂至pH=5～6，滤纸过滤，800～1000℃灼烧		TiO_2
Tl^+	铬酸钾	取试液，加氨水，80℃加热，加沉淀剂，玻璃滤器过滤，1%铬酸钾及50%乙醇洗涤，<745℃灼烧	Pb、Ag、Hg	$TlCrO_4$
	铁氰化钾（8%）	取试液，加氢氧化钾（过量5%），加沉淀剂，放置18h后，玻璃滤器过滤，200℃二氧化碳中干燥	-	TlO_3
	碘化钾	取试液（Tl^{3+}用二氧化硫还原至Tl^+），加乙酸，100℃加热，加沉淀剂，放置12h，玻璃滤器过滤，用碘化钾溶液、乙酸、丙酮依次洗涤，120～130℃干燥	Ag、Cu、Pb	TlI
	氯铂酸	参见Cs^+的测定		
	四苯基硼酸钠	参见Cs^+的测定		
UO_2^{2+}	氨水或吡啶	取试液（酸性），加热至100℃，加沉淀剂（加至甲基红指示剂变黄），滤纸加滤纸浆过滤，2%硝酸铵及热水洗涤，750～900℃灼烧	F^-、PO_4^{3-}、CO_3^{2-}、酒石酸、柠檬酸	U_3O_8

测定物质	沉淀剂	测定操作	干扰离子及排除	称量形式
UO_2^{2+}	8-羟基喹啉（3%，4mol/L 乙酸）	取试液，加乙酸缓冲溶液（pH=5～9），加 EDTA，加热至 100℃，加沉淀剂，玻璃滤器过滤，热水洗涤，105～110℃ 干燥		$UO_2(C_9H_6ON)_2\cdot(C_9H_7ON)$
VO_3^-，VO_4^{3-}	铜铁试剂（6%）	取试液（硫酸，20%），冷却 10℃，加沉淀剂，滤纸过滤，0.1%硫酸和沉淀剂溶液洗涤，<658℃ 灼烧	参见 Ti^{4+} 的测定	V_2O_5
	硝酸汞	取试液，加沉淀剂，滤纸过滤，<658℃ 灼烧		V_2O_5
	氯化铵（饱和溶液）	取试液（浓溶液），加氯化铵，滤纸过滤，<658℃ 灼烧		V_2O_5
WO_4^{2-}	浓硝酸	取试液（碱性），加浓硝酸蒸发，加硝酸铵，放置过夜，加水，滤纸过滤，5%硝酸及 0.5%硝酸铵洗涤，向沉淀加入氨水，滤液蒸发，800℃ 灼烧	As、Mo、Nb、Sb、Si、Sn、Ta、F^-、PO_4^{3-} 及大量 K、Na、NH_4^+	WO_3
	辛可宁（5%）或 β-萘喹啉（3%）	取试液（碱性），加硝酸，沉淀剂，加热，滤纸过滤，稀硝酸洗涤，沉淀溶于氨水，再沉淀，800℃ 灼烧		WO_3
	单宁和辛可宁（5%）或 β-萘喹啉（3%）	取试液（碱性），加氯化铵，50℃加热，加单宁（新配）、盐酸、辛可宁，滤纸加纸浆过滤，800℃ 灼烧		WO_3
	8-羟基喹啉	取试液，加乙酸、沉淀剂，玻璃滤器过滤，热水洗涤，120℃ 干燥		$WO_2(C_9H_6ON)_2$
Zn^{2+}	硫化氢（气）	取试液（pH=2.6～2.7），通入硫化氢，滤纸过滤，水洗涤，950～1000℃ 灼烧	许多阳离子	ZnO
		如上法沉淀过滤，向沉淀加入硝酸，蒸发，500℃ 灼烧		$ZnSO_4$
		如上法沉淀，将沉淀氧化后，按 SO_4^{2-} 方法测定		$BaSO_4$
	磷酸氢二铵	取试液（弱酸性），加热，加试剂（10～15 倍过量），放置 3h，滤纸过滤，0.1%试剂热溶液和乙醇洗涤，900℃ 灼烧		$Zn_2P_2O_7$
	8-羟基喹啉	取试液（酒石酸或乙酸缓冲溶液），加沉淀剂，玻璃滤器过滤，130～140℃ 干燥	Al、Bi、Cd、Cu、Ni	$Zn(C_9H_6ON)_2\cdot1.5H_2O$
	碳酸钠	取试液，100℃加热，加沉淀剂（至酚酞变红），玻璃滤器过滤，水洗涤，950～1000℃ 灼烧		ZnO
	硫氰酸汞钾	取试液（硫化锌在硫酸中），加酒石酸、硫氰酸钾、乙酸钠、沉淀剂，放置 12h，玻璃滤器过滤，沉淀剂稀溶液（1+400）洗涤，110℃ 干燥		$Zn[Hg(SCN)_4]$
	电解	取试液加柠檬酸（pH=4～5），用铂阴极（镀铜）电解（$1A/dm^2$）		
Zr^{4+}	铜铁试剂（6%）	取试液（20%硫酸），冷却至 10℃，加沉淀剂，滤纸加滤纸浆过滤，3.5%盐酸（10℃）洗涤，1200℃ 灼烧	Ti、Hf、Fe^{3+}、V、Sn^{4+}、W	ZrO_2
	硒酸（12.5%）	取试液（1.5mol/L 盐酸），加热至 100℃，加沉淀剂，滤纸加滤纸浆过滤，1%盐酸及沉淀剂洗涤，1200℃ 灼烧	Al、Fe、稀土元素	ZrO_2
	苯胂酸（10%）	取试液（10%盐酸），加过氧化氢（3%）、沉淀剂（10～30ml），加热至 100℃，放置 2min，滤纸过滤，1%盐酸及 0.1%沉淀剂洗涤，1000℃ 灼烧		ZrO_2

第三篇

续表

测定物质	沉淀剂	测定操作	干扰离子及排除	称量形式
Zr^{4+}	砷酸氢二铵（1%）	取试液（盐酸），加沉淀剂，100℃加热，再加沉淀剂，滤纸过滤，1mol/L盐酸和热水洗涤，1000℃灼烧	Hf、Nb、Ta、Th，有 Ti 加 H_2O_2	ZrO_2
	磷酸氢二铵	取试液（硫酸，10%），加热至100℃，加沉淀剂（10～100 倍过量），加热至50℃，放置 24h，滤纸过滤，5%硝酸铵洗涤，>880℃灼烧		ZrP_2O_7(0.518)
	苯乙醇酸（16%）	取试液（20%，盐酸），加沉淀剂，85℃加热，放置 25min，冷却，玻璃滤器过滤，2%盐酸加沉淀剂洗涤，再用乙醇洗涤，110～120℃干燥		$(C_6H_5CHOHCOO)_4Zr$(0.1772)

① 100g $MgCl_2 \cdot 6H_2O$、125g NH_4Cl、500ml 浓氨水和150ml 水相混合。
② 称量的沉淀中包括与加入的乙酸镁或乙酸钙相应的 CaO 或 MgO 的质量。
③ EDTA 指乙二胺四乙酸钠盐，下同。
④ 雷氏(Reineche)试剂：$NH_4[Cr(NH_3)_2 \cdot (SCN)_4] \cdot H_2O$，用 5%盐酸配制。
⑤ $HgCl_2$(27g/L)和 KSCN(39g/L)等体积混合。

表 10-3 重量分析沉淀的热稳定性及换算因数

元素	沉淀剂	称量形式	热稳定性[①]范围/℃	重量测定的换算因数
Ag	盐酸	AgCl	70～600	Ag：0.7526
	氢溴酸	AgBr	70～940	Ag：0.5745
	铬酸钾	Ag_2CrO_4	92～812	Ag：0.6503
	电解	Ag	<950	
Al	氨或氨与空气混合物	Al_2O_3	>475	Al：0.5293
	磷酸氢二钠	$AlPO_4$	>743	Al：0.2212；Al_2O_3：0.4180
	8-羟基喹啉	$Al(C_9H_6NO)_3$	102～220	Al：0.05873；Al_2O_3：0.1110
	溴	Al_2O_3	>280	Al：0.5293
As	硝酸钙	$Ca_2As_2O_7$	350～946	As：0.4381；As_2O_3：0.5785
	硫化氢	As_2S_3	200～275	As：0.6090；As_2O_3：0.8041
	硝酸铅	$PbHAsO_4$	81～269	As：0.2185；As_2O_3：0.2849
Au	焦棓酸	Au	20～957	
	苯硫酚	C_6H_5SAu	<157	Au：0.6434
		Au	187～972	
B	氯化钾	KBF_4	50～410	B：0.08586；B_2O_3：0.2765
	硝酸试剂	$C_{20}H_{16}N_4HBF_4$	50～197	B：0.02701；B_2O_3：0.08698
		B_2O_3	443～946	B：0.3107
Ba	硫酸	$BaSO_4$	780～1100	Ba：0.5885；BaO：0.6570
	铬酸钾	$BaCrO_4$	<60	Ba：0.5421；BaO：0.6053
	磷酸铵	BaO	400～813	Ba：0.8957
Be	氨水	BeO	>900	Be：0.3603
	磷酸氢二钠	$Be_2P_2O_7$	640～951	Be：0.09389；BeO：0.2749
	硫酸	$BeSO_4$	346～679	Be：0.0858；BeO：0.2380
Bi	磷酸氢二铵	$BiPO_4$	379～961	Bi：0.6876；Bi_2O_3：0.7665
	砷酸	$BiAsO_4$	47～400	Bi：0.6007；Bi_2O_3：0.6697
	甲醛	Bi	73～150	Bi_2O_3：1.1148
Br	硝酸银	AgBr	70～946	Br：0.4256
C(CN$^-$)	硝酸银	AgCN	93～237	C：0.0897；CN：0.1943
C(SCN$^-$)	硝酸铜	$Cu(SCN)_2$	103～298	C：0.0988；SCN：0.4776

续表

元素	沉淀剂	称量形式	热稳定性[①]范围/℃	重量测定的换算因数
C[Fe(CN)$_6^{4-}$]	硝酸银	Ag$_4$[Fe(CN)$_6$]	60～229	C：0.1120；Fe(CN)$_6$：0.3294
Ca	草酸	CaC$_2$O$_4$	226～389	Ca：0.3129；CaO：0.4378
		CaCO$_3$	478～635	Ca：0.4004；CaO：0.5603
		CaO	838～1025	Ca：0.7147
	硫酸	CaSO$_4$	105～890	Ca：0.2944；CaO：0.4119
	碘酸	Ca(IO$_3$)$_2$	106～450	Ca：0.1028；CaO：0.1438
	砷酸氢钠	Ca$_2$As$_2$O$_7$	350～946	Ca：0.2344；CaO：0.3280
Cd	氢氧化钾	CdO	371～880	Cd：0.8754
	8-羟基喹啉	Cd(C$_9$H$_6$NO)$_2$	280～384	Cd：0.2805；CdO：0.3204
	硫化氢	CdS	218～420	Cd：0.7781；CdO：0.8888
	喹哪啶酸	Cd(C$_{10}$H$_6$NO$_2$)$_2$	125～260	Cd：0.2461
Ce	草酸	CeO$_2$	>360	Ce：0.8141
Cl	硝酸银	AgCl	70～600	Cl：0.2474
Co	电解	Co	50～193	Co$_2$O$_3$：1.4072
	草酸钾	Co$_3$O$_4$	285～946	Co：0.7342；Co$_2$O$_3$：1.0332
	磷酸氢二铵	Co$_2$P$_2$O$_7$	636～946	Co：0.4039；Co$_2$O$_3$：0.5684
	1-亚硝基-2-萘酚	Co(C$_{10}$H$_6$NO$_2$)$_3$	130～200	Co：0.1024
	8-羟基喹啉	Co(C$_9$H$_6$NO)$_2$	115～295	Co：0.1697；Co$_2$O$_3$：0.2388
Cr	氨水	Cr$_2$O$_3$	812～944	Cr：0.6842
	硝酸银	Ag$_2$CrO$_4$	92～812	Cr：0.1568；Cr$_2$O$_3$：0.2291
	8-羟基喹啉	Cr(C$_9$H$_6$NO)$_3$	70～150	Cr：0.1074；Cr$_2$O$_3$：0.1569
Cs	盐酸	CsCl	110～877	Cs：0.7894；Cs$_2$O：0.8369
	高氯酸	CsClO$_4$	42～543	Cs：0.5720；Cs$_2$O：0.6064
	四苯硼化钠	CsB(C$_6$H$_5$)$_4$	<210	Cs：0.2939；Cs$_2$O：0.3116
Cu	电解	Cu	<67	CuO：1.2518
	邻氨基苯（甲）酸	Cu(NH$_2$C$_6$H$_4$CO$_2$)$_2$	<225	Cu：0.1892；CuO：0.2369
	草酸	CuC$_2$O$_4$	100～270	Cu：0.4192；CuO：0.5248
	8-羟基喹啉	Cu(C$_9$H$_6$NO)$_3$	66～296	Cu：0.1806；CuO：0.2261
	水杨醛肟	Cu(C$_7$H$_6$NO)$_2$	<150	Cu：0.1892；CuO：0.2369
	巯萘剂	Cu(C$_{12}$H$_{10}$ONS)$_2$	148～167	Cu：0.1281；CuO：0.1603
	喹哪啶酸	Cu(C$_{10}$H$_6$NO$_2$)$_2$·H$_2$O	<120	Cu：0.1492
	铜试剂	Cu(C$_{14}$H$_{12}$O$_2$N)	105～140	Cu：0.2201
Dy	草酸	Dy$_2$O$_3$	>745	Dy：0.8713
Er	草酸	Er$_2$O$_3$	>720	Er：0.8745
Eu	草酸	Eu$_2$O$_3$	>620	Eu：0.8636
F	氯化铅	PbClF	66～538	F：0.0726
	氯化钙	CaF$_2$	400～950	F：0.4867
	氯化钡	BaSiF$_6$	100～345	F：0.4079
Fe	氨水	Fe$_2$O$_3$	470～940	Fe：0.6994
	铜铁试剂	Fe[C$_6$H$_5$N(NO)O]$_3$	<98	Fe：0.1195；Fe$_2$O$_3$：0.1709
	8-羟基喹啉	Fe(C$_9$H$_6$NO)$_3$	<284	Fe：0.1144；Fe$_2$O$_3$：0.1653
Ga	氨水	Ga$_2$O$_3$	408～946	Ga：0.7439
	铜铁试剂	Ga$_2$O$_3$	>745	Ga：0.7439
	5,7-二溴-8-羟基喹啉	Ga(C$_9$H$_4$NOBr$_2$)$_3$	100～224	Ga：0.07147；Ga$_2$O$_3$：0.1921
Gd	草酸	Gd$_2$O$_3$	>700	Gd：0.8676

第三篇

元素	沉淀剂	称量形式	热稳定性[①]范围/℃	重量测定的换算因数
Ge	硫化铵	GeO_2	410～946	Ge：0.6941
	单宁	GeO_2	900～950	Ge：0.6941
Hf	氨水	HfO_2	350～660	Hf：0.8480
	苯乙醇酸	$Hf(C_6H_5CHOHCO_2)_4$	90～260	Hf：0.2279；HfO_2：0.2688
Hg	硫化铵	HgS	<109	Hg：0.8622
	砷酸氢二钠	$Hg_3(AsO_4)_2$	45～418	Hg：0.6842
	铬酸钾	$HgCrO_4$	52～256	Hg：0.7757
	电解	Hg	<70	
	硫萘剂	$Hg(C_{12}H_{10}ONS)_2$	90～169	Hg：0.3168
Ho	草酸	Ho_2O_3	<735	Ho：0.8730
I(I^-)	硝酸银	AgI	60～900	I：0.5405
I(IO_3^-)	硝酸银	$AgIO_3$	80～410	I：0.4488；IO_3：0.6185
In	氨水	In_2O_3	345～880	In：0.8271
	8-羟基喹啉	$In(C_9H_6NO)_3$	100～285	In：0.2098；In_2O_3：0.2537
	硫化氢	In_2S_3	94～221	In：0.7048；In_2O_3：0.8521
Ir	2-巯基苯并噻唑	Ir	520～980	
K	高氯酸	$KClO_4$	73～653	K：0.2822；K_2O_2：0.3399
	四苯硼化钠	$KB(C_6H_5)_4$	<265	K：0.1091；K_2O：0.1314
	双苦胺	$KC_{12}H_4O_{12}N_7$	50～220	K：0.08192；K_2O：0.09868
La	草酸	La_2O_3	>800	La：0.8527
Lu	草酸	Lu_2O_3	>715	Lu：0.8794
Mg	8-羟基喹啉	$Mg(C_9H_6NO)_2$	88～300	Mg：0.7779；MgO：0.1290
	氟化铵	MgF_2	411	Mg：0.3902；MgO：0.6470
	氢氧化钠	MgO	>800	Mg：0.6032
	草酸	MgC_2O_4	233～397	Mg：0.2165；MgO：0.3589
Mn	氢氧化钾	Mn_3O_4	>946	Mn：0.7203
	草酸钾	MnC_2O_4	100～214	Mn：0.3843；Mn_3O_4：0.5335
		Mn_3O_4	670～943	Mn：0.7203
	8-羟基喹啉	$Mn(C_9H_6NO)_2$	117～250	Mn：0.1600；Mn_3O_4：0.2222
Mo	8-羟基喹啉	$MoO_2(C_9H_6NO)_2$	40～270	Mo：0.2305；MoO_3：0.3458
	硫化氢	MoO_3	485～780	Mo：0.6666
N(NO_3^-)	硝酸试剂	$C_{20}H_{16}N_4HNO_3$	20～242	N：0.03732；NO_3：0.1652
N(NH_4^+)	四苯硼化钠	$NH_4B(C_6H_5)_4$	<130	N：0.04153；NH_3：0.05050 NH_4：0.05348
	氯铂酸	$(NH_4)_2PtCl_6$	<181	N：0.06312；NH_3：0.07673；NH_4：0.08128
Na	醋酸铀酰锌	$Na_2U_2O_7·2ZnU_2O_7$	360～674	Na：0.02369；Na_2O：0.03194
	高氯酸	$NaClO_4$	130～471	Na：0.1878；Na_2O：0.2531
Nb	铜铁试剂	Nb_2O_5	650～950	Nb：0.6990
	8-羟基喹啉	Nb_2O_5	649～800	Nb：0.6990
Nd	草酸	Nd_2O_3	>735	Nd：0.8574
Ni	丁二酮肟	$NiC_3H_{14}O_4N_4$	79～172	Ni：0.2032；NiO：0.2586
	电解	Ni	<93	NiO：1.2726
	氢氧化钠	NiO	250～815	Ni：0.7858

元素	沉淀剂	称量形式	热稳定性[①]范围/℃	重量测定的换算因数
Ni	草酸	NiO	633～845	Ni: 0.7858
	吡啶+SCN⁻	$Ni(C_5H_5N)_4(SCN)_2$	<60	Ni: 0.1195
	8-羟基喹啉	$Ni(C_9H_6NO)_2$	100～232	Ni: 0.1692；NiO: 0.2153
P	钼酸铵	$(NH_4)_3PO_4 \cdot 12MoO_3$	160～415	P: 0.01651；P_2O_5: 0.03783
	8-羟基喹啉	$(C_9H_7NO)_3H_3(PMo_{12}O_{40})$	85～285	P: 0.01370；P_2O_5: 0.03139
Pb	硫酸	$PbSO_4$	271～959	Pb: 0.6832；PbO: 0.7360
	盐酸	$PbCl_2$	53～528	Pb: 0.7450；PbO: 0.8026
	磷酸氢二铵	$Pb_2P_2O_7$	358～880	Pb: 0.7044；PbO: 0.7587
	水杨醛肟	$Pb(C_7H_5NO_2)_2$	45～180	Pb: 0.4340；PbO: 0.4675
	巯萘剂	$Pb(C_{12}H_{10}ONS)_2$	71～134	Pb: 0.3409；PbO: 0.3673
Pd	丁二酮肟	$Pd(C_4H_7O_2N_2)_2$	45～171	Pd: 0.3161
	乙烯	Pd	<384	
	邻菲啰啉	$PdCl_2 \cdot C_{12}H_8N_2$	50～389	Pd: 0.2976
Pr	草酸	Pr_6O_{11}	>790	Pr: 0.8277
Pt	氯化铵	$(NH_4)_2PtCl_6$	<181	Pt: 0.4396
Rb	氯铂酸	Rb_2PtCl_6	70～674	Rb: 0.2954；RbO: 0.3230
	高氯酸	$RbClO_4$	101～343	Rb: 0.4622；RbO: 0.5055
	四苯硼化钠	$RbB(C_6H_5)_4$	<240	Rb: 0.2112；RbO: 0.2310
Re	硝酸试剂	$C_{20}H_{16}N_4HReO_4$	91～288	Re: 0.3304
	氯化四苯	$(C_6H_5)_4AsReO_4$	106～185	Re: 0.2939
S(S²⁻)	硝酸银	Ag_2S	69～615	S: 0.1294
S(SO₄²⁻)	联苯胺	$C_{12}H_{12}N_2 \cdot H_2SO_4$	72～130	S: 0.1136；SO_4: 0.3403
	氯化钡	$BaSO_4$	780～1100	S: 0.1374；SO_4: 0.4115
Sb	硫化氢	Sb_2S_3	176～275	Sb: 0.7168；Sb_2O_3: 0.8581
Sc	氨水	Sc_2O_3	542～946	Sc: 0.6520
	草酸	Sc_2O_3	>635	Sc: 0.6520
	8-羟基喹啉	$Sc(C_9H_6NO)_3 \cdot (C_9H_6NOH)$	<125	Sc: 0.0722；Sc_2O_3: 0.1108
Se	二氧化硫	Se	<370	SeO_2: 1.4052
	硝酸铅	$PbSeO_4$	<330	Se: 0.2255；SeO_2: 0.3169
Si	盐酸	SiO_2	358～946	Si: 0.4675
	氟化钾	K_2SiF_6	60～410	Si: 0.1275；SiO_2: 0.2728
	安替比林+钼酸	$SiO_2 \cdot 12MoO_3$	399～787	Si: 0.01571；SiO_2: 0.03362
Sm	草酸	Sm_2O_3	>735	Sm: 0.8623
Sn	氨水	SnO_2	>834	Sn: 0.7877
	铜铁试剂	SnO_2	>747	Sn: 0.7877
Sr	硫酸	$SrSO_4$	100～300	Sr: 0.4770；SrO: 0.5641
	碘酸	$Sr(IO_3)_2$	157～600	Sr: 0.2003；SrO: 0.2369
	草酸钾	SrC_2O_4	177～400	Sr: 0.4989；SrO: 0.5900
Ta	铜铁试剂	Ta_2O_5	>1000	Ta: 0.8190
	酒石酸	Ta_2O_5	>894	Ta: 0.8190
Tb	草酸	Tb_4O_7	>725	Tb: 0.8502
Te	肼	Te	<40	TeO_2: 1.2508
Th	草酸	ThO_2	610～946	Th: 0.8788
	空气-氨混合物	ThO_2	472～945	Th: 0.8788
	8-羟基喹啉	$Th(C_9H_6NO)_4 \cdot (C_9H_6NOH)$	<80	Th: 0.2483；ThO_2: 0.2768

续表

元素	沉淀剂	称量形式	热稳定性[①]范围/℃	重量测定的换算因数
Ti	氨水	TiO_2	350~946	Ti: 0.5995
	5,7-二氯-8-羟基喹啉	$TiO(C_9H_6NOCl_2)_2$	105~195	Ti: 0.0978；TiO_2: 0.1631
Tl	铬酸钾	Tl_2CrO_4	97~745	Tl: 0.7789
	盐酸	TlCl	54~425	Tl: 0.8522
	氯化四苯	$(C_6H_5)_4AsTlCl$	50~218	Tl: 0.2802
Tm	草酸	Tm_2O_3	>730	Tm: 0.8756
U	氨水	UO_3	480~610	U: 0.8322；U_3O_8: 0.9814
	8-羟基喹啉	$UO_2(C_9H_5NO)_2 \cdot (C_9H_6NOH)$	<150	U: 0.3384；U_3O_8: 0.3990
	草酸	U_3O_8	700~946	U: 0.8480
V	铜铁试剂	V_2O_5	581~946	V: 0.5602
	氨水	V_2O_5	488~951	V: 0.5602
W	8-羟基喹啉	WO_3	>674	W: 0.7930
	吖啶	WO_3	>812	W: 0.7930
	铅离子	$PbWO_4$	>100	W: 0.4040；WO_3: 0.5095
Y	草酸	Y_2O_3	>735	Y: 0.7875
Yb	草酸	Yb_2O_3	>730	Yb: 0.8782
Zn	磷酸氢二铵	$Zn_2P_2O_7$	610~946	Zn: 0.4291；ZnO: 0.5341
	氨水	ZnO	>1000	Zn: 0.8034
	电解	Zn	<54	ZnO: 1.2447
	邻氨基苯甲酸	$Zn(C_7H_6NO_2)_2$	<240	Zn: 0.1936
	8-羟基喹啉	$Zn(C_9H_6NO)_2$	127~284	Zn: 0.1848；ZnO: 0.2301
	喹哪啶酸	$Zn(C_{10}H_6NO_2)_2 \cdot H_2O$	<150	Zn: 0.1528
Zr	氨水	ZrO_2	400~1000	Zr: 0.7403
	苯乙醇酸	$Zr(C_8H_7O_3)_4$	60~188	Zr: 0.1311；ZrO_2: 0.1771
	对溴苯乙醇酸	$Zr(BrC_8H_6O_3)_4$	<150	Zr: 0.0902；ZrO_2: 0.1218

① 本栏数据由热重分析研究得出，同一称量形式的数据可能有所差别，这与制备沉淀的方法有关。分析过程中使沉淀质量恒定的温度，还应根据实际情况加以选定。

三、常用的有机沉淀剂

与无机沉淀剂相比较，用有机试剂作为金属离子的沉淀剂具有选择性好、待测物沉淀完全、对无机杂质离子的吸附小、沉淀物组成固定、经烘干后即可称量、称量型分子量较大等优点。例如，丁二酮肟是一种镍的高选择性的有机试剂（别名镍试剂），它只能与 Ni^{2+}、Pd^{2+}、Fe^{2+}等离子生成沉淀，因而可以在 pH=8~9 的氨水溶液中，用柠檬酸或酒石酸掩蔽铁以后，用沉淀重量法测定钢铁中的镍。表 10-4 中列举了一部分常用的有机沉淀剂（更多有机沉淀剂请参考表 3-7）。

表 10-4 重量分析法中常用的有机沉淀剂[❶]

有机沉淀剂	结 构 式	沉淀离子
丁二酮肟		Ni^{2+}、Pd^{2+}、Pt^{2+}
N-亚硝基苯胲胺		Fe^{3+}、VO_2^+、Ti^{4+}、Zr^{4+}、Ce^{4+}、Ga^{3+}、Sn^{4+}
8-羟基喹啉		Mg^{2+}、Zn^{2+}、Cu^{2+}、Cd^{2+}、Pb^{2+}、Al^{3+}、Fe^{3+}、Bi^{3+}、Ga^{3+}、Th^{4+}、Zr^{4+}、UO_2^{2+}、TiO^{2+}

---

❶ Daniel C Harris. Quantitative Chemical Analysis. 8th ed. New York: W H Freeman and Company, 2010.

有机沉淀剂	结 构 式	沉淀离子
水杨醛肟		Cu^{2+}、Pb^{2+}、Bi^{3+}、Zn^{2+}、Ni^{2+}、Pd^{2+}
1-亚硝基-2-萘酚		Co^{2+}、Fe^{3+}、Pd^{2+}、Zr^{4+}
硝酸试剂		NO_3^-、ClO_4^-、BF_4^-、WO_4^{2-}
苯偶姻肟		Cu^{2+}、Mo^{3+}、W^{3+}
四苯基硼酸钠	$Na^+B(C_6H_5)_4^-$	K^+、Rb^+、Cs^+、NH_4^+、有机胺离子
氯化四苯基砷	$(C_6H_5)_4As^+Cl^-$	$Cr_2O_7^{2-}$、MnO_4^-、ReO_4^-、MoO_4^{2-}、WO_4^{2-}、ClO_4^-、I_3^-

第三节 挥发重量法

最常用的挥发重量法是基于对样品中水分或二氧化碳的测定。许多物质在加热的时候其中的水分会被定量挥发。在间接测量法中，根据固体干燥剂吸收水气前后的质量变化可得样品的含水量。测定食品中水分含量的仪器已商品化。又如测量样品中碳酸盐的百分含量，可将试样在酸中加热，产生的 CO_2 用碱石灰管吸收，测量碱石灰管在实验前后的质量变化，可知 CO_2 的质量，进而计算碳酸盐的含量。图 10-1 为测量药片中碳酸氢钠含量的装置图[1]。硫化物和亚硫酸盐在酸性溶液中加热后分别生成 H_2S 或 SO_2，也可用挥发法进行测量。有机化合物中测定碳和氢含量的燃烧重量法（详见表 12-3）也属挥发重量法的一个应用。

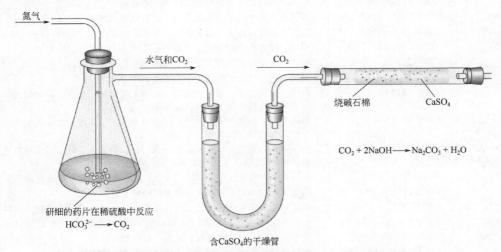

图 10-1 挥发重量法测定抗酸剂中碳酸氢钠含量装置示意图

[1] Douglas A Skoog, Donald M West, F James Holler, Stanley R Crouch. Fundamentals of Analytical Chemistry. 9th ed. Thomson Brooks/Cole, 2013.

第四节 重量分析法标准方法

表 10-5 列出了重量分析法在我国现行国家标准中应用的状况，共收录 168 条。

表 10-5 中国国家标准采用的重量分析方法[①][●]

检测目标	标 准 号[②]	标 准 名 称
Au	GB/T 15249.1—2009	合质金化学分析方法 第 1 部分：金量的测定 火试金重量法
	GB/T 28016—2011	金合金首饰 金含量的测定 重量法
Ag	GB/T 15249.2—2009	合质金化学分析方法 第 2 部分：银量的测定 火试金重量法和 EDTA 滴定法
Au、Ag	GB/T 3884.14—2012	铜精矿化学分析方法 第 14 部分：金和银量测定 火试金重量法和原子吸收光谱法
Ba	GB 6730.29—1986	铁矿石化学分析方法 硫酸钡重量法测定钡量
C	GB 3654.4—1983	铌铁化学分析方法 燃烧重量法测定碳量
	GB/T 223.71—1997	钢铁及合金化学分析方法 管式炉内燃烧后重量法测定碳含量
	GB/T 2469—1996	硫铁矿和硫精矿中碳含量的测定 烧碱石棉重量法
	GB/T 4699.4—2008	铬铁和硅铬合金 碳含量的测定 红外线吸收法和重量法
	GB/T 5124.1—2008	硬质合金化学分析方法 总碳量的测定 重量法
	GB/T 5124.2—2008	硬质合金化学分析方法 不溶（游离）碳量的测定 重量法
	GB/T 5686.5—2008	锰铁、锰硅合金、氮化锰铁和金属锰 碳含量的测定 红外线吸收法、气体容量法、重量法和库仑法
	GB/T 6730.51—1986	铁矿石化学分析方法 烧碱石棉吸收重量法测定碳酸盐中碳量
CO₂	GB/T 3286.9—2014	石灰石及白云石化学分析方法 第 9 部分：二氧化碳含量的测定 烧碱石棉吸收重量法
Cu	GB/T 12689.4—2004	锌及锌合金化学分析方法 铜量的测定 二乙基二硫代氨基甲酸铅分光光度法、火焰原子吸收光谱法和电解法
	GB/T 3884.13—2012	铜精矿化学分析方法 第 13 部分：铜量测量 电解法
K	GB/T 8574—2010	复混肥料中钾含量的测定 四苯硼酸钾重量法
Mo	GB 223.28—1989	钢铁及合金化学分析方法 α-安息香肟重量法测定钼量
	GB 5059.1—2014	钼铁 钼含量的测定 钼酸铅重量法、偏钒酸铵滴定法和 8-羟基喹啉重量法
N	GB/T 3597—2002	肥料中硝态氮含量的测定 氮试剂重量法
Nb	GB 223.38—1985	钢铁及合金化学分析方法 离子交换分离-重量法测定铌量
Nb、Ta	GB 3654.1—1983	铌铁化学分析方法 纸上色层分离重量法测定铌、钽量
Ni	GB/T 21933.1—2008	镍铁 镍含量的测定 丁二酮肟重量法
	GB/T 223.25—1994	钢铁及合金化学分析方法 丁二酮肟重量法测定镍量
	GB/T 31924—2015	含镍生铁 镍含量的测定 丁二酮肟重量法
	GB/T 4324.8—2008	钨化学分析方法 镍的测定 电感耦合等离子体原子发射光谱法、火焰原子吸收光谱法和丁二酮肟重量法
	GB/T 4325.9—2013	钼化学分析方法 第 9 部分：镍量的测定 丁二酮肟分光光度法和火焰原子吸收光谱法
Ni、Co、Cu、Fe、Zn、Mn	GB/T 32793—2016	烧结镍、氧化镍化学分析方法 镍、钴、铜、铁、锌、锰含量测量 电解重量法-电感耦合等离子体原子体原子发射光谱法
P	GB 223.3—1988	钢铁及合金化学分析方法 二安替比林甲烷磷钼酸重量法测定磷量
	GB/T 10512—2008	硝酸磷肥中磷含量的测定 磷钼酸喹啉重量法
P₂O₅	GB/T 1871.1—1995	磷矿石和磷精矿中五氧化二磷含量的测定 磷钼酸喹啉重量法和容量法
Pd	GB/T 15072.4—2008	贵金属合金化学分析方法 钯、银合金中钯量的测定 二甲基乙二醛肟重量法
Pt、Pd	GB/T 19720—2005	铂合金首饰 铂、钯含量的测定 氯铂酸铵重量法 丁二酮肟重量法
S	GB 3653.5—1983	硼铁化学分析方法 色层分离硫酸钡重量法测定硫量
	GB 4333.7—1984	硅铁化学分析方法 色层分离硫酸钡重量法测定硫量
	GB 6730.16—2016	铁矿石 硫含量的测定 硫酸钡重量法

---

❶ 国家标准化管理委员会. http://www.sac.gov.cn/.

检测目标	标　准　号[②]	标准名称
S	GB/T 15057.8—1994	化工用石灰石中硫含量的测定　硫酸钡重量法和燃烧-碘酸钾滴定法
	GB/T 21932—2008	镍和镍铁　硫含量的测定　氧化铝色层分离-硫酸钡重量法
	GB/T 223.72—2008	钢铁及合金　硫含量的测定　重量法
	GB/T 23513.3—2009	锗精矿化学分析方法　第3部分：硫量的测定　硫酸钡重量法
	GB/T 3286.7—2014	石灰石及白云石化学分析方法　第7部分：硫含量的测定　管式炉燃烧-碘酸钾滴定法、高频燃烧红外吸收法和硫酸钡重量法
	GB/T 3884.3—2012	铜精矿化学分析方法　第3部分：硫量的测定　重量法和燃烧-滴定法
Si	GB 3654.3—1983	铌铁化学分析方法　重量法测定硅量
	GB 4333.1—1984	硅铁化学分析方法　高氯酸脱水重量法测定硅量
	GB 6730.10—2014	铁矿石化学分析方法　重量法测定硅量
	GB/T 11848.9—1989	铀矿石浓缩物中硅的测定　重量法测定硅
	GB/T 1509—2006	锰矿石硅含量的测定　高氯酸脱水重量法
	GB/T 16574—1996	硫铁矿和硫精矿中硅含量的测定　重量法
	GB/T 21933.2—2008	镍铁　硅含量的测定　重量法
	GB/T 223.60—1997	钢铁及合金化学分析方法　高氯酸脱水重量法测定硅含量
	GB/T 24227—2009	铬矿石和铬精矿　硅含量的测定　分光光度法和重量法
	GB/T 3653.3—1988	硼铁化学分析方法　高氯酸脱水重量法测定硅量
	GB/T 4701.2—2009	钛铁　硅含量的测定　硫酸脱水重量法
	GB/T 4702.2—2008	金属铬　硅含量的测定　高氯酸重量法
	GB/T 5059.5—2014	钼铁　硅含量的测定　硫酸脱水重量法和硅钼蓝分光光度法
	GB/T 5686.2—2008	锰铁、锰硅合金、氮化锰铁和金属锰　硅含量的测定　钼蓝光度法、氟硅酸钾滴定法和高氯酸重量法
	GB/T 5687.2—2007	铬铁、硅铬合金和氮化铬铁　硅含量的测定　高氯酸脱水重量法
	GB/T 8704.6—2007	钒铁　硅含量的测定　硫酸脱水重量法
SiO₂	GB/T 15816—1995	洗涤剂和肥皂中总二氧化硅含量的测定　重量法
	GB/T 1873—1995	磷矿石和磷精矿中二氧化硅含量的测定　重量法和容量法
	GB/T 23513.5—2009	锗精矿化学分析方法　第5部分：二氧化硅量的测定　重量法
	GB/T 3286.2—2012	石灰石及白云石化学分析方法　第2部分：二氧化硅含量的测定　硅钼蓝分光光度法和高氯酸脱水重量法
	GB/T 3884.16—2014	铜精矿化学分析方法　第16部分：二氧化硅量的测定　氟硅酸钾滴定法和重量法
	GB/T 6150.12—2008	钨精矿化学分析方法　二氧化硅量的测定　硅钼蓝分光光度法和重量法
SO₃	GB/T 1880—1995	磷矿石和磷精矿中三氧化硫含量的测定　重量法
SO₄²⁻	GB/T 21994.8—2008	氟化镁化学分析方法　第8部分：硫酸根含量的测定　硫酸钡重量法
	GB/T 22660.8—2008	氟化锂化学分析方法　第8部分：硫酸根含量的测定　硫酸钡重量法
硫酸盐	GB 11899—1989	水质　硫酸盐的测定　重量法
	GB/T 15817—1995	洗涤剂中无机硫酸盐含量的测定　重量法
硫酸盐总量	GB/T 23834.3—2009	硫酸亚锡化学分析方法　第3部分：碱金属和碱土金属硫酸盐总量的测定　重量法
W	GB 7731.1—1987	钨铁化学分析方法　辛可宁重量法测定钨量
	GB/T 223.43—2008	钢铁及合金　钨含量的测定　重量法和分光光度法
	GB/T 15072.17—2008	贵金属合金化学分析方法　铂合金中钨量的测定　三氧化钨重量法
WO₃	GB/T 26019—2010	高杂质钨矿化学分析方法　三氧化钨量的测定　二次分离灼烧重量法
	GB/T 6150.1—2008	钨精矿化学分析方法　三氧化钨量的测定　钨酸铵灼烧重量法
稀土	GB/T 13748.8—2013	镁及镁合金化学分析方法　第8部分：稀土含量的测定　重量法
	GB/T 26416.1—2010	镝铁合金化学分析方法　第1部分：稀土总量的测定　重量法
	GB/T 6730.25—2006	铁矿石　稀土总量的测定　草酸盐重量法
稀土氧化物总量	GB/T 18114.1—2010	稀土精矿化学分析方法　第1部分：稀土氧化物总量的测定　重量法
	GB/T 23594.1—2009	钐铕钆富集物化学分析方法　第1部分：稀土氧化物总量的测定　重量法

第三篇

检测目标	标 准 号②	标 准 名 称
氧化物	GB/T 15057.4—1994	化工用石灰石中三氧化二物含量的测定　重量法
甲酸	GB/T 15664—2009	水果、蔬菜及其制品　甲酸含量的测定　重量法
树脂含量	GB/T 32788.5—2016	预浸料性能试验方法　第 5 部分：树脂含量的测定
水分	GB 6730.2—1986	铁矿石化学分析方法　重量法测定水分含量
	GB 6730.3—1986	铁矿石化学分析方法　重量法测定分析试样中吸湿水量
	GB/T 12690.3—2015	稀土金属及其氧化物中非稀土杂质化学分析方法　第 3 部分：稀土氧化物中水分量测定　重量法
	GB/T 18114.10—2010	稀土精矿化学分析方法　第 10 部分：水分的测定　重量法
	GB/T 1870—1995	磷矿石和磷精矿中水分的测定　重量法
	GB/T 21994.2—2008	氟化镁化学分析方法　第 2 部分：湿存水含量的测定　重量法
	GB/T 22660.2—2008	氟化锂化学分析方法　第 2 部分：湿存水含量的测定　重量法
	GB/T 22661.2—2008	氟硼酸钾化学分析方法　第 2 部分：湿存水含量的测定　重量法
	GB/T 22662.2—2008	氟钛酸钾化学分析方法　第 2 部分：湿存水含量的测定　重量法
	GB/T 24220—2009	铬矿石　分析样品中湿存水的测定　重量法
	GB/T 2461—1996	硫铁矿和硫精矿水分的测定　重量法
	GB/T 27674—2011	硫化铜、铅和锌精矿　试样中湿存水分的测定　重量法
	GB/T 6150.6—2008	钨精矿化学分析方法　湿存水量的测定　重量法
挥发物	GB/T 13455—1992	氨基模塑料挥发物测定方法
	GB/T 20432.8—2007	摄影　照相级化学品　试验方法　第 8 部分：挥发性物质的测定
	GB/T 24131—2009	生橡胶　挥发分含量的测定
	GB/T 31604.4—2016	食品安全国家标准　食品接触材料及制品　树脂中挥发物的测定
	GB/T 5211.3—1985	颜料在 105℃挥发物的测定
	GB/T 7047—2006	色素炭黑　挥发分含量的测定
水分及挥发物	GB/T 10358—2008	油料饼粕　水分及挥发物含量的测定
	GB/T 14489.1—2008	油料　水分及挥发物含量测定
	GB/T 2914—2008	塑料　氯乙烯均聚和共聚树脂　挥发物（包括水）的测定
	GB/T 6435—2006	饲料中水分和其他挥发性物质含量的测定
	GB/T 5009.236—2016	食品安全国家标准　动植物油脂水分及挥发物的测定
	GB/T 32788.3—2016	预浸料性能试验方法　第 3 部分：挥发物含量的测定
不挥发物	GB/T 12729.7—2008	香辛料和调味品　总灰分的测定
	GB/T 12729.8—2008	香辛料和调味品　水不溶性灰分的测定
	GB/T 12729.9—2008	香辛料和调味品　酸不溶性灰分的测定
	GB/T 12729.12—2008	香辛料和调味品　不挥发性乙醚抽提物的测定
	GB/T 1725—2007	色漆、清漆和塑料　不挥发物含量的测定
	GB/T 2793—1995	胶黏剂不挥发物含量的测定
	GB/T 6014—1999	工业用丁二烯中不挥发残留物质的测定
	GB/T 6701—2005	萘不挥发物的测定方法
	GB/T 5546—2007	树脂整理剂　不挥发组分的测定
可溶物	GB/T 23274.7—2009	二氧化锡化学分析方法　第 7 部分：盐酸可溶物的测定　重量法
不溶物	GB/T 11064.11—2013	碳酸锂、单水氢氧化锂、氯化锂化学分析方法　第 11 部分：酸不溶物量的测定　重量法
	GB/T 15057.3—1994	化工用石灰石中盐酸不溶物含量的测定　重量法
	GB/T 16484.16—2009	氯化稀土、碳酸轻稀土化学分析方法　第 16 部分：氯化稀土中水不溶物量的测定　重量法
	GB/T 16484.23—2009	氯化稀土、碳酸轻稀土化学分析方法　第 23 部分：碳酸轻稀土中酸不溶物量的测定　重量法
	GB/T 1874—1995	磷矿石和磷精矿中酸不溶物含量的测定　重量法
	GB/T 23278.7—2009	锡酸钠化学分析方法　第 7 部分：碱不溶物的测定　重量法
	GB/T 23834.2—2009	硫酸亚锡化学分析方法　第 2 部分：盐酸不溶物的测定　重量法
	GB/T 2441.6—2010	尿素的测定方法　第 6 部分：水不溶物含量　重量法
膜质量	GB/T 20017—2005	金属和其他无机覆盖层　单位面积质量的测定　重量法和化学分析法评述
	GB/T 9792—2003	金属材料上的转化膜　单位面积膜质量的测定　重量法

续表

检测目标	标 准 号②	标 准 名 称
膜质量	GB/T 24514—2009	钢表面锌基和（或）铝基镀层　单位面积镀层质量和化学成分测定　重量法、电感耦合等离子体原子发射光谱法和火焰原子吸收光谱法
环境检测	GB 11901—1989	水质　悬浮物的测定　重量法
	GB/T 15265—1994	环境空气　降尘的测定　重量法
	GB/T 15432—1995	环境空气　总悬浮颗粒物的测定　重量法
灼烧失量	GB/T 15057.10—1994	化工用石灰石中灼烧失量的测定　重量法
	GB/T 16484.18—2009	氯化稀土、碳酸轻稀土化学分析方法　第18部分：碳酸轻稀土中灼减量的测定　重量法
	GB/T 1669—2001	增塑剂加热减量的测定
	GB/T 1875—1995	磷矿石和磷精矿中灼烧失量的测定　重量法
	GB/T 23274.8—2009	二氧化锡化学分析方法　第8部分：灼烧失重的测定　重量法
	GB/T 3286.8—2014	石灰石及白云石化学分析方法　第8部分：灼烧减量的测定　重量法
	GB/T 4324.16—2012	钨化学分析方法　第16部分：灼烧损失量的测定　重量法
	GB/T 6730.68—2009	铁矿石　灼烧减量的测定　重量法
灼烧残渣	GB/T 20432.4—2006	摄影　照相级化学品　试验方法　第4部分：灼烧残渣的测定
	GB/T 23951—2009	无机化工产品中灼烧残渣测定通用方法
	GB/T 4324.14—2012	钨化学分析方法　第14部分：氯化挥发后残渣量的测定　重量法
	GB/T 6324.2—2004	有机化工产品试验方法　第2部分：挥发性有机液体水浴上蒸发后干残渣的测定
	GB/T 7531—2008	有机化工产品灼烧残渣的测定
	GB/T 9741—2008	化学试剂　灼烧残渣测定通用方法
萃取法	GB/T 8643—2002	含润滑剂金属粉末中润滑剂含量的测定　修正的索格利特（Soxhlet）萃取法
	GB/T 8305—2002	茶　水浸出物测定
	GB/T 5211.1—2003	颜料水溶物测定　冷萃取法
	GB/T 5211.2—2003	颜料水溶物测定　热萃取法
	GB/T 26310.4—2010	原铝生产用煅后石油焦检测方法　第4部分：油含量的测定　溶剂萃取法
	GB/T 26294—2010	铝电解用碳素材料　冷捣糊中有效黏合剂含量、骨料含量及骨料粒度分布的测定　喹啉萃取法
	GB/T 28025—2011	絮用纤维制品余氯测试方法　水萃取法
其他	GB/T 12585—2001	硫化橡胶或热塑性橡胶橡胶片材和橡胶涂覆织物挥发性液体透过速率的测定（质量法）
	GB/T 1669—2001	增塑剂加热减量的测定
	GB/T 17831—1999	非离子表面活性剂　硫酸化灰分的测定（重量法）
	GB/T 20167—2012	稀土抛光粉物理性能测试方法　抛蚀量和划痕的测定　重量法
	GB/T 20858—2007	玻璃容器　用重量法测定容量的试验方法
	GB/T 22224—2008	食品中膳食纤维的测定　酶重量法和酶重量法-液相色谱法
	GB/T 22638.1—2008	铝箔试验方法　第1部分：厚度的测定　重量法
	GB/T 25147—2010	工业设备化学清洗中金属腐蚀率及腐蚀总量的测试方法　重量法
	GB/T 5195.3—2006	萤石 105℃质损量的测定　重量法
	GB/T 6276.5—2010	工业用碳酸氢铵的测定方法　第5部分：灰分含量　重量法
	GB/T 8243.4—2003	内燃机全流式机油滤清器试验方法　第4部分：原始滤清效率、寿命和累积效率（重量法）
	GB/T 8570.3—2010	液体无水氨的测定方法　第3部分：残留物含量　重量法
	GB/T 8570.6—2010	液体无水氨的测定方法　第6部分：油含量　重量法和红外吸收光谱法
	GB/T 31229—2014	热重法测定挥发速率的试验方法
	GB/T 9272—2007	色漆和清漆　通过测量干涂层密度测定涂料的不挥发物分数
	GB/T 32788.6—2016	预浸料性能试验方法　第6部分：单位面积质量的测定

① 查阅至 2016 年 10 月。② GB/T 为推荐性国家标准。

第十一章 滴定分析法

第一节 概述

滴定分析法，又称容量分析法，是将已知准确浓度的标准溶液，滴加到待测溶液中，两者按一定的化学计量关系完成化学反应，根据所消耗的标准溶液的浓度和体积，可以计算得到待测组分的含量。滴定分析法是一种简便、快速和应用广泛的定量分析方法，一般适合于组分含量在 1%以上各种物质的测定，具有较高的准确度。

适合滴定分析的化学反应应该具备以下几个条件：①反应必须按化学反应方程式定量地完成，无副反应，反应程度达到 99.9%以上，这是定量分析的基础；②反应能够迅速完成，对于速率慢的反应，可以采取适当措施如加热、加催化剂等；③共存物质不干扰主要反应，或可以用适当的方法消除其干扰；④有比较简便的方法确定化学计量点，即指示滴定终点。

滴定分析中必须借助某种方式指示滴定反应的完成，常用的有指示剂法和仪器法两种。指示剂法是利用指示剂在化学计量点前后颜色的突变来指示滴定终点。此法操作简便，无需特殊设备，因此使用广泛。但指示剂法也有其不足之处，如有色试样溶液的干扰、因指示剂变色不敏锐而难以判断终点等等。另外，也可以采用仪器测定滴定过程中溶液 pH、电极电位等参数的变化，绘制滴定曲线，确定化学计量点并计算待测组分的含量或浓度。根据滴定体系中的电位、电导和吸光度等物理参数的变化来判断滴定终点的方法，分别称为电位滴定、电导滴定和光度滴定。采用仪器法确定终点，人为的主观因素干扰小，比较准确，易实现滴定操作的自动化，但需要用到一定的仪器设备，请参见本手册相关分册。

根据化学反应的具体情况，可采用以下几种滴定方式。

（1）直接滴定法 凡是能满足上述条件的反应，可以用标准溶液直接滴定待测物的溶液，即直接滴定法。例如，用 NaOH 滴定 HCl，EDTA 滴定 Ca^{2+}、Mg^{2+}等。直接滴定法是最常用和最基本的滴定方式。

若化学反应不能同时满足滴定分析的基本要求，可选用下列几种方法之一进行滴定。

（2）返滴定法 当滴定反应速率较慢或试样是固体，或者当某些反应没有合适的指示剂或待测物质对指示剂有封闭作用时，可以在试样中先准确地加入一定量过量的滴定剂，待反应完成后，再用另一种标准溶液滴定剩余的滴定剂，称为返滴定法或回滴法。例如，Al^{3+}与 EDTA 反应的速率很慢，不能直接滴定，可在 Al^{3+}溶液中先加入一定量过量的 EDTA 标准溶液，并将溶液加热煮沸，待完全反应后，再用 Zn^{2+}标准溶液返滴定剩余的 EDTA。

（3）置换滴定法 若待测物与滴定剂的反应不按确定的反应式进行或伴有副反应时，可以先用适当的试剂与待测物反应，使之被定量地置换成另外一种物质，再用标准溶液滴定此物质，从而间接求出待测物的含量，称为置换滴定法。例如，用 $K_2Cr_2O_7$ 标定 $Na_2S_2O_3$ 的浓度，因为 $K_2Cr_2O_7$ 能将 $Na_2S_2O_3$ 氧化为 $Na_2S_4O_6$ 和 Na_2SO_4 的混合物，两者没有一定的计量关系，不能采用直接滴定法。在置换滴定中，在酸性 $K_2Cr_2O_7$ 溶液中加入过量的 KI，$K_2Cr_2O_7$ 与 KI 定量反应生成 I_2，再用 $Na_2S_2O_3$ 滴定生成的 I_2。

（4）间接滴定法 有些物质不能与滴定剂直接起反应，可以利用间接反应使其转化为可被滴定的物质，再用滴定剂滴定所生成的物质，称为间接滴定法。例如，由于 Ca^{2+} 在溶液中没有氧化还原性，不能直接用氧化还原法滴定。可先将 Ca^{2+} 沉淀为 CaC_2O_4，沉淀过滤洗涤后用 H_2SO_4 溶解，再用 $KMnO_4$ 标准溶液滴定与 Ca^{2+} 结合的 $C_2O_4^{2-}$，从而间接测定 Ca^{2+} 的含量。

由于返滴定法、置换滴定法、间接滴定法的应用，大大扩展了滴定分析的应用范围。

根据标准溶液和待测组分之间反应类型的不同，滴定分析可以分为以下四类：

① 酸碱滴定法——以酸碱反应为基础的滴定分析方法；

② 配位滴定法——以配位反应为基础的滴定分析方法；

③ 氧化还原滴定法——以氧化还原反应为基础的滴定分析方法；

④ 沉淀滴定法——以沉淀反应为基础的滴定分析方法。

在本章中，将首先集中介绍滴定分析中的基准物质和标准溶液，再分别介绍四类滴定方法，最后介绍非水滴定法。

第二节　滴定分析中的基准物质和标准溶液

滴定分析中的基准物质见表 11-1。

表 11-1 滴定分析中的基准物质

名　称	化学式	分子量	预 处 理 方 法	依据标准
氯化钾	KCl	74.551	500～600℃灼烧至恒重	GB 10736—2008
氯化钠	NaCl	55.443	500～600℃灼烧至恒重	GB 1253—2007
草酸钠	$Na_2C_2O_4$	134.000	(105±2)℃干燥至恒重	GB 1254—2007
无水碳酸钠	Na_2CO_3	105.989	300℃灼烧至恒重	GB 1255—2007
三氧化二砷	As_2O_3	197.841	硫酸干燥器中干燥至恒重	GB 1256—2008
邻苯二甲酸氢钾	$KHC_8H_4O_4$	204.229	105～110℃干燥至恒重	GB 1257—2007
碘酸钾	KIO_3	214.004	(180±2)℃干燥至恒重	GB 1258—2008
重铬酸钾	$K_2Cr_2O_7$	249.192	(120±2)℃干燥至恒重	GB 1259—2007
乙二胺四乙酸二钠	EDTA	372.25	硝酸镁饱和溶液（要有过剩的硝酸镁固体）恒湿器中放置 7 天	GB 12593—2008
溴酸钾	$KBrO_3$	167.004	(120±2)℃干燥至恒重	GB 12594—2008
硝酸银	$AgNO_3$	169.89	硫酸干燥器中干燥至恒重	GB 12595—2008
碳酸钙	$CaCO_3$	100.090	(110±2)℃干燥至恒重	GB 12596—2008
苯甲酸	C_6H_5COOH	122.125	105～110℃干燥至恒重	GB 12597—2008
氧化锌	ZnO	81.37	800℃灼烧至恒重	GB 1260—2008
对氨基苯磺酸	$H_2NC_6H_4SO_3H$	97.088	在抽真空的硫酸干燥器中放置	
氧化镁	MgO	40.304	于 200～800℃保持 40～45min，硫酸干燥器中冷却	
氟化钠	NaF	41.998	于 500～650℃保持 40～45min，硫酸干燥器中冷却	
氨基磺酸	$HOSO_2NH_2$	97.088	在抽真空的硫酸干燥器中放置 48h	
锌	Zn	65.38	用盐酸（1+3）、水、丙酮依次洗涤，于硫酸干燥器中放置 24h 以上	
铜	Cu	63.546	用乙酸（2+98）、水、乙醇（95%）、甲醇依次洗涤，于硫酸干燥器中放置 24h 以上	

名 称	化学式	分子量	预 处 理 方 法	依据标准
三(羟甲基)氨基甲烷	$(HOCH_2)_3CNH_2$	121.137	100~103℃（<110℃）干燥	
硼砂	$Na_2B_4O_7 \cdot 10H_2O$	381.372	于 55℃ 以下用水重结晶两次。依次用水洗涤一次、乙醇洗涤两次及乙醚洗涤两次。静置于饱和 $NaBr \cdot 2H_2O$（或饱和 $NaCl$）-蔗糖溶液恒湿器中	
二碘酸氢钾	$KH(IO_3)_2$	389.915	110℃干燥	
硫酸钾	K_2SO_4	174.26	于 150℃预先干燥	
硫酸钠	Na_2SO_4	142.04	150℃干燥	

滴定分析中的标准溶液分列于表 11-2 和表 11-4 中。其中表 11-2 为中华人民共和国国家标准 GB/T 601—2016 中所列的 24 种物质，其相应的配制和标定方法列于表 11-3 中。表 11-4 中列出了在滴定分析中常用的其他标准溶液，并按滴定方法分类。

表 11-2 滴定分析中的标准溶液[1]

序号	名 称	制备方法
1	草酸标准溶液	参见表 11-3 中序号 11
2	重铬酸钾标准溶液	参见表 11-3 中序号 5
3	碘标准溶液	参见表 11-3 中序号 9
4	碘酸钾标准溶液	参见表 11-3 中序号 10
5	高氯酸标准溶液	参见表 11-3 中序号 23
6	高锰酸钾标准溶液	参见表 11-3 中序号 12
7	硫代硫酸钠标准溶液	参见表 11-3 中序号 6
8	硫氰酸钠（或硫氰酸钾、硫氰酸铵）标准溶液	参见表 11-3 中序号 20
9	硫酸标准溶液	参见表 11-3 中序号 3
10	硫酸铈（或硫酸铈铵）标准溶液	参见表 11-3 中序号 14
11	硫酸亚铁铵标准溶液	参见表 11-3 中序号 13
12	氯化镁（或硫酸镁）标准溶液	参见表 11-3 中序号 17
13	氯化钠标准溶液	参见表 11-3 中序号 19
14	氯化锌标准溶液	参见表 11-3 中序号 16
15	氢氧化钾-乙醇标准溶液	参见表 11-3 中序号 24
16	氢氧化钠标准溶液	参见表 11-3 中序号 1
17	碳酸钠标准溶液	参见表 11-3 中序号 4
18	硝酸铅标准溶液	参见表 11-3 中序号 18
19	硝酸银标准溶液	参见表 11-3 中序号 21
20	溴标准溶液	参见表 11-3 中序号 7
21	溴酸钾标准溶液	参见表 11-3 中序号 8
22	亚硝酸钠标准溶液	参见表 11-3 中序号 22
23	盐酸标准溶液	参见表 11-3 中序号 2
24	乙二胺四乙酸二钠标准溶液	参见表 11-3 中序号 15

表 11-3 标准滴定溶液的配制和标定[1]

序号	标准溶液的配制和标定
1	氢氧化钠标准滴定溶液 **1. 配制** 称取 110g 氢氧化钠，溶于 100ml 无二氧化碳的水中，摇匀，注入聚乙烯容器中，密闭放置至溶液清亮。按表 1 的规定，用塑料管量取上层清液，用无二氧化碳的水稀释至 1000ml，摇匀。 **表 1** （见下表 1） **2. 标定** 按表 2 的规定称取于 105～110℃电烘箱中干燥至恒重的工作基准试剂邻苯二甲酸氢钾，加无二氧化碳的水溶解，加 2 滴酚酞指示液（10g/L），用配制好的氢氧化钠溶液滴定至溶液呈粉红色，并保持 30s，同时做空白试验。 **表 2** （见下表 2）

表 1

氢氧化钠标准滴定溶液的浓度[c(NaOH)]/(mol/L)	氢氧化钠溶液的体积 V/ml
1	54
0.5	27
0.1	5.4

表 2

氢氧化钠标准滴定溶液的 浓度[c(NaOH)]/(mol/L)	工作基准试剂 邻苯二甲酸氢钾的质量 m/g	无二氧化碳水的体积 V/ml
1	7.5	80
0.5	3.6	80
0.1	0.75	50

氢氧化钠标准滴定溶液的浓度[c(NaOH)]，数值以摩尔每升（mol/L）表示，按式（1）计算：

$$c(\text{NaOH}) = \frac{m \times 1000}{(V_1 - V_2)M} \qquad (1)$$

式中　m——邻苯二甲酸氢钾的质量，g；

　　　V_1——氢氧化钠溶液的体积，ml；

　　　V_2——空白试验氢氧化钠溶液的体积，ml；

　　　M——邻苯二甲酸氢钾的摩尔质量 [$M(\text{KHC}_8\text{H}_4\text{O}_4)$=204.22]，g/mol。

序号	标准溶液的配制和标定
2	盐酸标准滴定溶液 **1. 配制** 按表 3 的规定量取盐酸，注入 1000ml 水中，摇匀。 **表 3** （见下表 3） **2. 标定** 按表 4 的规定称取于 270～300℃高温炉中灼烧至恒重的工作基准试剂无水碳酸钠，溶于 50ml 水中，加 10 滴溴甲酚绿-甲基红指示液，用配制好的盐酸溶液滴定至溶液由绿色变为暗红色，煮沸 2min，冷却后继续滴定至溶液再呈暗红色。同时做空白试验。 **表 4** （见下表 4）

表 3

盐酸标准滴定溶液的浓度[c(HCl)]/(mol/L)	盐酸的体积 V/ml
1	90
0.5	45
0.1	9

表 4

盐酸标准滴定溶液的浓度[c(HCl)]/(mol/L)	工作基准试剂无水碳酸钠的质量 m/g
1	1.9
0.5	0.95
0.1	0.2

第三篇

序号	标准溶液的配制和标定

| 2 | 盐酸标准滴定溶液的浓度[$c(\mathrm{HCl})$]，数值以摩尔每升（mol/L）表示，按式（2）计算：

$$c(\mathrm{HCl}) = \frac{m \times 1000}{(V_1 - V_2)M} \qquad (2)$$

式中　m——无水碳酸钠的质量，g；
　　　V_1——盐酸溶液的体积，ml；
　　　V_2——空白试验盐酸溶液的体积，ml；
　　　M——无水碳酸钠的摩尔质量$\left[M\left(\frac{1}{2}\mathrm{Na_2CO_3}\right) = 52.994\right]$，g/mol。 |

序号 3：

硫酸标准滴定溶液

1. 配制

按表 5 的规定量取硫酸，缓缓注入 1000ml 水中，冷却，摇匀。

表 5

硫酸标准滴定溶液的浓度$\left[c\left(\frac{1}{2}\mathrm{H_2SO_4}\right)\right]$/(mol/L)	硫酸的体积 V/ml
1	30
0.5	15
0.1	3

2. 标定

按表 6 的规定称取于 270～300℃高温炉中灼烧至恒重的工作基准试剂无水碳酸钠，溶于 50ml 水中，加 10 滴溴甲酚绿-甲基红指示液，用配制好的硫酸溶液滴定至溶液由绿色变为暗红色，煮沸 2min，冷却后继续滴定至溶液再呈暗红色。同时做空白试验。

表 6

硫酸标准滴定溶液的浓度$\left[c\left(\frac{1}{2}\mathrm{H_2SO_4}\right)\right]$/(mol/L)	工作基准试剂无水碳酸钠的质量 m/g
1	1.9
0.5	0.95
0.1	0.2

硫酸标准滴定溶液的浓度$\left[c\left(\frac{1}{2}\mathrm{H_2SO_4}\right)\right]$，数值以摩尔每升（mol/L）表示，按式（3）计算：

$$c\left(\frac{1}{2}\mathrm{H_2SO_4}\right) = \frac{m \times 1000}{(V_1 - V_2)M} \qquad (3)$$

式中　m——无水碳酸钠的质量，g；
　　　V_1——硫酸溶液的体积，ml；
　　　V_2——空白试验硫酸溶液的体积，ml；
　　　M——无水碳酸钠的摩尔质量$\left[M\left(\frac{1}{2}\mathrm{Na_2CO_3}\right) = 52.994\right]$，g/mol。

序号 4：

碳酸钠标准滴定溶液

1. 配制

按表 7 的规定称取无水碳酸钠，溶于 1000ml 水中，摇匀。

表 7

碳酸钠标准滴定溶液的浓度$\left[c\left(\frac{1}{2}\mathrm{Na_2CO_3}\right)\right]$/(mol/L)	无水碳酸钠的质量 m/g
1	53
0.1	5.3

续表

序号	标准溶液的配制和标定

2. 标定

量取 35.00～40.00ml 配制好的碳酸钠溶液，加表 8 规定体积的水，加 10 滴溴甲酚绿-甲基红指示液，用表 8 规定的相应浓度的盐酸标准滴定溶液滴定至溶液由绿色变为暗红色，煮沸 2min，冷却后继续滴定至溶液再呈暗红色。

表 8

碳酸钠标准滴定溶液的浓度 $\left[c\left(\frac{1}{2}Na_2CO_3\right)\right]$/(mol/L)	加入水的体积 V/ml	盐酸标准滴定溶液的浓度 [c(HCl)]/(mol/L)
1	50	1
0.1	20	0.1

碳酸钠标准滴定溶液的浓度 $\left[c\left(\frac{1}{2}Na_2CO_3\right)\right]$，数值以摩尔每升（mol/L）表示，按式（4）计算：

$$c\left(\frac{1}{2}Na_2CO_3\right)=\frac{V_1c_1}{V} \tag{4}$$

式中　V_1——盐酸标准滴定溶液的体积，ml；
　　　c_1——盐酸标准滴定溶液的浓度，mol/L；
　　　V——碳酸钠溶液的体积，ml。

重铬酸钾标准滴定溶液

$$c\left(\frac{1}{6}K_2Cr_2O_7\right)=0.1mol/L$$

方法一

1. 配制

称取 5g 重铬酸钾，溶于 1 000ml 水中，摇匀。

2. 标定

量取 35.00～40.00ml 配制好的重铬酸钾溶液，置于碘量瓶中，加 2g 碘化钾及 20ml 硫酸溶液（20%），摇匀，于暗处放置 10min，加 150ml 水（15～20℃），用硫代硫酸钠标准滴定溶液[c(Na₂S₂O₃)=0.1mol/L]滴定，近终点时加 2ml 淀粉指示液（10g/L），继续滴定至溶液由蓝色变为亮绿色，同时做空白试验。

重铬酸钾标准滴定溶液的浓度 $\left[c\left(\frac{1}{6}K_2Cr_2O_7\right)\right]$，数值以摩尔每升（mol/L）表示，按式（5）计算：

$$c\left(\frac{1}{6}K_2Cr_2O_7\right)=\frac{(V_1-V_2)c_1}{V} \tag{5}$$

式中　V_1——硫代硫酸钠标准滴定溶液的体积，ml；
　　　V_2——空白试验硫代硫酸钠标准滴定溶液的体积，ml；
　　　c_1——硫代硫酸钠标准滴定溶液的浓度，mol/L；
　　　V——重铬酸钾溶液的体积，ml。

方法二

称取 4.90g±0.20g 已在 120℃±2℃的电烘箱中干燥至恒重的工作基准试剂重铬酸钾，溶于水，移入 1000ml 容量瓶中，稀释至刻度。

重铬酸钾标准滴定溶液的浓度 $\left[c\left(\frac{1}{6}K_2Cr_2O_7\right)\right]$，数值以摩尔每升（mol/L）表示，按式（6）计算：

$$c\left(\frac{1}{6}K_2Cr_2O_7\right)=\frac{m\times1000}{VM} \tag{6}$$

式中　m——重铬酸钾的质量，g；
　　　V——重铬酸钾溶液的体积，ml；
　　　M——重铬酸钾的摩尔质量 $\left[M\left(\frac{1}{6}K_2Cr_2O_7\right)=49.031\right]$，g/mol。

（序号：4、5）

序号	标准溶液的配制和标定
6	硫代硫酸钠标准滴定溶液 $$c(Na_2S_2O_3)=0.1mol/L$$ **1. 配制** 称取 26g 硫代硫酸钠（$Na_2S_2O_3 \cdot 5H_2O$）（或 16g 无水硫代硫酸钠），加 0.2g 无水碳酸钠，溶于 1000ml 水中，缓缓煮沸 10min，冷却。放置两周后过滤。 **2. 标定** 称取 0.18g 于 120℃±2℃干燥至恒重的工作基准试剂重铬酸钾，置于碘量瓶中，溶于 25ml 水，加 2g 碘化钾及 20ml 硫酸溶液（20%），摇匀，于暗处放置 10min，加 150ml 水（15～20℃），用配制好的硫代硫酸钠溶液滴定，近终点时加 2ml 淀粉指示液（10g/L），继续滴定至溶液由蓝色变为亮绿色，同时做空白试验。 硫代硫酸钠标准滴定溶液的浓度[$c(Na_2S_2O_3)$]，数值以摩尔每升（mol/L）表示，按式（7）计算： $$c\left(Na_2S_2O_3\right)=\frac{m\times1000}{(V_1-V_2)M} \tag{7}$$ 式中 m——重铬酸钾的质量，g； V_1——硫代硫酸钠溶液的体积，ml； V_2——空白试验硫代硫酸钠溶液的体积，ml； M——重铬酸钾的摩尔质量$\left[M\left(\frac{1}{6}K_2Cr_2O_7\right)=49.031\right]$，g/mol。
7	溴标准滴定溶液 $$c\left(\frac{1}{2}Br_2\right)=0.1mol/L$$ **1. 配制** 称取 3g 溴酸钾及 25g 溴化钾，溶于 1000ml 水中，摇匀。 **2. 标定** 量取 35.00～40.00ml 配制好的溴溶液，置于碘量瓶中，加 2g 碘化钾及 5ml 盐酸溶液（20%），摇匀，于暗处放置 5min。加 150ml 水（15～20℃），用硫代硫酸钠标准滴定溶液[$c(Na_2S_2O_3)=0.1mol/L$]滴定，近终点时加 2ml 淀粉指示液（10g/L），继续滴定至溶液蓝色消失。同时做空白试验。 溴标准滴定溶液的浓度$\left[c\left(\frac{1}{2}Br_2\right)\right]$，数值以摩尔每升（mol/L）表示，按式（8）计算： $$c\left(\frac{1}{2}Br_2\right)=\frac{(V_1-V_2)c_1}{V} \tag{8}$$ 式中 V_1——硫代硫酸钠标准滴定溶液的体积，ml； V_2——空白试验硫代硫酸钠标准滴定溶液的体积，ml； c_1——硫代硫酸钠标准滴定溶液的浓度，mol/L； V——溴溶液的体积，ml。
8	溴酸钾标准滴定溶液 $$c\left(\frac{1}{6}KBrO_3\right)=0.1mol/L$$ **1. 配制** 称取 3g 溴酸钾，溶于 1000ml 水中，摇匀。 **2. 标定** 量取 35.00～40.00ml 配制好的溴酸钾溶液，置于碘量瓶中，加 2g 碘化钾及 5ml 盐酸溶液（20%），摇匀，于暗处放置 5min。加 150ml 水（15～20℃），用硫代硫酸钠标准滴定溶液[$c(Na_2S_2O_3)=0.1mol/L$]滴定，近终点时加 2ml 淀粉指示液（10g/L），继续滴定至溶液蓝色消失。同时做空白试验。 溴酸钾标准滴定溶液的浓度$\left[c\left(\frac{1}{6}KBrO_3\right)\right]$，数值以摩尔每升（mol/L）表示，按式（9）计算： $$c\left(\frac{1}{6}KBrO_3\right)=\frac{(V_1-V_2)c_1}{V} \tag{9}$$ 式中 V_1——硫代硫酸钠标准滴定溶液的体积，ml； V_2——空白试验硫代硫酸钠标准滴定溶液的体积，ml； c_1——硫代硫酸钠标准滴定溶液的浓度，mol/L； V——溴酸钾溶液的体积，ml。

续表

序号	标准溶液的配制和标定

碘标准滴定溶液

$$c\left(\frac{1}{2}I_2\right)=0.1mol/L$$

1. 配制

称取 13g 碘及 35g 碘化钾，溶于 100ml 水中，稀释至 1000ml，摇匀，储存于棕色瓶中。

2. 标定

方法一

称取 0.18g 预先在硫酸干燥器中干燥至恒重的工作基准试剂三氧化二砷，置于碘量瓶中，加 6ml 氢氧化钠标准滴定溶液 [c(NaOH)=1mol/L]溶解，加 50ml 水，加 2 滴酚酞指示液（10g/L），用硫酸标准滴定溶液 $\left[c\left(\frac{1}{2}H_2SO_4\right)=1mol/L\right]$ 滴定至溶液无色，加 3g 碳酸氢钠及 2ml 淀粉指示液（10g/L），用配制好的碘溶液滴定至溶液呈浅蓝色。同时做空白试验。

碘标准滴定溶液的浓度 $\left[c\left(\frac{1}{2}I_2\right)\right]$，数值以摩尔每升（mol/L）表示，按式（10）计算：

$$c\left(\frac{1}{2}I_2\right)=\frac{m\times1000}{(V_1-V_2)M} \tag{10}$$

式中　m——三氧化二砷的质量，g；

V_1——碘溶液的体积，ml；

V_2——空白试验碘溶液的体积，ml；

M——三氧化二砷的摩尔质量 $\left[M\left(\frac{1}{4}As_2O_3\right)=49.460\right]$，g/mol。

方法二

量取 35.00～40.00ml 配制好的碘溶液，置于碘量瓶中，加 150ml 水（15～20℃），用硫代硫酸钠标准滴定溶液[c(Na₂S₂O₃)=0.1mol/L]滴定，近终点时加 2ml 淀粉指示液（10g/L），继续滴定至溶液蓝色消失。

同时做水所消耗碘的空白试验：取 250ml 水（15～20℃），加 0.05～0.20ml 配制好的碘溶液及 2ml 淀粉指示液（10g/L），用硫代硫酸钠标准滴定溶液[c(Na₂S₂O₃)=0.1mol/L]滴定至溶液蓝色消失。

碘标准滴定溶液的浓度 $\left[c\left(\frac{1}{2}I_2\right)\right]$，数值以摩尔每升（mol/L）表示，按式（11）计算：

$$c\left(\frac{1}{2}I_2\right)=\frac{(V_1-V_2)c_1}{V_3-V_4} \tag{11}$$

式中　V_1——硫代硫酸钠标准滴定溶液的体积，ml；

V_2——空白试验硫代硫酸钠标准滴定溶液的体积，ml；

c_1——硫代硫酸钠标准滴定溶液的浓度，mol/L；

V_3——碘溶液的体积，ml；

V_4——空白试验中加入的碘溶液的体积，ml。

序号 9

碘酸钾标准滴定溶液
方法一

1. 配制

称取表 9 规定量的碘酸钾，溶于 1000ml 水中，摇匀。

表9

碘酸钾标准滴定溶液 $\left[c\left(\frac{1}{6}KIO_3\right)\right]$/(mol/L)	碘酸钾的质量 m/g
0.3	11
0.1	3.6

2. 标定

按表 10 的规定，取配制好的碘酸钾溶液、水及碘化钾，置于碘量瓶中，加 5ml 盐酸溶液（20%），摇匀，于暗处放置 5min。加 150ml 水（15～20℃），用硫代硫酸钠标准滴定溶液[c(Na₂S₂O₃)=0.1mol/L]滴定，近终点时加 2ml 淀粉指示液（10g/L），继续滴定至溶液蓝色消失。同时做空白试验。

序号 10

序号	标准溶液的配制和标定

表 10

碘酸钾标准滴定溶液 $\left[c\left(\dfrac{1}{6}\mathrm{KIO_3}\right)\right]$/(mol/L)	碘酸钾溶液的体积/ml	水的体积/ml	碘化钾的质量 m/g
0.3	11.00～13.00	20	3
0.1	35.00～40.00	0	2

碘酸钾标准滴定溶液的浓度 $\left[c\left(\dfrac{1}{6}\mathrm{KIO_3}\right)\right]$，数值以摩尔每升（mol/L）表示，按式（12）计算：

$$c\left(\frac{1}{6}\mathrm{KIO_3}\right)=\frac{(V_1-V_2)c_1}{V} \tag{12}$$

式中 V_1——硫代硫酸钠标准滴定溶液的体积，ml；

      V_2——空白试验硫代硫酸钠标准滴定溶液的体积，ml；

      c_1——硫代硫酸钠标准滴定溶液的浓度，mol/L；

      V——碘酸钾溶液的体积，ml。

方法二

10

称取表 11 规定量的已在 180℃±2℃ 的电烘箱中干燥至恒重的工作基准试剂碘酸钾，溶于水，移入 1000ml 容量瓶中，稀释至刻度。

表 11

碘酸钾标准滴定溶液的浓度 $\left[c\left(\dfrac{1}{6}\mathrm{KIO_3}\right)\right]$/(mol/L)	工作基准试剂碘酸钾的质量 m/g
0.3	10.70±0.50
0.1	3.57±0.15

碘酸钾标准滴定溶液的浓度 $\left[c\left(\dfrac{1}{6}\mathrm{KIO_3}\right)\right]$，数值以摩尔每升（mol/L）表示，按式（13）计算：

$$c\left(\frac{1}{6}\mathrm{KIO_3}\right)=\frac{m\times1000}{VM} \tag{13}$$

式中 m——碘酸钾的质量，g；

      V——碘酸钾溶液的体积，ml；

      M——碘酸钾的摩尔质量 $\left[M\left(\dfrac{1}{6}\mathrm{KIO_3}\right)=35.667\right]$，g/mol。

草酸标准滴定溶液

$$c\left(\frac{1}{2}\mathrm{H_2C_2O_4}\right)=0.1\mathrm{mol/L}$$

1. 配制

称取 6.4g 草酸（$\mathrm{H_2C_2O_4\cdot2H_2O}$），溶于 1000ml 水中，摇匀。

2. 标定

11

量取 35.00～40.00ml 配制好的草酸溶液，加 100ml 硫酸溶液（8+92），用高锰酸钾标准滴定溶液 $\left[c\left(\dfrac{1}{5}\mathrm{KMnO_4}\right)=0.1\mathrm{mol/L}\right]$ 滴定，近终点时加热至约 65℃，继续滴定至溶液呈粉红色，并保持 30s。同时做空白试验。

草酸标准滴定溶液的浓度 $\left[c\left(\dfrac{1}{2}\mathrm{H_2C_2O_4}\right)\right]$，数值以摩尔每升（mol/L）表示，按式（14）计算：

$$c\left(\frac{1}{2}\mathrm{H_2C_2O_4}\right)=\frac{(V_1-V_2)c_1}{V} \tag{14}$$

式中 V_1——高锰酸钾标准滴定溶液的体积，ml；

      V_2——空白试验高锰酸钾标准滴定溶液的体积，ml；

      c_1——高锰酸钾标准滴定溶液的浓度，mol/L；

      V——草酸溶液的体积，ml。

序号	标准溶液的配制和标定
12	高锰酸钾标准滴定溶液 $$c\left(\frac{1}{5}KMnO_4\right) = 0.1mol/L$$ **1. 配制** 称取 3.3g 高锰酸钾，溶于 1050ml 水中，缓缓煮沸 15min，冷却，于暗处放置两周，用已处理过的 4 号玻璃滤坩过滤。储存于棕色瓶中。 玻璃滤坩的处理是指玻璃滤坩在同样浓度的高锰酸钾溶液中缓缓煮沸 5min。 **2. 标定** 称取 0.25g 于 105～110℃电烘箱中干燥至恒重的工作基准试剂草酸钠，溶于 100ml 硫酸溶液（8+92）中，用配制好的高锰酸钾溶液滴定，近终点时加热至约 65℃，继续滴定至溶液呈粉红色，并保持 30s。同时做空白试验。 高锰酸钾标准滴定溶液的浓度 $\left[c\left(\frac{1}{5}KMnO_4\right)\right]$，数值以摩尔每升（mol/L）表示，按式（15）计算： $$c\left(\frac{1}{5}KMnO_4\right) = \frac{m \times 1000}{(V_1 - V_2)M} \qquad (15)$$ 式中　m——草酸钠的质量，g； 　　　V_1——高锰酸钾溶液的体积，ml； 　　　V_2——空白试验高锰酸钾溶液的体积，ml； 　　　M——草酸钠的摩尔质量 $\left[M\left(\frac{1}{2}Na_2C_2O_4\right) = 66.999\right]$，g/mol。
13	硫酸亚铁铵滴标准定溶液 $$c[(NH_4)_2Fe(SO_4)_2] = 0.1mol/L$$ **1. 配制** 称取 40g 硫酸亚铁铵[(NH_4)_2Fe(SO_4)_2·6H_2O]，溶于 300ml 硫酸溶液（20%）中，加 700ml 水，摇匀。 **2. 标定** 量取 35.00～40.00ml 配制好的硫酸亚铁铵溶液，加 25ml 无氧的水，用高锰酸钾标准滴定溶液 $\left[c\left(\frac{1}{5}KMnO_4\right) = 0.1mol/L\right]$ 滴定至溶液呈粉红色，并保持 30s。临用前标定。 硫酸亚铁铵标准滴定溶液的浓度 $\{c[(NH_4)_2Fe(SO_4)_2]\}$，数值以摩尔每升（mol/L）表示，按式（16）计算： $$c[(NH_4)_2Fe(SO_4)_2] = \frac{V_1 c_1}{V} \qquad (16)$$ 式中　V_1——高锰酸钾标准滴定溶液的体积，ml； 　　　c_1——高锰酸钾标准滴定溶液的浓度，mol/L； 　　　V——硫酸亚铁铵溶液的体积，ml。
14	硫酸铈（或硫酸铈铵）标准滴定溶液 $$c[Ce(SO_4)_2] = 0.1mol/L, \quad c[2(NH_4)_2SO_4 \cdot Ce(SO_4)_2] = 0.1mol/L$$ **1. 配制** 称取 40g 硫酸铈[Ce(SO_4)_2·4H_2O]{或 67g 硫酸铈铵[2(NH_4)_2SO_4·Ce(SO_4)_2·4H_2O]}，加 30ml 水及 28ml 硫酸，再加 300ml 水，加热溶解，再加 650ml 水，摇匀。 **2. 标定** 称取 0.25g 于 105～110℃电烘箱中干燥至恒重的工作基准试剂草酸钠，溶于 75ml 水中，加 4ml 硫酸溶液（20%）及 10ml 盐酸，加热至 65～70℃，用配制好的硫酸铈（或硫酸铈铵）溶液滴定至溶液呈浅黄色。加入 0.10ml 1,10-菲啰啉-亚铁指示液使溶液变为橘红色，继续滴定至溶液呈浅蓝色。同时做空白试验。 硫酸铈（或硫酸铈铵）标准滴定溶液的浓度（c），数值以摩尔每升（mol/L）表示，按式（17）计算： $$c = \frac{m \times 1000}{(V_1 - V_2)M} \qquad (17)$$ 式中　m——草酸钠的质量，g； 　　　V_1——硫酸铈（或硫酸铈铵）溶液的体积，ml； 　　　V_2——空白试验硫酸铈（或硫酸铈铵）溶液的体积，ml； 　　　M——草酸钠的摩尔质量 $\left[M\left(\frac{1}{2}Na_2C_2O_4\right) = 66.999\right]$，g/mol。

序号	标准溶液的配制和标定

乙二胺四乙酸二钠标准滴定溶液

1. 配制

按表 12 的规定量称取乙二胺四乙酸二钠，加 1000ml 水，加热溶解，冷却，摇匀。

表 12

乙二胺四乙酸二钠标准滴定溶液的浓度[c(EDTA)]/(mol/L)	乙二胺四乙酸二钠的质量 m/g
0.1	40
0.05	20
0.02	8

2. 标定

2.1 乙二胺四乙酸二钠标准滴定溶液[c(EDTA)=0.1mol/L]、[c(EDTA)=0.05mol/L]

按表 13 的规定量称取于 800℃±50℃的高温炉中灼烧至恒重的工作基准试剂氧化锌，用少量水湿润，加 2ml 盐酸溶液（20%）溶解，加 100ml 水，用氨水溶液（10%）调节溶液 pH 至 7～8，加 10ml 氨-氯化铵缓冲溶液（pH 约 10）及 5 滴铬黑 T 指示液（5g/L），用配制好的乙二胺四乙酸二钠溶液滴定至溶液由紫色变为纯蓝色。同时做空白试验。

表 13

乙二胺四乙酸二钠标准滴定溶液的浓度[c(EDTA)]/(mol/L)	工作基准试剂氧化锌的质量 m/g
0.1	0.3
0.05	0.15

乙二胺四乙酸二钠标准滴定溶液的浓度[c(EDTA)]，数值以摩尔每升（mol/L）表示，按式（18）计算：

$$c(\text{EDTA}) = \frac{m \times 1000}{(V_1 - V_2)M} \qquad (18)$$

式中　m——氧化锌的质量，g；

　　　V_1——乙二胺四乙酸二钠溶液的体积，ml；

　　　V_2——空白试验乙二胺四乙酸二钠溶液的体积，ml；

　　　M——氧化锌的摩尔质量[M(ZnO)=81.39]，g/mol。

2.2 乙二胺四乙酸二钠标准滴定溶液[c(EDTA)=0.02mol/L]

称取 0.42g 于 800℃±50℃的高温炉中灼烧至恒重的工作基准试剂氧化锌，用少量水湿润，加 3ml 盐酸溶液（20%）溶解，移入 250ml 容量瓶中，稀释至刻度，摇匀。取 35.00～40.00ml，加 70ml 水，用氨水溶液（10%）调节溶液 pH 至 7～8，加 10ml 氨-氯化铵缓冲溶液甲（pH≈10）及 5 滴铬黑 T 指示液（5g/L），用配制好的乙二胺四乙酸二钠溶液滴定至溶液由紫色变为纯蓝色。同时做空白试验。

乙二胺四乙酸二钠标准滴定溶液的浓度[c(EDTA)]，数值以摩尔每升（mol/L）表示，按式（19）计算：

$$c(\text{EDTA}) = \frac{m \times \dfrac{V_1}{250} \times 1000}{(V_2 - V_3)M} \qquad (19)$$

式中　m——氧化锌的质量，g；

　　　V_1——氧化锌溶液的体积，ml；

　　　V_2——乙二胺四乙酸二钠溶液的体积，ml；

　　　V_3——空白试验乙二胺四乙酸二钠溶液的体积，ml；

　　　M——氧化锌的摩尔质量[M(ZnO)=81.39]，g/mol。

序号 15

氯化锌标准滴定溶液

$$c(\text{ZnCl}_2)=0.1\text{mol/L}$$

1. 配制

称取 14g 氯化锌，溶于 1000ml 盐酸溶液（1+2000）中，摇匀。

2. 标定

称取 1.4g 经硝酸镁饱和溶液恒湿器中放置 7d 后的工作基准试剂乙二胺四乙酸二钠，溶于 100ml 热水中，加 10ml 氨-氯化铵缓冲溶液（pH 约 10），用配制好的氯化锌溶液滴定，近终点时加 5 滴铬黑 T 指示液（5g/L），继续滴定至溶液由蓝色变为紫红色。同时做空白试验。

序号 16

序号	标准溶液的配制和标定
16	氯化锌标准滴定溶液的浓度$[c(ZnCl_2)]$，数值以摩尔每升（mol/L）表示，按式（20）计算： $$c(ZnCl_2) = \frac{m \times 1000}{(V_1 - V_2)M} \qquad (20)$$ 式中 m——乙二胺四乙酸二钠的质量，g； V_1——氯化锌溶液的体积，ml； V_2——空白试验氯化锌溶液的体积，ml； M——乙二胺四乙酸二钠的摩尔质量$[M(EDTA)=372.24]$，g/mol。
17	氯化镁（或硫酸镁）标准滴定溶液 $$c(MgCl_2)=0.1mol/L、c(MgSO_4)=0.1mol/L$$ **1. 配制** 称取 21g 氯化镁（$MgCl_2 \cdot 6H_2O$）[或 25g 硫酸镁（$MgSO_4 \cdot 7H_2O$）]，溶于 1000ml 盐酸溶液（1+2000）中，放置 1 个月后，用 3 号玻璃滤埚过滤。 **2. 标定** 称取 1.4g 经硝酸镁饱和溶液恒湿器中放置 7d 后的工作基准试剂乙二胺四乙酸二钠，溶于 100ml 热水中，加 10ml 氨-氯化铵缓冲溶液（pH 约 10），用配制好的氯化镁（或硫酸镁）溶液滴定，近终点时加 5 滴铬黑 T 指示液（5g/L），继续滴定至溶液由蓝色变为紫红色。同时做空白试验。 氯化镁（或硫酸镁）标准滴定溶液的浓度（c），数值以摩尔每升（mol/L）表示，按式（21）计算： $$c = \frac{m \times 1000}{(V_1 - V_2)M} \qquad (21)$$ 式中 m——乙二胺四乙酸二钠的质量，g； V_1——氯化镁（或硫酸镁）溶液的体积，ml； V_2——空白试验氯化镁（或硫酸镁）溶液的体积，ml； M——乙二胺四乙酸二钠的摩尔质量$[M(EDTA)=372.24]$，g/mol。
18	硝酸铅标准滴定溶液 $$c[Pb(NO_3)_2]=0.05mol/L$$ **1. 配制** 称取 17g 硝酸铅，溶于 1000ml 硝酸溶液（1+2000）中，摇匀。 **2. 滴定** 量取 35.00～40.00ml 配制好的硝酸铅溶液，加 3ml 乙酸及 5g 六亚甲基四胺，加 70ml 水及 2 滴二甲酚橙指示液（2g/L），用乙二胺四乙酸二钠标准滴定溶液$[c(EDTA)=0.05mol/L]$滴定至溶液呈亮黄色。 硝酸铅标准滴定溶液的浓度$\{c[Pb(NO_3)_2]\}$，数值以摩尔每升（mol/L）表示，按式（22）计算： $$c[Pb(NO_3)_2] = \frac{V_1 c_1}{V} \qquad (22)$$ 式中 V_1——乙二胺四乙酸二钠标准滴定溶液的体积，ml； c_1——乙二胺四乙酸二钠标准滴定溶液的浓度，mol/L； V——硝酸铅溶液的体积，ml。
19	氯化钠标准滴定溶液 $$c(NaCl)=0.1mol/L$$ 方法一 **1. 配制** 称取 5.9g 氯化钠，溶于 1000ml 水中，摇匀。 **2. 标定** 按 GB/T9725—2007 的规定测定。其中：量取 35.00～40.00ml 配制好的氯化钠溶液，加 40ml 水、10ml 淀粉溶液（10g/L），以 216 型银电极作指示电极，217 型双盐桥饱和甘汞电极作参比电极，用硝酸银标准滴定溶液$[c(AgNO_3)=0.1mol/L]$滴定，并按 GB/T 9725—2007 中 6.2.2 条的规定计算 V_0。 氯化钠标准滴定溶液的浓度$[c(NaCl)]$，数值以摩尔每升（mol/L）表示，按式（23）计算： $$c(NaCl) = \frac{V_0 c_1}{V} \qquad (23)$$ 式中 V_0——硝酸银标准滴定溶液的体积，ml； c_1——硝酸银标准滴定溶液的浓度，mol/L； V——氯化钠溶液的体积，ml。

序号	标准溶液的配制和标定
19	**方法二** 称取 5.84g±0.30g 已在 550℃±50℃ 的高温炉中灼烧至恒重的工作基准试剂氯化钠，溶于水，移入 1000ml 容量瓶中，稀释至刻度。 氯化钠标准滴定溶液的浓度[c(NaCl)]，数值以摩尔每升（mol/L）表示，按式（24）计算： $$c(\text{NaCl}) = \frac{m \times 1000}{VM} \qquad (24)$$ 式中　m——氯化钠的质量，g； 　　　V——氯化钠溶液的体积，ml； 　　　M——氯化钠的摩尔质量[M(NaCl)=58.442]，g/mol。
20	硫氰酸钠（或硫氰酸钾或硫氰酸铵）标准滴定溶液 $$c(\text{NaSCN})=0.1\text{mol/L}、c(\text{KSCN})=0.1\text{mol/L}、c(\text{NH}_4\text{SCN})=0.1\text{mol/L}$$ **1. 配制** 称取 8.2g 硫氰酸钠（或 9.7g 硫氰酸钾或 7.9g 硫氰酸铵），溶于 1000ml 水中，摇匀。 **2. 标定** **方法一** 按 GB/T 9725—2007 的规定测定。其中：称取 0.6g 于硫酸干燥器中干燥至恒重的工作基准试剂硝酸银，溶于 90ml 水中，加 10ml 淀粉溶液（10g/L）及 10ml 硝酸溶液（25%），以 216 型银电极作指示电极，217 型双盐桥饱和甘汞电极作参比电极，用配制好的硫氰酸钠（或硫氰酸钾或硫氰酸铵）溶液滴定，并按 GB/T 9725—2007 中 6.2.2 条的规定计算 V_0。 硫氰酸钠（或硫氰酸钾或硫氰酸铵）标准滴定溶液的浓度（c），数值以摩尔每升（mol/L）表示，按式（25）计算： $$c = \frac{m \times 1000}{V_0 M} \qquad (25)$$ 式中　m——硝酸银的质量，g； 　　　V_0——硫氰酸钠（或硫氰酸钾或硫氰酸铵）溶液的体积，ml； 　　　M——硝酸银的摩尔质量[M(AgNO$_3$)=169.87]，g/mol。 **方法二** 按 GB/T 9725—2007 的规定测定。其中：量取 35.00～40.00ml 硝酸银标准滴定溶液[c(AgNO$_3$)=0.1mol/L]，加 60ml 水、10ml 淀粉溶液（10g/L）及 10ml 硝酸溶液（25%），以 216 型银电极作指示电极，217 型双盐桥饱和甘汞电极作参比电极，用配制好的硫氰酸钠（或硫氰酸钾或硫氰酸铵）溶液滴定，并按 GB/T 9725—2007 中 6.2.2 条的规定计算 V_0。 硫氰酸钠（或硫氰酸钾或硫氰酸铵）标准滴定溶液的浓度（c），数值以摩尔每升（mol/L）表示，按式（26）计算： $$c = \frac{Vc_1}{V_0} \qquad (26)$$ 式中　V——硝酸银标准滴定溶液的体积，ml 　　　c_1——硝酸银标准滴定溶液的浓度，mol/L； 　　　V_0——硫氰酸钠（或硫氰酸钾或硫氰酸铵）溶液的体积，ml。
21	硝酸银标准滴定溶液 $$c(\text{AgNO}_3)=0.1\text{mol/L}$$ **1. 配制** 称取 17.5g 硝酸银，溶于 1000ml 水中，摇匀，溶液储存于棕色瓶中。 **2. 标定** 按 GB/T 9725—2007 的规定测定，其中：称取 0.22g 于 500～600℃ 的高温炉中灼烧至恒重的工作基准试剂氯化钠，溶于 70ml 水中，加 10ml 淀粉溶液（10g/L），以 216 型银电极作指示电极，217 型双盐桥饱和甘汞电极作参比电极，用配制好的硝酸银溶液滴定。按 GB/T 9725—2007 中 6.2.2 条的规定计算 V_0。 硝酸银标准滴定溶液的浓度[c(AgNO$_3$)]，数值以摩尔每升（mol/L）表示，按式（27）计算： $$c(\text{AgNO}_3) = \frac{m \times 1000}{V_0 M} \qquad (27)$$ 式中　m——氯化钠的质量，g； 　　　V_0——硝酸银溶液的体积，ml； 　　　M——氯化钠的摩尔质量[M(NaCl)=58.442]，g/mol。

续表

序号	标准溶液的配制和标定
22	亚硝酸钠标准滴定溶液 **1. 配制** 按表 14 的规定量称取亚硝酸钠、氢氧化钠及无水碳酸钠，溶于 1000ml 水中，摇匀。 表 14

亚硝酸钠标准滴定溶液的浓度 $[c(NaNO_2)]/(mol/L)$	亚硝酸钠的质量 m/g	氢氧化钠的质量 m/g	无水碳酸钠的质量 m/g
0.5	36	0.5	1
0.1	7.2	0.1	0.2

2. 标定

按表 15 的规定称取于 120℃±2℃的电烘箱中干燥至恒重的工作基准试剂无水对氨基苯磺酸，加氨水溶解，加 200ml 水及 20ml 盐酸，按永停滴定法安装好电极和测量仪表（见图 1），将装有配制好的相应浓度的亚硝酸钠溶液的滴管下口插入溶液内约 10mm 处，在搅拌下于 15～20℃进行滴定，近终点时，将滴管的尖端提出液面，用少量水淋洗尖端，洗液并入溶液中，继续慢慢滴定，并观察检流计读数和指针偏转情况，直至加入滴定液搅拌后电流突增，并不再回复时为滴定终点。临用前标定。

表 15

亚硝酸钠标准滴定溶液的 浓度$[c(NaNO_2)]/(mol/L)$	工作基准试剂无水对 氨基苯磺酸的质量 m/g	氨水的体积 V/ml
0.5	3	3
0.1	0.6	2

亚硝酸钠标准滴定溶液的浓度$[c(NaNO_2)]$，数值以摩尔每升（mol/L）表示，按式（28）计算：

$$c(NaNO_2) = \frac{m \times 1000}{VM} \tag{28}$$

式中　m——无水对氨基苯磺酸的质量，g；

　　　V——亚硝酸钠溶液的体积，ml；

　　　M——无水对氨基苯磺酸的摩尔质量$\{M[C_6H_4(NH_2)(SO_3H)]=173.19\}$，g/mol。

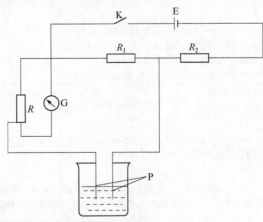

R——电阻（其阻值与检流计临界阻尼电阻值近似）；
R_1——电阻（60～70Ω，或用可变电阻，使加于二电极上的电压约为 50mV）；
R_2——电阻（2000Ω）；
E——干电池（1.5V）；
K——开关；
G——检流计（灵敏度为 10^{-9}A/格）；
P——铂电极。

图 1　测量仪表安装示意

序号	标准溶液的配制和标定
23	高氯酸标准滴定溶液 $$c(HClO_4)=0.1mol/L$$ **1. 配制** 方法一 量取 8.7ml 高氯酸，在搅拌下注入 500ml 乙酸中，混匀。滴加 20ml 乙酸酐，搅拌至溶液均匀。冷却后用乙酸稀释至 1000ml。 方法二 量取 8.7ml 高氯酸，在搅拌下注入 950ml 乙酸中，混匀。取 10ml，按 GB/T 606—2003 的规定测定水的质量分数，每次 5ml，用吡啶作溶剂。以两平行测定结果的平均值（X_1）计算高氯酸溶液中乙酸酐的加入量，滴加计算量的乙酸酐，搅拌均匀，冷却后用乙酸稀释至 1000ml，摇匀。 高氯酸溶液中乙酸酐的加入量（V），数值以毫升（ml）表示，按式（29）计算： $$V=5320\omega_1-2.8 \tag{29}$$ 式中　ω_1——未加乙酸酐的高氯酸溶液中的水的质量分数，%。 注：本方法控制高氯酸标准滴定溶液中的水的质量分数约为 0.05%。 **2. 标定** 称取 0.75g 于 105～110℃ 的电烘箱中干燥至恒重的工作基准试剂邻苯二甲酸氢钾，置于干燥的锥形瓶中，加入 50ml 乙酸，温热溶解，加 3 滴结晶紫指示液（5g/L），用配制好的高氯酸溶液滴定至溶液由紫色变为蓝色（微带紫色）。临用前标定。 标定温度下高氯酸标准滴定溶液的浓度[$c(HClO_4)$]，数值以摩尔每升（mol/L）表示，按式（30）计算： $$c(HClO_4)=\frac{m\times1000}{VM} \tag{30}$$ 式中　m——邻苯二甲酸氢钾的质量，g； 　　　V——高氯酸溶液的体积，ml； 　　　M——邻苯二甲酸氢钾的摩尔质量[$M(KHC_8H_4O_4)=204.22$]，g/mol。 **3. 修正方法** 使用高氯酸标准滴定溶液时的温度应与标定时的温度相同；若温度不相同，应将高氯酸标准滴定溶液的浓度修正到使用温度下的浓度的数值。 高氯酸标准滴定溶液修正后的浓度[$c_1(HClO_4)$]，数值以摩尔每升（mol/L）表示，按式（31）计算： $$c_1(HClO_4)=\frac{c}{1+0.0011(t_1-t)} \tag{31}$$ 式中　c——标定温度下高氯酸标准滴定溶液的浓度，mol/L； 　　　t_1——使用时高氯酸标准滴定溶液的温度，℃； 　　　t——标定高氯酸标准滴定溶液的温度，℃； 　　　0.0011——高氯酸标准滴定溶液每改变 1℃时的体积膨胀系数。
24	氢氧化钾-乙醇标准滴定溶液 $$c(KOH)=0.1mol/L$$ **1. 配制** 称取 8g 氢氧化钾，置于聚乙烯容器中，加少量水（约 5ml）溶解，用乙醇（95%）稀释至 1000ml，密闭放置 24h。用塑料管虹吸上层清液至另一聚乙烯容器中。 **2. 标定** 称取 0.75g 于 105～110℃ 电烘箱中干燥至恒重的工作基准试剂邻苯二甲酸氢钾，溶于 50ml 无二氧化碳的水中，加 2 滴酚酞指示液（10g/L），用配制好的氢氧化钾-乙醇溶液滴定至溶液呈粉红色，同时做空白试验。临用前标定。 氢氧化钾-乙醇标准滴定溶液的浓度[$c(KOH)$]，数值以摩尔每升（mol/L）表示，按式（32）计算： $$c(KOH)=\frac{m\times1000}{(V_1-V_2)M} \tag{32}$$ 式中　m——邻苯二甲酸氢钾的质量，g； 　　　V_1——氢氧化钾-乙醇溶液的体积，ml； 　　　V_2——空白试验氢氧化钾-乙醇溶液的体积，ml 　　　M——邻苯二甲酸氢钾的摩尔质量，[$M(KHC_8H_4O_4)=204.22$]，g/mol。

表 11-4 滴定分析中的其他标准溶液

滴定类型	名　称	浓　度	配制方法
沉淀滴定	二水合氯化钡		将晶体状的盐溶于水中，以 K_2SO_4 或 Na_2SO_4 标定
	溴化钾		市售试剂可能含有 0.2% 的氯化物，因此先配制浓度与所需浓度大致相等的溶液，然后用 $AgNO_3$ 标定
	三水合亚铁氰化钾		将市售的高纯度盐溶于每升含有 0.2g Na_2CO_3 的水溶液中，于棕色容器中避光保存。该溶液可稳定一个月以上。用金属锌标定
	硫酸钾	0.1mol/L	150℃预先干燥。精确称取约 17.43g，溶于水中并稀释至 1L
	氟化钠		110℃干燥，称取适量溶于水中并稀释至 1L
	硫酸钠	0.1mol/L	150℃干燥，准确称取 14.204g，溶于水中并稀释至 1L
	四水合硝酸钍		称取大致量的晶体溶于水中，以 NaF 标定
氧化还原滴定	碱性亚砷酸盐	0.025mol/L	将 4.9460g As_2O_3 溶于 40ml 30% 的 NaOH 溶液中，并用 200ml 水稀释。加 6mol/L HCl 至甲基红变成红色。加入 40g $NaHCO_3$ 并稀释至 1L
配位滴定	锰（Ⅱ）	0.1mol/L	将 16.901g 一水硫酸锰溶于水并稀释至 1L

不同温度下标准滴定溶液的体积补正值见表 11-5。

表 11-5 不同温度下标准滴定溶液的体积补正值[1]

单位：ml/L

温度 /℃	水及 0.05mol/L 以下的各种水溶液	0.1mol/L 及 0.2mol/L 各种水溶液	盐酸溶液 $c(HCl)=$ 0.5mol/L	盐酸溶液 $c(HCl)=$ 1mol/L	硫酸溶液 $c\left(\frac{1}{2}H_2SO_4\right)=$ 0.5mol/L、氢氧化钠溶液 $c(NaOH)=0.5mol/L$	硫酸溶液 $c\left(\frac{1}{2}H_2SO_4\right)=$ 1mol/L、氢氧化钠溶液 $c(NaOH)=1mol/L$	碳酸钠溶液 $c\left(\frac{1}{2}Na_2CO_3\right)$ $=1mol/L$	氢氧化钾-乙醇溶液 $c(KOH)=$ 0.1mol/L
5	+1.38	+1.7	+1.9	+2.3	+2.4	+3.6	+3.3	
6	+1.38	+1.7	+1.9	+2.2	+2.3	+3.4	+3.2	
7	+1.36	+1.6	+1.8	+2.2	+2.2	+3.2	+3.0	
8	+1.33	+1.6	+1.8	+2.1	+2.2	+3.0	+2.8	
9	+1.29	+1.5	+1.7	+2.0	+2.1	+2.7	+2.6	
10	+1.23	+1.5	+1.6	+1.9	+2.0	+2.5	+2.4	+10.8
11	+1.17	+1.4	+1.5	+1.8	+1.8	+2.3	+2.2	+9.6
12	+1.10	+1.3	+1.4	+1.6	+1.7	+2.0	+2.0	+8.5
13	+0.99	+1.1	+1.2	+1.4	+1.5	+1.8	+1.8	+7.4
14	+0.88	+1.0	+1.1	+1.2	+1.3	+1.6	+1.5	+6.5
15	+0.77	+0.9	+0.9	+1.0	+1.1	+1.3	+1.3	+5.2
16	+0.64	+0.7	+0.8	+0.8	+0.9	+1.1	+1.1	+4.2
17	+0.50	+0.6	+0.6	+0.6	+0.7	+0.8	+0.8	+3.1
18	+0.34	+0.4	+0.4	+0.4	+0.5	+0.6	+0.6	+2.1
19	+0.18	+0.2	+0.2	+0.2	+0.2	+0.3	+0.3	+1.0
20	0.00	0.00	0.00	0.0	0.00	0.00	0.0	0.0
21	-0.18	-0.2	-0.2	-0.2	-0.2	-0.3	-0.3	-1.1
22	-0.38	-0.4	--0.4	-0.5	-0.5	-0.6	-0.6	-2.2
23	-0.58	-0.6	-0.7	-0.7	-0.8	-0.9	-0.9	-3.3
24	-0.80	-0.9	-0.9	-1.0	-1.0	-1.2	-1.2	-4.2
25	-1.03	-1.1	-1.1	-1.2	-1.3	-1.5	-1.5	-5.3
26	-1.26	-1.4	-1.4	-1.4	-1.5	-1.8	-1.8	-6.4
27	-1.51	-1.7	-1.7	-1.7	-1.8	-2.1	-2.1	-7.5
28	-1.76	-2.0	-2.0	-2.0	-2.1	-2.4	-2.4	-8.5
29	-2.01	-2.3	-2.3	-2.3	-2.4	-2.8	-2.8	-9.6
30	-2.30	-2.5	-2.5	-2.6	-2.8	-3.2	-3.1	-10.6
31	-2.58	-2.7	-2.7	-2.9	-3.1	-3.5		-11.6
32	-2.86	-3.0	-3.0	-3.2	-3.4	-3.9		-12.6

温度/℃	水及0.05mol/L以下的各种水溶液	0.1mol/L及0.2mol/L各种水溶液	盐酸溶液 $c(HCl)=$ 0.5mol/L	盐酸溶液 $c(HCl)=$ 1mol/L	硫酸溶液 $c\left(\dfrac{1}{2}H_2SO_4\right)=$ 0.5mol/L、氢氧化钠溶液 $c(NaOH)=0.5mol/L$	硫酸溶液 $c\left(\dfrac{1}{2}H_2SO_4\right)=$ 1mol/L、氢氧化钠溶液 $c(NaOH)=1mol/L$	碳酸钠溶液 $c\left(\dfrac{1}{2}Na_2CO_3\right)$ $=1mol/L$	氢氧化钾-乙醇溶液 $c(KOH)=$ 0.1mol/L
33	-3.04	-3.2	-3.3	-3.5	-3.7	-4.2		-13.7
34	-3.47	-3.7	-3.6	-3.8	-4.1	-4.6		-14.8
35	-3.78	-4.0	-4.0	-4.1	-4.4	-5.0		-16.0
36	-4.10	-4.3	-4.3	-4.4	-4.7	-5.3		-17.0

注：1. 本表数值是以 20℃ 为标准温度以实测法测出。

2. 表中带有"＋"、"－"号的数值是以 20℃ 为分界，室温低于 20℃ 的补正值为"＋"，高于 20℃ 的补正值均为"－"。

3. 本表的用法：如 1L 硫酸溶液[$c\left(\dfrac{1}{2}H_2SO_4\right)=1mol/L$]由 25℃ 换算为 20℃ 时，其体积补正值为-1.5ml，故 40.00ml 换算为 20℃ 时的体积为：

$$V_{20}=40.00-\frac{1.5}{1000}\times40.00=39.94（ml）$$

第三节　酸碱滴定法

本节主要介绍用于酸碱滴定的指示剂，酸碱滴定的 pH 突跃范围以及一些物质的酸碱滴定方法。

一、酸碱滴定指示剂

表 11-6 所列的酸碱滴定指示剂，其变色 pH 范围受离子强度、温度等因素的影响，同时因人而异，因而列出的数值仅为近似值，可以 25℃ 左右、低离子强度的溶液为参考。

表 11-6　酸碱指示剂（以变色的 pH 范围为序）

编号	名　称	结构式	变色 pH 范围	颜色变化	浓　度
1	二(4-羟基-1-萘)苯甲醇（第一变色范围）		0.0～1.0	绿→黄	0.05%乙醇（70%）溶液[1]
2	苦味酸（三硝基苯酚）		0.0～1.3	无色→黄	0.1%水溶液
3	结晶紫（龙胆紫；六甲基玫苯胺盐酸盐）		0.0～2.0	绿→紫	0.02%水溶液
4	乙基紫（第一变色范围）		0.0～2.4	蓝绿→紫	0.1%甲醇（50%）溶液

编号	名　称	结构式	变色 pH 范围	颜色变化	浓　度
5	亮绿（碱性亮绿）	见结构式（$\overset{+}{N}(C_2H_5)_2$，$\overset{-}{HSO_4}$，$N(C_2H_5)_2$）	0.0～2-6	黄→绿	0.1%水溶液
6	罗丹明 B	见结构式（$(C_2H_5)_2N$，$\overset{+}{N}(C_2H_5)_2Cl^-$，COOH）	0.1～1.2	橙→玫瑰	0.1%水溶液
7	甲基绿（七甲基副品红盐酸盐）	见结构式（$(CH_3)_2N$，$\overset{+}{N}(CH_3)_3Cl^-$，$\overset{+}{N}(CH_3)_2Cl^-$）	0.1～2.0	黄→绿→天蓝	0.05%水溶液
8	甲基紫（甲基青莲；五甲基对玫瑰苯胺盐酸盐）（第一变色范围）	见结构式（$(CH_3)_2N$，$\overset{+}{N}(CH_3)_2Cl^-$，NHCH₃）	0.13～0.5	黄→绿	0.1%水溶液
9	孔雀绿（第一变色范围）	见结构式（$(CH_3)_2N$，$\overset{+}{N}(CH_3)_2Cl^-$）	0.13～2.0	黄→淡绿	0.1%水溶液
10	2-(对二甲氨基苯偶氮)-吡啶（第一变色范围）	$(CH_3)_2N$—〇—N=N—吡啶	0.2～1.8	黄→蓝	0.1%乙醇溶液
11	甲酚红（邻甲酚磺酞）（第一变色范围）	见结构式（HO，H_3C，CH₃，SO₃H）	0.2～1.8	红→黄	0.04 乙醇（50%）溶液
12	碱性臧红花	见结构式（H_3C，CH₃，H_2N，NH₂，Cl）二者的混合物	0.3～1.0	蓝→红	0.05%水溶液

编号	名 称	结构式	变色 pH 范围	颜色变化	浓 度
13	甲酚红紫；间甲酚磺酞；间甲酚红紫（第一变色范围）		0.5～2.5	红→黄	（1）0.05%乙醇（20%）溶液 （2）0.05%水溶液（100ml 内含 0.05mol/L NaOH 2.6ml）
14	二甲苯酚蓝；对二甲苯酚蓝；二甲苯酚磺酞（第一变色范围）		0.6～2.8	红紫→琥珀黄	（1）0.05%乙醇（20%）溶液 （2）0.05%水溶液（100ml 内含 0.05mol/L NaOH 2.6ml）
15	专利蓝 V[②]		0.8～3.0	黄→蓝	0.1%水溶液
16	对甲基红；对二甲氨基苯偶氮苯甲酸	HOOC—⬡—N=N—⬡—N(CH₃)₂	0.9～2.9	红→黄	0.1%乙醇溶液
17	甲基紫（第二变色范围）	参见 "8"	1.0～1.5	绿→蓝	0.1%水溶液
18	喹哪啶红；甲基氮萘红		1.0～2.2	无色→红	1%乙醇溶液
19	苯偶氮二苯胺		1.1～2.8	深红→黄	0.01%乙醇（50%）溶液（100ml 内含 1ml 1mol/L HCl）
20	间胺黄；胜利黄；二苯胺偶氮间苯磺酸钠；酸性间胺磺；金莲橙 G		1.2～2.4	红→黄	0.1%水溶液
21	百里酚蓝；百里酚磺酞；麝香草酚蓝（第一变色范围）		1.2～2.8	红→黄	（1）0.1%乙醇（20%）溶液 （2）0.1%水溶液（100ml 内含 0.05mol/L NaOH 4.3ml）
22	碱性品红；盐基品红		1.2～3.0	紫红→浅绛红	0.1%乙醇溶液

编号	名 称	结构式	变色 pH 范围	颜色变化	浓 度
23	五甲氧基红；2,4,2′,4′,2″-五甲氧基三苯甲醇		1.2~3.2	红紫→无色	0.1%乙醇(70%)溶液
24	苯红紫 4B；3,3′-{[3,3′-二甲基(1,1′-联苯)-4,4′-二基]双偶氮}双(4-氨基-1-萘磺酸)二钠盐（第一变色范围）		1.3~4.0	蓝紫→橙	0.1%水溶液
25	邻甲苯偶氮邻甲氨基苯		1.4~2.8	橙黄→黄	0.1%乙醇(70%)溶液
26	橘黄Ⅳ；二苯橙，金莲花橙 OO；苯胺黄；二苯氨基偶氮对苯磺酸钠		1.4~3.2	红→黄	1%或 0.1%，0.01%水溶液
27	四溴荧光黄；酸性曙红		1.4~3.6	玫瑰→红	0.1%乙醇(70%)溶液
28	茜素黄 R，对硝基苯偶氮水杨酸钠（第一变色范围）		1.9~3.3	红→黄	0.1%水溶液
29	苄橙		1.9~3.3	红→黄	0.05%水溶液
30	对氨基苯偶氮对苯磺酸		1.9~3.3	红→黄	0.1%水溶液
31	甲基紫（第三变色范围）	参见"8"	2.0~3.0	蓝→紫	0.1%水溶液
32	2,4-二硝基萘酚；马休黄		2.0~4.0	亮黄→黄	0.1%乙醇溶液
33	四碘荧光黄		2.2~3.6	橙→红	0.1%水溶液
34	β-二硝基酚；2,6-二硝基酚		2.4~4.0	无色→黄	0.1%或 0.05%，0.04%水溶液

第三篇

续表

编号	名　称	结构式	变色 pH 范围	颜色变化	浓　度
35	4-(2-噻唑偶氮)百里酚		2.5～6.5	红→紫	
36	六甲氧基红；三(2,4-二甲氧苯基)甲醇		2.6～4.6	红玫瑰→无色	0.1%乙醇(70%)溶液
37	N,N-二甲基对(间甲苯偶氮)苯胺		2.6～4.8	红→黄	0.1%水溶液
38	α-二硝基酚；2,4-二硝基酚		2.8～4.4	无色→黄	饱和或0.04%水溶液或0.1%乙醇溶液
39	甲基黄；二甲基黄；对二甲氨基偶氮苯	$(CH_3)_2N$-〇-$N=N$-〇	2.9～4.0	红→黄	0.1%或0.01%乙醇(90%)溶液
40	邻羧基苯偶氮-α-萘胺		2.9～5.8	红→黄	0.01%乙醇(60%)溶液
41	4,4′-双(2-氨基-1-萘基偶氮)-2,2′-芪二磺酸		3.0～4.0	红紫→红	0.1%水溶液(100ml 内含0.05mol/L NaOH 5.9ml)
42	四溴酚酞乙酯		3.0～4.2	黄→蓝	0.1%乙醇溶液
43	乙基橙	$(CH_3CH_2)_2N$-〇-$N=N$-〇-SO_3Na	3.0～4.5	玫瑰红→黄	0.1%水溶液

续表

编号	名　称	结构式	变色 pH 范围	颜色变化	浓　度
44	四氯酚磺酞		3.0～4.6	黄→蓝	0.1%乙醇（20%）溶液
45	溴酚蓝；四溴苯酚磺酞		3.0～4.6	黄→蓝	（1）0.1%乙醇（20%）溶液　（2）0.1%水溶液（100ml 内含 0.05mol/L NaOH 3ml）
46	四溴苯酚蓝；四溴酚蓝；四溴苯酚四溴磺酞		3.0～4.6	黄→蓝	（1）0.1%乙醇（20%）溶液　（2）0.1%水溶液（100ml 内含 0.05mol/L NaOH 2ml）
47	四碘酚磺酞		3.0～4.8	黄→蓝	（1）0.1%乙醇（20%）溶液　（2）0.1%水溶液（100ml 内含 0.05mol/L NaOH 2.3ml）
48	溴绿酚蓝；二溴二氯酚磺酞		3.0～4.8	黄→蓝	（1）0.04%乙醇（20%）溶液　（2）0.04%水溶液（100ml 内含 0.05mol/L NaOH 1.3ml）
49	刚果红		3.0～5.2	蓝紫→红	0.1%水溶液
50	甲基橙；对二甲氨基苯偶氮苯磺酸钠		3.1～4.4	红→橙黄	0.1%水溶液
51	对磺基邻甲氧基-苯偶氮-N,N'-二甲基-α-萘胺		3.4～4.4	蓝→橙黄	0.1%乙醇（60%）溶液
52	对乙氧基菊橙；对乙氧基苯偶氮-2,4-二氨基苯盐酸盐		3.5～5.5	红→橙黄	0.1%乙醇（90%）溶液

编号	名　称	结构式	变色 pH 范围	颜色变化	浓　度
53	刃天青		3.5～6.8	橙→暗紫	0.1%水溶液
54	茜素红 S；茜素磺酸钠（第一变色范围）		3.7～5.2	黄→紫	0.1%水溶液
55	α-萘酚红		3.7～5.7	紫→棕黄	0.1%乙醇（70%）溶液
56	溴甲酚绿；溴甲酚蓝；四溴间甲苯酚磺酞		3.8～5.4	黄→蓝	(1)0.1%乙醇（20%）溶液 (2) 0.1%水溶液（100ml 内含 0.05mol/L NaOH 2.9ml）
57	2,4-二羟基苯偶氮间苯二酚		3.8～6.5	橙→暗蓝	0.02%水溶液
58	焦性没食子酚酞；茜素紫		3.8～6.6	黄→玫瑰	乙醇溶液
59	ε-二硝基酚；2,3-二硝基酚		3.9～5.9	无色→黄	0.1%水溶液
60	γ-二硝基酚；2,5-二硝基酚		4.0～5.4	无色→黄	0.1%，0.025%水溶液
61	间苯二酚蓝		4.0～6.4	红→蓝	0.2%或 0.5%乙醇（90%）溶液
62	碱性菊橙；苯偶氮间苯二氨盐酸盐		4.0～7.0	橙→黄	0.1%水溶液
63	邻苯二酚磺酞；邻苯二酚紫		4.0～7.0	黄→绿	0.1%水溶液

编号	名　称	结构式	变色 pH 范围	颜色变化	浓　度
64	红紫精；红紫素；紫茜素；1,2,4-三羟基蒽醌		4.0~8.0	橙→玫瑰	0.02%乙醇溶液
65	异胺酸；2,6-二硝基-4-氨基苯酚		4.1~5.6	玫瑰红→黄	0.1%水溶液
66	萘胺偶氮苯磺酸		4.2~5.8	淡红→橙	0.01%乙醇（60%）溶液
67	邻羧基苯偶氮对丙基氨基苯		4.2~6.2	红→黄	0.1%乙醇溶液
68	δ-二硝基酚；3,4-二硝基酚		4.3~6.3	无色→黄	0.1%水溶液
69	2-(对二甲氨基苯偶氮)-吡啶（第二变色范围）	参见"10"	4.4~5.6	红→黄	0.1%乙醇溶液
70	甲基红；对二甲氨基偶氮苯邻羧酸		4.4~6.2	红→黄	0.1%或 0.2%乙醇（60%）溶液
71	乙基红		4.5~6.5	红→黄	0.1%乙醇溶液
72	四碘荧光黄；碘曙红		4.5~6.5	无色→红	（1）0.1%水溶液（钠盐或铵盐）（2）0.1%乙醇（70%）溶液（酸式）
73	4-硝基-6-氨基邻甲氧基苯酚		4.5~8.0	黄→红	0.1%乙醇溶液
74	丙基红		4.6~6.6	红→黄	0.1%乙醇溶液
75	拉帕醇（lapachol）		4.8~5.8	无色→红	0.1%乙醇溶液

编号	名　称	结构式	变色 pH 范围	颜色变化	浓　度
76	胭脂红；胭脂红酸；洋红酸；虫红		4.8～6.2	黄→淡紫	0.1%水溶液
77	苯酰瑰红酸 G；苯甲酰槐黄 G		5.0～5.6	紫→浅黄	0.25%甲醇溶液
78	苏木精		5.0～6.0	黄→紫	0.5%乙醇（90%）溶液
79	邻氯酚红；邻二氯磺酞		5.0～6.6	黄→红	（1）0.1%乙醇（20%）溶液 （2）0.1%水溶液（100ml 内含 0.05mol/L NaOH 4.7ml）
80	溴酚红		5.0～6.8	黄→红	（1）0.1%或0.04%乙醇（20%）溶液 （2）0.1%或0.04%水溶液（100ml 内含 0.05mol/L NaOH 3.9ml）
81	七甲氧基红		5.0～7.0	红→无色	0.1%乙醇（70%）溶液
82	邻硝基苯酚		5.0～7.0	无色→黄	0.1%乙醇（50%）溶液
83	石蕊精	$(C_7H_7O_4N)_n$	5.0～8.0	红→蓝	1%水溶液
84	溴甲酚红紫；二溴邻甲酚磺酞		5.2～6.8	黄→紫	（1）0.1%乙醇（20%）溶液 （2）0.1%水溶液（100ml 内含 0.05mol/L NaOH 3.7ml）

编号	名　称	结构式	变色 pH 范围	颜色变化	浓　度
85	中性蓝		5.3～7.1	紫红→蓝	0.1%乙醇溶液
86	茜素；α,β-二羟基蒽醌		5.5～6.8	黄→紫	0.02%乙醇（90%）溶液
87	对硝基苯酚	HO—〔苯环〕—NO₂	5.6～7.6	无色→黄	0.1%水溶液
88	吡啶-2-甲醛-2'-吡啶腙亚铁		5.6～8.2	粉红→黄	0.1%水溶液
89	硝氮黄；硝嗪黄		6.0～7.0	黄→蓝紫	0.1%水溶液
90	溴百里酚蓝；二溴百里酚磺酞		6.0～7.6	黄→蓝	（1）0.05%或 0.1%乙醇（20%）溶液（2）0.05%或 0.1%水溶液（100ml 内含 0.05mol/L NaOH 3.2ml）
91	巴西木素；巴西苏木素（braziline）		6.0～8.0	无色→玫瑰	0.1%乙醇溶液
92	靛喔喱；醌喹亚胺		6.0～8.0	红→蓝	0.05%乙醇溶液
93	玫红酸；珊瑚黄；珊瑚酚酞；甲基金精；甲苯醌基二对酚基甲烷		6.2～8.0	黄→红	0.5%乙醇（50%）溶液

第三篇

续表

编号	名称	结构式	变色 pH 范围	颜色变化	浓　　度
94	亮黄		6.4～9.4	黄→红橙	0.1%水溶液
95	吡啶-2-醛-2′-吡啶腙镍		6.4～9.5	无色→黄	0.1%水溶液
96	吡啶-2-醛-2′-吡啶腙锌		6.7～9.8	无色→黄	0.1%水溶液
97	大黄苷；1,6,8-三羟基-3-甲基蒽醌		6.8～7.6	黄→红	0.1%水溶液
98	中性红		6.8～8.0	红→黄	0.1%乙醇（60%）溶液
99	酚红；苯酚磺酞		6.8～8.0	黄→红	（1）0.1%乙醇（20%）溶液（2）0.1%水溶液（100ml 内含 0.05mol/L NaOH 5.7ml）
100	硝基酚酞		6.8～8.0	无色→黄	0.1%乙醇（60%）溶液
101	间硝基苯酚		6.8～8.4	无色→黄	0.3%水溶液
102	喹啉蓝；氮萘蓝		7.0～8.0	无色→紫	1%乙醇（90%）溶液
103	5-磺基-2,4-二羟基苯甲酸		7.0～8.5	黄→红	0.1%水溶液
104	4-(3H-吩噻嗪-3-氨基)苯磺酸		7.0～9.0	蓝→紫	0.1%水溶液

续表

编号	名称	结构式	变色 pH 范围	颜色变化	浓　　度
105	2-氰基-3,3-双(对硝基苯氨基)丙烯腈（第一变色范围）	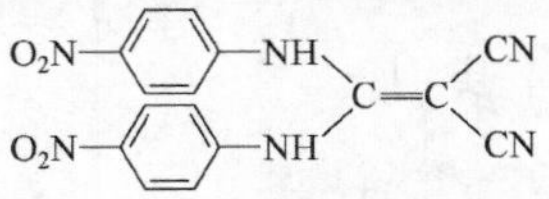	7.2~7.8	无色→黄	0.5%乙醇溶液
106	甲酚红（第二变色范围）	参见"11"	7.2~8.8	黄→紫红	参见"11"
107	2,2'-二羟基苯乙烯酮	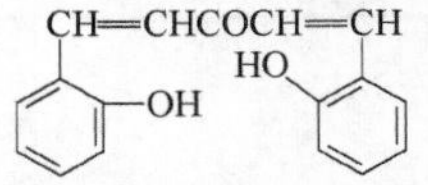	7.3~8.7	黄→绿	0.5%乙醇溶液
108	α-萘酚酞	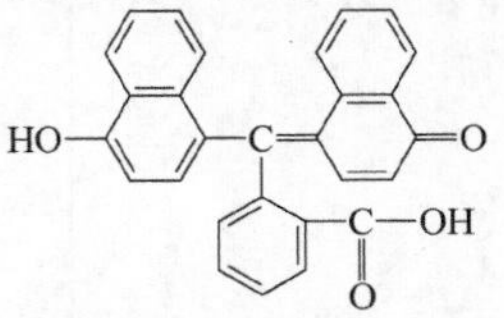	7.4~8.6	黄→蓝绿	0.1%或 1%乙醇（70%）溶液
109	甲酚红紫（第二变色范围）	参见"13"	7.4~9.0	黄→紫	参见"13"
110	姜黄素（第一变色范围）	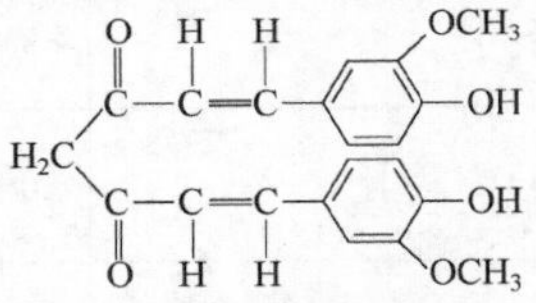	7.4~9.2	黄→褐红	0.1%乙醇（96%）溶液
111	双(2,4-二硝基苯基)乙酸乙酯	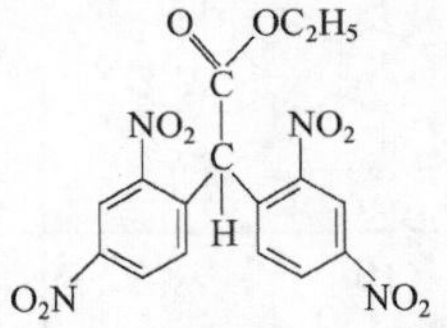	7.5~9.1	无色→蓝	1:1 丙酮-乙醇的饱和溶液
112	金莲橙 OOO（第一变色范围）	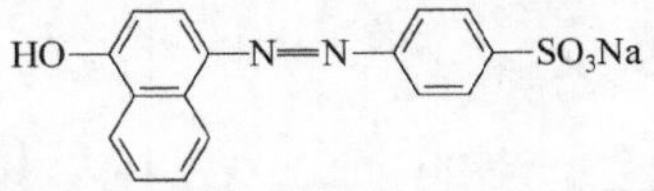	7.6~8.9	黄绿→玫瑰	0.1%或 1%水溶液
113	橘黄Ⅱ	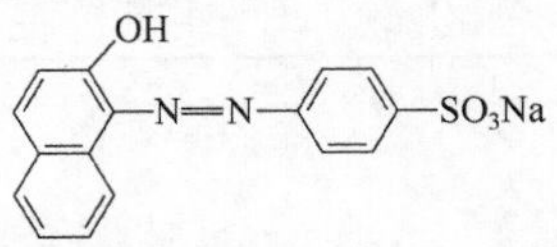	7.6~8.9	棕→橙	0.1%水溶液
114	3-[1-(2-乙基醇)]-2-哌啶基吡啶	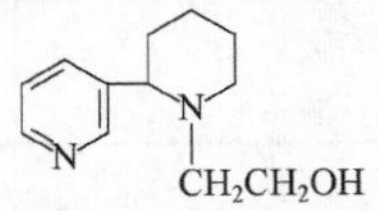	7.8~9.7	蓝→绿	0.1%乙醇溶液
115	3-[1-(2-丙基醇)]-2-哌啶基吡啶	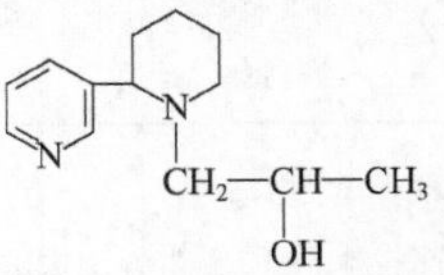	7.8~9.7	蓝→绿	0.1%乙醇溶液
116	吡啶-2-醛-2'-吡啶腙镉	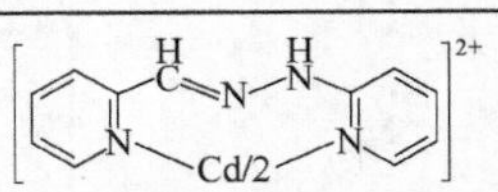	7.8~10.4	无色→黄	0.1%水溶液

第三篇

编号	名　称	结构式	变色 pH 范围	颜色变化	浓　度
117	四溴酚酞		8.0～9.0	无色→紫	0.1%乙醇（20%）溶液
118	4,4′-双(4-氨基-1-萘基偶氮)-2,2′-芪二磺酸		8.0～9.0	蓝→红	0.1%水溶液（100ml 内含 0.05mol/L NaOH 5.9ml）
119	百里酚蓝（第二变色范围）	参见"21"	8.0～9.6	黄→蓝	参见"21"
120	二甲苯酚蓝（第二变色范围）	参见"14"	8.0～9.6	黄→蓝	参见"14"
121	2-(4′-硝基苯偶氮)-1-萘酚-4,8-二磺酸		8.0～10.0	玫瑰→红紫	0.1%水溶液
122	邻甲酚酞		8.2～9.8	无色→红	0.2%或 0.02%乙醇（90%）溶液
123	酚酞		8.2～10.0	无色→紫红	0.1%或 1%乙醇（60%）溶液
124	对萘酚苯		8.2～10.0	橙→蓝	1%稀碱溶液
125	乙基双(2,4-二甲基苯)乙酸酯		8.4～9.6	无色→蓝	50%丙酮醇中的饱和溶液

续表

编号	名 称	结构式	变色 pH 范围	颜色变化	浓 度
126	四碘酚酞钠		8.4~10.2	无色→红紫	0.1%水溶液
127	二(4-羟基-1-萘)苯甲醇（第二变色范围）	参见"1"	8.5~9.8	无色→蓝	参见"1"
128	对二甲苯酚酞		9.3~10.5	无色→蓝	0.1%乙醇（40%）溶液
129	百里酚酞；2′,2″-二甲基-5′,5″-二异丙基酚酞		9.4~10.6	无色→蓝	0.1%乙醇（90%）溶液
130	碱性蓝 6B		9.4~14.0	紫→粉红	0.1%乙醇溶液
131	茜素红 S（第二变色范围）	参见"54"	10.0~12.0	紫→淡黄	参见"54"
132	β-萘酚紫		10.0~12.1	橙黄→紫	0.04%水溶液
133	茜素黄 GG；间硝基苯偶氮水杨酸钠		10.0~12.1	亮黄→暗橙	0.1%水溶液
134	乙基紫（第二变色范围）	参见"4"	10.0~13.0	红→无色	参见"4"
135	尼罗蓝		10.1~11.1	蓝→红	0.1%水溶液
136	茜素黄 R；对硝基苯偶氮水杨酸钠（第二变色范围）	参见"28"	10.1~12.1	黄→淡紫	0.1%水溶液

编号	名　称	结构式	变色 pH 范围	颜色变化	浓　度
137	茜素 RS		10.1～12.1	亮黄→棕红	0.1%水溶液
138	姜黄素（第二变色范围）	参见"110"	10.2～11.8	褐红→橙黄	参见"110"
139	金莲橙 OOO（第二变色范围）	参见"112"	10.3～12.0	黄→红	参见"112"
140	偶氮蓝；二甲苯二偶氮二(α-萘酚)-4-磺酸		10.5～11.5	紫→玫瑰红	0.1%水溶液
141	2,4,6-三硝基-N-甲基-N′-硝基苯胺		10.8～13.0	无色→褐红	0.1%乙醇（60%）溶液
142	茜素蓝 SA		11.0～13.0	橙黄→蓝绿	0.05%水溶液
143	金莲橙 O；偶氮间苯二酚磺酸钠		11.0～13.0	黄→橙褐	0.1%水溶液
144	孔雀绿（第二变色范围）	参见"9"	11.5～13.2	蓝绿→无色	参见"9"
145	2,4,6-三硝基甲苯		11.5～13.2	无色→橙	0.1%或 0.5%乙醇（90%）溶液
146	橘黄 G；黄光（酸性）橙		11.5～14.0	黄→红	0.1%水溶液
147	靛蓝③；靛蓝二磺酸钠；靛胭脂红		11.6～14.0	蓝→黄	0.25%乙醇（50%）溶液
148	达旦黄		12.0～13.0	黄→红	0.1%水溶液

续表

编号	名 称	结构式	变色 pH 范围	颜色变化	浓 度
149	2,4,6-三硝基苯甲酸		12.0~13.4	无色→橙黄	0.1%水溶液
150	1,3,5-三硝基苯		12.2~14.0	无色→橙	0.1%或0.5%乙醇(90%)溶液
151	2-氰基-3,3-双(对硝基苯胺)丙烯腈(第二变色范围)	参见"105"	12.6~13.4	黄→橙	0.5%乙醇溶液
152	苯红紫 4B(第二变色范围)	参见"24"	13.0~14.0	橙→红	参见"24"

① 指 0.05g 指示剂溶于 100ml 浓度为 70%的乙醇溶液中。其他浓度同此。
② 中南矿冶学院分析化学教研室. 分析化学手册. 北京：科学出版社，1982：134.
③ 日本化学会. 化学便览，基础篇Ⅱ. 丸善株式会社，昭和 50 年 5 月：1526.

表 11-7 列举了一些常见单色和双色酸碱指示剂的解离常数，按 pK_a 从小到大排列。

表 11-7 酸碱指示剂的解离常数

指示剂 \ T/℃ \ I/(mol/kg)	实验温度 0.00	标准温度（20℃） 0.01	0.05	0.1	0.5
甲酚红紫（酸性范围）				1.51	
百里酚蓝（酸性范围）	1.65（15~30℃）	—	1.65	1.65	1.65（0.15mol/L NaNO₃），25℃
五甲氧基红	1.86+0.008Δ①		1.86	1.86	
2-(对二甲氨基苯偶氮)吡啶				2.0	
金莲橙 OO				2.0	
喹哪啶红	2.63-0.007Δ	2.8	—	2.90	3.10
甲基黄				3.3	
六甲氧基红	3.32+0.007Δ		3.32	3.32	—
甲基橙	3.46-0.014Δ	3.46	3.46	3.46	3.46
溴酚蓝	4.10（15~20℃）	4.06	4.00	3.85	3.75（KCl）
2,3-二硝基苯酚	4.10-0.006Δ		3.95	3.90	3.80（KCl）
α-二硝基苯酚（2,4-二硝基苯酚）	4.10-0.006Δ		3.95	3.90	3.80（KCl）
β-二硝基苯酚（2,6-二硝基苯酚）	3.70-0.006Δ		3.95	3.90	3.80（KCl）
溴甲酚蓝（溴甲酚绿）	4.90（15~30℃）	4.80	4.70	4.66	4.50（KCl） / 4.42（NaCl）
甲基红	5.00-0.006Δ	5.00	5.00	5.00	5.00
γ-二硝基苯酚（2,5-二硝基苯酚）	5.20-0.0045Δ		5.12	5.10	5.00（NaCl）
七甲氧基红	—		5.90	5.90	—
氯酚红	6.25-0.005Δ	6.15	6.05	6.00	5.9（KCl） / 5.85（NaCl）
茜素红 S				6.07	
溴甲酚紫	6.40-0.005Δ	6.28	6.21	6.12	5.9（KCl） / 5.8（NaCl）
对硝基苯酚	7.00-0.01Δ	—	—	—	
溴百里酚蓝	7.30（15~30℃）	7.19	7.13	7.10	6.9（KCl）
中性红				7.40	

第三篇

指示剂 ╲ T/℃ I/(mol/kg)	实验温度 0.00	标准温度（20℃）			
		0.01	0.05	0.1	0.5
苯酚红	$8.00-0.007\varDelta$	7.92	7.84	7.81	7.6（KCl） 7.5（NaCl）
甲酚红				8.20	
间硝基苯酚	$8.35-0.01\varDelta$	—	8.30	8.25	8.15（NaCl）
甲酚红紫				8.32	
百里酚蓝	9.20（15～30℃）	9.01	8.95	8.90	
酚酞				9.4	
百里酚蓝				10.0	
金莲橙 OOO				10.95	
茜素黄 R				11.16	

① $\varDelta=\{T_2\}_℃-20$，即为实验温度 T_2 与标准温度 T_1 的差值。

混合指示剂颜色变化明显，而且变色范围狭窄，尤其适用于特定突跃范围的滴定。配制时两者的比例要适当，否则达不到预期效果。表 11-8 列举了一些混合指示剂的溶液组成及主要性质。

表 11-8 混合酸碱指示剂

指示剂溶液组成	变色点 pH	酸 色	碱 色	备 注①
1 份 0.1%甲基黄乙醇溶液 1 份 0.1%亚甲基蓝乙醇溶液	3.28	蓝紫色	绿色	pH=3.4 绿色 pH=3.2 蓝紫色
1 份 0.1%六甲氧基三苯基甲醇乙醇溶液 1 份 0.1%甲基绿乙醇溶液	4.0	紫色	绿色	pH=4.0 蓝紫色②
1 份 0.1%甲基橙水溶液 1 份 0.25%靛蓝二磺酸水溶液	4.1	紫色	绿色	蓝色②
1 份 0.1%甲基橙水溶液 1 份 0.1%苯胺蓝水溶液	4.3	紫色	绿色	
1 份 0.1%溴甲酚绿钠盐水溶液 1 份 0.02%甲基橙水溶液	4.3	橙色	蓝绿色	pH=3.5 黄色 pH=4.05 绿黄色 pH=4.3 浅绿色
3 份 0.1%溴甲酚绿乙醇溶液 1 份 0.2%甲基红乙醇溶液	5.1	酒红色	绿色	
1 份 0.2%甲基红乙醇溶液 1 份 0.1%亚甲基蓝乙醇溶液	5.4	红紫色	绿色	pH=5.2 红紫色 pH=5.4 暗蓝色 pH=5.6 绿色
1 份 0.1%氯酚红钠盐水溶液 1 份 0.1%苯胺蓝水溶液	5.8	绿色	紫色	pH=5.6 淡紫色
1 份 0.1%溴甲酚绿钠盐水溶液 1 份 0.1%氯酚红钠盐水溶液	6.1	黄绿色	蓝紫色	pH=5.4 蓝紫色 pH=5.8 蓝色 pH=6.0 蓝色微带紫色 pH=6.2 蓝紫色
1 份 0.1%溴甲酚紫钠盐水溶液 1 份 0.1%溴百里酚蓝钠盐水溶液	6.7	黄色	紫蓝色	pH=6.2 黄紫色 pH=6.6 紫色 pH=6.8 蓝紫色
2 份 0.1%溴百里酚蓝钠盐水溶液 1 份 0.1%石蕊精水溶液	6.9	紫色	蓝色	
1 份 0.1%中性红乙醇溶液 1 份 0.1%亚甲基蓝乙醇溶液	7.0	蓝紫色	绿色	pH=7.0 蓝紫色
1 份 0.1%中性红乙醇溶液 1 份 0.1%溴百里酚蓝乙醇溶液	7.2	玫瑰色	绿色	pH=7.4 暗绿色 pH=7.2 浅红色 pH=7.0 玫瑰色
1 份 0.1%酚红的 50%乙醇溶液 2 份 0.1%氮萘蓝的 50%乙醇溶液	7.3	黄色	紫色	pH=7.2 橙色 pH=7.4 紫色，放置 后颜色逐渐褪去

续表

指示剂溶液组成	变色点 pH	酸　　色	碱　　色	备　注[①]
1 份 0.1%溴百里酚蓝钠盐水溶液 1 份 0.1%酚红钠盐水溶液	7.5	黄色	紫色	pH=7.2 暗绿色 pH=7.4 淡紫色 pH=7.6 深紫色
1 份 0.1%甲酚红钠盐水溶液 3 份 0.1%百里酚蓝钠盐水溶液	8.3	黄色	紫色	pH=8.2 玫瑰色 pH=8.4 紫色
2 份 0.1%1-萘酚酞乙醇溶液 1 份 0.1%甲酚红乙醇溶液	8.3	浅红色	紫色	pH=8.2 淡紫色 pH=8.4 深紫色
1 份 0.1%1-萘酚酞乙醇溶液 3 份 0.1%酚酞乙醇溶液	8.9	浅红色	紫色	pH=8.6 浅绿色 pH=9.0 紫色
1 份 0.1%酚酞乙醇溶液 2 份 0.1%甲基绿乙醇溶液	8.9	绿色	紫色	pH=8.8 浅蓝色 pH=9.0 紫色
1 份 0.1%百里酚蓝的 50%乙醇溶液 3 份 0.1%酚酞的 50%乙醇溶液	9.0	黄色	紫色	从黄色到绿色再到 紫色
1 份 0.1%酚酞乙醇溶液 1 份 0.1%百里酚酞乙醇溶液	9.9	无色	紫色	pH=9.6 玫瑰色 pH=10 紫色
1 份 0.1%酚酞乙醇溶液 2 份 0.2%尼罗蓝乙醇溶液	10.0	蓝色	红色	pH=10 紫色
2 份 0.1%百里酚酞乙醇溶液 1 份 0.1%茜素黄乙醇溶液	10.2	黄色	绿色	
2 份 0.2%尼罗蓝水溶液 1 份 0.1%茜素黄乙醇溶液	10.8	绿色	红棕色	

① 终点附近指示剂颜色变化的参考颜色。

② 保存于深色瓶中。

二、酸碱滴定的 pH 突跃范围

酸碱滴定的 pH 突跃范围见表 11-9。弱酸盐、弱碱盐滴定的 pH 突跃范围见表 11-10。

表 11-9 酸碱滴定的 pH 突跃范围

pH 突跃范围 类型 ＼ 溶液浓度	1mol/L	0.1mol/L	0.01mol/L
强碱滴定强酸[①]	3.3～10.7	4.3～9.7	5.3～8.7
强碱滴定弱酸[②]			
K[③] 10^{-3}	5.5～11.0	5.6～10.0	5.7～9.0
K 10^{-4}	6.5～11.0	6.6～10.0	6.7～9.0
K 10^{-5}	7.5～11.0	7.6～10.0	7.7～9.0
K 10^{-6}	8.5～11.0	8.6～10.0	8.57～9.14
K 10^{-7}	9.5～11.0	9.56～10.13	9.25～9.46
K 10^{-8}	10.44～11.1	10.21～10.42	9.83～9.87
K 10^{-9}	11.16～11.39	10.78～10.82	—
K 10^{-10}	11.76～11.85	—	
强酸滴定弱碱[②]			
K[③] 10^{-3}	8.5～3.0	8.4～4.0	8.3～5.0
K 10^{-4}	7.5～3.0	7.4～4.0	7.3～5.0
K 10^{-5}	6.5～3.0	6.4～4.0	6.3～5.0
K 10^{-6}	5.5～3.0	5.4～4.0	5.43～4.86
K 10^{-7}	4.7～3.0	4.44～3.87	4.75～4.54
K 10^{-8}	3.56～2.9	3.79～3.58	4.17～4.13
K 10^{-9}	2.84～2.55	3.22～3.18	—
K 10^{-10}	2.26～2.15	—	—

① pH 突跃范围为化学计量点前后 0.1%。

② pH 突跃范围为化学计量点前后 0.2%。

③ 为相应弱酸或弱碱的解离常数。

表 11-10 弱酸盐、弱碱盐滴定的 pH 突跃范围

pH 突跃范围类型	滴定分数① / 溶液浓度② / K	1mol/L −1%～+1%	1mol/L −0.2%～+0.2%	0.1mol/L −1%～+1%	0.1mol/L −0.2%～+0.2%	0.01mol/L −1%～+1%	0.01mol/L −0.2%～+0.2%
强酸滴定弱酸盐	K①						
	10^{-3}	1.70～1.60		2.20～2.17		2.75～2.76	
	10^{-4}	2.30～2.00	2.18～2.12	2.70～2.60		3.20～3.17	
	10^{-5}	3.07～2.22	2.75～2.55	3.30～3.00	3.19～3.13	3.70～3.60	
	10^{-6}		3.45～2.87	4.07～3.22	3.75～3.55	4.30～4.00	4.19～4.13
	10^{-7}		4.30～2.98		4.45～3.87	5.07～4.22	4.75～4.55
	10^{-8}		5.30～3.00		5.30～4.00		5.45～4.87
	10^{-9}		6.30～3.00		6.30～4.00		6.30～5.00
强碱滴定弱碱盐	K②						
	10^{-3}	12.30～12.40		11.80～11.83			
	10^{-4}	11.70～12.00	11.82～11.88	11.30～11.40	11.33～11.36	10.80～10.83	
	10^{-5}	10.93～11.78	11.25～11.45	10.70～11.00	10.81～10.87	10.30～10.40	
	10^{-6}		10.55～11.13	9.93～10.78	10.25～10.45	9.70～10.00	9.81～9.87
	10^{-7}		9.70～11.02		9.55～10.13	8.93～9.78	9.25～9.45
	10^{-8}		8.70～11.00		8.70～10.00		8.55～9.13
	10^{-9}		7.70～11.00		7.70～10.00		7.70～9.00

① 此行的分数分别为化学计量点前后滴定剂的不足量或过剩量。

② 为相应弱酸、弱碱的解离常数。

三、酸碱滴定法的应用

部分元素及化合物的酸碱滴定法见表 11-11。

表 11-11 部分元素及化合物的酸碱滴定法

被测物质	测定主要步骤
B^{3+}	试液加甲基红，用稀 H_2SO_4 中和至溶液呈红色，煮沸至不冒小气泡，冷却，用 NaOH 中和至溶液变黄色，再用 H_2SO_4 中和至溶液变红，加酚酞，加 0.3～0.5g 甘露醇，用 NaOH 标准溶液滴至橙红色，再加甘露醇，继续滴至橙红色，如此反复直至加入甘露醇后橙红色不消失为终点
H_3BO_3	每 10ml 0.1mol/L 硼酸中，加 3～4ml 转化糖溶液①，用不含碳酸根的标准碱溶液滴定至酚酞变为微红色，然后再加 5ml 转化糖，如褪色应重复滴定，直至加入转化糖后微红色不褪为终点
CO_2	含 CO_2 气体通入一定过量的 $Ba(OH)_2$ 溶液中，加酚酞，用标准酸溶液滴至溶液呈无色
HCO_3^-	约 0.1mol/L 碳酸氢盐溶液 25ml 加 30ml 0.1mol/L 碱和 10ml 10%$BaCl_2$，用 0.1mol/L 酸返滴定至酚酞终点。做空白试验
F^-	试液调至中性，加 1g 中性硅胶和甲基橙-亚甲基蓝混合指示剂，加过量的标准酸溶液，加热至 80～90℃，加 3～4g 氯化钾，冷却，用标准碱溶液滴定至暗灰色转为亮绿色
GeO_3^{2-}	试液用 H_2SO_4 酸化，煮沸以除去 CO_2，在碱石灰管保护下冷却，用碱中和至甲基红变黄，加 0.5～0.7g 甘露醇后滴定至酚酞变色，如褪色应重复滴定，直至加入甘露醇后红色不消失为终点
K^+	方法 1：试样经分解后，用氢氧化钙调至 pH=9 后再过量 0.1g，加四苯基硼酸钠溶液，过量 3～5ml 冷却，过滤，水洗，滤液与洗液合并，用 HCl 调至 pH=8～10.5，加达旦黄指示剂，以十六烷基三甲基溴化铵标准溶液滴定，近终点时再加 2 滴达旦黄，滴定至溶液由黄色变为红色 方法 2：试样经分解后，加甲基橙，调至溶液刚呈红色，加酒石酸-苯胺溶液，静置，过滤，沉淀用乙醇洗涤，加热水溶解，加酚酞，用标准碱溶液滴定至微红色

续表

被测物质	测定主要步骤
N（有机化合物中的氮）	试样加无水 Na_2SO_4、无水 $CuSO_4$ 及浓 H_2SO_4，加热消化，冷却，加水及过量 NaOH 溶液，蒸馏，用硼酸溶液吸收，加甲基红-溴甲酚绿指示剂，用标准酸溶液滴定至微红色
NH_4^+	方法1：样品加入过量碱，蒸馏，用2%硼酸溶液吸收，加甲基红-溴甲酚绿指示剂，用标准酸溶液滴定至微红色 方法2：样品溶解后加甲基红，用碱滴至黄色，加37%甲醛溶液，加酚酞，用标准碱溶液滴定至微红色
NO_2^-	将 20ml 约 0.05mol/L 亚硝酸盐溶液（中和至中性）加至 40ml 0.05mol/L 硫酸肼溶液中，在水浴上加热 20min，冷却，加 15ml 中性甲醛，用标准碱溶液滴定至酚酞终点。做空白试验
Ni^{2+}	含镍试液加胍基甲酰胺得胍基甲酰胺镍沉淀，过滤，用乙醇洗涤，沉淀溶于过量酸，加甲基红，用标准碱溶液滴定至黄色
P	试样经酸或碱分解，在盐酸溶液中加柠檬酸-钼酸钠和喹啉，过滤，加过量标准碱溶液溶解沉淀，加麝香草酚蓝-酚酞，用标准酸溶液回滴至溶液呈现亮黄色
HPO_4^{2-}	试样制成溶液后，加甲基橙-溴甲酚绿（1+3），用碱滴至浅绿色。加百里香草酚蓝-酚酞（3+1），用标准碱溶液滴定至溶液成蓝色中出现紫色
S^{2-}	溶解熔融的硫化物或结晶物于水中，加10%$BaCl_2$，吸取上清液，加百里酚酞，以标准酸溶液滴定至浅蓝色，加 37%甲醛继续滴至浅红色，等待数分钟，再滴至无色
SO_4^{2-}	试样制成溶液后，加联苯胺，静置30min，过滤，沉淀及滤纸移入原烧杯中，加水加热溶解，加酚酞，用标准碱滴定至红色不褪（近终点时可加入少量中性乙醇，避免终点反复）
SiO_2	试样经碱熔后，用热水浸取，加浓 HNO_3 使酸度为 3mol/L，加 KCl 至饱和，加氟化钾溶液，静止 10~15min，过滤，沉淀及滤纸移入原烧杯中，加氯化钾-乙醇溶液及溴百里香蓝-酚红指示剂，用标准碱溶液滴至紫色（不计读数），加热水，再加指示剂，用标准碱溶液滴定至紫红色
W^{6+}	试样分解后加浓 HNO_3 使 W 成 H_2WO_4 沉淀，蒸发至 25~30ml，加动物胶及热水，在 70~80℃ 保温 0.5h，过滤，洗涤，沉淀移入原烧杯中，加热水煮沸，加酚红，加过量 NaOH 标准溶液，煮沸，用标准酸溶液滴至橙色，加适当过量的 $BaCl_2$ 溶液，煮沸，再加 NaOH 标准溶液 0.5ml，用标准酸溶液继续滴定至纯黄色

① 蔗糖 500g，水 325ml，加热溶解，至 85℃时加 0.1mol/L HCl 40ml，保温 1h，加 0.1mol/L NaOH 40ml，用活性炭脱色，过滤，滤液稀释至 750ml。使用前先以酚酞为指示剂，滴至微红色。

某些有机官能团的酸碱滴定法见表 11-12。

表 11-12 某些有机官能团的酸碱滴定法[①]

官能团		产生待测酸或碱的反应	滴定方法
羧基	—COOH		溶于水：直接滴定，用变色在碱性范围的指示剂 不溶于水：溶于乙醇，用碱的水溶液滴定。或溶于过量的标准碱溶液，用标准酸溶液返滴定
磺酸基	—SO_3H		直接用碱滴定
氨基	—NH_2		脂肪胺和饱和环胺（如哌啶）：直接用强酸溶液滴定 芳香胺（如苯胺及其衍生物）和芳香环胺（如吡啶及其衍生物）：在非水溶剂（如无水乙酸）中滴定
酯基	RCOOR′	$RCOOR'(aq)+OH^-(aq) \rightarrow RCOO^-(aq)+HOR'(aq)$	皂化反应，先加入一定量的标准碱溶液，过量的碱用标准酸溶液返滴定
羰基	—CO	$R_2C{=}O(aq)+NH_2OH \cdot HCl(aq) \rightarrow$ $R_2C{=}NOH(aq)+HCl(aq)+H_2O$	盐酸羟胺，产生肟。释放的 HCl 用碱滴定
羟基	—OH	[1]$(CH_3CO)_2O+ROH \rightarrow CH_3COOR+CH_3COOH$ [2]$(CH_3CO)_2O+H_2O \rightarrow 2CH_3COOH$	与羧酸酐或酰氯酯化反应。样品与一定量的乙酸酐在吡啶中混合，加热，加水水解未反应的酸酐，然后用标准碱溶液（乙醇钠或氢氧化钾）滴定。做空白对照试验 胺的干扰：胺可定量转化为酰胺，用标准酸溶液直接滴定另一样品

① 详细介绍参见第十二章相关内容。

第四节 配位滴定法

一、配位滴定剂

配位滴定法是以配位反应为基础的滴定分析方法，其中广泛使用的配位滴定剂是含氨基二乙酸[—N(CH$_2$COOH)$_2$]基团的氨羧配位剂，它们与多数金属离子反应生成 1:1 的配合物（也称螯合物），化学计量关系单一，且稳定性高，也称为螯合滴定。但在目前较详细研究过的 30 余种氨羧配位剂中，较为重要且有实际应用的滴定剂仅有几种，其中尤以乙二胺四乙酸（EDTA）最为常用，用 H$_4$Y 表示。由于 H$_4$Y 本身在水中溶解度小，通常使用其二钠盐，用 Na$_2$H$_2$Y·2H$_2$O 表示。表 11-13 为 Na$_2$H$_2$Y·2H$_2$O 在不同温度下水中的溶解度。

表 11-13 各种温度下 Na$_2$H$_2$Y·2H$_2$O 在水中的溶解度

温度/℃	溶解度[①]	饱和溶液的密度 ρ/(g/ml)	温度/℃	溶解度[①]	饱和溶液的密度 ρ/(g/ml)
98.0	27.0	1.09	50.0	15.5	1.07
90.0	24.3	1.09	40.0	14.2	1.06
80.0	22.2	1.08	30.0	12.8	1.06
70.0	20.0	1.08	21.0	11.1	1.05
60.0	17.0	1.07	0.5	10.6	1.05

① 100g 溶液中所溶解 Na$_2$H$_2$Y·2H$_2$O 的质量，g。

在强酸性介质中，H$_4$Y 的两个羧酸根可再接受 H$^+$，形成 H$_6$Y^{2+}，相当于六元酸，因此 EDTA 有六级解离常数，在溶液中有七种存在形体：

$$H_6Y^{2+} \underset{+H}{\overset{-H}{\rightleftharpoons}} H_5Y^+ \underset{+H}{\overset{-H}{\rightleftharpoons}} H_4Y \underset{+H}{\overset{-H}{\rightleftharpoons}} H_3Y^- \underset{+H}{\overset{-H}{\rightleftharpoons}} H_2Y^{2-} \underset{+H}{\overset{-H}{\rightleftharpoons}} HY^{3-} \underset{+H}{\overset{-H}{\rightleftharpoons}} Y^{4-}$$

解离常数 pK_{a1}～pK_{a6} 分别为 0.9，1.6，2.0，2.67，6.16 和 10.26。在不同 pH 条件下，各种形体有一定的分布，如表 11-14 所示。

表 11-14 EDTA 各种形体在不同 pH 条件下的质量分数

pH \ 存在形式 ω/%	H$_6$Y^{2+}	H$_5$Y$^+$	H$_4$Y	H$_3$Y$^-$	H$_2$Y^{2-}	HY^{3-}	Y^{4-}
0	88.57	11.15	0.28	—	—		
0.9（=pK_{a1}）	45.13	45.13	9.00	0.72	0.01		
1	38.35	48.28	12.13	1.21	0.03	—	
1.6（=pK_{a2}）	7.58	38.00	38.00	15.13	1.29	—	
2（=pK_{a3}）	1.20	15.06	37.83	37.83	8.09	—	
2.67（=pK_{a4}）	0.01	0.82	9.58	44.79	44.79	0.01	
3	—	0.12	3.08	30.83	65.92	0.05	
4	—	—	0.04	4.44	94.86	0.66	
5				0.44	93.12	6.44	
6.16（=pK_{a5}）				0.02	49.99	49.99	
7				—	12.62	87.33	0.05
8					1.42	98.04	0.54
9					0.14	94.66	5.20
10.26（=pK_{a6}）					—	50.00	50.00
11						15.40	84.60
12						1.79	98.21
13						0.18	99.82

表 11-15 列出了包括 EDTA 在内的各种螯合剂及其各级酸碱解离常数。名称一栏按其笔画顺序排列，解离常数一栏的括号内为温度、离子强度和介质。

表 11-15 配位滴定剂及其酸碱解离常数

名　称	结构式和化学式		解离常数	
			i	pK_{ai}
乙二胺四乙酸；EDTA	CH₂—N⟨CH₂COOH / CH₂COOH⟩ CH₂—N⟨CH₂COOH / CH₂COOH⟩ $C_{10}H_{16}N_2$		1	0.90
			2	1.60
			3	2.00
			4	2.67
			5	6.16
			6	10.26
乙二胺四乙酸二钠盐	$C_{10}H_{14}N_2Na_2 \cdot 2H_2O$			（20℃，0.1mol/L KCl）
乙二胺四丙酸；EDTP	CH₂—N⟨CH₂CH₂COOH / CH₂CH₂COOH⟩ CH₂—N⟨CH₂CH₂COOH / CH₂CH₂COOH⟩ $C_{14}H_{24}N_2O_8$		1	3.00
			2	3.43
			3	6.77
			4	9.60
				（30℃，0.1mol/L KCl）
乙二胺-N,N'-二乙酸-N,N'-二丙酸；EDDADP	CH₂—N⟨CH₂COOH / CH₂CH₂COOH⟩ CH₂—N⟨CH₂CH₂COOH / CH₂COOH⟩ $C_{12}H_{20}N_2O_8$		1	3.00
			2	3.79
			3	5.98
			4	9.83
				（30℃，0.1mol/L KCl）
乙二胺-N,N'-二-β-羟乙基-N,N'-二乙酸；HEEDDA	CH₂—N⟨CH₂CH₂OH / CH₂COOH⟩ CH₂—N⟨CH₂COOH / CH₂CH₂OH⟩ $C_{10}H_{20}N_2O_6$		1	4.70
			2	8.60
				（30℃，0.1mol/L KCl）
乙二胺-N-羟乙基-N,N',N'-三乙酸；HEDTA；HEEDTA	CH₂—N⟨CH₂CH₂OH / CH₂COOH⟩ CH₂—N⟨CH₂COOH / CH₂COOH⟩ $C_{10}H_{18}N_2O_7$		1	2.60
			2	5.41
			3	9.89
				（20℃，0.1mol/L KCl）
乙二胺-N-(2-羟基-环己基)-N,N',N'-三乙酸；OETA	HOOCH₂C—N—CH₂CH₂N⟨CH₂COOH / CH₂COOH⟩ （环己基 CH—CH₂—CHOH—CH₂—CH₂—CH₂） $C_{14}H_{24}N_2O_7$		1	2.49
			2	5.69
			3	10.38
				（25℃，0.1mol/L KCl）
			1	1.62
			2	5.57
			3	9.76
				（20℃，0.1mol/L KCl）
乙二胺-N,N'-二乙酸；EDDA	CH₂NHCH₂COOH / CH₂NHCH₂COOH $C_6H_{12}N_2O_4$		1	6.42
			2	9.46
				（30℃，0.1mol/L KCl）
			1	6.53±0.06
			2	9.59±0.03
				（25℃，0.1mol/L KCl）

续表

名　称	结构式和化学式		i	解离常数 $\mathbf{p}K_{ai}$

名　称	结构式和化学式	i	$\mathbf{p}K_{ai}$
乙二胺-N,N'-二-（2-羟基苯乙酸）；EDDHA；EHPG	$C_{18}H_{20}N_2O_6$	1	6.39
		2	8.73
		3	10.56
		4	11.85
			（20℃，0.1mol/L KNO$_3$）
乙二胺-N,N'-二丙酸；EDDP	CH$_2$NHCH$_2$CH$_2$COOH CH$_2$NHCH$_2$CH$_2$COOH $C_8H_{16}N_2O_4$	1	6.69
		2	9.58
			（20℃，0.1mol/L KCl）
		1	6.87
		2	9.60
			（30℃，0.1mol/L KCl）
乙二醇二乙醚二胺四乙酸；EGTA	$C_{14}H_{24}N_2O_{10}$	1	2.0
		2	2.65
		3	8.55
		4	9.46
			（20℃，0.1mol/L KNO$_3$）
乙二硫醇二乙硫醚二胺四乙酸	$C_{14}H_{24}N_2O_8S_2$	1	1.9
		2	2.56
		3	8.52
		4	9.22
			（20℃，0.1mol/L KCl）
二乙醚二胺四乙酸；EEDTA；BAETA	$C_{12}H_{20}N_2O_9$	1	1.8
		2	2.76
		3	8.84
		4	9.47
			（20℃，0.1mol/L KCl）
二乙硫醚二胺四乙酸；DESTA；TEDTA	$C_{12}H_{20}N_2O_8S$	1	1.8
		2	2.52
		3	6.47
		4	9.42
			（20℃，0.1mol/L KNO$_3$）
二甲硫醚二胺四乙酸	$C_{10}H_{16}N_2O_8S$	1	1.75
		2	2.52
		3	8.38
		4	9.42
			（20℃，0.1mol/L KCl）

名　称	结构式和化学式		i	解离常数 pK_{ai}
二亚乙基三胺；二乙三胺；Dien	CH₂CH₂NH₂ | NH | CH₂CH₂NH₂	$C_4H_{13}N_3$	1	4.32
			2	9.17
			3	9.98
				（20℃，0.1mol/L KCl）
二乙三胺-N-甲基-N',N',N'',N''-四乙酸	CH₂—CH₂N〈CH₂COOH CH₂COOH | N—CH₃ | CH₂—CH₂N〈CH₂COOH CH₂COOH	$C_{13}H_{23}N_3O_8$	1	2.84
			2	3.65
			3	7.39
			4	10.89
				（20℃，0.1mol/L NaNO₃）
二乙三胺五乙酸；DTPA；DETPA	CH₂CH₂N〈CH₂COOH CH₂COOH | N—CH₂COOH | CH₂CH₂N〈CH₂COOH CH₂COOH	$C_{14}H_{23}N_3O_{10}$	1	1.82
			2	2.65
			3	4.28
			4	8.53
			5	10.45
				（25℃，0.1mol/L KCl）
三乙四胺-N,N'-二甲基-N'',N'',N''',N'''-四乙酸	CH₃ | CH₂—N—CH₂CH₂N〈CH₂COOH CH₂COOH CH₂—N—CH₂CH₂N〈CH₂COOH CH₂COOH | CH₃	$C_{16}H_{30}N_4O_8$	1	3.05
			2	5.15
			3	8.99
			4	10.54
				（20℃，0.1mol/L NaNO₃）
三乙四胺六乙酸；TTHA	CH₂COOH | CH₂—N—CH₂CH₂N〈CH₂COOH CH₂COOH CH₂—N—CH₂CH₂N〈CH₂COOH CH₂COOH | CH₂COOH	$C_{18}H_{30}N_4O_{12}$	1	2.3
			2	2.70
			3	4.03
			4	6.10
			5	9.54
			6	10.65
				（20℃，0.1mol/L KCl）
三亚乙基四胺；三乙四胺；Trien	CH₂NHCH₂CH₂NH₂ | CH₂NHCH₂CH₂NH₂	$C_6H_{18}N_4$	1	3.25±0.03
			2	6.56±0.02
			3	9.08±0.02
			4	9.74±0.06
				（25℃，0.1mol/L KCl）
四亚乙基五胺；三乙五胺；Tetren	CH₂CH₂NHCH₂CH₂NH₂ | NH | CH₂CH₂NHCH₂CH₂NH₂	$C_8H_{23}N_5$	1	3.06
			2	4.80
			3	8.19
			4	9.28
			5	9.85
				（20℃，0.1mol/L KCl）
五亚乙基六胺；五乙六胺；Penten	CH₂—N(CH₂CH₂NH₂)₂ | CH₂—N(CH₂CH₂NH₂)₂	$C_{10}H_{28}N_6$	1	1.39
			2	8.58
			3	9.16
			4	9.73
			5	10.22
				（20C，0.1mol/L KCl）

名　称	结构式和化学式		解离常数	
			i	pK_{ai}
N,N,N',N'-四-(2-羟丙基)乙二胺；THPED	CH$_3$CHCH$_2$NHCH$_2$CHCH$_3$ OH CH$_2$ OH OH CH$_2$ OH CH$_3$CHCH$_2$NHCH$_2$CHCH$_3$	C$_{14}$H$_{32}$N$_2$O$_4$	1	4.35±0.02
			2	8.84
				（25℃，0.5mol/L KCl）
6-甲基-2-氨基甲基吡啶-N,N-二乙酸；6-甲基-PADA	H$_3$C — N CH$_2$N CH$_2$COOH CH$_2$COOH	C$_{11}$H$_{14}$N$_2$O$_4$	1	3.46
			2	8.30
				（25℃，0.1mol/L KNO$_3$）
1-甲基乙二胺四乙酸；MEDTA；PDTA	N CH$_2$COOH CH$_2$COOH CH$_2$ CHCH$_3$ N CH$_2$COOH CH$_2$COOH	C$_{11}$H$_{18}$N$_2$O$_8$	1	1.64±0.02
			2	2.78±0.01
			3	6.22±0.01
			4	10.92±0.05
				（20℃，0.1mol/L KCl）
环己二胺四乙酸；CyDTA；DCTA	CH$_2$ CH$_2$ CHN CH$_2$COOH CH$_2$COOH CH$_2$ CHN CH$_2$COOH CH$_2$COOH CH$_2$	C$_{14}$H$_{22}$N$_2$O$_8$	1	1.72
			2	2.41
			3	3.52
			4	5.87
			5	9.30
				（20℃，1.0mol/L NaClO$_4$）
1,2-环己二胺-N,N,N',N'-四（膦酸甲基）；CDTMP	CH$_2$ CH$_2$ CHN CH$_2$PO(OH)$_2$ CH$_2$PO(OH)$_2$ CHN CH$_2$PO(OH)$_2$ CH$_2$PO(OH)$_2$ CH$_2$	C$_{10}$H$_{26}$N$_2$O$_{12}$P$_4$	1	2.40
			2	3.70
			3	5.32
			4	6.46
			5	6.97
			6	7.69
			7	9.39
			8	10.89
				（25℃，0.1mol/L KCl）
氨三乙酸；氮三乙酸；特里隆Ⅰ；NTA	N CH$_2$COOH CH$_2$COOH CH$_2$COOH	C$_6$H$_9$NO$_6$	1	0.8
			2	1.89
			3	2.46±0.02
			4	9.71±0.02
				（20℃，0.1mol/L KCl）
2-氨基丙二酰脲二乙酸；UDA	HN O CH$_2$COOH O CHN CH$_2$COOH HN O H	C$_8$H$_9$N$_3$O$_7$	1	1.7
			2	2.67
			3	9.68
				（20℃，0.1mol/L KCl）
2-氨基苯甲酸N,N-二乙酸；AADA；ANDA	COOH CH$_2$COOH N CH$_2$COOH	C$_{11}$H$_{11}$NO$_6$	1	2.33
			2	2.98
			3	7.78
				（25℃，0.1mol/L KCl）

　　金属配合物的稳定性用其稳定常数来表示。表 11-16 所列的配位滴定剂与金属离子形成配合物的稳定常数中，"配位剂"一栏按首字母笔画顺序排列。"平衡"一栏表示参与金属离子与配位剂的配位平衡的各物种，为简化将离子的电荷数略去，ML/M·L 表示金属离子与配位剂为 1:1 配位，斜线左边为生成物，右边为反应物；M$_2$L/M^2·L 表示 2:1 配位；

$ML_2/M \cdot L^2$ 表示为 1:2 配位，其他情况依次类推。"$\lg K$"一栏是在一定温度和一定离子强度的介质中，根据测定的结果进行计算或外推法所得到的稳定常数的对数值，温度为 25℃ 或 20℃，离子强度为 0.1mol/L 无机盐介质，如果温度不是 25℃ 或 20℃，离子强度不是 0.1mol/L，则在稳定常数后面的括号内另行注明。表中所列 $\lg K$ 值是精选过的、可靠的，其中有的数据是取几个数据的中间值，有的数据则是几个数值的平均值，若数据不太可靠则此数据加括号。平衡常数的正号和负号表示范围，如 2.5+0.1，则表示 2.5～2.6；2.5-0.2 则表示 2.3～2.5 等。

表 11-16 配位滴定剂与金属离子形成螯合物的稳定常数

螯合剂	离子	配位平衡	$\lg K$(25℃, 0.1mol/L)	$\lg K$(20℃, 0.1mol/L)
乙二胺四乙酸二钠盐；EDTA 二钠	Ag^+	$ML/M \cdot L$		7.32±0.05
		$MHL/ML \cdot H$		6.01±0.6
	Al^{3+}	$ML/M \cdot L$	16.5	16.3
		$MHL/ML \cdot H$	2.5+0.1	2.5
		$ML/MOHL \cdot H$	5.83+0.04	5.89
		$MOHL/M(OH)_2L \cdot H$	10.31（0.2）	9.97
	Am^{3+}	$ML/M \cdot L$	（17.8）-0.4	
	As^{2+}	$M(OH)_2HL/M(OH)_2 \cdot HL$		9.2
		$M(OH)_2HL/M(OH)_2L \cdot H$		7.3
		$M(OH)_2H_2L/M(OH)_2HL \cdot H$		3.4
	Ba^{2+}	$ML/M \cdot L$	7.80	7.86±0.1
		$MHL/ML \cdot H$		4.57
	Be^{2+}	$ML/M \cdot L$		9.2+0.1
	Bi^{3+}	$ML/M \cdot L$		27.8-0.4
		$MHL/ML \cdot H$	1.43	1.7（1.0mol/L）
		$ML/MOHL \cdot H$		11.0（1.0mol/L）
	Bk^{3+}	$ML/M \cdot L$	（18.5）	
	Ca^{2+}	$ML/M \cdot L$	10.61	10.69±0.1
		$MHL/ML \cdot H$		3.18
	Cd^{2+}	$ML/M \cdot L$	16.36	16.46±0.1
		$MHL/ML \cdot H$	2.9	2.9
	Ce^{3+}	$ML/M \cdot L$	15.94	15.98±0.1
	Cf^{3+}	$ML/M \cdot L$	（18.7）	
	Cm^{3+}	$ML/M \cdot L$	（18.1）	
	Co^{2+}	$ML/M \cdot L$	16.26	16.31±0.1
		$MHL/ML \cdot H$	3.0	3.0
	Co^{3+}	$ML/M \cdot L$	41.4-0.5	40.7(25℃, 1.0mol/L)
		$MHL/ML \cdot H$		2.89
	Cr^{2+}	$ML/M \cdot L$		（13.6）
		$MHL/ML \cdot H$		3.00
	Cr^{3+}	$ML/M \cdot L$		（23.4）
		$MHL/ML \cdot H$		1.95
		$ML/MOHL \cdot H$		7.39
	Cu^{2+}	$ML/M \cdot L$	18.70	18.80±0.1
		$MHL/ML \cdot H$	3.0	3.0

螯合剂	离子	配位平衡	lg$K$(25℃, 0.1mol/L)	lg$K$(20℃, 0.1mol/L)
	Cu^{2+}	MOHL/ML·OH		2.5−0.2
	Dy^{3+}	ML/M·L	18.28	18.30±0.1
		MHL/ML·H	2.8	
	Er^{3+}	ML/M·L	18.83	18.85±0.1
		MHL/ML·H	2.8	
	Eu^{3+}	ML/M·L	17.32	17.35±0.2
		MHL/ML·H	2.6	
	Fe^{2+}	ML/M·L	14.27	14.32±50.1
		MHL/ML·H	2.7	2.75+0.07
		ML/MOHL·H		9.07
		MOHL/M(OH)$_2$L·H		9.84
	Fe^{3+}	ML/M·L	25.0	25.1
		MHL/ML·H		1.3±0.1
		ML/MOHL·H		7.49
		MOHL/M(OH)$_2$L·H		9.41
		(ML)$_2$/(MOHL)$_2$·H^2	12.21（1.0mol/L）	
	Ga^{3+}	ML/M·L		20.3+0.8
		MHL/ML·H		1.83+0.1
		ML/MOHL·H		5.64
乙二胺四乙酸二钠盐；EDTA 二钠	Gd^{3+}	ML/M·L	17.35	17.37±0.2
		MHL/ML·H	2.7	
	Ge^{4+}	ML/M(OH)$_4$·H$_4$L	4.80	
		MOHL/M(OH)$_4$·H$_3$L	4.52	
		ML/MOHL·H	2.40	
	Hf^{4+}	ML/M·L		29.5（0.2mol/L）
	Hg^{2+}	ML/M·L	21.5	21.7±0.1
		MHL/ML·H	3.1	3.1
		ML/MOHL·H		9.11
	Ho^{3+}	ML/M·L	18.60	18.62±0.1
		MHL/ML·H	2.7	
	In^{3+}	ML/M·L	24.9	25.0+0.3
		MHL/ML·H		1.5
		ML/MOHL·H		8.63
	K^+	ML/M·L		0.8±0.2
	La^{3+}	ML/M·L	15.46	15.50±0.2
		MHL/ML·H	2.24	2.0
	Li^+	ML/M·L	2.79	2.79±0.06
	Lu^{3+}	ML/M·L	19.83	
	Mg^{2+}	MLM·L	8.83	8.79±0.1
		MHL/ML·H		3.85
	Mn^{2+}	ML/M·L	13.81	13.87±0.1
		MHL/ML·H	3.1	3.1
	Mn^{3+}	ML/M·L	（25.3）	（27.0）（1.0mol/L）
	Na^+	ML/M·L	1.64	1.66±0.2

续表

螯合剂	离子	配位平衡	lg$K$(25℃, 0.1mol/L)	lg$K$(20℃, 0.1mol/L)
乙二胺四乙酸二钠盐；EDTA 二钠	Nd^{3+}	ML/M·L	16.56	16.61±0.1
		MHL/ML·H	2.5	2.0
	Ni^{2+}	ML/M·L	18.52	18.62±0.1
		MHL/ML·H	3.2	3.2
		MOHL/ML·OH		1.8
	Np^{4+}	ML/M·L	24.6（1.0mol/L）	
	NpO_2^+	ML/M·L	7.33	
		MHL/M·HL	5.30	
		ML/MOHL·H	11.51	
	Pb^{2+}	ML/M·L	17.88	18.04±0.01
		MHL/ML·H	2.49（1.0mol/L）	2.8
	Pd^{2+}	ML/M·L	（18.5）（0.2mol/L）	
		MHL/ML·H		3.1（1.0mol/L）
		MH_2L/MHL·H		0.90（1.0mol/L）
	Pm^{3+}	ML/M·L		17.0
	Pr^{3+}	ML/M·L	16.36	16.40±0.2
	Pt^{2+}	ML/MOHL·H		9.08
		MHL/ML·H		2.88
		MH_2L/MHL·H		2.18
		MH_3L/MH_2L·H		0.5
	PuO_2^+	MHL/M·HL	4.80	
	Ra^{2+}	ML/M·L		7.1+0.4
	Sb^{3+}	$M(OH)_2L$/$M(OH)_3$·HL	8.24	12.46
		MOHL/ML·OH	8.69（1.0mol/L）	
		MHL/ML·H	1.02	
		$M(OH)_2L$/MOHL·OH	7.46	
	Sc^{3+}	ML/M·L		23.1
		MHL/ML·H		2.0
		ML/MOHL·H		10.66
	Sm^{3+}	ML/M·L	17.10	17.14±0.2
		MHL/ML·H	2.6	
	Sn^{2+}	ML/M·L		18.3（1.0mol/L）
		MHL/ML·H		2.5（1.0mol/L）
		MH_2L/MHL·H		1.5（1.0mol/L）
	Sr^{2+}	ML/M·L	8.68	8.73±0.1
		MHL/ML·H		3.93
	Tb^{3+}	ML/M·L	17.92	17.93±0.1
		MHL/ML·H	2.6	
	Th^{4+}	ML/M·L		23.2
		MHL/ML·H		1.98
		ML/MOHL·H	7.04	
		$(ML)^2$/$(MOHL)_2$·H^2	9.82	10.03
		$(MOHL)_2$/$(MOHL)^2$	4.3	
	Ti^{3+}	ML/M·L	（21.3）	

第三篇

螯合剂	离子	配位平衡	lg$K$(25℃，0.1mol/L)	lg$K$(20℃，0.1mol/L)
乙二胺四乙酸二钠盐；EDTA 二钠	Tl^+	ML/M·L		6.54±0.01
		MHL/ML·H		5.77
	Tl^{3+}	ML/M·L	（35.3）	37.8（1.0mol/L）
		ML/MOHL·H		6.04（1.0mol/L）
	Tm^{3+}	ML/M·L	19.30	19.32±0.3
		MHL/ML·H	2.6	
	U^{4+}	ML/M·L	25.7-0.1	25.8
		ML/MOHL·H	4.72	
		$(ML)_2/(MOHL)_2·H^2$	6.53	
		（MOHL)$_2$/(MOHL)^2	2.9	
	UO_2^{2+}	MHL/M·HL	7.40	7.36-0.04
		$M_2L/M^2·L$	17.87	
		ML/MOHL·H	5.62（1.0mol/L）	
		$(MHL)_2/(ML)_2·H^2$	7.97（1.0mol/L）	
		$(ML)_2/(ML)^2$	3.27（1.0mol/L）	
	V^{2+}	ML/M·L		12.7
		MHL/ML·H		3.5
	V^{3+}	ML/M·L		（26.0）
		ML/MOHL·H		9.54
	VO^{2+}	ML/M·L		18.8
		ML/MOHL·H		3.00
	VO_2^+	ML/M·L		15.55
		MHL/ML·H		4.31
		$MH_2L/MHL·H$		3.49
		$MH_3L/MH_2L·H$		1.4
	Y^{3+}	ML/M·L	18.08	18.09±0.1
	Yb^{3+}	ML/M·L	19.48	19.51±0.3
		MHL/ML·H	2.7	
	Zn^{2+}	ML/M·L	16.44	16.50±0.1
		MHL/ML·H	3.0	3.0
		MOHL/ML·OH		2.1
	Zr^{4+}	ML/M·L	29.4	29.5-0.5（0.2mol/L）
		ML/MOHL·H	6.2	6.1（1.0mol/L）
		(MOHL)$_2$/(MOHL)^2	3.5	
乙二胺四丙酸；EDTP	Cd^{2+}	ML/M·L	6.0（30℃）	
	Co^{2+}	ML/M·L	7.6（30℃）	
	Cu^{2+}	ML/M·L	15.4（30℃）	
	Fe^{2+}	ML/M·L	6.2（30℃）	
	Fe^{3+}	ML/M·L	14.4（30℃）	
		MOHL/ML·OH	9.9（30℃）	
		$M(OH)_2L/MOHL·OH$	7.1（30℃）	
	Mg^{2+}	ML/M·L	1.8（30℃）	
	Mn^{2+}	ML/M·L	4.7（30℃）	

续表

螯合剂	离子	配位平衡	lg$K$(25℃，0.1mol/L)	lg$K$(20℃，0.1mol/L)
乙二胺四丙酸；EDTP	Ni^{2+}	ML/M・L	9.7（30℃）	
	Zn^{2+}	ML/M・L	7.8（30℃）	
乙二胺-N,N'-二乙酸-N,N'-二丙酸；EDDADP	Cd^{2+}	ML/M・L	11.8（30℃）	
	Co^{2+}	ML/M・L	14.9（30℃）	
	Cu^{2+}	ML/M・L	16.3（30℃）	
	Mg^{2+}	ML/M・L	6.9（30℃）	
	Ni^{2+}	ML/M・L	15.5（30℃）	
	Pb^{2+}	ML/M・L	13.2（30℃）	
	Zn^{2+}	ML/M・L	14.5（30℃）	
乙二胺-N,N'-二-β-羟乙基-N,N'-二乙酸；HEEDDA	Fe^{3+}	ML/M・L	2.2（30℃）	
		MOHL/M(OH)$_2$L・H	5.5（30℃）	
	La^{3+}	ML/M・L	9.3	
		ML/MOHL・H	8.4	
	Th^{4+}	ML/M・L	12.8	
		ML/M(OH)$_2$L・H^2	7.8	
	VO^{2+}	ML/MOHL・H	5.5	
乙二胺-N-羟乙基-N,N',N'-三乙酸；HEDTA；HEEDTA	Ag^+	ML/M・L	6.71	
	Al^{3+}	ML/M・L	14.4	14.3
		MHL/ML・H	2.14（25℃，0.2mol/L）	
		ML/MOHL・H	4.89（25℃，0.2mol/L）	5.08
		MOHL/M(OH)$_2$L・H	9.19（25℃，0.2mol/L）	
	Am^{3+}	ML/M・L	（15.7）+0.5	
		ML$_2$/M・L^2	（27.4）	
	Ba^{2+}	ML/M・L	6.2-0.2	6.3
	Bi^{3+}	ML/M・L	22.3（1.0mol/L）	
		ML/MOHL・H	5.80（1.0mol/L）	
	Ca^{2+}	ML/M・L	8.2±0.1	8.3
	Cd^{2+}	ML/M・L	13.1	13.3
	Ce^{3+}	ML/M・L	14.21±0.2	14.28
	Cf^{3+}	ML/M・L	（16.3）	
		ML$_2$/M・L^2	（28.5）	
	Cm^{3+}	ML/M・L	（15.0）	
		ML$_2$/M・L^2	（27.2）	
	Co^{2+}	ML/M・L	14.5	14.6
	Co^{3+}	ML/M・L	37.4	
	Cu^{2+}	ML/M・L	17.5-0.1	17.6
	Dy^{3+}	ML/M・L	15.40±0.1	15.46
		MOHL/ML・OH		4.88
乙二胺-N-羟乙基-N,N',N'-三乙酸；HEDTA	Er^{3+}	ML/M・L	15.52±0.1	15.55
		MOHL/ML・OH		5.14
	Eu^{3+}	ML/M・L	15.45±0.1	15.54
		MOHL/ML・OH		4.03

螯合剂	离子	配位平衡	lg$K$(25℃, 0.1mol/L)	lg$K$(20℃, 0.1mol/L)
乙二胺-N-羟乙基-N,N',N'-三乙酸；HEDTA	Fe^{2+}	ML/M·L	12.2	12.3
		MHL/ML·H	2.7（0.2mol/L）	
		MOHL/ML·OH	5.03	
		M(OH)$_2$L/MOHL·OH	3.97	
	Fe^{3+}	ML/M·L	19.8	
		ML/MOHL·H	3.88	4.11（25℃, 1.0mol/L）
		M(OH)$_2$L/MOHL·OH	4.98	
		MOHL/M(OH)$_2$L·H	8.69（1.0mol/L）	
		M(OH)$_3$L/M(OH)$_2$L·OH	3.78	
	Ga^{3+}	ML/M·L		16.9
		ML/MOHL·H		4.17
	Gd^{3+}	ML/M·L	15.32±0.1	15.41
		MOHL/ML·OH		3.98
	Ge^{4+}	ML/M(OH)$_4$·H$_4$L	4.4	
	Hg^{2+}	ML/M·L	20.05	20.30
		ML/MOHL·H	8.4	
	Ho^{3+}	ML/M·L	15.42±0.1	15.46
		MOHL/ML·OH		5.12
	In^{3+}	ML/MOHL·H		20.2
	La^{3+}	ML/M·L	13.56±0.2	13.61
		MOHL/ML·OH		3.46
	Lu^{3+}	ML/M·L	15.98±0.2	16.01
		MOHL/ML·OH		5.13
	Mg^{2+}	ML/M·L	7.0	7.0
	Mn^{2+}	ML/M·L	10.8	10.9
	Mn^{3+}	ML/M·L	22.7（0.2mol/L）	
	Nd^{3+}	ML/M·L	14.96±0.1	15.04
		MOHL/ML·OH		3.59
	Ni^{2+}	ML/M·L	17.1	17.3
		MHL/ML·H	2.54（1.25mol/L）	
	Np^{4+}	ML/M·L	20.82（1.0mol/L）	
		ML$_2$/M·L^2	33.59（1.0mol/L）	
	NpO_2^+	ML/M·L	6.9	
		MHL/ML·HL	4.06	
		ML/MOHL·H	11.37	
	Pb^{2+}	ML/M·L	15.5	15.7
	Pr^{3+}	ML/M·L	14.71±0.2	14.78
		MOHL/ML·OH		3.69
	PuO_2^+	MHL/M·HL	4.46	
	Sb^{3+}	ML/MOHL·H	3.05	3.1
		M(OH)$_2$L/MOHL·OH	8.13（1.0mol/L）	
	Sc^{3+}	ML/M·L	17.3	
	Sm^{3+}	ML/M·L	15.38±0.2	15.47
		MOHL/ML·OH		3.70

螯合剂	离子	配位平衡	lg$K$(25℃, 0.1mol/L)	lg$K$(20℃, 0.1mol/L)
乙二胺-*N*-羟乙基-*N*,*N*′,*N*′- 三乙酸；HEDTA	Sr^{2+}	ML/M·L	6.8-0.1	6.9
	Tb^{3+}	ML/M·L	15.42±0.1	15.50
		MOHL/ML·OH		4.52
	Th^{4+}	ML/M·L	18.5	
		ML/MOHL·H	5.4	
		(ML)$_2$/(MOHL)$_2$·H^2	5.6	
		(MOHL)$_2$/(MOHL)^2	5.2	
	Tm^{3+}	ML/M·L	15.69±0.2	15.72
		MOHL/ML·OH		5.11
	Y^{3+}	ML/M·L	14.75±0.2	14.78
		MOHL/ML·OH		4.76
	Yb^{3+}	ML/M·L	15.98±0.2	16.01
		MOHL/ML·OH		5.21
	Zn^{2+}	ML/M·L	14.6-0.1	14.7
乙二胺-*N*,*N*′-二乙酸；EDDA	Cd^{2+}	ML/M·L	8.99±0.4	
	Ce^{3+}	ML/M·L	7.48	
		ML$_2$/M·L^2	12.40	
	Co^{2+}	ML/M·L	11.25	
	Cu^{2+}	ML/M·L	16.2（30℃）	
	Dy^{3+}	ML/M·L	8.31	
		ML$_2$/M·L^2	15.09	
	Er^{3+}	ML/M·L	8.59；8.51（1.0mol/L）	
		ML$_2$/M·L^2	16.04；15.94（1.0mol/L）	
		MHL/ML·H	3.5（1.0mol/L）	
		MH$_2$L/ML·H^2	9.06（1.0mol/L）	
	Eu^{3+}	ML/M·L	8.38	
		ML$_2$/M·L^2	14.73	
	Gd^{3+}	ML/M·L	8.13	
		ML$_2$/M·L^2	14.21	
	Ho^{3+}	ML/M·L	8.42	
		ML$_2$/M·L^2	15.42	
	La^{3+}	ML/M·L	7.04；6.95（1.0mol/L）	
		ML$_2$/M·L^2	11.77；11.56（1.0mol/L）	
		MHL/ML·H	4.5（1.0mol/L）	
		MH$_2$L/ML·H^2	10.70（1.0mol/L）	
	Lu^{3+}	ML/M·L	9.09	
		ML$_2$/M·L^2	17.57	
	Mg^{2+}	ML/M·L	3.95-0.1	
	Mn^{2+}	ML/M·L	7.05	
	Nd^{3+}	ML/M·L	8.06；7.98（1.0mol/L）	
		ML$_2$/M·L^2	13.69；13.59（1.0mol/L）	

螯合剂	离子	配位平衡	lg$K$(25℃，0.1mol/L)	lg$K$(20℃，0.1mol/L)
乙二胺-N,N'-二乙酸；EDDA		MHL/ML · H	3.76（1.0mol/L）	
		MH$_2$L/ML · H^2	9.62（1.0mol/L）	
	Ni^{2+}	ML/M · L	13.65	
	Pr^{3+}	ML/M · L	7.84	
		ML$_2$/M · L^2	13.07	
	Sm^{3+}	ML/M · L	8.28；8.26（1.0mol/L）	
		ML$_2$/M · L^2	14.35；14.44（1.0mol/L）	
		MHL/ML · H	3.59（1.0mol/L）	
		MH$_2$L/ML · H^2	9.34（1.0mol/L）	
	Tb^{3+}	ML/M · L	8.18；8.26（1.0mol/L）	
		ML$_2$/M · L^2	14.70；15.05（1.0mol/L）	
		MHL/ML · H	3.8（1.0mol/L）	
		MH$_2$L/ML · H^2	9.39（1.0mol/L）	
	Tm^{3+}	ML/M · L	8.75	
		ML$_2$/M · L^2	16.39	
	UO$_2^{2+}$	ML/M · L	11.41	
		ML/MOHL · H	5.96（1.0mol/L）	
	Y^{3+}	ML/M · L	7.78	
		ML$_2$/M · L^2	14.12	
	Yb^{3+}	ML/M · L	8.93；8.83（1.0mol/L）	
		ML$_2$/M · L^2	16.85；16.94（1.0mol/L）	
		MHL/ML · H	3.3（1.0mol/L）	
		MH$_2$L/ML · H^2	8.62（1.0mol/L）	
	Zn^{2+}	ML/M · L	16.2（30℃）	
乙二胺-N,N'-二丙酸；EDDP	Cd^{2+}	ML/M · L	5.6（30℃）	
	Co^{2+}	ML/M · L	7.3（30℃）	
	Cu^{2+}	ML/M · L	15.1（30℃）	
	Fe^{2+}	ML/M · L	6.3（30℃）	
	Fe^{3+}	ML/M · L	13.1（30℃）	
		MOHL/ML · OH	10.0（30℃）	
		M(OH)$_2$L/MOHL · OH	7.0（30℃）	
	Mg^{2+}	ML/M · L	1.6（30℃）	
	Mn^{2+}	ML/M · L	3.4（30℃）	
	Ni^{2+}	ML/M · L	9.3（30℃）	
	Zn^{2+}	ML/M · L	7.6（30℃）	
乙二胺-N,N'-双(2-羟基苯乙酸)；HDDHA；EHPG	Ca^{2+}	ML/M · L	7.2	
		MH$_2$L/MHL · H	7.1	
		MHL/ML · H	9.3	
	Cd^{2+}	ML/M · L	13.13	
		MHL/ML · H	8.70	
		MH$_2$L/MHL · H	7.86	

螯合剂	离子	配位平衡	lg$K$(25℃, 0.1mol/L)	lg$K$(20℃, 0.1mol/L)
乙二胺-N,N'-双(2-羟基苯乙酸); HDDHA; EHPG	Cu^{2+}	$MH_2L/MHL \cdot H$	4.98	
		$MHL/ML \cdot H$	8.04	
	$Fe^{2+①}$	$ML/M \cdot L$	14.3	33.91
	Fe^{3+}	$ML/M \cdot L$	33.9	
	Mg^{2+}	$ML/M \cdot L$	8.0	
		$MH_2L/MHL \cdot H$	7.9	
		$MHL/ML \cdot H$	8.9	
	Ni^{2+}	$ML/M \cdot L$	19.66	
		$MH_2L/MHL \cdot H$	6.03	
		$MHL/ML \cdot H$	7.63	
	Zn^{2+}	$ML/M \cdot L$	16.80	
		$MH_2L/MHL \cdot H$	6.64	
		$MHL/ML \cdot H$	7.74	
乙二硫醇二乙硫醚二胺四乙酸	Ca^{2+}	$ML/M \cdot L$		4.87
		$MHL/ML \cdot H$		7.85
		$M_2L/M \cdot ML$		1.91
	Cd^{2+}	$ML/M \cdot L$		13.57
		$MHL/ML \cdot H$		3.9
	Hg^{2+}	$ML/M \cdot L$		23.93
		$MHL/ML \cdot H$		3.8
乙二醇二乙醚二胺四乙酸; EGTA	Ag^+	$ML/M \cdot L$	(7.06)	6.88
		$MHL/ML \cdot H$		7.51
	Al^{3+}	$ML/M \cdot L$	13.90 (0.2mol/L)	
		$MHL/ML \cdot H$	3.97 (0.2mol/L)	
		$ML/MOHL \cdot H$	5.20 (0.2mol/L)	
		$MOHL/M(OH)_2L \cdot H$	8.42 (0.2mol/L)	
	Ba^{2+}	$ML/M \cdot L$	8.30	8.41-0.3
		$MHL/ML \cdot H$		5.31
	Ca^{2+}	$ML/M \cdot L$	10.86	10.97±0.1
		$MHL/ML \cdot H$		3.97
	Cd^{2+}	$ML/M \cdot L$	16.5	16.7±0.6
		$MHL/ML \cdot H$		3.47±0.03
	Ce^{3+}	$ML/M \cdot L$		16.06-0.3
	Co^{2+}	$ML/M \cdot L$	12.35	12.39±0.1
		$MHL/ML \cdot H$	4.9 (0.2mol/L)	5.1±0.1
		$M_2L/ML \cdot M$		3.3
	Cu^{2+}	$ML/M \cdot L$	17.57	17.71+0.2
		$MHL/ML \cdot H$	4.28	4.36
		$M_2L/M \cdot ML$	4.31	
		$M_2OHL/M_2L \cdot OH$	6.9	
		$M_2(OH)_2L/M_2OHL \cdot OH$	5.8	
	Dy^{3+}	$ML/M \cdot L$		17.84-0.3
	Er^{3+}	$ML/M \cdot L$		18.00-0.5
	Eu^{3+}	$ML/M \cdot L$		17.77-0.6

第三篇

螯合剂	离子	配位平衡	lg$K$(25℃, 0.1mol/L)	lg$K$(20℃, 0.1mol/L)
	Fe^{2+}	ML/M · L	11.80	11.87±0.06
		MHL/ML · H		4.3±0.2
	Fe^{3+}	ML/M · L	20.5	
	Gd^{3+}	ML/M · L		17.50-0.5
	Hg^{2+}	ML/M · L	22.9	23.2±1
		MHL/ML · H	3.06	3.02
	Ho^{3+}	ML/M · L		17.90-0.4
	La^{3+}	ML/M · L	15.77	15.84-0.2
	Lu^{3+}	ML/M · L		18.48-0.6
	Mg^{2+}	ML/M · L	5.28	5.21±0.1
		MHL/ML · H		7.62
	Mn^{2+}	ML/M · L	12.18	12.28±0.2
		MHL/ML · H		4.1±0.2
	Mn^{3+}	ML/M · L	22.7（0.2mol/L）	
	Nd^{3+}	ML/M · L		16.59-0.2
	Ni^{2+}	ML/M · L	13.50	13.55-2
		MHL/ML · H		5.1+0.9
		M_2L/ML · M		4.9
	Pb^{2+}	ML/M · L	14.54	14.71-3
		MHL/ML · H		5.16±0.1
		M_2L/ML · M		4.6
乙二醇二乙醚二胺四乙酸；EGTA	Pr^{3+}	ML/M · L		16.17±0.1
	Sc^{3+}	ML/M · L		（18.2）
	Sm^{3+}	ML/M · L		17.25-0.3
	Sn^{2+}	ML/M · L		18.7
		MHL/ML · H		2.7
		MH_2L/MHL · H		1.8
	Sr^{2+}	ML/M · L	8.43	8.5-0.3
		MHL/ML · H		5.33
	Tb^{3+}	ML/M · L		17.80-0.5
	Th^{4+}	ML/MOHL · H	7.3	
	Tl^{+}	ML/M · L	4.0（0.3mol/L）	4.38
		MHL/ML · H	9.09（0.3mol/L）	8.93
	Tm^{3-}	ML/M · L		17.96-0.4
	UO_2^{2+}	MHL/M · HL	9.41	9.38
		M_2L/M^2 · L	17.66	
		ML/MOHL · H	5.98（1.0mol/L）	
	Y^{3+}	ML/M · L		17.16-0.3
	Yb^{3+}	ML/M · L		18.22-0.4
	Zn^{2+}	ML/M · L	12.6	12.7±0.2
		MHL/ML · H		4.96±0.02
		M_2L/ML · M		3.3

续表

螯合剂	离子	配位平衡	lg$K$(25℃, 0.1mol/L)	lg$K$(20℃, 0.1mol/L)
二 乙 醚 二 胺 四 乙酸；EEDTA	Ba^{2+}	ML/M·L	8.07	8.15
		MHL/ML·H		5.17
	Ca^{2+}	ML/M·L	9.96	10.05
		MHL/ML·H		4.29
	Cd^{2+}	ML/M·L	16.1	16.2+0.4
		MHL/ML·H		3.10
	Ce^{3+}	ML/M·L		16.90±0.2
	Co^{2+}	ML/M·L	(15.2)	(15.3) −0.5
		MHL/ML·H		2.75
	Cu^{2+}	ML/M·L	18.0	18.1−0.4
		MHL/ML·H		4.22
	Dy^{3+}	ML/M·L		18.42±0.1
	Er^{3+}	ML/M·L		18.20±0.1
	Eu^{3+}	ML/M·L		18.52±0.2
	Fe^{2+}	ML/M·L	14.2	14.3+0.6
		MHL/ML·H		3.4
	Fe^{3+}	ML/M·L		24.7
	Ga^{3+}	ML/M·L		21.0
		MHL/ML·H		1.54
		M(OH)$_2$L/ML·(OH)^2		11.9
	Gd^{3+}	ML/M·L		18.34±0.1
	Hg^{2+}	ML/M·L	22.8	23.1±0.6
		MHL/ML·H		2.52
	Ho^{3+}	ML/M·L		18.34±0.2
	In^{3+}	ML/M·L		25.5
		MHL/ML·H		2.1
		MOHL/ML·OH		3.90
	La^{3+}	ML/M·L	16.17	16.21±0.6
	Lu^{3+}	ML/M·L		17.96±0.3
	Mg^{2+}	ML/M·L	8.36	8.32
		MHL/ML·H		4.95
	Mn^{2+}	ML/M·L	13.7	13.8−0.6
	Nd^{3+}	ML/M·L		17.98±0.2
	Ni^{2+}	ML/M·L	(15.0)	(15.1) −0.3
		MHL/ML·H		3.3
	Pb^{2+}	ML/M·L	14.8	15.0−0.4
		MHL/ML·H		3.8
	Pr^{3+}	ML/M·L		17.57±0.1
	Sc^{3+}	ML/M·L		20.3
	Sm^{3+}	ML/M·L		18.40±0.2
	Sr^{2+}	ML/M·L	9.24	9.34−0.6
		MHL/ML·H		4.63
	Tb^{3+}	ML/M·L		18.52±0.2
	Th^{4+}	ML/M·L		(24.9)

第三篇

螯合剂	离子	配位平衡	lgK(25℃，0.1mol/L)	lgK(20℃，0.1mol/L)
二乙醚二胺四乙酸；EEDTA	Th^{4+}	MHL/ML·H		2.09
		ML/MOHL·H	6.35	6.56
	Tl^+	ML/M·L		4.47
		MHL/ML·H		8.61
	Tl^{3+}	ML/M·L		32.8（1.0mol/L）
		ML/MOHL·H		8.79（1.0mol/L）
	Tm^{3+}	ML/M·L		18.04±0.1
	Y^{3+}	ML/M·L		17.75±0.1
	Yb^{3+}	ML/M·L		18.06±0.1
	Zn^{2+}	ML/M·L	15.2	15.3±0.1
		MHL/ML·H		2.75
	Zr^{4+}	ML/M·L		（24.7）
二亚乙基三胺；Dien	Ag^+	ML/M·L		6.1
		MHL/ML·H		7.0
		ML_2/ML·L		1.4
	Cd^{2+}	ML/M·L	（8.05）（0.5mol/L）	8.4
		$ML_2/M·L^2$	13.84（0.5mol/L）	13.8
	Co^{2+}	ML/M·L	8.0+0.2；8.1；8.57（1.0mol/L）	
		$ML_2/M·L^2$	13.9；14.1；14.77（1.0mol/L）	
	Cr^{2+}	ML/M·L		6.61
		$ML_2/M·L^2$		9.34
	Cu^{2+}	ML/M·L	15.9±0.1	16.1；15.6（25℃，0mol/L）
		$ML_2/M·L^2$	20.9+0.1	21.2
		MHL/ML·H	3.2	
		$MHL_2/ML_2·H$	8.2	
		MOHL/ML·OH	4.6±0.1	4.6
	Fe^{2+}	ML/M·L	6.23（30℃，1.0mol/L）	
		$ML_2/M·L^2$	10.53（1.0mol/L）	
	Hg^{2+}	ML/M·L		21.8（20℃，0.5mol/L）
		$ML_2/M·L^2$	25.02	29（20℃，0.5mol/L）
		MHL/ML·H		3.9（20℃，0.5mol/L）
		MOHL/ML·OH		6.3（20℃，0.5mol/L）
	Mn^{2+}	ML/M·L	3.99（30℃，1.0mol/L）	
		$ML_2/M·L^2$	6.91（1.0mol/L）	
	Ni^{2+}	ML/M·L	10.5；10.7（0.5mol/L）	10.7；10.96（25℃，1.0mol/L）
		$ML_2/M·L^2$	18.6；18.9（0.5mol/L）	18.9；19.27（25℃，1.0mol/L）
	Pb^{2+}	ML/M·L	8.50	
		$ML_2/M·L^2$	10.37	
	Pd^{2+}	$MHL_2/ML_2·H$	6.1（1.0mol/L）	
		$MH_2L_2/MHL_2·H$	2.5（1.0mol/L）	
	Zn^{2+}	ML/M·L	8.8；9.22（1.0mol/L）	8.9；8.7（25℃，0mol/L）
		$ML_2/M·L^2$	14.3	14.5

螯合剂	离子	配位平衡	lg$K$(25℃, 0.1mol/L)	lg$K$(20℃, 0.1mol/L)
	Ba^{2+}	ML/M·L		5.34
		MHL/ML·H		6.98
	Ca^{2+}	ML/M·L	6.18	6.21
		MHL/ML·H		6.70
		M_2L/ML·M		1.2
	Cd^{2+}	ML/M·L	14.28	14.38±0.7
		MHL/ML·H		3.33+0.4
	Co^{2+}	ML/M·L	13.93	13.99
		MHL/ML·H		3.80
	Cu^{2+}	ML/M·L	16.45	16.57-0.1
		MHL/ML·H		4.94
	Fe^{2+}	ML/M·L		11.57+0.07
		MHL/ML·H		4.76-0.4
	Fe^{3+}	ML/M·L		20.41
	Ga^{3+}	ML/M·L		17.3
		MHL/ML·H		3.2
		MOHL/ML·OH		7.14
	Hg^{2+}	ML/M·L	23.6	23.9-0.1
		MHL/ML·H		3.2-0.01
	In^{3+}	ML/M·L		20.26
		MHL/ML·H		1.88
二乙硫醚二胺四乙酸;DESTA;TEDTA		MOHL/ML·OH		4.2
	La^{2+}	ML/M·L	12.8	12.8
	Mg^{2+}	ML/M·L	4.66	4.61
		MHL/ML·H		8.01
	Mn^{2+}	ML/M·L	10.05	10.07-0.4
		MHL/ML·H		4.88-0.02
	Ni^{2+}	ML/M·L	15.6	15.7-0.7
		MHL/ML·H		3.1
	Pb^{2+}	ML/M·L	13.69	13.86
		MHL/ML·H		4.35
	Sr^{2+}	ML/M·L		5.94
		MHL/ML·H		6.56
	Th^{4+}	ML/M·L		19.8
		MHL/ML·H		2.43
		MOHL/ML·OH		7.24
	Tl^{+}	ML/M·L		4.47
		MHL/ML·H		8.8
	Tl^{3+}	ML/M·L	31.8 (20℃, 1.0mol/L)	
		ML/MOHL·H	8.46 (20℃, 1.0mol/L)	
	Zn^{2+}	ML/M·L	13.39	13.44-0.3
		MHL/ML·H		4.03
	Zr^{4+}	ML/M·L		(23.2)

螯合剂	离子	配位平衡	lg$K$(25℃，0.1mol/L)	lg$K$(20℃，0.1mol/L)
二乙三胺-N-甲基-N',N',N'',N''-四乙酸	Ba^{2+}	ML/M·L		7.21
		MHL/ML·H		6.3
	Ca^{2+}	ML/M·L		9.55
		MHL/ML·H		5.0
	Cd^{2+}	ML/M·L		17.44
	Hg^{2+}	ML/M·L		24.66
		MHL/ML·H		3.5
	Mg^{2+}	ML/M·L		7.31
		MHL/ML·H		6.5
	Sr^{2+}	ML/M·L		8.35
		MHL/ML·H		5.7
三亚乙基四胺	Ag^+	ML/M·L		7.65
		MHL/ML·H		8.0
		MH$_2$L/MHL·H		6.2
		M$_2$L/ML·L		2.4
	Cd^{2+}	ML/M·L	10.63+0.2；11.04（1.0mol/L）	10.75
		MHL/ML·H		6.2
	Co^{2+}	ML/M·L	10.95−0.5；11.35（1.0mol/L）	11.09
		MHL/ML·H		5.7
	Cr^{2+}	ML/M·L	7.9（26℃，0.1mol/L）	7.71
	Cu^{2+}	ML/M·L	20.1	20.4
		MHL/ML·H		3.5
		ML/MOHL·H	10.8	10.8
	Fe^{2+}	ML/M·L	7.76；8.39（25℃，1.0mol/L）	7.84
	Hg^{2+}	ML/M·L	25.0	25.3（0.5mol/L）
		MHL/ML·H		5.5（0.5mol/L）
	Mn^{2+}	ML/M·L	4.90；5.46（25℃，1.0mol/L）	
	Ni^{2+}	ML/M·L	13.8+0.3；14.4（0.5mol/L）	14.0
		ML$_2$/M·L^2	18.6（0.5mol/L）	
		M$_2$L$_3$/M^2·L^3	36.9（0.5mol/L）	
		MHL/ML·H		4.8
	Pb^{2+}	ML/M·L	10.4	
	Zn^{2+}	ML/M·L	12.03−0.1	12.14
		MHL/ML·H		5.1
三乙四胺-N,N'-二甲基-N'',N'',N''',N'''-四乙酸	Ba^{2+}	ML/M·L		6.24
		MHL/ML·H		7.1
	Ca^{2+}	ML/M·L		9.42
		MHL/ML·H		5.5
	Cd^{2+}	ML/M·L		17.77
		MHL/ML·H		4.6
	Hg^{2+}	ML/M·L		27.68
		MHL/ML·H		4.1

螯合剂	离子	配位平衡	lg$K$(25℃, 0.1mol/L)	lg$K$(20℃, 0.1mol/L)
三乙四胺-N,N'-二甲基-N'',N'',N''',N'''-四乙酸	Mg^{2+}	ML/M·L		4.31
		MHL/ML·H		9.5
		M_2L/ML·M		2.4
	Sr^{2+}	ML/M·L		6.71
		MHL/ML·H		6.7
三乙四胺六乙酸；TTHA	Ag^+	ML/M·L	9.0	
		MHL/ML·H	9.11	
		M_2L/ML·M	5.22	
	Al^{3+}	ML/M·L	21.0	
		MHL/ML·H	5.85	
		M_2L/ML·M	9.2	
		$(MOH)_2$L/M_2L·$(OH)^2$	15.9	
	Am^{3+}	ML/M·L	(26.6) +1	
	Ba^{2+}	ML/M·L		8.22（30℃）
		MHL/ML·H		7.66（30℃）
		MH_2L/MHL·H		（5.5）（30℃）
		M_2L/ML·M		3.4
	Bi^{3+}	MHL/ML·H	4.16	
		MH_2L/MHL·H	2.84	
		MH_3L/MH_2L·H	2.11	
	Ca^{2+}	ML/M·L	9.89	10.52
		MHL/ML·H	8.53	8.56
		MH_2L/MHL·H	4.87	4.75
		M_2L/ML·M	4.3	4.3
		M_3L/M_2L·M	4.0	
	Cd^{2+}	ML/M·L	18.6±0.2	
		MHL/ML·H	8.5±0.2	
		MH_2L/MHL·H	3.1+0.1	
		MH_3L/MH_2L·H	2.7	
		M_2L/ML·M	8.3±0.1	
	Co^{2+}	ML/M·L	18.4	
		MHL/ML·H	8.05±0.08	
		MH_2L/MHL·H	4.03	
		MH_3L/MH_2L·H	2.65	
		MH_4L/MH_3L·H	1.57	
		M_2L/ML·M	9.7	
		M_2HL/M_2L·H	3.0	
		M_2H_2L/M_2HL·H	2.6	
	Co^{3+}	ML/M·L	39.9	
	Cu^{2+}	ML/M·L	20.5-0.2	21.8
		MHL/ML·H	7.98±0.02	8.03
		MH_2L/MHL·H	4.05	
		MH_3L/MH_2L·H	2.86	
		MH_4L/MH_3L·H	2.04	

螯合剂	离子	配位平衡	lg$K$(25℃，0.1mol/L)	lg$K$(20℃，0.1mol/L)
三乙四胺六乙酸；TTHA	Cu^{2+}	$M_2L/ML \cdot M$	13.4	13.64
		$M_2HL/M_2L \cdot H$	3.0	
		$M_2H_2L/M_2HL \cdot H$	2.7	
	Er^{3+}	$ML/M \cdot L$	23.4	
		$MHL/ML \cdot H$	4.50	
		$M_2L/ML \cdot M$	3.7	
		$(MOH)_2L/M_2L \cdot (OH)^2$	13.0	
	Fe^{2+}	$ML/M \cdot L$	17.0±0.3	
		$MHL/ML \cdot H$	8.56±0.1	
		$MH_2L/MHL \cdot H$	3.8±0.5	
		$MOHL/ML \cdot OH$	4.98	
		$M(OH)_2L/MOHL \cdot OH$	4.19	
		$M_2OHL/M_2L \cdot OH$	5.27	
		$(MOH)_2L/M_2OHL \cdot OH$	5.18	
		$M_2L/ML \cdot M$	9.36	
	Fe^{3+}	$ML/M \cdot L$	26.8	
		$MHL/ML \cdot H$	7.55±0.05	
		$MH_2L/MHL \cdot H$	2.68±0.08	
		$MOHL/ML \cdot OH$	4.20	
		$M(OH)_2L/MOHL \cdot OH$	3.50	
		$M_2L/ML \cdot M$	13.7	
		$M_2L/(MOH)_2L \cdot H^2$	6.4±0.2	
	Ga^{3+}	$MHL/ML \cdot H$	4.52	
		$MH_2L/MHL \cdot H$	3.54	
		$MH_3L/MH_2L \cdot H$	2.29	
		$M_2L/ML \cdot M$	10.0	
	Hf^{4+}	$MH_2L/M \cdot H_2L$		19.1（0.5mol/L）
	Hg^{2+}	$ML/M \cdot L$	26.1±0.7	
		$MHL/ML \cdot H$	6.3±0.3	
		$MH_2L/MHL \cdot H$	3.5±0.2	
		$MH_3L/MH_2L \cdot H$	3.0	
		$M_2L/ML \cdot M$	12.3+0.1	
		$M_2HL/M_2L \cdot H$	3.6+0.1	
		$M_2H_2L/M_2HL \cdot H$	2.7	
		$(MOH)_2L/M_2L \cdot (OH)^2$	12.8-0.8	
	Ho^{3+}	$MHL/ML \cdot H$	4.67	
		$MH_2L/MHL \cdot H$	2.33	
		$M_2L/ML \cdot M$	2.9	
	La^{3+}	$ML/M \cdot L$	22.3+0.8	
		$MHL/ML \cdot H$	3.51-0.2	
		$MH_2L/MHL \cdot H$	3.11	
		$M_2L/ML \cdot M$	3.4±0.8	
	Mg^{2+}	$ML/M \cdot L$	8.43-0.3	8.47（30℃）
		$MHL/ML \cdot H$	9.31-0.01	9.25（30℃）

续表

螯合剂	离子	配位平衡	lg$K$(25℃，0.1mol/L)	lg$K$(20℃，0.1mol/L)
三乙四胺六乙酸；TTHA		$MH_2L/MHL \cdot H$	4.65	（4.0）（30℃）
	Mg^{2+}	$M_2L/ML \cdot M$	5.5+0.4	5.9（30℃）
		$M_3L/M_2L \cdot M$	5.3	
	Mn^{2+}	$ML/M \cdot L$	16.0	
		$MHL/ML \cdot H$	8.74	
		$MH_2L/MHL \cdot H$	3.45	
		$M_2L/ML \cdot M$	6.54	
	Nd^{3+}	$ML/M \cdot L$	22.8	
		$MHL/ML \cdot H$	3.94±0.01	
		$MH_2L/MHL \cdot H$	2.93	
		$M_2L/ML \cdot M$	3.9-0.2	
		$(MOH)_2L/M_2L \cdot (OH)^2$	11.5	
	Ni^{2+}	$ML/M \cdot L$	19.4-0.5	
		$MHL/ML \cdot H$	7.98+1	
		$MH_2L/MHL \cdot H$	（4.86）	
		$MH_3L/MH_2L \cdot H$	2.74	
		$MH_4L/MH_3L \cdot H$	1.15	
		$M_2L/ML \cdot M$	13.0	
		$M_2HL/M_2L \cdot H$	2.6	
		$M_2H_2L/M_2HL \cdot H$	2.3	
	Pb^{2+}	$ML/M \cdot L$	18.5±0.1	
		$MHL/ML \cdot H$	8.15±0.05	
		$MH_2L/MHL \cdot H$	3.8	
		$MH_3L/MH_2L \cdot H$	2.8	
		$M_2L/ML \cdot M$	10.8±0.2	
		$M_2HL/M_2L \cdot H$	3.0	
		$M_2H_2L/M_2HL \cdot H$	2.6	
	Sm^{3+}	$ML/M \cdot L$	23.2	
		$MHL/ML \cdot H$	4.49	
		$MH_2L/MHL \cdot H$	2.60	
		$M_2L/ML \cdot M$	5.1	
	Sr^{2+}	$ML/M \cdot L$	9.26（30℃）	
		$MHL/ML \cdot H$	7.78（30℃）	
		$MH_2L/MHL \cdot H$	（4.2）（30℃）	
		$M_2L/ML \cdot M$	3.4（30℃）	
	Th^{4+}	$ML/M \cdot L$	31.9	
		$MHL/ML \cdot H$	3.05	
	U^{4+}	$MHL/ML \cdot H$	2.28	
	Zn^{2+}	$ML/M \cdot L$	18.0±0.2	18.1
		$MHL/ML \cdot H$	8.13±0.03	8.03
		$MH_2L/MHL \cdot H$	4.6	
		$MH_3L/MH_2L \cdot H$	3.2	
		$M_2L/ML \cdot M$	11.9±0.2	11.9
		$M_2HL/M_2L \cdot H$	3.0	
		$M_2H_2L/M_2HL \cdot H$	2.6	
	Zr^{4+}	$MH_2L/M \cdot H_2L$		19.7（0.5mol/L）

第三篇

螯合剂	离子	配位平衡	lg$K$(25℃, 0.1mol/L)	lg$K$(20℃, 0.1mol/L)
	Ag^+	ML/M · L	8.61+0.09	
	Al^{3+}	ML/M · L	18.7	18.6−0.2
		MHL/ML · H	4.3	4.63
		MOHL/ML · OH	6.6	
	Am^{3+}	ML/M · L	(22.9) ±1	
	Ba^{2+}	ML/M · L	8.78	8.87−0.2
		MHL/ML · H	5.34	5.55
	Bi^{3+}	ML/M · L		35.6 (1.0mol/L)
		MHL/ML · H	2.4	2.6 (1.0mol/L)
		MH$_2$L/MHL · H	1.8	
		MOHL/ML · OH		2.7 (1.0mol/L)
	Bk^{3+}	ML/M · L	(22.8)	
	Ca^{2+}	ML/M · L	10.75	10.83±0.06
		MHL/ML · H	6.11	6.11−0.2
		M$_2$L/ML · M	1.6	1.98
	Cd^{2+}	ML/M · L	19.0	19.2±0.1
		MHL/ML · H	4.17	4.06+0.03
		MH$_2$L/MHL · H	3.33	
		M$_2$L/ML · M	2.3	2.96
	Ce^{3+}	ML/M · L	20.33	20.40+0.2
	Cf^{3+}	ML/M · L	(22.6)	
二乙三胺五乙酸；DTPA；DETPA	Cm^{3+}	ML/M · L	(23.0)±0.8	
	Co^{2+}	ML/M · L	19.15	19.27±0.9
		MHL/ML · H	4.94	4.74+0.07
		MH$_2$L/MHL · H	3.22	
		M$_2$L/ML · M	3.74	3.51
	Cu^{2+}	ML/M · L	21.38	21.55−0.4
		MHL/ML · H	4.81	4.74+0.05
		MH$_2$L/MHL · H	3.04	
		M$_2$L/ML · M	6.79	5.54
	Dy^{3+}	ML/M · L	22.82	22.92+0.6
		MHL/ML · H		2.19
	Er^{3+}	ML/M · L	22.74	22.83+0.4
		MHL/ML · H		2.00
	Eu^{3+}	ML/M · L	22.39	22.49+0.7
		MHL/ML · H		2.15
		M$_2$L/ML · M		3.06
	Es^{3+}	ML/M · L	(22.6)	
	Fe^{2+}	ML/M · L	16.4	16.5±0.5
		MHL/ML · H	5.30	5.35−0.2
		MOHL/ML · OH	5.01	
		M(OH)$_2$L/MOHL · OH	4.37	
		M$_2$L/ML · M		2.98
	Fe^{3+}	ML/M · L		28.0±0.7

续表

螯合剂	离子	配位平衡	lgK(25℃, 0.1mol/L)	lgK(20℃, 0.1mol/L)
	Fe^{3+}	MHL/ML·H	3.56	3.58−0.02
		MOHL/ML·OH	4.12	3.9
	Fm^{3+}	ML/M·L	（22.7）	
	Ga^{3+}	ML/M·L		25.54
		MHL/ML·H		4.35
		MOHL/ML·OH		6.52
	Gd^{3+}	ML/M·L	22.46	22.56+0.6
		MHL/ML·H		2.39
	Hf^{4+}	ML/M·L		35.4（0.23mol/L）
	Hg^{2+}	ML/M·L	26.40	26.70±0.6
		MHL/ML·H		4.24−0.1
	Ho^{3+}	ML/M·L	22.78	22.88
		MHL/ML·H		2.25
	In^{3+}	ML/M·L		29.0
		MOHL/ML·OH		2.06
	La^{3+}	ML/M·L	19.48	19.54±0.5
		MHL/ML·H		2.60
	Li^+	ML/M·L	3.1	
	Lu^{3+}	ML/M·L	22.44	22.60
		MHL/ML·H		2.18
	Mg^{2+}	ML/M·L	9.34	9.30−0.3
二乙三胺五乙酸；		MHL/ML·H	6.85	7.09
DTPA；DETPA	Mn^{2+}	ML/M·L	15.51	15.60±0.4
		MHL/ML·H	4.40	4.64−0.2
		$M_2L/ML·M$		2.09
	Mn^{3-}	ML/M·L		31.1（1.0mol/L）
	Nd^{3+}	ML/M·L	21.60	21.69+0.6
		MHL/ML·H		2.39
		$M_2L/ML·M$		4.29
	Ni^{2+}	ML/M·L	20.17	20.32±0.2
		MHL/ML·H	5.67	5.62−0.03
		$MH_2L/MHL·H$	3.02	
		$M_2L/ML·M$	5.59	5.41
	Np^{4+}	ML/M·L	30.3（1.0mol/L）	
	Pb^{2+}	ML/M·L	18.66	18.80±0.2
		MHL/ML·H		4.52
		$M_2L/ML·M$		3.41
	Pd^{2+}	MHL/ML·H		3.67（1.0mol/L）
	Pr^{3+}	ML/M·L	21.07	21.15+0.8
		MHL/ML·H		2.38
	Sb^{3+}	MHL/ML·H	3.31	3.57
	Sc^{3+}	ML/M·L	（24.4）	（24.5）
	Sm^{3+}	ML/M·L	22.34	22.44+1
		MHL/ML·H		2.20
		$M_2L/ML·M$		3.11

螯合剂	离子	配位平衡	lg$K$(25℃, 0.1mol/L)	lg$K$(20℃, 0.1mol/L)
二乙三胺五乙酸；DTPA；DETPA	Sn^{2+}	ML/M·L		20.7（1.0mol/L）
		MHL/ML·H		4.1（1.0mol/L）
		$MH_2L/MHL·H$		2.5（1.0mol/L）
	Sr^{2+}	ML/M·L	9.68	9.77−0.09
		MHL/ML·H	5.4	5.69
	Tb^{3+}	ML/M·L	22.71	22.81+0.5
		MHL/ML·H		2.14
	Th^{4+}	ML/M·L		（28.78）
		MHL/ML·H		2.16
		MOHL/ML·OH		4.9
	Tl^+	ML/M·L		5.97
		MHL/ML·H		8.8
	Tl^{3+}	ML/M·L		46.0（1.0mol/L）
	Tm^{3+}	ML/M·L	22.72	22.80+0.3
		MHL/ML·H		1.90
	U^{4+}	ML/MOHL·H		7.69
	Y^{3+}	ML/M·L	22.05	22.13+0.4
		MHL/ML·H		1.91
	Yb^{3+}	ML/M·L	22.62	22.70+0.4
		MHL/ML·H		2.30
	Zn^{2+}	ML/M·L	18.29	18.40±0.5
		MHL/ML·H	5.60	5.43+0.03
		$MH_2L/MHL·H$	3.06	
		$M_2L/ML·M$	4.48	4.36
	Zr^{4+}	ML/M·L		36.9（1.0mol/L）35.8（0.23mol/L）
		MOHL/ML·OH		8.1（1.0mol/L）
五亚乙基六胺	Cd^{2+}	ML/M·L		16.1
		MHL/ML·H		6.49
	Co^{2+}	ML/M·L	15.6	15.8
		MHL/ML·H	6.82	6.95
	Cu^{2+}	ML/M·L	22.1	22.4
		MHL/ML·H	8.01	8.16
		$MH_2L/MHL·H$		3.62
		$MH_3L/MH_2L·H$		3.24
	Fe^{2+}	ML/M·L	11.1	11.2
		MHL/ML·H		7.7
	Hg^{2+}	ML/M·L		29.6（0.5mol/L）
		MHL/ML·H		8.62（0.5mol/L）
		$MH_2L/MHL·H$		4.7（0.5mol/L）
		$MH_3L/MH_2L·H$		2.6（0.5mol/L）
	Mn^{2+}	ML/M·L	9.26	9.37
	Ni^{2+}	ML/M·L	19.1	19.3
		MHL/ML·H	6.62	6.75
	Zn^{2+}	ML/M·L	16.06	16.24
		MHL/ML·H	8.01	8.16

续表

螯合剂	离子	配位平衡	lg$K$(25℃，0.1mol/L)	lg$K$(20℃，0.1mol/L)
四亚乙基五胺	Ag^+	ML/M·L	7.4	
		MHL/ML·H	8.3	
		MH$_2$L/MHL·H	7.5	
		MH$_3$L/MH$_2$L·H	5.5	
	Cd^{2+}	ML/M·L	14.0	14.2
	Co^{2+}	ML/M·L	13.3−0.1	13.5
		MHL/ML·H	10.4	
	Cu^{2+}	ML/M·L	22.8+0.1	23.1
		MHL/ML·H	5.2	
		MH$_2$L/MHL·H	3.8	
	Fe^{2+}	ML/M·L	9.85	9.96
		MHL/ML·H	7.1	
	Hg^{2+}	ML/M·L	27.7	
	Mn^{2+}	ML/M·L	6.55+0.4	6.60
	Ni^{2+}	ML/M·L	17.4±0.4	17.6
		MHL/ML·H	4.1	
		MH$_2$L/MHL·H	4.0	
	Pb^{2+}	ML/M·L	10.5	
	Zn^{2+}	ML/M·L	15.1+0.3	15.3
		MH$_2$L/ML·H^2	9.4	
6-甲基-2-氨基甲基吡啶-N,N'-二乙酸；6-甲基-PADA	Ce^{3+}	ML/M·L	6.00	
		ML$_2$/M·L^2	10.07	
	Dy^{3+}	ML/M·L	7.23	
		ML$_2$/M·L^2	12.15	
	Er^{3+}	ML/M·L	7.42	
		ML$_2$/M·L^2	12.64	
	Eu^{3+}	ML/M·L	6.76	
		ML$_2$/M·L^2	11.26	
	Gd^{3+}	ML/M·L	6.71	
		ML$_2$/M·L^2	11.32	
	Ho^{3+}	ML/M·L	7.30	
		ML$_2$/M·L^2	12.33	
	La^{3+}	ML/M·L	5.72	
		ML$_2$/M·L^2	9.57	
	Lu^{3+}	ML/M·L	7.60	
		ML$_2$/M·L^2	12.99	
	Nd^{3+}	ML/M·L	6.28	
		ML$_2$/M·L^2	10.54	
	Pr^{3+}	ML/M·L	6.18	
		ML$_2$/M·L^2	10.42	
	Sm^{3+}	ML/M·L	6.57	
		ML$_2$/M·L^2	11.05	
	Tb^{3+}	ML/M·L	7.16	
		ML$_2$/M·L^2	12.10	

第三篇

螯合剂	离子	配位平衡	lg$K$(25℃，0.1mol/L)	lg$K$(20℃，0.1mol/L)
6-甲基-2-氨基甲基吡啶-N,N'-二乙酸；6-甲基-PADA	Tm^{3+}	ML/M·L	7.54	
		$ML_2/M·L^2$	12.81	
	Y^{3+}	ML/M·L	6.84	
		$ML_2/M·L^2$	11.58	
	Yb^{3+}	ML/M·L	7.65	
		$ML_2/M·L^2$	12.98	
1-甲基乙二胺四乙酸；MEDTA；PDTA	Ag^+	ML/M·L		8.05
	Ba^{2+}	ML/M·L	8.53	8.55±0.06
	Ca^{2+}	ML/M·L	11.59	11.63±0.08
	Cd^{2+}	ML/M·L	17.6（0.2mol/L）	17.83+0.4
	Ce^{3+}	ML/M·L		16.79
	Co^{2+}	ML/M·L	17.3（0.2mol/L）	
		MHL/ML·H	2.46（1.0mol/L）	
	Co^{3+}	ML/M·L	42.3（0.2mol/L）	
	Cu^{2+}	ML/M·L	19.8（0.2mol/L）	19.94
	Dy^{3+}	ML/M·L		19.05
	Er^{3+}	ML/M·L		19.61
	Eu^{3+}	ML/M·L		18.26
	Fe^{2+}	ML/M·L	15.5	
	Fe^{3+}	ML/M·L	26.0	
	Gd^{3+}	ML/M·L		18.21
	Ge^{4+}	$ML/M(OH)_4·H_4L$	4.78	
		ML/MOHL·H	2.50	
	Hg^{2+}	ML/M·L		22.81+0.3
		MHL/ML·H		8.12
	Ho^{3+}	ML/M·L		19.30
	La^{3+}	ML/M·L		16.42
	Li^+	ML/M·L		3.43
	Lu^{3+}	ML/M·L		20.56
	Mg^{2+}	ML/M·L	10.03	10.02±0.04
	Mn^{2+}	ML/M·L	14.9（0.2mol/L）	
	Na^+	ML/M·L		2.24
	Nd^{3+}	ML/M·L		17.54
	Ni^{2+}	ML/M·L	19.6（0.2mol/L）	
		MHL/ML·H	2.34（1.0mol/L）	
	Pb^{2+}	ML/M·L	18.9（0.2mol/L）	18.97+0.2
	Pd^{2+}	ML/M·L	（20.2）(20℃)	（19.4）
	Pr^{3+}	ML/M·L		17.17
	Sm^{3+}	ML/M·L		17.97
	Sr^{2+}	ML/M·L	（5.59）	9.60±0.07
	Tb^{3+}	ML/M·L		18.64
	Tl^+	ML/M·L		7.02
	Tm^{3+}	ML/M·L		20.08
	Y^{3+}	ML/M·L		18.78

续表

螯合剂	离子	配位平衡	lg$K$(25℃，0.1mol/L)	lg$K$(20℃，0.1mol/L)
1-甲基乙二胺四乙酸；MEDTA；PDTA	Yb^{3+}	ML/M·L		20.25
	Zn^{2+}	ML/M·L	17.3（0.2mol/L）	
环己二胺四乙酸；CYDTA；DCTA	Ag^+	ML/M·L	9.03	
	Al^{3+}	ML/M·L	19.6	19.5-0.2
		MHL/ML·H	2.2（0.2mol/L）	2.0+0.6
		ML/MOHL·H	7.82（0.2mol/L）	7.58
	Am^{3+}	ML/M·L	（19.5）	
	Ba^{2+}	ML/M·L	8.6	8.69
		MHL/ML·H		6.86
	Be^{2+}	ML/M·L		11.51
	Bi^{3+}	ML/M·L	31.9（0.5mol/L）	32.3
		MHL/ML·H		1.25（1.0mol/L）
		MOHL/ML·OH		3.0（1.0mol/L）
	Bk^{3+}	ML/M·L	（19.9）	
	Ca^{2+}	ML/M·L	13.15	13.20-0.1
	Cd^{2+}	ML/M·L	19.84	19.93±0.2
		MHL/ML·H		3.0
	Ce^{3+}	ML/M·L		17.46-0.08
	Cf^{3+}	ML/M·L	（20.1）	
	Cm^{3+}	ML/M·L	（19.5）	
	Co^{2+}	ML/M·L	19.58	19.2-0.1
		MHL/ML·H		2.9
	Cu^{2+}	ML/M·L	21.92	22.00+0.3
		MHL/ML·H	2.68（1.25mol/L）	3.1
	Dy^{3+}	ML/M·L		20.39-0.04
		MHL/ML·H		2.16
	Er^{3+}	ML/M·L		21.38-0.5
		MHL/ML·H		2.43
	Es^{3+}	ML/M·L	（20.1）	
	Eu^{3+}	ML/M·L		19.32±0.2
		MHL/ML·H		2.17
	Fe^{2+}	ML/M·L	18.90	（19.0）
		MHL/ML·H	2.7（0.2mol/L）	
	Fe^{3+}	ML/M·L	30.0	30.1（0.2mol/L）
		ML/MOHL·H	9.32（1.0mol/L）	9.70
		(MOHL)₂/(MOHL)²	1.01（1.0mol/L）	
	Ga^{3+}	ML/M·L		23.2+0.4
		MHL/ML·H		（2.42）
		MOHL/ML·OH		6.46
	Gd^{3+}	ML/M·L		19.47-0.04
	Hg^{2+}	ML/M·L	24.79	25.00+0.3
		MHL/ML·H		3.1+0.4
		ML/MOHL·H		10.46
	Ho^{3+}	ML/M·L		20.6
		MHL/ML·H		2.41

螯合剂	离子	配位平衡	lg*K*(25℃, 0.1mol/L)	lg*K*(20℃, 0.1mol/L)
	In^{3+}	ML/M・L		28.8+0.4
		MOHL/ML・OH		5.00
	La^{3+}	ML/M・L	16.98	16.96+0.04
		MHL/ML・H		2.24±0.3
	Lu^{3+}	ML/M・L		22.21−0.6
		MHL/ML・H		2.31
	Mg^{2+}	ML/M・L	11.07	11.02+0.03
	Mn^{2+}	ML/M・L	17.43	17.48
		MHL/ML・H		2.8
	Mn^{3+}	ML/M・L	28.9（0.2mol/L）	
	Nd^{3+}	ML/M・L		18.38−0.05
		MHL/ML・H		2.22−0.2
	Ni^{2+}	ML/M・L	20.2	20.3±0.1
		MHL/ML・H	2.74（1.25mol/L）	
	Pb^{2+}	ML/M・L	20.24	20.38−0.2
	Pd^{2+}	MHL/ML・H		3.6（1.0mol/L）
	Pm^{3+}	ML/M・L		18.9
	Pr^{3+}	ML/M・L		18.01−0.2
		MHL/ML・H		2.35
	Sc^{3+}	ML/M・L		26.1
		MOHL/ML・OH		2.6
环己二胺四乙酸；CYDTA；DCTA	Sm^{3+}	ML/M・L		19.08+0.2
		MHL/ML・H		2.18
	Sn^{2+}	ML/M・L		17.8（1.0mol/L）
		MHL/ML・H		3.1（1.0mol/L）
		$MH_2L/MHL・H$		2.5（1.0mol/L）
	Sr^{2+}	ML/M・L	10.58	10.59+0.1
	Tb^{3+}	ML/M・L		20.20−0.2
		MHL/ML・H		2.11
	Th^{4+}	ML/M・L		25.6
		MHL/ML・H		2.50
		ML/MOHL・H	7.85	
		$(MOHL)_2/(MOHL)^2$	4.3	
	Tl^{+}	ML/M・L		6.7
	Tl^{3+}	ML/M・L		38.3（20℃, 1.0mol/L）
	Tm^{3+}	ML/M・L		21.66−0.5
		MHL/ML・H		2.20
	U^{4+}	ML/M・L		27.6
		ML/MOHL・H	4.85	
		$(ML)_2/(MOHL)_2・H^2$	6.24	
		$(MOHL)_2/(MOHL)^2$	3.50	
	UO_2^{2+}	MHL/M・HL		5.27
	VO^{2+}	ML/M・L		20.10
	Y^{3+}	ML/M・L		19.85+0.2

续表

螯合剂	离子	配位平衡	lg$K$(25℃, 0.1mol/L)	lg$K$(20℃, 0.1mol/L)
环己二胺四乙酸；CYDTA；DCTA	Y^{3+}	MHL/ML·H		2.18
	Yb^{3+}	ML/M·L		21.82-0.3
		MHL/ML·H		2.36
	Zn^{2+}	ML/M·L	19.35	19.37-0.1
		MHL/ML·H		2.9
	Zr^{4+}	ML/M·L		29.9(2HClO$_4$)
氨三乙酸；NTA	Ag^+	ML/M·L		（5.16）
	Al^{3+}	ML/M·L	11.4（0.2mol/L）	
		MHL/ML·H	1.90（0.2mol/L）	
		ML/MOHL·H	5.09（0.2mol/L）	5.55
		MOHL/M(OH)$_2$L·H	8.28（0.2mol/L）	8.81
	Am^{3+}	ML/M·L	（11.5）±0.8	
		ML$_2$/M·L^2	（20.2）±0.9	
	As^{3+}	MOHL/M(OH)$_2$·HL	15.3	
	Ba^{2+}	ML/M·L	4.80	4.82±0.08
	Be^{2+}	ML/M·L		7.11
	Bi^{3+}	ML/M·L		17.5（1.0mol/L）
		ML$_2$/M·L^2		26.0（1.0mol/L）
	Ca^{2+}	ML/M·L	6.39	6.41±0.06
		ML$_2$/M·L^2	8.76	8.86
	Cd^{2+}	ML/M·L	9.78	9.83-0.3
		ML$_2$/M·L^2	14.39	14.61
		ML/MOHL·H	11.25	
	Ce^{3+}	ML/M·L	10.70	10.70±0.1
		ML$_2$/M·L^2	（18.66）	18.68±0.2
		MOHL/ML·OH		5.78（0.2mol/L）
	Cf^{3+}	ML/M·L	（11.9）-0.6	
		ML$_2$/M·L^2	（21.2）-0.2	
	Cm^{3+}	ML/M·L	（11.8）-0.8	
		ML$_2$/M·L^2	（20.6）-0.5	
	Co^{2+}	ML/M·L	10.38	10.38+0.2
		ML$_2$/M·L^2	14.33	14.39-0.1
		ML/MOHL·H	10.80	
	Co^{3+}	ML/MOHL·H		6.84
		MOHL/M(OH)$_2$L·H		9.66
	Cr^{3+}	ML/MOHL·H		6.23-0.3
		MOHL/M(OH)$_2$L·H		8.45+0.3
	Cu^{2+}	ML/M·L	12.94	12.96±0.3
		ML$_2$/M·L^2	17.42	17.43
		MOHL/ML·OH	4.39（0.08mol/L）	
		ML/MOHL·H	9.14	
	Dy^{3+}	ML/M·L	11.63	11.62±0.1
		ML$_2$/M·L^2	（20.98）	21.02±0.2
		MOHL/ML·OH	（6.84）	

螯合剂	离子	配位平衡	lg$K$(25℃，0.1mol/L)	lg$K$(20℃，0.1mol/L)
氨三乙酸；NTA	Er^{3+}	ML/M·L	11.90	11.89±0.1
		ML_2/M·L^2	（21.09）	21.11±0.2
		MOHL/ML·OH	（6.56）	（6.53）（0.2mol/L）
	Eu^{3+}	ML/M·L	11.32	11.33±0.1
		ML_2/M·L^2	（20.64）	20.69±0.2
		MOHL/ML·OH	（6.84）	（6.21）（0.2mol/L）
	Fe^{2+}	ML/M·L		8.33±0.01
		ML_2/M·L^2		12.8（0.2mol/L）
		MHL/ML·H		1.9（0.2mol/L）
		ML/MOHL·H		10.6
	Fe^{3+}	ML/M·L	15.9	15.9+0.4
		ML_2/M·L^2		24.3+0.3
		ML/MOHL·H	（5.0）（1.0mol/L）	（4.1）
		MOHL/M(OH)$_2$L·H		（7.8）
		$(MOHL)_2$/$(MOHL)^2$	（4.0）（1.0mol/L）	
		$(ML)_2$/$(MOHL)_2$·H^2	（6.0）（1.0mol/L）	
	Ga^{3+}	ML/M·L		13.6+0.4
	Gd^{3+}	ML/M·L	11.35	11.36±0.1
		ML_2/M·L^2	（20.66）	20.72±0.2
		MOHL/ML·OH	（6.54）	（6.28）（0.2mol/L）
	Hf^{4+}	ML/M·L		20.3（0.2mol/L）
	Hg^{2+}	ML/M·L	14.6	
	Ho^{3+}	ML/M·L	11.76	11.75±0.1
		ML_2/M·L^2	（21.06）	21.09±0.2
		MOHL/ML·OH	（6.66）	（6.43）（0.2mol/L）
	In^{3+}	ML/M·L		16.9
	La^{3+}	ML/M·L	10.47	10.47±0.2
		ML_2/M·L^2	（17.83）	17.84±0.3
		MOHL/ML·OH	（5.9）	（5.07）（0.2mol/L）
	Li^+	ML/M·L		2.51
	Lu^{3+}	ML/M·L	12.32	12.32±0.1
		ML_2/M·L^2	（21.65）	21.64±0.2
		MOHL/ML·OH	（6.30）	（6.87）（0.2mol/L）
	Mg^{2+}	ML/M·L	5.47	5.41±0.1
	Mn^{2+}	ML/M·L	7.46	7.44−0.08
		ML_2/M·L^2	10.94	10.99
	Mn^{3+}	ML/M·L		20.25（1.0mol/L）
	Na^+	ML/M·L		1.22
	Nd^{3+}	ML/M·L	11.10	11.11±0.1
		ML_2/M·L^2	（19.51）	19.55±0.2
		MOHL/ML·OH	（5.86）	（6.09）（0.2mol/L）
	Ni^{2+}	ML/M·L	11.50	11.53−0.3
		ML_2/M·L^2	16.32	16.42
		ML/MOHL·H	10.86	

续表

螯合剂	离子	配位平衡	lg$K$(25℃, 0.1mol/L)	lg$K$(20℃, 0.1mol/L)
	Np^{4+}	ML/M·L	17.28（1.0mol/L）	
		ML_2/M·L^2	32.06（1.0mol/L）	
	NpO_2^+	ML/M·L	6.80	
		MHL/ML·H	4.5	
		ML/MOHL·H	11.5	
	Pb^{2+}	ML/M·L	11.34	11.39+0.1
	Pd^{2+}	ML/M·L	19.30（20℃, 1.0mol/L）	
		MHL/ML·H	0.50（20℃, 1.0mol/L）	
	Pm^{3+}	ML_2/M·L^2		19.7
	Pr^{3+}	ML/M·L	10.87	10.88±0.1
		ML_2/M·L^2	（19.02）	19.06±0.2
		MOHL/ML·OH	（5.72）	（5.99）（0.2mol/L）
	PuO_2^+	ML/M·L	6.91	
	Sc^{3+}	ML/M·L	12.7	
		ML_2/M·L^2		24.1
		MOHL/ML·OH		（7.44）（0.2mol/L）
	Sm^{3+}	ML/M·L	11.32	11.33±0.1
		ML_2/M·L^2	（20.43）	20.48±0.1
		MOHL/ML·OH	（6.59）	（6.16）（0.2mol/L）
氨三乙酸；NTA	Sr^{2+}	ML/M·L	4.97	4.98±0.06
	Tb^{3+}	ML/M·L	11.50	11.51±0.1
		ML_2/M·L^2	（20.95）	20.99±0.2
		MOHL/ML·OH	（6.67）	（6.34）（0.2mol/L）
	Th^{4+}	ML/M·L	（13.3）	
		$ML/M(OH)_2L·H^2$	8.6	
	Tl^+	ML/M·L		4.75-0.01
	Tl^{3+}	ML/M·L		20.9（1.0mol/L）
		ML_2/M·L^2		32.5（1.0mol/L）
	Tm^{3+}	ML/M·L	12.07	12.06±0.1
		ML_2/M·L^2	（21.22）	21.23±0.2
		MOHL/ML·OH	（6.24）	（6.62）（0.2mol/L）
	UO_2^{2+}	ML/M·L	9.50	9.56
	V^{3+}	ML/M·L		13.41
		ML_2/M·L^2		23.09
		ML/MOHL·H		6.16
	VO^{2+}	ML/MOHL·H	7.38	
	Y^{3+}	ML/M·L	11.42	11.41±0.1
		ML_2/M·L^2	（20.41）	20.43±0.1
		MOHL/ML·OH	（6.39）	（6.33）（0.2mol/L）
	Yb^{3+}	ML/M·L	12.21	12.20±0.1
		ML_2/M·L^2	（21.41）	21.42±0.2
		MOHL/ML·OH	（6.29）	（6.74）（0.2mol/L）
	Zn^{2+}	ML/M·L	10.66	10.67-0.2

续表

螯合剂	离子	配位平衡	lg$K$(25℃, 0.1mol/L)	lg$K$(20℃, 0.1mol/L)
氨三乙酸；NTA	Zn^{2+}	$ML_2/M \cdot L^2$	14.24	14.29
		$MOHL/ML \cdot OH$	3.55（0.08mol/L）	
		$ML/MOHL \cdot H$	10.06	
	Zr^{4+}	$ML/M \cdot L$	20.8	20.8（0.2mol/L）
2-氨基丙二酰脲二乙酸；UDA	Ba^{2+}	$ML/M \cdot L$		6.13
		$ML_2/M \cdot L^2$		9.81
	Be^{2+}	$ML/M \cdot L$		10.36
		$MHL/ML \cdot H$		2.71
	Ca^{2+}	$ML/M \cdot L$		8.31
		$ML_2/M \cdot L^2$		13.58
	Cu^{2+}	$MOHL/ML \cdot OH$	4.58（0.05mol/L）	
	K^+	$ML/M \cdot L$		1.23；19.4（0mol/L）
	Li^+	$ML/M \cdot L$		4.90；5.61（0mol/L）
	Mg^{2+}	$ML/M \cdot L$		8.19
		$ML_2/M \cdot L^2$		11.81
	Na^+	$ML/M \cdot L$	3.33（20℃，0mol/L）	2.72
	Pb^{2+}	$ML/M \cdot L$		12
	Sr^{2+}	$ML/M \cdot L$		6.93
		$ML_2/M \cdot L^2$		10.99
	Tl^+	$ML/M \cdot L$		5.99
	UO_2^{2+}	$ML/M \cdot L$	9.52	
2-氨基苯甲酸-*N,N*-二乙酸；AADA；ANDA	Ag^+	$ML/M \cdot L$		3.54
	Am^{3+}	$ML/M \cdot L$	8.92	
	Ba^{2+}	$ML/M \cdot L$	3.59	3.57
	Ca^{2+}	$ML/M \cdot L$	5.08	5.06
	Cd^{2+}	$ML/M \cdot L$	7.43	
		$MHL/ML \cdot H$	2.70	
	Ce^{3+}	$ML/M \cdot L$	8.69	
	Cm^{3+}	$ML/M \cdot L$	9.27	
	Co^{2+}	$ML/M \cdot L$	8.42	
	Cu^{2+}	$ML/M \cdot L$	10.93	
	Li^+	$ML/M \cdot L$		2.05+0.2
	Mg^{2+}	$ML/M \cdot L$	4.01	3.91
	Mn^{2+}	$ML/M \cdot L$	5.85	
	Na^+	$ML/M \cdot L$		0.89+0.09
	Ni^{2+}	$ML/M \cdot L$	9.48	9.46
	Sr^{2+}	$ML/M \cdot L$	3.93	3.91
	Tl^+	$ML/M \cdot L$		2.93
	UO_2^{2+}	$ML/M \cdot L$	6.93	
	Zn^{2+}	$ML/M \cdot L$	8.42	

① Fe^{2+}被配位体氧化。

在配位滴定中，以 EDTA 为例，主反应是待测离子 M 与滴定剂 Y 的配位反应。同时，溶液中还可能存在下列各种副反应：

M、Y 及 MY 的各种副反应进行的程度，可以用副反应系数（主要包括 Y 的酸效应系数和 M 的配位效应系数）估计。

配位剂的酸效应系数 $\alpha_{Y(H)}$ 是 H^+ 平衡浓度 $[H^+]$ 的函数，它表示溶液中未与金属离子结合的 EDTA 总浓度 $[Y']$ 与 Y^{4-} 的平衡浓度 $[Y]$ 的比例关系：

$$\alpha_{Y(H)} = \frac{[Y']}{[Y]} = \frac{[Y]+[HY]+[H_2Y]+\cdots+[H_6Y]}{[Y]}$$

即：

$$\alpha_{Y(H)} = 1 + \frac{[H^+]}{K_{a6}} + \frac{[H^+]^2}{K_{a6}K_{a5}} + \cdots + \frac{[H^+]^6}{K_{a6}K_{a5}K_{a4}K_{a3}K_{a2}K_{a1}}$$

这一公式不仅可以用于螯合配位剂酸效应系数的计算，也可用于金属指示剂酸效应系数的计算。EDTA 的酸效应系数见表 11-17。

表 11-17　EDTA 的酸效应系数

pH	$\lg\alpha_{Y(H)}$	pH	$\lg\alpha_{Y(H)}$	pH	$\lg\alpha_{Y(H)}$	pH	$\lg\alpha_{Y(H)}$	pH	$\lg\alpha_{Y(H)}$
0.0	23.64	2.5	11.90	5.0	6.45	7.5	2.78	10.0	0.45
0.1	23.06	2.6	11.62	5.1	6.26	7.6	2.68	10.1	0.39
0.2	22.47	2.7	11.35	5.2	6.07	7.7	2.57	10.2	0.33
0.3	21.89	2.8	11.09	5.3	5.88	7.8	2.47	10.3	0.28
0.4	21.32	2.9	10.84	5.4	5.69	7.9	2.37	10.4	0.24
0.5	20.75	3.0	10.60	5.5	5.51	8.0	2.27	10.5	0.20
0.6	20.18	3.1	10.37	5.6	5.33	8.1	2.17	10.6	0.16
0.7	19.62	3.2	10.14	5.7	5.15	8.2	2.07	10.7	0.13
0.8	19.08	3.3	9.92	5.8	4.98	8.3	1.97	10.8	0.11
0.9	18.54	3.4	9.70	5.9	4.81	8.4	1.87	10.9	0.09
1.0	18.01	3.5	9.48	6.0	4.65	8.5	1.77	11.0	0.07
1.1	17.49	3.6	9.27	6.1	4.49	8.6	1.67	11.1	0.06
1.2	16.98	3.7	9.06	6.2	4.34	8.7	1.57	11.2	0.05
1.3	16.49	3.8	8.85	6.3	4.20	8.8	1.48	11.3	0.04
1.4	16.02	3.9	8.65	6.4	4.06	8.9	1.38	11.4	0.03
1.5	15.55	4.0	8.44	6.5	3.92	9.0	1.28	11.5	0.02
1.6	15.11	4.1	8.24	6.6	3.79	9.1	1.19	11.6	0.02
1.7	14.68	4.2	8.04	6.7	3.67	9.2	1.10	11.7	0.02
1.8	14.27	4.3	7.84	6.8	3.55	9.3	1.01	11.8	0.01
1.9	13.88	4.4	7.64	6.9	3.43	9.4	0.92	11.9	0.01
2.0	13.51	4.5	7.44	7.0	3.32	9.5	0.83	12.0	0.01
2.1	13.16	4.6	7.24	7.1	3.21	9.6	0.75	12.1	0.01
2.2	12.82	4.7	7.04	7.2	3.10	9.7	0.67	12.2	0.005
2.3	12.50	4.8	6.84	7.3	2.99	9.8	0.59	13.0	0.0008
2.4	12.19	4.9	6.65	7.4	2.88	9.9	0.52	13.9	0.0001

金属离子 M 的配位效应系数 $\alpha_{M(L)}$ 是其他配位体浓度 $[L]$ 的函数，表示溶液中未参加主反应的金属离子总浓度 $[M']$ 与游离金属离子浓度 $[M]$ 的比例关系：

$$\alpha_{M(L)} = \frac{[M']}{[M]} = \frac{[M]+[ML]+[ML_2]+\cdots+[ML_n]}{[M]}$$

部分金属离子和配位体的配位效应系数列于表 11-18 中。

表 11-18 金属离子和配位体的副反应系数 $lg\alpha_{M(L)}$值

金属和配位体[①]	浓度 c/(mol/L)	I/(mol/kg)	0	1	2	3	4	5	6	7	8	9	10	11	12	13	14
Ag																	
OH⁻		0.1												0.1	0.5	2.3	5.1
CN⁻	0.1	0.1	0.8	2.7	4.7	6.7	8.7	10.7	12.7	14.7	16.7	18.4	19.0	19.2	19.2	19.2	19.2
S²⁻	0.01	0.1	4.4	5.4	6.4	7.4	8.5	9.9	11.8	13.2	13.7	13.7	13.7	13.8	14.2	14.7	14.8
硫脲	0.1	0.1	10.1	10.1	10.1	10.1	10.1	10.1	10.1	10.1	10.1	10.1	10.1	10.1	10.1	10.1	10.1
NH₃	1	0.1						0.1	0.8	2.6	4.6	6.4	7.2	7.4	7.4	7.4	7.4
	0.1	0.1							0.1	0.8	2.6	4.4	5.2	5.4	5.4	5.4	5.6
	0.01	0.1								0.1	0.8	2.4	3.2	3.4	3.4	3.4	5.1
Trien	0.1	0.1								1.2	3.4	5.2	6.4	6.7	6.7	6.7	6.7
EDTA	0.1	0.5					0.1	0.5	1.5	2.6	3.7	4.7	5.5	5.9	6.0	6.0	6.0
	0.01	0.1						0.1	0.9	1.9	3.0	4.0	4.8	5.2	5.3	5.3	5.5
En	0.1	0.1								0.4	1.7	3.5	4.9	5.5	5.7	5.7	5.8
甘氨酸	0.1	0.1								0.2	1.5	3.4	4.4	4.8	4.8	4.8	5.3
Cl⁻	0.1	0.2	2.8	2.8	2.8	2.8	2.8	2.8	2.8	2.8	2.8	2.8	2.8	2.8	2.8	2.9	5.1
Al																	
OH⁻		2						0.4	1.3	5.3	9.3	13.3	17.3	21.3	25.3	29.3	33.3
Cit	0.1	0.5				1.8	5.2	8.6	11.3	13.6	15.6	17.6	19.6	21.8	25.3	29.3	33.3
AA	0.01	0.1			0.1	0.6	2.2	4.3	6.8	9.8	12.5	14.6	17.3	21.3	25.3	29.3	33.3
EDTA	0.1	0.5			1.8	4.1	6.2	8.2	10.3	12.5	14.5	16.5	18.3	21.3	25.3	29.3	33.3
	0.01	0.1			1.5	3.4	5.5	7.6	9.7	11.8	13.9	15.8	17.8	21.3	25.3	29.3	33.3
F⁻	0.1	0.5	3.3	6.1	10.0	12.9	14.3	14.5	14.5	14.5	14.5	14.5	17.7	21.3	25.3	29.3	33.3
CyDTA	0.01	0.1			0.2	2.8	5.5	7.6	9.4	10.8	12.3	14.3	17.3	21.3	25.3	29.3	33.3
C₂O₄²⁻	0.1	0.5			2.4	5.6	8.5	10.7	11.5	11.6	11.6	13.3	17.3	21.3	25.3	29.3	33.3
Ba																	
OH⁻		0.1														0.1	0.5
DTPA	0.01	0.1							0.3	1.6	3.5	5.1	6.1	6.7	6.8	6.8	6.8
CyDTA	0.01	0.1						0.2	0.7	1.3	2.2	3.2	4.2	5.1	5.8	6.0	6.0
EDTA	0.1	0.5							1.8	3.2	4.2	5.2	6.0	6.2	6.3	6.3	6.3
	0.01	0.1						0.1	1.1	2.4	3.5	4.4	5.3	5.7	5.8	5.8	5.8
NTA	0.1	0.5							0.2	0.8	1.7	2.6	3.3	3.4	3.4	3.4	3.4
	0.01	0.1								0.3	1.0	1.9	2.6	2.8	2.8	2.8	2.8
Cit	0.1	0.5						0.5	1.1	1.4	1.4	1.4	1.4	1.4	1.4	1.4	1.4
Tart	0.1	0.5				0.1	0.4	0.6	0.6	0.6	0.6	0.6	0.6	0.6	0.6	0.6	0.8
Be																	
OH⁻		3													0.1	1.1	3.1
SS	0.1	0.1			0.5	2.1	3.7	5.6	7.6	9.6	11.6	13.6	15.6	17.4	18.6	18.8	18.8
AA	0.1	0.1				0.1	0.8	2.4	4.3	6.3	8.3	10.1	11.5	11.9	11.9	11.9	11.9
EDTA	0.1	0.5					0.1	1.6	3.3	4.7	5.7	6.7	7.5	7.7	7.8	7.8	7.8
	0.01	0.1							0.8	2.5	3.9	5.0	5.9	6.8	7.2	7.3	7.3
Cit	0.1	0.5					0.2	1.1	2.3	3.0	3.3	3.3	3.3	3.3	3.3	3.3	3.5

续表

金属和配位体①	浓度 c/(mol/L)	I/(mol/kg)	pH														
			0	1	2	3	4	5	6	7	8	9	10	11	12	13	14
Bi																	
OH⁻		3		0.1	0.5	1.4	2.4	3.4	4.4	5.4							
I⁻	0.1	2	12.8	12.8	12.8	12.8	12.8	12.8	12.8	12.8							
Br⁻	0.1	2	4.5	4.5	4.5	4.5	4.5	4.5	4.8	5.5							
Cl⁻	0.1	2	2.7	2.7	2.7	2.7	2.9	3.5	4.4	5.4							
Ca																	
OH⁻		0.1														0.3	1.0
CyDTA	0.01	0.1					0.5	2.5	4.3	5.6	6.7	7.7	8.7	9.6	10.3	10.5	10.5
EDTA	0.1	0.5				0.1	1.1	3.2	4.7	6.1	7.1	8.1	8.9	9.1	9.2	9.2	9.2
	0.01	0.1					0.4	2.1	3.9	5.3	6.4	7.3	8.2	8.6	8.7	8.7	8.7
DTPA	0.01	0.1					0.1	0.8	1.9	3.4	5.3	6.9	7.9	8.5	8.6	8.6	8.6
NTA	0.1	0.5					0.1	0.5	1.3	2.3	3.3	4.2	4.9	5.0	5.0	5.0	5.0
	0.01	0.1						0.2	0.7	1.6	2.6	3.5	4.2	4.4	4.4	4.4	4.4
Cit	0.1	0.5				0.3	1.0	1.8	2.2	2.5	2.5	2.5	2.5	2.5	2.5	2.5	2.5
Tart	0.1	0.5				0.2	0.5	0.7	0.8	0.8	0.8	0.8	0.8	0.8	0.8	0.9	1.2
Ac⁻	0.1	0.1						0.1	0.1	0.1	0.1	0.1	0.1	0.1	0.1	0.3	1.0
Cd																	
OH⁻		3										0.1	0.5	2.0	4.5	8.1	12.0
CyDTA	0.01	0.1		0.1	2.2	4.8	7.1	9.2	11.0	12.3	13.4	14.4	15.4	16.3	17.0	17.2	17.2
DTPA	0.01	0.1			0.4	3.1	5.5	7.6	9.7	11.7	13.6	15.2	16.3	16.9	17.0	17.0	17.0
CN⁻	0.1	3					0.1	0.7	2.9	6.2	10.1	13.3	14.5	14.9	14.9	14.9	14.9
EDTA	0.1	0.5		0.3	2.7	4.8	6.8	8.8	10.5	11.9	12.9	13.9	14.7	14.9	15.0	15.0	15.0
	0.01	0.1			1.8	4.0	5.9	7.9	9.7	11.1	12.2	13.2	14.0	14.4	14.5	14.5	14.5
EGTA	0.01	0.1				0.1	1.5	3.3	5.1	7.7	9.1	11.1	12.7	13.5	13.6	13.6	13.6
NTA	0.1	0.5			0.4	1.9	3.0	4.0	5.3	6.9	8.9	11.7	12.1	12.3	12.3	12.3	12.5
	0.01	0.1				1.2	2.3	3.3	4.3	5.4	7.0	8.7	10.1	10.5	10.5	10.5	12.0
Phen	0.01	0.1		0.3	1.4	3.5	6.3	8.4	9.3	9.3	9.3	9.3	9.3	9.3	9.3	9.3	12.0
Trien	0.1	0.1						0.4	2.2	4.4	6.5	8.3	9.5	9.8	9.8	9.8	12.0
NH₃	1	0.1							0.1	0.5	2.3	5.1	6.7	7.1	7.1	8.1	12.0
	0.1	0.1								0.1	0.5	2.0	3.0	3.6	4.5	8.1	12.0
	0.01	0.1									0.1	0.6	1.4	2.0	4.5	8.1	12.0
Cit	0.1	0.5				0.1	0.8	2.0	2.7	3.0	3.1	3.5	4.3	5.3	6.3	8.2	12.0
AA	0.1	0.1							0.1	0.9	2.3	3.6	4.0	4.0	4.6	8.1	12.0
TEA	0.25	0.2									1.9	2.2	2.8	3.7	4.5	8.1	12.0
I⁻	0.1	0.1	2.5	2.5	2.5	2.5	2.5	2.5	2.5	2.5	2.5	2.5	2.5	2.6	4.5	8.1	12.0
C₂O₄²⁻	0.1	0.5			0.2	1.8	2.2	2.6	2.7	2.7	2.7	2.7	2.7	2.8	4.5	8.1	12.0
Tart	0.1	0.5				0.6	1.4	1.8	1.8	1.8	1.8	1.8	1.8	2.2	4.5	8.1	12.0
Ac⁻	0.1	1					0.1	0.3	0.4	0.5	0.5	0.5	0.7	2.0	4.5	8.1	12.0
Ce^IV																	
OH⁻		1.2	0.1	1.2	3.1	5.1	7.1	9.1	11.1	13.1							
SO₄²⁻	0.1	2	2.5	4.8	6.8	7.4	7.6	9.1	11.1	13.1							
Co^II																	
OH⁻		0.1									0.1	0.4	1.1	2.2	4.2	7.2	10.2
Phen	0.01	0.1	0.4	2.1	4.8	7.8	10.8	12.9	13.8	13.8	13.8	13.8	13.8	13.8	13.8	13.8	13.8
DTPA	0.01	0.1			1.0	3.8	6.0	7.8	9.7	11.7	13.6	15.2	16.3	16.9	17.0	17.0	17.0
CyDTA	0.01	0.1			1.8	4.4	6.8	8.9	10.7	12.0	13.1	14.1	15.1	16.0	16.7	16.9	16.9

续表

金属和配位体[①]	浓度 c/(mol/L)	I/(mol/kg)	0	1	2	3	4	5	6	7	8	9	10	11	12	13	14
Co[II]																	
EDTA	0.1	0.5		0.2	2.6	4.7	6.6	8.6	10.3	11.7	12.7	13.7	14.5	14.7	14.8	14.8	14.8
	0.01	0.1			1.7	3.5	5.7	7.7	9.5	10.9	12.0	13.0	13.8	14.2	14.3	14.3	14.3
Tetren	0.1	0.1						1.3	4.6	7.6	10.4	12.7	13.7	14.1	14.1	14.1	14.1
NTA	0.1	0.5			0.8	2.4	3.5	4.5	5.6	7.1	9.0	10.8	12.2	12.4	12.4	12.4	12.4
	0.01	0.1			0.3	1.7	2.8	3.8	4.8	5.9	7.2	8.8	10.2	10.6	10.6	10.6	10.8
EGTA	0.01	0.1					0.3	1.9	3.9	5.9	7.9	9.5	10.2	10.3	10.3	10.3	10.6
Trien	0.1	0.1						0.3	2.1	4.5	6.7	8.5	9.7	10.0	10.0	10.0	10.4
Cit	0.1	0.5				0.5	1.5	2.5	3.1	3.4	3.8	4.5	5.5	6.5	7.5	8.5	10.3
SS	0.1	0.1							0.1	0.5	1.5	2.8	4.6	6.4	7.6	7.9	10.2
AA	0.1	0.1						0.4	1.6	3.3	5.1	6.5	6.9	6.9	6.9	7.4	10.2
NH₃	1	0.1								0.2	1.2	3.7	5.3	5.7	5.8	7.2	10.2
	0.1	0.1									0.2	1.0	1.8	2.9	4.9	7.2	10.2
$C_2O_4^{2-}$	0.1	0.5	0.1	0.5	1.0	2.0	3.2	3.8	3.8	3.8	3.8	3.8	3.8	3.8	4.3	7.2	10.2
Tart	0.1	0.5				0.2	0.8	1.1	1.1	1.1	1.1	1.1	1.1	2.2	4.2	7.2	10.2
Cu																	
OH⁻		0.1									0.2	0.8	1.7	2.7	3.7	4.7	5.7
Tetren	0.1	0.1			2.8	6.3	9.4	12.0	14.8	17.6	20.3	22.3	23.3	23.3	23.3	23.3	23.3
EDTA	0.1	0.5		1.9	4.6	6.8	8.7	10.7	12.5	13.9	15.0	16.0	16.8	17.3	18.0	18.9	19.9
	0.01	0.1		1.5	4.2	6.3	8.2	10.2	12.0	13.4	14.5	15.5	16.3	16.8	17.5	18.4	19.4
CyDTA	0.01	0.1		1.5	4.4	6.9	9.2	11.3	13.1	14.4	15.5	16.5	17.5	18.4	19.1	19.3	19.3
Trien	0.1	0.1			0.1	2.6	5.4	8.4	11.3	13.9	16.1	17.9	19.1	19.4	19.4	19.4	19.4
DTPA	0.01	0.1			2.8	5.7	7.8	9.5	11.2	13.2	15.1	16.7	17.8	18.4	18.5	18.5	18.5
Phen	0.01	0.1	2.1	3.5	5.9	8.8	11.8	13.9	14.8	14.8	14.8	14.8	14.8	14.8	14.8	14.8	14.8
TEA	0.1	0.1					0.1	0.7	1.9	3.7	6.0	8.1	10.1	12.3	15.0	17.9	20.9
EGTA	0.01	0.1			0.1	1.8	3.7	5.1	6.5	8.5	10.5	12.5	14.1	14.9	15.0	15.0	15.0
SS	0.1	0.1					0.2	1.0	2.0	3.4	5.3	7.3	9.3	11.3	13.1	14.3	14.5
Cit	0.1	0.5			0.2	0.8	2.9	5.1	6.7	8.0	9.0	10.0	11.0	12.0	13.0	14.0	15.0
NTA	0.1	0.5		0.3	2.6	4.3	5.5	6.5	7.5	8.8	10.5	12.3	13.9	14.1	14.3	15.1	16.1
	0.01	0.1		0.1	2.0	3.7	4.9	5.9	6.8	7.9	9.1	10.6	12.0	12.6	13.4	14.4	15.4
NH₃	1	0.1						0.2	1.2	3.6	7.1	10.6	12.2	12.7	12.7	12.7	12.7
	0.1	0.1							0.2	1.2	3.6	6.7	8.2	8.6	8.6	8.6	8.6
	0.01	0.1								0.2	1.2	3.3	4.5	4.9	4.9	5.1	5.8
AA	0.01	0.1				0.3	1.2	2.8	4.7	6.7	8.5	9.9	10.3	10.3	10.3	10.3	10.3
$P_2O_7^{4-}$	0.1	1					0.1	1.1	2.8	4.3	5.9	6.8	7.0	7.0	7.0	7.0	7.0
$C_2O_4^{2-}$	0.1	0.5	0.5	1.1	3.1	4.9	6.3	6.9	6.9	6.9	6.9	6.9	6.9	6.9	6.9	6.9	6.9
Tart	0.1	1			0.1	1.0	2.5	3.1	3.2	3.2	3.2	3.2	3.2	3.3	3.8	4.7	5.7
Ac⁻	0.1	1					0.3	0.9	1.1	1.1	1.1	1.3	1.8	2.7	3.7	4.7	5.7
Fe(II)																	
OH⁻		1										0.1	0.6	1.5	2.5	3.5	4.5
DTPA	0.01	0.1				1.6	3.7	5.2	6.8	8.7	10.7	12.6	14.3	15.9	17.0	18.0	19.0
CyDTA	0.01	0.1			0.5	3.4	6.1	8.2	10.0	11.3	12.4	13.4	14.4	15.3	16.0	16.2	16.2
EDTA	0.1	0.5			0.6	2.6	4.6	6.6	8.3	9.7	10.7	11.7	12.5	12.7	12.8	12.8	12.8
	0.01	0.1			0.1	1.8	3.7	5.7	7.5	8.9	10.0	11.0	11.8	12.2	12.3	12.3	12.3
Cit	0.1	0.5					0.5	2.6	4.2	5.5	6.5	7.5	8.5	9.5	10.5	11.5	12.5
NTA	0.1	0.5				0.7	1.7	2.7	3.7	4.7	5.7	6.6	7.4	7.9	8.8	9.8	10.8
	0.01	0.1				0.3	1.0	2.0	3.0	4.0	5.0	5.9	6.7	7.3	8.1	9.1	10.1

续表

金属和配位体①	浓度 c/(mol/L)	I/(mol/kg)	0	1	2	3	4	5	6	7	8	9	10	11	12	13	14
Fe(Ⅱ)																	
Tetren	0.1	0.1							1.0	3.9	6.7	9.0	10.0	10.4	10.4	10.4	10.4
Trien	0.1	0.1							1.3	3.5	5.3	6.5	6.8	6.8	6.8	6.8	6.8
AA	0.01	0.1							0.3	1.1	2.3	3.6	4.0	4.0	4.0	4.1	4.6
Fe(Ⅲ)																	
OH⁻		3				0.4	1.8	3.7	5.7	7.7	9.7	11.7	13.7	15.7	17.7	19.7	21.7
TEA	0.1	0.1											24.2	28.2	32.2	36.2	40.2
EDTA	0.1	0.5	3.8	7.0	10.3	13.0	15.2	17.2	18.9	20.4	22.0	24.0	26.4	28.5	30.6	32.6	34.6
	0.01	0.1	3.1	6.2	9.5	12.3	14.5	16.5	18.3	19.8	21.4	23.3	25.7	28.0	30.1	32.1	34.1
CyDTA	0.01	0.1	3.2	7.2	11.1	14.5	17.2	19.3	21.1	22.4	23.5	24.7	26.3	28.1	29.8	31.0	32.0
DTPA	0.01	0.1	0.6	2.5	6.5	10.5	13.8	16.2	18.2	20.2	22.2	23.9	25.2	26.5	27.6	28.6	29.6
SS	0.1	3	0.1	1.2	3.2	5.8	8.0	10.1	12.5	15.4	18.4	21.4	24.4	27.1	28.9	29.2	29.2
NTA	0.1	0.5	0.4	3.2	5.8	8.2	10.3	12.3	14.3	16.3	18.3	20.1	21.5	21.8	22.4	23.3	24.3
	0.01	0.1	0.1	2.5	5.2	7.1	8.9	10.8	12.8	14.8	16.8	18.6	20.1	20.9	21.8	22.8	23.8
$P_2O_7^{4-}$	0.1		0.4	6.0	10.6	13.8	16.0	18.0	19.4	20.0							
Cit	0.1	0.5		0.3	3.0	6.4	9.5	12.0	13.7	15.0	16.0	17.0	18.0	19.0	20.0	21.0	22.0
$C_2O_4^{2-}$	0.1	0.5	2.5	6.0	9.8	12.5	14.6	15.5	15.5	15.5	15.5	15.5	15.5	15.9	17.7	19.7	21.7
F⁻	0.1	0.5	1.4	3.3	5.7	7.9	8.7	8.9	8.9	8.9	9.8	11.7	13.7	15.7	17.7	19.7	21.7
Ac⁻	0.1	0.1			0.2	1.3	3.5	5.2	6.0	7.7	9.7	11.7	13.7	15.7	17.7	19.7	21.7
SCN⁻	0.1	0.1	2.9	2.9	2.9	2.9	2.9	3.8	5.7	7.7	9.7	11.7	13.7	15.7	17.7	19.7	21.7
Hg(Ⅱ)																	
OH⁻		0.1				0.5	1.9	3.9	5.9	7.9	9.9	11.9	13.9	15.9	17.9	19.9	21.9
CN⁻	0.1	0.1	14.3	16.3	18.3	20.3	22.3	24.3	26.4	29.2	32.8	35.9	37.1	37.5	37.5	37.5	37.5
CyDTA	0.01	0.1	1.5	4.5	7.4	9.9	12.3	14.3	16.1	17.4	18.5	19.5	20.7	21.9	23.6	24.8	25.8
I⁻	0.1	0.5	25.8	25.8	25.8	25.8	25.8	25.8	25.8	25.8	25.8	25.8	25.8	25.8	25.8	25.8	25.8
EDTA	0.1	0.5	2.4	5.4	8.1	10.2	12.1	14.1	15.8	17.2	18.2	19.5	21.0	22.2	23.3	24.3	25.3
	0.01	0.1	1.5	4.5	7.2	9.4	11.2	13.2	15.0	16.4	17.5	18.8	20.3	21.6	22.7	23.7	24.7
DTPA	0.01	0.1	0.4	4.2	7.9	10.9	13.4	15.6	17.7	19.7	21.6	23.2	24.3	24.9	25.0	25.0	25.0
Trien	0.1	0.1	0.6	3.5	6.5	9.4	11.8	14.0	16.3	18.8	21.0	22.8	24.0	24.3	24.3	24.3	24.3
硫脲	0.1	1	22.4	22.4	22.4	22.4	22.4	22.4	22.4	22.4	22.4	22.4	22.4	22.4	22.4	22.4	22.4
EGTA	0.01	0.1	1.0	3.9	6.6	8.8	10.8	12.8	14.8	16.8	18.8	20.4	21.1	12.2	21.2	21.2	22.0
NH₃	1	0.1		0.9	2.7	4.7	6.7	8.7	10.7	12.7	14.9	17.6	19.1	19.4	19.4	20.0	21.9
	0.1	0.1			0.9	2.7	4.7	6.7	8.7	10.7	12.7	14.6	15.7	16.2	17.9	19.9	21.9
	0.01	0.1				0.9	2.7	4.7	6.7	8.7	10.7	12.5	14.0	15.9	17.9	19.9	21.9
Phen	0.01	0.1	5.0	7.0	9.0	11.0	13.0	14.4	15.0	15.0	15.0	15.0	15.0	15.9	17.9	19.9	21.9
SCN⁻	0.1	1.0	16.9	16.9	16.9	16.9	16.9	16.9	16.9	16.9	16.9	16.9	16.9	16.9	17.9	19.9	21.9
In																	
OH⁻		3								0.3	1.0	2.0	3.0	4.0	5.0	6.0	7.0
La																	
OH⁻		3											0.3	1.0	1.9	2.9	3.9
NTA	0.1	0.5				0.5	2.3	4.2	6.1	8.1	10.1	12.1	13.9	15.3	15.5	15.5	15.5
	0.01	0.1				0.2	1.5	2.9	4.6	6.5	8.5	10.5	12.3	13.7	14.1	14.1	14.1
CyDTA⁻	0.01	0.1				1.7	4.2	6.3	8.1	9.4	10.5	11.5	12.5	13.4	14.1	14.3	14.3
EDTA	0.1	0.5				0.8	3.5	5.7	7.7	9.4	10.8	11.8	12.8	13.6	13.8	13.9	13.9

第三篇

续表

金属和配位体[①]	浓度 c/(mol/L)	I/(mol/kg)	0	1	2	3	4	5	6	7	8	9	10	11	12	13	14
La																	
EDTA	0.01	0.1			0.2	2.6	4.8	6.8	8.6	10.0	11.1	12.0	12.9	13.3	13.4	13.4	13.4
AA	0.01	0.1							0.2	1.0	2.5	4.3	4.8	4.8	4.8	4.8	4.8
Mg																	
OH⁻		0.1												0.1	0.5	1.3	2.3
CyDTA	0.01	0.1						0.4	2.1	3.4	4.5	5.5	6.5	7.4	8.1	8.3	8.3
DTPA	0.01	0.1						0.3	1.0	2.3	4.0	5.6	6.6	7.2	7.3	7.3	7.3
EDTA	0.1	0.5						0.7	2.4	3.8	4.9	5.8	6.7	7.1	7.2	7.2	7.2
	0.01	0.1						0.4	1.9	3.3	4.4	5.3	6.2	6.6	6.7	6.7	6.7
甘氨酸	0.1	0.1								0.1	1.0	2.6	3.8	4.1	4.1	4.1	4.1
NTA	0.1	0.5							0.1	0.4	1.2	2.2	3.1	3.8	4.0	4.0	4.0
	0.01	0.1								0.1	0.7	1.6	2.5	3.2	3.4	3.4	3.4
Cit	0.1	0.5					0.2	0.9	1.5	1.8	1.8	1.8	1.8	1.8	1.8	1.9	2.4
Tart	0.1	0.5				0.1	0.3	0.4	0.4	0.4	0.4	0.4	0.4	0.4	0.7	1.3	2.3
Mn(Ⅱ)																	
OH⁻		0.1											0.1	0.5	1.4	2.4	3.4
EDTA	0.1	0.5			0.5	2.4	4.3	6.3	8.0	9.4	10.4	11.4	12.2	12.4	12.4	12.4	12.4
	0.01	0.1			0.1	1.6	3.5	5.4	7.2	8.6	9.7	10.6	11.5	11.9	12.0	12.0	12.0
Tetren	0.1	0.1									1.0	3.6	5.6	6.5	6.6	6.6	6.6
NTA	0.1	0.5						0.1	0.5	1.3	2.3	3.3	4.3	5.2	5.9	6.0	6.0
	0.01	0.1							0.2	0.7	1.6	2.6	3.6	4.5	5.2	5.4	5.4
AA	0.1	0.1									0.3	1.3	2.9	4.2	4.6	4.6	4.6
En	0.1	0.1									0.1	1.0	2.2	2.8	3.1	3.2	3.5
C₂O₄²⁻	0.1	0.5			0.2	0.6	1.8	2.2	2.2	2.2	2.2	2.2	2.2	2.2	2.2	2.6	3.4
Cit	0.1	0.5					0.1	0.7	1.5	2.1	2.4	2.4	2.4	2.4	2.4	2.7	3.4
Ni																	
OH⁻		0.1										0.1	0.7	1.6			
CN⁻	0.1	0.1				2.5	6.5	10.5	14.5	18.5	22.5	25.7	26.9	27.3	27.3	27.3	27.3
Phen	0.01	0.1	3.4	6.3	9.3	12.3	15.3	17.4	18.3	18.3	18.3	18.3	18.3	18.3	18.3	18.3	18.3
DTPA	0.01	0.1			0.1	2.9	5.8	7.9	9.4	10.7	12.7	14.6	16.2	17.3	17.9	18.0	18.0
Trien	0.1	0.1						0.3	2.3	4.9	7.5	10.8	14.2	16.6	17.4	17.4	17.4
EDTA	0.1	0.5	0.1	2.4	5.1	7.1	9.0	10.9	12.6	14.0	15.0	16.0	16.8	17.0	17.1	17.1	17.1
	0.01	0.1			1.5	4.2	6.3	8.1	10.0	11.8	13.2	14.3	15.3	16.1	16.5	16.6	16.6
Tetren	0.1	0.1						0.3	3.8	7.1	10.1	12.9	15.2	16.2	16.6	16.6	16.6
NTA	0.1	0.5				1.4	3.1	4.2	5.2	6.5	8.2	10.2	12.0	13.4	13.6	13.6	13.6
	0.01	0.1				0.7	2.4	3.5	4.5	5.5	6.7	8.3	10.0	11.4	11.8	11.8	11.8
Cit	0.1	0.5				0.2	0.5	1.7	2.9	3.6	4.4	5.3	6.3	7.3	8.3	9.3	11.3
EGTA	0.01	0.1						0.5	1.5	2.5	3.8	5.5	7.5	9.1	9.9	10.0	10.0
TEA	0.1	0.1							0.3	0.9	1.6	2.2	3.0	4.0	5.1	6.7	9.0
AA	0.1	0.1					0.2	0.9	2.3	4.3	6.4	8.4	8.9	8.9	8.9	8.9	8.9
NH₃	1	0.1							0.1	0.6	2.8	6.3	8.3	8.8	8.8	8.8	8.8
	0.1	0.1									0.1	0.6	2.5	3.8	4.5	4.5	4.5
	0.01	0.1											0.1	0.5	1.3	1.8	
SS	0.1	0.1							0.2	0.8	1.8	3.2	5.0	6.8	8.0	8.0	8.0
C₂O₄²⁻	0.1	1			0.2	1.6	3.3	4.9	5.7	5.7	5.7	5.7	5.7	5.7	5.7	5.7	5.7
Ac⁻	0.1	1						0.1	0.2	0.2	0.2	0.2	0.3	0.7	1.6		

续表

金属和配位体[①]	浓度 c/(mol/L)	I/(mol/kg)	pH														
			0	1	2	3	4	5	6	7	8	9	10	11	12	13	14
Pb																	
OH⁻		0.1								0.1	0.5	1.4	2.7	4.7	7.4	10.4	13.4
CyDTA	0.01	0.1		0.1	2.6	5.2	7.6	9.7	11.5	12.8	13.9	14.9	15.9	16.8	17.5	17.7	17.7
TEA	0.1	0.1									3.0	4.5	7.0	10.0	13.9	17.5	
DTPA	0.01	0.1			0.8	3.6	5.8	7.6	9.6	11.6	13.5	15.1	16.2	16.8	16.9	16.9	16.9
EDTA	0.1	0.5		1.4	4.2	6.3	8.2	10.2	12.0	12.4	14.4	15.4	16.2	16.4	16.5	16.5	16.5
	0.01	0.1		0.6	3.3	5.5	7.4	9.4	11.2	12.6	13.7	14.7	15.5	15.9	16.0	16.0	16.0
EGTA	0.01	0.1				0.5	1.8	3.0	4.6	6.5	8.5	10.1	10.9	11.0	11.0	11.1	13.4
NTA	0.1	0.5		0.1	1.9	3.6	4.7	5.7	6.7	7.7	8.7	9.6	10.3	10.4	10.4	10.7	13.4
	0.01	0.1			1.1	3.9	4.0	5.0	6.0	7.0	8.0	8.9	9.6	9.8	9.8	10.5	13.4
Cit	0.1	0.5			1.0	2.6	3.7	4.2	4.2	4.2	4.2	4.5	5.3	6.3	7.7	10.4	13.4
Tart	0.1	0.5			0.2	1.4	2.4	2.8	2.8	2.8	2.8	2.8	3.0	4.7	7.4	10.4	13.4
Ac⁻	0.1	0.5				0.1	0.6	1.2	1.5	1.5	1.5	1.8	2.7	4.7	7.4	10.4	13.4
Sc																	
OH⁻		1					0.1	0.6	2.2	4.2	6.2	8.2	10.2	12.2	14.2	16.2	18.2
Sr																	
OH⁻		0.1														0.1	0.6
DTPA	0.01	0.1							0.6	2.4	4.3	5.9	7.0	7.6	7.7	7.7	7.7
EDTA	0.1	0.5					0.1	1.0	2.6	4.0	5.0	6.0	6.8	7.0	7.1	7.1	7.1
	0.01	0.1						0.3	1.8	3.2	4.3	5.2	6.1	6.5	6.6	6.6	6.6
EGTA	0.01	0.1							0.4	2.1	4.1	5.7	6.4	6.5	6.5	6.5	6.5
NTA	0.1	0.5							0.3	1.0	1.9	2.8	3.5	3.6	3.6	3.6	3.6
	0.01	0.1							0.1	0.4	1.2	2.1	2.8	3.0	3.0	3.0	3.0
Cit	0.1	0.5					0.1	0.9	1.5	1.8	1.8	1.8	1.8	1.8	1.8	1.8	1.8
Tart	0.1	0.5					0.3	0.5	0.5	0.5	0.5	0.5	0.5	0.5	0.5	0.5	0.6
Th																	
OH⁻		1					0.2	0.8	1.7	2.7	3.7	4.7	5.7	6.7	7.7	8.7	9.7
EDTA	0.1	0.5	0.5	4.3	8.0	10.8	13.0	15.0	16.7	18.5	20.2	22.2	24.0	25.2	26.3	27.3	28.3
	0.01	0.1	0.2	3.8	7.5	10.4	12.6	14.6	16.4	18.1	19.9	21.8	23.7	25.1	26.2	27.2	28.2
C₂O₄²⁻	0.1	0.5	0.1	6.5	12.1	15.7	18.5	19.7	19.7	19.7	19.7	19.7	19.7	19.7	19.7	19.7	19.7
AA	0.01	0.1			0.1	0.7	1.9	3.7	6.2	9.9	13.5	16.3	17.1	17.1	17.1	17.1	17.1
F⁻	0.1	0.5	6.0	8.9	11.7	14.1	14.9	15.0	15.0	15.0	15.0	15.0	15.0	15.0	15.0	15.0	15.0
Zn																	
OH⁻		0.1										0.2	2.4	5.4	8.5	11.8	15.5
CyDTA	0.01	0.1			1.6	4.2	6.6	8.7	10.5	11.8	12.9	13.9	14.9	15.8	16.5	16.7	16.7
DTPA	0.01	0.1			1.0	3.8	5.9	7.4	8.9	10.7	12.6	14.2	15.3	15.9	16.0	16.0	16.1
EDTA	0.1	0.5			0.3	2.8	4.9	6.8	8.8	10.5	11.9	12.9	13.9	14.7	14.9	15.0	15.0	15.6
	0.01	0.1			0.1	1.9	4.0	6.0	7.9	9.7	11.1	12.2	13.2	14.0	14.4	14.5	14.5	15.5
Tetren	0.1	0.1						1.6	4.9	7.9	10.7	13.0	14.0	14.4	14.4	14.4	15.5
CN⁻	0.1	0.1							0.1	3.5	7.5	10.7	12.3	12.7	12.7	12.8	15.5
Trien	0.1	0.1						0.6	3.1	5.6	7.8	9.6	10.8	11.1	11.1	11.9	15.5
EGTA	0.01	0.1					0.5	2.4	4.4	6.4	8.4	10.0	10.7	10.8	10.8	11.9	15.5

续表

金属和配位体[①]	浓度 c/(mol/L)	I/(mol/kg)	pH													
			0	1	2	3	4	5	6	7	8	9	10	11	12	13	14
Zn																	
NTA	0.1	0.5			0.7	2.3	3.4	4.4	5.4	6.4	7.4	8.3	9.0	9.1	9.2	11.8	15.5
	0.01	0.1			0.2	1.6	2.7	3.7	4.7	5.7	6.7	7.6	8.3	8.5	8.8	11.8	15.5
Cit	0.1	0.5				0.3	1.4	2.6	3.2	3.5	3.8	4.4	5.4	6.4	8.5	11.8	15.5
NH₃	1	0.1							0.4	3.6	7.1	8.7	9.1	9.2	11.8	15.5
	0.1	0.1								0.4	3.2	4.7	5.6	8.5	11.8	15.5
AA	0.01	0.1						0.2	1.1	2.5	3.8	4.2	5.4	8.5	11.8	15.5
En	0.01	0.1						0.2	0.8	2.3	4.2	5.7	6.3	8.5	11.8	15.5
$C_2O_4^{2-}$	0.1	0.5	0.1	0.6	1.2	2.1	3.4	4.0	4.0	4.0	4.0	4.0	4.0	8.5	11.8	15.5
Tart	0.1	0.5			0.2	1.4	2.4	2.8	2.8	2.8	2.8	2.8	5.4	8.5	11.8	15.5
Ac⁻	0.1	0.1				0.1	0.5	0.6	0.6	0.6	0.6	0.7	2.4	5.4	8.5	11.8	15.5

① En：乙二胺，Cit：柠檬酸盐，AA：丙烯酸，Tart：酒石酸，SS：芝加哥酸（1-氨基-8-萘酚-2,4-二磺酸），Phen：邻二氮菲，TEA：三乙胺，其他缩写请参见表 11-15。

受副反应系数的影响，配合物的稳定常数不能很好地反映其稳定性，而应该用其条件稳定常数来表示：

$$K'_{MY} = \frac{\alpha_{MY}[MY]}{\alpha_M[M]\alpha_Y[Y]} = K_{MY}\frac{\alpha_{MY}}{\alpha_M\alpha_Y}$$

例如，表 11-19 中列出了 EDTA 与金属离子在不同 pH 条件下的条件稳定常数。

表 11-19 金属离子-EDTA 配合物的条件稳定常数（lg$K$）

金属离子 \ pH 值	0	1	2	3	4	5	6	7	8	9	10	11	12	13	14
Ag⁺					0.7	1.7	2.8	3.9	5.0	5.9	6.8	7.1	6.8	5.0	2.2
Al³⁺		0.5	2.9	5.4	7.5	9.6	10.4	8.5	6.6	4.5	2.4				
Ba²⁺				1.3	3.0	4.4	5.5	6.4	7.3	7.7	7.8	7.7	7.3		
Bi³⁺	3.9	9.5	13.6	15.7	16.9	17.9	18.7	19.1	19.1	19.1	19.0	18.4	17.5	16.5	15.5
Ca²⁺				2.2	4.1	5.9	7.3	8.4	9.3	10.2	10.6	10.7	10.4	9.7	
Cd²⁺		0.1	3.7	6.0	7.9	9.9	11.7	13.1	14.2	15.0	15.5	14.4	12.0	8.4	4.5
Co²⁺		0.1	3.6	5.9	7.8	9.7	11.5	12.9	13.9	14.5	14.7	14.0	12.1		
Cu²⁺		2.5	6.0	8.3	10.2	12.2	14.0	15.4	16.3	16.6	16.6	16.1	15.7	15.6	15.6
Fe²⁺		1.4	3.7	5.7	7.7	9.5	10.9	12.0	12.8	13.2	12.7	11.8	10.8	9.8	
Fe³⁺	2.5	7.3	11.4	13.9	14.7	14.8	14.6	14.1	13.7	13.6	14.0	14.3	14.4	14.4	14.4
Hg²⁺	0.9	5.6	9.1	11.1	11.3	11.3	11.1	10.5	9.6	8.8	8.4	7.7	6.8	5.8	4.8
La³⁺			1.6	4.6	6.8	8.8	10.6	12.0	13.1	14.0	14.6	14.3	13.5	12.5	11.5
Mg²⁺				2.1	3.9	5.3	6.4	7.3	8.2	8.5	8.2	7.4			
Mn²⁺			1.3	3.6	5.5	7.4	9.2	10.6	11.7	12.6	13.4	13.4	12.6	11.6	10.6
Ni²⁺		2.5	6.0	8.2	10.1	12.0	13.8	15.2	16.3	17.1	17.4	16.9			
Pb²⁺		1.5	5.1	7.4	9.4	11.4	13.2	14.5	15.2	15.2	14.8	13.9	10.6	7.6	4.6
Sr²⁺				2.0	3.8	5.2	6.3	7.2	8.1	8.5	8.6	8.5	8.0		
Th⁴⁺	2.0	4.9	9.4	12.4	14.5	15.8	16.7	17.4	18.2	19.1	20.0	20.4	20.5	20.5	20.5
Zn²⁺		0.2	3.7	6.0	7.9	9.9	11.7	13.1	14.2	14.9	13.6	11.0	8.0	4.7	1.0

注：$I = 0.1\text{mol/kg}$，$T = 20℃$。

二、配位滴定指示剂

表 11-20 收录的指示剂共 336 种（包括个别无机指示剂），考虑到一种指示剂往往有多种

名称，所以排列顺序按碳、氢等数目的大小为序（钠盐都以其酸式计算氢的数目）。在试剂一栏中，除按有机化合物的系统命名外，还尽可能收集了俗名和商品名称等。

表 11-20　配位滴定指示剂

编号	化学式及名称	结构式	EDTA 直接滴定的主要条件和终点颜色变化
1	KI 碘化钾	KI	Bi^{3+}：pH=1.5～2，硝酸，丙酮，黄→无色或 pH=4～5.5，乙酸-乙酸盐缓冲液，丙酮，黄→无色
2	CH_4N_2S（NH_4SCN） 硫氰酸铵	NH_4SCN	Fe^{3+}：pH=2～3，红→无色； Co^{3+}：pH=7～8，35%丙酮，蓝→无色 Th^{4+}：pH=2～3，60℃，红→无色
3	CH_4N_2S 硫脲	$S=C\begin{smallmatrix}NH_2\\NH_2\end{smallmatrix}$	Bi^{3+}：pH=1.5～2，黄→无色
4	$C_2H_4O_2S$ 巯基乙酸	$HSCH_2COOH$	Cu^{2+}：pH=5～9，紫→蓝 Re^{3+}：pH=5.9，铜-巯基乙酸作指示剂，紫→蓝
5	$C_4H_3N_3O_4$ 5-羟基亚胺巴妥酸；紫脲酸	(结构式)	Cu^{2+}：pH=5～8，乙酸-乙酸盐缓冲液，橙→紫
6	$C_4H_4N_4O_3$ 6-氨基-5-亚硝基尿嘧啶；4-氨基-2,6-二羟基-5-亚硝基嘧啶	(结构式)	Fe^{2+}：pH=5.5～7.0，蓝→无色
7	C_5H_5NOS 2-巯基-3-羟基吡啶	(结构式)	Fe^{3+}：pH=1.5～4.5，紫→蓝或绿
8	$C_5H_5NO_2$ 2,3-二羟基吡啶	(结构式)	Fe^{3+}：pH=2～4.5，紫红→黄
9	$C_5H_8O_2$ 乙酰丙酮	$CH_3CCH_2CCH_3$	Fe^{3+}：pH=1.8～3，乙酸-乙酸盐缓冲液，微热，淡红紫→无色
10	$C_6H_2O_6$ 玫棕酸（钠盐）；5,6-二羟基-5-环己烯-1,2,3,4-四酮（二钠盐）；玫瑰红酸钠	(结构式)	Ba^{2+}，Sr^{2+}：pH=9.5，氨缓冲液，加碱性蓝使变色敏锐，蓝紫→黄
11	$C_6H_5NO_2$ 邻亚硝基苯酚	(结构式)	Cu^{2+}：pH=4～7，乙酸-乙酸盐缓冲液，黄→淡绿 Ni^{2+}：pH=4～7，乙酸-乙酸盐缓冲液，红→淡绿
12	$C_6H_6N_2O$ α-吡啶甲醛肟	(结构式)	Fe^{2+}：pH=5，50～70℃，微黄绿→粉红
13	$C_6H_6O_4$ 5-羟基-2-羟甲基-4-吡喃酮；曲酸	(结构式)	Fe^{3+}：pH=2，氯乙酸，加亚甲基蓝使变色敏锐，红→绿
14	$C_6H_6O_8S_2$ 邻苯二酚-3,5-二磺酸（二钠盐）；钛铁试剂	(结构式)	Fe^{3+}：pH=2～3，乙酸-乙酸盐缓冲液，微热，蓝绿→黄或无色
15	$C_6H_{10}O_3$ 乙酰乙酸乙酯	$CH_3CCH_2COOCH_2CH_3$	Fe^{3+}：pH=1.1～2.1，淡红紫→亮黄消失或无色

编号	化学式及名称	结构式	EDTA 直接滴定的主要条件和终点颜色变化
16	$C_6H_{12}N_2O_2S_2$ N,N'-双(2-羟基乙基)二硫代草酰胺；HEDO	S=CNHCH$_2$CH$_2$OH S=CNHCH$_2$CH$_2$OH	Cu^{2+}：pH<2，75%丙酮，绿→蓝 Ni^{2+}，Ni^{2+}+Cu^{2+}：氨缓冲液，深红→亮紫
17	$C_7H_4N_2O_7$ 3,5-二硝基水杨酸		Fe^{3+}：pH=1.8～3.0，红→无色
18	$C_7H_5NO_4$ 亚硝基水杨酸		Cu^{2+}：pH=4～5，乙酸-乙酸盐缓冲液，加热，冷却，酒红或橙红→蓝绿 Ni^{2+}：pH=5～5.3，乙酸-乙酸盐缓冲液，加热，冷却，橙红→绿黄
19	$C_7H_5NO_7S$ 亚硝基-5-磺基水杨酸		Cu^{2+}：pH=4～5，乙酸-乙酸盐缓冲液，加热，冷却，酒红或橙红→蓝绿 Ni^{2+}：pH=5～5.3，乙酸-乙酸盐缓冲液，加热，冷却，橙红→黄
20	$C_7H_6O_2$ 环庚三烯酚酮；草酚酮		Co^{2+}：pH=5.0～8.5，氯仿萃取，配合物黄色（萃取指示剂）
21	$C_7H_6O_2$ 水杨醛		Fe^{3+}：pH=0.8～4.0，紫→黄
22	$C_7H_6O_2S$ 2-巯基苯甲酸；MBA		Fe^{3+}：pH=6.4～7.4，蓝→亮黄
23	$C_7H_6O_3$ 水杨酸；柳酸		Fe^{3+}：pH=1.8～3，乙酸-乙酸盐缓冲液，微热，红→无色或黄 Ti^{4+}：pH=2～3，乙酸-乙酸盐缓冲液，H_2O_2，Fe^{3+}，紫→无色
24	$C_7H_6O_5$ 2,3,4-三羟基苯甲酸		Ca^{2+}：pH=12，紫→黄
25	$C_7H_6O_5$ 2,4,6-三羟基苯甲酸		Fe^{3+}：pH=2～3，红→无色
26	$C_7H_6O_6S$ 磺基水杨酸		Fe^{3+}：pH=1.5～3，乙酸-乙酸盐缓冲液，微热，红紫→无色 Tl^{3+}：pH=2.6，加 Fe^{3+}，紫蓝→无色
27	$C_7H_7NO_2$ 水杨醛肟		Fe^{3+}：pH=0.8～4.0，紫→黄
28	$C_7H_7NO_2$ 水杨酰胺；邻羟基苯甲酰胺		Fe^{3+}：pH=0.8～4.0，紫→亮黄

续表

编号	化学式及名称	结构式	EDTA 直接滴定的主要条件和终点颜色变化
29	C$_7$H$_7$NO$_3$ β-间二羟基苯甲酰胺		Fe^{3+}：pH=0.8～4.0，紫→亮黄
30	C$_7$H$_9$NO 邻茴香胺；邻氨基苯甲醚；邻甲氧基苯胺		Hg^{2+}：pH=4，红橙→无色
31	C$_7$H$_9$NO 对茴香胺；对氨基苯甲醚；对甲氧基苯胺		Fe^{3+}：pH=1.4，紫→黄
32	C$_8$H$_5$N$_5$O$_6$ 红紫酸		见红紫酸铵 C$_8$H$_8$N$_6$O$_6$
33	C$_8$H$_8$N$_3$O$_2$ 5-氨基-2,3-二氢-1,4-酞嗪二酮；鲁米诺		Cu^{2+}：氨性介质，→荧光消失
34	C$_8$H$_8$O$_3$ 邻甲基水杨酸；2-羟基-3-甲基苯甲酸		Fe^{3+}：pH=2～4.2，35～55℃，蓝紫→无色或淡黄
35	C$_8$H$_8$O$_3$ 2-羟基-5-甲基苯甲酸；对甲基水杨酸		Fe^{3+}：pH=1.4～4.4，30～60℃，蓝紫→无色或黄
36	C$_8$H$_8$O$_4$S$_2$ 4-(巯基乙酰基)苯磺酸（钠盐）	HSCH$_2$CO—⬡—SO$_3$H	Ni^{2+}：pH=5.8～7.7
37	C$_8$H$_8$N$_4$O$_5$ 1-(2,4-二硝基苯)-2-乙酰肼；乙酸-2,4-二硝基苯酰肼	O$_2$N—⬡—NHNHCOCH$_3$ NO$_2$	Cu$^+$，Cu^{2+}：弱碱性
38	C$_8$H$_8$N$_6$O$_6$ 红紫酸铵；氨基紫色酸；骨螺紫		Ca^{2+}：pH=12，氢氧化钠，红→紫 Cu^{2+}：pH=4，乙酸盐，橙→红或pH=7～8，氨，黄→紫 Co^{2+}：pH=8～10，氨，黄→紫 Mn^{2+}：pH=10，氨，橙→红 Ni^{2+}：pH=8.5～11.5，氨，黄→紫 Sc^{3+}：pH=2.6，盐酸，黄→紫 Th^{4+}：pH=2.5，黄→粉红 Zn^{2+}：pH=8～9，氨，粉红→紫或pH>11.5，一乙醇胺，粉红→紫
39	C$_8$H$_9$N$_3$O$_2$ 水杨醛缩氨基脲		Fe^{3+}：pH=5，深绿→黄
40	C$_8$H$_{14}$N$_4$S$_2$ 1,6-二烯丙基-2,5-二硫代联二脲	NHCSNHCH$_2$CH=CH$_2$ NHCSNHCH$_2$CH=CH$_2$	Bi^{3+}：pH=1.5～2，硝酸，33%丙酮，橙→无色

续表

编号	化学式及名称	结构式	EDTA 直接滴定的主要条件和终点颜色变化
41	$C_9H_5NO_4$ 4-羟基-3-亚硝基苯并邻吡喃酮		Fe^{3+}：pH=2
42	$C_9H_5N_3OSCl_2$ 2,4-二氯-6-(2-噻唑偶氮)苯酚		Hg^{2+}：pH=3.8~5，紫→橙
43	$C_9H_6INO_4S$ 8-羟基-7-碘-5-磺酸喹啉；高铁试剂		Fe^{3+}：pH=2~3，绿→无色或黄→绿 V^{4+}：pH=4.5~5.5，微黄绿
44	$C_9H_6ClN_3OS$ 4-氯-2-(2-噻唑偶氮)苯酚		Hg^{2+}：pH=6.7~8.7，深蓝→紫微橙
45	C_9H_7NO 8-羟基喹啉		Cd^{2+}：pH=8.5~10，35%~70% 1,4-二氧六环或乙醇 Fe^{3+}：pH=2~4，35%~70% 1,4-二氧六环或乙醇，暗绿→黄或无色 Ga^{3+}：pH=2.5~3.5，$NH_2OH \cdot HCl$，→紫外荧光消失
46	$C_9H_7NO_4S$ 8-羟基喹啉-5-磺酸（钠盐）		Zn^{2+}：pH=9~10，→金黄紫外荧光出现
47	$C_9H_7N_3O_2S$ 4-(2-噻唑偶氮)间苯二酚；TAR		Cu^{2+}：pH=4~7，乙酸-乙酸盐或吡啶缓冲液，红→黄 Co^{2+}，Ni^{2+}：pH=4~7，乙酸-乙酸盐或吡啶缓冲液，红→黄 Pb^{2+}，Zn^{2+}，Cd^{2+}：吡啶缓冲液，粉红→黄 Re^{3+}，Tl^{3+}，pH=1.2~5.5，红→黄
48	$C_9H_9NO_2$ 肉桂羟肟酸		Fe^{3+}：pH=1~1.4，盐酸，40~50℃，紫→亮黄
49	$C_9H_{10}N_2O_2$ 水杨醛乙酰腙；水杨亚乙基酰肼		Zn^{2+}：pH=5.1，乙酸盐缓冲液，→蓝紫外荧光消失
50	$C_{10}H_6N_2O_8$ α-萘酚黄；2,4-二硝基-7-磺基-萘酚（二钠盐）		Ca^{2+}：pH>12，与酸性铬暗绿 $C_{16}H_{12}N_4O_{10}S_2$ 混合使用，橙褐→绿
51	$C_{10}H_6N_2O_{10}S_2$ 2,7-二亚硝基变色酸		Th^{4+}：pH=2.2~3.5，乙酸-乙酸盐缓冲液，紫蓝→红 Cu^{2+}：pH=5.8~6.4，乙酸-乙酸盐缓冲液，紫→无色
52	$C_{10}H_7NO_2$ 1-亚硝基-2-萘酚		Cu^{2+}：pH=4~7，黄→淡绿

编号	化学式及名称	结构式	EDTA 直接滴定的主要条件和终点颜色变化
53	$C_{10}H_7NO_2$ 2-亚硝基-1-萘酚		Cu^{2+}：pH=4～7，黄→淡绿
54	$C_{10}H_7NO_8S_2$ 亚硝基 R 盐；1-亚硝基-2-萘酚-3,6-二磺酸（二钠盐）		Cu^{2+}：pH=4～7，黄→淡绿 Ni^{2+}：pH=5～5.3，乙酸-乙酸盐缓冲液，黄→淡绿
55	$C_{10}H_7NO_9S_2$ 2-亚硝基变色酸；MNCA		Cu^{2+}：pH=7～8，氨，紫→橙 或 pH=5.8～6.4，乙酸-乙酸盐缓冲液，紫→绿或黄
56	$C_{10}H_7ClN_4O_7S$ 荧光镁试剂		Mg^{2+}：pH=10～10.2，→荧光出现
57	$C_{10}H_8O_2$ 2,3-二羟基萘		Fe^{3+}：pH=4.8～5.7，紫→无色
58	$C_{10}H_9NO_7S_2$ 2R 酸；7-氨基-1-羟基-3,6-二磺酸萘		Os：pH=11，25～30℃，深红→黄
59	$C_{10}H_9N_3OS$ 2-(2-噻唑偶氮)-4-甲酚；TAC		Hg^{2+}：pH=7～8.3，蓝→黄或红 Cu^{2+}：pH=4～7，乙酸-乙酸盐或吡啶缓冲液，蓝绿→黄；或 pH=12，淡紫→淡黄 Co^{2+}：pH=4～7，乙酸-乙酸盐或吡啶缓冲液，烟色→黄 Ni^{2+}：pH=4～7，乙酸-乙酸盐或吡啶缓冲液，蓝绿→黄
60	$C_{10}H_9N_3O_2S$ 5-甲基-4-(2-噻唑偶氮)间苯二酚；TAO		Cu^{2+}：pH=4～7，乙酸-乙酸盐或吡啶缓冲液，红→黄 Co^{2+}，Ni^{2+}：同 Cu^{2+} Zn^{2+}：pH=6，吡啶缓冲液，烟色→黄 Pb^{2+}：条件同 Zn^{2+}，蓝绿→黄
61	$C_{10}H_9N_3O_2S$ 5-甲氧基-2-(2-噻唑偶氮)苯酚；TAMR		Cu^{2+}：pH=6.0，红→亮黄 Co^{2+}：pH=6.0，60～70℃，红→黄 Ni^{2+}：pH=6.0，50～60℃，红→黄 Bi^{3+}，Ti^{3+}：pH=1.5～2.0，绿→黄橙 Pb^{2+}，Cd^{2+}，Zn^{2+}，Hg^{2+}：pH=6.0，蓝绿→黄或黄橙
62	$C_{10}H_9N_3O_2S$ 4-甲氧基-2-(2-噻唑偶氮)苯酚		Hg^{2+}，Pb^{2+}，Cd^{2+}，Zn^{2+}：pH=6.0，蓝绿→黄或黄橙 Cu^{2+}，In^{3+}：pH=4.5，蓝绿→黄 Co^{2+}：pH=6.0，60～70℃，蓝紫→淡黄橙 Ni^{2+}：pH=6.0，50～60℃，蓝紫→淡黄橙 Bi^{3+}，Ti^{3+}：pH=1.5～2.0，绿→黄橙
63	$C_{10}H_{10}N_4O$ 2-(2-咪唑偶氮)-4-甲酚		Ni^{2+}：pH=5～8，红紫→黄 Cu^{2+}：pH=4～7，蓝紫→黄

编号	化学式及名称	结构式	EDTA 直接滴定的主要条件和终点颜色变化
64	$C_{10}H_{11}NO_3$ 苯丙酰羟肟酸		Fe^{3+}：pH<1.6，紫→淡黄
65	$C_{11}H_8O_3$ 3-羟基-2-萘甲酸（钠盐）； 3-HNA-2		Fe^{3+}：pH=2～4.4，蓝→黄
66	$C_{11}H_8O_3$ 1-羟基-2-萘甲酸；1-HNA-2		Fe^{3+}：pH=2～3，蓝→黄
67	$C_{11}H_8ClN_3O_5S$ 4-(2,3-二羟基-5-氯-4-偶氮吡啶)苯磺酸		Zn^{2+}：pH=3.5～6.0，乙酸-乙酸盐缓冲液，紫→黄 Cd^{2+}：pH=6.5～10，氨缓冲液，红→黄 Hg^{2+}：pH=6.5～10，氨缓冲液，紫→橙
68	$C_{11}H_9N_3O_2$ 4-(2-吡啶偶氮)间苯二酚； PAR		Bi^{3+}：pH=1～2，硝酸，红→黄 Cd^{2+}：pH=8～11，六亚甲基四胺，氨缓冲液，红→黄 Cu^{2+}：pH=5～11，六亚甲基四胺，氨缓冲液，红→黄或绿 Hg^{2+}：pH=3～6，六亚甲基四胺，红→黄 In^{3+}：pH=2.5，乙酸，热，红→黄 Mn^{2+}：pH=9，氨缓冲液，抗坏血酸，红→黄 Ni^{2+}：pH=5，乙酸-乙酸盐缓冲液，热，红→黄 Pb^{2+}：pH=5～9，六亚甲基四胺，氨缓冲液，红→黄 Re^{3+}：pH=6，六亚甲基四胺，红→黄 Th^{4+}：pH=2.3～2.8，红→黄
69	$C_{11}H_9N_3O_5S$ 4-(2,3-二羟基吡啶偶氮)苯磺酸		Zn^{2+}：pH=8.0～10.5，氨缓冲液，红→黄 Cd^{2+}：pH=8.0～10.5，氨缓冲液，红→黄 Hg^{2+}：pH=8.0～10.0，氨缓冲液，紫→橙
70	$C_{11}H_{10}N_4O_4$ 4-(2-氨基-3-羟基-4-吡啶偶氮)苯磺酸		Zn^{2+}，Cd^{2+}：pH=8～10，氨缓冲液，红→黄 Hg^{2+}：同上条件，粉红→橙
71	$C_{11}H_{10}ClN_5$ 4-[(5-氯-2-吡啶)偶氮]-1,3-二氨基苯；5-Cl-PADAB		Cu：pH=5.0，红→黄（Cu 多时，由紫红→黄绿）；优于 PAN
72	$C_{11}H_{11}N_3O_2S$ 4-甲氧基-2-(4-甲基-2-噻唑偶氮)苯酚；MTAHA		Cu^{2+}：pH=5～7，绿→紫 Zn^{2+}：pH=9，蓝→紫
73	$C_{11}H_{12}N_4O$ 2-(4,5-二甲基-2-咪唑偶氮)苯酚；2-MiAP		Ni^{2+}：pH=5～8，红紫→黄 Cu^{2+}：pH=4～7，蓝紫→黄

续表

编号	化学式及名称	结构式	EDTA 直接滴定的主要条件和终点颜色变化
74	$C_{11}H_{12}N_4OS$ 5-二甲基氨基-2-(2-噻唑偶氮)苯酚；TAM		Co^{2+}，Cu^{2+}，Ni^{2+}：pH=4～7，乙酸盐及吡啶缓冲液，红紫→粉红 Zn^{2+}：pH=6.0，吡啶缓冲液，烟色→黄 Pb^{2+}：pH=6，吡啶缓冲液，蓝绿→黄
75	$C_{12}H_7NO_6$ 1,7,9-三羟基-3H-吩噁嗪-3-酮；phlorein		Bi^{3+}：pH=2～3，玫瑰红→黄 Pb^{2+}：pH=4～5，红紫→深黄 Th^{4+}：pH=2.5～3，玫瑰→黄 In^{3+}：pH=3～4，红→黄 Re^{3+}：pH=5.5，红紫→橙
76	$C_{12}H_9ClN_2O_6S$ 荧光镓试剂；5-氯-3-(2,4-二羟基苯偶氮)-2-萘氢苯磺酸		Ca^{2+}：pH=12，→黄绿色荧光消失 Ni^{2+}：pH=4，乙酸-乙酸盐缓冲液，热溶液，粉红→黄
77	$C_{12}H_9N_3O_4$ 4-(4-硝基苯偶氮)-2-羟基苯酚；DHNAB		Bi^{3+}：0.1mol/L 硝酸，红→黄 Cu^{2+}：pH=13，红→蓝 Th^{4+}：硝酸，红→黄 Zr^{4+}：1.5～2.2mol/L 盐酸，加热，红→黄
78	$C_{12}H_{10}N_2O_2$ l-(2-羟基苯偶氮)-2-羟基苯；DHAB		Mg^{2+}：pH=10，黄→紫
79	$C_{12}H_{10}N_2O_3$ 4-(2-羟基苯偶氮)间苯二酚；HBR		Ca^{2+}，Mg^{2+}：pH=10，氨缓冲液，黄→红
80	$C_{12}H_{10}N_2O_5S$ 4-(3,4-二羟基苯偶氮)苯磺酸；DHSAB；SAB		Th^{4+}：硝酸，红→黄 Bi^{3+}：0.1mol/L 硝酸，红→黄
81	$C_{12}H_{10}N_2O_{10}S_2$ 4-(2,3,4-三羟基苯偶氮)-2,6-二磺酸苯酚；铬红棕 5RD		Th^{4+}：pH=2.5～3.5，乙酸盐缓冲液，酒红→黄
82	$C_{12}H_{10}ClN_3S$ 7-氨基-3-亚氨基-3H-吩噻嗪（盐酸盐）；劳氏紫；硫堇		Al^{3+}，Fe^{3+}，Te^{2+}，Hg^{2+}，Pb^{2+}：pH=4.6，乙酸-乙酸盐缓冲液，氮气氛，用钨丝灯照射，→颜色消失
83	$C_{12}H_{11}N_3O$ 2-(2-吡啶偶氮)-4-甲酚；PAC		Pb^{2+}：pH=3～4，蓝→黄 Bi^{3+}：pH=1.0～2.5，紫→黄 Cd^{2+}：pH=6.5～9，紫→橙 Hg^{2+}：pH=3～3.5，蓝灰→黄 In^{3+}：pH=3.5～5.0，紫→黄 Mn^{2+}：pH=5.5～8.5，蓝→黄 Ni^{2+}：pH=4.5～6.5，70℃，紫→黄 Sc^{3+}：pH=2.5～5.0，蓝→黄 Zn^{2+}：pH=6.5～9.0，紫→橙
84	$C_{12}H_{11}N_3O_2$ 5-甲基-4-(2-吡啶偶氮)间苯二酚；PAO		Cu^{2+}：pH=2.7，一氯乙酸缓冲液，红→黄
85	$C_{12}H_{11}N_3O_2$ 4-(6-甲基-2-吡啶偶氮)间苯二酚		Tl^{3+}：pH=1～2.3，红→黄 Bi^{3+}：pH=1.5～2.5，红→黄

编号	化学式及名称	结构式	EDTA 直接滴定的主要条件和终点颜色变化
86	$C_{12}H_{11}N_3O_4S$ 3-羟基-3-苯基-1-(苯基-4-磺基)三氮烯；HSPPT		Fe^{3+}：pH=0.5～2.5，微蓝黑→亮柠檬黄
87	$C_{12}H_{11}Br_2N_5$ 5-[(3,5-二溴-2-吡啶)偶氮]-2,4-二氨基甲苯；5-Br_2-PADAT		Co^{2+}、Ni^{2+}、Fe^{2+}、Cu^{2+}：形成紫红色配合物，紫红→黄，对 Pd^{2+} 有封闭现象
88	$C_{12}H_{12}BrN_5$ 5-[5-溴-2-吡啶偶氮]-2,4-二氨基甲苯；5-Br-PADAT		Cu^{2+}：pH=3～5.6，紫红→黄 Ni^{2+}：pH=4.0～5.5，紫红→浅黄 Bi^{3+}：pH=1.5～2.0，紫红→金黄
89	$C_{12}H_{12}N_4$ 邻,邻'-二氨基偶氮苯；DAAD		Cu^{2+}：pH=4.5，紫红→黄绿
90	$C_{12}H_{12}N_4O_2S$ 2-(2-噻唑偶氮)-5-二甲氨基苯甲酸；TAMB		Cu^{2+}：pH=4.0～6.0，蓝→浅红
91	$C_{12}H_{13}N_3O_2S$ 4-(4,5-二甲基-2-噻唑偶氮)-2-甲基-5-羟基苯酚		Bi^{3+}：pH=2.1，紫→粉红 Pb^{2+}：pH=6.5 或 9，紫→粉红 Zn^{2+}：pH=6.5 或 9，紫→粉红
92	$C_{12}H_{14}N_4O$ 2-(4,5-二甲基-2-咪唑偶氮)-4-甲基苯酚		Cu^{2+}：pH=4.7，蓝紫→黄 Ni^{2+}：pH=5～8，红紫→黄
93	$C_{12}H_{16}N_2O_6$ 2,5-双(2-羟乙基氨基)-4-羧基苯甲酸		Hg^{2+}：pH=5.5，粉红→黄
94	$C_{13}H_9N_3OS$ 1-(2-噻唑偶氮)-2-萘酚；TAN		Cu^{2+}：pH=4～7，乙酸-乙酸盐或吡啶缓冲液，蓝→黄 Co^{2+}、Ni^{2+}：同 Cu^{2+} 条件，蓝紫→黄 In^{3+}：pH=3～8，红→黄 Bi^{3+}：pH=3，蓝紫→黄 Pb^{2+}：pH=7，吡啶缓冲液，蓝紫→黄 Zn^{2+}：同 Pb^{2+} 条件，粉红→黄
95	$C_{13}H_9N_3OS$ 2-(2-噻唑偶氮)-1-萘酚		Bi^{3+}、Tl^{3+}：pH=1.8～2.8，紫→橙 Cu^{2+}：pH=2.7～3.0，紫→橙
96	$C_{13}H_9N_3O_2S$ 1-(2-噻唑偶氮)-2,7-二羟基萘；2,7-TADN		Cu^{2+}：近中性，加入 1ml 冰乙酸，终点由红色→橙色（Cu 量多时，变成黄绿色） Zn^{2+}：pH=5～7，红→黄橙
97	$C_{13}H_9N_3O_4S_2$ 1-(2-噻唑偶氮)-6-磺基-2-萘酚（钠盐）；TAN-6S		Cu^{2+}：pH=4～7，乙酸-乙酸盐或吡啶缓冲液，蓝→绿或黄 Co^{2+}、Ni^{2+}：同 Cu^{2+} 条件，紫蓝→黄 Pb^{2+}：pH=7，吡啶缓冲液，蓝紫→黄 Zn^{2+}：同 Pb^{2+} 条件，红紫→黄

编号	化学式及名称	结构式	EDTA 直接滴定的主要条件和终点颜色变化
98	$C_{13}H_9N_3O_7S_3$ 3-羟基-4-(2-噻唑偶氮)-2,7-二磺酸萘；TAN-2；7S		Ga^{3+}，Tl^{3+}：pH=3.5，紫→黄 In^{3+}：pH=3.5，红→橙黄 Cd^{2+}，Co^{2+}，Cu^{2+}，Pb^{2+}，Ni^{2+}：pH=6，乙酸-乙酸盐缓冲液，紫→黄
99	$C_{13}H_9N_3O_8S_3$ 4,5-二羟基-3-(2-噻唑偶氮)-2,7-二磺酸萘；TACA		Cu^{2+}：pH=5～7，蓝→紫 Th^{4+}：pH=2.5～3，蓝紫→淡红紫 Zr^{4+}：pH=1.5～2.5，蓝紫→淡红紫
100	$C_{13}H_{11}NO_2$ 钽试剂；N-苯甲酰基-N-苯胺；N-苯甲酰-N-苯基羟胺		Fe^{3+}：pH=1～1.5，盐酸，50～60℃，红紫→柠檬黄 Cu^{2+}：pH=4.2～5.4，微绿黄→蓝 V^{4+}：pH=2.5～4.5，乙酸盐，50%乙醇，微红→蓝
101	$C_{13}H_{11}NO_2$ 2-(2-羟基苯亚甲基氨基)苯酚		Al^{3+}：pH=5.8～6.4，→荧光出现 Mg^{2+}：pH=10～10.2，→荧光出现 Ca^{2+}：pH=12，→荧光出现
102	$C_{13}H_{11}NO_5S$ N-(4-磺基苯)苯酰羟胺酸		Fe^{3+}：pH=1～1.5，红紫→无色或黄
103	$C_{13}H_{11}N_3O_6S$ 2-(3-羟基-3-苯基三氮烯基)-5-磺基苯甲酸		Fe^{3+}：pH=1～2.5，蓝→粉红
104	$C_{13}H_{11}N_4O_4ClS$ 1-(2-咪唑偶氮)-2-萘酚-4-磺酸		Cu^{2+}：pH=3～8，紫红→黄绿 Zn^{2+}：pH=5～8，红→亮黄 Pb^{2+}：pH=5～6，粉红→亮黄 Cd^{2+}：pH=5～8，红→黄 Hg^{2+}：pH=5～6，粉红→亮黄
105	$C_{13}H_{12}ClN_3O$ 变胺蓝 B 盐酸盐；凡拉明蓝；标准重氮色基蓝 B		Fe^{3+}：pH=2～4，蓝紫→黄 V^{5+}：pH=1.7～2.0，硫酸，蓝→无色
106	$C_{13}H_{12}N_4S$ 二硫腙；二苯基硫代卡巴腙		Bi^{3+}：pH=2.5～5，20%吡啶，红→绿 Cd^{2+}：pH=4～5，20%吡啶，红→淡绿黄 In^{3+}：pH=4.5，60%乙醇，红→绿 Ni^{2+}：pH=5，20%吡啶，红→黄绿 Pb^{2+}：pH=3.5～6.4，20%吡啶，红→黄 Zn^{2+}：pH=6～7，20%吡啶，红→黄
107	$C_{13}H_{12}N_4O$ 二苯基卡巴腙；二苯基代偶氮羰酰肼		Cd^{2+}，Ni^{2+}，Pb^{2+}，VO^{2+}：pH=4.5～6.5，乙酸-乙酸盐缓冲液，红→无色 Ga^{3+}：pH=4.5～5，乙酸-乙酸盐缓冲液，红→无色 Hg^{2+}：pH=1，KCl-HCl，蓝紫→无色，或 pH=5～6，六亚甲基四胺，紫→无色 Mn^{2+}：pH=6，加亚甲基蓝使变色敏锐，紫→绿
108	$C_{13}H_{12}N_4O_4S$ 4-[2-(苯偶氮甲酰基)肼]苯磺基		Cu^{2+}，Ni^{2+}，Pb^{2+}，Zn^{2+}：红或红紫→蓝绿或黄

第三篇

编号	化学式及名称	结构式	EDTA 直接滴定的主要条件和终点颜色变化
109	$C_{13}H_{14}N_2O$ 变胺蓝；4-氨基-4'-甲氧基二苯胺	CH_3O —〇— NH —〇— NH_2	Cd^{2+}，Zn^{2+}：pH=5，乙酸盐，Fe^{2+}/Fe^{3+}，紫→无色 Cu^{2+}：pH=5.5，乙酸盐，NH_4SCN，紫→亮蓝 Fe^{3+}：pH=1.7～3，一氯乙酸，紫蓝→黄 Pb^{2+}：pH=2～5，乙酸盐，紫→无色 V^{5+}：pH=1.7～2，硫酸，蓝→无色
110	$C_{13}H_{14}N_4$ 2-(4-二甲氨基苯偶氮)吡啶		Cu^{2+}：pH=5.8，乙酸-乙酸盐缓冲液，粉红→橙
111	$C_{13}H_{14}N_4O$ 5-(2-吡啶偶氮)-2-甲基氨基-4-甲基苯酚；PAMAC		In^{3+}：pH=4，乙醇，红紫→黄 Zn^{2+}：pH=10，乙醇，红紫→黄
112	$C_{13}H_{14}N_4O$ 二苯氨基脲；二苯基羰基二肼；二苯卡巴肼		Zn^{2+}：pH=2～3，淡红→淡黄 Pb^{2+}：pH=4.5～6.5，乙酸-乙酸盐缓冲液，红→无色 Hg^{2+}：pH=1，盐酸，蓝紫→无色，或 pH=5～6，六亚甲基四胺，紫→无色 V^{5+}：pH=4.5～5.5，乙酸-乙酸盐缓冲液，紫→无色
113	$C_{14}H_8O_4$ 茜素；1,2-二羟基蒽醌		Th^{4+}：pH=2.8，红→黄
114	$C_{14}H_8O_7S$ 醌茜磺酸；1,4-二羟基蒽醌-3-磺酸		Th^{4+}：pH=2～3.4，硝酸，粉红→黄或无色
115	$C_{14}H_8O_7S$ 茜素 S；茜素红 S；茜素磺酸钠；1,2-二羟基蒽醌-3-磺酸（钠盐）；ARS		Re^{3+}：pH=4～4.5，乙酸盐，加热，红→黄 Sc^{3+}：pH=2，加热，加咐哚红使变色敏锐，红→绿 Th^{4+}：pH=4.5～6.5，乙酸盐，粉红→黄，或 pH=1.5～3.8，硝酸，红→黄 Y^{3+}：pH=5，玫瑰→黄
116	$C_{14}H_9N_3O_3S$ 3-羟基-4-(2-噻唑偶氮)-2-萘甲酸；TAHN		Cu^{2+}：pH=3～8，蓝紫→黄 Ni^{2+}：pH=5.5～9，蓝紫→黄 Tl^{3+}：pH=2～3，蓝紫→黄
117	$C_{14}H_{10}N_4O$ 8-羟基-7-(2-吡啶偶氮)喹啉；PAHQ		Cu^{2+}：pH=2.8，紫→黄 Tl^{3+}：pH=1.8～2，紫→黄
118	$C_{14}H_{11}N_3O_2S$ 4-(2-苯并噻唑偶氮)-2-甲基-5-羟基苯酚；BTAMR		Cu^{2+}：pH=5 或 9 Pb^{2+}，Zn^{2+}：pH=6.5 或 9 Hg^{2+}：pH=6.5
119	$C_{14}H_{11}N_3O_3SBr$ 4-(6'-溴苯并噻唑偶氮)-3-羟基苯甲酸；Br-BTAHA		Cu^{2+}：pH=5.05，蓝→黄绿 Co^{2+}：pH=6.8，蓝→橙 Ni^{2+}：pH=6.4，蓝→黄橙

续表

第三篇

编号	化学式及名称	结构式	EDTA 直接滴定的主要条件和终点颜色变化
120	$C_{14}H_{12}N_2O_2$ 乙二醛-双(2-羟基缩苯胺); 双(2-羟基苯亚氨基)乙烷	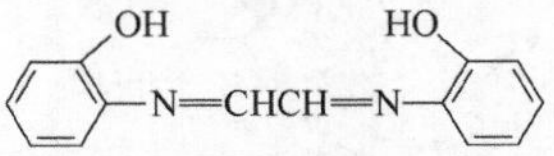	Ca^{2+}：pH=13，氢氧化钠，10%乙醇，红→黄 Cd^{2+}：pH=11，氨，红紫→黄
121	$C_{14}H_{12}N_2O_3$ 2-(2-羟基-5-甲苯基偶氮)苯甲酸（钠盐）；铬枣红 B	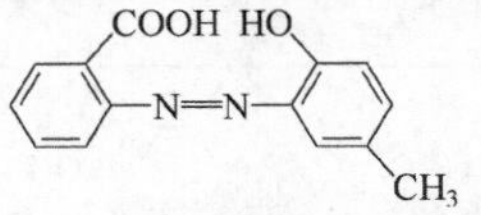	Mg^{2+}，Zn^{2+}：pH=10，氨缓冲液，黄→紫
122	$C_{14}H_{13}NO_8S$ (2-羟基-4-磺基-1-萘基)亚氨基二乙酸	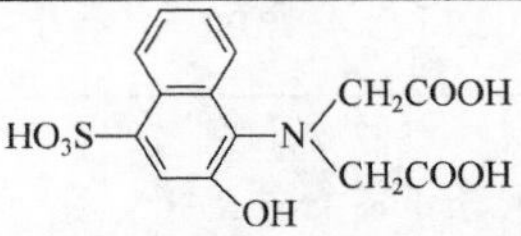	Cu^{2+}，Ni^{2+}，Co^{2+}：pH=4～8 或 10，荧光消失
123	$C_{14}H_{14}N_4O$ 1-(4-甲基-5-脒唑偶氮)-2-萘酚；MIN	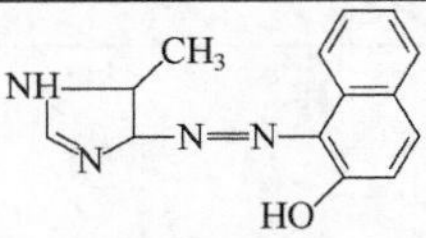	Cu^{2+}：pH=3～5，酒红→黄
124	$C_{14}H_{14}Br_2N_4O$ 2-(3,5-二溴-2-吡啶偶氮)-5-乙氨基-4-甲苯酚	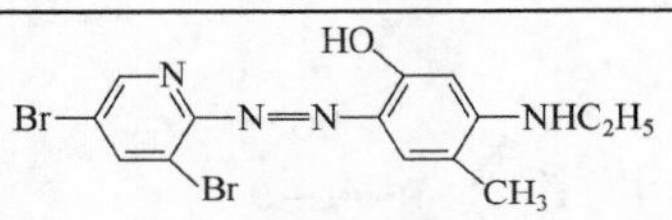	Pb^2：pH=4～6.8，红紫→黄 Bi^{3+}：pH=1，紫或蓝紫→黄
125	$C_{14}H_{15}BrN_4O$ 2-(5-溴-2-吡啶偶氮)-5-乙氨基-4-甲基苯酚	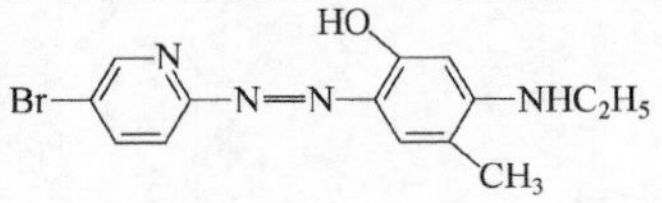	Pb^{2+}：pH=4～6.8，红紫→黄
126	$C_{14}H_{15}NO_5$ 甲基钙黄绿素蓝	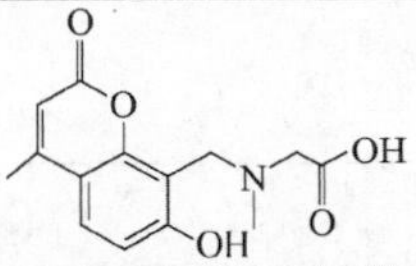	Cu^{2+}：pH=4～7，亮蓝荧光消失 Mn^{2+}：pH=10，亮蓝荧光消失
127	$C_{14}H_{16}N_2O_2$ 3,3′-二甲氧基联苯胺；邻二茴香胺	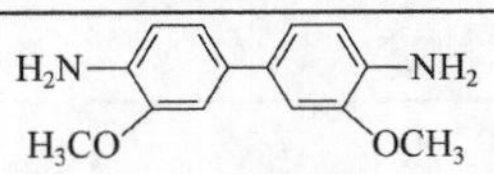	Fe^{3+}：pH=1.4～2.2，红→黄
128	$C_{14}H_{16}N_4O$ 5-乙氨基-2-(2-吡啶偶氮)-4-甲苯酚	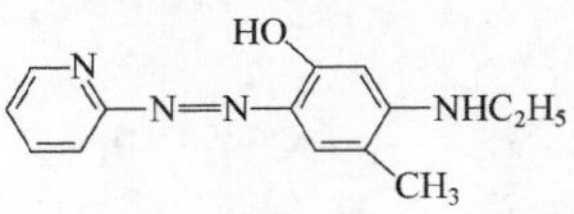	Pb^{2+}：pH=4～6.8，红紫→黄 Cu^{2+}：pH=5，红→黄 Bi^{3+}：pH=3，红→黄 Hg^{2+}：pH=5.5，红→黄
129	$C_{14}H_{16}N_4O$ 2-乙氨基-5-(2-吡啶偶氮)-4-甲苯酚	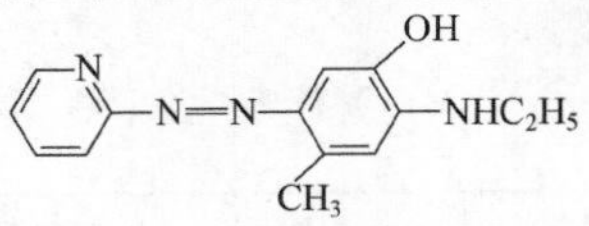	Bi^{3+}：pH=3，红→黄 Ca^{3+}：pH=5～6，红→黄 Hg^{2+}：pH=5.5，红→黄 Tl^{3+}：pH=1.4～3.6，紫→黄
130	$C_{14}H_{16}N_4O_2S$ 2-(2-噻唑偶氮)-5-二乙氨基苯甲酸	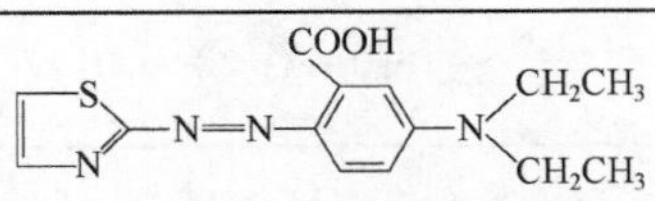	Cu^{2+}：pH=4.3，蓝色→浅紫色
131	$C_{14}H_{17}N_5$ 4-(4-甲基-5-咪唑偶氮)-1-二甲氨基苯；MiDAB	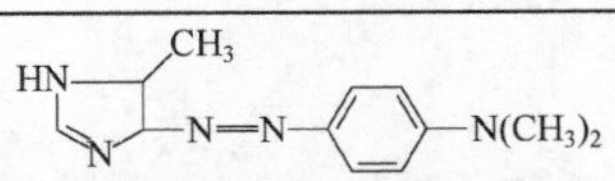	Cu^{2+}：pH=3～5，红→黄
132	$C_{15}H_9N_5O_9S$ 8-羟基-7-(2-羟基-3,5-二硝基苯偶氮)-5-磺酸喹啉；苦味胺偶氮磺基羟啉；HDNPAZOXS	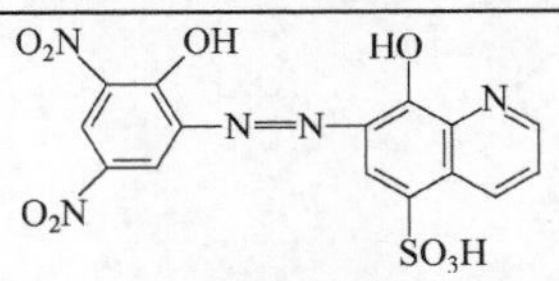	Bi^{3+}：pH=1～2，粉红→蓝

编号	化学式及名称	结构式	EDTA 直接滴定的主要条件和终点颜色变化
133	$C_{15}H_{10}O_7$ 桑色素；摩林（Morin）；黄木精；2′,4′,3,5,7-五羟基去氢黄酮		Ga^{3+}: pH=3.8，→绿色荧光消失 In^{3+}: pH=5，→绿色荧光消失
134	$C_{15}H_{10}O_7$ 3,3′,4′,5,7-五羟基黄酮；Meletin		Th^{4+}: pH=3
135	$C_{15}H_{11}N_3O$ 2-(2-吡啶偶氮)-1-萘酚		Bi^{3+}: pH=2～5，蓝紫→黄 Ti^{3+}: pH=1.5～4.0，蓝紫→黄
136	$C_{15}H_{11}N_3O$ 1-(2-吡啶偶氮)-2-萘酚；PAN；o-PAN		Bi^{3+}: pH=1～3，红→黄 Ca^{2+}: pH=12，用 Cu-PAN 指示剂，由置换反应，紫红→黄 Cd^{2+}: pH=6，乙酸盐，红→黄 Cu^{2+}: pH=2.5，乙酸盐，红→黄，或pH=10，氨，紫→黄 In^{3+}: pH=2.5，乙酸盐，红→黄 Ni^{2+}: pH=4，乙酸盐，热，粉红→黄 Th^{4+}: pH=2～3.5，硝酸，红→黄 UO_2^{2+}: pH=4.4，六亚甲基四胺，异丙醇，红→黄 Zn^{2+}: pH=5～7，乙酸-乙酸盐缓冲液，粉红→黄 Hg^{2+}、Pb^{2+}、Sn^{2+}、Fe^{2+}、Mn^{2+}及稀土金属离子：pH=1.9～12.2，红→黄
137	$C_{15}H_{11}N_3O$ 4-(2-吡啶偶氮)-1-萘酚；p-PAN		Cu^{2+}: pH=4.5，乙酸盐缓冲液，红→黄
138	$C_{15}H_{11}N_3OS$ 菲醌单硫代半卡巴腙；PTS		Cu^{2+}: pH=0.5～4.0，19～95℃，红→无色 Zn^{2+}: pH=4.4～7.5，25～70℃，红→无色 Cd^{2+}: pH=4.8～6.0，40～70℃，红→无色 Hg^{2+}: pH=5.3～6.8，30～70℃，红→无色 Ni^{2+}: pH=4.5～7.0，40～70℃，红→无色
139	$C_{15}H_{11}N_3O_2$ 4-(2-喹啉偶氮)-3-羟基苯酚		Ti^{3+}: 0.5mol/L 盐酸，紫→黄 Cd^{2+}: pH=8，粉红→黄
140	$C_{15}H_{11}N_3O_4S$ 1-(2-吡啶偶氮)-2-萘酚-6-磺酸		Al^{3+}: pH=4～5，绿黄→黄 Bi^{3+}: pH=4～5，紫红→黄 Cd^{2+}: pH=7～8，紫红→黄 Cu^{2+}: pH=3～6，紫红→黄绿 In^{3+}: pH=3.4～4.5，紫红→黄 Mg^{2+}: pH=10，紫红→橙黄 Ni^{2+}: pH=3.5～4.0，60～70℃，紫红→黄 U^{4+}: pH=5，紫红→黄 Zn^{2+}: pH=5.5～8.0，紫红→黄

续表

编号	化学式及名称	结构式	EDTA 直接滴定的主要条件和终点颜色变化
141	C$_{15}$H$_{11}$N$_3$O$_5$ 6,7-二羟基-5-(2-吡啶偶氮)-2-萘磺酸；PADNS		Cd^{2+}, Zn^{2+}, Pb^{2+}：pH=8~9，六亚甲基四胺，酒红→橙 Cu^{2+}：pH=3.3，80℃，乙酸-乙酸盐缓冲液，红→黄绿或绿
142	C$_{15}$H$_{11}$N$_3$O$_8$S$_2$ 4,5-二羟基-3-(2-吡啶偶氮)-2,7-萘二磺酸		Cu^{2+}：pH=4~5，乙酸-乙酸盐缓冲液，酒红→橙；或 pH=10，氨缓冲液，蓝紫→粉红
143	C$_{15}$H$_{12}$N$_2$O$_5$ 没食子蓝；棓酸菁蓝；棓酸菁		Ga^{3+}：pH=2.8，乙酸盐，蓝→红 Th^{4+}：pH=2~2.7，盐酸，蓝→粉红
144	C$_{15}$H$_{12}$N$_4$O$_7$ 8-氨基-7-(2-吡啶偶氮)-1-萘酚-3,6-二磺酸；PAHA		Cu^{2+}：pH=4.5，乙酸-乙酸盐缓冲液；或 pH=10，氨缓冲液，蓝→粉红
145	C$_{15}$H$_{16}$Br$_2$N$_4$O 2-(3,5-二溴-2-吡啶偶氮)-5-二乙氨基苯酚		Bi^{3+}：pH=1，紫或蓝紫→黄
146	C$_{15}$H$_{17}$BrN$_4$O 2-(5-溴-2-吡啶偶氮)-5-二乙氨基苯酚；5-Br-PADAP		Pb^{2+}：pH=4~5，紫→黄 Zn^{2+}：pH=4~5，深红→黄
147	C$_{16}$H$_9$Cl$_3$N$_2$O$_5$S 钻石铬蓝 8RL；搔洛铬酸盐坚牢紫 B；2-(3,5,6-三氯-2-羟基苯偶氮)-1-萘酚-4-磺酸（钠盐）		Ca^{2+}：pH=11.5，氨缓冲液，红→黄 Mn^{2+}：pH=10，氨缓冲液，抗坏血酸，粉红→橙 Pb^{2+}：pH=10，氨缓冲液，酒石酸，粉红→橙
148	C$_{16}$H$_{10}$ClN$_3$O$_7$S 亚米茹铬蓝 35；2-(5-氯-2-羟基-3-硝基苯偶氮)-1-萘酚-4-磺酸（钠盐）		Fe^{2+}：pH=4，乙酸-乙酸盐缓冲液，加热，橙→粉红 In^{3+}：pH=7，加热，红→蓝
149	C$_{16}$H$_{10}$Cl$_3$N$_3$O$_8$S 铬坚牢蓝 FB；亚米茹铬坚牢蓝 2G；8-氨基-2-(3,5,6-三氯-2-羟基苯偶氮)-1-萘酚-5,7-二磺酸（二钠盐）		Ca^{2+}：pH=10，氨缓冲液，红→蓝 Mg^{2+}：pH=10，氨缓冲液，红→蓝 Mn^{2+}：pH=10，氨缓冲液，抗坏血酸，酒红→蓝 Ni^{2+}：pH=8.5，80℃，酒石酸，紫→蓝
150	C$_{16}$H$_{10}$N$_4$O$_{12}$S$_2$ 苦味胺 R；3-羟基-4-(2-羟基-3,5-二硝基苯偶氮)萘-2,7-二磺酸		Th^{4+}：pH=2.5~3.5 Re^{3+}：pH=6.8~7.5

编号	化学式及名称	结构式	EDTA 直接滴定的主要条件和终点颜色变化
151	C$_{16}$H$_{10}$N$_4$O$_{13}$S$_2$ 苦昧胺 CA；2-(2-羟基-3,5-二硝基苯偶氮)变色酸		Th^{4+}：pH=2.5～3.5 Re^{3+}：pH=6.8～7.5
152	C$_{16}$H$_{11}$ClN$_2$O$_5$S 镁试剂；铬蓝 2RL；2-羟基-1-(2-羟基-3-磺基-5-氯苯偶氮)萘		Mg^{2+}：pH=9.8～11.2，氨缓冲液，红→蓝 Ca^{2+}，Cd^{2+}：pH=11.5，氨缓冲液，红→蓝 Ni^{2+}：pH=4，乙酸-乙酸盐缓冲液，加热，红→橙 Sr^{2+}：pH=12.5，二乙胺，红→蓝
153	C$_{16}$H$_{11}$ClN$_2$O$_5$S 4-氯-6-(1-羟基-2-萘偶氮)-1-羟基-2-磺酸苯（钠盐）		Ca^{2+}：pH=12.5，红→蓝 In^{3+}：pH=7，红→橙
154	C$_{16}$H$_{11}$ClN$_2$O$_5$S 酸性铬暗蓝 ZK；酸性铬紫 B 或 BR；亚米茄铬紫 B 或 BN；2-(5-氯-2-羟基苯偶氮)-4-磺酸-1-萘酚（钠盐）		Fe^{3+}：pH=4，乙酸-乙酸盐缓冲液，加热，橙→红
155	C$_{16}$H$_{11}$ClN$_2$O$_8$S$_2$ 酸性铬蓝 RR 或 2R；亚米茄蓝 GFS；铬紫 2R；铬紫 SB；2-(5-氯-2-羟基-3-磺基苯偶氮)-5-磺酸-1-萘酚（二钠盐）		Ca^{2+}，Mg^{2+}：pH=8.5，氨缓冲液，酒红→蓝 Mn^{2+}，Pb^{2+}，Ni^{2+}，Zn^{2+}，Cd^{2+}：pH=8.5，乙酸铵，红→蓝（测 Mn^{2+}加抗坏血酸；测 Pb^{2+}加酒石酸）
156	C$_{16}$H$_{11}$ClN$_2$O$_9$S$_2$ 2-(5-氯-2-羟基苯偶氮)-1,8-二羟基苯-3,6-二磺酸		Ca^{2+}：pH＞12，氢氧化钠，红→蓝 Mg^{2+}，Cd^{2+}，Mn^{2+}，Ni^{2+}，Pb^{2+}，Zn^{2+}：pH=10，氨缓冲液，红蓝（测 Pb^{2+}加酒石酸，测 Mn^{2+}加抗坏血酸）
157	C$_{16}$H$_{11}$ClN$_2$O$_9$S$_2$ 2-(4-氯-2-羟基苯偶氮)变色酸（钠盐）		Ca^{2+}：pH＞12，氢氧化钠，红→蓝 Mg^{2+}，Cd^{2+}，Mn^{2+}，Ni^{2+}，Pb^{2+}，Zn^{2+}：pH=10，氨缓冲液，红→蓝（测 Pb^{2+}加酒石酸，测 Mn^{2+}加抗坏血酸）
158	C$_{16}$H$_{11}$N$_3$O$_4$ 1-(2-羟基-4-硝基苯偶氮)-2-萘酚		Cd^{2+}，Zn^{2+}：pH=10，氨缓冲液，蓝绿→红紫
159	C$_{16}$H$_{11}$N$_3$O$_7$S 酸性茜素黑 R 或 RT；酸性铬黑 4RF；搔洛铬黑 RN，搔洛铬酸盐坚牢灰 RA；2-(2-羟基-1-萘偶氮)-6-硝基-4-磺酸苯酚（钠盐）		Bi^{3+}：pH=2.5，硝酸，紫蓝→橙红 Fe^{3+}：pH=2，淡黄→橙 Th^{4+}：pH=2.5，硝酸，玫瑰→橙 Zn^{2+}：pH=8，氨缓冲液，猩红→紫
160	C$_{16}$H$_{11}$N$_3$O$_9$S$_2$ 8-羟基-7-(4-硝基苯偶氮)-1,6-二磺酸萘		Cu^{2+}：氨缓冲液，紫→黄绿

编号	化学式及名称	结构式	EDTA 直接滴定的主要条件和终点颜色变化
161	$C_{16}H_{11}N_3O_{10}S_2$ 变色酸 2B 或 4B；2-(4-硝基苯偶氮)变色酸（钠盐）		Th^{4+}：pH=2.7，紫→金黄
162	$C_{16}H_{11}ClN_4O_{10}S_2$ 镓试剂；8-氨基-2-(3-氯-2-羟基-5-硝基苯偶氮)-3,6-二磺酸-1-萘酚（二钠盐）		Ga^{3+}：pH=2，60~70℃，淡蓝→玫瑰紫
163	$C_{16}H_{11}N_5O_{12}$ 苦味氨偶氮-H-酸，8-氨基-2-(2-羟基-3,5-二硝基苯偶氮)-3,6-二磺酸-1-萘酚；HDNBANS		Bi^{3+}：pH=1，蓝→粉红-紫
164	$C_{16}H_{12}N_2O_2$ 1-(2-羟基苯偶氮)-2-萘酚；HBN		Mg^{2+}：pH=10，氨缓冲液，橙→紫 Ca^{2+}，Sr^{2+}：pH=12.5~13，氢氧化钠，红橙→红紫
165	$C_{16}H_{12}N_2O_3$ 2-(2-羟基苯偶氮)-1,5-萘二酚		Ca^{2+}：pH=1.5，氨，红紫→蓝 Mn^{2+}，Pb^{2+}，Mg^{2+}，Zn^{2+}，Cd^{2+}：pH=10，氨缓冲液，红紫→蓝（测 Mn^{2+} 加 $NH_2OH \cdot HCl$，测 Pb^{2+} 加酒石酸）
166	$C_{16}H_{12}N_2O_5S$ 酸性茜素紫；搔洛铬紫 R 或 RS；铬坚牢紫 B；铬紫 BA；2-(2-羟基-1-萘偶氮)-4-磺酸-1-苯酚		Ba^{2+}，Ca^{2+}，Sr^{2+}：pH=12.5~13，红橙→紫 Mg^{2+}，Mn^{2+}：pH=10，氨缓冲液，粉红→紫（测 Mn^{2+} 加抗坏血酸） Zr^{4+}，1mol/L 盐酸，加热，红紫→橙黄
167	$C_{16}H_{12}N_2O_5S$ 4-羟基-3-(2-羟基苯偶氮)-萘磺酸；铬紫 B		Ca^{2+}，Sr^{2+}：pH=12.5~13，氢氧化钠，红橙→红紫 Mg^{2+}，Mn^{2+}：pH=10，氨缓冲液，粉红→红紫（测 Mn^{2+} 加抗坏血酸）
168	$C_{16}H_{12}O_6$ 氧化苏木精		Al^{3+}：pH=5.5，乙酸-乙酸盐缓冲液，100℃，紫→黄 Bi^{3+}：pH=1~2，硝酸，红→黄 Cd^{2+}，Pb^{2+}，Zn^{2+}，Re^{3+}：pH=5.5，蓝→黄 Cu^{2+}：pH=6.0~6.5，吡啶，紫蓝→淡黄绿 Ga^{3+}，In^{3+}：pH=3.0~3.5，淡紫→黄 Hg^{2+}：pH=9.5，紫→深红 Mn^{2+}：pH=7~7.5，紫→深红 Ni^{2+}，Co^{2+}：pH=6.5~7.0，60~70℃，紫→深红 Th^{4+}：pH=1.5~2.0，硝酸，橙→黄 VO^{2+}：pH=4，蓝紫→淡黄 Zr^{4+}：pH=1~1.5，80~90℃，红→黄
169	$C_{16}H_{12}N_2O_6S$ 3-羟基-4-(2,4-二羟基苯偶氮)萘磺酸；DHPAN		Hf^{4+}，Zr^{4+}：2mol/L HCl，紫红→砖红 Zr^{4+}：pH=0.8~2.5 或 2mol/L HCl，热溶液，蓝紫→红

续表

编号	化学式及名称	结构式	EDTA 直接滴定的主要条件和终点颜色变化
170	$C_{16}H_{12}N_2O_6S$ 钙铬黑 PV；铬黑 PV；铬坚牢黑 PV；搔洛铬黑 PV；2-(1,5-二羟基-2-萘偶氮)-1-羟基-4-磺酸苯（钠盐）	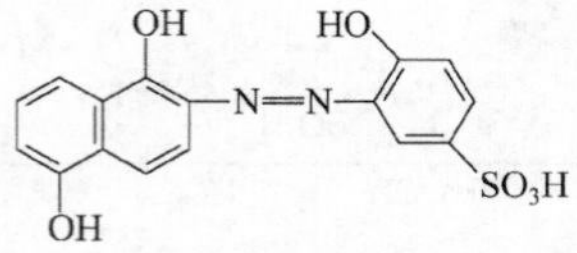	Ca^{2+}：pH=11.5～12.5，氨缓冲液，红→蓝 Cd^{2+}，Mg^{2+}，Mn^{2+}，Pb^{2+}，Zn^{2+}：pH=10，氨缓冲液，红或红紫→蓝（Mn^{2+}加 $NH_2OH\cdot HCl$，Pb^{2+}加酒石酸） Fe^{3+}，Fe^{2+}：pH=4.0，乙酸-乙酸盐缓冲液，加热，橙黄→红
171	$C_{16}H_{12}N_2O_8S_2$ 变色酸 2R；变色酸红 2R；2-(苯偶氮)变色酸（钠盐）	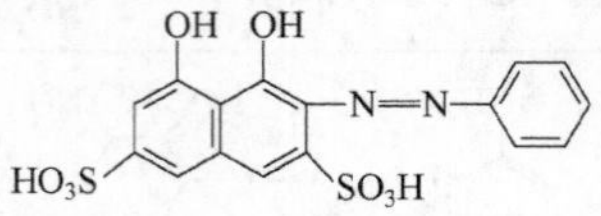	Th^{4+}：pH=1.7～3.0，硝酸，40℃，蓝紫→红
172	$C_{16}H_{12}N_2O_9S_2$ 酸性铬深蓝；2-(2-羟基苯偶氮)变色酸（钠盐）	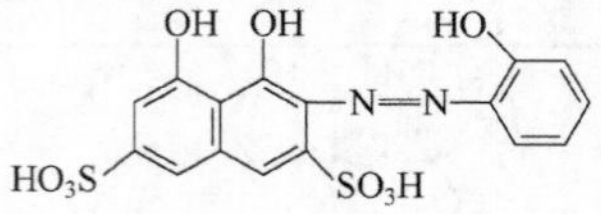	Ca^{2+}：pH=12，红→蓝 Cd^{2+}，Mg^{2+}，Pb^{2+}，Zn^{2+}：pH=10，氨缓冲液，红→蓝（Pb^{2+}加酒石酸） Mn^{2+}：pH=8.5～9，红→蓝
173	$C_{16}H_{12}N_2O_{11}S_3$ 锆钍试剂；变色酸 B；2-(4-磺基苯偶氮)变色酸；SPANDS	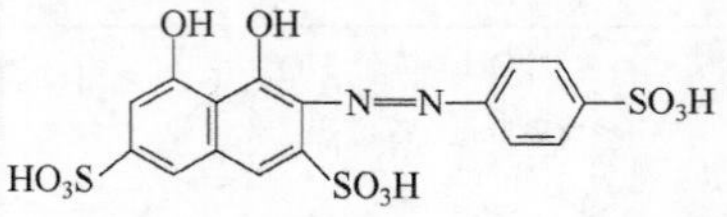	Th^{4+}：pH=2.5～3.5，乙酸-乙酸盐缓冲液，蓝紫→猩红 Zr^{4+}：pH=1.5～2.5，盐酸，玫瑰红→橙红
174	$C_{16}H_{12}N_2O_{12}S_3$ 酸性铬蓝 K；红光酸性铬蓝；2-(2-羟基-5-磺基苯偶氮)变色酸（三钠盐）	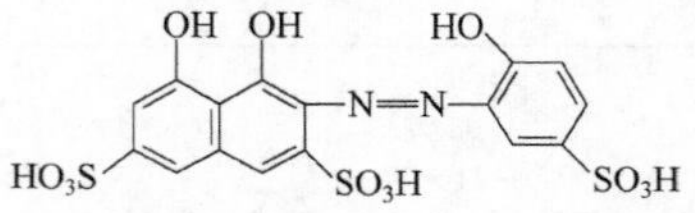	Ca^{2+}：pH=12，红→蓝 Mg^{2+}，Pb^{2+}，Zn^{2+}：pH=10，氨缓冲液，红→蓝（测 Pb^{2+}加酒石酸） Mn^{2+}：pH=8.5～9，红→蓝
175	$C_{16}H_{12}N_4O_{10}S_2$ 酸性铬暗绿；宫殿铬绿；酸性铬暗绿 G 或 J；1-羟基-8-氨基-2-(2-羟基-5-硝基苯偶氮)-3,6-二磺酸萘（钠盐）	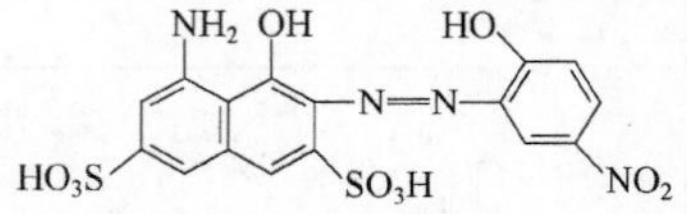	Ca^{2+}：pH＞12，氢氧化钠，加萘酚黄使变色敏锐，粉红→绿 Ga^{3+}：pH=3，60～70℃，蓝→粉红
176	$C_{16}H_{12}N_4O_{13}S_{13}$ 8-氨基-2-(2-羟基-3-硝基-5-磺基苯偶氮)-3,6-二磺酸-1-萘酚（钠盐）；HNSBANS	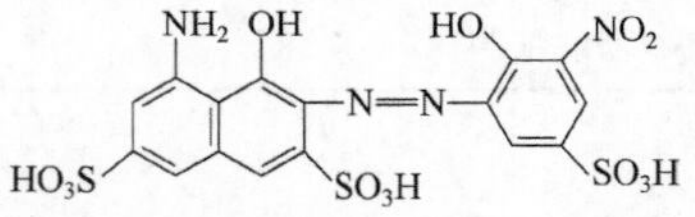	Ga^{3+}：pH=2，60～70℃，蓝→玫瑰
177	$C_{16}H_{13}NO_9$ 蒽素红紫素络合腙；(1,2,7-三羟基-5,10-二氧络蒽-3-基)亚氨基二乙酸	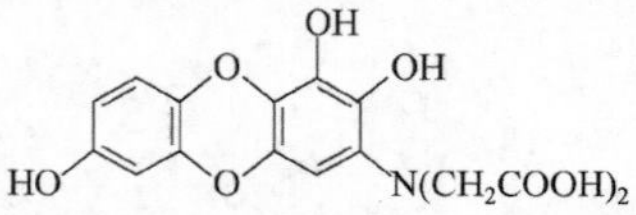	Ca^{2+}：pH=10，蓝紫→红橙
178	$C_{16}H_{13}AsN_2O_{10}S_2$ 钍试剂；2-(2-羟基-3,6-二磺酸-1-萘偶氮)-苯胂酸	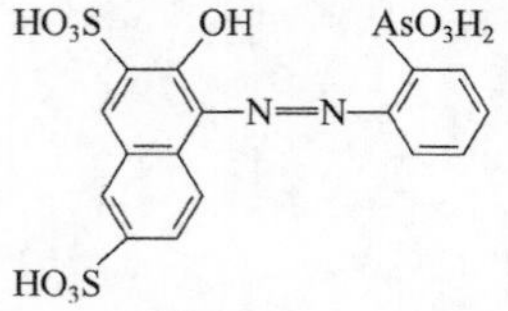	Bi^{3+}：pH=2～3，硝酸，红→黄 Th^{4+}：pH=1～3，硝酸，紫→黄 U^{4+}：pH=1～1.8，高氯酸，30℃，玫瑰红→橙黄 Sc^{3+}：pH=4.5～6.5，粉红→黄 Y^{3+}：pH=6，玫瑰红→黄
179	$C_{16}H_{13}AsN_2O_{11}S_2$ 偶氮胂 I；2-(2-苯胂酸偶氮)变色酸	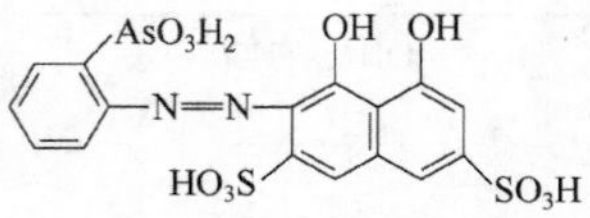	Ca^{2+}，Mg^{2+}：pH=10，氨缓冲液，蓝紫→红橙 Re^{3+}，Y^{3+}：pH=5.5～6.5，吡啶，蓝紫→红橙 Th^{4+}，U^{4+}：pH=1.7～3.0，蓝紫→红橙 Pu^{4+}：0.1～0.2mol/L 盐酸，蓝紫→粉红

编号	化学式及名称	结构式	EDTA 直接滴定的主要条件和终点颜色变化
180	$C_{16}H_{13}N_3O_8$ 维克多利亚紫；2-(4-氨基苯偶氮)变色酸		Mg^{2+}：pH=10，蓝→橙红
181	$C_{16}H_{13}N_3O_8S_2$ 8-氨基-2-(2-羟基苯偶氮)-3,6-二磺酸-1-萘酚（二钠盐）；HBANS-3,6		Ca^{2+}，Mg^{2+}：pH=10，氨缓冲液，红→蓝
182	$C_{16}H_{13}N_3O_8S_2$ 8-氨基-2-(2-羟基苯偶氮)-5,7-二磺酸-1-萘酚；HBANS-5,7		Ca^{2+}，Mg^{2+}：pH=10，氨缓冲液，红橙→紫
183	$C_{16}H_{13}ClN_4O_5S$ 铬坚牢红 2G；铬红 4G；偏铬红 5G；4-氯-6-(3-甲基-5-羟基-1-苯基-4-吡唑偶氮)-2-磺基-苯酚（钠盐）		Mg^{2+}：pH=10，氨缓冲液，黄→橙
184	$C_{16}H_{14}O_6$ 苏木精；苏木紫		见 $C_{16}H_{12}O_6$，氧化苏木精
185	$C_{16}H_{14}N_4O_7$ [2-羟基-5-(3-硝基苯偶氮)苯基]亚氨基二乙酸；HNPIDA		Ca^{2+}：pH=12.5，黄→红
186	$C_{16}H_{15}NO_7$ 4-[双(羧基甲基)氨基甲基]-3-羟基-2-萘甲酸		Ca^{2+}：pH=10~14，微黄绿荧光→微绿蓝 Mg^{2+}：pH=10.5~12，微黄绿荧光→蓝
187	$C_{16}H_{16}N_4O_2S$ 2-(2-苯并噻唑偶氮)-5-二甲氨基苯甲酸；BTAMB		Cu^{2+}：pH=4.0~6.0，蓝→紫红
188	$C_{16}H_{17}NO_6$ 钙黄绿素蓝		Cu^{2+}：pH=4~7，亮蓝荧光→熄灭 Mn^{2+}，Ni^{2+}，Co^{2+}，Ga^{3+}：pH=10，亮蓝荧光→熄灭
189	$C_{16}H_{18}ClN_3S$ 亚甲基蓝		Mg^{2+}，Ca^{2+}，Cd^{2+}，Co^{2+}，Cu^{2+}，Ni^{2+}，Zn^{2+}：pH=10~11，氨，氮气氛，钨丝灯照射，→颜色消失
190	$C_{16}H_{21}N_3$ 4,4'-四甲基二氨基-二苯胺		Fe^{3+}：pH=2~3.5，一氯乙酸-乙酸钠缓冲液，绿→橙或橙红
191	$C_{17}H_{12}N_2O_9S_2$ 搔洛铬红 B；酸性铬红 B；1-(2-羧基苯偶氮)-2-羟基-3,6-二磺酸萘（三钠盐）		Ca^{2+}：pH=13，加亚甲基蓝使变色敏锐，黄→橙 Fe^{3+}：pH=3.5~4，淡绿→橙

编号	化学式及名称	结构式	EDTA 直接滴定的主要条件和终点颜色变化
192	$C_{17}H_{12}N_2O_{10}S_2$ 变色酸 2C；2-(2-羧基苯偶氮)变色酸（二钠盐）		Fe^{3+}：pH=2～3.8，乙酸-乙酸盐缓冲液，蓝紫→猩红 Th^{4+}：pH=2～3.6，乙酸-乙酸盐缓冲液，蓝紫→猩红 Zr^{4+}：pH=1.4～2.8，盐酸，红紫→猩红
193	$C_{17}H_{12}N_2O_{11}S_2$ 2-(3-羟基-4-羧基苯偶氮)-变色酸；CHPADNS		Th^{4+}：pH=2.4～3，20～40℃，淡红紫→深红
194	$C_{17}H_{14}N_2O_5S$ 钙镁试剂；1-(6-羟基-3-甲基苯偶氮)-4-磺酸-2-萘酚		Mg^{2+}，Ca^{2+}：pH=10，氨缓冲液，红→蓝
195	$C_{17}H_{14}Br_2N_2O_6$ 5-(3,5-二溴苯醌亚氨基)-2-羟基-苯甲胺二乙酸		Fe^{3+}：pH=2.8，一氯乙酸，蓝绿→黄 Bi^{3+}：pH=3.3，乙酸-乙酸盐缓冲液，紫蓝→红紫 Th^{4+}：pH=3.3，乙酸-乙酸盐缓冲液，紫蓝→红紫
196	$C_{17}H_{14}Cl_2N_2O_6$ 5-(3,5-二氯苯醌亚氨基)-2-羟基-苯甲胺二乙酸		Fe^{3+}：pH=2.8，一氯乙酸，蓝绿→黄 Bi^{3+}：pH=3.3，乙酸-乙酸盐缓冲液，紫蓝→红紫 Th^{4+}：pH=3.3，乙酸-乙酸盐缓冲液，紫蓝→红紫
197	$C_{17}H_{16}N_4O_5$ 4-(2-羟基-5-甲基-3-磺基苯偶氮)-3-甲基-1-苯基-5-羟基吡唑；酸性茜素红 G；铬坚牢红 G		Zn^{2+}：pH=7，乙酸盐，橙→黄
198	$C_{17}H_{20}N_4O_2$ 4-(2-N-甲基新菸碱偶氮)间苯二酚；4-[3-(1-甲基-2-哌啶)-2-吡啶偶氮]-3-羟基苯酚；MAAR		Cu^{2+}：pH=3，粉红→黄 Bi^{3+}，In^{3+}：pH=3，粉红→黄
199	$C_{17}H_{21}N_5O$ N-甲基新菸碱-(α'-偶氮-6)-间-氨基苯酚；5-氨基-2-[3-(1-甲基-2-哌啶)-2-吡啶偶氮]苯酚		Cu^{2+}：pH=4，深红→黄
200	$C_{18}H_{12}Cl_3N_3O_6S$ 搔洛铬酸盐坚牢蓝 B；铬海军蓝 BRL；偏铬亮蓝 BL；8-乙酰氨基-2-(2,3,5-三氯-6-羟基苯偶氮)-1-萘酚-5-磺酸（钠盐）		Cd^{2+}，Mn^{2+}，Zn^{2+}：pH=6.8，二乙基巴比土酸盐或 pH=10，氨缓冲液，红→蓝（测 Mn^{2+}加抗坏血酸） Mg^{2+}：pH=10，氨缓冲液，红→蓝 Pb^{2+}：pH=6.8，二乙基巴比妥酸盐，红→蓝

编号	化学式及名称	结构式	EDTA 直接滴定的主要条件和终点颜色变化
201	C$_{18}$H$_{14}$N$_2$O$_3$ 2-(2,4-二羟基苯偶氮)-4-苯基-1-羟基苯；HPBR		Ca^{2+}，Mg^{2+}：pH=10，氨缓冲液，黄→红
202	C$_{18}$H$_{14}$ClN$_3$O$_6$S 铬坚牢灰 GL；亚米茄铬黑蓝 G；6-(8-乙酰氨基-2-羟基-1-萘偶氮)-4-氯-2-磺酸苯酚（钠盐）		Ca^{2+}，Sr^{2+}：pH=11.5，氨缓冲液，红→蓝 Mg^{2+}：pH=10 或 pH=11.5，氨缓冲液，红→蓝 Ni^{2+}：pH=4.5，乙酸-乙酸盐缓冲液，红→橙 Mn^{2+}，Pb^{2+}，Cd^{2+}，Zn^{2+}：pH=10，氨缓冲液，红→蓝（测 Mn^{2+}加抗坏血酸，测 Pb^{2+}加酒石酸）
203	C$_{18}$H$_{15}$AsN$_6$O$_8$S 铅试剂；硫腙；5-硝基-2-{3-[4-(4-磺基苯偶氮)苯]-1-三氮烯基}苯胂酸		Cd^{2+}，Ni^{2+}：pH=8～10，红橙→黄 Pb^{2+}：pH=9.5～10，粉红→黄 Zn^{2+}：pH=9.3～9.6，红橙→黄
204	C$_{18}$H$_{16}$Br$_2$N$_2$O$_6$ 二溴靛酚螯合通；5-(3,5-二溴苯醌亚氨)-2-羟基-3-甲基-苯甲胺二乙酸		Bi^{3+}：pH=3.3，乙酸-乙酸盐缓冲液，紫→橙 Fe^{3+}：pH=2.8，一氯乙酸，蓝绿→黄 Sc^{3+}：pH=3.5，一氯乙酸，蓝→橙 Th^{4+}：pH=3.3，乙酸盐缓冲液，蓝→橙
205	C$_{18}$H$_{16}$Cl$_2$N$_2$O$_6$ 二氯靛酚螯合通；5-(3,5-二氯苯醌亚氨)-2-羟基-3-甲基-苯甲胺二乙酸		Bi^{3+}：pH=3.3，乙酸盐缓冲液，紫→橙 Fe^{3+}：pH=2.8，一氯乙酸，蓝绿→黄 Sc^{3+}：pH=3.5，一氯乙酸，蓝→橙 Th^{4+}：pH=3.3，乙酸盐缓冲液，蓝→橙
206	C$_{18}$H$_{20}$N$_2$O$_9$S N'-(4-磺基-1-萘基)乙二胺-N,N,N'-三乙酸		Cu^{2+}，Ni^{2+}，Co^{2+}：pH=4～10，→荧光出现
207	C$_{18}$H$_{21}$N$_4$O 2-[5-(1-甲基-2-哌啶)-2-吡啶偶氮]-4-苯酚；N-甲基新菸碱-α'-偶氮对甲酚		Cd^{2+}，Zn^{2+}：pH=6.2～8.3，玫瑰紫→柠檬黄
208	C$_{18}$H$_{21}$N$_4$O 2-[3-(1-甲基-2-哌啶基)-2-吡啶偶氮]-4-甲苯酚；N-甲基新菸碱偶氮对甲苯酚		Ce^{3+}：pH=6.5～7.0，淡红紫→黄 Cu^{2+}：pH=4，淡红紫→黄 Fe^{3+}：pH=1，淡红紫→黄 Re^{3+}：pH=6.4～7.3，淡红紫→黄 Th^{4+}：pH=1.8，淡红紫→黄
209	C$_{19}$H$_{10}$Br$_2$O$_8$S 溴邻苯三酚红；溴焦性没食子酸红；BPR		Bi^{3+}：pH=2～3，硝酸，酒红→橙黄 Ca^{2+}，Mg^{2+}，Mn^{2+}：pH=10，蓝→红紫 Co^{2+}，Ni^{2+}，Cd^{2+}：pH=9.3，氨性缓冲液，蓝→红 Pb^{2+}：pH=5～6，乙酸-乙酸盐缓冲液，蓝紫→红 Re^{3+}：pH=7，乙酸-乙酸盐缓冲液，蓝→红

编号	化学式及名称	结构式	EDTA 直接滴定的主要条件和终点颜色变化
210	$C_{19}H_{12}O_7S$ 儿茶酚绿；焦儿茶酚绿；3,6-二羟基-9-(2-磺基苯基)芴-4,5-醌		Re^{3+}：pH=4～5，淡橄榄绿→淡蓝
211	$C_{19}H_{12}O_8S$ 羟氢醌桃红；羟氢醌磺酞；2-(2,6,7-三羟基-3-氧基-3H-氧杂蒽-9-基)苯磺酸；HH-PINK		Bi^{3+}，Th^{4+}：pH=2.4～3，玫瑰→黄绿
212	$C_{19}H_{12}O_8S$ 邻苯三酚红；邻苯三酚磺酞；焦性没食子酸红；酚红；PR；PGR		Bi^{3+}：pH=2～3，硝酸，红→橙黄 Co^{2+}，Ni^{2+}：pH=9.3，氨，蓝→红 Pb^{2+}：pH=5～6，乙酸-乙酸盐缓冲液，紫→红
213	$C_{19}H_{12}Br_2O_5S$ 溴酚红		Bi^{3+}：pH=2～3，红→黄橙 Cd^{2+}，Co^{2+}，Mg^{2+}，Mn^{2+}，Ni^{2+}：pH=7～8，蓝紫→红 Pb^{2+}：pH=4，蓝→红 Re^{3+}：pH=4～6，浅蓝→红
214	$C_{19}H_{12}N_4O_{10}S_2$ 8-羟基-7-(2-羟基-6-硝基-4-磺基-1-萘基偶氮)-5-磺基-喹啉		Fe^{3+}：pH=1.5～3，50℃，黄→紫
215	$C_{19}H_{13}N_3O$ 1-(2-吡啶偶氮)-2-菲酚		Co^{2+}：pH=5.5，黄→粉红
216	$C_{19}H_{13}N_3O_4S$ 8-羟基-5-磺基-7-(1-萘基偶氮)喹啉；萘基偶氮羟啉		Cd^{2+}，Zn^{2+}，Pb^{2+}：pH=5.5～6.5，乙酸-乙酸盐缓冲液，黄→红（Pb^{2+}加酒石酸） Cu^{2+}：pH=4～6.5，乙酸-乙酸盐缓冲液，黄→红 Fe^{3+}，Th^{4+}：pH=3～3.5，黄→红 Ga^{3+}，In^{3+}：pH=2～3，70～80℃，黄→紫 Tl^{3+}：pH=4～4.5，酒石酸，黄→红
217	$C_{19}H_{13}N_3O_4S$ 4-(8-羟基-5-喹啉偶氮)-1-萘磺酸		Cu^{2+}：pH=4.9，黄→橙或淡红

编号	化学式及名称	结构式	EDTA 直接滴定的主要条件和终点颜色变化
218	$C_{19}H_{13}N_3O_5S$ 1-(8-羟基-7-喹啉偶氮)-4-磺基-2-萘酚		Ca^{2+}，Mg^{2+}：pH=10，黄→红
219	$C_{19}H_{13}N_3O_7S_2$ 3-(8-羟基-7-喹啉偶氮)-1,5-二磺基萘（二钠盐）；偶氮羟啉 S		Cu^{2+}：pH=10，绿→粉红
220	$C_{19}H_{13}N_3O_7S_2$ 7-(4-磺基-2-萘基偶氮)-8-羟基-5-磺基-喹啉；萘基偶氮羟啉 4S		Ga^{3+}，In^{3+}：pH=2～3，70～80℃，黄→紫
221	$C_{19}H_{13}N_3O_7S_2$ 8-羟基-7-(5-磺基-2-萘基偶氮)-5-磺基-喹啉；萘基偶氮羟啉 5S		Ga^{3+}，In^{3+}：pH=2～3，70～80℃，黄→紫
222	$C_{19}H_{13}N_3O_7S_2$ 8-羟基-7-(6-磺基-2-萘基偶氮)-5-磺基-喹啉；萘基偶氮羟啉 6S		Ca^{2+}，Mg^{2+}：pH=10，丙酮，黄→粉红 Cd^{2+}，Cu^{2+}，Zn^{2+}：pH=6，丙酮，黄→粉红
223	$C_{19}H_{13}N_3O_7S_2$ 8-羟基-7-(4-磺基-1-萘基偶氮)-5-磺基喹啉；SNAZOXS		Bi^{3+}，Ga^{3+}，In^{3+}：pH=2.5～3，硝酸，黄→红紫 Co^{2+}，Ni^{2+}，Zn^{2+}，Cd^{2+}：pH=5～6，乙酸-乙酸盐或吡啶缓冲液，黄→粉红 Cu^{2+}：pH=4.9，乙酸-乙酸盐缓冲液，黄→粉红 Fe^{3+}：pH=2.2，硝酸，黄→紫
224	$C_{19}H_{13}N_3O_{10}S_3$ 8-羟基-7-(5,7-二磺基-2-萘基偶氮)-5-磺基喹啉		Ga^{3+}，In^{3+}：pH=2～3，70～80℃，黄→紫 Tl^{3+}：pH=1.8～2.0，一氯乙酸，酒石酸，黄→紫
225	$C_{19}H_{13}N_3O_{10}S_3$ 8-羟基-7-(4,8-二磺基-2-萘基偶氮)-5-磺基喹啉		Ga^{3+}，In^{3+}：pH=2～3，70～80℃，黄→紫 Tl^{3+}：pH=1.8～2.0，一氯乙酸，酒石酸，黄→紫

编号	化学式及名称	结构式	EDTA 直接滴定的主要条件和终点颜色变化
226	$C_{19}H_{14}O_7S$ 邻苯二酚紫；儿茶酚紫；儿茶酚碘酞；PV		Bi^{3+}：pH=2~3，硝酸，紫→黄 Cd^{2+}，Mg^{2+}，Zn^{2+}：pH=10，氨缓冲液，蓝→淡红紫 Cu^{2+}：pH=5~6.3，乙酸-乙酸盐缓冲液，蓝→黄 Fe^{3+}，In^{3+}：pH=5~6，乙酸-乙酸盐缓冲液，蓝→黄 Ga^{3+}：pH=3.8，乙酸-乙酸盐缓冲液，蓝→黄 Mn^{2+}，Ni^{2+}：pH=8~9.3，氨缓冲液，蓝→红紫（测 Mn^{2+} 加 $NH_2OH \cdot HCl$） Pb^{2+}：pH=5.5，六亚甲基四胺，蓝→黄 Th^{4+}：pH=2.5~3.5，硝酸，红→黄
227	$C_{19}H_{15}NO_8$ [(1,4-二羟基-2-蒽醌)甲基]亚氨基二乙酸		Ca^{2+}：pH=12，淡蓝→蓝紫
228	$C_{19}H_{15}NO_8$ 茜素荧光蓝；[(3,4-二羟基-2-蒽醌)甲基]亚氨基二乙酸		Ba^{2+}，Ca^{2+}，Cd^{2+}，Sr^{2+}：pH=10，氨缓冲液，蓝→红 Co^{2+}，In^{3+}：pH=4.3，乙酸-乙酸盐缓冲液，70~80℃，红→黄 Cu^{2+}：pH=4.3，乙酸-乙酸盐缓冲液，红→黄或绿 Pb^{2+}，Zn^{2+}：pH=4.3，乙酸-乙酸盐缓冲液，红→黄
229	$C_{19}H_{15}NO_9$ [(3,4,8-三羟基-2-蒽醌)甲基]亚氨基二乙酸		In^{3+}：pH=4，乙酸盐缓冲液，70~80℃，红→黄
230	$C_{19}H_{16}N_4O_5$ 甘氨酸萘酚紫；N-{[1-羟基-4-(4-硝基苯偶氮)-2-萘基]-甲基}甘氨酸；GNV		Cd^{2+}，Co^{2+}，Cu^{2+}，Mg^{2+}，Mn^{2+}，Ni^{2+}，Zn^{2+}：pH=10.5，氨缓冲液，红紫→蓝（测 Mn^{2+}，加 $NH_2OH \cdot HCl$）
231	$C_{19}H_{19}N_3O_5S$ 磺基萘酚偶氮乙氨基甲苯酚；4-(4-乙氨基-6-羟基-3-甲基苯偶氮)-3-羟基-1-磺基萘		Ca^{2+}，Mg^{2+}：pH=10，红→蓝
232	$C_{20}H_{10}Cl_2O_5$ 3,6-二氯荧光黄		Cu^{2+}：pH=5.5，紫外线照射，黄→绿

续表

第三篇

编号	化学式及名称	结构式	EDTA 直接滴定的主要条件和终点颜色变化
233	$C_{20}H_{10}Cl_2O_5$ 4,5-二氯荧光黄	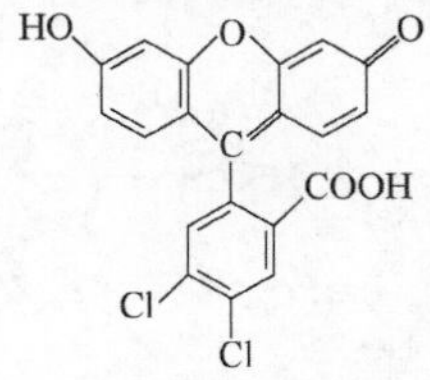	Cu^{2+}：pH=5.5，紫外线照射，黄→绿
234	$C_{20}H_{10}Cl_2O_5$ 2',7'-二氯荧光黄	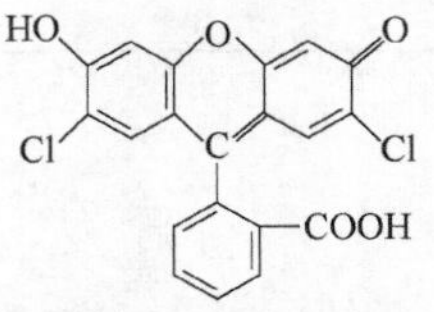	Cu^{2+}：pH=5.5，紫外线照射，黄→绿
235	$C_{20}H_{10}Br_2O_7$ 2',7'-二溴-4',5'-二羟基荧光黄	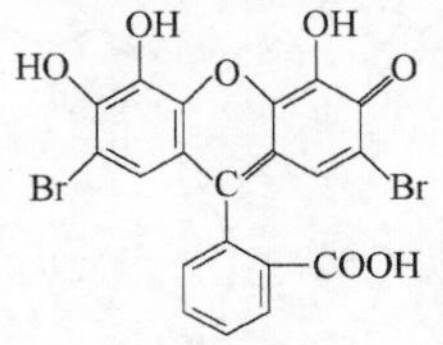	Ni^{2+}，Co^{2+}：pH=8～9，紫或紫蓝→黄
236	$C_{20}H_{12}O_7$ 羟基氢醌酞；2',3',6',7'-四羟基荧光烷；2',7'-二羟基荧光黄，HHP	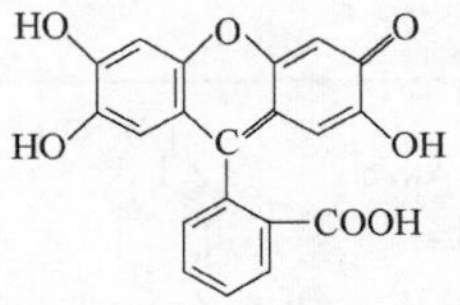	Bi^{2+}，Th^{4+}，Zr^{4+}：pH=2～4，高氯酸，红紫→黄带绿荧光 Cd^{2+}，Co^{2+}，Mg^{2+}，Mn^{2+}，Ni^{2+}，Zn^{2+}：pH=8～10，氨缓冲液，红紫→粉红带强荧光 Cu^{2+}，Pb^{2+}，Hg^{2+}，Re^{3+}，pH=5～7，六亚甲基四胺，红紫→橙黄
237	$C_{20}H_{12}O_7$ 3',4',5',6'-四羟基荧光烷；4,5-二羟基荧光黄；棓因	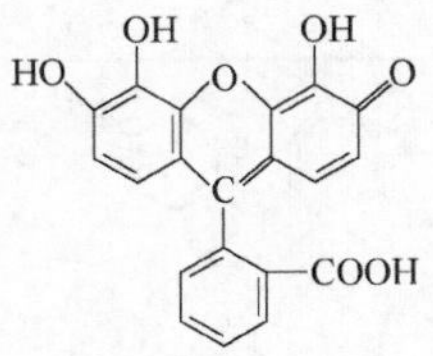	Al^{3+}：pH=7，六亚甲基四胺，乙醇，加热，紫→红 Bi^{3+}，Th^{4+}：pH=1～2.3，硝酸，蓝→黄 Cd^{2+}，Co^{2+}，Ni^{2+}，Zn^{2+}：pH=7，六亚甲基四胺，紫→红 Ga^{3+}：pH=2.8，乙酸-乙酸盐缓冲液，蓝→红 Fe^{3+}：pH>4，蓝紫→淡黄 La^{3+}：pH=5.5～6.5，六亚甲基四胺，紫→红 Mn^{2+}：pH=8，氨，抗坏血酸，紫→红 Pb^{2+}：pH=5或10，紫蓝→红 Th^{4+}：pH=2～3，硝酸，紫→黄 V^{4+}：pH=3.5，抗坏血酸，蓝→粉红 Zr^{4+}：pH=1，盐酸，橙→黄
238	$C_{20}H_{12}O_{10}S_2$ 1,4-二羟基-3-(4-磺基苯基)-2-磺基-蒽醌	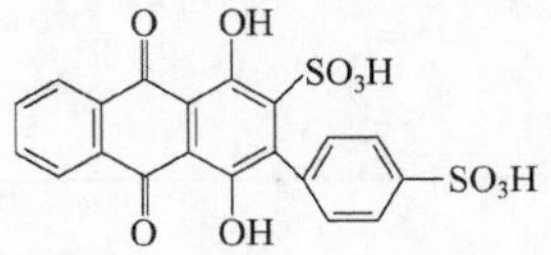	Th^{4+}：pH=1.4～3.4，粉红→黄
239	$C_{20}H_{12}O_{11}S_2$ 2-苯氧醌茜素-3,4'-二磺酸；2-苯氧-1,4-二羟基蒽醌-3,4'-二磺酸；PQDSA	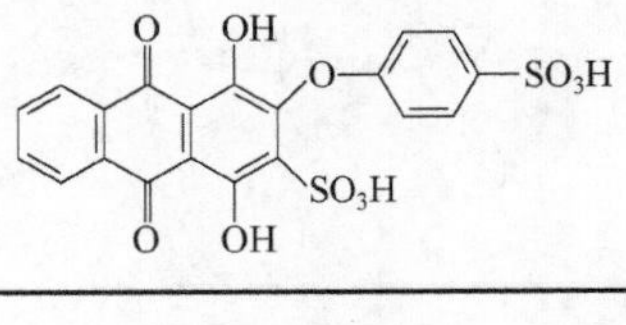	Th^{4+}：pH=1.4～3.4，粉红→黄

编号	化学式及名称	结构式	EDTA 直接滴定的主要条件和终点颜色变化
240	$C_{20}H_{13}N_3O_7S$ 铬黑 A；铬坚牢黑 A；搔洛铬黑 A 或 AS；亚米茄铬黑 P 或 PA；1-(2-羟基-1-萘基偶氮)-6-硝基-4-磺基-2 萘酚（钠盐）		Cu^{2+}、Ni^{2+}：pH=10，氨缓冲液，80℃，红→蓝 Mg^{2+}、Zn^{2+}：pH=10，氨缓冲液，红→蓝 Mn^{2+}：pH=10，氨缓冲液，抗坏血酸，红→蓝 Pb^{2+}：pH=10，氨缓冲液，酒石酸，加热，红→蓝
241	$C_{20}H_{13}N_3O_7S$ 铬黑 T；羊毛铬黑 T；1-(1-羟基-2-萘偶氮)-6-硝基-4-磺基-2-萘酚（钠盐）；EBT；BT		Cd^{2+}：pH=6.8～11.5，氨，红→蓝 In^{3+}：pH=8～10，氨，红→蓝 Mg^{2+}：pH=10，氨红→蓝 Mn^{2+}：pH=8～10，氨缓冲液，抗坏血酸，红→蓝 Pb^{2+}：pH=10，氨缓冲液，酒石酸，红→蓝 Re^{3+}：pH=8～9，氨缓冲液，酒石酸，红→蓝 Zn^{2+}：pH=6.8～10，氨，红→蓝 Zr^{4+}：0.5～2mol/L 盐酸，100℃，蓝紫→粉红
242	$C_{20}H_{13}N_3O_{12}S_3$ 1,8-二羟基-7-亚硝基-2-(4-磺基-1-萘偶氮)-3,6-二磺基萘		Th^{4+}：pH=2.4，硝酸，蓝紫→黄 Zr^{4+}：0.5～2mol/L 盐酸，100℃，蓝紫→粉红
243	$C_{20}H_{13}N_3O_{12}S_3$ 2-(4-磺基-2-亚硝基-1-萘偶氮)变色酸		Zr^{4+}：pH=2.4，一氯乙酸，棕红→黄
244	$C_{20}H_{14}O_5$ 3'-羟基酚酞；儿茶酚蓝；焦儿茶酚蓝		Cd^{2+}、Co^{2+}、Cu^{2+}、Mg^{2+}、Ni^{2+}、Pb^{2+}、Zn^{2+}：pH=9～10，氨缓冲液，蓝→红
245	$C_{20}H_{14}N_2O_5S$ 钙试剂 I；铬蓝黑 R；搔洛铬暗蓝 BS；铬坚牢黑 PW；1-(2-羟基-1-萘基偶氮)-4-磺基-2-萘酚（钠盐）		Ca^{2+}：pH=11.5，氨或 pH=12.3～13，乙胺，粉红→蓝 Cd^{2+}：pH=11.5，氨，粉红→蓝 Mn^{2+}、Mg^{2+}、Zn^{2+}：pH=10，氨，粉红→蓝（测 Mn^{2+}加抗坏血酸）
246	$C_{20}H_{14}N_2O_5S$ 铬蓝黑 B；铬黑 BT；铬蓝黑；搔洛铬黑 6B；1-(1-羟基-2-萘偶氮)-4-磺基-2-萘酚（钠盐）		Mg^{2+}、Zn^{2+}：pH=10，氨缓冲液，红→蓝 Ca^{2+}、Cd^{2+}、Mn^{2+}：pH=11.5，氨，红→蓝（测 Mn^{2+}加抗坏血酸） U^{4+}：pH=1～2，盐酸，蓝→红 Zr^{4+}：0.1～0.5mol/L 盐酸，蓝→红

续表

编号	化学式及名称	结构式	EDTA 直接滴定的主要条件和终点颜色变化
247	$C_{20}H_{14}O_6$ 酞紫；邻苯二酚酞		Ca^{2+}, Mg^{2+}, Mn^{2+}, Ni^{2+}, Co^{2+}, Cu^{2+}, Zn^{2+}, Cd^{2+}, Pb^{2+}: pH=9.5，氨缓冲液，蓝绿→紫（测 Mn^{2+}加抗坏血酸；测 Pb^{2+}加酒石酸） La^{3+}: pH=7.5～7.8，蓝→无色
248	$C_{20}H_{14}N_2O_7S_2$ 偶氮红；4-磺基-2-(4-磺基-1-萘基偶氮)-1-萘酚（二钠盐）		Cu^{2+}: pH=11，氨，黄→紫
249	$C_{20}H_{14}N_2O_8S_2$ 1-(1-羟基-8-磺酸-2-萘偶氮)-4-磺酸-2-萘酚（二钠盐）；宫殿坚牢蓝；GGNA 或 GGNACF		Ca^{2+}: pH=12，红→蓝
250	$C_{20}H_{14}N_2O_8S_2$ 4-羟基-3-(1-羟基-4-磺基-2-萘基偶氮)萘-1-磺酸		Mg^{2+}: pH=10，蓝→红
251	$C_{20}H_{14}N_2O_8S_2$ 2-羟基-1-(2-羟基-4-磺基-1-萘基偶氮)-3-磺基萘；HSN		Ca^{2+}: pH=12，蓝→红
252	$C_{20}H_{14}N_2O_{11}S_3$ 羟基萘酚蓝；3-羟基-4-(2-羟基-4-磺基-1-萘偶氮)-2,7-二磺基萘；HNB		Ca^{2+}: pH=13，红→蓝 Mg^{2+}: pH=10，氨缓冲液，红→蓝
253	$C_{20}H_{14}N_2O_{11}S_3$ 变色酸 8B 或 F4B；2-(4-磺基-1-萘偶氮)变色酸；SNADNS；SNADNS-4		Th^{4+}, Zr^{4+}: pH=2～3，硝酸，蓝紫→红
254	$C_{20}H_{14}N_2O_{11}S_3$ 2-(5-磺基-1-萘偶氮)变色酸；SNADNS-5		Th^{4+}: pH=2～3，硝酸，蓝紫→红
255	$C_{20}H_{14}N_2O_{11}S_3$ 2-(6-磺基-1-萘偶氮)变色酸；α-SNADNS-6		Th^{4+}: pH=2～3，硝酸，蓝紫→红
256	$C_{20}H_{14}N_2O_{11}S_3$ 2-(6-磺基-2-萘偶氮)变色酸；β-SNADNS-6		Th^{4+}: pH=2～3，硝酸，蓝紫→红

编号	化学式及名称	结构式	EDTA 直接滴定的主要条件和终点颜色变化
257	C$_{20}$H$_{14}$N$_2$O$_{16}$S$_4$ 铍试剂 II；2-(8-羟基-3,6-二磺基-1-萘偶氮)变色酸；DSNADNS		Be^{2+}：pH=12～13.2，蓝→紫 Mg^{2+}：pH=10，蓝→紫
258	C$_{20}$H$_{15}$N$_3$O$_8$S$_2$ 7-氨基-2-(2-羟基-8-磺基-1-萘偶氮)-3-磺基-1-萘酚（二钠盐）；丽春红 3R		Cu^{2+}：pH=7～8，氨缓冲液，绿或黄→红
259	C$_{20}$H$_{15}$N$_5$O$_3$S$_2$ 1-(苯并噻唑-2-基)-3-苯基-5-(4-磺基苯)甲䐶；BTPFS		Cu^{2+}：pH=4～7，蓝→黄（光度滴定）
260	C$_{20}$H$_{10}$N$_4$O$_5$S 铬红 B；酸性铬红；4-(2-羟基-4-磺基萘偶氮)-3-甲基-1-苯基-5-羟基吡唑		Ba^{2+}, Cd^{2+}, Sr^{2+}：pH=12，红→黄 Ca^{2+}, Mg^{2+}, Zn^{2+}：pH=10，氨缓冲液，红→黄 Cu^{2+}：pH=2～4.5，一氯乙酸缓冲液，粉红→黄 Ni^{2+}：pH=4～6，乙酸-乙酸盐缓冲液，粉红→黄 Mn^{2+}：pH=8～10，氨缓冲液，抗坏血酸，红→黄 Pb^{2+}：pH=10，氨缓冲液，酒石酸，红→黄
261	C$_{20}$H$_{16}$N$_4$O$_6$S 锌试剂；2-羧基-2′-羟基-5′-磺基偕苯偶氮苯		Zn^{2+}：pH=8.5～9.5，氨缓冲液，蓝→红
262	C$_{20}$H$_{20}$N$_2$O$_{10}$ 3,3′-二羟基联苯胺-*N,N,N′,N′*-四乙酸		Cu^{2+}, Pb^{2+}：pH=4～7，深粉红→淡蓝
263	C$_{20}$H$_{22}$N$_2$O$_{11}$ 钙黄绿素蓝；6,8-双{[双(羧甲基)-氨基]甲基}-4-甲基伞形酮		Ba^{2+}, Ca^{2+}, Sr^{2+}：pH=13～14，荧光消失
264	C$_{21}$H$_{14}$N$_2$O$_7$S 钙指示剂；钙红；2-羟基-1-(2-羟基-4-磺基-1-萘偶氮)-3-萘甲酸；HHSNN		Ca^{2+}：pH=12～12.5，红→蓝

续表

编号	化学式及名称	结构式	EDTA 直接滴定的主要条件和终点颜色变化
265	C$_{21}$H$_{16}$N$_4$S 1,5-双-(2-萘基)硫代卡巴腙；HNDZ		Cd^{2+}, Pb^{2+}：pH=6～9，绿→粉红（萃取指示剂） In^{3+}：pH=5，绿→粉红（萃取指示剂） Zn^{2+}：pH=4，绿→粉红（萃取指示剂）
266	C$_{21}$H$_{18}$N$_4$O$_7$ 萘酚紫；{[1-羟基-4-(4-硝基苯偶氮)-2-萘基]甲基}亚氨基二乙酸		Bi^{3+}：pH=1～3，硝酸，红紫→红橙 Cd^{2+}, Cu^{2+}, Mg^{2+}, Zn^{2+}：pH=10～11，氨缓冲液，红紫→蓝 Mn^{2+}：pH=10～11，氨缓冲液，NH$_2$OH·HCl，红紫→蓝 Co^{2+}：pH=10～11，氨缓冲液，40～50℃，红紫→蓝
267	C$_{21}$H$_{21}$N$_3$O$_7$ 卡可西林（Cacothelien）		Th^{4+}：pH=2.72，无色→亮粉红
268	C$_{21}$H$_{22}$N$_4$O N-甲基新烟碱-α′-偶氮-α-萘酚；2-[3-(1-甲基-哌啶)-2-吡啶偶氮]-1-萘酚		Bi^{3+}，pH=1，绿→黄 Ni^{2+}：pH=4～4.2，70～80℃，红紫→亮黄
269	C$_{21}$H$_{22}$N$_4$O$_2$ N-甲基新烟碱-α′-偶氮-1,5-二羟基萘；2-[3-(1-甲基-2-哌啶)-2-吡啶偶氮]萘-1,5-二羟基		Bi^{3+}：pH=1，绿→粉红
270	C$_{21}$H$_{22}$N$_4$O$_4$S N-甲基新烟碱-α′-偶氮-6-磺基-2-萘酚；6-羟基-5-[3-(1-甲基-2-哌啶)-2-吡啶偶氮]-2-磺基萘		Bi^{3+}：pH=1，绿→粉红
271	C$_{21}$H$_{22}$H$_4$O$_4$S 5-羟基-6-[3-(1-甲基-2-哌啶)-2-吡啶偶氮]-1-磺酸萘		Bi^{3+}：pH=1，蓝→黄 Cu^{2+}：pH=3.4，蓝→黄或黄绿 Tl^{3+}：0.5mol/L 硝酸，蓝→黄
272	C$_{21}$H$_{29}$N$_5$O N-甲基新烟碱-α′-偶氮二乙基-m-氨基苯酚；3-二乙氨基-2-[3-(1-甲基-2-哌啶)-2-吡啶偶氮]苯酚		Tl^{3+}：pH=1，红→黄
273	C$_{22}$H$_{12}$O$_{12}$S$_2$ 铅蓝；6,13-二氢-6,13-二羟基-1,4,8,11-戊省醌-2,9-二磺酸		Pb^{2+}：pH=7～8，六亚甲基四胺，蓝→红

编号	化学式及名称	结构式	EDTA 直接滴定的主要条件和终点颜色变化
274	$C_{22}H_{14}O_9$ 铝试剂；铬紫；金精三羧酸（三铵盐或三钠盐）		Ca^{2+}，Mg^{2+}：pH=8.5～10，氨缓冲液，酒红→黄 Al^{3+}：pH=4.4，乙酸盐缓冲液，加热，红→蓝紫 Fe^{3+}：pH=1～2，丙酮，紫→淡黄
275	$C_{22}H_{14}Br_2N_4O_{14}S_4$ 二溴磺基偶氮Ⅲ；2,7-双（4-溴-2-磺基苯偶氮）变色酸		Ba^{2+}：pH=1～2，蓝→紫
276	$C_{22}H_{14}N_6O_{18}S_4$ 2,7-双(4-硝基-2-磺基-1-苯偶氮)变色酸；硝基邻氨基苯磺酸 S；偶氮硝铬		Ba^{2+}：pH=1～2，蓝→紫
277	$C_{22}H_{15}N_6O_{15}PS_2$ 偶氮氯膦 mN		轻、重稀土元素：pH=5～6，蓝色→紫红
278	$C_{22}H_{16}N_2O_2$ 1-(4-羟基-3-联苯基偶氮)-2-萘酚；HPBN		Ca^{2+}，Mg^{2+}：pH=10，氨缓冲液，橙→紫
279	$C_{22}H_{16}N_4O_{11}S_3$ 2-苯基偶氮-7-(2-磺基苯偶氮)变色酸		Ba^{2+}：pH=1～2，蓝→紫
280	$C_{22}H_{16}Cl_2N_4O_{14}P_2S_2$ 偶氮氯膦Ⅲ；2,7-双(4-氯-2-膦酸苯偶氮)变色酸		Ca^{2+}：pH=9～10.5，蓝→紫
281	$C_{22}H_{18}N_2O_2$ 苏丹蓝 G 或 GA；1-甲基氨基-4-(4-甲基苯氨基)蒽醌（与玫棕酸钠混合使用）		Ba^{2+}：pH=10，氨缓冲液，蓝紫→黄
282	$C_{22}H_{18}As_2N_4O_{14}S_2$ 偶氮胂Ⅲ；2,7-双(2-胂基苯偶氮)变色酸		Mg^{2+}，Ca^{2+}：pH=10，氨缓冲液，蓝→红
283	$C_{22}H_{18}As_2N_4O_{14}S_2$ 2,7-双(4-胂基苯偶氮)变色酸		Mg^{2+}，Ca^{2+}：pH=10～11，蓝→玫瑰红

编号	化学式及名称	结构式	EDTA 直接滴定的主要条件和终点颜色变化
284	$C_{22}H_{20}N_2$ 4,4'-二氨基-3,3'-二甲基-1,1'-联萘+铁氰化钾；DMN		Zn^{2+}：pH=5，乙酸-乙酸盐缓冲液，$Fe[(CN)_6]^{3-}$，红紫→微灰绿
285	$C_{22}H_{20}N_2O_{12}$ 3,3'-二羧基二苯基-4,4'-双亚氨基-二乙酸		Cu^{2+}：pH=4～10，→荧光出现 Ca^{2+}：pH>12，→荧光出现
286	$C_{22}H_{20}O_{12}$ 胭脂红酸		Re^{3+}：pH=3.7，盐酸+甘氨酸，加热，或 pH=7，吡啶，紫→黄 Th^{4+}：pH=2，盐酸+甘氨酸，热溶液，蓝紫→黄 Tl^{3+}：pH=3.7，加热，紫→黄 Zr^{4+}：2mol/L 盐酸，蓝紫→粉红
287	$C_{22}H_{23}N_2O_3$ 四环素		Ca^{2+}，Cd^{2+}，Ba^{2+}，Mg^{2+}，Sr^{2+}，Zn^{2+}：pH=10，淡黄绿色荧光消失
288	$C_{22}H_{24}N_2O_{10}$ [(3,3'-二甲氧基-4,4'-联次苯基)双亚氨基]二乙酸；二邻茴香胺-N,N,N',N'-四乙酸		Cu^{2+}：pH=4～10，→荧光出现 Hg^{2+}：pH=4，→荧光出现
289	$C_{23}H_{15}NO_4$ 羟啉蓝；α-(8-羟基-5-喹啉基)-α-(4-氧基-2,5-环己二烯)-2-甲基苯甲酸		Cd^{2+}，Co^{2+}，Cu^{2+}，Mg^{2+}，Pb^{2+}，Zn^{2+}：pH=10，氨缓冲液，粉红→蓝
290	$C_{23}H_{15}N_3O$ 1-(2-喹啉偶氮)-2-羟基菲；QAP		Cu^{2+}：pH=6～8.9，20～50℃，黄→蓝 Hg^{2+}：pH=7，20～60℃，粉红→黄 Co^{2+}：pH=7.6～9.4，20～60℃，粉红→黄

第三篇

编号	化学式及名称	结构式	EDTA 直接滴定的主要条件和终点颜色变化
291	$C_{23}H_{16}Cl_2O_6$ 搔洛铬天青精 BS；铬天青 B；酸性铬纯蓝；2″,6″-二氯-4′-羟基-5,5′-二羧基-3,3′-二甲基品红酮		Fe^{3+}：pH=2～4，深蓝→黄或无色 Th^{4+}：pH=3.5～5.5，深紫→亮棕 Al^{3+}：pH=1～4，加热，紫→黄
292	$C_{23}H_{16}Cl_2O_9S$ 铬天青 S；铬天蓝 S；3″-磺基-2″,6″-二氯-3,3′-二甲基-4′-羟基-5,5′-二羧基品红酮（三钠盐）		Al^{3+}，pH=4，乙酸-乙酸盐缓冲液，加热，紫蓝→黄橙 Ca^{2+}，Mg^{2+}，Ba^{2+}：pH=10～11，氨，红→黄 Cu^{2+}：pH=6～6.5，乙酸盐缓冲液，蓝紫→黄（绿） Ni^{2+}：pH=8～11，吡啶或氨溶液，蓝→黄 Fe^{3+}：pH=2～3，一氯乙酸，蓝→橙 Th^{4+}：pH=2～3，硝酸，红紫→橙 Zr^{4+}：pH=2，红紫→橙 Re^{3+}，pH=8，氨缓冲液，紫蓝→黄 V^{4+}：pH=4，乙酸-乙酸盐缓冲液，蓝紫→橙
293	$C_{23}H_{16}Cl_3N_3O_5S$ 亚米茄铬蓝绿 BL；8-(4-甲基苯基氨基)-2-(3,5,6-三氯-2-羟基苯偶氮)-5-磺-1-萘酚（钠盐）		Ca^{2+}，Mg^{2+}：pH=10，氨缓冲液，乙醇或丙酮，60℃，红→蓝
294	$C_{23}H_{17}ClN_4O_5S$ 铬坚牢绿 B；搔洛铬绿 V；2-氯-5-[5-羟基-4-(2-羟基-1-萘偶氮)-2-甲基苯偶氮]苯磺酸（钠盐）		Mn^{2+}：pH=11，氨，抗坏血酸，紫→蓝 Zn^{2+}：pH=11，氨，紫→蓝
295	$C_{23}H_{18}O_9S$ 铬菁 R；红色素苷 R；铬菁 RC；2″-磺基-3,3′-二甲基-4′-羟基-5,5′-二羧基品红酮（三钠盐）		Al^{3+}：pH=5～6.3，乙酸-乙酸盐缓冲液，红紫→黄 Ca^{2+}：pH=11.5，氨，紫→黄 Cu^{2+}，Mg^{2+}：pH=10，氨缓冲液，紫→黄 Fe^{3+}：pH=2～3，一氯乙酸，加热，紫→橙 Th^{4+}：pH=2～2.5，硝酸，紫→红 Zr^{4+}：pH=1.3～1.5，盐酸，粉红→无色

编号	化学式及名称	结构式	EDTA 直接滴定的主要条件和终点颜色变化
296	$C_{23}H_{18}O_{12}S_2$ 嗍呔铬；2″,4″-磺基-3,3′-二甲基-4′-羟基-5,5′-二羧基品红酮（二铵盐）		Fe^{3+}：pH=1.5～2.5，蓝→红
297	$C_{23}H_{19}N_5O_5$ 2-[(2-羟基-5-硝基苯)偶氮]-4,5-二苯脒唑·乙酸；HPADI		Zn^{2+}，Cd^{2+}，Mn^{2+}：pH=10，蓝紫→红 Pb^{2+}：pH=5，紫→橙
298	$C_{24}H_{18}ClN_4O_{12}PS_2 \cdot 4H_2O$ 偶氮氯膦-MA		Ni^{2+}：pH=5～6，纯蓝→红紫色
299	$C_{24}H_{28}NO_{10}$ [(3,3′-二乙氧基-4,4′-联次苯基)双亚氨基]二乙酸		Cu^{2+}：pH=4～10，→荧光出现 Hg^{2+}：pH=4，→荧光出现
300	$C_{25}H_{17}N_5O_8S_2$ 2-(8-喹啉偶氮)-7-苯偶氮-1,8-二羟萘-3,6-二磺酸；QAPAC		大量 Mg^{2+} 存在下测定 Ca^{2+}
301	$C_{25}H_{20}O_9$ 3,3′,3″-三甲基-4′,4″-二羟基-5,5′,5″-三羧基品红酮		Fe^{3+}：pH=2～3，90℃，红紫→橙
302	$C_{25}H_{21}N_3O_3$ 二甲苯胺蓝Ⅱ；3-羟基-4-(2-羟基苯偶氮)-2-萘-2′,4′-二甲苯胺酰		Mg^{2+}：pH=10～10.5，硼酸钠缓冲液，30%～80%甲醇，橙→蓝紫
303	$C_{26}H_{18}N_4O_6S$ 酸性茜素黑 SE；2,6-双(2-羟基-1-萘基偶氮)-4-磺基苯酚		Ca^{2+}：pH=11～12，红→蓝 Mg^{2+}：pH=10，紫→青蓝 Th^{4+}：pH=4，红→橙 Ni^{2+}，Zn^{2+}：pH=11.5，加热，紫→青蓝 Mn^{2+}：pH=11.5，氨，$NH_2OH \cdot HCl$，紫→蓝

第三篇

续表

编号	化学式及名称	结构式	EDTA 直接滴定的主要条件和终点颜色变化
304	$C_{26}H_{18}N_4O_9S_2$ 酸性茜素黑 SN；1-[2-羟基-3-(2-羟基-1-萘偶氮)-5-磺基苯偶氮]-6-磺基-2-萘酚	(结构式)	Ba^{2+}，Ca^{2+}：pH=11.5，氨，红→蓝 Cd^{2+}：pH=8.5，硼酸钠缓冲液，红→蓝 Mg^{2+}，Ni^{2+}：pH=10，氨缓冲液，紫→蓝 Mn^{2+}：pH=10，氨缓冲液，$NH_2OH \cdot HCl$，红→橙 Th^{4+}：pH=4，红→橙 Zn^{2+}：pH=11.5，氨缓冲液，紫→蓝
305	$C_{26}H_{20}N_4O_{10}S_2$ 偶氮芪；偶氮芪 R；4,4′-双(3,4-二羟基苯偶氮)-2,2′-芪二磺酸	(结构式)	Bi^{3+}，Th^{4+}：pH=3.8，乙酸盐缓冲液，紫→黄
306	$C_{26}H_{20}Cl_2N_2O_9$ 双[(羧基甲基)氨基甲基]-4′,5′-二氯荧光黄	(结构式)	Cu^{2+}：pH=5～7，→荧光出现 Co^{2+}，Ni^{2+}：pH=9～10，→荧光出现
307	$C_{26}H_{22}O_9$ 3,3′,2″,6″-四甲基-5,5′,5″-三羧基-4′,4″-二羟基品红酮	(结构式)	Ca^{2+}，Mg^{2+}，Ni^{2+}：pH=11，红→绿 Cu^{2+}：pH=8，红→橙 Th^{4+}：pH=4.8，紫→红 V^{4+}：pH=4，紫→红
308	$C_{27}H_{18}N_4O_8S$ 钻石绿 3G 或 SSA 或 BW；3-[4-(1,8-二羟基-4-磺基-2-萘偶氮)-1-萘偶氮]水杨酸（钠盐）	(结构式)	Ca^{2+}：pH=11.5～13，红→紫 Sr^{2+}：pH=11.5，氨，红→紫
309	$C_{27}H_{18}N_4O_8S$ 5-[4-(1,8-二羟基-4-磺基-2-萘偶氮)-1-萘偶氮]水杨酸（钠盐）	(结构式)	Ca^{2+}：pH=11.5～13，红→紫 Sr^{2+}：pH=11.5，氨，红→紫
310	$C_{27}H_{18}N_4O_8S$ 3-羟基-4-[2-羟基-3-(3-硝基苯基氨基甲酰基)-1-萘偶氮]-1-磺基萘（二钠盐）	(结构式)	Ca^{2+}：pH=12～13，酒红→蓝紫 Mg^{2+}：pH=10，蓝紫→绿蓝

续表

编号	化学式及名称	结构式	EDTA 直接滴定的主要条件和终点颜色变化
311	C$_{27}$H$_{27}$NO$_6$ 揣洛铬亮紫 RS；4″-二乙基氨基-3,3′-二甲基-4′-羟基-5,5′-二羧基品红酮		Fe^{3+}：pH=1.7~2.4，淡蓝紫→淡黄或无色
312	C$_{27}$H$_{28}$N$_2$O$_9$S 甘氨酸甲酚红；3′,3″-双（羧甲基氨基甲基）-5′,5″-二甲酚磺酞（钠盐）；GCR		Cu^{2+}：pH=4~5，六亚甲基四胺，红→黄或绿
313	C$_{28}$H$_{20}$N$_4$O$_{16}$S$_2$ 偶氮芪酚 II；4,4′-双（2-羧基-4,5,6-三羟基苯偶氮）芪-2,2′-二磺酸		Zr^{4+}：2mol/L 盐酸，紫→黄
314	C$_{28}$H$_{21}$N$_5$O$_6$S$_4$ 达旦黄		Mg^{2+}：pH=10，玫瑰→橙
315	C$_{28}$H$_{22}$N$_4$O$_6$ 10,10′-二甲基-9,9′-联吖啶二硝酸盐；光泽精		Cu^{2+}：pH=10~11，氨，→荧光出现
316	C$_{28}$H$_{26}$N$_2$O$_9$ 甲基钙黄绿素		Cu^{2+}，Mn^{2+}：pH=9.5，→荧光消失
317	C$_{30}$H$_{18}$N$_6$O$_{21}$S$_6$ 环-三-7-(1-偶氮-8-羟基萘-3,6-二磺酸)；钙色素		Ca^{2+}：pH=11~13，红→蓝

编号	化学式及名称	结构式	EDTA 直接滴定的主要条件和终点颜色变化
318	$C_{30}H_{20}N_4O_{11}S_3$ 8-(2-羟基-1-萘偶氮)-2-(4-磺基-1-萘偶氮)-1-萘酚-3,6-二磺酸（三钠盐）；坚牢嘭呐黑 F		Cu^{2+}：pH=10～11.5，氨，紫→绿或黄
319	$C_{30}H_{20}N_4O_{13}S_4$ 1-[4-(6,8-二磺基-2-萘基偶氮)-1-萘基偶氮]-2-羟基萘-3,6-二磺酸		Cu^{2+}：pH=4.7～10.6，紫→蓝
320	$C_{30}H_{20}N_4O_{14}S_4$ 2,7-双(4-磺基萘偶氮)变色酸；di-SNADNS；di-SNADNS-4		Th^{4+}：pH=2～3，硝酸，蓝→红
321	$C_{30}H_{26}N_2O_{13}$ 钙黄绿素 W；钙黄绿素；荧光黄配合剂		Ca^{2+}，Sr^{2+}，Ba^{2+}：pH>12，亮紫绿→近无色
322	$C_{30}H_{26}N_2O_{13}$ 3,6-二羟基-2,4-双[N,N'-二（羧基甲基氨基）]荧光素		Ca^{2+}：pH>12，→荧光消失
323	$C_{30}H_{28}N_2O_{12}$ 酚酞络合腙；3',3"-双{[双（羧基甲基）氨基]甲基}酚酞（与钙荧素合用）		Ca^{2+}：pH>12，淡黄→紫红
324	$C_{31}H_{23}ClN_2O_9$ 铬酸绿 GG；铬绿 G；5"-(3-甲基-4-羟基-5-羧基-1-苯偶氮)-2"-氯-4'-羟基-3,3'-二甲基-5,5'-二羧基品红酮		Mg^{2+}，Ca^{2+}，Ni^{2+}：pH=11，红→绿 Cu^{2+}：pH=8，氨缓冲液，红→橙 Th^{4+}：pH=4.8，紫→红 VO^{2+}：pH=4，紫→红

编号	化学式及名称	结构式	EDTA 直接滴定的主要条件和终点颜色变化
325	$C_{31}H_{32}N_2O_{13}S$ 3,3'- 双 [N,N- 二 (羧基甲基)-氨基甲基]邻甲酚磺酞；二甲酚橙 XO		Bi^{3+}：pH=1～3，硝酸，红→黄 Ca^{2+}：pH=10.5，氨缓冲液，蓝紫→灰 Cd^{2+}，Co^{2+}，Cu^{2+}，Pb^{2+}，Re^{3+}，Zn^{2+}，Hg^{2+}，Y^{3+}：pH=5～6，六亚甲基四胺或乙酸-乙酸盐缓冲液，红→黄 Fe^{3+}：pH=1～1.5，硝酸，加热，蓝紫→黄 In^{3+}：pH=3～4.5，乙酸-乙酸盐缓冲液，红紫→黄 Mg^{2+}：pH=10.5，氨缓冲液，红→淡灰 Mn^{2+}：pH=10，氨缓冲液，紫→淡灰 Sc^{3+}：pH=2.2～5.0，硝酸或乙酸-乙酸盐缓冲液，红→黄 Th^{4+}：pH=1.6～3.5，硝酸，粉红→黄 U^{4+}：pH=1.7～2.2，红→黄 V^{5+}：pH=1.8，红→黄 Zr^{4+}，1mol/L 盐酸，加热，红→黄
326	$C_{31}H_{32}N_2O_{13}S$ 二甲酚橙		Zn^{2+}：pH=5～6，红→亮黄 Pb^{2+}：黄→红
327	$C_{32}H_{24}N_5O_{18}S_5$ 双 [3-(8-氨基-1-羟基-3,6-二磺基-2-萘偶氮)-4-羟基苯基]砜；偶氮砜		In^{3+}：pH=5，乙酸-乙酸盐缓冲液，紫→红 Sc^{3+}：pH=5～5.4，乙酸-乙酸盐缓冲液，紫→红
328	$C_{32}H_{24}N_6O_6S_2$ 刚果红		Hg^{2+}：pH=5.5，乙酸-乙酸盐缓冲液，紫蓝→红
329	$C_{32}H_{32}N_2O_{12}$ 金属酞；酞紫；邻甲酚酞配合剂；3',3"-双{[双(羧甲基)氨基]甲基}酞酞；PC		Ba^{2+}，Sr^{2+}：pH=10.5～11，氨，红→玫瑰 Ca^{2+}，Mg^{2+}：pH=10～11，氨，红→玫瑰 Cd^{2+}：pH=10，氨缓冲液，乙醇，粉红→无色

编号	化学式及名称	结构式	EDTA 直接滴定的主要条件和终点颜色变化
330	$C_{33}H_{40}N_2O_9S$ 甘氨酸百里酚蓝；3′,3″-双{[(羧基甲基)氨基]甲基}-5′,5″-二异丙基-2′,2″-二甲基酚磺酞（钠盐）		Cu^{2+}，Zn^{2+}：pH=5～6，六亚甲基四胺缓冲液，蓝→黄
331	$C_{34}H_{24}N_4O_{22}S_6$ 4,4′-双(1,8-二羟基-3,6-二磺基-2-萘偶氮)芪-2,2′-二磺酸；偶氮芪铬		Sc^{3+}：pH=1.5～2.5 或 4.5，青→玫瑰
332	$C_{36}H_{25}N_5O_{10}S_3$ 6-苯基氨基-2-[4-(4,7-二磺基-1-萘偶氮)-1-萘偶氮]-1-萘酚-3-磺酸（三钠盐）；亮刚果蓝 BFI		Pb^{2+}：pH=6～7.5，红→蓝
333	$C_{37}H_{44}N_2O_{13}S$ 甲基百里酚蓝；3′,3″-双{[(羧基甲基)氨基]甲基}-5′,5″-二异丙基-2′,2″-二甲基酚磺酞（钠盐）		Ba^{2+}：pH=10～11，氨，蓝→灰 Ca^{2+}，Sr^{2+}：pH=12，蓝→灰或无色 Bi^{3+}，Th^{4+}：pH=1～3，硝酸，蓝→黄 Cd^{2+}，Hg^{2+}，Mn^{2+}，Pb^{2+}，Zn^{2+}，Re^{3+}：pH=5～6，六亚甲基四胺缓冲液，蓝→黄 Cu^{2+}，Mg^{2+}：pH=11.5，氨，蓝→灰或无色 Fe^{3+}：pH=4.5～6，六亚甲基四胺缓冲液，蓝→黄 In^{3+}：pH=3～4，乙酸-乙酸盐缓冲液，蓝→黄 Sc^{3+}：pH=2.2，HNO_3 或 pH=6，吡啶，蓝→黄 Sn^{2+}：pH=5.5～6，吡啶-乙酸缓冲液，蓝→黄 Tl^{3+}：pH=7～10，酒石酸，红→蓝 Zr^{4+}：pH=0～2.3，一氯乙酸，加热，蓝→黄 Nb：pH=5～6，六亚甲基四胺，蓝→黄
334	$C_{38}H_{44}N_2O_{12}$ 百里香酚酞络合剂；TPC		Ba^{2+}，Sr^{2+}，Mg^{2+}：pH=10～11，蓝→绿黄 Ag^+：pH=10～11，氨，二甲基黄，蓝→亮绿 Ca^{2+}：pH=10.5～12，蓝→无色 Mn^{2+}：pH=10，氨缓冲液，$NH_2OH \cdot HCl$，蓝→淡粉红

续表

编号	化学式及名称	结构式	EDTA 直接滴定的主要条件和终点颜色变化
335	$C_{40}H_{27}N_7O_{13}S_4$ 爱利阿米那蓝；FFL		Th^{4+}：pH=2.5～3.5，硝酸，70℃，玫瑰→蓝
336	$C_{42}H_{26}N_4O_{10}$ 3′,3″-双(3-羧基-2-羟基-1-萘偶氮)酚酞		Mg^{2+}：pH=10，红→蓝 Ca^{2+}：pH>12，红→蓝紫

金属指示剂在不同 pH 条件下的酸效应系数见表 11-21。

表 11-21 金属指示剂在不同 pH 条件的酸效应系数 $[\lg \alpha_{In(H)}]$

指示剂 \ pH	1	2	3	4	5	6	7	8	9	10	11	12	13	14
$C_4H_3N_3O_4$，紫脲酸	25.2	22.2	19.2	16.2	13.7	11.6	9.6	7.6	5.6	3.9	2.5	1.5	0.6	0.1
C_5H_8O，乙酰丙酮	8.0	7.0	6.0	5.0	4.0	3.0	2.0	1.0	3.0					
$C_6H_6O_3$，麦芽糖醇	9.5	8.5	7.5	6.5	5.5	4.5	3.5	2.5	1.5	0.6	0.1			
$C_6H_6O_4$，曲酸	6.8	5.8	4.8	3.8	2.8	1.8	0.9	0.1						
$C_6H_6O_8S_2$，钛铁试剂	18.3	16.3	14.3	12.3	10.3	8.3	6.3	4.8	3.6	2.6	1.6	0.7	0.1	
$C_6H_6N_2O$，2-醛肟-吡啶	11.7	9.7	7.8	6.2	5.2	4.2	3.2	2.2	1.2	0.4				
$C_6H_{10}O_3$，乙酰乙酸乙酯		9.8	8.8	7.8	6.8	5.8	4.8	3.8	2.8	1.8	0.9	0.2		
$C_6H_{12}N_2O_2S_2$，HEDO	22.6	20.6	18.6	16.6	14.6	12.6	10.6	8.6	6.6	4.6	3.1	1.9	1.0	0.3
$C_7H_6O_3$，水杨酸	14.6	12.6	11.1	9.9	8.9	7.9	6.9	5.9	4.9	3.9	2.9	1.9	1.0	0.2
$C_7H_6O_6S$，磺基水杨酸	12.3	10.3	8.9	7.7	6.7	5.7	4.7	3.7	2.7	1.7	0.8	0.2		
$C_8H_8O_3$，邻甲基水杨酸	15.5	13.5	11.9	10.6	9.6	8.6	7.6	6.6	5.6	4.6	3.6	2.6	1.6	0.7
$C_8H_8N_6O_6$，红紫酸铵						7.7	5.7	3.7	1.9	0.7	0.1			
$C_8H_9N_3O_2$，水杨醛半卡巴腙				5.7	4.7	3.7	2.7	1.7	0.8	0.2				
$C_9H_6INO_4S$，高铁试剂	7.9	6.0	4.4	3.4	2.4	1.4	0.5	0.1						
C_9H_7NO，8-羟基喹啉	12.9	10.9	8.9	6.9	5.2	3.9	2.9	1.9	1.0	0.3				
$C_9H_7N_3O_2S$，TAR	14.3	12.0	10.0	8.0	6.0	4.2	2.9	1.8	0.9	0.1				
$C_{10}H_7NO_8S_2$，亚硝基 R 盐			4.1	3.1	2.1	1.1	0.4							
$C_{11}H_8O_3$，3-HNA-2	13.0	11.1	9.6	8.5	7.5	6.5	5.5	4.5	3.5	2.5	1.5	0.6	0.1	
$C_{11}H_9N_3O_2$，PAR	14.0	11.0	9.3	8.0	6.9	5.9	4.9	3.9	2.9	1.9	1.0	0.3		
$C_{11}H_{11}N_3O_2S$，MTAHA	7.0	6.0	5.0	4.0	3.0	2.0	1.0	0.3						
$C_{11}H_{11}N_4OS$，TAM	9.8	7.8	6.0	4.7	3.7	2.7	1.7	0.7	0.2					
$C_{12}H_{10}N_2O_2$，DHAB	17.3	15.3	13.3	11.3	9.3	7.3	5.3	3.7	2.5	1.5	0.6			
$C_{12}H_{10}N_2O_3$，HBR	24.5	21.5	18.5	15.5	12.5	9.5	7.1	5.0	3.2	2.2	1.2	0.4		
$C_{12}H_{11}N_3O$，PAC	9.8	7.8	6.3	5.2	4.2	3.2	2.2	1.2	0.4	0.1				
$C_{13}H_9N_3OS$，TAN	8.4	7.1	6.1	5.1	4.1	3.1	2.1	1.1	0.4					
$C_{13}H_9N_3O_4S_2$，TAN-6S	6.9	5.9	4.9	3.9	2.9	1.9	1.0	0.1						
$C_{13}H_{11}NO_2$，BPHA	7.2	6.2	5.2	4.2	3.2	2.2	1.2	0.4						
$C_{13}H_{12}N_4S$，双硫腙	3.7	2.7	1.7	0.8	0.2									
$C_{13}H_{14}N_4$，PAMA	4.5	2.8	1.5	0.6	0.1									
$C_{13}H_{14}N_4O$，二苯氨基脲	7.0	6.0	5.0	4.0	3.0	2.0	1.0	0.3						
$C_{14}H_8O_7S$，ARS		12.5	10.5	8.5	6.6	5.1	4.0	3.0	2.0	1.0	0.3			

指示剂＼pH	1	2	3	4	5	6	7	8	9	10	11	12	13	14
$C_{15}H_9N_5O_9S$，HDNPAZOXS	19.8	16.8	14.1	11.8	9.8	7.8	5.8	4.1	2.7	1.7	0.8	0.2		
$C_{15}H_{10}O_7$，桑色素	12.0	10.0	8.0	6.0	4.2	2.8	1.7	0.8	0.2					
$C_{15}H_{11}N_3O$，o-PAN			9.2	8.2	7.2	6.2	5.2	4.2	3.2	2.2	1.2	0.4		
$C_{15}H_{11}N_3O$，p-PAN	10.1	8.1	6.4	5.1	4.1	3.1	2.1	1.1	0.4					
$C_{16}H_{11}ClN_2O_9S_2$，铬蓝 SE	27.4	24.4	21.4	18.4	15.4	12.4	9.4	6.7	4.4	2.4	1.1	0.2		
$C_{16}H_{11}N_3O_7S$，酸性茜素黑 R	22.1	19.1	16.1	13.5	11.3	9.2	7.2	5.2	3.2	1.3	0.2			
$C_{16}H_{12}N_2O_2$，HBN	18.1	16.1	14.1	12.1	10.1	8.1	6.2	4.6	3.4	2.4	1.4	0.5	0.1	
$C_{16}H_{12}N_2O_6S$，铬黑 PV	19.1	16.1	13.1	10.4	8.0	6.0	4.3	3.0	2.0	1.0	0.3			
$C_{16}H_{12}N_2O_8S_2$，铬变酸 2R	8.3	7.3	6.3	5.3	4.3	3.3	2.3	1.3	0.5					
$C_{16}H_{12}N_2O_9S_2$，酸性铬深蓝	26.3	23.3	20.3	17.3	14.3	11.3	8.3	5.8	3.9	2.4	1.4	0.6		
$C_{16}H_{12}N_2O_{12}S_3$，酸性铬蓝 K	28.5	25.5	22.5	19.5	16.5	13.5	11.0	8.8	6.8	5.0	2.6	2.6	1.6	0.7
$C_{16}H_{13}AsN_2O_{10}S_2$，钍试剂			14.9	12.3	10.1	8.1	6.1	4.3	2.9	1.8	0.9	0.2		
$C_{16}H_{13}AsN_2O_{11}S_2$，偶氮胂 I	29.5	25.1	21.6	18.4	15.4	12.4	9.4	6.8	4.5	2.6	1.1	0.3		
$C_{16}H_{13}N_3O_8S_2$，HBANS-3,6				12.3	10.3	8.3	6.3	4.4	3.0	1.9	1.0			
$C_{16}H_{13}N_3O_8S_2$，HBANS-5,7				11.0	9.0	7.0	5.1	3.7	2.6	1.6	0.7	0.1		
$C_{17}H_{14}N_2O_5S$，钙镁试剂	18.5	16.5	14.5	12.5	10.5	8.5	6.5	4.8	3.4	2.4	1.4	0.5		
$C_{17}H_{20}N_4O_2$，MAAR	15.3	13.3	11.3	9.3	7.5	6.1	5.1	4.1	3.1	2.1	1.1	0.4		
$C_{18}H_{14}N_2O_3$，HPBR	23.2	20.2	17.2	14.2	11.2	8.2	5.7	3.8	2.4	1.4	0.6			
$C_{18}H_{15}AsN_6O_8S$，铅试剂	22.3	19.3	16.3	13.3	10.6	8.2	6.2	4.3	2.8	1.7	0.8	0.2		
$C_{18}H_{20}N_2O_6$，EHPG	33.7	29.7	25.7	21.7	17.7	13.8	10.3	7.3	4.7	2.5	1.0	0.3		
$C_{19}H_{10}Br_2O_8S$，BPR	21.8	18.8	15.8	12.9	10.4	8.4	6.4	4.4	2.6	1.3	0.5	0.1		
$C_{19}H_{12}O_8S$，邻苯三酚红	26.5	22.5	19.1	16.0	13.0	10.3	7.7	5.7	3.7	2.1	1.0	0.3		
$C_{19}H_{13}N_3O_4S$，萘基偶氮羟啉			4.8	3.5	2.5	1.5	0.6	0.1						
$C_{19}H_{13}N_3O_7S_2$，萘基偶氮羟啉 6S	8.5	6.5	4.8	3.5	2.4	1.4	0.6	0.1						
$C_{19}H_{13}N_3O_7S_2$，SNAZOXS	8.0	6.0	4.3	3.0	2.0	1.0	0.3							
$C_{19}H_{14}O_7S$，邻苯二酚紫	26.3	23.3	20.3	17.3	14.3	11.3	8.3	5.7	3.5	1.9	0.8	0.2		
$C_{20}H_{13}N_3O_7S$，铬黑 A				11.2	9.2	7.4	6.1	5.0	4.0	3.0	2.0	1.0	0.3	
$C_{20}H_{13}N_3O_7S$，铬黑 T				10.2	7.9	6.0	4.6	3.6	2.6	1.6	0.7	0.1		
$C_{20}H_{14}N_2O_5S$，铬蓝黑 B				10.7	8.7	6.9	5.5	4.5	3.5	2.5	1.5	0.6	0.1	
$C_{20}H_{14}N_2O_5S$，钙试剂 I				12.5	10.5	8.5	6.8	5.6	4.5	3.5	2.5	1.5	0.6	
$C_{20}H_{14}N_2O_8S$，宫殿坚牢蓝-GGNA		17.8	15.8	13.8	11.8	9.8	7.8	5.8	4.2	2.9	1.9	1.0	0.3	
$C_{20}H_{14}N_2O_{15}S_4$，DSNADNS	25.4	20.6	16.0	12.1	8.7	6.1	4.2	2.9	1.9	1.0	0.3			
$C_{20}H_{16}N_4O_6S$，锌试剂				4.9	3.4	2.3	1.3	0.5	0.1					
$C_{22}H_{16}N_2O_2$，HPBN	17.8	15.8	13.8	11.8	9.8	7.8	5.8	4.1	2.8	1.8	0.9	0.2		
$C_{22}H_{16}Cl_2O_9S$，铬天青 S	15.7	12.9	10.4	8.4	6.8	5.5	4.5	3.5	2.5	1.5	0.6	0.1		
$C_{23}H_{17}ClN_4O_5S$，搔洛铬绿 V	19.5	16.5	13.7	11.5	9.4	7.4	5.4	3.4	1.6	0.4				
$C_{23}H_{18}O_9S$，铬菁 R	16.3	13.8	11.6	9.6	7.6	6.0	4.8	3.8	2.8	1.8	0.9	0.2		
$C_{27}H_{28}N_2O_9S$，GCR	32.7	27.8	23.2	19.2	15.6	12.3	9.6	7.2	5.2	3.2	1.6	0.5	0.1	
$C_{31}H_{32}N_2O_{13}S$，二甲酚橙	29.9	25.0	20.5	17.1	14.1	11.1	8.8	6.7	4.7	2.9	1.3	0.5		
$C_{32}H_{32}N_2O_{12}$，金属酞	37.3	31.5	26.5	22.2	18.2	14.2	10.5	7.6	5.4	3.4	1.5	0.3		
$C_{37}H_{44}N_2O_{13}S$，MTB			24.3	20.3	16.9	13.8	11.0	8.6	6.6	4.6	2.8	1.4	0.5	0.1
$C_{38}H_{44}N_2O_{12}$，TBC					9.7	7.7	5.9	4.3	3.3	2.3	1.3	0.5		

金属指示剂（In）与金属离子（M）配位生成配合物（MIn）：

$$M+In \rightleftharpoons MIn$$

平衡常数：

$$K_{MIn}=\frac{[MIn]}{[M][In]}$$

若只考虑指示剂的酸效应，则条件稳定常数：

$$K'_{MIn}=\frac{[MIn]}{[M][In']}$$

当溶液中[MIn]=[In']时，指示剂颜色发生转变（transition），此即指示剂的变色点 $pM_{trans}=\lg K'_{MIn}$。指示剂的变色点 pM_{trans} 值见表 11-22。

表 11-22 指示剂变色点的 pM_{trans} 值①

指示剂 \ pH	1	2	3	4	5	6	7	8	9	10	11	12	13	14
Ag⁺														
1-(2-噻唑偶氮)-2-萘酚	0.3	1.6	2.6	3.6	4.6	5.6	6.6	7.6	8.3	8.7	8.7	8.7	8.7	8.7
Al³⁺														
铬紫B				6.4	8.4	10.8	14.0	16.6	18.6	20.6	22.6	24.6	26.0	26.6
铬天青S			2.4	4.4	6.1	7.4	8.4	9.4	10.4	11.4	12.3	12.8	12.9	12.9
邻苯二酚紫			1.9	3.4	5.2	8.0	11.0	13.6	15.8	17.4	18.5	19.1		
Ba²⁺														
酸性铬深蓝													1.2	1.2
铬黑 T									0.4	1.4	2.3	2.9	3.0	3.0
金属酞									2.6	4.6				
甲基百里酚蓝									3.0	4.5				
Bi³⁺														
PAR	4.2	6.2	8.2	10.2										
4-(2-噻唑偶氮)-3-羟基苯酚	7.6	8.9	9.9	10.9	11.9	12.7	13.0							
邻苯二酚紫	3.0	4.5	6.8	9.8	12.8	15.8	18.8	21.4	23.6	25.2	26.3	26.9	27.1	27.1
二甲酚橙	4.0	5.4	6.8											
Ca²⁺														
4-(2-羟基苯偶氮)-3-羟基苯酚									0.2	1.2	2.2	3.0	3.4	3.4
HPBR									0.7	1.7	2.5	3.1	3.1	3.1
酸性铬深蓝										1.5	3.1	4.3	4.3	
钙镁试剂								1.3	2.7	3.7	4.7	5.6	6.1	6.1
铬蓝 SE									0.6	2.6	3.9	4.8	5.0	5.0
铬紫 B							0.3	1.6	2.6	3.6	4.6	5.6	6.3	6.6
HBANS-3,6									1.4	2.5	3.4	4.1	4.4	4.4
HBANS-5,7								1.0	2.1	3.1	4.0	4.6	4.7	4.7
1-(2-羟基苯偶氮)-2-萘酚								0.1	1.3	2.3	3.3	4.2	4.6	4.7
HPBN									0.8	1.8	2.7	3.4	3.6	3.6
铬黑 A								0.3	1.3	2.3	3.3	4.3	5.0	5.3
铬黑 T							0.8	1.8	2.8	3.8	4.7	5.3	5.4	5.4
铬蓝黑 B							0.2	1.2	2.2	3.2	4.2	5.1	5.6	5.7

续表

指示剂 \ pH	1	2	3	4	5	6	7	8	9	10	11	12	13	14
Ca^{2+}														
钙试剂 I									0.8	1.8	2.8	3.8	4.7	5.3
宫殿坚牢蓝 GGNA								1.7	3.3	4.6	5.6	6.5	7.2	7.5
金属钛									3.4	4.5	6.2			
甲基百里酚蓝								3.0	4.0	5.5	7.0	7.5		
红紫酸铵							2.6	2.8	3.4	4.0	4.6	5.0	5.0	5.0
Cd^{2+}														
PAR			1.5	3.5	5.5	7.5								
TAR	1.5	2.8	3.8	4.8	5.8	6.6	6.9	7.0						
萘基偶氮羟啉 6S			1.5	2.8	3.9	4.9	5.7	6.2	6.3	6.3	6.3	6.3	6.3	6.3
SNAZOXS		0.3	1.5	2.8	3.8	4.8	5.5	5.8	5.8	5.8	5.8	5.8	5.8	5.8
铬天青 S									0.8	2.8	4.6	5.6	5.8	5.8
甲基百里酚蓝					2.5	4.1	5.6							
邻苯二酚紫							2.3	3.9	5.2	6.2	7.3	7.9	8.1	8.1
二甲酚橙					4.5	5.5	6.8							
双硫腙		2.6	4.6	6.4	7.6	8.0	8.0	8.0	8.0	8.0	8.0	8.0	8.0	8.0
Co^{2+}														
PAMA		0.5	1.8	2.7	3.2	3.3	3.3	3.3						
o-PAN			2.8	3.8	4.8	5.8	6.8	7.8	8.8	9.8	10.8	11.6	12.0	12.0
邻苯二酚紫							2.9	4.5	5.9	7.1	8.2	8.8	9.0	9.0
Cu^{2+}														
铬紫 B				9.8	11.8	13.8	15.5	16.8	17.8	18.8	19.8	20.8	21.5	21.8
2-(2-吡啶)-4-甲基酚	3.9	5.9	7.4	8.5	9.5	10.8	12.6	14.6	16.2	16.8	17.0	17.0	17.0	17.0
PAMA	0.7	2.4	3.7	4.6	5.1	5.2	5.2	5.2	5.2	5.2				
PAR	3.5	5.5	7.5	9.5	11.5									
MTAHA	2.8	3.8	4.8	5.8	6.8	7.8	8.8	9.8	9.8	9.8	9.8	9.8	9.8	9.8
TAR	6.4	7.4	8.4	9.4	10.4	11.2	11.5	12.0	12.7	13.5	13.6	13.6	13.6	13.6
钙试剂 I				8.7	10.7	12.7	14.4	15.6	16.7	17.7	18.7	19.7	20.6	21.2
o-PAN			6.8	7.8	8.8	9.8	10.8	11.8	12.8	13.8	14.8	15.6	16.0	16.0
p-PAN			2.2	4.8	6.8	8.8	10.8	12.8	14.2	15.0	15.0	15.0	15.0	15.0
萘基偶氮羟啉 6S		3.9	5.6	7.5	9.6	11.6	13.2	14.2	14.4	14.4	14.4	14.4	14.4	14.4
SNAZOXS	2.0	4.0	5.8	7.9	9.8	11.8	13.2	13.8	13.8	13.8	13.8	13.8	13.8	13.8
1-(2-噻唑偶氮)-2-萘酚	2.5	3.9	5.4	7.3	9.3	11.3	13.3	15.3	16.7	17.5	17.5	17.5	17.5	17.5
铬天青 S				1.0	2.6	3.9	4.9	5.9	6.9	7.9	8.8	9.3	9.4	9.4
邻苯二酚紫				1.6	3.6	5.7	8.2	10.8	13.0	14.6	15.7	16.3	16.5	16.5
二苯氨基脲	2.8	3.8	5.2	7.9	10.9	13.9	16.9	18.9	19.0	19.0	19.0	19.0	19.0	19.0
亚硝基 R 盐			4.4	5.4	6.4	7.7	8.9	9.6	9.6	9.6	9.6	9.6	9.6	9.6
红紫酸铵					6.4	8.2	10.2	12.2	13.6	15.8	17.9			
Fe^{3+}														
铬天青 S	2.3	3.6	5.5	7.5	9.1	10.4	11.4	12.4	13.4	14.4	15.3	15.8	15.9	15.9
铬菁 R	1.6	4.3	6.3	8.3	10.3	11.9	13.1	14.1	15.1	16.1	17.0	17.7	17.9	17.9
BPHA				1.1	2.1	3.1	4.1	4.9	5.3	5.3	5.3			
邻甲基水杨酸	2.6	4.6	6.2	7.5	8.5	9.5	10.5	11.5	12.5	13.5	14.5	15.5	16.5	17.4
EHPG		4.2	8.2	12.2	16.2	20.1	23.6	26.6	29.2	31.4	32.9	33.6	33.9	33.9

指示剂 \ pH	1	2	3	4	5	6	7	8	9	10	11	12	13	14
Ga³⁺														
邻苯二酚紫			3.2	5.0	7.9	10.9	13.9	16.5	18.7	20.3	21.4	22.0	22.2	22.2
BPHA	5.9	8.2	11.2	14.2	17.2	20.2	23.2	25.6	26.8	26.8	26.8	26.8	26.8	26.8
Hg²⁺														
PAMA	0.6	2.3	3.6	4.5	5.0	5.1	5.1	5.1						
甲基百里酚蓝				11.4	12.7	14.0								
二甲酚橙					7.4	9.0								
双硫腙	9.9	11.9	13.9	15.7	16.9	17.3	17.3	17.3	17.3	17.3	17.3	17.3	17.3	17.3
In³⁺														
铬天青 S		0.2	2.8	4.8	6.4	7.7	8.7	9.7	10.7	11.7	12.6	13.1	13.2	13.2
邻苯二酚紫			1.3	2.8	4.3	6.8	9.8	12.4	14.6	16.2	17.3	17.9	18.1	18.1
La³⁺														
钍试剂				3.1	7.1	11.1	14.7	17.5	19.7	21.5	22.9	23.3	23.3	
甲基百里酚蓝				4.4	5.4									
二甲酚橙				4.5	5.6									
Mg²⁺														
DHAB						1.1	2.7	3.9	4.9	5.8	6.4	6.4	6.4	
HBR								1.5	2.5	3.5	4.3	4.7	4.7	
HPBR							1.3	2.7	3.7	4.5	5.1	5.1	5.1	
酸性铬蓝 K									0.8	3.6	5.6	7.6	9.4	
酸性铬深蓝										0.7	2.3	3.5	3.5	
钙镁试剂						1.6	3.3	4.7	5.7	6.7	7.6	8.1	8.1	
铬紫 B					0.6	2.3	3.6	4.6	5.6	6.6	7.6	8.5	8.9	
HBANS-3,6							1.3	2.7	3.8	4.7	5.4	5.7	5.7	
HBANS-5,7							1.0	2.4	3.5	4.5	5.4	6.0	6.1	6.1
1-(2-羟基苯偶氮)-2-萘酚							0.8	2.4	3.6	4.6	5.6	6.5	6.9	7.0
HPBN							0.3	2.0	3.3	4.3	5.2	5.9	6.1	6.1
铬黑 A							1.1	2.2	3.2	4.2	5.2	6.2	6.9	7.2
铬黑 T						1.0	2.4	3.4	4.4	5.4	6.3	6.9	7.0	7.0
铬蓝黑 B						0.5	1.9	2.9	3.9	4.9	5.9	6.8	7.3	7.4
铬蓝黑 R							0.8	2.0	3.1	4.1	5.1	6.1	7.0	7.6
宫殿坚牢蓝 GGNA								1.8	3.4	4.7	5.7	6.6	7.3	7.6
金属酞									3.6	4.7	7.3			
铬天青 S									1.1	3.1	4.9	5.9	6.1	6.1
甲基百里酚蓝									3.8	5.2	6.6			
邻苯二酚紫									2.9	3.5	3.9	4.2	4.4	4.4
Mn²⁺														
铬黑 T					1.5	3.6	5.0	6.1	7.5	9.4	11.2	12.4	12.6	12.6
o-PAN						1.3	2.3	3.3	4.3	5.5	7.0	9.0	10.6	11.4	11.4
甲基百里酚蓝								6.0	7.0	8.0	8.8			
邻苯二酚紫							1.8	3.4	4.6	5.5	6.3	6.9	7.1	7.1
Ni²⁺														
铬紫 B				3.9	5.9	7.9	9.6	11.5	13.4	15.4	17.4	19.4	20.8	21.4
2-(2-吡啶偶氮)-4-甲酚		1.5	4.5	6.7	8.7	10.7	12.7	14.7	16.3	16.9	17.1	17.1	17.1	17.1
PAMA		1.4	2.7	3.6	4.1	4.2	4.2	4.2	4.2					

续表

pH 指示剂	1	2	3	4	5	6	7	8	9	10	11	12	13	14
Ni²⁺														
o-PAN			3.5	4.5	6.0	7.9	9.9	11.9	13.9	15.9	17.9	19.5	20.3	20.3
p-PAN		1.8	5.2	7.8	9.8	11.8	13.8	15.8	17.2	18.0	18.0	18.0	18.0	18.0
邻苯二酚紫							3.3	4.9	6.3	7.5	8.6	9.2	9.4	9.4
亚硝基 R 盐			2.8	3.8	4.8	5.9	6.9	7.4	7.4	7.4	7.4	7.4	7.4	7.4
红紫酸铵						4.6	5.2	6.2	7.8	9.3	10.3	11.3		
Pb²⁺														
铬紫 B				0.5	2.5	4.5	6.2	7.5	8.5	9.5	10.5	11.5	12.5	13.0
PAR		0.9	2.9	4.9	6.9	8.9								
TAR	2.8	4.1	5.1	6.1	7.1	7.9	8.2	8.3						
甲基百里酚蓝				4.3	5.9	7.0								
邻苯二酚紫						4.7	6.7	8.4	9.8	11.4	12.5	13.1	13.3	13.3
二甲酚橙			4.2	4.8	7.0	8.2								
亚硝基 R 盐					2.5	3.5	4.2	4.6	4.6	4.6	4.6			
Sc³⁺														
PAR			3.8	5.8	8.8	11.8								
铬天青 S			2.2	4.2	5.8	7.1	8.1	9.1	10.1	11.1	12.0	12.5	12.6	12.6
Sr²⁺														
酸性铬深蓝												0.9	2.1	2.1
Th⁴⁺														
钙镁试剂				3.2	7.2	11.2	15.2	18.6	21.4	23.4	25.4	27.2	28.2	28.2
铬变酸 2R	2.4	3.4	4.4	5.4	6.4	7.4	8.4	9.4	10.2	10.7	10.7	10.7	10.7	10.7
铬天青 S			1.9	3.9	5.5	6.8	7.8	8.8	9.8	10.8	11.7	12.2	12.3	13.3
邻苯二酚紫		2.3	3.8	6.1	9.1	12.1	15.1	17.1	19.9	21.5	22.6	23.2	23.4	23.4
二甲酚橙	3.6	4.9	6.3											
BPHA	3.4	4.4	5.4	6.4	7.4	8.4	11.6	14.8	16.4	16.4	16.4	16.4	16.4	16.4
Zn²⁺														
酸性铬深蓝										0.7	2.7	4.3	5.3	5.5
铬黑 PV	5.1	7.1	9.1	10.8	12.2	13.2	13.9	14.2	14.2	14.2	14.2	14.2	14.2	14.2
铬紫 B				1.5	3.5	5.5	7.2	8.5	9.5	10.5	12.0	13.9	15.3	15.9
2-(2-吡啶偶氮)-4-甲酚		0.6	2.1	3.2	4.2	5.6	7.3	9.3	10.9	11.5	11.7	11.7	11.7	11.7
PAR		0.6	2.6	4.6	6.6	8.6								
MTAHA			0.9	1.9	2.9	3.9	4.9	5.6	5.9	5.9	5.9	5.9		
TAR	1.7	3.0	4.0	5.0	6.0	6.8	7.1	7.2						
铬黑 T				2.7	5.0	6.9	8.3	9.3	10.4	11.9	13.6	14.8	15.0	15.0
铬蓝黑 R					2.0	4.0	5.7	6.9	8.0	9.0	10.0	11.0	11.9	12.5
o-PAN			2.0	3.0	4.0	5.0	6.5	8.3	10.3	12.3	14.3	15.9	16.7	16.7
p-PAN			1.6	4.2	6.2	8.2	10.2	12.2	13.6	14.4	14.4	14.4	14.4	14.4
萘基偶氮羟啉 6S		0.7	2.4	3.7	4.8	5.8	6.6	7.1	7.2	7.2	7.2	7.2		
SNAZOXS		0.9	2.6	3.9	4.9	5.9	6.6	6.9	6.9	6.9	6.9	6.9		
1-(2-噻唑偶氮)-2-萘酚	1.5	2.8	3.8	5.0	6.5	8.5	10.5	12.5	13.9	14.7	14.7	14.7	14.7	14.7
甲基百里酚蓝					4.5	6.0								
邻苯二酚紫							3.6	5.3	6.9	8.5	9.6	10.2	10.4	10.4
二甲酚橙					4.8	6.5	8.0							
双硫腙			2.4	4.2	5.4	5.8	5.8	5.8	5.8	5.8	5.8	5.8		
锌试剂					0.6	2.7	4.7	6.5	7.9	9.0				

续表

指示剂＼pH	1	2	3	4	5	6	7	8	9	10	11	12	13	14
亚硝基 R 盐				1.2	2.2	3.2	3.9	4.3	4.3	4.3	4.3	4.3		
Zr^{4+}														
铬天青 S	0.6	3.4	5.9	7.9	9.5	10.8	11.8	12.8	13.8	14.8	15.7	16.2	16.3	16.3
邻苯二酚紫	2.7	4.4	7.1	10.1	13.1	16.1	19.1	21.7	23.9	25.5	26.6	27.2	27.4	27.4

① 不同指示剂的值按被测金属归类。若金属离子和指示剂的反应比为 1:2，则变色点取决于指示剂的浓度。表中数值是对指示剂浓度 10^{-5}mol/L 而言。指示剂符号参见表 11-20 和表 11-21。

指示剂的解离常数，以指示剂的阴离子与质子（H$^+$）的稳定常数，即质子化常数表示，见表 11-23。

表 11-23 金属指示剂与质子（H$^+$）和金属离子形成配合物的稳定常数

表中指示剂一栏按碳氢数目多少为序。介质一栏，除另有说明外，溶剂均为水。浓度以物质的量浓度（mol/L）表示。表中列出的是稳定常数的对数值（lg$K$）。
→0 表示外推至离子强度为零的常数值；0.1NaClO$_4$ 表示 0.1mol/L NaClO$_4$ 的浓度；0.1(NaClO$_4$) 表示加入括号内的惰性盐保持离子强度为 0.1mol/L。

指示剂	离子	T/℃	I/(mol/L)（介质）	lg$K$
吡啶-2-醛肟 C$_6$H$_6$N$_2$O	H$^+$	24	0.1(KNO$_3$)	K_1 10.02，K_2 3.69
	Cd^{2+}	24	0.1(KNO$_3$)	K_1 5.2，K_2 4.4
	Co^{2+}	25	0.3NaClO$_4$	K_1 8.8±0.1，K_2 8.8±0.1
	Cu^{2+}	24	0.1(KNO$_3$)	K_1 10.8，K_2 6.0
	Fe^{2+}	24	0.1(KNO$_3$)	K_1 9.4，K_2 8.0，K_3 5.1
	Fe^{3+}	24	0.1(KNO$_3$)	K_1 11.4，K_2 10.3，K_3 8.4
	Hg^{2+}	24	0.1(KNO$_3$)	K_1 6.5，K_2 5.7
	Mn^{2+}	25	0.3NaClO$_4$	K_1 5.2±0.2，K_2 3.9±0.2
	Ni^{2+}	24	0.1(KNO$_3$)	K_1 8.1，K_2 6.1，K_3 5.0
	Zn^{2+}	24	0.1(KNO$_3$)	K_1 5.5，K_2 5.3
铜铁试剂；N-亚硝基苯胲胺 C$_6$H$_9$N$_3$O$_2$	H$^+$	25	0.1(NaClO$_4$)	K_1 4.16
	La^{3+}	25	0.1(NaClO$_4$)	K_2 4.07，K_3 3.61，β_3[①] 12.90
	Nb^{5+}	25	0.1[(NH$_4$)$_2$SO$_4$]，50%乙醇	K(NbOL$_2^+$+L$^-\rightleftharpoons$NbOL$_3$) 4.83
	Sm^{3+}	25	0.1(NaClO$_4$)	K_2 4.83，K_3 3.70，β_3 14.25
	Th^{4+}	25	0.1	K_1 7.35，K_2 6.95，K_3 6.55，K_4 6.15
	UO$_2^{2+}$	26	约 0	β_2 11.0±0.2
钛试剂 C$_6$H$_4$O$_8$Na$_2$S$_2$	H$^+$	20～22	0.1KCl	K_1 12.6±0.2，K_2 7.66±0.02
	Al^{3+}	25	→0	K_1 19.02，K_2 12.08，K_3 2.4 β_2 31.1，β_3 33.5
	Ba^{2+}	20	0.1(KCl)	K_1 4.1，K(Ba^{2+}+HL$^{3-}\rightleftharpoons$BaHL$^-$) 2.0
	Be^{2+}	20	0.1(KNO$_3$)	K_1 12.88，K_2 9.37 K(Be^{2+}+HL$^{3-}\rightleftharpoons$BeHL$^-$)4.2 K(BeL^{2-}+HL$^{3-}\rightleftharpoons$BeHL$_2^{5-}$)2.3
	Ca^{2+}	20	0.1(KCl)	K_1 5.80，K(Ca^{2+}+HL$^{3-}\rightleftharpoons$CaHL$^-$) 2.18
	Cd^{2+}	25	→0	K_1 10.29
		25	1(NaClO$_4$)	K_1 7.69，K_2 5.60，β_2 13.3
	Co^{2+}	20	0.1(KCl)	K_1 9.49，K(Co^{2+}+HL$^{3-}\rightleftharpoons$CoHL$^-$) 3.08
		25	1(NaClO$_4$)	K_1 8.19，K_2 6.22，β_2 14.4
	Cu^{2+}	20	0.1(KCl)	K_1 14.53，K(Cu^{2+}+HL$^{3-}\rightleftharpoons$CuHL$^-$)5.48

指示剂	离子	$T/℃$	$I/(mol/L)$（介质）	lgK
	Cu^{2+}	25	0.1(KNO_3)	K_1 14.57，$K(CuLOH^{3-}+H^+\rightleftharpoons CuL^{2-})$ 7.2
		25	1($NaClO_4$)	K_1 12.76，K_2 10.97，β_2 23.8
	Fe^{3+}	20	0.1(KCl)	K_1 20.7，K_2 15.2，K_3 11.0，β_2 35.9
				β_3 46.9，$K(Fe^{3+}+HL^{3-}\rightleftharpoons FeHL)$ 10.00
	Ga^{3+}	23	→0	K_1 5.24
	Ge^{4+}	25	1NaCl	$K(Ge(OH)_4+2H_2L^{2-}\rightleftharpoons GeL_2^{4-})$ 3.89
				$K(Ge(OH)_4+3H_2L^{2-}\rightleftharpoons GeL_3^{8-}+2H^+)$ 3.70
	In^{3+}	20	0.1	K_1 3.75
	Mg^{2+}	20	0.1(KCl)	K_1 6.86，$K(Mg^{2+}+HL^{3-}\rightleftharpoons MgHL^-)$ 1.98
	Mn^{2+}	25	0.1KNO_3	K_1 8.6，β_2 14.9
	Ni^{2+}	20	0.1(KCl)	K_1 9.96，$K(Ni^{2+}+HL^{3-}\rightleftharpoons NiHL^-)$ 3.0
		25	1($NaClO_4$)	K_1 8.56，K_2 6.34
				$K(NiL^{2-}+H^+\rightleftharpoons NiHL^-)$ 5.3
	Pb^{2+}	25	1($NaClO_4$)	K_1 11.95，K_2 6.33，β_2 18.3
钛试剂	Sr^{2+}	25	0.1(KCl)	K_1 4.55，$K(Sr^{2+}+HL^{3-}\rightleftharpoons SrHL^-)$1.88
$C_6H_4O_8Na_2S_2$	Th^{4+}	25	0.10KNO_3	$K(Th_2L_3(OH)_2^{6-}+2H^+\rightleftharpoons Th_2L_3^{4+})$ 12.8±0.1
				$K(Th_2L_3(OH)_2^{6-}+4H^+\rightleftharpoons 2ThL+H_2L^{2-})$ 11.9±0.1
	Ti^{4+}	18～22	0.1($NaClO_4$)	$K(TiO^{2+}+2H^++3L^{4-}\rightleftharpoons TiL_3^{8-})$ 57.6
	UO_2^{2+}	20	0.1(KNO_3)	$K(UO_2^{2+}+HL^{3-}\rightleftharpoons UO_2HL^-)$ 6.3
				$K((UO_2)_2L_2OH^{5-}+3H^+\rightleftharpoons 2UO_2HL^-)$ 8.9
		25	0.1(KNO_3)	K_1 15.90
	VO^{2+}	25	0.1KNO_3	K_1 17.2，$K[VO(OH)L^{3-}+H^+\rightleftharpoons VOL^{2-}]$ 5.1
		25	0.1(KNO_3)	K_1 16.74±0.03，K_2 14.20±0.04
				$K(VO(OH)L^{2-}+H^+\rightleftharpoons VOL)$ 6.3±0.2
				$K\{2VO(OH)L\rightleftharpoons[VO(OH)L]_2\}$4.3±0.2
	Zn^{2+}	25	1($NaClO_4$)	K_1 9.00，K_2 7.91，β_2 16.9
		25	0.0077	K_1 11.08，$K(ZnLOH^{3-}+H^+\rightleftharpoons ZnL^{2-})$ 4.17
		25	0.0115	K_1 10.92，$K(ZnLOH^3+H^+\rightleftharpoons ZnL^{2-})$ 4.04
		25	0.1(KCl)	K_1 10.41，$K(Zn^{2+}+HL^{3-}\rightleftharpoons ZnHL^-)$ 3.30
		25	0.1KNO_3	K_1 11.07，$K[Zn(OH)L^{3-}+H^+\rightleftharpoons ZnL^{2-}]$ 8.0
	H^+	20	0.1($NaClO_4$)	K_1 11.72±0.04，K_2 2.51±0.01
		25	0.1($NaClO_4$)	K_1 12.00，K_2 2.49
	Al^{3+}	25	0.1($NaClO_4$)	K_1 13.20，K_2 9.63，K_3 6.06
				β_2 22.9，β_3 29.0
	Be^{3+}	25	0.1($NaClO_4$)	K_1 11.50，K_2 8.84
		25	0.16	$K(Be^{2+}+HL^{2-}\rightleftharpoons BeHL)$ 4.85
磺基水杨酸	Cd^{2+}	15	0.25	K_1 16.68，β_2 29.08
$C_7H_6O_6S$	Ce^{3+}	20	0.1($NaClO_4$)	K_1 6.83，K_2 5.57
				$K(Ce^{3+}+HL^{2-}\rightleftharpoons CeHL^+)$ 1.93
	Co^{2+}	25	0.1($NaClO_4$)	K_1 6.13，K_2 3.69，β_2 9.7
	Cr^{3+}	25	0.1($NaClO_4$)	K_1 9.56
	Cu^{2+}	25	0.1(KCl)	K_1 9.35，K_2 6.92，β_2 16.1
		20	0.10～0.15KCl	K_1 9.50，K_2 6.80，β_2 16.4
		25	0.05	$K(Cu^{2+}+HL^{2-}\rightleftharpoons CuHL)$ 2.7
				$K(Cu^{2+}+2HL^{2-}\rightleftharpoons Cu(HL)_2^{2-})$6.3

第三篇

指示剂	离子	$T/℃$	$I/(mol/L)$（介质）	lgK
	Dy^{3+}	20	0.1(NaClO$_4$)	K_1 8.29，K_2 6.60
				$K(Dy^{3+}+HL^{2-} \Longrightarrow DyHL^+)$ 2.42
	Er^{3+}	20	0.1(NaClO$_4$)	K_1 8.15，K_2 6.30
				$K(Er^{3+}+HL^{2-} \Longrightarrow ErHL^+)$ 2.12
	Eu^{3+}	20	0.1(NaClO$_4$)	K_1 7.87，K_2 6.03
				$K(Eu^{3+}+HL^{2-} \Longrightarrow EuHL^+)$ 2.26
	Fe^{2+}	20	0.1~0.15KCl	K_1 5.90，K_2 4.0，β_2 9.9
	Fe^{3+}	18	0.25	K_1 14.64，K_2 10.54，K_3 6.94
				β_2 25.2，β_3 32.1
		25	3(NaClO$_4$)	K_1 14.42，K_2 10.76，K_3 7.06
	Ga^{3+}	20	0.05NaClO$_4$	K_1 1.32
	Gd^{3+}	20	0.1(NaClO$_4$)	K_1 7.58，K_2 6.07±0.03
				$K(GdL+H^+ \Longrightarrow GdHL^+)$ 6.20±0.02
	Ho^{3+}	20	0.1(NaClO$_4$)	K_1 8.40，K_2 6.75
				$K(HO^{3+}+HL^{2-} \Longrightarrow HOHL^+)$ 2.23
	Lu^{3+}	20	0.1(NaClO$_4$)	K_1 8.43，K_2 7.03
				$K(Lu^{3+}+HL^{2-} \Longrightarrow LuHL^+)$2.47
	Mn^{2+}	25	0.1(KCl)	K_1 5.25，K_2 3.4，β_2 8.2
	Nd^{3+}	20	0.1(NaClO$_4$)	K_1 7.39，K_2 5.62
				$K(Cd^{3+}+HL^{2-} \Longrightarrow NdHL^+)$ 2.09
	Ni^{2+}	25	0.1(NaClO$_4$)	K_1 6.42，K_2 3.82，β_2 10.2
磺基水杨酸	Pr^{3+}	20	0.1(NaClO$_4$)	K_1 7.08，K_2 5.61
$C_7H_6O_6S$				$K(Pr^{3+}+HL^{2-} \Longrightarrow PrHL^+)$ 1.99
	Ra^{2+}	25	0.16	$K(Ra^{2+}+HL^{2-} \Longrightarrow RaHL)$ 1.9
	Sc^{3+}	18~20	0.01(HNO$_3$)	K_1 3.96±0.08
	Sm^{3+}	20	0.1(NaClO$_4$)	K_1 7.65，K_2 5.93
				$K(Sm^{3+}+HL^{2-} \Longrightarrow SmHL^+)$ 2.23
	Tb^{3+}	20	0.1(NaClO$_4$)	K_1 8.42，K_2 6.19
				$K(Tb^{3+}+HL^{2-} \Longrightarrow TbHL^+)$ 2.47
	Ti^{4+}	18~22	0.1	$K(TiO^{2+}+2H^++3L^{3-} \Longrightarrow TiL_3^{5-})$ 42.2
				$K(TiO^{2+}+2HL^{2-} \Longrightarrow TiOH_2L_2^{2-})$ 5.4
				$K(TiO^{2+}+HL^{2-} \Longrightarrow TiOHL)$ 3.1
	Tl^{3+}	25	0.1(KNO$_3$)	K_1 12.41
	Tm^{3+}	20	0.1(NaClO$_4$)	K_1 8.34，K_2 6.61
				$K(Tm^{3+}+HL^{2-} \Longrightarrow TmHL^+)$ 2.27
	UO_2^+	18~22	1(NaNO$_3$)	K_1 5.1±0.2
	UO_2^{2+}	20	0.1(KNO$_3$)	K_1 11.25，β_2 18.75
		25	0.1(NaClO$_4$)	K_1 11.14，K_2 8.06，β_2 19.2
		25	约 0.015	$K(UO_2^{2+}+HL^{2-} \Longrightarrow UO_2HL)$ 3.89
	VO^{2+}	25	0.1(KNO$_3$)	K_1 11.71±0.07
				$K(VO(OH)L^{2-}+H^+ \Longrightarrow VOL^-)$ 7.22±0.05
				$K(2VO(OH)L^{2-} \Longrightarrow [VO(OH)L]_2^{4-})$ 5.33±0.05
	Yb^{3+}	20	0.1(NaClO$_4$)	K_1 8.35，K_2 6.81
				$K(Yb^{3+}+HL^{2-} \Longrightarrow YbHL^+)$ 2.30
	Zn^{2+}	20	0.10~0.15KCl	K_1 6.05，K_2 4.6

指示剂	离子	$T/°C$	$I/(mol/L)$（介质）	$\lg K$
水杨醛肟 $C_7H_7NO_2$	H^+	25	0.1(KCl)	K_1 11.07，K_2 8.85
		25	→0	K_1 12.11，K_2 9.18，K_3 1.37
	Ba^{2+}	25	→0	$K(Ba^{2+}+HL^- \rightleftharpoons BaHL^+)$ 0.53
				$K(Ba^{2+}+2HL^- \rightleftharpoons Ba(HL)_2)$ 3.72
	Ca^{2+}	25	→0	$K(Ca^{2+}+HL^- \rightleftharpoons CaHL^+)$ 0.92
				$K(Ca^{2+}+2HL^- \rightleftharpoons Ca(HL)_2)$ 3.72
	Co^{2+}	25	→0	$K(Co^{2+}+2HL^- \rightleftharpoons Co(HL)_2)$ 8.13
	Cu^{2+}	30	0.1NaClO$_4$，75% 1,4-二氧六环	K_1 12.64，K_2 11.17
		20	0.1(NaClO$_4$)，75% 1,4-二氧六环	$K(Cu^{2+}+2HL^- \rightleftharpoons M(HL)_2)$ 21.5±0.2
	Fe^{2+}	20	0.1(NaClO$_4$)，75% 1,4-二氧六环	$K(Fe^{2+}+HL^- \rightleftharpoons FeHL^+)$ 9.38±0.05 $K(FeHL^++HL^- \rightleftharpoons Fe(HL)_2)$ 7.35±0.05
	Fe^{3+}	20	0.26	$K(Fe^{3+}+H_2L \rightleftharpoons FeH_2L^{3+})$ 3.89
	Hf^{4+}	25	0.1(KCl)	K_1 11.05
	Mg^{2+}	25	→0	$K(Mg^{2+}+HL^- \rightleftharpoons MgHL^+)$ 0.64 $K(Mg^{2+}+2HL^- \rightleftharpoons Mg(HL)_2)$ 4.10
	Mn^{2+}	20	0.1(NaClO$_4$)，75% 1,4-二氧六环	$K(Mn^{2+}+HL^- \rightleftharpoons MnHL^+)$ 5.82±0.2
	Ni^{2+}	20	01(NaClO$_4$)，75% 1,4-二氧六环	$K(Ni^{2+}+HL^- \rightleftharpoons NiHL^+)$ 6.9±0.2
	Sr^{2+}	25	→0	$K(Sr^{2+}+2HL^- \rightleftharpoons Sr(HL)_2)$ 3.77
	Ti^{4+}	25	0.1(KCl)	K_1 16.30，K_2 14.85
	Zn^{2+}	20	0.1(NaClO$_4$)，75% 1,4-二氧六环	$K(Zn^{2+}+HL^- \rightleftharpoons ZnHL^+)$ 6.3±0.2
	Zr^{4+}	25	0.1(KCl)	K_1 12.43
邻羟基苯甲酰胺；水杨 酰胺 $C_7H_7NO_2$	H^+	30	0.1NaClO$_4$，75% 1,4-二氧六环	K_1 10.27
	Cu^{2+}	30	0.1NaClO$_4$，75% 1,4-二氧六环	K_1 7.80
	Fe^{2+}	25	3(NaClO$_4$)	K_1 10.02，K_2 6.24
	Mg^{2+}	30	0.1 NaClO$_4$，75% 1,4-二氧六环	K_1 2.79
	Ni^{2+}	30	0.1NaClO$_4$，75% 1,4-二氧六环	K_1 5.65
	UO_2^{2+}	25	3(NaClO$_4$)	K_1 6.40，K_2 4.97
	Zn^{2+}	30	0.1NaClO$_4$，75% 1,4-二氧六环	K_1 6.17
红紫酸 $C_8H_5N_5O_6$	H^+	室温	约 0.1	K_1 10.9，K_2 9.2，$K_3 \approx 0$
	Ca^{2+}	室温	约 0.1	$K(Ca^{2+}+H_2L^- \rightleftharpoons CaH_2L^+)$ 2.6 $K(CaHL+H^+ \rightleftharpoons CaH_2L^+)$ 8.2 $K(CaL^-+H^+ \rightleftharpoons CaHL)$ 9.5
		25	0.1CaCl$_2$	$K(Ca^{2+}+H_2L^- \rightleftharpoons CaH_2L^+)$ 2.68±0.01
	Cd^{2+}	室温	约 0.1	$K(Cd^{2+}+H_2L^- \rightleftharpoons CdH_2L^+)$ 4.2
	Ce^{3+}	12	0.1(KNO$_3$)	$K(Ce^{3+}+H_2L^- \rightleftharpoons CeH_2L^+)$ 3.65
	Co^{2+}	12	0.1(KNO$_3$)	$K(Co^{2+}+H_2L^- \rightleftharpoons CoH_2L^+)$ 2.46
	Cu^{2+}	室温	约 0.1	$K(Cu^{2+}+H_2L^- \rightleftharpoons CuH_2L^+)$ 5
	Dy^{3+}	12	0.1(KNO$_3$)	$K(Dy^{3+}+H_2L^- \rightleftharpoons DyH_2L^{2+})$ 3.78

续表

指示剂	离子	$T/℃$	$I/(mol/L)$（介质）	$\lg K$
红紫酸 $C_8H_5N_5O_6$	Er^{3+}	12	0.1(KNO_3)	$K(Er^{3+}+H_2L^- \rightleftharpoons ErH_2L^{2+})$ 3.48
	Eu^{3+}	12	0.1(KNO_3)	$K(Eu^{3+}+H_2L^- \rightleftharpoons EuH_2L^{2+})$ 4.17
	Gd^{3+}	12	0.1(KNO_3)	$K(Gd^{3+}+H_2L^- \rightleftharpoons GdH_2L^{2+})$ 4.08
	Ho^{3+}	12	0.1(KNO_3)	$K(Ho^{3+}+H_2L^- \rightleftharpoons HoH_2L^{2+})$ 3.71
	In^{3+}	12	0.1(KNO_3)	$K(In^{3+}+H_2L^- \rightleftharpoons InH_2L^{2+})$ 4.61
	La^{3+}	12	0.1(KNO_3)	$K(La^{3+}+H_2L^- \rightleftharpoons LaH_2L^{2+})$ 3.43
	Lu^{3+}	12	0.1(KNO_3)	$K(Lu^{3+}+H_2L^- \rightleftharpoons LuH_2L^{2+})$ 3.45
	Nd^{3+}	12	0.1(KNO_3)	$K(Nd^{3+}+H_2L^- \rightleftharpoons NdH_2L^{2+})$ 4.04
	Ni^{2+}	12	0.1(KNO_3)	$K(Ni^{2+}+H_2L^- \rightleftharpoons NiH_2L^+)$ 3.36
	Pr^{3+}	12	0.1(KNO_3)	$K(Pr^{3+}+H_2L^- \rightleftharpoons PrH_2L^{2+})$ 3.78
	Sc^{3+}	12	0.1(KNO_3)	$K(Sc^{3+}+H_2L^- \rightleftharpoons ScH_2L^{2+})$ 4.50
	Sm^{3+}	12	0.1(KNO_3)	$K(Sm^{3+}+H_2L^- \rightleftharpoons SmH_2L^{2+})$ 4.20
	Tb^{3+}	12	0.1(KNO_3)	$K(Tb^{3+}+H_2L^- \rightleftharpoons TbH_2L^{2+})$ 3.95
	Tm^{3+}	12	0.1(KNO_3)	$K(Tm^{3+}+H_2L^- \rightleftharpoons TmH_2L^{2+})$ 3.36
	Y^{3+}	12	0.1(KNO_3)	$K(Y^{3+}+H_2L^- \rightleftharpoons YH_2L^{2+})$ 3.36
	Yb^{3+}	12	0.1(KNO_3)	$K(Yb^{3+}+H_2L^- \rightleftharpoons YbH_2L^{2+})$ 3.41
2-羟基-3-甲基苯甲酸 $C_8H_8O_3$	H^+	25	0	K_1 14.597±0.009, K_2 2.945±0.002
	Fe^{3+}	25	0	K_1 18.13±0.003
		25	0.1($NaClO_4$)	$K(Fe^{3+}+HL^- \rightleftharpoons FeL^++H^+)$ 2.58±0.01
				$K(FeL^++HL^- \rightleftharpoons FeL_2^-+H^+)$ 0.5±0.2
				$K(FeL_2^-+HL^- \rightleftharpoons FeL_3^{3-}+H^+)$ −3.7
				$K(Fe^{3+}+HL^- \rightleftharpoons FeHL^{2+})$ 4.6±0.04
	H^+	25	0.1($NaClO_4$)	K_2 2.97±0.005
	Fe^{3+}	25	0.1($NaClO_4$)	$K(Fe^{3+}+HL^- \rightleftharpoons FeL^++H^+)$ 2.99±0.01
				$K(FeL^++HL^- \rightleftharpoons FeL_2^-+H^+)$ 1.3±0.1
				$K(Fe^{3+}+HL^- \rightleftharpoons FeHL^{2+})$ 4.7
红紫酸铵 $C_8H_8N_8O_6$				见 $C_8H_5N_5O_6$，红紫酸
试铁灵：7-碘-8-羟基喹啉-5-磺酸 $C_9H_6INO_4S$	H^+	25	0.1KCl	K_1 7.11, K_2 2.50
		25	0.3NaCl, 50% 1,4-二氧六环	K_1 8.13, K_2 1.75
	Al^{3+}	25	0.1KCl	K_1 7.6, K_2 7.1, K_3 5.6, β_2 14.7, β_3 20.3
				$K(Al(OH)L_2^{2-}+H^+ \rightleftharpoons AlL_2)$ 5.0
	Ba^{2+}	—	—	K_1 1.9
	Ca^{2+}	25	→0	K_1 3.07
	Cd^{2+}	—	—	K_1 7.0, β_2 11.4
	Co^{2+}	25	0.1KCl	K_1 7.3, K_2 6.3, K_3 5.0, β_2 13.6, β_3 18.6
	Cu^{2+}	—	—	K_1 11.8, K_2 20.1
		28	0.1KNO_3	K_1 8.33, K_2 8.25
	Fe^{2+}	25	0.3NaCl, 50% 1,4-二氧六环	β_2 13.8, β_3 18.85
	Fe^{3+}	25	0.1KCl	K_1 8.9, K_2 8.4, K_3 7.9, β_2 17.3, β_3 25.2
	Ge^{4+}	25	0.5NaCl	$K(Ge(OH)_4+2HL \rightleftharpoons Ge(OH)_2L_2)$ 6.78
	Mg^{2+}	25	→0	K_1 3.80, β_2 6.20
	Mn^{2+}	25	0.1KCl	K_1 5.3, K_2 4.3, β_2 9.6
	Ni^{2+}	25	0.1KCl	K_1 8.2, K_2 7.0, K_3 5.6
	Pb^{2+}	—	—	K_1 8.2

指示剂	离子	$T/℃$	$I/(mol/L)$（介质）	$\lg K$
试铁灵；7-碘-8-羟基喹啉-5-磺酸 $C_9H_6INO_4S$	Sr^{2+}	—	—	K_1 2.4
	Zn^{2+}	25	0.1NaCl	K_1 7.1，K_2 6.1，β_2 13.2
8-巯基喹啉 C_9H_7NS	H^+	25	0.1(NaClO$_4$)，50% 1,4-二氧六环	K_1 9.22，K_2 1.79
	Co^{2+}	25	0.1(NaClO$_4$)，50% 1,4-二氧六环	K_1 7.9
	Cu^{2+}	25	0.1(NaClO$_4$)，50% 1.4-二氧六环	K_1 12.7
	Mn^{2+}	27	≥0.1，50% 1,4-二氧六环	K_1 6.74
	Ni^{2+}	25	0.1(NaClO$_4$)，50% 1,4-二氧六环	K_1 11.0
	Pb^{2+}	27	≥0.1，50%，1,4-二氧六环	K_1 11.85
	Zn^{2+}	25	0.1(NaClO$_4$)，1,4-二氧六环	K_1 11.0
8-羟基喹啉-5-磺酸 $C_9H_7NO_4S$	H^+	25	0.1NaClO$_4$	K_1 8.43，K_2 3.88
	Ba^{2+}	25	→0	K_1 2.31
	Ca^{2+}	25	→0	K_1 3.52
	Cd^{2+}	25	→0	K_1 7.70，K_2 6.5
	Ce^{3+}	25	→0	K_1 6.05，K_2 5.0，K_3 3.9
	Co^{2+}	25	0.1(KNO$_3$)	K_1 8.11，K_2 6.95，K_3 5.36
	Cr^{3+}	30	0.1KCl	K_1 10.99，K_2 10.05 $K(CrOHL+H^+ \rightleftharpoons CrL^+)$ 5.14
	Cu^{2+}	25	0.1(KNO$_3$)	K_1 11.92，K_2 9.95
	Er^{3+}	25	→0	K_1 7.16，K_2 6.18，K_3 5.22
	Fe^{2+}	25	0.3NaCl	β_2 15.7，β_3 21.75
		20	约 0.01	K_1 8.4，K_2 6.7
	Fe^{3+}	25	0.1(KNO$_3$)	K_1 11.6，K_2 11.2 $K(FeLOH+H^+ \rightleftharpoons FeL^+)$ 3.02 $K(FeL(OH)_2^- + H^+ \rightleftharpoons FeOHL)$ 3.94 $K(FeOHL_2^{2-} + H^+ \rightleftharpoons FeL_2^-)$ 5.02 $K(Fe(OH)_2L_2^{4-} + 2H^+ \rightleftharpoons 2FeL_2^-)$ 5.45
	Gd^{3+}	25	→0	K_1 6.64，K_2 5.73，K_3 4.9
	Ge(Ⅳ)	25	0.5NaCl	$K[Ge(OH)_4 + 2HL \rightleftharpoons Ge(OH)_2L_2]$ 6.55
	La^{3+}	25	→0	K_1 5.63，K_2 4.50，K_3 3.70
	Mg^{2+}	25	0.1(KNO$_3$)	K_1 4.06，K_2 3.57
	Mn^{2+}	25	0.1(KNO$_3$)	K_1 5.67，K_2 5.05
	Nd^{3+}	25	→0	K_1 6.3，K_2 5.3，K_3 4.4
	Ni^{2+}	25	0.1(KNO$_3$)	K_1 9.02，K_2 7.75，K_3 6.16
		25	0.1NaClO$_4$	K_1 9.11，β_2 17.34，β_3 23.23
	Pb^{2+}	25	→0	K_1 8.53，K_2 7.6
	Pr^{3+}	25	→0	K_1 6.17，K_2 5.20，K_3 4.3
	Sm^{3+}	25	→0	K_1 6.58，K_2 5.70，K_3 4.76
	Sr^{2+}	25	→0	K_1 2.75
	Th^{4+}	25	0.1(KNO$_3$)	K_1 9.56，K_2 8.73，K_3 7.62，K_4 6.12 $K(ThOHL_3^{3-} + H^+ \rightleftharpoons ThL_3^{2-})$ 6.2 $K(Th(OH)_2L_3^{6-} + 2H^+ \rightleftharpoons 2ThL_3^{2-})$ 8.9

续表

指示剂	离子	$T/℃$	$I/(mol/L)$（介质）	lgK
8-羟基喹啉-5-磺酸 $C_9H_7NO_4S$	UO_2^{2+}	25	$0.1(KNO_3)$	K_1 8.52，K_2 7.16
				$K(UO_2OHL_2^{3-}+H^+ \Longleftrightarrow UO_2L_2^{2-})$ 6.68
				$K(UO_2(OH)_2L_2^{6-}+2H^+ \Longleftrightarrow 2UO_2L_2^{2-})$ 11.7
	VO^{2+}	25	$0.1(KNO_3)$	K_1 11.79±0.03
				$K(VO(OH)L^-+H^+ \Longleftrightarrow VOL)$ 6.45±0.03
				$K\{2VO(OH)L^- \Longleftrightarrow [VO(OH)L]_2^{2-}\}$ 4.84±0.04
	Zn^{2+}	25	$0.1(KNO_3)$	K_1 7.54，K_2 6.78
		20	约 0.01	K_1 8.4，K_2 6.7
4-(2-噻唑偶氮)-3-羟基 苯酚；TAR $C_9H_7N_3O_2S$	H^+	18～22	$0.1(NaClO_4)$	K_1 9.44，K_2 6.23，K_3 0.96
		25	50% 1,4-二氧六环	K_1 12.80±0.04，K_2 7.37±0.03，K_3 1.65±0.11
	Ba^{2+}	25	$0.1NaClO_4$,50%甲醇	$K^{*②}(Ba^{2+}+HL^- \Longleftrightarrow BaHL^+)$ <3
	Bi^{3+}	18～22	$0.1(NaClO_4)$	$K^*(Bi^{3+}+HL^- \Longleftrightarrow BiHL^{2+})$ 13.11
	Ca^{2+}	25	$0.1NaClO_4$,50%甲醇	$K^*(Ca^{2+}+HL^- \Longleftrightarrow CaHL^+)$ 3.5±0.3
	Cd^{2+}	18～22	$0.1(NaClO_4)$	$K^*(Cd^{2+}+HL^- \Longleftrightarrow CdHL^+)$ 6.96
		25	$0.1NaClO_4$,50%甲醇	$K^*(Cd^{2+}+2HL^- \Longleftrightarrow Cd(HL)_2)$ 16.0±0.2
	Co^{2+}	25	50% 1,4-二氧六环	$K^*(Co^{2+}+HL^- \Longleftrightarrow CoHL^+)$ 12.05±0.10
				$K^*[CoHL^++HL^- \Longleftrightarrow Co(HL)_2]$ 11.23±0.06
	Cr^{3+}	25	$0.1NaClO_4$,50%甲醇	$K^*(Cr^{3+}+HL^- \Longleftrightarrow CrHL^{2+})$ 10
	Cu^{2+}	18～22	$0.1(NaClO_4)$	K_1 13.55，$K(CuL+H^+ \Longleftrightarrow CuHL^+)$ 4.24
				$K^*(Cu^{2+}+HL^- \Longleftrightarrow CuHL^+)$ 11.56
	Fe^{2+}	25	$0.1NaClO_4$,50%甲醇	$K^*(Fe^{2+}+2HL^- \Longleftrightarrow Fe(HL)_2)$ 21.6±0.3
	Fe^{3+}	—	—	β_2 21.6
	Ga^{3+}	25	$0.1NaClO_4$,50%甲醇	$K^*(Ga^{3+}+HL^- \Longleftrightarrow GaHL^{2+})$ 12.0±0.05
	In^{3+}	25	$0.1NaClO_4$,50%甲醇	$K^*(In^{3+}+HL^- \Longleftrightarrow InHL^{2+})$ 10.8±0.2
	Mg^{2+}	25	$0.1NaClO_4$,50%甲醇	$K^*(Mg^{2+}+HL^- \Longleftrightarrow MgHL^+)$ <3
	Mn^{2+}	25	50%1,4-二氧六环	$K^*(Mn^{2+}+HL^- \Longleftrightarrow MnHL^+)$ 9.43±0.02
				$K^*(MnHL^++HL^- \Longleftrightarrow Mn(HL)_2)$ 8.6±0.2
				$K(MnL+H^+ \Longleftrightarrow MnHL^+)$ 7.88±0.05
				$K(MnOHL^-+H^+ \Longleftrightarrow MnL)$ 9.4±0.1
		25	$0.1NaClO_4$,50%甲醇	$K^*(Mn^{2+}+2HL^- \Longleftrightarrow Mn(HL)_2)$ 13.1±0.2
	Ni^{2+}	25	50% 1,4-二氧六环	$K^*(Ni^{2+}+HL^- \Longleftrightarrow NiHL^+)$ 12.94±0.08
				$K^*(NiHL^++HL^- \Longleftrightarrow Ni(HL)_2)$ 11.82±0.04
				$K(NiL+H^+ \Longleftrightarrow NiHL^+)$ 6.84±0.07
				$K(NiOHL^-+H^+ \Longleftrightarrow NiL)$ 8.55±0.10
	Pb^{2+}	18～22	$0.1(NaClO_4)$	$K^*(Pb^{2+}+HL^- \Longleftrightarrow PbHL^+)$ 8.34
		25	$0.1NaClO_4$,50%甲醇	$K^*(Pb^{2+}+HL^- \Longleftrightarrow PbHL^+)$ 9.7±0.2
	Sc^{3+}	25	$0.1NaClO_4$,50%甲醇	$K^*(Sc^{3+}+HL^- \Longleftrightarrow ScHL^{2+})$ 10.4±0.1
				$K^*(ScHL^{2+}+HL^- \Longleftrightarrow Sc(HL)_2^+)$ 9.9±0.1
	Sr^{2+}	25	$0.1NaClO_4$,50%甲醇	$K^*(Sr^{2+}+HL^- \Longleftrightarrow SrHL^+)$ ≤3
	Ti^{4+}	25	$0.1NaClO_4$,50%甲醇	$K^*(TiO^{2+}+HL^{2-} \Longleftrightarrow TiOHL)$ 13±1
	Tl^+	25	$0.1NaClO_4$,50%甲醇	$K^*(Tl^++HL^- \Longleftrightarrow TlHL)$ <3
	Tl^{3+}	25	$0.1NaClO_4$,50%甲醇	$K^*(Tl^{3+}+HL^- \Longleftrightarrow TlHL^{2+})$ 12.0±0.05
	UO_2^{2+}	18～22	$0.1(NaClO_4)$	K_1 11.35
				$K(UO_2L+H^+ \Longleftrightarrow UO_2HL^+)$ 4.5
				$K^*(UO_2^{2+}+HL^- \Longleftrightarrow UO_2HL^+)$ 9.8
	VO^{2+}	25	$0.1NaClO_4$,50%甲醇	$K^*(VO^{2+}+HL^- \Longleftrightarrow VO(HL)^-)$ 11.2±0.1
				$K^*(VO(HL)^++HL^- \Longleftrightarrow VO(HL)_2)$ 9.8±0.2

指示剂	离子	$T/°C$	$I/(mol/L)$（介质）	$\lg K$
4-(2-噻唑偶氮)-3-羟基苯酚；TAR $C_9H_7N_3O_2S$	Zn^{2+}	18~22	0.1NaClO$_4$	$K^*(Zn^{2+}+HL^- \Longrightarrow ZnHL^+)$ 7.19
		25	0.1NaClO$_4$，50%甲醇	$K^*(Zn^{2+}+2HL^- \Longrightarrow Zn(HL)_2)$ 17.2±0.2
		18~22	50% 1,4-二氧六环	$K^*(Zn^{2+}+HL^- \Longrightarrow ZnHL^+)$ 11.08±0.04
				$K^*(ZnHL^+ +HL^- \Longrightarrow Zn(HL)_2)$ 10.11±0.02
				$K(ZnL+H^+ \Longrightarrow ZnHL^+)$ 7.12±0.10
				$K(ZnOHL^- +H^+ \Longrightarrow ZnL)$ 8.74±0.11
				$K(Zn(OH)_2L^{2-} +H^+ \Longrightarrow ZnOHL^-)$ 8.98±0.03
	Zr^{4+}	25	0.1NaClO$_4$，50%甲醇	$K^*(ZrO^{2+}+HL^{2-} \Longrightarrow ZrO(HL))$ 13±1
水杨醛乙酰腙 $C_9H_{10}N_2O_2$	H^+	20	0.0045，50%乙醇	K_1 10.20，K_2<3
	Be^{2+}	20	0.0045，50%乙醇	K_1<7
	Cd^{2+}	20	0.0045，50%乙醇	K_1 5.7，$K_2≈4.9$
	Mg^{2+}	20	0.0045，50%乙醇	K_1 4.2，$K_2≈3.3$
	Zn^{2+}	20	0.0045，50%乙醇	K_1 7.3，$K_2≈5.9$
1-亚硝基-2-萘酚 $C_{10}H_7NO_2$	H^+	30	50% 1,4-二氧六环	K_1 9.47
			75% 1,4-二氧六环	K_1 11.60
	Ag^+	30	75% 1,4-二氧六环	K_1 7.74
	Cd^{2+}	30	50% 1,4-二氧六环	K_1 6.18，K_2 5.20
	Co^{2+}	30	75% 1,4-二氧六环	K_1 10.67，K_2 12.14
	Cu^{2+}	30	75% 1,4-二氧六环	K_1 12.52，K_2 10.85
	Mg^{2+}	30	75% 1,4-二氧六环	K_1 6.05，K_2 4.72
		30	50% 1,4-二氧六环	K_1 3.60，K_2 3.47
	Nd^{3+}	30	75% 1,4-二氧六环	K_1 9.5，K_2 8.2，K_3 7.86
	Ni^{2+}	30	50% 1,4-二氧六环	K_1 8.69，K_2 8.26，K_3 6.10
		30	75% 1,4-二氧六环	K_1 10.75，K_2 10.54，K_3 6.80
	Pb^{2+}	30	75% 1,4-二氧六环	K_1 9.73，K_2 7.58
	Pr^{3+}	30	75% 1,4-二氧六环	K_1 9.04，K_2 8.02，K_3 6.79
	Th^{4+}	25	0.1NaClO$_4$	K_2 9.02，K_3 7.89，K_4 6.26
	Y^{3+}	30	75% 1,4-二氧六环	K_1 9.02，K_2 8.72，K_3 7.30
	Zn^{2+}	30	75% 1,4-二氧六环	K_1 9.32，K_2 7.70
		30	50% 1,4-二氧六环	K_1 6.76，K_2 5.68
	Zr^{4+}	32	50%乙醇，(0.1NaClO$_4$)	K_1 3.6
2-亚硝基-1-萘酚 $C_{10}H_7NO_2$	H^+	30	50% 1,4-二氧六环	K_1 8.90
		30	75% 1,4-二氧六环	K_1 11.14
	Ag^+	30	50% 1,4-二氧六环	K_1 7.55
		30	75% 1,4-二氧六环	K_1 7.74
	Cd^{2+}	30	50% 1,4-二氧六环	K_1 7.96，K_2 6.70
		30	75% 1,4-二氧六环	K_1 8.64，K_2 7.31
	Cu^{2+}	30	75% 1,4-二氧六环	K_1 11.70，K_2 10.01
	Mg^{2+}	30	75% 1,4-二氧六环	K_1 5.62，K_2 4.35
	Mn^{2+}	30	75% 1,4-二氧六环	K_1 6.78，K_2 5.42
	Nd^{3+}	30	75% 1,4-二氧六环	K_1 8.51，K_2 7.6，K_3 7.05
	Ni^{2+}	30	50% 1,4-二氧六环	K_1 9.62，K_2 8.88，K_3 5.12
		30	75% 1,4-二氧六环	K_1 10.70，K_2 9.20，K_3 5.9
	Pb^{2+}	30	75% 1,4-二氧六环	K_1 8.93，K_2 7.14
	Pr^{3+}	30	75% 1,4-二氧六环	K_1 8.48，K_2 7.3，K_3 6.36
	Th^{4+}	25	0.1NaClO$_4$	K_3 7.50，K_4 6.22

指示剂	离子	$T/℃$	$I/(mol/L)$（介质）	$\lg K$
2-亚硝基-1-萘酚 $C_{10}H_7NO_2$	Y^{3+}	25	0.1 (NaClO$_4$)	K_1 8.30，β_2 15.54
		30	75% 1,4-二氧六环	K_1 8.3，K_2 7.6，K_3 7.4
	Zn^{2+}	30	50% 1,4-二氧六环	K_1 5.70，K_2 5.22
		30	75% 1,4，二氧六环	K_1 8.40，K_2 7.02
	Zr^{4+}	25	50%乙醇	K_1 3.7
		28	50% 1,4-二氧六环	β_4 11.7
亚硝基 R 盐 $C_{10}H_7NO_8S_2$	H^+	25	→0	K_1 7.51
		25	约 0.015	K_1 6.88
	Cd^{2+}	—	—	K_1 3.2，β_2 5.6
	Ce^{3+}	25	0.1(KCl)	K_1 4.42
	Cu^{2+}	25	0.1(KCl)	K_1 7.7，β_2 15.0
	Dy^{3+}	25	0.1(KCl)	K_1 4.73
	Er^{3+}	25	0.1(KCl)	K_1 4.65
	Gd^{3+}	25	0.1(KCl)	K_1 4.92
	Ho^{3+}	25	0.1(KCl)	K_1 4.70
	La^{3+}	25	0.1(KCl)	K_1 4.37，β_2 7.83，β_3 11.24
	Mn^{2+}	25	0.1(KCl)	K_1 2.7
	Nd^{3+}	25	0.1(KCl)	K_1 5.01
	Ni^{2+}	25	0.1(KCl)	K_1 6.9，β_2 12.5，β_3 17.3
	Pb^{2+}	25	0.1(KCl)	K_1 4.64，β_2 7.37
	Sm^{3+}	25	0.1(KCl)	K_1 5.15
	Y^{3+}	25	0.1(KCl)	K_1 4.48，β_2 7.83，β_3 11.29
	Yb^{3+}	25	0.1(KCl)	K_1 4.74
	Zn^{2+}	25	0.1(KCl)	K_1 4.5，β_2 7.1
变色酸 $C_{10}H_8O_8S_2$	H^+	20	0.1	K_1 15.6，K_2 5.36
	Al^{3+}	30	0.2(NaClO$_4$)	K_1 17.16，K_2 13.25
		25	0.08	K_1 7.48
	Be^{2+}	20	0.1(KNO$_3$)	K_1 16.34，K_2 11.85
				$K(Be^{2+}+HL^{3-}\rightleftharpoons BeHL^-)$ 2.9
	Cu^{2+}	25	0.1(KNO$_3$)	K_1 13.44±0.03
				$K(CuA^{2+}+L^{4-}\rightleftharpoons CuAL^{2-})$ 13.78±0.02
				A 是 2,2'-联吡啶
	Fe^{3+}	20	0.2 六亚甲基四胺	K_1 23.10，K_2 13.76
	Ge^{4+}	25	0.1KCl	$K(H_3GeO_4+3H_2L^{2-}\rightleftharpoons HGeL_3^{3-}+2H^+)$ 2.30
	Nb^{5+}	18～22	0.1NaCl	$K(NbO_2^++3L^{4-}+4H^+\rightleftharpoons NbL_3^{7-})$ 64.7
			3NaClO$_4$	$K(NbO_2^++2H^++2L^{4-}\rightleftharpoons NbOL_2^{5-})$ 42.5
	Th^{4+}	25	0.1(NaClO$_4$)	K_1 16.46，K_2 12.68
	Ti^{4+}	20	0.1	β_2 6.18，β_3 10.59
				$K(Ti^{4+}+H_2L^{2-}\rightleftharpoons TiH_2L^{2+})$3.99
		18～22	0.1(NaClO$_4$)	$K(TiO^{2+}+2L^{4-}\rightleftharpoons TiOL_2^{6-})$ 40.5
				$K(TiO^{2+}+3L^{4-}\rightleftharpoons TiOL_3^{10-})$ 56.4
				$K(TiO^{2+}+2H^++3L^{4-}\rightleftharpoons TiL_3^{8-})$ 60.5
				$K[TiOL_2^{6-}+2H^+\rightleftharpoons TiO(HL)_2^{4+}]$ 4.4
	UO_2^{2+}	18～22	0.1(NaClO$_4$)	K_1 16.6，K_2 11.5
				$K(UO_2^{2+}+HL^{3-}\rightleftharpoons UO_2HL^-)$ 4.0

指示剂	离子	$T/℃$	$I/$(mol/L)（介质）	$\lg K$
变色酸 $C_{10}H_8O_8S_2$	UO_2^{2+}			$K(UO_2L^{2-}+HL^{3-} \rightleftharpoons UO_2HL_2^{5-})$ 1.5
	VO^{2+}	30	0.1KCl	K_1 17.17
				$K(VOA^{2+}+L^{4-} \rightleftharpoons VOAL^{2-})$ 18.09
				A 为 1,10-二氮杂菲
	Zr^{4+}	16~23	0.1(KCl)	$K(Zr(OH)_2^{2+}+HL^{3-} \rightleftharpoons Zr(OH)L^-)$ 18.68
2-(2-噻唑偶氮)-4-甲酚；TAC $C_{10}H_9N_3OS$	H^+	—	—	K_1 8.31，$K_2 < 0.4$
	Hg^{2+}	—	—	K_1 6.1，K_2 6.1
	Co^{2+}	—	—	β_2 14.5
	Cu^{2+}	—	—	K_1 10.5，β_2 16.3
	Mn^{2+}	—	—	β_2 7.6
	Ni^{2+}	—	—	K_1 8.3，β_2 16.2
	Zn^{2+}	—	—	K_1 6.1，β_2 11.5
3-羟基-2-萘甲酸 $C_{11}H_8O_3$	H^+	22	50%乙醇	K_1 12.87，K_2 3.65
	Al^{3+}	25	→0	K_1 13.38
		20	0.02	$K(Al^{3+}+HL^- \rightleftharpoons AlL^++H^+)$ 4.55±0.02
	Be^{2+}	22	50%乙醇	K_1 11.98，K_2 7.92
	Cu^{2+}	25	→0	K_1 12.51
		26	→0	K_1 10.28，β_2 19.8
		25	0.026(KCl)	$K(Cu^{2+}+HL^- \rightleftharpoons CuL+H^+)$ 2.86
	Zn^{2+}	—	—	K_1 8.1，β_2 16.0
2-(2-吡啶偶氮)苯酚 $C_{11}H_9N_3O$	H^+	25	0.1(NaClO$_4$)，50%甲醇	K_1 9.42
		18~22	0.1(NaClO$_4$)，50%甲醇	K_2 1.85
	Ag^+	25	0.1(NaClO$_4$)，50%甲醇	K_1 5.4
	Cd^{2+}	25	0.1(NaClO$_4$)，50%甲醇	K_1 7.8，K_2 6.6
	Co^{2+}	25	0.1(NaClO$_4$)，50%甲醇	K_1 8.9，K_2 9.3
	Cu^{2+}	18~22	0.1(NaClO$_4$)，50%甲醇	K_1 13.8
		25	0.1(NaClO$_4$)，50%甲醇	K_2 7.7
	Fe^{2+}	18~22	0.1(NaClO$_4$)，50%甲醇	β_2 26.3
	Mn^{2+}	25	0.1(NaClO$_4$)，50%甲醇	K_1 5.6，K_2 7.0
	Ni^{2+}	18~22	0.1(NaClO$_4$)，50%甲醇	β_2 22.8
	Pb^{2+}	25	0.1(NaClO$_4$)，50%甲醇	K_1 9.4，K_2 4.8
	Pd^{3+}	18~22	0.1(NaClO$_4$)，50%甲醇	K_1 17.1
	UO_2^{2+}	18~22	0.1(NaClO$_4$)，50%甲醇	K_1 10.7
	Zn^{2+}	25	0.1(NaClO$_4$)，50%甲醇	K_1 8.8，K_2 8.1
4-(2-吡啶偶氮)苯酚 $C_{11}H_9N_3O$	H^+	25	0.1(NaClO$_4$)	K_1 8.29
		18~22	0.1(NaClO$_4$)	K_2 2.47
	Co^{2+}	25	0.1(NaClO$_4$)	K_1 3.5，K_2 3.8
	Cu^{2+}	25	0.1(NaClO$_4$)	K_1 5.8，K_2 5.2
	Fe^{2+}	25	0.1(NaClO$_4$)	K_1 5.6，K_2 4.8
	Ni^{2+}	25	0.1(NaClO$_4$)	$K_1 \approx 5.0$，$K_2 \approx 4.5$
4-(2-吡啶偶氮)-3-苯酚；PAR $C_{11}H_9N_3O_2$	H^+	18~22	0.1	K_1 11.9，K_2 5.6，K_3 3.1
	Al^{3+}	18~22	0.1(NaClO$_4$)	K_1 11.5
	Bi^{3+}	18~22	0.1(NaClO$_4$)	$K^*(Bi^{3+}+HL^- \rightleftharpoons BiHL^{2+})$ 17.2
	Cd^{2+}	18~22	0.1(NaClO$_4$)	$K^*(Cd^{2+}+HL^- \rightleftharpoons CdHL^+)$ 10.5
		—	—	$K(Cd^{2+}+HL^- \rightleftharpoons CdHL^+)$ 11.5，β_2 21.6
	Co^{2+}	25	0.1	K_1 10.0，K_2 7.1

续表

指示剂	离子	T/℃	I/(mol/L)（介质）	$\lg K$
	Co^{2+}	25	约 0.005，50% 1,4-二氧六环	K_1 14.8，K_2 8.2，β_2 23.0
				$K(CoL+H^+\rightleftharpoons CoHL^+)$ 4.7
				$K(CoOHL^-+H^+\rightleftharpoons CoL)$ 6.0
	Cu^{2+}	25	0.1KNO$_3$	K_1 11.7，$K(CuL+H^+\rightleftharpoons CuHL^+)$ 5.3
		25	0.1，50% 1,4-二氧六环	K_1 16.4，K_2 8.9
		18~22	0.1(NaClO$_4$)	$K^*(Cu^{2+}+HL^-\rightleftharpoons CuHL^+)$ 16.5
		25	<0.01，50% 1,4-二氧六环	$K^*(Cu^{2+}+HL^-\rightleftharpoons CuHL^+)$ 15.4±0.2
		—		$K(Cu^{2+}+HL^-\rightleftharpoons CuHL^+)$ 17.5，β_2 38.2
	Dy^{3+}	18~22	0.1(NaClO$_4$)	K_1 10.6，$K^*(Dy^{3}+HL^-\rightleftharpoons DyHL^{2+})$ 11.2
	Er^{3+}	18~22	0.1(NaClO$_4$)	K_1 10.1，$K^*(Er^{3+}+HL^-\rightleftharpoons ErHL^{2+})$ 11.0
	Ga^{3+}	18~22	0.2(NaClO$_4$)	β_2 30.3，$K^*(Ga^{3+}+HL^-\rightleftharpoons GaHL^{2+})$ 14.6
	In^{3+}	—	—	β_2 25.6
	La^{3+}	18~22	0.1(NaClO$_4$)	K_1 9.2
	Mn^{2+}	25	约 0.005，50% 1,4-二氧六环	$K^*(Mn^{2+}+HL^-\rightleftharpoons MnHL^+)$ 9.7
				$K^*[MnHL^++HL^-\rightleftharpoons Mn(HL)_2]$ 9.2
				$K(MnL+H^+\rightleftharpoons MnHL^+)$ 8.8
				$K(MnOHL^-+H^+\rightleftharpoons MnL)$ 10.3
	Nd^{3+}	18~22	0.1(NaClO$_4$)	K_1 9.8
4-(2-吡啶偶氮)-3-苯酚；PAR C$_{11}$H$_9$N$_3$O$_2$				$K^*(Nd^{3+}+HL^-\rightleftharpoons NdHL^{2+})$ 11.1
	Ni^{2+}	25	约 0.005，50% 1,4-二氧六环	$K^*(Ni^{2+}+HL^-\rightleftharpoons NiHL^+)$ 13.2
				$K^*[NiHL^++HL^-\rightleftharpoons Ni(HL)_2]$ 12.8
				$K(NiL+H^+\rightleftharpoons NiHL^+)$ 7.7
				$K(NiOHL^-+H^+\rightleftharpoons NiL)$ 9.2
	Pb^{2+}	—	—	$K(Pb^{2+}+HL^-\rightleftharpoons PbHL^+)$ 12.9，β_2 26.6
		18~22	0.1(NaClO$_4$)	$K^*(Pb^{2+}+HL^-\rightleftharpoons PbHL^+)$ 11.9
		25	0.1	K_1 8.6
	Pr^{3+}	18~22	0.1(NaClO$_4$)	K_1 9.3 $K^*(Pr^{3+}+HL^-\rightleftharpoons PrHL^{2+})$ 10.5
	Sc^{3+}	—	—	$K^*(Sc^{3+}+HL^-\rightleftharpoons ScHL^{2+})$ 12.8
	Sm^{3+}	18~22	0.1(NaClO$_4$)	K_1 10.1
				$K^*(Sm^{3+}+HL^-\rightleftharpoons SmHL^{2+})$ 11.4
	UO_2^{2+}	18~22	0.1	K_1 11.9，$K^*(UO_2^{2+}+HL^-\rightleftharpoons UO_2HL^+)$ 12.9
		25	0.1	K_1 12.5，K_2 8.4
			0.1，50% 1,4-二氧六环	K_1 16.2，K_2 9.6
	VO_2^+	15	0.01	K_1 16.49±0.03
	Y^{3+}	18~22	0.1(NaClO$_4$)	K_1 9.1，$K^*(Y^{3+}+HL^-\rightleftharpoons YHL^{2+})$ 10.2
	Yb^{3+}	18~22	0.1(NaClO$_4$)	K_1 10.2，$K^*(Yb^{3+}+HL^-\rightleftharpoons YbHL^{2+})$ 11.1
	Zn^{2+}	25	0.1(NaClO$_4$)	K_1 11.9±0.1，K_2 10.3±0.2
		25	约 0.005，50% 1,4-二氧六环	$K^*(Zn^{2+}+HL^-\rightleftharpoons ZnHL^+)$ 12.4
				$K(ZnHL^++HL^-\rightleftharpoons Zn(HL)_2^-)$ 11.1
		25	0.1，50% 1,4-二氧六环	K_1 11.2，K_2 7.8
	H^+	20	0.05(NaClO$_4$)	K_1 9.10，K_2 0.88
1-(2-噻唑偶氮)-2-萘酚；TAN C$_{13}$H$_9$N$_3$OS	Ag^+	18~22	0.05	K_1 8.67
	Cd^{2+}	18~22	0.05	K_1 9.18，β_2 17.88
	Co^{2+}	18~22	0.05	K_1 9.50，β_2 19.00

指示剂	离子	$T/℃$	$I/(mol/L)$（介质）	$\lg K$
1-(2-噻唑偶氮)-2-萘酚； TAN $C_{13}H_9N_3OS$	Cu^{2+}	20	0.05(NaClO₄)	K_1 10.92，β_2 22.52
	Eu^{3+}	18～22	0.05	K_1 9.56，β_2 18.76，β_3 27.60，β_4 36.08
	Ho^{3+}	18～22	0.05	K_1 12.76，β_2 24.36，β_3 34.80，β_4 44.08
	Yb^{3+}	18～22	0.05	K_1 9.01，β_2 19.32，β_3 28.53，β_4 37.44
	Zn^{2+}	20	0.05(NaClO₄)	K_1 9.87，β_2 19.74
1-(2-噻唑偶氮)-2-萘酚 -6-磺酸；TAN-6S $C_{13}H_9N_3O_4S_2$	H^+	25	0.1NaClO₄	K_1 8.38
	Co^{2+}	25	0.1NaClO₄	K_1 7.7，K_2 6.6，β_2 14.3
	Cu^{2+}	25	0.1NaClO₄	K_1 11.1
	Fe^{2+}	25	0.1NaClO₄	β_2 16.7
	Mn^{2+}	25	0.1NaClO₄	K_1 4.3，K_2 3.3，β_2 7.6
	Ni^{2+}	25	0.1NaClO₄	K_1 8.5，K_2 8.3
	Pd^{2+}	25	0.1NaClO₄	K_1 13，K_2 5.7
	UO_2^{2+}	25	0.1NaClO₄	K_1 8.2，K_2 5.5
	Zn^{2+}	25	0.1NaClO₄	K_1 6.3，K_2 5.7，β_2 12.0
N-苯甲酰-N-苯胲； BPHA $C_{13}H_{11}NO_2$	H^+			K_1 8.15
	Fe^{3+}			K_1 5.28
	Ga^{3+}			K_1 12.64，β_2 24.9，β_3 36.78
	Th^{4+}			β_2 15.6，β_4 26.4
二硫腙 $C_{13}H_{12}N_4S$	H^+	25	0.1KClO₄	K_2 4.45
		25	0.1，50% 1,4-二氧六环	K_1 5.8
	Co^{2+}	25	H_2O，CCl_4	$K(Co^{2+}+2HL^- \rightleftharpoons Co(HL)_2)$ 13
	Cu^{2+}	25	0.1NaCl，CCl_4	$K(Cu^{2+}+2HL^- \rightleftharpoons Cu(HL)_2)$ 22.3
	Hg^{2+}	25	0.6～2.7HCl	$K(Hg^{2+}+2HL^- \rightleftharpoons Hg(HL)_2)$ 40.34
	Ni^{2+}	25	0.1，50% 1,4-二氧六环	K_1 5.83
	Zn^{2+}	25	0.1，50% 1,4-二氧六环	K_1 6.18
2-(4-二甲基氨基苯偶氮)吡啶；PAMA $C_{13}H_{14}N_4$	H^+	25	0.15NaNO₃	K_1 4.5，K_2 2.0
	Ca^{2+}	25	0.15NaNO₃	K_1 0
	Cd^{2+}	16	0.1KNO₃	K_1 2.7
	Co^{2+}	16	0.1KNO₃	K_1 3.8
		25	0.15NaNO₃	K_1 3.33
	Cu^{2+}	16	0.1KNO₃	K_1 5.00
		25	0.15NaNO₃	K_1 5.21
	Hg^{2+}	25	0.15NaNO₃	K_1 5.06
	Mg^{2+}	25	0.15NaNO₃	K_1 0
	Mn^{2+}	25	0.15NaNO₃	K_1 0.7
	Ni^{2+}	25	0.15NaNO₃	K_1 4.24
	Zn^{2+}	25	0.15NaNO₃	K_1 2.36
		16	0.1KNO₃	K_1 2.62
二苯氨基脲 $C_{13}H_{14}N_4O$	H^+	25	0.1，50% 1,4-二氧六环	K_1 9.26
	Cu^{2+}			K_1 9.8，β_2 19.5，β_3 29
	Ga^{3+}			K_1 7.2
	Hg^{2+}			β_2 10.2
	Ni^{2+}	25	0.1，50% 1,4-二氧六环	K_1 6.02
	V^{5+}			K_1 3.5(pH=5.3)

续表

指示剂	离子	$T/℃$	$I/(mol/L)$（介质）	$\lg K$
二苯氨基脲 $C_{13}H_{14}N_4O$	Zn^{2+}	25	0.1，50% 1,4-二氧六环	K_1 5.76
茜素红 S；ARS $C_{14}H_8O_7S$	H^+	20	0.1(KNO$_3$)	K_1 11.1，K_2 6.07
		25	0.5	K_1 10.85±0.03，K_2 5.49±0.01
	Be^{2+}	20	0.1(KNO$_3$)	K_1 10.96
	Cr^{6+}	25	—	K_1 4.7
	Cu^{2+}	25	—	K_1 4.1
	Hf^{4+}	25	—	β_2 10.4
	Mo^{6+}	25	—	β_2 9.6
	Pb^{2+}	25	—	K_1 6.0
	Th^{4+}	25	0.1(NH$_4$NO$_3$)	β_2 8.23
	UO_2^{2+}	25	0.15(NaClO$_4$)	K_1 4.22
	V^{5+}	25	—	β_2 8.6
	W^{6+}	25	—	β_2 7.8
	Zr^{4+}	25	1.6	$K(Zr^{4+}+2OH^-+L^{2-}\rightleftharpoons Zr(OH)_2L)$ 49.0
3-羟基-4-(2-噻唑偶氮)-2-萘甲酸；TAHN $C_{14}H_9N_3O_3S$	H^+	25	0.1，20% 1,4-二氧六环	K_1 10.4，K_2 3.68，K_3 0.5
	Cu^{2+}	25	0.1，5% 1,4-二氧六环	K_1 12.29，$K(Cu^{2+}+HL^{2-}\rightleftharpoons CuHL)$ 3.82
	Ni^{2+}	25	0.1，5% 1,4-二氧六环	K_1 9.70，K_2 8.0
				$K_1(Ni^{2+}+HL^{2-}\rightleftharpoons NiHL)$ 4.90
	Zn^{2+}	25	0.1，5% 1,4-二氧六环	K_1 7.57
铬枣红 B $C_{14}H_{12}N_2O_3$	H^+	30	75% 1,4-二氧六环	K_1 13.17，K_2 7.19
	Cu^{2+}	30	75% 1,4-二氧六环	K_1 17.00
	Ni^{2+}	30	75% 1,4-二氧六环	K_1 14.00，K_2 8.45
	Pb^{2+}	30	75% 1,4-二氧六环	K_1 12.14
	Zn^{2+}	30	75% 1,4-二氧六环	K_1 12.39
1-(2-吡啶偶氮)-2-萘酚 PAN $C_{15}H_{11}N_3O$	H^+	29～33	0.1(NaClO$_4$)	K_1 11.2，K_2 2.9
		25	20% 1,4-二氧六环	K_1 12.2，K_2 2.3
	Co^{2+}	18～22	0.05	K_1 12.15，β_2 24.16
	Cu^{2+}	—	20% 1,4-二氧六环	K_1 16
		29～33	0.1(NaClO$_4$)	K_1 12.6，$K(CuLOH+H^+\rightleftharpoons CuL^+)$ 6.9
	Eu^{3+}	18～22	0.05	K_1 12.39，β_2 23.80，β_3 24.23，β_4 43.68
	Ho^{3+}	18～22	0.05	K_1 12.76，β_2 24.36，β_3 34.80，β_4 44.08
	Mn^{2+}	25	50% 1,4-二氧六环	K_1 8.5，K_2 7.9
		29～33	0.1(NaClO$_4$)	β_2 15.3
	Ni^{2+}	25	50% 1,4-二氧六环	K_1 12.7，K_2 12.6
	$Pb(C_2H_5)_2^{2+}$	25	0.1(ClO$_4^-$)，20% 1,4-二氧六环	K_1 12.08
	$Sn(CH_3)_2^{2+}$	25	0.1(ClO$_4^-$)，20% 1,4-二氧六环	K_1 12.55
	$Sn(C_2H_5)_2^{2+}$	25	0.1(ClO$_4^-$)，20% 1,4-二氧六环	K_1 13.73
	$Sn(C_4H_9)_2^{2+}$	25	0.1(ClO$_4^-$)，20% 1,4-二氧六环	K_1 14.37
	$Sn(C_6H_5)_2^{2+}$	25	0.1(ClO$_4^-$)，20% 1,4-二氧六环	K_1 14.68
	Zn^{2+}	25	50% 1,4-二氧六环	K_1 11.2，K_2 10.5
		20	0.05(NaClO$_4$)	K_1 12.72，β_2 24.54

续表

指示剂	离子	$T/℃$	$I/(mol/L)$（介质）	$\lg K$
1-(2-吡啶偶氮)-4-萘酚；p-PAN $C_{15}H_{11}N_3O$	H^+	30～36	50% 1,4-二氧六环	K_1 10.74，K_2 2.54
		30～36	0.1	K_1 9.1，K_2 3.0
	Cu^{2+}	30～36	0.1，50% 1,4-二氧六环	β_2 20
	Ni^{2+}	30～36	0.1，50% 1,4-二氧六环	β_2 23
	Zn^{2+}	30～36	0.1，50% 1,4-二氧六环	β_2 19
1-(2-羟基偶氮)2-萘酚 $C_{16}H_{12}N_2O_2$	H^+	30	75% 1,4-二氧六环	K_1 13.75，K_2 11.00
	Ba^{2+}	30	75% 1,4-二氧六环	K_1 5.74
	Ca^{2+}	30	75% 1,4-二氧六环	K_1 8.61
	Cd^{2+}	30	75% 1,4-二氧六环	K_1 13.03
	Cu^{2+}	30	75% 1,4-二氧六环	K_1 23.30
	Mg^{2+}	30	75% 1,4-二氧六环	K_1 10.93
	Ni^{2+}	30	75% 1,4-二氧六环	K_1 19.62
	Pb^{2+}	30	75% 1,4-二氧六环	K_1 14.65
	Sr^{2+}	30	75% 1,4-二氧六环	K_1 6.81
	Zn^{2+}	30	75% 1,4-二氧六环	K_1 16.35
搔洛铬紫 R $C_{16}H_{12}N_2O_5S$	H^+	20	→0	K_1 13.04±0.3，K_2 7.03±0.01
	Al^{3+}	25	→0	K_1 18.4±0.1，K_2 13.2±0.1
	Ca^{2+}	25	→0	K_1 6.6±0.1，K_2 约 3
	Cr^{3+}	25	→0	$K(CrOHL^- + H^+ \rightleftharpoons CrL)$ 6.88
				$K(Cr(OH)_2L^{2-} + H^+ \rightleftharpoons Cr(OH)L^-)$ 9.82
				$K(Cr(OH)_3L^{3-} + H^+ \rightleftharpoons Cr(OH)_2L^{2-})$ 12.12
	Cu^{2+}	25	→0	K_1 21.8±0.1
	Mg^{2+}	25	→0	K_1 8.6±0.1，K_2 5.0±0.1
	Ni^{2+}	25	→0	K_1 15.9±0.1，K_2 10.45±0.1
	Pb^{2+}	25	→0	K_1 12.5±0.1，K_2 5.3
	Zn^{2+}	25	→0	K_1 13.5±0.1，K_2 7.4±0.1
变色酸 2R $C_{16}H_{12}N_2O_8S_2$	H^+	20	0.1KCl	K_1 14.64，K_2 9.29
	Al^{3+}	20	0.1KCl	K_1 18.41
	Cu^{2+}	20	0.1KCl	K_1 17.23
	Fe^{3+}	20	0.1KCl	K_1 22.41
	Ni^{2+}	20	0.1KCl	K_1 11.99
钍试剂 $C_{16}H_{13}N_2O_{10}S_2As$	H^+	30	—	K_1 11.76，K_2 8.38，K_3 3.62
	Ba^{2+}	30	—	K_1 3.4
	Be^{2+}	30	—	K_1 15.68
	Ca^{2+}	30	—	K_1 5.5
	Cd^{2+}	30	—	K_1 8.97
	Co^{2+}	30	—	K_1 12.48
	Cu^{2+}	30	—	K_1 15.31
	Mg^{2+}	30	—	K_1 5.90
	Mn^{2+}	30	—	K_1 8.96
	Ni^{2+}	30	—	K_1 13.86
	Pb^{2+}	30	—	K_1 9.02
	Sr^{2+}	30	—	K_1 4.3
	UO_2^{2+}	30	—	K_1 15
	Zn^{2+}	30	—	K_1 11.35

续表

指示剂	离子	$T/℃$	$I/$(mol/L)（介质）	$\lg K$
铅试剂；硫腙 $C_{18}H_{15}N_6O_8SAs$	H^+	20	0.08(KCl)，4%乙醇	K_1 11.7，K_2 8.7，K_3 5.2
	Cd^{2+}	20	0.08(KCl)，4%乙醇	K_1 9.8，$K(CdL^{2-}+H^+\Longleftrightarrow CdHL^-)$ 8.8
	Ni^{2+}	20	0.08(KCl)，4%乙醇	K_1 8.1，$K(NiL^{2-}+H^+\Longleftrightarrow NiHL^-)$ 8.93
	Pb^{2+}	20	0.08(KCl)，4%乙醇	K_1 16.5，$K(PbL^{2-}+H^+\Longleftrightarrow PbHL^-)$ 5.7
	Zn^{2+}	20	0.08(KCl)，4%乙醇	K_1 10.8，$K(ZnL^{2-}+H^+\Longleftrightarrow ZnHL^-)$ 7.75
8-羟基-7-(1-萘基偶氮) 喹啉-5-磺酸；萘基偶 氮羟啉 $C_{19}H_{13}N_3O_4S$	H^+	18～22	0.1(NaClO$_4$)，50%甲醇	K_1 10.35，K_2 1.79
	Co^{2+}	25	0.1(NaClO$_4$)，50%甲醇	K_1 10.5
	Cu^{2+}	—	—	K_1 9.7
	Fe^{2+}	25	0.1(NaClO$_4$)，50%甲醇	K_2 9.4
	Ga^{3+}	—	—	K_1 2.0(pH=2.5)
	Mn^{2+}	25	0.1(NaClO$_4$)，50%甲醇	K_1 8.6，K_2 7.0
	Ni^{2+}	25	0.1(NaClO$_4$)，50%甲醇	K_2 9.3
	Zn^{2+}	25	0.1(NaClO$_4$)，50%甲醇	K_1 10.6，K_2 7.2
萘基偶氮羟啉 S；NAS $C_{19}H_{13}N_3O_7S_2$	H^+	25	0.1	K_1 7.4，K_2 3.1
	Cd^{2+}	25	0.1	K_1 6.3
	Cu^{2+}	25	0.1	K_1 10.4，K_2 9.0，β_2 19.4
	Zn^{2+}	—	—	K_1 7.2
8-羟基-7-(4-磺基-1-萘 偶氮)喹啉-5-磺酸 $C_{19}H_{13}N_3O_7S_2$	H^+	25	3	K_1 7.0，K_2 3.0
	Cd^{2+}	25	0.1	K_1 5.85
	Cu^{2+}	25	0.1	K_1 10.0，K_2 8.8，β_2 18.8
	Zn^{2+}	—	—	K_1 6.9
8-羟基-7-(5,7-二磺基- 2-萘基偶氮)喹啉-5-磺 酸 $C_{19}H_{13}N_3O_{10}S_3$	H^+	25	0.1	K_1 7.2，K_2 2.85
	Cd^{2+}	25	0.1	K_1 6.0
	Cu^{2+}	25	0.1	K_1 9.65
	Zn^{2+}	25	0.1	K_1 7.0
邻苯二酚紫；PV $C_{19}H_{14}O_7S$	H^+	—		K_1 11.73，K_2 9.76，K_3 7.82
		室温	0.2	K_1 12.50，K_2 9.76，K_3 7.82，K_4 0.3
	Al^{3+}	室温	0.2	K_1 19.13，K_{Al_2L} 4.95，β_{Al_2L} 24.1
	Bi^{3+}	室温	0.2	K_1 27.07，K_{Bi_2L} 5.25，β_{Bi_2L} 32.2
	Cd^{2+}	室温	0.2	K_{Cd_2L} 4.0
		—	—	K_1 8.1
	Co^{2+}	室温	0.2	K_1 9.01
	Cu^{2+}	室温	0.2	K_1 16.47
	Ga^{3+}	室温	0.2	K_1 22.18，K_{Ga_2L} 4.65，β_{Ga_2L} 26.8
	In^{3+}	室温	0.2	K_1 18.10，K_{In_2L} 4.81，β_{In_2L} 22.9
	Mg^{2+}	室温	0.4	K_1 4.42，K_{Mg_2L} 4.6
	Mn^{2+}	室温	0.2	K_1 7.13
	Ni^{2+}	室温	0.2	K_1 9.35，K_{Ni_2L} 4.38
	Pb^{2+}	室温	0.2	K_1 13.25
	Th^{4+}	室温	0.2	K_1 23.36，K_{Th_2L} 4.42，β_{Th_2L} 27.8
	Zn^{2+}	室温	0.2	K_1 10.41，K_{Zn_2L} 6.21
	Zr^{4+}	室温	0.2	K_1 27.40，K_{Zr_2L} 4.18，β_{Zr_2L} 31.6
铬黑 A $C_{20}H_{13}N_3O_7S$	H^+	18～20	0.008	K_2 6.2
		18～20	0.08	K_1 13.0
	Ca^{2+}	18～20	0.02	K_1 5.25

指示剂	离子	$T/℃$	$I/(mol/L)$（介质）	$\lg K$
铬黑 A $C_{20}H_{13}N_3O_7S$	Mg^{2+}	18～20	0.08	K_1 7.2
铬黑 T；EBT $C_{20}H_{13}N_3O_7S$	H^+	18～20	0.3	K_1 11.31，K_2 6.80
		—	—	K_1 11.5，K_2 6.4，K_3 3.9
	Ba^{2+}	—	—	K_1 3.0
	Ca^{2+}	18～20	0.02	K_1 5.4
	Cd^{2+}	20	$0.3NaClO_4$	K_1 12.74
	Co^{2+}	20	0.3	K_1 20.0
	Cu^{2+}	20	$0.3(NaClO_4)$	K_1 21.38
	Mg^{2+}	18～20	0.08	K_1 7.0
	Mn^{2+}	—	—	K_1 9.7，β_2 17.6
	Pb^{2+}	20	$0.3(NaClO_4)$	K_1 13.19
	Zn^{2+}	20	$0.3(NaClO_4)$	K_1 12.31
		—	—	K_1 12.9，β_2 20.0
钙试剂；铬蓝黑 R $C_{20}H_{14}N_2O_5S$	H^+	25	0.1	K_1 13.5，K_2 7.36，K_3 1.0
	Ca^{2+}	18～20	0.02	K_1 5.25
		25	0.1	K_1 5.58
	Cu^{2+}	—	—	K_1 21.2
	Mg^{2+}	25	0.1	K_1 7.64
	Zn^{2+}	25	0.1	K_1 12.5
		—	—	$K(Zn^{2+}+L^{3-}+NH_3 \rightleftharpoons Zn(NH_3)L^-)$ 16.4
铬蓝黑 B $C_{20}H_{14}N_2O_5S$	H^+	18～20	0.08	K_1 12.5
		18～20	0.008	K_2 6.2
	Ca^{2+}	18～20	0.02	K_1 5.7
	Mg^{2+}	18～20	0.08	K_1 7.4
宫殿坚牢蓝 GGNA $C_{20}H_{14}N_2O_8S$	H^+	—	—	K_1 12.9，K_2 8.9
	Ca^{2+}	—	—	K_1 7.52
	Mg^{2+}	—	—	K_1 7.56
1-(苯并噻唑-2-基)-3-苯基-5-(4-磺基苯基)甲臜；BTPFS $C_{20}H_{15}N_5O_3S_2$	H^+	30	0.1	K_1 8.25，K_2 1.63
	Ag^+	30	0.1	K_1 9.27±0.21
	Cd^{2+}	30	0.1	K_1 4.04±0.12
	Co^{2+}	30	0.1	K_2 23.22
	Co^{3+}	30	0.1	K_2 18.26
	Cu^{2+}	30	0.1	K_1 9.33±0.04，K_2 9.05±0.17
	Hg^{2+}	30	0.1	K_1 9.26±0.11
	Ni^{2+}	30	0.1	K_2 18.04±0.18
	Zn^{2+}	30	0.1	K_1 5.20±0.04
铝试剂 $C_{22}H_{14}O_9$	Be^{2+}	25	—	K_1 4.54
		25	0.16	K_1 5.38
	Cu^{2+}	25	0.01	β_2 8.81
		28	0.01	K_1 4.1
	Fe^{3+}	25	—	K_1 4.68
	Th^{4+}	25	—	K_1 5.04
	UO_2^{2+}	25	0.01	K_1 4.77
偶氮氯膦Ⅲ $C_{22}H_{16}Cl_2N_4O_{14}P_2S_2$	H^+	25	$0.2(KNO_3)$	K_1 14.6，K_2 11.1，K_3 9.4，K_4 7.0，K_5 4.2 K_6 1.5，K_7 0.6，K_8 0.3，K_9 -0.5，K_{10} -2.1
	Ba^{2+}	25	$0.2(KNO_3)$	$K(Ba^{2+}+6H^++2L^{8-} \rightleftharpoons BaH_6L_2^{6-})$ 82.5±0.2
	Ca^{2+}	25	$0.2(KNO_3)$	$K(Ca^{2+}+8H^++2L^{8-} \rightleftharpoons CaH_8L_2^{6-})$ 94.0±0.5

指示剂	离子	$T/℃$	$I/(mol/L)$（介质）	$\lg K$
偶氮氯膦Ⅲ $C_{22}H_{16}Cl_2N_4O_{14}P_2S_2$	Mg^{2+}	25	$0.2(KNO_3)$	$K(Mg^{2+}+4H^++L^{8-} \Longrightarrow MgH_4L^{2-})$ 47.4±0.5
	Sr^{2+}	25	$0.2(KNO_3)$	$K(Sr^{2+}+8H^++2L^{8-} \Longrightarrow SrH_8L_2^{6-})$ 95.6±0.9
	UO_2^{2+}	25	$0.2(KNO_3)$	$K(UO_2^{2+}+12H^++2L^{8-} \Longrightarrow UO_2H_{12}L_2^{2-})$ 47.7±0.9
偶氮胂 M	La^{3+}	常温		13.21
	Ce^{3+}	常温		13.62
	Pr^{3+}	常温		13.76
	Nb^{3+}	常温		13.86
	Sm^{3+}	常温		14.42
	Eu^{3+}	常温		14.50
	Gd^{3+}	常温		14.43
	Tb^{3+}	常温		15.15
	Dy^{3+}	常温		15.31
	Ho^{3+}	常温		15.63
	Er^{3+}	常温		15.67
	Tm^{3+}	常温		16.14
	Yb^{3+}	常温		16.40
	Lu^{3+}	常温		16.72
偶氮胂Ⅲ $C_{22}H_{18}N_4O_{14}S_2As_2$	H^+	约20	$0.2NaNO_3$	K_1 12.33，K_2 7.48，K_3 5.35，K_4 2.41，K_5 2.41
	Dy^{3+}	约20	$0.2NaNO_3$	$K(2Dy^{3+}+2L^{8-} \Longrightarrow Dy_2L_2^{10-})$ 83.0±0.4
	Gd^{3+}	约20	$0.2NaNO_3$	$K(2Gd^{3+}+2L^{8-} \Longrightarrow Gd_2L_2^{10-})$ 80.5±0.2
	La^{3+}	约20	$0.2NaNO_3$	$K(2La^{3+}+2L^{8-} \Longrightarrow La_2L_2^{10-})$ 81.2±0.4
		约20	$0.2(NaNO_3)$	$K(2La^{3+}+8H^++2L^{8-} \Longrightarrow La_2H_8L_2^{2-})$ 83.5
				$K(2La^{3+}+4H^++L^{8-} \Longrightarrow La_2H_4L^{2+})$ 42.5
	Sm^{3+}	约20	$0.2NaNO_3$	$K(2Sm^{3+}+2L^{8-} \Longrightarrow Sm_2L_2^{10-})$ 82.1±0.3
	Yb^{3+}	约20	$0.2NaNO_3$	$K(2Yb^{3+}+2L^{8-} \Longrightarrow Yb_2L_2^{10-})$ 81.9±0.2
	Zr^{4+}	约20	$3\sim6HClO_4$	$K(2Zr^{4+}+18H^++2L^{8-} \Longrightarrow Zr_2H_{18}L_2^{10+})$ 87.2
铬天青 S $C_{23}H_{16}Cl_2O_9S$	H^+	20	0.1	K_1 12.21，K_2 4.92，K_3 2.28
	Al^{3+}	30	$0.2KCl$	K_1 4.32
	Be^{2+}	30	$0.1(NaClO_4)$	K_1 4.67
		25	$0.1(NaClO_4)$	$K(Be^{2+}+HL^{3-} \Longrightarrow BeHL^-)$ 4.66±0.08
				$K(2Be^{2+}+L^{4-} \Longrightarrow Be_2L)$ 15.8±0.1
	Cd^{2+}	—	—	β_2 10.8
	Cu^{2+}	30	$0.1(ClO_4^-)$	K_1 4.23
		25	0.1	$K(Cu^{2+}+HL^{3-} \Longrightarrow CuHL^-)$ 4.02±0.05
				$K(2Cu^{2+}+L^{4-} \Longrightarrow Cu_2L)$ 13.7±0.1
	Fe^{3+}	20	$0.1KCl$	K_1 15.6
				$K(2Fe^{3+}+2L^{4-} \Longrightarrow Fe_2L_2^{2-})$ 36.2
				$K(2Fe^{3+}+L^{4-} \Longrightarrow Fe_2L^{2+})$ 20.2
	Hf^{4+}	—	—	K_1 17.8
	In^{3+}	—	—	K_1 13.2
	Mg^{2+}	—	—	β_2 11.1
	Pd^{2+}	—	—	K_1 13.5
	Sc^{3+}	—	—	K_1 12.6
	Th^{4+}	—	—	K_1 12.3
	Ti^{4+}	—	—	K_1 12.3

指示剂	离子	$T/^\circ\text{C}$	$I/(\text{mol/L})$（介质）	$\lg K$
铬天青 S $C_{23}H_{16}Cl_2O_9S$	UO_2^{2+}	—	—	K_1 11.7
	Y^{3+}	—	—	K_1 10.2
	Zr^{4+}	—	—	K_1 16.3
铬菁 R $C_{23}H_{18}O_9S$	H^+	18～22	0.1(NaClO$_4$)	K_1 11.85±0.01, K_2 5.47±0.05, K_3 2.3±0.01
	Be^{2+}	18～22	0.1(NaClO$_4$)	$K(2Be^{2+}+2L^{4-}\rightleftharpoons Be_2L_2^{4-})$ 28.3
	Fe^{3+}	17～23	0.1KCl	K_1 17.9
				$K(2Fe^{3+}+L^{4-}\rightleftharpoons Fe_2L^{2+})$ 22.5
				$K(2Fe^{3+}+2L^{4-}\rightleftharpoons Fe_2L_2^{2-})$ 37.9
	Ga^{3+}	—	—	K_1 4.5
	In^{3+}	—	—	K_1 5.2
钙色素 $C_{30}H_{18}O_{21}N_6S_6$	H^+	约 20	0.2(NaNO$_3$)	K_1 11.50, K_2 7.10
	Ca^{2+}	约 20	0.2(NaNO$_3$)	$K(Ca^{2+}+2H^++L^{9-}\rightleftharpoons CaH_2L^{5-})$ 26.45
二甲酚橙 $C_{31}H_{32}N_2O_{13}S$	H^+	约 20	0.2KNO$_3$	K_1 12.28±0.06, K_2 10.46±0.05, K_3 6.37±0.05 K_4 3.23±0.05, K_5 2.58±0.05, K_6 −1.09±0.07 K_7 −1.74±0.05
	Cd^{2+}	25	0.3KNO$_4$	$K(Cd^{2+}+HL^{5-}\rightleftharpoons CdL^{4-}+H^+)$ 3.78
	Dy^{3+}	约 20	0.2(NaNO$_3$)	$K(2Dy^{3+}+2L^{6-}\rightleftharpoons Dy_2L_2^{6-})$ 47.6
	Ga^{3+}	20	0.2(NaCl)	$K(Ga^{3+}+H_2L^{4-}\rightleftharpoons GaH_2L^-)$ 13.36±0.08
	Gd^{3+}	约 20	0.2(NaNO$_3$)	$K(2Gd^{3+}+2L^{6-}\rightleftharpoons Gd_2L_2^{6-})$ 43.1
	La^{3+}	20	0.2NaClO$_4$	$K(La^{3+}+HL^{5-}\rightleftharpoons LaHL^{2-})$ 11.67±0.09
	Lu^{3+}	20	0.2NaClO$_4$	$K(Lu^{3+}+HL^{5-}\rightleftharpoons LuHL^{2-})$ 14.09±0.07
		20	0.2(NaCl)	$K(Lu^{3+}+H_2L^{4-}\rightleftharpoons LuH_2L^-)$ 9.94±0.07
	Nd^{3+}	25	0.1	$K(Nd^{3+}+H_2L^{4-}\rightleftharpoons NdH_2L^-)$ 6.8
	Sc^{3+}	20	0.2NaClO$_4$	$K(Sc^{3+}+HL^{5-}\rightleftharpoons ScHL^{2-})$ 18.82±0.06
				$K(Sc^{3+}+H_2L^{4-}\rightleftharpoons ScH_2L^-)$ 12.00
	Sm^{3+}	约 20	0.2(NaNO$_3$)	$K(2Sm^{3+}+2L^{6-}\rightleftharpoons Sm_2L_2^{6-})$ 47.0
	Ti^{4+}	25	约 0.05HClO$_4$	$K(TiO^{2+}+H_6L+H_2O_2\rightleftharpoons TiH_6LH_2O_2^+)$ 37.68
			0.5(NaClO$_4$)	$K(TiO^{2+}+H_6L\rightleftharpoons TiOH_5L^++H^+)$ 3.46
	Y^{3+}	20	0.2NaClO$_4$	$K(Y^{3+}+HL^{5-}\rightleftharpoons YHL^{2-})$ 12.81±0.08
	Yb^{3+}	约 20	0.2(NaNO$_3$)	$K(2Yb^{3+}+2L^{6-}\rightleftharpoons Yb_2L_2^{6-})$ 45.7
	Zn^{2+}	20	0.2(NaCl)	$K(Zn^{2+}+H_2L^{4-}\rightleftharpoons ZnH_2L^{2-})$ 6.02±0.10
金属酞 $C_{32}H_{32}N_2O_{12}$	H^+	20	0.1(KCl)	K_1 12.01, K_2 11.35, K_3 7.83, K_4 6.97, K_5 2.9, K_6 2.2
	Ba^{2+}	20	0.1(KCl)	K_1 6.2, $K(Ba^{2+}+HL^{5-}\rightleftharpoons BaHL^{3-})$ 4.8
				$K(Ba^{2+}+H_2L^{4-}\rightleftharpoons BaH_2L^{2-})$ 2.3
				$K(Ba^{2+}+H_3L^{3-}\rightleftharpoons BaH_3L^-)$ 1.3
				$K(Ba^{2+}+BaL^{4-}\rightleftharpoons Ba_2L^{2-})$ 5.2
				$K(Ba^{2+}+BaHL^{3-}\rightleftharpoons Ba_2HL^-)$ 约 1
	Ca^{2+}	20	0.1(KCl)	K_1 7.8, $K(Ca^{2+}+HL^{5-}\rightleftharpoons CaHL^{3-})$ 6.9
				$K(Ca^{2+}+H_2L^{4-}\rightleftharpoons CaH_2L^{2-})$ 3.2
				$K(Ca^{2+}+CaL^{4-}\rightleftharpoons Ca_2L^{2-})$ 5.0
				$K(Ca^{2+}+H_3L^{3-}\rightleftharpoons CaH_3L^-)$ 2.3
				$K(Ca^{2+}+CaHL^{3-}\rightleftharpoons Ca_2HL^-)$ 约 1
	Mg^{2+}	20	0.1(KCl)	K_1 8.9, $K(Mg^{2+}+HL^{5-}\rightleftharpoons MgHL^{3-})$ 7.5
				$K(Mg^{2+}+H_2L^{4-}\rightleftharpoons MgH_2L^{2-})$ 3.6

续表

指示剂	离子	T/℃	I/(mol/L)（介质）	lgK
金属酞 $C_{32}H_{32}N_2O_{12}$	Zn^{2+}	20	0.1(KCl)	$K(Mg^{2+}+H_3L^{3-} \rightleftharpoons MgH_3L^-)$ 2.2 $K(Mg^{2+}+MgL^{4-} \rightleftharpoons Mg_2L^{2-})$ 3.0 $K(Mg^{2+}+MgHL^{3-} \rightleftharpoons Mg_2HL^-)$ 约1 K_1 15.1, $K(Zn^{2+}+HL^{5-} \rightleftharpoons ZnHL^{3-})$ 13.8 $K(Zn^{2+}+H_2L^{4-} \rightleftharpoons ZnH_2L^{2-})$ 10.2 $K(Zn^{2+}+H_3L^{3-} \rightleftharpoons ZnH_3L^-)$ 6.0 $K(Zn^{2+}+ZnL^{4-} \rightleftharpoons Zn_2L^{2-})$ 9.8 $K(Zn^{2+}+ZnHL^{3-} \rightleftharpoons Zn_2HL^-)$ 5.0
甲基百里酚蓝 $C_{37}H_{44}N_2O_{13}S$	H^+	—	0.2($NaNO_3$)	K_1 13.4, K_2 11.15, K_3 7.4, K_4 3.8, K_5 3.3, K_6 3.0
	Fe^{3+}	—	0.1($NaClO_4$)	$K(Fe^{3+}+H_2L^{4-} \rightleftharpoons FeH_2L^-)$ 20.56±0.07 $K(Fe^{3+}+2H^++L^{6-} \rightleftharpoons FeH_2L^-)$ 43.29±0.09 $K[FeH_2L^-+H_4L^{2-} \rightleftharpoons Fe(H_3L)_2^{3-}]$ 6.66±0.05
	La^{3+}	—	0.2$NaNO_3$	$K(2La^{3+}+2L^{6-} \rightleftharpoons La_2L_2^{6-})$ 35.8 $K[2La^{3+}+2L^{6-}+2OH^- \rightleftharpoons La_2(OH)_2L_2^{8-}]$ 23.2
	Y^{3+}	—	0.2($NaNO_3$)	$K(2Y^{3+}+2L^{6-}+2H^+ \rightleftharpoons Y_2H_2L_2^{6-})$ 50.4±0.6 $K(Y_2HL_2^{5-}+H^+ \rightleftharpoons Y_2H_2L_2^{4-})$ 8.0 $K(Y_2L_2^{6-}+H^+ \rightleftharpoons Y_2HL_2^{5-})$ 9.5
	Zr^{4+}	室温	1.0$HClO_4$	K_1 5.0
百里酚酞络合剂 $C_{38}H_{44}N_2O_{12}$	H^+	18~22	0.2$NaNO_3$	K_1 12.25, K_2 7.35
	Ca^{2+}	18~22	0.2$NaNO_3$	$K(2Ca^{2+}+2L^{6-} \rightleftharpoons Ca_2L_2^{8-})$ 42.74

① β为累积稳定常数。
② K^*：形成常数 K_{MHL} 是假定有机试剂中 1-位羟基未解离的配位体 HL^- 与金属离子结合的微观稳定常数。

三、EDTA 滴定法中金属离子的掩蔽

若待测离子和共存离子与 EDTA 的配位能力相差不大，$\Delta lg(cK)$ 太小，可利用掩蔽剂来改变干扰离子存在的形式，进而消除干扰。EDTA 滴定中常用的掩蔽剂见表 11-24。

表 11-24 EDTA 滴定中常用的掩蔽剂

（本表按掩蔽剂的笔画顺序排列，动力学掩蔽排在最后面）

掩蔽剂和结构式	掩蔽离子	测定离子	测定条件
乙酰丙酮 CH₃ | C=O | CH₂ | C=O | CH₃	Al^{3+}，Fe^{3+}，Pd^{2+} （被沉淀） Mo^{6+}（被沉淀） Al^{3+}	Pb^{2+}，Zn^{2+} Bi^{3+} Re^{3+} Zn^{2+}	直接滴定，调 pH=5~6，加六亚甲基四胺，二甲酚橙作指示剂 在硝酸性溶液中使钼沉淀，放置，调 pH=1~1.5，直接滴定，二甲酚橙作指示剂 直接滴定，pH=6.5~8，铜-萘基偶氮羟啉 S 作指示剂 直接滴定，pH=5~6，甲基百里酚蓝作指示剂
乙酰丙酮+硝基苯 CH₃ | C=O NO₂ | CH₂ + | C=O | CH₃	Fe^{2+}，UO_2^{2+}	Pb^{2+}，Zn^{2+}	加 H_2O_2 氧化 Fe^{2+}，不分离硝基苯层，直接滴定，pH=5~6，六亚甲基四胺，二甲酚橙作指示剂（在掩蔽 UO_2^{2+} 时，不加 H_2O_2）

掩蔽剂和结构式	掩蔽离子	测定离子	测定条件
二巯基丙醇（BAL） CH₂SH | CHSH | CH₂OH	As^{3+}、Bi^{3+}、Cd^{2+}、Co^{2+}（少量）、Hg^{2+}、Ni^{2+}（少量）、Pb^{2+}、Sb^{3+}、Sn^{4+}、Zn^{2+}，若有 Fe^{3+} 存在，加三乙醇胺也能强烈地破坏 Fe^{3+}—BAL 配合物	Mg^{2+}, Ca^{2+}, Mn^{2+}, $Mg^{2+}+Ca^{2+}$	加 BAL 到酸性溶液，碱化[只有测 Ca^{2+} 需加 Mg（EDTA）]，pH=10（测 Mn^{2+} 时，在加 BAL 之前加三乙醇胺和 $NH_2OH \cdot HCl$），直接滴定，铬黑 T 作指示剂
	Bi^{3+}, Pb^{2+}, Ag^+	Th^{4+}	直接滴定，pH=2.5～3，二甲酚橙作指示剂
二乙基氨基二硫代甲酸钠；铜试剂；DDTC；DDC CH₂CH₃ | N—C—S—Na | || CH₂CH₃ S	Cd^{2+}（沉淀）	Zn^{2+}	直接滴定，pH=10，60℃，铬黑 T 作指示剂
	Pb^{2+}（沉淀）	Mn^{2+}	直接滴定，pH=10，铬黑 T 作指示剂
	Pb^{2+}, 少量其他重金属	Ca^{2+}	直接滴定，pH≥12，红紫酸铵或某些钙指示剂
	Fe^{3+}, 少量其他重金属	$Ca^{2+}+Mg^{2+}$	直接滴定，pH=10，铬黑 T 作指示剂
1,10-二氮杂菲；邻菲啰啉	Cd^{2+}, Co^{2+}, Cu^{2+}, Mn^{2+}, Ni^{2+}, UO_2^{2+}, Zn^{2+}	In^{3+}	直接滴定，pH=3，50～60℃，二甲酚橙作指示剂
	Cd^{2+}, Co^{2+}, Mn^{2+}, Ni^{2+}, Zn^{2+}	Al^{3+}	加过量 EDTA 到酸性试液中，煮沸 2min，冷却，加二甲酚橙，加六亚甲基四胺到浅橙色，加 1,10-二氮杂菲，用铅盐回滴
	Cd^{2+}, Zn^{2+}	Pb^{2+}	直接滴定，pH=5～6，六亚甲基四胺，二甲酚橙或甲基百里酚蓝作指示剂
	Mn^{2+}	Fe^{3+}, Al^{3+}	pH=3.5～4.0，加 1,10-二氮杂菲，8 倍于 Mn^{2+} 的量
2 价锡 Sn^{2+}	Fe^{3+}（被还原）	Zr^{4+}	在 1mol/L HCl 中煮沸溶液，滴加 $SnCl_2$ 溶液，趁热直接滴定，搔洛铬紫 R 作指示剂
2,3-二巯基丙烷磺酸钠 CH₂—SO₃Na | CH—SH | CH₂—SH	Bi^{3+}, Cd^{2+}, Hg^{2+}, Pb^{2+}, Sn^{2+}, Zn^{2+}	Ba^{2+}, Sr^{2+}	直接滴定，pH=11，氨缓冲液，金属酞作指示剂
		Mg^{2+}, $Ca^{2+}+Mg^{2+}$	直接滴定，pH=10，铬黑 T 作指示剂
	Bi^{3+}, Cd^{2+}, Pb^{2+}, Sn^{2+}, Zn^{2+}	Mn^{2+}, Ni^{2+}	直接滴定，pH=10，铬黑 T 作指示剂（测 Mn^{2+} 时加 $NH_2OH \cdot HCl$ 和 TEA）
三乙醇胺；TEA CH₂CH₂OH | N—CH₂CH₂OH | CH₂CH₂OH	Al^{3+}	In^{3+}	直接滴定，pH=10，乙二胺，铬黑 T 或邻苯二酚紫作指示剂。或同样条件下，加过量 EDTA，用 Zn^{2+} 回滴
		Mg^{2+}	直接滴定，pH=10，铬黑 T 作指示剂
		Mn^{2+}	用 Mg（EDTA）取代滴定，pH=10，$NH_2OH \cdot HCl$，冷溶液（或 60℃，加 KCN）铬黑 T 作指示剂
	Al^{3+}（少量）	Zn^{2+}	直接滴定，pH=10，铬黑 T 作指示剂
	Al^{3+}, Cr^{3+}, Fe^{3+}	Ca^{2+}	加 TEA 到酸性溶液中，加浓氨水，加热，冷却，加过量 EDTA，用水稀释，Ca^{2+} 回滴，百里酚酞或甲基百里酚蓝作指示剂
	Al^{3+}, Fe^{3+}	Ca^{2+}	直接滴定，碱性，Cu-PAN 作指示剂
		Mn^{2+}	酸性试液，加 TEA，$NH_2OH \cdot HCl$，碱化，直接滴定，百里酚酞作指示剂
	Al^{3+}, Fe^{3+}, Mn^{2+}（少量）	Ni^{2+}	碱性，Ca^{2+} 回滴过量 EDTA，百里酚酞作指示剂（掩蔽 Fe^{3+} 时，先加所需要的 EDTA 的 1/3 到酸性溶液中，再加 TEA，再加 NaOH 碱化到沉淀重新溶解；如果有 Mn^{2+}，则加 $NH_2OH \cdot HCl$）

掩蔽剂和结构式	掩蔽离子	测定离子	测定条件
三乙醇胺；TEA CH₂CH₂OH ｜ N—CH₂CH₂OH ｜ CH₂CH₂OH	Al^{3+}，Fe^{3+}，少量 Mn^{2+}，Mg^{2+} 成 为 $Mg(OH)_2$	Ca^{2+}	直接滴定，pH>12，红紫酸铵，钙黄绿素或其他钙指示剂
	Al^{3+}，Fe^{3+}，Ti^{4+}，少量 Mn^{2+}	Ni^{2+}	直接滴定，氨溶液，红紫酸铵作指示剂
	Al^{3+}，Fe^{3+}，Sn^{4+}，Ti^{4+}	Cd^{2+}，Mg^{2+}，Mn^{2+}，Pb^{2+}，Re^{3+}，Zn^{2+}	酸性试液，加 TEA，碱化，pH=10，直接滴定，铬黑 T（测 Mn^{2+}时加 $NH_2OH \cdot HCl$）作指示剂
	Fe^{3+}	$Cr^{3+}+Ni^{2+}$	pH=1，加过量 EDTA，煮沸，KOH 碱化，Ca^{2+}回滴，钙黄绿素或百里酚酞作指示剂
三亚乙基四胺 NHCH₂CH₂NH₂ ｜ CH₂ ｜ CH₂ ｜ NHCH₂CH₂NH₂	Cu^{2+}，Hg^{2+}	Pb^{2+}	直接滴定，pH=5，六亚甲基四胺，二甲酚橙作指示剂
	Hg^{2+}	Zn^{2+}	直接滴定，pH=5，六亚甲基四胺，二甲酚橙作指示剂
双氧水；过氧化氢 H_2O_2	Ti^{3+}	Mg^{2+}，Zn^{2+}	酸性，加 H_2O_2，碱化，pH=10，直接滴定，铬黑 T 作指示剂
	WO_4^{2-}	Cd^{2+}，Cu^{2+}，Fe^{3+}，Ni^{2+}，Zn^{2+}	直接滴定，加热，pH=3～4，PAN（对 Cu^{2+}，Ni^{2+}）。直接滴定，加热，pH=3～6，Cu-PAN（对 Cd^{2+}，Fe^{3+}，Zn^{2+}）
六偏磷酸钠 $(NaPO_3)_6$（结构式）	Mn^{2+}	Ni^{2+}	pH=5～6，乙酸-乙酸钠，PAN，Cu^{2+}回滴过量 EDTA
水杨酸 （结构式 —OH —COOH）	Cr^{3+}，Fe^{3+}，Al^{3+}	Ni^{2+}	直接滴定，碱性，红紫酸铵作指示剂
四氟硼酸根 BF_4^-	Al^{3+}	Ga^{3+}	直接滴定，pH=3.8，邻苯二酚紫作指示剂。直接滴定，pH=4.5～6.0，桑色素（在紫外线照射下）作指示剂
半胱氨酸 COOH ｜ CHNH₂ ｜ CH₂SH	Cu^{2+}，Tl^{3+}（被还原）	Pb^{2+}，Zn^{2+}	pH=5.5，六亚甲基四胺，Pb^{2+}回滴，微热，二甲酚橙作指示剂
	Cu^{2+}，Hg^{2+}，Tl^{3+}（被还原）	Al^{3+}，Co^{2+}，Ni^{2+}，Fe^{3+}	pH=5.5，六亚甲基四胺，Pb^{2+}回滴，二甲酚橙（若 Cu^{2+}存在，微热）作指示剂
	Hg^{2+}，Tl^{3+}（被还原）	Pb^{2+}，Zn^{2+}	直接滴定，pH=5.5，六亚甲基四胺，二甲酚橙作指示剂
甲醛或甲酸 HCHO 或 HCOOH	Hg^{2+}（还原为 Hg）	Bi^{3+}，Th^{4+}	直接滴定，pH=2.5，加热，邻苯二酚紫作指示剂
甲酸 HCOOH	Tl^{3+}（还原为 Tl^+）	In^{3+}	直接滴定，pH=3，50～60℃，二甲酚橙作指示剂

掩蔽剂和结构式	掩蔽离子	测定离子	测定条件
酒石酸盐 COO⁻ | CHOH | CHOH | COO⁻	Al^{3+}	Zn^{2+}	直接滴定，pH=5.2，二甲酚橙或 Cu-PAN 作指示剂
	Al^{3+}, Fe^{3+}	Ca^{2+}, Mn^{2+}	直接滴定，pH=10，Cu-PAN（测 Mn^{2+} 时加 VC）作指示剂
	Al^{3+}, Fe^{3+}, 少量 Ti^{4+}	Ca^{2+}	直接滴定，pH>12，钙黄绿素或其他钙试剂作指示剂
	Nb^{5+}, Ta^{5+}	Zr^{4+}	Bi^{3+} 回滴，pH=2~2.2，HCl，硫脲作指示剂
	Nb^{5+}, Ta^{5+}, Ti^{4+}, W^{6+}	Mo^{5+}	煮沸，N_2H_4 还原 Mo^{6+} 到 Mo^{5+}，直接滴定，pH=4.5~5，加甲醇，Cu-PAN 作指示剂；或加过量 EDTA，酸性加 N_2H_4 煮沸，中和到 pH=4~5，甲醇（微量级可省略），Cu^{2+} 回滴，PAN 作指示剂
	Sb^{3+}	Zn^{2+}	直接滴定，pH=6.4，萘基偶氮羟啉 S 作指示剂
	Sb^{3+}, Sn^{4+}, Zr^{4+}	Bi^{3+}	直接滴定，pH=1.5~2，硫脲作指示剂
	Sb^{3+}, UO_2^{2+}	Cd^{2+}, Co^{2+}, Cu^{2+}, Ni^{2+}, Re^{3+}, Zn^{2+}	直接滴定，pH=5~6，加热，PAN 或 Cu-PAN 作指示剂
	Ti^{4+}	Ni^{2+}	直接滴定，氨溶液，红紫酸铵作指示剂
		Mg^{2+}, Mn^{2+}, Zn^{2+}	直接滴定，pH=9~10，$NH_2OH \cdot HCl$（测 Mn^{2+} 时用抗坏血酸代替），铬黑 T 作指示剂
	UO_2^{2+}	Cd^{2+}, Co^{2+}, Ni^{2+}, Re^{3+}	直接滴定，pH=5.3~5.9，Cu-萘基偶氮羟啉作指示剂
	W^{6+}	Cd^{2+}, Fe^{3+}, V^{5+}, Zn^{2+}	直接滴定，pH=3~6，加热，Cu-PAN 作指示剂
		Co^{2+}, Mo^{6+}	Cu^{2+} 回滴，pH=4~5，加热，PAN 作指示剂
		Cu^{2+}	直接滴定，pH=5~6，萘基偶氮羟啉 S 作指示剂
		Cu^{2+}, Ni^{2+}	直接滴定，pH=3~4，加热，PAN 作指示剂
		$Cu^{2+}+Ni^{2+}+Fe^{3+}$	Cu^{2+} 回滴，pH=3.5~3.8，加热，PAN 作指示剂
		Ti^{4+}	Cu^{2+} 回滴，几滴 30%H_2O_2，pH=4.5，萘基偶氮羟啉 S 作指示剂
四亚乙基五胺 NHCH₂CH₂NH₂ | CH₂ | CH₂ | NH | CH₂ | CH₂ | NHCH₂CH₂NH₂	Cd^{2+}, Cu^{2+}, Hg^{2+}, Zn^{2+}	Mg^{2+}	直接滴定，pH=10，铬黑 T 作指示剂
	Cd^{2+}, Zn^{2+}	Ba^{2+}	直接滴定，pH=12，甲基百里酚蓝作指示剂
	Co^{2+}, Ni^{2+}	Mg^{2+}	直接滴定，pH=10，金属酞作指示剂
	Hg^{2+}, Ni^{2+}, Zn^{2+}	Pb^{2+}	直接滴定，pH=12，氨，酒石酸盐，甲基百里酚蓝作指示剂
亚硝基 R 盐 NO OH NaO₃S、SO₃Na	Co^{2+}	Ni^{2+}	pH=3.5~4，光度法滴定

掩蔽剂和结构式	掩蔽离子	测定离子	测定条件
乳酸 COOH | CHOH | CH₃	Ti^{4+}, Sn^{4+}	Al^{3+}, $Pb^{2+}+Zn^{2+}$	直接滴定，pH=5～5.5，二甲酚橙作指示剂
抗坏血酸：Vc C=O HO—C⟍ HO—C⟋ O HC HO—C—H H₂COH	Cr^{3+}	Ca^{2+}, Mn^{2+}	加抗坏血酸，煮沸（形成+3价铬配合物），然后冷却加过量 EDTA 和浓氨水，Ca^{2+}回滴，百里酚酞作指示剂
	Cu^{2+}	Zn^{2+}	在氨性中加抗坏血酸，到蓝色变成琥珀色或无色，红紫酸铵作指示剂，直接滴定
	Fe^{3+}（还原到 Fe^{2+}）	Bi^{3+}	直接滴定，pH=1.5～2，硫脲作指示剂；直接滴定，pH=1～2，二甲酚橙作指示剂
		Th^{4+}	pH=2.5～3.5，邻苯二酚紫作指示剂；pH=2～2.2，SPADNS 作指示剂；pH=2.5～3.0，二甲酚橙作指示剂；均直接滴定
		Zr^{4+}	直接滴定，pH=2～2.2，HCl，SPADNS 作指示剂
	Fe^{3+}, Hg^{2+}（被还原）		pH=2～2.5，邻苯二酚紫作指示剂；pH=2～3，邻苯三酚红或溴邻苯三酚红作指示剂；均直接滴定
		Bi^{3+}, Ga^{3+}, In^{3+}, Pd^{2+}	pH=2～3，邻苯三酚红或溴邻苯三酚红作指示剂，Bi^{3+}回滴

苦杏仁酸
 	
⬡—CHCOOH
          |
          OH
	Ti^{4+}	Al^{3+}	pH=5.5～5.8，NH_4F 释放与 Al^{3+}配位的 EDTA，煮沸 1min，冷却，用 Zn^{2+}滴定，二甲酚橙作指示剂

氰化物 CN^-	Ag^+, Cd^{2+}, Co^{2+}, Cu^{2+}, Fe^{2+}, Hg^{2+}	Ba^{2+}, Sr^{2+}	直接滴定 pH=10.5～11，50%甲醇，金属酞指示剂
	Ni^{2+}, Pd^{2+}和其他铂系金属，Zn^{2+}	Ca^{2+}	直接滴定，pH≥12，各种钙指示剂，包括钙黄绿素、铬蓝黑 R 和金属酞
		In^{3+}	直接滴定，pH=8～10，氨缓冲液；直接滴定，pH=10，乙二胺，铬黑 T 或邻苯二酚紫作指示剂；直接滴定，pH=7～8，PAN 作指示剂
		Mg^{2+}, $Mg^{2+}+Ca^{2+}$, $Mn^{2+}+Pb^{2+}$	直接滴定，pH=10，铬黑 T 作指示剂（测 Mn^{2+}时加抗坏血酸或 $NH_2OH \cdot HCl$；测 Pb^{2+}时加酒石酸盐）；或条件相同，用 Mg^{2+}回滴
		Pb^{2+}	直接滴定，氨溶液，红紫酸铵作指示剂；直接滴定，碱性溶液，酒石酸盐，甲基百里酚蓝作指示剂
	Cu^{2+}, Zn^{2+}	Mn^{2+}, Pb^{2+}	直接滴定，pH=10，铬红 B（测 Mn^{2+}加抗坏血酸，测 Pb^{2+}加酒石酸盐）作指示剂
	Fe^{3+}, Mn^{2+}	Ca^{2+}, Mg^{2+}	Fe 和 Mn 相互掩蔽；加三乙醇胺于酸性溶液到沉淀重新溶解，加含 KCN 的浓氨水，直接滴定，百里酚酞作指示剂
	Hg^{2+}	Pb^{2+}	置换滴定，$Mg(EDTA)^-$或 $Zn(EDTA)^-$，pH=10 酒石酸盐，铬黑 T 作指示剂
	Mn^{2+}[氧化为 $Mn(CN)_6^{3-}$]	Ca^{2+}, Mg^{2+} $Ca^{2+}+Mg^{2+}$	酸液加三乙醇胺，加 NaOH 到 pH=12.5，搅拌，加 KCN，加 HAc 到棕黄（pH=11），加过量 EDTA，Ca^{2+}回滴，百里酚酞作指示剂

掩蔽剂和结构式	掩蔽离子	测定离子	测定条件
柠檬酸 CH$_2$COOH 丨 COHCOOH 丨 CH$_2$COOH	少量 Al^{3+}	Zn^{2+}	直接滴定，pH=8.5～9.5，30℃，铬黑 T 作指示剂
	Fe^{3+}	Cd^{2+}，Cu^{2+}，Pb^{2+}	直接滴定，pH=8.5，50%丙酮，萘基偶氮羟啉 S（测 Cd^{2+}和 Pb^{2+}时加 Cu-EDTA）作指示剂
	Mo（Ⅵ）	Cu^{2+}	直接滴定，pH=9，萘基偶氮羟啉 S 作指示剂
	Sn^{2+}，Th^{4+}，Zr^{4+}	Zn^{2+}	直接滴定，pH=6.4，萘基偶氮羟啉 S 作指示剂
		Cd^{2+}，Co^{2+}，Cu^{2+}，Ni^{2+}，Zn^{2+}	直接滴定，pH=5～6，PAN 或 Cu-PAN 作指示剂
	Th^{4+}	Ni^{2+}，Zn^{2+}	直接滴定，pH=8（对 Ni^{2+}）或 pH=6.5（对 Zn^{2+}），Cu-萘基偶氮羟啉 S 作指示剂
	Zr^{4+}	Cd^{2+}，Co^{2+}	直接滴定，pH=6.5，萘基偶氮羟啉 S 作指示剂
		Cu^{2+}	Zn^{2+}回滴，pH=9，萘基偶氮羟啉 S 作指示剂
氟化物 F$^-$	Al^{3+}	Cd^{2+}，Cu^{2+}，Pb^{2+}	直接滴定，pH=6.8（对 Cd^{2+}），pH=5～6（对 Cu^{2+}，Pb^{2+}），萘基偶氮羟啉 S 作指示剂，测 Cd^{2+}和 Pb^{2+}加 Cu-EDTA
		Cu^{2+}	直接滴定，pH=3～3.5，萘基偶氮羟啉 S 指示剂；直接滴定，pH=4～5，邻苯二酚紫作指示剂
		Ga^{3+}	直接滴定，pH=1.6～2，煮沸，Cu-PAN 作指示剂；直接滴定，pH=4.5～6，桑色素（紫外光照）作指示剂
		In^{3+}	Zn^{2+}回滴 EDTA，吡啶，铬黑 T 或邻苯二酚紫作指示剂
		Zn^{2+}	直接滴定，pH=5～6，二甲酚橙作指示剂
		Zr^{4+}	直接滴定，0.01～0.5mol/L HCl，50%甲醇，温热，铬蓝黑 B 作指示剂
	Al^{3+}，Ca^{2+}，Mg^{2+}	Ni^{2+}	用 Mn^{2+}回滴 EDTA，抗坏血酸，pH=10，铬黑 T 作指示剂
	Al^{3+}，Fe^{3+}	Cu^{2+}	直接滴定，pH=6～6.5，铬天青 S 作指示剂
	Al^{3+}，Ti^{4+}	Cu^{2+}	直接滴定，pH=6，邻苯二酚紫作指示剂
		Fe^{3+}	直接滴定，pH=6，吡啶-乙酸盐，邻苯二酚紫作指示剂；或在同样条件下，Cu^{2+}回滴
	Al^{3+}，Ba^{2+}，Ca^{2+}，少量 Fe^{3+}，Mg^{2+}，RE^{3+}，Sr^{2+}，Ti^{4+}	Cd^{2+}，Mn^{2+}，Zn^{2+}	NH$_4$F，pH=10，铬黑 T 作指示剂，直接滴定（测 Mn^{2+}加 NH$_2$OH·HCl；在某些情况下，Ca^{2+}的特殊掩蔽，在加 F$^-$前加缓冲溶液）
	Al^{3+}，Zr^{4+}	Fe^{3+}	pH=3～5，NH$_4$F，加 N$_2$ 除去空气，加 FeSO$_4$，直接滴定，二甲酚橙作指示剂
	Ba^{2+}，Ca^{2+}，Mg^{2+}	Mn^{2+}，Pb^{2+}，Zn^{2+}	直接滴定，pH=10，铬红 B（测 Mn^{2+}加抗坏血酸）作指示剂
	Fe^{3+}	Cd^{2+}，Cu^{2+}，Zn^{2+}	直接滴定，pH=5～7，PAN 作指示剂
		Cu^{2+}	直接滴定，pH=5.5，NH$_4$SCN+凡拉明蓝 B 作指示剂或 pH=5～6，直接滴定，红紫酸铵作指示剂

掩蔽剂和结构式	掩蔽离子	测定离子	测定条件
氟化物 F⁻		$Cu^{2+}+Ni^{2+}$	pH=3.5～3.8，80℃，甲醇，PAN 作指示剂，Cu^{2+}回滴
		Ti^{4+}	吡啶，铬黑 T 作指示剂，Zn^{2+}回滴
	Nb^{5+}，Ta^{5+}	Bi^{3+}	直接滴定，pH=1.5～2，硫脲作指示剂
	Nb^{5+}，Ta^{5+}，Ti^{4+}	Cu^{2+}，Zn^{2+}	直接滴定，pH=6～6.4，萘基偶氮羟啉 S 或 PAN 作指示剂
	Sb^{3+}	Bi^{3+}	直接滴定，pH=1～2，苏木精指示剂
	Sn^{4+}	Sn^{2+}	直接滴定，pH=5.5～6，吡啶-乙酸盐缓冲液，甲基百里酚蓝作指示剂
	Sn^{4+}	Cu^{2+}，Zn^{2+}	直接滴定，加 NaCl 防止沉淀，pH=4（对 Cu^{2+}），pH=6（对 Zn^{2+}），萘基偶氮羟啉 S（测 Zn^{2+}加 Cu-EDTA）作指示剂
		In^{3+}	直接滴定，pH=2.5，加热，Cu-PAN 作指示剂
		Pb^{2+}	H_2O_2 氧化 Sn^{2+}为 Sn^{4+}，加 F⁻，煮沸，冷却，Zn^{2+}回滴，pH=10，铬黑 T 作指示剂
	W^{6+}	Cd^{2+}，Fe^{3+}，V^{5+}，Zn^{2+}	直接滴定，pH=3～6，加热，Cu-PAN 作指示剂
		Co^{2+}，Mo^{6+}	pH=4～5，加热，PAN 作指示剂，Cu^{2+}回滴
盐酸羟胺 NH₂OH·HCl	Cu^{2+}（还原为 Cu^+）	Bi^{3+}	直接滴定，pH=1.5～2.0，HNO_3，KI 作指示剂
		Ni^{2+}	加 NH₂OH·HCl 到酸性溶液，碱化，直接滴定，红紫酸铵作指示剂
	Fe^{3+}（还原为 Fe^{2+}）	Th^{4+}	pH=1.5～3.5，NH₂OH·HCl，放置，过量 EDTA，Th^{4+}回滴，二甲酚橙作指示剂
氨基硫脲 NH₂—C(=S)—NHNH₂	Hg^{2+}	Bi^{3+}，Cd^{2+}，Pb^{2+}，Zn^{2+}	直接滴定，pH=1～2（对 Bi^{3+}）或 pH=5～6.5，二甲酚橙作指示剂
		Cd^{2+}，Pb^{2+}，Zn^{2+}	直接滴定，pH=5，PAN 作指示剂
钛试剂；1,2-二羟基苯-3,5-二磺酸钠 （OH、OH、NaO₃S、SO₃Na）	Al^{3+}	Zn^{2+}	直接滴定，pH=5.2，Cu-PAN（热溶液）或二甲酚橙作指示剂
	Al^{3+}，Ti^{4+}	Mn^{4+}	pH=10，抗坏血酸，铬黑 T 作指示剂，Mn^{2+}回滴
β-氨基乙硫醇；AEM CH₂SH—CH₂NH₂	Zn^{2+}，Cd^{2+}，Hg^{2+}，Cu^{2+}，Ni^{2+}，Co^{2+}	$Ca^{2+}+Mg^{2+}$	直接滴定，pH=10，铬黑 T 作指示剂
氨荒乙酸铵；TCA COONH₄—CH₂—NH—CSSH	Ni^{2+}，Co^{2+}，Cd^{2+}	Zn^{2+}	直接滴定，pH=5～6，六亚甲基四胺，二甲酚橙作指示剂
	Pb^{2+}	Zn^{2+}	直接滴定，pH=5～6，六亚甲基四胺，二甲酚橙作指示剂
草酸 COOH—COOH	Sn^{2+}，Cu^{2+}，Re^{3+}，Zr^{4+}，Th^{4+}，Fe^{3+}，Fe^{2+}，Al^{3+}	Bi^{3+}	直接滴定，pH=2，邻苯二酚紫作指示剂
		Cu^{2+}，Zn^{2+}，Cd^{2+}，Mn^{2+}，Pb^{2+}	直接滴定，pH=5.5，Cu-PAN 作指示剂

掩蔽剂和结构式	掩蔽离子	测定离子	测定条件
氢氧根 OH^-	Al^{3+}（转为偏铝酸根），Mg^{2+}[$Mg(OH)_2$沉淀]	Ca^{2+}	直接滴定，pH≥12，红紫酸铵或其他钙指示剂
钼酸根 MoO_4^{2-}	Pb^{2+}（沉淀）	Cu^{2+}	酸性，加 MoO_4^{2-}，pH=8，氨，直接滴定，红紫酸铵作指示剂
联氨 N_2H_4	Fe^{3+}（还原为 Fe^{2+}）	Bi^{3+}	直接滴定，pH=2，热，邻苯二酚紫作指示剂
		Al^{3+}	直接滴定，80℃或沸，pH=4，乙酸盐，铬天青 S 作指示剂
巯基乙酸；TGA COOH | CH_2SH	Ag^+，Cd^+，Cu^{2+}，Pb^{2+}，Zn^{2+}	Mn^{2+}，Ni^{2+}	酸性溶液，加 TGA，浓氨水，沉淀溶解，过量 EDTA，钙盐回滴，百里酚酞（测 Mn^{2+} 加抗坏血酸）作指示剂
	Bi^{3+}	Bi^{3+}	Bi 与 EDTA 作用后，加 TGA，定量释放出 EDTA，用 $Pb(NO_3)_2$ 在 pH=5~6，用 XO-CPB 指示剂滴定释放出的 EDTA，求得 Bi 量
巯基丁二酸；TMA COOH | CHSH | CH_2 | COOH	Bi^{3+}，Fe^{3+}	Th^{4+}	直接滴定，酸性，邻苯二酚紫作指示剂
β-巯基丙酸；MPA COOH | CH_2 | CH_2SH	Cu^{2+}，Hg^{2+}	Ni^{2+}	直接滴定，pH=10，邻苯二酚紫作指示剂；若有铁存在，红紫酸铵作指示剂
		Ca^{2+}	直接滴定，pH=10，百里酚酞作指示剂
		$Ca^{2+}+Mg^{2+}+Mn^{2+}$	直接滴定，pH=10，铬黑 T 作指示剂
焦磷酸钠 $Na_4P_2O_7$	Fe^{3+}，Cr^{3+}	Co^{2+}	酸性，加 $Na_4P_2O_7$，氨调节 pH=8，NH_4SCN 作指示剂，加丙酮（使溶液中含50%丙酮），直接滴定
硫酸钠 Na_2SO_4	Ba^{2+}（沉淀）	Ca^{2+}	快速滴定，pH=12，3-羟基-4-(2-羟基-4-磺酸基-1-萘基偶氮)-2-萘甲酸作指示剂
		Mn^{2+}，Zn^{2+}	直接滴定，pH=10，铬红 B 作指示剂
	Pb^{2+}（沉淀）	Sn^{2+}和/或 Sn^{4+}	(1+1) H_2SO_4，煮沸，冷却，过量 EDTA，乙酸铵中和至 pH=2~2.5，过量 $Bi(NO_3)_3$ 标准液，EDTA 滴定，二甲酚橙作指示剂
	Th^{4+}	Bi^{3+}	直接滴定，pH=1.5~2.0，硫脲作指示剂
		Fe^{3+}	pH=1~1.5，通 N_2 除去溶液中的空气，直接滴定，二甲酚橙作指示剂
	Th^{4+}，Ti^{4+}	Zr^{4+}	Bi^{3+}回滴 EDTA，pH=2，硫脲作指示剂
硫化钠 Na_2S	Fe^{3+}，少量其他重金属	Ca^{2+}，Mg^{2+}，$Ca^{2+}+Mg^{2+}$	直接滴定，碱性，铬黑 T 或红紫酸铵等作指示剂
二氨基硫脲 $NHNH_2$ | C=S | $NHNH_2$	Cu^{2+}	Sn^{4+}	Th^{4+}回滴，pH=2，二甲酚橙作指示剂
硫氰酸铵 NH_4SCN	Hg^{2+}	Bi^{3+}	直接滴定，pH=0.7~1.2，甲基百里酚蓝作指示剂

掩蔽剂和结构式	掩蔽离子	测定离子	测定条件
硫代硫酸钠 $Na_2S_2O_3$	Cu^{2+}	Cd^{2+}，Zn^{2+}	直接滴定，pH=5～6，PAN 或二甲酚橙作指示剂
		Ni^{2+}	直接滴定，pH=4，70℃，PAN 作指示剂，或中性溶液，$Na_2S_2O_3$，（pH=8.5～9），直接滴定，红紫酸铵作指示剂
		Pb^{2+}	中性溶液，加 $Na_2S_2O_3$ 到颜色消失，直接滴定，pH=5，二甲酚橙作指示剂
硫脲 S=C NH₂ NH₂	Cu^{2+}	Fe^{3+}	弱酸性，少量 NH_4F（防止硫脲与 Fe^{3+} 反应），硫脲，过量 EDTA，六亚甲基四胺 pH=5～5.5，Pb^{2+}回滴，二甲酚橙作指示剂
		Ni^{2+}，Sn^{4+}	Th^{4+}回滴 EDTA，pH=4～5（对 Ni^{2+}）或 pH=2，二甲酚橙作指示剂
		$Pb^{2+}+Sn^{2+}$	Pb^{2+}回滴 EDTA，pH=6，六亚甲基四胺，二甲酚橙作指示剂
	Cu^{2+}（还有 Pt^{4+}，它能封闭指示剂）	Zn^{2+}	直接滴定，加热，pH=5～6，PAN 或 Cu-PAN 作指示剂
			直接滴定，pH=5.2，二甲酚橙作指示剂
			直接滴定，pH=6.5，萘基偶氮羟啉或铬红 B 作指示剂
	Ag^+	Cd^{2+}	在 Vc 存在下，Zn^{2+}回滴，pH=5.0～5.5，XO 作指示剂
碘化钾 KI	Hg^{2+}	Cu^{2+}	直接滴定，pH=7，70℃，PAN 作指示剂
		Zn^{2+}	直接滴定，pH=6.4，萘基偶氮羟啉 S 作指示剂
碳酸钠 Na_2CO_3	UO_2^{2+}	Zn^{2+}	直接滴定，pH=8～8.5，红紫酸铵作指示剂
磺基水杨酸（SSA） COOH OH SO₃H	Al^{3+}	Mn^{2+}	直接滴定，pH=10，Vc，铬黑 T 作指示剂
	Al^{3+}（少量）	Zn^{2+}	直接滴定，pH=10，铬黑 T 作指示剂
磷酸盐 PO_4^{3-}	W（VI）	Cd^{2+}，Fe^{3+}，V^{5+}，Zn^{2+}	直接滴定，pH=3～6，加热，Cu-PAN 作指示剂；直接滴定，pH=3～4，加热，PAN 作指示剂
		Cu^{2+}，Ni^{2+}，Co^{2+}，Mo^{6+}	Cu^{2+}回滴，EDTA，pH=4～5，加热，PAN 作指示剂
动力学掩蔽	Cd^{2+}，Co^{2+}，Cr^{3+}，Hg^{2+}，Mn^{2+}，Pb^{2+}，Tl^{3+}，Zn^{2+}	Ni^{2+}	pH=2，过量 EDTA，碎冰，Bi^{3+}回滴，邻苯二酚紫作指示剂；若温度高于 5℃，Bi^{3+}将取代 Ni^{2+}-EDTA 中的 Ni^{2+}
	Cr^{3+}	Co^{2+}，Cu^{2+}，Ni^{2+}	直接滴定，pH=5.5～6.5（对 Co^{2+}）或 pH=6.5～6.8，Ac^-缓冲液，冷却，萘基偶氮羟啉 S（测 Co^{2+}和 Ni^{2+}时，加 Cu-EDTA）作指示剂
		Fe^{3+}，$Fe^{3+}+Ni^{2+}$	pH=5～6，六亚甲基四胺，冷却，二甲酚橙作指示剂，Pb^{2+}回滴

EDTA 滴定中常用的混合掩蔽剂见表 11-25。

第三篇

表 11-25 **EDTA 滴定中常用的混合掩蔽剂**

表中符号说明：

BAL	2,3-二巯基-1-丙醇	TCA	氨荒乙酸铵
"CN⁻组"	Ag^+, Cd^{2+}, Co^{2+}, Cu^{2+}, Fe^{2+}, Hg^{2+}, Ni^{2+}, Pd^{2+}和其他二价铂系金属以及 Zn^{2+}	TEA	三乙醇胺
DDTC	二乙基氨基二硫代甲酸钠	TGA	巯基乙酸
EGTA	乙二醇-双(β-氨基乙醚)-N,N,N',N'-四乙酸或其盐	Vc	抗坏血酸

混合掩蔽剂	掩蔽离子	测定离子	测定条件和指示剂等
BAL+CN⁻	Cd^{2+}, Co^{2+}, Cu^{2+}, Hg^{2+}, Ni^{2+}, Zn^{2+}和少量 Bi^{3+}, Fe^{3+}, Pb^{2+}	Sc^{3+}	直接滴定，苹果酸盐-氨缓冲液，pH=8，70℃，铬黑 T 作指示剂
BAL+OH⁻+TEA	Al^{3+}, Bi^{3+}, Fe^{3+}, Mg^{2+}, Pb^{2+}和某些其他阳离子	Ca^{2+}	直接滴定，pH>12，红紫酸铵作指示剂
Ba-EGTA+ SO_4^{2-}	Ba^{2+}, Ca^{2+}	Mg^{2+}	过量 Ba-EGTA 配合物，pH=10 缓冲液，Na_2SO_4（形成 $BaSO_4$+Ca-EGTA），直接滴定，铬黑 T 作指示剂
Cl⁻+F⁻	Fe^{3+}	Zn^{2+}	直接滴定，pH=6.5，六亚甲基四胺，铬红 B 作指示剂
	Sn^{4+}	Cu^{2+}, Ni^{2+}, Zn^{2+}	直接滴定，pH=4（对 Cu^{2+}）或 pH=6，萘基偶氮羟啉 S（测 Ni^{2+}，Zn^{2+}加 Cu-EDTA）作指示剂
Cl⁻+OH⁻	Bi^{3+}（沉淀为 BiOCl）	Cd^{2+}, Zn^{2+}	用 Mg^{2+}回滴 EDTA，pH=10，铬黑 T 作指示剂
		Pb^{2+}	加 $Mg(EDTA)^{2-}$，溶解 $Pb(OH)_2$ 但不溶 BiOCl，EDTA 滴定释放的 Mg^{2+}，pH=10，铬黑 T 作指示剂
CN⁻+F⁻	Al^{3+}, Cd^{2+}, Ti^{4+}, Zn^{2+}	Mn^{2+}	直接滴定，$NH_2OH \cdot HCl$，pH=10，铬黑 T 作指示剂
	Al^{3+}, Cu^{2+}, Hg^{2+}, Ni^{2+}, 少量 Co^{2+}	Zn^{2+}	酸性，加 F⁻，用氨稍碱化，加 KCN 到沉淀全溶，二甲酚橙或甲基百里酚蓝作指示剂，用 HCl 调 pH=6，乙酸-乙酸盐缓冲液，直接滴定
CN⁻+F⁻+TEA	"CN⁻组"，Al^{3+}, Ca^{2+}, Mg^{2+}	Mn^{2+}	酸性，TEA，氨碱化，加 F⁻ 和 $NH_2OH \cdot HCl$，调 pH=10~10.5，KCN，直接滴定，百里酚酞作指示剂
CN⁻+ $[Fe(CN)_6]^{4-}$+TEA	"CN⁻组"，Al^{3+}, 少量 Mn^{2+}	Ca^{2+}, Mg^{2+}	直接滴定，pH=10，铬黑 T 作指示剂
CN⁻+OH⁻+TEA	"CN⁻组"，Al^{3+}, Mg^{2+}, Mn^{2+}, Pb^{2+}, Sn^{2+}, Sn^{4+}	Ca^{2+}	酸性，加 TEA，用 NaOH 调节到 pH=12，KCN，直接滴定，红紫酸铵或其他钙指示剂
CN⁻+ $NH_2OH \cdot HCl$	"CN⁻组"，Fe^{3+}	In^{3+}	直接滴定，pH=8~10，酒石酸盐，煮沸，铬黑 T 作指示剂
CN⁻+TEA	"CN⁻组"，Al^{3+}	In^{3+}	直接滴定，pH=10，乙二胺，铬黑 T 或邻苯二酚紫作指示剂
		Mn^{2+}	酸性，加 TEA，直接滴定或用 Mg-EDTA 取代滴定，pH=10，$NH_2OH \cdot HCl$，60℃，铬黑 T 作指示剂，直接滴定。pH=10，百里酚酞作指示剂
	"CN⁻组"，少量 Al^{3+}	Pb^{2+}	$Mg(EDTA)^{2-}$取代滴定，pH=10，酒石酸盐，铬黑 T 或甲基百里酚蓝作指示剂
CN⁻+钛铁试剂	"CN⁻组" Al^{3+}, Ti^{4+}	Mg^{2+}	Mg^{2+}回滴 EDTA，pH=10，铬黑 T 作指示剂
F⁻+草酸	Sb^{3+}, Sn^{4+}	Sn^{2+}	直接滴定，pH=5.5~6.0，吡啶-乙酸盐缓冲液，甲基百里酚蓝作指示剂

续表

混合掩蔽剂	掩蔽离子	测定离子	测定条件和指示剂等
$F^- + SO_4^{2-}$	Ba^{2+} 和被 F^- 配位的各种离子	Zn^{2+}（锌钡白）	试样溶于 $HCl-H_2SO_4$（$BaSO_4$ 沉淀），加 F^-，中和至 pH=10，直接滴定，铬黑 T 作指示剂
$F^- + S_2O_3^{2-}$	Al^{3+}，Ce^{3+}，Cu^{2+}，Fe^{3+}，Hg^{2+}，RE^{3+}，Th^{4+}，Ti^{4+}，Zr^{4+}	Zn^{2+}	直接滴定，pH=5.1，水杨醛乙酰腙作指示剂
	Cu^{2+}，Fe^{3+}	Ni^{2+}	Cu^{2+} 回滴 EDTA，pH=3.5～3.8，甲醇，80℃，PAN 作指示剂
$F^- + TEA$	Al^{3+}，Ca^{2+}，Mg^{2+}，Mn^{2+}，少量 Fe^{3+}	Zn^{2+}	直接滴定，pH=10，$NH_2OH \cdot HCl$，铬黑 T 作指示剂
$F^- + TEA + S_2O_3^{2-}$	Fe^{3+}，Al^{3+}，Ca^{2+}，Mg^{2+}	Ni^{2+}	直接滴定，pH=9，红紫酸铵作指示剂
$F^- + 酒石酸盐$	Al^{3+}，Ce^{3+}，Ni^{2+}，RE^{3+}，Ta^{5+}，Th^{4+}，Ti^{4+}，UO^{2+}，WO_4^{2-}	Mo（V）	酸性，煮沸，N_2H_4 还原 $Mo^{6+} \to Mo^{5+}$，pH=4.5～5，甲醇，Cu-PAN 作指示剂，直接滴定；或在还原之前加过量 EDTA，PAN 作指示剂，Cu^{2+} 回滴
	Fe^{3+}，WO_4^{2-}	Cu^{2+}，Ni^{2+}	pH=3.5～3.8，甲醇，80℃，PAN 作指示剂，Cu^{2+} 回滴
	Nb^{5+}，Ta^{5+}，Ti^{4+}，WO_4^{2-}，痕量 Fe^{3+}	Co^{2+}	pH=4，Vc，甲醇，70℃，PAN 作指示剂，Cu^{2+} 回滴
$F^- + 硫脲 + CO_3^{2-}$	Fe^{3+}	Zn^{2+}	pH=5.5，放 5min，二甲酚橙作指示剂，Pb^{2+} 回滴
	Fe^{3+}，Al^{3+}，Ti^{4+}，RE^{3+}	Cu^{2+}，Pb^{2+}，Ni^{2+}，Co^{2+}，Cd^{2+}，Zn^{2+}	pH=5.5，放 5min，二甲酚橙作指示剂，Pb^{2+} 回滴
$F^- + 甲酸$	Hg^{2+}，Zr^{4+}	Tl^{3+}，Bi^{3+}	直接滴定，pH=1.5～2.3（对 Bi^{3+}），pH=1～2.3（对 Tl^{3+}），4-(6-甲基-2-吡啶偶氮)间苯二酚作指示剂
$S^{2-} + OH^-$	Mg^{2+}，Mn^{2+}	Ca^{2+}	加 Na_2S 和 NaOH，放 3～5min，直接滴定，钙作指示剂
$SO_4^{2-} + 硫脲$	Pb^{2+}，少量 Cu^{2+}	Sn^{2+}和/或 Sn^{4+}	试样溶于（1+1）H_2SO_4，煮沸，冷却，用乙酸铵调节至 pH=2～2.5，过量 EDTA，硫脲，放 10min，加过量标准 $Bi(NO_3)_3$，EDTA 滴定，二甲酚橙作指示剂
$S_2O_3^{2-} + 柠檬酸$	Cu^{2+}，WO_4^{2-}	Ni^{2+}	直接滴定，pH=4，70℃，PAN 作指示剂
$S_2O_3^{2-} + TEA$	Cu^{2+}，Fe^{3+}，Al^{3+}	Ni^{2+}，Mg^{2+}	直接滴定，pH=9，红紫酸铵作指示剂
$TEA + TGA$	Al^{3+}，Cu^{2+}，Fe^{3+}，Bi^{3+}，Cd^{2+}，Pb^{2+}，Sn^{2+}，Zn^{2+}	Mn^{2+}，Ni^{2+}	酸性，加 TEA，TGA，加 KOH 至红色消失，过量 EDTA，放 3～5min，用水稀释，Ca^{2+} 回滴，百里酚酞或钙黄绿素作指示剂。测 Mn^{2+} 时在酸性溶液中加 Vc
$TEA + 酒石酸盐$	Al^{3+}，Fe^{3+}，Ti^{4+}，Mn^{2+}	Ca^{2+}，Mg^{2+}	直接滴定，pH=10，铬黑 T 或酸性铬蓝 K-萘酚绿 B 作指示剂
$TCA + KF + 硫脲$	Cu^{2+}，Al^{3+}，Fe^{3+}，Ni^{2+}，Pb^{2+}，Sn^{4+}	Zn^{2+}	直接滴定，pH=5.2～5.4，二甲酚橙作指示剂
$Vc + CN^-$	"CN^-组"，Fe^{3+}	Ba^{2+}，Ca^{2+}，$Ca^{2+}+Mg^{2+}$，In^{3+}，Mg^{2+}，Mn^{2+}，Pb^{2+}，RE^{3+}，Sr^{2+}	直接滴定，pH=8～10，铬黑 T 作指示剂；或用 Mg-EDTA 置换滴定
$Vc + CN^- + I^- + DDTC$	"CN^-组"，Fe^{3+}，Cu^{2+}，Pb^{2+}	Mn^{2+}	直接滴定，pH=10，铬黑 T 作指示剂
$Vc + CN^- + F^- + I^- + S_2O_3^{2-}$	"CN^-组"，Al^{3+}，Fe^{3+}，Cu^{2+}	Mn^{2+}	直接滴定，pH=10，50～60℃，铬黑 T 作指示剂

第三篇

续表

混合掩蔽剂	掩蔽离子	测定离子	测定条件和指示剂等
Vc+CN⁻+I⁻	"CN⁻组", Cu^{2+}, Fe^{3+}	$Al^{3+}+Mn^{2+}+Pb^{2+}$	pH=10, 铬黑 T 作指示剂, Mn^{2+} 回滴
Vc+CN⁻+I⁻+磺基水杨酸	"CN⁻组", Al^{3+}, Cu^{2+}, Fe^{3+}	Mn^{2+}	直接滴定, 铬黑 T 作指示剂, pH=10
Vc+CN⁻+钛铁试剂	"CN⁻组", Fe^{3+}, 少量 Al^{3+} 和 Ti^{4+}	Mn^{2+}, Pb^{2+}	酸性, Vc, 中和到 pH=10, 加 KCN, 过量 EDTA, 加热至颜色褪去, 氨缓冲液, 钛铁试剂, Mg^{2+} 回滴, 铬黑 T 作指示剂
Vc+I⁻	Cu^{2+}（沉淀为 CuI）	Mn^{2+}	$S_2O_3^{2-}$ 除去 I_2 的颜色, 直接滴定, pH=10, 铬黑 T 作指示剂
Vc+I⁻或 CNS⁻	Cu^{2+}（沉淀为 CuI 或 CuSCN）	Zn^{2+}	直接滴定, pH=6, 六亚甲基四胺, 二甲酰橙作指示剂
Vc+硫脲	Cu^{2+}[还原到 Cu^+-硫脲配合物], Fe^{3+}	Pb^{2+}, Zn^{2+}	直接滴定, pH=5.5, PAR 作指示剂
		Bi^{3+}	直接滴定, pH=1, N-甲基新烟碱-α'-偶氮-2-萘酚-6-磺酸作指示剂
Vc+硫脲+酒石酸盐+亚铁氰化钾	Al^{3+}, Fe^{3+}, Ni^{2+}, Mn^{2+}, Zn^{2+}等	Pb^{2+}	直接滴定, pH=5~6, 二甲酚橙作指示剂
Vc+硫脲+CNS⁻	Cu^{2+}, Hg^{2+}, Fe^{3+}	Bi^{3+}	直接滴定, pH=1, 5-羟基-6-[3-(1-甲基-2-哌啶基)-2-吡啶偶氮]萘-1-磺酸作指示剂
Vc+硫脲+甲酸	Cu^{2+}, Hg^{2+}, Fe^{3+}	Bi^{3+}	直接滴定, pH=1, 2-[3-(1-甲基-2-哌啶基)-2-吡啶偶氮]-1-萘酚作指示剂
Vc+乙酰丙酮	Fe^{3+}, Al^{3+}	Re^{3+}	直接滴定, pH=5~6, 二甲酚橙作指示剂
Vc+硫脲+氨基硫脲	Ag^+, Hg^{2+}, Pb^{2+}, Ni^{2+}, Bi^{3+}, As^{3+}, Al^{3+}, Sb^{3+}, Sn^{4+}, Cd^{2+}, Co^{2+}, Cr^{3+}, 中量 Fe^{3+} 和 Mn^{2+}	Cu^{2+}	Pb^{2+}或 Zn^{2+}回滴, pH=5.5, 六亚甲基四胺, 二甲酚橙作指示剂
Vc+ $S_2O_3^{2-}$ +氨基硫脲	Ag^+, Hg^{2+}, Pb^{2+}, Ni^{2+}, Bi^{3+}, As^{3+}, Al^{3+}, Sb^{3+}, Sn^{4+}, Cd^{2+}, Co^{2+}, Cr^{3+}, 中量 Fe^{3+} 和 Mn^{2+}	Cu^{2+}	Pb^{2+}或 Zn^{2+}回滴, pH=5.5, 六亚甲基四胺, 二甲酚橙作指示剂
Vc+硫脲 +2,2′-联吡啶	Ag^+, Hg^{2+}, Pb^{2+}, Ni^{2+}, Bi^{3+}, As^{3+}, Al^{3+}, Sb^{3+}, Sn^{4+}, Cd^{2+}, Co^{2+}, Cr^{3+}, 中量 Fe^{3+} 和 Mn^{2+}	Cu^{2+}	Pb^{2+}或 Zn^{2+}回滴, pH=5.5, 六亚甲基四胺, 二甲酚橙作指示剂
Vc+CN⁻+TEA	Al^{3+}, Fe^{3+}	Ba^{2+}	直接滴定, pH=10, 60~70℃, 铬黑 T 作指示剂
	Ni^{2+}, Fe^{3+}等	Mn^{2+}, Zn^{2+}	直接滴定, pH=10, 60~70℃, 铬黑 T 作指示剂
Vc+硫脲+1,10-二氮杂菲	Sn^{4+}, Zn^{2+}, Pb^{2+}, Fe^{3+}, Ni^{2+}, Mn^{2+}, Co^{2+}, Ca^{2+}, Mg^{2+}, Al^{3+}, Ag^+等	Cu^{2+}	Pb^{2+}回滴, pH=5~6, 二甲酚橙作指示剂
Vc+柠檬酸盐	Fe^{3+}	Bi^{3+}	直接滴定, pH=1.5~2.0, 二甲酚橙作指示剂
乙酰丙酮+1,10-二氮杂菲+乳酸	Al^{3+}, 少量 Fe^{3+}, Mn^{3+}, Cu^{2+}, Sn^{2+}等	WO_4^{2-}	$Pb(Ac)_2$ 使 $PbWO_4$ 沉淀, pH=5.5~6.8, EDTA 滴过量 Pb^{2+}, 二甲酚橙作指示剂

一种掩蔽剂对某一阳离子的掩蔽效果与溶液的 pH 和掩蔽剂的用量有关系。表 11-26 只列出某一掩蔽剂能掩蔽哪些元素, 其有效使用方法需参考文献[2]。

表 11-26 阳离子常用掩蔽剂

元素	掩 蔽 剂
Ag	氰化钾，氨基硫脲
Al	三乙醇胺，酒石酸，柠檬酸，乙酰丙酮，钛铁试剂，水杨酸，磺基水杨酸，氟化钾，丙二酸，草酸
As	二巯基丙醇，二巯基丙烷磺酸钠
Ba	硫酸钠，铬酸钾，氟化钾
Be	乙酰丙酮
Bi	三乙醇胺，二巯基丙醇，二巯基丙烷，磺酸钠，巯基乙酸，二巯基丁二酸，羧甲基硫代丁二酸，二乙基氨荒酸，氨荒乙酸铵，β-氨荒丙酸钠或 α-氨荒丙酸铵，柠檬酸，氯化铵
Ca	草酸钾，氟化钾
Cd	氰化钾，二巯基丙醇，二硫基丙烷磺酸钠，巯基乙酸，二巯基丁二酸，氨基乙硫醇，二乙基氨荒酸，氨荒乙酸铵，氨荒丙酸铵，邻二氮菲，四亚乙基五胺，碘化钾
Ce	苹果酸
Co	氰化钾，二巯基丙醇，硫基丙酸，二巯基丁二酸，氨基乙硫醇，氨荒乙酸铵，氨荒丙酸铵，酒石酸，邻二氮菲，四亚乙基五胺，乙二胺
Cr	三乙醇胺，柠檬酸，焦磷酸钠，过氧化氢（氧化为+6价）
Cu	氰化钾，二巯基丙醇，二巯基丙烷磺酸钠，半胱氨酸，巯基乙酸，巯基丙酸，二巯基丁二酸，氨基乙硫醇，氨荒乙酸铵，氨荒丙酸铵，硫脲，氨基硫脲，硫代碳酸钾，邻二氮菲，三亚乙基四胺，四亚乙基五胺，乙二胺，碘化钾，硫代硫酸钠，硫氰酸钾，抗坏血酸
Fe^{2+}	氰化钾，三乙醇胺，二巯基丙醇，二巯基丁二酸，氨荒乙酸铵，柠檬酸，酒石酸，乙酰丙酮，氟化钾，丙二酸，草酸，焦磷酸钠，抗坏血酸，羟胺
Ga	酒石酸
Hg	氰化钾，二巯基丙醇，二巯基丙烷磺酸钠，半胱氨酸，巯基乙酸，巯基丙酸，双(α-氨乙基)硫醚，羧甲基硫代丁二酸，氨基乙硫醇，二乙基氨荒酸，氨荒丙酸铵，氨荒乙酸铵，硫脲，氨基硫脲，硫代水杨酸，三亚乙基四胺，四亚乙基五胺，乙二胺，碘化钾，硫氰酸钾，抗坏血酸，硫代硫酸钠
In	巯基乙酸，氨荒乙酸铵，氨荒丙酸铵，甲基氨荒乙酸铵
La	苹果酸
Mg	酒石酸，乙酰丙酮，氟化钾，氢氧根
Mn	氰化钾，二巯基丙醇，双(α-羧甲基)硫醚，羧甲基硫代丁二酸，邻二氮菲
Mo	柠檬酸
Nd（Pr Sm Eu）	苹果酸
Ni	氰化钾，二巯基丙醇，二巯基丁二酸，氨基乙硫醇，氨荒乙酸铵，氨荒丙酸铵，酒石酸，邻二氮菲，三亚乙基四胺，四亚乙基五胺，乙二胺，丁二酮肟
Pb	二巯基丙醇，二硫基丙烷磺酸钠，巯基乙酸，巯基丙酸，二巯基丁二酸，二乙基氨荒酸，氨荒乙酸铵，氨荒丙酸铵，碘化钾，硫酸钠
Pd	氰化钾，酒石酸，乙酰丙酮
Pt	氰化钾
Pu	氟化钾
Sb	二巯基丙醇，二巯基丙烷磺酸钠，柠檬酸，酒石酸
Sc	氟化钾
Sn	三乙醇胺，二巯基丙醇，二巯基丙烷磺酸钠，半胱氨酸，巯基乙酸，乳酸，甘油酸，苹果酸，焦性没食子酸，柠檬酸，酒石酸，氟化钾，草酸
Th	柠檬酸，氟化钾，硫酸钠
Ti	三乙醇胺，乳酸，甘油酸，苹果酸，苦杏仁酸，单宁酸，柠檬酸，酒石酸，钛铁试剂，氟化钾，丙二酸，磷酸钠
Tl	氰化钾，半胱氨酸，氨荒乙酸铵，氨荒丙酸铵
U	柠檬酸，乙酰丙酮，邻二氮菲，磷酸钠
W	柠檬酸，磷酸钠
Zn	氰化钾，二巯基丙醇，二巯基丙烷磺酸钠，巯基乙酸，双(α-氨乙基)硫醚，氨基乙硫醇，邻二氮菲，四亚乙基五胺
Zr	柠檬酸，酒石酸，三羟戊二酸，磺基水杨酸，氟化钾，草酸

四、元素及离子的配位滴定法

（一）EDTA 配位滴定法

测定阳离子的配位滴定法见表 11-27。

表 11-27　测定阳离子的配位滴定法

被测定离子	指示剂	主要滴定条件和滴定情况
Ag^+	红紫酸铵	加 EDTA，硼砂缓冲液，调至 pH=8.5，用 $AgNO_3$ 滴定，玫瑰红→紫或蓝。误差±0.5%
	铝试剂（加亚甲基蓝使变色敏锐）	乙酸-乙酸钠缓冲液，pH=4.4，煮沸，直接滴定，红→蓝紫
Al^{3+}	铬天青 S	乙酸调至 pH=4，80℃，直接滴定，紫→黄橙
	铬天青 B	pH=1～4，煮沸，直接滴定，紫→黄
	苏木精	乙酸-乙酸钠缓冲液，pH=5，80～100℃，红紫→黄
	Cu-PAN	乙酸调至 pH=3，加热，直接滴定，红→黄
	茜素	pH=5～6，50～60℃，过量，EDTA，铜盐，棕黄→蓝
	铬菁 R	乙酸铵，pH=6～6.3，70～80℃，过量 EDTA，锌盐回滴，黄→红紫
	PAR	pH=6.5～7，铅盐回滴，黄→红
	二甲酚橙	pH=5～6，锌盐回滴，黄→玫瑰红
		pH=5～6，煮沸，锌或铅盐回滴，加 NH_4F 释放 Al-EDTA 中的 EDTA，再以锌或铅盐滴定，黄→红
	PAN	微酸性，过量 EDTA，调至 pH=5.5～6.0，锌盐回滴，NaF 释放 Al-EDTA 配合物中的 EDTA，煮沸 3min，再以锌盐滴定，黄→红。本方法可测定 1%以上的 Al_2O_3
	亚硝基 R 盐	pH=4.5，铜盐回滴，KF 释放 Al-EDTA 中的 EDTA，再以铜盐滴定，翠绿→草绿
Au^{3+}	铬黑 T	pH=10 氨缓冲液，抗坏血酸，$K_2[Ni(CN)_4]$，过量 EDTA，放置 15min，锰盐滴定过量 EDTA，蓝→红
Ba^{2+}和Sr^{2+}	酸性茜素黑 SN	pH=11.5，氨，直接滴定，红→蓝。pH=12.5，二乙胺或 KOH，直接滴定，红→蓝
	金属酞	pH=10.5～11，水溶液或 50%乙醇溶液，直接滴定，红→玫瑰或无色
	甲基百里酚蓝	pH=10～11，氨缓冲液或氨，直接滴定，蓝→灰。pH=12，NaOH 或 KOH，直接滴定，蓝→灰
	Zn-PAR 或 Cu-PAR	pH=11.5，氨，直接滴定，橙→黄
	搔洛铬紫 R	pH=12.5～13，直接滴定，红橙→红紫
	百里酚酞络合剂	pH=10～11，NaOH 或 NH_3，直接滴定，蓝→灰或无色
	铬黑 T	pH=10，氨缓冲液，过量 EDTA，用 Mg^{2+}或 Zn^{2+}回滴，蓝→红
	铬天青 S	pH=10.5～11，氨缓冲液，Mg-EDTA，EDTA 滴定，红→绿黄
	铬黑 T	抗坏血酸，KCN 掩蔽 Fe^{3+}，TEA 掩蔽 Al^{3+}，pH=10，60～70℃，直接滴定，灰→亮绿
Be^{2+}		沉淀为 $[Co(NH_3)_6][Be_2(Co_3)_2(OH)_3·2H_2O]·3H_2O$，过滤，溶于 NaOH 溶液，煮沸，HCl 酸化，用 EDTA 滴定 Co^{2+}，再求 Be^{2+}的含量
Bi^{3+}	溴邻苯三酚红	pH=2～3，硝酸，直接滴定，红→黄橙
	羟基氢醌磺酞	pH=2.4～3，乙酸或 pH=2～4，$HClO_4$，直接滴定，红紫→黄绿
	甲基百里酚蓝	pH=1～3，硝酸，直接滴定，蓝→黄
	PAR	pH=1～2，硝酸，直接滴定，红→黄
	邻苯二酚紫	pH=2～3，硝酸，直接滴定，蓝→黄
	二甲酚橙	pH=1～3，硝酸，直接滴定，红→黄
	铬黑 T	pH=10，硼砂缓冲液，过量 EDTA，用锌或镁盐回滴，蓝→红
	4-(6-甲基-2-吡啶偶氮)-3-羟基苯酚	pH=1.5～2.5，直接滴定，红→黄，测定范围 1.6～5.6mg 铋，Fe^{3+}、Hg^{2+}、Zn^{2+}、Zr^{4+}、AsO_4^{3-}、Tl^{3+}干扰

续表

被测定离子	指示剂	主要滴定条件和滴定情况
Bi^{3+}	2-(3,5-二溴-2-吡啶偶氮)-5-乙氨基-4-甲酚	pH=1,直接滴定,紫或蓝紫→黄,测定范围 2～20mg 铋,误差±3%。Pb^{2+}、Zn^{2+}、Cd^{2+}、Mn^{2+}、Al^{3+}、Ba^{2+}、Sr^{2+}、Ca^{2+}、Mg^{2+}、微量 Cr^{3+}、Co^{2+}、Ni^{2+}、Sn^{2+}不干扰
	5-羟基-6-[3-(1-甲基-2-哌啶基)-2-吡啶偶氮]-1-萘磺酸	pH=1,直接滴定,蓝→黄,可测 2～60mg 铋,100～1000 倍量的 Ca^{2+}、Mg^{2+}、Zn^{2+}、Al^{3+}、Cd^{2+}、Ba^{2+}、Mn^{2+}、Sr^{2+}、Pb^{2+}、K^{+}、Na^{+}、UO$_2^{2+}$ 和 Re^{3+}不干扰;Cu^{2+}、Hg^{2+}和 Fe^{3+}分别用硫脲、KSCN 和抗坏血酸掩蔽
	N-甲基新烟碱-α′-偶氮-2-萘酚-6-磺酸	pH=1,直接滴定,红→淡黄,抗坏血酸还原 Fe^{3+},硫脲掩蔽 Cu^{2+},碱土金属不干扰;200～300 倍量的 Mn^{2+}、Zn^{2+}和 Cd^{2+},100 倍量的 Al^{3+} 和 UO$_2^{2+}$,30 倍量 Pb^{2+},10 倍量的 Cr^{3+}和 Ni^{2+}不干扰
	5-乙氨基-2-(2-吡啶偶氮)-4-甲酚	pH=3,乙酸-乙酸钠缓冲液,直接滴定,紫→黄,可测 5mg 铋,误差+0.65%～-1.5%
Ca^{2+}	酸性茜素黑 SE	pH=11.5,氨或 pH=12.5,氢氧化钠（或二乙胺）,直接滴定,红→蓝
	酸性铬蓝 K-萘酚绿 B	pH>12.5,氢氧化钠,直接滴定,红→纯蓝
	偶氮肿 I	pH=10,氨缓冲液,直接滴定,紫→玫瑰红
	偶氮氯膦Ⅲ	pH=9～10.5,氨缓冲液,直接滴定,蓝→紫
	钙黄绿素	pH=12,氢氧化钠,直接滴定,黄绿→棕或黄绿紫外荧光→粉红色溶液
	钙黄绿素蓝	pH=13～14,直接滴定,→蓝紫外荧光消失
	钙色素	pH>12,直接滴定,粉红→蓝
	钙指示剂	pH=12～14,直接滴定,酒红→蓝
	钙黄绿素-酚酞配合剂混合指示剂	pH>12,直接滴定,绿色荧光→紫红,且荧光消失
	铬蓝黑 R	pH=11.5 或 pH=12.5～13,直接滴定,粉红或红→蓝
	铬蓝黑 B	pH=11.5,氨,直接滴定,红→蓝
	金属酞	pH=10～11,氨,直接滴定,红→粉红
	百里酚酞络合腙	pH=10.5～12,直接滴定,蓝→无色或灰
	甲基百里酚蓝	pH=10,直接滴定,蓝→灰或微紫红
	红紫酸铵	pH=12～13,直接滴定,红→紫
	4-[双(羧基甲基)氨基甲基]-3-羟基-2-萘甲酸	pH=10～14,直接滴定,微黄绿荧光→微绿蓝
	偶氮肿 M	pH≥12.5,直接滴定,天蓝→紫红
Cd^{2+}	酸性茜素黑 SN	pH=8.5～8.7,硼砂缓冲液,直接滴定,红→紫
	酸性铬蓝 K	pH=9～10,氨缓冲液,直接滴定,红紫→蓝
	铬蓝黑 R	pH=11.5,氨,直接滴定,红→蓝
	铬黑 T	pH=10（氨缓冲液）或 pH=6.8（顺丁烯二酸盐缓冲液）,直接滴定,红→蓝
	铬蓝黑 B	pH=11.5,氨,直接滴定,红→蓝
	金属酞	pH=10,氨缓冲液,30%乙醇,直接滴定,粉红→无色
	甲基百里酚蓝	（1）pH=5～6,六亚甲基四胺,直接滴定,蓝→黄
		（2）pH=12,氨缓冲液,直接滴定,蓝→灰
	PAN	pH=5～6,乙酸盐缓冲液,直接滴定,粉红→黄
	邻苯二酚紫	pH=10,氨缓冲液,直接滴定,绿蓝→红紫
	二甲酚橙	pH=5～6,六亚甲基四胺,直接滴定,红紫→黄
	N-甲基新烟碱-α′-偶氮对甲酚	pH=6.8～8.3,六亚甲基四胺,直接滴定,玫瑰红→柠檬黄
Ce^{3+} Ce^{4+}		参见 Re^{3+} 用抗坏血酸还原为 Ce^{3+}
Co$^{2+①}$	溴邻苯三酚红	pH=9.3,氨缓冲液,直接滴定,蓝→酒红
	羟基氢醌酞	pH=8～10,氨缓冲液,直接滴定,红紫→粉红,带有强绿色荧光

被测定离子	指示剂	主要滴定条件和滴定情况
Co²⁺①	甲基百里酚蓝	（1）pH=5～6，六亚甲基四胺，80℃，直接滴定，蓝→黄 （2）pH=12，氨，直接滴定，蓝→无色或粉红
	邻苯二酚紫	pH=9.3，氨缓冲液，直接滴定，绿蓝→红紫
	邻苯三酚红	pH=9.3，氨缓冲液，直接滴定，蓝→酒红
	TAC	pH=4.7，乙酸盐或吡啶缓冲液，加热，最好加甲醇或乙醇，直接滴定，烟色→黄
	TAM	同上条件，红紫→粉红
	TAN	同上条件，紫→橙黄
	TAN-6-S	pH=4～7，其他条件同上，紫→污黄
	二甲酚橙	pH=5～6，六亚甲基四胺，80℃，直接滴定，红紫→黄
	萘基偶氮羟啉 S	pH=5.5～6.5，直接滴定，黄→红
Co³⁺		用 H₂O₂ 还原为 Co²⁺
Cr³⁺	钙黄绿素	pH=4.5，乙酸盐缓冲液，过量 EDTA，Cu²⁺回滴，→绿色紫外荧光消失
	红紫酸铵	pH=10，氨缓冲液，微热，过量 EDTA，镍盐回滴，蓝→紫→黄
	二甲酚橙	pH=4～4.5，乙酸铵，过量 EDTA，钍盐回滴，黄→红
	锌试剂	pH=9～10，氨缓冲液，过量 EDTA，锌盐回滴，黄→蓝
Cs⁺		见 K⁺
Cu²⁺	坚牢嗍砜黑 F	pH=10 或 pH=11.5，氨，直接滴定，红紫→橄榄绿
	甲基百里酚蓝	pH=11.5，氨，直接滴定，蓝→无色或灰绿
	2-(2-咪唑偶氮)-4-甲酚	pH=4～7，直接滴定，蓝紫→黄
	PADNS	pH=3.3，甲酸盐缓冲液，80℃，直接滴定，红→黄绿或绿
	PAN	pH=2.5～10，直接滴定，红→绿
	PAO	pH=2.7，一氯乙酸缓冲液，直接滴定，红→黄或黄绿
	PAR	（1）pH=4.4，邻苯二甲酸盐，微热；（2）pH=5，乙酸-乙酸盐缓冲液；（3）pH=6～7，六亚甲基四胺，（4）pH=11.5，氨；均直接滴定，酒红→黄或绿
	TAN-6-S	pH=4～7，乙酸盐或吡啶缓冲液，直接滴定，蓝→黄绿
	邻苯二酚紫	（1）pH=5～6.5，乙酸盐；（2）pH=6～7，吡啶；（3）pH=9.3，氨缓冲液；均直接滴定，蓝→黄绿或红紫（pH=9.3）
	偶氮红	调溶液刚变黄，过量一滴，氨缓冲液，直接滴定，黄→红紫，测定范围小于 20mg/100ml
	5-羟基-6-[3-(1-甲基-2-哌啶基)-2-吡啶偶氮]-1-萘磺酸	pH=3.4，邻苯二甲酸氢钾缓冲液，蓝→黄或黄绿。测定范围 3～10mg，误差小于 1.2%
	5-Br-PADAP	pH=5.5，HAc-NaAc 缓冲液体系，0.1%指示剂，直接滴定，紫色→亮黄
	1-噻唑偶氮-2-萘酚	pH=3，直接滴定，蓝→紫，测定范围 30～60mg，Pb²⁺、Ni²⁺、Cd²⁺、Zn²⁺和 La³⁺不干扰，Mn²⁺、Bi³⁺干扰
	N-甲基新烟碱-(α'-偶氮-6-)间氨基苯酚	pH=3.8，乙酸盐缓冲液，直接滴定，绯红→黄或黄绿，大量的普通离子不干扰，但 Fe³⁺、Co²⁺、Ni²⁺和 Zn²⁺必须掩蔽，测定范围 1～10mg 者误差±0.7%，含量为 20mg 者，误差小于±4%
	二甲酚橙	pH=5～6，六亚甲基四胺，过量 EDTA，用铅盐回滴，黄→微红。用硫脲+Vc+1,10-二氮杂菲掩蔽 Sn⁴⁺、Pb²⁺、Zn²⁺、Te³⁺、Co²⁺、Ni²⁺、Mn²⁺、Ca²⁺、Mg²⁺、Al³⁺、Ag⁺等离子，Hg²⁺干扰
Fe²⁺②	甲基百里酚蓝	pH=4.5～6.5，六亚甲基四胺，热溶液，直接滴定，蓝→黄
	二甲酚橙	pH=5～6.5，六亚甲基四胺，直接滴定，红→黄
	铬黑 T	pH=9，氨缓冲液，75%甲醇，过量 EDTA，锌盐回滴，蓝→红
	4-氨基-5-亚硝基-2,6-二羟基嘧啶	pH=5.5～7.0，直接滴定，蓝→无色

续表

被测定离子	指示剂	主要滴定条件和滴定情况
Fe^{3+}	铝试剂	pH=1～2，50%丙酮，直接滴定，紫→无色
	铬天青 S	pH=2～3，一氯乙酸-乙酸钠缓冲液，60℃，直接滴定，绿蓝→黄橙
	变色酸 2C	pH=2～3.8，盐酸-乙酸钠缓冲液，直接滴定，蓝紫→猩红
	铬菁 R	pH=2～3，一氯乙酸-乙酸钠缓冲液，60℃，直接滴定，紫→橙或绿
	8-羟基-7-碘-5-喹啉磺酸	pH=2～3，直接滴定，绿→黄
	邻苯二酚紫	pH=5～6，吡啶-乙酸钠，直接滴定，蓝或绿蓝→黄绿
	磺基水杨酸	pH=1.5～3，乙酸，微热，直接滴定，红紫→黄
	硫氰酸铵	pH=2～3，乙酸，加丙酮，直接滴定，红→黄
	钛试剂	pH=2～3，乙酸，微热，直接滴定，蓝→黄
	搔洛铬亮紫 RS	pH=2，直接滴定，淡蓝紫→淡黄或无色。测定范围 0.1～25mmol 铁，乙酸根、草酸根、磷酸根和其他能形成配合物的阴离子有干扰，很多阳离子不干扰
	2-巯基苯甲酸	pH=6.4～7.4，吡啶，直接滴定，蓝→亮黄，Na$_2$SO$_3$ 掩蔽 Cu^{2+}，Co^{2+}，Ni^{2+}，Mn^{2+}，一般阴离子不干扰
	半二甲酚橙	pH=2～2.5 的 HAc 介质中，80～90℃，滴定特点是 Mn 不干扰。KF 可掩蔽 Al^{3+}、Ti^{4+}，Phen 可掩蔽 Cu^{2+}、Ni^{2+}
Ga^{3+}	镓试剂	pH=2，60～70℃，直接滴定，淡蓝→玫瑰
	桑色素	pH=4.5～6，乙酸-乙酸盐缓冲液，直接滴定，紫外荧光消失
	Cu-PAN	pH=2～3.5，乙酸-乙酸盐缓冲液，微热，直接滴定，红紫→黄
	邻苯二酚紫	pH=3～3.8，乙酸-乙酸盐缓冲液，直接滴定，蓝→黄
	铬黑 T	（1）pH=6.5～9.5，过量 EDTA，镁盐回滴，蓝→红
		（2）pH=8～10，过量 EDTA，锌或铅盐回滴，蓝→红
Hf^{4+}		见 "Zr^{4+}（或 Hf^{4+}）"
Hg^{2+}	二苯氨基脲	盐酸-氯化钾，pH=1，直接滴定，蓝紫→无色
	甲基百里酚蓝	pH=6，吡啶或六亚甲基四胺，直接滴定，蓝→黄
	PAR	pH=3～6，硝酸-六亚甲基四胺，直接滴定，红→黄橙
	二甲酚橙	pH=3～6，六亚甲基四胺，直接滴定，红紫→黄
	铬黑 T	pH=10，氨缓冲液，镁或锌盐回滴，红→蓝
	4-氯-2-(2-噻唑偶氮)苯酚	pH=6.7～8.7，直接滴定，深蓝→微红黄或紫
	5-乙氨基-2-(2-吡啶偶氮)-4-甲酚	pH=5.5，乙酸-乙酸盐缓冲液，直接滴定，红→黄。Ag$^+$、Tl^{3+}、Pt^{2+} 不干扰，可测 2～60mg 汞，误差小于 1%
In^{3+}	邻苯三酚红	（1）pH=5，乙酸-乙酸钠缓冲液，铅盐回滴，红→紫
		（2）pH=2～3，硝酸，铋盐回滴，黄→红
	桑色素	pH=4.5～6.0，乙酸-乙酸盐缓冲液，直接滴定，→紫外荧光消失
	PAR	pH=2.3～2.5，60～70℃，直接滴定，粉红→绿黄
	锌试剂	pH=9～10，氨缓冲液，过量 EDTA，锌盐回滴，黄→蓝
	邻苯二酚紫	（1）pH=5，吡啶或乙酸盐缓冲液，直接滴定，蓝→黄
		（2）pH=10，乙二胺，直接滴定，蓝→黄
	二甲酚橙	pH=3～3.5，乙酸-乙酸盐缓冲液，热溶液，直接滴定，红→黄
	铬黑 T	pH=10，氨缓冲液，过量 EDTA，镁盐回滴，蓝→红
	苏木精	pH=3.5，乙酸-乙酸盐缓冲液，直接滴定，红紫→黄，可测 15～30mg 铟，误差±0.8%
	铬红 B	pH=3.5，乙酸-乙酸缓冲液，直接滴定，红紫→黄，可测 15～30mg 铟，误差±0.3%
	梧因（gallein）	pH=10，氨缓冲液，直接滴定，紫蓝→红紫，可测 15～30mg 铟，误差±0.2%
	PAN	pH=2.3～2.5 或 pH=7～8，直接滴定，红→黄

续表

被测定离子	指示剂	主要滴定条件和滴定情况
K$^+$		沉淀为 K$_2$Na[Co(NO$_2$)$_6$]·6H$_2$O 或 K$_2$Ag[Co(NO$_2$)$_6$]，测定沉淀中的钴。沉淀为 KB(C$_6$H$_5$)$_4$，与 Hg-EDTA 配位反应，滴定释放的 EDTA
La^{3+}和镧系元素		见下面"Re^{3+}"
Li$^+$	红紫酸铵	用经典的方法从 NaCl 和 KCl 中分离 LiCl，再沉淀为 AgCl，与 [Ni(CN)$_4$]$^{2-}$置换，EDTA 滴定释放的 Ni^{2+}
Mg^{2+}	铬蓝黑 R	pH=10，氨缓冲液，直接滴定，红→蓝
	钙镁试剂	pH=10，氨缓冲液，直接滴定，红→蓝
	铬蓝黑	pH=10，氨缓冲液，直接滴定，红→蓝
	4-羟基-3-(1-羟基-4-磺基-2-萘偶氮)-1-萘磺酸	pH=10，氨缓冲液，直接滴定，蓝→红
	铬黑 T	pH=10，氨缓冲液，直接滴定，红→蓝
	偶氮胂 I	pH=10，氨缓冲液，直接滴定，紫（玫瑰）→橙
	铍试剂 II	pH=10，氨缓冲液，直接滴定，蓝紫→紫红
	铬枣红 B	pH=10，氨缓冲液，直接滴定，橙黄→紫
	邻苯二酚紫	pH=10，氨缓冲液，直接滴定，绿蓝→红紫
	酸性铬蓝 K-萘酚绿 B	pH=10，氨缓冲液，直接滴定，紫红→灰绿或灰蓝
	镁试剂	pH=10.5，硼砂缓冲液，30%～80%甲醇，直接滴定，黄红→蓝紫
	金属酞	pH=10～11，氨，乙醇，直接滴定，红→无色或粉红
	甲基百里酚蓝	pH=10～11.5，氨，直接滴定，蓝→灰
	磺基萘酚偶氮氨基甲酚	pH=10，硼砂缓冲液，直接滴定，红→蓝
	4-[双(羧基甲基)氨基甲基]-3 羟基-2-萘甲酸	pH=10.5～12，直接滴定，微黄绿荧光→蓝
Mn^{2+}	酸性茜素黑 SN	pH=10，氨缓冲液，直接滴定，紫红→青绿
	溴邻苯三酚红	pH=10，氨缓冲液，NH$_2$OH·HCl，直接滴定，蓝→红紫
	铬蓝黑 R	pH=10，氨缓冲液，直接滴定，红→蓝
	铬黑 T	pH=10，氨缓冲液，加抗坏血酸或 NH$_2$OH·HCl，酒石酸（60～80℃）或三乙醇胺，直接滴定，红→蓝
	PAR	pH=9，氨缓冲液，抗坏血酸，直接滴定，红或橙→黄
	甲基百里酚蓝	（1）pH=6.0～6.5，六亚甲基四胺，直接滴定，蓝→黄
		（2）pH=11.5，NH$_2$OH·HCl，酒石酸，直接滴定，蓝→灰
	百里酚酞络合剂	pH=10～11，氨，NH$_2$OH·HCl，直接滴定，蓝→无色
	邻苯二酚紫	pH=9.3，氨缓冲液，NH$_2$OH·HCl，直接滴定，绿蓝→红紫
	锌试剂	pH=9～10，氨缓冲液，过量 EDTA，锌盐回滴，灰或绿→蓝
	萘基偶氮羟啉 S	pH=8.5，直接滴定，黄→红
Mo^{5+}③	钙黄绿素	pH=4～5，酒石酸盐，过量 EDTA（$V_{Mo}+V_{EDTA}$=2+1），铜盐回滴，→紫外荧光消失
	铬黑 T	pH=10，氨缓冲液，煮沸，冷至 60℃，过量 EDTA（$V_{Mo}+V_{EDTA}$=2+1），锌盐回滴，绿→红棕
	半二甲酚橙	pH=2，过量 EDTA，NH$_2$OH·HCl 还原 Mo^{6+}→Mo^{5+}，与 EDTA 形成 1:1 配合物，调 pH=6，乙酸-乙酸盐缓冲液，铅盐回滴，黄→红
MO$_4^{2-}$	二甲酚橙	pH=5～5.5，乙酸铵，0℃，锌盐回滴，黄→红
Na$^+$	用 Zn^{2+}，Co^{2+}，Mg^{2+}，Ni^{2+} 的相应指示剂	沉淀为 NaZn(UO$_2$)$_3$(Ac)$_9$·6H$_2$O 或相类似的 Co^{2+}、Mg^{2+}、Ni^{2+}的化合物，溶解沉淀，用 EDTA 滴定 Zn^{2+}、Co^{2+}、Mg^{2+}和 Ni^{2+}
Ni^{2+}	酸性茜素黑 SN	pH=11.5，氨，加热，直接滴定，红紫→青绿
	溴邻苯三酚红	pH=9.3，氨缓冲液，直接滴定，蓝→红
	铬天青 S	pH=8（加吡啶+氨）或 pH=11（加氨），直接滴定，蓝紫或蓝→黄
	PAR	pH=5，乙酸-乙酸盐缓冲液，90℃，直接滴定，红→黄

续表

被测定离子	指示剂	主要滴定条件和滴定情况
Ni^{2+}	邻苯二酚紫	pH=8~9.3，氨缓冲液，直接滴定，绿蓝→红紫
	TAC	pH=4~7，乙酸-乙酸盐或吡啶缓冲液，加热，最好加甲醇或乙醇，直接滴定，蓝绿→黄
	红紫酸铵	pH=9，S$_2$O$_3^{2-}$+F$^-$+TEA 掩蔽 Fe^{3+}、Al^{3+}、Ca^{2+}、Mg^{2+}，直接滴定，黄绿→紫红
	二甲酚橙	pH=5~6，六亚甲基四胺，锌盐回滴，黄→玫瑰
	2-(2-咪唑偶氮)-4-甲酚	pH=5~8，直接滴定，红紫→黄
	萘基偶氮羟啉 S	pH=6.5，直接滴定，黄→红
	酸性铬蓝 K	pH≥12.5，加入过量 EDTA，钙盐-EDTA 返滴定，终点由红色变蓝
Pb$^{2+④}$	二苯氨基脲	pH=4.5~6.5，乙酸-乙酸盐缓冲液，直接滴定，红→无色
	铬黑 T	pH=10，氨缓冲液，酒石酸，TEA，40~70℃ 直接滴定，蓝紫→蓝
	甲基百里酚蓝	pH=6，六亚甲基四胺，直接滴定，蓝→黄。pH=12，氨，酒石酸，直接滴定，粉红或红→灰
	Cu-PAN	pH>3.5，乙酸-乙酸盐缓冲液，直接滴定，红紫→黄
	PAR	pH=5~9.6，六亚甲基四胺，氨，直接滴定，红→黄
	邻苯三酚红	pH=5~6，乙酸-乙酸盐缓冲液，直接滴定，紫→红
	硫脲（sulfarsen）	pH=9~10，氨缓冲液，紫或红→黄
	TAN	pH=7，吡啶，直接滴定，紫→黄
	二甲酚橙	pH=5，乙酸-乙酸盐缓冲液，或 pH=6，六亚甲基四胺，直接滴定，红紫→黄
Pd^{2+}	铬黑 T	pH=10，氢氧化钾，锌盐回滴，蓝→红
	邻苯二酚紫	pH<5，硝酸，铋盐回滴，黄→紫
Pt^{2+}	二甲酚橙	pH=5.4~6，过量 EDTA，煮沸 20~25min，冷却，锌盐回滴，黄→红
Pu^{3+}	茜素 S（加亚甲基蓝使变色敏锐）	pH=2.5~3，盐酸，过量 EDTA，钍盐回滴，黄→红
	水杨酸	pH=2.5，过量 EDTA，铁盐回滴，黄→红紫
Pu^{4+}	偶氮胂 I	0.1~0.2mol/L HCl 或 HNO$_3$，直接滴定，蓝紫→粉红
Rb$^+$		见 "K$^+$"
Re$^{3+⑤}$ 和 Y^{3+}	茜素 S	pH=2.2~3.4，或 pH=4~5，乙酸-乙酸盐缓冲液，90~100℃，直接滴定，红→黄
	溴邻苯三酚红	pH=7，乙酸-乙酸盐缓冲液，直接滴定，蓝紫或蓝→红
	甲基百里酚蓝	pH=6，六亚甲基四胺，直接滴定，蓝→黄
	PAR	pH=6，六亚甲基四胺，直接滴定，红→黄
	二甲酚橙	pH=5~6（加吡啶+乙酸盐）或 pH=4.5~6（加六亚甲基四胺），热溶液，直接滴定，红→黄
	铬黑 T	pH=8~9，氨缓冲液，过量 EDTA，用锌盐回滴，蓝→红
	N-甲基新烟碱偶氮对甲酚	pH=6.4~7.3，直接滴定，淡红紫→黄
Sb^{3+}	硫氰酸铵	pH=4.5~6，乙酸-乙酸盐缓冲液，加丙酮（占总体积 50%），过量 EDTA，钴盐回滴，粉红→蓝
	二甲酚橙	pH=4，乙酸-乙酸盐缓冲液，过量 EDTA，Tl^{3+}回滴，黄→粉红
Sc$^{3+⑥}$	茜素 S（加酸性靛蓝使变色敏锐）	pH=2，70~80℃，直接滴定，红→绿
	铬黑 T	pH=7.5~8，氨+苹果酸，70~100℃，直接滴定，红→蓝
	甲基百里酚蓝	pH=2.2，硝酸，或 pH=6，吡啶，直接滴定，蓝→黄
	红紫酸铵	pH=2.6，盐酸+乙酸钠，直接滴定，黄→紫
	嘞砜偶氮	pH=5，直接滴定，紫或蓝紫→蓝→粉红
	二甲酚橙	pH=2.2~5，乙酸盐缓冲液，直接滴定，红→黄
Sn^{2+}	甲基百里酚蓝	pH=5.5~6，吡啶+乙酸盐，F$^-$掩蔽 Sn^{4+}，直接滴定，蓝→黄
Sn^{4+}	铬黑 T	pH=9，氨缓冲液，过量 EDTA，镁或锌盐回滴，蓝→红

被测定离子	指示剂	主要滴定条件和滴定情况
Sn^{4+}	邻苯二酚紫	pH=5，乙酸-乙酸盐缓冲液，70～80℃，过量 EDTA，锌盐回滴，黄→蓝
	二甲酚橙	（1）pH=2，盐酸+氯化钠；（2）pH=2.5～3.5，乙酸铵；（3）pH=5～6，六亚甲基四胺；各方法均加过量 EDTA，用钛盐（pH=2 时）或铅盐回滴，黄→红
Sr^{2+}		见"Ba^{2+}和 Sr^{2+}"
Th^{4+}	羟基氢醌磺酞	pH=2.3～3，乙酸-乙酸盐缓冲液，直接滴定，粉红→黄绿
	甲基百里酚蓝	pH=1.7～3.5，直接滴定，蓝→黄
	PAN	pH=2～3.5，硝酸，直接滴定，红→黄
	邻苯二酚紫	（1）0.04mol/L 盐酸，加占总体积 33%乙醇；（2）pH=2.5～3.5，硝酸；均在 40℃，直接滴定，红→黄
	钍试剂	pH=1～3，硝酸，直接滴定，紫→黄
	二甲酚橙	pH=1.7～3.5，硝酸或乙酸-乙酸盐缓冲液，直接滴定，红或红紫→黄
	SPADNS	pH=3.09，硝酸，直接滴定，蓝紫→红
	搔洛铬天青精 BS	pH=3.5～5.5，直接滴定，深紫→亮棕
Ti^{4+}	铬黑 T	pH=7，吡啶，过量 EDTA，锌盐回滴，蓝→紫
	邻苯二酚紫	pH=5～7，过量 EDTA，铜盐回滴，黄→深蓝
	二甲酚橙	（1）pH=2，过量 EDTA，铋盐回滴，柠檬黄→橘黄。（2）pH=5.5～6，过量 EDTA，60℃，铅盐回滴，加苦杏仁酸，煮沸 2min，冷却，释放 Ti^{4+}-EDTA 配合物中的 EDTA，铅盐回滴，黄→橘红
Ti^{4+}-过氧配合物	水杨酸	pH=2～3，乙酸，H$_2$O$_2$（加 Fe^{3+}同时滴定），直接滴定，紫→无色
	钙黄绿素	pH=4.8，乙酸-乙酸盐缓冲液，H$_2$O$_2$，过量 EDTA，铜盐回滴，→绿色紫外荧光消失
	PAN	pH=4.5，H$_2$O$_2$，过量 EDTA，铜盐回滴，橙→橙红
Tl$^+$		沉淀为 Tl$_2$Ag[Co(NO$_2$)$_6$]，溶于 HNO$_3$，EDTA 滴定 Co^{2+}
Tl^{3+}	PAR	pH>1.7，热溶液，直接滴定，红→黄
	二甲酚橙	pH=4～5，乙酸-乙酸盐缓冲液，热溶液，直接滴定，红→黄
	邻苯三酚红	（1）pH=5，乙酸-乙酸盐缓冲液，过量 EDTA，铅盐回滴，红→紫；（2）pH=2～3，硝酸，过量 EDTA，铋盐回滴，黄→红
	4-(6-甲基-2-吡啶偶氮)-3-羟基苯酚	pH=1～2.3，直接滴定，红→黄，可测定 0.87～71mg 铊；Fe^{3+}、Cu^{2+}、In^{3+}干扰；Zr^{4+}、Hg^{2+}分别用 NaF 和甲酸掩蔽
	4-(2-喹啉偶氮)-3-羟基苯酚	1.0mol/L H$_2$SO$_4$，直接滴定，紫→黄。可测 2～40mg 铊
	N-甲基新烟碱-α′-偶氮二乙基间氨基苯酚	酸性，直接滴定，红→黄，Ca^{2+}、Mg^{2+}、Sr^{2+}、Mn^{2+}、Cd^{2+}、Pb^{2+}、Al^{3+}、Cu^{2+}、Ni^{2+}、CrO$_4^{2-}$、Fe^{3+}、Zn^{2+}不干扰
U^{4+}[⑦]	偶氮胂 I	pH=1.7，直接滴定，蓝→纯红
	钍试剂	pH=1～1.8，30℃，直接滴定，玫瑰→橙黄
	二甲酚橙	pH=2～3，乙酸，煮沸，过量 EDTA，钍盐回滴，黄绿→红
UO$_2^{2+}$	PAN	（1）pH=4.4，六亚甲基四胺，加占总体积 67%的异丙醇，80～90℃，直接滴定，红→黄；（2）或同样条件，加过量 EDTA，用锌盐回滴，黄→红
VO^{2+}[⑧]	铬天青 S	pH=4，乙酸-乙酸盐缓冲液，直接滴定，蓝紫→玫瑰
	Cu-PAN	pH>3.5，乙酸盐缓冲液，抗坏血酸，直接滴定，红紫→黄或绿
	邻苯三酚红	pH=5，乙酸-乙酸盐缓冲液，过量 EDTA，铅盐回滴，红→紫
	铬黑 T	pH=10，氨缓冲液，抗坏血酸，过量 EDTA，锰盐回滴，蓝→红
VO$_2^+$	二甲酚橙	0.03mol/L 高氯酸，煮沸，冷却，直接滴定，红→黄
Y^{3+}		见"Re^{3+}和 Y^{3+}"
Zn^{2+}	酸性黄素黑 SN	pH=11.5，氨，热溶液，直接滴定，红紫→青绿
	铬蓝黑 R	pH=10，氨缓冲液，直接滴定，红或粉红→蓝

续表

被测定离子	指示剂	主要滴定条件和滴定情况
Zn^{2+}	铬枣红 B	pH=10，氨缓冲液，直接滴定，橙黄→紫
	铬黑 T	pH=10（氨缓冲液）或 pH=6.8（缩苹果酸盐缓冲液），直接滴定，红→蓝
	甲基百里酚蓝	（1）pH=6～6.5，六亚甲基四胺或乙酸盐，直接滴定，蓝→黄
		（2）pH=12，氨，直接滴定，蓝→灰
	红紫酸铵	pH=8～9，氨，直接滴定，粉红→紫
	PAR	pH=5～11.5，六亚甲基四胺或氨，直接滴定，红→黄
	邻苯二酚紫	pH=10，氨缓冲液，直接滴定，蓝→红紫
	TAN	pH=7，吡啶，直接滴定，粉红→黄
	二甲酚橙	pH=5～6，六亚甲基四胺，直接滴定，红紫→黄
	锌试剂	pH=9～10，氨缓冲液，直接滴定，蓝→黄
	二苯氨基脲	pH=2～3，直接滴定，10～60℃，淡红→淡黄
	4-(4,5-二甲基-2-噻唑偶氮)-2-甲基-3-羟基苯酚	pH=6.5，六亚甲基四胺，直接滴定，紫→粉红
	5-Br-PADAP	pH=5.5，乙酸-乙酸盐缓冲体系，0.1%指示剂，直接滴定，紫色→亮黄
Zr^{4+}（和 Hf^{4+}）	铬黑 T	0.5～2mol/L HCl，100℃直接滴定，蓝紫→紫红
	梏因	pH=1，盐酸，直接滴定，橙红→金黄
	铬菁 R	pH=1.4，盐酸，热溶液，直接滴定，粉红→无
	苏木精	pH=1～1.5，直接滴定，红→淡黄
	二甲酚橙	1mol/L 硝酸，90℃，或 0.05～3mol/L 硫酸，90℃，直接滴定红→黄
稀土元素	二甲酚橙	三乙醇胺为掩蔽剂强碱沉淀稀土元素，使 Al、Fe 分离，用酸溶解稀土沉淀 pH=5.5，80℃，XO 作指示剂，直接滴定

① 经常加抗坏血酸，保证 Co^{3+} 的还原，防止指示剂被封闭。

② 加抗坏血酸防止氧化为 Fe^{3+}。

③ 一般用肼还原 MoO_4^{2-}，加热煮沸而得；注意 Mo^{5+}:EDTA 一般为 2:1。

④ 在碱性介质中滴定，一般需加酒石酸，以防沉淀产生。

⑤ 若测 Ce^{3+}，加抗坏血酸，防止空气氧化。

⑥ 测 Re^{3+} 的多数方法也可用于 Sc^{3+} 的测定，但要适当调节 pH。

⑦ 一般还原 UO_2^{2+} 而得，所用还原方法，包括锌加盐酸，锌汞齐、甲脒亚磺酸（即硫脲二氧化物），亚硫酸钠、铅或银还原或汞阴极电解。

⑧一般用抗坏血酸还原钒（Ⅴ）而得，偶尔用羟胺或亚硫酸钠还原钒（Ⅴ）而得。

测定阴离子的间接配位滴定法见表 11-28。

表 11-28 测定阴离子的间接配位滴定法

被测定离子	主　要　步　骤
AsO_4^{3-}	沉淀为 $MgNH_4AsO_4 \cdot 6H_2O$ 或 $ZnNH_4AsO_4$，再测定沉淀中的 Mg^{2+} 或 Zn^{2+} 沉淀为 $BiAsO_4$，测定滤液中过量的 Bi^{3+}
$B(C_6H_5)_4^-$	与 Hg^{2+}-EDTA 配合物交换，并滴定释放的 EDTA
BO_3^{3-}	沉淀为酒石酸硼钡，测定沉淀中的 Ba^{2+} 或滤液中过量的 Ba^{2+}
Br^-、Cl^- 或 I^-	沉淀为卤化银，过滤，滤液中过量 Ag^+ 与 $[Ni(CN)_4]^{2-}$ 交换，滴定释放的 Ni^{2+}
BrO_3^-	用亚砷酸还原为 Br^-，按 Br^- 的测定步骤进行。若样品中有 Br^- 存在，则取部分溶液测定 Br^-
CN^-	加 Ni^{2+}，使成 $[Ni(CN)_4]^{2-}$，测定过量 Ni^{2+}
CO_3^{2-}	沉淀为 $CaCO_3$，测定沉淀中的 Ca^{2+}，或上层清液中的 Ca^{2+}；沉淀为 $BaCO_3$，在沉淀存在下，测过量 Ba^{2+}

第三篇

被测定离子	主要步骤
$CO_3^{2-}+HCO_3^-$	取部分溶液加 Sr^{2+}，煮沸，1/2 的 HCO_3^- 转化为 CO_2 并蒸发，其余部分成为 CO_3^{2-}，在 $SrCO_3$ 沉淀存在下，滴定过量的 Sr^{2+}。另取部分溶液加 NaOH，HCO_3^- 转化为 CO_3^{2-}；加 Sr^{2+}；在 $SrCO_3$ 沉淀存在下滴定过量的 Sr^{2+}。从两次滴定结果中计算 CO_3^{2-} 和 HCO_3^-
Cl^-	见（Br^-、Cl^- 或 I^-）
ClO_3^-	用 Fe^{2+} 还原为 Cl^-，按测 Cl^- 的步骤进行
ClO_4^-	和过量的 NH_4Cl 灼热，沉淀为 AgCl，按 Cl^- 的测定步骤进行
CrO_4^{2-}	沉淀为 $BaCrO_4$，测定沉淀中的 Ba^{2+} 或滤液中过量的 Ba^{2+}。或用抗坏血酸还原 CrO_4^{2-} 为 Cr^{3+}，再测定 Cr^{3+}，或沉淀为 $PbCrO_4$，并测沉淀中的 Pb^{2+}
F^-	沉淀为 CaF_2，测定滤液中过量 Ca^{2+}。沉淀为 PbClF，测定沉淀中的 Pb^{2+}，或测定滤液中过量的 Pb^{2+} 在 pH=2.6～3.0 的 $HClO_4$ 中，F^- 与 SiO_2 作用生成硅氟酸。蒸馏分离，加入 $La(NO_3)_3$，生成 LaF_3 沉淀，加入过量 EDTA 与过量的 La^{3+} 作用，用 Zn^{2+} 回滴剩余的 EDTA，XO 作指示剂，间接计算 F^- 量
$Fe(CN)_6^{3-}$	用 KI 还原，$S_2O_3^{2-}$ 脱色，然后如 $[Fe(CN)_6]^{4-}$ 的测定进行
$Fe(CN)_6^{4-}$	沉淀为 $K_2Zn[Fe(CN)_6]$ 或 $Na_2Zn[Fe(CN)_6]$，测定沉淀中的 Zn^{2+} 或滤液中过量的 Zn^{2+}。沉淀为 $Pb_2[Fe(CN)_6]$，用 $KClO_4$ 分解沉淀，测定 Fe^{3+} 或 Pb^{2+}
I^-	沉淀为 PdI_2，过滤，滤液中过量 Pd^{2+} 与 $[Ni(CN)_4]^{2-}$ 反应，测定释放的 Ni^{2+}
IO_3^-	用 SO_3^{2-} 还原，并按测定 I^- 的方法进行。若样品中含有 I^-，则取部分溶液测定 I^-。从 50%乙醇或丙酮中沉淀为 $Pb(IO_3)_2$，测定沉淀中的 Pb^{2+}
MnO_4^-	用 $NH_2OH \cdot HCl$ 还原为 Mn^{2+}，测定 Mn^{2+}
MoO_4^{2-}	沉淀为 $CaMoO_4$，测定沉淀中的 Ca^{2+}。沉淀为 $PbMoO_4$，测定上层清液中的 Pb^{2+}。用 $NH_2OH \cdot HCl$ 还原为 Mo^{5+}，再测 Mo^{5+}
NbO_3^{3-}	见阳离子"Nb^{5+}"的测定
PO_4^{3-}	沉淀为 $MgNH_4PO_4 \cdot 6H_2O$，测定沉淀中的 Mg^{2+}，或测定上层清液的 Mg^{2+}，或溶液中过量的 Mg^{2+}。沉淀为 $ZnNH_4PO_4$，测定沉淀中的 Zn^{2+}。沉淀为 $BiPO_4$，测定滤液中过量的 Bi^{3+} 或沉淀中的 Bi^{3+}
$P_2O_7^{4-}$	沉淀为 $Zn_2P_2O_7$ 或 $Mn_2P_2O_7$，测定沉淀中的 Zn^{2+} 或 Mn^{2+}，也可以测定滤液中过量的 Mn^{2+}
$P_3O_{10}^{5-}$	沉淀为 $Zn_2HP_3O_{10}$，测定沉淀中的 Zn^{2+}
过磷酸盐	用盐酸+硝酸煮沸样品，然后如 PO_4^{3-} 的测定进行
ReO_4^-	微酸性或中性溶液，沉淀为 $TlReO_4$，过滤，沉淀溶于酸（加 Br_2），测定 Tl^{3+}
S^{2-} 或 HS^-	（1）沉淀为 CuS，测定滤液或上层清液中过量的 Cu^{2+}；（2）加过量 Cd-EDTA，沉淀为 CdS，滴定释放的 EDTA；（3）或氧化为 SO_4^{2-} 再行测定
S^{2-}、S 和含氧的硫阴离子	当混合物存在时，选择氧化或还原的方法，然后如 SO_4^{2-}、S^{2-} 的测定进行
SO_3^{2-}	用 Br_2 水氧化为 SO_4^{2-}，再行测定
SO_4^{2-}	沉淀为 $BaSO_4$，测定沉淀中的 Ba^{2+} 或测定溶液中过量的 Ba^{2+}。从 25%～30%乙醇中沉淀为 $PbSO_4$，测定沉淀中的 Pb^{2+} 或滤液中过量的 Pb^{2+}。加 Ba-EDTA，均相沉淀为 $BaSO_4$，慢慢酸化，滴定溶液中释放的 EDTA
$S_2O_3^{2-}$	用溴水氧化为 SO_4^{2-}，再行测定，或用锌+盐酸还原为 S^{2-} 再行测定
$S_2O_8^{2-}$	用碱金属盐煮沸还原，或用铵盐与锌+盐酸还原，测定 SO_4^{2-}
SCN^-	用过量 Cu^{2+} 处理样品，沉淀为 CuSCN，测定滤液中过量的 Cu^{2+}。将 SCN^- 氧化为 SO_4^{2-}，再行测定
SeO_3^{2-}	过量 $KMnO_4$ 煮沸氧化，按 SeO_4^{2-} 的测定进行
SeO_4^{2-}	30%乙醇存在下，pH=2～3，沉淀为 $PbSeO_4$，测定沉淀中的 Pb^{2+}
SiO_3^{2-}	加 $Co(NO_3)_2$+丙酮，沉淀为 $CoSi_4O_8$，离心分离，加大量丙酮，分离上层清液，用甲醇水溶液洗沉淀，EDTA 溶解沉淀。pH=9，氨缓冲液，镁盐回滴，铬黑 T 作指示剂
VO_3^-	酸性，$NH_2OH \cdot HCl$ 或抗坏血酸还原为 VO^{2+}，再行测定（见阳离子"VO^{2+}的测定"）
WO_4^{2-}	沉淀为 $CaWO_4$ 并测定沉淀中的 Ca^{2+}。加 Pb(Ac)$_2$ 沉淀为 $PbWO_4$，pH=5.5～5.8，EDTA 滴定过量 Pb^{2+}，二甲酚橙作指示剂，红→灰绿

（二）其他配位滴定法

表 11-29 列举了其他氨羧配合剂的配合滴定法，包括：ANDA，CyDTA，DTPA，EDTP，EGTA，HEDTA，NTA，Tetren（四亚乙基五胺）和 Trien（三亚乙基四胺）。表 11-30 列举了除氨羧配位剂以外的几种比较有效的配位滴定方法。

表 11-29　其他氨羧配位剂的配位滴定法

测定离子	滴定剂	金属指示剂	主要滴定条件
Al^{3+}	CyDTA	Cu-PAN	pH=2～2.2，乙酸-乙酸盐缓冲液，直接滴定，热溶液，红→黄
	CyDTA	铬黑 T	pH=6.5～7，吡啶，过量 CyDTA，锌盐回滴，蓝→红
	CyDTA	邻苯二酚紫	pH=5.5～6，吡啶+乙酸盐，过量 CyDTA，锌盐回滴，蓝→紫
	CyDTA	二甲酚橙	pH=5～6，六亚甲基四胺，过量 CyDTA，铅盐回滴，黄→红紫或红
	HEDTA	甲基钙黄绿素或甲基钙黄绿素蓝	pH=5，乙酸-乙酸盐缓冲液，加热，冷却，过量的 HEDTA，铜盐回滴，→紫外荧光消失
	NTA	凡拉明蓝 B	pH=5.5～5.8，过量 NTA，铜盐回滴
Ba^{2+}和 Sr^{2+}	DTPA	铬黑 T	pH=10，氨缓冲液，加入占总体积为 50%的异丙醇，加 Mg-DTPA，释放的 Mg^{2+}用 DTPA 滴定，红→蓝
	DTPA	宫殿坚牢蓝 GGNA-CF	pH=12，氢氧化钠，加 Ca-DTPA，释放的 Ca^{2+}用 DTPA 滴定，红→蓝
	EGTA	锌-铬黑 T	pH=10，氨缓冲液，直接滴定，红→蓝
Bi^{3+}	MEDTA	二甲酚橙	0.1mol/L 硝酸，直接滴定，红→黄
Ca^{2+}	CyDTA	钙黄绿素	pH>12，氢氧化钾，直接滴定，绿紫外荧光消失，→粉红色溶液
	CyDTA	钙色素	0.1mol/L 氢氧化钠，直接滴定，粉红→蓝
	CyDTA	甲基百里酚蓝	pH=11.0～11.5，氢氧化钠，直接滴定，蓝→绿黄
	CyDTA	铬黑 T	pH=8～10，氨缓冲液，60～70℃，加 Mg-CyDTA 或 Zn-CyDTA，释放的 Mg^{2+}或 Zn^{2+}用 CyDTA 滴定，粉红或红→蓝
	EGTA	铬蓝黑 R	pH=13，氢氧化钠，酒石酸（防 Mg^{2+}沉淀），直接滴定，红→蓝
	EGTA	锌-锌试剂	pH=9.5～10，硼砂缓冲液，或 pH=9.3，氨缓冲液，直接滴定，蓝→黄
	EGTA	铬蓝黑 R	pH=13，氢氧化钠，过量 EGTA，钙盐回滴，蓝→粉红
	MEDTA	酸性茜素黑 SN 或铬蓝黑 R	pH>12，二乙胺或氢氧化钠，直接滴定，红→蓝
	EGTA	百里酚酞	pH=5～6，硼砂饱和液，Pb(NO$_3$)$_2$ 回滴，天蓝→无
Cd^{2+}	CyDTA	铁（III）-水杨酸盐	pH=3～5，直接滴定，紫→无色
	NTA	邻苯二酚紫	pH=10.2，氨缓冲液，直接滴定，绿蓝→红紫
	Trien	铬黑 T	pH=9～9.5，氨缓冲液，直接滴定，红→蓝
	Trien	锌-锌试剂	pH=9～9.5，氨缓冲液，直接滴定，蓝→黄
Co^{2+}	CyDTA	铬黑 T	pH=8～10，氨缓冲液，加过量 CyDTA，镁盐回滴，蓝→红
	CyDTA	PAN	pH=5，乙酸-乙酸盐缓冲液，N$_2$H$_4$，80～90℃，过量 CyDTA，铜盐回滴，黄→红
	EGTA	红紫酸铵	pH=9～10，直接滴定，黄→玫瑰紫
	NTA	红紫酸铵	pH=9.2，直接滴定，黄→红紫
Cr^{3+}	CyDTA	钙黄绿素	煮沸 30min，pH=4，冷却，乙酸-乙酸盐缓冲液，pH=4.6，铜盐回滴过量 CyDTA，→紫外荧光消失
Cu^{2+}	ANDA	红紫酸铵	pH=7～7.5，直接滴定，黄→紫
	CyDTA	红紫酸铵	pH=9～10，氨缓冲液，直接滴定，黄→红紫
	CyDTA	PAN	pH=5～5.5，乙酸-乙酸盐缓冲液，80～90℃，直接滴定，红→黄
	CyDTA	邻苯二酚紫	pH=6～7，吡啶，直接滴定，蓝→黄绿
	CyDTA	铬黑 T	pH=8～10，氨缓冲液，过量 CyDTA，镁盐回滴，蓝→红
	DTPA	Cu-PAN	pH=5～9.2，乙酸-乙酸盐缓冲液或氨缓冲液，60℃，直接滴定，红→黄

第三篇

测定离子	滴定剂	金属指示剂	主要滴定条件
Cu^{2+}	DTPA	SNAZOXS	pH=4.5，乙酸盐缓冲液，过量 DTPA，铜盐回滴，粉红→黄
	EDTP	坚牢嘌砜黑 F (fast sulfon black F)	pH=11，直接滴定，红紫→橄榄绿
	EDTP	丽春花 3R	pH=9～10，氨，直接滴定，黄→紫
	HEDTA	红紫酸铵	pH=8，过量 HEDTA，铜盐回滴，紫→黄
	MEDTA	SNAZOXS	pH=5，乙酸缓冲液，直接滴定，黄→紫
	NTA	铬天青 S	pH=5.5～6，六亚甲基四胺，直接滴定，蓝→绿
	NTA	红紫酸铵	pH=5～6（六亚基甲胺）或 pH=8～9（氨缓冲液）直接滴定，黄或绿→紫或紫蓝
	NTA	丽春花 3R	pH=9，氨缓冲液，直接滴定，蓝绿→红或紫
	NTA	凡拉明蓝 B	pH=5～5.5，六亚甲基四胺，直接滴定，暗紫→淡蓝
	trien	钙黄绿素	pH=7，乙酸铵，直接滴定，→绿紫外荧光
	trien	红紫酸铵	pH=9.3～9.5，氨缓冲液，直接滴定，黄或绿→粉红
	EDTP	5-Br-PADAT	pH=5.0，30%乙醇液，直接滴定至蓝色
Fe^{2+}	CyDTA	甲基百里酚蓝	pH=6.0～6.5，六亚甲基四胺，抗坏血酸，直接滴定，蓝→黄
Fe^{3+}	ANDA	磺基水杨酸	酸性，直接滴定，红紫→黄
	CyDTA	甲基百里酚蓝	pH=4.5～6.0，六亚甲基四胺，直接滴定，蓝→黄
	CyDTA	邻苯二酚紫	pH=5.5～6，吡啶+乙酸盐，直接滴定，绿蓝→红
	CyDTA	水杨酸	pH>1.5，乙酸盐，50℃，直接滴定，紫→黄或无色
	CyDTA	磺基水杨酸	pH=2～3，60℃，直接滴定，紫→无色
	CyDTA	KSCN	酸性，乙醚或异戊醇，直接滴定，红→无色（有机相）
	CyDTA	磺基水杨酸，KSCN 或钛铁试剂	pH=2～4，50～60℃，过量 CyDTA，Fe^{3+}回滴，无色→红或紫
	CyDTA	钙黄绿素	CyDTA，煮沸 10min，pH=3.5～4，冷却，乙酸-乙酸盐缓冲液，pH=4.6，铜盐回滴，→紫外荧光消失
	CyDTA	铬黑 T	（1）pH=10，氨缓冲液，过量 CyDTA，镁盐回滴，蓝或绿→红或红棕
			（2）pH=6.5～7，吡啶，过量 CyDTA，锌盐回滴，蓝或绿→红或红棕
	CyDTA	邻苯二酚紫	pH=5.5～6，吡啶+乙酸盐，过量 CyDTA，锌盐回滴，黄绿→蓝或蓝绿
	CyDTA	PAN	pH=5～5.5，乙酸-乙酸盐缓冲液，80～90℃，过量 CyDTA，铜盐回滴，黄→红
	CyDTA	二甲酚橙	pH=5～5.5，六亚甲基四胺，过量 CyDTA，铅盐回滴，黄→红紫或红
	EGTA	磺基水杨酸	pH=3～6，直接滴定，紫→黄
	NTA	铬天青 S	pH=2，一氯乙酸，50～60℃，直接滴定，蓝→金黄
Hg^{2+}	trien	锌-锌试剂	pH=7.5～8，TEA，直接滴定，蓝→黄
Mg^{2+}	CyDTA	铬黑 T	（1）pH=10，氨缓冲液，直接滴定，红→蓝；（2）pH=8～10，氨缓冲液，60～70℃，Zn-CyDTA 释放的 Zn^{2+}用 CyDTA 滴定，红→蓝
	CyDTA	甲基百里酚蓝	pH=11，氨，直接滴定，蓝→灰
	DTPA	铬黑 T	pH=10，氨缓冲液，40℃，直接滴定，红→蓝
	CyDTA	维克多利亚紫	pH=9.5～10.5，直接滴定，蓝→橙红
Mn^{2+}	CyDTA	铬黑 T	pH=9～10，氨缓冲液，TEA，$NH_2OH \cdot HCl$，直接滴定，酒红→蓝
	CyDTA	甲基百里酚蓝	pH=6～6.5，六亚甲基四胺，直接滴定，蓝→黄
	EGTA	铬黑 T	pH=10，氨缓冲液，$NH_2OH \cdot HCl$，直接滴定，酒红→蓝
	DCTA	铬黑 T	pH=10.0，氨缓冲液，过量 DCTA，Mg^{2+}回滴，蓝→红
Nb^{5+}	NTA	红紫酸铵	pH=5.6，过量 NTA，铜盐回滴，紫→黄
Ni^{2+}	ANDA	红紫酸铵	pH=7～7.5，氨缓冲液，直接滴定，黄→蓝紫

续表

测定离子	滴定剂	金属指示剂	主要滴定条件
Ni^{2+}	ANDA	红紫酸铵	pH=7～8，氨缓冲液，过量 ANDA，铜盐回滴，紫→黄
	CyDTA	铁（Ⅲ）-水杨酸	pH=3～5，直接滴定，紫→无色
	CyDTA	铬黑 T	pH=8～10，氨缓冲液，过量 CyDTA，镁盐回滴，蓝→红
	CyDTA	PAN	pH=5～5.5，乙酸-乙酸盐缓冲液，甲醇，80～90℃，过量 CyDTA，铜盐回滴，黄→红
	EGTA	红紫酸铵	pH=10，氨缓冲液，直接滴定，黄→紫或红紫
	NTA	红紫酸铵	pH=8.2～10.1，氨缓冲液，直接滴定，黄→红紫
Pb^{2+}	CyDTA	铬黑 T	pH=10，酒石酸，氨缓冲液，直接滴定，紫→绿蓝
	CyDTA	铁（Ⅲ）-水杨酸	pH=3～5，直接滴定，紫→无色
	MEDTA	铬黑 T	pH=10，酒石酸，氨缓冲液，直接滴定，紫→绿蓝
	NTA	铬黑 T	（1）pH=10.2，酒石酸，氨缓冲液，直接滴定，紫→绿蓝 （2）pH=10.2，酒石酸，氨缓冲液，过量 NTA，镉盐回滴，蓝→红 （3）pH=10.2，酒石酸，氨缓冲液，加 Zn-NTA，释放的 Zn^{2+}用 NTA 滴定，红→蓝
Re$^{3+①}$和 Y^{3+}	DTPA	Cu-PAN	pH=3～5，乙酸盐缓冲液，60℃直接滴定，红→黄
		PAN	pH=4～10，乙酸盐或氨缓冲液，甲醇，过量 DTPA，铜盐回滴，黄→红棕
Sc^{3+}	NTA	红紫酸铵	pH=7，直接滴定，黄→红
Sr^{2+}			见"Ba^{2+}和 Sr^{2+}"
Th^{4+}	ANDA	邻苯二酚紫	pH=2～3，硝酸，60～70℃，直接滴定，红→黄
	CyDTA	钙黄绿素	pH=4，CyDTA，煮沸 10min，冷却，pH=4.6，铜盐回滴，→紫外荧光消失
Ti^{4+}	CyDTA	铬黑 T	pH=6.5～7，吡啶，过量 CyDTA，锌盐回滴，蓝→黄
Ti（Ⅳ）-过氧化物	CyDTA	PAN	pH=5～5.5，H$_2$O$_2$，70～90℃，过量，CyDTA，铜盐回滴，黄→红紫
	CyDTA	邻苯二酚紫	pH=5.5～6，H$_2$O$_2$，吡啶+乙酸盐缓冲液，过量 CyDTA，锌盐回滴，蓝→紫
Y^{3+}			见"Re^{3+}和 Y^{3+}"
Zn^{2+}	CyDTA	铁（Ⅱ）-水杨酸	pH=3～5，直接滴定，紫→无
	MEDTA	铬黑 T	pH=10，氨缓冲液，直接滴定，红→蓝
	NTA	红紫酸铵	pH=9.1，氨缓冲液，直接滴定，黄→红紫
	teren	铬蓝黑 R 或铬黑 T	pH=7.8，TEA 缓冲液，直接滴定，蓝→红
	teren	锌试剂	pH=9.5，氨缓冲液，直接滴定，蓝→橙黄
	trien	锌试剂	pH=7.8（TEA 缓冲液）或 pH=9.5（氨缓冲液），直接滴定，蓝→黄
Zr^{4+}	CyDTA	PAN	pH=5～5.5，乙酸-乙酸盐缓冲液，80～90℃，过量 CyDTA，铜盐回滴，黄→红

① 若是 Re^{3+}的滴定，需加抗坏血酸。

表 11-30　其他配位滴定法

测定物质	滴定剂	形成的配合物和 pK	指示剂	测定范围和灵敏度	方法摘要
Br$^-$	H$_2$SO$_4$ 0.005mol/L	Hg(CN)Br	甲基红-亚甲基蓝	0.5～6mg	见 Cl$^-$测定第一个方法。有机溴，燃烧后测定
	Hg(ClO$_4$)$_2$ 0.005mol/L	HgBr$_2$	二苯氨基脲（0.1%乙醇溶液）	2～4mg，±(0.5～1.0)%	见 Cl$^-$测定，第二个方法
	Hg(NO$_3$)$_2$ 0.05mol/L	HgBr$_2$	二苯氨基脲（95%乙醇饱和溶液）	16～120mg，+1%	溶液约含 0.2mol/L HNO$_3$，近终点时加 0.1ml 指示剂，滴到紫色第一次出现
	Hg(NO$_3$)$_2$ 0.005～0.05mol/L	HgBr$_2$	KIO$_3$（7.5%水溶液）	3～120mg	见 Cl$^-$测定第四个方法

测定物质	滴定剂	形成的配合物和pK	指示剂	测定范围和灵敏度	方法摘要
Br⁻	Hg(NO₃)₂ 0.01~0.5mol/L	HgBr₂	Na₂[Fe(CN)₅NO]·2H₂O（10%水溶液）	1~40mg	见Cl⁻测定第五个方法。本法不适宜测定混合物中总卤化物
CN⁻	AgNO₃ 0.01mol/L	[Ag(CN)₂]⁻ pK21	二甲氨基亚苄基罗单宁（30%丙酮溶液）	0.5~20mg	碱性溶液，黄→红。试剂稳定两周，少量CN⁻的测定需做空白试验
	AgNO₃ 0.02mol/L	[Ag(CN)₂]⁻	固体KI	2~20mg，±(0.1~0.5)%	每10ml试液加0.5~0.8ml浓氨水、0.02gKI。氨用量太少，终点提前，用量太多终点推迟。滴定慢，搅拌激烈，直到浑浊产生
	Hg(NO₃)₂ 0.001~0.1mol/L	Hg(CN)₂	硫代米氏酮[4,4′-双（二甲氨基）二苯甲硫酮,0.1%丙酮溶液]	0.1~20mg	乙酸-乙酸钠缓冲液，微橙→蓝，Cl⁻不干扰
	NiSO₄ 0.005~0.5mol/L	[Ni(CN)₄]⁻ pK27	红紫酸铵（1%NaCl细粉）	0.2~200mg，对大于2mgCN⁻的为±0.5%	每10ml试液加0.3ml氨水，再加指示剂粉末到溶液呈明鲜紫色，滴定到紫→亮橙黄，滴定要快，以免HCN损失。Ag⁺、Ca²⁺、Co²⁺、Cu²⁺、[Fe(CN)₆]³⁻和Ni²⁺干扰，卤素，假卤素，CO₃²⁻（如CN⁻、SCN⁻等）C₂O₄²⁻、Cr₂O₇⁻、[Fe(CN)₆]⁴⁻和PO₄³⁻不干扰
SCN⁻	Hg(NO₃)₂ 0.05mol/L	Hg(SCN)₂ pK19.7	二苯氨基脲（乙醇饱和溶液）	11~75mg，±0.1mg	弱酸性，滴至稳定淡红紫色。Cd²⁺、Co²⁺、Cu²⁺、Fe³⁺、Ni²⁺和Pb²⁺干扰
	Hg-EDTA 0.01mol/L	[HgEDTA SCN]³⁻	Hg²⁺-甲基百里酚蓝	0.28~4.2mg	pH=6.3~6.6，磷酸缓冲液，S²⁻、CN⁻、Br⁻、I⁻、Co²⁺、Zn²⁺、Cd²⁺、Ni²⁺、Cu²⁺、Mn²⁺、Bi³⁺、Ca²⁺、Mg²⁺和Fe³⁺干扰，但可用离子交换法消除
Cl⁻	H₂SO₄ 0.005mol/L	HgCNCl	甲基红-亚甲基蓝	0.5~3mg，±0.7%	指示剂用0.01mol/L酸或碱准确中和，试液加10ml准确中和过的饱和HgCNOH溶液，滴定释放的OH⁻，直至与中性指试剂一样颜色。有机氯可先燃烧后测定
	Hg(ClO₄)₂ 0.005mol/L	HgCl₂pK14	二苯氨基脲（0.1%乙醇溶液）	0.01~1.5mg，±0.3%	5ml试液加2滴0.1%溴酚蓝，稀硝酸中和至淡黄。加0.5mg 0.1mol/L HNO₃，100ml乙醇，0.5ml指示剂，滴至第一个稳定紫色，F⁻、PO₄³⁻干扰，SO₄²⁻延迟终点
	Hg(NO₃)₂ 0.005~0.05mol/L	HgCl₂	二苯氨基脲（0.5g 二苯氨基脲+0.05g 溴酚蓝溶于100ml 95%乙醇中）	0.01~50mg，(±0.2~1.0)%	试液用稀氨水或稀硝酸中和至指示剂由蓝色刚呈淡黄色，每100ml溶液加1ml 0.05mol/L硝酸，滴至第一个稳定淡红紫色。重金属影响指示剂显色。10µg/ml Fe³⁺和Cr O₄²⁻使滴定失败。滴定的最适宜pH=3~3.5，pH高，终点提前，pH低，终点推迟
	Hg(NO₃)₂ 0.005~0.05mol/L	HgCl₂	KIO₃（7.5%水溶液）	1.5~6.0mg	试液中和到酚酞变色，加3~5ml硝酸，3~5ml指示剂，滴到乳色出现。AsO₃³⁻、Ba²⁺、Bi³⁺、Pb²⁺和Sb³⁺干扰
	Hg(NO₃)₂ 0.01~0.05mol/L	HgCl₂	Na₂[Fe(CN)₅NO]·2H₂O（10%水溶液）	1~20mg	每100ml试液加1ml硝酸，1ml指示剂，若浑浊则过滤，滴至稳定乳白色出现，Co²⁺、Cu²⁺、Ni²⁺和Zn²⁺干扰

（三）配位滴定法的应用

表 11-31 列举了配位滴定法在我国现行国家标准中的应用状况，共收录 11 条。

表 11-31 中国国家标准采用的滴定分析方法[①]

检测对象	标准号	标准名称
钙	GB/T 11213.3—2003	化纤用氢氧化钠　钙含量的测定　EDTA 络合滴定法
	GB/T 6910—2006	锅炉用水和冷却水分析方法　钙的测定　络合滴定法
镁	GB/T 21525—2008	无机化工产品中镁含量测定的通用方法　络合滴定法
钙镁总量	GB/T 22650—2008	工业用氢氧化钠　钙镁总含量的测定　络合滴定法
氧化钙和氧化镁含量	GB/T 3286.1—2012	石灰石及白云石化学分析方法　第 1 部分：氧化钙和氧化镁含量的测定　络合滴定法和火焰原子吸收光谱法
钯	GB/T 23276—2009	钯化合物分析方法　钯量的测定　二甲基乙二醛肟析出 EDTA 络合滴定法
铝	GB/T 24229—2009	铬矿石和铬精矿　铝含量的测定　络合滴定法
	GB/T 4698.8—1996	海绵钛、钛及钛合金化学分析方法　碱分离-EDTA 络合滴定法测定铝量
氧化铝	GB/T 3286.3—2012	石灰石及白云石化学分析方法　第 3 部分：氧化铝含量的测定　铬天青 S 分光光度法和络合滴定法
铅	GB/T 2432—1981	汽油中四乙基铅含量测定法（络合滴定法）
锆	GB/T 4698.13—1996	海绵钛、钛及钛合金化学分析方法　EDTA 络合滴定法测定锆量

① 中国国家标准化管理委员会收录至 2016 年 10 月。

第五节　氧化还原滴定法

一、物质的预氧化和预还原

在氧化还原滴定中，待测组分应该处于一定的氧化态，以保证滴定计量关系。因此需要对样品进行预氧化（表 11-32）或预还原处理（表 11-33）。用于氧化还原预处理的氧化剂或还原剂需符合如下基本要求：

① 可将待测组分快速、定量地转化为指定的氧化态；

② 过量的还原剂或氧化剂要容易除去，以免对滴定产生干扰。

表 11-32 物质的预氧化方法

氧化剂	被氧化的物质	除去多余氧化剂方法
铋酸钠（$NaBiO_3$）	硝酸溶液中，2 价锰氧化为高锰酸根	过滤除去
二氧化铅（PbO_2）	pH=2～6，焦磷酸盐缓冲液：3 价铈氧化为 4 价；4 价钒氧化为钒酸根；3 价铬氧化为重铬酸根	过滤除去
过硫酸铵[$(NH_4)_2S_2O_8$]	硝酸溶液，加少许银盐作催化剂：2 价锰氧化为高锰酸根；3 价铬氧化为重铬酸根；4 价钒氧化为钒酸根	煮沸除去
高氯酸（$HClO_4$）	热的浓 $HClO_4$ 溶液，4 价钒氧化为钒酸根，3 价铬氧化为重铬酸根	迅速冷却至室温，水稀释
臭氧（O_3）	硝酸溶液中加少许银盐作催化剂，把 Mn^{2+} 氧化为 MnO_4^-。在磷酸和硫酸溶液中，Ce^{3+} 氧化为 Ce^{4+}，V^{4+} 氧化为 VO_4^{3-}。在碱性溶液中，SeO_3^{2-}、TeO_3^{2-} 氧化为 SeO_4^{2-}、TeO_4^{2-}。在酸性或碱性溶液中，AsO_2^- 和 SbO_2^- 分别氧化为 AsO_4^{3-} 和 SbO_4^{3-}；Hg_2^{2+} 氧化为 Hg^{2+}	煮沸除去
过氧化银（Ag_2O_2）	酸性溶液，4 价钒氧化为钒酸根，2 价锰氧化为高锰酸根，3 价铬氧化至重铬酸根，3 价铈氧化至 4 价铈	过滤除去

表 11-33 物质的预还原方法

还原剂	被还原的物质	除去多余还原剂的方法
二氧化硫或亚硫酸	还原铁为 2 价, 最高酸度为 0.05mol/L 硫酸	煮沸或通入二氧化碳除去
二氯化锡	热溶液, $SnCl_2$ 还原 Fe^{3+} 为 Fe^{2+}, 必须控制 $SnCl_2$ 用量, 否则使测定结果不准确	多余的二氯化锡加入过量的二氯化汞除去
锌-汞齐还原柱(又称 Jones 还原柱)	加 1mol/L 盐酸, 过 20 目的锌粉, 1min 后倒去液体, 加适量的 0.13mol/L 硝酸汞, 猛烈搅拌 3min, 用水洗至中性, 即锌-汞粉, 装入一根直径 18~20mm, 长为 350~500mm 的玻管, 玻管下端装有多孔瓷板和玻璃棉, 使锌-汞粉不能透过, 还原的溶液倒入玻管上端, 使溶液缓慢流经锌-汞粉, 从玻管下端收集已被还原好的溶液备用 在硫酸介质中可还原的物质: Cr^{3+} 还原为 Cr^{2+} Cu^{2+} 还原为 Cu^0 Fe^{3+} 还原为 Fe^{2+} Eu^{3+} 还原为 Eu^{2+} Mo^{4+} 还原为 Mo^{3+} Ti^{4+} 还原为 Ti^{3+} V^{5+} 还原为 V^{2+}	
银粉还原柱(又称 Walden 还原柱)	还原银粉或电沉积银粉代替锌-汞粉, 装入玻管即成银粉还原柱 在盐酸介质中可还原的物质: Cu^{2+} 还原为 Cu^+ Fe^{3+} 还原为 Fe^{2+} Mo^{6+} 还原为 Mo^{5+} V^{5+} 还原为 V^{4+}	
铅还原柱	20~100 目的铅粉装入直径 10mm、长 300mm 的玻管中, 玻管两端均用玻璃棉塞住 (约 10mm), 用此还原柱还原钛	
铋还原柱	还原钼和钒	
锑还原柱	还原铁、锡、铀和钨	
镍还原柱	还原铁、钼、锡、钛、铀、钒和钨	
锡还原柱	还原铁、钼、铀	
铁还原柱	还原钛、铀	

图 11-1 为 Jones 还原柱示意图。

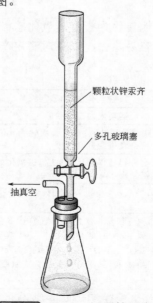

颗粒状锌汞齐

多孔玻璃塞

抽真空

图 11-1 Jones 还原柱示意

二、氧化还原指示剂

氧化还原滴定中确定终点的常用方法有指示剂法和电位法。通用型氧化还原指示剂是一类弱氧化剂或弱还原剂，其氧化态和还原态具有不同的颜色，在溶液中的颜色随滴定体系电极电位的变化而变化。表 11-34 和表 11-35 列出氧化还原滴定法中常用的通用型指示剂，按 E_{in} 值大小排列。E_{in} 为指示剂条件电位，表示溶液中含 1mol/L H^+ 时，指示剂明显可见的颜色改变时的电位（以标准氢电极为标准）。在这个电位时，指示剂的还原态和氧化态的浓度相等。如果指示剂是单色指示剂，电位与指示剂的总浓度有关，如指示剂还原态是无色的，指示剂总浓度增加时，电位要稍偏正一些。如果指示剂的两种状态都有颜色，E_{in} 与指示剂总浓度无关。在选用指示剂时必须使指示剂的 E_{in} 与化学计量点的电位一致或在其突越范围内[3,4]。表 11-34 列出的指示剂受溶液的 pH 和离子强度的影响小；表 11-35 列出的指示剂对溶液的 pH 和离子强度变化很灵敏，因此在使用时必须考虑这些因素对指示剂的影响。

表 11-34 $E_{in} \geqslant 0.75V$ 的指示剂

编号	名 称	结构式	$E_{in}^{①}$/V	颜色变化		配 制	备 注
				氧化态	还原态		
1	2,2'-联吡啶钌配合物	+ Ru⁴⁺	+1.33	蓝绿色	黄色	1.17g 2,2'-联吡啶，0.69g 钌盐溶于 100ml 水中	
2	邻,邻-二苯胺二甲酸		+1.26	淡紫色	无色	0.1g 指示剂溶于 20ml 5% 碳酸钠中，用水稀释至 100ml	
3	丁二肟		+1.25	黄绿色	红色	0.1%乙醇溶液	
4	6-硝基-1,10-二氮菲亚铁配合物	+ Fe²⁺	+1.25	淡蓝色	红色	1.485g 指示剂与 0.695g 硫酸亚铁溶于 100ml 水	
5	2,2'-联吡啶亚铁配合物	+ Fe²⁺	+1.14	蓝色	深红色	1.485g 指示剂与 0.695g 硫酸亚铁溶于 100ml 水中	
6	罗丹明 B		约+1.1	橘红色	黄色	0.005mol/L 水溶液	
7	邻二苯胺二甲酸，间二苯胺二甲酸		+1.12	淡紫	无色	0.1g 指示剂溶于 20ml 5% 碳酸钠，用水稀释至 100ml	
8	对氨基二苯胺		+1.10	红紫	无色	0.1%水溶液	
9	二甲苯蓝 As		+1.09	红	黄绿	0.1%水溶液	

续表

编号	名 称	结构式	$E_{in}^{①}$/V	颜色变化 氧化态	颜色变化 还原态	配 制	备 注
10	卟吩		+1.09	无色	红		E_{in} 随 pH 变化。pH=5，E_{in}=0.85V，pH=7，E_{in}=0.73V
11	N-苯基邻氨基苯甲酸		+1.08	红紫	无色	0.107g 指示剂溶于 20ml 5%碳酸钠溶液，用水稀释 100ml	0.5mol/L 硫酸中 E_{in}=(0.98±0.1)V
12	2,4-二氨基二苯胺		+1.08	红	无色	0.1%水溶液	
13	2-硝基二苯胺		+1.06 ±0.02	红紫	浅黄	0.05mol/L 指示剂溶于浓硫酸，使用时用浓硫酸稀至 0.005mol/L，用 3~5 滴	
14	对硝基二苯胺		+0.99	紫	无色		
15	5,6-二甲基-1,10-二氮菲亚铁配合物		+0.97	黄绿	红	1.485g 指示剂及 0.695g 硫酸亚铁溶于 100ml 水中	
16	1,10-二氮菲亚铁配合物		+1.06	淡蓝	红		
17	羊毛罂红 A		+0.97	橘红	黄绿	0.1%水溶液	
18	酸性绿 (acid green)		+0.96	橘红	黄绿	0.1%水溶液	
19	喹啉蓝 (quindine blue)		+0.95	橙（酸性）	无色	0.1%水溶液	

编号	名 称	结构式	$E_{in}^{①}/V$	颜色变化 氧化态	颜色变化 还原态	配 制	备 注
20	专利蓝 V (patent blue)	$(C_2H_5)_2N$—□—CH—□—$N(C_2H_5)_2$ SO₃H HO SO₃H	约+0.95	红色	黄色	0.1%水溶液	
21	特等羊毛罂粟蓝 (setocya nine supra)		+0.95	橙红	黄	0.1%水溶液	
22	二甲苯花黄 FF(xylene cyanole FF)		+0.95	橘红	黄绿	0.1%水溶液	
23	2-(2-硝基苯胺)-苯甲酸		+0.94	紫红	无色	1%的浓硫酸溶液	
24	可来通耐蓝 FR (colliton fast blue FR)		约+0.94	蓝绿	无色	1%水溶液	用于溴酸盐和重铬酸钾法中
25	可来通耐蓝-绿 B (colliton fast blue B)		约+0.94	蓝绿色	无色	1%水溶液	
26	毛罂蓝 O (setoglau cine O)		+0.94	红棕	黄色	0.1%水溶液	
27	耐绿 FCF (fast green FCF)		+0.94	深红	黄绿	0.1%水溶液	
28	夜蓝 (night blue)		+0.93	桃红	绿	0.1%水溶液	
29	联苯胺	H_2N—□—□—NH_2	+0.92	蓝	无色	1g 联苯胺溶于 100ml 浓硫酸中，不能用于含钨酸根的溶液	对 pH 敏感：pH=1，E_{in}=0.86V；pH=2，E_{in}=0.80V；pH=3，E_{in}=0.74V
30	2-(4-磺基苯胺)-苯甲酸	HO₃S—□—NH—□—HOOC	+0.91	紫红	无色	1%浓硫酸溶液	
31	4,7-二甲基-1,10-二氮菲亚铁配合物	+ Fe²⁺	+0.88	黄绿	红	0.3g指示剂加0.01mol/L 硫酸亚铁，配成0.01mol/L 溶液	用在 0.5mol/L 酸中颜色变化明显

编号	名 称	结构式	$E_{in}^{①}/V$	颜色变化		配 制	备 注
				氧化态	还原态		
32	二甲基二氨基联苯		+0.87	黄	无色	1g 指示剂溶于 100ml 浓 H_2SO_4	对 pH 敏感，pH=1，E_{in}= 0.81V；pH=2，E_{in}= 0.75V；pH=3 时，E_{in}=0.67V
33	2,2′-联吡啶锇配合物		+0.86	蓝绿	黄	1.17g 和 0.69g 锇盐溶于 100ml 水中	
34	3,4,7,8-四甲基-1,10-二氮菲亚铁配合物		+0.85	黄绿	红	0.3g 指示剂加 0.01mol/L 硫酸亚铁，配成 0.01mol/L 溶液	在 0.1mol/L 酸中颜色变化明显
35	联邻甲氧苯胺		+0.85	红	无色	1%浓硫酸溶液	
36	二苯胺磺酸钠		+0.85	红紫	无色	0.2%钠盐水溶液	
37	二苯胺磺酸钡		+0.84	红紫	无色	0.2%钡盐水溶液	钨酸盐共存时滴定亚铁用
38	4-羟基菊橙盐酸盐		+0.83	黄	红	0.1%水溶液	
39	4-甲氧基菊橙盐酸盐		+0.83	黄	红	0.1%水溶液	
40	4-乙氧基菊橙盐酸盐		+0.82	淡黄	红	0.1%乙醇溶液	
41	N-甲基二苯胺对磺酸		+0.81	红	无色	0.1g 指示剂溶于 100ml 0.05mol/L 碳酸钠中	
42	甲基红		约 +0.80	无色	红	0.1%水溶液	
43	10-(2-二甲氨基丙基)-吩噻嗪盐酸盐		+0.80	紫	绿	0.1%水溶液（加 1 滴柠檬酸存于棕色瓶中）	
44	1-(乙酰氧乙基)-4-[γ-2-(氯吩噻嗪-10)-丙基]-吩噻嗪		+0.7～+0.9	红	绿	0.1%的 0.005mol/L 盐酸溶液	
45	2-氯-10[3-(1-羟乙基-4-哌嗪)-丙基]-吩噻嗪		+0.7～+0.9	红	绿	0.1%的 0.005mol/L 盐酸溶液	

续表

编号	名 称	结构式	$E_{in}^{①}$/V	颜色变化 氧化态	颜色变化 还原态	配 制	备 注
46	10-[3-(1-羟乙基-4-哌嗪)-丙基]-2-三氟甲基吩噻嗪		+0.7~+0.9	橙红	绿	0.1% 的 0.005mol/L 盐酸溶液	
47	10-[3-(4-羟基哌啶)-丙基]-2-氰基吩噻嗪		+0.7~+0.9	橙红	绿	0.1% 的 0.005mol/L 盐酸溶液	
48	10-二甲氨丙基-吩噻嗪		+0.7~+0.9	橙红	绿	0.1% 的 0.005mol/L 盐酸溶液	
49	二苯基联苯胺硫酸盐		+0.76	紫	无色	0.1%的稀硫酸溶液	
50	二苯胺硫酸盐		+0.76	紫	无色	0.1%的稀硫酸溶液	不能用于含有钨酸根的溶液
51	二苯胺		+0.76	紫	无色	1%的浓硫酸溶液	
52	对二甲氨基苯胺盐酸盐	H_2N—〇—$N(CH_3)_2 \cdot 2HCl$	+0.75	红	无色	0.1%的稀盐酸溶液	

表 11-35 $E_{in} < 0.75V$ 的指示剂

类别	名称	结构式	pH=0~9 时，E_{in}/V 0	5	6	7	8	9	颜色变化 氧化态	颜色变化 还原态	配制
靛酚类	（1）间磺酸-2',6'-二溴靛酚		0.69	0.39	0.33	0.28	0.21	0.15	红色（酸性）；蓝色（碱性）	无色或极淡颜色	均配制成0.1%水溶液或乙醇溶液
	（2）间溴-2',6'-二氯靛酚		0.67	0.37	0.31	0.25	0.19	0.13			
	（3）间溴靛酚		0.67	0.37	0.31	0.248	0.19	0.13			
	（4）2',6'-二溴靛酚		0.668	0.34	0.28	0.22	0.16	0.10			
	（5）邻磺酸-2',6'-二溴靛酚		0.66	0.36	0.30	0.24	0.18	0.12			

续表

类别	名称	结构式	pH=0~9时，E_{in}/V						颜色变化		配制
			0	5	6	7	8	9	氧化态	还原态	
靛酚类	（6）邻溴靛酚		0.659	0.36	0.30	0.24	0.18	0.12	红色（酸性）；蓝色（碱性）	无色或极淡颜色	均配制成0.1%水溶液或乙醇溶液
	（7）邻氯靛酚		0.663	0.36	0.30	0.232	0.18	0.12			
	（8）靛酚		0.649	0.35	0.29	0.227	0.17	0.11			
	（9）邻氯-2',6'-二氯靛酚		0.64	0.34	0.28	0.219	0.16	0.10			
	（10）2',6'-二氯靛酚		0.64	0.34	0.28	0.217	0.16	0.10			
	（11）间甲靛酚		0.63	0.33	0.27	0.208	0.15	0.09			
	（12）邻甲靛酚		0.616	0.31	0.25	0.19	0.13	0.07			
	（13）邻甲基-2',6'-二氯靛酚		0.60	0.30	0.24	0.181	0.121	0.06			
	（14）百里靛酚		0.59	0.29	0.23	0.174	0.11	0.05			
	（15）邻甲氧基-2',6'-二溴靛酚		0.58	0.28	0.22	0.159	0.10	0.04			
	（16）间甲苯基二氨靛酚		0.55	0.25	0.19	0.125	0.07	0.01			
	（17）2-磺酸钠-5,6-苯并靛酚钠		0.54	0.24	0.18	0.123	0.06	0.00			
	（18）2-磺酸钠-5,6-苯并-2',6'-二氯靛酚钠		0.54	0.24	0.18	0.119	0.06	0.00			

续表

类别	名称	结构式	pH=0～9时，E_{in}/V						颜色变化		配制
			0	5	6	7	8	9	氧化态	还原态	
对氧氮苯类和对硫氮苯类	（1）2-氯-10-二甲氨丙基-吩噻嗪盐酸盐	(CH₂)₃—N(CH₃)₂·HCl 吩噻嗪环 Cl	0.730	—	—	—	—	—	紫红色	绿色	0.1%的0.005mol/L盐酸溶液
	（2）亮甲苯蓝	H₂N—吩噁嗪环—N⁺(CH₃)₂Cl⁻，CH₃	0.583	0.149	0.089	0.047	0.015	-0.016	蓝色（pH=1～10），红色（pH>10）	无色	0.1%水溶液
	（3）劳氏紫；二氨基苯噻嗪	H₂N—吩噻嗪环—NH₂Cl⁻	0.543	0.135	0.093	0.060	0.030	0.00	紫色	无色	0.1%水溶液
	（4）乙基羊脂蓝（3,9-双二乙氨基苯噁嗪的硝酸盐）	(H₅C₂)₂—吩噁嗪环—N⁺NO₃⁻(C₂H₅)₂	0.54	0.089	0.001	-0.072	-0.115	-0.146	蓝绿色	无色	0.1%水溶液
	（5）亚甲基蓝	(H₃C)₂—吩噻嗪环—N⁺Cl⁻(CH₃)₂	0.532	0.101	0.047	0.011	-0.02	-0.05	蓝色	无色	0.1%水溶液
	（6）1-羟基-7-二甲氨基吩噁嗪酮	OH，(H₃C)₂—吩噁嗪酮环=O	0.512（pH 0.16）	0.161	0.119	—	—	—	红色	黄绿色	0.0128g指示剂溶于50ml 4mol/L HCl，放置一夜，取上层清液
	（7）甲基羊脂蓝	(H₃C)₂—吩噁嗪环—N⁺Cl⁻(CH₃)₂·½ZnCl₂	0.477	0.038	-0.021	-0.061	-0.093	-0.123	深蓝色	无色	0.1%水溶液
	（8）1-甲基-7-二甲氨基吩噁嗪酮	CH₃，(H₃C)₂—吩噁嗪酮环=O	0.411（pH 1.78）	0.138	—	—	—	—	红色	黄绿色	0.0127g指示剂溶于50ml 4mol/L HCl，放置一夜，取上层清液
	（9）尼罗蓝；氨基萘基二乙氨基苯噁嗪的硫酸盐	H₂N—苯并吩噁嗪环—N⁺·½SO₄²⁻(C₂H₅)₂	0.41	-0.011	-0.071	-0.122	-0.159	-0.192	蓝色（pH=1～10），红色（pH>10）	无色	0.1%水溶液

类别	名称	结构式	pH=0～9 时，E_{in}/V						颜色变化		配制
			0	5	6	7	8	9	氧化态	还原态	
	（10）7-氨基吩噁嗪酮		0.407 (pH=0.3)	0.121	0.070 (pH=6.5)	—	—	—	红色	无色	0.01g 指示剂，其他同本类（5）
	（11）1-甲基-7-氨基吩噁嗪酮		0.394 (pH=0.16)	0.049 (pH=5.2)	—	—	—	—	红色	黄绿色	0.01g 指示剂，其他同本类（5）
	（12）2-乙酰氨基吩噁嗪酮		0.375 (pH=0.84)	—	0.085 (pH=6.30)	—	—	—	红色	黄绿色	0.013g 指示剂，其他同本类（5）
	（13）1-羟基-7-氨基吩噁嗪酮		0.371 (pH=0.50)	0.148 (pH=4.68)	0.052 (pH=5.51)	—	—	—	红色	黄绿色	0.011g 指示剂，其他同本类（5）
	（14）2-氨基吩噁嗪酮		0.370 (pH=0.92)	0.157 (pH=4.80)	0.039 (pH=6.33)	—	—	—	红色	黄绿色	0.010g 指示剂，其他同本类（5）
对氧氮苯类和对硫氮苯类	（15）坚牢棉蓝		—	0.145	0.105	0.080	0.050	—	蓝色	无色	0.1% 水溶液
	（16）蝇菌素；木斯卡林		—	0.13	0.08	0.05	0.02	—	蓝色	无色	0.1% 水溶液
	（17）棓花青		—	—	0.08	0.02	-0.032	-0.095	蓝色（pH=5.5～8）红紫色（pH<4，pH>8）	无色	0.1% 碱性水溶液
	（18）五棓子非林；媒染棓酸天蓝		—	-0.003	-0.077	-0.142	-0.202	-0.262	绿色（酸性）绛红色（碱性）	无色	0.1% 水溶液
	（19）亮茜蓝；媒染茜素亮蓝		—	-0.04	-0.112	-0.174	-0.226	-0.279	蓝色（酸性）紫色（水中）	无色	0.1% 水溶液

类别	名称	结构式	pH=0～9时，E_{in}/V						颜色变化		配制
			0	5	6	7	8	9	氧化态	还原态	
靛蓝磺酸类	（1）靛蓝四磺酸	（结构式）	0.365	0.065	0.06	-0.046	-0.83	-0.11	蓝色	无色	0.1% 水溶液
	（2）靛蓝二磺酸	（结构式）	0.332	0.032	-0.02	-0.08	-0.11	-0.14	蓝色	无色	0.1% 水溶液
	（3）靛蓝二磺酸钠；酸性靛蓝	（结构式）	0.291	-0.01	-0.07	-0.125	-0.16	-0.2	蓝色	无色	0.1% 水溶液
	（4）靛蓝磺酸	（结构式）	0.262	-0.04	-0.10	-0.16	-0.19	-0.22	蓝色	无色	0.1% 水溶液
对二氮苯类	（1）氯化四乙基酚藏花红；紫水晶紫	（结构式）	0.355	-0.08	-0.167	-0.254	-0.34	-0.43	紫色	无色	0.1% 水溶液
	（2）碱性藏花红 T	（结构式）	0.290	—	—	—	—	—	蓝紫色（酸性），棕色（碱性）	无色	0.05% 水溶液
	（3）碘化四甲基酚藏花红	（结构式）	0.288	-0.113	-0.193	-0.273	-0.35	-0.43	紫色	无色	0.1% 水溶液
	（4）二甲基酚藏花红；品红，亚甲紫	（结构式）	0.286	-0.104	-0.182	-0.26	-0.34	-0.42	紫色	无色	0.1% 水溶液
	（5）酚藏花红	（结构式）	0.28	-0.10	-0.176	-0.252	-0.33	-0.40	红色	无色	0.1% 水溶液

类别	名称	结构式	pH=0~9时，E_{in}/V						颜色变化		配制
			0	5	6	7	8	9	氧化态	还原态	
对二氮苯类	（6）中性花；甲苯红①	·HCl	0.237	-0.17	-0.26	-0.33	-0.39	-0.45	红色	无色	0.1g 指示剂溶于 100ml 60% 乙醇中
	（7）硫青；氯脓青素		0.207（pH=3）0.092（pH=3）	0.086 0.078	0.026	-0.034	-0.093	-0.15	红色（酸性），绿色（碱性）	无色	
	（8）异玫瑰引杜林 II		0.202	-0.10	-0.16	-0.22	-0.28	-0.34	蓝色	无色	0.1% 水溶液
	（9）异玫瑰引杜林 I		0.195	-0.10	-0.16	-0.22	-0.28	-0.34	蓝色	无色	0.1% 水溶液
	（10）异玫瑰引杜林 I		0.190	-0.11	-0.17	-0.23	-0.29	-0.35	蓝色	无色	0.1% 水溶液
	（11）中性蓝		0.170	-0.13	-0.19	-0.25	-0.31	-0.37	蓝色	无色	0.1% 水溶液
	（12）黄玫瑰引杜林 2G		—	-0.161	-0.221	-0.281	-0.34	-0.395	深红色	浅黄	0.1% 水溶液
	（13）伍斯特蓝；N-四甲基对苯二胺	$(CH_3)_2N\!-\!\!\!-\!\!\!-\!N(CH_3)_2$	0.42（pH=3.6）	0.365（pH=4.63）	—	—	—	—	蓝色	无色	
	（14）丁二肟亚铁配合物	+ Fe^{2+}	0.25（pH≥9）	—	—	—	—	—	无色	红色	0.1% 乙醇溶液

续表

类别	名称	结构式	pH=0～9时，E_{in}/V						颜色变化		配制
			0	5	6	7	8	9	氧化态	还原态	
对二氮苯类	（15）4,7-二羟基-1,10-二氮菲亚铁配合物	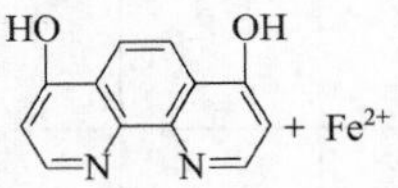 HO ... OH + Fe²⁺	-0.06（pH=10～13）	—	—	—	—	—	无色	红色	0.1～3.2mol/L NaOH 用于铁氰化钾滴定亚硫酸氢钠

① 此处可被$(CH_3)_2$一取代。

　　氧化还原滴定中还使用一些特殊指示剂，列于表 11-36 和表 11-37 中。

表 11-36 氧化还原法中的特殊指示剂

方法类别	名称	结构式	颜色变化		配　　制
			氧化态	还原态	
次氯酸盐法	酸性枣红 17	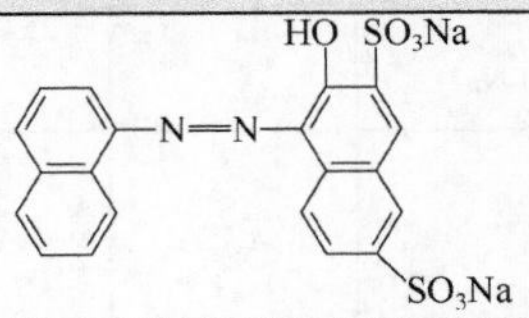 (结构式)	无色或浅黄色	红色	0.1%水溶液
	喹啉黄	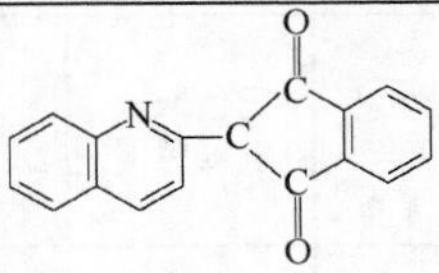 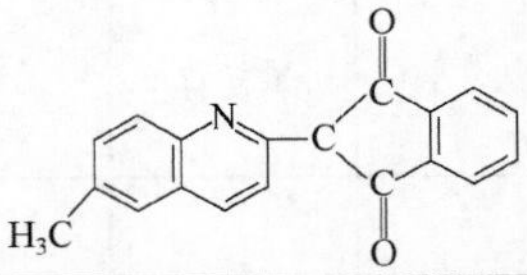 (结构式)	无色	黄色	0.1%水溶液
	酒石黄	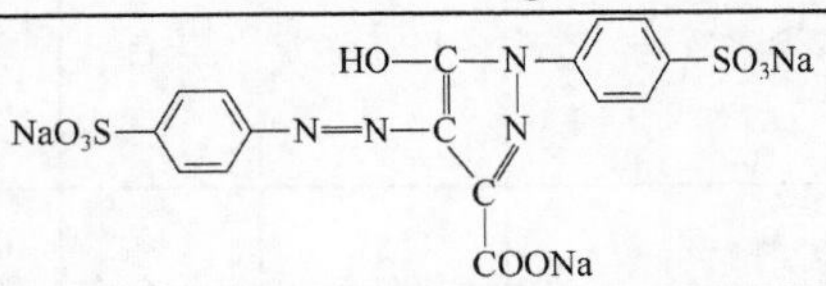 (结构式)	无色	黄色	0.1%水溶液
碘量法	I_2 或 I_3^- 的有机溶剂				近终点加 5ml 有机溶剂（四氯化碳或氯仿），用力摇动，观察有机层中碘颜色变化，判断终点
	淀粉				50ml 标准 NaCl 溶液，加 5g 可溶性淀粉，成悬浮液，倒入正在沸腾的 500ml 标准 NaCl 溶液中，冷却备用，不能用于 Cl^- 有干扰测定，I_2 与淀粉生成蓝色物质，观察颜色变化，判断终点
	孔雀绿	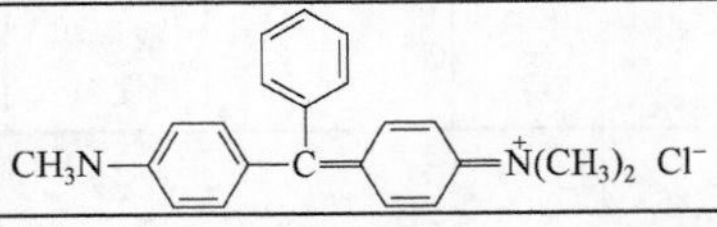 (结构式)	棕色	蓝色	0.05%水溶液，不能用于酸性溶液，只能用于中性溶液
	甲基绿	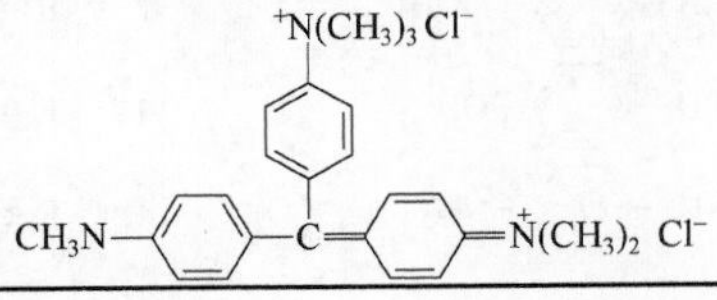 (结构式)	绿色	蓝色	0.05%水溶液，只能用于中性或微碱性中，不能用于酸性溶液

续表

方法类别	名称	结构式	颜色变化		配制
			氧化态	还原态	
碘量法	亚甲基蓝	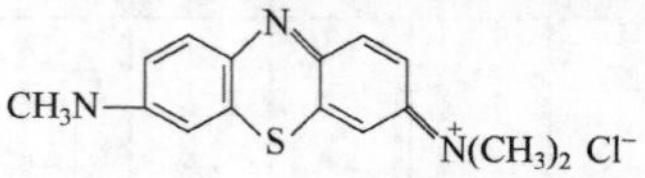 CH_3N—(结构式)—$N(CH_3)_2\ Cl^-$	棕绿色	蓝色	0.1%水溶液
碘酸盐法	蓝光酸性红	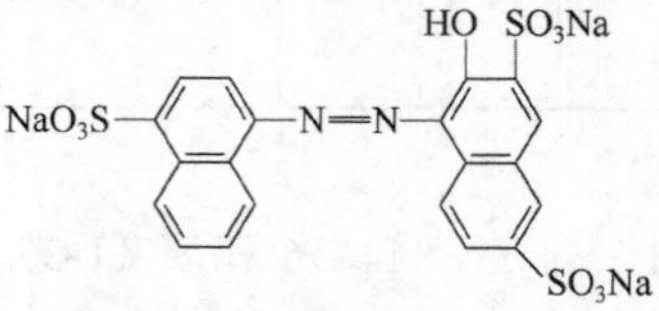 (结构式) NaO_3S、HO、SO_3Na、SO_3Na	无色	红色	0.1%水溶液
	亮丽春红 5R；艳猩红 5R	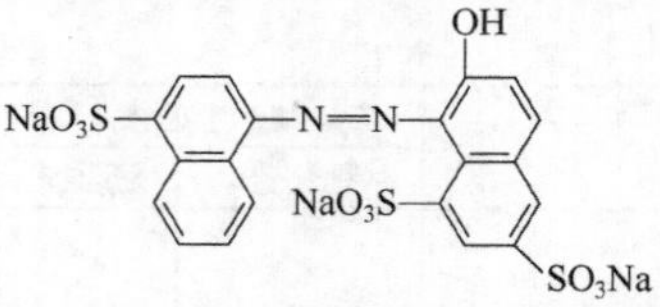 (结构式) NaO_3S、OH、NaO_3S、SO_3Na	无色	红色	0.1%水溶液
	萘酚蓝黑 BCS	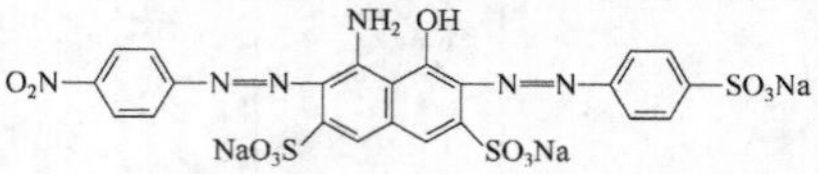 (结构式) O_2N、NH_2、OH、NaO_3S、SO_3Na、SO_3Na	无色	蓝色	0.1%水溶液
	酸性黑	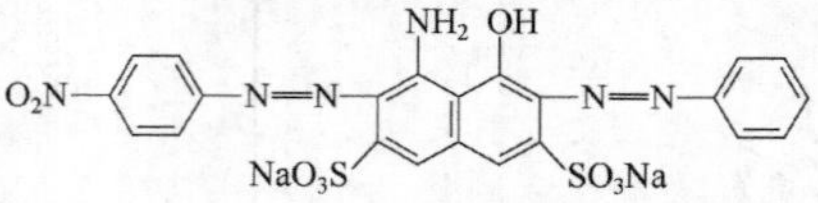 (结构式) O_2N、NH_2、OH、NaO_3S、SO_3Na	无色或浅红色	蓝色	0.1%水溶液
钛盐($TiCl_3$)和亚锡盐滴定法	试卤灵	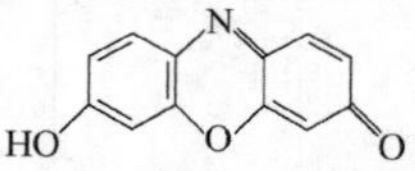 (结构式) HO、O、N、O	橙红色	无色	3.198mg 指示剂溶于 100ml 95%乙醇中，加热温度不超过 40℃，配成 100ml 溶液
	乙酰氧基试卤灵	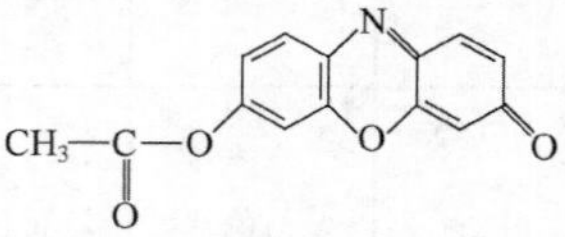 (结构式) CH_3—C(=O)—O、O、N、O	橙红色	无色	3.228mg 指示剂溶于 100ml 95%乙醇
	乙氧基试卤灵	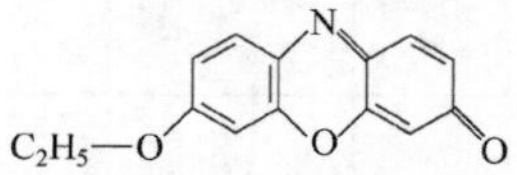 (结构式) C_2H_5—O、O、N、O	橙红色	无色	3.618mg 指示剂溶于 100ml 95%乙醇
	棓花青甲酯类及其取代衍生物	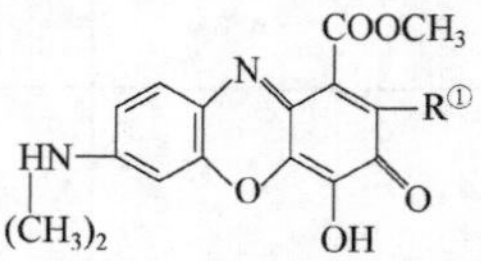 (结构式) $COOCH_3$、$R^{①}$、N、O、OH、HN—$(CH_3)_2$	红色	无色	0.05mol/L 的 95%乙醇溶液，除 Ⅰ～Ⅵ之外，Ⅶ～Ⅸ终点颜色变化：氧化态红色，还原态黄色或浅黄色，E_{in} 值在 0.180～0.200V
高锰酸钾法	高锰酸钾	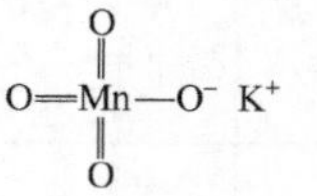 O=Mn—$O^-\ K^+$	紫红色	无色(酸性)棕褐色(中性或弱碱性)	1.7g $KMnO_4$ 溶于 500ml 新煮沸冷却的蒸馏水，置于棕色瓶中，暗处放置 7～10 天，过滤后保存于另一棕色试剂瓶中

① R 可以是下列基团：

Ⅰ　R=H

Ⅱ　R= —NH—(苯环)

Ⅲ　R= —NH—(苯环)—CH_3

Ⅳ　R= —NH—(苯环)—OCH_3

Ⅴ　R= —NH—(苯环)—OH

Ⅷ　R= —NH—(苯环)—NH_2

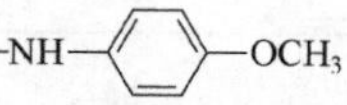

Ⅶ　R= —NH—(苯环)—NO_2

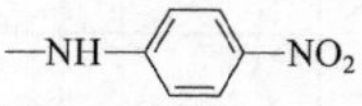

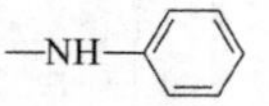

Ⅵ　R= —NH—(苯环)—COOH

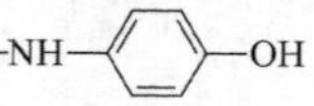

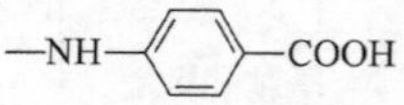

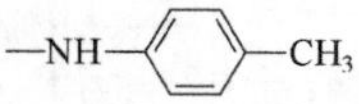

Ⅸ　R= —NH—(苯环)—$N(CH_3)_2$

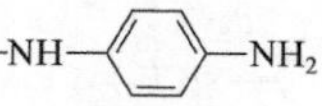

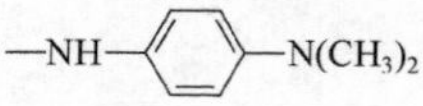

表 11-37　溴量法和溴酸盐法的特殊指示剂

编号	名　称	结　构　式	颜色变化		配　制
			未溴化	已溴化	
1	酸性枣红 17	见表 11-36 中次氯酸盐法	橙红色	浅黄色	0.1%水溶液
2	喹啉黄	见表 11-36 中次氯酸盐法	黄色	无色	0.5%水溶液
3	亮丽春红 5R	见表 11-36 中碘酸盐法	红色	无色	0.2%水溶液
4	萘酚蓝黑 BCS	见表 11-36 中碘酸盐法	蓝色	浅红色	0.1%水溶液
5	酸性黑	见表 11-36 中碘酸盐法	蓝色	浅红色	0.1%水溶液
6	4-乙氧基菊橙盐酸盐	见表 11-34 中的"39"	红色	黄色	0.1%水溶液
7	甲基橙	$(CH_3)_2N-\!\!\!\!\!\!\!\bigcirc\!\!\!\!\!\!-N\!=\!N-\!\!\!\!\!\!\bigcirc\!\!\!\!\!\!-SO_3Na$	橙色	无色	0.1%水溶液
8	甲基红	$(CH_3)_2N-\!\!\!\!\!\!\bigcirc\!\!\!\!\!\!-N\!=\!N-\!\!\!\!\!\!\bigcirc\!\!\!\!\!\!-COOH$	红色	无色	0.1%水溶液
9	α-萘黄酮		浅绿色	棕色	0.5%乙醇溶液

三、元素及离子的氧化还原滴定法

表 11-38 列出常用的氧化还原滴定方法,按测定元素或离子的英文名称顺序排列。表 11-38 中涉及的滴定剂全部为标准溶液。若滴定剂为碘液、KIO_3 或 $Na_2S_2O_3$,则淀粉为指示剂,若滴定剂为 $KMnO_4$,则其自身为指示剂。若通过加入过量 KI 产生碘,再用 $Na_2S_2O_3$ 滴定,则需要在碘量瓶中进行。

表 11-38　元素及离子的氧化还原测定法

编号	被测元素或离子	主要步骤	反应式	备　注
1	Al^{3+}	乙酸-乙酸盐缓冲溶液,8-羟基喹啉铝沉淀,沉淀溶于 4mol/L HCl,加过量 KBr-KBrO₃ 标准溶液,放置,加 KI,用 $Na_2S_2O_3$ 滴定	$Al(C_9H_6NO)_3+6Br_2 \rightarrow Al^{3+}+3C_9H_4Br_2NOH+3H^++6Br^-$	As、Be、Ge、Pb、碱金属、碱土金属和非金属不干扰
2	AsO_2^-	(1)中性试液,以 Na_2CO_3 溶液调至 pH=7~8,加少许 KI,用碘液滴定	$AsO_2^-+I_2+2H_2O \rightarrow AsO_4^{3-}+2I^-+4H^+$	砷处理成 AsO_2^-,还原剂、Sb^{3+}、H_2S 等干扰,能测定 0.05%以上砷
		(2)含 1mol/L HCl 和 1 滴 0.002mol/L KIO_3 的试液,用 $KMnO_4$ 滴定	$5AsO_2^-+2MnO_4^-+2H_2O \rightarrow 5AsO_4^{3-}+2Mn^{2+}+4H^+$	
		(3)含 0.2~2mgAsO₂⁻试液,加 10ml 0.4%KIO₄,乙酸-乙酸盐缓冲液(pH=2.5~3),水浴加热,冷却,加 10ml 10% $(NH_4)_2MoO_4$,5ml 10%KI,放置暗处,用 0.001mol/L $Na_2S_2O_3$ 滴定	$AsO_2^-+IO_4^- \rightarrow AsO_3^-+IO_3^-$ $IO_3^-+5I^-+6H^+ \rightarrow 3I_2+3H_2O$	pH=2.5~3,计算: 1ml 0.01mol/L $Na_2S_2O_3$ = 0.2165mg $NaAsO_2$

编号	被测元素或离子	主要步骤	反应式	备注
3	Au^{3+}	含 1～30mg 金的试样，经王水及逆王水处理，用含活性炭的纸浆过滤，灰化后，加 4 滴 25% NaCl 和 2ml 王水，加热溶解，加 5ml 7% HAc，0.2g NH_4F，2ml 2% EDTA，0.5g KI，$Na_2S_2O_3$ 滴定	$Au+HCl+HNO_3 \rightarrow HAuCl_4+NO+2H_2O$ $AuCl_4^- +3I^- \rightarrow AuI+I_2+4Cl^-$	经王水处理，活性炭吸附，大量干扰元素 As、Se、Te、Cu、Fe、Mn、V、Cr 等元素已被分离
4	Bi^{3+}	用 Na_2SO_3 及 2-甲基喹啉碘化钾试剂处理含 30mg 铋的 H_2SO_4 滤液，生成的沉淀过滤，并溶于热的 1mol/L NaOH，加 HCl 使溶液呈强酸性，加 KCN，KIO_3 滴定	$(CH_3C_9H_6N)HBiI_4+4OH^- \rightarrow Bi(OH)_3+4I^- + CH_3C_9H_6N+H_2O$ $2I^-+IO_3^-+3HCN+3H^+ \rightarrow 3ICN+3H_2O$ $I^-+ICN+H^+ \xrightarrow[\text{(指示剂反应)}]{} I_2+HCN$	能测定 0.3～30mg 的 Bi，并与 Al、As、Be、Cd、Cu、Fe、Ni、PO_4^{3-}、Pb、Sb、Sn、Ti、Zn 分离。Ag 和 Hg 有干扰，高浓度的 Cl^- 使结果偏低
5	Br_2	加过量 KI 至样品溶液，0.1～0.2mol/L H^+，$Na_2S_2O_3$ 滴定	$Br_2+2I^- \rightarrow 2Br^-+I_2$	Cl_2、I_2 与 Br_2 一起被测定，氮的氧化物和其他氧化剂干扰
6	Br^-	（1）试液加稀 H_2SO_4，KCN，过量的 KIO_3 标准液，加热至约 45℃，保持 2h，冷却，加 HCl，用 $N_2H_4·H_2SO_4$ 和 KIO_3 滴定	$2Br^-+IO_3^-+3HCN+3H^+ \rightarrow 2BrCN+ICN+ 3H_2O$	含 1～2g KCl 不干扰
		（2）含 0.2g 溴化物样品溶于水，浓 H_2SO_4 酸化，加热至沸，缓慢用 $KMnO_4$ 滴定	$2MnO_4^-+10Br^-+16H^+ \rightarrow 2Mn^{2+}+5Br_2+8H_2O$	铵盐和碘化物及其他还原剂干扰
		（3）含 1～25mg 溴化物试液，加 1g 硼砂，1g $KHCO_3$ 及足量氯水，蒸发至约 10ml，加 5% 苯酚水溶液，放置，加 1g KI，用 H_2SO_4 酸化，$Na_2S_2O_3$ 滴定	$Br^-+3OCl^- \rightarrow BrO_3^-+3Cl^-$ $BrO_3^-+6I^-+6H^+ \rightarrow Br^-+3I_2+3H_2O$	能氧化至较高氧化态而与 I^- 作用的物质均干扰，如 Cr^{3+}、As^{3+}、Sb^{3+}、V^{4+} 等
7	BrO_3^-	在试液中加 KI，用 HCl 或 H_2SO_4 调至 1mol/L H^+，加数滴 3% $(NH_4)_2MoO_4$，$Na_2S_2O_3$ 滴定	$BrO_3^-+6I^-+6H^+ \rightarrow Br^-+3I_2+3H_2O$	IO_3^- 和其他氧化剂干扰
8	$NaBH_4$	约 20mg 试样，溶于 20ml 0.5mol/L NaOH 中，立即加 35ml 0.03mol/L KIO_3，激烈搅拌，加 2g KI，2mol/L H_2SO_4 置暗处数分钟后，$Na_2S_2O_3$ 滴定	$3BH_4^-+4IO_3^- \rightarrow 3H_2BO_3^-+4I^-+3H_2O$ $IO_3^-+5I^-+6H^+ \rightarrow 3I_2+3H_2O$	$NaBH_4$ 易吸水潮解，迅速称量大块试样，溶于 NaOH 溶液中备用。此法还可测定氢化铝锂
9	CO	气体试样通过 I_2O_5，用 5mol/L NaOH 吸收，氧化碘至 IO_3^-，按方法"32"测定	$5CO+I_2O_5 \xrightarrow[\text{在125℃}]{} 5CO_2+I_2$	能测定 1～2ml CO，相对精密度在 ±0.002，此法还能测定有机物中的氧
10	$C_2O_4^{2-}$	含约 0.3g 草酸盐样品溶于稀 H_2SO_4，用 $KMnO_4$ 滴至粉红色出现，摇动后消失，将溶液热至 55～60℃，滴至粉红色	$5C_2O_4^{2-}+2MnO_4^-+16H^+ \rightarrow 10CO_2+ 2Mn^{2+}+8H_2O$	所用溶液应先煮沸，并冷至室温，滴定开始时应慢一些。此法可间接测定 Ca、Sr、Mg、Ni、Co、Cd、Zn、Cu、Pb、Hg、Ag、Bi、Ce 和稀土元素
11	Ca^{2+}	沉淀成草酸钙，并将沉淀溶解在 1mol/L H_2SO_4 中，25～30℃，$KMnO_4$ 滴定	$CaC_2O_4+2H^+ \rightarrow Ca^{2+}+H_2C_2O_4$ $5H_2C_2O_4+2MnO_4^-+6H^+ \rightarrow 10CO_2+ 2Mn^{2+} +8H_2O$	Ba、Sr 等不溶性草酸盐干扰

编号	被测元素或离子	主要步骤	反应式	备注
12	Cd^{2+}	邻氨基苯甲酸镉沉淀溶于 4mol/L HCl，用 KBrO$_3$-KBr 滴定至靛蓝变黄色，加 KI，Na$_2$S$_2$O$_3$ 回滴	$Cd(NH_2C_6H_4COO)_2+2H^+\rightarrow Cd^{2+}+2NH_2C_6H_4COOH$ $NH_2C_6H_4COOH+2Br_2\rightarrow NH_2C_6H_2Br_2COOH+2H^++2Br^-$	Co、Cu、Mn、Ni、Pb 和 Zn 有干扰
13	Ce^{4+}	（1）含约 0.3g Ce^{4+} 的 200ml 溶液中，加 10ml 浓 H$_2$SO$_4$（或浓 HNO$_3$），2g (NH$_4$)$_2$S$_2$O$_8$，少许 AgNO$_3$，煮沸，冷却，加过量的 FeSO$_4$，KMnO$_4$ 滴定	$Ce^{4+}+Fe^{2+}\rightarrow Ce^{3+}+Fe^{3+}$	
		（2）含 0.2g Ce 的样品中，加 1ml HNO$_3$，5ml HClO$_4$，10ml H$_3$PO$_4$，加热至沸，冷却，加 H$_2$SO$_4$ 煮沸，冷却，以苯基邻氨基苯甲酸为指示剂，用 FeSO$_4$ 滴至紫红色消失	$Ce^{4+}+Fe^{2+}\rightarrow Ce^{3+}+Fe^{3+}$	适用于锰矿中铈的测定
14	Cl_2	加过量的 KI 溶液，在中性或微酸性中，Na$_2$S$_2$O$_3$ 滴定	$Cl_2+2I^-\rightarrow 2Cl^-+I_2$	Br$_2$、I$_2$ 能与 Cl$_2$ 一起被测定，氮的氧化物和其他氧化性试剂干扰
15	ClO^-	用 HAc 酸化试液，加过量 KI，Na$_2$S$_2$O$_3$ 滴定 次氯酸和氯的同时测定：加过量 HCl 并滴定，再用 Na$_2$S$_2$O$_3$ 滴定	$ClO^-+2I^-+2H^+\rightarrow Cl^-+I_2+H_2O$	HOCl 在弱酸性溶液中不起反应，但是 Cl$_2$、Br$_2$ 和其他氧化剂能释放 I$_2$，干扰测定
16	ClO_2^-	加过量 KI，用 HCl 酸化，Na$_2$S$_2$O$_3$ 滴定	$ClO_2^-+4I^-+4H^+\rightarrow Cl^-+2I_2+2H_2O$	Br$_2$、Cl$_2$、HOCl 和其他氧化剂同时被测定
17	ClO_3^-	（1）试液加浓 HCl，煮沸，Cl$_2$ 吸收在 KI 溶液中，Na$_2$S$_2$O$_3$ 滴定。或加 HCl 和过量 KI 到试液中，瓶中充 CO$_2$ 以造成加压，在 100℃ 加热 1h，冷却，Na$_2$S$_2$O$_3$ 滴定	$ClO_3^-+6I^-+6H^+\rightarrow Cl^-+3I_2+3H_2O$	Cl$_2$、HOCl、HClO$_2$、铬酸盐、过氧化物等同时被测定
		（2）加 HCl，过量 Na$_3$AsO$_3$，煮沸，冷却，KBrO$_3$ 滴定	$ClO_3^-+3AsO_2^-+3H_2O\rightarrow Cl^-+3AsO_4^{3-}+6H^+$	Cl$_2$、HOCl、HClO$_2$、铬酸盐、过氧化物等同时被测定
18	CN^-	加约含 30mg 氰氢酸试液，用磷酸酸化，以饱和溴水处理至黄色不变，加 2ml 5%苯酚溶液，振荡至溴颜色全部消去，加 0.5g KI，放置，Na$_2$S$_2$O$_3$ 滴定	$HCN+Br_2\rightarrow BrCN+H^++Br^-$ $BrCN+2I^-\rightarrow Br^-+CN^-+I_2$	Cl$^-$、Br$^-$、S^{2-}、SO$_3^{2-}$ 在本方法中不干扰
19	Co^{2+}	钴的邻氨基苯甲酸盐沉淀，其处理方法同"12"	参考方法"12"	参考方法"12"
20	Co^{3+}	在含 1.5～250mg 钴的 H$_2$SO$_4$ 溶液中，加 NaHCO$_3$ 中和并过量 5g，加 H$_2$O$_2$，微热，冷却，稀至 100ml，加过量 KI，遂滴加 (1+1) HCl 中和，过量 10ml，Na$_2$S$_2$O$_3$ 滴定	$2Co^{3+}+2I^-\rightarrow 2Co^{2+}+I_2$	Cr、Fe、Mn、Cu、Sb、Mo、V 和 W 干扰测定
21	Cr^{3+}	在含 1mol/L H$_2$SO$_4$ 和 0.15mol/L HNO$_3$ 的试液中，加 AgNO$_3$（1mg 铬加 1mg AgNO$_3$），加过量的 0.5mol/L (NH$_4$)$_2$S$_2$O$_8$，煮沸，如果溶液中出现 MnO$_4^-$ 的颜色加 5ml 3mol/L HCl 再煮沸，按方法"22"进行测定	$2Cr^{3+}+3S_2O_8^{2-}+7H_2O\rightarrow Cr_2O_7^{2-}+6SO_4^{2-}+14H^+$	Co、Ag、Mn、Mo、Ni、U、V 不干扰，大量 W 存在使终点不明显

编号	被测元素或离子	主要步骤	反应式	备注
22	CrO_4^{2-} 或 $Cr_2O_7^{2-}$	酸性试液中加过量 $FeSO_4$ 标准液，用以下标准液回滴：a. 如果无 Cl^- 用 $KMnO_4$；b. 如果有 Cl^- 用 $K_2Cr_2O_7$	$Cr_2O_7^{2-}+6Fe^{2+}+14H^+→2Cr^{3+}+6Fe^{3+}+7H_2O$	溶液中加 H_3PO_4 可掩蔽 Fe^{3+} 的颜色，保护钨酸盐
23	Cu^{2+}	（1）煮沸含 $0.5mol/L$ HNO_3 或 $1mol/L$ $HClO_4$ 的试液，加尿素，用氨水调节至中性，加氟氢化铵缓冲液，过量 KI，用 $Na_2S_2O_3$ 滴定至溶液呈微黄色，加 $KSCN$，继续滴至蓝色褪去	$2Cu^{2+}+2I^-+2SCN^-→2CuSCN+I_2$	此法适用于氧化物和硫化物矿中铜的测定，锑干扰测定，砷和铁不干扰。能测定 0.2% 以上的铜矿。如果是铜合金，可用 $HCl+H_2O_2$ 溶解试样，用氨水调至中性。然后按本方法进行
		（2）使铜沉淀为 $CuSCN$，并洗涤，在碘量瓶中加 $20ml$ 水，$30ml$ 浓 HCl 和 $5ml$ 氯仿，用 KIO_3 滴至有机层中碘消失为止	$4CuSCN+7IO_3^-+14H^++14Cl^-→4Cu^{2+}+4SO_4^{2-}+7ICl_2^-+4HCN+5H_2O$ $ICl_2^-+I^-→I_2+2Cl^-$ (指示剂反应)	含酒石酸的酸性溶液中沉淀 $Cu_2(SCN)$ 能与 As、Bi、Co、Fe、Ni、Sb、Sn 等元素分离
24	Eu^{3+}	含铕（$0.02mg$ 以上）的 HCl 试液通过 Jones 还原柱，流出的还原液收集在事先充满 CO_2 气的烧瓶中，加 $2ml$ 10% NH_4SCN，$FeCl_3$ 滴定	$2Eu^{3+}+Zn→2Eu^{2+}+Zn^{2+}$ $Eu^{2+}+Fe^{3+}→Eu^{3+}+Fe^{2+}$	装锌-汞齐的玻璃管直径为 $2.3cm$，高 $20cm$，能测定 $0.02mg$ 以上的铕
25	Fe^{2+}	（1）含有 $0.5～1mol/L$ H_2SO_4 试液中，加入 H_3PO_4 或 HF 能抑制 $MnSO_4$ 氧化 Cl^-，$KMnO_4$ 滴定	$5Fe^{2+}+MnO_4^-+8H^+→5Fe^{3+}+Mn^{2+}+4H_2O$	大部分其他还原剂也能测定，如果用较低电位的指示剂，能排除某些元素的干扰，如钒
		（2）含约 $1mol/L$ HCl 或 H_2SO_4 的试液，$Ce(SO_4)_2$ 滴定	$Fe^{2+}+Ce^{4+}→Fe^{3+}+Ce^{3+}$	中等量的乙醇，有机酸（乙酸、酒石酸、草酸、柠檬酸等）及少量氟化物不干扰
		（3）在含约 $1mol/L$ HCl 或 H_2SO_4 的试液中加 H_3PO_4，$K_2Cr_2O_7$ 滴定	$Cr_2O_7^{2-}+6Fe^{2+}+14H^+→2Cr^{3+}+6Fe^{3+}+7H_2O$	还原剂干扰，但用二苯胺作指示剂，钒（IV）不干扰
		（4）试液（含约 $0.5mg$ Fe，HCl 酸化）加 $0.2g$ 铝箔，加热，加 Na_2CO_3，水稀释至 $80ml$，加 $20ml$ 硫磷混合酸，以二苯胺磺酸钠为指示剂，用 $K_2Cr_2O_7$ 滴定	$3Fe^{3+}+Al(H^+)→3Fe^{2+}+Al^{3+}(H^+)$ $6Fe^{2+}+Cr_2O_7^{2-}+14H^+→6Fe^{3+}+2Cr^{3+}+7H_2O$	此法消除了汞盐还原后的污染，又保持原方法的优点，Cu、As、Sb、Ti、V、W 等有干扰
26	Fe^{3+}	（1）含 $1mol/L$ HCl 或 $2mol/L$ H_2SO_4 的试液，每 $100ml$ 溶液加 $1g$ NH_4SCN，$TiCl_3$ 或 $FeSO_4$ 滴定	$Fe^{3+}+Ti^{3+}→Fe^{2+}+Ti^{4+}$	做空白试验。Cu、Mo、Pt、Ce、V、W、NO_3^- 和有机物干扰
		（2）含 $6mol/L$ HCl 试液，煮沸，逐滴加入 $SnCl_2$ 溶液，至颜色变为浅黄色；多加 2 滴，冷却，加 $10ml$ $0.25mol/L$ $HgCl_2$，加水稀释，$K_2Cr_2O_7$ 滴定	$2Fe^{3+}+Sn^{2+}+6Cl^-→2Fe^{2+}+SnCl_6^{2-}$ $Sn^{2+}(过量)+2HgCl_2+4Cl^-→SnCl_6^{2-}+Hg_2Cl_2$	做空白试验。As、Au、Cu、Mo、Pt、Sb、V 和 W 也要还原，有干扰
		（3）将含 $6mol/L$ HCl 试液煮沸，逐滴加入 $SnCl_2$ 溶液至颜色变为浅黄色，加入 15 滴 $NaWO_4$ 溶液，逐滴加 1.5% $TiCl_3$ 至钨蓝出现（浅蓝色），加水稀至 $100ml$，蓝色刚褪去，加硫磷混合酸，以二苯胺磺酸钠为指示剂，$K_2Cr_2O_7$ 滴定		水稀至 $100ml$，如果蓝色不褪去，用 $K_2Cr_2O_7$ 滴定至恰好无色（不计数），再按步骤进行

编号	被测元素或离子	主要步骤	反应式	备注
26	Fe^{3+}	（4）a. 使含 H_2SO_4 的试液通过装有金属汞齐的还原器，然后按方法"25"（1）、（2）或（3）滴定 　b. 加热试液，用一块小金属箔使全部溶解，冷到室温（冷却时烧瓶必须密封不能进入空气），按方法"25"（1）、（2）或（3）滴定	$2Fe^{3+}+Zn(或\ Cd)\rightarrow 2Fe^{2+}+Zn^{2+}(或\ Cd^{2+})$	用于还原的金属和汞中的 Fe 要进行校正，此法比方法"26"（2）准确。Ag、As、Au、Cr、Cu、Hg、Mo、NO_3^- 及氮的氧化物、Nb、Pt、Se、Ti、U、V、W 等也被还原，部分或全部被滴定，有干扰
27	$[Fe(CN)_6]^{4-}$	（1）在每升低于 2g 亚铁氰酸盐的溶液中，调至含 0.5mol/L H_2SO_4，$KMnO_4$ 滴定	$5[Fe(CN)_6]^{4-}+MnO_4^-+8H^+\rightarrow 5[Fe(CN)_6]^{3-}+Mn^{2+}+4H_2O$	硫氰酸盐和有机还原剂要干扰
		（2）在每升低于 10g 亚铁氰酸盐的溶液中，调到含 0.5mol/L H_2SO_4，以 1,10-二氮杂菲亚铁配合物为指示剂，$Ce(SO_4)_2$ 滴定	$[Fe(CN)_6]^{4-}+Ce^{4+}\rightarrow [Fe(CN)_6]^{3-}+Ce^{3+}$	其他氧化物有干扰
28	$[Fe(CN)_6]^{3-}$	50ml 试液加入 2g KI 及 HCl，放置，加 10ml 1mol/L $ZnSO_4$，$Na_2S_2O_3$ 滴定	$2[Fe(CN)_6]^{3-}+2I^-\rightarrow 2[Fe(CN)_6]^{4-}+I_2$ $[Fe(CN)_6]^{4-}+2K^++Zn^{2+}\rightarrow K_2Zn[Fe(CN)_6]$	因生成沉淀，加速 I^- 与 $Fe(CN)_6^{3-}$ 反应，能与 I^- 起反应的物质有干扰
29	Hg	含 0.15mol/L HNO_3 或 0.5mol/L H_2SO_4 且少于 0.5g 汞的试液，滴加 0.2mol/L KIO_4 沉淀 Hg，并洗涤，过滤，在沉淀中约加 2g KI，10ml 水，10ml 2mol/L HCl，摇匀，放置数分钟，$Na_2S_2O_3$ 滴定	$Hg_5(IO_6)_2+34I^-+24H^+\rightarrow 5HgI_4^{2-}+8I_2+12H_2O$	在沉淀时，铁和卤化物不能存在，中等量的 Al、Ca、Cd、Cu、Mg、Ni 和 Zn 不干扰
30	I_2	（1）$Na_2S_2O_3$ 滴定至浅黄色，再加 KI 淀粉溶液继续滴到不呈蓝色 　在稀试液中加少量碘，用碘量瓶加有机溶剂滴至有机溶剂层中碘的颜色消失	$I_2+2S_2O_3^{2-}\rightarrow 2I^-+S_4O_6^{2-}$	直接光照，酸度大，催化剂如铜盐存在促使空气氧化 I^-，使结果偏高
		（2）$NaAsO_2$ 滴定，以淀粉-碘化钾溶液作指示剂（pH=5～9）	$I_2+AsO_2^-+2H_2O\rightarrow 2I^-+AsO_4^{3-}+4H^+$	不能用碳酸盐作缓冲液，因为 CO_2 逸出使碘损失
		（3）在细颈烧瓶中，每毫升中性试液加 1ml 2.5mol/L HCl，4 滴 0.5mol/L KCN，KIO_3 滴定	$2I_2+IO_3^-+5HCN+H^+\rightarrow 5ICN+3H_2O$	
31	I^-	（1）在碘量瓶中加 25ml 约 0.1mol/L I^- 试液，加 1g 尿素，8ml 0.5mol/L $NaNO_2$ 和 5ml H_2SO_4 盖好塞，摇匀，放置，加 2g KI，$Na_2S_2O_3$ 滴定	$2I^-+2NO_2^-+4H^+\rightarrow I_2+2NO+2H_2O$ $2NO_2^-(过量)+CO(NH_2)_2+2H^+\rightarrow 2N_2+CO_2+3H_2O$ $6NO+2CO(NH_2)_2\rightarrow 5N_2+2CO_2+4H_2O$	Cl^- 和中等量的 Br^- 不干扰
		（2）约含 0.1mol/L KI 的样品，放入充满 CO_2 气的碘量瓶中，加 20ml 水，1ml 浓 HCl，逐渐加入 $KHCO_3$，并稍过量，加 HCl 酸化，使终点酸度达 3～5mol/L，加 5ml 四氯化碳，$KMnO_4$ 滴定	$5I^-+2MnO_4^-+5HCl+11H^+\rightarrow 2Mn^{2+}+5ICl+8H_2O$	溴化物有干扰

编号	被测元素或离子	主要步骤	反应式	备注
32	IO_3^-	加入 2mol/L HCl，过量的 KI，$Na_2S_2O_3$ 滴定	$IO_3^-+5I^-+6H^+ \rightarrow 3I_2+3H_2O$	能与 I$^-$ 起反应的其他氧化剂及能与碘起反应的物质，如 NO_2^-、有机物等干扰
33	IO_4^-	同方法 "32"	$IO_4^-+7I^-+8H^+ \rightarrow 4I_2+4H_2O$	被测定的是 IO_3^- 与 IO_4^- 之和
		在试液（pH=8.5）中加饱和 $NaHCO_3$，过量 KI，$NaAsO_2$ 滴定，参考方法 "30"（2）	$IO_4^-+2I^-+2H^+ \rightarrow IO_3^-+I_2+H_2O$ $I_2+AsO_2^-+2H_2O \rightarrow 2I^-+AsO_4^{3+}+4H^+$	IO_3^- 不干扰
34	K^+	（1）在 0℃，乙醇-乙酸乙酯溶液中，加试液（如含 KNO_3），过量 HIO_4 溶液，搅拌，生成 KIO_4 沉淀，过滤，沉淀溶于硼砂缓冲液（pH≈7.5），加过量 KI，$NaAsO_2$ 滴定	$K^++IO_4^- \rightarrow KIO_4$ $KIO_4+2I^- \rightarrow IO_3^-+I_2+K^++H_2O$	Cs，Rb 和 K 同时被测定，Cl$^-$、Cr、Fe、Mn 和铵盐有干扰，190mg 的 Na 和中等量的 Pb、Ca、Co、Li、Mg、Ni 和 Zn 不干扰。小量钾能在硼酸盐中沉淀，与 PO_4^{3+}、SO_4^{2-}、ClO_4^- 分离
		（2）K^+ 生成 $K_3Co(NO_2)_6$ 沉淀，过滤后按测定 NO_2^- 的方法进行		只能用于常量测定
35	Mg^{2+}	在氨溶液中以 8-羟基喹啉沉淀 Mg，过滤，沉淀溶于 3mol/L HCl，以下按方法 "1" 进行	$Mg(C_9H_6NO)_2+4Br_2 \rightarrow Mg^{2+}+$ $2C_9H_4Br_2NOH+4Br^-$	只有 As、Ge、Se、Si、Te、PO_4^{3-}、碱金属及相应的阴离子不干扰
36	Mn^{2+}	（1）含 4mol/L HNO_3 试液，按 50mg Mn 加 1.3g $NaBiO_3$，搅拌，用等体积的水稀释，以熔结玻璃滤器过滤，滤液用亚铁盐滴定或按方法 "39" 进行	$2Mn^{2+}+5NaBiO_3+14H^+ \rightarrow 2MnO_4^-+5Bi^{3+}$ $+5Na^++7H_2O$ $MnO_4^-+5Fe^{2+}+8H^+ \rightarrow Mn^{2+}+5Fe^{3+}+4H_2O$	Ce、V 存在时，一起被氧化后测定。Co、Cr、Cl$^-$、F$^-$、NO_2^- 干扰，此法能用于测定 500mg 以上的锰
		（2）含有 1mol/L H_2SO_4 和 0.5mol/L H_3PO_4 的 100ml 试液，加少许 $AgNO_3$ 和 10ml 1mol/L $(NH_4)_2S_2O_8$ 煮沸，冷却，加 75ml 水，$NaAsO_2$ 滴定	$2Mn^{2+}+5S_2O_8^{2-}+8H_2O \rightarrow 2MnO_4^-+10S$ $O_4^{2-}+16H^+$	用于普通铁和钢中锰的测定。Sb 和中等量 Ce、Co、Cr 不干扰
		（3）以邻氨基苯甲酸锰沉淀，按方法 "12" 进行		此法精确，能达到与 Ba、Mg、Sr 分离
		（4）含 0.2mol/L HNO_3 和 2mol/L H_3PO_4 或 1.5mol/L H_2SO_4 的试液中加 300ml KIO_4，煮沸。2~3g $Hg(NO_3)_2$ 溶于少量水中，逐滴加入，缓慢沉淀，过滤，加过量 $FeSO_4$，$KMnO_4$ 回滴	$2Mn^{2+}+5IO_4^-+3H_2O \rightarrow 2MnO_4^-+5IO_3^-+6H^+$ $2IO_4^-$（过量）$+Hg^{2+} \rightarrow Hg(IO_4)_2$	测定铝土矿、青铜、铁矿或钢中小于或等于 10mg 锰，是一个精确方法，小于 0.1% 的铬不干扰
		（5）蒸发试液或加 Na_2CO_3 除去大部分酸，加入过量的氧化锌调节酸度，除去多余 ZnO，煮沸，$KMnO_4$ 滴定	$3Mn^{2+}+2MnO_4^-+7H_2O \rightarrow 5MnO_2 \cdot H_2O+$ $4H^+$	此法可测大量 Mn，如高含量锰矿，要细心观察终点

编号	被测元素或离子	主要步骤	反应式	备注
37	Mn-Fe	0.5g 样品加浓 H_3PO_4、$HClO_4$，加热溶解，冷却，加水 40ml，用 $FeSO_4$ 滴定至浅红色，加 3 滴 0.5% 二苯胺磺酸钠指示剂，继续用 $FeSO_4$ 滴定至紫红色为锰的终点。在上述溶液中加 15ml 浓 H_2SO_4，加热近沸，加 $SnCl_2$，使溶液呈淡黄色，过量 2 滴，冷却，加饱和 $HgCl_2$ 10ml，加水稀释至 100ml，$K_2Cr_2O_7$ 滴定	$3HClO_4+8Mn+21H^+\rightarrow3Cl^-+8Mn^{2+}+12H_2O$ $3HClO_4+8Fe+21H^+\rightarrow3Cl^-+8Fe^{2+}+12H_2O$ 测锰：$Mn^{3+}+Fe^{2+}\rightarrow Fe^{3+}+Mn^{2+}$ 测铁：$6Fe^{2+}+Cr_2O_7^{2-}+14H^+\rightarrow3Fe^{3+}+2Cr^{3+}+7H_2O$	参考有关锰、铁测定时的注意问题
38	MnO_2	（1）通入 CO_2，用酸性 $FeSO_4$ 或基准草酸钠和 1.5mol/L H_2SO_4 处理样品，$KMnO_4$ 回滴	$MnO_2+2Fe^{2+}+4H^+\rightarrow Mn^{2+}+2Fe^{3+}+2H_2O$ $MnO_2+C_2O_4^{2-}+4H^+\rightarrow Mn^{2+}+2CO_2+2H_2O$	其他氧化剂有干扰
		（2）在密封容器中，把样品溶于浓 HCl 中，通入 CO_2 或氮气把氯气排入 KI 溶液中，按碘量法测定碘	$MnO_2+4H^++2Cl^-\rightarrow Mn^{2+}+Cl_2+2H_2O$	CrO_4^{2-}、MnO_4^-、MoO_4^{2-}、SeO_4^{2-}、TeO_2^-、过氧化物和高价氧化物（如 PbO_2 等）也放出 Cl_2 干扰测定
39	MnO_4^-	（1）含 1mol/L H_2SO_4 的试液中，加入过量的 $FeSO_4$，$KMnO_4$ 回滴	$MnO_4^-+5Fe^{2+}+8H^+\rightarrow Mn^{2+}+5Fe^{3+}+4H_2O$	其他氧化剂干扰
		（2）约含 0.02mol/L MnO_4^- 试液加 10ml 2mol/L HCl 或 1mol/L H_2SO_4，3g KI，$Na_2S_2O_3$ 滴定	$2MnO_4^-+10I^-+16H^+\rightarrow2Mn^{2+}+5I_2+8H_2O$ （参考方法"30"）	
40	Mo	（1）含约 1mol/L H_2SO_4 的试液加 $KMnO_4$ 直到淡红色，通过锌汞齐还原器，流出液用过量的 $Fe_2(SO_4)_3$ 收集溶液，加入 H_3PO_4 用 $KMnO_4$ 滴定	$2MoO_4^{2-}+3Zn+16H^+\rightarrow2Mo^{3+}+3Zn^{2+}+8H_2O$ $Mo^{3+}+3Fe^{3+}+4H_2O\rightarrow MoO_4^{2-}+2Fe^{2+}+8H^+$ （然后按方法"25"）	做空白试验。As、Cr、Fe、Nb、Sb、Ti、U、V、W、NO_3^-、有机物和连多硫酸要干扰，此法适用于测定 1% 以上的钼
		（2）含低于 480mg Mo 的试液，加 10ml 浓 HCl，3ml 85% H_3PO_4，在 60~80℃ 通过银还原器用 2mol/L HCl 洗涤，$Ce(SO_4)_2$ 滴定	$MoO_4^{2-}+Ag+6H^++Cl^-\rightarrow MoO^{3+}+AgCl+3H_2O$ $MoO^{3+}+Ce^{4+}+3H_2O\rightarrow MoO_4^{2-}+Ce^{3+}+6H^+$	Cr、ReO_4^-、Ti 不被 Ag 还原，不干扰，钒有干扰
41	Na	使 Na^+ 生成乙酸铀酰锌钠沉淀，过滤，沉淀溶于酸，把铀（Ⅵ）还原到铀（Ⅲ），按测定铀的方法进行，（参考方法"76"）		快速常规方法，乙酸铀酰锌钠沉淀必须控制在中性或乙酸中，此法特效性高
42	Nb	用锌汞齐还原铌，还原器的流出液收集在过量的 $Fe_2(SO_4)_3$ 标准液内，加 H_3PO_4 用 $KMnO_4$ 标准液滴定	$Nb^{5+}+Zn\rightarrow Nb^{3+}+Zn^{2+}$ $Nb^{3+}+2Fe^{3+}\rightarrow Nb^{5+}+2Fe^{2+}$（然后按方法"25"）	做空白试验。钽不干扰
43	NH_3	（1）在充满惰性气体的烧瓶中放入试液，边摇边加入过量的 $Ce(SO_4)_2$ 标准液，加过量的 KI，用 $Na_2S_2O_3$ 滴定	$2NH_3+6Ce^{4+}\rightarrow N_2+6Ce^{3+}+6H^+$ $2Ce^{4+}$（过量）$+2I^-\rightarrow2Ce^{3+}+I_2$（然后按方法"30"）	NH_4^+ 不干扰，肼和羟氨干扰
		（2）约含 100mg 氨的试液，加硼酸缓冲液（pH=11.5~12.5），加 KBr、$CaCl_2$ 和漂白粉溶液，放置，加 KI、HAc，放暗处数分钟后，$Na_2S_2O_3$ 滴定	$CaOCl_2+KBr\rightarrow CaCl_2+KBrO$ $2NH_3+3KBrO\rightarrow N_2+3H_2O+3KBr$ $2Br^-+2BrO^-+4H^+\rightarrow2Br_2+2H_2O$ $Br_2+2I^-\rightarrow2Br^-+I_2$	还原剂干扰

编号	被测元素或离子	主要步骤	反应式	备注
44	N_2H_4	试样加过量的 $KBrO_3$、HCl，塞上瓶塞，放置，加过量的 KI，$Na_2S_2O_3$ 标准液滴定	$3N_2H_4+2BrO_3^- \rightarrow 3N_2+2Br^-+6H_2O$	测定的是肼和羟氨之和，肼可以从放出的氮气体积计算
45	NH_2OH	（1）同方法"44"	$NH_2OH+BrO_3^- \rightarrow NO_3^-+Br^-+H_2O+H^+$	相对精密度约±0.001，最多只能测定 20mg 羟氨
		（2）在充有 CO_2 的试液瓶中，加 30ml 硫酸高铁铵和 100ml 3.5mol/L H_2SO_4，煮沸，冷却，稀释至300ml，$KMnO_4$ 滴定	$2NH_2OH+4Fe^{3+} \rightarrow N_2O+4Fe^{2+}+4H^++H_2O$	
		（3）50ml $Ce(SO_4)_2$ 中加入 3mol/L H_2SO_4，煮沸，加入试液，再微沸，冷却，稀释至 150ml，加 2 滴 0.01mol/L 四氧化锇溶液，以 1,10-二氮杂菲亚铁配合物为指示剂，$NaAsO_2$ 滴定	$2NH_2OH+4Ce^{4+} \rightarrow N_2O+4Ce^{3+}+4H^++H_2O$	
46	HN_3	在含叠氮酸的试液中加 CS_2、丙酮及中等过量的碘标准液，搅拌至无 N_2 气逸出，稀释至 250ml，$NaAsO_2$ 滴定	$2HN_3+I_2 \rightarrow 3N_2+2HI$	重金属的叠氮化合物是一种猛烈爆炸物，分析时必须注意安全，分析时详细查阅原始文献及样品来源
47	N_3^-	0.3g 叠氮化物样品溶于 50ml 水，加入过量的 $Ce(NO_3)_4$，搅拌，以 1,10-二氮杂菲亚铁配合物为指示剂，$FeSO_4$ 滴定，终点酸度控制在 1mol/L H_2SO_4	$2N_3^-+2Ce^{4+} \rightarrow 3N_2+2Ce^{3+}$	
48	NO_2^-	（1）25ml 含 0.05mol/L NO_2^- 试液中加入 50.00ml 0.02mol/L $KMnO_4$ 标准液和 5ml 3mol/L H_2SO_4，摇匀，用草酸钠法或按碘量法测定过量的 $KMnO_4$	$5NO_2^-+2MnO_4^-+6H^+ \rightarrow 5NO_3^-+2Mn^{2+}+3H_2O$	滴定速度不宜快
		（2）试液加入过量的 $Ce(SO_4)_2$，用硫磷混合酸酸化、温热到 45～50℃，加过量的 $FeSO_4$，$Ce(SO_4)_2$ 回滴	$NO_2^-+2Ce^{4+}+H_2O \rightarrow NO_3^-+2Ce^{3+}+2H^+$	此法也能用于钾的测定，参考方法"34"（2）
49	NO_3^-	在钼盐存在下，硝酸盐与过量的亚铁标准溶液起反应，用（1+1）H_2SO_4 酸化，过量亚铁按方法"25"（3）进行	$NO_3^-+3Fe^{2+}+4H^+ \rightarrow NO+3Fe^{3+}+2H_2O$	空气中氧要干扰，在酸性溶液中加 $NaHCO_3$，产生 CO_2，除去空气
50	NO_2^-；NO_3^-	用（1+1）H_2SO_4 酸化试液，以此液滴定 10ml 0.1mol/L $KMnO_4$，滴至红色刚消失，此时为 NO_2^- 终点。在此液中加入过量 $FeSO_4$，加浓 H_2SO_4，加热，稍冷，加 H_3PO_4，$KMnO_4$ 滴定	$5NO_2^-+2MnO_4^-+6H^+ \rightarrow 5NO_3^-+2Mn^{2+}+3H_2O$ $NO_3^-+3Fe^{2+}+4H^+ \rightarrow NO+3Fe^{3+}+2H_2O$ $5Fe^{2+}(过量)+MnO_4^-+8H^+ \rightarrow 5Fe^{3+}+Mn^{2+}+4H_2O$	参考方法"39"、"49"
51	Ni^{2+}	以邻氨基苯甲酸镍沉淀，按方法"12"进行	$(o\text{-}C_6H_4NH_2COO)_2Ni$	准确性好

续表

编号	被测元素或离子	主要步骤	反应式	备注
52	O_2	用 KI，NaOH，$MnCl_2$ 处理试液，酸化，$Na_2S_2O_3$ 滴定，参考方法"30"	$O_2+2Mn^{2+}+4OH^-\rightarrow 2MnO_2\cdot H_2O$ $MnO_2\cdot H_2O+2I^-+4H^+\rightarrow Mn^{2+}+I_2+3H_2O$	
53	O_3	（1）KI 溶液与含臭氧的混合气体反应，酸化，按方法"30"用 $Na_2S_2O_3$ 滴定	$O_3+2I^-+H_2O\rightarrow O_2+I_2+2OH^-$	Br_2、Cl_2、氮的氧化物均能与 KI 作用，有干扰
		（2）含 2.5g KBr 的 100ml 5mol/L HCl 溶液与含臭氧的混合气体反应，加入过量的 $NaAsO_2$，Br_2 或 $KBrO_3$ 回滴	$O_3+2Br^-+2H^+\rightarrow O_2+Br_2+H_2O$ $Br_2+AsO_2^-+2H_2O\rightarrow 2Br^-+AsO_4^{3-}+4H^+$	
54	H_2O_2	（1）含 0.3mol/L H_2SO_4 和约 0.003mol/L H_2O_2 试液，$KMnO_4$ 滴定	$5H_2O_2+2MnO_4^-+6H^+\rightarrow 5O_2+2Mn^{2+}+8H_2O$	过硫酸盐不起反应，防腐剂中 H_2O_2 干扰
		（2）含 0.5～3mol/L HAc，HCl 或 H_2SO_4 的试液，以 1,10-二氮杂菲为指示剂，$Ce(SO_4)_2$ 滴定	$H_2O_2+2Ce^{4+}\rightarrow 2Ce^{3+}+O_2+2H^+$	在 0℃滴定时，过硫酸（H_2SO_5）和过硫酸盐不干扰
		（3）边搅拌边把样品加入含 2g KI 的 1mol/L H_2SO_4 溶液中，放置，按方法"30"用 $Na_2S_2O_3$ 滴定	$H_2O_2+2I^-+2H^+\rightarrow I_2+2H_2O$	甘油和水杨酸等保护剂不干扰
		（4）在酸性试液中，用亚钛标准溶液滴定到过钛酸黄色消失	$3H_2O_2+2Ti^{3+}+2H_2O\rightarrow 6H^++2TiO_2\cdot H_2O$ $TiO_2\cdot H_2O+2Ti^{3+}+6H^+\rightarrow 3Ti^{4+}+4H_2O$	过硫酸盐干扰
55	H_3PO_2	（1）用稀 H_2SO_4 酸化试液，加过量的碘标准溶液，在碘量瓶中放置 10min，用 $NaHCO_3$ 溶液调到碱性，$NaAsO_2$ 滴定，参考方法"30"（2）	$H_3PO_2+2I_2+2H_2O\rightarrow 4I^-+H_3PO_4+4H^+$	被测定的是次磷酸（H_3PO_2）和亚磷酸（H_3PO_3）之和，计算时要减去亚磷酸的量
		（2）含约 0.1g 试液用稀 H_2SO_4 酸化，加过量的 $Ce(SO_4)_2$ 标准溶液，摇匀，在 60℃温热 0.5h，冷却，以 1,10-二氮杂菲亚铁配合物为指示剂，硫酸亚铁铵滴定	$4Ce^{4+}+H_3PO_2+2H_2O\rightarrow H_3PO_4+4Ce^{3+}+4H^+$ $2Ce^{4+}+H_3PO_3+H_2O\rightarrow 2Ce^{3+}+H_3PO_4+2H^+$	亚磷酸也被测定
		（3）含约 0.025mol/L 次磷酸盐试液用 H_2SO_4 酸化，加过量 $KBrO_3$，加热至 Br_2 出现，放置 0.5h，再煮沸，冷却，$NaAsO_2$ 回滴	$4BrO_3^-+5H_2PO_2^-+4H^+\rightarrow 5H_2PO_4^-+2Br_2+2H_2O$	被测定的是次磷酸和亚磷酸之和
56	H_3PO_3	测定次磷酸根的 3 个方法均可用于测定亚磷酸盐（PO_3^{3-}）	参考方法"55"	
57	Pb	（1）使 Pb^{2+} 沉淀为 $PbSO_4$，溶于 NaAc 溶液中，用重铬酸钾沉淀为 $PbCrO_4$，过滤，沉淀溶于 $NaAc\cdot HCl$ 混合液，加 KI，放置数分钟，$Na_2S_2O_3$ 滴定	$2PbCrO_4+6I^-+16H^+\rightarrow 2Pb^{2+}+2Cr^{3+}+3I_2+8H_2O$	沉淀为 $PbSO_4$，与其他大部分干扰元素分离，但 $PbSO_4$ 沉淀前要除去 Ag、Ba、Bi、Sb 和 SiO_2
		（2）使 Pb^{2+} 沉淀为 $PbSO_4$ 并转化成 $PbCO_3$，沉淀溶于 HAc，加草酸钠溶液，生成草酸铅，以下按方法"11"进行	参考方法"11"	适用于矿物中铅的分析，干扰同方法"57"（1）
		（3）以氨基苯甲酸铅沉淀，按方法"12"进行		

续表

编号	被测元素或离子	主要步骤	反应式	备注
58	Re	（1）含铼每升小于 60mg 的稀 H_2SO_4 试液，除去空气，注入一个隔绝空气的锌汞齐还原器中，流出液用过量硫酸高铁液收集，然后按方法"25"（1）	$ReO_4^- + 4Zn + 8H^+ \rightarrow Re^- + 4Zn^{2+} + 4H_2O$ $Re^- + 8Fe^{3+} + 4H_2O \rightarrow ReO_4^- + 8Fe^{2+} + 8H^+$ [然后按方法"25"（1）]	因为 Re^- 是强还原剂，Cr、Fe、Mn、Nb、V、W 及其他重金属有干扰
		（2）把 0.05～0.15g 固体样品，加到过量的 $Ce(SO_4)_2$ 标准溶液中，加热，冷却，以 1,10-二氮杂菲亚铁配合物为指示剂，硫酸亚铁铵滴定	$Re_2O_3 + 8Ce^{4+} + 5H_2O \rightarrow 2ReO_4^- + 8Ce^{4+} + 10H^+$ Ce^{4+}（过量）$+ Fe^{2+} \rightarrow Ce^{3+} + Fe^{3+}$	还原性物质也一起被测定，有干扰
59	S^{2-}, HS^-	（1）把样品加到含有过量的碘标准液的稀 HCl 中，按方法"30"用 $Na_2S_2O_3$ 滴定。少量的 H_2S 收集在含 Cd^{2+} 或 Zn^{2+} 的氨溶液中，用含有 HCl 的碘标准液处理沉淀，按方法"30"用 $Na_2S_2O_3$ 滴定	$H_2S + I_2 \rightarrow S + 2I^- + 2H^+$ 然后按方法"30"操作	CdS 必须避免强光照射，$S_2O_3^{2-}$、SO_3^{2-} 也被氧化，有干扰。SCN^- 不干扰
		（2）在含 3mol/L HCl 试液的封闭烧瓶中，加大量的 KBr 和过量的 $KBrO_3$ 标准液，放置到澄清，加过量 KI，按方法"30"用 $Na_2S_2O_3$ 回滴	（1）$H_2S + 4Br_2 + 4H_2O \rightarrow SO_4^{2-} + 8Br^- + 10H^+$ （2）$SO_2 + Br_2 + 2H_2O \rightarrow SO_4^{2-} + 2Br^- + 4H^+$ （3）$S_2O_3^{2-} + 4Br_2 + 5H_2O \rightarrow 2SO_4^{2-} + 8Br^- + 10H^+$ （4）$SCN^- + 3Br_2 + 4H_2O \rightarrow SO_4^{2-} + HCN + 6Br^- + 7H^+$	可以测定这些物质之和。硫代硫酸类也被氧化后测定，有干扰
60	SO_2, H_2SO_3	试样通入一个已知体积的碘标准溶液中，直到这个溶液变为无色，或把含 H_2SO_3 试液加到过量的碘标准溶液的稀 HCl 溶液中，$Na_2S_2O_3$ 回滴	$SO_2 + I_2 + 2H_2O \rightarrow SO_4^{2-} + 2I^- + 4H^+$	硫代硫酸盐、硫化物和一些还原性物质干扰
61	SO_3^{2-}	含 0.2～2.0mg 的 SO_3^{2-} 试液约 10ml，放入分液漏斗中，加 $KHCO_3$，5ml 0.13%碘的氯仿溶液，摇 15min，分离，定量移取水溶液，加 HAc，5ml 饱和溴水，摇匀，滴加甲酸，加 HAc-NaAc 缓冲液（pH=2.5～3），加 KI，$Na_2S_2O_3$ 滴定	$SO_3^{2-} + I_2 + 2HCO_3^- \rightarrow SO_4^{2-} + 2I^- + 2CO_2 + H_2O$ $2I^- + 6Br_2 + 6H_2O \rightarrow 2IO_3^- + 12HBr$ $2IO_3^- + 10I^- + 12H^+ \rightarrow 6I_2 + 6H_2O$	酸性溶液中防止 SO_2 的挥发，溶液的 pH 对测定结果影响很大，必须严格控制 计算： 1ml 0.01mol/L $Na_2S_2O_3$ = 0.1050mg Na_2SO_3
62	$S_2O_3^{2-}$	参考方法"30"	参考方法"30"	在滴定前加 $CdCO_3$ 摇匀，过滤，除去硫化物和亚硫酸盐
63	SO_4^{2-}	用 $BaCl_2$ 标准液沉淀 SO_4^{2-}，再加入过量的 K_2CrO_4 沉淀剩余的 $BaCl_2$，过滤，按方法"22"用亚铁标准液滴定滤液中过量的 CrO_4^{2-}	$Ba^{2+} + SO_4^{2-} \rightarrow BaSO_4$ Ba^{2+}（过量）$+ CrO_4^{2-} \rightarrow BaCrO_4$ CrO_4^{2-}（过量）$+ 3Fe^{2+} + 8H^+ \rightarrow Cr^{3+} + 3Fe^{3+} + 4H_2O$	要严格控制实验条件和空白校正值
64	H_2SO_5	含 0.25mol/L H_2SO_4 的试液，加过量 $NaAsO_2$，KBr 溶液，放置，用 $KBrO_3$ 滴到黄色，$NaAsO_2$ 滴到无色	$SO_5^{2-} + AsO_2^- + H_2O \rightarrow SO_4^{2-} + AsO_4^{3-} + 2H^+$	过硫酸盐和 H_2O_2 不起反应，过一硫酸（H_2SO_5）测定后的溶液中可测定 $S_2O_8^{2-}$、H_2O_2

续表

第
三
篇

编号	被测元素或离子	主要步骤	反应式	备注
65	$S_2O_8^{2-}$	（1）酸化试液，加入过量的 $NaAsO_2$ 液，煮沸，按方法"2"（2）或（3）滴定过量的 $NaAsO_2$	$S_2O_8^{2-}+AsO_2^-+H_2O \rightarrow 2SO_4^{2-}+AsO_4^{3-}+4H^+$	也可用于过一硫酸和 H_2O_2 的测定
		（2）试样在 CO_2 气体中，加过量的 $FeSO_4$ 标准液，加热，冷却，用 $KMnO_4$ 滴定	$S_2O_8^{2-}+2Fe^{2+} \rightarrow 2SO_4^{2-}+2Fe^{3+}$ 然后按方法"25"（1）	
66	Sb^{3+}	（1）5～10℃，用 $KMnO_4$ 滴定含 3mol/L HCl 和 2mol/L H_2SO_4 的试液	$5Sb^{3+}+2MnO_4^-+16H^+ \rightarrow 5Sb^{5+}+Mn^{2+}+8H_2O$	用浓 H_2SO_4 加热溶解锡合金，得到的 Sn^{4+}、Sb^{3+}加 HCl 并适当稀释，测定结果接近理论值，Fe、As、V、SO_2 及有机物干扰
		（2）含 3mol/L HCl 的试液以甲基橙为指示剂，$KBrO_3$ 滴定	$3Sb^{3+}+BrO_3^-+6H^+ \rightarrow 3Sb^{5+}+Br^-+3H_2O$ $BrO_3^-+Br^-+6H^+ \xrightarrow{指示剂反应} Br_2+3H_2O$	接近终点时再加指示剂，可测 3%以上的锑
		（3）含酒石酸的试液加 $NaHCO_3$ 溶液，使 pH=7～8，按方法"2"滴定	$SbO(C_6H_4O_6)+I_2+H_2O \rightarrow SbO_2(C_6H_4O_6)+2I^-+2H^+$	As^{3+}有干扰
		（4）含 2～4mol/L HCl 的试液，以甲基橙为指示剂，$Ce(SO_4)_2$ 滴至颜色褪去	$Sb^{3+}+2Ce^{4+} \rightarrow Sb^{5+}+2Ce^{3+}$	如 As 含量低于 Sb，则不干扰 Sb 的测定
67	SeO_3^{2-}	（1）酸性试液，加过量的 $KMnO_4$ 标准液，按方法"39"，$FeSO_4$ 或草酸钠回滴	$5SeO_3^{2-}+2MnO_4^-+6H^+ \rightarrow 5SeO_4^{2-}+2Mn^{2+}+3H_2O$	碲有干扰或能同时被测定
		（2）酸性试液加过量 KI，按方法"30"用 $Na_2S_2O_3$ 滴定	$SeO_3^{2-}+4I^-+6H^+ \rightarrow 2I_2+Se+3H_2O$	把钢中硒分离出来，能满意的测定
		（3）用 HCl、HBr、$HClO_4$ 或 H_2SO_4 酸化试液，加稍过量的 $Na_2S_2O_3$，按方法"30"用碘标准液滴定	$SeO_3^{2-}+4S_2O_3^{2-}+6H^+ \rightarrow SeS_4O_6^{2-}+S_4O_6^{2-}+3H_2O$	HNO_3 有干扰，相对准确度为±0.002
68	SeO_4^{2-}	加浓 HCl 或 HBr 至试液中，煮沸，将含卤素的气体通入 KI 溶液中，按方法"30"用 $Na_2S_2O_3$ 滴定	$SeO_4^{2-}+2H^++2Cl^- \rightarrow Cl_2+SeO_3^{2-}+H_2O$ $Cl_2+2I^- \rightarrow I_2+2Cl^-$	此法快速，TeO_4^{2-} 也被测定，相对准确度为±0.001
69	Sn^{2+}	酸化试液以二苯胺或 KI-淀粉溶液为指示剂，用 $Ce(SO_4)_2$ 滴定	$Sn^{2+}+2Ce^{4+} \rightarrow Sn^{4+}+2Ce^{3+}$	
70	Sn^{4+}	（1）含 1mol/L H_2SO_4，4mol/L HCl、低于 0.2g 锡的试液，在 CO_2 气氛中加小粒铅，煮沸，冷却，碘标准液滴定	$SnCl_6^{2-}+Pb \rightarrow Sn^{2+}+Pb^{2+}+6Cl^-$ $Sn^{2+}+I_2+6Cl^- \rightarrow 2I^-+SnCl_6^{2-}$	Co、Fe、Br^-、F^-、I^-、PO_4^{3-}、SO_4^{2-} 和中等量的 Al、As、Bi、Cu、Ge、Mn、Ni、Pb、Sb、U、Zn 不干扰，但 Al、Fe、Zn 必须在滴定前除去
		（2）按（1）用铝还原，加过量的 $KBrO_3$ 标准液。放置，加 KI，按方法"30"用 $Na_2S_2O_3$ 滴定	$3SnCl_6^{2-}+2Al \rightarrow 3Sn^{2+}+2Al^{3+}+18Cl^-$ $3Sn^{2+}+BrO_3^-+6H^++18Cl^- \rightarrow 3SnCl_6^{2-}+Br^-+3H_2O$	含锡量在 0.3%～1.0%，称样 1.0000g，在 10%以上称样 0.2g，Cr、Mo、W、V 干扰，Cu、As、Bi 超过 10mg，Sb 超过 20mg 干扰

编号	被测元素或离子	主要步骤	反应式	备注
71	TeO_3^{2-}	含低于 0.2g 碲，0.6mol/L HCl 的试液，加过量的 $K_2Cr_2O_7$，过量的 $FeSO_4$，$K_2Cr_2O_7$ 滴定	$3TeO_3^{2-}+Cr_2O_7^{2-}+8H^+\rightarrow 3TeO_4^{2-}+2Cr^{3+}+7H_2O$	As、Sb 和大量 Ag 干扰
72	TeO_4^{2-}	参考方法"68"	$TeO_4^{2-}+2H^++2Cl^-\rightarrow Cl_2+TeO_3^{2-}+H_2O$ $Cl_2+2I^-\rightarrow 2Cl^-+I_2$	SeO_4^{2-} 和 TeO_4^{2-} 同时被测定
73	Ti	含稀 H_2SO_4 和 HCl 的试液，通过装有锌汞齐的还原器，流出液用过量 $Fe_2(SO_4)_3$ 收集，然后按方法"25"进行	$2Ti^{4+}+Zn\rightarrow 2Ti^{3+}+Zn^{2+}$ $Ti^{3+}+Fe^{3+}\rightarrow Ti^{4+}+Fe^{2+}$	加 H_2SO_4 蒸干除去 NO_3^- 有机物的干扰，As、Cr、Fe、Mo、Nb、Sb、Sn、U、V 和 W 干扰
74	Ti-Fe	试液加锌粒和苯，隔绝空气，加 HCl 除去全部锌粒，以亚甲基蓝为指示剂，用 $Fe_2(SO_4)_3$ 滴至浅蓝色，为钛的终点。在此溶液中继续加硫磷混合酸，以二苯胺磺酸钠为指示剂，$K_2Cr_2O_7$ 滴定	$2Fe^{3+}+Zn\rightarrow 2Fe^{2+}+Zn^{2+}$ $2Ti^{4+}+Zn\rightarrow 2Ti^{3+}+Zn^{2+}$ $Ti^{3+}+Fe^{3+}\rightarrow Ti^{4+}+Fe^{2+}$ $6Fe^{2+}+Cr_2O_7^{2-}+14H^+\rightarrow 2Cr^{3+}+6Fe^{3+}+7H_2O$	计算时要注意在测定钛时所增加的铁盐，必须在最后的结果中减去。能被锌还原的金属有干扰
75	Tl	（1）含 6~100mg 铊的 HCl 试液，室温，$KMnO_4$ 滴定	$2Tl^++MnO_4^-+8H^+\rightarrow 2Tl^{3+}+Mn^{3+}+4H_2O$	相对精密度大约±0.001
		（2）含有一定浓度 HCl 的试液，用 $Ce(SO_4)_2$ 滴定至出现 Ce^{4+} 的黄色为终点，或以 1,10-二氮杂菲亚铁配合物为指示剂	$Tl^++2Ce^{4+}\rightarrow Tl^{3+}+2Ce^{3+}$	As、Bi、Cd、Cr、Cu、Fe、Pb、Sb、Se、Sn、Te 和 Zn 在 100mg 以内不干扰
76	U^{4+}	（1）含铀低于 10mg/L 的 1mol/L H_2SO_4 试液，加 $KMnO_4$ 至粉红色不褪，通过装有锌汞齐的还原器，收集还原液，在还原液内通入空气，把 3 价铀氧化至 4 价，用 $KMnO_4$ 标准溶液或在 50℃ 以 1,10-二氮杂菲亚铁配合物为指示剂，$Ce(SO_4)_2$ 滴定	$nUO_2^{2+}+mZn+4nH^+\rightarrow (n-x)U^{3+}+xU^{4+}+mZn^{2+}+2nH_2O$ $4U^{3+}+O_2+4H^+\rightarrow 4U^{4+}+2H_2O$ $5U^{4+}+2MnO_4^-+2H_2O\rightarrow 5UO_2^{2+}+2Mn^{2+}$	NO_3^- 和能被锌还原的金属（Cr、Fe、Mo、V、W 等）有干扰
		（2）含硫酸氧铀的试液，加 $FeCl_3$、浓 HCl、H_3PO_4，微沸，加过量 $SnCl_2$ 溶液，冷却，加饱和 $HgCl_2$，加 $FeCl_3$ 溶液，以二苯胺磺酸钠为指示剂，$K_2Cr_2O_7$ 滴定	$U^{4+}+2Fe^{3+}\rightarrow U^{6+}+2Fe^{2+}$ $6Fe^{2+}+Cr_2O_7^{2-}+14H^+\rightarrow 6Fe^{3+}+2Cr^{3+}+7H_2O$	$FeCl_3$ 溶液作空白试验
77	V^{5+}	（1）钨存在于试液中加 HF，H_2SO_4，加热，加 $KMnO_4$ 溶液保持红色不褪，过量的 $KMnO_4$ 用以下方法处理：a.加入 $NaNO_2$，尿素和氨基磺酸放置；b.加叠氮酸钠煮沸。处理后的溶液调至酸性，以二苯胺磺酸钠为指示剂，$FeSO_4$ 滴定	$5VO^{2+}+MnO_4^-+H_2O\rightarrow Mn^{2+}+5VO_2^++2H^+$ （1）$2MnO_4^-+5HNO_2+H^+\rightarrow 2Mn^{2+}+5NO_3^-+3H_2O$ $2HNO_2+(NH_2)_2CO\rightarrow 2N_2+CO_2+3H_2O$ （2）$2MnO_4^-+10HN_3+6H^+\rightarrow 2Mn^{2+}+15N_2+8H_2O$ 滴定： $VO_2^++Fe^{2+}+2H^+\rightarrow VO^{2+}+Fe^{3+}+H_2O$	此法适用于钢中钒的测定，Cr、Fe 和 W 不干扰。能测定 0.05%以上的 V_2O_5

续表

编号	被测元素或离子	主要步骤	反应式	备　注
77	V^{5+}	（2）在含 0.4mol/L H_2SO_4 的试液，加 $KMnO_4$ 煮沸，保持红色不褪，通 SO_2 10min，然后通 CO_2 气，冷却至 60～80℃，用 $KMnO_4$ 标准液滴定	$2VO_2^+ + SO_2 \rightarrow 2VO^{2+} + SO_4^{2-}$ $5VO^{2+} + MnO_4^- + H_2O \rightarrow Mn^{2+} + 5VO_2^+ + 2H^+$	适用测大量和小量的钒，Fe、As 和 Sb 干扰，在测定前除去。如果铬存在，使溶液冷却再滴定
		（3）含 1.8mol/L H_2SO_4 的试液，加 H_3PO_4，加 $KMnO_4$ 除去有机物，加过量的 $FeSO_4$ 标准液，加$(NH_4)_2S_2O_8$，煮沸，用 $KMnO_4$ 标准液滴定	$VO_2^+ + Fe^{2+} + 2H^+ \rightarrow VO^{2+} + Fe^{3+} + H_2O$ $2Fe^{2+} + S_2O_8^{2-} \rightarrow 2Fe^{3+} + 2SO_4^{2-}$ $5VO^{2+} + MnO_4^- + H_2O \rightarrow 5VO_2^+ + Mn^{2+} + 2H^+$	此法快速，但精确性比上述两个方法差，不适用少量钒的测定。As、Co、Cr、Fe、Mo、Ni 和 U 不干扰，W 要干扰
		（4）含钒的稀 H_2SO_4 溶液通过锌汞齐还原器，流出液收集到有大量的 $Fe_2(SO_4)_3$ 溶液中，用 $KMnO_4$ 标准液滴定亚铁和四价钒的混合液	$2VO_2^+ + 3Zn + 8H^+ \rightarrow 2V^{2+} + 3Zn^{2+} + 4H_2O$ $V^{2+} + 2Fe^{3+} + H_2O \rightarrow VO^{2+} + 2Fe^{2+} + 2H^+$ $2MnO_4^- + 5VO^{2+} + 5Fe^{2+} + 6H^+ \rightarrow 5VO_2^+ + 5Fe^{3+} + 2Mn^{2+} + 13H_2O$	能被锌还原的 Cr、Fe 和其他金属有干扰
78	W^{5+}	矿样溶解后，过滤，取滤液，加 H_2SO_4，酸化，加锌粒，待锌粒作用完立即以 $KMnO_4$ 标准液滴定	$2WO_4^{2-} + Zn + 8H^+ \rightarrow 2WO_2^+ + Zn^{2+} + 4H_2O$ $5WO_2^+ + MnO_4^- + 6H_2O \rightarrow 5WO_4^{2-} + Mn^{2+} + 12H^+$	能被锌还原的 Cr、Fe、Mo、V 及其他金属有干扰
79	Zn^{2+}	（1）Zn^{2+} 生成硫氰酸汞锌沉淀，过滤，沉淀溶于 4mol/L HCl，加 7ml 氯仿，用 KIO_3 滴定至氯仿中稍有碘颜色为终点	$Zn[Hg(SCN)_4] + 6IO_3^- + 6Cl^- + 8H^+ \rightarrow$ $Zn^{2+} + Hg^{2+} + 6ICl + 4HCN + 4SO_4^{2-} + 2H_2O$	要在 H_2SO_4 性溶液中沉淀，Cu、Fe、Co、Ni 等有干扰
		（2）0.1g 锌试样加 10ml 乙醇，50ml 碘标准液，回流 1h，冷却，$Na_2S_2O_3$ 滴定	$Zn + I_2 \rightarrow ZnI_2$ I_2（过量）$+ 2S_2O_3^{2-} \rightarrow 2I^- + S_4O_6^{2-}$	做空白试验。Fe、Mg、Mn 等有干扰
		（3）使 Zn^{2+} 生成邻氨基苯甲酸锌沉淀，按方法"12"进行	—	参见方法"12"

第六节　沉淀滴定法

沉淀滴定法是建立在沉淀反应基础上的滴定分析方法。应用于沉淀滴定的反应一般应具备以下条件：①形成的沉淀溶度积小，具有固定的化学组成；②沉淀反应迅速，符合化学计量关系；③具有合适的指示滴定终点的方法。虽然沉淀反应很多，但是能够满足以上所有条件的沉淀反应并不多。应用较多的有银量法、汞量法和其他沉淀剂为滴定剂的容量分析方法。在本节中着重介绍沉淀滴定指示剂（表 11-39 和表 11-40）和某些元素及离子的沉淀滴定分析法（表 11-41）。表 11-41 以被测元素符号的字母顺序排列，介绍沉淀滴定测定方法中的滴定剂、指示剂和测定方法的一般条件。

表 11-39　沉淀滴定法中的一些特殊指示剂

指示剂		配制及使用方法
名　称	分子式（结构式）	
铬酸钾	K_2CrO_4	常用 5%水溶液，每 20ml 待测定溶液加 0.5ml 为宜 该指示剂适用于测定氯化物和溴化物，不适用于测定 I^- 及 SCN^- 等离子。溶液需呈中性或弱碱性（pH=6.5～10.5），如溶液呈酸性应预先用硼砂、碳酸氢钠、碳酸钙或氧化镁中和 溶液出现砖红色沉淀时即为终点

指示剂		配制及使用方法
名　称	分子式（结构式）	
铁铵矾（硫酸高铁铵）	$NH_4Fe(SO_4)_2 \cdot 12H_2O$	浓度约为 40%的饱和水溶液，为避免铁盐水解，应加入适量 6mol/L HNO_3。每 50ml 待测溶液中加 1～2ml 为宜，测定应在强酸性溶液（对于硝酸而言，浓度为 0.2～0.5mol/L）中进行，不能在中性或碱性溶液中进行，适用于测定 Ag^+、Cl^-、Br^-、I^- 及 SCN^- 等离子 溶液出现血红色沉淀时即为终点
硝酸铁	$Fe(NO_3)_3 \cdot 9H_2O$	称取此盐 150g 溶于 100ml 6mol/L HNO_3 中，微沸 10min，以除去氮的氧化物，用水稀释至 500ml，使用方法同铁铵矾
四羟基醌	（结构式）（$C_6H_4O_6$）	使用粉状指示剂，不需配成溶液。使用时用小匙加入少量固体 测定原理：四羟基醌与氯化钡形成鲜红色的四羟基钡，当用水样滴定时，水中的硫酸根离子与四羟基醌形成白色的硫酸钡而使鲜红色褪色，即为终点

表 11-40 沉淀滴定法中常用的吸附指示剂[①]

（按滴定剂字母顺序排列）

编号	指示剂名称和结构式	滴定剂	被测离子	终点颜色变化	备　注
1	酸性玫瑰红（孟加拉玫瑰红）（结构式）	Ag^+	I^-	玫瑰红→紫	0.5%水溶液
2	荧光黄（结构式）	Ag^+	Cl^-，Br^-，SCN^- I^-	黄绿→玫瑰 黄绿→橙	0.1%乙醇溶液
3	二氯（P）荧光黄（结构式）	Ag^+	Cl^-，Br^- SCN^- I^-	红紫→蓝紫 玫瑰→红紫 黄绿→橙	在 60%～70%乙醇中的 0.1%溶液或 0.1%钠盐水溶液
4	二氯（R）荧光黄（结构式）	Ag^+	Cl^-，Br^-，I^-	黄绿→浅红	在 60%～70%乙醇中的 0.1%溶液或 0.1%钠盐水溶液

续表

编号	指示剂名称和结构式	滴定剂	被测离子	终点颜色变化	备　注
5	二甲基荧光黄	Ag^+	Cl^-，Br^-，I^-	黄绿→浅红	
6	二溴荧光黄	Ag^+	Br^-	橙→桃红	
7	二碘荧光黄	Ag^+	I^-（在 Cl^-存在下）	橙→红紫	
8	二氯四溴荧光黄	Ag^+	Br^-，I^-	红黄→紫红	
9	二氯四碘荧光黄	Ag^+	I^-	红→红蓝	
10	二甲基二碘荧光黄	Ag^+	I^-	红黄→红紫	

编号	指示剂名称和结构式	滴定剂	被测离子	终点颜色变化	备　注
11	曙红；四溴荧光黄	Ag^+	Br^-, I^-, SCN^-	橙→深红	0.5% 钠盐水溶液或在 60%～70% 乙醇中的 0.1%溶液
12	碘曙红；四碘荧光黄	Ag^+	Br^-, I^-, SCN^-	橙→深红	0.5% 钠盐水溶液或 0.1%乙醇溶液
13	四氯四碘荧光黄	Ag^+	I^-	洋红→红蓝	
14	四氯四溴荧光黄	Ag^+	Cl^-, Br^-, I^-	红黄→紫红	
15	溴酚蓝	Ag^+	Cl^-, Br^-, SCN^- I^- TeO_3^{2-}	黄→蓝 黄绿→蓝绿 紫红→蓝	0.1% 乙醇溶液或 0.1%钠盐水溶液
16	溴甲酚蓝；溴甲酚绿	Ag^+	Cl^-	紫→浅蓝绿	0.1%乙醇溶液

编号	指示剂名称和结构式	滴定剂	被测离子	终点颜色变化	备 注
17	氯酚红	Ag$^+$	SCN$^-$	红→蓝	
18	邻苯二酚紫；儿茶酚紫	Ag$^+$	Cl$^-$，Br$^-$，I$^-$，SCN$^-$	黄→蓝或绿	
19	溴甲酚紫	Ag$^+$	SCN$^-$	浅紫→绿	
20	连苯三酚红	Ag+	Cl$^-$ Br$^-$，I$^-$	玫瑰→蓝 玫瑰→绿	0.2%水溶液
21	酚酞络合腙	Ag$^+$	Cl$^-$，Br$^-$，I$^-$，SCN$^-$	玫瑰红→蓝或绿	
22	二甲酚橙	Ag$^+$	Cl$^-$ Br$^-$，I$^-$	玫瑰→灰蓝 玫瑰→灰绿	0.2%水溶液
23	钙黄绿素	Ag$^+$	Cl$^-$，Br$^-$，I$^-$	橙→玫瑰红	0.2%水溶液

编号	指示剂名称和结构式	滴定剂	被测离子	终点颜色变化	备　注
24	罗丹明 6G	Ag^+	Br^-，Cl^-	红紫→橙	0.1%水溶液
25	酚藏花红	Ag^+	Cl^-	紫→玫瑰红	0.1%水溶液
26	品红，洋红	Ag^+	Cl^- Br^-，I^- SCN^-	红紫→玫瑰 橙→玫瑰 浅蓝→玫瑰	0.1%乙醇溶液
27	3-(2′,4′-二羟基苯)苯酞	Ag^+	Cl^- Br^- I^- SCN^-	微红→红 微红→红 黄→红 黄白色→红	0.1%水溶液
28	3-(2′,4′,6′-三羟基苯)苯酞	Ag^+	Cl^- Br^-，I^- SCN^-	微红→红 黄→红 白略带红→红	0.1%水溶液
29	二溴四氯苯酞	Ag^+	Cl^-，Br^-，I^-， SCN^-	黄→红	0.2%乙醇溶液
30	N-甲基二苯胺-4-磺酸	Ag^+	Cl^-	浅红色为终点	在（1+1）H_2SO_4中的0.1mol/L溶液
31	靛喔哩	Ag^+	Cl^-，Br^-	红→蓝	0.05%乙醇溶液
32	紫脲酸铵；红紫酸铵	Ag^+	Cl^-，Br^-，I^-	肉色→紫	0.2%水溶液

续表

编号	指示剂名称和结构式	滴定剂	被测离子	终点颜色变化	备 注
33	亚甲基紫	Ag^+	Cl^- Br^-	紫→青 紫→绿	0.1%溶液
34	对硝基苯偶氮-α-萘酚	Ag^+	CN^-，Br^-，I^- CN^-，SCN^-	终点呈红色 黄→紫 （pH=9.1~10.2）	
35	2-(4′-硝基苯偶氮)-1-萘酚-4-磺酸	Ag^+	CN^- Cl^- Br^- I^-	红→紫 黄→红 黄→紫 黄→玫瑰红	
36	4-(2′-乙基苯偶氮)-1-萘胺	Ag^+	Cl^-，Br^-，I^-，CN^-，SCN^-	黄→紫	1%的乙醇+乙酸（1+1）溶液
37	萘红	Ag^+	Cl^-，Br^-，I^-，SCN^-	橙→紫	0.2%乙醇溶液
38	乙基红	Ag^+	Cl^-，Br^-，I^-，SCN^-	黄→橙红	0.1%乙醇溶液
39	甲基橙	Ag^+	Cl^-，Br^-，I^-，SCN^-	黄→玫瑰红	
40	刚果红	Ag^+	Cl^-，Br^-，I^-	红→蓝	0.1%水溶液
41	硝氮黄	Ag^+	SCN^-	紫→绿	

续表

编号	指示剂名称和结构式	滴定剂	被测离子	终点颜色变化	备 注
42	二蓝光酸性红	Ag⁺	Br⁻，I⁻	玫瑰→灰	
43	变色素 F4B（chromotrope F4B）	Ag⁺	Br⁻，I⁻	玫瑰→灰绿	
44	亮苔色素 C	Ag⁺	Cl⁻，Br⁻，I⁻	红→蓝绿	
45	苯基-1-萘胺-偶氮苯对磺酸	Ag⁺	Cl⁻，Br⁻，I⁻，SCN⁻	蓝（或绿）→浅红	
46	间胺黄	Ag⁺	Cl⁻，Br⁻，I⁻	蓝→红	1%水溶液
47	金莲橙 OO	Ag⁺	Cl⁻	黄→玫瑰红	1%水溶液
48	锥虫红	Ag⁺	Cl⁻，Br⁻，I⁻，SCN⁻	卤素过量时呈蓝色荧光	1%水溶液
49	酒石黄；柠檬黄	Ag⁺	Cl⁻，Br⁻，I⁻，SCN⁻	黄绿→黄褐	

编号	指示剂名称和结构式	滴定剂	被测离子	终点颜色变化	备　注
50	乙氧基二氨基吖啶乳酸盐	Ag⁺	Cl⁻，Br⁻，I⁻，SCN⁻	Ag⁺ 过量时呈绿色荧光	
51	溶靛素蓝 IBC	Ag⁺	Br⁻，I⁻，SCN⁻	卤素过量时呈黄绿色荧光	
52	麦答剌红	Ag⁺	Cl⁻，Br⁻，I⁻，SCN⁻	草黄色荧光 →紫色	
53	樱草黄	Ag⁺	Cl⁻，Br⁻，I⁻，SCN⁻	卤素过量时呈蓝光荧光	
54	硫代黄素 S	Ag⁺	Cl⁻，Br⁻，I⁻，SCN⁻	卤素过量时呈蓝光荧光	
55	奎宁	Ag⁺	Cl⁻，Br⁻，I⁻，SCN⁻	黄绿色荧光	
56	中性红	Ag⁺	Br⁻，I⁻	红紫→黄红	
57	二苯基缩氨脲	Ag⁺	Cl⁻ Br⁻，I⁻ SCN⁻ CN⁻，SeO₃²⁻	亮红→紫 黄→绿 玫瑰红→蓝 红→蓝	0.2%乙醇溶液
58	对二甲氨基亚苄基罗单宁	Ag⁺	CN⁻	灰→红	0.02%丙酮溶液

续表

编号	指示剂名称和结构式	滴定剂	被测离子	终点颜色变化	备　注
59	2-乙酰基-1,2,5,6-四氢-6-氧-5-(对二甲氨基亚苄基)-3-(2,4-二氯代苯基)-1,2,4-三嗪	Ag^+	Cl^-，Br^-，I^-	黄→玫瑰红	0.2%乙醇溶液
60	2-乙酰基-1,2,5,6-四氢-6-氧-5-(对二甲氨基亚苄基)-3-苯基-1,2,4-三嗪	Ag^+	Cl^-，Br^-	浅红→深红	
61	2-乙酰基-1,2,5,6-四氢-6-氧-5-(对二甲氨基亚苄基)-3-间硝苯基-1,2,4-三嗪	Ag^+	I^-	玫瑰→黄	
62	辛可宁（弱金鸡纳碱）	Ag^+	I^-	红棕→亮黄	
63	1-(2-吡啶偶氮)-2-萘酚	Ag^+	I^-	红紫→浅绿	0.1%甲醇溶液
64	4-(2-吡啶偶氮)间苯二酚（PAR）	Ba^{2+}（含Pb^{2+}）	SO_4^{2-}	黄→橙红	过量Ba^{2+}置换出Pb^{2+}，Pb^{2+}与指示剂显色
65	茜素红 S	Ba^{2+}	SO_4^{2-}	黄→玫瑰红	0.4%水溶液
66	偶氮氯膦Ⅲ	Ba^{2+}	SO_4^{2-}	红→蓝绿	

编号	指示剂名称和结构式	滴定剂	被测离子	终点颜色变化	备注
67	对乙氧基菊橙 C_2H_5O——N＝N——$NH_2 \cdot HCl$（H_2N）	Br^-，Cl^-，SCN^-	Ag^+	黄橙→红	
68	萘红（见"37"）	Cl^-，Br^-，I^-，SCN^-	Ag^+	橙紫	
69	乙基红（见"38"）	Cl^-，Br^-，I^-，SCN^-	Ag^+	橙红→紫	
70	罗丹明 6G（见"24"）	Br^-	Ag^+	橙→红紫	
71	甲基红 COOH——N＝N——$N(CH_3)_2$	Ce^{3+}	F^-	黄→玫瑰红	
72	安福洋红 HO_3S、HO_3S——N＝N——$NHCOCH_3$（C_2H_5）N＝N——$NHCOCH_3$（C_2H_5）	Ce^{3+}	F^-	绿→橙； 蓝→紫	2%水溶液
73	对乙氧基-α-萘红 C_2H_5O——N＝N——NH_2	CN^-	Ag^+	橙→紫	0.25%乙醇溶液
74	二苯胺 ——NH——	$[Fe(CN)_6]^{4-}$	Zn^{2+}	蓝→黄绿	96%硫酸的 1%溶液
75	二苯基联苯胺 ——NH————NH——	$[Fe(CN)_6]^{4-}$	Zn^{2+}	蓝→绿	96%硫酸的 1%溶液
76	邻二甲氧基联苯胺 H_2N——CH_3O——OCH_3——NH_2	$[Fe(CN)_6]^{4-}$	Zn^{2+}，Pb^{2+}	紫→无色	1%硫酸溶液
77	二甲苯蓝 VB SO_3Na、SO_3^- $(C_2H_5)_2N$——C——$N^+(C_2H_5)_2$	$[Fe(CN)_6]^{4-}$	Zn^{2+}	浅红→绿	
78	专利蓝 V HO、SO_3Na、SO_3^- $(C_2H_5)_2N$——C——$N^+(C_2H_5)_2$	$[Fe(CN)_6]^{4-}$	Zn^{2+}	浅红→绿	

编号	指示剂名称和结构式	滴定剂	被测离子	终点颜色变化	备 注
79	二苯氨基脲（结构式）	Hg_2^{2+}	Cl^-，Br^-	无色→紫	95%乙醇的1%溶液
80	四碘荧光黄（见"12"）	Hg_2^{2+}	Br^-，Cl^-	玫瑰→暗红	
81	2-(2-噻唑偶氮)对甲苯酚（结构式）	Hg^{2+}	Cl^-，Br^-，SCN^-	橙→浅红紫	0.05%乙醇溶液
82	1-(2-噻唑偶氮)-2-萘酚-3,6-二磺酸；TAN-3,6-S（结构式）	Hg^{2+}	Cl^-，Br^-，SCN^-	黄绿→蓝绿	0.01%水溶液
83	4-甲氧基-2-(2-噻唑偶氮)苯酚（结构式）	Hg^{2+}	Cl^-，Br^-，SCN^-	黄→玫瑰红 黄→蓝绿	pH=1.8水溶液中；pH=2.9～3.2，在50%乙醇介质中
84	酸性玫瑰红（见"1"）	MoO_4^{2-}	Ag^+	无色→紫红	0.1%水溶液
85	双胺青（结构式）	MoO_4^{2-}	Pb^{2+}	无色→紫	
86	茜素红S（见"65"）	Pb^{2+}	$[Fe(CN)_6]^{4-}$	黄→玫瑰红	
87	四碘荧光黄（见"12"）	Pb^{2+}	MoO_4^{2-}	橙→暗红	
88	核黄素（结构式）	SCN^-	Ag^+	SCN^-过量时呈黄绿色荧光	
89	金层素（结构式）	SCN^-	Ag^+	绿色荧光→橙红色荧光	
90	4-(2'-乙基苯偶氮)-1-萘胺（见"36"）	SCN^-	Ag^+	黄→紫	1%的乙醇+乙酸（1+1）溶液

续表

编号	指示剂名称和结构式	滴定剂	被测离子	终点颜色变化	备　注
91	玫棕酸	SO_4^{2-}	Ba^{2+}	橙→黄	饱和水溶液
92	甲基红（见"71"）	$Y(NO_3)_3$	F^-	黄→玫瑰红	

① 本表所收集的指示剂包括与滴定剂或被测离子形成螯合物而呈现颜色变化的一类化合物在内。

表 11-41 元素及离子的沉淀滴定法

被测物质	滴定剂	沉淀组成	指示剂	备　注
Ag^+	KSCN 或 NH₄SCN	AgSCN	铁铵矾	约 0.8mol/L HNO₃ 的强酸性介质中进行，至终点时用力摇动。Hg^{2+}、NO_2^-、Pd^{2+}、SO_4^{2-} 等干扰
	KBr	AgBr	罗丹明 6G	被测溶液为 ≤0.3mol/L HNO₃，银盐溶液浓度 ≥0.005mol/L
	KCl KBr KI	AgCl AgBr AgI	乙氧基菊橙	pH=4～5，当 pH≤2 时指示剂变色不明显
	KCl、KBr、KI	同上	萘红	以 Cl^-、Br^- 滴定时 pH=4～5，以 I^- 滴定时 pH=2.0～5.0，每 10ml 试样加指示剂 4 滴，终点颜色明显程度顺序为 I>Br>Cl
	SCN^-	AgSCN	4-(2′-乙基苯偶氮)-1-萘胺	试液呈酸性时需以 NaOH 中和，以乙酸酸化（pH=2.8～3.3）。测定 Cl^- 时，可加入过量的标准银盐溶液返滴定
	Na₂MoO₄	Ag₂MoO₄	孟加拉玫瑰红	测定银盐稀溶液结果较好，误差≤0.5%。指示剂量按每 10mgAg⁺加 5 滴计，用 0.02～0.1mol/L Na₂MoO₄ 溶液滴定
AsO_4^{3-}	KSCN	AgSCN	铁铵矾	在 pH=7～9 加入 Ag^+ 以沉淀 Ag_3AsO_4，过滤后，将此沉淀溶于 30ml 8mol/L HNO₃，稀释至 120ml，KSCN 溶液滴定。Ge，少量 Sb 和 Sn 无干扰，在 pH=7～9 时所有能被 Ag⁺沉淀的离子有干扰
Ba^{2+}	H₂SO₄	BaSO₄	偶氮氯膦（Ⅲ）	在酸性（HCl）条件下，加入一定量丙酮、3 滴指示剂，用 H₂SO₄ 标准液滴定至由蓝色变为紫红色为终点
Br^-	AgNO₃ 和 KSCN	AgBr，AgSCN	铁铵矾	加入过量的硝酸银以沉淀 AgBr 后，KSCN 回滴，滴定时防止光照，精确测定时在回滴前滤去 AgBr，CN^-、Cl^-、I^-、SCN^-、S^{2-}、$S_2O_3^-$ 有干扰
	AgNO₃	AgBr	曙红	pH≥1，可用于测定 ≥0.0005mol/L 的微量 Br^-，凡在溶液中能被 Ag⁺沉淀的其他离子有干扰
Cl^-	AgNO₃ 和 NaCl	AgCl	等浊度法	在红光下滴定至沉淀的 AgCl 浊度相同，本法可达到极好精密度和准确度
	AgNO₃	AgCl	K₂CrO₄	pH=5～7，指示剂 $[CrO_4^{2-}]=0.0025mol/L$ 为宜，滴定至剧烈摇动后沉淀表面呈浅红色，溶液呈黄色透明为终点。AsO_4^{3-}、Ba^{2+}、Bi^{3+}、Br^-、CN^-、I^-、PO_4^{3-}、Pb^{2+}、S^{2-} 及还原剂有干扰

被测物质	滴定剂	沉淀组成	指示剂	备　注
Cl⁻	AgNO₃ 和 KSCN	AgCl，AgSCN	铁铵矾	在酸性溶液中加入过量的 AgNO₃ 以沉淀 AgCl，滤去沉淀后加入指示剂，用 KSCN 滴定。若用加入硝基苯而不必过滤的快速方法，精密度则低于前者。Br⁻、CN⁻、I⁻、S²⁻、SCN⁻、S₂O₃²⁻ 有干扰
	AgNO₃	AgCl	荧光素	在聚乙烯醇存在下，NaCl 中 Cl⁻，用 AgNO₃ 滴定至玫瑰红
	AgNO₃	AgCl	二氯荧光黄	pH=4 左右，加入保护胶体时效果更好，终点判断有难度
	Hg₂(NO₃)₂	Hg₂Cl₂	碘曙红	
	AgNO₃	AgCl	N-甲基二苯胺-4-磺酸	试样溶解后，滤去沉淀，稀释至 100ml，取 5ml 此溶液，加入 H₂SO₄（体积比 1:4）5ml、5 滴指示剂及 3 滴 0.04mol/L Ce(SO₄)₂ 溶液，用 0.1mol/L AgNO₃ 滴定。Br⁻、I⁻有干扰，SO₄²⁻、PO₄³⁻、NO₃⁻、ClO₄⁻、F⁻、C₂O₄²⁻、IO₃⁻、BrO₃⁻、Fe³⁺、Al³⁺、Cr³⁺、Ni²⁺、Co²⁺、Cu²⁺无干扰
Cl⁻，Br⁻	AgNO₃	AgCl，AgBr	亚甲紫	测定常量 Cl⁻（80～280mg KCl）加 8 滴指示剂，0.3ml 1mol/L H₂SO₄，稀释至 100ml。测定微量 Cl⁻（4.5～10mg）加 3 滴指示剂，0.3ml 1mol/L H₂SO₄ 和 2 滴 4.5mol/L HNO₃，稀释至 50ml
	AgNO₃	AgCl，AgBr	靛喔喱	50ml 试液中加 1ml 0.05%指示剂溶液及 1ml 2mol/L 乙酸，用 0.01mol/L AgNO₃ 溶液滴定
Cl⁻，Br⁻，I⁻	AgNO₃	AgCl，AgBr，AgI	邻苯二酚紫、连苯三酚红、二甲酚橙、钙黄绿素、红紫酸铵	以连苯三酚红为指示剂时，需将试样预先用稀碱调至出现淡红色，然后进行滴定
Cl⁻，Br⁻，SCN⁻	Hg(NO₃)₂	HgCl₂ HgBr₂ Hg(SCN)₂	2-(2-噻唑偶氮)对甲酚	pH=0.8～2.0，指示剂加 3～5 滴，测定 1.4～120mg Cl⁻、Br⁻、SCN⁻时，误差为 0.1%～1.0%，不大于 1.0%～1.5%。10～15 倍量的 Zn²⁺、Cd²⁺、Al³⁺、Ca²⁺、Mg²⁺、Mn²⁺、NH₄⁺、SO₂²⁻、PO₄³⁻ 和 F⁻等无干扰，Cu²⁺、Ni²⁺、Cr³⁺、C₂O₄²⁻ 有干扰
Cl⁻，Br⁻，I⁻，SCN⁻	AgNO₃	AgCl，AgBr，AgI，AgSCN	苯基-1-萘胺-偶氮苯对磺酸	pH=3～5
			甲基橙	中性
			乙基红	微碱性
			酚酞络合腙	微碱性
CN⁻	Ag⁺	AgCN	对二甲氨基亚苄基罗单宁	25ml 试液加入 10ml 10% NaOH 溶液中，加指示剂 3 滴，以 AgNO₃ 溶液滴定之
CN⁻，Br⁻，I⁻	AgNO₃	AgCN，AgBr，AgI	对硝基-α-萘红	测定 CN⁻在中性或碱性（pH=9～10），测定 Br⁻、I⁻在碱性介质中
			2-(4′-硝基苯偶氮)-1-萘酚-4-磺酸	中性或弱碱性
			4-(4′-硝基苯偶氮)-1-萘酚	用 0.01～0.1mol/L AgNO₃ 滴定 0.1mol/L 试液，误差<1%

被测物质	滴定剂	沉淀组成	指示剂	备注
F^-	$AgNO_3$ 和 $KSCN$	$AgCl$，$AgSCN$	铁铵矾	在 pH=3.6～5.6 沉淀 $PbClF$ 后，过滤，洗涤并溶解于 100ml 0.8mol/L HNO_3 中，加入过量的 $AgNO_3$，滤液用 $KSCN$ 溶液滴定。Al^{3+}、Be^{2+}、Fe^{3+}、大量的 K^+、NH_4^+、PO_4^{3-} 及 SO_4^{2-} 有干扰
Hg_2^{2+}	$NaCl$	Hg_2Cl_2	溴酚蓝	
I^-	$AgNO_3$	AgI	二氯荧光黄	0.01mol/L HNO_3 中进行，当 I^- 浓度≥0.01mol/L 时，可在 Cl^- 存在下滴定
	$AgNO_3$ 和 $KSCN$	AgI，$AgSCN$	铁铵矾	本法推荐为快速测定法，试液中加入过量的 $AgNO_3$，慢慢搅拌，加入指示剂后，以 $KSCN$ 溶液滴定
	$AgNO_3$	AgI	刚果红	pH=5～5.5 的 HNO_3 介质中进行。允许在 Cl^- 存在下滴定 I^-，I^- 含量为 Cl^-+I^- 总量的约 10% 时，误差约 1%；>10% 时，误差约 0.5%
MoO_4^{2-}	$Pb(NO_3)_2$	$PbMoO_4$	四碘荧光素	滴定至溶液自橙色转变为暗红色为终点
Pb^{2+}	Na_2MoO_4	$PbMoO_4$	双胺青	滴定至溶液从无色转变为紫色（沉淀）为终点
SO_4^{2-}	$BaCl_2$	$BaSO_4$	四羟基醌	pH=7～8 及含有 0.0025mol/L SO_4^{2-} 溶液中，加入等量的乙醇，剧烈搅拌下滴定，做空白试验。SO_4^{2-}≥8mg 时结果良好，如在 pH=4 测定时可允许少量 PO_4^{3-} 存在
	$BaCl_2$	$BaSO_4$	茜素 S	水-乙醇介质，做空白试验。Al 和 Fe 存在时，NaF 及三乙醇胺掩蔽
	$Ba(Ac)_2$	$BaSO_4$	偶氮胂Ⅲ	经阳离子交换树脂除去阳离子后，测定硫酸中 SO_4^{2-}
	$BaCl_2$	$BaSO_4$	偶氮氯膦Ⅲ	pH=1.5～2.5，加入一定量丙酮，终点由紫红色→蓝（由于白色 $BaSO_4$ 沉淀，实际颜色为蓝灰色）
				在含有 EDTA，氨三乙酸苯氨羧络合剂与 SO_4^{2-} 共存体系中，pH=1.5～2.5，终点由紫红→蓝色（蓝灰色）
SCN^-	$AgNO_3$	$AgSCN$	硝氮黄	可在氨溶液中测定
			氯酚红	中性
			溴甲酚绿	中性
TeO_3^{2-}	$AgNO_3$	Ag_2TeO_3	溴酚蓝	pH=0.5～10.3，每 5～25ml 试液加 3～10 滴指示剂，Te≥25mg 时滴定误差约 1%，能与 Ag^+ 形成配合物及难溶盐的离子有干扰
Zn^{2+}	$AgNO_3$ 和 $KSCN$	$AgSCN$，$Hg(SCN)_2$	硝酸铁	适用于测定少量及适量的 Zn，以 $Zn[Hg(SCN)_4]$ 沉淀，沉淀溶于 1.6mol/L HNO_3 中，加入过量的 $AgNO_3$，30min 后，加入指示剂，并用 $KSCN$ 滴定，反应为：$Zn[Hg(SCN)_4]+2Ag^+ \rightleftharpoons Zn^{2+}+2AgSCN+Hg(SCN)_2$。$As^{5+}$、$Fe^{3+}$、$Pb^{2+}$、$Sb^{5+}$ 和 Sn^{4+} 有干扰

被测物质	滴定剂	沉淀组成	指示剂	备　　注
Zn^{2+}	$K_4[Fe(CN)_6]$	$K_2Zn[Fe(CN)_6]$	Fe^{3+}（通常以杂质存在）或二苯胺	适用于常规分析，0.18mol/L HCl，0.75mol/L NH_4Cl，总体积为 200ml，20℃，控制滴定速度，Cd^{2+}、Mn^{2+}、大量 Fe^{3+}、大多数重金属、NO_3^- 及氧化剂有干扰
	Na_2S	ZnS		在标定 Na_2S 的同时进行测定，是测定 Zn^{2+} 的常规方法之一，在碱性溶液中所有能与 Na_2S 作用的离子有干扰

第七节　非水滴定法

非水滴定是指用水以外的其他溶剂作为滴定介质的容量分析法。由于滴定介质是有机溶剂，因此非水滴定具有独特的体系。非水滴定主要应用于酸碱滴定和氧化还原滴定，本节主要介绍这两种方法所涉及的有机溶剂、滴定剂、指示剂及其应用。

一、非水滴定体系

（一）非水滴定的溶剂

表 11-42 列出非水溶液滴定中常用有机溶剂的性质，按溶剂名称的笔画顺序排列。

表 11-42 非水滴定中常用溶剂的性质[6]

编号	溶剂名称	分子式或结构式	分子量 M	沸点① /℃	冰点 /℃	介电常数 ε/(F/m)	离子积常数的负对数	电导率 σ/(S/m)	偶极矩 μ/c·m	密度 ρ/(g/ml)	体积膨胀系数 α_V/(ml/℃)	水在溶剂中的溶解度 s/%	与水共沸物的共沸点 /℃（溶剂含量 φ/%）
1	乙二胺	$NH_2(CH_2)_2NH_3$	80.10	117.0	11.0	14.2 (20)	13±1 -15.3	9×10^{-8} (25)	1.90	0.8977 (20)			118 (75~80)
2	乙二醇	CH_2OHCH_2OH	62.07	197.9	-12.6	37.7 (25)		1.16×10^{-6} (25)	2.28 (20)	1.10664 (30)	0.00064 (20) 0.000566 (25)		
3	乙醇	C_2H_5OH	46.08	78.3	-114.5	24.3 (25)	19.1	1.35×10^{-9} (25)	1.68	0.7851 (25)	0.00108 (20)		78.2 (96.0)
4	乙醇胺	$NH_2(CH_2)_2OH$	61.08	171.1	10.51		5.2			1.0117 (25)	0.0008038 (20)		
5	乙腈	CH_3CN	14.05	81.6	-45.7	37.5 (25)	26.5 28.5	$(5\sim9)\times10^{-8}$ (25)	3.37	0.7768 (25)			76.7 (84.1)
6	乙基溶纤剂	$C_2H_5OCH_2CH_2OH$	90.10	134.8	-70			1.8×10^{-6} (25)	2.08	0.9297 (20)			
7	乙酸乙酯	$CH_3COOCH_2CH_3$	88.10	77.1	-84.0	6.0 (25)		3.0×10^{-9} (25)	1.81	0.8946 (25)	0.00139 (20)	3.3 (25)	70.4 (91.5)
8	乙酸酐	$(CH_3CO)_2O$	102.09	140.0	-73.1	20.7 (25)	14.52	4.8×10^{-7} (25)	2.8	1.0691 (30)		2.7 (15)	
9	二乙基醚	$C_2H_5OC_2H_5$	74.04	34.5	-116.3	4.34 (20)		3.7×10^{-13} (25)	1.15	0.7078 (25)	0.00215 (20)	1.468 (25)	34.15 (98.74)

续表

编号	溶剂名称	分子式或结构式	分子量 M	沸点[①] /℃	冰点 /℃	介电常数 ε/(F/m)	离子积常数的负对数	电导率 σ/(S/m)	偶极矩 μ/ c·m	密度 ρ/(g/ml)	体积膨胀系数 α_V/(ml/℃)	水在溶剂中的溶解度 s/%	与水共沸物的共沸点 /℃ (溶剂含量 φ/%)
10	二甘醇	CH₂OHCH₂O CH₂OH	106.12	244.3	-10.4			0.58×10⁻⁶ (20)		1.1184 (20)			
11	二甲基砜	(CH₃)₂SO₂	94.06	189	18.45	46.7 (25)	33.3 17.3	<3×10⁻⁸ (25)	4.3	1.100 (25)			
12	间二甲苯	C₆H₄(CH₃)₂	96.09	139.102	-47.892	2.374 (20)			0.37	0.8599 (25)			
13	二甲基甲酰胺	HCON(CH₃)₂	73.09	153.0	-61	30.7 (25)		1.83×10⁻⁶ (25)	3.82	0.9445 (25)			
14	二氧六环	CH₂—CH₂ O O CH₂—CH₂	88.10	101.3	11.8	2.21 (25)		2×10⁻¹⁵ (25)	0.45			0.00103 (20)	87.82 (82)
15	二氯乙烷	C₂H₄Cl₂	99.02	83.4		10.23 (25)							
16	二氯甲烷	CH₂Cl₂	85.0	39.95	-96.7	9.08 (20)		4.3×10⁻¹¹ (25)	1.55	1.30777 (30)		0.00137 (20)	
17	环丁砜	CH₂—CH₂ SO CH₂—CH₂	120.11	285	28.86	43.3 (30)	很大	(4~6)× 10⁻⁶ (28) <2×10⁻⁸ (25)	4.69	1.2615 (30)			
18	丁酮	CH₃COCH₂CH₃	76.09	79.5 (99.5 %)	-87.3	18.51 (25)	25.5	1×10⁻⁷ (25)	2.747	0.79945 (25)	0.00076 (20)		73.4 (88.7)
19	三乙胺	(C₂H₅)₃N	101.06	89.35	-114.7	2.42 (25)			0.75 -0.79	0.73255 (15)	0.00126 (20)		
20	三氟乙酸	CF₃COOH	114.04	72.4	-15.3	39.5 (20)			2.28	1.4890 (20)			
21	正丁胺	CH₃(CH₂)₃NH₂	73.14	76.2	-50.5	5.3 (21)			1.40	0.7414 (20)			
22	正丁醇	CH₃(CH₂)₃OH	74.12	117.7	-89.5	17.1 (25)		9.12×10⁻⁹ (25)	1.68	0.8021 (30)	0.00095 (20)	20.5 (25)	92.7 (57,5)
23	正丙醇	CH₃CH₂CH₂OH	60.09	97.2	-126.2	20.1 (25)		9.17×10⁻⁹ (18)	1.66	0.7995 (25)	0.00107 (20)		87.7 (70.9)
24	1,2-丙二醇	CH₃CHCH₂ OHOH	76.09	188.2		32.0 (20)			2.25	1.0328 (25)	0.00069 (20)		
25	丙三醇	CH₂CHCH₂ OH OHOH	92.09	290.0	18.18	42.5 (25)		0.6×10⁻⁷ (25)	2.56	1.26134 (20)			
26	丙酮	CH₃COCH₃	58.09	56.2	-95.35	20.7 (25)	7.55	5.8×10⁻⁸ (25)	2.72	0.7851 (25)	0.00149 (20)		
27	丙酸	CH₃CH₂COOH	74.08	140.8	-20.83	3.44 (40)		<1×10⁻⁹ (25)	0.63 (22)	0.9880 (25)	0.00108 (20)		99.1 (17.8)
28	丙酸酐	(CH₃CH₂CO)₂O	130.14	167.0	-45.0	18.3 (16)				1.0057 (25)			
29	甲苯	C₆H₅CH₃	92.13	110.6	-95.0	2.4 (25)		1.4×10⁻¹⁴ (25)	0.39	0.8623 (25)	0.0011 (25)		84.1 (86.5)
30	4-甲基戊二酮	CH₂COCH₃ CH(CH₃)₂	100.16	115.7	-83.5	13.11 (20)	>30			0.7961 (25)	0.00116 (20)	1.9 (25)	87.9 (75.7)

续表

编号	溶剂名称	分子式或结构式	分子量 M	沸点① /℃	冰点 /℃	介电常数 ε/(F/m)	离子积常数的负对数	电导率 σ/(S/m)	偶极矩 μ/ c·m	密度 ρ/(g/ml)	体积膨胀系数 αV/(ml/℃)	水在溶剂中的溶解度 s/%	与水共沸物的共沸点 /℃ (溶剂含量 φ/%)
31	N-甲基吡咯烷酮	$\begin{array}{c}CH_2-CH_2\\ \mid\quad\quad\mid\\ CH_2-CO\end{array}NCH_3$	99.05	204	-24.7	24.3							
32	甲氧基甲醇	CH$_3$OCH$_2$CH$_2$OH	76.09	124.4	-85.1	16.0 (30)		1.09×10^{-5} (20)	2.04	0.9596 (25)	0.00095 (20)		99.9 (22.2)
33	间甲基酚	CH$_3$C$_6$H$_4$OH	108.13	202.7	12.0	12.3 (25)	16.01						
34	甲酰胺	HCONH$_2$	45.02	210.5 (分解)	2.55	109.5 (25)		1.98×10^{-5} (20)	3.37	1.12918 (25)			
35	甲醇	CH$_3$OH	32.04	64.5	-97.5	32.6 (25)	16.7	1.5×10^{-9} (25)	1.66	0.7868 (25)	0.00118 (20)		
36	甲酸	HCOOH	46.03	100.7	8.25	58.5 (16)	6.2	1.24×10^{-4} (25)	1.19 (22)	1.2133 (25)			107.2 (77.4)
37	四甲基胍	(CH$_3$)$_2$N—C—N(CH$_3$)$_2$ $\quad\quad\mid\mid$ $\quad\quad$NH	101.05	159~160		11.0 (25)							
38	四甲基脲	[(CH$_3$)$_2$N]$_2$CO	116.07	166									
39	四氢呋喃	$\begin{array}{c}CH_2-CH_2\\ \mid\quad\quad\mid\\ CH_2-CH_2\end{array}$O	72.10	66	-65	7.58 (25)				0.8880 (25)			62.2 (92)
40	四氯化碳	CCl$_4$	153.84	76.75	-22.99	2.238 (20)		4×10^{-18} (25)	0.00	1.5482 (25)	0.00127 (20)	0.01 (24)	66 (95.9)
41	吗啉	HN$\begin{array}{c}CH_2-CH_2\\ \mid\quad\quad\mid\\ CH_2-CH_2\end{array}$O	87.12	128.6	-3.1	7.33 (25)				1.0017 (25)	0.00094 (20)		
42	异丙醇	CH$_3$CH(OH)CH$_3$	60.09	82.4	-89.5	18.3 (25)	20.80	0.51×10^{-6} (25)	1.68	0.7810 (25)	0.00107 (20)		80.3 (87.4)
43	冰乙酸	CH$_3$COOH	60.05	118.1	16.63	6.15 (20)	14.45	2.4×10^{-8} (25)	0.83	1.0437 (25)	0.00107 (20)		
44	环己烷	H$_2$C$\begin{array}{c}CH_2-CH_2\\ \mid\quad\quad\mid\\ CH_2-CH_2\end{array}CH_2$	84.16	80.7	6.6	2.02 (25)			0.00	0.7786 (20)		0.010 (20)	68.9 (91.0)
45	苯	C$_6$H$_6$	78.11	80.1	5.5	2.27 (25)		$<1\times10^{-15}$ (25)	0.00	0.8737 (25)	0.00124 (20)	0.054 (26)	69.2 (91.17)
46	苯乙酮	CH$_3$COC$_6$H$_5$	100.09	202.1	19.6	17.39 (25)		6.43×10^{-9} (25)	2.77	1.0238 (25)			
47	苯甲醚	CH$_3$OC$_6$H$_5$	108.08	153.8	-37.5	4.33 (25)		1×10^{-13} (25)	1.20 (20)	0.9893 (25)			
48	苯胺	C$_6$H$_5$NH$_2$	93.12	184.4	-5.98	6.89 (20)		2.4×10^{-8} (25)	1.51	1.0175 (25)	0.00086 (20)	5 (25)	75 (18.2)
49	吡啶	C$_5$H$_5$N	79.10	115.6	-41.8	12.3 (25) 13.24 (20)		4×10^{-8} (25)	2.20	0.9728 (25)	0.00100 (20)		94 (57)
50	叔丁醇	CH$_3$C(CH$_3$)$_2$OH	74.12	82.41	25.66	11.23 (20)		2.9×10^{-7} (25)	1.66	0.7809 (25)			
51	酚	C$_6$H$_5$OH	94.11	181.75	40.90	9.78 (60)		$(1\sim3)\times10^{-8}$ (50)	1.73	1.0576 (41)		28.7 (25)	99.6 (9.2)

续表

编号	溶剂名称	分子式或结构式	分子量 M	沸点①/℃	冰点/℃	介电常数 ε/(F/m)	离子积常数的负对数	电导率 σ/(S/m)	偶极矩 μ/c·m	密度 ρ/(g/ml)	体积膨胀系数 α_V/(ml/℃)	水在溶剂中的溶解度 s/%	与水共沸物的共沸点/℃（溶剂含量 φ/%）
52	硝基甲烷	CH_3NO_2	61.04	101.25	−28.5	35.87(30)		6.56×10^{-7}(25)	3.17	1.1312(25)	0.00135		83.6(76.4)
53	硝基苯	$C_6H_5NO_2$	61.04	210.8	5.8	34.8(25)		9.1×10^{-7}(25)	3.99	1.1934(30)	0.00083(0—30)		98.6(12)
54	氯仿	$CHCl_3$	119.39	61.2	−63.6	4.8(20)		$<1\times10^{-19}$(25)	1.15	1.4892(20)	0.00127(20)	0.072(23)	56.1(97.8)
55	氯苯	C_6H_5Cl	112.56	131.69	−45.58	5.621(25)		$<1\times10^{-9}$(0)	1.56	1.0163(20)	0.00098(20)		90.2(71.6)
56	碳酸丙烯酯	$\begin{array}{c}CH_3-C-O\\HC\quad C=O\\O\end{array}$	102.04	241.7	−49.2	64.4(25)				1.0257(20)			

① $p=101325Pa$ 时的沸点。

注：除最后一列外，表中括号（）内的数值皆表示温度，℃。

非水滴定体系的选择，首先要比较滴定剂或指示剂在非水溶剂中的解离常数即酸（或碱）及其共轭碱（或共轭酸）的相对酸碱性，避免产生拉平效应（leveling effect）的体系。表 11-43 中列举了部分酸（或碱的共轭酸）和指示剂在一些常见非水溶剂中的 pK_a 值。

表 11-43　部分酸和指示剂在非水体系中的 pK_a 值[7]

酸或指示剂	非水溶剂		
	甲　醇	乙　醇	其　他
乙酸	9.52	10.32	11.4①，9.75②
对氨基苯甲酸	10.25		
NH_4^+	10.7		6.40③
苯铵离子	6.0	5.70	
苯甲酸		10.72	10.0①
溴酚酚紫	11.3	11.5	
溴甲酚绿	9.8	10.65	
溴酚蓝	8.9	9.5	
溴百里酚蓝	12.4	13.2	
二丁基铵离子			10.3①
邻氯苯铵离子	3.4		
氰乙酸		7.49	
2,5-二氯苯铵离子			9.48③
二甲基氨基偶氮苯		5.2	6.32③
二甲基苯铵离子		4.37	
甲酸		9.15	
氢溴酸			5.5④
氢氯酸			8.55③，8.9④

酸或指示剂		非水溶剂		
		甲　醇	乙　醇	其　　他
甲基橙		3.8	3.4	
甲基红	酸性范围	4.1	3.55	
	碱性范围	9.2	10.45	
甲基黄		3.4	3.55	
中性红		8.2	8.2	
邻硝基苯甲酸		7.6		
间硝基苯甲酸		8.3		
对硝基苯甲酸		8.4		
高氯酸				4.87[3]
苯酚		14.0		
酚红		12.8	13.4	
邻苯二甲酸，pK_{a2}		11.65	3.8	11.5[2]，6.10(pK_{a1})[3]
苦味酸		3.8		8.9[4]
吡啶离子				6.1[3]
水杨酸		8.7	7.9	
硬脂酸		10.0		
琥珀酸，pK_{a2}		11.4		
硫酸，pK_{a1}				7.24[3][4]
酒石酸，pK_{a2}		9.9	15.2	
百里酚蓝	酸性范围	4.7	5.35	
	碱性范围	14.0		
百里酚苯甲醇	酸性范围	3.5		
	碱性范围	13.1		
对甲苯磺酸				8.44[3]
对甲基苯胺离子			6.24	
三苯胺离子				5.40[3]
橙黄Ⅳ		2.2	2.3	
尿素（质子化阳离子）				6.96[3]
巴比妥		12.6		

① 二甲亚砜。
② 丙酮10%水。
③ 冰乙酸。
④ 乙腈。

（二）非水滴定中的滴定剂

非水滴定中的滴定剂见表11-44～表11-46。

表 11-44　非水滴定中的酸滴定剂

编号	滴定剂	配制方法	标　定	备　注
1	0.1mol/L 高氯酸的冰乙酸标准溶液	取 900ml 冰乙酸，冷至 25℃ 以下，缓缓加入 8.5ml 72%的 HClO₄，摇匀，再滴加 9.5g（约 8.8ml）乙酸酐，摇匀，冷至室温，用冰乙酸稀释至 1000ml，放置 24h。可以稀释配制 0.01mol/L、0.001mol/L	准确称取 0.2g 邻苯二甲酸氢钾，溶于 25ml 冰乙酸。以 0.2%结晶紫的冰乙酸溶液为指示剂，滴定到稳定蓝色，做空白试验	也可配制高氯酸的冰乙酸-四氯化碳，二氧六环，乙二醇-异丙醇，甲氧基乙醇等标准溶液
2	0.1mol/L 烃磺酸的冰乙酸标准溶液	取一定量的甲烷磺酸、乙烷磺酸或对甲苯磺酸的纯品无水试剂溶于 900ml 的冰乙酸中，再加入计算量的乙酸酐，用冰乙酸稀释至 1000ml，放置 24h	参照本表中"1"的方法进行标定	也可配制 0.005mol/L 的对甲磺酸的氯仿，乙二醇-异丙醇标准液
3	0.1mol/L 氟磺酸的冰乙酸标准溶液	取精制无水氟磺酸约 14.8g，用冰乙酸溶解后，稀释至 1000ml	参考本表中"1"的方法进行标定。可用结晶紫（终点绿色）或孔雀绿（终点黄色）作指示剂	也可配制氟磺酸的醇标准溶液
4	0.1mol/L 氯磺酸的冰乙酸-丁酮标准液	取 7ml 氯磺酸于 250ml 冰乙酸中，用丁酮稀释成 0.1mol/L	以乙酸钠为基准物质，冰乙酸-丁酮为溶剂，甲基橙为指示剂进行标定	
5	0.5mol/L 盐酸的甲醇标准溶液	取 84ml 6mol/L HCl，溶于甲醇，并稀释至 1000ml	以酚酞为指示剂，每天用 0.1mol/L NaOH 标准溶液标定	也可配制 0.1mol/L HCl 的冰乙酸，乙二醇-异丙醇标准液
6	氢溴酸的冰乙酸标准溶液	溴通入四氢化萘中，产生溴化氢通入冰乙酸中，使其浓度达到 0.1mol/L 或 0.5mol/L	参照本表"1"的方法进行标定	也可直接用溴化氢试剂配制

表 11-45　非水滴定中的碱滴定剂

编号	滴定剂	配制方法	标　定	备　注
1	0.1mol/L 甲醇钾的苯-甲醇标准溶液	20ml 甲醇+50ml 苯混匀，冰浴中冷却，称取 4g 金属钾（已除去杂质），切成小片，分次逐步加入混合溶剂中。金属钾与甲醇反应非常激烈，会放出大量热而燃烧，配制时要充分冷却	准确称取 0.2g 辛可芬基准物质，溶于 20ml 无水吡啶中，用百里酚蓝（终点为蓝色）或酚酞为指示剂进行标定，做空白试验。或用苯甲酸为基准物质在二甲基甲酰胺中进行标定	也可配制 0.1mol/L 甲醇钾的吡啶-苯-甲醇标准溶液
2	0.1mol/L 甲醇钠的苯-甲醇标准溶液	称取 2.3g 金属钠，切片用无水甲醇洗净，分次加入经冷却的 150ml 无水甲醇中，溶解，用苯稀释至 1000ml	参照本表中"1"的方法进行标定	还可配制 0.02mol/L 甲醇钠的苯-甲醇及 0.1mol/L 甲醇钠的吡啶标准溶液
3	0.1mol/L 甲醇锂的苯-甲醇标准溶液	称取 0.7g 锂丝，溶于 150ml 无水甲醇中，冰浴冷却，用苯稀释至 1000ml	准确称取 50mg 苯甲酸基准物，溶于二甲基甲酰胺中，以 0.1%喹哪啶红的无水甲醇溶液为指示剂。做空白对照	
4	0.1mol/L KOH 的无水甲醇标准溶液	称取 3.0g 分析纯 KOH 溶于 200ml 无水甲醇中，并用甲醇稀释至 500ml，在隔绝 CO₂ 和水气条件下过滤后保存	准确称取 0.2g 苯甲酸溶于苯或氯仿中，再加 1ml 甲醇，以 0.5%百里酚蓝无水甲醇溶液为指示剂，在隔绝空气条件下标定，做空白试验	还可配成 0.1mol/L KOH 的异丙醇，正丙醇-苯的标准溶液

续表

编号	滴定剂	配制方法	标　定	备　注
5	0.1mol/L 氢氧化四丁基铵的苯-甲醇（10:1）标准溶液	称取 40g 经重结晶纯化过的碘化四丁基铵，溶于 90ml 无水甲醇中，加入 20g 氧化银，塞紧瓶盖振摇 1h，离心分离，取上层清液并检验溶液中无 I^-（如有 I^-，再加氧化银处理至无 I^-）。最后用玻璃漏斗过滤，隔绝 CO_2 和水汽，收集滤液，用苯稀释至 1000ml，通氮气后密封保存，经强碱性阴离子交换树脂纯化后，标定后使用	取 10ml 二甲基甲酰胺，加 3 滴 0.3%百里酚蓝的甲醇溶液作指示剂，用 0.1mol/L 氢氧化四丁基铵滴至纯蓝色，加入准确称量的 60mg 苯甲酸基准物质溶解后滴至终点。或准确称取 0.3g 苯甲酸基准物质，溶于 10ml 吡啶，在氮气氛中用标准溶液进行电位滴定，做空白试验	也可配制氢氧化四丁基铵的吡啶标准溶液或直接通过强碱阴离子交换树脂制备氢氧化四丁基铵的标准溶液

表 11-46　非水滴定中的氧化还原滴定剂

编号	滴定剂	配制方法	标　定	备　注
1	0.05mol/L 硝酸高铈的冰乙酸标准液 $[(NH_4)_2Ce(NO_3)_4]$	取含水为 1mol/L 的冰乙酸 950ml，加热 60℃，加入 26g 硝酸高铈，冷却至室温，贮存在棕色瓶中	取此液 50.00ml，加入 4ml 70%$HClO_4$，用 0.04mol/L 草酸钠（准确称取 5.36g 草酸钠基准物质溶于 1mol/L $HClO_4$ 的冰乙酸中并释至 1000ml）滴定至黄色消失	也可配制成 0.05mol/L 硝酸高铈铵的乙腈标准溶液。以硫酸亚铁铵为基准物质，邻菲啰啉为指示剂标定
2	0.1mol/L 溴的冰乙酸标准液	取 8.0g 溴，用冰乙酸溶解，稀释至 1000ml，储于棕色瓶中	取此液 10.00ml，加 10% KI 溶液，充分摇匀，用硫代硫酸钠标准溶液滴定，以淀粉溶液为指示剂	也可配制成 0.05mol/L 溴的碳酸丙烯酯标准液
3	卡尔·费休试剂	溶液甲：取 450ml 无水甲醇（w_{H_2O} <0.05%）与 450ml 分析纯无水吡啶（w_{H_2O} <0.1%）混合，冰浴冷却通入经硫酸干燥的二氧化硫 90g。溶液乙：取 30g 升华提纯的碘溶于无水甲醇（w_{H_2O} <0.05%），并稀释至 1000ml	准确称取 2~5g 重蒸水，用无水甲醇（<0.05%）稀释至 1000ml，移取 10.00ml，用卡尔·费休试剂滴定。做空白试验	凡能与碘反应的、能将碘离子氧化为碘的、或能与该试剂中某一组分作用生成水的物质均有干扰

（三）非水滴定中的指示剂

表 11-47 和表 11-48 列出了非水滴定中常用的酸碱指示剂和混合指示剂，图 11-2 为部分指示剂在吡啶中变色时的电位范围。

表 11-47　非水滴定中应用的酸碱指示剂[①]

编号	指示剂	浓度 w/%	溶　剂	终点颜色变化	被测物质
1	孔雀绿 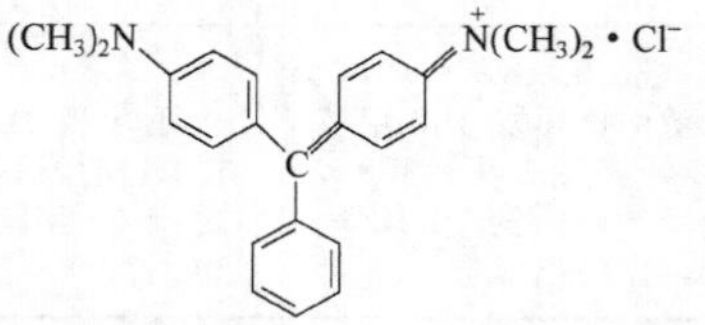 	0.1	乙酸	无色→浅蓝绿	生物碱类

编号	指示剂	浓度 $\omega/\%$	溶 剂	终点颜色变化	被测物质
2	尼罗蓝	0.1	苯；甲醇	红→蓝	二苯基磷酸盐
3	甲基红	0.1	氯仿	黄→红	咖啡因；咖啡因磷酸酯
4	甲基黄	0.1	氯仿	黄→红	胺类；烟碱（尼古丁）
5	甲基紫	0.1	乙酸	绿→黄	安替比林类衍生物
6	甲基橙	0.1	烃类；乙二醇	黄→深红	吗啡类麻醉剂
7	对氨基偶氮苯	0.1	氯仿	黄→红	间苯二酚
8	对羟基偶氮苯	0.1	丙酮	无色→黄	羧酸
9	百里酚酞	0.1	吡啶	亮黄→浅蓝	胺类；乙炔
10	百里酚蓝	0.1	二甲基甲酰胺；甲醇；乙二醇	黄→蓝	铵盐；阿司匹林；生物碱类；尼龙

编号	指示剂	浓度 ω/%	溶 剂	终点颜色变化	被测物质
11	刚果红 	0.1	1,4-二氧六环	红→蓝	胺类
12	酸性四号橙 	0.1	乙醇	黄→紫	生物碱类；咖啡因；水杨酸酯
13	苦味酸 	0.1	乙二胺	黄→无色	酚类
14	亮甲酚蓝（碱性亮甲酚蓝） 	0.1	乙酸	红→蓝	氨基酸
15	苯酰金胺 	0.1	乙酸	黄→灰紫色	氨基酸
16	结晶紫 	0.1	乙酸	浅蓝→绿	生物碱类；氨基酸
17	偶氮紫 	—	二甲基甲酰胺；吡啶	橙→浅蓝	酚类；烯醇类；酰亚胺类化合物

编号	指示剂	浓度 ω/%	溶　剂	终点颜色变化	被测物质
18	酚红 	0.1	乙醇	红→黄	甲酸
19	酚酞 	0.1	吡啶；乙醇+苯	无色→深红	脂肪酸；磺酰胺；巴比妥酸
20	α-萘酚基苯甲醇 	0.1	乙酸	黄→绿	氨基酸；奎宁
21	硝基苯酚 	0.1	甲氧基苯；氯代苯	黄→无色	碱类
22	溴甲酚绿 	0.5	氯仿	绿→无色	伯胺；仲胺
23	溴百里酚蓝（溴麝香草酚蓝） 	0.1	吡啶；乙酸；丙烯腈	黄→浅蓝	有机酸
24	溴酚酞 	0.1	苯	黄→红紫	胺类

续表

编号	指示剂	浓度 ω/%	溶 剂	终点颜色变化	被测物质
25	溴酚蓝 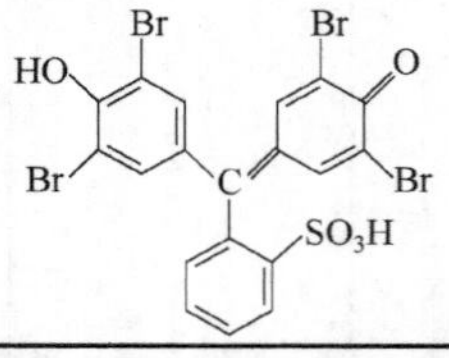	0.1	氯苯；氯仿；乙醇；乙酸	紫→黄	胺；生物碱类；磺酰胺制剂

① 非水滴定中的酸碱指示剂在不同的介质中所指示的酸碱范围有所不同，使用时应根据介质来选择。

表 11-48 非水滴定中常用的混合指示剂[6]

编号	指示剂组成	配制方法	应用示例		
			试样溶剂	滴定剂	被滴定物质
1	甲酚红+百里酚蓝	各 0.1%水溶液（NaOH 中和）按 1:3 混合	吡啶（含乙酸酐）	氢氧化钠的乙醇标准溶液	酚；醇；羟基酸
		甲酚红 25mg，百里酚蓝 150mg，用甲醇溶解至 100ml	吡啶	氢氧化四乙基铵的苯-甲醇标准溶液	生物碱
2	亚甲基蓝+喹哪啶红	亚甲基蓝 0.1g，喹哪啶红 0.2g 溶于 100ml 无水甲醇	硝基甲烷-甲酸	高氯酸的二氧六环标准溶液	四环素
3	亚甲基蓝+甲基红	0.1%亚甲基蓝乙醇液 10ml，加 0.1%甲基红乙醇液 40ml	乙酸酐	盐酸的甲醇标准溶液	丙烯腈
4	亚甲基蓝+酸性四号橙	0.1%酸性四号橙的冰醋酸溶液加 0.1%亚甲基蓝的冰醋酸溶液（2+1）	硝基甲烷-乙酸酐	高氯酸的冰乙酸标准溶液	奎宁
5	亚甲基蓝+二甲黄	亚甲基蓝 0.1g，二甲黄 1.0g，溶于 125ml 甲醇	甲醇、乙腈	盐酸的甲醇标准溶液	酸酐与过量吗啉作用后盐酸滴定剩余吗啉
6	亚甲基蓝+酸性蓝 93	0.1%亚甲基蓝乙醇溶液 4 滴加 0.1%酸性蓝 93 乙醇溶液 2 滴	甲醇	高氯酸的甲醇标准溶液	匹拉米东
7	甲基橙+二甲苯花黄 FF	甲橙 0.15g 加二甲苯花黄 0.08g，溶于 100ml 水	乙腈-冰乙酸（含乙酸酐） 乙二醇-异丙醇	盐酸的甲醇标准溶液 盐酸的二氧六环标准溶液 } 盐酸的 G-H 标准溶液	胺类 芳香胺；弱碱
8	甲基橙+百里酚酞	0.2%甲橙水溶液加 0.5%百里酚酞乙醇溶液（5+3）	乙醇	乙醇钠的乙醇标准溶液	酸性物质
9	甲基紫+溴甲酚绿	甲基紫 75mg 加溴甲酚绿 300mg 溶于 2ml 乙醇，用丙酮稀释成 100ml	丙酮、丙酮-冰醋酸、乙腈-冰醋酸	高氯酸的冰乙酸标准溶液	烟酰胺；羧酸盐；吩噻嗪
10	甲基紫+溴酚蓝	0.1%甲基紫的氯苯溶液加 0.4%溴酚蓝的冰乙酸溶液（1+1）	冰醋酸	高氯酸的冰乙酸标准溶液	4-氨基-5-乙氧基-甲基-2-甲嘧啶
11	百里酚蓝+子种绿	百里酚蓝 0.1g，加子种绿 0.025g，溶于 100ml 甲醇	甲醇		
12	马休黄+甲基紫	马休黄 66.7mg 加甲基紫 4mg，用甲醇、乙醇或异丙醇溶解成 100ml	甲醇-异丙醇	高氯酸的甲氧基甲醇标准溶液	羰基
13	酚红+甲酚红+溴百里酚蓝	各 0.4%的溶液按 3:1:1 体积混合	甲醇-苯	甲醇钾的苯-甲醇标准溶液	羧酸
14	百里酚蓝+二甲苯花黄 FF	百里酚蓝 0.3g，加二甲苯花黄 FF 0.08g，溶于 100ml 二甲基甲酰胺	甲醇-乙酸酐	高氯酸的甲氧基甲醇标准溶液	叔胺

续表

编号	指示剂组成	配制方法	应用示例		
			试样溶剂	滴定剂	被滴定物质
15	茜素黄 R+二甲苯花黄 FF	含 0.1%茜素黄 R 及 0.08%二甲苯花黄 FF 的水溶液	乙二醇（含 KOH）	盐酸的甲醇标准溶液	酰胺皂化后剩余物质滴定
16	溴酚蓝+间胺黄	溴酚蓝 0.1g 加间胺黄 0.01g 溶于 100ml 无水乙醇	氯仿	高氯酸的冰乙酸标准溶液	苯甲酸钠

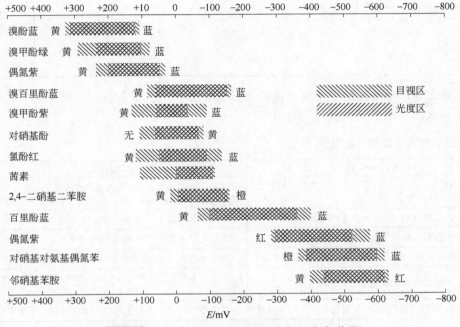

图 11-2 部分指示剂在吡啶中的电位变色范围

非水滴定中应用的氧化还原指示剂见表 11-49。

表 11-49 非水滴定中应用的氧化还原指示剂

编号	指示剂	浓度 ω/%	溶剂	终点颜色变化	被测物质
1	二苯胺	0.25	冰乙酸	无色→紫	氢醌
2	甲基红	0.1	冰乙酸	红→黄	氢醌
3	变胺蓝 B	0.1	吡啶	无色→蓝	抗坏血酸，氢醌，β-萘酚

续表

编号	指示剂	浓度 $\omega/\%$	溶剂	终点颜色变化	被测物质
4	邻菲啰啉+FeSO₄ 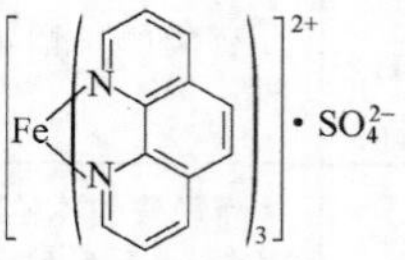	0.15	冰乙酸	红→黄	氢醌
5	烟鲁绿 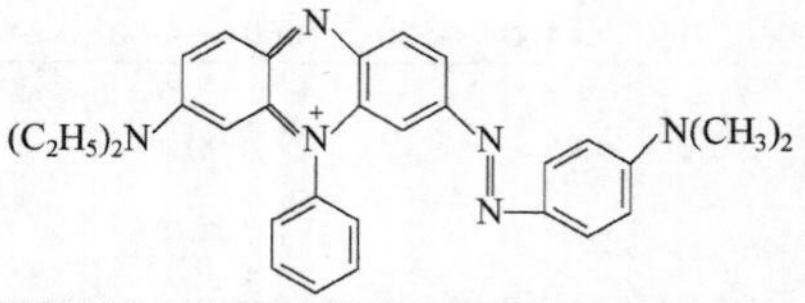	0.1	冰乙酸	蓝→浅红	氢醌

除指示剂外，非水滴定中也常用电位法、光度法等指示滴定终点。表 11-50 中列举了一些可用于非水滴定的参比电极。

表 11-50 用于非水滴定的参比电极

电极内液组成	适用范围
市售甘汞电极，内液改换成氯化钾的饱和甲醇、乙二醇，或异丙醇溶液	适用于滴定酚类，反应迅速且重现性好，可用于丙酮、乙腈、苯-异丙醇、吡啶、冰乙酸、苯-冰乙酸-氯仿等溶剂中
汞/氯化亚汞/氯化钠+高氯酸钠饱和的冰乙酸溶液	可用于冰乙酸中的滴定，重现性为±0.25mV
汞/氯化亚汞/氯化锂的饱和冰乙酸溶液	可用于冰乙酸及冰乙酸-乙酸酐等溶剂
汞/氯化亚汞/0.1mol/L 高氯酸锂的乙酸酐溶液	滴定冰乙酸-乙酸酐中极弱碱时使用，如测定酰胺
汞/氯化亚汞/氯化锂饱和乙二胺的溶液	电极制备好，应放置一天使用，可用于乙二胺中极弱酸的测定
甘汞电极，内液改换成 1mol/L 氯化四丁基铵水溶液	此为不含钾离子的甘汞电极，滴定弱酸时不造成碱误差

二、非水滴定的应用

根据非水滴定分析测试的对象的不同，一般可分无机物、有机物及某些药物的测定，分别列于表 11-51～表 11-53 中。

表 11-51 无机物的非水滴定法

编号	被测化合物	滴定体系		指示化学计量点的方法
		溶 剂	滴定剂	
1	二氧化碳	丙酮-甲醇	甲醇钠	指示剂法
		丙酮	甲醇钠	指示剂法
		二甲基甲酰胺	氢氧化四丁基铵	指示剂法
		二甲基甲酰胺+水	碘化钾	电导法
2	氨	甲醇+水	HNO₃	电导法
3	水	各种溶剂	卡尔·费休试剂	指示剂法；电位法
4	HCl	乙二醇，丙酮，甲乙酮	异丙醇钠的异丙醇溶液	电位法
		乙腈	氢氧化四乙基铵	电位法

编号	被测化合物	滴定体系		指示化学计量点的方法
		溶　剂	滴定剂	
4	HCl	二甲基甲酰胺	氢氧化四乙基铵	电位法
5	HF	酮类	氢氧化四乙基铵	电位法（甘汞-W）
		二甲基甲酰胺	氢氧化四乙基铵	电位法（甘汞-W）
6	HBr	四甲基胍	氢氧化四丁基铵	电导法
7	$HClO_4$	甲醇+氯仿+甲乙酮+吡啶	甲醇锂的甲醇溶液	指示剂法（偶氮紫）
		甲醇	乙酸甲酯	电导法
		二甲基甲酰胺	氢氧化四乙基铵	电位法
		乙腈	氢氧化四乙基铵	电位法
		四甲基脲，四甲基胍	氢氧化四乙基铵	电位法（H_2-Hg/Hg_2Cl_2）
8	H_2SO_4	甲醇	氢氧化钾的甲醇溶液	电位法（甘汞-玻璃）
		二甲基亚砜	氢氧化四丁基铵	电位法（甘汞-玻璃）
9	各种无机酸（高氯酸、盐酸、硫酸、硝酸）	乙二醇+异丙醇（1+1）	氢氧化钠的乙二醇-异丙醇（1+1）溶液	电位法
		苯+甲醇（10+1），二甲基甲酰胺+氯仿（1+1）	氢氧化钾的乙醇溶液	指示剂法（甲基紫）
		甲醇	环己胺的甲醇溶液	电位法
		吡啶，二甲基甲酰胺，丙酮，甲乙酮	季铵碱的苯+甲醇（10+1）溶液	电位法
		乙腈，丙酮	二苯胍的乙醇溶液	电位法
10	无机酸（硼酸）	甲醇	氢氧化钠的甲醇溶液	电导法
		丙三醇+异丙醇	氢氧化四乙基铵	电位法
		丙酮	氢氧化四乙基铵	电位法
11	杂多酸：钼硅酸	醇类（甲醇或乙醇）	氢氧化钾或氢氧化四丁基铵的醇溶液	电位法（Hg/Hg_2Cl_2-Ag/AgCl）
		异丙醇+苯	氢氧化四乙基铵	电位法（玻璃-Pt）
		甲乙酮	氢氧化四乙基铵	电位法（玻璃-Pt）
		乙酸+乙酸酐	吡啶，三乙胺	电位法（玻璃-Pt）
12	锗钼酸	二甲基甲酰胺	各种碱	电位法
		氯仿+二甲基甲酰胺	各种碱	电位法
13	磷钼酸	甲醇	氢氧化四乙基铵	电位法
14	作为碱被滴定的盐（如溴化物、氯化物、亚硝酸盐、硼酸盐）	乙酸，乙酸酐	盐酸的乙酸溶液	电位法；指示剂法
		乙酸，乙酸酐	盐酸的乙酸-乙酐（1+1）溶液	电位法；指示剂法（甲基紫）
		乙二醇+异丙醇（1+1）	盐酸的乙二醇-异丙醇（1+1）溶液	电位法；指示剂法（甲基红）
		乙酸+氯仿，乙酸+甲基异丁酮	盐酸的1,4-二氧六环溶液	电位法
15	作为酸被滴定的盐（如氯化亚锡、三氯化铝）	乙二胺，二甲基甲酰胺	甲醇钠的苯-甲醇（5+1）溶液	指示剂法（麝香草酚蓝）
		氯化亚砜	吡啶的氯化亚砜溶液	指示剂法
16	能被沉淀滴定的盐（溴化物）	丙酮，乙腈	硝酸银的丙酮或乙腈溶液	电位法
17	磷酸盐，亚硝酸钠，重铬酸钾等	丙酮，吡啶	氢氧化四丁基铵的苯-甲醇（10+1）溶液	电位法
18	铜铁试剂盐（Al^{3+}、Bi^{3+}）	丙酮，丙酮+二甲基甲酰胺（6+1）	氢氧化四乙基铵的苯-甲醇溶液	电位法

编号	被测化合物	滴定体系		指示化学计量点的方法
		溶　剂	滴定剂	
19	二硫代氨基甲酸盐（锌、铟、铋）	丙酮+二甲基甲酰胺（6+1）	氢氧化四乙基铵溶液	电位法
20	二硫代膦酸盐（钠、镍、镉）	丙酮+二甲基甲酰胺	氢氧化四乙基铵溶液	电位法
21	安替比林配合物（铁、铌、钽）	丙酮，丙酮+二甲基甲酰胺（6+1）	NaOH；氢氧化四乙基铵的苯-甲醇（3+1）溶液	电位法
22	二硫腙盐	氯仿	二乙氨基二硫代甲酸	光度法
23	8-巯基喹啉盐（Al、Bi、Cd、Fe、Mg、Mn、Na、Th、Tl 等）	丙酮	高氯酸	电位法
		乙腈	高氯酸	电位法
24	8-羟基喹啉盐（Al、Ba、Bi、Ca、Cd、Co、Fe、Ga、Mg、Na、Ni、Sr、Th、Tl、Zn 等）	丙酮	0.1mol/L 高氯酸的冰乙酸溶液	电位法
		氯仿	二乙氨基二硫代甲酸钠溶液	光度法
		乙腈	高氯酸溶液	电位法
		乙酸	高氯酸的乙酸溶液	电位法
		乙腈	甲醇钠的甲醇溶液	电位法
25	卤化物	氯仿	硫代硫酸钠溶液	指示剂法
		乙酸	硝酸银溶液	电位法
		乙醇+水	硝酸镧溶液	电位法
		丙酮	硝酸银溶液	电位法
		乙酸	四乙基铅的乙酸溶液	电位法（Pt-Hg/Hg$_2$Cl$_2$）
26	溴酸盐，碘酸盐	乙酸	氢硫化钠的乙酸溶液	电位法（Pt-Hg/Hg$_2$Cl$_2$）
27	高锰酸盐	乙酸	抗坏血酸的乙酸溶液	电位法（Pt-Hg/Hg$_2$Cl$_2$）
		乙酸	硫氢化钠的乙酸溶液	电位法（Pt-Hg/Hg$_2$Cl$_2$）
28	重铬酸盐	乙酸	抗坏血酸的乙酸溶液	电位法（Pt-Hg/Hg$_2$Cl$_2$）
29	碘酸盐	丙酮	硝酸银的醇溶液	电位法
30	钒酸盐	乙酸	抗坏血酸的乙酸溶液	电位法（Pt-Hg/Hg$_2$Cl$_2$）
31	碱金属乙酸盐	甲乙酮+乙酸	氯磺酸	电位法；电导法；指示剂法
		乙酸酐	乙酸	双安培法
		乙二醇+四氢呋喃	盐酸；高氯酸	电位法；指示剂法
32	稀土硝酸盐	乙醇+丙酮	高氯酸	电位法
		乙酸+乙酸酐+氯仿	高氯酸	电位法
33	Ag$^+$	二甲基亚砜	—	干涉法
	Al^{3+}	乙醇	DCTA[①]的乙醇溶液	示波法
	As^{3+}	乙酸	溴的乙酸溶液	电位法（Pt-Hg/Hg$_2$Cl$_2$）
	Co^{2+}	异丙醇	草酸的乙醇溶液	双安培法
	Cr^{6+}	二甲基甲酰胺	Ti^{3+}的二甲基甲酰胺溶液	氧化还原法
	Cu$^+$	二甲基甲酰胺	PbCl$_4$ 的二甲基甲酰胺溶液	氧化还原法
	Cu^{2+}	二甲基甲酰胺	Ti^{3+}的二甲基甲酰胺溶液	氧化还原法
	Fe^{2+}	二甲基甲酰胺	PbCl$_4$ 的二甲基甲酰胺溶液	电位法
	Fe^{3+}	苯-乙醇	DCTA	电导法
	Ga^{4+}	乙酸	高氯酸的乙酸溶液	电位法

续表

编号	被测化合物	滴定体系		指示化学计量点的方法
		溶　剂	滴定剂	
33	Hg^{2+}	二甲基亚砜	—	干涉法
		乙酸	溴的乙酸溶液	电位法（$Pt-Hg/Hg_2Cl_2$）
		二甲基甲酰胺	Ti^{3+} 的二甲基甲酰胺溶液	氧化还原法
	KNO_3	氯仿+甲酸+乙酸	高氯酸的乙酸溶液	指示剂法（中性红）
	K_2CO_3	硝酸钾	重铬酸钾	双安培法
	K_3PO_4	丙酮	硝酸银的丙酮溶液	电位法
	NaI	二甲基甲酰胺	$PbCl_4$ 的二甲基甲酰胺溶液	氧化还原法
	$MeCl_4$（Me=Ge，Sn，Tl，Zr）	二甲基甲酰胺	氨羧配位剂（如 DCTA）	电导法
	K^+，Na^+	乙醇	草酸的乙醇溶液	安培法
	Ca^{2+}，Cd^{2+}，Co^{2+}，Cu^{2+}，Hg^{2+}，Mg^{2+}，Mn^{2+}，Pb^{2+}，Sr^{2+}，Zn^{2+}	乙醇	DCTA	示波法
	Cd^{2+}，Co^{2+}，Hg^{2+}，Mg^{2+}，Ni^{2+}，Pb^{2+}	甲醇+苯	DCTA	示波法
	Cd^{2+}，Co^{2+}，Cu^{2+}，Fe^{2+}，Mn^{2+}，Ni^{2+}	二甲基甲酰胺+伯胺	8-羟基喹啉	光度法
	Ba^{2+}，Sr^{2+}	二甲基甲酰胺+乙腈	SO_4^{2-}	光度法

① DCTA：环己二胺四乙酸。

表 11-52　有机化合物的非水滴定法

编号	被测化合物	滴定体系		指示化学计量点的方法
		溶　剂	滴定剂	
1	烃及其衍生物芳香烃	二氯甲烷+三氟乙酸	PB	电位法
2	硝基链烷	二甲基亚砜	$Na(CH_2SOCH_3)$	电位法（$H_2-Ag/AgCl$）
		磷酸三丁酯	氢氧化四甲基铵	电位法
3	硝基苯	甲乙酮	氢氧化四乙基铵	示波法
		甲醇	氢氧化钠的甲醇溶液	电导法
		四甲基胍	氢氧化四丁基铵	电导法
4	吡啶	甲乙酮+乙酸	氯磺酸	电位法
		乙酸+乙腈	HCl	电位法
		乙酸+乙酸酐	H^+	温度
5	吡咯	乙酸酐	高氯酸	电位法（玻璃-Hg/Hg_2Cl_2）
6	苯并咪唑	乙酸	高氯酸	指示剂法
		丙酸	高氯酸	指示剂法
		二甲基甲酰胺	甲醇钾	指示剂法
7	苯并咪唑盐酸盐	乙酸酐+乙酸汞	高氯酸	指示剂法
8	苯并三唑	乙酸	溴溶液	安培法
		乙二胺	甲醇钠	电位法（Hg/Hg_2Cl_2-Sb）
		二甲基甲酰胺，吡啶	甲醇钠	电位法（Hg/Hg_2Cl_2-Sb）
9	四唑	四甲基胍	氢氧化四丁基铵	电位法（$Hg/Hg_2Cl_2-H_2$）
10	嘧啶	二甲基甲酰胺	KOH	电位法
11	氨基酸中的氨基	乙酸，乙酸+乙酐	高氯酸、乙酸钠的乙酸溶液	指示剂法（甲基紫）

续表

编号	被测化合物	滴定体系		指示化学计量点的方法
		溶　剂	滴定剂	
11	氨基酸中的氨基	乙酸，三氟乙酸，甲酸+乙酸	盐酸的乙酸溶液	指示剂法，电位法，电导法
		乙二醇-异丙醇（1+1）	盐酸的乙二醇-异丙醇（1:1）溶液	指示剂法，电位法，电导法
12	高分子化合物中的氨基	硝基甲烷+甲酸（1+1），乙酸，乙二醇+异丙醇，苯，氯代苯，溴代苯+丙酮	盐酸的乙酸溶液	指示剂法，电位法，电导法
13	胺	乙酸，苯，氯仿，四氯化碳，氯苯，硝基苯，硝基甲烷，二氧六环等	高氯酸溶液	指示剂法，电位法
14	伯胺	烃类	三氯乙酸，苦味酸	电位法（Bi-Hg/Hg₂Cl₂）
		甲醇	HCl	电位法
		甲醇	三氯乙酸，苦味酸	电位法（Bi-Hg/Hg₂Cl₂）
		甲醇+异丙醇	HCl	电位法
		丙酮	HCl	电位法
		丙酮	二氯乙酸	电导法
		丙酮+甲酚	高氯酸	示波法
		乙酸	高氯酸	指示剂法，电位法
		甲乙酮	高氯酸	电位法
		甲乙酮+氯仿	高氯酸	电位法
		二甲基甲酰胺+甲醇	HCl	电位法
		乙腈	高氯酸	指示剂法，电位法
		甲酸+乙醇	高氯酸，HCl	指示剂法，电位法
		氯仿+水	四苯硼钠	指示剂法
		异丙醇	HCl	双安培法
15	仲胺	丙酮	HCl，二氯乙酸，3,5-二硝基苯甲酸	电位法，电导法
		二氧六环	高氯酸	温度
		甲醇，乙酸，乙酸酐	高氯酸	电位法
		乙腈	高氯酸	电位法
		甲乙酮	高氯酸	电位法
		乙腈	氯酸	指示剂法，电位法
		甲醇	HCl	电位法
		异丙醇+甲醇	HCl	电位法
		甲乙酮+氯仿	高氯酸	电位法
		甲酰胺	各种酸	电导法
		二甲基甲酰胺+氯仿	HCl	电位法
		二甲基亚砜	Na(CH₂SOCH₃)	电位法（H₂-Ag/AgCl）
		二甲基甲酰胺	高氯酸	电位法
		二甲基亚砜	各种酸	电位法
16	叔胺	甲醇；异丙醇+甲醇	HCl 的乙醇溶液	电位法
		丙酮	HCl，二氯乙酸；3,5-二硝基苯甲酸	电位法，电导法
		乙酸，乙酐	高氯酸	温度，指示剂法，电位法，干涉法
		二甲基亚砜	Na(CH₂SOCH₃)	电位法（H₂-Ag/AgCl）
		乙腈	氯酸；高氯酸	指示剂法，电位法

续表

编号	被测化合物	滴定体系		指示化学计量点的方法
		溶　剂	滴定剂	
16	叔胺	1,4-二氧六环+丙酮	乙酸	指示剂法
		甲乙酮	各种酸，高氯酸	电位法
		甲乙酮+氯仿	高氯酸	电位法
		二甲基亚砜	$Na(CH_2SOCH_3)$	电位法（H_2-Ag/AgCl）
17	脂肪族及芳香族的伯胺、仲胺、叔胺	乙酸，丙酸，乙酐，乙酸+乙酐，乙酸+氯仿	HCl 的乙酸溶液	指示剂法，电位法，高频法
		乙腈，硝基甲烷，乙二醇-异丙醇（1+1），醇类	HCl 的二噁烷溶液	指示剂，电位法
		乙腈，硝基甲烷，乙二醇-异丙醇（1+1），醇类	HCl 的甲乙酮溶液	指示剂，电位法
		乙二醇-异丙醇（1+1），双甘醇-异丙醇（1+1）	HCl 的乙二醇-异丙醇（1+1）溶液	电位法
		丙酸	HCl 的丙酸溶液	电位法
18	胺的 N-氧化物	二氧六环+甲乙酮+乙腈	高氯酸的 1,4-二氧六环溶液	电位法
19	肼	甲醇	高氯酸	电导法
		二甲基甲酰胺	四氯化铅	氧化还原法
20	硫酸肼	二甲基亚砜	各种碱	电位法
21	醇	1,4-二氧六环	卡尔·费休试剂	电位法，指示剂法
		苯	氢化锂铝的四氢呋喃溶液	电位法
22	酚	甲醇	各种碱	电位法
		丙酮	NaOH，KOH，氢氧化四乙基铵	电位法，电导法
		甲乙酮	甲醇钠	电位法
		二甲基甲酰胺	甲醇钠，氢氧化四乙基铵	电位法，电导法
		二甲基亚砜	甲醇钠，氢氧化四丁基铵	电位法（Bi-Ag/AgCl）
		硝基甲烷	氢氧化四甲基铵	电位法
23	酚及其衍生物	苯，乙二胺，二甲基甲酰胺	氢氧化钾乙醇溶液	电位法
		丁胺，乙二胺，二甲基甲酰胺	甲醇钠（或钾）的苯-甲醇（10+1）溶液	指示剂法（邻硝基苯胺）
		苯-甲醇（10+1）	甲醇钾的苯-甲醇（10+1）溶液	高频法
		乙二胺	氨基乙酸钠乙二胺溶液	电位法
		吡啶，乙腈，丙酮，乙二胺，二甲基甲酰胺，苯+异丙醇	季铵碱的苯-甲醇（10+1）溶液	电位法
24	酚，二元酚，百里酚	乙酸	溴的乙酸溶液	电位法（Pt-Hg/Hg_2Cl_2）
25	β-萘酚	乙酸-乙酸钠溶液	溴的乙酸溶液	指示剂法（变胺蓝 B）
26	硫酚	二甲基甲酰胺	$CuCl_2$，$PbCl_2$	氧化还原法
		二甲基亚砜	$Na(CH_2SOCH_3)$	电位法（H_2-Ag/AgCl）
		吡啶	$FeCl_3$	氧化还原法
		二氧六环+异丙醇	氢氧化四乙基铵	电位法
27	醛	乙酸	$K_4[Fe(CN)_6]$	安培法
		乙醇	硫代硫酸钠	碘滴定法

编号	被测化合物	滴定体系		指示化学计量点的方法
		溶　剂	滴定剂	
27	醛	异丙醇+吡啶	盐酸羟胺	双安培法
28	酮	吡啶-盐酸羟胺的甲醇溶液	卡尔·费休试剂	电位法，指示剂法
		聚乙烯醚	硝酸的甲醇溶液	电位法
29	吡唑啉酮	乙酐	高氯酸的乙酸溶液	电位法（玻璃-Hg/Hg_2Cl_2）
30	蒽醌	二甲基甲酰胺	氢氧化钠溶液	电位法
		乙腈	高氯酸	指示剂法
31	脂族单羧酸	甲醇	氢氧化四丁基铵	电位法（Hg/Hg_2Cl_2-玻璃）
		甲醇	甲醇钠	温度
		甲醇	氢氧化四乙基铵	电导法
		甲醇+苯	甲醇钠	电位法
		甲醇+苯	氢氧化四丁基铵	温度
		甲醇+氯仿+甲乙酮+吡啶	甲醇锂	指示剂法（麝香草酚蓝）
		异丙醇	氢氧化四丁基铵	电位法
		异丙醇-氯仿	氢氧化钾	电位法
		丁醇	OH^-（电量）	电位法，指示剂法
		乙二醇-丙酮	异丙醇钠	电位法
		丙酮	OH^-（电量）	电位法
		丙酮	N-碱	电导法
		甲乙酮	异丙醇钠	电位法
		甲酰胺	N-碱	电导法
		二甲基甲酰胺	氢氧化四乙基铵	电导法
		二甲基亚砜	Na(CH_2SOCH_3)	电位法（H_2-Ag/AgCl）
		二甲基亚砜	氢氧化四丁基铵	电位法（H_2-Ag/AgCl）
32	脂族多羧酸	甲醇	氢氧化四乙基铵	电位法
		丙三醇-异丙醇	氢氧化四乙基铵	电位法
		丙酮	氢氧化钾的丙醇溶液	电位法
		丙酮	氢氧化四乙基铵	电位法
		碳酸丙烯酯	氢氧化钾的丙醇溶液	电位法
		甲醇	甲醇钠	电导法
		甲醇+苯	氢氧化钾，氢氧化四丁基铵	示波法，温度
		丁醇	OH^-	电位法（Hg/Hg_2Cl_2-玻璃）
		甲乙酮	氢氧化四丁基铵	电位法（Hg/Hg_2Cl_2-钨）
		四甲基脲	氢氧化四丁基铵	电位法（Hg/Hg_2Cl_2-玻璃）
33	草酸	乙酸	铈（Ⅳ）盐的乙酸溶液	指示剂法（二苯胺，雅努斯绿）
34	苯甲酸	甲醇	氢氧化钾，甲醇钠	电位法，温度
		甲醇	氢氧化钾，氢氧化四乙基铵	电位法
		醇类	氢氧化四乙基铵	电位法
		丙三醇+异丙醇	氢氧化四乙基铵	电位法
		丙酮	氢氧化四乙基铵	电位法
		丙酮	氢氧化钾	电位法
		甲乙酮	氢氧化四乙基铵	电位法

编号	被测化合物	滴定体系		指示化学计量点的方法
		溶　剂	滴定剂	
34	苯甲酸	二甲基甲酰胺	甲醇钠，氢氧化钾	电位法，示波法
		二甲基甲酰胺	甲醇钠	电位法
		二甲基甲酰胺	氢氧化钾甲醇溶液	示波法
		二甲基甲酰胺+甲乙酮	氢氧化钾	电位法
		二甲基亚砜	甲醇钠，氢氧化四丁基铵	电位法（Bi-Ag/AgCl）
		四甲基胍	氢氧化四丁基铵	电导法，电位法（H_2-Hg/ $HgCl_2$）
		$Si(OC_2H_5)_4$	高氯酸，N,N'-二苯基胍	电位法，指示剂法
35	羧酸及其羟基、卤代、硝基衍生物	吡啶	氢氧化钠乙醇溶液	电位法
		乙二醇-异丙醇（1+1）	氢氧化钠的乙二醇+异丙醇（1+1）溶液	电位法
		乙腈，酮类，二甲基甲酰胺乙二胺，醇	氢氧化钾乙醇溶液	电位法
		二甲基甲酰胺	甲醇钠甲醇溶液	高频法
		四氯化碳，甲苯，氯仿，苯，二甲基甲酰胺，醇类	甲醇钠，乙醇钠，丁醇钠，戊醇钠的相应醇溶液	指示剂法，电位法
		苯-甲醇（3+1）	乙醇钠的苯+甲醇（3+1）溶液	高频法
36	有机酸：羧酸及其羟基、卤代、硝基衍生物	乙腈，酮类，吡啶，乙二胺，二甲基甲酰胺，哌啶	季铵碱的苯+甲醇（10+1）溶液	电位法
		苯-甲醇（2+1；4+1），吡啶	氢氧化四丁基铵的苯+甲醇（10+1）溶液	高频法
		乙二胺	氨基乙醇钠的乙二胺溶液	指示剂法，电位法
37	肼酸	二甲基甲酰胺	甲醇钠	指示剂法
		四氢呋喃-甲醇	甲醇钾	电位法
38	芳族酸	丙酮-二甲苯	氢氧化钾	电位法
39	N-芳基氧肟酸	吡啶，二甲基甲酰胺	甲醇钾的苯-甲醇溶液	指示剂法
40	吡啶羧酸	异丙醇-甲乙酮	氢氧化四乙基铵	电位法
41	巴比妥酸衍生物	二甲基甲酰胺	甲醇锂的苯-甲醇溶液	指示剂法
		苯-异丙醇（10+1）	氢氧化四丁基铵	指示剂法，电位法
42	抗坏血酸	乙酸-乙酸钠溶液	溴的乙酸溶液	指示剂法（变胺蓝 B）
		乙酸	氯胺 T	电位法
		甲醇-氯仿-乙酸	硫代硫酸钠	碘量法
		异丙醇，乙酸	氢氧化四乙基铵	电位法
43	强酸混合物	乙二醇-异丙醇（1+1）	氢氧化钠的乙二醇-异丙醇（1+1）溶液	电位法
		乙酸	乙酸锂（或钠）的乙酸溶液	电位法，电导法
		酮类，吡啶	季铵碱的苯-甲醇（10+1）溶液	电位法
		甲醇	环己胺的甲醇溶液	电位法
44	弱酸混合物	苯，乙二胺，二甲基甲酰胺	氢氧化钾的乙醇溶液	电位法
		甲醇，吡啶	甲醇钾的吡啶-苯（1+10）溶液	电导法
		丙酮-吡啶（10+1）	甲醇钾的苯-甲醇（10+1）溶液	指示剂法，电位法

第三篇

编号	被测化合物	滴定体系		指示化学计量点的方法
		溶　　剂	滴定剂	
44	弱酸混合物	丁醇	丁醇钠的丁醇溶液	电位法，电导法
		苯，乙二胺，吡啶，酮类，乙腈	季铵碱的苯-甲醇（10+1）（5+1）溶液	电位法，电导法
45	强酸与弱酸混合物	乙腈，酮类，吡啶，二甲基甲酰胺	季铵碱的苯-甲醇（10+1；5+1）溶液	电位法
		乙腈	乙酸钾的乙腈溶液	电导法
46	酸酐	苯-甲醇（1+2），乙醚，乙酸乙酯等	甲醇钠的苯-甲醇（10+1）溶液	电位法
47	弱酸性化合物：酰胺	甲醇	硫代硫酸钠	碘量法
		正醇	碱	指示剂，电位法（Hg/Hg$_2$Cl$_2$-玻璃）
		苯-甲醇	甲醇锂	电位法，指示剂法
		丙酮	甲苯磺酸	电导法
		乙酸	高氯酸	电位法，电导法
		乙酸	溴溶液	安培法
		乙酸酐	高氯酸	电位法
		丙酮-水	氢氧化钠	电位法
		二甲基亚砜	Na(CH$_2$SOCH$_3$)	电位法（H$_2$-Ag/AgCl）
48	酰亚胺	甲醇	HCl	电位法
		丁醇，丙酮	碱	电位法（Hg/Hg$_2$Cl$_2$-玻璃）
49	烯醇	丁醇	碱	指示剂法，电位法（Hg/Hg$_2$Cl$_2$-玻璃）
		丙酮	碱	电位法（Hg/Hg$_2$Cl$_2$-玻璃）
		二甲基亚砜	Na(CH$_2$SOCH$_3$)	电位法（H$_2$-Ag/AgCl）
50	烯醇，酰亚胺，酰胺及其他弱酸性化合物	乙二胺，二甲基甲酰胺	甲醇钠的苯+甲醇（10+1）溶液	指示剂法
		乙二胺	氨基乙醇钠的乙二胺溶液	电位法
51	酯	吡啶	甲醇钠的甲醇溶液	电位法
		乙二胺，二甲基甲酰胺	甲醇钠的苯-甲醇溶液或甲醇钾的苯-甲醇溶液	电位法，指示剂法
		吡啶，丙酮	季铵碱的苯-甲醇（10+1）溶液	电位法
52	一元有机酸与无机阳离子生成的盐（如乙酸盐、苯甲酸盐等）	乙酸	盐酸的乙酸溶液	指示剂法，电位法，光度法
		丙酸	盐酸的丙酸溶液	指示剂法，电位法
		乙酸酐	盐酸的乙酸-乙酐（1+1）溶液	电位法
		乙酸，甲醇，乙酸-氯仿（1+10）	盐酸的二氧六环溶液	指示剂法，电位法
		甲乙酮	盐酸的甲乙酮溶液	电位法
		乙二醇-异丙醇（1+1）	盐酸的乙二醇-异丙醇（1+1）溶液	指示剂法，电位法
		乙酸	乙酸钠的乙酸溶液	间接电位法
		二甲基甲酰胺，乙二醇-氯仿，丁胺，吡啶	乙醇锂的苯-甲醇（5+1）溶液	指示剂法
		丙酮，吡啶	氢氧化四丁基铵的苯-甲醇溶液	间接电位法

编号	被测化合物	滴定体系		指示化学计量点的方法
		溶　剂	滴定剂	
53	多元有机酸与无机阳离子形成的盐（如柠檬酸盐、丁二酸盐、酒石酸盐等）	乙酸	盐酸的乙酸溶液	指示剂法，电位法
		丙酮-水	盐酸的醇溶液	指示剂法，电位法
		乙酸	乙酸钠的乙酸溶液	间接电位法
54	季铵碱与无机或有机酸形成的盐	乙酸酐	盐酸的乙酸-乙酐（1+1）溶液	电位法
		乙酸	盐酸的乙酸溶液	指示剂法，电位法
		丙酮，乙腈	硝酸银的丙酮或乙腈溶液	电位法
		甲醇	氢氧化钾	电位法（Hg/Hg$_2$Cl$_2$-玻璃）
		丙酮	甲醇钠	电位法（Hg/Hg$_2$Cl$_2$-玻璃）
		甲乙酮	高氯酸	电位法
		吡啶	甲醇钠	电位法（Hg/Hg$_2$Cl$_2$-玻璃）
		Si(OC$_2$H$_5$)$_4$	高氯酸	电位法
55	有机碱与无机或有机阴离子形成的盐	乙酸，乙酸-二氧六环	盐酸的乙酸溶液	电位法
		乙酸酐	盐酸的乙酸-乙酐（1+1）溶液	指示剂法，电位法
		乙酸-二氧六环	盐酸的二氧六环溶液	指示剂法，电位法
		乙醇-氯仿-乙腈混合液	盐酸的二氧六环溶液	指示剂法
		甲基异丁酮	氢氧化四丁基铵的苯-甲醇（10+1）溶液	电位法法
		醇类，酮	氢氧化钾的乙醇溶液	指示剂法，电位法
		醇类，酮	乙醇钠的醇-丙酮溶液	指示剂法，电位法
56	氨基甲酸盐	甲乙酮	氢氧化四乙基铵	电位法
57	氨基二硫代甲酸盐	甲乙酮	氢氧化四乙基铵	电位法
58	Grignard 试剂	乙醚	异丙醇	温度
59	氯胺 T	乙酸	硫氢化钠的乙酸溶液	电位法（铂-Hg/Hg$_2$Cl$_2$）
60	硫脲	丙酮	碱	电位法（Hg/Hg$_2$Cl$_2$-玻璃）
		甲乙酮	氢氧化四乙基铵	电位法
		二甲基亚砜	Na(CH$_2$SOCH$_3$)	电位法（H$_2$-Ag/AgCl）
61	过酸（过苯酸+苯甲酸）	苯	氢氧化钠的苯+甲醇（10+1）	电位法
62	尿素	甲乙酮	氢氧化四乙基铵	电位法
63	尿嘧啶	二甲基甲酰胺	KOH	
64	防腐剂	乙酸乙酐-苯	高氯酸	指示剂法
65	天然化合物：天然橡胶	乙酸	高锰酸钾的乙酸溶液	电位法（Pt-Hg/Hg$_2$Cl$_2$）
66	不饱和有机化合物：环己烯、二聚茂、蓖麻烯、芥酸、萜二烯[1,8]苯乙烯、樟脑烯、蒎烯、桧烯、香精油、不饱和醇类	乙酸	溴的乙酸溶液	以极谱法测定一个或几个组分后，余下的用电位法测定
		甲醇	溴溶液	安培法
		乙酸	溴溶液	安培法
67	α,β-不饱和醛：巴豆醛，乙基丙基丙烯醛	甲醇（溴化钠和氯化氢饱和溶液）	溴的乙酸溶液	电位法（Ag-Pt）
68	生物碱	水-醇	HCl（乙醇溶液）	高频法
		乙酸	高氯酸	电位法

编号	被测化合物	滴定体系		指示化学计量点的方法
		溶 剂	滴定剂	
68	生物碱	乙酸酐-氯仿	高氯酸	指示剂法
		1,4-二氧六环	高氯酸	电位法
		二甲基亚砜	HCl，氢氧化四丁基铵	指示剂法，电导法
		硝基甲烷	高氯酸	电位法，指示剂法
		硝基甲烷；硝基甲烷-乙酸酐	HCl 的硝基甲烷溶液	电位法
		乙二醇-异丙醇（1+1）	HCl 的乙二醇+异丙醇（1+1）溶液	电位法
		乙酸	HCl 的乙酸溶液	电位法
		乙酸，乙酸酐，乙酸-乙酸酐，乙酸-乙腈（1+1）	HCl 的乙酸溶液	电位法，高频法，指示剂法
		各种比例的异丙醇-乙二醇溶液	对甲苯磺酸的乙二醇+异丙醇溶液	电位法
		氯仿	间甲苯磺酸的氯仿溶液	指示剂法，电位法
		丙酮，硝基苯，乙腈，氯仿，乙酸乙酯	HCl 的二氧六环溶液	电位法
		冰乙酸-乙酸酐	HCl 的乙酸-乙酸酐溶液	指示剂法
		各种溶剂	苦味酸	电位法
69	可可豆碱	冰乙酸-四氯化碳	高氯酸的乙酸溶液	指示剂法（α-萘酚苯甲醇）
70	甾族化合物：甾族类激素	氯仿	—	指示剂法
71	胆甾醇	乙酸	溴的乙酸溶液	电位法（Pt-甘汞）

表 11-53 药物的非水滴定法[6,8]

编号	药物名称及结构式	试样用量 m/g	滴定体系		指示化学计量点的方法
			溶剂及用量 V/ml	滴定剂（体积比）	
含酚羟基药物					
1	己基雷琐辛 OH HO (CH₂)₅CH₃	0.3	二甲基甲酰胺 25	0.1mol/L 氢氧化四丁基铵，苯-甲醇（10+1）	电位法（玻璃-Hg/Hg₂Cl₂）
2	双烯雌酚 HO C C OH CH₃CH CHCH₃	0.3	二甲基甲酰胺 25	0.1mol/L 氢氧化四丁基铵，苯-甲醇（10+1）	电位法（玻璃-Hg/Hg₂Cl₂）
		0.3	吡啶 80	0.1mol/L 氢氧化四丁基铵	电位法
		0.3	吡啶 80	0.1mol/L 甲醇钾	电位法

续表

编号	药物名称及结构式	试样用量 m/g	滴定体系		指示化学计量点的方法
			溶剂及用量 V/ml	滴定剂（体积比）	
3	乙烯雌酚	0.3	二甲基甲酰胺 25	0.1mol/L 氢氧化四丁基铵苯-甲醇（10+1）	电位法（玻璃-Hg/Hg₂Cl₂）
		0.3	吡啶 80	0.1mol/L 氢氧化四丁基铵	电位法
		0.3	吡啶 80	0.1mol/L 甲醇钾	电位法
		0.3	70:30:2 丙酮-吡啶-甲醇 20	0.1mol/L 甲醇钾，苯-甲醇	0.2ml 0.1%偶氮紫的氯苯溶液
4	己雌酚	0.3	二甲基甲酰胺 25	0.1mol/L 氢氧化四丁基铵，苯-甲醇（10+1）	电位法（玻璃-Hg/Hg₂Cl₂）
		0.3	吡啶 80	0.1mol/L 氢氧化四丁基铵	电位法
		0.3	吡啶 80	0.1mol/L 甲醇钾	电位法
5	雌酮	0.3	二甲基甲酰胺 25	0.1mol/L 氢氧化四丁基铵，苯-甲醇（10+1）	电位法（玻璃-Hg/Hg₂Cl₂）
6	乙炔雌二醇	0.3	二甲基甲酰胺 25	0.1mol/L 氢氧化四丁基铵，苯-甲醇（10+1）	电位法（玻璃-Hg/Hg₂Cl₂）
7	雌二醇	0.3	二甲基甲酰胺 25	0.1mol/L 氢氧化四丁基铵，苯-甲醇（10+1）	电位法（玻璃-Hg/Hg₂Cl₂）
8	水杨酰胺[①]	0.3	二甲基甲酰胺 20~25	0.1mol/L 甲醇钾（钠），苯-甲醇	偶氮紫饱和苯，2滴百里酚蓝-二甲基甲酰胺，0.5ml
9	甲氨基酚	0.2	二甲基甲酰胺 20	0.1mol/L 甲醇钠，苯-甲醇	0.3% 百里酚蓝-甲醇，黄→绿

续表

编号	药物名称及结构式	试样用量 m/g	溶剂及用量 V/ml	滴定剂（体积比）	指示化学计量点的方法
10	对羟基乙酰苯胺[①]　HO—⟨⟩—NHCOCH₃	0.05～0.4	二甲基甲酰胺 30	0.1mol/L 甲醇锂，苯-甲醇	电位法（玻璃-Hg/Hg₂Cl₂）
11	氯硝柳胺；血防 67	0.3	二甲基甲酰胺 60	0.1mol/L 氢氧化四丁基铵，苯-甲醇（10+1）	电位法（玻璃-Hg/Hg₂Cl₂）
12	双碘喹啉	0.1～0.2	二甲基甲酰胺 20	0.1mol/L 甲醇钠，苯-甲醇	1%百里酚蓝-二甲基甲酰胺，黄→绿
13	氯碘喹啉	0.6	吡啶 50	0.1mol/L 氢氧化四丁基铵，甲苯-甲醇	电位法（玻璃-Hg/Hg₂Cl₂）
14	丹至龙	0.2	吡啶 50	0.1mol/L 氢氧化四丁基铵，甲苯-甲醇	电位法（玻璃-Hg/Hg₂Cl₂）
15	二氯散　HO—⟨⟩—N(CH₃)—CO—CHCl₂	0.2	吡啶 50	0.1mol/L 氢氧化四丁基铵，甲苯-甲醇	电位法（玻璃-Hg/Hg₂Cl₂）
16	二氯散糠酸酯	0.3	吡啶 50	0.1mol/L 氢氧化四丁基铵，甲苯-甲醇	电位法（玻璃-Hg/Hg₂Cl₂）
17	β-萘酚	0.15	吡啶 10	0.1mol/L 氢氧化四丁基铵，甲苯-甲醇（10+1）	百里酚蓝（蓝色）
18	β-羟基喹啉	0.15	吡啶 50ml+5mol/L 硝酸银的吡啶溶液 5.00ml	0.1mol/L 氢氧化钠，甲醇	百里酚蓝（蓝色）
	烯醇和酰亚胺类化合物				
19	丙二腈　CH₂(CN)₂	0.15～0.25	DMF[②] 10～20	0.1mol/L 甲醇钠，苯-甲醇	偶氮紫
20	乙内酰脲（海因，hydantoin）　HNCH₂CONHCO	0.15～0.25	DMF 10～20	0.1mol/L 甲醇钠，苯-甲醇	偶氮紫
21	二苯甲酰甲烷　(C₆H₅CO)₂CH₂	0.15～0.25	DMF 10～20	0.1mol/L 甲醇钠，苯-甲醇	百里酚蓝

编号	药物名称及结构式	试样用量 m/g	滴定体系 溶剂及用量 V/ml	滴定剂（体积比）	指示化学计量点的方法
22	氰基乙酸乙酯　NCCH₂CO₂C₂H₅	0.15～0.25	DMF 10～20	0.1mol/L 甲醇钠，苯-甲醇	偶氮紫
23	丙二酸乙酯　CH₂(CO₂C₂H₅)₂	0.15～0.25	DMF 10～20	0.1mol/L 甲醇钠，苯-甲醇	偶氮紫
24	薄荷酮	0.15～0.25	DMF 10～20	0.1mol/L 甲醇钠，苯-甲醇	偶氮紫
25	1-苯基-3-乙氧羰基吡唑酮	0.15～0.25	DMF 10～20	0.1mol/L 甲醇钠，苯-甲醇	偶氮紫
26	氰乙酸　NCCH₂COOH	0.15～0.25	DMF 10～20	0.1mol/L 甲醇钠，苯-甲醇	偶氮紫
27	琥珀酰亚胺　(CH₂CO)₂NH	0.15～0.25	DMF 10～20	0.1mol/L 甲醇钠，苯-甲醇	偶氮紫
28	酞酰亚胺　C₆H₄(CO)₂NH	0.15～0.25	DMF 10～20	0.1mol/L 甲醇钠，苯-甲醇	偶氮紫
29	茶碱	0.15～0.25	DMF 25～40	0.1mol/L 甲醇钠，苯-甲醇	1%百里酚蓝-二甲基甲酰胺（黄→绿→蓝）
30	波可罗	0.5	DMF 50	0.1mol/L 甲醇钠，苯-甲醇	1%百里酚蓝-二甲基甲酰胺（黄→绿→蓝）
31	双吡苄羧酰亚胺	1.0	DMF 80	0.1mol/L 甲醇钠，苯-甲醇	0.1%试镁灵-苯 3 滴（桃红→灰→蓝）注：试镁灵即对硝基苯偶氮间苯二酚
32	舒宁	0.5	DMF 50	0.1mol/L 甲醇钠，苯-甲醇	电位法

第三篇

编号	药物名称及结构式	试样用量 m/g	滴定体系		指示化学计量点的方法
			溶剂及用量 V/ml	滴定剂（体积比）	
33	呋喃妥因 	0.03～0.04 片粉 0.2	二甲基甲酰胺+苯（1+1）15	0.1mol/L 甲醇钠，苯-甲醇	0.1%偶氮紫-苯＋0.1%百里酚蓝-甲醇（1+1）2 滴（红→绿）
34	疱疹净 	0.25～0.7	DMF 20～80	0.1mol/L 甲醇钠，苯-甲醇	0.3%百里酚蓝-甲醇5 滴（蓝色）
35	氯苯并氧化噁唑 	0.15	DMF 20	0.1mol/L 甲醇钠，苯-甲醇	1%百里酚蓝-二甲基甲酰胺3 滴（黄→蓝）
36	苯妥英 	0.5	DMF 50	0.1mol/L 甲醇钠，苯-甲醇	偶氮紫饱和苯 3 滴（蓝色）
37	乙琥胺 	0.2	DMF 30	0.1mol/L 甲醇钠，苯-甲醇	1%偶氮紫-二甲基甲酰胺2 滴（蓝色）0.2%试镁灵-甲苯
38	氟尿嘧啶 	0.1	DMF 20	0.1mol/L 甲醇钠，苯-甲醇	1%百里酚蓝-二甲基甲酰胺2 滴（蓝色）
		0.4	DMF 80	0.1mol/L 氢氧化四丁基铵，二甲基甲酰胺	1%百里酚蓝-二甲基甲酰胺5 滴（蓝色）
39	异戊巴比妥 	0.1～0.45	DMF 20～60	0.1mol/L 甲醇钠，苯-甲醇	百里酚蓝（亮蓝）
		0.4	DMF 40	0.1mol/L 氢氧化四丁基铵，苯-甲醇	喹哪啶红
40	速可眠 	0.1～0.45	DMF 20～60	0.1mol/L 甲醇钠，苯-甲醇	百里酚蓝（亮蓝）
		0.4	DMF 40	0.1mol/L 氢氧化四丁基铵，苯-甲醇	喹哪啶红

编号	药物名称及结构式	试样用量 m/g	溶剂及用量 V/ml	滴定剂（体积比）	指示化学计量点的方法
41	巴比妥	0.1	DMF 20	0.1mol/L 甲醇钠，苯-甲醇	百里酚蓝（亮蓝）
				0.1mol/L 氢氧化四丁基铵，苯-甲醇	0.1%喹哪啶红-甲醇
42	苯巴比妥	0.1	DMF 20	0.1mol/L 甲醇钠，苯-甲醇	百里酚蓝（亮蓝）
				0.1mol/L 氢氧化四丁基铵，苯-甲醇	1%喹哪啶红-甲醇
43	烯丙巴比妥	0.1	DMF 20	0.1mol/L 甲醇钠，苯-甲醇	百里酚蓝（亮蓝）
		0.4	DMF 40		
44	甲苯巴比妥	0.4	DMF 40	0.1mol/L 氢氧化四丁基铵，苯-甲醇	0.1%（质量分数）喹哪啶红-甲醇
45	戊巴比妥	0.1	DMF 20	0.1mol/L 甲醇钠，苯-甲醇	百里酚蓝（亮蓝色）
46	乙甲丁巴比妥	0.1	DMF 20	0.1mol/L 甲醇钠，苯-甲醇	百里酚蓝（亮蓝色）
47	乙乙丁巴比妥	0.1	DMF 20	0.1mol/L 甲醇钠，苯-甲醇	百里酚蓝（亮蓝色）
48	乙甲丁烯巴比妥	0.1	DMF 20	0.1mol/L 甲醇钠，苯-甲醇	百里酚蓝（亮蓝色）
49	导眠能®	0.2	DMF 40	0.1mol/L 甲醇钠，苯-甲醇	电位法（pt-Hg/Hg_2Cl_2）偶氮紫饱和苯

编号	药物名称及结构式	试样用量 m/g	滴定体系		指示化学计量点的方法
			溶剂及用量 V/ml	滴定剂（体积比）	
50	美解眠	0.2	DMF 40	0.1mol/L 甲醇钠，苯-甲醇	电位法（pt-Hg/Hg₂Cl₂）偶氮紫饱和苯
	磺酰胺类化合物④⑤				
51	酞磺噻唑	0.1～0.2	DMF 20	0.1mol/L 甲醇钠，苯-甲醇	百里酚蓝（蓝色）
		0.1～0.2	吡啶 20	0.1mol/L 甲醇钠，苯-甲醇	酚酞，酚红，硝胺，邻硝基苯胺，酸性4号橙
52	磺胺苯并吡嗪	0.1～0.2	DMF 20	0.1mol/L 甲醇钠，苯-甲醇	百里酚蓝（蓝色）
53	磺胺嘧啶（SD）	0.1～0.2	DMF 20	0.1mol/L 甲醇钠，苯-甲醇	百里酚蓝（蓝色）
		0.1～0.2	DMF 20	0.1mol/L 氢氧化四甲基铵，苯-甲醇	百里酚酞，邻甲酚酞，百里酚酞-酸性四号橙
		0.1～0.2	吡啶 20	0.1mol/L 甲醇钠，苯-甲醇	百里酚酞、酚酞
54	磺胺二甲嘧啶（SM₂）	0.1～0.2	DMF 20	0.1mol/L 甲醇钠，苯-甲醇	百里酚蓝（蓝色）
				0.1mol/L 氢氧化四甲基铵，苯-甲醇	百里酚酞，邻甲酚酞，百里酚酞-酸性四号橙
55	磺胺-甲嘧啶（SM₁）	0.1～0.2	DMF 20	0.1mol/L 甲醇钠，苯-甲醇	百里酚蓝（蓝色）
				0.1mol/L 氢氧化四甲基铵，苯-甲醇	百里酚酞，邻甲酚酞，百里酚酞-酸性四号橙
		0.1～0.2	吡啶 20	0.1mol/L 甲醇钠，苯-甲醇	百里酚酞、酚酞
56	磺胺甲氧嗪	0.1～0.2	DMF 20	0.1mol/L 甲醇钠，苯-甲醇	百里酚蓝（蓝色）
				0.1mol/L 氢氧化四甲基铵，苯-甲醇	百里酚酞，邻甲酚酞，百里酚酞-酸性四号橙

第三篇

编号	药物名称及结构式	试样用量 m/g	滴定体系 溶剂及用量 V/ml	滴定剂（体积比）	指示化学计量点的方法
57	磺胺吡啶（SP）	0.1～0.2	DMF 20	0.1mol/L 甲醇钠，苯-甲醇	百里酚蓝（蓝色）
58	乙酰唑胺	0.4	DMF 90	0.1mol/L 氢氧化四丁基铵，苯-甲醇	电位法（玻璃-Hg/Hg$_2$Cl$_2$）
		0.1～0.2	吡啶 20	0.1mol/L 甲醇钠，苯-甲醇	百里酚酞（蓝色）
		0.3	吡啶 30	0.1mol/L 甲醇钠，苯-甲醇	偶氮紫饱和苯（蓝色）
59	磺胺噻唑（ST）	0.1～0.2	DMF 20	0.1mol/L 甲醇钠，苯甲醇	百里酚蓝（蓝色）
				0.1mol/L 氢氧化四甲基铵，苯-甲醇	百里酚酞、邻甲酚酞、百里酚酞-酸性四号橙
		0.1～0.2	吡啶 20	0.1mol/L 甲醇钠，苯-甲醇	百里酚酞，酚酞
60	磺胺异噁唑（SIZ）	0.8	DMF 50	0.1mol/L 甲醇钠，苯-甲醇	1%百里酚蓝-二甲基甲酰胺（蓝色）
		0.2	DMF 5	0.1mol/L 甲醇锂，苯-甲醇	百里酚蓝-二甲基甲酰胺，0.1～0.5ml（黄色变蓝色）
		0.1～0.2	吡啶 20	0.1mol/L 甲醇钠，苯-甲醇	酚酞，酚红，硝胺，邻硝基苯胺，酸性四号橙
61	甲氮酰胺	0.1	DMF 20	0.1mol/L 甲醇钠，苯-甲醇	1%百里酚蓝-二甲基甲酰胺（蓝色）
62	乙酰苯己酰胺磺酰胺	0.3	DMF 40	0.1mol/L 甲醇钠，苯-甲醇	百里酚蓝-二甲基甲酰胺 5滴（黄色变蓝色）
63	环噻嗪	0.2	DMF 20	0.1mol/L 甲醇钠，苯-甲醇	百里酚蓝

续表

编号	药物名称及结构式	试样用量 m/g	滴定体系 溶剂及用量 V/ml	滴定剂（体积比）	指示化学计量点的方法
64	双氢氯散疾	0.25	DMF 80	0.1mol/L 甲醇钠，苯-甲醇	偶氮紫饱和苯 3 滴（蓝色）
		0.3	DMF 50	0.1mol/L 氢氧化钾，苯-正丙醇（7+3）	0.05% 间胺黄-二甲基甲酰胺 10 滴（黄色变紫红色）
		0.3	吡啶 50	0.1mol/L 氢氧化四丁基铵，苯-甲醇	电位法（玻璃-Hg/Hg$_2$Cl$_2$）
65	双氢氟散疾	0.25	DMF 80	0.1mol/L 甲醇钠，苯-甲醇	偶氮紫和苯 3 滴（蓝色）
		0.3	DMF 50	0.1mol/L 氢氧化钾，苯-正丙醇（7+3）	0.05% 间胺黄-二甲基甲酰胺 10 滴（黄变紫红色）
		0.3	吡啶 50	0.1mol/L 氢氧化四丁基铵，苯-甲醇	百里酚酞 5 滴（蓝色）
66	苄氟噻嗪	0.2	DMF 40	0.1mol/L 氢氧化钾，苯-正丙醇（7+3）	偶氮紫饱和苯 4 滴（蓝色）
		0.25	DMF 80	0.1mol/L 甲醇钠，苯-甲醇	偶氮紫饱和苯 4 滴
		0.4	吡啶 50	0.1mol/L 氢氧化四丁基铵，苯-甲醇	百里酚酞 5 滴（蓝色）
67	氯散疾	0.25	DMF 80	0.1mol/L 甲醇钠，苯-甲醇	偶氮紫饱和苯 4 滴
		0.5	DMF 80	0.1mol/L 甲醇锂，苯-甲醇	溴百里酚蓝-二甲基甲酰胺
		0.1～0.15	DMF 50	0.1mol/L 甲醇钠，苯-甲醇	茜素黄 2 滴（紫蓝色）
68	二氯磺胺	0.5	吡啶 50	0.1mol/L 甲醇钠，苯-甲醇	百里酚酞 5 滴（蓝色）
69	奎沙宗	0.5	吡啶 100	0.1mol/L 氢氧化三丁基乙基铵，苯-甲醇	电位法（玻璃-Hg/Hg$_2$Cl$_2$）

编号	药物名称及结构式	试样用量 m/g	滴定体系 溶剂及用量 V/ml	滴定剂（体积比）	指示化学计量点的方法
70	氯噻酮	0.5	吡啶 100	0.1mol/L 氢氧化三丁基乙基铵，苯-甲醇	电位法（玻璃-Hg/Hg₂Cl₂）
71	环戊氯噻喹	0.5	吡啶 100	0.1mol/L 氢氧化三丁基乙基铵，苯-甲醇	电位法（玻璃-Hg/Hg₂Cl₂）
72	琥珀酰磺胺噻唑	0.1～0.2	吡啶 20	0.1mol/L 甲醇钠，苯-甲醇	百里酚蓝，酚酞
73	磺胺脲	0.1～0.2	吡啶 20	0.1mol/L 甲醇钠，苯-甲醇	酚酞，酚红，硝胺，邻硝基苯胺，酸性四号橙
74	磺乙酰胺	0.1～0.2	吡啶 20	0.1mol/L 甲醇钠，苯-甲醇	酚酞，酚红，硝胺，邻硝基苯胺，酸性四号橙
75	N-对氨基苯磺酰丁脲	0.05 0.15	吡啶 10	0.1mol/L 甲醇钠，苯-甲醇	百里酚蓝（蓝色）酚酞（紫色）电位法（Sb-Sb）
含氮碱硫酸盐					
76	硫酸苄二甲胍	0.5	0.5ml 水加75ml 冰乙酸	0.1mol/L HClO₄，冰乙酸	电位法（玻璃-Hg/Hg₂Cl₂）
77	硫酸胍乙啶	0.4～0.5	冰乙酸 100ml 或冰乙酸 40ml 加乙酸酐 20ml 或乙酸酐-硝基苯（2+1）20ml	0.1mol/L HClO₄，冰乙酸	结晶紫 α-萘酚苯甲醇或酸性四号橙-亚甲基蓝
78	硫酸奥西普那林	0.75	冰乙酸 50～80	0.1mol/L HClO₄，冰乙酸	结晶紫
79	恢压敏	0.3	冰乙酸 50	0.1mol/L HClO₄，冰乙酸	α-萘酚苯甲醇

编号	药物名称及结构式	试样用量 m/g	滴定体系 溶剂及用量 V/ml	滴定剂（体积比）	指示化学计量点的方法
80	硫酸舒喘宁 OH $CH=CH_2$ $CH-CH_2NH(CH_3)_2 \cdot \frac{1}{2}H_2SO_4$ OH	0.9	冰乙酸 50～80	0.1mol/L HClO$_4$，冰乙酸	溶剂蓝 19
81	硫酸麻黄碱及假麻黄碱	1.0	冰乙酸 25ml 加 5ml 乙酸酐	0.1mol/L HClO$_4$，冰乙酸	结晶紫
82	硫酸吗啡	0.5	冰乙酸 50～80	0.1mol/L HClO$_4$，冰乙酸	电位法（玻璃-Hg/Hg$_2$Cl$_2$）
83	硫酸苯丙胺 $C_6H_5-CH_2-CH(NH_2)CH_3 \cdot \frac{1}{2}H_2SO_4$	0.02～0.1	冰乙酸 15（加热溶解）	0.05mol/L HClO$_4$，冰乙酸	结晶紫
84	硫酸波太君 $C_4H_8NH_2CH_2CHOH \cdot \frac{1}{2}H_2SO_4$ C_6H_4OH	0.02～0.1	冰乙酸 15（加热溶解）	0.05mol/L HClO$_4$，冰乙酸	结晶紫
85	硫酸喘息定 OH OH $CH-CH_2NHCH(CH_3)_2 \cdot \frac{1}{2}H_2SO_4$ OH	0.02～0.1	冰乙酸 15（加热溶解）	0.05mol/L HClO$_4$，冰乙酸	结晶紫
86	凡利托 $H-\bigcirc-CH_2CHNHCH_3$ CH_3	0.02～0.1	冰乙酸 15（加热溶解）	0.05mol/L HClO$_4$，冰乙酸	结晶紫
87	奎宁类硫酸盐	0.02～0.1	冰乙酸 2～20	0.1mol/L HClO$_4$，冰乙酸	结晶紫
88	硫酸阿托品	0.001～1.0	冰乙酸少量至 50ml	0.005～0.1mol/L HClO$_4$，冰乙酸	结晶紫，二甲黄
咪唑、吡唑及吡唑-5-酮类药物					
89	羟乙二苯唑 C_6H_5 C_6H_5 $N-(CH_2)_2OH$	0.4	冰乙酸 30	0.1mol/L HClO$_4$，冰乙酸	结晶紫
90	匹拉米东 C_6H_5 $CH_3-N-N=O$ CH_3 $N(CH_3)_2$	0.05～0.1	冰乙酸 5～10	0.05～0.1mol/L HClO$_4$，冰乙酸	结晶紫
		0.07～0.09	乙酸酐 4	0.1mol/L HClO$_4$，冰乙酸	5%结晶紫或1%金莲橙的冰乙酸溶液
91	异丙基安替匹林 C_6H_5 $O=N-CH_3$ $(CH_3)_2CH$ CH_3	0.4	冰乙酸 60	0.1mol/L HClO$_4$，冰乙酸	结晶紫
		0.2	乙酸酐 10	0.1mol/L HClO$_4$，冰乙酸	结晶紫

编号	药物名称及结构式	试样用量 m/g	滴定体系 溶剂及用量 V/ml	滴定剂（体积比）	指示化学计量点的方法
92	安替匹林	0.15	冰乙酸-乙酸酐（1+1）10	0.1mol/L	结晶紫
93	安乃近	0.25	冰乙酸 50ml+乙酸酐 2ml+苯 100ml	0.1mol/L	结晶紫
94	灭敌唑	0.1～0.4	冰乙酸 10	0.1mol/L	结晶紫或 α-萘酚苯甲醇
94		0.1	乙酸酐 20（加热）	0.1mol/L HClO₄，冰乙酸	孔雀绿
95	代恩（theon）	0.45	乙酸酐 50ml+冰醋酸 10ml	0.1mol/L HClO₄，冰乙酸	电位法（玻璃-Hg/Hg₂Cl₂）
96	噻苯达唑（thiabendazole）	0.16	乙酸酐 50ml+冰乙酸 10ml+5%乙酸汞-冰乙酸 1ml	0.1mol/L HClO₄，冰乙酸	结晶紫
	有机酸盐药物				
97	水杨酸钠	0.35	冰乙酸 50	0.1mol/L HClO₄，冰乙酸	指示剂法（结晶紫）（紫→蓝→绿色）
98	可溶性氢化可的松	1.0	90ml 冰乙酸-二氧六环（体积比 75+20），微热溶解	0.1mol/L HClO₄，冰乙酸	指示剂法（结晶紫）
99	对氨基水杨酸钠	适量	含 10%乙酐的冰乙酸适量	0.1mol/L HClO₄，冰乙酸	电位法
99			不含乙酸酐的冰乙酸适量	0.1mol/L HClO₄，冰乙酸	指示剂法（结晶紫）
100	先锋霉素	0.2	冰乙酸 40	0.1mol/L HClO₄，冰乙酸	指示剂法（2%结晶紫 1滴）

编号	药物名称及结构式	试样用量 m/g	滴定体系 溶剂及用量 V/ml	滴定剂（体积比）	指示化学计量点的方法
101	谷氨酸钠 HOOC—CH—(CH$_2$)$_2$COONa·H$_2$O | NH$_2$	0.2	冰乙酸 100（另加 0.5ml 水）	0.1mol/L HClO$_4$，冰乙酸	指示剂法（α-萘酚苯甲醇）（终点黄色变绿色）
102	苯妥英钠 (C$_6$H$_5$)$_2$ N—C=O NaO—C—N—H	0.4	适量冰乙酸	0.1mol/L HClO$_4$，冰乙酸	指示剂法（α-萘酚苯甲醇）
103	枸橼酸钠 CH$_2$—COONa HO—C—COONa CH$_2$—COONa	0.2（180℃干燥 2h）	冰乙酸 30	0.1mol/L HClO$_4$，冰乙酸	指示剂法（结晶紫）
104	速可眠钠 H ONa CH$_2$=CHCH$_2$ N—C=O CH$_3$CH$_2$CH$_2$ C—N O	适量	冰乙酸适量	0.1mol/L HClO$_4$，冰乙酸	指示剂法（甲基紫）
105	γ-羟基丁酸钠 HO(CH$_2$)$_3$COONa	0.2	冰乙酸 10	0.1mol/L HClO$_4$，冰乙酸	指示剂法（结晶紫）（终点蓝绿色）
		0.2	冰乙酸 10（另加 2ml 冰乙酸酐）	0.1mol/L HClO$_4$，冰乙酸	指示剂法（结晶紫）（终点蓝绿色）
		0.3	冰乙酸 10（另加 100ml 二氧六环）	0.1mol/L HClO$_4$，冰乙酸	指示剂法（结晶紫）（终点紫→蓝）
106	羧甲基纤维素钠	0.5	冰乙酸 80（130℃油浴回流 2h 或沸水浴上加热 20min）	0.1mol/L HClO$_4$，冰乙酸	电位法（玻璃-Hg/Hg$_2$Cl$_2$）
107	葡萄糖酸钾 CH$_2$OH(CHOH)$_4$COOK	0.5	冰乙酸适量	0.1mol/L HClO$_4$，冰乙酸	指示剂法（结晶紫）

① 水杨醛胺-对羟基乙酰苯胺，称取相当于每一成分为 0.05～0.4g 的混合物试样，溶于 30ml 二甲基甲酰胺中，用 0.1mol/L 甲醇锂（CH$_3$OLi）的苯-甲醇标准液进行电位（Pt-Hg/Hg$_2$Cl$_2$）分步滴定，第一突跃点为水杨酰胺的终点，第二突跃点为对羟基乙酰苯胺的终点。此法可用于测定片剂。

② DMF：二甲基甲酰胺。

③ 导眠能试样中如含有较多的分解产物 4-乙基-4-苯基戊酰胺酸，用此法进行电位滴定时，电位曲线上的第一突跃点为此分解产物的滴定终点，第二突跃点才是导眠能的终点。

④ 在二甲基甲酰胺中用醇钠电位滴定磺酰胺类时，可采用锑-甘电极法，应于二甲基甲酰胺中加入少量氯化钾，以降低介质电阻。

⑤ 氨苯磺胺与磺胺噻唑等的混合物可采用下法滴定，先取一份试样，溶于二甲基甲酰胺中，用甲醇钠滴定磺胺噻唑的含量，再另取一份试样，溶于正丁胺中，测定两者总量，由两次滴定差求氨苯磺胺的含量。此法可应用于测定氨苯磺胺与其他可在二甲基甲酰胺中进行滴定的磺胺组成的混合物。

参 考 文 献

[1] GB/T 601—2016. 化学试剂 标准滴定溶液的制备.
[2] 陈水兆. 络合滴定. 北京：科学出版社，1986：122.
[3] 魏永巨，李克安，童沈阳. 化学通报，1994(1)：55.
[4] 黄树茂. 分析化学，1992，20(11)：1317.
[5] 张孙玮，汤福隆，张泰. 现代化学试剂手册：第二分册. 北京：化学工业出版社，1987.
[6] 孙谨，吴莲宝. 非水滴定. 北京：科学出版社，1983.
[7] James G. Speight Lange's Handbook of Chemistry. 16th ed. New York：McGraw-Hill，2005.
[8] 国家药典委员会. 中华人民共和国药典（2010 年版二部）. 北京：中国医药科技出版社，2012.

第十二章　有机化合物的定量分析

有机化合物的定量分析包括有机元素的定量分析和有机官能团的定量分析。元素的定量分析是对有机化合物中各元素的含量进行测定，由此得到各元素的组成比例和经验式，并进一步确定化合物的纯度和含量。有机官能团定量分析是利用化学反应或仪器分析法先测出某一特定基团在样品中的百分率，得到有关结构的信息，最后换算出有机化合物的含量。此外，本章也对生物样品的定量分析作一个简单介绍。

第一节　有机元素的定量分析

有机元素的定量分析主要测定有机化合物的常见组成元素，如碳、氢、氮、氧、硫、磷、卤素等，是研究有机化合物最基本和最重要的手段之一。除了重量分析、容量分析和比色法等经典方法外，有机元素定量分析还采用了热导法、电化学方法等近代物理方法，用于快速自动的微量分析和多元素的同时测定。

有机化合物中元素的定量分析通常包括三个步骤：试样的分解[●]、干扰元素的除去以及在分解产物中元素含量的测定。

一、试样的分解

有机物的分解方法可分为干法分解和湿法分解两类。干法分解是使有机化合物在适当的条件下燃烧分解（见表 12-1），而湿法分解则为酸消化或在非水溶剂中分解，使有机化合物中的待测元素转化为简单的无机化合物或单质（见表 12-2），再采用合适的化学或物理分析法对分解产物进行测定。

表 12-1 干法分解有机物试样的方法

方法名称	方法要点	适用范围	备注
燃烧管分解法	将试样和适当的氧化催化剂放在燃烧管中加热分解	测定碳、氢和硫	
真空燃烧法	将试样在抽空的密封燃烧管中借助于填充的氧化铜进行燃烧分解，然后打开燃烧管导入氧气（或空气）烧尽试样，并把燃烧产物送到吸收系统	易爆炸和易挥发的试样以及含氮有机物中碳、氢、氮和卤素的测定	本法特点：（1）密闭真空管中的燃料能保证不发生爆炸性燃烧；（2）能防止未燃烧物进入燃烧管外吸收系统；（3）在试样燃烧时，管内填充的氧化铜被还原成金属铜，由于金属铜可吸收氮的氧化物，故分析含氮有机物中的碳和氢时，可不必用氮氧化物的吸收剂
空管燃烧法	在无氧化剂填充的空管中很快地通过氧气流，将试样燃烧，常用方法为： （1）将试样装在一个一端开口、另一端封闭的玻璃套管中，套管放在燃烧管中，使套管开口端背向氧气流而朝向燃烧管末端，然后以与氧气流相反方向移动加热器加热试样。这样，使试样在	碳、氢、硫、卤素、氧、磷和硅等测定	燃烧和冲洗总共不超过10～15min

---

[●] 用放射线法时，不需要分解试样。

方法名称	方法要点	适用范围	备注
空管燃烧法	氧气不足的情况下首先迅速气化和热解，再通以 35～50ml/min 的快速氧气流使裂解产物氧化 （2）用倒"T"形燃烧管，在管中较宽的直立部分设有挡板，作为热解产物的氧化室，并在氧化室入口填充石棉，可使裂解产物充分氧化		
氧瓶燃烧法	取一硬质锥形瓶，瓶上配有一空心磨口瓶塞，瓶塞的下端焊接一粗铂金丝或镍铬丝。铂金丝（镍铬丝）下端弯成钩形或螺旋形，或做成铂金片夹子；将试样用小块无灰滤纸按一定方式包好，挂在铂金钩上或夹在铂金片夹中。反应瓶中放适当的吸收液，充以氧气，点燃滤纸，立即盖紧瓶塞。试样与滤纸燃烧分解后，分解产物被吸收液吸收，然后用适当的方法测定（液体试样用聚乙烯管、安瓿瓶和石棉制的坩埚，或用纤维素胶带、胶棉覆盖的滤纸漏斗、硝酸纤维素以及用乙酸纤维素或玻璃纸制成的圆锥状以代替无灰滤纸）	适用于卤素、硫、硼、汞、砷、硒、氮等分析以及几种元素的同时测定	
金属弹分解法	将试样置于金属弹中，通氧后用电流点燃，必要时另加助燃剂（含卤素、磷等的试样加硝酸钾；含硫、硅、硼等的试样加高氯酸；不易完全燃烧的试样加苯甲酸、蔗糖、葡萄糖、乳糖或淀粉等）	适用于卤素、磷、硫、硼等的测定	对高稳度的有机物，可加金属钠或钾在金属弹中分解
坩埚-火焰灰化法	在铂坩埚中，铁、铝、铜、锡、硅和镁等灰化成氧化物；钠、钾、镁、钙、锶、镉、锰和铝等灰化成硫酸盐（含铅的试样在灰化时须加硝酸以防还原成金属铅和损坏铂坩埚）。用瓷坩埚时，铬灰化成氧化物，银、金和铂灰化成金属状态		
高温火焰燃烧法	先将试样在气化室中气化（气化所用的气体为氧、氮、氩或二氧化碳），气化产物随着气化气体进入高温火焰中燃烧，燃烧产物用吸收液吸收后测定		
恒温灰化法	试样置于坩埚（或皿）中，在恒温（500～550℃）的高温炉中灰化	适用于含锑、铬、钴、铁、钼、锶、锌的试样	
灯法	直接点燃试样，将燃烧产物用吸收液吸收后测定	适用于可燃的石油产品	

表 12-2 湿法分解有机物试样的方法

方法名称	方法要点	适用范围	备注
卡里乌斯（Carius）法	将发烟硝酸加在装有被测有机物质的封闭管中加热氧化	适用于含硫和卤素等有机物试样；尤其适用于挥发性试样	
硝酸-硫酸分解法	加硝酸和硫酸于硫酸消化瓶中加热分解试样	不适用于含卤素、砷、汞、锑、硼、锡、硒和锗等挥发性试样	
强磷酸分解法	将有机物试样与强磷酸和适当的氧化剂或还原剂一起加热，有机物中的碳、氮和硫分别转化成二氧化碳、氮气和硫化氢，然后测定这些反应产物	不适用于挥发性试样的分解，也不适用于氢和氮的分析	强磷酸是由正磷酸加热浓缩（300℃左右）而得到的黏稠状物，为正磷酸、焦磷酸和三聚磷酸等的混合物，能在较低温度（250～300℃）分解试样
酸-高锰酸钾法	用硝酸-高锰酸钾或硝酸-硫酸-高锰酸钾混合物分解	适用于含汞试样	
非水溶剂中用钾或钠分解	在醇（乙醇、丙醇、丁醇、戊醇、己醇或苄醇）、乙醇胺或液氨中用金属钾或钠分解	适用于含卤素试样	

二、碳和氢的测定

有机化合物的基本组成元素是碳和氢，所以碳和氢含量的测定是有机元素定量分析的一项重要任务。有机化合物中碳和氢的测定主要采用燃烧分解法（见表 12-3）。将有机物在氧气或惰性气流中，在一定的催化剂的作用下（燃烧法常用催化氧化剂见表 12-4），经过高温灼烧和催化氧化，使试样完全氧化，其中的碳定量地转化成二氧化碳，氢定量地转化成水，将干扰元素及其燃烧产物除去后（方法见表 12-5），以吸收管完全、定量地吸收生成的二氧化碳和水，称重，计算试样中碳和氢的百分含量。碱石棉是常用的二氧化碳吸收剂，无水氯化钙、无水硫酸钙、硅胶、无水高氯酸镁和五氧化二磷等是常用的水吸收剂。其中的无水高氯酸镁吸水快，吸收容量可达本身质量的 60%，使用期长，而且吸收水后体积缩小，不致堵塞吸收管，是比较理想的吸湿剂。

表 12-3 有机化合物中碳和氢的化学测定方法

被测元素	测定法	催化剂及温度	分解产物的测定	备 注
C, H	普雷格尔（Pregl）法：试样在氧气中燃烧	$CuO-PbCrO_4$, Pt; 650~700℃	CO_2 用碱石棉吸收，H_2O 用无水 $Mg(ClO_4)_2$ 吸收	用 Ag 除去卤素和硫的氧化物，用 PbO_2（或 MnO_2）除去氮的氧化物；含碱金属或碱土金属但不含 S 或 P 的试样必须加 $K_2Cr_2O_7$；含 P 的试样必须强烈加热；误差 ±0.3%
	林特尔（Lindner）法：试样分解法同上		H_2O 通过 $POCl_3$ 而形成 HCl，然后滴定；CO_2 用过量 $Ba(OH)_2$ 吸收，然后回滴剩余的 $Ba(OH)_2$	误差±0.3%
	柯贝尔（Korbl）改良法：试样在氧气中分解	$AgMnO_4$ 分解产物；450~500℃	同普莱格耳法	催化剂寿命长，且能吸收卤素和 SO_2；此法不适于测定含氟化合物
	散堡-马尔休（Sundberg-Maresh）法：试样在氢气中分解	CuO-Cu；750℃	H_2O 用 CaC_2 转变成 C_2H_2，C_2H_2 和 CO_2 用气相色谱法测定	测 C 的误差±0.54%；测 H 的误差±0.21%
	空管法：试样在有挡板的管的氧气中燃烧	800~900℃	同普莱格耳法	分析需 30min；用 Ag 除去卤素和 S，用 PbO_2 除去氮的氧化物
	试样在氧气中燃烧		生成的 CO_2 用二甲酰胺-乙醇胺吸收，用 0.02mol/L 氢氧化四丁基铵的甲苯-甲醇溶液自动滴定，以百里酚酞为指示剂。水蒸气和剩余 CO_2 先用 $CaCl_2$ 吸收，再加热释出 CO_2，用 1,1'-羰基-二咪唑的二甲替甲酰胺溶液吸收，用上法再滴定释出的 CO_2	
	试样与 Co_3O_4 混合，在纯氧中燃烧	Co_3O_4-Ag；920~950℃	燃烧产物通过铂石棉，Co_3O_4（在钢玉上）和银，用重量法测定 CO_2 和 H_2O	适用于用于测定含硫的有机硅化合物中的 C 和 H
	差示热分析：在空气或氮气流中燃烧试样		试样放入置于热电偶检测器上的二氧化硅管中燃烧，另以一个空管用相同装置和方法加热，由温度记录仪记录放热峰或吸热峰的改变(热电偶和另一个在 CO_2 和 H_2O 吸收管中的热电偶封闭于氧化催化剂中)	

被测 元素	测定法	催化剂及温度	分解产物的测定	备 注
C, H	自动分析仪：在燃烧 管中分解试样		用电量法分别测定 CO_2 和 H_2O， 按法拉第电解定律和分子式中碳 和氢的比例关系计算 C 和 H 的含量	
C	凡·斯莱克-福尔切 （Van Slyke-Folch）法： 用含发烟硫酸、CrO_3、 H_3PO_4 和 HIO_3 的混合物 湿法分解试样	氧化剂混合物 的沸点	CO_2 用碱性 N_2H_4 溶液吸收，其他 气体排出，再用乳酸释放 CO_2，在 一定体积下测其压力	分析需 20min；其他元 素无干扰；误差±0.3%
	麦克利特-哈塞特 （McCready-Hassid）改良 法：试样如上法氧化		CO_2 用烧碱石棉剂吸收	分析需 30min；结果可 与普莱格尔法相比
	氧瓶燃烧法		CO_2 用 NaOH 溶液吸收，用酸标 准液回滴剩余的 NaOH，酚酞为指 示剂	含 N、S、B 和碱金属 的化合物能获得很好的 结果（但某些含 N 和 S 的化合物误差较大）；含 卤素的化合物不能得到 满意结果；误差±0.3%
H	试样与镁粉混合在氩 气流中加热分解		生成的 H_2 通过 CuO（700℃）变 成水蒸气，用 $Mg(ClO_4)_2$ 吸收， 称重	
	试样在氮气流中在 CuO 催化剂上分解	CuO	分解产物在氧气流中完全氧化，再 通过钒酸银以除去干扰物，生成的 H_2O 用 $Mg(ClO_4)_2$ 吸收，称重	
	以催化氧化法分解试样		生成的 H_2O 与活性镁反应，测量 释出的 H_2 的体积	

表 12-4 燃烧法测定碳和氢常用的催化氧化剂

名 称	特 性	备 注
氧化铜	为可逆氧化剂，在高温下有机物与氧化铜反应时， 把部分氧化铜还原为低价铜氧化物，同时铜的低价氧 化物又被氧气流中的氧气氧化为氧化铜 不仅在氧气流中，而且在非氧或混有少量氧的惰性气体 流中，亦具有可逆性。这样就为有机物在惰性气流中完全 燃烧分解，以及同时测定碳、氢、氮创造了有利条件	经典的为细管状。如制成多 孔状的大颗粒（10～20 目），具 有很高的氧化性能
四氧化三钴	由氧化钴和三氧化二钴混合组成，为可逆氧化剂， 在氧气流中，在较低的温度下就具有很强的催化氧化 性能，能使甲烷在 345℃ 就定量氧化完全；在高温下， 该催化剂易腐蚀石英管，使其发脆断裂，所以工作温 度以 600℃ 为宜；但有的在 850℃ 时，仍具有良好的氧 化性能。工作寿命较长 对含氟、砷、磷、金属等特殊元素的有机物，燃烧 后生成的氧化物抗干扰能力强	为碳氢分析中广泛应用的一种高效 催化氧化剂，但吸收卤素和硫的能力不如 高锰酸银热分解产物
高锰酸银的热 分解产物[①]	带金属光泽的黑色粉末。据化学分析和 XRD 结构测 定结果，此热解产物在温度不超过 790℃ 时， Ag:Mn:O=1:1:（2.6～2.7）（一般写成 $AgMnO_2$），其内 部结构以金属银以原子状态均匀分散于 MnO_2 晶格表 面的缺陷中形成活性中心，因此对卤素和硫有很强的吸 收能力。热解产物中的 MnO_2 在较低的氧化温度（500℃） 下，就具有很高的催化氧化性能 缺点：氧化温度太高（＞600℃）时易分解，颜色变 成褐红色，且氧化性能降低。而在常用温度（500℃） 下，对某些难分解的特殊试样（如环硼氮六烷、硅氧 环、碳硫键的化合物）氧化不完全	碳、氢的定量分析中常用的催化氧化 剂，其效果比氧化铜更好，在快速分析 中燃烧过程只需 13～20min，并可以用空 气代替氧气进行氧化 不同的热分解方法所得的高锰酸银热 分解产物的氧化性能有所差异 与此类似的金属氧化物的银盐有钒酸 盐、重铬酸盐、钨酸盐等 目前我国多采用此催化剂进行碳、氢 的定量分析

续表

名　称	特　性	备　注
混合型催化剂	高锰酸银的热解产物和四氧化三钴联用的混合型催化剂。四氧化三钴在较低温度下有很强的催化氧化性能，但吸收卤素和硫的能力却不及高锰酸银的热解产物。两种催化剂联用，取长补短，协同作用，有利于碳、氢的测定	对于某些难分解的样品，例如含硅、硼或氮元素的有机物多采用此催化剂

① 高锰酸银热解产物的制备。

a．高锰酸银的制备：溶解 48.5g 高锰酸钾于 1000ml 蒸馏水中，在水浴中加热使全部溶解；另取硝酸银 51g 溶于少量水中，将此溶液倒入高锰酸钾溶液中，缓缓搅拌数分钟，继续加热至约 90℃时，取下，放置，析出的粗高锰酸银晶体用砂芯漏斗过滤，以 400ml 水洗涤，然后将此晶体溶于 1000ml 水（90℃）中，溶解后立即用砂芯漏斗热过滤，将滤液放置，待结晶析出后过滤，水洗数次，在 60～70℃烘干 4h。

b．热解产物的制备：将已干燥的高锰酸银 1～2g 放于试管内（注意不要太多，因热解后体积增到原来的 3～4 倍），小火加热（试管需倾斜 45°）分解，即得无定形黑灰色的细粒热解产物，马弗炉内（500℃）加热 4h，或者放于燃烧管内在（500±50）℃的电炉内加热通氧气 4h，即可填入燃烧管使用。

表 12-5　除去干扰元素及其燃烧产物的常用吸收剂

干扰元素	除去干扰的吸收剂及方法	备　注
卤素，硫	（1）银丝 600℃左右，卤素与银化合生成卤化银 硫在燃烧时生成三氧化硫，被银丝吸收生成硫酸银 （2）金属氧化物的银盐（高锰酸银热解产物、钨酸银、银加四氧化三钴） （3）氧化铈（CeO_2） （4）$Ag_2WO_4+ZrO_2$	吸收能力不强，可以增长银丝层长度和增加表面积，或将 Ag_2SO_4 和卤化银填入石英粉层中
氮氧化物	（1）燃烧管内填充二氧化铅 $PbO_2+2NO_2 \longrightarrow Pb(NO_3)_2$ $3PbO_2+2NO \longrightarrow Pb(NO_3)_2+2PbO$ 最佳的工作温度为 180℃ （2）二氧化锰 $MnO_2+NO_2 \longrightarrow Mn(NO_3)_2$ （a）将二氧化锰 50g 加入 500ml 5%硫酸溶液内搅拌 30min 水解，用水冲洗，用砂芯漏斗过滤后，水洗至中性为止，然后压干成薄片，在 80℃炉内干燥，研碎，过 10～14 目筛，储于棕色瓶内，使用时将二氧化锰装在 U 形管中，在热的氧气流中通气 4h （b）取无水硫酸锰 30g 研磨成极细粉末，溶于 28ml 水中，迅速混合制成浆状，在冷却的情况下，加入 93%硫酸 135g，不断地搅拌，使温度降至 50℃，此时缓慢地加入粉状高锰酸钾 30g（在 4～5min 内加完），溶液温度不能高于 75℃，10min 后温度降至 60℃以下，将这混合物以细流缓慢注入 5ml 水中，充分搅拌，放置，以倾注法洗至无硫酸根离子 （3）重铬酸钾-浓硫酸 取石英砂用(1+1)HCl 浸洗 1h 后用水洗净，于 120℃烘 4h 作为载体，另将 0.4g 重铬酸钾分批加入 10ml 热浓硫酸，用约 4g 铬酸液逐滴沾附于 40g 石英砂载体上 （4）金属铜，保持 550℃ $2Cu+NO \longrightarrow Cu_2O+\dfrac{1}{2}N_2$ $2Cu+NO_2 \longrightarrow 2CuO+\dfrac{1}{2}N_2$ （5）$Ag_2WO_4+ZrO_2$ （6）在催化层中装一层 Cr_2O_3 （7）分两步分解：第一步在氮气流下静态热解，第二步在氧气流下动态氧化，这样氮的氧化物自动还原成 N_2	吸收容量大，其中尤以沉淀态的二氧化铅吸收性能最高，由于它会吸附二氧化碳和水，故在正式分析试样前须多次平衡 ① 为了保持二氧化锰表面的活性羟基，在制备中干燥温度必须在 80℃以下，在使用前再放在铂舟中，加一小滴水，放入燃烧管，在不接入吸收管的情况下，通氧气活化 ② 二氧化锰吸收反应中放出水，此外其表面的水分也易被干燥气流冲出，故在二氧化锰层后加一段高氯酸镁，使水分不致进入二氧化锰吸收管 优点：吸附剂为橙黄色，吸收氮氧化物后逐渐变绿色 缺点：吸收容量较小 金属铜也要与氧气作用，故只适用于含少量助燃氧气的惰性气流中；适用于碳、氢、氮的同时测定

干扰元素	除去干扰的吸收剂及方法	备 注
氟化物	（1）四氧化三铅附着在多孔性沸石上 （质量比为 Pb_3O_4:沸石=3:1） 　　沸石经球磨后，取 0.5mm 粒度的沸石，用盐酸浸泡 3h，取出后用水清洗，直至洗出液中无氯离子为止；120℃干燥使水分完全蒸发后移入 800℃高温炉内灼烧 2h，冷却后保存于磨口瓶中 　　另取一定量的 Pb_3O_4 倒入 90～100℃水中清洗，趁热用 4 号砂芯漏斗过滤，抽干后，移到玻璃蒸发皿中，120℃干燥 1～2h，将上述沸石先用水均匀喷雾润湿后，与此 Pb_3O_4 混合，充分搅拌混合，然后在 100℃左右烘干 （2）氟化钠加银丝 　　将分析纯 NaF 加少量水成膏状，在玻璃板上抹成薄层，于 110℃加热干燥，捣碎后过 10～14 目筛备用。此氟化钠在 260～280℃能定量吸收 SiF_4： 　　$2NaF+SiF_4 \rightleftharpoons Na_2SiF_6$ 　　银丝用以吸收氟化氢（生成氟化银） （3）四氧化三铅 　　550～600℃，用来吸收 HF 　　$2Pb_3O_4 \longrightarrow 6PbO+O_2$ 　　$2Pb_3O_4+12HF \longrightarrow 6PbF_2+6H_2O+O_2$ 　　$PbO+2HF \longrightarrow PbF_2+H_2O$ （4）氧化镁 　　高温（800℃）下吸收氟 　　$2HF+MgO \longrightarrow MgF_2+H_2O$ 　　$CF_4+2MgO \longrightarrow 2MgF_2+CO_2$ （5）催化层中装一层氧化钍（单独用氧化钍，或与硅酸混合）	易腐蚀石英管，需另用一个电炉保持温度 　　可与高锰酸银法联用，$AgMnO_4$/Pb_3O_4+浮石/Ag，也可用于碳、氢、氟的同时测定 　　① 常与 CuO、Co_3O_4、Pb 联用。可用于碳、氢、氟的同时测定 　　② 氧化镁在高温灼烧后体积收缩和碎成粉末，阻滞气流的畅通，用 Ag_2WO_4 与 MgO 一起制成颗粒
碱金属和碱土金属	试样上覆盖少量氧化剂，如 $K_2Cr_2O_7$、V_2O_5、$K_2S_2O_8$，或加 6～8 倍量的 WO_3	
砷、锑	（1）Pb_3O_4 加高锰酸银热解产物 （2）用 Co_3O_4 作催化剂，燃烧管内充填银丝和试样，上覆盖 WO_3 （3）$Ag_2WO_4+ZrO_2$ （4）燃烧产物吸收于 MgO-CuO 层（含 Sb 化合物加热至 200℃，含 As 化合物加热至 25～30℃）	
镉、锌、钛、钕、钼、钒	用 Co_3O_4 作催化剂，燃烧管内充填银丝和试样，再覆盖 WO_3	
汞	（1）燃烧管内填充金丝（200℃左右） （2）用高锰酸银热解产物	（2）法可用于碳、氧、汞的同时测定
磷	（1）在高温空管法中用石英砂或石棉填塞于小套管中，吸收 P_2O_5 （2）用高锰酸银热解产物作氧化填充剂，并以银丝团代替石棉塞 （3）用一个两端开口的石英套管，其中一端装填有用铂网包裹的 $V_2O_5+WO_3$，试样小舟置于其中燃烧，生成的 P_2O_5 可被填充物吸收 （4）$Ag_2WO_4+ZrO_2$	（1）法可用于碳、氧、磷的同时测定
硅	采用较低温度（低于 800℃）以防止生成 SiC；为防止生成 SiO_2 微尘，可用下列方法： （1）试样上覆盖一层 WO_3 或 $MnO_2+Cr_2O_3+WO_3$ （2）在高温空管热分解法中将 Cr_2O_3 装于小套管内，以吸收 SiO_2	

干扰元素	除去干扰的吸收剂及方法	备　注
硼	试样上覆盖氧化剂以帮助试样灼烧分解和促使 C—B 键断裂[如 WO_3 或 V_2O_5 和 $K_2Cr_2O_7$（1+1）混合物]	
硒	（1）用 CuO+MgO 作氧化填充剂，硒与 CuO、MgO 作用生成 Mg_2Se 和 Cu_2Se 而被吸收 （2）将试样在铂上热解，950℃，将热解产物氧化，将燃烧气体通过一层热的涂有银的浮石（去除 Se 和卤素）	

三、氧的测定

氧的百分含量通常不直接测定，而是在测得其他所有元素的含量后，减去这些数值得到。此法有很大的缺点，若测定其他元素的含量时发生较大的误差，氧的含量也会发生较大的误差。

直接测定氧的方法依其所用原理不同，可分为氧化法、催化氢化法和炭化法三类。

（1）氧化法　将试样在一定量的氧气中燃烧，燃烧完毕后测量剩余氧气的量和燃烧产物的重量，可计算出碳和氢的含量，同时也得到了试样中氧的百分含量。本法对于含卤素的试样也适用，但分析结果的误差较大。对于含硫和含氮试样，由于硫和氮消耗氧气，分别产生 SO_2、SO_3 以及 NO_2 和 N_2，故不能用此法测定。

（2）催化氢化法　在燃烧管中充填活性物质（例如石棉）和催化剂。试样在充足的氢气流下燃烧，其中的氧元素完全转变成水，同时生成 CO 和 CO_2 及简单的烃等，再将碳的氧化物催化氢化，最后进入吸收装置。吸收装置包括两部分，一个是水的吸收管，另一个是吸收没有被还原的 CO_2，从两个吸收管增加的重量计算试样中氧的含量。此法的缺点是氢化反应往往不能进行得很完全，测定含卤素或硫的试样中的含氧量有一定的困难。

（3）炭化法　在燃烧管中充填炭粒，灼烧到 1150℃，试样在氮气流中分解，所产生的蒸气通过热的炭层，其中的氧就定量地变成 CO：

$$C + \frac{1}{2}O_2 = CO$$

115～120℃下，CO 再与 I_2O_5 作用，定量地转变成 CO_2：

$$5CO + I_2O_5 = 5CO_2 + I_2$$

产生的碘，可用容量法测定；也可按照 I_2O_5 质量的减少量，计算 CO_2 或 I_2 的质量。

测定有机化合物中氧的化学方法归纳于表 12-6。由于硫对直接法测氧有干扰，表 12-7 列出了一些消除硫干扰的方法。

表 12-6 有机化合物中氧的化学测定方法

试样类型	测定方法	催化剂及温度	分解产物的测定	范　围	备　注
一般有机物	在氮气或氢气流中在炭上热分解成 CO	1000～1150℃	$5CO+I_2O_5 \rightarrow 5CO_2+I_2$，$I_2$ 用 $Na_2S_2O_3$ 滴定，或标准法测定 CO_2	微量，半微量	硫可用铜除去；用 C-Pt（1+1）可在 900℃ 分解
			CO 通过 600℃ 的 CuO 转化成 CO_2，用 0.03mol/L NaOH 吸收，测其电导	微量，半微量	
	试样在有镀铂的炭上热解	900℃	常法测定		测定时间缩短

试样类型	测定方法	催化剂及温度	分解产物的测定	范围	备注
一般有机物	裂化并使氧被氢化成 H_2O	石英裂化 $400\sim500℃$，催化氢化 $[Ni-ThO_2$ 或 $Ni(NO_3)_2]$；$400℃$	H_2O 吸收后，用重量法测定	微量，半微量，常量	硫用铜除去
	在 N_2 和 H_2 混合气体中氢化试样	放 Ni 或 $Ni-ThO_2$ 于浮石上；$800\sim900℃$	H_2O 吸收后，用重量法测定	微量，半微量，常量	
	在 H_2 或 CH_4 存在下，在镀铂的炭上以氦为载气，加热分解成 CO		常法测定	微量，半微量	
	在自动氧分析仪中，用光学积分法，以氦为载气热分解成 CO	$1050\sim1100℃$	常法测定	微量，半微量	反应很弱的芳香族化合物也能完全转化成 CO
含卤素有机化合物	在氮气和氢气流中进行热解	热解管和氢化催化剂（金属镍在浮石上）间填充一层 $Ag_4[Fe(CN)_6]$	生成的 H_2O，用无水高氯酸镁吸收	微量，半微量	
有机氟化物	热解试样		常法测定		用一层无水氯化钡吸收 HF
	在密闭管中氮气流下铂层上热解试样	铂黑；$1000\sim1100℃$	产生的 CO 在 $300℃$ 被 CuO 氧化成 CO_2，用重量法测定		HF 用硅胶吸收
有机金属化合物	在 $(CH_2)_6N_4$、NH_4Cl、AgCl 存在下热解试样		产生的 CO_2 用 N,N-二甲基甲酰胺吸收后，用氢氧化四丁基铵滴定		

表 12-7 直接法测氧时消除硫干扰的方法

方法或吸收剂	方法要点
铜吸收法的改进	含硫气体在氢化催化前，先用 $350℃$ 的铜吸收；或用高锰酸银热解产物使 CO 转变成 CO_2，将热解产物通过 $900℃$ 的铜以除去硫
用氮和含10%氢为载气	防止 CS_2 和 COS 的形成
低温	冷却到 $-196℃$ 以除去 CS_2 和 COS
金属	Ni（$600℃$），Zn（$350℃$），Ag（$800℃$，效果差），Cu（$900℃$，效果差）
	试样在石墨小皿中在 $980℃$ 分解，生成的 H_2S 和 CS_2 分别用两层不同温度的 Ni（$600℃$ 和 $400℃$）吸收
其他吸收剂	用癸胺或乙醇胺饱和的甘油为吸收剂（以后者效果较好）

四、氮的测定

有机化合物中氮含量的测定，通常是将有机物中的氮转化为 N_2 或 NH_3 的形式，然后分别用量气法测定 N_2，或用容量法测定 NH_3，从而计算有机物中氮的百分含量。这两种经典方法分别称为杜马斯燃烧法（Dumas combustion method）和凯氏定氮法（Kjeldahl determination of nitrogen）。此外还有接触氢还原法。

（1）杜马斯燃烧法 有机化合物在氧化铜的催化作用下，在 CO_2 气流中燃烧生成氮气。用 50%氢氧化钾溶液将 CO_2 以及生成的酸性气体溶解吸收后，根据不溶的氮气的体积计算有机化合物中氮的含量。燃烧时，可能有一部分氮转变成氮氧化物，需通过金属铜将其还原为氮气。反应中可能产生的氧气（由 CO_2、H_2O、N_2O 等气体分解产生）也可通过金属铜来吸收除去。

（2）凯氏定氮法　又称硫酸消化法。将试样与浓硫酸、催化剂以及硫酸钾高温分解，使试样中所含的氮转化为硫酸铵，用水稀释，加氢氧化钠溶液碱化，用水蒸气蒸馏法将氨蒸出，然后用标准盐酸或硼酸溶液吸收，进行酸碱滴定，根据氨的量计算试样中氮的含量。

凯氏定氮法的仪器设备和测定过程均比较简单，而且能同时测定多个试样，所以多用于化工生产中的常规分析。但其不能使硝基、亚硝基、偶氮基、肼或腙等含氮有机物中的氮转化，因此测定这类试样时，需要预先用适当的还原剂将这些官能团还原。

杜马斯法的仪器设备比较复杂，但适合于大多数含氮化合物。若使用凯氏定氮法测定有困难或在测定结果可疑的情况下，通常用杜马斯法来测定或验证结果。

（3）接触氢化法　在镍催化剂作用下，将试样在氢气流中加热，使有机试样中的碳转化为甲烷、氧转化为水、氮转化为氨，用标准酸溶液吸收生成的氨，再进行酸碱滴定。

测定有机化合物中氮含量的化学方法列于表 12-8。

表 12-8 有机化合物中氮的化学测定方法

方　法	催化剂和温度	分解产物测定方法	范　围	备　注
1. 杜马斯（Dumas）燃烧法：试样在 CO_2 气流中与 CuO 一起燃烧，生成 N_2 及氮氧化物，后者被 Cu 转化为 N_2	CuO（650～700℃）	经 KOH 吸收酸性气体后收集 N_2，并测量体积	微量，半微量	经过改良后，可测定所有含氮化合物；测嘧啶、N-甲基和长碳链氮化合物须加 $Cu(Ac)_2$、$KClO_3$ 或两者；测磺酰胺缩苯氨基脲和 NO_3^- 须加 $K_2Cr_2O_7$，误差±0.2%
改进： （1）柯尔斯顿（Kirsten）改良法	Ni+NiO（1000℃）	经 KOH 吸收酸性气体后收集 N_2，并测量体积	微量	快速分析，用于测长碳链氮化合物
（2）沙兰（Saran）改良法	在氧化铜层间放一层还原铜丝，接着放一内装细碎的 30%铂石棉的铂箔空心圆筒	经 KOH 吸收酸性气体后收集 N_2，并测量体积	微量	
（3）奇曼（Gelman）改良法	PbO+NiO(1+1)粒，另一部分填以粒状 NiO	经 KOH 吸收酸性气体后收集 N_2，并测量体积	微量	适于难燃烧的化合物
（4）氧中燃烧试样	Co_3O_4 层后，为一金属铜层（在 CO_2 气流中）（1100℃）	用量气管测定生成 N_2 的体积		
（5）氮分析器法：一般燃烧法分解试样	活化过的 CuO-Pt	测定 N_2 的体积	微量	
（6）试样在氧中（850℃）燃烧	CuO（750℃），银丝（600℃），Cu（500℃）	用量气管测定生产 NH_3 的体积（在 CO_2 气流下）	微量	
（7）阿贝兰曼（Abramyan）改良法	$KMnO_4$ 存在下，以 CuO 分解试样	经 KOH 吸收酸性气体后收集 N_2，并测量体积		适于测定含 N-甲基或 N-乙基的胺和肼
（8）不用 CO_2 驱赶生成的气体法	CuO（650～700℃）	产物通过 $Mg(ClO_4)_2$ 和 KOH 溶液后，剩余的 N_2 用微量量气管测定	微量	将燃烧管抽真空后，在密闭体系内燃烧试样

方法	催化剂和温度	分解产物测定方法	范围	备注
2. 凯氏（Kjeldahl）定氮法	Hg, HgO 或 HgSO₄; 溶液的沸点	溶液用 NaOH 中和，用标准酸溶液吸收蒸出的氨，用标准碱溶液回滴过量的酸	微量，半微量或常量	对于胺氮可直接应用；催化剂以 Hg 较好，但在蒸馏前须用 S^{2-} 或 $S_2O_3^{2-}$ 将它除去；误差±0.2%
改进： （1）催化剂	Se, SeO₂ 或 SeOCl₂, CuSO₄			催化剂过量时使结果偏低，CuSO₄比 CuSO₄·5H₂O 好
（2）消化 （a）加 H₂O₂				较快，但会产生剧烈反应
（b）加 HClO₄				较快，须防止爆炸，过量 HClO₄ 将使 NH₃ 氧化
（c）加含羟基化合物（例如苯酚、水杨酸或 1-萘酚和连苯三酚的 1:1 混合物）和还原剂（如 Zn、Fe、SnCl₂-Sn、HI、Na₂S₂O₃ 或 Na₂S₂O₄）	溶液的沸点		常量至微量	用于测含—NO₂、—NO、—N≡N—的化合物中的氮。在氧化前含—OH 的化合物易硝化并还原成 NH₃
（d）预先用 Zn、Na₂S₂O₄ 或 HI+P 在水、乙醇或其他有机溶剂中的溶液消化	溶液的沸点		常量至微量	用于测含—NO₂、—NO、—N≡N—的化合物中的氮
（3）NH₃ 的测定 （a）一般法		蒸馏出的 NH₃ 用 2%～4%H₃BO₃ 吸收，所得硼酸盐用标准酸溶液滴定（也可以用对羟基苯甲酸代替 H₃BO₃，作为 NH₃ 的吸收剂）	常量至微量	仅需一种标准液，误差±0.2%
（b）甲醛法 $4NH_4^+ + 6HCHO \longrightarrow (CH_2)_6N_4 + 4H^+ + 6H_2O$		形成的酸用标准碱溶液滴定		不用蒸馏 NH₃
（c）碘量法		$2NH_3 + 3BrO^-$（过量）$\longrightarrow 3Br^- + N_2 + 3H_2O$，加 KI，用 Na₂S₂O₃ 滴定释出的 I₂，从而测出剩余的 BrO⁻		不用蒸馏 NH₃
（d）扩散置换法		浸过碱的滤纸放在铵盐溶液表面上，而浸过 0.01mol/L 酸的滤纸放在离表面约 3～5cm 处以吸收 NH₃，过量的酸在试样皿中滴定	微量，半微量	
3. 接触氢化法：将含氮化合物氢化成 NH₃	Ni-ThO₂	NH₃ 用过量标准酸溶液吸收，然后用标准碱溶液回滴剩余的酸	微量	对氨基酸及加热时产生碳的化合物不能获得好结果

五、卤素的测定

测定有机化合物中卤素的方法较多。一般先将试样用适当的方法分解转化为相应的无机卤化物后，再用重量法、容量法或离子选择性电极等方法测定相应的卤素含量。常用的方法有卡里乌斯（Carius）封管法、过氧化钠分解法、改良的斯切潘诺夫法和氧瓶燃烧法。前三种方法由于操作过程复杂，应用较少。有机化合物中氯、溴、碘的检测方法总结于表 12-9 中。

氧瓶燃烧法于 1955 年由薛立格（Schoneger）创立，由于操作过程简便、快速，而且易于掌握，得到广泛应用。将试样包在无灰滤纸内，点燃后，立即放入充满氧气的燃烧瓶中，以铂丝（或镍铬丝）作催化剂，进行燃烧分解。燃烧产物被瓶中的吸收液吸收，试样中的卤素、硫、磷、硼和金属分别形成可溶性的卤离子、硫酸根离子、磷酸根离子、硼酸根离子及金属离子。最后，根据各个元素的特点采用一定方法（通常是容量法）来测定其含量，见表 12-10。

由于含氟有机化合物在试样分解和测定方法上较为特殊，因此将其单列于表 12-11。

表 12-9　有机化合物中氯、溴、碘的化学测定方法

被测元素	测定方法	催化剂和温度	分解产物的测定	备注
Cl, Br, I	卡里乌斯（Carius）法：试样用（HNO_3+$AgNO_3$）在封闭管中氧化	250～300℃	卤化银用重量法或容量法测定	适于测 Cl、Br、I，但含碘化合物用重量法测定有时有偏差（偏低）。能同时测定硫
	普雷格尔（Pregl）燃烧法：试样在氧气中分解	Pt：680～700℃	卤素用碱性 N_2H_4 吸收，剩余的 N_2H_4 用 H_2O_2 氧化，卤化物用 $AgNO_3$ 沉淀后用重量法测定	适于测 Cl、Br、I，经改良后可测定其混合物
	改良的燃烧法：试样在氧气中燃烧	Pt：650℃	卤素用 H_2O_2 还原成卤化物，然后用 $AgNO_3$ 标准液滴定	适于测 Cl 和 Br；测 I 时以 N_2H_4 代替 H_2O_2，或将 I_2 吸收在 NaOH 溶液中，氧化成 $NaIO_3$，用碘量法测定 芳香族卤素须缓慢燃烧，S 有干扰
	过氧化钠分解法：在密闭的氧弹中用 Na_2O_2 熔融	用火焰或热金属丝灼烧	将剩余的 Na_2O_2 分解后，卤化物用银量法测定。碘可用碘量法测定	试样与（KNO_3+蔗糖）混合，适于测 F、Cl、Br、I。测 Br 和 I 时在浸出液酸化前加一些硫酸肼 F 以 CaF_2 形式沉淀，转化成 $CaSO_4$ 称量
	钠-液氨法：用溶于液氨-乙醚溶液中的钠分解试样	溶剂的沸点	剩余的钠用 NH_4NO_3 分解后，卤化物用银量法测定	仅限于测定能溶于液氨-乙醚混合液的化合物；不能用于测定多种含氟化合物，特别是聚氟化合物
	钠-液氨的改良法：用钠的液氨溶液在封闭管中分解试样	室温	用 0.1mol/L HCl 酸化后，用 $Pb(Ac)_2$ 沉淀 $PbClF$，溶于 HNO_3，用银量法测定 Cl^-	可用于测定含氟化合物和聚氟化合物；也适用于测 Cl、Br、I
	斯切潘诺夫（Степанов）的改良法：用溶于乙醇胺-二氧六环中的钠溶液分解试样	268℃，回流	用 HNO_3 酸化后，用 $AgNO_3$ 沉淀卤化物，重量法测定；或用银量法测定碘，也可用碘量法测定	适于测定脂肪族和芳香族化合物中的 Cl、Br 和 I；但不适于测定低沸点的稳定的卤化物
	试样在氧气流中燃烧	950℃	产物导入装有银绒的管（450℃）中，先用 N_2 和 H_2 吹洗后，用水吸收卤化氢，容量法测定	
	在 NH_4HSO_4 存在下，在潮湿的氧气流中分解试样		卤素取代出 AgIO 中的 I，释出的 I_2 吸收于银粒中	
	试样在氧气流中燃烧	Pd，石英，Pt：900～1000℃	吸收液为硫酸肼和 H_2O_2 的 80%乙酸溶液，用适量卤化银饱和；在吸收过程中用 $AgNO_3$ 溶液自动滴定，以离子选择电极指示终点	
	试样在氢气流中分解	700℃	生成的 NH_4X 溶于水，通过阳离子交换树脂（氢型）柱，用标准碱溶液滴定流出液	

续表

被测元素	测定方法	催化剂和温度	分解产物的测定	备注
Cl, Br, I	试样在氨气流中分解	750～800℃	生成的 NH_4X 按常法测定卤素离子	
	试样在氨气流中用辉光放电分解		按常法测定 NH_4X	
	试样与碱在二甲基亚砜介质中反应,释出卤素离子		用银量法测定卤素离子	
	试样在装有 $KMnO_4$ 的热解产物(沉积在熔凝硅石上)的管内分解	400～600℃	按常法测定滤液中的 Cl^-、Br^-、I^-	
汞卤化物中的 Cl, Br, I	试样用硫醇处理		释出等物质的量的卤化物,用有机溶剂萃取以除去硫汞化物,在水溶液中用银量法测定卤素离子	
Cl, Br	石灰法:试样与热的 CaO 分解产生卤化钙	暗红炽热	卤化物用银量法测定	快速
	湿氧化法,试样在缓慢的氧气流中用(H_2SO_4+$K_2Cr_2O_7$+$Ag_2Cr_2O_7$)混合物氧化	120℃,30～35min	卤素用含有 H_2O_2 的饱和 NaOH 溶液吸收,卤化物可由滴定剩余的 NaOH 或用银量法测定	适用于不挥发的 Cl 和 Br 化合物;快速
	在氧气流中热解试样	800℃	用 $PbCrO_4$(400℃)吸收 Cl 和 Br	S 也被吸收;N 有干扰
Cl	试样在密闭氧弹中与 Na_2O_2 共熔		在 EDTA 存在下(掩蔽 Fe^{3+} 和 Sn^{4+})用 $AgNO_3$ 溶液电位滴定 Cl^-	适用于测定含 Fe 或 Sn 的有机物中的 Cl
	试样在不锈钢坩埚中与 $NaHCO_3$ 和 Na_2O_2 混合物熔融		熔融物冷却并溶解后,用还原剂处理,用 $AgNO_3$ 溶液滴定 Cl^-	

表 12-10 氧瓶燃烧法测定有机化合物中的卤素

被测元素	吸收液	分解产物的测定	备注
Cl, Br, I	KOH+Hg(OH)CN	Hg(OH)CN+Cl⁻ ⟶ HgClCN+OH⁻ 吸收后,Cl 和 Br 用银量法测定;I 用碘量法测定	为测定 Cl、Br、I 的快速法;不适用于测易挥发的试样
	H_2O_2+LiOH	在酸化的丙酮介质中用 $AgNO_3$ 溶液滴定卤化物	
	H_2O,或 H_2O+H_2O_2,或 0.05mol/L NaOH,或 NaOCl+$NaH_2PO_4$①	用 $KBrO_3$ 和 H_2O_2 分别氧化 Br^- 和 I^-,然后煮沸以除去混合液中与氯共存的两种或一种卤素及采用不同吸收剂。Cl 用 $Hg(ClO_4)_2$ 溶液滴定,Br 和 I 用碘量法测定	可在 Cl、Br 存在下测 I,或 I 下测 Cl、Br 及 Br 存在下测 Cl 或 Cl 存在下测 Br
	HSO_3^-+Ag^+	滴定器中放 HSO_3^- 溶液和已知摩尔浓度的 Ag^+,将燃烧产物通入其中,形成的卤素离子在银电极存在下用 Ag^+ 自动滴定	
Cl, Br	碱性 $NaBH_4$ 溶液	用 0.005mol/L $Hg(ClO_4)_2$ 溶液滴定,二苯卡巴腙或 Michler 酮硫代物为指示剂	测含 Hg、Sb 的有机化合物中的 Cl 和 Br
	NaOH+硫酸肼	用 0.015mol/L $AgNO_3$ 溶液滴定,以曙红为指示剂	
Cl	NaOH 或稀 NaAc	用 0.015mol/L $AgNO_3$ 溶液滴定,以根皮红为指示剂	
Br	碱性 H_2O_2	在酸性溶液中用 $Hg(SCN)_2$ 的甲醇溶液和硫酸铁铵的硝酸溶液处理,在波长 460nm 处测吸光度	

续表

被测元素	吸收液	分解产物的测定	备　注
I	KOH	用 0.0025mol/L Hg(NO₃)₂ 乙醇＋水（3+1）的溶液滴定，以二苯卡巴腙为指示剂	直接加硫酸肼于试样，混合后再燃烧
	硫酸肼溶液（2%）	用 0.005mol/L AgNO₃ 溶液滴定，碘离子选择性电极指示终点	
	碱性硫酸肼	用 H₂O₂ 处理，调节 pH 至中性，用 0.005mol/L Hg(NO₃)₂ 溶液滴定，以二苯卡巴腙为指示剂	

① I 存在下测 Cl 或 Br：50ml 水 ＋3 滴 30% H₂O₂；Cl 或 Br 存在下测 I：0.05mol/L NaOH；Br 存在下测 Cl：水；Cl 存在下测 Br：5ml NaOCl + 10ml NaH₂PO₄。

表 12-11 有机化合物中氟的化学测定方法

被测试样	测定方法	温度	分解产物的测定	备注
一般含氟试样	燃烧法：试样在填以硅石小片的石英或硅酸硼管的氧气中燃烧	900℃	生成的 SiF₄ 转变成 PbClF，在 175℃ 吸收于 Al₂O₃ 上，重量法测定，以 SiF₄ 形式称量或用 Th(NO₃)₄ 溶液滴定或与 H₂O 反应后，用 NaOH 溶液滴定（SiF₄+2H₂O⟶SiO₂+4HF）	在用 NaOH 溶液滴定时，须加甘露糖醇以络合 HF 与玻璃反应而生成的 HBF₃OH（在甘露糖醇存在下，HBF₃OH 为一元碱）
	过氧化钠分解法：试样在镍弹中与钠加热分解	500~600℃（某些氟代烃需 650~700℃）	生成的 F⁻ 用氯氟化铅（PbClF）重量法测定；对含 S、P、As 等的试样，用容量法测定	将 PbClF 沉淀用硝酸溶解，用银量法测定 Cl⁻ 含量，其量与含氟量相当
	在氧气流中分解试样	700℃	生成的 NH₄F 溶于水后，用 Th(NO₃)₄ 溶液滴定；或通过阳离子交换树脂，用标准碱溶液滴定生成的 HF	
	试样在氧气流中分解，氟用 Pb₃O₄ 吸收成为 PbF₂	700℃	通水蒸气后，与氟冉酸的钍配合物反应，释出的氟冉酸与 Fe³⁺ 显色，于波长 530nm 处测吸光度	
	用氢氧焰分解试样		生成的氟化物用氟离子选择性电极测定	适用于测有机硼氟酸盐
	氧瓶燃烧法分解试样		（1）以 NaOH 溶液为吸收，酸化，加过量 Ce³⁺ 溶液，剩余的 Ce³⁺ 在适量乙醇存在下，用 EDTA 标准溶液回滴，二甲酚橙-亚甲基蓝为指示剂 （2）释出的 F⁻ 用 Ce⁴⁺-茜素氟蓝法，分光光度测定 （3）吸收液中加镧-茜素络合腙溶液，于波长 635nm 处测吸光度 （4）用钍-偶氮胂 I 配合物分光光度测定 （5）释出的 F⁻，用氟离子选择性电极测定或用 0.01mol/L La(NO₃)₃ 溶液滴定 （6）用 0.01mol/L LaCl₃ 为吸收液，过量的试剂用 0.01mol/L EDTA 溶液滴定	适用于药物及药物制剂
	氧瓶燃烧法分解试样（试样中混以过氧化钠）		用稀 NaOH 溶液为吸收液，调节酸度后，用铬花青 R-ZrOCl₂ 法比色	

续表

被测试样	测定方法	温度	分解产物的测定	备　注
一般含氟试样	氧瓶燃烧法分解试样（用聚丙烯瓶）		用总离子强度调节缓冲液（pH=5）为吸收液，氟离子选择性电极测定吸收液中的 F^-	
无机含氟高聚物	试样在氨气流中热解	750～800℃	用 $Th(NO_3)_4$ 溶液滴定生成的 NH_4F	
含P和S的试样	试样分燃烧和氢化两步分解	900℃（燃烧）1200℃（氢化）	释出的 F^- 用镧-茜素络合腙法，于波长635mm处测吸光度	
含B、P的试样	用 KNO_3-蔗糖-Na_2CO_3 混合物进行金属弹燃烧法分解试样		加总离子强度缓冲液（pH=5）后，用氟离子选择性电极测定	

六、硫的测定

有机化合物中硫的测定，其试样的分解和卤素的比较相似，只是分解后的离子测定方法不同。硫的测定一般采用氧瓶燃烧法分解试样，使硫转化为相应的氧化物，用适当的吸收剂吸收，转化为 SO_4^{2-}，用重量法或容量法测定。测定有机化合物中硫的化学方法概述于表12-12中。

表 12-12 有机化合物中硫的化学测定方法

方　法	反应及主要步骤	适用范围	备　注
卡里乌斯（Carius）法	在封闭管中与发烟硝酸在 250～300℃下加热 5～6h，S 转化为 SO_4^{2-}，以 $BaSO_4$ 重量法或容量法测定		不适用于磺酸盐或氧化后生成稳定的砜的试样；若有卤素存在，须加 $AgNO_3$；可加钠盐或钾盐以助氧化
普雷格尔催化燃烧法	以铂为催化剂，在 680～700℃燃烧成硫的氧化物，用 H_2O_2 吸收生成 H_2SO_4，用标准碱溶液滴定或以 $BaSO_4$ 重量法测定		在卤素和氮存在时，用重量法测定，误差±0.3%
氧弹法	在封闭管中用 Na_2O_2 熔融试样，剩余的 Na_2O_2 用 H_2O 分解，生成的 SO_4^{2-} 重量法或容量法测定	一般有机化合物	熔融混合物中加蔗糖和 KNO_3（或 $KClO_4$）
氢化法	以铂为催化剂，在 700℃时氧化成 H_2S，用 NaOH 溶液或氨水吸收，用 I_2 标准溶液滴定或用 $ZnSO_4$ 溶液吸收，以碘量法测定	仅适用于 C、H、O、N、S 化合物	含As、P的化合物及高碳化合物有干扰
直接燃烧法	试样在沃克（Wick）灯中燃烧，生成硫的氧化物用 Na_2CO_3 标准溶液吸收，再用 HCl 标准溶液回滴	适用于挥发性化合物（例如汽油）	
氧瓶燃烧法	（1）用一般氧瓶燃烧技术分解试样，燃烧产物用 H_2O_2 吸收，用高氯酸钡标准溶液滴定，以钍啉-亚甲基蓝为指示剂	仅适用于非挥发性化合物	
	（2）用（1）法分解试样，用 $NaOH+H_2O_2$ 为吸收液，硝酸铅标准溶液为滴定剂，双硫腙为指示剂	仅适用于非挥发性化合物	对含磷试样不能得到满意结果
	（3）用 0.1mol/L NaOH 和 30% H_2O_2 为吸收液，将所得溶液摇 30min 后蒸干，加水，用 0.01mol/L $BaCl_2$ 标准溶液滴定硫酸盐，以四羟（基）醌为指示剂		
	（4）用离子交换法除去干扰金属离子，用 0.0025mol/L $Th(NO_3)_4$ 溶液沉淀 PO_4^{3-}，然后加入过量 0.01mol/L $Ba(ClO_4)_2$ 溶液，剩余的 Ba^{2+} 在 NH_3 溶液中用 0.02mol/L EDTA 标准溶液滴定，以甲基百里酚蓝为指示剂		
	（5）用 $Ba(BrO_3)_2$ 溶液为吸收液，加入丙酮以沉淀剩余的 $Ba(BrO_3)_2$，溶解后，用碘量法测定		
	（6）用 0.01mol/L $Ba(NO_3)_2$ 溶液滴定吸收液中的 SO_4^{2-}，以偶氮氯膦Ⅲ为指示剂	适用于芳烃磺酸和芳烃多磺酸的碱金属盐	燃烧前加 $(NH_4)_3PO_4$
	（7）用 $Ba(ClO_4)_2$ 滴定吸收液中的 SO_4^{2-}		燃烧前加 CHI_3 以保证 S 完全转化成 SO_4^{2-}；比用 H_2O_2 吸收法快速

续表

方法	反应及主要步骤	适用范围	备注
试样在氧气流中燃烧	以 Ag 为催化剂（500℃），在 450℃以氢还原 Ag_2SO_4；用 H_2O_2 为吸收剂，用 $Ba(ClO_4)_2$ 溶液滴定		
金属钾熔融法	（1）试样在玻璃管中用金属钾熔融成 K_2S，在酸性溶液中将 H_2S 蒸出，用 I_2 标准溶液滴定 （2）酸化后释出的 H_2S 用 $Cd(Ac)_2$ 缓冲溶液吸收，加入过量的 I_2 标准溶液，然后用 $Na_2S_2O_3$ 标准溶液回滴 （3）释出的 H_2S 在 pH 为 9.4 的介质中用 0.005mol/L Hg^{2+}标准溶液自动滴定（在氮气流中） （4）不经蒸馏，直接用 0.01mol/L 2-羟基汞苯甲酸标准溶液滴定 H_2S，以双硫腙为指示剂	一般有机化合物	释出的 H_2S 用 $Cd(Ac)_2$ 吸收，能获得较好的结果
试样溶于丙酮	加浓氨水和二硫代荧光素指示剂，用 0.02mol/L 2-羟基汞苯甲酸标准溶液滴定	测定硅烷硫醇中的硫	
在 NaOH 溶液中用 H_2O_2 与试样共沸	用 0.005mol/L $BaCl_2$ 标准溶液滴定 SO_4^{2-}，以邻氨基苯磺 K 为指示剂		与常法比较结果偏低，但适用于测定有机溶剂中少量硫
氢氧焰燃烧分解试样	用 $BaSO_4$ 比浊法测定生成的 SO_4^{2-}	适用于测定石油产品中痕量硫	
试样与金属镍共熔	硫被还原成 H_2S，用 $Cd(Ac)_2$ 吸收，以亚甲基蓝比色法测定	测定微量硫（石油产品和硝基化合物中）	
镍还原法	试样与活性镍催化剂反应，使有机硫还原成 NiS，然后加盐酸释出 H_2S，用碱性丙酮溶液吸收，再用 $Hg(Ac)_2$ 标准溶液滴定，以双硫腙为指示剂	适用于测定石油产品中微量硫	

七、磷的测定

含磷有机化合物通常是用氧化剂将磷氧化成磷酸，再以适当的化学方法测定其含磷量。常用的氧化剂有纯氧（氧瓶燃烧法）、硝酸-硫酸混合液和过氧化钠等。

氧瓶燃烧法测定磷比较简便、快速，燃烧后有机磷分解转化为磷的氧化物。磷的氧化物被吸收液吸收后，除生成正磷酸外，还可能以焦磷酸和偏磷酸形式存在。因此需将吸收液煮沸数分钟或同时加过硫酸铵等氧化剂，以使所有的磷转变成正磷酸，然后用比色法或容量法测定。

用氧瓶燃烧法测定有机物中微量磷时，为使试样分解完全，可根据不同的试样类型，采用不同的助燃剂和助氧化剂。如对于难分解的化合物，可用乙二醇为助燃剂、高氯酸铵为助氧化剂；对于含硅有机化合物，可用碳酸钠为助燃剂。

测定有机化合物中磷的化学方法见表 12-13。

表 12-13 有机化合物中磷的化学测定方法

方法	反应及主要步骤	适用范围	备注
湿法燃烧法	试样与 HNO_3-H_2SO_4 混合液在水浴上消化成 H_3PO_4，并转化成 $(NH_4)_3PO_4 \cdot 12MoO_3$，用重量法或中和法测定	一般有机化合物	加 30%H_2O_2 以加速消化（特别是当有 Ba^{2+} 存在时）
	试样如上法消化后，生成的 H_3PO_4 用钼蓝比色法测定	一般有机化合物中微量磷	
氧弹法	试样在封闭管中用 Na_2O_2 熔融酸化后，用常法测定生成的 H_3PO_4	一般有机化合物	熔融混合物中加蔗糖和 KNO_3

续表

方　法	反应及主要步骤	适用范围	备　注
试样在金属弹中于高压氧气下分解	试样用 HNO_3 和 $HClO_4$ 加热至冒白烟，最后用磷钒钼黄法比色测定	一般有机化合物中微量磷	
氧瓶燃烧法	用 0.005mol/L $Co(NO_3)_2$ 标准溶液滴定 PO_4^{3-}，以铬黑 T 为指示剂	一般有机化合物	
	用 0.01mol/L 硝酸镧标准溶液滴定 PO_4^{3-}，以铬天青 S 为指示剂	含 N、Cl、Br、I、S、F 的有机化合物	
试样用 $HClO_4$-HNO_3 消化	用钼蓝比色法测定生成的 H_3PO_4	一般有机化合物中微量磷	
用 14%的 Br_2（在 80%的乙酸中）溶液萃取磷	用自动分析仪比色测定	一般有机化合物中微量磷	
试样溶于冰乙酸	加 0.01667mol/L $KMnO_4$ 和 KI，用 0.1mol/L $Na_2S_2O_3$ 标准溶液滴定释出的 I_2	一般有机化合物	适用于测定叔膦和叔胂中的 P^{3+} 和 As^{3+}；对于 P^{5+} 和 As^{5+} 化合物，须先用 $LiAlH_4$ 还原成 P^{3+} 和 As^{3+}

八、其他非金属元素的测定

有机化合物中的砷的测定与测定磷的方法相类似，通常先用适当的氧化剂将砷氧化成砷酸，再进行测定。测定磷所用的氧瓶燃烧法、湿法氧化法和过氧化钠熔融法均可用于砷的测定。因为砷与铂能形成合金，故在氧瓶燃烧法中不可用铂钩，而须用石英丝钩，以稀碘溶液为吸收液，确保所有的砷转化成五价砷（砷酸），然后用碘化钾还原砷酸，释出的碘用硫代硫酸钠标准溶液滴定。微量砷的测定可用砷钼蓝比色法。测定有机化合物中砷的化学方法见表 12-14。

表 12-14　有机化合物中砷的化学测定方法

方　法	反应及主要步骤	适用范围	备　注
湿法氧化：试样用 HNO_3+H_2SO_4 消化成 H_3AsO_4	加酸性的 KI，用 $Na_2S_2O_3$ 标准溶液滴定释出的 I_2	常量，半微量	
氧瓶燃烧法分解试样	用碘溶液作吸收液，用钼蓝法比色测定	半微量，微量	燃烧瓶中不用铂钩而用石英丝钩
金属弹中用 Na_2O_2 熔融法分解试样	吸收液经酸化后，加 KI，用 0.02mol/L $Na_2S_2O_3$ 标准溶液滴定释出的碘	常量，半微量	试样混以蔗糖
试样经灰化，消化或富集成 H_3AsO_4	在酸性介质中，先后用 KI、$SnCl_2$ 及金属锌处理，生成的 AsH_3 用二乙基二硫代氨基甲酸银-麻黄素氯仿溶液处理显色，在波长 520nm 处测吸光度	微量	

有机化合物中的硅常用重量法和硅钼蓝比色法进行测定，但试样的分解方法与无机硅有所不同（见表 12-15）。

表 12-15 有机化合物中硅的化学测定方法

方　法	反应及主要步骤	适用范围	备　注
酸碱滴定法	（1）试样与氢氧化钾在封闭管中熔化，最后用酸碱滴定法测定 （2）试样与铬酸-硫酸混合酸在 150℃ 下加热 30min，过滤，生成的硅酸用氢氧化钠溶解，在盐酸存在下转化为 SiF_6^{2-} 用标准碱溶液滴定过量的酸		
重量法	（1）试样用浓 H_2SO_4 和浓 HNO_3 加热分解、氧化，生成的 SiO_2 用重量法测定 （2）试样与高锰酸钾在封闭管中熔融，生成的 SiO_2 用重量法测定		易氧化的有机硅化合物，可单独用浓 H_2SO_4；难氧化的试样，用发烟硫酸和发烟硝酸混合物或 60%$HClO_4$ 或 60%$HClO_4$ 与浓 HNO_3 的混合物分解氧化
量气法	试样在 CO_2 气流中用 H_2SO_4 分解（280～300℃），释出的 CH_4 用量气法测定（CO_2 用 KOH 吸收，其他燃烧产物用炭吸收）	Si 原子上连接甲基的化合物	
比色法	（1）在金属弹中与 Na_2O_2 熔融分解试样，用硅钼蓝比色法测定 （2）在铜坩埚中燃烧分解试样，按常法测定 （3）与 NaCl-NiO-H_2SO_4 共热分解试样，按常法测定		

有机化合物中硼的测定，是先将试样分解，然后在甘露醇存在下用标准碱溶液滴定，微量硼也可用比色法测定（见表 12-16）。

表 12-16 有机化合物中硼的化学测定方法

方　法	反应及主要步骤	适用范围	备　注
氧瓶燃烧法	（1）按一般氧瓶燃烧法分解试样，用水为吸收液，在甘露醇存在下，用 0.01mol/L NaOH 标准溶液滴定至 pH=7.8～8.0 （2）按一般氧瓶燃烧法分解试样并吸收分解产物后，在甘露醇存在下，用 0.1mol/L NaOH 标准溶液滴定，以溴甲酚红紫为指示剂		
金属弹法	在金属弹中用 Na_2O_2 熔融、分解试样，在甘露醇存在下用标准溶液碱滴定	同时可用硅钼蓝法测定 Si（参见表 12-15）	

九、金属元素的测定

测定有机化合物中金属元素的含量时，往往先要进行试样消化。样品消化的方法包括含氧酸或混合酸消化、与氧化剂熔融、氧瓶燃烧法以及微波消解法等。热分解后可直接得到纯金属的有金、铂和银；若将热解产物在氢气流中还原，镍和钴的氧化物可以还原为金属单质；将含铝、铬、铜、铁、镁、锡、锌等的化合物加热后可得到符合化学计量关系的氧化物。金属离子的检测方法包括配位滴定法、溶出伏安法、原子吸收光谱法、离子选择性电极、紫外可见分光光度法和 X 射线荧光光谱法等[1]。

有机化合物中汞的测定方法一般有两种类型。将试样分解后析出的汞溶解，用沉淀滴定法或配位滴定法测定；或者将析出的汞用金或银直接吸收，用重量法测定。详见表 12-17。

表 12-17 有机化合物中汞的化学测定方法

方法	反应及主要步骤	适用范围
1. 容量法 （1）沉淀滴定法	试样用乙醇胺分解，将析出的金属汞溶于稀硝酸，用 KSCN 标准溶液滴定，以铁铵矾为指示剂	有机汞盐
	试样用金属钠、乙醇胺和 1,4-二氧六环加热回流，析出的汞同上法测定	有机汞化合物
（2）配位滴定	试样用 HNO_3-H_2SO_4-$HClO_3$ 煮沸、分解后，加过量 EDTA 溶液，用硫酸镁标准溶液回滴	
	试样用上法分解后，用 EDTA 标准液直接滴定，以坚牢蓝为指示剂	
（3）碘量法	$2RHgX+4KI=R\cdot Hg\cdot R+2KX+K_2HgI_4$ $RHgR+K_2HgI_4=2R\cdot HgI+2KI$ $RHgI+I_2=RI+HgI_2$ $RHgR+2I_2=2RI+HgI_2$ 试样与 I_2（KI 存在下）溶液回流，酸化，用硫代硫酸钠标准溶液回滴剩余的 I_2	氯化乙基汞、溴化苯汞、乙酸苯汞
2. 重量法	（1）试样在填有金属铜（吸收氮的氧化物）、MnO_2-Co_3O_4-CuO 混合催化剂、MnO_2-Co_3O_4-Ag（硫和卤素燃烧产物的吸收剂）的燃烧管中，在氮气流下燃烧分解，燃烧产物用填充银粒的吸收漏斗吸收后，测其增重 （2）试样在填有高锰酸银热解产物的燃烧管中，在氮气流下进行燃烧，用与燃烧管连接装有银毛和高锰酸银热解产物的吸收管吸收汞，测其增重 （3）将试样装在坩埚中，在其上依次用氧化铜粉末、铜、铁覆盖，将吸收汞蒸气用的金板盖在坩埚上，金板上面装黄铜制的水冷凝管，在 500℃下加热 15min，洗涤、干燥金板，并测其增重	
3. 冷原子吸收法	用盐酸处理后，用苯萃取生成的氯化甲基汞，然后用半胱氨酸反萃取，将反萃取液用 $KMnO_4$-H_2SO_4 湿法氧化成 Hg^{2+}，用盐酸羟胺还原后，再用测汞仪测定	适用于测定生物体中的甲基汞化物

第二节　有机官能团的定量分析

　　有机官能团是指有机化合物中具有一定结构特征的、能反映该化合物某些物理或化学特性的原子或原子团。官能团的定量分析在有机定量分析中十分重要。官能团定量分析可以通过对试样中某组分的特征官能团的定量测定，来确定该组分在试样中的百分含量；也可以通过对某物质的特征官能团的定量测定，来确定特征官能团在分子中的百分比和个数，从而确定或验证化合物的结构。

　　官能团定量分析的特点：①一种分析方法或分析条件不可能适用于所有含这种官能团的化合物；②速度一般都比较慢，许多反应是可逆，很少能直接测定；③测定官能团的反应很多，有的反应专属性比较强，若选择了合适的实验条件，可以避免其他共存成分的干扰，样品可以不必分离、提纯；④官能团分析多用于成分分析，相对误差可在±5%范围内变动。

　　有机官能团定量分析分为化学分析法和仪器分析法。后者包括紫外-可见分光光度法、红外光谱法、核磁共振谱法、质谱法、电化学分析法、原子吸收分光光度法、色谱法等。

　　化学分析法以官能团的特征化学反应为基础，通过测定试剂的消耗量或反应产物的生成量来进行分析。可以测量的物质包括酸、碱、氧化剂、还原剂、水分、沉淀物、气体或有色物质等。常用方法有：酸碱滴定法、氧化还原滴定法、沉淀滴定法、水分测定法、气体测量法和比色分析法等。表 12-18 中列出了常见的能用化学方法测定的有机官能团。

表 12-18 有机化合物中常见官能团的化学测定方法[2]

类别	名　称	结　构	化学分析方法
含碳氢官能团	碳甲基	—C—CH₃	CrO₃ 氧化后测定
	活泼亚甲基	\>CH₂	与苯甲醛缩合后分光光度法测定
	双键		（1）与 Cl₂、Br₂、ICl、BrCl 加成后碘量法测定 （2）催化氢化后量气法测定 （3）与汞盐加成后测定 （4）与过苯甲酸加成后碘量法测定 （5）与 RSH、R₂NH、Na₂S₂O₃ 加成后测定
	共轭双键		（1）与马来酸酐加成后测定 （2）与四氰乙烯反应 （3）与对硝基重氮盐和氟硼化钠反应后比色
	末端双键	\>C=CH₂	（1）与过苯甲酸加成后测定 （2）氧化成甲醛后比色
	炔键	—C≡C—	（1）甲醛加成，水解成酮后测定 （2）水加成后，用重量或容量法测定生成的酮 （3）选择性氢化 （4）与汞盐加成
	末端炔键	—C≡CH	（1）与 AgNO₃ 反应后滴定 （2）与 K₂HgI₄ 反应后滴定 （3）与 CuCl 反应后滴定
	亚异丙基	H₃C\>C=C H₃C	氧化裂解成丙酮后测定
	苯基		（1）四氰乙烯反应，分光光度法 （2）马来酸酐测蒽 （3）硝化后比色
含氧官能团	醇羟基	R—OH	（1）酯化后用碱测定 （2）酯化后测定水 （3）酯化后，酯的羟肟酸盐比色 （4）CH₂N₂ 酯化后测定—OCH₃ （5）测活泼 H （6）K₂Cr₂O₇ 氧化后测定 （7）形成黄原酸镍后配位滴定
	羟甲基	—CH₂OH	（1）HIO₄ 氧化成甲醛后比色 （2）与苯酚缩合后测定生成的水
	酚羟基	Ar—OH	（1）溴化后碘量法滴定 （2）非水滴定 （3）铁氰化钾氧化后碘量法滴定 （4）HClO₄ 催化乙酰化后滴定 （5）测活泼 H （6）比色法
	烯醇	\>C=C< 　　OH	CH₃MgI 反应后量气法测定
	邻二醇	—C—C— 　OH OH	HIO₄ 氧化后碘量法测定

类别	名 称	结 构	化学分析方法
含氧官能团	烷氧基	—C—OR	HI 裂解后重量法或容量法或气相色谱法测定
	乙烯醚基	—C—O—CH=CH₂	水解后用 NaHSO₃ 法或肟法测定生成的乙醛
	环氧乙烷基	—C—C— \O/	（1）HCl 分解后用碱回滴 （2）HCl 分解后用 AgNO₃ 滴定 （3）MgCl₂ 或 Na₂SO₃ 分解后用酸滴定 （4）HClO₄ 氧化后，比色测定生成的醛
	羰基	C=O	（1）重量法测 2,4-二硝基苯腙等 （2）与盐酸羟胺形成肟后用碱滴定 （3）与 CH₃MgI 加成后量气法测定 （4）用 LiAlH₄ 或 NaBH₄ 还原后量气法测定 （5）用 LiAlH₄ 在非水介质中氧化还原滴定
	醛	R—CHO	（1）变色酸比色测定甲醛 （2）Ag₂O 氧化后测定生成的 RCOOM （3）与双甲酮反应后重量法测定 （4）与 Na₂SO₃ 加成后用酸滴定
	甲基酮	H₃C—C— ‖ O	（1）与 NaHSO₃ 加成后滴定 （2）碘仿法反应后碘量法滴定或比色
	醌		（1）TiCl₃ 还原后滴定 （2）NaBH₄ 还原后量气法测定 （3）与 C₄H₉NH₂、NH₂CH₂CH₂NH₂ 等反应后比色
	缩醛或缩酮	OR \ / C / \ OR	（1）烷氧基测定 （2）水解后测羰基
	亚甲醚	—O\ CH₂ —O/	（1）强酸水解后用变色酸比色法测甲醛 （2）水解后，生成 2,4-二硝基苯腙，用 Ti³⁺ 滴定
	羧基	—COOH	（1）碱滴定 （2）脱氢后量气法测定
	羧酸金属盐	—COO⁻M⁺	（1）碱金属盐非水滴定 （2）灰化后称量 （3）酸化后，水气蒸出羧酸滴定 （4）离子交换析出酸滴定
	羧酸酯基	—COOR	（1）水解后测定 （2）与 CH₃MgI、LiAlH₄ 反应后测酯基 （3）羟肟酸比色
	内酯基	C—(CR)ₙ—C=O \O/	（1）碱水解后回滴 （2）羟肟酸比色
	酸酐基	(RCO)₂O	（1）形成酰苯胺，碘量法回滴 （2）用 CH₃ONa 直接滴定 （3）用吡啶+水(1+1)水解后，用 NaOH 滴定 （4）与 ◯—NH反应后用 HCl 回滴 （5）羟肟酸比色

续表

类别	名　称	结　构	化学分析方法
含氧官能团	酰卤基	$R-\overset{\text{O}}{\underset{}{C}}-X$	（1）测卤离子 （2）NaOCH$_3$ 非水滴定 （3）NaOH 水解后回滴 （4）羟肟酸比色
	酰基	$R-\overset{\text{O}}{\underset{}{C}}-$	酸水解后，水气蒸出酸测定
	糖基	$-\overset{\text{O}}{\underset{}{C}}-\overset{}{\underset{\text{OH}}{C}}-\overset{}{\underset{\text{OH}}{C}}-$	HClO$_4$ 氧化后，碘量法或分光光度法测定
含氮官能团	硝基	$-NO_2$	（1）Ti^{3+} 还原滴定 （2）V^{2+} 还原滴定 （3）非水滴定 （4）库仑滴定 （5）催化加氢 （6）NaBH$_4$ 还原后量气法测定 （7）比色
	亚硝基	$-NO$	
	氮氧化物	$\diagdown N\rightarrow O$	
	氨（胺）基	RNH$_2$，R$_2$NH，R$_3$N，杂环氮	（1）水及非水滴定 （2）亚硝化析出 N$_2$，量气法测伯胺 （3）HNO$_3$ 滴定测仲胺及芳胺 （4）比色
	铵盐	RNH$_3^+$，R$_2$NH$_2^+$，R$_3$NH$^+$，R$_4$N$^+$	（1）非水滴定 （2）四苯基硼酸钠沉淀法测定
	烷氮基	$\diagup NR$	HI 裂解形成 RI 滴定或重量法测定
	氨基酸		（1）非水滴定 （2）甲醛保护滴定法 （3）比色 　　（a）2,4-二硝基氟苯反应后比色 　　（b）茚三酮反应后比色
	酰胺	$R\overset{}{\underset{\text{O}}{C}}NRR'$	（1）LiAlH$_4$ 还原后，水气蒸出胺滴定 （2）LiAlH$_4$ 还原后量气法测过量试剂 （3）CH$_3$MgI 测活泼 H（R 或 R'=H）
	内酰胺		HCl 水解后碱测定
	亚酰胺		同酰胺的（1）（2）法
	氰基	$-CN$	（1）H$_2$O$_2$，KOH 水解后滴定析出的氨 （2）CH$_3$MgI 加成后量气法测 N$_2$ （3）羟肟酸比色
	叠氮基	$-\overset{}{\underset{}{C}}-N_3$	Na$_3$AsO$_3$ 还原后，碘量法测定
	异氰基	$-NC$	（1）CH$_3$MgI 加成后，量气法测过量试剂 （2）酸水解后，测生成的胺
	异氰酸酯基	$-NCO$	（1）与 RNH$_2$ 加成后，滴定过量胺 （2）与羟胺反应，形成羟肟酸，比色
	偶氮	$-\overset{}{\underset{}{C}}-N=N-\overset{}{\underset{}{C}}-$	亚钛还原滴定
	重氮	$R-\overset{+}{N}=N$ 或 Ar$-\overset{+}{N}=N$	（1）脂肪重氮物酸分解后，量气法测氮 芳香重氮物用 Cu$^+$ 催化后，量气法测氮 （2）亚钛还原滴定 （3）偶联比色
	氧化偶氮	$-N=\overset{}{\underset{\text{O}}{N}}-$	还原滴定

类别	名 称	结 构	化学分析方法
含氮官能团	氢化偶氮	—NH—NH—	亚钛还原滴定
	肼基	R—NHNH$_2$	（1）氧化后量气法测氮 （2）亚钛还原滴定
	酰肼基	$\overset{O}{\overset{\|}{R-C}}-NHNH_2$	
	缩氮基	$\overset{O}{\overset{\|}{HRN-C}}-NHNH_2$	
含硫官能团	巯基	—SH	（1）AgNO$_3$ 电流滴定 （2）Hg^{2+} 库仑滴定 （3）KIO$_3$ 碘量法滴定 （4）比色
	硫醚	RSR RSSR	（1）溴氧化后，碘量法滴定 （2）AgNO$_3$ 电位滴定 （3）Hg^{2+} 电流滴定（C$_2$H$_5$HgCl） （4）Zn 还原成 RSH 后测定 （5）RSR 与 I$_2$ 形成配合物，在 308nm 处光度测定
	磺酸	RSO$_2$OH	（1）碱滴定，或电位示差滴定（与 H$_2$SO$_4$ 共存时） （2）磺酸钠盐可用离子交换成游离酸后滴定 （3）转化成 RSO$_2$Cl 后气相色谱测定 （4）磺酸钠灰化称重
	亚磺酸	RSOOH	（1）碱滴定 （2）KMnO$_4$ 氧化成磺酸后滴定
	磺酰胺	RSO$_2$NHR	（1）非水滴定 （2）AgNO$_3$ 滴定法 （3）亚硝酸盐滴定 （4）比色
	砜基	$-\overset{O}{\underset{O}{\overset{\|}{\underset{\|}{S}}}}-$	燃烧后测 SO$_3^{2-}$
	亚砜基	$-\overset{O}{\overset{\|}{S}}-$	（1）还原为 RSH 后滴定 （2）HClO$_4$ 非水滴定
	异硫氰酸酯	—NCS	与伯胺、仲胺反应后，用标准酸溶液回滴过量的胺
	硫氰酸酯	—CNS	碱水解后比色
	硫脲基	$\overset{H\ S}{\underset{\|}{-N-C}}-NH_2$	（1）(CH$_3$COO)$_2$Hg 存在下 HClO$_4$ 滴定 （2）HIO$_4$ 氧化后碘量法测定 （3）库仑滴定 （4）比色
	缩氨基硫脲基	$\overset{S}{\overset{\|}{HNHRN-C}}-NH_2$	同硫脲基分析方法（2）
	黄原酸酯基	$\overset{S}{\overset{\|}{MS-C}}-SR$	（1）碘量法 （2）非水滴定
	硫醇酸酯基	$\overset{O}{\overset{\|}{R-C}}-SR$	比色
	荒氨酸基	$\overset{S}{\overset{\|}{R_2N-C}}-SH$	水解生成 CS$_2$，转化为黄原酸盐后碘量法测定

一、酸碱滴定法

用酸碱滴定法测定官能团的操作简便易行，应用较广。部分有机酸或碱可用标准碱或酸溶液直接滴定（见表 12-19、表 12-20）。有些不能直接滴定的官能团，可借助化学反应，滴定消耗或生成的酸或碱，从而间接测定（见表 12-21）。大部分有机物在水中溶解度小，而且酸碱性较弱，在水溶液中酸碱滴定时缺乏敏锐的终点，可以采取非水滴定。通常，若有机酸的 pK_a 不大于 5～6，可以用 0.1mol/L 的 NaOH 溶液滴定，而当 pK_a 大于 6 时，应用非水滴定。

　　酸碱滴定法中指示终点的方法可以为指示剂目视法或电位滴定法。特别是在非水滴定中，pH 已失去原来的意义，可直接以电位值替代 pH 作图，确定化学计量点。表 12-22 列出了一些酸性官能团滴定用指示剂，表 12-23 为非水滴定弱碱用指示剂，表 12-24 是电位滴定酸性官能团中可选择的指示电极和参比电极。一般可采用以下的原则选择溶剂、滴定剂和指示剂。

　　（1）测定有机弱碱时，选择中性或酸性溶剂如乙酸，以强酸如高氯酸滴定，用指示剂如甲基紫或电位法指示终点。

　　（2）测定有机弱酸时，选择碱性溶剂如正丁胺、乙二胺或吡啶等。但此类溶剂对有机弱酸有拉平效应，不适用于混合酸的滴定。用强碱如溶解在苯-甲醇中的甲醇钠溶液等滴定，用指示剂如偶氮紫或电位法指示终点。

　　（3）滴定中等强度有机酸时，选择酸性比水弱的两性溶剂如醇类等。电位滴定中常选择介电常数较高的惰性质子溶剂如乙腈、丙酮或环丁砜等，便于示差滴定不同强度的混合酸。

表 12-19　可直接滴定的酸性官能团[2]

酸性官能团	滴定剂	酸性官能团	滴定剂
羧酸	NaOH	亚酰胺	NaOCH$_3$
酰卤	KOCH$_3$	酰肼	NaOCH$_3$
酐	KOCH$_3$	吡咯	NaO(C$_6$H$_5$)$_3$
氨基酸	NaOH	2,4-二硝基苯腙	(C$_4$H$_9$)$_4$NOH
过酸	NaOCH$_2$CH$_2$NH$_2$	3,5-二硝基苯甲酸酯等	(C$_4$H$_9$)$_4$NOH
酚	NaOH（光度法）／NaOCH$_2$CH$_2$NH$_2$／(C$_4$H$_9$)$_4$NOH	甘油硝酸酯	(C$_4$H$_9$)$_4$NOH
		弱碱盐	NaOCH$_3$
		磺酰胺	NaOCH$_3$
醇	LiAl[N(C$_4$H$_9$)$_2$]$_4$	苯酚酯	NaOCH$_2$CH$_2$NH$_2$
活泼亚甲基	KOCH$_3$	巴比妥酸	LiOCH$_3$／(C$_4$H$_9$)$_4$NOH

表 12-20　可直接滴定的碱性官能团[2]

化合物类型	溶　剂	滴定剂	终点指示	备　注
胺	冰乙酸等	HClO$_4$	目视或电位	pK_b<13 的胺
氮杂环	冰乙酸等	HClO$_4$	目视或电位	
植物碱	冰乙酸等	HClO$_4$	目视或电位	
嘌呤类	硝基甲烷-乙酸酐	HClO$_4$	电位	
噻唑，噁唑类	硝基甲烷-乙酸酐或冰乙酸-乙酸酐	HClO$_4$	电位	
脒，肼	冰乙酸	HClO$_4$	目视或电位	
酮亚胺	冰乙酸	HClO$_4$	目视	
氨基酸	冰乙酸	HClO$_4$	目视	可加过量 HClO$_4$ 后，用 CH$_3$COOK 回滴
氨的羧酸盐	冰乙酸	HClO$_4$	目视或电位	加 Hg(Ac)$_2$
胺的盐酸盐	冰乙酸	HClO$_4$	目视	
胺的硫酸及硝酸盐	冰乙酸	HClO$_4$	电位	
碱金属羧酸盐	乙腈	HClO$_4$	目视	
铜、汞、钴等羧酸盐	冰乙酸	HClO$_4$	电位	
碱金属黄原酸盐	乙酸酐	HClO$_4$	目视	
脲	乙酸酐	HClO$_4$	目视，电位	
酰胺	乙酸酐	HClO$_4$	目视，电位	
胺氧化物	冰乙酸	HClO$_4$	目视，电位	
硫醇	冰乙酸	HClO$_4$	目视	加 Hg(Ac)$_2$
硫脲	冰乙酸	HClO$_4$	目视	加 Hg(Ac)$_2$
磺酰胺	乙酸酐	HClO$_4$	目视	
亚砜	乙酸酐	HClO$_4$	电位	
取代膦	甲醇	HClO$_4$	电位	

表 12-21 酸碱滴定法间接测定的官能团[2]

官能团类型	分析方法
甲基	CrO₃ 氧化成乙酸，用碱滴定
烯	过量吗啉加成后，用 HCl 滴定
炔基（—C≡CH）	AgNO₃ 或 AgClO₄ 反应后，滴定析出的酸
共轭双烯	马来酸酐加成后，用碱滴定过量的酸酐
醇基	酰化后水解，用碱滴定过量的酐或酰氯
邻二醇基	HIO₄ 氧化后，用 NaOH 滴定过量的高碘酸
环氧乙烷基	HCl 加成后，用碱滴定过量的 HCl
羰基	NH₂OH·HCl 缩合后，用碱滴定析出的 HCl
酸酐	① 碱水解后，用酸滴定过量的碱
	② 仲胺反应后，用 HClO₄ 滴定过量的仲胺
酰卤基	① 碱水解后，用酸滴定过量的碱
	② 仲胺反应后，用 HClO₄ 滴定过量的仲胺
酯基	① 碱水解后，用酸滴定过量的碱
	② 仲胺反应后，用 HClO₄ 滴定过量的仲胺
乙酰基	水解蒸出乙酸后，用碱滴定产生的酸
羧酸盐	阳离子交换后，用碱滴定游离酸
氨基酸	甲醛掩蔽氨基后，用碱滴定羧基
异氰酸酯基	仲胺反应后，用 HClO₄ 滴定过量的仲胺
异硫氰酸酯基	仲胺反应后，用 HClO₄ 滴定过量的仲胺
醛基	H₂SO₄+Na₂SO₃ 加成后，用 NaOH 滴定过量的酸
糖	HIO₄ 氧化后，用碱滴定产生的甲酸
酰胺基	碱水解后，用酸滴定过量的碱
氰基	H₂O₂+NaOH 水解后，用酸滴定过量的碱，或水解蒸出 NH₃，用酸滴定
氨基甲酸酯	CH₃ONa 反应后，用苯甲酸回滴
硫醇基	① 与 ICH₂CONH₂ 反应后，测定析出的 HI；
	② 与 CH₂=CHCN 加成后，过量的丙烯腈在非水体系中用 NaOH 标准溶液滴定；
	③ 与 Hg(OAc)₃ 反应后，用碱滴定析出的 HOAc
含吸电子基的烯 >C=CH—Y，（Y=CN, COOR, COOH 等）	① 与 Na₂SO₃ 加成后，用酸滴定析出的碱；
	② 与仲胺加成后，用酸滴定
植物碱盐	阳离子交换后，用酸滴定

表 12-22 用于滴定酸性官能团的指示剂[2]

指示剂	颜色变化	pH 范围	备 注
麝香草酚蓝	红→黄	1.2～2.8	适用于醇、苯、DMF、正丁胺中，不适用于乙二胺中
	黄→蓝	8.0～9.6	
喹哪啶红	无色→红	1.4～3.2	
酚红	黄→红	6.8～8.4	
间甲酚紫	黄→红	7.4～9.0	
酚酞	无色→红	8.3～10	
麝香草酚酞	无色→蓝	9.3～11	
偶氮紫	红→蓝	9.3～11	适用于乙二胺、吡啶、正丁胺、DMF 中滴定弱碱，不适用于苯及烃中
对氨基偶氮苯	橙→黄		
邻硝基苯胺	黄→红		适用于乙二胺、DMF 中滴定酚类，不适用于苯或醇中
4-氨基-4-硝基偶氮苯	红→蓝		适用于 KOCH₃ 滴定
β-萘氨基偶氮苯			适用于 (R₂N)₄AlLi 滴定

表 12-23 用于非水滴定弱碱的指示剂[2]

指示剂	终点颜色	滴定用溶剂
甲基紫或结晶紫	紫蓝绿→黄	乙酸，乙腈，苯，硝基甲烷，硝基甲烷-乙酸酐
甲基红	黄→红	1,4-二氧六环，异丙醇，乙二醇
改良的甲基橙	黄→红	1,4-二氧六环
1,2-二苯基丙酮	无色→黄	} 硝基甲烷-乙酸酐，乙酸酐-乙酸
三苯甲醇	无色→黄	

表 12-24 用于电位滴定酸性官能团的电极[2]

溶 剂	滴定剂	电 极	溶 剂	滴定剂	电 极
水，醇	NaOH	玻璃-甘汞	乙二胺	R$_4$NOH	Pt-Pt
DMF，吡啶	NaOCH$_3$	玻璃-甘汞	乙二胺	NaOCH$_3$	Sb-Sb
乙腈，丙酮	NaOCH$_3$	玻璃-甘汞	水	NaOH	Al-Al
DMF，乙二胺	R$_4$NOH	玻璃-甘汞	乙二胺	NaOCH$_3$	Pt-甘汞
甲基异丁基酮	R$_4$NOH	玻璃-铂	乙二胺	NaOCH$_3$	Sb-甘汞
正丁胺	NaOCH$_3$	玻璃-锑			

二、氧化还原滴定法

氧化还原法包括碘量法、低价金属盐还原法和金属氢化物还原法。

1. 碘量法

碘量法是用得最多的氧化还原滴定法。其优点是终点敏锐，具有化学倍增效应（即在测定一物质的量的官能团样品时，可消耗或转生一倍、几倍甚至数十倍物质的量的碘），因此精确度较高，适用于微量分析。除了一些可直接氧化或还原的官能团能采用此法外，借助取代反应、卤素加成反应或置换反应，也可以用碘量法间接测定某些有机官能团。

2. 低价金属盐还原法

低价金属盐还原法常用的是亚钛盐滴定法（见表 12-25），如可以用亚钛盐标准溶液滴定硝基、亚硝基等，适用于微量分析。

3. 金属氢化物还原法

金属氢化物还原法采用氢化锂铝作还原剂，可用其滴定的官能团见表 12-26。测定时可选用以下几种方式。

（1）量气法　测定活泼氢时，加入过量试剂，直接收集析出的氢气，由其体积计算得到活泼氢含量。测双键官能团时用间接量气法，即加入已知量过量的试剂与之反应，剩余的试剂再用醇溶液测量。

（2）燃烧法　将上述反应析出的氢燃烧氧化为水，在 1100～1200℃下通过焦炭使之成为 CO。CO 与 I$_2$O$_5$ 反应，析出的碘用 NaOH 溶液吸收转变为碘酸盐，加入过量 KI，定量产生的碘单质用 Na$_2$S$_2$O$_3$ 标准溶液滴定。该方法的准确度较量气法高，但操作繁琐。

（3）返滴法　此法可克服 LiAlH$_4$ 反应活性大、所配制溶液不稳定、与某些物质（如酯、羧酸、高级酮等）反应慢等缺点，可用电位法或目视法确定滴定终点。

（4）测还原产物法　LiAlH$_4$ 或 NaBH$_4$ 只作为还原剂而不用参与化学计量，用量气法或滴定法测其反应产物。

可以用其他氧化还原滴定法测定的官能团见表 12-27。

表 12-25 可用亚钛盐还原滴定的官能团[2]

官能团	还原反应式	所需亚钛盐 n/mol
硝基	$Ar—NO_2+6Ti^{3+}+6H^+ \longrightarrow ArNH_2+6Ti^{4+}+2H_2O$	6
亚硝基	$Ar—NO+4Ti^{3+}+4H^+ \longrightarrow ArNH_2+4Ti^{4+}+H_2O$	4
硝酸酯基	$RONO_2+8Ti^{3+}+8H^+ \longrightarrow ROH +NH_3+8Ti^{4+}+2H_2O$	8
N-氧化物	$\diagdown N \rightarrow O+2Ti^{3+}+2H^+ \longrightarrow \diagdown N +2Ti^{4+}+H_2O$	2
肼基	$ArNHNH_2+3Ti^{3+}+3H^+ \longrightarrow ArNH_2+3Ti^{4+}+NH_3$	3
偶氮基	$Ar—N{=}N—Ar'+4Ti^{3+}+4H^+ \longrightarrow ArNH_2+Ar'NH_2+4Ti^{4+}$	4
氧化偶氮基	$\begin{matrix} Ar—N \\ \diagdown \\ Ar'—N \end{matrix} O+6Ti^{3+}+6H^+ \longrightarrow ArNH_2+Ar'NH_2+6Ti^{4+}+H_2O$	6
氢化偶氮基	$ArNHNHAr'+2Ti^{3+}+2H^+ \longrightarrow ArNH_2+Ar'NH_2+2Ti^{4+}$	2
羟氨基	$ArNHOH+2Ti^{3+}+2H^+ \longrightarrow ArNH_2+2Ti^{4+}+H_2O$	2
重氮盐	$2[C_6H_5N{=}N]^+ +2Ti^{3+}+2H^+ \longrightarrow \begin{matrix} N{=}N—N—C_6H_5 \\ \quad\quad | \quad | \\ C_6H_5 \quad NH_2 \end{matrix} + 2Ti^{4+}$	2
过氧化物	$R—O—O—R+2Ti^{3+}+2H^+ \longrightarrow ROR+2Ti^{4+}+H_2O$	2
醌	$O{=}C(Ar)C{=}O+2Ti^{3+}+2H^+ \longrightarrow HOC(Ar)COH+2Ti^{4+}$	2
亚砜基	$\begin{matrix} O \\ \| \\ R—S—R'+2Ti^{3+}+2H^+ \longrightarrow R—S—R'+2Ti^{4+}+H_2O \end{matrix}$	2

表 12-26 可用 $LiAlH_4$ 还原滴定的官能团[2]

官能团	反应式	方法
双键	$4 \diagup C{=}C \diagdown + LiAlH_4 + 4ROH \xrightarrow{Pt} LiAl(OR)_4 + 4 \diagup CH—CH \diagdown$	催化氢化，量气法
醇羟基	$4ROH+LiAlH_4 \longrightarrow LiAl(OR)_4+4H_2$	量气法，回滴法
烯醇基	$4 \diagup C{=}C \diagdown_{OH} + LiAlH_4 \longrightarrow LiAl(\diagup C{=}C \diagdown_O)_4 + 4H_2$	量气法，回滴法
酚羟基	$4ArOH+LiAlH_4 \longrightarrow LiAl(OAr)_4+4H_2$	量气法，回滴法
醛基	$4RCHO+LiAlH_4 \longrightarrow LiAl(OCH_2R)_4$	回滴法
酮基	$4R_2CO+LiAlH_4 \longrightarrow LiAl(OCHR_2)_4$	量气法，回滴法
羧基	$4RCOOH+3LiAlH_4 \longrightarrow LiAl(OCH_2R)_4+4H_2+2LiAlO_2$	量气法，回滴法，燃烧法
酯基	$4RCOOR'+2LiAlH_4 \longrightarrow LiAl(OCH_2R)_4+LiAl(OR')_4$	量气法，回滴法
一级酰胺	$2RCONH_2+2LiAlH_4 \longrightarrow LiAl(NCH_2R)_2+LiAlO_2+4H_2$	量气法，回滴法，还原测胺法
二级酰胺	$4RCONHR'+3LiAlH_4 \longrightarrow LiAl(OCH_2R)_4+2LiAl(NR')_4+4H_2$	量气法，回滴法，还原测胺法
	$4RCONHR'+3LiAlH_4 \longrightarrow LiAl(RCH_2NR')_4+2LiAlO_2+4H_2$	
三级酰胺	$2RCONR'_2+LiAlH_4 \longrightarrow 2RCH_2NR'_2+LiAlO_2$	
	$4RCONR'_2+2LiAlH_4 \longrightarrow LiAl(OCH_2R)_4+LiAl(NR'_2)_4$	量气法，回滴法，还原测胺法
亚酰胺	$(RCO)_2NH+LiAlH_4 \longrightarrow (RCH_2)_2NH+LiAlO_2$	还原测胺法
氰基	$2RCN+LiAlH_4 \longrightarrow LiAl(NCH_2R)_2$	回滴法
硝基	$2RNO_2+3LiAlH_4 \longrightarrow LiAl(NR)_2+2LiAlO_2+6H_2$	量气法，燃烧法，回滴法
	$2ArNO_2+2LiAlH_4 \longrightarrow 2LiAlO_2+ArN{=}NAr+4H_2$	
伯氨基	$2RNH_2+LiAlH_4 \longrightarrow LiAl(NR)_2+4H_2$	量气法，回滴法
仲氨基	$4R_2NH+LiAlH_4 \longrightarrow LiAl(NR_2)_4+4H_2$	量气法，回滴法
巯基	$4RSH+LiAlH_4 \longrightarrow LiAl(SR)_4+4H_2$	量气法

表 12-27 可用其他氧化还原法测定的有机官能团

官能团	氧化还原测定法
碳甲基	CrO_3 氧化成 CH_3COOH 后滴定
双键	过苯甲酸环氧化；臭氧化；高碘酸氧化；卤素加成
末端双键	氧化裂解成甲醛后，比色测定
邻二醇基	高碘酸氧化
烷氧基、烷氮基	形成 RI 与溴反应后，碘量法测定
环氧乙酰基	①$HClO_4$氧化；②与 HI 反应后碘量法测定
过氧化物	用 I^-、Fe^{2+}、Ti^{3+}、Sn^{2+}、Mn^{2+}或 As_2O_3 还原后滴定
羰基	①$LiAlH_4$ 或 $NaBH_4$ 还原；②形成苯腙或 2,4-二硝基苯腙，过量试剂用碘量法或 Ti^{3+}滴定；③甲基酮用碘仿氧化反应测定
醛基	①Ag_2O 或 Cu_2O 或三氟过氧乙酸氧化；②$NaHSO_3$ 反应后，过量试剂碘量法测定
醌基	用 I^-、Ti^{3+}或 Sn^{2+}还原后滴定
α-羟基羰基糖	①高碘酸、HOBr、$Fe(CN)_6^{3-}$、硫酸铈氧化；②$NaBH_4$ 还原
羧基	还原性羧基用 $KMnO_4$ 滴定
酐	与 2,4-二硝基苯胺反应，过量试剂用碘量法测定
酰基	水解析出羧酸，碘量法测定
酰氨及亚酰氨基	$LiAlH_4$ 还原成胺后滴定，或 HBrO 氧化后滴定
硝基及亚硝基	用 Ti^{3+}、Cr^{3+}、Sn^{2+}、V^{2+}、Fe^{2+}、$Zn(Hg)_x$、Cd 还原后滴定
偶氮基	用 Ti^{3+}或 Cr^{2+}还原
肼基、酰肼基和缩氨脲基	用 IO_3^-、Br_2、I_2、ICl、BrCl 或 VO_3 氧化后滴定
氢化偶氮基	①Ti^{3+}还原；②$KMnO_4$ 氧化
巯基	用 I_2、IO_3^-、BrO_3^- 或 Cu^{2+}氧化后滴定
硫醚基	用 Br_2 或 ClO^-氧化，过量试剂用碘量法测定
亚硫酰基	ClO^-氧化成 RSO_3^-
亚砜基	还原成硫醚后测定
硫脲	用 IO^-、H_2O_2、Br_2 或 SeO_2 氧化后滴定

三、沉淀法

在一定条件下，有机物与某些沉淀剂反应形成难溶产物，可以用重量法或沉淀滴定法确定其有机官能团。表 12-28 列举了能用沉淀反应法测定的有机官能团。

表 12-28 可用沉淀反应法测定的有机官能团[①][2]

官能团	沉淀反应	测定方法
烯键	与 OsO_4 及吡啶形成配合物沉淀	重量法
末端炔键	$-C\equiv CH+AgNO_3\rightarrow RC\equiv CAg+HNO_3$	重量法或容量法
醇羟基	转化为黄原酸镍沉淀	沉淀再溶解后滴定
酚羟基	与 2,4-二硝基氟苯反应形成相应醚沉淀	重量法
烷氧基 烷氮基	与 HI 反应形成 RI，转化为 AgI 沉淀	重量法
羰基	与 2,4-二硝基苯肼反应形成相应腙沉淀	重量法
醛基	与双甲酮反应形成相应缩醛沉淀	重量法
糖	被 Cu^{2+}氧化，生成 Cu_2O 沉淀	Cu_2O 溶解后滴定
羧酸基	形成重金属盐（Pb^{2+}、Mn^{2+}、Ca^{2+}、Ba^{2+}、Ag^+）沉淀	重量法
酰氯基	与 $AgNO_3$ 反应形成 AgCl 沉淀	重量法
伯氨基及仲氨基	与 CS_2 反应形成荒氨酸后，转化为镍盐沉淀	沉淀溶解后滴定
仲氨基及叔氨基	与四苯硼化钠反应形成 TPB 盐沉淀	重量法，滴定法
氮杂环	形成苦味酸、苦酮酸、铂氯酸、高氯酸等盐沉淀	重量法
	形成硅钨盐酸酸沉淀	直接滴定法
	形成四苯硼化盐沉淀	重量法及滴定法
巯基	与 $AgNO_3$ 或 $HgCl_2$ 反应形成银盐或汞盐沉淀	直接滴定或返滴定法
二硫醚基	$RSSR+HgCl_2+Hg\rightarrow 2RSHgCl\downarrow$	滴定法
磺酸基	形成重金属盐（Ba^{2+}、Ag^+、Hg^+）或联苯铵盐沉淀	重量法
磺酰氨基	与 $AgNO_3$ 反应形成银盐沉淀	滴定法
亚磺酸基	与 Fe^{3+}反应形成沉淀后，烘干称量 Fe_2O_3	重量法[3]
硫脲	与 $AgNO_3$ 反应形成硫化银沉淀	返滴定法
黄原酸盐	与 $AgNO_3$ 反应形成银盐沉淀	滴定法
磷酸酯	与 Ba^{2+}反应形成钡盐沉淀	重量法[3]

① 为了克服沉淀部分溶解导致负误差，可以控制反应条件，用标准样品求出系统负误差校正值。

四、滴定测水法

卡尔·费休（Karl Fischer）滴定法是快速准确测定物质中或反应过程中产生或消耗的水分的方法。利用这一方法，可以通过测量某些官能团在化学反应中所消耗或产生的水分来测定这些官能团，选择性较强。表 12-29 列举了能用滴定测水法测定的有机官能团。

表 12-29 可用滴定测水法测定的有机官能团[2]

官能团	反应式	备　注
羟基	$ROH + CH_3COOH \xrightarrow{BF_3} CH_3COOR + H_2O$	能测叔醇；不受水、酸、酯的干扰
		可在伯醇存在下测叔醇、仲醇
羰基	$R_2C{=}O + NH_2OH \cdot HCl \longrightarrow R_2C{=}NOH + HCl + H_2O$ $R_2C{=}O + R'NH_2 \longrightarrow R_2C{=}NR' + H_2O$	醛或酮均可
羧基	$RCOOH + CH_3OH \xrightarrow{BF_3} RCOOCH_3 + H_2O$	适用于有无机酸（硫酸除外）、磺酸和易水解的酯存在下测定羧酸
酸酐	$(RCO)_2O + H_2O \xrightarrow{BF_3} 2RCOOH$	游离有机酸、无机酸、缓冲盐和酯等不干扰；测反应剩余的水
腈	$RCN + H_2O \xrightarrow[CH_3COOH]{BF_3} RCONH_2$	测反应后剩余的水

五、气体测量法

一些有机官能团可以根据化学反应中产生或消耗气体的量来测定。量气法中涉及的气体多为 H_2、CH_4、N_2、CO_2、CO、O_2、NO 等。如，不饱和键催化氢化反应中消耗的 H_2 体积；脂肪伯胺（RNH_2）或 α-氨基酸与亚硝酸盐定量反应产生的 N_2 体积（范斯莱克法，Van Slyke method）。气体的测量可以采用恒压下测量体积的变化或恒容下测量气体压力的变化。表 12-30 列举了可用量气法测定的有机官能团。

表 12-30 可用气体测量法测定的有机官能团[2]

测定的官能团	产生或吸收气体的反应
烯键	催化加氢，测量吸收的氢气
炔键	催化加氢，测量吸收的氢气
羟基	与 $LiAlH_4$ 反应→H_2；与 CH_3MgI 反应→CH_4
烷氧基	与 HI 反应生成 RI→碘酸，再与 NH_2NH_2 反应→N_2
羰基	与 $LiAlH_4$ 或 $NaBH_4$ 反应，测量过量试剂→H_2
	与 CH_3MgI 反应，测量过量试剂→CH_4
	与 $C_6H_5NHNH_2$ 反应→N_2
芳香羰基	230℃喹啉中加热→CO_2[3]
醌基	与 $C_6H_5NHNH_2$ 反应→N_2
羧基	与 $LiAlH_4$ 反应→H_2
	与 CH_3MgI 反应→CH_4
	脱羧反应→CO_2
酯基	与 $LiAlH_4$ 反应，测量过量试剂→H_2
	与 CH_3MgI 反应，测量过量试剂→CH_4
酸酐基	与草酸反应→$CO + CO_2$
酰氨基及亚酰氨基（含 NH）	与 $LiAlH_4$ 反应→H_2；伯酰胺 $RCONH_2 \to H_2$
	与 CH_3MgI 反应→CH_4

续表

测定的官能团	产生或吸收气体的反应
硝基	与 $LiAlH_4$ 反应→H_2；催化加氢，测量吸收的氢
N-硝基	与 H_2SO_4+Hg 反应→NO；催化加氢
N-亚硝基	与 H_2SO_4+Hg 反应→NO；还原→N_2
伯及仲氨基	与 $LiAlH_4$ 反应→H_2
	与 CH_3MgI 反应→CH_4
脂肪伯氨基	与 HNO_2 反应→N_2
偶氮基	与 $C_6H_5NHNH_2$ 共热→N_2
重氮基	与酸或催化剂共热→N_2
叠氮基	与浓硫酸反应→N_2
肼基及酰肼基	氧化→N_2
缩氨脲基	氧化→N_2
亚磺酸	氧化（IO_3^- 氧化后 H_2O_2 处理）→O_2
磺酰氨基	氧化（HNO_2）→N_2O
巯基	与 $LiAlH_4$ 反应→H_2，与 CH_3MgI 反应→CH_4

六、专属反应

当待测官能团有专属反应时，应尽量选用这些专属方法进行定量测定。表 12-31 列举了部分官能团分析的专属方法。

表 12-31 部分官能团分析的专属方法[2]

官能团	专属方法	备　注
含吸电子基的烯 ＞C＝C—Y（Y=CN, COOR, COOH）	与仲胺或 $NaHSO_3$ 加成后滴定	一般烯、炔无干扰
炔氢	与 $AgNO_3$、CuCl 或 K_2HgI_4 生成金属炔化物，容量法或重量法测定	一般烯、二取代炔无干扰
炔键	用 $HgSO_4$ 催化与水加成生成酮后，测定	烯无干扰
共轭双烯	与顺丁烯二酸酐加成后，重量法或容量法测定	一般烯、炔无干扰
伯及仲醇羟基	均苯四甲酸二酐酯化后滴定	羧酸、醛、酮、酚无干扰
邻二醇基	高碘酸氧化后，碘量法测定	一元醇、酮无干扰
甲基酮基	与次碘酸钠反应生成碘仿，碘量法测定	常见其他酮无干扰
醛基	被 Ag_2O 或 K_2HgI_4 氧化后，容量法测定或用席夫试剂比色，或用双甲酮沉淀重量法测定	酮无干扰
甲醛	变色酸比色	其他醛无干扰
脂肪伯氨基	HNO_2 反应生成 N_2，量气法测定，与水杨醛反应生成席夫碱在 410nm 比色	仲、叔胺无干扰
脂肪仲、伯胺	与 CS_2 反应生成荒氨酸，碱滴定	叔胺无干扰
羧基	催化脱羧，量气法测定	无机酸、磺酸无干扰
α-氨基酸	茚三酮比色	羧酸、胺无干扰
肼	Cu^{2+}氧化生成 N_2，量气法测定	胺、酸、碱无干扰
巯基	与 CH_2＝CHCN 加成后，加入亚硫酸钠，析出的碱用 HCl 标准溶液滴定	炔氢、硫醚、二硫醚无干扰
酚羟基	4-氨基安替比林比色	芳胺、醇、羧酸无干扰

七、其他分析方法

分光光度法测定官能团灵敏度高，适于痕量分析；专属性强，可选择性测定。利用官能团的显色反应可进一步扩展光度法的应用范围和灵敏度。如利用变色酸（1,8-二羟基萘-3,6-二磺酸钠）与甲醛的显色反应可测定甲醛，其他醛、酮无干扰；利用 2,6-二氯苯醌氯亚胺与酚的显色反应测定酚含量的检测限为 0.01μg/kg。

分光光度法中有机官能团的显色反应主要包括：①形成含发色基团产物的缩合反应，如引入偶氮基的偶联反应、引入多硝基苯环的反应、引入醌式结构的反应、引入多元共轭体系的反应等；②形成有色产物的氧化还原反应；③与金属离子形成有色配合物或螯合物的反应。表 12-32 列举了可用分光光度法测定的有机官能团。由于分光光度法需预先确定最佳条件、制作工作曲线，因此不适合测定全新化合物中的官能团。

表 12-32 可用分光光度法测定的有机官能团

官能团	形成有色物的反应
醇羟基	与醋酐反应→乙酸酯→羟肟酸铁
甲羟基	HIO_4氧化→甲醛，变色酸显色
酚基	与重氮盐，磷钼酸或黄料母醇等试剂反应显色
缩甲醛基	水解→甲醛，变色酸显色
过氧化物	与过钛酸或亚甲基蓝反应显色
羰基	与①2,4-二硝基苯肼；②胺→席夫碱；③间苯三酚等试剂反应显色
醛基	①与席夫碱试剂反应；②与变色酸反应测甲醛
醌基	与苯胺等试剂反应显色
α-羟基羰基和糖类	①与铜离子和磷钨酸或磷钼酸反应形成有色配合物；②与四唑盐形成有色甲臜
羧基	$SOCl_2$→酰氯→酯→羟肟酸铁
酸酐基	①与羟胺反应→羟肟酸铁；②与重氮试剂反应→羟肟酸铁
α-氨基酸酯基	与茚三酮反应
伯、仲氨基	①与重氮盐偶联；②与羰基反应形成席夫碱
氮杂环	与各种显色剂反应
亚硝酸酯基	与酚类反应→亚硝基酚
异氰酸酯基	与羟胺反应→羟肟酸铁
重氮盐	与芳胺或酚类偶联
巯基	与磷钨酸或 HNO_2 或亚硝酰铁氰化物或芳香偶氮汞化合物反应
硫氰酸酯基	水解→氰离子，苦味酸显色
硫脲	与亚硝酰铁氰化钠或奈斯勒试剂反应

原子吸收分光光度法中，将待测有机物与金属离子形成配合物后，用有机溶剂萃取后测定，具有很高的灵敏度。表 12-33 列举了可用原子吸收分光光度法测定的有机官能团。

表 12-33 可用原子吸收分光光度法测定的有机官能团[4]

官能团	主要试剂	测定范围 ρ/(mg/ml)	回收率（质量分数）/%	主要操作步骤	备注
醇羟基	CrI_3	0.002～2.0	95～102	试样的苯溶液与 Cr^{3+}生成配合物，加氨水分离后取有机相测定	
邻醇羟基	HIO_4-$AgNO_3$ HIO_4-$Pb(NO_3)_2$	约 0.3	95～104	HIO_4氧化试样后生成的 HIO_3 与 $AgNO_3$ 生成沉淀，分离后测定，或用 $Pb(NO_3)_2$ 与剩余 HIO_4 反应生成的沉淀，分离后测定	2 个相邻羟基生成 1 个 HIO_3 3 个相邻羟基生成 2 个 HIO_3
酚	$Na_3Co(NO_2)_6$	0.05～25	94.5～104.5	试剂将试样亚硝化后生成配合物，甲基异丁酮萃取测定	

官能团	主要试剂	测定范围 ρ/(mg/ml)	回收率（质量分数）/%	主要操作步骤	备注
羰基	硫代氨基脲 +Cu(Ac)$_2$	0.01~2.0	96~102	70℃时与试剂反应后用苯萃取，测定	适用于小分子羰基化合物 C$_5$ 以上化合物定量不准
醛	银氨配合物	0.005~15	95~103	试样与试剂混合后避光振荡 30~135min，分离后测定	可测滤液中或沉淀中的 Ag，同时须测空白值
酸	过渡金属酸			生成配合物后用有机溶剂萃取，测定	二元酸可形成沉淀后测定
酸酐	羟胺+FeCl$_3$	0.1~4.0	97.5~102.5	试样与试剂在酸性介质中生成异羟肟酸铁，除去产物后测定剩余 Fe^{3+}	可用此法测低浓度酯
酯	同"酸酐"	0.05~3.5	93.7~105.3	方法同测定酸酐，但所需羟胺量较少	
胺	KSCN+Co(NO$_3$)$_2$		96~104	胺与 Co(SCN)$_4^{2-}$ 生成离子缔合物	
伯胺	5-硝基水杨酸 +CuSO$_4$	检测下限为 0.03~4		试剂与 5-硝基水杨酸生成亚胺，再与 Cu^{2+} 生成配合物，沉淀用 HNO$_3$ 溶解后测定	
仲胺	CS$_2$+NiCl$_2$	0.001~0.01	93~103	试样与试剂生成二硫代氨基甲酸镍，用苯-丙酮液溶解后测定	可用 Cu^{2+} 替代 Ni^{2+}
硝基、亚硝基	（1）金属锌-银氨配合物（2）金属镉	0.05~1.5	97~103 96.5~103.5	试样被金属锌还原为羟胺，羟胺与银氨配合物反应放出金属银，分离后用 HNO$_3$ 溶解，测定试剂与样品生成的胺，测溶液中 Cd^{2+} 量	二硝基化合物还原不够完全
巯基	AgNO$_3$		96~103	试剂与试样生成巯基银沉淀，洗净后溶解、测定	
硫醚	HIO$_4$+AgNO$_3$	0.002~0.1	96~103	HIO$_4$ 与试样作用后生成氧硫基与碘酸，碘酸再反应生成 AgIO$_3$ 沉淀，过滤后测定	
磺酰胺	AgNO$_3$ 或 Cu(NO$_3$)$_2$		平均回收率 99.4	试样的钠盐与试剂生成沉淀后，测溶液中 Ag$^+$ 或 Cu^{2+}	

第三节　生物样品中的定量分析

蛋白质是生物体不可缺少的组成部分，在生命活动中起着重要的作用。而氨基酸是肽、蛋白质和酶等生物大分子的基本单元，参与生物体内的新陈代谢和生理过程。生物样品中氨基酸和蛋白质的定量分析在酶化学、基因工程、生物化学、食品科学和临床医学等领域的研究与应用中起着重要的作用。

一、生物样品中氨基酸含量的定量分析

自然界中已发现很多种氨基酸，其中参与蛋白质合成的氨基酸只有 20 多种。氨基酸主要有两种存在形式：一种是以游离态存在于生理体液（如血浆和尿等）或食品（如酒和饮料等）中；另一种是以结合态存在于肽和蛋白质中。氨基酸的结构决定了其分析方法的特点：①属于酸碱两性物质，具有较高的极性，且不同氨基酸的极性强弱不同；②侧链（R—）结

构各异，但有些性质又十分相近，使分离困难；③无发色基团，不能直接用分光光度法检测，但可以先衍生，变成可间接检测的化合物。

（一）化学分析法

（1）甲醛滴定法　氨基酸既有碱性基（—NH₂），又有酸性基（—COOH），不能直接用碱来滴定其羧酸基团，而要采用甲醛滴定法。在中性或弱碱性水溶液中，α-氨基酸与甲醛反应生成亚甲基亚氨基衍生物，后者可用强碱滴定。甲醛法以酚酞或酚酞-溴麝香草酚蓝作为指示剂，用氢氧化钠标准溶液滴定至微红色或紫色。注意，甲醛法使用前需用氢氧化钠溶液调节至中性。若样品中只有单一的已知氨基酸，则可由滴定结果计算出氨基酸的含量；若样品中含有多种氨基酸，则得到氨基酸的总量。

$$R-\underset{\underset{NH_3^+}{|}}{CH}-COO^- + HCHO + OH^- \longrightarrow R-\underset{\underset{N=CH_2}{|}}{CH}-COO^-$$

此法简单易行、快速方便，与亚硝酸盐容量法的分析结果相近。在发酵工业中常用此法测定发酵液中氨基氮含量的变化，以了解可被微生物利用的氮源量及利用情况，并以此作为控制发酵生产的指标之一。但此法的准确度差，终点较难掌握。此外，脯氨酸与甲醛反应生成的化合物不稳定，导致滴定结果偏低；而酪氨酸的酚基会和碱作用，导致结果偏高。

（2）非水滴定法　α-氨基酸为两性物质，其水溶液的酸碱性均不明显，无法在水溶液中进行直接滴定，可以采用非水滴定。如在冰乙酸体系中，用 $HClO_4$-HAc 溶液作滴定剂，结晶紫作指示剂，可准确滴定 α-氨基酸。滴定后生成物为酸性的 α-氨基酸高氯酸盐。结晶紫在强酸性介质中为绿色，pH=2 左右为蓝色，pH＞3 时为紫色。因而在强酸滴定弱碱的反应中，一般选择由紫色变为稳定的蓝绿色或蓝色为终点，若溶液呈现绿色或黄色则滴定过量。在确定终点时，可用电位计作参比。

理论上，$HClO_4$-HAc 非水滴定体系可以测定所有的氨基酸的含量，但是许多氨基酸在冰乙酸中溶解度低，很难配制出合适浓度的溶液进行测定。可以在冰乙酸中溶解的氨基酸有甘氨酸、异白氨酸等，难以溶解的氨基酸有胱氨酸等。

（3）凯氏定氮法　通过测定样品中总氮的含量，得到含氮的氨基酸的总量。常见的方法有常量法、微量法、自动定氮法、半微量法及改良凯氏法等多种。特点：该方法准确度高，但操作步骤复杂、试剂耗量多、测定周期长。由于凯氏定氮法多用于蛋白质含量的测定，其原理及操作详见后面"生物样品中蛋白质的定量分析"。

（4）碘量法或溴量法　在酸性条件下，含有巯基（—SH）的氨基酸，如半胱氨酸可与过量的碘单质发生定量反应，剩余的碘单质用 $Na_2S_2O_3$ 溶液滴定。由 $Na_2S_2O_3$ 溶液所消耗的量，间接求出氨基酸的含量。盐酸半胱氨酸水合物的测定、胱氨酸的测定等均可采用此法。

（5）范斯莱克定氮法　α-氨基酸与亚硝酸作用生成羟基酸而析出氮气，析出的氮气分子中，氨基酸只占一个氮原子，另一个氮原子来自亚硝酸。可以借助测定氮的体积来计算氨基氮的含量。此法只适用于颜色较深的样品，是有机体代谢产物中氨基酸常用的测定方法。由于脯氨酸与羟脯氨酸不是伯胺，不能用此法测定。

$$R-\underset{\underset{NH_2}{|}}{CH}-COOH + HNO_2 \longrightarrow R-\underset{\underset{OH}{|}}{CH}-COOH + N_2 + H_2O$$

由于亚硝酸容易分解产生氮的氧化物，影响氮的体积测定，因此需用碱性高锰酸钾完全吸收后才能测量氮的体积。

$$NO + KMnO_4 \xrightarrow{OH^-} KNO_3 + MnO_2 \downarrow$$

（二）仪器分析法

由于大多数氨基酸无紫外吸收和荧光发射特征，为提高仪器分析法的检测灵敏度和分离选择特性，通常需要将氨基酸进行衍生化。采用仪器分析法测定氨基酸含量有以下几种不同分类和形式。

（1）根据分离方式的不同，分为色谱法和毛细管电泳法。这两种方法均是先利用不同种类的氨基酸在色谱柱上的吸附-解吸能力或在高压电场中的迁移能力进行分离，再利用不同的检测器对分离后组分进行定量分析。

（2）根据有无衍生步骤，分为直接法和衍生法。氨基酸的衍生包括柱前衍生、柱后衍生和柱内衍生几种形式，利用衍生试剂和氨基酸反应生成氨基酸衍生物，可以大大提高其检测分析的灵敏度。

（3）根据检测器的不同，分为可见分光光度法、紫外法、激光诱导荧光法、蒸发光散射法、电化学法和质谱法等检测分析方法。其中分光光度法测定中主要采用的是茚三酮显色法。弱酸条件下，α-氨基酸与茚三酮混合加热，反应生成蓝紫色化合物（$\lambda_{max}=570nm$），此法可广泛用于各种 α-氨基酸的定量测定。仲胺类氨基酸(如脯氨酸)与茚三酮反应生成黄色化合物($\lambda_{max}=436nm$)，如果使用双通道检测器同步检测，可以分别得到 α-氨基酸与仲胺类氨基酸的含量。

二、生物样品中蛋白质的定量分析

目前蛋白质的直接定量分析技术只能测定样品中的蛋白质总含量，尚未有能直接分析样品中某一特定蛋白成分含量的分析方法。蛋白质含量的测定方法分为两大类：一类是利用蛋白质的共性，即利用含氮量、肽键和折射率等测定蛋白质含量；另一类是利用蛋白质中特定的氨基酸残基、酸碱性基团和芳香基团测定蛋白质含量。最常用的蛋白质含量测定方法有凯氏定氮法、杜马斯燃烧法和光度法（Bradford 法、BCA 法、Biuret 法和 Lawry 法）等。

（一）凯氏定氮法

各种生物样品中蛋白质含量不同，而且其他干扰成分既多又复杂，最常用的蛋白质测定方法是凯氏定氮法（基于蛋白质的含氮量在 16%左右）。凯氏定氮法测定总有机氮，准确度高，操作简便，常用的方法有常量法、半微量法和微量法。如果要换算成样品中蛋白质的含量，需要乘以氮-蛋白质校正因子（见表 12-34）。对于查不到氮-蛋白质校正因子的样品，可用 6.25，但要在分析报告中注明采用的校正因子以何物代替[5,6]。

表 12-34 氮含量换算蛋白质含量的校正因子

样品名称	校正因子	样品名称	校正因子
蛋类	6.25	小麦	5.83
肉类	6.25	麸皮	6.31
牛乳	6.38	面粉	5.70
稻米	5.95	豆类	6.25
大麦	5.83	黑麦	6.26
玉米	6.25		

凯氏定氮法测定蛋白质含量的整个过程分为消化、蒸馏、吸收与滴定三个步骤。

① 消化　消化时一定要用浓硫酸（98%），同时要加入硫酸钾（增温剂，以提高溶液的沸点）、硫酸铜（催化剂）和双氧水（氧化剂）等试剂。消化至溶液全部变澄清，再继续消化 30min。

② 蒸馏　消化液中加入 40% NaOH，加热蒸馏，使 NH_3 蒸出。注意整个蒸馏装置不能漏气。可以通过加入奈氏试剂或检查溜出液是否碱性来判断蒸馏是否完全。

③ 吸收与滴定　用过量的 H_3BO_3 或 H_2SO_4 标准溶液吸收，再用 NaOH 标准溶液滴定剩余的酸标准溶液。

凯氏定氮法可用于所有的蛋白质分析；实验费用较低；结果准确，是测定蛋白质含量的一种经典方法。但这个方法最终测定的是总有机氮，而不只是蛋白质氮；实验时间太长（至少需要 2h）；灵敏度低；所用试剂有腐蚀性。自动凯氏定氮仪具有消化快速和自动操作（自动加碱蒸馏、自动吸收和滴定、自动数字显示）等优点，得到了越来越广泛的应用。

（二）Biuret 法（双缩脲法）

蛋白质分子中含有肽键（—CO—NH—），与双缩脲结构相似，强碱中与 $CuSO_4$ 形成紫色配合物（$\lambda_{max}=560nm$）。在一定条件下，紫色配合物的颜色深浅与蛋白质含量成正比，可用分光光度法来测其含量。

双缩脲法操作简单快速、干扰物质少，但灵敏度较低，测定范围为 $1\sim10mg/ml$。因此双缩脲法常用于需要快速，但并不需要十分精确的蛋白质测定。干扰这一测定的物质主要有硫酸铵、Tris 缓冲液和部分氨基酸等。

（三）Lowry 法（Folin-酚试剂法）

Lowry 法是一种常用的测定蛋白质含量的方法，由 Lowry 于 1951 年在双缩脲法基础上建立。其显色原理与双缩脲方法相同，只是加入了第二种试剂（即 Folin-酚试剂），以增加显色量，从而提高了蛋白质检测的灵敏度。Folin-酚试剂由 A 试剂和 B 试剂组成。A 试剂由碳酸钠、氢氧化钠、硫酸铜和酒石酸钾钠组成；B 试剂是由磷钼酸和磷钨酸、硫酸和溴等组成。首先，蛋白质中的肽键在碱性条件下，与 A 试剂作用，生成紫红色配合物。然后，B 试剂在碱性条件下，被蛋白质或多肽分子中有带酚基的酪氨酸或色氨酸所还原，生成蓝色物质（$\lambda_{max}=500nm$），从而可以采用可见分光光度法进行定量测定。

Lowry 法灵敏度高，比双缩脲法灵敏得多，通常测定范围是 $20\sim250\mu g$；使用广泛，可以同时分析多个样品；操作简便；免除了酚试剂受色氨酸和酪氨酸所造成的蛋白质含量测定偏差。但这个方法要求溶液完全溶解、透明；酚试剂在碱性溶液中稳定性差，导致测定误差；干扰物质多，凡能干扰双缩脲反应的—CO—NH_2、—CH_2—NH_2、—CS—NH_2 等基团，以及 Tris 缓冲液、蔗糖、硫酸铵和巯基化合物，均可干扰此反应。此外，酚类和柠檬酸也有干扰作用。

（四）Bradford 法（考马斯亮蓝法）

考马斯亮蓝法由 Bradford 等人于 1976 年建立，其测定蛋白质含量属于染料结合法的一种。考马斯亮蓝在游离状态下呈红色，最大吸收波长在 488nm；当它与蛋白质结合后变为蓝色，最大吸收波长转移到 595nm。其吸光度与蛋白质含量成正比，因此可用于蛋白质的定量测定。

Bradford 法具有以下主要优点：

① 灵敏度非常高。此法比 Lowry 法的灵敏度高 4 倍，其最低蛋白质检测量可达 1mg，检测下限可达 2.5μg。因为蛋白质与考马斯亮蓝结合后产生的颜色变化很大，摩尔吸收系数更高，所以光吸收值随蛋白质浓度的变化比 Lowry 法要大得多。

② 操作简便快捷、产物稳定。只需加一种试剂，完成一个样品的测定只需要 5min 左右，其颜色可以在 1h 内保持稳定，且在 5~20min 内颜色的稳定性最好。常常用于快速测定微量蛋白质。

③ 干扰物质少。当蛋白质浓度为 0~1500μg/ml，线性关系较好。

④ 试剂配制简单，且有试剂盒出售。配合酶标仪，可同时进行多个蛋白质样品的测定。

Bradford 法的缺点是：

① 考马斯亮蓝染料主要结合蛋白质的疏水区，因此不同组成的蛋白质与染料的结合比例不同。

② 标准曲线存在轻微的非线性，因而不能用 Lambert-Beer 定律直接进行计算，只能采用标准曲线法测定。

（五）BCA 法

碱性条件下，蛋白质与 Cu^{2+} 配位，并将 Cu^{2+} 还原成 Cu^+。BCA（bicinchoninic acid，二辛可酸）与 Cu^+ 结合，形成稳定的紫蓝色配合物，后者在 592nm 处有很强的吸收 $[\varepsilon = 7700L/(mol \cdot cm)]$，其吸光度与蛋白质浓度成线性，据此可测定蛋白质浓度。

相对于蛋白质固有的 280nm 吸收峰检测，BCA 检测法提高了蛋白质检测的灵敏度和特异性，消除了核酸（$\lambda_{max}=240nm$）的干扰。操作简便；灵敏度高，线性范围为 20~2000μg/ml；有试剂盒出售。

传统的 BCA 蛋白质定量分析方法采用试管或者微孔板进行操作，而原位微量 BCA 测定采用超微量多体积检测板进行。待测蛋白质样品和 BCA 工作缓冲液依次直接加在超微量多体积检测板的微量定量孔处，水浴加热，用微孔板分光光度计进行检测。这种方法不但可以显著提高蛋白质检测的灵敏度，而且操作简单、节约试剂和样品。

（六）紫外分光光度法

蛋白质中酪氨酸（$\lambda_{max}=278nm$）和色氨酸（$\lambda_{max}=279nm$）等残基的苯环含有共轭双键，所以蛋白质溶液在 280nm 附近有一个紫外吸收峰。在此波长下（一般选用 280nm），蛋白质溶液的吸光度与其浓度（3~8mg/ml）成线性关系，利用标准品（如牛血清蛋白）的标准曲线法可以测定蛋白质含量。此外，蛋白质的肽键在 215nm 附近有特异吸收，也可通过测定该波长处的吸光度，计算蛋白质浓度。

紫外分光光度法操作简便；灵敏度高（20μg/ml）；样品不损失，测定后可继续使用；适于测定与标准品组成相似的蛋白质。但准确度较差、干扰物质多，如样品中含有嘌呤、嘧啶及核酸等能吸收紫外光的物质，测定结果会受较大的影响。此外，不同蛋白质中的芳香族氨基酸含量变动较大，也会影响测定结果。

除了直接利用 280nm 处的吸光度来测定样品中的蛋白质含量，还可以采用以下几种方法。

（1）利用 280nm 和 260nm 处的吸收差法测定 核酸对紫外光有很强的吸收，在 280nm 处的吸收比蛋白质强 10 倍/g，但核酸在 260nm 处的吸收更强，其吸收高峰在 260nm 附近。核酸 260nm 处的摩尔吸收系数是 280nm 处的 2 倍，而蛋白质则相反，280nm 紫外吸收大于 260nm 的吸收。含有核酸的蛋白质溶液，可分别测定在两个波长处的吸光度（A_{280} 和 A_{260}），采用经验公式"蛋白质浓度(mg/ml)$=1.45A_{280}-0.74A_{260}$"，通过吸光度差值即可算出蛋白质的浓度。使用该公式时，A_{280} 应在 0.1～0.7 之间，所测结果才比较准确。

（2）利用 215nm 和 225nm 处的吸收差测定　如果样品中蛋白质的含量很低，不能直接利用 280nm 的光吸收测定时，可用 215nm 与 225nm 吸光度差值测定。以吸光度差值（$A_{215}-A_{225}$）为纵坐标，蛋白质浓度为横坐标，绘出标准曲线。再测出未知样品的吸光度差值，即可由标准曲线查出未知样品的蛋白质浓度。

（3）238nm 处的肽键测定法　蛋白质溶液在 238nm 处的吸光度与所含肽键的多少成正比。因此可以测定 238nm 处的吸光度值，从而得到蛋白质的含量。本方法比 280nm 吸收法灵敏。由于多种有机物和过氧化物等对此测定有干扰作用，因此最好用无机盐、无机碱和水溶液等测定体系。

（七）其他方法

1. 水杨酸分光光度法

生物样品中的蛋白质经 H_2SO_4 消化转化为铵盐溶液后，在一定的酸度和温度下与水杨酸钠及次氯酸钠作用生成蓝色化合物（$\lambda_{max}=600nm$），可以通过光度法测出样品的含氮量，再换算成蛋白质含量。

注意事项：①消化好的样品溶液最好当天测定，否则测定结果和重现性会受到影响；②当 pH 和试剂用量一定时，产物显色的结果和温度有关，应严格控制反应温度；③该方法测定结果基本与凯氏定氮法一致。

2. 乙酰丙酮-甲醛法分光光度法[6]

蛋白质在催化加热条件下发生分解，产生的氨与硫酸结合成硫酸铵，在 pH=4.8 的乙酸-乙酸钠缓冲溶液中，与乙酰丙酮-甲醛反应生成 3,5-二乙酰-2,6-二甲基-1,4 二氢化吡啶化合物（黄色，$\lambda_{max}=400nm$），可以通过光度法测出样品的含氮量，再换算成蛋白质含量。

3. 杜马斯燃烧法

杜马斯燃烧法是测定总有机氮的方法之一（详见本章第一节"四、氮的测定"），可以采用杜马斯定氮仪进行。样品在燃烧管中高温燃烧，氮元素定量转化成氮气，经吸附剂除去干扰成分后，释放的氮气由带热导检测器的气相色谱仪测定，得到氮含量，再换算成蛋白质含量。此法是凯氏定氮法的一个替代方法，测定速度快，但仪器价格较昂贵。NY/T 2007—2011《谷类、豆类粗蛋白质含量的测定 杜马斯燃烧法》和 GB/T 24318—2009《杜马斯燃烧法测定饲料原料中总氮含量及粗蛋白质的计算》均采用该法测定。

表 12-35 为常用蛋白质定量测定方法的比较。

表 12-35 常用蛋白质定量测定方法的比较

方　法	灵敏度	操作时间/试剂准备	原　理	干扰物	备　注
凯氏定氮法	灵敏度低，适用于 0.2～1.0mg 氮，误差为±2%	费时 8～10h /准备烦琐	将蛋白氮转化为氨，用酸吸收后滴定	非蛋白氮（可用三氯乙酸沉淀蛋白质而分离）	用于标准蛋白质含量的准确测定；干扰少；耗费时间太长
紫外分光光度法	灵敏度较高	快速/不用准备	酪氨酸和色氨酸在 280nm 有吸收	嘌呤、嘧啶及核酸等	
Biuret 法	灵敏度低 1～20mg	中速，20～30min /准备较烦琐	肽键和碱性 Cu^{2+} 形成紫色配合物	硫酸铵；Tris 缓冲液；部分氨基酸	用于快速测定；不同蛋白质显色相似

续表

方　法	灵敏度	操作时间/试剂准备	原　理	干扰物	备　注
Lowry 法	灵敏度高 1～5μg	慢速，40～60min /准备较烦琐	双缩脲反应；酚试剂被还原	硫酸铵；Tris 缓冲液；甘氨酸；各种硫醇	耗费时间长；操作要严格计时；颜色深浅随不同蛋白质变化
Bradford 法	灵敏度非常高 1～5μg	快速，5～15min /准备较易	考马斯亮蓝染料与蛋白质结合时，其 λ_{max} 由 465nm 变为 595nm	强碱性缓冲液；TritonX-100；SDS	最好的方法；干扰物质少；颜色稳定；颜色深浅随不同蛋白质变化
BCA 法	灵敏度非常高	较快/准备较易	BCA 与 Cu^+ 形成紫蓝色配合物	不受去污剂、尿素等的影响	

参 考 文 献

[1] Patnaik Pradyot. Dean's Analytical Chemistry Handbook. 2nd ed. McGraw-Hill, 2004.

[2] 陈耀祖. 有机分析. 北京：高等教育出版社，1981.

[3] Douglas A Skoog, Donald M West, F James Holler, Stanley RCrouch. Fundamentals of Analytical Chemistry. 9th ed. Thomson Brooks/Cole,2013.

[4] 张志贤，张瑞镐. 有机官能团定量分析. 北京：化学工业出版社，1990.

[5] GB/T 5511—2008 谷物和豆类 氮含量测定和粗蛋白质含量计算 凯氏法.

[6] GB 5009.5—2010 食品安全国家标准 食品中蛋白质的测定.

第三篇

第十三章　气体分析

气体分析在生产和生活过程中有着广泛的应用。例如，工业生产方面，对原料气体、中间产物气体以及烟道气体等均要进行实时分析；环境保护方面，大气中有害物质的监测分析得到日益重视。气体成分的分析有很多种方法，目前应用最广的是气体分析仪（或气体检测器），它具有在线收集、在线处理、在线分析等实时检测优势，有利于对生产过程进行管理。此外，各种检测试纸、气体检测管以及便携式气体分析仪等在野外和现场处理中也起着重要的作用，可以快速分析和检测有毒、易燃和易爆的气体成分。

气体分析中，气体样品的采集、前处理（包括干扰成分的去除、待测组分的富集）等各个环节以及测定时环境温度和压力等参数均要遵循严格的规范要求，以保证分析结果的可靠性。收集后的气体常用化学分析法和仪器分析法进行分析、测定。

在本章中，列出了有关气体分析中常用的物理化学常数、气体分析中的基本计算、气体的纯化处理、某些气体和蒸气的检测与分析方法，重点介绍环境空气质量和空气质量指数的相关分析。

第一节　气体和蒸气的物理化学常数

本节中列举了部分常见气体和蒸气的密度、熔点和沸点（表 13-1），气体的蒸气压（表 13-2～表 13-5），气体的临界常数（表 13-6、表 13-7）以及气体的膨胀系数（表 13-8、表 13-9）。

一、常见气体和蒸气的密度、熔点和沸点

表 13-1　常见气体和溶剂的密度、熔点和沸点

序号	名　称	化学式	摩尔质量	密度[①]$\rho/(g/L)$ $[\rho/(g/cm^3)]$	熔点/℃	沸点/℃
1	氩	Ar	39.948	1.7834	−189.38	−185.87
2	砷化氢	AsH_3	77.95	2.695	−114	−55
3	溴	Br_2	159.81	(3.119)	−7.08	58.76
4	一氧化碳	CO	28.01	1.250	−205.0	−191.45
5	二氧化碳	CO_2	44.01	1.977	−56.57	−78.47
6	二硫化碳	CS_2	76.14	(1.261^{22})	−111.6	46.3
7	氯	Cl_2	70.90	2.98^{20}	−101.0	−34.05
8	氘	D_2	4.032	2	−252.89	−248.24
9	氟	F_2	38.00	1.580	−216.62	−188.14
10	氢	H_2	2.016	0.0899	−259.20	−252.77
11	氦	He	4.003	0.17847	−272.2	−268.935
12	溴化氢	HBr	80.92	3.388^{20}	−86.86	−66.72
13	氰化氢	HCN	27.03	0.901	−14	26
14	氯化氢	HCl	36.46	1.526^{20}	−114.19	−85.03
15	氟化氢	HF	20.01	0.922^{0}	−83.37	19.52
16	碘化氢	HI	127.91	5.37^{10}	−50.80	−35.62
17	水蒸气	H_2O	18.02	1.000^{4}	0.000	100.000
18	硫化氢	H_2S	34.08	1.1906	−85.06	−60.75

序号	名 称	化学式	摩尔质量	密度[①]$\rho/(g/L)$ $[\rho/(g/cm^3)]$	熔点/℃	沸点/℃
19	氪	Kr	83.80	3.736	-157.2	-153.4
20	氮	N_2	28.01	1.251	-209.97	-195.798
21	氨	NH_3	17.03	0.7188^{20}	-77.74	-33.43
22	一氧化氮	NO	30.01	1.2488^{20}	-163.64	-151.77
23	四氧化二氮	N_2O_4	92.01	1.447^{20}	-11.20	21.15d
24	氧化二氮	N_2O	44.01	1.8433	-90.82	-88.48
25	氖	Ne	20.18	0.8890^{0}	-248.6	-246.1
26	氧	O_2	32.00	1.429	-218.787	-182.98
27	三氯化磷	PCl_3	137.33	(1.575^{20})	-92	76.1
28	磷化氢	PH_3	34.00	1.529	-133.81	-87.78
29	二氧化硫	SO_2	64.06	2.716^{20}	-72.7	-10.02
30	三氧化硫	SO_3	80.06	(1.9225^{20})	16.86	44.75
31	氙	Xe	131.30	5.8971^{0}	-111.8	-108.1
32	四氯化碳	CCl_4	153.82	(1.5867)	-22.9	76.7
33	一氟三氯甲烷	$CFCl_3$	137.37	(1.49417^{20})		24.9
34	二氟二氯甲烷	CF_2Cl_2	120.9	(1.486^{-30})	-155	-29.2
35	三氯甲烷	$CHCl_3$	119.38	(1.489^{20})	-63.5	61.2
36	一氟二氯甲烷	$CHFCl_2$	102.92	(1.4260^{0})	-135	8.9
37	二氟一氯甲烷	CHF_2Cl	86.45			-40.8
38	二氯甲烷	CH_2Cl_2	84.93	(1.336^{20})	-96.7	40.2
39	溴甲烷	CH_3Br	94.94	(1.7328)	-93.7	3.5
40	氯甲烷	CH_3Cl	50.49	1.785	-97.7	-24
41	氟甲烷	CH_3F	34.03			-78.4
42	碘甲烷	CH_3I	141.94	(2.279^{20})	-66.5	42.4
43	甲胺	CH_3NH_2	31.06	(0.699^{-11})	-92.5	-6.7
44	甲醇	CH_3OH	32.04	(0.792^{20})	-97.8	64.7
45	甲烷	CH_4	16.04	0.554	-182.5	-161.5
46	乙炔	C_2H_2	26.04	0.906	-81.5^{891}	-84
47	乙烯	C_2H_4	28.05	0.975	-169.2	-103.7
48	溴乙烷	C_2H_5Br	108.97	(1.460^{20})	-118.9	33.4
49	氯乙烷	C_2H_5Cl	64.52	(0.903^{10})	-138	12.3
50	碘乙烷	C_2H_5I	155.97	(1.933^{20})	-110.9	72.4
51	乙胺	$C_2H_5NH_2$	45.08	(0.698^{15}_{15})	-80.6	16.6
52	乙醇	C_2H_5OH	46.07	(0.789^{20})	-114.5	78.4
53	二甲醚	$(CH_3)_2O$	46.07	1.617	-138.5	-23.7
54	乙烷	C_2H_6	30.07	1.049	-183.2	-88.6
55	二甲胺	$(CH_3)_2NH$	45.08	0.680^{20}	-92.2	6.9
56	环丙烷	C_3H_6	42.08	(0.720^{-79})	-127.4	-32.9
57	丙烯	C_3H_6	42.08	1.498	-185.3	-47.7
58	正丙胺	$C_3H_7NH_2$	59.11	(0.718^{20})	-83	49~50
59	丙烷	C_3H_8	44.10	1.562	-187.7	-42.1
60	丙酮	$(CH_3)_2CO$	53.08	(0.791^{20})	-94.8	56.2
61	三甲胺	$(CH_3)_3N$	59.11	(0.662^{-5})	-117.2	2.9
62	乙酸甲酯	CH_3COOCH_3	74.08	(0.933^{20})	-98.2	57.3
63	1-丁烯	C_4H_8	56.11	0.60^{20}	-185.4	-6.3
64	顺-2-丁烯	C_4H_8	56.11	0.60^{20}	-138.9	3.7
65	反-2-丁烯	C_4H_8	56.11	0.60^{20}	-105.6	0.88
66	正丁烷	C_4H_{10}	58.12	0.579	-138.3	-0.50
67	乙醚	$(C_2H_5)_2O$	74.12	(0.708)	-116.3	34.6

序号	名　　称	化学式	摩尔质量	密度[①]ρ/(g/L) [ρ/(g/cm³)]	熔点/℃	沸点/℃
68	二乙胺	$(C_2H_5)_2NH$	73.14	(0.709^{15})	-50	55.5
69	正戊烷	C_5H_{12}	72.15	(0.626^{20})	-129.7	36.1
70	苯	C_6H_6	78.11	(0.879^{20})	5.5	80.1
71	甲苯	$C_6H_5CH_3$	92.14	(0.866^{20})	-95	110.6
72	环己烷	C_6H_{12}	84.16	(0.779^{20})	6.5	80.7
73	正己烷	C_6H_{14}	86.18	(0.659^{20})	-95.3	68.7
74	三乙胺	$(C_2H_5)_3N$	101.19	(0.729^{20})	-114.7	89.4
75	二丙胺	$(C_3H_7)_2NH$	101.19	(0.739^{20})	-39.6	110
76	正庚烷	C_7H_{16}	100.21	(0.684^{20})	-90.6	98.4
77	正辛烷	C_8H_{18}	114.23	(0.703^{20})	-56.8	125.7
78	正壬烷	C_9H_{20}	128.26	(0.718^{20})	-53.6	150.8
79	正癸烷	$C_{10}H_{22}$	142.29	(0.730^{20})	-29.7	174.1

① 表中"密度"栏加括号的数据是该物质液态时的密度，单位为 g/cm³

二、气体的蒸气压

表 13-2 无机化合物的蒸气压（101.32kPa 以下）

化学式 ＼ 蒸气压 p/kPa ＼ T/℃	1.3332	2.6664	7.9992	13.332	26.664	101.32
Ar	-211.29_s[①]	-208.31_s	-203.953_s	-200.146_s	-195.953_s	-185.869
BCl_3	-66.9	-57.9	-41.2	-32.4	-18.9	12.7
BF_3	-141.3_s	-136.4_s	-127.6_s	-123.0	-115.9	-110.7
Br_2	-25.8_s	-17.5_s				
CCl_2O	-69.3	-60.3	-44.0	—	-7.6	8.3
CO	-215.0_s	-212.8_s	-208.1_s	—	-201.3	-191.3
CO_2	-119.5_s	-114.4_s	-104.8_s		-93.0_s	-78.2_s
CS_2	-44.7	-34.3	-15.3	—	10.4	46.5
Cl_2	-101.2	-93.55	-79.43	-71.93	-60.60	-34.05
HBr	-121.4	-115.2	-104.0	-98.2_s	-89.5_s	-66.72
HCl	-136.08_s	-130.27_s	-119.94_s	-114.59_s	-105.724	-85.034
HCN	-56.8	-46.9	-29.2	-19.9	-6.1	25.6
H_2	-261.3_s	-260.4_s	-258.9	-257.9	-256.3	-252.5
H_2O_2	50.1	62.4	84.2	95.5	112.3	150.2
H_2S	-116.40_s	-110.02_s	-98.55_s	-92.56_s -93.28	-83.62_s -83.41	-60.341
H_2Se	-100_s	-94_s	-82_s	-74.4_s	-66.1_s	-42
He	-271.418	-271.207	-270.777	-270.523	-270.098	-268.945
Kr	-187.3_s	-183.3_s	-176.1_s	-172.4_s	-166.8_s	-153.41
NH_3	-92.06_s	-85.78_s	-74.90_s -74.27	-69.39_s -67.40	-57.12	-33.43
NO	-178.07_s	-174.86_s	-169.29_s	-166.48_s	-162.23	-151.74
N_2	-219.16_s	-216.63_s	-212.06_s	-209.66	-205.58	-195.80

续表

蒸气压 p/kPa T/℃ 化学式	1.3332	2.6664	7.9992	13.332	26.664	101.32
N_2O	-219.07$_s$	-123.92$_s$	-114.93$_s$	-110.36$_s$	-103.70$_s$	-88.48
N_2O_4	-38.30$_s$	-32.27$_s$	-19.18$_s$	-13.12 -13.99	-0.95	29.07
Ne	-254.78$_s$	-253.79$_s$	-252.00$_s$	-251.07$_s$	-249.68$_s$	-246.08$_s$
O_2	-210.65	-207.52	-201.77	-198.70	-194.04	-182.98
SO_2	-77.5	-70.02	-55.53	-47.90	-36.46	-10.016
$SO_3(\alpha)$	6$_s$	12$_s$	22.9$_s$	28.3$_s$	35.8$_s$	51.6$_s$
$SO_3(\beta)$	-12.3$_s$	-4.9$_s$	7.7$_s$	14.0$_s$	23.0$_s$	
$SO_3(\gamma)$	-17.3$_s$	-9.6$_s$	3.8$_s$	10.5$_s$		
$SiClF_3$	-127.0	-120.5	-108.2	-101.2	-91.7	-70.0
$SiCl_2F_2$	-102.9	-94.0	-78.6	-70.3	-58.0	-31.8
$SiCl_3F$	-68.3	-59.0	-42.2	-33.2	-19.3	12.2
SiF_4	-130.4$_s$	-125.9$_s$	-117.5$_s$	-113.3$_s$	-107.2$_s$	-94.8$_s$
$SnCl_4$	10.0	22.0	43.5	54.7	72.0	113.0

① 本表中下角 s 表示固态，余同。

表 13-3 无机化合物的蒸气压（101.32kPa 以上）

蒸气压 p/kPa T/℃ 化学式	101.32	202.64	506.60	1013.2	2026.4	3039.6	4052.8	5066.0	6079.2
Ar	-185.9	-179.0	-166.7	-154.9	-141.3	-132.0	-124.9	—	—
BCl_3	12.7	33.2	66.0	96.7	135.4	161.5	—	—	—
BF_3	-110.7	-89.4	-72.6	-57.7	-40.0	-28.4	-19.0	—	—
Br_2	58.56	78.8	110.3	139.8	174.0	197.0	216.0	230.0	243.5
CCl_2O	8.3	27.2	57.2	85.0	119.0	141.8	159.8	174.0	—
CO	-191.3	-183.5	-170.7	-161.0	-149.7	-141.9	—	—	—
CO_2	-78.2	-69.1	-56.7	-39.5	-18.9	-5.3	5.9	14.9	—
CS_2	46.5	69.1	104.8	136.3	175.5	201.5	222.8	240.0	—
Cl_2	-34.05	-16.9	10.3	35.6	65.0	84.8	101.6	115.2	127.1
HBr	-66.72	-51.9	-29.1	-8.4	16.8	33.9	48.1	60.0	70.6
HCl	-80.034	-71.4	-50.4	-31.7	-8.8	5.9	17.8	27.9	36.2
HCN	25.6	45.5	75.5	103.5	134.2	154.0	170.2	183.5	—
HI	-35.1	-18.9	7.3	32.0	62.0	83.2	100.7	116.2	127.5
H_2	-252.5	-250.2	-246.0	-241.8	—	—	—	—	—
H_2O	100.0	120.1	152.4	180.0	213.1	234.6	251.1	264.7	276.5
H_2S	-60.341	-45.9	-22.3	-0.4	25.5	41.9	55.8	66.7	76.3

蒸气压 p/kPa T/℃ 化学式	101.32	202.64	506.60	1013.2	2026.4	3039.6	4052.8	5066.0	6079.2
H_2Se	−41.1	−25.2	0.0	23.4	50.8	69.7	84.6	97.2	108.7
He	−268.945	−268.10	—						
Kr	−153.41	−143.5	−130.0	−118.0	−101.7	−88.8	−78.4	−66.5	—
NH_3	−33.43	−18.7	4.7	25.7	50.1	66.1	78.9	89.3	98.3
NO	−151.7	−145.1	−135.7	−127.3	−116.8	−109.0	−103.2	−99.0	−94.8
N_2	−195.8	−189.2	−179.1	−169.8	−157.6	−148.3	—	—	
N_2O	−88.5	−76.8	−58.0	−40.7	−18.8	−4.3	8.0	18.0	27.4
N_2O_4	29.07	37.3	59.8	79.4	100.3	112.3	121.4	127.0	132.2
Ne	−246.0	−243.8	−239.9	−236.0	−230.8				
O_2	−182.98	−176.0	−164.5	−153.2	−140.0	−130.7	−124.1		
SO_2	−10.0	6.3	32.1	55.5	83.8	102.6	118.0	130.2	141.7
SO_3	44.8	60.0	82.5	104.0	138.0	157.8	175.0	187.8	198.0
$SiClF_3$	−70.0	−57.3	−37.2	−18.6	4.1	19.4			
$SiCl_2F_2$	−31.8	−15.1	11.6	36.6	66.2	86.0	—	—	
$SiCl_3F$	12.2	32.4	64.6	94.2	131.8	156.0			
SiF_4	−94.8	−84.4	−67.9	−52.6	−33.4	−21.2			
$SnCl_4$	113.0	141.3	184.3	223.0	270.0	299.8	—	—	—

表 13-4 有机化合物的蒸气压（101.32kPa 以下）

名 称	化学式	蒸气压 p/kPa									
		0.13332	0.6666	1.3332	2.6664	5.3328	7.9992	13.332	26.664	53.328	101.32
		温度 T/℃									
一氟三氯甲烷	CCl_3F			−59.0	−49.7		−32.3		−9.1		23.7
二氟三氯甲烷	$C_2Cl_2F_2$			−97.8	−90.1		−76.1		−57.0		−29.8
三氯一氟甲烷	CCl_3F	−84.3	−67.6	−59.0	−49.7	−39.0	−32.3	−23.0	−9.1	+6.8	23.7
四氯化碳	CCl_4	−50	−30.0	−19.6	−8.2	+4.3	12.3	23.0	38.3	57.8	76.7
二硫化碳	CS_2	−73.8	−54.3	−44.7	−34.3	−22.5	−15.3	−5.1	+10.4	28.0	46.5
氯仿	$CHCl_3$	−58.0	−39.1	−29.7	−19.0	−7.1	+0.5	10.4	25.9	42.7	61.3
二溴甲烷	CH_2Br_2	−35.1	−13.2	−2.4	+9.7	23.3	31.6	42.3	58.5	79.0	98.6
二氯甲烷	CH_2Cl_2	−70.0	−52.1	−43.3	−33.4	−22.3	−15.7	−6.3	+8.0	24.1	40.7
甲酸	CH_2O_2	−20.0	−5.0	+2.1	10.3	24.0	32.4	43.8	61.4	80.3	100.6
甲酰胺	CH_3NO	70.5	96.3	109.5	122.5	137.5	147.0	157.5	175.5	193.5	210.5
硝基甲烷	CH_3NO_2	−29.0	−7.9	+2.8	14.1	27.5	35.5	46.6	63.5	82.0	101.2
甲醇	CH_4O	−44.0	−25.3	−16.2	−6.0	+5.0	12.1	21.2	34.8	49.9	64.7
1,1,2-三氯-1,2,2-三氟乙烷	$C_2Cl_3F_3$	−68.0	−49.4	−40.3	−30.0	−18.5	−11.2	−1.7	+13.5	30.2	47.6
四氯乙烯	C_2Cl_4	−20.6	+2.4	13.8	26.3	40.1	49.2	61.3	79.8	100.0	120.8
三氯乙烯	C_2HCl_3	−43.8	−22.8	−12.4	−1.0	+11.9	20.0	31.4	48.0	67.0	86.7
五氯乙烷	C_2HCl_5	1.0	27.2	39.8	53.9	69.9	80.0	93.5	114.0	137.2	160.5
顺-1,2-二氯乙烯	$C_2H_2Cl_2$	−58.4	−39.2	−29.9	−19.4	−7.9	−0.5	+9.5	24.6	41.0	59.0
反-1,2-二氯乙烯	$C_2H_2Cl_2$	−65.4	−47.2	−38.0	−28.0	−17.0	−10.0	−0.2	+14.3	30.8	47.8
1,1,2,2-四氯乙烷	$C_2H_2Cl_4$	−3.8	+20.7	33.0	46.2	60.8	70.0	83.2	102.2	124.0	145.9

续表

名　　称	化学式	蒸气压 p/kPa									
		0.13332	0.6666	1.3332	2.6664	5.3328	7.9992	13.332	26.664	53.328	101.32
		温度 T/℃									
1,1,1-三氯乙烷	$C_2H_3Cl_3$	−52.0	−32.0	−21.9	−10.8	+1.6	9.5	20.0	36.2	54.6	74.1
1,1,2-三氯乙烷	$C_2H_3Cl_3$	−24.0	−2.0	+8.3	21.6	35.2	44.0	55.7	73.3	93.0	113.9
1,2-二溴乙烷	$C_2H_4Br_2$	−27.0	+4.7	18.6	32.7	48.0	57.9	70.4	89.8	110.1	131.5
1,1-二氯乙烷	$C_2H_4Cl_2$	−60.7	−41.9	−32.3	−21.9	−10.2	−2.9	+7.2	22.4	39.8	57.4
1,2-二氯乙烷	$C_2H_4Cl_2$	−44.5	−24.0	−13.6	−2.4	+10.0	18.1	29.4	45.7	64.0	82.4
乙酸	$C_2H_4O_2$	−17.2	+6.3	17.5	29.9	43.0	51.7	63.0	80.0	99.0	118.1
甲酸甲酯	$C_2H_4O_2$	−74.2	−57.0	−48.6	−39.2	−28.7	−21.9	−12.9	+0.8	16.0	32.0
溴乙烷	C_2H_5Br	−74.3	−56.4	−47.5	−37.8	−26.7	−19.5	−10.0	+4.5	21.0	38.4
2-氯乙醇	C_2H_5ClO	−4.0	+19.0	30.3	42	56.0	64.1	75.0	91.8	110.0	128.8
硝基乙烷	$C_2H_5NO_2$	−21.0	+1.5	12.5	24.8	38.0	46.5	57.8	74.8	94.0	114.0
乙醇	C_2H_6O	−31.3	−12.0	−2.3	+8.0	19.0	26.0	34.9	48.4	63.5	78.4
乙二醇	$C_2H_6O_2$	53.0	79.7	92.1	105.8	120.0	129.5	141.8	158.5	178.5	197.3
乙醇胺	C_2H_7NO	32.5	56.5	68.0	81.0	95.0	103.5	115.0	132.5	152.0	171.1
3-氯-1,2-环氧丙烷	C_3H_5ClO		5.0	15.8	27.7	41.0	49.2	60.5	77.5	96.5	116.1
1,2,3-三氯丙烷	$C_3H_5Cl_3$	1.2	26.5	39.0	52.5	68.0	77.5	90.5	110.0	132.5	156.0
1,2-二溴丙烷	$C_3H_6Br_2$	−7.2	+17.3	29.4	42.3	57.2	66.4	78.7	97.8	118.5	141.6
1,2-二氯丙烷	$C_3H_6Cl_2$	−38.5	−17.0	−6.1	+6.0	19.4	28.0	39.4	57.0	76.0	96.8
1,3-二氯-2-丙醇	$C_3H_6Cl_2O$	28.0	52.2	64.7	78.0	93.0	102.0	114.8	133.3	153.5	174.3
2,3-二氯-1-丙醇	$C_3H_6Cl_2O$	36.0	61.0	73.5	86.8	101.5	110.0	123.0	141.0	161.5	182.0
丙酮	C_3H_6O	−59.4	−40.5	−13.1	−20.8	−9.4	−2.0	+7.7	22.7	39.5	56.5
烯丙醇	C_3H_6O	−20.0	+0.2	10.5	21.7	33.4	40.3	50.0	64.5	80.2	96.6
1,2-环氧丙烷	C_3H_6O	−75.0	−57.8	−49.0	−39.3	−28.4	−21.3	−12.0	+2.1	17.8	34.5
甲酸乙酯	$C_3H_6O_2$	−60.5	−42.2	−33.0	−22.7	−11.5	−4.3	+5.4	20.0	37.1	54.3
乙酸甲酯	$C_3H_6O_2$	−57.2	−38.6	−29.3	−19.1	−7.9	−0.5	+9.4	24.0	40.0	57.8
丙酸	$C_3H_6O_2$	4.6	28.0	39.7	52.0	65.8	74.1	85.8	102.5	122.0	141.1
1-溴丙烷	C_3H_7Br	−53.0	−33.4	−23.3	−12.4	−0.3	+7.5	18.0	34.0	52.0	71.0
2-溴丙烷	C_3H_7Br	−61.8	−42.5	−32.8	−22.0	−10.1	−2.5	+8.0	23.8	41.5	60.0
1-氯丙烷	C_3H_7Cl	−68.3	−50.0	−41.0	−31.0	−19.5	−12.1	−2.5	+12.2	29.4	46.4
2-氯丙烷	C_3H_7Cl	−78.8	−61.1	−52.0	−42.0	−31.0	−23.5	−13.7	+1.3	18.1	36.5
1-氯-2-丙醇	C_3H_7ClO	−0.2	+20.5	31.0	43.0	56.0	64.0	75.0	91.0	109.0	127.5
3-氯-1,2-丙二醇	$C_3H_7ClO_2$	72.5	99.0	112.0	126.0	141.0	150.0	163.0	182.0	202.0	213.0
二甲基甲酰胺	C_3H_7NO	5.5	29.7	42.0	55.2	70.0	79.0	91.5	110.0	131.0	153.0
1-硝基丙烷	$C_3H_7NO_2$	−9.6	+13.5	25.3	37.9	51.8	60.5	72.3	90.2	110.6	131.6
2-硝基丙烷	$C_3H_7NO_2$	−18.8	+4.1	15.8	28.2	41.8	50.3	62.0	80.0	99.8	120.3
1-丙醇	C_3H_8O	−15.0	+5.0	14.7	25.3	36.4	43.5	52.8	66.8	82.0	97.8
2-丙醇	C_3H_8O	−26.1	−7.0	+2.4	12.7	23.8	30.5	39.5	53.0	67.8	82.5
2-甲氧基乙醇	$C_3H_8O_2$	−5.0	+17.5	28.0	40.0	53.0	61.0	72.0	88.0	106.0	124.6
二甲氧基甲烷	$C_3H_8O_2$								8.5	25.0	42.3
1,2-丙二醇	$C_3H_8O_2$	45.5	70.8	83.2	96.4	111.2	119.9	132.0	149.7	168.1	188.2

名　称	化学式	蒸气压 p/kPa									
		0.13332	0.6666	1.3332	2.6664	5.3328	7.9992	13.332	26.664	53.328	101.32
		温度 T/℃									
1,3-丙二醇	$C_3H_8O_2$	59.4	87.2	100.6	115.8	131.0	141.1	153.4	172.8	193.8	214.2
甘油	$C_4H_8O_3$	125.5	153.8	167.2	182.2	198.0	208.0	220.1	240.0	263.0	290.0
二(2-氯乙基)醚	$C_4H_8Cl_2O$	23.5	49.3	62.0	76.0	91.5	101.5	114.5	134.0	155.4	178.5
甲乙酮	C_4H_8O	-48.3	-28.0	-17.7	-6.5	+6.0	14.0	25.0	41.6	60.0	79.6
四氢呋喃	C_4H_8O						1.0	12.0	28.2	46.5	66.0
丁酸	$C_4H_8O_2$	25.5	49.8	61.5	74.0	88.0	96.5	108.0	125.5	144.5	163.5
二噁烷	$C_4H_8O_2$	-35.8	-12.8	-1.2	+12.0	25.2	33.8	45.1	62.3	81.8	101.1
乙酸乙酯	$C_4H_8O_2$	-43.4	-23.5	-13.5	-3.0	+9.1	16.6	27.0	42.0	59.3	77.1
甲酸异丙酯	$C_4H_8O_2$	-52.0	-32.7	-22.7	-12.1	-0.2	+7.5	17.8	33.6	50.5	68.3
丙酸甲酯	$C_4H_8O_2$	-42.0	-21.5	-11.8	-1.0	+11.0	18.7	29.0	44.2	61.8	79.8
甲酸丙酯	$C_4H_8O_2$	-43.0	-22.7	-12.6	-1.7	+10.8	18.8	29.5	45.3	62.6	81.3
乳酸甲酯	$C_4H_8O_3$	7.2	30.5	42.0	54.5	68.0	76.5	88.5	105.5	125.0	145.0
1-氯丁烷	C_4H_9Cl	-49.0	-28.9	-18.6	-7.4	+5.0	13.0	24.0	40.0	58.8	77.8
1-丁醇	$C_4H_{10}O$	-1.2	+20.0	30.2	41.5	53.4	60.3	70.1	84.3	100.8	117.5
2-丁醇	$C_4H_{10}O$	-12.2	+7.2	16.9	27.3	38.1	45.2	54.1	67.9	83.9	99.5
乙醚	$C_4H_{10}O$	-74.3	-56.9	-48.1	-38.5	-27.7	-21.8	-11.5	+2.2	17.9	34.6
2-甲基-1-丙醇	$C_4H_{10}O$	-9.0	+11.0	21.7	32.4	44.1	51.7	61.5	75.9	91.4	108.0
2-甲基-2-丙醇	$C_4H_{10}O$	-20.4	-3.0	+5.5	14.3	24.5	31.0	39.8	52.7	68.0	82.9
1,1-二甲氧基乙烷	$C_4H_{10}O_2$						3.5	13.5	28.5	46.0	64.3
1,3-丁二醇	$C_4H_{10}O_2$	60.0	85.5	98.3	112.0	127.0	136.0	148.5	167.5	187.5	207.4
1,4-丁二醇	$C_4H_{10}O_2$	78.8	105.5	118.0	132.5	147.5	157.0	170.0	187.0	209.0	228.0
2,3-丁二醇	$C_4H_{10}O_2$	44.0	68.4	80.3	93.4	107.8	116.3	127.8	145.6	164.0	182.0
1,2-二甲氧基乙烷	$C_4H_{10}O_2$			-14.0	-1.0	+11.5	19.5	30.5	47.5	66.0	85.2
2-乙氧基乙醇	$C_4H_{10}O_2$	2.0	24.5	35.5	47.5	61.0	69.0	80.5	97.5	116.0	135.1
1-甲氧基-2-丙醇	$C_4H_{10}O_2$	-10.0	+13.5	24.5	36.3	49.0	57.0	68.0	84.5	102.0	120.6
二甘醇	$C_4H_{10}O_3$	91.8	120.0	133.8	148.0	164.3	174.0	187.5	207.0	226.5	244.8
糠醛	$C_5H_4O_2$	18.5	42.6	54.8	67.8	82.1	91.5	103.4	121.8	141.8	161.8
吡啶	C_5H_5N	-18.9	+2.5	13.2	24.8	38.0	46.8	57.8	75.0	95.6	115.4
糠醇	$C_5H_6O_2$	31.8	56.0	68.0	81.0	95.7	104.0	115.9	133.1	151.8	170.0
乙酰丙酮	$C_5H_8O_2$	-10.0	+14.5	26.0	39.5	54.0	63.0	75.0	94.0	115.0	137.0
环戊烷	C_5H_{10}	-68.0	-49.6	-40.4	-30.1	-18.6	-11.3	-1.3	+13.8	31.0	49.3
二(2-氯乙氧基)甲烷	$C_5H_{10}Cl_2O_2$	53.0	80.4	94.0	109.5	125.5	135.8	149.6	170.0	192.0	215.0
二乙酮	$C_5H_{10}O$	-12.7	+7.5	17.2	27.9	39.4	46.7	56.2	70.6	86.3	102.7
甲基丙基甲酮	$C_5H_{10}O$	-12.0	+8.0	17.9	28.5	39.8	47.3	56.8	71.0	86.8	103.3
甲酸丁酯	$C_5H_{10}O_2$	-26.4	-4.7	+6.1	18.0	31.6	39.8	51.0	67.9	86.2	106.0
丙酸乙酯	$C_5H_{10}O_2$	-28.0	-7.2	+3.4	14.3	27.2	35.1	45.2	61.7	79.8	99.1
甲酸异丁酯	$C_5H_{10}O_2$	-32.7	-11.4	-0.8	+11.0	24.1	32.4	43.4	60.0	79.0	98.2
乙酸异丙酯	$C_5H_{10}O_2$	-38.3	-17.4	-7.2	+4.2	17.0	25.1	35.7	51.7	69.8	89.0
丁酸甲酯	$C_5H_{10}O_2$	-26.8	-5.5	+5.0	16.7	29.6	37.4	48.0	64.3	83.1	102.3
乙酸丙酯	$C_5H_{10}O_2$	-26.7	+5.4	+5.0	16.0	28.8	37.0	47.8	64.0	82.0	101.8
四氢糠醇	$C_5H_{10}O_2$	36.0	60.0	72.1	85.5	99.5	108.0	120.0	137.5	157.5	177.0

续表

名 称	化学式	蒸气压 p/kPa									
		0.13332	0.6666	1.3332	2.6664	5.3328	7.9992	13.332	26.664	53.328	101.32
		温度 T/℃									
碳酸二乙酯	$C_5H_{10}O_3$	−10.1	+12.3	23.8	36.0	49.5	57.9	69.7	86.5	105.8	125.8
1-甲氧基-2-乙酰氧基乙烷	$C_5H_{10}O_3$	10.5	33.5	45.0	57.0	70.5	78.5	90.0	107.0	125.5	145.1
乳酸乙酯	$C_5H_{10}O_3$	16.0	39.5	51.0	63.8	77.5	86.0	97.5	115.0	134.0	154.0
1-氯戊烷	$C_5H_{11}Cl$			3.0	15.4	28.6	37.2	49.0	67.0	86.5	107.8
戊烷	C_5H_{12}	−76.6	−62.5	−50.1	−40.2	−29.2	−22.2	−12.6	+1.9	18.5	36.1
2-甲基-1-丙醇	$C_5H_{12}O$	7.5	28.5	39.0	50.0	62.5	70.0	80.0	95.0	111.5	128.8
3-甲基-1-丁醇	$C_5H_{12}O$	9.5	31.0	41.5	53.0	65.5	72.5	83.5	98.0	115.0	132.0
2-甲基-2-丁醇	$C_5H_{12}O$	−12.9	+7.2	17.2	27.9	38.8	46.0	55.3	69.7	85.7	101.7
1-戊醇	$C_5H_{12}O$	13.6	34.7	44.9	55.8	68.0	75.5	85.8	102.0	119.8	137.8
2-戊醇	$C_5H_{12}O$	1.5	22.7	32.2	42.6	54.1	61.5	70.7	85.7	102.3	119.7
3-戊醇	$C_5H_{12}O$	−6.0	+17.0	27.3	38.3	50.5	58.0	68.0	83.2	99.5	116.1
二乙氧基甲烷	$C_5H_{12}O_2$			2.5	15.0	22.5	33.5	49.5	68.0	87.9	
1-乙氧基-2-丙醇	$C_5H_{12}O_2$	−6.0	+19.0	30.3	42.8	56.2	64.5	76.3	93.5	112.5	132.2
2-(2-甲氧乙氧基)乙醇	$C_5H_{12}O_3$	43.0	68.8	81.5	95.5	110.5	119.5	133.0	152.0	173.5	194.2
1,2-二氯苯	$C_6H_4Cl_2$	20.0	46.0	59.1	73.4	89.4	99.5	112.9	133.4	155.8	179.0
溴苯	C_6H_5Br	2.9	27.8	40.0	53.8	68.6	78.1	90.8	110.1	132.3	156.2
氯苯	C_6H_5Cl	−13.0	+10.6	22.2	35.3	49.7	58.3	70.7	89.4	110.0	132.2
硝基苯	$C_6H_5NO_2$	44.4	71.6	84.9	99.3	115.4	125.8	139.9	161.2	185.8	210.6
苯	C_6H_6	−36.7	−19.6	−11.5	−2.6	+7.5	15.4	26.1	42.2	60.6	80.1
苯胺	C_6H_7N	34.8	57.9	69.4	82.0	96.7	106.0	119.9	140.1	161.9	184.4
2-甲基吡啶	C_6H_7N	−11.1	+12.6	24.4	37.4	51.2	59.9	71.4	89.0	108.4	128.8
环己酮	$C_6H_{10}O$	1.4	26.4	38.7	52.5	67.8	77.5	90.4	110.3	132.5	155.6
2-甲基-2-戊烯-4-酮	$C_6H_{10}O$		11.8	23.5	36.0	50.0	58.5	70.3	88.5	108.6	129.8
2,5-己二醇	$C_6H_{10}O_2$	36.5	62.5	75.4	89.5	105.5	114.5	128.0	147.5	169.5	191.4
1,2-二酰氧基乙烷	$C_6H_{10}O_4$	38.3	64.1	77.1	90.8	106.1	115.8	128.0	147.8	168.3	190.5
环己烷	C_6H_{12}	−45.3	−25.4	−15.9	−5.0	+6.7	14.7	25.5	42.0	60.8	80.7
二(2-氯异戊)醚	$C_6H_{12}Cl_2O$	28.5	55.0	68.0	82.5	98.0	107.5	121.0	142.0	164.0	187.0
环己醇	$C_6H_{12}O$	21.0	44.0	56.0	68.8	83.0	91.8	103.7	121.7	141.4	161.0
甲基丁基甲酮	$C_6H_{12}O$	7.7	28.8	38.8	50.0	62.0	69.8	79.8	94.3	111.0	127.5
甲基异丁基甲酮	$C_6H_{12}O$		1.0	12.0	24.5	37.7	46.0	58.0	75.5	95.0	115.1
乙酸丁酯	$C_6H_{12}O_2$		13.0	24.0	36.5	49.5	58.0	69.5	87.0	105.5	125.6
乙酸仲丁酯	$C_6H_{12}O_2$			9.5	21.5	35.0	43.5	55.0	72.5	92.0	112.2
4-羟基-4-甲基-2-戊酮	$C_6H_{12}O_2$	20.0	45.0	57.5	71.0	85.6	95.0	107.5	126.5	147.5	169.2
丁酸丁酯	$C_6H_{12}O_2$	−18.4	+4.0	15.3	27.8	41.5	50.1	62.0	79.8	180.0	121.0
甲酸异戊酯	$C_6H_{12}O_2$	−17.5	+5.4	27.1	30.0	44.0	53.3	65.4	83.2	102.7	123.3
乙酸异丁酯	$C_6H_{12}O_2$	−21.2	+1.4	12.8	25.5	39.2	48.0	59.7	77.6	97.5	118.0
丙酸丙酯	$C_6H_{12}O_2$	−14.2	+8.0	19.4	31.6	45.0	53.8	62.5	82.7	102.0	122.4
1-乙氧基-2-乙酰氧基乙烷	$C_6H_{12}O_3$	17.5	41.5	53.0	66.0	79.5	88.0	100.0	117.5	137.0	156.4
己烷	C_6H_{14}	−53.9	−34.5	−25.0	−14.1	−2.3	+5.4	15.8	31.6	49.6	68.7
丁基乙基醚	$C_6H_{14}O$		−18.0	−7.0	+5.0	18.5	27.0	37.9	54.2	74.0	92.2

续表

名　称	化学式	蒸气压 p/kPa									
		0.13332	0.6666	1.3332	2.6664	5.3328	7.9992	13.332	26.664	53.328	101.32
		温度 T/℃									
二异丙醚	$C_6H_{14}O$	−57.0	−37.4	−27.4	−16.7	−4.5	+3.4	13.7	30.0	48.2	67.5
二丙醚	$C_6H_{14}O$	−43.3	−22.3	−11.8	0.0	+13.2	21.6	33.0	50.3	69.5	89.5
1-己醇	$C_6H_{14}O$	24.4	47.2	58.2	70.3	83.7	92.0	102.8	119.6	138.0	157.0
1,1-二乙氧基乙烷	$C_6H_{14}O_2$	−23.0	−2.3	+8.0	19.6	31.9	39.8	50.1	66.3	84.0	102.2
1,2-二乙氧基乙烷	$C_6H_{14}O_2$		9.5	20.5	32.7	46.0	54.5	65.5	83.0	101.5	121.1
2-丁氧基乙醇	$C_6H_{14}O_2$	22.5	47.5	60.0	73.5	88.0	98.0	110.0	129.3	150.0	172.0
2-(2-乙氧乙氧基)乙醇	$C_6H_{14}O_3$	45.3	72.0	85.8	100.3	116.7	126.8	140.0	159.0	180.3	201.9
二丙醇	$C_6H_{14}O_3$	73.8	102.1	116.2	131.3	147.4	156.5	169.9	189.0	210.5	231.8
三甘醇	$C_6H_{14}O_4$	119.0	148.0	162.0	177.0	193.0					287.4
苯甲醛	C_7H_6O	26.2	50.1	62.0	75.0	90.1	99.6	112.5	131.7	154.1	179.0
2-氯甲苯	C_7H_7Cl	5.4	30.6	43.2	56.9	72.0	81.8	94.7	115.0	137.1	159.3
4-氯甲苯	C_7H_7Cl	5.5	31.0	43.8	57.8	73.5	83.3	95.6	117.1	139.8	162.3
甲苯	C_7H_8	−26.7	−4.4	+6.4	18.4	31.8	40.3	51.9	69.5	89.5	110.6
苯甲醇	C_7H_8O	58.0	80.8	92.6	105.8	119.8	129.3	141.7	160.0	183.0	204.7
甲基环己烷	C_7H_{14}	−35.9	−14.0	−3.2	+8.7	22.0	30.5	42.1	59.6	79.6	100.9
二丙基甲酮	$C_7H_{14}O$	−5.0	+19.5	31.5	45.0	59.5	68.5	81.0	100.0	121.0	143.7
乙基丁基甲酮	$C_7H_{14}O$	0.0	24.0	36.0	49.5	64.0	73.0	85.5	104.5	125.0	147.4
甲基戊基甲酮	$C_7H_{14}O$	6.5	30.2	42.5	55.5	69.7	78.5	90.5	109.0	129.2	150.4
乙酸戊酯	$C_6H_{14}O$		15.5	28.0	42.0	57.5	67.0	80.5	101.0	124.0	149.2
丙酸丁酯	$C_7H_{14}O_2$	0.0	24.0	36.0	49.0	63.5	72.5	85.0	104.0	124.5	146.8
乙酸异戊酯	$C_7H_{14}O_2$	0.0	23.7	35.2	47.8	62.1	71.0	83.2	101.3	121.5	142.0
丁酸丙酯	$C_7H_{14}O_2$	−1.6	+22.1	34.0	47.0	61.5	70.3	82.6	101.0	121.7	142.7
乳酸丁酯	$C_7H_{14}O_3$	37.0	62.5	75.0	88.8	103.8	112.8	125.8	145.0	165.5	187.0
庚烷	C_7H_{16}	−34.0	−12.7	−2.1	+9.5	22.3	30.6	41.8	58.7	78.0	98.4
1-庚醇	$C_7H_{16}O$	42.4	64.3	74.7	85.8	99.8	108.0	119.5	136.6	155.6	175.8
1-丁氧基-2-丙醇	$C_7H_{16}O_2$	24.5	49.0	61.5	74.5	89.5	98.0	110.0	129.0	149.5	170.2
1-(2-甲氧丙氧基)-2-丙醇	$C_7H_{16}O_3$	35.5	61.0	74.0	88.0	103.5	113.0	126.0	145.5	167.0	189.0
苯乙烯	C_8H_8	−7.0	+18.0	30.8	44.6	59.8	69.5	82.0	101.3	122.5	145.2
苯乙酮	C_8H_8O	37.1	64.0	78.0	92.4	109.4	119.8	133.6	154.2	178.0	202.4
乙苯	C_8H_{10}	−9.8	+13.9	25.9	38.6	52.8	61.9	74.1	92.7	113.8	136.2
邻二甲苯	C_8H_{10}	−3.8	+20.2	32.1	45.1	59.5	68.8	81.3	100.2	121.7	144.4
间二甲苯	C_8H_{10}	−6.9	+16.8	28.3	41.1	55.3	64.4	76.8	95.5	116.7	139.1
对二甲苯	C_8H_{10}	−8.1	+15.5	27.3	40.1	54.4	63.5	75.9	94.6	115.9	138.3
1-苯基乙醇	$C_8H_{10}O$	49.0	75.2	88.0	102.1	117.8	127.4	140.3	159.0	180.7	204.0
2-苯氧基乙醇	$C_8H_{10}O_2$	78.0	106.6	121.2	136.0	152.2	163.2	176.5	197.6	221.0	245.3
甲基己基甲酮	$C_8H_{16}O$	23.6	48.4	60.9	74.3	89.8	99.0	111.0	130.4	151.0	172.9
丁酸丁酯	$C_8H_{16}O_2$	13.0	38.5	51.0	65.0	80.0	89.5	102.0	122.0	144.0	166.6
1-丁氧基-2-乙酰氧基乙烷	$C_8H_{16}O_3$	36.5	62.5	76.0	89.5	105.0	114.5	128.0	148.0	169.5	191.5
辛烷	C_8H_{18}	−14.0	+8.3	19.2	31.5	45.1	53.8	65.7	83.6	104.0	125.6
二丁醚	$C_8H_{18}O$	−5.9	+19.3	31.4	45.0	60.0	69.1	82.0	100.0	121.2	142.0

名　称	化学式	蒸气压 p/kPa									
		0.13332	0.6666	1.3332	2.6664	5.3328	7.9992	13.332	26.664	53.328	101.32
		温度 T/℃									
1-辛醇	$C_8H_{18}O$	54.0	76.5	88.3	101.0	115.2	123.8	135.2	152.0	173.8	195.2
2-辛醇	$C_8H_{18}O$	32.8	57.6	70.0	83.3	98.0	107.4	119.8	138.0	157.5	178.5
二(2-乙氧基)醚	$C_8H_{18}O_3$	31.5	57.8	70.8	85.0	100.5	110.0	123.5	144.0	166.0	188.9
2-(2-丁氧乙氧基)乙醇	$C_8H_{18}O_3$	70.0	95.7	107.8	120.5	135.5	146.0	159.8	181.2	205.0	231.2
1-(2-乙氧丙氧基)-2-丙醇	$C_8H_{18}O_3$	42.0	68.0	81.0	95.0	110.5	120.0	133.0	153.0	175.0	197.0
异丙苯	C_9H_{12}	2.9	26.8	38.3	51.5	66.1	75.4	88.1	107.3	129.2	152.4
3,5,5-三甲基-2-环己烯-1-酮	$C_9H_{14}O$	38.0	66.7	81.2	96.8	114.5	125.6	140.6	163.3	188.7	215.2
二异丁酮	$C_9H_{18}O$	15.0	40.5	53.0	67.0	82.0	92.0	105.0	124.0	147.0	169.3
十氢化萘	$C_{10}H_{12}$	38.0	65.3	79.0	93.8	110.4	121.3	135.3	157.2	181.8	207.2
对异丙基苯甲烷	$C_{10}H_{14}$	19.0	44.6	57.6	71.5	87.6	96.8	110.1	130.1	151.8	176.7
双戊烯	$C_{10}H_{116}$	18.0	44.0	57.0	71.0	87.0	96.5	110.0	130.0	153.2	176.7
α-蒎烯	$C_{10}H_{16}$	-1.0	+24.6	37.3	51.4	66.8	76.8	90.1	110.2	132.3	155.0
顺-十氢化萘	$C_{10}H_{18}$	22.5	50.1	64.2	79.8	97.2	108.0	123.2	145.4	169.9	194.6
反-十氢化萘	$C_{10}H_{18}$	-0.8	+30.6	47.2	65.3	85.7	98.4	114.6	136.2	160.1	186.7
二戊醚	$C_{10}H_{22}O$	24.5	51.0	64.3	78.8	95.0	104.8	118.5	139.5	163.0	186.8
二异戊醚	$C_{10}H_{22}O$	18.6	44.3	57.0	70.7	86.3	96.0	109.6	129.0	150.3	173.4
1,2-二丁氧基乙烷	$C_{10}H_{22}O_2$	43.2	69.8	83.0	97.3	113.0	122.5	136.0	156.5	178.5	203.6
1-(2-丁氧丙氧基)-2-丙醇	$C_{10}H_{22}O_3$	63.0	91.0	105.0	120.0	136.5	147.0	161.0	182.0	205.0	228.0
二己醚	$C_{12}H_{26}O$	59.0	86.2	100.0	114.5	130.7	141.0	155.0	175.5	198.0	226.2

表 13-5 有机化合物的蒸气压（101.32kPa 以上）

名称	化学式	蒸气压 p/kPa							
		101.32	202.64	506.60	1013.2	2026.4	3039.6	4052.8	5066.0
		温度 T/℃							
氯仿	$CHCl_3$	61.3	83.9	120.0	152.3	191.8	216.5	237.5	254.0
溴甲烷	CH_3Br	3.6	23.3	54.8	84.0	121.7	147.5	170.2	190.0
氯甲烷	CH_3Cl	-24.0	-6.4	22.0	47.3	77.3	97.5	113.8	126.0
三氟一氯甲烷	$CClF_3$	-81.2	-66.7	-42.7	-18.5	12.0	34.8	52.8	—
二氟二氯甲烷	CCl_2F_2	-29.6	-12.2	16.1	42.4	74.0	95.6	—	—
三氟一氯乙烷	C_2ClF_3	-27.9	-11.1	15.5	40.0	71.1	91.9	—	—
四氟二氯乙烷	$C_2Cl_2F_4$	3.5	22.8	54.0	82.3	117.5	140.9	—	—
三氟三氯乙烷	$C_2Cl_3F_3$	47.6	70.0	105.0	138.0	177.7	205.0	—	—
甲醇	CH_3OH	64.7	84.0	112.5	138.0	167.8	186.5	203.5	214.0
甲胺	CH_3NH_2	-6.3	10.1	36.0	59.5	87.8	106.3	121.8	133.7
甲烷	CH_4	-161.5	152.3	-138.3	-124.8	-108.5	-96.3	-86.3	—
碘甲烷	CH_3I	42.4	65.5	101.8	138.0	176.5	206.0	228.5	248.0
乙炔	C_2H_2	-84.0$_s$	-71.6	-50.2	-32.7	-10.0	4.8	16.8	26.8

第三篇

名称	化学式	蒸气压 p/kPa							
		101.32	202.64	506.60	1013.2	2026.4	3039.6	4052.8	5066.0
		温度 T/℃							
乙烯	C_2H_4	-103.7	-90.8	-71.1	-52.8	-29.1	-14.2	-1.5	8.9
溴乙烷	C_2H_5Br	38.4	60.2	95.0	126.8	164.3	188.0	206.5	220.0
氯乙烷	C_2H_5Cl	12.3	32.5	64.0	92.6	127.3	149.5	170.0	180.5
乙胺	$C_2H_5NH_2$	16.6	35.7	65.3	91.8	124.0	146.0	163.0	176.0
乙醇	C_2H_5OH	78.4	97.5	126.0	151.8	183.0	203.0	218.0	230.0
乙烷	C_2H_6	-88.6	-75.0	-52.8	-32.0	-6.4	10.0	23.6	—
二甲醚	$(CH_3)_2O$	-23.7	-6.4	20.8	45.5	75.7	96.0	112.1	125.2
二甲胺	$(CH_3)_2NH$	7.4	25.0	53.9	80.0	111.7	132.2	149.6	162.6
丙烷	C_3H_8	-42.1	-25.6	1.4	26.9	58.1	78.7	94.8	
丙烯	C_3H_6	-47.7	-31.4	-4.8	19.8	49.5	70.0	85.0	
丙胺	$C_3H_7NH_2$	48.5	69.8	102.8	133.4	170.0	194.3	214.5	—
丙酮	$(CH_3)_2CO$	56.5	78.6	113.0	144.5	181.0	205.0	214.5	
乙酸甲酯	CH_3COOCH_3	57.8	79.5	113.1	144.2	181.0	205.0	225.0	
正丁烷	C_4H_{10}	-0.5	18.8	50.0	79.5	116.0	140.6		
二乙醚	$(C_2H_5)_2O$	34.6	56.0	90	122.0	159.0	183.3	—	—
二乙胺	$(C_2H_5)_2NH$	55.5	77.8	113.0	145.3	184.5	210.0	—	—
乙酸乙酯	$CH_3COOC_2H_5$	77.1	100.6	136.6	169.7	209.5	235.0	—	—
正戊烷	C_6H_{12}	36.1	58.0	92.4	124.7	164.3	191.3	—	—
苯	C_6H_6	80.1	103.8	142.5	178.8	221.5	249.5	272.3	290.3
正己烷	C_6H_{14}	68.7	93.0	131.7	166.6	209.4			
正庚烷	C_7H_{16}	98.4	124.8	165.7	202.7	247.5			
正辛烷	C_8H_{18}	125.6	152.7	196.2	235.8	181.4	—	—	—

三、气体的临界常数

表 13-6 无机化合物气体的临界常数

化学式	临界温度 T/℃	临界压力 p/MPa	临界密度 ρ/(g/cm³)	化学式	临界温度 T/℃	临界压力 p/MPa	临界密度 ρ/(g/cm³)
空气	-140.6	3.7691	0.313	F_2	-128.85	5.2149	0.574
$AlBr_3$	356	2.6343	0.510	$GeCl_4$	279	3.8501	0.65
$AlCl_3$	490	2.8876	0.860	HBr	90.0	8.5514	—
Ar	-122.4	4.8734	0.533	HCl	51.5	8.3082	0.45
As	530	34.651	—	HCN	183.6	5.3902	0.195
$AsCl_3$	318		0.720	HI	150.8	8.3082	—
BBr_3	300		0.90	HF	188	6.4844	0.29
BCl_3	178.8	38.704		H_2	-240.17	1.2928	0.0314
BF_3	-12.3	4.9849	—	H_2O	373.09	22.047	0.32
B_2H_6	16.6	4.0528	—	D_2O	370.8	21.662	0.36
$BiCl_3$	906	11.955	1.21	H_2S	100.0	8.9364	0.346
Br_2	311	10.334	1.26	H_2Se	138	3.8501	—
COS	102	5.8765	0.44	He	-267.96	0.22695	0.0698
CS_2	279	7.9029	0.44	$(CN)_2$	127	5.9778	-
Cs	1806		0.44	CO	-140.24	3.4985	0.301
Cl_2	144	7.7003	0.573	CO_2	31.0	7.3760	0.468
D_2	-234.9	1.6515	0.669	$COCl_2$	182	5.6739	0.52

续表

化学式	临界温度 θ/℃	临界压力 p/MPa	临界密度 ρ/(g/cm³)	化学式	临界温度 θ/℃	临界压力 p/MPa	临界密度 ρ/(g/cm³)
^{3}He	-269.84	0.11449	0.0414	P	721		
$HfCl_4$	450	5.7752	1.05	PH_3	51.6	6.5351	
Hg	1462	18.946	—	Ra	104	6.2818	
$HgCl_2$	700	—	1.56	Rb	1832	—	0.34
I_2	546	—	1.64	S	1041	11.753	
K	1950	16.211	0.187	SF_6	45.54	3.7589	0.736
Kr	-63.8	5.5016	0.919	SO_2	157.6	7.8837	0.525
Li	2950	68.897	0.105	SO_3	217.8	8.2069	0.63
NF_3	-39.2	4.5290		$SbCl_3$	521		0.84
NH_3	132.4	11.276	0.235	Si	-3.5	4.8430	
NO	-93	6.4844	0.52	$SiClF_3$	34.5	3.4651	
NO_2	158	10.132	0.55	$SiCl_2F_2$	95.8	3.4955	
N_2	-147.0	3.3942	0.313	$SiCl_3F$	165.3	3.5765	
N_2F_4	36.2	3.7488	—	$SiCl_4$	234	3.7488	0.521
N_2H_4	380	14.691	—	SiF_4	-14.1	3.7184	
N_2O	36.41	7.2443	0.452	$SnCl_4$	318.8	3.7488	0.742
Na	2300	35.462	0.198	$TiCl_4$	365	4.6607	0.56
Ne	-228.75	2.7559	0.484	UF_6	232.6	4.6607	1.41
O_2	-118.57	5.0426	0.436	Xe	16.583	5.8400	1.11
O_3	-12.1	5.5726	0.54	$ZrCl_4$	505	5.7651	0.730

表 13-7 有机化合物气体的临界常数

名称	化学式	临界温度 T/℃	临界压力 p/MPa	临界密度 ρ/(g/cm³)	名称	化学式	临界温度 T/℃	临界压力 p/MPa	临界密度 ρ/(g/cm³)
二氟一氯甲烷	$CHClF_2$	96.0	4.9768	0.525	乙烯	C_2H_4	9.2	5.0315	0.218
一氟二氯甲烷	$CHCl_2F$	178.5	5.1673	0.522	1,1-二氟乙烷	$C_2H_4F_2$	113.5	4.4955	0.365
一氟三氯甲烷	CCl_3F	198.0	4.4074	0.554	环氧乙烷	C_2H_4O	196	7.1937	0.314
四氯甲烷	CCl_4	283.2	4.5594	0.558	乙酸	$C_2H_4O_2$	321.3	5.7752	0.351
氯仿	$CHCl_3$	263.4	5.4712	0.5	溴乙烷	C_2H_5Br	230.7	6.2311	0.507
三氟甲烷	CHF_3	25.74	4.8360	0.525	氯乙烷	C_2H_5Cl	187.2	5.2686	—
二溴甲烷	CH_2Br_2	331	7.1937	—	乙烷	C_2H_6	32.28	4.8795	0.203
二氯甲烷	CH_2Cl_2	237	6.6871	—	乙醇	C_2H_6O	243.1	6.3791	0.276
氯甲烷	CH_3Cl	143.1	6.6790	0.353	乙硫醇	C_2H_6S	226	5.4915	0.300
氟甲烷	CH_3F	44.55	5.8765	0.300	乙胺	C_2H_7N	183	5.6232	—
甲烷	CH_4	-82.60	4.6049	0.162	1,2,2-三氯-1,1,2-三氟乙烷	$C_2Cl_3F_3$	214.1	3.4144	0.576
甲醇	CH_4O	239.43	8.0954	0.272	全氟乙烯	C_2F_4	33.3	3.9433	0.58
甲硫醇	CH_4S	196.8	7.2342	0.332	丙炔	C_3H_4	129.23	5.6273	0.245
甲胺	CH_5N	156.9	7.4571	—	丙腈	C_3H_5N	291.2	4.1845	0.240
三氟一溴甲烷	$CBrF_3$	67.0	3.9717	0.72	甲酸乙酯	$C_3H_5O_2$	235.3	4.8390	0.323
三氟一氯甲烷	$CClF_3$	28.9	3.9210	0.579	丙烯	C_3H_6	91.8	4.6202	0.233
四氟甲烷	CF_4	-45.6	3.7387	0.630	环丙烷	C_3H_6	124.65	5.4945	—
二氯二氟甲烷	CCl_2F_2	111.80	4.1247	0.558	丙酮	C_3H_6O	236.5	4.7823	0.278
三氟乙烯	C_2HF_3	271.0	5.0153	—	甲酸乙酯	$C_3H_6O_2$	235.3	4.7377	0.323
乙腈	C_2H_3N	274.7	4.8329	0.237	乙酸甲酯	$C_3H_6O_2$	233.7	4.6941	0.325
乙炔	C_2H_2	35.18	6.1389	0.231	异丙醇	C_3H_8O	235.16	4.7640	0.273
1,2-二氯乙烯	$C_2H_2Cl_2$	243.3	5.5118	—	甲基乙基醚	C_3H_8O	164.7	4.3972	0.272
1,1-二氟乙烯	$C_2H_2F_2$	30.1	4.4327	0.417	三甲胺	C_3H_9N	160.1	4.0730	0.233
1-氯-1,1-二氟乙烷	$C_2H_3ClF_2$	137.1	4.1237	0.435	丙胺	C_3H_9N	233.8	4.7417	—

名 称	化学式	临界温度 T/℃	临界压力 p/MPa	临界密度 ρ/(g/cm³)	名 称	化学式	临界温度 T/℃	临界压力 p/MPa	临界密度 ρ/(g/cm³)
丁腈	C_4H_7N	309.1	3.7893	—	甲基环戊烷	C_6H_{12}	259.6	3.7893	0.264
丁烯	C_4H_8	146.4	4.0224	0.234	丁酸乙酯	$C_5H_{12}O_2$	293	3.0396	0.28
丙酸甲酯	$C_4H_8O_2$	257.4	4.0041	0.312	环己烷	C_6H_{12}	280.3	4.0730	0.273
甲酸丙酯	$C_4H_8O_2$	264.9	4.0609	0.309	正己烷	C_6H_{14}	234.2	2.9686	0.233
乙酸乙酯	$C_4H_8O_2$	250.1	3.8491	0.308	2,2-二甲基丁烷	C_6H_{14}	215.58	3.0801	0.240
正丁酸	$C_4H_8O_2$	355	5.2686	0.304	三乙基胺	$C_6H_{15}N$	262	3.0396	0.26
丁烷	C_4H_{10}	152.1	3.8197	0.228	苯甲醛	C_7H_6O	352	2.1783	—
乙醚	$C_4H_{10}O$	193.55	3.6373	0.265	甲苯	C_7H_8	318.57	4.6151	0.292
正丁醇	$C_4H_{10}O$	289.78	4.4124	0.270	邻甲(苯)酚	C_7H_8O	424.4	5.0052	0.384
正丁胺	$C_4H_{10}N$	251	4.1541	—	间甲(苯)酚	C_7H_8O	432.6	4.5594	0.346
二乙胺	$C_4H_{11}N$	223.5	3.7083	0.243	对甲(苯)酚	C_7H_8O	431.4	5.1470	0.391
全氟丁烷	C_4F_{10}	113.2	2.3232	0.629	甲基环己烷	C_7H_{14}	299.1	3.4773	0.285
吡啶	C_5H_5N	346.8	5.6333	0.312	3-乙基戊烷	C_7H_{16}	267.42	2.8906	0.241
环戊烷	C_5H_{10}	238.5	4.5077	0.27	乙苯	C_8H_{10}	343.94	3.6090	0.284
2-戊酮	$C_5H_{10}O$	290.8	3.8906	0.286	邻二甲苯	C_8H_{10}	357.1	3.7326	0.243
甲酸异丁酯	$C_5H_{10}O_2$	278	3.8805	0.29	间二甲苯	C_8H_{10}	343.82	3.4955	0.282
丁酸甲酯	$C_5H_{10}O_2$	281.3	3.4732	0.300	对二甲苯	C_8H_{10}	343.0	3.5107	0.282
乙酸丙酯	$C_5H_{10}O_2$	276.2	3.3628	0.269	N,N-二甲基苯胺	$C_8H_{11}N$	411	3.6272	—
丙酸乙酯	$C_5H_{10}O_2$	272.9	3.3617	0.296	正辛烷	C_8H_{18}	295.61	2.4863	0.232
正戊烷	C_5H_{12}	196.5	3.3790	0.237	2,2-二甲基己烷	C_8H_{18}	276.65	2.5248	0.239
2,2-二甲基丙烷	C_5H_{12}	160.60	3.1986	0.238	2,2,3-三甲基戊烷	C_8H_{18}	290.28	2.7295	0.262
溴苯	C_6H_5Br	397	4.5188	0.485	2,3-二甲基苯酚	$C_8H_{11}O$	449.7	4.8633	0.26
氯苯	C_6H_5Cl	359.2	4.5188	0.365	2,2,3-三甲基苯	C_9H_{12}	257.96	2.9534	0.252
碘苯	C_6H_5I	448	4.5188	0.581	丙苯	C_9H_{12}	365.15	3.1996	0.273
苯	C_6H_6	288.94	4.8978	0.302	丁苯	$C_{10}H_{14}$	387.3	2.8866	0.270
苯酚	C_6H_6O	421.1	6.1298	0.41	正壬烷	C_9H_{20}	321.41	2.3100	—
苯胺	C_6H_7N	426	5.3091	0.34					

四、气体的膨胀系数

表 13-8 气体定容体膨胀系数 α_p[①]（0～100℃）

气体	初压 p/kPa	$\alpha_p/10^{-6}K^{-1}$	气体	初压 p/kPa	$\alpha_p/10^{-6}K^{-1}$	气体	初压 p/kPa	$\alpha_p/10^{-6}K^{-1}$
空气	101.32	3671.6	Xe	133.32	3720	N_2O	101.32	3719
	133.32	3675	H_2	101.32	3662.7	CO	101.32	3673
He	101.32	3661.3		133.32	3673.5	CO_2	101.32	3711
	133.32	3660.7	O_2	101.32	3673.5		133.32	3726
Ne	101.32	3662.6		133.32	3675.7	HCl	101.32	3721
	181.68	3662.3	N_2	101.32	3672	$(CN)_2$	101.32	3830
Ar	68.926	3668		135.52	3674	CH_4	101.32	3679
	101.32	3672	Cl_2	101.32	3803	C_2H_4	101.32	3722
	133.32	3675	NH_2	101.32	3767.8			
Kr	133.32	3689.9	SO_2	101.32	3840			

① 定容体膨胀系数 $\alpha_p = \dfrac{1}{p_0}\left(\dfrac{\mathrm{d}p}{\mathrm{d}T}\right)_V$，$p_0$ 为 0℃时的压力。

表 13-9 气体定压体膨胀系数 α_V[①]（0～100℃）

气体	初压 p/kPa	$\alpha_V/10^{-6}K^{-1}$	气体	初压 p/kPa	$\alpha_V/10^{-6}K^{-1}$	气体	初压 p/kPa	$\alpha_V/10^{-6}K^{-1}$
空气	101.32	3671.1	Xe	133.32	3739.5	SF_6	101.32	3808
	133.32	3674	H_2	101.32	3660.3	N_2O	101.32	3732
He	101.32	3659.1		145.98	3659.0		133.32	3706.7
	132.52	3657.9	O_2	101.32	3674	CO	101.32	3672
Ne	101.32	3660.6		133.32	3676.3	CO_2	101.32	3725
	134.25	3660.2	N_2	101.32	3671.0	HCl	101.32	3734
Ar	101.32	3672.4		132.52	3673.4	$(CN)_2$	101.32	3870
	133.32	3676	Cl_2	101.32	3830	CH_4	101.32	3682
Kr	114.92	3691.6	NH_3	101.32	3790	C_2H_4	101.32	3735
	133.32	3696.7	SO_2	101.32	3880			

① 定压体膨胀系数 $\alpha_V=\dfrac{1}{V_0}\left(\dfrac{dV}{dT}\right)_p$，$V_0$ 为 0℃时的体积。

第二节　气体分析中的基本计算

一、气体浓度的表示方法及其换算

1. 物质的量浓度
物质的量浓度的定义：物质 B 的物质的量 n_B 除以混合物的体积 V，其符号为 c_B，即

$$c_B=\frac{n_B}{V}$$

c_B 的 SI 单位为 mol/L。

2. 质量浓度
质量浓度的定义：物质 B 的质量 m_B 除以混合物的总体积 V，其符号为 ρ_B，即

$$\rho_B=\frac{m_B}{V}$$

ρ_B 的 SI 单位为 kg/m^3，常用单位 g/L 等。气体分析常用单位 mg/m^3。

3. 体积分数
混合气体中，组分气体 B 的分体积与总体积之比为体积分数，表示式为

$$\varphi_B=\frac{V_B}{V}$$

体积分数是一无量纲量，可以百分数表示，也可以小数或分数表示。

根据气体分压定律，在一定温度下，组分气体的压力分数、摩尔分数和体积分数有着以下关系，即

$$\frac{p_B}{p}=\frac{n_B}{n}=\frac{V_B}{V}=\varphi_B$$

这一关系在有关气体计算中非常重要。

上述 3 种浓度，可以采用表 13-10 中的换算关系式进行换算。

表 13-10 气体浓度换算关系式 ①

换算浓度 x 换算式 给定浓度 a	$c_B/(mol/m^3)$	$\rho_B/(mg/m^3)$	$\varphi_B/\%$
$c_B/(mol/m^3)$	1	$a \times 10^3 M$	$\dfrac{a \times 8.314 \times 10^{-1} T}{p}$
$\rho_B/(mg/m^3)$	$\dfrac{a \times 10^{-3}}{M}$	1	$\dfrac{a \times 10 p}{8.314 T}$
$\varphi_B/\%$	$\dfrac{a \times 10 p}{8.314 T}$	$\dfrac{a \times 10^4 Mp}{8.314 T}$	1

① 计算式中：T——换算条件规定的温度，$T/K=273.15+T/℃$；

p——换算条件规定的压力，kPa；

M——气体的摩尔质量，g/mol；

8.314——气体常数 R 值，$kPa \cdot dm^3/(mol \cdot K)$。

气体浓度换算示例：将一种氧气的浓度 $c_B=1.0mol/m^3$ 的气体，用表 13-10 中其他浓度予以表示，并作相互换算。氧气的摩尔质量 $M=32$，换算条件温度为 0℃，压力为 101.32kPa。

（1）已知 $c_B=1.0mol/m^3$

换算为 ρ_B：　$x=a \times 10^3 M=3.2 \times 10^4 (mg/m^3)$

换算为 φ_B：　$x=\dfrac{a \times 10^{-1} \times 8.314 T}{p}=2.2\%$

（2）已知 $\rho_B=3.2 \times 10^4 mg/m^3$

换算为 c_B：　$x=\dfrac{a \times 10^{-3}}{M}=\dfrac{3.2 \times 10^4 \times 10^{-3}}{32}=1.0(mol/m^3)$

换算为 φ_B：　$x=\dfrac{a \times 10^{-4} \times 8.314 t}{Mp}=2.2\%$

（3）已知 $\varphi_B=2.2\%$

换算为 c_B：　$x=\dfrac{a \times 10 p}{8.314 T}=1.0(mol/m^3)$

换算为 ρ_B：　$x=\dfrac{a \times 10^4 Mp}{8.314 T}=3.2 \times 10^4 (mg/m^3)$

二、气体分析中的计算

1. 压力单位及其换算表

气体分析中很少以质量来计量，通常以体积来计量。在计量体积的同时要测量压力和温度。目前，压力一般采用国际单位制（SI 单位）。压力的 SI 单位是 N/m，单位名称是帕斯卡，符号是 Pa。为了便于在国际单位与常见单位之间的换算，表 13-11 和表 13-12 列出了各种压力单位之间的换算关系。

表 13-11 压力单位换算表

单 位	帕斯卡 (Pa)	千克力/米² (kgf/m²)	千克力/厘米² (kgf/cm²)	巴 (bar)	毫巴 (mbar)	毫米汞柱 (mmHg)	标准大气压 (atm)	米水柱 (mH₂O)	牛/厘米² (N/cm²)
1 帕斯卡(Pa)	1	0.101972	1.01972×10^{-5}	1×10^{-5}	1×10^{-2}	7.50062×10^{-3}	9.86923×10^{-6}	1.01972×10^{-4}	1×10^{-4}
1 千克力/米² (kgf/m²)	9.80665	1	1×10^{-4}	9.80665×10^{-5}	9.80665×10^{-2}	7.35559×10^{-2}	9.67841×10^{-5}	1×10^{-3}	9.80665×10^{-4}

续表

单 位	帕斯卡 (Pa)	千克力/米² (kgf/m²)	千克力/厘米² (kgf/cm²)	巴 (bar)	毫巴 (mbar)	毫米汞柱 (mmHg)	标准大气压 (atm)	米水柱 (mH₂O)	牛/厘米² (N/cm²)
1 千克力/厘米²(kgf/cm²)	9.80665×10^4	1×10^4	1	0.980665	980.665	735.559	0.967841	10	9.80665
1 巴(bar)	1×10^5	1.01972×10^4	1.01972	1	1×10^3	750.062	0.986923	10.1972	10
1 毫巴(mbar)	1×10^2	10.1972	1.01972×10^{-3}	1×10^{-3}	1	0.750062	9.86923×10^{-4}	1.01972×10^{-2}	0.01
1 毫米汞柱(mmHg)	133.322	13.5951	1.35951×10^{-3}	1.33322×10^{-3}	1.33322	1	1.31579×10^{-3}	1.35951×10^{-2}	1.33322×10^{-2}
1 标准大气压（atm）	1.01325×10^5	1.03323×10^4	1.03323	1.01325	1013.25	760	1	10.3323	10.1325
1 米水柱(mH₂O)	9806.65	1×10^3	0.1	9.80665×10^2	98.0665	73.5559	9.67841×10^{-2}	1	0.980665
1 牛/厘米²(N/cm²)	1×10^4	1.01972×10^3	0.101972	0.1	100	75.0062	9.86923×10^{-2}	1.01972	1

表 13-12　毫米汞柱（mmHg）对千帕（kPa）的换算

汞柱 (mmHg)	0	10	20	30	40	50	60	70	80	90
0		1.3332	2.6664	3.9997	5.3329	6.6661	7.9993	9.3325	10.6658	11.9990
100	13.3322	14.6654	15.9986	17.3319	18.6651	19.9983	21.3315	22.6647	23.9980	25.3312
200	26.6644	27.9976	29.3308	30.6641	31.9973	33.3305	34.6637	35.9969	37.3302	38.6634
300	39.9966	41.3298	42.6630	43.9963	45.3295	46.6627	47.9959	49.3291	50.6624	51.9954
400	53.3288	54.6620	55.9952	57.3285	58.6617	59.9949	61.3281	62.6613	63.9946	65.3278
500	66.6610	67.9942	69.3274	70.6607	71.9939	73.3271	74.6603	75.9935	77.3268	78.6600
600	79.9932	81.3264	82.6596	83.9929	85.3261	86.6593	87.9925	89.3257	90.6590	91.9922
700	93.3254	94.6586	95.9918	97.3251	98.6583	99.9915	101.3247	102.6579	103.9912	105.3244
800	106.6576	107.9908	109.3240	110.6573	111.9905	113.3237	114.6569	115.9901	117.3234	118.6566
900	119.9898	121.3230	122.6562	123.9895	125.3227	126.6559	127.9891	129.3223	130.6556	131.9888
1000	133.3220									

2. 由非标准态气体体积换算成标准状态下的体积

很多情况下，需要把给定压力和温度条件下的气体体积换算成标准状态和参比状态下的体积。

（1）标准状态　热力学规定的标准状态是指标准压力时物质的聚集状态。气体的标准状态指标准压力时表现出理想气体性质的纯气体或气体混合物。长期以来，国际上采用的标准压力为标准大气压的压力，即 $p_0 = 101.325\text{kPa}$。标准状态的定义中没有规定温度，国际上通用的标准状态的温度为 $T_0 = 273.15\text{K}$。

（2）标准状态下的体积计算　由给定压力和温度条件下气体体积换算为标准状态下的体积，可按气体方程进行换算。根据

$$\frac{pV}{T} = \frac{p_0 V_0}{T_0}$$

则有：$$V_0 = \frac{pV}{T}\times\frac{T_0}{p_0} = \frac{pV}{T}\times\frac{273.15}{101.325} = \frac{pV}{273.15+T}\times2.6959$$

式中　V——给定条件下气体的体积，m^3 或 dm^3；

p——给定条件下气体的压力，kPa；

T——给定条件下气体的温度（$T/\text{K}=273.15+T/℃$），K；

V_0——标准状态下气体的体积，m^3 或 dm^3。

（3）参比状态下的体积计算　参比状态一般是指压力为 101.325kPa，温度为 25℃。由给

定压力和温度条件下的气体体积换算成参比状态下的体积，其计算公式为

$$V_\Gamma = \frac{pV}{T} \times \frac{T_\Gamma}{p_\Gamma} = \frac{pV}{T} \times \frac{273.15 + 25}{101.325} = \frac{pV}{273.15 + T} \times 2.9426$$

式中　V_Γ——参比状态下气体的体积，m^3 或 dm^3；

　　　T_Γ——参比状态下气体的温度（$T_\Gamma/K = 273.15 + T/℃$），K；

　　　p_Γ——参比状态下气体的压力，$p_\Gamma = p_0 = 101.325kPa$。

（4）利用换算系数 F 求标准状态下的气体体积　利用气体体积在不同温度和压力条件下的换算系数 F，换算到标准状态下气体体积的计算可简化为

$$V_0 = VF$$

式中　V——给定压力和温度条件下气体的体积，m^3 或 dm^3；

　　　V_0——标准状态下气体的体积，m^3 或 dm^3；

　　　F——换算系数（见表 13-13）。

表 13-13 不同温度和压力下气体体积换算到标准状态下体积的换算系数 F 值

$T/℃$ \ p/kPa (F)	91.990	92.257	92.524	92.790	93.057	93.324	93.590	93.857	94.123	94.390
5	0.8915	0.8941	0.8967	0.8993	0.9019	0.9045	0.9070	0.9096	0.9122	0.9148
6	0.8883	0.8909	0.8935	0.8961	0.8986	0.9012	0.9038	0.9064	0.9091	0.9115
7	0.8852	0.8877	0.8903	0.8929	0.8954	0.8980	0.9006	0.9031	0.9057	0.9082
8	0.8820	0.8846	0.8871	0.8897	0.8922	0.8947	0.8973	0.8999	0.9025	0.9050
9	0.8789	0.8814	0.8840	0.8865	0.8891	0.8916	0.8942	0.8967	0.8993	0.9018
10	0.8757	0.8783	0.8808	0.8834	0.8859	0.8884	0.8910	0.8935	0.8961	0.8986
11	0.8727	0.8752	0.8777	0.8803	0.8828	0.8853	0.8878	0.8904	0.8929	0.8954
12	0.8696	0.8721	0.8746	0.8772	0.8797	0.8822	0.8847	0.8872	0.8898	0.8923
13	0.8665	0.8691	0.8716	0.8741	0.8766	0.8791	0.8816	0.8841	0.8866	0.8892
14	0.8635	0.8660	0.8685	0.8710	0.8735	0.8760	0.8785	0.8810	0.8835	0.8861
15	0.8605	0.8630	0.8655	0.8680	0.8705	0.8730	0.8755	0.8780	0.8805	0.8830
16	0.8575	0.8600	0.8625	0.8650	0.8675	0.8700	0.8724	0.8749	0.8774	0.8799
17	0.8546	0.8571	0.8595	0.8620	0.8645	0.8670	0.8694	0.8719	0.8744	0.8769
18	0.8516	0.8541	0.8566	0.8590	0.8615	0.8640	0.8664	0.8689	0.8714	0.8739
19	0.8487	0.8512	0.8536	0.8561	0.8586	0.8610	0.8635	0.8659	0.8684	0.8709
20	0.8458	0.8483	0.8507	0.8532	0.8556	0.8581	0.8605	0.8630	0.8654	0.8679
21	0.8429	0.8454	0.8478	0.8503	0.8527	0.8551	0.8576	0.8600	0.8625	0.8649
22	0.8401	0.8425	0.8449	0.8474	0.8498	0.8522	0.8547	0.8571	0.8595	0.8620
23	0.8372	0.8397	0.8421	0.8445	0.8469	0.8494	0.8518	0.8542	0.8566	0.8591
24	0.8344	0.8368	0.8392	0.8416	0.8441	0.8465	0.8489	0.8513	0.8537	0.8562
25	0.8316	0.8340	0.8364	0.8388	0.8412	0.8436	0.8461	0.8485	0.8509	0.8533
26	0.8288	0.8312	0.8336	0.8360	0.8384	0.8408	0.8432	0.8456	0.8480	0.8504
27	0.8260	0.8284	0.8308	0.8332	0.8356	0.8380	0.8404	0.8428	0.8452	0.8476
28	0.8233	0.8257	0.8281	0.8304	0.8328	0.8352	0.8376	0.8400	0.8424	0.8448
29	0.8206	0.8229	0.8253	0.8277	0.8301	0.8325	0.8348	0.8372	0.8396	0.8420
30	0.8179	0.8202	0.8226	0.8250	0.8274	0.8297	0.8321	0.8345	0.8368	0.8392
31	0.8152	0.8175	0.8199	0.8223	0.8246	0.8270	0.8294	0.8317	0.8341	0.8364
32	0.8125	0.8149	0.8172	0.8196	0.8219	0.8243	0.8266	0.8290	0.8313	0.8337
33	0.8098	0.8122	0.8145	0.8169	0.8192	0.8216	0.8239	0.8263	0.8286	0.8310
34	0.8072	0.8095	0.8119	0.8142	0.8166	0.8189	0.8212	0.8236	0.8259	0.8282
35	0.8046	0.8069	0.8092	0.8116	0.8139	0.8162	0.8185	0.8209	0.8232	0.8255
36	0.8020	0.8043	0.8066	0.8089	0.8112	0.8136	0.8159	0.8182	0.8205	0.8229
37	0.7994	0.8017	0.8040	0.8063	0.8086	0.8109	0.8132	0.8156	0.8179	0.8202
38	0.7968	0.7991	0.8014	0.8037	0.8060	0.8083	0.8106	0.8129	0.8153	0.8176
39	0.7942	0.7965	0.7988	0.8011	0.8034	0.8057	0.8080	0.8103	0.8126	0.8149
40	0.7917	0.7940	0.7963	0.7986	0.8009	0.8031	0.8054	0.8077	0.8100	0.8123

续表

	p/kPa F T/℃	94.657	94.924	95.190	95.457	95.723	96.990	96.257	96.523	96.790	97.056
5		0.9174	0.9200	0.9226	0.9251	0.9277	0.9303	0.9329	0.9355	0.9381	0.9406
6		0.9141	0.9167	0.9192	0.9218	0.9244	0.9270	0.9295	0.9321	0.9347	0.9373
7		0.9108	0.9134	0.9159	0.9185	0.9211	0.9236	0.9262	0.9288	0.9313	0.9339
8		0.9076	0.9101	0.9127	0.9152	0.9178	0.9203	0.9229	0.9255	0.9280	0.9306
9		0.9043	0.9069	0.9094	0.9120	0.9145	0.9171	0.9196	0.9222	0.9247	0.9273
10		0.9011	0.9037	0.9062	0.9088	0.9113	0.9138	0.9164	0.9189	0.9214	0.9240
11		0.8980	0.9005	0.9030	0.9055	0.9081	0.9106	0.9131	0.9157	0.9182	0.9207
12		0.8948	0.8973	0.8999	0.9024	0.9049	0.9074	0.9099	0.9125	0.9150	0.9175
13		0.8917	0.8942	0.8967	0.8992	0.9017	0.9042	0.9067	0.9092	0.9118	0.9143
14		0.8885	0.8911	0.8936	0.8961	0.8986	0.9011	0.9036	0.9061	0.9086	0.9111
15		0.8855	0.8880	0.8905	0.8930	0.8954	0.8979	0.9004	0.9029	0.9054	0.9079
16		0.8824	0.8849	0.8874	0.8899	0.8923	0.8948	0.8973	0.8998	0.9023	0.9048
17		0.8793	0.8818	0.8843	0.8868	0.8893	0.8917	0.8942	0.8967	0.8992	0.9017
18		0.8763	0.8788	0.8813	0.8837	0.8862	0.8887	0.8911	0.8936	0.8961	0.8985
19		0.8733	0.8758	0.8782	0.8807	0.8832	0.8856	0.8881	0.8905	0.8930	0.8955
20		0.8703	0.8728	0.8752	0.8777	0.8801	0.8826	0.8850	0.8875	0.8899	0.8924
21		0.8674	0.8698	0.8722	0.8747	0.8771	0.8796	0.8820	0.8845	0.8869	0.8894
22		0.8644	0.8669	0.8693	0.8717	0.8742	0.8766	0.8790	0.8815	0.8839	0.8863
23		0.8615	0.8639	0.8663	0.8688	0.8712	0.8736	0.8761	0.8785	0.8809	0.8833
24		0.8586	0.8610	0.8634	0.8658	0.8683	0.8707	0.8731	0.8755	0.8779	0.8804
25		0.8557	0.8581	0.8605	0.8629	0.8653	0.8678	0.8702	0.8726	0.8750	0.8774
26		0.8528	0.8552	0.8576	0.8600	0.8624	0.8648	0.8672	0.8696	0.8720	0.8745
27		0.8500	0.8524	0.8548	0.8572	0.8596	0.8620	0.8644	0.8667	0.8691	0.8715
28		0.8472	0.8496	0.8519	0.8543	0.8567	0.8591	0.8615	0.8639	0.8662	0.8687
29		0.8443	0.8467	0.8491	0.8515	0.8539	0.8562	0.8586	0.8610	0.8634	0.8658
30		0.8416	0.8439	0.8463	0.8487	0.8510	0.8534	0.8558	0.8583	0.8605	0.8629
31		94.8388	94.8412	94.8435	95.8459	95.8482	96.8506	96.8530	96.8553	96.8577	97.8601
32		0.8360	0.8384	0.8408	0.8431	0.8455	0.8478	0.8502	0.8525	0.8549	0.8572
33		0.8333	0.8357	0.8380	0.8404	0.8427	0.8450	0.8474	0.8497	0.8521	0.8544
34		0.8306	0.8329	0.8353	0.8376	0.8399	0.8423	0.8446	0.8470	0.8493	0.8516
35		0.8279	0.8302	0.8325	0.8349	0.8373	0.8395	0.8419	0.8442	0.8465	0.8489
36		0.8252	0.8275	0.8298	0.8322	0.8354	0.8368	0.8391	0.8415	0.8438	0.8461
37		0.8225	0.8248	0.8271	0.8295	0.8318	0.8341	0.8364	0.8387	0.8410	0.8434
38		0.8199	0.8222	0.8245	0.8268	0.8291	0.8314	0.8337	0.8360	0.8383	0.8407
39		0.8176	0.8195	0.8218	0.8241	0.8264	0.8287	0.8310	0.8333	0.8356	0.8380
40		0.8146	0.8169	0.8192	0.8215	0.8238	0.8261	0.8284	0.8307	0.8330	0.8353

续表

T/°C \ p/kPa F	97.323	97.590	97.856	98.123	98.390	98.656	98.923	99.190	99.456	99.723
5	0.9432	0.9458	0.9484	0.9510	0.9536	0.9561	0.9587	0.9613	0.9639	0.9665
6	0.9398	0.9424	0.9450	0.9476	0.9501	0.9527	0.9553	0.9579	0.9604	0.9630
7	0.9365	0.9390	0.9416	0.9442	0.9467	0.9493	0.9518	0.9544	0.9570	0.9596
8	0.9331	0.9357	0.9383	0.9408	0.9434	0.9459	0.9485	0.9510	0.9536	0.9561
9	0.9298	0.9324	0.9349	0.9375	0.9400	0.9426	0.9451	0.9477	0.9502	0.9528
10	0.9265	0.9291	0.9316	0.9341	0.9367	0.9392	0.9418	0.9443	0.9486	0.9494
11	0.9233	0.9258	0.9283	0.9308	0.9334	0.9359	0.9384	0.9410	0.9435	0.9460
12	0.9200	0.9225	0.9251	0.9276	0.9301	0.9326	0.9351	0.9376	0.9402	0.9427
13	0.9168	0.9193	0.9218	0.9243	0.9269	0.9294	0.9319	0.9344	0.9369	0.9394
14	0.9136	0.9161	0.9186	0.9211	0.9236	0.9261	0.9286	0.9311	0.9336	0.9363
15	0.9104	0.9129	0.9154	0.9179	0.9207	0.9229	0.9254	0.9279	0.9304	0.9329
16	0.9073	0.9097	0.9122	0.9147	0.9172	0.9197	0.9222	0.9247	0.9271	0.9296
17	0.9041	0.9066	0.9092	0.9116	0.9140	0.9165	0.9190	0.9215	0.9239	0.9264
18	0.9010	0.9035	0.9059	0.9084	0.9109	0.9134	0.9158	0.9183	0.9207	0.9232
19	0.8979	0.9004	0.9028	0.9053	0.9078	0.9102	0.9127	0.9151	0.9176	0.9200
20	0.8948	0.8973	0.8997	0.9022	0.9046	0.9071	0.9096	0.9120	0.9145	0.9169
21	0.8918	0.8942	0.8967	0.8991	0.9016	0.9040	0.9065	0.9089	0.9113	0.9138
22	0.8888	0.8912	0.8936	0.8961	0.8985	0.9010	0.9034	0.9058	0.9083	0.9107
23	0.8858	0.8882	0.8906	0.8930	0.8955	0.8979	0.9003	0.9028	0.9052	0.9076
24	0.8828	0.8852	0.8876	0.8900	0.8924	0.8949	0.8973	0.8997	0.9021	0.9045
25	0.8798	0.8822	0.8846	0.8870	0.8894	0.8919	0.8943	0.8967	0.8991	0.9015
26	0.8769	0.8793	0.8817	0.8841	0.8865	0.8889	0.8913	0.8937	0.8961	0.8985
27	0.8739	0.8763	0.8787	0.8811	0.8835	0.8859	0.8883	0.8907	0.8931	0.8955
28	0.8710	0.8734	0.8758	0.8782	0.8806	0.8830	0.8853	0.8877	0.8901	0.8925
29	0.8681	0.8705	0.8729	0.8753	0.8776	0.8800	0.8824	0.8848	0.8872	0.8895
30	0.8653	0.8676	0.8700	0.8724	0.8748	0.8771	0.8795	0.8819	0.8842	0.8866
31	0.8624	0.8648	0.8672	0.8695	0.8719	0.8742	0.8766	0.8790	0.8813	0.8837
32	0.8596	0.8619	0.8643	0.8667	0.8691	0.8714	0.8736	0.8761	0.8784	0.8808
33	0.8568	0.8591	0.8615	0.8638	0.8662	0.8685	0.8709	0.8732	0.8756	0.8779
34	0.8540	0.8563	0.8587	0.8610	0.8634	0.8658	0.8680	0.8704	0.8727	0.8750
35	0.8512	0.8535	0.8559	0.8582	0.8605	0.8629	0.8652	0.8675	0.8699	0.8722
36	0.8484	0.8508	0.8531	0.8554	0.8577	0.8601	0.8624	0.8647	0.8670	0.8694
37	0.8457	0.8480	0.8503	0.8526	0.8549	0.8573	0.8596	0.8169	0.8642	0.8665
38	0.8430	0.8453	0.8476	0.8499	0.8522	0.8545	0.8568	0.8591	0.8615	0.8638
39	0.8403	0.8426	0.8449	0.8472	0.8495	0.8518	0.8541	0.8564	0.8587	0.8610
40	0.8376	0.8399	0.8422	0.8444	0.8467	0.8490	0.8513	0.8536	0.8559	0.8582

续表

T/℃ \ p/kPa \ F	99.990	100.25	100.52	100.79	101.05	101.32	101.59	101.86	102.12	102.38
5	0.9691	0.9717	0.9742	0.9768	0.9794	0.9820	0.9846	0.9871	0.9897	0.9923
6	0.9656	0.9682	0.9707	0.9733	0.9759	0.9785	0.9810	0.9836	0.9862	0.9888
7	0.9621	0.9647	0.9673	0.9698	0.9724	0.9750	0.9775	0.9801	0.9827	0.9852
8	0.9587	0.9613	0.9638	0.9664	0.9689	0.9715	0.9741	0.9766	0.9792	0.9817
9	0.9553	0.9578	0.9604	0.9629	0.9655	0.9680	0.9706	0.9731	0.9757	0.9782
10	0.9519	0.9544	0.9570	0.9595	0.9621	0.9646	0.9671	0.9697	0.9722	0.9747
11	0.9486	0.9511	0.9536	0.9562	0.9587	0.9612	0.9637	0.9663	0.9688	0.9713
12	0.9452	0.9477	0.9503	0.9528	0.9553	0.9578	0.9603	0.9629	0.9654	0.9679
13	0.9119	0.9444	0.9469	0.9495	0.9520	0.9545	0.9570	0.9595	0.9620	0.9645
14	0.9386	0.9411	0.9436	0.9461	0.9486	0.9511	0.9536	0.9561	0.9586	0.9612
15	0.9354	0.9378	0.9404	0.9428	0.9453	0.9478	0.9503	0.9528	0.9553	0.9578
16	0.9321	0.9346	0.9371	0.9396	0.9420	0.9445	0.9470	0.9495	0.9520	0.9545
17	0.9289	0.9314	0.9339	0.9363	0.9388	0.9413	0.9438	0.9462	0.9487	0.9512
18	0.9257	0.9282	0.9306	0.9331	0.9356	0.9380	0.9405	0.9430	0.9454	0.9479
19	0.9225	0.9250	0.9275	0.9299	0.9324	0.9348	0.9373	0.9397	0.9422	0.9447
20	0.9194	0.9218	0.9243	0.9267	0.9292	0.9316	0.9341	0.9365	0.9390	0.9414
21	0.9162	0.9187	0.9211	0.9236	0.9260	0.9285	0.9309	0.9333	0.9359	0.9382
22	0.9131	0.9155	0.9180	0.9204	0.9229	0.9253	0.9277	0.9302	0.9326	0.9350
23	0.9100	0.9125	0.9149	0.9173	0.9197	0.9222	0.9246	0.9270	0.9294	0.9319
24	0.9070	0.9094	0.9118	0.9142	0.9165	0.9191	0.9215	0.9239	0.9263	0.9287
25	0.9039	0.9063	0.9087	0.9112	0.9135	0.9160	0.9184	0.9208	0.9232	0.9256
26	0.9009	0.9033	0.9057	0.9081	0.9105	0.9129	0.9153	0.9177	0.9201	0.9225
27	0.8979	0.9003	0.9027	0.9051	0.9074	0.9099	0.9122	0.9146	0.9170	0.9194
28	0.8949	0.8973	0.8997	0.9021	0.9044	0.9068	0.9092	0.9116	0.9140	0.9164
29	0.8919	0.8943	0.8967	0.8990	0.9014	0.9038	0.9062	0.9086	0.9109	0.9133
30	0.8890	0.8914	0.8937	0.8961	0.8985	0.9008	0.9032	0.9056	0.9079	0.9109
31	99.8861	100.8884	100.8908	100.8931	100.8955	100.8979	101.9002	101.9026	102.9050	102.9073
32	0.8831	0.8855	0.8878	0.8902	0.8926	0.8949	0.8973	0.8996	0.9020	0.9043
33	0.8803	0.8526	0.8850	0.8873	0.8897	0.8920	0.8943	0.8967	0.8990	0.9014
34	0.8774	0.8797	0.8821	0.8844	0.8867	0.8891	0.8914	0.8938	0.8961	0.8984
35	0.8745	0.8768	0.8792	0.8815	0.8839	0.8862	0.8885	0.8908	0.8932	0.8955
36	0.8717	0.8740	0.8763	0.8787	0.8810	0.8833	0.8856	0.8880	0.8903	0.8926
37	0.8689	0.8712	0.8735	0.8758	0.8781	0.8804	0.8828	0.8851	0.8874	0.8897
38	0.8661	0.8684	0.8707	0.8730	0.8753	0.8776	0.8799	0.8822	0.8845	0.8869
39	0.8633	0.8656	0.8679	0.8702	0.8725	0.8748	0.8771	0.8794	0.8817	0.8840
40	0.8605	0.8628	0.8651	0.8674	0.8697	0.8720	0.8743	0.8766	0.8789	0.8812

续表

T/℃ \ p/kPa F	102.66	102.92	103.18	103.45	103.72	103.99
5	0.9949	0.9975	1.0001	1.0026	1.0051	1.0078
6	0.9913	0.9939	0.9965	0.9990	1.0016	1.0042
7	0.9878	0.9904	0.9929	0.9955	0.9980	1.0006
8	0.9843	0.9868	0.9894	0.9919	0.9945	0.9970
9	0.9807	0.9833	0.9859	0.9884	0.9910	0.9935
10	0.9773	0.9798	0.9824	0.9849	0.9874	0.9900
11	0.9739	0.9764	0.9789	0.9814	0.9839	0.9865
12	0.9704	0.9730	0.9754	0.9780	0.9805	0.9830
13	0.9670	0.9695	0.9720	0.9745	0.9771	0.9796
14	0.9637	0.9661	0.9686	0.9711	0.9736	0.9762
15	0.9603	0.9628	0.9653	0.9678	0.9703	0.9728
16	0.9570	0.9595	0.9619	0.9644	0.9669	0.9694
17	0.9537	0.9561	0.9586	0.9611	0.9636	0.9661
18	0.9504	0.9528	0.9553	0.9578	0.9602	0.9627
19	0.9471	0.9496	0.9520	0.9545	0.9569	0.9594
20	0.9439	0.9463	0.9488	0.9512	0.9537	0.9561
21	0.9407	0.9431	0.9455	0.9480	0.9504	0.9529
22	0.9375	0.9399	0.9223	0.9448	0.9472	0.9496
23	0.9343	0.9367	0.9391	0.9416	0.9440	0.9464
24	0.9311	0.9336	0.9360	0.9384	0.9408	0.9432
25	0.9280	0.9304	0.9328	0.9352	0.9377	0.9401
26	0.9249	0.9273	0.9297	0.9321	0.9355	0.9369
27	0.9218	0.9242	0.9266	0.9290	0.9314	0.9338
28	0.9187	0.9211	0.9235	0.9259	0.9283	0.9307
29	0.9157	0.9181	0.9205	0.9228	0.9252	0.9276
30	0.9127	0.9151	0.9174	0.9198	0.9222	0.9245
31	0.9097	0.9121	0.9144	0.9168	0.9191	0.9215
32	0.9067	0.9091	0.9114	0.9138	0.9161	0.9185
33	0.9037	0.9061	0.9084	0.9108	0.9131	0.9154
34	0.9008	0.9031	0.9055	0.9078	0.9101	0.9125
35	0.8978	0.9002	0.9025	0.9048	0.9072	0.9092
36	0.8949	0.8972	0.8996	0.9019	0.9042	0.9055
37	0.8920	0.8943	0.8967	0.8990	0.9013	0.9036
38	0.8892	0.8915	0.8938	0.8961	0.8984	0.9007
39	0.8863	0.8886	0.8909	0.8932	0.8955	0.8978
40	0.8835	0.8857	0.8881	0.8903	0.8926	0.8949

3. 液体表面之上气体压力的计算

在水或盐溶液上面收集气体，应从收集气体的压力中扣除相应温度下水蒸气的分压，计算式如下：

$$p_B = p_t - 0.125T' - p_w$$

式中　p_B——收集气体的压力，kPa；

p_t——收集气体的总压力，kPa；

p_w——水蒸气的分压（参见表 13-14），kPa；

T'——压力计中汞的温度，℃。

表 13-14 不同温度时水面上空气中饱和水蒸气的压力（p）及含量（ρ）

T/℃	水蒸气		T/℃	水蒸气		T/℃	水蒸气		T/℃	水蒸气	
	p/Pa	ρ/(g/m³)		p/Pa	ρ/(g/m³)		p/Pa	ρ/(g/m³)		p/Pa	ρ/(g/m³)
-60	1.0772	0.0105	-22	85.325	0.705	16	1817.7	13.63	54	14999.8	99.4
-59	1.2332	0.0120	-21	93.990	0.770	17	1937.1	14.48	55	15737.1	104.0
-58	1.4313	0.0136	-20	103.45	0.847	18	2063.4	15.37	56	31730.2	108.7
-57	1.6131	0.0155	-19	113.85	0.926	19	2196.7	16.30	57	17307.6	113.7
-56	1.8398	0.0178	-18	124.92	1.015	20	2337.8	17.25	58	18142.2	118.8
-55	2.0931	0.0169	-17	137.45	1.110	21	2486.4	18.327	59	19011.4	124.1
-54	2.3730	0.0225	-16	150.92	1.215	22	2643.3	19.42	60	19971.3	129.6
-53	2.7063	0.0254	-15	165.45	1.330	23	2808.8	20.56	61	20855.4	135.2
-52	3.0663	0.0287	-14	181.45	1.447	24	2982.4	21.77	62	21833.8	141.2
-51	3.4796	0.0325	-13	198.65	1.584	25	3167.1	23.03	63	22848.4	147.4
-50	3.9329	0.0365	-12	217.59	1.726	26	3361.0	24.36	64	23905.6	153.7
-49	4.4528	0.0410	-11	237.97	1.878	27	3565.0	25.75	65	25002.8	160.3
-48	5.0394	0.0464	-10	259.97	2.042	28	3779.6	27.21	66	26142.7	167.1
-47	6.1594	0.0520	-9	284.10	2.220	29	4004.9	28.34	67	27219.9	173.5
-46	6.4126	0.0587	-8	310.10	2.420	30	4215.6	30.34	68	28553.1	181.5
-45	7.2126	0.0655	-7	338.23	2.630	31	4491.6	32.02	69	29747.7	189.0
-44	8.1191	0.073	-6	368.63	2.860	32	4735.5	33.78	70	31156.9	196.7
-43	9.1190	0.082	-5	401.69	3.085	33	5030.2	35.62	71	32516.7	204.9
-42	10.239	0.0917	-4	437.29	3.365	34	5319.5	37.55	72	33543.3	210.7
-41	11.492	0.1025	-3	475.68	3.655	35	5622.1	39.55	73	35423.1	221.9
-40	12.879	0.114	-2	517.28	3.955	36	5940.7	41.66	74	36956.3	230.8
-39	14.412	0.127	-1	562.21	4.285	37	6275.4	43.87	75	38542.8	240.0
-38	16.118	0.142	0	610.47	4.625	38	6624.7	46.16	76	40182.6	249.5
-37	18.011	0.158	1	656.73	5.20	39	6991.3	48.56	77	41875.8	259.3
-36	20.091	0.175	2	705.80	5.56	40	7375.3	51.06	78	43635.6	277.6
-35	22.411	0.195	3	757.92	5.96	41	7777.8	53.68	79	45462.1	279.8
-34	24.970	0.217	4	813.39	6.363	42	8199.2	56.41	80	47341.7	290.7
-33	27.783	0.240	5	872.31	6.80	43	8639.1	59.24	81	49288.4	301.8
-32	30.904	0.265	6	934.97	7.26	44	7767.2	62.21	82	51314.8	313.3
-31	34.330	0.294	7	1001.6	7.75	45	9583.0	65.30	83	53448.0	325.1
-30	38.129	0.324	8	1072.6	8.27	46	10085.6	68.42	84	55567.7	337.3
-29	42.262	0.358	9	1147.8	8.82	47	10532.3	71.86	85	57807.5	349.9
-28	46.795	0.395	10	1230.1	9.42	48	11160.2	75.34	86	60114.0	362.9
-27	50.662	0.436	11	1312.4	10.01	49	11814.8	75.51	87	62487.0	376.2
-26	57.328	0.480	12	1402.3	10.66	50	12346.7	82.84	88	64940.2	389.8
-25	63.460	0.530	13	1504.0	11.40	51	12958.7	86.67	89	67473.2	403.9
-24	70.126	0.585	14	1598.1	12.07	52	13610.6	90.76	90	70094.3	418.5
-23	77.325	0.640	15	1704.9	12.83	53	12491.9	95.00			

三、气体容量分析中的计算

固体或气体中气体的含量（质量分数）按下式计算（常用百分数表示）：

$$\omega_B = \frac{V_0\rho}{m} \times 100\%$$

式中　V_0——在 0℃和 101.32kPa 时被测气体的体积，L；

ρ——在 0℃和 101.32kPa 时被测气体的密度，g/L；

m——分析样品的质量，g。

根据生成气体的体积计算被测物质的含量（质量分数）按下式计算（常用百分数表示）：

$$\omega_B = \frac{V_0 f}{m} \times 100\%$$

式中，f为换算系数，相当于 1L 气体（换算到 0℃和 101.32kPa）的被测物质的质量（g），f值见表 13-15，其他符号同上。

表 13-15 分析气体对被测物质的换算系数 f 值

（以 0℃和 101.32kPa 时气体体积为准）

分析气体	被测物质	f	分析气体	被测物质	f
CO_2	C	0.5391	NO	N_2O_5	2.4120
CO_2	CO_3^{2-}	2.6955	NO	NO_2	2.7690
CO_2	$MgCO_3$	3.7879	NO	HNO_3	2.8143
CO_2	$CaCO_3$	4.4968	NO	$NaNO_3$	3.7963
C_2H_2	H_2O	0.8109	NO	KNO_3	4.5152
C_2H_2	CaC_2	2.8850	NO	$NaNO_2$	3.0818
H_2	Al	0.8015	NO	KNO_2	3.8008
H_2	Fe	2.4899	NO	NH_4NO_3[2]	3.5748
H_2	Zn	2.9145	O_2	O_2	1.4289
H_2S	H_2S	1.5395	O_2	O_2[3]	0.7145
N_2	N_2	1.2505	O_2	H_2O_2[4]	3.0379
N_2	N_2[1]	1.2818	O_2	H_2O_2[5]	1.5189
N_2	NH_3	1.5200	O_2	Na_2O_2	6.9650
N_2	NH_3[1]	1.5582	O_2	MnO_2[3]	3.8817
N_2	$CO(NH_2)_2$	2.6806	O_2	$KMnO_4$[3]	2.8230
NO	N_2	0.6256	SiF_4	F_2	3.4280
NO	NO	1.3402	SiF_4	CaF_2	7.0430
NO	N_2O_3	1.6974			

① 用溴的碱性溶液作定氮测定。

② 用测硝法。

③ 用过氧化氢作用。

④ 催化分解适用。

⑤ 用高锰酸钾处理。

第三节　分析气体的纯化

本节列举有关分析气体纯化方面（包括封闭液、除尘、除湿、杂质气体的去除和气体吸收剂等）的参考表类（表 13-16～表 13-29）。

一、气体分析中使用的封闭液及相关数据

表 13-16 气体分析中使用的封闭液

封 闭 液	说 明
水	适用于不含酸性、碱性的气体及准确度要求不很高的分析
甘油(50%的水溶液)	二氧化碳有显著溶解
汞	对氟、氯、溴化氢、氯化氢、硫化氢等气体均不适用
酸化硫酸钠溶液（由 200g 无水硫酸钠、800g 水和 40ml 浓硫酸配成）	适用于不含氨等碱性气体的分析，使用温度应高于 16℃，否则会有 $Na_2SO_4 \cdot 10H_2O$ 析出
氯化钠水溶液（22%）	二氧化碳略有溶解
硫代硫酸钠水溶液（10%）	适用于不含氧化性气体的分析
润滑油	适用于硫化氢、二氧化硫的分析

表 13-17 饱和硫酸钠溶液的水蒸气压（p_{H_2O}）

$T/℃$	p_{H_2O} /kPa	$T/℃$	p_{H_2O} /kPa	$T/℃$	p_{H_2O} /kPa
16	1.5465	24	2.5197	32.4	4.1062
18	1.7198	26	2.8530	35	4.7995
20	1.9598	28	3.1730	39	5.8660
22	2.2264	30	3.6230		

表 13-18 饱和氯化钠溶液的水蒸气压（p_{H_2O}）

$T/℃$	p_{H_2O} /kPa	$T/℃$	p_{H_2O} /kPa	$T/℃$	p_{H_2O} /kPa
5	0.65356	16	1.3731	27	2.6930
6	0.70660	17	1.4798	28	2.8530
7	0.75992	18	1.5598	29	3.0263
8	0.81325	19	1.6531	30	3.1996
9	0.86658	20	1.7598	40	5.5994
10	0.91990	21	1.8798	50	9.4657
11	0.98656	22	1.9998	60	15.065
12	1.0532	23	2.1197	70	23.331
13	1.1332	24	2.2531	80	35.463
14	1.2132	25	2.3864	90	52.261
15	1.2932	26	2.5330	100	75.459

表 13-19 一些气体在水和酸化硫酸钠溶液中的溶解度 [1]

气体	在 0℃ 水中的溶解度	在酸化硫酸钠溶液 [2] 中的溶解度		气体	在 0℃ 水中的溶解度	在酸化硫酸钠溶液 [2] 中的溶解度		气体	在 0℃ 水中的溶解度	在酸化硫酸钠溶液 [2] 中的溶解度	
		25℃	0℃			25℃	0℃			25℃	0℃
乙炔	1.03	0.343	0.324	一氧化碳	0.023	0.0039	0.0036	氮	0.016	0.0049	0.0045
空气	0.019	—	—	乙烷	0.047	0.0108	0.0099	氧	0.031	0.0089	0.0081
苯	0.21	—	—	乙烯	0.122	0.024	0.022	丙烷	0.221	—	—
正丁烷	0.021	—	—	氢	0.018	0.0073	0.0067	二氧化硫	39.374	13.6	12.5
二氧化碳	0.878	0.270	0.247	甲烷	0.033	0.093	0.0085				

① 溶解度以（ml 气体）/（ml 溶液）为单位，气体的压力为 101.325kPa。

② 酸化硫酸钠溶液由 200g 无水硫酸钠、800g 水和 40ml 浓硫酸配成。

表 13-20 一些气体在氯化钠浓溶液中的溶解度[①]

气 体	$\omega_{NaCl}/\%$	a 值					
		5℃	10℃	15℃	20℃	25℃	30℃
氮	11.90	0.010	0.0092	0.0081	0.0066	0.0048	
乙烯	26.42					0.320	
氢	6.10	0.0184	0.0175	0.0164	0.0153	0.0138	
	15.80			0.00699			
	23.84			0.00595			
二氧化硫	15.80					28.79	
二氧化碳	15.70	1.399	1.205	1.043	0.915	0.816	0.727
	18.70	0.577	0.503	0.442	0.393	0.352	0.319
二氧化氮	25.25					0.172	
氧	26.4	0.0059	0.0056	0.0054	0.0052	0.0050	0.0048
硫化氢	15.8		1.753		1.354		1.138
氯	26.4	0.44	0.40	0.36	0.34	0.30	0.28

① 表中溶解度用本生吸收系数 a 值表示，即单位体积液体在气体分压为 101.32kPa 时吸收气体的体积（以 0℃和 101.32kPa 时体积计算）。

二、微尘及除尘法

表 13-21 微尘的种类及其粒径

名 称	粒径 ϕ/mm	名 称	粒径 ϕ/mm
雨滴	5～0.5	云	0.01～0.0001
铸型用砂	3～0.2	混流空气中的微尘	0.01～0.001
肥料	1～0.03	通常大气中的微尘	0.001～0.0001
粉碎石灰石	1～0.03	静止空气中的微尘	<0.0001
浮选精矿	0.5～0.03	氯化铵烟雾	0.002～0.0001
水泥	0.2～0.01	碱蒸气雾	0.005～0.0005
粉煤	0.1～0.001	三氧化硫雾	0.005～0.0005
粉煤燃烧飞灰	0.08～0.001	树脂烟	0.001～0.0001
奶粉	0.1～0.01	油烟	<0.0001
花粉	0.04～0.02	氧化锌烟	<0.0003
雾	<0.03	炭黑	<0.0002
金属精炼微尘	0.01～0.0001	菸草烟	<0.0002
硫酸凝结雾	0.01～0.001	烟	<0.0001
颜料	<0.01		

表 13-22 除尘方法及适用的粒径范围

除尘方法	适用的粒径范围 ϕ/mm	除尘方法	适用的粒径范围 ϕ/mm
脱尘室	>0.1	喷雾旋风集尘器	0.2～0.001
碰撞板，填充塔（干式）	1～0.02	机械清洗器	0.1～0.001
碰撞板，填充塔（湿式）	1～0.005	过滤器	可达 0.0001
普通旋风集尘器	1～0.02	声波集尘器	可达 0.00001
高效率旋风集尘器	0.5～0.005	静电集尘器	可达 0.00001

三、除湿装置和抽引泵

表 13-23 除湿装置

形 式	原理及使用条件		优 点	缺 点
电气式气体冷却器	在电气式气体冷却器中加用热交换器，将气体冷却后，进行除湿。大约 2℃ 的饱和水蒸气压除湿。需要电源		维护容易，通过后的样气大多不发生凝缩现象	不能除去处于 0℃ 以下的水分；在具有爆炸性的气体介质中使用时，则要求防爆型冷却器；价格昂贵
水冷式气体冷却器	气体通过位于冷却水中的取样管而被冷却器除湿。大约 10℃ 的饱和水蒸气压除湿；需要冷却水		维护容易，能制成高压力的装置	难于除去 10℃ 以下的水分；通过后的气体处于 10℃ 以下时，可能发生凝缩现象
干燥瓶	将样气导入干燥剂中，水分为干燥剂所吸收		若选择适当的干燥剂，则能在相当低的露点温度进行脱湿	维护困难；需要准备补充用的干燥剂，不能用于处理大量的水分；对于能与干燥剂起化学反应的气体成分则不得使用
	干燥剂	通过后气体中的残留水分 ρ_{H_2O} /(mg/L)		
	氯化钙	0.14		
	硅胶	0.003		
	五氧化二磷	0.00002		
	生石灰	0.2		
	氢氧化钾	0.003		

表 13-24 抽引泵的种类和压力范围

名 称	p/kPa	名 称	p/kPa	名 称	p/kPa
扩散泵	<0.0266	活塞泵	1.333～53.32	离心泵	26.66～101.32
真空泵	0～6.666	回旋泵	6.666～93.32	振动膜式泵	66.66～101.32

四、气体的纯化和吸收剂

表 13-25 用于吸收气体的液态吸收剂

名称	被吸收的气体[①]	配制方法
氢氧化钾	二氧化碳（150），磷化氢（0.1），硫化氢（190），二氧化硫（190），氯及其他酸性气体	30%～35%氢氧化钾水溶液（也可用棒状或颗粒状的固体氢氧化钾作吸收剂）
碘化汞-碘化钾溶液	乙炔（20）和炔烃	25g HgI_2 和 30g KI 溶于 100ml 水中，使用前加 KOH 碱化
乙酸镉溶液	硫化氢（50），二氧化硫（90），砷化氢（40），磷化氢（0.5），二氧化碳(0.5)，氧硫化碳（0.2）	80g 乙酸镉溶于 100ml 水中，加入几滴乙酸
焦性没食子酸	氧（35）	56g 焦性没食子酸溶于 100ml 水中，加 260ml 33%氢氧化钾溶液
三乙酰基-1,2,4-苯三酚	氧（22）	40g 三乙酰苯三酚溶于 200ml 38%氢氧化钾溶液
连二亚硫酸钠（保险粉）	氧（7）	将以下两种新配制的溶液混合后使用：（1）50g $Na_2S_2O_4$ 溶于 250ml 水中；（2）30g NaOH 溶于 40ml 水中
氯化亚铜-氨水溶液	一氧化碳（14）	32g 氯化亚铜溶于 110ml 25%的 NH_4Cl 溶液中，加入 80～100ml 25%的氨水
硫酸亚铜与 β-萘酚溶液	一氧化碳（18）	20g 氯化亚铜溶于 200ml 浓硫酸，加入 25ml 水中，再加 25g β-萘酚

续表

名　称	被吸收的气体①	配制方法
亚硒酸	磷化氢（100） 乙炔（0.8）	80g 亚硒酸(H_2SeO_3) 溶于 100ml 水中
硫酸钒试剂	乙烯（60）	1g V_2O_5 加热下溶于 100g 浓硫酸中
溴水	乙烯及烯烃	20% KBr 溶液用溴饱和
硫酸	乙烯及烯烃	84%的硫酸
发烟硫酸	不饱和烃	含 20%～25% SO_3 的 H_2SO_4
高锰酸钾溶液	NO	0.1mol/L $KMnO_4$ 溶液
$Cd(CH_3COO)_2 \cdot 2H_2O$	AsH_3	80g 乙酸镉溶于 100ml 水，加入几滴乙酸
酸性溶液	NH_3	0.1mol/L HCl 溶液
硫酸铜（$CuSO_4$）	H_2S	1% $CuSO_4$ 溶液
KOH	HCN	250g KOH 溶于 800ml 水中

① 被吸收气体后面括弧中的数字表示 1ml 吸收液能吸收气体的体积（V/ml）。

表 13-26 用于吸收气体的固态吸收剂

吸收剂	被吸收成分	不适合的测定对象	吸收剂	被吸收成分	不适合的测定对象
玻璃棉	H_2SO_4，SO_3		褐铁矿	H_2S，HCN	SO_2，H_2O，CO_2，H_2S
活性炭	油，溶剂，蒸气	NH_3，SO_2，CO_2，Cl_2，C_nH_m	碱石灰	CO_2，SO_2	CO_2，SO_2，Cl_2，H_2O

表 13-27 常压下气体的干燥和纯化

气　体	除去组分	吸收剂
氨	H_2O CO_2	氧化钙 粒状氢氧化钠
乙烯	H_2O PH_3，H_2S	粒状氢氧化钾 10% Cr_2O_3 的硫酸（1+1)溶液
二氧化氮	H_2O NO，N_2O	五氧化二磷 用氧氧化后在-80℃使之冷凝
二氧化硫	H_2O	用硫酸和五氧化二磷依次吸收
二氧化碳	CO H_2O	用霍加立特催化剂在 100℃下催化氧化（一种 MnO_2 掺和 CuO 的催化剂） 用氯化钙和五氧化二磷依次吸收
一氧化二氮	H_2O NO CO_2，NO_2	五氧化二磷 饱和硫酸亚铁溶液 粒状氢氧化钾
一氧化碳	CO_2 $Fe(CO)_5$ $Ni(CO)_4$	碱石灰或烧碱石棉剂 180～200℃时用活化铜
不饱和烃	H_2O	氯化钙和五氧化二磷依次吸收
饱和烃	O_2 不饱和烃 H_2O	用氨水-NH_4Cl 溶液泡浸的铜丝束 溴水或浓硫酸浸泡的浮石 氯化钙和五氧化二磷
氯	HCl	用水、浓硫酸、氧化钙和五氧化二磷依次吸收

表 13-28 加热加压下气体的纯化

纯化名称	吸收剂和温度范围	通气速度[①]	纯化后气体中杂质的含量 φ/%	吸收剂的反应条件
除 O_2	通过氢气还原的金属铜，粒度 3～5mm，300～350℃	30～60	≤0.001	用氢气还原氧化铜应在300～350℃进行。用于氢气纯化时可不用还原
除 H_2	粒状氧化铜，300～320℃	30～60	≤0.001	需在 300～350℃通空气氧化
除 NO	粒状氧化铜，300～350℃	30～50	≤0.001	
除 CO_2	碱石灰，粒度 2～3mm，室温	15～30	≤0.001	
沸点低于-180℃的气体的干燥与纯化（除去 O_2、N_2、CO、CO_2 及烃类）	用液氮冷却的硅胶，粒度 1～5mm，气体预先在室温经硅胶干燥预处理	60～80	He 较多；O_2 0.0005；CO、CO_2 0.001；H_2O 0.05mg/L	在 200～230℃真空处理
除去烃类，油分及其他有机物质	活性炭粒 2～4mm，室温	60～80	≤0.001	100℃真空处理
氮和氢的除氮	金属钾，650℃	30～50	≤0.005	

① 通气速度指每小时通过待纯化气体的体积与吸收剂体积之比。

表 13-29 混合气体的选择性干燥和纯化

待测成分	介质	除去成分	吸收剂 名称	吸收剂 组成	吸收剂 粒度 ϕ/mm	纯化温度 T/℃	通气速度[①]	除去成分的相对含量	吸收容量（对吸收剂质量而言）ω/%	吸收剂的反应条件
N_2、H_2、O_2、惰性气体	氮、空气	H_2O	硅胶		2～5	20～30 / 40 / 60	43～59	6×10^{-3} / 5×10^{-2} / 1×10^{-1}	17～19 / 6	多次通空气，用无水高氯酸镁和五氧化二磷在 180～200℃ 干燥
			硅胶-氯化钙	用 25% 的 $CaCl_2$ 溶液浸泡过的硅胶	2～3	20	10	1×10^{-1}	49	
			氯化钙	粒状	2～6	20～60	75～240	2×10^{-1}	20～60	
			无水高氯酸镁		2～3	20～30	65～160	5×10^{-4}		
			五氧化二磷		粉末	20～35		2×10^{-5}		
NH_3	氮、空气、惰性气体、不饱和烃	H_2O	氢氧化钾	粒状	5～7		55～65	2×10^{-3}		
			氢氧化钠	粒状	5～7		75～175	1×10^{-1}		
CO、CO_2、饱和烃类	空气、烃类	H_2O	硅胶-氯化钙		2～3	20	10	1×10^{-1}	49	
			氯化钙		2～6	20～60	75～240	2×10^{-1}	20～60	
			高氯酸镁		2～3	20～30	65～160	5×10^{-4}		
不饱和烃类	空气、惰性气体	H_2O	硅胶-氯化钙	粒状	2～3	20	10	10^{-1}	49	
			氯化钙		2～6	20～60	75～240	2×10^{-1}		

续表

待测成分	介质	除去成分	吸收剂			纯化温度 T/℃	通气速度①	除去成分的相对含量	吸收容量（对吸收剂质量而言）ω/%	吸收剂的反应条件
			名称	组成	粒度 ϕ/mm					
惰性气体、CO_2、烃类	空气或任何一种被测气体	NH_3	改性活性类吸附剂	一种浸过硫酸铜的黏土浮石及活性炭的混合物	2~3	20~30	13~15			
N_2、H_2、饱和烃	空气	H_2S			2~3	20~30		一般方法检查不出	7.0	
空气、H_2、饱和烃、CO	被测气体中的任何一种	CO_2	碱石灰	CaO(96%) NaOH(4%)	1.5~5	20~25		1.1	25~30	
			烧碱石棉剂						20	
H_2、空气、饱和脂肪烃、CO	氮、空气	氧化氮 (NO, NO_2)	浸过高锰酸钾的碱石灰			20~40	120	4×10^{-6}		
CO_2 及其他酸性气体	氮、空气、烃类	SO_2	1%~2%的氯酸钾溶液							
空气、H_2、饱和烃及CO	氮、空气	SO_2	氧化钙		4~8					

① 通气速度指每小时通过待纯化气体的体积与吸收剂体积之比。

第四节　气体的检测方法

一、气体检测试纸

气体检测试纸的种类和应用见表 13-30。

表 13-30 气体检测试纸的种类和应用

序号	检测气体	试纸	显色	试纸制备方法
1	砷化氢	氯化汞试纸	黄色	25g $HgCl_2$ 溶于 1L 水中，滤纸用该溶液浸渍后晾干
2	CO	氯化钯试纸	黑色	滤纸先用 0.2% $PdCl_2$ 溶液浸渍，晾干后再用 5%乙酸浸渍，晾干
3	卤素	溴化钾荧光素试纸	红色	滤纸用 0.2g 荧光素、30g KBr、2g KOH、2g Na_2CO_3 配成 100ml 的溶液浸渍晾干
		碘化钾淀粉试纸	褐色	滤纸用新配制的淀粉溶液与 1mol/L KI 溶液的混合液浸渍，晾干
4	NO_2、O_3、HClO、H_2O_2	邻甲苯胺试纸	橙色	滤纸用 0.1g 邻甲苯胺的 10%硫酸溶液浸渍，晾干
5	NO、NO_2、SO_2	碘酸钾淀粉试纸	蓝色	滤纸用 1.07g KIO_3 的 0.025mol/L 硫酸溶液 100ml 与等量淀粉溶液混合后的溶液浸渍，晾干
6	硫化氢	乙酸铅试纸	黑色	滤纸用 10%的乙酸铅溶液浸渍，晾干
7	氰化氢	乙酸联苯胺试纸	蓝色	2.86g 乙酸铜溶于 1L 水中，加饱和乙酸联苯胺溶液 425ml，水 525ml，用来浸渍滤纸，晾干
8	氨	奈氏试纸	褐色	溶解 11.5g HgI_2 及 KI 10g 于适量水中（切勿加水过多）后，再稀至 50ml，静置后，取其清液用来浸渍滤纸，晾干

续表

序号	检测气体	试　纸	显色	试纸制备方法
9	酸性气体	蓝色石蕊试纸	红色	（市售）
10	碱性气体	红色石蕊试纸	蓝色	（市售）
11	CO_2	蓝色淀粉试纸	退色	滤纸用蓝色碘-淀粉溶液（KI-淀粉溶液加 0.01mol/L 碘溶液使成蓝色）浸渍后，晾干
12	光气	光气试纸	橙红色	对二甲氨基苯甲醛和二苯胺各 1g，分别溶于 10ml 四氯化碳中，然后混合用来浸渍滤纸，晾干
13	乙炔	氯化亚铜配合物试纸	红棕色	$CuCl_2$ 与 NH_4Cl 各 3g，盐酸羟胺 5g，溶于 88ml 水中，取 9ml 此溶液与 1.5ml 硝酸银溶液混合，用该溶液浸渍滤纸后，晾干
14	硝基三氯甲烷	二甲苯胺试纸	褐色	N,N-二甲苯胺 10g 溶于 56g 四氯化碳中（临用时配制），滤纸用该溶液浸渍后，晾干
15	芥子气	氯化金试纸	红棕色	滤纸用 1g $AuCl_3$ 溶于 9ml 水的溶液浸渍晾干
16	芥子气、α-羟基乙硫醇	碘化铂试纸	退色	0.256g 碘化钠与 0.05g 氯铂酸溶于 30ml 水中，用于浸渍滤纸后，晾干
17	甲醛、乙醛	席夫碱（Schiff）试纸	紫色	品红盐酸盐 0.2g 溶于 200ml 水中，加入 15ml H_2SO_3，配成无色溶液，滤纸用该溶液浸渍后，晾干

二、检气管

检气管法是测定低浓度气体的方法之一，根据待测气体通过检气管时造成的颜色变化来测定。检气管中装有检测气体用的指示胶，两端用棉花固定。当某种气体与指示胶发生反应，就有敏锐的颜色变化。根据指示胶变色柱长度或根据指示胶颜色变化的程度来确定被测气体的含量。前者称比长法，一般在检气管上刻有浓度标尺；后者称比色法，通常附有标准色阶。用检气管测定某种气体时，应严格按规定操作，力求准确。检气管具有测定快速，使用方便等特点，可在作业现场或野外进行测定，尤其适用于劳动环境中有害气体的测定，易燃烧、易爆炸气体危险性的判断以及测定气体中的微量杂质。表 13-31 对一些检气管的指示胶与被检测气体反应的化学原理予以说明。

表 13-31 检气管应用的变色反应

序号	被测物质	变色反应
1	甲基硫醇	$2CH_3SH + PdSO_4 \longrightarrow (CH_3S)_2Pd + H_2SO_4$
2	乙基硫醇	$2C_2H_5SH + PdSO_4 \longrightarrow (C_2H_5S)_2Pd + H_2SO_4$
3	丁基硫醇	$(CH_3)_3CSH + HgCl_2 \longrightarrow (CH_3)_3CS \cdot HgCl + HCl$[①]
4	乙酸	$CH_3COOH+NaOH \xrightarrow{\text{指示剂}} CH_3COONa+H_2O$
5	甲醛	$HCHO + C_6H_4(CH_3)_2 + H_2S_2O_7 \longrightarrow$ 缩合物
6	乙醛	$3CH_3CHO + (NH_2OH)_3 \cdot H_3PO_4 \longrightarrow H_3PO_4$ $H_3PO_4 + 碱 \longrightarrow 磷酸盐 + H_2O$ $CH_3CHO+Cr^{6+} \xrightarrow{H_2SO_4} Cr^{3+}+CH_3COOH$
7	丙烯醛	$CH_3CHO+NH_2OH \cdot HCl \longrightarrow CH_3CH{=}NOH+H_2O+HCl$ $H_3PO_4 + 碱 \longrightarrow 磷酸盐 + H_2O$
8	丙烷	$C_3H_8 + Cr^{6+} + H_2SO_4 \longrightarrow Cr^{3+}$
9	丙烯	$C_3H_6 + Cr^{6+} + H_2SO_4 \longrightarrow Cr^{3+}$
10	汽油	$C_nH_m + Cr^{6+} + H_2SO_4 \longrightarrow Cr^{3+}$

第三篇

序号	被测物质	变色反应
11	己烷	$C_6H_{14}+Cr^{6+}+H_2SO_4 \longrightarrow Cr^{3+}$
12	丁烷	$C_4H_{10}+Cr^{6+}+H_2SO_4 \longrightarrow Cr^{3+}$
13	甲醇	$CH_3OH+Cr^{6+}+H_2SO_4 \longrightarrow Cr^{3+}$
14	异丙醇	$(CH_3)_2CHOH+Cr^{6+}+H_2SO_4 \longrightarrow Cr^{3+}$
15	苯	$C_6H_6+I_2O_5+H_2S_2O_7 \longrightarrow I_2$ $2C_6H_6+HCHO \longrightarrow C_6H_5-CH_2-C_6H_5+H_2O$ $C_6H_5-CH_2-C_6H_5 + 2H_2SO_4 \longrightarrow$ (二苯甲酮结构) $+3H_2O+2SO_2$
16	甲苯	$C_6H_5CH_3+I_2O_5+H_2SO_4 \longrightarrow I_2$
17	二甲苯	$C_6H_4(CH_3)_2+I_2O_5+H_2SO_4 \longrightarrow I_2$
18	苯乙烯	$C_6H_5CH=CH \xrightarrow{H_2S_2O_7}$ 缩合物
19	氯苯	$C_6H_5Cl+I_2O_5+H_2S_2O_7 \longrightarrow I_2$
20	二氯苯	$C_6H_4Cl_7+I_2O_5+H_2S_2O_7 \longrightarrow I_2$
21	1,1-二氯乙烯	$CH_2=CCl_2+K_2Cr_2O_7+H_2SO_4 \longrightarrow HCl^{①}$
22	氯乙烯	$CH_2=CHCl+Cr^{6+}+H_2SO_4 \longrightarrow Cr^{3+}$
23	三氯乙烯	$CHCl=CCl_2+PbO_2+H_2SO_4 \longrightarrow HCl^{①}$
24	二氯乙烯	$CHCl=CHCl+PbO_2+H_2SO_4 \longrightarrow HCl^{①}$
25	四氯乙烯	$CCl_2=CCl_2+PbO_2+H_2SO_4 \longrightarrow HCl^{①}$
26	四氯化碳	$CCl_4+I_2O_5+H_2S_2O_7 \longrightarrow COCl_2$ $COCl_2+(CH_3)_2NC_6H_4CHO \longrightarrow (CH_3)_2NC_6H_4CHCl_2+CO_2$ $(CH_3)_2NC_6H_4CHCl_2+(C_6H_5)_2NH \longrightarrow$ 黄色生成物
27	二氯甲烷	$CH_2Cl_2+I_2O_5+H_2S_2O_7 \longrightarrow Cl_2$ $Cl_2+C_{14}H_{16}N_2 \longrightarrow C_{14}H_{16}N_2O+HCl$
28	氯仿	$CHCl_3+I_2O_5+H_2S_2O_7 \longrightarrow Cl_2$ $Cl_2+C_{14}H_{16}N_2 \longrightarrow C_{14}H_{14}N_2Cl_2$
29	三氯乙烷	$CH_3CCl_3+I_2O_5+H_2S_2O_7 \longrightarrow Cl_2$ $Cl_2+C_{14}H_{16}N_2 \longrightarrow C_{14}H_{14}N_2Cl_2$
30	溴甲烷	$CH_3Br+I_2O_5+H_2S_2O_7 \longrightarrow Br_2$ $Br_2+C_{14}H_{16}N_2 \longrightarrow C_{14}H_{16}N_2Br_2$
31	乙酸乙酯	$CH_3COOC_2H_5+Cr^{6+}+H_2SO_4 \longrightarrow Cr^{3+}$
32	乙酸丁酯	$CH_3COOC_4H_9+Cr^{6+}+H_2SO_4 \longrightarrow Cr^{3+}$
33	乙酸乙烯酯	$CH_3COOCH=CH_2+C_6H_3(CH_3)_3+H_2S_2O_7 \longrightarrow$ 缩合物
34	丙酮	$(CH_3)_2CO+Cr^{6+}+H_2SO_4 \longrightarrow Cr^{3+}$
35	甲乙酮	$CH_3COC_2H_5+Cr^{6+}+H_2SO_4 \longrightarrow Cr^{3+}$
36	甲基异丁基酮	$CH_3COCH_2CH(CH_3)_2+Cr^{6+}+H_2SO_4 \longrightarrow Cr^{3+}$
37	乙醚	$(C_2H_5)_2O+Cr^{6+}+H_2SO_4 \longrightarrow Cr^{3+}$
38	环氧乙烷	$C_2H_4O+Cr^{6+}+H_2SO_4 \longrightarrow Cr^{3+}$
39	乙炔	$C_2H_2+I_2O_5+H_2S_2O_7 \longrightarrow I_2$
40	乙烯	$C_2H_4+(NH_4)_2MoO_4+PdSO_4 \longrightarrow Mo_3O_6$
41	丁二烯	$CH_2=CH-CH=CH_2+(NH_4)_2MoO_4+PdSO_4 \longrightarrow$ 白色生成物
42	胺	$2RNH_2+H_2SO_4 \longrightarrow (RNH_3)_2SO_4$
43	苯胺	$C_6H_5NH_2+Cr^{6+} \longrightarrow Cr^{3+}$
44	吡啶	$C_5H_5N+H_2SO_4 \longrightarrow C_5H_5NH_2SO_4$
45	二甲基甲酰胺	$HCON(CH_3)_2+NaOH \longrightarrow RNH_2$ $2RNH_2+H_2SO_4 \longrightarrow (RNH_3)_2SO_4$
46	二甲基乙酰胺	$CH_3CON(CH_3)_2+NaOH \longrightarrow RNH_2$ $2RNH_2+H_2SO_4 \longrightarrow (RNH_3)_2SO_4$
47	丙烯腈	$CH_2=CHCN+CrO_3+H_2SO_4 \longrightarrow HCN$ $2HCN+HgCl_2 \longrightarrow 2HCl+Hg(CN)_2^{①}$

序号	被测物质	变色反应
48	丁腈	$CH_3(CH_2)_2CN+CrO_3+H_2SO_4 \longrightarrow HCN+Cr_2(SO_4)_3$ $2HCN+HgCl_2 \longrightarrow 2HCl+Hg(CN)_2$
49	硫	$S+H_2SO_4 \longrightarrow H_2S$ $H_2S+Pb(CH_3COO)_2 \longrightarrow PbS+2CH_3COOH$
50	磷化氢	$2PH_3+6HgCl_2+3H_2O \longrightarrow Hg_3P_2 \cdot 3HgCl_2 \cdot 3H_2O+6HCl$
51	一氧化氮	$NO+CrO_3+H_2SO_4 \longrightarrow NO_2$ $NO_2+C_{16}H_{14}N_2 \longrightarrow C_{14}H_{14}N_2O$
52	氧	$O_2+4TiCl_3+6H_2O \longrightarrow 4TiO_2+12HCl$
53	汞	$Hg+2Cu_2I_2 \longrightarrow Cu_2[HgI_4]+2Cu$
54	甲醛	$3HCHO+(NH_2OH)_3 \cdot H_3PO_4 \longrightarrow H_3PO_4$ $H_3PO_4+碱 \longrightarrow 磷酸盐+H_2O$
55	酚	$C_6H_5OH+Ce(NO_3)_6^{2-} \longrightarrow C_6H_5OCe(NO_3)_5N$
56	甲酚	$C_6H_4(CH_3)OH+Ce(NO_3)_6^{2-} \longrightarrow C_6H_4(CH_3)OCe(NO_3)_5$
57	丁醇	$CH_3(CH_2)_2CH_2OH+Cr^{6+}+H_2SO_4 \longrightarrow Cr^{3+}$
58	异丁醇	$(CH_3)_2CHCH_2OH+Cr^{6+}+H_2SO_4 \longrightarrow Cr^{3+}$
59	环己酮	$C_6H_{10}O+O_2N{-}\langle\rangle{-}NHNH_2 \longrightarrow$ 环己基 $C{=}NH{-}\langle\rangle{-}NO_2$（$O_2N$ 位）
60	肼	$N_2H_4+H_2SO_4 \longrightarrow (NH_3)_2SO_4$
61	乙二醇	$C_2H_6O_2+NaIO_4 \longrightarrow 2HCHO+NaIO_3+H_2O$ $3HCHO+(NH_2OH)_3 \cdot H_3PO_4 \longrightarrow 3CH_2NOH+H_3PO_4+3H_2O$
62	氢	$H_2+K_2Pd(SO_3)_2 \longrightarrow Pd+K_2SO_3+H_2SO_3$
63	羰基硫	$COS+I_2O_5+H_2SO_4 \longrightarrow SO_2+CO_2$ $SO_2+BaCl_2+H_2O \longrightarrow BaSO_3+2HCl$ [①]
64	羰基镍	$Ni(CO)_4+金化物 \longrightarrow 金配合物$
65	臭氧	$2O_3+C_{16}H_{10}N_2O_2 \longrightarrow 2C_8H_5NO_2+2O_2$
66	氟化氢	$HF+碱 \xrightarrow{指示剂} 氟化物+H_2O$
67	光气	$COCl_2+2NO_2 \cdot C_6H_4CH_2 \cdot C_6H_4N+NaOH \longrightarrow 染料（红）$
68	硝酸	$HNO_3+碱 \xrightarrow{指示剂} 盐+H_2O$
69	盐酸	$HCl+碱 \xrightarrow{指示剂} 盐+H_2O$
70	二硫化碳	$CS_2+CrO_3+H_2SO_4 \longrightarrow SO_2+CO_2$ $SO_2+BaCl_2+H_2O \longrightarrow BaSO_3+2HCl$ [①]
71	氰化氢	$2HCN+HgCl_2 \longrightarrow Hg(CN)_2+2HCl$ $HCN+K_2Pd(SO_3)_2 \longrightarrow 白色生成物$
72	二氧化氮	$NO_2+C_{14}H_{16}N_2 \longrightarrow C_{14}H_{14}N_2O$
73	氯	$Cl_2+C_{14}H_{16}N_2 \longrightarrow C_{14}H_{14}N_2Cl_2$
74	水蒸气	$Mg(ClO_4)_2+H_2O \longrightarrow Mg(ClO_4)_2 \cdot H_2O$
75	二氧化硫	$SO_2+BaCl_2+H_2O \longrightarrow BaSO_3+2HCl$ [①]
76	硫化氢	$H_2S+Pb(CH_3COO)_2 \longrightarrow PbS+2CH_3COOH$ $H_2S+CuSO_4 \longrightarrow CuS+H_2SO_4$
77	氨	$2NH_3+H_2SO_4 \xrightarrow{指示剂} (NH_4)_2SO_4$ $3NH_3+H_3PO_4 \xrightarrow{指示剂} (NH_4)_3SO_4$
78	二氧化碳	$CO_2+N_2H_4 \longrightarrow NH_2NHCOOH$ $CO_2+2KOH \longrightarrow K_2CO_3+H_2O$
79	一氧化碳	$CO+K_2Pd(SO_3)_2 \longrightarrow Pd+CO_2+SO_2+K_2SO_3$ $5CO+I_2O_5 \xrightarrow{H_2S_2O_7} I_2+5CO_2$

① 同69。

三、气体容量法

气体分析中的样品往往为混合气体，如果含有能被某种吸收剂直接吸收的待测气体（如 CO_2、CO、SO_2、O_2），可以利用其与液体或固体吸收剂作用后，引起体积或压力的变化来测定其含量；如果含有不易被其他物质吸收但可燃的气体（如 H_2、CH_4 等），可以利用吸收上述气体后的残气，加氧燃烧或爆炸，由体积或压力的变化得到其含量；不活泼气体（如 N_2、Ar 等）的含量则用差减法求得。奥氏气体分析器（Orsat gas analyzer，简称奥氏仪）便是利用上述原理制备的一种化学吸收式气体分析器。它的作用原理是：用不同的溶液来相继吸收气体样品中的不同组分，如 20%NaOH 吸收瓶直接吸收 CO_2；焦性没食子酸钾等溶液吸收 O_2；氯化亚铜-氨水溶液吸收 CO；抽取部分或全部残气，加氧或空气燃烧测定组分中 H_2 和 CH_4 含量；N_2 等不活泼气体用差减法求得。它经常用来分析 CO_2、CO、O_2、H_2、CH_4 等的含量。奥氏气体分析器一般由气管、套管、水准瓶、吸收瓶、梳形管、燃烧爆炸瓶以及旋塞等部件组成，通常安装在一个木柜内。吸收瓶内装着吸收液，吸收液根据待测气体组分不同而不同（见表 13-32）。

奥氏气体分析仪作为一种经典的化学气体分析器，仍在化工行业及其他领域中广泛应用。对于一些永久性气体，这种化学分析法成为仲裁分析。

奥氏仪的优点：

（1）可以对混合气体中的某一单一组分进行定性、定量分析；

（2）可以对可燃气体、有毒气体等进行检测，保障了安全性。

奥氏仪的局限性：

（1）该方法是手动分析仪，操作较烦琐，精度低、速度慢，不能实现在线分析；

（2）梳形管容积对分析结果有影响，尤其是对爆炸法的影响比较大；

（3）进行燃烧或爆炸分析测定时间长，场所存在一定局限性，而且还必须注意化学反应的完全程度，否则读数不准；

（4）焦性没食子酸的碱性液在 15～20℃时吸氧效果最好，其吸氧效果随温度下降而减弱，0℃时几乎完全丧失吸收能力，故吸收液温度不得低于 15℃。

使用奥氏仪的注意事项：

（1）分析仪组装时，要对参加反应的待测气体样品体积进行校正，包括量气管和梳形管内的样气体积都应进行测量校正。安装时，尽量把各连接玻璃管对紧。

（2）干燥的气体引入量气管后，应等待约 60s，使其所含的水蒸气达到相应的饱和程度后，再进行测量。

（3）量气管要避免日光直射，且要置于装满水的套管内，避免因温度变化而产生分析误差。尽量保证分析测定的环境温度相对稳定，因为温度每变化 1℃，气体的体积就会变化 1/273，使得分析误差增大 0.36%左右。

（4）同一组成的气体最好使用同一套仪器，避免由于吸收液或封闭液在测定中释放出上一次分析时所吸附的气体，引起较大的误差。

（5）加强对仪器的日常维护，各个磨口部位及旋塞应经常擦洗，并涂抹润滑剂，以防漏气与黏结。若吸收效率下降，应及时更换吸收剂。

（6）操作时，应注意吸收瓶与爆炸瓶内的液面高度在吸收前后应保持一致；严格防止吸收液冲入梳形管内；爆炸时，应用手指按住阀门，以免气体外泄造成分析误差。

（7）爆炸后的气体要充分冷却后，方可用碱液吸收。

（8）当组分中 O_2 含量大于 50%时，应该用氯化亚铜-氨水溶液吸收，而不能用焦性没食子酸钾溶液吸收，否则会产生 CO 而影响分析结果的准确性。

（9）量气管和水准瓶液面必须在同一水平面，和吸收瓶刻度对在同一点，否则产生误差。

（10）凡是爆炸后能产生 CO_2 的物质，经碱洗后的体积缩减量均折算成 CH_4，会导致 CH_4 结果升高。由于样气中含有不饱和碳氢化合物 C_nH_m，未被吸收，其爆炸后产生 CO。解决方法是加装吸收不饱和碳氢化合物的吸收瓶，以吸收 C_nH_m。

（11）用不同方法测定的氢气和甲烷含量有差异，即用爆炸法测得的氢气含量偏低，而用燃烧法分析结果略高且比较稳定。

（12）采用燃烧法测残气可燃组分中的 H_2 和 CH_4 时，如果组分中氧气含量大于 18%，通过直接燃烧即可测定可燃组分中的 H_2 和 CH_4 含量。如果组分中氧含量小于 18%，通过配入空气或纯氧再燃烧测其可燃组分。

（13）爆炸法是吸收部分残气或全部残气直接爆炸后测定，这是爆炸法比燃烧法省时的原因。两种操作方法的不同是导致这两种方法分析结果差异的直接因素。由于点火爆炸与铂丝加热燃烧的方式不同，点火爆炸反应在瞬间完成，而燃烧反应则是在燃烧瓶内灼热的铂丝上进行，使结果偏低。

表 13-32 给出了一些奥氏分析仪常见吸收剂及其性质。

表 13-32 奥氏分析仪常用吸收剂[1]

被吸收气体	吸 收 剂	备 注
二氧化碳及其他酸性气体（如二氧化硫、氯化氢、硫化氢等）	20%氢氧化钾水溶液	氢氧化钠由于生成溶解度较小的碳酸钠而不甚适宜；大多数酸性气体由于在水或水封闭液中有较大溶解度而使结果不很正确
氧	碱性焦性没食子酸溶液（39g KOH 溶于 50ml 水中，冷却后与 27.5g 焦性没食子酸溶于 50ml 水的溶液混合，需在氮气保护下操作，再用 20ml 水冲洗管子）	
	二氯化铬溶液（900ml 饱和三氯化铬溶液加 90ml 浓盐酸，用锌汞齐还原 48h）	吸收慢
	连二亚硫酸钠溶液[50g $Na_2S_2O_4$ 溶于 250ml 水，加 40ml 氢氧化钠溶液（500g NaOH 加 700ml 水）]	吸收快，不逸出一氧化碳
	磷（磷棒置于水中）	吸收容量大，不与不炮和化合物及其他化合物作用；避光保存，有着火燃烧危险
	氧吸收剂	吸收容量比焦性没食子酸小，但吸收快，一氧化碳不会逸出，酸性气体要除净
	连二亚硫酸钠-蒽醌-β-磺酸钠溶液（16g $Na_2S_2O_4$，6.6g NaOH，2g 蒽醌-β-磺酸钠溶于 100ml）	溶液失效时变成褐色
一氧化碳	氯化铜-氨水溶液（17.4g $CuCl_2$，88ml 浓氨水，67ml 水）	氧有干扰（该试剂也可用于氧的测定），在溶液中放入铜丝束使溶液保持红色，残余气体需通过酸或酸化盐水以除去逸出之氨
	酸性氯化亚铜溶液[400g CuCl，1800ml 盐酸（相对密度 1.18），400ml 水]	氧有干扰，残余气体需通过氢氧化钾溶液以除去氯化氢气体
	硫酸亚铜-β-萘酚溶液[20g Cu_2O，200ml 硫酸（相对密度 1.184），25ml 水，25g β-萘酚]	吸收速度比酸性氯化亚铜溶液慢，氧及不饱和化合物有干扰

续表

被吸收气体	吸 收 剂	备 注
氢	氧化铜加热至 300℃	该方法是有碳氢化合物存在时较好的方法，不饱和化合物有干扰，温度高于 300℃时，会引起不饱和化合物燃烧
	钯（1g 氯化钯溶于 100ml 水中，加入石棉纤维至大部分溶液被吸收，煮沸 10min 再加入由 5g 甲酸钠和 10g 氢氧化钠配成的溶液 50ml，煮沸 20min 过滤，洗涤，于 100℃干燥）	试样与氧或空气混合后，通过加热到 100℃的钯石棉，更高温度可能引起饱和化合物的氧化，某些杂质气体可致使催化剂失效
	燃烧爆炸法（爆炸混合物的制备参见表 13-33）	在没有碳氢化合物时能得到最好结果，若只有氢，氢的体积是总缩减体积的 2/3
	慢燃烧，催化或通过灼热的金属网（燃烧混合物的组成参见表 13-34）	在没有碳氢化合物时能得到最好结果，若只有氢，氢的体积是总缩减体积的 2/3
乙炔	氰化汞溶液 [132g 氢氧化钾溶于 1000ml 水，加入 200g Hg(CN)$_2$]	预先除去酸性气体
	碘化汞钾溶液 [100ml 50%氢氧化钾溶液，25g HgI$_2$，30g KI，100ml 水]	吸收容量小，要经常更换
不饱和化合物（乙烯除外）	87%硫酸	大量丁二烯存在时，饱和化合物略有溶解
不饱和化合物总量（包括乙烯）	15%发烟硫酸（15%SO$_3$）	长时间接触时，与异丁烷和高饱和化合物要起化学反应
	溴	因饱和化合物要吸收，不甚可靠
	酸化的硫酸汞溶液[228g HgSO$_4$，690ml 22% H$_2$SO$_4$，480g MgSO$_4$ · 7H$_2$O]	使用前预先向溶液通氮 2h
	酸化的硝酸汞溶液[600g NaNO$_3$，800ml 水，100g Hg(NO$_3$)$_2$ · 2H$_2$O，133ml 17mol/L HNO$_3$]	不吸收饱和化合物，吸收容量小，沉淀要堵塞管道
	硝酸银-硝酸汞溶液[200g KNO$_3$，100g AgNO$_3$，100g Hg(NO$_3$)$_2$ · 2H$_2$O，856ml 水，25ml 17mol/L HNO$_3$]	不吸收饱和化合物，氢和一氧化碳有干扰
异丁烯	60%或 65%硫酸	样气中其他不饱和化合物的溶解度要校正
饱和化合物	爆炸法，而后测定缩减体积和生成的二氧化碳。爆炸混合物组成参见表 13-33，慢燃烧法，燃烧混合物组成参见表 13-34	预先需将氢除去

气体容量法所涉及的计算公式如下：

$$组分的含量 \quad \varphi = \frac{被吸收气体的体积}{试样原始体积} \times 100\%$$

$$H_2含量（氧化铜法）\quad \varphi = \frac{缩减的体积}{试样原始体积} \times 100\%$$

燃烧法中的计算：

（1）若不存在 H_2，并且饱和化合物只是 CH_4

$$CH_4的体积 = \frac{缩减的体积 + 生成CO_2的体积}{3} = 生成CO_2的体积$$

（2）若不存在 H_2，并且饱和化合物只是 C_2H_6

$$C_2H_6的体积 = \frac{生成CO_2的体积}{2}$$

存在的烷烃的体积：

$$烷烃的体积 = \frac{2 \times 缩减的体积 - 生成CO_2的体积}{3}$$

（3）若存在的烷烃为 C_nH_{2n+2}，则

$$n = \frac{CO_2的体积}{求得的烷烃体积}$$

（4）若只有 CH_4 和 C_2H_6 存在时

$$C_2H_6的体积 = \frac{2 \times 生成CO_2的体积 - 缩减体积}{1.5}$$

$$CH_4的体积 = 生成CO_2的总体积 - 2 \times C_2H_6的体积$$

表 13-33 和表 13-34 分别列举了常见爆炸混合物和燃烧混合物的组成及其比例。

表 13-33 爆炸混合物的组成

试样中的摩尔比		爆炸混合物的组成		试样中的摩尔比		爆炸混合物的组成	
CH_4	H_2	CH_4-H_2 混合物	氧-空气混合物[①]	CH_4	H_2	CH_4-H_2 混合物	氧-空气混合物[①]
4	0	8	92	2	2	10	90
3	1	9	91	1	3	11	89
				0	4	12~14	88~86

[①] 氧-空气混合物由 50%氧和 50%空气组成。

表 13-34 燃烧混合物的组成

气体	1ml 气体氧化所需的 V/ml[①]		气体	1ml 气体氧化所需的 V/ml[①]	
	氧	空气		氧	空气
一氧化碳	0.5	2.39	丙烷	5.0	23.89
氢	0.5	2.39	丁烷	6.5	31.06
甲烷	2.0	9.56	戊烷	8.0	38.22
乙烷	3.5	16.72			

[①] 这一体积不包括使用中需要过量的 15%~20%的氧。对于未列入表中的分子式为 C_mH_n 的烃类，氧化 1ml 该化合物所需的氧气或空气可按 $(m+1/4n)$ 氧气或 $4.778 \times (m+1/4n)$ 空气计算，并在计算基础上增加 15%~20%的过量体积。

四、气体分析仪

气体分析仪是测量气体成分的流程分析仪表。在很多生产过程中，特别是在有化学反应的生产过程中，不能够仅仅根据温度、压力、流量等物理参数进行自动控制。由于被分析气体的千差万别和分析原理的多种多样，气体分析仪的种类繁多。常用的有热导式气体分析仪、电化学式气体分析仪和红外线吸收式分析仪等，具体见表 13-35。

表 13-35 常见气体分析仪

	类型	测量原理	主要用途	常见分析仪举例
电化学式分析仪	电导式	基于电解质溶液电导与待测气体组分浓度之间的关系，从而测得气体浓度	测定合成氨生产流程中氮氢混合气体中 CO、CO_2 的含量；对空气、氮气、氢气、氩气等气体中的微量二氧化氮浓度连续监测	① 微量 CO、CO_2 分析仪 ② 微量 NO_2 气体分析仪

续表

	类 型	测量原理	主要用途	常见分析仪举例
电化学式分析仪	电位式	以氧化锆氧分析仪为例：在一定温度下，氧气分别在 ZrO_2 管两侧的铂电极上建立电位平衡，以空气中氧气含量一端为参比，当固体电解质两侧氧浓度不同时，两个电极间便产生了一定的电位差，从而测定出氧气含量	空分氧监测，制氧和冶炼、医疗卫生、石油化工、电子电力以及环保等行业中氧的检测分析	① 溶解氧分析仪 ② 氧化锆氧分析仪 ③ 微量氧分析仪 ④ 高纯氧分析仪
	电解式	根据化学反应所引起的离子量的变化或电流变化来测量气体成分	自动连续监测大气中 SO_2、NO_x 的浓度 冶金及其他行业产生气体中 SO_2、NO_x 的浓度	① 大气 SO_2 监测仪 ② 大气 NO_x 监测仪 ③ 二氧化硫分析仪
热化学式分析仪	热导式	根据不同气体具有不同热传导能力的原理，通过测定混合气体热导率来推算其中某些组分的含量	发电厂、制氢站、石油加工、合成氨工业、冶金工业和电子工业等行业用来分析氢气、氨气、二氧化碳、二氧化硫和低浓度可燃性气体含量	① 在线（热导）氢气分析仪 ② 在线氢中氧及氧中氢分析仪 ③ 热导式氢气纯度分析仪
	热化学式	是热导式气体分析仪的发展，待测气体样品经过特定的化学反应（如燃烧），反应过程中产生的热量大小与待测气体含量有一定的关系。常采用热电阻作为敏感元件	用于各种工业流程和环境中的 CO、H_2、C_2H_2 等可燃易爆气体气体含量的监测，以防止爆炸事故，确保设备与人身安全	热化学式 CO 分析仪
	热磁式	由于氧气具有较高的顺磁性。氮氧混合气体的磁化率几乎完全决定于它所含氧气浓度的多少，根据对氮氧混合气体磁化率的测定就可以分析出其中的氧浓度	主要用于发电厂、化肥厂、石油、水泥厂、轻工等部门分析氧气浓度，以保证产品质量	热磁式氧气分析仪
光学式分析仪	红外吸收式	不同组分气体对不同波长的红外线具有选择性吸收。测量这种吸收光谱可判别出气体的种类；测量吸收强度可确定被测气体的浓度。气体分析用红外线范围：$2\sim25\mu m$	可连续分析各种混合气体中的 CO、CO_2、CH_4、NH_3、SO_2 等气体浓度	红外线多组分气体分析仪 二氧化碳（红外）分析仪
	紫外吸收式	紫外线与不同气体分子相互作用时被分子吸收导致光能的不同变化，通过对光谱进行分析，可以分析出气体中相关组分的浓度	用于环保、工业控制现场在线气体分析，能够测量 SO_2、NO_x、O_2、NH_3、Cl_2、O_3、H_2S、HCl 等气体的浓度	① 烟气分析仪 ② 烟气连续在线监测分析系统 ③ 紫外臭氧分析仪
	化学发光式	NO 和 O_3 反应过程中发出的荧光强度与样气中 NO 浓度成正比，采用化学发光光度检测技术，测量大气中 NO 的浓度	钢铁厂、热电厂、水泥厂和煤气厂等企业的 NO、NO_2 及 NO_x 的监测	高浓度氮氧化物分析仪 化学发光 NO_x 分析仪
其他分析仪	磁压力式分析仪	被测气体进入磁场后，在磁场作用下气体的压力将发生变化，致使气体在磁场内和无磁场空间存在着压力差，而被测气体氧的体积分数与此压差有线性关系	能连续自动测量、指示流程中待测气体中氧的百分含量，用于相关行业中氧含量的检测	磁压力式氧分析仪
	激光粉尘仪	光束通过测量光路时，由于粉尘粒子的存在，光束能量减少，其减少量与粉尘粒子浓度成比例	适用于电厂、钢厂、水泥厂和煤气厂等烟尘监测，也可用于除尘设备及其他粉体工程的过程控制	激光粉尘仪

续表

	类型	测量原理	主要用途	常见分析仪举例
其他分析仪	烟气尾气排放分析仪	用气体采样探头采集到待检测的样品气体，通过气体探头内的初级过滤器，先除去比较大的灰尘。然后把混合气体送到主机内进行处理和分析	适用于电石炉、高炉、转炉等过程各监测点的 SO_2、NO_x、CO_2、H_2、CO、O_2 含量和固态污染物以及温度、压力、湿度、流量的在线监测	烟气尾气排放分析仪
	大气自动监测站		对环境空气中 SO_2、NO_2、PM10 等常规因子进行 24h 自动连续采样分析，自动定时校正	大气常规因子自动监测站

五、常见气体的分析方法

常见气体的分析方法见表 13-36。

表 13-36 常见气体的分析方法

序号	名称（化学式）	分析方法
1	氩及惰性气体	（1）气体容量法　把分析气体中其他组分分离，测量其体积或压力 （2）光谱法
2	氯（Cl_2）	（1）气体容量法　吸收剂可以用 NaOH（或 KOH）溶液；25% $SnCl_2$ 溶液；10% NaS_2O_3 溶液或 Hg，根据缩减体积，计算 Cl_2 含量 （2）容量分析　用 NaOH 溶液吸收 Cl_2，酸化后用 $AgNO_3$ 标准溶液滴定；用 KI 溶液吸收 Cl_2，用 $Na_2S_2O_3$ 标准溶液滴定析出的 I_2；用 Na_3AsO_3 标准溶液吸收 Cl_2，用 I_2 标准溶液滴定剩余的 Na_3AsO_3 （3）光度法　甲基橙光度法 （4）检气管法
3	氢（H_2）	（1）气体容量法 （2）光度法　分析气体除氧后通入亚甲基蓝与 $PdCl_2$ 混合液中产生褐色反应，于 625nm 测定。适用于惰性气体中 H_2 的测定 （3）氢气分析器
4	氯化氢（HCl）	（1）气体容量法 （2）容量分析　HCl 用 NaOH 标准溶液吸收后，用酸碱滴定法测定过量的碱；也可以用 HNO_3 酸化后用沉淀滴定法测定 Cl^- （3）光度法　硫氰化汞光度法 （4）检气管法
5	氧（O_2）	（1）气体容量法 （2）容量分析　用 NH_4Cl-NH_3 溶液中的金属铜吸收 O_2，与 KI 反应析出 I_2，用 $Na_2S_2O_3$ 标准溶液滴定；$MnSO_4$ 溶液和碱性 KI 溶液，生成 $Mn(OH)_2$，氧化后变成 $MnO(OH)_2$，加 H_2SO_4，析出 I_2，用 $Na_2S_2O_3$ 标准溶液滴定 （3）光度法　测定微量 O_2 用的显色剂有：金属铜（NH_4Cl-NH_3 溶液）（640nm），靛胭脂（还原成无色母体，氧化后变成红色）（555nm），联邻甲苯胺[$Mn(OH)_2$ 被 O_2 氧化，加 KI，酸化后析出 I_2 与试剂发生颜色反应]，蒽醌-β-磺酸钠（还原型红色，氧化后褪至无色） （4）光谱法（用于金属中氧的测定） （5）氧分析器
6	臭氧（O_3）	（1）容量分析　用 0.01%KI 和 0.01%KOH 溶液吸收 O_3，析出的 I_2，用 $Na_2S_2O_2$ 标准溶液滴定 （2）光度法　吸收液同容量分析，用淀粉溶液显色后测定
7	二氧化硫（SO_2）	（1）容量分析　H_2O_2 吸收生成 H_2SO_4，酸碱滴定法测定；过量 I_2 吸收，$Na_2S_2O_3$ 回滴；先用 10g/L 氨基磺酸铵吸收（pH=5～6），用 0.1mol/L NaOH 溶液滴定求得总酸量，再加 10ml 100g/L 氨基磺酸铵溶液，用 0.1mol/L I_2 溶液滴定，求得 SO_2，从总量中减去 SO_2，求出 SO_3 含量 （2）光度法　盐酸副玫瑰苯胺光度法和钍试剂光度法 （3）检气管法 （4）二氧化硫分析器

续表

序号	名称（化学式）	分析方法
8	硫化氢 （H_2S）	（1）容量分析：H_2S 用酸性 I_2 溶液吸收，用 $Na_2S_2O_3$ 标准溶液滴定过量的 I_2。H_2S 也可以用 K_2CO_3（20%）溶液吸收，加 20～25ml NH_4Cl（10%），5ml 丁二酮肟（1%乙醇溶液）和数滴 1% $FeSO_4$，用 1mol/L $K_3[Fe(CN)_6]$ 滴定至 1min 内不出现红色为终点 （2）光度法：亚甲基蓝光度法 （3）检气管法
9	氮 （N_2）	气体容量法。N_2 通过加热至 800℃的 CaC_2，形成 $CaCN_2$ 被吸收；若有 Ar，He 共存，用加热至 900～1000℃的 Ti 吸收，生成 TiN；N_2 也可以被熔融的金属 Na、Ca、Mg、Li 吸收。残余气体是惰性气体
10	氨 （NH_3）	（1）容量分析：NH_3 用 H_2SO_4 标准溶液吸收，用 NaOH 标准溶液滴定过量的 H_2SO_4 （2）光度法：奈氏试剂光度法 （3）检气管法
11	一氧化氮及二氧化氮 （NO、NO_2）	（1）容量分析：NO_2 用 H_2O_2（3%）吸收生成 HNO_3，用酸碱滴定法测定。NO_2 用浓 H_2SO_4 吸收，直接用 $KMnO_4$ 滴定，或者先加 $KMnO_4$，用 $FeSO_4$ 回滴。NO 通过 5% $KMnO_4$ 的 5% H_2SO_4 溶液后氧化为 NO_2。按 NO_2 方法测定 （2）光度法：盐酸萘乙二胺光度法 （3）检气管法 （4）氮氧化物分析器
12	一氧化碳 （CO）	（1）气体容量法 （2）容量分析：CO 通过加热至 145℃的 I_2O_5，或者通过加热至 300℃的 CuO，使变为 CO_2，用 $Ba(OH)_2$ 溶液吸收，用中和法测定过量的 $Ba(OH)_2$ （3）气相色谱法 （4）检气管法 （5）一氧化碳气体分析器
13	二氧化碳 （CO_2）	（1）气体容量法 （2）重量法：用苏打石灰吸收 CO_2 后称重 （3）容量分析：CO_2 用 $Ba(OH)_2$ 溶液吸收，用酸碱滴定法测定 （4）冷凝气化法：由燃烧法生成的 CO_2 及过量的 O_2，通过置于液氧冷却的捕集器，CO_2 被冷凝分离，再将 CO_2 气化，测定体积或压力 （5）检气管法 （6）二氧化碳气体分析器
14	水蒸气 （H_2O）	（1）重量分析：用各种干燥剂制备的干燥管吸收水蒸气后称量 （2）容量分析：用甲醇-乙二醇（1:1）溶液 50ml 作吸收剂，吸收水分后用卡尔·费休试剂滴定 （3）微量水分测定器

第五节　空气中有害组分的分析

空气中有害气体对人体会造成很大的危害，特别是在工作场所中长期接触有害气体会引起职业病，因此需要定期对空气中有害组分进行监测和检测。本节主要介绍大气样品的采集、工作场所空气中化学物质的允许浓度及检测方法、工作场所空气中粉尘容许浓度、环境空气质量和空气质量指数等。

一、大气样品的采集方法

气体样品的标准采集方法一般分为直接采样法和富集（浓缩）采样法两种。

直接采样法适用于大气中被测组分浓度较高，或者所用监测方法十分灵敏的情况，此时直接采取少量气体就可以满足分析测定要求。直接采样法测得的结果反映大气污染物在采样瞬时或者短时间内的平均浓度。

富集（浓缩）采样法适用于大气中被测组分的浓度很低，直接取样不能满足分析测定要求的情况，此时需要采取一定的手段，将大气中的被测组分进行浓缩，使之满足监测方法灵敏度的要求。由于浓缩采样法采样需时较长，所得到的分析结果反映大气被测组分在浓缩采样时间内的平均浓度。

1. 直接采样法

直接采样法按采样容器不同分为玻璃注射器采样法、塑料袋采样法、球胆采样法、采气管采样法和采样瓶采样法等。

（1）玻璃注射器采样　用大型玻璃注射器（如100ml注射器）直接抽取一定体积的现场气样，密封进气口。注意：取样前应必须用现场气体冲洗注射器3次，样品需当天分析完毕。

（2）塑料袋采样　用塑料袋直接取现场气体样品，取样量以塑料袋略呈正压为宜。注意应选择与采集气体中的污染物不起化学反应、不吸附、不渗漏的塑料袋；取样前应先用二联橡皮球打进现场空气，冲洗塑料袋2～3次。

（3）球胆采样　要求所采集的气体与橡胶不起反应，不吸附。使用前先试漏，取样前先用现场气冲洗球胆2～3次。

（4）采气管采样　采气管是两端具有旋塞的管式玻璃容器，其容积为100～500ml。采样时打开两端旋塞，将二联球或抽气泵接在管的一端，迅速抽进比采样管容积大6～10倍的待测气体，使采气管中原有气体被完全置换，关上两端旋塞，采气体积即为采气管的容积。

（5）采样瓶采样　采样瓶是一种用耐压玻璃制成的固定容器，容积为500～1000ml。采样时先将瓶内抽成真空并测量剩余压力，携带至现场打开瓶塞，则被测空气在压力差的作用下自动充进瓶中。

2. 富集（浓缩）采样法

浓缩采样法有以下几种，可根据监测目的和要求进行选择。

（1）溶液吸收法　用抽气装置使待测空气以一定的流量通入装有吸收液的吸收管，被测组分与吸收液发生化学反应或物理作用，使被测污染物溶解于吸收液中。采样结束后，取出吸收液，分析吸收液中被测组分含量。根据采样体积和测定结果计算大气污染物质的浓度。常用的吸收液有水、水溶液、有机溶剂等。根据吸收原理不同，常用吸收管可分为气泡式吸收管、冲击式吸收管、多孔筛板吸收管（瓶）3种类型。

（2）填充柱阻留法　填充柱是用一根长6～10cm、内径3～5mm的玻璃管或塑料管，内装颗粒状填充剂制成。采样时，让待测空气以一定流速通过填充柱，被测组分因吸附、溶解或化学反应等作用被阻留在填充剂上，达到浓缩采样的目的。采样后，通过解吸或溶剂洗脱，使被测组分从填充剂上释放出来进行测定。根据填充剂阻留作用原理，填充柱可分为吸附型、分配型和反应型3种类型。

（3）滤料采样法　将过滤材料（滤纸或滤膜）夹在采样夹上。采样时，用抽气装置抽气。气体中的颗粒物质被阻留在过滤材料上。根据过滤材料采样前后的质量和采样体积，即可计算出空气中颗粒物的浓度。这种方法主要用于大气中的气溶胶、降尘、可吸入颗粒物、烟尘的测定。

（4）低温冷凝采样法　将U形管或蛇形采样管插入冷阱中，大气流经采样管时，被测组分因冷凝从气态转变为液态凝结于采样管底部，达到分离和富集的目的。常用的制冷剂有水-盐水（-10℃）、干冰-乙醇（-72℃）、液态空气（-190℃）、液氮（-183℃）等。

（5）自然积集法　利用物质的自然重力、空气动力和浓差扩散作用采集大气中的被测物质，如自然降尘量、硫酸盐化速率、氟化物等大气样品的采集。这种方法不需要动力设备，简单易行，且采样时间长，测定结果能较好地反映大气污染情况。

3. 采集空气样品的基本要求[2]

（1）应满足工作场所有害物质职业接触限值对采样的要求。

（2）应满足职业卫生评价对采样的要求。

（3）应满足工作场所环境条件对采样的要求。

（4）在采样的同时应做对照试验，即将空气收集器带至采样点，除不连接空气采样器采集空气样品外，其余操作同样品，作为样品的空白对照。

（5）采样时应避免有害物质直接飞溅入空气收集器内；空气收集器的进气口应避免被阻隔；用无泵型采样器采样时应避免风扇等直吹。

（6）在易燃、易爆工作场所采样时，应采用防爆型空气采样器。

（7）采样过程中应保持采样流量稳定。长时间采样时，应记录采样前后的流量，计算时采用平均流量。

（8）采样点温度低于 5℃或高于 35℃、大气压低于 98.8kPa 或高于 103.4kPa 时，应将工作场所空气样品的采样体积换算成标准采样体积。

（9）样品的采集、运输和保存的过程中，应注意防止样品的污染。

（10）采样时，采样人员应注意个体防护。空气中部分有害气体的采集方法见表 13-37。

表 13-37 空气中部分有害气体的采集方法

序号	气体名称	样品采集方法
1	一氧化氮和二氧化氮	用于分光光度法检测：用两只吸收管平行采样，一只带氧化管，另一只不带；用装有 5.0ml 吸收液（乙酸-对氨基苯磺酸-盐酸萘乙二胺溶液）的多孔玻板吸收管以 0.5L/min 流量采集空气样品，直到吸收液呈现淡红色为止
2	氨	（短时间采样）串联两只各装有 5.0ml 吸收液（0.005mol/L 硫酸）的大型气泡吸收管，以 0.5L/min 流量采集 15min 空气样品
3	氰化氢和氰化物	（短时间采样）串联两只各装有 2.0ml 吸收液（40g/L 氢氧化钠）的小型气泡吸收管，以 200ml/min 流量采集 10min 空气样品
4	叠氮酸和叠氮化物	（短时间采样）在采样点，用一只装有 10.0ml 吸收液（0.04g/L 氢氧化钾）的多孔玻板吸收管，以 1L/min 流量采集 10min 空气样品
5	氯化氰	用于分光光度法检测：用内装 10ml 吸收液（pH=5.8 的磷酸盐缓冲液和吡啶-巴比妥酸溶液）的多孔玻板吸收管，以 0.5L/min 流量采集 15min 空气样品或吸收液刚变红为止
6	臭氧	用于分光光度法检测：（短时间采样）串联 2 只大型气泡吸收管，前管装 1ml 丁子香酚，后管装 10.0ml 水；以 2L/min 流量采集 15min 空气样品
7	二氧化硫	用于分光光度法检测：（短时间采样）用 1 只装有 10.0ml 吸收液（四氯汞钾）的多孔玻板吸收管，以 0.5L/min 流量采集 15min 空气样品
8	三氧化硫和硫酸	用一只装有 5.0ml 吸收液（碳酸钠-碳酸氢钠溶液）的多孔玻板吸收管，以 500ml/min 流量采集 15min 空气样品
9	硫化氢	在采样点，串联 2 只各装有 10.0ml 吸收液（亚砷酸钠-碳酸铵）的多孔玻板吸收管，以 0.5L/min 流量采集 15min 空气样品
10	二硫化碳	（短时间采样）以 200ml/min 流量采集 15min 空气样品； （长时间采样）以 50ml/min 流量采集 2～8h 空气样品
11	氯化亚砜	（短时间采样）用 1 只装有 10.0ml 吸收液（四氯化碳）的多孔玻板吸收管，以 0.5L/min 流量采集 15min 空气样品
12	六氟化硫和硫酰氟	用空气样品抽洗 100ml 注射器 3 次，然后抽 100ml 空气样品，用橡胶帽封闭注射器口，垂直放置，置清洁的容器内运输和保存
13	氟化物（氟化氢、氢氟酸和氟化物）	（短时间采样）以 5L/min 流量采集 15min 空气样品； （长时间采样）以 1L/min 流量采集 2～8h 空气样品
14	氟化氢和氢氟酸	用一只装有 5.0ml 吸收液的多孔玻板吸收管（碳酸钠-碳酸氢钠），以 500ml/min 流量采集 15min 空气样品

序号	气体名称	样品采集方法
15	羰酰氟	用一只装有 10.0ml 吸收液（10%氢氧化钠）的多孔玻板吸收管，（短时间采样）以 2.0L/min 流量采集 15min 空气样品；（长时间采样）以 2.0L/min 流量采集 1~2h 空气样品
16	氯气	将一只装有 5.0ml 吸收液（甲基橙-乙醇）的大型气泡吸收管，以 500ml/min 流量采集 10min 空气样品。若溶液颜色迅速褪去，应立即停止采样
17	氯化氢和盐酸	用一只装有 5.0ml 吸收液（碳酸钠-碳酸氢钠）的多孔玻板吸收管，以 500ml/min 流量采集 15min 空气样品； 或将一只装有 10.0ml 吸收液（4g/L 氢氧化钠溶液）的多孔玻板吸收管，以 500ml/min 流量采集 15min 空气样品
18	二氧化氯	用于分光光度法检测：用 1 只装有 5.0ml 吸收液（丙二酸-酸性紫-硫酸）的大型气泡吸收管，以 100ml/min 流量采集 15min 空气样品，当吸收液颜色变浅时停止采样； （短时间采样）以 0.5L/min 流量采集 15min 空气样品。（长时间采样）以 0.5L/min 流量采集 1h 空气样品
19	芳香烃类化合物（苯、甲苯、二甲苯、乙苯和苯乙烯）	（短时间采样）以 100ml/min 流量采集 15min 空气样品； （长时间采样）以 50ml/min 流量采集 2~8h 空气样品
20	多环芳香烃类化合物（萘、萘烷、四氢化萘）	（短时间采样）以 200ml/min 流量采集 15min 空气样品； （长时间采样）以 50ml/min 流量采集 2~8h 空气样品
21	多环芳香烃类化合物（蒽、菲和 3,4-苯并[a]芘）	（短时间采样）以 25L/min 流量采集 15min 空气样品； （长时间采样）以 1L/min 流量采集 4~8h 空气样品
22	煤焦油沥青挥发物和焦炉逸散物	（1）煤焦油沥青烟样品。（短时间采样）20L/min 流量采集 15min 空气样品；（长时间采样）以 5L/min 流量采集 4~8h 空气样品 （2）焦炉逸散物样品。以 20~100L/min 流量采集 4~8h 空气样品（根据现场浓度而定）
23	卤代烷烃类化合物	（短时间采样）以 300ml/min 流量采集 15min 空气样品；（长时间采样）以 50ml/min 流量采集 2~8h 空气样品 用样品空气抽洗 100ml 注射器 3 次后，抽 100ml 空气样品
24	醇类化合物	（短时间采样）以 500ml/min（用于乙二醇采样），或 100ml/min 流量（用于乙二醇以外的采样）采集 15min 空气样品； （长时间采样）以 50ml/min 流量采集 2~8h（活性炭管）或 1~4h（硅胶管）空气样品
25	酚类化合物	将一只装有 10.0ml 吸收液（0.2g/L 碳酸钠）的大型气泡吸收管，以 500ml/min 流量采集 15min 空气样品； 将一只装有 10.0ml 吸收液（水）的多孔玻板吸收管，以 500ml/min 流量采集 15min 空气样品
26	脂肪族醚类化合物	（短时间采样）以 200ml/min 流量采集 15min 空气样品； （长时间采样）以 50ml/min 流量采集 2~8h 空气样品
27	腈类化合物	（短时间采样）以 500ml/min 流量采集 15min 空气样品； （长时间采样）以 50ml/min 流量采集 2~8h 空气样品
28	脂肪族酮类化合物	（短时间采样）以 100ml/min 流量采集 15min 空气样品； （长时间采样）以 50ml/min 流量采集 2~8h 空气样品
29	脂肪族胺类化合物	（短时间采样）以 500ml/min 流量采集 15min 空气样品； （长时间采样）以 50ml/min 流量采集 1~4h 空气样品
30	硝基烷烃类化合物	将装有 5.0ml 吸收液（乙醇钠）的多孔玻板吸收管，以 250ml/min 流量采集 15min 空气样品；（短时间采样）以 100ml/min 流量采集 15min 空气样品；（长时间采样）以 50ml/min 流量采集 2~8h 空气样品
31	有机磷农药	硅胶管采样（用于乐果、氧化乐果、杀螟松、甲基对硫磷、亚胺硫磷、久效磷、异稻瘟净和倍硫磷等）：以 300ml/min 流量采集 15min 空气样品； 聚氨酯泡沫塑料管采样（用于敌敌畏、对硫磷和甲拌磷等）：以 1L/min 流量采集 15min 空气样品； 用装有 5.0ml 吸收液（5%甲醇）的多孔玻板吸收管，以 1L/min 流量采集 25min（用于磷胺）、以 1L/min 流量采集 15min（用于其他有机磷农药）空气样品
32	有机氯农药	（短时间采样）以 5L/min 流量采集 15min 空气样品； （长时间采样）以 1L/min 流量采集 2~8h 空气样品

序号	气体名称	样品采集方法
33	无机含碳化合物	用双联橡皮球将现场空气样品打入采气袋中，放掉后，再打入现场空气，如此重复 5～6 次；将空气样品打满采气袋，密封进气口，带回实验室测定； 用空气样品抽洗 100ml 注射器 3 次，然后抽取 100ml 空气样品，立即封闭进气口后，垂直放置，置清洁容器内运输和保存。尽快测定
34	汞及其化合物	串联 2 个各装 5.0ml 吸收液（汞：高锰酸钾；氯化汞：0.5mol/L 硫酸）的大型气泡吸收管，以 500ml/min 流量采集 15min 空气样品。采样后，采集氯化汞的空气样品，立即向每个吸收管加入 0.5ml 高锰酸钾溶液，摇匀

二、工作场所空气中化学物质的允许浓度及检测方法

在工作场所中，长期接触有害气体会引起职业病[3]，与职业病有关的气体可分为刺激性气体和窒息性气体等两类。

刺激性气体是指对眼、呼吸道黏膜和皮肤具有刺激作用的一类有害气体。在化学工业生产中最常见，多具有腐蚀性，常因跑、冒、滴、漏而污染作业环境。刺激性气体种类很多，常见的有氯、氨、光气、氮氧化物、氟化氢、二氧化硫和三氧化硫等。刺激性气体对人体产生伤害的毒理有以下几种：①通常以局部损害为主，表现为对眼、呼吸道黏膜和皮肤的刺激作用，但刺激作用过强时可引起全身反应；②病变程度主要取决于吸入毒物的浓度、吸收速率和作用时间；③病变的部位与水溶性有关。

窒息性气体是指被机体吸收后，可使氧的供给、摄取、运输和利用发生障碍，使全身组织细胞得不到或不能利用氧，从而导致组织细胞缺氧窒息的有害气体的总称。常见窒息性气体有一氧化碳、氰化物和硫化氢等。窒息性气体依其作用机制可分为单纯窒息性气体和化学窒息性气体两大类。

单纯窒息性气体：其本身毒性很低或属惰性气体，但由于它们的存在可使空气中氧含量降低，引起肺内氧分压下降，随后动脉血氧分压也降低，导致机体缺氧窒息。例如氮气、甲烷、二氧化碳等。

化学窒息性气体：指能对血液或组织产生特殊的化学作用，使血液运送氧的能力或组织利用氧的能力发生障碍，引起组织缺氧或细胞内窒息的气体。

1. 工作场所空气中化学物质的允许浓度

GBZ 2.1—2007《工作场所有害因素职业接触限值 化学有害因素》中列出了工作场所空气中 339 种化学物质的容许浓度，表 13-38 列出了其中 36 种常见工作场所空气中化学物质的容许浓度。

表 13-38 中的一些名词解释如下。

OELs：职业接触限值（occupational exposure limits），职业性有害因素的接触限制量值。指劳动者在职业活动过程中长期反复接触，对绝大多数接触者的健康不引起有害作用的容许接触水平。包括时间加权平均容许浓度、短时间接触容许浓度和最高容许浓度三类。

MAC：最高容许浓度（maximum allowable concentration），在工作地点，一个工作日内的任何时间有毒化学物质均不应超过的浓度。

PC-TWA：时间加权平均容许浓度（permissible concentration-time weighted average），以时间为权数规定的每工作日 8h、每工作周 40h 的平均容许接触浓度。

PC-STEL：短时间接触容许浓度（permissible concentration-short term exposure limit），在遵守 PC-TWA 前提下容许短时间（15min）接触的浓度。

表 13-38 工作场所空气中部分化学物质容许浓度[4]

序号	物质名称	OELs/(mg/m³)		
		MAC	PC-TWA	PC-STEL
1	氨	—	20	30
2	臭氧	0.3	—	—
3	叠氮酸蒸气	0.2	—	—
4	二氟氯甲烷	—	3500	—
5	二硫化碳	—	5	10
6	二氯二氟甲烷	—	5000	—
7	二氯甲烷	—	200	—
8	二氯乙炔	0.4	—	—
9	1,2-二氯乙烷	—	7	15
10	1,2-二氯乙烯	—	800	—
11	二氧化氮	—	5	10
12	二氧化硫	—	5	10
13	二氧化氯	—	0.3	0.8
14	二氧化碳	—	9000	18000
15	氟化氢（按 F 计）	2	—	—
16	汞-金属汞（蒸气）	—	0.02	0.04
17	光气	0.5	—	—
18	磷化氢	0.3	—	—
19	硫化氢	10	—	—
20	六氟化硫	—	6000	—
21	氯	1	—	—
22	氯化氰	0.75	—	—
23	氯甲烷	—	60	120
24	煤焦油沥青挥发物（按苯溶物计）	—	0.2	—
25	氰化氢（按 CN 计）	1	—	—
26	三氯甲烷	—	20	—
27	砷化氢（胂）	0.03	—	—
28	升汞（氯化汞）	—	0.025	—
29	石油沥青烟（按苯溶物计）	—	5	—
30	硒化氢（按 Se 计）	—	0.15	0.3
31	溴化氢	10	—	—
32	溴甲烷	—	2	—
33	一甲胺	—	5	10
34	一氧化氮	—	15	—
35	一氧化碳 非高原 高原 　海拔 2000～3000m 　海拔>3000m	 20 15	 20 	 30
36	乙胺	—	9	18

2. 空气中常见有毒有害物质的检测

空气中常见的有害物质有一氧化碳、二氧化碳、二氧化硫、氯气、氯化氢、氟化氢、氰化氢、二氧化氮等，它们的一般检测方法见表 13-39。表 13-40 列出了一些空气中常见有毒气体的国标检测方法。

表 13-39 空气中常见有害物质的检测（一般方法）[5,6]

序号	名称（化学式）	分析方法
1	一氧化碳 （CO）	（1）红外吸收法（一氧化碳红外分析器）：利用一氧化碳对以 4.65μm 为中心波段的红外辐射的吸收作用，直接测定一氧化碳的浓度 （2）气相色谱法：一氧化碳和二氧化碳经催化转化为甲烷用气相色谱法测定
2	二氧化碳 （CO_2）	（1）气体容置法 （2）吸收重量法：用苏打石灰吸收二氧化碳后称重 （3）滴定分析法：用氢氧化钡溶液吸收二氧化碳后用酸碱滴定法测定 （4）气相色谱法：同一氧化碳
3	二硫化碳 （CS_2）	（1）二乙胺光度法：二硫化碳与二乙胺及铜盐作用，生成黄棕色二乙基二硫代氨基甲酸酮，光度法测定。测定范围 3～40mg/m³ （2）滴定分析法（碘量法）：二硫化碳用碱性乙醇溶液吸收并发生反应生成黄原酸盐，用碘溶液滴定
4	氯 （Cl_2）	（1）滴定分析法（碘量法）：用氢氧化钠溶液吸收氯气生成次氯酸钠，用盐酸酸化，释放出游离氯，氧化碘化钾生成碘，用硫代硫酸钠滴定。测定范围 35～1400mg/m³ （2）甲基橙光度法：在酸性溶液中，氯遇溴化钾置换出溴，溴能破坏甲基橙分子结构使其褪色，根据褪色程度光度测定
5	铬酸雾 （CrO_3）	二苯碳酰二肼光度法：用氢氧化钠吸收液采集样品后进行光度测定。铬酸与二苯碳酰二肼作用，生成玫瑰红色化合物，测定范围 2～100mg/m³
6	氰化氢 （HCN）	异烟酸-吡唑啉酮光度法：用氢氧化钠溶液吸收氰化氢，在中性条件下与氯胺 T 作用生成氯化氰，再与异烟酸-吡唑啉酮反应生成蓝色化合物光度测定，测定范围 0.01～100mg/m³
7	氯化氢 （HCl）	（1）滴定分析法（硝酸银法） （2）硫氰化汞光度法：用氢氧化钠溶液吸收氯化氢。氯离子与硫氰化汞反应置换出硫氰根，并与高铁离子反应而生成红色物光度测定，测定范围 0.5～65mg/m³
8	氟化氢 （HF）	（1）氟离子选择电极法：用 0.1mol/L 氢氧化钠溶液吸收氟化氢。用氟离子选择电极法进行测定，测定范围 1～1000mg/m³ （2）茜素络合酮光度法：吸收液同上。茜素络合酮与镧的螯合物，在一定酸度并有乙酸根存在下，能与氟离子形成蓝色的三元配合物光度测定。测定范围 0.1～50mg/m³
9	硫化氢 （H_2S）	（1）滴定分析法（碘量法）：用乙酸锌-乙酸溶液吸收硫化氢生成硫化锌沉淀。加入碘标准液，加盐酸酸化，释放出的硫子被碘氧化。过量的碘用硫代硫酸钠标准溶液滴定 （2）亚甲基蓝光度法：用碱性锌氨络盐溶液吸收硫化氢。在酸性介质中释出硫子，在三氯化铁存在下，与对氨基二甲基苯胺生成亚甲基蓝光度测定。测定范围 10～1500mg/m³
10	硫酸雾 （H_2SO_4）	（1）滴定分析法（中和法）：用水吸收硫酸雾或三氧化硫后，用氢氧化钠标准溶液滴定。测定范围 1000mg/m³ 以上 （2）铬酸钡光度法：采样方法同上，向样品加入铬酸钡悬浊液，硫酸根与铬酸钡作用产生黄色的铬酸根离子，根据黄色深浅光度测定。测定范围 5～500mg/m³
11	氨 （NH_3）	（1）滴定分析法（中和法）：氨用硫酸吸收，过量的硫酸用氢氧化钠溶液滴定 （2）奈氏试剂光度法：采样方法同上。向样品中加入奈氏试剂，反应产生黄色光度测定。最低检出浓度 0.04mg/m³
12	氮氧化物 （NO、NO_2）	（1）滴定分析法（中和法）：氮氧化物用过氧化氢溶液吸收氧化生成硝酸，用氢氧化钠标准溶液滴定。测定范围 2000mg/m³ 以上 （2）盐酸萘乙二胺光度法：一氧化氮和二氧化氮的混合物经三氧化铬氧化后都成为二氧化氮，被吸收液吸收后生成亚硝酸，亚硝酸与对氨基苯磺酸起重氮化反应再与盐酸萘乙二胺偶合产生红色光度测定。测定范围 5～500mg/m³
13	二氧化硫 （SO_2）	（1）滴定分析法（碘量法）：用氨基磺酸铵和硫酸铵混合液吸收二氧化硫，使生成亚硫酸，用碘标准溶液滴定。测定范围 140～5700mg/m³ （2）盐酸副玫瑰苯胺光度法：用四氯汞钾溶液吸收二氧化硫，生成稳定的二氯亚硫酸盐配合物，再与甲醛及盐酸副玫瑰苯胺作用生成紫色配合物光度测定。测定范围 2～150mg/m³ （3）钍试剂光度法：二氧化硫用过氧化氢吸收氧化为硫酸，硫酸根离子与过量高氯酸钡反应生成硫酸钡沉淀，剩余的钡离子与钍试剂结合生成钍试剂-钡配合物，此反应为褪色反应，根据颜色深浅光度测定

序号	名称（化学式）	分析方法
14	汞 （Hg）	（1）冷原子吸收法：用酸性高锰酸钾溶液吸收汞并氧化成汞离子。采样后再用氯化亚锡将汞离子还原为原子态汞，用载气将汞吹出，利用汞蒸气对波长253.7nm紫外光有强烈吸收的特性进行测定 （2）双硫腙光度法：采样方法同上，采到的样品可按双硫腙萃取光度测定。测定范围0.01～100mg/m^3
15	总悬浮微粒 （TSP）	总悬浮微粒为粒径在100μm以下的颗粒状物质的总称。采用重量法测定，有专用的采样设备。测定时采集一定体积的大气样品，通过已恒重的滤膜，固体微粒被阻留在滤膜上，根据采样滤膜的增重及采取大气的体积，求得总悬浮微粒的浓度
16	铅 （Pb）	空气中的铅和其他金属（铜、锌、镉、铬、锰、铁、镍、铍等）的测定采用滤膜采样、原子吸收光度法测定。滤膜采样的仪器与总悬浮微粒相同，滤膜采用过氯乙烯滤膜。样品采集后，用氯仿溶解滤膜，加入硝酸分解铅及其他金属化合物，剧烈振摇后，静置分层弃去氯仿，所得硝酸溶液用来作原子吸收光度测定或作光度法测定
17	砷 （As）	二乙基二硫代氨基甲酸银光度法：无机砷化合物采用聚乙烯氧化吡啶浸渍过的滤纸采集样品，采集的样品用盐酸溶解，而后按二乙基二硫代氨基甲酸银光度测定
18	酚 （C$_6$H$_5$OH）	4-氨基安替比林光度法：用0.02%碳酸钠溶液作为吸收液采集酚的样品，而后加入氧化剂铁氰化钾溶液和4-氨基安替比林溶液，与酚反应生成红色安替比林染料光度测定。测定范围0.5～100mg/m^3
19	甲醛 （CH$_2$O）	酚试剂光度法：大气中醛类采集在0.05% 3-甲基二苯并噻唑腙盐酸盐（简称MBTH）的水溶液中，生成的吖嗪在酸性介质中与酚试剂的氧化产物作用，生成蓝绿色化合物光度测定。当采样体积为10L时，最低检测浓度为0.01mg/m^3
20	四乙基铅	双硫腙光度法：用碘-碘化钾溶液采样，四乙基铅被吸收并分解成碘化铅。然后在碱性条件下，用还原剂还原剩余的碘。用双硫腙氯仿溶液萃取，碘化铅生成红色双硫腙铅光度测定。因四乙基铅浓度很低，空气采样体积要在200L以上，流量控制在3L/min以下为宜
21	总烃	气相色谱法：用100mm注射器采样，当天分析。色谱柱：内径4mm，长2m不锈钢柱，空柱。氢火焰离子化检测器（FID），以甲烷标准气定量。色谱条件：柱温80℃；检测室温度120℃；气化室温度120℃；氮气70ml/min；氢气70～75ml/min，空气900～1000ml/min。本法检测限为0.1mg/m^3（以甲烷计，进样1ml）。由于空气样品中各种烃，含氧有机化合物（如醛、酮等）以及氧气是互不分离的，故采用净化空气求出空白值，从总烃中扣除以消除氧的干扰。
22	卤代烃	气相色谱法：用活性炭采样管采样，空气流量0.3～0.5L/min，采样后的活性炭加入二硫化碳，解吸出卤代烃后测定。色谱柱：内径3mm，长2m不锈钢柱。PEG20M：Chromosorb W（60～80目）=10：100。用FID检测。色谱条件：柱温100℃，检测室温度150℃，气化室温度150℃，氮气流量25ml/min，氢气压力0.8kgf/cm^2，空气压力1.4kgf/cm^2。适用于二氯甲烷、氯仿、四氯化碳、1,2-二氯乙烷、1,1,1-三氯乙烷、三氯乙烯、四氯乙烯等
23	苯系物	气相色谱法 （1）聚乙二醇(PEG)-400柱法：用注射器采样，当天分析。色谱柱：内径4mm，长2m不锈钢柱。PEG-400：6201载体（60～80目）=20：100。用FID检测。色谱条件：柱温92℃，检测室温度150℃，气化室温度170℃，氮气流量50ml/min，氢气流量40ml/min，空气流量450ml/min。适用于空气中的苯、甲苯、二甲苯、酯和酮等 （2）活性炭吸附-气相色谱法：用活性炭采样管采样，流量0.2L/min。采样后同卤代烃处理用于测定，色谱柱和色谱条件同上PEG-400柱法
24	醇	气相色谱法 （1）GDX-103柱法：用注射器采样，当天分析。色谱柱：内径3mm，长2m不锈钢柱，固定相GDX-103（60～80目）。用FID检测。色谱条件：柱温120℃，检测室温度160℃，气化室温度160℃，氮气流量50ml/min，氢气流量50ml/min，空气流量500ml/min。以保留时间定性，标准物质峰高定量。适用于甲醇、乙醇、正丁醇、叔丁醇、异丁醇、乙酸乙酯、异戊醇等 （2）活性炭吸附-气相色谱法：采样和处理与卤代烃相同。色谱柱内径3mm，长2m不锈钢柱，PEG-20M：Chromosorb W AW-DMCS（60～80目）=10：100。用FID检测。色谱条件：柱温100℃，检测室温度150℃，气化室温度150℃，氮气流量20～30ml/min，氢气压力0.8kgf/cm^2，空气压力1.4kgf/cm^2

序号	名称（化学式）	分析方法
25	醚	气相色谱法：用注射器采样，当天分析。色谱柱：内径 3mm，长 2m 不锈钢柱，PEC-20M∶Chromosorb W（60～80 目）=10∶100。用 FID 检测。色谱条件：柱温 60℃，检测室温度 150℃，气化室温度 150℃，氮气流量 25ml/min，氢气流量 65ml/min，空气流量 500ml/min
26	酯	气相色谱法 （1）角鲨烷柱色谱法：用注射器采样，当天分析。色谱柱内径 4mm，长 2m 不锈钢柱。角鲨烷∶吐温 80∶Chromosorb W（60～80 目）=10∶0.5∶100。用 FID 检测。色谱条件：柱温 80℃，检测室温度 180℃，气化室温度 160℃，氮气流量 40ml/min，氢气流量 45ml/min，空气流量 320ml/min （2）活性炭吸附-气相色谱法：采样和处理与卤代烃相同。色谱柱：内径 3mm，长 2m 不锈钢柱，PEG-20M∶Chromosorb W AW-DMCS（60～80 目）=10∶100。用 FID 检测。色谱条件：柱温 100℃，检测室温 150℃，气化室温度 150℃，氮气流量 30ml/min，氢气流量 35ml/min，空气流量 400ml/min。适用于乙酸甲酯、乙酸乙酯、乙酸正丙酯、乙酯异丙酯、乙酸正丁酯、乙酸异丁酯、乙酸正戊酯、乙酸异戊酯等
27	醛	气相色谱法：用注射器采样，当天分析。色谱柱：内径 4mm，长 2m 不锈钢柱，PEG-20M∶102 白色载体（60～80 目）=20∶100。用 FID 检测。色谱条件：柱温 70℃，检测室温度 150℃，气化室温度 150℃，氮气流量 68ml/min，氢气流量 48ml/min，空气流量 430ml/min。适用于甲醛、乙醛、丙烯醛、甲基丙烯醛、丁烯醛等
28	酮	气相色谱法：用活性炭采样管采样，处理方法同前面。色谱柱：内径 3mm，长 2m 不锈钢柱，PEG-20M∶Chromosorb W AM-UMCS（60～80 目）=10∶100。用 FID 检测。色谱条件：柱温 100℃，检测室温度 150℃，气化室温度 150℃，氮气流量 30ml/min，氢气压力 0.8kgf/cm^2，空气压力 1.4kgf/cm^2。适用于丙酮、己酮、丁基异丁酮、甲基丙基酮、环己酮等
29	乙腈、丙烯腈	气相气谱法：用注射器采样，当天分析。色谱柱：内径 4mm，长 2m 不锈钢柱，β,β'-氧二丙腈∶102 白色载体（60～80 目）=20∶80。用 FID 检测。色谱条件：柱温 80℃，检测室温度 150℃，气化室温度 150℃，氮气流量 80ml/min，氢气流量 50ml/min，空气流量 550ml/min。适用于乙腈、丙烯腈、乙醛、丙酮等

表 13-40 空气中常见有毒气体的国标检测方法[①]

气体名称	检测方法及原理	检出限及测定范围（除特别注明，单位均为 μg/ml）
一氧化氮和二氧化氮	盐酸萘乙二胺分光光度法：一氧化氮通过三氧化铬氧化管，氧化成二氧化氮；二氧化氮被水吸收，生成亚硝酸，后者再与对氨基苯磺酸起重氮化反应，与盐酸萘乙二胺结合变成玫瑰红色（λ_{max}=540nm）	检出限：0.018 测定范围：0.018～0.7 （HJ 479—2009）
氨	奈氏试剂（Nessler）分光光度法：用大型气泡吸收管采集，在碱性溶液中，氨与纳氏试剂反应生成黄色（λ_{max}=420nm）	检出限：0.2 测定范围：0.2～2.4
氰化氢和氰化物	异烟酸钠-巴比妥酸钠分光光度法：氢氧化钠溶液采集后的氰化物用微孔滤膜采集，弱酸性下，与氯胺 T 反应生成氯化氰，再与异烟酸钠反应并水解生成戊烯二醛酸，再与巴比妥酸缩合成紫色化合物（λ_{max}=600nm）	检出限：0.1 测定范围：0.1～2
叠氮酸和叠氮化物	三氯化铁分光光度法：用氢氧化钾溶液采集，与三价铁反应生成红色配合物（λ_{max}=454nm）	检出限：叠氮酸 0.4，叠氮化钠 0.6 测定范围：叠氮酸 0.4～12，叠氮化钠 0.6～12
氯化氰	吡啶-巴比妥酸分光光度法：用多孔玻板吸收管采集，氯化氰与吡啶反应生成戊烯二醛，后者再与巴比妥酸发生缩合反应，生成紫色染料（λ_{max}=585nm）	检出限：0.05 测定范围：0.05～0.9
臭氧	丁子香酚分光光度法：空气中臭氧与丁子香酚（4-烯丙基-2-甲氧基苯酚）反应生成甲醛。甲醛与二氯亚硫酸汞钠及盐酸副玫瑰苯胺反应生成紫红色化合物（λ_{max}=560nm）	检出限：0.06 测定范围：0.06～2
	紫外光度法：臭氧对 253.7nm 的紫外光有特征吸收	0.003～2mg/m^3（HJ 590—2010）
	靛蓝二磺酸钠分光光度法：空气中的臭氧在磷酸盐缓冲剂作用下，与吸收液中的靛蓝二磺酸钠生成靛红二磺酸钠（λ_{max}=610nm）	0.010mg/m^3（HJ 504—2009）

续表

气体名称	检测方法及原理	检出限及测定范围（除特别注明，单位均为 μg/ml）
二氧化硫	四氯汞钾-盐酸副玫瑰苯胺分光光度法：用四氯汞钾溶液采集，与甲醛及盐酸副玫瑰苯胺反应生成玫瑰紫色化合物（λ_{max}=548nm）	检出限：0.075 测定范围：0.075～2.0
	甲醛缓冲液-盐酸副玫瑰苯胺分光光度法：用甲醛缓冲液采集，生成稳定的羟甲基磺酸，加氢氧化钠后释放出二氧化硫，与盐酸副玫瑰苯胺反应生成红色化合物（λ_{max}=575nm）	检出限：0.45 测定范围：0.45～1.6 （HJ 482—2009）
	四氯汞盐吸收-副玫瑰苯胺分光光度法：被四氯汞盐吸收，生成稳定的二氯亚硫酸盐配合物，再与甲醛及盐酸副玫瑰苯胺作用生成红色化合物（λ_{max}=575nm）	0.005mg/m³（HJ 483—2009）
三氧化硫和硫酸	离子色谱法：用装有碱性溶液的多孔玻板吸收管采集，或用硅胶管采集解吸后，经色谱柱分离，离子色谱仪的电导检测器检测	检出限：0.46 测定范围：0.46～4
硫化氢	硝酸银比色法：用多孔玻板吸收管采集，与硝酸银反应生成黄褐色硫化银胶体溶液，比色定量	检出限：0.4 测定范围：0.4～4
二硫化碳	二乙胺分光光度法：用活性炭管收集，用苯解吸后，二硫化碳与二乙胺和铜离子反应生成黄棕色二乙氨基二硫代甲酸铜（λ_{max}=435nm）	检出限：0.4 测定范围：0.4～5
	溶剂解吸-气相色谱法：用活性炭管采集，用苯解吸，经色谱柱分离后，用火焰光度检测器检测	检出限：0.01 测定范围：0.01～6
氯化亚砜	硫氰酸汞分光光度法：四氯化碳吸收、氢氧化钠溶液提取，游离出的氯离子与硫氰酸汞作用置换出硫氰酸根，与铁离子作用生成红色化合物（λ_{max}=460nm）	检出限：1.0 测定范围：1～0
六氟化硫和硫酰氟	直接进样-气相色谱法：用注射器采集，直接进样，六氟化硫经癸二酸异二辛酯柱分离，热导检测器检测；硫酰氟经聚三氟氯乙烯蜡柱分离，电子捕获检测器检测	检出限：六氟化硫 1630mg/m³（进样 1ml），硫酰氟 0.04mg/m³（进样 0.4ml） 测定范围：六氟化硫 1630～10000mg/m³，硫酰氟 0.04～50mg/m³
氟化物	离子选择电极法：用浸渍玻璃纤维滤纸采集，洗脱后，用离子选择电极测定氟离子的含量	检出限：0.06 测定范围：0.06～5.5
	石灰滤纸采样氟离子选择电极法：空气中的氟化物用石灰滤纸上的氢氧化钙反应，洗脱后，用离子选择电极测定氟离子的含量	0.18μg/(dm²·d)（HJ 481—2009）（采集时间为 7 天至一个月，结果反应的是平均浓度）
	滤膜采样氟离子选择电极法：已知体积的空气通过磷酸氢二钾滤膜，再用盐酸浸溶，用离子选择性电极测定	0.9μg/m³（HJ 480—2009）
氟化氢和氢氟酸	离子色谱法：用装有碱性溶液的多孔玻板吸收管采集，或用硅胶管采集解吸后，经色谱柱分离，离子色谱仪的电导检测器检测	检出限：0.05 测定范围：0.05～2
羰酰氟	离子色谱法：用装有碱性溶液的多孔玻板吸收管采集，羰酰氟发生水解反应生成氟离子。采样后的吸收液直接进样，经离子色谱柱分离后，用电导型电化学检测器检测	检出限：0.5（氟离子） 羰酰氟的最低检出浓度为 0.6mg/m³（以采集 15L 空气样品计）
氯气	甲基橙分光光度法：大型气泡吸收管采集，在酸性溶液中，氯置换出溴化钾中的溴，溴破坏甲基橙分子结构使褪色；根据褪色程度，于 515nm 波长处测量吸光度，定量测定	检出限：0.2 测定范围：0.2～8
氯化氢和盐酸	离子色谱法：空气中氯化氢和盐酸用装有碱性溶液的多孔玻板吸收管采集，或用硅胶管采集解吸后，经色谱柱分离，电导检测器检测	检出限：0.08 测定范围：0.08～2.5
	硫氰酸汞分光光度法：空气中氯化氢和盐酸用多孔玻板吸收管采集，在酸性溶液中，氯化氢与硫氰酸汞反应生成红色化合物（λ_{max}=460nm）	检出限：0.4 测定范围：0.4～8
	离子色谱法：用碱液吸收，离子色谱测定	3μg/m³（HJ 549—2009）
二氧化氯	酸性紫 R 分光光度法：用大型气泡吸收管采集，在酸性溶液中，二氧化氯破坏酸性紫 R 的分子结构使褪色；根据褪色程度，于 570nm 波长下比色定量	检出限：0.1 测定范围：0.1～0.9
	离子色谱法：用装有碘化钾缓冲液的多孔玻板吸收管采集，经色谱柱分离，电导检测器检测	检出限：0.082 测定范围：0.082～20

气体名称	检测方法及原理	检出限及测定范围（除特别注明，单位均为 μg/ml）
芳香烃类化合物（苯、甲苯、二甲苯、乙苯和苯乙烯）	溶剂解吸-气相色谱法：空气中的苯、甲苯、二甲苯、乙苯和苯乙烯用活性炭管采集，二硫化碳解吸，色谱柱分离，氢焰离子化检测器检测	测定范围：苯 0.9～40；甲苯 1.8～100；二甲苯 4.9～600；乙苯 2～1000；苯乙烯 2.5～400
	热解吸-气相色谱法：空气中的苯、甲苯、二甲苯、乙苯和苯乙烯用活性炭管采集，热解吸后进样，色谱柱分离，氢焰离子化检测器检测	测定范围：苯 0～0.40；甲苯 0～0.80；二甲苯 0～1.60；乙苯 0～0.50；苯乙烯 0～0.40
	无泵型采样-气相色谱法：空气中的苯、甲苯和二甲苯用无泵型采样器采集，二硫化碳解吸后进样，经色谱柱分离，氢焰离子化检测器检测	测定范围（mg/m³）：苯 2.5～494；甲苯 5.6～542；二甲苯 17.5～630
挥发性有机物	吸附管采样-热脱附/气相色谱-质谱法：采用固体吸附剂富集，将吸附管置于热脱附仪中，气相色谱仪分离，质谱进行检测。适用于 35 种挥发性有机物的检测	0.3～1.0μg/m³（HJ 644—2013）
多环芳香烃类化合物（萘、萘烷、四氢化萘）	溶剂解吸-气相色谱法：用活性炭管采集，溶剂解吸后进样，经色谱柱分离，氢焰离子化检测器检测，以保留时间定性，峰高或峰面积定量	测定范围：萘 1～40；萘烷和四氢化萘 2.5～200
多环芳香烃类化合物[蒽、菲和 3,4-苯并[a]芘]	高效液相色谱法：用玻璃纤维滤纸采集，溶剂洗脱后进样，经色谱柱分离，紫外光或荧光检测器检测	测定范围：蒽和菲 0.5～100；3,4-苯并[a]芘 0.01～1
多环芳烃	气相色谱-质谱法：采集样品后的采样筒和滤膜用混合溶剂提取，提取液浓缩后，检测。适用于 16 种多环芳烃的检测	0.0004～0.0009μg/m³（HJ 646—2013）
煤焦油沥青挥发物和焦炉逸散物	苯溶解物称量法：空气中以气溶胶状态存在的煤焦油沥青挥发物和焦炉逸散物用超细玻璃纤维滤纸采集，用苯超声洗脱，称量测定含量	检出限：0.01mg；最低检出浓度：（1）煤焦油沥青烟为 0.033mg/m³（采集 300L 空气样品）；（2）焦炉逸散物为 0.021mg/m³（采集 480L 空气样品）
卤代烷烃类化合物	溶剂解吸-气相色谱法：适用于三氯甲烷、四氯化碳、二氯乙烷、六氯乙烷和三氯丙烷。用活性炭管采集，溶剂解吸后进样，经色谱柱分离，氢焰离子化检测器检测	测定范围：三氯甲烷 46～2400；四氯化碳 43～1200；1,2-二氯乙烷 10～1000；六氯乙烷 12.5～500；三氯丙烷 1.4～500
	直接进样-气相色谱法：适用于氯甲烷、二氯甲烷和溴甲烷。用注射器采集，直接进样，经色谱柱分离，氢焰离子化检测器检测	测定范围（mg/m³）：氯甲烷 2.7～800；二氯甲烷 11～340；溴甲烷 0.5～10
	活性炭吸附-二硫化碳解吸/气相色谱法：经活性炭采集管富集，用二硫化碳解吸，使用带电子俘获检测器的气相色谱仪测定。适用于 20 多种卤代烃	0.03～10μg/m³（HJ 645—2013）
醇类化合物	溶剂解吸-气相色谱法：适用于甲醇、异丙醇、丁醇、异戊醇、异辛醇、糠醇、二丙酮醇、丙烯醇、乙二醇和氯乙醇。用固体吸附剂管采集，溶剂解吸后进样，经色谱柱分离，氢焰离子化检测器检测	测定范围：甲醇、异辛醇、丙烯醇 1～250；异戊醇、糠醇 6～1500；异丙醇 0.4～5000；丁醇 0.5～2000；氯乙醇 1～640；乙二醇 100～2000；二丙酮醇 5.7～1000
	甲醇的热解吸-气相色谱法。用硅胶管采集，热解吸后进样，经色谱柱分离，氢焰离子化检测器检测	检出限：0.02；测定范围：0.02～0.60
酚类化合物	苯酚和甲酚的溶剂解吸-气相色谱法。用硅胶管采集，解吸后进样，色谱柱分离，氢火焰离子化检测器检测	检出限：毛细管柱法为 1；PBOB 柱法为 10。测定范围：毛细管柱法为 1～50；PBOB 柱法 10～400
	苯酚的 4-氨基安替比林分光光度法。用碳酸钠溶液采集，在氧化剂存在下，与 4-氨基安替比林反应，生成红色物质（λ_{max}=460nm）	检出限：0.1；测定范围：0.1～25

续表

气体名称	检测方法及原理	检出限及测定范围（除特别注明，单位均为 μg/ml）
酚类化合物	间苯二酚的碳酸钠分光光度法。用水采集，与碳酸钠反应生成黄色化合物，比色定量	检出限：5 测定范围：5～60
	高效液相色谱法。用 XAD-7 树脂采集，甲醇洗脱，用高效液相色谱分离，紫外检测器或二极管阵列检测器检测。适用于 12 种酚类化合物	检出限：0.006-0.039mg/m³ （HJ 638—2012）
脂肪族醚类化合物	乙醚和异丙醚的热解吸-气相色谱法。用活性炭管采集，热解吸后进样，经色谱柱分离，氢焰离子化检测器检测，以保留时间定性，峰高或峰面积定量	检出限：4.2×10^{-4}μg/ml 测定范围：0.014～400mg/m³
腈类化合物	乙腈和丙烯腈的溶剂解吸-气相色谱法。用活性炭管采集，溶剂解吸后进样，经色谱柱分离，氢焰离子化检测器检测	检出限：乙腈为 3；丙烯腈为 2 测定范围：乙腈为 3～400；丙烯腈为 2～200
脂肪族酮类化合物	丙酮、丁酮和甲基异丁基甲酮的溶剂解吸-气相色谱法。用活性炭管采集、二硫化碳解吸后进样，经色谱柱分离，氢焰离子化检测器检测	测定范围：丙酮 10～1600；丁酮 6～2000；甲基异丁基甲酮 1～1200
脂肪族胺类化合物	溶剂解吸-气相色谱法。适用于三甲胺、乙胺、二乙胺、三乙胺、乙二胺、正丁胺和环己胺。用硅胶管采样，溶剂解吸后，经色谱柱分离，用氢焰离子化检测器检测	测定范围：三甲胺 6.4～200；乙胺 5～1300；二乙胺 3.9～250；乙胺 0.6～200；丁胺 0.3～120；乙二胺 6～600；环己胺 2～300
硝基烷烃类化合物	盐酸萘乙二胺分光光度法：适用于三氯硝基甲烷（氯化苦）。用乙醇钠溶液采集，并分解成亚硝酸钠；在酸性溶液中，亚硝酸钠与对氨基苯磺酸及盐酸萘乙二胺偶合生成红色化合物（$\lambda_{max}=540nm$）	检测限：0.12 测定范围：0.12～10
	溶剂解吸-气相色谱法：适用于硝基甲烷、硝基乙烷、1-硝基丙烷、2-硝基丙烷。用活性炭管采集，乙酸乙酯解吸，经色谱柱分离，氢火焰离子化检测器检测	测定范围：硝基甲烷 0.51～320；硝基乙烷 1.69～1360；1-硝基丙烷 0.59～560；2-硝基丙烷 0.25～200
有机磷农药	溶剂解吸-气相色谱法：适用于久效磷、甲拌磷、对硫磷、亚胺硫磷、甲基对硫磷、倍硫磷、敌敌畏、乐果、氧化乐果、杀螟松、异稻瘟净。用硅胶管或聚氨酯泡沫塑料管采集，溶剂解吸后进样，经色谱柱分离，火焰光度检测器检测	测定范围（g/ml）：敌敌畏 0.03～40；乐果 0.025～0.4；甲基对硫磷 1.5～0.2；杀螟松 0.25～10.0
	酶化学法：适用于磷胺、内吸磷、甲基内吸磷或马拉硫磷。用多孔玻板吸收管采集，有机磷农药抑制胆碱酯酶，影响乙酰胆碱的水解，由测定乙酰胆碱的量，进行有机磷农药的定量测定	检出限：磷胺 0.1；内吸磷 0.075；甲基内吸磷 0.2；马拉硫磷 0.1
有机氯农药	溶剂洗脱-气相色谱法：适用于六六六和滴滴涕。用超细玻璃纤维滤纸采集，正己烷洗脱后进样，经色谱柱分离，电子捕获检测器检测	检出限：六六六 0.002；滴滴涕 0.03 测定范围：六六六 0.002～0.1；滴滴涕 0.03～7.5
无机含碳化合物	不分光红外线气体分析仪法：适用于一氧化碳和二氧化碳。空气中的一氧化碳或二氧化碳抽入不分光红外线分析仪内，选择性吸收各自的红外线；根据吸收值测定一氧化碳或二氧化碳的浓度	检出限：CO 0.1mg/m³，CO₂ 0.001% 测定范围：CO 0.1～50mg/m³，CO₂ 0.001%～0.5%
	直接进样-气相色谱法：适用于一氧化碳。注射器采集，直接进样。一氧化碳在氢气中经分子筛与碳多孔小球串联柱分离，通过镍催化剂转化为甲烷，用氢焰离子化检测器检测	最低检出浓度：1.25mg/m³ 测定范围：1.25～500mg/m³
汞及其化合物	冷原子吸收光谱法：空气中蒸气态汞及其化合物被吸收液吸收，汞氧化成汞离子；汞离子再还原成汞原子蒸气后，在 253.7nm 波长下，用测汞仪或原子吸收分光光度计测定汞含量	检出限：0.001 测定范围：0.0013～0.028
	原子荧光光谱法：空气中蒸气态汞及其化合物被吸收液吸收，汞被硼氢化钠还原成汞蒸气，在原子化器中，汞原子吸收 193.7nm 波长，发射出原子荧光，测定原子荧光强度	检出限：0.001 测定范围：0.001～0.014
	双硫腙分光光度法：空气中的汞蒸气用酸性高锰酸钾溶液采集，并氧化成汞离子；氯化汞用硫酸溶液采集。生成的汞离子在酸性溶液中与双硫腙反应生成双硫腙汞橙红色化合物（$\lambda_{max}=490nm$），被氯仿提取后，测量吸光度	检出限：0.05 测定范围：0.05～5

① 除括号内备注国家标准外，均来源于以下两个标准：GBZ/T 160—2004《工作场所空气有毒物质测定》和 GBZ/T 160—2007《工作场所空气有毒物质测定》。

三、工作场所空气中粉尘容许浓度

工作场所空气中粉尘容许浓度见表 13-41。总粉尘（total dust）是可进入整个呼吸道（鼻、咽和喉、胸腔支气管、细支气管和肺泡）的粉尘，技术上指用总粉尘采样器按标准方法在呼吸带测得的所有粉尘。测定原理：用已知质量的滤膜采集，由滤膜的增量和采气量，计算出空气中总粉尘的浓度。

呼吸性粉尘（respirable dust）为按呼吸性粉尘标准测定方法所采集的可进入肺泡的粉尘粒子，其空气动力学直径均在 7.07μm 以下，空气动力学直径 5μm 粉尘粒子的采样效率为 50%，简称呼尘。测定原理：空气中粉尘通过采样器上的预分离器，分离出的呼吸性粉尘颗粒采集在已知质量的滤膜上，由采样后的滤膜增量和采气量，计算出空气中呼吸性粉尘的浓度。

表 13-41 工作场所空气中粉尘容许浓度[4]

序号	名称	PC-TWA/(mg/m³) 总尘	呼尘
1	白云石粉尘	8	4
2	玻璃钢粉尘	3	—
3	茶尘	2	—
4	沉淀 SiO_2（白炭黑）	5	—
5	大理石粉尘	8	4
6	电焊烟尘	4	—
7	二氧化钛粉尘	8	—
8	沸石粉尘	5	—
9	酚醛树脂粉尘	6	—
10	谷物粉尘（游离 SiO_2 含量<10%）	4	—
11	硅灰石粉尘	5	—
12	硅藻土粉尘（游离 SiO_2 含量<10%）	6	—
13	滑石粉尘（游离 SiO_2 含量<10%）	3	1
14	活性炭粉尘	5	—
15	聚丙烯粉尘	5	—
16	聚丙烯腈纤维粉尘	2	—
17	聚氯乙烯粉尘	5	—
18	聚乙烯粉尘	5	—
19	铝尘 铝金属、铝合金粉尘 氧化铝粉尘	3 4	— —
20	麻尘（游离 SiO_2 含量<10%） 亚麻 黄麻 苎麻	1.5 2 3	— — —
21	煤尘（游离 SiO_2 含量<10%）	4	2.5
22	棉尘	1	—
23	木粉尘	3	—
24	凝聚 SiO_2 粉尘	1.5	0.5
25	膨润土粉尘	6	—
26	皮毛粉尘	8	—

序号	名　　称	PC-TWA/(mg/m³)	
		总尘	呼尘
27	人造玻璃质纤维 　玻璃棉粉尘 　矿渣棉粉尘 　岩棉粉尘	 3 3 3	 — — —
28	桑蚕丝尘	8	—
29	砂轮磨尘	8	—
30	石膏粉尘	8	4
31	石灰石粉尘	8	4
32	石棉（石棉含量＞10%） 　粉尘 　纤维	 0.8 0.8	 — —
33	石墨粉尘	4	2
34	水泥粉尘（游离 SiO_2 含量<10%）	4	1.5
35	炭黑粉尘	4	—
36	碳化硅粉尘	8	4
37	碳纤维粉尘	3	—
38	矽尘 　10%≤游离 SiO_2 含量≤50% 　50%＜游离 SiO_2 含量≤80% 　游离 SiO_2 含量＞80%	 1 0.7 0.5	 0.7 0.3 0.2
39	稀土粉尘（游离 SiO_2 含量<10%）	2.5	—
40	洗衣粉混合尘	1	—
41	烟草尘	2	—
42	萤石混合性粉尘	1	0.7
43	云母粉尘	2	1.5
44	珍珠岩粉尘	8	4
45	蛭石粉尘	3	—
46	重晶石粉尘	5	—
47	其他粉尘[①]	8	—

① 属于可疑人类致癌物（possibly carcinogenic to humans）。

四、环境空气质量和空气质量指数

1. 环境空气质量

随着我国经济社会的快速发展，以煤炭为主的能源消耗大幅攀升，机动车保有量急剧增加，经济发达地区氮氧化物（NO_x）和挥发性有机物（VOCs）排放量显著增长，臭氧（O_3）和细颗粒物（PM2.5）污染加剧，使得 GB 3095—1996《环境空气质量标准》不再适合要求。新修订的《环境空气质量标准》（GB 3095—2012）于 2012 年在部分城市开始实施，并逐步推广，于 2016 年 1 月 1 日起全国范围内实施。

根据《环境空气质量标准》（GB 3095—2012），把环境空气功能区分为两类：一类为自然保护区、风景名胜区和其他需要特殊保护的区域；二类区为居住区、商业交通居民混合区、文化区、工业区和农村地区。一类区适用一级浓度限值，二类区适用二级浓度限值。一、二级环境空气污染物基本项目浓度限值，一、二级环境空气污染物其他项目浓度限值，环境空气各项污染物分析方法及环境空气中污染物浓度数据有效性的最低要求分别见表 13-42～表 13-45。

表 13-42 一、二级环境空气污染物基本项目浓度限值

序号	污染物项目	平均时间	浓度限值		单 位
			一级	二级	
1	二氧化硫（SO₂）	年	20	60	μg/m³
		24h	50	150	
		1h	150	500	
2	二氧化氮（NO₂）	年	40	40	
		24h	80	80	
		1h	200	200	
3	一氧化碳（CO）	24h	4	4	mg/m³
		1h	10	10	
4	臭氧（O₃）	日最大 8h	100	160	μg/m³
		1h	160	200	
5	颗粒物（粒径≤10μm）	年	40	70	
		24h	50	150	
6	颗粒物（粒径≤2.5μm）	年	15	35	
		24h	35	75	

表 13-43 一、二级环境空气污染物其他项目浓度限值

单位 μg/m³

序号	污染物项目	平均时间	浓度限值	
			一级	二级
1	总悬浮颗粒物（TSP）	年	80	200
		24h	120	300
2	氮氧化物（NOₓ）	年	50	50
		24h	100	100
		1h	250	250
3	铅（Pb）	年	0.5	0.5
		季	1	1
4	苯并[a]芘（BaP）	年	0.001	0.001
		24h	0.0025	0.0025

表 13-44 环境空气中各项污染物分析方法

序号	污染物项目	手工分析方法		自动分析方法
		分析方法	标准编号	
1	二氧化硫（SO₂）	环境空气　二氧化硫的测定　甲醛吸收-副玫瑰苯胺分光光度法	HJ 482—2009	紫外荧光法、差分吸收
		空气质量　二氧化硫的测定　四氯汞盐-盐酸副玫瑰苯胺比色法	HJ 483—2009	光谱分析法
2	一氧化碳（CO）	空气质量　一氧化碳的测定　非分散红外法	GB 9801—1998	气体滤波相关红外吸收法、非分散红外吸收法
3	臭氧（O₃）	环境空气　臭氧的测定　靛蓝二磺酸钠分光光度法	HJ 504—2009	紫外荧光法、差分吸收
		环境空气　臭氧的测定　紫外光度法	HJ 590—2010	光谱分析法

续表

序号	污染物项目	手工分析方法		自动分析方法
		分析方法	标准编号	
4	颗粒物（粒径≤10μm）	环境空气 PM10 和 PM2.5 的测定 重量法	HJ 618—2011	微量振荡天平法、β射线法
5	颗粒物（粒径≤2.5μm）			
6	总悬浮颗粒物（TSP）	环境空气 总悬浮颗粒物的测定 重量法	GB/T 15432—1995	—
7	氮氧化物（NO_x）	环境空气 氮氧化物（一氧化氮和二氧化氮）的测定 盐酸萘乙二胺分光光度法	HJ 479—2009	光谱分析法
8	铅（Pb）	环境空气 铅的测定 石墨炉原子吸收分光光度法	HJ 539—2015	—
		环境空气 铅的测定 火焰原子吸收分光光度法	GB/T 15264—1994	
9	苯并[a]芘（BaP）	空气质量 飘尘中苯并[a]芘的测定 乙酰化滤纸层析荧光分光光度法	GB 8971—1988	—
		环境空气 苯并[a]芘测定 高效液相色谱法	GB/T 15439—1995	

表 13-45 环境空气中污染物浓度数据有效性的最低要求

污染物项目	平均时间	数据有效性规定
二氧化硫（SO₂）、二氧化氮（NO₂）、颗粒物（粒径小于等于10μm）、颗粒物（粒径小于等于2.5μm）、氮氧化物（NO_x）	年	每年至少有 324 个日平均浓度值 每月至少有 27 个日平均浓度值（两个月至少有 25 个日平均浓度值）
二氧化硫（SO₂）、二氧化氮（NO₂）、一氧化碳（CO）、颗粒物（粒径小于等于10μm）、颗粒物（粒径小于等于2.5μm）、氮氧化物（NO_x）	24h	每日至少有 20h 平均浓度值或采样时间
臭氧（O₃）	8h	每 8 小时至少有 6h 平均浓度值
二氧化硫（SO₂）、二氧化氮（NO₂）、一氧化碳（CO）、臭氧（O₃）、氮氧化物（NO_x）	1h	每小时至少有 45min 的采样时间
总悬浮颗粒物（TSP）、苯并[a]芘（BaP）、铅（Pb）	年	每年至少有分布均匀的 60 个日平均浓度值 每月至少有分布均匀的 5 个日平均浓度值
铅（Pb）	季	每季至少有分布均匀的 15 个日平均浓度值 每月至少有分布均匀的 5 个日平均浓度值
总悬浮颗粒物（TSP）、苯并[a]芘（BaP）、铅（Pb）	24h	每日应有 24h 的采样时间

2. 空气质量指数

空气质量指数 AQI（air quality index）是一种评价大气环境质量状况简单而直观的指标。通过报告每日空气质量的参数，描述空气清洁或者污染的程度，以及对健康的影响。空气质量指数是根据各种污染物的浓度值换算出来的，一般考虑以下五种主要污染物：地面臭氧、颗粒物污染（也称颗粒物）、一氧化碳、二氧化硫和二氧化氮。AQI 的数值越大、级别和类别越高、表征颜色越深，说明空气污染状况越严重。

AQI 与原来发布的空气污染指数（air pollution index，API）有着很大的区别。AQI 分级计算参考的标准是新的环境空气质量标准（GB 3095—2012），参与评价的污染物为 SO₂、NO₂、PM10、PM2.5、O₃、CO 六项；而 API 分级计算参考的标准是老的环境空气质量标准（GB 3095—1996），评价的污染物仅为 SO₂、NO₂ 和 PM10 三项。此外，AQI 采用更加严格的分级限制标准，因此 AQI 较 API 监测的污染物指标更多，其评价结果更加客观。

第三篇

根据 2012 年初发布的 HJ 633—2012《环境空气质量指数（AQI）技术规定（试行）》，AQI 共分为六级描述，分别用绿、黄、橙、红、紫、褐红来显示。其中：0~50 为一级，优；51~100 为二级，良；101~150 为三级，轻度污染；151~200 为四级，中度污染；201~300 为五级，重度污染；300 以上为六级，严重污染（见表 13-46）。

表 13-46 空气质量指数及对应的污染物项目浓度限值[7]

IAQI	污染物项目浓度限值/(μg/m³)									
	SO_2 24h 平均	SO_2 1h 平均①	NO_2 24h 平均	NO_2 1h 平均①	颗粒物（粒径≤10μm）24h 平均	CO 24h 平均	CO 1h 平均①	O_3 1h 平均	O_3 8h 平均	颗粒物（粒径≤2.5μm）24h 平均
0	0	0	0	0	0	0	0	0	0	0
50	50	150	40	100	50	2	5	160	100	35
100	150	500	80	200	150	4	10	200	160	75
150	475	650	180	700	250	14	35	300	215	115
200	800	800	280	1200	350	24	60	400	265	150
300	1600	②	565	2340	420	36	90	800	800	250
400	2100	②	750	3090	500	48	120	1000	③	350
500	2620	②	940	3840	600	60	150	1200	③	500

① 二氧化硫（SO_2）、二氧化氮（NO_2）和一氧化碳（CO）的 1h 平均浓度限值仅用于实时报，在日报中需使用相应污染物的 24h 平均浓度限值。

② 二氧化硫（SO_2）1h 平均浓度高于 800g/m³ 的，不再进行其空气质量分指数计算，二氧化硫（SO_2）空气质量分指数按 24h 平均浓度计算的分指数报告。

③ 臭氧（O_3）1h 平均浓度高于 800μg/m³ 的，不再进行其空气质量分指数计算，臭氧（O_3）空气质量分指数按 1h 平均浓度计算的分指数报告。

注：IAQI—individual air quality index，空气质量分指数。

不同质量的空气对人体健康有着息息相关的影响，具体影响情况和建议措施等信息见表 13-47。

表 13-47 空气质量指数及相关信息

空气质量指数	空气质量指数级别	空气质量指数类别及表示颜色		对健康影响情况	建议采取的措施
0~50	一级	优	绿色	空气质量令人满意，基本无空气污染	各类人群可正常活动
51~100	二级	良	黄色	空气质量可接受，但某些污染物可能对极少数异常敏感人群健康有较弱影响	极少数异常敏感人群应减少户外活动
101~150	三级	轻度污染	橙色	易感人群症状有轻度加剧，健康人群出现刺激症状	儿童、老年人及心脏病、呼吸系统疾病患者应减少长时间、高强度的户外锻炼
151~200	四级	中度污染	红色	进一步加剧易感人群症状，可能对健康人群心脏、呼吸系统有影响	儿童、老年人及心脏病、呼吸系统疾病患者避免长时间、高强度的户外锻炼，一般人群适量减少户外运动
201~300	五级	重度污染	紫色	心脏病和肺病患者症状显著加剧，运动耐受力降低，健康人群普遍出现症状	儿童、老年人和心脏病、肺病患者应停留在室内，停止户外运动，一般人群减少户外运动
>300	六级	严重污染	褐红色	健康人群运动耐受力降低，有明显强烈症状，提前出现某些疾病	儿童、老年人和病人应当留在室内，避免体力消耗，一般人群应避免户外活动

3. 可吸入颗粒物（PM10、PM2.5）的测定

（1）定义

PM10：悬浮在空气中，动力学直径≤10μm 的颗粒物。

PM2.5：悬浮在空气中，动力学直径≤2.5μm 的颗粒物。

（2）测定原理　分别通过具有一定切割特性的采样器，以恒速抽取定量体积空气，使环境空气中 PM10 和 PM2.5 被截留在已知质量的滤膜上，根据采样前后滤膜的重量差和采样体积，计算 PM10 和 PM2.5 的浓度。

（3）操作

① 样品采集（执行标准：HJ/T 194—2005）　采样时，采样器入口距地面高度不得低于 1.5m。采样不宜在风速大于 8m/s 等天气条件下进行。采样点应避开污染源及障碍物。如果测定交通枢纽处 PM10 和 PM2.5，采样点应布置在距人行道边缘外侧 1m 处。采用间断采样方式来测定日平均浓度时，其次数不应少于 4 次，累积采样时间不应少于 18h。

采样时，将已称重的滤膜用镊子放入洁净采样夹内的滤网上，滤膜毛面应朝进气方向。将滤膜牢固压紧至不漏气。如果测定任何一次浓度，必须每次更换滤膜；如测定日平均浓度，样品可采集在一张滤膜上。采样结束后，用镊子取出。将有尘面两次对折，放入样品盒或纸袋，并做好采样记录。

② 样品保存　滤膜采集后，如不能立即称重，应在 4℃条件下冷藏保存。

③ 分析　将滤膜放在恒温恒湿箱（室）中平衡 24h，平衡条件为：温度取 15～30℃中任何一点，相对湿度控制在 45%～55%范围内，记录平衡温度与湿度。在上述平衡条件下，用感量为 0.1mg 或 0.01mg 的分析天平称量滤膜，记录滤膜重量。同一滤膜在恒温恒湿箱（室）中相同条件下再平衡 1h 后称重。对于 PM10 和 PM2.5 颗粒物样品滤膜，两次重量之差分别小于 0.4mg 或 0.04mg 为满足恒重要求。

（4）采样质量保证

① 连续采样质量保证

a. 采样总管及采样支管应定期清洗，干燥后方可使用。采样总管至少每 6 个月清洗 1 次；采样支管至少每个月清洗 1 次。

b. 吸收瓶阻力测定应每月 1 次，当测定值与上次测定结果之差大于 0.3kPa 时，应做吸收效率测试，吸收效率应大于 95%。不符合要求者，不能继续使用。

c. 采样系统不得有漏气现象，每次采样前应进行采样系统的气密性检查。确认不漏气后，方可采样。

d. 临界限流孔的流量应定期校准，每月 1 次，其误差应小于 5%，否则，应进行清洗或更换新的临界限流孔，清洗或更换新的临界限流孔后，应重新校准其流量。

e. 使用临界限流孔控制采样流量时，采样泵的有载负压应大于 70kPa，且 24h 连续采样时，流量波动应不大于 5%。

f. 定期更换尘过滤膜，一般每周 5 次，及时更换干燥器中硅胶，一般干燥器硅胶有 1/2 变色者，需更换。

② 间断采样质量保证

a. 每次采样前，应对采样系统的气密性进行认真检查，确认无漏气现象后，方可进行采样。

b. 应使用经计量检定单位检定合格的采样器。使用前必须经过流量校准，流量误差应不大于 5%；采样时流量应稳定。

    c. 使用气袋或真空瓶采样时，使用前气袋和真空瓶应用气样重复洗涤 3 次；采样后，旋塞应拧紧，以防漏气。

    d. 在颗粒物采样时，采样前应确认采样滤膜无针孔和破损，滤膜的毛面应向上。

    e. 滤膜采集后，如不能立即称重，应在 4℃条件下冷藏保存；对分析有机成分的滤膜采集后应立即放入−20℃冷冻箱内保存至样品处理前，为防止有机物的分解，不宜进行称重。

    f. 使用吸附采样管采样时，采样前应做气样中污染物穿透试验，以保证吸收效率或避免样品损失。

参 考 文 献

[1] Handbook of Analytical Chemistry: Herausgegeben von Louis Meites. Verlag McGraw-Hill Book-Company, New York, San Francisco, Toronto, London, Sidney, 1963.

[2] GBZ 159—2004 中华人民共和国国家职业卫生标准工作场所空气中有害物质监测的采样规范.

[3] 中华人民共和国职业病防治法，2011 年 12 月 31 日施行.

[4] GBZ 2.1—2007 工作场所有害因素职业接触限值 化学有害因素.

[5] 夏玉亮. 空气中有害物质手册. 北京：机械工业出版社，1989.

[6] 国家环境保护总局，空气和废气监测分析方法编委会. 空气和废气监测分析方法. 第 4 版增补版. 北京：中国环境科学出版社，2003.

[7] HJ 633—2012 环境空气质量指数（AQI）技术规定（试行）.

第十四章 水分析

水是人类所必需的重要资源之一，对社会发展、工业生产以及人们的生活发挥着重要的作用。由于人类日益扩大的生产和生活规模，使自然水体受到一定影响，水污染和水资源危机成为日益严峻的问题。为了保障水资源的合理利用、保证自然界的持续性发展，水分析和水体监控发挥着重要作用。本章首先介绍样品中水的定量分析，然后介绍水体污染、水中主要监测项目及分析方法等内容。

第一节 样品中水的定量分析

一、气体样品中水的定量分析

气体样品中常常含有水分，对气体的使用效果会产生一定影响，因此样品中水的定量分析非常重要。气体中水分的存留一般与氢键有关，氢键比其他作用力如范德华力和偶极矩力表现出更强的吸引力，因此水分被吸附后就很难除去，给水分析增加了一定难度。

气体中水分的测定方法包括光腔衰荡光谱法、电解法、露点法、卡尔·费休法、重量法、碳化钙法等，其中前四种常用于气体中微量水分的测定。这些方法可分为物理方法和化学方法两大类，其中电解法、卡尔·费休法、重量法和碳化钙法属于化学方法。目前，国标中采用的方法是光腔衰荡光谱法、电解法和露点法。

1. 光腔衰荡光谱法[1]

基本原理： 1988 年 O'Keefe 和 Deacon 阐述了光腔衰荡光谱（CRDS, cavity ring-down spectroscopy）的基本操作原理，为光腔衰荡光谱仪的研制提供了理论基础。当一束单波长激光进入光腔后，一部分脉冲激光进入光腔，经高反射性镜面反复多次反射，每次都有少量的光透过镜面而离开光腔，这部分光就构成了光衰荡信号。切断光源后，其能量会随时间而衰减，衰减的速度与光腔自身的损耗（透射和散射）和腔内被测组分（介质）的吸收有关。光能量衰减的速度与被测组分的含量有关，被测组分的含量与其分子在光腔内的密度成正比，分子的密度由衰荡时间确定，因此可以通过测量光腔衰荡时间来测量气体样品中的水分含量。计算公式如下：

$$x = \frac{D}{D_{总}} = \frac{D}{\dfrac{N_A pV}{RT}} = \frac{RT}{N_A pVc\sigma(v)} \cdot \left(\frac{1}{\tau(v)} - \frac{1}{\tau_{empty}} \right) \tag{14-1}$$

式中　x——被测组分含量，mol/mol；

　　　D——被测分子密度，分子数/m³；

　　　$D_{总}$——气体分子总密度，分子数/m³；

　　　p——光腔池中的压力，Pa；

　　　T——光腔池中的温度，K；

　　　N_A——阿伏伽德罗常数，6.022×10²³；

　　　R——气体常数，8.314Pa·m³/(mol·K)；

  c——光速，m/s；

  V——光腔池的体积，m^3；

  $\sigma(\nu)$——分子在激光频率ν时的吸收横截面，m^2；

  $\tau(\nu)$——有吸收介质的衰荡时间，s；

  τ_{empty}——无吸收介质的衰荡时间，s。

  适用范围：CRDS 技术通过测量时间而不是强度的变化来确定光学吸收，其主要部件是激光源、一对高反射性镜面形成的光共振腔和光探测器。适用于测定纯气和高纯气中的微量水分（体积分数为 $2\times10^{-10}\sim2\times10^{-5}$）；也可以用于腐蚀性气体和有毒气体（如 PH_3、NH_3 等）中微量水分的测定。可采用激光振荡衰减水分分析仪对样品进行自动分析。

  优缺点：CRDS 技术具有测量速度快、灵敏度高、量程大、不需要费时校准和不需要标准样气的优点。

  2. 电解法[2]

  基本原理：电解池的两个电极用磷酸涂覆，在电极间施加直流电压，气体中的水分被电解池内的五氧化二磷膜层连续吸收，生成磷酸。磷酸被电解为氢气和氧气，同时五氧化二磷得以再生。当吸收和电解达到平衡后，进入电解池的水分全部被五氧化二磷膜层吸收，并全部被电解。

  根据法拉第电解定律和气体定律可推导出水的电解电流与气体样品湿度之间的关系。若已知环境温度、环境压力和气体样品流量，可通过测量电解电流来测量气体样品的湿度。计算公式如下：

$$I=\frac{QpT_0FU\times10^{-4}}{3p_0TV_0}$$

式中 T_0——标准状态温度，273.15K；

   F——法拉第常数，96485C；

   p_0——标准状态压力，101325Pa；

   I——水的电解电流，μA；

   Q——样气流量，ml/min；

   U——样气湿度的体积分数，$\times10^{-6}$；

   p——环境压力，Pa；

   T——环境的热力学温度，K；

   V_0——标准状态下气体样品的摩尔体积。

  适用范围：适用于氮气、氩气、氖气、氢气、二氧化碳及其他不与五氧化二磷发生任何除吸湿以外反应的微量水分（即气体湿度）的测定。

  优缺点：操作简单、检测结果准确度高。但电解池气路在使用前的干燥时间较长，且对气体的腐蚀性及清洁性要求较高；仪器由高湿度降到低湿度所需的时间较长；电解池膜层（一般为五氧化二磷）容易脱落而导致仪器失效。此外，因为电解池膜层是酸性的，不适用于一些含碱性组分的气体测量，测量误差比较大。

  3. 露点法[3]

  基本原理：恒定的压力下，一定体积的气体均匀降温时，气体和气体中水分的分压保持不变，直至气体中的水分达到饱和状态，该饱和状态下的温度就是气体的露点。通常可在气体流经的测定室中安装镜面及其附件，通过测定在单位时间内离开和返回镜面的水分子数达到动态平衡时的镜面温度来确定气体的露点。一定的气体湿度对应一个露点温度，一个露点温度也与气体的湿度相对应,因此测定气体的露点温度就可以测定气体的湿度。由露点可以直接得到绝对湿度,由露点和所测气体的温度可以得到气体的相对湿度。测量露点温度时,要使结露状态尽量保持一致,测温元件安装点的温度应尽量和镜面温度保持一致。

适用范围：测量的露点范围是 0～–100℃,适用于氢气、氧气、氮气、氦气、氖气、氩气、氪气、氙气、氧化亚氮、六氟化硫等气体以及由这些气体组成的混合气体中微量水分的测定,不适用于在水分冷凝前就冷凝的气体以及能与水分发生反应的气体。

优缺点：优点是测量精度高。缺点是响应速度较慢,尤其当露点达到–60℃以下,平衡时间长达几个小时,而且对气体的腐蚀性及清洁性要求较高。

4. 卡尔·费休法

基本原理：1935 年,卡尔·费休（Karl Fischer）首先提出利用容量分析测定水分的方法。依据滴定剂的不同,卡尔·费休水分测定方法主要分为两大类。一类是电量法（库仑法）,即通电后阳极液里的碘离子电解氧化为单质碘,碘与样品水分和卡氏试剂反应。消耗的电量和电解产生的单质碘之间存在严格的定量关系,根据终点时消耗的电量可以计算出水分含量。另一类是容量法,样品加入到卡氏试剂中,采用高精度自动控制的滴定管将含碘的卡氏试剂直接滴加到样品溶液中,与水分发生定量反应。一般库仑法适用于低含量的水分测定,而容量法适用于高含量的水分测定,两者能够互补。两种方法均根据 Pt 电极检测游离碘离子电位的急剧下降来判断滴定终点。

卡氏试剂常用 I_2、SO_2、吡啶、无水 CH_3OH（含水量小于 0.05%）配制而成。由于吡啶有气味、有毒,目前采用其他碱试剂来代替吡啶。国际标准化组织把卡尔·费休法定为微量水分测定的国际标准,我国也把这个方法定为用于水分测定的国家标准[4]。

在经典的卡尔·费休法中,首先发生如下化学反应：

$$H_2O + C_5H_5N\cdot SO_2 + C_5H_5N\cdot I_2 + C_5H_5N =\!=\!= 2C_5H_5N\cdot HI + C_5H_5NSO_3$$

产生的亚硫酸吡啶不稳定,很容易和甲醇生成稳定的甲基硫酸氢吡啶。

$$C_5H_5NSO_3 + CH_3OH =\!=\!= C_5H_5NHSO_4CH_3$$

总反应式为：

$$H_2O + C_5H_5N\cdot SO_2 + C_5H_5N\cdot I_2 + C_5H_5N + CH_3OH =\!=\!= 2C_5H_5N\cdot HI + C_5H_5NHSO_4CH_3$$

卡尔·费休库仑法依据法拉第电解定律,根据以下公式可以计算出待测气体中水分的含量：

$$\frac{W\times 10^{-6}}{18.02} = \frac{Q\times 10^{-3}}{2\times 96493}$$

$$W = \frac{Q}{10.71}$$

式中　W——样品中的水分含量,μg;

　　　Q——电解电量,mC;

　18.02——水的摩尔质量,g/mol。

优缺点：测量范围广（0.0001%～100%）、精确度高、试剂消耗少、对气体样品要求少、无需标准样品、适用范围广、操作简单等,是目前使用最为广泛的水分分析方法。但是必须考虑样品中有无干扰物质（特别是具有氧化性或还原性的物质）存在,还需要根据样品中水分的含量确定进样量。

5. 重量法

基本原理：待测气体通过某一干燥剂（常用五氧化二磷）,其所含水分被干燥剂吸收。通过称量吸收前后的干燥剂质量可以得到水分含量,后者与气体样品体积之比即为气体的湿度。如测定六氟化硫气体的湿度时，可用恒重的无水高氯酸镁吸收，并测定其增加的重量[5]。

优缺点：原理简单、成本低，易于被广大实验室所采用，该方法亦可用于腐蚀性气体中水分含量的测定。但是操作比较繁琐，精度不高，尤其要求气体中水分含量较高（一般高于0.6g），因此仅适用于水分含量较高的工业级气体，不适用于气体中微量水分的测定。

6. 碳化钙法（电石法）

基本原理：属于间接测定水分含量的方法。待测气体以恒定的流量通过碳化钙（电石）反应管，水与碳化钙反应生成乙炔，后者浓度可用带有氢焰离子化检测器的气相色谱仪测定，从而得出水的含量。反应式为：

$$2H_2O + CaC_2 \Longrightarrow Ca(OH)_2 + C_2H_2$$

优缺点：原理简单，成本低，可适用于各种压缩气体中水分的测定。但是该方法操作复杂，实验中要确保碳化钙的干燥，对环境要求也相当严格，环境中微量水分的渗入会造成实验测量误差，因此不适用于微量水分的测定。此外，碳化钙法不能用于含氯化氢气体的水分测定，否则会导致结果偏高；也不能用于含卤素气体的水分测定，否则会导致结果偏低。

7. 电容法

原理：以多孔氧化铝薄膜作为电容器的介质层，铝基板及氧化膜上的网状金膜为两个极板构成电容元件，后者作为感湿探头来测量湿度。当感湿探头置于被测气体样品中时，气体中的水分子会通过金膜进入多孔氧化铝的孔隙中，改变电容元件的介电常数，使电容量发生变化，从而测出水含量。电容法是一种绝对湿度的测量方法。

优缺点：测量范围宽、适合高湿度、响应速度快、操作方便，适合在线连续监测。但是准确度较其他方法差，感湿电容元件的长期稳定性欠佳，存在着缓慢漂移。

8. 气相色谱法

原理：采用带有热导池检测器的气相色谱仪，将待测气体样品中的水与其他组分分离，采用外标法、根据水的峰面积定量计算水分的含量。

根据气体种类不同，其分析测定方法也不同，不同种类气体中水分的定量测定方法汇总见表 14-1[6]。

表 14-1 不同种类气体中水分的定量测定方法

气体类别	产品名称	分析方法	仲裁法
工业用气体	液氯	重量法	
	六氟化硫	重量法、电解法、露点法	重量法
	乙烯	卡尔·费休库仑法 湿度计法（包括压电式、电解式和电容式）	
	丙烯	卡尔·费休库仑法 湿度计法（包括压电式和电容式）	
	二氟一氯甲烷	卡尔·费休法	
	异丁烷	卡尔·费休法、电解法	卡尔·费休法
	丁二烯	卡尔·费休法	
	异丁烯	卡尔·费休库仑法	
电子工业用气体	三氟化氮	压电水分仪、电解法	电解法
	六氟化硫	电解法、露点法	
	高纯氯气	电解法	
	硅烷	电解法或其他等效	电解法
	磷化氢	光腔衰荡光谱法或其他等效方法	光腔衰荡光谱法
	氧化亚氮	光腔衰荡光谱法或其他等效方法	光腔衰荡光谱法

续表

气体类别	产品名称	分析方法	仲裁法
电子工业用气体	氨气	露点法或其他等效方法	露点法
	氯化氢	露点法	
	氢气	光腔衰荡光谱法或其他等效方法	光腔衰荡光谱法
	氧气	光腔衰荡光谱法或其他等效方法	光腔衰荡光谱法
	氮气	光腔衰荡光谱法或其他等效方法	光腔衰荡光谱法
	氦气	电解法或其他等效法	电解法
	氩气	电解法或其他等效法	电解法
其他行业	医用或航空用氧气	露点法	
	医用氧化亚氮	重量法、电解法、露点法	重量法
纯气、高纯气和超纯气	纯氩气	电解法、露点法	露点法
	高纯氩气	电解法、露点法	露点法
	纯氮气	电解法	
	高纯氮气	电解法	
	纯氖气	电解法、露点法	
	纯甲烷气体	电解法	
	纯氧气	电解法、露点法	露点法
	高纯氧气	电解法、露点法	露点法
	超纯氧气	电解法、露点法	露点法
	纯氮气	电解法、露点法	露点法
	高纯氮气	电解法、露点法	露点法
	超纯氮气	电解法、露点法	露点法
	纯氢气	电解法、露点法	露点法
	高纯氢气	电解法、露点法	露点法
	超纯氢气	电解法、露点法	露点法
	氦气	电解法、露点法	露点法
	氪气	电解法、露点法	露点法
燃气	天然气	露点法	
	二甲醚	卡尔·费休库仑电量法、卡尔·费休容量法	卡尔·费休库仑法（闪蒸进样）

二、固体或液体样品中水分的定量分析

在液态和气态物质中，水大多以游离态分子形式存在。在固态物质中，水的存在状态比较复杂，大致有附着水、吸着水和化合水 3 种。从广义来讲，水分为这 3 种水的总称。

（1）附着水：即游离水，指附着于固体物质微粒表面的水分，又名湿存水。

（2）吸着水：指以吸附形式（物理吸附或化学吸附）与固体物质结合的水分。这种吸附可以发生在固体物质的界面，也可以发生在固体物质界面以内。

（3）化合水：指结合在化合物中的水分子，一般又称结晶水。

固体样品中水分测定方法有许多种，需要根据样品的性质来选择。常用的水分测定方法如下。热干燥法：①常压干燥法（此法较广泛）；②真空干燥法（适用于加热易分解的样品）；③红外线干燥法（此法较广泛）；④真空器干燥法（干燥剂法）。蒸馏法。水分测定仪（卡尔·费休法）。其他水分测定方法[4,7~10]。

1. 常压干燥法（即烘箱法，属于重量法）

（1）原理与特点

原理：食品中的水分一般指在大气压下，100℃左右加热所失去的质量。但实际上在此温度下所失去的是挥发性物质的总量，不完全是水。

特点：此法应用广泛，操作及设备简单，精确度高。

（2）操作条件

① 水分是唯一挥发成分，即在加热时只有水分挥发。例如，含酒精、香精油、芳香脂等挥发成分的样品都不能用干燥法。

② 水分要挥发完全。对于结合水，由于它们和固体结合得很牢固、不易排出，甚至当样品被烘焦以后，样品中结合水都不能除掉。因此，有时采用常压干燥法测得的水分并不是固体样品中总的水分含量。

③ 样品中其他成分由于受热而引起的化学变化可以忽略不计。

（3）烘箱干燥法的测定要点

① 取样（称样）：采样时，要特别注意水分的变化。对于某些易吸水的样品，称量时要迅速，否则质量会越来越大。

② 干燥条件选择的三个因素：温度；压力（常压、真空）；干燥时间。

一般对热不稳定的样品可采用 70～105℃ 加热；对热稳定的样品采用 120～135℃ 加热。

（4）操作方法（以固体食品中水分含量测定为例）　取洁净铝制或玻璃制的扁形称量瓶，置于 101～105℃ 干燥箱，瓶盖斜支于瓶边，加热 1.0h 后，取出盖好，置于干燥器内冷却 0.5h，称重。重复干燥，至前后两次质量差不超过 2mg，称量瓶即达到恒重。将混合均匀的试样迅速磨细至颗粒小于 2mm，不易研磨的样品应尽可能切碎，称取 2～10g 试样（精确至 0.0001g），放入恒重后的称量瓶中，试样厚度不超过 5mm，如为疏松试样，厚度不超过 10mm，加盖，精密称量后，置 101～105℃ 干燥箱中，瓶盖斜支于瓶边，干燥 2～4h 后，取出盖好，置于干燥器内冷却 0.5h，称重。重复以上操作至前后两次质量差不超过 2mg，即为恒重。

备注：①在某些情况下，恒重是指在干燥前后两次连续称量之间的差值不超过最后测定重量的 0.1%（质量分数）。②对于易发生缓慢氧化的固体样品，若后一次质量反而增加，以前一次的质量计算。③对于易焦化和易分解的固体样品，可以选用比较低的温度或缩短干燥时间。④对于液体或半固体样品，需在称量皿中加入海砂，使样品疏松，扩大蒸发的接触面。将加有海砂的样品放到沸水浴中烘干，待大量水分挥发后，再放到烘箱干燥。若液体或半固体样品中不加海砂，容易使样品表面形成一层膜，造成水分不易挥发；另外易沸腾的液体会产生飞沫，也会造成称量损失。⑤水分含量≥1g/100g 时，测定结果保留三位有效数字；水分含量＜1g/100g 时，测定结果保留两位有效数字。

（5）烘箱干燥法产生误差的原因

① 样品中含有非水分性的易挥发性物质（酒精、乙酸、香精油、磷脂等）；

② 样品中含有易和水结合的成分，限制水分挥发，使结果偏低（如蔗糖水解为二分子单糖）；

③ 样品中含有易被空气中氧气氧化的成分，使样品质量增加，如食品中的脂肪与空气中的氧气发生氧化，使样品重量增加；

④ 在高温条件下，物质发生分解（热分解）；

⑤ 被测样品表面产生硬壳，抑制水分的扩散；

⑥ 烘干结束后，样品重新吸水。

2. 真空干燥法（属于重量法）

（1）原理　减压条件下，可以在较低温度对样品进行干燥，干燥前后减少的质量为样品中的水分含量。真空干燥法测定水分含量，一般用于 100℃ 以上容易变质、结构被破坏或不易除去结合水的样品。其测定结果比较接近真实值。

（2）操作方法（以固体食品中水分含量测定为例）　取 2～10g（精确至 0.0001g）试样

置于已恒重的称量瓶中，放入真空干燥箱内，将真空干燥箱连接真空泵，抽出真空干燥箱内空气（所需压力一般为 40～53kPa），并同时加热至所需温度(60±5)℃。关闭真空泵上的活塞，停止抽气，使真空干燥箱内保持一定的温度和压力。4h 后打开活塞，使空气经干燥装置缓缓通入至真空干燥箱内，待压力恢复正常，取出称量瓶，放入干燥器中 0.5h，称量。重复以上操作至前后两次质量差不超过 2mg，即为恒重。

3. 蒸馏法

蒸馏法出现在 20 世纪初，当时采用沸腾的有机液体，将样品中水分分离出来，此法直到如今仍在使用，适用于含较多其他挥发性物质的样品。特别是对于香料中水分的测定，蒸馏法是唯一的、公认的分析方法。

（1）原理　把不溶于水的有机溶剂和待测样品放入蒸馏式水分测定装置中加热，试样中的水分与溶剂蒸气一起蒸发，然后在冷凝管中冷凝，由测得的水分容量得到样品的水分含量。

（2）步骤（以食品中水分含量测定为例）　准确称取适量试样（应使最终蒸出的水在 2～5ml，但最多取样量不得超过蒸馏瓶的 2/3），放入蒸馏瓶中，加入新蒸甲苯（或二甲苯），连接冷凝管与水分接收管，从冷凝管顶端注入甲苯。加热慢慢蒸馏，控制馏出速度。当水分全部蒸出，接收管内的水分体积不再增加时，从冷凝管顶端加入甲苯冲洗，接收管水平面保持 10min 不变，读取接收管水层的容积。

（3）有机溶剂的选择依据　一般选择比水重的有机溶剂，其优点是样品浮在上面，不易过热、碳化，从而安全；但这类溶剂馏出冷凝后，会穿过水面进入承接管下方，增加了形成乳浊液的机会，不利于后期的水分分离。对热不稳定的样品，一般选用低沸点的有机溶剂进行蒸馏。若分层不理想，造成读数误差，可加少量戊醇或异丁醇防止乳浊液的出现。

（4）蒸馏法的优缺点

优点：热交换充分；受热后发生的化学反应比重量法少；设备简单，管理方便。

缺点：水与有机溶剂易发生乳化现象；样品中水分可能没有完全挥发出来；水分有时附在冷凝管壁上，造成读数误差。

4. 卡尔·费休法

用于气体中水分测定的卡尔·费休法，也广泛地用于固体或液体中水分的测定，其原理一致。具体操作时要注意以下几点：

（1）此法适用于多数有机样品；

（2）样品中有强还原性物料，包括维生素 C 的样品不能测定；样品中含有的酮、醛类物质会与试剂发生缩酮、缩醛反应，必须采用专用的醛酮类试剂测试。对于部分在甲醇中不溶解的样品，需要用合适的溶剂溶解后检测，或者采用卡氏加热炉将水分气化后测定。

（3）卡尔·费休法不仅可测定样品中的吸着水和附着水，还可测定结合水，因此能更客观地反映出样品中的总水分含量。

（4）固体样品粒度以 40 目为宜，最好用粉碎机而不用研磨，以防止水分损失。

5. 其他测定水分方法

（1）微波干燥法（属于重量法）　微波加热法是利用微波炉的磁控管产生的超高频率微波快速干燥样品，使其快速达到恒重。通过测定微波加热至恒重前后样品的质量得到水分的含量。

特点：升温速度快，恒重所需时间大大缩短。如，常规烘箱法测量样品水分需要 1～2h，而微波法只需几分钟。

（2）化学干燥法　化学干燥法就是将某种对于水蒸气具有强烈吸附作用的化学药品与待测样品一同装入一个干燥器（玻璃或真空干燥器），通过等温扩散和吸附作用使样品达到干燥恒重，根据干燥前后样品的失重即可计算出其水分含量。由于此法是在室温下干燥，需要较长时间，几天、几十天甚至几个月。

常见干燥剂有五氧化二磷、氧化钡、高氯酸镁、氢氧化锌、硅胶、氧化氯等。

（3）微波水分仪测量法　微波是指频率范围为 $10^3 \sim 3 \times 10^5 MHz$ 的电磁波。微波水分仪测量样品中的水分大多利用微波衰减原理，即在微波频率下，水的介电常数要比其他物质高得多。大多数物质在含有水分后，介电常数都会明显增加，微波在这种介质中传输时衰减就会增大，通过检验微波的衰减量可以得到样品水分的含量。目前，微波水分仪大多用于固体样品中水分的测定。

特点：系统精度高、速度快，重复性好、性能稳定、抗干扰和抗冲击能力强，可用于在线水分实时测控。

（4）红外吸收光谱法　红外线是波长介于微波与可见光之间的电磁波，波长范围在 $0.75 \sim 1000\mu m$ 之间。红外波段可分三部分：近红外区（$0.75 \sim 2.5\mu m$）、中红外区（$2.5 \sim 25\mu m$）和远红外区（$25 \sim 1000\mu m$）。

水分对某一波长红外线的吸收程度与其在样品中含量存在一定的关系，据此可以建立红外光谱测定水分的方法。如利用红外或近红外法可以测定稻谷、玉米及纸张等产品中的水分含量[11~13]。

（5）气相色谱法　液体样品（如油样）中的水分在气化室内气化后，随载气进入高分子微球固定相中进行分离，然后用热导检测器检测，采用水-正庚烷饱和溶液作为定量标准样品。色谱法操作简单，不需接触大量有毒的化学药品，环境污染小；但是仪器达到稳定所需的时间长，标样的重复性差。

（6）电容电阻法　电容器的电容量与其两极间介质的介电常数成正比。不同的物质具有不同的介电常数，纯水具有较高的介电常数（80F/m 左右），而固体或液体的介质常数都较低。当样品含有水分时，其介电常数会大大提高，从而引起电容器的电容量增加。通过测定电容量的变化就可以得到样品的含水量。

电阻水分测量法亦称电导法，利用了样品的电导率会随其含水量发生变化的原理。一般来说，在一定的水分范围内，电阻的对数与其含水量近似呈线性关系。电阻法因其快速、准确、成本低，是一种常用的水分测量方法；但常规电阻法存在信号强度小、取样要求高、抗干扰性较差等缺点。近年来出现了许多基于电阻测量原理的创新方法，如两量程直流电阻法、脉冲电阻法、阻抗分离法和交流阻抗法等。

目前较常用的电容电阻仪有：粮食水分测定仪、棉花水分测定仪、土壤水分仪等。

第二节　水中污染物分析

一、概述

水中的污染物质按种类和性质可分为无机无毒物、无机有毒物、有机无毒物、有机有毒物四大类。此外还有放射性污染物、生物污染物和热污染等。近年来，由于工农业的迅速发展，致使水中污染物的成分越来越复杂、浓度越来越高。

水中有机污染物的分析方法一般有以下几种：①气相色谱，如多维气相色谱法、浓缩气相色谱法、顶空气相色谱法和反应气相色谱法等；②液相色谱；③GC/MS 联用，如吹扫捕集/气相色谱/质谱联用技术等；④气相色谱-质谱联用（GC-MS）；⑤固相微萃取（SPME）-GC 联用等。

水中无机污染物分为无机金属离子和无机阴离子两大类。水中无机污染物的分析方法一般有以下几种：①色谱法，如高效液相色谱、离子色谱和螯合离子色谱等；②光谱法，如原子吸收光谱法和可见-紫外光度法等；③极谱法。

本节首先介绍水中有机污染物分析和无机污染物分析，然后介绍水质污染度 COD 和 BOD 的测定、水中微生物分析以及水质指标体系等内容。

（一）水污染产生原因

适于人类及其他生物生存和工农业生产的水质，对其各种成分的要求都有一定范围。超过一定限度，特别是有毒物质超过一定数量，就会给人类及其他生物的生存环境带来直接或间接的危害。通常把"水污染（water pollution）"定义为：水体因某种物质的介入而导致其化学、物理、生物或者放射性等方面特征的改变，从而影响水的有效利用，危害人体健康或者破坏生态环境，造成水质恶化的现象。

水污染主要是由于一些有害的物质，如农药、化肥、工业废水、生活污水和医疗污水等进入水体，使水体不能实现自身净化，引起天然水体在物理和化学等方面发生变化。造成水污染的物质成分极为复杂，主要包括无机无毒物、无机有毒物、有机无毒物、有机有毒物、石油类污染物、病原微生物、寄生虫、放射性污染物和热污染等。

常见的水污染主要有两种形式：一是自然污染，通过地质的溶解作用和降水把各种污染物带入水体，形成水污染；二是人为污染，即通过工业废水、生活污水、农药化肥等造成对水体的污染。后一种影响比较严重，但是可以控制。

水污染的来源可以从气态、液态和固态分为以下三大类。①灰尘来源：由于雨水对各种矿石的溶解作用，火山爆发和干旱地区的风蚀作用所产生的大量灰尘落入水体而引起。这些灰尘可以造成河流水质恶化，水中溶解氧降低。②废水来源：主要是人类活动造成的工业污染废水、农业污染废水、生活污染废水等。③废气来源：排出的工业废气残留在土壤，或飘浮在大气中，通过降雨进入地表水或渗入地表水而造成水污染。

（二）污水综合排放标准

目前污水排放的国家标准有两个，GB 8978—1996《污水综合排放标准》和 GB 18918—2002《城镇污水处理厂污染物排放标准》，但两者针对的对象不同。GB 8978—1996 中按照排放去向，将污水分为第一类污染物（不分行业和污水排放方式，也不分受纳水体的功能类别，一律在车间或车间处理设施排放口采样，其最高允许排放浓度必须达到本标准要求）和第二类污染物（在排污单位排放口采样，其最高允许排放浓度必须达到本标准要求）及最高排放浓度，并规定了 69 种水污染物最高允许排放浓度及部分行业最高允许排水量。其中第二类污染物分年限（按 1997 年 12 月 31 日之前和之后建设）的规定有所不同。国家标准中对第一类污染物最高允许排放浓度见表 14-2，对第二类污染物最高允许排放浓度见表 14-3 和表 14-4[14,15]。

表 14-2 第一类污染物最高允许排放浓度

单位：mg/L

序号	污染物	最高允许排放浓度	序号	污染物	最高允许排放浓度
1	总汞	0.05	8	总镍	1.0
2	烷基汞	不得检出	9	苯并[a]芘	0.00003
3	总镉	0.1	10	总铍	0.005
4	总铬	1.5	11	总银	0.5
5	六价铬	0.5	12	总 α 放射性	1Bq/L
6	总砷	0.5	13	总 β 放射性	10Bq/L
7	总铅	1.0			

表 14-3 第二类污染物最高允许排放浓度

（1997 年 12 月 31 日之前建设的单位）　　　　　　　　　　　　　　　　　　单位：mg/L

序号	污染物	适用范围	一级标准	二级标准	三级标准
1	pH	一切排污单位	6～9	6～9	6～9
2	色度（稀释倍数）	染料工业	50	180	—
		其他排污单位	50	80	—
3	悬浮物（SS）	采矿、选矿、选煤工业	100	300	—
		脉金选矿	100	500	—
		边远地区砂金选矿	100	800	—
		城镇二级污水处理厂	20	30	—
		其他排污单位	70	200	400
4	五日生化需氧量（BOD₅）	甘蔗制糖、苎麻脱胶、湿法纤维板工业	30	100	600
		甜菜制糖、酒精、味精、皮革、化纤浆粕工业	30	150	600
		城镇二级污水处理厂	20	30	—
		其他排污单位	30	60	300
5	化学需氧量（COD）	甜菜制糖、焦化、合成脂肪酸、湿法纤维板、染料、洗毛、有机磷农药工业	100	200	1000
		味精、酒精、医药原料药、生物制药、苎麻脱胶、皮革、化纤浆粕工业	100	300	1000
		石油化工工业（包括石油炼制）	100	150	500
		城镇二级污水处理厂	60	120	—
		其他排污单位	100	150	500
6	石油类	一切排污单位	10	10	30
7	动植物油	一切排污单位	20	20	100
8	挥发酚	一切排污单位	0.5	0.5	2.0
9	总氰化合物	电影洗片（铁氰化合物）	0.5	5.0	5.0
		其他排污单位	0.5	0.5	1.0
10	硫化物	一切排污单位	1.0	1.0	2.0
11	氨氮	医药原料药、染料、石油化工工业	15	50	
		其他排污单位	15	25	—
12	氟化物	黄磷工业	10	20	20
		低氟地区（水体含氟量<0.5mg/L）	10	20	30
		其他排污单位	10	10	20
13	磷酸盐（以 P 计）	一切排污单位	0.5	1.0	—
14	甲醛	一切排污单位	—	—	—
15	苯胺类	一切排污单位	1.0	2.0	5.0
16	硝基苯类	一切排污单位	2.0	3.0	5.0
17	阴离子表面活性剂（LAS）	合成洗涤剂工业	5.0	15	20
		其他排污单位	5.0	10	20
18	总铜	一切排污单位	5.0	1.0	2.0
19	总锌	一切排污单位	2.0	5.0	5.0

续表

序号	污染物	适用范围	一级标准	二级标准	三级标准
20	总锰	合成脂肪酸工业	2.0	5.0	5.0
		其他排污单位	2.0	2.0	5.0
21	彩色显影剂	电影洗片	2.0	3.0	5.0
22	显影剂及氧化物总量	电影洗片	3.0	6.0	6.0
23	元素磷	一切排污单位	0.1	0.3	0.3
24	有机磷农药（以 P 计）	一切排污单位	不得检出	0.5	0.5
25	粪大肠菌群数	医院①、兽医院及医疗机构含病原体污水	500 个/L	1000 个/L	5000 个/L
		传染病、结核病医院污水	100 个/L	500 个/L	1000 个/L
26	总余氯（采用氯化消毒的医院污水）	医院①、兽医院及医疗机构含病原体污水	<0.5②	>3（接触时间≥1h）	>2（接触时间≥1h）
		传染病、结核病医院污水	<0.5②	>6.5（接触时间≥1.5h）	>5（接触时间≥1.5h）

① 指 50 个床位以上的医院；② 加氯消毒后须进行脱氯处理，达到本标准。

表 14-4 第二类污染物最高允许排放浓度

（1998 年 1 月 1 日之后建设的单位）   单位：mg/L

序号	污染物	适用范围	一级标准	二级标准	三级标准
1	pH	一切排污单位	6～9	6～9	6～9
2	色度（稀释倍数）	一切排污单位	50	80	—
3	悬浮物（SS）	采矿、选矿、选煤工业	70	300	—
		脉金选矿	70	400	—
		边远地区砂金选矿	70	800	—
		城镇二级污水处理厂	20	30	—
		其他排污单位①	70	150	400
4	五日生化需氧量（BOD₅）	甘蔗制糖、苎麻脱胶、湿法纤维板、染料、洗毛工业	20	60	600
		甜菜制糖、酒精、味精、皮革、化纤浆粕工业	20	100	600
		城镇二级污水处理厂	20	30	—
		其他排污单位①	20	30	300
5	化学需氧量（COD）	甜菜制糖、合成脂肪酸、湿法纤维板、染料、洗毛、有机磷农药工业	100	200	1000
		味精、酒精、医药原料药、生物制药、苎麻脱胶、皮革、化纤浆粕工业	100	300	1000
		石油化工工业（包括石油炼制）	60	120	—
		城镇二级污水处理厂	60	120	500
		其他排污单位①	100	150	500
6	石油类	一切排污单位	5	10	20
7	动植物油	一切排污单位	10	15	100
8	挥发酚	一切排污单位	0.5	0.5	2.0
9	总氰化合物	一切排污单位	0.5	0.5	1.0
10	硫化物	一切排污单位	1.0	1.0	1.0
11	氨氮	医药原料药、染料、石油化工工业	15	50	—
		其他排污单位①	15	25	—

续表

序号	污染物	适用范围	一级标准	二级标准	三级标准
12	氟化物	黄磷工业	10	15	20
		低氟地区（水体含氟量<0.5mg/L）	10	20	30
		其他排污单位	10	10	20
13	磷酸盐（以P计）	一切排污单位	0.5	1.0	—
14	甲醛	一切排污单位	1.0	2.0	5.0
15	苯胺类	一切排污单位	1.0	2.0	5.0
16	硝基苯类	一切排污单位	2.0	3.0	5.0
17	阴离子表面活性剂（LAS）	一切排污单位	5.0	10	20
18	总铜	一切排污单位	0.5	1.0	2.0
19	总锌	一切排污单位	2.0	5.0	5.0
20	总锰	合成脂肪酸工业	2.0	5.0	5.0
		其他排污单位[①]	2.0	2.0	5.0
21	彩色显影剂	电影洗片	1.0	2.0	3.0
22	显影剂及氧化物总量	电影洗片	3.0	3.0	6.0
23	元素磷	一切排污单位	0.1	0.1	0.3
24	有机磷农药（以P计）	一切排污单位	不得检出	0.5	0.5
25	乐果	一切排污单位	不得检出	1.0	2.0
26	对硫磷	一切排污单位	不得检出	1.0	2.0
27	甲基对硫磷	一切排污单位	不得检出	1.0	2.0
28	马拉硫磷	一切排污单位	不得检出	5.0	10
29	五氯酚及五氯酚钠（以五氯酚计）	一切排污单位	5.0	8.0	10
30	可吸附有机卤化物（AOX）（以Cl计）	一切排污单位	1.0	5.0	8.0
31	三氯甲烷	一切排污单位	0.3	0.6	1.0
32	四氯化碳	一切排污单位	0.03	0.06	0.5
33	三氯乙烯	一切排污单位	0.3	0.6	1.0
34	四氯乙烯	一切排污单位	0.1	0.2	0.5
35	苯	一切排污单位	0.1	0.2	0.5
36	甲苯	一切排污单位	0.1	0.2	0.5
37	乙苯	一切排污单位	0.4	0.6	1.0
38	邻二甲苯	一切排污单位	0.4	0.6	1.0
39	对二甲苯	一切排污单位	0.4	0.6	1.0
40	间二甲苯	一切排污单位	0.4	0.6	1.0
41	氯苯	一切排污单位	0.2	0.4	1.0
42	邻二氯苯	一切排污单位	0.4	0.6	1.0
43	对二氯苯	一切排污单位	0.4	0.6	1.0
44	对硝基氯苯	一切排污单位	0.5	1.0	5.0
45	2,4-二硝基氯苯	一切排污单位	0.5	1.0	5.0
46	苯酚	一切排污单位	0.3	0.4	1.0
47	间甲酚	一切排污单位	0.1	0.2	0.5
48	2,4-二氯酚	一切排污单位	0.6	0.8	1.0
49	2,4,6-三氯酚	一切排污单位	0.6	0.8	1.0
50	邻苯二甲酸二丁酯	一切排污单位	0.2	0.4	2.0

续表

序号	污染物	适用范围	一级标准	二级标准	三级标准
51	邻苯二甲酸二辛酯	一切排污单位	0.3	0.6	2.0
52	丙烯腈	一切排污单位	2.0	5.0	5.0
53	总硒	一切排污单位	0.1	0.2	0.5
54	粪大肠菌群数	医院[2]、兽医院及医疗机构含病原体污水	500 个/L	1000 个/L	5000 个/L
		传染病、结核病医院污水	100 个/L	500 个/L	1000 个/L
55	总余氯（采用氯化消毒的医院污水）	医院[2]、兽医院及医疗机构含病原体污水	<0.5[3]	>3（接触时间≥1h）	>2（接触时间≥1h）
		传染病、结核病医院污水	<0.5[3]	>6.5（接触时间≥1.5h）	>5（接触时间≥1.5h）
56	总有机碳（TOC）	合成脂肪酸工业	20	40	—
		苎麻脱胶工业	20	60	—
		其他排污单位[1]	20	30	—

① 其他排污单位：指除在该控制项目中所列行业以外的一切排污单位。
② 指 50 个床位以上的医院。
③ 加氯消毒后须进行脱氯处理，达到本标准。

除上面两个国家标准外，还有其他的国家标准、环境保护标准、行业标准或地区环境保护标准，如 GB 18466—2005《医疗机构水污染物排放标准》、GB3544—2008《制浆造纸工业水污染物排放标准》、GB 21903—2008《发酵类制药工业水污染物排放标准》、DB 31/199—2009《污水综合排放标准》（上海）、DB 21/1627—2008《污水综合排放标准》（辽宁省）、DB 11/890—2012《城镇污水处理厂水污染物排放标准》（北京市）等。对于同类污水排放或同一污染物分析时，若同时存在国家标准、环境保护标准、行业标准或地区环境保护标准，应该执行最新或最严一级的标准。

（三）生活饮用水卫生标准

2006 年 12 月，国家标准委和卫生部联合发布了《生活饮用水卫生标准》（GB 5749—2006）和 13 项生活饮用水卫生检验方法国家标准，规定指标 106 项，其中水质常规指标及限值见表 14-5。

表 14-5 水质常规指标及限值[16]

指　　标	限　　值
1. 微生物指标①	
总大肠菌群/[MPN/(100ml)或 CFU/(100ml)]	不得检出
耐热大肠菌群[MPN/(100ml)或 CFU/(100ml)]	不得检出
大肠埃希氏菌[MPN/(100ml)或 CFU/(100ml)]	不得检出
菌落总数/(CFU/ml)	100
2. 毒理指标	
砷/(mg/L)	0.01
镉/(mg/L)	0.005
铬(六价)/(mg/L)	0.05
铅/(mg/L)	0.01
汞/(mg/L)	0.001
硒/(mg/L)	0.01
氰化物/(mg/L)	0.05
氟化物/(mg/L)	1.0

指　标	限　值
硝酸盐(以 N 计)/(mg/L)	10，地下水源限制时为 20
三氯甲烷/(mg/L)	0.06
四氯化碳/(mg/L)	0.002
溴酸盐(使用臭氧时)/(mg/L)	0.01
甲醛(使用臭氧时)/(mg/L)	0.9
亚氯酸盐(使用二氧化氯消毒时)/(mg/L)	0.7
氯酸盐(使用复合二氧化氯消毒时)/(mg/L)	0.7
3. 感官性状和一般化学指标	
色度(铂钴色度单位)	15
浑浊度(NTU-散射浊度单位)	1，水源与净水技术条件限制时为 3
臭和味	无异臭、无异味
肉眼可见物	无
pH(pH 单位)	$\geqslant 6.5$ 且 $\leqslant 8.5$
铝/(mg/L)	0.2
铁/(mg/L)	0.3
锰/(mg/L)	0.1
铜/(mg/L)	1.0
锌/(mg/L)	1.0
氯化物/(mg/L)	250
硫酸盐/(mg/L)	250
溶解性总固体/(mg/L)	1000
总硬度(以 $CaCO_3$ 计)/(mg/L)	450
耗氧量(COD_{Mn}法，以 O_2 计)/(mg/L)	3，水源限制，原水耗氧量 $>6mg/L$ 时为 5
挥发酚类(以苯酚计)	0.002
阴离子合成洗涤剂/(mg/L)	0.3
4. 放射性指标[②]	指导值
总 α 放射性/(Bq/L)	0.5
总 β 放射性/(Bq/L)	1

　① MPN 表示最可能数；CFU 表示菌落形成单位。当水样检出总大肠菌群时，应进一步检验大肠埃希氏菌或耐热大肠菌群；水样未检出总大肠菌群，不必检验大肠埃希氏菌或耐热大肠菌群。

　② 放射性指标超过指导值，应进行核素分析和评价，判定能否饮用。

（四）五类地表水的划分标准及环境质量标准

GB 3838—2002《地表水环境质量标准》（该标准于 2013 年征求意见修订）依据地表水水域环境功能和保护目标，按功能高低依次划分为以下五类。

Ⅰ类主要适用于源头水、国家自然保护区。这类水水质良好，符合饮用水、渔业用水标准。

Ⅱ类主要适用于集中式生活饮用水地表水源地一级保护区、珍稀水生生物栖息地、鱼虾类产卵场、仔稚幼鱼的索饵场等。这类水轻度污染，符合地面水水质卫生标准，可作渔业用水，经处理后可作饮用水。

Ⅲ类主要适用于集中式生活饮用水地表水源地二级保护区、鱼虾类越冬场、洄游通道、水产养殖区等渔业水域及游泳区。这类水较重污染，可作农业灌溉用水。

Ⅳ类主要适用于一般工业用水区及人体非直接接触的娱乐用水区。这类水重污染，不符合农业灌溉要求。

Ⅴ类主要适用于农业用水区及一般景观要求水域。这类水严重污染。

与地表水上述五类水域功能相对应，将地表水环境质量标准基本项目标准值分为五类，不同功能类别分别执行相应类别的标准值。水域功能类别高的标准值严于水域功能类别低的标准值。同一水域兼有多类使用功能的，执行最高功能类别对应的标准值。表 14-6 为地表水环境质量标准基本项目标准限值，表 14-7 为地表水环境质量标准基本项目分析方法，表 14-8 为集中式生活饮用水地表水源地补充项目分析方法，表 14-9 为集中式生活饮用水地表水源地特定项目分析方法。

表 14-6 地表水环境质量标准基本项目标准限值[17]　　　　　　　　　　　　　　　　单位：mg/L

序号	项目 标准值 分类		Ⅰ类	Ⅱ类	Ⅲ类	Ⅳ类	Ⅴ类
1	水温/℃		人为造成的环境水温变化应限制在：周平均最大温升≤1；周平均最大温降≤2				
2	pH		6～9				
3	溶解氧	≥	饱和率 90%（或 7.5）	6	5	3	2
4	高锰酸盐指数	≤	2	4	6	10	15
5	化学需氧量	≤	15	15	20	30	40
6	五日生化需氧量	≤	3	3	4	6	10
7	氨氮(NH_3-N)	≤	0.15	0.5	1.0	1.5	2.0
8	总磷（以 P 计）	≤	0.02（湖、库 0.01）	0.1（湖、库 0.025）	0.2（湖、库 0.05）	0.3（湖、库 0.1）	0.4（湖、库 0.2）
9	总氮（湖、库，以 N 计）	≤	0.2	0.5	1.0	1.5	2.0
10	铜	≤	0.01	1.0	1.0	1.0	1.0
11	锌	≤	0.05	1.0	1.0	2.0	2.0
12	氟化物（以 F^-计）	≤	1.0	1.0	1.0	1.5	1.5
13	硒	≤	0.01	0.01	0.01	0.02	0.02
14	砷	≤	0.05	0.05	0.05	0.1	0.1
15	汞	≤	0.00005	0.00005	0.0001	0.001	0.001
16	镉	≤	0.001	0.005	0.005	0.005	0.01
17	铬（六价）	≤	0.01	0.05	0.05	0.05	0.1
18	铅	≤	0.01	0.01	0.05	0.05	0.1
19	氰化物	≤	0.005	0.05	0.02	0.2	0.2
20	挥发酚	≤	0.002	0.002	0.005	0.01	0.1
21	石油类	≤	0.05	0.05	0.05	0.5	1.0
22	阴离子表面活性剂	≤	0.2	0.2	0.2	0.3	0.3
23	硫化物	≤	0.05	0.1	0.2	0.5	1.0
24	粪大肠菌群/(个/L)	≤	200	2000	10000	20000	40000

表 14-7 地表水环境质量标准基本项目分析方法[17]

序号	基本项目	分析方法	测定下限/(mg/L)	方法来源
1	水温	温度计或颠倒温度计测定法	—	GB/T 13195—1991
2	pH	玻璃电极法	—	GB/T 6920—1986
3	溶解氧	碘量法	—	GB/T 7489—1987
		电化学探头法	—	HJ 506—2009
4	高锰酸盐指数	高锰酸钾氧化	0.5	GB 11892—1989
5	化学需氧量	重铬酸盐法	5	GB 11914—1989
		快速消解分光光度法	22(20[①]，λ_{max}=600nm)	HJ/T 399—2007
6	五日生化需氧量	稀释与接种法	2	HJ 505—2009
7	氨氮	纳氏试剂分光光度法	0.05	HJ 535—2009
		水杨酸分光光度法	0.04(10[①]) 0.016(30[①])	HJ 536—2009
		连续流动-水杨酸分光光度法	0.04(10[①]) 0.01(30[①])	HJ 665—2013
		流动注射-水杨酸分光光度法	0.01(10[①])	HJ 666—2013
8	总磷	钼酸铵分光光度法	0.01(30[①])	GB 11893—1989
		连续流动-钼酸铵分光光度法	0.01(50[①])	HJ 670—2013
		流动注射-钼酸铵分光光度法	0.05(10[①])	HJ 671—2013
9	总氮	碱性过硫酸钾消解紫外分光光度法	0.05(10[①])	HJ 636—2012
10	铜	2,9-二甲基-1,10-菲啰啉分光光度法	0.12(50[①]，直接光度法) 0.08(10[①]，萃取光度法)	HJ 486—2009
		二乙基二硫代氨基甲酸钠分光光度法	0.04(20[①])	HJ 485—2009
		原子吸收分光光度法(整合萃取法)	0.001	GB 7475—1987
11	锌	原子吸收分光光度法	0.05	GB 7475—1987
		双硫腙分光光度法	0.005(20[①])	GB/T 7472—1987
12	氟化物	氟试剂分光光度法	0.08	HJ 488—2009
		茜素磺酸锆目视比色法	0.4	HJ 487—2009
		离子选择电极法	0.05	GB 7484—1987
13	硒	2,3-二氨基萘荧光法	0.00025	GB/T 11902—1989
		石墨炉原子吸收分光光度法	0.003	GB/T15505—1995
		原子荧光法	0.0016	HJ 694—2014
14	砷	二乙基二硫代氨基甲酸银分光光度法	0.007(10[①])	GB/T 7485—1987
		原子荧光法	0.0012	HJ 694—2014
		硼氢化钾-硝酸银分光光度法	0.0004（10[①]）	GB 11900—1989
15	汞	冷原子吸收分光光度法	0.00004（化学消解法） 0.00024（微波消解法）	HJ 597—2011
		冷原子荧光法（试行）	0.000006	HJ/T 341—2007
		原子荧光法	0.00016	HJ 694—2014
16	镉	原子吸收分光光度法	0.05(直接法) 0.001(整合萃取法)	GB/T 7475—1987
		双硫腙分光光度法	0.001(20[①])	GB/T 7471—1987

序号	基本项目	分析方法	测定下限/(mg/L)	方法来源
17	铬（六价）	二苯碳酰二肼分光光度法	0.004(30[①])	GB/T 7467—1987
18	铅	原子吸收分光光度法	0.2(直接法) 0.01(螯合萃取法)	GB/T 7475—1987
		双硫腙分光光度法	0.00001(10[①])	GB/T 7470—1987
		示波极谱法	0.02	GB/T 13896—1992
19	总氰化物	异烟酸-吡唑啉酮比色法	0.004	GB/T 7486—1987
		吡啶-巴比妥酸比色法	0.002	GB/T 7486—1987
		硝酸银滴定法	0.25	GB/T 7486—1987
20	挥发酚	溴化容量法	0.1	HJ 502—2009
		4-氨基安替比林分光光度法	0.0003(萃取法)	HJ 503—2009
21	石油类	红外分光光度法	0.04(40[①])	HJ 637—2012
22	阴离子表面活性剂	亚甲基蓝分光光度法	0.05(10[①])	GB/T 7494—1987
23	硫化物	亚甲基蓝分光光度法	0.005(10[①])	GB/T 16489—1996
		气相分子吸收光谱法	0.02	HJ/T 200—2005
		碘量法	0.40	HJ/T 60—2000
24	粪大肠菌群	多管发酵法和滤膜法（试行）	—	HJ/T 347—2007

① 括号中的数值表示比色皿厚度，单位为 mm。

表 14-8 集中式生活饮用水地表水源地补充项目分析方法[17]

序号	项目	分析方法	最低检出限/(mg/L)	方法来源
1	硫酸盐	重量法	10	GB 11899—1989
		铬酸钡分光光度法（试行）	8(10[①])	HJ/T 342—2007
		离子色谱法	0.09	HJ/T 84—2001
2	氯化物	硝酸银滴定法	10	GB 11896—1989
		硝酸汞滴定法（试行）	2.5	HJ/T 343—2007
		离子色谱法	0.02	HJ/T 84—2001
3	硝酸盐	酚二磺酸分光光度法	0.02(30[①])	GB/T 7480—1987
		紫外分光光度法（试行）	0.08(10[①])	HJ/T 346—2007
		离子色谱法	0.08	HJ/T 84—2001
		气相分子吸收光谱法	0.006	HJ/T 198—2005
4	铁	火焰原子吸收分光光度法	0.03	GB/T 11911—1989
		邻菲啰啉分光光度法	0.03(10[①])	HJ/T 345—2007
5	锰	高碘酸钾分光光度法	0.02(50[①])	GB/T 11906—1989
		火焰原子吸收分光光度法	0.01	GB/T 11911—1989
		甲醛肟分光光度法（试行）	0.01	HJ/T 344—2007

① 括号中的数值表示比色皿厚度，单位为 mm。

表 14-9 集中式生活饮用水地表水源地特定项目分析方法[17]

序号	项目	分析方法	最低检出限/(mg/L)	方法来源
1	三氯甲烷	顶空气相色谱法	0.00002	HJ 620—2011
		毛细管柱气相色谱	0.0002	GB/T 5750.8—2006
		填充柱气相色谱法	0.0006	GB/T 5750.8—2006
2	四氯化碳	顶空气相色谱法	0.00002	HJ 620—2011
		填充柱气相色谱法	0.0003	GB/T 5750.8—2006
		毛细管柱气相色谱	0.0001	GB/T 5750.8—2006

序号	项目	分析方法	最低检出限/(mg/L)	方法来源
3	三溴甲烷	顶空气相色谱法	0.00002	HJ 620—2011
		填充柱气相色谱法	0.006	GB/T 5750.8—2006
4	二氯甲烷	顶空气相色谱法	0.00002	HJ 620—2011
		顶空气相色谱法	0.009	GB/T 5750.10—2006
5	1,2-二氯乙烷	顶空气相色谱法	0.00002	HJ 620—2011
		顶空气相色谱法	0.013	GB/T 5750.10—2006
6	环氧氯丙烷	气相色谱法	0.05	GB/T 5750.8—2006
7	氯乙烯	毛细管柱气相色谱	0.001	GB/T 5750.8—2006
		填充柱气相色谱法	0.001	GB/T 5750.8—2006
8	1,1-二氯乙烯	吹出捕集气相色谱法	0.00002	HJ 620—2011 GB/T 5750.8—2006
9	1,2-二氯乙烯	吹出捕集气相色谱法	0.00002	HJ 620—2011 GB/T 5750.8—2006
10	三氯乙烯	填充柱气相色谱法	0.003	GB/T 5750.8—2006
11	四氯乙烯	顶空气相色谱法	0.00002	HJ 620—2011
		填充柱气相色谱法	0.0012	GB/T 5750.8—2006
12	氯丁二烯	顶空气相色谱法	0.002	GB/T 5750.8—2006
13	六氯丁二烯	气相色谱法	0.00002	HJ 620—2011
			0.0001	GB/T 5750.8—2006
14	苯乙烯	溶剂萃取-充填柱气相色谱	0.01	GB/T 5750.8—2006
		溶剂萃取-毛细管柱气相色谱	0.006	GB/T 5750.8—2006
15	甲醛	4-氨基-3-联氨-5-巯基-1,2,4-三氮杂茂(AHMT)分光光度法	0.05	GB/T 5750.10—2006
16	乙醛	气相色谱法	0.3	GB/T 5750.10—2006
17	丙烯醛	气相色谱法	0.02	GB/T 5750.10—2006
18	三氯乙醛	气相色谱法	0.001	GB/T 5750.10—2006
19	苯	顶空-填充柱气相色谱法	0.00042	GB/T 5750.8—2006
		溶剂萃取-充填柱气相色谱	0.01	GB/T 5750.8—2006
		顶空-毛细管柱气相色谱	0.0007	GB/T 5750.8—2006
		溶剂萃取-毛细管柱气相色谱	0.005	GB/T 5750.8—2006
20	甲苯	顶空-填充柱气相色谱法	0.001	GB/T 5750.8—2006
		溶剂萃取-毛细管柱气相色谱	0.006	GB/T 5750.8—2006
		顶空-毛细管柱气相色谱	0.001	GB/T 5750.8—2006
		溶剂萃取-充填柱气相色谱	0.01	GB/T 5750.8—2006
21	乙苯	顶空-填充柱气相色谱法	0.0021	GB/T 5750.8—2006
		溶剂萃取-毛细管柱气相色谱	0.006	GB/T 5750.8—2006
		顶空-毛细管柱气相色谱	0.002	GB/T 5750.8—2006
		溶剂萃取-充填柱气相色谱	0.01	GB/T 5750.8—2006
22	二甲苯	顶空-填充柱气相色谱法	0.0039	GB/T 5750.8—2006
		溶剂萃取-毛细管柱气相色谱	0.006	GB/T 5750.8—2006
		顶空-毛细管柱气相色谱	0.001	GB/T 5750.8—2006
		溶剂萃取-充填柱气相色谱	0.01	GB/T 5750.8—2006
23	异丙苯	顶空-填充柱气相色谱法	0.0032	GB/T 5750.8—2006
		顶空-毛细管柱气相色谱	0.003	GB/T 5750.8—2006
24	氯苯	气相色谱法	0.008	GB/T 5750.8—2006
25	1,2-二氯苯	气相色谱法	0.002	GB/T 5750.8—2006

序号	项 目	分析方法	最低检出限/(mg/L)	方法来源
26	1,4-二氯苯	气相色谱法	0.002	GB/T 5750.8—2006
27	三氯苯	气相色谱法	0.00004	GB/T 5750.8—2006
28	四氯苯	气相色谱法	0.00002	GB/T 5750.8—2006
29	六氯苯	气相色谱法	0.00002	GB/T 5750.8—2006
30	硝基苯	气相色谱法	0.0005	GB/T 5750.8—2006
31	二硝基苯	气相色谱法	0.02(邻位) 0.04(对位)	GB/T 5750.8—2006
32	2,4-二硝基甲苯	气相色谱法	0.2	GB/T 5750.8—2006
33	2,4,6-三硝基甲苯	气相色谱法	0.4	GB/T 5750.8—2006
34	硝基氯苯	气相色谱法	0.02	GB/T 5750.8—2006
35	2,4-二硝基氯苯	气相色谱法	0.1	GB/T 5750.8—2006
36	2,4-二氯苯酚	衍生化气相色谱法	0.0004	GB/T 5750.10—2006
37	2,4,6-三氯苯酚	衍生化气相色谱法	0.00004	GB/T 5750.10—2006
38	五氯酚	衍生化气相色谱法	0.00003	GB/T 5750.10—2006
39	苯胺	气相色谱法	0.02	GB/T 5750.8—2006
		重氮偶合分光光度法	0.08	GB/T 5750.8—2006
40	苯胺	气相色谱法	0.020	GB/T 5750.8—2006
		重氮耦合分光光度法	0.080	GB/T 5750.8—2006
41	丙烯酰胺	气相色谱法	0.00005	GB/T 5750.8—2006
42	丙烯腈	气相色谱法	0.025	GB/T 5750.8—2006
43	邻苯二甲酸二丁酯	液相色谱法	0.0001	HJ/T 72—2001
44	邻苯二甲酸二(2-乙基己基)酯	气相色谱法	0.002	GB/T 5750.8—2006
45	水合肼	对二甲氨基苯甲醛直接分光光度法	0.005	HJ 674—2013
46	四乙基铅	双硫腙比色法	0.0001	
47	吡啶	巴比妥酸分光光度法	0.05	GB/T 5750.8—2006
48	松节油	气相色谱法	0.05	GB/T 5750.8—2006
49	苦味酸	气相色谱法	0.001	GB/T 5750.8—2006
50	丁基黄原酸	铜试剂亚铜分光光度法	0.002	GB/T 5750.8—2006
51	活性氯 (游离余氯)	N,N-二乙基对苯二胺(DPD)分光光度法	0.01	GB/T 5750.11—2006
		3,3′,5,5′-四甲基联苯胺比色法	0.005	GB/T 5750.11—2006
52	滴滴涕	固相萃取/气相色谱-质谱法	0.000083	GB/T 5750.8—2006
		填充柱气相色谱	0.00003	GB/T 5750.9—2006
		毛细管柱气相色谱法	0.00002	GB/T 5750.9—2006
53	林丹	固相萃取/气相色谱-质谱法	0.00015	GB/T 5750.8—2006
54	环氧七氯	固相萃取/气相色谱-质谱法	0.000058	GB/T 5750.8—2006
55	对硫磷	毛细管柱气相色谱法	0.0001	GB/T 5750.9—2006
		毛细管柱气相色谱法	0.0001	GB/T 5750.9—2006
56	甲基对硫磷	固相萃取/气相色谱-质谱法	0.00017	GB/T 5750.8—2006
		毛细管柱气相色谱法	0.0001	GB/T 5750.9—2006
57	马拉硫磷	毛细管柱气相色谱法	0.0001	GB/T 5750.9—2006

序号	项目	分析方法	最低检出限/(mg/L)	方法来源
58	乐果	毛细管柱气相色谱法	0.0001	GB/T 5750.9—2006
59	敌敌畏	固相萃取/气相色谱-质谱法	0.00015	GB/T 5750.8—2006
		毛细管柱气相色谱法	0.00005	GB/T 5750.9—2006
60	敌百虫	气相色谱法	0.000051	GB/T 13192—1991
61	内吸磷	毛细管柱气相色谱法	0.0001	GB/T 5750.9—2006
62	百菌清	固相萃取/气相色谱-质谱法	0.00012	GB/T 5750.8—2006
		气相色谱法	0.0004	GB/T 5750.9—2006
63	甲萘威	高压液相色谱法-紫外检测	0.01	GB/T 5750.9—2006
		分光光度法	0.02	GB/T 5750.9—2006
		高压液相色谱法-荧光检测	0.00125	GB/T 5750.9—2006
64	溴清菊酯	气相色谱法	0.0002	GB/T 5750.9—2006
		高压液相色谱法	0.000002	GB/T 5750.9—2006
65	阿特拉津	固相萃取/气相色谱-质谱法	7.8×10^{-5}	GB/T 5750.8—2006
66	苯并[a]芘	纸层析-荧光分光光度法	2.5×10^{-6}	GB/T 5750.8—2006
		高压液相色谱法	1.4×10^{-6}	GB/T 5750.8—2006
		固相萃取/气相色谱-质谱法	3.2×10^{-5}	GB/T 5750.8—2006
67	甲基汞	气相色谱法	1×10^{-8}	GB/T 17132—1997
68	八氯联苯	固相萃取/气相色谱-质谱法	0.00013	GB/T 5750.8—2006
69	微囊藻毒素-LR（-RR）	高压液相色谱法	0.00006	GB/T 5750.8—2006
70	黄磷	气相色谱法	0.00004（氮磷检测器） 0.0001（火焰光度检测器）	HJ 701—2014
71	钼	无火焰原子吸收分光光度法	0.005	GB/T 5750.6—2006
		电感耦合等离子体发射光谱	0.008	GB/T 5750.6—2006
		电感耦合等离子体质谱法	0.00006	GB/T 5750.6—2006
72	钴	无火焰原子吸收分光光度法	0.005	GB/T 5750.6—2006
		电感耦合等离子体发射光谱	0.0025	GB/T 5750.6—2006
		电感耦合等离子体质谱法	0.00003	GB/T 5750.6—2006
		5-氯-2-(吡啶偶氮)-1,3-二氨基苯分光光度法	0.000007	HJ 550—2009
73	铍	铬菁 R 分光光度法	0.0002	HJ/T 58—2000
		铝试剂分光光度法	0.010	GB/T 5750.6—2006
		无火焰原子吸收分光光度法	0.0002	GB/T 5750.6—2006
		电感耦合等离子体发射光谱	0.0002	GB/T 5750.6—2006
		电感耦合等离子体质谱法	0.00003	GB/T 5750.6—2006
		桑色素荧光分光光度法	0.0002	GB/T 5750.6—2006
		石墨炉原子吸收分光光度法	0.00002	HJ/T 59—2000
74	硼	姜黄素分光光度法	0.02	HJ/T 49—1999
		电感耦合等离子体发射光谱	0.011	GB/T 5750.6—2006
		电感耦合等离子体质谱法	0.00009	GB/T 5750.6—2006
		甲亚胺-H 分光光度法	0.20	GB/T 5750.5—2006
75	锑	氢化物原子荧光法	0.0005	GB/T 5750.6—2006
		氢化物原子吸收分光光度法	0.001	GB/T 5750.6—2006
		电感耦合等离子体质谱法	0.00007	GB/T 5750.6—2006
		电感耦合等离子体发射光谱	0.030	GB/T 5750.6—2006
		原子荧光法	0.0002	HJ 694—2014

序号	项目	分析方法	最低检出限/(mg/L)	方法来源
76	镍	无火焰原子吸收分光光度法	0.005	GB/T 5750.6—2006
		电感耦合等离子体质谱法	0.00007	GB/T 5750.6—2006
		电感耦合等离子体发射光谱	0.006	GB/T 5750.6—2006
77	钡	无火焰原子吸收分光光度法	0.010	GB/T 5750.6—2006
		电感耦合等离子体发射光谱	0.001	GB/T 5750.6—2006
		电感耦合等离子体质谱法	0.0003	GB/T 5750.6—2006
		石墨炉原子吸收分光光度法	0.0025	HJ 602—2011
		火焰原子吸收分光光度法	1.7	HJ 603—2011
78	钒	钽试剂(BPHA)萃取分光光度法	0.018	GB/T 15503—1995
		无火焰原子吸收分光光度法	0.010	GB/T 5750.6—2006
		电感耦合等离子体发射光谱	0.005	GB/T 5750.6—2006
		电感耦合等离子体质谱法	0.00007	GB/T 5750.6—2006
		石墨炉原子吸收分光光度法	0.012	HJ 673—2013
79	钛	催化示波极谱法	0.0004	GB/T 5750.6—2006
		水杨基荧光酮分光光度法	0.02	GB/T 5750.6—2006
		电感耦合等离子体质谱法	0.0004	GB/T 5750.6—2006
80	铊	无火焰原子吸收分光光度法	0.00001	GB/T 5750.6—2006
		电感耦合等离子体质谱法	0.00001	GB/T 5750.6—2006
		电感耦合等离子体发射光谱	0.040	GB/T 5750.6—2006

（五）地下水的分类及质量指标

地下水（groundwater）是储存于包气带以下地层空隙，如岩石孔隙、裂隙和溶洞等之中的水。地下水是水资源的重要组成部分，具有水量稳定和水质好等特点，是农业灌溉、工矿和城市的重要水源之一。大气降水是地下水的主要来源。地下水有多种分类方法。

（1）按照地下埋藏条件的不同，地下水可分为上层滞水、潜水和自流水三大类。上层滞水是由于局部的隔水作用，下渗的大气降水停留在浅层的岩石裂缝或沉积层中所形成的蓄水体。潜水是埋藏于地表以下第一个稳定隔水层上的地下水，流出地面时就形成泉。通常所见到的地下水大多是潜水。自流水是埋藏较深的、流动于两个隔水层之间的地下水。

（2）按起源不同，可将地下水分为渗入水、凝结水、初生水和埋藏水。渗入水是大气降水渗入地下形成的地下水。凝结水是大气中的水汽在颗粒和岩石表面凝结形成的地下水。初生水由岩浆自身分离出来的气体冷凝形成，是岩浆作用的结果。埋藏水是与沉积物同时生成，或海水渗入到原生沉积物的孔隙中而形成的地下水。

（3）按矿化程度不同，可分为淡水、微咸水、咸水、盐水、卤水。地下水中所含各种离子、分子和化合物的总量称总矿化度。根据总矿化度的大小，可以将水分为 5 类：淡水（小于 1g/L）、微水（1～3g/L）、咸水（3～10g/L）、盐水（10～50g/L）和卤水（大于 50g/L）。地下水中钙、镁、铁、锰、锶、铝等溶解盐类的含量称硬度，含量高的硬度大，反之硬度小。

（4）按含水层性质分类，可分为孔隙水、裂隙水、岩溶水。

（5）按埋藏条件不同，可分为上层滞水、潜水、承压水。

（6）根据地下水质量状况和人体健康基准值，参照生活饮用水、工业、农业等用水水质要求，将地下水质量划分为以下五类。

Ⅰ类：地下水化学组分含量低，适用于各种用途；

Ⅱ类：地下水化学组分含量较低，适用于各种用途；

Ⅲ类：以生活饮用水卫生标准为依据，主要适用于集中式生活饮用水水源及工农业用水；

Ⅳ类：以农业和工业用水质量要求以及一定水平的人体健康风险为依据，适用于农业和部分工业用水，适当处理后可做生活饮用水；

Ⅴ类：不宜作生活饮用水，其他用水可根据使用目的选用。

目前实行的《地下水质量标准》是 GB/T 14848—1993，其中含有质量分类水质指标共 39 项，具体见表 14-10。

表 14-10 地下水质量分类指标及限值[18]

单位：mg/L

序号	项 目	Ⅰ类	Ⅱ类	Ⅲ类	Ⅳ类	Ⅴ类
1	色/度	≤5	≤5	≤15	≤25	>25
2	嗅和味	无	无	无	无	有
3	浑浊度/度	≤3	≤3	≤3	≤10	>10
4	肉眼可见物	无	无	无	无	有
5	pH	—	6.5～8.5	—	5.5～6.5 8.5～9	<5.5，>9
6	总硬度(以 $CaCO_3$ 计)	≤150	≤300	≤450	≤550	>550
7	溶解性总固体	≤300	≤500	≤1000	≤2000	>2000
8	硫酸盐	≤50	≤150	≤250	≤350	>350
9	氯化物	≤50	≤150	≤250	≤350	>350
10	铁(Fe)	≤0.1	≤0.2	≤0.3	≤1.5	>1.5
11	锰(Mn)	≤0.05	≤0.05	≤0.1	≤1.0	>1.0
12	铜(Cu)	≤0.01	≤0.05	≤1.0	≤1.5	>1.5
13	锌(Zn)	≤0.05	≤0.5	≤1.0	≤5.0	>5.0
14	钼(Mo)	≤0.001	≤0.01	≤0.1	≤0.5	>0.5
15	钴(Co)	≤0.005	≤0.05	≤0.05	≤1.0	>1.0
16	挥发性酚类(以苯酚计)	≤0.001	≤0.001	≤0.002	≤0.01	>0.01
17	阴离子合成洗涤剂	不得检出	≤0.1	≤0.3	≤0.3	>0.3
18	高锰酸盐指数	≤1.0	≤2.0	≤3.0	≤10	>10
19	硝酸盐(以 N 计)	≤2.0	≤5.0	≤20	≤30	>30
20	亚硝酸盐(以 N 计)	≤0.001	≤0.01	≤0.02	≤0.1	>0.1
21	氨氮(NH_4)	≤0.02	≤0.02	≤0.2	≤0.5	>0.5
22	氟化物	≤1.0	≤1.0	≤1.0	≤2.0	>2.0
23	碘化物	≤0.1	≤0.1	≤0.2	≤1.0	>1.0
24	氰化物	≤0.001	≤0.01	≤0.05	≤0.1	>0.1
25	汞(Hg)	≤0.00005	≤0.0005	≤0.001	≤0.001	>0.001
26	砷(As)	≤0.005	≤0.01	≤0.05	≤0.05	>0.05
27	硒(Se)	≤0.01	≤0.01	≤0.01	≤0.1	>0.1
28	镉(Cd)	≤0.0001	≤0.001	≤0.01	≤0.01	>0.01
29	铬(六价)(Cr^{6+})	≤0.005	≤0.01	≤0.05	≤0.1	>0.1
30	铅(Pb)	≤0.005	≤0.01	≤0.05	≤0.1	>0.1
31	铍(Be)	≤0.00002	≤0.0001	≤0.0002	≤0.001	>0.001
32	钡(Ba)	≤0.01	≤0.1	≤1.0	≤4.0	>4.0
33	镍(Ni)	≤0.005	≤0.05	≤0.05	≤0.1	>0.1
34	滴滴涕/(μg/L)	不得检出	≤0.005	≤1.0	≤1.0	>1.0
35	六六六/(μg/L)	≤0.005	≤0.05	≤5.0	≤5.0	>5.0
36	总大肠菌群/(个/L)	≤3.0	≤3.0	≤3.0	≤100	>100

续表

序号	项目	Ⅰ类	Ⅱ类	Ⅲ类	Ⅳ类	Ⅴ类
37	细菌总数/(个/L)	≤100	≤100	≤100	≤1000	>1000
38	总α放射性/(Bq/L)	≤0.1	≤0.1	≤0.1	>0.1	>0.1
39	总β放射性/(Bq/L)	≤0.1	≤1.0	≤1.0	>1.0	>1.0

地下水各项监测项目可以依据《地下水环境监测技术规范》(HJ/T 164—2004)和其他标准规定的方法进行监测和分析，具体方法见表14-11。

表 14-11 地下水监测分析方法

序号	监测项目	分析方法①	最低检出浓度	方法依据
1	水温	温度计法	0.1℃	GB/T 13195—1991
2	色度	铂钴比色法	—	GB/T 11903—1989
3	臭和味	嗅气和尝味法	—	②
4	浑浊度	分光光度法	3 度	GB 13200—1991
		目视比浊法	1 度	GB 13200—1991
		浊度计法	1 度	③
5	pH	玻璃电极法	0.1	GB/T 6920—1986
6	溶解性总固体	重量法	4mg/L	GB 11901—1989
7	总矿化度	重量法	4mg/L	③
8	全盐量	重量法	10mg/L	HJ/T 51—1999
9	电导率	电导率法	1μS/cm(25℃)	③
		电导率水质自动分析仪	10μS/cm(25℃)	HJ/T 97—2003
10	总硬度	EDTA 滴定法	5.00mg/L(5℃)	GB/T 7477—1987
		钙镁换算法	—	—
		流动注射法	—	③
11	溶解氧	碘量法	0.2mg/L	GB/T 7489—1987
		电化学探头法	—	GB/T 11913—1989 HJ 506—2009
12	高锰酸盐指数	酸性高锰酸钾氧化法	0.5mg/L	GB 11892—1989
		碱性高锰酸钾氧化法	0.5mg/L	GB 11892—1989
		流动注射连续测定法	0.5mg/L	③
13	化学需氧量	酸性高锰酸钾滴定法	0.05mg/L	GB/T 5750.7—2006
		碱性高锰酸钾滴定法	0.05mg/L	GB/T 5750.7—2006
		快速消解分光光度法	15mg/L	HJ/T 399—2007
		重铬酸盐法	30mg/L	GB/T 11914—1989
		库仑法	2mg/L	③
14	生化需氧量	微生物传感器快速测定法	—	HJ/T 86—2002
		稀释与接种法	0.5mg/L	HJ 505—2009
		容量法（碘量法）	—	GB/T 5750.7—2006
15	挥发性酚类	蒸馏后溴化容量法	0.002mg/L	GB/T 7490—1987
		溴化容量法	0.1mg/L	HJ 502—2009
		4-氨基安替比林分光光度法	0.0003mg/L	HJ 503—2009
		液液萃取/气相色谱法	0.0005~0.003mg/L	HJ 676—2013
16	石油类	红外分光光度法	0.04mg/L	HJ 637—2012

续表

序号	监测项目	分析方法①	最低检出浓度	方法依据
17	亚硝酸盐氮	分光光度法	0.001mg/L	GB/T 7493—1987
		气相分子吸收光谱法	0.003g/L	HJ/T 197—2005
		离子色谱法	0.05mg/L	③
18	氨氮	气相分子吸收光谱法	0.02mg/L	HJ/T 195—2005
		纳氏试剂分光光度法	0.025mg/L	HJ 535—2009
		水杨酸分光光度法	0.01mg/L	HJ 536—2009
		蒸馏-中和滴定法	0.2mg/L	HJ 537—2009
		连续流动-水杨酸分光光度法	0.01mg/L	HJ 665—2013
		流动注射-水杨酸分光光度法	0.01mg/L	HJ 666—2013
19	硝酸盐氮	酚二磺酸分光光度法	0.02mg/L	GB/T 7480—1987
		气相分子吸收光谱法	0.006mg/L	HJ/T 198—2005
		紫外分光光度法（试行）	0.08mg/L	HJ/T 346—2007 ③
		离子选择电极流动注射法	0.21mg/L	③
		离子色谱法	0.04mg/L	③
20	凯氏氮	光度法	0.2mg/L	GB 11891—1989
		气相分子吸收光谱法	0.02mg/L	HJ/T 196—2005
21	酸度	电位滴定法	—	③
		酸碱指示剂滴定法	—	③
22	总碱度	电位滴定法	—	①
		酸碱指示剂滴定法	—	③
23	氯化物	硝酸银滴定法	2mg/L	GB/T 11896—1989
		电位滴定法	3.4mg/L	③
		离子色谱法	0.04mg/L	③
		离子选择电极流动注射法	0.9mg/L	③
24	游离余氯和总氯	N,N-二乙基-1,4-苯二胺滴定法	0.02mg/L	HJ 585—2010
		N,N-二乙基-1,4-苯二胺分光光度法	0.03mg/L	HJ 586—2010
		N,N-二乙基对苯二胺(DPD)分光光度法	0.01mg/L	GB/T 5750.11—2006
		3,3′,5,5′-四甲基联苯胺比色法	0.005mg/L	GB/T 5750.11—2006
25	硫酸盐	重量法	10mg/L	GB/T 11899—1989
		铬酸钡光度法	1mg/L	③
		火焰原子吸收法	0.2mg/L	GB/T 13196—1991
		离子色谱法	0.1mg/L	③
26	氟化物	茜素磺酸锆目视比色法	0.1mg/L	HJ 487—2009
		氟试剂分光光度法	0.02mg/L	HJ 488—2009
		离子选择电极法	0.05mg/L	GB/T 7484—1987
		离子色谱法	0.02mg/L	③
27	总氰化物	硝酸银滴定法	0.25mg/L	GB/T 7486—1987
		异烟酸-吡唑啉酮比色法	0.004mg/L	GB/T 7486—1987
		吡啶-巴比妥酸比色法	0.002mg/L	GB/T 7486—1987
28	硫化物	气相分子吸收光谱法	0.005mg/L	HJ/T 200—2005
		碘量法	0.4mg/L	HJ/T 60—2000 ①
		亚甲基蓝分光光度法	0.005mg/L	GB/T 16489—1996
		间接原子吸收法	0.006mg/L	③
29	碘化物	催化比色法	1μg/L	③
		气相色谱法	1μg/L	②

序号	监测项目	分析方法[①]	最低检出浓度	方法依据
30	砷	二乙基二硫化氨基甲酸银分光光度法	0.007mg/L	GB/T 7485—1987
		硼氢化钾-硝酸银分光光度法	0.0004mg/L	GB/T 11900—1989
		原子荧光法	0.3μg/L	HJ 694—2014 [①]
		氢化物发生原子吸收法	0.002mg/L	[③]
		等离子发射光谱法	0.1mg/L	[③]
31	铍	铬天菁 R 光度法	0.2μg/L	HJ/T 58—2000
		石墨炉原子吸收法	0.02μg/L	HJ/T 59—2000
		等离子发射光谱法	0.02μg/L	[③]
32	镉	双硫腙分光光度法	1μg/L	GB/T 7471—1987
		火焰原子吸收法	0.05mg/L(直接法) 1μg/L(螯合萃取法)	GB/T 7475—1987
		在线富集流动注射-火焰原子吸收法	2μg/L	环监测[1995]079 号文
		石墨炉原子吸收法	0.10μg/L	[③]
		阳极溶出伏安法	0.5μg/L	[③]
		示波极谱法	10^{-6}mol/L	[③]
		等离子发射光谱法	0.006mg/L	[③]
33	六价铬	二苯碳酰二肼分光光度法	0.004mg/L	GB/T 7467—1987
34	铜	石墨炉原子吸收法	—	GB/T 7473—1987
		原子吸收分光光度法	0.05mg/L(直接法) 1μg/L(螯合萃取法)	GB/T 7475—1987
		二乙基二硫代氨基甲酸钠分光光度法	0.01mg/L	HJ 485—2009
		2,9-二甲基-1,10-菲啰啉分光光度法	0.03mg/L	HJ 486—2009
		在线富集流动注射-火焰原子吸收法	2μg/L	[③]
		阳极溶出伏安法	0.5μg/L	[③]
		示波极谱法	10^{-6}mol/L	[③]
		等离子发射光谱法	0.02mg/L	[③]
		石墨炉原子吸收法	1.0μg/L	[③]
35	汞	冷原子吸收法	0.01μg/L	HJ 597—2011
		高锰酸钾-过硫酸钾消解法　双硫腙分光光度法	2μg/L	GB/T 7469—1987
		冷原子荧光法（试行）	0.015μg/L	HJ/T 341—2007
		冷原子吸收分光光度法	0.02μg/L	HJ 597—2011
		原子荧光法	0.04μg/L	HJ 694—2014 [③]
36	铁	火焰原子吸收分光光度法	0.03mg/L	GB/T 11911—1989
		邻菲啰啉分光光度法（试行）	0.03mg/L	HJ/T 345—2007 [③]
		等离子发射光谱法	0.03mg/L	[③]
38	镍	火焰原子吸收分光光度法	0.05mg/L	GB/T 11912—1989
		丁二酮肟分光光度法	0.25mg/L	GB/T 11910—1989
		等离子发射光谱法	0.01mg/L	[③]
39	铅	双硫腙分光光度法	0.01mg/L	GB/T 7470—1987
		原子吸收分光光度法	0.2mg/L(直接法) 10μg/L(螯合萃取法)	GB/T 7475—1987
		示波极谱法	0.02mg/L	GB/T 13896—1992
		石墨炉原子吸收法	1.0μg/L	[③]
		在线富集流动注射-火焰原子吸收法	5.0μg/L	环监[1995]079 号文
		等离子发射光谱法	0.05mg/L	[③]

续表

序号	监测项目	分析方法①	最低检出浓度	方法依据
40	硒	2,3-二氨基萘荧光法	0.25μg/L	GB/T 11902—1989
		石墨炉原子吸收分光光度法	0.003mg/L	GB/T 15505—1995
		原子荧光法	0.4μg/L	HJ 694—2014 ①
		3,3′-二氨基联苯胺光度法	2.5μg/L	③
41	锌	原子吸收分光光度法	0.05mg/L	GB/T 7475—1987
		双硫腙分光光度法	0.005mg/L	GB/T 7472—1987
		在线富集流动注射-火焰原子吸收法	2μg/L	③
		阳极溶出伏安法	0.5mg/L	③
		示波极谱法	10^{-6}mol/L	③
		等离子发射光谱法	0.006mg/L	③
42	钾	火焰原子吸收分光光度法	0.03mg/L	GB/T 11904—1989
		等离子发射光谱法	0.5mg/L	③
43	钠	火焰原子吸收分光光度法	0.010mg/L	GB/T 11904—1989
		等离子发射光谱法	0.2mg/L	③
44	钙	EDTA 络合滴定法	1.00mg/L	GB/T 7476—1987
		等离子发射光谱法	0.01mg/L	③
		火焰原子吸收分光光度法	0.02mg/L	GB/T 11905—1989
45	镁	火焰原子吸收分光光度法	0.002mg/L	GB/T 11905—1989
		EDTA 络合滴定法（钙和镁总量）	1.00mg/L	GB/T 7477—1987
		等离子发射光谱法	0.002mg/L	③
46	挥发性卤代烃	顶空气相色谱法	0.02～6.13μg/L	HJ 620—2011
		吹脱捕集气相色谱法	0.009～0.08μg/L	③
		GC-MS 法	0.03～0.3μg/L	③
47	苯系物	气相色谱法	0.005mg/L	GB/T 11890—1989
		吹脱捕集气相色谱法	0.002～0.003μg/L	③
		GC-MS 法	0.01～0.02μg/L	③
48	甲醛	乙酰丙酮分光光度法	0.05mg/L	HJ 601—2011
		4-氨基-3-联氨-5-巯基-1,2,4-三氮杂茂(AHMT)分光光度法	0.05mg/L	GB/T 5750.10—2006
		变色酸光度法	0.1mg/L	③
49	有机磷农药	填充柱气相色谱法、毛细管柱气相色谱法、高效液相色谱法	0.008～0.1μg/L	GB/T 5750.9—2006
		气相色谱法（乐果、对硫磷、甲基对硫磷、马拉硫磷、敌敌畏、敌百虫）	0.05～0.5μg/L	GB/T 13192—1991 GB/T 5750.9—2006
		气相色谱法（速灭磷、甲拌磷、二嗪农、异稻瘟净、甲基对硫磷、杀螟硫磷、溴硫磷、水胺硫磷、稻丰散、杀扑磷）	0.2～5.8μg/L	GB/T 14552—1993 GB/T 5750.9—2006
50	有机氯农药	气相色谱-质谱法、填充柱气相色谱法、毛细管柱气相色谱法	0.035～0.06μg/L	HJ 699—2014 GB/T 5750.9—2006
51	阴离子表面活性剂	亚甲基蓝分光光度法	0.05mg/L	GB/T 7494—1987
52	粪大肠菌群	多管发酵法和滤膜法（试行）	—	HJ/T 347—2007 GB/T 5750.12—2006 ③
53	细菌总数（菌落总数）	培养法	—	③
		平皿计数法	—	GB/T 5750.12—2006

续表

序号	监测项目	分析方法[1]	最低检出浓度	方法依据
54	总 α 放射性	低本底总 α 检测法（厚度法、比较测量法、标准曲线法）	1.6×10^{-2} Bq/L	GB/T 5750.13—2006 [2]
55	总 β 放射性	比较测量法	2.8×10^{-2} Bq/L	[2]
		薄样法	2.8×10^{-2} Bq/L	GB/T 5750.13—2006

① 其他分析方法见表 14-7～表 14-9。
② 《生活饮用水卫生规范》，中华人民共和国卫生部，2001 年。
③ 《水和废水监测分析(第四版)》，中国环境科学出版社，2002 年。

（六）水硬度的表示方法及测定

1. 水硬度的表示方法

硬度是指水中 Ca^{2+}、Mg^{2+}、Fe^{2+}、Mn^{2+}、Fe^{3+}、Al^{3+} 等二价及多价金属离子含量的总和。硬度偏高的水可使肥皂失去去污能力，使锅炉结垢。水的总硬度一般指水中 Ca^{2+} 和 Mg^{2+} 的总浓度，但是某些缺氧地下水，如深井水可能含有较多的 Fe^{2+}，也可形成水硬度。由于其他离子在一般天然水中含量都很少，在构成水硬度上可以忽略。

根据形成硬度的离子不同，可分为钙硬度、镁硬度、铁硬度等。根据水中与硬度共存的阴离子的组成，可以将硬度分为碳酸盐硬度和非碳酸盐硬度两种。碳酸盐硬度（又名暂时硬度）主要是由钙、镁的碳酸盐和碳酸氢盐所形成的，碳酸盐硬度经加热分解或加酸后可以从水中除去。非碳酸盐硬度（又名永久硬度）主要是由钙镁的硫酸盐、氯化物和硝酸盐等盐类所形成的硬度。非碳酸盐硬度不能通过加热分解或加酸的方法除去。

硬度的表示方法尚未统一，我国使用较多的硬度表示方法主要有两种：一种是将所测得的钙、镁折算成 CaO 的质量，即每升水中含有 CaO 的毫克数表示，单位为 mg/L；另一种以度计：1 硬度单位表示 10 万份水中含 1 份 CaO（即 1L 水中含 10mg CaO），$1° = 10mg/L$ CaO，也称为德国硬度。表 14-12 列出了硬度单位之间的换算系数。根据表 14-12，将 mg/L $CaCO_3$ 转化成德制硬度单位，需要乘以 0.056。同时，根据水的硬度数值范围，可以将水分为五类（见表 14-13）。

表 14-12 中各国硬度说明：1 德国硬度相当于 CaO 含量为 10mg/L 或为 0.178mmol/L；1 英国硬度相当于 $CaCO_3$ 含量为 1 格令/英加仑或为 0.143mmol/L；1 法国硬度相当于 $CaCO_3$ 含量为 10mg/L 或为 0.1mmol/L；1 美国硬度相当于 $CaCO_3$ 含量为 1mg/L 或为 0.01mmol/L。

表 14-12 硬度单位之间的换算系数

项目		mmol/L	毫克当量/L	德国 °DH	英国 °clark	法国 法国度	美国 ppm
mmol/L		1	2	5.61	7.02	10	100
毫克当量/L		0.5	1	2.8	3.51	5	50
德制	°DH	0.178	0.356	1	1.25	1.78	17.8
英制	°clark	0.143	0.286	0.08	1	1.43	14.3
法国	法国度	0.1	0.2	0.56	0.70	1	10
美国	ppm	0.01	0.02	0.056	0.070	0.1	1

表 14-13 天然水硬度级别分类

项目	mmol/L	毫克当量/L	德国 °DH	英国 °clark	法国 法国度	美国 ppm
特软水	0～0.7	0～1.4	0～4	0～5	0～7.1	0～71
软水	0.7～1.4	1.4～2.8	4～8	5～10	7.1～14.2	71～142

项目	mmol/L	毫克当量/L	德国	英国	法国	美国
			° DH	°clark	法国度	ppm
中等水	1.4～2.8	2.8～5.6	8～16	10～20	14.2～28.5	142～285
硬水	2.8～5.3	5.6～10.6	16～30	20～37.5	28.5～53.4	285～534
特硬水	>5.3	>10.6	>30	>37.5	>53.4	>534

2. 水硬度的测定方法[19,20]

水硬度的测定一般采用 EDTA 法。其原理是：在水样中加入 pH=10.0 氨-氯化铵缓冲溶液和少许铬黑 T 指示剂，此时 Ca^{2+}、Mg^{2+}与指示剂配位而使溶液呈酒红色。当用 EDTA 滴定时，EDTA 先与游离态的 Ca^{2+}、Mg^{2+}进行配位，生成稳定的无色螯合物；当游离的 Ca^{2+}、Mg^{2+}全部与 EDTA 配位后，继续加入 EDTA，由于 Ca^{2+}、Mg^{2+}与 EDTA 生成的螯合物更稳定，原来与铬黑 T 结合的 Ca^{2+}、Mg^{2+}转而与 EDTA 配位，使得铬黑 T 重新游离出来，溶液就由酒红色变成为蓝色（游离铬黑 T 的颜色），此时即为滴定终点。水的总硬度可由 EDTA 标准溶液的浓度和消耗体积来计算，一般以 CaO 计，单位为 mg/L。

当水样中 Mg^{2+}含量极少时，由于 $CaIn^-$（In 表示铬黑 T 指示剂）比 $MgIn^-$的显色灵敏度要差很多，往往得不到敏锐的终点。为了提高终点变色的敏锐性，可在 EDTA 标准溶液中加入适量的 Mg^{2+}（需要在标定 EDTA 浓度前加入），或在缓冲溶液中加入一定量的 Mg-EDTA 盐。

水的总硬度还可以采用离子选择性电极法直接测量，方法简单、结果准确。

（七）水样的采集及保存

1. 水样的采集

（1）采集时要注意水样的代表性。

（2）水样采集的类型　瞬时样（单一时间的水样）、平均样（在同一采样点上的不同时间、按照加权平均方法所采集的瞬时样的混合样）。

（3）采样容器一般采用具塞聚乙烯瓶，特殊的水样要用专用采样容器，如测定溶解氧要用溶解氧瓶等。

2. 水样的保存

（1）基本要求　减缓生物作用、减缓化合物或配合物的水解及氧化作用、减少组分的挥发和吸附损失。

（2）保存措施　选择适当材料的容器、控制溶液 pH、加入化学试剂来抑制氧化还原反应和生化作用、冷藏或冷冻以降低细菌活性和化学反应速率。

（3）采样容器的选择　容器不能是新的污染源、不应吸附待测组分、所用洗涤剂不能影响水样指标的测定。

具体来说，水样中的分析对象不同，采用的容器、保存技术及保存期各不同，见表 14-14[21]。

表 14-14 水样分析测试需要的容器、保存技术及保存期

参数名称	容　器①	保　存②③	最大保存期④
细菌测试			
大肠杆菌，粪大肠杆菌和总大肠杆菌	P, G	冷藏，4℃，0.008% $Na_2S_2O_3$	6h
粪链球菌	P, G	冷藏，4℃，0.008% $Na_2S_2O_3$	6h

参数名称	容 器^①	保 存^{②③}	最大保存期^④
水体毒性测试			
毒性，急性和慢性	P，G	冷藏，4℃	36h
化学测试			
酸度	P，G	冷藏，4℃	14 天
碱度	P，G	冷藏，4℃	14 天
氨	P，G	冷藏，4℃，加硫酸使 pH<2	28 天
生化需氧量	P，G	冷藏，4℃	48h
硼	P，PFTE 或石英	加硝酸使 pH<2	6 个月
溴化物	P，G	不需要任何处理	28 天
生化需氧量	P，G	冷藏，4℃	48h
化学需氧量	P，G	冷藏，4℃，加硫酸使 pH<2	28 天
氯化物	P，G	不需要任何处理	28 天
总余氯	P，G	不需要任何处理	立即分析
色度	P，G	冷藏，4℃	48h
氰化物，总氰和可氯化的氰	P，G	冷藏，4℃，加 NaOH 使 pH>12 0.6g 抗坏血酸^⑥	14 天^⑥
氟化物	P	不需要任何处理	28 天
硬度	P，G	加硝酸使 pH<2，加硫酸使 pH<2	6 个月
pH	P，G	不需要任何处理	立即分析
凯氏氮和有机氮	P，G	冷藏，4℃，加硫酸使 pH<2	28 天
金属^⑦			
六价铬	P，G	冷藏，4℃	24h
水银	P，G	加硝酸使 pH<2	28 天
金属，除了硼、六价铬和水银以外	P，G	加硝酸使 pH<2	6 个月
其他			
硝酸盐	P，G	冷藏，4℃	48h
硝酸盐-亚硝酸盐	P，G	冷藏，4℃，加硫酸使 pH<2	28 天
亚硝酸盐	P，PFTE 或石英	冷藏，4℃	48h
油和油脂	P，G	冷藏，4℃，加盐酸或硫酸使 pH<2	28 天
有机碳	P，G	冷藏，4℃，加盐酸或硫酸或磷酸使 pH<2	28 天
正磷酸盐	P，G	冷藏，4℃，立即过滤	48h
溶解氧、电化学法	G，灌满	不需要任何处理	立即分析
氧、滴定法	G，灌满	储藏在暗处	8h
酚	只有 G	冷藏，4℃，加硫酸使 pH<2	28 天
元素磷	P，G	冷藏，4℃	48h
总磷	P，G	冷藏，4℃，加硫酸使 pH<2	28 天
总残渣	P，G	冷藏，4℃	7 天
可过滤残渣	P，G	冷藏，4℃	7 天
不可过滤残渣	P，G	冷藏，4℃	7 天
可沉淀残渣	P，G	冷藏，4℃	48h
挥发性残渣	P，G	冷藏，4℃	7 天
硅	P，PFTE 或石英	冷藏，4℃	28 天
电导率	P，G	冷藏，4℃	28 天

续表

参数名称	容器[1]	保存[2][3]	最大保存期[4]
硫酸盐	P，G	冷藏，4℃	28 天
硫化物	P，G	冷藏，4℃，加乙酸锌和氢氧化钠使 pH>9	7 天
亚硫酸盐	P，G	不需要任何处理	立即分析
表面活性剂	P，G	冷藏，4℃	48h
温度	P，G	不需要任何处理	立即分析
浊度	P，G	冷藏，4℃	48h

① 表中，P—聚乙烯，G—玻璃，PTFE—特氟纶、聚四氟乙烯材料。

② 样品采集后，应该立即进行保存处理。化学复合样品的每一个组分都应该在样品采集的同时进行保存处理。使用自动采样器时，也应该保证样品每个组分的保存，并且化学试剂在和样品反应完全之前也应保存在4℃的环境中。

③ 如任何样品需要运输或邮寄，都必须遵守相关规定。

④ 样品采集后，应该尽快测试。表中所列出的时间为样品采集保存后进行有效分析的最大时间限度。"立即分析"通常指在样品采集后的 15min 以内。

⑤ 应用于只有余氯存在时。

⑥ 当硫化物存在时，最大保存时间为24h。在调整 pH 之前，所有样品都应该用醋酸铅试纸检测是否有硫化物的存在。如果有硫化物的存在，可以加入硝酸镉粉末去除、直至无硫化物的存在，过滤样品，加入氢氧化钠调整 pH 至 12。

⑦ 为了检测溶解态重金属，样品应在加入防腐剂之前在现场立即过滤。

我国对生活饮用水的取样体积及容器、保存方法及保存期也有严格的要求，具体见表14-15 和表 14-16。

表 14-15 生活饮用水中常规检验指标的取样体积[22]

指标分类	容器材质	保存方法	取样体积/L	备 注
一般理化	聚乙烯	冷藏	3～5	
挥发性酚与氰化物	玻璃	氢氧化钠，pH≥12，如有游离余氯，加亚砷酸钠去除	0.5～1	
金属	聚乙烯	硝酸，pH≤2	0.5～1	
汞	聚乙烯	硝酸（1+9，含重铬酸钾 50g/L）至 pH≤2	0.2	用于冷原子吸收法测定
耗氧量	玻璃	每升水样加入 0.8ml 浓硫酸，冷藏	0.2	
有机物	玻璃	冷藏	0.2	水样应充满容器至溢流并密封保存
微生物	玻璃（灭菌）	每 125ml 水样加入 0.1mg 硫代硫酸钠除去残留余氯	0.5	
放射性	聚乙烯		3～5	

表 14-16 水样的采集容器和保存方法[22,23]

项 目	采样容器	保存方法	保存时间
浊度[1]	G，P	冷藏	12h
色度[1]	G，P	冷藏	12h
pH[1]	G，P	冷藏	12h
电导[1]	G，P	—	12h
碱度[2]	G，P	—	12h
酸度[2]	G，P		30d
COD	G	每升水样加入 0.8ml 浓硫酸，冷藏	24h
DO[1]	溶解氧瓶	加入硫酸锰，碱性碘化钾和叠氮化钠溶液，现场固定	24h

项　目	采样容器	保存方法	保存时间
BOD$_5$[②]	溶解氧瓶	—	12h
TOC	G	加硫酸，pH≤2	7d
F[②]	P	—	14d
Cl[②]	G，P	—	28d
Br[②]	G，P	—	14h
I[②]	G	氢氧化钠，pH=12	14h
SO$_4^{2-}$[②]	G，P	—	28d
PO$_4^{3-}$	G，P	氢氧化钠，硫酸调pH=7，三氯甲烷0.5%	7d
氨氮[②]	G，P	每升水样加入0.8ml浓硫酸	24h
NO$_2^-$-N[②]	G，P	冷藏	尽快测定
NO$_3^-$-N[②]	G，P	每升水样加入0.8ml浓硫酸	24h
硫化物	G	每100ml水样加入4滴乙酸锌溶液（220g/L）和1ml氢氧化钠溶液（40g/L），暗处放置	7d
氰化物、挥发酚类[②]	G	氢氧化钠，pH≥12，如有游离余氯，加亚砷酸钠除去	24h
B	P		14d
一般金属	P	硝酸，pH≤2	14d
Cr^{6+}	G，P（内壁无磨损）	氢氧化钠，pH=7～9	尽快测定
As	G，P	硫酸至pH≤2	7d
Ag	G，P（棕色）	硝酸至pH≤2	14d
Hg	G，P	硝酸（1+9，含重铬酸钾50g/L）至pH≤2	30d
卤代烃类[②]	G	现场处理后冷藏	4h
苯并[a]芘[②]	G		尽快测定
油类	G（广口瓶）	加入盐酸至pH≤2	7d
农药类[②]	G（衬聚四氟乙烯盖）	加入抗坏血酸0.01～0.02g除去残留余氯	24h
除草剂类[②]	G	加入抗坏血酸0.01～0.02g除去残留余氯	24h
邻苯二甲酸酯类[②]	G	加入抗坏血酸0.01～0.02g除去残留余氯	24h
挥发性有机物[②]	G	用盐酸（1+10）调至pH<2，加入抗坏血酸0.01～0.02g除去残留余氯	12h
甲醛，乙醛，丙烯醛	G	每升水样加入1ml浓硫酸	24h
放射性物质	P		5d
微生物[②]	G（灭菌）	每125ml水样加入0.1mg硫代硫酸钠除去残留余氯	4h
生物[②]	G，P	当不能现场测定时用甲醛固定	12h

① 表示应现场测定；② 表示应低温（0～4℃）避光保存。

注：G为硬质玻璃瓶；P为聚乙烯瓶（桶）。

二、水中污染物的分析方法

（一）水中有机污染物分析

水中有机污染物主要有酚类、苯胺类、苯系物、卤代烃、稠环芳烃、各种农药以及不同种类的表面活性剂等。部分水体中有机污染物的分析方法见表14-17。

表 14-17 部分水体中有机污染物的分析方法

有机污染物类型	代表性化合物	常见分析方法	国家标准或行业标准
苯胺和硝基苯胺类	苯胺, 邻硝基苯胺, 间硝基苯胺, 对硝基苯胺, 2,4-二硝基苯胺, 2,6-二氯硝基苯胺	分光光度法①, 还原-偶氮光度法②, 气相色谱法, 固相萃取伏击-高效液相色谱法, 气相色谱-质谱法	① GB/T 11889—1989 水质 苯胺类化合物的测定 N-(1-萘基)乙二胺偶氮分光光度法 ②《水和废水监测分析方法》(第四版), 国家环保总局, 2002 年
卤代化合物(PHAHs)	氯仿, 四氯化碳, 三氯乙烯, 四氯乙烯, 三溴甲烷, 多氯联苯(PCBs), 多氯化二噁英(PCDDs), 多氯二苯并呋喃(PCDFs)	气相色谱法①, 毛细管柱气相色谱法, 顶空气相色谱法②, 吹扫捕集-气相色谱法, 电解电导法③	① HJ 621—2011 水质 氯苯类化合物的测定 气相色谱法 ② HJ 620—2011 水质 挥发性卤代烃的测定 顶空气相色谱法 ③ GBT 5750.8—2006 采用电解电导检测器分析水中的二氯乙烯
多环芳烃(PAHs)	萘, 苯并[a]蒽, 苯并[a]芘, 芘; 二氢苊, 苊, 菲等	液液萃取和固相萃取高效液相色谱法①, 固相萃取-高效液相色谱法, 毛细管固相微萃取-液相色谱法, 在线富集高效液相色谱法	① HJ 478—2009 水质 多环芳烃的测定液液萃取和固相萃取高效液相色谱法
油类	石油, 矿物油	红外分光光谱法①②, GC-MS法, S-316 提取-红外分光光度法、紫外分光光度法	① GB/T 12152—2007 锅炉用水和冷却水中油含量的测定 ② HG/ T 3527—2008 工业循环冷却水中油含量测定方法
苯胺类	苯胺, 对甲苯胺, 对氯苯胺, 对硝基苯胺, 2,4-二硝基苯胺, 2,6-二氯硝基苯胺, 4-溴苯胺	分光光度法①, 气相色谱-质谱法②, 液相色谱法, 离子色谱法, 阻抑动力学荧光法, 反相流动注射-化学发光法	① GB 11889—1989 水质 苯胺类化合物的测定, N-(1-萘基)乙二胺偶氮分光光度法 ② 水质 苯胺类化合物的测定气相色谱-质谱法(国标, 征求意见稿)
酚类	苯酚, 间甲酚, 2,4-二甲酚, 2-氯酚, 4-氯酚, 2,4-二氯酚, 2,4,6-三氯酚, 对氯间甲酚, 五氯酚, 2-硝基酚, 4-硝基酚, 2,4-二硝基酚, 氯代愈疮木酚	液相色谱分析法①, 液液萃取-气相色谱法②, 溴化容量法③, 4-氨基安替比林分光光度法(pH=10, λ_{max}=510nm)④, 重量法, 薄层色谱法, 流动注射法	① CJ/T 146—2001 城市供水酚类化合物的测定液相色谱分析法 ② HJ 591—2010 水质 五氯酚的测定气相色谱法 ③ HJ 502—2009 水质 挥发酚的测定溴化容量法 ④ HJ 503—2009 水质 挥发酚的测定 4-氨基安替比林分光光度法
氰化物	氰氢酸, 氰离子, 络合氰化物	容量法(硝酸银滴定法)①, 分光光度法(异烟酸-吡唑啉酮显色法、异烟酸-巴比妥酸显色法、吡啶-巴比妥酸显色法)①, 流动注射法	HJ 484—2009 水质 氰化物的测定: 容量法和分光光度法
阳离子表面活性剂	脂肪烷基叔胺季铵盐, 硫酸月酯季铵盐, 十二烷基三甲基氯化铵, 十六烷基溴化吡啶	容量法(月桂基硫酸钠滴定法)①, 分光光度法, 示波极谱法, 流动注射-流通式电极法	GB/T 5174—2004 表面活性剂洗涤剂阳离子活性物含量的测定
阴离子表面活性剂	烷基苯磺酸盐, 烷基硫酸酯盐, 烷基羧酸盐	亚甲基蓝分光光度法①, 紫外法, 红外法, 离子选择电极法, 气相色谱法, 高压液相色谱法, 电位滴定法②, 流动注射-分光光度法③, 核磁共振法以及化学分析方法	① GB/T 7494—1987 水质阴离子表面活性剂的测定亚甲基蓝分光光度法 ② GB 13199—1991 水质阴离子洗涤剂的测定电位滴定法 ③ 水质阴离子表面活性剂的测定, 流动注射分析-分光光度法(征求意见稿)
有机磷化合物	甲胺磷, 内吸磷, 对硫磷, 敌敌畏, 甲基对硫磷, 三硫磷, 乐果, 乙硫磷, 敌百虫, 马拉硫磷等	气相色谱法①②, 高效液相色谱法, GC-MS 联用, 石英毛细管色谱柱气相色谱法	① FHZHJSZ ISO 0015 水质 机氮、有机磷化合物的测定 液液萃取-气相色谱法 ② FHZHJSZ ISO 0016 水质 有机氮、有机磷化合物的测定 液/固萃取-气相色谱法

注: "常见分析方法"列中标序号①、②、③等的方法, 是对应"国家标准或行业标准"列中相应标准中的方法。表 14-18 和表 14-19 情况同本表。

此外，水中有机污染物的其他分析方法可以参考 GB/T 5750.8—2006《生活饮用水标准检验方法有机物指标》和 GB/T 5750.9—2006《生活饮用水标准检验方法农药指标》。海水中部分有机污染物的分析方法可以参考 GB 17378.4—2007《海洋监测规范第 4 部分　海水分析》。

（二）水中无机污染物分析

水中无机污染物是指各种有害的无机金属离子、无机盐类、酸、碱性物质及无机类悬浮物等。有害的无机金属离子主要来自铜、锌、砷、铁等金属矿山。另外，还有矿物堆场、废石堆场、选矿厂、冶炼厂、金属精炼厂等处的废水，以及来自金属污染地带的地表水。无机盐类和酸、碱性物质主要来自化学工业、印染工业及金属冶炼厂等。水中常见无机阴离子分析方法及标准见表 14-18，水中常见金属离子及标准见表 14-19。

表 14-18　水中常见无机阴离子分析

阴离子	常见分析方法	国家标准或行业标准
Br	酚红比色法（pH=4.4～5，λ_{max}=590nm）①②，离子选择性电极法，反相高效液相色谱法③，负催化动力学光度法，催化荧光法，离子色谱法	① DZT 0064.46—1993 地下水质检验方法　溴酚红比色法测定溴化物 ② MT/T 893—2000 煤矿水中溴的测定方法 ③ GB/T 5009.167—2003 饮用天然矿泉水中氟、氯、溴离子和硝酸根、硫酸根含量的反相高效液相色谱法测定
Cl	硝酸银容量法①～③，离子色谱法①④，硝酸汞容量法①，液相色谱法⑤，电位滴定法，流动注射法，原子吸收法等	① GB/T 5750.5—2006 生活饮用水标准检验方法　无机非金属指标 ② GB/T 15453—2008 工业循环冷却水和锅炉用水中氯离子测定 ③ MT/T 201—2008 煤矿水中氯离子的测定 ④ GB/T 14642—2009 工业循环冷却水及锅炉水中氟、氯、磷酸根、亚硝酸根、硝酸根和硫酸根的测定　离子色谱法 ⑤ GB/T 5009.167—2003 饮用天然矿泉水中氟、氯、溴离子和硝酸根、硫酸根含量的反相高效液相色谱法测定
CN	异烟酸-吡唑酮分光光度法（pH=7，λ_{max}=638nm）①②，异烟酸-巴比妥酸比色法（λ_{max}=600nm）①，硝酸银滴定法②，吡啶-巴比妥酸比色法②，连续流动注射分析法	① GB/T 5750.5—2006 生活饮用水标准检验方法　无机非金属指标 ② HJ 484—2009 水质氰化物的测定　容量法和分光光度法
F	氟试剂分光光度法①③，茜素磺酸锆比色法②③，离子选择电极法③，离子色谱法③，双波长系数倍率分光光度法③	① HJ 488—2009 水质　氟化物的测定　氟试剂分光光度法 ② HJ 487—2009 水质　氟化物的测定　茜素磺酸锆目视比色法 ③ GB/T 5750.5—2006 生活饮用水标准检验方法　无机非金属指标
P（磷酸盐等）	磷钼蓝（或钼酸铵）分光光度法（强酸体系，λ_{max}=650nm）①～③，离子色谱法④，流动注射-分光光度法⑤⑥，气相色谱法，微波消解-钼酸铵分光光度法⑦	① GB/T 5750.5—2006 生活饮用水标准检验方法　无机非金属指标 ② GB/T 11893—1989 水质　总磷的测定　钼酸铵分光光度法 ③ GB/T 6913—2008 锅炉用水和冷却水分析方法　磷酸盐的测定 ④ HJ 669—2013 水质　磷酸盐的测定　离子色谱法 ⑤ HJ 670—2013 水质　磷酸盐和总磷的测定　连续流动-钼酸铵分光光度法 ⑥ HJ 671—2013 水质　总磷的测定　流动注射-钼酸铵分光光度法 ⑦《水和废水监测分析方法》(第四版)，国家环保总局，2002年
S（硫离子）	N,N-二乙基对苯二胺分光光度法（λ_{max}=665nm）①②，碘量法①②，气相分子吸收光谱法③，亚甲基蓝分光光度法，硫离子水质测试仪，检测管法	① GB/T 5750.5—2006 生活饮用水标准检验方法　无机非金属指标 ② MT/T 371—2005 煤矿水中硫离子的测定方法 ③ HJ/T 200—2005 水质　硫化物的测定　气相分子吸收光谱法

阴离子	常见分析方法	国家标准或行业标准
S（硫酸盐）	铬酸钡分光光度法（酸性介质，λ_{max}=420nm）①②	① GB/T 6911—2007 工业循环冷却水和锅炉用水中硫酸盐的测定 ②《水和废水监测分析方法》(第四版)，国家环保总局，2002年
N（硝酸盐、亚硝酸盐）	紫外分光光度法（λ_{max}=219nm）①②，盐酸萘乙二胺分光光度法（pH=1.9，λ_{max}=540nm）②～④，气相分子吸收光谱法⑤	① HJT 346—2007 水质　硝酸盐氮的测定　紫外分光光度法 ② GBT 6912—2008 锅炉用水和冷却水分析方法　亚硝酸盐的测定 ③ HJ 668—2013 水质　总氮的测定　流动注射-盐酸萘乙二胺分光光度法 ④ HJ 667—2013 水质　总氮的测定　连续流动-盐酸萘乙二胺分光光度法 ⑤ HJ/T 199—2005 水质　总氮的测定　气相分子吸收光谱法
N（氨氮）	水杨酸分光光度法（碱性介质，λ_{max}=660nm）①～③，气相分子吸收光谱法④，纳氏试剂分光光度法⑤，蒸馏-中和滴定法⑥	① HJ 665—2013 水质　氨氮的测定　连续流动-水杨酸分光光度法 ② HJ 666—2013 水质　氨氮的测定　流动注射-水杨酸分光光度法 ③ HJ 536—2009 水质　氨氮的测定　水杨酸分光光度法 ④ HJ/T 195—2005 水质　氨氮的测定　气相分子吸收光谱法 ⑤ HJ 535—2009 水质　氨氮的测定　纳氏试剂分光光度法 ⑥ HJ 537—2009 水质　氨氮的测定　蒸馏-中和滴定法

表 14-19　水中常见金属离子分析

金属离子	常见分析方法	国家标准或行业标准
Ag	无火焰原子吸收分光光度法（328.1nm）①，巯基棉富集-高碘酸分光光度法（碱性介质，λ_{max}=355nm）①，3,5-Br$_2$-PADAP 分光光度法（pH=4.5～8.5，λ_{max}=510nm）②，流动注射-火焰原子吸收法，镉试剂 2B 分光光度法（四硼酸钠缓冲体系，λ_{max}=554nm）③，火焰原子吸收法（直接吸入法和萃取法），催化动力学光度法，ICP-AES 法	① GB/T 5750.6—2006 生活饮用水标准检验方法　金属指标 ② HJ 489—2009 水质　银的测定　3,5-Br$_2$-PADAP 分光光度法 ③ HJ 490—2009 水质　银的测定　镉试剂 2B 分光光度法
Al	铬天青 S 分光光度法①、水杨基荧光酮-氯化十六烷基吡啶分光光度法①、无火焰原子吸收分光光度法①、电感耦合等离子体发射光谱法①、邻苯二酚紫分光光度法②和试铁灵分光光度法②、原子吸收光谱法③、铝试剂比色法（pH=6.3）④、铝试剂分光光度法（pH=6.3，λ_{max}=520nm）	① GB/T 5750.6—2006 生活饮用水标准检验方法　金属指标 ② HG/T 3525—2011 工业循环冷却水中铝离子的测定 ③ GB/T 23837—2009 工业循环冷却水中铝离子的测定　原子吸收光谱法 ④ MT/T 373—2005 煤矿水中铝离子的测定方法
As	氢化物原子荧光法①②，二乙胺基二硫代甲酸银分光光度法（λ_{max}=515nm）①，锌-硫酸系统新银盐分光光度法（λ_{max}=400nm）①，砷斑法（目视比色）①，电感耦合等离子体发射光谱法①，电感耦合等离子体质谱法①，二乙基二硫代氨基甲酸银分光光度法（λ_{max}=540nm）③，砷铝蓝分光光度法（强酸体系，λ_{max}=700nm）④，碘离子选择性电极测定法，单扫描极谱法等，石墨炉原子吸收法	① GB/T 5750.6—2006 生活饮用水标准检验方法　金属指标 ② SL 327.1—2005 水质　砷的测定　原子荧光光度法 ③ GB/T 22599—2008 水处理化学品　砷含量测定方法 ④ MT/T 359—2005 煤矿水中砷的测定方法
Ba	无火焰原子吸收分光光度法（553.6nm）①，电感耦合等离子体发射光谱法①，电感耦合等离子体质谱法①，火焰原子吸收分光光度法②，石墨炉原子吸收法③	① GB/T 5750.6—2006 生活饮用水标准检验方法　金属指标 ② HJ 603—2011 水质　钡的测定　火焰原子吸收分光光度法 ③ HJ 602—2011 水质　钡的测定　石墨炉原子吸收分光光度法

第
三
篇

金属离子	常见分析方法	国家标准或行业标准
Cd	无火焰原子吸收分光光度法（228.8nm）①，火焰原子吸收分光光度法①，双硫腙分光光度法（强碱介质，λ_{max}=518nm）①，催化极谱示波法①，原子荧光法①，Nafion 修饰电极伏安法，双硫腙修饰玻碳电极阳极溶出伏安法	① GB/T 5750.6—2006 生活饮用水标准检验方法　金属指标
Cr（六价）	二苯碳酰二肼分光光度法（酸性介质，λ_{max}=540nm）①，硫酸亚铁铵滴定法（适用于浓度大于 1mg/L 水和废水中的总铬测定），火焰原子吸收光谱法，电感耦合等离子体原子发射光谱法，过氧化氢氢氧化罗丹明 B 催化动力学光度法	① GB/T 5750.6—2006 生活饮用水标准检验方法　金属指标
Co	无火焰原子吸收分光光度法（240.7nm）①，电感耦合等离子体发射光谱法①，电感耦合等离子体质谱法①，PADAB 分光光度法[pH=5～6，λ_{max}=570nm，摩尔吸收系数=1.03×10⁵L／（mol·cm）]②，火焰原子吸收光谱法，Co(Ⅱ)-茜素红-罗丹明 B-聚乙烯醇光度法，石墨炉原子吸收光谱法，甲基紫褪色光度法	① GB/T 5750.6—2006 生活饮用水标准检验方法　金属指标 ② HJ 550—2015 水质 钴的测定 5-氯-(吡啶偶氮)-1,3-二氨基苯分光光度法
Cu	无火焰原子吸收分光光度法（324.7nm）①，火焰原子吸收分光光度法（直接法、萃取法、共沉淀法、巯基棉富集法）①，二乙基二硫代氨基甲酸钠分光光度法（pH=9～11，λ_{max}=436nm）①②，双乙醛草酰二腙分光光度法（pH=9，λ_{max}=546nm），电感耦合等离子体发射光谱法①，电感耦合等离子体质谱法①，容量滴定法（碘量法或 EDTA 法），2,9-二甲基-1,10-菲啰啉分光光度法（中性或微酸性，λ_{max}=457nm）③	① GB/T 5750.6—2006 生活饮用水标准检验方法　金属指标 ② HJ 485—2009 水质 铜的测定 二乙基二硫代氨基甲酸钠分光光度法 ③ HJ 486—2009 水质 铜的测定 2,9-二甲基-1,10-菲啰啉分光光度法
Fe	原子吸收分光光度法①，1,10-菲啰啉（又名二氮杂菲、邻菲啰啉）分光光度法[测定二价铁，pH=3～9，λ_{max}=510nm，摩尔吸收系数=1.1×10⁴L／（mol·cm）]①～③，磺基水杨酸分光光度法（测定三价铁，pH=1～3，λ_{max}=515nm），电感耦合等离子体发射光谱法①，电感耦合等离子体质谱法①	① GB/T 5750.6—2006 生活饮用水标准检验方法　金属指标 ② HJ/T 345—2007 水质 铁的测定 邻菲啰啉分光光度法 ③ GB/T 22596—2008 水处理剂 铁含量测定方法通则
Hg	原子荧光法①②，冷原子吸收法（253.7nm）①③，双硫腙分光光度法（酸性体系，λ_{max}=485nm）①，电感耦合等离子体质谱法①，流动注射石英管原子吸收法，流动注射冷蒸汽发生法，Hg(Ⅱ)-溴化钾-结晶紫三元配合物光度法，连续滴定法（PAN-6S 作指示剂）	① GB/T 5750.6—2006 生活饮用水标准检验方法　金属指标 ② SL 327.2—2005 水质 汞的测定 原子荧光光度法 ③ HJ 597—2011 水质 总汞的测定
Mn	原子吸收分光光度法①③，过硫酸铵分光光度法（λ_{max}=515nm）①，甲醛肟分光光度法（λ_{max}=450nm）①②，高碘酸银钾分光光度法（λ_{max}=545nm）①④，电感耦合等离子体发射光谱法①，电感耦合等离子体质谱法①	① GB/T 5750.6—2006 生活饮用水标准检验方法　金属指标 ② HJ/T 344—2007 水质 锰的测定 甲醛肟分光光度法 ③ MT/T 361—2007 煤矿水中铜 铅 锌 铬 锰的测定 ④ GB 11906—1989 水质 锰的测定 高碘酸钾分光光度法
Ni	无火焰原子吸收分光光度法（232nm）①，电感耦合等离子体发射光谱法①，电感耦合等离子体质谱法①，丁二酮肟（二甲基乙二醛肟）分光光度法（氨体系，λ_{max}=530nm），5-Br-PADAP 分光光度法（氨体系，λ_{max}=560nm），火焰原子吸收分光光度法③，流动注射-荧光法，催化动力学分光光度法	① GB/T 5750.6—2006 生活饮用水标准检验方法　金属指标 ② HJ 11910—1989 水质 镍的测定 丁二酮肟分光光度法 ③ HJ 11912—1989 水质 镍的测定 火焰原子吸收分光光度法
Ti	催化示波极谱法①，水杨基荧光酮分光光度法（硫酸体系，λ_{max}=540nm）①，电感耦合等离子体质谱法①，石墨炉原子吸收分光光度法，（高浓度）可采用重量法、容量法和滴定法，ICP-MS	① GB/T 5750.6—2006 生活饮用水标准检验方法　金属指标
Pb	无火焰原子吸收分光光度法（283.3nm）①，火焰原子吸收分光光度法①，催化示波极谱法①，氢化物原子荧光法①，电感耦合等离子体发射光谱法①，电感耦合等离子体质谱法①，原子荧光光度法②，双硫腙分光光度法（pH=8.5～9.5，λ_{max}=510nm）③	① GB/T 5750.6—2006 生活饮用水标准检验方法　金属指标 ② SL 327.4—2005 水质 铅的测定 原子荧光光度法 ③ GB 7470—87 水质 铅的测定 双硫腙分光光度法

金属离子	常见分析方法	国家标准或行业标准
Sn	氢化物原子荧光法①，苯芴酮分光光度法（弱酸介质，λ_{max}=510nm）①，微分电位溶出法①，电感耦合等离子体质谱法①，石墨炉原子吸收法。	① GB/T 5750.6—2006 生活饮用水标准检验方法 金属指标
Zn	原子吸收分光光度法①，锌试剂-环己酮分光光度法（pH=9，λ_{max}=620nm）①③，双硫腙光度法（pH=4.0～5.5，λ_{max}=535nm）①②，催化示波极谱法①②，电感耦合等离子体发射光谱法①，电感耦合等离子体质谱法①，二阶导数分光光度法	① GB/T 5750.6—2006 生活饮用水标准检验方法 金属指标 ② GB 7472—87 水质 锌的测定 双硫腙分光光度法 ③ GB/T 10656—2008 锅炉用水和冷却水分析方法 锌离子的测定 锌试剂分光光度法

水质中金属元素的测定还可以参考 HJ 700—2014《水质 65 种元素的测定 电感耦合等离子质谱法》，该标准中列出了用电感耦合等离子质谱法测定 60 多种金属元素，检出限为 0.02～19.6μg/L。

（三）水质污染度 COD 和 BOD 的测定

1. COD

COD，化学需氧量（chemical oxygen demand），又名化学耗氧量，是以化学方法测量水样中需要被氧化的还原性物质的量，反映了水质中受还原性物质污染的程度，该指标是有机物相对含量的综合指标之一。COD 单位为 mg/L，其值越小，说明水质污染程度越小。

可以利用过量化学氧化剂将水中可氧化物质（如有机物、亚硝酸盐、亚铁盐、硫化物等）进行氧化分解，然后根据残留的氧化剂的量计算出氧的消耗量。常采用高锰酸钾法或重铬酸钾法来测定水质的 COD。高锰酸钾法操作简便，所需时间短，在一定程度上可以说明水体受有机物污染的状况，常被用于污染程度较轻的水样；重铬酸钾法对有机物氧化比较完全，适用于各种水样。

（1）重铬酸钾法 在水样中加入定量的重铬酸钾溶液，并在强酸介质下以银盐作催化剂，经沸腾回流后，以试亚铁灵为指示剂，用硫酸亚铁铵滴定水样中未被还原的重铬酸钾，由消耗的硫酸亚铁铵的量换算成消耗氧的质量浓度。

在酸性重铬酸钾的条件下，芳烃及吡啶等有机物难以被氧化，其氧化率较低。在硫酸银催化作用下，直链脂肪族化合物可有效地被氧化。

若水样化学需氧量以 mg/L 计，其计算公式如下：

$$COD = \frac{c(V_1 - V_2) \times 8000}{V_0}(mg/L)$$

式中 c——硫酸亚铁铵标准溶液的浓度，mol/L；

V_1——空白试验所消耗的硫酸亚铁铵标准溶液的体积，ml；

V_2——试样测定所消耗的硫酸亚铁铵标准溶液的体积，ml；

V_0——试样的体积，ml；

8000——换算值。

测定结果一般保留三位有效数字，对 COD 值小的水样，当计算出 COD 值小于 10mg/L 时，应表示为"COD<10mg/L"。

重铬酸钾法测定 COD，具有以下优点：①重铬酸钾纯度高，可直接准确配制标准溶液；②重铬酸钾标准溶液非常稳定，可以长期保存；③重铬酸钾可氧化大多数有机物，对一般水样的氧化率可达到 90%；④重现性好，准确度和精密度高；⑤使用范围广，对于工业废水、生活污水均可适用。重铬酸钾法适用于 COD 值大于 30mg/L 的各类水样，对未经稀释的水样的测定上限为 700mg/L，但是不适用于稀释后含氯化物浓度大于2000mg/L 的含盐水。

（2）高锰酸钾法 被测水样中加入定量的高锰酸钾溶液并加热，使得多数的有机污染物组分被氧化，再加入定量的 $Na_2C_2O_4$、还原过量的高锰酸钾，最后用高锰酸钾标准溶液返滴定过量的 $Na_2C_2O_4$，由此计算出水样的 COD。

$$COD = \frac{(\frac{5}{4}c_{KMnO_4}V_{KMnO_4} - \frac{1}{2}c_{Na_2C_2O_4}V_{Na_2C_2O_4}) \times 32 \times 1000}{V_{水样}}(mg/L)$$

传统的高锰酸钾法或重铬酸钾法测定水样的 COD 费时、费力。可以采用快速消解分光光度法[24]：在试样中加入定量的重铬酸钾溶液，在强硫酸介质中，以硫酸银作为催化剂，经高温消解后，用分光光度法测定。

2. BOD

BOD，生化需氧量（biochemical oxygen demand），是反映水中有机污染物含量的一个综合指标。BOD 是指在一定期间内，微生物分解一定体积水中的某些可被氧化物质，特别是有机物所消耗的溶解氧的量。BOD 一般以 mg/L 表示。

有机物在微生物的新陈代谢作用下，其降解过程一般可分为两个阶段：第一阶段为氧化分解过程，即有机物转化为 CO_2、NH_3 和 H_2O 的过程；第二阶段为硝化过程，即 NH_3 进一步在亚硝化菌和硝化菌的作用下，转化为亚硝酸盐和硝酸盐。水质的生化需氧量一般只指有机物在第一阶段所需要的氧量。

微生物对有机物的降解与温度有关，一般最适宜的温度是 15～30℃，所以测定生化需氧量时以 20℃作为测定的标准温度。20℃的测定条件（氧充足、不搅动）下，一般有机物 20天才能够基本完成第一阶段的氧化分解过程（全过程的99%）。因此规定以 5 日作为测定 BOD 的标准时间，称为五日生化需氧量，以 BOD_5 表示。BOD_5 约为 BOD_{20} 的 70%。此外，相应地还有 BOD_{10}、BOD_{20}。

BOD 的测定方法包括稀释法，微生物传感器法、活性污泥曝气降解法和测压法等[25]。

（1）稀释法 这是最经典、最常用的方法。测定在 20±1℃温度下培养五天前后溶液中的溶氧量的差值，即为 BOD_5。应使培养中所消耗的溶解氧大于 2mg/L，而剩余的溶解氧在 1mg/L以上。本方法适用于 BOD_5 大于或等于 2mg/L、并且不超过 6000mg/L 的水样。

不经稀释的水样测定方法：将水样注满培养瓶，密封后瓶内不应有气泡，置于恒温条件下培养 5 天。培养前后的溶解氧浓度差值即为 BOD_5 值。

经稀释的水样测定方法：由于多数水样中含有较多的需氧物质，其需氧量往往超过水中可利用的溶解氧（DO）量，因此在培养前需对水样进行稀释，使培养后剩余的溶解氧符合规定。具体操作：用已溶解足够氧气的稀释水，按一定比例将污水样品稀释后，分装于两个培养瓶中，一瓶当天测定其溶解氧（DO_0）的含量；另一瓶水样密封后，于(20±1)℃条件下培养5 天后，测定其溶解氧（DO_5）的含量，二者之差即为 BOD_5 值。

地表水样和工业废水水样的稀释倍数可以根据表 14-20 和表 14-21 确定（一般需要做 3个稀释比）。

表 14-20 地表水样的稀释倍数

I_{Mn}[①]/(mg/L)	系　数
<5	直接测定
5～10	0.2, 0.3
10～20	0.4, 0.6
>20	0.5, 0.7, 1.0

① I_{Mn} 是高锰酸盐指数，即一定条件下，以高锰酸钾为氧化剂处理水样时所消耗的氧化剂的量。

表 14-21 工业废水水样的稀释倍数

水样稀释情况	系　数
直接稀释	0.05, 0.1125, 0.175
接种稀释	0.05，0.125，0.20

表 14-21 计算说明，以直接稀释法为例：

水样 BOD=200mg/L，培养瓶容积为 250ml，则 3 个稀释倍数分别为：

200×0.05=10(倍)、200×0.1125=22.5(倍)、200×0.175=35(倍)

需要取样体积：250÷10=25(ml)、250÷22.5≈11(ml)、250÷35≈7.0 (ml)

有几个测定结果在规定要求（培养中所消耗的溶解氧大于 2mg/L，而剩余的溶解氧在 1mg/L 以上）的范围之内，最后求这几个数值的算术均值。

水样中的溶解氧主要是采用碘量法测定。其原理是利用溶解氧的氧化性，在水样中加入硫酸锰和碱性碘化钾，立即生成 $MnO(OH)_2$ 沉淀。$MnO(OH)_2$ 将碘离子氧化、释放出与溶解氧量相当的游离单质碘，以淀粉为指示剂，用硫代硫酸钠标准溶液滴定释放出的单质碘，根据滴定体积即可计算溶解氧含量。

稀释法测定 BOD 需要注意的事项：

① 对于生化处理池的出水，如果只测定有机物降解的需氧量，可加入硝化抑制剂，抑制硝化过程。每升稀释水样中加入 1ml 浓度为 500ml/L 的丙烯基硫脲（ATU，$C_4H_8N_2S$）；加入固定在氯化钠上的 2-氯-6-三氯甲基吡啶（TCMP，$Cl—C_5H_3N—C—CH_3$），使 TCMP 在稀释样品中的浓度大约为 0.5ml/L。

② 使用的玻璃器皿要认真清洗，不能沾有有毒的或生物可降解的化合物，并防止沾污。玻璃器皿需用洗涤剂浸泡、清洗，再用稀盐酸浸泡，然后依次用自来水洗和蒸馏水清洗。

③ 在 2 个或 3 个稀释比水样中，凡消耗的 DO>2mg/L，而剩余的 DO>1mg/L，计算结果时，应取其平均值。

④ 需要进行验证试验。将 20ml 葡萄糖-谷氨酸标准溶液用接种水稀释至 1000ml，按照 BOD_5 测定步骤进行测定。得到的 BOD_5 应在 180～230mg/L 之间。否则，应检查接种水、稀释水，或操作技术是否存在问题。

⑤ 若采用的稀释倍数大于 100，可分步进行稀释。

（2）微生物传感器法　微生物传感器由氧电极和微生物菌膜构成，其原理是当含有饱和溶解氧的样品进入流通池中与微生物传感器接触，其中可生化降解的有机物受到微生物菌膜中菌种的作用，使扩散到氧电极表面上氧的量减少。当水样中可生化降解的有机物向菌膜扩散的速度（质量）达到恒定时，扩散到氧电极表面上氧的量也会达到恒定，产生一个恒定电流。由于恒定电流与水样中可生化降解的有机物浓度的差值与氧的减少量存在定量关系，可据此换算出水中生物化学需氧量。通常用 BOD_5 标准样品作为对比，以换算出水样的 BOD_5

值。我国于 2002 年颁布了微生物传感器快速测定水质 BOD 方法[26]，该方法简便、快速，每次测定仅需要 20min。

微生物传感器法具有使用简便、快速测定和精确度高等优点。适合于测定地表水及浓度较低、组成成分比较简单的污水（如经过一级或二级处理后的水）中的生化需氧量，其测定结果和稀释与接种法方法没有显著差异。污染物组成复杂且浓度较高的污水，含有对微生物菌膜内菌种有毒害作用的氧化剂、杀菌剂、农药、氰化物等，不适合用微生物传感器快速法测定。

（3）活性污泥曝气降解法　控制温度为 30~35℃，利用活性污泥强制曝气降解样品 2h，经重铬酸钾消解生物降解后的样品，测定生物降解前后的化学计量需氧量，其差值即为 BOD。根据与标准方法的对比实验结果，可换算成为 BOD_5 值。

（4）空气压差法　又称检压法或呼吸计法。在密闭的培养瓶中，水样中溶解氧被微生物消耗，微生物因呼吸作用产生与耗氧量相当的 CO_2。CO_2 被吸收导致密闭系统的压力降低。根据测得的压降可求出水样的 BOD 值。

值得注意的是，BOD 测定有机物的范围是不含氮有机物或含氮有机物的碳素部分。

（四）水中微生物分析

水质对人体健康的影响的一个主要方面是微生物风险，微生物风险主要是由水中水生致病微生物引起的，水中常见的微生物主要包括细菌、藻类、原生动物和后生动物等。

细菌是原核生物。水中细菌虽然很多，但大部分都不是病原微生物，常见的致病细菌如伤寒杆菌、痢疾杆菌、霍乱杆菌、大肠杆菌等。在日常的水质检测中通常以菌落总数、大肠菌群等指标表示水中细菌等微生物的灭活程度。只要菌落总数不超过 100CFU/ml（CFU：菌落形成单位，colony forming units），大肠菌群每 100ml 水中不检出，饮水者感染肠道传染病的可能性就极小。

藻类通常是指一群在水中以浮游方式生活，能进行光合作用的自养型微生物。个体大小在 2~200μm，种类繁多，分布极广，对环境要求不严，适应性强。藻类的常见种有绿藻、硅藻、蓝藻等。

原生动物为单细胞真核动物，体积微小而能独立完成生命活动的全部生理功能。根据运动细胞器的有无和类型，可以将原生动物分为鞭毛虫、阿米巴、纤型虫和孢子虫四大类。在饮用水中最常见的是贾第鞭毛虫和隐孢子虫，在 GB 5749—2006《生活饮用水卫生标准》中增加了对"两虫"的检测。

生活饮用水已经过沉淀、过滤、加氯消毒等处理，因此所含的微生物很少。但当其水源水不洁或不达标时，仍然会含有相当数量的微生物，甚至含有致病性微生物。供水管道破损及二次供水等环节也可能导致生活饮用水的污染。因此生活饮用水的微生物安全性日常检测非常重要。根据 GB 5749—2006《生活饮用水卫生标准》规定，生活饮用水中总大肠菌群、耐热大肠菌群和大肠埃希氏菌不得检出，菌落总数（CFU/ml）要小于 100。菌落总数的检验方法为平皿计数法，总大肠菌群的检验方法为多管发酵法、滤膜法和酶底物法，具体操作可见 GB/T 5750.12—2006《生活饮用水标准检验法-微生物指标》。

1. 菌落总数的检测

细菌总数是评定水体等污染程度指标之一。其定义为，1ml 水（或 1g 样品）在普通琼脂培养基中经 37℃、24h 培养后所生长的细菌菌群总数。

细菌总数的常见检验方法为平皿计数法。在玻璃平皿内，接种 1ml 原始水样或稀释水样于加热液化的营养琼脂培养基中，冷却凝固后在 37℃培养 24h，进行菌落计数，其数值即为 1ml 水样中的菌落总数。有些国家把培养温度定为 35℃或其他温度，也有把培养时间定为 48h 的。平皿计数法精度高，但耗时长，难以满足实际工作需要。

为了简化检测程序、缩短检测时间，目前还有阻抗检测法、Simplate TM 全平器计数法、微菌落技术、纸片法等快速检测方法，但检测时间仍在 4h 以上。

此外，可以不进行细菌培养，直接采取滤膜染色法进行检测。具体方法是，先用集菌仪收集细菌，在膜上进行染色，然后在显微镜油镜下计数，最后按公式计算出菌液浓度。该方法的检测结果与平皿计数法无显著性差异，检测时间可缩至 1h。

2. 总大肠菌群的检测

在饮用水的微生物安全监测中，普遍采用正常的肠道细菌作为粪便污染指标，而不是直接测定肠道致病菌。大肠菌群细菌包括大肠埃希氏菌、柠檬酸杆菌、产气克雷白氏菌和阴沟肠杆菌等。总大肠菌群系指一群需氧及兼性厌氧的，在 37℃生长时能使乳糖发酵，在 24h 内产酸产气的革氏阴性无芽孢杆菌。总大肠菌群可用多管发酵法或滤膜法检验。

（1）多管发酵法 检测步骤为三步。第一步，乳糖发酵试验。样品稀释后，选择三个稀释度，每个稀释度接种三管乳糖胆盐发酵管。(36±1)℃培养(48±2)h，观察是否产气。第二步，分离培养。将产气发酵管培养物转种于伊红美蓝琼脂平板上，(36±1)℃培养 18～24h，观察菌落形态。第三步，证实试验。挑取平板上的可疑菌落，进行革兰氏染色观察。同时接种乳糖发酵管(36±1)℃培养(24±2)h，观察产气情况。根据证实为大肠杆菌阳性的管数，查 MPN 检索表，报告每 100ml（g）大肠菌群的 MPN 值。

MPN 为最大可能数（most probable number）的简称。对样品进行连续稀释，加入培养基进行培养，从规定的反应呈阳性管数的出现率，用概率论来推算样品中菌数最近似的数值。稀释样品查 MPN 检索表得到的结果，要乘以稀释倍数。如果所有乳糖发酵管均呈现阴性，可报告总大肠菌群未检出。注意国家标准和行业标准中所附 MPN 表所用稀释度是不同的，而且结果报告单位也不相同。

（2）滤膜法 用孔径为 0.45μm 的微孔滤膜过滤水样，细菌被截留在滤膜上，将滤膜贴在选择性培养基（一般添加了乳糖）上，经(36±1)℃培养 24h 后，计数生长在滤膜上的典型大肠菌群菌落数。

（3）酶底物法 大肠菌群细菌能在选择性培养基上产生 β-半乳糖苷酶，该生物酶可以分解 β-半乳糖醛苷（ONPG），使培养液呈现黄色，以此来检测水中总大肠菌群的方法。如果培养液没呈现黄色，则报告大肠菌群未检出。

3. 耐热大肠菌群的检测

水体中的耐热大肠菌群是指，能在液体乳糖培养基中(35±0.5)℃或(37±0.5)℃培养 48h 内产酸产气，并在(44±0.25)℃或(44.5±0.25)℃培养 24h 内产酸产气的细菌。作为一种卫生指标菌，耐热大肠菌群中很可能含有粪源微生物，因此耐热大肠菌群的存在表明可能受到了粪便污染，可能存在大肠杆菌。但是，耐热大肠菌群的存在并不代表直接危害。耐热大肠菌群的检测方法有以下几种。

（1）多管发酵法 自总大肠菌落乳酸发酵试验阳性管（产酸产气）中取 1 滴管，转种于 EC（E. Coli，大肠杆菌）培养基中，置于 44.5℃水浴箱或隔水式恒温培养箱内（水浴水面应高于试管中培养基液面），培养 24h±2h，如所有管均不产气，则可报告为阴性；如有产气者，则转种于伊红美蓝琼脂平板上，置于 44.5℃培养 18～24h，凡平板上有典型菌落者，则证实为耐热大肠菌落阳性。

如果检测未经氯化消毒的水样，而且只想检测耐热大肠菌群时，可用直接多管耐热大肠菌群方法。

根据证实为耐热大肠菌落的阳性管数，查询 MPN 检索表，报告出每 100ml 水样中耐热大肠菌群最可能数值。

（2）滤膜法　用孔径为 0.45μm 的微孔滤膜过滤水样，细菌被截留在滤膜上，将滤膜贴在选择性培养基（一般要添加乳糖）上，经 44.5℃培养 24h，以形成蓝色的特征菌落计数。水样中耐热大肠菌群数以 100ml 水样中耐热大肠菌群 CFU 表示。

4. 大肠埃希氏菌的检测

大肠埃希氏菌（*Escherichia coli*）是指能产生 β-半乳糖苷酶分解 ONPG 使培养液呈黄色，或能产生 β-葡萄糖醛酸酶分解 MUG（4-methyl-umbelliferyl-β-D-glucuronide）使培养液在波长 366nm 紫外线下产生荧光的细菌。

大肠埃希氏菌是粪大肠菌群的组成部分，是水体受人畜粪便污染的最直接指标，水中含有大肠埃希氏菌提示有粪便污染。常用大肠埃希氏菌的检测方法有多管发酵法、滤膜法和酶底物法。

（1）多管发酵法　将多管发酵法总大肠菌群呈阳性的水样置于含有荧光底物的培养基上，44.5℃培养 24h，产生 β 葡萄糖醛酸酶，分解荧光底物释放出荧光产物，使培养基在紫外线下产生特征性荧光的细菌，计算其菌群数量。

（2）滤膜法　将滤膜法检测总大肠菌群呈阳性的水样滤膜，置于含有荧光底物的培养基上，44.5℃培养 24h，产生 β 葡萄糖醛酸酶，分解荧光底物释放出荧光产物，使菌落在紫外线下产生特征性荧光，计算其菌群数量。

（3）酶底物法　将在选择性培养基上经过 24h 培养，颜色变成黄色的水样在暗处用波长 366nm 的紫外光灯照射，如果有蓝色荧光产生可判断为阳性反应，表示水样中含有大肠埃希氏菌。若水样没有产生蓝色荧光，则判断为阴性反应。结果以大肠埃希氏菌检出或未检出报告。

如果采用试剂盒方法，由于试剂中同时含有 ONPG 和 MUG，所以可同时检测总大肠菌群和大肠埃希氏菌，采用 51 孔法还可以定量测定。

5. 两虫的检测

贾第鞭毛虫和隐孢子虫（简称两虫），是两种致病性原生寄生虫，饮用水中的两虫问题严重威胁着饮水安全。由贾第鞭毛虫孢囊和隐孢子虫卵囊引起的贾第鞭毛虫病和隐孢子虫病尚无有效的治疗方法。我国从 2006 年起，增加了对饮用水中两虫的检测要求[27]。

"EPA1623"是用于测定水中隐孢子虫和贾第鞭毛虫的标准方法，是由美国国家环保局制定的。该方法分为三部分：第一，过滤水样，收集水中的贾第鞭毛虫孢囊和隐孢子虫卵囊；第二，利用免疫磁分离、纯化过滤样品；第三，纯化后的样品通过免疫荧光显微镜法来检测"两虫"的数量。由于"EPA1623 方法"存在工作量大、耗时费力、成本高、回收率低且不稳定等缺点，科技工作者提出了很多改进的方法，如密度检测法[28]、膜过滤-洗脱浓缩法等。

（五）水质指标体系

水质指标，是指水样中除去水分子外所含杂质的种类和数量，是描述水质状况的一系列标准，由此可以判断水质的好坏及是否满足要求。水质指标分为物理、化学和微生物学指标三类。常用的水质指标主要有以下几项：

① 水温、悬浮物（SS）、浊度、透明度及电导率等物理指标。pH、总碱（酸）度、总硬

度等化学指标，用来描述水中杂质的感官质量和水的一般化学性质。此外，还要描述水样的色、嗅、味等性质。

② 氧的指标体系，包括溶解氧、生化需氧量、化学需氧量、总需氧量等，用来衡量水中有机污染物质的多少。此外，也可以用碳的指标来表示氧的指标，如总有机碳、总碳等。

③ 氨氮、亚硝酸盐氮、硝酸盐氮、总氮、磷酸盐和总磷等指标，用来表征水中植物营养元素的多少，也反映水的有机污染程度。有时还加上表征生物量的指标叶绿素 a。

④ 金属元素及其化合物，如汞、镉、铅、砷、铬、铜、锌、锰等，包括对其总量及不同状态和价态含量的描述。

⑤ 其他有害物质，如挥发酚、氰化物、油类、氟化物、硫化物以及有机农药、多环芳烃等致癌物质。

⑥ 细菌总数、大肠菌群等微生物学指标，用来判断水受致病微生物污染的情况。

⑦ 根据水体中污染物的性质采用特殊的水质指标，如放射性物质浓度等。

总之，有些水质指标是水中某一种或某一类杂质的含量，直接用其浓度表示，如某种重金属和挥发酚；有些水质指标是利用某类杂质的共同特性来间接反映其含量的，如 BOD、COD 等；还有一些指标是与测定方法直接联系的，具有人为任意性，如浑浊度、色度等。

参 考 文 献

[1] GB/T 5832.3—2011 气体中微量水分的测定 第 3 部分：光腔衰荡光谱法.

[2] GB/T 5832.1—2003 气体中微量水分的测定 第 1 部分：电解法.

[3] GB/T 5832.2—2008 气体中微量水分的测定 第 2 部分：露点法.

[4] GB/T 6283—2008 化工产品中水分含量的测定 卡尔·费休法（通用方法）.

[5] DL/T914—2005 六氟化硫气体湿度测定法（重量法）.

[6] 张凤利. 低温与特气，2010. 28（6）：7.

[7] HJ 613—2011 土壤 干物质和水分的测定（重量法）.

[8] JB/T 623.7—2008 电触头材料用银粉化学分析方法 第七部分：重量法 测定水分含量.

[9] YB/T 191.1—2001 铬矿石化学分析方法 重量法测定水分含量.

[10] GB 5009.3—2010 食品安全国家标准 食品中水分的测定.

[11] GB/T 24896—2010 粮油检验 稻谷水分含量测定 近红外法.

[12] QB/T 2812—2006 纸张定量、水分的在线测定（近红外法）.

[13] GB/T 24900—2010 粮油检验 玉米水分含量测定 近红外法.

[14] GB 8978—1996 污水综合排放标准.

[15] GB 18918—2002 城镇污水处理厂污染物排放标准.

[16] GB 5749—2006 生活饮用水卫生标准.

[17] GB 3838—2002 地表水环境质量标准.

[18] GB/T 14848—1993 地下水质量标准.

[19] GB/T 5750.4—2006 生活饮用水标准检验方法 感官性状和物理指标.

[20] GB/T 7477—1987 水质 钙和镁总量的测定 EDTA 滴定法.

[21] 水质分析手册. 第 5 版. 美国哈希公司，2011.

[22] GB/T 5750.2—2006 生活饮用水标准检验方法 水样的采集和保存.

[23] HJ 493—2009 水质采样 样品的保存和管理技术规定.

[24] HJ/T 399—2007 水质 化学需氧量的测定 快速消解分光光度法.

[25] HJ 505—2009 水质 五日生化需氧量（BOD5）的测定 稀释和接种法.

[26] HJ/T 86—2002 水质 生化需氧量（BOD）的测定 微生物传感器快速测定法.

[27] GB 5750—2006 生活饮用水卫生标准检测方法.

[28] 张彤，胡管营，宗祖胜. 中国给水排水，2006，22（5）：18.

主题词索引
（按汉语拼音排序）

其 他

表 索 引